HANDBUCH

DER

PALÆONTOLOGIE

HERAUSGEGEBEN

VON

KARL A. ZITTEL,

PROFESSOR AN DER UNIVERSITÄT ZU MÜNCHEN.

II. ABTHEILUNG

PALÆOPHYTOLOGIE

BEGONNEN

VON

W. PH. SCHIMPER,

WEILAND PROFESSOR AN DER UNIVERSITÄT ZU STRASSBURG.

FORTGESETZT UND VOLLENDET

VON

A. SCHENK,

PROFESSOR DER BOTANIK AN DER UNIVERSITÄT ZU LEIPZIG.

MIT 429 ORIGINALHOLZSCHNITTEN.

MÜNCHEN UND LEIPZIG.

DRUCK UND VERLAG VON R. OLDENBOURG.

1890.

Vorwort.

Nach Schimper's Tode übernahm ich in Folge des ehrenden Vorschlages Herrn Professor Dr. v. Zittel's die Fortsetzung des botanischen Theiles des Handbuches der Palaeontologie.

Der Standpunkt, welchen ich bei der Bearbeitung dieses Theiles des Handbuches eingenommen habe, ergibt sich von selbst bei einer Durchsicht desselben. Im Allgemeinen wird man nicht in Abrede stellen können, dass die meisten grösseren und kleineren Lokalfloren, welche bis heute erschienen sind, eine durchaus ungenügende Bearbeitung erfahren haben; dies wenig kritisch gesichtete Material bildet aber die Grundlage der Anschauungen über die Eigenthümlichkeiten der untergegangenen Vegetationsperioden und ihrer klimatischen Bedingungen. Insbesondere tritt dieser Umstand hervor bei der Untersuchung der Vegetation der Tertiärzeit, für welche ein reiches Material von Blättern vorliegt, deren Erhaltung häufig sehr gut, häufig aber auch mangelhaft ist, wobei letzteres nichts weniger als selten mit ersterem gleichwerthig gehalten wird. Es liegt auf der Hand, dass eine Grundlage dieser Art nicht zu richtigen Schlüssen führen kann. Sodann gibt selbst bei guter Erhaltung das Material keinen sicheren Anhalt für eine sichere Bestimmung, da der Leitbündelverlauf der Blätter innerhalb grösserer und kleinerer Gruppen wechselt oder der gleiche ist, also nicht zur Charakteristik sich eignet. Es ist desshalb auch verständlich, wesshalb von Seite der Botaniker den Resten untergegangener Vegetationsperioden wenig Berücksichtigung zu Theil wurde, um so mehr, als vielfach die botanischen Kenntnisse der Autoren ungenügend waren und sind. Im Ganzen wird man bei näherer Prüfung der Bestimmungen fossiler Pflanzen insbesondere jener der jüngeren

Formationen sagen müssen, dass sie nur insoferne Werth haben, als ihnen ein Name gegeben ist, ob sie ihn verdienen, ist eine andere Frage, welche für die Mehrzahl verneint werden muss.

Da wir nur in wenigen Fällen den Zusammenhang der Pflanzentheile kennen, bei der Mehrzahl der Reste Blätter, Blüthen und Früchte isolirt vorkommen, die beiden letzteren jedoch in beinahe allen Fällen eine Untersuchung wie sie bei recenten Pflanzen möglich ist, nicht gestatten, so wird vor allem zu untersuchen sein, in wieferne der Leitbündelverlauf einen Charakter für die grösseren und kleineren Gruppen abgibt. Die Prüfung recenter Arten weist nach, dass dies nicht der Fall ist. Ebenso wenig sind die Blattformen in irgend einer Weise für die Charakteristik grösserer Gruppen zu verwerthen, sie haben nur Bedeutung für die Arten. Was allein für grössere Gruppen Bedeutung hat, Blüthen und Früchte, fehlt uns meist und so sind denn auch die meisten Deutungen fossiler Reste fraglich. Dass dies nicht richtig erkannt wurde, darin liegt der Fehler in der Behandlung der fossilen Reste, welchen ich wenigstens meist vermieden zu haben hoffe.

Leipzig, Februar 1890.

Prof. **A. Schenk.**

Inhalts-Verzeichniss.

I. Stamm. Seite

Thallophyta.

I. Classe. Algae. Algen und Tange 3

I. Abtheilung. Algae certae sedis systematicae.

1. Ordnung. Thallophyta unicellularia.
Einzellige Thallophyten 4

1. Unterordnung Bacillariaceae oder Diatomaceae 5
Structur und Vermehrung der Bacillariaceen. 6
Structur des Kieselpanzers 9
Vorkommen nnd Verbreitung der Bacillariaceen. 10
Systematische Anordnung der Bacillariaceen 14

1. Tribus. Bacillarieae, Gmel 15
1. Familie. Melosireae. 15
2. » Surirelleae 16
3. » Eunotieae 17
4. » Cymbelleae 17
5. » Achnanthaceae 18
6. » Fragilarieae 19
7. » Amphipleureae 20
8. » Nitzschieae 21
9. » Naviculeae 21
10. » Gomphonemeae 23
11. » Meridiaceae 23
12. » Tabellarieae 24
13. » Biddulphieae 25

2. Ordnung. Phycochromophycae 27

3. Ordnung. Angiospermeae, Kütz.
1. Familie. Fucaceae 28

4. Ordnung. Chlorosporae Decsne e. p.
Chlorospermeae Harv. 29

1. Tribus. Siphoneae. Grev. 29
1. Familie. Caulerpeae. Grev. 29

Seite

2. Familie. Codieae. Lk. 30
3. » Dasycladeae und Polyphyseae, Kütz. Siphoneae verticillatae Mun. Chalm. 30

5. Ordnung. Florideae. Florideen 36
1. Familie. Sphaerococceae 37
2. » Corallineae, Menegh. 37
3. » Lithothamnieae. Spongiteae, Kütz 38

6. Ordnung. Characeae. Armleuchter. 40

II. Abtheilung. Algae incertae sedis.

1. Gruppe. Conferviteae. Fadenförm. Algengebilde (Confervites Brngt.) 44
2. » Caulerpiteae. Caulerpa-ähnliche Algen . . . 45
3. » Chordophyceae. Schnuralgen 48
1. Untergruppe. Diplochordeae. Doppelschnuralgen . . 51
4. Gruppe. Arthrophyceae. Gliederalgen 53
5. » Rhyssophyceae. Runzelalgen . . . 54
6. » Alectoruridcae. Hahnenschwanzalgen 54
7. » Cylindriteae. Cylinderalgen 58
8. » Palaeophyceae. 59
9. » Oldhamieae. Oldhamieen 60
10. » Chondriteae. Chondria-ähnliche Algen . . . 61
11. » Mesochondriteae 63
12. » Neochondriteae 65
13. » Sphaerococciteae. 67
14. » Spongiophyceae. Sch. 67
15. » Fucoiditeae. 68
16. » Dictyophyteae. Gitternetzalgen 69

II. Classe. Fungi. Pilze 70
1. Unterordnung. Lichenes. Flechten 72

II. Stamm.

Bryophyta.

I. Classe. Muscinae. Moose.
1. Ordnung. Hepaticae. Lebermoose 73
2. » Bryoideae. Laubmoose . . . 73

III. Stamm.

Pteridophyta. Gefässkryptogamen 76

I. Classe. Filicaceae. Farne 76
Systematische Eintheilung der lebenden Farne 82

I. Abtheilung. Filicaceae certae sedis systematicae. Fossile Farnblätter mit deutlichen Fruchtorganen.

Seite

1. Familie. Hymenophyllaceae . . . 84
2. » Gleicheniaceae . . . 84
3. » Schizaeaceae . . . 86
4. » Osmundaceae . . . 86
5. » Marattiaceae . . . 87
Unterfamilie. Angiopecopterideae . . . 89
6. Familie. Cyatheaceae . . . 92
7. » Polypodiaceae
Acrosticheae . . . 95
Polypodieae . . . 95
Aspleniae . . . 97
Aspidieae . . . 101

II. Abtheilung. Filices incertae sedis systematicae. . . . 102
Gruppirung der sterilen Blätter . . . 103

1. Sphenopterideae . . . 106
2. Palaeopterideae . . . 113
3. Neuropterideae . . . 116
Untergruppe Dictyoneuropterideae . . . 117
4. Cardiopterideae . . . 118
5. Alethopterideae . . . 118
1. Untergruppe Dictyalethopterideae . . . 119
2. Untergruppe Neuropecopterideae . . . 119
6. Odontopterideae . . . 121
7. Lomatopterideae . . . 123
8. Pachypterideae . . . 125
9. Pecopterideae . . . 127
Handförmig gefiederte Blätter . . . 130
10. Taeniopterideae . . . 132
Untergruppe Dictyotaeniopterideae . . . 134
Genus incertae sedis . . . 135
11. Phlebopterideae . . . 135
12. Dictyopterideae
A. Mit einfachem Nervennetz . . . 136
B. Mit zusammengesetztem Nervennetz . . . 136
13. Botryopterideae . . . 139
Pinnae adventitiae. Adventivfiedern . . . 141
Farnstämme . . . 144
Rhachiopterides, Farnblattstiele . . . 151
Ophioglossaceae . . . 151
Familie Ophioglosseae . . . 151

II. Klasse: Rhizocarpeae. Hydropteriden . . . 152
1. Familie. Salviniaceae . . . 152

III. Klasse: Calamarieae . . . 156
1. Familie Equiseteae . . . 156
2. » Schizoneureae . . . 161

Seite

3. Familie Calamiteae . . . 163
Aeste und Blattorgane der Calamiteen . . . 166
4. Familie Annularieae . . . 167
Calamarien-Fruchtstände von unbestimmter Zugehörigkeit . 168

Anhang.

Sphenophylleae . . . 176
Spicae incertae affinitatis . . . 179
Calamariae (?) steriles incertae sedis . . . 180

IV. Klasse: Lycopodiaceae . . . 181
I. Abtheilung: Isosporeae . . . 181
1. Familie Lycopodieae . . . 181
II. Abtheilung: Heterosporeae . . . 184
1. Familie Selaginelleae . . . 184
2. » Lepidodendreae . . . 185
Lepidodendreen Fruchtstände . . . 197
3. Familie Isoëteae . . . 198
4. » Sigillarieae . . . 199
Fructificationsweise der Sigillarien . . . 208
Tabellarische vergleichende Übersicht der morphologischen und anatomischen Merkmale von Sigillaria, Lepidodendron, Isoëtes und den Cycadeen . . . 209

Phanerogamae . . . 211

IV. Stamm.

Gymnospermae seu Archispermae . . . 211
1. Ordnung: Cycadeaceae . . . 211
Übersicht der lebenden Cycadeaceen-Gattungen . . . 215
Fossile Cycadeaceen . . . 216
A) Lebende Gattung . . . 216
Übersicht der auf die Blattform gegründeten Cycadeaceen-Gattungen 217
B) Nur fossil bekannte Gattungen . . . 217
Reste von unbestimmter systematischer Stellung . . . 227
Männliche Blüthen . . . 227
Früchte . . . 228
Fruchtblätter . . . 228
Fruchtkegel . . . 228
Samen . . . 229
Stämme . . . 229

Algae.

Nachtrag zur 1. Lieferung . . . 233
Calamodendreae *Brongniart* . . . 234
Calamodendron *Brongniart* (Calamopitus *Williamson*) . 235
Arthropitys *Göppert* (Calamitea *Cotta*) . . . 236
Cordaiteae *Grand'Eury* . . . 241

Seite

Dolerophylleae *Saporta* 251
Dolerophyllum *Saporta* 251
Coniferae 253
Taxaceae 258
Gingkophyllum *Saporta* 260
Baiera *F. Braun* emend. 261
Gingko *L.* 263
Rhipidopsis *Schmalhausen* 265
Dicranophyllum *Grand'Eury* 266
Trichopitys *Saporta* 266
Czekanowskia *Heer* 267
Feildenia *Heer* 268
Phoenicopsis *Heer* 268
Walchieae 272
Walchia *Sternberg* 272
Ullmannia *Göppert* 274
Pagiophyllum *Heer* (Pachyphyllum *Saporta*) 275
Araucarieae 277
Dammara *Lambert* 278
Araucaria *Jussieu* 279
Cunninghamites *Sternberg* 281
Albertia *Schimper et Mougeot* (Haidingera *Endl*) 283
Taxodineae 284
Voltzia *Brongniart* (Glyptolepis *Schimper*, Glyptolepidium *Heer* . 287
Leptostrobus *Heer* 291
Cyclopitys *Schmalhausen* 292
Taxodium *Richard* 294
Glyptostrobus *Endlicher* 295
Sequoia *Torrey* 296
Geinitzia *Heer* 298
Brachyphyllum *Brongniart* (Moreauia *Pomel*) 300
Echinostrobus *Schimper* emend. 301
Cyparissidium *Heer* 303
Sphenolepidium *Heer* 304
Inolepis *Heer* 305
Schizolepis *Fr. Braun* 306
Cheirolepis *Schimper* 307
Swedenborgia *Nathorst* 308
Cupressineae 308
Widdringtonites *Endlicher* 310
Widdringtonia *Endlicher* 311
Callitris *Ventenat* 313
Frenelopsis *Schenk* 314
Libocedrus *Endlicher* 315
Moriconia *Debey* und *Ettingshausen* 318
Thuyites *Brongniart* emend. 318
Thuya *L.* emend. 320
Biota *Endlicher* 321

Seite
Chamaecyparis *Spach.* . . . 323
Cupressus *L.* . . . 325
Palaeocyparis *Saporta* . . . 327
Phyllostrobus *Saporta* . . . 328
Juniperus *L.* . . . 329
Abietineae . . . 331
Elatides *Heer* . . . 333
Palissya *Endlicher* . . . 334
Pinus *Link* . . . 338
Sapinus *Endlicher* . . . 339
Camptophyllum *Nathorst* . . . 350
Gnetaceae *Endlicher* . . . 553

V. Stamm.

Angiospermae . . . 356

I. Classe. Monocotylae . . . 356
1. Reihe. Liliiflorae . . . 359
2. » Enantioblastae . . . 366
3. » Spadiciflorae . . . 367
4. » Glumiflorae . . . 383
5. » Scitamineae . . . 386
6. » Gynandrae . . . 388
7. » Helobiae . . . 388

II. Classe. Dicotylae . . . 395
Uebersicht des Verlaufes der Leitbündel . . . 401
1. Einnervige Blätter . . . 401
2. Parallelnervige Blätter . . . 401
3. Blätter mit bogenläufigen Leitbündeln . . . 403
4. Blätter mit strahligem Verlauf der Leitbündel . . . 403
5. Fiedernervige Blätter . . . 404
Unterclasse I. Choripetalae . . . 408
1. Reihe. Amentaceae . . . 408
2. » Urticinae . . . 469
3. » Piperinae (Apetalae) . . . 489
4. » Centrospermae . . . 490
5. » Polycarpicae . . . 492
6. » Rhoeadinae . . . 514
7. » Cistiflorae . . . 515
8. » Columniferae . . . 519
9. » Gruinales . . . 530
10. » Terebinthineae . . . 531
11. » Aesculinae . . . 547
12. » Frangulinae . . . 574
13. » Tricoccae . . . 594
XIV. » Umbelliflorae . . . 600
15. » Saxifraginae . . . 616

Seite

XVI. Reihe Passiflorinae 629
XVII. » Myrtifloren 630
XVIII. » Thymelinae 645
19. » Rosiflorae 665
20. » Leguminosae 677

Unterclasse II. Hysterophytae 704
Unterclasse III. Sympetalae 717
1. Reihe Bicornes 717
2. » Primulinae 734
3. » Diospyrinae 739
4. » Contortae 755
5.*) » Tubiflorae 771
6. » Labiatiflorae 777
7. » Campanulinae 782
8. » Rubiinae 782
9. » Aggregatae 794

Fossile Hölzer . 847

Gymnospermae 848
Coniferae 848
Angiospermae 879
Monocotylae 879
1. Palmenstämme ohne Sclerenchymbündel im Grundgewebe 886
2. » mit Sclerenchymbündeln neben den Leitbündeln . 888
Dicotyle Stämme 890
Register 905

*) Ziffer bei der Correctur des Textes übersehen.

Uebersicht des Pflanzenreichs.

Cryptogamae s. Acotyledoneae s. Sporophyta

1. Stamm. **Thallophyta.**

Copulation oder sexuelle Fortpflanzung; letztere immer mit weiblichen Organen von anderem Bau als der der Archegonien ist. Ungeschlechtliche Fortpflanzung durch Sporen (Gonidien) oder in Form vegetativer Theilung (z. B. Diatomeen); bei vielen derzeit allein bekannt.

Meistens Thallus; immer ohne Gefässbündel-Differenzirung.

Algen (incl. *Florideen, Characeen*); *Pilze* (incl. *Flechten*).

Archegoniatae

2. Stamm. **Bryophyta.**

Regelmässig alternirend: a) geschlechtlicher Entwickelungsabschnitt trägt Antheridien und Archegonien, und b) Sporogonium (Mooskapsel) Sporen ungeschlechtlich entwickelnd, aus dem befruchteten Ei des Archegoniums entstanden.

Abschnitt a) in Stamm und Blatt gegliedert, nur bei gewissen Lebermoosen (*Anthoceros*, *Riccia*, *Metzgeria* u. a.) als Thallus auftretend. a) und b) ohne Gefässbündel-Differenzirung.

Anthoceroteae, Hepaticae, Musci.

3. Stamm. **Pteridophyta.**

Entwickelungsgang mit denselben regelmässigen Abschnitten wie 2. Aber: a) Prothallium mit den Sexualorganen; b) Blatt, Stamm und Wurzel bildender, Gefässbündel führender Stock, die Sporen in (meistens blattbürtigen) Sporangien erzeugend.

	Isosporae	*Heterosporae*
1. *Pterides:*	*Filices, Equisetaceae*	*Rhizocarpeae*
2. *Dichotomae:*	*Lycopodieae*	*Selaginelleae, Isoëteae.*

Phanerogamae s. Cotyledoneae s. Anthophyta

4. Stamm. Gymnospermae (*Archispermae*).

Phanerogamen, d. h. Blüthen (Pollen, Pollenschlauch, Samenknospen) und Samen bildend. Endospermkörper (Prothallium) im Keimsack Archegonien bildend, jedes mit einer Eizelle, die nach der Befruchtung zum Embryo heranwachsen kann.

Cycadeae, Coniferae (Nadelhölzer).

5. Stamm. Angiospermae (*Metaspermae*).

Blüthen und Samen. Embryosack ohne Archegonien; ein (ausnahmsweise zwei) des Heranwachsens zum Embryo fähiges Ei bildend.

Monocotyledoneae, Dicotyledoneae.

1. Stamm.

Thallophyta.

1. Classe. **Algae. Algen und Tange.**

Die Algen unterscheiden sich von den Pilzen, mit welchen sie in morphologischer Beziehung die grösste Aehnlichkeit haben, durch die Gegenwart des Chlorophylls, welche sie unabhängig von anderen Organismen macht, während die Pilze nur auf Unkosten dieser leben, und wenn sie auch häufig anderen Gewächsen aufsitzen, so dienen diese doch immer nur als Substrat und nie als Ernährungsobject.

Im Durchschnitte sind die Algen und Tange Wasserbewohner, und zwar leben sie in grosser Zahl sowohl in süssen als in salzigen Gewässern, letztere nur in diesen; die landbewohnenden Arten siedeln sich, ohne Ausnahme, nur an feuchten oder öfter angefeuchteten Orten an.

Keine Pflanzengruppe zeigt in ihrer äusseren Erscheinung und inneren Organisation eine so grosse Manchfaltigkeit als die hier in Rede stehende, es ist daher unmöglich in kurzen Worten eine diagnostische Charakteristik zu entwerfen. Schon die Verschiedenheit des äusseren Zuschnittes und der Grössenverhältnisse geht ins Unendliche: von der einfachen, mikroskopischen Zelle der Volvocinen, Diatomeen und Desmidieen bis zu den zuweilen riesigen, strauchartig in Tausende von Aesten und Aestchen zertheilten, über hundert Fuss messenden Tangen finden sich alle erdenklichen Mittelformen. Auch die Farbe zeigt grosse Verschiedenheit, indem alle Nuancen zwischen lebhaft- und olivengrün, zwischen rosen- und purpurroth, zwischen hell- und dunkelbraun vorkommen.

Es würde hier zu weit führen, wollten wir auch nur auf die allgemeine Entwickelungsgeschichte der Algen näher eingehen, wir verweisen für dieselbe auf den Abschnitt „Algen" in der vierten Auflage des vortrefflichen Lehrbuchs der Botanik von Sachs. Auch für die systematische Charakteristik verweisen wir auf die Specialwerke und beschränken uns bezüglich derselben auf diejenigen Familien und Gattungen, von welchen unzweideutige Vertreter unter den fossilen Formen sich finden*).

Nach der grossen Anzahl der jetzt lebenden Algen — es sind deren schon gegen 8000 Arten bekannt — und dem oft massenhaften Vorkommen der Individuen sollte man zahlreiche Ueberreste dieser Pflanzen in den verschiedenen Erdschichten, besonders solchen marinen Ursprungs, erwarten; allein das ist nicht der Fall: im Gegentheil, die Algenüberreste sind verhältnissmässig selten, und mit Ausnahme der Diatomeen und incrustirten Siphoneen und Lithothamnien, deren Kiesel- und Kalkpanzer sie vor der Zerstörung bewahrten, kennen wir bis jetzt nur gegen 200 Arten und manche davon sehr unvollständig, was wohl dem weichen, leicht zerstörbaren Organismus derselben zuzuschreiben ist. Selbst die Ueberreste, meistens nur in Abdrücken bestehend, sind in der Regel so mangelhaft erhalten, so undeutlich, dass über ihre frühere Natur, am wenigsten über die kleinen Fructificationsorgane, welche die Grundlage des Systems bilden, nichts ermittelt werden kann. Zudem gehören die fossilen Algen zum Theil Typen an, welche gänzlich erloschen sind und deshalb ausserhalb unserer jetzigen Systeme liegen; wir müssen dieselben daher mit den übrigen, systematisch nicht näher bestimmbaren Formen in eine eigene Abtheilung bringen, als *Algae incertae sedis.*

1. Abtheilung. **Algae certae sedis systematicae.**

1. Ordnung. **Thallophyta unicellularia.**

Einzellige Thallophyten.

Als einzellige sind diejenigen Pflanzen zu betrachten, bei welchen der ganze Lebenscyclus in einer Zelle sich vollständig abschliesst, bei welchen also das ganze vegetative Leben in derselben Zelle durchlaufen wird, in welcher zuletzt die Fortpflanzung eintritt. Die Pflanze ist also selbst Mutterzelle für die Sporen, von welchen jede wiederum sich entweder unmittelbar zu einer selbständigen Pflanze umgestaltet, oder dieses Ziel erst nach mehreren transitorischen Generationen erreicht. Diese Generationen bilden für sich nicht ein Ganzes, sondern sind nur „schnell überschrittene Uebergangsstufen zur Keimbildung“.

Colonienweise zusammentretende einzellige Individuen können leicht für vielzellig gehalten werden, wie bei *Protococcus* und dem zierlichen Wassernetz (*Hydrodictyon*), bei welchem die cylindrischen Zellen, von

---

*) Für die allgemeine Systematik der Algen s. Kützing, Phycologia generalis. Leipzig 1843. — Nägeli, Die neuern Algensysteme. 1847.

denen jede ein vollständiges Individuum ist, mit ihren Spitzen in ein regelmässiges Maschennetz zusammentreten.

Der merkwürdigste Typus einzelliger Pflanzen, welcher für sich eine eigene Abtheilung bilden muss, ist der der Caulerpaceen. Hier sehen wir eine Pflanzenform aus einer einzigen, sich, wie es scheint, nie theilenden, sondern immer fortwachsenden Zelle gebildet, welche einen kriechenden Stamm darstellt, dessen Unterseite mit Wurzelfasern und die Oberseite mit blattartigen Gebilden besetzt ist, deren regelmässige Anordnung und Form nicht selten an die Blattorgane höherer Pflanzen erinnern. Wir werden später auf diesen eigenthümlichen Typus zurückkommen.

Vorerst haben wir uns mit denjenigen, durchgehends mikroskopischen Pflanzenformen zu beschäftigen, bei welchen jede als Individuum geltende Zelle sich stets in der Art theilt, dass das Resultat immer wieder einzellige Individuen darstellt, welche dem Mutterindividuum oder der Mutterzelle vollkommen ähnlich sind. So einfach diese Organismen ihrer Natur nach sind, so manchfach zeigen sie sich in ihrer äusseren Erscheinung, so dass dieselben auf Grund dieser in zahlreiche Familien und Gattungen und zahllose Arten eingetheilt werden konnten. Da aber die grosse Mehrzahl dieser Formen, wegen Mangels an festen, der Zerstörung widerstehenden Theilen, keine Spur ihres früheren Daseins in der Erdrinde zurückgelassen haben, so können sie hier nicht weiter in Betracht gezogen werden, und wir sind in der Palaeophytologie nur auf diejenigen einzelligen Algen angewiesen, mit Ausnahme jedoch der nicht hierher gehörenden Siphoneen, welche früher wegen ihrer kieseligen festen Hülle und ihrer (scheinbar) automatischen Bewegung dem Thierreich zugetheilt wurden, zweifelsohne aber dem Pflanzenreich angehören, in welchem sie eine eigene, ziemlich abgeschlossene Abtheilung bilden, nämlich die der einzelligen kieselschaligen Algen.

1. Unterordnung. **Bacillariaceae** oder **Diatomaceae.**

Ehrenberg in seinem grossen, für die fossilen Ueberreste dieser mikroskopischen Wesen classischen Werke Mikrogeologie, sowie in seinen zahlreichen anderen Schriften über diesen Gegenstand hält dieselben für den Protozoen gleichwerthige Thierformen, indem er sich hauptsächlich auf ihre Beweglichkeit stützt, und sieht in den Vacuolen des Plasma einen stellenweise eingeschnürten Darmcanal oder eben so viele Magen, weshalb diese vermeintlich thierischen Infusorien den Namen Polygastrier erhielten. Was nun die Beweglichkeit dieser Körper betrifft, so beweist dieselbe nichts für die thierische Natur derselben, denn wir sehen sie oft in weit höherem Grade ausgesprochen bei den Schwärmzellen (Mikro- und Makrogonidien) unzweifelhafter Algen und Pilze, sowie bei den Spermatozoïden der höheren Kryptogamen. Was Ehrenberg für Eingeweide gehalten hat ist, wie schon bemerkt, das Plasma mit seinen Vacuolen und seinem Zellkern, ganz so wie wir dies in jeder lebenden Zelle sehen und aufs deutlichste in den den Diatomeen zunächst stehenden einzelligen Algen, u. a. den Desmidieen.

Ob bei den Bacillarien die Bewegung, welche in der Regel eine kriechende, nach der Längsachse vorwärtsgleitende, und nicht tumultuarische ist wie bei den Schwärmsporen und den Spermatozoïden, ob diese Bewegung durch aus dem Kieselpanzer hervortretende Flimmerfäden bewerkstelligt wird, oder den Bewegungen des Protoplasma zuzuschreiben sei, das hat bis jetzt noch nicht ermittelt werden können. Smith, Dippel u. a. lassen dieselben auf diosmotischen Vorgängen beruhen, was doch kaum anzunehmen ist. Wahrscheinlich spielt das Licht bei dieser Bewegung, wie z. B. bei der der Oscillatorien, eine gewisse Rolle.

Vergleichen wir die Bacillarien mit den niedrigst stehenden Thierformen, zu welchen sie gezogen worden sind, so finden wir zwischen beiden auch nicht die entfernteste Analogie. Die Polycystineen und Polythalamier, an welche man etwa denken könnte, sind ihrer äusseren Erscheinung und inneren Organisation nach so verschieden, dass eine Zusammengehörigkeit derselben in einen und denselben Stamm mit den hier in Rede stehenden Organismen unmöglich erscheint. Ganz anders verhält es sich, wenn wir eine Vergleichung mit den niedrigst stehenden Pflanzen anstellen. Hier finden wir, so sehr auch die Bacillarien ein geschlossenes Ganzes bilden, doch sich annähernde Formen, bei welchen die Lebenserscheinungen und selbst zuweilen die äussere Form dieselben sind: ich nenne nur die Desmidien, deren Pflanzennatur zwar auch in Abrede gestellt worden, obgleich sie doch so evident ist, und u. a. die Gattungen *Closterium*, *Penium*, *Cosmarium*, deren Zellhaut sich ebenfalls in zwei Hälften theilt.

Structur und Vermehrung der Bacillariaceen.

Wir haben hier zwei Dinge ins Auge zu fassen, zuerst die Form und Structur der äusseren kieseligen Schale, des sogenannten Panzers, welche für den Palaeontologen von ganz besonderer Wichtigkeit ist, da er nur im Besitze dieser äusseren Hülle ist, und dann die Organisation des inneren lebenden Theiles, welche speciell den Botaniker angeht. Von der schleimigen Hülle, in welcher manche Bacillariaceen eingebettet, und den schleimigen Stielen, auf welchen andere sitzen, wird bei den verschiedenen Gattungen Erwähnung gethan werden. In der Kieselhülle oder dem Panzer war man gewohnt, und bei Smith u. a. sehen wir diese Ansicht noch vertreten, eine einfache von der Zelle selbst unabhängige Incrustation zu sehen, etwa wie die Kieselincrustation bei den Equiseten oder die Kalkhülle bei den Charen. Nägeli u. a. haben aber bewiesen, dass die Sache anders sich verhalte, dass es sich nicht um eine Umhüllung, sondern um eine Imprägnation der Zellwand durch die Kieselsäure oder ein Kieselsilicat handle, woraus die wichtige Folgerung gezogen werden kann, dass der sogenannte Kieselpanzer, wenn er gebildet, nicht absolut starr und unausdehnbar ist, wie man geglaubt, sondern dass derselbe in der jungen Pflanze noch eines Wachsthums fähig ist. Die farblose, feinkörnige Haut, welche die Innenseite des Panzers bekleidet, ist nicht die primäre Zellwand, sondern eine verdichtete Plasmaschicht, und entspricht dem Primordialschlauch, welcher zuletzt als Keimzelle auftritt und bestimmt ist, in Folge der Zweitheilung dieser, zwei neue Individuen zu bilden. Diese Theilung geschieht durch mediane Längssegmentation, bei welcher der innere Vorgang ganz derselbe ist wie bei der gewöhnlichen Zelltheilung. Der Zellkern nämlich, welcher wohl immer vorhanden, obgleich zuweilen unsichtbar, theilt sich in zwei Hälften, welcher Theilung die des Plasma folgt.

Die gelbbraune Farbe, welche die Bacillarien auszeichnet, rührt von zwei Endochromplatten oder von nach bestimmten Zonen angeordneten Körnern her, welche der Innenseite der Seitenwände (Connectivzone Sm., Gürtelring Pfitz.) anliegen und sich mehr oder weniger auf die Vorder- und Hinterwand (Platten, *valves* Engl., Nebenseiten Kütz.) ausdehnen. Das Plasma selbst häuft sich besonders in der Mitte der Zelle an und hier befindet sich auch der grosse wasserhelle Zellkern. Mehr oder weniger grosse und zahlreiche Oeltröpfchen sind in den Vacuolen des übrigen Zellraums zerstreut.

Nachdem der Plasmaschlauch durch eine Längswand sich in zwei gleiche Hälften getheilt hat, erfolgt in demselben eine bilaterale Ausdehnung, in Folge welcher die beiden in einander geschachtelten Hälften des Panzers aus einander rücken und endlich, nachdem die zwei neuen Individuen gebildet, vollständig aus einander fallen. Die neu gebildeten Hälften, von welchen sich jede zu einem neuen Individuum gestaltet, sind nicht vollkommen gleich, sondern dasjenige Individuum, welches der von dem Gürtel der primären Hälfte umschlosssenen secundären Hälfte entspricht. ist kleiner als die Mutterpflanze, von der sie sich abgetrennt hat. Dr. E. Pfitzer (Unters. üb. Bau u. Entwickl. der Bacillariaceen) spricht sich bezüglich der Grösseabnahme der successiven Generationen in folgender Weise aus: „Bei jeder Theilung einer Bacillariacee, deren primäre (zuerst entstandene, umfassende) und secundäre (jüngere, eingeschlossene) Zellhälfte schon an und für sich, wie bereits Wallich betont, nicht gleich gross sind, entstehen wieder zwei in der Grösse verschiedene neue, tertiäre

Hälften. Die eine derselben ist in die grössere, primäre Seite der Mutterzellhaut eingeschlossen, sie muss also eben so gross sein, wie die ursprünglich von derselben Seite umschlossene secundäre Membranhälfte der Mutterzelle. Die andere, tertiäre Schale entsteht aber in dieser letzteren

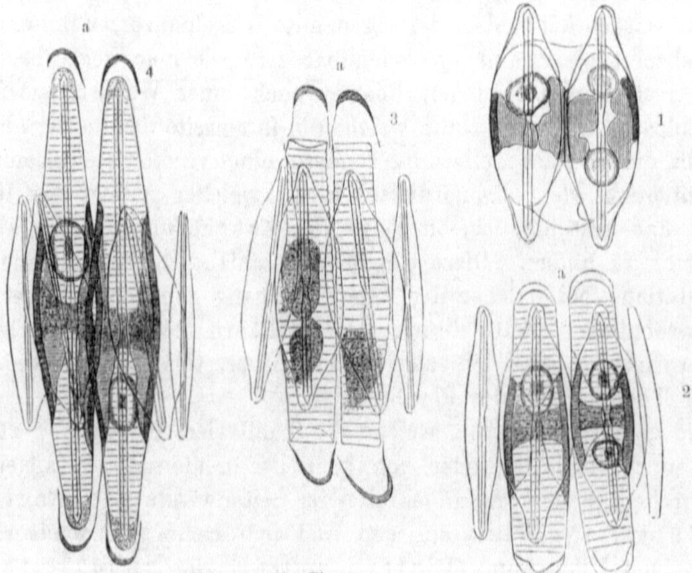

Fig. 1.
Frustularia saxonica Rab. Auxosporen-Bildung.
1 Berührung der beiden primordialen Mutterzellen.
2 Die beiden Auxosporen zwischen den leeren Schalen der Mutterzellen.
3 Auxosporen nach Abtrennung der Kappen (a) abgestorben.
4 Auxosporen mit entwickelten Schalen.
1200/1 (Nach Pfitzer Entw. d. Bacill.)

selbst: sie muss also noch etwas kleiner sein. Nach einer Theilung haben wir also Schalen von dreierlei Länge: eine primäre grösste, eine secundäre und eine tertiäre von gleichem Umfang und endlich eine tertiäre kleinste.“ Nach diesen Vorgängen muss die Durchschnittsgrösse der Bacillarien in dem Grade abnehmen als diese sich theilen. Es ist daher auch selbstverständlich, dass die Individuen derselben Art in sehr verschiedenen Dimensionen vorkommen müssen und diese daher nicht als Artunterschiede angesehen werden dürfen. Diese successive Grössenverminderung hat jedoch ihre Grenze darin, dass die auf das Extrem der Verkleinerung gelangten Individuen eine Verjüngung einleiten und zwar entweder durch Copulation zweier aus ihren Schalen austretenden und sich vereinigenden Primordialzellen (wie bei den Conjugaten), oder auch nur durch den austretenden Inhalt e i n e r Zelle, welcher entweder nur e i n Individuum, oder, durch sofortige Theilung, zwei Individuen bildet. In beiden Fällen entsteht durch Verschmelzung der zwei copulirten Zellen oder durch sehr schnelles Wachsthum der einfachen Zelle ein Product (Auxospore Pfitz.) (s. Fig. 1 [1]), welches die Mutterzellen an Grösse ums Doppelte übertrifft und genau die Grösse des Individuums wieder annimmt, von welchem die Theilung ausgegangen ist.

Bis jetzt ist es noch nicht ermittelt, wie lange ein Bacillarien-Individuum im ungetheilten Zustande verharrt; allein nehmen wir für diese Zeit ein Maximum von 24 Stunden an*), so ergibt sich für die Zahl der im Laufe eines Monats entstehenden Individuen nicht weniger als 1000 Millionen. Aus dieser raschen Vermehrung durch Theilung erklärt sich das oft beinahe plötzliche Auftreten von Diatomeen in ungeheuerer Zahl an Stellen, wo dieselben kurz vorher nur vereinzelt beobachtet worden waren, und die Anhäufung ihrer Kieselpanzer im Laufe der Zeit zu mehrere Fuss dicken Lagern.

Structur des Kieselpanzers.

Die feste kieselige Hülle der Bacillariaceen ist eigentlich das Einzige, womit sich der Palaeontologe zu befassen hat; doch kann es für denselben nicht gleichgültig sein zu wissen, wie diese Hülle entstanden und wie sie sich zu dem Wesen verhält, von welchem sie gebildet worden ist. Deshalb die vorstehenden Erläuterungen.

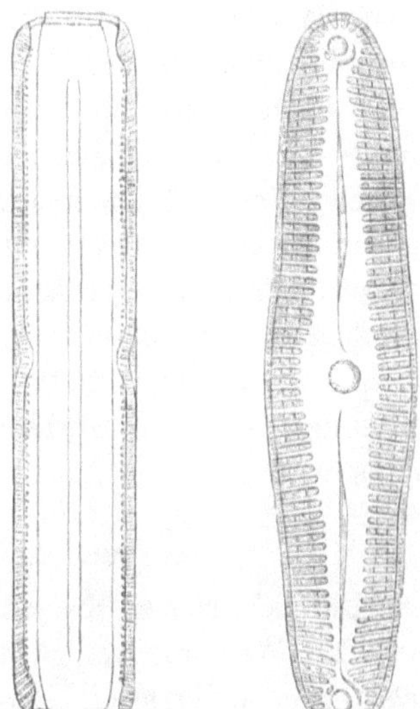

1 2

Fig. 2.
Pinnularia viridis Ehrenb.
1 Gürtelband-Ansicht. 2 Schalen-Ansicht. 800/1 (Nach Pfitzer.)

Diese Hülle ist nicht, wie schon oben bemerkt, das Resultat einer Incrustation, sondern sie ist die Zellwand selbst, aus welcher das Pflänzchen gebildet ist, allein so von Kieselerde imprägnirt, dass sie einzig und allein aus diesem Mineral zusammengesetzt scheint. Sie ist vollkommen fest, sehr zerbrechlich, glashell und besteht aus zwei an den Rändern in einander geschachtelten Schalen (Fig. 2 [1]). Diese beiden Schalen bleiben so lange vermittelst dieser über einander greifenden Ränder (Connectivzone, Gürtelring) verbunden, als das eingeschlossene Plasma keine Neubildung beginnt. Sobald aber dieses, zum Behufe einer Zweitheilung resp. Vermehrung, sich ausdehnt, so rücken die Schalen aus einander, bis endlich, nachdem der Inhalt in zwei Zellen zerfallen, ihre beider-

*) Nach neueren Beobachtungen soll die Zeit eine längere sein.

seitigen Ränder frei werden. Die Zeit des Verharrens des Zellinhaltes in denselben Grössenverhältnissen muss eine sehr kurze sein, da man nur selten die beiden Schalenhälften vollkommen geschlossen trifft, sondern meistens mehr oder weniger aus einander gezogen. Bevor noch die zwei neu gebildeten Individuen aus einander fallen, haben sich die beiden sich berührenden Zellwände verkieselt und zwar ganz in derselben Weise wie die gegenüber liegenden Wände der Mutterzelle. Die neu entstandene Wand greift mit ihrem unter rechtem Winkel angelegten dünnen Rande unter den ebenfalls dünnen Rand der überkommenen Wand und bildet mit demselben das sogenannte Gürtelband. Die eingeschachtelte Wand ist also immer die zuletzt gebildete und entspricht dem jüngeren Individuum. Die nach vorn und hinten liegenden Wände, welche mit dem Namen Platten (Schalen, *valves*) bezeichnet werden (Fig. 2[2]), tragen gewöhnlich jene regelmässigen, zuweilen äusserst zierlichen Zeichnungen oder Sculpturen, welche je nach den Gattungen und Arten andere sind und diese mikroskopischen Wesen, deren Grössen sich in Millimetertheilen bewegen, schon seit lange zum Gegenstand der Bewunderung gemacht haben. Die Feinheit dieser Sculpturen, denn solche sind es, ist oft so gross, dass sie nur mit den besten Instrumenten erkannt werden können, weshalb auch verschiedene Bacillarien als Schärfemesser der Mikroskope benützt werden. Ob ausser den Sculpturen in den Schalen kleine punkt- oder spaltenförmige Oeffnungen sich befinden, durch welche das Plasma Wimperfäden aussendet, die in Folge ihrer Schwingungen den ganzen Körper in Bewegung setzen, das ist bis jetzt noch nicht bewiesen. Vielleicht tritt die zur Ernährung der Pflanze nöthige Feuchtigkeit bloss zwischen den in einander greifenden Rändern der Schalen in das Innere. Nach neueren Beobachtungen sollen auf der Medianlinie der Platten sich Oeffnungen befinden, durch welche das Aus- und Einströmen der Feuchtigkeit stattfände.

Vorkommen und Verbreitung der Bacillariaceen.

Die zahlreichen bis jetzt bekannten Arten (über 1500) leben grösstentheils im Wasser, wenige an feuchten Stellen auf der Erde, auf nassen Felsen oder in feuchtem Moose. Ein Theil derselben gehört bloss den süssen, ein anderer den brackischen Gewässern und endlich ein ziemlich grosser Antheil dem Meere an, wo sie sich bis in die grössten bekannten Tiefen zeigen. Brackische und Süsswasser-Arten kommen nicht selten untermischt vor, besonders am Ausfluss der Flüsse, dagegen bleiben die Süsswasser-Bacillarien streng von denen des Meeres getrennt, und selbst die brackischen Gewässer haben ihre ganz eigenthümlichen Arten. Dies zu wissen ist bei den fossilen Formen nicht ohne Wichtigkeit, da selbst diese winzigsten der urweltlichen organischen Ueberreste, bei Mangel anderer Fossilen, oft mit grösster Gewissheit bestimmen lassen, in welchem Medium das sie einschliessende Gestein sich gebildet hat.

Auf dem Lande gibt es kaum ein stehendes oder fliessendes Wasser, in welchem nicht Diatomeen vorkämen: aus den Eisregionen der Polarländer bis in die Tropen, aus dem Tieflande bis auf die höchsten Alpen, wo sie selbst im Schnee und Eise leben, überall trifft man diese wunderbaren Geschöpfe an. Im Wasser finden sie sich auf Steinen, auf welchen sie häufig einen schleimigen braungelben Ueberzug bilden, auf lebenden und abgestorbenen Pflanzen. An manchen Orten, besonders in seichten Seen, in stehenden oder fliessenden Wassern der Torfmoore, treten dieselben in so ungeheueren Massen auf, dass sie, in verhältnissmässig kurzer Zeit, Lagen von mehreren Zoll ja Fuss bilden. Die bekannte Kieselguhr, jenes schneeweise, wie feines Mehl sich anfühlende Pulver, welches oft massenhaft in den Sümpfen angetroffen wird, wie u. a. bei Eger (Fig. 3) und Franzensbad (Fig. 4) in Böhmen, in der norddeutschen Ebene

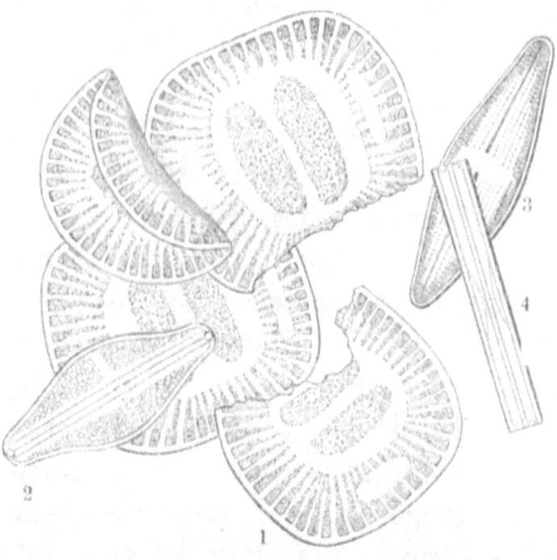

Fig. 3.
Bergmehl von Eger.
1 *Campylodiscus Clypeus.* 2 *Navicula sculpta.* 3. 4 *Navicula bohemica.*

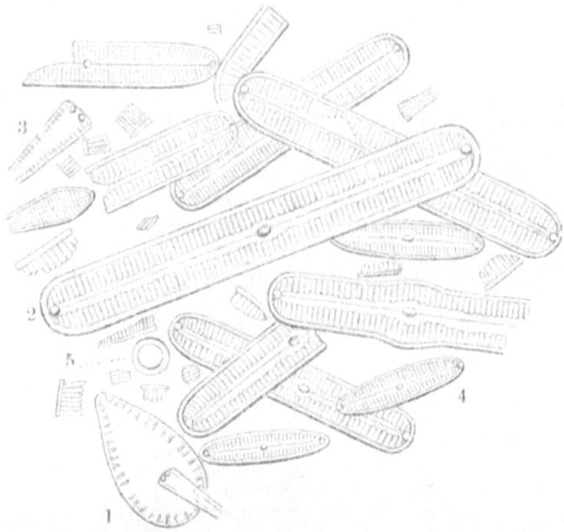

Fig. 4.
Kieselguhr von Franzensbad.
1 *Surirella striatula.* 2 *Pinnularia viridis.* 3 *Gomphonema truncatum.* 4 *Navicula gibba.* 5 *Gallionella distans.* 6 *Gomphonema clavatum.*

(Lüneburger Haide), bei Ceyssat mit über 40 Arten und Menat im Puy de Dôme (Fig. 5), in Skandinavien, den brittischen Inseln, in den arctischen und antarctischen Regionen (u. a. Victorialand), und als Polirmittel geschätzt wird, ja selbst in früheren Zeiten als Substitut des Mehles gegessen worden ist, dieses Pulver ist nichts anderes als eine Anhäufung von leeren Bacillarien-Schalen, bald vorherrschend e i n e r Art, bald verschiedenen Arten angehörend. In den Seehäfen sind es zuweilen hauptsächlich diese winzigen Körper, welche die Verschlämmung derselben herbeiführen.

Die fossilen Bacillarien bilden oft mächtige und ausgedehnte Anhäufungen, zuweilen, in Folge von Hebungen, ganze Hügel, wie bei Bilin in Böhmen (Fig. 6), wo dieselben im Contact mit den eruptiven Phonolithen in porzellanfesten Jaspis oder in Halbopal umgewandelt sind, im Habichtswald ohnweit Cassel liegen ganze Lager von Polirschiefer oder Tripel — so heissen nämlich die in papierdünnen Schichten abgelagerten fossilen Bacillarien-Anhäufungen —, der Untergrund von Berlin besteht zum Theil aus solchen, und zwar aus brackischen und Süsswasser-Formen, und die Stadt Richmond in Virginien (Fig. 7) soll auf einem 18 Fuss dicken Lager solcher Kieselgehäuse ruhen. Von dieser Localität führt Ehrenberg nicht weniger als 112 Arten an, unter denen die Gattungen *Coscinodiscus*, *Actinocyclus* und *Actinoptychus* eine Hauptrolle spielen.

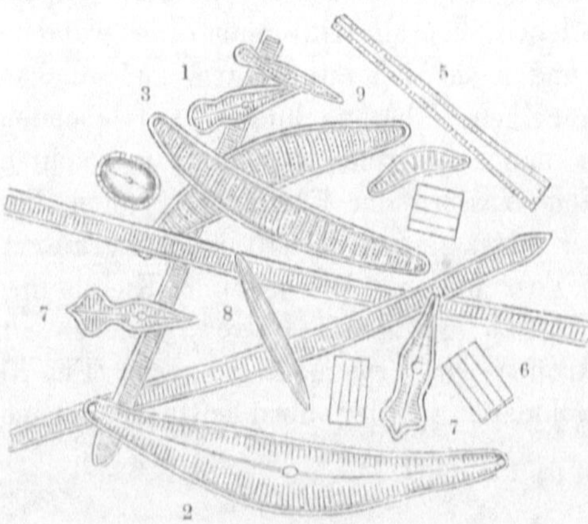

Fig. 5.
Kieselguhr von Ceyssat (Puy de Dôme).
1 *Synedra capitata.* 2 *Cocconema asperum.* 3 *Eunotia granulata.* 4 *Cocconema cymbiforme.* 5 *Synedra Ulna.* 6 *Fragilaria Rhabdosoma.* 7 *Gomphonema laticeps.* 8 *Pinnularia amphioxys* (sollte am Rand quergestrichelt sein). 9 *Gomphonema truncatum.* 10 *Gomphonema Mustela.* 11 *Cocconeïs lineata.*

In Canada sind ausgedehnte Schichten von schneeweissem Bergmehl in Ligniten und alten Torfmooren entdeckt worden. Der schon lange als Polirpulver geschätzte Tripoli von Oran ist auch besonders den Palaeontologen bekannt, wegen der häufigen in demselben vorkommenden fossilen Fische. In dem schneeweissen schon längst bekannten Bergmehle von Santafiora (Fig. 8) (Italien) hat Ehrenberg über 50 Arten Süsswasser-Diatomeen unterschieden.

Fig. 6.
Polirschiefer von Bilin. *Gallionella distans.*

Eine traurige Berühmtheit hat das Bergmehl von Degernfors (Fig. 9) an der Grenze Lapplands in Schweden während der Hungersnoth von

1832 erlangt, da dasselbe massenhaft mit etwas Mehl untermischt zu Brod verbacken und gegessen wurde. Ehrenberg berichtet darüber, dass die Hauptmasse aus Bacillarien-Panzern bestehe, untermischt von Spongillen-Nadeln. Dasselbe enthält 47 Arten, von welchen einige mit lebenden identisch sind, andere auch im Bergmehl von Santafiora und von der Insel Bourbon vorkommen, während die übrigen zum Theil ganz eigenthümlichen Formen angehören. Selbst im Guano kommen grosse Mengen von Bacillarien-Panzern vor, welche durch die Eingeweide der den Guano (Fig. 10) absetzenden Vögel und vorher durch die der Fische und anderer Seethiere, von welchen sich diese Vögel nähren, durchgegangen sind, und deren Kenntniss zur Bestimmung des Ursprungsortes dieses Dungmittels von grosser mercantilischer Wichtigkeit ist, da dessen Güte je nach der geographischen Lage dieser Stellen sehr wechselt: der peruvianische Guano enthält gewisse Arten, welche nicht in dem neuseeländischen vorkommen, der afrikanische andere als der norwegische u. s. w.

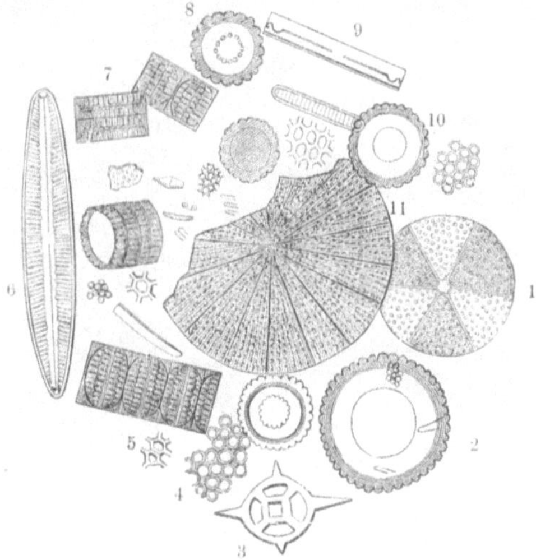

Fig. 7.

Diatomeen-Erde von Richmond (Virginien).

1 *Actinoptychus biternarius.* 2. 5. 7. 8. 10 *Gallionella sulcata* (in verschiedener Grösse und Stellung). 3 *Dictyocha Crux.* 4 *Coscinodiscus Gigas* (Fragment). 6 *Pinnularia peregrina.* 9 *Grammatophora africana.* 11 *Actinocyclus tridenarius.*

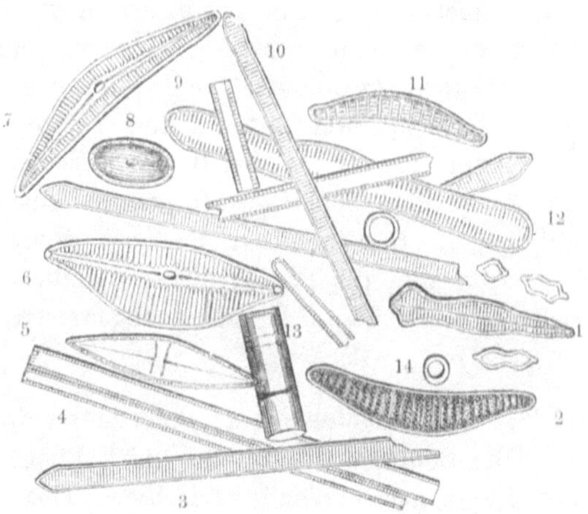

Fig. 8.

Bergmehl von Santafiora (Italien).

1 *Gomphonema coronatum.* 2 11 *Eunotia granulata.* 3. 10 *Synedra capitata.* 4. 9 *Synedra acuta.* 5 *Stauroneïs Bacleyi.* 6 *Pinnularia inaequalis.* 7 *Cocconema Arcus.* 8 *Cocconeïs ineatla.* 12 *Pinnularia mesogongyla.* 13 *Synedra* (Fragment). 14 *Gallionella distans.* 15 *Fragilaria binodis.*

Damit ist jedoch nicht gesagt, dass jede Erdregion ihre eigene Bacillarien-Flora habe, wie das für die höheren Pflanzen der Fall ist; im Gegentheil, es finden sich dieselben Arten auf sehr grossen Distanzen, selbst die Süsswasser-Arten gehen aus der kalten Zone in die

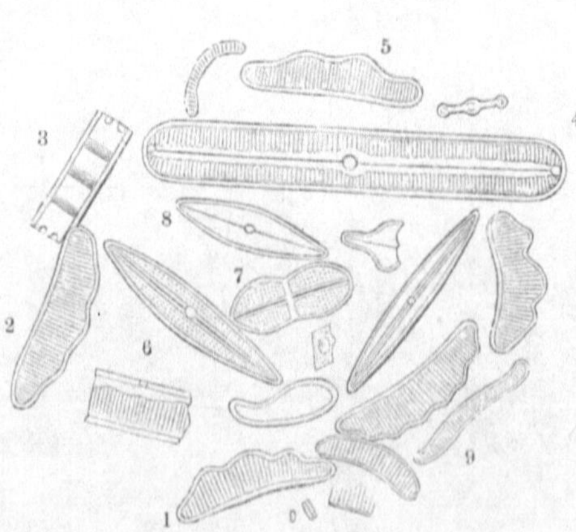

Fig. 9.
Bergmehl von Degernfors (Schweden).
1 *Eunotia triodon.* 2 *Eunotia tetraodon.* 3 *Eunotia triodon* (Gürtelband). 4 *Pinnularia viridis.* 5 *Eunotia zygodon* 6 *Navicula lineolata.* 7 *Achnanthes brevipes.* 8 *Navicula fulva.* 9 *Himantidium Arcus.* 10 *Navicula Trochus.* 11 *Tabellaria biceps.*

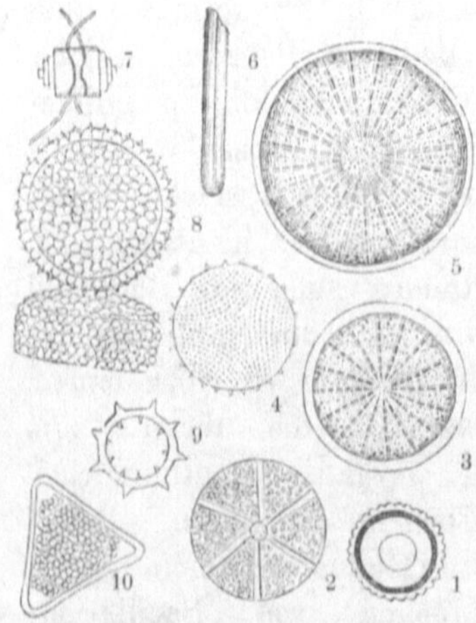

Fig. 10.
Guano von Afrika (Saldanha-Bay).
1 *Gallionella sulcata.* 2 *Omphalopelta areolata.* 3. 5 *Actinocyclus Luna.* 4 *Odontodiscus excentricus.* 6 *Spongolithis Fustis.* 7 *Chaetoceras didymus.* 8 *Eudictya oceanica.* 9 *Mesocena binonaria.* 10 *Triceratium megastomum.*

heisse über, und solche aus dieser in die kalte Zone; beide Hemisphären haben deren nicht wenige gemein mit einander. Viele fossile Formen sind vollkommen identisch mit jetztlebenden, und kaum gibt es eine fossile Gattung, welche nicht ihre Vertreter in der Jetztwelt hätte.

Wann die ersten Bacillarien erschienen sind, ist unbekannt. Ob die Bactryllien, welche oft ganze Felsmassen in der oberen Trias anfüllen, hierher gehören, ist noch nicht gewiss, doch wahrscheinlich: es wären dies die Riesen dieser Familie. Mit Gewissheit ist ihr Dasein erst in der oberen Kreide nachgewiesen, und zwar nur in wenigen Species*).

Systematische Anordnung der Bacillariaceen.

Die Stellung dieser einzelligen Pflanzen ist wohl am richtigsten in der Nähe der ebenfalls einzelligen Desmidiaceen; ob sie jedoch mit

*) Von Francesco Castracane ist in der jüngsten Zeit in Pringsheim, Jahrb. Bd. X eine Abhandlung erschienen, in welcher derselbe folgende noch lebende (!) Arten als in der Steinkohle fossil vorkommend angibt: *Fragilaria Harrisoni* Sm., *Epithemia gibba* Ehr., *Sphenella glacialis* Ktz., *Gomphonema capitatum* Ehr., *Nitschea curvula* Ktz., *Cymbella scotica* Sm., *Synedra vitrea* Ktz., *Diatoma vulgare* Bory. Sonderbar! in England lebende Arten, in der englischen Kohle fossil.

diesen in einem genetischen Verhältniss stehen, das müssen wir noch dahingestellt sein lassen. Der so ganz eigenthümliche Bau der verkieselten Zellwand, ohne Analogie in der übrigen Pflanzenwelt, erfordert vielleicht diesen Typus als eine eigene Classe anzusehen, welche sich, wie die übrigen Pflanzenclassen, in Ordnungen, Familien und Gattungen eintheilen liesse.

Die systematische Gruppirung der verschiedenen Formen ist eine sehr schwierige und daher bei jedem Autor eine andere. Es würde hier zu weit führen, auch für unseren Zweck unnütz sein, hierauf weiter einzugehen. Da wir uns nur mit den im fossilen Zustande erhaltenen Kieselhüllen zu befassen haben, so wähle ich vorzugsweise die Zusammenstellung Rabenhorst's, welche hauptsächlich auf die Form und Structur dieser Hüllen gegründet ist.

1. Tribus. Bacillarieae. Gmel.

Diatomaceae De Cand. *Diatomophyceae* Rabenh. Mikroskopische, einzellige Pflanzen; die verkieselte Zellwand aus zwei schachtelartig in einander greifenden Hälften bestehend, die Innenseite mit einer dünnen Protoplasmahaut ausgekleidet, welcher das durch Phycoxanthin braungelb gefärbte Chlorophyll in Form einer Platte oder von Körnern aufliegt; Plasma in der Mitte der Zelle mit Vacuolen und Oeltröpfchen; Vermehrung durch Zweitheilung oder Auxosporen.

1. Familie. **Melosireae.**

Zellen vereinzelt oder gepaart oder zahlreich in confervenartige fluthende Fäden vereinigt, von der Seite gesehen cylindrisch mit mehr oder weniger deutlicher Commissur; von vorn gesehen scheibenförmig, flach oder convex, zuweilen schwach gewellt, glatt oder strahlig punctirt — gestreift.

Cyclotella Ktz. Platten kreisförmig, flach, in der Mitte körnig punctirt, übrigens glatt oder strahlig gekörnelt, gestreift. Süsswasser-, seltener Brackwasser-Bewohner. Fossil im Obertertiär.

Pyxidicula Ehrenb. Länglich, eiförmig oder beinahe sphärisch; Schalen hochconvex, mit kleinen in regelmässige Kreise angeordneten Wärzchen besetzt. Süsswasserbewohner. Lebende Arten wenig, fossile zahlreich.

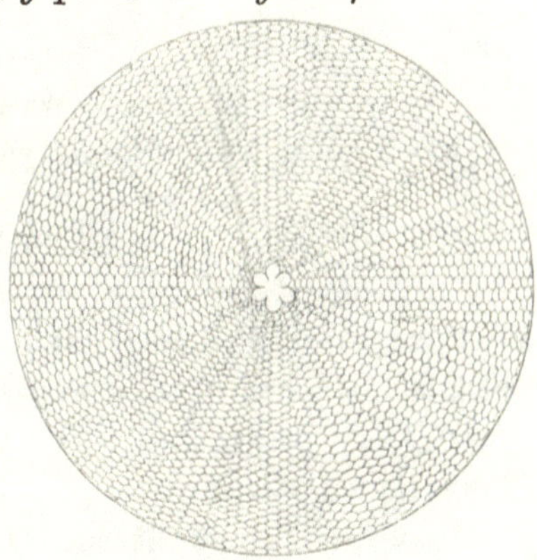

Fig. 11.
Coscinodiscus Oculus Iridis Ehrenb. 300/1 (Richmond.)

Coscinodiscus Ehrenb. (Fig. 11). Platten kreisrund, eben oder flachconvex, mit hexagonaler Netzsculptur; Gürtelband schmal, cylindrisch, glatt. Brackwasser- und Meeresbewohner; häufig fossil; mehrere Arten im Guano.

Eupodiscus Ehrenb. Verschieden von vorhergehender Gattung durch weniger deutliche oder ganz fehlende Netzsculptur und durch die hornförmigen Fortsätze auf den Platten. Nur brackisch oder marin.

Actinocyclus Ehrenb. (s. Fig. 7 [11]). Platten kreisrund, mit sechseckigem, glattem Centralfeld, von welchem abwechselnd sich hebende und senkende Wellen ausgehen. Brackisch und marin.

Die Art *A. undulatus*, welche an den Küsten Englands häufig lebend vorkommt, findet sich im Guano von Peru, im Tripel von Richmond in Virginien u. a. a. Orten fossil.

Arachnodiscus Bail. Platten eben oder schwach gewölbt, fein gegittert, durch zahlreiche knotige Strahlen in gleichgrosse Felder getheilt; kleine glatte Central-Area, von kurzen, strahlig ausgehenden Rippen umgeben; äusserer Rand von einem nach innen vielfach unregelmässig eingeschnittenen Band umsäumt. Auf Tangen im Meer von Californien, Japan, Südafrika, einmal an der Küste Englands beobachtet. Im Guano von Peru.

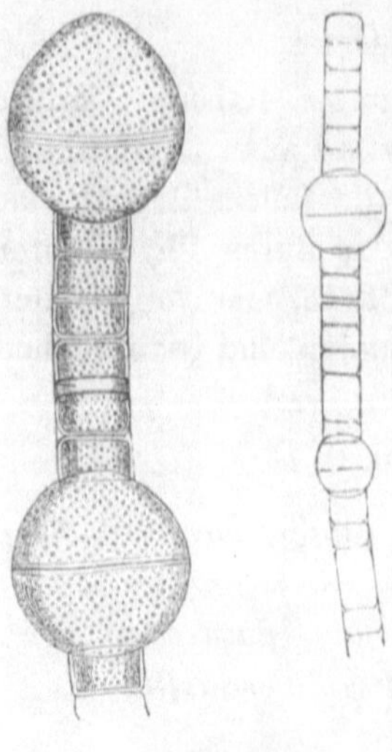

Fig. 12. *Melosira varians* Ag.

Discosira Rabenh. Zellen scheibenförmig, zu mehreren in einen regelmässigen, unterbrochen schief gestreiften Cylinder vereinigt; Platten beinahe flach, am Rande fein gezähnelt; Gürtelband gestreift. Brackwasserbewohner. Fossil im jüngsten Tertiär.

Melosira Ag. (Fig. 12.) Zellen cylindrisch, sphärisch oder elliptisch; Platten durch ein sehr schmales Gürtelband vereinigt, eben oder leicht gewölbt, meistens am Rande gezähnelt. Die lebenden Individuen in schleimige, häufig rosenkranzförmige Fäden vereinigt. Im brackischen und süssen Wasser, und in diesem bis auf die höchsten Alpen.

Die Gattung *Gallionella* Ehrenb. ist mit *Melosira* zu vereinigen.

2. Familie. **Surirelleae.**

Zellen vereinzelt, frei, sehr selten mit einem schleimigen Stiel versehen, kreisrund, oval oder keilförmig, häufig gebogen oder sattelförmig, seltener gewunden; Platten strahlig gerippt, Rippen je nach der Grösse des Centralfeldes länger oder kürzer, Centralfeld (area) kreisrund, eckig oder linienförmig, fein punctirt.

Campylodiscus Ehrenb. (s. Fig. 3). Platten entweder kreisrund, flach, mit grosser runder Area und kurzen breiten Rippen, oder rund-herzförmig, auch länglichrund, sattelförmig gebogen, mit glatten oder in Knötchen aufgelösten

Rippen und unregelmässigem Centralfeld, auch länglich und S-förmig gewunden mit langer linealer Area. Zahlreiche Arten, theils im süssen, theils im brackischen Wasser und im Meere lebend; fossil nicht häufig.

Surirella Turp. (s. Fig. 4[1]). Zellen vereinzelt, frei, oblong-eilänglich oder gestreckt elliptisch, zuweilen an der Mitte ausgeschweift, von dem schmäleren oder breiteren Mittelband aus quergerippt, Rippen gegen den Rand knotig erhaben; Gürtelband von vorn gesehen ein stumpfwinkeliges Rechteck darstellend, durch eine glatte Mediane in zwei gleiche Längshälften getheilt, quergerippt. In vielen Arten im süssen, brackischen und Meerwasser lebend; häufig fossil.

Cymatopleura W. Sm. Zellen frei, länglich oder lang, lineal-elliptisch und an der Mitte ausgeschweift; Platten quergewellt und querrippig; Gürtelband lineal-rechtwinkelig mit quergestreiftem Saum. Im süssen Wasser, wo mehrere Arten sehr gemein; fossil.

3. Familie. **Eunotieae.**

Zellen vereinzelt Wasserpflanzen aufsitzend oder in Bänder vereinigt, lang und schmal elliptisch oder halbmondförmig mit stumpfen Enden, knotig quergerippt; Gürtelband lang-rechtwinkelig, mit knotigem oder kurzgeripptem Saumband.

Epithemia Brébiss. Zelle mit der Unterseite aufsitzend, halbmondförmig gebogen, mit starken oft knotigen Rippen, zwischen welchen punktirte Linien; Gürtelband längs der Mitte glatt, seitlich dick gerippt oder mit knopfförmigen Knötchen besetzt. In süssem und brackischem Wasser, manche Arten in beidem zugleich; nicht selten fossil, und zwar zum Theil die lebenden Arten.

Eunotia Ehrenb. (s. Fig. 9[5]). Zellen frei oder dicht in Bänder vereinigt, länglich-halbmondförmig, convexe Seite zwei- oder mehrhöckerig, punktirt-quergestreift; Gürtelband längs der Mitte glatt, nach den Seiten hin quergestreift. Zahlreiche Arten in Süsswassertümpeln, Seen, Torfmooren, selbst auf Moosen an Baumstämmen lebend; häufig in der Kieselguhr; nicht selten fossil in den neuern Tertiärgebilden.

Himantidium Ehrenb. (s. Fig. 9[6]). Unterscheidet sich von *Eunotia* nur durch die in Bänder vereinigten Zellen, deren Spitzen aufwärts gebogen oder gerade sind. Die lebende Art *H. Arcus* Ehr. kommt sehr häufig auch fossil vor.

Amphicampa Ehrenb. Verschieden von *Eunotia* durch den buchtig gezähnelten Rand. Beinahe alle Arten aussereuropäisch; viele fossil.

4. Familie. **Cymbelleae.**

Zellen halbmond- oder kahnförmig, wie bei den Eunotiaeen, verschieden durch den Centralknoten der Platten, welcher die, wenn sie vorhanden, der concaven Seite genäherte Mittellinie in zwei gleiche Hälften theilt. Die Individuen sind entweder vereinzelt oder zu zwei vereint, frei schwimmend (Ceratoneïs, Cymbella), in einer Gallertmasse eingebettet (Syncydia), in einem Gallerttubus eingeschlossen (Encyonema), oder auch frei und nur vermittelst eines gelatinösen Stiels angeheftet.

Ceratoneïs Ehrenb. Zelle vereinzelt, frei schwimmend, lang und schmal kahnförmig; Centralknoten nach unten vorstehend, keine Längslinie, fein quergestreift; von der Seite gesehen schmal lineal-rechtwinkelig. Süsswasserbewohner; fossil.

Cymbella Ag. (Fig. 13). Mehr oder weniger breit kahnförmig, oder ungleichseitig elliptisch; Centralknoten auf der unterhalb der Mitte liegenden Längslinie, deren Enden knotig angeschwollen, fein quergestreift; Gürtelband lineal, stumpfeckig, quergestreift, in der Mitte jeder Seite ein Knötchen tragend. Süsswasserbewohner. Die lebende *C. Ehrenbergii* Ktz. sehr häufig im Tripoli von Santa-Fiora.

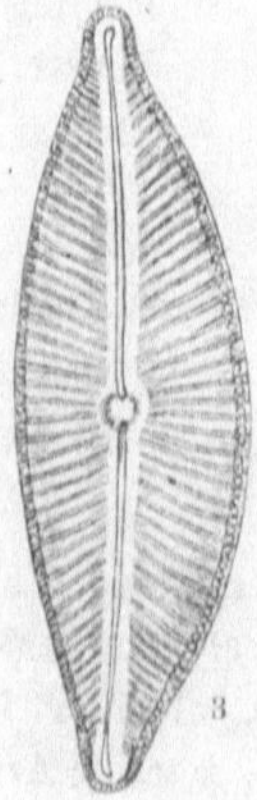

Fig. 13.
Cymbella Ehrenbergii Ktz.

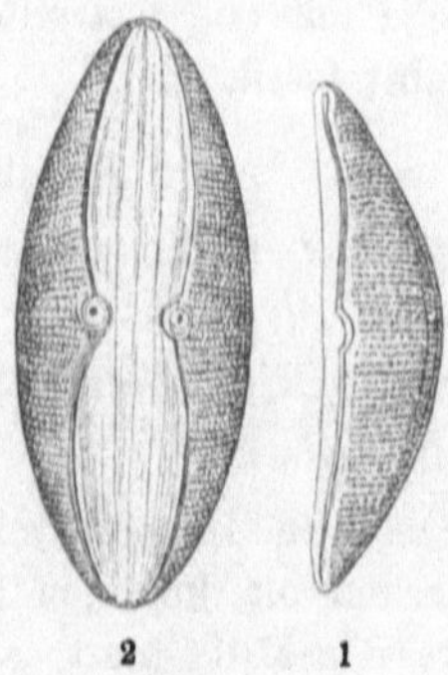

Fig. 14.
Amphora ovalis Ktz.

Amphora Ehrenb. (Fig. 14). Kahnförmig, Bauchseite geradlinig, Centralknoten randständig, dicht und quergestreift; Gürtelband elliptisch, an der Bauchseite durch die Knoten der umgebogenen quergestreiften Platten in der Mitte eingeschnürt. Die sehr zahlreichen Arten sind Bewohner des Meeres und des Brackwassers, wenige derselben des süssen Wassers. Fossil im Polirschiefer von Kutschlin bei Bilin, im Bergmehl von Santa-Fiora, u. a.

5. Familie. Achnanthaceae.

Zellen entweder vereinzelt, aufsitzend, elliptisch oder beinahe kreisrund, mit einer in der Mitte und an beiden Enden ein Knötchen tragenden Mittellinie, oder gestielt und gebogen lineal, zuweilen zu zwei oder mehreren in ein Band vereinigt, auch vollkommen frei und vereinzelt, gebogen keilförmig, mit Medianlinie und Centralknoten, oder einzeln und gepaart vermittelst kurzer Gallertfäden in eine Kette vereinigt, dann immer lang und schmal lineal.

Cocconeïs Ehrenb. (s. Fig. 8[8]). Aufsitzend, oval-kreisförmig oder elliptisch, beide Platten eben oder die eine gewölbt, durch eine Längslinie in zwei Hälften getheilt, Central- und Polarknötchen deutlich, punktirt längsgestreift; von der Seite (dem Gürtelband) gesehen etwas gebogen, schmal rechtwinkelig. Arten zahlreich; Süsswasser- und Meeresbewohner. Häufig fossil, u. a. in dem dichten Tripoli und den Halbopalen Ungarns.

Achnantes Bory. (s. Fig. 9 [7]). Zellen einzeln, gepaart oder zu vielen seitlich in ein Band vereinigt, mit einem Gallertstiel versehen, sehr klein, schmal lineal, leicht gebogen, mit mehr oder weniger deutlichen Querstreifen. In süssen und brackischen Gewässern. Seltener fossil, u. a. im Tripoli von Oran.

In diese Familie gehören noch die Gattungen *Achnanthidium* Ktz., *Cymbosira* Ktz., *Rhoicosphenia* Gruen.

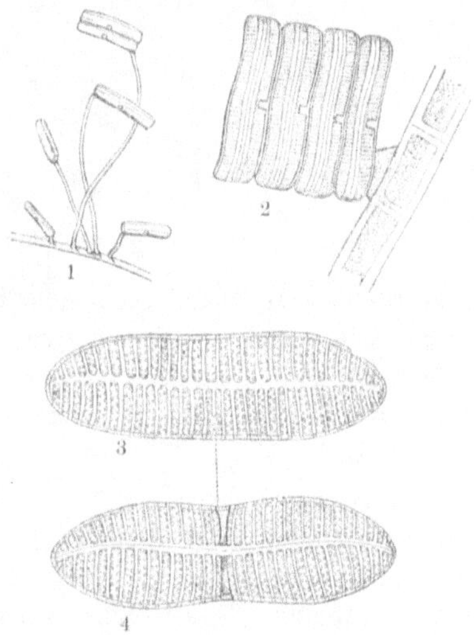

Fig. 15.
1 *Achnantes exilis* Ktz. 2 *Ach. subsessilis* Ktz. 3 *Ach. longipes* Ag. (Seitenplatten).

6. Familie. **Fragilarieae.**

Zellen gerade, symmetrisch. Platten eben, gegen die Pole hin allmählich oder plötzlich verschmälert, oder an denselben abgerundet, mit oder ohne Mittellinie, quergerippt, Rippen glatt oder knotig; Gürtelband meistens vollkommen rectangulär, zuweilen unter den verdickten Enden etwas verschmälert, mit breitem glattem Längsband, von da aus fein quergestreift. Die Individuen vereinzelt oder mehr und weniger zahlreich in ein Band vereinigt, welches sich sehr leicht der Art zerstückelt, dass die einzelnen Zellen an einer oder der andern Ecke, vermittelst einer schleimigen Substanz, vereinigt bleiben.

Denticula Ktz. Individuen sehr klein, vereinzelt, gepaart oder in sehr kurze Bänder vereinigt; Platten länglich, an beiden Enden zugespitzt, gewölbt und etwas gekielt, quergestreift oder gerippt; Gürtelband rectangulär, mit glattem Längsstreif und seitlichen Rippen. Süsswasserbewohner.

Fragilaria. Ag. (s. Fig. 8 [15]). Individuen in Bänder gereiht; Platten länglich elliptisch an den Enden stumpf, ohne Mittellinie, mit fein granulirten Querlinien, zuweilen sehr schmal, lineal, an den Polen zugespitzt; Gürtelband rectangulär, zuweilen breiter als die Platten, mit glattem Längsstreif, und feinen Querlinien. Süsswasser- selten Meeresbewohner. Häufig fossil, u. a. im Polirschiefer von Bilin, im Bergmehl von Schweden.

Odontidium. Ktz. Zellen rechtwinkelig, in zuweilen theilweise sich auflösende Bänder vereinigt; Platten elliptisch länglich, quergerippt, ohne Mittellinie; Gürtelband rectangulär, mit glattem Längsstreif, Seiten kurz gerippt. In kalten Wassern bis in die höchsten Alpen.

Diatoma. De Cand. (Fig. 16). Die lineal-rechtwinkeligen Zellen in Bänder vereinigt, welche sich der Art zerstückeln, dass die Bruchstücke, aus einer oder mehreren Zellen bestehend, an der einen oder andern Ecke vermittelst schleimiger Substanz im Zusammenhang bleiben; Platten länglich elliptisch, durch ein schmales Längsband ohne Centralknötchen in zwei gleiche Hälften getheilt,

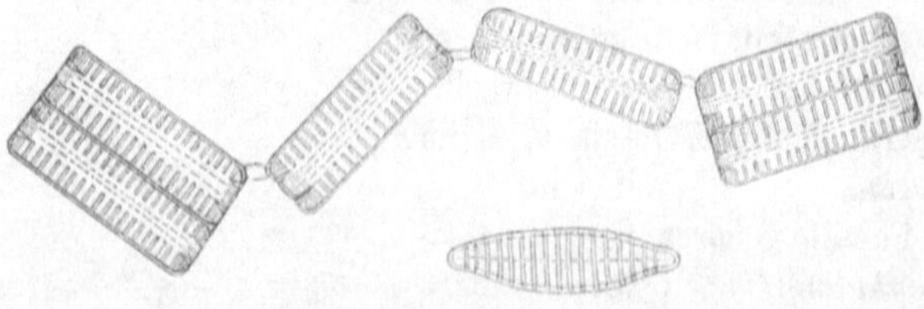

Fig. 16.
Diatoma vulgare Bory.

quergerippt; Gürtelband rechtwinkelig, so breit als die Platten, mit ziemlich breitem Längsband und feinen Querstreifen. Je nach den Arten im süssen oder salzigen Wasser; die Süsswasser-Arten sehr zahlreich und häufig; fossil von der oberen Kreide an. Dieser Typus scheint zu den ältesten Bacillarien-Formen zu gehören.

Dimeregramma Pritch. Zellen rechtwinkelig, in Bänder vereinigt, zuletzt frei; Platten länglich elliptisch, gegen die Pole zuweilen leicht ausgeschweift verschmälert, durch ein glattes Querband halbirt, übrigens dicht quergestreift oder querpunktirt; Gürtelband entweder regelmässig stumpfeckig rectangulär oder unter den abgerundeten Ecken etwas zusammengezogen, mit breitem Längsband, übrigens quergestreift oder punktirt. Im brackischen Wasser der Flussmündungen, im Schlamm der Seehäfen.

Rhaphoneïs Ehrenb. Zellen frei oder gestielt; Platten langgezogen oder breit oval-rhombisch, an beiden Enden stumpf, mit Längsband, dicht quergestreift oder punktirt; Gürtelband schmal beinahe lineal oder spindelförmig, glatt, mit oder ohne Längslinie. Meeresbewohner. Fossil, u. a. im Bergmehl von Richmond.

Synedra Ehrenb. (s. Fig. 5[1]. Fig. 8[3 4 9 10]). Zellen anfänglich büschelweise oder fächerförmig auf einem kissenförmigen gelatinösen Fussgestell vereinigt, zuletzt frei, sehr lang und schmal lineal-rechtwinkelig, gerade, gebogen oder gewellt; Platten lineal oder nach beiden Enden lang zugespitzt, meistens mit einer Medianlinie und einem Scheinknoten, letzterer zuweilen ringförmig, Querstreifen dicht und manchmal sehr undeutlich; Gürtelband lineal, am Rande gestreift. Die sehr zahlreichen Arten dieser Gattung leben theils im süssen, theils im salzigen Wasser, wo sie anfänglich den Algen aufsitzen. Besonders in den neuesten Tertiär- und den Quartär-Gebilden fossil.

7. Familie. **Amphipleureae.**

Individuen vereinzelt und frei oder in dichte Haufen vereinigt und von einer Schleimmasse eingehüllt, lang spindelförmig oder beinahe prismatisch; Platten mit drei carinirten Längsrippen, einem glatten Längsband ohne Mittelknötchen; Gürtelband sehr schmal. Sehr kleine Formen.

Amphipleura Kütz. Individuen vereinzelt. In süssen und salzigen Gewässern, besonders in Sümpfen.

Die Gattung *Rhaphidogloea* unterscheidet sich durch die in einer schleimigen, strahlig auseinander gehenden, von einer gelatinösen Hülle umgebenen Flüssigkeit. Alle Arten sind marin.

8. Familie. **Nitzschieae.**

Zellen lang, gerade oder gebogen, vierkantig, rechteckig; Platten lineal-elliptisch oder oval, an beiden Enden abgerundet oder verschmälert und lang, beinahe nadelförmig zugespitzt, in der Mitte zuweilen mehr oder weniger zusammengezogen, quergerippt, Längslinie nicht in der Mitte liegend, gekielt und punktirt; Gürtelband quergerippt. Die Individuen sind frei oder in unregelmässige Bänder vereinigt, oder von einer verästelten Gallerthaut eingeschlossen. Manche Formen können leicht mit Fragilarieen, namentlich mit Synedra verwechselt werden.

Tryblionella Sm. Zellen vereinzelt oder gepaart, elliptisch oder lineal-rechtwinkelig; Platten eben, gegen den Rand hin schmal geflügelt und von einem Knoten- oder schmalen Rippenband umsäumt, übrigens quergestreift und von einer feinen Längslinie durchzogen; Gürtelband elliptisch rectangulär, am Rande kurz gerippt. Im süssen Wasser, besonders in warmen Quellen, an Flussmündungen und im Meere. Fossil?

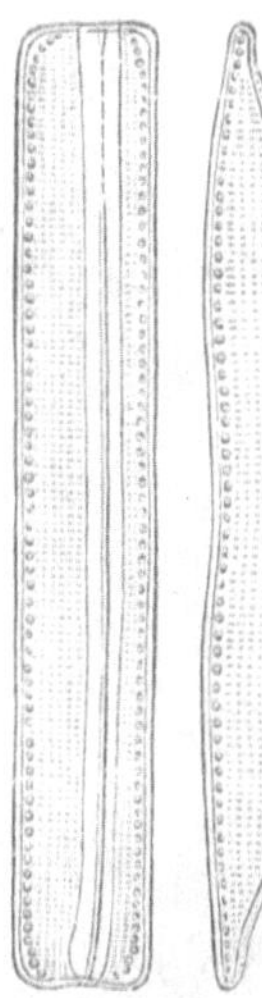

Fig. 17. *Nitzschia vivax* W. Sm.

Nitzschia Hass. (Fig. 17). Zellen vereinzelt, lang, gerade oder S-förmig gebogen, von *Synedra* durch den excentrischen punktirten Kiel verschieden; Platten lineal, gekielt, zuweilen an beiden Enden in eine lange, zuweilen gedrehte Pfriemspitze auslaufend *(Nitzschiella)*; Gürtelband schmal. Die zahlreichen Arten leben vorzugsweise in salzigen, einige zugleich auch in süssen Gewässern und in warmen Quellen, wenige nur allein im süssen Wasser. Mehrere Arten werden von Ehrenberg unter den Gattungsnamen *Navicula* und *Synedra* als fossil angeführt.

9. Familie. **Naviculeae.**

Individuen vereinzelt, selten zu mehreren in Bänder vereinigt, frei schwimmend oder in eine Gallertmasse eingehüllt. Zelle meistens genau symmetrisch, elliptisch oder lineal und an den Polen abgerundet, gerade, selten ausgezogen S-förmig; Platten der Länge nach durch eine Mediane in zwei gleiche Hälften getheilt; Centralknoten mehr oder weniger stark, zuweilen in Strahlen aufgelöst oder beinahe verschwindend; Querlinien bald rippenförmig, bald sehr fein und dichtgedrängt; Gürtelband von vorn gesehen meistens rectangulär und an den Enden abgerundet, selten in der

Mitte leicht zusamengezogen, mit glattem, selten punctirtem Längsband, seitlich meistens gestreift.

Navicula Bory. (s. Fig. 3, [2–4]). Zelle oval, länglich oder an beiden Enden lanzettlich zugespitzt; Platten convex, mit einer Längsmediane, einem centralen und zwei polaren Knötchen, quergestreift, Streifen öfter in Knötchen zertheilt und dann, bei den mehr abgerundeten Formen, strahlig divergirend. Diese Gattung, wenn man die nahe verwandte Gattung *Pinnularia* mit einschliesst, zählt mehrere Hundert Arten, von welchen die Mehrzahl in brackischen Gewässern und im Meere lebt, die übrigen im süssen Wasser oder Schlamm entweder ausschliessend oder theilweise auch zugleich in salzigem Medium. Diese zierlichen Formen sind fast in allen fossilen Diatomeen-Lagern vertreten, viele der fossilen Arten leben jetzt noch, andere sind ausgestorben.

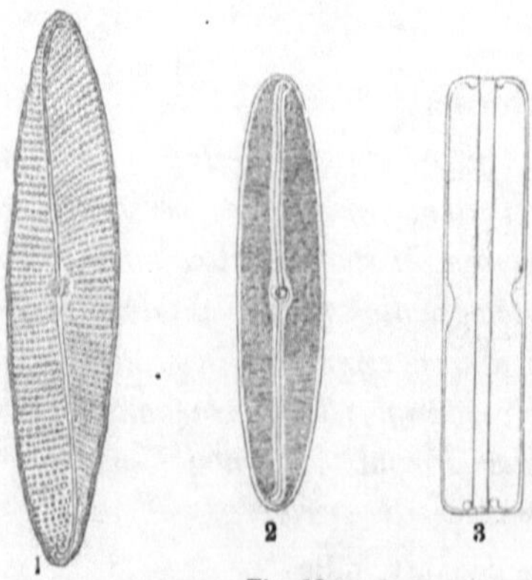

Fig. 18.
1 *Navicula Jenneri* Sm.
2. 3 *Navicula Liber* Sm.

Pleurosigma W. Smith. (Fig. 19). Zellen vereinzelt, lang und schmal lanzettlich, seltener breiter und rhomboidisch, gestreckt S-förmig; Platten convex, mit einer Längslinie, welche entweder genau die Mitte durchläuft, oder sich nach oben und unten dem Rande nähert, in der Mitte einen stärkern, an beiden Enden einen kleinern Knoten trägt, dicht schief- oder quer- und längsgestreift, Streifen bei manchen Arten aus Knötchen bestehend. Diese ausserordentlich feine Zeichnung kann nur mit den besten Instrumenten erkannt werden, weshalb einige Pleurosigmen vorzugsweise als Stärke- und Schärfemesser für Mikroskope angewendet werden. Die meisten der zahlreichen Arten dieser Gattung sind Meeres- und Brackwasserbewohner. Fossil ist dieses Genus, wie es scheint, nur in den jüngsten Gebilden vertreten.

Fig. 19.
Pleurosigma elongatum W. Sm.

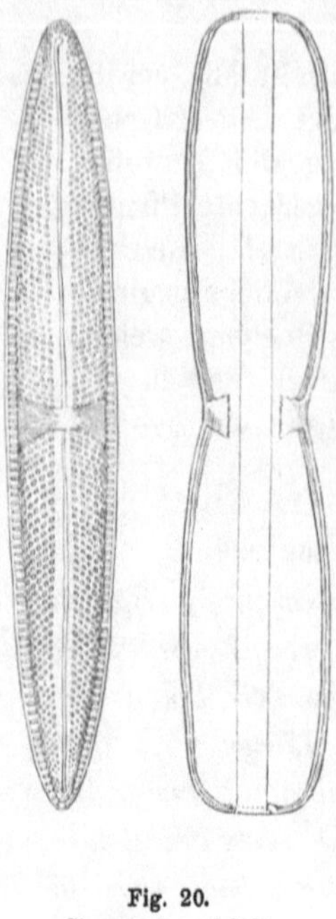

Fig. 20.
Stauroneïs pulchella W. Sm.

Stauroneïs Ehrenb. (Fig. 20). Individuen vereinzelt, spindelförmig; Platten lang-elliptisch, nach den Polen allmählich verschmälert, stumpflich zugespitzt, oder langgezogen rhombisch, convex, gerade oder schief quergestreift, Streifen glatt oder aus kleinen Knötchen bestehend; Mittelstreifen mehr oder weniger breit, die breite Centralarea mit dem Längsstreifen ein Kreuz bildend (daher der Name); Gürtelband stumpf rechtwinkelig, zuweilen in der Mitte etwas eingeschnürt, mit breitem glattem Längsstreifen. Die meisten Arten sind Süsswasserbewohner. Ziemlich häufig fossil, u. a. in den Infusorien-Lagern unter Berlin, im Bergmehl von Schweden, im Tripoli von Oran u. s. w.

10. Familie. **Gomphonemeae.**

Individuen selten vereinzelt und frei, meistens auf Wasserpflanzen fächerförmig vereinigt und in Schleimpolster eingebettet oder auf verästelten Gallertstielen ruhend; Zelle von der Seite gesehen regelmässig keilförmig, von vorn gesehen über der Basis und unter der abgerundeten Spitze mehr oder weniger eingeschnürt; Platten schmäler als das Gürtelband, nach oben und unten mehr oder weniger ausgeschweift, mit einer Längsmediane, welche in der Mitte und an beiden Enden ein Knötchen trägt, fein quergestreift oder weitlos quergerippt; Gürtelband mit mehreren Längsstreifen und kurzen Querstreifen. Arten sehr zahlreich, beinahe alle Süsswasser-, sehr wenige Brackwasserbewohner. Häufig fossil.

Diese Familie besteht nur aus der Gattung *Gomphonema* Ag.

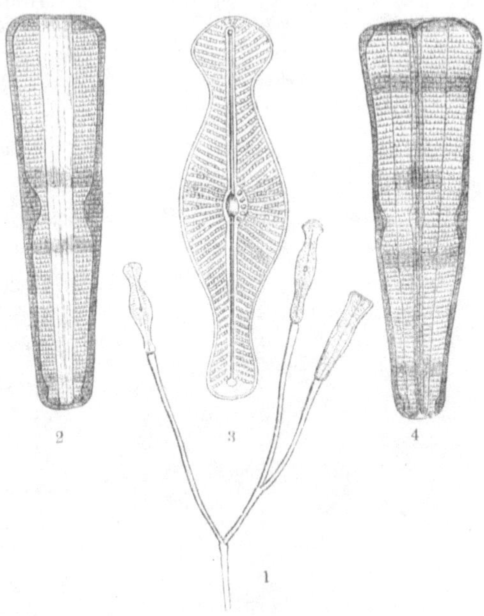

Fig. 21.
Gomphonema geminatum Ag.

11. Familie **Meridiaceae.**

Individuen zuerst einem Gallertpolster aufsitzend, später in fächerförmige oder spiralige Bänder vereinigt und frei umherschwimmend. Zelle von der Seite keilförmig, von vorn abgerundet spatelförmig, mit Mittellinie aber ohne Knötchen, quergestreift.

Podosphenia Ehrenb. Individuen einzeln oder zu mehreren vereint auf dicken, kurzen verästelten Stielen; Platten umgekehrt lanzettlich, mit Mittellinie, quergestreift; Gürtelband keilförmig, wie bei *Gomphonema.* Brackwasser- und Meeresbewohner. Fossil. Hierher kann auch *Rhipidophora* Ktz. gezogen werden.

Meridion Ag. (Fig. 22). Zellen keilförmig, in ein kreisförmig spiralig gewundenes Band vereinigt; Platten lang umgekehrt schmallanzetlich, convex, mit einem Längsstreifen; Gürtelband breiter, keilförmig, mit zwei Längsstreifen. Im süssen Wasser, wo *M. circulare* Grev. oft sehr häufig.

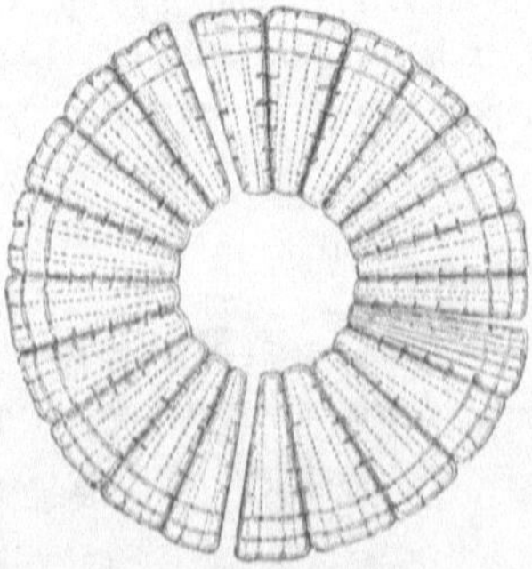

Fig. 22.
Meridion constrictum Ralfs.

Licmophora Ag. (Fig. 23). Zellen schmal keilförmig, auf langen, strauchartig verästelten Gallert-Stielen fächerförmig vereinigt oder mehr oder weniger vereinzelt mit der schmalen Basis aufsitzend. Die Colonien leben auf Meeresalgen.

12. Familie. **Tabellarieae.**

Individuen rectangulär, mehr oder weniger zahlreich in Bänder vereinigt und, wenn diese auseinander brechen, an den Ecken zusammengekettet; Platten sehr schmal, lineal, an beiden Enden abgerundet, meistens in der Mitte und an den Polen verdickt, mit Querstreifen oder Rippen, welche öfter durch einen Längsstreifen unterbrochen werden; Gürtelband breiter, linealrechtwinkelig, mit glattem Längsstreifen und Querrippen.

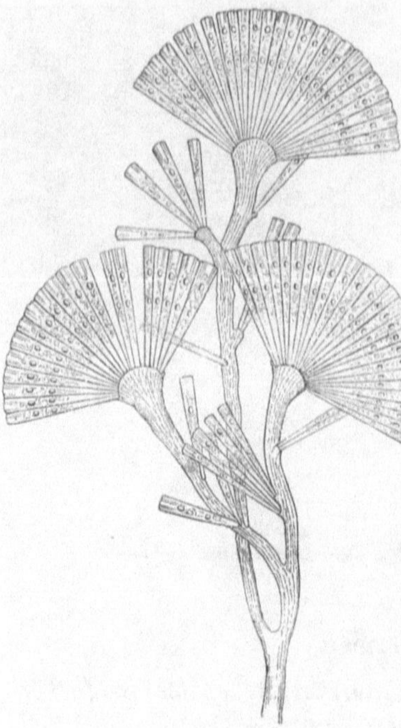

Fig. 23.
Licmophora flabellata Ag.

Tabellaria Ehrenb. (s. Fig. 9 [11]). Zellen in Bänder vereinigt, welche zuletzt zickzackartig auseinander brechen; von der Seite gesehen vollkommen rectangulär mit einem erhabenen Querband in der Mitte (wodurch von *Diatoma* unterschieden), Platten schmallineal, in der Mitte stärker, an den Enden weniger stark aufgetrieben, quergestreift; Gürtelband rectangulär, mit breitem Längsstreifen, welcher in der Mitte durch ein erhabenes Querband unterbrochen ist, am Rande quergestreift. Süsswasserbewohner.

Grammotophora Ehrenb. (Fig. 24). Individuen in Bänder vereinigt, endlich auseinander gebrochen und nur an zwei Ecken zusammenhängend; Platten lineal-elliptisch, an den Enden abgestumpft und etwas verdickt, Mittelstreifen ohne Centralknoten, an dessen Stelle ein bis an den Rand reichender

Ring; Gürtelband breiter, rectangulär, mit breitem Längsband, in welchem zwei haarförmige, tief geschlängelte, in der Mitte unterbrochene Seitenbänder liegen, Rand gestreift. Meeresbewohner; fossil im Tripoli von Richmond, von Oran u. s. w.

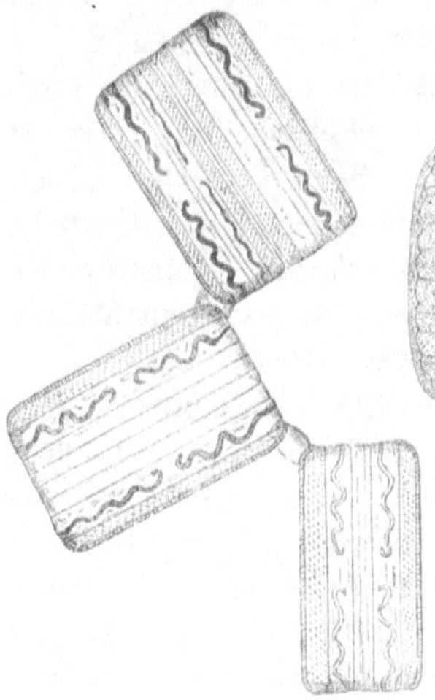

Fig. 24.
Grammatophora serpentina Kütz. Ehrenb.

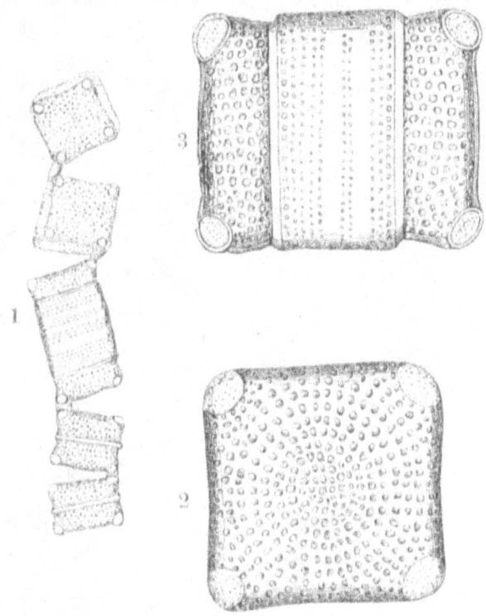

Fig. 25.
Biddulphia antediluviana Ehrenb.

13. Familie. **Biddulphieae.**

Zellen in continuirliche oder gebrochene Zickzack-Bänder vereinigt oder unregelmässig vermittelst schleimiger Substanz untereinander zusammenhängend und auf Meeresalgen aufsitzende Sträuchlein bildend, quadratisch, rectangulär, seltener triangulär, mit mehr oder weniger stark vorgezogenen Ecken, zuweilen auch unsymmetrisch, trapezoidisch, netzförmig sculptirt; Platten oval mit breitem punktirtem, oft seitlich vorspringendem Querband, an beiden Enden beinahe halbkugelig aufgetrieben, oder quadratisch ohne Querband, an den Ecken abgerundet und an den Seiten mehr oder weniger ausgeschweift; Gürtelband breit, rectangulär mit stark vorspringenden, kugeligen oder hornförmigen Ecken mit breitem punktirtem oder netzförmigem oder mit zwei Reihen netzförmig sculptirten Halbkugeln besetztem, zuweilen am Rande stacheltragendem Querband, übrigens, wie die Platten, netzförmig sculptirt.

Die Biddulphieen gehören zu den merkwürdigst gestalteten und verzierten Bacillariaceen; ihre Form ist, je nach den verschiedenen Gattungen, eine sehr verschiedene.

Biddulphia Gray (Fig. 25). Platten kleiner als die Gürtelbänder, oval länglich, convex, quergewellt, an den Polen abgerundet und nach vorn mit einem uhrglasförmigen Discus besetzt, mit sehr breitem, seitlich abgerundetem Querband, Sculptur punktirt-netzförmig; Gürtelbänder breiter als hoch, rectangulär, an den Ecken kugelig oder hornartig vorspringend, an der Seite mit Stachelspitzen besetzt, Längsband sehr breit, Sculptur wie bei den Platten. Die wenigen Arten dieser Gattung sind ausschliesslich Meeresbewohner. Im Guano und fossil, u. a. im Tripoli von Richmond und von Oran.

Isthmia Ag. (Fig. 26). Zellen unregelmässig durch sehr kurze gelatinöse Stiele zusammengekettet, trapezoidisch, das Eck oder die zwei Ecken an denen der Stiel sitzt verlängert, die andern abgerundet; Platten oval oder elliptisch, von einem quadratisch sculptirten Saum umgeben, übrigens unregelmässig netzförmig sculptirt; Gürtelband sehr breit, trapezoidisch, mit hexagonaler Netzsculptur, das breite Längsband mit ähnlichem doch feinerem Netze. Marin.

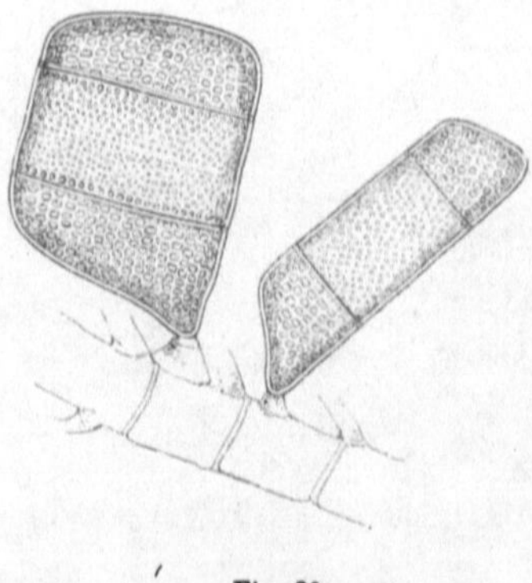

Fig. 26. *Isthmia enervis* Ehrenb.

Amphitetras Ehrenb. Individuen cubisch, an zwei diagonalen Ecken zusammengekettet; Platten quadratisch, mit stumpfen vorspringenden Ecken, netzförmig punktirt; Gürtelband höher als die Platten, ebenso breit, an den Ecken abgerundet mit kreisförmigem Ring, wie die Platten sculptirt mit Ausnahme des breiten nur fein punctirte Querlinien zeigenden Querbandes. Meeresbewohner. Im Guano und fossil in verschiedenen Tripoli.

Triceratium Ehrenb. (s. Fig. 10[10]). Platten dreieckig, die Ecken in stumpfe hornartige Fortsätze verlängert, regelmässig hexagonal oder rundlich netzförmig sculptirt. In marinen und submarinen Gewässern. Im afrikanischen Guano der Saldanha Bay, fossil in mehreren Tripoli.

Chaetoceras Ehrenb. (s. Fig. 10[7]). Individuen seitlich in Fäden vereinigt, länglich, in der Mitte gewöhnlich aufgetrieben, glatt oder punktirt, an beiden Enden in lange fadenförmige Hörner ausgehend; Platten länglich oder beinahe rund. In brackischem Wasser. Fossil. Im Guano der Saldanha Bay.

Orthosira Twaites. (Fig. 27.) Individuen zahlreich in lange Cylinder vereinigt, kreisförmig, Platten flach, Gürtelband meistens mit feinen Stacheln oder Zähnchen besetzt.

Gaillonella Ehrenb. *Melosira* Moore.

Mit Ausnahme der in grossen Meerestiefen lebenden *O. marina* W. Sm., alle Arten Süsswasser-Bewohner. Fossil im Süsswasser-Tripoli*).

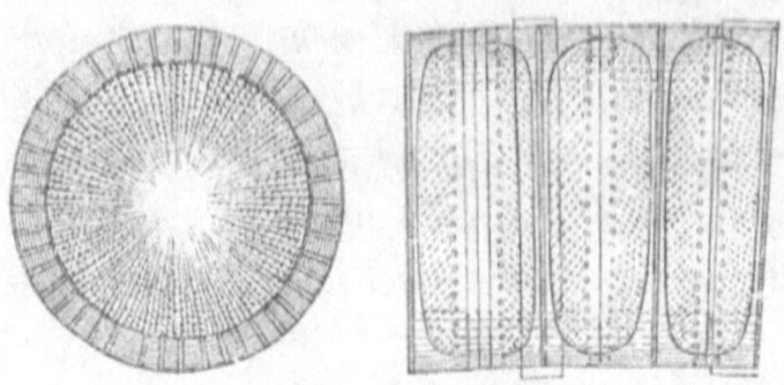

2 1

Fig. 27 *Orthosira arenaria* Sm.

*) Die grosse Mehrzahl der hier gegebenen Abbildungen sind aus W. Smith's Synopsis of the British-Diatomaceae entlehnt; die Vergrösserung ist immer eine sehr bedeutende; Fig. 3—11 aus Ehrenberg's Mikrogeol.

Bacillariaceae (?) *incertae sedis.*

Bactryllium Heer (Fig. 28). 2—4 mm lange und 0,5—0,8 mm breite, parallelseitige, an beiden Enden abgerundete, flache, hohle, dickwandige Körper, der Länge nach von einer, seltener von zwei Furchen durchzogen, welche auf beiden Seiten von einer Leiste begleitet sind, von feinen, nach beiden Seiten schief verlaufenden Streifen bedeckt. Substanz kieselig.

Im Keuper, in den Partnach-Schichten, dem Rhät und hie und da schon im Muschelkalk zuweilen so massenhaft, dass beinahe das ganze Gestein von diesen kleinen Fossilen zusammengesetzt ist.

Hauptfundorte: Keuper des Vorarlgebirges, Oberitaliens, der Schambelen in der Schweiz, des Val Seriana nördlich von Varenna am Comersee, besonders häufig in den sog. Virgloria-Schichten bei Virgloria, im Val Tromfia, bei Vandans im Montefun, in neuerer Zeit auch im Muschelkalk ohnweit Heidelberg aufgefunden.

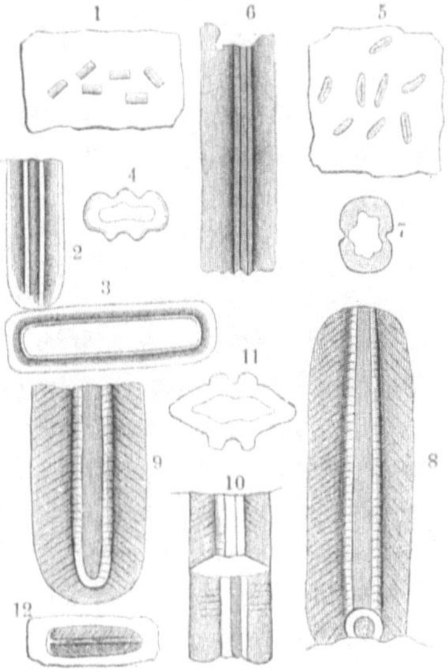

Fig. 28.
1 *Bactryllium canaliculatum* Heer, nat. Gr., 2. 3 vergrössert von zwei Seiten gesehen, 4 Querschnitt, 5 *B. Schmidii* H., nat. Gr., 6 ein Stück vergrössert, 7 Querschnitt, 8. 9. 10 vergr. Stücke von *B. striolatum* H., 11 Querschnitt, 12 *B. giganteum* H. (etwas zu breit). Sämmtlich aus dem Keuper (Virgloria-Schiefer) Graubündens u. Oberitaliens. (N. Heer Fl. foss. Helvet.)

2. Ordnung. **Phycochromophycae.**

Ein- oder mehrzellige, im Wasser, seltener auf der Erde lebende durch Zelltheilung oder unbewegliche, ungeschlechtlich erzeugte Sporen sich fortpflanzende Algen; auf der Erde lebend meistens in mehr oder weniger grossen Individuenzahl in einer Gallertmasse eingehüllt, im Wasser lebend von gelatinösen, oft mehrschichtigen Scheiden umgeben.

In diese Abtheilung gehören die Chroococceen, Oscillariaceen, Nostochaceen, Rivulariaceen, Scytonomenaceen, Sirosiphoniaceen, ausschliesslich Pflanzen von zarter, weicher Structur und deshalb ungeeignet in den Erdschichten Spuren zurückzulassen. Nur von einem *Nostoc*, der gleich unserem *N. commune* auf dem Lande lebte und im trockenen festen oder kaum etwas aufgeweichten Zustande in Schlamm eingehüllt worden, haben wir aus der Tertiärzeit einige ziemlich zweifellose Ueberreste, wesshalb ich auch nur diese Gattung hier näher bezeichne.

Nostoc Vauch. Zellen kugelig, in rosenkranzförmige Schnüre vereinigt, in einem kugeligen oder unregelmässig ausgebreiteten lappigen Lager eingebettet.

Vermehrung durch Theilung der Kugelzellen, oder durch in diesen sich bildenden Ruhesporen.

Die von Heer in der Tertiärflora der Schweiz, als *N. protogaeum* beschriebenen und abgebildeten Ueberreste erinnern sehr an unser *N. commune.*

3. Ordnung. **Angiospermeae** Kütz.

1. Familie. **Fucaceae.**

Meistens grosse, das Meer bewohnende Tange deren Phyllom blatt-, band-. oder fadenförmig ist, dieses oft mit blattförmigen Spreiten, von fester Consistenz und grünbrauner Farbe. Die Verzweigungen liegen sämmtlich in einer Ebene. Die Antheridien und Oogonien entstehen in kugeligen Conceptakeln, die auf dem Ende längerer Gabeläste oder seitlicher Sprossen dicht gedrängt und zahlreich erscheinen. Manche Arten besitzen beiderlei Geschlechtsorgane in demselben Behälter, andere sind diöcisch. Viele Fucaceen sind mit Luftblasen versehen.

Cystoscira Ag. Phyllom dünn, meist fadenförmig, mit Aesten, welche zum Theil in blattförmige Spreiten verwandelt *(Cystoseira)* oder durchaus stielrund sind; Luftblasen gestielt oder in den Lappen eingewachsen und verkettet; Sporenbehälter länglich, walzenförmig, höckerig, innen fächerig.

Die verschiedenen bekannten, fossilen Arten stammen alle aus der Tertiärzeit und zeigen eine sehr grosse Aehnlichkeit mit noch jetzt lebenden Formen. So u. a. *C. communis* Ung. von Radoboj mit *C. barbata* aus dem adriatischen Meere, und *C. Hellii* Ung. stimmt so mit unserer *C. (Halidrys) siliquosa* Ag. überein, dass sie kaum specifisch zu unterscheiden ist; eine ebenfalls dieser letzteren sehr ähnliche Art, *C. helvetica* Heer., gehört dem Flysch an.

Sargassum Ag. Pflanzen mit festem ästigem Stengel aus dem gestielte mit einer Mittelrippe versehene Blattspreiten hervorgehen; Luftblasen gesondert, einzeln stehend; Sporangien tragende Aeste getrennt, höckerig, meist traubenförmig, winkel- oder endständig.

Von diesen in der Jetztwelt so sehr verbreiteten und oft in ungeheueren Massen vorkommenden Tangen, ist bis jetzt nur eine Art, *S. globiferum* Sternb. von Monte Bolca bekannt.

Sargassites Sternbergii Brngt. *(Algacites caulescens* Sternb.) kann auf keinen Fall hierher und überhaupt gar nicht zu den Tangen gehören, da die Tertiärformation von Walsch, woher dieses Fossil stammt, ein Süsswassergebilde ist.

Fucus Grev. Unter diesem Gattungsnamen hat Watelet eine Reihe Abdrücke aus dem unteren Eocaen bekannt gemacht, von welchen keiner mit Bestimmtheit dieser Gattung zugetheilt werden kann.

Himanthalia Lyngb. Phyllom anfangs fast kugelig, zuletzt concavscheibenförmig und thallusähnlich, aus der Mitte einen oft mehrere Fuss langen schmal bandförmigen, wiederholt gabelig getheilten Fruchtast mit eingesenkten Sporangien treibend.

Eine bekannte fossile Art, *H. Amphisylarum* Sch., stammt aus dem oligocänen Amphisylen-Schiefer des Oberelsasses.

Hormosira Harv. Phyllom verästelt, die sterilen Aeste fadenförmig, die fertilen rosenkranzartig, aus sphärischen Fruchtbehältern gebildet, auf welchen Sporangien als kleine Warzen erscheinen. Diese in den australischen Meeren sehr verbreitete Gattung ist im Flysch durch eine fossile Art vertreten.

Was die Gattung *Haliserites* Sternb. betrifft, so sind die in derselben vereinigten Abdrücke so problematischer Natur, dass eine Vergleichung mit der lebenden Gattung *Haliseris* kaum zulässig ist. Der so häufig im rheinischen Unterdevon vorkommende und dieses Schichtencomplex charakterisirende *H. Dechenianus* Göpp. hat an der Spitze farnkrautartig eingerolltes Laub, was bekanntlich bei den Fucaceen nicht vorkommt, wohl aber bei der devonischen *(Lycopodiaceen-?)* Gattung *Psilophyton* Daws, zu welcher Carruthers diesen *Haliserites* zieht. *Haliseristes gracilis* Deb. et Ett. aus der Kreide und *Haliseris erecta* (Bean) Sch. aus dem Oolith gehören wohl eher zu den Farnen als zu den Algen.

4. Ordnung. **Chlorosporeae** Decsne e. p.

Chlorospermeae Harv.

Algenkörper grün, selten olivenfarbig oder roth; Fortpflanzung durch Zelltheilung oder durch in eigenen Conceptakeln entwickelte Sporen, zuweilen (oder oft?) Antheridien mit Schwärmsporen. Fossil nur:

1. Tribus. Siphoneae. Grev.

Grüne Süsswasser- oder Seealgen, einige auf feuchter Erde lebend, nackt oder durch Kalk inkrustirt, aus einer einfachen verzweigten oder vielen fadenförmigen zu einem Filz verwobenen Zellen gebildet.

1. Familie. **Caulerpeae.** Grev.

Einzellige, durch Chlorophyll grün gefärbte Seealgen; Zelle einfach, ästig, dickwandig, aus zwei Häuten bestehend; das Innere angefüllt mit einem dichten Fadengewebe und einer trüben Flüssigkeit, mit zahlreichen grösseren Chlorophyll- und kleineren Stärkekörnern.

Caulerpa Lamour. Stamm kriechend, oft sehr lang, mit wurzelartigen Haftorganen besetzt; Spreite aufrecht, blattartig, proliferirend, oder cylindrisch, mit fleischigen Warzen, Schuppen, oder regelmässig blattartig ausgebildeten, für dieselbe Art gleichförmigen, zwei- oder mehrreihig angeordneten Auswüchsen besetzt, wodurch diese Algen das Aussehen höher organisirter Pflanzen erhalten, z. B. von Lycopodien, Coniferen-Aesten, eine Aehnlichkeit, die noch durch die lebhaft grüne Farbe gesteigert wird.

Die zahlreichen jetzt lebenden Arten gehören beinahe alle den südlichen Meeren an. Von den vielen, von Sternberg u. a. als Caulerpen beschriebenen Fossilen, gehören die meisten zu den Coniferen *(Walchia, Echinostrobus)*, andere zu den Farnkräutern und verschiedenen Algen-Typen. Die ersten ziemlich deutlichen Caulerpa-Spuren zeigen sich in drei Arten in den unteren Tertiärschichten, aus den übrigen Formationen sind mit Gewissheit noch keine nachgewiesen.

2. Familie. **Codieae.** Lk.

Thallom aus ungegliederten ästigen Fäden locker zusammengewebt, nackt oder kalkberindet, am Grunde mit zahlreichen Wurzelfasern.

Halimeda Lamx. Pflanze strauchartig in einer Fläche verästelt; Stamm und Aeste seitlich plattgedrückt, gegliedert, Glieder nieren- oder beinahe fächerförmig, stark inkrustirt, an den Gelenken nackt und aus zähen Fäden gebildet, daher nicht brüchig wie die der Corallinen; Gewebe aus stellenweise verengerten und verdickten Fäden gebildet, welche aus den verdickten Stellen horizontale doldenartig verästelte Zellen abgeben, deren Enden keulenförmig angeschwollen sind und durch ihr Zusammentreten die Aussenfläche bilden, auf welcher sich die Kalkkruste absetzt.

Die Halimeden sind Bewohner der südlichen Meere und siedeln sich besonders gerne auf den Korallriffen an; nur eine Art befindet sich auch im mittelländischen Meere.

Unger (*Choris protog.*) zieht einen Abdruck mit kreisrunden Gliedern aus dem Oolith als *Corallina Halimeda* in diese Gattung. Diese Bestimmung ist zweifelhaft.

3. Familie. **Dasycladeae und Polyphyseae** Kütz. **Siphoneae verticillatae** Mun.-Chal.

Grüne Seealgen, mit oder ohne Inkrustation; aus einer einfachen oder verästelten Zelle gebildet, Aeste quirlständig, auf der ganzen Pflanze oder nur an der Spitze. Schwärmsporen in eigenen Zellen oder Kammern.

In diese Ordnung gehören: *Dasycladus* Ag. und *Halicoryne* Harv., *Polyphysa* Lamx., *Acetabularia* Lamx., *Neomeris* Lamx. und eine grosse Reihe fossiler Formen, welche bis jetzt entweder den Corallen, oder den Foraminiferen, zum Theil auch den Bryozoen zugezählt wurden.

Das Laub der wirtelästigen Siphoneen ist einfach oder gabelig getheilt, aus einer einzelligen Axe gebildet, um welche strahlig, etwas schief oder horizontal ausgehende Aeste wirtelig angeordnet sind. Bei vielen Arten setzen Axe und Aeste eine dicke Kalkkruste auf der Oberfläche und zum Theil auch im Innern ab. Diese Kalkkruste ist daher aus einem oder zwei Cylindern gebildet, von denen der innere sich auf der Axe und den aus derselben hervorgehenden einfachen Zellenwirteln niedergeschlagen hat, während der äussere den aus diesen hervorgegangenen, kolbig verdickten und mit ihren Kolbenrändern sich berührenden Zellästen angehört; auch die kugeligen Sporangien, welche zwischen diesen Aesten sitzen und dem Ursprunge nach diesen morphologisch gleichwerthig sind, können sich inkrustiren und treten daher in den fossilen Panzern als blasenförmige Höhlungen auf; dieses findet bei allen Abtheilungen des Typus *Cymopolia* statt. Die Conceptacula sind bald einfach, d. h. aus einem Sporangium bestehend

(*Cymopolia*, *Neomeris* u. a.) bald zusammengesetzt, mehrere glatte, glänzende Höhlungen zeigend, welche die Sporangien oder die Sporen enthielten.

Aus dieser Organisation geht hervor, dass, wenn das organische Gewebe verschwunden ist, wie bei den fossilen Arten, ein Kalkskelet übrig bleibt, in welchem die Kanälchen (aussen Poren), welche den Wirtelästen entsprechen

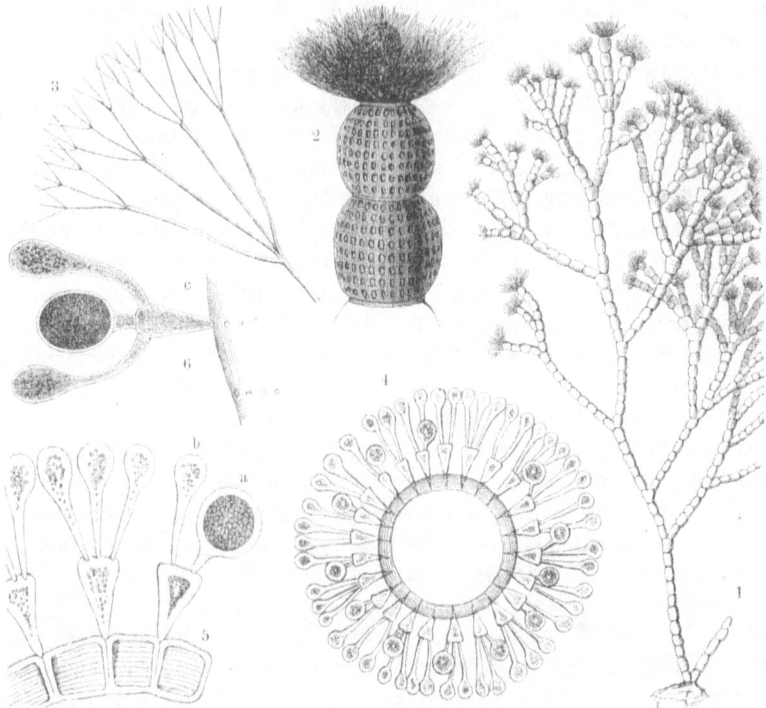

Fig. 29.
1 *Cymopolia barbata* Kütz. Pfl. in nat. Gr. von den Canaren; 2 vergrösserte Spitze eines Astes; 3 verästelte Haarzelle aus dem Gipfelschopf (vergrössert); 4 Querschnitt durch ein Astglied, einen Quirl zum Theil fruchtbarer Aeste zeigend, $^{45}/_{1}$; 5 ein Theil dieses Quirls stärker vergrössert, *a* Sporangium, *b* steriler Zellast; 6 einzelner Quirlast mit Sporangium *a*, und zwei sterilen Seitenästen *b*, $^{100}/_{1}$. (N. Harvey u. Kützing.)

und die Höhlungen, in denen die Sporangien sassen, leicht für Wohnzellen und deren Ausgänge von Polypen oder Bryozoen, oder auch für Kammern von Foraminiferen mit ihren Oeffnungen (s. Fig. 30) genommen werden können.

Erst in neuerer Zeit ist von Munier-Chalmas (Comptes rendus Acad. d. Sc. 1877) nachgewiesen worden, dass eine ganze Menge fossiler Formen, welche bis dahin im Thierreiche untergebracht waren, zu den Pflanzen und zwar durchgehend zu den gequirlten Siphoneen gehören. Derselbe vereinigt in diese Familie alle jene früheren Zoophyten- oder Foraminiferen-Gattungen, welche *Larvaria* Defr. e. p. *Clypeina* Mich., *Polytripa* Defr., *Acicularia* d'Arch, *Dactylopora* Park., *Uteria* Mich. entsprechen. Diese Gruppe enthält gegenwärtig schon über 50 Genera. Zum grössten Theile der triasischen, jurassischen, Kreide- und

Tertiärformation angehörend, in welchen sie zuweilen ganze Felsmassen bilden, während verhältnissmässig nur noch wenige Gattungen und Arten in den jetzigen, und zwar nur südlichen Meeren leben; so dass also anzunehmen ist, dass dieser Typus dem Auslöschen entgegen geht.

Lebend existiren nur noch: *Cymopolia, Dasycladus, Halycoryne,* mit den Untergattungen *Polytrypa* und *Decaisnella* M.-Ch. (*Dactylopora Eruca* Park.), *Polyphysa, Acetabularia* (auch im Mittelmeer), *Neomeris* und *Bornetella* M.-Ch. (*Neomeris nitida* Harv.).

Da Munier-Chalmas die neuen fossilen Gattungen in seiner Mittheilung nur dem Namen nach anführt, so müssen wir uns hier auf einige der best bekannten, bereits anderwärts beschriebenen Formen beschränken.*)

Cymopolia. Lamx. (fossil *Dactylopora* Carp. ex p. *Dactyloporella* Gümb. c. p.) Phyllom dick-fadenförmig, mehrfach zweitheilig, gegliedert, die einzelnen Glieder bei der lebenden Art kurz, von einer dicken Kalkkruste bedeckt, welche von dicht gedrängten im jüngeren Zustande regelmässig hexagonalen Poren durchbrochen ist; innerer Körper eine hohle continuirliche, verästelte durch Einschnürungen scheinbar gegliederte, dickwandige Zelle, welche beim Austrocknen eine hornartige Consistenz annimmt; die nicht inkrustirten Gelenke der jüngeren Abschnitte mit später verschwindenden verästelten Haaren besetzt, welche auf der jungen Spitze der Aeste einen grünen beim Austrocknen sich bräunenden pinselartigen Büschel bilden; auf den Internodien sitzen die schon erwähnten horizontalen Astquirle, deren kolbig verdickte gleichlangen Aeste grösstentheils steril bleiben und durch das Zusammentreten der Kolben die Aussenfläche bilden, zum Theil aber sich kugelig verdicken und zu Sporangien umgestalten, deren Fuss immer kürzer ist als der der sterilen Aestchen; diesen entsprechen die Poren.

Die bekannte lebende Art, *C. barbata* Kütz. (*C. Rosarium* Ell.) (Fig. 29), zu welcher wohl auch *C. bibarbata* K. gehört, findet sich ziemlich häufig in dem canarischen und Antillen-Meere; fossile Formen der Gattung sind nicht selten in den eocänen Meeresformationen, besonders im Pariser Grobkalke; beinahe selbstverständlich kommen aber nur die Inkrustationsröhren vor. Diese, gleichsam das Skelet der entsprechenden Theile der lebenden Pflanze darstellende Cylinder, zeigen aufs schönste auf dem Querbruche die den kleinen sterilen Zellen entsprechenden Röhren und die Höhlungen in welchen die grossen Fruchtzellen sassen (Fig. 29[5a]). Diese Röhren und Höhlungen sind bei den fossilen Arten, welche meistens sehr kalkreich sind, sehr schön erhalten und waren die Ursache der Einreihung derselben bei den Foraminiferen oder Korallen und, wegen der handförmigen Theilung der Primärröhre (Fuss des Zellenbüschels [bc]), des Namens *Dactylopora.*

Vollständig übereinstimmend mit der lebenden *Cymopolia* ist in dieser Structur *Polytrypa elongata* Defr., aus dem Grobkalke von Paris, auch die

---

*) Literatur: Carpenter, W. B. Introduction to the Study of Foraminifera. — Gümbel, C. W. Die Nulliporen des Thierreichs. Denkschr. d. bayr. Akad. d. Wiss. XI, 1872. — Benecke, E. W. Geognost.-palaeont. Beiträge II: Ueber die Umgeb. von Esino in der Lombardei. 1876. (Beschreib. u. Abbild. von triasischen Siphoneen.)

Grössenverhältnisse sind ganz dieselben, nur sind bei dieser die Röhrenglieder bedeutend länger, und M.-Chalmas vereinigt wohl mit Recht diese Gattung mit *Cymopolia*.

Larvaria Defr.) *Prattia* d'Arch., *Marginoporella* Park., *Dactylopora* Carp. e. p. *Haploporella* Gümb.) (Fig. 30). Dünne, etwa 1 mm dicke Röhren, mit kurzen meistens leicht auseinanderfallenden Gliedern, mit je einem Porengürtel, Höhlungen (Sporenbehälter) auf einer allmählich sich erweiternden Röhre beinahe kugelig, Seitenröhren (Zelläste) mit den blasenförmigen Höhlungen abwechselnd nach Aussen trichterförmig in die Poren sich öffnend (dieser Trichter entspricht dem verdickten Zellenscheitel, *Cymopolia* Fig. 29 [2].) Also auch hier die grösste Aehnlichkeit mit *Cymopolia*.

Für Defrance war dieses Fossil ein *polypier;* Blainville wollte in demselben Bruchstücke von Crustaceen-Antennen sehen.

Nicht selten, und in bereits 10 bekannten Arten, in den eocänen Kalken und Sanden: Grobkalk von Paris, bei Parnes, Cuise-la-Motte, Biarritz etc. Be-

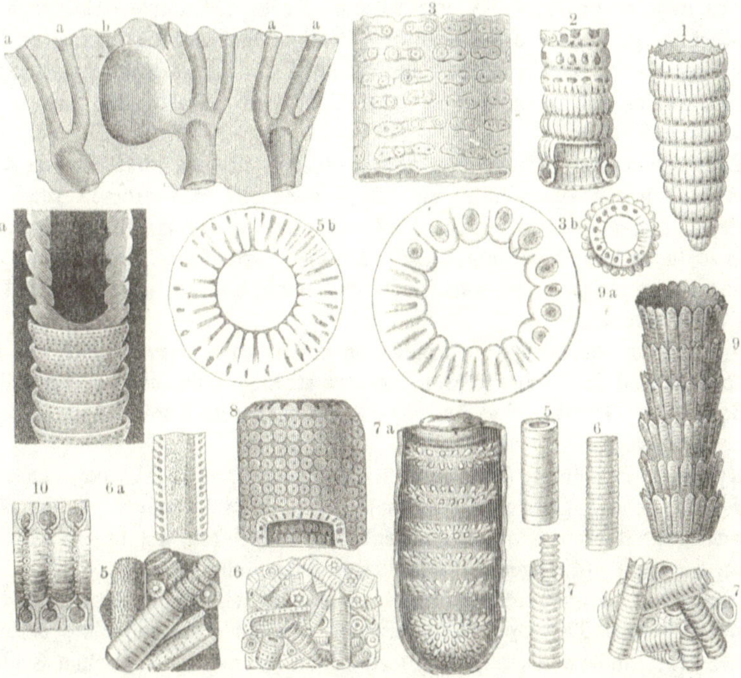

Fig. 30.

1, 2 *Haploporella reticulata* Defr. Sp. $^{20}/_{1}$, a. d. Grobkalk von Paris; 3 *H. biscutata* Gümb. a. d. Eocän v. Cuise-la-Motte (Oise) $^{20}/_{1}$. 3 b Querschnitt $^{22}/_{1}$, die Sporocysten zeigend. 4 *Dactylopora saccata* Gümb. mit 3 Quirlästen, sterilen Seitenästen *a*, und einem Ast mit Sporangium *b*, $^{75}/_{1}$, a. d. Grobkalk v. Paris. 5 *Gyroporella triasina* Schaur. nat. Gr. a. d. alpinen Muschelkalk v. Recoaro; 5 a ein Längschnitt $^{4}/_{1}$; 5 b Querschnitt $^{5}/_{1}$. 6 *Gyr. cylindrica* Gümb. nat. Gr. a. d. Muschelkalk v. Oberschlesien, 6 a Verticalschnitt $^{2}/_{1}$, die Sporocystenhöhlungen zeigend. 7 *Gyr. annulata* Schafh. Sp. a. d. Dolomit der Alpen; 7 a entrindetes Stück die Astquirle zeigend $^{5}/_{1}$. 8 *Haploporella scrobiculata* Gümb. $^{15}/_{1}$, a. d. Eocän von Cuise-la-Motte. 9 *Haploporella fasciculata* Gümb. $^{10}/_{1}$, entrindet, Sand v. Astrup, 9 a Querschnitt. 10 *Dactylopora cylindracea* Lamk. Sp. Verticalschnitt, 3 Quirle mit fertilen und sterilen Aesten, $^{15}/_{1}$, a. d. Grobkalk v. Paris (n. Gümbel).

sonders häufig ist *L. (Dactyl.) Annulus* P. u. J. Hierher gehört wohl *Dactylopora Eruca* Park. u. Jones aus dem Grobkalk von Grignon.

Ausser den eben beschriebenen Gattungen zieht M.-Chalmas noch zu den Cymopolieen die von ihm neu aufgestellten aber noch nicht definirten Gattungen: *Parkeria*, *Hermitella*, *Karreria*, sowie *Clypeina* Mich. (Corall.), *Vaginopora* Defr. (Bryoz.).

Als Typus der *Dactyloporiden* gilt für denselben das einzige Genus:

Dactylopora Lmk. (Fig. 30.) (*Dactyloporella* Gümb.) Kalkröhren 2—5 mm dick; Glieder kurz mit zahlreichen Poren, Wand dick, Kanäle, den sterilen Wirtelzellen entsprechend, handförmig getheilt, bis an die Oberfläche vortretend (Poren), Cystocarpien-Höhlungen gross, blasenförmig.

Mit Ausnahme der viel bedeutenderen Grösse zeigt dieser Typus eine vollkommene Aehnlichkeit mit *Cymopolia*, wenigstens was die innere und äussere Structur der Kalkröhre anbelangt.

Die bekannteste, im Grobkalke von Paris häufige Art ist *D. cylindrica*, von welcher Carpenter l. c. Taf X. Fig. 24 und 29 sehr instructive Abbildungen gibt, namentlich zeigt Fig. 29 die innere Organisation der Kalkröhre in einer Weise, dass an der nahen Verwandschaft mit *Cymopolia* nicht gezweifelt werden kann.

Eine zweite Art ist in den miocänen Schichten Ungarns und Siebenbürgens sehr verbreitet.

Thyrsoporella Gümb. Kalkröhren 0,45—1,5 mm dick, kurzgegliedert, Gliederabschnitte tonnenförmig, auf der Aussenseite mit grossen runden und zahlreichen kleinen punktförmigen Poren besetzt; in der ziemlich dicken Wand kugelig-cylindrische horizontal nach Aussen verlaufende Höhlungen, deren Oeffnung den grossen Poren entspricht, und feine Röhren, welche in die kleinen Poren ausmünden.

Die grossen langgezogenen Höhlungen entsprechen unzweifelhaft den Cystocarpien, während die feinen Röhren von den sterilen Zellästen herrühren dürften.

Beide von Gümbel beschriebene Arten gehören der Eocänformation des Pariser Beckens an.

Gyroporella Gümb. (Fig. 30, 31) (*Diplopora* Schafh., *Nullipora* auct. nonn., *Dactylopora* Reuss, *Gastrochaena* Stopp. p. p.). Mehr oder weniger starke, 1—6 mm dicke Röhren, kurz oder ungegliedert, mit Poren, welche je zu zwei oder mehreren Reihen auf einem Ringgliede geordnet stehen.

Diese Gattung, von M.-Chalmas nicht oder vielleicht unter dem Namen *Gümbelina* bei den Thyrsoporelliden erwähnt, enthält nicht nur die grössten und zahlreichsten, sondern auch die ältesten und in den geologischen Schichtenbildungen die wichtigste Rolle spielenden Arten der gequirlten Siphoniden. Spätere Forschungen werden wahrscheinlich noch einige fehlende Einzelnheiten der Structur und namentlich die noch unbekannten Fruchtbehälter ans Licht bringen.

Das erste bekannte Erscheinen dieser Form fällt in die permische Epoche; die triasischen Kalksteine verschiedener Gebirge, wie der südlichen Alpen, von der Schweiz an bis nach Ungarn, des Wettersteingebirges, der Zugspitze in Tirol, ein Theil der Südtiroler Dolomite (Mendola, Gardasee), bestehen zum grössten Theil aus Gyroporellen-Cylindern oder Bruchstücken derselben; dieselben zeigen sich ebenfalls in dem Muschelkalk Oberschlesiens und des Vicentinischen (Recoaro), eine der *G. cylindrica* ähnliche aber etwas grössere Art mit zahlreicher, oft undeutlicher Gliederung, tritt massenhaft in den (mittleren) Schichten der Kreideformation des südlichen Libanons auf, grosse Gesteinshandstücke von daher sind einzig und allein aus derselben zusammengesetzt.

Neomeris Lamx. (Hist. d. Polypiers). Phyllom von Kalk incrustirt, einzellig, röhrenförmig, mit zahlreichen, wirtelig angeordneten, quergegliederten, gabeltheiligen und chlorophyllreichen Aestchen; Cystocarpien kugelig, von 2 oder 3 Zellschläuchen begleitet.

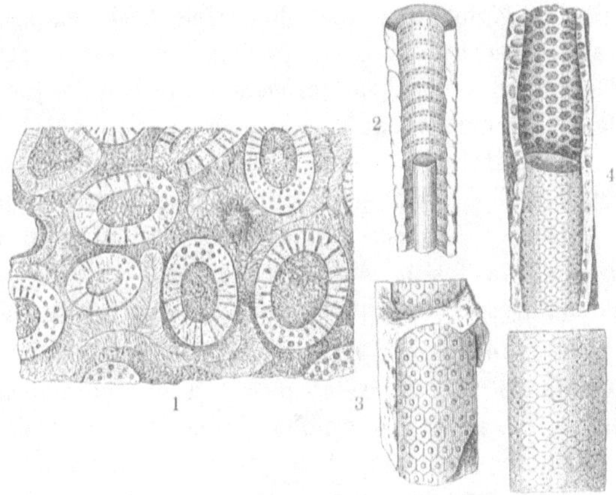

Fig. 31.
1 Geschliffenes Felsstück aus dem Alpenkeuper Südtirols mit einer *Diplopora* Sp. $^{2}/_{1}$. 2 *Diplopora* Sp. von Innen. Nat. Gr. a. d. Keuper v. Esino. 3, 4 *Gyroporella vesiculifera* Gümb. mit theilweise entfernter Rinde, 5 innerer Cylinder, a. d. oberen Alpenkeuper v. S. Michele, Lombardei. (N. Benecke.)

Mit einer Art im Antillenmeere lebend.

Steht *Cymopolia* sehr nahe, und stellt gleichsam nur ein Stengelglied dieser Pflanze dar.

Als mit diesem Typus zunächst verwandt gibt Munier-Chalmas eine Reihe von theils lebenden theils fossilen Gattungen an, ohne dieselben jedoch durch eine Diagnose näher zu bezeichnen; zu dieser Gruppe zählt derselbe die Gattung.

Uteria Mich. (Polypiers foss.). Etwa 2 mm dicke, gegliederte, leicht in die einzelnen Glieder zerfallende Cylinder; Glieder niedrig tonnenförmig, auf den Gliederungsflächen glatt oder leicht radial gestreift mit kleiner Centralöffnung, Innenwand mit 3 Porenringen, Aussenwand mit 6 solchen, Raum zwischen beiden Wänden vollständig hohl.

Die isolirten in den Pariser Eocänsanden häufigen Glieder dieses Fossils gleichen kleinen Crinoidengliedern, daher der Name *U. Encrinella* Mich.

Die, wie aus der Anordnung der Poren auf der Innenwand des Gliedes hervorgeht, in drei Wirtel angeordneten Zellenästchen, von denen jedes einfach gabeltheilig war, wesshalb die Aussenwand die doppelte Zahl der Porenringe zeigt, waren wahrscheinlich nicht von Kalk inkrustirt, daher ihr vollständiges Verschwinden und der continuirliche Hohlraum zwischen beiden Wänden.

Acetabularia Lmx. Einzellige Algen mit einem thallusartigen, mehrlappigen, der Unterlage fest sich anschmiegenden Basaltheile, aus dem sich auf einem dünnen, aufrechten Stiele ein flach trichterförmiger Schirm erhebt, in welchem sich die Fruchtorgane entwickeln; Schirm und Stiel fallen nach der Reife dieser ab und erneuern sich alljährlich. Die ganze Pflanze ist von kohlensaurem Kalke durchdrungen und inkrustirt; die die Innenwand bekleidende Protoplasmaschichte enthält zahlreiche Chlorophyll- und Stärkekörner. Die Sporen entstehen in den zahlreichen durch die radial gestellten Vorsprünge der Membran des Hutes gebildeten Kammern; dieselben sind breit ellipsoidisch, und öffnen sich beim Keimen vermittelst eines Deckels, um die in ihnen gebildeten zweiwimperigen Schwärmsporen zu entleeren, aus welchen die junge Pflanze vorerst als gelappter Basaltheil hervorgeht.

Die einzige bekannte Art dieser Gattung lebt im Mittelmeere; fossile Reste von derselben sind noch keine beobachtet.

Diesem Typus reiht Munier-Chalmas die lebende *Polyphysa* Lk. an, so wie die fossile *Acicularia* d'Arch. und zwei neue fossile Gattungen, ohne nähere Bestimmung, mit den Namen *Briardina* und *Orioporella.*

Acicularia d'Arch. Dünne, ungegliederte, an einem Ende zuweilen spitz zulaufende von zahlreichen Poren durchbrochene Röhren, oder platte Stücke (nach Carpenter) welche durch (wie es scheint) radiale Rinnen in Felder getheilt, und ebenfalls von Poren durchlöchert sind.

Sind vielleicht die dünnen Röhren die Reste der Stiele und die radial gefelderten platten Stücke Bruchstücke des Schirms einer *Acetabularia*-ähnlichen Pflanze? Doch ist zu bemerken, dass *Acetabularia* keine Poren hat.

Vorkommen im Grobkalke von Paris.

5. Ordnung. **Florideae.** Florideen.

Eine sehr formenreiche Gruppe, mit wenigen Ausnahmen (*Batrachospermaceen*, *Hildebrandtia*) dem Meere angehörend. Im lebenden Zustande schön roth oder violett gefärbt. Von den übrigen Algen unterschieden durch den Mangel der Schwärmsporen und den sehr abweichenden Befruchtungsapparat: unbewegliche Spermatozoiden und Trichogyne, die sich durch Copulation vereinigen und erst mittelbar die Sporenbildung veranlassen. Ungeschlechtliche Fortpflanzungsorgane: Tetrasporen, die in gewissem Grade die Schwärmsporen anderer Algen ersetzen (nach Sachs).

Mit Gewissheit kann aus dieser ungemein reichen Formenreihe nur die Gattung *Delesseria* mit einigen Arten und die Gattung *Sphaerococcus* mit einer Art, im fossilen Zustande nachgewiesen werden, und zwar nur in den älteren Schichten der Tertiärformation. Die meisten Arten haben die Kalkmergelschiefer von Monte-Bolca geliefert. Aus diesen beschreibt Massalongo eine Gattung *Pterygophycus*, welche von *Delesseria* nur dadurch abweicht, dass die Hauptlamina an ihren beiden Rändern beinahe regelmässige, am Grunde in ein kurzes Stielchen verschmälerte Blättchen trägt, welche, wie die Hauptspreite, von einer verästelten Mittelrippe durchzogen sind.

1. Familie. **Sphaerococceae.**

Delesseria Lamour. Phyllom flach, blattartig, beinahe ganz, öfter unregelmässig gelappt, zarthäutig, im Leben schön roth, mit starker, verästelter Mittelrippe, welche unterwärts mehr oder minder von dem Blattkörper entblösst ist und dadurch einen längeren oder kürzeren Stiel bildet. Fruchtbehälter länglich eiförmig, geschlossen, gestielt, seitwärts am Stiel. Tetrasporen in kleinen blattartigen Aesten.

Sphaerococcus Ag. Phyllom stielrund oder plattgedrückt, oft vielverästelt und die zierlichsten Formen annehmend, cartilaginös, auch blatt- oder hautartig, gelappt oder handförmig gespalten; Sporangien kugelig.

Die einzige bekannte fossile Art (*Sphaerococcites cartilagineus* Ung.) ist, wenigstens der Form nach, dem *Sph. cartilagineus* aus den südlichen Meeren zum Verwechseln ähnlich.

Halymenidium Sch. Phyllom plattcylindrisch, selten vollkommen stielrund, wenig zertheilt, oder zerschlitzte, blattförmige Spreiten darstellend, von zahlreichen rundlichen oder eckigen Eindrücken bedeckt, welche wahrscheinlich von Sporangien herrühren, die, wie bei den lebenden Halymenien, dem Laube eingesenkt waren.

Ich vereinige unter diesem Namen diejenigen fossilen Algen aus den Tertiär-Gebilden, namentlich dem Flysch, welche Heer und Fischer-Ooster der sehr problematischen Gattung *Halymenites* Sternb. eingereiht haben. Diese tertiären Formen erinnern sehr an manche lebende Halymenien, sowohl bezüglich der Form des Phylloms, als der Fructificationsweise, wesshalb ihre Einreihung in die Abtheilung der Florideen gerechtfertigt werden kann. Die Gattung *Halymenites* Sternb. von der die Fructificationsweise durchaus unbekannt ist, kann nur unter den Algen *incertae sedis* ihre Stelle finden.

Hierher gehören: *Halymenites flexuosus* F.-O., *H. minor* F.-O., *H. lumbricoides* Heer, aus dem Flysch. *Phymatoderma Dienalii* Watel. aus den Sanden des Soissonnais dürfte auch ein *Halymenidium* sein.

2. Familie. **Corallineae.** Menegh.

Phyllom fadenförmig, verästelt, von Kalk inkrustirt, sehr brüchig, gegliedert, Glieder regelmässig, stielrund oder (meistens) keilförmig; Zellkörper aus zwei Schichten gebildet; äussere an den Gelenken unterbrochene Schicht aus rundlichen Zellen gebildet; innere theils aus grösseren elliptischen amylumreichen, theils aus zarten fädlichen Zellen zusammengesetzt. Cystocarpien eingesenkt, meistens endständig, kreisel- oder umgekehrt eiförmig, mit einer Oeffnung an der Spitze; Sporen spindelförmig. In allen Meeren, aber besonders häufig in den südlichen lebend.

Fossil (nach Unger) im Oolith von Oberösterreich (zweifelhaft!), im Grobkalk von Paris (nach Brongniart und Watelet).

3. Familie. Lithothamnieae.

Spongiteae Kütz.

Phyllom thallusartig ausgebreitet, gelappt, ganz oder nur zum Theil angewachsen, oder aufrecht, strauchartig verästelt, Polster oder Rasen bildend; Aeste kurz, stielrund oder kantig, an der Spitze meistens verdickt und abgerundet, auch überhaupt unregelmässig knotig, derart von Kalk imprägnirt, dass die Pflanze steinhart erscheint, von bräunlich- oder violetrother Farbe, zuletzt durch Verbleichen weiss; die Oberfläche glatt oder gekörnelt, mit winzigen, den Cystocarpien und seltenen Antheridien-Behältern entsprechenden Poren; Zellkörper aus grünen, ovalen oder birnförmigen Zellen gebildet, welche aufwärts und nach aussen gerichtete rosenkranzförmige Fäden darstellen, in regelmässige, nach vorn einen Bogen bildende Zonen zusammengereiht und durch Quercanälchen verbunden oder anastomosirend; Intercellularsubstanz dick, schleimig und endlich vollständig von Kalk durchdrungen. Die Sporogonien- und Antheridien-Fächer öffnen sich nach aussen vermittelst feiner Poren, welche dem blossen Auge kaum sichtbar sind.

Die in diese Familie gehörenden, wahrscheinlich nur eine Gattung bildenden Algen, wurden von Linné, Lamark, Lamouroux, Cuvier, Ellis, Solander u. a. unter den Namen Celleporen, Nulliporen und Milleporen, zu den Korallen gerechnet.

Lithothamnium Philippi. (*Cellepora Spongites* L., *Nullipora, Millepora* Lk., Sol. u. Ellis. *Melobesia* Lamx., *Spongites* Kütz.).

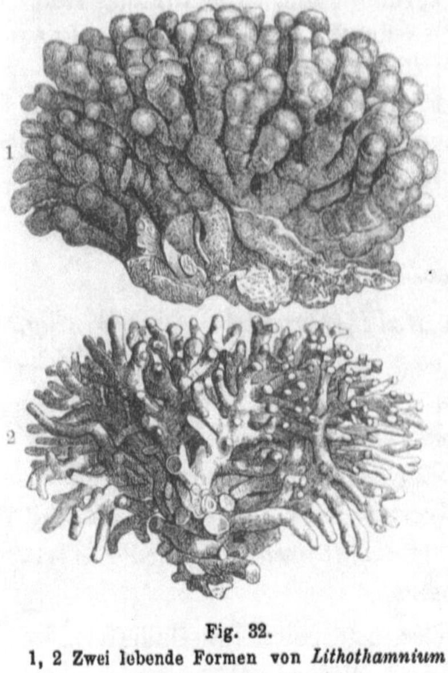

Fig. 32.
1, 2 Zwei lebende Formen von *Lithothamnium* aus dem Meere von Mauritius.

Die zwei Hauptformen dieser Gattung, die thallus- oder krustenartige (*Lythophyllum* Phil.) nämlich, und die strauchartige, finden sich jetzt noch und zwar sehr häufig, in allen Meeren, von den arctischen und antarctischen bis in die tropischen, in welchen sie am zahlreichsten vertreten sind und namentlich gerne die Korallriffe bewohnen, zu deren Befestigung sie wesentlich beitragen; sonst trifft man sie überall an seichten Meeresufern, auf Felsen, losen Steinen, die kleinen thallusartigen Lithophyllen oder Melobesien, auf Geröllen, Muscheln, Fucoiden, aussehend wie unorganische Kalkniederschläge, für welche sie auch lange, namentlich die fossilen, gehalten worden sind. Auch die strauchartigen sind kleinen Stalactitengruppen nicht unähnlich, selbst der Consistenz nach, es hat desshalb Kützing eine Art mit dem Namen *Spongites stalactitica* belegt, und wurden die fossilen Arten des Leithakalkes von Haidinger für solche erklärt.

Die Lithothamnien kommen massenweise in vielen Tertiärgebilden vor und zwar in Formen, welche von jetztlebenden oft kaum zu unterscheiden sind, ja ganze Schichtencomplexe sind beinahe einzig und allein aus denselben gebildet, so z. B. im sog. Leitha- oder Nulliporenkalk bei Wien, im Nulliporenkalk Algeriens, in welchem sich die Strauchlithothamnien auf dem Bruche als weisse, glänzende, porcellanartige Gebilde abheben, im sog. Granitmarmor der Nummulitenformation, dessen Masse grösstentheils aus Stücken von *L. nummuliticum* Gümb. zusammengesetzt ist und überhaupt in den meisten Nulliporitenkalken. Aber nicht nur auf die Tertiärformationen beschränkt sich das Vorkommen dieser Kalkalgen, auch in der oberen Kreide sind sie noch sehr häufig: so bestehen u. a. die obersten Lagen des Pisolithenkalkes von Paris aus $^{8}/_{10}$ von diesen Kalkalgen, in Jurakalken sind dieselben, namentlich in den oberen Schichten, keine seltene Erscheinung, wenn auch die wohl nicht hierher gehörenden dünn und lang verästelten Nulliporiten Heer's ausgeschlossen werden dürften, selbst in dem Muschelkalke und dem noch viel älteren Kohlenkalke sollen noch deutliche Spuren von denselben sich vorfinden.

Die Zugehörigkeit dieser Fossilen zu den Lithothamnien ist schon im Jahre 1858 von Unger nachgewiesen und in neuerer Zeit (1873) von Gümbel, welcher aus verschiedenen Horizonten eine ganze Reihe von Arten auf das Gründlichste untersucht hat, in unwiderleglicher Weise bestätigt worden*).

Unger spricht sich über die *Nullipora ramosissima* Reuss, aus dem Leithakalke folgendermassen aus: „Wie überrascht war ich, in den Dünn-

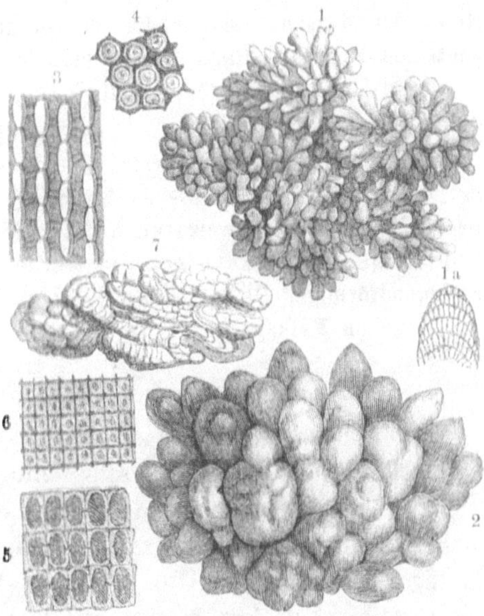

Fig. 33.

1 *Lithothaminum ramosissimum* Reuss Sp. n. Gr., a. d. Leitha- oder Nulliporenkalk (tertiär) Oesterreichs; 1a Längsschnitt durch die Spitze eines Astes, vergr. 2 *L. tuberosum* Gümb. a. d. sandigen Schichten von Astrup b. Osnabrück (ob. Aquitan), n. Gr. 3 Längsschnitt. 4 Querschnitt durch einen Ast von *L. (Melobesia) lichenoides* Decs. (lebend) $^{320}/_{1}$. 5 Längsschnitt von *L. nummuliticum* Gümb. $^{320}/_{1}$ a. d. sog. Kressenberger Nummuliten-Schichten. 6 *L. pliocaenicum* G. von M. Mario. 7 *L. perulatum* G. a. d. Kreidetuff v. Mästricht.

*) Unger, Beiträge zur näheren Kenntniss des Leithakalkes, namentlich der vegetabilischen Einschlüsse und der Bildungsgeschichte desselben, mit Abbildungen, in: Denkschr. d. kais. Akad. der Wissensch. zu Wien, Bd. XIV. (1858). C. W. Gümbel. Die sog. Nulliporen und ihre Betheiligung an der Zusammensetzung der Kalkgesteine. Erster Theil: Nulliporen des Pflanzenreichs (Lithothamnium) in Abhandl. d. kgl. bayr. Akad. d. Wissensch. II. Cl. XI. Bd., 1. Abh. (1872).

schliffen derselben die ganz vollkommen gut erhaltene Structur der Lithothamnien und Lithophyllen wieder zu finden. Man sieht auf dem, dem Aste parallelen Schnitte eine wundervoll regelmässige Anordnung der Gliederröhren (s. Fig. 36 [1a]), deren einzelne Glieder sich hier wie bei *Lithothamnium expansum* Phil. (*Nullipora agariciformis* Lmk.) zu wirklich gesonderten, nur noch reihenförmig aneinander hängenden Fäden ausgebildet haben. Es stellt sich somit zweifellos heraus, dass die *N. ramosissima* Reuss weder ein thierischer Organismus noch eine Stalactitenbildung, sondern eine Pflanze ist."

Gümbel bemerkt: „An versteinerten Exemplaren, bei welchen die organische Substanz verschwunden ist und die Hohlräume durch Kalksubstanz erfüllt sind, ist die tonnenförmige Gestalt der inneren Zellhaut" (der die Fäden bildenden Zellen!) „nicht mehr zu erkennen und es zeigen sich im Querschnitte (im horizontalen Sinne) bei Dünnschliffen dicht an einander gereihte mehr oder weniger regelmässige 6—8eckige Zellendurchschnitte (s. Fig. 33 [6]) mit concentrisch geordneten, meist nach Innen rundlich werdenden, durch verschiedene schwache Farbenabstufungen hervortretenden Wänden oder Ringen, im Längsschnitte (im vertikalen Sinne) bei Dünnschliffen ununterbrochen an einander gereihte, ziemlich gleichartig gestaltete Zellendurchschnitte von rectangulärer oder annähernd quadratischer Form (s. Fig. 33 [5]), wobei der ursprüngliche Raum der Zwischenzellenmasse als dunkler gefärbter Rahmen einen lichteren centralen Kerntheil umschliesst; jedoch tritt auch der Fall ein, dass der den mittleren Hohlraum erfüllende Kalk einen gegen die Farbe der Zwischenlage dunkleren Ton besitzt."

Bei Bestimmung der Arten, von denen Gümbel schon zwölf unterschieden hat, muss ausser der äusseren Form, die bei derselben Art nicht immer sehr beständig ist, vorzugsweise auch die Grösse der Zellen und ihre relative Breite und Länge in Betracht gezogen werden. Die Cystocarpien, gewöhnlich von halbmondförmiger Gestalt, lassen sich meistens leicht daran erkennen, dass sie durch hellen Kalkspath ersetzt sind.

6. Ordnung. **Characeae.** Armleuchter.

Die Characeen sind im Boden wurzelnde, aufrechte, fadendünne, verästelte, quirlblätterige, sehr chlorophyllreiche Wasserpflanzen. Der Tracht nach gleichen sie den kräftigeren confervenartigen Algen, und sind, wie diese, von sehr zartem Bau, wenn anders dieser nicht, wie das häufig, besonders bei der Gattung Chara der Fall ist, durch Kalkincrustation befestigt wird. Sie leben in dichtgedrängten Heerden am Grunde der Süsswasserseen, in Gräben und Bächen, kommen aber auch nicht selten in brackischen Gewässern vor. Sie erreichen oft eine Höhe von mehreren Fuss und setzen, besonders die incrustirten Arten, förmliche Detritus-Schichten ab, welche auch im fossilen Zustande als festes, nach allen Richtungen von feinen Röhren durchzogenes und häufig die bekannten spiraligen Chara-Früchte enthaltendes Gestein vorkommen.

Die Charen haben, wie die Moose, einen Vorkeim (*proembryo*, *protonema*) und sind, wie diese, in Folge ihres unbegrenzten Spitzenwachsthums, echte Acrophyten.

Der Stengel besteht aus einer einfachen Reihe langer, enger, cylindrischer Zellen, zwischen welche sich regelmässig abwechselnd immer eine sehr kurze Zelle einschiebt, die sich in einen peripherischen Zellquirl theilt, aus welchem zuletzt der Blattquirl entsteht. Die Blätter dieses Quirls, 4—10, bestehen aus einer Reihe cylindrischer Zellen und gleichen ganz den jungen Aesten, mit dem Unterschied jedoch, dass sie ein beschränktes Längenwachsthum haben und, wenn völlig ausgebildet, in ein Spitzchen endigen. Aus den Internodialknoten entstehen die quirlig angeordneten Seitenstrahlen oder Blättchen. Die Zweige entstehen aus den Achseln der Blätter und wiederholen den Hauptstamm in allen Richtungen. Bei den Charen entspringt immer ein Seitenspross aus der Achsel des ältesten, bei *Nitella* je einer in den Achseln der beiden ältesten Blätter des Quirls.

Die Basilarzellen der Blätter und Blättchen sind die Ausgangspunkte der Rindenzellen, welche bei den Charen den Stamm und oft auch die Blätter in dicht gedrängten Reihen umkleiden. Von jeder dieser Basilarzellen entspringt nämlich nach oben und unten je eine Zelle; die so am Internodium aufwärts und abwärts sich verlängernden und zugleich sich theilenden Zellen begegnen sich in der Mitte dieses, wo sie sich dicht zusammenschliessen und eine geschlossene Hülle, die sog. Rinde, um das Internodium bilden. In Folge der Drehung der Internodien verlaufen diese Rindenzellen meistens schief oder spiralig.

Die Antheridien und Sporenknospen (diese sind durchaus von den Archegonien anderer Kryptogamen verschieden) entstehen immer auf den Blättern. Die ersteren sind kugelig, von ½—1 mm Durchmesser und bestehen aus acht convex-flachen, schildförmigen, am Rande eingefalteten Zellen, von welchen die vier oberen dreieckig, die vier unteren oder basilären viereckig sind. Im reifen Zustande ist das Chlorophyll, welches die Innenwand der innern Seite bekleidet, schön roth gefärbt, während die Aussenwand hyalin erscheint. Von der Mitte der Innenwand jedes Schildes ragt eine cylindrische Zelle nach Innen, welche an ihrer Spitze lange gegliederte, vielfach gewundene, die Spermatozoiden enthaltenden Fäden trägt.

Die aus der Sporenknospe entstandene Frucht besteht aus der grossen Spore (dem sog. Nüsschen) und fünf spiralig um dieselbe gewundenen Hüllblättern (den sog. Mantel bildend), welche auf der Spitze sich je in eine (bei *Chara*) oder in zwei (bei *Nitella*) Zellen abgliedern und das sog. Krönchen bilden. Die Innenwand der, je nach der Art, in mehr oder weniger zahlreichen Umläufen das Nüsschen umhüllenden Zellen, sind mit Chlorophyllkörnern bedeckt. Im Laufe des Heranreifens der Frucht verholzt die innere Zellwand, färbt sich dunkel und bildet so um die Spore eine feste Hülle. Die Spore selbst füllt sich mit Stärke, Oel und Protoplasma. Bei völliger Reife fällt die ganze Frucht ab. Das ziemlich grosse, etwas geöffnete, aus einem Zellencyclus gebildete Krönchen der Charen erhält sich längere Zeit, das kleine geschlossene, stumpf kegelförmige, aus zwei Zellenkreisen gebildete Krönchen der Nitellen dagegen fällt frühzeitig ab.

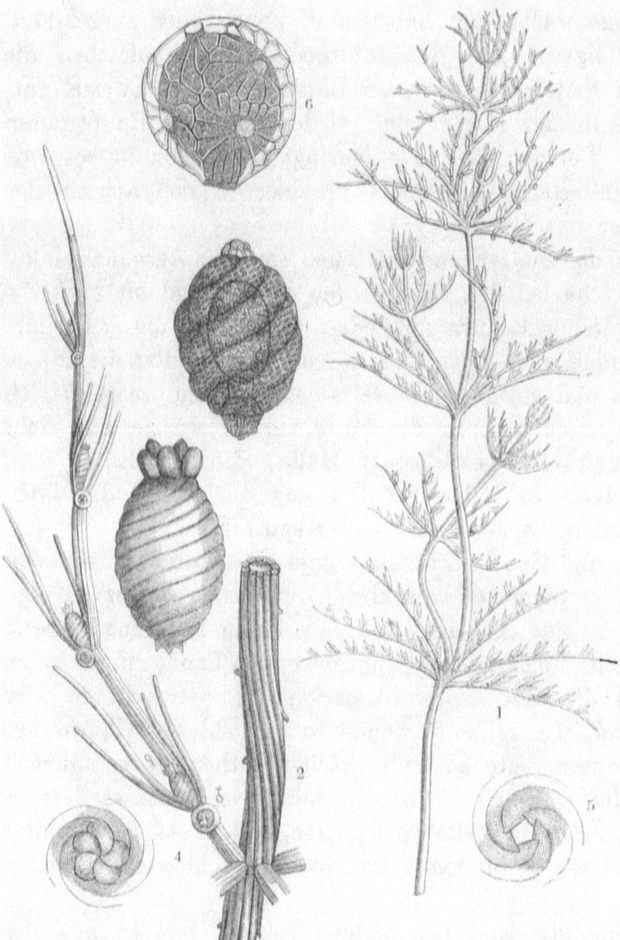

Fig. 34.
1 *Chara vulgaris* L. 2 Ein Stück derselben mit Sporangien und Antheridien, vergr. 3 Sporangium derselben, vergr. 4 Scheitel eines Sporangiums nach abgeworfenem Krönchen. 5 Basilartheil desselben. 6 Antheridium von *Nitella flexilis* Ag. 60/1. 7 Ein nicht ganz reifes Sporangium derselben.

Die jetzt lebenden Characeen sind, mit Ausnahme der Polarländer, über die ganze Erde zerstreut, und die Zahl der beobachteten Arten übersteigt schon hundert. Früher waren fossile Charen nur aus den Tertiärformationen bekannt, jetzt kennt man solche auch aus der Trias (Muschelkalk bei Moskau), dem Jura und der Kreide, und, merkwürdigerweise, stimmen alle bekannten fossilen Arten, sowohl in den Grössenverhältnissen, als auch im ganzen Aufbau der Pflanze, soweit dieser bekannt, und namentlich in den Früchten, welche häufig beinahe vollkommen erhalten vorkommen, dergestalt mit den lebenden Characeen überein, dass angenommen werden kann, dass während der unendlich langen Zeit ihrer Existenz diese Pflanzenform keinerlei Modification erlitten hat. Wir kennen bis jetzt keinen anderen in so früher Zeit entstandenen Pflanzentypus, mit Ausnahme vielleicht der Equiseten, welcher sich in derselben unveränderten Form bis in die Jetztzeit erhalten hätte.

Wohlerhaltene Abdrücke der Pflanzen selbst sind äusserst selten, was sich leicht aus der zarten Structur derselben erklären lässt; meistens sind es nur kleine Bruchstücke sowohl von berindeten als unberindeten Arten, nicht selten ganze Haufwerke von denselben, wie schon bemerkt, in Form feiner, das Gestein in allen Richtungen durchkreuzender, gegliederter Röhren. Desto besser dagegen sind die Früchte erhalten, welche oft in zahlloser Menge in den Süsswassergebilden der Tertiärreihe auftreten. Da diesen Früchten durchgehends das Krönchen fehlt, so lässt sich nicht bestimmen, welche von der Gattung *Chara* und welche von *Nitella* herrühren, und ob überhaupt beide Gattungen fossil existiren. Aus den berindeten Stengelfragmenten, die nicht selten sind, kann jedenfalls auf das Dasein der Gattung *Chara* geschlossen werden.

Die Bestimmung der Früchte beruht auf der relativen Grösse, welche sich zwischen 0,50—1,40 mm bewegt, der Form, und besonders der Zahl der Umläufe der Mantelzellen; bei einigen Arten tragen diese kleine Wärzchen, welche bei den lebenden Arten noch nicht beobachtet worden sind. Auch kennt man bis jetzt unter diesen noch keine, deren Früchte die Grösse von *Chara tuberculata* Lyell, oder *Chara Helicteres* Brgt. (1,25—1,44 mm) erreichen.

Die erste bekannt gewordene Chara-Frucht, nämlich *Ch. Medicaginula* Brgt. (Fig. 35), aus den eocänen Meulières von Paris, wurde von Lamark unter dem Namen *Gyrogonites* beschrieben und abgebildet (Ann. du Muséum Vol. IX), und den Foraminiferen zugezählt. Erst Léman erkannte die wahre Natur derselben (ibid. Vol. XV).

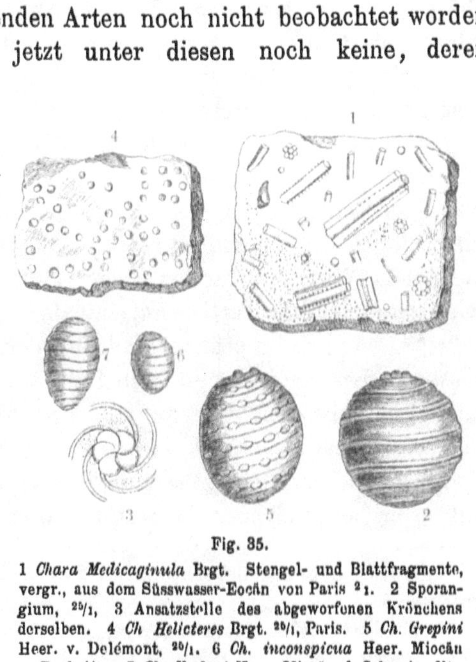

Fig. 35.
1 *Chara Medicaginula* Brgt. Stengel- und Blattfragmente, vergr., aus dem Süsswasser-Eocän von Paris 2/1. 2 Sporangium, 25/1, 3 Ansatzstelle des abgeworfenen Krönchens derselben. 4 *Ch Helicteres* Brgt. 25/1, Paris. 5 *Ch. Grepini* Heer. v. Delémont, 25/1. 6 *Ch. inconspicua* Heer. Miocän v. Rochette. 7 *Ch. Escheri* Heer. Miocän d. Schweiz, 25/1.

Es sind bis jetzt im Ganzen etwa 40 Arten von Charafrüchten bekannt: von diesen wird eine im Muschelkalk von Moskau angegeben, eine im Oolith von England*), eine (*Ch. Bleicheri* Sap.) im Oxford von Cajasc im Lot-Departement, eine (*Ch. Jaccardi* Heer) in der unteren Kreide (Weald?) des Canton Neuchâtel in der Schweiz; *Ch. Medicaginula* Brgt., *Helicteres* Brgt., *Lyellii* Al. Br., *tuberculata* Lyell. charakterisiren das untere Süsswasser-Eocän des Pariser Beckens und der Insel Wight; *Ch. siderolitica* Grép. das untere Tertiär (Siderolitenschichten) von Delémont im Schweizer Jura; *Ch. Voltzii* Al. Br. das obere Eocän oder Oligocän von Lobsann im Elsass; einige andere Arten kommen noch im Eocän und Oligocän vor; die übrigen gehören miocänen und pliocänen Formationen an.

II. Abtheilung. Algae incertae sedis.

1. Gruppe. Conferviteae. Fadenförmige Algengebilde.

(*Confervites* Brngt.)

Diese Gruppe umfasst alle diejenigen fossilen Algenformen, deren äusseres Aussehen an Confervaceen erinnert, ohne jedoch den Schluss zuzulassen, dass dieselben wirklich von solchen herrühren, da es in der Jetztwelt eine Menge Algen, sowohl in süssen als in salzigen Gewässern, gibt, welche dieses Aussehen haben, auch wie die Conferven aus einfachen Zellenreihen bestehen, aber zu sehr verschiedenen Gattungen und selbst Familien gehören. Ja, an manchen der feinen Abdrücke, welche von verschiedenen Autoren als Conferven angesprochen worden sind, lässt sich sogar nicht mit Gewissheit bestimmen ob die Fäden nur aus einer Zellenreihe und nicht aus mehreren bestanden.

Die hier in Rede stehenden Gebilde kommen bald als Abdrücke auf dem Gestein vor, bald als feine Capillarröhren in Kalktuffen, welche sich unter dem Einfluss der diesen Röhren entsprechenden Fadenalgen gebildet haben; auch in Eisenoxydhydrat-Concretionen, welche auf demselben chemischen Wege entstanden sind. Solche feinröhrige Travertine sind nicht selten in den Tertiär-Formationen, so z. B. *Confervites incrustans* Ludw.**) in dem miocänen Hydrobien-Kalke bei Frankfurt a. M., *C. callosus* Ludw. aus dem miocänen Kalk bei Mainz, Frankfurt, Oppenheim; ich selbst habe solche ganz aus Haarröhren gebildete Travertine im oligocänen Süsswasser-Kalk beobachtet. Die sog. Papierkohle in den Ligniten besteht zuweilen grösstentheils aus Fadenalgen. Bekanntlich verdanken die bergbildenden Travertine Italiens hauptsächlich ihre Entstehung

---

*) Es ist mir unbekannt ob und wo diese beiden Arten benannt und beschrieben worden sind.

**) Ludwig, Foss. Flora a. d. mittleren Etage der Wetterau — rhein. Tert.-Format., in Palaeontogr. Vol. V, p. 135, t. XXVII.

der Gegenwart von Süsswasseralgen, welche den, den warmen Quellen entströmenden doppelt kohlensauren Kalk, in basischen kohlensauren Kalk, durch Entziehung eines Theils der Kohlensäure, umwandeln*). In derselben Weise also wie die Bacillariaceen, durch Fixirung der Kieselerde, so spielen die Fadenalgen durch Reduction des doppelt kohlensauren Kalkes eine nicht unwichtige Rolle im Aufbau der Erdrinde.

Von dem Dasein der Fadenalgen in den Uebergangs-Formationen, haben wir durchaus keine Kunde. Heer beschreibt und bildet unter dem Namen von *Confervites Padella* eine winzige fädliche Alge einer Meeresalge aus dem Lias aufsitzend ab, und eine andere, ebenfalls einer Meeresalge aufsitzend aus dem Lias von Ganei, als *C. alpinus***). Beide lassen über ihre systematische Stellung grosse Zweifel übrig. In den Tertiärgebilden, besonders in solchen, welche Süsswasser-Formationen angehören, kommen dagegen Confervaceen sehr ähnliche Abdrücke nicht selten vor, allein auch die deutlichsten derselben lassen keine nähere Bestimmung zu, und keine kann desshalb massgebend sein für die Altersbestimmung des Gesteins, in welchem sie eingeschlossen ist.

2. Gruppe. **Caulerpiteae.** Caulerpa-ähnliche Algen.

Phyllom mehr oder weniger verzweigt, mehr oder weniger stark, mit dicken Schuppen oder blattartigen Auswüchsen besetzt, letztere zuweilen in Quirle angeordnet.

Der äusseren Tracht nach zeigen diese Algen einige Aehnlichkeit mit jetzt lebenden Caulerpeen, ob aber ihre innere Structur eine ähnliche war, kann natürlich bei den unvollkommen erhaltenen Ueberresten derselben nicht ermittelt werden.

Keckia Glock. Phyllom aus einem cylindrischen anscheinend festen Stamm mehrfach ästig; Aeste unter spitzem Winkel aufsteigend, einfach oder getheilt, nach oben meistens allmählich verdickt, von grossen, dicken, beinahe schuppenförmigen, halbstengelumfassenden Wülsten (oder Aussackungen?) bedeckt, welche auf dem Fossil, durch Druck, dicht dachziegelig über einander liegen, oder, wenn abgerissen, durch zwei halbmondförmige, an beiden Enden zusammenfliessende und stark abwärts laufende Linien angedeutet sind, was zu beweisen scheint, dass diese Wülste hohl waren, indem die obere convexe Bogenlinie der Insertion der Vorderseite, die untere concave dagegen der Rückseite entspräche (s. einen derartigen Abdruck in Heer *Flora foss. Helvet.* Taf. LXIX., Fig 4).

Die typische Form dieser Gattung ist *K. annulata* Glock. (N. acta Nat. curios. XIX Suppl. 2), aus dem mährischen Quadersandstein (Cenoman), zu

*) s. Cohn, Entstehung der Travertine in den Wasserfällen von Tivoli (Jahrb. f. Geolog. und Mineral. 1864).

**) *Fl. foss. Helvet.* p. 103.

welcher, mit Unrecht, durch Schafhäutl und Fischer-Ooster, eine weniger starke und überhaupt sehr verschiedene Art *Münsteria annulata* Schafh., aus dem Flysch gezogen worden ist. Dagegen dürfte *M. Schneideriana* Göpp. aus dem Quadersandstein Schlesiens, nur ein unterer stärkerer Stammtheil von *K. annulata* sein.

In diese Gattung gehören wahrscheinlich *Münst. cretacea* F.-O., 2 cm. dick, mit parabolisch verlängerten Schuppenabdrücken, aus der oberen Kreide der Stockhornkette u. a. O.; *M. Hoessii* Sternb. aus dem Wiener Sandstein und dem Flysch; *M. nummulitica* Heer mit weniger parabolisch verlängerten Schuppeninsertionen, aus dem Flysch, und die kleineren Formen: *Caulerpites Candelabrum* und *pyramidalis* Sternb. (beide wohl identisch!) aus dem Wiener Sandstein.

Die einfachen, cylindrischen, zuweilen widderhornartig gewundenen, flach querfaltigen Körper aus dem Flysch, welche Heer (l. c.) unter dem Namen *Münsteria caprina, Hoessii* (Taf. LVI., Fig. 6) und *bicornis* abbildet, scheinen weder zu *Keckia* noch zu *Münsteria* zu gehören, und dürften einstweilen besser, als eigene Gattung in der Sammelgruppe der Cylindriteen ihre Stelle finden.

Eine sehr problematische, vielleicht in diese Gruppe am besten unterzubringende Form ist die Gattung

Hydrancylus F.-O. Aus dem cylindrischen Stamm entspringen kurze, dicke, nach oben verbreiterte Aeste, welche sich hakenförmig nach unten krümmen. Das ganze Phyllom stark quergefaltet, die Bogen der Falten nach vorne gekehrt. Ob diese Falten im Leben vorspringend waren, oder ob sie nur das Resultat des Zusammendrückens des hohlen Phylloms sind, ist schwer zu bestimmen.

Diese sonderbare Algenform kommt im Wiener Sandstein (*Münsteria geniculata* Sternb.) in kleinen mehrtheiligen Formen vor, im Flysch in der Schweiz in einer grossen, 2½—4 cm. breiten (*Hydr. hamatus* F.-O.).

Phymatoderma Brongt. (Fig. 36.) Phyllom cylindrisch, mehrfach dichotom verästelt und strauchartig, lebend wahrscheinlich von ziemlich fester Consistenz, über und über mit unregelmässigen schuppenförmigen Pusteln bedeckt, welche durch Druck sich dachziegelig decken, oder wo dieser nicht statt gefunden, mehr oder weniger abstehen. Diese Pusteln erinnern an die papillenartigen Auswüchse mancher Caulerpen, die Tracht der Pflanze an *Codium tomentosum*, welches bekanntlich zu den Caulerpeen gehört.

Bis jetzt kennt man drei Arten von dieser ausgezeichneten Gattung, die eine, längst bekannte, *Ph. liasicum* Sch. (*Fucoides granulatus* Schloth.), aus dem oberen Lias, wo dieselbe die blauen Mergelschiefer, in Form von weissen, vermittelst Substitution durch eine feine weisse Erde gebildeten Abgüssen, oft nach allen Richtungen hin, ganz erfüllt. Besonders häufig ist diese für den oberen Lias sehr charakteristische Alge, in Würtemberg bei Ohmden, Metzingen u. a. Orten, die zweite *Ph. caelatum* Sap. aus dem Oxford ist kleiner, schlanker mit mehr in die Breite gezogenen, weniger stark vorspringenden Auswüchsen besetzt. Als dritte Art betrachte ich die von mir in Traité de paléont. végét. als *Caulerpa arcuata* beschriebene Alge aus dem Flysch; ausgezeichnet durch das vom Grund aus vieltheilige Laub, dessen beinahe sichelförmig gebogene Aeste mehrfach zweitheilig und mit kleinen plattgedrückten Pusteln dicht bedeckt sind.

Fig. 36.
Phymatoderma liasicum Sch. aus den obern Liasschiefern von Boll.

Ob folgende zwei Gattungen in diese Gruppe einzureihen sind oder nicht, lässt sich bis jetzt nicht bestimmen.

Gyrophyllites (Quirlalge) Glock. (Fig. 37). Phyllom aus einem schlaffen stielrunden Stengel und einem diesen abschliessenden ausgespreiteten Blattquirl bestehend.

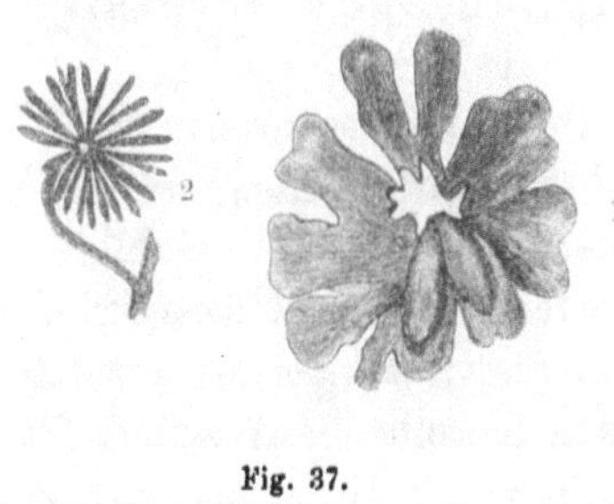

Fig. 37.
1 *Gyrophyllites* Theobaldi H. 2 *G. pusillus* H.

Diese Pflanzen haben einige Aehnlichkeit mit den Annularien, unterscheiden sich aber leicht von diesen durch den schlaffen ungegliederten Stengel, die weniger regelmässigen Blattspreiten, welche von einer den Stengel abschliessenden Centralplatte ausgehen.

Es existirt in der jetzigen Algenflora keine mit dieser vergleichbare Form.

Die zuerst bekannt gewordene Art dieser von Glocker (N. acta Ac. Leop. Carol. XIX, Suppl. 2) aufgestellten Gattung, gehört dem unteren Quadersandstein Mährens an. Dieselbe trägt, nach der Localität, wo sie vorkommt, den Namen *G. Kwassizensis* Gl. Der Quirl besteht aus 10 gleichgrossen und gleichgestalteten, länglich keulenförmigen blattähnlichen Organen, welche von fleischiger Consistenz gewesen zu sein scheinen.

Heer vermehrt in seiner *Flora foss. Helvet.* die Gattung um sechs Arten, von welchen drei dem Lias und drei dem Neocom angehören.

Discophorites Heer. Phyllom mit langer, dünner Mittelachse, an welcher mehrere Quirle langer, stielrunder, am Grunde in eine breite Scheibe verbundener Auswüchse mit mehr oder weniger langen Internodien sich folgen.

Vorhergehender Gattung sehr nahe stehend, wo nicht mit derselben zusammenfallend.

Die zwei bekannten Arten stammen aus dem Neocom des Cantons Freiburg.

Es ist aus dem Meere eine Algenform unter dem Namen *Constantinea* Post. et Rupr. bekannt, von welcher Kützing folgende Diagnose gibt: Phycoma caulescens, foliosum. Caulis teres, ramosus, annulatus, annulis superioribus foliiferis. Folia crassa, orbiculata, centro cauli pertusa, terminalia peltata (integra vel fissa). . . . . Structura Euhymeniae.

Ob wohl die hier in Rede stehenden fossilen Formen mit dieser lebenden, zu den Florideen gehörenden Gattung in näherer Beziehung stehen? Dieser Diagnose nach sollte es scheinen, wenigstens bezüglich der äussern Form.

3. Gruppe. **Chordophyceae.** Schnuralgen.

Lange, meistens unverzweigte, halbcylindrische, schnur- oder bandförmige Algenformen, mit dichtgedrängten kurzen, gleichgrossen, blatt-, schuppen- oder blasenförmigen Auswüchsen, welche meistens seitlich zweireihig angeordnet sind, seltener mehrreihig und die ganze Oberfläche deckend, oder auch zu einem schmalen Band vereinigt, welches den Hauptkörper spiralig umläuft.

Diese sonderbaren, die Gesteine oft in grosser Menge mit ihren erhabenen oder rinnenförmig concaven, vielfach gewundenen Schlangenbändern bedeckenden Gebilde werden von den meisten Palaeontologen entweder für Annelidenspuren (Fährten, trails, tracts) oder für durch die Gesteinsmasse ersetzten Anneliden selbst gehalten. Das erstere können dieselben auf keinen Fall sein, da die Seitenanhängsel auf dem Gestein zu deutlich ausgedrückt sind, um die Annahme zuzulassen, dass diese Abdrücke das Resultat der im Schlamme oder Sande gleitenden Bewegung eines wurmartigen Thieres mit Branchienblättern, Parapodien und Stützborsten sei, da die Abdrücke dieser Organe sich bei der Progression immer wieder verwischt haben würden. Ebensowenig können diese Abdrücke von Annelidenkörpern selbst herrühren, denn alle bekannten, hier in Betracht gezogen werden könnenden Formen dieser Thierklasse haben einen weichen Körper, welcher nothwendigerweise beim Vergraben zerdrückt worden wäre. — Die hier in Rede stehenden Fossilen sind aber so scharf im Gestein ausgeprägt, dass sie nur von ziemlich festen Organismen herrühren können. Noch ist ganz besonders hervorzuheben, dass an diesen vermeintlichen Nereïden noch nie ein Kopfstück mit den den Nereïden eigenen Tentakeln oder den öfter stark entwickelten hornartigen Fresswerkzeugen beobachtet worden ist, wie das doch der Fall ist bei den im Solenhofer Lithographirschiefer aufgefundenen Ringelwürmern, deren Körper aber, obgleich in eine sehr feinkörnige Masse eingehüllt, weit entfernt ist, ähnliche scharfe Umrisse zu zeigen wie der der Phyllochorden; das Vorderende, da wo dasselbe vorhanden, ist ein abgerundetes Läppchen ohne eine Spur von einem vortretenden Organ.

Auch die sehr bedeutende Länge, welche meistens mehrere Fuss, ja, nach Murchison, bei manchen mehrere Klafter beträgt, spricht gegen die Annahme von Nereïden, da die längste bekannte Form dieser, *Lumbriconereis gigantea* Quatref., nicht über 60 cm misst.

Was nun die für Kiemblätter, Parapodien oder Stützborsten gehaltenen Seitenanhängsel betrifft, so besteht zwischen diesen und jenen auch nicht eine entfernte Aehnlichkeit. Diese Seitenanhängsel gehen aus breiter, der Länge nach eingefügter Basis direct aus dem Körper hervor, waren fest, mehr oder weniger dick, zuweilen beinahe blasenförmig; auch kommen dieselben nicht immer nur an den Seiten vor, sondern hier und da auf dem ganzen Körper; bei einer Gattung bilden sie selbst ein zusammenhängendes Spiralband. Von den bei den Nereïden unter den Kiemblättchen liegenden Füssen mit den Stützborsten keine Spur!

Was aber den Ausschlag für die Pflanzennatur dieser Gebilde gibt, ist der Umstand, dass dieselben dichotom getheilt vorkommen; Heer hat eine Art mit mehrfach verzweigter Spitze bekannt gemacht, und Ludwig bildet ein Exemplar ab (s. Fig. 38 u. 39[2]) mit thallusartig verbreiteter Basis. Auch lässt sich kaum annehmen, dass Ringelwürmer in so zahllosen Colonien zusammengelebt haben, dass sie in der Weise massenhaft an den Meeresstrand geworfen werden konnten, wie das bei den Chordophyceen der Fall war.

Es geht aus dem Gesagten hervor, dass bei diesen, allerdings in der jetzigen Pflanzenwelt nicht mehr vertretenen urweltlichen Ueberresten, weder *Phyllodoce* und *Nereis*, wie Geinitz*) annimmt, im Spiele waren, noch dass in denselben die Vorläufer der Echinodermen gesehen werden können, wie Häckel vermuthet.

Ob diese Pflanzen in verwandtschaftlicher Beziehung zu den Caulerpaceen stehen, wie das früher ausgesprochen worden ist, oder für sich eine eigene Ordnung oder Familie bilden, das muss unentschieden bleiben.

Die verschiedenen Formen können in folgende Gattungen zusammengestellt werden:

Phyllochorda Sch. (Fig. 38). Phyllom sehr lang, 8—20 mm breit, vielfach schlangenförmig gewunden; Anhängsel meistens gegenständig-zweireihig, oval, kreisrund, platt oder blasig aufgetrieben, in der Regel unter sich von gleicher Grösse; die blasenförmigen zuweilen den ganzen Körper bedeckend; dieser im Abdrucke rinnenförmig concav, nicht gegliedert, während die Anhängsel convex oder wenigstens erhaben.

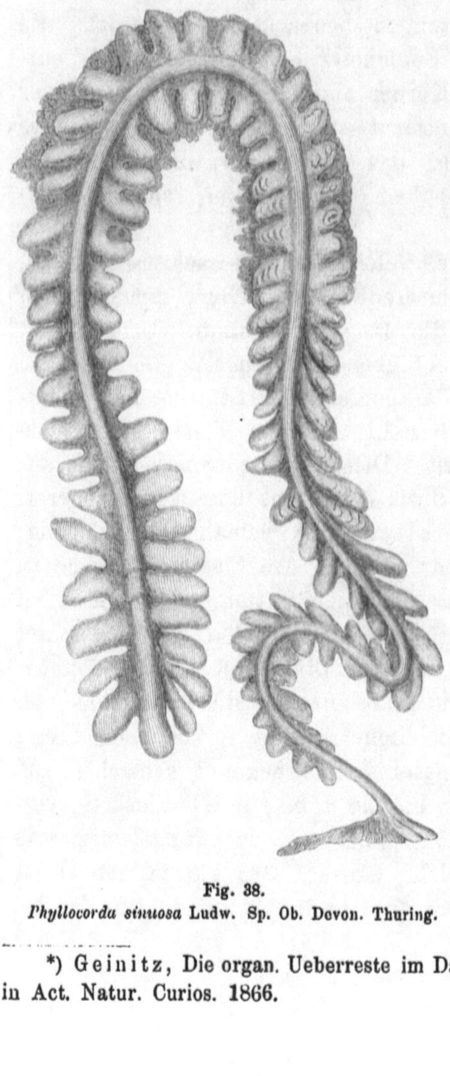

Fig. 38.
Phyllocorda sinuosa Ludw. Sp. Ob. Devon. Thuring.

Nereites Mac Leay. — *Phyllodocites* Gein. — *Delesserites* Ludw. — *Caulerpites* Eichw.

Hierher sind zu ziehen:

Nereites Sedgwickii u. *cambrensis* Mac Coy, aus dem Untersilur von Wales und Schottland; *Ner. Loomisi* Emm., aus derselben Formation Nordamerika's, von Wurzbach in Thüringen (n. Geinitz), des Saalfeldischen (Nereiteiden Richter); Hall's Trails of Annelides (Nat. Hist. of New York II, Pl. 13, f. 2); *Caulerpites pennatus* Eichw. aus dem alten rothen Sandstein von St. Petersburg; *Delesserites sinuosus, gracilis* und *foliosus* Ludw. aus dem Oberdevon (oder Culm?) Thüringens und des Rheins; bei der letzten Art sind die Auswüchse dick, blattförmig, zugespitzt eiförmig und dachziegelig übereinander liegend, einigermaassen an gewisse

*) Geinitz, Die organ. Ueberreste im Dachschiefer von Wurzbach bei Lobenstein, in Act. Natur. Curios. 1866.

Caulerpen erinnernd. Aus späteren Formationen: *Gyrochorda vermicularis* Heer, aus dem braunen Jura, und vielleicht *Caulerpa Lehmanni* Heer, aus dem Neocom.

Gyrochorda Heer. Schmale, stark gewölbte, 2—4 mm breite, zuweilen haufenweise übereinander liegende Bänder, mit zweireihigen, gleichgrossen, nach vorn gerichteten schmal-ovalen Seitenauswüchsen, welche sich in einer Halbwindung derartig fest umschlingen, dass sie untereinander verwachsen scheinen (oder wirklich sind?) und das Band einem einfach geflochtenen Zopfe gleicht; daher der Namen Zöpfe, welchen die Geologen diesen Gebilden gegeben haben.

Die Art, welche Heer *G. comosa* (Fig. 39) genannt hat, charakterisirt den unteren braunen Jura. Eine ganz ähnliche Art kommt, nach demselben Autor, in der marinen Molasse vor.

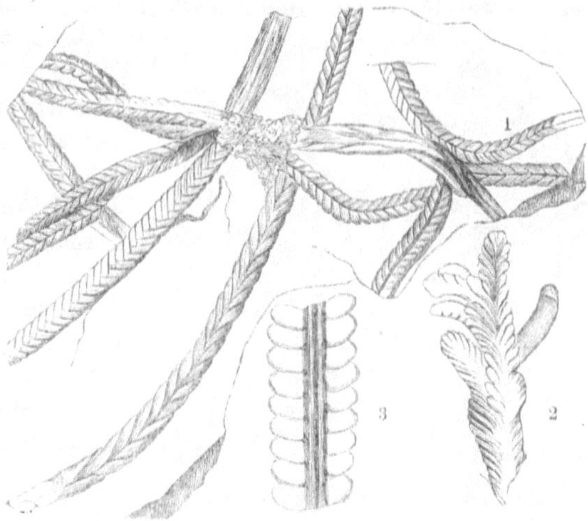

Fig. 39.
1 *Gyrochordae comosa* Heer 2 *G. ramosa* H. 3 *G. vermicularis* H., aus dem unt. Oolith.

Auch diese Form hat zu verschiedenen Deutungen Anlass gegeben: bald sah man in derselben Abdrücke von Anneliden, bald die Fährten solcher, bald Schnüre von Mollusken-Eiern, bald die Gangspuren von Ophiuren, eine schwer zu begreifende Hypothese!

Spirochorda Sch. (Spiralbandalge). Phyllom gegen 1 cm breit, geschlängelt, scheinbar aus kurzen, am Rande zerfressenen Düten zusammengesetzt, in der That aber, wie Ludwig angibt, aus einer bandförmigen Spreite bestehend, welche in beinahe unmerkbar aufsteigenden Umläufen eine sehr dünne Axe spiralig umwindet, etwa so wie bei *Spirophyton,* nur dass bei diesem die Lamina beim Aufsteigen allmählich breiter wird.

Dieses Fossil, bis jetzt nur aus dem thüringer Cypridinenschiefer bekannt, ist von Ludwig als *Dictyota spiralis* beschrieben und abgebildet worden.

1. Untergruppe. **Diplochordeae.** Doppelschnuralgen.

Phyllom aus zwei etwas platten Cylindern zusammengesetzt, seitlich in einen mehr oder weniger scharfen Kiel vorspringend, von einer breiten Mittelfurche durchzogen; Oberfläche von der Mitte aus mit schief rechts und links abgehenden Leisten oder scharfen Falten bedeckt.

Von diesen höchst problematischen Fossilen, welche ohne Zweifel von Meerespflanzen herstammen, können zwei Hauptformen unterschieden werden, von welchen wir die eine mit dem Namen *Crossochorda* Sch., die andere mit dem Namen *Cruziana* d'Orb., bezeichnen wollen, obgleich dieselben höchst wahrscheinlich nur eine Gattung bilden.

Crossochorda Sch. Franzendoppelschnur. Sehr lange, oft haufenweise übereinander liegende, im Durchschnitte gegen 1 cm breite, meistens von einer Längsfurche durchzogene Bänder, mit schief vorwärts gerichteten tiefen dicht stehenden Falten, welche beinahe wie dachziegelförmig übereinander liegende Blättchen aussehen, und seitlich vorspringend eine Franze bilden, in welcher man die Füsse einer Annelide gesehen hat.

Fig. 40.
Crossochorda scotica (?) Sch. Untersilur von Bagnoles. 1/2 nat. Gr.

Crossopodia scotica Mac Coy, (Fig. 40) Descript. of the British Palaeozoic Fossils; Murchison, *Siluria* ed. 3 p. 221. Trails of Annelide, Natur. Hist. of New-York II, Pl. 13, f. 1. *Crossopodia Henrici* Gein., „Die organischen Ueberreste im Dachschiefer von Wurzbach".

Vorkommen: Vom unteren bis zum oberen Silur, zuweilen massenhaft in Europa und Nordamerika.

Zu bemerken ist, dass die Abbildungen von diesem Fossil, von welchem vielleicht mehrere Arten existiren, durchschnittlich unrichtig sind, da sie die seitlich vorspringenden dünnen Falten als fädliche Wimpern darstellen.

Cruziana d'Orb. (Voy. d. l'Amér. mérid. III.) Körper sehr lang, 5—10 cm breit, meistens aus zwei etwas breitgedrückten Cylindern zusammengesetzt, im Querschnitte die Figur ∞ zeigend; die nach zwei Richtungen vorwärts gerichteten Leisten oder Falten ziemlich unregelmässig, verbogen, zuweilen zusammenlaufend, Mittelrinne flach; seltener einfach platt cylindrisch; hie und da Narben zeigend, welche auf Aeste, oder vielleicht auf Ansatz von Spreiten deuten.

Bilobites Dekay, (Ann. of New-York, 1824). — *Fracna* M. Rouault, Bull. d. la Soc. géol. de France, 2 Sér. VII. (1849—1850.)

Diese riesigen Algenüberreste kommen oft in grossen Massen in den untersilurischen Sandsteinen (Quarziten) von einander sehr entfernt liegender Gegenden vor; Dekay u. a. haben dieselben an verschiedenen Orten Nordamerika's beobachtet, d'Orbigny in Venezuela, Casiano de Prado in der Sierra Morena und der Guadarrama Spaniens, B. A. Gomes bei Porte und der Serra d'Algarve in Portugal, Marie Rouault in der Bretagne, Morière in dem untersilurischen Quarzit von Bagnoles (Département Orne). Ueberall finden sich mit der Cruziana-Form, von welcher verschiedene Autoren eine ganze Reihe von (ob selbständigen?) Arten beschrieben haben, fächerförmige, längsgefaltete, scheinbar untereinander zusammenhängende, das Gestein senkrecht durchsetzende Abdrücke (*Vexillum* M. Rouault, in mehreren (?) Arten), auch oft mehr als 1 m lange cylindrische, ebenfalls die Schichten senkrecht durchziehende Körper (*Tigillites* M. Rouault). In welcher Beziehung diese Gebilde zu *Cruziana* stehen, ist bis jetzt noch nicht ermittelt. Rouault's in denselben Schichten vorkommende *Daedalus* dürfte wohl dem grossen norwegischen *Alectorurus* (*Fucoides* His.) *circinnatus* angehören.

4. Gruppe. **Arthrophyceae.** Gliederalgen.

Phyllom einfach oder unter spitzem Winkel sparsam zertheilt, mehr oder weniger lang, cylindrisch, kurz quergegliedert, an der Spitze oft keulenfömig oder kolbig verdickt, mit oder ohne Längsrinne.

Diese Gruppe, deren systematische Stellung unter den Algen, zu denen sie doch gewiss gehört, nicht bestimmt werden kann, umfasst diejenigen Algenüberreste, deren äusseres Aussehen den oben angegebenen Kennzeichen entspricht; ob aber die zwei hierhergezogenen Gattungen in einem näheren verwandtschaftlichen Verhältniss stehen, das muss unentschieden bleiben.

Arthrophycus Hall. Phyllom sehr lang, meistens eine Längsrinne zeigend, zuweilen an der Spitze in einen dichtgedrängten Astbüschel endend, Aeste entweder stumpflich zugespitzt oder kolbig verdickt (Fruchtstand ?).

Die typische Form dieser Gattung, *A. Harlani* Hall (*Harlania Hallii* Göpp.) (Fig. 41), findet sich oft in grosser Anzahl auf den Medina-Sandsteinplatten (Obersilur) in Nordamerika und zwar so, dass jede der zahlreichen sich auf einander folgenden dünnen Schichten immer wieder dieselbe Menge, zuweilen haufenweise über einander liegender Abgüsse zeigt, was auf eine Uferbildung zu deuten scheint, bei welcher mit jeder Fluth immer wieder neue Massen von dieser Alge auf den seichten Strand geworfen wurden, wie wir das auch bei den heutigen Algen noch sehen.

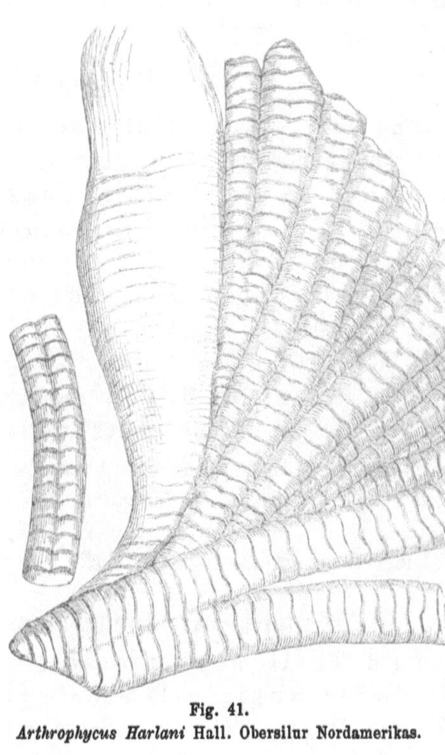

Fig. 41.
Arthrophycus Harlani Hall. Obersilur Nordamerikas.

Eine zweite, um die Hälfte dünnere, kürzergliederige Art (*A. siluricus* Sch.) kommt im untersten Silur vor, aus welcher Formation ich dieselbe aus Sardinien besitze, wo sie im grünlichen glimmerigen Schiefer dieselben Haufwerke bildet, wie die vorige Art im Medina-Sandstein.

Taenidium Heer. Einfach, wurmförmig verbogen, oder dichotom zertheilt, Aeste gerade cylindrisch oder etwas keulenförmig verdickt, keine Längsrinne; Articulationen eingeschnürt oder ringförmig vorspringend; das Innere wahrscheinlich hohl und durch Querwände getheilt wie bei der lebenden *Chorda*. Heer beschreibt drei Arten aus dem Jura, wovon eine schon im unteren Lias sich zeigt, eine Art aus dem Flysch (*T. Fischeri*), welche dicker ist und sich durch ihre dichotome Verästelung auszeichnet. An einer ebenfalls aus dem Flysch stammenden Art (*Fucoides helveticus* Brunner Mn.) habe ich un die Ringe herum aus kleinen, platten, glänzenden Körnern zusammengesetzte Wülste beobachtet — ob Fruchtorgane oder zellige Auswüchse? s. Abbild. Fig. 42.

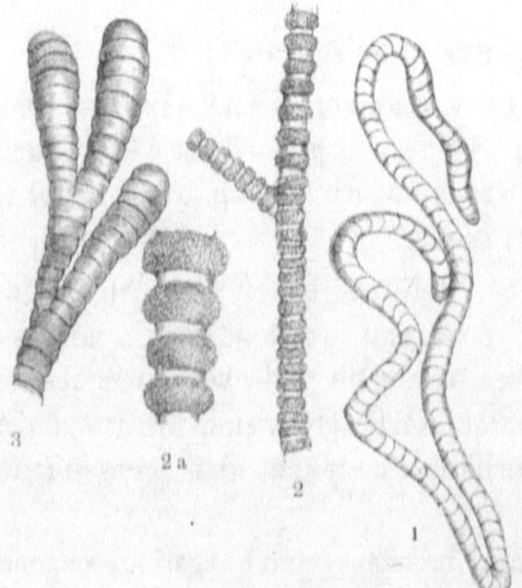

Fig. 42.
1 *Taenidium serpentinum* H. 2 *T. helveticum* Sch. 3 *T. Fischeri* H.

5. Gruppe. **Rhysophyceae.** Runzelalgen.

Phyllom cylindrisch oder stumpf vierkantig, einfach oder zweitheilig, querrunzelig, von einer flachen Längsfurche durchzogen (in Folge des Zusammenfallens des hohlen Körpers?), nach oben keulenförmig verdickt oder in Form von zwei der Länge nach verwachsenen, ovalen, unregelmässig gefurchten Körpern, welche auf einem Stiel befestigt sind, dessen Insertion sich auf der Längscommissur derselben befindet. Diese Körper scheinen fest gewesen zu sein, denn sie bilden starke Erhabenheiten auf dem Gestein. Die Gruppe besteht bis jetzt nur aus der Gattung

Rhysophycus Hall, deren drei bekannte Arten (*Rh. clavatus, angustatus* und *bilobus* Hall) oft in grosser Menge in den Clintonschichten Nordamerika's vorkommen.

Hierher gehört gewiss auch Hall's *Bythotrephis palmata*.

6. Gruppe. **Alectorurideae.** Hahnenschwanzalgen.

Zum Theil sehr grosse Pflanzen, deren aus einem mehr oder weniger langen cylindrischen Stiel hervorgehende Blattspreite, mit deutlicher, in grossen Bogen aufsteigender, zuweilen netzartig anastomosirender Berippung, bald eine Hahnenschwanz-ähnliche Fläche, bald einen geschlossenen Sack, bald eine breite, die Axe spiralig umlaufende Lamina bildet.

Dieser jetzt vollständig erloschene Algentypus erscheint mit der frühesten Silurzeit und geht durch alle Epochen hindurch bis in die mittlere tertiäre, nach welcher derselbe spurlos verschwindet. Da wir in der jetzigen Algenflora keine einzige Form kennen, welche sich dieser fossilen hinlänglich nähert, um eine Verwandschaft vermuthen zu lassen, selbst wenn man an *Agarum* oder das spiralig gewundene *Thalassophyllum* (Laminarieen) denkt, so muss die systematische Stellung derselben unbestimmt bleiben.

Alectorurus Sch. Sichelförmig gebogene Phyllomspreite, mit ebenfalls sichelförmig gebogenen, aus einer seitlichen Hauptrippe entspringenden, dichotom sich theilenden, nicht anastomosirenden Secundärrippen.

Die von Hisinger (Leth. Suecica Suppl. II) zuerst unter dem Namen *Fucoides circinnatus* bekannt gemachte Art scheint in Europa der erste Vertreter dieser merkwürdigen Algengruppe gewesen zu sein. Denn er zeigt sich schon in den untersten Silurschichten Schwedens, Deutschlands und Frankreichs (*Daedalus* Rouault?). Eine ganz ähnliche Art, doch mit viel kleineren Dimensionen ist häufig in den unteren blauen Silurschiefern von Cincinnati. Da ich diese Form nirgends erwähnt finde, so nenne ich sie einstweilen *A. cincinnaticus* (Fig. 43).

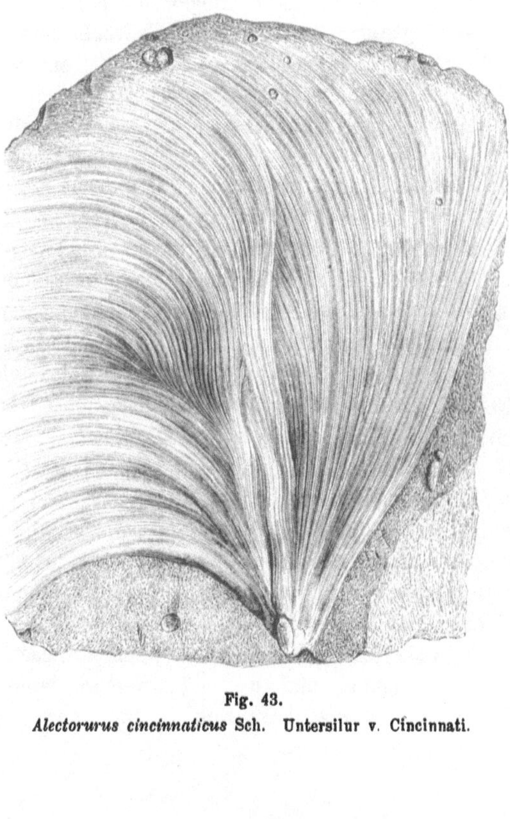

Fig. 43.
Alectorurus cincinnaticus Sch. Untersilur v. Cincinnati.

Spirophyton Hall. Phyllom dünn, breit, querfaltig oder bogennervig, sich spiralig um eine dünne Axe wendend und, in dem Maasse als sich die flache Spirale erhebt, breiter werdend.

Die spiralige Windung der Lamina erinnert an *Thallassophyllum Clathrus* aus der Südsee.

Der Typus der Gattung ist *Sp. Cauda-galli* Vanux., die

bekannte Hahnenschwanzalge, welche in Nordamerika (New-York, Ohio und Pennsylvanien) die Schichten des oberen Devon bisweilen völlig anfüllt, wesshalb diese mit dem Namen der Caudagalli-Schichten bezeichnet werden. Andere Arten, wie *Sp. typus, velum, crassum* Hall., sind für die Chemung- und Hamiltongebilde bezeichnend. Die sichelförmig gebogenen Falten oder Rippen sind meistens im Abdruck allein sichtbar, daher die Hahnenschwanzform.

Physophycus Sch. Phyllom aus kriechendem Rhizom, schlauch- oder blasenförmig, von einer dicken Rippe umzogen, von welcher bogig abwärts gekrümmte secundäre Rippen ausgehen, wenn anders die ungleich breiten Bogen nicht durch das Zusammendrücken der Blase entstandenen Falten entsprechen.

Diese von Lesquereux in der unteren Kohlenformation oder dem oberen Devon (Chemunggruppe) in Pennsylvanien entdeckte und als *Caulerpites* beschriebene und abgebildete Alge unterscheidet sich von *Taonurus* durch den dicken Wulst, welcher die Blase (?) umgibt, und die unregelmässige Berippung.

Taonurus Fisch.-Ost. Blase (?) oder Spreite (?) spiralig gewunden, mit starkem Stiele versehen, von welchem bogig gekrümmte verästelte Rippen nach allen Seiten abgehen.

Es ist kaum möglich, aus den Abdrücken, welche meistens nur einen Theil der grossen stark zusammengedrückten Pflanze darstellen, diese in ihrer ursprünglichen Form zu reconstruiren. Heer sagt: „Wir haben uns die Sache so vorzustellen, dass die horn- oder sackförmige Pflanze um eine mittlere, vertiefte und hohle Stelle spiral herumgewunden ist."

Der grosse, so häufig im Flyschsandstein der Schweiz vorkommende *T. flabelliformis* F.-O., zeigt sich oft in diesem in der Form von bogigem Wellenschlag, oder wie Besenstreiche auf dem Sande.

Hierher gehört die Gattung *Zoophycus* Massal. mit den Arten *Z. Villae* und *Brianteus*.

Cancellophycus Sap. Phyllom auf dickem cylindrischem Stiele blasenförmig (?), abgerundet oder sehr unregelmässig, mit grösseren oder kleineren Aussackungen oder Buchten; Rippen aus breitem Grunde sich vielfach verästelnd, die Aeste grosse concentrische Bogen beschreibend, durch Seitenästchen anastomosirend und ein bald laxeres, bald engeres Netzwerk bildend, dessen Maschenfelder wahrscheinlich, wenigstens theilweise, durchbrochen waren.

Es ist ausserordentlich schwierig, wo nicht unmöglich, sich aus den Abdrücken, die oft in zahlloser Menge die Gesteinschichten bedecken, einen richtigen Begriff von der ursprünglichen Gestalt dieser sonderbaren Gewächse zu machen. Nach der Beschreibung und den Abbildungen, welche Heer gibt, waren dieselben blasenförmig, nach Saporta bildeten sie eine mehr oder weniger regelmässige beinahe kreisrunde, oder auch unregelmässig buchtige Spreite mit abgerundeten Lappen, welche gegen die Insertionsstelle des Stieles zuweilen dütenförmig sich schliesst und spiralig umläuft. Die zahlreichen von mir untersuchten Abdrücke schienen bald für die Ansicht von Heer bald für die von Saporta zu sprechen.

Thiollière war der erste, welcher diesen Fossilen eine nähere Aufmerksamkeit schenkte und die Art, welche den unteren Oolith charakterisirt als *Chondrites scoparius* beschrieb (s. Bull. soc. geol. 2 Sér. XV et XVIII); später wurden von Fischer-Oster, Heer und dem Grafen v. Saporta mehrere neue Arten bekannt gemacht; *C. liasinus* F.-O., *C. procerus* Heer mit rhombischen Nervenmaschen als *Taonurus*, *C. Marioni*, *reticularis* und *Garnieri* Sap. mit unregelmässigen langgezogenen Maschen. *C. liasinus* F.-O. ist dem oberen Lias (Posidonomyenschiefer) eigen, und findet sich u. a. im Elsass, an mehreren Orten in der Schweiz, bei Mende (Lozère), wo Terquem ein Schichtencomplex von 40 m Mächtigkeit angibt, durch welches diese Alge hindurchgeht und jedes einzelne Lager mit ihren Abdrücken bedeckt.

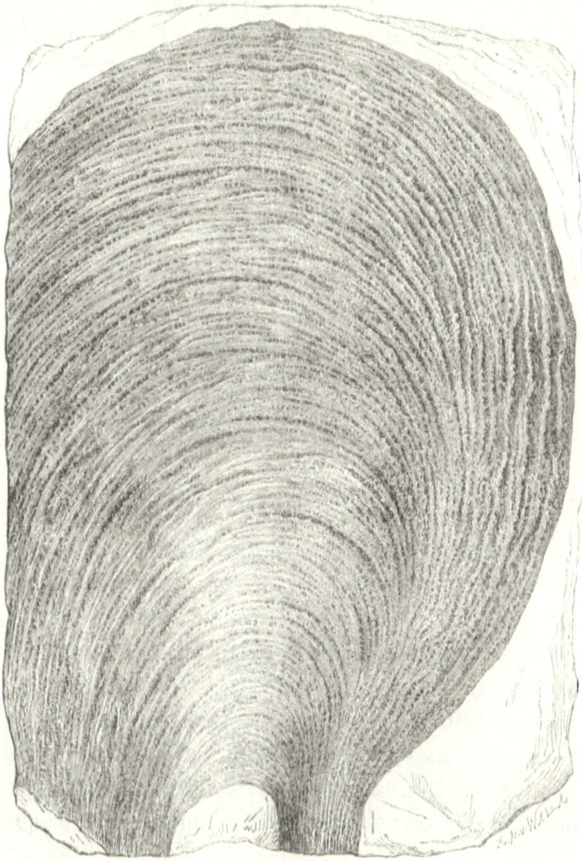

Fig. 44.
Cancellophycus scoparius Thioll. Sp. aus dem unteren Oolith (Bajocien) von den Rocs-des-Fares (Waadtl.).

Dem unteren (Bajocien) und mittleren Oolith, *C. Marioni* bis in die Oxfordschichten, gehören die übrigen Arten an.

C. scoparius und *procerus* haben eine ausserordentlich grosse Verbreitung, denn sie zeigen sich durch den ganzen unteren und mittleren Oolith, und meistens massenhaft, von Lothringen und der Schweiz an über Lyon durch ganz Süd-

Frankreich. Eine berühmte Localität in der Schweiz sind die Rocs-des-Fares (vallée de la Gryonne) zwischen Villard und Gryon (Waadtland), wo sie im *Bajocien* mit *Ammonites Parkinsoni* und *Belemnites giganteus* vorkommen und in Fuss und zwei Fuss grossen Exemplaren alle Schichten mit ihren dunkelen parabolisch gestreiften Netzen überziehen*).

Eine sehr problematische, doch mit den hier in Rede stehenden Pflanzenüberresten ziemlich grosse Aehnlichkeit zeigende Gattung ist:

Lophoctenium Richt. (Zeitschr. d. deut. geol. Gesell. II; Geinitz, Organ. Ueberr. im Dachschiefer von Wurzbach). Phyllom gestielt, unregelmässig kreisrund, von einem stielrunden Wulst umgeben, mit starken, sichelförmig gebogenen, in derselben Richtung in gleichen Abständen sich folgenden Rippen, und schiefen unter sich parallelen, diese verbindenden Querrippen.

Die Berippung zeigt sehr grosse Aehnlichkeit mit der von *Taonurus procerus* Heer (Fl. foss. Helvet. tab. XLVIII, Fig. 3—5).

L. comosum Richt. ist wohl identisch mit *Bythotrephis radiata* Ludw., aus denselben Schichten von Sinn im Saalfeld'schen, welche, nach Gümbel, zum Culm gehören.

L. Hartungi Gein., aus dem Silur, gehört wohl auch in diese Formenreihe. Geinitz sieht in demselben eine riesige *Sertularia* oder auch einen Graptolithen, indem er die Rippen für freie aus einem kriechenden Wurzelstock sich erhebende Aeste, und in den Querrippen die Wohnzellen sieht. Das Original-Exemplar von Ludwig, welches ich vor Augen habe, spricht auf jeden Fall, was das thüringische Fossil betrifft, gegen eine solche Interpretation.

7. Gruppe. **Cylindriteae.** Cylinderalgen.

Diese Sammelgruppe umfasst, bis auf Weiteres, alle jene mehr oder weniger regelmässig cylindrischen, einfachen oder sparsam verzweigten langen, geraden, schlangenförmig gebogenen oder flach spiralig gewundenen, $\frac{1}{2}$—2 cm dicken Körper, von welchen angenommen wird, dass sie von Algen herstammen.

Diese Körper scheinen von fester Consistenz gewesen zu sein, innen hohl oder mit laxem Zellgewebe angefüllt. Ihre Gestalt ist nicht immer regelmässig, sondern stellenweise verengert oder angeschwollen; die Oberfläche ist glatt oder gekörnelt, zuweilen unregelmässig querfaltig oder fein rissig.

Da die bis jetzt bekannten Cylindriten nur Bruchstücke von wahrscheinlich sehr grossen Algen darstellen, so können wir uns von dem Aussehen der Pflanzen selbst, von welchen sie herrühren, keinen Begriff machen. Theilweise mögen sie die Stengel von gigantischen Arten ge-

*) Massalongo. Nov. gen. plantar. foss. (*Zoophycus*) Veron. 1855. — Fischer-Ooster. Protozoë helvet. — Heer Flor. foss. Helvet. — Comte de Saporta Paléont. franç. Végétaux, terr. jurass.

wesen sein, wie wir solche noch in unseren lebenden *Hafgygia, Durvillea, Macrocystis* sehen, theilweise aber auch sehr dickästige, der Tracht nach an Korallenstöcke erinnernde eigene Typen, die in der Jetztwelt keine Vertreter mehr haben. Auf keinen Fall dürften sie einer Familie und noch viel weniger einer Gattung angehört haben. Auch ist das von Göppert aufgestellte Genus

Cylindrites (Göpp. Act. Nat. Curios. XIX, 2) als aus mehr oder weniger heterogenen Elementen zusammengesetzt zu betrachten.

Ebenso unbestimmt wie der Gattungscharakter ist die Umgrenzung der Arten, von denen die meisten nur auf Grössenverhältnisse gegründet sind, die, bekanntlich, an Bruchstücken einer und derselben Art, ja desselben Individuums, verschieden sein können.

Ueberreste, welche den äussern Charakter der Cylindriten tragen, kommen schon in den älteren Silurgebilden vor, wie *Palaeophycus macrocystoides* Gein.; besonders häufig sind dieselben aber im oberen Jura, wie z. B. *C. Cartieri* Heer, der im Oxford oft ganze Bänke füllt. Von den im Quadersandstein hie und da so zahlreich sich zeigenden Cylindriten-ähnliche Fossilen, ist oft schwer zu bestimmen, ob sie von Pflanzen oder Spongien herstammen.

Die letzten Cylindriten finden sich in den Nummuliten- und Flyschformationen, und zwar in ersterer der sonderbare 8 mm dicke, in concentrische Ellipsen gewundene *C. convolutus* F.-O. Einige kleinere Formen aus dem Flysch sind auch in diese Gattung gezogen worden, obgleich sie sehr nahe zu den Chondriteen hingehen.

Aus dem Muschelkalk, in welchem so häufig auf den Platten halbcylindrisch erhabene, in Schlangenwindungen verbogene Wülste vorkommen, die wohl als Anneliden- oder Molluskenfährten angesehen werden können, giebt Heer (Fl. foss. Helvet.) unter dem Namen *C. caespitosus* ein eher einen *Palaeophycus* als einen *Cylindrites* darstellendes Gebilde, dessen cylindrischer Stiel sich an seinem oberen Ende handförmig verbreitert, um sich in einen Büschel zahlreicher, lang spindelförmiger, einfacher oder zweitheiliger Aeste aufzulösen, von welchen die längeren abwechselnd angeschwollen und verdünnt sind.

Am besten können auch in diese Gruppe *Münsteria caprina* und *bicornis* Heer untergebracht werden, für welche ich, da sie gewiss nicht zu *Münsteria* gehören, einen eigenen Namen vorschlage, nämlich:

Ceratophycus Sch. Einfache, 1—2 cm dicke, mehr oder weniger deutliche Querfalten oder Runzeln zeigende, hornartig gebogene, bei *C. bicornis* an den Enden spiralig eingewundene Cylinder.

Die zwei bekannten Arten scheinen im Flysch der Schweiz nicht selten zu sein.

8. Gruppe. **Palaeophyceae.**

Kräftige, wenig verästelte Algenformen, deren Laubabschnitte entweder stielrund oder etwas abgeplattet, an der Spitze abgerundet oder auch langkeilförmig sind und 5—20 mm in der Breite messen.

Diese Algen zeigen sich schon in den älteren silurischen Schichten, zuweilen in grosser Menge, so dass sie grosse Strecken überdecken. Es scheinen dieselben in gewissen Regionen Nordamerikas die Hauptphysionomie der ersten Silurzeit bestimmt zu haben. Ohne Analogie in der Jetzwelt.

Palaeophycus Hall. Einfaches oder wenig zertheiltes glattes oder zuweilen etwas runzeliges oder gestricheltes Phyllom.

Hall gibt aus dem Untersilur des Staates New-York *P. tubularis* an, welchen Göppert mit *Chondrites informis* und *acutangulus* Mc Coy, aus dem Untersilur von Bangor (North-Wales) und *Palaeochorda major* und *minor* Mc Coy, aus denselben Schichten in Cumberland, vereinigt, ferner *P. rugosus* und *simplex* aus dem Trentonkalk. Jedenfalls gehört auch *Bythotrephis palmata* Hall. mit einfachen, theilweise sehr langen mehr oder weniger kolbig verdickten Aesten hierher.

Sphenothallus Hall. Der cylindrische oben abgerundete Stamm am oberen Ende mit zahlreichen einfachen aus schmalem Grunde keilförmigen Aesten besetzt. Aus den Uticaschiefern.

9. Gruppe. **Oldhamieae.** Oldhamieen.

Kleine, fädliche, mehr oder weniger deutlich knotige, unmittelbar aus der Basis strahlig oder aus den Ecken eines dünnen regelmässig geknicten Stengels fächerförmig verästelte Gebilde, deren Aeste bei ersterer Form länger und mehrfach zertheilt sind, bei letzterer kürzer und sparsam dichotom erscheinen.

Diese ältesten aller bekannten Algen wurden im Jahre 1844 von Oldham in den violetten und grünen cambrischen Schiefern von Bray Head in Irland entdeckt und von Forbes in dem Journ. of the Geol. Soc. of Dublin Vol. III, p. 60 (1844) und Vol. 18, p. 20 (1848) unter dem Namen

Oldhamia (Fig. 45), als zu den Zoophyten oder Bryozoën gehörig bekannt gemacht.

Die zahlreichen von mir untersuchten Exemplare liessen mich keine Spur von Oeffnung an den kleinen übrigens auch stellenweise fehlenden Knötchen entdecken, auch sind die Fäden nicht gegliedert wie das bei den Graptolithen der Fall ist. Ich glaube daher diese Fossile, nach dem Vorgange Kützings und Göpperts, zu den Algen ziehen zu müssen. Da wir aber bis jetzt keine analoge lebende Form kennen, so kann

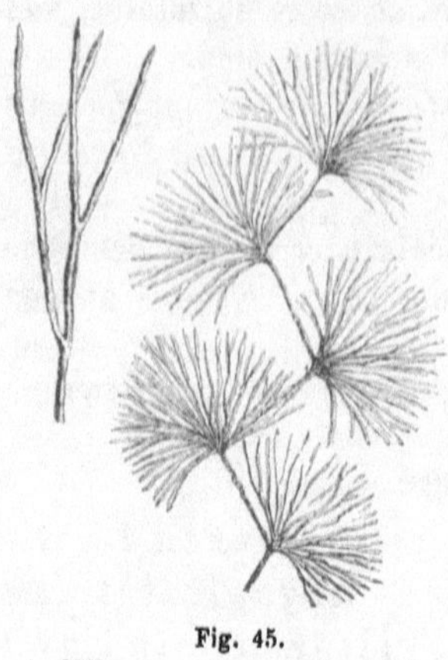

Fig. 45.
1 *Oldhamia antiqua* Forb. Cambro-Silur. Irland. 2 vergrösserter Ast.

über die systematische Stellung nichts entschieden werden. Am nächsten dürften sie den kleinen schon in sehr früher Zeit sich zeigenden Chondritesformen stehen.

Die zwei bis jetzt bekannten Oldhamien haben dicht gedrängt, meistens von einander gesondert, auf dem Meeresschlamm gelebt und scheinen, in dem Maasse als sie von diesem bedeckt wurden, sofort sich wieder, und zwar sehr schnell, entwickelt zu haben, denn sie überziehen alle, auch die dünnsten Blätter des dichten äusserst feinkörnigen Schiefers.

Die beiden bekannten Arten *(O. radiata* und *antiqua)* (Fig. 45) charakterisiren das älteste Silur (Cambro-Silur) und sind besonders in Irland häufig; in neuerer Zeit wurde *O. radiata* auch auf dem Festlande, z. B. in Belgien, beobachtet.

10. Gruppe. **Chondriteae.** Chondria-ähnliche Algen.

Tange mit aus mehreren Zellagen zusammengesetztem, in cylindrische oder leicht abgeplattete Aeste und Aestchen zertheiltem Laube (Phyllom).

In diese Gruppe können alle fossilen Algenüberreste vereinigt werden, welche ihrer äusseren Tracht nach an die lebenden Gattungen *Chondria*, *Furcellaria*, *Gigartina*, *Polyides* u. s. w. erinnern, nämlich ein aufrechtes, in mehr oder weniger zahlreiche stielrunde Aeste getheiltes glattes Phyllom haben, dessen Substanz wahrscheinlich eine fest gelatinöse oder knorpelige war.

Mit Ausnahme des bei der systematischen Anordnung der Algen wenig maassgebenden Habitus, haben diese fossilen Algenformen noch keine Charaktere geliefert, aus welchen mit einiger Gewissheit geschlossen werden könnte, dass sie wirklich in die jetzt lebende Familie der Florideen gehören, in welche sie von den meisten Autoren und auch von mir (s. Traité de Paléontol. végét.) untergebracht worden sind. Die kugeligen Anschwellungen, die hie und da bei einigen derselben vorkommen, könnten zwar als Tetrasporen-Früchte gedeutet werden, allein so lange die Sporen selbst in diesen scheinbaren Sporangien noch nicht nachgewiesen sind, so lange bleiben wir in Ungewissheit bezüglich ihrer wahren Natur. Von den, den Florideen eigenen zweierlei geschlechtlichen Fortpflanzungsorganen ist, beinahe selbstverständlich, bei den hier in Rede stehenden Algenformen noch keine Spur entdeckt worden.

Die Chondriteen zeigen sich schon in den ältesten Silurschichten, als *Bythotrephis* Hall. und gehen von da an, theilweise mit oft zum Verwechseln ähnlichen Formen, durch alle Epochen hindurch bis in die erste Tertiärzeit, mit welcher sie zu erlöschen scheinen; wenigstens sind bis jetzt weder aus den mittleren noch aus den oberen Tertiärgebilden Chondriten beobachtet worden, woraus vielleicht geschlossen werden dürfte, dass dieselben einem eigenen zwischen Florideen und Fucaceen stehenden Typus angehörten, dessen höchste Entwickelung in die mesozoische Zeit fiele.

Ich halte es für unseren Zweck am geeignetsten die Chondriteen nach den drei Hauptepochen in drei Gruppen einzutheilen, nämlich in *Palaeochondriten*, *Mesochondriten* und *Neochondriten*. Die *Palacochondriten* bilden die Sammelgattung:

Bythotrephis Hall ex p. Phyllom mehr oder weniger vielfach dichotom, unregelmässig oder theilweise fiederig zertheilt, Aeste beinahe gleich stark, dünn oder von mässiger Dicke, stielrund, oder gegen das Ende verdickt, stumpf oder zugespitzt, in der Regel etwas verbogen. Ganze Pflanze 2—40 cm hoch.

Die älteste bekannte Art, aus dem Untersilur ist *Bythotrephis antiquata* Hall. (Fig. 46). Hauptabschnitte des Laubes gegen 3 mm dick, Aeste zahlreich, aus schmalem Grunde allmählich verdickt und nach oben leicht zugespitzt.

Eine schöne, fusshohe vielästige Art, mit kolbigen oder spindeligen Abschnitten ist *B. gracilis* Hall (Fig. 47) aus dem Trentonkalke. Hall zieht hiezu Formen aus der Clenton-Gruppe, welche gewiss anderen Arten angehören.

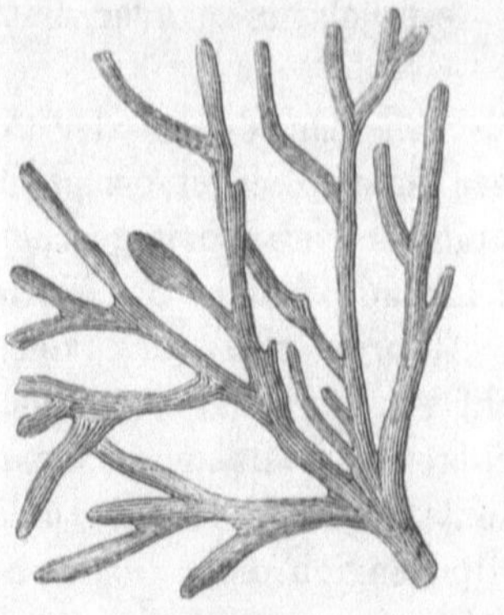

Fig. 46.
Bythotrephis antiquata Hall. A. d. Untersilur Nordamerikas.

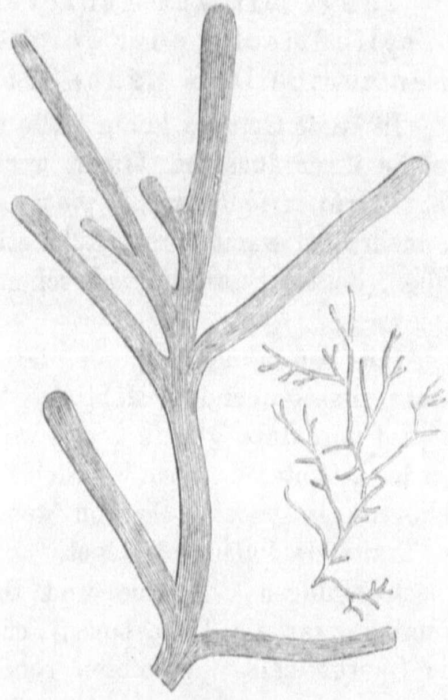

Fig. 47.
Bythotrephis gracilis Hall. Die beiden extremen Formen. A. d. Trentonkalk.

Chondrites fruticulosus Göpp. aus der bömischen Silurformation gehört zu den kleinsten und zierlichsten Formen, und erinnert an die kleinen Formen von *Chondrites Targionii* aus dem Flysch.

Chondrites antiquus Göpp. ist nicht identisch mit *Ch. antiquus* His., aus dem norwegischen Silur, welcher zu *B. antiquata* Hall gehören könnte*).

*) S. für die Palaeochondriten: Hall, Natur. History of New-York (Palaeontology). — Göppert, Die foss. Flora des sog. Uebergangsgeb. — Eichwald, Lethaea rossica. — Geinitz, Die organ. Ueberreste im Dachschiefer v. Wurzbach. — R. Ludwig, Fossile Pflanzenreste aus der palaeolith. Formation v. Dillenburg.

11. Gruppe. **Mesochondriteae.**

Die in den älteren palaeolithischen Formationen so häufigen Chondriteen scheinen mit der Devonzeit zu erlöschen, wenigstens sind bis jetzt weder in den marinen Kohlengebilden noch in den permischen Schichten deutliche Spuren von denselben angetroffen worden; auch in der ersten Zeit der mesolithischen Epoche scheinen dieselben sehr selten gewesen zu sein und erst im Muschelkalke kommen wieder Algenspuren vor, welche einigermaassen an diesen Typus erinnern, aber so undeutlich sind, dass sie bis jetzt noch keine genauere Bestimmung zugelassen haben. Aus dem Keuper hat Heer in der *Flora fossilis Helvetiae* eine winzige Alge unter dem Namen *Chondrites prodromus* beschrieben und abgebildet, welcher der Grösse und Tracht nach dem *Ch. Targionii* ähnlich gewesen zu sein scheint. Eine nahe stehende Form habe ich auch im Muschelkalk beobachtet.

Im Gegensatz zu der Trias ist der Jura, besonders der mittlere und obere, reich an Hydrophyten, von welchen der grösste Theil in die Gruppe der Chondriteen zu gehören scheint, und wenigstens dem äusseren Aussehen nach, an den Chondriteen-Typus der Uebergangsepoche erinnert, mit der Ausnahme jedoch, dass die Formen zahlreicher werden, zum Theil schärfer sich ausprägen und desshalb, bis zu einem gewissen Grade, eine sichere Artbestimmung zulassen. Doch gibt es auch jetzt noch nicht wenige derselben, welche die gleiche Unbestimmtheit in den Umrissen zeigen, wie die älteren, und der Uebergang von der einen in die andere scheint oft so evident, dass die Speciesabgränzung ausserordentlich schwierig, wo nicht ganz unmöglich wird.

Die in neuerer Zeit beobachteten kugeligen, zuweilen rosenkranzartig vereinigten Gebilde an einigen jurassischen Arten, können zwar mit den Fruchtorganen (Sporothecien) verschiedener Florideen (*Gigartina, Sphaerococcus, Corallina*) verglichen werden, ob dieselben aber wirklich solche sind, das konnte bis jetzt noch nicht mit Bestimmtheit nachgewiesen werden, da die Natur des früheren Inhaltes dieser Körper noch unbekannt ist.

Die Chondriten des unteren Lias (*Ch. liasinus* Heer, *diniensis* und *pusillus* Sap.) zeichnen sich von den übrigen Arten des Jura durch ihre auffallende Kleinheit aus; die Laubsegmente derselben sind kaum $^1/_2$—$^3/_4$ mm dick, und die Höhe der ganzen Pflanze scheint nicht mehr als 2—3 cm betragen zu haben.

Ebenso charakteristisch wie *Phymatoderma liasinum* Sct. ist für den oberen Lias der äusserst zierlich strauchartige *Ch. bollensis* Ziet. (Fig. 48), welcher zuweilen Fusshöhe erreicht und sich durch seine vollkommen stielrunden, 1—2 mm dicken oder nach oben schwach keulenförmig verdickten stumpfen zuweilen fiederig gestellte Aeste auszeichnet, und die sog. Posidonienschiefer des Lias oft in zahllosen Colonien überdeckt oder nach allen Richtungen durchzieht. Da die Pflanzensubstanz häufig durch eine feine weisse Erde ersetzt ist, so heben sich diese Pseudomorphosen sehr schön von dem dunkeln Gestein ab. Im oberen Liassandstein ist die Pflanze oft durch eine ocherartige Substanz vertreten, welche leicht ausfällt und einen cylindrischen Hohlabdruck zurücklässt.

Fig. 48.
Chondrites bollensis Ziet. Aus den obern Liasschiefern von Boll (Württemberg).

In demselben Liassandstein (*toarcien*) tritt an einigen Orten, z. B. bei Metz und Thionville, neben der oben genannten Art, eine sehr merkwürdige Form auf, *Ch. flabellaris* Sap. (Fig. 49), welche sich leicht von dieser unterscheidet durch die kurzen dicht fiederig gestellten, am Grunde oder bis über die Hälfte zu einer Platte verwachsenen Aestchen am oberen Theile des unten einfachen oder nur sparsam zertheilten Phylloms. Diese hand- oder fächerförmigen Abschnitte wiederholen sich zu mehreren Malen auf demselben Hauptabschnitt in der Weise, dass sich immer ein solcher verbreiteter vielfingeriger Ast aus einem seitlichen Fiederästchen entwickelt (s. Fig. 50).

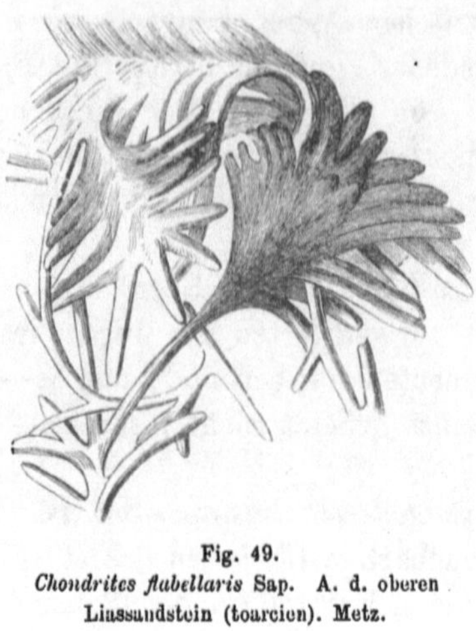

Fig. 49.
Chondrites flabellaris Sap. A. d. oberen Liassandstein (toarcien). Metz.

In dieser Formation findet sich auch der an dem Ende der Aestchen kugelige einfache oder rosenkranzartig vereinigte Sporothecien (?) tragende *Ch. moniliformis* Sap.

Ch. Garnieri Sap. aus dem braunen Jura gleicht dem *Ch. bollensis*, unterscheidet sich aber durch seine straffen, mehr ausgespreiteten, am Ende nicht verdickten Aeste und Aestchen.

Chondrites hechingensis Quenst. sp. (Fig. 50) ist ebenfalls eine dem *Ch. bollensis* sehr ähnliche Art, doch sind die Aeste weniger regelmässig cylindrisch, häufig stellenweise eingeschnürt, die Aestchen entweder zugespitzt oder keulenförmig verdickt, die kürzeren oft ein kugelförmiges Sporothecium (?) tragend.

Fig. 50.
Chondrites hechingensis Quenst. Sp. Ob. Oxford. Schweiz.

Der Umstand, dass diese Alge, welche den unteren weissen Jura charakterisirt, das Gestein nach allen Richtungen durchzieht, so dass dieses von derselben wie durchwoben aussieht, hat Heer zur Ansicht geführt, dass dieselbe fest und wahrscheinlich mit einer Kalkkruste überzogen war, wie die Nulliporen. Deshalb finden wir sie in den Werken dieses Autors als *Nulliporites* bezeichnet*).

Eine sehr interessante, das Neocom charakterisirende Art ist

Chondrites eximius Sap. Hauptstamm sparsam zweitheilig, dünn, stielrund, Aestchen sehr dicht fiederästelig, aus verengter Basis plötzlich dicker als die Hauptäste, zugespitzt, stellenweise eingeschnürt, die längeren beinahe rosenkranzförmig.

Aus der oberen Kreide sind bis jetzt nur wenige, *Ch. Targionii* sehr ähnliche Formen bekannt.

12. Gruppe. **Neochondriteae.**

Sehr dünne, vielverzweigte Sträuchlein bildende oder kräftigere bis über fusshohe Formen mit 3—7 mm in der

*) Ueber die Mesochondriten findet sich das vollständigste Material in G. de Saporta, Végétaux du terrain jurassique, Paléontologie française 1873. Für die Schweiz: Heer, Flora fossilis Helvetiae.

Breite messenden Laubabschnitten, welche cylindrisch oder platt (?) waren und an der Spitze abgerundet sind, einigermaassen an *Chondrus* erinnernd, aber nicht, wie dieser regelmässig dichotom getheilt, sondern unregelmässig oder auch fiederig verästelt.

Fig. 51.
Chondrites Targionii Brngt. Forma normalis.
A. d. Flysch; Schweiz.

Charakteristisch für die eocäne Formation, besonders den Flysch, sind:

Chondrites Targionii Brngt. (Fig. 51). Phyllom sehr vieltheilig, unregelmässig einfach oder doppelfiederästig. Aeste ungleich lang, $^3/_4$—$1\,^1/_2$ mm breit.

Diese sehr veränderliche Alge, deren verschiedene Formen als verschiedene Arten angesehen worden sind, kann als Leitfossil für den Flysch und die ihm chronologisch äquivalenten Formationen angesehen werden. Die zahlreichen Colonien derselben bedecken oft auf weite Strecken hin als schwarze Abdrücke die grauen Flyschschiefer. Aehnliche aber wie es scheint constant sich zeigende Arten kommen in denselben Schichten vor, so z. B. der feine vielzertheilte *Ch. intricatus* Brngt., *Ch. patulus* F.-O.

Als Mittelform zwischen *Ch. Targionii* und den breitästigen Arten kann *Ch. inclinatus* Heer angesehen werden.

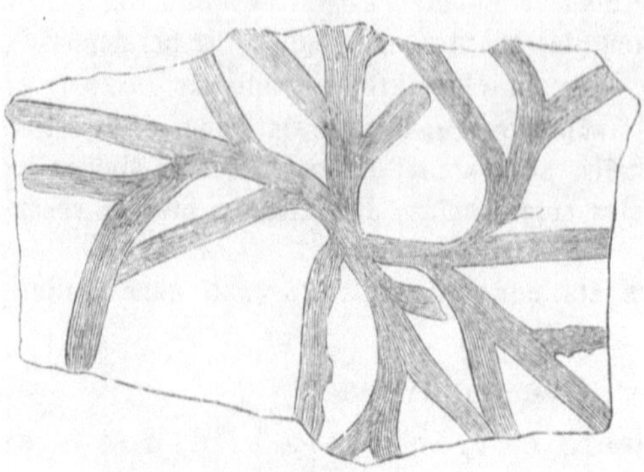

Fig. 52.
Chondrites affinis Heer. Flysch; Schweiz.

Chondrites affinis Heer (Fig. 52). Weniger zertheiltes kräftiges Phyllom, mit 3—7 mm breiten Aesten.

Mit den vorhergehenden*).

*) Für die Neochondriten s. Fischer-Oster, Die fossilen Fucoiden der Schweizer Alpen 1858. Heer, Flora foss. Helvetiae 1877.

13. Gruppe. **Sphaerococciteae.**

In diese Gruppe können alle diejenigen fossilen Algen eingereiht werden, deren Laub, im Gegensatz zu dem stielrunden der Chondriteen, platt ist und, nach Art der lebenden Halymenien, in wenige bald schmälere, bald breitere Segmente zerfällt, oder vielfach zertheilt erscheint, mit einfach- oder doppeltfiederiger Verästelung, wie bei *Sphaerococcus.*

Sphaerococcites Brngt. Phyllom in zahlreiche schmale Segmente zerschnitten, diese mehr oder weniger regelmässig einfach- oder doppelt-fiederästelig.

Bis jetzt ist noch in keiner geologischen Formation ein *Sphaerococcites* mit den der Gattung *Sphaerococcus* eigenen kugeligen Fruchtbehältern aufgefunden worden; es kann also keine einzige der vielen beschriebenen Arten ihre Verwandtschaft mit der lebenden Gattung beweisen.

Göppert beschreibt zwei Arten aus der Uebergangsepoche: eine aus dem Silur *(Sph. Sharyanus)* mit aus der Basis vielgetheiltem, strahlig ausgespreitetem Laube; eine aus dem Devon *(Sph. lichenioides)* mit *Lichenia*-artiger Tracht.

Eine Reihe von Arten sind aus dem Jura (s. Saporta, Fl. jur.), dem Neocom und den verschiedenen Tertiärschichten beschrieben worden.

Halymenites Sternb. emend. Phyllom platt, in Lappen zertheilt, welche am Rande zuweilen unregelmässig und mehr oder weniger tief geschlitzt sind; ursprüngliche Consistenz ziemlich fest, fleischig (?), filzig oder spongiös.

Diese Gattung ist in den Solenhofener Lithographirschiefern in verschiedenen Formen und zahlreichen Exemplaren vertreten, deren specifische Bestimmung kaum möglich ist, da zwischen denselben alle möglichen Uebergänge sich zeigen. Typen der Gattung sind: *H. cactiformis*, *Schnitzleini*, *Sphaerococcites ciliatus* Sternb.

Zu bemerken ist, dass die schwarzen Punkte, welche häufig auf diesen Fossilen vorkommen, durchaus keine verkohlten Ueberreste von Fructificationsorganen sind, wie man geglaubt, sondern Mangan- oder Eisenoxyd-Ausscheidungen, also von derselben Natur wie die in dem genannten Schiefer so häufig vorkommenden und nicht selten die Fossilen sowohl pflanzlichen als thierischen Ursprungs wie mit einem Kranze umgebenden Dendriten.

14. Gruppe. **Spongiophyceae.** Sch.

Unter dieser Benennung begreife ich diejenigen fossilen Algenformen, welche sich durch ein ziemlich kräftiges, vom Grunde aus getheiltes, einfach oder ungleich und sparsam dichotom ästiges, nicht hohles, cylindrisches oder unregelmässig eingeschnürtes Laub sich auszeichnen, dessen Consistenz ziemlich fest, filzig oder spongiös gewesen zu sein scheint.

Dieser Typus ist in dem Lithographirschiefer zahlreich vertreten, aber eben so polymorph wie die Halymeniten. Bei einigen Formen denkt man unwillkürlich an cylindrische ästige Spongien.

In diese Gruppe gehört die Gattung

Münsteria Sternb. mit der typischen Form *M. clavata* St. (*Fucoides encoelioides* Brngt.), an welcher zwar feine Querlinien sich zeigen, die aber sehr gedrängt stehen und sich durchaus nicht mit den Querfalten oder Aussackungen vergleichen lassen, wie diese bei *Keckia*, wohin *Münst. Hoessii* gehört, vorkommen.

15. Gruppe. Fucoiditeae.

Algenüberreste, deren äusseres Aussehen Aehnlichkeit mit jetzt lebenden Fucoiden zeigt, aber durch kein bestimmtes Merkmal, als zu denselben gehörig, erkannt werden können.

Haliserites Sternb. Diese Gattung ist, nach Sternberg's Abbildung zu schliessen, auf einen sehr problematischen Pflanzenabdruck aus dem Quadersandstein gegründet, welcher eher einige Aehnlichkeit mit *Delesseria* zeigt als mit *Haliseris*. Auf keinen Fall kann derselbe mit *Hal. Dechenianus* Göpp. in eine Gattung vereinigt werden. Diese Abdrücke haben insofern grössere Aehnlichkeit mit der lebenden Pflanze, als das Laub deutliche Rippen zeigt, welche die Mitte der bandförmigen Abschnitte durchziehen. Allein auffallend ist, dass diese Abschnitte an der Spitze eingerollt sind, was bei den Algen nicht vorkommt, und die Pflanze dadurch an ein *Hymenophyllum* mit geflügelter Rhachis erinnert. Doch ein *Hymenophyllum* in so ungeheuerer Menge, wie das bei dieser sog. *Haliserites* der Fall ist, in den oberen, einer ausgesprochenen Meeresformation angehörenden devonischen Schiefern anzunehmen, wäre doch zu gewagt.

Es wurde die Ansicht ausgesprochen, dass diese sehr undeutlich erhaltenen Fossile von *Psilophyton* Daws. herrühren könnten, dessen Astspitzen bekanntlich eingerollt sind, und welches häufig, besonders in Nordamerika, in den oberen Silur- und in der ganzen Reihe der Devonschichten angetroffen wird. Diese Ansicht könnte dadurch unterstützt werden, dass die vermeintliche Alge, *Drepanophycus* Göpp., aus denselben Schichten, grosse Aehnlichkeit mit einem stark zusammengedrückten *Psilophyton*-Stamme zeigt, an welchem nur noch die seitlichen pfriemförmigen Blätter sichtbar sind.

Itieria Sap. Phyllom gross, kräftig, mehrfach gabelig getheilt; Hauptäste bis 12 mm dick (breit?) mit dünnen Seitenästen; auf kurzen Stielen seitlich oder in den stumpfen Theilungswinkeln kreiselförmige oder beinahe runde oben verflachte Körper tragend, mit einem Querdurchmesser von 10—15 mm. Im Abdruck erscheinen diese Körper gestreift oder gefaltet, was auf die frühere Blasennatur derselben hinzudeuten scheint.

Dieser ausgestorbene Algentypus, den wir vorläufig zu den Fucoiditen bringen, ist in zwei Arten bekannt: *It. virodunensis* Sap. aus dem oberen weissen Korallenkalk von Verdun und *It. Brongniarti* Sap. aus dem Kimmeridge von Orbagnoux (Ain).

16. Gruppe. **Dictyophyteae.** Gitternetzalgen.

Urnen- oder breit-trichterförmige, auf dickem Stiele ruhende Gebilde, mit sehr regelmässig rechtwinkeliger Gitterverzierung auf der Aussen- und Innenfläche.

Bis jetzt nur in dem Oberdevon Nordamerikas beobachtet.

Dictyophyton Hall. Aus dickem, hohlem, dünnwandigem, umgekehrt kegeligem oder pyramidalem, glattem oder quirlig dickknotigem Stiel kelch- oder breit-trichterförmig; Stiel und Kelch innen und aussen ein sehr scharf ausgedrücktes dreifaches Gitternetz zeigend, dessen quadratische Hauptmaschen vorstehende Kielleisten bilden, welche durch eine feine Commissuralrinne in zwei gleiche Längshälften getheilt sind. Jede dieser Hauptmaschen umschliesst eine mehr oder weniger grosse Zahl von quadratischen, weniger starken Maschen zweiter Ordnung, von diesen enthält jedes Quadrat 4—8 sehr feine Quadratmaschen dritter Ordnung.

Dieses so regelmässig zusammengesetzte Gitternetz ist so scharf ausgeprägt und die vorspringenden Linien sind so regelmässig gerade, wie solche nur ein aus sehr festen Elementen zusammengesetzter Körper in dem Gestein zurücklassen konnte. Unter den jetzigen Algen gibt es keine, welche eine derartige Zusammensetzung besässe. Es gibt zwar durch Kalkincrustation sehr fest gewordene Algen mit den zierlichsten Formen, allein eine Ornamentation wie die hier in Rede stehende kann nicht von einer Incrustation herrühren.

Es liegt also die Frage nahe, ob wir hier nicht eher die kieseligen Skelette von Spongien vor uns haben, als Algenformen, die doch gar zu abnorm wären. Wir wissen, wie regelmässig oft die Skelette der Schwämme ausgebildet sind, und dass namentlich das quadratische Gitterwerk bei denselben nicht selten ist. Noch ist zu bemerken, dass, wie Hall ausdrücklich betont, noch keine Spur von Kohle an diesen Ueberresten beobachtet worden ist.

Nicht weniger als 9 Arten sind bereits von dieser Gattung bekannt, alle aus der Chemung-Gruppe stammend.

Uphantaenia Vanux. Flach-trichterförmiger Körper von bedeutenden Dimensionen, aus flachen radialen und gleichbreiten circulären Bändern gebildet, welche sich derart durchkreuzen, dass sie rectanguläre Lücken zwischen sich lassen und so ein sehr breitmaschiges Gitternetz darstellen. Sowohl die radialen als concentrischen Bänder verschmälern sich allmählich in der Richtung des Centrums. Wahrscheinlich war dieser Discus gestielt. Die Stellung dieses höchst sonderbaren Fossils in der Pflanzenwelt ist eben so unsicher wie die der Gattung *Dictyophyton*. Im Oberdevon.

Ich glaubte hier diese problematischen organischen Ueberreste zur Sprache bringen zu müssen, da sie bis jetzt allgemein zu den Algen gezogen worden sind.

II. Classe. **Fungi. Pilze.**

Die Pilze bilden in der Vegetation der Jetzwelt, ebenso wie die Algen, eine ungemein reiche Familie, welche die verschiedenartigsten Formen enthält, von der einfachen Zelle an bis zu den zusammengesetzten vielgestaltigsten Gebilden, von denen manche selbst eine holzige Consistenz zeigen. Nichtsdestoweniger sind alle hierher gehörigen Pflanzen Zellenpflanzen. Die Zellen selbst sind in mehr oder weniger verästelte, chlorophyllfreie Fäden gereiht und bilden die sog. Hyphe. Die massigen, compacten Pilzkörper bestehen durchaus aus solchen, entweder parallel neben einander liegenden oder vielfach unter einander verflochtenen Hyphen.

„Der gesammte Entwickelungsprocess eines Pilzes gliedert sich, mag er aus einer verzweigten Hyphe oder einer Hyphengesellschaft bestehen, in zwei Abschnitte: aus der Spore wird zuerst unmittelbar (oder durch Vermittelung eines Promyceliums) ein Mycelium erzeugt, aus welchem später die Fruchtträger hervorgehen“ (Sachs).

Das Mycelium ist das Ernährungsorgan, welches auf oder in dem Körper herumkriecht, auf welchem der Pilz parasitirt. Bei den Haplomyceten sind die Fruchtträger einfache Hyphenzweige, bei den übrigen Pilzen erscheinen sie als Anhäufungen der Myceliumzweige, die sich in der mannigfaltigsten Weise entwickeln.

Die Fortpflanzung der Pilze geschieht auf geschlechtlichem und ungeschlechtlichem Wege, oder durch Conjugation. Die auf ungeschlechtlichem Wege erzeugten Sporen können bei einer und derselben Art sehr verschiedengestaltig sein. Nicht selten geschieht die Vermehrung auch durch Brutkörner.

Die Pilze werden in den neueren Systemen eingetheilt in: I. *Phycomyceten* (Saprolegnieen, Peronosporeen und Mucorineen); II. *Hypodermier* (Uredineen und Ustilagineen); III. *Basidiomyceten* (Tremellineen, Hymenomyceten, Gastromyceten); IV. *Ascomyceten* (Tuberaceen, Onygeneen, Pyrenomyceten, Discomyceten).

Von diesen vier Hauptabtheilungen ist die erste nur durch eine Mucorinee (*Sporotrichites heterospermum* Göpp.) auf einem Insect im Bernstein, im fossilen Zustande vertreten. Hypodermier sind bis jetzt noch nicht fossil nachgewiesen worden, woraus jedoch keineswegs zu schliessen ist, dass dieselben nicht früher schon und namentlich in der Tertiärzeit in zahlreichen Formen existirt haben. Aus der Reihe der Basidiomyceten besitzen wir nur sparsame Spuren einiger Hymenomyceteen: ein *Cenangium* (nach Ludwig) auf den Nerven eines *Pirus*-Blattes in den Tertiärschichten von Dernbach in Hessen; einige wenige Bruchstücke von *Hydnum* (*H. antiquum*

Heer) aus der Tertiärformation von Lausanne und (*H. argillae* Ludw.) von Münzenberg; ein *Polyporus*, dem *P. igniarius* L. ähnlich, (*P. foliatus* Ludw.) aus der jüngeren Wetterauer Braunkohle; ein *Lenzites* Fr. (*L. Gastaldii* Heer), auf Holz in der Tertiärformation bei Turin. Der von Lindley und Hutton beschriebene und abgebildete *Polyporites* aus der Steinkohlenformation hat sich als die Schuppe eines Fisches (*Holoptychius Hibberti* Ag.) herausgestellt, dagegen ist wohl der *Polyporites Sequoiae* Heer aus dem Miocän Grönlands ein ächter *Polyporus*.

Dass bei der so üppigen Entwickelung der Pflanzenwelt in der Tertiärzeit, und wahrscheinlich auch schon früher, die Hymenomyceten eben so wenig gefehlt haben wie in unseren jetzigen Waldungen, das lässt sich von vorn herein annehmen. Einen indirecten Beweis von ihrem Dasein geben aber, wie Heer so schön nachgewiesen hat, die Pilzkäfer und Pilzmücken, welche oft so zahlreich in den Tertiärgebilden angetroffen werden. Das Nichtvorhandensein der Fleischschwämme im fossilen Zustande erklärt sich übrigens ohne Schwierigkeit aus der leichten Zerstörbarkeit derselben.

Mycelien von Pilzen werden hie und da in fossilen, selbst verkieselten Hölzern angetroffen (*Nyctomyces antediluvianus* Ung. und *N. entoxylinus* Ung.); ein solches wurde auch in einem Lepidodendron-Stamm von Carruthers beobachtet. Die auf fossilen Acer-, Quercus-, Cinnamomum-Blättern vorkommenden sog. Sclerotien sind, wie überhaupt die Sclerotien, höchst wahrscheinlich nur Myceliumgebilde. Ob die von Lesquereux aus der amerikanischen Steinkohle bekannt gemachte *Rhizomorpha Sigillariae* wirklich ein Pilzmycelium ist, kann mit Bestimmtheit nicht entschieden werden.

Aus der Reihe der Ascomyceten dagegen sind zahlreiche fossile Arten bekannt. Es gehören dieselben aber durchschnittlich zu den kleinen, auch jetzt noch so häufig auf abgefallenen Blättern vorkommenden Formen: Sphaerien, Phacidien, Dothideen, Depazeen, Hysterien, Rhytismen u. s. w. Da aber bei diesen winzigen fossilen Parasiten weder die innere Organisation noch die Natur der Fortpflanzungsorgane nachgewiesen werden können, so herrscht sowohl in Bezug auf die Gattungs- als auf die Artbestimmung grosse Unsicherheit, und wir unterlassen es deshalb, hier näher auf dieselben einzugehen*).

Eine der ältesten bekannten, wahrscheinlich zu den Ascomyceten gehörende, an *Xyloma* oder *Rhytisma* erinnernde Pilzform sind jene so häufig

*) S. besonders Heer, Die tertiäre Flora der Schweiz, wo sehr viele auf abgefallenen Blättern sitzende Pilze abgebildet sind; dessen verschiedene Tertiärfloren anderer Localitäten, sowie die von Ettingshausen bekannt gemachten Floren der Tertiärzeit.

in den rhätischen Schichten, besonders auf den Fiederblättchen von *Podozamites* sitzenden erhabenen, in der Mitte vertieften Scheibchen, welche als *Xylomites Zamitae* Göpp. und *X. asteriformis* Fr. Br. beschrieben worden sind. Eine *Peziza* wird aus der Braunkohle angegeben.

1. Unterordnung. **Lichenes.** Flechten.

Seitdem bewiesen ist, dass die grünen Zellen, die sog. Gonidien, in den Flechten nicht als integrirender Theil dieser anzusehen sind, sondern für sich bestehende Pflanzen (Algen) bilden, auf welchen die Flechte parasitirt, und die innere Structur, wie auch die Fortpflanzungsweise dieser ganz mit denen der Pilze übereinstimmt, so liegt kein Grund mehr vor, die Flechten von den Pilzen zu trennen; sie können höchstens als eine Unterabtheilung dieser betrachtet werden.

Von fossilen Flechten sind nur äusserst wenige Spuren aus der Tertiärzeit bekannt, aus älteren Epochen gar keine. Die wenigen tertiären Flechtenreste rühren entweder von Laub- oder Astflechten her und sind im Bernstein eingeschlossen (*Parmelia*, *Sphaerophoron*, *Cladonia*, *Ramalina*, *Cornicularia*)*), oder es sind den Baumrinden in den Ligniten aufsitzende Krustenflechten (*Graphis*, *Opegrapha*, *Lecidea*, *Pyrenula*). Eine Artbestimmung dieser meistens sehr fragmentarischen Ueberreste ist kaum zulässig.

In der Braunkohle der Wetterau ist neuerdings von Dr. Geyler eine mit Apothecien versehene *Parmelia* aufgefunden worden, welche an *P. saxatilis* oder *P. conspersa* erinnert.

*) S. Göppert, Ueber die Bernsteinflora.

2. Stamm.

Bryophyta.

1. Classe. **Muscinae. Moose.**

Gipfelsprossende, meistens regelmässig beblätterte, seltener eine phyllomartige Spreite darstellende, mit Wurzelhaaren (Rhizoiden) versehene, chlorophyllreiche, zweigeschlechtige Zellpflanzen, mit scharf ausgesprochenem Generationswechsel.

Aus der Spore wird die geschlechtliche Generation entweder unmittelbar entwickelt (bei vielen Lebermoosen), oder es entsteht ein confervenartiger, verästelter oder thallusförmiger einschichtiger Vorkeim, aus welchem die geschlechtliche Pflanze als seitliche Sprossung hervorgeht (bei einigen Lebermoosen und allen Laubmoosen).

Die Geschlechtsorgane bestehen aus Antheridien und Archegonien. Erstere stellen gestielte oder ungestielte Schläuche oder kugelige Blasen dar, welche die Spermatozoiden enthalten; letztere sind flaschenförmige Körper, deren mehr oder weniger langer Hals zur Zeit der Befruchtung zur Leitröhre der Spermatozoiden wird, während der bauchige Grund die zur Fruchtbildung bestimmte Keimzelle enthält. Nach der Befruchtung beginnt ein Generationswechsel, dessen Endresultat die sog. Frucht ist (*sporogonium*, *sporangium*, *theca*, *capsula*). Diese Fruchtpflanze parasitirt gleichsam auf der Laubpflanze, welche auf diese Weise zur Nährpflanze wird. Das *sporogonium* ist meistens mehr oder weniger lang gestielt und öffnet sich zur Zeit der Reife durch Aufreissen in vier Klappen, oder vermittelst eines horizontal sich ablösenden Deckels, seltener durch unregelmässiges Bersten.

1. Ordnung. **Hepaticae.** Lebermoose.

Die vegetative und blüthentragende Pflanze ist entweder ein gelappter, meistens aus mehreren Zellschichten gebildeter, mit den Lappen axilen Rippen versehener Thallus, der mit feinen Wurzelhaaren (Rhizoiden) dem Substrate angeheftet ist (*Riccia*, *Marchantia*, *Pellia*, *Metzgeria* u. a.), oder sie besteht aus einem stielrunden, mehr oder weniger verästelten mit Blättern besetzten Stengel. Die Blätter sind entweder zwei- oder mehrreihig, häufig dimorph. Die Fruchtgeneration ist bei den frondösen Arten zuweilen dem Thallus eingesenkt, auch sitzend, meistens aber mit einem, zuweilen sehr langen, Pedicell versehen. Bei den Marchantien befinden sich die Antheridien und Archegonien auf verschiedenen schildförmigen gestielten Receptakeln, die Antheridien nach oben, die Archegonien nach der Seite oder nach unten gerichtet. Bei den meisten Lebermoosen öffnen sich die Sporenbehälter in vier Klappen. Ausser den Sporen entwickeln sich im Innern derselben lange einzellige, mit einer elastischen Spiralfeder versehene Fäden (Elateren, Schleudern), durch welche die Sporen ausgeworfen werden.

In der Jetztwelt sind die Lebermoose durch über 2000 Arten vertreten, welche mehrere natürliche Gruppen und viele Gattungen bilden. Fossil kennen wir bis jetzt nur drei Marchantien: *Marchantia Sezannensis* Sap. aus der ältesten Tertiärformation von Sézanne, unserer *M. polymorpha* ähnlich, doch durch das männliche Blüthenreceptaculum mehr an tropische Formen erinnernd; *M. gracilis*, Sap. ebendaher, mit schmalen linealen Lappen, der *M. linealis* Lindl. aus Nepaul ähnlich; *M. sinuosa* Sap. aus dem Miocän bei Marseille, ebenfalls einen tropischen Typus darstellend.

Göppert gibt aus dem Bernstein eine Reihe von Jungermannieen (beblätterte Lebermoose) an, deren generische und specifische Bestimmung aber, als auf zu kleinen Bruchstücken beruhend, sehr zweifelhaft ist.

Eine *Plagiochila* N. Esb. ist aus dem Miocän von Manosque bekannt.

2. Ordnung. **Bryoideae.** Laubmoose.

Stengelbildende, regelmässig beblätterte Zellpflanzen, mit meistens fädlichem, seltener spreiteartigem gelapptem Vorkeim. Sporangium kapselförmig, meistens mehr oder weniger lang gestielt, der untere Theil des Stiels dem Fruchtboden eingesenkt, bis gegen oder zur Reife entweder ganz oder zum Theil mit einer von den fortwachsenden äusseren Zellschichten des Archegoniumbauches gebildeten, bestimmte Formen zeigenden Hülle *(calyptra)* bedeckt, zur Reifezeit meistens durch einen quer sich ablösenden Deckel sich öffnend, selten in vier Klappen aufspringend *(Andreäa)* oder unregelmässig zerreissend *(Astomi)*.

Die Laubmoose können in zwei Hauptreihen getheilt werden: in die Reihe der Akrokarpen, deren endständige Fruchtgeneration den Vegetationscyclus des Jahres abschliesst und in die Reihe der Pleurokarpen, bei welchen die seitenständige Fruchtgeneration ein directes Weitersprossen des Stengels zulässt. Bei den mehrjährigen Akrokarpen ist der neue Spross axillär und eine Wiederholung der Mutterpflanze, ein neues Individuum.

Bis jetzt ist nur an einem der wenig zahlreichen bekannten fossilen Moose eine Frucht beobachtet worden, und in der Regel sind dieselben so unvollständig erhalten, dass eine nähere Bestimmung nur selten zulässig ist. Doch lassen sich die akrokarpischen Arten immer leicht von den pleurokarpischen vermittelst ihrer Verästelung unterscheiden. Erstere sind namentlich im Bernstein beobachtet worden, und Göppert hat in seinem Werk über die Einschlüsse desselben eine Reihe von Arten bekannt gemacht und dieselben theilweise mit solchen, die jetzt im nördlichen Europa leben, identificirt (*Phascum cuspidatum* Schreb., *Dicranum fuscescens* Turn., *Hymenostomum microstomum* R. Br.), theilweise als sehr ähnlich bezeichnet (*Dicranum subflagellare*, *subscoparium*, *subpellucidum* Göpp.). Diese sämmtlichen Bestimmungen stützen sich auf so unvollkommene Bruckstücke, dass selbst die Gattungen zweifelhaft bleiben und von specifischer Homologie und Analogie keine Rede sein kann. Ich besitze jedoch aus der Papierkohle von Bonn einige sehr deutliche Abdrücke von akrokarpischen Moosen, welche theils von einem nicht europäischen *Campylopus*, theils von einem *Orthotrichum* herrühren; Spuren von *Weisia*- und *Trichostomum*-ähnlichen Formen sind in neuester Zeit auch im oberen Eocän von Aix in der Provence aufgefunden worden. Alle übrigen bis jetzt in den Tertiärschichten als Abdrücke aufgefundenen Moose gehören der Pleurokarpenreihe an und zwar zwei Arten der Gattung *Fontinalis*, zwei der Gattung *Thuidium* (Leskeaceen) im oberen Eocän, die übrigen verschiedenen Hypnaceen.

Alle bis jetzt bekannten Laub- und Lebermoose stammen aus der Tertiärzeit, während welcher die Muscineen gewiss schon dieselbe bedeutende Rolle in der Pflanzenwelt spielten wie jetzt. Wahrscheinlich gab es auch früher schon Moose, und Heer schliesst auf ihr Dasein in der ersten Jurazeit, aus dem Vorkommen der Käfergattung *Birrhus*, welche bekanntlich heutzutage nur im Moose lebt.

Die Moosschichten, die sich zuweilen in den Ligniten vorfinden, deuten auf Torfbildung, lassen aber wegen der schlechten Erhaltung des sie zusammensetzenden Materials keine nähere Bestimmung der Formen zu, welche zur Bildung dieser Schichten beigetragen haben. Bis jetzt konnte die Gegenwart der Torfmoose (*Sphagnum*) in denselben noch nicht nachgewiesen werden. *Sphagnum Ludwigii* Sch. (*Gymnostomum ferrugineum* Ludw.) stammt aus dem miocänen Brauneisenstein des Westerwaldes und ist das einzige bis jetzt mit Früchten bekannte Laubmoos.

3. Stamm.

Pteridophyta.

Gefässkryptogamen.

Diese Abtheilung umfasst die Farne (*Filicaceae*), Ophioglossen (*Ophioglosseae*), Rhizokarpeen (*Rhizocarpeae*), Schachtelhalme (*Equisetaceae* oder *Calamaricae*) und Bärlappe (*Lycopodiaceae*). Wie bei den Moosen haben wir auch hier zwei geschiedene Generationen: aus der Spore entsteht zunächst die geschlechtliche Generation; aus dem befruchteten Archegonium derselben geht eine neue Pflanze hervor, die keine Geschlechtsorgane, sondern nur Sporen bildet; diese sind bei den Farnen und Equiseten unter sich gleichartig, bei den Rhizokarpeen und einem Theil der Lycopodiaceen (Selaginellen) kommen zweierlei Sporen vor, nämlich grosse und kleine, Makro- und Mikrosporen (nach Sachs).

1. Classe. **Filicaceae. Farne***).

Die Farne zeigen in ihrer äusseren Erscheinung eine sehr grosse Mannigfaltigkeit, sowohl bezüglich ihrer Tracht als auch bezüglich ihrer Grössenverhältnisse: bei manchen sind die Blattorgane auf einfache Spreiten reducirt, bei den meisten vielfach zertheilt, einfach oder wiederholt gefiedert und die zierlichsten Formen darstellend; manche Arten erscheinen als kleine zarte Pflänzchen, welche die Dimensionen grösserer Moose nicht übersteigen, die meisten als stattliche Kraut- oder Staudengewächse; nicht wenige der tropischen Regionen und der südlichen Hemisphäre erheben sich, palmenähnlich, mit einfachem cylindrischem Stamme, den eine prachtvolle Blätterkrone abschliesst. Aehnliche Baumfarne spielten, theilweise mit riesiger Entwickelung, in den früheren Floren unserer Erde

---

*) Hofmeister, Ueber Entwickelung und Bau der Vegetationsorgane der Farne (Abh. d. k. sächs. Gesellsch. d. Wiss. 1837). Mettenius, Filices horti botan. Lipsiensis 1856; ders., Ueb. Hymenophyllaceen (ibid. 1864). H. Mohl, Ueber den Bau des Stammes der Farne (Vermischte Schriften). Sachs, Lehrbuch der Botanik. D. Bary, Vergleich. Anatomie der Vegetationsorgane der Phanerogamen und Farne 1877.

eine viel hervorragendere Rolle, als das jetzt der Fall ist. Der Stamm kriecht entweder auf oder unter der Erde, oder klettert an Felsen und Bäumen empor; bei manchen erhebt er sich schief aufstrebend, bei den Baumfarnen steigt er säulenartig senkrecht in die Höhe. Die Bewurzelung

1 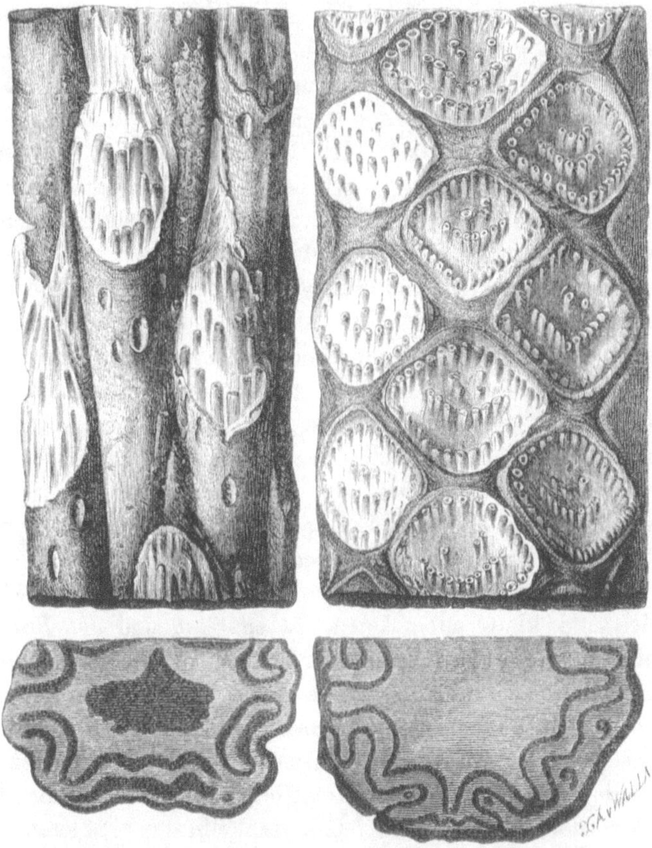 2

1 b 2 b

Fig. 58.
Alsophila microphylla K. aus Guatemala, die Grübchen auf den Blattkissen zeigend; 1 b Querschnitt des Stammes mit den Fibrovascularbändern. 2 *Cyathea excelsa* (?) aus Brasilien, mit dichtgedrängten Blattnarben; 2 b Querschnitt davon; n. d. Nat.

ist meistens reichlich und die aufrechten Stämme sind beinahe immer, wenigstens an ihrem unteren Theile, von einem dicken Wurzelgewebe eingehüllt. Die Wurzeln entspringen, da wo die Blätter entfernt stehen, aus dem Stamme und zwar häufig schon unmittelbar unter der Vegetationsspitze; da wo die Blattbasen sich berühren, gehen sie aus dem unteren Theil der Blattstiele hervor. Bei den Marattiaceen verlaufen sie schief abwärts im Rindenparenchym, bevor sie austreten; das war in sehr hohem

Grade der Fall bei den meisten Baumfarnen der Steinkohlen- und Perm-Epoche (Psaronien). Bei vielen Hymenophyllen fehlen die Wurzeln ganz und werden durch den verästelten Stamm vertreten.

Die Blätter *(frondes)* der kriechenden nnd kletternden Farne sind durch mehr oder weniger lange Internodien getrennt, häufig zweireihig; bei dicken aufstrebenden und senkrechten Stämmen dagegen stehen dieselben meist dicht gedrängt, mehrreihig, spiralig oder auch in Quirlen; nur aus der Kohlenformation kennen wir Baumfarne mit entfernt stehenden, abwechselnd zweizeilig angeordneten Blattnarben *(Megaphytum)*. In der Knospe sind die Blätter eingerollt. Dieselben erreichen bei keinen anderen Gewächsen im Verhältniss zum Stamm so bedeutende Dimensionen wie bei den Farnen, nirgends sehen wir eine grössere Mannigfaltigkeit in den Umrissen und eine weiter gehende Zertheilung der Blattspreite, wodurch viele Arten den höchsten Grad der Eleganz erreichen. Der Stamm, die Blattstiele, die Unterseite der Blätter und zuweilen die ganzen Blätter, besonders die jüngeren noch eingerollten, sind bei der Mehrzahl der Farne mit eigenthümlich geformten Haaren, sog. Spreublättern *(ramenta)*, besetzt, ja nicht selten vollständig eingehüllt, welche die Form von Schuppen oder kleiner am Rande gefranzter oder zerschlitzter Blätter haben, von trockener, membranöser Consistenz und glänzend brauner Farbe sind; auch kommen an den Stielen zuweilen Stacheln vor, wie bei manchen Palmen.

Die Verzweigung des Stammes, da wo sie vorkommt, wie bei den kriechenden und kletternden Arten, ist sparsam und das Resultat einer Dichotomie. Nach Mettenius und Prantl soll jedoch bei einigen Arten auch eine axilläre Verzweigung vorkommen. Der Stamm selbst besteht aus einem axilen einfachen oder zusammengesetzten Gefässbündel und einer dieses umgebenden weichen parenchymatösen, im jungen Zustande saftigen Rinde, welche nach aussen unmittelbar durch eine dünne Epidermis begränzt ist oder vorher in ein festes dunkelbraunes Sklerenchym übergeht. Der Gefässstrang bleibt bei einer gewissen Anzahl von Arten, besonders den dünnstengelichen (Hymenophyllaceen, *Lygodium*, *Gleichenia*, einigen Schizaeaceen) einfach und vollkommen axil, wie in der Keimpflanze und den Wurzeln; in der grossen Mehrzahl aber gestaltet sich derselbe zu einer Röhre um, welche oft einen sehr starken Markcylinder einschliesst. Gegenüber jeder Blattinsertion, oder etwas unterhalb hat diese Röhre eine Lücke (Blattlücke), von deren Rande Gefässbündel ins Blatt abgehen, in bestimmten Zahlen und in bestimmter Form, je nach der Art; im Uebrigen ist sie geschlossen oder netzartig durchbrochen. Ausnahmsweise treten auch im Mark- und Rindenparenchym dünne accessorische Gefässbündel auf, welche mit den Hauptgefässbündeln der

Blätter anastomosiren und in diese verlaufen (manche baumartige Cyatheaceen). Bei vielen Arten mit kriechendem Stamme ist die Gefässbündelröhre nur von engen Blattlücken durchbrochen, durch welche das Markparenchym mit dem Rindenparenchym in Verbindung steht und von deren Rande ein oder mehrere Stränge in das Blatt abgehen (*Microlepia*, mehrere *Phegopteris*, *Pteris*, *Polypodium*). Bei den Farnen mit aufsteigendem oder aufrechten Stamme ist dieselbe immer netzförmig mit weiten Maschen. Da wo mehrere Blattgefässbündel aus derselben Blattlücke entstehen, anastomosiren dieselben häufig netzartig (Cyatheen). Zu dem Typus mit weitmaschigem Gefässcylinder gehören zahlreiche Polypodiaceen, eine Reihe Cyatheaceen, von Schizaeaceen *Aneimia*, von Ophioglosseen *Ophioglossum*.

Bei kriechenden Rhizomen oder Stengeln mit zweizeiligen Blättern besteht die Röhre aus zwei Hauptsträngen, einem oberen und einem unteren, welche durch alternirend stehende Querstränge unter einander verbunden sind, wodurch ein Netz mit abwechselnden zweireihigen Maschen entsteht, von welchen jede von der unteren Querwand und den beiden Seitenwänden, bis zu einer gewissen Höhe, eine mehr oder weniger grosse Zahl von dünnen Gefässbündeln in das entsprechende Blatt sendet. Nicht selten kommt es vor, dass bei solchen kriechenden Stämmen das untere Bündel sich in feine, unter einander anastomosirende Stränge auflöst.

Bei manchen vielzeilig beblätterten Stämmen — *Pteris*- und *Saccoloma*-Arten, Marattiaceen, *Ceratopteris* — kommen concentrisch in einander geschachtelte Gefässcylinder vor, eine Structur, die den meisten baumartigen Farnen der Kohlen- und Permzeit eigen gewesen zu sein scheint. Die in die Blätter verlaufenden Gefässbündel zeigen ihrer Zahl, Form und Lage nach dieselbe Verschiedenheit wie die des Stammes, denen sie zuweilen ähnlich, öfter aber unähnlich sind.

Ein normales Gefässbündel ist bekanntlich bei den Farnen aus einem die Mitte einnehmenden Gefässtheile und einem denselben ringsumgebenden Siebtheile zusammengesetzt; ersterer besteht der Hauptmasse nach aus weiten prismatischen Treppentracheiden mit behöften Tüpfeln, denen an gewissen Stellen einige enge Spiral- und Treppentracheiden (Erstlinge) beigemengt sind; ausserdem enthält der Gefässtheil in vielen Fällen stärkeführendes Parenchym. Der Siebtheil besteht nach innen aus Parenchym und Siebröhren, nach aussen aus faserförmigen stark verdickten Elementen (Bastfasern, Protophloëm). Das ganze Bündel ist im Allgemeinen von einer Endodermis und einer mehrschichtigen sklerotischen Scheide umgeben. Abweichungen von diesem Bau kommen hie und da vor, besonders bei den Bündeln des Stammes der Ophioglosseen und der meisten Osmundaceen, welche nicht concentrisch, sondern collateral sind, übrigens aber aus denselben Elementen zusammengesetzt wie bei den übrigen Formen. Die Formen der Gefässbündel sind im Querschnitt sehr mannigfaltig: kreisförmig, elliptisch, trapezoid bis band- oder plattenförmig, die breiten eben oder gefaltet, oft mit umgebogenen Rändern, andere ringförmig (Cylinderbündel der Marsileaceen, von *Microlepia* u. s. w.), oder eigenthümliche Figuren bildend, die an X, V, Ω, U erinnern; die der Blätter können denen des Stammes gleichen, aber auch sehr unähnlich sein.

Die Blätter der Farne haben immer einen mehr oder weniger entwickelten Stiel, welcher zuweilen im Alter sich vom Stamme abgliedert und Narben von bestimmter Form zurücklässt, meistens aber mit demselben verwachsen bleibt; sie sind, wie schon bemerkt, selten einfach, in wenigen Fällen ein- oder mehrmal zweitheilig (Fruchtblätter von *Platycerium, Schizaea*), in den meisten mehrfach fiedertheilig. Von der Hauptrippe oder Rhachis (nach Hofmeister ein Sympodium) gehen seitlich die Rippen zweiter Ordnung in abwechselnder Stellung ab und von diesen in den meisten Fällen solche 3. und 4. Ordnung. Die Hauptrhachis ist bei den lebenden Farnen selten normal zweitheilig und nur bei einigen Hymenophyllen; ausnahmsweise gabelt sie sonst bei üppigen Individuen oder bei Missbildungen; an den Farnen der Kohlenepoche hingegen, besonders der älteren, zeigt sich diese Zweitheiligkeit bei vielen Arten. Die Gabelung der Frons bei den Gleicheniaceen ist nur eine scheinbare, indem sie das Resultat der Unterbrechung des Spitzenwachsthums ist. Die in der Achsel derselben sitzende Knospe ist der verkümmerte Spitzentheil des Wedels. Dieselbe Unterbrechung findet auch an den Seitenästen statt.

Die auf der Blattbasis (Blattkissen) vieler Baumfarne vorkommenden, mit einer braungelben pulverigen Masse angefüllten tiefen Grübchen können vielleicht als das physiologische Aequivalent der Lenticellen bei höheren Holzpflanzen angesehen werden. Dieselben durchbrechen die feste Epidermis und das häufig unter derselben liegende dichte Sklerenchymgewebe und setzen auf diese Weise die inneren Gewebe in Verbindung mit der atmosphärischen Luft.

Die Berippung der Blattspreiten ist ebenfalls meistens sympodial (Pecopteriden- und theilweise Sphenopteriden-Berippung), seltener regelmässig dichotom (Neuropteriden, Glossopteriden — die Seitennerven); ist die Berippung netzförmig, so ist das Netz entweder einfach und besteht

---

*) Näheres hierüber siehe: H. v. Mohl, Verm. Schriften. Struct. Fil. arb. Mettinus, Ueb. den Bau von Angiopt. Trécul, Sur la posit. des trachées dans les Fougères (Ann. Sc. Nat. 5. sér. t. XXXII). D. Bary, Vergl Anat. d. Vegetationsorgane 1877.

nur aus der Anastomose der Nerven 2. Ordnung, oder es ist zusammengesetzt und besteht aus denen 3. und 4. Ordnung: diese Art der Berippung ist in der Jetztwelt viel weniger reich vertreten, als sie es in der mesozoischen Zeit war.

Da bei den meisten bis jetzt bekannten fossilen Farnen die Fruchtorgane unbekannt sind, so beruht die systematische Eintheilung derselben hauptsächlich auf der Nervation der Blattspreite.

Die Früchte der Farne entwickeln sich auf den Blattorganen; es bestehen dieselben aus den Sporangien und den von diesen eingeschlossenen homomorphen Sporen. Die Sporangien sind Haargebilde und entstehen aus der Epidermis der Unterseite, selten auf beiden Seiten, gewöhnlich auf einem Seitennerv; sie sind beinahe immer gestielt, mehr oder weniger der Kugelform sich nähernd; ihre Wand besteht aus einer einzelnen laxen Zellschicht, in welcher sich bei den meisten Arten durch Verdickung der Innen- und Seitenwände eine vertical, schief oder horizontal stehende Zellenreihe, oder auch eine scheitelständige Zellengruppe zu dem sog. Ring *(annulus)* umgestaltet, dessen Zusammenziehung beim Austrocknen das Aufreissen der Kapselwand und in Folge davon die Entleerung der Sporen bewirkt. Bei den Marattiaceen sind die Sporangien meistens unter einander verwachsen und die Sporenentleerung geschieht durch eine seitliche oder terminale Oeffnung. Die An- oder Abwesenheit des Ringes, seine Lage und Gestalt sind bei der Feststellung der Familien maassgebend.

Bei den meisten Farnen sind die Sporangien in Gruppen vereinigt, welche Fruchthäufchen oder *sori* genannt werden. Das Centrum des Sorus besteht aus dem sog. *receptaculum*, einer mehr oder weniger starken Anschwellung des fruchttragenden Nervs, zuweilen auch des Mesophylls. Der Sorus selbst ist häufig von einer schildförmigen, aus der Epidermis hervorgewachsenen Hülle (Schleierchen, *indusium*) überdeckt, oder er ist von einem Auswuchse des Blattgewebes selbst umhüllt; bei den Lygodien ist dies der Fall für jedes einzelne Sporangium. Bei vielen Farnen (Pterideen) vertritt der umgeschlagene dünnhäutige Rand der Blätter die Stelle des Indusiums; bei den Hymenophyllaceen, deren Sporangien an einem verlängerten Nerven sitzen, ist der Sorus von einer napfförmigen oder zweiklappigen Scheide eingeschlossen. Die Sporen bestehen aus e i n e r Zelle, das *exosporium* derselben ist meistens mit Leisten besetzt.

Nicht alle Blätter sind gewöhnlich fruchtbar, sondern es gehen öfter den fruchtbaren Blättern sterile voraus, wie bei *Struthiopteris;* zuweilen ist die ganze Frons fruchtbar, zuweilen sind es nur gewisse Abschnitte derselben. Die fertilen Blätter können den übrigen ganz gleich sein, oder auch sehr verschieden von denselben, indem nämlich das Mesophyll zwischen den Nerven sich nur zum Theil oder gar nicht entwickelt. Das auf diese Weise gleichsam skeletirte Blatt, oder ein Theil desselben gleicht, wenn dicht mit Sporangien besetzt, einer Rispe oder Aehre (*Osmunda, Olfersia, Aneimia* u. a.).

Systematische Eintheilung der lebenden Farne*).

1. *Hymenophyllaceen* (Fig. 54). Die Sporangien sitzen auf einer über den Blattrand hinausragenden Verlängerung des fertilen Nerves (*columella*), welche von einem becherförmigen oder zweiklappigen Indusium umgeben ist; dieselben sind beinahe sitzend, biconvex, von einem verticalen Ring in zwei ungleiche Hälften getheilt. Die Blattspreite besteht meistens nur aus einer Zellschicht, doch gibt es auch eine Anzahl Arten, bei welchen sie aus 2—4 Schichten zusammengesetzt ist. Bei vielen *Trichomanes*-Arten fehlen die eigentlichen Wurzeln, und sind dieselben durch die mit Wurzelhaaren besetzten Stammverzweigungen vertreten.

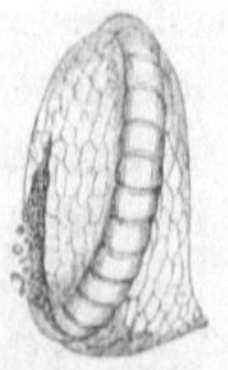

Fig. 54. Sporangium eines *Hymenophyllum*, ca. 40/1.

2. *Gleicheniaceen* (Fig. 55). Sporangien sitzend, mit vollständigem transversalem Ringe, daher longitudinaler Dehiscenz; die Soren sind dorsal, nackt, meistens nur aus 3—4 Sporangien gebildet. Blattspreite gegabelt in Folge der Verkümmerung der Spitze, welche als scheinbares Knöspchen in der Gabel sitzt und zuweilen am älteren Blatte sich weiter entwickelt.

Fig. 55. Sporangium einer *Gleichenia*.

3. *Schizaeaceen* (Fig. 56). Sporangien birnförmig, sitzend oder kurzgestielt, mit die Spitze einnehmendem kappenförmigem Ringe; Dehiscenz longitudinal. Blattstiel mit nur einem Fibrovascularstrang. Bei den Ligodien ist der unbegränzt fortwachsende Hauptblattnerv windend, die primären Zweige desselben endigen knospenförmig. Die fertilen Abschnitte sind ährenförmig und tragen auf der Unterseite je zwei Reihen Sporangien, deren jedes in einem taschenförmigen Auswuchse des Blattgewebes steckt. Hierher gehören *Schizaea, Aneimia, Lygodium, Mohria.*

Fig. 56. Sporangium einer *Schizaea.*

Fig. 57. Sporangium von *Osmunda.*

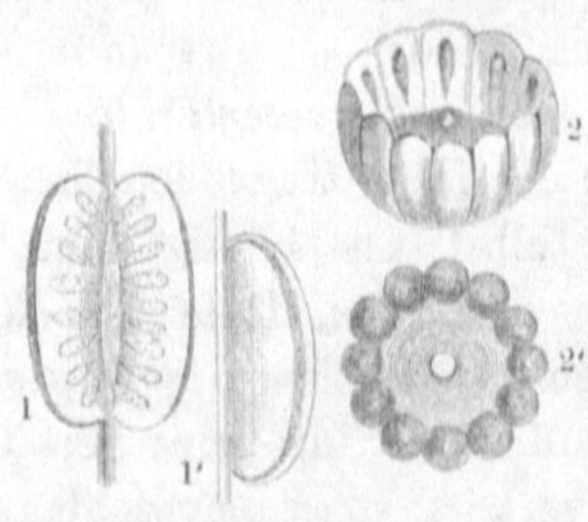

Fig. 58. 1 Geöffneter Sorus von *Marattia*; 1' ein solcher von der Seite gesehen. 2 Sorus von *Kaulfussia*; 2 von der Seite, 2' von oben gesehen.

4. *Osmundaceen* (Fig. 57). Sporangien kurzgestielt, unsymmetrisch rundlich, auf der einen Seite unter dem Scheitel eine eigenthümlich ausgebildete, den

*) Nach Mettenius, Filic. hort. bot. Lipsiens. mit der von Sachs (Lehrb. d. Botanik) angenommenen Reihenfolge.

Ring vertretende Zellgruppe zeigend, auf der anderen Seite der Länge nach zweiklappig aufreissend. Bei *Osmunda* fehlen an den fertilen Abschnitten oder Blättern die Blattspreiten und die allein übriggebliebenen Nerven sind dicht mit Sporangien besetzt (ähren- oder rispenförmiger Fruchtstand).

5. *Marattiaceen* (Fig. 58). Sporangien ohne Ring, frei, in Gruppen vereinigt, nach innen aufspringend, oder unter einander zu einem kahn-, linien- oder ringförmigen Sorus verwachsen, Oeffnung an der Seite oder auf dem Scheitel. Diese Familie enthält mächtig entwickelte Formen, welche sich zum Theil durch ihren knolligen, fleischigen Stamm auszeichnen. Die Blätter von *Angiopteris* und *Marattia* haben fleischige, am Stamme persistirende Stipulae, welche das junge Blatt bedecken. Blattstiel articulirt, abfallend. Die wenig zahlreichen Arten bewohnen die heisse Zone.

6. *Cyatheaceen* (Fig. 59). Ring der Sporangien schief; Dehiscenz transversal; Indusium verschiedenartig oder fehlend; Sorus häufig auf einem stark entwickelten Receptaculum.

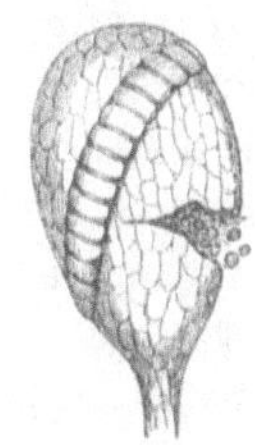

Fig. 59. Sporangium von *Cyathea*.

7. *Polypodiaceen* (Fig. 60). Sporangien mit einem verticalen Ring, wesshalb quer aufspringend. Dies ist die zahlreichste Farnfamilie.

Nach **Mettenius** zerfällt dieselbe in folgende Unterabtheilungen:

a) *Acrosticheen:* Der Sorus bedeckt Mesophyll und Nerven der Unterseite oder beider Seiten; oder sitzt auf einem verdickten Receptaculum, welches am Nerven hinläuft, ohne Indusium.

b) *Polypodieen:* Der Sorus besetzt entweder den Längsverlauf der Nerven, oder besondere Anastomosen derselben; oder den Rücken oder das verdickte Ende eines Nerven; derselbe ist nackt, sehr selten mit seitlichem Indusium oder von dem umgeschlagenen Blattrande bedeckt *(Adianthum, Pteris, Cheilanthes).*

Fig. 60. Sporangium eines *Polypodium*.

c) *Asplenieen:* Einseitig am Lauf der Nerven, durch ein seitliches Indusium gedeckt, selten ohne Indusium, oder der Sorus überschreitet an der Spitze den Rücken der Nerven und wird von einem diesem entsprechenden Indusium bedeckt, oder derselbe sitzt auf eigenthümlichen Anastomosen der Nerven und hat einseitig ein an der Nervenseite freies Indusium; Blattstiel nicht articulirt.

d) *Aspidieen:* Sorus dorsal mit Indusium, selten terminal und ohne Indusium.

e) *Davallieen:* Sorus terminal oder gabelständig, mit Indusium oder an einem intramarginalen anastomotischen Nervenbogen und mit einem am äusseren Rande freien becherförmigen Indusium bedeckt *(Davallia, Nephrolepis).*

8. *Ophioglossaceen* (Fig. 61). Sporangien auf umgewandelten Blättern, in deren Parenchym sie gebildet, in Aehren oder Trauben zweireihig angeordnet, kugelig, Wand aus Parenchymgewebe gebildet, quer aufspringend; Blätter im jungen

Fig. 61.
1 vier geschlossene Sporangien von *Ophioglossum*; 2 ein solches geöffnet.

Zustande nicht eingerollt, einzeln oder sehr wenig zahlreich, einfach oder gefiedert; oberirdische Pflanze einjährig.

Diese Familie weicht in manchen Beziehungen, namentdurch den Ursprung der Sporangien, welche keine Epidermgebilde sind, von den echten Farnen sehr ab, was auch Sachs veranlasst hat, dieselbe als eigene Klasse zwischen die Equisetaceen und Rhizocarpeen zu stellen.

I. Abtheilung. Filicaceae certae sedis systematicae.

Fossile Farnblätter mit deutlichen Fruchtorganen.

1. Familie. Hymenophyllaceae.

Hymenophyllum Smith emend. Sorus auf dem Blattabschnitt endständig, meistens länglich, selten kreisrund, sitzend oder kurzgestielt; Indusium zweilappig oder vollkommen zweitheilig; Receptaculum länglich - spindelförmig oder cylindrisch- keulenförmig, nach der Reife zuweilen über das Indusium verlängert; Sporangien dick-linsenförmig, mit breitem vollständigem Ring.

Von dieser Gattung ist mit Bestimmtheit eine Art (*H. Weissii* Sch.) aus der Kohlenformation von Saarbrücken bekannt. Das Exemplar zeigt auf das deutlichste die beiden halbgeöffneten Klappen des Indusiums, zwischen welchen das keulenförmige Receptaculum die scharf ausgedrückten Spuren der Kapselringe trägt; die meisten Fiedersegmente sind in Sori umgewandelt; das Parenchym war evident nur aus einer Zellschichte gebildet.

Unter den zahlreichen *Hymenophyllum*- und *Trichomanes*-ähnlichen Sphenophylleen gehören gewiss mehrere zu der einen oder anderen dieser beiden Gattungen, vielleicht selbst zu *Loxoma*, dessen Parenchym aus mehreren Zelllagen besteht, oder zu einer nahe stehenden Form, welche mehr noch als diese den Uebergang zu den höher organisirten Farnen bildete. So lange aber ihre Fruchtorgane oder wenigstens ihre ursprüngliche Blattnatur nicht nachgewiesen werden können, müssen sie unter den Arten unbestimmter systematischer Stellung verbleiben. Ob der Farnüberrest aus dem Culm, welchen Stur als *Hymenophyllum* anspricht, wirklich ein solches ist, lässt sich mit Gewissheit nicht bestimmen. Dass in den Tertiärschichten, mit Ausnahme eines Bruchstücks aus dem Obereocän von Aix in der Provence, noch keine Hymenophylleenähnliche Ueberreste aufgefunden worden sind, ist auffallend.

2. Familie. Gleicheniaceae.

Gleichenia Sm. Fruchthäufchen auf unveränderten Fiederblättchen, einzeln an der Spitze eines seitlichen Nervenastes, in einer Vertiefung sitzend; Fiedern schmal-lineal, in rundliche oder leicht zugespitzte concave Läppchen getheilt; die Seitennerven dieser oft einfach.

Die meisten Arten bewohnen Australien, einige zugleich die malaischen Inseln.

Von dieser Gattung sind zwei, an die indische *Gl. gigantea* und die australischen *Gl. speluncae* und *dicarpa* R. Br. erinnernd, bekannt: die eine, *Gleichenites elegans* Zigno, aus dem Lias des Veronesischen, die andere, *Gleichenites gleichenioides* Oldh., aus dem unteren Oolith (?) Bengalens; vier Arten sind von Heer (Fl. arct. III) aus der unteren Kreide Grönlands und drei von Debey und Ettingshausen aus der Kreide von Aachen beschrieben worden.

Didymosorus Deb. et Ett. Zwei Sori auf jedem Fiederblättchen und zwar je einer auf der Mitte des untersten Nervs jedes Flügels; die unteren Nerven meistens gegabelt.

Dieses nur fossil gekannte Genus macht gleichsam den Uebergang von *Gleichenia*, welcher es zunächst steht, zu *Mertensia.*

Zwei Arten desselben gehören der Kreide Grönlands an, eine, *D. comptoniaefolius* Deb. et Ett., hat diese mit derselben Formation von Niederschöna in Sachsen und von Aachen gemein, an letzterer Localität ist noch eine vierte Art beobachtet worden.

Fig. 62.
Mertensia Zippei Heer (restaurirt), aus der Kreide Grönlands; a fertile Fiederchen, vergrössert (Nach Heer, Fl. arct. III.)

Mertensia Willd. (Fig. 62). Sori zu mehreren und zweireihig auf jedem Fiederblättchen; die Secundärnerven sind meistens gegabelt; die Spindel immer gegabelt; die Fiedersegmente länglich.

Die meisten jetzt lebenden Mertensien gehören der südlichen Hemisphäre an, keine geht in der nördlichen über die tropische Zone hinaus. Sechs Arten sind aus der unteren Kreide Grönlands bekannt, zwei aus derselben Formation in Mähren (Cenoman bei Moletein) und Unterösterreich, drei aus der oberen Kreide Grönlands.

Heer bemerkt, dass in keinem Lande der Erde jetzt so viele Arten von Gleicheniaceen beisammen wachsen, als das zur Kreideepoche in Grönland der Fall war.

3. Familie. Schizaeaceae.

Lygodium Swartz (Fig. 63). Fruchtstand ährenförmig auf dem aus der Blattspreite austretenden Nerven, mit zwei Reihen schuppenförmiger, dachziegelig sich deckender Indusien, von welchen jedes ein (selten zwei) dem Nerven aufsitzendes Sporangium deckt. Laub gestielt, handförmig getheilt, mittelnervig, Seitennerven gegabelt, theilweise durch Abzweigungen anastomosirend.

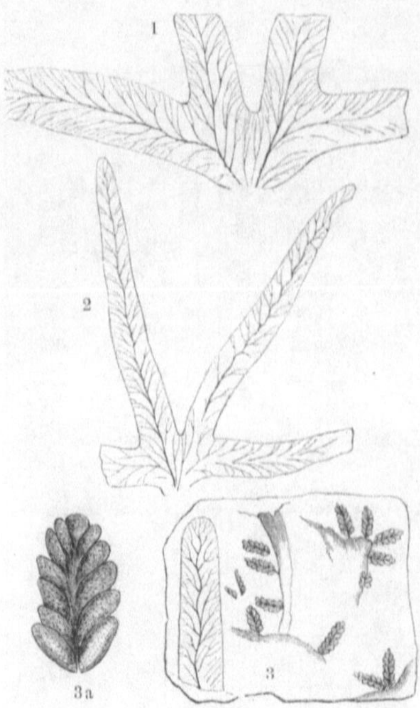

Fig. 63.
1. 2 *Lygodium Gaudini* Heer; 3 ein steriles und mehrere fruchtbare Fiederchen; 3a fruchtbares Fiederchen vergrössert. (N. Heer, Flora tert. Helvetiae.)

Beinahe alle Lygodien der Jetztzeit gehören den Tropen an (Indien, Sunda-Inseln, Ceylon, Madagascar, Centralamerika), eine Art Neuseeland und eine Nordamerika, wo sie vom Staate Massachusetts bis Florida verbreitet ist.

Fossil ist eine Art aus der Kreide von Aachen bekannt, welche dem nordamerikanischen *L. palmatum* Sw. ähnlich ist; eine nahe stehende Art hat Graf Saporta in sehr schön fructificirenden Exemplaren in den obereocänen Schichten von Aix in der Provence aufgefunden; die drei von Heer in der Flora tert. Helvetiae beschriebenen und abgebildeten Arten nähern sich tropischen Formen, dasselbe ist der Fall für die aus dem Miocän der Territories Nordamerikas durch Lesquereux bekannt gemachten Lygodien.

4. Familie. Osmundaceae.

Osmunda L. Krautartige Farne mit einfach oder doppelt gefiederten Blättern; Fiederblättchen mit *Neuropteris*-Nervation, nur mit dem Mittelnerv ansitzend und zuweilen articulirt und im Alter abfallend; Fruchtstand traubenförmig am oberen, mittleren oder unteren Theile des Blattes, selten dieses ganz einnehmend. Sporangien mit rudimentärem Ring, zweiklappig aufspringend.

Die nicht zahlreichen Arten bewohnen vorzugsweise die gemässigte Zone; die einzige europäische, sumpfige Stellen liebende Art (*O. regalis*) ist durch ganz Europa, einen grossen Theil von Asien, China, Japan, Nord- und Südafrika, Madagascar, Nordamerika bis nach Canada verbreitet und scheint ihren Ursprung in der Kreidezeit zu haben; *O. javanica* Bl. findet sich von Kamtschatka bis nach Java und Ceylon; Nordamerika besitzt zwei Arten, von welchen die eine, *O. cinnamomea* L., bis nach Centralamerika geht.

Fossil ist diese Gattung aus der unteren und oberen Kreide Grönlands in je einer Art und aus verschiedenen Tertiärschichten Europas bekannt. Die *O.* (*Pteris* Ettingsh.) *bilinica* Sap. und *O. lignitum* Ung. aus dem unteren Miocän. Die letztere gleicht so sehr der jetzt auf Ceylon, Japan, Java und den Philippinen lebenden *O.* (*Plenasium* Presl) *aurea*, dass kaum ein specifischer Unterschied zu existiren scheint; dasselbe ist der Fall mit *O. eocaenica* Sap. et Mar. von Gelinden in Bezug auf die japanesische Form von *O. regalis* (*O. japonica* Thunb.).

Asterochlaena (*Osmundites* Ung.) *Schemnitzensis* Pettko und der dazu gehörige Stamm (*Tubicaulis* Pettko) aus dem Süsswasserquarze von Chemnitz erinnern sehr an *Osmunda regalis*, namentlich hat der Stamm genau dieselbe Structur wie bei dieser.

5. Familie. **Marattiaceae.**

Marattia Sm. (Fig. 64). Blätter einfach bis mehrfach fiederig und fiederschnittig, lederartig, mit *Taeniopteris*-Nervation; 4—12 Sporangien zu einem kahn-

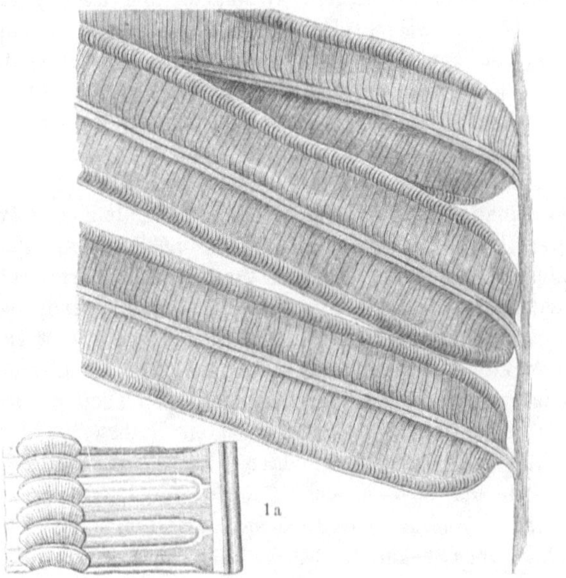

Fig. 64.
1 *Marattia Münsteri* (Fr. Brn.) Sch., aus dem Rhätischen von Bayreuth. 1a ein vergrössertes Stück eines Fiederblattes, die Soren zeigend. (N. d. Natur.)

förmigen Sorus *(synangium)* verwachsen, welcher der Länge nach dem Ende der Nerven aufsitzt und sich in derselben Richtung in zwei aus einander tretende Hälften theilt, an deren Innenseite die Sporangien durch einen Riss sich öffnen.

Diese lebende Gattung tritt schon in unzweideutiger Weise in den rhätischen und unterliasischen Schichten auf, wo sie durch zwei Arten mit deutlich erhaltenen Soren, welche genau dieselbe Structur zeigen wie die der lebenden Marattien, vertreten ist. Die eine Art, *Taeniopteris* (*Marattiopsis* Sch. ol.) *Münsteri* Göpp., ist häufig, meistens in isolirten Fiedern, in den rhätischen kohlenführenden Gebilden Frankens (Bayreuth, Bamberg), Ungarns (Fünfkirchen, Steierdorf), seltener in Schonen (Häganös, Helsingborg); die zweite Art (*M. hoerensis* Sch.), ausgezeichnet durch grössere Fiederblätter und längere Soren, tritt im Liassandstein von Hör in Schonen auf und ist vielleicht mit *Taen. Haidingeri* Ett. aus dem Lias von Waidhofen identisch.

Unter den lebenden Arten stehen *M. fraxinea* Sm. und *attenuata* Lab. den fossilen am nächsten, doch sind bei diesen die Fiederblätter durchschnittlich grösser, mehr bandförmig (daher zu *Taeniopteris* gezogen) und ganzrandig.

Danaeites Ettingsh. Heer (nec Göppert!). Blätter einfach (oder doppelt?) gefiedert, Fiedern aus abgerundetem nur mit dem Mittelnerven ansitzendem Grunde lineal, allmählich zugespitzt, *Taeniopteris*-artig, ganzrandig; Mittelnerv ziemlich stark, Seitennerven unter rechtem Winkel abgehend, zahlreich, theils einfach, theils gegabelt; Fruchthäufchen in zwei Reihen längs dem Mittelnerven, convex länglich, parallel mit diesem.

Die zwei bekannten Arten dieser Gattung, die eine (*D. firmus* Heer) aus der unteren Kreide (Kome-Schichten) Grönlands, die andere aus der oberen Kreide Aachens (*D. Schlotheimii* Deb. et Ettingsh.) gehören ohne Zweifel zu den Marattiaceen, ob zunächst verwandt mit *Danaea,* oder vielleicht eher mit *Angiopteris*, muss noch dahingestellt bleiben, sie können aber auf keinen Fall mit dem sehr problematischen *Danaeites asplenioides* Göpp. in dieselbe Gattung vereinigt werden. Dieser Farn hat kleine Fiedersegmente, von welchen jedes eine doppelte Reihe von einander getrennter ovaler Fruchthäufchen trägt. Es ist dies eine systematisch bis jetzt nicht näher zu bestimmende *Pecopteris*-Form.

Danaeopsis Heer (*Taeniopteris* Sternb., *Aspidites* Göpp.). Blätter sehr gross, dickgestielt, einfach gefiedert; Fiedern gross, ziemlich entfernt stehend, am Grunde zusammenlaufend, unter spitzem Winkel aufsteigend, bandförmig, allmählich zugespitzt; Mittelnerv der Fiedern oder Abschnitte stark, Seitennerven spitzwinkelig austretend, schnell sich nach aussen biegend und etwas schief nach dem Rande verlaufend, zum Theil einfach, zum Theil an der Umbiegungsstelle gegabelt; Sporangien in dichtgedrängten Reihen bis zum Rande verlaufend, rundlich, durch einen senkrechten Riss (?), wie bei *Angiopteris,* oder einen Porus (?), wie bei *Danaea,* sich öffnend.

Nur eine Art, *D. marantacea* Presl sp., aus dem unteren Keuper, ist bis jetzt mit Fruchtorganen bekannt. Sterile Wedeltheile, welche der Form und Nervation nach ganz mit dieser Gattung übereinstimmen, sind in den oberen Dyasschichten Tirols (? *Taeniopteris Eckardi* Germ. aus dem Kupferschiefer), andere (*D. Rajmahalensis* Feistm.) im Lias (?) Bengalens aufgefunden worden.

Danaea Sm. Blätter ganz, bandförmig, oder einfach gefiedert, Fiedern meistens wenig zahlreich, ziemlich gross, die fruchtbaren schmäler als die sterilen, lederartig fest; Mittelnerv stark, Seitennerven horizontal abgehend, vom Grunde aus zweitheilig, zum Theil einfach, besonders am unteren Theile der Fiedern; Sporangien in lange, lineale, mit Ausnahme der Basis und der Spitze die ganze Länge der Nerven einnehmende Soren vereinigt, welche die ganze Unterseite des Blattes oder der Fieder besetzen und durch einen schmalen emporwallenden Streifen der Blattsubstanz getrennt sind; die Oeffnungen der Sporangien bilden auf der oberen Seite derselben eine Reihe von Poren.

In diese lebende Gattung gehört zweifelsohne die prächtige Farnform aus dem veronesischen Lias, welche de Zigno in der *Flora fossilis formationis oolith.* unter den Namen *Danaeites Brongniartiana* und *Heerii* beschrieben und auf Taf. XXV in 1—2 Fuss grossen Exemplaren abgebildet hat. Nervation und Fructificationsweise stimmen vollkommen überein.

Diese fossilen einfachen bandförmigen Blätter übertrafen an Grösse sehr bedeutend die einzige jetzt lebende einfach-blätterige *Danaea*. Denn sie hatten wohl eine Länge von 1 m auf eine Breite von 5—9 cm, die Mittelrippe zeigt an ihrem untern Theile einen Durchmesser von 1 cm. Von den beiden Formen scheint die breitere *(D. Brongniartiana)* die sterilen, die schmälere *(D. Heerii)* die fertilen Wedel darzustellen; nur bei dieser zeigen sich in unzweideutiger Weise die langen geraden Soren.

Ich habe in meinem Traité mit Unrecht diesen Farn zu *Macrotaeniopteris* gezogen.

Unterfamilie **Angiopecopterideae.**

In diese Gruppe gehört höchst wahrscheinlich die Mehrzahl der Steinkohlen-Pecopteriden; hier können wir jedoch nur diejenigen Formen anführen, deren Fruchtorganisation bekannt ist. Diese schon beweisen, dass zur Steinkohlenzeit die Familie der Marattiaceen durch eine Reihe eigenthümlicher Gattungen vertreten war, welche völlig verschwunden sind.

Asterotheca Presl (*Pecopteris-Cyathea* Brngt. e. p. *Asterocarpus* Göpp., *Hawlea* Corda) (Fig. 65). Fruchtbare Blätter oder Blattabschnitte den sterilen gleich; die Sporangien auf der Unterseite der Fiederabschnitte, zu 3—5 sternförmig in reihig angeordnete Soren vereinigt, sitzend, am Grunde unter einander verwachsen, nach oben frei, spitz, umgekehrt eiförmig. Die Soren stehen entweder von einander entfernt, oder sie bedecken die ganze Unterseite der Fiederchen (s. Fig. 65$^{1-4}$).

Es waren dies wahrscheinlich grosse Baumfarne, mit *Cyathea*-ähnlichem Blattzuschnitte und *Psaronius*-Stamme.

Grand'Eury*), welcher nach langjährigen glücklichen Bemühungen eine grosse Anzahl von fructificirenden *Pecopteris*-Blättern, theilweise mit vollkommen

*) S. dessen Flore carbonifère du Département de la Loire et du centre de la France. Paris 1877.

erhaltenen Fruchtorganen, zusammengebracht hat, glaubt in diese Gattung folgende Arten vereinigen zu können: *Pec. arborescens* Schl. sp., *alpina* Presl, *selaginorrhachis* Gr. Eur., *pulchra* Heer, *Cyathea* Brngt., *truncata* Germ., *oreopteridia* Schl. sp., *alethopteroides* Gr. Eur., *Lamuriana* Heer.

Stichopteris Gein. Leitpfl. (*Goniopteris* Presl. e. p. *Goniopt.-Desmophlebis* Sch. Traité, *Desmophlebis* Brngt., *Diplazites* Göpp. *Ptychocarpus* Weiss?). Sporangien zu 4—8 sternförmig um ein kegeliges Receptaculum angeordnet, kegelförmig, an der Spitze abgestutzt oder etwas eingedrückt und bis an diese unter einander verwachsen, seitlich aufspringend. Fiederblätter schmalzungenförmig, am Rande mehr oder weniger deutlich gekerbt oder in rundliche Läppchen segmentirt, mit *Goniopteris*-Nervation (s. Fig. 65^{678}).

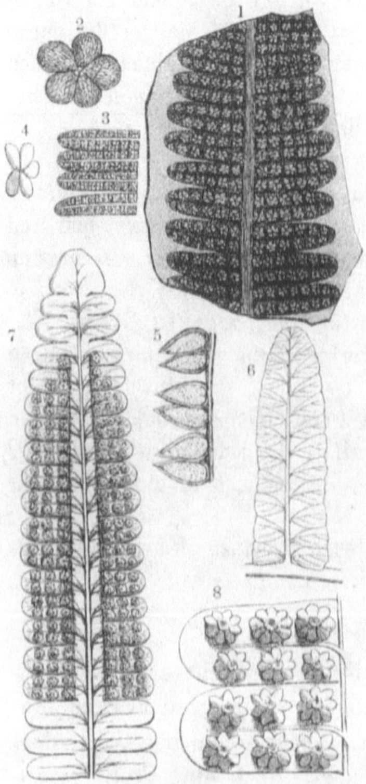

Fig. 65.
1 *Asterotheca (Pec.) hemitelioides* Brngt., Fiederfragment n. Gr. 2 ein sehr vergrösserter Sorus. 3 einige Fiederblättchen von *A. Cyathea* Br. sp. 4 vergrösserter Sorus. 5 Verticalschnitt durch einige Soren, sehr vergrössert. 6 ein steriles, unzertheiltes Fiederblatt, die *Goniopteris*-Nervation zeigend, von *A. Stichopteris (Pec.) unita* Br. 7 fruchtbares Fiederblatt mit Anfang von Segmentation. 8 zwei Segmente mit Soren, vergrössert. Alle Figuren, mit Ausnahme von 6, nach Grand'Eury.

Der Typus dieser Gattung ist *Pecopt. (Desmophlebis) unita* Brngt. und zu dieser oder wenigstens in dieselbe Gattung ist *Pecopt.* (*Diplazites* Göpp.) *longifolia* Sternb., zu welcher *P. emarginata* St. gehört, zu ziehen. Nach Grand'Eury wäre auch *Ptychocarpus hexastichus* Weiss mit dieser Gattung zu vereinigen. Auch *Pec. cuneura* Sch., mit je 4 unter einander verwachsenen Sporangien, von denen die zwei nach aussen gerichteten um das Doppelte grösser sind als die zwei am Mittelnerven liegenden (s. Fig. 66^{1}), mag hier seine Stelle finden.

Marattiotheca Sch. Soren in zwei Reihen den horizontal verlaufenen einfachen Seitennerven der ganzen Länge aufsitzend und die ganze Unterseite der Fiederblättchen bedeckend, oval-länglich, aus mehreren vollständig unter einander verwachsenen Sporangien bestehend, welche seitlich aufreissen; Fiederblättchen länglich-lineal, am Ende stumpf abgerundet, nach oben convex, mit ziemlich starkem Mittelnerv und einfachen unter rechtem Winkel abgehenden Seitennerven (s. Fig. 66^{23}).

Dieser der Gruppe der Pecopteriden, wie diese von Brongniart zusammengestellt ist, angehörende Farntypus ist von Grand'Eury ziemlich häufig in einer Art in der oberen Steinkohle von St. Etienne beobachtet und unter dem Namen *Pec. Marattiotheca*, mit allen Einzelheiten der Fruchtorganisation, bekannt gemacht worden (dessen Pl. VII f. 5).

Angiotheca Sch. Sporangien zu 4 in zwei Reihen an jedem Seitennerven hängend, vollkommen frei, oval oder kegelig; Fiederblättchen mit über dieselben umgebogenen Flügeln (s. Fig. 66 $^{4-7}$).

Die Art, auf welche diese Gattung gegründet werden kann, ist *Pec. Angiotheca* Gr. Eur., von St. Etienne.

Acitheca Sch. Sori dicht gedrängt, zweireihig, Sporangien sternförmig zu 4 vereinigt, umgekehrt kolbenförmig, pfriemenartig zugespitzt, nur am Grunde verwachsen, übrigens frei, so dass die Unterseite der Fiederblättchen mit dicken Borsten besetzt scheint, welche, durch den Druck, nach verschiedenen Richtungen über einander liegen (Fig. 66 $^{9-12}$).

Die hier beschriebene Fructificationsweise ist bei *Pec. polymorpha, Bucklandi, pteroides* Brngt., *fertilis* Gr. Eur. beobachtet worden.

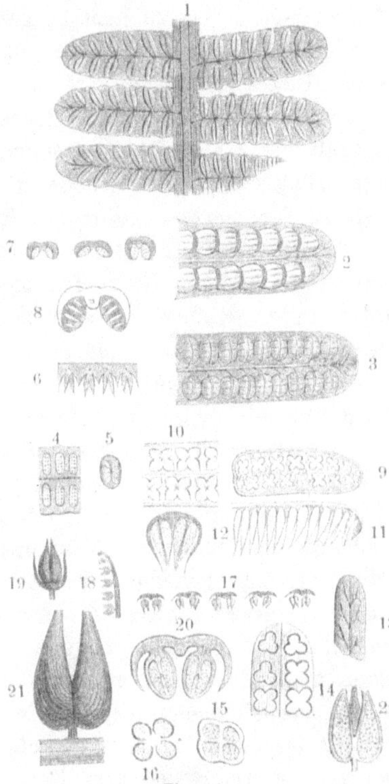

Fig. 66.

1 *Stichopteris* (*Ptychocarpus* Weiss) *euneura* Sch., 2/1. 2. 3 *Marattiotheca Grand'Euryi* Sch., einzelne Fiederblätter, 2/1. 4 Theil eines Fiederblättchens von *Angiotheca (Pec. Angioth.)*, 2/1. 5 ein vergrösserter Sorus. 6 Längsschnitt durch 4 Soren. 7 einzelne vergrösserte Sorus-Paare von der Seite gesehen; 8 ein solcher stärker vergrössert. 9 Fiederblättchen von *Acitheca (Pec.) polymorpha* Brngt.; 10 ein etwas vergrössertes Stück davon; 11 Längsschnitt; 12 Querschnitt, stärker vergrössert. 13 Fiederblättchen von *Scolecopteris subelegans* Gr. Eur., 1/1; 14 Stück davon, von unten gesehen. 15. 16 vergrösserte Soren; 17 Querschnitt in natürlicher Grösse; 18 Längsschnitt in natürlicher Grösse. 19 einzelner Sorus, vergrössert. 20 Querschnitt durch ein Blättchen mit zwei Fruchthäufchen, stärker vergrössert. 21 zwei stark vergrösserte Sporangien; 22 Längsschnitt durch solche.

Scolecopteris Zenker. Die aus 4 am Grunde unter sich verwachsenen sternförmig angeordneten Sporangien bestehenden Soren sitzen in zwei Reihen auf einem kürzeren oder längeren stielförmigen Receptaculum und sind seitlich von den zurückgeschlagenen Segmentflügeln bedeckt; die aus mehreren Zellschichten gebildeten Sporangien sind umgekehrt kegelförmig, an der Basis abgerundet, nach oben zugespitzt und frei; die Blättchen oder Segmente sind kleinzungenförmig, stark gewölbt, durch die quer verlaufenden eingesenkten Seitennerven gleichsam gegliedert (Fig. 66 $^{13-22}$). Grand'Eury gibt 2 Arten von St. Etienne.

Die Fruchtorganisation dieser lange in der Art *Scol. elegans* Zenk. räthselhaft gebliebenen Farne ist von Prof. Strasburger (Jenaische Zeitschrift für Naturw. VIII, 1874) in meisterhafter Weise illustrirt und für dieselben die Zugehörigkeit zu den Marattiaceen nachgewiesen worden.

In der letzten Zeit hat Dr. Sterzel in Chemnitz in dem dortigen Calcedon des Rothliegenden Haufwerke von Fiederfragmenten und Blättchen dieses merkwürdigen Farns aufgefunden und dadurch auch den zweifelhaft gebliebenen

Fundort des in einer geschliffenen Platte bestehenden Zenker'schen Originals nachgewiesen*). Die eigenthümliche, beinahe gegliedert aussehende Form der Blättchen hatte Prof. Geinitz verleitet, in denselben Ueberreste von Isopoden zu sehen, was zu dem Namen *Palaeojulus* Gein. Anlass gegeben hat.

Hierher ist wohl auch *Staphylopteris sagittata* Lesq. aus der Kohle des Staates Illinois zu ziehen.

Senftenbergia Corda. Sporangien in zwei Reihen auf Seitennerven, frei, vereinzelt oder in Häufchen vereinigt, eiförmig, mit gipfelständigem rudimentärem Ringe. Blatt drei- oder vierfiederig, Fiederblättchen klein, eilänglich oder kurzlineal, an der Spitze abgerundet; Rhachis mit Trichomen besetzt.

Diese von Corda mit den Schizaeaceen verglichene Gattung muss, nach den neuesten gründlichen Untersuchungen Stur's, mit den Marattiaceen vereinigt werden, unter welchen sie sich zunächst an die Angiopteriden anzuschliessen scheint. Stur zieht zu derselben: *S. elegans* Corda, *Pecopt. aspera* Brngt. und *S. Larischi* Stur. *Sphen. scaberrima* Lesq. aus der Steinkohle von Illinois gehört wahrscheinlich auch in diese Reihe.

Oligocarpia Göpp. (*Sacheria* Ett.). Sporangien auf einem kurzen Receptaculum zu 3—5 auf Nervenästen gegen den Rand hin in runde Soren vereinigt, frei, pyramidal-kegelig, stumpf, mit rudimentärem Ringe, Oberfläche mit hexonalrhomboidischen Maschen, welche nach oben hin kleiner werden, und fein punktirt. Blätter dreifach gefiedert, Fiederblättchen sehr dünn, lineal, allmählich verschmälert, entweder ganz oder am Rande durch die austretenden Nerven fein gezähnelt, oder in oval-oblonge, gekerbte oder auch in kurze, beinahe parallelseitige, tief und scharf gezähnte Läppchen getheilt; Mittelnerv mässig stark, Seitennerven ziemlich entfernt, da wo das Fiederchen ganz, einfach gegabelt aus spitziger Insertion rechtwinkelig am Rande ankommend, da wo das Fiederchen gelappt, theilweise gespalten.

Stur vereinigt in dieses der Steinkohlenformation angehörende Genus: *Ol. Gutbieri* Göpp., *Asplenites Lindsaeoides* und *(Sacheria) alethopteroides* Ett., *Aspl. quercifolia* Göpp., *Aleth. quercifolia* Gein. und *cristata* Gutb. und eine ziemlich grosse Anzahl von *Pecopteris*, sich hauptsächlich auf die Gegenwart von Aphlebien stützend. Dass diese für die Marattiaceen-Natur kaum etwas beweisen dürften, haben wir anderwärts dargethan.

6. Familie. Cyatheaceae.

Alsophila R. Br. Fruchthäufchen *(sori)* beinahe kugelig, ohne Schleierchen, Receptaculum meistens erhaben, oft mit feinen Haaren besetzt, den Nerven oder deren Theilungspunkten aufsitzend.

Baumartige mit grossen zwei- bis vierfach gefiederten Blättern, deren Blattspreitezertheilung je nach den Arten sehr verschieden ist: Fiedern zuweilen ganz und ziemlich grosse Spreiten darstellend, meistens aber sehr zertheilt und in kleine Fiederblättchen oder Segmente aufgelöst.

---

*) Dr. Sterzel, Ueber *Palaeojulus dyadicus* Gein. und *Scolecopt. elegans*, in Zeitschr. d. deutschen geol. Gesellschaft 1878.

Hooker und Baker zählen 65 Arten auf, welche alle den Tropen und nur einige in der südlichen Hemisphäre den Subtropen angehören.

Saporta gibt in seiner Flore fossile des travertins de Sézanne (unterstes Eocän) Beschreibungen von drei Arten, von welchen nur theilweise der Fruchtstand bekannt ist, die sich aber durch den Zuschnitt ihrer Blätter so sehr an einige südamerikanischen Arten anschliessen, dass an ihre Zugehörigkeit zu dieser Gattung kaum gezweifelt werden kann.

Zwei Formen, welche Saporta als *Cyatheites* bezeichnet, kommen in derselben Formation vor; obgleich sie sehr an gewisse Cyatheen erinnern, so kann, wegen Mangels an Früchten, nicht entschieden werden, ob sie wirklich dieser Gattung angehören.

Dieselbe Ungewissheit herrscht bezüglich der Gattung *Hemitelites* Sap., welche ebenfalls in zwei Arten in den Travertinen von Sézanne aufgefunden worden ist und von welchen eine namentlich einigen Hemitelien der Guadeloupe sehr ähnlich ist.

Vielleicht gehört in die Reihe der Cyatheaceen die Gattung

Chorionopteris Corda. Fruchthäufchen durch ein dickwandiges, beinahe kugeliges, aus dem Nerven entspringendes Indusium eingeschlossen; Sporangien zu vier, dünnwandig; Sporen tetraëdrisch, glatt.

Corda nennt die einzige bekannte Art aus dem Sphaerosiderit der Steinkohlenformation von Radnitz, wegen der 4 ins Kreuz gestellten Sporangien *Ch. gleichenioides* (s. Corda, Beiträge Tab LIV f. 10—15).

Onoclea L. Fruchthäufchen auf veränderten Blättern rückenständig, mit cylindrischem Receptaculum; Indusium unterständig, halbirt, an der Basis dem Receptaculum und dem dieses umgebenden Parenchym angewachsen; fertile Blätter mit dem umgeschlagenen Rande die Soren bedeckend.

Krautartige Farne mit kriechendem (*Onoclea*) oder aufrechtem Stamme (*Struthiopteris*), mit zweierlei in periodischen Cyclen abwechselnden Blättern, sterilen nämlich, welche einfach oder doppelt gefiedert sind, im ersten Falle mit mehr oder weniger tief segmentirten ziemlich breiten Fiedern, und fertile, bei welchen die Ränder der Segmente oder Fiederblättchen zurückgerollt sind.

Nur *Euonoclea* ist fossil vertreten und zwar in der einzigen jetzt noch in Nordamerika lebenden *O. sensibilis* L., welche in den Tertiärschichten (Miocän) der Western Territories der Vereinigten Staaten vorkommt und von Lesquereux abgebildet worden ist (Geol. Surv. of the Territ. 1878).

Dicksonia L'Hérit. (Fig. 67). Sorus endständig, auf einem halbkugeligen oder cylindrischen, in einem marginalen oder über den Rand erhobenen Säckchen; Indusium unterständig, halbirt, napfförmig, zuweilen mehr oder weniger deutlich zweilappig.

Kraut- oder baumartige Farne, mit sehr zertheiltem, meist lederartigem Laube, vorzugsweise in den Tropen Amerikas, der Sunda-Inseln und Polynesiens einheimisch, eine Art bis nach Canada heraufgehend, andere die gemässigte Zone der südlichen Hemisphäre bewohnend; die krautartige mit dickem Rhizom versehene *D. Culcita* L'Hérit. bildet den Hauptbestand der Farnflora von Madeira und den Azoren.

Diese zum Theil aus den schönsten Formen der prächtigen Cyatheen-Familie bestehende Gattung spielt schon in der Vegetation der Jurazeit eine nicht unbedeutende Rolle, und obgleich wir aus der Trias noch keine Formen kennen, welche zu derselben gehören dürften, so ist es doch wahrscheinlich, dass ihr erster Ursprung bis in die Steinkohlenzeit hinaufreicht, da unter den Sphenopteriden derselben Blattformen sich finden, die sich nur mit denen jetzt lebender Dicksonien vergleichen lassen. Ganz ähnliche fein zertheilte Sphenopteriden-Formen kommen im Jura, namentlich Englands, vor. Aus dem Jura Ostsibiriens und dem Amurland hat Heer (s. dessen Flora arctica Vol. IV et V) nicht weniger als zehn Arten bekannt gemacht, von welchen mehrere mit ganz unzweideutigen Dicksonien-Früchten.

Fig. 67.
1. 2 *Dicksonia Saportana* Heer. 3 *D. clavipes* Heer (Fruchtstand); aus dem Jura Ostsibiriens. (Nach Heer, Fl. arct. IV.)

Die *Sphenopteris nephrocarpa* Bunb. aus dem Jura von Scarborough gleicht sehr der *D. clavipes* Heer und ist gewiss auch eine Dicksonia, *Neur. arguta* (L. et H.) Leckenby, von daher, ebenso *Sphenopteris*? (sterile Fiederfragmente) und *Sphen. Bunburianus* Morr. et Oldham, *Pecopteris*? *lobata* Old. (Palaeontol. Indica — Fossil Flora — tab. XXX et XXXII) und *D. bindrabunensis* Feistm. Der Blattzuschnitt dieser jurassischen Dicksonien gleicht sehr dem der ebenfalls jurassischen Gattung *Scleropteris*, so dass Heer die generische Identität beider Gattungen für möglich hält.

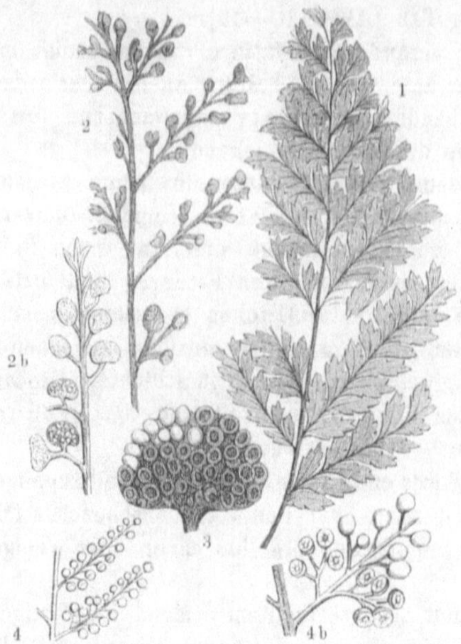

Fig. 68.
1 *Thrysopteris Maakiana* Heer. 2 Fruchtstand derselben; 2 b vergrösserte Fieder davon. 3 vergrösserter Sorus von *Th. Marruyana* Brngt.: beide aus der Juraformation Ostsibiriens. 4 fruchtbare Fiedern von der lebenden *Th. elegans* Kze. (Nach Heer, Fl. arct. IV.)

Thyrsopteris Kunze (*Tympanophora* Lindl., *Coniopteris* Brgt.) (Fig. 68). Soren endständig, gestielt, einem cylindrischen nach oben verdickten Receptaculum aufsitzend, von einem anfänglich geschlossenen, zuletzt geöffneten becherförmigen, unterständigen, lederartigen Indusium umgeben, aus dessen Centrum sich ein Säulchen erhebt, um welches die Sporangien sitzen; Blätter vierfach fiedertheilig, untere Blattabschnitte fruchtbar, beinahe bis auf die Nerven zusammengezogen, rispenartig, die letzten Fiederchen stielförmig und auf jeder Spitze einen Sorus tragend.

Diese aus einer lebenden Art (*Th. elegans* Kze.) bestehende Gattung findet sich jetzt nur noch auf der Insel Juan Fernandez. Die Blätter sind sehr gross und haben eine sehr starke Hauptspindel, von welcher über zwei Fuss lange Seitenspindeln abgehen; die Fiederchen sind tief fiedertheilig, die Segmente ganz oder gezähnt.

Von diesem merkwürdigen, gleichsam im Aussterben begriffenen Farntypus ist eine Reihe von Arten aus der Jurazeit bekannt, in welcher derselbe seine höchste Entwickelung gehabt zu haben scheint. Manche dieser fossilen Ueberreste, welche in neuerer Zeit in Ostsibirien und dem Amurlande in zahlreichen Exemplaren gesammelt und von Heer in dessen Flora arctica IV et V bekannt gemacht worden sind, zeigen so vollständig erhaltene Fruchtstände, dass ihre Zugehörigkeit zu der genannten Gattung durchaus nicht bezweifelt werden kann.

Lindley und Hutton, welche ein fertiles Fiederstück von Scarborough unter dem Namen *Tympanophora* abgebildet haben (Foss. Fl. T. 170 B), sahen in demselben eine Alge. Später wurden an derselben Localität Wedelstücke mit sterilen und fertilen Fiedern aufgefunden und von Leckenby (Quat. Journ. Geol. Soc. 1864) beschrieben und abgebildet.

Brongniart, welcher früher diese Ueberreste in der Gattung *Pecopteris* untergebracht hatte, vereinigte sie später (Tableau des gen.) in seine Gattung *Coniopteris*. Unter diesem Namen gibt auch Graf Saporta in der Flore fossile du terrain jurassique eine Art aus dem Korallenkalk von Verdun. — Die zuerst bekannt gewordene *Th. (Pecopteris) Murrayana* Brngt. aus dem unteren Oolith von Yorkshire ist auch in Ust-Balei und an der Kajamündung in Ostsibirien aufgefunden worden. Heer glaubt, dass *Sphenopteris Bohemani* und *Thulensis* H. (Heer, Beitr. z. foss. Fl. Spitzberg.) auch in diese Gattung gehören dürften. — Stur (Culm-Flora) gibt unter dem Namen *Thyrsopteris schistorum* sterile und fertile Bruchstücke eines Farns, welchen er als den ältesten Vertreter dieses eigenthümlichen Typus betrachtet.

7. Familie. **Polypodiaceae.**

Acrosticheae.

Aus dieser Abtheilung der Polypodiaceen kann bis jetzt noch keine fossile Art mit Gewissheit nachgewiesen werden, wenn anders nicht die im Miocän bei Manosque in Frankreich, im Obereocän von Aix-en-Provence und von Monte-Promina in Dalmatien (s. Visiani Atti d. Acad. Veneta 1878), und aus dem Eocän der Insel Wight *Chrysodium*-ähnlichen Wedel in dieselbe gehören.

Polypodieae.

Polypodium L. Subgen. *Drynaria* Bory. Soren ohne Indusium, rund oder etwas länglich, zu zwei in den Maschenfeldern erster Ordnung; Rhizom kriechend,

Blätter einfach, ganzrandig oder mehr oder weniger tief gelappt; Nerven ein einfaches bis dreifaches Maschennetz bildend. Bewohner der Aequatorial- und Subäquatorial-Länder.

Mit Ausnahme vielleicht von zwei Arten aus den miocänen Schichten der Schweiz und Oeningens, in welchen Heer Drynarien, vom Typus der *D. ıreoides* Lam., erkannt zu haben glaubt, besitzen wir bis jetzt keine fossilen Ueberreste, welche mit Sicherheit in die jetzt so ungemein artenreiche Gattung *Polypodium* eingereiht werdęn könnten. Doch dürfte es sich später, bei genauerer Kenntniss der Fruchttheile, herausstellen, dass auch die Gattungen *Camptopteris*, *Chlathropteris* und *Dictyophyllum* zu den netznervigen Polypodieen gehören (s. diese).

Cheılanthes Sw. Soren am verdickten Ende der Nerven, gesondert, zuletzt zusammenlaufend, von dem umgeschlagenen Rande der Fiederblättchen entweder vollständig oder theilweise bedeckt.

Krautartige, meistens kleine Farne, mit drei- bis viertheiligem Laube, Fiederblättchen klein, von beinahe lederartiger Consistenz. Zum grössten Theil Bewohner der heissen und warmen Zonen, selten der gemässigten; einige Arten finden sich im Süden Europas.

Eine der *Ch. fragrans* L. ähnliche Art (*Ch. Laharpiı* H.) ist aus dem unteren Miocän der Schweiz und eine zweite aus dem oberen Miocän (*Ch. oeningensıs* H.) von Oeningen bekannt.

Pteris L. Sporangien auf der intramarginalen Anastomose der Secundärnerven, welche ein continuirliches nervenförmiges Receptaculum bildet, vom zurückgeschlagenen Blattrande bedeckt.

Krautartige Farne mit kriechendem ästigem oder aufsteigendem zuweilen auch geradem Stamme; Blätter meistens mehrfach fiedertheilig, letzte Fiedern fiederschnittig, zuweilen handförmig, meist von lederartiger Consistenz; Nervation pecopteroid oder einfach dictyopteroid, die Seitennerven zu einem continuirlichen intramarginalen Nerven zusammenfliessend.

Von dieser, jetzt noch in sehr zahlreichen Arten in allen Welttheilen zerstreuten Gattung ist bereits eine ganze Reihe fossiler Formen aus den mittleren und oberen Tertiärschichten bekannt, deren nächste Verwandte theils in Europa (*Pt. aquilina)*, theils auf den Canaren *(Pt. cretıca et arguta)*, theils am Kap (*Pt. flabellata* Thunb.), theils in Amerika oder in Australien leben. Aus früheren Epochen ist bis jetzt noch keine *Pteris* mit Bestimmtheit nachgewiesen.

Aus dem Miocän der Territories (N. Amerika) giebt Lesquereux zwei *Pteris* mit grossen Fiederblättchen, wie bei der indischen *Pt. lacta* Hall. und bei der australischen *Pt. umbrosa* R. Br.; es könnten aber diese Ueberreste ohne Fruchtspur ebensogut zu *Asplenium* oder *Blechnum* gehören.

Adianthum L. Soren am Ende der Nerven, welche in die zurückgeschlagenen Indusien bildenden Randläppchen der Frons oder der Fiederblättchen treten oder auch auf dem Parenchym zwischen diesen. Blätter selten einfach, cycloid, gestielt, in der Regel ein- oder mehrmals fiedertheilig; Rhachis dünn, fest, fast immer nackt, glänzend; Fiederblättchen beinahe durchgehends unsymmetrisch, die eine Längshälfte schmäler als die andere, membranös, zuweilen sich abgliedernd, mit *Cyclopteris*- oder *Neuropteris*-Nervation, welche in den schmalen Fiederchen in die *Sphenopteris*-Nervation übergeht; die Mittelrippe sehr schwach oder fehlend.

Aus der Gruppe mit einfachen, cycloiden Blättern sind drei Arten aus den Tertiärschichten bekannt: die eine, *Ad. renatum* Ung., dem jetzt auf den Canaren und Mascarenen lebenden *A. reniforme* sehr ähnlich, aus dem Miocän von Parschlug in Steiermark; die zweite, dieser sehr nahe stehenden, aus der Kreide (Urgon) Grönlands (*A. formosum* Heer); die dritte, *A. reniforme pliocaenicum* Sap. et Mar., aus den pliocänen Schichten von Meximieux (Ain), welche auch noch andere canarische Pflanzen enthalten, kann von der lebenden Art nicht unterschieden werden.

Von fiederblätterigen Arten sind nur einzelne Blättchen, ebenfalls aus der Tertiärformation, bekannt, an deren Zugehörigkeit aber kaum zu zweifeln ist: Eine Art derselben ist *A. apalophyllum* Sap., aus dem unteren Eocän von Sézanne, dem jetzt in Südspanien und Afrika lebenden *A. aethiopicum* L. ähnlich, mit ziemlich grossen Fiederblättchen; eine kleinerblätterige Art giebt Heer unter dem Namen *A. Dicksoni*, aus dem Miocän des Cap Staratschin (Spitzbergen), an; aus dem Miocän der Schweiz bildet derselbe, als *Adiantites*, Blattfragmente von zwei Arten ab, welche höchst wahrscheinlich auch zu dieser Gattung gehören. *Adiantites amurensis* und *Schmidtianus* Heer, aus dem Jura des Amurlandes, erinnern sehr an lebende *Adianthum*-Arten mit *Sphenopteris*-Nervation und dürften wohl auch hier ihre Stelle finden, um so mehr, als an letzteren Fruchtspuren sichtbar sind, welche auf *Adianthum* hindeuten.

Unter dem Gattungsnamen *Adiantides* giebt Stur in seiner Culm-Flora eine ganze Reihe von Arten, welche allerdings an gewisse lebende *Adianthum* erinnern, aber auch mit den Palaeopteriden eine nicht geringe Aehnlichkeit zeigen.

Asplenieae.

Blechnum L. Fruchthäufchen linienförmig, lang, parallel mit der Mittelrippe verlaufend oder derselben anliegend, den anastomosirenden Aestchen der Secundärnerven aufsitzend, mit einem häutigen Indusium, welches sich nach innen öffnet; Sporangien langgestielt, mit 13—24 zelligem Ringe; Sporen oval mit einer Leiste. Fertile und sterile Blätter gleichförmig oder erstere mit mehr oder weniger zusammengezogenem Parenchym, einfach gefiedert oder fiedertheilig, bei einer Art ungetheilt und bei einer doppelfiederig; Secundärnerven einfach oder einmal gegabelt, vor dem Rande mit einer verdickten Spitze endend; bei den fertilen Blättern im Receptaculum anastomosirend.

Saporta führt aus dem untereocänen Tuff von Sézanne ein *Blechnum* an, welches er dem centralamerikanischen *Bl. occidentale* L. vergleicht; aus dem unteren Oligocän Dalmatiens und Böhmens giebt Ettingshausen eine Art, welche *Bl. brasiliense* Raddi ähnlich sein soll; die dritte bekannte Art, aus dem Mitteloligocän von Teplitz und Priesen in Böhmen, wird als zunächst verwandt mit den zwei australischen *Bl. cartilagineum* Sw. und *laevigatum* Cav. verglichen.

Woodwardia Sm. (*Woodwardites* Ung.) (Fig. 69). Soren der Mittelrippe parallel auf den nach aussen gekehrten Maschenbogen, eingesunken, länglich, unterbrochen, selten fortlaufend, ein- bis dreireihig; Indusium den ganzen Sorus bedeckend, nach innen sich öffnend. Stamm kriechend oder aufsteigend; Blätter gross, doppelt fiedertheilig, Fiedern fiederschnittig, Segmente ziemlich gross, länglich, stumpflich oder zugespitzt, am Grunde vereinigt; Seitennerven längs des Mittelnervs zu einer Reihe Maschen anastomosirend, von da an frei zum Rande verlaufend, oder zu einem mehr oder weniger vollständigen Maschennetz zusammentretend.

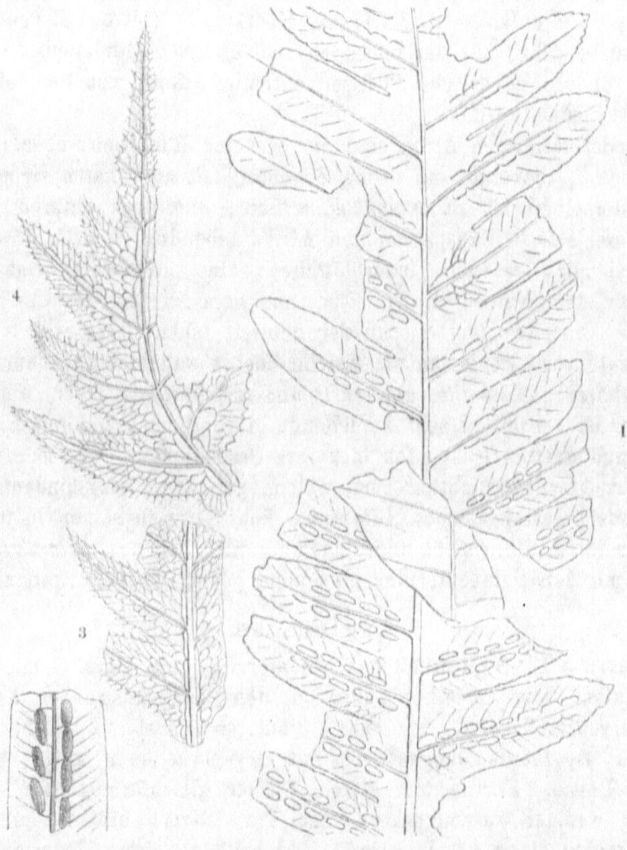

Fig. 69.
1 *Woodwardia Roessneriana* Ung. 2 Fragment eines fruchtbaren Blättchens, aus dem Miocän der Schweiz (nach Heer, Fl. tert. Helv.). 3 Fiederfragment von *W. radicans pliocaenica* Sap. et Mar., aus dem Pliocän von Meximieux. 4 Fiederstück von der lebenden *W. radicans* (nach Sap. et Mar., Végét. foss. de Meximieux).

Von dieser Gattung sind bis jetzt nur acht lebende Arten bekannt, von denen eine, *W. radicans* Sm., in Südeuropa, Madeira, den Canaren und in den wärmeren und selbst heissen Regionen von Amerika, Indien, Java sich findet; die übrigen leben theils in den südlichen Vereinigten-Staaten, in China, Japan, Java und Australien (Untergattung: *Doodya* R. Br.).

Fossil ist dieselbe in den miocänen Schichten mehrerer ziemlich weit aus einander liegenden Localitäten auf das unzweideutigste nachgewiesen: durch eine Art (*W. Roessneriana* Ung. sp.), welche der jetzt noch an wenigen Orten Südeuropas, dagegen häufig auf Madeira, den Canaren u. s. w. wachsenden *W. radicans* L. so nahe verwandt ist, dass, wie Heer, der prächtige fruchtbare Exemplare vor sich hatte, ausdrücklich bemerkt, es selbst in Frage kommen kann, ob sie nicht zusammengehören (s. Heer, Tertiärflora der Schweiz Tab. V u. VI, auch Unger, Chloris prot. tab. 37). Wenn die miocäne Art noch einige Unterschiede von der lebenden zeigt, so stimmt dagegen die von Saporta und Marion (Végétaux foss. de Meximieux) aus dem Pliocän bekannt gemachte Form so sehr mit derselben überein, dass sie mit demselben Namen bezeichnet werden kann.

Pecopteris Münsteriana Presl et Sternb. ist nach den von Schenk untersuchten Originalexemplaren eine *Woodwardia*, die aber nicht aus dem Lias stammt, wie Presl angiebt, sondern aus dem miocänen Lignit von Bullenreuth in Franken.

Ob die kleinen Blattbruchstücke aus dem Miocän Grönlands, welche Heer als *Woodwardites arcticus* bekannt gemacht hat, und Saporta's *Filicites dispersus* aus dem Gyps von Aix hierher zu ziehen sind, lässt sich mit dem mangelhaften Material nicht entscheiden.

Sollte *Woodwardites microlobus* Schenk, der Aehnlichkeit mit *W. dives* Mett. und *angustifolia* Sm. zeigt, eine *Woodwardia* sein, so würde das erste bekannte Auftreten dieses Typus bis in die rhätische Zeit hinaufgehen.

Eine ausgezeichnet schöne, die *W. radicans* an Grösse übertreffende Art, mit sehr breit geflügelter Spindel, hat Lesquereux in seiner Fossil Flora of the Western Territories, aus den miocänen Schichten von Golden (Colorado), als *W. latifolia* bekannt gemacht.

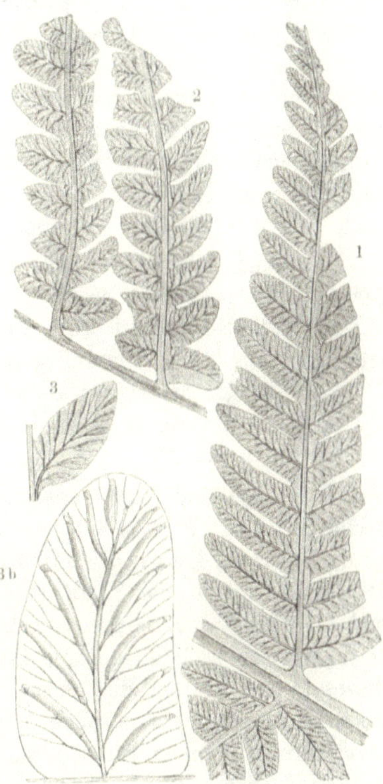

Fig. 70.
1 *Asplenium* (*Cladophlebis* Brngt.) *nebbense* Heer, aus dem Rhät von Paljö (nach Nathorst, Foss. Fl. Schwed.). 2 *A. Whitbyense* Brngt. 3 ein fertiles Blättchen; 3b ein solches vergrössert, aus dem Jura Ostsibiriens. (Nach Heer, Flora arctica IV.)

Asplenium (*Athyrium* Roth, *Diplazium* Sw.) L. (Fig. 70). Fruchthäufchen rücken- oder beinahe randständig, länglich oder linienförmig; Indusium seitlich, dem fertilen Nerven aufgewachsen, nach aussen sich öffnend, zuweilen gekrümmt, flach oder gewölbt, dem Sorus gleichförmig, oder am Grunde und an der Spitze in das Parenchym fortgesetzt. Laub einfach, gelappt oder fiederschnittig, einfach oder mehrfach gefiedert und fiedertheilig; Nervation sehr verschiedenartig, doch nie netzförmig; Stamm sehr kurz, unterirdisch oder oberirdisch niederliegend, aufrecht selten baumartig.

Diese Gattung, mit den Untergattungen *Athyrium*, *Darea*, *Diplazium*, zählt in der Jetztwelt gegen dreihundert Arten und hat ihre Vertreter von den Tropen an, wo sie in den vielfältigsten Formen auftritt, bis in die arctische Zone.

Einige Asplenien aus der oberen Kreide haben Aehnlichkeit theils mit dem beinahe in der ganzen Welt vorkommenden *A. Adianthum nigrum* L., theils mit dem ebenfalls sehr verbreiteten *A. furcatum* Thunb. Aus der unteren Kreide Grönlands giebt Heer, in Flora arctica III, vier Arten an, von welchen *A. Dicksonianum* H. ebenfalls dem *A. Adianthum nigrum* sehr nahe steht. Aus dem unteren Eocän von Sézanne bildet Graf Saporta drei Arten mit sehr schön erhaltenen Fruchthäufchen ab, von welchen *A. subcretaceum* S. an *A. horridum* Kaulf. von den Sandwichsinseln und Java und an *A. flaccidum* Forst., ebenfalls auf den Südseeinseln und in Australien lebend, erinnert; *A. Wegmanni* Brngt., aus derselben Formation, vergleicht der Verfasser mit *A. (Athyr.) umbrosum* Presl, welches jetzt auf den canarischen und malaischen Inseln, in Australien und im Himalaya einheimisch ist; die dritte Art endlich hätte ihren Vertreter in *A. (Diplaz.) striatum* Presl, jetzt nur noch auf den westindischen Inseln, in Mexico und Central-Amerika lebend. Die in den mittleren Tertiärschichten vorkommenden Asplenien gehören theils Formen an, welche jetzt die warmen und heissen Zonen bewohnen, theils solchen, welche, wie *A. Adianthum nigrum*, auch in den nördlichen Regionen gedeihen.

Die neuen wichtigen Funde in den jurassischen Gebilden Ostsibiriens und des Amurlandes, welche ein so grosses Licht über den Charakter der Juraflora verbreiten, haben endlich auch Fruchtexemplare zu Tage gebracht von der bis jetzt nur auf die Nervation gegründeten Gattung *Cladophlebis* Brngt. (früher *Pecopteris* Brngt., *Alethopteris* Eichw., *Pteris* Ettingsh., *Asplenites* Schk. e. p.), deren Typus die weit verbreitete *Cl. Whitbyensis* Brngt. ist, und gezeigt, dass dieselbe zu *Aspleneum* gehört.

Die Form und Disposition der Sori sind ganz *Asplenium*-artig, was auch schon Schenk für eine Art aus dem Rhät (*Asplenites Rösserti* Presl sp.) nachgewiesen hat (s. d. Foss. Fl. der Grenzsch.). Es würde also das erste Erscheinen dieser Gattung in die rhätische Epoche fallen, mit der eben genannten Art und *Clad. nebbensis* Brngt. (unrichtig aus dem Oolith angegeben) und *Cl. Heeri* Nath., erstere auch im unteren Lias. Der Oolith ist besonders reich an Formen dieses Typus, welcher der lebenden Untergattung *Diplazium* entspricht und von welchem namentlich das schon genannte *A. Whitbyense* mit seinen Abarten (*Pec. tenuis* Brngt., *dilatata* Eichw.) von Yorkshire nach Persien, Ostsibirien und das Amurland verbreitet ist; andere nahe stehende, diese Formation charakterisirende Arten sind: *Pec. (Alethopt.) dentata* Brngt., *Phillipsi* Brngt., *haiburnensis* Lindl., *arguta* und *insignis* Lindl., *recentior* und *curta* Phill., *Sphenopt. modesta* Bean. Im unteren Lias Bengalens vertritt *Aleth. indica* Oldh. diese Gattung. In der Wälderformation finden sich Farnüberreste, wie *Neuropteris Albertsii* Dunk., welche auch hierher zu gehören scheinen.

Aspidieae.

Aspidium L. Fruchthäufchen rücken-, selten endständig, einem ausgebildeten Receptaculum aufsitzend, rund, mit kreisrundem oder nierenförmigem Schleier, welcher entweder an der Ausrandung oder im Centrum angewachsen und ringsum schildförmig frei ist.

Diese artenreiche kosmopolite Gattung besteht theils aus Arten mit kriechendem, theils aus solchen mit kurzem aufrechtem Stamme; die Blätter sind in wenigen Fällen einfach fiedertheilig, meistens einfach gefiedert, die unteren Fiedern ganz oder fiederig segmentirt, oder auch ein- oder mehrfach fiederig.

Die ersten fossilen Farne, welche mit einiger Sicherheit in dieses Genus eingereiht werden können, stammen aus der mittleren Tertiärzeit, und zwar sind es nur zwei Arten: *A. Filix antiquum* Al. Brn., von Oeningen, unserem *A. Filix mas* sehr ähnlich, und *A. Meyeri* Heer, ebenfalls von Oeningen und von einigen schweizer Localitäten, besonders aber in den Ligniten der Wetterau verbreitet, in welchen nicht selten noch die mit den Blattstielüberresten besetzten Stämme sich zeigen. Diese Art nähert sich dem auf den Azoren und Canaren lebenden *A. molle* Sw.

Lastraea Presl a. p. (*Goniopteris-Lastraea* Al. Brn., *Nephrodium* Rich. Hook. et Bak., *Phegopteris* Mett.) (Fig. 71). Fruchthäufchen mit oder ohne deutlich entwickeltem Indusium, der Mitte der Seitennerven aufsitzend, diese ohne kolbig verdicktes Ende in den Rand verlaufend, einfach, etwas nach innen gebogen, soweit die Segmente verwachsen in spitze Winkel zusammentretend, diese frei oder durch ein Nervchen verbunden. Blätter gross, doppelfiederig; Fiedern zweiter Ordnung lang, lineal, grobzähnig oder kurz segmentirt, Zähne und Segmente den Secundärnerven entsprechend.

Wir nehmen für die fossilen Arten der Aspidieen, bei welchen die frühere An- oder Abwesenheit des Indusiums nicht immer nachgewiesen werden kann, welche aber eine unzweideutige *Goniopteris*-Nervation zeigen, in der Begrenzung an, wie diese von Al. Braun (Zeitschr. d. deutschen geol. Gesellsch. IV) für *Goniopteris-Lastraea* vorgeschlagen worden ist.

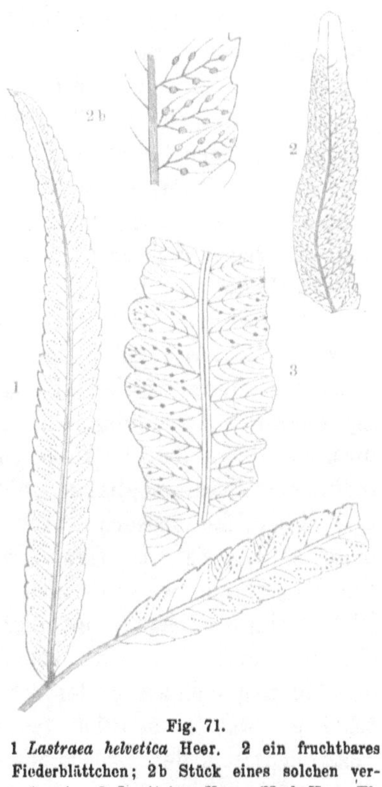

Fig. 71.
1 *Lastraea helvetica* Heer. 2 ein fruchtbares Fiederblättchen; 2b Stück eines solchen vergrössert. 3 *L. stiriaca* Ung. (Nach Heer, Fl. tert. Helvet.)

Von diesem Typus sind mehrere Arten aus den mittleren Tertiärgebilden bekannt, zum Theil mit deutlichen Fruchthäufchen, und namentlich eine in grossen Wedeltheilen erhaltene: die weit verbreitete, für das untere Miocän charakteristische *L. stiriaca* Ung. Diesem schönen, grossen Farne entspricht in der Jetztwelt die amerikanisch-tropische *L. (Goniopt.) fraxinifolia* Presl (*Polypod. fraxinif.* Kaulf., *Pol. viviparum* Raddi, *P. diversifolium* Sw., Hook. et Bak.); sechs andere fossile Arten aus den miocänen Schichten haben ebenfalls ihre nächsten lebenden Verwandten unter den Tropen.

II. Abtheilung. Filices incertae sedis systematicae.

Die Gruppirung der fossilen Farnkräuter beruht auf einer ganz anderen Grundlage als die der lebenden. Da Blätter und Stämme immer getrennt vorkommen und ihre relative Zugehörigkeit nie mit Sicherheit ermittelt werden kann, so müssen beide für sich eigene Abtheilungen bilden, ja selbst die Blattstiele und Spindeln, welche nicht selten in Bruchstücken angetroffen werden, deren innere Structur noch sehr deutlich zu erkennen ist, müssen unabhängig behandelt werden.

Was nun die sterilen Blätter betrifft, oder auch solche, bei welchen die ansitzenden Fruchtreste zu unvollkommen erhalten sind, um über den früheren Bau der Soren und Sporangien genügenden Aufschluss zu geben, so können dieselben nur vermöge eines ausserhalb der Fruchtorgane liegenden Charakters, nämlich der Nervation, so weit in hinlänglich natürlicher Weise zusammengestellt werden, dass die der äusseren Tracht nach ähnlichen Formen in derselben Gruppe sich befinden. Der Versuch, selbst die lebenden Farne nach der Berippung der Blattspreiten in natürliche Gruppen zu vereinigen, ist seinerzeit von Presl u. A. gemacht worden, und es eignet sich jedenfalls dieselbe für Feststellung von Unterabtheilungen in den auf die Fruchtorgane gegründeten Familien. Wenn wir bei den meisten fossilen Farnblättern genöthigt sind, die Nervation als alleiniges Classificationskriterium anzunehmen, so kann dies allerdings den Botaniker nicht ganz befriedigen; da aber dieselbe in innigem Zusammenhange steht mit dem Zuschnitte der Blattorgane und von diesen die äussere Tracht der Pflanze hauptsächlich abhängt, so bietet sie die sicherste Grundlage für die Reconstruction der Physionomie der Farnfloren der verschiedenen geologischen Epochen. Wenn auch Blattumriss und Nervation nicht hinreichen, um einer bestimmten Art eine bestimmte Stelle im natürlichen Systeme anzuweisen, so reichen sie doch in den meisten Fällen hin, diese Art von anderen Arten zu unterscheiden, was namentlich für den Geologen bei der Bestimmung des relativen Alters der Erdschichten oder Feststellung der Formationen von grosser Wichtigkeit ist.

Gruppirung der sterilen Blätter.

1. *Sphenopteriden.* (Fig. 72 u. 73.) Laub meistens mehrfach fiedertheilig, nicht selten ein oder mehrere Male dichotom, letzte Segmente keilförmig, am oberen Rande abgestutzt oder rund, glatt, gezähnt oder eingeschnitten, zuweilen fädelig verschmälert, auch aus schmalem Grunde verkehrt eilänglich oder beinahe kreisrund, kurzgelappt oder gezähnt; Nerven wenig zahlreich, fieder- oder gabeltheilig, unter sehr spitzem Winkel aufsteigend, gerade oder sich nach aussen biegend, da wo Zähne oder Läppchen vorhanden in diesen mit ihren Verzweigungen endend; Rhachis und die Aeste derselben häufig schmal geflügelt.

Fig. 72.
Sphenopteris Haueri Stur (nach St.)

Die Arten, mit breiten Fiederblättchen oder Segmenten, können zuweilen eben so gut zu den Pecopteriden als zu den Sphenopteriden gezogen werden.

2. *Palaeopteriden.* Laub gestielt, doppelfiederig, Fiederblättchen umgekehrt eilänglich oder abgerundet spatelförmig, allmählich in ein kurzes Stielchen verschmälert, am Rande ganz oder unregelmässig gezähnt oder leicht geschlitzt, vereinzelt auf den Internodien der Hauptrhachis; Nerven zu mehreren aus dieser entstehend, wiederholt zweitheilig und fächerartig nach dem Rande verlaufend; fruchtbare Fiedern am unteren Theil der Frons, entweder theilweise oder ganz von Fruchtfiederchen eingenommen, diese auf einen Mittelnerv und gebüschelte Seitennerven reducirt, welche an der Spitze einen elliptischen zweiklappigen Sorus (Sporangium?) tragen.

Fig. 73.
Sphenopteris trifoliata Brngt.

Untergruppe: *Sphenopalaeopteriden.* Laub entweder unterhalb oder in der Region der Spreite gabelig getheilt; Fiedern erster Ordnung entweder lang lineal-eilänglich, in schief aufsteigende obovale, am oberen

Rande rund gekerbte oder in kurz gelappte Segmente, oder auch in eiförmig längliche Fiedern zweiter Ordnung zertheilt, welche in drei bis fünf Lappen oder in zahlreiche keilförmige Fiederschnitte zerfallen, oder endlich auch beinahe halbfächerförmig am oberen abgerundeten Rande gekerbt oder tief eingeschnitten und in Lacinien aufgelöst.

3. *Neuropteriden.* Laub ein- bis dreifach fiederig; Fiederblättchen oval oder länglich, am Grunde plötzlich verschmälert und nur mit dem Mittelnerven oder noch mit einigen wenigen aus der Spindel austretenden Seitennerven angeheftet, zuweilen articulirt und abfallend, lederartig, ganzrandig, ziemlich gross; Mittelrippe unterhalb einer medianen Rinne liegend, dünn, immer unter der Spreitespitze in Nerven zweiter Ordnung aufgelöst; Seitennerven sehr zahlreich, unter spitzem Winkel aufsteigend und mehrmals getheilt bogig nach dem Rande verlaufend.

Untergruppe: *Dityoneuropteriden.* Laub dreifach fiederig; Fiederblättchen nur mit der Mittelrippe ansitzend, länglich, meistens etwas aufwärts gebogen, lederartig, abfallend; Mittelrippe sehr dünn, kurz, unterhalb der Mittelrinne liegend; Seitennerven schief aufsteigend und zu einem engen sechseckig-rhomboidischen Netz anastomosirend.

Diese Form ist zu nahe mit den echten Neuropteriden verwandt, um von denselben getrennt werden zu können; auch bei diesen kommen zuweilen einzelne Nerven vor, welche anastomosiren.

4. *Cardiopteriden.* Laub einfach gefiedert; Rhachis dick, unzertheilt; Fiederblätter zuweilen sehr gross, am beinahe herzförmigen Grunde mit schmaler platter Basis angewachsen, lederartig, ganzrandig; Nerven zu mehreren aus der Spindel austretend, unmittelbar über ihrem Ursprunge gegabelt, Gabeläste durch successive Dichotomie in sehr zahlreiche dicht gedrängte Zweige zertheilt, welche bis zum Rande verlaufen.

5. *Odontopteriden.* Laub dreifach fiederig; Fiederblättchen mit der ganzen Breite angewachsen, kurz zugespitzt oder oben abgerundet, ganzrandig; Nerven zahlreich aus der Spindel entspringend, dünn, gleich stark, meistens zweifach gegabelt.

6. *Alethopteriden.* Tracht der Pflanzen und allgemeiner Zuschnitt des Laubes wie bei den Neuropteriden und den Odontopteriden; Fiederblättchen mit der ganzen Basis angewachsen, entweder frei oder mehr und minder hoch zusammenlaufend, lederartig, ganzrandig, am Rande umgebogen, durch eine tiefe Mittelrinne in zwei Hälften getheilt; Mittelnerv dünn, verschwindend; Seitennerven sehr zahlreich, aus spitzem Winkel schief oder horizontal nach aussen gebogen.

Eine Reihe von lebenden *Pteris*-Arten, vom Typus des *Pt. undata*, haben ähnlichen Blattzuschnitt und ganz gleiche Nervation.

Untergruppe: *Dictyalethopteriden.* Fiederblättchen wie bei den vorhergehenden, Nerven zu einem rhomboidischen Netze anastomosirend *(Lonchopteris)*, dessen Maschen quer verlaufen.

Aehnliche Nervation bei *Pteris*, u. a. *Pt. comans* Forst.

7. *Pecopteriden.* Laub meistens gross und sehr gross, mehrfach fiedertheilig; Fiederblättchen durchschnittlich klein, mit der ganzen Basis angewachsen, frei oder am Grunde vereinigt, oval, länglich, abgerundet oder kurz zugespitzt, ganzrandig, zuweilen gekerbt, selten gezähnelt, meistens von lederartiger Consistenz; Mittelnerv bis gegen die Spitze vortretend, wo getheilt, zuweilen gekniet-verbogen; Seitennerven nicht sehr zahlreich, ziemlich offen, ein- oder zweimal gegabelt und bogig zum Rande verlaufend.

Aehnliche Blattformen, mit gleicher Nervation der Fiederblättchen, kommen besonders bei den Cyatheaceen vor.

8. *Pachypteriden.* Laub von kleinen oder mittelgrossen Dimensionen, zuweilen mit kräftiger dichotomer Spindel, einfach (bei den jüngern Pflanzen) oder doppelt fiedertheilig; die Fiedern im ersten Falle so wie an der Spitze der Frons und der Hauptfiedern, länglich-spindelförmig, am Vorderrande zuweilen eingeschnitten, mit einem starken Mittelnerven, von welchem feine Seitennerven abgehen; die Fiederabschnitte im zweiten Falle oval-rhombisch, am Grunde etwas zusammengezogen, zuweilen sehr klein, wie die ungetheilten Fiedern, von dicker, lederartiger Consistenz, mit dünnem Mittelnerven, welcher feine gegabelte Seitennerven abgiebt, oder mehreren aus dem Grunde entspringenden dünnen Längsnerven.

9. *Lomatopteriden.* Fleischige oder dick lederartige Blätter, mit dicker nicht gegabelter Rhachis, einfach fiedertheilig (die der jüngern Pflanzen), Fiedern lineal-länglich, decurrent, oder diese einfach segmentirt; Abschnitte mehr oder weniger tiefgehend, immer am Grunde zusammenlaufend, sich auf die Spindel fortsetzend; ganze Fiedern und Fiederabschnitte von einem wulstigen Rande umgeben, welcher auf der Unterseite vorspringt; Nerven nur auf dieser sichtbar, Mittelnerv sehr dick, gegen die Spitze allmählich verschwindend oder in Seitennerven sich auflösend, diese, da wo sie sichtbar, ebenfalls dick, meistens einfach gegabelt und in den Randwulst tretend.

10. *Phlebopteriden.* Laub doppelfiederig, Fiedern zweiter Ordnung fiederig segmentirt, Abschnitte bis beinahe an die Rhachis frei; Primärnerv der Segmente bis an die Spitze dieser verlängert, Secundärnerven auf beiden Seiten des Hauptnervs eine Reihe länglich-polygonaler Maschen bildend, von deren Ecken einfache oder dichotome, zuweilen

unter sich anastomosirende Nerven austreten; bei einer Gattung sind die Maschenfelder längs des Mittelnervs von einem feinen Nervennetz bedeckt.

11. *Taeniopteriden.* Laub einfach, bandförmig oder lang-elliptisch, oder einfach gefiedert mit grossen lanzettlich bandförmigen Segmenten; Mittelnerv gewöhnlich stark, Seitennerven zahlreich, dünn, einfach und dichotom, unter spitzem Winkel austretend, horizontal oder schief nach aussen verlaufend, zuweilen in einem Randnerven endigend.

Diese Blattform und Nervation kommen bei einer Reihe jetzt lebender Acrosticheen vor.

12. *Glossopteriden.* Blätter aus einem kurzen Stiele mehr oder weniger lang elliptisch oder lineal-lanzettlich, breit-lanzettlich oder oval-rhombisch; ganzrandig; Mittelnerv ziemlich stark, Seitennerven zu einem sehr laxen rhomboidisch-sechseckigen einfachen Maschennetz zusammentretend.

Aehnliche Formen finden sich u. a. bei den lebenden Chrysodien, doch ist bei diesen das Nervennetz immer enger; *Vittaria* hat dagegen ein ähnliches laxes Netz und auch die Blattform nähert sich zuweilen der von *Glossopteris*.

13. *Dictyopteriden.* Laub gestielt, hand- und fächerförmig getheilt; Nerven erster und zweiter Ordnung stark, letztere fiederig angeordnet und in die Zähne oder Segmente der Hauptabschnitte auslaufend; die Nerven dritter Ordnung unter rechtem Winkel austretend, zu einem Maschennetze erster Ordnung anastomosirend, in welchem die Nerven vierter Ordnung ein zweites und zuweilen Nerven fünfter Ordnung ein drittes Netz bilden.

Bei manchen Polypodieen, u. a. *Polyp. quercifolium*, und Pterideen, z. B. *Pt. palmata*, kommen ähnliche Blattformen und bei ersteren ein ähnlich zusammengesetztes Nervennetz vor, aber in der Regel endigen die Nerven letzter Ordnung inmitten der letzten Netzmaschen frei mit einem Knöpfchen, was bei den Dictyopteriden mit zusammengesetztem Nervennetze nicht der Fall ist.

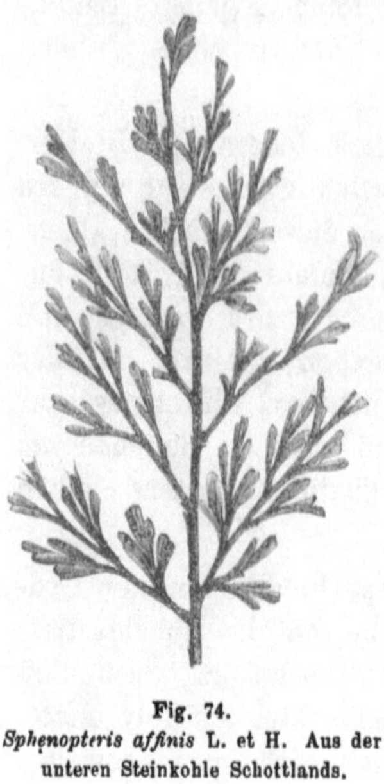

Fig. 74.
Sphenopteris affinis L. et H. Aus der unteren Steinkohle Schottlands.

1. Sphenopteridae.

Sphenopteris Brngt. Diese auf jeden Fall aus sehr heterogenen Elementen zusammengesetzte Sammelgattung kann, zur leichteren Orientirung, je nach der Form und Segmentirung der Fiederspreiten, in eine Reihe von

Untergattungen zerlegt werden, von welchen ich nur folgende als Beispiel anführen will:

Eusphenopteris (Fig. 72. 74). Blatt häufig ein- oder mehrmal gabelig getheilt, doppelfiederig; Fiederblättchen in kielförmige oder schmal elliptische einnervige oder auch in etwas breitere spatelförmige mehrnervige, nach unten mehr oder weniger stielartig verschmälerte Segmente getheilt; Spindel mit ihren Abtheilungen meistens schmal geflügelt (Typen: *Sphen. furcata* Brngt., *allosuroides* Gutb., *Ettingshauseni* Stur). Als lebendes Beispiel für die Blattsegmentation kann das bekannte *Asplenium viviparum* Presl aus Mauritius genannt werden.

Diese Formenreihe ist hauptsächlich von der ältesten bis in die mittlere Steinkohlenformation entwickelt.

Sphenopteris-Trichomanites (Fig. 75 u. 76). Fiederblättchen in sehr schmale, zuweilen fädeliche beinahe nur auf den ihnen entsprechenden Nervenast reducirt, wie dies zuweilen bei *Trichomanes*, *Hymenophyllum* und

Fig. 75.
Todea Lipoldi Stur (n. St.). Aus dem Culm.

namentlich bei der der *Todea Lipoldi* sehr ähnlichen *T. superba* und dem *Asplenium foeniculaceum* Kl. aus Südamerika vorkommt (Typen: *Rhodea filifera* Stur, *Todea Lipoldi* Stur, *Trichomanes moravica* Ett.).

Fig. 76.
Sphenopteris patentissima Ett. (n. Stur). Aus dem Culm.

Presl, welcher in diesen Formen Hymenophylleen vermuthete, vereinigte sie in die Gattung *Rhodea*.

Diese Untergattung ist charakteristisch für die palaeanthracitische Epoche.

Sphenopteris - Gymnogrammites (Fig. 73). Fiederblättchen beinahe sitzend, mehrpaarig, schmal oval-lanzettlich, in 3—5 abgerundete Läppchen getheilt, in jedem Läppchen eine oder mehrere einfache oder einfach gegabelte Nervenäste (Typen: *Sphen. Höningshausi*, *distans* Brngt., *trifoliata* Artis, *irregularis* Sternb., *nummularia* Gutb.).

Sphenopteris - Aneimiites (Fig. 77). Fiederblättchen grösser, oval- und breitoval-lanzettlich, stumpf, in 3—7 breit umgekehrt eilängliche, selten leicht zugespitzte, oder beinahe kreisrunde Segmente getheilt, wovon die beiden basilären, besonders das der Rhachis zugekehrte obere, am Rande zwei- oder dreifach rundgelappt sind (Typen: *Sphen. obtusifolia* Brngt., *macilenta* Lindl. et H.).

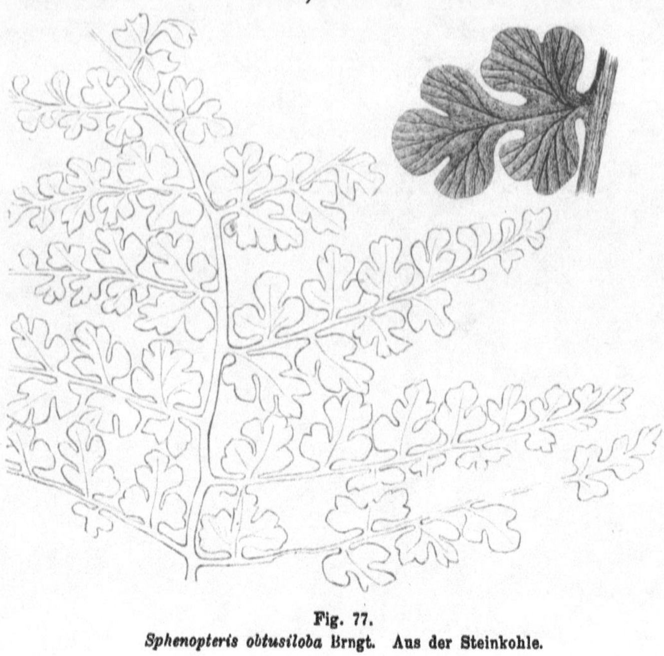

Fig. 77.
Sphenopteris obtusiloba Brngt. Aus der Steinkohle.

Sphenopteris-Cheilanthites (Fig. 78 u. 79). Fiederblättchen oval- oder lineal-lanzettlich, fiederig segmentirt; Segmente, namentlich die ersten, umgekehrt breit-eiförmig, an dem verschmälerten Grunde zusammenlaufend,

Fig. 78.
Sphenopteris divaricata Stur (n. St.). a vergrösserter Fiederast. Aus dem Culm.

Fig. 79.
Sphenopteris Gravenhorsti Brngt. (n. Brngt.). a vergrösserter Fiederast. Aus der Steinkohle.

leicht zugespitzt, die basilären und mittleren am Rande in 3 oder 2 zahnförmige Läppchen getheilt, von welchen das grössere, der Rhachis zugekehrte, basiläre wiederum zwei- oder dreizahnig ist; jeder der letzten Abschnitte empfängt einen Nervenast (Typen: *Sph. Gravenhorsti, Schlotheimii, Dubuissoni* Brngt., *crenata* Lindl. et H., *Cheilanthites microlobus* Göpp.).

Diese Reihe gehört besonders der productiven Steinkohle an.

Sphenopteris-Dicksoniites (Fig. 80). Fiedern der letzten Ordnung lineal oder oval-lanzettlich, bis gegen oder unter die Mitte in gezähnte Läppchen getheilt oder nur einfach gezähnt; Nerven spitzwinkelig verlaufend, in jeden Randzahn einen Ast sendend; die Blättchen scheinen durchschnittlich von ziemlich zarter Consistenz gewesen zu sein (Typen: *Pecopt. cristata, athyrioides* Brngt., *chaerophylloides, Murrayana, alata* Brngt.; *Hymenophyllites splendens* Lesq.).

Fig. 80.
Sphenopteris (Pecopt. Brngt.) cristata Sch. 1 Fiederblättchen in natürlicher Grösse; a dasselbe vergrössert (n. Brngt.). Aus der Steinkohle.

Die in diese Gruppe vereinigten Arten stammen aus der oberen Kohle und dem unteren Jura.

Calymmotheca Stur (Fig. 81 u. 82). Blätter sehr gross, die sehr dicke Rhachis gabelig getheilt; Fiederäste unter sehr offenem Winkel ausgespreitet mit verhältnissmässig dünner Spindel, welche wie die Hauptspindel mit Spreuhaaren besetzt ist; Fiedern zweiter Ordnung in kleine breit-eilängliche kurzgestielte Fiederchen getheilt, welche in drei am Rande rundlich gekerbte Läppchen segmentirt sind. Indusien am oberen Ende und am Umkreis des Blattes, gross, häutig (anfänglich blasenförmig geschlossen?), nach der Fruchtreife in mehrere Lappen zerschlitzt, welche zuletzt sich zurückschlagen.

Fig. 81. *Calymmotheca Stangeri* Stur. Sterile Fiedern (n. St.). Aus dem Culm.

Fig. 82. Supponirte fertile Fiedern von *Calymmotheca Stangeri* Stur (n. St.).

D. Stur hat mehrere Formen dieser sonderbaren Indusien theils im Culm von Mohradorf, theils in den Ostrauer und Waldenburger Schichten beobachtet und glaubt, dass verschiedene *Sphenopteris*-Arten, wie *Sph. Gravenhorsti, tridactylites, Dubuissoni* Brngt., dieser Gattung angehören dürften. Lesquereux, welcher zuerst ein sehr schönes Beispiel dieser Fructificationsweise aus der Steinkohle von Morris (Illinois) bekannt gemacht hat, zieht diesen Farn, welcher viel kleinere Indusien zeigt als die Culm-Arten, zu der Gattung *Staphylopteris* Presl (s. Lesquereux, Palaeontol. of Illinois vol. IV).

Diplothmema (soll wohl *Diplotmema* heissen?) (Fig. 83). Diese Gattung ist von Stur auf eine Reihe von *Sphenopteris*- und einige *Pecopteris*-Arten gegründet worden, welche sich, nach der Ansicht des Autors, durch eine ganz eigenthümliche Zweitheilung des Laubes kennzeichnen. Derselbe sieht in diesen, zum Theil durch riesige Dimensionen ausgezeichneten Arten die Vorahnen unserer heutigen sehr kleinen und sehr einfach gebauten *Rhipidopteris (Acrostichum* Subg.). Die in diese Gattung vereinigten Arten sind: *Sphen. dissecta* Göpp., *Schlotheimii* et *obtusiloba* Brngt., *nummularia* Gutb., *Pecopt. Pluckeneti* Schlot., *Loshii* Brngt.

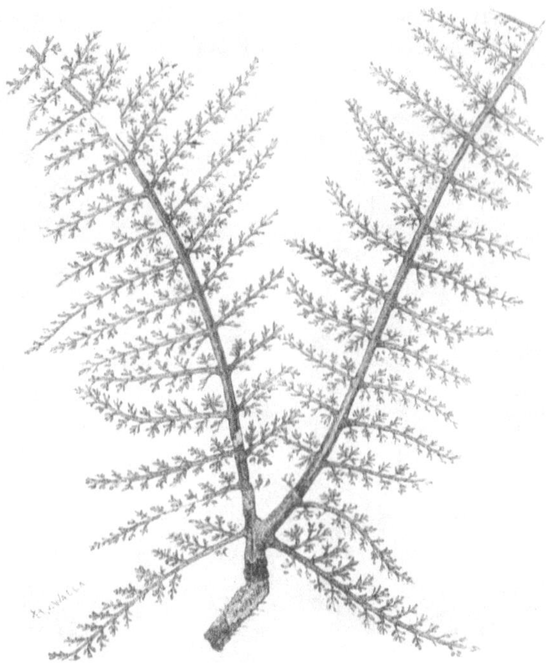

Fig. 82.
Diplotmema Mládeki Stur (n. St.). Aus dem Culm.

Stenopteris Saporta. Laub ziemlich gross, doppelt fiedertheilig; Rhachis dünn, schmal geflügelt, Fiedern beinahe gegenständig, Segmente derselben lang, lineal, stumpflich zugespitzt, dieselbe Breite und Structur zeigend wie die Spindel, der sie ansitzen, nämlich einen dünnen schmal geflügelten Mittelnerv; diese Segmente sind zum Theil an ihrem oberen Ende gabeltheilig.

Die einzige bekannte durch die vielfache schmal bandförmige Zertheilung des Laubes sehr ausgezeichnete Art (*Sph. desmomera* Sap.) hat in der jetzigen Farnflora keinen Repräsentanten und stammt aus dem unteren Portland (Kimmeridge) der Gegend von Lyon.

Sphenopteridium Schimp. (Fig. 84). Rhachis unter oder in der Blattspreite unter spitzem Winkel gabelig getheilt; Fiedern erster Ordnung abwechselnd gestellt, lineal-lanzettlich, bis an oder gegen die Mittelrippe gelappt, Lappen am Rande in kurze stumpfe Läppchen getheilt, oder in mehr oder weniger zahlreiche keilförmige Segmente zerschnitten, wie bei den schmal segmentirten *Sphenopteris*-Arten; Nerven der Fiedersegmente zahlreich, gleich stark, fein, und selbst in den schmälsten Segmenten zu mehreren, während bei den ähnlich segmentirten Sphenopteriden nur e i n ziemlich starker Nerv in diesen vorhanden ist.

Diese Gattung scheint auf das obere Devon und die palaeanthracitische Reihe beschränkt zu sein. Als in dieselbe gehörige Arten können genannt werden: *Cyclopteris (Sphenopteridium* Sch.) *dissecta* Göpp., *Ancimia Tschermakii* Ettingsh., *Archaeopteris lyratifolia* Stur und vielleicht *Sphenopt. pachyrrhachis* und *Schimperiana* Göpp. (s. S t u r, Culm-Flora).

Fig. 84.
Sphenopteridium dissectum Sch. (nach Ludwig). Aus dem Culm.

Fig. 85.
1 *Rhacopteris elegans* Sch. a. d. unteren Steinkohle, 2 a. d. Culm.

R h a c o p t e r i s Schimp. (Fig. 85). Blatt mit einfacher oder gabeltheiliger Spindel; diese gerade, mit kielförmiger Längsrinne; Fiederblätter seitlich horizontal eingefügt, durch Halbdrehung in derselben Ebene wie die Rhachis, mehr oder weniger dicht gedrängt, zuweilen sich etwas deckend, einen nach der langen Diagonale halbirten Rhombus darstellend, oder schmal und etwas ungleichseitig fächerförmig, mehr oder weniger tief eingeschnitten und in schmale keilförmige oder auch schmal-lanzettlich zugespitzte Segmente zertheilt; Nerven vom Grunde an und wiederholt dichotom, in den breiteren Abschnitten zu mehreren, in den schmalen einzeln in die Randzähnchen ausgehend. Fruchtstand am Ende der Frons, mehrtheilig, die Fiederblättchen in traubenartig vereinigte Soren umgewandelt (s. S t u r, Culm-Flora).

Der Zuschnitt der Blättchen kann mit den fertilen und besonders halbfertilen Blättchen von *Asplenium viviparum* Kze. verglichen werden. Kommt in wenigen Arten nur im Culm und der untersten productiven Steinkohle in Europa wie in

New South Wales (Australien) vor. Die bekannten europäischen Arten sind: *Cyclopteris inaequilatera* Göpp., *Asplenites elegans* Ettingsh. (*Sphenopt. Asplenites* Gutb.), *Rhacopt. paniculifera* et *transitionis* Stur, *Noeggerathia speciosa* Ett. (Radnitz), *Sphen. petiolata* Göpp. (Uebergg.), *Noeggerathia* spec. (Gomes, Veget. foss. Portug.).

Stur, auf die allgemeine Form des endständigen dichotomen Fruchtstandes und die der kugeligen oder etwas ovalen Sporangien sich stützend, glaubt diese Gattung, als mit *Botrychium* verwandt, zu den Ophioglosseen ziehen zu dürfen (s. dessen Culmflora S. 72). Es frägt sich, ob dieser Fruchtstand nicht eben so gut mit dem der Palaeopteriden verglichen werden könnte, wo wir bei *Triphyllopteris* auch sphärische Sporocarpien traubenartig vereinigt sehen. Die Blätter scheinen von derber rigider Consistenz gewesen zu sein und sind überhaupt sehr verschieden von denen der Botrychien.

Eremopteris Schimp. Blatt in der oberen Hälfte oder schon unterhalb der Spreite gabelig getheilt, doppelfiederig; Fiedern mit kurzem plattem, zuweilen breitem herablaufenden Stiel, seitlich kürzer oder länger gelappt oder tief eingeschnitten und in länglich-keil- oder spatelförmige ganzrandige oder oben eingeschnittene, unten allmählich verschmälerte und abwärts laufende Fiederchen getheilt; Nerven zahlreich, beinahe wie bei *Odontopteris* in den letzten Abschnitten, oder wie bei *Neuropteris* in den ungetheilten oder kurzgelappten Fiedern.

Diese schöne Farnform, zu welcher die Jetztwelt keine nahe stehende aufzuweisen hat, ist bis jetzt nur sparsam in der Kohlen- und Perm-Formation beobachtet worden.

Die Hauptformen der Gattung sind: *Sphenopteris artemisiaefolia* Sternb. (*crithmifolia* L. et H.) aus der Steinkohle und *Gleichenites Neesii* Göpp. aus den permischen Schichten von Braunau.

Fig. 86.
Palaeopteris hibernica (Ed. Forb.) Sch.
1 steriles Fiederstück. 2 fertiles Fiederstück, natürliche Grösse. 3 vergrösserte Fruchtbehälter (nach der Natur). Aus dem Old-Red Irlands.

2. Palaeopterideae.

Palaeopteris Sch. (*Archaeopteris* Daws.)*) (Fig. 86). Blätter im Umriss breit eiförmig-lanzettlich, doppelfiederig; Rhachis stark, ungeflügelt; Fiedern beinahe opponirt, schief aufsteigend, lang lineal-lanzettlich;

*) Da *Palaeopteris* Gein. auf ein zweifelhaftes, durchaus nicht näher bestimmbares Stammfragment gegründet ist, so glaube ich diesen Namen für den hier in Rede stehenden Farntypus, wie ich es schon früher gethan, verwenden zu können.

Fiederblättchen umgekehrt länglich-eiförmig, am Grunde sehr verschmälert und etwas decurrent, ganzrandig oder am Rande (im Alter?) leicht zerfressen oder zerschlitzt; Nerven mehrere aus der Spindel austretend, in der Spreite sich vielfach spaltend, Aeste gleichstark und dicht gedrängt bis zum Rande verlaufend; ähnliche, gleichgrosse Blättchen an der Hauptspindel, abwechselnd mit den Fiedern. Die fruchtbaren Fiedern am unteren Theile der Frons sind entweder ganz oder nur in der Mitte von den Fruchtkörpern eingenommen, welche auf einem langen, spitzig auslaufenden Mittelnerven in gestielte Büschel vereint, in Form von (zweiklappigen?) elliptischen oder spindelig-keulenförmigen Soren (oder Sporocarpien?) sitzen und von fester Consistenz gewesen zu sein scheinen.

Diese aus mehreren Arten bestehende Gattung charakterisirt die oberen devonischen und die ältesten palaeanthracitischen Schichten (untere Ursastufe Heer's, wenn nicht diese noch devonisch ist) sowohl in Europa wie in Nordamerika. *P. hibernica* Forbes sp. ist eine Hauptzierde der fossilen Flora des Old-Red in Irland; eine Art mit kleineren Fiederblättchen, *P. Römeri* Göpp. sp., tritt hie und da häufig in den oberen devonischen Schichten Belgiens u. a. O. auf; *P.* (*Cyclopt.-Archaeopteris* Daws.) *Jacksoni* et *Rogersi* Daws., *Halliana* Göpp. in ähnlichen Formationen Canadas.

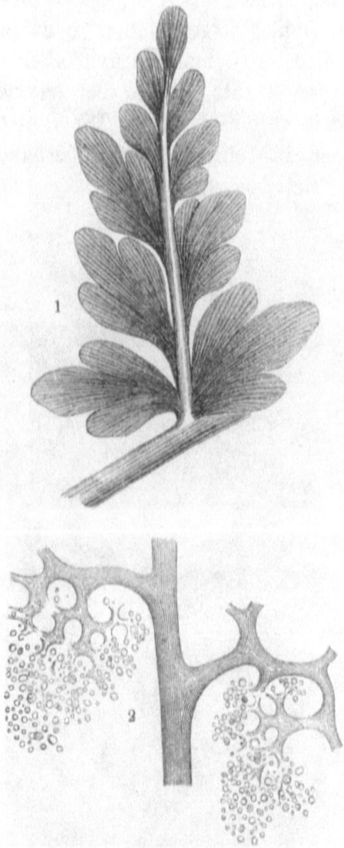

Fig. 87.
Triphyllopteris Collombi Sch. 1 sterile Fieder. 2 fertile Fiedern. Aus dem Culm der oberen Vogesen. (Nach der Natur.)

Triphyllopteris Sch. (Fig. 87). Blätter auf langem dickem, oben gegabeltem Stiele dreifach fiederig; Fiedern erster und zweiter Ordnung unter mehr oder weniger offenem Winkel aufsteigend oder auch sparrig abstehend, was besonders bei den fertilen Fiedern der Fall ist; Fiedern dritter Ordnung gestielt, meistens nur von einer kleinen Anzahl entfernt stehender Fiederblättchen besetzt; diese sind kurzgestielt und unter spitzem Winkel abstehend, die unteren breit umgekehrt eiförmig, in drei, seltener fünf kurze Lappen getheilt, die mittleren etwas schmäler, obsolet dreilappig, die oberen oblong-spatelig mit oder ohne Einbuchtungen; Nerven zahlreich, gleichstark, mehrfach gegabelt, unter sehr spitzen Winkeln beinahe gerade verlaufend; die Blattconsistenz lederartig-membranös; fruchtbare Fiedern und Fiederäste unter rundem Winkel abstehend, letztere scorpioid eingewickelt; Soren (Sporangien?) traubenartige Büschel bildend, rundlich, fein gekörnelt, auf keinen Fall mit den nackten, einen kappenförmigen Ring tragenden Sporangien von *Aneimia* zu vergleichen*).

In diese Gattung gehören: *Cyclopt. elegans, trifoliata, thuringica, dissecta, Richteri* Ung. (wohl alle zu einer Art gehörend) aus dem Cypridinen-Schiefer (Culm?), *Cycl. furcillata* Ludw. ebendaher, *Cycl. (Aneimites) valida, acadica, incerta* Daws. aus dem oberen Devon, *Sphenopteris foliolata* Stur und *Cycl. rhomboidea* Ettingsh. aus dem Culm Böhmens, *Triph. Collombi* Sch. aus dem Culm der oberen Vogesen, wo nicht selten fruchtbare Blätter vorkommen. Es wäre demnach diese Pflanze auf das obere Devon und die unterste (palaeanthracitische) Steinkohlenformation beschränkt.

Adiantides Göpp. emend. Blatt drei- bis fünffach fiederig; Spindel und Aeste derselben glatt, stielrund, ungeflügelt; Fiederblättchen zerstreut, umgekehrt eiförmig oder abgerundet spatelförmig, zuweilen mit Einbuchtungen; Mittelnerv sehr dünn, Seitennerven zahlreich, unter sehr spitzem Winkel gegabelt, bis zum Rande verlaufend.

Diese Farnreste, welche zwar zuweilen an manche unserer jetztlebenden tropischen Adianten erinnern, deren nähere Verwandtschaft aber mit dieser Gattung, aus Mangel der Fruchtorgane, noch nicht nachgewiesen ist, gehören dem Culm und der älteren Steinkohle an und dürften den gleichzeitigen Palaeopteriden näher stehen als unserem Genus *Adiantum*.

Hierher sind zu ziehen: *A. antiquus* Ett. sp., *tenuifolius* Göpp., *oblongifolius* Göpp., dessen sparrige Verästelung und buchtige Blättchen nicht wenig denen von *Triphyllopteris* ähneln, *Cyclopt. obtusa* Daws., *Cycl. nana* Eichw., *A. antiquus* Ett. u. a. (s. Stur l. c.).

Ad. bellidulus und *concinnus* Heer, aus dem Jura Ostsibiriens, gehören wohl nicht hierher. Die Fragmente davon sind zu klein, um eine nähere Bestimmung zuzulassen.

Eopteris Sap. (Fig. 88). Laub einfach (oder doppelt?) gefiedert; Spindel dünn, stielrund; Fiederblättchen gegenständig oder beinahe, horizontal abstehend, länglich oval oder umgekehrt eiförmig, nach dem Grunde hin verschmälert, ganzrandig; Zwischenfiederblättchen klein, halbirt kreisrund oder halbirt

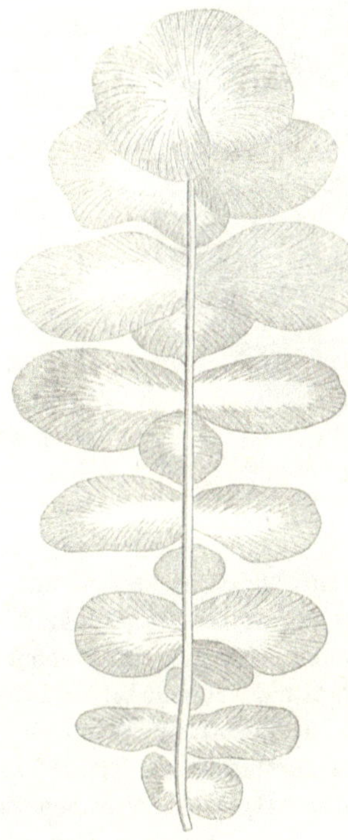

Fig. 88. *Eopteris Morieri* Sap. Aus dem Untersilur.

*) Dawson vereinigt die hierher gehörigen Arten in die Sammelgattung *Cyclopteris*, als Untergattung *Aneimites*, und gibt sehr instructive Abbildungen vom Blattstiele, der Verästelung der Rhachis, den Blättern und dem Fruchtstande (Quart. Journ. Geol. Soc. Nov. 1862 et May 1866 und besonders: Geol. Survey of Canada, Report on the Fossil Plants, Tab. VII. 1873).

oval; Nerven zu mehreren von der Basis ausgehend, mehrmals gegabelt in leichten Bogen bis zum Rande verlaufend.

In den untersilurischen Dachschiefern mit *Calymene Tristani* bei Angers von Prof. Morière aus Caen entdeckt (*Eopt. Morieri* Sap.) und vom Grafen Saporta in der Sitzung der Pariser Akademie der Wiss. vom 3. Sept. 1877 zuerst bekannt gemacht. Seither sind noch andere Abdrücke desselben Farntypus von H. Crié in den Schieferbrüchen derselben Formation bei Trélazé, südöstlich von Angers aufgefunden worden, in welchen Gr. Saporta eine zweite Art sieht (*Eopt. Criei*).

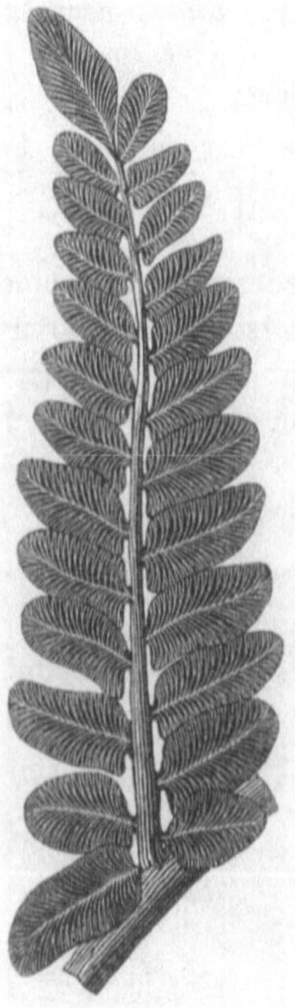

Fig. 89. *Neuropteris flexuosa* Brngt. Aus der Steinkohle.

Die Entdeckung dieser Farngattung in dem Untersilur ist um so wichtiger, als bisher aus dieser alten Formation keine Landpflanze bekannt war.

Ob dieser Typus zu den Palaeopteriden oder zu den Cardiopteriden, mit welchen er auch einige Aehnlichkeit zeigt, zu ziehen sei, das muss bis auf weiteres unentschieden bleiben. Seine Stelle mag einstweilen unter ersteren sein.

3. Neuropterideae.

Neuropteris Brngt. (Fig. 89). Laub mit einfacher oder ein- bis mehrmal gabelig getheilter, oft sehr mächtiger Spindel, zwei- oder mehrfach fiederig getheilt; Fiederblättchen von ziemlich fester Consistenz, länglich bis länglich-zungenförmig, auch eiförmig, stumpf, selten zugespitzt, am Grunde bis auf die Mittelrippe oder ein kurzes Stielchen, welches sich zuweilen abgliedert, verengert; Mittelrippe selten bis über die Mitte des Blättchens verlängert, in der Längsrinne, welche dieses halbirt, eingesenkt, seitlich zahlreiche, mehrfach dichotom gespaltene, unter spitzem Winkel aufsteigende und bis an den Rand verlaufende Seitennerven abgebend, oben in solche aufgelöst. Stiel und Spindel mit mehr oder weniger zahlreichen, kreisrunden oder schiefgezogenen, verschiedene Dimensionen zeigenden, unzerschlitzten, bei *N. fimbriata* gefranzten Nebenfiedern (*Cyclopteris* Brngt.) besetzt*).

Diese Gattung ist durch zahlreiche Arten, besonders in der mittleren Steinkohlenformation, vertreten; sie beginnt mit einer oder zwei (bekannten) Arten in der palaeanthracitischen Zeit und verschwindet, nachdem sie in der oberen Steinkohle selten geworden, mit den permischen Gebilden.

Fruchtorgane sind bei derselben noch nicht aufgefunden, oder wenigstens nicht in der Art erhalten, dass sie über die systematische Stellung dieses in der Kohlenzeit so stark entwickelten Farntypus Aufschluss geben könnten.

---

*) Röhl, Foss. Flora d. Steink. Westfalens Tab. XVIII, das grosse im naturh. Museum von Münster aufbewahrte Exemplar von *N. Loshii* Brngt. mit zahlreichen *Cyclopteris*-Nebenfiedern darstellend.

Zwar haben wir in der Jetztzeit der Blattform nach ähnliche, aber der Berippung nach doch immer abweichende Arten (z. B. *Osmunda regalis*).

Neuropteridium Sch. (Fig. 90). Krautartige Pflanzen von nicht bedeutender Grösse, mit ½—2 Fuss langen einfach gefiederten Blättern, deren längsrinnige Spindel nicht getheilt ist; Fiederblättchen zungenförmig, lineal-oblong, länglich oder eiförmig, am Grunde plötzlich sehr verengert, nach vorn zuweilen mehr oder weniger stark ohrenförmig vortretend, vollkommen ganzrandig, von ziemlich zarter Consistenz und nicht selten zerschlitzt vorkommend; aus der etwas unter der Mitte liegenden Insertionsstelle mehrere Nerven austretend, der mittlere dünn, sich in Seitennerven auflösend, welche, unter sehr spitzem Winkel aufsteigend, leicht bogig nach dem Rande verlaufen und mehrmals gabelig getheilt sind.

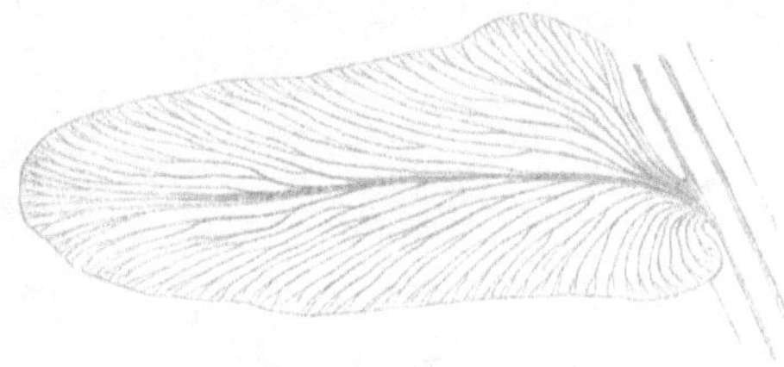

Fig. 90.
Neuropteridium grandifolium Sch. Aus dem bunten Sandstein.

Die verschiedenen hierher gehörenden Arten sind dem bunten Sandstein eigen, und leicht durch die einfach gefiederten Blätter und die zarter gebauten Blättchen von *Neuropteris* zu unterscheiden. Unter den lebenden Farnen sind keine nahe stehenden Formen bekannt.

Untergruppe Dictyoneuropterideae.

Dictyopteris Gutb. (Fig. 91). Grosse, vielleicht baumartige Farne, welche der Tracht nach *Neuropteris* am nächsten stehen. Die Fiederblättchen denen von *Neuropteris* ähnlich, nur im Durchschnitt grösser, leicht sichelförmig nach oben gebogen, in der Regel abfallend, daher oft isolirt vorkommend, immer vollständig ganzrandig; Nerven durch Anastomose in ein enges rhomboidisch-maschiges Netz vereinigt, ohne oder mit einem rudimentären Mittelnerven. Die Fructificationsweise soll, nach Grand'-Eury, der von *Neuropteris* und *Odontopteris* gleich sein. Die Nebenfiederchen, welche die Rhachis besetzten, gleichen der Form nach denen von *Neuropteris (Neurocyclopteris)*, die Nervation ist aber netzförmig *(Dictyocyclopteris)*.

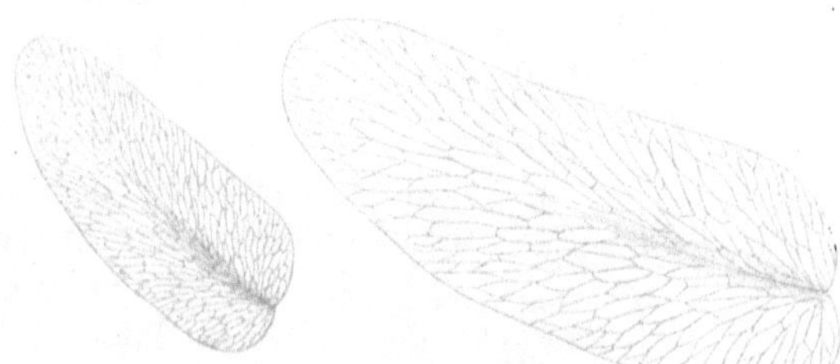

1 1b

Fig. 91.
Dictyopteris Brongniarti Gutb. 1 einzelnes Blättchen; 1b dasselbe vergrössert. (Nach der Natur.)

Die wenig zahlreichen Arten dieser Gattung gehören der productiven Steinkohle an.

4. Cardiopterideae.

Cardiopteris Sch. (Fig. 92). Blätter einfach gefiedert, mit sehr starker einfacher halbstielrunder, an der verbreiterten Basis löffelförmig ausgehöhlter Spindel; Fiederblätter an der Oberseite dieser eingefügt, vollkommen ganz und ganzrandig, am Rande etwas umgebogen, meist gegenständig, öfter sich mehr oder weniger am Rande gegenseitig deckend, herzförmig-eirund, zuweilen beinahe kreisrund, besonders die unteren, bei *C. frondosa* sehr gross und abgerundet kurz zungenförmig; mehrere gleichstarke Nerven aus der Rhachis austretend und unmittelbar beim Eintritte in das Fiederblatt sich theilend; Seitennerven mehrfach dichotom, Gabeläste dicht gedrängt in schwachen Bogen nach dem Rande verlaufend.

Fig. 92.
Cardiopteris frondosa (Göpp.) Sch. Aus dem Culm der oberen Vogesen. (Nach der Natur.)

Dieser schöne, höchst eigenthümliche Farntypus ist bis jetzt in 2 oder 3 Arten nur aus der palaeanthracitischen Formationsreihe, dem sog. Culm bekannt; die prächtige *C. frondosa* Göpp. sp. ist besonders häufig in der Grauwacke der oberen Vogesen und dem mährischen Culm-Dachschiefer und kommt auch auf der Bären-Insel vor.

Stur unterscheidet von *C. frondosa C. Hochstetteri* Ett. sp. Eine Art mit kleineren, ebenfalls dicht gedrängten Blättern ist *C. polymorpha* Göpp. sp. Zu bemerken ist, dass bei *C. frondosa* Blätter vorkommen (wahrscheinlich jüngeren Pflanzen angehörig), bei welchen die Fiederblätter aus einander gerückt und zum Theil beinahe kreisrund sind; diese Blattform zieht Stur zu der zuweilen 10 cm lange und an der Basis 8 cm breite Fiederblätter zeigenden, kaum specifisch verschiedenen, *C. Hochstetteri*.

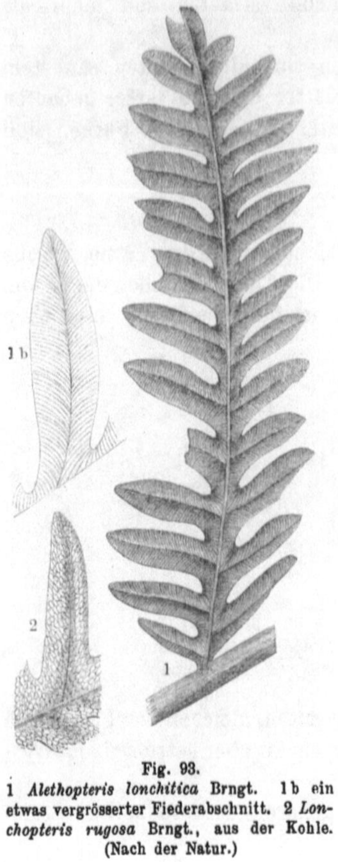

Fig. 93.
1 *Alethopteris lonchitica* Brngt. 1 b ein etwas vergrösserter Fiederabschnitt. 2 *Lonchopteris rugosa* Brngt., aus der Kohle. (Nach der Natur.)

5. Alethopterideae.

Alethopteris Brngt. (Fig. 93). Tracht wie bei *Neuropteris* und *Callipteris*. Fiederblättchen fest lederartig, einfach, meistens vollständig ganzrandig, länglich lineal-lanzettlich, den Blättchen von *Callipteris* zuweilen sehr ähnlich, am Grunde immer zusammenlaufend, an der Spitze der Frons und der Fiedern unter einander verwachsen und an der Basis ein oder zwei Rudimente von Seitenfiederchen tragend, durch eine tiefe Längsrinne, unter welcher die Mittelrippe liegt, in zwei gleiche Hälften getheilt, am Rande zurückgebogen, wodurch dieselben convex erscheinen; Seitennerven zahlreich, dicht gedrängt, gegabelt, Gabelästchen theils ebenfalls gegabelt, theils einfach, in einem ziemlich stark gekrümmten Bogen an den Rand verlaufend. Fruchtorgane sind bei dieser Gattung noch nicht beobachtet, und wenn auch der zurückgeschlagene Rand und selbst die Form der Blättchen an gewisse *Pteris*-Arten erinnern, so weist doch weder die innere Structur des Stammes noch die der Blattstiele eine nähere Verwandtschaft mit dieser Gattung nach.

Zahlreiche Arten vertreten diesen Typus, welcher besonders in *Al.* (*Pecopteris* Brngt.) *aquilina*, *Grandini*, *lonchitica* Brngt. ausgedrückt ist, in der mittleren und oberen Steinkohle; die jurassischen Farne, welche früher zu *Alethopteris* gezogen wurden, gehören nicht hierher.

1. Untergruppe. Dictyalethopterideae.

Lonchopteris Brngt. (Fig. 93[2]). Diese Gattung unterscheidet sich von *Alethopteris*, mit der sie die Tracht, die Form und Consistenz der Fiederblättchen theilt, nur durch die in Folge der Anastomose in ein enges rhombisches Maschennetz vereinigten Nerven; die Maschenfelder sind sehr convex. Es verhält sich also diese Gattung zu *Alethopteris*, wie *Dictyopteris* zu *Neuropteris*, hat aber mit *Woodwardia*, mit welcher sie verglichen worden ist, nichts gemein; auch ist das Zellnetz sehr verschieden von dem dieser lebenden Gattung.

Die wenigen bekannten *Lonchopteris*-Arten gehören der mittleren Steinkohle an; die von Brongniart hierher gezogene Art aus der Kreide ist wohl eine *Pteris*.

2. Untergruppe. Neuropecopterideae.

Callipteris Brngt. (Fig. 94). Blatt doppelt gefiedert, nicht selten an der Spitze zweitheilig; Spindel meist stark, stielrund, oben mit einer Längsrinne; Fiedern abwechselnd, ziemlich genähert; Fiederblättchen

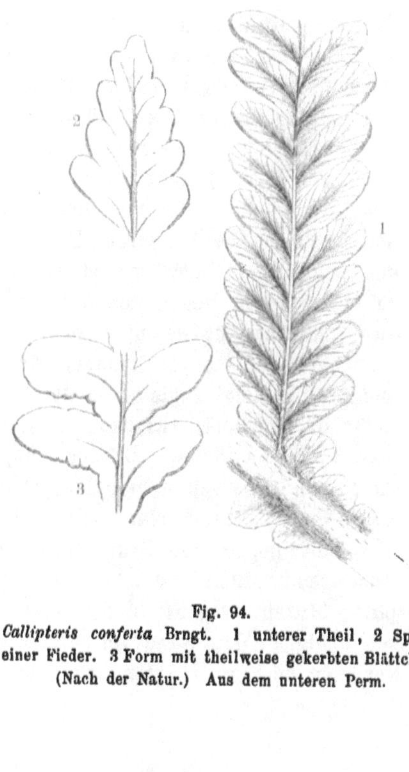

Fig. 94.
Callipteris conferta Brngt. 1 unterer Theil, 2 Spitze einer Fieder. 3 Form mit theilweise gekerbten Blättchen. (Nach der Natur.) Aus dem unteren Perm.

mit der ganzen Basis ansitzend, am Grunde abwärts zusammenlaufend, die untere Reihe sich auf die Rhachis fortsetzend und allmählich kleiner werdend, länglich oval oder lineal-elliptisch, ganzrandig oder rundlich gekerbt; Mittelnerv zuweilen verschwindend dünn, in die Längsrinne eingesenkt, Seitennerven zahlreich, unter spitzem Winkel aufsteigend und mehr oder weniger bogig bis an den Rand verlaufend, einfach oder sparsam gegabelt, mehrere feine Nerven unterhalb vom Mittelnerv aus der Rhachis entspringend, alle Nerven meistens derart im Parenchym verborgen, dass sie kaum sichtbar sind; die Richtung der Hauptäste ist oft nur durch feine Furchen angedeutet.

Nach Weiss sind die Soren randständig und wie bei den Pteriden vom umgeschlagenen Blattrande überdeckt.

Die Gattung enthält nur wenige Arten, welche (alle?) der Permformation angehören, in welcher, besonders in den Kohlen führenden Schichten, *C. conferta* häufig vorkommt und als Leitfossil gelten kann.

Callipteridium Weiss. Blatt in derselben Weise gefiedert wie bei vorhergehender Gattung, an der Spitze nicht gespalten; Fiederblättchen ähnlich, aber an der Basis nach oben wie nach unten zusammenlaufend; Mittelnerv etwas stärker, Seitennerven meistens mehrfach gegabelt, ebenfalls unter spitzem Winkel aufsteigend, feine Basilarnerven sowohl oberhalb als unterhalb des Mittelnervs; Fiederchen sich nicht auf die Hauptrhachis fortsetzend oder nur vereinzelt auf derselben vorkommend. *Pecopt. Gigas* Gutb. kann als typische Form dieser Gattung angesehen werden.

Lescuropteris Schp. Blätter gross, zwei- (oder mehrfach?) fiedertheilig, mit starker glatter Spindel; Fiedern lang lineal, segmentirt; Segmente am unteren Theil der Fiedern beinahe bis an die Basis frei, die oberen mehr oder weniger hoch verwachsen, auf die Hauptspindel herablaufend, schief nach oben gerichtet, eilänglich oder lineal-elliptisch, oben abgerundet oder leicht zugespitzt, von ziemlich dünner Consistenz; Nerven deutlich ausgedrückt; Mittelnerv dünn, kurz über der Basis gegabelt, die beiden ersten Aeste aus einander gehend, wiederholt dichotom, unter ziemlich starken Bogen an den Rand verlaufend, von den basilären Seitennerven die beiden ersten zur Seite des Hauptnervs sich mit mehreren Gabelästen bis zur Mitte des Fiederrandes erhebend, die übrigen in stärkeren Bogen den unteren Theil einnehmend.

Diese Gattung, für welche *Pecopt. Moori* Lesq. und *Odont. alpina* Presl als Typen angenommen werden können, hält die Mitte zwischen *Callipteridium* und *Odontopteris* und zeigt zugleich in der Nervation eine Hinneigung zu *Pecopteris*. Sie gehört der mittleren Steinkohlenzeit an.

Anotopteris Schp. Blätter doppelfiederig und fiedertheilig; Fiedern entfernt stehend, zuweilen beinahe gegenständig, geöffnet, gestielt, gegen die Spitze der Frons sitzend, lang elliptisch-lineal, allmählich zugespitzt; Fiederabschnitte bis gegen den Grund frei, da unter einem stumpfen Winkel zusammenhängend, dünn, beinahe rhombisch oder länglich, stumpf oder leicht zugespitzt; Mittelnerv sehr dünn, Seitennerven fein, unter spitzem Winkel aufsteigend, bogig an den Rand verlaufend.

Nur eine oder zwei Arten bekannt; charakteristisch für den Keuper.

6. Odontopterideae.

Odontopteris Brngt. (Fig. 95 u. 96). Blätter sehr gross mit häufig (oder immer?) gabelig getheilter, zum Theil unregelmässig verästelter, *Cyclopteris* und *Aphlebia* tragender Rhachis, deren langer Stiel oft mehrere Zoll im Durchmesser hat; Hauptfiederäste nicht selten dichotom und vielfach verzweigt, letzte Abtheilungen fiederästig, Fiedern abwechselnd, schief aufsteigend, lang lineal-lanzettlich, in rhombische kurz zugespitzte oder ovale abgerundete Segmente getheilt, welche von einer weniger festen Consistenz sind als durchschnittlich bei *Neuropteris*. An der Spitze des Blattes und der Fiedern findet die Segmentation auf eine kürzere oder längere Strecke nicht statt, und diese Theile gleichen dann *Neuropteris*-Blättchen, da die verdünnte Rhachis in denselben als Mittelrippe auftritt. Diese Aehnlichkeit ist besonders bei *O. obtusa* Brngt. sehr auffallend. Das nach unten gerichtete basiläre Fiederblättchen ist bei den zugespitztblätterigen Arten in der Regel frei, herabhängend, grösser als die übrigen, beinahe fächerförmig, am oberen Rande in zwei bis drei breite Zähne getheilt; am Grunde der ungetheilten Fiedern ist dasselbe durch ein abwärts gerichtetes Oehrchen angedeutet. Die Nerven entspringen zahlreich und gleich stark aus der Spindel, verlaufen mehr oder weniger parallel und theilen sich in mehrere randläufige Gabeläste.

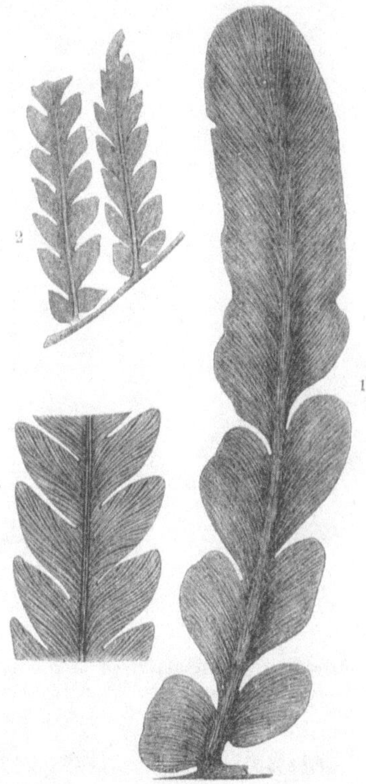

Fig. 95.
1 Fieder vom oberen Theil eines Blattes von *Odontopteris obtusa* Brngt. 2 obere Fiedern von *O.* (*Mixoneura* W.) *Reichiana* Gutb.; 3 vergrössertes Fiederstück davon.

Grand'Eury hat bei einigen Arten längliche Soren mit einer Mittelfurche beobachtet, welche an der Spitze der Nervenäste sitzen, also randständig sind, und ganz das Aussehen von Marattien-Soren haben.

Derselbe sieht in den blasigen Gebilden, welche u. a. bei *O. britannica* Gutb. (*Weissites vesicularis*) die Fiederblättchen ersetzen, keine Soren, für welche sie gehalten worden sind, sondern eine krankhafte Deformation; auch Weiss scheint dieser Ansicht zu sein.

Dieser Autor theilt die Gattung in zwei Untergattungen, von welchen die eine — *Xenopteris* W. — die echten *Odontopteris*-Arten enthält, nämlich solche mit zugespitzten, beinahe rhombischen Fiederblättchen (*O. Brardi* Brngt. u. a.), die andere — *Mixoneura* — begreift die Arten mit abgerundeten Fiederblättchen, welche an der Spitze des Wedels und der Fiedern verwachsen bleiben und Gestalt und Nervation von *Neuropteris* zeigen (*O. obtusa* Brngt.)*).

Diese Gattung erscheint zuerst in der productiven Steinkohlenformation und erreicht in den oberen Schichten derselben ihre höchste Entwickelung; sie erlöscht allmählich in der permischen Zeit.

Fig. 96.
1 oberer sehr verkleinerter Theil eines *Odontopteris*-Wedels, mit Aphlebien (a) besetzt. 2 ein vergrössertes Blattstück, die Berippung und Fruchthäufchen zeigend. 3 ein dichotomer Nerv, an der Spitze Soren tragend, sehr vergrössert. (Nach Grand'Eury.)

Ctenopteris Brngt. (Fig. 97). Frons zwei- (bis drei-?) fach gefiedert, mit starker gestreifter Rhachis; Fiedern breit lineal, ungestielt, fiedertheilig; Segmente beinahe vollkommen frei, dicht gedrängt, schief, von fester Consistenz, lineal- oder eiförmig-rhombisch, etwas nach vorn gebogen, stumpf oder zugespitzt; Nerven gleichstark, einfach oder einmal dichotom, die mittleren zuweilen mehrmals gegabelt.

Die einzelnen Fiedern gleichen sehr kleinen *Zamia*-Blättern, weshalb ich früher diese Gattung mit dem Namen *Cycadopteris* bezeichnet habe.

Die am frühesten bekannte Art, *Filicites cycadea* Brngt. (Hist. d. végét. foss.), ist dem unteren Lias und der rhätischen Formation eigen, die gewiss hierher

*) E. Weiss, Studien über Odontopteriden in Zeitschrift der deutschen geolog. Gesellsch. Bd. XXII (1870).

gehörige *Ctenis Leckenbyi* Bean. dem Oolith; *Ct. grandis* Saporta kommt im weissen Jura vor.

NB. Die Doppelfiederigkeit würde diese Gattung nicht von den Cycadeen ausschliessen, da das Cycadeen-Genus *Bowenia* auch doppelfiederige Blätter hat; ihre Stellung unter den Farnen kann also noch bezweifelt werden.

Fig. 97.
Ctenopteris cycadea Brngt.
Aus dem unteren Lias. (Nach Sap.)

Fig. 98.
Lomatopteris burgondiaca Sap.
Aus dem oberen weissen Jura. (Nach Sap.)

7. Lomatopterideae.

Lomatopteris Schp. (Fig. 98). Frons gestielt, einfach, lang lineal, mit dicker Spindel, einfach fiederig segmentirt, oder einfach gefiedert, Fiedern am unteren und oberen Theil des Blattes sowie an ihrer Spitze ganz, sonst in ovale oder halb-eiförmige Läppchen getheilt, welche sich auf die Internodien der Rhachis fortsetzen, von einem dicken Wulst (oder umgeschlagenen Rande?) umgeben; Nerven in dem dicken fleischigen oder lederartigen Parenchym verborgen und im fossilen Zustande, wo die Blattspreite häufig in Form einer dicken hornartigen Haut erhalten ist, auf welcher noch die Stomaten der Epidermis sichtbar sind, nicht mehr zu erkennen; auch auf den Abdrücken bemerkt man nur die Gegenwart des Mittelnervs.

Die Blätter sind sowohl der Grösse als der Segmentirung nach sehr veränderlich, und letztere ist oft sehr unregelmässig.

Unter den jetzt lebenden Farnkräutern können etwa unter den Cheilantheen die Gattungen *Myriopteris* F., *Plecosorus* F., *Jamesonia* H. et G. mit diesem Typus verglichen werden. Diese haben zum Theil ebenfalls dicke Blattspreiten mit umgeschlagenem Rande. Ob aber eine wirkliche Verwandtschaft zwischen diesen lebenden und unseren fossilen Farnen existirt, kann, wegen Mangels an Fruchtorganen bei letzteren, nicht entschieden werden.

Drei Arten dieser Gattung kommen in den Bath- und drei in den Kimmeridge-Schichten vor. Die zuerst bekannt gewordene, im württembergischen Lithographir-Schiefer ziemlich verbreitete Art, ist *L. jurensis* Kurr. sp.

Schenk (Palaeontogr. 1875) beschreibt und bildet eine *Lomatopteris (L. Schimperi)* aus dem Hastingssand von Stemmen ab, Saporta besitzt eine solche aus der turonischen Kreide.

Cycadopteris Zigno (Fig. 99). Laub einfach oder doppelt gefiedert, mit dicker längsgestreifter Spindel; Fiedern zuweilen unzertheilt lineal-länglich, stumpf, ganzrandig, am Grunde zusammenhängend, mit dicker Mittelrippe und starken Seitennerven, meistens in mehr oder weniger tief getheilte Lappen segmentirt, mit Ausnahme der Spitze der Fiedern sowie auch der Fiedern des oberen Blatttheils, welche unzertheilt bleiben; Fiederlappen eirund oder länglich, auf die Hauptspindel herablaufend, fleischig oder lederartig, von einem Wulst umzogen, Mittelrippe dick, ebenso die wenigen Seitenrippen, welche einfach oder einfach gegabelt sind. Blätter derselben Art 2 Zoll bis $1^1/_2$ Fuss lang, sehr vielgestaltig, wie bei der vorhergehenden Gattung.

Fig. 99. Fieder von *Cycadopteris heterophylla* Zigno, $^2/_1$ (nach de Zigno). Aus dem Lias.

Dieser sonderbare krautartige, im lebenden Zustande wahrscheinlich ziemlich dick lederartig oder fest fleischig gewesene Farntypus scheint dem mittleren und unteren Jura eigen zu sein. Ob der Farn der Culmformation, welchen Stur hierher zieht, wirklich hierher gehört, ist sehr zweifelhaft; die feine Nervation der Blättchen ist sehr verschieden.

Thinnfeldia Ettingsh. (Fig. 100). Laub einfach und fiederig segmentirt oder einfach fiedertheilig mit segmentirten Fiedern, von lederartiger oder fest fleischiger Consistenz und meist dicker Rhachis; Spreitesegmente beinahe gegenständig, mehr oder weniger langgezogen bis lang lineal-rhombisch, am verschmälerten Grunde abwärts laufend, wodurch die Spindel mehr oder weniger geflügelt erscheint; Nervation der Fiedersegmente zwischen der von *Neuropteris* und *Odontopteris* schwankend, bald durch Gegenwart eines dünnen Mittelnervs jener, bald durch beinahe völliges Verschwinden desselben, dieser ähnlich. Die Epidermis trägt auf beiden Blattflächen zahlreiche Stomaten.

Diese von Fr. Braun unter dem Namen *Kirchnera* mit Recht zu den Farnen gezogene Gattung wurde später von Ettingshausen als *Gymnocladus*-

ähnliche Form zu den Coniferen, von Schenk dagegen zu den Cycadeen gebracht. Ihre Stellung in der Abtheilung der Lomatopteriden kann nur als provisorisch betrachtet werden. Eine nähere analoge Form in der Jetzwelt ist nicht bekannt, nur bei *Dicksonia* kommen Arten vor, deren Fiederblättchen der Form und Consistenz nach einigermassen an *Thinnfeldia* erinnern.

Charakterisirt die rhätische Formation und den unteren Lias, und ist auch in Indien (Rajmahal) vertreten.

8. Pachypterideae.

Dichopteris Zigno. Krautartige Farne mit grossen einmal gabeltheiligen einfach (oder doppelt?) gefiederten Blättern; Rhachis dick; Fiedern unter spitzem Winkel aufsteigend, lang lineal-lanzettlich, in länglich rhombische oder elliptische stumpfe oder leicht zugespitzte Segmente getheilt, welche am Grunde zusammenlaufen, auch zuweilen fast vollkommen getrennt sind; Nerven mehrere gleichstarke aus der Rhachis entspringend, einfach oder einmal gegabelt, im dicken fleischigen oder lederartigen Parenchym verborgen, selten deutlich sichtbar. Nach de Zigno sitzen runde Fruchthäufchen auf der ganzen Unterseite der Segmente und enthalten Sporangien mit vollständigem circulärem Ringe.

Fig. 100.
Thinnfeldia incisa Sap.
Aus dem unteren Lias. (Nach Sap.)

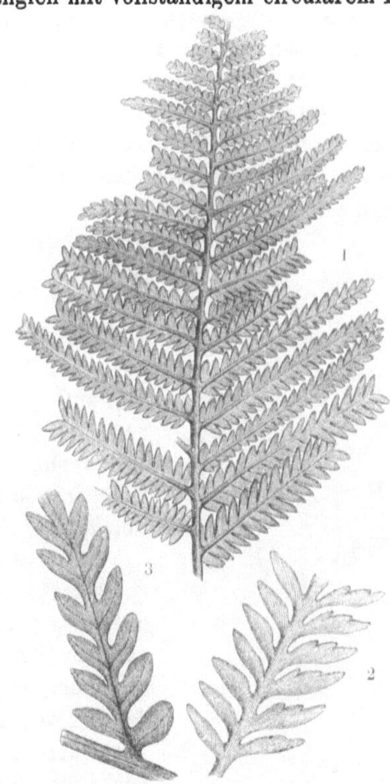

Fig. 101.
1 *Scleropteris Pomelii* Sap. (nat. Grösse). 2 Fieder mit unsegmentirten Abschnitten. 3 *Pachypteris ovata* Brngt.

Die wenigen bekannten Arten dieser Gattung stammen aus dem Lias des Vicentinischen.

Scleropteris Saporta (Fig. 101). Krautartige Farne von mittleren oder selbst kleinen Dimensionen, mit ein- oder zweifiederigen breit eilänglich-triangulären Blättern von fester Consistenz; Fiederäste erster Ordnung ausgespreitet, sitzend, wenn einfach schmal lineal, stumpflich, wenn gefiedert breiter lineal-lanzettlich. Fiedersegmente im ersten Falle mit einem Mittelnerven, elliptisch oder halbirt rhombisch, stumpflich oder zugespitzt, die halbirt rhombischen zuweilen an ihrem vorderen Rande zwei- bis dreimal leicht eingeschnitten, am verschmälerten Grunde abwärts laufend; die vorderen basilären Segmente im Winkel zwischen Rhachis und Fiederast eingefügt, grösser als die übrigen, zuweilen mit einem oder zwei Seitenläppchen versehen. An den doppelt gefiederten Blättern sind die Fiedern zweiter Ordnung kurz lineal-lanzettlich, am Rande gekerbt oder in ovale Läppchen getheilt, mit mehreren Längsnerven; am oberen Theil des Blattes werden die Fiedern erster Ordnung einfach und schmal lineal mit gekerbtem oder kurzgelapptem Rande.

Die problematische Gattung *Pachypteris* Brngt. scheint theils hierher, theils zu *Dichopteris* zu gehören, mit welcher *Scleropteris* wahrscheinlich nahe verwandt ist, wenn anders dieselbe nicht zu *Dicksonia* Hook. gehört, wie Heer glaubt, welcher aus der (mittleren?) Juraformation Ost-Sibiriens und des Amurlandes eine Reihe von Arten beschrieben und abgebildet hat*), welche *Scleropteris* und zum Theil *Dichopteris* nahe zu stehen scheinen. Da aber bis jetzt nur an einigen der sibirischen Exemplare Fruchtorgane aufgefunden worden sind, welche dieselben zu den lebenden Dicksonien führen, so müssen die von Saporta näher bekannt gemachten Arten aus dem Kimmeridge, sowie *Sphenopteris lanceolata* Phill. aus dem Oolith, noch unter den fossilen Farnen *incertae sedis* verbleiben.

Fig. 102.
Stachypteris spicans Pom., nat. Gr. (nach Saporta). Aus d. weissen Jura.

Stachypteris Pomel (Fig. 102). Kleine, zierliche, viel zertheilte, der Tracht nach an einige der kleinern *Cheilanthes* erinnernde Farne. Blätter zwei- und dreifiederig, Fiedern erster und zweiter Ordnung ziemlich offen abstehend, die letzteren oval oder länglich, in winzige stumpfe Läppchen segmentirt, an welchen die Nerven nicht sichtbar sind. Fruchtorgane auf den seitlich rückwärts gebogenen eng an einander gereihten Fiederläppchen der Spitze der Fiederäste oder des ganzen oberen Theils des Blattes, welche dadurch das Aussehen winziger distichen Aehren gewinnen, etwa im Kleinen wie die fertilen Fiederästchen von *Struthiopteris*.

Unter den lebenden Cheilantheen ist es vielleicht die Gattung *Onychium*, welche, in Bezug auf den Fruchtstand, mit dieser Pflanze einige Aehnlichkeit hat.

*) Heer, Flora fossilis arctica vol. IV (1877) et V (1878).

Die zwei von S a p o r t a in der Flore fossile du terrain jurassique als *St. spicans* und *lithophylla* Pom. ausführlich beschriebenen und abgebildeten Arten stammen, die erstere aus dem unteren, die andere aus dem oberen Korallenkalke der Gegend von Verdun.

9. Pecopterideae.

Pecopteris Brngt. (Fig. 103 u. 104). Meistens grosse kraut- oder baumartige Farne, mit drei- oder vierfach gefiederten und fiederschnittigen Blättern; Fiederblättchen oder Fiedersegmente grossentheils klein, mit der ganzen Basis angewachsen und dann häufig zusammenlaufend, oder auch an derselben etwas eingeschnürt, immer dicht gedrängt, von lederartiger Consistenz; Mittelnerv an der Spitze zertheilt, Seitennerven weniger zahlreich als bei *Neuropteris* und unter geöffnetem Winkel abgehend, geöffnet-gegabelt, zuweilen einfach.

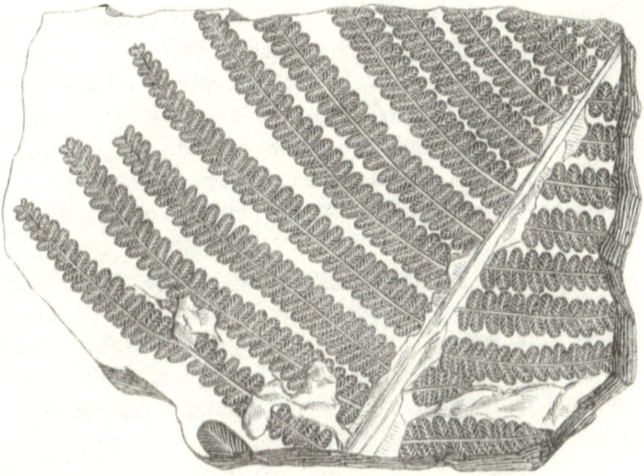

Fig. 103.
Pecopteris (Cyatheites Göpp.) arborescens Sch. Aus der Steinkohle.

Bei verschiedenen *Pecopteris*-Arten tragen die Hauptrhachis und die Verzweigungen derselben mehr oder weniger zahlreiche Nebenfiedern, welche aber nie kreisförmig und ganzrandig sind wie die *Nephropteris* oder *Cyclopteris* bei *Neuropteris*, sondern mehrfach fiedertheilig oder geschlitzt *(Aphlebia)*, ähnlich denen von *Hemitelia capensis* B. Br. und mehr noch denen der schon erwähnten *Cyathea*.

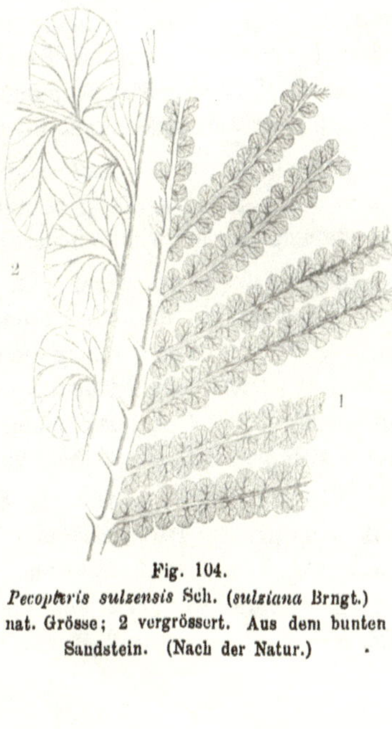

Fig. 104.
Pecopteris sulzensis Sch. (*sulziana* Brngt.)
1 nat. Grösse; 2 vergrössert. Aus dem bunten Sandstein. (Nach der Natur.)

Auf den Zuschnitt der Blätter oder auf undeutliche Fruchtspuren sich stützend, wurde schon vor längerer Zeit der Versuch gemacht, wenigstens einen Theil der in diese Gattung vereinigten Arten in lebende Gattungen, wie *Cyathea*, *Aspidium*, *Asplenium*, *Acrostichum*, *Gleichenia* u. s. w. unterzubringen. Die neuesten Entdeckungen und gründlichen Untersuchungen von Grand'Eury, Renault, Strasburger, Stur haben dargethan, dass dieser Versuch ein misslungener war und dass die zahlreichen mit Fruchtorganen aufgefundenen Arten mit den genannten Gattungen, in Bezug auf diese, nichts gemein haben, sondern beinahe alle zu den Marattiaceen gehören, unter denen dieselben zum Theil eigene Typen bilden, welche in der Jetztwelt keine directen Repräsentanten mehr haben. Es wird sich wahrscheinlich durch weitere Untersuchungen herausstellen, dass der grösste Theil der Pecopteriden aus der Kohlenzeit der genannten Familie angehört, welche während dieser Epoche den Höhepunkt ihrer Entwickelung erreichte und von einer bei weitem grösseren Anzahl von Gattungen gebildet war als heutzutage, wo nur eine geringe Anzahl von Arten in vier Gattungen beschränkte Länderstriche unter den Tropen und Subtropen bewohnen.

Die grosse Mehrzahl der früher unter *Pecopteris* vereinigten Arten gehört der Steinkohlenzeit und zwar der der productiven Steinkohle an, aus früheren Epochen sind keine bekannt; eine gewisse Anzahl schon ziemlich abweichender Formen zeigt sich in der Trias, dem Jura und der Kreide; die Pecopteriden der Tertiärzeit werden sich später wahrscheinlich als zu verschiedenen noch lebenden Gattungen gehörend herausstellen.

Lepidopteris Sch. Laub breit eilänglich oder verlängert elliptisch, doppelfiederig; Rhachis dick, wie die Seitenäste dicht mit festen schuppenförmigen Trichomen bedeckt; Fiedern lang, lineal, unter offenem Winkel ausgespreitet; Fiederchen beinahe senkrecht oder leicht schief abstehend, dicht gedrängt, meistens mit den Rändern sich etwas deckend, kurz länglich, mit der ganzen Basis ansitzend, punktirt und wahrscheinlich im Leben mit Haaren besetzt; Nervation unbekannt aber wahrscheinlich *Pecopteris*-artig.

Drei Arten: *Pec. Stuttgartiensis* Jaeg. sp., *Pec. rigida* Kurr. Mn., *Lepid. Kurrii* Sch., sind dem Keupersandstein eigen; eine Art: *Asplenites Ottonis* Göpp. sp., stammt aus der rhätischen Formation.

Merianopteris Heer (Fl. foss. Helvet.). Laub dimorph, sterile und fertile Fiedern auf derselben Spindel, sehr gross, doppelfiederig, letzte Fiedern lang lineal-lanzettlich, mehr oder weniger tief fiederschnittig; Pecopteriden-Nervation; fruchtbare Fiedersegmente am Grunde der Fiedern zweiter Ordnung, bis an die Basis frei, zusammengezogen, stumpf-lineal, Secundärnerven einfach, unter sich parallel; Fruchthäufchen zweireihig, rund.

Die Art, welche Heer als *M. augusta* beschreibt, hatte sehr grosse Wedel mit armsdickem Petiolus, und war, wie Heer vermuthet, wahrscheinlich baumartig. In dieselbe Gattung dürfte die ähnliche *Pec. Rütimeyeri* Heer gehören. Beide stammen aus der Lettenkohle (Keuper) der Neuen-Welt bei Basel.

Bernoullia Heer (ibid.). Laub dimorph, wahrscheinlich doppelt gefiedert; sterile Fiederblättchen (oder Fiedersegmente?) ziemlich lang, lanzettlich, am Rande rundlich gekerbt, mit ziemlich starkem bis zur Spitze verlaufendem Mittelnerven, Seitennerven mit einfachen fiederig gestellten, etwas nach innen gebogenen Aesten, deren Disposition der *Goniopteris*-Nervation ähnlich; fertile Blättchen den sterilen untermischt oder auf eigenen Wedeln oder Wedelabschnitten, länglich-elliptisch, lederartig fest, mit zurückgeschlagenem Rande und starker Mittelrippe, zwischen dieser und jenem liegen zerstreut die runden Fruchthäufchen.

Obgleich der Fruchtstand dieser Gattung bekannt ist, so lässt sich doch über die systematische Stellung derselben nichts bestimmen.

Vorkommen: Im unteren Keuper, mit einer Art.

Anomopteris Brngt. Stamm dick, liegend, mit dem Basilartheil der Blätter besetzt; Blatt mehrere Fuss lang, doppelfiederig, breit lineal-länglich; Hauptrhachis stark, mit tiefer Längsrinne; Fiedern sitzend, am Grunde mit einem Haarbüschel besetzt, unter beinahe rechtem Winkel abstehend, lang- und schmallineal, einfach gefiedert; Fiederchen klein, eirund, senkrecht, sehr gedrängt und sich dachziegelig deckend, nur an der untern Basilarhälfte angewachsen, am Grunde ebenfalls einen Haarbüschel tragend; Nervation neuropecopteridenartig; fruchtbare Fiederchen am Ende der Fiedern oder auch am oberen Theile des Wedels die ganzen Fiedern einnehmend, ebenfalls dichtgedrängt, zurückgeschlagen, durch das Umbiegen der Blattspreiten verschmälert; Soren rund, vierreihig.

Diese merkwürdige Form, von welcher nur eine Art (*A. Mougeotii* Brngt.) bekannt ist, kann als Leitfossil des bunten Sandsteins, in welchem sie ziemlich häufig in den Vogesen, selten im Schwarzwald vorkommt, angesehen werden.

Crematopteris Sch. Krautartiger Farn, mit 2—3 Fuss langen einfach gefiederten Wedeln; Rhachis dick, längsrinnig, gerade und sehr starr; sterile Fiederblättchen ziemlich gross, mit der unteren Hälfte angeheftet, dachziegelig sich deckend, oval-länglich; Nervation? (vielleicht wie bei *Neuropteridium*); fruchtbare Fiedern am unteren Theile der Frons, dem Mittelnerven nach rückwärts zusammengefaltet und ein dickes längs-halbirt-eilängliches, abwärts gerichtetes oder beinahe hängendes Indusium bildend.

Wahrscheinlich ist *Neuropteris* (*Neuropteridium* Sch.) *imbricata* (*Schimp.* et *Moug.* Plantes foss. du grès bigarré) mit sichtbarer Nervation ein steriles Blatt der *C. typica* Sch., der einzigen bekannten Art der Gattung und ebenfalls nur dem bunten Sandstein eigen.

Die dachziegelig über einander liegenden Blättchen scheinen im Abdrucke ein continuirliches Ganze zu bilden, daher diese Pflanze von Brongniart mit dem Namen *Scolopendrites* belegt wurde.

Die Stellung dieser Gattung, wie der vorhergehenden, ist schwer zu bestimmen, da die Nervation der Blätter zwischen der von *Pecopteris* und *Neuropteris* steht.

Handförmig gefiederte Blätter.

Laccopteris Presl (Fig. 105). Blätter langgestielt, handförmig gefiedert; Fiedern fiedertheilig, Segmente lineal-lanzettlich am Grunde vereinigt; Mittelnerv der Segmente dünn, Seitennerven unter spitzem Winkel entspringend, dichotom, Aestchen einfach oder spitzwinkelig gegabelt, bis an den Rand verlaufend; Soren zweireihig, der Mitte eines Nervenästchens aufsitzend, rund, in der Mitte vertieft, ohne Schleier; Sporangien etwa 6—8 kreisförmig um das vertiefte Sorencentrum sitzend, mit einem vielgliederigen Ringe versehen.

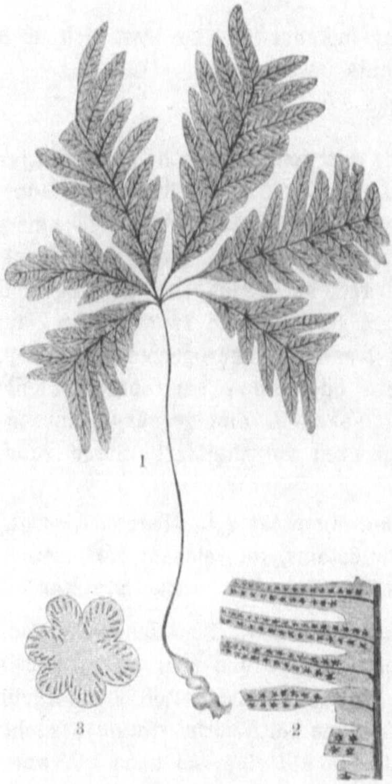

Fig. 105.
Laccopteris elegans Presl. 1 junge Pflanze. 2 fruchtbares Fiederstück. 3 Sorus, vergrössert. (Nach Göpp.)

Der Habitus dieses zierlichen Farntypus, von dem alle Entwickelungsstufen bekannt sind, ist der der jetztlebenden Gattung *Matonia;* die Dispositionsweise der Sporangien erinnert an *Mertensia,* der grosse Ring, von dem man jedoch nicht weiss, ob er senkrecht oder schief steht, an die Cyatheen.

Das Vorkommen dieser Gattung ist, soweit bekannt, auf die rhätische Formation (*L. elegans* Presl, *Münsteri* Schenk) und den Bath-Oolith (*L. Phillipsii* Zigno) beschränkt.

Matonidium Schenk. Blätter fächerförmig gefiedert; Fiedern schmal, lang bandförmig, nach oben allmählich zugespitzt, nach unten schneller sich verschmälernd, in schmal-lineale, bis an den Grund freie oder zusammenfliessende, leicht sichelförmig gebogene Segmente getheilt; Mittelnerv der Fiederchen ziemlich stark, Seitennerven unter offenem Winkel abgehend, einmal gegabelt; Soren zweireihig, gross, beinahe die ganze Unterseite des Fiederblättchens bedeckend, sich seitlich berührend, oval, mit einem in der Mitte vertieften Indusium; Sporangien mit schiefem Ringe.

Die Tracht der einzigen bis jetzt bekannten Art (*M. Göpperti* Schk.) hat die grösste Aehnlichkeit mit der von *Matonia pectinata* Sm. aus Malacca, auch die Soren und Sporangien gleichen denen dieser ebenfalls aus einer Art bestehenden Gattung, wesshalb unsere Pflanze wohl zu den Cyatheaceen gehören dürfte. Vorkommen im Weald.

Marzaria Zigno. Kleine, gestielte, strahlenförmig in 6—10 lineal-längliche (fertile?) oder breitere, oben abgerundet-spatelförmige (sterile?) Fiedern zertheilte Blätter; Mittelnerv ziemlich stark, Seitennerven unter spitzem Winkel austretend, etwas über dem Grunde in zwei Aeste getheilt, von welchen nur der vordere sich einfach gabelt, etwas wellig verbogen und bis an den Rand tretend; Soren rund, auf der Bifurcation des vorderen Astes.

Ein kleiner, zarter Farn, welcher bis jetzt nur in einer Art (*M. Paroliniana* Z.) im Lias des Veronesischen aufgefunden worden ist.

Die Exemplare mit schmalen Fiedern tragen Fruchtspuren, die mit breiteren, kürzeren sind steril.

Andriania Fr. Brn. Blätter gestielt, fächerförmig gefiedert; Fiedern gestielt lang und breit bandförmig-elliptisch, in lineal-lanzettliche sich berührende, bis an die Basis freie Fiederchen getheilt; Stiel und Rhachis dünn, auf der Vorderseite gefurcht, auf der Rückseite gekielt; Mittelnerv der Fiederchen dünn, bis an die Spitze vortretend, Seitennerven rechtwinkelig abgehend und die Spreiteflügel in Rechtecke theilend, auf der Vorderseite zwei nach aussen sich biegende ungleich grosse Aeste abgebend; Fruchthäufchen zweireihig, rund, aus fünf oder sechs von einem vielgliederigen Ringe umgebenen Sporangien zusammengesetzt; Sporen tetraëdrisch-rund, glatt.

Da noch nicht ermittelt ist, in welcher Richtung der Ring des Sporangiums verläuft, so ist die systematische Stellung dieser nur aus einer bekannten Art (*A. baruthina* Br.) bestehenden Gattung zweifelhaft. Die Tracht der Pflanze stimmt mit der der Gattung *Matonia* überein, und unter den fossilen Farnen gleicht sie sehr *Gutbiera*, unterscheidet sich aber durch das Fehlen des Indusiums.

Bis jetzt nur aus den rhätischen Schichten Frankens bekannt.

Gutbiera Presl. Blätter gestielt, fächerförmig gefiedert; Fiedern fiedertheilig, Abschnitte beinahe bis an die Basis frei, lineal-lanzettlich, am Rande rundlich gekerbt, die fruchtbaren schmäler als die sterilen; Mittelnerv derselben ziemlich stark, die Spitze erreichend, Seitennerven unter rechtem Winkel abgehend, in drei Aestchen getheilt, deren vorderes verkürztes auf den fruchtbaren Fiederchen an der verdickten Spitze den Sorus trägt; dieser rund, convex, von einem vollständigen im Centrum sich öffnenden Indusium bedeckt; Sporangien wenige.

Der Form nach gleichen die Blätter denen der beiden vorhergehenden Gattungen; die Nervation ist die einiger Polypodien, u. a. *P. Paradiseae* Langsd. et Fisch.; die Fructificationsweise und das im Centrum sich öffnende Indusium deuten auf die Cyatheen hin.

Die einzige bekannte Art (*G. angustiloba* Prsl.) dieser Gattung kommt in zahlreichen Bruchstücken in den Lettenschiefern der rhätischen Formation Frankens und Schonens vor und kann als charakteristisch für diese Formation angesehen werden.

Selenocarpus Schenk. Blätter gestielt, hand- oder fächerförmig getheilt; die primären Fiedern, wenigstens fünf an der Zahl, länglich, in schmale lineale, schief aufgerichtete, am Grunde herablaufende, entfernt stehende dünne Fiederchen getheilt, von denen die sterilen etwas breiter als die fertilen und mehr elliptisch-lineal sind; Mittelnerv bis zur Spitze verlaufend, Seitennerven unter spitzem Winkel aufsteigend, einfach gegabelt, Gabeläste den Rand erreichend;

Fruchthäufchen der Innenseite des vorderen Gabelastes aufsitzend, halbmondförmig, nackt; Sporangien ziemlich gross, mit vielgliederigem (vollständigem oder unvollständigem?) Ringe.

Unter den lebenden Farnen gibt es keine Gattung, welche ähnlich gestaltete Soren hätte. Da die Richtung und Erstreckung des Kapselringes noch unbekannt sind, so lässt sich auch in dieser Beziehung keine die systematische Stellung betreffende Conjunctur machen. Vielleicht ist die Gattung *Matonia* (Cyatheacee) diejenige, an welche zunächst gedacht werden könnte.

Vorkommen der bis jetzt einzigen Species (*S. Münsterianus* Prsl. sp.): in den rhätischen Schichten Frankens.

11. Taeniopterideae.

Taeniopteris Brngt. emend. (Fig. 106). Blätter einfach, bandförmig, ganzrandig, von lederartiger Consistenz; Rhachis stark, vorn von einer Längsfurche durchzogen, auf der Rückseite stark convex, Seitennerven auf der Vorderseite längs der schmalen Rinne unter sehr spitzem Winkel entspringend, schnell horizontal nach aussen gebogen, beinahe von der Basis an zweitheilig, fast jeder Ast etwas weiter ebenfalls gegabelt, die Aeste letzter Ordnung sehr fein, dicht gedrängt, unter sich vollkommen parallel und bis an den Rand verlaufend. Fructificationsorgane unbekannt.

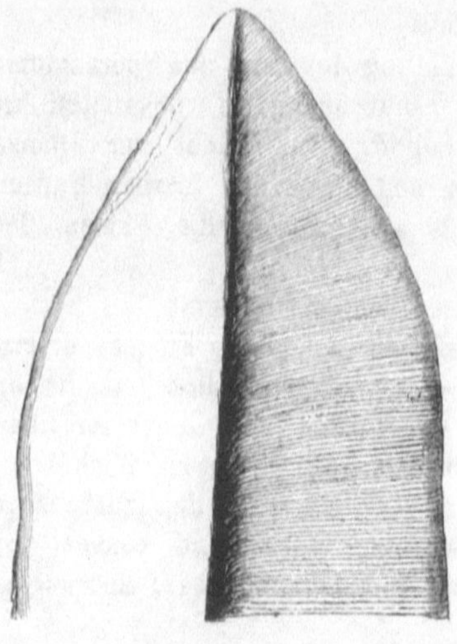

Fig. 106.
Taeniopteris multinervis Weiss. Aus der Steinkohle. (Nach der Natur.)

Von den zwei bekannten Arten dieser Gattung gehört *T. multinervis* Weiss der oberen Steinkohle, *T. abnormis* Gutb. dem Rothliegenden an; letztere zeigt schon Aehnlichkeit mit der folgenden Gattung.

Lesquereux bildet in der Coal Flora Pennsylvaniens, unter dem Namen *T. Smithsii*, eine der ersteren so nahe stehende Form ab, dass eine Artverschiedenheit kaum anzunehmen ist.

Die tertiäre *T. affinis* Vis. et Mass. ist wahrscheinlich ein *Acrostichum*, und *T. Eckardi* Germ. aus dem Kupferschiefer, mit schief aufsteigenden Secundärnerven, dürfte eine *Danaeopsis* sein.

Macrotaeniopteris Sch. (*Taeniopteris* auct.). Einfache, zuweilen über zwei Fuss lange und sechs Zoll breite bandförmige, oben abgerundete oder leicht zugespitzte Blätter, wie es scheint von membranöser Consistenz; Blattflügel, wie bei *Taeniopteris*, auf der Oberseite des starken Mittelnervs angeheftet; Seitennerven aus spitzwinkelig eingefügter Basis plötzlich oder beinahe horizontal nach aussen gebogen, nur die oberen schief aufsteigend, vom Grunde an zweitheilig oder einfach, dicht gedrängt.

Diese Farnblätter, welche der Form, Grösse und Consistenz nach beinahe an *Musa*-Blätter erinnern und zu denen die jetzige Farnflora keine analogen Formen mehr aufzuweisen hat, mit Ausnahme vielleicht der australischen *Neottopteris*, sind bis jetzt nur aus dem Keuper, den rhätischen und unterliasischen Schichten bekannt, und zwar in einer Reihe von Arten: *M. gigantea* Schenk aus Schlesien und Schweden, *M. magnifolia* Rogers sp. aus dem Keuper (?) von Richmond (Virginien), *M. musaefolia* Bunb., wozu wohl *lata* Oldh. gehört, *Morrisii* Oldh., *ovata* Sch., *Feldeni* Feistm., *danaeoides* Royle aus Bengalen (Rajmahal), wo die Gattung reich vertreten zu sein scheint. Ob *Taeniopteris major* Lindl. et H. aus dem unteren Oolith von Scarborough zu dieser Gattung gehört ist ungewiss; dagegen dürfte *Taen. superba* Sap. aus den unteren rhätischen Schichten von Autun eine *Macrotaeniopteris* sein.

Palaeovittaria Feistm. Blätter einfach, aus schmalem Grunde allmählich länglich zungenförmig, ganzrandig, zuweilen an der Spitze eingeschnitten. Mittelnerv stark, an der Basis breit, gegen die Mitte des Blattes sich auflösend; Secundärnerven unter sehr spitzem Winkel abgehend, beinahe geradliniig aufsteigend und bis an den Rand verlaufend.

Krautartiger Farn mit etwa 14 cm langen Blättern, deren gegen die Mitte sich auflösender Hauptnerv und die unter sehr spitzem Winkel aufsteigenden feinen Seitennerven diese Gattung leicht von den übrigen Taeniopteriden unterscheiden lassen.

Die Form der Blätter erinnert allerdings an *Vittaria*, allein die Secundärnerven steigen steiler aufwärts, sind zahlreicher und anastomosiren nicht wie bei dieser mit einem intramarginalen Nerven, welcher auf den fruchtbaren Blättern die Soren trägt.

Vorkommen: „Raniganj Series“, Indien.

Unter dem Namen *Lesleya grandis* bildet Lesquereux (Atlas to the Coal Flora of Pennsylvania) ziemlich grosse elliptische Blätter aus der Steinkohle Pennsylvaniens ab, von denen bis an die verlängerten, allmählich sich verdünnernden Mittelnerven, dichtgedrängte, mehrfach gegabelte, sehr feine Seitennerven schief nach oben verlaufen. Diese Blätter sind zuweilen in ungleichgrosse Fiederlappen zerschlitzt.

Oleandridium Sch. (Fig. 107). Blätter gestielt, 10 bis 30 cm lang, 1—8 cm breit, länglich-lanzettlich oder zugespitzt-zungenförmig, am Rande glatt oder leicht gekerbt, lebend wahrscheinlich von ziemlich fester Consistenz; Mittelnerv stark Seitennerven plötzlich horizontal nach aussen gebogen, gerade, unter sich parallel, zum Theil einfach, zum Theil gegabelt und in einem Randnerven endigend. Fruchtorgane unbekannt.

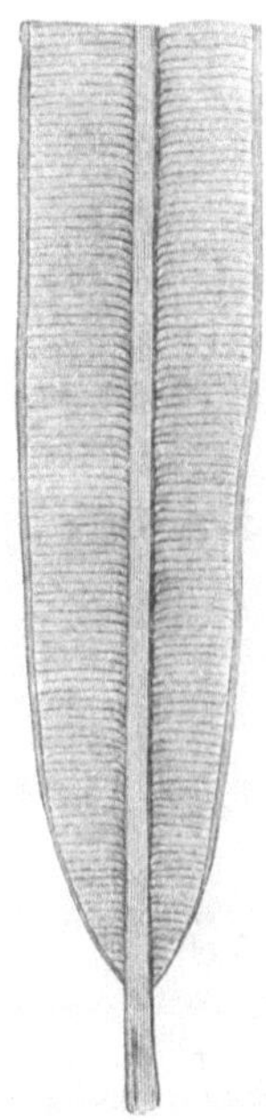

Fig. 107. *Oleandridium vittatum* Sap. sp.

Erinnert unter den lebenden Farnen an *Chrysodium*, *Olfersia* und besonders an *Oleandra*; unterscheidet sich von *Taeniopteris* durch die stärkeren, vollkommen horizontalen und in einem Randnerven endigenden Seitennerven, und die lang lineal-elliptische nach oben zugespitzte Form.

Angiopteridium Sch. (*Taeniopteris* auct., *Stangerites* M'Clell.). Blätter einfach gefiedert; Fiedern lang, lineal, gegen die Spitze mehr oder weniger verschmälert, an der Basis abgerundet oder beinahe herzförmig, nur mit dem Mittelnerven, der zuweilen ein sich desarticulirendes kurzes Stielchen bildet, der Spindel ansitzend; Mittelnerv stark, Seitennerven aus spitzem Winkel plötzlich horizontal oder etwas schief nach aussen gebogen, einfach und gegabelt, bis an den Rand verlaufend.

Diese Gattung enthält die fiederblätterigen Taeniopteriden, deren Fructificationsweise nicht bekannt ist, und die der Blattform und Nervation nach zunächst an *Angiopteris* und einige Marattien erinnern.

Mc Clelland hat in der Palaeontologia indica eine Reihe obiger Diagnose entsprechender Formen als *Stangerites* bezeichnet. Schon die Anheftungsweise der Fiederblättchen spricht durchaus gegen eine Analogie mit *Stangeria*, bei welcher diese decurrent sind und sich nicht abgliedern. Es gehören diese Ueberreste aus dem unteren Jura bestimmt zu den Farnen und müssen einstweilen, da ihre Früchte unbekannt sind, in der Sammelfamilie der Taeniopteriden untergebracht werden.

Marattiopsis Sch. (*Taeniopteris* Sternb., *Aspidites* Göpp.). Blätter einfach gefiedert; Fiedern lang, lineal, nach oben allmählich zugespitzt, Rand sägezähnig; Mittelnerv dünn, fadenförmig, Seitennerven schief, etwas über der Basis gegabelt, Aeste einfach, unter sich parallel.

Der Typus dieser Gattung ist *Taeniopteris dentata* Sternb. aus der Steinkohlenformation. Die Fiederblättchen haben Aehnlichkeit mit denen von *Marattia fraxinea* Sm.

Untergruppe Dictyotaeniopterideae.

Glossopteris Brngt. (Fig. 108). Blätter einfach, ganz, gestielt, spatelig-, oblong- oder lineal-zungenförmig, zwei Zoll bis über einen Fuss lang, von lederartiger Consistenz; Mittelnerv durchschnittlich stark, gegen die Blattspitze allmählich verdünnt, nach vorn mit einer Längsfurche; Seitennerven zu einem laxen, mehr oder weniger langgezogenen Maschennetz zusammentretend. Rundliche Fruchthäufchen werden am Rande sitzend angegeben.

Unter den lebenden Farnen können in Bezug auf Umriss und Nervation der Blätter mehrere *Pteris*-Arten, u. a. *Pt. ampla* Kze. und *Haenkeana* Presl, auch *Asplenium marginatum* L. mit diesem fossilen Typus verglichen werden, ob aber derselbe in irgend einer jetzt lebenden Farnfamilie noch Vertreter hat, ist, wegen Mangels an deutlichen Fruchtorganen, bis jetzt nicht zu entscheiden.

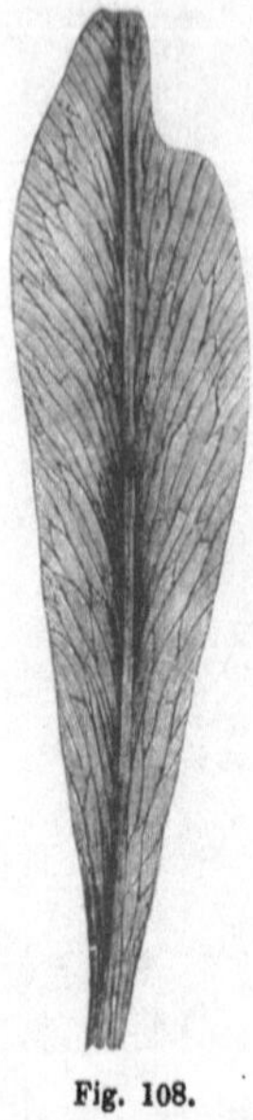

Fig. 108. *Glossopteris Browniana* Brngt. Ein kleines Exemplar, aus Australien. (Nach Schenk.)

Aus Australien, Indien und Südafrika ist eine Reihe von Arten bekannt, von welchen *Gl. Browniana* Brngt. var. *praecursor* Feistm. und *Gl. Clarkei* Feistm. in den marinen Steinkohlenschichten von Queensland, mit palaeozoischen Thierüberresten, vorkommen, während in den oberen nicht marinen, als „New-Castle Beds" bezeichneten Ablagerungen, nach Feistmantel, zwölf Arten bekannt sind, von welchen *Gl. Browniana* beiden Formationen zugleich zukäme, was kaum denkbar wäre, wenn die untere Stufe wirklich der echten Steinkohle angehört und die obere, wie angenommen zu werden scheint, der Trias oder dem Rhät. Die in Indien beobachteten Arten sollen, nach demselben Forscher, theils der Trias, theils dem Rhät und dem unteren Lias eigen sein*). In Europa ist bis jetzt noch keine *Glossopteris* angetroffen worden.

Genus incertae sedis.

Ctenis Lindl. et H. Blätter breit oblong-bandförmig, bis an die Rhachis in mehr oder weniger breite, lineale, unter offenem Winkel abstehende, am Grunde ablaufende Segmente getheilt, welche nur am oberen Theil des Blattes bis zu einer gewissen Höhe unter einander verwachsen bleiben. Rhachis dick, rund, von einer Epidermis bedeckt, welche aus dünnwandigen rhomboidisch-hexagonale Maschen darstellenden Zellen gebildet ist; Seitennerven unter sehr spitzem Winkel entspringend und sich plötzlich horizontal nach aussen biegend, parallel verlaufend und durch schiefe Seitenästchen sich zu einem laxen Maschennetz verbindend. Soren, nach Schenk, klein, rund, die ganze Unterseite der Segmente bedeckend.

Wir haben weder unter den fossilen noch unter den lebenden Farnen Formen, welche mit dieser verglichen werden können. Da nach genauer Untersuchung der Originalexemplare, *Taeniopteris asplenioides* Ettingsh., bei welcher die Blattsegmente sehr breit sind, zu *Ctenis* zu ziehen ist und gerade diese Art durch theilweise nicht anastomosirende Nerven an die Nervation der Glossopteriden erinnert, so dürfte vorläufig die geeignetste Stelle dieser sonst ohne Analogie dastehenden Form hier sein. Die Art und Weise wie die Nerven aus der Spindel entstehen erinnert übrigens sehr an die Taeniopteriden.

In Europa ist diese Gattung durch eine Art (*Ct. falcata* Lindl. et Hutt.) im Oolith von Gristhorpe in England vertreten und durch eine zweite Art *(Ct. asplenioides)* im Lias von Oesterreich und Ungarn, eine dritte Art (*Ct. orientalis* Heer) gehört dem Oolith des obern Amurlandes an.

12. Phlebopterideae.

Phlebopteris Brngt. Tabl. d. gen. Blätter einfach- oder doppelfiederig; Fiedern in länglich- oder lineal-lanzettliche am Grunde vereinigte Segmente getheilt; Secundärnerven dieser unter beinahe rechtem Winkel abgehend und

*) S. Feistmantel, Palaeontolog. Beiträge (Foss. Flora Austral.) in Palaeontograph. 1878 (Sept.) und Contrib. to the Knowledge of the Foss. Fl. of India in Journ. Asiat. Soc. of Bengal 1876.

auf jeder Seite des Mittelnervs in eine Reihe länglicher nach aussen drei- oder mehreckiger Maschen vereinigt, von deren Ecken einfache und gegabelte, selten anastomosirend zusammentretende Tertiärnerven nach dem Rande abgehen; einer dieser Nerven bleibt kürzer und trägt an seiner Spitze einen kleinen runden Sorus.

Die Nervation ist vollkommen die von *Woodwardia*, allein die Fructificationsweise ist verschieden und gleicht der mancher Polypodien.

Von *Hemitelia*, mit welcher Göppert diese Gattung, als *Hemitelites*, vergleicht, weicht dieselbe sehr ab.

Als Typus dieser Form kann *Phl. polypodioides* Brngt. angesehen werden, welche so wie *Phl. contigua* Lindl. et H. aus dem Oolith stammt, während *Phl. affinis* Schenk dem unteren Lias und Rhät angehört.

Microdictyon Sap. Maschen längs des Mittelnervs durch feine Tertiärnerven in kleine Maschenfelder getheilt, die nach aussen verlaufenden Tertiärnerven verästelt und mehr oder weniger unter einander anastomosirend, inmitten der grossen Maschen am Hauptnerven je ein grosser runder Sorus.

Diese Gattung ist kaum von der vorhergehenden zu trennen. Hierher gehören *Phl. Woodwardi* Leckenb. und *M. ruthenicum* Sap., beide aus dem Bath-Oolith; wahrscheinlich auch *Laccopteris Dunkeri* Schenk, aus dem Wälderthon und dem Hastingssande des Osterwaldes.

Die Gattungen *Carolopteris* und *Monheimia* Deb. et Ettingsh. aus der Kreide von Aachen stehen *Microdictyon* sehr nahe, wenn anders sie generisch verschieden sind.

13. Dictyopterideae.

A. Mit einfachem Nervennetz.

Belemnopteris Feistm. Blätter einfach, breit-pfeilförmig, dreirippig, abwärts gehende Lappen gross, ganzrandig, Mittelrippe nach der Spitze verlaufend, stärker als die beiden basilären Rippen, welche die beiden Lappen durchziehen; Nerven zu einem langen, dünnen, rhombisch-hexagonalen oder polygonalen Netz vereinigt.

Zeigt grosse Aehnlichkeit mit der indischen *Hemionitis cordata* Roxb.

Vorkommen: In der Raniganj-Kohlenformation der Damuda-Reihe, Indien (Trias?); bis jetzt nur in einer Art (s. Feistmantel, Journ. Asiat. Soc. of Bengal Vol. XLV, 11. 1876).

Gangamopteris Feistm. Blatt einfach, breit, eiförmig-rhombisch, stumpf zugespitzt, ganzrandig; anstatt der Mittelrippe eine Mittelfurche, Seitennerven zu einem ziemlich weitmaschigen, dünnen, rhombisch-hexagonalen Netz anastomosirend.

Feistmantel vergleicht diesen Farn mit *Anthrophyum latifolium* Bl. von den Khatya-Gebirgen Indiens und aus Java.

Beide Gattungen dürften, nach den Blättern zu schliessen, zu den Polypodiaceen gehören.

B. Mit zusammengesetztem Nervennetz.

Camptopteris Presl emend. Blätter langgestielt, handförmig getheilt, Segmente 10—20, horizontal ausgespreitet, am Grunde mehr oder weniger hoch unter einander verwachsen, am Rande grob gezähnt; oder aus oben gegabeltem

Petiolus zweitheilig und regelmässig fiederschnittig; Fiedern lineal und zuweilen sehr lang und schmal, oder oblong-bandförmig, nach oben und unten verschmälert, am Rande in grobe Zähne oder bis unter die Mitte in längliche bis lineale Abschnitte getheilt; Hauptnerv der Fiedern stark, Seitennerven unter spitzem Winkel abgehend, in die Randzähne oder Lappen verlaufend, durch Anastomose ihrer Seitenäste ein ziemlich weites Netz darstellend, in welchem sich durch nach innen gehende, unter einander anastomosirende Aestchen ein zweites feineres Netz bildet. Sporangien gruppenweise auf der ganzen Unterseite der Fiedern zerstreut, von einem vielgliederigen Ring umgeben.

Die einzige bekannte Art aus dem Keuper (*C. serrata* Kurr.) hat ein vieltheiliges handförmiges Laub, die zwei Arten aus der rhätischen Formation Schwedens (*C. incisa* et *spiralis* Nath.) zeichnen sich durch den gegabelten Blattstiel aus, und die regelmässig gefiederten Gabeläste der Spreite, deren Fiedern sehr lang und schmal sind, am Rande stumpf oder spitz sägezähnig. Es frägt sich, ob diese, dem äusseren Zuschnitte nach so verschiedene Form wirklich zu *Camptopteris* gehört*).

Dictyophyllum Lindl. et Hutt. (Fig. 109). Blätter langgestielt, handförmig fiedertheilig; Fiedern lang, schmäler oder breiter und in kürzere oder längere

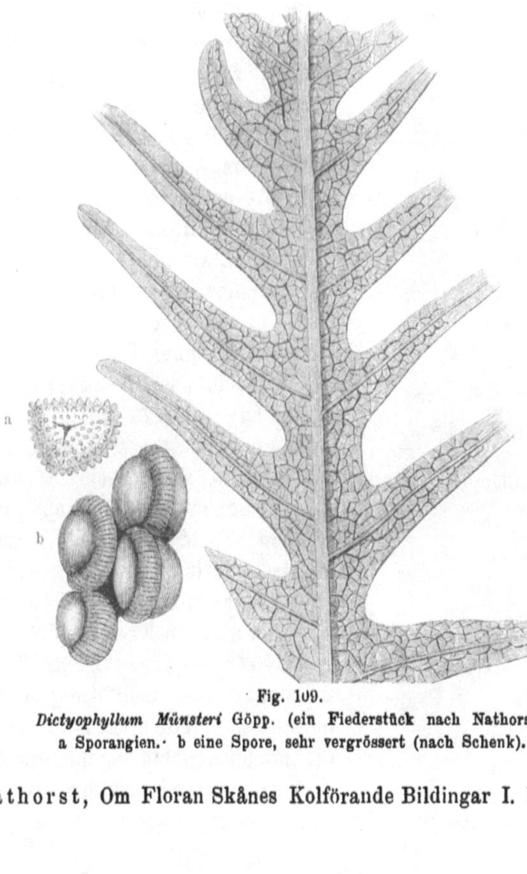

Fig. 109.
Dictyophyllum Münsteri Göpp. (ein Fiederstück nach Nathorst).
a Sporangien. b eine Spore, sehr vergrössert (nach Schenk).

*) S. Nathorst, Om Floran Skånes Kolförande Bildingar I. Floran vid Bjuf. Stockh. 1878.

oblonge oder lineal-lanzettliche, am Grunde meistens breit zusammenlaufende, ganzrandige oder zuweilen gekerbte Segmente getheilt; Hauptnerv der Fiedern stark; die in die Abschnitte gehenden Nerven zweiter Ordnung verlaufen bis in die Spitze derselben, wo sie sich in ein Netz auflösen, sie entspringen unter ziemlich offenem Winkel, die Seitennerven gehen rechtwinkelig ab, spalten sich bald in zwei Aeste, welche mit den entsprechenden Aesten ihres Nachbarn fünf- und sechseckige längliche Maschen bilden, von deren Ecken feinere Nerven ausgehen, welche zu einem etwas engeren und feineren Netze zusammentreten; in den Maschen dieses Netzes entwickelt sich ein äusserst feines, nur auf der Unterseite des Blattes sichtbares Netz dritter Ordnung; der Rand der Segmente ist von einem Randnerven umzogen. Die mit einem (vollständigen?) vielgliederigen Ringe versehenen Sporangien bedecken die ganze Rückseite der Segmente; die Sporen sind rund-tetraëdrisch und glatt.

Mit dieser Gattung ist *Thaumatopteris* Göpp. zu vereinigen, welche dieselbe Segmentationsweise und dieselbe Nervation hat und auch in der Fruchtbildung vollkommen übereinstimmt.

Die Form der Blätter ist bei derselben Art sehr veränderlich, da die Fiedern bald schmäler, bald breiter, bald in kürzere oben abgerundete, bald in sehr lange lineal-lanzettliche Abschnitte getheilt sind.

Der Stamm ist, nach Nathorst, kriechend, dick, dichotom getheilt und trägt grosse runde Narben mit hufeisenähnlicher Gefässbündelspur, welche zeigen, dass die Blätter im Alter sich abgliederten.

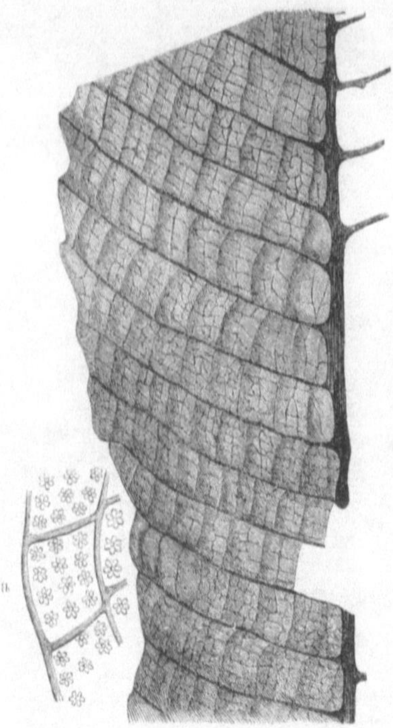

Fig. 110.
Clathropteris platyphylla Brngt. a ein vergrössertes Blattstück mit Fruchthäufchen.

Dieser Farntypus, welcher in der Jetztwelt keinen directen Stellvertreter hat, geht von der rhätischen Epoche bis zum Anfange der Kreidezeit, um mit dieser zu verschwinden; in ersterer erlangt er den Culminationspunkt seiner Entwickelung, namentlich in Deutschland (Franken) und Schweden (Schonen), wo *D. (Thaumat.) Münsteri* Göpp. u. a. an sumpfigen Stellen grosse Bestände gebildet zu haben scheint. Eine Art (*D. Römeri* Schenk) ist in seltenen Bruchstücken in dem Weald von Niederhessen gefunden worden. Ein sehr schön fructificirendes Blattfragment von *D. Dicksoni* Heer stammt aus den unteren Kreideschichten Grönlands.

Clathropteris Brngt. (Fig. 110). Blätter langgestielt, handförmig segmentirt, Segmente am Grunde mehr oder weniger hoch unter sich zusammenhängend, einen bis mehrere Zoll breit, einen halben bis zwei Fuss lang, am Rande unregelmässig grobzähnig. Die Nerven sind, so weit die Lappen nicht getrennt, und bis zur Höhe, wo die Zähne beginnen, zu einem unregelmässigen dreifachen Maschennetz vereinigt, höher treten die der zweiten Ordnung unter beinahe rechtem Winkel und in ziemlich gleichen Distanzen aus dem Hauptnerv und verlaufen parallel unter einander in die Randzähne, die Felder zwischen denselben werden von den unter rechtem Winkel abgehenden Nerven dritter Ordnung leiterförmig (daher der Name) in beinahe gleich grosse Rechtecke getheilt, in welchen die Nerven vierter und fünfter Ordnung ein feines Doppelnetz bilden. Die kleinen, sternförmigen, nackten Soren bedecken die Unterseite der Spreite und bestehen aus 6—12 runden, mit vollständigem vielgliederigem Ringe versehenen Sporangien, welche tetraedrische warzige Sporen enthalten.

Die einzige bekannte Art dieser Gattung, *Cl. platypylla* Brngt., gleicht in Bezug auf die Nervation ganz den tropischen Drynarien, besonders *Dr. quercifolia*, mit welchen auch die Fructificationsweise grosse Aehnlichkeit hat, doch ist der handförmige Blattzuschnitt ein anderer.

Diese Gattung, wie die vorhergehende, gehört wahrscheinlich zu den Polypodiaceen.

Vorkommen: in den rhätischen Schichten und dem unteren Lias Europas ziemlich allgemein verbreitet*).

Protorrhipis Andrä. Blatt halb- oder herzförmig rund, mit ganzem oder grobgezähntem Rande, von ziemlich fester Consistenz; Primärnerven zu mehreren aus der Basis strahlig aus einander gehend, mehrfach gegabelt und verbogen; Secundärnerven beinahe rechtwinkelig austretend und zu einem mehr oder weniger regelmässigen quadratischen oder polygonalen Primärnetze anastomosirend, in welchem sich durch die Anastomose der Tertiärnerven ein feineres secundäres Netz bildet.

Diese Blätter, von welchen eine Art, *Pr. Buchii* Andrä, aus dem unteren Lias des Banats, durch ihre Grösse und den grobgezähnten Rand und die andere, *P. asarifolia* Zigno, aus dem Lias des Veronesischen, durch ihre geringeren Dimensionen und *Asarum*-blattartige Form ausgezeichnet, sind wohl als sterile Wedel, wie solche bei *Drynaria, Platycerium* u. a. vorkommen, oder auch als Niederblätter von Farnen zu betrachten, so sehr sie auch beim ersten Anblick an Dicotyledonenblätter erinnern mögen. Aehnliche Blätter sind in neuerer Zeit von Nathorst auch im Liassandstein von Schweden aufgefunden worden. Lesquereux bildet aus der Kohlenformation Pennsylvaniens unter dem Namen von *Idiophyllum rotundifolium* ein Blatt ab, welches ebenfalls in diese Reihe gehören dürfte (s. dess. Atlas to the Coal Flora of Pennsylvania T. XXIII, 1879).

14. Botryopterideae.

Diese Gruppe begreift einige Fruchtstände, welche von Renault und Grand'Eury aus den Kieselconglomeraten von Autun und

*) S. Brongniart, Hist. d. végét. foss. pl. 134 (für die Blattform). Saporta, Paléont. franç. Végét. jur. (zahlreiche, vortreffliche Abbildungen, besonders für die Nervation). Nathorst, Flor. vid Höganäs etc.

St. Etienne bekannt gemacht worden sind und so sehr von denen aller bekannten lebenden und fossilen Farnkräuter abweichen, dass sie weder in eine Gruppe dieser noch in eine Familie jener eingereiht werden können: Die Sporangien sitzen büschelweise auf kurzen dicken Stielen, welche auf den parenchymlosen Verzweigungen der Spindel oder auf den Nerven der Fiedersegmente ihren Ursprung nehmen; sie sind von ziemlich fester Consistenz, aus einer einfachen oder doppelten Zellschichte gebildet und mit einem vollständigen über den Scheitel gehenden oder unvollständigen schiefen Ringe versehen; ihre Gestalt ist birnförmig oder länglich nierenförmig*).

Botryopteris Renault (Fig. 111). Fruchtbare Fiedern parenchymlos und auf die Nerven reducirt; Sporangien in Gruppen von 4—6 seitlich den Nerven aufsitzend oder an den Enden dieser, von welchen sie gleichsam eine Erweiterung zu sein scheinen; aus einer oder zwei Zellschichten gebildet; der partielle Ring schief; die Sporen gross, kugelig, glatt.

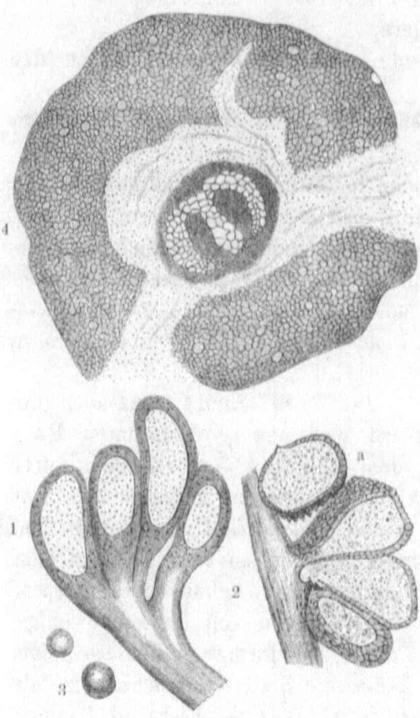

Fig. 111.
1 Sporangiengruppe von *Botryopteris dubius* Ren., $^{20}/_{1}$, im Längsdurchschnitt. 2 *B. forensis*, Sporangium im Querschnitt (vergrössert), $^{20}/_{1}$. 3 Sporen, $^{25}/_{1}$. 4 Querschnitt eines Petiolus dieser Art, $^{10}/_{1}$. (Nach Renault.)

Vielleicht sind hier zwei Gattungen im Spiele: die seitlichen, beinahe sitzenden, birnförmigen, aus einer Zellschichte gebildeten Sporangien, durch *B. forensis* vertreten; die andere mit länglichen, sehr dick gestielten, aus doppelter Zellschichte gebildeten endständigen Sporangien (*B. dubius*).

Die beiden bekannten Arten gehören, die erstere der oberen Steinkohle, die zweite dem Rothliegenden an.

Renault bemerkt, dass bei beiden die Sporangien in grosser Menge die Spindeläste des parenchymlosen Blattes umgeben.

Die innere Structur der Hauptspindel von *B. forensis* hat Renault a. a. O. in allen Einzelnheiten beleuchtet (s. Fig. 111⁴).

*) S. die höchst interessanten, sehr detaillirten Untersuchungen über diesen Gegenstand von Renault, Annal. d. Soc. nat. 5e série Botan. T. XII et 6e série T. I et III; auch über *Anachoropteris* Corda, Blattstiel mit sternförmigem Gefässbündel.

Zygopteris Corda (Fig. 112). Steriles Laub mehrfach fiedertheilig, Spindel und Aeste desselben platt, breit geflügelt, Fiedersegmente vielfach zerschlitzt, letzte Segmente fein zugespitzt; Sporangien auf dem fertilen Laube in gestielten Gruppen von 4 oder 5 auf beiden Seiten der Secundärnerven, die Stelle der letzten Fiederabschnitte einnehmend, oval-länglich, allmählich in den Pedizell ablaufend, mit einem vollständigen, breiten, über den Scheitel verlaufenden Ring.

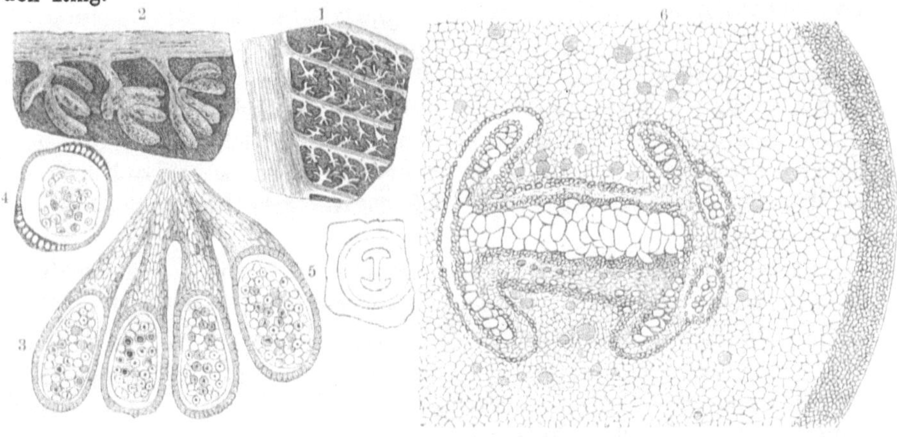

Fig. 112.

1 Laubfragment in halber Grösse von *Zygopteris* (*Androstachys* Gr. Eur. Fruchtstand von *Schizopteris pinnata* Gr. Eur.); 2 Stück davon, $^2/_1$. 3 Sporangienbüschel oben im Längsschnitt, $^{10}/_1$. 4 Querschnitt eines Sporangiums, den Ring zeigend, $^{15}/_1$. 5 Querschnitt des Petiolus (natürliche Grösse) von *Z. Lacatii* Ren.; 6 Stück desselben, $^8/_1$. (Nach Renault.)

Grand'Eury hat diesen Fruchtstand unter dem Namen von *Androstachys* beschrieben und abgebildet, und sieht in demselben die fruchtbaren Blätter einer *Schizopteris* (*Aphlebia*!), von welcher Gattung er, mit Brongniart, vermuthet, dass sie zu den Nöggerathiaceen, resp. zu den Gymnospermen, gehören könnte.

Renault hat die Blattfragmente immer in Verbindung mit Stiel- und Spindelstücken gefunden, deren innere Organisation ganz mit der von *Zygopteris* Corda übereinstimmt, und glaubt also dieselben als dieser Gattung angehörend ansehen zu dürfen. Der axile Fibrovascularstrang des Stiels hat die Form eines doppelten Ankers (s. Fig. 112).

Pinnae adventitiae. Adventivfiedern.

Mit dieser Benennung bezeichne ich diejenigen Gebilde bei den Farnen, die in Form von mehr oder weniger kreisrunden ganzen oder zerschlitzten, oder auch fiedertheiligen Spreiten am Petiolus, an der Rhachis und an den verschiedenen Aesten dieser sich finden — bei den fossilen Farnen der Steinkohlenzeit häufig, bei den jetztlebenden nur bei zwei Cyatheaceen — und unter den Namen *Cyclopteris, Nephropteris, Aphlebia*, *Schizopteris*, *Rhacophyllum*, oder als parasitirende Hymenophylleen, selbst, wenn abgefallen, als Fucoiden beschrieben und abgebildet worden sind. Geinitz u. a. sehen in denselben *stipulae,* morphologisch ähnlich denen der Marattiaceen. Es frägt sich aber, ob diese Blattauswüchse, welche nicht zu zwei oder einzeln seitlich der Blattbasis sich zeigen, sondern zahlreich an dem Stiele, der Rhachis und deren Verzweigungen, als echte Stützblättchen angesehen werden können. Ein bestimmter, auf directer Analogie beruhender Grund dazu scheint mir nicht vorzuliegen.

Nephropteris Brngt. (*Cyclopteris* Brngt. ol. et al.). In diese Gattung vereinigt Brongniart (Tabl. des genres de végét. foss.) aus seiner früheren Gattung *Cyclopteris* diejenigen Formen, welche stiellos und unmittelbar mit der breiten, meistens ausgerundeten Basis aufsassen und bald kreisrund, bald umgekehrt eiförmig oder abgerundet spatelförmig sind, mit mehrfach dichotomer radial verlaufender Nervation; der Rand ganz, selten fein zerschlitzt (*Cycl. lacerata* Heer).

Da auf einem und demselben Wedel meistens sehr verschiedene Formen vorkommen, so kann von einer specifischen Bestimmung keine Rede sein.

Die *Nephropteris*-Adventivfiedern waren hauptsächlich den *Neuropteris*-Arten eigen, entwickelten sich aber auch mit Uebergängen zu den zerschlitzten Aphlebien auf den *Odontopteris*-Wedeln (s. Fig. 96); bei *Dictyopteris* zeigen sie die dieser Gattung eigene netzförmige Nervation.

Von den isolirt vorkommenden *Nephropteris* lässt sich nicht immer leicht bestimmen, ob sie von Farnen herrühren oder der von Saporta aufgestellten Gymnospermen-Gattung *Dolerophyllum* angehören. Die Blätter dieser scheinen sich jedoch immer durch ihre bedeutendere Grösse, ihre feste lederartige Consistenz, ihre ohrenförmige am Grunde tief eingeschnittene Form, die viel kräftigere Nervation und die Gegenwart von zahlreichen Harzgängen auszuzeichnen: hierher wären *Cycl. orbicularis* und *obliqua* Brngt., *C. dilatata* Lindl. zu ziehen. Wir werden übrigens auf diese Blätter bei der Gattung *Dolerophyllum* zurückkommen.

Aphlebia Presl (*Schizopteris* auct. nonn. nec. Brngt., *Rhacophyllum* Sch., *Pachyphyllum* Lesq.). Mit diesen Namen sind bis jetzt die theilweise noch immer problematischen Blattgebilde bezeichnet worden, deren plattgerippte Spreite entweder unregelmässig oder mehr und weniger regelmässig dichotom oder fiederig zerschlitzt ist, und deren Dimensionen theils kleine, theils sehr bedeutende sind; die Haupt- und Nebennerven sind in der Regel so flach und dünn und verlaufen so allmählich in die Blattflügel, dass sie oft kaum bemerkbar sind, daher der Name *Aphlebia.*

Was die grossen, zuweilen zwei Fuss hohen und am oberen breiteren Theil gegen einen Fuss breiten, vielzerschlitzten oder fiederig gelappten Formen betrifft, wie z. B. *Aphl. (Schizopteris) Lactuca* Presl, *A. flabellata* Sternb., *A. (Fucoides) filiciformis* Gutb., *Rhacoph. speciossimum* Sch., *Schizopt. pachyrrhachis* Schenk (*Laminarites crispus* Sternb.), *Palmacites caryotoides* Sternb. u. ähnl., so glaube ich jetzt mich jeder Hypothese über ihre Zugehörigkeit enthalten zu müssen; ich bemerke nur noch, dass dieselben von Stur für Stützblätter gehalten werden, dass Grand'Eury geneigt ist, wenigstens einen Theil derselben, zu den Noeggerathiaceen (Gymnospermen) zu ziehen, und dass ich zur Zeit die Vermuthung ausgesprochen, es könnten dieselben eigenthümlich ausgebildete sterile Farnblätter sein, wie wir solche bei *Platycerium*, *Drynaria* u. a. sehen, oder auch Niederblätter, wie solche an jungen Pflanzen mancher noch jetzt lebenden Farne vorkommen. Uebergänge aus der unregelmässig zerschlitzten Form bei derselben Art in die regelmässig fiederig segmentirte sind nicht selten. Ob diese Blattformen als morphologisch identisch mit den kreisrunden, dickfleischigen, nie vom Stamme sich abtrennenden Stützblättern der Marattiaceen angesehen werden können, wie das geschehen, das muss, so lange keine Beweise dazu vorliegen, dahingestellt bleiben.

Fig. 113.
Adventivfiedern am Grunde eines Blattstiels von *Hemitelia capensis*.

Fig. 114.
1 verkleinertes Wedelstück von *Sphenopt. creneta* Lindl. mit Aphlebien (*Schizopteris adnascens* Lindl.); 2 eine solche in natürlicher Grösse. 3 eine *Aphlebia* (*Fucoides filiciformis* Gutb.) aus der Kohle von Zwickau.

Die kleinen Aphlebien, welche nicht selten, und oft in grosser Anzahl, den Wedeln von *Sphenopteris* und *Pecopteris* aufgewachsen angetroffen werden, und die als *Schizopt. adnascens* Lindl., *Trichomanites adnascens* Göpp., *Fucoides radians* Gutb. u. s. w. bekannt gemacht worden sind, welche aber wohl am besten mit dem Namen Adventivfiedern zu bezeichnen sind, finden ihre unzweideutige Erklärung in den am Stielgrunde der lebenden *Hemitelia capensis* sich oft zahlreich entwickelnden, im jungen Zustande zarten grünen, im Alter hornfesten braunglänzenden, vielfach fiederig segmentirten Basilarfiedern, welche ebenfalls zur Zeit für eigene Pflanzen, und von Presl als *Trichomanes incisum*, von Kaulfuss als *Trich. cormophytum* beschrieben worden sind (s. Fig. 113).

Stur, welcher in diesen Adventivfiedern *stipulae* sieht, glaubt in den fossilen Farnen, welche dieselben tragen, Marattiaceen oder verwandte Formen sehen zu dürfen; nun sind aber zufällig die einzigen jetzlebenden Farne, welche ganz ähnliche Gebilde tragen, keine Marattiaceen, sondern Cyatheaceen*).

Dass diese mehrfach segmentirten Adventivfiedern ganz dieselbe morphologische Bedeutung haben wie die früher als *Cyclopteris* und *Nephropteris* bezeichneten Blätter, daran kann nicht gezweifelt werden.

Was die Gattung *Schizopteris* Brngt. betrifft, so steht dieselbe in keinerlei Beziehung zu den Aphlebien, und es frägt sich selbst, ob sie überhaupt zu den Farnen gehört. Das Original zeigt Abdrücke langer, schmaler, mehrfach gegabelter Bänder, welche an der etwas verbreiterten Spitze quer abgestutzt sind und feine Längstreifen zeigen, ohne Spur eines Hauptnervs.

Farnstämme.

Die fossilen Farnstämme können eingetheilt werden in: 1) kriechende, verästelte, oder Rhizome *(Rhizomopteris)*, 2) niederliegende oder aus niederliegender Basis aufsteigende *(Sphallopteris)*, 3) aufrechte oder baumartige *(Caulopteris)*; diese zerfallen wieder in Stämme: a) mit persistirenden Blattstielresten *(Bathypteris)*, b) mit reinen Blattnarben *(Cyatheopteris* u. a.), c) mit einer äusseren oder inneren Wurzelhülle *(Psaronius)*.

Da von beinahe keinem dieser Stämme die Zugehörigkeit zu den bereits bekannten Blättern nachgewiesen werden kann, so müssen dieselben für sich behandelt und als eigene Gattungen und Arten besonders beschrieben werden.

Von vielen ist nur die äussere Form bekannt, von einer gewissen Anzahl aber auch die innere Structur, diese lässt sich aber im Ganzen auf die Structur der jetzt lebenden Farne zurückführen, auf welche wir desshalb auch hinweisen, mit dem Vorbehalt gehörigen Ortes auf einige der Hauptabweichungen zurückzukommen**).

---

*) Der botanische Garten in Strassburg hat in neuerer Zeit einen Baumfarm erhalten (wahrscheinlich eine *Cyathea*), bei welchem sich aus dem Stiele bereits schon vollkommen entwickelter oder auch schon im Absterben begriffener Blätter zahlreiche Adventivfiedern entwickeln, die eine auffallend grosse Aehnlichkeit zeigen mit einigen fossilen Formen. Das nachträgliche Auftreten dieser Fiedern spricht wohl evident gegen die Stipular-Natur derselben.

**) Cotta, Die Dendrolithen in Beziehung auf ihren inneren Bau, mit zahlreichen Abbildungen, Dresd. 1832. Göppert, Systema Filicum, Vratisl. et Bonnae 1836. Corda, Beiträge zur Flora der Vorwelt, Prag 1845 (Hauptwerk!). Stenzel, Ueber die Staarsteine (Nov. Act. N. Cur. 1855). Göppert, Foss. Flora d. perm. Formation, Kassel 1864.

Rhizomopteris Sch. Kriechende oder rankende, verästelte, meistens mit Spreuhaaren besetzte, runde Blattnarben oder Ueberreste der Blattstiele tragende Stämme.

Fossile Bruchstücke solcher mit stark entwickelten Spreuhaaren besetzten Stämme sind von einigen Autoren für Lycopodien gehalten worden, so z. B. *Selaginites Erdmanni* Geinitz non Germar, *Rhizomopteris lycopodioides* Sch. (Steinkohlenf. in Sachsen), *Selaginites uncinatus* Lesq. (Palaeont. of Illin.), wahrscheinlich von einem rankenden Farne herrührend. *Selaginites Erdmanni* Germ. aus der Steinkohle von Wettin ist ein junger dicht mit Spreuschuppen bedeckter Farnwedel, dessen Seitenfiedern theilweise noch eingerollt sind (*Spiropteris* Sch.).

Sphallopteris Cotta (*Cottaea* Sch. et Moug., *Anomopteris* Brngt.). Kurzer, dicker, niederliegender Stamm, mit den Blattbasen besetzt, welche auf der dem Boden aufliegenden Seite wie lange dicke Schuppen dachziegelartig über einander liegen.

Fossil im bunten Sandstein in einer Art, zugleich mit *Anomopt. Mougeotii*, zu welcher dieser Stamm gehören dürfte.

Thamnopteris Brngt. (*Chelepteris* Corda, *Anomorrhoea* et *Bathypteris* Eichw.). Aus anfänglich niederliegender Basis oder unmittelbar aufrechte, wenig lange und verhältnissmässig dünne Stämme, welche meistens durch die langen dichtgedrängten Blattstielreste eine bedeutende Dicke erreichen; Blattstielbasen stielrund oder durch gegenseitigen Druck mehr oder weniger deutlich kantig, die schiefe Bruchfläche oval oder länglich, die quere kreisrund, mit hufeisenförmigem Fibrovascularstrange (wie z. B. bei *Pteris Plumieri*). Adventivwurzeln mehr oder weniger zahlreich, die Blattkissen durchbrechend.

Es liegt kein Grund vor, diese Stämme, welche alle in ihrer äusseren Form dieselben Charaktere zeigen, in verschiedene Gattungen zu theilen, wie das geschehen ist. Mit jetztlebenden Formen verglichen, erinnern sie u. a. an die Stämme von *Osmunda*, *Struthiopteris*, *Blechnum brasiliense*, deren Holzcylinder im Vergleich zu der Blattkissenhülle von ähnlichen geringen Dimensionen ist.

Vorkommen: Im Rothliegenden, im bunten Sandstein und im Keuper. Die *Th. macropeltis* Schenk aus diesem entspricht wohl der Gattung *Cottaea* Jaeg.

Cyatheopteris Sch. Stamm aufrecht, ohne Blattstielüberreste; Blattnarben gross, spiralig angeordnet, dichtgedrängt, quadratisch-rhombisch, mit zerstreuten Gefässbündeln.

Diese Stammform gleicht u. a. der von *Cyathea excelsa* (s. S. 77 Fig. 2).

Vorkommen: Im bunten Sandstein, in einer bekannten Art.

Protopteris Sternb. (Fig. 115). Stamm aufrecht, nackt oder theilweise von Adventivwurzeln bedeckt, oder auch von einigen Blattstielüberresten; Blattnarben auf grossen ovalen, nach oben und unten auslaufenden Kissen, getrennt, umgekehrt eiförmig, nach unten verschmälert und abwärts laufend; Fibrovascularstrangspur hufeisenförmig, unter der Mitte eingeschnürt, an beiden Enden mehr oder weniger stark nach innen gebogen, dünn; Blattkissen und Narben von Adventivwurzeln durchbrochen.

Aehnliche Blattnarben kommen bei einigen Dicksonien vor, so z. B. bei *D. rubiginosa*.

Diese sehr ausgezeichnete Gattung gehört der älteren Kreideformation an, in welcher sie in Böhmen und Schlesien durch mehrere Arten vertreten ist; eine Art, *Pr. punctata* Sternb. (Fig. 115), ist auch in der unteren Kreide Grönlands aufgefunden worden.

Fig. 115.
Protopteris punctata Sternb. Aus der Kreide Grönlands. (Nach Heer, Fl. arct. III.)

Erst in neuerer Zeit hat sich herausgestellt, dass der Sandstein, in welchem diese Art zuerst beobachtet wurde, nicht der Kohle angehört, wie man früher glaubte, sondern dem Cenoman. Die älteste bekannte *Protopteris* ist *Pr. Witteana* aus dem Weald, da *Pr. peregrina* Newberry aus dem Devon nicht zu dieser Gattung gehört.

Ptychopteris Corda. Stamm gerade, lang, cylindrisch; Blattnarben gross, getrennt, in abwechselnde Quirle gestellt, oder spiralig angeordnet, länglich-oval oder elliptisch, an dem oberen und unteren Ende abgerundet oder zugespitzt und zusammenlaufend, von Adventivwurzeln meistens derart überdeckt (vielleicht auch von stehengebliebenen Gefässbündeln, S. 77 Fig. 1), dass die Structur der Oberfläche derselben unkenntlich wird; zuweilen ist jedoch ein länglicher Ring sichtbar, welcher als Gefässbündelspur angesehen werden kann.

Die in diese Gattung vereinigten Stämme zeigen grosse äussere Aehnlichkeit mit denen verschiedener jetztlebender Cyatheen und Alsophilen. Der Holzcylinder aber besteht aus in einander geschachelten Fibrovascularbändern, wie bei *Psaronius*, was annehmen lässt, dass diese Farne zu den Marattiaceen gehören. Mehrere Arten derselben sind aus der Steinkohlenformation bekannt; de Zigno giebt eine solche aus der Trias von Recoaro an, Unger eine aus dem Neocom von Ischl. Nach Grand'Eury sind diese Stämme sehr häufig bei St. Etienne, wo sie in der Regel von *Pecopteris*-Blättern aus der Gruppe der *P. Schlotheimii* vergesellschaftet sind und wahrscheinlich mit diesen zusammengehören.

Caulopteris Lindl. et Hutt. (*Stemmatopteris* Corda) (Fig. 116). Stamm gross, aufrecht, ohne Blattstielreste und meistens ohne Adventivwurzeln; Narben gross und sehr gross, spiralig angeordnet, mehr oder weniger von einander entfernt, zuweilen sich berührend, beinahe kreisrund oder eiförmig, auch breit-länglich, schildförmig, mit einem etwas erhabenen mit der äusseren Contour parallel gehenden breiten Ring, welcher, in Form eines Kreissegments, oder eines an den Enden nach innen gebogenen Hufeisens, oder eines nur oben geöffneten Ovals, die Spur des inneren Fibrovascularbandes darstellt; im Uebrigen ist die Blattnarbe, wenn nicht von Adventivwurzeln bedeckt, vollkommen glatt.

Die Structur des Holzcylinders gleicht der von *Psaronius*.

Diese Stämme sind in der productiven Steinkohlenformation und namentlich der oberen, aus welcher sie noch in die Steinkohlenschichten der permischen Reihe herübergehen, häufig und bilden eine Reihe von Arten, welche sich nach der Disposition, der Form und der Grösse der Blattnarben — diese haben eine Höhe von 4—11 cm auf eine Breite von 2,5—7 cm — und besonders durch die Form der Gefässbandnarben unterscheiden lassen.

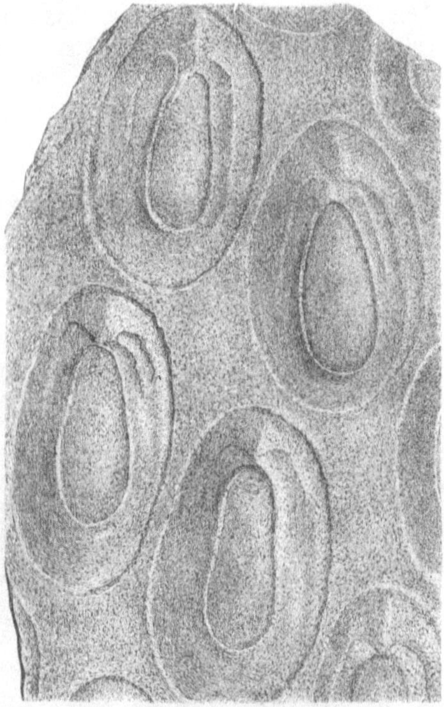

Fig. 116.
Caulopteris caulopteroides Gr. E. Aus der Steinkohle von St. Etienne. (Nach Grand'Eury.)

Die Stämme mit persistirenden Blattstielbasen (*C. Lockwoodi* und *antiqua*) aus dem oberen Devon, welche Dawson mit dieser Gattung vereinigt, stammen gewiss von einem andern Farntypus her und dürften zu den Palaeopteriden gehören.

Die riesigen Blattstiele, deren Durchschnitt ganz ähnliche Gefässbündelspuren erkennen lässt wie die Blattnarben dieser Stämme, und welche Grand'Eury als *Stipitopteris* bezeichnet, stammen, nach diesem Autor, wahrscheinlich von *Pecopteris*-Blättern her.

Megaphytum Artis (et *Zippea* Corda). Stamm aufrecht, hoch, mit zwei sich gegenüberstehenden Reihen alternirender, sehr grosser, beinahe rund-schildförmiger Blattnarben, welche, wie die der vorhergehenden Gattung, einen concentrischen Gefässring enthalten und zahlreiche kleine runde Gefässbündelspuren; Rinde mit zahlreichen Spreuhaarspuren und Adventivwurzelnarben besetzt.

Diese Stämme wurden lange mit *Ulodendron* verwechselt; durch Alex. Braun ist ihre Farnnatur auf das bestimmteste nachgewiesen worden.

Baumfarne mit zweizeiligen Blättern giebt es jetzt keine mehr, wohl aber krautartige Farne mit kriechendem oder rankendem Stengel; bei diesen stehen aber die Blätter auf der dem Lichte zugekehrten mehr genähert als auf der entgegengesetzten Seite, während bei *Megaphytum* die Blattorthoschichten den Stamm in zwei gleiche Längshälften theilen.

Vorkommen: Nur aus der Steinkohlenformation bekannt.

Die Megaphyten treten zuweilen auch als Psaronien auf und lassen sich in diesem Zustande leicht an dem nur aus zwei Vascularbändern bestehenden Holzcylinder und den zweireihigen Blattgefässbündeln erkennen.

Psaroniocaulon Grand'Eury. Cylindrischer Stamm, ganz mit einem dichten Wurzelgeflechte bedeckt, wodurch die Blattnarben unsichtbar werden.

Grand'Eury glaubt mit Gewissheit annehmen zu können, dass wenigstens ein Theil dieser Stämme der obere cylindrische Theil sind von

Psaronius Cotta (*Psarolithus, Helmintholithus, Staarstein, Madenstein, Sternstein, Starry-Stone* [engl.]) (Fig. 117). Stamm meistens dick, zuweilen mit einem

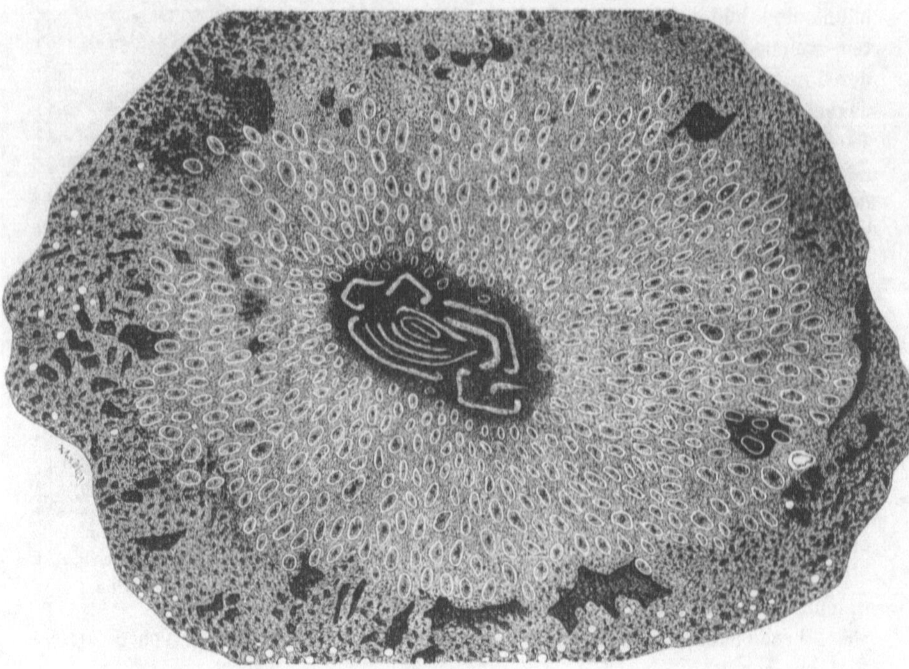

Fig. 117.
Psaronius Cottai Corda. (Nach Corda.)

Durchmesser von mehreren Fuss, die Hauptmasse aus einem von zahlreichen einfachen Adventivwurzeln durchzogenen Rindenparenchym bestehend; der aus mehreren in concentrische Ringe gestellten, bandförmigen und längsgefalteten Fibrovascularsträngen gebildete Holzcylinder im Verhältniss zum Rindendurchmesser dünn oder nur mässig dick, rund oder kantig.

In Bezug auf die Structur des Holzcylinders und der dicken parenchymatösen (im lebenden Zustande wohl fleischigen), von Adventivwurzeln durchzogenen Rinde stehen die Psaronien ohnstreitig den Marattiaceen am nächsten, unterscheiden sich aber durch den hohen cylindrischen Stamm, welcher nur an der Basis in Folge der Wurzelbildung in der Rinde kegelig anschwellt, während derselbe bei den lebenden Marattiaceen, welche einen dicken Stamm besitzen, wie *Marattia* und *Angiopteris*, niedrig bleibt und eine unregelmässige, knollige Gestalt annimmt; die zahlreichen, ebenfalls mehrreihigen Gefässstränge sind in diesem Stamme unregelmässig zerstreut, bei *Psaronius* dagegen folgen sich die Reihen derselben meistens ziemlich regelmässig in concentrischen Ringen. Die Zahl der Gefässbündel wechselt nach den Arten und dem Alter der Pflanzen.

Im Querschnitte zeigen die meistens dicken Vascularbänder sehr verschiedene Formen: bald sind sie einfach oder doppelt hufeisenförmig, am Rande einwärts oder rückwärts gekrümmt, bald wurmförmig verbogen (daher der Name Wurm- oder Madenstein, Helmintholith), bald kurz und beinahe gerade, besonders nach innen; überhaupt nimmt die Breite der Bänder von aussen nach innen ab; die den Markcylinder durchziehenden Stränge sind schmal.

Der Querschnitt der verkieselten, in mehr oder weniger grossen Bruchstücken vorkommenden Rinde zeigt zahlreiche regelmässige, meistens ungefähr gleichgrosse, ovallängliche oder rundliche, dichtgedrängte Flecken, welche, weiss oder röthlich, sich sehr schön von dem dunkleren Grunde abheben, wodurch das Ganze dem gefleckten Gefieder eines Staars nicht unähnlich wird; daher der Name Staarstein oder Psarolithen, Psaronien. Der Durchschnitt der Wurzeln selbst zeigt häufig einen äusserst zierlichen rothen Stern, von der radialen Anordnung der axilen Gefässbündel herrührend, welcher den Werth dieser Fossilen als Schmucksteine noch erhöht. Denn als solche wurden dieselben zur Zeit und während langen Jahren, besonders in der Nähe von Chemnitz in Sachsen, ausgebeutet und zu verschiedenen Schmucksachen, Dosen u. s. w., verschliffen *). In demselben Calcedon, durch welchen diese Farnstämme ersetzt sind, finden sich zuweilen zerstreut oder in ganzen Haufwerken die Blattfiederchen dieser Pflanzen, und einem Dosendeckel mit solchen verdanken wir unsere erste Kenntniss der Fruchtorgane dieses längst verschwundenen Farntypus.

Ueber die in den Gesteinsschichten aufrechten, verkohlten *Psaronius*-Stämme giebt Grand'Eury in seinem wichtigen Werke, Flore carbonifère de St. Etienne, folgende Aufschlüsse:

Die Psaronien sind der kegelig verdickte Basilartheil hoher, baumartiger Farne; da wo dieselben noch aufrecht in den sandigen oder thonigen Gesteinsschichten erhalten sind, ist die dicke, von Wurzeln durchzogene Rinde verkohlt, dasselbe ist der Fall für die von aussen nach innen sich folgenden Fibrovascularbänder, die, verkohlt, blätterig über einander liegen.

Nach unten hin verschmälert sich der Holzcylinder und die Gefässstränge werden weniger zahlreich, die Rinde mit den zahlreicher werdenden Wurzeln wird dagegen dicker, das unterste Ende verläuft allmählich spitz zu und legt sich um, woraus geschlossen werden kann, dass die Pflanze im ersten Ent-

*) S. die interessante Abhandlung von J. T. Sterzel, Die fossilen Pflanzen des Rothliegenden von Chemnitz (Naturwiss. Gesellsch. v. Chemnitz, Bericht von 1873—74).

wickelungsstadium liegend war, wie das jetzt auch noch bei manchen Baumfarnen der Fall ist.

Die Stämme, welche sich durch mehrere Gesteinsschichten verfolgen lassen und eine Höhe von 5—8 m zeigen, gehen in ihrem oberen Theile allmählich in *Psaroniocaulon* über, indem sie vollkommen cylindrisch werden, mit oberflächlicher Adventivwurzelbildung. Jeder Gesteinsschichte entspricht eine gleichsam abgeschlossene, sehr starke, theilweise horizontal verlaufende äussere Wurzelentwickelung, so dass auf einem und demselben Stamme sich mehrere Etagen von weitauslaufenden Wurzelschöpfen befinden. Dies berechtigt wohl zur Annahme, dass diese Farnbäume im Wasser oder wenigstens an sehr sumpfigen Stellen gelebt haben, dass durch zeitweise Einschwemmungen von Sand und Thon die im Wasser sich ausbreitenden Wurzeln eingehüllt wurden, und dass sobald die versandeten Stellen sich wieder mit Wasser bedeckten, eine neue mächtige Wurzelwucherung stattfand. Eine ähnliche Erscheinung sehen wir bei *Taxodium* in den Swamps von Alabama, Louisiana, Südcarolina; auch bei diesem Baum verlaufen zahlreiche Adventivwurzeln in der Rinde des unteren Stammtheils und treten im Wasser oder Schlamme hervor, um einen weithin sich ausdehnenden Wurzelschopf zu bilden.

Die innere Structur der Psaronien ist sehr genau bekannt: die Gefässbänder bestehen aus denselben Elementarorganen wie bei den lebenden Farnen, hauptsächlich Treppengefässen, mit oder ohne Sklerenchymscheide; der Markcylinder ist von zahlreichen ziemlich starken Gefässbündeln durchzogen. Die Wurzeln sind an ihrem Ursprunge dünn, im Verlaufe durch die Rinde werden sie allmählich dicker und erreichen selbst eine ziemlich bedeutende Dicke; sie treten unverzweigt aus der Rinde hervor, um sich nachträglich in Aeste zu theilen; sie sind von einer Parenchymrinde umgeben, und in der Axe verläuft ein kantiges oder mehrfach geflügeltes Gefässbündel, welches im Querschnitte meistens sechs oder mehr Ecken oder Strahlen zeigt; die Gefässe selbst gleichen denen des Holzcylinders.

Die Gefässbündel, welche in die (seltener) zwei-, meistens mehrreihigen, quirlig oder spiralig angeordneten Blätter abgehen, nehmen ihren Ursprung von den äusseren Gefässbändern, erhalten zugleich aber auch von den inneren feinere accessorische Stränge, welche mit ihnen anastomosiren, ganz so wie wir dies bei *Dicksonia, Diplazium, Pteris* u. s. w. sehen.

Die Psaronien finden sich verkohlt, besonders in den oberen Steinkohlenlagern, verkieselt, oft mit vollkommen erhaltener Structur, in den unteren Permschichten (dem sog. Rothliegenden oder rothen, häufig porphyrischen, Sandstein).

Hauptfundorte der verkieselten *Psaronius*-Ueberreste sind die Gegend von Chemnitz in Sachsen, Neu-Paka in Böhmen, Val-d'Ajol in den oberen Vogesen, Autun in Frankreich.

Dawson gibt 2 Psaronien aus dem Devon Canada's (Erian-Series) an. — Es sind dies Stämme mit einer äusseren Wurzelhülle, deren innere Structur aber sehr von der der Psaronien abweicht.

Temskya Corda. Im Sinne Corda's bestehen diese fossilen Farnüberreste nur aus Wedelstielen und Adventivwurzeln, welche diese einhüllen. Diese

Stiele sind rund mit einer Längsrinne, oder geflügelt, dick berindet; Gefässbündel zu drei, das grössere geschlossen, oder halbkreisrund und an den Enden eingebogen, die kleineren nach vorn liegenden halbmondförmig.

Drei Arten werden aus dem Rothliegenden angegeben, die vierte Art, *Temskya Schimperi* Corda, gehört dem Weald an und ist wohl generisch sehr verschieden von den übrigen. Schenk, welcher vollständige Stammdurchschnitte von diesem Fossil untersuchen konnte, sagt, dass der Holzcylinder Fibrovascularstränge von verschiedener Dimension und Form enthalte; die dünneren derselben bestehen aus einem Bündel von Treppengängen, welches von einer Sklerenchymscheide umgeben ist, die grösseren zeigen auf dem Querschnitte Hufeisenform; die Treppengefässe derselben umschliesen eine Parthie Parenchym, und Sklerenchymzellen trennen sie von dem umgebenden Gewebe; zwischen denselben und den Gefässen liegen Schichten dünnwandiger Zellen.

Nach Schenk gehören die Fibrovascularstränge nur dem Stamme an und nicht, wie Corda annimmt, Blattstielen und Adventivwurzeln. So aufgefasst zeigt der Stamm Aehnlichkeit mit dem der Marattiaceen.

Unter dem Collectivnamen

Rhachiopterides

begreift Corda isolirt oder in Adventivwurzeln eingehüllte Bruchstücke von Farnstielen und Spindeln, welche hinlänglich gut erhalten sind, um ihre innere Structur erkennen zu lassen.

Da die nähere Beschreibung dieser Ueberreste uns zu weit führen würde, so müssen wir uns auf die Angabe der auf dieselben sich beziehenden Abhandlungen beschränken:

Corda, Beiträge zur Flora der Vorwelt. Richter und Unger, Beiträge zur Palaeontologie des Thüringer Waldes (botan. Theil von Unger) in Denkschr. d. k. Akad. d. Wissensch. zu Wien 1856. Renault, Études sur la tige des *Zygopteris* et *Anachoropteris* Corda, Ann. Sc. nat. 5e sér. t. 12; Étude du genre *Myelopteris* Ren. (*Myeloxylon* Brngt., *Medullosa* Corda) in Mém. de l'Acad. d. Sc. de l'Instit. (Sav. étr.) t. XXII; dieser Blattstiel zeigt ganz die Structur der Blattstiele von *Marattia* und *Angiopteris*. W. C. Williamson, On the Organisation of the Foss. Pl. of the Coal-meas.: Part VII *(Myelopteris)* from the Philos. Transact. 1875 vol. 166; id. ibid. 1877 et 1878 P. IX *(Rhachiopteris)*.

Ophioglossaceae.

Diese Abtheilung enthält nur die einzige

Familie Ophioglosseae

mit drei wenig artenreichen Gattungen, von denen nur die Gattung *Ophioglossum* L. eine fossile Art aufzuweisen hat.

Ophioglossum L. Stämmchen unterirdisch, sehr kurz, meistens nur ein Blatt tragend, dessen oberer Theil in ein oder mehrere Abschnitte zerfällt, von welchen der eine eine einfache ovalängliche oder lanzettliche, selten grosse breite handförmig zerschlitzte Spreite bildet; Nervation doppelt netzförmig;

fertiler Abschnitt ährenförmig, bei den ganzblätterigen Arten, einfach, langgestielt, bei der zerschlitztblätterigen Art (*O. palmatum*), mehrere beinahe sitzende Aehren am oberen Theil des Stiels und an der Basis der Spreite darstellend; Sporangien zweireihig, fest unter einander verwachsen, gleichsam nur Höhlungen im Blattparenchym bildend, und nach aussen als schwache Wölbungen hervortretend, zur Zeit der Reife zweiklappig sich öffnend.

Die einzige bekannte fossile Art vom Typus unseres *O. vulgatum* oder *O. lusitanicum* ist in sehr spärlichen und wenig deutlich erhaltenen Exemplaren in den eocänen Mergelschiefern von Monte Bolca aufgefunden worden.

Zu dieser Gattung oder Familie gehört vielleicht

Chiropteris Kurr. Laub langgestielt, breit fächerförmig, fingerig zerschlitzt, lederartig fest; Nerven alle gleichstark, strahlig aus einander gehend, mehrfach gabeltheilig, zu einem engrhomboidischen Maschennetz anastomosirend.

Diese Blattform erinnert so sehr an die des *Oph. palmatum*, dass ich glaube dieselbe bis auf Weiteres hier einreihen zu können.

In einer Art (*Ch. digitata* Kurr.) fossil im unteren Keuper Württembergs.

II. Classe. **Rhizocarpeae. Hydropteriden.**

Stengel kriechend oder schwimmend, dünn, mit Ausnahme von *Salvinia*, an der Unterseite denen der Farne ähnliche Wurzeln tragend. Blätter zweireihig oder gequirlt. Sporangien an oder etwas über der Basis der Blätter, geschlossen, entweder nur Mikro- oder Makrosporangien enthaltend oder beide zugleich und dann in Mikro- oder Makrosporangienfächer getheilt.

Alle Arten leben an feuchten Stellen oder im Wasser, daher der Name Hydropteriden.

1. Familie. **Salviniaceae.**

Diese Familie besteht aus den Gattungen *Salvinia* und *Azolla*, von welchen wir nur erstere fossil kennen.

Salvinia Mich. (Fig. 118). Pflanze schwimmend; Stengel zart, mit dünnem concentrischem Fibrovascularstrang und vielen Luftcanälen in der Rinde; Blätter in dreigliederigen Wirteln, die beiden obern (Luftblätter) auf dem Wasser schwimmend, aus herzförmiger Basis eirund, mit zartem Mittelnerven, von welchem unter offenem Winkel sehr dünne entfernt stehende, an jeder Seite zu einer Reihe grosser Maschen anastomosirende und von da zum Rande verlaufende Seitennerven abgehen; Parenchym aus sehr kleinen Zellen gebildet, durch sehr grosse Lufthöhlen in hexagonale Fächer getheilt; Oberfläche mit schief nach dem Rande verlaufenden, einen Haarbüschel tragenden Wärzchen besetzt; Unterseite, wie der Stiel und der Stengel, behaart, das dritte Blatt (Wasserblatt) abwärts gerichtet, in einen Büschel langer, wurzelähnlicher, mit langen feinen Haaren besetzter Fäden getheilt und die Function von Wurzeln vertretend; die Sporokarpien zu 4—8 am Grunde des Wasserblattes, kurzgestielt, beinahe kugelig, gerippt, die einen Mikro-, die anderen Makrosporangien enthaltend, welche einem in die einfache Höhlung ragenden keulenförmigen Receptaculum aufsitzen; jene sehr klein und langgestielt, diese grösser und kurzgestielt.

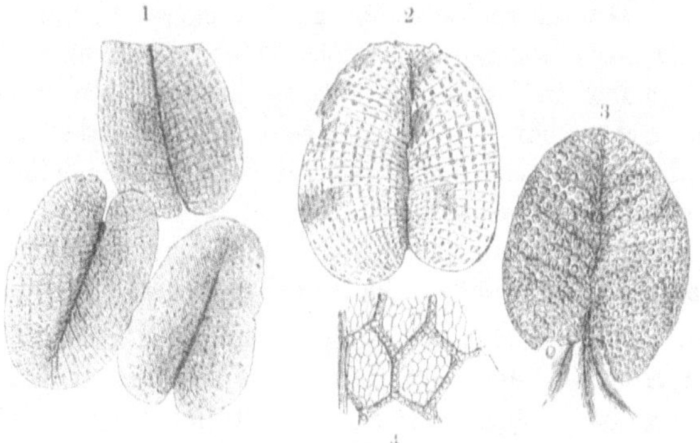

Fig. 118.
1 *Salvinia cordata* Ett., von Bilin. 2 *S. Reussii* Ett., von Priesen (nach Ettingsh.). 3 *S. formosa* Heer, von Schrotzburg bei Oeningen. 4 ein vergrössertes Blattstück, die eingesunkenen Lufthöhlen und die kleinen Parenchymmaschen zeigend (nach Heer).

Die wenigen Arten dieser Gattung sind beinahe durchgehends Bewohner der südlichen Regionen, nur e i n e Art, *S. natans*, findet sich in Europa, West- und Nordasien und Nordamerika.

Die fünf bis jetzt bekannten fossilen Arten gehören der Tertiärzeit an und finden sich theils in den oligocänen, theils in den miocänen Gebirgsschichten. Durch die grösseren Luftblätter nähern sich dieselben alle mehr den südlichen Formen als der europäischen.

Pilularia L. Stengel auf nasser, schlammiger Erde kriechend, an der Unterseite bewurzelt; Blätter fadenförmig, zugespitzt; Sporokarpien an der Basis dieser, kugelig, fest, mit kurzen Haaren besetzt, 2- oder 4fächerig, 2- oder 4klappig aufspringend; Mikro- und Makrosporangien auf kurzem Receptaculum vereinigt. Die Gattung besteht aus 5 lebenden Arten, von welchen eine dem mittleren und nördlichen Europa, eine dem südlichen und zugleich Nordafrika angehört.

Fossil kennen wir nur mit ziemlicher Bestimmtheit, obgleich nur in einem kleinen fruchttragenden Bruchstücke, die *P. pedunculata* Heer, aus den miocänen Schichten Oeningens. Die *P. principalis* Ludw. aus der Ural'schen Kohlenformation kann kaum hier in Betracht gezogen werden, da dieselbe zu problematischer Natur ist.

Marsilia L. Stengel kriechend, an der Unterseite stark bewurzelt; Blätter langgestielt, in 4 gleichgrosse, breit-keilförmige, am Rande ganze oder eingeschnittene, auf dem Wasser horizontal ausgebreitete Fiederblättchen getheilt, diese glatt oder behaart, besonders in der Jugend, mit Stomaten auf der Ober- und Unterseite; Nerven zu mehreren aus der callösen Basis entspringend, mehrfach gegabelt, strahlig aus einander gehend, Aeste derselben über der Spreitehälfte durch entfernt stehende schiefe Queräste zu einem langgezogenen Maschennetz vereinigt; Sporangien zu zwei oder drei aus der Basis des Blattstiels oder oberhalb derselben entspringend, mehr oder weniger langgestielt, mit bis zu einer gewissen Höhe unter einander verwachsenen Stielen, kurz bohnenförmig, am Grunde rückwärts mit zwei Höckerchen, hart, behaart, zuletzt glatt, durch die Sori, welche als häutige Säckchen auf einem beim Hinzutritt von Wasser zu einem Gallertstrange aufschwellenden Receptaculum sitzen, das Innere in zahlreiche über einander liegende Fächer getheilt, nach der Reife und in Folge des Aufquellens des ungeheuer sich ausdehnenden Gallertstranges zweiklappig aufspringend und den Inhalt in Form einer halbmondförmigen hyalinen Masse entleerend, welche sich an einem Ende lostrennt und mit den in zwei Reihen stehenden ebenfalls aufgeschwollenen Sori wurmartig verlängert.

Von dieser Gattung sind bereits über 50 lebende Arten bekannt, von denen nur 2 (*M. quadrifolia* L. dem mittleren, *M. Fabri* dem südlichen) Europa angehören; die grössten Formen kommen in Australien vor, und oft in so grossen Massen, dass die Früchte als Nahrungsmittel gewonnen werden können. Alle Arten leben in stehenden Wässern oder Sümpfen, erhalten sich aber auch nach dem Austrocknen dieser, was für manche alljährlich geschieht.

Fossil ist diese Gattung nur durch eine aufgesprungene Frucht mit Spuren von dem Gallertstrang und den Indusien bekannt. Diese Frucht, von Al. Braun *M. Marioni* benannt, von Marion als *Ronzocarpon hians* beschrieben und abgebildet, gleicht sowohl der bedeutenden Grösse als Form und Querstreifung nach der australischen *M. Drummondi* (*Salvatrix* Hanst.) und stammt aus den miocänen Mergeln von Ronzon in Frankreich, wo sie von Marion aufgefunden worden ist.

Sagenopteris Presl (Fig. 119). Blätter langgestielt, in zwei Paar handförmig ausgespreiteter Fiederblättchen getheilt; diese meistens ziemlich gross und von lederartiger Consistenz, an der etwas callösen Basis sich abtrennend, trapezoidisch-eiförmig, messerförmig, ungleichseitig, umgekehrt eirund-spatelförmig und an demselben Blatte ungleichgestaltig, auch beinahe nierenförmig, überhaupt bei dem Typus *S. rhoifolia*, dem am häufigsten vorkommenden, der Gestalt und Grösse nach, ungemein polymorph, von 1 ^{cm} bis 10 ^{cm} lang; bei dem Typus *S. angustifolia* Zigno klein, schmal-zangenförmig, symmetrisch, von zarter Consistenz; Mittelnerv am unteren Theil kaum angedeutet, nicht vorspringend, Seitennerven in ein fächerförmig verlaufendes, langgezogenes, rhomboidisches Maschennetz anastomosirend; Früchte kugelrund oder eiförmig, glatt oder mit Haaren besetzt.

Die Stellung dieser Gattung unter den Rhizocarpeen und in der nächsten Nähe von *Marsilia* lässt kaum mehr einen Zweifel übrig, seitdem in verschiedenen Formationen, zugleich mit den Blättern, unzweideutige Sporenfrüchte aufgefunden worden sind, welche nur mit Rhizocarpeen-Sporokarpien verglichen werden können.

Das erste Auftreten dieser Pflanzenform fällt in die rhätische Epoche und zwar mit *S. rhoifolia* Pr., welche in den dieser Epoche entsprechenden Erdschichten, u. a. bei Bayreuth und in Schonen, oft in sehr zahlreichen, nicht

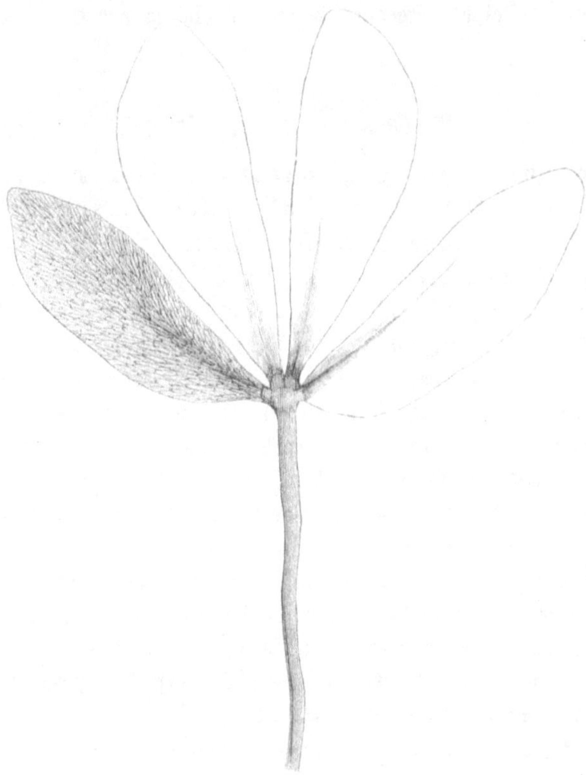

Fig. 119.
Sagenopteris rhoifolia Presl. Aus dem Rhät von Bayreuth.

selten vollkommen erhaltenen Blättern beobachtet worden ist; eine sehr ähnliche, vielleicht dieselbe Art findet sich im unteren Lias des Veronesischen und Schwedens; aus dem ersteren hat de Zigno (Fl. foss. oolith.) eine grosse Form mit oben abgerundeten, aber eben so variabel als *S. rhoifolia*, als *S. Goeppertiana*, eine zweite mit nierenförmigen Blättchen, *S. reniformis*, und eine dritte sehr kleine, mit schmal-zungenförmigen zarten Blättchen, *S. angustifolia*, bekannt gemacht. Im Oolith von England findet sich *S. Phillipsii* Schk., ausgezeichnet durch verhältnissmässig längere, schmälere und weniger ungleichseitige Blättchen. *S. Charpentieri* Heer aus dem Lias von Bex in der Schweiz ist wohl kaum von *S. rhoifolia* verschieden; *S. gracilis* aus dem unteren Lias der Schambelen ist zweifelhaft.

Marsilidium Schenk, aus dem Wealden, hat 6 wirtelig angeordnete Blätter, und es scheint, der Abbildung nach, als ob mehrere Wirtel sich auf demselben

Stengel folgten; die Blätter selbst sind breit-spatelförmig, ähnlich den Blättern von *Sphenophyllum Schlotheimii*, nur viel grösser, aber auch dieselbe wiederholt gegabelte Nervation, ohne Anastomose, zeigend.

Es dürfte diese Pflanze wohl kaum in näherer Verwandtschaft mit *Marsilia* stehen, sondern vielleicht demselben Typus angehören wie die indische *Trizygia* Royle.

3. Classe. **Calamarieae.**

Stamm aufrecht, gegliedert; Glieder durch eine Scheidewand getrennt, in Folge des Verschwindens des dicken Markcylinders, hohl; Holzcylinder aus einem Kreise im Querschnitte runder *(Equiseteae)*, oder keilförmiger *(Calamiteae)*, von einem nach innen liegenden Luftgange durchzogener Gefässbündel gebildet, welche bei den Equiseteen aus wenigen Netz- und Leitertracheiden, einigen Spiralgefässen und langgezogenen Zellen zusammengesetzt sind, bei den Calamiteen, nach innen aus zahlreichen radial disponirten, von einander durch Parenchymplatten getrennten Leiter- und Netztracheiden, nach aussen aus Bastelementen bestehen. Rinde mehr oder weniger dick, parenchymatös, mit oder ohne mit den inneren abwechselnden Lufthöhlen. Blätter an den Articulationen gequirlt, zu einer Scheide verwachsen oder frei. Fruchtstand ährenförmig, Sporangien an eigenen Trägern hängend, Sporen gleichartig.

In diese Classe können einstweilen vereinigt werden die Equiseteen, Schizoneureen, Annularieen und Calamiteen.

1. Familie. **Equiseteae.**

Stamm aus einem unterirdischen, perennirenden Rhizom aufsteigend, einfach oder quirlästig, von kreisförmig geordneten Gefässbündeln durchzogen; innerer Hohlraum weit. Blätter zu einer Scheide verwachsen, nach oben in Form von Zähnen oder Zipfeln frei, regelmässig auf den sich folgenden Internodien alternirend, von einem medianen, bis zur Spitze verlaufenden und in einer mehr oder weniger deutlichen Leiste bis zum nächsten Internodium abwärts tretenden Gefässbündel durchzogen. Die Sporangienträger ohne Bracteen, in dichte Quirle geordnet, senkrecht auf der Axe stehend und in ein verticales Schild endigend, an dessen Unterseite die Sporangien hängen, welche sich durch einen Längsriss öffnen; Schilder durch gegenseitigen Druck hexagonal. Sporen kugelig, glatt, mit einer dreischaligen Haut, von welcher die äussere

Schale sich in zwei spiralig gewundene, an beiden Enden spatelig verbreiterte, nur in der Mitte der Spore angewachsene Bänder (Elateren) spaltet, welche im feuchten Zustande fest zusammengerollt sind, beim Austrocknen aber springfederartig sich abrollen, wodurch das Aufreissen des Sporenbehälters und das Ausstreuen der Sporen herbeigeführt wird.

Die Stammglieder sind meistens der Länge nach von Riefen durchzogen, in welchen die einfachen Blattgefässbündel nach dem unten liegenden Diaphragma verlaufen, wo sie sich in zwei Aeste theilen, die sich an die rechts und links liegenden Bündel des unteren Internodiums anlegen. Die Bündel umgeben in einem Kreise die axile Höhle und bestehen aus einem der Mitte zugekehrten, einen luftführenden Intercellulargang (den sog. wesentlichen) umschliessenden Gefässtheile und einem der Peripherie zugekehrten Siebtheile. Die Gefässelemente sind enge, dickwandige, geringelte, netz- und leiterförmige, sowie einzelne spiralig verdickte Tracheiden. Der ganze Gefässcylinder ist von einer, meistens durch ihre gelbliche Farbe unterscheidbaren Endodermis (Schutzscheide) umgeben. Das laxe Rindenparenchym ist theilweise chlorophyllführend und von grossen, mit den inneren engen abwechselnd stehenden Höhlen (Valecularhöhlen) durchzogen; an der Aussenseite liegt ein aus Sklerenchymelementen bestehendes Hypoderma und die sehr verkieselte Epidermis. Die eigenthümlichen, mit zwei Schleierzellen versehenen Stomaten liegen in den Rillen und auf den Blättern und bieten für die systematische Zusammenstellung der Arten wichtige Charaktere.

Die fruchtbaren Stengel sind den unfruchtbaren entweder gleich oder ungleich; in letzterem Falle zeichnen sie sich durch das Fehlen der Aeste und durch gelbliche oder röthliche Farbe aus.

Das Rhizom unterscheidet sich von den oberirdischen Stengeln durch die fehlende oder nur schwach angedeutete Berippung, die weniger zahlreich zur Entwickelung kommenden Aeste; die centrale Höhle fehlt zuweilen. Gewisse Theile desselben erfahren bei verschiedenen Arten eine sehr abweichende Ausbildung, indem sie zu kugeligen, ovalen oder birnförmigen Knollen anschwellen, welche zuweilen gleichsam gestielt sind und aus stärkeführendem Parenchym bestehen, entweder einzeln oder perlschnurartig zusammenhängend vorkommen und auf dem Scheitel ein Rudiment der Blattscheide tragen. Diese Knollen, welche bei den lebenden Arten erbsen- oder haselnussgross sind, erreichen bei den fossilen Arten die Dimensionen grosser Hühnereier. Diese Gebilde dienen zur Vermehrung der Pflanzen.

Die aus dem Rhizom entspringenden oberirdischen Axen werden schon im Spätjahre als Knospen mit in einander geschachtelten Blattscheiden angelegt. Riesige Formen dieser finden sich nicht selten mit den mächtigen Stämmen der Keuper-Equiseten und beweisen, dass die oberirdischen Stämme dieser baumartigen Schafthalme auch einjährig waren wie die unserer jetztlebenden krautartigen.

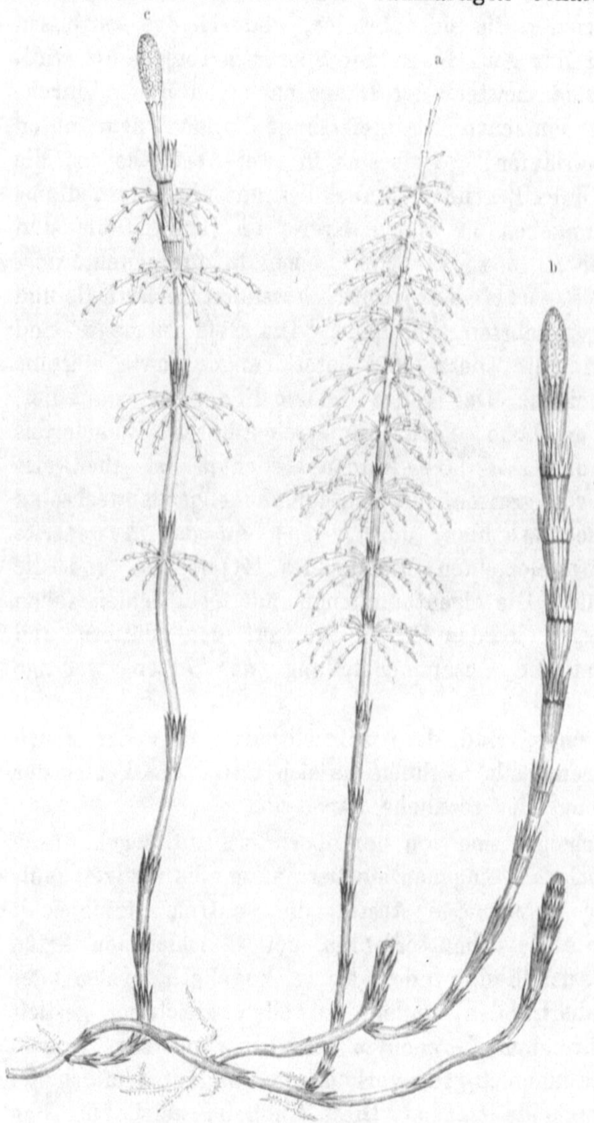

Fig 120.
Equisetum pratense Ehrh. a steriler Spross. b fertiler Spross. c fertiler Spross mit Aesten. (Nach Duval-Juve.)

Die Aeste treten in den Rillen und unterhalb der Scheide zu Tage, obgleich die erste Knospenanlage in Scheideachseln sich befindet.

Die Wurzeln am Rhizom entspringen ebenfalls unterhalb der Scheide und auf den Riefen, zwischen den Blattbasen; dieselben sind von fester Consistenz und ästig. Ein feiner Wurzelfilz bedeckt Rhizom und Wurzeln.

Die Fruchtähre ist länglich-cylindrisch oder eiförmig, durch die sechsseitigen Schilder vollkommen geschlossen. Die Spindelaxe derselben ist von Markparenchym angefüllt.

Die einzige lebende Gattung dieser Familie, die Gattung

Equisetum L., zählt in der jetzigen Flora nur etwa 25 Arten, von welchen die meisten in Europa und von diesen ein grosser Theil auch in anderen Welttheilen der nördlichen Hemisphäre, namentlich in Asien und Nordamerika, leben. Die zwei oder drei tropischen Arten sind die grössten der Gattung, von welchen aber auch die stärksten, wie *Eq. xylochaeton* (Fig. 121[1]), kaum 7 m Höhe und 25 mm Dicke erreichen. Aus Australien ist bis jetzt noch kein *Equisetum* bekannt.

Die ersten fossilen Equiseten, über deren Zugehörigkeit kein Zweifel mehr herrscht, gehören der Trias an, und zwar die älteste Art *Eq. Mougeotii* Sch. (*Calamites arenaceus* et *Mougeotii* Brngt.) dem bunten Sandstein, in welchem die bis 20 cm dicken, nach unten bauchig angeschwollenen gerieften Stammsteinkerne, sowie solche von langgliederigen Aesten (*Cal. remotus* Brngt.) oft in grosser Menge, namentlich am Fuss der mittleren Vogesen, vorkommen, Stücke mit der glatten Rinde und den langgezähnten Scheiden aber selten sind*).

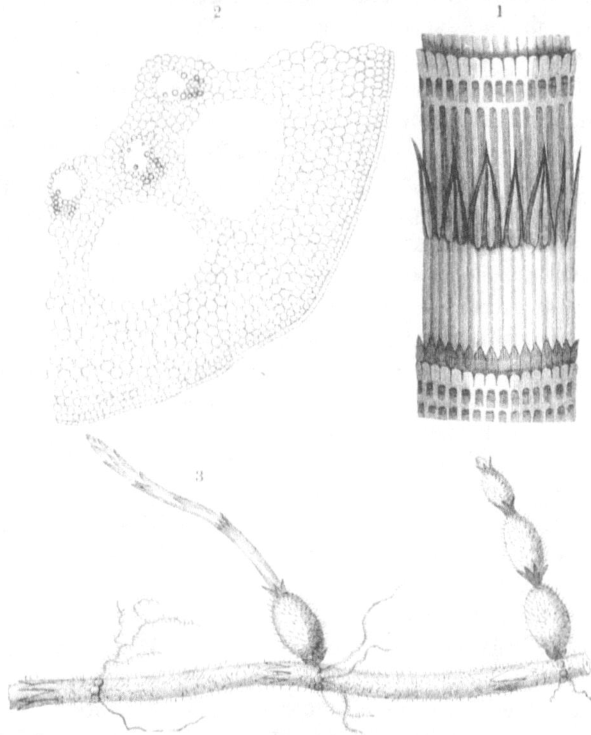

Fig. 121.
1 Stammstück von *Equisetum xylochaeton* Mett. aus Peru. (Nat. Gr.) 2 Theil des Querschnitts des Rhizoms von *Equisetum ramosissimum* Desf. (vergr.) 3 Rhizom mit Knollen von *Equisetum arvense* Z. (Nach Duval-Jouve.)

Im unteren Keuper (Schilfsandstein) treten mehrere Arten auf, von welchen *Eq. arenaceum* (Jaeg.) Bronn die häufigste ist. Diese Art, deren vollkommen glatter Stamm bis über 20 cm dick ist, unterscheidet sich von den übrigen Arten durch die langen lanzettlich-pfriemlichen Zipfel der aus bis 120 Blättern bestehenden, gegen 3 cm langen festen Scheide. Von diesem Riesenschafthalme sind nicht nur der Stamm mit der glatten Rinde, in deren Epidermis dieselbe Ablagerung von durchbrochenen Kieselplättchen sich findet wie bei den lebenden Arten, und den vollkommen erhaltenen Scheiden, sondern das Rhizom, die Rhizomknollen, Knospen, freiliegende Diaphragmen am Rande die Gefässbündelspuren zeigend, losgetrennte wohlerhaltene Blattscheiden, und endlich die grossen eiförmigen, aussen aus sechsseitigen Schildern gebildeten Fruchtähren (Fig. 123[4]) bekannt. Die Stammstücke tragen nur selten Astspuren, und wo diese vorkommen, scheinen sie dem oberen dünneren Theil des Stammes angehört zu

*) S. W. P. Schimper et A. Mougeot, Monogr. des plantes fossiles du grès bigarré.

haben. Um die Basis der Scheide bildet die Rinde einen Kranz von quer abgesetzten Läppchen, deren Zahl ebenso gross ist als die der Zähne und welche nach dem Abfallen der Scheide stehen bleiben. Da von den Trennungslinien dieser Läppchen schmale, allmählich sich zuspitzende Rinnen auf der Rinde abwärts laufen, so gleicht das Ganze einer Scheide mit abgefallenen Zähnen, wofür dasselbe auch genommen worden. Aehnliche Rindenläppchen kommen bei dem peruvianischen *E. xylochaeton* vor. Der innere Steinkern ist gerippt wie bei den Calamiten, doch sind die Rippen weniger stark und weniger regelmässig.

Von dieser Art unterscheidet sich das ebenfalls dem Keuper angehörende *E. platyodon* Brngt. sp. mit kürzeren, nur aus 30—40 Blättern gebildeten kurz- und breitzähnigen Scheiden. *E. macrocoleon* von ebendaher hat sehr grosse Scheiden, welche oben in wenige grosse, zum Theil zusammenhängende Lappen gespalten sind.

Vorkommen: Die Hauptfundorte dieser Riesenequiseten sind in der Kohle des über der Lettenkohle liegenden Schilfsandsteins von Sinsheim im Gr.H. Baden, wo *E. arenaceum* verkohlt ganze Lager bildet, im Keupersandstein Württembergs, Frankens u. a. O. *E. Rogersi* Bunb. sp. vertritt diese Form in der Lettenkohle von Richmond (Nordamerika), wo dasselbe, nach Lyell, einen Hauptbestandtheil der Kohle bildet*).

Mit der rhätischen Formation, welche durch *E. Münsteri* Sternb. sp. charakterisirt ist, fangen die grossen Dimensionen dieser Pflanzen an etwas abzunehmen.

Aus dem Lias sind drei Arten bekannt: *E. liasinum* Heer, *E. gamingianum* Ettingsh., *E. veronense* de Zigno. *E. columnare* Brngt. aus dem unteren Oolith Englands nähert sich so sehr den mittleren Formen des *E. arenaceum*, dass beide Arten mit einander verwechselt wurden.

In der unteren Kreide (Weald) übertrifft *E. Phillipsii* Dunk. die grösste jetzt lebende Art noch um das Doppelte, andere Arten dagegen gleichen sehr verschiedenen unserer europäischen Formen.

E. procerum Heer hat ungefähr dieselbe Grösse wie *E. Phillipsii*; alle übrigen tertiären Arten, von welchen einige bis nach Grönland gingen, wo jetzt nur noch das winzige *E. scirpoides* lebt, unterscheiden sich wenig von denen der gemässigten Zone der Jetztwelt.

Rhizomknollen finden sich nicht selten noch den Rhizomen anhängend, sowohl in der unteren Kreide (*Karpolithen* Dunk.), als in der Tertiärformation (*Physagenia* Heer) (Fig. 123[4]).

Equisetites Gein. In diese Gattung können diejenigen Calamarien aus der Steinkohlenzeit vereinigt werden, deren Stengel Equiseten-Scheiden tragen. Da die Fructificationsweise dieser Pflanzen noch unbekannt ist, oder doch wenigstens keiner der bekannten Fruchtstände als zu denselben gehörig nachgewiesen werden kann, so bleibt ihre systematische Stellung noch zweifelhaft.

---

*) S. über die Equiseten des Keupers: Schönlein u. Schenk, Abbildungen d. foss. Pflanzen a. d. Keuper. 1865. Schenk, Beitr. z. foss. Flora des Keupers u. der rhät. Formation. 1864. Schimper, Traité de Paléontol. végét. Atlas.

2. Familie. Schizoneureae.

Schizoneura Sch. (*Convallarites* Brngt., *Equisetum* Brngt. e. p., *Equisetites* Sternb. e. p.). Stamm bis 5 cm dick, mit quirlig gestellten, axillären Aesten und Aestchen; Gliederungen, namentlich der Aeste, stark eingeschnürt, Oberfläche

Fig. 122.
Schizoneura paradoxa Sch. aus Sulz in Unter-Elsass. 1 Ast in natürl. Grösse. 2 Theil eines jungen Astes, restaurirt.

fein gerieft, Steinkern des Stammes mit sehr breiten flach-concaven Rinnen und schmalen gekielten Rippen. Blätter zu 6—24, länger als die Internodien, anfänglich zu einer sehr langen kielfaltigen Scheide verwachsen, welche sich nach und nach, zuerst theilweise, dann vollständig in der Richtung der Kiellinien in schmal-bandförmige Blätter spaltet, welche zuerst aufgerichtet sind, später ausgespreitet und zuletzt zurückgeschlagen erscheinen; dieselben scheinen von zahlreichen feinen Nerven durchzogen gewesen zu sein; die Blattnarben sind kreisrund.

Die dünneren secundären Aeste mit vollständig freien Blättern haben einige Aehnlichkeit mit sehr langblätterigen Asterophylliten.

Auch diese Gattung ist nur auf Grund ihres allgemeinen äusseren Aufbaues hier eingeordnet.

Vorkommen: Im bunten Sandstein der Vogesen, in der Art *Sch. paradoxa* Sch., eine sehr ähnliche Form gibt Feistmantel aus der Trias Indiens; in dem unteren Keuper, als *Sch.* (*Equisetum* Brngt.) *Meriani*, und im unteren Lias, als *Sch. hoerensis* Sch.*).

Phyllotheca Brngt. (Fig. 123). Stengelglieder von mittlerer Länge, gerieft; Blätter am Grunde in eine kurze becherförmige Scheide verwachsen, oft länger als die Stengelglieder, pfriemlich, mit dünnem oder ohne Mittelnerv, bogig eingekrümmt, aufrecht oder etwas rückwärts gebogen; Fruchtähre (nach M'Coy) equisetenartig, nach Schmalhausen mit abwechselnd stehenden sterilen und fertilen Wirtelgruppen**).

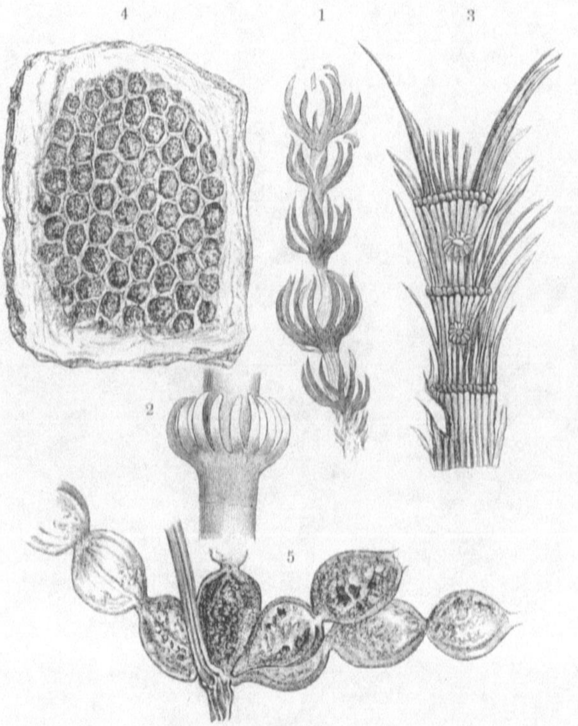

Fig. 123.
1 *Phyllotheca equisetiformis* Z. aus dem Veronesischen. (Nach de Zigno.) 2 Dasselbe, ein Wirtel vergr. 3 *Phyllotheca sibirica* H. aus Ostsibirien. (Nach Heer.) 4 Fruchtähre von *Equisetum arenaceum*. 5 Rhizomknollen von *Equisetum Parlatorii* Ung. sp. aus Steiermark. (Nach Unger.)

Wenn die von Schmalhausen (Zeitschr. d. deutsch. geol. Gesellsch. 1876) beschriebene und abgebildete Aehre von der unteren Tunguska in Sibirien wirklich aus dem Jura stammt, was wahrscheinlich ist, so dürfte sie zu *Phyllotheca* gehören, um so mehr, als die sterilen Blattquirle denen dieser Gattung sehr ähnlich sind.

Hierher gehört *Equisetum laterale* Phill. (Lindl. u. H.), so genannt wegen der am verdickten Rande strahlig sculptirten Scheibchen, welche den Internodien (scheinbar) ansitzen, wahrscheinlich aber im Innern derselben liegen. Diese Scheibchen finden sich auch häufig bei den sibirischen Phyllotheken und nicht selten isolirt zwischen den Stengelbruchstücken. Ich habe früher (Traité de Paléont. végét.) die Ansicht ausgesprochen, dass diese Körper durch Maceration frei gewordene Diaphragmen sein könnten,

*) S. Schimper u. Mougeot, Plantes foss. du grès bigarré.

**) S. M'Coy, On the Foss. Bot. and Zool. of the rocks assoc. with the Coal of Australia (Ann. and Mag. of Nat. Hist. 1867); de Zigno, Flor. foss. format. oolith. Heer, Fl. foss. arctica vol. IV. V.

wie solche bei unseren Equiseten im Innern macerirter Stengel und frei liegend im Detritus dieser nicht selten angetroffen werden; auch von den Riesenschafthalmen der Trias finden sich solche als vollständige Abdrücke im Gestein. Schenk bildet ähnliche, obgleich grössere Scheibchen bei *Equisetites Münsteri* ab und Oldham bei *Equisetites Rajmahalensis*. Astnarben können dieselben nicht sein, da die Stellen, wo sie an den Internodien liegen, bei keiner articulirten Pflanze Aeste tragen; auch liegen diese bald höher, bald tiefer. Freiliegende Astnarben lassen sich doch kaum denken.

Vorkommen: Im unteren Jura Englands, des Veronesischen, im Lias bei Steierdorf im Banat, am Cap Boheman auf Spitzbergen, in Ostsibirien, Indien, Australien.

3. Familie. Calamiteae.

Stamm gegliedert wie bei den Equiseteen, die Internodien durch Diaphragmen getrennt, mit grossem hohlen Markcylinder; Gefässbündelcylinder mehr oder weniger hoch organisirt, aus mehr oder weniger dicken Gliedern bestehend; die dünneren Gefässbündel denjenigen der Equiseten ähnlich, die dickeren im Querschnitt keilförmig, aus radial disponirten Gefässen zusammengesetzt, zwischen welchen radiale Platten von Parenchymzellen (secundäre Markstrahlen) verlaufen; Blätter gequirlt, schmal, mehr oder weniger lang, ungetheilt, bis an die Basis frei; Fruchtstand ährenförmig, sterile Wirtel mit fertilen abwechselnd; Sporen isomorph, rund, glatt.

Obgleich der gegliederte Stamm, die weite Markhöhle und selbst die Luftgänge sehr an *Equisetum* erinnern, so ist doch die Fructificationsweise sehr verschieden und daher die nähere Verwandtschaft beider Typen nicht von vorn herein anzunehmen.

Calamites Suck. e. p. Stamm aus einem unterirdischen Rhizom aufsteigend, nach der Insertionsstelle hin allmählich kegelig verjüngt, in der Richtung des Rhizoms umgebogen und mit zahlreichen dünnen verästelten Wurzeln besetzt; Internodien nach unten kürzer als nach oben, mit mehr oder weniger stark ausgesprochenen, alternirenden, zu mehreren an der Astinsertionsstelle convergirenden Längsriefen; Aeste meistens nur am oberen Theil des Stammes, in Quirle vereinigt oder zerstreut; Blätter — nach Grand'Eury keine, oder sehr rudimentär — wahrscheinlich aber doch zuweilen mehr oder weniger entwickelt, und dann schmal lineal-lanzettlich; Gefässbündel dünn, Markhöhle sehr gross, Rindenparenchym dick, mit grossen Vallecularlücken (nach Petzhold, Calamiten).

Da wo die Stämme sich noch in ihrer ursprünglichen Stellung befinden, wie das Dawson in Canada, Grand'Eury bei St. Etienne vielfach beobachtet haben, bilden sie Gruppen, welche um ein gemeinschaftliches Centrum — ein Rhizom — angeordnet sind, woraus sich schliessen lässt, dass dieselben einjährig waren, wie die gleichgrossen Equiseten-Stämme der Trias.

Was die Blattorgane betrifft, so ist es ungewiss, ob gewisse Asterophylliten als solche zu betrachten sind; wie schon bemerkt, spricht Grand'Eury den echten Calamiten, zu welchen er *C. Suckowii*, *Cistii* und *cannaeformis* Brngt., *C. ramosus* Schloth. zählt, die Blätter ab, bildet aber ein Stammstück von *C. Cistii* ab, an welchem sehr deutliche Blattnarben zu sehen sind. Die Holzstructur dieser Stämme ist nicht bekannt. Wahrscheinlich gehören zu denselben die kleinen Aehren, welche Grand-Eury häufig in denselben Schichten beobachtet hat, deren Organisation aber noch unbekannt ist.

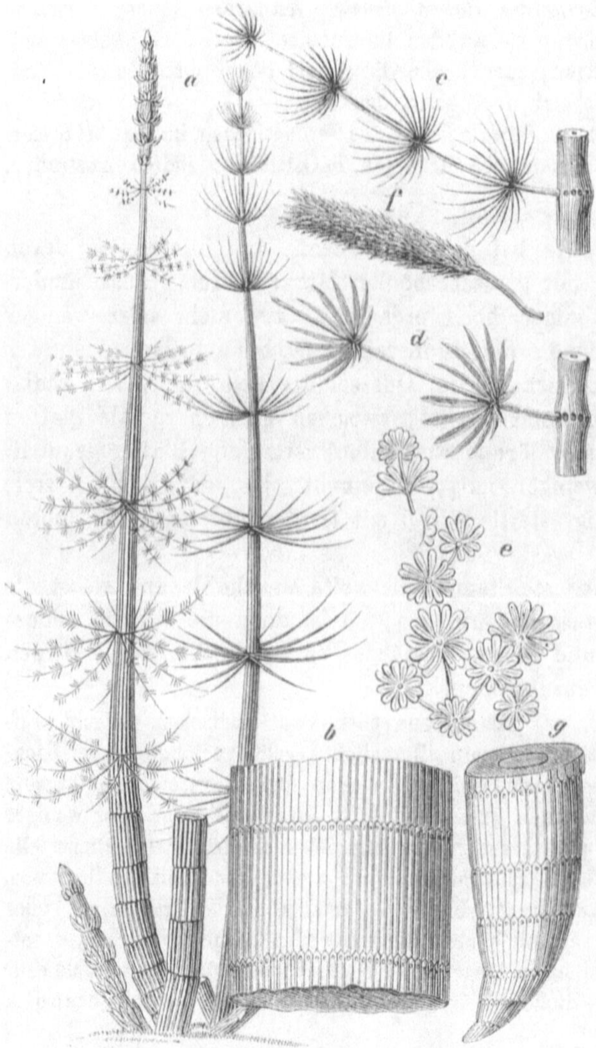

Fig. 124.
Calamites.
a vermuthliche Restauration der Bäume. b ein Stammstück. c, d und e vermuthliche Zweige. f vermuthlicher Fruchtstand. g unteres Ende des Stammes.
(Aus Zittel, Aus der Urzeit.)

Die Calamiten kommen entweder als dünne längsgestreifte Kohlenlamellen vor, oder als mehr oder weniger plattgedrückte Steinkerne mit einer dünnen, dem Holz- und Rindencylinder entsprechenden Kohlenbekleidung, welche leicht abfällt. Der nackte Steinkern hat eine stärkere Berippung als die Rinde, die Breite und Wölbung der Rippen wechseln je nach den Arten, die Rippen selbst entsprechen den Rinnen an der Innenseite des Holzcylinders und die Rillen den Vorsprüngen der einzelnen Gefässbündel.

Vorkommen: Nur in der Steinkohlenformation und zwar auf der ganzen Erde überall, wo diese sich findet.

Calamodendron Brngt. (*Arthropitys* Göpp. ex p.?). Stämme mit dem lang kegelig zugespitzten unteren Ende tief im Boden wurzelnd; Wurzeln an den Knoten zahlreich, verästelt, bedeutend dicker als bei *Calamites*; Centralhöhle gross, durch Querwände in Kammern getheilt; Gefässbündelcylinder (Fig. 125) aus starken, strahlig angeordneten, durch Markstrahlen getrennten keilförmigen Gliedern zusammengesetzt, welche aus radial disponirten Treppen- und Netztracheiden und radialen einschichtigen Parenchymplatten (secundäre Markstrahlen?), nach aussen aus Bastfasern bestehen, und allem Anscheine nach ein centrifugales Wachsthum hatten, wie die Dicotyledonen; die in den Internodien absteigenden Gefässbündel theilen sich, wie bei den Equiseten, in zwei Stränge, welche sich rechts und links an je einen der Nachbarstränge des unterhalb liegenden Internodiums anlegen; Rinde parenchymatös, wie es scheint ohne Lufthöhlen; Steinkern wie bei *Calamites*. Blätter und Fruchtstand wahrscheinlich denen dieser Gattung ähnlich.

Die Knötchen, welche sich häufig am oberen Ende der Riefen befinden, sollen nach Williamson die Spuren von Marksträngen sein, welche von den primären Markstrahlen bis unter die Epidermis verlaufen (*infra nodal canals* Williams.). Ob dieselben ein ausschliessliches Kennzeichen der Calamodendren sind, oder auch bei den Calamiten vorkommen, ist noch nicht ermittelt.

Ich glaube die Calamodendren mit den Calamiten in eine Classe einreihen zu dürfen, da ich in denselben nur eine höher entwickelte Form dieser sehen kann. In dem Stamme dieser haben wir dieselben Elementarorgane, nur sind die Gefässbündel weniger entwickelt, die Leiter- und Netztracheiden weniger zahlreich, die secundären Markstrahlen abwesend. Das sog. exogene Wachsthum, und in Folge desselben die Gegenwart von secundären Markstrahlen, kann keine so tiefe Trennung erheischen, wie Brongniart u. A. wollen. Warum sollten Gefässkryptogamen zur Zeit ihrer höchsten Entwickelung nicht auch exogenes Wachsthum gehabt haben? Finden wir dasselbe doch noch, obgleich in etwas abweichender Form, bei unseren heutigen Isoëten. Sollten die Pflanzen nach der histiologischen Organisation des Stammes geordnet werden, so kämen oft die fremdartigsten Formen in eine und dieselbe Gattung.

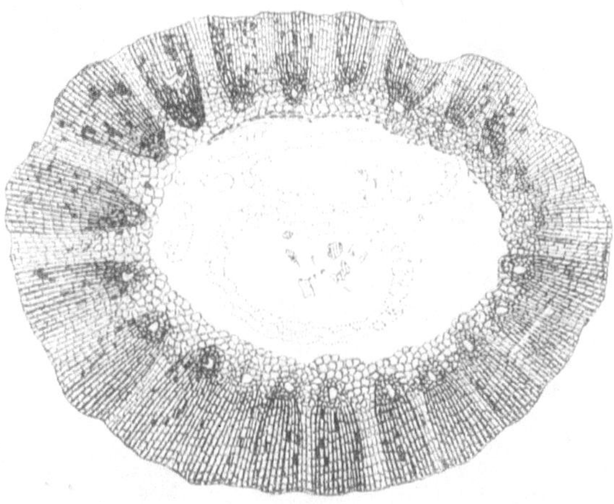

Fig. 125.
Querschnitt durch einen Ast von *Calamodendron commune* aus der Steinkohlenformation von Halifax.

Ob die Calamodendren wirklich generisch verschieden und vielleicht nur die Baumform der Calamiten sind und in welcher näheren Beziehung dieselben zu der eine sehr ähnliche Holzstructur zeigenden Gattung *Arthropitys* stehen, darüber müssen wir von künftigen Entdeckungen Aufschluss abwarten. Bezüglich der Blatt- und Fruchtorgane sind wir in derselben Ungewissheit wie bei *Calamites*, weshalb diese hier auch noch als besondere Gattungen behandelt werden*).

Aeste und Blattorgane der Calamiteen.

Calamocladus Sch. (*Asterophyllites* Brngt.). Aeste gegliedert, Gliederungen eingeschnürt, Diaphragmen bei den Abdrücken meistens umgelegt und als die Blattbasen vereinigende Kreise mehr oder weniger deutlich sichtbar; Seitenäste axillär. Blätter mehr oder weniger zahlreich, 16—32, schmal lineal-lanzettlich, zuweilen fadenförmig dünn, mit ziemlich starken Mittelnerven, die desselben Wirtels gleichgross, die Blätter der Seitenäste successive kleiner und weniger zahlreich.

Fig. 126.
Annularia longifolia Brngt. aus dem böhm. Kohlengebirge. (N. Feistmantel.)

Es kann wohl mit ziemlicher Gewissheit angenommen werden, dass wenigstens ein Theil der quirlblätterigen Aeste, welche so häufig in den Steinkohlenschichten mit den Calamiteen vorkommen und von Brongniart in die Gattung *Asterophyllites* vereinigt worden sind, zu diesen gehören. Ich bezeichne diese Aeste mit obigem Namen und belasse den Namen *Asterophyllites* denjenigen äusserlich ähnlichen quirlblätterigen Aesten, welche aber ihrer inneren Structur nach einer anderen Pflanzengruppe zuzuzählen sind.

Aus den deutlich sichtbaren, bei den Abdrücken meistens umgelegten Diaphragmen scheint hervorzugehen, dass die Internodien hohl oder nur mit einem weichen Markparenchym angefüllt waren, und nicht mit einem festen Gefässbündel wie bei den Asterophylliteen.

*) S. über *Calamites*, *Calamodendron* und *Arthropitys:* Cotta, Die Dendrolithen. 1832. Petzhold a. a. O. Brongniart, Tabl. d. végét. foss. A. Mougeot, Essai d'une Flore du Nouv. grès rouge. 1852. E. Binney, Struct. of Foss. Pl. of the carbonif.

4. Familie. Annularieae.

Annularia Brngt. Aeste (oder ganze Pflanzen?) zweizeilig ästig, mit weiter Markhöhle und dünnem, von wesentlichen Luftgängen durchzogenem Holzcylinder, dessen Elementarorgane aus gestreiften und spiraligen Gefässen, welche den Luftgang umgeben, nach aussen aus dickwandigen rectangulären Zellen bestehen. Die Blätter sitzen am oberen Ende der Riefen um das Diaphragma herum, dessen verdickter Rand bei den Abdrücken als ein horizontal liegender Ring stark hervortritt, daher der Name; dieselben sind lang und schmal lineal, lineal-spindelförmig, schmal und zugespitzt-spatelförmig, dick, bei *A. inflata* Lesq. stielrund-keulenförmig, im Leben wahrscheinlich fleischig oder spongiös, in demselben Quirl ungleich lang, so dass ihr Umkreis eine regelmässige Ellipse und wenn nur die nach hinten gerichteten Blätter allmählich länger werden einen nach vorn schwach, nach hinten stark gewölbten Halbkreis bilden, wie bei *A. sphenophylloides*; der Mittelnerv ist stark. Bei *A. longifolia* sind die Blätter der Hauptäste bis gegen 20 cm lang.

Diese Aeste unterscheiden sich leicht von *Calamocladus* durch die kräftigeren, strahlig ausgebreiteten, mit den zweireihigen Seitenästen in derselben Ebene liegenden und in demselben Wirtel ungleichlangen Blätter. Der Diaphragmaring ist selbst noch bei den dickeren Aesten sichtbar, was anzudeuten scheint, dass Stamm und Aeste von weicher Consistenz waren. Höchst wahrscheinlich waren die Annularien schwimmende Pflanzen.

Als Fruchtstand dieser Gattung haben sich die langen cylindrischen Achren herausgestellt, von welchen Sternberg eine als *Bruckmannia tuberculata* beschrieben und abgebildet hat und welchen Typus Weiss mit dem Namen *Stachannularia* bezeichnet. Die morphologische Deutung dieses ganz abnorm organisirten Fruchtstandes bietet grosse Schwierigkeiten dar, und ich muss mich hier nur auf folgende kurze Beschreibung desselben beschränken:

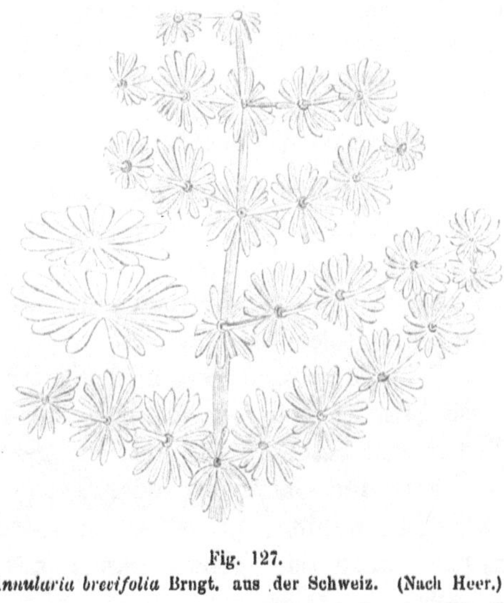

Fig. 127.
Annularia brevifolia Brngt. aus der Schweiz. (Nach Heer.)

Aehren lang, cylindrisch; Bracteenquirle aus bis zum Grunde freien Blättern zusammengesetzt, diese aus horizontalem oder mehr oder weniger stark rückwärts gebogenem Grunde bogig aufgerichtet, so lang oder etwas länger als die Internodien, ziemlich dick, mit nach innen vortretenden Mittelnerven; Fruchtwirtel in der Mitte oder oberhalb des Internodiums, aus

Strate, *Calamites and Calamodendron.* 1868. Dawson, Quart. Journ. Geol. Soc. vol. XXII. W. C. Williamson, On the organisation of the Foss. Pl. of the coal meas. part I. 1871; part IX. 1878. Renault, Des Calamodendrées... Compt. rend. Acad. d. Sc. 1876.

halb so viel Gliedern bestehend als die Blattwirtel; Sporangiophoren senkrecht abstehend, mit dem oberhalb liegenden Blattquirl durch ein loses messerklingenförmiges Zellgewebe verbunden, an der Spitze in ein Schild erweitert, welches nach oben ebenfalls mit benannter Zellwand zusammenhängt und an der Unterseite 4 Sporangien trägt, welche durch die senkrecht abwärts sich erstreckende Zellwand in zwei Paare getrennt sind; das Gefässbündel des Sporangienträgers theilt sich in 4 Aeste, deren Extremitäten den Insertionsstellen der Sporangien entsprechen.

Abweichend von dieser Form, welche von Renault in der Art *Br. Grand' Euryi* aus dem Kieselmagma von St. Etienne in allen Einzelnheiten bekannt gemacht worden ist und welche wohl als die typische angesehen werden kann, sind die Formen, bei welchen nur 2 Sporangien an einem Träger hängen (*Annularia longifolia,* Fruchtähre nach Renault) oder wo der Trägerquirl in die Nähe des oberen Blattquirls gerückt ist und die seitlich zusammengedrückten, am verbreiterten Grunde abwärts laufenden, rosendornartig gebogenen Träger nur ein, an der unteren Seite hängendes Sporangium tragen (*Stachannularia tuberculata* u. a. nach Weiss). Dieser Fructificationsmodus soll übrigens bei einer und derselben Art, ja in derselben Aehre, in die normale Form übergehen*).

Vorkommen. Die Annularien scheinen hauptsächlich auf die Steinkohlenformation, und zwar auf die Reihe der sog. productiven Steinkohle beschränkt zu sein, wo sie namentlich in den oberen Schichten häufig vorkommen. Die aus dem unteren Rothliegenden angegebenen Arten sind zweifelhaft, mit Ausnahme vielleicht von *Asterophyllites spicata* Gutb., welche gleichsam ein Diminutif von *A. sphenophylloides* Ung. (*brevifolia* Brngt.) wäre.

Calamarien-Fruchtstände von unbestimmter Zugehörigkeit.

Ich vereinige unter dieser Rubrik diejenigen Fruchtstände, welchen, obgleich ihrer Structur nach zum Theil genau bekannt, doch bis jetzt noch nicht eine bestimmte Stelle in der Reihe der Calamarien angewiesen werden kann, ja von welchen vielleicht der eine oder andere selbst nicht einmal in diese Classe gehört.

Bei der grossen Verschiedenheit der Ansichten, welche in Bezug auf diese Pflanzenreste herrscht, werde ich mich nur auf die bekannten Thatsachen beschränken und jede gewagte Hypothese vermeiden.

Folgende Gattungen oder Typen können einstweilen als festgestellt angesehen werden, ohne dass es jedoch möglich wäre, die nur als Abdrücke bekannten Formen immer mit den entsprechenden ihrer inneren

---

*) S. die sehr detaillirten Auseinandersetzungen über diesen Fruchtstand bei: Renault, Rech. sur l'organisation des *Sphenophyllum* et des *Annularia* in Ann. Sc. nat. 5e sér. vol. XVIII. 1873; id. Végét. silicif. d'Autun et de St. Etienne, ibid. 6e sér vol. III. 1876. Ch. E. Weiss, Steinkohlen-Calamarien. 1876. Schenk, Ueber die Fruchtstände fossiler Equisetineen. I. *Annularia*. Botan. Zeit. Aug. 1876. Stur, Beiträge zur Culmflora Heft II. 1877.

Structur nach bekannten, aber meistens nur in Bruchstücken vorkommenden zu identificiren*).

Calamostachys Sch. Aehren gestielt, am Ende der Aeste mehr oder weniger zahlreich eine einfache Rispe bildend, langgezogen elliptisch, cylindrisch, am Grunde plötzlich, nach oben allmählich verjüngt, 15 — 80 mm lang, 4—12 mm dick. Bracteenkreise in ihrer unteren Hälfte tellerförmig verwachsen, in der oberen Hälfte frei aufgerichtet, lanzettlich, das Internodium kaum überragend, mit den zunächst stehenden Wirteln alternirend. Sporangienkreise in der Mitte der Internodien, regelmässig mit den Bracteenkreisen abwechselnd, die rechtwinkelig abgehenden Sporangienträger in ein grosses fleischiges Schild endigend, an welchem 4 grosse Sporangien hängen; Sporen kugelig, glatt.

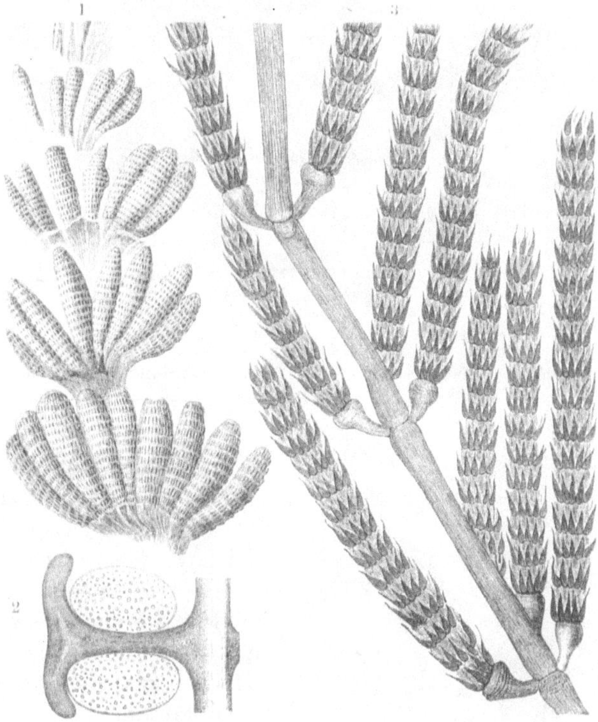

Fig. 128.
1 *Calamostachys Jugleriana* Sch. Aus Hannover (nach Göppert). 2 *Asterophyllostachys Binneyana* Sch. (n. Binney) vergr. u. schematisirt. 3 *Palaeostachya elongata* Presl. sp.

Ich habe als Typus dieser Gattung den durch Ludwig illustrirten Fruchtstand (Calamiten-Früchte aus dem Spatheisenstein von Flattingen, in Palaeontogr. vol. X) angenommen (Traité de Pal. végét.), mit dem Namen *C. typica* (*C. Ludwigii* Carruth.). Zu dieser Form gehören, wenigstens dem äusseren Ansehen nach: die Aehre, welche Geinitz als Fruchtstand von *Calam. foliosus* annimmt, die von Binney als „Spikes of *Calamodendron commune* (?)" abgebildete Aehrenrispe**) die grosse von Röhl (Steinkohlenfl. Westphal.) abgebildete Rispe u. s. w. *C. Binneyana* Sch. dagegen

*) S. Williamson, On the organisat. of Foss. Plant. in Phil. Transact. vol. 164 part I. Renault, Recherches l. c. Weiss, verschied. Abhandl. in der Zeitschr. d. deutsch. geol. Gesellsch.; dessen Steinkohlenpfl. in den Abhandl. d. Specialkarte v. Preussen Bd. II. 1875. Stur, Culmflora.

**) S. Binney, Note on the Organs of Fructification and Foliage of *Calamodendron commune* (?) in Mem. of the Lit. and Philos. Soc. of Manchester 1871.

gehört nach den neuesten Untersuchungen Williamson's in die Nähe der Sphenophyllen und in die Gruppe der Asterophylleen.

Fig. 120.
Palaeostachya (*Calamodendron commune*? Binn.). Aus Artwick in Manchester. (Nach Binney.)

Der Umstand, dass der zunächst folgende Bracteenquirl mit dem vorhergehenden alternirende Blattstellung zeigt, ist ein evidenter Beweis, dass der dazwischen liegende Sporangienquirl kein metamorphosirter Blattquirl sein kann; wäre dies der Fall, so müsste der dritte Quirl vor dem ersten stehen. Es kann also hier nur von einem axillären an der Spindel hinaufgewachsenen Fruchtstande die Rede sein. Wir werden übrigens in den folgenden, zunächst verwandten Gattungen sehen, dass die Sporangienquirle bald wirklich axillär, bald mehr oder weniger hoch an der Axe hinaufrücken, wie letzteres auch bei den Annularien der Fall ist. Auf diese Weise scheinen sich die Calamiteen an die Asterophylleen anzuschliessen, welche ihrerseits den Uebergang zu den Lycopodiaceen bilden dürften.

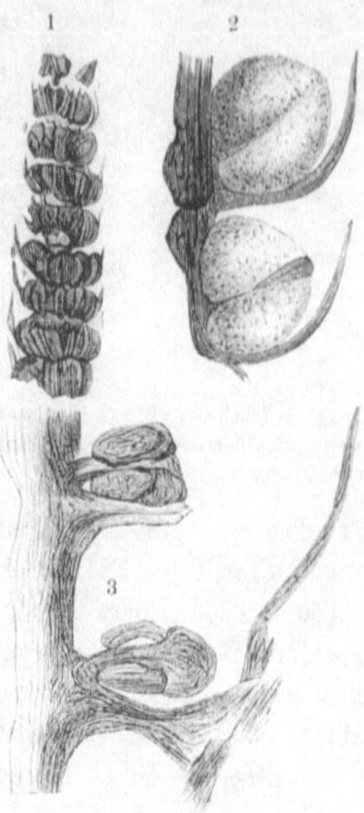

Fig. 130.
1 *Palaeostachya elongata*. Aus Radnitz in Böhmen, vergr. (nach Weiss). 2 Zwei Sporangien vergr. (nach Weiss). 3 Zwei Sporangien von *Palaeostachya gracilis* aus Autun, vergr. (nach Renault.)

Palaeostachya Weiss (*Volkmannia* [Sternb.?] Renault). Aehren denen von *Calamostachys* ähnlich oder bedeutend grösser und sich denen von *Macrostachya* Sch. nähernd; Wirtelblätter länger, pfriemlich-lanzettlich, weit über das Internodium hinaufragend, am horizontal abstehenden Grunde frei, an der Stelle, wo sie sich erheben, verdickt und zuweilen in einen Sporn abwärts tretend, ziemlich dick, im Querschnitte elliptisch, ihre Zahl, je nach der Art, von 20—28 wechselnd. Sporangienträger halb so viel als Blätter, achselständig oder beinahe, mit dickem Schilde und 4 grossen Sporangien. Holzcylinder dünn, die Gefässbündel nach innen gewölbt, mit je einem wesentlichen Luftgange; Markcylinder mit rectangulärem Parenchym angefüllt; Diaphragmen, wie es scheint, keine.

Der Fruchtstand, welchen Renault in so ausgezeichneter Weise unter dem Namen *Volkmannia gracilis* Sternb.*) illustrirt hat (Fig. 130), dürfte hierher gehören, obgleich bei *P. elongata* (Fig. 130) und *Schimperiana* Weiss weder das Schild an den Sporangienträgern, noch der Sporn an den Bracteen beobachtet worden sind, was vielleicht dem minder guten Erhaltungszustande zuzuschreiben ist.

Der *P. elongata* sehr ähnliche Aehren (Fig. 129) hat Binney (Struct. of Foss. Pl. I Tab. VI), als *Volk. sessilis* und *Calamodendron commune* (?) abgebildet, und diese mit Blättern, welche denen des auf derselben Tafel dargestellten *Asterophyllites longifolius* sehr ähnlich, wenn nicht specifisch identisch sind.

In der Kohle von Wettin kommen häufig an Aesten von *Ast. equisetiformis* und diesen untermischt Aehren vor, welche wahrscheinlich zu dieser Gattung zu ziehen sind. Dass dieser Asterophyllit *(Calamocladus)* ebenso wie *A. longifolius* zu den Calamiteen gehöre, ist kaum zu bezweifeln.

Williamson, in seiner Abhandlung On a new form of Calamitean Strobilus (Lit. and Phil. Soc. Manchester 3[d] ser. IV), gibt die innere Structur einer Aehre, welche durch die Diaphragmen, den hohlen Markcylinder und den doppelten Kreis von Lufthöhlen ganz mit *Equisetum* übereinstimmt, sich aber wesentlich durch die Anheftungsweise der Sporangien unterscheidet. Diese sitzen zu 2 (oder 4?) um einen stielförmigen Sporangienträger, welcher am unteren schmäleren Theil der Aehre sich aus der Achsel der durch die verwachsenen Bracteen gebildeten Scheiben erhebt, nach oben hin immer mehr nach der Mitte dieser vorrückt; die Sporangien selbst sind sehr gross und füllen vollständig die Kammern, welche zwischen den Bracteenscheiben liegen und durch die freien Bracteenspitzen geschlossen sind. Der Holzcylinder der Axe besteht aus Prosenchymzellen und Netztracheiden, wie bei manchen Calamodendren.

Dieser Fruchtstand nähert sich sehr dem von *Palaeostachya;* die Sporangienträger sind der Anlage nach axillär, rücken aber auf den Bracteendiscus vor, indem sie zugleich mit diesem verwachsen. Bei den von Renault abgebildeten *Palaeostachya* (?) sehen wir eine ähnliche Coalescenz zwischen Sporangienträger und der Aehrenaxe. Bei den lebenden Lycopodiaceen geschieht dies auch zuweilen. Es fragt sich, ob nicht auch bei den Equiseten die Sporangienkreise der Anlage nach axillär und auf Unkosten der völlig unterdrückten Bracteenkreise in einer so eigenthümlichen Weise entwickelt sind. Stehen wirklich die Calamiteen in näherer Verwandtschaft zu den Equiseteen, so fände diese Hypothese in der Organisation des Fruchtstandes derselben eine Stütze.

Macrostachya Sch. (*Equisetum infundibuliforme* Brngt., Geinitz, *Huttonia* nonnull.). Aehren gross, langcylindrisch, einzeln endständig auf quirlblätterigen Aesten stehend, welche sich aus einem dicken Hauptstamme oder Hauptseitenästen erheben. Bracteen aus horizontalem, zu einer schüsselförmigen Scheide ver-

*) Sternberg hat unter diesem Namen zwei ganz verschiedene Dinge abgebildet, eine Aehre nämlich, deren Zugehörigkeit sehr zweifelhaft ist, und einen Ast, dessen Blätter nach Stur gabelig gespalten sind. Auch ist der Name *Volkmannia* in so verschiedenem Sinne angewendet worden, dass es wohl besser wäre, wie schon oben bemerkt, denselben ganz fallen zu lassen.

wachsenem Grunde aufrecht, dicht gedrängt, am freien Ende lanzettlich in eine mehr oder weniger lange lanzettliche Pfriemspitze auslaufend, mehr oder weniger deutlich gekeilt, mit den zunächst liegenden Quirlen alternirend. Sporangialquirle auf der Mitte der Internodialaxe, wie bei *Calamostachys*; Sporangien zu vier, wie bei dieser an einem Schilde hängend. Gefässbündel in einem Kreise um einen Markcylinder geordnet, jeder mit zwei oder drei Luftgängen.

Diese grossen Aehren haben zuweilen einige Aehnlichkeit mit gewissen langblätterigen Lepidodendron-Aehren.

Die mehr oder weniger dicken, kurzgliederigen Stämme oder Hauptäste, zu welchen beinahe zweifellos diese Aehren gehören, unterscheiden sich von denen des wahren Calamiten-Typus, wie *C. Suckowii*, *Cestii* u. a., durch die sehr kurzen Internodien, die glatte Rinde, die querlänglichen, gleichsam eine Kette bildenden Blattnarben, die sehr grossen (Frucht-?) Astnarben, die zuweilen die ganze Höhe des Internodiums einnehmen und dann so dicht gedrängt stehen, dass sie sich gegenseitig drücken; im Centrum ist ein Gefässbündelnärbchen sichtbar, von welchem radiale Linien ausgehen. Die Zahl der zwischen den Astquirlen liegenden astlosen Internodien wechselt, je nach der Art (?), von 3 bis zu 10. Die Blätter sind frei, lang lineal-lanzettlich. Weiss bezeichnet diese Stammform mit dem Namen *Calamitina*, Grand'Eury sieht in derselben den Stamm der Asterophylliten Brongniart's und nennt sie daher *Calamophyllites*.

Zu diesem Typus *Calamitina*, welcher, nach dem Fruchtstande zu schliessen, wohl eine eigene, von *Calamites* verschiedene Gattung bilden dürfte, gehören: *Cal. verticillatus* Lindl. u. H. u. Williamson (Foss. Pl. V), *Cyclocladia major* Lindl. u. H., *C. varians* Germ., *Cal. Studeri* Heer (Fl. foss. Helvet.), *Cal. Solmsii* Weiss mit Fruchtähren, *Volkmannia arborescens* Sternb. und der zu dieser gehörende *Cal. approximatus* Feist. mit Fruchtähren und die beiden Stammstücke, welche Geinitz (Steink.-Fl.) zu der auf derselben Tafel abgebildeten als *Equisetites infundibuliformis* bezeichneten Riesenähre zieht. Ob mit diesem Stammtypus auch *Cal. cruciatus* Brngt. und *C. approximatus* Schloth., (kaum von *C. cruciatus* verschieden), zu vereinigen sind, ist zweifelhaft (s. auch Geinitz a. a. O. Tab. XI).

Ebenso ist es zweifelhaft, ob die grossen Aehren, welche Germar unter dem Namen *Volkmannia major* abbildet, mit der Gattung *Macrostachya* zusammenfallen, während die Zugehörigkeit zu dieser von *Huttonia carinata* desselben Autors nicht bezweifelt werden kann.

Stur hat ermittelt, dass die Blätter des Astes, welchen Sternberg als zu *Volkmannia gracilis* gehörend abbildet, zweitheilig sind, und hat ganz ähnliche dünne Aeste mit zweitheiligen Blättern aufgefunden, welche in grosse *Macrostachya*-ähnliche Aehren endigen. Da die Blätter von *Macrostachya* als einfach bekannt sind, so liegt hier wohl eine eigene Gattung vor, deren systematische Stellung und nähere Diagnostik noch zu bestimmen ist.

Vorkommen: In den Schichten der productiven Steinkohlen: *M. Solmsii* in den unteren, *M. infundibuliformis* in den oberen; das Original von Brongniart stammt aus demselben Horizont wie *Huttonia carinata* Germ., aus den Schichten nämlich, welche durch *Pecopteris (Goniopteris) elegans*, von welcher dasselbe Bruchstücke trägt, charakterisirt sind.

Huttonia Sternb. Aehren gross, gestielt; Stiel ungegliedert, blattlos; Bracteenquirle abwechselnd, Blätter aus horizontalem Grunde bogig senkrecht aufgerichtet, frei oder zusammenhängend (nach Stur), plötzlich in eine lange lanzettlich-pfriemliche Spitze verschmälert, fein längsgestreift, ohne Mittelnerven.

Nach Stur, welcher diesen Fruchtstand mit *Macrostachya* vereinigt, sollen die Sporangien auf einem dünnen Stiel in den Blattachseln sitzen, wie bei *Palaeostachya*, nach Weiss an einer Platte unterhalb des Bracteenquirls, wie bei *Cingularia*.

Unterscheidet sich von *Macrostachya* durch den nackten ungegliederten Stiel und die Abwesenheit des Mittelnervs der Blätter.

Vorkommen: Eine Art, *H. spicata* Sternb., in der Kohle von Radnitz.

Cingularia Weiss. Stengel mittelmässig lang, gegliedert, Gliederungen eingeschnürt, längsgerieft; Blätter gequirlt, bis an die Basis frei, lanzettlich-pfriemförmig. Fruchtähren seitenständig, gestielt, cylindrisch, ziemlich gross; Bracteen breit glockenförmig verbunden, an der freien, über zwei Internodien verlängerten Spitze lanzettlich-pfriemlich; Sporangienträger scheibenförmig, unmittelbar unterhalb der Bracteen, mehr oder weniger tief in quer abgestutzte Läppchen getheilt; Sporangien in einem oder zwei Kreisen an der Unterseite der Scheibe sitzend.

Die Ursprungstelle und die Form der Sporangienträger, die Anheftungsweise der Sporangien weichen so sehr von den entsprechenden Theilen der Calamiteen ab, dass die systematische Stellung dieses Typus unentschieden bleiben muss, so sehr auch der Stengel und die Beblätterung, sowie die allgemeine Form der Fruchtähren an jene erinnern. Die Fruchtträgerquirle können keine umgestalteten Blattquirle sein, da sonst die sich folgenden Bracteenquirle nicht alternirend, sondern gegenständig wären.

Die Fruchtähren kommen nicht selten ohne Bracteenquirle mit zurückgeschlagenen Sporangialquirlen vor, auch finden sich diese, in Folge von Querbruch, zuweilen um das Diaphragma herumsitzend isolirt. Die Sporangialplatte ist in radiale Segmente getheilt, welche quer abgestutzt in der Richtung der Mittelnaht in zwei kurze Läppchen zerschlitzt sind; eine circuläre Falte theilt den Kreis in zwei ungleiche Hälften und in rectanguläre Felder, von welchen jedes auf der Unterseite ein rundes eingesenktes Närbchen trägt, die Ansatzstelle eines Sporangiums. Die grossen Sporangien sind durch gegenseitigen Druck abgerundet vierkantig, fein gestreift.

Vorkommen: Am häufigsten sind die Ueberreste dieser sonderbaren Pflanzenform im Saargebiete in den sog. unteren Saarbrücker Schichten, und zwar in mehreren Horizonten, beobachtet worden; es ist ungewiss, ob dieselben nur einer oder mehreren Arten angehören.

Asterophyllostachys (*Aphyllostachys* Göpp.?). (Fig. 128[a]) Aehren klein, quirlständig, Bracteen 12, zu einer Scheibe verwachsen, die freien Spitzen aufrecht, das entsprechende Internodium überragend; Sporangialkreise auf der Mitte des Internodiums, aus 6 Sporangiophoren gebildet, welche senkrecht zur Axe abstehen und an dem zu einem Schilde verbreiterten Ende 4 hängende Sporangien tragen; Spindelaxe von einem dreikantigen, hauptsächlich aus Netztracheiden zusammengesetzten, von weitzelligem Rindenparenchym umgebenen, Gefässbündel eingenommen*).

Als Typus dieser Gattung kann die von Binney in so ausgezeichneter Weise ihrer inneren Structur nach bekannt gemachte und von demselben als zu *Calamodendron commune* gehörende Aehre angesehen werden. Ich bezeichnete dieselbe (Traité de Paléont. végét.) als *Calamostachys Binneyana*, glaube aber jetzt, auf die so sehr abweichende Structur der Spindelaxe gestützt, dieselbe als eigenen Gattungstypus ansehen zu müssen. Da die Axenstructur dieselbe ist wie bei *Asterophyllum*, so dürfte ihre Stellung wohl in dieser Gruppe sein. Da aber die Fruchtorgane in der Systematik eine höhere Bedeutung haben als die Vegetationsorgane, so glaube ich, dass diese Gruppe sich enger an die Calamiteen anschliesst als an die Sphenophylleen.

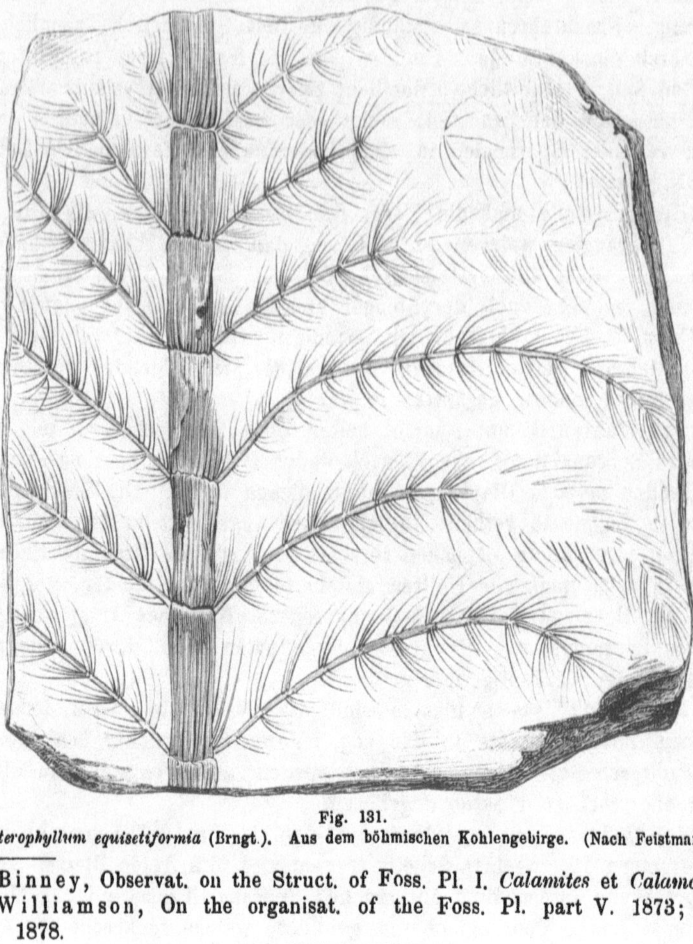

Fig. 131.
Asterophyllum equisetiformia (Brngt.). Aus dem böhmischen Kohlengebirge. (Nach Feistmantel.)

*) Binney, Observat. on the Struct. of Foss. Pl. I. *Calamites* et *Calamodendron.* 1868. Williamson, On the organisat. of the Foss. Pl. part V. 1873; id. ibid. part IX 1878.

Asterophyllum Sch. (*Asterophyllites* Brngt. ex p.). Beblätterte Aeste denen von *Calamocladus* ähnlich, Grundzahl der Blätter 3, wie bei *Sphenophyllum*, in der Regel 6—18; kein Diaphragmaring sichtbar; Gefässkörper der Aeste central, aus weiten Netztracheiden gebildet, dreikantig, Kanten stark vorstehend, abgerundet oder leicht zweitheilig, aus kleineren Gefässen bestehend und Gefässstränge nach den Aestchen und Blättern abgebend.

Diese Gattung enthält diejenigen Asterophylliten Brongniart's, welche die oben angegebene Structur zeigen und höchst wahrscheinlich den als *Asterophyllostachys* bezeichneten Fruchtstand besitzen. Da dieser Fruchtstand wesentlich von dem der Sphenophyllen abweicht, so kann von einer Zugehörigkeit zu diesen keine Rede sein; wie es sich daher mit D. Stur's „*Sphenophyllum* auf einem Asterophylliten" verhält, ist bis jetzt noch unbekannt. Warum sollte es aber nicht Sphenophyllen geben mit so tief getheilten Blättern, dass diese einen Asterophylliten-Blattkreis darzustellen scheinen? Wir sehen so häufig Pflanzen, deren untere Blätter mit den oberen kaum eine entfernte Aehnlichkeit zeigen. Es können auch sehr verschiedene Pflanzen ganz ähnliche Blätter haben, wie das hier bei *Calamocladus* und *Asterophyllum* der Fall zu sein scheint, so dass es immer schwer, wo nicht sehr oft unmöglich sein wird, beide Gattungen nach blossen Abdrücken zu unterscheiden.

Da die Brongniart'sche Gattung *Asterophyllites* eine andere Bedeutung erhalten hat, so glaube ich auch den Namen etwas ändern zu müssen.

Archaeocalamites Stur (*Calamites* et *Bornia* auct.). Stamm aus bogig aufsteigender bewurzelter Basis aufrecht, 2—10 cm dick, mehr oder weniger

Fig. 132.
Archaeocalamites radiatus Brngt.
Stamm. Aus der Bäreninsel (n. Heer).

Fig. 133.
Archaeocalamites radiatus Brngt. Beblätterter Zweig.
Aus dem Dachschiefer (Culm) Mohradorfs. (N. Stur.)

lang gegliedert, Riefen über die Gelenke durchgehend, flach, fein gestreift; Aeste sparsam; Blätter lang, mehrfach gabelig getheilt, Segmente derselben dünn, beinahe fadenförmig, verbogen; Fruchtstand ährenförmig, Gruppen (?) von Fruchtquirlen mit Blattquirlen abwechselnd, Sporangienträger in ein Schild (?) verbreitert, an welchem 4 (?) Sporangien hängen; Organisation des Stammes unbekannt*).

Da weder die Organisation des Stammes noch die des Fruchtstandes näher bekannt sind, so muss die systematische Stellung dieser Gattung, die bis jetzt nur eine Art zählt, unbestimmt bleiben.

Vorkommen: Charakteristisch für die älteste Steinkohlenformation (Culm, Kohlenkalk) in Mähren, Schlesien, Böhmen, dem Harz, den oberen Vogesen und Schwarzwald, auf der Bäreninsel, in Canada u. s. w., sowie für das obere Devon in Nordamerika (Canada) und in den devonischen Schiefern an der Mosel, wo derselbe in neuerer Zeit mit *Psilophyton* aufgefunden worden ist.

Eleutherophyllum Stur (*Equisetites* sp. Sternb.). Stengel gegliedert, etwa 3 cm dick; Internodien niedrig, gewellt-rippig, Rippen abgerundet, mit denen des folgenden Internodiums abwechselnd; Querblätter dicht gedrängt, kurz, eilänglich, kurz zugespitzt, mit breiter Basis ansitzend und den Rillen angedrückt; Astnarben zwischen den Blättern, sehr klein, kaum bemerkbar; Wurzelnarben ebenfalls sehr klein, selten sichtbar. Fruchtstand (?) — wahrscheinlich am oberen Ende des Stengels und äusserlich von diesem nicht unterscheidbar; Sporangien (?) — auf der Innenseite der Blätter, einzeln, halbmondförmig oder zu zwei dreieckig und zu einem Halbmond vereinigt (nach Stur)**).

Der Typus dieser Gattung ist *Equisetites mirabilis* Sternb. (*Equisetum Schützeanum* Feistm.).

Die systematische Stellung dieses höchst sonderbaren Fossils ist bis jetzt noch sehr zweifelhaft. Sind diejenigen zweideutigen Körper, welche der gelehrte Gründer der Gattung als Sporangien anspricht, wirklich solche, so würde die Lage derselben gegen die Zugehörigkeit zu den Calamiteen (Equisetaceen n. Stur) sprechen; so auch der centrale Gefässbündelstrang, der sehr dünn sein soll, nach der Zeichnung zu schliessen kaum 1 mm dick, und also kaum einen Markcylinder einschliessen konnte; auch sind die für die Equisetaceen charakteristischen Luftgänge nicht nachgewiesen; es kann also diese Pflanze vorderhand weder den Equisetaceen noch den Calamiteen eingereiht werden. Ob in den vermeintlichen Fruchtblättern ein Aequivalent des „*Equisetum*-Ringes" gesehen werden kann, muss dahingestellt bleiben.

Anhang.

Sphenophylleae.

Kraut- oder strauchartige Gewächse, mit ästigem, äusserlich gegliedertem, längsriefigem Stengel und quirlständigen Blättern. Diese in

*) S. Stur, Culmflora 1875—77. Richter, Culm in Thüringen (Zeitschr. d. deutsch. Geol. Ges. Bd. XVI). Dawson, Devonian Plants (Quart. Journ. Geol. Soc. vol. XVIII).

**) S. D. Stur's ausführliche Auseinandersetzungen in dessen Culmflora S. 63—74.

den alternirenden Quirlen zu 6—18 (Grundzahl immer 3) mehr oder weniger breit-spatelförmig, ganz und nur am äusseren Rande gekerbt oder gezähnelt, oder ein- und mehrfach mehr oder weniger tief dichotom eingeschnitten, erste Dichotomie die tiefste, die folgenden successive weniger tief, die unteren Stengel oder Astblätter öfter mehrfach getheilt, während die oberen ganz oder nur mit einfacher Dichotomie; Nerven einfach oder zu zwei aus dem Stengel austretend, durch wiederholte Zweitheilung in so viele Aeste zerfallend, als das Blatt Lacinien oder Randzähne hat. Fruchtstand ährenförmig, die Aehren kurzgestielt, lang und ziemlich schmal cylindrisch, an den Aesten ein- oder zweireihig, blattachselständig; Heterosporen — Sporangien einzeln auf der Blattspreite oder in der Blattachsel, sitzend, kugelig.

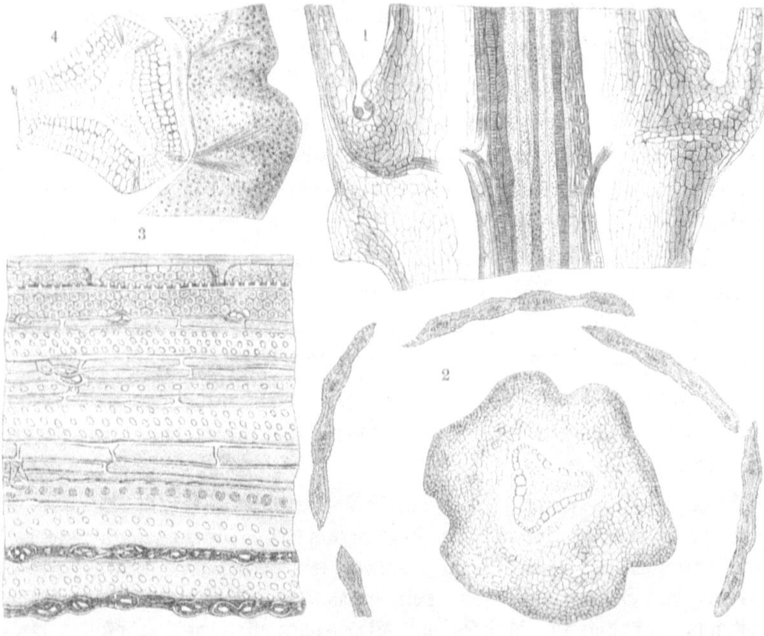

Fig. 134.
1 Längsschnitt durch den Stengel von *Sphenophyllum quadrifidum*, vergr. 2 Querschnitt durch denselben und durch die Blätter, vergr. 3 Theil des Längsschnittes, 120 mal vergr. 4 Querschnitt durch den Stengel von *Sph. Stephanense*, vergr. (Nach Renault.)

Das Gefässbündel des Stengels ist axil, dreikantig, mit concaven Seiten, hauptsächlich aus weiten Netztracheiden gebildet, welche gegen die Kanten in engere Leitertracheiden übergehen, zu denen sich an den Ecken abrollbare Spiralgefässe gesellen, welche zu den Blattquirlen abtreten; um das centrale Bündel eine Scheide, deren innere Schichten aus grossen rectangulären Zellen gebildet sind, mit ovalen gehöften, ein enges sechseckiges Netz darstellenden Tüpfeln. Die äusseren Schichten bestehen aus engen Parenchymzellen; der innere Theil der Rinde aus laxen Prosenchymzellen, der mittlere aus rectangulären; die äusserste Schicht ist aus engen langgestreckten Elementen gebildet.

Die Structur des Stammes dieser Pflanzen weicht so sehr von der aller übrigen Gefässkryptogamen ab, selbst von der der Lycopodiaceen, dass in dieser Beziehung diese Classe isolirt dasteht, und wenn auch die Stellung und die dimorphe Natur der Sporangien an die der Selaginellen erinnern, so ist doch der äussere Aufbau der Pflanzen ein so verschiedener, dass auch dieser gegen eine nähere Verwandtschaft beider Gruppen spricht. Es kommen zwar bei den Lycopodiaceen auch quirlige Blattstände vor, aber der Stengel ist äusserlich nicht gegliedert und die Quirle gehen häufig in Spirale über, was bei den Sphenophyllen nicht der Fall ist. Die Blätter selbst sind der Gestalt und Berippuug nach sehr verschieden, bei den Lycopodiaceen sind sie immer einfach, hier oft mehrtheilig.

Ebenso zeigt die Verzweigung der Sphenophyllen sich als eine ganz verschiedene, indem dieselbe eine durchaus axilläre ist, während sie bei den Lycopodiaceen aus einer wiederholten Dichotomie hervorgeht. Wir haben also hier, wie bei den Calamiteen, einen Pflanzentypus vor uns, welcher in der Jetztwelt keinen directen Vertreter mehr hat — man kann doch kaum an *Salvinia* denken — und welcher als Abzweigung einer erloschenen Grundform betrachtet werden kann, deren Zusammenhang mit lebenden Formen noch aufzufinden ist.

Dass diese Pflanzen keine Gymnospermen sind, wie Brongniart vermuthet hat, ist jetzt durch die genaue Kenntniss ihrer Fruchtorgane ausser Zweifel gesetzt*).

Sphenophyllum Brngt. Die Fruchtblätter sind frei bis an ihre Basis, aus horizontal ausgespreitetem, das Sporangium tragendem Grunde aufgerichtet, am Knie zuweilen in einen Sporn abwärts tretend, ganz, selten zwei- oder mehrtheilig; die Sporangien, wenn reif, gross und beinahe die ganze Höhe des Internodiums einnehmend; Makro- und Mikrosporangien wahrscheinlich auf derselben Aehre.

Der Umstand, dass bei einigen die Blätter der unteren Region der Pflanze stark zerschlitzt, während die der oberen beinahe ganz sind, hat zur Vermuthung geführt, dass die Sphenophyllen nach Art unseres Batrachiums schwimmende Wasserpflanzen waren. Die feste Structur derselben und die Abwesenheit von Intercellurgängen scheinen gegen diese Voraussetzung zu sprechen.

---

*) S. die classischen Abhandlungen über *Sphenophyllum* von Renault in Ann. d. Sc. nat. Botan. 5e sér. t. XVIII und 6e sér t. IV. Williamson, Foss. Pl. coal meas. part V.

Vorkommen: Die älteste bekannte Art ist das winzige *Sph. tenerrimum* Ett. aus dem Culm, und eine der jüngsten das breitblätterige, am äusseren Blattrande zierlich crenulirte *Sph. Schlotheimii* Brngt., aus der oberen Steinkohle, in welcher dasselbe sowohl in Europa als in Amerika häufig vorkommt.

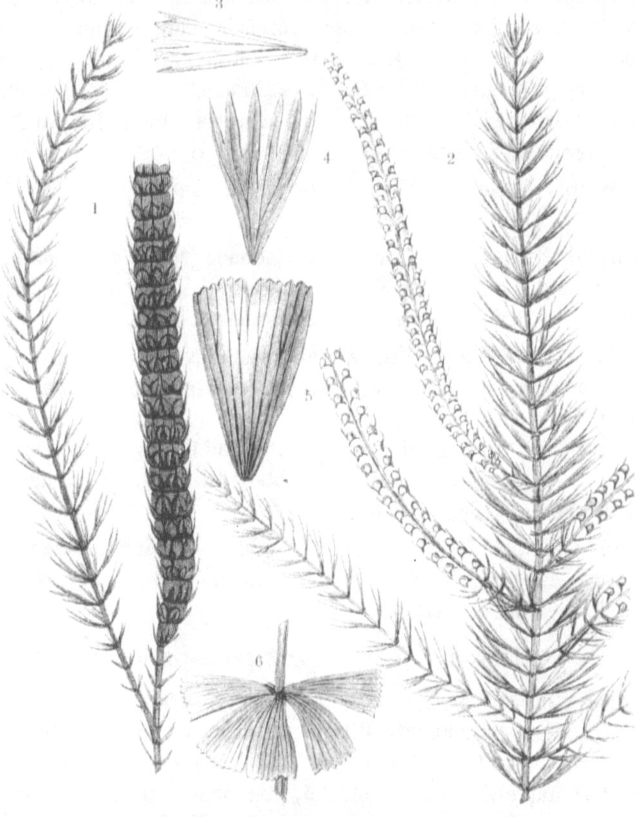

Fig. 135.

1 *Sphenophyllum angustifolium* Germ. Aus dem Kohlenschiefer von Wettin (nach Germar). 2 Dasselbe, aus Wettin, nach einem Exempl. des Strassburger Museum. 3 u. 4 Blätter von *Sphenophyllum erosum* Lindl. u. Hutl. *var. β saxifragaefolium*, vergr. 5 Blatt von *Sphenophyllum emarginatum* Brngt. *var. Brongniartianum* vergr. (nach Coemans et Kickx). 6 Blattquirl von *Sphenophyllum Schlotheimii* aus Wettin (nach Germar).

Spicae incertae affinitatis.

Renault hat unter dem Namen von *Equisetites infundibuliformis* das Bruchstück einer Aehre bekannt gemacht, dessen äusseres Aussehen, obgleich die Aehre kleiner war, allerdings an diese Brongniart'sche Art *(Macrostachya infundib.)* erinnert, allein deren innere Organisation von der der Macrostachyen sehr abweicht. Die Fruchtblätter sind zwar auch zu einer Platte verwachsen, allein die Sporangien, anstatt an einem achselständigen Träger zu hängen, sitzen unmittelbar reihenweise auf dem Fruchtboden.

Volkmannia Dawsoni Williams.*) trägt ebenfalls auf der Bracteenplatte mehrere Sporangienkreise, und jedes Sporangium sitzt auf einem kurzen Träger; die in denselben enthaltenen Sporen sind polyëdrisch-kugelig, mit Stacheln besetzt und ziemlich gross, und können wohl als Makrosporen angesprochen werden. Die Spindelaxe ist durch ein continuirliches Gefässbündel eingenommen, ohne Markhöhle; diese Axe zeigt 4 stark vorspringende Kanten, aus deren abgestutzten oder ausgerundeten Ecken je zwei Blattgefässstränge abzugehen scheinen, so dass die Grundzahl der Blätter wahrscheinlich 4 × 2 wäre, während die der Sphenophyllen 3 × 2 ist. (S. Williamson, Mem. Lit. and Phil. Soc. Manchester 3[d] ser. vol. V; Organis. Foss. Pl. part II.)

Vorkommen: Untere Kohlenformation von Lancashire, in Knollen von Spatheisenstein.

Bowmanites Binney. Blätter gequirlt, denen von *Asterophyllum* ähnlich; Aehre astendständig, gross; Sporangien einzeln, den ganzen horizontal abstehenden Theil der Bracteen einnehmend, kugelig, glatt.

Binney bildet auf jedem Tragblatt eine Reihe von fünf grossen, die ganze Höhe des Internodiums einnehmenden sphärischen Körpern ab, welche der Verfasser als nach der Zerstörung des Sporangiums zurückgebliebene Makrosporen anspricht. Wir haben oben zwei Beispiele von reihig angeordneten Sporangien auf den Tragblättern gesehen, und es könnten diese vermeintlichen ungemein grossen Sporen ebenfalls Sporangien sein.

Carruthers (Journ. Roy. Instit. 1869) gibt unter dem Namen *Flemingites* den Durchschnitt eines Strobilus, dessen Bracteen je 8 solcher runder Körper tragen und Mikrosporen enthalten.

Calamariae (?) steriles incertae sedis.

Trizygia Royle (*Sphenophyllum* Ung. Feistm.). Stengel (oder Aeste?) dünn, gegliedert, Verästelung unbekannt; Blätter in sechsgliederigen Wirteln, in einer Ebene nach vorn liegend, wodurch der Wirtel halbirt erscheint, abgerundet-spatelförmig, drei ungleiche Paare bildend, von denen die Blätter des vorderen die kleinsten, die des hinteren die grössten sind; die Nerven zu zwei aus dem Stengel tretend, wiederholt gabelig getheilt und unter spitzen Winkeln zum äusseren Rande verlaufend. Fruchtstand unbekannt.

Von dieser merkwürdigen Pflanze, die wohl kaum zu *Sphenophyllum* gehört, sind weder der Hauptstengel noch die Früchte bekannt; die Aeste scheinen schwimmend gewesen zu sein. Ob die sonderbaren gegliederten Stämme, welche Royle mit dem Namen *Vertebraria* bezeichnet hat, die Rhizome dieser Pflanze sind, wie vermuthet worden, ist sehr zweifelhaft.

Vorkommen: Die einzige bekannte Art, *Tr. speciosa* R., kommt in der Damuda-Gruppe (Trias?) Bengalens vor, und zwar in den Kohlenschichten der-

*) Unter dem Namen *Volkmannia* figuriren sehr verschiedene Fruchtstände, und es ist unmöglich zu bestimmen, welchem von diesen derselbe eigentlich zukommt; es wäre daher doch das Beste, denselben ganz fallen zu lassen, oder nur für äusserlich ähnliche Aehren beizubehalten, deren innere Structur nicht bekannt ist.

selben gleichzeitig mit der genannten *Vertebraria* und einer der *Sch. paradoxa* sehr ähnlichen *Schizoneura*.

Schenk hat in seiner Abhandlung über die Waldpflanzen von Nordwestdeutschland unter dem Namen *Marsilidium speciosum* ein Pflanzenfragment bekannt gemacht, an welchem zwei Quirle ziemlich grosser spatelförmiger Blätter theilweise sichtbar sind. Diese Blätter erinnern an ein grossblätteriges *Sphenophyllum*; das Exemplar ist jedoch zu unvollständig, um einen näheren Vergleich zuzulassen.

4. Classe. **Lycopodiaceae.**

Kraut-, selten halbstrauchartige, meistens kriechende, zuweilen rankende, seltener aufrechte, in den frühesten Vegetationsepochen zum grössten Theile baumartig gewesene Gewächse, mit vorherrschend dichotomer, häufig Sympodien bildender Verzweigung. Blätter, mit Ausnahme der Isoëten und der ausgestorbenen Lepidodendreen, bei welchen sie zuweilen über fusslang sind, klein, selten bis zolllang, lanzettlich, lineal-pfriemlich, bei den Selaginellen oft zugespitzt herzförmig oder abgerundet, isomorph oder dimorph (dies bei den meisten Selaginellen). Wurzeln, wie der Stamm, dichotom verzweigt. Fruchtstand meistens ährenförmig; Sporangien einzeln, auf den Sporangienblättern oder in deren Achsel sitzend, meistens zweiklappig aufspringend. Sporen isomorph (Lycopodieen) oder dimorph (Selaginelleen, Lepidodendreen).

I. Abtheilung. **Isosporeae.**

1. Familie. **Lycopodieae.**

Stamm kriechend, selten aufrecht, mit ziemlich starken dichotomen Wurzeln. Blätter meistens dicht gedrängt, spiralig, seltener, zum Theil wirtelig, angeordnet, lanzettlich oder pfriemlich, isomorph, selten dimorph, und zwar nur an den Aesten, die seitlichen dann grösser, vertical inserirt, die nach vorn und hinten liegenden kleiner, horizontal ansitzend und dem Stengel angedrückt. Fruchtstand ährenförmig, oft auf einem kleinerblätterigen, mehr oder weniger langen Stiele; die Fruchtblätter in der Regel kürzer und breiter als die Stengelblätter, häufig stark gezähnt oder gewimpert, nicht selten auf einem senkrecht abstehenden Stielchen, welchem das Sporangium aufsitzt, nach oben und unten zugespitzt schildförmig, die andersgestaltigen Tragblätter meistens blattfarbig und skariös; in einigen Fällen beinahe alle Blätter der Pflanze fruchtbar. Sporangien platt nieren- oder herzförmig, dem Tragblättchen oder der

Achsel desselben quer aufsitzend, durch einen über den Scheitel gehenden Spalt zweiklappig sich öffnend; Sporen klein, tetraëdrisch, meistens gekörnelt oder mit kurzen Stacheln besetzt.

Die anatomische Structur des Stammes ist im Wesentlichen folgende: Der axile Theil ist von einem mehr oder weniger cylindrischen Gefässbündel eingenommen, dessen Gefässplatten undeutlich radial, zum Theil nahezu parallel disponirt sind und sich nur an einzelnen Stellen berühren. Mit den Gefässplatten alterniren Siebplatten. Diese letzteren sind zusammengesetzt aus Siebröhren und langzelligem Parenchym, die Gefässplatten aus weiten Treppentracheiden und an den Kanten aus engeren Elementen, namentlich aus Spiralgefässen. Den Kanten setzen sich die Bündel der Blätter an. Die Rinde ist entweder rein parenchymatisch oder theilweise prosenchymatisch. In den Wurzeln gleicht der Gefässstrang im Wesentlichen demjenigen des Stammes.

Die geschlechtliche Fortpflanzung ist bei den Lycopodieen beinahe vollständig unterdrückt und durch vegetative Propagation, die bei manchen Arten zum Theil durch Bulbillen bewerkstelligt wird, ersetzt.

Lycopodium L. Diese Gattung ist in der Jetztwelt über die ganze Erde verbreitet, und zwar in über 400 Arten, von denen jedoch die grosse Mehrzahl den wärmeren Zonen, namentlich der tropischen angehören; die Zahl der in kälteren Gegenden lebenden ist eine sehr geringe.

Fossil tritt diese Gattung schon in den oberen devonischen Schichten auf, und es dürfte Salter's *Lycopodites Milleri* hierher gehören. Mehrere Arten mit Fruchtähren sind aus der Kohlenformation bekannt (s. Geinitz, Verstein. d. Kohlenform. Sachsens und Goldenberg, Flora saraepont. foss.). Lesquereux bildet in der Coal Flora of Pennsylvania zwei Lycopodien ab, von welchen das eine dicht mit Sporangien besetzte Aeste zeigt. Spuren von *Lycopodium*-Ueberresten sind in neuerer Zeit auch im Jura angetroffen worden (s. Heer, Flora foss. arctica III. Sibirien). Die Fragmente aus den Tertiärschichten, welche als *Lycopodites* angesprochen worden sind, lassen ihrer Unvollständigkeit wegen keine nähere Bestimmung zu.

Ein Stengelbruchstück aus dem permischen Kieselmagma von Autun, welches Renault in seiner gewohnten gründlichen Weise mit zahlreichen mikroskopischen Abbildungen*) bekannt gemacht hat, zeigt seiner Structur nach eine solche Uebereinstimmung mit der der lebenden Lycopodien, dass an die Zugehörigkeit desselben zu diesen kaum gezweifelt werden kann. Auch Unger zeigt die Structur eines Stengels aus dem Thüringer Posidonien-Schiefer, welche die grösste Aehnlichkeit mit der des Lycopodienstengels hat**).

Psilotum R. Br. Pflanze aus aufrechtem Stengel vielfach dichotom verzweigt. Blätter sehr entfernt stehend, sehr klein, anliegend. Unterirdische Vegetation ein ebenfalls verzweigtes Rhizom mit rudimentären Niederblättern

*) Ann. Sc. nat. 5e sér. t. XII. *Lyc. punctatum* R. et *Renaultii* Brngt.

**) Beitr. zur Paläontol. des Thüringer Waldes, *Arctopodium*.

und ohne Wurzeln. Sporangien auf der Spitze kurzer Seitenästchen einzeln zwischen zwei winzigen Blättchen, in welchen man früher ein gespaltenes Blättchen sah, aus drei kugeligen Fächern (drei verwachsenen Sporangien?) bestehend, welche sich durch eine scheitelständige Spalte öffnen; Sporen kugelig, glatt.

Der Stamm unterscheidet sich von dem Lycopodienstamme durch einen continuirlichen, aussen kantigen, aus Treppentracheiden gebildeten Gefässstrang, welcher einen aus dickwandigen Parenchymzellen bestehenden Markcylinder einschliesst, wodurch dieser Stamm einigermassen dem der Lepidodendren gleicht, nicht aber dem der Sphenophyllen, wie man geglaubt hat.

Die drei bekannten Arten dieser Gattung sind den Tropen eigen, wo sie sehr verbreitet sind; fossil ist noch keine bekannt.

Tmesipteris Bernh. Stengel dünn, niederliegend, an der Basis wurzelnd; Aeste meist einfach; Blätter kurzgestielt, lineal-länglich, einnèrvig, Nerv aus der abgestutzten Blattspitze vortretend; Sporangium einzeln an der Spitze eines sehr kurzen Seitenästchens zwischen zwei Blättchen, sitzend, länglich, in der Mitte etwas eingeschnürt. Holzcylinder einen Markcylinder umschliessend, aus denselben Elementen zusammengesetzt wie bei den Lycopodien.

Mit einer Art in Australien; noch nicht fossil aufgefunden.

Phylloglossum Kze. Die kleinste bekannte Form dieser Gruppe, auf sehr kurzem Stengel verhältnissmässig lange lineale Blätter und eine kleine Fruchtähre tragend.

Eine Art in Australien. Nicht fossil.

Psilophyton Daws. Stamm aufrecht, dichotom verzweigt, mit rhizomartiger unterirdischer Vegetation. Blätter pfriemlich, horizontal abstehend oder unter stumpfem Winkel aufgereiht, an den dünneren Aesten entfernt stehend und zuweilen rudimentär, die jungen Triebe eingerollt wie bei *Pilularia*. Sporangien zu zwei oder mehreren an dünnen abwärts gebogenen Aestchen hängend, spindelförmig. Gefässcylinder des Stammes aus Treppentracheiden zusammengesetzt und von einer Sklerenchymscheide umgeben*).

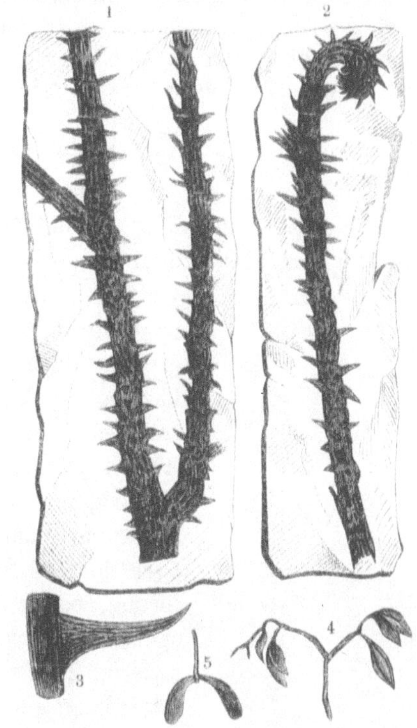

Fig. 136.
Psilophyton princeps Daws. Aus Gaspé in Canada (nach Dawson). 1 Beblätterte Zweige. 2 Endstück eines Zweiges. 3 Stammtheil mit Blatt, vergr. 4 Zweig mit Fruchtorganen. 5 Fruchtorgane.

*) S. Dawson, Canad. Naturalist vol. VIII No. 7; Geolog. Surv. of Canada, The Foss. Plants. Montreal 1871; Acadian Geology 1868.

Dieser eigenthümliche Pflanzentypus gehört wohl ohne Zweifel in die Reihe der Dichotomarien oder Lycopodiaceen. Dawson findet in der Structur des Stammes eine grosse Aehnlichkeit mit der von *Psilotum*. Ob die Fructificationsweise auch mit der dieser Gattung verglichen werden kann, ist aus der unvollkommenen Kenntniss derselben nicht zu erweisen. Es sitzen zwar bei *Psilotum* wie bei *Tmesipteris* die Sporangien auch an der Spitze kleiner Aeste, allein auf der Basis zweier Tragblätter; diese waren vielleicht auch bei *Psilophyton* vorhanden, sind aber in Folge der Fossilisation verschwunden oder wegen ihrer Kleinheit unsichtbar geworden. Eine eingerollte Vernation ist bei den Lycopodiaceen nicht bekannt. Eine Tendenz zum Einrollen zeigt sich bei einigen Selaginelleen, jedoch nur in Folge des Austrocknens wie bei *Anastatica* L.

Vorkommen: Im oberen Devon von Nordamerika sehr verbreitet; in derselben Formation in England und am Rhein (Nassauer Devonschiefer, Dachschiefer an der Mosel). *Drepanophycus spiniformis* Göpp. aus den ersteren gleicht so sehr den von Dawson abgebildeten *Psilophyton*-Stämmen, dass die Zugehörigkeit kaum bezweifelt werden kann. Ebenso dürfte der *Haliserites* Göpp., mit eingerollten Aesten, aus demselben Schiefer, hierher gehören.

II. Abtheilung. **Heterosporeae.**

1. Familie. **Selaginelleae.**

Stengel meist dünn, reichlich und zwar in einer Ebene verzweigt. Blätter breit-lanzettlich oder abgerundet, bei den meisten dimorph und vierzeilig, die nach vorn liegenden klein, dem Stengel angedrückt, die nach hinten liegenden bedeutend grösser, flach zweizeilig abstehend, an der Basis eine häutige Ligula, daher diese Pflanzen als *Ligulatae* bezeichnet. Fruchtast ährenförmig oder den sterilen Aesten ähnlich. Sporangien kurzgestielt, gross, einfächerig und aus drei Zellschichten bestehend: Makrosporangien beinahe kugelig, vier tetraëdrische gekörnelte oder dornige Sporen enthaltend; Mikrosporangien eiförmig, mit zahlreichen ebenfalls tetraëdrischen Mikrosporen, erstere immer in Ein- oder Mehrzahl am unteren Theile der Aehre. Wurzeln verhältnissmässig stark, lang, am unteren Ende vielfach dichotom verzweigt.

Fig. 137. *Selaginella spinulosa* A. Br. (Nat. Grösse.)

Der Stengel ist von einem oder wenigen bandförmigen Gefässbündeln durchzogen, welche concentrischen Bau haben und denen der Farne in vieler Hinsicht gleichen; die Gefässstränge der Blätter legen sich an die vorstehenden Kanten an.

Diese Familie enthält nur die lebende Gattung *Selaginella*, welche in sehr zahlreichen, oft die zierlichsten Formen darstellenden Arten besonders die südlicheren und tropischen Zonen bewohnt und in Europa nur durch die zwei zarten, Jungermannieen-ähnlichen rasenbildenden *S. helvetica* und *denticulata* vertreten, letztere auch durch ganz Afrika bis nach dem Cap verbreitet.

In diese Gattung dürften die dimorph- und ziemlich breitblätterigen *Lycopodites primaevus* und *macrophyllus* Goldenb. aus der Steinkohle von Saarbrücken und *Lyc. Gutbieri* Göpp. aus der Steinkohle von Oberhohndorf in Sachsen gehören.

2. Familie. **Lepidodendreae.**

Baumartige Pflanzen, aus mehr oder weniger hohem cylindrischem Stamme mehrfach dichotom verzweigt; Hauptäste Sympodien darstellend. Blätter spiralig, zuweilen wirtelig angeordnet, gedrängt, schmal, mehr oder weniger lang, einnervig, dem oberen Ende eines rhombischen Blattkissens aufsitzend, nach dem Abfallen eine regelmässige quer-rhombische Narbe mit 3 centralen Närbchen zurücklassend; Blattkissen und Narben von den kleineren Aesten zu den grösseren und von diesen zum Stamme an Grösse zunehmend, in der Regel ohne aus einander zu rücken und mit Beibehaltung ihrer regelmässigen Form. Diese ist meistens rhombisch-spindelförmig mit mehr oder weniger lang spitz zulaufenden Extremitäten, welche sich in entgegengesetzter Richtung etwas umbiegen. Fruchtstand ähren- oder zapfenförmig, am unteren Theile Makro-, am oberen Mikrosporangien tragend; Tragblätter aus dem stielförmigen horizontalen Sporangienträger senkrecht sich in eine kürzere oder längere lanzettliche oder lineale Spreite erhebend; Sporangien lang und der Länge nach dem Träger aufsitzend und mit einem mehr oder weniger breiten Fusse angewachsen. Makrosporen sphärisch, Mikrosporen tetraëdrisch.

Die Blätter sind zuweilen kaum 1^{cm} lang, pfriemlich und denen unserer gewöhnlichen Lycopodien ähnlich, weshalb Lepidodendren-Aeste leicht für Lycopodien genommen werden können und auch öfter für solche genommen worden sind; nicht selten erreichen sie eine Länge von 10—15^{cm} und gleichen dann schmalen Gras- oder Cyperaceen-Blättern. Sie sind immer von ziemlich fester Consistenz und bestehen aus mehreren Schichten enger Zellen und einem breiten starken Mittelnerven.

Die Blattpolster, deren Form und Anordnung zu dem Gattungsnamen Anlass gegeben hat und welche in der Bestimmung der Arten eine Hauptrolle spielen, sind an den jüngern Aesten, welchen die Blätter noch theilweise ansitzen, sehr klein, werden aber in dem Grade grösser als die Aeste sich strecken und dicker werden, ohne die allgemeinen Umrisse ihrer ersten Form zu verlieren; es findet also bei denselben nach allen Richtungen eine ungefähr gleichmässige Ausdehnung statt, indem zugleich das Parenchym, welches sie ausfüllt, anschwillt. Gewöhnlich ist das Polster durch einen medianen niederen Kiel in zwei gleiche Längshälften

(Wangen) getheilt, an deren oberem Theile je ein ovales oder rundliches Knötchen sitzt, wahrscheinlich von einem Intercellulargange herrührend. Die Blattnarbe, welche gegen das obere Ende des Polsters liegt, ist rhombisch, entweder gleichseitig oder etwas höher als breit, selten

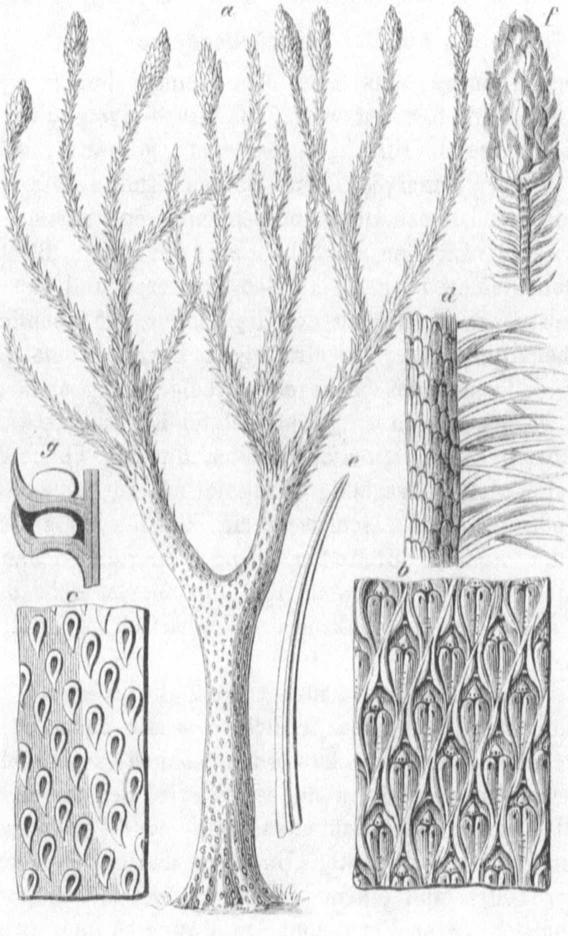

Fig. 138.
Lepidodendron. a Restaurirter Baum. b u. c Rindenstücke. d Zweig mit Blättern. e Blatt. f Fruchtzapfen. g zwei Blätter aus dem Fruchtzapfen mit Sporangien, vergr. (Nach Zittel: Aus der Urzeit.)

breiter als hoch, und zeigt in ihrer Mitte 3 Närbchen, von welchen das mittlere, meistens quer halbmondförmige ovale von dem Blattgefässbündel herrührt, während die beiden runden seitlichen wohl Luftgangsspuren sind. Nach abgefallener Epidermis sind die beiden durch eine Kielrinne getrennt, über welche mehr oder weniger zahlreiche Runzeln laufen; die

Blattnarbe sitzt dann mit ihrem unteren Winkel zwischen den Wangen. Nach völliger Abtrennung des Blattpolsters bleibt ein seinen Umrissen entsprechendes, fein längsgefältetes Feld zurück, in dessen Mitte die drei Blattspurnärbchen sichtbar sind.

Die Blattstellung kann mit der unserer lebenden Lycopodien und Coniferen verglichen werden, doch ist dieselbe meistens viel complicirter und der mancher Mamillarien und selbst der des Blüthenstandes der Sonnenblume gleichkommend. Max Braun hat am Stamme von *L. dichotomum* Sternb. die Disposition $\frac{89}{238}$ constatirt. Da wo die Blätter in Wirteln stehn, sind diese nach folgenden Divergenzen disponirt: $\frac{13}{34 \times 2}$, $\frac{8}{21 \times 3}$, $\frac{5}{13 \times 3}$, $\frac{5}{13 \times 5}$, $\frac{8}{21 \times 7}$ *). Dass die Blattstellung für die Diagnostik der Arten keinen festen Anhaltspunkt bietet, ist kaum nöthig zu bemerken. Selbst die Form und Grösse der Polster stellen sich nicht immer als zuverlässige Artcharaktere heraus, da sie bei derselben Pflanze sowohl am Stamme als an den Aesten variiren können **).

Bezüglich der Structur des Stammes hat Renault 3 Formen unterschieden: 1. Holzcylinder fest ohne Markcylinder; 2. derselbe mit Markcylinder; 3. aus kreisförmig gestellten, einen Markcylinder umschliessenden Bündeln zusammengesetzt.

Folgende 3 Arten können als Typen dieser 3 Abtheilungen angenommen werden:

1. *Lepidodendron Rhodumnense* Ren. (nach Renault). Die Mitte des Stammes ist von einem aus Treppentracheiden bestehenden Strange eingenommen, an welchen sich die Blattspurbündel ansetzen; die Elemente desselben liegen regellos durch einander und nehmen von aussen nach innen an Breite zu.

Die relativ sehr dicke Rinde besteht aus zweierlei Geweben, von denen das eine, langzellige, ein Netz darstellt, dessen Maschen von isodiametrischen Zellen eingenommen sind. Auf dem Querschnitte erscheinen die aus 1—5 Zellschichten zusammengesetzten Maschen aus dickwandigen dunkelgefärbten vierseitigen Zellen gebildet, die Maschenfelder von laxen rectangulären dünnwandigen und farblosen Zellen angefüllt. Die Rinde war in dem untersuchten Falle nicht in Contact mit dem Gefässstrange; wahrscheinlich war sie von demselben durch eine innere, zartere und daher gänzlich zerstörte Gewebezone

*) S. über die Blattstellung der Lepidodendren: C. F. Naumann, Ueber den Quincunx als Gesetz der Blattstellung bei *Sigillaria* und *Lepidendron* in Leonhard u. Bronn Jahrb. 1842 und die Antwort von Alex. Braun ebendaselbst. Stur, Culmflora. Al. Dickson in Transact. Bot. Soc. Edinb. vol. XI.

**) S. H. S. Fairchild, On the variations of the Leaf-Scars of *Lepidodendron aculeatum* Sternb. in Annals N. York Acad. vol. I.

getrennt. Auffallend ist, dass ganz dieselbe Rindenorganisation bei gewissen Sigillarien, u. a. bei *S. spinulosa* Göpp. vorkommt*).

Hierher gehören wohl auch die Gattungen *Diplotegium* und *Heterangium* Corda, *Knorria* Sternb. (a. d. Culm) und *Lyginodendron* Williams.

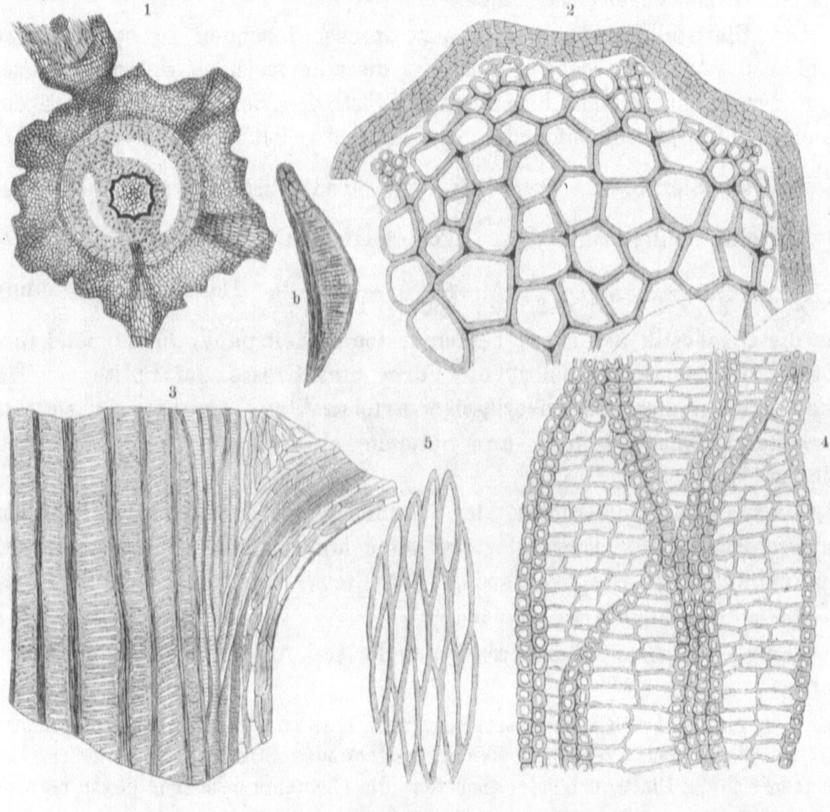

Fig. 139.
Lepidodendron Rhodumnense (nach Renault).
1 Querschnitt durch einen jungen Ast. b Blatt, vergr. 2 Theil des Querschnittes des Gefässkörpers, 120 mal vergr. 3 Theil eines Längsschnittes. 4 Querschnitt der Rinde, vergr. 5 Tangentialschnitt durch dieselbe, vergr.

2. *Lepidodendron Harcourtii* Bt. (nach Brongniart). Der Stamm ist von einem hohlen, ein relativ mächtiges Mark umschliessenden Gefässcylinder durchzogen. Die diesen zusammensetzenden Elemente sind sämmtlich Treppentracheiden, welche an der Peripherie, wo sich die Blattspurbündel anlegen, enger werden. Der Gefässcylinder war, nach den wenigen Ueberresten zu schliessen, welche sich in dem untersuchten Exemplare vorfanden, von einem Gewebe isodiametrischer Zellen umgeben, welche wohl als Siebelemente anzusprechen sind. Rings um dasselbe liegt eine breite Schicht von Zellen, die der Gestalt nach den oben genannten ähnlich sind, jedenfalls aber im

*) S. B. Renault, Struct. comparée de quelques tiges de la Flore carbonifère (Tab. I). Nouv. Archives du Muséum 1879.

lebenden Zustande von grösserer Festigkeit waren, denn sie sind in dem untersuchten Falle vollständig erhalten. Die Peripherie ist von einer Zone langgestreckter, in regelmässige radiale Reihen geordneter Zellen eingenommen.

Die Blattspurbündel verlaufen bogig durch die Rinde und setzen sich an den Gefässcylinder an; sie bestehen aus engen Treppentracheiden*).

Der von Corda beschriebene, noch mit seinen Blättern versehene Stamm von *Lomatophloios crassicaule* scheint mit *L. Harcourtii* in anatomischer Beziehung im Wesentlichen übereinzustimmen**).

3. *Lepidodendron Jutieri* Ren. Unterscheidet sich hauptsächlich von *L. Harcourtii* durch den aus mehreren unabhängigen Gefässsträngen bestehenden Gefässcylinder. Die näheren Structurdetails dieses Typus sind noch nicht bekannt.

Die Zahl der bis jetzt nach der äusseren Stammsculptur von den verschiedenen Autoren sowohl in Europa als anderen Welttheilen unterschiedenen Arten übersteigt bereits 100. Dass von dieser Zahl ein Theil auf unrichtigen Bestimmungen beruhe und manche Arten unter verschiedenen Namen figuriren, ist wohl nicht zu bezweifeln; dass aber die Artenzahl keine geringe sei, wie man hat annehmen wollen, geht aus der grossen Anzahl bekannter verschiedenartiger Fruchtstände hervor. Auch ist nicht anzunehmen, dass alle Lepidodendreen-Formen, die während der unendlich langen Devon- und Kohlenzeit gelebt haben, bereits bekannt sind.

Ob die Familie der Lepidodendreen aus mehreren oder nur aus einer Gattung bestehe, ist bis jetzt noch nicht mit Bestimmtheit ermittelt; nach der eben erörterten verschiedenen Stammstructur zu urtheilen, wäre eher ersteres als letzteres der Fall. Da aber die Kenntniss dieser Structur nur auf einer sehr kleinen Anzahl von Stammstücken beruht und die Zugehörigkeit dieser zu bestimmten, der äusseren Organisation nach bekannten Typen noch nicht nachgewiesen ist, so fehlt für die systematische Gruppirung der Arten eine feste Grundlage, und um wenigstens die zunächst verwandt scheinenden Arten zu gruppiren, haben wir kein anderes Criterium als das, welches die Stammoberfläche darbietet, wie das ja auch für die Sigillarien angenommen wird. Ob nun die so gebildeten Gruppen als provisorische Gattungen, Untergattungen oder Sectionen genannt, ist von keinem besonderen Belang; es liegt aber kein besonderer Grund vor, die längst bekannten Bezeichnungen zur leichteren Orientirung nicht wenigstens so lange beizubehalten, als die

*) S. Brongniart, Observat. sur la structure intérieure du *Sigillaria elegans* comp à celle des *Lepidodendron* et des *Stigmaria*. Arch. du Muséum vol. I. Binney, Observ. on the struct. of Foss. Plants found in the carbon. Strata part II. Palaeontogr. Soc. 1871; id. ibid. part III. 1872.

**) S. Corda, Beiträge Tab. I—IV.

Unrichtigkeit dieses Verfahrens nicht durch andere Gründe als blosse Vermuthungen nachgewiesen ist.

Lepidodendron Brngt. Blattkissen höher als breit, mehr oder weniger langgezogen rhombisch-spindelförmig, die spitz zulaufenden Extremitäten meistens in entgegengesetzter Richtung etwas umgebogen, mit der Epidermis bedeckt durch einen flachen Kiel in zwei Längshälften getheilt, nach dem Abfallen derselben an der Stelle des Kiels eine Längsrinne, über welche mehr oder weniger zahlreiche feine Runzeln quer verlaufen, die beiden Kissenhälften etwas convex, nach oben zwei, wahrscheinlich Luftgängen entsprechende Knötchen tragend; Blattnarbe über der Mitte oder gegen das obere Ende des Kissens trapezoïd-rhombisch, der obere Winkel gewöhnlich abgerundet, der untere Winkel zwischen die zwei Polsterwangen eingreifend, die beiden seitlichen Winkel spitz; von den drei Närbchen das mittlere, dem Blattgefässstrange entsprechende, meist rund, die beiden seitlichen oval oder halbmondförmig; das Feld des abgefallenen Kissens ist dem Umrisse nach diesem ähnlich, flach, längsgefältet, in der Mitte einen runden oder länglichen Knoten tragend, mit oder ohne Spuren der 3 Blattnarbennärbchen.

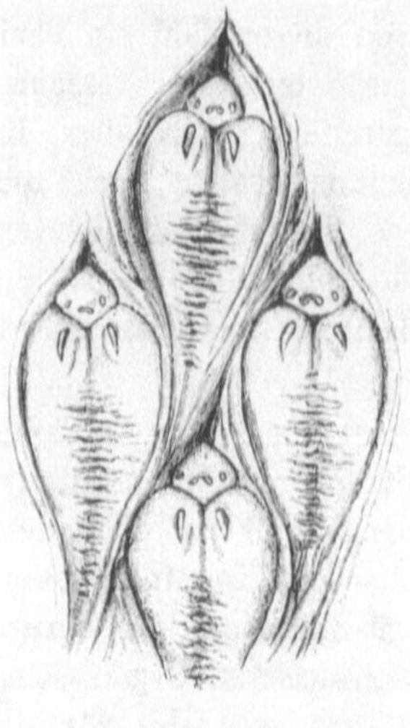

Fig. 140.
Lepidodendron Sternbergii Brngt.

Da die Blattkissen und Narben an den verschiedenen Theilen des Baumes, je nach dem Alter und der Dicke derselben, nicht nur bezüglich der Grösse sehr verschieden sind, sondern auch bezüglich der Form oft nicht unbedeutende Abänderungen zeigen, so ist die specifische Bestimmung oft eine sehr schwierige und bietet nur dann einige Gewissheit, wenn die zu vergleichenden Stücke relativ denselben Stammtheilen entsprechen. In den meisten Fällen berühren sich die Ränder der Blattkissen auf dem ganzen Umkreise, zuweilen aber sind sie durch einen Wulst oder durch einen schmalen flachen oder gefurchten Rindenstreif getrennt; das ist besonders bei den noch nicht zu voller Entwickelung gelangten Polstern der Fall.

Die Blattpolster scheinen nur an ihrem Umkreise vermittelst eines festeren, der Oberhaut entsprechenden Gewebes inniger verwachsen und im Uebrigen nur durch ein laxes, von Intercellulargängen durchzogenes Netz verwachsen gewesen zu sein. Ob dieselben sich von den älteren Stammtheilen von selbst losgliederten, wie die Blattpolster der Cycadeen, ist ungewiss.

Ausser den 5 in der Diagnose erwähnten Närbchen, von welchen je eine am oberen Theil der Polsterwangen, 3 in der unteren Hälfte der Blattnarbe sitzen und welche ihrer Gestalt nach verschiedene, wahrscheinlich meistens zufällige Abweichungen zeigen können, zeigt sich bei sehr gut erhaltenen Stücken unmittelbar über der Mediane der Hauptnarbe ein, meistens dreieckiges Närbchen, in welchem Stur eine Ligula-Spur sieht.

Der Stamm der Lepidodendren war bis zu einer gewissen, vielleicht ziemlich bedeutenden Höhe unverzweigt und trug eine durch eine wiederholte sympodiale Verzweigung gebildete Astkrone, deren Hauptäste unter sehr stumpfem Winkel aus einander gingen; mit den ungleichwerthigen Dichotomien kamen auch gleichwerthige vor.

Die Fruchtähren oder Zapfen *(Lepidostrobus)* waren der Gestalt und Grösse nach ebenso verschieden wie bei unseren lebenden Lycopodien; letztere bewegte sich von der ovalen und länglichen bis zu der sehr langen cylindrischen. Die horizontal abgehenden stielförmigen Sporangienträger endigten in eine kürzere oder längere, lanzettliche, länglich- oder lineal-lanzettliche, sich nicht selbständig abgliedernde Lamina. Dieselben waren endständig an den dünneren Aesten, die grösseren wahrscheinlich hängend, und trennten sich nach der Reife ab, was bei den jetzigen Lycopodiaceen nicht mehr der Fall ist. Die tetraëdrischen Mikrosporen gleichen sowohl der Grösse als dem äusseren Aussehen nach denen der lebenden Selaginellen, die kugeligen Makrosporen sind meistens grösser. Da diese Früchte meistens isolirt vorkommen, so kann nur in seltenen Fällen ihre Zugehörigkeit ermittelt werden und wir wissen nicht, ob die verschiedenen durch ihre äussere oder innere Stammesstructur sich auszeichnenden Lepidodendreen-Formen auch bezüglich ihrer Fruchtorgane bestimmte Verschiedenheiten zeigen.

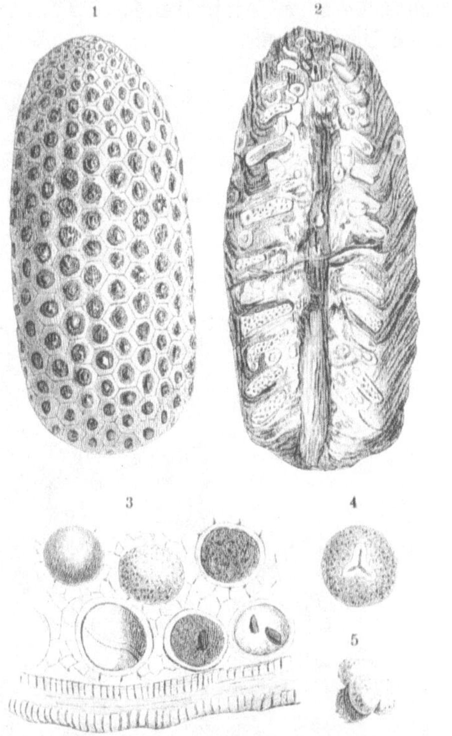

Fig. 141.
Lepidostrobus Dabadianus Schimp.
1 ganzer Fruchtkegel auf die Hälfte der nat. Grösse reducirt 2 Längsschnitt durch denselben. 3 Theil eines Makrosporangium mit Makrosporen, vergr. 4 Makrosporen, 40 mal vergr. 5 Tetrade von Mikrosporen, 40 mal vergr.

Ulodendron Rhode (*Lepidodendron* Göpp. Stur). Stamm dick, oben weniger stark verzweigt als bei *Lepidodendron*; Aeste erster Ordnung einen Durchmesser von über einen Fuss erreichend, Aeste der folgenden Ordnungen ebenfalls verhältnissmässig dick, an den grossen Narben gekniet oder durchaus gestreckte Sympodien darstellend; Blätter sehr dicht gedrängt, bei einer Art (ob bei allen?) kurz lineal-lanzettlich, anliegend; Blattpolster, selbst an den dicksten Aesten, verhältnissmässig klein, quadratisch-rhombisch oder wie die jüngeren Polster von *Lepidodendron* an den beiden Enden ausgezogen und spindelförmig-rhombisch, auch beinahe schildförmig-rhombisch, die spindelförmigen am oberen Ende die Blattnarbe tragend, die andern im Centrum ein erhabenes Närbchen zeigend; die Area nach abgefallenem Polster mit einer erhabenen centralen Längslinie; an allen Aesten, sowohl den stärksten als weniger starken, zwei gegenständige Reihen regelmässig alternirender, sehr grosser runder oder eiförmiger, im Centrum eine runde Narbe tragender concaver Vertiefungen, welche an den Hauptästen bis 15^{cm} Höhe und 10^{cm} Breite erreichen, entweder mit denselben, nur von der normalen Disposition etwas abgelenkten Blattspuren wie der Ast, oder mit radial verlaufenden linealen Eindrücken oder Erhabenheiten; die Rinde sehr dick, der Holzcylinder von geringem Durchmesser.

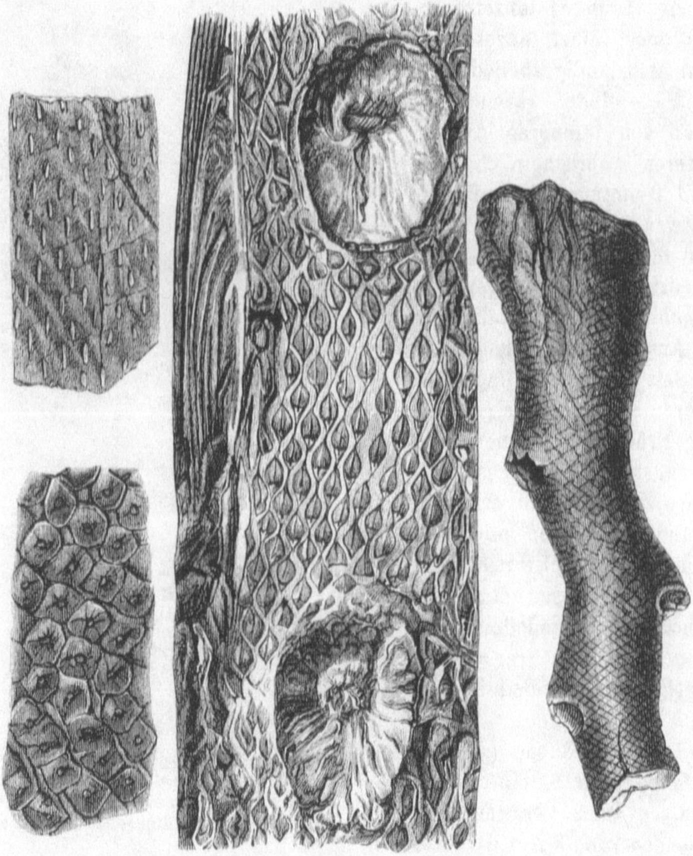

Fig. 142.
Ulodendron minus Lindl. u. Hutt.

Die eben genannten concaven Vertiefungen haben zu verschiedenen Deutungen Anlass gegeben: Brongniart sah in denselben kugelige oder halbkugelige, mit Blättern oder Schuppen bedeckte Knollen, welche sich in einen kurzen Ast oder in Luftwurzeln verlängerten; Lindley und Hutton die von Blüthen- oder

Fruchtständen; **Stur** hält sie für Brutknospen-Narben; wir glauben in denselben die Ansatzstellen von sehr kurz gestielten Fruchtzapfen sehen zu dürfen, und zwar aus den folgenden Gründen: Die Aeste, an welchen diese Narben sitzen*), sind Sympodien, was namentlich aus den geknieten Aesten hervorgeht, deren Kniee denselben entsprechen (s. Fig. 142); dass diese Zickzackform des Sympodiums durch Streckung verwischt werden kann, sehen wir an den verwandten Lycopodien. Die Narben selbst stehen regelmässig abwechselnd in zwei gegenständigen Reihen, ganz so wie wir die sympodiale Stamm- und Astbildung mit abwechselnd geförderten und zurückbleibenden Aesten bei den Selaginellen sehen. Da bei den Selaginellen und Lycopodien die Fruchtähren nichts anderes sind als mehr oder weniger umgestaltete Aeste, so steht der Annahme, dass die in Rede stehenden Narben von Fruchtästen herrühren, nichts entgegen. In Folge des Dickenwachsthums der Rinde wurde der kurze Kegelast und der Grundkegel überwallt, daher die runde und durch Streckung die ovale Vertiefung, und der Kegel selbst zuletzt abgedrückt. Gegen die Annahme, dass diese Narben von Bulbillen herrühren, lässt sich einwenden: 1. dass diese bei den Lycopodien, wo sie vorkommen, Blatt- oder Achselgebilde sind und die Stelle der Sporangien vertreten und an dem Aste, wenn sie abfallen, keine Narbe zurücklassen; 2. dass sie nie die regelmässige Stellung zeigen wie die Narben von *Ulodendron* und noch viel weniger Sympodienknieen entsprechen. **Williamson** glaubt Gefässbündelspuren, welche der Centralnarbe entsprechen, gesehen zu haben**).

Ob die Ulodendren des Culms mit *Lepidendron Veltheimianum* und *Knorria longifolia* und ob dieselben überhaupt nur eigenthümliche Formen von gewissen Lepidodendren sind, wie zum Theil angenommen wird, bleibt vorderhand ungewiss, ist aber nicht wahrscheinlich. Gemeinschaftlich mit Stamm- und Aststücken kommen im Culm der oberen Vogesen zahlreiche Ueberreste von dem genannten *Lepidendron* und von *Knorria longifolia* vor; beide lassen sich durch ihre grossen Blattpolster und die Abwesenheit der grossen Narben beim ersten Anblick unterscheiden. Warum sollte die sog. bulbillentragende Form in Bezug auf die Blattorgane eine so bedeutende Abweichung zeigen?

Vorkommen: In der ältesten (Culm) und älteren Steinkohlenformation, seltener in der mittleren, und zwar in einer Reihe verschiedener Arten sowohl in Europa als Nordamerika.

Lepidophloios Sternb. Stamm (oder Aeste?) mit vierreihigen, beinahe horizontal abstehenden Aesten, Resultat einer sich kreuzenden Dichotomie; Blattpolster dick, convex, quer-rhombisch, die grösseren abgestutzt, kurz eiförmig, die Blattnarbe am unteren Ende derselben ebenfalls quer-rhombisch, mit den 3 *Lepidodendron*-Närbchen, über derselben ein (Ligula? — oder Intercellugang) Närbchen, nach dem Abfallen kleine runde Narben, ohne umgrenztes Polsterfeld, zurücklassend; Blätter aus breiter dicker, an der Ansatzstelle verengerter Basis lang und schmal lineal-lanzettlich.

*) Ob die zuweilen über einen Fuss dicken, sehr grosse Narben tragenden Bruchstücke vom Hauptstamme herrühren, ist nicht zu ermitteln, doch kaum anzunehmen.

) S. **Williamson, On the Organisat. etc. part II.

Die Blattpolster deckten sich dachzieglig in der Richtung von oben nach unten, waren also, wie es scheint, rückwärts geschlagen und die Blätter erhoben sich von ihrem unteren Ende. Der Rand der zuweilen sehr in die Quere gezogenen Polster ist in der Regel unregelmässig zerfressen, was von dem unregelmässigen Abreissen der festen Epidermis herrührt.

Da wir bei der Gruppirung der Lepidodendreen bis jetzt noch auf die Blattpolsterform angewiesen sind, so ist die Bezeichnung des hier in Rede stehenden Typus mit einem besonderen Namen hinlänglich gerechtfertigt.

Vorkommen: In der mittleren Steinkohle; nicht sehr häufig.

Lomatophloios Corda (*Lepidophloios* Brngt. Williams.). Stamm mit vierreihiger Verzweigung (ob regelmässig?); Blattpolster aufrecht, prismatisch-kegelig, oben abstehend; Blattnarbe beinahe quer-quadratisch, in einem von dem Rückenflügel des Blattes herrührenden linealen oder lanzettlichen Fortsatze auf dem Polster abwärts laufend; Blätter sehr lang (bis 30 cm), grasförmig, mit einem starken Mittelnerven und zahlreichen ovalen Stomaten; Rinde sehr dick; Holzcylinder einen dicken Markcylinder, nach innen aus weiten, aussen aus engeren Treppentracheïden zusammengesetzt, von welchen letzteren die Gefässstränge nach den Blättern abgehen.

Mit dem wenigen vorliegenden Material lässt es sich nicht entscheiden, ob diese Gattung mit der vorhergehenden identisch oder von derselben verschieden ist. Auf jeden Fall sind die Blattpolster der bekannten Exemplare sehr verschieden.

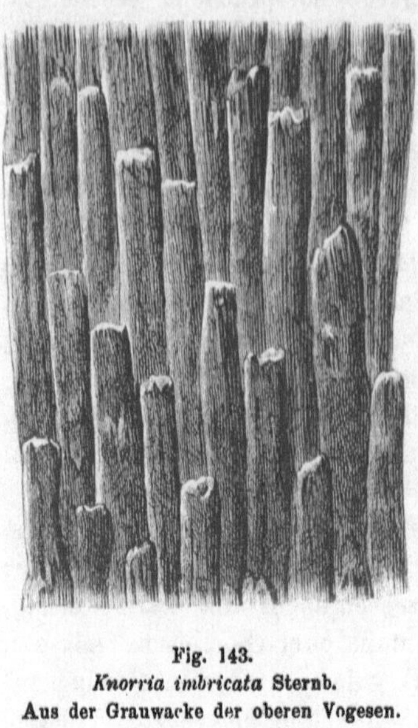

Fig. 143.
Knorria imbricata Sternb.
Aus der Grauwacke der oberen Vogesen.

Vorkommen: Die als Typus dieser Gattung unter dem Namen *L. crassicaulis* von Corda bekannt gemachte Art stammt aus der oberen Steinkohle von Radnitz; ob Williamson's *Lomatophloios* mit dieser Art identisch und aus demselben Horizont stammt, ist unbekannt*).

Knorria Sternb. (*Diplotegium* Corda, *Lyginodendron* Williams.). Baumartig, mit dickem Stamm, oben durch wiederholte Dichotomie theils in gleichstarke, theils in zuweilen sehr ungleichstarke Aeste verzweigt; die Gabeläste an ihrem Theilungsgrunde zuerst gerade aufsteigend und mit einer ebenen beblätterten Fläche fest an einander liegend, dann unter ziemlich offenem Winkel aus einander gehend, indem sie ein stumpfes Knie bilden**), die dünneren Zweige durch die dickeren, welche das Sympodium bilden, auf die Seite geschoben, häufig verbogen abgeplattet und an der einen oder anderen Seite scharfkantig; der

*) S. Williamson, On the Organisat. etc. part II plate XXVI und part III.

**) S. Köchlin u. Schimper, Terrain de transition des Vosges pl. XIX u. XX.

basiläre Theil des Stammes kegelig angeschwollen, quergezogene oder runde Erhabenheiten tragend und in eine mit spiralig angeordneten Knoten besetzte Stigmarienwurzel übergehend; Blätter lang, schmal lineal, zugespitzt; Blattpolster von der Epidermis überdeckt, langgezogen rhombisch, von dieser entblösst, was bei den bekannten fossilen Aesten und Stämmen beinahe immer der Fall ist; am Stamme und den Hauptästen hohlcylindrisch, dicht anliegend, zuweilen bis 5 cm lang, oben quer abgestutzt, nach dem Abfallen eine runde vertiefte Narbe zurücklassend, ohne Spur des früheren Narbenfeldes, die der kleineren oder jüngeren Aeste dünn kegelig, beinahe pfriemlich; Rindenparenchym durch Differenzirung des Zellgewebes in langgezogene rhombische Maschen getheilt.

Auch dieser Typus wird von Göppert, Stur, Grand'Eury zu *Lepidendron* gezogen und *Kn. longifolia* Göpp., welche den Culm charakterisirt, mit *Lep. Veltheimianum* und somit auch mit *Ulodendron* vereinigt.

In den oberen Vogesen, bei Thann und Nieder-Burbach, wo Ueberreste dieses Baumes gemeinschaftlich mit *Lep. Veltheimianum* und *Ulodendron* in grosser Menge und in mehreren Fuss hohen, noch mit Aesten versehenen Stücken vorkommen und genau in derselben Erhaltungsweise wie die oben genannten Arten, hat sich bis jetzt noch kein Uebergang weder zu der einen noch zu der anderen dieser beiden Formen auffinden lassen, nie ein Stamm oder Ast mit den grossen *Ulodendron*-Narben und nie solche mit den rhombischen *Lepidodendron*-Polsterfeldern, wie diese in denselben Schichten sich bei *Lep. Veltheimianum* zeigen, sondern immer mit den oben abgebrochenen, bald dickeren, bald dünneren Halbcylindern, welche oft so lang sind, dass Göppert in denselben Blätter sah (*Kn. longifolia* und *imbricata* G.), und nach ihrem Abfallen, wie schon bemerkt, eine runde vertiefte Narbe zurücklassen, ohne Spur von einem rhombischen Maschenfeld. Die oben zuweilen eine Ausrandung oder kurzen Einschnitt zeigenden Polster haben zur Aufstellung der Gattung *Didymophyllum* Göpp. Anlass gegeben, und die kugelige Verdickung des unteren Stamm- (oder oberen Wurzel-?)Theils mit erhabenen quergezogenen oder theilweise auch runden Narben zu der von *Aneistrophyllum* Göpp.*).

Auch die innere Structur der Rinde unterscheidet wesentlich diese Gattung von *Lep. Veltheimianum* und *Ulodendron.* In Folge einer regelmässigen Differenzirung im Parenchymgewebe zerfällt dieselbe in concentrisch gestellte langgezogen-rhombische Maschenfelder, welche in den durch amorphe Elemente ersetzten Stammstücken durch eine braune kohlige Lamelle begrenzt sind, während das Gewebe der Maschenfelder selbst durch helle Gesteinsmasse ersetzt ist. Ganz dieselbe Structur findet sich bei *Diplotegium* Corda und *Lyginodendron* Williams. Diese Structur findet ihre Erklärung in der von Renault so schön erläuterten Rindenstructur von *Lepid. rhodumnense* Ren. und *Sigillaria spinulosa*, deren Rinde von Brongniart mit dem Namen *Dictyoxylon* bezeichnet worden. In Folge der concentrischen Stellung der Maschenschichten trennt sich die Rinde leicht in concentrische Schalen, welche sowohl auf der Aussen- als Innenseite spindelförmige Rhomben zeigen, die leicht für Polsterfelder von *Lepidodendron* genommen

*) S. Köchlin u. Schimper, Terrain de transition des Vosges pl. XI u. XII.

werden können und auch genommen worden sind. Corda bildet ein solches Stück als *Sagenaria fusiformis* ab, und ich selbst habe es in dem botanischen Theile des Terrain de transition des Vosges Taf. XXII fig. 4 als *Sagenaria Veltheimiana* abgebildet. In Folge seitlichen Druckes bilden die Maschen Lamellen, welche ziegeldachartig sich decken.

Die unterirdische Vegetation ist sowohl der Lage als Verzweigung nach ganz stigmarienartig, unterscheidet sich aber von der echten Stigmariaform dadurch, dass die Narben nicht die regelmässige runde Gestalt mit dem Gefässnärbchen in der Mitte zeigen, sondern einen ziemlich grossen verflachten Knoten ohne Gefässnarbenspur bilden. Diese Knoten haben beinahe das Aussehen, als ob sie von fleischigen Schuppen (Niederblättern?) herrührten. Sie finden sich auch schon an dem *Ancistrophyllum*-Theile des Stammes*).

Vorkommen: Im oberen (und mittleren?) Devon und besonders der untersten Steinkohle, von da an mehr sporadisch bis in die obere Steinkohle.

Halonia Lindl. u. Hutt. Zweitheilig ästig, Aeste unter stumpfem Winkel aus einander gehend. Stamm und Aeste mit zahlreichen spiralig angeordneten, zitzenförmigen Auswüchsen besetzt, welche mit kleinen Blattnarben bedeckt sind. Blattnarben quer-rhombisch (ohne Polster?), nach Abfallen der oberen Rindenschicht rundliche Knöpfchen darstellend. Holzcylinder einen Markcylinder umschliessend und dieselbe Organisation zeigend wie *Lepidodendron* vom Typus des *L. Harcourtii*, im Inneren nämlich aus engen Fibrovascularelementen, in der Mitte aus weiten und aussen aus engeren Leitertracheiden zusammengesetzt, von welchen die Gefässbündel für die Blätter abgehen; zahlreiche ziemlich dicke Gefässbündel durchziehen das Rindenparenchym und endigen in den Papillen an der Stammoberfläche.

Binney in seiner ausgezeichneten Abhandlung über *Halonia***) sieht in den Halonien die Stigmarien der Lepidodendren, was dieselben doch wohl nicht sein können. Die, wie der Stamm selbst, mit Blättern besetzten Auswüchse sind wahrscheinlich unentwickelte Aeste und keine abortiven Wurzelzasern, das Resultat also einer spiralig fortschreitenden dichotomen Verzweigung, bei welcher die meisten Aeste nur zu einer rudimentären Entwickelung gelangen, während die übrigen das Sympodium bilden. Ob ein Theil dieser Aeste fruchtbar war, ist ungewiss.

In diese Gattung gehört gewiss auch *Cyclocladia* Goldenb. u. Feistm. nec Lindl. Bei dieser Form sind die rudimentären Aeste nur weiter entwickelt als bei der gewöhnlichen.

Vorkommen: Mittlere Kohle.

Cyclostigma Haughton. Baumartig, dichotom ästig. Blattspuren klein, halbkugelig erhaben oder flach kreisförmig, im Centrum ein eingedrücktes Närbchen tragend.

---

*) Terrain de transition des Vosges pl. IX u. XI.

**) Observat. on the Struct. of Foss. Pl. part III (Polaeontogr. Soc. 1872). S. auch Schimper, Traité de Pal vég. und Williamson, Organisat. etc. (Philosoph. Transact. 1872).

Ein problematischer Pflanzentypus, von welchem weder Blätter, noch Früchte, noch die innere Stammstructur bekannt sind.

Vorkommen: Im oberen Devon und der untersten Kohle (Culm), in Nordamerika, auf der Bäreninsel und besonders im Old-red bei Kiltorkan in Irland, zugleich mit *Lepidostrobus Bailyanus* Sch., *Palaeopteris hibernica* u. a.

Lepidodendreen-Fruchtstände.

Lepidostrobus Brngt. (Fig. 141 S. 191.) Unter diesem Namen begreift man die ähren- oder zapfenförmigen Fruchtstände, welche ihrer Zusammensetzung nach denen der Lycopodiaceen und namentlich den Selagineen gleichen. Der Grösse und Gestalt nach zeigen diese Fruchtähren, wie das übrigens auch bei den lebenden Stammgenossen der Fall ist, eine ziemlich grosse Mannigfaltigkeit. Dieselben sind bald nur einen Zoll, bald über einen Fuss lang, eiförmig, oval und oval-länglich, cylindrisch, die Tragblätter endigen entweder in eine kurze lanzettliche, oder in eine mehr oder weniger lange lineal-lanzettliche Spreite, welche aufgerichtet ist und namentlich im ersteren Falle sich dicht zwischen die zwei oberhalb stehenden anlegt, so dass die Aehre ziegeldachartig geschuppt erscheint; in letzterer bilden die Spreiten einen aufrechten Schopf. Bei *L. Bailyanus* sind diese Spreiten sehr schmal, scharf zugespitzt und starr, so dass diese Aehre gleichsam begrannt erscheint.

Die Tragblätter gehen in Form eines beinahe runden oder abgeplatteten Stiels senkrecht von der Aehrenaxe ab; die Spreite erhebt sich unmittelbar am äusseren Ende des Sporangiums vertical und tritt zuweilen in einen platten lanzettlichen Sporn abwärts. Die zweierlei Sporangien, Mikro- und Makrosporangien, sitzen getrennt, die ersteren im oberen, die letzteren im unteren Theile der Aehre. Ob es Isosporen-Fruchtstände gibt, ist noch nicht nachgewiesen. Da die längeren Aehren meistens nur in Bruchstücken erhalten vorkommen, so geschieht es leicht, dass die zur Untersuchung geeigneten Stücke nur die eine Art von Sporangien enthalten. Diese sind mit einem schmäleren oder breiteren, sehr kurzen Fusse dem Fruchtblatt aufgewachsen, beinahe cylindrisch und mit ihrem äusseren stumpfen Ende etwas aufwärts gebogen, oder keulenförmig, zuweilen mit schwachen Längsrippen; die Sporenentleerung geschieht durch einen seitlichen Riss, welcher das Sporangium wahrscheinlich in zwei Klappen theilt. Die Sporangienhaut besteht aus zwei Zellschichten, von welchen die äussere dickere aus rectangulären, nach ihrem längeren Durchmesser in senkrechter Richtung zusammengereiht sind. Die Sporen beiderlei Art gleichen, sowohl der Gestalt als Grösse nach, ganz denen der lebenden Selaginellen; die sphärischen Makrosporen tragen auf dem Scheitel eine winzige dreikantige Pyramide, deren Kanten sich wahrscheinlich wie bei den Selaginellen bei der Befruchtung in Folge der Prothalliumbildung spalteten. Die Sporen, namentlich die Makrosporen, kommen zuweilen in so grossen Massen vor, dass sie mehrere Centimeter dicke Lager bilden. Die anatomische Structur der Aehrenaxe entspricht der der dazugehörigen Art, und ist daher der Gefässcylinder bald mit Markparenchym angefüllt, bald durchaus aus Gefässen zusammengesetzt.

Die meisten Lepidodendren-Aehren finden sich zerdrückt und in amorphe Kohle umgewandelt; die in Eisenstein, besonders in Eisensteinnieren der Steinkohle eingeschlossenen und von kohlensaurem Eisen durchdrungenen, beinahe immer jedoch nur in Bruchstücken erhaltenen, lassen in der Regel noch ihre innere Zusammensetzung erkennen. Am geeignetsten zur mikroskopischen Untersuchung sind die verkieselten Exemplare, diese sind aber äusserst selten.

3. Familie. **Isoëteae.**

Binsenförmige, Wasser oder Land bewohnende, zum Theil auch amphibische Pflanzen. Stamm sehr kurz, dick, unverzweigt, durch zwei oder drei tiefe Furchen beinahe gelappt, einen dicken Büschel cylindrischer, oben zugespitzter, steriler und fertiler Blätter tragend, welche eine Länge von 10—80^{cm} erreichen; Wurzeln zahlreich, lang, aus den Furchen des Stammes entspringend.

Der Stamm ist von einem axilen Gefässbündel durchzogen; dieses hat concentrischen Bau und besteht in der Mitte aus Tracheiden, nach aussen aus einer Lage eigenthümlicher, tafelförmiger Zellen, welche als Siebtheil aufgefasst wird. Die aus den Blättern in den Stamm eintretenden Stränge setzen sich an den axilen Strang an; ringsherum liegt eine mächtige Lage Rindenparenchym.

Der Stamm der Isoëten besitzt, allein unter den lebenden Gefässkryptogamen, ein secundäres Dickenwachsthum, welches aber mit dem der Phanerogamen nur eine entfernte Aehnlichkeit hat. Das axile Gefässbündel ist nämlich von einem Cambium umgeben, welches einerseits diesem, andererseits der Rinde Zuwachs ertheilt. Die centrifugalen Elemente stimmen mit den erwähnten Siebelementen überein, selten sind es Tracheen. Der Zuwachs der Rinde ist viel bedeutender als der des Gefässbündels und ausschliesslich in Form von Parenchymzellen.

Die beiderlei Sporangien sind ziemlich gleichförmig, rund, einfächerig und liegen in der ausgehöhlten Blattbasis, die Makrosporangien in der der unteren, die Mikrosporangien in der der oberen Blätter; Makro- und Mikrosporen sind zahlreich in ihren respectiven Behältern enthalten.

Die Keimung der Mikrosporen geschieht wie bei den Selaginellen. Das weibliche Prothallium entsteht, wie bei diesen, endogen und füllt die Spore völlig aus; diese wird durch den Druck der Prothalliumzellen dreilappig gesprengt.

Diese Familie enthält nur die Gattung

Isoëtes L., welche in ohngefähr 50 Arten vom Norden bis über den Aequator zerstreut ist.

Fossil sind bis jetzt nur zwei wasserbewohnende Arten bekannt, welche an unseren *I. lacustris* erinnern, und zwar aus den mittleren Tertiärschichten: *I. Braunii* Ung. und *I. Scheuchzeri* Al. Brn. aus der aquitanischen Stufe Oeningens, erstere auch aus den Ligniten der Wetterau.

4. Familie. **Sigillarieae.**

Baumartige Gewächse von sehr bedeutenden Dimensionen, mit aufrechtem, säulenförmigem, oft regelmässig längsgefurchtem, unzertheiltem, oder am obern Ende durch eine oder zwei Dichotomien zertheiltem Stamme. Blätter sehr lang, schmal, halbcylindrisch-pfriemlich, drei- oder vierkantig und spitz zulaufend, fest, mit starkem Mittelnerv, wirtelig

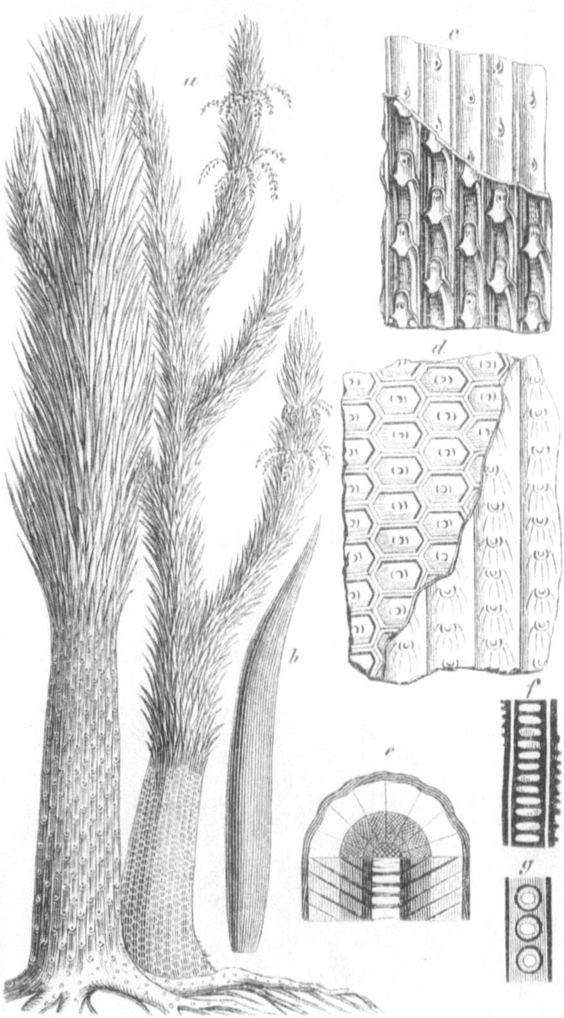

Fig. 144.
Sigillaria. a Restaurirte Bäume. b ein Blatt. c Stammstück mit Rinde von *Sig. pachyderma* Brngt. d dasselbe von *Sig. tessellata* Brngt. e Durchschnitt eines Stammes. f treppenförmiges Gefäss aus dem den Markcylinder umschliessenden Holzring. g röhrig punktirtes Gefäss aus dem äusseren Theil desselben Holzrings. (Nach Zittel: Aus der Urzeit.)

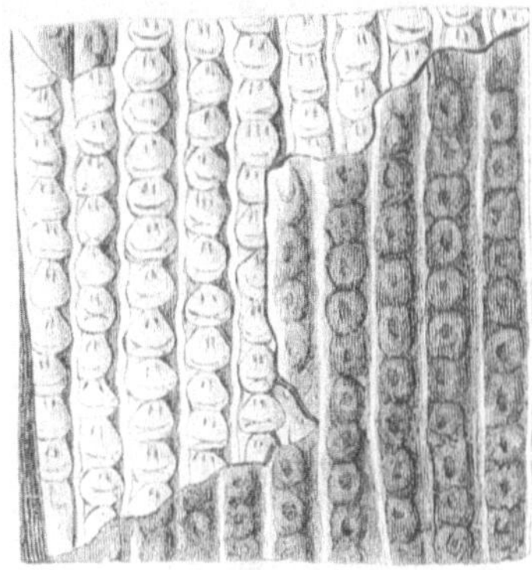

Fig. 145.
Sigillaria elegans Brngt. Nach Brongniart.

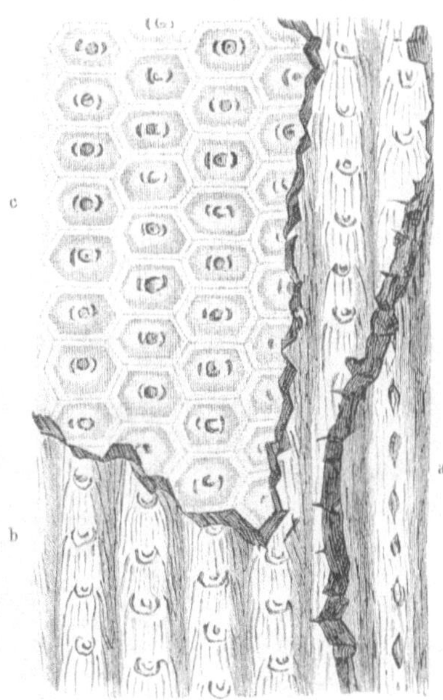

Fig. 146.
Sigillaria tessellata Brngt. a Aeussere Rinde mit den Blattnarben. b innere Rinde. c Oberfläche des Holzcylinders.

oder spiralig nach denselben Stellungsverhältnissen angeordnet wie bei den Lepidodendren. Blattnarben entweder zusammenstossend und durch gegenseitigen Druck meistens regelmässig sechseckig, die Orthostichen

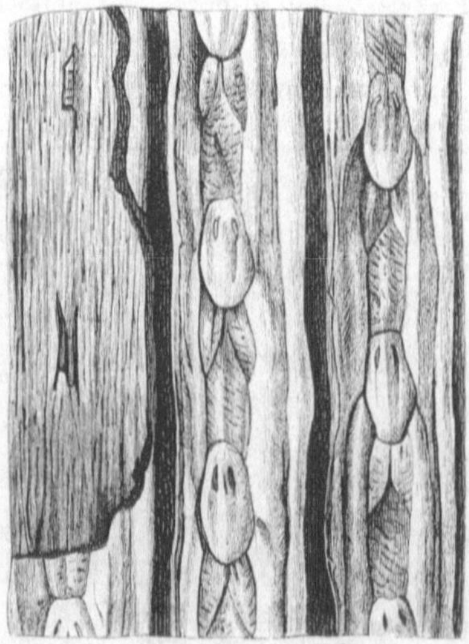

Fig. 147.
Sigillaria elongata Brngt. Aus der belgischen Kohlenformation. Nach Brongniart.

Fig. 150.
Sigillaria reniformis Brngt. Aus den Gruben von Flenu bei Mons. N. Brngt.

durch Zickzacklinien getrennt, oder mehr oder weniger aus einander gerückt, dann die auf glatter Rinde sitzenden ebenfalls ohne Polster; die

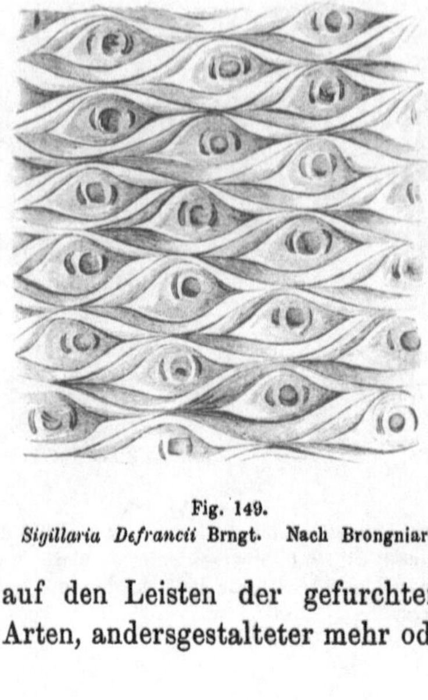

Fig. 149.
Sigillaria Defrancii Brngt. Nach Brongniart.

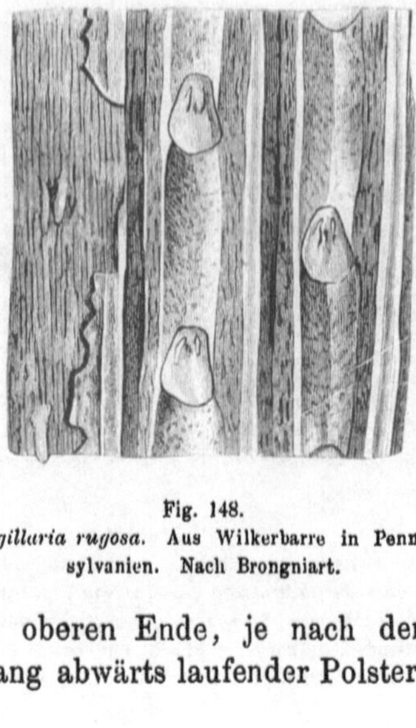

Fig. 148.
Sigillaria rugosa. Aus Wilkerbarre in Pennsylvanien. Nach Brongniart.

auf den Leisten der gefurchten Rinde am oberen Ende, je nach den Arten, andersgestalteter mehr oder weniger lang abwärts laufender Polster, sitzenden Blattnarben rundlich- oder länglich-sechseckig, entweder nur die beiden unteren Winkel durch einen Bogen ersetzt oder alle abgerundet, wodurch die Narbe zuweilen birn- oder auch herzförmig erscheint. Von den drei in der oberen Hälfte der Blattnarbe liegenden Närbchen ist das mittlere rund und rührt von dem Blattgefässbündel her, während die beiden seitlichen halbmondförmigen oder ovalen wohl Intercellulargangspuren sind, wie die entsprechenden Närbchen bei den Lepidodendren. Nach dem Abfallen der äusseren Rindenschicht sind an der Stelle der Blattnarben nur noch zwei neben einander liegende oder zusammenfliessende, spindelförmige oder ovale Grübchen sichtbar, welche bei den breitgerippten Stämmen oft ziemlich bedeutende Dimensionen zeigen und, wenn zwei vorhanden, ungleich gross sind. Diese so entrindeten Stämme werden zur Zeit mit dem Namen *Syringodendron* bezeichnet.

Zu bemerken ist noch, dass je nach der mehr oder weniger tief gehenden Entrindung die Blattspuren sehr verschiedengestaltig erscheinen; daher die specifische Bestimmung oft sehr unsicher.

Stammstructur. Der Stamm der Sigillarien bestand nach aussen aus einer sehr mächtigen Rinde, nach innen aus einem relativ dünnen Holzcylinder, der einen Markcylinder umschliesst.

Der anatomische Bau ist am genauesten für *Sig. elegans* Brngt. und *S. spinulosa* Göpp. bekannt; es gilt daher die folgende Beschreibung nur für diese beiden Arten; *Sig. (Lepidodendron?) vascularis* Binn. und *Diploxylon* Corda, deren systematische Stellung unsicher ist, werden unten näher besprochen werden.

Der Holzcylinder besteht bei *S. elegans* aus distincten Holzkeilen, während derjenige von *S. spinulosa* einer solchen Gliederung entbehrt; im Uebrigen ist der anatomische Aufbau bei beiden Arten im Wesentlichen der gleiche: er besteht aus radial geordneten gleichartigen Treppentracheiden, deren regelmässige Reihen vielfach durch dünne Markstrahlen sowie durch die den Holzcylinder bogig durchsetzenden Blattspurbündel unterbrochen sind. Der Innenseite des Holzcylinders liegen zahlreiche kreisförmig geordnete Gefässstränge von halbmondförmigem Querschnitte an; dieselben bestehen auf der äusseren flachen oder schwach concaven Seite aus engen, spiralfaserig verdickten, nach innen aus Netz- oder Leitertracheiden; die Durchmesser der regellos geordneten Elemente nehmen in centripetaler Richtung zu.

Es ist wahrscheinlich, und wird im Allgemeinen angenommen, dass die inneren Gefässstränge als die primären aufzufassen sind, während der Holzcylinder das Product eines Cambium sein würde. Die in centripetaler Richtung zunehmende Grösse der Lumina in den Primärsträngen, sowie das Vorhandensein enger, spiralig verdickter Tracheiden auf ihrer Aussenseite spricht für eine Entwickelung derselben in centripetaler Richtung, wie bei *Lycopodium*. Die an den Holzcylinder zunächst grenzenden Theile der Rinde, welche, theilweise wenigstens, mit Wahrscheinlichkeit als die in centrifugaler Richtung ausgeschiedenen Producte der Zuwachszone aufzufassen sind, waren in den untersuchten Stücken beinahe vollständig zerstört. Die Ueberreste dieser Gewebezone sind polyëdrische, dichtschliessende Zellen, welchen sich vielleicht bei *S. spinulosa* Harz- oder Schleimgänge beigesellten.

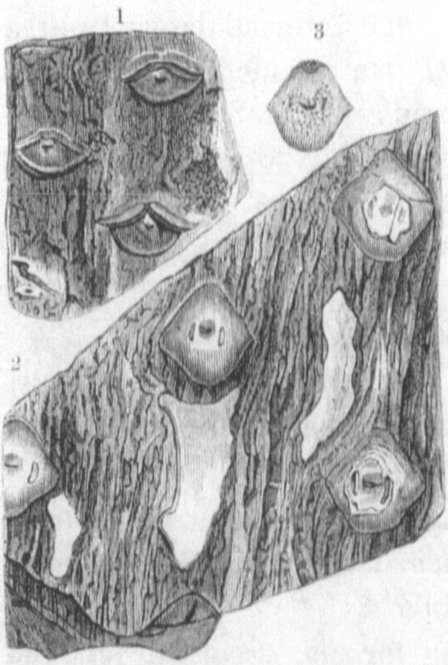

Fig. 151.
Sigillaria spinulosa Germ. Aus Autun.
1 u. 2 verkieselte Exemplare. 3 Blattnarbe.
Nach Renault.

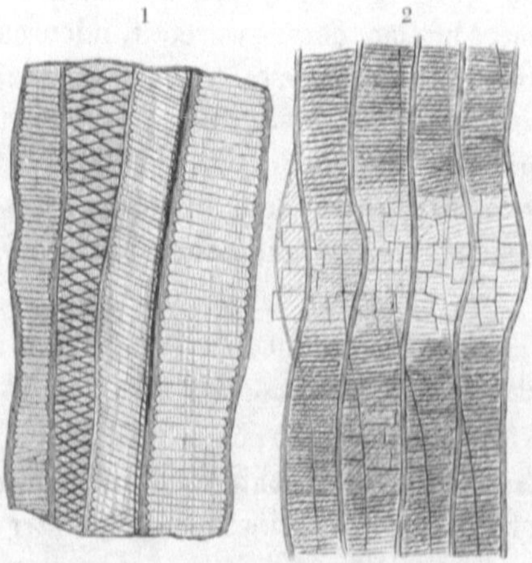

Fig. 152.
Sigillaria spinulosa Germ.
1 Tracheïden. 2 Tracheïden und Markstrahl. Nach Renault.

Die Aussenrinde ist bei beiden Arten verschieden: sie bestand bei *S. elegans* nach innen aus engen, dachartig endigenden, radial geordneten, nach aussen aus polyedrischen, regellos durch einander liegenden Zellen, von denen

Fig. 153.
Querschnitt des Stammes von *Sigillaria spinulosa* Germ. Aus Autun.

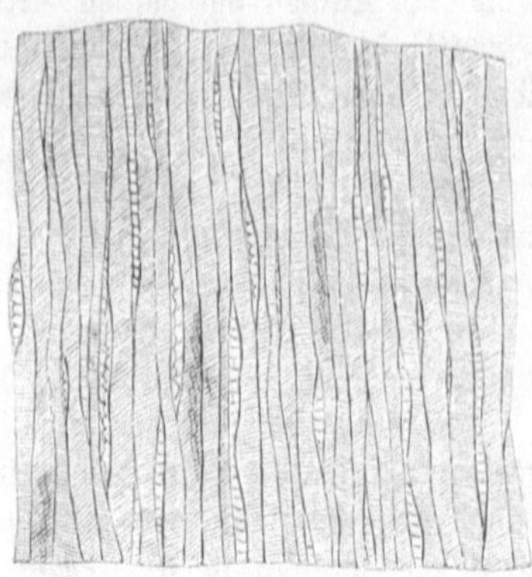

Fig. 154.
Tangentialschnitt durch den Holzcylinder von *Sigillaria spinulosa*. Leitertracheïden und Markstrahlen. Nach Renault.

die der äusseren Zone allmählich dickwandiger werden; eine scharf geschiedene Epidermis ist nicht vorhanden.

Die Aussenrinde von *S. spinulosa* besteht ebenfalls aus zweierlei Geweben, welche mit denen von *S. elegans*, wenigstens in den Umrissen der Zellen, grosse Aehnlichkeit haben; das eine aus engen, prismatischen, ziemlich dickwandigen Elementen zusammengesetzte Gewebe (Renault's *suber*) stellt ein System radial verlaufender Lamellen dar, welche sich stellenweise berühren und so ein zierliches, regelmässiges Netz (Brongniart's *Dictyoxylon*) darstellen, dessen Maschen von den weiteren, dünnwandigen, isodiametrischen oder tangential etwas plattgedrückten polyëdrischen Zellen des anderen, im verkieselten Zustande heller erscheinenden Gewebe sich leicht unterscheiden.

Die Peripherie ist von einer mehr kleinzelligen Zone (Renault's *epidermis*) eingenommen*).

Die sogenannte *Sigillaria vascularis* Binney ist nach der Abbildung der Aussenseite, welche dieser Autor gibt, ein *Lepidodendron*, und es wäre so, wenigstens theilweise, die Kluft, welche zwischen beiden, in vieler Hinsicht so ähnlichen Gattungen zu bestehen schien, ausgefüllt. Denn auch die Verzweigung dieser Pflanze war, nach Binney, die vielfach zertheilte der Lepidodendren. Der Stamm derselben ist wie derjenige, der eben beschriebenen Sigillarien durch den zusammenhängenden primären Ring, anstatt der getrennten primären Stränge, sowie ein markständiges Gefässsystem ausgezeichnet, welches vollkommen dem axilen Gefässstrange von *Lepid. rhodumnense* gleicht. Binney zieht zu dieser Art, in welcher er anfänglich ein *Lepidodendron* sah, einen kurzschuppigen cylindrischen *Lepidodendron*-Fruchtstand**).

Es dürfte dies wohl der Typus einer eigenen Gattung sein.

Diploxylon Corda (*Anabathra* With.). Hier sehen wir ebenfalls einen zusammenhängenden Gefässring innerhalb des secundären Holzcylinders (daher der Name).

Die Gefässtheile der einzelnen, aus jedem Blatte in den Stamm eintretenden Blattspurbündel bestehen aus zwei Zonen, welche sich, nach Renault, wohl nach entgegengesetzten Richtungen entwickelten; in der einen, der Mitte des Stammes zugekehrten, nimmt die Durchmessergrösse der Gefässe in centripetaler Richtung zu, was auf eine Ausbildung in gleicher Richtung deutet; die äussere Partie besteht aus regelmässig radialen, durch Parenchym getrennten Streifen von trachealen Elementen; sie verdankt, nach Renault, ihren Ursprung einem Cambium und wurde in centrifugaler Richtung entwickelt. Als Cambium wird von demselben Autor eine an den Gefässtheil nach aussen grenzende Gewebelage aufgefasst. Die Blattspuren legen sich an die Stränge des Stammes an,

---

*) S. für nähere Details: Renault, Étude du *Sigill. spinulosa* in Mém. de l'Acad. des Sc. (Savants étrangers) t. XXII No. 9; Struct. comparée de quelques tiges de la Flore carbonifère in Nouv. Arch. du Muséum 1879.

**) S. Binney, Observat. on the Struct. of Foss. Plants part II; III. *Sig. vascularis* p. 21 pl. XIV; IV. *Sig. vascularis* p. 136, 441 und Phil. Transact. 1865 pl. XXXII—XXXV, Stammstück mit Blattpolstern.

und zwar verschmelzen die inneren centripetal entwickelten mit den primären, die äusseren cambiogenen mit den secundären Strängen.

Diesen Bau der Blattspurbündel vergleicht Renault mit dem der Blattgefässbündel der Cycadeen. Hier auch, aber nur in den Blättern, ist der Gefässtheil aus zwei Strängen zusammengesetzt, welche sich in entgegengesetzter Richtung entwickeln: der eine, früher auftretende, wird centripetal ausgebildet, später treten, in centrifugaler Richtung, einige nicht cambiogenen Elemente auf.

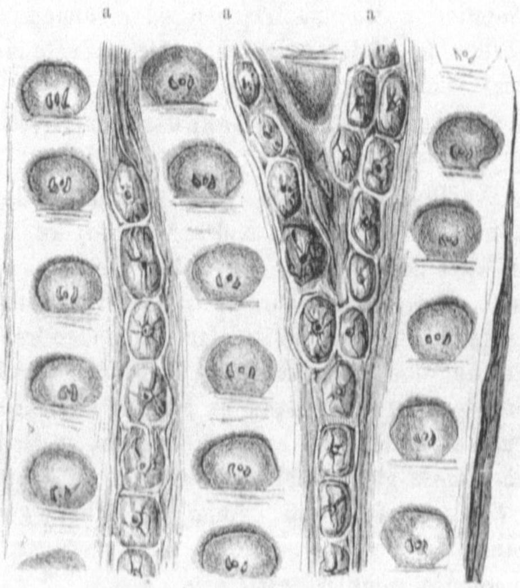

Fig. 155.
Sigillaria latayana Sch. In a die Narben der fertilen *Strobili*. Aus dem Weilerthal in Elsass.

Die innerhalb des Cycadeenstammes verlaufenden Theile der Blattspuren haben den gewöhnlichen collateralen Bau, und es sind die unteren Theile derselben, welche den primären Gefässring zusammensetzen; in diesem werden, in ganz normaler Weise, die Gefässpartieen in centrifugaler Richtung ausgebildet. Wenn demnach die Cycadeen als Nachkommen der Sigillarien aufzufassen sind, so sind die hauptsächlichen eingetretenen Modificationen im anatomischen Bau und in der äusseren Gliederung (monopodiale Verzweigung) solche, durch welche sie entschieden den höchst entwickelten Pflanzen ähnlicher, den Kryptogamen dagegen unähnlicher geworden sind, und können keineswegs solche, die als Zeichen einer Degradation angesehen werden können, so dass die Annahme Renault's, dass die Cycadeen der Jetzwelt nur degradirte Nachkommen der Sigillarien seien, wenig Wahrscheinlichkeit für sich hat.

Noch weniger gerechtfertigt wäre es, mit Brongniart die Sigillarien ohne weiteres den Cycadeen unterzuordnen. So lange wir von den Fruchtorganen nichts Bestimmtes wissen werden, wird es auch nicht möglich sein, diesen Gewächsen eine einigermassen definitive Stellung im System anzuweisen, obgleich die regelmässige Dichotomie, das oft massenhafte Vorkommen von Sporen zwischen und in den Sigillarienstämmen und das Vorhandensein von Sporenfruchtständen, deren Axe eine Sigillarienstructur zeigt (s. Binney l. c.), für die Kryptogamennatur derselben zu sprechen scheinen. Auch ist noch zu bemerken, dass die Aehnlichkeit zwischen Sigillarien und Cycadeen nur in dem secundären Dickenwachsthum und in dem dadurch entstehenden, mit Markstrahlen durchzogenen Holzcylinder, sowie in dem Bau der Blattspuren und der primären Stränge der ersteren einerseits und der Bündel der Cycadeenblätter andererseits besteht. Wir wissen aber, wie wenig die anatomischen Charaktere, namentlich solche wie diejenigen, durch welche die Sigillarien den Cycadeen ähnlich sind, bei der Classification ins Gewicht fallen können. Es ist allgemein bekannt, dass Pflanzen ohne und solche mit Dickenwachsthum ihrer Stämme einander systematisch nahe verwandt sein können; dasselbe gilt von dem Bau der Gefässbündel, der bei sehr nahe verwandten Pflanzen sogar solcher derselben Gattung (z. B. *Primula*), die grössten Verschiedenheiten aufweisen, bei sehr verschiedenen Pflanzen sehr ähnlich sein kann — so gleichen z. B. die Elemente des secundären Holzes der Wintereen denen der Coniferen und die Gefässbündel mehrerer Dico-tylevonen Pflanzen denen der Farne*). Was speciell die Bündel der Blätter der Cycadeen betrifft, so sind dieselben nach Russow**) und de Bary***) den Blattspuren von *Isoëtes* sehr ähnlich; bei diesen Pflanzen ist die Entwickelung der Gefässtheile eine centripetale, in Uebereinstimmung mit der primären Portion des Gefässtheils der Cycadeenbündel, sowie der entsprechenden Bündel von *Sigillaria*, und im Gegensatze zu den Blattspuren aller übrigen Pflanzen.

Im äusseren Aufbau der Pflanzen existirt zwischen den Sigillarien und Cycadeen nicht die entfernteste Aehnlichkeit. Manche Cycadeen treiben kurze axilläre Seitensprossen, nicht selten auch Bulbillen, welche aus den dicken Blattbasen hervortreten, beides ist noch nicht bei den Sigillarien beobachtet worden; mit Bestimmtheit ist eine Dichotomie des Stammes bei den Cycadeen nicht nachgewiesen, die ausnahmsweise vorkommende kronleuchterartige Verzweigung des oberen Stammtheils von *Cycas revoluta* ist wahrscheinlich nicht das Resultat einer Dichotomie, sondern wohl eher das eines krankhaften Zustandes. Die unterirdische Vegetation ist eben so verschieden wie die oberirdische, denn die Wurzeln sind monopodial verzweigt und nur in Folge von Verletzung anscheinend dichotomisch.

Ebenso zeigen die Blätter gar keine Aehnlichkeit, indem dieselben bei den Cycadeen gross und gefiedert sind und bei den meisten Arten mit kleinen Schuppenblättern abwechseln, während sie bei den Sigillarien schmal, einfach und einander gleichartig sind; auch die Blattnarben sind einander durchaus unähnlich.

Dagegen kann man die grosse Aehnlichkeit in der äusseren Erscheinung von *Sigillaria* und *Lepidodendron* nicht verkennen. Der hohe schlanke Stamm, der sich nach oben dichotom verzweigt und zwar bei *Sig. vascularis* (nach Binney) in eben so dünne Aeste wie bei *Lepidodendron*, die Grasform der Blätter, die

---

*) Jos. Hooker, in seiner classischen Abhandlung: On the Vegetation of the Carbonifer. Period (Geol. Survey vol. II p. II. 1847), spricht sich hierüber in folgender Weise aus: 'It is not by solitary characters, and least of all by such as the arrangement of the tissues in the axis affords, that genera of plants are referred to their natural orders. Amongst recent plants we see many instances of plants indisputably belonging to one natural family having the peculiar woody tissues of an another and far distinct group in the system; but these are mere analogical ressemblances and by no means indication of affinity'

**) Vergleichende Untersuchungen . . . Mém. de l'Acad. imp. de Sc. des St.-Pétersbourg vol. IX.

***) Vergleichende Anatomie S. 348.

Anordnung derselben in Quirle oder Spirale, die Narben, welche bei der ebengenannten *Sig. vascularis* genau dieselben sind wie bei gewissen Lepidodendren, die den übrigen Arten denselben ähnlich sind. Bei beiden sehen wir die wiederholt dichotome Stigmarienwurzel. Die histiologischen Elemente des Stammes sind dieselben und der einzige Unterschied liegt in dem Vorhandensein bei *Sigillaria* eines secundären Dickenwachsthums. Der eigenthümliche Bau der Rinde *(Dictyoxylon)* von *Sig. spinulosa* findet sich auch bei *Lep. rhodumnense* u. a. wieder; das axile Gefässbündel, anstatt des parenchymatösen Markcylinders kommt sowohl bei den Lepidodendren als Sigillarien vor. Dass übrigens ein centrifugales Dickenwachsthum mit Cambium auch bei den Gefässkryptogamen existiren könne, das beweisen die Isoëten.

Eintheilung der Sigillarien.

I. Rinde längsgefurcht *S. costatae*	a) Blattnarben getrennt.	Gen. *Rhytidolepis.*
	b) „ zusammenstossend.	Gen. *Favularia.*
II. Rinde glatt *S. acostatae*	a) „ getrennt.	Gen. *Leiodermaria.*
	b) „ zusammenstossend.	Gen. *Clathraria.*

Radices, Wurzelstöcke.

Stigmaria Brngt. Zuweilen mächtige Wurzelstöcke mit in der Regel 4 horizontal verlaufenden, sparsam dichotom getheilten, bis 10^{m} langen, mit spiralig angeordneten, sparrig abstehenden, umgekehrt lang keulenförmigen, langsam zugespitzten, im Leben fleischigen Würzelchen besetzt, welche sich mit Zurücklassung einer vertieften kreisförmigen Narbe regelmässig abgliederten.

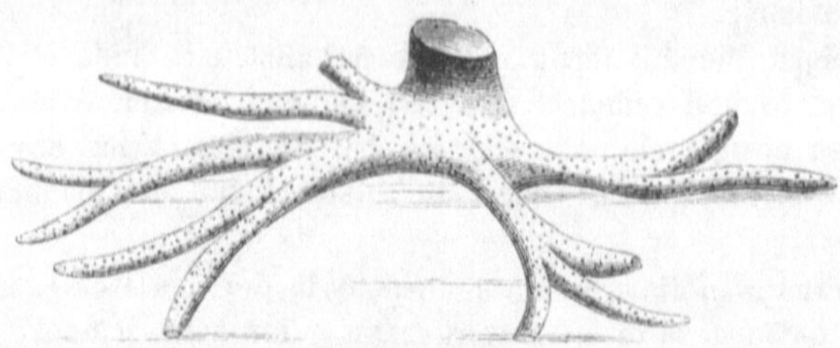

Fig. 156.
Stigmaria Brngt.
Noch in Verbindung mit einem Sigillarienstamm. (Aus Zittel: Aus der Urzeit.)

Die obige Charaktere zeigenden und mit dem collectiven Speciesnamen *St. ficoides* bezeichneten Wurzelsysteme gehören zweifelsohne zu den Sigillarien, in directer Verbindung, mit welchen sie häufig angetroffen werden und deren Stammstructur sie bis in die kleinsten Details theilen.

Der Holzcylinder ist entweder einfach oder doppelt, wie bei *S. vascularis;* der innere umschliesst entweder ein von Gefässbündeln durchzogenes parenchymatöses Mark oder an dessen Stelle einen bloss aus Treppentracheiden zusammengesetzten Gefässstrang; die Elemente des einfachen sowie des doppelten Holzcylinders sind regelmässig radial angeordnet, die des inneren in keilförmige Gruppen getheilt, deren innere abgerundete Vorsprünge aus engeren Gefässen zusammengesetzt sind als der übrige Theil und in der Richtung der dicken primären Markstrahlen die Gefässstränge für die Würzelchen abgeben, ganz so wie dies bei *S. elegans* für die Blattgefässstränge stattfindet (nach Brongniart)*). Nach Göppert entspringen die in die Würzelchen gehenden Gefässbündel von den im Marke zerstreuten Tracheidensträngen; Binney sah in wohlerhaltenen Stücken die Markhöhle vollständig von Treppentracheiden angefüllt. Bei der Mehrzahl auch der besterhaltenen Stücke ist der Markcylinderinhalt gänzlich verschwunden, und auch an dem von Brongniart untersuchten Exemplare fehlte derselbe.

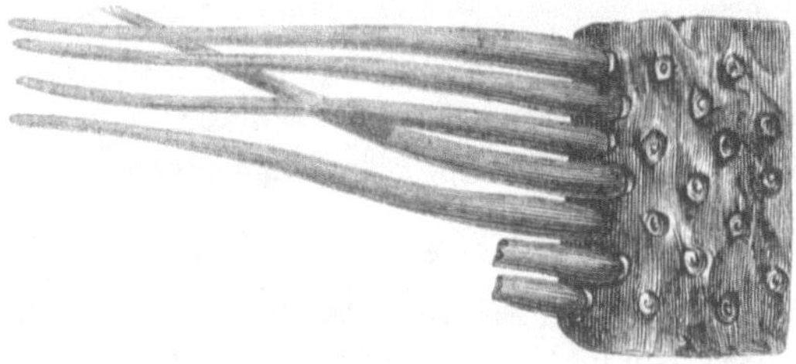

Fig. 157.
Stigmaria ficoides. Aus Niederburbach in Elsass. (Aus Zittel: Aus der Urzeit.)

Die in die Würzelchen abgehenden Gefässstränge treten aus dem Holzcylinder durch regelmässig disponirte spindelförmige Oeffnungen, welche auch da, wo die Wurzel durch amorphes Gestein ersetzt ist, häufig noch auf dem nicht selten leicht zu isolirenden Cylinder sichtbar sind; unmittelbar nach dem Austritte erheben sie sich unter spitzem Winkel, um dann beinahe horizontal durch die Rinde zu verlaufen; sie bestehen aus engen Leitertracheiden und sind von einer Parenchymscheide umgeben.

Die sog. Würzelchen sitzen oft (bis über 1 cm) tief in die Rinde eingesenkt, wahrscheinlich in Folge der Ueberwallung dieser; dieselben sind einfach, mit völlig glatter Oberfläche, bis einen Fuss und darüber lang; das dicke, wahrscheinlich fleischig gewesene Parenchym derselben ist von einem einfachen axilen Gefässstrange durchzogen. Die nach der Abgliederung zurückgelassene Narbe ist vertieft, kreisrund, von einem scharfbegrenzten erhabenen Rande umgeben; ein zweiter, etwas wulstiger Kreis umgibt eine Area, in deren Centrum die Gefässbündelspur als ein Spitzchen oder rundes Närbchen erscheint. Zwischen den Narben ist die Rinde meistens in verschiedenartiger Weise gefaltet oder gerunzelt, auch sitzen dieselben zuweilen auf je zwischen zwei etwas eingeschnürten Leisten.

Die regelmässige Dichotomie dieser sog. Wurzeln, die regelmässige phyllotaxische Anordnung und die Abgliederungsweise der einfachen Würzelchen, die vollkommene Uebereinstimmung der innern Structur der Hauptwurzeln mit der des entsprechenden Stammes deuten darauf hin, dass bei diesen Pflanzen die

---

*) S. Brongniart, Observat. sur la struct. intér. du *Sig. elegans* comparée à celles des *Lepidodendron* et des *Stigmaria*.

Differenzirung zwischen Wurzel und Stamm nicht so tief geöffnet war wie bei den nahestehenden lebenden Typen, und dass man in dieser unterirdischen Vegetation eher ein Rhizom als ein Wurzelgebilde zu sehen hat. Das war auch die Ursache, warum die Stigmarien sehr lange als schwimmende Pflanzen mit glockenförmigem Stamme angesehen und in manchen Steinkohlen-Landschaften als solche dargestellt worden sind**).

Vorkommen: Erstes bekanntes Erscheinen im oberen Devon (Nordamerika), sehr häufig in den paläonthracitischen Schichten, besonders dem Culm; von da an durch die ganze productive Steinkohle bis in die untere permische Formation, beinahe immer im Hangenden, alle in den Schichten, in welchen die Pflanze früher gelebt hat.

Auffallend ist, dass an manchen Localitäten, wo *Stigmaria* ungemein häufig ist und oft mächtige Schichten ganz anfüllt, wie dies z. B. in den oberen Vogesen der Fall ist, noch keine Spur von *Sigillaria* aufgefunden worden ist.

Fructificationsweise der Sigillarien.

Diejenigen Paläophytologen, welche in den Sigillarien Gymnospermen sehen, wie Brongniart, Dawson u. A., halten gewisse Karpolithen, wie *Trigonocarpus*, *Rhabdocarpus*, für Sigillariensamen. Goldenberg glaubt gewisse gestielte Aehren, welche er mit Sigillarienresten vereinigt angetroffen hat, als den Fruchtstand dieser Pflanzen ansehen zu dürfen. Diese Aehren bestehen aus unter sehr spitzem Winkel eingefügten langen Bracteen, welche aus verbreitertem, Makro- und Mikrosporangien tragendem Grunde in eine schmal lineal-lanzettliche aufrechte Spreite verlängern. Binney bildet ein Stück eines, wie es scheint, cylindrisch gewesenen Kegels, dessen Bracteen- und Sporangien-Anordnung ganz denen von *Lepidodendron* entsprechen, dessen Spindel aber eine canaliculirte Rinde und sigillarienähnliche Blattnarben (s. dessen oben citirte Abhandl. in den Philos. Transact.). Für Ansatzstellen der Fruchtstände werden gewöhnlich jene von den Blattnarben verschieden geformten Narben genommen, welche zwischen diesen entweder vereinzelt oder in dichten Reihen vorkommen.

Nur das Auffinden eines mit der Mutterpflanze im Zusammenhange stehenden Fruchtstandes wird es möglich machen, die systematische Stellung der hier in Rede stehenden Pflanzen zu ermitteln.

**) S. Näheres über *Stigmaria*: Steinhauer, Americ. Philos. Trans. I. Tab. IV. Sternberg, Flora der Vorwelt und Corda, Beitr z. Flora der Vorwelt. Lindley u. Hutt., Foss. Fl. Göppert, Foss. Fl. d. Uebergangsp.; id. Die foss. Fl. d. permisch Format.; id. Die Gattungen d. foss. Pflanzen, mit ausgezeichneten mikrosk. Structurdarstellungen. 1841. Witham, The intern. Struct. of foss. Veget. Brongniart, Observat. sur le *Sig. elegans* ... (Arch. d. Mus. d'Hist. nat. 1839). Dr J D. Hooker, Struct. of *Stigmaria* (Mem. of the Geol. Surv. of the U. Kingd. 1847). E. W. Binney, Observat. on *Stigm. ficoides* (Quart. Journ. Geol. Soc. 1858); id. Descript. of some Foss. Pl. (Philos. Transact. 1865); id. Observat. on the Struct. of Foss. Pl. . . . part IV (Palaeontogr. Soc. 1875). Williamson, On the organisat. of the Foss. Pl. Coalmeas. part X (Philos. Transact. 1871). Goldenberg, Flora Saraepont. foss. 1855

Tabellarische vergleichende Uebersicht der morphologischen und anatomischen Merkmale von Sigillaria, Lepidodendron, Isoëtes und den Cycadeen.

	Sigillaria	Lepidodendron	Isoëtes	Cycadeen
Aeussere Gliederung.				
1 Verzweigung des Stammes	dichotomisch	dichotomisch	—	monopodial (bei Blüthen- und Brutknospenbildung)
2. Verzweigung der Wurzeln	dichotomisch	dichotomisch	dichotomisch	monopodial (nur in krankhaften Zuständen dichotomisch)
3. Anordnung der Blätter	schraubig	schraubig	schraubig	schraubig
4. Form der Blätter	gleichartig, linealisch, spitz	gleichartig, linealisch, spitz	gleichartig, pfriemenförmig	ungleichartig, Schuppen und gefiederte Laubblätter
5. Blattnarben	regelmässig, meistens höher als breit, mit 3 Närbchen, wovon nur das mittlere dem Blattgefässbündel entspricht	regelmässig, mit denselben Närbchen wie bei Sigillaria	schmal	schmal und stark in die Quere gezogen, mit mehreren Gefässbündeln versehen
Anatomie *).				
Allgemeines	Starke Entwickelung von Mark und Rinde, schwache Entwickelung des Holzes	Starke Entwickelung der Rinde, und, wo dasselbe vorhanden, des Markes, sehr schwache Entwickelung der Gefässpartien	Starke Entwickelung der Rinde, Zurücktreten der Gefässe, Mark fehlt	Starke Entwickelung von Mark und Rinde (incl. Bast), Zurücktreten des Holzes
1. Ursprung des primären Bündelrings	?	?	unterer Theil der Blattspuren	unterer Theil der Blattspuren
2. Entwickelungsrichtung des primären Bündelrings (Gefässtheile)	centripetal	centripetal	centripetal	centrifugal
3. Histiologische Zusammensetzung des primären Bündelrings (Gefässpartien)	Netz- und Spiraltracheiden (Parenchym ?)	Netz- und Spiraltracheiden (Parenchym ?)	Netz- u. Spralitracheiden, Paenrchym	Netz- und Spiraltracheiden, Parenchym
4. Secundär Dickenwachsthum	stets vorhanden	fehlend, mit Ausnahme von *L. vasculare (Sig. vasc.)*	stets vorhanden, abnorm	4. stets vorhanden
5. Richtung der Gewebebildung seitens der Zuwachszone	centripetal (u. centrifugal ?)	centripetal (u. centrifugal ?)	centripetal und centrifugal	5. centripetal und centrifugal

— — —

*) Die Anatomie von Isoëtes und den Cycadeen nach de Bary's Vergleichender Anatomie der Vegetationsorgane.

	Sigillaria	Lepidodendron	Isoëtes	Cycadeen
6. Histiologische Beschaffenheit der Producte der Zuwachszone	Holz (Netztracheiden, secundäre Markstrahlen) — (Bast?)	Holz (Netztracheiden, secundäre Markstrahlen) — (Bast?)	in centripetaler Richtung: siebröhrenartige Elemente, in centrifugaler: Parenchym	in centripetaler Richtung Holz (Netztracheiden oder behoft getüpfelte Tracheiden, Strangparenchym, secundäre Markstrahlen), in centrifugaler Richtung Bast (Siebröhren, Parenchym, bei *Cycas, Dioon, Encephalartos* Sklerenchym)
7. Histiologische Zusammensetzung der Rinde (excl. Bast)	Langgestreckte und kurze Elemente, entweder getrennt, auf zwei concentr. Zonen (*Sig. elegans*), oder die ersteren bilden ein Netz, dessen Maschen die kurzen Zellen enthalten (*Sig. spinulosa*)	Langgestreckte und kurze Elemente, entweder getrennt, auf zwei concentrischen Zonen (*Lep. Haricourtii*), oder die ersteren bilden ein Netz, dessen Maschen die kurzen Zellen enthalten (*Lep. Rhodumnense*)	Parenchym	Parenchymzellen, Gummi- und Schleimcanäle
8. Mark	vorhanden, histiologische Zusammensetzung unbekannt	vorhanden oder fehlend, bei *Lep. vasculare* von einem unregelmässigen Gefässbündelsystem durchzogen	8. fehlend	vorhanden, parenchymatisch
9. Zahl der aus jedem Blatte in den Stamm eintretenden Blattspuren	1	1	9. 1	2
10. Verlauf der Blattspuren von der Eintrittstelle bis an die Ansatzstelle an den Bündelring	bogig, Ansatz der inneren Theile an die primären, der äusseren an die secundären. Holzpartien, keine Gabelung	bogig, Ansatz durch Gabelung an je zwei Stränge (bei *L. vasculare*?)	bogig, Ansatz ohne Gabelung	Starkes Divergiren der beiden Bündel, Auftreten zahlreicher Anastomosen und daher complicirtes rindenständiges Bündelnetz. Ansatz....
11. Entwickelung d. Blattspuren (Gefässtheile)	in Stamm und Blatt die gleiche: die ersten Elemente in centripetaler Richtung, später ausserhalb derselben, anscheinend cambiogen, reichliche Bildung von Tracheiden und Parenchym in centrifugaler Richtung	im Stamme von zwei Anfangspunkten ausgehend	in Stamm und Blatt die gleiche, und zwar centripetal	im Blatte: zuerst in centripetaler Richtung, später Auftreten einiger äusseren Elemente in centrifugaler Richtung; — im Stamme: sämmtliche Elemente in centrifugaler Richtung

Phanerogamae.

4. Stamm.

Gymnospermae seu Archispermae.

Die Gymnospermen oder Nacktsamer zerfallen in 3 Ordnungen: die Cycadeaceen, die Coniferen oder Nadelhölzer und die Gnetaceen.

1. Ordnung. **Cycadeaceae.**

Stamm meist kurz, dick cylindrisch, oval, beinahe kugelig, umgekehrt kegelförmig, hie und da ganz oder halb unterirdisch, einfach, bei verschiedenen Arten am Grunde sprossend, ausnahmsweise oben verzweigt. Blätter eine mehr oder weniger reiche Krone bildend, welcher eine aus Niederblättern gebildete Knospenhülle vorausgeht, seltener isolirt und ohne diese *(Macrozamia)*, gross, von fester Consistenz, einfach-, nur bei einer Art doppelt-fiedertheilig, bei einigen fossilen Arten entweder ungetheilt oder ungleich fiederschnittig; die Knospenanlage, mit wenigen Ausnahmen, von zahlreichen dichtbehaarten Niederblättern eingehüllt. Blüthen zweihäusig; Blüthenstand (eigentlich Blüthe!) axillär, kegelförmig, oval oder cylindrisch, nur bei *Cycas* die weibliche Blüthe terminal, aus einer Rosette umgestalteter Hochblätter gebildet, durch welche der Stamm weiter sprosst. Pollenfächer auf der Rückseite der Staubblätter; die Fruchtanlage ebenfalls auf der Rückseite der häufig gestielt-schildförmigen Fruchtblätter, nur bei *Cycas* seitlich am Stiele derselben, die Stelle der Blattfiedern einnehmend. Samen meist gross, oval oder kugelig, mit fleischigem, innen verholztem (Steinkern) Perisperm; Steinkern entweder glatt oder gerippt.

Die nicht sehr zahlreichen lebenden Arten, etwa 80—90, werden in mehrere Familien und diese in Gattungen getheilt, welche zuweilen auf wenig erhebliche Unterschiede gegründet sind, indem diese meistens nur auf der Form der Staub- und Fruchtblätter oder der der Laubblätter beruhen. Bei der Zusammenstellung der fossilen Cycadeen müssen Blätter, Stämme und Früchte, wie das überhaupt bei den fossilen Pflanzen der Fall ist, als besondere Gruppen behandelt werden, weil ihre relative Zugehörigkeit nicht nachgewiesen werden kann; da die in diesen Gruppen aufgestellten Gattungen immer nur auf der äusseren Form eines Organs beruhen, so entbehren dieselben, wenigstens theilweise, jeder reellen Begründung und dürfen nur als provisorisch betrachtet werden.

Alle jetzt lebenden Cycadeen sind aussereuropäisch und gehören zum grössten Theile den Tropen der übrigen Welttheile an, nur wenige gehen in die subtropische Zone über und neuholländische und asiatische Arten selbst etwas über diese hinaus.

Die ersten hierhergehörigen Formen treten in der Steinkohlenepoche auf, äusserst sparsam und nur in wenigen Blattabdrücken bekannt. Mit der mesolithischen Zeit, welche man die Epoche der Gymnospermen nennen kann, beginnt, neben der der Coniferen, eine rasche Entwickelung des Cycadeen-Typus, so dass gegen die Mitte derselben Europa allein eine grössere Anzahl von Gattungen und Arten besass als jetzt die ganze Erde. Die Physionomie dieser reichen Cycadeen-Flora war eine sehr eigenthümliche und von der jetzigen sehr verschiedene; dieselben Typen, welche dieselbe in Europa zusammensetzten, charakterisiren die Flora derselben Epoche in Indien und wahrscheinlich auch der übrigen Welttheile. Wenige Arten erreichten die mittleren Dimensionen der jetzt lebenden, alle übrigen waren bedeutend kleiner und pygmäische Formen nicht selten; der Blattzuschnitt war ein viel mannigfaltigerer. Gegen das Ende der Jurazeit erlöschen nach und nach die meisten dieser Formen, die Kreidezeit hat uns nur wenige Spuren von einigen derselben überliefert und mit der mittleren Tertiärzeit verschwindet in Europa auch die letzte Spur davon.

Die meistens grossen, zuweilen sehr grossen Blätter der lebenden Cycadeen sind spiralig angeordnet, einfach- und nur bei der neuholländischen *Bowenia* doppelt-gefiedert, mit verbreiterter, meistens verdickter Basis ansitzend und sich bei der Mehrzahl der Arten über dieser abgliedernd. Die Fiederblättchen sind der Spindel entweder seitlich oder an der Oberfläche eingefügt, ganzrandig oder fein gezähnelt, wie bei *Zamia*, oder stachelrandig, wie bei *Encephalartos*. Die Knospenanlage derselben erinnert bei einigen Gattungen (*Cycas, Bowenia*) an die der Farne, indem die jungen Blätter und Blättchen spiralig eingerollt sind. Die Nervation der durchgehends lederartig festen Fiederblättchen besteht aus einem einzigen unzertheilten Nerven (bei *Cycas*), oder aus einem solchen mit unter rechtem Winkel abgehenden theils einfachen, theils gegabelten Seitenzweigen (bei *Stangeria*); bei allen übrigen Gattungen treten aus der Rachis mehrere gleichstarke Nerven in die Fiederblättchen, welche unter sich parallel verlaufen, oder bei den breiteren Blättchen in grossen Bogen nach dem Rande streben und dann meistens gegabelt sind. Nicht selten sind die Blättchen am Grunde durch eine feste Callosität verdickt; bei einigen Arten gliedern sie sich im Alter ab.

Bei den meisten Cycadeen, besonders den reichblätterigen, wechseln periodisch mehrere Cyclen von meistens schuppenförmigen, dicht behaarten Niederblättern mit solchen von Hochblättern ab; dieselben bilden eine mehr oder weniger reichblätterige Knospe, aus welcher nach einer Ruhezeit von einem oder mehr Jahren neue Laubblätter hervortreten. Da wo diese Niederblätter fehlen, schreitet die Laubblattentwickelung ununterbrochen fort, wie bei den Palmen.

Der Stamm ist oft von den sitzenbleibenden Blattstielbasen wie von einem dicken und festen Panzer eingehüllt (*Cycas*, *Encephalartos*, *Dioon*). Der parenchymatöse Theil dieser Blattüberreste setzt seine vegetative Thätigkeit noch längere Zeit fort, indem sich successive Zellschichten über einander ablagern, welche von Gefässen und zahlreichen Gummigängen durchzogen sind; besonders deutlich zeigt sich dieser Vorgang bei *Encephalartos*. Bei fortschreitendem Alter trennt sich der Panzer stückweise vom unteren Theile des Stammes los, und dann erst werden die quergezogenen, an beiden Enden zugespitzten eigentlichen Blattnerven sichtbar.

Das hier in Bezug auf den Zuschnitt, die Nervation und die Abtrennungsweise der Blätter Gesagte bezieht sich im Allgemeinen auch auf die fossilen Cycadeen, doch kommen bei diesen bedeutende Abweichungen vor, welche bei den lebenden sich nicht wieder finden. Wie schon bemerkt, waren die ersteren durchschnittlich bedeutend kleiner als die letzteren, bei einer Reihe von Formen waren die Blätter von weniger derber Consistenz, auch war der Zuschnitt derselben häufig ein sehr verschiedener. So sehen wir z. B. bei der Gattung *Nilssonia* vollkommen ganze Blätter und solche, deren Flügel in eine mehr oder weniger grosse Anzahl von gleichen oder ungleichen Segmenten getheilt sind; bei *Anomozamites* sind dieselben in rectanguläre oder quadratische Lappen zerschlitzt; bei *Otozamites* zeigen die Blättchen, je nach den Arten, alle Uebergänge von der lanzettlichen zu der kreisrunden Form.

Eine Verzweigung des Stammes findet hie und da statt, indem sich am unteren Theile desselben seitlich von der Mediane der Blattbasis Seitenorgane entwickeln, die immer nur kurze Aeste darstellen, nicht selten Wurzeln treiben und als Sprösslinge sich lostrennen. Diese Aeste sind nicht zu verwechseln mit den Brutknospen, welche aus der Blattbasis hervorgehen und, abgefallen, sich zu jungen Pflanzen entwickeln, wie dies bei manchen Farnen und besonders bei den Marattiaceen geschieht. Die kräftige Verzweigung am oberen Theile des Stammes, wie diese ausnahmsweise an alten Individuen von *Cycas revoluta* stattfindet, wird allgemein als das Resultat einer Dichotomie angesehen, was sie aber, nach Al. Braun, nicht sein soll.

Der Stamm selbst, welcher ein sehr langsames Längenwachsthum hat, ist auf folgende Weise organisirt: Das Innere desselben wird von einem sehr starken Markcylinder eingenommen, welcher entweder nur aus stärkemehlreichen Parenchymzellen zusammengesetzt ist, oder auch noch eine mehr oder weniger grosse Anzahl dünner, unter einander anastomosirender Gefässstränge enthält (z. B. *Encephalartos*). Der Holzcylinder wird nur aus den zusammentretenden Blattbündelspuren gebildet und sein exogenes Wachsthum ist ein sehr langsames und unregelmässiges, so dass die wenigen Jahresringe durchaus nicht im Verhältniss zum Alter der Pflanze stehen. Die denselben durchsetzenden Markstrahlen sind zahlreich und dick. Die Elemente, aus welchen der Holzcylinder gebildet ist, bestehen aus mehr oder weniger weiten getüpfelten, gestreiften, reticulirten oder leiterförmigen Tracheiden.

Die sehr dicke parenchymatöse Rinde enthält zahlreiche Harz- und Gummigänge, welche bis in die Blätter verlaufen, und ist häufig, ausser den in die Blätter verlaufenden Gefässsträngen, auch noch von solchen, welche vertical abwärts steigen, durchzogen. Die Aussenseite ist von einer festen, aus engen verholzten Protenchymzellen gebildeten Epidermis umkleidet und, wie schon gesagt, häufig von einem Blattstielpanzer eingehüllt. Solche bepanzerte Stämme kommen nicht selten fossil vor und lassen sich leicht nach der Grösse und Form der Schuppen specifisch unterscheiden.

Schwieriger ist die Bestimmung der steinernen Stammkerne, welche Abgüsse der Markhöhle sind und auf welchen die Markstrahlen in Form von vertical disponirten, schmal spindelförmigen Erhabenheiten vertreten sind; zuweilen ist auf diesen Steinkernen auch noch der Verlauf der inneren Gefässbündel des Holzcylinders angedeutet.

Der männliche Blüthenstand ist bei allen Cycadeen oval- oder cylindrisch-zapfenförmig, die Staubblätter sind schuppenförmig und decken sich dachziegelig. Die auf der Rückseite derselben sitzenden Pollensäcke sind mehr oder weniger zahlreich, bis 1000 auf einem Blatte, zuweilen durch einen medianen Raum getrennt, in Sori gruppirt wie bei den Farnen, sitzend oder kurzgestielt, kugelig oder birnförmig, zweiklappig aufspringend. Weiblicher Blüthenstand zapfenförmig oder in Form einer verkümmerten, mit braunem Haarfilze überzogenen Blätterkrone. — Die Fruchtblätter sind selten schuppen-, meistens gestielt schildförmig und tragen an der Unterseite zwei runde oder längliche, mit fleischiger Hülle umgebene Samen. Da wo der Fruchtstand eine verkümmerte Hochblattkrone bildet, sitzen die Samen zu 2—8 seitlich an dem Stiel. Die deutlich entwickelten Archegonien und die zwei langen Cotyledonen sind einem dicken Endosperm eingesenkt, welches beim Keimen mit denselben in der Erde zurückbleibt.

Uebersicht der lebenden Cycadeaceen-Gattungen.

Fam. I. *Cycadeae.* Blätter gross, in zahlreiche Fiederblättchen getheilt; diese seitlich eingefügt, lang, schmal lineal-lanzettlich, an der etwas verengerten Basis vorwärts und rückwärts laufend, einnervig, glattrandig; Knospenanlage eingerollt wie bei den Farnen, in einer aus behaarten Niederblättern bestehenden Knospe eingehüllt; männliche Blüthe lang kegelig oder cylindrisch, Schuppen (Staubblätter) sich deckend, keilförmig, Staubbehälter sitzend, zahlreich; weibliche Blüthe aus einer in Niederblättern ähnliche umgewandelten Laubkrone gebildet, deren breit-lanzettliche, meistens am Rande zerschlitzte wollige Fruchtblätter am Stiele zweireihig 8 grosse ovale Samen tragen.

Nur die Gattung *Cycas* L., mit etwa 15 noch nicht scharf bestimmten Arten, welche in den tropischen und subtropischen Zonen Asiens, Australiens und Afrikas und dessen Inseln bewohnen.

Wahrscheinlich eine der ältesten fossilen Formen dieser Ordnung, welche sich in Europa von der Kohlenzeit bis in die der Kreide zeigt.

Fam. II. *Encephalarteae.* Blattfiedern mehr oder weniger breit- oder lineal-lanzettlich, mit zahlreichen zum Theil nach dem Rande bogig verlaufenden, theilweise gegabelten Nerven, am Rande öfter mit grossen dornartigen Zähnen besetzt oder dornspitzig gelappt.

Encephalartos Lehm. Vernation gerade; Schuppen der männlichen Blüthe geöffnet, mit verdickter spitzkegeliger oder stumpfer Spitze; Schuppen der weiblichen Blüthe gestielt, sechsseitig-schildförmig, Schilder beinahe pyramidal, zwei Samen tragend. Stamm cylindrisch, mit Blattstiel- und Schuppenpanzer. Etwa 8—10 Arten.

Vaterland: Südliches Afrika.

Macrozamia Miq. Blätter meistens sehr gross; Fiederblätter entfernt stehend, glatt- oder stachelrandig, zuweilen beinahe bandförmig, mit ungetheilten Nerven, am Grunde bei einigen mit einer Callosität eingefügt; Vernation links gedreht, ohne Schuppenhülle; Staubblätter zugespitzt, Pollenbehälter entweder die ganze Unterseite einnehmend oder in zwei Längsgruppen getheilt; weibliche Blüthe und Fruchtzapfen wie bei *Encephalartos.* Stamm kurz.

Etwa 6 Arten.

Vaterland: Neuholland.

Dioon Lindl. Blätter gross, sehr zahlreich, bis 100 auf jeder Seite, lineallanzettlich, mit 12—17 einfachen parallelen Nerven, Spindelbasis breit, dünn, mit den langspitzigen Knospenschuppen einen dichten Panzer um den cylindrischen Stamm bildend; Schuppen der männlichen Blüthe sich deckend, glatt; Fruchtlappen gross, gestielt, lanzettlich-schildförmig, aussen stark wollig, gegen die abwärtstretende Basis neben dem Stiel zwei grosse glatte Samen.

Nur eine bekannte Art.

Vaterland: Mexico.

Analoge Formen kommen fossil vor.

Bowenia Hook. Stamm kurz, cylindrisch, zum Theil unterirdisch; Blätter doppelfiederig, breit; Fiederblättchen eilanzettlich, seitliche Nerven nach aussen gebogen; Vernation eingerollt; Schuppen des Fruchtzapfens schildförmig, dreieckig-rhombisch.

Eine Art.

Vaterland: Australien.

Fam. III. *Stangerieae.* Blattsegmente länglich-lineal, kurz zugespitzt, am etwas wulstigen Rande feingezähnelt, fiedernervig; Seitennerven einfach und gegabelt, in die Randzähnchen endigend; Vernation an der Spitze plötzlich abwärts gekrümmt, Segmente gefaltet; Knospenhülle aus eilanzettlichen, am Rande gewimperten Schuppen gebildet; Stamm rübenförmig, glatt; Blüthenschuppen sich deckend, die weiblichen im ausgehöhlten Grunde auf jeder Seite einen Samen tragend.

Eine Gattung, *Stangeria*, mit einer Art. Keine bekannte analoge fossile Form.

Vaterland: Das südliche tropische Afrika.

Fam. IV. *Zamieae.*

Zamia. Stamm meistens kurz, in der Mitte verdickt und fast kugelig, hie und da unterirdisch; Fiederblättchen längs der Rinnen an der Oberseite der Rachis eingefügt, aus allmählich oder plötzlich verschmälerter Basis lang- oder lineal-elliptisch oder elliptisch-lanzettlich; am Rande, besonders nach oben hin, häufig fein gezähnelt, im Alter sich abgliedernd, Nerven zahlreich, seitlich leicht divergirend und in den Randzähnchen endend; Schuppen der männlichen und weiblichen Blüthen schildförmig, sechsseitig.

Gegen 30 bekannte Arten. Analoge Formen fossil.

Vaterland: Das tropische und für einige das subtropische Amerika.

Microcycas Miq. Blätter lang, mit sehr zahlreichen schmalen, ganzrandigen Segmenten; Blüthenschuppen nicht schildförmig.

Eine bekannte Art; zwischen *Dioon* und *Zamia* stehend.

Vaterland: Die Antillen.

Ceratozamia Brngt. Blüthenschuppen schildförmig, an dem flachen oberen Theil zwei hornförmige Auswüchse tragend.

Zwei Arten.

Vaterland: Mexico.

Fossile Cycadeaceen.

A. Lebende Gattung.

Encephalartos Lehm. Blätter gross, bis 1 m und darüber lang, gefiedert; Fiedern sehr zahlreich, an der verschmälerten Basis mit einem wulstigen Ringe ansitzend, oval-oblong- oder lineal-lanzettlich, mit wulstigem glattem oder dornspitzig eingeschnittenem Rande, von sehr fester lederartiger Consistenz; Nerven strahlig verlaufend, zum Theil gegabelt.

Die einzige bis jetzt bekannte Art, *E. Gorceixianus* Sap., hat lineal-lanzettliche, ganzrandige Fiedern und reiht sich zunächst an *E. longifolius* Lehm. und *E. Lehmani* Eckl. an.

Vorkommen: Im Miocän von Koumi (Euböa).

Uebersicht der auf die Blattform gegründeten Cycadeaceen-Gattungen.

B. Nur fossil bekannte Gattungen.

Cycadites Brngt. Blattvernation eingerollt; Fiederblättchen mit der ganzen Basis seitlich der Rachis eingefügt, decurrent, persistirend, schmal-lineal, einnervig.

Diese Gattung zeigt in der Vernation, der Form und Nervation der Fiederblättchen, der zwar viel kleineren Blätter eine grosse Uebereinstimmung mit der jetzt lebenden Gattung *Cycas* und besonders der Art *C. revoluta*, und gehören die nicht selten vorkommenden Fruchtblätter, welche denen der genannten Gattung in jeder Beziehung sehr ähnlich sind, zu diesen Blättern, so ergibt sich, wo nicht eine vollständige generische Identität der fossilen Gattung mit der lebenden, doch wenigstens eine unmittelbare Verwandtschaft mit dieser.

Vorkommen: In den nicht sehr zahlreich erhaltenen Ueberresten dieses Typus hat man gegen 15 verschiedene Arten unterschieden, welche sich in folgender Weise auf die verschiedenen geologischen Formationen vertheilen:

Cycadites taxodinus und *gyrosus* Göpp. aus der Steinkohle Schlesiens, ersterer aus dem Horizont des Kohlenkalks — sehr deutliche Bruchstücke. *C. rectangularis* Brauns (*C. pectinatus* Berg.) gehört der rhätischen Formation und dem unteren Liassandstein an, *C. valdensis* Heer dem mittleren (?) Lias. *C. zamioides* Leckenb. und *Delessei* Sap. charakterisiren den Hauptoolith, in welchem in Indien 4 diesen nahe stehende Arten angegeben werden, nämlich *C. confertus* Morr., *rajmahalensis* Oldh., *Blanfordianus* Oldh. und *cutchensis* O. Feistm. *C. Lorteti* Sap. ist im Kimmeridge des Ain-Departements aufgefunden worden. Aus den Neocom- und Wealdschichten sind *C. Brongniarti* Roem., *Morrisianus* Dunk. bekannt, im Urgon *C. Heerii* Schenk; die letzten Spuren der Gattung verschwinden in der oberen Kreide Grönlands mit *C. Dicksoni* Heer.

Podozamites Fr. Braun (emend.). Blätter klein, mit dünnem Rachis, gefiedert, Fiederblättchen alternirend, entfernt stehend, mehr oder weniger aufwärts gerichtet, aus allmählich verschmälerter oder kurz gestielter Basis elliptisch-eiförmig oder lanzettlich-länglich bis lineal, hie und da etwas gebogen, sich von der Rachis abgliedernd und meistens isolirt vorkommend; Nerven von der Basis an zweitheilig, oft sehr fein und gedrängt, parallel mit dem Rande verlaufend und an der Spitze des Blättchens convergirend.

Zu welcher Abtheilung der lebenden Cycadeen diese in den rhätischen und besonders den älteren jurassischen Schichten häufig und in sehr verschiedenen Formen vorkommenden Pflanzen gehören dürften, ist bis jetzt aus Unkenntniss der ihnen zugehörigen Fruchtorgane nicht ermittelt worden. Möglicherweise konnten sie zu den Zamieen gehören. Da die Form und Grösse der Fiederblättchen bei einer und derselben Art, ja auf derselben Pflanze sehr variabel gewesen zu sein scheint, so ist die specifische Bestimmung derselben in manchen Fällen ungewiss.

Vorkommen: Erscheint zuerst in den rhätischen Schichten, für welche der besonders in Franken (Gegend Baireuth) häufig auftretende *P. distans* Presl als charakteristisch angesehen werden kann; ausser dieser Art sind, besonders in Schonen, in derselben Formation einige seltenere Arten beobachtet worden*). Eine ganze Reihe von Arten sind in den letzten Jahren aus dem mittleren braunen Jura (Bath-Oolith) Spitzbergens, Ostsibiriens, des Amurlandes durch Heer**), einige, wahrscheinlich aus derselben Formation Japans, durch Geyler***) bekannt gemacht worden; der schon von Lindley abgebildete *P. lanceolatus* von Scarborough in Yorkshire gehörte auch der Flora Spitzbergens, Sibiriens und Japans an; zwei Arten aus dem Kimmeridge Frankreichs hat Saporta in seiner Flore fossile jurassique beschrieben, und 4 Arten sind in: Fossile Pfl. der Nordkarpathen (Weald oder Urgon) von Schenk beschrieben und abgebildet worden.

Diese Pflanzen lebten wahrscheinlich an den feuchten Ufern von Süsswasserseen, wie manche unserer heutigen Zamien; denn die Schichten, in welchen sie abgelagert sind, gehören durchgehends Süsswasserformationen an, mit Ausnahme des Kimmeridge.

Zamites Brngt. (emend.). Blätter klein oder mittelgross, im Alter sich losgliedernd; Fiederblättchen an der Oberseite der Rachis mit einer Callosität angeheftet und am Grunde etwas zusammengezogen oder abgerundet, beinahe herzförmig, meistens gedrängt, länglich- und eilänglich-lanzettlich, spitz oder stumpflich, ganzrandig, von fester Consistenz, sich nicht abgliedernd; Nerven einfach und gegabelt, die mittleren parallel, nur an der Spitze divergirend, die seitlichen an den schmal wulstigen Rand verlaufend.

Die zahlreichen (gegen 30) Arten dieser Gattung, welche besonders in der Jurazeit Europa bewohnten, bilden eine sehr natürliche, leicht zu erkennende Gruppe, so dass angenommen werden kann, dass dieselben zu einem und demselben Genus gehörten, aber auf keinen Fall mit den heutigen Zamien zu vereinigen sind.

Vorkommen: Eine erste *Zamites*-ähnliche Form findet sich im bunten Sandstein (*Z. vogesiacus* Sch. u. M.), unterscheidet sich aber von der typischen Form durch das callöse abwärts tretende Oehrchen an den Fiederblättchen. Nach Andrä (Foss. Fl. Siebenbürg. u. des Banats) existirt eine der *Z. Schmiedelii* Presl sehr nahe stehende Art in dem unteren Lias Ungarns; ob der aus dem oberen Lias stammende *Z. gracilis* Kurr zu dieser Gattung oder zu *Otozamites* gehört, ist schwer zu entscheiden; mit dem mittleren braunen Jura erscheinen mehrere unzweideutige Zamiten, von welchen *Z. gigas* Morr., durchaus keine

*) S. Nathorst, Beitr. z. foss. Flora Schwedens. 1878; id. Om Floran Skånes Kolf. Bildn. I. Floran vid Bjuf. 1878—79.

**) Heer, Flora fossilis arctica Bd. IV (Spitzbergen, Ostsibirien, Amurland).

***) Foss. Pflanzen a. d. Juraformation Japans.

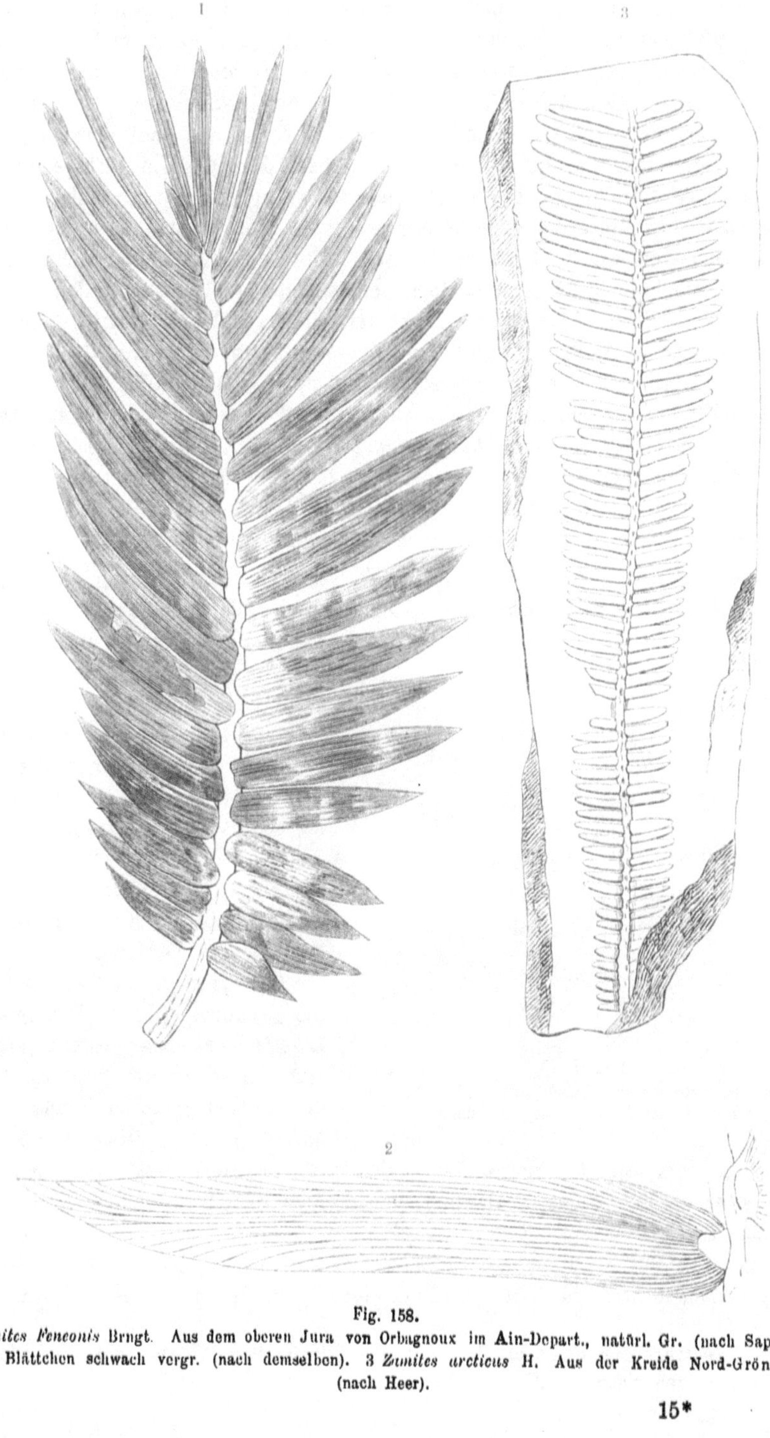

Fig. 158.

1 *Zamites Feneonis* Brngt. Aus dem oberen Jura von Orbagnoux im Ain-Depart., natürl. Gr. (nach Saporta). 2 Ein Blättchen schwach vergr. (nach demselben). 3 *Zamites arcticus* H. Aus der Kreide Nord-Grönlands (nach Heer).

Riesenform, sondern von mittlerer Grösse, von Williamson*) mit einem Pandaneenblüthenstand vereinigt und von Carruthers, auf Grund der scheinbaren Zusammengehörigkeit zweier unter sich so fremdartiger Pflanzenformen, als Typus einer eigenen Familie mit dem Namen *Williamsonia* belegt worden ist. Mit dem weissen Jura nimmt die Zahl der Arten und Individuen zu. Zur Zeit der Formation des oberen weissen Jura, besonders des Kimmeridge, scheint *Z. Fenconis* (Fig. 158) eine vorherrschende Rolle gespielt zu haben; zahlreiche und schön erhaltene Blätter desselben kommen u. a. in dem compacten weissen Kalk des Ain-Departements in Frankreich vor. Mehrere Arten finden sich noch in den Wealdschichten, 4 äusserst zierliche, einen eigenen Typus darstellende Arten mit dicht gedrängten, schmal-linealen Fiedern sind von Nordenskjöld aus der unteren Kreide Grönlands mitgebracht und von Heer in dem 3. Bande der Flora fossilis arctica in zahlreichen Exemplaren abgebildet worden. Von diesen sind bei Kome und Ekkorfat *Z. speciosus* und *arcticus* (Fig. 159) so häufig, dass sie gemeinschaftlich mit *Pterophyllum concinnum* H. und Ueberresten von Sequoien mit ihren theilweise beinahe noch ganzen, 30—40 cm langen und 4—8 cm breiten Blättern grosse Felsplatten erfüllen und überdecken. Mit dem winzigen *Z. epibius* Sap. aus dem Miocän verschwindet die Gattung aus Europa.

Glossozamites Schpr. (*Podozamites* Schenk e. p.). Blätter mehr oder weniger gross, lang lineal-elliptisch; Fiedern etwas aus einander gerückt, jede Zeile in einer Rinne auf der Vorderseite der Rachis eingefügt, ausgespreitet, elliptisch- oder lineallänglich, die grösseren schmal zungenförmig, an der Spitze und Basis abgerundet, an der Mitte dieser mit einem Callus angeheftet; die zahlreichen Nerven theils ungetheilt, theils einfach oder doppelt gegabelt und in offenen Bogen an den Rand verlaufend.

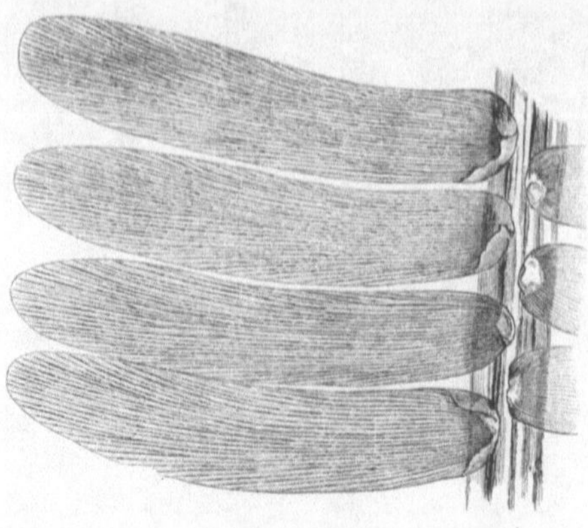

Fig. 159.
Glossozamites Zitteli Schenk sp. Aus den Sphaerosideriten des Weald von Grodischt. (Nach Schenk.)

Als Typus dieser Gattung kann der schöne grosse *Podozamites Zitteli* Schenk sp. angesehen werden. Dass diese Pflanzenform nicht zu den Farnen gehören könne, geht aus den zwei Rinnen auf der Vorderseite der Spindel hervor, in welchen die Fiedern eingefügt sind, aus dem Callus an der Basis dieser und dem Fehlen der Terminalfieder, wie das *Gl. obovatus* Schenk sp. zeigt**).

---

*) S. Contrib. tow. the Hist. of *Zamia gigas* Lindl. and H. (Transact. Linn. Soc. vol. XXVI).

**) S. Beiträge zur Flora der Vorwelt. III. Die fossilen Pflanzen der Wernsdorfer Schichten in den Nordkarpathen.

Vorkommen: Die wenigen dieser Gattung mit Bestimmtheit angehörigen Arten sind in den unteren Kreideschichten (Urgon), besonders der Nordkarpathen, beobachtet worden, eine Art aus demselben Horizont Grönlands. Das früher von mir hierher gezogene *Pterophyllum oblongifolium* Kurr aus dem oberen Lias ist wohl ein *Zamites*.

Otozamites Fr. Braun emend. (*Odontopteris* Sternb. Göpp. — *Otopteris* Lindl. Schenk). Blätter klein und von mittlerer Grösse, lineal- und elliptisch-lineal-lanzettlich, nach oben und unten allmählich verschmälert, ungleich fiederpaarig, sich vom Stamme regelmässig abgliedernd; Fiedern an der Vorderseite der Spindel sitzend, dicht gedrängt abwechselnd, sich am Grunde meistens deckend, zuweilen auch höher hinauf am Rande über einander liegend, sehr verschiedengestaltig und alle Formen zeigend, zwischen der lanzettlichen und eilanzettlichen bis zu der beinahe kreisrunden, die Basis immer plötzlich verengert, ungleichseitig herzförmig, die vordere Hälfte in ein mehr oder weniger ausgesprochenes Oehrchen vortretend (daher der Name), der Anheftungspunkt mit einem Callus versehen; Nerven von dem Ausgangspunkte aus divergirend, die ersten lateralen in stark gekrümmten Bögen in die Basilarläppchen tretend, die übrigen in offenen Bögen an den zuweilen wulstigen Rand verlaufend, alle mehrfach gabelig getheilt; Epidermis aus tief welligen Zellen gebildet.

Ohnerachtet der Vielgestaltigkeit der Fiedern lässt sich doch diese Gattung leicht unterscheiden durch die ungleich herzförmige Basis dieser, deren vorderes Läppchen mehr oder weniger stark vortritt. Die Fiedern stehen regelmässig abwechselnd zu einander und decken, wenn sie dicht stehen, mit ihrem verbreiterten Grunde vollständig die Spindel, welche an der Vorderseite verflacht ist, auf der Rückseite aber stark halbcylindrisch vorsteht. Zeigt sich der Abdruck des Blattes von der Unterseite, so lässt sich nicht leicht entscheiden, ob dieses von einem *Zamites* oder *Otozamites* stammt, da die Spindel die Blattbasen bedeckt.

Die Otozamiten können nach der Form der Fiedern in folgende Gruppen eingetheilt werden:

1. Gruppe: Blätter schlank, lineal-lanzettlich, nach oben und unten allmählich verschmälert; Fiedern dicht gedrängt, die Spindel, der sie fest aufliegen, vollständig oder beinahe bedeckend, mit dem Oehrchen über einander greifend, lineal- oder oval-lanzettlich, zugespitzt oder stumpflich, hie und da leicht sensenförmig gebogen.

Als Grundform dieser Gruppe können die in den rhätischen Schichten von Baireuth zuweilen häufig vorkommenden *Ot. brevifolius* Fr. Br. sp. und *Ot. latior* Sap. angesehen werden.

2. Gruppe: Fiedern mit ihrer Basis die ganze Vorderseite der Rachis deckend, beinahe vollständig lineal, schief abgerundet abgestutzt, so dass der vordere Rand in gerader Linie mit der Spitze endigt.

Grundform: *Ot. pterophylloides* Brngt. aus der Bath- und Oxfordformation.

3. Gruppe: Blätter durchgehends ziemlich gross; Fiedern entweder am Grunde sich deckend oder frei, verhältnissmässig gross, mit sehr starkem Basilaröhrchen, breit-lanzettlich, sensenförmig gebogen, von dicker fester Consistenz.

Grundform: *O. major* Sch. aus dem unteren Liassandstein.

4. Gruppe: Blätter von mittlerer Grösse oder klein; Fiedern eirund, mit den stark entwickelten abgerundeten Oehrchen über einander greifend und die Rachis, besonders am oberen Blatttheil, vollständig deckend, von ziemlich dünner Consistenz.

Grundform: *Ot. Beani* Brngt., aus dem Bathoolith.

Fig. 160.
Otozamites Beani Brngt. Aus dem Yorkshire. (Nach Saporta.)

5. Gruppe: Blätter klein und sehr klein, lineal, zuweilen nicht über 5 cm lang und 5 mm breit; Fiederblättchen kreisrund oder breit-eiförmig, am Grunde herzförmig; das vordere Läppchen kaum grösser als das hintere, ziegeldachartig sich deckend oder, besonders am unteren Blatttheil, etwas aus einander gerückt, zuweilen hohl oder am Rande zurückgeschlagen.

In diese Gruppe gehören die kleinsten bis jetzt bekannten Cycadeen.

Grundform: *Ot. microphyllus* Brngt., aus dem Bathoolith.

Vorkommen: Die Otozamiten sind von den unteren rhätischen Schichten an durch die ganze jurassische Reihe verbreitet bis zum unteren weissen Jura *(corallien)*, wo sie plötzlich aufhören, um gleichsam den Zamiten Platz zu machen, welche von nun an die Hauptrolle spielen. Die Hauptfundorte dieses zuweilen äusserst zierlichen, die zartesten und kleinsten Formen enthaltenden Cycadeen-Typus sind: die rhätische Formation Frankens (Gegend von Baireuth, Kulmbach, Bamberg), in welchen die schlanken Wedel von *Ot. brevifolius* und *latior* zuweilen sehr zahlreich auftreten und besonders in den Thonschichten wundervoll erhaltene Abdrücke darstellen; der untere Lias von Lothringen (Metz), der mittlere von Axminster (England), der obere Lias Württembergs (Ohmden), der Bathoolith von Yorkshire (Scarborough und Whitby), des Vicentinischen, der Cornbrash von Etrochey bei Châtillon-sur-Seine, der untere Oxford von Poitiers. Diese Cycadeen kommen häufig mit Farnkräutern vor und scheinen an schattigen oder feuchten Stellen gelebt zu haben. Bis jetzt ist diese Gattung in den hochnordischen Juraformationen noch nicht beobachtet worden; in Indien ist dieselbe nur durch eine oder zwei bekannte Arten vertreten, an ihrer Stelle ist die folgende Gattung *Ptilophyllum* Morris sehr entwickelt.

Ptilophyllum Morr. (*Palaeozamia* Oldh. u. Morr. e. p.). Blätter rundgestielt, abfallend, klein oder kaum mittelgross, lineal-lanzettlich, zuweilen sehr schmal und verhältnissmässig lang, meistens 2 – 5 cm breit auf eine Länge von 20—25 cm, regelmässig paarig fiedertheilig; Fiedern alternirend auf der Vorderseite der Spindel sitzend und diese beinahe vollständig bedeckend, unter beinahe rechtem Winkel ausgebreitet, sehr dicht stehend und öfter an den Rändern über einander greifend, schmal-lineal, leicht vorwärts gekrümmt und in eine schief aufwärts gerichtete Spitze endigend, unterer Winkel der Basis abwärts unter das zunächst unten liegende Fiederblättchen verlaufend, wie bei *Dioon*, vorderer Winkel abgerundet, nicht frei wie bei *Otozamites*, verhältnissmässig dick und von fester Consistenz; Nerven zum Theil einfach, zum Theil ein- bis zweimal gegabelt, die seitlichen nach dem Rande verlaufend.

Von *Otozamites* verschieden durch die Form der dichter gestellten Fiedern, durch die decurrente Basis ohne freies Basilaröhrchen.

Grundform: *Pt. cutchense* Morr. u. Oldh.

Vorkommen: Bis jetzt nur in dem unteren Oolith Bengalens (Rajmahal-Series) beobachtet und zwar zuweilen in grossen Massen, besonders in einem opaken calcedonartigen Quarzgestein, in verschiedenen Arten.

Ctenophyllum Sch. Blätter klein, lang-lineal, schmal, gegen die Spitze und die Basis allmählich verschmälert, regelmässig und kleingefiedert; Fiedern auf der Oberseite der Rachis sitzend und an der Basilarlinie sich berührend, daher die Vorderseite der Rachis ganz bedeckend, mit der ganzen Breite der Basis angewachsen, diese an beiden Ecken stumpflich, lineal, an der Spitze abgerundet, 8—10 ^{mm} lang, 2—4 ^{mm} breit, ziemlich dick und von fester Consistenz; Nerven theilweise gegabelt, die seitlichen an den Rand verlaufend.

Typische Form: *Pterophyllum Pecten* Lindl. u. H*).

Diese ungemein zierliche Zamitee hat beim ersten Ansehen grosse Aehnlichkeit mit *Ptilophyllum*, unterscheidet sich aber standhaft durch die geraden, vollkommen linealen, an der Spitze stumpfen und an den beiden Basilarecken abgerundeten Fiedern.

Vorkommen: Im oberen Lias (*Ct.* [*Pteroph.* Kurr] *gracile*), im unteren Oolith Englands (*Pt. Pecten*) und die dieser zum Verwechseln ähnliche Form (*Otozamites gracilis* Feist. nec Schimp. Fig. 5 et 7 non Fig. 6)**) und das nahe stehende *Ptilophyllum cutchense* Morr. aus derselben Formation Bengalens.

Dioonites Bornem. Blätter ziemlich gross, mit starker, halbstielrunder Rachis; Fiedern an der Vorderseite dieser eingefügt, mit der ganzen Basis ansitzend und an derselben zuweilen etwas vor- und rückwärts laufend, lineal-lanzettlich oder langlineal und zugespitzt, von fester lederartiger Consistenz; Nerven parallel, einfach.

Es kommen Blattfragmente vor, welche mit obiger Charakteristik übereinstimmen und jedenfalls an *Dioon* erinnern; ob aber eine generische Verwandtschaft zwischen denselben und dieser lebenden Gattung bestehe, ist zweifelhaft; auf keinen Fall aber können sie mit *Pterophyllum* oder *Zamites* vereinigt werden, wie das allgemein geschehen ist.

---

*) Ich habe früher (Traité de Pal. vég) mit Unrecht *Pteroph. Braunianum* Göpp. hierher gezogen; dagegen gehört *Pteroph. gracile* Kurr (*Otozamites grac* Sch.) in diese Gattung.

**) S. Feistmantel, Palaeont. Indica. Ser. XI. 2.

Als typische Formen dieser Gattung können *D. (Pteroph.) rigidus* Andr. sp. aus dem Rhät, *D. Kurri* Sch. (*Pteroph. acutifol.* Kurr) aus dem oberen Lias, *D. (Pteroph.) Buchianum* Ettingsh. aus der unteren Kreide (Urgon), *Pterophyllum Brongniarti* Schenk aus dem Wälderthon betrachtet werden.

Vorkommen: Von der rhätischen Formation an bis in die untere Kreide.

Pterophyllum Brongt. Blätter gestielt, im Alter sich abgliedernd, von mittlerer Grösse, mehr oder weniger breit lineal, nach oben und unten schnell verjüngt, regelmässig fiedertheilig; Fiedern unpaarig, der Rachis seitlich mit der ganzen Breite ansitzend, vollständig getrennt oder nur sehr schmal zusammenfliessend, unter rechtem Winkel abstehend, nur die oberen schief aufgerichtet, lineal, an der Spitze abgerundet oder abgestutzt, im Leben, wie es scheint, ziemlich dünn; Nerven zahlreich, einfach, mit den parallelen Bändern parallel verlaufend.

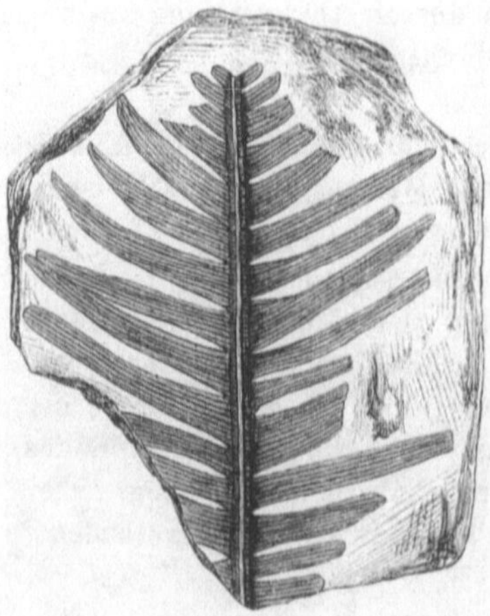

Fig. 161.
Pterophyllum Brongniarti Morris.
Aus den Schieferthonen der Wealdformation bei Osnabrück. (Nach Schenk.)

Typische Form: *Pt. Jaegeri* Brngt.

Diese Gattung ist leicht zu erkennen an den rechtwinkelig abstehenden, der Rachis seitlich ansitzenden, vollkommen linealen, an der Spitze abgerundeten oder abgestutzten Fiedern.

Vorkommen: In der oberen Steinkohle und in den unteren kohlenführenden Schichten der permischen Formation, erlangt eine sehr bedeutende Entwickelung im Keuper und geht von da an sparsam durch die ganze jurassische Reihe, um mit einer Art im Weald zu verschwinden. Die meisten von Oldham und Morris aus den Rajmahal-Series als *Pterophyllum* bezeichneten Blätter gehören nicht in diese Gattung, und selbst *Pt. Rajmahalense* Morr. und ähnliche grosse, zum Theil mehrere Fuss messende Formen von daher dürften wohl für sich einen eigenen Gattungstypus bilden. Auch einige der zierlichen kleinen Formen aus dem Jura und dem Weald, wie *Pt. Braunianum* Göpp. aus dem Rhät, *Pt. Dunkerianum* Ettingsh. nec Göppert aus derselben Formation, *Pt. Dunkerianum* Göpp. und *Lyellianum* Dkr. aus dem Hastingssand u. s. w., sind vielleicht von *Pterophyllum* zu trennen, da die seitliche Einfügung der Segmente bei dieser Gattung, wie überhaupt, einen Hauptcharakter bildet. Die Anheftungsweise der Fiedern ist aber häufig schwer zu ermitteln.

Anomozamites Sch. Blätter klein, lineal- oder bandförmig, zum Theil ganz (die jüngeren?), meistens unregelmässig segmentirt; Blattflügel seitlich ansitzend, zuweilen ungetheilt oder nur theilweise segmentirt, meistens in ungleichgrosse rechteckige, an beiden äusseren oder nur an dem unteren abgerundete Lappen zertheilt; Nerven rechtwinkelig abgehend, einfach, parallel. Die Segmente haben zuweilen einen wulstigen Rand.

Hauptformen sind: *A. inconstans* Göpp. sp., *A. Lindleyanus* Sch. (*Pterophyll. minus* Brngt.), *A. Schaumburgensis* Dkr. sp., *Pter. marginatum* Ung. Schenk.

Vorkommen: Von diesen 3 Arten gehört die erste der rhätischen, die zweite der oolithischen und die dritte der Wealdenformation an. Aus den ostsibirischen Juraschichten hat Heer mehrere Arten bekannt gemacht.

Untergattung: *Platypterygium* Sch. Blätter gross, bis 2 Fuss und darüber lang und einen halben Fuss breit; Blattflügel dünn, in ungleichgrosse abgerundete oder stumpf-rhombische Segmente getheilt; Nerven parallel, einfach und gegabelt.

Die Hauptformen sind: *Pteroph. Braunsii* Schnk., *Pt. princeps, Medlicottianum* und *Morrisianum* Oldh.

Vorkommen: Die erste der genannten Arten stammt aus den rhätischen Schichten von Seinstedt, die übrigen aus dem unteren Jura (Rajmahal-Series) Bengalens, wo diese merkwürdigen Cycadeen reichlich vertreten sind.

Anmerkung. Kann mit geschlitzten *Macrotaeniopteris*-Blättern verglichen werden.

Ptilozamites Nath. Blätter lang und schmal-, seltener breitlineal, nach oben sehr allmählich, nach unten schneller verschmälert; Segmente der dicken Spindel seitlich ansitzend, dicht gedrängt, am Grunde zusammentretend, unregelmässig rhombisch, am unteren Theile des Blattes stumpf-dreieckig, auch breit- und stumpf-lanzettlich und leicht nach oben gebogen; Nerven unter rechtem Winkel abgehend, parallel, vom Grunde aus gegabelt, selten hie und da ein Gabelast getheilt, am unteren Rande der Segmente immer einfach.

Der vorstehenden Gattung sehr ähnlich.

Grundform: *Pt. Heeri* Nath.

Vorkommen: Bis jetzt nur im Rhät von Bjuf in Schonen beobachtet.

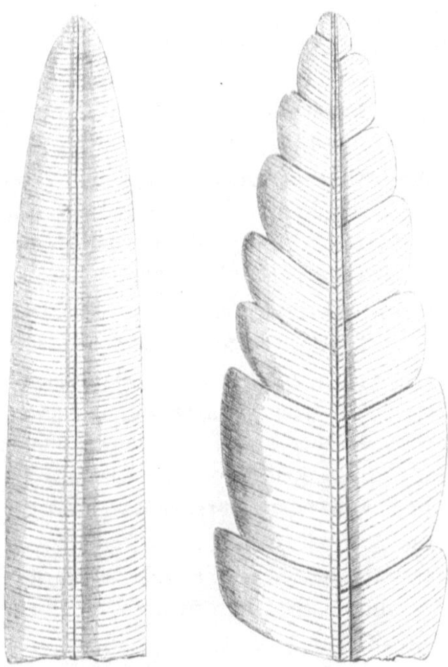

Fig. 162.
Nilssonia polymorpha Schenk. Oberer Theil eines einfachen und eines gefiederten Blattes. Aus dem Rhät von Palsjö in Schonen. (Nach Nathorst.)

Nilssonia Brngt. (et *Pterozamites* Sch., *Pterophyllum* Göpp. Schenk e. p.). Blätter lang elliptisch-lineal oder beinahe bandförmig, bald breiter bald schmäler und zwar bei derselben Art, sehr unregelmässig segmentirt, seltener vollkommen ganz, im Vernationszustande spiralig eingerollt; Segmente bei derselben Pflanze sehr vielgestaltig, bald breit bald schmal, quadratisch, aufrecht rectangulär, rhombisch, abgerundet oder nur der obere Winkel vortretend, breit- oder schmallanzettlich und leicht sichelförmig gebogen, mehr oder weniger tief längsgefaltet und fein erhaben längsgestreift; Nerven sehr fein, je einer zwischen zwei Streifen, parallel, einfach.

Die feinen Streifen wurden früher für Nerven gehalten, daher die Angabe: dickere mit dünneren Nerven abwechselnd*).

Die am häufigsten vorkommende Art dieser Gattung ist *N. polymorpha* Schnk., deren specifische Umgrenzung wegen der zahllosen Formen, unter welchen sie auftritt, die grössten Schwierigkeiten darbietet. Hierher gehören auch: *Pteroph. Münsteri* Schnk., *Pter. crassinerve* Göpp., *Pter. Blasii* Schnk., *Pter. comptum* Lindl. u. Hutt.

Vorkommen: Tritt mit der rhätischen Formation auf, in welcher sie, besonders in Franken und Schonen, zuweilen einen Hauptbestandtheil der Vegetation bildet, verschwindet mit *N. compta* im unteren Oolith, ohne in den mittleren Formationen bekannte Spuren zurückgelassen zu haben.

Sphenozamites Brngt. Blätter von mittlerer Grösse, mit starker halbstielrunder Spindel, welche sich nach unten in einen glatten, allmählich sich verdickenden Stiel verlängert; Fiedern abwechselnd seitlich ansitzend, kurzgestielt, aus einander gerückt, breit- oder rhombisch-eiförmig, am schmalwulstigen Randè glatt oder buchtig und stachelzähnig, Nerven strahlig aus einander gehend, mehrfach gegabelt.

Diese Gattung zeigt bezüglich der Grösse und des allgemeinen äusseren Aussehens der Blätter einige Aehnlichkeit mit den problematischen Nöggerathien. Unter den lebenden Cycadeen können *Zamia* und *Encephalartos* als annähernde Formen zeigend genannt werden.

Vorkommen: Im unteren Oolith (oder Lias?) des Vicentinischen und den unteren Kimmeridge-Schichten des Isère-Departements in Frankreich.

Macropterygium Sch. Blätter sehr gross, mit dicker Rachis, gefiedert; Fiedern mehr oder weniger aus einander gerückt, gross, bis 16^{cm} lang und 16^{cm} und darüber breit, aus sehr verschmälerter, etwas vor- und rückwärts laufender Basis keilförmig und zuweilen zerschlitzt oder bandförmig, mit zahlreichen den Rändern parallel laufenden (oder zum Theil dichotomen?) Nerven.

Die Art mit keilförmigen Fiedern (*M. Bronnii* Sch.) ist von Bronn als *Noeggerathia vogesiaca* (*Yuccites vogesiacus* Sch. u. M.) bekannt gemacht worden, die Art mit bandförmigen Fiedern von Schenk als *Pterophyllum giganteum* (*M. Schenkii* Sch.).

Vorkommen: Im unteren Keuper von Raibl (Kärnthen).

---

*) S. über diese Gattung: A. Schenk, Fossile Flora der Grenzschichten des Keupers und Lias Frankens. 1867. A. G. Nathorst, Beiträge zur foss. Flora Schwedens. 1878, und dessen Om Floran Skånes Kolförande Bildningar. I. Fl. vid Bjulf. 1879

Typus von unbestimmter systematischer Stellung.

Noeggerathia Sternb. Blätter mit an der Basis verbreitertem Stiele, gefiedert; Fiedern vertical ansitzend, aus verengtem etwas abwärts laufendem Grunde breit spatel- oder fächerförmig, auch breit rhombisch; am oberen Rande fein gezähnelt, bei der Vernation aufrecht und an einander gedrängt, nach unten mehr aus einander gerückt, kleiner, abgerundet; Nerven zahlreich, fein, meist undeutlich, gegabelt, alle nach dem oberen Rande verlaufend; fertile Fiedern den oberen Theil des Blattes einnehmend, aufrecht über einander liegend, quer oval, mit sehr verschmälerter Basis, am oberen Rande unregelmässig eingeschnitten, die Läppchen gekerbt; die Fruchtorgane auf der Vorderseite (nach Geinitz und Weiss) oder auf der Rückseite (nach Stur) der unteren Hälfte der Fiedern, gewöhnlich zu 17, in zwei concentrische Bogen angeordnet, „die innersten die Eckpunkte eines Fünfecks einnehmend" (Stur); die „Früchte" oder Samen (?) oval, 3 mm breit und ungefähr 4 mm hoch, sehr zusammengedrückt und durch den Druck der Blattsubstanz eingesenkt.

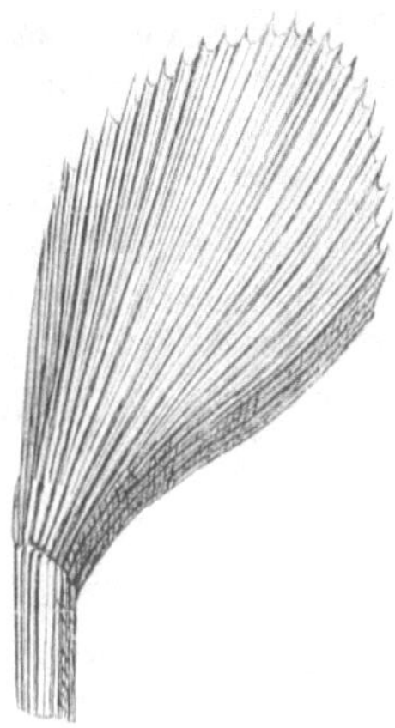

Fig. 163.
Blättchen von *Noeggerathia foliosa* Sternbg. (Nach Sternberg.)

Wie aus dem Gesagten hervorgeht, haben wir hier einen Pflanzentypus vor uns, zu welchem in der jetzigen Pflanzenwelt kein analoger vorliegt. Ob derselbe zu den Farnen (Ophioglosseen?) oder zu den Gymnospermen (Cycadeaceen) zu zählen ist, muss der Entdeckung unzweideutiger Fruchtorgane vorbehalten bleiben*).

Die als Grundform für diese Gattung angenommene Art ist *N. foliosa* St., die anderen aufgestellten Arten sind kaum selbständig.

Vorkommen: In den oberen Steinkohlenschichten Böhmens, besonders von Radnitz (von mir früher irrigerweise als der unteren Kohle angehörend angegeben).

Männliche Blüthen.

Androstrobus Sch. Lange cylindrische Kegel; Blüthenschuppen ziegeldachartig sich deckend, auf der Rückseite der unteren Hälfte dicht gedrängte Pollensäcke tragend, nach oben in einen quer-rhombischen, an der Spitze etwas zurückgebogenen Fortsatz verbreitert.

Zwei männliche Blüthenzapfen sind bis jetzt bekannt, über deren Zugehörigkeit zu den Cycadeen durchaus kein Zweifel herrscht: der eine gegen 15 cm

*) S. über nähere Details: Geinitz, N. Jahrb. f. Mineral. ... 1865. D. Stur, Zur Kenntniss der Fructif. der *Noegg. foliosa* St. in Verhandl. d. k. k. Geol. Reichsanstalt z. Wien 1878 Nr. 15. Weiss, Bemerk. z. Fructif. von *Nöggerathia*. Zeitschr. d. deutsch. Geol. Gesellsch. 1879. Für die Blätter: R. de Visiani, Di alc. generi di piante foss. Mem. dell' Instit. veneto vol. XVIII. Comte de Saporta, Observat. Comptes rendus de l'Acad. d. Sc. Avril 1878.

lange (*A. Balduini* Sap.) erinnert durch die Form und namentlich durch die cylindrischen Pollensäcke an *Cycas*, allein diese stehen dicht gedrängt und in Gruppen vereinigt wie bei dieser Gattung; der andere (*A. Guerangeri* [Brgt.] Sap.), nur in einem kurzen Bruchstück bekannt, zeigt in Bezug auf die Pollensäcke Aehnlichkeit mit *Dioon*.

Vorkommen: Die erste der beiden Arten im Cornbrash bei Châtillon-sur-Seine, die zweite in der Kreide bei Le Mans.

Lepidanthium Sch. Langgezogene, allmählich zugespitzte, sehr dick gestielte, mit kleinen lanzettlichen, dicht anliegenden, spiralig angeordneten Schuppen bedeckte Kegel.

Es sind diese zierlich geschuppten, nicht selten im Baireuth'schen Röth in Gesellschaft mit verschiedenen Cycadeen, namentlich *Otozamites* vorkommenden Kegel wohl männliche Cycadeen-Blüthen.

Früchte.

Fruchtblätter.

Cycadospadix Sch. Langgestielte, dicht behaarte, feste, mit einer ovallanzettlichen oder unregelmässigen, mehr oder weniger tief fiedertheiligen Spreite und am Stiele sitzenden zweireihigen Samennarben.

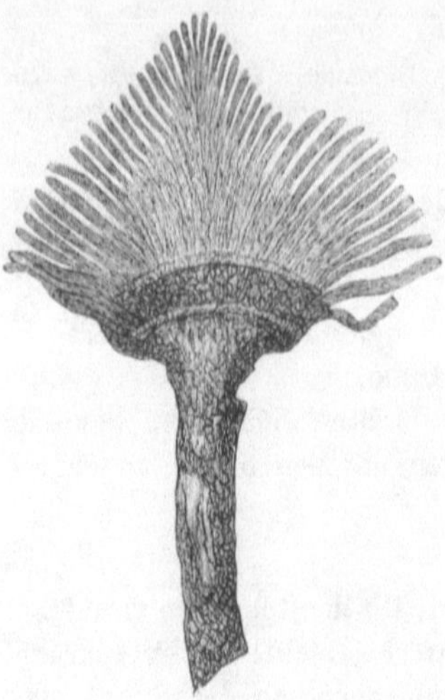

Fig. 164. *Cycadospadix*. Aus der Oolithformation der venetianischen Alpen. (Nach de Zigno.)

Diese fossilen Ueberreste gleichen so sehr den Fruchtblättern der lebenden Gattung *Cycas*, dass an ihre Zugehörigkeit zu dieser kaum gezweifelt werden kann, um so weniger als in denselben Schichten nicht nur Blätter, sondern auch Samen sich finden, welche ebenfalls auf dieselbe hinweisen. Meistens sind die fossilen Fruchtblätter kleiner als die der lebenden Arten, was übrigens auch für die Laubblätter der Fall ist. Bezüglich der Form waren dieselben wohl eben so verschieden auf einer und derselben Pflanze, wie das noch heute der Fall ist.

Vorkommen: Im unteren Liassandstein, besonders bei Hettange und im Korallenkalk.

Fruchtkegel.

Zamiostrobus Endl. e. p. Eiförmige, ovale oder längliche Kegel mit dicker Axe und Stiel; Fruchtblätter aus der Axe senkrecht eingefügtem Stiele schildförmig verbreitert und hexagonal, Schilder anfänglich vereinigt, zur Zeit der Reife aus einander tretend, an der unteren Seite zwei oder, in Folge der

Verkümmerung des einen, einen Samen tragend, die Samen selbst hängend, ziemlich gross, mit festem Steinkerne.

Die bis jetzt aufgefundenen und mit Sicherheit von Cycadeaceen herrührenden Fruchtkegel — von verschiedenen Autoren werden auch Coniferenzapfen hierher gezogen — zeigen alle eine mehr oder weniger grosse Aehnlichkeit mit den entsprechenden Organen der lebenden Zamieen und zum Theil ganz besonders mit denen von *Encephalartos*. Auch hier entsprechen die kleinen Früchte den durchschnittlich kleinen Blättern der fossilen Cycadeaceen. Ob die Trennung der Gattung *Beania* Carruth. wegen der mehr aus einander gereihten Fruchtblätter von der die Zamieenfrüchte überhaupt umfassenden Gattung *Zamiostrobus* eine Berechtigung hat, ist zweifelhaft, um so mehr als, nach der Grösse der Schilder und Samen zu schliessen, erstere höchst wahrscheinlich sich mit ihren Rändern berührt haben.

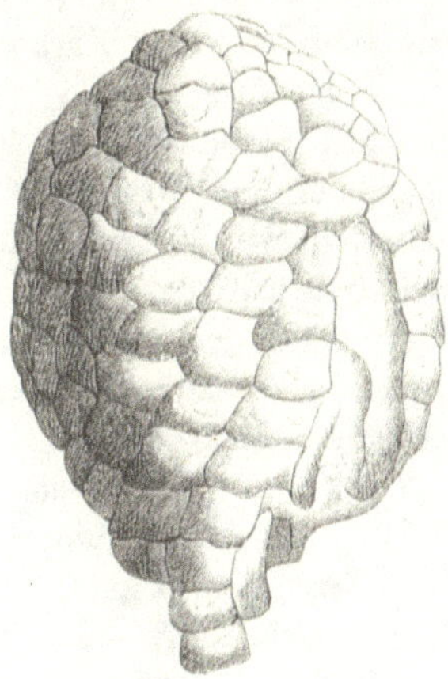

Fig. 165.
Zamiostrobus crassus Sch.
Aus der Wealdformation der Insel Wight.
(Nach Lindley u. Hutton.)

Vorkommen: Vom unteren Lias bis in den oberen Korallenkalk, sehr selten, in mehreren Arten im Weald, in einer Art im unteren Miocän.

Samen.

Cycadeospermum Sap. (*Cycadinocarpus* Sch.). Samen von der Grösse eines kleinen Apfelkerns bis zu der einer Mandel oder grossen Pflaume, oval-kegelig oder eiförmig, glatt oder mit zwei oder mehreren Längsleisten.

Diese Samen, welche nicht selten und zwar in Gemeinschaft mit Cycadeenresten vorkommen, haben hinlänglich grosse Aehnlichkeit mit lebenden Cycadeensamen, um mit diesen verglichen werden zu dürfen. Dieselben finden sich entweder als Abdrücke oder als Abgüsse der Steinkerne, selten mit der runzeligen, früher fleischig gewesenen äusseren Schicht der Schale.

Vorkommen: Vom Keuper an bis in die Wälderformation.

Stämme.

Die Stämme der fossilen Cycadeaceen sind in neuerer Zeit nach ihrer Form und nach der Form der sie umkleidenden Blattstielüberreste in folgende Gattungen eingetheilt worden*):

Bolbopodium Sap. (*Cycadoidea* L. u. H. e. p.). Stamm klein oder von mittlerer Grösse, dick, eirund, zwiebel- oder kegelförmig, von mehr oder weniger langen quer-rhombisch abgegliederten Blattstielresten vollständig eingehüllt. Von diesen Stämmen erinnern die grösseren (*Cyc. pygmaea* L. u. H., *B. picturiense*

*) S. Paléont. franc. Terrain jurassiques. Végétaux. Cycadées par le Comte G. de Saporta 1875.

Sap.) an Zamienstämme, die kleinen, kaum 3 cm hohen und 2 cm dicken (*B. micromerum* Sap.) an basiläre Seitensprossen von *Cycas*.

Vorkommen: Im Lias und Korallenkalk.

Cylindropodium Sap. (*Mantellia* Brngt. e. p.). Stamm baumartig, mehr oder weniger hoch, cylindrisch; Blattstielreste kurz, dicht gedrängt, mit querrhombischer convexer Narbe.

Die in diese Gattung vereinigten Stämme waren im Vergleich zu den cylindrischen Stämmen jetzt lebender Cycadeaceen (z. B. *Encephalartos*, *Cycas*) schlank, bei einer Art nur 3 cm dick, und mit kürzeren Blattstielbasen bedeckt, deren Abgliederungsflächen sich unmittelbar berührten, ohne Dazwischentreten von Schuppenspuren. Bei einigen bemerkt man noch deutlich die frühere Gegenwart eines dichten Wollgebildes zwischen den Blattbasen, wie bei *Macrozamia*.

Hierher gehören: *Clathraria liasina* Sch. (*Mantellia cylindrica* Brngt.), *Bucklandia gracilis* Pomel.

Vorkommen: Im unteren Lias und oberen Oolith.

Clathropodium Sap. (*Mantellia* ex p. Brngt., *Cycadoidea* Buckl. Brngt. Tabl., *Bennetites* ex p. Carruth.). Stamm mit dem mächtigen Schuppenpanzer dick, oval-cylindrisch oder oval-kegelförmig; Blattbasen lang, quer-rhombisch oder elliptisch, seitlich scharf zugespitzt, grössere mit kleineren abwechselnd; Markcylinder stark, Holzcylinder aus mehreren Ringen bestehend und von zahlreichen Markstrahlen durchzogen.

Diese Stämme erinnern durch ihre bedeutenden Dimensionen, die Form der Blattnarben und die Gegenwart mehr oder weniger zahlreicher Knospenspuren zwischen den letzteren an die Gattung *Cycas*; die Schuppen waren jedoch nicht in eine Knospe vereinigt, sondern wechselten mit den Blättern ab; auch mit *Encephalartos* haben einige Arten Aehnlichkeit. Die Blattbasen zeigen wie bei diesem die concentrischen Zuwachsschichten. Nicht selten sind die Blattstielreste in Folge unvollkommener Fossilisation ausgehöhlt.

Als Typen der Gattung sind zu nennen: *Cycadites macrophyllus* und *microphyllus* Buckl. (Fig. 166), *Clathropodium Trigeri* und *sarlatense* Sap., *Bennetites Saxbyanus* Carr.

Vorkommen: Im oberen Jura und Weald, in letzterem zuweilen in Menge (Insel Portland) in der schwarzen Humusschicht, in welcher die Pflanzen gelebt haben.

Platylepis Sap. (*Cycadoidea* Morière, Sch.). Stamm mehr oder weniger hoch, von mittlerer Dicke; Panzerschuppen lang und im Verhältniss zur Dicke sehr breit; Mark- und Holzcylinder im Verhältniss zur Länge des Stammes wenig stark entwickelt.

Die Schuppen, welche den Stamm umhüllen, sind dünn und denen von *Dioon* vergleichbar.

Vorkommen: Im unteren und mittleren Lias.

Fittonia Carruth. Stamm meistens ziemlich hoch, cylindrisch, einfach oder dick oval-cylindrisch, mit sehr dickem Mark und dünnem Holzcylinder, welchen sehr zahlreiche dicke Markstrahlen durchziehen; die den Panzer bildenden Blattstielreste aus zurückgebogener Basis aufrecht, unterhalb der Abgliederungsfläche sehr angeschwollen, Knospenschuppen ebenfalls durch nachträgliches Wachsthum sehr verdickt.

Das nachträgliche Wachsthum der Blattbasen erstreckte sich bei dieser Gattung nicht nur auf die Blattpolster, wie u. a. bei *Cycas* und *Encephalartos*,

Fig. 166.
Cycadoidea microphylla Lyell.

sondern auch noch auf einen Theil des Blattstiels und beinahe auf die ganze Knospenschuppe.

Die Form, auf welche Carruthers diese Gattung gegründet hat, ist *Clathraria anomala* ex p. Mantell, aus dem Weald; die drei Arten, welche Graf Saporta als dieser Gattung angehörend beschrieben und abgebildet hat, nämlich *F.* (*Clathr.* Sch.) *insignis*, *Rigauni* und (*Clathr.* Sch.) *Brongniarti*, stammen aus dem oberen weissen Jura; gewiss gehört auch der schlanke Stamm aus dem Weald von Hannover, von Schenk (Foss. Fl. d. n. deutsch. Wealdf.) als *Clathr. Lyelli* Mant. bestimmt, für welchen aber Saporta den Namen *Fitt. Schenki* vorschlägt, in diese Gruppe fossiler Cycadeaceen-Stämme.

Bucklandia Presl (*Clathraria* ex p. Brngt.). Stamm bis mehrere Fuss hoch, einfach, zuweilen (dichotom?) verzweigt, cylindrisch, stellenweise eingeschnürt; Blattpolster ohne Blattstielansatz, breite nach aussen in einen stumpfen Kiel vortretende, nach oben flach abgerundete und eine mehr oder weniger deutliche, stark in die Quere gezogene Narbe tragende Schuppen darstellend, oder dicht gedrängt, convex-schildförmig, durch gegenseitigen Druck unregelmässig vier- und sechseckig quer-rhombisch, Blattnarbe die ganze Oberfläche derselben einnehmend; Knospenschuppen-Narben an den eingeschnürten Stellen des Stammes in mehreren Cyclen, schmal quer-rhombisch oder spindelförmig, die obern (den Fruchtblättern entsprechenden?) breiter; Mark sehr stark, Holzcylinder dünn; Rindenparenchym wenig entwickelt.

Die äussere Structur und innere Organisation, sowie die zuweilen auftretende unregelmässige Verzweigung erinnern sehr an *Cycas*; auch die mit diesen Stämmen vorkommenden Samen können mit denen dieser Gattung verglichen werden. Es kann daher mit Carruthers angenommen werden, dass dieselben, wo nicht dieser Gattung selbst, von der sie sich durchschnittlich durch geringere Dimensionen unterscheiden, doch einer sehr nahe verwandten angehörten.

Vorkommen: Im Hastingssand der Wealdformation in mehreren Arten; eine Art im Korallenkalk; ob *Cycadites Bucklandi* Presl in Sternb. (*C. squamosa* Brngt. Tabl.), aus dem unteren Oolith, hierher zu ziehen sei, ist zweifelhaft.

Algae.*)

(Nachtrag zur 1. Lieferung.)

Die auf Seite 3–69 dieses Handbuches erwähnten Algen erfordern eine nachträgliche Besprechung in Folge einer von Nathorst veröffentlichten Abhandlung, in welcher er den gegen die Einreihung eines grossen, wenn nicht des grösseren Theiles dieser Bildungen in die Gruppe der Algen geltend gemachten Bedenken, welche von ihm und Anderen wiederholt und vor nicht langer Zeit treffend von F. Roemer in seiner Lethaea geognostica betont worden sind, durch erweiterte experimentelle Untersuchungen eine neue Stütze verleiht und die bereits 1873 von ihm ausgesprochenen Ansichten durch zahlreiche Versuche weiter begründet werden. Nach den von Nathorst mitgetheilten experimentellen Nachweisen wird man sich wohl nicht länger der Einsicht entziehen können, dass ein grosser Theil der sogenannten fossilen Algen entweder eine Folge der Vorgänge bei der Gesteinsbildung oder Thierfährten sind, ferner Spuren rinnenden Wassers oder von Wasser bewegter Pflanzen. Diese Einflüsse können auf dem von Wasser überflutheten Boden, es lässt sich dies durch Versuche unschwer nachweisen, Spuren hinterlassen, welche mit den als Algen beschriebenen Bildungen so sehr übereinstimmen, dass wenigstens die grösste Vorsicht ihnen gegenüber geboten ist. Ebensowenig darf man ausser Acht lassen, dass Reste höher organisirter Pflanzen eine weitgehende Zerstörung erfahren können, in Folge deren sie ein den Algen ähnliches Aussehen erhalten, Reste, welchen nach der einen wie anderen Richtung keine Bedeutung beigelegt werden kann, bis nicht besser erhaltene Objecte näheren Aufschluss gewähren. Ferner ist bei der Aufstellung fossiler Algen viel zu wenig Rücksicht genommen worden auf

*) Nathorst, om spår af några evertebrerade djur och dams palaeontologiska betydelse. Stockholm, 1881 — Memoire sur quelques traces d'animaux sans vertèbres et de leur portèe paléontologique. Stockholm, 1882. — Nathorst, om några förmodade växtfossilier. Stockholm, 1873 — Stur, die Siluralgen der Etage H. Wien, 1881. Saporta, A Propos des algues fossiles. Paris, 1881. Berthold, Vertheilung der Algen im Golf von Neapel.

den Bau der Algen selbst, deren Gewebe keine sehr große Widerstandsfähigkeit besitzen und sich deshalb nur unter besonders günstigen Verhältnissen erhalten konnten. Endlich mufs auch die Lebensweise der Algen berücksichtigt werden, ihre Abhängigkeit vom Lichte und die dadurch bedingte Vertheilung und Entwicklung in verschiedenen Wassertiefen, sodann die Unmöglichkeit ihrer Existenz auf schlammigem Grunde.

So dürfen wohl unbedenklich ausgeschlossen werden aus der Reihe der Caulerpiten *Keckia*, *Münsteria*, *Hydrancilus*, *Phymatoderma*, *Gyrophyllites*, *Discophorites*, die *Chordophyceae*, *Diplochordeae*, *Arthrophyceae*, *Rhysophyceae*, *Alectorurideae*, *Cylindriteae*, der grösste Theil der *Palaeophyceae*, *Oldhamia*, die *Chondriteae*, darunter die Flyschalgen, die *Sphaerococciten* wenigstens zum Theile, die *Fucoiditeae*, *Spongiophyceae*, *Dictyophyceae*, die meisten der zahlreichen von Heer in der Flora fossilis Helvetiae aufgestellten Algen, ferner *Eophyton*, die von Stur in neuester Zeit beschriebenen Siluralgen, welche sehr schlecht erhaltenen Resten höher organisirter Pflanzen ähnlicher sind, als den Algengattungen, mit welchen sie zusammenfallen oder denen sie nahe stehen sollen. Ein Theil der zuerst Genannten gehört, wie die *Dictyophyceae*, zu den Spongien, der grösste Theil ist jedoch zu den von Crustaceen, Mollusken, Würmern etc. hinterlassenen Spuren zu rechnen oder es sind Bildungen, welche durch Vorgänge bei der Bildung der Gesteine veranlasst sind oder wie die z. B. als *Confervites* etc. beschriebenen Algen Gewebereste höher organisirter Pflanzen.

Die folgenden Pflanzenreste sind bereits von Schimper (vergl. dieses Handbuch, pag. 164) besprochen worden. Da ich jedoch in Folge eigener Untersuchungen eine andere Ansicht vertrete, so komme ich hier auf sie zurück und lasse sie den Coniferen als eigene Gruppe vorangehen, da sie mit den nachfolgenden Gruppen, insoferne die Blüthen und Samen erhalten sind, einer zwischen den Coniferen und Cycadeen stehenden Formenreihe angehören.

Calamodendreae Brongniart.

Hauptwurzeln senkrecht absteigend, spindelförmig, gegliedert, an den Knoten zahlreiche Seitenwurzeln entwickelnd. Stämme bis zu 85—90^{cm} Durchmesser mit Dickenwachsthum, umfangreichem Marke, wirtelständigen Aesten und radialstrahligen, durch primäres Strahlenparenchym in einzelne, von sekundärem Strahlenparenchym durchsetzte keilige Platten getrenntem

Holzkörper. Primäres Holz aus Tracheiden und Phloëm bestehend, secundäres Holz entweder aus Tracheiden und Libriform oder nur aus Tracheiden zusammengesetzt. Mark verhältnissmässig gross, von 2—2½ cm Durchmesser. Zellen des Strahlenparenchyms durchgängig mehr oder weniger senkrecht gestreckt, daher höher als breit, ein- bis mehrreihig. Die Rinde nach Renault entweder parenchymatös oder an der Innenseite mit Bastfasern, nach aussen parenchymatös, zuweilen Harzgänge.

Calamodendron Brongniart (**Calamopitus** Williamson).

Mark parenchymatös, grosszellig. Primäres Holz aus an das Mark angrenzenden strahlig geordneten Tracheidengruppen bestehend, in der nach dem secundären Holze zugekehrten Bucht desselben Phloëm. Secundäres Holz durch primäres Strahlenparenchym in keilige, nach dem Marke hin verschmälerte, nach der Rinde verbreiterte Holzplatten getrennt, diese aus weitlumigen im Querschnitt rechteckigen Netz- und Treppenfasertracheiden bestehend, auf beiden Seiten von Libriformfasern begleitet, welche häufig als dunkle Streifen sichtbar sind, von secundärem Strahlenparenchym durchsetzt. Primäres Strahlenparenchym breit elliptische Stränge von 45—50 Zellen Höhe bildend, in der Mitte ihres senkrechten Verlaufes bis sieben Zellen breit, Stränge des secundären Strahlenparenchyms schmal elliptisch, 1—25 Zellen hoch, ein- bis zweireihig.

Calamodendron (*Calamitea* Cotta) *striatum* Brongniart (Fig. 167), Tracheidenreihen breiter als die Libriformreihen, letztere ohne Tracheidenreihen; *C. aequale* Renault, Tracheiden- und Libriformreihen von gleicher Breite, zwischen die Libriformreihen einfache oder Doppelreihen von Tracheiden eingeschaltet. Ausser diesen unterscheidet Renault noch *C. congenium* Grand' Eury, dessen Libriformreihen breiter als die Tracheidenreihen sind; *C. punctatum* Ren. mit punktirten Tracheiden und Libriformreihen, welche schmäler als die Tracheidenreihen, wohl nur Erhaltungszustand von *C. striatum* Brongniart, wenigstens zeigen mir Exemplare dieser Art von Chemnitz mit weniger gut erhaltenen Netzfasertüpfeln ein Bild, welches der Angabe Renault's entspricht. Grand' Eury unterscheidet noch *Calamodendron* (*Calamodendroxylon*) *intermedium* und *inversum*, ersteres in der Mitte zwischen *Calamodendron congenium* und *striatum* stehend, letzteres mit sehr schmalen von zahlreichen Markstrahlen durchsetzten Libriformreihen,

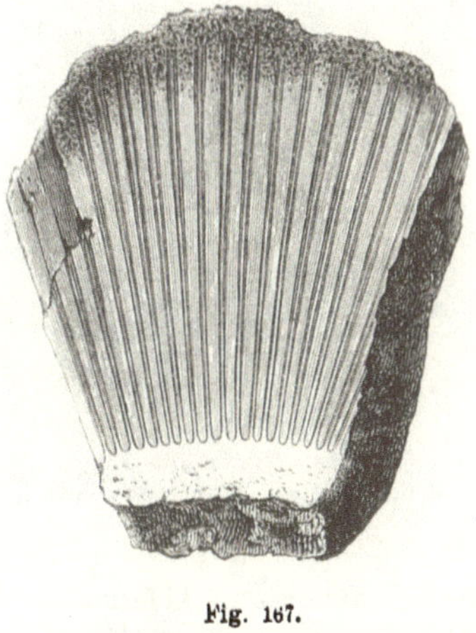

Fig. 167.
Calamodendron striatum Brongniart.
Rothliegendes von Chemnitz.
(Nach der Natur.)

Tracheidenreihen beinahe ohne Markstrahlen. *Calamodendron tenuistriatum* und *C. antiquius* werden von Dawson aus dem Devon von Canada beschrieben.

Arthropitys Göppert (**Calamitea** Cotta).

Mark grosszellig. Primäres Holz aus an das Mark angrenzenden, strahlig geordneten Tracheidengruppen bestehend (Fig. 169. 170), in deren nach der Peripherie hin gewendeter Bucht Phloëm. Secundäres Holz durch primäres Strahlenparenchym in radialstrahlige, keilige, gegen das Mark verschmälerte, nach der Peripherie verbreiterte Platten getrennt, nur aus Treppen- und Netzfasertracheiden bestehend. Primäres Strahlenparenchym zu senkrecht und radial verlaufenden breit elliptischen Strängen vereinigt, in der Mitte des senkrechten Verlaufes fünf- bis sechsreihig; secundäres Strahlenparenchym ein- bis zweireihig (Fig. 171. 171 *a*). Rinde entweder parenchymatös oder, nach Renault, mit radial geordneten Sclerenchymsträngen und Harzgängen.

Arthropitys bistriata Göpp. (Fig. 168) und *A. ezonata* Göpp. sind die beiden von Göppert unterschiedenen Arten, deren letztere dem Autor selbst indess fraglich und wohl auch nur ein Erhaltungszustand der ersteren ist. Diesen fügen Renault und Grand'Eury noch eine Anzahl weiterer Arten hinzu, wobei Renault seine Arten auf die Beschaffenheit des secundären Strahlenparenchyms und der Rinde gründet, ob letztere Sclerenchymfasern enthält oder nur parenchymatös ist, ersteres aus einer oder mehreren Reihen von Zellen besteht. Zur ersten Gruppe gehören *A. bistriata* Göppert (Fig. 168—171). Zellen des secundären Strahlenparenchyms vier- bis fünfmal so hoch als breit; *A. communis* Ren. (*Calamodendron commune* Binney, *Calamites* Williamson), Zellen des secundären Strahlenparenchym nur wenig höher als breit. Zur zweiten Gruppe gehören *A. lineata* Ren. mit Treppentracheiden (Fibres rayées), *A. punctata* Ren. mit punktirten Tracheiden, *A. medullata* Ren., primäres Strahlenparenchym aus fünf bis sechs, secundäres Strahlenparenchym aus drei bis vier Zellreihen bestehend. Grand'Eury unterscheidet noch *A. subcommunis* und *A. dadoxylina* neben *A. bistriata* Göppert.

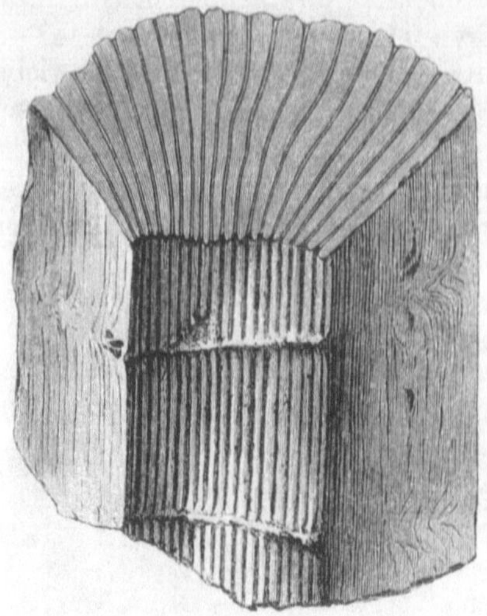

Fig. 168.
Arthropitys bistriata Göppert.
Rothliegendes von Chemnitz. (Nach der Natur.)

Eine durch ihren Bau sehr ausgezeichnete Gruppe fossiler Stammreste, über deren Stellung erst durch das Auffinden ihrer Fortpflanzungsorgane eine sichere und endgiltige Entscheidung getroffen werden kann. Unzweifelhaft stehen sie durch ihren Bau, auf welchen wir vorläufig allein angewiesen sind, den Gymnospermen näher als irgend einer anderen Gruppe, und ist

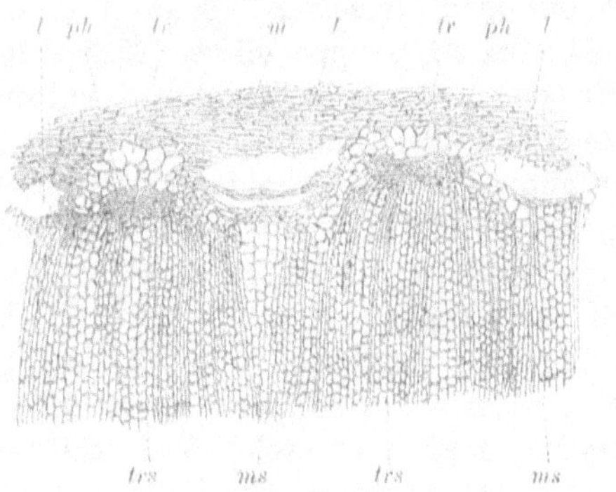

Fig. 169.

Arthropitys bistriata Göppert. Querschnitt aus dem an das Mark angrenzenden Theile des Holzkörpers. *m* Mark, *ms* Markstrahlen, *trs* Tracheiden des secun. dären Holzes, *l* Lücken durch Zersetzung des Gewebes entstanden, *tr* Tracheiden des primären Holzes, *ph* Phloëm. (Nach der Natur.)

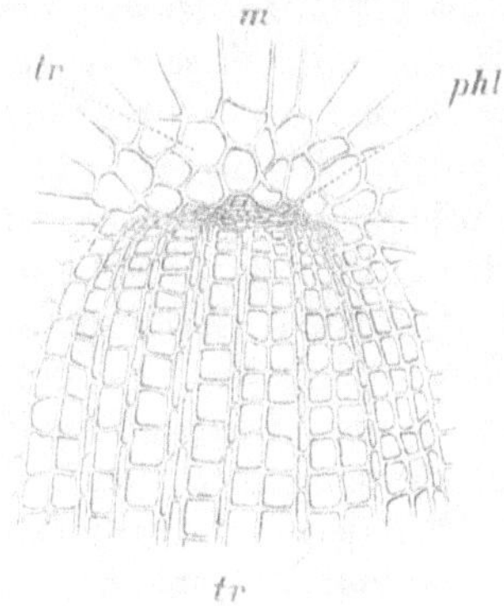

Fig. 170.

Arthropitys bistriata Göppert. *m* Mark, *tr* Tracheiden des primären Holzes, *phl* Phloëm des primären Holzes, *tr* Tracheiden des secundären Holzes. Stärker vergrössert. (Nach der Natur.)

Fig. 171.

Arthropitys bistriata Göpp. Tangentiallängsschnitt. (Nach der Natur.)

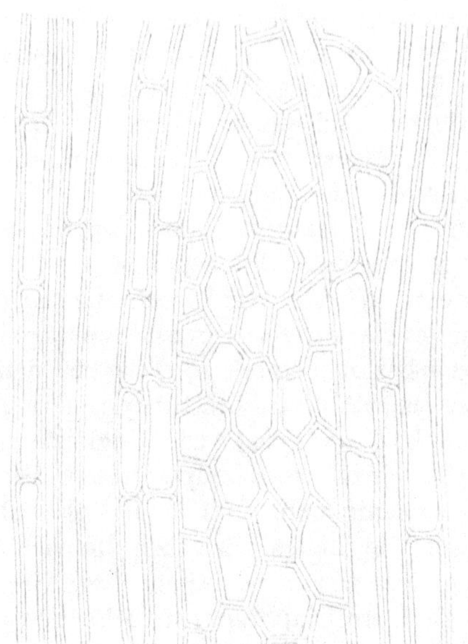

Fig. 171a.

Arthropitys bistriata Göpp. Tangentiallängsschnitt, stärker vergrösssert. (Nach der Natur.)

es daher nicht auffallend, dass sie von Brongniart und Göppert zu den Gymnospermen, von Renault in Beziehung zu den Gnetaceen gesetzt sind. Die Ausbildung des primären Holzes und auch jene des secundären Holzes bei *Calamodendron* unterscheidet sie so sehr von den Gymnospermen, dass sie mit keiner der bekannten Gruppen derselben vereinigt werden können und daher zweckmässig eine besondere Gruppe bilden. Das Eigenthümliche des Baues liegt ferner in dem Vorhandensein eines Phloëms im primären Holzkörper, welches den heutigen Gymnospermen fremd ist und in der eigenthümlichen Anordnung der als mechanisches Gewebe aufzufassenden Libriformfaserreihen, welche die Tracheidenreihen bei *Calamodendron* begrenzen — ein Structurverhältniss, für welches ich kein Analogon kenne, während für den Bau des primären Holzkörpers unter den angiospermen Dicotylen mehrfach Beispiele vorhanden sind. Alles, was wir über den Bau dieser Reste wissen, weist auf die Dicotylen hin, keineswegs auf die sogenannten Gefässkryptogamen, mit welchen sie ebenfalls vereinigt worden sind. Es ist zunächst das Aussehen der Reste gewesen, das Vorhandensein der Rippen, sei es an der Aussenfläche oder den Ausfüllungen des Stamminnern durch Gesteinsmasse oder an der Innenfläche solcher Stämme, deren Mark ganz oder theilweise zerstört ist, welche man für die Verwandtschaft mit den Equiseten geltend machte, ferner die Gliederung der Stämme. Weder das eine noch das andere spricht jedoch unbedingt dafür, denn die Berippung kann bei dem Baue des Holzkörpers, wie ihn diese Stämme besitzen, nicht fehlen, wenn er halbwegs erhalten ist und haben denn die Casuarinen nicht noch im späteren Alter eine Aussenfläche, welche ganz ähnlich gegliedert aussieht? Die häufig schlechte Erhaltung der Exemplare ist Veranlassung gewesen, den Stammresten Diaphragmen, Luftgänge und einen hohlen Stamm beizulegen; alles dies sind aber nur Erhaltungszustände, da besser erhaltene Exemplare, auch solche aus der englischen, westfälischen Kohle und von Chemnitz, stets ein Mark und im primären Holzkörper Phloëm zeigen und die wechselnde Lage der als Luftgänge gedeuteten Lücken von vornherein gegen ihr normales Vorkommen spricht. Wird in der Verschränkung der Fibrovasalstränge an den Knoten ein Beweis für die Verwandtschaft mit den Equiseten gesucht, so ist dem gegenüber zu bemerken, dass bei den Coniferen mit alternirenden, zwei- oder mehrzähligen Blattwirteln der gleiche Verlauf vorkömmt (*Juniperus, Callitris, Frenela* etc.). Die Ringleisten an hohlen Stammresten (Fig. 168), wie das an einzelnen Exemplaren an diesen Stellen erhaltene Mark, sprechen ebensowenig unbedingt für das ehemalige Vorhandensein von Diaphragmen, es sind die Stellen, an denen die nach aussen zu den Blättern und Aesten abgehenden Fibrovasalstränge ihren Ursprung nehmen und Reste des Markes; da aber, wo Diaphragmen vorhanden zu sein scheinen, sind sie Folgen der nur theilweisen Zerstörung des Markes. Es ist ferner unrichtig, dass bei den lebenden Equiseten der ausgebildete oberirdische Stengel oder Ast keine Luftgänge besitzt; jede oberirdische Equisetenaxe hat diese Lücken, auch den centralen Luftgang, wenn sie ihre Ausbildung erreicht hat, sie treten schon sehr früh auf, nur den jüngsten Theilen fehlen sie, um solche handelt es sich aber in der Regel bei den fossilen Resten nicht. Unterirdische Equisetenaxen haben zuweilen, so *Equisetum arvense*, keinen centralen Luftgang, sondern ein Mark; dies hängt aber wohl mit der Lebensweise dieser Art, ihrem Vorkommen in einem weniger wasserreichen Boden zusammen.

Unbekannt sind, wie erwähnt, die Sporophyllen, wenn auch Grand' Eury geneigt ist, die als *Calamostachys Binneyana* und *Volkmannia* bezeichneten Reste hieher zu ziehen, während andere in dem gemeinsamen Vorkommen derselben mit den Stammresten einen Beweis für die Verwandtschaft dieser mit den Equiseten sehen, beides Ansichten, denen zur Zeit jede reale Basis ebenso sehr fehlt, als der Ansicht, dass die Samen unter den Polypterocarpeen zu suchen sind und *Stephanospermum achenioides* Brongniart jene von *A. dadoxylina* Grand' Eury sind. Bemerkt sei noch, dass Grand' Eury die Stammreste als *Calamodendroxylon*, die Rinde als *Calamodendrophloios*, die Wurzeln als *Calamodendrea rhizobola* bezeichnet, als Zweige von *Arthropitys* drei von ihm unterschiedene *Asterophylliten* betrachtet. Zweifellos ist, dass verkohlte Exemplare und Steinkerne von *Calamodendron* und *Arthropitys* als Calamiten bezeichnet sind, und dazu möchte vor allen *Calamites cruciatus* = *Arthropitys* gehören, welchen ich nach eigener Untersuchung hierher ziehe. Nach Renault und Göppert gehören hierher ausserdem noch: *Calamites Gigas* Brongn., *C. pachyderma* Brongn., *C. scrobiculatus* Schloth., *C. radiatus* Brongn., *C. infractus* Gutb., *C. tuberculosus* Gutb., *C. articulatus* Gutb. und *C. approximatus* Brongn., durch dicke Kohlenrinde charakterisirt und meist zu *Arthropitys* gehörig. Hierher gehören ferner die in den Sammlungen verbreiteten Calamitenquerschnitte vom Augustusschachte am Windberge bei Dresden, deren verkohlte Gewebe alle Grade der Zerstörung zeigen und besonders sich eignen, die Entstehung der sogenannten Luftgänge als eine Folge dieser Zerstörung anschaulich zu machen, welche an den nicht zerstörten Stellen die vollständigste Uebereinstimmung mit der Structur der verkieselten Exemplare zeigen. Nun aber auch angenommen, jene Calamiten, welche in Folge ihrer übereinstimmenden Structur mit den verkieselten Calamodendreen identisch und nur andere Erhaltungszustände derselben Pflanzen sind, seien den sogenannten Gefässkryptogamen zuzuzählen, so würde dennoch der Vergleich mit den Equisetaceen nur insoweit gestattet sein, als er sich auf die Sporophyllen und deren Mikrosporangien bezieht, insofern der Beweis ihrer Zugehörigkeit geführt wird. In ihrem Baue verhalten sie sich durchaus anders und nur in dem Vorhandensein der Treppen- und Netzfasertracheiden kann eine Beziehung zu den sogenannten Gefässkryptogamen nachgewiesen werden.

Ihr ganzer Bau weist auf Lebensbedingungen hin, die mit den Vorstellungen, welche man sich gewöhnlich von diesen macht, nicht in Einklang stehen und er spricht keineswegs für ihr Vorkommen auf wasserreichem Boden. Eigenthümlich ist das mechanische Gewebe in dem Stamme von *Calamodendron* ausgebildet (vergleiche Fig. 167): die Einschaltung radiär gestellter Platten dickwandiger Tracheiden zwischen breite Gruppen dünnwandigerer Tracheiden, ferner die reichliche Entwicklung des Parenchyms, welches auf ein periodisches Dickenwachsthum hinweisen würde, selbst wenn nicht Renault schon das Vorhandensein eines Cambiums nachgewiesen hätte. So könnte neben der oben vertretenen Ansicht nur die bereits von Schimper (S. 165 dieses Handbuches) geäusserte Meinung, welche allerdings auf einer nicht richtigen Basis ruht, die *Calamodendreen* seien eine höher entwickelte Stufe von mit den Equisetaceen verwandten Formen, eine Berechtigung haben. Sie würden sich dann den einfacher gebauten, weniger entwickelten Formen gegenüber so verhalten, wie die Lepidodendreen zu den Selaginellen. Um aber ein definitives Urtheil zu fällen, müssten wir vor allem über die Sporophyllen orientiert sein, ferner müssten wir den Bau jener Formen kennen, welche äusserlich den Calamodendreen so ähnlich sind, dass sie mit ihnen identisch zu sein scheinen, sich jedoch von ihnen durch die dünne Kohlenrinde und, wie aus den Darstellungen von Grand'Eury hervorgeht, auch durch eine den lebenden Equiseten analoge Bewurzelung unterscheiden. Vom Devon bis in das Perm.*)

Von Witham sind (Internal Structure of fossil vegetables. Edinburgh, 1883, pag. 37) fossile Stämme von Tweed Mill, Berwickshire als *Pitus antiqua* und *P. primaeva* beschrieben und Taf. VIII, Fig 1—3 und Fig. 4—6 abgebildet, welche später von Endlicher und Göppert als *Pissadendron*, von Kraus als *Araucarioxylon* bezeichnet wurden. Ich vermuthe, dass dieselben hierher gehören und zwar Fig. 1—3 zu *Arthropitys*, Fig. 4—6 zu *Calamodendron* zu ziehen ist. Auch die auf Taf. VI, VII abgebildeten Schliffe von *Pitus Withami* und *P. medullaris* (*Palaeoxylon* Brongn., *Araucarites* Göppert, *Araucarioxylon* Kraus) von Craigleth dürften hierher zu ziehen sein.

*) Göppert, Fossile Flora der Perm. Formation (1852) S 179 — Grand'Eury, Flore carbonifère du départ. de la Loire etc. Paris, 1877 — Williamson, On the organisation of the fossil plants of the coal measures. Part IX. (1879), p. 322. — Zeiller, Végétaux fossiles du terrain houillier de la France. Paris, 1880. — Stur, Zur Morphologie der Calamarien. Wien, 1881 — Renault, Cours de bot. foss. tom II p 165. Paris, 1882. — Sterzel, Die fossilen Pflanzen des Rothliegenden von Chemnitz. Chemnitz, 1875

Cordaiteae Grand' Eury.*)

Die nähere Kenntniss dieser Gruppe verdanken wir beinahe ausschliesslich den eingehenden Untersuchungen Grand' Eury's und Renault's, in Folge deren sie zu den am genauesten bekannten Gruppen fossiler Pflanzen gehört. Durch diese Untersuchungen ist auch ihre Verwandtschaft mit anderen lebenden wie untergegangenen Formen festgestellt: an die Coniferen sich anschliessend gehört sie zu jenen Formen, welche den Salisburieen Saporta's durch den Bau ihrer männlichen Blüthen am nächsten stehen, durch den Bau der weiblichen Blüthen jedoch den Cycadeen sich anschliessen, durch die Entwicklung wie den Bau ihres Holzes von den Coniferen nicht verschieden sind. Denn sicher besass das primäre Holz der Cordaiteenstämme und -Aeste keine centripetale Entwicklung, wie Renault will, sondern entwickelte sich wie jenes der lebenden Coniferen. Ich sehe daher keinen Grund, die Cordaiteen den Diploxyleen Renault's einzureihen. Stämme, Rinde und Blätter haben bei der Häufigkeit ihrer Ueberreste einen wesentlichen Antheil an der Kohlenbildung.

Nach den Untersuchungen Grand' Eury's waren die Cordaiteen Bäume von 20—30^{m} Höhe mit gefächertem Marke, unregelmässiger Verzweigung der schlanken Stämme und am oberen Ende der Aeste und

---

*) Brongniart, Tableau. Paris, 1849 (*Pycnophyllum*). — Unger, Gen. et spec. plant. foss. Wien, 1850 (*Cordaites*). — Corda, Beitr z. Flora der Vorw Prag, 1867 (*Flabellaria*). — Goldenberg, Ueber den Charakter der alten Flora der Steinkohlenformation (1848). — Schimper, Traité II. III. Paris, 1871—74. — Göppert, Fossile Flora der permischen Formation Cassel, 1852 — Weiss, Fossile Flora der jüngsten Steinkohlenformation. Bonn, 1869—72. — Heer, Flora foss. Helv. Zürich, 1877 — Williamson, On the organisation of the fossil plants of the coal measures. Part VIII. (1877). — Grand' Eury, Flore carbonifère du départ. de la Loire. Paris, 1877. — Renault, Structure comparée de quelque tiges etc. Paris, 1878. Cours de bot. foss. I (1881). — Zeiller, Végétaux foss. du terrain houillier. Paris, 1880. — Brongniart, Recherches sur les graines fossiles silifiées. Paris, 1882. Annal. des scienc. natur. Ser. V tom. 20. — Dawson, Geolog. Survey of Canada. Montreal, 1871. — Saporta, Paléontologie française. III. Coniferen. Paris. — Göbel, Grundzüge der speciellen Morphologie. Leipzig, 1882 — Lesquereux, Coalflora of Pensylvania. Harrisburg, 1880—1882.

Stämme zusammengedrängten spiralig gestellten Blättern, welche bei dem Abfallen querstehende Narben zurückliessen, die in Folge der Entwicklung der Rinde an den älteren Stammtheilen nicht mehr sichtbar sind. Blüthenstände: traubig gestellte Aehrchen, die Blüthen monöcisch. Samen mit Steingehäuse und fleischiger Hülle, die Wurzeln flach ausgebreitet, nicht tief in den Boden eindringend. Der Bau der Wurzel und des Stammes ist von Renault an den *Cordaites*-Arten im engeren Sinne untersucht; doch dürften die Structurverhältnisse dieser Theile im Wesentlichen auch bei den anderen, nach der Form der Blätter von Grand' Eury unterschiedenen Gruppen (*Dory-Cordaites* und *Poa-Cordaites*) dieselben sein.

Bei den *Cordaites*-Arten im engeren Sinne ist die Wurzelrinde sehr stark entwickelt, aus einer nach innen liegenden, an das Cambium grenzenden Schicht polyedrischer Zellen und einer peripherischen Korkschicht gebildet. Der marklose Holzkörper, dessen Mitte der schmal-elliptische primäre Holzkörper einnimmt, besteht aus Tracheiden, deren Radialwände, wie jene des Stammes und der Aeste mit 2—3 Reihen hexagonaler Hoftüpfel versehen sind. Die Aussenfläche der Wurzel ist mit breiten Furchen und Rippen versehen.

Das Mark der Stämme und Aeste ist seit langer Zeit im isolirten Zustande bekannt und zuerst von Artis als *Sternbergia*, sodann von Sternberg als *Artisia* beschrieben. Es sind cylindrisch-prismatische, mit Querfurchen versehene Körper (Fig. 172) und kann ihre Zugehörigkeit zu den Cordaiteen deshalb keinem Zweifel unterliegen, weil sie im Zusammenhange mit dem Holze der Stämme und Aeste beobachtet sind.

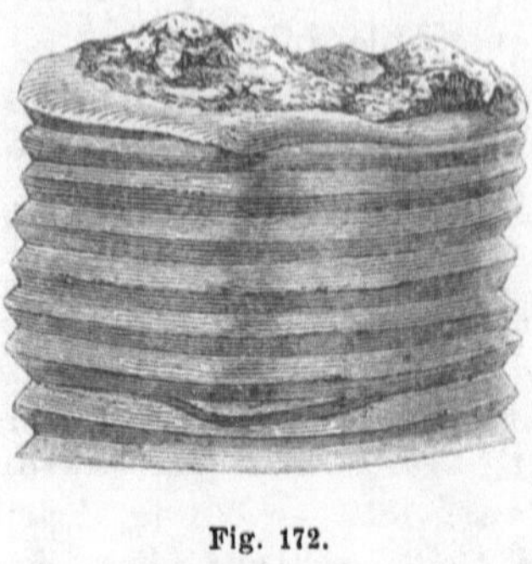

Fig. 172.
Isolirter Markkörper von *Cordaites-Artisia* Sternberg. Saarbrücken. (Nach der Natur.)

Auf dem Längsschnitte der Aeste ist das Mark zunächst des primären Holzkörpers zusammenhängend und aus getüpfelten senkrecht gestreckten Zellen zusammengesetzt, der übrige Theil des Markes besteht aus Platten quergestreckter Zellen, wie dies bei manchen dicotylen Hölzern z. B. *Juglans*, der Fall ist. Die gleiche Structur des Markes findet sich auch bei *Araucarioxylon medullosum* Kraus (*Araucarites* Göppert), welches demnach, wie schon Sterzel vermuthete, zu den Cordaiteen gehört.

Auch das Holz der Cordaiteen ist schon seit längerer Zeit bekannt, Zuerst von Witham als *Pinites Brandlingii*, dann von Endlicher als *Dadoxylon*, von Göppert als *Araucarites*, endlich von Kraus als

Araucarioxylon, von Grand'Eury als *Cordaixylon* (besser *Cordaioxylon*) bezeichnet, stimmt es durch den Bau der Radialwände der Tracheiden mit *Araucaria* und *Dammara* überein. Dieser Charakter kömmt den Nadelhölzern der älteren Formationen allgemein zu, er erhält sich bis in eine sehr junge Zeit, so dass erst in den jüngeren Formationen eine grössere Mannigfaltigkeit im Baue des Holzes analog jenem der lebenden Nadelhölzer erscheint. Auch *Araucarioxylon ambiguum* Kr. (Thann, Elsass) hat die Structur eines Cordaitenholzes.

Das primäre Holz besteht zunächst des Markes aus Ring- und Spiraltracheiden, welchen Treppen- und Netzfasertracheiden folgen, durchsetzt von primärem Strahlenparenchym. Aus ihm entspringen die zu den Blättern verlaufenden Stränge.

Das secundäre Holz besteht aus Tracheiden, deren Radialwände meist drei, selten vier, zwei, eine oder fünf Reihen spiralig stehender hexagonaler Doppeltüpfel zeigen. Der innere Hof ist spaltenförmig schief geneigt und nicht selten sieht man die sich kreuzenden inneren Höfe zweier correspondirender Tüpfel gleichzeitig. Das primäre Strahlenparenchym besteht aus zwei Reihen von Zellen, das secundäre ist einreihig, seine Tüpfel sind, wenn sie überhaupt den Wänden dieser Zellen und nicht jenen der Tracheiden angehören, Hoftüpfel (Fig. 173).

Die Rinde jüngerer Aeste (letztere von Grand' Eury als *Cordaicladus* bezeichnet) enthält an das Cambium angrenzend, an den von Renault untersuchten Exemplaren schlecht erhalten, die Bastzone, auf welche eine zellige Schicht folgt, deren äusserste Zellschichten, im Querschnitt rectangulär, die Eigenschaft eines Meristems haben; ausserdem enthält sie Secretgänge. In der ebenfalls parenchymatischen äussersten Schicht liegen rundliche oder radiale Gruppen sclerenchymatischer Faserstränge, selten anastomosirend, oft von Secretgängen begleitet. Sie sind es, welche die Berippung der Zweige bedingen. Zugleich sind an der Aussenfläche der Rinde die quergestellten kurz herablaufenden Blattnarben mit den Spuren der in das Blatt eintretenden Fibrovasalstränge sichtbar.

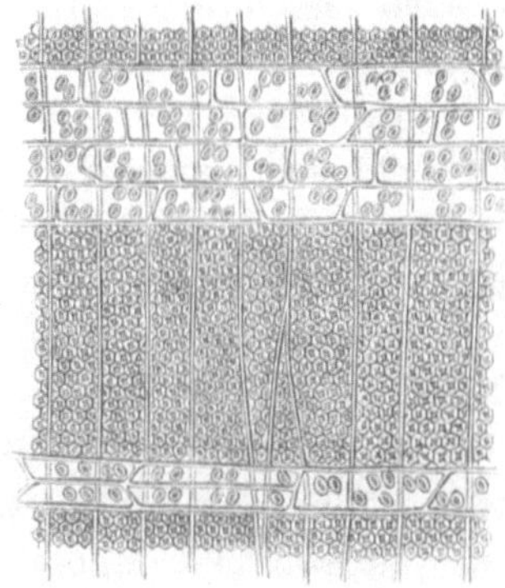

Fig. 173.
Radiallängsschnitt von *Cordaixylon Brandlingii* Grand' Eury. Rothliegendes von Frankenberg in Sachsen. (Nach der Natur.)

An älteren Stammtheilen erfährt die Rinde eine wesentliche Veränderung, welche sich durch ein bedeutendes Wachsthum in Folge von Neubildungen in der Meristemschicht charakterisirt. Aus wechselnden helleren und dunkleren Lagen bestehend, eine Folge des Erhaltungszustandes, blättert sie leicht ab. Diese tangential gelagerten Zonen bestehen aus auf den Tangentialwänden mit behöften Tüpfeln versehenen Tracheiden, welche durch zwei bis drei Zellen breite und vier bis sechszehn Zellen hohe Zelllagen getrennt sind; die Zellen überwiegen in den dunkleren Zonen, in den helleren dagegen die Tracheiden. Gegen den Holzkörper hin ist die Rinde durch eine Parenchymschicht begrenzt. Wie Renault annimmt und wie nicht unwahrscheinlich ist, geht die Bildung der die älteren Cordaitenrinden charakterisirenden Gewebe von der äusseren meristematischen Zellschicht der inneren Parenchymschicht der Rinde aus und wird in Folge dessen die früher vorhandene äussere Schicht der Rinde abgestossen. Die isolirt vorkommende ältere Rinde bezeichnet Grand' Eury als *Cordaifloios.*

Die Blätter der Cordaiteen sind gegen die Basis etwas verschmälert, quer am Zweige ansitzend, über der Anheftungsstelle nervenlos (wegen stärkerer Entwicklung des Parenchyms die Nerven nicht sichtbar!), von wechselnder Länge (0,02 bis 1,0^{m}) und Breite (bis zu 0,20^{m}), von gleichstarken oder ungleichstarken, meist parallelen Nerven durchzogen, zuweilen zwischen den Nerven quergerunzelt (Erhaltungszustand!), lederartig, ungetheilt, im fossilen Zustande wahrscheinlich in Folge äusserer Einwirkung, sei es wegen ungenügenden Schutzes des Blattrandes schon während des Lebens, sei es während der Fossilification, zuweilen zerschlitzt. In den Knospen sind sie nach einwärts eingerollt, die äusseren die inneren umfassend. Grand' Eury unterscheidet nach der Form der Blätter drei Gruppen, welche um so wichtiger sind, als sie beinahe das einzige Hilfsmittel bieten, die zahlreichen losgetrennt vorkommenden Blätter näher zu bezeichnen, da erst spätere Funde darüber Aufschluss geben müssen, in wie weit die nach den Blattformen charakterisirten Gruppen auch in anderer Beziehung sich unterscheiden.

Die eigentlichen Cordaiten, *Eucordaites* Grand' Eury, zugleich die Gruppe, deren Blattstructur durch Renault's Untersuchungen genauer bekannt ist, haben spatelförmige, obovale, elliptische oder lanzettliche, an der Spitze abgerundete, ungetheilte, sitzende, lederartige Blätter von 20 bis 90^{cm} Länge, die Nerven entweder unter sich gleich oder ungleich stark.

Die zweite Gruppe, *Dorycordaites* Grand' Eury. charakterisirt sich durch lanzettliche, spitze Blätter mit zahlreichen, feinen, gleichstarken Nerven; ihre Länge beträgt 40—50^{cm}.

Die dritte Gruppe, *Poacordaites*, ist durch schmale, lineare, ganzrandige, an der Spitze stumpfe, bis 40^{cm} lange Blätter mit beinahe gleichstarken Nerven charakterisirt. Sie kommen in der oberen Kohle des Loire-Bassins vor, wie die eigentlichen Cordaiten, jedoch nicht mit ihnen zusammen, während *Dorycordaites* daselbst in etwas tieferen Schichten vorkömmt. Bei allen Formen stehen die Blätter zuerst dicht gedrängt, erst durch die Entwicklung der Internodien rücken sie auseinander. Nach den von Grand' Eury gegebenen Darstellungen der Blätter und Zweige stehen bei derselben Art an den Seitenzweigen kleinere Blätter als an den Hauptästen.

Die Structur der Blätter ist von Grand' Eury und Renault an verkieselten Blättern aus der Gruppe *Eucordaites* untersucht. Der Querschnitt zeigt bei der Mehrzahl der Blätter zunächst unter der Epidermis der Oberseite pallisadenartiges Assimilationsgewebe, unterbrochen durch mechanische Zellgruppen, welche an die Fibrovasalbündel angrenzen, der Zwischenraum zwischen den Fibrovasalsträngen ist durch das sogenannte Querparenchym eingenommen. Unter der Epidermis der Unterseite liegt, ebenfalls unterbrochen durch Gruppen mechanischer Zellen, ein lockeres Gewebe; die Fibrovasalstränge bestehen aus einer Gruppe von Spiral-, Treppen- und Tüpfeltracheiden, ferner dem Phloëm und sind umschlossen von einer Strangscheide (*Cordaites lingulatus* Grand' Eury, *C. rhombinervis* Grand' Eury, *C. tenuistriatus* Grand' Eury). Der zweite Typus ist durch die Vermehrung der mechanischen Gewebegruppen charakterisirt, kleinere Gruppen dieses Gewebes liegen zwischen jenen an die Fibrovasalstränge anstossenden (*C. principalis* Geinitz). Noch stärker ist das mechanische Gewebe bei dem dritten Typus entwickelt; es bildet unter der Epidermis der Ober- und Unterseite des Blattes eine nach innen mit keilförmigen Fortsätzen versehene Schicht (Fig. 174). Bei dem vierten Typus ist das mechanische Gewebe viel weniger entwickelt. Unter der Epidermis der Oberseite liegen

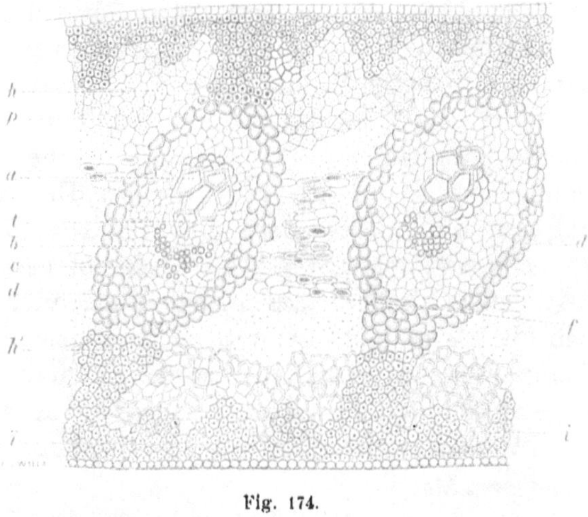

Fig. 174.
Querschnitt eines Cordaitenblattes. *C. anguloso-striatus* Grand' Eury.
a Fibrovasalstrang, *t* Spiraltracheiden, *p* Assimilationsgewebe, *b*, *c* Phloëm, *d* Strangscheide, *h h'* Mechanisches Gewebe in Verbindung mit den Fibrovasalsträngen, *i* Mechanisches Gewebe zwischen den Fibrovasalsträngen, *f* lückiges Ableitungsgewebe.
(Copie nach Renault.)

kleine entfernt stehende Gruppen dieses Gewebes, unter jener der Unterseite wechseln grössere bis in die Mitte des Blattes reichende Gruppen mit kleineren ab, welche wie jene der Oberseite parallel mit den Fibrovasalsträngen verlaufen, während die grösseren mit den letzteren abwechseln (*C. crassus* Grand' Eury). Von allen durch Renault beschriebenen Blättern weicht der Querschnitt von Cordaitenblättern aus dem Carbon von Langendreer bei Bochum ab, welche ich der freundlichen Mittheilung des Herrn Dr. Felix verdanke. Sie schliessen sich an den zweiten Typus an, unterscheiden sich aber dadurch, dass zwischen die Fibrovasalstränge ein Strang mechanischen Gewebes eingeschaltet ist, welcher mit je einem der unter der Epidermis liegenden Stränge sich verbindet. Das Querparenchym würde demnach im Flächenschnitte von diesen Zellen begleitet sein. Im Flächenschnitte verdient das zwischen je zwei Fibrovasalsträngen ausgespannte, aus verzweigten Zellen bestehende als Ableitungsgewebe funktionirende Querparenchym mit seinen grossen Zwischenräumen besondere Erwähnung. Die *Cycadeen*, ein grosser Theil der Coniferen, zeigen ganz dieselbe Anordnung des Querparenchyms. Wie aus den geschilderten Structurverhältnissen der Cordaitenblätter hervorgeht, sind dieselben biegungsfest gebaut und dürften deshalb alle mit einem weniger entwickelten mechanischen Gewebe versehenen Blätter den Arten mit schmäleren und kleineren Blattformen, dagegen die mit stärker entwickelten mechanischem Gewebe versehenen Blätter den mit breitern und längeren Blättern ausgestatteten Formen angehören.

Die Blüthen der Cordaiteen, schon seit längerer Zeit als *Antholithus Pitcairniae* Lindl. und Hutton (*Cordaianthus Pitcairniae* Goldenb.) und *Botryoconus* Göppert bekannt, wohl auch als Fruchtstände von Calamiten bezeichnet, so *C. Volkmanni* Ettingh., sind durch die Untersuchungen von Goldenberg, Dawson, Carruthers, Weiss, Heer, Lesqeureux, insbesondere aber von Grand' Eury und Renault als solche erkannt und genauer bekannt geworden. Grand' Eury bezeichnet sie als *Cordaianthus,* eine Bezeichnung, welche sich so lange empfiehlt, als es nicht gelingt, die einzelnen Blüthen auf die zu ihnen gehörigen Zweige und Blätter zurückzuführen und ebenso werden wir wenigstens die auffallenderen Formen unterscheiden müssen. Die als *Antholithus* bezeichneten Reste gehören sämmtlich hierher, wohl keiner zu *Noeggerathia.*

Die traubigen männlichen und weiblichen Blüthenstände stehen an den nämlichen Aesten in den Achseln der Blätter oder sind durch intercalares Wachsthum etwas höher gerückt. Die eiförmigen sitzenden oder kurzgestielten in einer Spirale in der Achsel eines Stützblattes stehenden Aehrchen umschliessen mit ihren zahlreichen spiralig gestellten Bracteen die nackten Blüthen (Fig. 175).

Grand' Eury bezeichnet die männlichen Blüthen (Fig. 175, 176) als *Cordaianthus gemmifer* und unterscheidet als Arten: *C. circumdatus, C. glomeratus, C. foliosus, C. gracilis.* Der Bau dieser Blüthen ist von Renault an verkieselten Blüthenständen näher untersucht; aus diesen Untersuchungen ergibt sich, dass jede männliche Blüthe aus 2—4 Staubblättern mit 3—4 aufrechten Pollensäcken (Mikrosporangien) besteht, welche entweder in der Achsel der Bracteen, so bei *Cordaianthus Penjoni* Ren. (Fig. 176), oder um den vertieften Scheitel der Aehrchenaxe stehen, so bei *C. glomeratus* Grand' Eury und *C. Suportanus* Ren., welche beide wohl kaum verschieden sind. Letztere Stellung, welche auch die obersten Blüthen von *C. Penjoni* haben, lässt vermuthen, dass möglicher Weise eine rudimentäre Samenknospe (Makrosporangium) vorhanden war. *Welwitschia* würde einen ähnlichen Fall darbieten. Die Pollenzellen (Mikrosporen) sind elliptisch mit feinnetziger Aussenhaut, im Innern enthalten sie eine Zelle, welche später während ihres Aufenthaltes in der sogenannten Pollenkammer weitere Theilungen erfährt, eine Eigenschaft, welche sie mit den Pollenzellen (Mikrosporen) der Cycadeen und Coniferen theilen, welche auch jenen der übrigen Phanerogamen zukömmt, wenn auch bei diesen die um den Kern gebildete Membran wieder verloren geht. Renault

Fig. 175. Fragment eines Blüthenstandes von *Cordaites*. Saarbrücken. (Nach der Natur.)

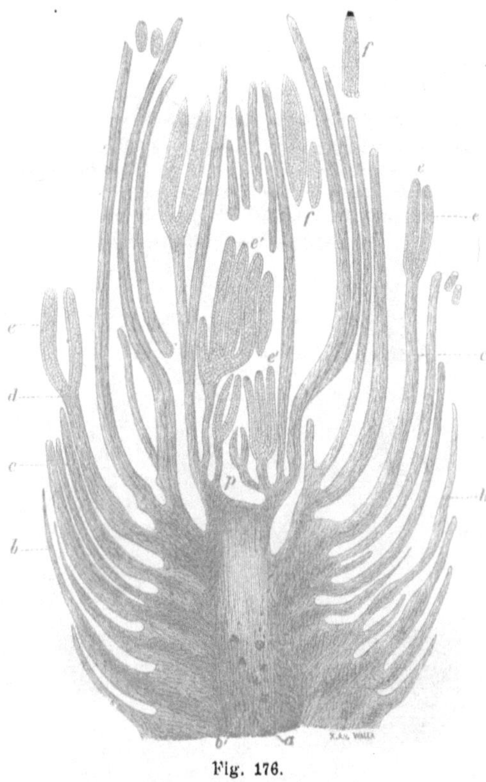

Fig. 176. *Cordaianthus Penjoni* Renault. *a* Axe des Kätzchens, *b* Bracteen, *c* Staubblätter, *d* Basis der Mikrosporangien, *e e'* Mikrosporangien, *f* Fragmente von Mikrosporangien, *p* Vertiefter Scheitel der Axe. St. Etienne. (Copie nach Renault.)

beschreibt zwei Arten: *Cordaianthus Penjoni* Renault (Fig. 176) und *Cordaianthus Saportanus* Ren.

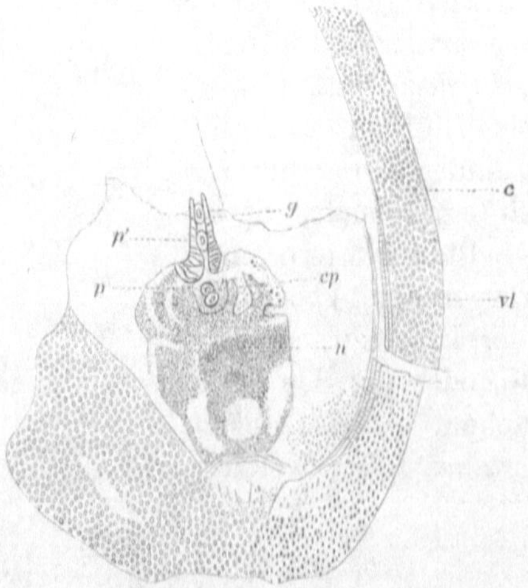

Fig. 177.
Cordaianthus Grand' Euryi Renault. Makrosporangium. *c* Aeusseres Integument, *n* Nucellus, *cp* Pollenkammer, *g* Verlängerte Spitze des Nucellus, *p p'* Mikrosporen, *vl* Fibrovasalstrang an der Innenseite des inneren Integumentes. St. Etienne. (Copie nach Renault.) (Die Bracteen sind weggelassen.)

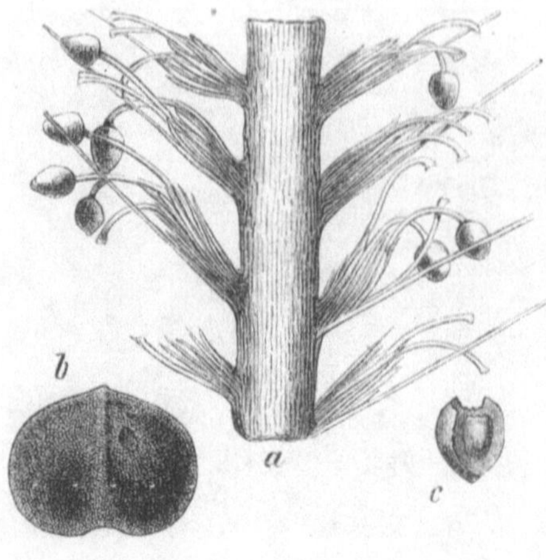

Fig. 178.
a Samentragende Axe eines Cordaiten (*Cordaianthus anomalus* Carruthers), *b Cordaispermum Gutbieri* Renault, c Same von *a* etwas vergrössert. Zwickau. (Copie nach Carruthers und nach der Natur.)

Die weiblichen Blüthen (Fig. 177) werden von Grand'Eury als *Cordaianthus baccifer* bezeichnet und als Arten *C. sub Volkmanni*, *C. nobilis*, *C. sub Germarianus*, *C. prolificus*, *C. dubius*, *C. racemosus* unterschieden. Durch Renault's Untersuchungen kennen wir auch den Bau der weiblichen Blüthen näher. Jedes Aehrchen umschliesst mehrere nackte Samenknospen (Makrosporangien), deren jede in der Achsel einer Bractee endständig an einer kurzen Seitenaxe steht. Die Samenknospen sind aufrecht, gerade, mit zwei Integumenten, der Nucellus ist in eine lange Spitze ausgezogen, unter welcher sich die durch Resorption entstandene sogenannte Pollenkammer befindet, in der von Brongniart und Renault in einzelnen Fälleh Mikrosporen beobachtet wurden. Renault unterscheidet drei Formen: *C. Williamsoni* Ren., *C. Grand' Euryi* Ren. (Fig. 177) und *C. Zeilleri* Ren., Lesquereux einen *Cordaistrobus Grand' Euryi*, Saporta *Antholites Grepini* (Bascoup in Belgien), Dawson aus dem Devon Canada's *A. devonicus* und *A. floridus*.

Bei der Samenreife verlängern sich, wenigstens für einzelne Fälle ist dies ausser

Frage, die kurzen Axen, auf welchen die weiblichen Blüthen stehen, so bei *Cordaianthus Lindleyi* Carruthers und *C. anomalus* Carruthers (Fig. 178). Das äussere der beiden Integumente wird zu einer fleischigen (Sarcotesta), das innere zu einer knochenharten Hülle (Endotesta), der Same ist demnach pflaumenartig. Diese Samen sind mit anderen Cordaitenresten gemengt in dem Carbon ausserordentlich häufig und nur für wenige ist der Zusammenhang mit den Axen der Blüthenstände der Cordaiten nachgewiesen. Das gemeinsame Vorkommen der Samen, der Blätter, Blüthen und Zweige von *Cordaites* ist also vorerst maassgebend und kann es auch sein, für den Zusammenhang mit *Cordaites*, namentlich wenn die Reste dieser allein vorhanden sind.

Eine eingehendere Kenntniss dieser Samen verdanken wir den Untersuchungen Brongniart's, welche mehr Licht über dieselben verbreitet haben, als die zahlreichen Abbildungen und Beschreibungen in Kohle umgewandelter oder in Abdrücken erhaltener Samen, wobei nicht selten Erhaltungszustände für die Charakteristik der zu unterscheidenden Arten verwerthet wurden. Im Nachstehenden folge ich den Angaben Brongniart's und Renault's.

Cordaispermum Brongniart (Fig. 178[b]); herzförmig, an der Basis ausgerandet, mit stumpfer Spitze, zuweilen zweispaltig (ob Erhaltungszustand?). Hieher gehören die als

Cardiocarpus beschriebenen Samen, ebenso *Sarcotaxus Avellana* Brongniart, ferner *Cyclocarpus* Göpp. und *Samaropsis* Göpp.

Diplotesta Grand' Eury; beinahe kugelig, fast so hoch wie breit, mit scharfer Abgrenzung der beiden Schichten.

Sarcotaxus Brongniart; oval, mit stark entwickelter äusserer fleischiger Hülle, Epidermis locker.

Leptocaryon Brongniart; eiförmig oder kugelig, die innere harte Hülle an den Seiten gekielt, Kiel vortretend.

Taxospermum Brongniart; cylindrisch, an der Basis abgerundet, mit stumpfer Spitze, Steingehäuse gekielt.

Rhabdocarpus Goppert et Berger; oval oder oblong, mit Längsfurchen, entweder mit einer Spitze oder einem stumpfen Fortsatz endend.

Diese durch Form und Bau verschiedenen Samen sprechen wie die Form der Blätter und die Ausbildung der Blüthenstände dafür, dass unter der Bezeichnung *Cordaites* weniger eine scharf abgegrenzte Gattung, als eine Gruppe unter sich verwandter, aber verschiedener Gattungen zusammengefasst ist, über welche erst spätere glückliche Funde weitere Aufschlüsse geben werden. *Samaropsis* Göppert, unter welcher Bezeichnung z. B. von Heer auch andere nicht hieher gehörige Samen verstanden werden, ist wohl so wenig wie die übrigen Samen geflügelt; was als Flügel bezeichnet wird, halte ich für die fleischige Hülle, welche je nach Umständen wohl auch einmal an der Spitze durch Druck reissen kann. Ob auf das Vorhandensein oder Fehlen eines Stieles immer Gewicht zu legen ist, ist wenigstens für jetzt zweifelhaft, so lange so wenig sichere Anhaltspunkte in dieser Hinsicht vorliegen. Dass Cordaitensamen nach der Reife langgestielt sind, beweist z. B. *Cordaianthus Lindleyi* Carruthers, dass es bei anderen nicht der Fall ist oder der Stiel fehlt, zeigt z. B. der als *Rhabdocarpus ovoideus* Göpp. beschriebene Samenstand.

Da die Cordaitenreste meist in Fragmenten, insbesondere der Blätter, vorkommen, so wird es sich empfehlen, auf diese Blattfragmente nur insoferne Rücksicht zu nehmen, als deren Unterscheidung mittelst der Beschaffenheit der Nerven möglich ist, wenn auch dieses Merkmal je nach dem Erhaltungszustande der Blätter unsicher werden kann. Die Nerven sind entweder gleichstark oder doch beinahe gleichstark bei *Cordaites palmaeformis* Weiss, *C. Robbii* Dawson, letzterer aus dem Devon von Canada; oder es wechseln stärkere mit feineren Nerven, 2 — 5 feine Nerven zwischen zwei stärkeren, so bei *C. principalis* Geinitz, und dem von diesen kaum zu trennenden *C. Ottonis* Gein., *C. Goldenbergianus* Weiss; 2 — 3 feine zwischen zwei stärkeren, *C. microstachys* Goldenb. (*C. linearis* Grand' Eury) mit zahlreichen feinen und stärkeren unter sich abwechselnden Nerven; *C. borassifolius* Unger, je ein feiner Nerv zwischen zwei stärkeren. Durch starke gleichartige Nerven charakterisiren sich *C. Rösslerianus* Gein. und *C. crassinervis* Heer. Weitere Arten aus dem Carbon Nordamerika's mit zum Theil an Stammresten ansitzenden Blättern und Blüthen unterscheidet Lesqueureux (Coalflora of Pensylvania), von welchen doch wohl einige mit bereits bekannten zusammenfallen, und Heer von der Melvilleinsel (Flor. foss. arct. Bd. I), welche zu unvollständig sind, als dass sie mit Sicherheit bestimmt werden können.

Die nähere Kenntniss der Cordaiteen hat wesentlich dazu beigetragen, ihre Beziehungen zu anderen Pflanzengruppen festzustellen. Sie nehmen, wie aus dem Bau zunächst ihrer Blüthen hervorgeht, eine Stellung zwischen den Cycadeen und Coniferen ein; den ersteren nähern sie sich durch die Entwicklung der Pollenkammer innerhalb des Nucellus und die Entwicklung des aus mehreren Zellenreihen bestehenden Halses, den letzteren durch ihre männlichen Blüthen, deren Antheren nur in der Richtung von jenen der Gattung *Gingko* verschieden sind und kann man sie mit nicht viel weniger Grund mit den Antheren von Gnetaceen, z. B. *Welwitschia* vergleichen. Das doppelte Integument der Samenknospe trennt sie von den Cycadeen und Coniferen, sie theilen es jedoch mit den Gnetaceen. Die Vertheilung der Fibrovasalbündel in den Blättern, wie der Bau des Blattes, schliesst sich an die gleichen Verhältnisse der Zamien an. Auch der Bau der Tracheiden des Holzes hinsichtlich der Ausbildung der Hoftüpfel steht den Cycadeen und Coniferen (*Dammara, Araucaria*) gleich nahe, während die Entwicklung des Holzkörpers mit jenen der Coniferen durchaus übereinstimmt. Allerdings besitzt das Mark eine Fächerung, welche jetzt weder den Cycadeen noch den Coniferen zukömmt. Wie jedoch das Vorkommen solcher Markkörper bei den Dicotylen beweist, ist dies nur Folge des Wachsthums, keineswegs aber für eine einzelne Gruppe maassgebend. Die Bezeichnung *Cordaites* habe ich, obwohl die Brongniart'sche, *Pycnophyllum*, die Priorität besitzt, deshalb gewählt, weil erstere sich vollständig eingebürgert hat. Vom Silur und Devon (Dawson) bis in das Perm verbreitet.

Vielfach sind Cordaitenreste, Blattfragmente, wie Blüthenstände als Noeggerathien beschrieben worden, ein Irrthum, welcher bei der unzureichenden Kenntniss dieser Formen entschuldbar ist. Zwei racemöse Blüthenstände aus der permischen Formation verdienen noch Erwähnung: *Schützia anomala* Geinitz und *Dictyothalamus Schrollianus* Göppert, welche mit Blüthenständen von *Cordaites* manches Verwandte haben. Beide werden von Schimper vereinigt, der erstere als der Fruchtzustand, der letztere als der männliche Blüthenstand einer Conifere betrachtet. Ich halte diese Vereinigung für nicht ungerechtfertigt und vermuthe, dass sie ebenfalls der Gruppe der Cordaiteen angehören. Nathorst vermuthet, dass sie den Balanophoreen angehören und *Dictyothalamus* mit *Sarcophyte*, *Schützia* mit *Lophophytum* zu vergleichen sei. Für diese Ansicht spricht, es muss dies zugegeben werden, der Habitus, indess dürften erst weitere Untersuchungen eine Entscheidung bringen. Der von Geinitz beschriebene *Trigonocarpus (?) Rösslerianus* (Perm von Braunau in Böhmen) gehört vielleicht auch hierher. Ist *Trigonocarpus Rösslerianus* Geinitz (Dyas von Naumburg in der Wetterau) mit dem aus Böhmen stammenden Pflanzenrest wirklich identisch, so wäre ein weiterer Anhalt für die Gymnospermen gewonnen. Die von Heer unterschiedene Gattung *Rhynchogonium* (Flora foss. arct. tom. IV) dürfte wohl in späterer Zeit als eine besondere Gattung der jetzt als *Cordaites* zusammengefassten Reste sich ergeben.

Dolerophylleae Saporta.

In der fossilen Flora der permischen Formation gibt Göppert die Beschreibung und Abbildung (S. 153, Tab. 62, Fig. 1–6) einer Knospe mit eingerollten Blättern, welche er mit jener einer *Musa* vergleicht und daraus das Vorhandensein der Monocotylen in der paläozoischen Zeit folgert. Diese Knospen sind neuerdings von Saporta und Renault einer Untersuchung unterzogen worden, welche zu einem wesentlich anderen Resultate führte (Comptes rendus, Bd. 86, p. 803, Bd. 87, p. 393), auf welche auch Schimper (Handbuch, II. p. 142) kurz hinwies.

Dolerophyllum Saporta.

Blätter sitzend ungetheilt, breit eiförmig oder rundlich, an der Basis herzförmig ausgerandet, geöhrt, von lederartiger Textur, mit knorpeligem Rande; Nerven von der Basis fächerförmig ausstrahlend, wiederholt im weiteren Verlaufe gabelnd, bis zum Rande reichend. Die Blätter besitzen eine dicke Epidermis, ihre Fibrovasalstränge sind von Gummi-(Harz-?) gängen umgeben, abfallend hinterlassen sie an Stämmen, welche als

Calamodendron bezeichnet sind, eine querelliptische oder rundliche Narbe. Pollenzellen (Mikrosporen) analog jenen der Gymnospermen wurden von Renault beobachtet. Beschrieben sind diese Blätter als Arten von *Cyclopteris, Nephropteris, Cardiopteris, Aphlebia.*

Saporta betrachtet die hieher gehörigen Reste weniger als eine scharf abgegrenzte Gattung, sondern als eine Gruppe, welche, mit den Cycadeen und Cordaiteen verwandt, weder mit diesen noch mit den Salisburieen vereinigt werden kann.

Mit den Knospen vereinigt Saporta als entfaltetes Blatt die ebenfalls von Göppert beschriebene *Noeggerathia cyclopteroides* und bezeichnet beide als *Dolerophyllum Göpperti* (Saporta, Paléont. franç. III, p. 223 ff., Comptes rendus. vol. 86, p. 802). Schimper bemerkt (a. a. O.), dass *Cyclopteris* (*Nephropteris*) *orbicularis* Brongniart, *C. obliqua* Brongniart und *C. dilatata* Lindl. et Hutton ebenfalls hierher gehören.

Es lässt sich nun nicht läugnen, dass die von Eichwald und Göppert abgebildete Knospe in keiner Weise mit den Farnen in irgend eine Beziehung gebracht werden kann, ebenso wenig mit den Cycadeen, weil jede dieser Gruppen dieser Knospenlage entbehrt. Aber auch für die Monocotylen spricht nichts, da andere Reste, welche für das Vorhandensein der Monocotylen in den älteren Formationen sprechen, nicht nachgewiesen sind und der Verlauf der Fibrovasalstränge in der Fig. 4 Göppert's (a. a. O.) ebenfalls dagegen spricht. Die Lage der Blätter bei der fraglichen Knospe ist bei den Dicotylen verbreitet, bei Coniferen kommt sie *Dammara* und *Podocarpus* zu, bei den Cordaiteen begegnet man ihr wieder. Alles spricht demnach zu Gunsten der Ansicht Saporta's, dass diese Reste einer den Coniferen verwandten Gruppe angehört haben. Dazu kommt noch, dass der Verlauf der Fibrovasalstränge bei den entfalteten Blättern wie bei der Knospe von jenem bei *Gingko* wesentlich nicht abweicht. Auch die Structur des Göppert'schen Originals in der palaeontologischen Sammlung zu Berlin spricht für die Ansicht Saporta's. Die Blätter besitzen an einzelnen Stellen ziemlich gut erhaltene Epidermiszellen, deren Aussenwände stark verdickt sind, unter diesen liegt dünnwandiges Parenchym, sodann folgt ein grosszelliges Parenchym, welches die in regelmässigen Abständen von einander entfernten, von Göppert als Luftgänge bezeichneten Lücken umschliesst. Diese Lücken sind die Stellen, an welchen, wie ohne Weiteres ihre Beschaffenheit lehrt, Gewebe zerstört ist; ihre Vertheilung auf dem Querschnitte und ihr Längsverlauf beweist, dass die Fibrovasalstränge und nach Renault auch Gummigänge es waren, welche ursprünglich die Lücken ausfüllten. Vereinigt man die oben erwähnten *Cyclopteris*-Arten mit *Dolerophyllum*, so wird man dazu auch *Cyclopteris oblata* Lindl. et Hutton (Foss. Flora. II. Tab. 217) und *Adiantites giganteus* Göpp. (Syst. filic. foss. tab. VII) ziehen müssen*). Perm Russlands, Hermannsdorf in Böhmen.

*) Als nachträgliche Bemerkung schalte ich hier ein, dass die von Schimper (Traité, vol. II p. 192) erwähnten *Psygmophyllum*-Arten, *Ps. expansum* und *cuneifolium* zu

Hier sei auch noch die von Newberry unterschiedene Gattung *Whittleseya* erwähnt, unter welcher Bezeichnung Newberry und Lesquereux (Coalflora of Pensylvannia. Harrisburg, 1879—1880. p. 523, tab. IV Fig. 1—3) einfache oder gefiederte, keilförmige, gestielte Blätter, von derber Textur zusammenfassen, deren oberer Rand abgestutzt, wellig oder gezähnt ist, deren Nerven aus dem Blattstiele austretend an dem Basalrande hinziehend, aus feineren Nerven zusammengesetzte parallele Aeste an die Blattfläche abgeben. Den Verlauf der Nerven stellt die Abbildung (Fig. 1) bei Lesquereux allerdings in anderer Weise dar, er kann aber kaum ein anderer, als der angegebene sein. Bei Fig. 2 und 3 (*W. integrifolia* und *W. undulata*) erlaubt die unvollständige Basis kein Urtheil, indess scheint, nach den Abbildungen zu schliessen, der Nervenverlauf nicht jenem der Figur 1 zu entsprechen, sondern jenem von *Dolerophyllum* näher zu stehen. Es werden drei Arten unterschieden: *W. elegans* Newberry, *W. integrifolia* Lesq., *W. undulata* Lesq. Von Lesquereux werden sie den Noeggerathieen zugewiesen. Da die Geschlechtsorgane unbekannt, so ist deren Stellung zweifelhaft, sie könnten indess wohl einer Gruppe der Gymnospermen angehören.

Coniferae.

Das für die Nadelhölzer charakteristische Aussehen ist bedingt einerseits durch das energische Wachsthum der Hauptaxe, durch die axilläre Verzweigung der letzteren, bei welcher jedoch weder in allen Blattachseln Knospen entstehen, noch die etwa vorhandenen Knospenanlagen zur Ausbildung gelangen, ferner durch die später auftretende bilaterale Ausbildung der Seitenaxen, welche häufig in grösserer Anzahl (Wirtel) in derselben Ebene der Hauptaxe zur Entwicklung gelangen, wodurch die pyramidale Form der meist baumartigen Individuen erzielt wird. Besondere Erwähnung verdient das Auftreten der Kurztriebe, Seitenaxen mit begrenztem oder sehr geringem Längenwachsthum, welche bei *Gingko, Larix, Cedrus* in den Achseln der Laubblätter, bei den *Pinus*-Arten im engeren Sinne (Kiefern) in den Achseln rudimentärer, nicht grüner, membranöser Blätter an den Langtrieben entstehen. Durch die bei den zuerst genannten Gattungen in grösserer Anzahl, bei den Kiefern zu 1—5 entwickelten Blätter sind sie für den Habitus dieser Gattungen bezeichnend. Ferner das Ab-

den Farnen zu stellen sind, wie dies Saporta nachwies und die Untersuchung aus dem Kupfersandstein Russlands stammender, ziemlich vollständiger Exemplare mir zeigte. Dagegen glaube ich nicht, dass *Ps. ctenoides* Schimper (*Noeggerathia ctenoides* Göppert, Foss. Flora der perm. Form. S. 159, tab. 40 Fig. 1) und eine von mir (in Richthofen's Reise Bd. IV) beschriebene Art *Ps. angustilobum* von Kai-ping in der Provinz Tschi-li mit diesen beiden genannten Arten in dieselbe Gruppe zu stellen ist, sondern nach der Theilung des Blattes zu den mit *Gingko* verwandten Coniferen gehört.

werfen beblätterter Zweige im Herbste bei *Taxodium**) und die Entwicklung blattähnlicher flacher grüner Seitenaxen (Phyllocladien) bei *Phyllocladus* und *Sciadopitys* in den Achseln rudimentärer Blätter.

Das Gewebe der Wurzeln, Stämme und Aeste ist gegliedert in das Mark, den das Mark umschliessenden Holzkörper, das Bildungsgewebe (Cambium), die Phloëm-(Bast-)schicht und die Rinde. Bei der Untersuchung fossilen Coniferenholzes wird es sich, mit Ausnahme der Braunkohle, in der Regel allein um den Holzkörper handeln, da die Rinde oft genug verloren gegangen ist. Da jedoch die fossilen Coniferenhölzer eine besondere Behandlung beanspruchen, so sei hier nur das Nöthigste über den Bau der eben genannten Theile erwähnt.

Der Holzkörper der Coniferenwurzeln besteht aus dem marklosen, schmal elliptischen oder dreiseitigen primären, aus Tracheiden zusammengesetzten Holze, welches von dem secundären, aus Tracheiden mit Hoftüpfeln bestehenden Holzkörper umschlossen ist. Der Durchmesser seiner Tracheiden ist weiter als der jener des Stammes, die Grenzen der einzelnen Jahresringe sind scharf markirt. Strahlenparenchym durchzieht das Holz in radialen Platten. Der Holzkörper des Stammes umschliesst ein aus parenchymatischen Zellen bestehendes Mark, welches zuweilen, bei *Podocarpus, Dammara*, dickwandige verholzte Zellen eingestreut enthält. Der Holzkörper selbst besteht aus dem durch das primäre Strahlenparenchym in Gruppen gesonderten primären Holze mit Spiral-, Ring- und Netztracheiden, während das secundäre Holz der Masse nach aus Tracheiden mit Hoftüpfeln besteht, ausserdem aber noch parenchymatische Gewebe, zunächst sogenanntes Holzparenchym enthält, welches allen Coniferen zukömmt, jedoch bei vielen nur sparsam vorhanden ist. Es enthält in seinen Zellen Harz (sogenannte einfache Harzgänge) oder umschliesst Secretgänge, so bei den Kiefern, den Fichten (Pinus, Abies), (sogenannte zusammengesetzte Harzgänge). Eine zweite Form des Parenchyms ist das Strahlenparenchym (Markstrahlen); das primäre aus dem primären Holze bis zur Peripherie reichend, das secundäre auf kürzeren Strecken entwickelt, beides aus rechteckigen Zellen zusammengesetzt, zwischen den Tracheiden in radialen Reihen liegend, beinahe immer aus einer Reihe von Zellen bestehend, nur wenn sie einen horizontal liegenden Harzgang umschliessen mehrreihig. Erwähnt mögen noch werden die Markflecke oder Markstrahlerweiterungen, sicher zum Theile, vielleicht aber

*) Heer erwähnt das Abfallen der Zweige von *Sequoia sempervirens* während des Sommers. Ich habe dies nicht bemerkt, sondern finde, dass diese Art ihre beblätterten Zweige nebst den an ihrer Basis stehenden kleinen kurzen Laubblättern, früher als Knospendecken funktionirend, durch zwei bis drei Jahre behält.

auch ausnahmslos, Vernarbung geheilter Verletzungen, aus parenchymatischem Wundholz bestehend.

Die spiralig oder in 2, 3—4 zähligen Wirteln stehenden Blätter der Coniferen sind entweder pfriemlich, so bei den Kiefern, Fichten etc., oder schmal und flach z. B Tannen (*Picea*), oder mit breiten Flächen (*Dammara*, *Gingko*), oder klein, dicht an die Zweige angedrückt bei den meisten Cupressineen. Die Blattbasen, mit den Zweigen fortwachsend, erhalten sich oft lange Zeit; sie werden als Blattkissen bezeichnet. Die jugendlichen Axen und Blätter sind entweder durch Knospenschuppen oder durch die älteren Blätter oder durch kleine Laubblätter geschützt. Die Structur der Blätter kann nur im Allgemeinen hier angedeutet werden. Eine Epidermis, aus gestreckten Zellen mit ziemlich stark verdickter Aussenwand bestehend, bedeckt die Ober- und Unterfläche, welche auf beiden oder nur auf einer Fläche die tief eingesenkten Spaltöffnungen mit ihren Schliesszellen, meist in Reihen, selten regellos führt. Unter der Epidermis liegt fast immer ein aus Sclerenchymfasern bestehendes sogenanntes Hypoderm, dann pallisadenartiges Assimilationsgewebe. Zuweilen sind zwischen der Ober- und Unterseite verzweigte Sclerenchymzellen senkrecht zur Längsaxe des Blattes gespannt oder sie liegen parallel mit dieser. In das Blatt treten entweder nur ein oder mehrere Leitbündel ein, einnervige und mehrnervige Blätter, die Leitbündel des Blattstieles spalten sich dann in der Blattfläche in zahlreiche Aeste. Die Leitbündel selbst, aus Xylem und Phloëm bestehend, werden seitlich oder auch in ausgedehnterem Maasse von Transfusionsgewebe begleitet, an welches das parallel mit der Queraxe des Blattes gestreckte, mit zahlreichen Lücken versehene Querparenchym sich anschliesst. Die Wände des Transfusionsgewebes sind fein netzförmig verdickt oder mit Hoftüpfeln ähnlichen Bildungen versehen. An der Unterseite liegt sogenanntes Schwammparenchym. Sind die fossilen Blätter der Coniferen in Kohle umgewandelt, so ist in der Regel nur die Cuticula mit dem Vorhofe der Spaltöffnungen, selten auch das tiefer liegende Gewebe erhalten.

Die Blüthen sind stets getrennten Geschlechtes, entweder monöcisch oder diöcisch, ersteres häufiger, letzteres seltener. Sie stehen nie an der Spitze der Hauptaxe, sondern an jener der Seitenaxen, in den Achseln der Laubblätter und rudimentärer Blätter, vielfach an der Basis von Bracteen umgeben. Sind Kurztriebe vorhanden, so sind es diese, an welchen die Blüthen zur Entwicklung gelangen.

Die männliche Blüthe besteht aus einer grösseren Anzahl von Staubblättern (Sporophylle) an einer mehr oder weniger verlängerten Axe stehend (sog. Kätzchen). Das einzelne Staubblatt ist schildförmig mit 3—8 (*Taxus*), bei *Araucaria* und *Dammara* mit zahlreichen grossen Pollensäcken (Mikrosporangien) auf der Unterseite; die Lamina des Staubblattes ist entweder auf einen kleinen Höcker reducirt, auf dessen Unterseite zwei bis drei Pollensäcke stehen (*Gingko*), oder als kleine spatelige Fläche entwickelt bei den Cupressineen meist mit drei, bei den Abietineen mit zwei Pollensäcken. Wie bei den Cycadeen bildet sich auch in den Pollenzellen (Mikrosporen) der Coniferen ein rudimentäres, aus zwei Zellen bestehendes Prothallium, von welchen die eine bei einer Anzahl Gattungen in den Innenraum der Mikrospore sich vorwölbt. Als Schutz der Pollensäcke dient, wenn derselbe nicht durch die Lage oder Structur erreicht wird, eine Wucherung an der Unterseite des Staubblattes, dem Indusium der Farne homolog.

Die weiblichen Blüthen zeigen im Vergleich zu den männlichen Blüthen eine weit grössere Mannigfaltigkeit. Da sie im fossilen Zustande in der Regel besser erhalten und hauptsächlich für die systematische Gliederung benutzt sind, so wird es nöthig sein, näher auf sie einzugehen.

Bei den Taxaceen sind die Samenknospen (Makrosporangien) blattbürtige, so bei *Microcachrys*, bei welcher Gattung sie dicht unter der Spitze der sogenannten Schuppe (Fruchtblatt) stehen, bei *Dacrydium* stehen sie in der Mitte oder etwas unter der Mitte der Schuppe, bei *Podocarpus* sind sie der ganzen Länge nach mit der Schuppe vereinigt oder frei. Die Spitze der Samenknospe ist bei diesen Gattungen nach unten gewendet. Die Samenknospen sind axenbürtig, aufrecht und einzelne an einer Axe in den Achseln von Deckblättern zu einer Inflorescenz vereinigt, diese an einem Zweige stehend, bei *Cephalotaxus*, bei *Torreya* zu zwei an einer kurzen Axe von zwei Paaren decussirter Deckblätter umgeben, bei *Gingko* zu zwei, drei und vier auf der Spitze von schlanken, in den Achseln der inneren Blätter der Kurztriebe stehenden Zweige, bei *Taxus* am Ende beblätterter Seitensprosse, bei *Phyllocladus* sitzend oder kurz gestielt an den Rändern der blattartigen Axen in der Achsel kleiner rudimentärer Blätter. Während der Reife entwickelt sich bei beinahe allen Taxaceen ein fleischiger Arillus, welcher entweder über dem reifen Samen bis auf eine kleine Oeffnung zusammenschliesst oder nur den unteren Theil umgibt, bei *Gingko* bleibt er rudimentär, bei *Cephalotaxus* fehlt er. Dafür entwickelt bei diesen beiden Gattungen das Integument seine Aussenschicht zu einer saftigen, seine Innenschicht zu einer festen, knochenharten Hülle, während bei den übrigen Gattungen das Integument nur die letztere Umwandlung erfährt. Bei *Podocarpus* und *Dacrydium* ist schon vor der Befruchtung der Arillus als ein zweites Integument vorhanden.

Bei den Araucarieen (*Dammara, Araucaria, Cunninghamia, Sciadopitys*) steht bei *Dammara* die Samenknospe über der Basis des Fruchtblattes, durch intercalares Wachsthum von ihrer Ursprungsstelle in die Höhe gerückt, bei *Araucaria* ist nur der von dem Fruchtblatte abgewendete Theil der Samenknospe mit einem freien Integumente versehen und befindet sich über der Basis der wie bei *Dammara* umgekehrten Samenknospe ein kleiner Auswuchs des Fruchtblattes, welcher bei *Dammara* fehlt, bei *Cunninghamia* schmal, gezähnelt und hautartig über den drei, bei *Sciadopitys* dagegen über den 8—9 umgekehrten Samenknospen als starker dicker Wulst auftritt und bei der Reife das Fruchtblatt überragt. Die Gattung würde daher besser mit den Taxodineen vereinigt.

Bei den Taxodineen wird die Anschwellung der Innenseite des Fruchtblattes, auf welchem die Samenknospen an der Basis oder gegen die Mitte stehen, bedeutender bei *Cryptomeria, Taxodium, Glyptostrobus*; bei anderen Gattungen (*Sequoia, Athrotaxis*) ist sie weniger bedeutend, immer jedoch drängt sie die Spitze des Fruchtblattes nach unten, daher die Schuppen des reifen Zapfens mit einem Fortsatze oder einem Nabel versehen sind.

Bei den Cupressineen (*Frenela, Widdringtonia, Callitris, Thuja, Biota, Chamaecyparis, Thujopsis, Cupressus, Fitzroya (Diselma), Libocedrus, Juniperus, Actinostrobus*) stehen die aufrechten Samenknospen zu ein, zwei und mehr in der Achsel der in zwei-, drei- bis viergliedrigen Wirteln stehenden Fruchtblätter (Zapfenschuppen), deren Innenseite nach der Befruchtung eine Anschwellung, Wucherung entwickelt, durch deren Wachsthum die Spitze der Zapfenschuppe nach unten und aussen geschoben wird.

Bei den Abietineen (*Pinus, Abies, Picea, Cedrus, Larix, Tsuga, Pseudotsuga*) entsteht die samentragende Schuppe in der Achsel der spiralig stehenden Deckblätter, sie rückt dann auf die Basis des Deckblattes und ist im jugendlichen Zapfen als ein Querwulst sichtbar, aus dessen seitlichen Rändern je eine Samenknospe sich entwickelt. Bei der Reife wird dieser Querwulst zur holzigen, Samen tragenden flachen oder an der Spitze stark verdickten Schuppe des Zapfens, das Deckblatt bleibt in der Regel in der Entwicklung weit zurück. Die reifen Samen sind entweder geflügelt oder ungeflügelt*).

---

*) Strassburger, Die Coniferen und Gnetaceen. Jena, 1872. Die Angiospermen und Gymnospermen. Jena, 1879. — Eichler, Die weiblichen Blüthen der Coniferen. Berlin, 1881. — Göbel, Grundzüge der Systematik und speciellen Morphologie. Leipzig, 1882.

Taxaceae.

Die Gruppe der Taxaceen ist in der gegenwärtigen Entwicklungsperiode zwar über die ganze Erdoberfläche verbreitet, jedoch in einer gegenüber den früheren Entwicklungsepochen des Pflanzenreiches verschiedenen Vertheilung. Gerade die Gattung *Gingko*, welche, in dem Perm und Rhät beginnend, in der Juraperiode eine reichliche Entwicklung erfährt, ununterbrochen mit allmählich abnehmender Artenzahl bis in die Tertiärzeit reicht und über die ganze nördliche Halbkugel verbreitet war, ist nur noch in einer Art, *G. biloba*, in China und Japan und hier nur cultivirt vorhanden. Sie hat früher in ihren einzelnen Formen einen weit grösseren Flächenraum eingenommen, da sie beinahe nirgends fehlt, wo die Bildungen des Rhät, Jura, Wealden, der Kreide und des Tertiär auftreten und im Tertiär noch in der arctischen Zone existirt. Aber nicht allein die zahlreichen Formen dieser Gattung, auch die mit ihr zunächst verwandten Formen *Gingkophyllum*, *Dicranophyllum*, *Trichopitys*, *Baiera*, *Czekanowskia*, *Rhipidopsis* beweisen die Mannigfaltigkeit dieser Gruppe, welche, soweit ihre Blüthen bekannt und mit einiger Sicherheit auf die Blätter zurückzuführen sind, durch ihren Bau im Wesentlichen mit dem letzten Nachkommen derselben so sehr übereinstimmen, dass ausser der grösseren oder geringeren Anzahl der Pollensäcke (Mikrosporangien) und der entwickelteren Lamina (bei *Baiera* als cylindrischer Fortsatz) der Staubblätter kaum ein Unterschied zu verzeichnen ist. Will man diese Formen als eine besondere Gruppe, als Salisburieen, zusammenfassen, so wird sich dies aus Zweckmässigkeitsgründen empfehlen, ein zwingender Grund zur Trennung von den Taxaceen scheint mir jedoch nicht vorhanden zu sein.

In der jüngeren Kreide und dem Tertiär treten zu *Gingko* noch drei weitere Gattungen, welche lebenden Gattungen angereiht werden können: *Torreya*, *Cephalotaxus*, *Podocarpus*, ferner *Taxites* mit *Phyllocladites*, den Gattungen *Taxus* und *Phyllocladus* entsprechend, freilich unter der Voraussetzung, dass die Reste richtig gedeutet sind und nur diese eine Deutung zulassen. *Taxus* ist jetzt sporadisch mit einer Art über Europa verbreitet, welche wie *Gingko* im Aussterben begriffen ist, die wenigen übrigen Arten gehören dem nördlichen Amerika und östlichen Asien an. *Podocarpus* von Mittel- und Südamerika, Südafrika über die Inseln des Stillen Oceans bis nach Ostindien, Japan und dem Malayischen Archipel verbreitet, kann vielleicht in seiner jetzigen Verbreitung mit den mit ihm vereinigten Tertiärresten in Einklang gebracht werden, unter der Voraussetzung, dass sie in jener Zeit ihre Nordgrenze erreichte, während *Taxus* sehr gut an das frühere Vorkommen sich anschliesst. *Conchophyllum* würde, wenn sie als eine mit *Dacrydium* verwandte Form richtig aufgefasst ist, die heutige Verbreitung von *Dacrydium* von dem Malayischen Archipel, über die Inseln des Stillen Meeres, Neucaledonien, Tasmanien, Neuseeland und Chile erklären. Von den übrigen Taxaceen ist *Cephalotaxus* in Japan und China, *Torreya* in Japan, dem nördlichen China und Amerika verbreitet, *Microcachrys* auf Tasmanien, *Saxogothea* auf Chile beschränkt, *Phyllocladus* auf den Malayischen Archipel, Neuseeland und Tasmanien. Für die beiden ersteren Gattungen sei auf das Vorkommen in den Polargegenden zur Zeit der Kreide- und Tertiärbildungen hingewiesen.

Eine zweite Gruppe der Taxaceen, *Phoenicopsis* und *Feildenia*, steht habituell durch die Blattform den Cordaiten näher, an welche übrigens auch die weiblichen Blüthen von *Cephalotaxus* erinnern, die gegenwärtige Vegetation hat unter den Coniferen keine ihr nahestehende Form aufzuweisen. Im Jura beginnend reichen diese Formen bis in das Tertiär.

Nicht die Araucaria und Dammara nahe stehenden Formen sind es also, welche in den älteren Formationen auftreten, wie man auf die Structur des Holzes gestützt annahm und theilweise noch annimmt, sondern mit den Taxaceen sehr nahe verwandte und zu ihnen gehörige Formen, welche sich an die im vorhergehenden Abschnitte besprochenen, zwischen den Cycadeen und Coniferen stehenden Formen der *Calamodendreae*, *Cordaiteae* und *Dolerophylleae* anschliessen. Hervorzuheben ist, dass alle bis jetzt aus den älteren Formationen stammenden fossilen Hölzer in ihrem Baue keineswegs den Bau des Holzes der lebenden Taxaceen besitzen, sondern entweder jenen der lebenden *Araucaria* und *Dammara* oder einen auch von diesen verschiedenen, wie er uns bei *Calamodendron* und *Arthropitys* entgegentritt.

Wie bei den Cordaiten sich die Anknüpfung an die Cycadeen und Farne ergibt, so prägt sich, wie dies von Strassburger und Göbel betont wurde, auch bei den Coniferen der Jetztwelt die verwandtschaftliche Beziehung zu denselben Gruppen aus durch die sogenannte Ligula der weiblichen Blüthen, die die Pollensäcke deckende Wucherung des Staubblattes, das rudimentäre Prothallium in den Pollenzellen (Mikrosporen), die Entwicklung der Samenknospe (Makrosporangiums) vor und nach der Befruchtung und den Bau des primären Holzes der Wurzel, Verhältnisse, welche auch die Anknüpfung an die Selaginellen, Isoëteen ebenso herstellen, wie zu einem Theile der Asterophyllitenfruchtstände, welche nach den Structurverhältnissen ihrer Axen wenigstens, den Lycopodiaceen näher stehen als irgend einer anderen Gruppe.

Gingkophyllum Saporta.

Blätter alternirend, mit in einen Blattstiel verschmälerter Basis am Zweige herablaufend, Blattfläche im Umriss verlängert keilförmig, wiederholt gabeltheilig, die Endlappen zweilappig, abgestutzt, gekerbt. Gefässbündelverlauf wiederholt dichotom. Geschlechtsorgane unbekannt.

Durch die Theilung des Blattes wie den Gefässbündelverlauf der Gattung *Baiera* F. Braun nahestehend, aber durch die am Zweige herablaufenden Blätter verschieden. Heer vereinigt sie mit *Baiera*, wofür allerdings Manches spricht, doch wird es wenigstens vorläufig sich empfehlen, diese Form getrennt zu halten. Drei, auf das Perm beschränkte Arten sind bis jetzt bekannt: *Gingkophyllum Grasseti* Saporta aus dem Perm von Lodève (Fig. 179)

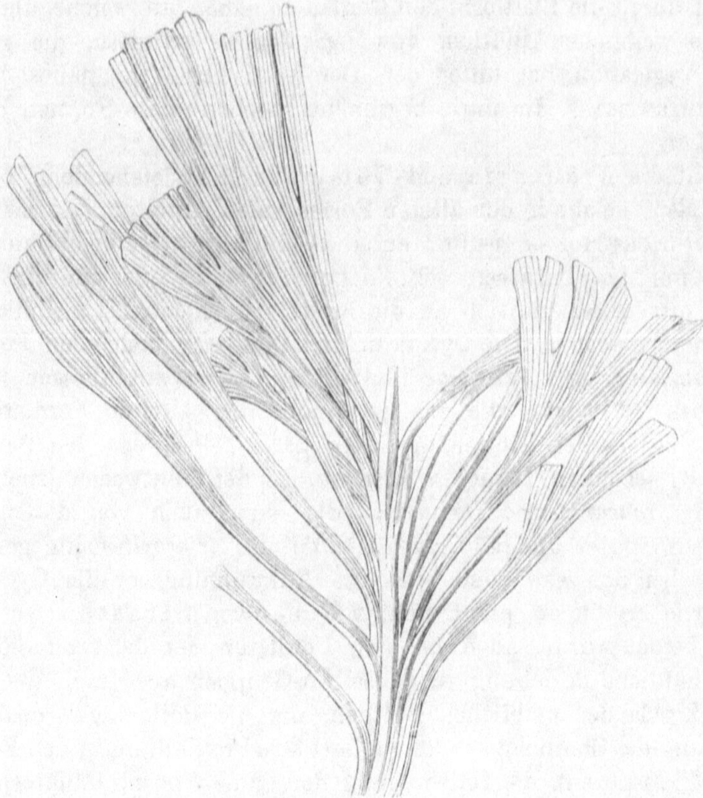

Fig. 179.
Gingkophyllum Grasseti Saporta. Perm von Lodève. (Copie nach Saporta.)

und *G. flabellatum* Saporta (*Noeggerathia flabellata* Lindl. et Hutton, *Psygmophyllum* Schimper) aus dem Carbon Englands, *G. Kaminskianum* Saporta aus dem Perm von Kaminsk. Hieher dürfte auch *Schizopteris anomala* Brongn., deren Farnnatur schon Schimper bezweifelte und ein von Lesquereux als *Lepidoxylon anomalum* beschriebenes Fragment gehören. (Lesquereux, Coalflora. Tab. 83, Fig. 584)*)

Baiera F. Braun emend.**)

Lederartige, allmählich in den längeren oder kürzeren Blattstiel verschmälerte, fächerförmige Blätter mit wiederholt dichotomer Verzweigung der Blattfläche, die Abschnitte linear, zuweilen bandförmig, an der Spitze eingeschnitten oder ganz, an Kurztrieben stehend. Gefässbündel aus der Blattbasis fächerartig austretend, wiederholt gabeltheilig. Männliche Blüthen mit zahlreichen spiralig stehenden Staubblättern, Träger dünn, Staubblätter mit rudimentärer Blattfläche und 5—12 wirtelig stehenden Pollensäcken (Mikrosporangien). Weibliche Blüthen an einer verzweigten Axe. Samen pflaumenartig (*Carpolithes cinctus* Nath.).

Den Blättern dieser Gattung, mit welcher *Hausmannia* Dunker aus dem Wealden nicht zu vereinigen ist, ist erst durch Heer ihre richtige Stellung angewiesen worden, nachdem sie den Algen, den Farnen und Marsiliaceen zugetheilt worden waren. Im Rhät finden sich von *Baiera Münsteriana* Heer (Fig. 180[a]) neben den männlichen Blüthen (Fig. 180[b, c]) auch Jugendzustände der Samen (Fig. 180[e]), zugleich aber auch noch nicht entfaltete Blätter (Fig. 180[d]) neben reifen Samen (Fig. 180[f]), welche nachweisen, dass dieser pflaumenartig war und eine fleischige Hülle hatte.

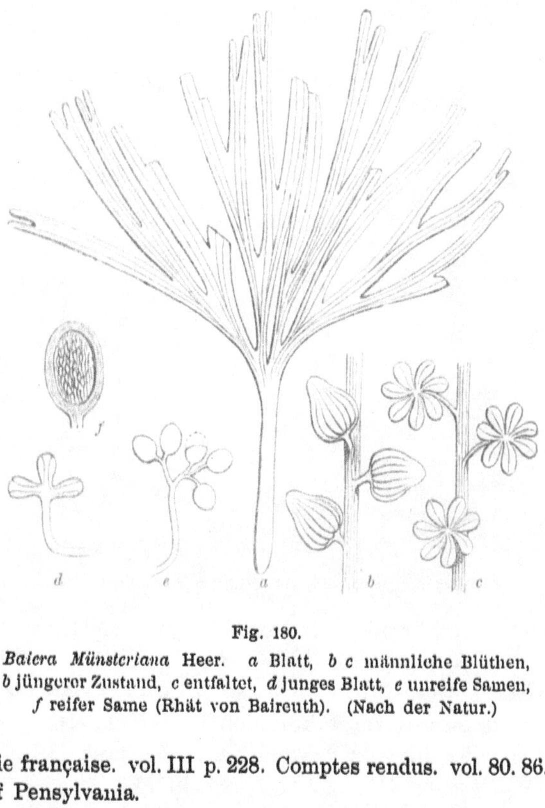

Fig. 180.
Baiera Münsteriana Heer. *a* Blatt, *b c* männliche Blüthen, *b* jüngerer Zustand, *c* entfaltet, *d* junges Blatt, *e* unreife Samen, *f* reifer Same (Rhät von Baireuth). (Nach der Natur.)

Die Gattung, jetzt ausgestorben, schliesst sich eng einerseits an *Gingkophyllum* Saporta, andrerseits an die noch lebende Gattung *Gingko* an. Im Perm mit *Baiera digitata* Heer

*) Saporta, Paléontologie française. vol. III p. 228. Comptes rendus. vol. 80. 86. — Lesquereux, Coalflora of Pensylvania.

**) Heer, Flora foss. arct. t. IV; Zur Geschichte der Gingko-artigen Bäume in Engler, Jahrbücher. Bd. I. — Saporta, Paléontol. française. vol. II. III. — Nathorst, Beitr. zur foss. Flora Schwedens; Flora von Palsjö; Foss. Floran vid Biuf.

(*Fucoides* Brongniart, *Zonarites* Schimper, *Schizopteris* Geinitz) und *B. virginica* Font. et White beginnend, reicht sie bis in die oberste Kreide (*Baiera sagittata* Heer von Atanekerdluk, Grönland). In der Trias (*Baiera* (*Sclerophyllina*) *furcata* Heer) noch vereinzelt, tritt sie im Rhät und braunen Jura mit zahlreichen Arten auf, im Rhät *Baiera taeniata* Schenk, *B. Münsteriana* Heer (*Jeanpaulia* Unger), Rhät in Franken, *B. minuta* Nath. *B. paucipartita* Nath. (Fig. 181), *B. curvata* Nath., *B. Geinitzi* Nath., *B. marginata* Nath., Rhät von Schonen und Helsingborg; *Baiera longifolia* Heer,

Fig. 181.
Baiera paucipartita Nath. Rhät von Schonen. (Nach einer Zeichnung von Nathorst.)

welche in Frankreich noch im weissen Jura vorkommt, *B. Czekanowskiana* Heer, *B. angustiloba* Heer, *B. pulchella* Heer (*Scleropteris* Pomel), *B. palmata* Heer, Braun-Jura Sibiriens, *B. gracilis* Saporta, Braun-Jura Englands. In der unteren Kreide kommen noch vor: *B. cretosa* Schenk (wozu vielleicht *Zonarites digitatus* Lesq., Cretac. Fl.) aus Nebraska, jedenfalls eine *Baiera*), *B. dichotoma* Heer (Wernsdorf in Mähren, Grönland), im Cenoman Grönlands *B. sagittata* Heer, *B. incurvata* Heer, *B. leptopoda* Heer. Auch *Psilotum inerme* Newb. aus dem Miocen Nordamerika's (Fort Union) möchte ich mit *Baiera*, der *B. angustiloba* Heer verwandt, vereinigen. So würde diese

Form noch das Tertiär erreichen. *Schizeites dichotomus* Gümbel aus dem Perm von Erbendorf und *Chondrites spec.* Gein. in den Nachträgen zur Dyas, Bd. II, gehören ohne Zweifel auch hierher. Die Samen dieser wie der verwandten Gattungen sind zum Theile als *Carpolithes*-Arten beschrieben. Hinsichtlich der männlichen Blüthen sei bemerkt, dass die cylindrisch entwickelte Blattfläche der Staubblätter bei einem Theile der hierher gezogenen Blüthen fehlt, andere sie jedoch zeigen. Es frägt sich, ob nicht die ersteren einer anderen Gattung angehören und nur die letzteren mit *Baiera* zu vereinigen sind.

Gingko L.*)

Blätter an Kurztrieben, welche mit den Narben der spiralig angeordneten abgefallenen und den noch stehenden, allmählich eine Blattfläche entwickelnden Knospenschuppen besetzt sind, lederartig, gestielt, fächerförmig, an der Basis kurz in den Blattstiel zusammengezogen, zwei bis dreispaltig, dichotom getheilt, seltener ungetheilt, Gefässbündel des Blattstieles bei dem Austritte in die Blattfläche in zwei nach rechts und links am unteren Blattrande verlaufende Stränge sich spaltend. Die von diesen Hauptsträngen abzweigenden Seitenstränge versehen die Seitenhälften des Blattes, während der mittlere Theil von Strängen durchzogen wird, welche zwischen den Schenkeln der nach den Seiten abzweigenden Stränge aus dem Blattstiele austreten. Alle im Blatte verlaufenden Stränge wiederholt dichotom. Blüthen diöcisch. Männliche Blüthen mit zahlreichen, spiralig stehenden Staubblättern, fadenförmigen Trägern, zwei, selten drei Pollensäcken (Mikrosporangien), als kurzes Knötchen entwickelter Blattfläche. Weibliche Blüthen an der Spitze einer schlanken, dünnen Axe zu zwei oder drei, die Samenknospe (Makrosporangium) aufrecht, bei der Reife pflaumenartig, mit einem schwach entwickelten Arillus an der Basis. Beiderlei Blüthen in den Achseln der inneren Blätter.

Die einzige Gattung der Salisburieen, welche aus der mannigfaltigen Reihe der Formen dieser Gruppe in der gegenwärtigen Entwicklungsperiode noch mit einer Art, *Gingko biloba* L., in China und Japan erhalten ist. Lange Zeit hindurch wurden die Blätter den Farnen zugetheilt und als Arten von *Cyclopteris, Adiantites* und *Baiera* beschrieben, bis Heer ihnen ihre jetzige Stellung anwies, welche, wenigstens was den Habitus der Blätter angeht, nicht anzuzweifeln ist, da die fossilen Formen in dieser Richtung an die noch vorhandene Art sich eng anschliessen, wenn auch der Nervenverlauf bei den fossilen Blättern nicht immer genau mit jenem der lebenden Pflanze, bei welcher ihn Drude (Schenk, Handbuch der Bot. I, S. 654) und Heer (Urwelt der Schweiz) im Wesentlichen richtig darstellen, nicht ganz übereinstimmt. Es wird einerseits in dieser Hinsicht der Form des Blattes, andererseits dem Umstande Rechnung getragen werden müssen, dass bei der lebenden Art der untere Rand durch drei bis vier Schichten von Sclerenchym-

*) Heer, Flora foss. arct. t. IV. — Saporta, Paléontologie française, t. III.

fasern verstärkt ist. Ihr erstes Erscheinen fällt in das Perm mit *G. primigenia* Sap. und in das Rhät mit *G. antarctica* Sap. (Australien) und *G. crenata* Nath. (*Cyclopteris* Brauns); zahlreicher tritt sie im Braunjura Englands, Sibiriens, Spitzbergens, Südrusslands, des Amur und Japans mit zwölf Arten auf, von welchen *G. digitata* Heer, mit welcher *G. integriuscula* Heer zu vereinigen ist, und *G. Huttoni* Heer die am weitesten verbreiteten, während die übrigen meist in Sibirien, eine Art auch in Japan nachgewiesen ist. Der Wealden besitzt eine Art, *G. multipartita* Heer (Fig. 182), die Kreideformation im Urgon Grönlands zwei Arten (*G. arctica* Heer, *G. tenuistriata* Heer, letztere auch in Portugal), der Aptien der Schweiz eine (*G.? Jaccardi* Heer), das Cenoman Grönlands zwei Arten (*G. primordialis* Heer, *G. multinervis* Heer), das Tertiär je eine Art im Eocän (*G. eocenica* Heer) und im Miocän *G. adiantoides* Heer (Grönland, Italien, Sachalin), diese der lebenden Art am nächsten stehend; *G. reniformis* Heer (Sibirien).

Fig. 182.
Gingko multipartita Heer. Wealden im Deister (nach der Natur).

Mit den *Gingko*-Arten muss wohl die von Fontaine und White aus dem oberen Carbon von Pensylvanien unterschiedene Gattung *Saportaea* vereinigt werden. Der Umriss der Blattfläche, wie bei *Gingko* tief eingeschnitten, ist dieser Gattung ähnlich, die Blätter sind gestielt, die Gefässbündel des Blattstieles verlaufen nach ihrem Austritte nach der rechten und linken Seite des unteren Blattrandes und senden aus diesen basalen Strängen wiederholt dichotome Aeste in die Blattfläche, während die in der Mittellinie des Blattes austretenden direct in die Blattfläche übertreten. Der Nervenverlauf ist demnach derselbe, wie ich ihn bei *Gingko* angegeben, und wird daher, solange nur die Blätter bekannt sind, ein triftiger Grund zur Abtrennung derselben von *Gingko* nicht gegeben sein. Die Verfasser unterscheiden zwei Arten: *G. grandifolia*, bei welcher die basalen Gefässstränge sehr stark ausgeprägt sind, und *G. salisburioides* aus der oberen Kohle von Waynesburg*), bei welcher die Gefässstränge kaum stärker sind als bei der noch vorhandenen Art. *G. polymorpha* Lesq. ist eine *Thinnfeldia*.

*) Fontaine and White, The permian or upper carboniferous Flora. Harrisburg, 1880.

Rhipidopsis Schmalhausen *).

Lang gestielte lederartige Blätter mit fächerförmiger tiefgespaltener Blattfläche, die Abschnitte keilförmig, gegen die Basis verschmälert, gegen die Spitze verbreitert, stumpf abgerundet, die mittleren gross, die seitlichen kürzer, die untersten klein. Gefässbündel vielfach dichotom verzweigt.

Im Braunjura an der Petschora von Schmalhausen nachgewiesen. Sie schliesst sich ebenfalls an *Gingko* enge an, unterscheidet sich aber durch

Fig. 183.

Rhipidopsis gingkoides Schmalhausen. Braunjura an der Petschora. (Copie nach Schmalhausen.)

die beinahe bis zur Basis reichende Theilung der Blattfläche, die Form der Abschnitte und die bedeutende Grösse des Blattes. Die mit den Blättern

*) Schmalhausen, Beitr. zur Juraflora Russlands. Petersburg, 1879.

vorkommenden breit eiförmigen, an der Spitze ausgerandeten pflaumenähnlichen Samen gehören vielleicht dazu, ebenso mit rundlichen Blattnarben bedeckte Rindenstücke. Vorläufig eine Art bekannt: *R. gingkoides* Schmalh. (Fig. 183). Eine *Rhipidopsis densineris* wird von Feistmantel durch dichter stehende Nerven unterschieden aus der Damuda- und Panchetgruppe.

Dicranophyllum Grand' Eury *).

Schlanke einfache oder verästelte Zweige mit spiralig gestellten, lederartigen, linearen, ungetheilten oder an der Spitze ein- bis zweimal gabelspaltigen Blättern, die Abschnitte spitz, auf einem an dem Zweige herablaufenden Blattkissen stehend. Nerven stark mit dazwischen liegenden feineren Nerven.

Von Grand' Eury werden zwei Arten unterschieden: *Dicranophyllum striatum* Grand' Eury und *D. gallicum* Grand' Eury, aus dem oberen Carbon des Loiredepartements, eine dritte Art (*D. robustum* Zeiller) beschreibt Zeiller aus dem oberen Carbon von Alais, zwei andere Arten (*D. latum* Schenk, *D. angustifolium* Schenk) sind von Richthofen in dem Carbon Chinas bei Kai-ping, Provinz Tschi-li, aufgefunden worden, Lesquereux endlich beschreibt aus dem oberen Carbon von Pensylvanien ebenfalls zwei Arten *D. dichotomum* Lesq. und *D. dimorphum*, erstere durch sehr schmale Blätter ausgezeichnet, letztere den französischen Arten nahestehend, an der Spitze jedoch nur wenig eingeschnitten. Von Dawson wird ein *D. australicum* aus Australien erwähnt, welches indess schwerlich etwas anderes ist als ein schlecht erhaltenes Fragment einer nicht näher zu bestimmenden Pflanze. Zeiller fand gesellschaftlich mit der von ihm beschriebenen Art Staubblätter mit Pollensäcken, welche jenen von *Taxus* und *Gingko* nahe stehen. In den Achseln der Blätter, welche anfangs steif aufgerichtet, später herabhängen, sind von Grand' Eury Knospen oder Samen beobachtet. Durch die Form der Blätter schliesst sich die Gattung eng an die nächstfolgende an. *Sigillariostrobus bifidus* E. Geinitz aus dem Perm von Weissig gehört hierher; es ist *D. gallicum* Grand' Eury.

Trichopitys Saporta**).

Blätter mit ziemlich langen schlanken Blattstielen, Blattfläche tief fussförmig getheilt, die Abschnitte in schmal-lineare, spitze, einnervige Lappen dichotom zerschnitten. Geschlechtsorgane unbekannt. Samen pflaumenartig.

---

*) Grand' Eury, Flora carbonifère du départ. de la Loire Paris, 1877. Comptes rendus. vol. 80. — Zeiller, Végétaux foss du terrain houillier de France. Paris, 1880. Bull. de la soc. géolog. de France. Sér. 3. vol. 6 — Lesquereux, Coalflora of Pensylvania. Harrisburg, 1879—1880. — Saporta, Paléontologie française. vol. III.

**) Saporta, Comptes rendus. vol. 80. Paléontologie française. t. III. — Heer, Flora foss. arctica. t. IV.

Von Saporta wurde die älteste Art, *Trichopitys heteromorpha* Saporta, aus dem Perm von Lodève unterschieden, aus dem Braunjura in mehreren Arten, so *Tr. Lindleyana* (*Solenites furcata* Lindl. et Hutton) von Scarborough (Fig. 184), *Tr. setacea* Heer, *Tr. pusilla* Heer aus Sibirien, aus dem weissen Jura *Tr. laciniata* Sap. (*Jeanpaulia* Sap., *Dicropteris* Pom.) bekannt, in jüngeren Formationen noch nicht nachgewiesen. Früher zum Theil als Alge oder auch als Farn gedeutet. Die Blätter stehen hinsichtlich ihrer Form jenen von *Dicranophyllum* zunächst, auch die Anheftung der Blätter an den Zweigen, welche nur von der bei Lodève vorkommenden Art bekannt ist, ist eine analoge. Andererseits sind sie den mit schmalen Blattabschnitten versehenen *Baiera*- und *Gingko*-Arten verwandt.

Fig. 184.
Trichopitys Lindleyana Saporta. Braunjura von Scarborough. (Copie nach Saporta.)

Czekanowskia Heer *).

Blätter an Kurztrieben zahlreich in einem Büschel vereinigt, wiederholt dichotom getheilt, Abschnitte borstenförmig oder schmal linear mit mehreren feinen Längsnerven.

Im Habitus des Blattes *Trichopitys* nahe stehend, jedoch die Lappen des Blattes nicht einnervig, sondern mit mehreren feinen Nerven. Von Heer werden mit den Blättern männliche Blüthen, deren Staubblätter an der Spitze einen Pollensack (Mikrosporangium) und die Blattfläche als kurzen Fortsatz tragen, ferner Reste racemöser Samenstände und Samen vereinigt, welche mit den Blättern gemengt vorkommen und an kurzen Seitenästchen zwei auf der Innenseite flache, auf der Aussenseite gewölbte Samen tragen, deren Kohlenrinde auf eine fleischige Hülle hinweist. Mit der weiblichen Blüthe von *G. biloba* L. kann diese Bildung immerhin in Einklang als entwickeltere Form gesetzt werden. Auf eine Bemerkung Heer's, welcher geneigt ist, die beblätterten Zweige meiner *Schizolepis* mit *Czekanowskia* zu vereinigen, komme ich später zurück.

*) Heer, Flora foss. arctica. t. IV. V. VI.

Die Gattung tritt zuerst im Rhät von Schonen auf (*C. rigida* Heer und *C. longissima* Nath.), sodann im Braunjura (*C. Heerii* Nath., Gristhorpe), dann *C. setacea* Heer, *C. rigida* Heer und *C. palmatisecta* Heer, die beiden ersten in England und Sibirien, die zweite auch im Jura von China, die letzte in Sibirien. Im Wealden Portugal's ist eine Art, *C. nervosa* Heer, in den Komeschichten (Urgon) Grönlands *C. dichotoma* Heer, nachgewiesen. Die Gattung auch von Feistmantel aus Jabalpur erwähnt.

Feildenia Heer *).

Blätter steif, lederartig, ungetheilt oder zweispaltig, länglich, keilig gegen die Basis verschmälert, mit stumpfer abgerundeter Spitze mit stärkeren Nerven (7—12), zwischen welchen zartere verlaufen (Fig. 185c).

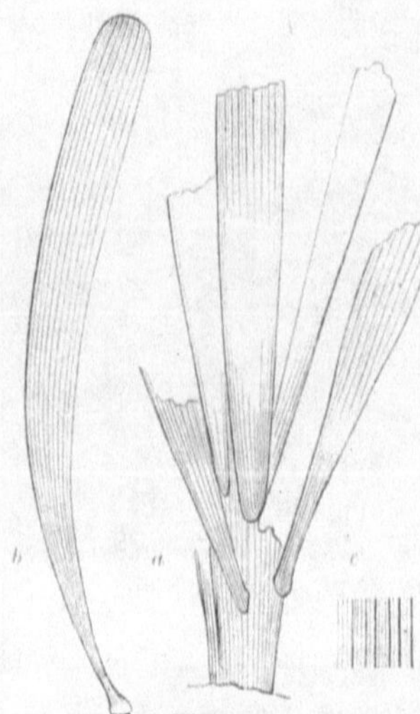

Fig. 185.
Feildenia rigida Heer. Miocän von Grinnell-Land. *a* Zweig mit Blättern, *b* einzelnes Blatt, *c* Blattstück vergrössert. (Copie nach Heer.)

Von Heer ursprünglich als *Torellia* beschrieben, wegen der gleichnamigen Molluskengattung in *Feildenia* geändert. Die Gattung ist mit *Phoenicopsis* Heer verwandt, erinnert aber auch durch den Nervenverlauf wie die Blattform an *Cordaites*. Die von Heer unterschiedenen, dem Miocän von Spitzbergen und Grinnell-Land angehörigen Arten sind: *Feildenia rigida* Heer (Fig. 185), *F. bifida* Heer, *F. Mossiana* Heer und *F. major* Heer, letztere bis jetzt nur in Grinnell-Land. Zugespitzte, an der Basis abgestutzte Samen werden von Heer hieher gezogen. Die Blätter stehen entweder an Kurztrieben oder spiralig, wie letzteres auch jetzt noch bei den Coniferen z. B. *Gingko*, *Larix* an den Langtrieben vorkömmt.

Phoenicopsis Heer **).

Blätter lederartig, bandförmig, ungetheilt, sitzend oder in einen kurzen Blattstiel verschmälert, an Kurztrieben zahlreich stehend, diese mit Knospenschuppen besetzt.

Bis jetzt nur aus dem Braunjura bekannt, in welchem sie in drei Arten: *Ph. speciosa* Heer, *Ph. latior* Heer und *Ph. angustifolia* Heer nachgewiesen ist. Am Amur kommen sämmtliche Arten vor, die beiden ersten auch bei Andö in Norwegen, *Ph. speciosa* (Fig. 186) und *angustifolia* auch in

*) Heer, Flora foss. arctica. t. II. V.
**) Heer, Flora foss. arctica. t. IV.

Sibirien. Die Gattung durch Feistmantel vor Jabapur erwähnt. Die von mir aufgestellte Gattung *Eolirion* aus dem Urgon von Mähren (Wernsdorf) ist ebenfalls hierher zu ziehen.

Fig. 186.
Phoenicopsis speciosa Heer. Braunjura am Amur. (Copie nach Heer.)

Eine auffallende Erscheinung ist das isolirte Vorkommen der mit sogenannten Knospenschuppen und ausgebildeten Blättern besetzten Kurztriebe von *Baiera, Czekanowskia* und *Phoenicopsis,* welches, wenn man sich dieselben von abgeworfenen Kurztrieben herrührend denkt, in dieser Weise bei den lebenden Coniferen nur in einem Falle bei *Pinus* (Kiefern) noch vorkömmt. *Taxodium* wirft seine Zweige im Herbste ab, die mit ähnlichen Kurztrieben versehenen lebenden Coniferen, so die nächst verwandte Gattung *Gingko* und die in dieser Hinsicht sich anschliessenden Gattungen *Larix* und *Cedrus* werfen zwar die sämmtlichen Blattorgane ab, die Axen der Kurztriebe bleiben jedoch stehen.

Mit *Phoenicopsis* und *Feildenia* Heer scheinen die von Lesquereux (Coalflora of Pensylvania, p. 556) als *Desmiophyllum gracile* beschriebenen Stamm- oder Astfragmente nahe verwandt zu sein. Auch hier stehen nach der Abbildung (Taf. 82. Fig. 1) die linearen bandförmigen, gegen die Basis verschmälerten, mit starken Leitbündelsträngen versehenen Blätter zu drei bis vier an Kurztrieben. An dem unteren Theile des Astes stehen sie allerdings spiralig, Lesquereux hält jedoch dies selbst nur für zufällig.

Als *Taxites* Brongniart emend. werden Zweig- und Blattreste aus dem Tertiär (Miocän) bezeichnet, welche mit jenen der lebenden Gattung *Taxus* übereinstimmen. Die lebende Gattung *Taxus* charakterisirt sich durch schildförmige, am Rande gekerbte Staubblätter mit 5—8 Pollensäcken auf der Unterseite und durch eine endständige Samenknospe, deren Integument bei der Reife verholzt, der fleischige Arillus umgibt die Basis des Samens. Von Heer sind aus dem Miocän des Samlandes *T. validus*, von Alaska *T. microphyllus* Heer, durch Massalongo von Sinigaglia *T. Eumenidum* beschrieben, von Nathorst aus dem Rhät von Höganäs und Helsingborg *T. longifolius*, aus dem Oolith Englands *T. brevifolius* Nath. und *T. laxus* Phill., aus dem Tertiär von Mogi in Japan eine *Taxites*-Art erwähnt. *Taxites pecten* Heer aus den Patootschichten Grönlands scheint das Blattfragment einer Cycadee zu sein. *Taxites vicentinus* Massal. und *T. Massalongi* Zigno aus dem Buntsandstein von Recoaro sind auszuschliessen, ebenso *Taxites Langsdorfii* Brongn., *T. Rosthorni* Unger und *T. phlegetonteus* Unger, welche zu *Sequoia Langsdorfii* Heer gehören, die von Ludwig aus der Braunkohle der Wetterau beschriebenen *Taxites*-Samen gehören nach den Abbildungen kaum hierher.

Zu *Cephalotaxus*, dessen weibliche Blüthen einzeln in den Achseln von Deckschuppen in eiförmigen Zäpfchen zu einer racemösen Inflorescenz vereinigt sind, wird, wie Heer selbst später vermuthet, *Taxites Olriki* Heer aus dem Tertiär von Spitzbergen, Nordgrönland und Alaska zu stellen sein; als *Cephalotaxites insignis* beschreibt Heer einen beblätterten, samentragenden Zweig aus den Patootschichten (oberste Kreide) Grönlands, welcher *Cephalotaxus* allerdings ähnlich ist. Zu *Torreya* werden von Heer als *Torreya parvifolia* und *T. Dicksoniana* aus den Komeschichten (Urgon) Grönlands mit Blättern besetzte Zweige und pflaumenähnliche Samen gezogen, im Tertiär Grönlands kommt *Torreya borealis* Heer, im Pliocän von Meximieux *T. nucifera* var. *brevifolia* Sap. et Marion vor. Die lebende Gattung ist durch die von zwei gegenständigen Stützblättern umschlossenen Samenknospen von *Taxus* verschieden. Die Blätter dieser drei Gattungen stehen spiralig, an senkrecht stehenden Zweigen aufrecht, an horizontalen in Folge der Beleuchtung bilateral gerichtet, bei *Taxus* ist die Blattspitze kurz zugespitzt, der Nerv ober- und unterseits sichtbar, bei *Cephalotaxus* tritt er an der Oberseite kielartig vor, das Blatt läuft allmählig in eine Spitze aus, bei *Torreya* ist es lang zugespitzt, der Nerv tritt weder oberseits noch unterseits hervor.

Zu *Podocarpus* L'Herit. werden Blattreste gezogen, welche wie die Blätter der noch existirenden Gattung *Podocarpus* einnervig, breiter oder schmäler, linear oder länglich sind, spiralig oder auch opponirt an den Zweigen stehen. Die verbreitetste Art ist *Podocarpus eocenica* Unger (Sotzka, Häring, Ralligen, Wetterau, Armissan, Sinigaglia, Monte Bolca, Portugal, Kumi) im Eocän und Miocän. Eine Reihe von Arten ist durch Saporta aus den Gypsen von Aix beschrieben, welche wohl zum Theile nur Formen dieser Art sind. Ein *Podocarpus elatus* wird von Gardner aus dem Eocän von Sheppey, *P. suessoniensis* und *P. Fyeensis* von Crié aus dem Eocän von Angers und Le Mans erwähnt.

Als *Phyllocladites rotundifolius* beschreibt Heer (Flora foss. arct. t. III p. 129, Fig. 17. 21) aus dem Miocän von Cap Staratschin auf Spitzbergen einen flachen, am Rande gezähnten blattähnlichen Rest, welcher theilweise Eindrücke von ovalen Körpern zeigt und im Allgemeinen Aehnlichkeit mit einem samentragenden Phyllocladium von *Phyllocladus* hat. Der von Lesquereux beschriebene *Phyllocladus subintegrifolius* aus der Kreide von Nebraska (Cretaceous Flora) wird von Heer zu *Thinnfeldia* gezogen.

Unter dem Namen *Conchophyllum Richthofeni* habe ich im 4. Bande des Richthofen'schen Reisewerkes aus dem Carbon von Kai-ping in der Provinz Tschili einen von mir zu den Coniferen gezogenen Pflanzenrest beschrieben (S. 223, Tab. 42, Fig. 21—26), welchen ich mit den kurzen Aehren der weiblichen Blüthen von *Dacrydium Franklini* Hook. fil. verglichen habe. Die Carpelle stehen spiralig an der Axe, manche von ihnen haben an der Basis einen Eindruck wie von einem Samen. Unentschieden bleibt, mit welcher Conifere er in Verbindung zu setzen ist, da sich für eine Combination mit zugleich vorkommenden Coniferenblättern keine Anhaltspunkte ergaben.

Schliesslich seien noch zwei Blüthen erwähnt, welche von Heer als *Antholithes Schmidtianus* und *A. paniculatus* aus dem Jura von Ust Balei in Sibirien beschrieben wurden (Flora foss. arct. t. VI. p. 21. 22). Vergleicht man diese mit der in derselben Abhandlung als *G. grandiflora* beschriebenen männlichen Blüthe, so ist kaum zu zweifeln, dass sie die männlichen Blüthen einer, *Gingko* hinsichtlich des Blüthenbaues sehr nahe stehenden Taxacee sind, welcher und ob von *Phoenicopsis*, muss vorerst dahin gestellt bleiben. Sehr ausgezeichnet sind sie durch die kräftige Axe, die ziemlich langen Träger der 3—4 Pollensäcke (Mikrosporangien) und die bedeutende Grösse im Allgemeinen. Erwähnt sei noch das von Feistmantel aus den Karharbári-beds von Buriadi (Ostindien) beschriebene *Euryphyllum Whitteanum* mit breiten keilförmigen, gegen die Basis verschmälerten Blättern, welche an *Phœnicopsis* und *Feildenia* sich anzuschliessen scheint, und, da in den gleichen Schichten *Cardiocarpus* ähnliche Samen vorkommen, wie die eben genannten Gattungen auch mit den Cordaiten zusammenhängen kann. Die Nervatur ist indess eine dichotome und in dieser Hinsicht schliesst sich *Euryphyllum* an *Baiera, Gingko* etc. an.

Walchieae.

Walchia Sternberg*).

Bäume von Araucarien-ähnlichem Aussehen, mit abstehenden zweizeiligen alternirenden Seitenästen, an diesen spiralig gestellte, lineare, sichelförmige, dreikantige, gekielte Blätter, welche an der Basis etwas herablaufen, Zweige erster Ordnung mit aufrecht stehenden längeren Blättern. Zapfen eiförmig mit dachziegelig sich deckenden, zugespitzten, spiralig stehenden, nicht abfallenden Schuppen.

Eine für das Perm charakteristische Gattung, welche habituell einigen *Araucarien*-Arten, z. B. *Araucaria excelsa,* sehr nahe steht, deren Stellung jedoch, da weder die Blüthen noch die Zapfen genauer bekannt sind, fraglich bleibt. Sie ist in mancher Hinsicht einigen jurassischen Coniferen, wie *Brachyphyllum, Pagiophyllum* verwandt.

Als männliche Blüthenstände gelten von Göppert beschriebene Inflorescenzen, deren Blüthen in den Achseln von Blättern stehen, als Samen ellipsoidische, an den Enden abgerundete, mit zwei bis vier Längsstreifen versehene Körper, welche, wie die Zapfen, mit den Zweigen vorkommen. Die Zapfen sollen endständig sein, wahrscheinlicher ist jedoch, dass sie seitenständig sind.

Wie bemerkt, ist die Verwandtschaft der Gattung in Folge der ungenügenden Kenntniss der Geschlechtsorgane zweifelhaft. Nach dem Vorgange von Saporta habe ich sie mit *Ullmania* als gesonderte Gruppe geschieden, möchte aber annehmen, dass beide Gattungen den Araucarieen nicht ferne stehen und ein Theil der *Brachyphyllum*-Arten Saporta's ebenfalls hieher zu ziehen ist. Auch *Pagiophyllum* Heer steht wenigstens habituell den Ullmannien sehr nahe.

Die verbreitetste Art ist *Walchia piniformis* Sternberg (Fig. 187. 188), zu welcher auch *W. foliosa* Eichw., und als jüngerer Entwicklungszustand *W. imbricata* Schimper und *W. flaccida* Göppert gehören. Seltener ist *W. filiciformis* Sternberg, durch sehr stark sichelförmig gekrümmte Blätter verschieden. *Walchia lanceolata* Schimper (*Ullmannia* Göppert, *Voltzia hexagona* Geinitz, *Voltzia heterophylloides* Schimper, *Voltzia heterophylla* Göppert, Permflora), sind ältere Zweige der *Walchia piniformis,* bei welchen die

*) Schimper, Traité. II. — Weiss, Flora der jüngsten Steinkohle. Bonn, 1874—1876. — Saporta, Paléontologie française. tom III.

Blätter aufrecht stehen und länger sind als an den jüngeren Zweigen. *Walchia longifolia* Göppert ist ganz auszuschliessen. Zu *Walchia* gehört nach der Abbildung wohl auch Göppert's *Trichomanites frondosus* (Permflora, tab. 44, Fig. 2), und zwar zu *W. linearifolia* Göppert mit abstehenden, linearen, spitzen, vielleicht schlafferen und deshalb nach aussen schwach gekrümmten Blättern. Doch kann diese Richtung auch einen anderen Grund haben, denn eine analoge Aenderung in der Blattrichtung findet

Fig. 187.
Walchia piniformis Sternberg mit von der Fläche und Seite gesehenen Blättern, von Lebach. (Nach der Natur.)

Fig. 188.
Walchia piniformis Sternberg mit längsdurchbrochenen Blättern, von Norheim bei Kreuznach. (Nach der Natur.)

sich bei *Araucaria excelsa* und *Cunninghami*, bei welchen die Blätter des Stammes und der älteren Aeste später mit der Spitze nach abwärts gekehrt sind. *Walchia flaccida* Weiss ist schwerlich mit Göppert's Art identisch und nur eine *W. piniformis* Stbg.

Ullmannia Göppert*).

Von dieser Gattung, früher als *Caulerpites* und *Fucoides* zu den Algen gezählt, sind nur beblätterte Zweige bekannt. Diese mit spiralig stehenden, am Zweige herablaufenden, gedrängten, kurz zungenförmigen, lanzettlichen oder linealen Blättern von derber Consistenz und radialem Bau besetzt; Spaltöffnungen beiderseits als gereihte vertiefte Punkte sichtbar. Der einzige mediane Blattnerv wird beiderseits von einem breiten Flügel Transfusionsgewebes gesäumt, welcher ausschliesslich aus Netzfasertracheiden besteht. Fructificationen unbekannt, Blüthen zweifelhaft, vielleicht die Fig. 189[a] abgebildeten Reste mit dachziegelig übereinander liegenden Blättern als solche (männliche?) zu betrachten.

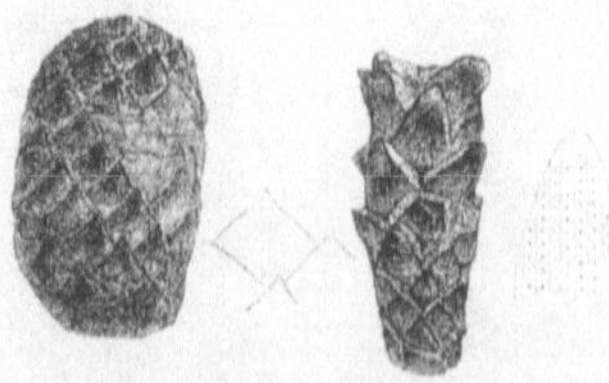

a *b* *c* *d*

Fig. 189.
Ullmannia Bronnii Göpp. *a* männliche Blüthe (?), *b* Staubblätter vergrössert, *c* Blattzweige, *d* einzelnes Blatt vergrössert. Frankenberg in Hessen.

Von *Pagiophyllum* Heer (*Pachyphyllum* Saporta) der äusseren Form nach nicht wesentlich verschieden; so weit jedoch die für die Blätter von *Ullmannia* charakteristischen anatomischen Merkmale auch bei den Arten jener Gattung in Betracht kommen, bleibt es bei dem ungeeigneten Erhaltungszustand der Blätter von *Pagiophyllum* ungewiss, ob eine Vereinigung gestattet ist.

Drei Arten, dem Kupferschiefer eigen. *U. frumentaria* Göpp. (*U. Geinitzii* Heer), Blätter aus breiter Basis lanzettlich, ziemlich spitz, mit deutlichen nadelstichähnlichen Spaltöffnungen (Ilmenau, Mansfeld, Gera, Fünfkirchen). *U. selaginoides* Geinitz (*U. lycopodioides* Göpp.), Blätter lineal, mit stumpfer, meist etwas geschwollener Spitze, Spaltöffnungsreihen undeutlich (Ilmenau, Gera, Mansfeld, Richelsdorf). Auch die Blattstructur scheidet beide Arten; bei der ersteren unter der Epidermis eine dünne Lage hypodermaler Fasern, bei der letzteren zahlreiche, getrennte, parallele Faserstränge. *U. Bronnii* Göpp., Blätter kurz zungenförmig oder eirund, dicht aufeinander liegend, durchaus den Habitus der gewöhnlichen *Pagiophyllum*-Arten, z. B. *P. peregrinum*, bietend (Gera, Frankenberg in Hessen). An letzterem Fundorte der hauptsächlichste Pflanzenrest des dortigen Kupferlettens, mit verschiedenen Coniferenhölzern und Fruchtschuppen der *Voltzia Liebeana* Gein. gesellschaftlich. Im Perm neben *U. selaginoides* als noch zweifelhafte Art *U. orobiformis* Solms (*Piceites orobiformis* Gein.) durch grössere Blätter und deutlichere Spaltöffnungen verschieden.

In dem Kupferletten von Frankenberg finden sich mit *U. Bronnii* Göpp. noch vereinzelte, schildförmig polygonale, mit centralem Stiele versehene, an der Oberseite mit radialen Rippen gezeichnete Schilde und Aggregate

---

*) Den grössten Theil des über *Ullmannia* Gesagten verdanke ich der gefälligen Mittheilung des Herrn Professor Grafen zu Solms-Laubach in Göttingen, dessen Monographie dieser Gattung demnächst erscheinen wird. — Vergl. Schimper, Traité. II. — Göppert, Permflora. — Saporta, Paléontologie française. tom. III.

von solchen, welche von Göppert mit Cupressineen-Zapfen verglichen und zu *U. Bronnii* Göpp. gezogen wurden. Sie können jedoch ebensogut zu einer andern der dort vorkommenden Coniferen gehört haben; es ist sogar nicht ganz zweifellos, ob sie wirklich von Coniferen abstammen. Sie werden von Professor Solms als *Strobilites Bronnii* Solms bezeichnet.

a

Fig. 190.

Radialschnitt eines mit *Ullmannia* vorkommenden Holzes von Ilmenau.

b

Fig. 191.

Tangentialschnitt eines mit *Ullmannia* vorkommenden Holzes von Ilmenau.

Unter den mit Zweigresten von *Ullmannia* vorkommenden Hölzern finde ich bei einem von Ilmenau stammenden wohlerhaltenen Holze die ausgesprochenste Araucarienstructur: ein weiterer Beleg, wie allgemein dieser Bau in den älteren Perioden ist. Das Holz ist ein Wurzelholz, da das Mark fehlt und ein elliptischer primärer Holzkörper im Centrum des Querschnittes vorhanden ist. Die Tracheiden sind oft mit einreihigen ober- und unterseits abgeplatteten Hoftüpfeln versehen, nicht selten stehen sie zweireihig, seltener, meist nur local, drei- und vierreihig (Fig. 190). Ihre Stellung ist im letzteren Falle spiralig, ihr Umriss polygonal. Das Strahlenparenchym besteht aus einreihigen, meist ein bis zwei oder vier bis fünf Zellen hohen radiären Reihen, viel seltener sind sie bis 8 Zellen hoch (Fig. 191).

Pagiophyllum Heer (**Pachyphyllum** Saporta).

Blätter in Spiralen stehend, lederartig, dick, dreikantig, eilanzettlich, abstehend oder locker sich deckend, an der Basis herablaufend.

Blattzweige, welche im Allgemeinen an *Araucaria* erinnern und auch als *Araucarites, Moreauia* Pomel und *Brachyphyllum* Brongniart beschrieben sind. Die von Saporta gegebene Bezeichnung durch Heer geändert wegen des bereits für eine Orchideengattung verwendeten Namens *Pachyphyllum* H.K.B. Sie treten zuerst, insofern der Habitus der blatttragenden Zweige entscheidend ist, im Muschelkalke auf und haben bis in die unteren Kreidebildungen fortgedauert. Von Saporta werden lose eiförmige Zapfen aus dem Jura von Solenhofen hierher gezogen, deren Schuppen an der Spitze mit einem kurzen nach vorne gerichteten Fortsatz versehen, je eine umgewendete Samenknospe tragen, als männliche Blüthen dicht mit Staubblättern besetzte schlanke Axen, welche an der Basis mit Hüllblättern versehen sind. Je nach dem Erhaltungszustande sind auf den Blättern und deren Abdrücken zahlreiche Reihen von Spaltöffnungen sichtbar.

Fig. 192.

a Pagiophyllum peregrinum Heer. Beblätterter Zweig. Blauer Lias von Lyme Regis, Dorsetshire. (Nach der Natur.) *b P. cirinicum* Heer, Zapfen. *c P. araucarinum* Heer, Blatt, vergrössert. (*b*, *c* Copien nach Saporta.) *b* aus dem lithographischen Schiefer von Solenhofen; *c* von Verdun.

Aus dem Muschelkalk von Crailsheim gehört hierher nach dem Originale der Sammlung zu Strassburg *Pagiophyllum* (*Voltzia* Schimper) *Weissmanni*, aus dem bunten Sandstein von Recoaro *Pagiophyllum* (*Araucarites pachyphyllus* Massal., *Voltzia pachyphylla* Schimper) *Schaurothi* Schenk, auch von Agordo, aus den schwarzen Schiefern von Raibl *P. Sandbergeri* Schenk, aus dem blauen Lias von Lyme Regis, Dorsetshire, Lias der Schambelen in der Schweiz und Infralias von Hettanges bei Metz *P. peregrinum* Heer (*Araucaria* Lindl. et Hutt.) (Fig. 192^a), aus dem Lias von Ohmden in Würtemberg *P. Kurrii* Schimper, aus dem Oolith von Pernigotti *P. Zignoi* Sap., aus dem weissen Jura (Corallien) von St. Mihiel, Verdun, Creue, Gibomeix *P. rigidum* Sap., *P. araucarinum* Heer (Fig. 192^c), aus dem Kimmeridgien von Cirin, Morestel, Creys, *P. cirinicum* Heer (Fig. 192^b), aus dem Jura der Schweiz *P. Meriani* Heer, aus dem Jura Portugals *P. cirinicum* Heer und *P. combanum* Heer; aus dem Wealdenschiefer von Rehburg *P. crassifolium* Schenk; aus den Ligniten der unteren Kreide der Isle d'Aix und Pialpinson *P. Orbignyanum* Sap. und *P. Brardi* Sap., beide als *Fucoides* von Brongniart beschrieben.

Aus den Gondwana-Schichten Ostindiens werden von Feistmantel *Pagiophyllum* (*Pachyphyllum*) *peregrinum* und *P. heterophyllum* (*Pachyphyllum*) Feistm. angegeben; nach den Abbildungen ist die erstere nicht mit der Art des englischen Lias identisch und gehört wohl nur zum Theile der Gattung *Pagiophyllum* an.

Araucarieae.

Bäume mit gewöhnlich sehr regelmässig entwickelter wirteliger Verzweigung der Hauptaxe, Verzweigung der Seitenaxen fast immer bilateral, doch auch nicht selten (z. B. *Araucaria Cunninghami* Ait, *A. Bidwilli* Hook) mit aufwärts und abwärts gerichteten Zweigen an den Seitenaxen neben den bilateralen. Blätter flach, mehr oder weniger breit, oder linear an der Basis dicker, an den Seiten zusammengedrückt, gleichgestaltet oder an den blüthentragenden Axen kürzer und schmäler, stets spiralig stehend, auch bei *Dammara* an den Haupt- wie den Seitenaxen, an letzteren die beiden obersten Blätter gegenständig, die übrigen in $^2/_5$ oder $^3/_8$ Stellung, aber paarweise genähert, die älteren Blätter des Stammes bei *Araucaria brasiliensis*, bei *A. Cunninghami* jene der Zweige nach rückwärts gerichtet. Knospen von kleineren, kürzeren Blättern bedeckt (*Araucaria*, *Cunninghamia*), daher die entwickelten Axen an der Basis mit kürzeren, allmälig in die grösseren Blätter übergehenden Blättern besetzt oder mit Knospenschuppen (*Dammara*), diese decussirt, bei der Entwicklung der Axe abfallend, die darauf folgenden Blätter schmal, allmälig in die Form der oberen Blätter übergehend. Basis der Blätter bei *Dammara* in ein kurzes Blattkissen beiderseits kurz herablaufend mit querer Blattnarbe; bei *Araucaria* Blattkissen rhombisch, bei *Cunninghamia* länglich. Blüthen endständig an axillären Seitenzweigen, an der Basis von Schuppen umhüllt; männliche einzeln oder zu mehreren (*Cunninghamia*), dann jede in der Achsel eines Stützblattes, weibliche mit zahlreichen, dicht gedrängten, sich deckenden bei der Reife verholzenden Fruchtblättern.

Für alle drei lebenden Gattungen dieser Gruppe, *Dammara*, *Cunninghamia* und *Araucaria* lassen sich Reste aus früheren Entwicklungsepochen nachweisen. Am wenigsten sicher ist dies für *Dammara* der Fall, von welcher jedoch das Vorkommen von Zapfenschuppen mit ziemlicher Sicherheit aus den Kreidebildungen behauptet werden kann. *Dammara* scheint mir überdies noch durch den Zusammenhang, den sie in mancher Beziehung mit den Cordaiteen und ihren spätern Nachkommen, z. B. *Feildenia*, hat, ein Interesse zu bieten. *Araucaria* tritt zuerst in den Jurabildungen auf und wie aus den Untersuchungen Feistmantel's sich ergibt, auch in jenen Indiens, durch welches Vorkommen die heutige Verbreitung dieser Gattung noch sicherer gestellt wird als durch die verkieselten Hölzer mit Araucarienstruktur.

Reste, welche mit *Cunninghamia* mit mehr oder weniger Sicherheit zu vereinigen sind, sind bislang nur in den jüngern Kreidebildungen und im Tertiär beobachtet, jedoch nicht in einer solchen Verbreitung, dass durch sie das heutige Vorkommen sich erklären liesse. Ausgestorben ist *Albertia*, welche nach der Form und Nervatur der Blätter, so lange für Blüthen und Zapfen weitere Anhaltspunkte nicht gegeben sind, mit Dammara verglichen werden kann.

Dammara Lambert.

Bäume mit wirtelständigen Aesten, lederartigen, eiförmigen, länglich eiförmigen oder länglichen, stumpfen, beinahe gegenständigen oder alternirenden Blättern von zahlreichen dichotomen Nerven durchzogen, Verzweigungen der 5—6 Tracheidenstränge des kurzen Blattstieles. Blüthen monöcisch oder diöcisch. Männliche Blüthen auf kurzen Aesten endständig, axillär, einzeln, von decussirten Schuppen an der Basis umgeben. Staubblätter zahlreich mit fünf und mehr Pollensäcken (Mikrosporangien). Weibliche Blüthen endständig, mit zahlreichen spiralig an der Axe stehenden, dicht sich deckenden Fruchtblättern, welche, etwa in der Mitte, je eine umgewendete Samenknospe (Makrosporangium) tragen. Fruchtblätter bei der Reife verholzend, abfallend. Same einseitig oder ringsum geflügelt. Laubknospen mit Knospenschuppen.

Die Arten dieser Gattung, welche richtiger *Agathis* Salisb. zu bezeichnen wäre, sind jetzt auf Java, Borneo, Celebes, den Philippinen (*Dammara alba* Rumph.), sodann (*D. australis* Lamb., *D. robusta* C. Moore, *D. ovata* C. Moore, *D. vitiensis* Seem. etc. etc.) in Queensland, Neu-Caledonien, den Neu-Hebriden, Fidji-Inseln und Neu-Seeland (Nordinsel) verbreitet.

Das Vorhandensein der Gattung in früheren Epochen ist nicht absolut sicher gestellt. Von Heer werden in der oberen Kreide Grönlands (Atane-Schichten) gefundene Zapfenschuppen einer Conifere hierher gezogen, deren eine (*D. borealis* Heer, Fig. 192 *a*) am oberen verdickten, stumpf abgerundeten Rande mit einer Spitze versehen ist, die andere (*D. microlepis* Heer) durch geringere Grösse und das Fehlen der Spitze sich unterscheidet, beide gegen die Basis verschmälert sind. Letztere kommt auch in den Patoot-Schichten (oberste Kreide) Grönlands mit einer weiteren von Heer beschriebenen Zapfenschuppe vor: *D. macrosperma* mit ungeflügeltem Samen. Dass die Schuppen *Dammara* angehören können, ist nach den Abbildungen möglich, jedoch auch die Deutung als Abietineen-Schuppen nicht ausgeschlossen. Auch für das Vorkommen von Zapfen ist der Beweis nicht geführt. Ebenfalls aus der Kreide ist *Dammarites*

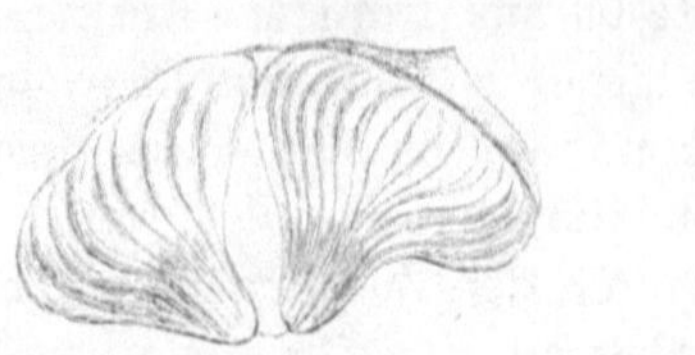

Fig. 192 *a*.
Dammara borealis Heer. Ataneschichten (obere Kreide) Grönlands. (Nach Heer.)

albens Presl. (Fig. 192*b*), Quadersandstein von Neubidschow, *D. crassipes* Göpp. von Schömberg in Schlesien beschrieben. Ist bei der ersteren die Abstammung von Coniferen fraglich, so ist dies umsomehr bei der zweiten der Fall. Beide werden wohl richtiger als Blüthenstände von Cycadeen zu bezeichnen sein. Heer dagegen ist geneigt, sie als Zapfen von *Araucaria*-Arten anzusehen.

Ebenso wenig ist das Vorkommen von Blättern sicher gestellt. Alle ähnlichen Blätter sind entweder unzweifelhaft Fiederblätter von Cycadeen oder es kann für sie diese Abstammung geltend gemacht werden. Möglich, dass Velenovsky's *Podozamites miocenicus* aus dem Tertiär Böhmens zu *Dammara* gehört, wobei jedoch die Möglichkeit, dass das Fragment einem *Podocarpus* aus Sect. *Nageia* angehört, nicht auszuschliessen ist. Auf das von Unger als *Dammara fossilis* beschriebene Holz wird später zurück zu kommen sein.

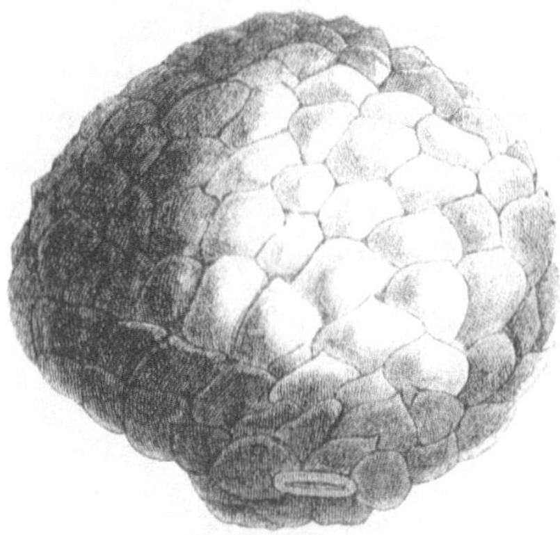

Fig. 192*b*.
Dammarites albens Presl. Quadersandstein von Neubidschow in Böhmen. (Nach Corda.)

Araucaria Jussieu.

Bäume bis zu 200 Fuss Höhe mit wirtelständigen Aesten, spiralig stehenden, mehrnervigen flachen (bei Sect. *Columbea*), oder einnervigen vierkantigen, an der Basis dickern pfriemlichen, spitzen Blättern, an den blühenden Aesten kürzer bei der Sect. *Eutassa*. Blüthen monöcisch oder diöcisch, endständig. Staubblätter der männlichen Blüthen zahlreich an einer cylindrischen Axe mit 6—8 linearen, hängenden Pollensäcken (Mikrosporangien). Weibliche Blüthen mit dicht sich deckenden, spiralig stehenden Fruchtblättern, an der Spitze mit rückwärts gekrümmtem Fortsatze; Samenknospe umgekehrt, oberseits frei, unterseits mit dem Fruchtblatte verschmolzen, über ihr ein schmaler hautartiger Fortsatz (ligula). Bei der Reife die Fruchtblätter (Zapfenschuppen) verholzend, ungeflügelt bei Sect. *Columbea*, geflügelt bei Sect. *Eutassa*, mit aufrechtem oder zurückgekrümmtem Fortsatze an der Spitze.

Keineswegs, wie noch in jüngster Zeit von Eichler, irregeführt durch die unzutreffenden Angaben Göppert's, behauptet wurde, die älteste Coniferenform, sondern spät erst in der mesozoischen Zeit auftretend und noch im Tertiär vorhanden. Gegenwärtig auf die südliche Halbkugel beschränkt, ist dort die Mehrzahl der Arten in Queensland, Norfolkinsel, Neucaledonien, Neu-Guinea, den neuen Hebriden verbreitet, zwei Arten, *A. imbricata* und *A. brasiliensis* im südlichen Chile und in Brasilien, eine Verbreitung, welche in dem Vorkommen von Hölzern aus der Tertiärformation mit Araucarienstructur auf den Kerguelen und der Südspitze von Amerika ihre Erklärung findet.

Bekannt sind im fossilen Zustande beblätterte Zweige, Zapfen und Samen. Aus dem Braunjura *A. Brodiaei* Carruthers, *A. sphaerocarpa* Carruthers, beides Zapfen aus dem Jura von Stonesfield und Bruton in Somersetshire, ferner *A. Hudlestoni* Carruthers, Oolith von Malton, *A. Phillipsii* Carruthers, Zapfen und Samen aus dem Oolith von Yorkshire, sämmtlich wie auch die im Wealden vorkommende Art von Carruthers zuerst als den Araucarien angehörig erkannt. Nach Nathorst gehören vielleicht auch *Cryptomerites divaricatus* Bunbury, *C. rigidus* Phillips aus dem Oolith

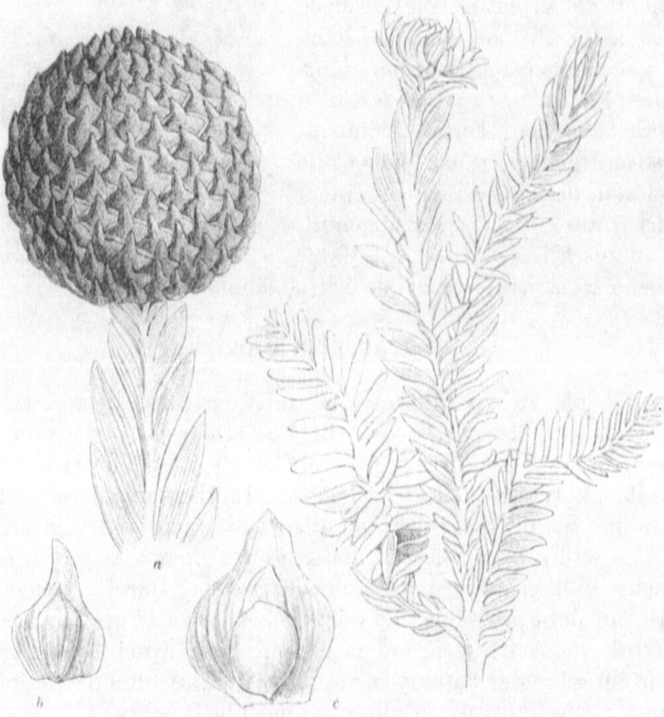

Fig. 193. Fig. 194.
Araucaria microphylla Saporta.

a Restaurirter Zapfen, *b* Zapfenschuppe, c vergrössert. Kimeridgien von Bellay (Ain). Nach Saporta.

Beblätterter Zweig mit Resten eines Zapfens. Kimeridgien von Bellay (Ain). Nach Saporta.

von Yorkshire als Zweige zu *A. Phillipsii* Carruth., für *Pachyphyllum? Williamsoni* Schimper bezweifle ich nach den mir vorliegenden Exemplaren nicht, dass dieses einer *Araucaria* angehört, die Zapfen weibliche Blüthen sind. Ferner, ebenfalls nach Nathorst, *Thuyites expansus* Lindl. von Whitby, welcher dort mit Schuppen von *Araucaria*, wahrscheinlich zu *A. Brodiaei* gehörend, vorkömmt. Aus dem Braunjura China's *Araucaria chinensis* Schenk, beblätterte Zweigfragmente, der *A. Cunninghami* verwandt.

Aus dem Corallien von St. Mihiel und Verdun *A. Moreauiana* Saporta (*Moreauia* Pomel) Zapfen; aus dem Kimeridgien von Bellay (Départ. de l'Ain): *A. microphylla* Sap. (Fig. 193. 194), *A. Falsani* Sap., Zweig und Zapfen, *A. lepidophylla* Sap., Zweige. Aus dem Wealden Englands stammt *A. pippingfordensis* Carruthers (*Pinites* Mantell, *Zamiostrobus* Unger), ebenfalls Zapfen. In dem Grünsandstein von Nogent-le-Rotrou sind die Zapfen von *A. cretacea* Brongniart, aus dem Turon von Beausset bei Toulon die Zweige der *A. Toucasii* nachgewiesen. Aus dem Tertiär von Cap Staratschin stammt ein von Heer beschriebener, wahrscheinlich zu *Araucaria* gehörender Zapfen, *A. Nordenskiöldi**). Das Vorkommen während des Eocän beweisen die Araucarienreste im Eocän (Bornmouth) Englands und Frankreichs, *A. Roginei* Sap. (Angers, Le Mans); dass sie früher in Tasmanien, wo sie jetzt fehlt, vorhanden war, beweist die von F. v. Müller beschriebene *A. Johnstoni* aus dem Travertin der Geilstone Bai bei Hobarttown (beblätterte Zweige). Die von Corda aus dem Gault von Böhmen beschriebene *A. crassifolia* gehört, wenn nicht zu *Pagiophyllum* (*Pachyphyllum*), wohl zu *Araucaria*, dagegen ist *A. acutifolia* Corda mit *Sequoia Reichenbachi* Heer zu vereinigen. Für das Vorhandensein der Gattung in den Lias- und Jurabildungen Ostindiens sprechen die von Feistmantel beschriebenen Zweige (*Araucarites latifolius* Feistm.), Schuppen und Samen (*Araucarites macropterus* Feistm., *A. cutchensis* Feistm.) und, wie ich glaube, die als *Pachyphyllum divaricatum* Feistm. und ein Theil der als *Taxites planus* Feistm. bezeichneten Zweige. Nach dieser Verbreitung der fossilen Reste würde anzunehmen sein, dass die Gattung durch Aenderung ihrer Lebensbedingungen auf ihr heutiges Areal eingeschränkt wurde.

Eine zweifelhafte Art ist Newberry's *Araucaria spathulata* aus der Kreide von Nebraska, wie es scheint zu *Geinitzia* gehörend; die von Schimper (Traité II, pag. 252) angeführte Gruppe *Araucarites* ist ganz auszuschliessen, da die von Dunker beschriebenen Arten, aus der Kreide von Blankenburg, nach den Abbildungen kaum zu beurtheilen sind, wahrscheinlich aber zu der von Heer beschriebenen *Sequoia pectinata* gehören. *Araucarites Duchartrei* Watelet aus dem Tertiär von Paris ist Schimper selbst fraglich. Andere als *Araucarites* beschriebene Fragmente sind zu unvollständig, als dass sie berücksichtigt werden könnten.

Cunninghamites Sternberg.

Unter dieser Bezeichnung werden blatttragende Zweige zusammengefasst, welche, ohne dass Zapfen oder Blüthen bekannt sind, wegen ihrer

*) Ich verdanke dem verstorbenen Professor Pöppig einen Zapfen von *A. imbricata*, dessen Stiel $1^1/_2$ cm im Durchmesser hat; er ist mit Blattresten besetzt und sieht, abgesehen von der Grösse, dem von Heer abgebildeten ähnlich.

Aehnlichkeit mit jenen von *Cunninghamia sinensis* mit dieser Gattung verglichen werden. Die Blätter der hierher gezogenen Zweige sind einnervig, schmal, lanzettlich, zugespitzt und stehen auf einem je nach dem Alter des Zweiges kürzeren oder längeren sogenannten Blattkissen. Die oben erwähnte Art ist in China einheimisch, in Japan cultivirt; ihre schmal lanzettlichen, lang zugespitzten, am Rande fein gezähnten, mit einem Mittelnerven und beiderseits mit einem Randnerven versehenen Blätter stehen auf anfangs kurzen, mit dem Alter der Zweige sich vergrössernden Blattkissen ringsum an den Zweigen spiralig, richten sich aber durch eine Biegung ihrer Basis an den ausgewachsenen Zweigen in die für die Lichtwirkung günstigste Stellung nach den zwei Seiten des Zweiges. Die männlichen Blüthen, zu mehreren an der Basis von Schuppen umhüllt, in der Achsel eines Stützblattes sind wie die weiblichen Blüthen endständig, letztere an kurzen, mit kleineren Blättern besetzten Seitenästen stehend; die spiralig

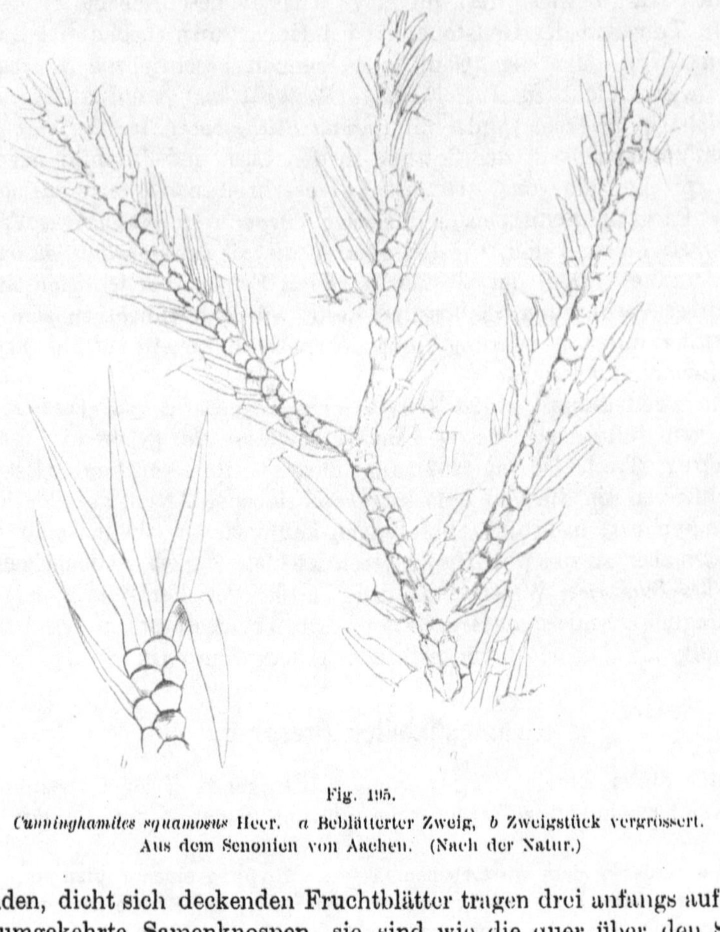

Fig. 195.
Cunninghamites squamosus Heer. *a* Beblätterter Zweig, *b* Zweigstück vergrössert.
Aus dem Senonien von Aachen. (Nach der Natur.)

stehenden, dicht sich deckenden Fruchtblätter tragen drei anfangs aufrechte, dann umgekehrte Samenknospen, sie sind wie die quer über den Samenknospen verlaufende zarte Hautlamelle am Rande gezähnt. Bei der Reife stehen bleibend verholzen sie ohne ihre Form wesentlich zu ändern. Knospenschuppen fehlen wie bei *Araucaria,* ihre Function versehen kürzere und weniger lang zugespitzte Blätter, welche an der Basis der Zweige stehen bleiben und auf die zunächst etwas kürzere Blätter folgen.

Alle bisher bekannt gewordenen Fragmente gehören den jüngeren Kreideschichten an, so der bereits durch Presl von Niederschöna in Sachsen und Aign bei Salzburg beschriebene *Cunninghamites Oxycedrus;* von Moletein in Mähren, Msseno bei Schlan, Perutz in Böhmen, Westfalen, aus den Patootschichten Grönlands, aus dem Turon von Bagnols in Südfrankreich *C. elegans* Endl. (*Cunninghamia elegans* Corda, *C. planifolia* Corda, *Cunninghamites squamosus* Hosius), ferner *C. squamosus* Heer von Quedlinburg und Aachen (Fig. 195), dessen stumpfe Zweigspitzen unentwickelte Knospen sind, ferner aus dem Tertiär *C. miocenicus* Ettingshausen von Sagor. Auszuschliessen ist: *C. borealis* aus den Ataneschichten von Grönland, ohne Zweifel eine Sequoia, ferner der als Zapfen von *C. Oxycedrus* Stbg. von Ettingshausen bezeichnete Zapfen (ein *Pinus*-Zapfen), endlich die als *C. Sternbergi* von Ettingshausen von Niederschöna beschriebenen Zapfen, diese letzteren zu *Sequoia Reichenbachi* Heer gehörig, wohin auch die von Göppert abgebildeten Zapfen gehören. (Monogr. d. foss. Conif., Taf. 47, Fig. 3 u. 4.)

Bei allen mit *Cunninghamia* verglichenen fossilen Zweigfragmenten vermisse ich den für die Blätter von *Cunninghamia* charakteristischen Bau: die beiden an den Blatträndern deutlich hervortretenden Längsleisten, bedingt durch Sclerenchymfaserstränge unter der Epidermis. Sie müssten, wären sie vorhanden gewesen, sich ebenso erhalten haben, wie die Spuren der Leitbündel.

Albertia Schimper et Mougeot (**Haidingera** Endl.)*).

Bäume, deren Zweige an den Aesten bilateral stehen, mit spiralig stehenden gedrängten, spatelförmigen, länglichen oder elliptischen, lederartigen, stumpfen, gegen die Basis verschmälerten Blättern.

Durch die Blattform und die zahlreichen Nerven des Blattes stehen die Zweige dieses dem bunten Sandstein des Elsasses angehörigen Baumes der Gattung *Dammara* so nahe, dass man versucht ist, sie als eine nahe verwandte Form aufzufassen, wofür auch der einzelne geflügelte Same sprechen würde, wenn dieser zu den Zweigfragmenten gehört. Einer solchen Auffassung widersprechen jedoch die männlichen Blüthen wie die Zapfen, wenn die von Schimper gegebenen, restaurirten Darstellungen richtig sind. Diese sprechen eher für die Stellung in der Nähe der Abietineen, da die Samenschuppen in der Achsel eines Fruchtblattes stehen und an

*) Schimper et Mougeot, Monographie des plant. foss. du grès bigarré. Leipzig, 1844. Schimper, traité. t. II. Saporta, Paléontologie française. t. III.

das gleiche Verhältniss bei *Pinus Douglasii* erinnern. Die männlichen Blüthen liessen sich als den Abietineen verwandt denken, wenn angenommen wird, dass die Organe, in deren Achseln sie stehen, wirklich Bracteen oder Blätter gewesen sind. Die von mir untersuchten Originalexemplare Schimper's geben jedoch einen ganz andern Aufschluss. Das von Schimper a. a. O. (Taf. 16 Fig. A. 1) abgebildete Exemplar gehört überhaupt weder zu *Albertia*, noch ist es ein männlicher Blüthenstand, sondern ein Zapfen von *Voltzia*, wie das an der Basis des Zapfens vorhandene Zweigstück darthut, während das auf derselben Tafel Fig. A. 2 abgebildete Exemplar eines Zapfens überhaupt keinen Aufschluss gewährt. Für die Stellung der Zweigreste gegenüber den lebenden und fossilen Coniferen kann demnach nur der Habitus der Zweigreste benutzt werden und widerspricht dieser nicht der Ansicht, dass *Albertia* eine den Araucarieen, insbesondere *Dammara*, nahe stehende Form sei.

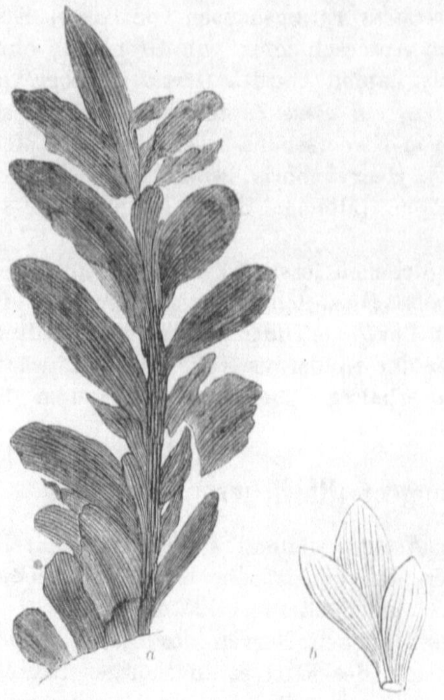

Fig. 196.
a Albertia Braunii Schimper. *b A. latifolia* Schimper. Copie nach Schimper. Bunter Sandstein von Sulzbad im Elsass.

Schimper unterscheidet nach der Form der Blätter vier Arten: *Albertia latifolia* mit spatelförmigen, gegen die Basis verschmälerten Blättern (Fig. 196[b]), *A. elliptica* mit länglichen elliptischen Blättern, *A. Braunii* mit länglichen Blättern (Fig. 196[a]) und *A. speciosa* mit verlängert elliptischen Blättern, sämmtlich aus dem bunten Sandstein von Sulzbad im Elsass. *Albertia speciosa* wird von Feistmantel auch aus den Karharbári-beds angegeben, nach den Abbildungen lässt sich kaum entscheiden, ob die Fragmente dieser Art angehören.

Die von Zigno aus dem Thale Prack bei Recoaro beschriebene *Haidingera Schaurothiana* Massal. ist als zweifelhaft auszuschliessen.

Taxodineae.

Bäume mit wirtelständigen Hauptästen, alternirenden oder gegenständigen Seitenästen. Blätter spiralig stehend, entweder klein, kurz, an die Zweige mehr oder weniger angedrückt (sogenannte schuppenförmige

Blätter) oder grösser, linear, nicht selten nach einwärts gekrümmt, oder aber flach, linear, lanzettlich, einnervig, je nach der Stellung der Zweige aufrecht oder zweizeilig gerichtet. Bei *Taxodium* Rich. und *Glyptostrobus* Endl. werden jährlich die Seitentriebe der Haupttriebe abgeworfen, bei *Sequoia sempervirens* Endl. bleiben diese Triebe mehrere Jahre stehen und fallen dann vertrocknend ab. An Stelle der abgeworfenen Aestchen treten an derselben Stelle neue, selbst noch an zwölf- und fünfzehnjährigen Aesten. An der Basis der Triebe kleine kurze Blätter, die früheren Knospendecken, diese allmählich in die eigentliche Blattform übergehend. *Glyptostrobus* trägt an den Hauptästen schuppenförmige, an den jährlich abfallenden Seitenästen lineare an der Basis herablaufende Blätter mit senkrecht gestellten Blattflächen. Blüthen monöcisch, an axillären kurzen, mit kleinen Blättern besetzten Seitenaxen endständig, an der Basis von spiralig stehenden Schuppen umgeben. Staubblätter der männlichen Blüthen spiralig stehend, mit zwei bis fünf Pollensäcken, schild- oder eiförmiger Lamina. Fruchtblätter der weiblichen Blüthen spiralig stehend, während der Reife auf der Innenseite eine Gewebewucherung entwickelnd (Innenschuppe, Samenschuppe), welche die Spitze des Fruchtblattes (Deckschuppe) nach aussen und unten drängt, die bei *Cryptomeria* Don., *Voltzia* Schimper sehr ausgeprägt und gezähnt, bei *Glyptostrobus* und *Taxodium* gekerbt, bei *Sciadopitys* Sieb. und Zuccar. als dicker Querwulst entwickelt ist. Weniger tritt sie bei *Echinostrobus* Schimper, *Sequoia* Endl. und *Arthrotaxis* Don., *Brachyphyllum* Brongn., *Geinitzia* Heer und *Sphenolepidium* Heer hervor, während bei *Schizolepis* Fr. Braun, *Cheirolepis* Schimper, *Swedenborgia* Nathorst, *Cyparissidium* Heer und *Inolepis* Heer weder das Vorhandensein der Wucherung noch die veränderte Lage der Spitze des Fruchtblattes wahrzunehmen ist und nur die spiralige Stellung der Zapfenschuppen neben der Blattform für die Taxodineen mehr als für eine andere Gruppe spricht*). Insbesondere *Schizolepis* kann wegen ihrer nahen Beziehung zu *Pinus Kaempferi* hinsichtlich ihrer Stellung bezweifelt und gefragt werden, ob sie nicht richtiger den Abietineen anzureihen sei. Aufrecht sind die Samen bei *Cryptomeria, Taxodium, Glyptostrobus,* sie stehen auf der Basis der Schuppe, bei *Sequoia* und *Arthrotaxis* stehen sie zu beiden Seiten des verschmälerten Theils der Schuppe und sind umgewendet, die gleiche Stellung scheinen sie bei *Brachyphyllum* und *Geinitzia* gehabt zu haben, bei *Sciadopitys* stehen sie umgewendet auf der Mitte der inneren Fläche des Fruchtblattes. Axillär sind sie bei allen in dieser Richtung untersuchten Gattungen entstanden, wie sie ursprünglich auch aufrecht sind, die veränderte Richtung und Stellung sind Folge des intercalaren Wachsthums der Basis des Fruchtblattes.

Von den genannten Formen verschwindet *Voltzia* in der Trias, nachdem sie im Perm zuerst aufgetreten, *Schizolepis*, *Cheirolepis*, *Swedenborgia*

---

*) Für das Vorhandensein dieser Wucherung bei *Inolepis* lässt sich vielleicht der in den Abbildungen Heer's dargestellte Saum an dem oberen Rande der Schuppe geltend machen

sind auf das Rhät und den Lias, *Cyclopitys, Echinostrobus* und *Brachyphyllum* auf die Juraperiode, *Sphenolepidium, Cyparissidium, Geinitzia, Inolepis* auf die Kreidebildungen beschränkt; *Sequoia* und *Glyptostrobus* erscheinen zuerst in den Kreidebildungen, wenn nicht das Auftreten der ersteren noch weiter, in die Juraperiode, nach Nathorst's Bemerkungen, zurückzuverlegen ist. *Taxodium* im Tertiär erscheinend dauert die Tertiärperiode hindurch und erreicht im Verein mit *Sequoia* und *Glyptostrobus* die gegenwärtige Entwicklungsepoche, wenn auch räumlich sehr beschränkt und in wenigen Arten.

Um zu beurtheilen, ob und in wie weit ein Zusammenhang zwischen den untergegangenen und den noch vorhandenen Arten der drei zuletzt genannten Gattungen nachweisbar ist, wenden wir unsern Blick nach Ostasien, nach dem Westen und Süden der Vereinigten Staaten Nordamerika's und Mexico. *Taxodium* ist heute mit zwei Arten, deren eine, *T. distichum* Rich., in den Sümpfen und an den Flüssen der Südstaaten Nordamerika's, die andere, *T. mucronatum* Ten., im Hochlande Mexico's in 4000—9000' Seehöhe vorkömmt. Die der ersteren so nahe stehende Tertiärart, dass sie nur als Varietät betrachtet wird, das *Taxodium distichum miocenum,* ist in Nordamerika in den Tertiärbildungen von Utah nachgewiesen, reicht aber in der Tertiärperiode über Alaska, Sitka und Nordcanada nach Grönland, Grinnell-Land bis nach Spitzbergen, von da durch Sibirien nach Sachalin und von der Ostsee bis in den Süden Europas. Auf diesem ausgedehnten Terrain ist die Art heute verschwunden durch die Aenderung ihrer Existenzbedingungen, und kann es keinem Zweifel unterliegen, dass ihr heutiges, engbegrenztes Vorkommen sich unmittelbar anschliesst an jenes Vorkommen in Utah während der Tertiärzeit.

Eine analoge Thatsache tritt uns in der Verbreitung von *Glyptostrobus heterophyllus* Endl. entgegen, die heute nur noch in China z. B. Canton, einheimisch ist. Die im Tertiär vorkommende Art, *Gl. europaeus* Heer, nahm in jener Zeit gleichfalls ein ausgedehnteres Terrain als ihr Nachkomme in Anspruch; mit dem nahestehenden *Gl. Ungeri* Heer, welcher vielleicht nicht zu trennen ist, ist sie durch Süd-, Mittel- und Nordeuropa nach Sibirien, Spitzbergen, Grönland, Mackenzie-River, Nordcanada, Sitka, Alaska und bis in den Westen Nordamerika's verbreitet. Treffen wir Reste dieser Art im Tertiär des Gouvernement Jenisseisk, so ist die Ansicht berechtigt, dass das heutige Vorkommen mit jenem der Tertiärzeit unmittelbar zusammenhängt und *Glyptostrobus* sich ebenso verhält, wie der heute ebenfalls nur in China noch vorhandene *Gingko biloba* L. dem *G. adiantoides* Heer von Sachalin gegenüber sich verhält, welche Gattung auch den Jurabildungen Ostindiens nicht zu fehlen scheint. *Glyptostrobus* hat übrigens schon in den jüngsten Kreidebildungen Grönlands seine Vorfahren und liegt es nahe, dass diese Gattung von da aus ihre weitere Verbreitung gefunden hat, durch Aenderung der Lebensbedingungen jedoch das Terrain, welches sie eroberte, wieder verlor. Nicht weniger sprechend sind die Thatsachen, welche aus dem früheren und dem jetzigen Vorkommen von *Sequoia* sich ergeben. Zwei Arten, *Sequoia sempervirens* Endl. auf die Küstenregion des nordamerikanischen Westen beschränkt, *S. gigantea* Torrey in der Sierra Nevada, existiren noch. An die erstere schliesst sich die im Tertiär verbreitete *S. Langsdorfi* Heer, an die letztere *S. Sternbergi* Heer an. *Sequoia Langsdorfi* von der obersten Kreide Grönlands bis in das Tertiär (Obermiocen) reichend, ist durch ganz Europa, auf Spitzbergen, Sibirien, Sachalin, Grönland, Mackenzie-River, Nordcanada, Sitka und Vancouver bis zu den Black Butts verbreitet. Es liegt auf der Hand, dass das heutige Vorkommen der verwandten lebenden Art bedingt ist durch die Verbreitung der erloschenen Art. Nicht anders verhält es sich mit der zweiten lebenden Art, wenn auch der Zusammenhang nicht so prägnant vorliegen mag, obwohl es im Tertiär Nordamerika's an verwandten Arten nicht fehlt, z. B. *S. affinis* Lesq. Wie die beiden zuerst genannten Gattungen bereits in den Kreidebildungen erscheinen, so auch *Sequoia*, von deren in der Kreide vorkommenden Arten *S. Smittiana* Heer aus der untern Kreide Grönlands an die tertiäre *S. Langsdorfi* und die lebende *S. sempervirens* sich anschliesst, während *S. gracilis* und *S. concinna* aus der unteren und obersten Kreide Grönlands und die in der Kreide verbreitete *S. Reichenbachi*, durch *S. Sternbergi* und *S. Couttsiae* an die lebende *S. gigantea* sich anschliessen. Ob die Sequoien in den Kreidebildungen zuerst erscheinen oder, wie aus den Bemerkungen von Nathorst hervorzugehen scheint, ihr erstes Auftreten schon viel früher, in die Jurabildungen fällt (Nathorst, Berättelse etc. in Kongl. Vetenskaps-Acad. Förhandl. 1880), nach welchen ein Theil der aus den englischen Jurabildungen beschriebenen Reste, so *Brachyphyllum setosum* Phill., *Pecopteris diversa* Phill., *Thuyites articulatus* Phill., *Thuyites* (Zapfen), *Cycadites zamioides* Lekenby zum Theil, wahrscheinlich dieser Gattung angehören, vermag ich nicht zu entscheiden.

Wenn auch *Cyclopitys* nur eine entferntere Analogie mit *Sciadopitys* hat, so lässt die Structur der Epidermis der der unteren Kreide Grönlands angehörigen *Pinus Crameri* Heer, sowie Blattreste aus dem Bernstein des Samlandes das Vorhandensein dieser Gattung in der Kreide- und Tertiärzeit kaum bezweifeln und dürfen wir uns das heutige Vorkommen dieser Gattung in gleicher Weise von der früheren Verbreitung bedingt denken. Schwieriger ist es für die übrigen lebenden und fossilen Formen eine gegenseitige Beziehung nachzuweisen, da die fossilen Formen nicht immer genügend bekannt sind und aus den Regionen, welche bei dieser Frage die grösste Bedeutung haben, Fossilreste noch weiterer Untersuchung bedürfen.

Voltzia Brongniart (**Glyptolepis** Schimper, **Glyptolepidium** Heer *).

Bäume von bedeutender Höhe mit wirtelständigen Aesten und alternirenden, bilateralen Zweigen. Blätter spiralig stehend, verschieden gestaltet, an den oberen Theilen der Aeste länger, linear, flach, an den

*) Schimper, Monogr. des plant. foss. du grès bigarré Leipzig, 1844. Traité. tom. II p. 240. Heer, Flora foss arct. Bd. IV. Saporta, Paléontologie franç. tom. III

unteren Theilen kurz, vierkantig, mit herablaufender Basis, leicht nach einwärts gekrümmt oder alle Blätter gleichgestaltet, kurz, vierkantig. Männliche Blüthen kurzgestielt, mit dicht sich deckenden, spiralig stehenden Staubblättern, ein ovales, gegen die Basis verschmälertes sogenanntes Kätzchen bildend. Zapfen länglich, mit im reifen Zustande auseinander tretenden holzigen Schuppen, diese rundlich, mit in einen Stiel verschmälerter Basis, der obere Rand der sogenannten Samenschuppe mit 3 bis 15 Lappen oder Kerben und ebensovielen Furchen auf der Aussenfläche, die sogenannte Deckschuppe radiär gestreift. Samen umgewendet, zwei bis drei, geflügelt.

Im Habitus standen die Voltzien den Araucarien aus der Abtheilung *Eutassa* nahe, und wie bei diesen jüngere Individuen, z. B. von *Araucaria excelsa* an den älteren Theilen der Zweige kürzere, an den jüngeren Theilen längere Blätter tragen, während ältere Individuen durchaus kurze Blätter besitzen, so scheint ein gleiches Verhalten auch bei den Voltzien stattgefunden zu haben. Die Abbildungen in Schimper's »Monographie des plantes fossiles du grès bigarré« stellen dies Verhalten durchaus getreu dar. Während *Voltzia* durch den Habitus der Zweige an *Araucaria* erinnert, so zeigt der Bau des Zapfens nichts mit dieser Gattung Gemeinsames. Schon Saporta hat hervorgehoben, dass die Schuppen eines von ihm untersuchten Zapfens einen den Taxodineen entsprechenden Bau zeigen, wie er bei *Cryptomeria, Sciadopitys* etc. sich findet (Fig. 198 *d*). Diese Angabe Saporta's finde ich bestätigt durch das in der Sammlung zu Strassburg befindliche Original der männlichen Blüthe von *Albertia* (s. o.), welche schon deshalb nicht zu dieser Gattung gehören kann, weil das sie tragende Zweigstück die kurzen Blätter einer *Voltzia* besitzt und die angeblichen Antheren nichts anderes sind als die mit radiären Streifen versehenen Aussenflächen der sogenannten Deckschuppen (Fig. 198 *g*). Bei den übrigen Arten von *Voltzia* bin ich an den von mir untersuchten Schuppen nicht im Stande gewesen, einen gleichen Bau nachzuweisen, die Schuppen verhalten sich wie jene der Araucarieen oder Abietineen, sei nun dies Folge des Erhaltungszustandes oder sei es, dass wir es mit einer verschiedenen Gattung zu thun haben. Bemerkt sei, dass Schimper's Abbildung des Zapfens von *Voltzia* (*Glyptolepis*) *coburgensis* Schauroth aus dem Keuper von Stuttgart schematisirt ist, jedoch der Wirklichkeit entspricht, wie von Coburg stammende Exemplare beweisen.

Fig. 197.
Voltzia Liebeana Geinitz. Zapfenschuppe. Trebnitz bei Gera. (Nach der Natur.)

Durch Schimper ist *Voltzia coburgensis* Schauroth als eine eigene Gattung, *Glyptolepis*, von Heer später wegen der gleichnamigen Fischreste in *Glyptolepidium* umgeändert, abgetrennt. Diese Trennung halte ich für ungerechtfertigt, da alle von Schimper hervorgehobenen Charaktere solche sind, welche ebensogut nur eine Art oder höchstens eine Gruppe charakterisiren können. *Cryptomeria* beweist, dass der Zahl der

Fortsätze der sogenannten Samenschuppe kein Gewicht beigelegt werden kann. Im Habitus stimmt sie mit den Voltzien überein.

Die Gattung ist vom Perm durch den bunten Sandstein bis in den mittleren Keuper verbreitet. Die ältesten Arten sind *Voltzia Liebeana* Geinitz aus dem Perm von Gera (Fig. 197) und die von Heer aus dem Perm von Fünfkirchen in Ungarn beschriebenen *Voltzia hungarica* und *V. Boeckhiana*.

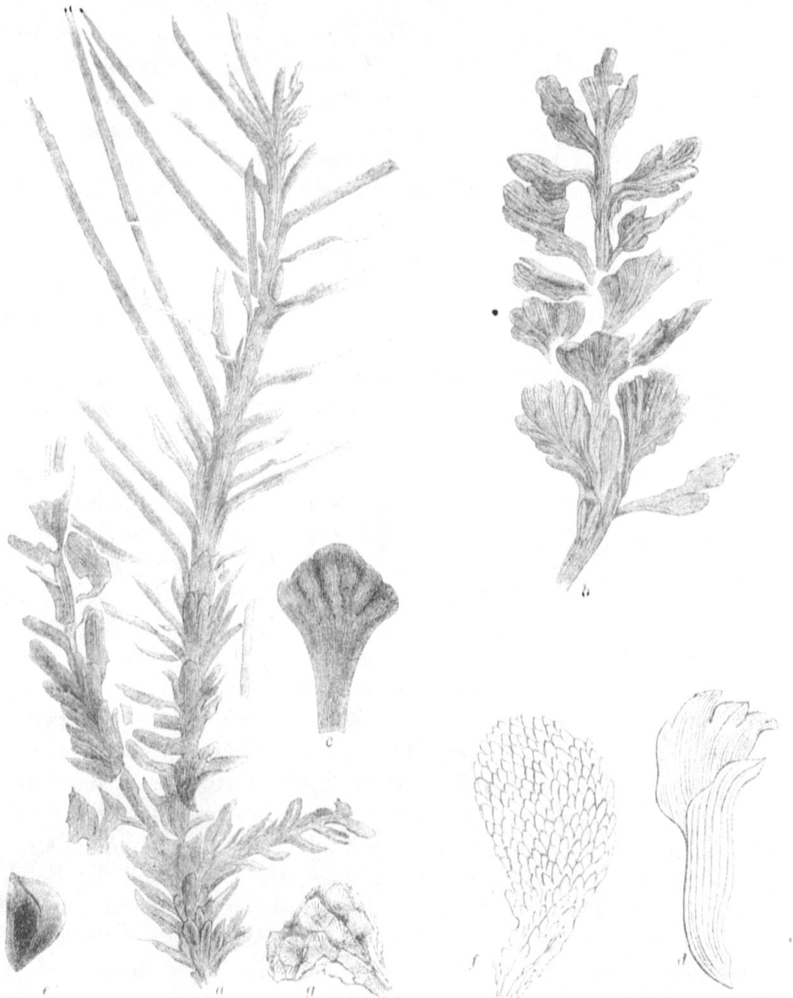

Fig. 198.

Voltzia heterophylla Brongniart.

a Zweig, *b* Zapfen, *c* Zapfenschuppe, *d* Zapfenschuppe nach Saporta, *e* Same, *f* männliche Blüthe, *g* Schild der Zapfenschuppe (nach der Natur). Bunter Sandstein von Sulzbad, Elsass. (*a*, *b*, *c*, *e*, *f* Copien nach Schimper.)

Dem bunten Sandstein von Sulzbad in den Vogesen und von Zweibrücken gehören *Voltzia heterophylla* Brongniart (Fig. 198) und *Voltzia acutifolia* Brongn.

an; dem Muschelkalk von Recoaro, Rovegliano und des Monte Rotolone im Vincentinischen gehört *Voltzia recubariensis* Schenk, *Voltzia coburgensis* Schauroth (Fig. 199) dem unteren und mittleren Keuper Frankens, von Coburg und Stuttgart an. Von Schleiden und Schmidt als *Endolepis vulgaris* und *Endolepis elegans* beschriebene Zweigreste gehören vielleicht auch der Gattung *Voltzia* an, fraglich ist, ob die von Heer aus der Lettenkohle der Neuen Welt bei Basel und dem Muschelkalk von Schinznach als *Voltzia heterophylla* bezeichneten Zweige und Schuppen wirklich zu dieser Art gehören; die abgebildeten Fragmente erlauben nur den Schluss, dass sie *Voltzia* angehören können.

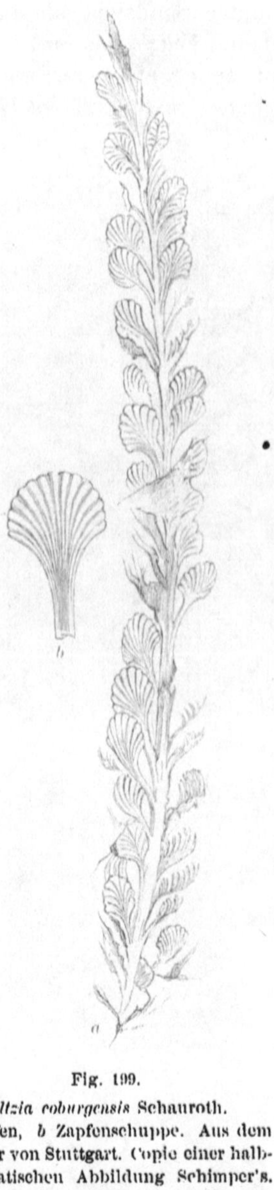

Fig. 199.
Voltzia coburgensis Schauroth. *a* Zapfen, *b* Zapfenschuppe. Aus dem Keuper von Stuttgart. Copie einer halbschematischen Abbildung Schimper's. Das Exemplar selbst viel weniger gut erhalten.

Feistmantel führt *Voltzia heterophylla* auch aus Ostindien aus der Damuda- und Panchetgruppe, den Karharbári-beds und dem South-Rhewa-Bassin (Unteres Gondwana-System) an; nach den Abbildungen scheinen die Exemplare zum Theile der europäischen Art anzugehören. Stur unterscheidet aus den schwarzen Schiefern von Raibl drei Voltzia-Arten (Jahrb. der geolog. Reichsanst. Bd. 18). *Voltzia Fötterlei* halte ich für ein *Pagiophyllum*, *P. Sandbergeri* Schenk, dagegen stimme ich Stur bei, dass seine *Voltzia raiblensis* (*V. heterophylla* Bronn, *V. coburgensis* Schenk, Schimper) wegen ihrer dreilappigen Zapfenschuppen als eine zwar verwandte, aber von *V. heterophylla* Brongn. und *V. coburgensis* Schauroth verschiedene Art anzusehen sei. Die Beschreibung, welche Stur von den Zapfenschuppen seiner *Voltzia* (?) *Haueri* gibt, spricht, wenn ich die Beschreibung richtig auffasse, für einen der Zapfenschuppe von *Voltzia heterophylla* aus dem Elsass ähnlichen Bau, wie ihn das oben erwähnte Original Schimper's erkennen lässt.

An dieser Stelle mag auch *Walchia longifolia* Göpp. (Permflora, S. 242, Tab. 53, Fig. 1) Erwähnung finden. Mit ihr fällt, wie ich vermuthe, *Pinites Naumanni* Gutb. zusammen, dessen Original, wie es scheint, verschollen ist, von dem ich jedoch ein sehr vollständiges Exemplar aus dem Perm von Saalhausen bei Oschatz in Sachsen, dem Originalfundorte, untersuchen konnte. Beide dürften zur *Voltzia Liebeana* Geinitz und zu der Form mit längeren Blättern gehören.

Leptostrobus Heer *).

Schmale, bis 11^{cm} lange, schlanke, cylindrische Zapfen mit locker gestellten, an dem oberen Rande gekerbten, gegen die Basis verschmälerten Schuppen, auf der Aussenfläche drei bis fünf Furchen. Samen zwei, umgewendet, geflügelt.

Diese von Heer unterschiedene Gattung steht *Voltzia* sehr nahe, insbesondere durch den Habitus des Zapfens der von Schimper aus *Voltzia*

d a c

Fig. 200.

Leptostrobus crassipes Heer. *a* Zapfen, *b* Zapfenschuppe. *c* Same aus dem Braunjura Sibiriens von Ust Balei. *d Leptostrobus angustifolius* Heer. Braunjura Sibiriens. (Copieen nach Heer.)

a b

Fig. 201.

Schidolepium gracile Heer. *a* Zapfen, nat. Grösse, *b* vergrössert. Braunjura Sibiriens. (Copie nach Heer.)

coburgensis gebildeten Gattung *Glyptolepis (Glyptolepidium* Heer). Nach dem vorliegenden Materiale lässt sich nicht mit Sicherheit sagen, ob diese Zapfen

*) Heer, Flora foss. arct. Bd. IV. VI.

ebenfalls der Gattung *Glyptolepidium* angehören oder nicht, da die verschiedene Form der Schuppen nur einen Artunterschied begründen kann, der Zweig aber, welcher bei *Leptostrobus* vorhanden ist und den Zapfen trägt, bei *Glyptolepidium* aber an den Exemplaren nicht erhalten ist, ist bei *Leptostrobus* mit kurzen angedrückten entfernter oder gedrängter stehenden Blättern besetzt, welche an der Basis des Zweiges dicht zusammengedrängt stehen, diese letzteren ohne Zweifel Hüllblätter. Dies Verhältniss erinnert an die Zapfen tragenden Zweige der Taxodineen. Die geflügelten Samen sind von Heer früher als *Samaropsis rotundata, S. caudata* und *minuta* beschrieben worden. Als zu *Leptostrobus* gehörig betrachtet Heer ferner lange, lineare, zweinervige Blätter, welche an Kurztrieben gesellschaftlich mit den Zapfen vorkommen. Ist dem so, dann ist *Leptostrobus* habituell von den Voltzia-Arten des Perm und der Trias sehr verschieden und verhält sich zu diesen wie die *Larix*-Arten der Jetztwelt zu *Abies* und *Picea*.

Alle bisher bekannt gewordenen Reste stammen aus dem Braunjura Sibiriens von Ust Balei an der Angara- und der Kajamündung. Heer unterscheidet nach den Zapfen: *L. tenuiflorus, L. crassipes* (Fig. 200^{a-c}) und *L. microlepis,* nach den Blättern *L. rigida* und *L. angustifolius* (Fig. 200^{d}).

Ein ebenfalls aus dem Braunjura Sibiriens stammender Zapfen von Ust Balei ist von Heer (Flora foss. arct. Bd. VI. pag. 27) als *Schidolepium* (Fig. 201$^{a,\,b}$) beschrieben. Es sind cylindrische, bis 3^{cm} lange Zapfen mit dach ziegelig sich deckenden Schuppen, welche gegen die Basis verschmälert, am oberen Rande handförmig drei- bis siebenspaltig sind. Die untersten Schuppen des Zapfens sind eilanzettlich und ungetheilt. Diese untersten Schuppen könnten sterile Schuppen sein. Legt man die von Heer a. a. O. auf Tafel VIII Fig. 9. 10 gegebene Darstellung der Deutung des Zapfens zu Grunde (vgl. Fig. 201), so wird die Zapfenschuppe von *Schidolepium* so aufzufassen sein, wie jene von *Cryptomeria, Glyptostrobus, Taxodium* etc., bei welchen der Wulst, welcher auf dem Fruchtblatte entsteht, sich stark entwickelt und bei der vollständigen Ausbildung das Fruchtblatt überragt. Dies scheint mir aus Heer's Darstellung seiner Fig. 10 hervorzugehen.

Cyclopitys Schmalhausen.*)

Unter diesem Namen werden von Schmalhausen Zweigfragmente und Blätter beschrieben, welche von ihm mit der lebenden, in Japan einheimischen Gattung *Sciadopitys* Sieb. et Zuccar., mit welchen sie zwar die wirtelständige Stellung der Blätter theilen, jedoch an den Zweigen und an der Basis der Phyllocladien der bei *Sciadopitys* vorhandenen rudimentären Blätter entbehren. Gefunden ist sie im Jura Russlands im Kohlenbassin von Kusnezk, an der unteren Tunguska, Ust-Balei, am oberen Amur, an der Bureja, Ajakit und Bulun an der Lena, im Jura Spitzbergens und der Insel Andö an der Küste von Norwegen (*Pinus Nordenskiöldi* Heer). Bei den

*) Beitr. z. Juraflora Russlands. Petersburg, 1879 S. 39 88.

fossilen Zweigfragmenten stehen die linearen, gegen die Spitze allmählich verschmälerten, spitzen, einnervigen Blätter zu zwei bis sechs oder zu zehn bis zwölf im Wirtel. Ausserdem vermuthet Schmalhausen, dass dickholzige Schuppen mit gekerbten Rande und den Anheftungsstellen mehrerer Samen, sodann ringsum geflügelte Samen hierher gehören. Zwei Arten werden unterschieden: *Cyclopitys Nordenskiöldi* Schmalh. (Fig. 202), mit 10 bis 12 Blättern im Wirtel, und *Cyclopitys Heerii* Schmalh., mit 2—6 kürzeren linearen Blättern im Wirtel; diese nur an der unteren Tunguska. Habituell haben die Fragmente Aehnlichkeit mit *Sciadopitys*, eine sehr wesentliche Differenz liegt jedoch in dem Vorhandensein der rudimentären, die Phyllocladien stützenden Blätter bei der noch existirenden Gattung, welche ein vermittelndes Glied zwischen den Taxodineen und Abietineen zu sein scheint, während die fossilen Zweige dieser rudimentären Blätter entbehren und dadurch den Taxodineen näher stehen, aber doch wohl als Vorläufer von *Sciadopitys* anzusehen sind.

Fig. 202.
Cyclopitys Nordenskiöldi Schmalhausen. Brauner Jura an der unteren Tunguska. (Nach Schmalhausen.)

Es liegen indess noch entschiedenere Beweise für das Vorkommen entweder von *Sciadopitys* selbst oder einer ihr durch Bau der Blattepidermis sehr nahe stehenden Gattung in der Kreide und im Miocän vor. *Pinus Crameri* Heer (Flor. foss. arct. t. III. VI.), aus der untern Kreide (Urgon) von Kome (Grönland), deren Cuticula ich an den von Lindström in Stockholm mir freundlichst mitgetheilten Original-Exemplaren Heer's untersuchen konnte, hat zahlreiche Spaltöffnungen, umgeben von pallisadenartigen Fortsätzen der umgebenden Epidermiszellen in der Mittelzone des Blattes (Mittelnerv Heer's), während die angrenzenden Flächen frei davon sind und die Form der Epidermiszellen dieser genau jener von *Sciadopitys* entspricht. Aus dem Bau der Cuticula des Blattes geht mit Bestimmtheit hervor, dass diese Blätter keiner *Pinus* angehört haben. Aus dem Bernstein des Samlandes beschreibt Göppert (Flora des Bernsteins. Danzig, 1883) Blätter einer Conifere als *Sciadopitytes linearis* und *S. glaucescens*, welche ebenfalls einer Sciadopitys-Art angehört zu haben scheinen, da sie wie bei der lebenden Art die seitlichen Grenzlinien der Mittelfurche, in welcher die Spaltöffnungen liegen, zeigen. Es ist daher mir sehr wahrscheinlich, dass das von Heer a. a. O. Tab. XXIII Fig. 11 abgebildete Zweigfragment zu *Sequoia* gehört.

Taxodium Richard.*)

Bäume bis zu 40 Meter Höhe mit horizontal abstehenden Aesten, die jährigen Seitentriebe im Herbste abwerfend, diese in den Achseln der Blätter dauernder Triebe stehend und sich nach Jahren (10—12 Jahren) an diesen noch entwickelnd. Blätter spiralig stehend, linear, kurz gestielt, spitz, einnervig, an den stehenbleibenden Haupttrieben aufrecht, an den jährlich abfallenden bilateral gerichtet. Blüthen monöcisch, an kurzen Seitenästen, deren kleine kurze Blätter spiralig stehen. Männliche Blüthen racemös, an der Basis von spiralig stehenden Blättern umgeben, Staubblätter mit eiförmiger spitzer Lamina und vier bis fünf Pollensäcken. Weibliche Blüthen einzeln oder zu mehreren (vier bis fünf) an axillären kurzen Seitenästen vorjähriger Zweige, Blätter der Tragzweige aufrecht, kurz, spiralig stehend. Fruchtblätter eiförmig, spitz, Samenknospen zwei, aufrecht, unter der Mitte stehend. Bei der Reife verholzen die Fruchtblätter wie die auf ihrer Innenseite entstandene Wucherung (Samenschuppe), letztere überragt die erstere, sie ist am oberen Rande mit stumpfen Höckern (Harzlücken) versehen und durch einen bogenförmigen Wulst von dem Fruchtblatte, dessen Spitze als Höcker erhalten ist, abgegrenzt. Gegen die Basis sind die Schuppen verschmälert, durch gegenseitigen Druck abgeplattet. Die Zapfen bleiben stehen, die beiden unregelmässig dreikantigen Samen fallen aus.

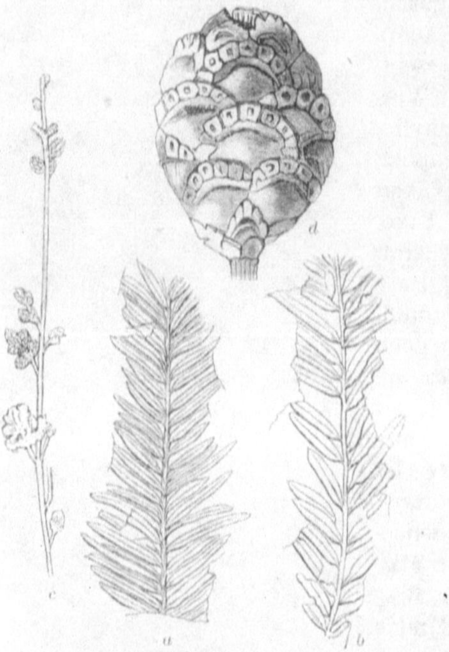

Fig. 203.
Taxodium distichum miocenum Heer. *a*, *b* Zweige. *c* männlicher Blüthenstand. *d* Zapfen. Miocän des Samlandes (Copie nach Heer), *c* von Bilin (nach d. Natur).

In der jetzigen Vegetationsepoche ist die Gattung noch durch zwei Arten vertreten: *Taxodium distichum* Rich. und *T. mucronatum* Ten., beide

*) Heer, Flora foss. tert. Helvet. t. I. III. Miocene baltische Flora. Königsberg, 1869. Flora foss. arct. t. I—VII. Schimper, traité. II. III.

auf den nördlichen Theil von Amerika beschränkt, erstere in den südlichen Staaten Nordamerika's, letztere im Hochlande von Mexico. Von der ersteren ist die im Tertiär vom Oligocän bis in das Obermiocän und Pliocän (Messimieux) vorkommende Art nicht zu trennen und desshalb von Heer als *T. distichum miocenum* (*T. dubium* Heer, *Taxites dubius* Presl., *Taxites affinis* Göpp.) (Fig. 203) bezeichnet. Sie ist eine der verbreitetsten Tertiärpflanzen, deren Vorkommen aus Ungarn, Italien und Südfrankreich bis in die arktische Zone (Mackenzie-River, Frazerfluss, Grönland, Spitzbergen), von Sachalin, Orenburg bis Alaska, Sitka und Utah nachgewiesen ist. Heer unterscheidet noch zwei Arten: *T. Tinajorum* (Alaska, Spitzbergen, Sibirien) und *T. gracile* (Sibirien), welch' letztere wohl nur Form des *T. distichum miocenum* ist, während erstere verschieden zu sein scheint.

Glyptostrobus Endlicher.*)

Blätter spiralig stehend, verschieden gestaltet, entweder aufrecht, kurz, angedrückt, eiförmig, spitz, schuppenförmig, die Spitzen nicht selten an den älteren Zweigen abstehend oder an den horizontalen Aesten bilateral gerichtet, linear, spitz, an aufrechten Aesten auch diese aufgerichtet, beide Blattformen mit herablaufender Basis. Blüthen monöcisch. Männliche Blüthen endständig, einzeln, an der Basis von kurzen, eiförmigen, spitzen Blättern umgeben. Weibliche Blüthen an kurzen, seitenständigen Aesten, bei der Reife einen holzigen, verkehrteiförmigen Zapfen bildend, dessen gegen die Basis verschmälerte, nach der Spitze verbreiterte keilförmige, dachziegelig sich deckende Schuppen aus der am oberen abgerundeten Rande mit drei bis sieben Kerben versehenen Wucherung des Fruchtblattes (Samenschuppe) und dem Fruchtblatte selbst (Deckschuppe) bestehen, das, wie die Kerben der Samenschuppe, einen kurzen hakenförmigen Fortsatz trägt. Samen zwei, aufrecht.

Eine im Tertiär ebenfalls sehr verbreitete Gattung, deren Stämme zum Theil einen wesentlichen Antheil an der Braunkohlenbildung haben. Sie tritt zuerst in der unteren Kreide auf mit *G. grönlandicus* Heer (Grönland, Komeschichten), dann in der obersten Kreide (Grönland, Patootschichten) *G. intermedius* Heer, im Tertiär (Oligocän, Miocän, Pliocän) *G. europaeus* Heer und *G. Ungeri* Heer (*G. bilinicus* Ettingsh.), letztere durch die auf dem Rücken gekielten Blätter und wegen ihrer abweichenden Verbreitung von der ersteren als eigene Art getrennt.

G. europaeus Heer (Fig. 204) ist von Kumi (Euboea), Bosnien, Italien, auch im Pliocen des Arnothales, Südfrankreich (auch Pliocän von Messimieux) bis Portugal, von da durch Oesterreich, Böhmen und Deutschland bis in die arktische Zone und nach Nordamerika verbreitet, während *Gl. Ungeri* Heer in Grönland, Alaska, Sitka, Nordcanada, Spitzbergen und Sibirien, ausser-

*) Heer, Flora foss. tert. Helvet. t. I. III. Miocene baltische Flora. Königsberg, 1869. Flora foss. arct. t. I—VII. Schimper, traité. II. III.

dem in Bilin und der Schweiz sich findet. Früher als *Cupressites*, *Taxodites*, *Glyptostrobites* beschrieben. Wie bei *Taxodium* werden auch bei dieser Gattung

Fig. 204.

Glyptostrobus europaeus Heer. *a* Zweig mit Zapfen, *b* Zweig mit männlichen Blüthen, *c* männliche Blüthe vergrössert, *d* weibliche Blüthe. Oeningen (Copie nach Heer).

die mit längeren linearen Blättern besetzten Zweige abgeworfen, während die mit den schuppenförmigen Blättern besetzten Zweige stehen bleiben.

Sequoia Torrey*).

Bäume mit reichlicher Verzweigung, die noch vorhandenen Arten von bedeutender Höhe (*Sequoia gigantea* bis über, *S. sempervirens* bis 100 Meter Höhe). Blätter spiralig stehend, entweder alle aufrecht, an den jüngeren Zweigen angedrückt, an den älteren abstehend, oft sichelförmig gebogen, linear oder je nach der Stellung der Zweige aufrecht, wenn senkrecht, oder

*) Schimper, traité II. Heer, Tertiärflora der Schweiz, t. I. III. Flora foss. arct., t. I—VII.

schief aufsteigend oder, wenn horizontal, bilateral gerichtet. Blüthen monöcisch. Männliche Blüthen kugelig, axillär an kurzen mit kleinen aufrechten Blättern besetzten Aestchen endständig. Weibliche Blüthen an axillären Zweigen, welche mit kurzen aufrechten Blättern besetzt sind, endständig. Zapfen mit spiralig gestellten, bei der Reife horizontal abstehenden, gestielten, holzigen Schuppen, Schild trapezoidal in der Mitte mit einem kurzen Fortsatz (Spitze des Fruchtblattes), die sogenannte Samenschuppe wenig hervortretend. Samenknospen anfangs aufrecht, bei der Samenreife umgewendet; Samen fünf bis sieben, ringsum geflügelt.

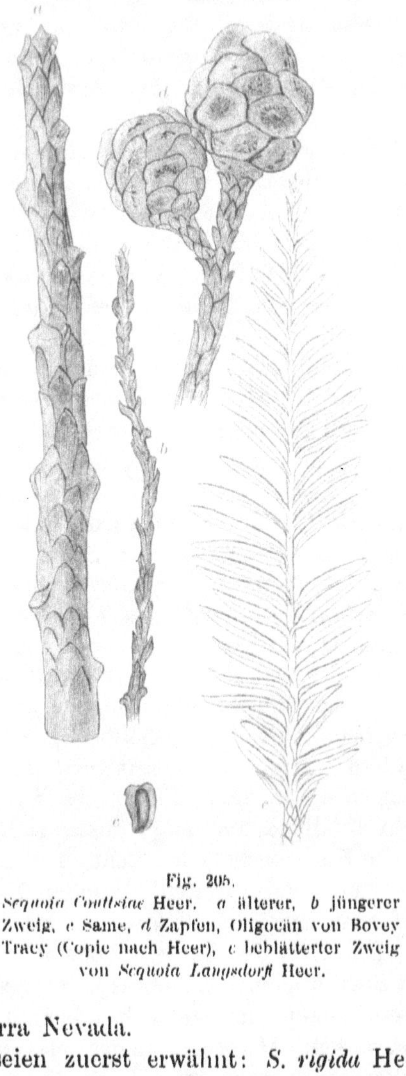

Fig. 205.
Sequoia Couttsiae Heer. *a* älterer, *b* jüngerer Zweig, *c* Same, *d* Zapfen, Oligocän von Bovey Tracy (Copie nach Heer), *e* beblätterter Zweig von *Sequoia Langsdorfi* Heer.

Die Gattung *Sequoia* erscheint mit *S. lusitanica* Heer (Portugal) und, wenn ich die von mir früher als *Pachyphyllum curvifolium* beschriebenen Zweige richtiger als Zweige eine *Sequoia* auffasse, bereits im Wealden, erfährt in den älteren und jüngeren Kreidebildungen, sowie im Tertiär eine reichliche Entwickelung, selbst auch dann, wenn spätere Untersuchungen, was nicht unwahrscheinlich ist, erweisen sollten, dass eine Anzahl Arten mit andern zusammenfällt. Es ist das Verdienst Heer's, den früher als *Taxites, Cupressites, Chamaecyparites, Araucarites, Pinites, Cycadopsis, Cryptomeria, Steinhauera, Bergeria* ja selbst als Algen, *Caulerpites*, beschriebenen Resten ihre richtige Stelle angewiesen zu haben. Gegenwärtig existiren im Westen Nordamerika's innerhalb eines sehr beschränkten Verbreitungsbezirkes noch zwei Arten: *S. sempervirens* Endl. und *S. gigantea* Torrey, erstere in der Küstenregion Californiens, letztere, der bekannte Mammuthbaum, in der Sierra Nevada.

Von den ausgestorbenen Arten seien zuerst erwähnt: *S. rigida* Heer, im Turon Tirol's, von der unteren bis zur obersten Kreide Grönlands und Spitzbergens, *S. fastigiata* Heer von Mähren durch Böhmen, Sachsen bis Grönland in der oberen und obersten Kreide verbreitet. Eine noch weitere Verbreitung besitzt *S. Reichenbachi* Heer, welche aus dem Süden Frankreichs bis nach Spitzbergen und Grönland und von da nach Nebraska verbreitet, vom Urgon bis in das Senon reicht. Auf die untere Kreide sind beschränkt: *S. Smittiana* Heer und *S. gracilis* Heer (Komeschichten Grönlands), auf die obere Kreide: *S. pectinata* Heer (Quedlinburg), *S. macrolepis* Heer, *S. concinna* Heer (Patootschichten Grönlands), *S. subulata* Heer (Ataneschichten Grönlands), den Kome- und Ataneschichten Grönlands ist *S. ambigua* Heer gemeinsam, den Patootschichten Grönlands und dem Tertiär *S. Langsdorfii* Heer (Fig. 205 [e]), mit welcher auch *S. Heerii* Lesqx., *S. brevifolia* Lesqx. und *S. angustifolia* Lesqx. zu vereinigen sind, welche demnach aus der Kreideperiode bis in die tertiäre, bis in das Pliocän (Arnothal, Messimieux, Jduno bei Varese) dauert, um während dieser Zeit beinahe über ganz Europa und nach der Mandschurei, Sachalin, Nordamerika, Vancouver, Sitka, Nordcanada, Mackenziefluss und Grönland sich auszubreiten. Drei sehr verbreitete Arten des Tertiär sind: *S. Sternbergi* Heer (Bosnien, Sotzka, Häring, Schweiz, Turin, Chiavon, Island, Grönland), *S. Couttsiae* Heer (Fig. 205 [a—d]), zu dieser *S. affinis* Lesqx. (Armissan, Bovey Tracy, Hempstead, Sachsen, Grönland) und *S. brevifolia* Heer (Samland, Grönland, Spitzbergen, Nordamerika), diese wohl nur Form von *S. Langdorfi;* im Miocän Spitzbergens und Grönlands *S. Nordenskiöldi* Heer, Sibiriens *S. sibirica* Heer, von Bornstedt bei Halle *S. imbricata* Heer. Die Stämme der Sequoien haben zum Theil bedeutenden Antheil an der Braunkohlenbildung, so *S. Couttsiae* Heer, *S. Langsdorfii*, *S. Nordenskiöldi* Heer und *S. Sternbergi* Heer (Suturbrand). *Sequoia oblongifolia* Heer (Grönland) dürfte kaum hierher gehören, *S. disticha* Heer durch opponirte Zweige von *S. Langsdorfi* Heer unterschieden, ist wohl nur diese Art, wenigstens kömmt bei *S. sempervirens* Endl. diese Zweigstellung neben der alternirenden vor. *Sequoia acuminata* Lesqx. und *S. longifolia* Lesqx. aus dem Tertiär Nordamerika's dürften eher zu *Torreya* als zu *Sequoia* gehören.

Geinitzia Heer *).

Zweige alternirend, schlank, mit spiralig stehenden dichtgedrängten, kurz herablaufenden, sichelförmig gekrümmten, schmalen, langzugespitzten Blättern besetzt, deren Basis mit einzelnen Blättern gemischt an den älteren Zweigen als länglich rhombische Narben erhalten ist. Zapfen cylindrisch, nicht abfallend, im reifen Zustande mit horizontal abstehenden, mit einem dicken Stiele versehenen Schuppen, Aussenfläche der Schuppen sechsseitig mit einem sogenannten vertieften Nabel und von diesem aus radiär verlaufenden Leisten und Furchen versehen.

Der Bau des Zapfens scheint mir einerseits auf die Verwandtschaft mit *Brachyphyllum*, andererseits mit *Sequoia* hinzuweisen, demnach ist diesen Resten, deren Blüthen noch unbekannt sind, bei den Taxodineen ihre Stelle anzuweisen. Habituell stehen sie einem Theile der Sequoien nahe, die Zapfenschuppen zeigen die sogenannte Samenschuppe weniger entwickelt, als dies bei *Brachyphyllum* und *Sequoia* der Fall ist, besitzen aber auch den dicken Stiel jener von *Brachyphyllum*.

*) Heer, Zur Kreideflora von Quedlinburg. — Unger, Iconographia plant. foss. Wien, 1852. Schimper, traité. t. III.

Die Gattung gehört ausschliesslich der jüngeren Kreide an, in welcher sie vom Nordrande der Alpen bis in die arktische Region an weit auseinander liegenden Fundorten beobachtet ist, so in Oesterreich bei Neustadt die am längsten bekannte Art, *G. cretacea* Unger, von Endlicher mit *Sequoia Reichenbachi* identificirt; bei Quedlinburg am Harz *G. formosa* Heer (Fig. 206 [a–d]), in den Patootschichten Grönlands *G. hyperborea* Heer, allerdings nur ein Zapfenfragment, aber von dem charakteristischen Aussehen jener von *Geinitzia*. Sollten die von Lesquereux (Tertiary Flora, Washington, 1878) als Zapfen einer *Sequoia* (T. 65 Fig. 5) abgebildeten Zapfen und die auf Taf. 61 Fig. 28, 29 als ältere Zweige von *S. longifolia* dargestellten Zweigreste, wie ich vermuthe, zu *Geinitzia* gehören, so würde die Gattung auch dem Tertiär nicht fehlen. Aus der Kreide Nordamerika's wird von Lesquereux (Cretaceous Flora) das Vorkommen von Zapfenschuppen in der Dakotagruppe bei

Geinitzia fo[illegible]
Astes. *c* **Zapfen der Länge nach durchbrochen.** *d* **Fragment eines Zapfens, Ansicht der Aussenfläche. Quedlinburg. (Nach der Natur.)**

Sioux City erwähnt, welche jenen von *Geinitzia* nahe stehen. Die von Heer als Samen gedeuteten Fragmente halte ich für die Schilde einzelner Schuppen. *Araucarites spathulata* Newb. (Hayden, illustr. of the Cretac. Flora; Washington, 1878) aus der Kreide von Nebraska und *Abietites dubius* Lesqx. aus dem Tertiär Nordamerika's (Tert. Flora. Taf. VII, Fig. 19—23), ferner *Sequoia biformis* Lesqx. Taf. LXII, Fig. 15—18 gehören vielleicht ebenfalls zu *Geinitzia*, während das a. a. O. Taf. VII, Fig. 24 abgebildete Exemplar ein Astfragment einer *Cunninghamia* zu sein scheint.

Brachyphyllum Brongniart*), (**Moreauia** Pomel).

Aeste mit alternirenden, schief aufrecht stehenden Zweigen; Blätter spiralig gestellt, sich berührend, sehr kurz, dick, mit breiter Basis ansitzend, die sehr stumpfe Spitze nach einwärts gekrümmt, auf dem Rücken gekielt, unter der Spitze eine Drüse tragend, an den älteren Zweigen durch das Dickenwachsthum derselben rhombisch oder hexagonal verzogen, nach dem Abfallen rhombische, mit einer Leitbündelspur versehene Narben zurücklassend.

Die Reste dieser Conifere sind, vorausgesetzt, dass alle hierher gezogenen Formen auch dieser Gattung angehören, vom Rhät und Infralias bis in den obersten Jura und Wealden verbreitet und durch die dicken kurzen sich berührenden Blätter, welche den Zweig wie Schilde decken, sehr ausgezeichnet. Ihre Verwandtschaft ist noch zweifelhaft, da eine sichere Kenntniss der zu den Zweigen gehörenden Zapfen, welche allein ihre Stellung unter den fossilen und den noch existirenden Coniferen begründen könnte, noch fehlt. Nach Heer sind die Zapfen kurz gestielt, endständig, kugelig, die Schuppen mit hexagonalen, sich berührenden Schilden, in deren Mitte sich eine Vertiefung befindet (Fig. 207). Bei der Reife bleiben sie am Zweige stehen. Saporta dagegen betrachtet nicht sehr grosse, ovale oder eilängliche Zapfen mit zahlreichen, dicht sich deckenden, oberwärts auf der Rückseite gekielten, lanzettlichen oder auch mit einer sogenannten rhomboidalen Apophyse versehenen Schuppen, deren jede ein bis drei sehr kleine, umgewendete, einseitig schmal geflügelte Samen trägt, als dieser Gattung angehörig, deren Zapfen an den Zweigen, die Schuppen an der Axe stehen bleiben. Demgemäss stellt sie Saporta in seine Gruppe der Walchieen, während

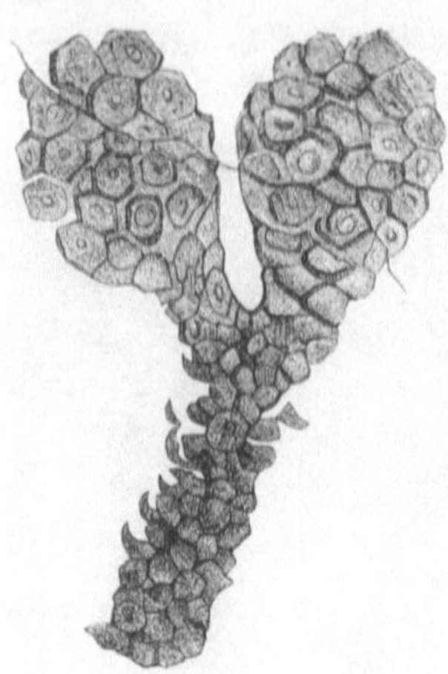

Fig. 207.
Brachyphyllum insigne Heer. Braunjura Sibiriens, Ust Balei (Copie nach Heer).

*) Heer, Flora foss. arct t. IV. Saporta, Paléontologie franç. t. III. Schimper, traité. t. II.

Heer ihnen ihre Stelle bei den Taxodineen anweist, worin man ihm nur beistimmen kann, da seine Abbildung auf die der Gattung *Sequoia* eigenthümliche Entwickelung der Zapfenschuppe schliessen lässt. Da die Zapfen an Zweigen stehen, deren Blätter dem Typus der Gattung *Brachyphyllum* Brongniart und der typischen Art entsprechen, so dürften die von Heer abgebildeten Zapfen auch dieser Gattung angehören, die von Saporta, sowie ein Theil der von Heer mit *Brachyphyllum* vereinigten aber zum Theil (den Zapfen von *B. Moreauanum* Sap. ausgenommen) einem andern Typus entsprechen. Die männlichen Blüthen sind nach Saporta klein, eiförmig oder kugelig mit dicht stehenden, sich deckenden Staubblättern, deren Lamina lanzettlich ist.

Eine ziemliche Anzahl von Arten ist bekannt, von welchen dem Rhät und Infralias *B. Papareli* Sap. (Mende) angehört, dem oberen Lias Portugals *B. Delgadonum* Heer, dem Oolith von Scarborough und Whitby *B. mammillare* Brong. die typische Art (*B Phillipsii* Schimper), jenem Frankreichs *B. Desnoyersii* Sap. (*B. mammillare* Schimper, *Mammillaria* Brongn.) (Mamers, Etrochey), im Jura von Andö in Norwegen *B. boreale* Heer, Sibiriens (Ust Balei), *B. insigne* Heer (Fig. 207); im weissen Jura (Corallien, Kimmeridgien) Deutschlands und Frankreichs *B. Moreauanum* Sap. (Verdun, St. Mihiel), *B. Jauberti* Sap. (Chateauroux), *B. Nepos* Sap. (*Arthrotaxites* Unger ex p., *B mammillare* Schimper), *B. gracile* Brongn., diese beiden von Armaille, Cirin, Nusplingen, Solenhofen, aus den gleichen Schichten Portugals *B. micromerum* Heer, aus dem Wealden Portugal's *B. obesum* Heer und *B. corallinum* Heer. Aus den Jurabildungen Ostindiens wird die Gattung von Feistmantel ebenfalls erwähnt: *Brachyphyllum mammillare* Feistm. von Jabalpur, sicher nicht die Brongniart'sche Art, nach Nathorst wahrscheinlich identisch mit einer von ihm bei Scarborough gefundenen Art, sodann eine zweite Art von Madras, wie ich glaube, eine *Cheirolepis*. Bei der Unsicherheit hinsichtlich der Abgrenzung der Gattung habe ich die sämmtlichen, von Saporta und Heer zu *Brachyphyllum* gezogenen Arten hier aufgeführt, obwohl ein Theil derselben in Zukunft eine andere Stellung erhalten wird.

Echinostrobus Schimper emend.*)

Aeste ausgebreitet mit alternirenden abstehenden, dicht beblätterten Zweigen. Blätter spiralig gestellt, kurz, angedrückt, sich deckend, eiförmig, zugespitzt, an der Basis herablaufend. Blüthen unbekannt. Zapfen kugelig an dem Ende kurzer seitlicher Triebe. Zapfenschuppen auf dem Rücken mit einem kegelförmigen spitzen Höcker.

Wie so viele Coniferenreste des lithographischen Schiefers von Solenhofen zuerst als *Caulerpites*, dann als *Thuyites*, *Baliostichus* beschrieben, von Unger als Conifere richtig erkannt und als *Arthrotaxites lycopodioides* bezeichnet, von Schimper als eigene Gattung unterschieden, von Saporta

*) Schimper, traité t II. p. 330. Saporta, Paléontologie franç. t. III. p. 530.

schärfer begrenzt. Neben der spiraligen Stellung der Blätter ist die Gattung hauptsächlich auf den Bau des Zapfens gegründet, welcher wenigstens so viel erkennen lässt, dass die Aussenseite der Zapfenschuppe eine ziemlich starke kegelförmige Spitze trägt. Der Erhaltungszustand des Zapfens gestattet nicht sicher zu entscheiden, ob die kegelförmige Spitze der sogenannten Samenschuppe oder Deckschuppe angehört; die Vergleichung mit den Zapfen von *Arthrotaxis* macht es unwahrscheinlich, dass *Echinostrobus* dieser Gattung sehr nahe steht. Die Gattung ist auf den oberen Jura beschränkt und vorerst nur eine Art, *E. Sternbergi* Schimper (Fig. 208) aus dem lithographischen Schiefer von Solenhofen und dem unteren Kimerigdien von Creys (Isère) bekannt.

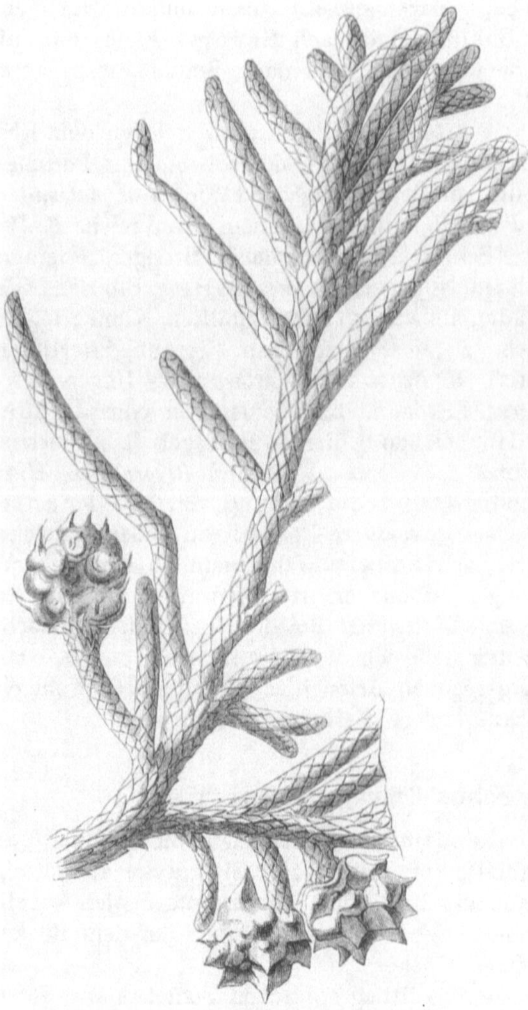

Fig. 208.
Echinostrobus Sternbergi Schimper. Lithographischer Schiefer von Solenhofen (Copie nach Saporta).

Auch diese Gattung wird von Feistmantel für Indien mit drei Arten angegeben: *E. rajmahalensis*, *E. expansus*, *E. rhombicus* aus dem Rajmahal-Series, Kach, Jabalpur, Madras, South-Rhewabassin. Nach den Abbildungen scheinen mir jedoch einmal die Exemplare der einzelnen Fundorte nicht identisch, sodann anderen Formen näher zu stehen, so *Brachyphyllum* im Sinne Brongniart's wie Saporta's, ferner *Pagiophyllum* und *Cyparissidium*.

Unter der Bezeichnung *Sequoiopsis* fasst Saporta Zweigfragmente von Coniferen zusammen, welche durch die spiralige Stellung der Blätter im Habitus an *Arthrotaxis* und *Widdringtonia* erinnern, aber auch an die Sequoien mit kurzen, schuppenartigen Blättern. Aus dem Corallien von Creue bei St. Mihiel stammend, charakterisiren sie sich durch unregelmässige Verzweigung, spiralig stehende, kurze, locker sich deckende, lanzettliche, spitze, auf dem Rücken leicht gewölbte Blätter, von welchen zwei Arten: *S. Buvignieri* Sap. und *S. echinata* Sap. unterschieden werden (Saporta, Paléontologie franç. III. p. 539).

Cyparissidium Heer*).

Schlanke alternirende Zweige mit spiralig stehenden, dachziegelig sich deckenden angedrückten Blättern. Zapfen eiförmig, Zapfenschuppen spiralig stehend, an der Basis sich deckend, lederartig, an der Spitze abstehend, kurzspitzig, unter der eiförmigen, aus zahlreichen Fruchtblättern bestehenden weiblichen Blüthe und dem Zapfen spiralig stehende sogenannte Hochblätter.

Unter dieser Bezeichnung fasst Heer Zweige von Coniferen zusammen, welche jenen von *Arthrotaxis* und *Widdringtonia* habituell sehr nahe stehen, die gleiche Stellung der Blätter und im Wesentlichen dieselbe Form und Verzweigung haben, aber durch den Bau des Zapfens sehr verschieden sind. Der Zapfen erinnert an kleinere Zapfen von *Cunninghamia*, und ist die Vermuthung Heer's gegründet, dass nur ein runder Same vorhanden ist, so dürfte die Gattung, so sehr ihr Habitus auch abweicht, richtiger neben *Cunninghamia* bei den Araucarieen stehen, zumal die Zapfenschuppen keine Spur jener Wucherung zeigen, welche bei den Taxodineen vorkömmt.

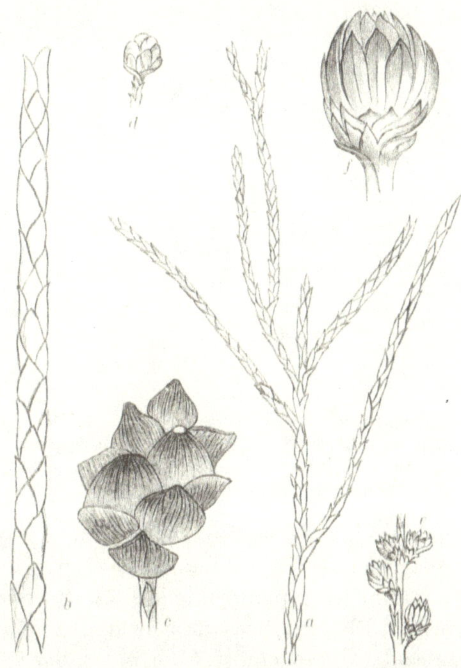

Fig. 209.
Cyparissidium gracile Heer. *a* jüngerer Zweig. *b* älterer Zweig. *c* Zapfen. *d* männliche Blüthe. *e* weibliche Blüthen. *f* letztere vergrössert. Untere Kreide (Komeschichten) Grönlands (Copie nach Heer).

Die Gattung ist im Rhät und in den Kreidebildungen nachgewiesen; eine Art, *C. septentrionale* Nathorst, im Rhät von Palsjö und Biuf, *C. gracile* Heer (*Widdringtonites gracilis* Heer) (Fig. 209) ist in Grönland von der unteren Kreide (Komeschichten) bis in die obere und oberste Kreide (Atane-Patootschichten) verbreitet, ausserdem aber auch bei Bagnols (Turon) in

*) Heer, Flora foss. arct. Bd. III, VI, VII.

Frankreich beobachtet. Zwei Arten sind von mir in der Gosauformation Salzburg's unterschieden: *C. cretaceum* und *C. Suessii*, erstere auch bei Brandenberg in Nordtirol. *Cyparissidium mucronatum* Heer ist in Grönland nur in den Patootschichten gefunden. Nach einer Notiz von Heer hat Saporta im Turon Frankreichs bei Beausset eine von *Cyparissidium gracile* Heer durch kleinere Zapfen verschiedene Art beobachtet.

Sphenolepidium Heer*).

Aeste und Zweige alternirend, mit spiralig stehenden, kurzen, sich deckenden, an der Basis herablaufenden, spitzen oder zugespitzten Blättern, an den jüngeren Zweigen angedrückt, an den älteren abstehend, etwas nach einwärts gekrümmt. Zapfen an axillären, mit angedrückten Blättern besetzten Seitenästchen, welche einen Racemus bilden, nicht abfallend, länglich oder kugelig. Schuppen des Zapfens stehenbleibend, lederartig, keilförmig, oberer Rand abgestutzt, bei der Reife horizontal abstehend.

Fig. 210.
Sphenolepidium Sternbergianum Schenk. *a* Zweig. *b* Zweig mit Zapfen. *c* Zapfen. *d Sphenolepidium Kurrianum* Schenk. Zweig mit Zapfen. Wealden von Rehburg. (Nach der Natur).

Der von mir gegebene Name *Sphenolepis* ist, da diese Bezeichnung bereits von Agassiz für Fischreste Verwendung gefunden hat, von Heer in *Sphenolepidium* geändert worden. Habituell steht sie den lebenden Gattungen *Arthrotaxis* und *Widdringtonia* nahe, durch den Bau des Zapfens insbesondere der ersteren, aber auch den fossilen wie lebenden Formen von *Sequoia* mit sogenannten schuppenförmigen Blättern, mit welchen sie auch die mit kurzen aufrechten Blättern besetzten Zweige und, wenigstens gilt dies für *S. sempervirens* Endl., die racemöse Anordnung der weiblichen Blüthen theilt. Der Bau der Zapfenschuppen ist insofern nicht ganz aufgeklärt, als es noch fraglich ist, wie die sogenannte Samenschuppe sich der Deckschuppe gegenüber verhält. Wie es scheint, überragt erstere die letztere etwas. Nach Saporta sind wenigstens zwei, vielleicht aber auch drei bis fünf Samen vorhanden.

Die Gattung tritt zuerst im Rhät Südamerika's im kohligen Sandschiefer von Mareyes, Provinz San Juan mit *Sphenolepidium rhaeticum* Gein. und Infralias von Metz auf, *S. Terquemi* Sap., aus dem Wealden sind bis jetzt drei Arten bekannt, deren eine, *S. debile* Heer, dem Wealden Portugals,

*) Schenk, Wealdenflora. Cassel, 1871; Saporta, Paléontologie franç. t. III. Schimper, traité. t. III. Heer, Contributions à la flore fossile du Portugal. Lisbonne, 1881.

die beiden andern, *S. Sternbergianum* (Fig. 210 a—c) und *S. Kurrianum* (Fig. 210 d) dem Wealden des nordwestlichen Deutschlands und Portugals angehören.

Inolepis Heer *).

Schlanke, alternirende, mit kurzen, sogenannten schuppenförmigen decussirten, sich deckenden, dicht stehenden, mit der Spitze etwas abstehenden einwärts gekrümmten Blättern. Zapfen eiförmig, Schuppen stehenbleibend, spiralig gestellt, lederartig, sich deckend, gegen die Basis keilförmig verschmälert, auf der Aussenseite mit starken Längsrippen, an der Spitze gerundet. Samen nicht beobachtet.

Die Zweige haben den Habitus von Cupressineenzweigen und zugleich, ältere Zweige von *Widdringtonia* ausgenommen, die decussirte Stellung der Blätter dieser, während die Zapfen im Gegensatze zu jenen der Cupressineen die spiralige Stellung der Schuppen zeigen, wie sie bei den Araucarieen, Taxodineen und Abietineen allgemein vorkömmt. Dass die Zapfen zu den Zweigen gehören, geht aus den Originalen von Heer, welche die Zapfen im Zusammenhange mit den Zweigen zeigen, unzweifelhaft hervor. Heer bringt sie zu den Cupressineen und dafür spricht jedenfalls die decussirte Stellung der Blätter, indess scheint mir doch das grössere Gewicht auf die spiralige Anordnung der Zapfenschuppen gelegt werden zu müssen, welche bei den lebenden und, so weit sie bekannt sind, auch bei den Zapfen der fossilen Cupressineen nicht vorkömmt; durch die Form des Zapfens wie der Schuppen wird man lebhaft an die Abietineen, wie auch Heer hervorhebt, erinnert, Stellung und Blattform ist jedoch den fossilen wie lebenden Abietineen gänzlich fremd. Ich möchte desshalb der Gattung ihre Stelle eher bei den Taxodineen anweisen, unter welchen wir, wenn auch nicht die gleiche Blattstellung, wohl aber die gleiche Blattform und die spiralige Stellung der Zapfenschuppen, erstere bei *Arthrotaxis* und bei einem Theil der Sequoien, letztere allgemein treffen. Für diese Ansicht scheint mir auch die Darstellung des Querschnittes zweier Zapfen bei Heer zu sprechen.

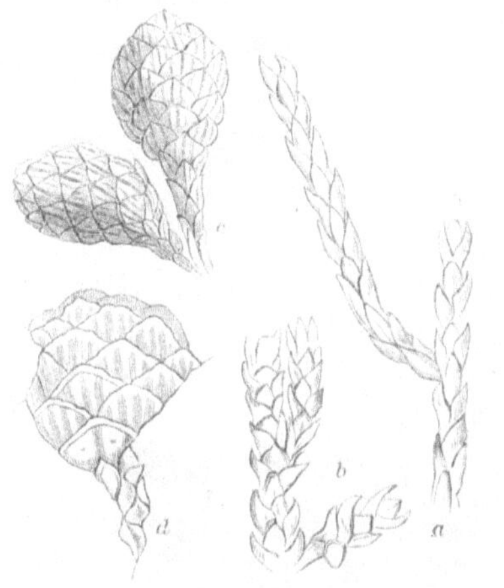

Fig. 211.
Inolepis imbricata Heer. *a b* Zweige. *c d* Zapfen. Untere Kreide (Komeschichten) Grönlands. (Copie nach Heer.)

Die Gattung ist ausgestorben, und sind nicht Reste derselben noch unter jenen, welche man als *Thuyites* zu bezeichnen pflegt, verborgen, so ist sie auf die Kreideperiode und auf Grönland beschränkt mit zwei Arten, deren eine: *I. imbricata* Heer den Komeschichten (Urgon) (Fig. 211),

*) Heer, Flora foss. arct. Bd. III. VII.

die andere, *I. affinis* Heer, den Patootschichten (oberste Kreide) angehört. Ob letztere wirklich verschieden von der ersteren, bleibe dahin gestellt, die besonders betonten Unterschiede beziehen sich sicher nur auf Erhaltungszustände, denn die bei *I. imbricata* erwähnten Punktreihen sind ohne Zweifel Abdrücke von Spaltöffnungen, die bei *I. affinis* erwähnten Warzen Harzdrüsen.

Schizolepis Fr. Braun.*)

Bäume mit Lang- und Kurztrieben. Blätter linear, ungetheilt, spitz, bis 15cm lang, einnervig, spiralig stehend, dicht gedrängt an den Kurztrieben, an den Langtrieben entfernt stehend, an der Basis der Kurztriebe die Spuren der abgefallenen Knospendecken und Blätter. Zapfen cylindrisch mit locker stehenden, sich deckenden Schuppen; Schuppen eiförmig, tief zweispaltig, an der Basis in einem Stiel verschmälert, abfallend. Samen zwei, umgewendet.

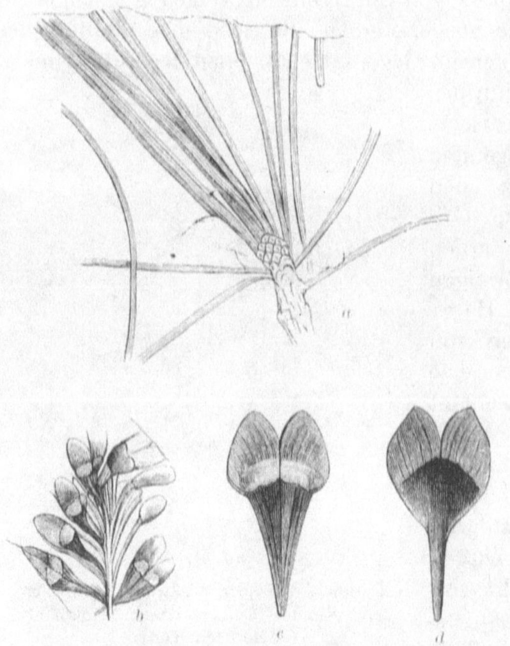

Fig. 212.
Schizolepis Braunii Schenk.
a Kurztrieb mit Blättern, *b* Zapfen, *c d* Zapfenschuppen (*c* Innenseite, *d* Rückseite). Rhät von Veitlahm bei Kulmbach, Franken. (Nach der Natur.)

Exemplare mit beblätterten Kurztrieben wurden zuerst von Ettingshausen als Najadee, *Halochloris baruthina*, beschrieben, später wurde von Heer vermuthet, dass sie zu *Czekanowskia* gehören, da er tief getheilte Blätter annahm. Die Blätter sind jedoch stets ungetheilt, wie dies auch aus Fig. 212 *a* hervorgeht. Hierher gehört ferner *Podocarpites acicularis* Andrä aus dem Lias von Steierdorf; ob zur selben Art, sei dahingestellt, da nur die einzelnen abgefallenen Blätter bekannt sind. Das Gleiche wird auch für *Solenites Murrayana* Lindl. und Hutt. (Foss. Flora. t. II. p. 121) gelten.

Die Gattung tritt zuerst im Perm (*Schizolepis permensis* Heer, Fünfkirchen in Ungarn), sodann im Rhät auf und reicht bis in den braunen Jura. Im Rhät Frankens ist *Schizolepis Braunii* Schenk (Fig. 212) sehr verbreitet,

*) Schenk, Flora der Grenzschichten etc. Wiesbaden, 1866—67. Schimper, Traité. t. II. p. 248. Nathorst, Bidrag till Sveriges fossila Flora. Stockholm, 1876. Beiträge zur fossilen Flora Schwedens. Stuttgart, 1878. Saporta, Paléontologie franç. tom. III.

eine zweite, *Schizolepis Follini* Nath., findet sich im Rhät von Palsjö (nach Romanoffsky auch im Rhät von Kuldscha), aus dem Braunjura Englands erwähnt Nathorst eine der *Schizolepis Braunii* nahestehende Art. Wie die im Rhät zahlreich vorkommenden blattlosen Zweige und isolirten Blätter beweisen, wurden die Blätter am Schlusse der Vegetationsperiode abgeworfen. Von Feistmantel wird von Madras ein Coniferenast abgebildet, welcher wohl einer *Schizolepis*-Art angehören kann.

Habituell lässt sich diese Conifere mit der in China einheimischen, in unseren Gärten cultivirten *Pinus* (*Pseudolarix*) *Kaempferi* Lamb. vergleichen, welche an Kurztrieben Büschel von ziemlich langen, linearen, einnervigen, zugespitzten Blättern entwickelt, die jungen Pflanzen und jährigen Triebe haben alternirende einzeln stehende Blätter, wie alle Arten der Gruppe Larix.

Diese Gattung möchte, wie die beiden folgenden, ihre Stellung richtiger bei den Abietineen finden, da bei den Zapfenschuppen jede Andeutung der sogenannten Deckschuppe fehlt. Was insbesondere *Schizolepis* angeht, so scheint nach den Beschreibungen die Zapfenschuppe von *Pinus Kaempferi* Lamb. jener von *Schizolepis* ziemlich ähnlich zu sein.

Cheirolepis Schimper*).

Aeste mit alternirenden zweizeiligen Zweigen, dicht sich deckenden und spiralig stehenden, kurzen, angedrückten, später abstehenden Blättern. Zapfen endständig, cylindrisch, Schuppen kurz gestielt, im Umriss beinahe kreisrund, fünfspaltig, die Seitenlappen grösser, Mittellappen schmäler, alle spitz. Samen zwei, umgewendet, schmal geflügelt.

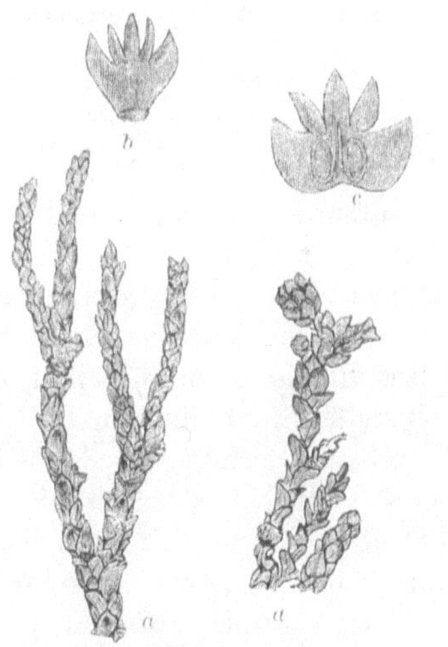

Fig. 213.
Cheirolepis Münsteri Schimper. *a* Blattzweig, *a* rechts Zweig mit männlicher Blüthe, *b* Zapfenschuppe, Aussenseite, *c* Innenseite. Rhät von Baireuth. (Nach der Natur.)

Eine im Lias der Schweiz und Frankreichs, im Rhät Frankens bei Erlangen und Baireuth vorkommende Conifere, von mir früher als *Brachyphyllum* beschrieben, von Schimper später unter der obigen Bezeichnung geschieden. Im Habitus an *Arthrotaxis* sich anschliessend. Bis jetzt nur zwei Arten bekannt: *Cheirolepis Münsteri* Schimper (Fig. 213), mit kurzen, lanzettlichen, spitzen, später schwach sichelförmig gekrümmten, abstehenden Blättern, Abschnitte der Zapfenschuppen lanzettlich, die beiden seitlichen grösser als die drei zwischen ihnen stehenden. Auf der Rückenfläche der Zapfenschuppen ist keine Andeutung der sogenannten Deckschuppe wahrzunehmen. Im unteren Lias der Schambelen (Aargau) und von Mende

*) Schimper, Traité. t. II. p. 247. Saporta, Paléontologie franç. tom. III.

(Frankreich) *C. Escheri* Heer. Von Feistmantel wird die Gattung auch aus Ostindien von Golapili erwähnt. *Cheirolepis gracilis* Feistm., aus den Rajmahal-Series, ist sicher keine *Cheirolepis,* sondern eher eine mit *Sequoia* zu vergleichende Conifere.

Swedenborgia Nathorst*).

Nur die Zapfen aus dem Rhät von Palsjö in Schonen bekannt. Diese sind oval, ihre Schuppen stehen locker und spiralig an der Achse, an der Basis in einen langen Stiel verschmälert, an der Spitze in vier bis fünf Lappen handförmig getheilt, die Abschnitte spreizend, zugespitzt. Es scheint nur ein einziger umgewendeter, vielleicht schmal geflügelter Same vorhanden gewesen zu sein. Die Rückenfläche der Schuppen trägt vier bis fünf gegen den Stiel zusammenlaufende Rippen, jedoch keine Andeutung einer Deckschuppe. Die einzige bekannte Art ist *S. cryptomerioides* Nath. (Fig. 214). Bei Fig. 214^{a} ein Same zwischen den oberen Schuppen, bei Fig. 214^{b} ein Same an der Schuppe ansitzend.

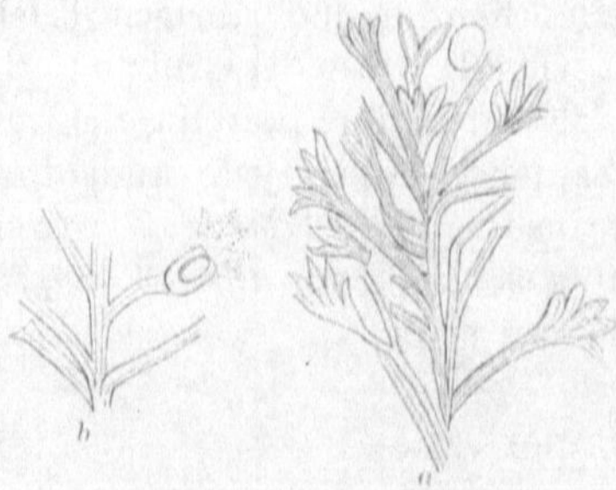

Fig. 214.
Swedenborgia cryptomerioides Nathorst. *a, b* reife Zapfen. Rhät von Palsjö in Schonen. (Copie nach Nathorst.)

Cupressineae.

Bäume von zum Theile bedeutender Höhe oder Sträucher mit meist kleinen, angedrückten, sich deckenden sogenannten schuppenförmigen, seltener linearen Blättern, meist in zwei-, seltener in drei- oder vierzähligen alternirenden Wirteln, sehr selten spiralig stehend. Blüthen meist monöcisch, selten diöcisch. Männliche Blüthen mit in zwei- oder dreigliedrigen Wirteln stehenden Staubblättern, Pollensäcke zwei bis vier, nach aussen durch eine Gewebewucherung der Lamina mehr oder weniger überdeckt. Weibliche Blüthen mit vier, sechs bis acht und zwölf in zwei-, drei-, vierzähligen alternirenden Wirteln stehenden Fruchtblättern, welche bei der Reife verholzen und stehen bleiben, jedoch, um die Samen zu entlassen, auseinander weichen. Samen aufrecht, geflügelt oder flügellos.

Zur Beurtheilung der verschiedenen Alterszustände fossiler beblätterter Cupressineenzweige sei bemerkt, dass an jüngeren Zweigen und Zweigenden die Blätter einander dicht genähert sind, an älteren Zweigen in Folge des Längenwachsthums der Zweige, an welchem die der Rinde angehörigen

*) Nathorst, Bidrag till Sveriges fossila Flora. Stockholm, 1875. Beiträge zur fossilen Flora Schwedens. Stuttgart, 1878.

sogenannten herablaufenden Blattbasen Antheil nehmen, die Blätter in der Regel um so entfernter stehen und die Blattbasen länger sind, als der Zweig älter ist. Gleichzeitig wird durch das Dickenwachsthum der Zweige die Distanz zwischen den Blattbasen in demselben Maasse grösser. In einzelnen Fällen, z. B. *Callitris quadrivalvis, Libocedrus decurrens, L. macrolepis* findet das intercalare Wachsthum nur zwischen je zwei decussirten Wirteln statt, die einzelnen Paare des Wirtels bleiben in Folge des minimalen Wachsthums des zwischen ihnen befindlichen Axentheiles genähert, während die decussirten Wirtel durch einen bis zum Aufhören des Längenwachsthums sich vergrössernden Zwischenraum getrennt sind (Fig. 217. 219). Ferner sind die Blätter jüngerer Individuen häufig linear und tritt diese Blattform auch neben der schuppenförmigen bei älteren Individuen an sterilen Zweigen auf, z. B. *Chamaecyparis, Cupressus, Juniperus* Sect. *Sabina.* Wie bei den Taxodineen keine entwicklungsgeschichtliche Thatsache die Ansicht unterstützt, dass die Zapfenschuppe aus zwei Organen, einer Deck- und Samenschuppe, besteht, so auch bei den Cupressineen, deren wesentlicher Unterschied von den Taxodineen in der geraden, aufrechten Samenknospe und deren axillärer Entstehung liegt. Die sogenannte Samenschuppe ist auch hier nichts anderes als eine Gewebewucherung der inneren Fläche des Fruchtblattes, welche die Spitze desselben um so mehr nach abwärts drängt, je mächtiger sie sich entwickelt und so die bald höhere, bald tiefere Stellung des sogenannten Mucro an der Aussenfläche der Schuppe des reifen Zapfens bedingt.

In der gegenwärtigen Vegetationsperiode sind die Gattungen *Callitris, Thuyopsis, Biota, Chamaecyparis, Thuya, Cupressus, Juniperus* auf der nördlichen Erdhälfte verbreitet, die beiden letzten Gattungen aus Asien bis nach den Vereinigten Staaten Nordamerikas und Mexiko. Von den ersteren kömmt *Biota* und *Thuyopsis* in Japan, erstere auch in Nordchina, *Thuya* in den Vereinigten Staaten Nordamerikas, *Chamaecyparis* im Westen Nordamerikas und in Japan vor, *Callitris* aber gehört mit einer Art einem engbegrenzten Gebiete Nordafrikas an. Der südlichen Erdhälfte gehören an: *Widdringtonia* (Madagaskar; Cap), *Frenela* (Australien, Neucaledonien), *Actinostrobus* (Neuholland), *Fitzroya* (Chile). *Libocedrus* ist vom Westen Nordamerikas südlich bis Chile, nach Neuseeland, Neucaledonien und China verbreitet. Die jetzige Verbreitung letzterer Gattung mit differenten Arten in so entfernt liegenden Regionen spricht für eine ausgedehntere Verbreitung in früherer Zeit, das Vorkommen von Zweigen dieser Gattung in der Kreide Grönlands, ihre Fortdauer in Grönland während der Tertiärzeit, ihr Vorhandensein in einem grossen Theile Europas während derselben Periode im Zusammenhalt mit dem gegenwärtigen Vorkommen einer Art in Californien (*L. decurrens*) und einer zweiten, nahestehenden Art in China (*L. [Calocedrus] macrolepis* Kurz) für ihre Einwanderung von Norden her. *Callitris quadrivalvis* heute auf ein eng begrenztes Gebiet des westlichen Nordafrika beschränkt, hängt in diesem Vorkommen mit dem Vorkommen der *C. Brongniarti* und *C. Heerii* in Europa während der Tertiärzeit zusammen und ist es. insbesondere das Vorkommen im Süden Frankreichs, welches für ihre jetzige Verbreitung entscheidend ist. *Thuya* (*Th. gigantea* im Westen Nordamerikas, *Th. plicata*, Nutkasund, *Th. occidentalis*, von Canada bis nach Virginien und Carolina), *Biota orientalis* in China und Japan, *Chamaecyparis* (Nordamerika, Japan) dürfen, da Reste dieser Gattungen in Europa, Grönland und Spitzbergen in der Tertiärzeit nachgewiesen sind, als Formen betrachtet werden, deren Vorfahren früher einen ausgedehnteren Verbreitungsbezirk besassen und aus dem Norden südwärts sich verbreiteten, in ihren heutigen Verbreitungsbezirken zusagende Existenzbedingungen fanden, welche ihre Fortdauer und Umwandlung ermöglichten, während in den Regionen des früheren Vorkommens ihre Existenz unmöglich wurde. *Widdringtonia* in der Tertiärzeit in Europa verbreitet, heute in Madagaskar (*W. Commersoni*) und am Cap (*W. cupressoides*, *W. juniperoides*) noch vorhanden, lässt den Zusammenhang zwischen einst und jetzt weniger deutlich hervortreten; berücksichtigen wir aber, dass der Verbreitungsbezirk dieser Gattung in der Tertiärzeit ein ausgedehnterer war (Grönland, Europa), dass, mag man die Verbreitung nach dem Süden Afrikas von Osten oder vom Norden her geschehen lassen, die pflanzlichen fossilen Reste der zwischenliegenden Regionen noch wenig bekannt sind, so wird auch für diese Gattung ein analoges Verhältniss angenommen werden dürfen.

Das erste Auftreten der Cupressineen wird von Heer in das Carbon (*Thuyites Parryanus* Heer, Melville-Insel, Village Point) verlegt. Es wird jedoch das kleine Fragment, welches nach der Abbildung eher Blattnarben als Blätter trägt, wohl richtiger als ein sehr jugendlicher Zweig eines *Lepidodendron* anzusehen sein. Sehen wir ferner von den als *Widdringtonites* bezeichneten Zweigfragmenten, denen wir schon in der Trias begegnen, ab, so möchte das erste Auftreten der Gruppe in die jurassischen Bildungen zu setzen sein. Von da an hat sie eine ununterbrochene Entwicklung bis in die gegenwärtige Vegetationsepoche erfahren, welcher jedoch ein Theil der früher vorhandenen Formen fehlt, wie *Phyllostrobus* Saporta, *Palaeocyparis* Saporta, *Moriconia* Debey und Ettingshausen, welch' letztere jedoch wenigstens habituell an *Thuya* und *Libocedrus* sich anschliessen.

Widdringtonites Endlicher.*)

Unter dieser Bezeichnung werden beblätterte Zweigfragmente zusammengefasst, deren kurze, angedrückte, locker sich deckende, spitze Blätter spiralig stehen und unter Umständen auf dem Rücken gekielt sein können, wie dies auch bei lebenden Coniferen mit ähnlicher Blattform vorkömmt, wenn die Blätter trocken sind, während bei frischen Blättern die Rückenfläche gewölbt ist. Im Habitus schliessen sie sich einerseits an *Sequoiopsis* Saporta und *Cyparissidium* Heer, mit welch' letzteren sie, wie ich vermuthe, zweckmässig

---

*) Schimper, traité. t. II. — Saporta, Paléontologie franç. t. III. — Heer, Flora foss. arctica. t. VI. Flora foss. Helv. Urwelt der Schweiz. Zürich, 1879. — Schenk und Schönlein, Abbildungen fossiler Pflanzen aus dem Keuper Frankens.

vereinigt würden, andererseits an die noch existirende südafrikanische Gattung *Widdringtonia* Endl. an. Da weder Zapfen noch Blüthen bekannt sind, so ist ihre Stellung noch unsicher, da in anderen Gruppen der Coniferen, so bei *Dacrydium* unter den Taxineen, bei *Arthrotaxis* unter den Taxodineen, dergleichen Blattformen mit spiraliger Blattstellung vorhanden sind. Geht man indess von der Ansicht aus, dass sie den Cupressineen angehören, so wird man allerdings das erste Auftreten dieser Gruppe weiter als oben bemerkt, zurückverlegen müssen, in die Lettenkohle des Keupers. Aus dieser stammt *W. Keuperianus* Heer (Würzburg, Basel) (Fig. 215[a b]), nach Saporta auch im Infralias von Mende (Lozère); ferner aus dem Lias *W. liasinus* Heer (Ohmden, Canton Freiburg), sodann *W. alpinus* Heer (brauner Jura der Stockhornkette), welcher indess richtiger mit *Araucaria* oder *Sequoia* zu vergleichen ist, *W. gracilis* Sap. (Corallien von Verdun), *W. creysensis* Sap. (Kimmeridgien von Creys, Isère), in der oberen Kreide *W. subtilis* Heer (Ataneschichten Grönlands), *W. Reichii* Heer (*Frenelites* Ettingsh., *Lycopodites* Reich, *Glyptostrobus* Lesq., Ataneschichten Grönlands, Niederschöna in Sachsen, Sioux City, Mündung des Jowa Creek in Nordamerika). Aus dem Bernstein des Samlandes bildet Göppert (Bernsteinflora. Danzig, 1883) beblätterte Zweigfragmente als *Widdringtonites cylindraceus* und *W. oblongifolius* ab, welche ich für Zweige von *Glyptostrobus europaeus*, dieser im Micoän des Samlandes häufigen Art, halten möchte. Die als *W. legitimus* beschriebenen, als Zapfen einer *Widdringtonia* gedeuteten Reste gehören meiner Meinung nach überhaupt nicht zu den Coniferen, zu *Widdringtonia* schon der spiraligen Stellung der Blattorgane halber nicht, sondern zu den Dicotylen. Dagegen ist es möglich, dass das a. a. O. Taf. XV, Fig. 182, 183 abgebildete Fragment einer *Widdringtonia* angehört. Taf. XV, Fig. 184, 185 möchte ich für *Glyptostrobus* halten. Von Göppert werden sie als *Biota orientalis succinea* bezeichnet.

Fig. 215.
a b Widdringtonites Keuperianus Heer. Lettenkohle des Keupers, Würzburg. (Nach der Natur.) *c W. Bachmanni* Heer, Brauner Jura der Hochmad. (Copie nach Heer.)

Widdringtonia Endlicher *).

Bäume oder Sträucher von mässiger Höhe mit alternirenden Zweigen. Blätter kurz, an jüngeren Zweigen in zweizähligen decussirten Wirteln, an älteren in Folge intercalaren Wachsthums spiralig stehend, sich deckend,

*) Saporta, Paléontologie franç. t. III. Annal. des sc. nat. Bot. Ser. IV. t. XVII. XIX. Ser. V. t. III. IV. VIII. — Heer, Tertiärflora der Schweiz. Bd. I. Flora foss. arct. t. II. VII.

angedrückt, auf der Rückenfläche unter der Spitze eine Harzdrüse, Blattbasis kurz herablaufend. Blüthen monöcisch. Männliche Blüthen an Seitenzweigen endständig, kurzgestielt, Stiel mit kurzen schuppenförmigen Hochblättern besetzt; Staubblätter in zweizähligen alternirenden Wirteln mit eiförmiger Lamina. Weibliche Blüthen an kurzen Seitenästen endständig, mit vier Fruchtblättern in zwei zweizähligen decussirten Wirteln mit zahlreichen aufrechten axillären Samenknospen. Zapfenschuppen dick, holzig, bei der Reife aus einander weichend, nicht abfallend, mit einem kurzen Fortsatz am oberen Theile der Aussenfläche. Samen kantig, an beiden Seitenrändern mit schmalem Flügel.

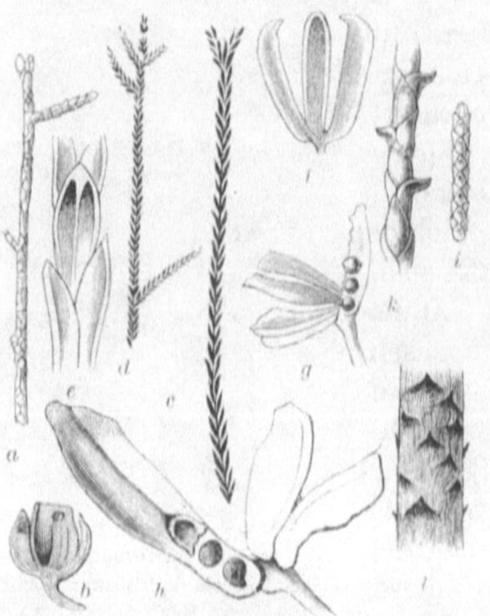

Fig. 216.
Widdringtonia brachyphylla Sap. *a* Zweig, *b* Zapfen. Aix. (Copie nach Saporta). *W. helvetica* Heer. *c*, *d* Zweige, *e* vergrössert, *f*, *g* Zapfen, *h* vergrössert. Hohe Rhonen, Miocän. (Copie nach Heer.) *i*, *k*, *l* *W. cupressoides* Endl., vom Cap, Zweige verschiedenen Alters, nach der Reihenfolge der Buchstaben. (Nach der Natur).

Dass diese jetzt noch mit drei Arten im Süden Afrikas vorhandene Gattung im Tertiär sich über ein ausgedehntes Terrain und bis in die Polarregion erstreckte, ist ausser Zweifel. Es sprechen dafür die Zweige, wie die mit ihnen vorkommenden Zapfen. Bei den letzteren ist auf die Differenz der Zapfenschuppen der von Heer zu *W. helvetica* gezogenen Zapfen (Fig. 216 *f–h*) im Gegensatze zu jenen von *W. antiqua* Sap. und *brachyphylla* Sap. (Fig. 216 *b*) und der lebenden Arten hinzuweisen, welche sämmtlich dicker sind. Jene der *W. antiqua* und *brachyphylla* stehen den Zapfenschuppen der lebenden Arten näher und muss es auffallen, dass in der Abbildung Heer's die Spitzen der Zapfenschuppen nach einwärts gekehrt sind. Wie die Stellung der Blätter, die Entfernung derselben unter sich und ihre Form mit dem Alter der Zweige sich ändert, erhellt aus Fig. 216 *i–l*. Das erste Auftreten wird nach den Untersuchungen Saporta's in den unteren weissen Jura (unteres Kimmeridgien) verlegt, da in diesen Schichten (See von Armaille bei Belley, Ain) Zweige mit Zapfen, wenn letztere auch nicht von vorzüglicher Erhaltung, vorkommen, welche als Zapfen von *Widdringtonia* mit ziemlicher Sicherheit gedeutet werden können: *W. microcarpa* Sap. Saporta vereinigt damit, wie es scheint nicht mit Unrecht, *Widdringtonites Bachmanni* Heer von der Hochmad in der Stockhornkette (Fig. 215 *c*). Dem Tertiär gehören an: *W. brachyphylla* Sap (Aix) (Fig. 216 *a b*), *W. antiqua* Sap. (St. Zachariae), *W. Ungeri* Endl. (Südfrankreich, Parschlug, Köflach, Ungarn, Bilin, Wetterau), *W. helvetica* Heer (Sinigaglia, Sarzanello, Chiavon, Hohe Rhonen und Oeningen, Bilin, Grönland) (Fig. 216^{c-h}). *W. complanata* Lesq. (Tert. Flora tab. 62 fig. 13. 14) aus dem Tertiär von Point of Rok im Wyoming-Territorium ist nach den Abbildungen kaum mit *Widdringtonia* zu vereinigen, die Fig. 13 lässt eher der Vermuthung Raum, dass die später zu erwähnende Gattung *Moriconia* in Nordamerika noch im Tertiär vorhanden war.

Callitris Ventenat*).

Die einzige noch existirende, auf die Höhenzüge des westlichen Nordafrika beschränkte Art, *C. quadrivalvis*, ist ein bis zu 18 Fuss hoher Baum mit sparriger, meist sympodialer Verzweigung, in den jüngeren Zuständen plattgedrückten, sogenannten gegliederten Aesten. Blätter sehr klein, kurzspitzig, angedrückt, in zweizähligen, decussirten, an den jüngeren Aesten dicht an einander gerückten Wirteln stehend, an den älteren Zweigen durch intercalares Wachsthum der Internodien die decussirten Wirtel umsomehr aus einander gerückt, je älter die Zweige (Fig. 217^{d-h}), Seitenblätter mit herablaufender Basis, unter der Spitze eine Harzdrüse. Blüthen monöcisch. Männliche Blüthen endständig an Seitenzweigen, gestielt, Stiel mit kleinen, in drei zweizähligen Wirteln stehenden, membranösen Hochblättern besetzt; Staubblätter, zwölf bis sechszehn, in zweizähligen alternirenden Wirteln, Lamina beinahe kreisrund, Pollensäcke vier. Weibliche Blüthen an kurzen, mit in zwei zweizähligen Wirteln stehenden Blättern besetzten Seitenästen; Fruchtblätter vier, in zwei zweizähligen alternirenden Wirteln, während der Reife verholzend, zusammenschliessend. Samenknospen aufrecht, in den Achseln der Fruchtblätter. Tragzweig bei der Reife nach abwärts gekrümmt. Zapfenschuppen auf dem Rücken glatt, tief gefurcht, mit kurzem Höcker unter dem oberen Rande, bei der vollständigen Reife auseinanderweichend, aber nicht abfallend. Samen geflügelt (*Gouania protogaea* Unger).

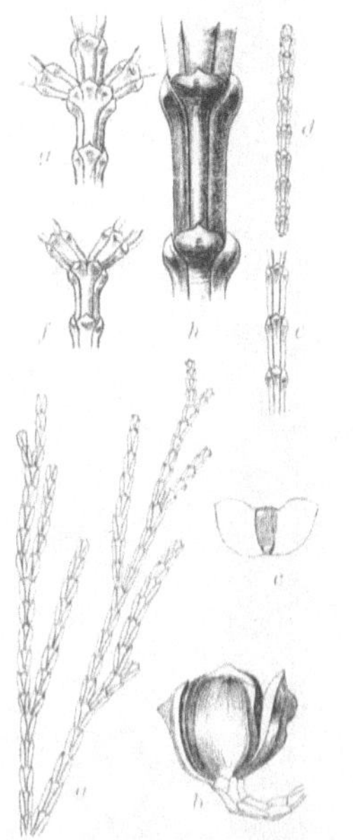

Fig. 217.
Callitris Brongniarti Endlicher. Miocän von Armissan (Copie nach Saporta). *a* Zweig. *b* Zapfen. *c* Same. *Callitris quadrivalvis* Vent. *d–h* Zweige verschiedenen Alters, *h* vergrössert. (Nach der Natur.)

In der Tertiärzeit über einen grossen Theil von Europa verbreitet, insbesondere *C. Brongniarti* Endlicher (Fig. 217^{a-c}), von Endlicher zuerst richtig erkannt, früher als *Equisetum brachyodon* Brongn., *Thuyites nudicaulis* Brongn., *Thuyites callitrina* Unger beschrieben (im südlichen Frankreich, z. B. Armissan, Marseille, Camoins, Gargas, Aix; in Italien an der Superga bei Turin, Guarene, Chiavon, Salcedo, Massa

*) Schimper, Traité, t. II. — Heer, Tertiärflora der Schweiz, Bd. I. — Saporta, Annal. des sc. nat. Bot. Ser. IV. t. XIX, Ser. V. t. IV.

marittima, dann bei Paris, Häring in Tirol, Radoboj, Ungarn, Schossnitz) die verbreitetste Art, ferner *C. Heerii* Sap. (im südlichen Frankreich bei Aix, St. Zachariae, Fenestrelle, Camoins, St. Jean-de-Garguier). *C. symmetrica* Watelet ist mit *C. Brongniarti* zu vereinigen, ebenso *Thuya Saviana* Gaud. (Denkschr. der schweiz. naturf. Gesellsch. Zürich, 1860), *Thuya Göpperti* Sism. (Prodrome d'une flor. tert. du Piemont. Turin 1859), die von Ludwig aus der Wetterau beschriebenen Arten wohl ebenfalls.

Frenelopsis Schenk**)

Unter dieser Bezeichnung habe ich aus dem Urgon von Leipnik, Lippowetz, Murk, Wernsdorf, Grodischt in Mähren stammende Zweigfragmente beschrieben, welche später von Heer auch in dem Urgon Grönlands (Kome) und von Saporta im Turon von Bagnols nachgewiesen worden sind. Die an diesen Fundorten vorkommende Art ist *F. Hoheneggeri* Schenk (Fig. 218^{a-d}) (*Thuyites, Culmites* Ettingshaus.). Eine zweite Art ist später von Heer aus dem Wealden Portugals beschrieben: *F. occidentalis* (Contrib. à la Flore foss. du Portugal p. 21) durch gegenständige Zweige von voriger verschieden. Aeste und Aestchen sind bei *Frenelopsis* gegliedert, die jüngeren, wie es scheint, flach, die älteren cylindrisch, die Verzweigung ist, wie bei *Frenela*, monopodial, nur ausnahmsweise sympodial, die Blätter klein, schuppenförmig, dreieckig, spitz (nach Zeiller in dicht übereinander stehenden zweizähligen decussirten Wirteln, die seitlichen mit herablaufender Basis), die Internodien mit in parallelen Reihen gestellten kleinen Erhabenheiten besetzt,

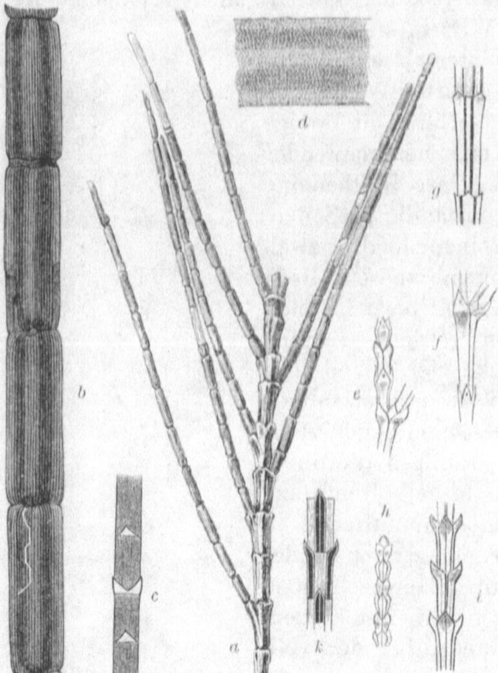

Fig. 218.
Frenelopsis Hoheneggeri Schenk. *a* jüngerer Zweig. *b* älteres Zweigfragment. *c* junger Zweig mit Blättern. *d* Zweigstück vergrössert. Urgon von Wernsdorf in Mähren. *e—g* *Frenela robusta* A. Cunningh., Zweige verschiedenen Alters. *h—k* *Actinostrobus pyramidalis* Miq., Zweige verschiedenen Alters. (Nach der Natur.)

**) Schenk, Flora der Wernsdorferschichten. Palaeontograph. Bd. 19. — Heer, Flora foss. arct. t. III. IV.

den Spaltöffnungen, deren Bau von Zeiller (Annales des scienc. nat. Bot. Ser. VI. t. 13) an der wohlerhaltenen Cuticula von Exemplaren aus dem Turon von Bagnols ermittelt wurde. Sie haben den typischen Bau der Spaltöffnungen der Coniferen, welcher bei den Exemplaren aus Mähren weniger gut erhalten, wie auch die herablaufende Basis der beiden seitlichen Blätter nicht sichtbar ist. Dass die Reste den Cupressineen angehören, habe ich bereits früher bemerkt. Verwandt sind sie mit *Callitris* und *Frenela*, von ersterer durch die Verzweigung und die Lage der Spaltöffnungen, welche bei dieser in der Furche der seitlichen Blätter liegen, von letzteren durch die zweizähligen genäherten Blattwirtel verschieden. Von Ludwig (Palaeontograph. Bd. VIII) wird aus der Braunkohle der Wetterau eine *Frenela europaea*, von Ettingshausen (Foss. Flora von Sagor. Wien 1872) aus dem Miocän von Sagor und Savine *Actinostrobus miocenicus* beschrieben, beides Zapfen. Zweige, welche einen sicheren Aufschluss gewähren würden, fehlen. Diese Reste sind, nach den Abbildungen zu urtheilen, auch einer anderen Deutung fähig, daher das Vorhandensein der beiden Gattungen in Europa während der Tertiärzeit nicht sicher gestellt. Reste von *Frenelá* (Fig. 218^{e-g}) würden durch drei-, selten vierzählige decussirte Wirtel kleiner schuppenförmiger Blätter und sechs bis acht, in drei- bis vierzähligen decussirten Wirteln stehende dickholzige Zapfenschuppen, deren untere etwas kleiner sind, *Actinostrobus* (Fig. 218^{h-k}) durch dreizählige decussirte Blattwirtel, durch sechs in zwei dreizähligen alternirenden Wirteln stehende Zapfenschuppen und die an Grösse zunehmenden in 4—6 dreizähligen alternirenden Wirteln stehenden sogenannten Hochblätter, deren oberste etwa bis zur Hälfte der Zapfenschuppe reichen, charakterisirt sein. Die Fruchtblätter erfahren auf ihrer Innenseite während der Reife gar keine oder doch nur eine sehr unbedeutende Wucherung, da die Spitze derselben ihre Lage wenig ändert, es scheint im Gegentheile die Aussenseite stärker sich auszubilden. Die Samen sind dreikantig, die Kanten geflügelt. Bei *Actinostrobus pyramidalis* Miq. ist die Axe der weiblichen Blüthe an dem reifen Zapfen mehr als bei den übrigen Cupressineen verlängert. Jüngere Exemplare haben bei beiden Gattungen pfriemliche Blätter.

Libocedrus Endlicher*).

Bäume von zum Theil bedeutender Höhe, bis zu 50 Meter, mit monopodialer, selten sympodialer Verzweigung, mit cylindrischen, spiralig stehenden oder flachen, alternirenden oder gegenständigen, bilateralen jüngeren Zweigen. Blätter vierzeilig, in zweizähligen decussirten Wirteln, entweder gleich gestaltet, kurz, cylindrisch, stumpf, auf dem Rücken gewölbt (*L. tetragona*), oder ungleich gestaltet, dann die beiden seitlichen gekielt,

*) Schimper, Traité II. p. 339. — Heer, Flora tert. Helv. t. I. — Unger, Chloris protogæa. — Saporta, Annales des scienc. nat. Bot. Ser. V. t. IV. — Heer, Flora foss. arct. t. II. VI. VII. — Göppert, Die Flora des Bernsteins. Danzig 1883.

mit herablaufender Blattbasis, die facialen rhombisch, spitz, flach, anliegend, die Blattpaare an den älteren Zweigen durch intercalares Wachsthum aus einander gerückt, oder beinahe kreisrund mit kurzer Spitze, dann die gegenseitige Stellung der beiden decussirten Wirtel unverändert, die Wirtelpaare aber aus einander gerückt (*L. decurrens, macrolepis*). Blüthen monöcisch oder diöcisch, an kurzen Seitenästen endständig. Männliche Blüthen kurzgestielt, mit zwölf bis vierzehn in zweizähligen alternirenden Wirteln stehenden Staubblättern, Lamina eirund, Pollensäcke vier. Weibliche Blüthen mit vier bis sechs Fruchtblättern in zweizähligen alternirenden Wirteln, die untersten ohne Samenknospen, die oberen mit zwei aufrechten Samenknospen, wenn sechs Fruchtblätter auch die beiden obersten steril.

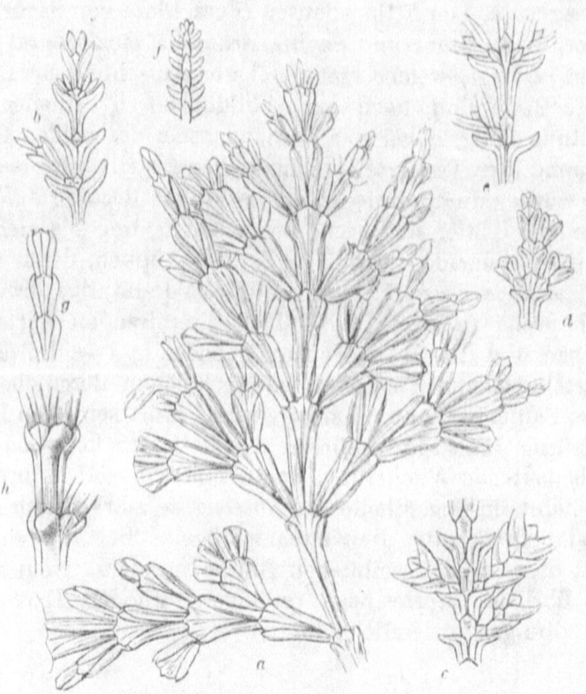

Fig. 219.

a Libocedrus salicornioides Heer, Zweig; Miocän, Radoboj (Copie nach Unger). *b c d Libocedrus chilensis* Endl. (*b c* nach cultivirten Exemplaren, *d* nach Pöppig's Original). *e Libocedrus Doniana* Endl. *f L. tetragona* Endl. *g h Libocedrus decurrens* Torr. (*b—h* nach der Natur.)

Bei der Reife bilden die Fruchtblätter einen eiförmigen Zapfen, ihre Spitze bildet einen je nach der Entwicklung der Wucherung höher oder tiefer stehenden Fortsatz, welcher bald nur wenig, bald stärker entwickelt ist. Die Zapfen und Zapfenschuppen, deren unterste kleiner sind, bleiben stehen und entlassen durch Auseinanderweichen die auf der einen Seite mit starkentwickeltem, auf der entgegengesetzten Seite mit schmalem Flügel versehenen Samen.

Es sind von dieser, früher als *Thuyites* und *Libocedrites* bezeichneten Gattung nur Zweigfragmente bekannt, und können diese, da zwei Arten (*L. chilensis, L. Doniana*) sich durch die meist, jedoch nicht immer gegenständige Stellung der Zweige charakterisiren, wohl zu dieser Gruppe der Gattung gehören und dadurch von den Resten von *Callitris* unterschieden werden. Bei *L. chilensis* (Fig. 219 [b c d]) sind an den jüngeren Aesten die Blätter an den Zweig angedrückt (an cultivirten stehen die seitlichen etwas ab), an den älteren stehen die seitlichen, wenn sie in der Achsel einen Zweig tragen, horizontal ab, während die Facialblätter angedrückt sind. Ebenso verhalten sich ältere Zweige von *L. Doniana* (Fig. 219 [e]), an jüngeren Zweigen dieser Art stehen die Blätter schief aufrecht, bei beiden Arten werden die Facialblätter noch im Laufe des ersten Jahres durch intercalares Wachsthum in die Höhe gerückt, während anfangs nur die Spitzen sichtbar sind. Die jüngeren Theile der Zweige sind es also, welche den fossilen Resten am meisten entsprechen. Bei *L. decurrens* (Fig. 219 [g h]), *L. macrolepis* sind alle Blätter angedrückt, auch an den älteren Zweigen, die Verzweigung jedoch monopodial, nicht sympodial wie bei *Callitris*, wodurch sie sich von *Callitris*, denen sie ähnlich sehen, unterscheiden lassen. Unter den fossilen *Thuyites*-Arten können immerhin der Gattung *Libocedrus* angehörige Reste verborgen sein, da *L. tetragona* (Fig. 219 [f]) aus dem südlichen Chile ähnliche Blätter besitzt. Die kurzen Stiele der männlichen Blüthen tragen zwei bis drei zweizählige alternirende membranöse Blätter und stehen auf der Spitze kurzer beblätterter Zweige. Bei *L. chilensis* stehen an dem zapfentragenden Zweige drei zweizählige alternirende Wirtel schuppenförmiger Blätter unter dem Zapfen, bei *L. Doniana* sechs zweizählige alternirende Wirtel, deren Blätter nach oben grösser werden und zugespitzt sind, die stark nach aussen gedrängte Spitze des Fruchtblattes bildet sich bei dem reifen Zapfen zu einem dornförmigen, aufwärts gekrümmten Fortsatze um. Auch bei *L. decurrens* sind die oberen Blätter des Zapfenstieles grösser, die beiden oberen sterilen Fruchtblätter sind ebensowenig wie andere Zapfenschuppen verwachsen, sondern durch die senkrecht sich streckenden, ineinander geschobenen Epidermiszellen des Fruchtblattes zusammengehalten.

Die Gattung tritt zuerst in der oberen Kreide mit *L. cretacea* Heer in den Ataneschichten Grönlands auf; aus dem Tertiär sind drei Arten bekannt: *L. Sabiniana* Heer, von welcher Art Heer auch Samen beobachtete, *L. gracilis* Heer, beide aus dem Miocän von Cap Staratschin auf Spitzbergen, *L. salicornioides* Heer (Fig. 219 [a]) durch die Verzweigung mit *L. chilensis*, durch die Blätter mit *L. decurrens* verwandt, im Oligocän und Miocän Europas weit verbreitet (Armissan, Ménat, Sinigaglia, Monod, Radoboj, Bilin, Salzhausen, Sieblos, Bonn, Schossnitz, im Bernstein des Samlandes). *L. ovalis* Göppert (Bernsteinflora des Samlandes) ist sicher kein Pflanzenrest, wie die Verzweigung lehrt.

Moriconia Debey und Ettingshausen*).

Zweige dicht stehend, gegenständig, bilateral, flach. Blätter vierzeilig, in zweizähligen decussirten Wirteln, dicht an den Zweigen anliegend, sich deckend. Männliche Blüthen endständig an den Seitenästen, mit zwölf Staubblättern.

Die Zweigreste wurden zuerst von Debey und Ettingshausen als den Farnen angehörig beschrieben (Kreideflora von Aachen, II. p. 59), später von Heer als *Pecopteris Kudlisetensis* bezeichnet, von Saporta (Flore foss. de Sezanne p. 301) als Conifere erkannt, welcher Ansicht auch Heer später beitrat, welche bei der grossen habituellen Aehnlichkeit der Zweige mit *Libocedrus* (den Arten mit difformen Blättern) und durch die Stellung wie Form der Blätter auch begründet ist, wie ich aus der Untersuchung der Aachener und der von Dr. Nathorst in Grönland 1883 gesammelten und mir freundlichst mitgetheilten Exemplare sehe. Ausser Aachen ist *Moriconia cyclotoxon* Deb. u. Ettingshausen (Fig. 220) in den Atane- und Patootschichten Grönlands, von Geinitz im Quader bei Waltersdorf am Fusse der Lausche in Sachsen gefunden. Unter den bei Aachen von Debey gefundenen Exemplaren tragen einige, wie ich an den von Dr. Debey mir freundlichst mitgetheilten Stücken sehe, an der Spitze der seitlichen Aeste männliche Blüthen, wie bereits Debey in einer brieflichen Mittheilung an Heer a. a. O. bemerkt. Funde von Zapfen müssen entscheiden über die Beziehungen zu *Libocedrus*.

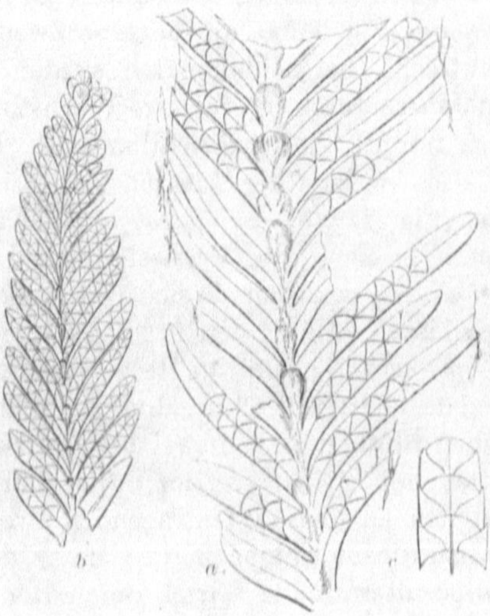

Fig. 220.
Moriconia cyclotoxon Debey und Ettingshausen; Zweige. *b* jüngerer, *a* älterer Zweig, *c* vergrössert. Obere und oberste Kreide Grönlands. (Copie nach Heer.)

Thuyites Brongniart emend.**)

Nur wenige Coniferenreste, meist Zweigspitzen, selten grössere Zweigfragmente, tragen noch diese Bezeichnung. Blüthen oder Zapfen, welche der Bestimmung eine grössere Sicherheit verleihen würden, fehlen. Es ist die mit der Gattung *Thuya* und ihren nächsten Verwandten übereinstimmende

*) Heer, Flora foss. arct. t. III. VI. VII.

**) Schimper, traité t. II. — Heer, Flora foss. Helv. — Saporta, Paléontologie franç. t. III. — Schenk, Fossile Flora der Grenzschichten etc. Wiesbaden, decussirte Stellung der zweizähligen Blattwirtel, sodann die bei einem Theile der hierher gezogenen Reste vorhandene Aehnlichkeit der Blattform mit jener von *Thuya*, welche für die Charakterisirung dieser Gruppe von Coniferenfragmenten benutzt wurde. Beide Charaktere sind indess gleich ungenügend. Denn einerseits ist die opponirte Stellung der Blätter im Allgemeinen nicht von der Bedeutung, welche man ihr beizulegen sich gewöhnt hat, da sie durch ungleichseitiges Wachsthum in die alternirende übergehen kann und thatsächlich auch bei lebenden und fossilen Coniferen in dieselbe übergeht, andererseits finden sich ähnliche Blattformen auch bei Coniferen, welche *Thuya* sehr ferne stehen. Die übliche Bezeichnung drückt also nichts weiter als eine mehr oder weniger entfernte Aehnlichkeit mit den Zweigen der genannten Gattung aus.

Dass *Thuyites Parryanus* Heer nicht hierher gehört, ist bereits früher bemerkt, daher das erste Auftreten der in Rede stehenden Formen in viel jüngere Bildungen zu verlegen, zuerst in das Rhät mit *Thuyites Schlönbachi* Schenk (Sandstein des Fallsteins bei Seinstedt), dann *Th. fallax* Heer (Lias der Schambelen, Fig. 221 c), *Th. Oosteri* Heer (Brauner Jura der Hochmad in der Stockhornkette, Fig. 221 ab), *Th. Locardi* Sap., *Th. thuyopsideus* Sap., *Th. exilis* Sap., *Th. pulchellus* Sap. (Fig. 221 d), oberer Jura Frankreichs; *Th. Pfaffii* Heer aus den Ataneschichten Grönlands. Vergleicht man die genannten Arten mit *Thuya*, so ergibt sich wenigstens nach den Abbildungen noch ein anderer Unterschied. Bei allen lebenden *Thuya*-Arten sind die jüngeren Zweige flach, bei den *Thuyites*-Arten scheint dies vorerst nicht der Fall zu sein. *Thuyites Choffati* Heer (Contrib. à la flor. foss. du Portugal) aus dem Jura von Portugal, dessen Blattstellung mir nicht ausser Frage scheint, gehört wahrscheinlich zu *Pagiophyllum* oder *Brachyphyllum* (letzteres im Sinne Saporta's) und ist vielleicht mit *B. Delgadonum* Heer und *Pagiophyllum cirinicum* Heer identisch. *Thuyites fallax* Heer dürfte ebenfalls hinsichtlich seiner Verwandtschaft mit *Thuya* fraglich sein; die Blätter sind, wie es scheint, überhaupt nicht decussirt. Ebenso dürfte *Th. Oosteri* den jüngeren Zweigen einer *Palaeocyparis* Saporta angehören. *Th. Pfaffii* Heer aus den Ataneschichten Grönlands weicht schon durch die Blattform von den lebenden *Thuya*-Arten wesentlich ab und er-

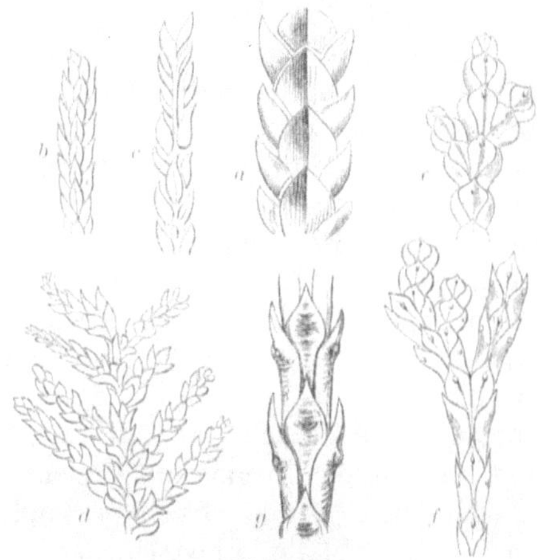

Fig. 221.
a b Thuyites Oosteri Heer, Zweigfragment, *b* vergrössert; brauner Jura der Hochmad in der Stockhornkette. *c Th. fallax* Heer, Lias der Schambelen. (Copien nach Heer.) *d Th. pulchellus* Sap. Oberer Jura Frankreichs. (Copie nach Saporta). *e–g Thuya occidentalis* L., Zweige verschiedenen Alters. (Nach der Natur.)

innert an die jugendlichen Zweigspitzen von *Chamaecyparis nutkaënsis*. Die Formen dieser ganzen Gruppe dürften eher verschiedenen Gattungen angehören oder zum Theile jüngere Zweige solcher Formen sein, deren ältere Zweige allein bekannt sind und künftige Funde müssen erst Aufschluss über ihre Beziehungen zu den lebenden und fossilen Coniferen gewähren. Am meisten scheinen noch die von Saporta unterschiedenen Arten der Gattung *Thuya* zu entsprechen, obwohl ich auch bei diesen nicht überall an eine nahe Verwandtschaft mit *Thuya* glaube. Zum Theile erinnern die Abbildungen an *Chamaecyparis*

Thuya L. emend.*)

Bäume bis zu 200 Fuss Höhe mit sympodialer Verzweigung. Zweige alternirend, die Seitenästchen der jährigen Triebe nach einer Seite entwickelt, flach. Blätter vierzeilig in zweizähligen decussirten Wirteln, angedrückt, difform, klein, schuppenförmig mit sogenannter herablaufender Blattbasis. Seitenblätter kahnförmig, spitz, die Spitze nach einwärts gekrümmt, Seitenränder concav, Facialblätter flach, alle mit rundlicher Harzdrüse unter der Spitze, bis zum Grunde frei. Blüthen monöcisch, an Seitenzweigen endständig. Männliche Blüthen mit vier bis acht Staubblättern, die Staubblätter mit kreisrunder Lamina und vier Pollensäcken. Weibliche Blüthen mit zwei alternirenden zweizähligen Wirteln sogenannter Hochblätter unter der Blüthe, acht bis zwölf Fruchtblätter, die untersten und obersten steril, die übrigen mit je zwei aufrechten Samenknospen. Bei der Reife die zapfentragenden Aestchen nach abwärts gekrümmt, die Fruchtblätter verholzend, einen eiförmigen, aus lederartigen Schuppen bestehenden Zapfen bildend, die Spitze des Fruchtblattes in Folge der unbedeutenden Gewebewucherung der Innenseite als kleiner Höcker dicht unter dem oberen Schuppenrande, Schuppen bei der Reife aus einander weichend. Samen geflügelt.

Jugendliche Zweige der Gattung *Thuya* lassen sich von jenen der zunächst verwandten Formen am sichersten durch die dreieckige Blattfläche der Facialblätter, den geschweiften Rand und die nach einwärts gekrümmte Spitze der Seitenblätter unterscheiden. An den älteren Zweigen ändert sich nicht nur die Distanz zwischen den Blattwirteln, durch Wachsthum ändert sich auch die Grösse und Form der Blattfläche, sie wird länger und spitzer (Fig. 221^{e-g}) und ändert dabei ihre ursprüngliche Richtung. Im Mittel vergrössert sich das Blatt um das Dreifache der ursprünglichen Grösse. Auch die Harzdrüsen vergrössern sich und nicht selten treten zu den ursprünglich vorhandenen noch zwei bis drei hinzu. Bis jetzt scheinen nur jüngere Zweige beobachtet zu sein, welche von den jährlich abfallenden herrühren.

---

*) Schimper, traité t. II. III. — Saporta, Paléontologie franç. t. III. — Heer, Flora foss. arct. t. II. III. VI. VII. — Göppert, die Flora des Bernsteins. Danzig, 1883.

Die Verbreitung der lebenden Arten ist im Allgemeinen früher bereits erwähnt, hinzugefügt sei hier noch, dass *Th. gigantea* und *Th. plicata* dem Nordwesten, *Th. occidentalis* dem Osten der Vereinigten Staaten Nordamerikas angehören. Eine vierte Art, *Th. japonica* Maxim. (*Th. Standishii* Carrière), kömmt in Japan vor.

Von den fossilen Arten scheinen mir *Th. interrupta* Newberry aus dem Miocän von Fort Union, Dacotah (Newberry, Notes on latter on tinct. flor. of North America; Haydn, illustr. of cretac. and tert. Plants tab. 11 fig. 5), und *Th. Garmani* Lesq. (Haydn, Sixt anual Report. Washington 1873) aus dem Miocän von Elko Station in der Sierra Nevada nach den Abbildungen und Beschreibungen nicht zu *Thuya* zu gehören, erstere scheint nach der sicher nicht ganz genauen, vergrösserten Figur eher eine *Libocedrus* oder eine *Thuyopsis*, letztere vielleicht eine mit *Chamaecyparis nutkaënsis* verwandte Conifere zu sein, auf deren Blätter allenfalls der Ausdruck »inflatus« angewendet werden könnte, insoferne es sich um die jüngsten Zweigenden handelt. Dagegen halte ich die von Göppert aus dem Bernstein des Samlandes (Flora des Bernsteins, Taf. XV Fig. 199—204) als *Thuya occidentalis succinea* beschriebenen Zweigfragmente zur Gattung *Thuya* gehörig; ob sie indess mit der lebenden Art identisch sind, mag dahingestellt sein, da nur die Zweige bekannt sind. Jedenfalls stellen sie das Vorhandensein der Gattung zur Tertiärzeit sicher und sprechen für die Existenz einer mit der im Osten Nordamerikas nahe verwandten Art in Europa. Andere zu *Thuya* gezogene Reste sind unter *Biota* besprochen.

Biota Endlicher.*)

Bäume mit alternirenden Zweigen, monopodialer Verzweigung der Hauptaxe, an den Seitenaxen häufig sympodiale Verzweigung, die jüngeren und jüngsten Zweige flach. Blätter difform, vierzeilig in zweizähligen, decussirten Wirteln, mit sogenannter herablaufender Blattbasis, bis zum Grunde frei. Seitenblätter kahnförmig, mit schief aufsteigendem, schwach concavem Rande und gerader Spitze, Facialblätter lanzettlich, alle mit länglicher Harzdrüse. Blüthen monöcisch, einzeln an der Spitze von Seitenzweigen, endständig. Männliche Blüthen kurzgestielt mit sechs bis zehn in zweizähligen decussirten Wirteln stehenden Staubblättern, Staubblätter mit kreisrunder Lamina und vier Pollensäcken. Weibliche Blüthen an kurzen Seitenästchen, welche unmittelbar unter der Blüthe zwei alternirende Wirtel sogenannter Hochblätter tragen. Fruchtblätter sechs, seltener acht, die obersten steril, die übrigen mit je zwei Samenknospen, bei der Reife verholzend, einen eiförmig kugeligen Zapfen bildend, dessen Schuppen bei der Reife aus einander weichen und unter dem oberen Rande einen nach

*) Heer, Flora foss. arct. t. I. II. III. V. VI. VII. — Göppert, Flora des Bernsteins. Danzig, 1883.

rückwärts gekrümmten Fortsatz, die Spitze des Fruchtblattes, tragen. Samen eiförmig, dreikantig, flügellos.

Die Blätter von *Biota orientalis* unterscheiden sich von jenen der *Thuya*-Arten durch die Form der Harzdrüse, die lanzettlichen Facialblätter und die nicht nach einwärts gekrümmte Spitze der Seitenblätter (Fig. 222 *f*). Auch bei dieser Art ändern mit dem Wachsthum der Zweige die Blätter ihre Grösse, Form und Richtung und stehen mehr ab (Fig. 222 *g h*). Die lebende Art ist im Norden Chinas, in Japan in den Berggegenden der Inseln Nippon und Sikok verbreitet.

Von den Coniferenresten, welche bis jetzt bekannt geworden sind, gehören, wie ich glaube, zu *Biota*: *B. borealis* Heer aus dem Miocän von Grönland (Fig. 222 *a—d*), von welcher auch die Zapfen, jedoch mit Ausnahme der Fig. 13 *b* und 15 *a* auf Taf. I Bd. III der Flora foss. arct. abgebildeten Zweigfragmente, welche mit der a. a. O. Bd. II Taf. II Fig. 28. 29 abgebildeten *Chamaecyparis massiliensis* Heer identisch sind und zu *Thuya* gehören. Zu *Biota* gehört auch *Biota (Thuyites) Meriani* Heer aus den Ataneschichten Nordgrönlands (Fig. 224 *n*), eine der *B. orientalis* nicht fernstehende Art, endlich wohl theilweise *Biota (Thuyites) Ehrenswärdi* Heer aus dem Miocän der Insel Sachalin in Bd. V der Flora foss. arct., so tab. I fig. 12. 12 *b c d*. Zu *Thuya* scheint mir das a. a. O. fig. 13. 13 *b* abgebildete Exemplar zu gehören, während die in Bd. II und VII aus dem Miocän von Spitzbergen und Nordgrönland beschriebenen Exemplare zu *Chamaecyparis* gehören. Zu *Chamaecyparis* sind auch die von Göppert (die Flora des Bernsteins) Taf. XV Fig. 180. 181. 192. 193. 196 als *Biota orientalis succinea* abgebildeten Exemplare zu ziehen, während Fig. 188—191 zu *Biota* gehören können; Fig. 182. 183 scheint eine *Widdringtonia* zu sein, Fig. 184—187 scheinen, wenn überhaupt die Darstellung richtig ist, zu *Glyptostrobus* zu gehören.

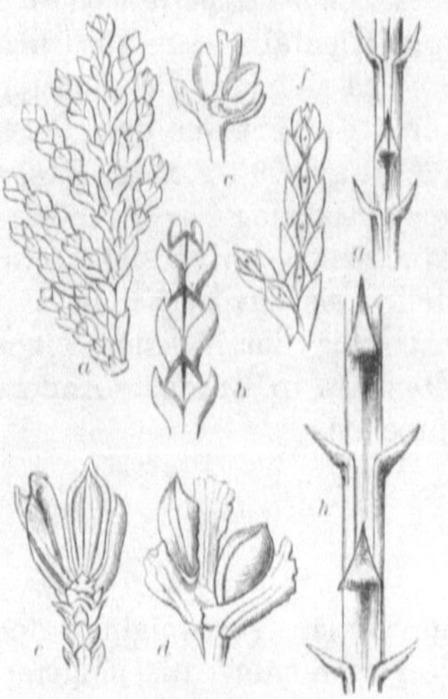

Fig. 222.
Biota borealis Heer. *a* Zweig, *b* vergrössert, *c* Zapfen mit Samen, *d* vergrössert, *e* Zapfen; Miocän, Grönland. (Copie nach Heer.) *f g h Biota orientalis* Endlicher. Zweige verschiedenen Alters. (Nach der Natur.)

Als *Thuya (Thuyopsis) gracilis* (Fig. 223 *a b*) werden von Heer (Flora foss. arct. Bd. VII p. 59 tab. XX fig. 16) kleine Zweigfragmente aus dem Miocän von Grönland beschrieben, welche das Vorhandensein dieser Gattung in der Tertiärzeit nicht unwahrscheinlich machen. Die Zweige zeichnen sich durch die nach oben sehr breiten Facialblätter aus und sind jenen der lebenden *Thuyopsis dolabrata* Sieb. et Zuccar. nicht unähnlich. *Thuyopsis europaea* Göppert aus dem Bernstein des Samlandes (tab. XVI fig. 215. 216) ist weder mit der Saporta'schen Art, die zu *Chamaecyparis* gehört, identisch, noch hat sie etwas mit *Thuyopsis* gemein, sondern ist eine *Thuya*. *Thuyopsis* ist nur aus Japan bekannt, wo sie auf Nippon als waldbildender Baum vorkömmt. Die Gattung steht *Biota* und *Thuya* nahe, ist übrigens durch ihre Charaktere doch sehr verschieden. Die platten jährigen alternirenden Zweige sind durch die breiten Facialblätter und deren breite sogenannte herablaufende Basis ausgezeichnet, in Folge dessen auch die Seitenblätter nicht genähert sind; die Harzdrüsen sind länglich, sehr gross, die Spaltöffnungen in zwei breiten Reihen auf der Unterseite der Facialblätter, auf jener der Seitenblätter die ganze Fläche mit Ausnahme des Randes einnehmend. Die männlichen Blüthen stehen einzeln oder zu zweien endständig an Seitenästen, die Zapfen endständig an kurzen, bis zu einem Centimeter langen axillären Aestchen jähriger Zweige (nach Herbarien-Exemplaren), im zweiten Jahre reifend, nicht abfallend. Zapfenschuppen sechs, seltener acht bis zehn, gegen die Spitze verdickt, gegen die Basis verschmälert, holzig, unter dem oberen Rande mit einem kurzen, dicken, kegelförmigen Fortsatz, auf der Innenseite concav. Samen in der Regel drei, selten fünf, geflügelt.

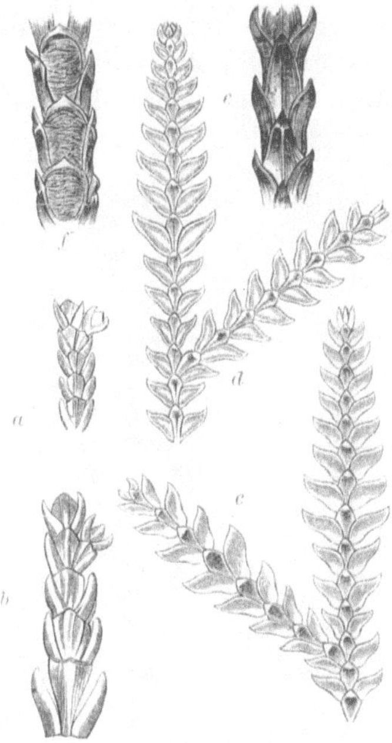

Fig. 223.

Thuyopsis gracilis Heer. *a* Zweigfragment, *b* vergrössert; Grönland, Miocän. (Copie nach Heer.) *c Thuyopsis dolabrata* Sieb. et Zuccar. (Nach der Natur.)

Chamaecyparis Spach.*)

Bäume bis zu 100 Fuss Höhe, mit sympodialer Verzweigung. Zweige alternirend, aufsteigend oder horizontal, die jüngeren cylindrisch, stumpf vierkantig oder flach. Blätter kurz, angedrückt, vierzeilig, in zweizähligen decussirten Wirteln, spitz oder zugespitzt bis stachelspitzig, gleichgestaltet oder difform; Seitenblätter kahnförmig mit herablaufender Blattbasis, mit geradlinigen Seitenrändern, abstehend oder angedrückt, Facialblätter rhombisch, Harzdrüsen rund oder elliptisch, in der Mitte oder nahezu in der Mitte des Blattrückens. Blüthen monöcisch, endständig an Seitenzweigen. Männliche Blüthen mit sechs bis vierzehn in zweizähligen alternirenden Wirteln stehenden Staubblättern, Staubblätter mit eiförmiger oder kreisrunder

*) Schimper, traité II p. 345. — Saporta, Annal. des sc. nat. Bot. Ser. V. t. III. IV. Essai sur l'état de la végétation à l'époque des marnes heersiennes de Gelinden. Revision de la flore heersienne de Gelinden.

Lamina, zwei bis vier Pollensäcken. Weibliche Blüthen an kurzen Seitenästchen, unter der Blüthe zwei alternirende Wirtel von Hochblättern. Fruchtblätter sechs bis zwölf mit zwei aufrechten Samenknospen, bei der Reife verholzend, der obere Theil in einen trapezoidalen Schild verbreitert, in dessen Mitte die Spitze des Fruchtblattes als flach dreiseitiger Fortsatz, unterer Theil stielförmig verlängert, Zapfen kugelig, Schuppen bei der Reife aus einander weichend, nicht abfallend. Samen zwei, beiderseits geflügelt.

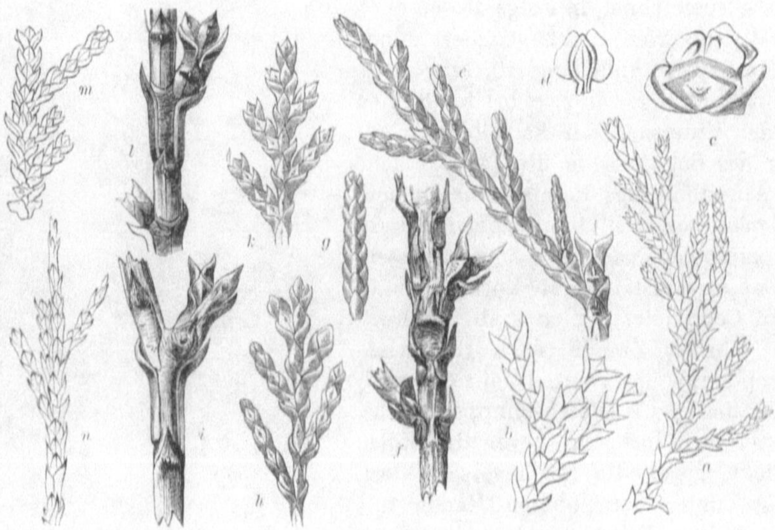

Fig. 224.

Chamaecyparis europaea Saporta. *a* Zweig, *b* vergrössert, *c* Zapfen, *d* Same. Armissan (Copie nach Saporta). *e f Chamaecyparis nutkaënsis* Spach (Sitka) *g Chamaecyparis nutkaënsis* Spach [Oregon]. *h i Chamaecyparis sphaeroidea* Spach. *k l Chamaecyparis pisifera* S. et Z. (Nach der Natur.) *m Chamaecyparis Ehrenswärdi* Heer. *n Biota Meriani* Heer. Miocän, Nordgrönland. (Copie nach Heer.)

Wie bei den früher besprochenen Gattungen ändern sich auch bei ***Chamaecyparis*** durch actives und passives Wachsthum der Zweige und Blätter, Form, Richtung und Distanz der letzteren (Fig. 224^{e-l}). Die Gattung ist, ***Libocedrus*** ausgenommen, in ihren Formen mannigfaltiger als die vorausgehenden Gattungen, die jüngeren Zweige sind stumpf vierkantig bei der im westlichen Nordamerika vorkommenden ***Chamaecyparis nutkaënsis***, beinahe cylindrisch bei der vom Süden Canadas bis in den Norden Carolinas verbreiteten ***Chamaecyparis sphaeroidea***, flach bei den in den Berggegenden Japans vorkommenden Arten: ***Ch. pisifera***, ***Ch. obtusa***. Die Blätter der jüngeren Zweige dieser Arten sind sogenannte schuppenförmige; ob die bei ***Ch. squarrosa*** neben schuppenförmigen vorkommenden linearen Blätter cultivirten Exemplaren angehören, wie sie jetzt zahlreich aus Stecklingen jüngerer Pflanzen gezogen werden, muss ich dahingestellt sein lassen.

Die älteste der bis jetzt bekannten fossilen Arten ist *Ch. belgica* Sap. et Marion aus den marnes heersiennes bei Gelinden (Palaeozän, Belgien);

aus dem Oligocän von Armissan, Fénestrelle und Camoins bei Marseille *Ch. massiliensis* Saporta, im Oligocän von Armissan und dem Miocän Nordgrönlands *Ch. europaea* Sap. (Fig. 224 $^{a-d}$), aus dem Miocän des Grinelllandes, der Kingsbai auf Spitzbergen und Nordgrönlands *Ch. (Thuyites, Thuya) Ehrenswärdi* Heer (Fig. 224 ^{m}), jedoch mit Ausnahme der aus dem Miocän von Sachalin stammenden Exemplare, von denen tab. I fig. 13. 13 ^{b} in Bd. V der Flora foss. arctica mir eine *Thuya*, Fig. 12. 12 ^{bcd} eine *Biota* zu sein scheint, die Fig. 14 aber ein Zweigfragment darstellt, dessen Abstammung kaum sicher zu stellen ist. Die von Göppert (Flora des Bernsteins) als *Biota orientalis succinea* abgebildeten Zweigfragmente (Taf. XV Fig. 180. 181. 192. 193. 196. 197) gehören, wie ich glaube, zu *Chamaecyparis massiliensis* Sap.

Wie die Zweigfragmente von *Thuya* und *Biota* darlegen und für *Thuyopsis* mit ziemlicher Sicherheit behauptet werden kann, haben diese Gattungen in der Tertiärzeit existirt und zwar nach den bisherigen Funden nur im Norden Europas, während *Chamaecyparis* sich bis in den Süden Europas erstreckte. Vorausgesetzt, dass die Reste richtig gedeutet sind, so würde bei diesen Gattungen ebenfalls anzunehmen sein, dass ihre Verbreitung vom Norden ausging und ihre heutige Verbreitung im Norden Amerikas und in Ostasien durch die Verbreitung in der Tertiärperiode bedingt ist, aus welcher Periode die den ausgestorbenen Arten analogen Formen auf einem enger begrenzten Gebiet sich erhalten haben.

Die im fossilen Zustande erhaltenen Zweige der Cupressineen gehören ohne Zweifel entweder ausnahmslos oder doch zum grössten Theile den im Wachsthum zurückbleibenden, bei den einzelnen Arten je nach ihrer mehr oder minder dicht gedrängten oder lockeren Verzweigung allmählig der Lichtwirkung entzogenen und deshalb absterbenden Zweigen an, welche nach zwei bis fünf Jahren abgeworfen werden und den Boden in der Umgegend der Bäume bedecken. Dafür spricht der fragmentarische Zustand der fossilen Zweige und geht aus dieser Erwägung hervor, dass auf das Vorhandensein von Kielen und dergleichen kein allzu grosses Gewicht gelegt werden darf.

Cupressus L.*)

Bäume mit monopodialer Verzweigung, horizontal abstehenden oder aufsteigenden Aesten, jüngere Zweige alternirend, bilateral oder auch spiralig stehend. Blätter bei jungen Pflanzen linear, zugespitzt, horizontal oder schief abstehend, in zwei- bis dreizähligen decussirten Wirteln, bei älteren Pflanzen an den jüngsten Zweigen die Blätter schuppenförmig, angedrückt, dicht gedrängt, vierzeilig in zweizähligen alternirenden Wirteln, auf dem Rücken gewölbt (daher diese Zweige stumpf vierkantig), mit länglicher Harzdrüse, Basis kurz herablaufend, an den älteren Zweigen, wie immer bei den Cupressineen, die sogenannte Blattbasis verlängert, die Blattfläche

---

*) Schimper, traité t. II (*Cupressites*). — Göppert, die Flora des Bernsteins.

vergrössert und nicht selten etwas abstehend. Blüthen monöcisch, endständig an Seitenästchen. Männliche Blüthen mit zwölf in zweizähligen decussirten Wirteln stehenden Staubblättern, Lamina kreisrund, Pollensäcke vier. Weibliche Blüthen endständig an kurzen Seitenästen der jährigen Triebe mit vier decussirten Hochblättern unter der Blüthe. Fruchtblätter sechs bis zehn, die obersten und untersten ohne, die übrigen mit zahlreichen axillären, aufrechten Samenknospen. Die bei der Reife verholzenden Fruchtblätter bilden einen meist kugeligen, lange stehenbleibenden Zapfen, mit fest zusammenschliessenden Schuppen (Fruchtblätter), deren oberer Theil stark verdickt, durch gegenseitigen Druck hexagonal ist und beinahe in der Mitte einen kurzen kegelförmigen Fortsatz trägt. Die Basis ist in einen kurzen dicken Stiel durch intercalares Wachsthum verlängert. Bei der Reife die Schuppen aus einander weichend, die beiderseits geflügelten Samen entlassend.

Die Gattung *Cupressus* ist gegenwärtig mit zwölf Arten von Asien bis nach dem nordwestlichen Nordamerika, Mexiko und Mittelamerika verbreitet. Der Verbreitungsbezirk einer Art (*C. sempervirens* Fig. 225 [c d]) ist durch Cultur weit über ihre ursprüngliche Heimath ausgedehnt, während die übrigen Arten, wie *C. torulosa* (Himalaya), *funebris* (China), *C. glauca* (Goa), einen bei weitem engeren Verbreitungsbezirk haben, die Arten Amerikas dem südlichen Californien (*C. Goveniana* (Fig. 225 [a b]), *C. macrocarpa, C. Macnabiana, C. fragrans*) oder Mexiko (*C. Lindleyi* (Fig. 225 [e f]), *Benthami* (Fig. 225 [g h]), *thurifera*) angehören. Diese letzteren zeichnen sich, so weit ich dies an lebenden und Herbarien-Exemplaren verfolgen konnte, sämmtlich durch ihre schmäleren und spitzeren Blätter aus, ein Charakter, den sie mit der *C. funebris* theilen. Zu dieser Gruppe scheinen mir jene Zweige zu gehören, welche von Göppert als *Thuya Mengeana* aus dem Bernstein des Samlandes a. a. O. Taf. XVI fig. 211—214 abgebildet wurden, welche von *Thuya* verschieden, dagegen *Cupressus Lindleyi* und *C. Goveniana* nahe stehen. Das Fig. 213. 214 abgebildete Fragment scheint einem Zweige eines jüngeren Exemplars oder einer anderen Art anzugehören. Aehnliche Blätter finde ich an den Zweigen jüngerer Exemplare von *C. funebris*. Ist meine Deutung richtig, gehören die Zweigfragmente zwei verschiedenen Arten an, deren eine den westamerikanischen, die andere den ostasiatischen Arten verwandt ist, so würde sich für *Cupressus* dieselbe Thatsache ergeben wie für andere Cupressineen, einmal die Verbreitung in Regionen, in welchen ihre Existenz jetzt unmöglich ist, ferner die Weiterentwicklung der Formen

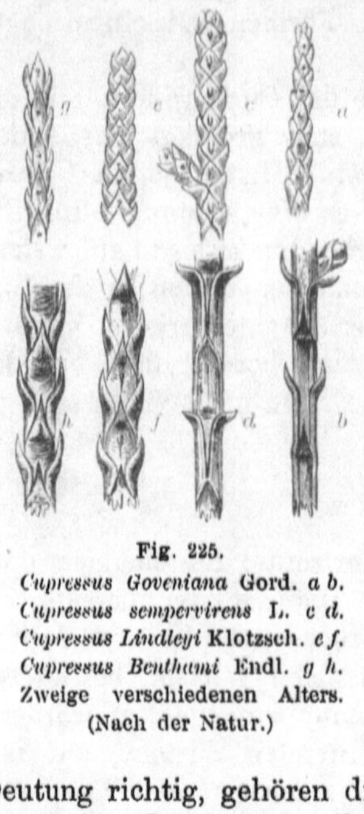

Fig. 225.
Cupressus Goveniana Gord. *a b.*
Cupressus sempervirens L. *c d.*
Cupressus Lindleyi Klotzsch. *e f.*
Cupressus Benthami Endl. *g h.*
Zweige verschiedenen Alters.
(Nach der Natur.)

in Regionen, in welchen dieselbe durch günstige Existenzbedingungen gesichert war. Auch an jährige Zweige von *Chamaecyparis nutkaënsis* erinnert die Abbildung. Von den ausserdem noch aus dem Tertiär beschriebenen Arten gehört *Cupressites Brongniarti* Göppert (Salzhausen) zu *Callitris Brongniarti* mit Ausschluss des Pollens, welcher von *Betula* stammt, *C. pycnophyllus* Massal., *C. Mac Henrii* Baily sind problematisch, wenn auch Cupressineen. Die von Göppert a. a. O. Taf. XVI, Fig. 220. 221 als *Cupressus sempervirens succinea* abgebildeten Zweige gehören einer *Thuya* an; ähnliche Zweige finden sich bei *Thuya occidentalis,* deren Zweige mittelst eines Seitentriebes nach dem Abfallen der männlichen Blüthen weiter wachsen.

Palaeocyparis Saporta.*)

Aeste und Aestchen mehr oder weniger flach im jüngeren Zustande, bilateral, abstehend, alternirend. Blätter vierzeilig in zweizähligen decussirten

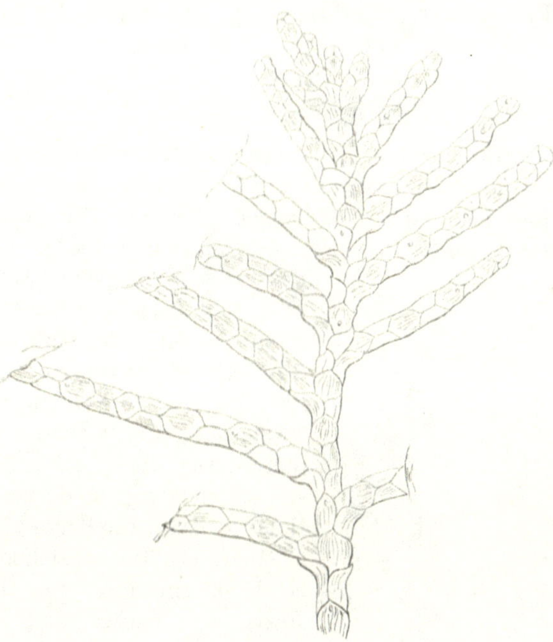

Fig. 226.
Palaeocyparis princeps Saporta. Oberer Jura von Solenhofen. (Nach der Natur.)

Wirteln, sich deckend an den jüngeren Zweigen, angedrückt, schuppenförmig, unter der Spitze eine Harzdrüse.

Unter der obigen Bezeichnung werden von Saporta den Cupressineen angehörige Zweige zusammengefasst, welche, früher als *Caulerpites, Thuyites,*

*) Saporta, Paléontologie franç. tom. III.

Arthrotaxites Unger und *Echinostrobus* Schimper beschrieben, von Brongniart längst als Coniferen erkannt, mit *Thuya* die decussirte Blattstellung theilen und durch diese von *Arthrotaxis* und *Echinostrobus* sich unterscheiden. Wenn, wie Saporta vermuthet, die von ihm abgebildeten Zweige der *P. elegans* Sap. Zapfen tragen, so würde die Form der Zapfenchuppen, sie sind decussirt und ihr oberer Theil schildförmig verdickt, durch gegenseitigen Druck hexagonal, einen weiteren Unterschied ergeben. Nach Saporta's Abbildung sind die Zapfen terminal, eine Stellung, welche nicht unmöglich ist, später aber sich wohl geändert hat, da der Haupttrieb sein Wachsthum fortsetzt. Die bis jetzt bekannten Arten gehören nach der Umgrenzung der Arten durch Saporta dem mittleren und oberen Jura an, so *P. expansa* Sap. (*Thuyites*, *Echinostrobus* Schimper), Stonesfield, Scarborough; *P. robusta* Sap. (*Echinostrobus* Schimper), Etrochey, mittlerer Jura; dem oberen Jura: *P. elegans* Sap. (*Thuyites* Sap. olim.), See von Armaille bei Belley, Ain; *P. virodunensis* Sap., *P. Falsani* Sap., *P. corallina* Sap., *P. Itieri* Sap. (*Thuyitse* Sap. olim), *P. Funesti* Sap., *P. recurrens* Sap., *P. secernenda* Sap. aus dem oberen Jura Frankreichs, *P. princeps* Sap. (*Arthrotaxites* Unger, *Echinostrobus* Schimper ex p. Fig. 226), Solenhofen, Nusplingen.

Phyllostrobus Saporta*).

Eine von Saporta zuerst als *Thuyites strobilifer* (Schimper, traité. t. II. p. 343) aus dem oberen weissen Jura (Kimmerigdien) von Orbagnoux unterschiedene Cupressinee, später als eigene Gattung (Notice sur les plantes fossiles des niveau des lits a poissons de Cerin in Thiollière, Description des poissons fossiles. IIe partie. Lyon 1871) von *Thuyites* geschieden. Nach den Abbildungen, welche ich der freundlichen Mittheilung Saporta's verdanke, gehört das Fragment einem fruchttragenden Zweige an, womit auch die dicht stehenden Blätter übereinstimmen. Die Blätter stehen vierzeilig in decussirten zweizähligen Wirteln, die Seitenblätter sind lanzettlich, stumpf, abstehend, halbumfassend, kahnförmig, mit herablaufender Basis, die Facialblätter eiförmig. Der Zapfen, an einem kurzen Seitenzweige endständig, besteht aus vier Schuppen, welche nach dem wenig vertieften Eindruck zu schliessen, ziemlich dünn waren. Unter demselben scheinen zwei zweizählige decussirte Wirtel von Hochblättern zu stehen. Die Zapfenschuppen scheinen mit den Rändern etwas nach einwärts gebogen zu sein und unter

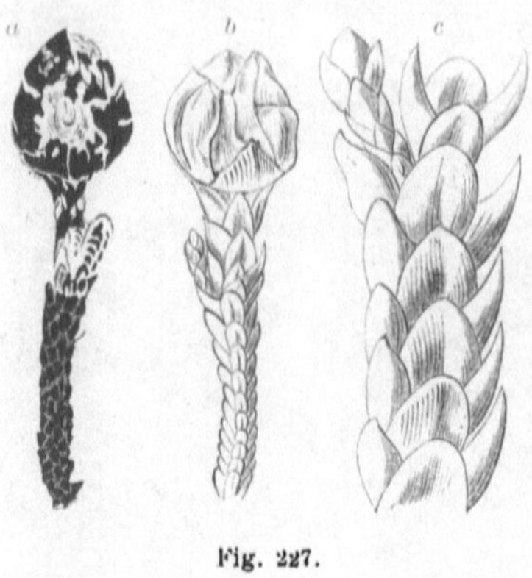

Fig. 227.
Phyllostrobus Lorteti Sap. *a b* Zweig mit Zapfen. *c* vergrössert. Weisser oberer Jura (Kimmerigdien) von Orbagnoux. (Copie nach Saporta.)

*) Saporta, Paléontologie franç. tom. III.

der Spitze einen Fortsatz zu haben. Der Zahl der Zapfenschuppen nach steht der Zapfen jenem von *Callitris* und *Libocedrus* nahe, der Habitus der Zweige erinnert an *Thuyopsis*. Die einzige bekannte Art ist *Ph. Lorteti* Saporta (Fig. 227).

Juniperus L.*)

Bäume oder Sträucher, im letzteren Falle zuweilen mit auf den Boden hingestrecktem Stamme, Zweige cylindrisch oder stumpf vierkantig. Blätter linear, spitz oder zugespitzt in dreizähligen alternirenden Wirteln, einnervig (im trockenen Zustande tritt diese Region des Blattes als Kiel hervor), sitzend (Sectio Oxycedrus) oder klein, schuppenförmig, halbumfassend, am Zweige dicht gedrängt, in zwei- bis dreizähligen decussirten Wirteln vier- bis sechszeilig mit länglicher Harzdrüse, an jüngeren Pflanzen linear, zugespitzt (Sectio Sabina). Blüthen monöcisch oder diöcisch, an axillären, mit Hochblättern besetzten Seitenzweigen endständig. Männliche Blüthen kurz gestielt mit drei- oder zweizähligen alternirenden Wirteln von Staubblättern, Staubblätter mit lanzettlicher Lamina, drei bis fünf Pollensäcken. Weibliche Blüthen mit drei bis neun oder zwei bis acht Fruchtblättern in drei- oder zweizähligen alternirenden Wirteln, bei der Reife saftig werdend (Beerenzapfen), innen zuweilen verholzend und die Samen in ein festes Gehäuse einschliessend (*Caryocedrus* Endl.), die Aussenfläche in der Regel die Andeutung der Fruchtblätter zeigend, an der Spitze drei durch eine Furche getrennte Höcker. Samen in der Regel drei.

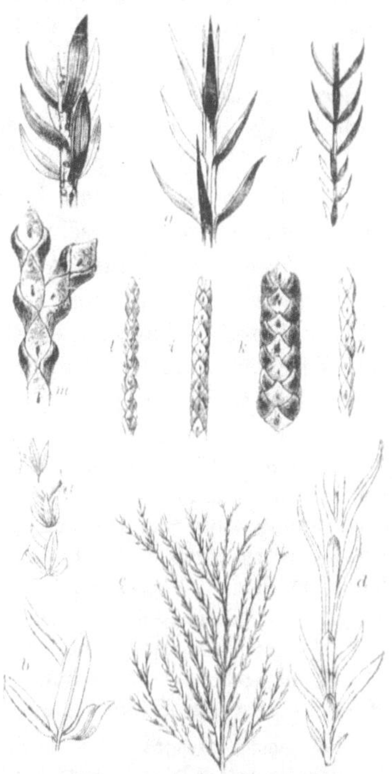

Fig. 228.
Juniperus rigida Heer. *a* Zweigfragment. *b* vergrössert. Miocän. Kingsbai auf Spitzbergen. *c Juniperus macilenta* Heer. Zweig. *d* vergrössert. Grönland. (Copien nach Heer.) *e Juniperus nana* Willd. (Nordamerika.) *f g h Juniperus virginiana* L. (Nordamerika.) *i k Juniperus occidentalis* Hook. (Californien.) *l m Juniperus foetidissima* Willd. (Taurus.) Zweige verschiedenen Alters. (Nach der Natur.)

Die bis jetzt bekannten ältesten *Juniperus*-Reste sind von Heer aus der oberen Kreide (Ataneschichten) Grönlands beschrieben: *J. macilenta* (Fig. 228$^{c\,d}$) und *J. hypnoides*, beide durch zweizählige decussirte Wirtel pfriemlicher Blätter ausgezeichnet, jener Blattform und Stellung, welche bei der Sect. *Sabina* an jüngeren Individuen allgemein

*) Schimper, traité. II. pag. 349. Heer, Flora foss. arct. tom. II. VI. VII. Göppert, die Flora des Bernsteins. Danzig, 1883.

vorhanden ist und auch an ältern Individuen häufig vorkömmt. Sie können indess ebenso gut Zweige jüngerer Cypressen sein, deren lineare Blätter in keiner Weise äusserlich von jenen von *Juniperus* verschieden sind. Aus den eocänen Gypsen von Aix und St. Zachariae stammt eine dem *J. foetidissima* (Fig. 228 *l m*) verwandte Art, *J. ambigua* Sap., zur Abtheilung *Sabina* gehörig, aus welcher Gruppe jetzt neben der eben genannten Art noch *J. Sabina*, *J. phoenicea*, *J. thurifera* in den das Mittelmeer umgebenden Ländern vorkommen. Dem Miocän der Kingsbai auf Spitzbergen gehört *J. rigida* Heer (Fig. 228 *a b*) an, mit der nordamerikanischen Form von *J. nana* (Fig. 228 *c*) verwandt (Sect. *Oxycedrus*), dem Miocän von Grönland *J. gracilis* Heer und *J. tertiaria* Heer, letztere, wie ich vermuthe, kaum etwas anderes als *Sequoia Sternbergi*, erstere von den lebenden Juniperus-Arten der Abtheilung *Oxycedrus* durch die stumpfen Blätter verschieden. Aus dem Bernstein des Samlandes wird als *Juniperites Hartmannianus* eine männliche Blüthe, welche nach der Form der Lamina des Staubblattes zur Gattung *Juniperus* gehören kann, von Göppert beschrieben, aus den Forest-Beds (Interglacial) von Ohio ist *Juniperus virginiana* (Fig. 228 *f g h*) bekannt. Ist die Deutung der als *Juniperus*-Reste angesprochenen Zweige richtig, so würde sich für diese Gattung dieselbe Thatsache ergeben, wie für andere Cupressineen-Gattungen, sowie dass, während die Gruppe *Sabina* schon in der oberen Kreide erscheint, in der Tertiärzeit die beiden Gruppen der Gattung vorhanden waren*).

---

*) Zu pag. 271. Aus der Braunkohle von Jekaterinopolje im Gouv. Kiew und dem eocänen Sandstein von Mogilno in Volhynien werden von Schmalhausen (Palaeontolog. Abh. von Dames und Kayser, Heft IV. Berlin, 1883) Blätter von *Podocarpus* beschrieben, welche mit *P. suessoniensis* Watelet und *P. Apollinis* Ettingsh. identificirt werden. Von Gardner werden (A Monograph of the british eocene Flora. Vol. II. 1. London, 1883) *Podocarpus eocænica* Unger von Bornemouth, Alum Bay, Hoordwell, Mull und Antrim, *Podocarpus (?) incerta* Gardner von Bornemouth angegeben, letztere wohl eher eine Cycadee. *Podocarpus elegans* Gardner von Alum Bay ist *Sequoia Langsdorfi* Heer.

Bei *Taxus baccata* L. ist hinzuzufügen, dass Samen dieser Art in den interglacialen Schieferkohlen von Dürnten gefunden sind.

Zu *Euryphyllum* Feistm. p. 271 sei bemerkt, dass Schmalhausen (Pflanzenpalaeontologische Beiträge in Mélang. biolog. tom. XI. 1883) seine Gattung *Rhiptozamites* (*Rh. Göpperti* Schmalh.) nicht mehr den Cycadeen, sondern den Cordaiteen angehörig betrachtet, da keine sichern Thatsachen vorliegen, dass diese spatelförmigen, mit zahlreichen, dichtstehenden, gleich starken, nach oben divergirenden, wiederholt gabeltheiligen Nerven versehenen Blätter Fiederblätter sind, zwischen den Längsnerven Querverbindungen sich finden und die Form der Blätter jener mancher *Cordaites*-Arten nahe steht. Diesen Blättern sehr ähnliche Blätter, welche Schmalhausen ebenfalls als *Rh. Göpperti* bezeichnet, sind auch im Untercarbon der nordwestlichen Mongolei am Flusse Chara-Tarbagatai und am Westabhange des Urals in den Schichten gefunden, welche den Uebergang von der Steinkohle zum Perm bilden (Artin'sche Gruppe). Schmalhausen erklärt ferner *Rhiptozamites* und *Nöggerathiopsis* Feistmantel (Foss. Flora of Talchir etc., 1879; Foss. Flora of Damuda and Panchet group, 1880; Foss. Flora of the South Rewah Bassin, 1882) für identisch.

Ich theile Schmalhausen's Ansicht hinsichtlich der Identität von *Rhptozamites* und *Nöggerathiopsis* und ihrer Beziehung zu den Cordaiteen vollständig, jedoch nicht ganz aus denselben Gründen, da ich die Gitterung für einen Erhaltungszustand halte, sondern weil diese Blätter jenen von *Cordaites* und *Feildenia* nahe stehen und Zeiller (Examen de la flore foss. du Tongking. Paris, 1882) ein mit *Cordaites*-Aesten durch die Quernarben von Blättern sehr verwandtes Aststück mit den Blättern von *Nöggerathiopsis* in Gesellschaft beobachtet hat. Nach Feistmantel's Angabe finden sich diese Blätter ausser in Ostindien auch in New South-Wales in den untern Kohlenschichten von Greta (New-Castle-beds) in Begleitung einer marinen palaeozoischen Fauna (Palaeontogr. Suppl. III. 1878—79). Sind die als *Cordaites*, *Eury-phyllum*, *Rhptozamites*, *Nöggerathiopsis*, *Feildenia* beschriebenen Reste Glieder einer Gruppe, so erklärt sich das Auftreten von *Feildenia* im Tertiär.

Zu pag 278 *Dammara*. Reste sind vorerst sehr sparsam beobachtet. Aus dem Sandstein von Mogilno sind von Schmalhausen a. a. O. Zapfen und Zapfenschuppen beschrieben, welche nach der Form der Schuppen und nach dem Vorhandensein eines einzigen Samens auf der Schuppe mit ziemlicher Sicherheit als diese Gattung betrachtet werden können. Sie sind als *D. Armaschewskii* Schmalh. bezeichnet. Die von Gardner aus dem Londonthon erwähnte *Araucaria* ist *Sequoia Sternbergii* Heer, welche von Gardner aber zum Theil für eine *Araucaria* erklärt wird. Ausserdem bildet Gardner ein fragweise zu *Dammara* gezogenes Fragment eines blatttragenden Zweiges ab

Cunninghamites borealis Heer aus den Ataneschichten Grönlands, von mir p. 282 für eine *Sequoia* erklärt, dürfte richtiger zu *Torreya* zu stellen sein, bei welcher Gattung die rechts und links vom Mittelnerv der Blattunterseite in einer breiten Zone liegenden Spaltöffnungen, von den fussförmigen Fortsätzen der Epidermiszellen überragt, das vergrösserte Bild bei Heer geben.

Zu pag. 295. *Taxodium eocaenum* Gardner (Bornemouth) a. a. O. halte ich nicht für verschieden von *Glyptostrobus europæus* Heer, *Sequoia Tournalii* und ein Theil der als *Cupressites taxiformis* Gardner abgebildeten Exemplare gehört zu *S. Langsdorfii* Heer, andere Exemplare der letzteren zu *Sequoia Couttsiæ* Heer, *Libocedrus adpressa* Gardner von Bromby ist *Callitris Brongniartii*. *Sequoia Couttsiæ* wird von Schmalhausen aus dem Sandstein von Jekaterinopolje und Mogilno, männliche Blüthen von *Frenela* von letzterem Fundorte abgebildet. *Sequoia Couttsiæ* von Mogilno würde ich, wenn der Zapfen zu den Zweigen gehört, für *S. Sternbergii* halten. Aus dem Spondylusthone von Kiew *S. carbonaria* Rogowicz. Zu *Echinostrobus* gehört ohne Zweifel *Brachy-phyllum (?) australe* Feistm. aus den oberen Kohlenschichten der New-Castle-beds in New-South-Wales a. a. O. tab XVII.

Abietineae.

Bäume mit wirteltändigen Aesten, Seitenzweige bilateral. Blätter spiralig stehend, grün, entweder flach, lineal, kurz gestielt, durch Drehung des Blattstiels bilateral gestellt, oder pfriemlich, stumpf vierkantig, schief aufrecht, oder membranös, nicht grün, in derselben Vegetationsperiode abfallend, in den Achseln Kurztriebe mit zwei bis fünf längeren oder kürzeren linearen, halbrunden oder dreikantigen Blättern oder die Kurztriebe in den Achseln von Laubblättern sich entwickelnd, lange dauernd, entweder jährlich abfallende oder mehrere Jahre dauernde pfriemliche Blätter tragend. Knospen von zahlreichen, spiralig stehenden membranösen Blättern bedeckt. Blüthen monöcisch, endständig. Männliche Blüthen an einer mit Hochblättern besetzten Axe spiralig stehende, zahlreiche Staubblätter tragend, entweder einzeln oder zu mehreren in den Achseln von Laubblättern, oder racemös in den Achseln membranöser Blätter an der Basis der jährigen Triebe, oder terminal an der Spitze von Kurztrieben. Staubblätter mit zwei Pollensäcken und knötchenartiger, rundlicher oder länglicher, oft gezähnter Spitze des Connectivs. Pollen mit zwei seitlichen Luftsäcken oder kugelig oder oval. Prothallium meist zweizellig. Weibliche Blüthen endständig an kurzen Seitenzweigen. Fruchtblätter zahlreich, spiralig stehend, an der Basis einen ursprünglich in der Achsel des Fruchtblattes entstandenen, durch intercalares Wachsthum an diese Stelle gerückten Placentarhöcker tragend, aus welchem rechts und links von der als kurze oder längere Spitze entwickelten Mittelregion je eine, anfangs aufrechte, später umgewendete Samenknospe entsteht. Nach der Befruchtung der Placentarhöcker rasch heranwachsend, verholzend (Samenschuppe), während das Fruchtblatt (Deckschuppe) im Wachsthum zurückbleibt, daher am reifen Zapfen gar nicht oder als ein meist kleineres und schmäleres Blatt vorhanden ist. Die sogenannte Samenschuppe erfährt während ihrer Ausbildung weitgehende Veränderungen, ihr oberer Theil verdickt sich entweder und wird durch Druck an den Rändern vier- bis sechsseitig, oder die Verdickung ist auf die Spitze beschränkt oder sie unterbleibt gänzlich. Die Basis wird zuweilen stielartig ausgebildet. Zapfenschuppen abfallend oder stehenbleibend, dann der Zapfen abfallend. Samen zwei, geflügelt oder flügellos.

Die Blätter beinahe aller Abietineen haben ein sogenanntes Blattkissen, welches der Rinde angehörig von dem Wachsthum dieser beeinflusst wird und deshalb im Laufe der Entwicklung des Zweiges seine Form ändert. Je nach den einzelnen Formen ist dasselbe längere oder kürzere Zeit an den Zweigen sichtbar, bis es durch das Fortschreiten der Borkebildung verloren geht. Für die Beurtheilung der Alterszustände fossiler Zweige wie auch ihrer Zugehörigkeit zu einer bestimmten Gruppe wird daher dies Verhältniss von Bedeutung sein. Die Blätter bleiben bei der Mehrzahl der hierher gehörigen Formen mehrere Jahre stehen, ehe sie abgeworfen werden, und sicher stammt ein grosser, wenn nicht der grösste Theil der bis jetzt aufgefundenen Blätter von solchen abgeworfenen Blättern. Die Knospenschuppen bleiben entweder längere Zeit an der Basis der jährigen Triebe stehen oder wie bei den Kiefern sind es die membranösen, in den Achseln Kurztriebe entwickelnden Blätter, welche als Schutzorgane functioniren und bald abfallen. Den am Grunde der Triebe stehenden Blättern fehlen die Kurztriebe. Nicht selten sind indess an älteren Exemplaren die sonst membranösen Blätter als grüne Blätter entwickelt, allgemein fehlen sie wie auch die Kurztriebe bei jüngeren Sämlingen, welche spiralig stehende Blätter tragen.

Ehe ich auf die Darstellung der einzelnen Gruppen der Gattung *Pinus* und der mit grösserer oder geringerer Wahrscheinlichkeit zu ihr gezogenen fossilen Reste näher eingehe, seien noch Reste erwähnt, welche theils den Abietineen, theils den Taxodineen zugewiesen worden sind, jedoch, wie ich glaube, bei diesen Gruppen nicht verbleiben können. Es sind die als *Elatides* Heer und *Palissya* Endlicher beschriebenen Reste.

Elatides Heer.*)

Zweige mit spiralig stehenden, linearen, zugespitzten, sichelförmig nach einwärts gekrümmten, mit herablaufender Basis versehenen Blättern. Zapfen

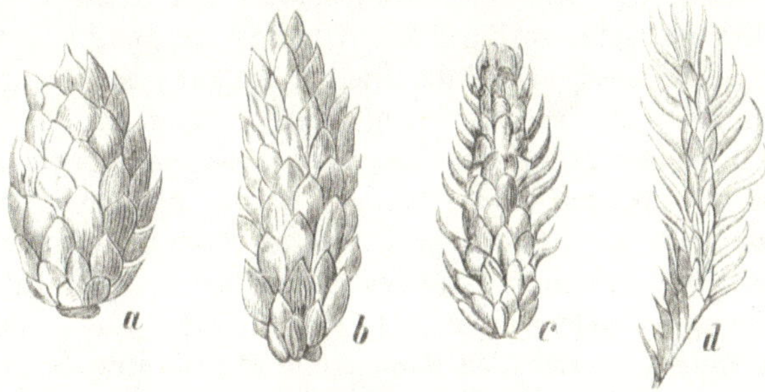

Fig. 229.
a *Araucaria Brandtiana* (*Elatides ovalis* Heer). b–c *A. Brandtiana* (*Elatides* Heer), Zapfen. d *A. Brandtiana* (*Elatides falcata* Heer), Zweig. Braunjura von Ust Balei, Sibirien. (Copie nach Heer).

eiförmig oder cylindrisch, Zapfenschuppen zahlreich, klein, spiralig stehend, sich deckend, lederartig, glatt, zugespitzt oder in eine Spitze auslaufend, ohne Stiel.

Unterschieden werden von Heer 4 Arten: *E. ovalis*, *E. Brandtiana*, *E. parvula*, diese Zapfenreste, *E. falcata*, Zweigfragmente. Hinsichtlich letzterer macht Heer auf die Aehnlichkeit derselben mit Schimper's *Pachyphyllum Williamsonis* (*Lycopodites Williamsonis* Lindl. and Hutt. Foss. Flora, vol. II, tab. 93) aufmerksam, welche von mir mit *Araucaria* vereinigt wurde. Die Zapfen werden von Heer mit jenen von *Palissya*, *Walchia* und *Tsuga* verglichen. Mit den Zapfen der *Pinus*-Arten aus der Gruppe *Tsuga* haben allerdings die als Zapfen bezeichneten Reste einige Aehnlichkeit, allein wie die Abbildungen Heer's a. a. O. zeigen, tritt diese Aehnlichkeit nur bei jenen Zapfen hervor, welche weniger vollständig erhalten sind. Es liegen, wie ich glaube, hier Araucarien-Reste vor, und zwar weibliche Blüthen, vielleicht in verschiedenen Stadien der Entwickelung. Ausser Zweifel scheint mir zu sein, dass *E. parvula* Heer der obere Theil des als *E. Brandtiana* beschriebenen Zapfens ist. Von den unter letzterer Bezeichnung abgebildeten Zapfen scheint der in der Fig. 229c copirte der vollständigst erhaltene zu sein, er zeigt die Spitzen der Fruchtblätter ähnlich

*) Heer, Flora foss. arct., t. IV. VI. — Saporta, Paléontologie française, t. III. — Schenk in Engler, Jahrb., Bd. V, 1884, S. 341.

den Fruchtblättern von *Araucaria imbricata*. An den übrigen Figuren Heer's sind diese nicht oder nicht so vollständig sichtbar (Fig. 229[a]), eine Folge der Erhaltung oder davon, dass sie bei dem Spalten des Gesteines verloren gingen. Unter den von Heer abgebildeten Resten würde nur *E. ovalis* den Zapfen einer zur Abtheilung *Tsuga* gehörigen Tanne etwa entsprechen, aber einerseits sind auch bei diesen die Spuren der Fruchtblattspitzen unverkennbar, andererseits glaube ich, dass dem einen (Heer a. a. O, Bd. IV, Tab. XIV Fig. 2, Bd. VI, Taf. VIII Fig. 16. 17) überhaupt die Spitze fehlt, er also unvollständig ist, bei dem anderen (Tab. XIV Fig. 2[b]) kann die mehr eiförmige Form recht wohl durch stärkeren Druck hervorgerufen sein. Meiner Deutung der Reste widerspricht ein Theil der von Heer abgebildeten Zweige nicht, so Fig. 229[d]. Ob der von Heer a. a. O. (Tab. XIV Fig. 6[b]) abgebildete Zweig ebenfalls hierher gehört, ist fraglich. Dass zu *Pinus* gehörige Reste in denselben Schichten vorkommen, ist ausser Frage; dafür sprechen die als *Pinus Maakiana* Heer beschriebenen Samen, welche schwerlich auf eine andere Gattung bezogen werden können. Ein zwingender Grund, sie mit den als *Elatides* bezeichneten Resten zu combiniren, liegt nicht vor, eher könnten sie mit den linearen Blättern a. a. O. (Taf. XIV Fig. 2) in Zusammenhang gebracht werden. Ob ein Theil der von demselben Fundorte als *Samaropsis* beschriebenen Samen den *Elatides*-Resten angehört, lässt sich nicht mit Sicherheit entscheiden, sie erinnern an die Samen von *Palissya*, aber auch an jene von *Araucaria*. Ich bezeichne die Reste vorerst als *Araucaria Brandtiana*. Schlecht erhaltene Reste von Coniferenblüthen oder Zapfen sind von mir als *E. cylindrica* in Richthofen, China, Bd. IV, S. 252, Taf. L Fig. 8 beschrieben; ihr Erhaltungszustand gestattet nicht, zu sagen, ob sie hierher gehoren. Der aus den jurassischen Schichten von Tumulu in der Mongolei stammende beblätterte Zweig in Richthofen, China, Bd. IV, S. 249, Taf. 47 Fig 6, Taf. 49 Fig. 6[a], welchen ich als *E. chinensis* bezeichnet habe, würde der der Bezeichnung *Elatides* zu Grunde liegenden Vorstellung noch eher entsprechen, wenn nicht mit gleichem Rechte ein *Sequoia*-Rest vermuthet werden könnte, während das auf Taf. 52 Fig. 9 als *Elatides spec.* bezeichnete Zweigfragment einer *Araucaria* angehören kann.

Palissya Endlicher.*)

Bäume mit wirteligen Haupt- und bilateralen Seitenästen. Blätter linear, zugespitzt, einnervig, spiralig stehend, mit sogenannten herablaufenden Blattbasen; an den Zapfen tragenden Zweigen kürzer, etwas nach einwärts gekrümmt. Männliche Blüthen cylindrisch, mit zahlreichen, spiralig stehenden Staubblättern. Weibliche Blüthen mit zahlreichen, spiralig stehenden Fruchtblättern, endständig. Zapfen cylindrisch, 8—9 cm lang, bei der Reife

*) Endlicher, Synopsis Coniferarum. Sangalli, 1847. — Göppert, Monogr. d. foss. Coniferen. Leyden, 1850. — Schimper, Traité, t. II. — Schenk, Foss. Flora der Grenzschichten. — Nathorst, Bidrag til Sveriges fossila Flora Stockholm, 1876. Beiträge zur foss. Flora Schwedens. Stuttgart, 1878. — Saporta, Paléontologie française, t. III. — Schenk in Engler, Jahrb., Bd. V.

abfallend. Zapfenschuppen sich deckend, spatelförmig, lang zugespitzt, an der Basis in einen Stiel verschmälert, auf dem Rücken gekielt, bei der Reife auseinander weichend. Samen zehn bis zwölf längs des Randes der Fruchtblätter, geflügelt oder flügellos.

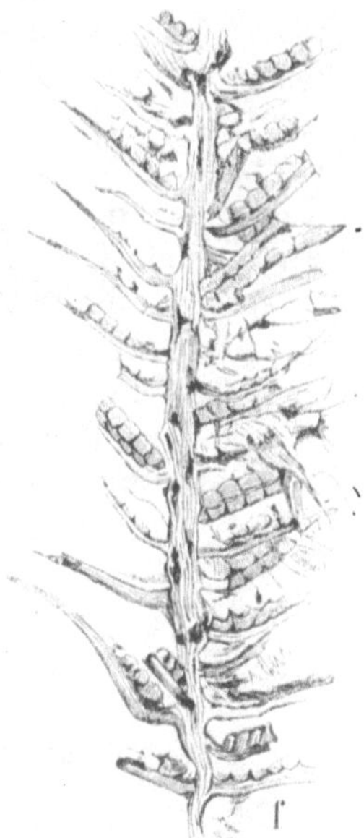

Eine im Rhät Frankens von Erlangen und Bamberg bis Bayreuth verbreitete Conifere, von Nathorst auch im Rhät Schonens nachgewiesen. Die an diesen Fundorten vorkommende Art ist *Palissya Braunii* Endl., früher als *Taxodites tenuifolius* Presl, *Cunninghamites dubius* Presl, *Cunninghamites sphenolepis* Fr. Braun beschrieben. Eine zweite Art, *P. aptera* Schenk im Rhät von Theta bei Bayreuth. Ob die von Geinitz aus den schwarzen Schiefern von Cuesta colorado bei Escaleras de Famatina in Argentinien als *P. Braunii* beschriebenen Coniferenreste zu dieser gehören, lässt sich in Folge ihrer Unvollständigkeit nicht

Fig. 230.
Palissya Braunii Endl. *a* Zweig. *b* Zweigfragment, etwas vergrössert. *c*, *c'* Zapfen mit geschlossenen Schuppen. *d* Samen, vergrössert. *e* Samen, natürl. Grösse (sämmtliche Originale aus dem Rhät des Saaserberges bei Bayreuth). *f* Zapfen mit geöffneten Schuppen (Rhät von Veitlahm bei Kulmbach). *g* *Palissya aptera* Schenk, Zapfen. *h* Samen, nat. Grösse. *i* Samen, vergrössert. Theta. (Nach der Natur.)

sagen. In Chile nach Zeiller. Da nach Nathorst *Cycadites zamioides* Leckenby aus dem Oolith von Yorkshire zum Theile zu *Palissya* zu ziehen ist, so würde die Gattung auch dem Oolith angehören. Feistmantel führt sie aus dem oberen Gondwanasystem mit mehreren Arten an, so *P. jabalpurensis* O. Feistm., *P. indica* O. Feistm. und *P. conferta* O. Feistm. (*Taxites* Oldh. u. Morris), es bedarf aber noch des Nachweises von Zapfen, um das Vorkommen der Gattung in diesen Schichten sicher zu stellen.

Ueber die Stellung der Gattung unter den Coniferen gehen die Ansichten auseinander. Ich habe sie seiner Zeit den Abietineen angereiht, Schimper ist dieser Ansicht beigetreten, Saporta dagegen stellt sie zu den Taxodineen, von der Ansicht ausgehend, dass die Innenfläche des Fruchtblattes (Bractee) eine am Rande gelappte Samenschuppe (*support*) trage, auf der Fläche eines jeden Läppchens ein Same stehe. Verglichen wird *Palissya* mit *Arthrotaxis*. Die Zapfenschuppe von *Palissya* hat allerdings in ihrer Form Aehnlichkeit mit *Arthrotaxis*, es fehlt aber der Innenseite jede Spur einer Wucherung, wie sie der letzteren Gattung zukömmt. An den geöffneten Zapfen würde eine solche Wucherung, wäre sie vorhanden, sichtbar sein; man unterscheidet jedoch deutlich nur die am Rande der Schuppe stehenden Samen (Fig. 231), über deren Basis der Rand der Schuppe wegläuft. Auch *Palissya* wird, wie ich glaube, den Araucarieen zuzuweisen sein und kann mit *Cunninghamia* verwandt sein, bei welcher, von einer wenig entwickelten Quer-Lamelle überragt, drei Samenknospen quer etwa in der Mitte des Fruchtblattes stehen. Es scheint mir aber weder die Zahl der Samenknospen, noch die Region des Fruchtblattes, in welcher sie entstehen, von so grosser Bedeutung zu sein, um darauf eine andere Stellung zu gründen. Die Blätter stehen an den Zweigen spiralig, nicht bilateral; sie sind jenen der *Araucaria Cunninghami* ähnlich (Fig. 230[b]). Eine mit *Palissya* verwandte Conifere scheint das von O. Feistmantel (Palaeontol. Beitr., Bd. III, S. 98 Taf. VII Fig. 3—6. Cassel, 1878) beschriebene *Brachyphyllum* (?) *australe*, dessen Zweige den die Zapfen tragenden von *Palissya aptera* ähneln, die Zapfen in ihrer äusseren Form an *Cunninghamia* erinnern. Die a. a. O. Taf. XVII unter dem gleichen Namen abgebildeten Zweige gehören wohl zu *Echinostrobus*. Beide Reste stammen aus den New-Castle-Beds von Neusüdwales. Saporta ist ferner der Ansicht, dass *Palissya aptera* nicht zu *Palissya* gehöre, sondern wahrscheinlich zu *Sphenolepidium*. Dies ist nicht der Fall, wenn anders der Bau des Zapfens von *Sphenolepidium* richtig aufgefasst ist. Aeusserlich stimmt die Zapfenschuppe dieser Art (Fig. 230[g]) mit jener von *P. Braunii* überein, die Differenz liegt in den Samen, welche bei *P. aptera* flügellos (Fig. 230[h i]) sind. Wie

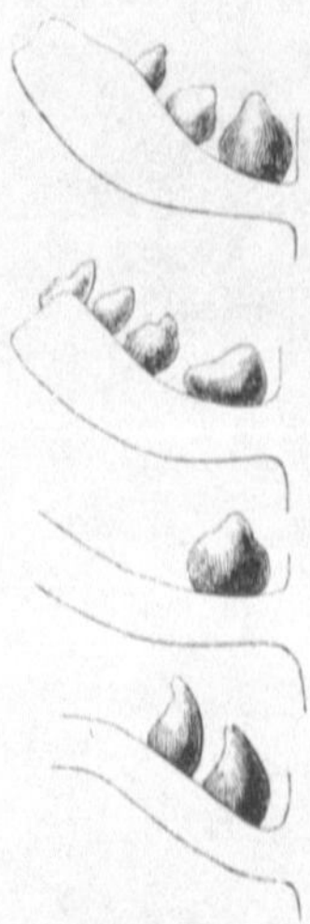

Fig. 231. *Palissya Braunii* Endl. Vier Zapfenschuppen mit Samen, schwach vergrössert. Rhät des Sanserberges bei Bayreuth. (Nach der Natur.)

die Innenseite der Zapfenschuppe der zuletzt erwähnten Art ist, wissen wir nicht, da nur geschlossene Zapfen bekannt sind.

Ein von allen Autoren zu den Abietineen gezogener Rest ist *Strobilites laricoides* Schimper et Mougeot (Monogr. des plant. foss. du grès bigarré tab. XVI, *Fuechselia* Endl.). Es ist dies nach dem in der paläontologischen Sammlung der Universität zu Strassburg befindlichen Original ein Coniferenzapfen, dessen Schuppen mit Ausnahme ihrer Basis zerstört sind. Die Bruchstellen der Schuppen sind als gezähnte Schuppenränder gedeutet worden, der Rest selbst ist in keiner Weise geeignet, irgend welchen Aufschluss zu gewähren.

Im Folgenden werden die Charaktere der einzelnen Gruppen der Gattung *Pinus* näher zu erörtern sein, an welche sich dann die Besprechung der fossilen Reste anschliessen soll.

Die Arten der Linné'schen Gattung *Pinus* zerfallen in zwei Hauptgruppen, deren eine, *Sapinus* Endl., sich durch spiralig stehende, flache oder stumpf-vierkantige Blätter, die am oberen Theile nicht verdickten, sondern flachen Placenten (Zapfenschuppen, Frucht-Samenschuppen) und die bei dem reifen Zapfen leicht nachweisbaren, gegenüber den Samenschuppen in der Regel kurzen, selten längeren Fruchtblätter (Deckschuppen) charakterisirt. Der zur Zeit der Blüthe vorhandene Placentarhöcker (die spätere Zapfenschuppe) wächst bei dieser Gruppe nach der Befruchtung vorwiegend in seinem oberen Theile in die Fläche, ohne ein stärkeres Dickenwachsthum an irgend einer Stelle zu zeigen. Gegen die Basis ist das Längenwachsthum dem Flächenwachsthum gegenüber, insbesondere bei den Tannen (*Abies*) überwiegend, daher die Zapfenschuppe an der Basis mit einem mehr oder weniger entwickelten Stiele versehen. Die zweite Gruppe, *Pinus* Link, entwickelt in den Achseln der an den jährigen Trieben stehenden membranösen Blätter Kurztriebe, an diesen zuerst membranöse Blätter (Scheide), dann ein, zwei bis fünf in einer Ebene stehende grüne lineare Blätter. Der Placentarhöcker vergrössert sich bei den Gruppen *Strobus* und *Cembra* vorwiegend durch Flächenwachsthum, das Dickenwachsthum ist auf dessen obersten Theil beschränkt, weder auf der Ober- noch Unterseite vorwiegend, die Zapfenschuppe daher flach, an der Spitze verdickt, die Spitze aufrecht (apophysis dimidiata). Bei den übrigen Gruppen (*Pinaster*, *Taeda*, *Pseudostrobus* ist das Flächenwachsthum geringer, dagegen erfährt der obere Theil des Placentarhöckers ein bedeutendes Dickenwachsthum, dem insbesondere die Ober- oder Innenseite unterliegt, durch welche Wucherung die Spitze der Placenta nach aus- und abwärts gedrängt wird. Hat, wie dies bei manchen Arten der Fall ist, der sogenannte Kiel eine Verlängerung erfahren, so erhält sich dessen oberer Theil als Stachelspitze in der Mitte der durch gegenseitigen Druck abgeplatteten, gewölbten oder flacheren Spitze (Apophysis integra). In Folge des geringeren Flächenwachsthums sind die Zapfenschuppen schmäler als bei den übrigen Gruppen. Die nachstehende Tabelle gibt die Uebersicht der Charaktere der Gruppen und ihrer Abtheilungen, welche auch wohl als Gattungen betrachtet werden.

Pinus Link.

Knospen mit membranösen Knospenschuppen, in der Achsel der höher stehenden an den jährigen Trieben Kurztriebe mit ein, zwei bis fünf in einer Ebene stehenden linearen längeren oder kürzeren halbrunden oder dreikantigen Blättern entwickelnd. Männliche Blüthen an den jährigen Trieben racemös, in den Achseln membranöser Stützblätter von membranösen Hochblättern umgeben. Weibliche Blüthen unter der Spitze der jährigen Triebe. Zapfen im zweiten bis vierten Jahre reifend, Zapfenschuppen nur an der Spitze verdickt oder ihr oberer Theil verdickt, durch Druck vier- bis sechsseitig, die Aussenfläche gewölbt oder flach, häufig in der Mitte den Kiel als Mucro tragend. Fruchtblätter bei der Zapfenreife kaum bemerkbar	Zapfenschuppen im oberen Theile verdickt, gegen die Basis verschmälert, Aussenfläche vier- bis sechsseitig, mit centralem Mucro. Zapfen mit den Schuppen abfallend	Blätter zu zweien an den Kurztrieben.	*Pinaster* Endl.
		Blätter zu dreien an den Kurztrieben.	*Taeda* Endl.
		Blätter zu fünf an den Kurztrieben	*Pseudostrobus* Endl.
	Zapfenschuppen flach, nur an der Spitze verdickt. Zapfen mit den Schuppen abfallend.	Blätter zu fünf an den Kurztrieben Samen mit Flügel.	*Strobus* Spach.
		Blätter zu fünf an den Kurztrieben Samen ohne Flügel.	*Cembra* Spach.

Sapinus Endlicher. Mit oder ohne Kurztriebe. Knospenschuppen an der Basis der jährigen Triebe längere Zeit bleibend. Blätter spiralig stehend Männliche Blüthen in den Achseln der Laubblätter oder endständig an Kurztrieben. Weibliche Blüthen endständig an Kurztrieben oder an in den Achseln der Laubblätter stehenden Seitenaxen. Zapfenschuppen flach, bei der Reife abfallend oder stehenbleibend. Fruchtblatt bei der Reife kürzer, selten länger als die Zapfenschuppe.	Blätter stumpf vierkantig, pfriemlich Blattkissen stark entwickelt, Blattnarben rhombisch. Kurztriebe fehlend. Zapfen hängend, bei der Reife mit den Schuppen abfallend.		*Picea* Link.
	Blätter flach, mit einem auf der Unterseite vorspringenden Mittelnerven, bilateral gerichtet. Kurztriebe fehlend.	Blätter linear, an der Spitze stumpf abgerundet oder ausgerandet oder spitz, an der Basis verschmälert, bilateral gerichtet; Blattnarben kreisrund, Blattkissen kurz herablaufend. Zapfen aufrecht, Zapfenschuppen bei der Reife abfallend, Fruchtblätter kürzer als die Zapfenschuppen.	*Abies* Link.
		Blätter kurz, auf der Unterseite und an den Seiten der Zweige bilateral gerichtet, auf der Oberseite der Zweige aufliegend; Zapfen klein, endständig, hängend, Zapfenschuppen mit den Zapfen abfallend; Fruchtblätter kürzer als die Zapfenschuppen. Blattnarben halbmondförmig, Blattkissen kurz herablaufend.	*Tsuga* Endl
		Blätter linear, rings um den Zweig stehend, Zapfen endständig, Zapfenschuppen mit den Zapfen abfallend, von den Fruchtblättern bei der Reife überragt; Blattkissen kurz herablaufend, Blattnarben kreisrund.	*Pseudotsuga* Carrière
	Kurztriebe vorhanden, daher die Blätter dicht gedrängt.	Blätter linear, stumpf vierkantig, nach mehreren Jahren abfallend, Fruchtblätter bei der Zapfenreife kaum sichtbar, Zapfenschuppen abfallend	*Cedrus* Link
		Blätter linear, schwach vierkantig, abfällig am Schluss der Vegetationsperiode, Zapfenschuppen stehenbleibend, Zapfen aufrecht oder hängend. Fruchtblätter bei der Zapfenreife noch sichtbar.	*Larix* Link.
		Blätter flach, lang, linear, abfällig, Zapfenschuppen locker stehend, bei der Reife abfallend. Fruchtblätter bei der Zapfenreife sichtbar.	*Pseudolarix* Gordon.

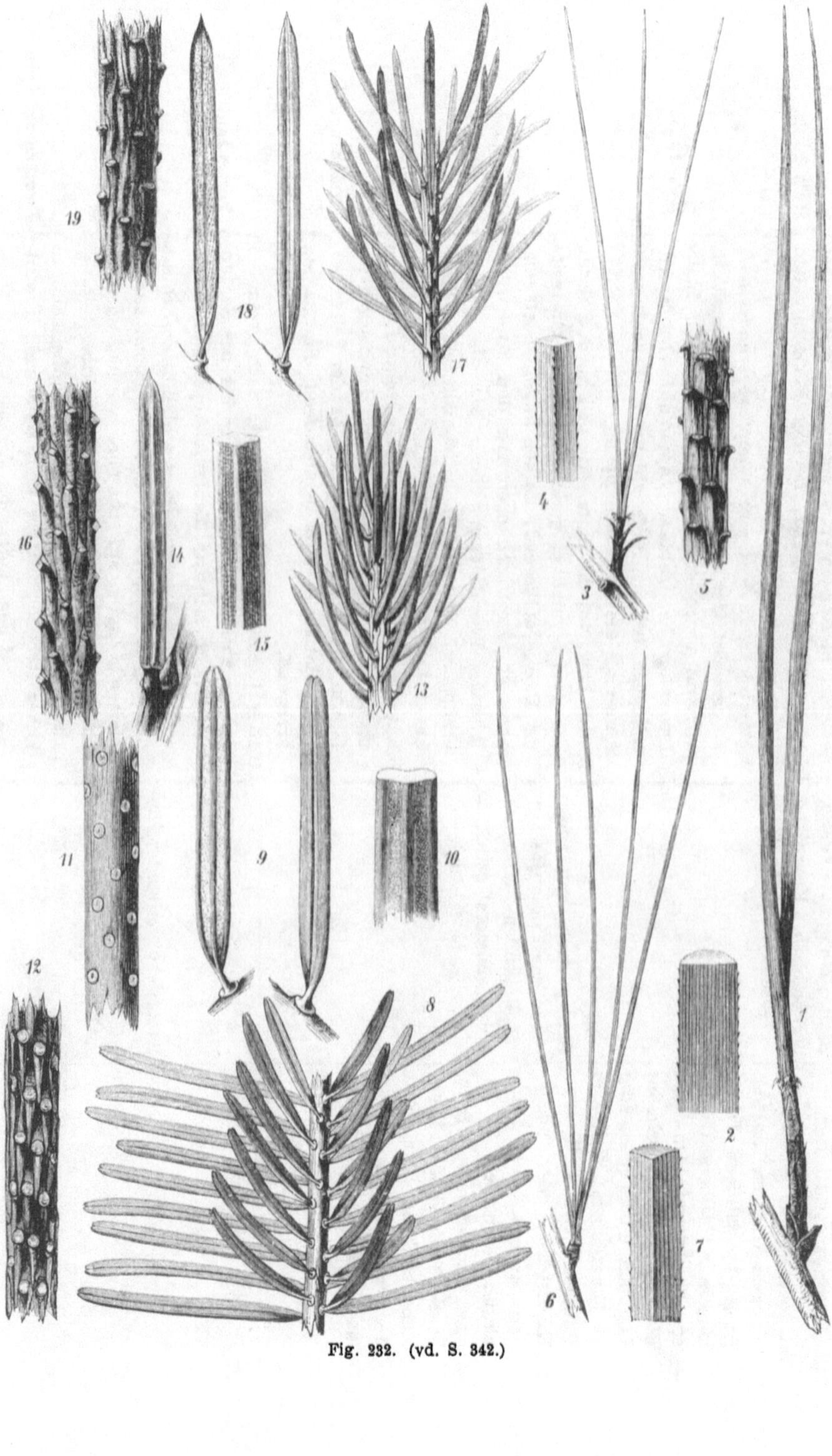

Fig. 232. (vd. S. 342.)

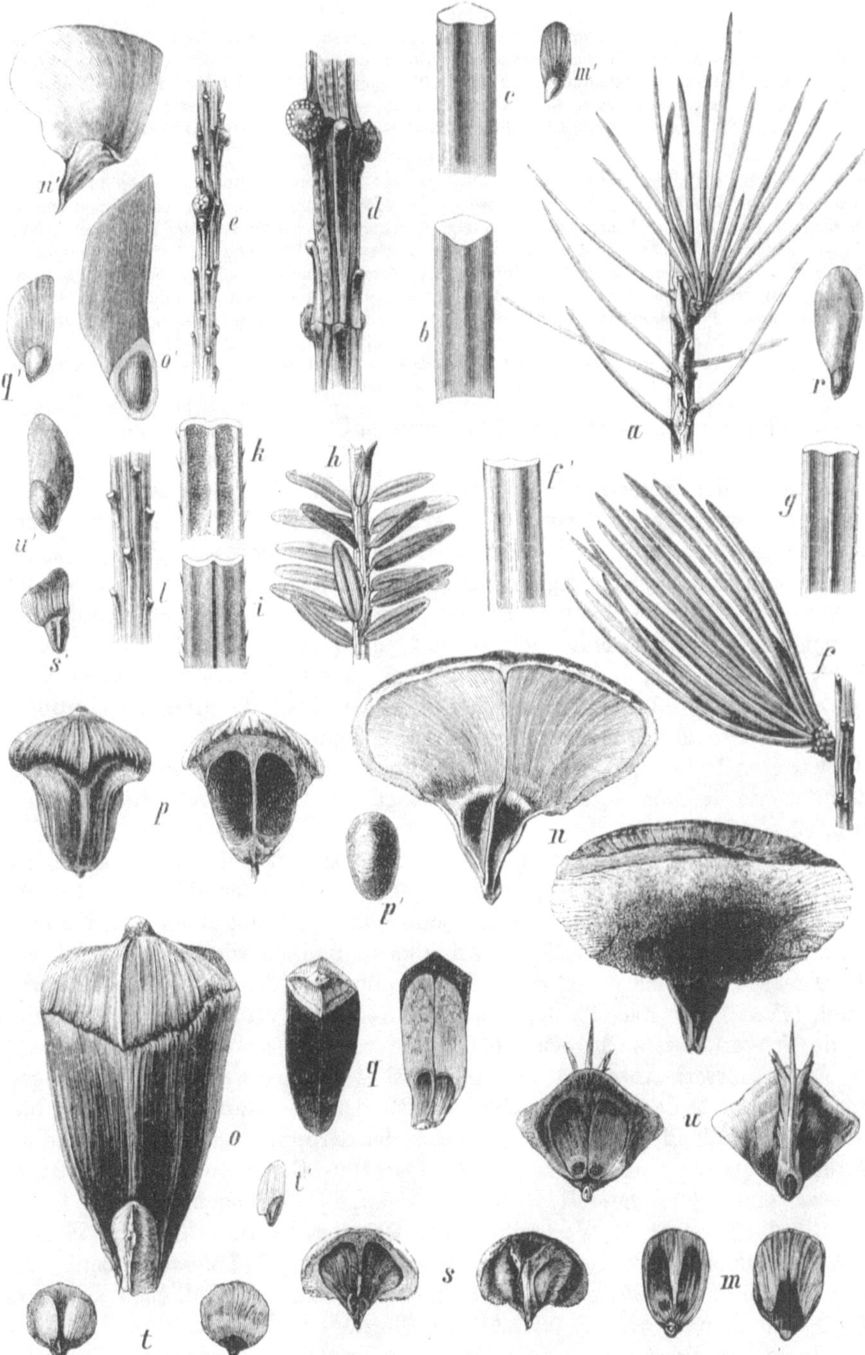

Fig. 233. (vd. S. 342.)

Fig. 232.

Pinus Laricio Poir 1 Kurztrieb mit Blättern. 2 Blattquerschnitt. 3—5 *Pinus insignis* Dougl. 3 Kurztrieb. 4 Blattquerschnitt. 5 blattloser Zweig 6. 7 *Pinus Strobus* L 6 Kurztrieb 7 Blattquerschnitt. 8—12 *Pinus Abies* Duroi. 8 Blattzweig 9 Blätter 10 Blattquerschnitt. 11 jungerer. 12 älterer blattloser Zweig, trocken. 13—16 *Pinus Picea* Duroi. 13 Blattzweig. 14 Blatt. 15 Blattquerschnitt. 16 blattloser Zweig. 17—19 *Pinus Douglasii* Sabine. 17 Blattzweig. 18 Blätter. 19 blattloser Zweig

Fig. 233.

Pinus Cedrus L. *a* Zweig. *b*. *c* Blatt von der Vorder- und Rückseite. Schuppe von der Innen- und Aussenseite. Same. *Pinus Larix* L. *d*. *e* Zweige. *m* Zapfenschuppen von der Aussen- und Innenseite. *m'* Same. *Pinus Pseudolarix* Lamb. *f* Zweig. *f' g* Blatt von der Vorder- und Rückseite. *Pinus* (*Tsuga*) *canadensis* L. *h* Zweig *k*. *i* Blatt von der Vorder- und Rückseite *l* Zweigfragment ohne Blätter. *t* Schuppe von der Aussen- und Innenseite. *t* Same. *Pinus excelsa* Wall (*Strobus*). *o* Zapfenschuppe, Aussenseite. *o'* Same *Pinus Cembra* L. *p* Zapfenschuppe von der Aussen- und Innenseite. *p'* Same. *Pinus montana* Mill. (*Pinaster*) *q* Zapfenschuppe von der Aussen- und Innenseite. *q'* Same. *Pinus Picea* Duroi *r* Same *Pinus Abies* Duroi *s* Zapfenschuppe von der Aussen- und Innenseite. *s* Same *Pinus Douglasii* Sabine (*Pseudotsuga*). *u* Zapfenschuppe von der Aussen- und Innenseite. *u'* Same

Zur Erläuterung der S. 338. 339 gegebenen Uebersicht mögen Fig. 232. 233 dienen.

Ausser den vorstehend erwähnten Gruppen der lebenden Coniferen lassen sich, nach dem Vorgange Schimpers (Traité, t. II, p. 288. 289) noch zwei weitere Gruppen, gegründet auf fossile Zapfen, aus der jüngeren Kreide von Louvière in Belgien stammend, unterscheiden; die eine, *Strobo-Cembra*, im Bau des Zapfens der Gruppe *Cembra*, durch den geflügelten Samen der Gruppe *Strobus* entsprechend, die andere, *Cedro-Cembra* (*Ptero-Cembra* Coem.), durch die Zapfen *Cembra*, durch den Samen *Cedrus* entsprechend, verbindende Formen zwischen den noch existirenden Gruppen *Cedrus, Cembra* und *Strobus*. Zur ersteren Gruppe gehört *P. gibbosa* Coem., zur letzteren *P. Heerii* Coem., *P. depressa* Coem., *P. Toillezi* Coem. (Coemans, descript. de la flor. foss. du prem. étage du terrain cret. du Hainaut. Bruxelles, 1866).

Nördlich vom Wendekreise des Krebses erstreckt sich der Verbreitungsbezirk der Gattung in der gegenwärtigen Periode über die östliche und westliche Halbkugel in einer breiten Zone von den Philippinen und Kurilen bis zur West- und Nordwestküste Amerika's. Südlich wird der Wendekreis des Krebses auf der östlichen Halbkugel überschritten von *Pinus insularis* Endl. (*Taeda*) auf den Philippinen, der Aequator von *P. Merkusii* Jungh. et de Vriese (*Pinaster*) in den Hochlanden von Sumatra und Borneo.

Eine grössere Anzahl Arten überschreitet auf der westlichen Halbkugel den Wendekreis des Krebses, ohne jedoch den Aequator zu erreichen, bis zu dem Hochlande Guatemala's, meist der Gruppe *Pseudostrobus*, wenige Arten der Gruppe *Taeda*, eine (*P. Ayacahuite* C. Ehrenbg.) der Gruppe *Strobus*, eine (*P. religiosa* H. B. K.) der Gruppe *Abies* angehörend.

Nördlich reicht die Verbreitung der Gattung bis zum 70°—72° N. Br., den Polarkreis überschreitend, so *P. sylvestris* L., *P. Ledebourii* Endl., *P. davurica* Fisch., *P. obovata* Ant., *P. sibirica* Turcz. im nördlichen Sibirien, *P. Cembra* L. am Ural, *P. alba* Ait. im Nordwesten Amerika's.

Innerhalb dieses Gebietes ist der Antheil, welchen die einzelnen Gruppen in Anspruch nehmen, ein sehr verschiedener. Während die Gruppen *Pinaster*,

Taeda, *Picea* und *Abies* über den ganzen Verbreitungsbezirk sich mit ihren einzelnen Arten erstrecken, die Mehrzahl der Arten von Sibirien bis in den Nordwesten Amerika's verbreitet ist, beschränkt sich die Verbreitung der Gruppe *Pseudostrobus* auf die westliche Halbkugel, von Californien bis Guatemala. Das Vorkommen einzelner Arten auf den Philippinen, im indischen Archipel, auf Cuba weist auf den früheren Zusammenhang mit dem Hauptverbreitungsbezirke hin, wie andererseits die fossilen Reste der Gattung, wenn auch ein Theil derselben vor der Kritik nicht besteht, den polaren Ursprung derselben vermuthen lassen. Die übrigen Gruppen nehmen jede ein kleineres Gebiet in Anspruch und zum Theile mag ihre heutige Verbreitung bedingt sein durch eine in früheren Perioden bei anderer Gestaltung der Erdoberfläche vorhandene weitere Verbreitung, deren Glieder sich zum Theil erhalten und den Veränderungen angepasst haben oder bis auf einzelne Formen in der Region des früheren Vorkommens ausgestorben sind, sei es total, wie *P. cephalonica* Endl., *P. cilicica* Ant. et Kotschy, *P. Pinsapo* Boiss. oder noch in einem eng begrenzten Bezirke als letzter Rest vorkommen, wie *P. Kaempferi* Lamb. (*Pseudolarix*) im nordöstlichen China, von der ich vermuthe, dass sie mit *Schizolepis* (S. 306) verwandt ist und, wie es scheint, vom Rhät bis in das Tertiär reicht. Bei der Gruppe *Cedrus*, jetzt mit drei Arten (*P. Deodara* Roxb., *P. Cedrus* L., *P. atlantica* Endl.) im Himalaya, Libanon, Taurus, Antitaurus und Algerien vorkommend, spricht das Vorhandensein von Zapfen in der jüngeren Kreide Belgiens (*P. Corneti* Coem.) und Englands (*P. Leckenbyi* Carruth., *P. Bennstedti* Carruth.) für eine früher ausgedehntere Verbreitung, deren Spuren auch im Tertiär Ostsibiriens als *P. Lopatini* Heer auftreten und das Vorkommen im Himalaya erklären. Ausgedehnter ist der Verbreitungsbezirk von *Larix*, bei welcher, wie auch für die Gruppen *Pinaster, Taeda, Cembra*, *Strobus*, *Abies*, *Picea*, *Tsuga*, *Pseudotsuga* hervorzuheben ist, dass Central- und Ostasien und Nordamerika verwandte Formen besitzen, eine Thatsache, auf welche schon früher bei anderen Gattungen hingewiesen ist. Von den acht lebenden Arten ist eine (*P. pendula* Soland.) von den Hudsonsbailändern bis zu den Alleghanys verbreitet, zwei gehören (*P. Lyalli* Parlat., *P. occidentalis* Nutt.) dem pacifischen Nordamerika an, *P. leptolepis* Endl. Japan, *P. Griffithii* Parlat. dem Himalaya, *P. Ledebourii* Endl. Sibirien und dem Amurlande, *P. Larix* L. beginnt in den Carpathen und reicht bis zur Dauphiné. Die Gruppe *Cembra* (mit Ausschluss von *Strobus*, welche Parlatore mit ihr vereinigt), ist mit einer Art (*P. flexilis* James) im pacifischen Nordamerika vertreten, ihr entspricht auf Korea, in Kamtschatka und auf Koraginsk *P. Koraiensis* Sieb. et Zuccar., an die Verbreitung dieser beiden Arten knüpft sich *P. Cembra* L. mit der var. *pumila* von den Kurilen und dem Kotzebuesund über Kamtschatka durch Dahurien, Sibirien zum Ural, Siebenbürgen, den Carpathen, der Alpenkette bis zur Dauphiné. Die Gruppe *Strobus* ist durch *P. Strobus* L. im atlantischen Nordamerika, durch *P. Lambertiana* Dougl. und *P. monticola* Dougl. im pacifischen Nordamerika vertreten, *P. Ayacahuite* C. Ehrenbg. setzt die Verbreitung aus diesem Theile

Amerika's durch Mexico bis Guatemala fort. *P. parviflora* Sieb. et Zuccar. gehört Japan und den Kurilen, *P. excelsa* Wall. dem Himalaya und, wenn *P. Peuce* Griseb. wirklich mit ersterer identisch ist, was ich jedoch nach Vergleichung von Originalexemplaren bezweifle, auch Europa an, auf dem Peristeri bei Bitoglia in Macedonien, welches Vorkommen vielleicht durch das Vorhandensein von *P. Palaeostrobus* Ettingsh. im Tertiär seine Erklärung findet. Die Gruppe *Tsuga* ist mit einer Art (*P. Tsuga* Sieb. et Zuccar.) in Japan, mit *P. Pattoniana* Parlat. und *P. Mertensiana* Brong. im pacifischen, mit *P. canadensis* L. im atlantischen Nordamerika vertreten, die Gruppe *Pseudotsuga* ist auf China (*P. Fortunei* Parlat.) und das pacifische Nordamerika (*P. Douglasii* Sab.) beschränkt.*)

Das erste Auftreten der Gattung wird von Stur (Carbonflora, S. 81) mit *Pinus antecedens* Stur in das Carbon verlegt. Indess ist die Bestimmung dieser kleinen Zweigfragmente nichts weniger als gesichert und können dieselben recht wohl einem *Lepidodendron* angehören. Ausserdem ist, soweit die rohe Abbildung es gestattet, auf Dawson's ebenfalls fragliches *Ptilophytum* (Dawson, Foss. Plants of Canada, Part. II. Montreal, 1882) hinzuweisen. Auch aus dem mittleren und oberen Carbon und Perm liegen keine Pflanzenreste vor, welche einen Beweis für die Existenz der Gattung in dieser Periode liefern, auch die von Heer als *P. Bathursti* beschriebenen nicht. Dass der von Schleiden beschriebene *Pinites Göppertianus* aus dem Muschelkalk von Jena identisch ist mit dem Holze von *Pinus sylvestris* L. und auf einem zufälligen Irrthume beruht, habe ich auf Grund der Originale längst nachgewiesen. Das angeblich aus dem Keuper stammende *Pityoxylon Sandbergeri* Kr. gehört dem Tertiär, wahrscheinlich Ungarn's, an. Erst im Rhät treten Reste auf, welche für das Vorhandensein der Gattung bessere Anhaltspunkte liefern, so die von Nathorst aus dem Rhät Palsjö als *Pinites Nilsoni* und *P. Lundgreni* beschriebenen Samen, Zapfen und den Cedern ähnlichen männlichen Blüthen, wobei indess nicht ausgeschlossen ist, dass sie einer anderen Gattung angehören können. Auch das Vorhandensein von *Cedroxylon pertinax* Kr., eines in seinem Baue der Gruppe *Abies* entsprechenden Holzes aus dem schlesischen Rhät, ist kein sicherer Beweis für die Existenz der Gattung *Pinus* im Rhät, da z. B. eine mit den Araucarien übereinstimmende oder sehr nahestehende Struktur bei den Hölzern der paläozoischen Formationen ganz allgemein ist, ohne dass desshalb die Coniferen dieser Bildungen Araucarien sind. Auch im Lias sind bis jetzt keine Reste gefunden, welche die Existenz der Gattung zweifellos darthun, da für die Hölzer des englischen Lias (*Cedroxylon Huttonianum* Kr., *C. Lindleyanum* Kr.

---

*) Ettingshausen hat (Beitr. z. Phylogenie der Pflanzenarten. Wien, 1877) versucht, die deutschen Kiefern-Arten aus der tertiären *P. Palaeostrobus* abzuleiten. Ich verkenne den Scharfsinn dieser Untersuchungen durchaus nicht, muss jedoch gestehen, dass mir die fossilen Reste zu wenig Anhaltspunkte zu bieten scheinen, um mehr als einen Versuch darin zu sehen. Dass der Ursprung unserer gegenwärtigen Vegetationsdecke im Tertiär liegt, bestreite ich nicht, für manche Formen wird man noch weiter zurückgehen müssen.

Whitby) das eben bemerkte gilt, *Pinus Schambelinus* Heer aus dem Lias der Schambelen ein undefinirbarer Rest, *Pinites elongatus* Lindl. et Hutt. aus dem Lias von Whitby zweifelhaft ist. Von den aus dem Oolith angegebenen Arten kann *P. Maakiana* Heer von Ust Balei in Sibirien ein zur Gattung *Pinus* gehöriger Same sein, während die Zapfen von *P. prodromus* Heer wahrscheinlich zu den Cycadeen gehören, die beblätterten Kurztriebe aber ebenso gut von *Schizolepis* oder einer dieser verwandten Gattung stammen können. Dies ist um so wahrscheinlicher, als in den schwarzen Schiefern des Jura der Adventbai auf Spitzbergen nach brieflicher Mittheilung von Nathorst Zapfenreste*) gefunden sind, welche *Schizolepis* nahestehen und mit den Blättern auch Kurztriebe vorkommen. Zu bemerken ist ferner, dass *P. Quenstedti* Heer und *P. Staratschini* Heer vom Cap Staratschin auf Spitzbergen weder für die Existenz zwei- und fünfnadeliger Kiefern sprechen, noch mit den gleichnamigen Arten aus der Kreide identisch sind, sondern die dort vorkommenden schwarzen Schiefer dem Jura angehören, die erstere mit der oben erwähnten *P. prodromus* Heer, die letztere mit *P. Nordenskiöldi* Heer von Spitzbergen zusammenfällt, welche jedoch kaum zu *Pinus* gehören wird.

Grössere Wahrscheinlichkeit, dass die Gattung schon im Oolith existirte, gewährt *P. microphylla* Heer vom Cap Boheman auf Spitzbergen und von Andö, deren Epidermisstructur wenigstens nicht jener von *Tsuga* widerspricht, woraus freilich noch nicht folgt, dass eine *Tsuga* vorliegt. Noch gesicherter scheinen *P. Coemansi* Heer aus dem belgischen Oolith, aus dem Kimeridgien Englands *P. depressus* Carruth. und *P. Fittoni* Carruth., sämmtlich Zapfen. Aus dem Kimeridgien Frankreichs (See von Armaille) beschreibt Saporta einen *Pinus*-ähnlichen Samen als *P. oblita*. Auch für den Wealden scheint das Vorhandensein der Gattung sicher gestellt durch die von Carruthers als Zapfen von Coniferen erkannten *P. Dunkeri* Carruth., *P. Mantelli* Carruth., *P. patens* Carruth. aus dem Wealden der Insel Wight und von Kent, sodann aus dem Wealden Nordwestdeutschlands *P. Linkii* Roem., Blätter, durch ihre Form und die Structur der Epidermis jenen von *Abies* nahestehend. In der älteren Kreide dürfen wohl die von Carruthers untersuchten Zapfen aus der englischen Kreide, *P. Leckenbyi* Carruth., *P. Bennstedti* Carruth., *P. oblongus* Carruth., *P. Sussexiensis* Carruth. als beweisend für die Existenz der Gattung in dieser Periode gelten, von welchen die beiden ersten zu *Cedrus* gehören, während aus dem Urgon von Grönland (Kome) *P. Peterseni* Heer, *P. Quenstedti* Heer, diese auch von Wernsdorf in Mähren, zwar für das Vorhandensein von Kiefern sprechen, die Gruppe aber fraglich ist, da weder für die erstere das Vorhandensein von zwei Blättern in der Scheide, noch bei letzterer die fünf Blätter sicher sind. Zweifelhafter ist *P. Eirikiana* Heer, welche zwar mit einer Tanne mit langen Blättern, z. B. *P. Pindrow* Royle aus dem Himalaya oder *P. holophylla*

*) *Phyllocladites rotundifolius* Heer steht nach einer von Nathorst mir mitgetheilten Skizze diesen Zapfen von der Adventbai sehr nahe und können beide sehr wohl identisch sein.

Parlat. aus Japan verglichen werden kann, aber mit gleichem Rechte auf eine Taxinee, auf *Pseudolarix* oder *Sciadopitys*, deren Epidermisstructur sich bei *P. Crameri* (S. 293) (der von Heer abgebildete Zweig gehört wohl zu *Sequoia Smittiana* Heer) und bei anderen mir durch Nathorst von Kome in Grönland mitgetheilten Coniferenblättern findet, schliessen lässt. Ebenso fraglich sind *P. lingulata* Heer und *P. Olafiana* Heer, letztere von Heer als *Pinus* selbst bezweifelt. In der jüngeren Kreide kann zwar *P. Quenstedti* Heer (Moletein, Böhmen, Grönland) als dieser Gattung angehörig nicht bezweifelt werden, sie kann aber, wenn der dazu gezogene Zapfen zu den Zweigen gehört, kaum zu *Pseudostrobus* gehören, worüber indess der Blattzweig auch keinen Aufschluss gibt. *P. vaginalis* Heer aus den Ataneschichten Grönlands ist sicher keine zweinadelige Kiefer, sondern ein Fragment von *Baiera*. Dagegen geben *P. upernivikensis* Heer aus Grönland, dann, abgesehen von den zu *Cedro-Cembra* und *Strobo-Cembra* gehörigen Zapfen, *P. Corneti* Coem. (*Cedrus*), *P. Omalii* Coem., *P. Brianti* Coem. aus der belgischen Kreide und *P. gracilis* Carruth. aus dem Gault Englands, *Cedrus Lenneri* Sap. aus der Kreide von Havre, sämmtlich Zapfen, sichere Anhaltspunkte für das Vorhandensein von *Cedrus* und *Picea* in dieser Periode, während es unentschieden bleibt, ob *P. Andraei* zur Gruppe *Taeda* oder *Pseudostrobus* gehört. Dass bei dem Abschlusse der Kreidebildungen die Gattung in mehreren Gruppen vorhanden war, kann nicht in Frage gestellt werden, ebenso wenig lässt sich aber auch in Abrede stellen, dass ein Theil der zu *Pinus* gezogenen Reste nicht zu dieser Gattung gehört, sondern zum Theil, wie dies aus der Form und Struktur der Blätter hervorgeht, mit *Sciadopitys* übereinstimmt, ein anderer Theil aber entweder *Schizolepis* oder einer diesen verwandten Conifere angehört und endlich noch die Gruppe *Pseudolarix* in Betracht kömmt, bei welcher nach den Angaben die Zapfenschuppen abfallen, die Samen geflügelt sind und ihr heutiges Vorkommen den fossilen Resten gegenüber sich so verhält, wie dies bei *Gingko, Sciadopitys* der Fall ist.*)

Zahlreich sind die aus dem Tertiär beschriebenen Reste von *Pinus*. Was im Allgemeinen für einen bedeutenden Bruchtheil der Pflanzenreste früherer Perioden gesagt werden kann, dass nur wenige derselben besser begründete Aufschlüsse über die historische Entwickelung des Pflanzenreiches geben, gilt wie für die Coniferen im Allgemeinen, so auch für die aus dem Tertiär bekannten, zu *Pinus* gezogenen Reste. Die Zapfen geben für die Unterscheidung der Arten bei guter Erhaltung noch die sichersten Aufschlüsse, weniger gilt dies für die Blätter, namentlich in dem Zustande, in welchem deren Mehrzahl erhalten ist, da vielfach nur Fragmente oder einzelne Blätter erhalten sind und aus dem Nebeneinanderliegen einzelner Blätter nicht mit Sicherheit auf die Zahl der Blätter der Kurztriebe bei den Kiefern geschlossen werden kann. Solche zweifelhafte Blattreste, welche nur dafür sprechen,

*) Bemerkt sei, dass die S. 293 als *Sciadopitytes linearis* Göppert und *Sciadopitytes glaucescens* Göppert aus dem Bernstein des Samlandes erwähnten Blätter nicht zu den Coniferen gehören, sondern Blätter von Dicotylen sind.

dass es sich um Blattreste von *Pinus* handeln kann, sind z. B. *P. Langiana* Heer, *P. taedaeformis* Heer aus dem Miocän der Schweiz, *P. macrosperma* Heer von Spitzbergen und andere, welche keinen Beweis liefern, dass die Blätter wirklich den Gruppen angehören, welchen man sie zugetheilt hat.

In anderen Fällen mag es sich wohl um Coniferenblätter handeln, fraglich ist aber, ob diese Blätter wirklich zu den Gruppen gehören, zu denen man sie gestellt hat. Solche sind z. B. *P. Brauniana* Heer von Oeningen, sicher keine zweinadelige Kiefer, sondern, wenn Coniferenblätter, eine Tanne; *P. Hayesiana* Heer von Grinnellland und Grönland, welche eher *Pseudolarix* nahesteht, *P. hyperborea* Heer ohne Zweifel Blätter von Taxineen, während bei *P. polaris* Heer Blätter verschiedener Abstammung vereinigt sind, die Zweige von *P. Dicksoniana* Heer und *P. Malmgreni* Heer recht wohl *Taxodium* angehören können. Ferner: ist die Blattform der Kiefern, Cedern, Lärchen nur bei diesen Gruppen vorhanden, müssen fossile Blätter von dieser Form immer und überall als Coniferenblätter erklärt werden? Misslich ist die Unterscheidung der auf Kiefernähnliche Blätter gegründeten Arten durch die sogenannten Nerven, wenn sonst kein Anhaltspunkt vorliegt. Das Vorhandensein dieser sogenannten Nerven ist wesentlich Folge des Erhaltungszustandes, wobei bestimmte Structurverhältnisse mehr oder weniger sichtbar bleiben. Bei den fossilen Blattresten haben wir es der Hauptsache nach, insoferne es sich um einzelne Blätter oder Blattbüschel handelt, mit älteren, abgeworfenen Blättern zu thun, ein Verhältniss, welches noch jetzt in Nadelwäldern wahrzunehmen ist und auch das verhältnissmässig seltene Vorkommen von Zweigen erklärt. Bei den Blättern von *Abies, Tsuga, Pseudotsuga* ist immer ein Mittelnerv vorhanden, auch bei *Larix, Cedrus, Pseudolarix* wird dem so sein, bei *Picea* jedoch wird, wenn das Blatt stark vierkantig ist, eine Kante als Mittelnerv auftreten, ist aber das Blatt einer Fichte zugleich flachgedrückt, dann wird eine durch den Druck hervorgerufene Verschiebung zwei sogenannte Nerven ergeben. Bei allen Arten mit mehr als zwei Nadeln am Kurztriebe entsteht durch Austrocknen auf der Oberseite des Blattes ein Kiel, welcher den zu zwei am Kurztriebe stehenden Nadeln fehlt. Im ersteren Falle ist dann ein Mittelnerv vorhanden, im letzteren nicht. Endlich können noch bei sehr starkem Drucke die Leitbündel sichtbar werden. Seitennerven als feine Linien sind vorhanden, wenn das Blatt Bastrippen unter der Epidermis besitzt, um so deutlicher, je stärker diese sind; sie fehlen, wenn die sogenannte Hypodermschicht continuirlich entwickelt ist. Bei sehr guter Erhaltung werden bei schwächerer Vergrösserung auch die Spaltöffnungsreihen als feine Nerven erscheinen. Da nun die Structur des Blattes in derselben Gruppe verschieden sein kann, die Arten verschiedener Gruppen dieselbe Struktur des Blattes haben können, so wird das Auftreten sogenannter Nerven wohl insoferne Bedeutung haben, als dasselbe eine bestimmte Struktur voraussetzen lässt, eine sichere Unterscheidung der Gruppen und Arten lässt sich jedoch nicht darauf gründen, immer aber wird der Erhaltungszustand dabei zu berücksichtigen sein. Eine weitere Gruppe von Arten ist gegründet auf das Zusammenvorkommen einzelner Theile der Pflanze, so Zweige,

Blätter, Zapfen oder Zapfenschuppen, Samen. Zum Theile kann eine solche Combination begründet, vielfach wird aber kein sicherer Anhaltspunkt dadurch gegeben sein, insbesondere dann, wenn man es mit Resten zu thun hat, welche durch Wasserströmungen zusammengetrieben worden sind. Unstatthaft ist es, wenn z. B. isolirte Schuppen von *Picea*- oder *Tsuga*-ähnlichem Aussehen mit Blättern vom Aussehen von *Tsuga* oder *Picea* oder isolirte Schuppen, welche jenen von *Picea* ähnlich, mit Tannen-ähnlichen Blättern combinirt werden. Endlich können Coniferenreste lebenden Arten sehr ähnlich sein, ohne dass daraus nothwendig die Identität der fossilen mit der lebenden Art folgt. Dieser Fall scheint mir unter anderen bei den Zweigen und Zapfen der miocänen *Pinus Abies* Heer und *P. montana* Heer von Grinnellland und Spitzbergen stattzufinden.

Unter den fossilen Resten sei zunächst eines Zapfens gedacht aus dem Oligocän von Armissan bei Narbonne, welcher von Saporta als *Entomolepis cynarocephala* (Annal. des sc. nat. Bot., Ser. V, Bd. IV, S. 55; Schimper, Traité, vol. II, p. 260) beschrieben wurde (Fig. 234). Wie es scheint, ist das Fruchtblatt über die die Samen tragende Schuppe hinaus verlängert, am Rande gefranzt, zugespitzt und nach abwärts gekrümmt, die die Samen tragenden Schuppen stehenbleibend. Der Bau des Zapfens würde bei dieser Auffassung der Gruppe *Pseudotsuga* entsprechen, der Zapfen selbst jenem von *P. Fortunei* Parlat., welchen ich jedoch nur aus den Beschreibungen kenne, verwandt sein. Blätter scheinen bis jetzt nicht beobachtet. Er wird wohl seinen Platz bei *Pinus* einzunehmen haben. Aus den übrigen Gruppen sind Blätter, Blüthen, Zapfen und Samen erhalten, selten jedoch ist die Erhaltung derart, dass die einzelnen Organe vereinigt sind. In der üblichen Weise sind für die Bildung von Arten, Blätter mit Zapfen und Samen combinirt oder auch nach Umständen getrennt beschrieben und so eine ziemliche Zahl von Arten unterschieden, wobei auch die Erhaltungszustände ihren Antheil haben mögen. Die grössere Anzahl dieser Arten gehört den Gruppen *Pinaster*, *Taeda* und *Pseudostrobus*, die Minderzahl den übrigen Gruppen an, wobei

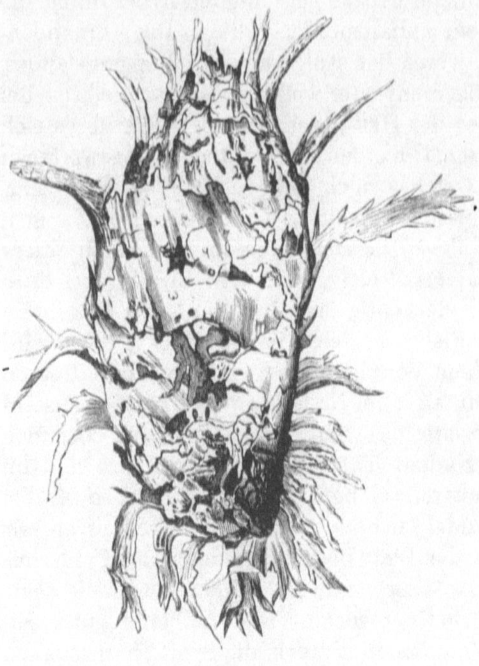

Fig. 234.
Entomolepis cynarocephala Saporta. Zapfen. Armissan bei Narbonne. (Copie nach Saporta.)

indess nicht ausgeschlossen ist, dass unter den zu den Gruppen *Abies* und *Picea* gezählten Fragmenten sich auch *Taxodium* und *Sequoia* finden können. Bei den nur auf die Samen gegründeten Arten ist es die Frage, ob diese überhaupt geeignet sind, sichere Unterscheidungsmerkmale für die Gruppen oder Arten zu liefern, was ich nach meinen Erfahrungen nicht unbedingt bejahen möchte, wenn auch nicht zu leugnen ist, dass die Grösse der Samen und jene der Schuppen in bestimmter Beziehung zu einander stehen. Endlich ist noch hervorzuheben, dass auch durch Thiere benagte Zapfen als Arten beschrieben worden sind, so *P. spicaeformis* Unger, *P. Lardyana* Heer zum Theile (Flora tert. Helv. Bd. I). Ich erwähne im Folgenden einige Arten, so *P. Philiberti* Sap. aus dem Eocän von Aix, *P. Defrancii* Brongn. aus dem Eocän von Paris (*Pseudostrobus*), zahlreiche Arten aus dem Oligocän von Armissan von Saporta beschrieben, darunter *P. echinostrobus* Sap., vielleicht mit der sehr verbreiteten, bis in das Miocän reichenden *P. Palaeostrobus* Ettingsh. (*Strobus*) identisch. Noch grösser ist die Zahl der aus dem Miocän beschriebenen Arten, darunter *P. spinosa* Herbst (*P. resinosa* Ludw.) (Fig. 235) von Kranichfeld bei Weimar, (*Taeda* nach Heer, indess eher zu *Pinaster*), *P. Mettenii* Unger (*Pseudostrobus*), *P. pinastroides* Unger, *P. Ungeri* Stur, *P. Hampeana* Unger (*Pinaster*). Ist die Deutung der Gruppen, zu welchen die bis zum Abschlusse des Miocäns nachgewiesenen Reste gezogen werden, richtig, so sind die Gruppen *Taeda*, *Pseudostrobus* und *Strobus* neben *Pinaster* in Europa während der Tertiärzeit weit verbreitet gewesen, während im Pliocän zwar diese Formen, wie z. B. *Pinus Santiana* Gaud., noch vorhanden sind, aber auch bereits die mit den noch existirenden Formen identischen *P. sylvestris* L., *P. montana* Mill. var. *Pumilio*, *P. caroliniana* Carrière, allerdings in anderer Verbreitung als jetzt, auftraten. Viel seltener als die Reste der Kiefern sind, namentlich wenn ein Theil der von Heer beschriebenen Reste ausgeschlossen wird (vergl. oben), die den Gruppen *Cedrus, Larix, Abies, Picea* und *Tsuga* angehörigen oder zu ihnen gezogenen Reste. Es ist bereits erwähnt, dass *P. Lopatini* Heer der einzige Rest der Gruppe *Cedrus* aus dem Tertiär ist,

Fig. 235.
Pinus spinosa Herbst. Kranichfeld bei Weimar. (Nach der Natur.)

von *Larix* sind jedenfalls die von Ludwig beschriebenen, zu dieser Gruppe gezogenen Zapfen sehr zweifelhaft, dagegen kann *Larix austriaca* Schimper (*Elate austriaca* Unger, *Stenonia* Endl., *Pinus Ungeri* Heer) eine Lärche des Miocän sein, wofür indess der Beweis fehlt, im Pliocän *P. Larix* L. Aus der Gruppe *Abies* sind *P. Oceanines* Unger, *P. balsamoides* Unger, *P. Ingolfiana* Heer, *P. Stenstrupiana* Heer dem Miocän angehörige Reste, während im Pliocän *P. Abies* Duroi, *P. cilicica* Ant. et Kotschy, *P. Pinsapo* Boiss., jedoch in ausgedehnterer Verbreitung als jetzt, auftreten. Aus der Gruppe *Picea* seien erwähnt die miocänen *P. Leuce* Unger, *P. Mac Clurei* Heer, aus dem Pliocän *P. Picea* Duroi, aus der Gruppe *Tsuga*, *P. Malmgreni* Heer,*) insoferne die einzelnen Blätter und der Same in Betracht kommen.

Schon die während der Miocänperiode eintretenden Aenderungen des Klima's führten Aenderungen der Vegetationsdecke der Erde herbei, welche im Pliocän sich fortsetzend, gegen Ende desselben bereits eine Anzahl von Formen aus den von ihnen innegehabten Regionen verschwinden und andere an ihre Stelle treten liessen. In noch wirksamerer Weise vollzog sich diese Aenderung in der Quartärperiode durch die Ausbreitung der Gletscherbildungen, das Zurückgehen der Gletscher, ihr erneutes Vordringen während der interglacialen und postglacialen Periode In den Tuffen der Provence, von Stuttgart, in den Schieferkohlen der Schweiz und Südbayerns, im Forestbed von Norfolk und Nordamerika sind die *Pinus*-Reste dieser Periode erhalten, welche, soweit sie Europa angehören, mit noch in Europa vorhandenen Formen übereinstimmen. Ihre Verbreitung ist jedoch eine durchaus verschiedene. Sie kommen jetzt im hohen Norden oder in bedeutenderer Höhe über dem Meere vor oder als aus der Quartärzeit zurückgebliebene Ansiedelungen in der Ebene, aus den Regionen, welche sie in jener Periode inne hatten, sind sie grösstentheils gänzlich verschwunden. Zu nennen sind *Pinus Cembra* L. aus den Glacialbildungen von Ivrea, *P. Salzmanni* Dunal, *P. pyrenaica* Lapeyr. aus den Tuffen von Aygelades, aus den Torfmooren von Irland *P. montana* Mill. var. *Mughus*, in den Schieferkohlen der Schweiz *P. sylvestris* L., *P. montana* Mill., *P. Picea* Duroi, *P. Larix* L., in den Torfmooren des sächsischen Erzgebirges *P. montana* Mill. var. *obliqua*, in den interglacialen Bildungen von Nancy *P. montana* Mill., *P. Picea* Duroi, *P. sibirica* Turcz., *P. Larix* L. Aus dem Tertiär Nordamerika's sind bislang nur sparsame Reste unzweifelhafter *Pinus*-Arten bekannt geworden, so *P. Palaeostrobus* Unger. Die von Lesquereux (Tert. Flora, Washington 1878) erwähnten *Abietites dubius* und *A. setiger* gehören die erstere zu *Sequoia*, die letztere ist wohl nichts Anderes als das Fragment einer Wurzel.

Camptophyllum Nathorst.**)

Unter dieser Bezeichnung sind aus dem Rhät von Palsjö Zweigfragmente einer Conifere durch Nathorst beschrieben worden, deren Untersuchung mir

*) *Thuya Rössleriana* und *Th. Theobaldiana* Ludwig aus dem ältesten Wetterauer Tertiär gehören zu *Pinus* und sind ohne Zweifel identisch.

**) Nathorst, Bidrag till Sveriges fossila Flora. Stockholm, 1876. Beitr. z. foss. Flora Schwedens. Stuttgart, 1878.

durch die freundliche Mittheilung der Originale möglich wurde. Es sind mit spiralig stehenden, dicht gedrängten, linearen, zurückgekrümmten Blättern versehene jüngere Zweige, welche vielleicht, insofern die Blattform in Betracht kommt, mit *Cunninghamia* in Beziehung gebracht werden können, deren Stellung vorerst aber zweifelhaft bleibt. An den Exemplaren sind die meisten Blätter abgebrochen und nur ihre Basis erhalten. Die einzige bekannte Art ist: *Camptophyllum Schimperi* Nath. (Fig. 236).

Fig. 236.
Camptophyllum Schimperi Nath. *a*—*c* Blattzweige. *d* Stück eines Blattes, vergrössert. Rhät von Palsjö. (Nach der Natur.)

Anknüpfend an die S. 249 erwähnten Samen sei zum Schlusse noch jener Samen gedacht, welche entweder den Cycadeen angehören, da in den Schichten, in welchen sie vorkommen, sonst keine Reste sich finden, von welchen sie stammen können, oder im Allgemeinen als Samen von Gymnospermen betrachtet werden müssen, ohne dass es möglich wäre, irgend eine Gruppe oder Gattung näher zu bezeichnen. Die ersteren sind von Schimper (Traité, t. II, p. 208) als *Cycadinocarpus* bezeichnet worden. Sie finden sich von der Trias bis zum Wealden mit Blättern und anderen Resten von Cycadeen zusammen als eiförmige, längliche oder kugelige Körper, welche vielfach die Anheftungsstelle an der Basis und als kurze Spitze die ehemalige Micropyle gegenüber der Basis erkennen lassen. Bedeckt sind sie mit einer Kohlenrinde, von der äusseren und inneren Umhüllung des Samens herrührend. Im unveränderten Zustande würde man sich dieselben pflaumenähnlich zu denken haben, mit einer äusseren, mehr oder weniger entwickelten, fleischigen und einer inneren, knochenharten Hülle, wie die Samen der lebenden Cycadeen. Da, wo mit den Cycadeenresten auch Reste von Taxineen, wie z. B. *Gingko* und Cordaiteen, vorkommen, werden sie von diesen nicht mit Sicherheit geschieden werden können, wenn nicht eine mikroskopische Untersuchung möglich ist. Verwechselt können sie werden mit den knollenartig verdickten Internodien der Rhizome von *Equisetum*, wobei einerseits das Vorkommen von Resten dieser, andererseits die Verbindung der knolligen Internodien mit den Rhizomen und die perlschnurähnliche Verbindung der knolligen Internodien unter sich, an welchen die gezähnten Scheiden oder Spuren derselben öfter noch erhalten sind, zur Unterscheidung benutzt werden können (vergl. S. 162).

Neben diesen Samen finden sich, insbesondere in den älteren Formationen bis zum Beginn der Trias eine ziemliche Anzahl Samen, in Kohle umgewandelt, verkieselt oder durch Spatheisenstein erhalten, deren Zusammenhang mit den Pflanzenresten, zu welchen sie gehören, nur in wenigen Fällen ermittelt ist. Sie wurden seiner Zeit zum Theil als Palmenfrüchte gedeutet, gehören aber durchgängig den Gymnospermen an und ist ein Theil derselben bereits S. 249 erwähnt. Die Zahl der unterschiedenen Formen ist nicht gering und, insofern sie verkohlt sind, sind Erhaltungszustände vielfach zur Unterscheidung benutzt worden. Brauchbare Aufschlüsse über den Bau derselben haben Hooker, Brongniart und Williamson*) gegeben, aus deren Untersuchungen sich ergibt, dass sie den Gymnospermen angehören, demnach den Cycadeen, Cordaiteen, Dolerophylleen und Coniferen (Taxineen, Salisburieen) einzureihen sind. Bei einem grossen Theile derselben ist, wie bei den lebenden Cycadeen und den Cordaiteen eine sogenannte Pollenkammer vorhanden, die äussere und innere Hülle nachweisbar, und ebenso die stark verlängerte Spitze des Knospenkerns. Begreiflicher Weise haben die meisten von ihnen die Bezeichnung *Carpolithes* erhalten und sie auch wohl beibehalten, Brongniart und Williamson haben dagegen nach Form und Bau eine schärfere Trennung versucht und ersterer unterschied ausser den früher erwähnten noch durch vorspringende Kanten ausgezeichnet: *Pachytesta*, *Trigonocarpus*, *Tripterospermum* (mit drei Kanten), *Ptychotesta*, *Hexapterospermum*, *Polypterospermum*, *Polyphospermum* (mit sechs Kanten), *Eriotesta*, *Codonospermum* (mit acht Kanten), *Stephanospermum* mit Fortsätzen an der Spitze. Williamson beschrieb neben *Trigonocarpus* u. s. w. noch *Lagenostoma*, *Conostoma*, *Malacotesta*.

Carpolithes conicus Göpp., *Trigonocarpus Sporites* Weiss sind Macrosporen von Sigillarien.

Ferner seien die von Renault und Zeiller (Comptes rendus, Bd. 99, 1884, S. 569, Renault, Cours de Bot. foss., t. IV) unter dem Namen *Gnetopsis* aus dem Carbon beschriebenen Samen erwähnt, durch das Vorhandensein einer Pollenkammer den Cordaiteen und Cycadeen verwandt.

Auch die von Bowerbank (history of fossil fruits and seeds of the Londonclay. London, 1840) sollen hier berücksichtigt werden. Sie sind von Bowerbank, so weit sie für die Coniferen in Frage kommen, als Petrophiloides-Arten bezeichnet; diese gehören, insofern die Abbildungen ein Ur-

---

*) Brongniart, Études sur les graines fossiles a l'état silicifié. Ann. des scienc. Bot., ser. V, t. XX. Recherches sur les graines silicifiées. Paris, 1881. — Williamson, On the organisation of the fossil plants of the coalmeasures, Part. VII. X. 1875. 1880. — Hooker and Binney, On the Structure of the certaines Limestone Nodules etc. Philosoph. Transact. 1855. — Grand' Eury, Flore carbonifere du Depart. de la Loire. Paris, 1877. — Berger, De fructibus et seminibus format. lithanthrac. Vratisl. 1848. — Fiedler, Die fossilen Früchte der Steinkohlenformation. Ausserdem die Floren der älteren Perioden und Schimper, Traité, t. II.

theil gestatten, zu Sequoia (Taf. IX Fig. 9—12, Taf. X Fig. 5) oder zu Picea (Taf. X Fig. 1—3), andere wie Taf. X Fig. 16—21 sind abgeriebene Zapfen von Abietineen. Für einen anderen Theil, von Bowerbank als *Cupressinites* bezeichnet, hat Endlicher (Synopsis Conifer.) eine Deutung versucht und die Gattungen *Solenostrobus, Passalostrobus, Frenelites, Actinostrobites, Callitrites* geschaffen. Gardner (British eocene Flora, vol. II) bemerkt ganz richtig, dass keiner dieser Reste mit *Cupressus* etwas gemeinsam habe, ein Theil gehöre zu *Callitris curta* Gard., ein anderer Theil seien Kapselfrüchte oder kaum bestimmbar. Dass Fig. 20. 21. 32, vielleicht auch Fig. 22. 23 auf Taf. X von Bowerbank zu *Callitris* gehören, halte ich für unzweifelhaft, ob aber alle Exemplare, welche Gardner l. c. Taf. IX als *Callitris curta* abbildet, auch zu dieser gehören, scheint mir fraglich. Die Stammpflanze der zu *Callitris* gehörenden Zapfen ist ohne Zweifel *C. Brongniarti* Endlicher (vergl. S. 331).

Als mit *Callitris* (im Sinne von Bentham und Hooker) verwandte Zapfen beschrieb unter der Bezeichnung *Spondylostrobus* Ferd. v. Müller (Observations on new vegetable fossils of the auriferous drifts. Melbourne, 1874) aus den goldführenden Schichten Australiens, deren Untersuchung mir durch die überaus freundliche Mittheilung von Originalexemplaren des Verfassers der genannten Abhandlung möglich wurde. Ich bedaure der Ansicht des Verfassers nicht beitreten zu können. Es sind fünffächerige Steingehäuse einer wahrscheinlich dicotylen Pflanze, deren Fächer je einen Samen enthalten. Die Wände bestehen aus elliptischen, dickwandigen mit Porenkanälen versehenen sogenannten Steinzellen, wie sie bei den Steingehäusen allgemein vorkommen. Das Gewebe ist von einzelnen Gefässbündeln durchzogen*).

Gnetaceae Endlicher.**)

Aus dieser Gruppe, jetzt die Gattungen *Ephedra* L., *Gnetum* L. und *Welwitschia* Hook. umfassend, sind Zweigfragmente und weibliche Blüthen als zur Gattung *Ephedra* L. gehörig beschrieben, so von den ersteren *E.* (*Ephedrites* Unger) *Sotzkiana* Unger im Tertiär ziemlich verbreitet, *E. Johniana* Göpp. und *E. Mengeana* Göpp., Zweige mit weiblichen Blüthen aus dem Bernstein des Sam-

*) *Arthrotaxis subulata* Gardner (Brit. eocen. Flora, vol. II, p. 43, tab. XI fig. 2—14) aus dem Londonthon von Sheppey gehört, wenn der Zapfen wohlerhalten, sicher nicht zu *Arthrotaxis*, ist er abgerieben, dann dürfte er kaum für irgend eine Gattung einen sicheren Anhaltspunkt gewähren, ebenso auch die Zweige. Nach der Abbildung möchte man eher an *Sequoia* denken.

**) Strassburger, Die Coniferen und Gnetaceen. Jena, 1872; Die Angiospermen und Gymnospermen. Jena, 1879. — Eichler, Blüthendiagramme. Leipzig, 1875. — Bentham und Hooker, Genera plant., vol. III. London, 1879. — Parlatore in De Candolle, Prodromus. t. XVI. 2. — Göbel, Specielle Morphologie Leipzig, 1882. — Schimper, Traité, vol. II. — Heer, Flora tert Helv. — Heer, Flora foss. arct., vol. II. IV. V. — Göppert und Berendt, Der Bernstein Berlin, 1845 — Göppert, Die Flora des Bernsteins. Danzig, 1883. — Unger, Die fossile Flora von Sotzka. Wien, 1850. — Sismonda, Matériaux... Turin, 1865. — Renault, Cours de Bot. foss., t. IV. Paris, 1885.

landes, Zweigfragmente und weibliche Blüthen als *Ephedrites antiquus* Heer aus dem Jura Ostsibiriens von Ust Balei. Alle diese Reste sind hinsichtlich ihrer Zugehörigkeit zu den Gnetaceen sehr fraglich. Die von Heer als *E. antiquus* bezeichneten Reste können ebenso gut zu den Equisetaceen gehören und Fig. 25 Taf. XIV, Fig. 1 Taf. XV a. a. O. sprechen eher für diese Deutung. Die mit den Zweigen vereinigten weiblichen Blüthen, aus zwei Bracteen, welche einen Samen einschliessen, bestehend, würden noch am meisten einer weiblichen Blüthe von *Ephedra* entsprechen. Die als *E. Sotzkiana* Unger beschriebenen Zweigfragmente sind nach den von mir untersuchten Originalen blattlose Zweigreste eines Laubholzes, deren Verzweigung allein schon hinreicht, um sie von *Ephedra* auszuschliessen. Diese Reste haben auch mit *Casuarina* nichts gemein. Uebrigens war Unger selbst, wie die Bemerkung pag. 60 der Flora von Sotzka zeigt, über die Identität mit *Ephedra* nicht sicher. Ob alle unter dem obigen Namen beschriebenen Reste identisch sind, lasse ich dahingestellt, mit *Ephedra* haben die meisten, auch die von Heer aus dem Tertiär der Schweiz und die von Flörsheim bei Frankfurt angegebenen, nach den Abbildungen und Originalen nichts gemein; es sind zum Theil sicher blattlose Zweige, zum Theil mögen es Equiseten-, zum Theil Coniferenreste (*Callitris*) in entsprechend schlechter Erhaltung sein. Auch die von Göppert aus dem Bernstein beschriebenen Arten gehören nicht zu *Ephedra*. Bei *E. Mengeana* genügt schon die Abbildung, um darzuthun, dass von *Ephedra* nicht die Rede sein kann. Von *E. Johniana* habe ich das Original untersucht. Das Zweigfragment ist allerdings *Ephedra* ähnlich, die kurzgestielten Blüthen aber stehen zu mehreren in den Achseln der kleinen, membranösen Zweigblätter, sie haben ein viertheiliges Perigon, welches eine reifende Frucht umschliesst. Wie also bei den von Unger beschriebenen Zweigresten die opponirte Stellung der Zweige von *Ephedra* fehlt, so widerspricht der Bau der Blüthen des im Bernstein eingeschlossenen Zweiges dieser Gattung. Auch die den weiblichen Blüthen von *Ephedra* am nächsten stehenden, von Heer zu seinem *Ephedrites antiquus* gezogenen Reste weichen von *Ephedra* ab. Bei dieser Gattung werden bei der Fruchtreife entweder alle Bracteen fleischig, oder sie vergrössern sich und werden trockenhäutig, so bei *E. Alte* C. A. M., *E. americana* Humb. und Bonpl.*) In beiden Fällen trennt sich der Same mit den schützenden Organen von der Pflanze. Heer's Abbildung zeigt nun zwei Bracteen, welche den Samen einschliessen. Keine der von mir untersuchten *Ephedra*-Arten wirft die Samen in der Weise ab, dass nur das innerste Bracteenpaar mit dem Samen abfällt. Es kann also nur angenommen werden, dass eine ausgestorbene Form vorliegt oder die Reste einer anderen Pflanze angehören. Für das Vorhandensein von *Ephedra* liefern sie keinen sicheren Beweis. Nach einer Notiz von Heer beobachtete Saporta *Ephedra* ähnliche Zweige im Jura von Etrochey.

---

*) Die von mir untersuchten Exemplare, von Kotschy und Hieronymus gesammelt, hatten vollständig reife Samen mit ausgebildetem Embryo und Eiweiss.

Die *Ephedra*-Arten sind Sträucher von mässiger Höhe mit grünen, feingerieften, jüngeren Zweigen, gegenständigen, membranösen, selten grünen, scheidig verwachsenen, kleinen Blättern, axillärer opponirter Verzweigung. Männliche Blüthen an opponirten Zweigen in racemösen Inflorescenzen (Aehren). Die einzelnen Blüthen in den Achseln decussirter Bracteen mit verwachsenem Perigon und einem axilen Staubblatte, Filament das Perigon überragend, 2, 6—8 Antheren. Weibliche Blüthen 1 oder 2, an axillären Zweigen mit oben offenem Fruchtknoten, Samenknospen mit einem einzigen, röhrig verlängerten Integumente. Unterhalb den Samenknospen 2—4 Paare decussirter Deckblätter, welche während der Samenreife fleischig oder trockenhäutig werden (vgl. Fig. 237¹⁻⁶).

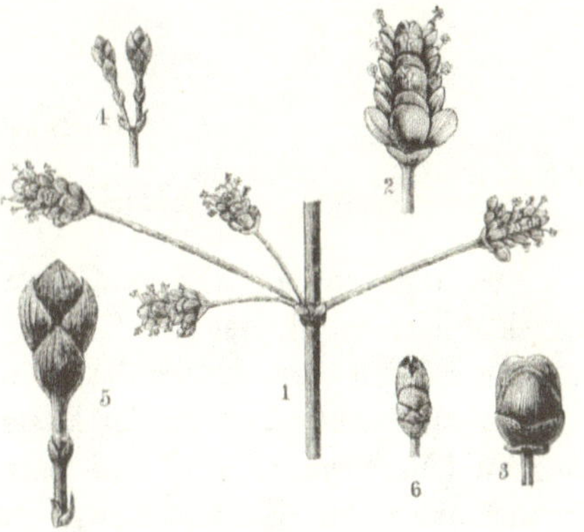

Fig. 237.
Ephedra monostachya L. 1 Zweig mit männlichen Blüthen. 2 männliche Blüthen, vergrössert. 3 Frucht *E. nebrodensis* Guss. 4 Zweig mit weiblichen Blüthen. 5 weibliche Blüthen, vergrössert. 6 *E. americana* Humb. u. Bonpl. Frucht. (Nach der Natur).

Die Vergleichung des *Ephedra Johniana* Göpp. bezeichneten Restes mit nebenstehender Figur zeigt, dass derselbe mit *Ephedra* nichts gemeinsam hat und mit den Gnetaceen überhaupt nicht verwandt ist. Er dürfte eher mit den Loranthaceen zu vereinigen sein.

5. Stamm.

Angiospermae.

Im Gegensatze zu den Gymnospermen sind die Angiospermen charakterisirt durch das nach der Befruchtung im Embryosacke auftretende Eiweiss, an dem Scheitel des Embryosackes (*Macrospore*), das Ei mit zwei Synergiden, an der Basis drei Antipodenzellen. Die Samenknospen (*Macrosporangien*) und Samen gelangen umschlossen von den Fruchtblättern zur Entwickelung, durch den einerseits mit der Fruchtknotenhöhle, andererseits mit der Narbe in Verbindung stehenden Griffelkanal wird durch die Entwickelung des Pollenschlauches der Zutritt des Inhaltes der Pollenzelle (*Microspore*) zum Ei vermittelt.

1. Classe. **Monocotylae.**

Einjährige oder meist durch unterirdische, verzweigte mit Niederblättern bedeckte Axen (*Rhizome*) länger dauernde Pflanzen, die *Rhizome* nicht selten als Zwiebeln und Knollen entwickelt. Selten sind bei den Monocotylen baumartige Formen, ihre Verzweigung sparsam. Hauptwurzeln von kurzer Dauer, später durchgängig Nebenwurzeln, diese verzweigt, nach dem Absterben kreisrunde, später querelliptische Narben mit den Spuren der Fibrovasalstränge hinterlassend. Querschnitt der Axen mit isolirten, durch Parenchym geschiedenen Fibrovasalsträngen; Wachsthum der Fibrovasalstränge begrenzt. Längenwachsthum der Axen allgemein, bei den baumartigen Formen lange dauernd, Dickenwachsthum bedingt durch Zunahme des Durchmessers und Umfangs der auf die Keimaxe folgenden Internodien. Zuweilen (baumartige Liliaceen, Pandaneen) dauerndes Dickenwachsthum, bedingt durch Bildung von Folgemeristemen ausserhalb des äussersten Ringes der früher entstandenen Fibrovasalstränge, dann auch Korkbildung vorhanden. Blätter seltener gestielt, meist sitzend, ganz oder beinahe vollständig stengelumfassend, nach dem Abfallen schmalelliptische Narben mit den punktförmigen Spuren der Blattstränge hinterlassend, bei baumartigen Stämmen nicht selten auch die Spuren der nicht zur Entwickelung gekommenen Knospen. Blattbasen scheidig, die Scheiden länger oder kürzer, Blattflächen in der Regel schmal mit parallelen Rändern, seltener an der Basis breiter, herz-, spiess-, pfeilförmig oder verschmälert, Rand in der Regel ganz, seltener gezähnt oder getheilt, zuweilen (Palmen) durch Zerreissen bestimmter Gewebestreifen des in der Knospe scharf gefalteten Blattes gefiedert oder fächerförmig gespalten. Leitbündel der Blattflächen mit meist parallelem Verlaufe, seltener in der Mittellinie des Blattes ein stärkerer Leitbündel (Mittelnerv), welchen in den beiden Blatthälften häufig unter sich und mit den Mittelnerven parallele Seitenäste begleiten, seltener zweigen aus ihnen opponirte oder alternirende Aeste in verschiedenen Höhen ab. Häufig ein sogenannter Mittelnerv durch die stärkere Entwickelung des Parenchyms in der Mittelregion der Blattfläche bedingt. Die Leitbündel sind in verschiedener Richtung und in verschiedenen Winkeln durch abzweigende Anastomosen verbunden, welche sehr oft einfach bleiben, häufig genug aber auch ein Netz bilden. Unter der Epidermis insbesondere der schmalen Blätter sehr häufig der Länge nach verlaufende Bastbündel, wie die weniger starken Leitbündel als Zwischennerven bezeichnet. Blüthenstände bei einigen Familien von einer mehr oder weniger entwickelten, oft lebhaft gefärbten Scheide umgeben. Blüthen actinomorph oder zygomorph, meist Zwitter, seltener die Geschlechter getrennt, Blüthenblätter in zwei dreizähligen, unter sich alternirenden Kreisen, meist choripetal, seltener sympetal, der äussere bisweilen kelchartig, grün; Staubblätter sechs in zwei alternirenden dreizähligen Kreisen, die ober- oder unterständigen Fruchtknoten dreizählig; Früchte Kapsel-Beeren-Schliessfrüchte, Samen eiweisshaltig, selten das Eiweiss fehlend, mit peripherischem oder centralem, geradem, seltener gekrümmtem Embryo mit einem Keimblatte. Abweichungen vom typischen Bau der Blüthen ergeben sich durch die Reduction ganzer Kreise oder einzelner Glieder eines Kreises oder durch Vermehrung eines Kreises, speziell des Fruchtblattkreises.*)

Wie bei den Coniferen eine nicht geringe Zahl von Resten hinsichtlich ihrer Stellung und ihrer Beziehung zu den Formen der Jetztwelt zweifelhaft ist und nur wenige ein sicheres Urtheil gestatten, so gilt dies in noch höherem Grade bei den Monocotylen. Allerdings sind angeblich zu den Monocotylen gehörige Reste in ziemlicher Anzahl beschrieben, meist nur auf Grund einer mehr oder minder grossen, nicht selten sehr entfernten Aehnlichkeit im Aeusseren mit lebenden Formen, und entweder geradezu mit lebenden Gattungen identificirt oder mit solchen verglichen, ohne dass vielfach mehr vorliegt, als unvollständige, zudem schlecht erhaltene Blattfragmente, da Blüthen oder

*) Eichler, Blüthendiagramme. Leipzig, 1875. — Göbel, Spezielle Morphologie. Leipzig, 1882.

andere Theile, welche die Bestimmung mehr sichern könnten, überhaupt aus dieser Gruppe entweder nicht bekannt oder ebenso fraglich wie die Blattreste sind. Dasselbe gilt für einen grossen Theil der Stammreste, insoferne ihre Struktur nicht erhalten ist oder die Erhaltung der Aussenfläche sicherer über ihre Herkunft urtheilen lässt. Unterzieht man das vorhandene Material einer näheren Prüfung, so gelangt man zunächst zu dem Schlusse, dass alle aus den älteren Bildungen als Monocotylen beschriebenen Reste entweder überhaupt keine solchen sind oder ihre Herkunft aus dieser Gruppe nicht zu beweisen ist, dass erst in der jüngeren Kreide Reste auftreten, welche mit grösserem Rechte dieser Gruppe zugetheilt werden können. Erst in den Tertiärbildungen sind sichere Belege für die Existenz von Monocotylen vorhanden, wenn es auch hier vielfach nicht möglich ist, über die Gattung und demnach auch über die Gruppe mit Sicherheit sich auszusprechen. Von Schimper, Heer und Anderen wird das erste Auftreten der Monocotylen mit *Yuccites*, *Aethophyllum* und *Echinostachys* in den bunten Sandstein verlegt. Mag auch der Habitus dieser Reste den Monocotylen verwandt sein, so fehlt doch jeder weitere Anhalt, dass diese Reste wirklich auch dahin gehören. Noch misslicher verhält es sich mit den von Heer aus der Lettenkohle von Basel und dem Lias der Schweiz als *Bambusium* beschriebenen Resten, welche entweder unbestimmbar oder mit gleichem Rechte den Equiseten und Cycadeen (Blätter) zugezählt werden können. Ebenso zweifelhaft sind die aus dem englischen Lias als *Najadita* Buckm. beschriebenen Reste und Heer's *Zosterites tenuestriatus* von der Schambelen. Ebenso wenig sind die aus dem englischen und sibirischen Oolith als Monocotylen beschriebenen Reste hinsichtlich ihrer Abstammung gesichert, schon ihrer meist sehr ungenügenden Erhaltung halber. Bei der Besprechung der Reste selbst wird auf diese Verhältnisse zurückzukommen sein. Im Grossen und Ganzen wird man für die Blätter den bei den Monocotylen meist, wenn auch nicht überall, parallelen Verlauf der Bast- und Leitbündel zur Entscheidung der Frage, ob ein Rest zu dieser Gruppe gehört, benutzen können, wobei jedoch eine Täuschung nicht ausgeschlossen ist, da auch bei den Blättern der Cordaiteen und Dicotylen, z. B. bei Schling-, Kletterpflanzen, rankenden und einer Anzahl anderer Pflanzen ein solcher Verlauf vorkömmt. Hinsichtlich der Quernerven ist zu bemerken, dass diese nicht immer quer verlaufende Aeste der Leitbündel sind, sondern Diaphragmen von Luftgängen sein können. Die Entscheidung ob das eine oder andere der Fall, ist nur in sehr seltenen Fällen möglich. Auch hinsichtlich der einzelnen Familien wird der Verlauf der Leitbündel des Blattes nicht unbedingt entscheidend sein, da in derselben Familie ein sehr verschiedener Verlauf, in verschiedenen Familien der gleiche Verlauf der Leitbündel vorkömmt. So ist also der Verlauf der Leitbündel kein absolut sicherer Beweis für die Abstammung fossiler Blätter von den Monocotylen. Bei dieser Frage wird man ferner immer auch Falten und Verschiebungen im Auge behalten müssen. Die Stämme werden durch ihre isolirten Leitbündel sich unterscheiden lassen.

Das späte Auftreten der Monocotylen, die geringe Anzahl ihrer Reste gegenüber jenen der Dicotylen scheint mir dadurch erklärt zu werden, dass dieselben eine höhere Stufe als die Dicotylen in der Entwickelung der Pflanzenformen einnehmen. Dafür scheint mir vor allem der Bau ihrer Axen zu sprechen, bei denen die Leitbündel isolirt sind, während die den früheren Bildungsperioden angehörigen Stämme der Gefässcryptogamen (*Lepidodendreen*, *Sigillarieen*) und der Coniferen diesen Bau zum grossen Theile nicht haben, die Durchführung der Isolirung der Gewebe aber einer höheren Entwickelungsstufe mehr entspricht als einer niedrigeren. Ferner lässt sich geltend machen, dass, im Gegensatze zu den Dicotylen, der Bau der Blüthen einfacher und einförmiger ist, was auf eine noch in der Entwickelung begriffene Gruppe deuten kann. Hinsichtlich der geringeren Zahl der Blattreste trage ich der durch die Structurverhältnisse der Blätter, und fügen wir hinzu auch der Stengel und Stämme, bedingten geringeren Widerstandsfähigkeit volle Rechnung, im Grunde liegen aber die Verhältnisse bei den Dicotylen auch nicht viel günstiger.

1. Reihe. **Liliiflorae.**

Die zunächst zu besprechende Reihe der Monocotylen, die *Liliifloren*,*) sind durch actinomorphe, zwitterige oder getrennt geschlechtige Blüthen, sechs in zwei dreizähligen, alternirenden Kreisen stehende, meist lebhaft gefärbte Blüthenblätter, drei bis sechs Staubblätter, einen oberständigen oder unterständigen dreifächerigen Fruchtknoten, Kapsel- oder Beerenfrüchte charakterisirt. Selten einjährig oder baumartig werden die oberirdischen Theile aus den Niederblätter tragenden unterirdischen Rhizomen entwickelt, welche, wenn die Niederblätter nicht allein Schutzorgane, sondern zugleich Reservestoffbehälter sind, als Zwiebeln bezeichnet werden. Die erste Familie dieser Reihe sind die *Liliaceen* (*Lilieen*, *Melanthieen*, *Smilaceen*) mit oberständigem Fruchtknoten und fach- oder wandspaltig aufspringenden Kapsel- oder Beerenfrüchten.**)

---

*) Die Reihenfolge der einzelnen Gruppen gebe ich nach Eichler's Syllabus. Berlin, 1883.

**) Unger, gen. et spec. pl. foss. Wien, 1850. Chloris protogaea. Sylloge plant. foss. I–III. Wien. Iconographia pl. foss. Wien, 1852. Flora von Sotzka. Wien, 1851. Flora von Kumi. Wien, 1867. — Ettingshausen, Fossile Flora von Bilin.

Die zu den *Lilieen* gezogenen Reste, sodann auch jene, die als *Agavites priscus* von Visiani aus dem Tertiär von Vicenza beschrieben wurden, sind beinahe sämmtlich nur auf Grund einer oft entfernten äusseren Aehnlichkeit mit den lebenden Formen mit dieser Gruppe vereinigt worden. So *Gloriosites rostratus* Heer aus dem Tertiär von Oeningen auf Grund der Aehnlichkeit mit den Rhizomen der in engen Töpfen cultivirten *Gloriosa*-Arten, jetzt im tropischen Asien und Afrika, verglichen, wofür an dem Pflanzenreste selbst gar nichts spricht. Er ist den fragwürdigen Resten zu überweisen. Nicht weniger zweifelhaft sind alle als *Yuccites* Schimp. et Moug. bezeichneten Reste, von welchen die Stammfragmente des *Yuccites vogesiacus* Schimp. et Moug. aus dem bunten Sandstein des Elsasses sicher nicht zu den Monocotylen gehören, die als Blätter bezeichneten ebenso fraglich hinsichtlich ihrer Abstammung sind, wie jene aus dem Oolith von Roverè di Velo (*Y. Schimperianus* Zigno), dem Infralias von Hettanges (*Y. hettingensis* Sap.), dem oberen Oolith Frankreich's (*Y. Brongniarti* Sap., *Y. vittatus* Sap.). Bei diesen Resten liegt es viel näher an die Gruppe der Cordaiteen zu denken als an Monocotylen, und die angeblichen Yucciten-Stämme des Elsasses legen diese Vermuthung noch näher. Bei *Y. Cartieri* Heer aus der Molasse von Aarwangen gehört der Stamm einer baumartigen Monocotyle an, ob aber *Yucca* oder einer anderen Gattung, bleibt fraglich, da die Blattnarben zu schlecht erhalten sind. Bei den von Saporta aus dem Eocän von Aix beschriebenen Arten von *Dracaena* L. (*Dracaenites* Sap. olim), *D. Brongniarti* Sap., *D. minor* Sap., der aus dem Oligocän von Armissan stammenden *D. narbonensis* Sap. spricht die Form der Blattfragmente nicht gegen *Dracaena*, jedoch ist darauf hinzuweisen, dass ähnliche Blattformen auch bei *Yucca* vorkommen und die Aussenfläche des Stammes bei beiden Gattungen dieselben punktförmigen Blatt-Gefässbündelspuren der Blattnarben und die in der Regel nicht zur Entwickelung kommenden Axillarknospen zeigt. Die heutige geographische Verbreitung der beiden Gattungen, *Yucca* von Carolina bis Mexico, *Dracaena* von Ostindien bis zur Westküste Afrika's und den Canaren, würde die Ansicht Saporta's, dass die Reste des südfranzösischen Tertiärs zu *Dracaena* gehören,

---

Wien, 1866—69. Foss. Flora von Häring. Wien, 1853. Foss Flora von Sagor. Wien, 1872—77. Eocäne Flora des Monte Promina. Wien, 1854. — Saporta, Études sur la végétation du Sud-Est de la France. Paris, 1862—1873. — Schimper, Traité, t. II. — Heer, Flora foss. arct. I—VII. Beitr. zur Kenntniss der sächs.-thüring. Braunkohlenflora. Halle, 1869. Flora tert. Helvet. I—III. Winterthur, 1855 Fossile Flora der Schweiz. Winterthur, 1877. Miocäne balt. Flora. Königsberg, 1869 — Gaudin et Strozzi, Contribut. a la flor. foss. ital. I—VI. Sismonda, Materiaux. Turin, 1865. — Lesquereux, Tert. Flora of West. Territor. Washington, 1878. Part. IV, 1883. — Saporta, Prodr. d'une flor. foss. des travertins anc. de Sezanne. Paris, 1868. — Saporta et Marion, Essai sur l'état de la végétation a l'époque des marnes heersiennes de Gelinden. Bruxelles, 1873. — Friederich, Beitr. z. Tertiärflora der Prov. Sachsen. Berlin, 1883. Ausserdem noch zahlreiche kleinere Abhandlungen.

insoferne unterstützen, als sich das Vorkommen der letzteren Gattung im Tertiär Südfrankreichs an das heutige anschliessen würde. So dürfte denn auch *Yucca Cartieri* Heer eher eine *Dracaena* sein als eine *Yucca* oder eine Bromeliacee, wie Heer später vermuthete. *Agavites priscus* Vis. aus dem Vicentinischen Tertiär gehört vielleicht auch hierher. Demnach bleiben aus der Gruppe der Liliaceen mit grösserer Sicherheit nachweisbar nur Reste baumartiger Formen übrig, welche durch die parallelen, gleichstarken Nerven ihrer Blätter, durch die Ansatzstellen derselben am Stamme, durch die in der Entwickelung stehenbleibenden Axillarknospen darthun, dass noch im Miocän in Europa mit *Dracaena* habituell verwandte baumartige Formen existirt zu haben scheinen. Für die übrigen Formen, welche zu dieser Gruppe gezogen werden, haben wir gar keine Belege, dass sie in der Tertiärzeit in Europa vorhanden waren.

Die durch rankende Stengel, meist diöcische Blüthen und Beerenfrüchte von den *Lilieen* geschiedene Untergruppe der *Smilaceen* tritt zuerst im Tertiär auf, denn das von Heer aus dem Jura Spitzbergen's beschriebene *Hypoglossidium* ist, wie ich nach einer von Nathorst mir mitgetheilten Skizze eines Coniferenzapfens urtheile, eine Coniferenschuppe, welcher Ansicht auch der Verlauf der Leitbündel nicht widerspricht. Ein gleichfalls zweifelhafter Rest ist das von Schmalhausen aus dem tertiären Sandsteine von Mogilno als *Convallarites Reinekiodes* beschriebene Rhizom, dessen Zugehörigkeit zu den Monocotylen zugegeben werden kann, die Verwandtschaft mit *Convallaria* und *Reinekea* aber fraglich ist. Ebenso fraglich ist die Identität des von Unger mit *Smilacina prisca* bezeichneten Blattrestes von Radoboj mit der lebenden Gattung *Smilacina* Desf. Mit den Blättern von *Smilacina* (incl. *Asteranthemum* Kth.) stimmt das Blattfragment wohl in der Form, keineswegs aber in dem Verlauf der Leitbündel überein, da bei *Smilacina* zu beiden Seiten des Mittelnerves je nach der Breite des Blattes 3—5 stärkere Seitennerven, zwischen diesen etwas feinere, verlaufen, von welchen je zwei 2—3 sehr feine einschliessen. Queranastomosen verbinden die sämmtlichen Nerven. Das von Unger beschriebene Blattfragment, dem oberen Theile des Blattes angehörig, hat weder Quernerven, noch Mittel- und Seitennerven, es wechseln nach der Abbildung stärkere und feinere Nerven. Von einer Identität mit *Smilacina stellata* kann also keine Rede sein. Das Original Unger's lässt deutlich nur die stärkeren Nerven, diese alle gleich stark erkennen. Dem von Unger beschriebenen Blattfragmente reiht sich das von Heer beschriebene *Majanthemophyllum alternans* aus dem Tertiär des Samlandes von Rixhöft an, welches Quernerven besitzt, dennoch aber mit dem Blatte von Radoboj sehr nahe verwandt oder mit ihm identisch sein kann, denn einerseits kann das Fehlen der Quernerven durch den Erhaltungszustand bedingt sein, andererseits fehlt dem Blatte von Rixhöft die Spitze. Aber auch hier entspricht der Verlauf der Leitbündel nicht jenem des Blattes, auf welches O. Weber *Majanthemophyllum* gründete. Ebenso wenig entsprechen die aus den Atane- und Patootschichten Grönlands von Heer als *M. cretaceum* und *lanceolatum* beschriebenen Blätter diesem Begriffe, es kann sich fragen, ob sie zu den Monocotylen gehören. Noch weniger lassen sie sich mit *Convallaria, Polygonatum* etc. vergleichen. *M. boreale* Heer aus dem Tertiär Spitzbergens ist ein ebenfalls unvollständiges Blatt, dessen Abstammung von den Monocotylen überdies fraglich ist. An diese Blattreste reihen sich die zur Gattung *Smilax* gezogenen, in zahlreichen Arten unterschiedenen Blätter, wobei aber von vorneherein bemerkt werden muss, dass einerseits die Form und Grösse des Blattes, wie bei den meisten Kletterpflanzen, je nach dem Alter und nach der Stellung an der Axe, ob höher oder tiefer, wechselt. Ferner treten die Leitbündel auf der Unterseite des Blattes stets stärker hervor, als auf der Oberseite. Es können demnach die nach der Form und Grösse des Blattes unterschiedenen Arten recht wohl Blätter von wenigen Arten und die aus der Stärke des sogenannten Mittelnerven gegenüber den Seitennerven genommenen Charaktere nichts anderes als der Unterschied zwischen Ober- und Unterseite des Blattes sein, ganz abgesehen, dass dicotyle Kletterpflanzen denselben Leitbündelverlauf haben können und sonstige Reste, welche die Existenz von *Smilax* im Tertiär beweisen, fehlen. Die Blattstiele von *Smilax* sind mit zu Ranken oder auch nur als Haken entwickelten Nebenblättern versehen und gliedern sich entweder unmittelbar an der Basis der Blattfläche oder über den Nebenblättern ab, in welchem Falle an dem Blatte ein längerer oder kürzerer Rest des Blattstieles verbleibt. Die Zahl der die Blattfläche durchziehenden Leitbündel hängt zum Theile von der Breite des Blattes ab. Nur drei, ein sogenannter Mittelnerv und zwei Seitennerven, sind bei den Arten mit verschmälerter Blattbasis (Fig. 238c) allgemein, jedoch findet sich diese Zahl auch bei Arten mit abgerundeter Blattbasis, so z. B. *S. glycyphylia* Sm. Ist die Blattbasis breit oder herz- und spiessförmig, so beträgt die Zahl der beiderseits des Mittelnerven verlaufenden Seitennerven 3—5, 7 und 9, von welchen die äusseren je nach der Entwickelung der Blattbasis einen um so ausgeprägteren Bogen bilden, je mehr die Blattbasis in die Breite entwickelt ist (Fig. 238a. b). Die Seitennerven nehmen ihren Ursprung entweder unmittelbar aus dem Blattstiele oder

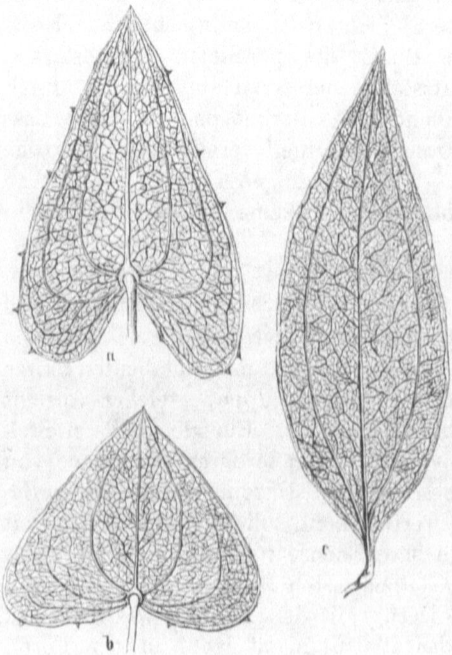

Fig. 238.
a. b Smilax aspera L., *c Smilax spec.* (Nach der Natur.)

etwas höher aus dem Mittelnerven. Die Verbindung zwischen den Mittel- und Seitennerven wird durch Verzweigungen derselben hergestellt, deren Hauptäste schief aufsteigen und durch zahlreiche Anastomosen unter sich zu einem Netze verbunden sind (Fig. 238[a—c]). Ausser den Blättern wird von Heer noch eine von ihm zu *Smilax* oder auch zu *Tamus* (*Dioscoreae*) gezogene Blüthe von Oeningen beschrieben, bei welcher 5 Perigonblätter sichtbar sind, das sechste verdeckt sein kann. Welcher Gattung die Blüthe angehört, ob *Smilax* oder einer anderen, lässt sich nicht sagen; die Möglichkeit, dass die Blüthe von einer *Smilax*-Art stammt, ist nicht zu läugnen, wenn 6 Blüthenblätter vorhanden. Jedenfalls ist sie zu einer genauen Bestimmung nicht verwerthbar. Nach einer brieflichen Mittheilung des Directors des Provinzialmuseums zu Danzig, Dr. Conwentz, hat derselbe im Bernstein eine weibliche Smilaceen-Blüthe, *Smilax baltica* Conw., mit 6 aufrechten, an der Basis verwachsenen, lanzettlichen, gleichlangen Perigonblättern beobachtet. Staubblätter fehlen, dagegen ist ein kurzer Griffel mit 3 breiten zurückgebogenen Narben vorhanden. Blätter oder Blattfragmente, welche zu *Smilax* gezogen werden können, wofür jedoch die Gründe mehr in der heutigen Verbreitung der Gattung, als in den Resten selbst liegen, sind im Tertiär vom Süden Frankreich's bis nach Grönland, von Croatien bis nach dem Westen Nordamerika's verbreitet. Im Eocän von Aix ist ein Fragment eines Blattes (*S. rotundiloba* Sap.) nachgewiesen, die Mehrzahl gehört dem Oligocän und Miocän an, so *S. hastata* Brongn., *S. grandifolia* Unger, *S. Garguieri* Sap., *S. cardiophylla* Heer etc. Aus dem Diluvium von Toscana ist *S. aspera* L., aus den Tuffen von Lipari *S. aspera* L. var. *Mauritanica* Desf. bekannt, die einzige Art, welche heute noch im Süden Europa's vorkömmt und mit ihren Formen von den Canaren bis Ostindien verbreitet ist. Die übrigen lebenden Arten (186) sind zum grösseren Theile (105) Bewohner der westlichen Halbkugel (Nordamerika, welches eine Art [*S. herbacea* Michx.], die aus den östlichen Theilen bis zum Rio Grande sich erstreckt, mit Japan theilt), bis Brasilien, zum kleineren Theile (90) der östlichen Halbkugel, von Westasien bis Neuholland und dem Süden Afrika's. Unter den bisher beschriebenen Smilaceenresten sind es also nur die zu *Smilax* gezogenen Blätter, welche mit einiger Sicherheit die Existenz der Smilaceen in der Tertiärzeit annehmen lassen. Alle übrigen Blattreste entsprechen durch den Verlauf der Leitbündel nicht den noch existirenden Formen dieser Untergruppe.*) Sie können ebenso gut anderen Gruppen der Monocotylen angehören, auch solchen, welche bisher keine fossilen Reste aufzuweisen haben, oder Dicotylen.

Aus der Familie der durch das spelzenartige Perigon charakterisirten *Juncaceae* sind nur wenige Reste bekannt, aus dem Tertiär von Oeningen

*) Hinsichtlich der Gattung *Smilax* vergleiche man: Alph. et Cas. DeCandolle, Monographiae Phanerogam. Bd. I. Paris, 1878. Leider sind die fossilen, zu *Smilax* gezogenen Blattreste nur sehr oberflächlich behandelt, während es gerade mit in der Aufgabe der Monographen läge, auf die fossilen Reste Rücksicht zu nehmen.

Juncus retractus Heer, *J. articularius* Heer, Stengel, Blätter und Fruchtstände, von Monod *J. Scheuchzeri* Heer, Fruchtstände. Anderweitige Fundorte sind nicht bekannt, da das von Ettingshausen zur erstern Art gezogene Fragment unbestimmbar, *J. antiquus* Heer vom Cap Staratschin auf Spitzbergen ebenso wenig sicher bestimmbar ist, wenn es auch ein Rhizom sein kann.

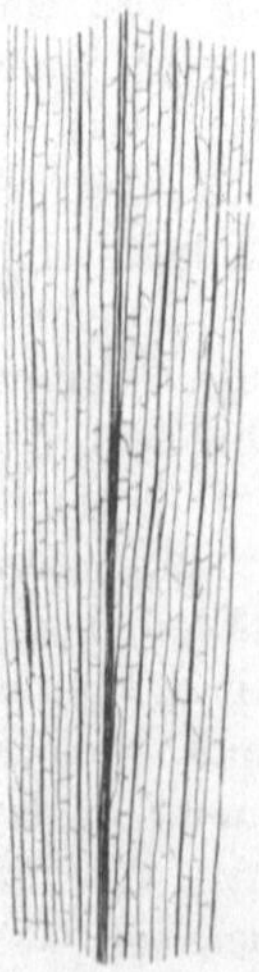

Fig. 239. *Antholyza aethiopica* L. Blattfragment. (Nach der Natur.)

Auch aus der Familie der Iridaceen, welche durch den fehlenden inneren Staubblattkreis, den unterständigen Fruchtknoten, durch häufig zweizeilige und mit senkrecht gestellten Blattflächen versehene Blätter, von den Liliaceen sich unterscheidet, sind Reste aus dem Tertiär beschrieben. Der grösste Theil derselben gehört zu den für eine sichere Bestimmung unbrauchbaren Resten, so die als *Iridium grönlandicum* von Heer beschriebenen Reste aus Grönland, ferner *Iris obsoleta* Heer aus dem Tertiär der Schweiz, *I. prisca* Weber aus dem Tertiär von Bonn, endlich das in Hayden's Tert. and Cret. Flora Taf. VII Fig. 6 abgebildete Blattfragment aus dem Tertiär Nordamerika's, welch' beide letztere allenfalls als *Iris*-Blätter bezeichnet werden können, aber auch von anderen Pflanzen stammen können, unter welchen auch die Cordaiteen zu nennen sind, insbesondere da im Tertiär von Grinnellland Reste vorkommen (*Feildenia* Heer), welche den Cordaiteen anzugehören scheinen (S. 268). So bleibt denn nur *Iris Escheri* Heer von Oeningen übrig, welche durch die Form der Blätter und des Rhizoms einer *Iris* entspricht, während die als *I. latifolia* Heer bezeichneten Reste des Samlandes, Spitzbergens und des Oligocäns von Mittweida hinsichtlich der Blätter unsicher sind, die mit langen Internodien versehenen Rhizome nicht zu *Iris* gehören. Bemerkt sei ferner, dass zwar bei den Iridaceen vielfach ein sogenannter Mittelnerv vorhanden sein kann, dieser aber immer durch Parenchym gebildet ist (Fig. 239) und dass beinahe keine *Iris*-Art einen stärkeren Mittelnerv besitzt (Fig. 240), sondern dass bei allen Arten eine je nach der Breite des Blattes wechselnde Zahl nahezu gleichstarker Leitbündel vorkommt, zwischen welchen je nach den Arten und der Länge des Blattes weniger starke Leitbündel liegen. Arten, welche in wasserreicherem Boden vorkommen, wie *I. Pseudacorus* L., besitzen Luftgänge, deren grösste in der Mittellinie des Blattes liegen und dort die Bildung eines Kieles auf den beiden Blattflächen bedingen. Die Leitbündel sind durch Queranastomosen

Fig. 240. *Iris Güldenstedti* Fisch. Blattspitze.

verbunden. Andere *Iris*-Arten entbehren des Kieles, haben ein sehr grosszelliges Parenchym mit weiten Luftgängen, eine dritte Reihe von Arten ein kleinzelliges, weniger lückiges Parenchym, die gegenüberliegenden Leitbündel der beiden Blattseiten sind durch Zonen eines sehr kleinzelligen, mit engen Intercellulargängen versehenen Parenchyms verbunden.

Den *Dioscoreaceen* und *Bromeliaceen* sind nur wenige Reste zugewiesen. Aus dem Tertiär Südfrankreichs, von St. Zachariae, ist durch Saporta ein Blatt als *Dioscorites resurgens* beschrieben, welches nach den die drei parallel verlaufenden Längsnerven verbindenden, fast horizontalen Anastomosen ein Blatt aus dieser Gruppe sein kann (vergl. Fig. 241[a]–[c]). Auch Weber's *Majanthemophyllum petiolatum* aus dem Tertiär von Bonn kann ein Blatt aus

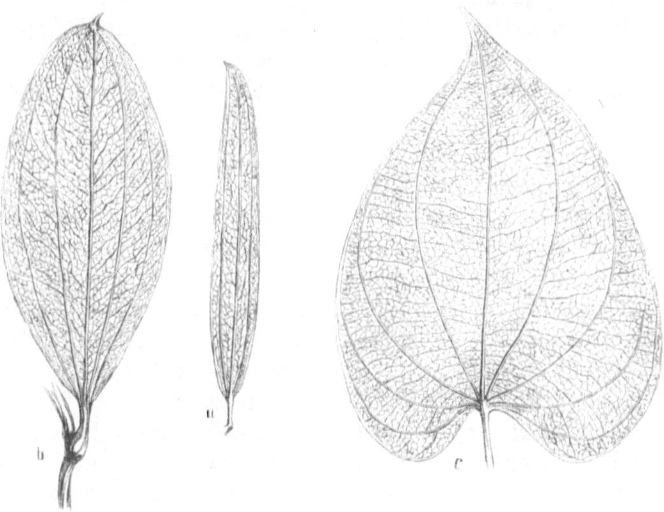

Fig. 241.
a b Rajania angustifolia Sw. *c Dioscorea versicolor* Wall. (Nach der Natur.)

dieser Familie sein. Ob *Dioscorea* (?) *cretacea* Lesq. aus der Kreide von Westkansas ein Dioscoreenblatt ist, ist fraglich, es kann auch das Blatt einer *Pistia* sein. Wie bei den Smilaceen ist auch bei den Dioscoreaceen der Blattstiel gegliedert, jedoch wie es scheint, stets nahe über der Basis desselben, nicht aber an der Basis der Blattfläche. Die lebenden Formen sind windende Pflanzen mit meist getrennt geschlechtigen Blüthen und mit wenigen Ausnahmen Tropenbewohner.

Zu den *Bromeliaceen* kann die von Heer beschriebene *Bromelia Gaudini* aus dem Tertiär von Lausanne gehören, da sie nach Form und Zähnung der Blätter manchen Bromeliaceen ähnlich ist. Von Heer werden die Reste mit *Puya chilensis* R. et Pav. und *P. coarctata* Pourr. verglichen, wozu indess kaum ein Grund vorhanden ist. Windende Stengel kenne ich bei Bromeliaceen übrigens nicht. Das von Heer abgebildete Stengelfragment könnte ein Blüthenstengel sein. *Bromelites Dolinskii* Schmalh. aus dem Spondylusthone von Kiew und der Braunkohle von Jekaterinopolje kann nach der Structur der Stammfragmente nicht wohl eine Bromeliacee sein. Die damit vereinigten Blätter sind nicht mit Sicherheit bestimmbar, mögen aber von Monocotylen stammen. Die Stammstücke gehören unzweifelhaft den Monocotylen an, indess bei allen von mir untersuchten Bromeliaceenstämmen ist der centrale Holzkörper von einem Bastring umschlossen, die Fibrovasalstränge desselben haben im Wesentlichen denselben Bau wie bei anderen Monocotylen. Auch *Bromelia Karatas* verhält sich nicht anders. *Pitcairnia primaeva* Hosius aus der Kreide Westfalens ist ein Coniferenzweig. Die Bromeliaceen, jetzt von den südlichen vereinigten Staaten bis Brasilien und Chile verbreitet, sind vielfach auf älteren Bäumen wachsende Pflanzen mit sehr kurzen oder längeren holzigen Stämmen, in der Regel langen, häufig am Rande dornig gezähnten Blättern, racemösen Blüthenständen, die Hochblätter oft lebhaft gefärbt, Blüthen zwitterig mit 2 dreizähligen Perigonblattkreisen, unterständigem, halbunterständigem oder beinahe oberständigem, dreifächerigem Fruchtknoten und Kapselfrüchten

2. Reihe. **Enantioblastae.**

Von Lesquereux sind rosettenformig gruppirte, linear-lanzettliche Blätter aus dem Tertiär des westlichen Nordamerika's, vom Sand-Creek als *Eriocaulon? porosum* beschrieben, welche mit *Eriocaulon* und *Xyris* verglichen werden. Leitbündelverlauf wie Blattform würden der Herkunft dieser Reste von einem breitblätterigen *Eriocaulon*, dessen Längsnerven sich erhalten haben, nicht unbedingt widersprechen. Der sichere Nachweis eines *Eriocaulon* im Tertiär Nordamerika's würde im Hinblicke auf die heutige Verbreitung der mit wenigen Ausnahmen tropischen und subtropischen Gattung um so wichtiger sein, als noch jetzt 3 Arten im atlantischen Nordamerika vorkommen, von welchen *E. septangulare* With. auch in Europa (Insel Skye, Schottland), eine zweite, *E. sexangulare* L., in Japan sich findet, demnach Formen, von welchen die erstere auf den ehemaligen Zusammenhang Amerika's und Europa's hinweist, deren heutiges Vorkommen auf die Tertiärzeit zurückzuführen ist, die letztere ein Beleg ist für die Beziehungen der ostasiatischen Vegetation und jener Nordamerika's, welche erklärt sein würden, wenn die Existenz der Gattung im Westen Nordamerika's während der Tertiärzeit sicher nachgewiesen wäre. Ueberdies lässt die Vertheilung der Arten den circumpolaren Ursprung der Gattung vermuthen. Ob die mit den Eriocaulaceen verwandte Familie der *Centrolepidaceen*, eine jetzt in Australien und Tasmanien, sodann in Neuseeland und dem antarktischen Amerika verbreitete Gruppe, während der Eocän- und Oligocänzeit auch in Europa vorkam, wie Marion annimmt, ist fraglich. Marion ist der Ansicht, dass *Panicum pedicellatum* Sap. aus dem Tertiär von Manosque nicht zu den Gramineen, sondern zu den Centrolepidaceen gehöre und bezeichnet diese Reste als *Podostachys pedicellata* Mar. Aehnliche Reste aus dem Tertiär von Ronzon werden als *P. ronzonensis*, aus dem Tertiär des Thales von Sault als *P. saultensis* unterschieden. Saporta hat sich in der Folge dieser Ansicht angeschlossen und auch sein *Panicum minutiflorum* zu Podostachys gezogen. Ich glaube nicht, dass, insoferne die Abbildungen es gestatten, sich mehr über diese Reste sagen lässt, dass es zwar Aehrchen tragende Stiele einer mit *Centrolepis* habituell verwandten Pflanze, ebenso gut aber Aestchen einer Gramineenrispe sein können. Von Caspary wird aus dem Bernstein des Samlandes eine als *Comelinacites dichorisandroides* bezeichnete Blüthe beschrieben, welche 3 Kelch-, 3 Kronen- und 6 Staubblätter besitzt und zu den *Comelinaceen* gebracht wird. Bemerkt sei, dass Blätter von Comelinaceen einen Nervenverlauf besitzen, welcher zum Theil an jenen von *Majanthemophyllum alternans* Heer erinnert.

3. Reihe. **Spadiciflorae.**

Während unter den Resten der beiden vorausgehenden Gruppen beinahe sämmtliche Reste keine hinreichenden Anhaltspunkte für die sichere Bestimmung bieten oder unbestimmbar sind, liegen die Umstände bei den Spadicifloren günstiger, da aus der Familie der Palmen*) Stämme und Blätter vorliegen, welche keinen Zweifel über das Vorhandensein dieser Gruppe in der jüngeren Kreide Europa's und den Tertiärbildungen Europa's und Nordamerika's gestatten. Eine sichere Zurückführung auf die Gattung ist jedoch auch in diesem Falle nicht immer möglich, einerseits weil Blüthen mit wenigen Ausnahmen fehlen, andererseits die hierhergezogenen Früchte fast gar nicht zur genaueren Bestimmung zu verwerthen sind und die Form der Blätter allein zu diesem Zwecke nicht immer ausreicht, um so mehr, als sie häufig nicht vollständig erhalten sind. Noch ein anderer Umstand erschwert die sichere Bestimmung der fossilen Palmenblätter. die Fiederung des Blattes tritt erst im Laufe der Entwickelung der Individuen allmählig ein, und zeigen Blätter älterer Individuen stets eine weitergehende Fiederung als die jüngerer, die der jüngsten entbehren sie ganz. Ist nun auch die Fiederung bei Blättern älterer Individuen die Regel, so kommen doch auch Blätter mit zweitheiliger Spitze (*Geonoma*) vor und in diesem Falle kann es sich fragen, ob man es mit einem Entwickelungszustand oder mit einer bestimmten Gattung zu thun hat. Auch die Fiederung, ob fächerförmig oder gefiedert, gibt insoferne, wenn andere Merkmale fehlen, keinen bestimmten Aufschluss, als gefiederte und fächerförmige Blätter bei derselben Gruppe vorkommen können, so bei den Lepidocaryneen und Coryphinen. Ein Irrthum hinsichtlich der Untergruppen ist demnach auch in dieser Richtung möglich.

Die Wurzeln sind mit Ausnahme der Keimungsperiode und der ersten Jahre der Entwickelung ausschliesslich Nebenwurzeln, zuweilen am Stamme verdornend, zuweilen ihn über dem Boden schwebend tragend. Die Stämme der Palmen sind dünn und rohrartig, zuweilen kletternd, oder hoch und

*) Martius, Historia Palmarum Monachii, 1835. vol I II — Drude, Verbreitung der Palmen in Petermann, geogr. Mittheil. 1878. Palmae brasilienses in Martius und Eichler, Flora brasil. vol. III. 2. Lipsiae, 1882. Bot. Zeitg. 1876. 1877. — Linnaea. Bd 39. — H. Wendland, Bot. Zeitg. 1879.

säulenartig oder auch niedrig, mit Ausnahme von *Hyphaene* unverzweigt, selten (*Geonomeae*) Rhizome mit oder ohne Verzweigung (z. B. *Sabal*). Die Stämme zuweilen an den oberen Theilen von den Resten der abgestorbenen Blätter bedeckt. Blätter terminal, unpaarig und einfach-, selten doppelt gefiedert, oder fächerförmig, nach dem Abfallen die Blattspuren zurücklassend. Die Fiedern meist lineal mit einem Mittelnerven, ganzrandig, selten gezähnt oder mit dornigem Rande; zuweilen auf den Nerven unterseits oder den Blattflächen dornig. Seltener sind die Fiedern dreieckig-rhombisch mit strahligen Nerven. Die Fiedern sind bei den gefiederten wie fächerförmigen Blättern entweder mit den Rändern nach aufwärts gerichtet (eingeschlagen), so bei den Borassineen, Caryotineen, Phoeniceen, Sabaleen oder wie bei den Calameen, Raphieen, Mauritieen, Cocoineen, Arecineen, Hyophorbeen, Iriarteen mit den Rändern nach abwärts gerichtet (zurückgeschlagen). Selten sind die Blätter älterer Individuen unregelmässig gefiedert oder an der Spitze zweispaltig, wie denn überhaupt die obigen Angaben nur auf die vollständig ausgebildeten Blätter sich beziehen und schon früher erwähnt ist, dass die Blattformen nur allmählig zur völligen Ausbildung gelangen. Die obersten Fiederblätter der Fiederpalmen sind zuweilen zu hakenförmigen Stacheln (*Calamus*, *Desmoncus*) als Haftorgane umgebildet, oder die obersten Fiederblätter, in der Form etwas abweichend, functioniren als solche (*Chamaedorea desmoncoides*). Auch die unteren Fiederblätter können eine Umwandlung in Stacheln erfahren (z. B. *Phoenix reclinata*, *Ph. spinosa*), die Blattstiele am Rande mit Stacheln besetzt sein. Der Verlauf der Leit- und Bastbündel ist mit Ausnahme des strahligen Verlaufes der Caryota- und Iriartea-Arten ziemlich gleichartig durch den parallelen Verlauf der Bündel,

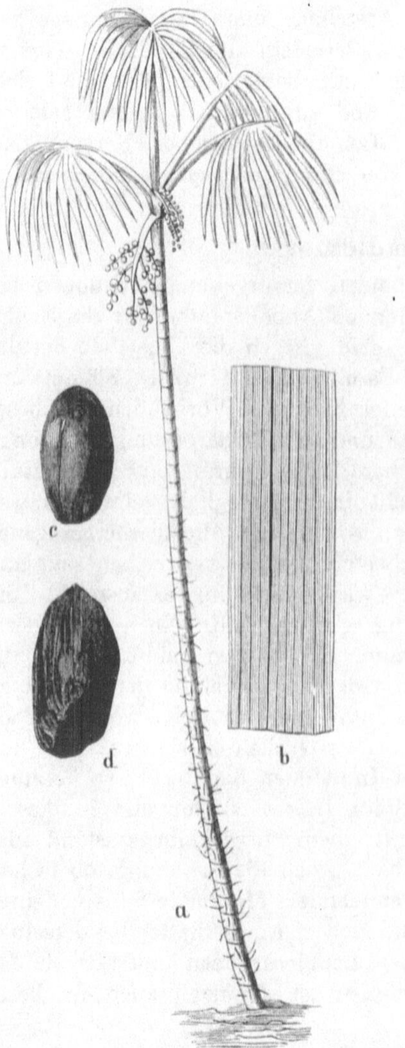

Fig. 242.
Mauritia aculeata H. B. K. (Copie nach Drude.) *b Bactris sp.* *c Livistona chinensis* R. Br. *d Elaeis guineensis* L. (Nach der Natur.)

von welchen meist einer in der Mittellinie der Fiedern stärker hervortritt, die zur Seite liegenden weniger entwickelt sind, zwischen ihnen dann nur

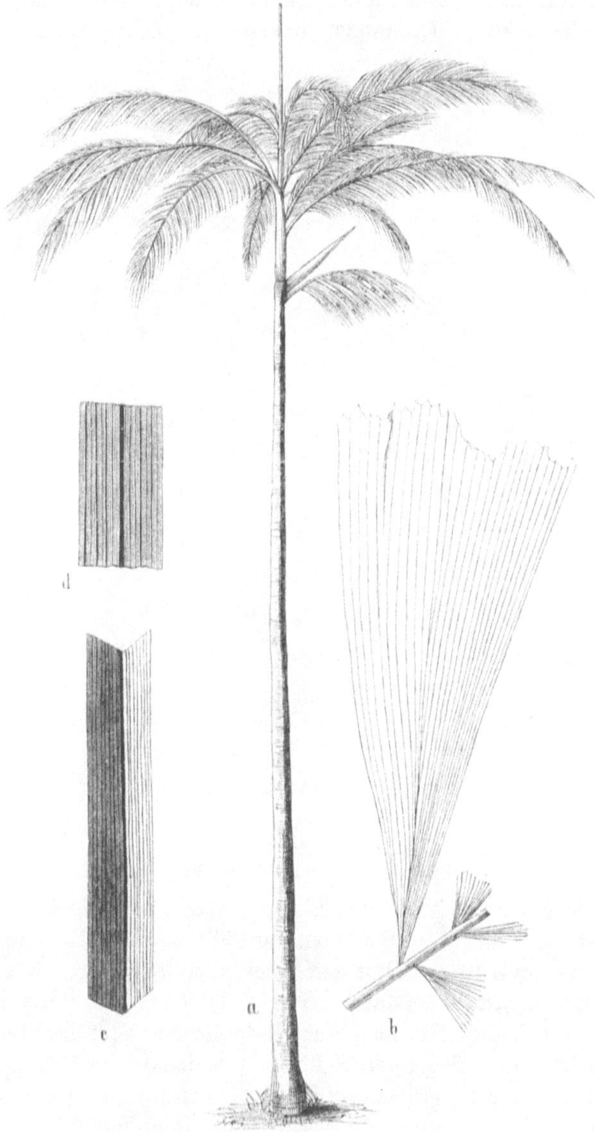

Fig. 243.
a Euterpe oleracea Mart. *b Bactris caryotifolia* Mart. (Copien nach Drude.) *c Phoenix spec. d Sabal umbraculifera.* (Nach der Natur.)

Bastbündel verlaufen. Nicht immer ist das stärkere Hervortreten des Mittelnerven durch den Leitbündel allein bedingt, sondern durch Parenchym mit farblosem Inhalte und verschiedener Wanddicke der Zellen. Bei sehr stark vortretenden Nerven ist stets der Bastbeleg der Leitbündel stark entwickelt. In der Vertheilung der Bast- und Leitbündel herrscht grosse Mannigfaltigkeit, auf welche Verhältnisse jedoch hier nicht weiter eingegangen werden kann. Queranastomosen sind sehr häufig. Die Blüthen-

Fig. 244.
Orbignia Lydiae Drude. (Copie nach Drude.)

stände meist in den Achseln der Blätter, nur bei *Corypha* endständig, sind von längeren oder kürzeren Scheiden umhüllt, ihre Blüthen monöcisch oder diöcisch, zuweilen Zwitter. Blüthenblätter in 2 dreizähligen Kreisen, 6 Staubblätter, Fruchtknoten oberständig mit 3 Fächern. Früchte Beeren, Steinfrüchte, bei den Lepidocaryneen mit rhombischen, spiralig stehenden, dachziegelig übereinander liegenden Schuppen bedeckt.

Hinsichtlich ihrer Verbreitung in der gegenwärtigen Periode sei erwähnt, dass die Mehrzahl der etwas über Tausend zählenden Arten der tropischen und subtropischen Zone angehört. Die Nordgrenze der Palmen wird auf der westlichen und östlichen Halbkugel durch Sabaleen gebildet, im pacifischen Nordamerika bei 34° N. Br., im atlantischen Nordamerika mit *Sabal Palmetto* bei 36° N. Br. *Chamaerops humilis* bildet bei 43° 41′ (Nizza) in Europa die Nordgrenze, in Asien *Ch. Ritchieana* (Afghanistan, 30° N. Br.), *Ch. Martiana*, *Ch. Khasyana* (Himalaya, 36° N. Br.), *Ch. Biroo* mit *Rhapis flabelliformis*

32—34° N. Br. in China und Japan. Im westlichen Südamerika bildet *Ceroxylon australe* auf Juan Fernandez und *Jubaea spectabilis* in Chile bei 34° S. Br., im östlichen Südamerika *Cocos australis* bei 33° S. Br. die Südgrenze, welche in Westafrika kaum 20° S. Br. überschreitet, in Ostafrika mit *Phoenix reclinata* 34° S. Br. erreicht. In Australien sind die Palmen

Fig. 245.
Geonoma Porteana H. Windl. (Copie nach Drude.)

auf die Nord- (22° S. Br.) und Ostküste, 36° S. Br. (*Livistona australis*) beschränkt und erreichen auf der Pittinsel 44° S. Br. mit *Rhopalostylis sapida* ihre äusserste Südgrenze. *Cocoineen, Phoeniceen, Arecineen* und *Sabaleen* sind die Untergruppen, welchen diese Arten angehören.

In den jüngeren Kreidebildungen Südfrankreichs, Oesterreichs und Schlesiens treten zuerst Palmenreste auf, welche als *Flabellaria longirhachis* Ung. und *F. chamaeropifolia* Göpp. beschrieben sind. Dass die Kreidebildungen Nordamerika's Palmenreste enthalten, ist noch zu erweisen, da *Flabellaria minima* Lesq. nicht zu bestimmende Fragmente sind. Im Tertiär reichen die Reste von Palmen bis in das Miocän in grösserer Menge, nehmen dann ab und sind im Süden Europa's noch in den Tuffen von Lipari nachgewiesen. Auch dem Tertiär Nordamerika's fehlen die Palmenreste nicht und sind es hier wie in Europa Reste fächerförmiger und gefiederter Blätter. Unzweifelhaft überschritten sie im Oligocän den 54° N. Br. (*Palmacites Daemonorops* Heer, Bovey Tracy), ob sie bis nach Grönland in der Miocänzeit reichten, ist mir zweifelhaft, da *Flabellaria grönlandica* Heer zu unvollständig ist, um eine nähere Bestimmung zu gestatten, *Fl. Johnstrupi* Heer gar kein Pflanzenrest ist. Er scheint jenen Bildungen anzugehören, welche wie *Guilielmites* Geinitz, *Palmanthium* (*Palmacites* Heer) *Martii* Schimper den Geologen zu überweisen sind. In der Kreidezeit scheinen sie dagegen, wenn man *Fasciculites grönlandicus* Heer als das Fragment eines Palmenstammes gelten lassen will, Grönland erreicht zu haben. Zu den unbestimmbaren Resten gehört Heer's *Amesoneuron plicatum* von Bornstedt, *Flabellaria Zinkeni* Heer und die von Massalongo als *Castellina* aus dem Eocän des Monte Bolca, ferner die als *Sabalites fructifer* und *Palmocarpon* von Lesquereux beschriebenen fruchtähnlichen Reste aus dem Tertiär Nordamerika's, obgleich unter ihnen Palmenfrüchte sein können, wie unter den als *Castellina* von Massalongo beschriebenen Palmenfrüchten. Keine von ihnen eignet sich zu einer näheren Bestimmung. In gleicher Weise ist die aus der Oase Cargeh von Heer beschriebene Palmenfrucht als solche fraglich und sind die von Schimper unter *Palaeospathe* aufgeführten Reste sämmtlich keine Blüthenstände, sondern aus dem Carbon und Perm stammende Cordaiteenreste, so *P. Sternbergi* Schimper, *P. crassinervia* Schimper, *P. aroidea* Schimper oder Cycadeenblätter, wie *Zeugophyllites* Brongn. aus dem Jura Ostindien's und Neuholland's. *Palmacites Daemonorops* Heer (*Palaeospathe* Unger) sind mit Stacheln besetzte Palmenstämme, den Martinezien, Astrocaryen oder Lepidocaryneen etc. in dieser Hinsicht verwandt (Tertiär Sachsen's, Hessen's, Bovey Tracy). Zweifelhaft sind ferner die von Heer aus dem Tertiär der Schweiz als *Geonoma Steigeri* und *Manicaria formosa* beschriebenen Reste, von denen die erstere viel zu unvollständig ist, um sicher bestimmt zu werden, die letztere nach der Abbildung ein noch nicht vollständig entwickeltes Blatt einer Fiederpalme ist, für welches die Auswahl gross ist, der Gedanke an eine *Arecinae* oder eine *Phoenix* aber nahe liegt. Auch die von Lesquereux aus dem Tertiär Nordamerika's beschriebenen *Geonomites*- und *Oreodoxites*-Arten sind meist zu unvollständig, um über ihre Abstammung ein sicheres Urtheil zu gestatten und ob sie unter sich verschieden. Auch das grösste als *Geonomites Schimperi* bezeichnete Fragment kann verschieden gedeutet werden, unter anderem als *Chamaedorea*. *Scitaminophyton* Massal. aus dem Tertiär von Ronca gehört wohl auch zu den Palmen.

Unter jenen Resten, welche besser und vollständiger erhalten, für die Beurtheilung mehr Sicherheit gewähren, erwähne ich eine mit *Sabal* verwandte, pentacyclische Blüthe mit dreizähligen Kreisen: *Bembergia pentatrias* Caspary und nach brieflicher Mittheilung von Dr. Conwentz *Phoenix Eichleri* Conw., beide aus dem Bernstein des Samlandes. Criè erwähnt aus der Kreide der Sarthe eines zu *Sabal* oder *Phoenix* gehörigen Blüthenstandes: *Palaeospathe sarthensis.*

Für die Blätter wende ich die Sonderung in gefiederte und fächerförmige an, welche genügt, um die fossilen Formen zu charakterisiren.

Besser erhaltene gefiederte Blätter sind als *Phoenix-*, *Phoenicites-* und *Calamopsis-*Arten beschrieben. Dass im Tertiär *Phoenix-*Arten oder mit *Phoenix* verwandte Palmen existirt haben, ist nicht unwahrscheinlich, da im Eocän von Puy-en-Velay *Phoenix Aymardi* Sap., im Miocän von Radoboj und Sotzka, im Oligocän der Provinz Sachsen bei Nachterstedt in der Gegend von Aschersleben Blätter gefunden sind, welche mit jenen von *Phoenix* gut übereinstimmen: *Phoenicites spectabilis* Unger, *Ph. borealis* Friederich. Inwieferne die zahlreichen *Phoenicites-* und *Hemiphoenicites-*Arten Visiani's von Salcedo und von den Vegroni bei Verona, dann *Ph. Pallavicinii* Sism. unter sich und von anderen verschieden sind, kann nur die Untersuchung der Originale, nicht aber die rohen Abbildungen lehren. Ohne Zweifel sind der Arten zu viele. Dass die Gattung *Phoenix* in der Tertiärzeit in Europa existirt haben kann, zeigt ihre heutige Verbreitung: die Gruppe der Phoeniceen geht mit den Sabaleen am weitesten nach Norden. Mit den Phoeniceen vereinige ich auch *Calamopsis Bredana* Heer von Oeningen, welche bei besserer Erhaltung die Aehnlichkeit mit den Blättern dieser Gruppe noch mehr hervortreten lassen wird, bei welcher übrigens der Hinweis auf die in Madagascar vorkommende Gattung *Phoenicophorium* überflüssig erscheint, da das besterhaltene Exemplar einem noch nicht entfalteten gefiederten Blatte entspricht. Unter den fächerförmig getheilten Blättern von Palmen müssen die durch Massalongo als *Latanites* beschriebenen Blätter, welche wohl meist bekannten *Sabal-* und *Chamaerops-*Arten angehören, unberücksichtigt bleiben, da erst die Untersuchung der Originale Aufschluss geben kann. Dass Fächerpalmen im Tertiär in Europa und Nordamerika existirt haben können, lässt die heutige Verbreitung der Gruppe der Sabaleen mit noch grösserer Sicherheit als bei *Phoenix* vermuthen, da sie in der östlichen wie westlichen Erdhälfte die Nordgrenze der Palmen bildet und die auf die Tertiärzeit folgenden Aenderungen sowohl das Aussterben wie das Zurückdrängen und die Umgestaltung einzelner Arten bedingen konnten. Welchen Gattungen die fossilen Blätter angehört haben, ob nur zu *Chamaerops* und *Sabal*, dafür haben wir, weil es sich eben nur um Blätter, und in der Regel unvollständig erhaltene, handelt, keinen anderen Anhalt, als die äussere Form derselben. In dieser Hinsicht stimmt aber die ganze Gruppe der Sabaleen mit wenigen Ausnahmen überein, und auch hier wird man Rücksicht zu nehmen haben auf die Thatsache, dass Alterszustände als Arten beschrieben sein können. Auch fehlt es nicht an Arten, welche schon desshalb bedeutungslos sind, dass sie auf unbrauchbare Fragmente gegründet sind, so *Chamaerops Kutschlinica* Ettingsh., *Sabal ucrainica*

Schmalh., *S. Sagoriana* Ettingsh., *S. Ziegleri* Heer etc. Besser erhalten sind *Chamaerops helvetica* Heer, aus dem Tertiär der Schweiz und der Provinz Sachsen, *Ch. humilis* L., aus dem Tuffe von Lipari, *Sabal major* Unger, *S. haeringiana* Unger, beide sehr verbreitet vom Oligocän bis in das Unter- und Obermiocän reichend, *S. Campbelli* Lesq. aus dem Tertiär Nordamerika's. Auch dem Eocän fehlen solche Formen nicht. Andere Blattreste sind als *Flabellaria* beschrieben, unter welcher Bezeichnung indess auch Blattreste beschrieben sind, welche wie *Fl. longirhachis* Unger aus der jüngeren Kreide Niederösterreichs, richtiger mit den Phoeniceen zu vergleichen sind und welche Gattung ebenso viele auf unbrauchbares Material gegründete Arten enthält wie *Sabal*. Die Blätter der Phoeniceen sind bei vollständiger Ausbildung unpaar gefiedert, Fiedern stark eingeschlagen, daher auf der Oberseite rinnig vertieft, Mittelnerv stark, zu beiden Seiten desselben je nach der Breite der Fiedern 4—9 parallele Seitennerven (Leitbündel), stärkere und weniger starke wechselnd, die Bastränge als feine Zwischennerven, Queranastomosen zahlreich. Bei den Sabaleen die Blätter fächerförmig, Fiedern stark eingeschlagen, daher auf der Oberseite rinnig vertieft. Mittelnerv stark, Seitennerven (Leitbündel) 4—10, dazwischen dünnere, die Bastbündel als feine Zwischennerven, Blattstiele mit oder ohne Dornen, die sogenannte Blattrhachis mehr oder weniger in die Blattfläche hineinragend oder auch fehlend, Blattfläche nur an der Spitze oder tiefer oder bis zur Blattrhachis getheilt. Blätter von *Chamaerops* sind immer fächerförmig, die Blattstiele am Rande bedornt, auf der Oberseite convex, die Rhachis fehlend, Ligula zwei- bis dreilappig, Fiedern nicht zur Rhachis reichend, mit oder ohne Mittelnerv. Bei den ebenfalls fächerförmigen Blättern von *Sabal* reichen die Fiedern bis zur Rhachis, die Rhachis reicht mehr oder weniger weit in die Blattfläche, was zum Theil von der Entwickelung des Blattes abhängt, Ligula dreieckig, Blattstielränder ohne Dornen, Oberfläche concav. Bei *Flabellaria* ist die Rhachis stumpf abgerundet oder stumpfeckig.

Unter der Bezeichnung *Nipadites* sind aus der Kreide von Fuveau, dem Eocän von Brüssel, von Paris, von Sheppey und von Kiew meist dreikantige Früchte beschrieben, welche mit jenen von *Nipa*, einer in den Tropen von Ceylon, Ostindien, nach den Philippinen, dem tropischen Australien und Neuguinea verbreiteten, niedrigen, an Uferrändern wachsenden Palme verglichen werden. Eine gewisse Aehnlichkeit mit den Früchten dieser Palme ist nicht zu läugnen, auch nicht, dass sie zu den Palmen gehören können, andererseits ist auch nicht in Abrede zu stellen, dass die Einzelfrüchte der Pandaneen, wenn einem Drucke ausgesetzt, ähnlich aussehen. Aus der Kreide von Fuveau stammt *N. provincialis* Sap., Bowerbank unterschied aus dem Londonthon eine Reihe von Arten, aus dem Eocän von Brüssel Brongniart's *N. Burtini*. Weber's *Burtinia* aus dem Tertiär von Bonn gehört nicht hierher, sondern ist nach der Abbildung das Steingehäuse einer Palme, welche allerdings darauf hindeutet, dass neben den, den Phoeniceen und Sabaleen nahestehenden Formen noch andere

Formen im Tertiär Europa's existirt zu haben scheinen, worauf auch die bereits als *Palmacites Daemonorops* erwähnten Stämme hindeuten.

Zwei Blattfragmente aus dem Eocän von Sezanne werden, von Saporta als *Cyclanthaceen* betrachtet, als *Ludoviopsis geonomaefolia* und *L. discrepta* bezeichnet. Die Fragmente sind zu unvollständig, um ein sicheres Urtheil zu gestatten, ob sie zu dieser Gruppe gehören, um so mehr, als Blattreste dieser Art auch von Palmen herrühren können. Die gegenwärtig existirenden Formen dieser Gruppe gehören dem tropischen Amerika an.

Der mit den Palmen verwandten Gruppe der *Pandanaceae* werden ebenfalls einige Reste zugeschrieben. Zunächst sind es Blattfragmente aus der jüngeren Kreide (Gosauformation) Niederösterreich's, welche von Ettingshausen mit *Pandanus* vereinigt werden. Habituell sind sie allerdings Blättern dieser Gattung ähnlich, jedoch ist der Leitbündelverlauf von jenem der beiden noch existirenden Gattungen dieser Familie durchaus verschieden. Bei *Pandanus* und *Freycinetia* verläuft in der Mittellinie des Blattes ein kaum stärkerer Leitbündel, ihm entspricht auf der Unterseite des Blattes ein Kiel, welcher bei einzelnen Arten noch durch Parenchym und nach aussen verdickte Epidermiszellen verstärkt ist, zu beiden Seiten desselben verlaufen in den beiden Blatthälften weniger starke, durch Quernerven verbundene Leitbündel, deren Zahl nach der Breite des Blattes verschieden ist. Auch im Tertiär von Sotzka und Sagor werden von Ettingshausen Pandanusblätter angegeben (*P. Sotzkianus*, *P. carniolicus*). Die aus der Kreide angeführten Arten sind: *P. austriacus* Ettingsh., *P. pseudoinermis* Ettingsh., *P. trinervis* Ettingsh., welch' letzterer noch mehr hinsichtlich des Bast- und Leitbündelverlaufes von den Blättern lebender Arten abweicht. Die von Ettingshausen gegebene vergrösserte Darstellung des Leitbündelverlaufes von *P. austriacus* entspricht nicht den Originalen; wie bei *P. pseudoinermis* sind alle seitlichen Nerven gleichstark, an dem Originale von *P. trinervis* aber sind die stärkeren Nerven nichts anderes als Gruppen von 4—6 durch geringere Distanzen getrennten Nerven, welche zwischen den übrigen entfernter stehenden verlaufen. Die Queranastomosen fehlen bei allen, dies kann aber durch die Erhaltung bedingt sein. Ist nun schon der fragmentarische Zustand der Blätter nicht geeignet, ein sicheres Urtheil hinsichtlich ihrer Abstammung zugestatten, so legt der Leitbündelverlauf des *P. trinervis* die Vermuthung nahe, ob nicht Blattreste von Cordaiteen vorliegen. Jedenfalls ist das Vorhandensein einer mit den noch existirenden Pandanaceengattungen übereinstimmenden oder verwandten Gattung trotz habitueller Aehnlichkeit nicht gesichert. Neben den Blattresten sind noch andere unter der Bezeichnung *Kaidacarpum* Carruth. als Fruchtstände von Pandanaceen durch Carruthers und Heer, welcher

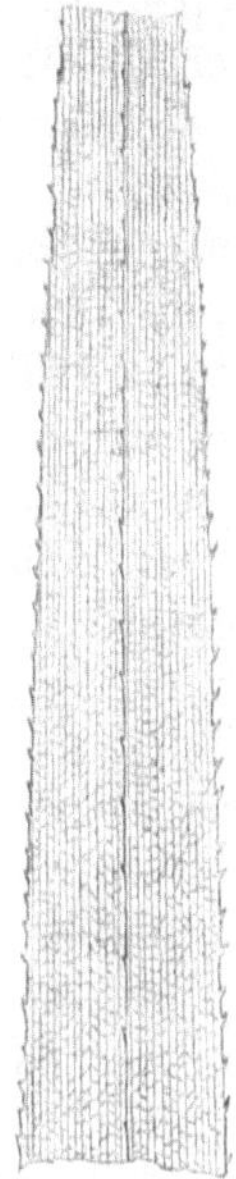

Fig. 246.
Pandanus nitidus hort. Lips. Blattfragment.

darunter auch männliche Blüthenstände begreift, erklärt worden. Sie gehören theils dem Oolith England's (*K. oolithicum* Carruth., *K. minus* Carruth.) und Sibiriens (*K. sibiricum* Heer, *K. parvulum* Heer, *K. stellatum* Heer), theils den Patootschichten Grönland's (*K. cretaceum* Heer) und dem Grünsande Englands an (*K. Bucklandi* Carruth.). Der von Buckland aus dem unteren Oolith von Charmouth als *Podocarya* beschriebene Rest wird von Carruthers beibehalten, von Heer mit *Kaidacarpum* vereinigt. Die Aehnlichkeit mit Pandanaceenfrüchten ist zuzugeben, zugleich aber auch zu bemerken, dass, abgesehen, dass die Erhaltung dieser Reste überhaupt kein sicheres Urtheil über ihren Bau zulässt, auch in anderen Gruppen ähnliche Fruchtstände vorkommen, demnach auch diese Reste keinen sicheren Beleg für das Vorhandensein dieser Gruppe in der Jura- und Kreideperiode liefern. Ferner sei bemerkt, dass *K. stellatum* Heer, wenn zu den Pandanaceen gehörig, weniger eine Frucht, als ein Staubblatt einer mit *Barrotia* Gaudich. verwandten Gattung sein könnte. Die von Visiani aus dem Vicentinischen Tertiär als *Aloites italicus* beschriebenen Blattreste hält Schimper für Blattreste einer Pandanacee, die als *Dracaena Bennstedti* von König beschriebenen Stämme Carruthers für Pandanaceenstämme. Hinsichtlich dieser wie *Aloites* ist auf die Cordaiteen hinzuweisen. *Goniolina* und *Williamsonia* würden nach Saporta's Ansicht ebenfalls als Pandanaceen zu betrachten sein. Die Familie ist in den Tropen von dem indischen Festlande über die Inseln des indischen und stillen Meeres nach Neuseeland, Afrika und den Inseln der Ostküste Südafrika's verbreitet. Durch verzweigte, baumartige Stämme, stengelumfassende, lange, schmale Blätter, in Scheiden gehüllte Blüthenstände mit zweihäusigen Blüthen ohne Blüthenhülle und durch Steinfrüchte charakterisirt.

Die Existenz von Typhaceen während der Tertiärzeit darf mit der Sicherheit, welche mehr oder weniger gut erhaltene Reste von Rhizomen, Stengeln, Blättern und Blüthenständen gewähren, angenommen werden. So die als *Typha latissima* A. Br. bezeichneten Stengel- und Blattreste, bei welchen wie bei den lebenden *Typha*-Arten zwischen den stärkeren Leitbündeln die in der Peripherie des Blattquerschnittes befindlichen Baststränge als feinere Zwischen-Nerven, wenn das Blatt zusammengedrückt ist, auftreten und Queranastomosen der Leitbündel vorhanden sind. Gegen die Spitze des Blattes tritt dieser Gegensatz weniger hervor und der Erhaltungszustand der Reste ist hinsichtlich des Fehlens der feineren Nerven zu berücksichtigen. Mit dieser im Tertiär von Aix bis Siebenbürgen, Croatien und dem Samlande verbreiteten, der *T. latifolia* Linné nahestehenden Art sind identisch die von Unger als *Typhaeoloipum maritimum, Zosterites Kotschyi,* von Ettingshausen als *T. haeringiana* beschriebenen Reste. Eine zweite Art, *T. Ungeri*, aus den von Unger als *Typhaeoloipum lacustre* und *Culmites anomalus* beschriebenen Resten zum Theil bestehend, wird von Stur aus den Süsswasserquarzen Ungarn's beschrieben. Ein Theil der zu *Sparganium* (Fig. 247[b]) gezogenen Reste wird kaum dahin gehören, so das von Heer aus der oberen Kreide, den Ataneschichten, Grönlands beschriebene *S. cretaceum*, welches als Fruchtstand bezeichnet wird, indess wohl ein schlecht erhaltener Coniferenzweig sein wird, ferner die aus dem Miocän des Cap Staratschin auf Spitzbergen als *Sp. crassum* beschriebenen Reste, welche zu unvollständig und zu unzureichend erhalten sind, um mehr als Vermuthungen zu gestatten. Auch die aus dem Tertiär von Bonn als *Sp. latum* von Weber (Blattfragmente), welche Heer für Cyperaceen-Reste erklärte, sind wegen ihrer Unvollständigkeit zweifelhaft, auch desshalb, weil einem Theil dieser Reste ein Mittelnerv, welcher andern Exemplaren fehlen soll, zugeschrieben wird. Von den übrigen beschriebenen Arten sind *Sp. stygium* Heer (*S. acheronticum* Unger) und *Sp. valdense* Heer im Tertiär weiter verbreitet, zu dem letzteren gehört wohl *Sp. Neptuni* Ettingsh. von Bilin, während *Sp. extinctum* Ettingsh. von demselben Fundorte nach den Blättern eine *S. natans* Linné nahe stehende Art zu sein scheint, bei welcher der eiförmige Blüthenstand nur Erhaltungsstand ist. *S. Braunii* Heer von Oeningen ist ein dürftiger Rest eines Blüthenstandes, welcher, unentwickelt, verschiedene Deutung zulässt. Die Arten der Jetztwelt, im wasserreichen Boden vorkommend, sind über einen grossen Theil der gemässigten und kälteren Zone verbreitet, ausser Europa im nördlichen Amerika, im tropischen Asien, Australien und Neuseeland. Aus den Rhizomen von verhältnissmässig kurzer Dauer entwickeln sich die Blätter und blühenden Stengel; die Blüthen entweder in cylindrischen Aehren (*Typha*) oder in kugeligen Köpfchen stehend (*Sparganium*), von Tragblättern gestützt. Von den verwandten Pandanaceen unterscheidet sie der Habitus, die Blüthenhülle, die hängende Samenknospe und die Schliessfrüchte. Bei den von Luftgängen durchzogenen Blättern von *Sparganium* ist die Mittellinie des Blattes auf der Unterseite mit einem Kiel versehen, durch stärkere Parenchymentwickelung veranlasst, die gleichstarken Leitbündel durch Queranastomosen verbunden, zwischen den stärkeren Bündeln weniger starke. *Typha angustifolia* Linné und *Sparganium ramosum* Linné auch in den Tuffen von Montpellier.

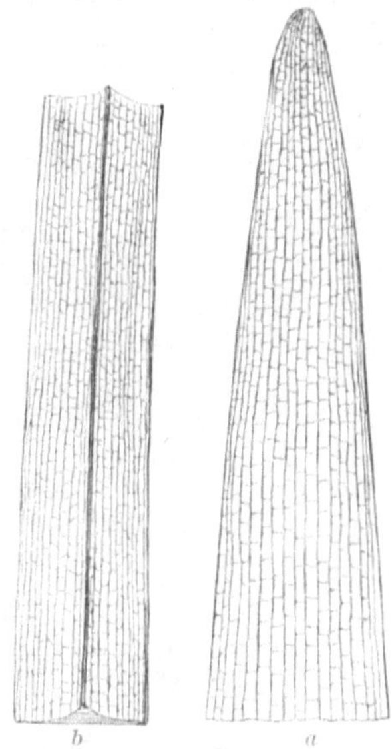

Fig. 247.
a Typha latifolia Linné. *b Sparganium ramosum* Linné.

Im Tertiär vorkommende, den *Araceen**) zugetheilte Reste sind mehrere beschrieben, von welchen indess ein Theil dieser Gruppe entweder nicht angehört, andere in Folge ihrer Unvollständigkeit unbestimmbar sind. Zu den letzteren gehört *Aronites dubius* Heer von Eriz, ein unbedeutendes Blattfragment, sodann *Aroites Tallyanus* Kovats, ein Fragment von Tallya,

*) Engler, Araceae in A. et C. de Candolle, Monogr. Phanerogam. Paris, 1879 Araceae brasiliensis in Martius et Eichler, Flora brasil., vol. III, fig. 2, Lipsiae, 1880.

welches mit einer Conifere sehr viel, mit einer Aracee gar nichts gemein hat, zu den ersteren *Acorus brachystachys* Lesq. (Tert. Flora, S. 105, Tab. XIV Fig. 12—15) aus dem Tertiär Nordamerika's, zum Theil überhaupt nicht sicher zu bestimmen, zum Theil Coniferenzweige mit Kurztrieben, wie die Narben der abgefallenen Blätter und die Stellung der für Blüthenstände erklärten Kurztriebe vermuthen lassen. *Acorus brachystachys* Heer (Fig. 248[a]) vom Cap Staratschin auf Spitzbergen (Fl. foss. arct., Bd. II) könnte wohl zu *Acorus* gehören. Er scheint mit *A. gramineus* aus Japan verwandt zu sein. Nach brieflicher Mittheilung von Conwentz gehört *Carex eximia* Göpp. u. Menge aus dem Bernstein des Samlandes (Monatsber. der Berl. Akad. 1853 S. 11) zu *Acorus*; ein 20^{mm} langer, cylindrischer, mit in Spiralen stehenden, spitz kegelförmigen Früchten besetzter Fruchtstand, welchen Conwentz als *A. minor* bezeichnet. *Pistia corrugata* Lesq. aus dem Tertiär Nordamerika's (Point of Rocks) kann zu dieser Gattung gehören, wozu auch als Blatt einer jungen Pflanze *Lemna Scutata* Daws. von demselben Fundorte zu ziehen ist (Lesq. Tert. Flora, S. 102 und 103, Tab. LXI Fig. 1—10). Der mit dem Rande parallel verlaufende Nerv ist wohl eine Falte, das kreisförmige Blatt (Fig. 2) von oben zusammengedrückt. Auch *Ottelia americana* Lesq. (l. c. Fig. 8) ziehe ich hieher. Eine zweite Art, *P. Mazelii* Sap. et Mar., die älteste bekannte Form dieser Gattung findet sich in der jüngeren Kreide von Fuveau (Bouches de Rhone), beide sind mit der noch weit verbreiteten lebenden *P. Stratiotes* Linné verwandt. *Pistites loriformis* Hos. und v. d. Mark, *Limnophyllum primaevum* und *L. lanceolatum* derselben Autoren aus der Kreide von Senden haben mit *Pistia* nichts gemein, es sind Pflanzenreste, von welchen die einen den Cycadeen, die andern den Dicotylen angehören können. Von den beiden lebenden *Acorus*-Arten hat *A. Calamus* Linné (Fig. 248[b]) auf beiden Blattflächen eine vorspringende, durch stärkere Entwickelung des Parenchyms gebildete Leiste, beiderseits von ihr verlaufen 5—6 stärkere Leitbündel, zwischen je zwei derselben eine Anzahl dünnere, als sogenannte Zwischennerven. Bei *A. gramineus* Ait. (Fig. 248[c]) fehlt die Mittelleiste, dagegen sind die Ränder des Blattes mit Parenchymleisten versehen, die Leitbündel gleich stark, bei beiden Arten Queranastomosen sparsam. Eine *Lemna* wird von Probst aus dem Tertiär Württemberg's erwähnt, Lesquereux beschreibt eine *Lemna penicillata* aus dem Oligocän Nordamerika's. Die aus dem englischen Carbon als Araceenreste beschriebenen und *Pothocites* genannten Reste sind, wie dies von einem einigermassen unterrichteten Botaniker längst erkannt worden wäre, als Sporangienähren einer Calamitee zu betrachten, allerdings von ziemlich schlechter Erhaltung. Pistioideen und

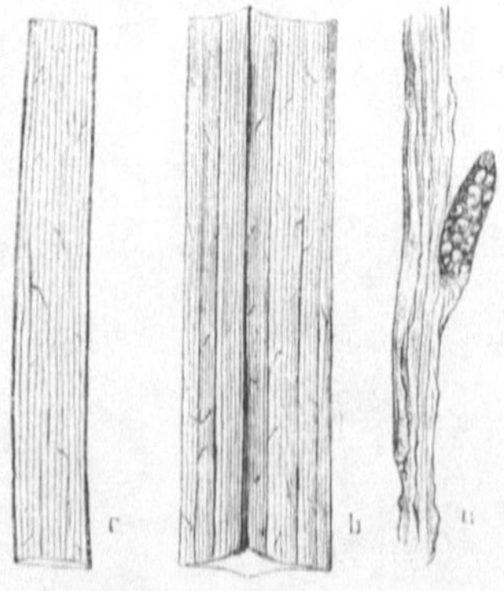

Fig. 248.
a Acorus brachystachys Heer. Spitzbergen. Miocän. *b A. Calamus* Linné. *c A. gramineus* Ait. (Nach der Natur.)

Lemnoideen, durchgängig schwimmende Pflanzen, enthalten unter den Araceen die am weitesten verbreiteten Formen, *Acorus* ist mit zwei Arten in der alten und neuen Welt südlich und nördlich vom Aequator, in der neuen nördlich vom Aequator verbreitet. Diese ausgedehnte Verbreitung der Gattung lässt vermuthen, dass sie im Tertiär vorhanden war und sie dadurch bedingt ist. Die grösste Mehrzahl der Araceen gehört den Tropen an, ein kleiner Bruchtheil (50 von 738 durch Engler beschriebenen Arten) ist extratropisch. Im Uebrigen sei auf die inhaltreichen oben citirten Arbeiten Engler's verwiesen. Die Araceen sind zum Theil mit Rhizomen und Knollen, aus welchen die Stengel und Blätter sich entwickeln, versehene Pflanzen, aber auch strauchartig, zuweilen baumartig, häufig mittelst Nebenwurzeln klimmend. Die Blattformen mannigfaltig, von ungetheilten bis zu tief fiedertheiligen wechselnd. Ebenso mannigfaltig ist der Verlauf der Leitbündel in der Blattfläche. Die Blüthen sind von einer mehr oder weniger entwickelten, oft lebhaft gefärbten Scheide (spatha) umgeben und stehen an einer cylindrischen, zuweilen nach oben keuligen und blüthenlosen Blüthenaxe (spadix). Die Blüthen sind monöcisch, diöcisch, selten Zwitter, Perigon fehlend, wenn vorhanden entweder verwachsen oder die Perigonblätter frei zu 4—9, in 2 oder 3 zwei- bis dreigliedrigen vollständigen oder unvollständigen Kreisen. Zahl der Staubblätter mit jener der Perigonblätter übereinstimmend, frei, zuweilen in der Einzelblüthe unter sich oder die sämmtlichen Staubblätter des männlichen Blüthenstandes verwachsen. Staminodien in verschiedener Weise ausgebildet, den Fruchtknoten umgebend. Fruchtblätter 2—3, selten 1, noch seltener 4—9, einen mit ebenso vielen Fächern versehenen Fruchtknoten bildend; Früchte meist Beeren, selten Kapseln, nicht selten in die Axe eingesenkt, zuweilen unter sich verschmolzen.

Die Gruppe der *Najadaceen*, durchgängig Bewohner des süssen Wassers und der Meere, ist in demselben Verhältniss reich an Arten, als diese fraglich sind, sowohl hinsichtlich ihres Werthes als Arten, wie ihres Werthes als Glieder der Gruppe. Dass es sich um Reste von Monocotylen, zum Theil auch um Reste von Najadaceen handelt, kann zugegeben werden, es handelt sich aber auch vielfach um Reste, bei welchen die Abstammung von Monocotylen sehr fraglich ist, ebenso fraglich, wie die Zurückführung der Reste auf lebende Gattungen, welche schon desshalb unsicher ist, weil die für die generische Bestimmung entscheidenden Theile fehlen, Rhizome und Blätter allein erhalten sind. Nicht überflüssig dürfte es sein zu bemerken, dass die zahlreichen als Kiefernblätter bezeichneten Reste, welche entweder nur als Trümmer oder als einzelne Blätter ohne sonst eine Eigenthümlichkeit zu zeigen, erhalten sind, ebenso den mit sehr schmalen Blättern ausgestatteten Najadaceen angehören können, wie andererseits unter *Poacites* breitere Blattformen dieser Familie verborgen sein können, wie umgekehrt, insbesondere bei unvollständig erhaltener Nervatur. Reste, welche habituell den lebenden Gattungen *Posidonia* König (*Caulinia* DC.) und *Cymodocea* König ähnlich sind, wurden als *Posidonia* König und *Caulinites* Brongn., unter welch' letzterer Bezeichnung indess ganz heterogene Dinge verstanden werden, beschrieben, so aus der Kreide Westfalen's *P. cretacea* Hos. und v. d. Mark, aus dem Eocän von Gelinden *P. perforata* Sap. et Mar., von Kiew *P. Rogowiczii* Schmalh., zahlreiche Arten von Watelet aus dem Grobkalk von Paris, endlich die von Ettingshausen, Unger, Heer, Lesquereux beschriebenen Arten, welche indess ohne Zweifel auch zu *Zostera* gehörige Reste und solche einschliessen, welche überhaupt nicht zu den Monocotylen gehören, sondern Zweige von Coniferen und Dicotylen (*Caulinites borealis* Heer) oder selbst Farne (*C. foecundus* Lesq.) zu sein scheinen. Die unter der Bezeichnung *Thalassocharis* Debey, aus der Kreide Westfalen's, Aachen's und Maestricht's beschriebenen Reste, deren Wurzeln auch als Blätter bezeichnet worden sind, halte ich ebenfalls für hierher gehörige Reste, welche mit *Posidonia* wenigstens vorerst zu vereinigen sind. Die wenigen mit grösserer Sicherheit zu bestimmenden Reste sind genügend, um die Existenz von Najadaceen in der Kreide und im Tertiär, welche den genannten lebenden Gattungen habituell nahe stehen, vermuthen zu lassen, welche wie die lebenden Gattungen heute untermeerische Wiesen an seichten, ruhigen Ufern des Mittelmeeres, des indischen, atlantischen und pacifischen Oceans bilden, solche in jenen Perioden gebildet haben mögen. Nicht unwahrscheinlich ist, dass auch *Zostera* oder eine ihr nahestehende Najadacee in der oberen Kreide und im Tertiär existirte, da den Rhizomen von *Zostera marina* (Fig. 249) ähnliche Reste in diesen Bildungen sich finden, von welchen wohl *Zostera Ungeri* Heer, Unger's *Zosterites marinus* von Radoboj, *Z. Kiewensis* Schmalh., vielleicht besser begründete Arten sind, obwohl man fragen kann, ob nicht eine der *Cymodocea aequorea* König des Mittelmeeres nahestehende Art vorliegt, während die Exemplare aus dem schweizerischen Tertiär und anderer Fundorte unbrauchbar oder zweifelhaft sind. Die Gattung *Posidonia* König ist durch zweizeilige, bandförmige, an der Spitze abgerundete, am Rande gesägte

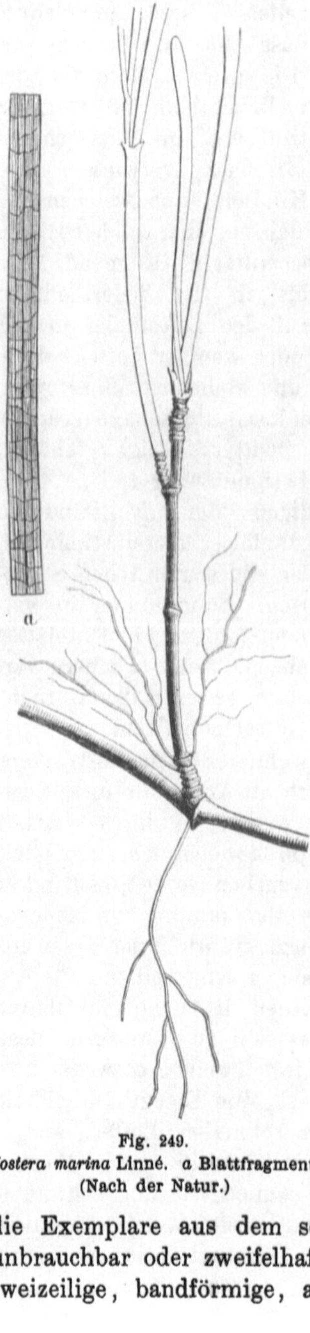

Fig. 249.
Zostera marina Linné. *a* Blattfragment. (Nach der Natur.)

oder ganzrandige, an der Basis scheidige stengelumfassende Blätter, durch ein starkes holziges von den abgestorbenen Blättern bedecktes Rhizom charakterisirt. Nach der vollständigen Zerstörung der Blätter zeigt das Rhizom die etwas schiefstehenden Narben der Blätter mit den Leitbündelspuren, zwischen den Resten der Blätter die Wurzeln, diese nach dem Absterben kreisrunde Narben hinterlassend. Das Blatt ist von 13—15 parallelen Leitbündeln durchzogen, von welchen der in der Mittellinie des Blattes verlaufende nur wenig stärker ist, als die übrigen. Sämmtliche Nerven sind durch Queranastomosen verbunden. Die derbe Beschaffenheit des Scheidentheils des Blattes ist bedingt durch zahlreiche, unter der Epidermis liegende, durch 1 oder höchstens 2 Reihen parenchymatischer Zellen getrennte Gruppen von Bastzellen. Die Rhizome von *Cymodocea* König sind von viel geringerem Durchmesser, ebenfalls mit den Narben der abgestorbenen Blätter, den kreisrunden dicht unter den Blattnarben stehenden Narben der Wurzeln bedeckt, die Blätter schmal linear, breit bandförmig oder cylindrisch, an dem oberen Theil gezähnt, von etwa 20 Leitbündeln (*C. ciliata* Ehrenbg.) durchzogen, deren mittelster wenig stärker als die übrigen ist, alle durch Queranastomosen verbunden. Auch *Zostera* besitzt, wie die beiden vorausgehenden Gattungen ein kriechendes Rhizom, welches ebenfalls beblätterte und blühende Sprosse entwickelt. Blatt- und Wurzelnarben verhalten sich wie bei *Posidonia* und *Cymodocea,* ebenso die Wurzeln, diese jedoch von geringerem Durchmesser, wie dies auch bei *C. aequorea* König der Fall ist, welche überhaupt habituell *Zostera marina* sehr nahe steht. Die Blätter sind linear, die Spitze abgerundet, von 3—7 parallelen durch Queranastomosen verbundenen Leitbündeln durchzogen. Eine weitere Gattung, *Najas,* mag, da Früchte, welche jenen dieser Gattung ähnlich sind, im Tertiär von Oeningen gefunden sind, zur Tertiärzeit existirt haben, nur ist dabei von den Stengel- und Blattresten abzusehen und zugleich zu berücksichtigen, dass die Früchte auch aus anderen Familien stammen können (*N. stylosa* Heer, *N. effugita* Heer). Das Gleiche gilt für Heer's *N. striata* aus Spitzbergen, deren Frucht nur einen Griffel hat, während *Najas* 2—4 besitzt, von *Najas* sich also auch in dieser Hinsicht unterscheidet. Mit *Potamogeton* sind zahlreiche Blätter, aber auch Früchte identificirt worden. Letztere sind zum grössten Theil zweifelhaft, obwohl eine oder die andere Frucht von *Potamogeton* stammen kann. Unter den Blättern ist eine Anzahl wegen Unvollständigkeit unbrauchbar, bei anderen entsteht die Frage, ob nicht Erhaltungszustände als Unterscheidungsmerkmale benutzt sind, so z. B. Fehlen oder Vorhandensein der Quernerven, ferner ob nicht die wechselnde Form der Blätter jener Arten, welche der Gruppe der *Heterophylli* angehören, deren untergetauchte und auf der Oberfläche des Wassers schwimmenden Blätter nach Form und Textur verschieden sind, Veranlassung gegeben hat zur Unterscheidung von Arten, endlich kann die alleinige Erhaltung der stärkeren Nerven und das Fehlen der schwächeren Nerven sehr wohl dazu führen, Blätter anderer Pflanzen für *Potamogeton*-Blätter, umgekehrt *Potamogeton*-Blätter für Blätter anderer Pflanzen zu halten. Der Leitbündelverlauf ist bei *Potamogeton* (Fig. 250) im Allgemeinen übereinstimmend, modificirt durch Form und Grösse des Blattes. Die Mitte des Blattes ist durchzogen von einem beinahe immer etwas stärkeren Leitbündel (Fibrovasalstrang), begleitet entweder von unter sich anastomosirenden Verzweigungen und Luftgängen oder von letzteren allein und immer sind diese hier am meisten ausgebildet; seitlich und parallel begleiten das in der Mittellinie des Blattes verlaufenden Leitbündel je nach der Breite des Blattes bei schmäleren 1—2, bei breiteren 3—5 Leitbündel; bei den letzteren von feineren begleitet, sämmtlich durch Queranastomosen verbunden, welche unter sich zu einem Netze verbunden sein können. Die Austrittsstellen liegen, soweit sie nicht höher abgehen, bei den Blättern mit ausgerandeter Blattbasis dicht über der Eintrittsstelle des Mittelnerven in die Blattfläche, bei verschmälerter Blattbasis in dieser bei in der Regel opponirter Stellung der seitlichen Nerven. Von den beschriebenen Arten werden demnach die meisten insoferne als fraglich bezeichnet werden müssen, als sie unvollständig und die Unterschiede auf die erwähnten Verhältnisse sich beziehen können und nur wenige wie z. B. *P. geniculatus* A. Br. von Oeningen, *P. caespitans* Sap. von Aix können für das Vorhandensein der Gattung im Tertiär sprechen, während bei den als *Potamogeton*-Früchte bezeichneten Arten, wie *P. Eseri* Heer von Kirchberg an der Iller, die Herkunft von *Potamogeton* zwar möglich, aber keineswegs sicher ist. Alle übrigen als Najadaceen beschriebenen Reste betrachte ich als zweifelhaft oder zu jeder näheren Bestimmung unbrauchbar, mögen sie nun lebenden Gattungen angeschlossen, so *Ruppia*, bei welcher nach den Originalen nicht einmal die Familie festzustellen ist, oder als eigene Gattungen bezeichnet worden sein, so *Najadita* Buckm., *Najadopsis* Heer, *Najadonium* Ettingsh., *Sphenophora* Massal., *Marimina* Unger,*) welch' letztere sicher keine Monocotyle

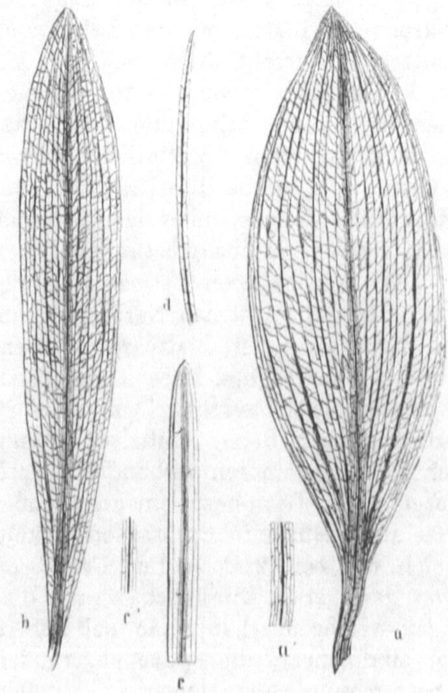

Fig. 250.
Potamogeton rufescens. *a* Schwimmblatt. *a'* Mittelnerv, schwach vergrössert. *b* Wasserblatt. *c P. obtusifolius.* *c'* Mittelnerv, schwach vergrössert. *d P. pectinatus.*

*) *Najadopsis* Heer sind sämmtlich schon ihrer Erhaltung wegen zweifelhafte Reste, deren Stellung gar nicht festzustellen ist, *Najadonium* sind wohl Wurzelreste,

ist, am allerwenigsten mit den Najadaceen etwas zu thun hat. Die Verbreitung der bei den fossilen Resten mit einiger Wahrscheinlichkeit in Frage kommenden lebenden Gattungen erstreckt sich bei *Potamogeton* beinahe über die ganze Erdoberfläche mit der Mehrzahl der Arten der gemässigten Zone angehörend: *Posidonia* ist mit einer Art (*P. oceanica*) im Mittelmeer, im atlantischen Ocean von Gibraltar bis Biarritz verbreitet; die zweite Art (*australis*) an der Küste des südlichen Neuholland und Tasmanien's. *Cymodocea aequorea* ist vom indischen bis in das rothe Meer (bis Suez) vom adriatischen und Mittelmeer bis zu den Canaren, *C. ciliata* vom indischen Ocean bis zur Südküste Neuholland's, der Ostküste Afrika's und im rothen Meere bis Suez, *Zostera* an den Küsten beinahe aller Meere verbreitet. Diese Verbreitung unterstützt die Vermuthung, dass die besser erhaltenen Reste der Najadaceen, insoferne sie nicht *Potamogeton* näher stehen, dem Formenkreis der drei zuletzt genannten Gattungen angehören, welchen als eine vierte noch die habituell *Cymodocea* verwandte, an der Küste Tasmanien's und des südlichen Neuholland's vorkommende *Amphibolis antarctica* Agardh hinzugefügt werden kann.

4. Reihe. **Glumiflorae.**

Aus den beiden Familien der Reihe der *Glumiflorae,* den *Cyperaceen* und *Gramineen* ist eine nicht unbedeutende Zahl von Arten beschrieben, der Mehrzahl nach auf Grund sehr unvollständig erhaltener Reste, bei welchen sich häufig gar nicht entscheiden lässt, ob sie überhaupt dieser Abtheilung der Monocotylen angehören. Es braucht nur an die als *Poacites cocoina* Lindl. und Hutton beschriebenen Fragmente von Cordaitenblättern, an die als *Poacites* beschriebenen Blätter von *Schizolepis,* an die mit einem starken Mittelnerv versehenen als *Carex nursoakensis* Heer aus Spitzbergen beschriebenen Blattfragmente erinnert zu werden, um nachzuweisen, dass unter den Fragmenten, welchen wir unter den als Gramineen und Cyperaceen beschriebenen Resten begegnen, solche sich finden können, welche den Monocotylen fremd sind, den Gymnospermen oder anderen Gruppen angehören. Ist man im Stande, wenn nichts anderes als schmale, verkohlte Blattfragmente vorliegen, zu entscheiden, ob diese Najadaceen, Gramineen, Cyperaceen, Kiefern oder sonst einer Gruppe angehören, welche derartige Blattformen besitzen? Nicht weniger misslich ist die Zurückführung dieser Reste auf lebende Gattungen. Denn einerseits ist die Structur der Blätter der beiden Gruppen, welche, wie ich aus meinen vergleichenden Untersuchungen sehe, Anhaltspunkte für die Unterscheidung der grösseren und kleineren Gruppen geben würde, ebenso unzureichend bekannt, wie die der Blätter im Allgemeinen, andererseits ist der Erhaltungszustand der Reste in der Regel der Art, dass die Structur nicht zu ermitteln ist. Auch der Nervenverlauf ist bis jetzt nur unzureichend dargestellt, wie dies bei der

können aber auch fiedertheilige Wasserblätter irgend einer Wasserpflanze sein, *Marimina* kann vielleicht zu den Casuarinen gehören, *Sphaenophora* ist wie so viele von Massalongo beschriebenen Reste ohne Untersuchung der Originale nicht zu ermitteln.

von Ettingshausen angewendeten Methode kaum anders sein kann und wird er ohnedies nicht immer eine unbedingte Sicherheit geben. Nicht anders verhält es sich mit den auf Blüthen und Früchte gegründeten Gattungen und Arten. Wird schon bei der Untersuchung der Blüthe einer lebenden Gramineo eine genaue Untersuchung nöthig, um die Gattung, unter Umständen die Art festzustellen, welche Genauigkeit lässt sich erwarten bei jenen fossilen Resten, welche man als Aehren und Aehrchen von *Oryza* (*O. exasperata* Heer), als *Panicum* Linné aus dem Tertiär der Schweiz und Südfrankreichs, als *Palaeopyrum* Schmalh. aus dem Eocän von Kiew bezeichnet hat, für deren Deutung als Gramineenblüthen meist nichts weiter geltend gemacht werden kann, als eine gewisse Uebereinstimmung der äusseren Form, welche zuweilen noch durch eine besser erhaltene Verzweigung der Aehren und den gegliederten (*Paniceae*) oder nicht gegliederten Blüthenstiel (*Poaceae*) unterstützt werden mag. Gleich geringen Werth besitzen die auf die Früchte gegründeten Arten, welche lebend und wenn der Erhaltungszustand es gestattete, sich auch bei schwachen Vergrösserungen durch die peripherische (*Gramineen*) oder centrale (*Cyperaceen*) Lage des Embryo unterscheiden, im verkohlten Zustande dagegen kann kaum von einer Art sicher gesagt werden, dass sie der Gattung, welcher sie zugewiesen ist, wirklich angehört. Ebenso unsicher ist die auf das Zusammenvorkommen gegründete Vereinigung von Blättern, Blüthen und Früchten. Sind Ablagerungen, welche Pflanzenreste einschliessen, in der Weise entstanden, wie sie erklärt werden, sind Kohlenbildungen zum grössten Theil aus Torfbildungen hervorgegangen, so ergibt sich von selbst, dass sehr verschiedene Dinge neben- und übereinander liegen können. Im Ganzen haben also diese generischen Bestimmungen keinen grossen Werth, sie beweisen nicht die frühere Existenz von Gruppen und Gattungen, sondern nur jene von Gramineen und Cyperaceen, welche indess aus anderen theoretischen Erwägungen sich ergibt. Unter den Blattresten ist *Bambusa lugdunensis* Sap. aus dem mittleren Pliocän von Meximieux als eine Form zu erwähnen, welche nach den Abblildungen zu urtheilen an die in Ostasien vorkommenden lebenden Formen sich anschliesst, während *Uniola bohemica* Ettingsh., *Panicum miocenicum* Ettingsh., beide von Bilin, in welcher Saporta Bambuseen vermuthet, schon ihrer Unvollständigkeit halber keine sichere Bestimmung zulassen, letztere ebensogut ein Blattfetzen einer Palme sein kann. Früher (S. 358) habe ich bemerkt, dass unter der Bezeichnung *Bambusium* Reste beschrieben sind, welche mit den Gramineen nichts zu thun, sondern schlecht erhaltene Equisetenreste sein können. Aber nicht bloss solche Reste, sondern auch Blattreste, ferner dünnere oder dickere Stengelreste, welche zum Theil zu *Arundo Göpperti* etc. oder anderen Gruppen gehören, sind als *Bambusium* bezeichnet worden. Ein Blattrest dieser Art ist *Bambusium neocomense* Heer aus dem Miocän des Cantons Freiburg, welches Blattfragment, wenn man über Reste dieser Art eine Meinung aussprechen will, eher Fragment eines Cycadeenblattes ist, jedenfalls sich zu einer genaueren Bestimmung nicht eignet. Was sonst von grasähnlichen Blättern nach den individuellen Anschauungen der betreffenden Autoren nicht unterzubringen war, ist als *Poacites* beschrieben, ein Hexentanz der traurigsten Art, grösstentheils aus oft unbedeutenden Blattfragmenten bestehend, jeder wissenschaftlichen Bedeutung bar. Besser begründet sind die als *Arundo Göpperti* Heer beschriebenen Reste, im Tertiär Europa's und Nordamerika's sehr verbreitet, mit dem lebenden *A. Donax* verwandt, deren Rhizome jenen der fossilen Art nahe stehen, die damit vereinigten Stengel- und Blattreste mögen zum Theil dazu gehören, darunter können aber die entsprechenden Theile anderer grösserer Gräser sich finden, wie denn auch Stur einen Theil der in den Süsswasserquarzen Ungarn's vorkommenden Reste als *Phragmites Ungeri* mit *Phragmites* vereinigt. Während die Rhizome von *Arundo Göpperti* sich durch ihren bedeutenden Durchmesser auszeichnen, ist der Durchmesser jener von *Phragmites* geringer und die Narben der stengelumfassenden Niederblätter, wie der Wurzeln durch die Entwickelung der Internodien um so entfernter stehend, je wasserreicher der Standort ist, was indess auch bei *Arundo Donax* unter gleichen Verhältnissen der Fall sein wird. Die verbreitetste Art ist *Ph. oeningensis* Heer in den Tertiärbildungen Europa's, der Polarländer und Nordamerika's, wozu aus den Kreidebildungen Grönland's *Arundo grönlandica* Heer, aus jenen Nordamerika's *Phragmites cretaceus* Lesq. kommen. Als *Arundinites* Sap. sind rohrähnliche Stengel- und Blattfragmente bezeichnet, welche, ihrer geringeren Dimensionen halber von *Arundo* und *Phragmites* getrennt, hinsichtlich ihrer Abstammung fraglich sind. Auch die als *Pseudophragmites provincialis* und *P. arundinaceus* aus dem Tertiär Südfrankreich's beschriebenen Rhizom- und Blattreste, zum Theil *Arundo Donax* ähnlich, bedürfen noch einer grösseren Vollständigkeit um entscheiden zu können, ob sie bekannten Formen sich anschliessen oder von ihnen zu trennen sind. Auch die als Cyperaceen unter der Bezeichnung *Carex*, *Cyperus*, *Cyperites* und *Scirpus* beschriebenen Reste sind beinahe ausnahmslos zweifelhaft. Es sind ohne Zweifel darunter wohl Reste, deren Rhizom mit solchen der Gattung *Cyperus*, wie *C. Braunianus* Heer von Oeningen Aehnlichkeit haben und die noch erhaltenen Stengelreste als zu *Cyperus* gehörig geltend gemacht werden können, doch ist eine andere Deutung nicht ausgeschlossen. Durchaus fraglich sind die aus den mehr oder weniger unvollständigen Blattfragmenten, Blüthen und Früchten, wie aus den angeblichen Blüthenständen gezogenen Schlüsse. Auf den Verlauf der Leit- und Bastbündel der Blätter der Glumaceen kann ich an dieser Stelle nur im Allgemeinen eingehen. Es sei zunächst bemerkt, dass die Oberseite der Grasblätter nicht selten gerippt ist, in den Rippen die Leitbündel auf der Innen- und Aussenseite mit starken Bastrinnen belegt, liegen, während zwischen den Rippen nach der Aussenseite hin kleinere Leitbündel mit schwächeren Bastrinnen vorhanden sind. Ein solcher Bau würde bei guter Erhaltung selbst im verkohlten Zustande des Blattes zu ermitteln sein, bei weniger guter Erhaltung kaum oder gar nicht. Dadurch geht aber für viele Blätter ein charakteristisches Moment verloren. Ein sogenannter

Mittelnerv scheint den Glumaceen ganz zu fehlen; es ist in der Mittellinie des Blattes ein mehr oder weniger vorspringender aus Parenchym gebildeter Kiel vorhanden, welcher peripherische Bastlagen, einen oder mehrere Leitbündel führt, deren Bastrinnen stärker oder schwächer sein können. An der Basis der Blattfläche sind diese Gewebe stets am stärksten, gegen die Spitze weniger entwickelt, dann als gegen die Spitze verschwindender Mittelnerv bezeichnet. Neben dieser Mittellinie verlaufen mit dieser und unter sich parallel die sogenannten Seitennerven mit ihren dünneren Zwischennerven, welche jedoch zuweilen fehlen, in welchem Falle alle Seitennerven gleich stark sind. Es ist die Entwickelung der Bastbelege der Leitbündel, welche diesen Gegensatz hervorruft, zuweilen sind es aber auch Baststränge allein. Queranastomosen, Luftgänge, Luftlücken kommen häufig vor. Ist die Basis der Blattfläche abgerundet, so verlaufen die Seitennerven in dieser Region stets in einem leichten Bogen. Durchgängig ist bei den Blättern der Glumaceen ein den Stengel umfassender, mehr oder weniger entwickelter Scheidentheil vorhanden, dessen Nervatur stets einfacher ist als die der Blattfläche und die bei den rudimentär ausgebildeten Niederblättern im Wesentlichen in derselben Weise auftritt. Bei den Gramineen stehen die Blätter zweizeilig, bei den Cyperaceen dreizeilig, die Blattflächen sind meist bandförmig, es sind aber breite und cylindrische Blattformen nicht selten, sowie solche, deren Flächen gefaltet sind. Auch mag hier daran erinnert sein, dass kleine Bruchstücke solcher Blätter für Coniferenblätter und Blätter anderer Familien gehalten werden können. Die Rhizome verhalten sich sehr mannigfach hinsichtlich ihres Wachsthums, da die Internodien bald verkürzt oder gestreckt, cylindrisch oder durch Entwickelung des Parenchyms knollenähnlich entwickelt sind. An der Aussenfläche zeigen sie die Narben der abgestorbenen Wurzeln und ihre Reste oder diese selbst, ebenso die Narben der Niederblätter, diese selbst oder ihre faserigen Reste, die Stengel sind bei den Cyperaceen knotenlos, vielfach dreikantig, bei den Gramineen hohl, mit Knoten versehen, cylindrisch. Die Blüthenstände sind Aehren oder Rispen, die Blüthen reduzirt, mit membranösen Hochblättern, mit oberständigem Fruchtknoten, einer Samenknospe. Bei den *Cyperaceen* mit Deckblatt, zwitterig, monöcisch oder diöcisch, Perigon fehlend, zuweilen vorhanden und borstenförmig, Staubblätter 2—3, Fruchtknoten bei den Cariceen vom Vorblatt umschlossen, Narben ebenso viele, Samenknospe aufrecht. Bei den *Gramineen* die Blüthe mit Deck- und Vorblatt (Spelzen), Perigon rudimentär (Lodiculae) oder fehlend, Staubblätter 2, 3 bis 6 und mehr, Narben 2, Samenknospe aufsteigend oder hängend, die Früchte Schliessfrüchte.

5. Reihe. **Scitamineae.**

Auch aus der Reihe der *Scitamineen,* welche in den Tropen der alten und neuen Welt verbreitet, beinahe nur Formen mit unterirdischen Rhizomen enthaltend, aus welchen sich die mit Blattscheiden versehenen Blätter entwickeln, welch'erstere durch die ineinander steckenden Scheiden einen Stengel nachahmen. Baumartige Formen sind selten (*Ravenala*), die Stämme mit den stengelumfassenden Narben abgefallener Blätter. Die Blüthen sind zygomorph oder symetrisch, mit dreizähligem Kelch und 3 Kronenblättern, bei den *Musaceen* von den 6 Staubblättern eines steril und petaloid oder fehlend, bei den *Zingiberaceen* 1 Staubblatt vollständig entwickelt, die andern petaloid oder fehlend, bei den *Marantaceen* und *Cannaceen* nur die eine Hälfte des Staubblattes Microsporen (Pollen) bildend, die andere petaloid. Die zu den Musaceen gezogenen Reste sind als *Musaphyllum* Unger und *Musa* Linné beschrieben, von welchen Bezeichnungen die erstere jedenfalls den Vorzug verdient. Die Blattreste, nur solche sind erhalten, haben einen den lebenden Musaceen ähnlichen Leitbündelverlauf, wobei indess nicht zu übersehen ist, dass bei den Aroideen z. B. *Spathiphyllum* ein ähnlicher Verlauf und eine ähnliche Blattform vorkommt. Bei den Musaceen ist die Mitte des Blattes von einem, an der Basis sehr starken, gegen die Mitte schwächern und endlich beinahe verschwindenden Mittelnerven durchzogen, welcher aus Parenchym besteht, in dessen Peripherie nach der Unterseite hin die Leitbündel liegen. Die aus der Mittelregion des Blattes in die beiden Blatthälften unter spitzem Winkel austretenden Seitennerven bilden nach dem Austritte einen Bogen, verlaufen an der Basis des Blattes beinahe horizontal, je näher an der Spitze um so mehr schief aufsteigend gegen den Blattrand. Alle Seitennerven sind Abzweigungen jener Leitbündel, welche in dem Parenchym der Mittellinie des Blattes den beiden Blatthälften zunächst verlaufen. Solche Blattfragmente sind aus dem Eocän von Aix (*M. speciosum* Sap., *M. longaevum* Sap.), Italiens, dem Miocän Böhmens (*M. bilinicum* Schimp.) und dem Tertiär Nordamerika's (*M. complicatum* Lesq.) Nordamerika's bekannt. *Zingiberites dubius* Lesq dürfte wohl auch eher hierher gehören. Die in die beiden Blatthälften eintretenden Leitbündel der Blätter der Zingiberaceen sind wie bei den Musaceen Auszweigungen der in der Mittellinie des Blattes verlaufenden Stränge, sie treten aber unter einem sehr spitzen Winkel aus, verlaufen steil gegen den Rand, sind entweder gleich stark oder es kommen zwischen den stärkeren weniger starke vor. Horizontal oder schief verlaufende Anastomosen sind sehr verbreitet. Unter dem Namen *Zingiberites* Heer sind aus dem Tertiär der Schweiz, des Samlandes und aus der jüngeren Kreide Grönlands (Ataneschichten) unbedeutende Blattfragmente beschrieben worden, welche so wenig das Vorhandensein dieser Familie in den genannten Bildungen beweisen, wie die als *Amomocarpum* Brong. und die *Amomophyllum tenue* Watel. beschriebenen Früchte und Blätter aus dem Eocän von Paris. Als *Cannophyllites Ungeri* werden von Watelet Blätter aus dem Eocän von Vervins bei Paris beschrieben, welche zarte Seitennerven von gleicher Stärke haben sollen, ein Verhalten, welches auf die Blätter der lebenden *Canna*-Arten so wenig passt, wie auf die Blätter der Marantaceen.

6. Reihe. **Gynandrae.**

Die Orchideen haben sich bisher den Nachstellungen der Palaeontologen beinahe gänzlich zu entziehen gewusst, obwohl unter den zu den Monocotylen z. B. Smilaceen, Gramineen gezogenen, fossilen Blättern sich manche befinden, welche bei dem fragmentarischen Erhaltungszustande, in welchem wir sie kennen, mit dem gleichen Rechte dieser Familie zugezählt werden könnten, zumal ihre Existenz im Tertiär kaum mit Grund geläugnet werden kann. Nur Massalongo hat unter der Bezeichnung *Protorchis* und *Palaeoorchis* Pflanzenreste aus dem Eocän des Monte Bolca beschrieben, welche dieser Familie angehören und mit Blättern versehene Knollen sein sollen. Auch bei den Blättern der Orchideen findet sich ein Verlauf der Leitbündel, welcher neben einem Mittelnerven in beiden Blatthälften stärkere Seitennerven, zwischen ihnen zartere Nerven zeigt oder die Blätter von parallelen stärkeren und weniger starken Nerven durchzogen sind.

7. Reihe. **Helobiae.**

Aus der Reihe der *Helobieen,* nur Wasser- und Sumpfpflanzen enthaltend, sind durch Heer und Ettingshausen fossile Reste aus der Kreide und dem Tertiär beschrieben. Solche Reste sind zunächst *Lamprocarpites nitidus* Heer aus den Ataneschichten (jüngere Kreide) Grönland's und *Laharpia umbellata* Heer aus dem Tertiär von Oeningen, Fruchtstände mit den Juncagineen*) vereinigt. Was die erstere Frucht angeht, so sind für sie so verschiedene Deutungen möglich, dass sie für den Nachweis der Juncagineen gar keinen Werth hat, bei der letzteren ist es möglich, dass die Deutung richtig, allein wenn man auch zugibt, dass der Rest einer Monocotyle angehört, so ist doch kein zwingender Grund vorhanden, einen mit *Scheuchzeria* verwandten Rest anzunehmen und ist es vielleicht gerechtfertigt, auf *Butomus* und den als *Juncus articularius* beschriebenen Fruchtstand hinzuweisen. Jedenfalls kann ich denselben nicht als beweisend für die Existenz der Juncagineen ansehen. Die Gattung *Scheuchzeria* ist mit einer Art, *S. palustris* L., in den Torfsümpfen in Europa, Nordamerika und Ostasien als Rest der Glacialzeit verbreitet. Die kleine Gruppe, meist der gemässigten Zone angehörend, ist in der Mehrzahl der Arten durch Zwitterblüthen mit 2 dreizähligen Kron-, Staub- und Fruchtblattkreisen und Kapselfrüchte charakterisirt, die Blätter grasähnlich.

Auch aus der Familie der *Alismaceen* sind Reste und zwar Blatt- und Fruchtreste beschrieben. Eine Art, *Alisma reticulatum* Heer, wird von Heer aus den Ataneschichten (jüngere Kreide) Grönland's angegeben, ein Rest, welcher besser der Vergessenheit anheimgefallen wäre, da er in keiner Weise brauchbar ist. Zwei andere Arten, *A. macrophyllum* Heer, sind aus dem Tertiär von Spitzbergen, *A. paucinervis* Heer aus dem Tertiär von Grönland, *A. lancifolia* Sap. aus dem Eocän von Aix beschrieben, sämmtlich Blattreste. Die ersteren mögen einem *Alisma* angehören, können aber auch

*) Micheli, Alismaceae, Butomaceae, Juncaginaceae in A. et C. De Candolle, Monographiae. Vol. III. Paris, 1881.

von einer *Sagittaria* mit schwimmenden oder eilanzettlichen Blättern abstammen, *A. paucinervis* ist schwerlich, soweit die nur unvollständig erhaltene Nervatur ein Urtheil gestattet, ein Blatt von *Alisma*, sondern ein Dicotylenblatt, *A. lancifolia* Sap. kann auch ein *Potamogeton*-Blatt sein. Aus Alaska sind von Heer Blattreste als *Sagittaria pulchella* beschrieben, welche bei ihrer Unvollständigkeit auch auf andere Gattungen wie *Potamogeton, Alisma* etc. bezogen werden können, ebenso sind die als Früchte von *Sagittaria* beschriebenen Reste, *S. difficilis* Heer und *S. hyperborea* Heer aus dem Tertiär von Spitzbergen, nicht unbedingt als solche anzuerkennen, denn weder ist es ausser Frage, dass es Früchte sind, noch dass sie von einer *Sagittaria* stammen, wenn sie auch solchen ähnlich sind. Mit *Butomus* sind zwei Fruchtreste, *B. acheronticum* Heer von Oeningen, und *B. Heerii* Ettingsh. von Bilin vereinigt werden. Beide können von *Butomus* stammen, aber auch hier ist nicht ausgeschlossen, dass sie von andern Pflanzen herrühren. Im Uebrigen lässt die heutige Verbreitung der Alismaceen, wie die mancher Wasserpflanzen vermuthen, dass das Vorkommen einiger Arten von *Alisma*, wie *A. Plantago* Linné durch ganz Europa und Asien bis nach Nordamerika südwärts bis nach Nordafrika und den Canaren, auf der östlichen Halbkugel bis Ostindien und Südaustralien, die ähnliche Verbreitung des *A. parnassifolium*, der *Sagittaria sagittaefolia* Linné, die grossen Verbreitungsbezirke anderer Alismaceen in der gegenwärtigen Periode bedingt sind zum Theil durch das Vorhandensein von Formen in der Tertiärzeit und gewinnt so die Deutung der Blattreste noch eine bessere Stütze als durch ihre Erhaltung. Auch die Alismaceen sind wasserbewohnende Pflanzen und wie bei andern Wasserpflanzen die Luft- und Schwimmblätter hinsichtlich ihrer Form verschieden sind von den untergetauchten Blättern, so auch bei dieser Familie. Die untergetauchten Blätter sind schmal linear, bandförmig, mit parallel verlaufenden durch Queranastomosen verbundenen Leitbündeln. Unter den zahlreichen bandförmigen Blattfetzen, welche, wenn sie Queranastomosen haben, zu *Typha latissima* A. Br. gezogen werden, können solche Blätter verborgen sein, bei weniger guter Erhaltung können sie aber auch als Gramineen- und Cyperaceenblätter und Blätter anderer Familien, in welchen solche Blattformen vorkommen, bezeichnet sein. Bei den Schwimm- und Luftblättern treten neben den Mittelnerven noch je nach der Breite der Blattfläche je einer bis fünf Seitennerven gleich an der Basis in diese ein, welche bei herz- oder pfeilförmiger Basis Aeste in diese abgeben. Selten treten von den höher liegenden Theilen des Mittelnerven noch Verzweigungen in die Blatthälften. Alle Nerven sind durch netzförmige Anastomosen verbunden. Die Blüthen sind monöcische, diöcische oder Zwitterblüthen, mit 3 Kelch- und Kronenblättern, 6 und mehr Staubblättern, 6 und mehr Fruchtblättern, die Früchte auf der Innenseite aufspringende Kapseln.

Die Verbreitung der lebenden *Hydrocharitaceen*, beinahe sämmtlich unter Wasser getaucht, zum Theile mit Schwimmblättern, zum kleinsten Theile Bewohner der tropischen Meere, sonst des süssen Wassers, fällt in die

Tropen, wenige gehören der gemässigten Zone an, *Vallisneria* ist in beiden Erdhälften weit verbreitet. Die wenigen fossilen Reste dieser Gruppe sind mit den lebenden Gattungen *Stratiotes* Linné, *Hydrocharis* Linné, *Vallisneria* Linné und *Ottelia* Pers. vereinigt. Aus dem sibirischen Jura sind durch Heer kleine Blattfragmente als *Vallisnerites jurassicus* beschrieben, welche weder als Fragmente, noch durch den Bau ihrer Epidermis gewährleisten, dass Blätter einer mit *Vallisneria* verwandten Gattung oder diese selbst vorliegt. Eine derartige Form der Epidermiszellen ist nichts ungewöhnliches. Als *Stratiotites Najadum* Heer ist aus dem Tertiär von Oeningen eine Blüthe bezeichnet, welche, wenn alle Theile zusammengehören und die Blüthe besser erhalten wäre, wohl eine mit *Stratiotes* verwandte oder dieser Gattung angehörige Blüthe sein könnte, bei ihrem Erhaltungszustand ist jedoch beides unsicher. Als *Hydrocharis orbiculata* ist von Heer ein Blatt beschrieben, welches jedenfalls den Blättern der lebenden *H. morsus ranae* Linné sehr nahe steht, Weber erwähnt ein solches als *Hydrocharites obovatus* aus dem Tertiär von Bonn, dessen unvollständig erhaltener Leitbündelverlauf keinen sicheren Aufschluss gewährt, der vorhandene Blattstiel, wie bei dem von Heer (Fl. tert. vol. III., tab. 127, Fig. 31) abgebildeten Blatt wohl auch ein *Smilax*-Blatt vermuthen lassen könnte. Aus dem Eocän von Aix sind Fragmente bandförmiger, an der Spitze abgerundeter, am Rande gezähnter, von 3 Leitbündeln durchzogener Blätter als *Vallisneria bromeliaefolia* durch Saporta beschrieben, welche wohl einer *Vallisneria* angehören und die weite Verbreitung dieser vielgestaltigen Art erklären können. Die Queranastomosen sind wohl Diaphragmen. Saporta verdanken wir auch die Kenntniss von Blattresten aus dem Eocän von Paris, welche schon von Brongniart als *Potamogeton multinervis* bezeichnet worden sind, von Saporta mit *Ottelia* Pers. oder einer dieser verwandten Gattung vereinigt und als *O. parisiensis* bezeichnet werden. Die Blätter sind gestielt, eiförmig länglich, mit zahlreichen, durch Anastomosen verbundenen Längsnerven. Nach Saporta sind die Blätter jenen der *Ottelia ulvaeformis* Pers. aus Madagaskar ähnlich. Der von Heer in der Tertiärflora der Schweiz als *Najas stylosa* beschriebene Blattzweig gehört vielleicht zu *Hydrilla* oder einer dieser Gattung habituell nahestehenden.

Den besprochenen, als Monocotylen betrachteten Resten reihen sich einige an, deren Stellung unter den Monocotylen zum Theil unzweifelhaft, zum Theil aber fraglich ist.

Zuerst seien die von Saporta als *Rhizocaulon* (Fig. 251) beschriebenen Reste erwähnt, deren eine Anzahl Arten aus dem Tertiär Südfrankreich's (Aix, St. Zacharie) beschrieben ist (Annal. des sc. nat. sér. IV. vol. XVII. XIX, sér. V. vol. XVII). Stammstücke, Blattfragmente, Blüthenreste, Wurzeln, jedoch nicht im Zusammenhange, sind beobachtet. Nach den Angaben Saporta's ist der Stamm der *Rhizocaulon*-Arten schief aufsteigend, zahlreiche in das Wasser hinabsteigende Nebenwurzeln werden aus den Internodien entwickelt, die Blätter sind breit, linear, ganzrandig, stengelumfassend, mit zahlreichen dichtstehenden, parallelen, durch Queranastomosen verbundenen Längsnerven, die Blüthen stehen in gestielten, eine Rispe bilden-

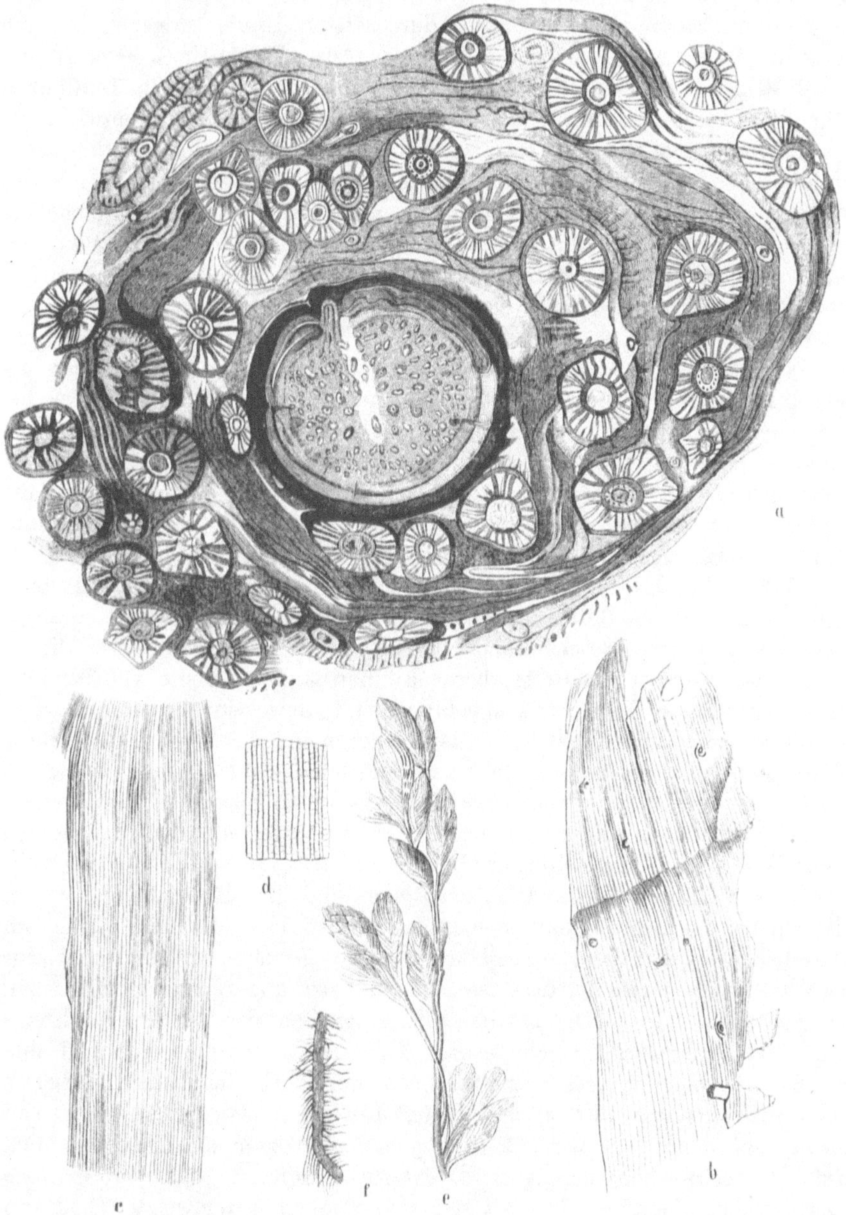

Fig. 251.
a Rhizocaulon Brongniarti Sap. Querschnitt des Stammes, der Blattscheiden und Nebenwurzeln. *b Rhizocaulon polystachyum* Sap. Stammfragment. *c Rhizocaulon gypsorum* Sap. Blattfragment. *d* Eine Stelle vergrössert. *e* Fragment einer Rispe. *f* Fragment einer Wurzel. Tertiär von Aix. (Copie nach Saporta.)

den Aehren, wie es scheint, in den Achseln von Deckblättern. An verkieselten Exemplaren ist die Structur der Stämme und Wurzeln von Saporta untersucht. Die Wurzeln haben einen centralen Holzkörper, welcher von einer mit Luftgängen durchsetzten Rinde umgeben ist, die Epidermis trägt zum Theil noch die Wurzelfasern (Fig. 251[b–f]). Der Stamm enthält zahlreiche isolirte Fibrovasalstränge, umgeben von einem Luftlücken führenden Gewebe; sämmtliche Stränge scheinen von einer stark entwickelten Strangscheide umgeben gewesen zu sein, an welche sich die Rinde anschliesst (Fig. 251[a]). Im Allgemeinen lassen die Angaben Saporta's vermuthen, dass *Rhizocaulon* in wasserreichem Boden vorkam und haben die Blüthenähren eine gewisse Aehnlichkeit mit jenen der *Cyperaceen* (*Gahnia*) und *Restiaceen*, ohne dass aber damit die Frage nach der Stellung der *Rhizocaulon*-Arten hinsichtlich der Familie definitiv entschieden wäre.

Eine zweite Gattung, welche als Monocotyle betrachtet und unter andern den Typhaceen angereiht, von Schimper hinsichtlich ihrer Stellung als zweifelhaft betrachtet wird, ist das im bunten Sandstein des Elsasses bei Sulzbad vorkommende *Aethophyllum**) von welchem 2 Arten: *A. speciosum* Schimper u. Moug. und *A. stipulare* Brongn. unterschieden sind. Was zunächst den Werth dieser Arten angeht, so bin ich der Meinung, dass die Originale nur beweisen, dass *A. stipulare* Brongn. ein weniger gut und weniger vollständig erhaltenes Fragment des *A. speciosum* sei. Dass die als *Aethophyllum* beschriebenen Reste Monocotylen sind, bezweifle ich, denn in den sogenannten Blüthenständen ist das Detail nicht derart erhalten, dass sich über die Beschaffenheit derselben etwas sicheres sagen liesse, sondern die vereinzelten Reste dieser Blüthenstände, welche auf Tafel 22 der Monographie Schimper's abgebildet sind, beweisen eben nur, dass in den Blüthenständen lanzettliche Blätter vorkommen, welche Bedeutung diese Blätter jedoch haben, darüber geben sie keinen Aufschluss, ebenso wenig, ob es Samen sind. Was sonst noch etwa für Monocotylen geltend gemacht werden könnte, der manchen grossen Gräsern ähnliche Habitus des Taf. 19 abgebildeten Exemplares, dann die schmalen linearen Blätter, so sprechen diese nicht unbedingt für Monocotylen. Bei *Aethophyllum* sind die Blätter linear, stumpf, mit feinen Längsnerven, und stehen zu drei in einer Ebene. Ob sie am Stengel herablaufen oder denselben mit einer Scheide umfassen, ist sehr fraglich und ich bezweifle, dass das eine oder das andere an den Originalen sich nachweisen lässt. Unter den Pflanzenformen des bunten Sandsteins ist es aber *Schizoneura*, welche ebenfalls die Blätter zu mehreren und ähnliche lineare Blätter in einer Ebene trägt, und wer die Originale zu Schimper's *Schizoneura parodoxa* auf Taf. 26 mit *Aethophyllum speciosum* der Taf. 20 vergleicht und dabei die auf Taf. 19 abgebildeten Exemplare berücksichtigt, wird sich schwerlich der Ansicht entziehen können, dass *Aethophyllum speciosum* nichts anderes ist, als der obere racemös verzweigte Theil von *Schizoneura parodoxa* mit den Sporangienähren, eine Ansicht, welche bereits

*) Schimper et Mougeot, Monographie des plant. foss. du grès bigarré. Leipzig, 1844. Traité, t. II.

Brongniart, dessen feiner Takt jenen seiner Nachfolger weit überragt, aussprach. In dieser Ansicht bestärken mich die zum Theil sehr wohl erhaltenen von Schönlein gesammelten Exemplare jüngerer Zweige der *Schizoneura Meriani* Schimper aus der Lettenkohle Frankens und die ebenfalls racemös verzweigten Sporangienstände aus der Umgegend Würzburg's, deren Erhaltung leider nicht gestattet, zu entscheiden, wie die Sporangialblätter gebaut, so wenig wie dies bei den Exemplaren aus dem Elsass möglich ist. *Aethophyllum* wird daher zu streichen und mit *Schizoneura* zu vereinigen sein. Gleichfalls aus dem bunten Sandstein des Elsasses stammt *Echinostachys*, von welcher 2 Arten unterschieden werden: *E. oblonga* Brongn. und *E. cylindrica* Schimper (Taf. 23 Fig. 1. 2). Auch sie haben seiner Zeit ihren Platz unter den Monocotylen gefunden, ohne dass die Originale ein sicheres Urtheil gestatten, ob eiförmige oder cylindrische Sporangienähren oder männliche Blüthen von Coniferen vorliegen. Das letztere ist vielleicht die richtige Deutung dieser Reste, namentlich wenn man die Reste von Coniferen aus anderen Formationen zur Vergleichung heranzieht, ein sicherer Nachweis ist aber auch bei diesen Resten ohne besser erhaltene Funde nicht möglich. Was sonst noch aus der Trias oder anderen Formationen unter der Bezeichnung *Aethophyllum* und *Echinostachys* erwähnt ist, verlohnt sich nicht der Mühe der Besprechung.

Fig. 252. *Spirangium Münsteri* Schimp. Rhät von Bamberg. (Nach der Natur.)

Fraglich sind hinsichtlich ihrer Stellung die von Schimper (Traité, t. II p. 514) als *Spirangium* bezeichneten Reste, welche von ihm am Schlusse der Monocotylen als zweifelhafte Formen eingereiht werden, nachdem sie von Brongniart zuerst als *Palaeoxyris* mit den Xyrideen, später von Ettingshausen neben *Palaeoxyris* zum Theile als *Palaeobromelia* (*Sporlederia* Stiehl.) mit den Bromeliaceen verglichen wurden. Zu einer ganz anderen Anschauung ist Nathorst (om Spirangium etc. in Oefversigt of Kongl. Vetenskaps Academ. Handlingar 1879) gelangt: er erklärt *Spirangium* für eine den Characeen verwandte Form, welche sich zur Gattung *Chara* verhält wie *Calamites* zu *Equisetum*, *Lepidodendron* zu *Selaginella*. Je nach dieser verschiedenen Auffassung ist die Deutung der Einzelheiten verschieden. Nathorst erklärt die sechs bis sieben Windungen, welche an dem elliptischen oder spindelförmigen Theile der Reste sichtbar sind, für das Ei umgebende Schläuche, während sie von Anderen für die spiralig gewundenen Klappen einer Frucht gehalten werden, ähnlich jenen, welche z. B. von *Ixora*, *Cajophora* etc. bekannt sind. Vollständiger erhalten sind die Reste kurz gestielt auf gemeinsamem gefurchten Stiele zu einer Dolde vereinigt. Nathorst's

Anschauung mag eine gewisse Berechtigung haben, Beweise aber, dass eine den Characeen verwandte, untergegangene Form vorliegt, sind nicht zu führen, so wenig wie für die Stellung in einer anderen Gruppe. Zu den Phanerogamen sie zu zählen, ist kein Grund gegeben, da selbst im Wealden kein Nachweis für das Vorhandensein derselben vorliegt. *Spirangium* tritt zuerst im bunten Sandstein mit *Spirangium regulare* Schimp. auf, im Keuper von Württemberg und Franken kommt *Sp. Quenstedti* Schimp., *Sp. Münsteri* Schimp. (Fig. 252) gehört dem Rhät (Franken), *Sp. Jugleri* Schimp. dem Wealden (Nordwestdeutschland) an. Auch im Rhät von Schonen fehlen diese Reste nicht. Die aus dem Carbon von Wettin und aus dem Perm von Mazon Creek als *Spirangium* angeführten Reste gehören zu Lepidodendron

Die von Bowerbank (Hist. of foss. Fruits and Seeds) aus dem Londonthon als *Wetherellia* und *Tricarpellites* beschriebenen Früchte werden von Schimper (Traité, t. II p. 522) für Früchte von Monocotylen gehalten. Beschreibung wie Abbildungen scheinen mir diese Ansicht nicht zu unterstützen, sie gehören wohl zu den Dicotylen.

Ziehen wir das Resultat aus den vorangehenden Untersuchungen, lassen wir dabei *Spirangium*, *Aethophyllum* und *Echinostachys* bei Seite, so ist die Anzahl der Reste, welche mit einiger Sicherheit zu den Monocotylen gestellt werden können, eine sehr geringe und selbst auch von diesen muss gesagt werden, dass ein bedeutender Theil weder eine zweifellose Bestimmung der Familie noch der Gattung erlaubt, so insbesondere die als Reste der Gramineen und Cyperaceen bezeichneten Fragmente, wobei die Unterscheidung in Arten als eine Spielerei erscheint. Andere Gründe, die reich entwickelte Thierwelt, sind es, welche die Existenz dieser beiden Familien in der Tertiärzeit sichern, nicht die bis jetzt bekannten Reste, welche nur einen ungenügenden Aufschluss über die historische Entwickelung dieser beiden Familien geben. Nicht günstiger liegt das Sachverhältniss für die anderen Gruppen; wahrscheinlich lässt sich machen, dass *Smilaceen, Irideen, Juncaceen, Bromeliaceen, Araceen, Typhaceen, Najadaceen, Palmen* und *Helobien* Spuren ihrer Existenz zurückgelassen haben, aber auch bei diesen sind es die aus der heutigen Verbreitung der zu diesen Familien gehörenden Formen gezogenen Schlüsse, welche eine grössere Sicherheit der Bestimmung der erhaltenen Reste begründen, als die Reste selbst. Diesen Maassstab der Beurtheilung muss man an jene Darstellungen und Schilderungen legen, welche kritiklose Autoren einem ebenso kritiklosen Publikum bieten, deren Gefahr darin liegt, dass Phantasieen irgend eines Autors als ächte Münzen in Kurs gesetzt werden.

2. Classe. **Dicotylae.**

Einjährige oder durch Rhizome länger dauernde Pflanzen mit nur eine Vegetationsperiode dauernden oberirdischen Axen; Sträucher oder Bäume. Wurzeln meist ächte Wurzeln oder Nebenwurzeln; diese an Rhizomen und bei einem Theile der kletternden Pflanzen. Holzkörper der länger dauernden Stämme durch Umbildung des zwischen Xylem und Phloëm vorhandenen Bildungsgewebes (Cambium) während der ganzen Lebensdauer in die Dicke wachsend, einjährige oberirdische Axen häufig mit isolirten Leitbündeln. Blätter opponirt oder alternirend, ihre Formen mannigfaltig, ganzrandig bis vielfach gefiedert, gestielt oder ungestielt, mit fiederigem oder fingerförmigen Leitbündelverlauf. Blüthen actinomorph oder zygomorph, zwei- bis vielzählig. Früchte: Beeren, Kapseln, Steinfrüchte, Schliessfrüchte, Spaltfrüchte. Samen eiweisslos oder mit Eiweiss. Embryonen mit zwei Keimblättern.

Die ersten Reste der Dicotylen finden sich, ungeachtet entgegenstehender Behauptungen, nicht früher als in den jüngeren Kreidebildungen, dem Cenoman, und erfahren sie von dieser Periode an eine immer weiter gehende Entwickelung hinsichtlich der Zahl und Weiterbildung ihrer Formen. Dabei ist nicht ausgeschlossen, dass Formen in der Kreideperiode oder in den auf die Kreidebildungen folgenden Epochen der Tertiärzeit wieder ausgestorben sind, sei es, dass dies nur local oder allgemein geschah und diese Formen überhaupt nicht mehr oder nicht am Orte ihres früheren Vorkommens nachgewiesen werden können, oder aber die gegenwärtige Periode erreicht haben. Die ziemlich genau bekannten Floren der Kreidebildungen Nordamerika's, Grönland's und Europa's liefern, verglichen mit den entsprechenden Tertiärfloren und der heutigen Vegetationsdecke, dafür Belege, auch wenn man den Bestimmungen der dicotylen Reste alle jene Bedenken entgegenstellt, zu welchen ihre Erhaltung berechtigt.

Und Bedenken darf man den üblichen Bestimmungen dicotyler Reste entgegenbringen, wenn es sich um mehr handelt, als um eine Bezeichnung irgend eines Objectes, wenn die Fortdauer einer Form während einer längeren oder kürzeren Periode, ihre Entwickelung, ihre Verwandtschaft oder Identität mit untergegangenen oder noch lebenden Formen nachgewiesen werden soll. Liegen die Verhältnisse bei den Dicotylen hinsichtlich der Sicherheit der Bestimmungen vielleicht etwas günstiger als bei den Monocotylen, so findet sich doch auch bei den Resten dieser Gruppe genug des Zweifelhaften und verdienen daher Untersuchungen, wie sie von Bentham, Engler und Pax angestellt worden sind, um so mehr Anerkennung, als sie eine bei Weitem sicherere Basis gewähren, als die meisten Kreide- und Tertiärfloren. Denn zunächst ist, wie bei den Monocotylen, die Unsicherheit der Bestimmung dicotyler Reste hervorgerufen durch das unvollständige Material und den meist fehlenden Zusammenhang jener Theile, welche den Bestimmungen grössere Sicherheit verleihen. Die Unterscheidung lebender Pflanzen in grössere oder kleinere Gruppen, in Gattungen und zum Theile auch bei den Arten, gründet sich wesentlich auf die den Blüthen, Früchten, zum Theile auch den Samen entnommenen Charaktere. Andere den Blättern oder Axen, insbesondere den ersteren entnommene Merkmale, sind wohl bei der Unterscheidung der Arten benutzt, indess ist durch das zur Disposition stehende Material vielfach in dieser Richtung eine Grenze gezogen. So wenig bei den Monocotylen die Zahl und Erhaltung der Blüthen und Fruchtreste ausreichend genannt werden kann, in um so höherem Grade noch ist dies gegenüber den zahlreicheren Resten der Dicotylen der Fall, deren Blätter zwar häufig vorkommen, Blüthen jedoch selten sind und nur unter besonders günstigen Verhältnissen sich erhalten konnten. Früchte und Samen sind zwar häufiger, besitzen indess vielfach einen Erhaltungszustand, welcher eine sichere Bestimmung erschwert oder unmöglich macht. Es sind demnach hauptsächlich Blätter, und zwar meist nicht mehr im Zusammenhang mit den Axen, welche allein verwendet werden können, wobei dann etwa mit ihnen gesellschaftlich vorkommende Reste von Blüthen und Früchten benutzt werden, um der Bezeichnung der Blätter, oder wohl auch umgekehrt, eine grössere Wahrscheinlichkeit zu verleihen. Zwei Merkmale sind es hauptsächlich, welche für die Bestimmung der Blätter entscheidend sind: ihre Form einschliesslich der Beschaffenheit des Randes und der Verlauf der Leitbündel, ausserdem kommen das Vorhandensein oder Fehlen des Blattstieles, ferner die Textur und die etwa erhaltenen epidermidalen Gebilde in Betracht. Der Bau der Epidermis, oder vielmehr die Cuticula fossiler Blätter ist im Ganzen wenig berücksichtigt worden, obwohl sie unter Umständen bei der Bestimmung verwerthet werden kann. Dabei können auch Epidermisbildungen erkannt werden, welche nicht vollständig erhalten oder bei schwächerer Vergrösserung nicht wahrzunehmen sind. Die Textur des Blattes, ob dasselbe lederartig oder nicht, wird unter Umständen verwerthet werden zur Bestimmung, man wird jedoch mit der Erhaltung zu rechnen haben, ebenso wie bei den Blattstielen, so wesentlich dieses Merkmal sonst sein mag. Was nun die Form des Blattes angeht, so ist vielfach von den Palaeontologen der Weg eingeschlagen worden, unvollständig erhaltene Blätter mit Bestimmungen zu versehen, ohne dass in dem ganz unvollständig erhaltenen Blatte ein Anhaltspunkt für eine sichere Bestimmung läge; nicht weniger häufig ist das Verfahren, die dergleichen Fragmenten gegebenen Namen auf ähnliche zu übertragen. Unter allen Umständen sind solche dürftige Fragmente zur Bestimmung unbrauchbar und auszuschliessen oder nur dann zu berücksichtigen, wenn zweifelloses, brauchbares Material vorliegt. Bei den Blattformen ist in weiterer Folge die wechselnde Form der Blätter im Laufe der Entwickelung der sie tragenden Axen zu berücksichtigen. Derselbe Zweig kann sehr verschieden gestaltete Blattformen tragen, deren Zusammengehörigkeit bei einer lebenden Pflanze ohne Schwierigkeit zu ermitteln ist, bei fossilen Blättern, welche meist nicht mit den Zweigen im Zusammenhange stehen, werden oft genug dergleichen Blätter die Rolle verschiedener Gattungen und Arten übernehmen müssen, insbesondere wenn die Blattformen sehr different sind. Das Gleiche gilt auch für Blätter aus verschiedenen Familien, welche sich hinsichtlich der Form sehr nahe stehen können, stimmen sie überdies durch den Verlauf der Leitbündel überein, so wird die Trennung unmöglich. Form des Blattes und der Verlauf der Leitbündel sind es also, welche über das Schicksal der fossilen Blätter entscheiden, und frägt es sich, ob diese Merkmale eine sichere Entscheidung über die Zugehörigkeit der Blätter gestatten, so dass sie auf Grund derselben einer bestimmten Gattung oder Art sicher zugewiesen werden können. Das ist es, was ich bezweifle. A. P. De Candolle, L. von Buch, Ettingshausen und Heer*) haben es versucht, den Leitbündelverlauf fossiler Blätter zu gruppiren, beide letztere haben, wie auch früher Unger und später Saporta die Mehrzahl dicotyler fossiler Blätter auf lebende Gattungen zurückgeführt und sie mit solchen identificirt. Wenn nun auch bei guter Erhaltung der Blattform und des Leitbündelverlaufes die Bestimmung eines Blattes mit ziemlicher Sicherheit möglich ist, so gibt es doch zahlreiche Fälle, in denen der Leitbündelverlauf unvollständig erhalten ist, Fälle, in denen bei wechselnder Blattform auch der Leitbündelverlauf bei derselben Art ein anderer wird, Fälle, in welchen bei den einzelnen Arten einer Gattung, innerhalb derselben Familie der Leitbündelverlauf nicht derselbe bleibt, ganz abgesehen, dass bei durch sonstige Merkmale unterschiedenen Gattungen und Familien der Leitbündelverlauf der Blätter übereinstimmen kann.

*) Ettingshausen, Die Proteaceen der Vorwelt. Wien, 1851. Ueber die Nervation der Blätter bei den Euphorbiaceen. Wien, 1854. Ueber die Nervation der Blätter der Papilionaceen. Wien, 1854. Ueber die Nervation der Bombaceen. Wien, 1858. Die Blattskelette der Apetalen. Wien, 1858. — Heer, Tertiärflora der Schweiz, Bd. II.

Der Gewinn, welcher aus der Untersuchung fossiler dicotyler Blätter für die Einsicht in die historische Entwickelung des Pflanzenreiches erwächst, wird im Allgemeinen kein allzu grosser sein, wenn nicht gut erhaltene Blüthen und Früchte vorliegen oder durch das monographische Studium einzelner Familien eine genaue Kenntniss der Blattformen erworben und zugleich aber auch die heutige Verbreitung der Gattungen und Arten herbeigezogen wird. Und selbst unter der Voraussetzung, das vorhandene Material sei ein vorzügliches, so würde dasselbe immerhin noch ein sehr lückenhaftes genannt werden müssen, da dicotyle Reste in grösserer Vollständigkeit zwar aus Europa und Nordamerika, aus anderen Regionen jedoch sehr ungenügend bekannt sind. Wie verschieden die Auffassung dicotyler Blätter aus denselben Tertiärbildungen und bei dem gleichen Material sein kann, zeigen die Arbeiten Ettingshausen über die Flora Java's, Sumatra's, Borneo's und Japan's gegenüber jenen Göppert's, Heer's, Geyler's und Nathorst's. Zum Theile sind es differente Grundanschauungen, welche zu anderer Deutung der fossilen Blätter geführt haben, ausserdem aber auch die in den Blättern selbst liegende Möglichkeit, sie verschieden zu deuten. Ungeachtet aller bislang geäusserten Bedenken gegen die Sicherheit der Gattungs- und Artbestimmungen dicotyler fossiler Blätter bin ich doch der Ansicht, dass sich unter ihnen eine Anzahl befindet, welche für die Kenntniss der historischen Entwickelung des Pflanzenreiches eine Basis gewähren und für das Verständniss der heutigen Verbreitung der Pflanzenformen benützt werden können, wie sie im Allgemeinen Aufschluss geben über die Aenderung der klimatischen Verhältnisse in Europa und Amerika. Das Gleiche scheint mir auch für den äussersten Süden von Amerika zu gelten, wenn ich anders die von Ochsenius aus den Tertiärbildungen von *Punta Arenas* gesammelten Blätter bei einer flüchtigen Durchsicht richtig beurtheilt habe. Diese Blätter sprechen dafür, dass ein wärmeres Klima als das heutige es ist, in diesen Regionen herrschte, und die Ansicht Engler's, dass die antarktische Region ein zweiter Ausstrahlungspunkt für die Verbreitung der Pflanzen sei, ist mir nicht unwahrscheinlich. Besass der äusserste Süden Amerika's in der Tertiärzeit ein wärmeres Klima, wie dies die wenigen Reste, welche mir bis jetzt bekannt wurden, vermuthen lassen, so konnten in jener Zeit eine Reihe von Formen sich gegen den Aequator verbreiten, sich dort erhalten und weiter ausgliedern, wenn die Lebensbedingungen dies möglich machten, in jenen Regionen aber verschwinden und durch andere Formen ersetzt werden, wenn die Lebensbedingungen andere wurden. Ausgeschlossen ist dabei nicht, dass in den Grenzgebieten die Verbreitung einzelner Formen ineinander übergreift. Gerade aus jenen Regionen, welche bei dieser Frage am meisten in Betracht kommen, sind unsere Kenntnisse fossiler Reste sehr dürftig und kaum geeignet, die Frage nach der einen oder anderen Richtung definitiv zum Austrag zu bringen. Wenn ich die Ansicht ausspreche, dass das bis jetzt gewonnene Material für diesen Zweck meist nicht ausreichend ist, so soll damit nicht geläugnet werden, dass in einzelnen Fällen das Material es gestattet, über die frühere Verbreitung einzelner Formen zu urtheilen, über die Aenderungen, welche die Verbreitung wie die Formen selbst erfahren haben, eine Vorstellung zu gewinnen, ferner unter welchen Bedingungen solche Vorgänge statt hatten. Es wird später Anlass sein, solche Fragen näher zu besprechen.

Ferner ist darauf hinzuweisen, dass, wenn es sich um gefiederte Blätter handelt, oft genug nur die einzelnen losgetrennten Fiedern zur Untersuchung vorliegen können. Sind nun nicht, wie dies bei den meist zufälligen Funden der Fall ist, auch vollständig erhaltene Blätter vorhanden, wer kann mit Sicherheit immer ermitteln, um welche Blattform es sich handelt.

Endlich, und dies ist von den Palaeontologen kaum berücksichtigt worden, finden sich in den Kreidefloren beinahe alle im Tertiär und ein grosser Theil der noch lebend vorkommenden Gattungen angegeben. Dass dem wirklich so sei, dafür liegt gar kein stricter Beweis vor, obgleich man desshalb nicht zu läugnen braucht, dass eine oder die andere Pflanzenform von der Kreidezeit bis in die Tertiärzeit oder bis heute existirt hat und existirt.

Bei der Bedeutung, welche dem Leitbündelverlauf der Blätter für die Bestimmung der fossilen Blattreste beigelegt wird, ist eine Uebersicht der verschiedenen Formen des Leitbündelverlaufes nicht zu umgehen, wenn auch eine Vollständigkeit in der Darstellung desselben an dieser Stelle kaum erreicht werden kann*).

Die Leitbündel, deren Aufgabe es ist, einerseits das Blatt mit jenen Nährstofflösungen zu versehen, welche die Functionen desselben erfordern, andererseits den Lösungen innerhalb des Blattes eine möglichst allseitige und gleichmässige Verbreitung zu sichern, endlich aus ihnen die Producte der physiologischen Arbeit des Blattes jenen Theilen der Pflanze zu überliefern, in welchen ihre weitere Umwandlung erfolgt, müssen einen diesen Aufgaben entsprechenden Verlauf in dem Blatt-

*) Eine Darstellung des Leitbündelverlaufes, wie sie Mettenius für jenen der Blätter der Farne gegeben hat, fehlt für die Monocotylen und Dicotylen. Das in der Litteratur Vorhandene genügt mit Ausnahme der Darstellungen von Ettingshausen so wenig, wie unsere Kenntniss des Baues dicotyler Blätter

gewebe haben. Entscheidend für die Entwickelung und Ausbildung des Verlaufes des Leitbündels wird daher zunächst sein die Grösse des Blattes. Je grösser das Blatt ist, um so ausgedehnter muss der die Zu- und Ableitung besorgende Apparat sein, für eine kleinere Blattfläche wird eine geringere Ausbreitung, Verzweigung der Leitbündel genügen. Diese Thatsache allein reicht hin, um die vor langer Zeit von A. Braun ausgesprochene Ansicht zu rechtfertigen, dass der Leitbündelverlauf so wenig wie bei den Farnen ein diagnostisches Merkmal für die Unterscheidung von Familien oder Gattungen der übrigen Gruppen ist, ganz abgesehen davon, dass, wenn auch die Charaktere durch Vererbung auf die Nachkommen übertragen werden, diesen die Fähigkeit zukömmt, die Charaktere weiter zu bilden. Ein Beispiel, wie durch die Ausbildung des Blattes der Verlauf der Leitbündel beeinflusst wird, sowie des Zusammenhanges der Function der Leitbündel mit der Grösse der zu versorgenden Blattfläche, geben die Blätter von *Ficus elliptica* (Fig. 254^{1c}), *Hydrocotyle bonariensis* (Fig. 254^{5}), in weiterer Folge alle Blätter mit ungleichseitigen Blattflächen, um so mehr, je grösser diese Ungleichheit ist. Ferner ist bestimmend die Form des Blattes, die Entwickelung des Blattrandes, ferner bei jenen Arten, bei welchen ungetheilte und gelappte Blätter zugleich vorkommen, dieser Wechsel der Blattform. Bei einem ganzrandigen Blatte, dessen Basis keine Vorragungen irgend welcher Art besitzt, oder dessen Basis verschmälert ist, genügt es, wenn die Leitbündel nach ihrem Eintritte in die Blattfläche je nach der Grösse derselben sich vertheilen und die von der Mittellinie entfernteren Theile in irgend einer Weise durch die von dem Mittelnerven ausgehenden oder in der dem Blattstiele nächsten Region auftretenden Verzweigungen versehen werden. Sind Zähne, Lappen vorhanden, ist die Blattfläche verzweigt, ist die Basis des Blattes durch mehr oder weniger ausgebildete Lappen ausgezeichnet, so wird der Verlauf der Leitbündel ein durchaus anderer werden müssen und kann bei sehr weitgehender Verzweigung der Blattfläche sich in dem einzelnen Abschnitte verhalten, wie bei einem schmalen linearen Blatte. Endlich ist entscheidend die Grösse des Querschnittes des Leitbündels. Je grösser der Querschnitt, um so grösser seine Leistung, und kann es daher der Fall sein, dass ein einzelner Leitbündel für eine bestimmte Region der Blattfläche dasselbe leistet, was bei kleinerem Querschnitte der einzelnen Leitbündel durch Verzweigungen geleistet werden muss.

Selbstverständlich sind alle in die Blattfläche eintretenden und in ihr verlaufenden Leitbündel die Fortsetzung des oder der dem Blattstiele angehörenden Leitbündel und ist weder das eine noch das andere ein besonderer Charakter irgend eines Leitbündelverlaufes. Wohl aber liegt darin ein Unterschied, ob der oder die Leitbündel des Blattstieles entweder sogleich bei dem Eintritte in die Blattfläche oder erst in ihrem weiteren Verlaufe die ersten Verzweigungen abgeben, ob die Insertion des Blattstieles an der Basis oder an irgend einer Stelle der Blattunterfläche sich befindet, endlich, ob die Abgabe von Verzweigungen den Durchmesser des Leitbündels wesentlich beeinflusst.

Für die Möglichkeit der Untersuchung der Structur der Leitbündel der fossilen Blätter sei bemerkt, dass ihre feineren Verzweigungen vorwiegend aus Tracheiden bestehen. Als Mittelnerv oder Hauptnerv wird der in der Mitte des Blattes verlaufende Leitbündel bezeichnet, die neben diesen verlaufenden oder aus ihm abzweigenden Aeste als Seitennerven oder Secundärnerven, die aus der Axe oder dem Blattstiele in die Blattfläche direct übertretenden Leitbündel werden wohl auch Primärnerven genannt. Gehen dagegen die Verzweigungen vom Mittelnerv oder den Primärnerven aus, so bezeichnet man diese als Secundärnerven, die Verzweigungen dieser als Tertiärnerven (Fig. $254^{4,5,6,7}$, 255^{1-8})

Uebersicht des Verlaufes der Leitbündel*).

1. Einnervige Blätter.

Blätter, deren Fläche von einem einzigen nicht verzweigten Leitbündel durchzogen sind, kommen zwar bei Monocotylen und Dicotylen, z. B. *Hippuris, Elodea* vor, meist jedoch lassen sich überall bei näherer Untersuchung entweder zahlreichere oder sparsamere Verzweigungen nachweisen. Die Blätter sind in beiden Fällen meist schmal, linear, länglich. Im fossilen Zustande dürften sie, da die Verzweigungen in der Regel zart sind, namentlich bei sparsamer Verzweigung des Leitbündels, stets einnervig erscheinen, wie ja auch die Systematik solche Blätter als einnervig bezeichnet. Mit reichlicher Verzweigung z. B. bei *Rosmarinus, Westringia, Coleonema, Agathosma*-Arten, Phyllodien von *Acacien*, *Berkheya* etc., mit sparsamer Verzweigung: *Erica, Hymenanthera* (Fig. 254^{1a}), *Calothamnus, Passerina, Lycium afrum, Evonymus nanus* etc., demnach sehr verschiedenen Familien angehörend. Sind die Ränder schmal linearer Blätter zurückgerollt, wie z. B. bei *Erica, Phyllodoce, Empetrum*, so werden sie im fossilen Zustande auch für einnervig gehalten werden, in Wirklichkeit sind sie es jedoch nicht, da der Mittelnerv ebenfalls Verzweigungen aussendet.

2. Parallelnervige Blätter.

a) Bei sitzenden und stengelumfassenden Blättern mit breiter Basis ist dieser Verlauf nicht gerade selten bei Dicotylen, sehr häufig, ja vorherrschend

*) Durchgängig habe ich bei der Besprechung des Leitbündelverlaufes die Blattunterseiten im Auge.

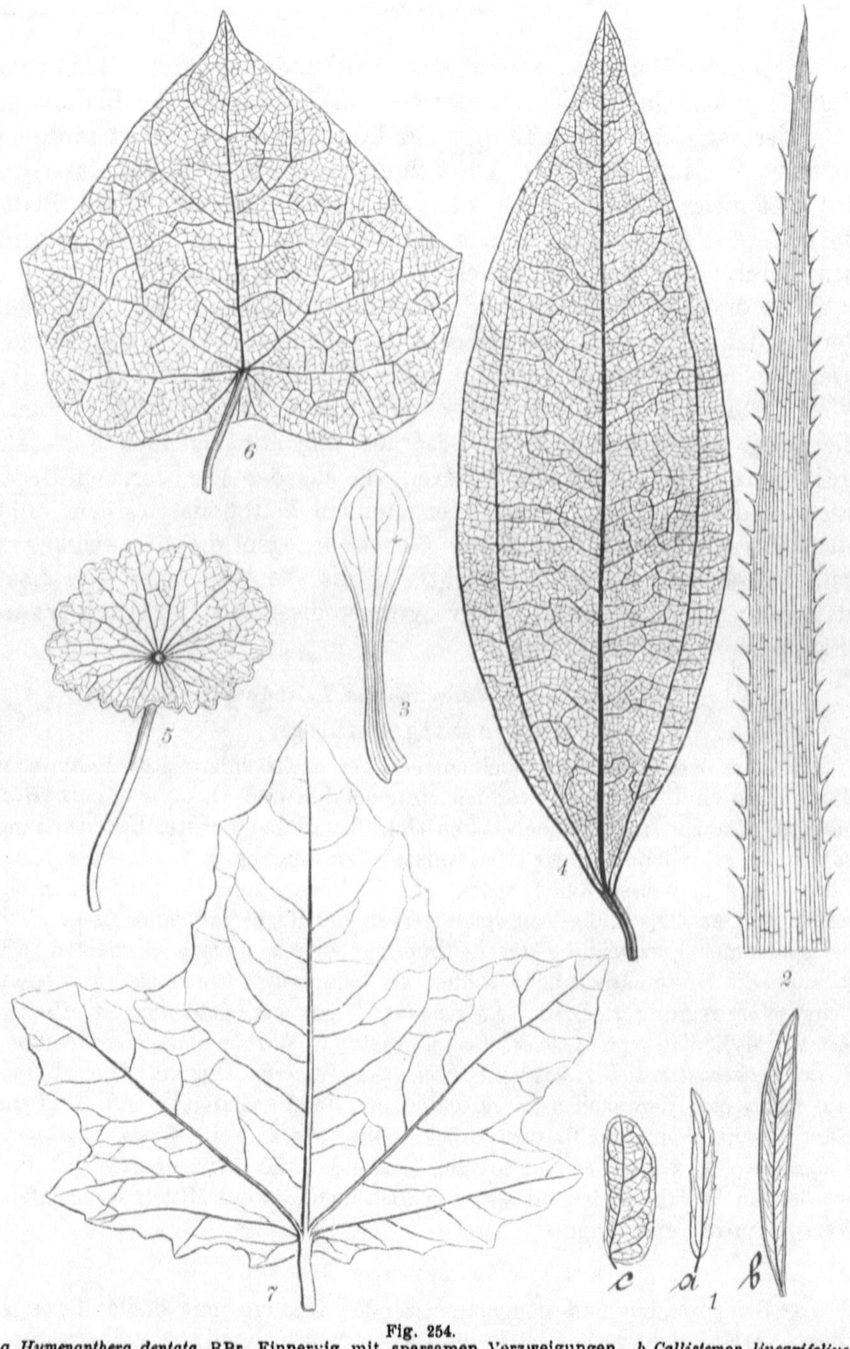

Fig. 254.

1 *a Hymenanthera dentata* RBr. Einnervig mit sparsamen Verzweigungen. *b Callistemon linearifolius* DC. Parallelnervig. *c Ficus elliptica* Thunbg. Ungleichseitiges Blatt. 2 *Eryngium bromeliaefolium* Laroch. Leitbündel parallel mit Queranastomosen. 3 *Statice oxylepis* Boiss. 4 *Cocculus laurifolius* DC. Leitbündel parallel. 5 *Hydrocotyle bonariensis* Lam. 6 *Menispermum dahuricum* DC. 7 *Populus alba* L. Leitbündel strahlig. (Nach der Natur.)

bei Monocotylen. Eine grössere oder kleinere Anzahl von Leitbündeln, entweder alle von gleicher Stärke oder der mittelste stärker, die seitlichen schwächer oder abwechselnd stärkere und schwächere durchziehen das Blatt parallel der Länge nach, die Anastomosen sind in der Regel zahlreich. Als Beispiele nenne ich *Eryngium bromeliaefolium* Laroch. und die verwandten Arten, *Bupleurum salicifolium* L. und andere Arten dieser Gattung. Blätter dieser Art würden im fossilen Zustande sicher für solche von Monocotylen gehalten werden (Fig. 254²).

b) Bei sitzenden, gegen die Basis verschmälerten oder Blättern mit an dem Blattstiele herablaufender Basis verlaufen die Leitbündel ebenfalls nicht selten parallel, entweder von gleicher Stärke oder neben einem mittleren stärkeren jederseits ein bis zwei und mehr seitliche. Zahlreiche Phyllodien neuholländischer *Acacien*, *Statice*- und *Hakea*-Arten mögen als Beispiele dienen (Fig. 254³).

c) Sind die Blätter gestielt, gleichgiltig zunächst, wie die Breite und Basis der Blattfläche sein mag, so treten 3--5, seltener 7 und mehr Leitbündel in die Blattfläche ein in einem um so spitzeren Winkel und um so gerader verlaufend, je schmäler die Blattfläche, um so weniger spitz, je breiter sie ist. Im letzteren Falle verlaufen sie in entsprechender Weise mehr oder weniger bogenförmig. Ist die Blattfläche breiter, ihre Basis ebenfalls, so nähert sich der Verlauf der Leitbündel jenen der folgenden Gruppe und bildet den Uebergang zu derselben. Im fossilen Zustande können solche Blätter für monocotyle gehalten werden. In der Regel ist der Leitbündel in der Mittellinie des Blattes stärker, zuweilen ist die Differenz jedoch gering. Als Beispiele mögen genannt sein: *Cocculus laurifolius* (Fig. 254⁴), zahlreiche *Myrtaceen* (Fig. 254¹ᵇ) und *Melastomaceen*, *Ceanothus*, *Paliurus*, *Thunbergia laurifolia*, *Boehmeria biloba*, *Artanthe*-Arten. Sie führen, wenn mit sehr spitzem Winkel austretend, die Bezeichnung acrodrome Nerven.

3. Blätter mit bogenläufigen Leitbündeln.

Unter dieser Bezeichnung fasse ich Blätter zusammen mit herz-, nierenförmiger und abgerundeter Basis, deren Leitbündel aus dem Blattstiele austreten um entweder sogleich oder dicht über der Eintrittsstelle in einem um so stärkeren Bogen zu verlaufen, je breiter die Blattbasis ist. Gegen die Spitze des Blattes convergiren sie; der in der Mittellinie des Blattes verlaufende Leitbündel ist meist stärker als die übrigen. Die Grenze zwischen dieser, der vorausgehenden und nachfolgenden Gruppe ist nicht immer scharf zu ziehen, insbesondere bei schmäleren Blattformen. Als Beispiele mögen genannt sein: *Piper*- und *Artanthe*-Arten (Fig. 255¹), *Saururus*, *Houttuynia*, *Melastomaceen* zum Theil. Bei Monocotylen ist dieser Leitbündelverlauf nicht selten.

4. Blätter mit strahligem Verlauf der Leitbündel (Fig. 254⁵,⁶,⁷).

Den schildförmigen, fächer-, finger- und fussförmig getheilten, einem Theile der gelappten Blätter kömmt dieser Verlauf der Leitbündel zu. Im

Besonderen lassen sich je nach der Stellung, welche der Blattstiel gegenüber der Blattfläche einnimmt, zwei Gruppen unterscheiden.

a) Nimmt der Blattstiel die Mitte oder irgend eine Stelle zwischen der Mitte und dem Rande der Unterfläche des Blattes ein, so strahlen die Leitbündel nach allen Richtungen als Primärnerven gegen den Rand aus. Je näher der Blattstiel der Mitte des Blattes sich befindet, um so gleichmässiger ist das Strahlensystem entwickelt, je weniger, um so einseitiger ist seine Entwickelung, bis endlich bei sehr schmalem unteren Rande nur zarte Tracheidenbündel aus wenigen Elementen bestehend vorhanden sind. Beispiele sind: *Peperomia*-Arten, *Pothomorphe peltata, Cecropia, Hydrocotyle* z. Th. (Fig. 254[5]) *Umbilicus, Nymphaea*-Arten, *Nelumbium, Menispermum*-Arten (Fig. 254[6]).

b) Liegt die Insertion des Blattstieles an der Basis der Blattfläche, so strahlen von ihm 3—7 Primärnerven aus, deren einer in der Mittellinie des Blattes verlaufend als Mittelnerv, die übrigen als Seitennerven bezeichnet werden. Als Beispiele nenne ich: *Platanus, Acer, Hydrocotyle*-Arten z. Th., *Rubus speciosus, Vitis, Hedera, Morus nigra, Ficus Carica, F. nymphaeaefolia, Paulownia, Populus alba* (Fig. 254[7]), *Asarum, Catalpa, Farfugium, Tussilago, Petasites, Oxyria.* Die Form der Blattfläche kann dabei sehr verschieden gestaltet sein. Fossile Blätter dieser Gruppe können für solche von Monocotylen gehalten werden.

Neben den Blättern, welche das typische Verhalten der letzten Gruppe zeigen, kommen als Uebergangsform zur sechsten Gruppe Blätter vor, bei welchen aus dem Blattstiele 3—5 seitliche Nerven unter beinahe rechten Winkel ausstrahlen. Man kann sie als eine verbindende Form zwischen der eben besprochenen und der nachfolgenden Gruppe ansehen. Als Beispiel mag ein Theil der *Populus*-Arten genannt sein.

5. Blätter, deren Leitbündel beim Eintritte in die Blattfläche sich gabelig verzweigen, oder wie bei *Ginyko*, aus einem an den beiden Basalrändern des Blattes verlaufenden Leitbündel Gabelzweige aussenden, haben ebenfalls strahlenförmigen Verlauf der Leitbündel. Man kann sie als dichotome Verzweigung bezeichnen. Der übliche Ausdruck ist fächerförmige Nervatur.

6. Fiedernervige Blätter (Fig. 255[2, 3]).

Wohl die grösste Mehrzahl der dicotylen Blätter gehört dieser Gruppe an. Aus dem Mittelnerv, dem in der Mitte der Blattfläche verlaufenden Leitbündel, zweigen sich, alternirend oder opponirt, oft beides in demselben Blatte, Aeste als Secundärnerven ab. Der Winkel, unter welchem die Verzweigungen austreten, kann ein sehr verschiedener sein, entweder sehr spitz (*Cinnamomum*, acrodome Nerven), ein rechter oder beinahe ein rechter (*Myrica*-Arten). Am häufigsten ist wohl ein Mittelwerth, in der Regel ändert sich der Winkel gegen die Spitze des Blattes mit der Abnahme der Breite der Blattfläche, er wird dort spitzer, während er gegen die Basis einem rechten sich nähert und der oder die untersten unter einem rechten oder nahezu rechten austreten. Doch kann auch das Gegentheil der Fall

Fig. 255.
1 *Artanthe andicola* Miq. Bogenläufige Leitbündel. 2 *Ficus rhododendrifolia* Hort. Fiederiger Verlauf der Leitbündel. 3 *Prunus Padus* L. ebenso, sämmtlich camptodrom. 4 *Ostrya virginica* Willd. Craspedodromie der Secundär- und Tertiärnerven. 5 Derselbe Verlauf in dem oberen Theile eines Blattlappens von *Quercus coccinea* Wangenh. (Nach der Natur.)

sein, und können die Secundärnerven gegen die Spitze des Blattes unter einem weniger spitzen Winkel austreten. Die Secundärnerven verlaufen entweder gerade oder in einem schwächeren oder stärkeren Bogen. Bei hand-, fuss-, finger- etc. förmig getheilten Blättern ist der strahlige Verlauf der Leitbündel combinirt mit dem fiederförmigen Verlauf in den einzelnen Abschnitten. Die für die Verzweigungen der Axen üblichen Bezeichnungen, wie monopodial, sympodial, racemös, cymös lassen sich auch für die Leitbündel verwenden. Uebrigens kann der Winkel, unter welchem die Verzweigungen austreten, an zwei gegenüberliegenden oder neben einanderliegenden Stellen differiren und ebenso die Distanzen der einzelnen Verzweigungen unter sich. Die Zahl der in jeder Blatthälfte verlaufenden Verzweigungen wird, wenn mit Vorsicht und Sachkenntniss benutzt, von Werth für die Unterscheidung sein können.

Bei den fossilen Blättern sind die weniger stark entwickelten Leitbündel sehr häufig gar nicht oder nur unzureichend und stellenweise erhalten. Macht man doch selbst bei den sog. lederartigen Blättern lebender Pflanzen und bei solchen Blättern, welche die Systematik als einnervig beschreibt, die Erfahrung, dass bei näherer Untersuchung Tracheidenstränge an Stellen vorhanden sind, welche bei bloss äusserlicher Untersuchung nichts davon zeigen. Um wie viel mehr muss dies der Fall sein bei Blättern, deren Gewebe den mannigfaltigsten Einwirkungen ausgesetzt war, und die Erhaltung auch von der Gesteinsbeschaffenheit abhängt. Zahlreiche Untersuchungen verkohlter Blätter haben mir überdies gezeigt, dass selten mehr bei ihnen als die Cuticula und die cuticularisirten Aussenwände der Epidermiszellen erhalten sind, in welchem Falle die Leitbündelbahnen zu erkennen sind durch den Umriss der Seitenwände der Zellen. Verkieselte Blätter sind zuweilen vollständiger erhalten. Der diagnostische Werth der ersten und späteren weniger massig entwickelten Verzweigungen der Leitbündel, welche man auch als Verzweigungen ersten, zweiten bis n-ten Grades bezeichnen kann, wird daher im Ganzen nicht sehr bedeutend sein, er ist es kaum für die Blätter lebender Pflanzen, da derselbe in den verschiedensten Familien der gleiche, in derselben Familie und Gattung sehr verschieden sein kann. Dessenungeachtet will ich der Vollständigkeit halber auch auf die später auftretenden Verzweigungen näher eingehen und die wichtigsten erwähnen. Ist die Gattung sicher zu bestimmen, so kann allerdings der Verlauf der Leitbündel zur Charakteristik der einzelnen Arten oder Artengruppen benutzt werden, nicht aber zur Entscheidung der Frage, welcher Familie oder Gattung ein fossiles Blatt angehört. Das Detail dieser Verhältnisse gehört daher meines Erachtens nicht hierher, sondern in die speciellen Erörterungen.

Enden die Primär-, Secundär- und Tertiärnerven im Rande oder in den Zähnen des Randes, so bezeichnet man sie als *craspedodrom* (Fig. $254^{6,7}$, $255^{4,5}$). Zwischen der Stärke der in die Zähne eintretenden Leitbündel und der Grösse der Zähne lässt sich, wie ich glaube, eine gewisse Beziehung nicht verkennen, welche bei Vergleichung gezähnter Blätter mit craspedodromer und camptodromer Verzweigung der Leitbündel unverkennbar ist. Enden die Secundärnerven mit einem nach aufwärts gerichteten Bogen, der untere Leitbündel mit dem nachfolgenden oberen verbunden, oder wird die Verbindung durch Verzweigungen beider hergestellt, so erreichen sie nicht den Rand oder Zahn, sie sind *camptodrom*; *brochidodrom*, wenn die von den Schlingen gebildeten Felder nach oben kleiner werden (Fig. 254[1 c], 255[1, 2, 3]). Die feineren Verzweigungen, Tertiärnerven mit eingeschlossen, werden wohl auch *Nervillen* genannt. Sie verlaufen gerade, im Bogen, oder vereinigen sich unter einem stumpfen Winkel, im letzteren Falle als geknickte bezeichnet. Durch ihre Verzweigungen entsteht ein engeres Netz, in dessen Maschen die letzten Verzweigungen frei enden. Dieses Maschennetz wird wohl auch von einem oder dem anderen Palaeontologen als »Zellen« bezeichnet und figuriren sie neben dem classischen Latein der Diagnosen. Diese Maschenbildung wiederholt sich durch gegen den Blattrand verlaufende weitere Verzweigungen. Dass alle diese Maschen in der Blattspitze kleiner werden, ist selbstverständlich (Fig. 254, 255). Eine *Nervatio mixta* ist vorhanden, wenn in demselben Blatte *craspedodrome* und *camptodrome* Nerven vorkommen, von einer *Nervatio reticulata* oder *hyphodroma* und *dictyodroma*, erstere wenn wenig vortretend, letztere wenn deutlich, spricht man, wenn durch die sehr zahlreichen Verzweigungen der Leitbündel, von gleicher oder nahezu gleicher Stärke ein enges Maschennetz entsteht. Randnerven, besser Randleisten, in dem Sinne, dass sie durch Leitbündel gebildet werden, gibt es überhaupt nicht. Was diesen Namen führt, ist eine bald mehr, bald weniger entwickelte Zone dickwandiger, gestreckter, fest ineinander gefügter Zellen zum Schutz der Blattränder und für keine Gruppe, auch nicht für die Myrtaceen, charakteristisch. Im fossilen Zustande werden meist nur stärker entwickelte Randleisten sichtbar sein.

Die vorstehenden im Grunde jedem Botaniker selbstverständlichen Erörterungen werden hoffentlich dazu beitragen, das in der Phytopaläontologie als Folge des Dilettantismus übliche Unwesen einzuschränken, die Unsicherheit, die der Mehrzahl der Bestimmung fossiler Blätter innewohnt, darzulegen, die Ueberzeugung zu befestigen, dass das vorhandene Material meist von zufälligen Funden, selten von systematischer Ausbeutung der Fundorte herrührend, in den meisten Fällen nicht geeignet sein kann, sichere Schlüsse zuzulassen und nur ein sehr gut erhaltenes Material Werth hat für die Untersuchung, wie nur ein sehr genaues Studium lebender Blätter zu einem Urtheile über fossile Blätter berechtigt, dass endlich Schlüsse über das geologische Alter pflanzenführender Schichten auf Blattbestimmungen allein gegründet, mehr oder weniger unzuverlässig sind. Dass das über den Leitbündelverlauf Gesagte auch für die Monocotylen gilt, ist selbstverständlich, und die vorausgehende Erörterung hat ihren Platz hier gefunden, weil die grössere Mannigfaltigkeit des Leitbündelverlaufes der Dicotylen sie mit mehr Recht an dieser Stelle einschalten liess.

Im nachfolgenden werde ich die Dicotylen in der Weise behandeln, dass ich die mit grösserer Sicherheit zu bestimmenden Reste voraussende und diesen die meiner Ansicht nach weniger gesicherten folgen lasse.

Unterclasse I. **Choripetalae.**

Blüthenhülle fehlend, meist aber vorhanden, dann einfach (Perigon) oder doppelt (Kelch und Blumenkrone).

1. Reihe. **Amentaceae.**

Diese Reihe, *Cupuliferen, Juglandaceen, Myricaceen, Salicaceen* und *Casuarinaceen* umfassend, enthält nur baum- und strauchartige Formen, welche zum grossen Theile der nördlichen Halbkugel und zum grössten Theile der gemässigten Zone oder den kühleren Regionen der subtropischen und tropischen Zone, selten dieser allein angehören. Charakterisirt ist sie durch diclinische Blüthen in ährenförmigen Blüthenständen (Kätzchen), insbesondere die männlichen, Perigon fehlend oder rudimentär, Staubblätter zwei bis viele, Fruchtknoten ober- oder unterständig, Früchte mit eiweisslosem Samen. Die Blätter alternirend, mit Nebenblättern, bei den *Juglandaceen*, *Myricaceen* (*Myrica asplenifolia* Rich. ausgenommen), *Casuarinaceen* ohne diese.

Zunächst erwähne ich die *Casuarinaceen*, Bäume oder Sträucher mit gegliederten, den Equiseten ähnlichen, graugrünen, gerieften, cylindrischen oder vierkantigen Zweigen, membranösen, chlorophylllosen, als vier- bis sechzehnzähnige Scheide entwickelten rudimentären Blättern, auch in dieser Hinsicht den Equiseten ähnlich. Jetzt gehört die Familie, nur aus der Gattung *Casuarina* bestehend, mit der Mehrzahl der Arten, von welcher eine (C. equisetifolia) von Neuguinea und Südaustralien bis Ostafrika nördlich bis zu den Molukken und Philippinen verbreitet ist, Neuholland und Tasmanien an.

Die Arten mit vierkantigen Zweigen gehören Neucaledonien an, von welchen eine Art auch auf den Fidji-Inseln und Borneo vorkömmt, während Sumatra und Borneo, ferner die Molukken je eine eigenthümliche Art dieser Gruppe, Java dagegen eine nur ihm eigenthümliche Art mit cylindrischen Zweigen besitzt. Diese heutige Verbreitung verleiht a priori der Ansicht, dass während der Tertiärzeit Casuarinen in Europa vorkamen, wie Ettingshausen will, wenig Wahrscheinlichkeit. Im Gegentheil, ein Theil der als *C. Haidingeri* von Häring, *C. Sotzkiana* von Sotzka und als *C. Sagoriana* von Sagor beschriebenen Reste sind nach den von mir gesehenen Originalen wie die angeblichen *Ephedra*-Reste, nicht näher zu bestimmende Zweigfragmente, zum Theile mit den Resten gegenständiger Blätter. Noch weniger beweisen die von Bilin durch Ettingshausen abgebildeten Reste das Vorhandensein dieser Gattung im europäischen Tertiär. Mehr Wahrscheinlichkeit haben die von Heer*) aus dem Tertiär (Eocen?) der Insel Sumatra als *C. Padangiana* beschriebenen Zweigfragmente für sich, wenn ich auch die Bestimmung nicht für ganz gesichert halten kann. Denn ein Theil der Zweigfragmente kann von anderen baumartigen Pflanzen stammen, ebenso kann der gegliederte Zweig wieder von einer anderen Pflanze herrühren (vergl. *Bambusium longifolium* Heer, ebenfalls aus dem Tertiär Sumatra's). Die kleinen Zweige aber

*) Abhandlungen der schweiz. palaeontolog. Gesellschaft. Bd I 1874.

besitzen zwei gegenständige rudimentäre Blätter, was bei den Casuarinen der Jetztwelt nicht der Fall ist, so wenig als bei einem Zweige von diesem Durchmesser noch Riefen sichtbar sind oder die Riefen mit den Blättern alterniren. Heer bemerkt selbst, dass die Erhaltung der Reste keine gute sei, so kann man denn allenfalls die Möglichkeit der Existenz von Casuarinen während der Tertiärzeit in den Tropen der östlichen Halbkugel zugeben, die Hauptstütze dieser Ansicht wird aber in der heutigen Verbreitung liegen. Es ist vielleicht nicht überflüssig, an die Aehnlichkeit der dünnen, von Heer abgebildeten Zweige mit *Frenela* und *Actinostrobus* zu erinnern. Blüthen, Fruchtstände und Früchte sind bis jetzt nicht beschrieben, denn der von Ettingshausen (Foss. Flora von Häring. Taf. IX, Fig. 23) abgebildete Blüthenstand wird schwerlich Jemand überzeugen.

Die Existenz der *Cupuliferen**) *(Betuleae, Coryleae, Fagineae)* während der Tertiärperiode ist sicher gestellt durch den Nachweis von Fruchtständen und Früchten, welche wenigstens einem Theile der Blattbestimmungen eine grössere Sicherheit verleihen. Ob die heute noch existirenden Gattungen, zunächst *Betula* und *Alnus* (Fig. 256, 257), schon in der Kreideperiode vorhanden waren, ist fraglich, da die zu dieser Familie gezogenen Blattreste, für welche Fruchtstände und Früchte fehlen, keine Sicherheit gewähren, dass sie ihr wirklich angehören. Manche von ihnen, so die von Heer aus den Patootschichten Grönland's beschriebenen Arten, sind auf unvollständig erhaltene Blätter gegründet, ebenso jene aus der Kreide von Minnesota, Nebraska und Kansas durch Heer, Newberry und Lesquereux beschriebenen Blätter, zum Theile scheinen sie zu jenen Blättern zu gehören, welche als *Credneria* bezeichnet werden, so z. B. Newberry's *Alnites grandifolius*, sodann das zuerst als *Populites*, später als *Alnites* und endlich als *Hamamelites quadrangulus* Lesq. beschriebene Blatt. Dagegen haben wir im Tertiär die unzweifelhaften Belege für das Vorkommen der hauptsächlich durch das Fehlen der Cupula von den Coryleen und Fagineen verschiedenen *Betuleen*, zunächst der Gattung *Betula* durch das Vorhandensein berindeter Stämme, der Früchte und Schuppen, sodann der Gattung *Alnus*, deren Fruchtstände und Samen erhalten sind. Inwiefern diese Reste mit bestimmten Blättern von Birken und Erlen mit Recht vereinigt werden, folglich Blätter, Früchte,

*) Nathorst hat sich in der jüngsten Zeit (Botan. Centralblatt 1886, Nr. 1—3) in gleichem Sinne wie ich über die Unsicherheit der Bestimmungen fossiler Blätter ausgesprochen. Er macht zugleich den Vorschlag, nur dann die Namen lebender Gattungen zu verwenden, wenn die Blätter nicht älter als pliocän sind oder durch einen sehr charakteristischen Leitbündelverlauf und andere Merkmale die Zugehörigkeit zu einer noch existirenden Gattung erwiesen werden kann. Alle Blätter, welche diesen Bedingungen nicht entsprechen, sind mit dem Namen der Gattung, welcher sie am nächsten stehen und den Anhangssilben »*phyllum*« zu bezeichnen, demnach *Betuliphyllum*, *Magnoliphyllum* etc. Dass ich den Ausführungen meines verehrten Freundes beipflichte, habe ich nach den auf S. 335—339 gegebenen Auseinandersetzungen nicht weiter hervorzuheben, nur eine kleine philologische Correctur will ich mir erlauben. Man wird *Betulophyllum*, *Magnoliophyllum* u. s. f. sagen müssen, wenn man das griechische *phyllon* zur Zusammensetzung verwendet.

Schuppen und Fruchtstände derselben Art erhalten sind, kann füglich dahingestellt bleiben, da alle Annahmen in dieser Hinsicht entweder meist auf das Zusammenvorkommen der einzelnen Reste gestützt sind oder wohl auch verschiedenen Schichten angehörige Reste vereinigt werden. Ebenso lege

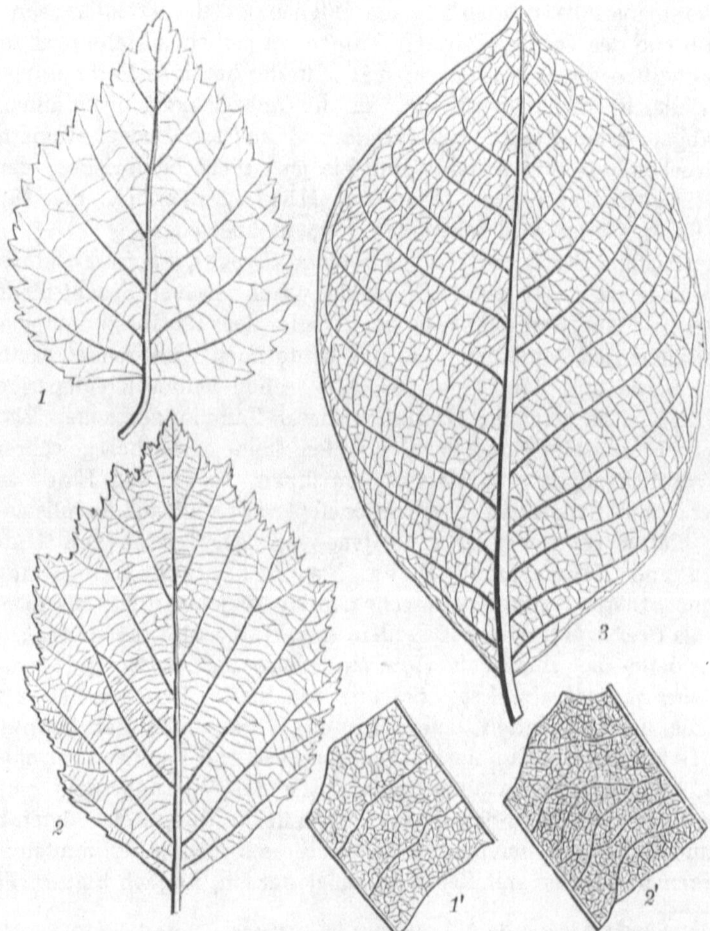

Fig. 256.
1 *Betula alba* L. 2 *Alnus incana* L. 3 *Alnus* (*Clethropsis* Spach) *nepalensis* Endl. Fiederförmiger Verlauf der Leitbündel; 1, 2 craspedodrom, 3 camptodrom. (Nach der Natur.)

ich vorerst wenigstens kein grosses Gewicht auf das Vorkommen der männlichen Blüthenstände, auch auf den von Heer als Blüthenstand seiner *B. Blancheti* abgebildeten und den von Göppert aus dem Bernstein des Samlandes erwähnten, welcher nach einer brieflichen Mittheilung von Conwentz zu *Quercus* gehört, da die Erhaltung der meisten, welche ich selbst gesehen, keine Entscheidung über die Abstammung, ob von Erle oder Birke, zulässt, so interessant sie durch ihre häufig sehr gut erhaltenen Pollenzellen sein mögen. Ausser Zweifel ist nur, dass die männlichen Blüthenstände von Betuleen sich erhalten haben.

Die Zahl der bis jetzt beschriebenen fossilen Arten von *Betula* und *Alnus* ist eine ziemlich bedeutende, grösser als jene der lebenden. Meist sind sie auf Blätter gegründet und bei der Charakteristik der Arten nicht selten Merkmale benutzt, welche selbst ein nicht sehr reichliches lebendes Material als unbrauchbar für die Charakterisirung der Arten erkennen lässt. Nicht allein die Grösse der Blätter wechselt an den gleichen Aesten und Zweigen, wie bei den einzelnen Individuen, auch die Form der Blätter ist, abgesehen von den Varietäten, nicht immer dieselbe. So kann z. B. derselbe Zweig von *Betula alba* oder *Alnus glutinosa* L. Blätter mit an der Basis kurz verschmälerter Blattfläche oder die Blattbasis rechtwinklig oder zugerundet haben. Meiner Ansicht nach ist ein Theil, vielleicht ein bedeutender Bruchtheil der fossilen, auf Blätter gegründeter Arten Blattindividuen, wie dies einfach schon die Vergleichung der Abbildungen lehrt. Nach Heer (Tertiärflora der Schweiz, Bd. II) sollen die Blätter von *Betula* abgesehen von der Form und der Zähnung des Randes und den fiedernervigen Leitbündelverlauf, durch die opponirte Stellung der 2—4 untersten Abzweigungen (Secundärnerven) des in der Mitte der Blattfläche verlaufenden Leitbündels, während die übrigen alterniren, alle craspedodrom sind, sich charakterisiren, *Alnus* dagegen durch am Rande meist doppelt gesägte fiedernervige Blätter, deren Secundärnerven in den grösseren, die Tertiärnerven in den kleineren Zähnen enden. Dies kann Alles bei einzelnen Blättern der beiden Gattungen zutreffen, man würde jedoch in der Erwartung fehlgehen, den beschriebenen Leitbündelverlauf überall zu finden. Wie der Umriss des Blattes bei derselben Art und demselben Individuum wechseln kann, so ist auch der Leitbündelverlauf ein wechselnder. Es ist oft das von Heer angegebene Verhalten vorhanden, aber nicht minder oft sind die Secundärnerven alle alternirend, oder alle opponirt oder die oberen allein opponirt, die unteren alternirend. Ebenso wechseln die Distanzen und Austrittswinkel der Secundärnerven (bei *Betula* 3—12 ^{mm}, 35°—70°, bei *Alnus* 5—10 ^{mm}, 30°—70°); im Allgemeinen entsprechen sie der Grösse und Form des Blattes, constant ist aber auch dies nicht. Ebensowenig Charakteristisches liegt in der Zahl der Secundärnerven, sie ist abhängig von der Grösse der Blätter, wenn auch nicht ausnahmslos, und lässt sich der diagnostische Werth dieser Merkmale erst durch Vergleichung einer grösseren Zahl von Blättern derselben Individuen oder Arten beurtheilen. Die Tertiärnerven bei beiden Gattungen entspringen, insofern sie in den Zähnen enden, aus der nach unten gekehrten Seite der Secundärnerven in der dem Blattrande naheliegenden Region derselben. Das unterste Secundärnervenpaar versorgt stets die untersten Zähne, wenn nicht ein accessorisches, weniger entwickeltes Secundärnervenpaar diese Aufgabe übernimmt. Alle übrigen, die Anastomosen bildenden Tertiärnerven verlaufen theils gerade, theils mehr oder weniger gebogen, zuweilen geknickt zwischen den Secundärnerven, parallelseitige Felder bildend, welche durch die zu Maschen verbundenen wiederholten Verzweigungen der Tertiärnerven ausgefüllt werden, in diesen Maschen endet frei die letzte Verzweigung der Leitbündel. Der Verlauf der Leitbündel ist bei *Betula* ausnahmslos craspedodrom, bei *Alnus* hat (nach

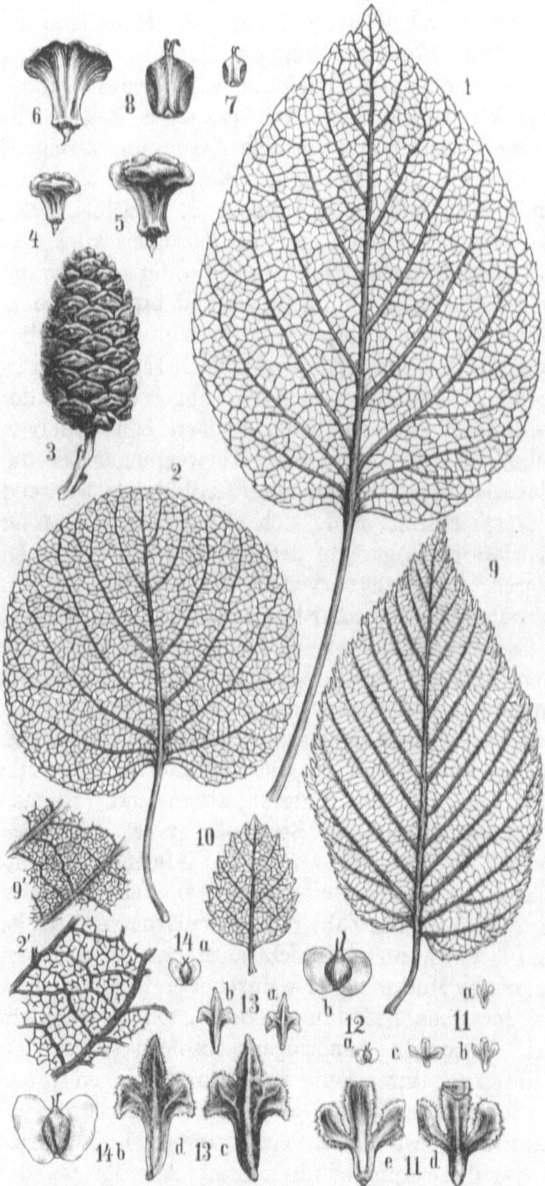

Fig. 257.
1—2 *Alnus cordifolia* Ten. 2′ Leitbündelnetz, vergrössert. 3 Fruchtzapfen. 4 Zapfenschuppe 5 vergrössert, beide von der Rückseite. 6 Zapfenschuppe von der Innenseite, vergrössert. 7 Frucht. 8 vergrössert. 9 *Betula lenta* Willd. 9′ Leitbündelnetz, vergrössert. 10 *Betula alpestris* Fries. 11 *a b c* Zapfenschuppen. *d e* vergrössert. 12 *a* Frucht. *b* vergrössert. 13 *B. alba* L. *a b* Zapfenschuppen. *c d* vergrössert. 14 *a* Frucht. b vergrössert. (Nach der Natur.)

Exemplaren des Berliner Herbariums) die Gruppe *Clethropsis* Spach (F. 256[3]) eine camptodrome Verbindung durch Gabeltheilung der Secundärnerven, die von diesen Maschen ausgehenden Verzweigungen sind craspedodrom, wenn das Blatt gezähnt. Bei *Alnus cordifolia* Ten. (Fig. 257[1 2]) kömmt durch die Verbindung der Gabelverzweigungen der Secundärnerven oder durch die eines Secundärnerven mit einem der Tertiärnerven an den Blättern desselben Zweiges camptodromer Nervenverlauf zu Stande neben dem craspedodromen der Maschenäste. Der Austrittswinkel wechselt bei dieser Art zwischen 20°—50°, bei den übrigen Arten zwischen 30°—70°, die Distanzen der Secundärnerven je nach den Arten zwischen 5—20^{mm}, ohne dass jedoch dies Verhältniss immer constant bleibt.

Wie die Basis der wie bei den übrigen Cupuliferen mit hinfälligen Nebenblättern versehenen Blätter bei der nämlichen Art wechseln kann, so auch die Gestalt und Grösse. Beinahe jede Art liefert bei etwas reichlicherem Materiale Belege dafür und in der Nähe der Blüthenstände oder an den Verzweigungen derselben sind solche Blätter, wie sie Heer als *Betula tremula* aus den Patootschichten Grönlands abbildet, nicht selten. Für die Abstammung dieses Blattes von einer Birke spricht nichts; es kann auch einer Erle oder einer anderen Familie angehört haben, da ähnliche Blattformen auch in anderen Familien nicht selten sind. Bei beiden Gattungen sind gar nicht selten die beiden Blatthälften an der Basis ungleich, die eine Hälfte reicht an dem Blattstiele etwas weiter herab. Der Rand der Blätter ist entweder ganz (*A. nitida* Don., *A. nepalensis* Endl.), einfach oder doppelt gesägt, worüber man die Monographie Regel's in De Candolle's Prodromus Bd. XVI p. 2 vergleichen möge. Aber auch bei den einzelnen Arten ist, abgesehen von den Culturvarietäten, die Zähnung des Randes nicht immer bei allen Blättern desselben Individuums dieselbe, sondern an den oberen und unteren Blättern eines Zweiges oder bei den einzelnen Individuen verschieden. Auch die Länge des Blattstieles, welche bei den fossilen Blättern zuweilen zur Unterscheidung der Arten benutzt und schon der Erhaltungszustände halber unbrauchbar ist, kann sehr verschieden sein. Die weiblichen Blüthenähren wandeln sich bei der Reife zu cylindrischen längeren oder kürzeren, schlankeren oder dickeren Fruchtständen (Zapfen) um, unter Verholzen der Deckschuppen. Bei den *Betula*-Arten trennen sich die Schuppen und die in ihren Achseln stehenden Früchte, mit Ausnahme jener der *B. lenta* Willd., bald nach der Reife von der Axe des Fruchtstandes. Stammen die von Heer in der Flora fossilis alaskana abgebildeten mit *B. prisca* Ettingsh. vereinigten Fruchtstände wirklich von einer Birke, so können sie nur der Gruppe der *B. lenta* Willd. angehören. Ihre Erhaltung ist indess, wie Heer selbst angibt, nicht der Art, dass man sich mit Bestimmtheit über ihre Abstammung aussprechen kann. Unreife Zapfen können die Reste kaum sein. Uebrigens sei hier gleich bemerkt, dass Heer und andere als zu *Betula prisca* Ettingsh. gehörige Schuppen und Früchte solche bezeichnen, welche von der Axe sich ablösen. Die Zapfenschuppen von *Alnus* bleiben an der Axe stehen (Fig. 257^{3}) und fallen die Zapfen erst längere Zeit nach dem Abfliegen der Früchte aus den auseinanderweichenden Schuppen ab. Bei *Betula* sind die Zapfenschuppen dreitheilig oder dreilappig, an der Basis kurz verschmälert, die Mittellappen sämmtlich aufrecht und gerade, die seitlichen so lang oder kürzer als der Mittellappen, spreizend oder zurückgekrümmt (Fig. 257$^{11-13}$). Die Früchte sind von den beiden Griffeln gekrönte, beiderseits geflügelte Achänen (Fig. 257$^{12\,14}$), die Flügel membranös von wechselnder Breite. Bei *Alnus* sind die verholzten Zapfenschuppen durch intercalares Wachsthum in einen breiten Stiel verschmälert, der obere Theil schwach verdickt, gekerbt, an der Aussenfläche mit einer kurzspitzigen Querleiste versehen, auf der Innenfläche mit vier schwach vortretenden Leisten (Fig. 257$^{4-6}$); die Früchte meist beiderseits geflügelt, die Flügel seltener membranös (*Clethropsis* Spach, *Alnaster* Endl., *Phyllothyrsus* Spach), sonst derb, öfter fehlend oder nur einseitig entwickelt (Fig. 257$^{7-8}$). Die Früchte beider Gattungen durch Fehlschlagen eines Faches einfächerig mit hängendem eiweisslosem Samen. Bei beiden Gattungen sind die weiblichen Blüthenstände spiralig in Aehren gestellte zwei- und dreiblüthige Cymen (Dichasien), deren Priman-(Mittel-)Blüthe bei *Betula* vorhanden, bei *Alnus* unterdrückt ist. Jedes Dichasium steht in der Achsel eines Deckblattes, bei *Betula* befindet sich hinter jeder der seitlichen Blüthen nur ein an seiner Basis mit der Basis des Deckblattes vereinigtes Vorblatt, welches der Mittelblüthe fehlt; Deckblatt und die beiden Vorblätter entwickeln sich zur späteren dreitheiligen Zapfenschuppe. Bei *Alnus* dagegen stehen hinter jeder der beiden weiblichen Blüthen zwei mit den Rändern sich deckende, mit der Basis des Deckblattes vereinigte Vorblätter, bei der Schuppe des reifen Zapfens als vier Leisten der Innenfläche und ebenso viele Kerben an der Spitze, die Spitze des Deckblattes an der Aussenfläche der Kerben als Querleiste sichtbar. Bei den männlichen Blüthenständen beider Gattungen die Deckschuppe gestielt, bei *Betula* das Perigon fehlend, bei *Alnus* vorhanden, Staubblätter in der Regel vier.

Alnus ist gegenwärtig auf der westlichen Halbkugel vom Kotzebuesund und Grönland (*A. viridis* DC.) bis nach den Anden von Peru, Chile und Argentinien (*A. jorullensis* HBK., *A. acuminata* HBK. *A. ferruginea*), auf der östlichen von Kamtschatka bis Japan und den Berggegenden von Kaschmir und des nördlichen Bengalen (*A. nepalensis* Don., *A. nitida* Endl.) verbreitet. Auf der westlichen Halbkugel wird also der Aequator um mehr als 10 Breitengrade überschritten, während die Gattung auf der östlichen Halbkugel vom Aequator um mehr als 20 Breitengrade entfernt bleibt: ein Unterschied in der Verbreitung der Gattung auf der östlichen und westlichen Halbkugel, welcher ohne Zweifel darin begründet ist, dass, wenn wie anzunehmen, die Gattung borealen Ursprungs ist, in Folge der Amerika von Norden nach Süden durchziehenden Bergzüge die Möglichkeit der Existenz, durch den Bau der Früchte die Bedingung für die Wanderung gegeben war, während auf der östlichen Halbkugel die Bergzüge schon zur Zeit der südwärts gerichteten Wanderung der Gattung südlich vom Himalaya gefehlt haben müssen. Von den übrigen Arten sind *A. glutinosa* L. und *A. incana* L. (Fig. 256[2]) (nach der Umgrenzung der Arten in Regel's Monographie) insbesondere letztere, beinahe über die ganze nördliche Halbkugel, verbreitet. *A. cordifolia* Ten. gehört der Mittelmeerregion und dem Kaukasus an, *A. orientalis* Dcsne Kleinasien und dem naheliegenden Cypern. Japan enthält *A. firma* Sieb. et Zuccar., *A. japonica* Sieb. et Zuccar., letztere auch in der östlichen Mandschurei; das pacifische Nordamerika von Sitcha bis in die Rocky Mountains *A. rubra* Bong., das atlantische Nordamerika *A. maritima* Nutt., *A. serrulata* Michx. *A. viridis* DC. hat einen ebenfalls sehr ausgedehnten Verbreitungsbezirk: von den französischen, piemontesischen und corsischen Bergzügen reicht sie durch die ganze Alpenkette, die Gebirge Osteuropas bis nach Lappland, dem Ural, Ostsibirien, der Mandschurei, Japan, Sachalin, Kamtschatka, Kotzebuesund, Grönland, Alaska, Sitcha, Labrador, Canada bis nach Nordcarolina. Ihr Vorkommen in den postglacialen Bildungen von Jarville bei Nancy spricht für ihre noch ausgedehntere Verbreitung in dieser Periode. Wie *Betula* ist die Gattung eine Bewohnerin der kälteren und gemässigten Zone, in den südlicheren Breiten daher der höheren Bergregionen. Die Verbreitung von *Betula* deckt sich theilweise mit jener von *Alnus*, keine Birke aber erreicht den Wendekreis des Krebses, sondern unter etwa dem 27. Breitengrade ist auf der östlichen, unter etwa dem 40. Breitengrade auf der westlichen Halbkugel die Verbreitung nach Süden abgeschlossen, nördlich reicht die Gattung nahezu bis 71° 50 N. Br. Eine der verbreitesten Arten ist *B. alba* L. mit ihren zahlreichen Formen von Norwegen bis Kamtschatka, auch in Japan angegeben, welches auch eine Anzahl weiterer Arten, wie *B. ulmifolia* Sieb. et Zuccar., *Maximowicziana* Reg., *carpinifolia* Sieb. et Zuccar. (nach Miquel identisch mit *B. lenta* Willd.), *grossa* Sieb. et Zuccar., *corylifolia* Reg. et Schmidt enthält, an welche sich dann in Ostasien *B. Schmidtii* Regel, *microphylla* Bge., *Middendorffii* Reg., *fruticosa* Pall., *Ermanni* Cham. (diese auch in Kamtschatka und Unalaschka) anschliessen. Auf der östlichen Halbkugel erreicht die Gattung mit den im Himalaya vorkommenden Arten *B. Bhojpattra* Wall., *B. Jacquemontii* Spach, *B. acuminata* Wall., *B. cylindrostachys* Wall., ihre Südgrenze. Das atlantische Nordamerika weist *B. Grayi* Reg., *B. populifolia* Willd., *papyrifera* Michx., *nigra* Willd., *B. lenta* Willd. auf (nach Miquel's Auffassung der Art mit Japan gemeinsam), das pacifische *B. occidentalis* Hook. Die Gruppe der *nanae* (Zwergbirken) (*B. nana* mit Sicherheit in den interglacialen und postglacialen Bildungen an vielen Orten nachgewiesen), ist in der arktischen Region beider Erdhälften weit verbreitet und kömmt südlich vom Polarkreise, zum Theile aus der Glacialzeit herstammend, noch jetzt auf Mooren vor.

Dass mir das Vorhandensein der beiden Gattungen in den Kreidebildungen Nordamerikas und Grönlands nicht mit Sicherheit erwiesen zu sein scheint, habe ich früher bemerkt, denn einerseits sind die hierhergezogenen Reste nicht so vollständig erhalten, dass sie eine sichere Bestimmung gestatten, andererseits können die Blätter anderen Familien oder solchen Blattformen angehören, bei denen kaum eine Vermuthung hinsichtlich der Familie ausgesprochen werden kann und sind sie von Lesquereux später auch meist aus den beiden Gattungen entfernt. Zum Unterschiede von den hinsichtlich ihrer Abstammung mehr gesicherten Blättern, können sie als *Betulophyllum* und *Alnophyllum* bezeichnet werden, wenn man sie in ihrer früheren Stellung lassen will. Das erste Auftreten der beiden Gattungen im Tertiär wird von Saporta im unteren Eocän von Sezanne und Belleu bei Paris mit *Betula ostryaefolia* Sap., *B. sezannensis* Sap., *Alnus trinervia* Wat., *A. cardiophylla* Sap., und *A. propinqua* Wat., alle mit camptodromem Leitbündelverlauf, angenommen. Indess dürfte wohl einerseits die Unvollständigkeit der Blattreste, andererseits die Möglichkeit, den Blättern eine andere Deutung zu geben, diese Annahme nicht ganz sicher stellen. Von Gardner sind die seiner Zeit von Bowerbank aus dem Londonthon als *Petrophiloides* beschriebenen Reste, welche zu den Proteaceen, dann zu *Dammara* gebracht wurden, mit *Alnus* als *A. Richardsoni* vereinigt worden, eine Ansicht, die ich nicht theile. Im Oligocän treten beide Gattungen auf*), die Zahl der Arten steigt im Miocän und lässt man die durch G ö p p e r t von Schossnitz beschriebenen Arten als solche gelten, so würden sie im oberen Miocän ihre höchste Entwickelung erreicht haben. Meiner Ansicht nach hat S c h i m p e r schon mit Recht darauf hingewiesen, dass es

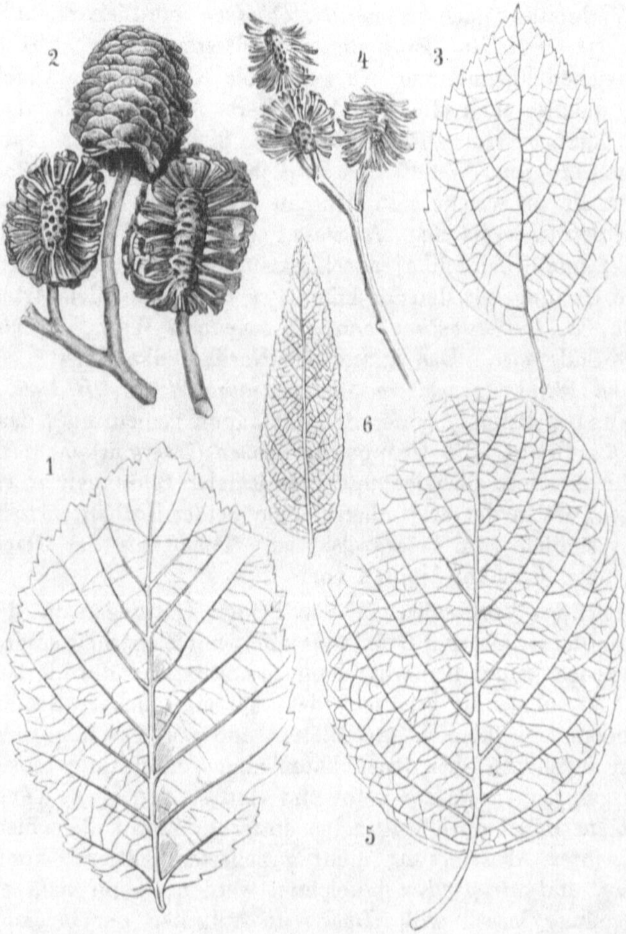

Fig. 258.
1 *Alnus Kefersteinii* Unger. Blatt, Wetterau. 2 Zapfen, Kumi. 3 4 *A. gracilis* Unger. Blatt, Zapfen. 5 *A. phocaeensis* Sap. Armissan. 6 *A. stenophylla* Sap. Vacquières. (Copieen nach U n g e r, S a p o r t a, L u d w i g.)

sich hier wesentlich um Blattindividuen handelt. Zu streichen ist *Alnites succineus* Göpp. und Berendt, nach der Abbildung ein zu näherer Bestimmung unbrauchbares Blattfragment. Aus den bisher beschriebenen Arten mögen erwähnt sein: *Alnus antiquorum* Sap. mit den Arten von *Clethropsis* verwandt aus dem unteren Oligocän von Aix; (*A. Reussii* Ettingsh. von H ä r i n g ist ein

*) Meine Angabe des Vorkommens von *Betula salzhausensis* Göppert im Oligocän von Leipzig bezieht sich auf das Vorkommen von Birkenstämmen, begleitet von schlecht erhaltenen männlichen Blüthenständen.

werthloses Fragment), ferner *Betula gypsicola* Sap., von welcher in Saporta, »le monde des plantes«, Paris 1879 p. 242 fig. 55^{1-3} Blatt, Schuppe und Frucht dargestellt sind; aus dem mittleren Oligocän *A. Kefersteinii* Unger (Fig. $258^{1,2}$), *Betula prisca* Ettingsh. (Fig. $259^{1,3,4}$), *B. Brongniarti* Ettingsh. (Fig. 259^{2}) bis in das obere Miocän reichend, sämmtlich weitverbreitete Arten, wie auch *A. Kefersteinii* Unger, diese auch im älteren Tertiär Japans. Ausserdem noch aus dem Tertiär von St. Zachariae, St. Jean de Garguier: *B. ulmacea* Sap., *B. oblongata* Sap. etc. Aus dem oberen Oligocän *Betula Dryadum* Brongn. (Fig. $259^{8,9}$), *B. cuspidens* Sap. (Fig. 259^{5-7}), *Alnus prisca* Sap. (St. Zachariae), *B. fraterna* Sap. (Armissan), *B. macrophylla* Göpp., *grandifolia* Ettingsh., *A. microdonta* Sap. (Armissan), *A. gracilis* Unger (Fig. $258^{3,4}$), *A. nostratum* Unger, beide bis in das obere Miocän und weit verbreitet. *Betula Ungeri* Andrä im mittleren und oberen Miocän; *Betula insignis* Gaud. (Val d'Arno), *B. Weissii* Heer, *B. microphylla* Heer von Oeningen nach der Grösse des Blattes der Gruppe der Fruticosae verwandt. Im Pliocän von Vacquières *Alnus stenophylla* Sap. et Marion (Fig. 258^{6}), *A. orbicularis* Sap. in den Tuffen des Cantal, *A. Hörnesi* Stur (Tegel von Wien), *A. lobata* Unger, *A. Prasili* Unger (Gleichenberg) im Pliocän oder Quartär Japans *A. subviridis* Nath. (Mogi), eine vielleicht mit *A. viridis* DC. identische Art aus Schichten desselben Alters der Insel Sado (Yesso). Im unteren Quartär wird von Saporta *Alnus glutinosa* L. in den Tuffen von Tlemsen in Algier angegeben, in Italien *Betula prisca* Ettingsh., nach *Cl. Reid Betula alba* L. und *Alnus glutinosa* L. im Forestbed von Cromer, Norfolk, in den Kalktuffen Schwedens und Norwegens *Alnus viridis* L., *Betula alpestris* Fr., *B. nana* (letztere auch in Norfolk), *B. intermedia* Thomas, *B. odorata*, *B. verrucosa;* in den inter- und postglacialen Bildungen der Schweiz, Lauenburgs, Mecklenburgs, Hannovers und der Uckermark *B. verrucosa*, *B. odorata*, *alba*, zum Theile neben *B. nana* L. Aus dem Miocän Nordamerikas sind durch New-

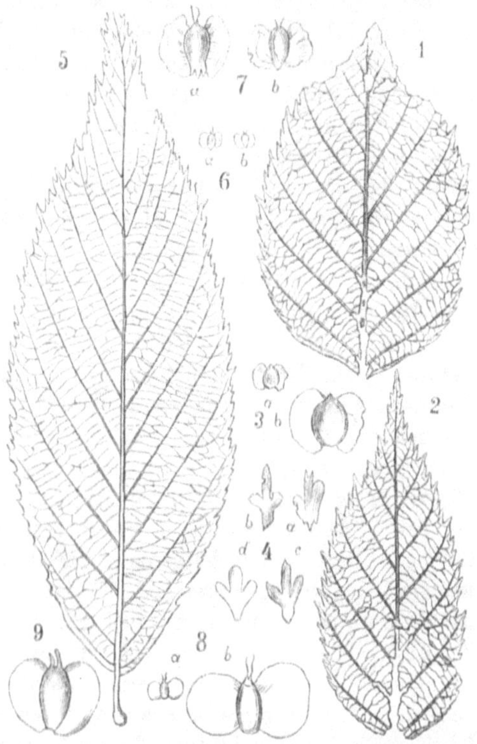

Fig. 259.
1 *Betula prisca* Ettingsh. 2 *B. Brongniarti* Ettingsh. Bischofsheim. 3 *a b B. prisca* Ettingsh. Frucht. 4 *a—d* Zapfenschuppen. Miocän. Island. 5 *B. cuspidens* Sap. 6 Früchte. 7 vergrössert. Armissan. Oberes Oligocän. 8—9 *B. Dryadum* Brongn. 8 Copie nach Brongniart. (3 4 9 Copie nach Heer, 5—7 Copie nach Saporta, 1 2 nach der Natur.)

berry und Lesquereux ebenfalls eine Anzahl von Birken- und Erlenblättern beschrieben, von Colorado bis Oregon und Alaska vorkommend, darunter auch *A. Kefersteinii* Unger, von den Chalkbluffs, California, *B. aequalis* Lesq. In den Torfmooren Schwedens und Seelands folgt auf eine ältere Vegetation von *Populus tremula* L. und *Pinus sylvestris* L., *Alnus glutinosa* L. und *A. incana* L., in den Torfmooren Norwegens gehen *A. glutinosa, Pinus sylvestris* L. und *Betula* voraus. Das Vorhandensein der beiden Gattungen in den Tertiärbildungen Australiens wird von Ettingshausen (Beitr. zur Tertiärflora Australiens. Wien, 1883) behauptet, die von ihm abgebildeten Exemplare sind jedoch von solch' schlechter Erhaltung, dass sie besser ignorirt worden wären. Der angebliche Erlenzapfen kann recht gut ein schlecht erhaltenes Zweigfragment einer *Araucaria* sein. Ettingshausen bezeichnet ferner das durch Geyler (Fossile Pflanzen von Borneo. Tab. 2, Fig. 2) von Borneo als *Phyllites* (*Hopea*) *praecursor* beschriebene Blatt als *Alnus praecursor*. Will man dergleichen schlecht erhaltenen Blättern ein Gewicht beilegen, so wird Geyler's Bezeichnung den Vorzug verdienen.

Aus der Gruppe der *Coryleen* sind nach den mehr oder weniger gut erhaltenen Blatt- und Fruchtresten die Gattungen *Ostrya* L., *Carpinus* L. und *Corylus* L. im Tertiär nachgewiesen. Wie bei der folgenden Gruppe der Fagineen sind die Früchte von einer Hülle, der Cupula, umgeben, welche bei den *Coryleen* offen (*Corylus, Ostrya, Carpinus*), bei den *Fagineen* entweder offen (*Quercus*) oder anfangs geschlossen, erst bei der Reife sich klappig öffnet (*Fagus, Castanea, Castanopsis*), bei den ersteren stets nur eine Frucht, bei den letzteren meist 2—4 Früchte umschliesst und schon in der weiblichen Blüthe vorhanden, nach der Befruchtung sich weiter entwickelt, während das wenig entwickelte Perigon meist zu Grunde geht. Bei *Ostrya* ist die Cupula ein häutiger, oben mit einer engen Oeffnung versehener Sack, bei *Carpinus* ist sie vorne offen, dreilappig oder trapezoidal mit gezähntem Rande oder ganzrandig, bei *Corylus* zweilappig, die Lappen gezähnt oder geschlitzt. Den in einer Aehre stehenden männlichen Blüthen der Coryleen fehlt das Perigon, es ist nur die Deckschuppe vorhanden, die *Fagineen* haben ein solches. Alle drei Gattungen gehören zu jenen Gattungen, welche Europa, Ostasien und Nordamerika gemeinsam sind, eine Verbreitung, welche auf das Vorkommen in der Tertiärzeit zurückzuführen ist.

In der Tertiärzeit reichte ihre Verbreitung weiter nach Norden als jetzt, wie aus dem Folgenden sich ergeben wird. Die eine der beiden noch existirenden *Ostrya*-Arten, *O. carpinifolia* Scop. erreicht in Tyrol bei Brixen, in der Schweiz bei Locarno im Tessin die Nordgrenze, ist durch den Süden und Osten Europas bis zum Taurus und Armenien, die andere, *Ostrya virginica* Willd. im atlantischen Nordamerika von Neubraunschweig und dem Winipegsee bis Florida und Mexiko (Orizaba, Jalapa), aber auch im südlichen Yesso und im nördlichen Nippon verbreitet. Im Tertiär sind wohl dieser Gattung angehörig die von Heer als *O. Walkeri* (Fig. 261 [11]) beschriebenen Reste aus Grönland, aus den Gypsen von Aix (unteres Oligocän) ist *O. humilis* Sap., aus dem mittleren Oligocän von St. Zachariae *O. tener-*

rima Sap., von Armissan (oberes Oligocän), dem unteren Miocän von Sagor und Radoboj, dem mittleren Miocän von Leoben *O. Atlantidis* Unger (Fig 261 [9, 10]), aus dem oberen Miocän von Oeningen *O. oeningensis* Heer (Tertiärflora der Schweiz. II Taf. 73) nachgewiesen. Die von Heer a. a. O. Bd. III Taf. 152 unter dem gleichen Namen abgebildeten, sowie die von Unger als *O. Prasili* von Gleichenberg beschriebenen Reste gehören nicht hierher, ich komme später darauf zurück (Laurineen). *Ostrya multinervis* Ettingsh. aus der älteren Wetterauer-Braunkohle, von Ludwig für eine Frucht von *Fraxinus* erklärt, ist eine solche allerdings nicht, aber auch schwerlich eine *Ostrya*-Frucht, sondern eher ein Niederblatt vielleicht eines Rhizoms oder das Blatt einer Monocotyle. Auch *Ostrya stenocarpa* Ettingsh. von Leoben halte ich nicht für Früchte, sondern für Knospenschuppen. Von hohem Interesse sind die von Nathorst als *O. virginica fossilis* aus dem Pliocän oder Quartär von Mogi in Japan beschriebenen Blätter. Ob die im oberen Miocän von Mont Charray (Ardêche) vorkommende *Ostrya*, wie Saporta vermuthet, mit der noch jetzt in Südfrankreich vorkommenden *O. carpinifolia* Scop. identisch ist, sei dahingestellt, ausser Zweifel scheint mir nach den von Saporta gegebenen Darstellungen, dass die im südfranzösischen Tertiär vorkommende Art der *O. carpinifolia* Scop. näher

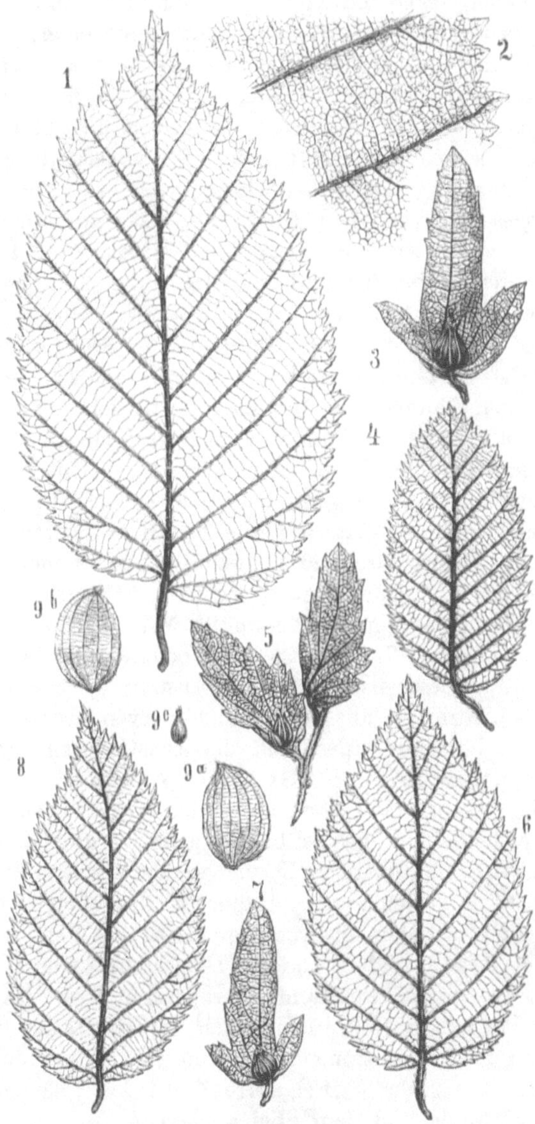

Fig. 260.
1—3 *Carpinus Betulus* L. Blatt, Frucht. 4—5 *C. duinensis* Scop. Blatt, Frucht. 6—7 *C. caroliniana* Walt. Blatt, Frucht. 8—9 *Ostrya virginica* Willd. Blatt, Frucht. (Nach der Natur.)

steht, während *O. Atlantidis* Unger der *O. virginica* verwandt ist. Die Cupula der beiden lebenden Arten (Fig. 260⁹) ist von mässig starken parallelen, gegen die Spitze convergirenden durch meist gerade Queranastomosen verbundenen Leitbündeln durchzogen, die Felder durch polygonale Maschen ausgefüllt. Die sitzende Cupula fliegt mit der Frucht bei der Reife ab; Früchte allein sind als solche nicht beschrieben. Die gestielten, eiförmigen oder elliptischen zugespitzten, scharf doppelt gezähnten, an der Basis schwach ausgerandeten oder abgerundeten, zuweilen ungleichseitigen Blätter (Fig. 260^{8}) der *Ostrya*-Arten wechseln hinsichtlich ihrer Grösse, abgesehen von dem Umstande, dass auch noch nicht vollständig ausgebildete Blätter fossil vorkommen können. An der Basis und Spitze der Zweige, an den blühenden und fruchttragenden Zweigen, an den Kurztrieben sind sie kleiner. Die Verzweigungen der Leitbündel treten unter spitzen Winkel (35^{0}—70^{0}, Distanz der Leitbündel 5—8 ᵐᵐ) alternirend oder opponirt aus, verlaufen ziemlich steil und gerade aufwärts gegen den Rand und enden in den Zähnen des Randes. Nicht selten sind an der Basis der Blätter zwei kürzere Leitbündel vorhanden. Gegen den Rand hin gehen aus den Verzweigungen der Leitbündel an ihrer Unterseite 1—3 Aeste ab, welche ebenfalls in Zähne eintreten, nicht selten fehlen sie aber auch, insbesondere bei kleineren Blättern. Alle aus dem Mittelnerven austretenden Verzweigungen sind durch querlaufende, dichtstehende, gerade, gebogene oder auch geknickte Anastomosen (Nervillen) verbunden, ihre Felder mit einem polygonalen Maschennetz ausgefüllt. Mit den Blättern von *Ostrya* stimmen jene von *Carpinus* L. (Fig. $260^{1,4,6}$) beinahe vollständig überein (Austrittswinkel der Secundärnerven 20^{0}—70^{0}, Distanz 4—8 ^{mm}), nur dass die in der Nähe des Blattrandes aus den Secundärnerven austretenden Tertiärnerven vielleicht noch häufiger fehlen und die Anastomosen etwas entfernter stehen. Die Cupula ist bei *C. Betulus* L. und *C. caroliniana* Walt. (Fig. $260^{3,7}$) dreilappig, gezähnt oder ganzrandig, der Mittellappen zwei- bis viermal grösser als die seitlichen, die Leitbündel gehen strahlig von der Basis aus, ihre seitlichen Verzweigungen bei der ersten Art horizontal, bei der zweiten schief aufwärts verlaufend, camptodrom, sie geben in die Zähne einen Ast ab, ihre Felder enthalten ein meist quadratisches Netz, in dessen Maschen die letzten Verzweigungen frei enden. Die Cupula von *C. duinensis* Scop. (Fig. 260^{5}) ist trapezoidal, ihr Rand scharf gezähnt, 5—7 strahlig verlaufende Leitbündel enden mit ihren Verzweigungen in den Zähnen und sind durch ein Maschennetz feiner Anastomosen verbunden. Die Früchte, von dem Perigon und den Resten der Griffel gekrönt, auf den Flächen mit Leisten versehen, mit der Cupula und dem Stiel abfliegend.

Die fossil vorkommenden Cupulae sind nicht allzu häufig, doch geht man zu weit, den grössten Theil derselben für Früchte von *Engelhardtia* (Fig. 261^{5}), (siehe später bei den Juglandeen) zu erklären, zumal ein Theil der Exemplare so unvollständig ist, dass eine bestimmte Ansicht nicht ausgesprochen werden kann. Alle Exemplare, bei welchen die Frucht über der Basis der Cupula erhalten, der Leitbündelverlauf strahlig und keine Andeutung der beiden vordern kleineren Flügellappen neben den drei grösseren Flügellappen vorhanden ist, betrachte ich als zu *Carpinus* gehörig. Will man die Cupulae mit irgend welchen beschriebenen Blättern vereinigen, so wird dies eben nur Sache individueller Anschauung sein und bei der grossen Verbreitung jener Blätter, welche als *Carpinus grandis* Unger (Fig. 261 [1, 2, 4]) be-

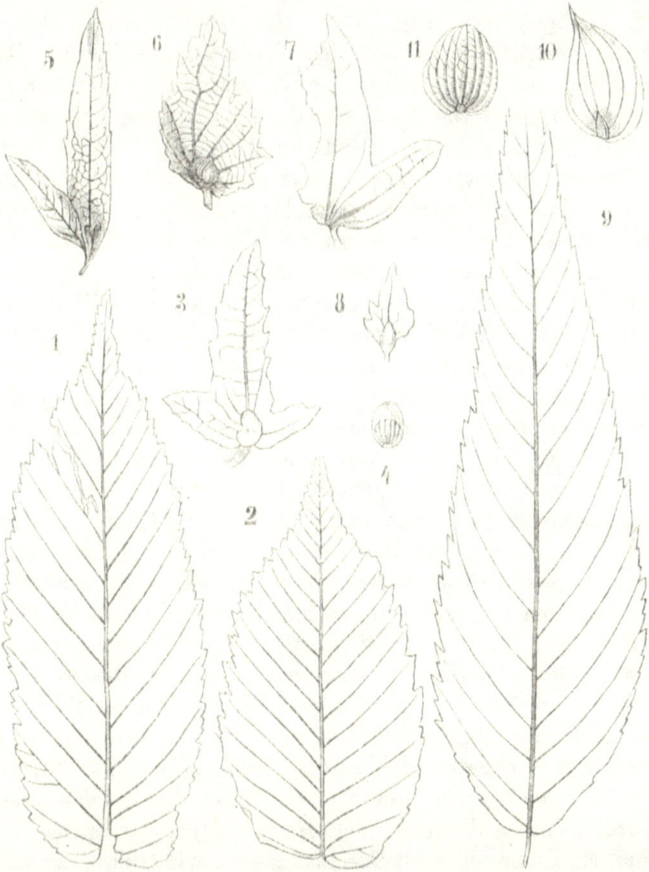

Fig. 261.
1—2 *Carpinus grandis* Heer. Blätter. 3 Frucht mit Cupula. 4 Frucht. Monod. 5. *Engelhardtia*, Frucht. (*C. vera* Andrä, Szakadat.) 6 *C. Neilreichii* Kov. Erdöbénye. 7 *C. pyramidalis* Gaud. Frucht. Montajonc. 8 *C. Ungeri* Sap. 9—10 *Ostrya Atlantidis* Unger. Blatt, Frucht. 11 *O. Walkeri* Heer. Frucht, Grönland. (Copieen nach Heer, Unger, Kovats, Saporta, Gaudin.)

zeichnet werden, ist es möglich, dass ein Theil der sicher zu bestimmenden Früchte zu dieser Art gehört. Die Blätter kommen vom unteren Oligocän bis in das obere Miocän vor und sind in den Tertiärbildungen Grönlands, Oregons und Alaskas, wie in jenen von Spitzbergen bis in den Süden Frankreichs und östlich bis Sachalin und Japan nachgewiesen. Nach Nathorst finden sich ferner in den pliocänen oder quartären Bildungen von Mogi noch andere *Carpinus*-Arten, *C. subcordata* Nath., *C. stenophylla* Nath.

und eine dritte Blattform, welche den noch jetzt in Japan vorkommenden Arten verwandt sind und der Gruppe *Distegocarpus*, deren Cupula auf der Vorderseite ein Deckblatt hat, angehören mögen. Von den übrigen beschriebenen Arten nenne ich noch die ebenfalls sehr verbreitete *C. pyramidalis* Göppert (Fig. 261[7]) aus dem Miocän (nach Nathorst auch im Pliocän oder Quartär Japans), *C. Neilreichii* Kov. aus dem oberen Miocän von Tallya und Heiligenkreuz (Fig. 261[6]), aus dem mittleren Oligocän Südfrankreichs *C. cuspidata* Sap., aus den Cineriten des Cantal (Pliocän) *C. suborientalis* Sap., aus den quartären Tuffen von Toscana *C. duinensis* Scop., aus der Greenrivergroup von Florissant *C. fraterna* Lesq., *C. attenuata* Lesq. In den älteren Quartärbildungen der Uckermark, der Provinz Sachsen und Hannover *Carpinus Betulus. C. oeningensis* A. Br. halte ich für einen sehr fraglichen Rest. *Carpinites microphyllus* Heer, aus den Patootschichten Grönlands ist meiner Ansicht nach ein zu unvollständiger Rest, um über die Abstammung etwas zu sagen, *Carpinites dubius* Göpp. aus dem Bernstein gehört zu den Coniferen. Blätter von *Carpinus* sind auch als Blätter von *Ulmus* und *Betula,* als *Artocarpidium,* Blätter von *Alnus* als *Carpinus*blätter beschrieben, so *Carpinites macrophyllus* Göpp. Die dichter stehenden, gerade und steiler aufsteigenden Secundärnerven werden jedoch Blätter von *Carpinus* und *Ostrya* von den genannten unterscheiden lassen. Als Früchte von *Carpinus* betrachte ich die durch Göppert von Schossnitz, durch Heer von Rochette, durch Gaudin von Montajone abgebildeten, sämmtlich *C. Betulus* L. nahestehend; mit *C. duinensis* Scop. verwandte Früchte: *C. Ungeri* Sap. (Fig. 261[8]) *C. Neilreichii* Kov., *C. cuspidata* Sap. Die von Ludwig aus der Wetterau beschriebenen *Carpinus*-Früchte haben mit solchen gar nichts gemein. Die oben und zuletzt erwähnten Fundorte schliessen sich an das heutige Vorkommen der Gattung in Ostasien, Europa und dem atlantischen Nordamerika an, *C. cuspidata* Sap., *C. Neilreichii* Kov., *C. suborientalis* Sap. an das Vorkommen der *C. duinensis* Scop., welche von Sicilien und Mittelitalien durch den Südosten Europas bis nach dem südlichen Kaukasus, Taurien und Ghilan verbreitet ist. Im Himalaya schliessen sich an: *C. viminea* Wall., *C. faginea* Lindl., in Japan (Yesso und Nippon) und von da bis in die südliche Mandschurei und den Norden Chinas die Arten der Gruppe *Distegocarpus* Sieb. et Zuccar., im pacifischen Nordamerika fehlt *Carpinus* ebenso wie *Ostrya,* im atlantischen Nordamerika reicht *C. caroliniana* Walt. von Canada bis St. Louis, *C. Betulus* L. in Europa aus dem Südwesten Frankreichs, Mittelitalien, Istrien, Ungarn, Griechenland bis Südengland, Südschweden, Livland, Curland, Südrussland, östlich bis Georgien, Ghilan, Bithynien und Nordpersien.

Corylus L. gehört nicht allein zu den Europa, Ostasien und Nordamerika gemeinsamen Gattungen, ihre Verbreitung reichte in der Tertiärzeit und selbst noch in späterer Zeit weiter nach Norden als gegenwärtig. Blätter dieser Gattung sind im Miocän Nordgrönlands und Spitzbergens, ferner in den Torfmooren der Shetlandsinseln nachgewiesen, während *Corylus Avellana* jetzt zwar auf den Orkneys-, aber nicht auf den Shetlandsinseln vorkömmt. Diese Art von der Nordküste Afrikas (Algier), Sicilien, Spanien, Morea bis in das nördliche Russland, in Norwegen bis über den 67° N. B. reichend, geht ostwärts nach den Pontusländern und Kaukasien. Die Gattung fehlt im Ural und Westsibirien; in Dahurien, am Amur, Nordchina, der Mandschurei und in Japan (Yesso, Nippon) tritt *C. heterophylla* Fisch. auf, neben ihr *C.*

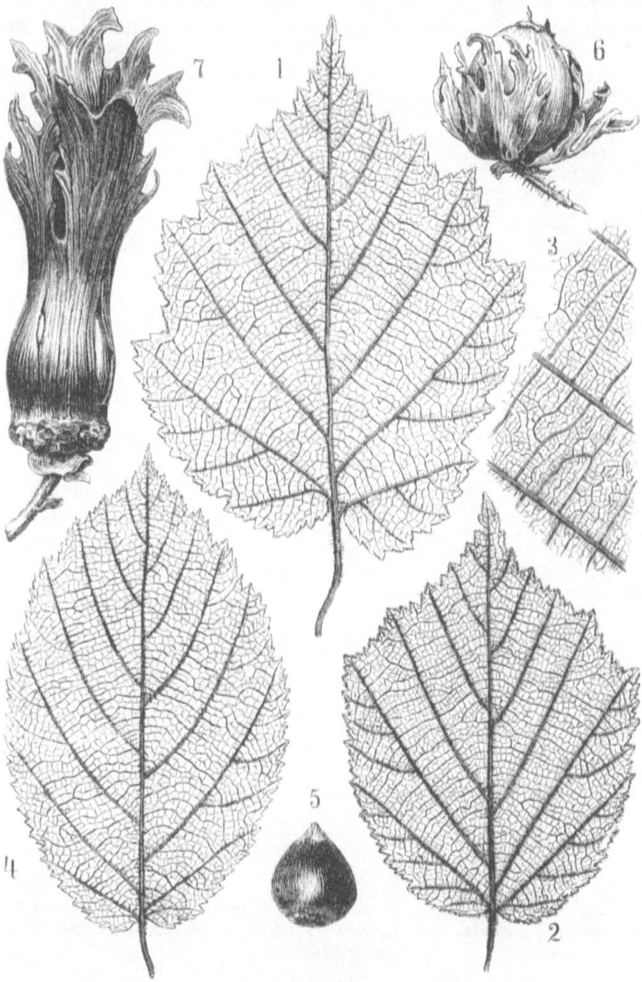

Fig. 262.
1 *Corylus Colurna* L. 2—3 *C. americana* Walt. 4—5 *C. rostrata* Ait. Blatt, Frucht. 6. *C. Avellana* L. 7 *C. tubulosa* Willd. (Nach der Natur.)

rostrata Ait. mit den Varietäten *mandschurica*, *mitis* und *Sieboldiana*, ferner im pacifischen (Var. *californica*) und atlantischen Nordamerika (von Neubraunschweig bis Georgien) die typische Form, in letzterem mit *C. americana* Walt. (Canada bis Florida) vergesellschaftet. *C. tubulosa* Willd. ist auf Istrien und das Banat beschränkt, der Verbreitungsbezirk von *C. Colurna* erstreckt sich von den Uferländern des schwarzen Meeres bis nach dem südlichen

Banat und Macedonien östlich bis in den Himalaya, wo noch eine zweite Art, *C. ferox* Wall., hinzutritt. *C. Davidiana* (*Ostryopsis* Desne) im Norden von China. Auch südwärts war noch in der Quartärzeit die Gattung weiter verbreitet, denn auf Madera, wo sie jetzt fehlt, sind von Heer Blätter einer Corylus, *C. australis* Heer, aus dem Quartär von St. Jorge nachgewiesen. Früher als im Oligocän scheint sie nicht aufzutreten. Aus dem unteren

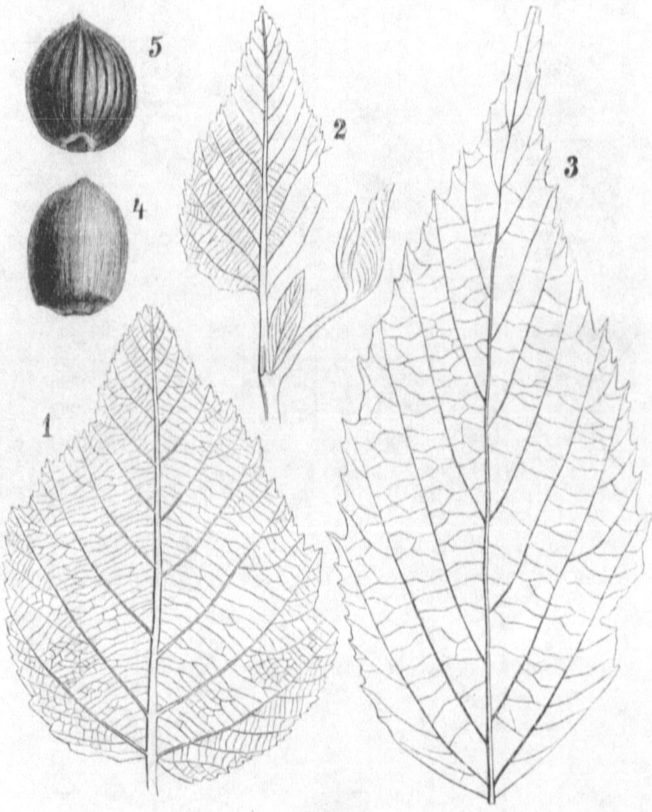

Fig. 263.
1 2 *Corylus Mac'Quarrii* Heer. Ménat in der Auvergne; Oberoligocän. 3 *C. insignis* Heer. Grönland. 4 *C. avellanoides* Engelh. Sachsen. 5 *C. Göpperti* Unger. Samland. (Copieen nach Heer, Göppert, Engelhardt.)

Oligocän Sachsens ist eine Frucht bekannt (*C. avellanoides* Engelh. Fig. 263^{4}), mit *C. Avellana* L. verwandt, während eine zweite Art, *C. insignis* Heer (Fig. 263^{3}), mit *C. americana* Wall. im Oberoligocän und Untermiocän, in der Schweiz und Böhmen, ferner auf Sachalin, in Grönland, Grinnellland nachgewiesen ist. Eine zweite Art, *C. Mac'Quarrii* Heer (Fig. 263$^{1, 2}$) ist vom Oberoligocän bis in das Obermiocän verbreitet und nicht allein in Europa von Menat, Oeningen und Sagor bis Island und Spitzbergen, sondern auch in Nordamerika (Badlands, Wyoming, Makenzieriver, Alaska, Sitcha), Nordgrönland, Bellsund, Grinnellland und Sachalin nachgewiesen. Aus dem Miocän Nordamerikas sind durch Newberry *Corylus*-Blätter beschrieben, welche zum Theile mit den dort noch vorkommenden Arten, wie *C. americana* Walt. und *C. rostrata* Ait. identificirt, theils als neue Arten beschrieben werden, wie *C. orbiculata* und *C. grandifolia*. Ausser der oben genannten Frucht sind noch weitere Früchte bekannt, wie *C. Göpperti* Unger (Fig. 263[5]) aus den Bernsteingräbereien des Samlandes, *C. inflata* Ludw. aus der jüngsten Wetterauer Braunkohle, *C. Wickenburgi* Unger aus dem Pliocän von Gleichenberg, sämmtlich der *C. Avellana* L. verwandt. Aus der interglacialen Schieferkohle von Dürnten und Mörschwyl, den interglacialen Bildungen Lauenburgs, dem älteren Quartär der Provinz Hannover, den Kalktuffen von Cannstadt, von la Celle und Dänemark ist *C. Avellana* L. bekannt.

Die Blattbasis der *Corylus*-Arten ist mehr oder weniger tief herzförmig oder auch abgerundet, zuweilen ungleichseitig, der Blattrand meist bis beinahe an den Blattstiel doppelt, selten einfach, so bei *C. Colurna* L. gezähnt. Die beiden untersten der alternirenden Secundärnerven sind genähert, das unterste Paar sendet strahlig nicht selten jederseits mehrere dicht stehende Tertiärnerven aus, welche zu den unteren Zähnen gehen. Bis etwa in die Mitte des Blattes werden von den Secundärnerven Tertiärnerven abgegeben, welche in die kleineren Zähne eintreten, die grösseren Zähne werden von den Secundärnerven versorgt. Im oberen Theile des Blattes erhalten die kleineren Zähne nicht selten ihre Leitbündel von den Queranastomosen, welche gerade oder geknickt, dichter oder entfernter stehend, einfach oder gabelig, nicht selten durch Anastomosen verbunden, Felder bilden, welche durch ein kleinmaschiges Netz von Verzweigungen ausgefüllt sind, in dessen Maschen die letzten Verzweigungen der Leitbündel enden. Der Austrittswinkel der Secundärnerven ist an den untern ein beinahe rechter oder rechter, bei den übrigen 30°—70°, die Distanzen von 5—8^{mm} (*C. rostrata, C. americana* L.), bei *C. Avellana* und *C. Colurna* von 6—20^{mm} wechselnd.

Die lebenden *Fagus*-Arten gehören der nördlichen und südlichen Halbkugel in zwei habituell, wie auch durch andere Merkmale geschiedenen Gruppen an. Die Arten der südlichen Halbkugel sind zum Theile von Chile bis zur Magellans-Strasse und Feuerland, zum anderen Theile in Neuseeland, Tasmanien und Südaustralien (Victoria) verbreitet. Unter den bisher von der südlichen Halbkugel bekannt gewordenen fossilen Blättern finden sich keine, welche mit den lebenden Arten dieser Region in nähere Beziehung zu bringen wären, dagegen hat Unger aus dem Tertiär Neuseelands unter der Bezeichnung *F. Ninisiana* (fossile Pflanzen von Neuseeland in Novara-Expedition. Geolog. Theil. Bd. I. Abth. 2.), Ettingshausen aus Australien (Beiträge zur Kenntn. der Tertiärflora Australiens, Wien, 1883) Blätter beschrieben, welche, wenn auch nicht mit den Blättern der jetzt auf der südlichen Halbkugel vorkommenden Arten Aehnlichkeit haben, doch wenigstens zum Theile mit den Blättern der lebenden und fossilen Arten der nördlichen Halbkugel verglichen werden können. Deutet dies darauf hin, dass die lebenden Arten, wie Engler annimmt, aus einem gemeinsamen Stamme sich entwickelt haben? Oder sind sie zum Theile (Unger hat, wie ich glaube, zwei verschiedene Blattformen zusammengefasst) mit solchen Formen zu vergleichen, wie z. B. *F. procera* Pöpp. und Endl! In dem weiten Zwischenraum, welcher die chilenische Provinz Valdivia von Florida, Victoria in Südaustralien von Kiusiu trennt, ist keine *Fagus*-

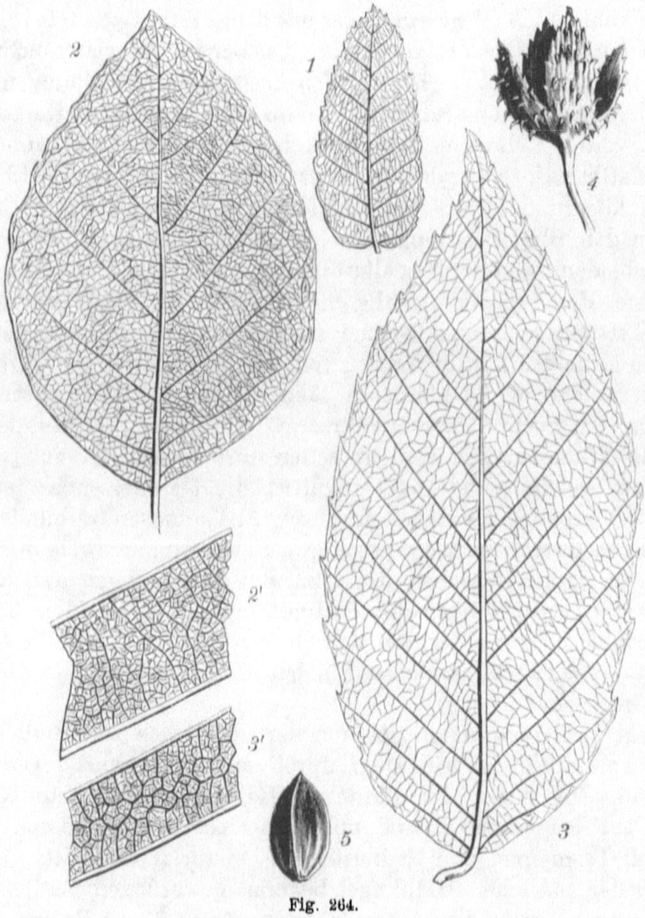

Fig. 264.
1 *Fagus alpina* Pöpp et Endl 2 2′ *F sylvatica* L. 3 3′ *F. ferruginea* Ait. Blatt. 4 Cupula. 5 Frucht. (Nach der Natur)

Art gefunden. Die auf der nördlichen Halbkugel verbreiteten Arten der Gattung erreichen ihre Südgrenze auf der westlichen Halbkugel mit *F. ferruginea* Ait. (Fig. 264$^{3-5}$) in Florida, ihre Nordgrenze in Neubraunschweig und am Winipegsee. Wie die vorausgehenden Gattungen ist auch diese Europa, Asien und Amerika gemeinsam und so treffen wir in Europa vom nördlichen Spanien bis Schottland (54°, 50 n. Br.) Norwegen (über 60°, n. Br.), von da in süd-östlicher Richtung durch Ostpreussen, Volhynien, Podolien, Bessarabien, der Krim bis in den Caucasus und Kleinasien *F.*

sylvatica L. (Fig. 264[2]), in Japan *F. japonica* Maxim. *F. Sieboldi* Endl., *F. ferruginea* Ait. und *F. sylvatica* L. (noch auf Kiusin).

Die fossilen Reste der Gattung lassen sich zuerst in der jüngeren Kreide Nordamerikas, in Nebraska (*F. polyclada* Lesq.) und Kansas (*F. cretacea* Newb.) nachweisen; sie fehlen auch nicht im Tertiär Nordamerikas, so in den Chalkbluffs (Californien) *F. pseudoferruginea* Lesq. und *F. Antipofi* Heer an der Elkostation (Nevada), in Alaska dort auch *F. Feroniae* Unger neben *F. Deucalionis* Ung., also zum Theile Arten mit dem europäischen Tertiär gemeinsam, in Amerika aber in Regionen, in welchen die Buchen jetzt vollständig verschwunden sind. Den drei zuletzt genannten Arten kömmt noch eine weitere Verbreitung zu, so *F. Deucalionis* Ung. (Fig. 265[2]) von Nordgrönland, Island und Spitzbergen bis in das Tertiär Piemonts und Südfrankreichs, *F. Feroniae* Unger (Fig. 265[1]) im Tertiär Böhmens, Steyermarks und Südeuropas, *F. Antipofi* Heer in Nordgrönland, Sachalin, Japan, der Kirgisensteppe und in Südfrankreich (*F. pristina* Sap.), sämmtlich vom Oberoligocän bis in das Obermiocän. Eine Varietät von *F. sylvatica* L. var. *pliocenica* Sap. ist in den Cineriten des Cantal, wie im Rhonethal, *F. japonica* Maxim. *fossilis* Nath. und *F. ferruginea* Ait. *fossilis* Nath., beide noch lebend in Japan, in den pliocänen oder quartären Bildungen von Mogi in Japan nachgewiesen. *F. sylvatica* L. ist in neuester Zeit in den quartären praeglacialen Süsswasserkalken von Honerdingen und in der Diatomaceeerde von Oberohe (Prov. Hannover) von Keilhack beobachtet. In den Kalktuffen Schwedens (Nathorst a. a. O.) fehlt sie wie jetzt, wo sie nur wenig den 60° N.-Br. überschreitet. Dagegen ist sie, auf *Pinus sylvestris* L. folgend, in den Torfmooren von Seeland und Schweden nachgewiesen. Die bisher als Cupulae und Früchte von Buchen beschriebenen Reste scheinen mir zum grössten Theile sehr fraglich. Für eine unzweifelhafte Cupula einer Buche halte ich die von Ludwig als *F. horrida* beschriebene Cupula (Fig. 265[3, 4]),

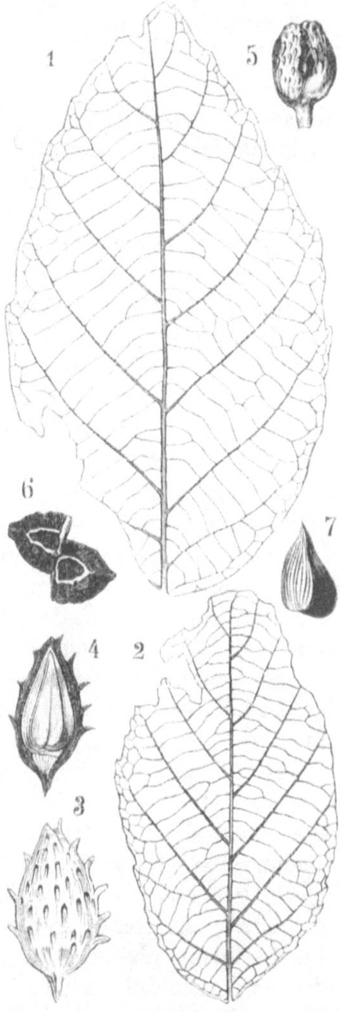

Fig 265.
1 *Fagus Feroniae* Unger, Sobrussan. 2 *F. Deucalionis* Unger. Bilin. 3 4 *F. horrida* Ludw. 5 *Fagus, cupula* Clausen. 6 *Fagus*, Früchte (*Carpinus norica* Unger). 7 *F. intermedia* Ettingsh. Frucht, Alumbay. 1, 2, 5 nach der Natur; 3, 4, 6, 7 Copieen nach Unger, Ludwig, Ettingshausen).

ferner eine Cupula aus der Braunkohle von Clausen in der Oberpfalz (Fig. 265[5]), welche mit der vorhergehenden identisch sein kann, für Früchte die von Unger als *Carpinus norica* (Fig. 265[6]) in Chloris protog. Taf. 27. Fig. 4 abgebildeten Reste, ebenso die von Heer Fl. foss. arct. Bd. II. Taf. 47. Fig. 9., Bd. III. Taf. III. Fig. 11 aus Grönland und Nordcanada abgebildete Frucht und Cupula. Im Bernstein des Samlandes ist ein unzureichend erhaltenes, wahrscheinlich zu *Fagus* gehöriges Blatt (*F. humata* Conw.) und eine dreikantige noch nicht vollständig entwickelte Frucht (*F. succinea* Göpp. et Menge) beobachtet. *Fagus pygmaea* Unger von Kumi, ein sehr kleines Blatt, von Unger mit *F. obliqua* Mirb. verglichen, hat mit dieser nichts gemein; es ist, wenn überhaupt ein Buchenblatt, eines der kleineren Blätter, wie sie bei vielen Gehölzen vorkommen

Grösse und Form der Buchenblätter kann bei derselben Art und an demselben Zweige wechseln, die Basis ist entweder seicht herzförmig ausgerandet, abgerundet oder kurz zusammengezogen, der Rand ganzrandig, wellig, (*F. sylvatica* L.) gezähnt scharf buchtig gezähnt, die Zähne zuweilen wie bei *Castanea* auf die Leitbündel und ihre Epidermis reducirt (*F. ferruginea* Ait. (Fig. 264[3]). Die Verzweigung der Leitbündel ist fiederförmig, die Secundärnerven treten meist genähert alternirend, selten opponirt unter einem Winkel von 30°—60° aus, die Distanz beträgt 4—10^{mm}, beides aber an demselben Blatte vorkommend, verlaufen gerade schief aufwärts und erreichen mit einer leichten aufwärts gerichteten Biegung den Rand oder die Zähne, im ersten Falle oft Schlingen bildend oder treten direct in die Zähne ein. Die Zahl der Secundärnerven ist bei den einzelnen Arten je nach der Grösse des Blattes verschieden, sie wechselt bei *Fagus sylvatica* L. (Fig. 264[2]) zwischen vier und zehn jederseits, beträgt in der Regel fünf bis acht, bei *F. ferruginea* Ait. kann sie bis auf fünf und sechs herabgehen, und bis sechszehn steigen, beträgt aber in der Regel acht bis zwölf. Sind Zähne am Rande vorhanden, so beginnen sie in der Regel schon mit dem ersten jedenfalls mit dem zweiten Nervenpaare, Tertiärnerven schief aufsteigend, leicht gekrümmt, sind bei den Blättern von *Fagus* nicht allzuhäufig. Die die Secundärnerven verbindenden Queranastomosen verlaufen meist bogenförmig, sie stehen durch zahlreiche in wechselnder Richtung verlaufende Aeste mit einander in Verbindung, die polygonalen Maschen dieses Netzes enthalten sehr kleine Maschen, in welche freie Enden der Leitbündel eintreten. Bei den Arten der südlichen Halbkugel sind die Queranastomosen zum Theil durch die sogenannte Nervatio reticulata ersetzt, so bei *F. Dombeyi* Mirb., *F. fusca* Hook., während andere Arten, wie *F. alpina* Pöpp. und Endl.! (Fig. 264[1]), *F. antarctica* Forst.!, *F. Cuninghami* Hook., *F. obliqua* Mirb., *F. procera* Pöpp. und Endl.! Queranastomosen wie die übrigen Arten haben. Am grössten ist bei den obengenannten Arten die Zahl der Secundärnerven bei *F. obliqua* 6—9, bei *F. procera* 17—21, bei *F. alpina* 10—17, bei den übrigen schwankt sie zwischen drei und acht. Sogenannte verkürzte, unvollständige Seitennerven kommen bisweilen vor, sie vereinigen sich mit einer Queranastomose. Die dreikantigen Früchte der Buchen sind in eine mit kürzeren oder längeren, einfachen oder verzweigten Emergenzen versehenen, bei der Reife vierklappig aufspringenden Cupula eingeschlossen (Fig. 263[4, 5]).

Auch *Castanea* L. gehört zu den Nordamerika, Europa und Ostasien gemeinsamen Gattungen, deren Verbreitung im Tertiär ausgedehnter war als jetzt Denn nicht allein in Nordamerika kömmt im Tertiär von Colorado (Middle Rock), wo sie wie im ganzen pacifischen Nordamerika jetzt fehlt, *C. intermedia* Lesq. vor, welche der im atlantischen Nordamerika von Pennsylvanien und Ohio bis in das nördliche Florida und Texas verbreiteten *C. pumila* Mill. zunächst steht, sondern auch im Tertiär von Oregon, Californien, Nordcanada, Alaska, Nordgrönland sind Reste der Gattung nachgewiesen, so *C. Kubinyi* Kovats (Fig. 266[3]) *C. Ungeri* Heer, *C. atavia* Unger, wenn letztere überhaupt hierher gehört, was ich noch für fraglich halte. Die beiden anderen Arten haben eine ziemlich weite Verbreitung, sie finden sich auch in Europa im Tertiär Piemont's, Mittelitaliens, Südfrankreichs bis nach der Wetterau, in Schossnitz, Steiermark, Croatien, Ungarn und Siebenbürgen, ferner im älteren Tertiär von Japan und Sachalin. Diese Verbreitung deckt sich zum Theile mit der heutigen Verbreitung der *C. vulgaris Lam.* (Fig. 266[1, 2]), welche von Algier, Portugal, Spanien durch den ganzen Süden und Osten von Europa (Nordgrenze im südlichen Belgien, Elsass, Rheinpfalz, Süd- und Ostalpen, Steiermark) von da bis in den Caucasus, das nördliche Kleinasien, Persien vorkömmt, ebenso in Nordchina und Japan (Nippon), (letztere von andern als Arten unterschieden) und im atlantischen Nordamerika von Carolina bis Michigan und Maine (*C. americana* Michx.). In Europa ist ihre Nordgrenze durch Cultur noch weiter nach Norden gerückt. Ausserdem unterscheidet Schimper mit Saporta die von Unger in Chloris protog. Taf. 28. Fig. 1 abgebildete *Fagus castaneaefolia* Unger von Leoben und Warsberg in Steiermark als *C. recognita* und vergleicht sie mit *C. pumila* Mill. Ich halte es für misslich, bei der Veränderlichkeit der Blattformen von *Castanea* auf ein einzelnes fossiles Blatt hin, eine neue Art aufzustellen, für ebenso unfruchtbar halte ich auch bei dem gegenwärtig zur Disposition stehenden Material die Discussion, ob im Tertiär eine oder zwei Arten der Gattung existirt haben (*C. atavia* Unger schliesse ich aus). Ettingshausen nimmt das erstere an, seinen Abbildungen der fossilen Blätter fehlt aber die Beweiskraft, verdienstlich ist der Ueberblick über den Formenkreis der Blätter von *Castanea vulgaris* Lam. Die für *C. Ungeri* Heer und *C. Kubinyi* Kov. geltend gemachten Unterschiede bewegen sich innerhalb der Grenzen, welche die Form und Ausbildung der Zähne der lebenden *Castanea*-Arten zeigen und wohl auch, soweit ich dies nach Exemplaren und Abbildungen beurtheilen kann, der Erhaltungszustände dieses auch bei den fossilen Blättern stets vorauszusetzenden wechselnden Verhältnisses. Die Früchte, welche eine bessere Grundlage geben würden, fehlen entweder, oder sie sind wie jene aus Nordcanada in einer Weise erhalten, dass sie nicht zur Charakterisirung genügen, sie reichen eben nur aus, um die Herkunft der Blätter wahrscheinlich zu machen. Auch Blüthenstände sind beschrieben aus dem Tertiär Nordgrönlands durch Heer, aus dem Mittelmiocän von Leoben durch Ettingshausen

Fig. 266.
Castanea vulgaris Lam. 1 Blatt. 2 Frucht. 3 *C. Kubinyi* Kov. Tokay. 4 Blüthenstand, männlicher von *Castanea*. Leoben. (Copieen nach Kovats, Ettingshausen; 1, 2 nach der Natur).

abgebildet (Fig. 266[4]), ferner aus dem Bernstein des Samlandes durch Conwentz*) drei verschiedene *Castanea*-Blüthen, darunter eine von ihm beobachtete, *C. inclusa* Conw., die beiden andern Formen sind 1880 von Caspary als *Quercus subvillosa* und *C. brachyandra* beschrieben worden. Ungers *Terminalia radobojensis*, ein Blüthenstand von schlechter Erhaltung wird besser ignorirt. Reste von *Castanea* sind vom Oberoligocän bis in das Pliocän und Quartär nachgewiesen, so für das letztere *C. vulgaris* Lam., *fossilis* Nath. aus Japan, unzweifelhaft zu *Castanea* gehörig, aus einer jung tertiären oder quartären Bildung, ferner ein Theil der *Quercus*- und *Fagus*-Blätter Unger's von Gleichenberg. Die von Unger aus dem Pliocän von Wieliczka beschriebenen Früchte, *C. compressa* und *C. salinarum* (Denkschr. der Wien. Akad. Bd. I. Tab. 36. Fig. 8—12), lassen nach den Abbildungen kein bestimmtes Urtheil zu, die letzteren hält Schimper für Samen einer *Pavia*. Nördlicher als bis zum Samlande, Schossnitz und der Wetterau scheinen Reste von *Castanea* im Tertiär Europa's nicht beobachtet, in den Quartärbildungen Norddeutschlands, deren Pflanzenreste durch die Untersuchungen Keilhacks**) endlich näher bekannt geworden sind, fehlt sie, was aus den klimatischen Aenderungen während und nach der Glacialzeit sich erklärt und aus dem Umstande, dass *C. vulgaris* Lam nördlich des Maingebietes zwar blüht, selten aber Früchte reift. Es ist nicht unwahrscheinlich, dass die heutige Verbreitung der Gattung in Europa mit jener der Tertiärzeit zusammenhängt, sie hat sich in jenen Regionen erhalten, in welchen die klimatischen Aenderungen der Glacialperiode ihre Existenz nicht beeinträchtigten oder die Möglichkeit gegeben war, das während dieser Zeit verlorne Terrain wieder zu erobern. Dass in späterer Zeit Culturvarietäten (die grossfrüchtige Varietät) auftraten, welche die ursprüngliche Art verdrängten oder ihre Verbreitung einschränkten, ist wahrscheinlich und erklärlich.

Bereits oben ist auf die Veränderlichkeit der Blätter von *Castanea* hingewiesen. Dies gilt nicht bloss für die Blattformen, welche sehr schmal oder sehr breit, kurz oder lang zugespitzt, selbst stumpf abgerundet (*C pumila* Mill., übrigens auch bei den übrigen), an der Basis gleichseitig oder ungleichseitig, verschmälert, abgerundet oder schwach herzförmig, länger oder kürzer gestielt sein können, es gilt auch für die Zähne, welche bald sehr stark ausgebildet mit Dornspitzen bewehrt, bald ohne solche oder nur die Dornspitzen allein an den buchtigen Rändern entwickelt sind. Die Basis der Zweige und die blühenden Zweige tragen stets kleinere Blätter. Ob *C. vulgaris* Lam. var. *japonica* DC. stets schmal elliptische zugespitzte Blätter besitzt, weiss ich nicht zu sagen, ich konnte nur zwei beinahe vollständig gleiche Exemplare untersuchen. Die gerade, an der Basis des Blattes zuweilen leicht bogenförmig verlaufenden, wohl auch gabelnden, auf

*) Dr. H. Conwentz, die Angiospermen des Bernsteins. Danzig, 1886.

**) K. Keilhack, über ein interglaciales Torflager im Diluvium von Lauenburg an der Elbe. Berlin. 1885.

der gegen die Blattbasis hin gekehrten Seite zuweilen Tertiäräste aussendenden Secundärnerven meist alternirend, selten opponirt, enden in den Zähnen mit Ausnahme der beiden, höchstens drei bis fünf untersten Paare, welche camptodrom vor dem Rande enden. Dort ist auch das Blatt ganzrandig (Fig. 266[1]).

Die Zahl der Secundärnerven wechselt bei *C. vulgaris* Lam. zwischen 10—24 jederseits, bei *C. americana* Michx. zwischen 12—24, bei *C. pumila* Mill. zwischen 9—18. Kleine, nicht selten verkrüppelte Blätter zählen bei allen Arten nur vier bis sieben Secundärnerven. Die Blätter der von mir untersuchten Exemplare von *C. vulgaris* Lam. var. *japonica* A. DC. besassen je nach der Grösse 8—20 Secundärnerven. Der Austrittswinkel der Secundärnerven beträgt an der Basis der Blätter etwa 35—40°, gegen die Spitze 50—60°, bei schmalen Blättern übersteigt er nicht 45°, die Distanz derselben kann bei demselben Blatte, an den beiden Blatthälften und den Blättern desselben Zweiges verschieden sein, sie schwankt bei *C. vulgaris* Lam. und *C. americana* Michx. zwischen 3—15^{mm}, bei *C. vulgaris* Lam. *var. japonica* A. DC. zwischen 2—7^{mm}, bei *C. pumila* Mill. zwischen 3—7^{mm}. Unvollständige Secundärnerven, in den Queranastomosen endend, sind nicht gerade selten, während in die Zähne eintretende Verzweigungen der Secundärnerven selten vorkommen. Die Queranastomosen der Secundärnerven gerade oder bogig verlaufend, unter sich häufig anastomosirend, schliessen in ihren Feldern ein polygonales oder quadratisches Maschennetz ein, welches die freien Endigungen der Leitbündel aufnimmt. Die von Ettingshausen a. a. O. gegebenen Darstellungen gewähren einen sehr guten Einblick in alle diese Verhältnisse bei *C. vulgaris* Lam. Dass zuweilen Blätter von *Castanea*, namentlich bei weniger guter Erhaltung als Blätter von *Fagus* und *Quercus* beschrieben sind, ist insbesondere bei der Aehnlichkeit der Blätter mancher Eichenarten mit jenen von *Castanea* erklärlich.

Lesquereux erwähnt eine *Castaneopsis* (richtiger *Castanopsis*) *chrysophylloides* aus dem Pliocän Nordamerika's (Chalkbluffs, Sierra Nevada, California) und vergleicht sie mit der einzigen in Südcalifornien noch vorkommenden *Castanopsis chrysophylla* A. DC. (Memoirs of comparat. Zoology of Harvard University vol. VI). Ich halte das Vorhandensein dieser, jetzt ausser dem südlichen Californien noch in Neuguinea, den Sundainseln, Hongkong, der Halbinsel Malakka, den Khasyahills, im tropischen Himalaya vorkommenden Gattung während der Tertiärzeit in Nordamerika nicht für unwahrscheinlich und ihr heutiges Vorkommen in Südcalifornien kann sehr wohl der Rest einer früher ausgedehnteren Verbreitung im pacifischen Nordamerika sein, um so mehr als die als *Dryophyllum* Debey bezeichneten Blätter weder den jüngeren Kreidebildungen, noch dem älteren Tertiär Nordamerikas und Europas fehlen. Später werden sowohl *Dryophyllum* als auch die aus der jüngeren Kreide und dem Eocän Europas zu *Castanea* gezogenen Blätter zu erwähnen sein. Zu erwähnen sind ferner noch die von Geyler aus dem Tertiär von Borneo als *Phyllites mephitidioides* beschriebenen und mit *Grumilea* (Rubiaceen) verglichenen Blätter, welche von Ettingshausen mit *Castanopsis* Don. vereinigt werden, wie auch die von Göppert aus dem Tertiär von Java beschriebene *Quercus castanoides,* als *Castanopsis Göpperti* von Ettingshausen bezeichnet. Aus dem Tertiär von Australien fügt Ettingshausen noch eine dritte, *Castanopsis Benthami,* bei und zieht auch die von Heer als *Daphnophyllum* beschriebenen Blätter aus dem Tertiär von Sumatra zu *Castanopsis* Don. Die Erhaltung dieser Blätter, das Fehlen anderer Grundlagen einer mehr gesicherten Bestimmung gestattet zwar den Vermuthungen einen weiten Spielraum, indess ohne eine sichere Entscheidung.

Mit *Quercus* vereinigte Reste sind etwa zweihundert beschrieben, meist Blätter, denen gegenüber Blüthen- und Fruchtreste selten sind. Die Gattung charakterisirt sich durch eine die nicht aufspringende Frucht (Eichel) ganz oder nur zum Theile umschliessende, an der Aussenfläche mit wirtelständigen, meist aber spiralig stehenden angedrückten, abstehenden oder zurückgekrümmten, stärker oder schwächer entwickelten, zuweilen membranösen Emergenzen bedeckte, stets oben offene Cupula. Zuweilen reisst dieselbe, so bei der Sect. *Chlamydobalanus,* klappig auf. Tritt während der Reife an der Cupula ein intercalares Wachsthum ein, so rücken die im Jugendzustande dicht stehenden Wirtel der kreisförmigen, ganzrandigen, gekerbten oder gezähnten Emergenzen, so bei Sect. *Cyclobalanus* z. B. *Q. philippinensis* A. DC. von den Philippinen, *Q. Reinwardti* Korth. (Fig 267[4, 6]) *Q. glauca* Thbg. aus Japan, und bei Sect. *Chlamydobalanus* die Spiralen der Emergenzen aus einander, z. B. bei *Q. cuspidata* Sieb. und Zuccar., *Q. fissa* Hooker fil. et Thomps. (Fig. 267[12, 13]). In einem einzigen Falle, bei der nur auf Java mit einer Art vorkommenden Sect. *Lithocarpus* (Fig. 267[14]), ist die Frucht bis fast zur Spitze mit der Cupula vereinigt, die Frucht selbst durch ihre knochenharte runzelige Schale einer Wallnuss ähnlich. Die Gattung ist weit verbreitet, fehlt jedoch Australien, Tasmanien, Neuguinea, den neuen Hebriden, Neuseeland, Polynesien, Ost- und Westafrika, Capland, Madagascar, Mauritius, Bourbon, den Secheyllen, Arabien, im westlichen, nordwestlichen, östlichen Vorderindien, Siam, auf den Nikobaren und Andamanen, ferner mit Ausnahme des nordwestlichen Theiles, im ganzen südlichen Amerika. Der Aequator wird auf der westlichen nicht, dagegen auf der östlichen Halbkugel überschritten. Ausser der Section *Lithocarpus* sind auch Sect. *Cyclobalanus, Chlamydobalanus* und *Pasania* Miq. auf die östliche Halbkugel beschränkt und auf dieser von Nordchina, Japan, Südchina, Celebes, Borneo, den Molukken und Sundainseln, Philippinen, Cochinchina durch die malayische Halbinsel bis Pegu, Birma, den Khasyahills, Assam, dem östlichen Himalaya verbreitet. Die ausgedehnteste Verbreitung besitzt Sect. *Lepidobalanus* A. DC., sie ist es, welche auf der westlichen Halbkugel in dem Norden Venezuelas und dem Süden Columbiens ihre Südgrenze, im Nootkasund, am Winipegsee und in Neuschottland ihre Nordgrenze erreicht. Auf der östlichen Halbkugel liegt ihre Südgrenze westlich in Nordafrika (Tetuan, Algier), ihre Nordgrenze erreicht sie mit *Quercus pedunculata* Ehr. und *Q. sessiliflora* Sm. im Süden Norwegens, Schwedens, Finnlands bis

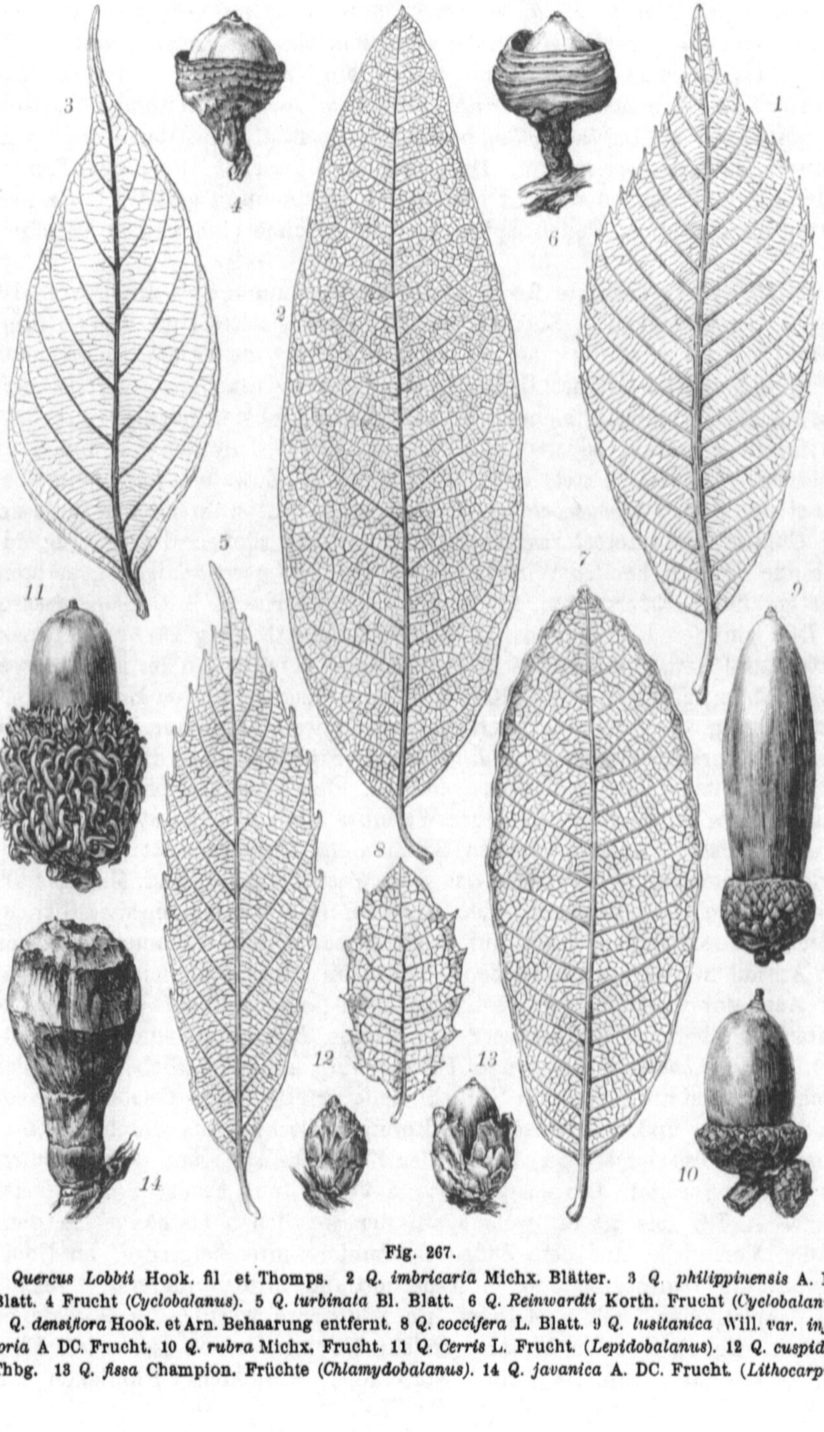

Fig. 267.

1 *Quercus Lobbii* Hook. fil et Thomps. 2 *Q. imbricaria* Michx. Blätter. 3 *Q. philippinensis* A. DC Blatt. 4 Frucht (*Cyclobalanus*). 5 *Q. turbinata* Bl. Blatt. 6 *Q. Reinwardti* Korth. Frucht (*Cyclobalanus*). 7 *Q. densiflora* Hook. et Arn. Behaarung entfernt. 8 *Q. coccifera* L. Blatt. 9 *Q. lusitanica* Will. *var. infectoria* A DC. Frucht. 10 *Q. rubra* Michx. Frucht. 11 *Q. Cerris* L. Frucht. (*Lepidobalanus*). 12 *Q. cuspidata* Thbg. 13 *Q. fissa* Champion. Früchte (*Chlamydobalanus*). 14 *Q. javanica* A. DC. Frucht. (*Lithocarpus*).

zum südlichen Ural. In beinahe ununterbrochener Verbreitung erstrecken sich die Arten dieser Abtheilung durch Ostsibirien, die Amurländer, nach Japan, das nördliche Indien bis nach den Khasyahills, zum Theile höher über dem Meere liegende Regionen, zum Theile die immergrüne Region einnehmend oder auch bis zum Meeresufer herabsteigend *)

Die Blätter der lebenden Eichen unterliegen meist einem bedeutenden Formenwechsel, nicht allein bei den einzelnen Arten, sondern auch an demselben Individuum und dem nämlichen Zweige der gleichen Art; ganzrandige, gezähnte, gesägte, gelappte Blätter mit abgerundeter, herzförmiger, verschmälerter Basis, mit mannigfach gestalteter Spitze, lineare, längliche, lanzettliche, elliptische bis beinahe kreisrunde Blätter finden sich in allen Sectionen, wenn auch die Section *Pasania* beinahe nur ganzrandige Blätter besitzt, in den Sectionen *Cyclobalanus* und *Chlamydobalanus* gesägte, gezähnte und ganzrandige Blattformen sich so ziemlich die Wage halten, die nur eine Art zählende Section *Lithocarpus* ganzrandige Blätter hat. Es sei hier auf die Beobachtungen Engelmann's (Transact. Acad. of St. Louis. vol. III 1876, pag. 375) verwiesen, wie auf A. Decandolle's Bemerkungen Annal. des scienc. natur. Ser. IV. t. XVII und in Prodromus, t. XVI. 2. pag. 3. Der fiederige Verlauf der Leitbündel ist bei der wechselnden Blattform ebenfalls dem Wechsel unterworfen; Blätter mit craspedodromen und camptodromen Verzweigungen des Mittelnerven (Secundärnerven) kommen innerhalb der Gattung bei derselben Art, demselben Zweige und ist die Basis oder der untere Theil des Blattes ganzrandig, der obere gezähnt oder gesägt, auch an dem gleichen Blatte vor. Die Camptodromie kömmt zu Stande entweder durch eine Gabeltheilung am Ende des Secundärnervens, wobei der obere Ast des vorausgehenden Secundärnervens sich mit dem unteren Aste des darauf folgenden vereinigt oder durch eine dem Blattrande naheliegende Queranastomose, mit welcher sich der untere Secundärnerv verbindet. Die craspedodromen Secundärnerven enden entweder in den Zähnen und Lappen oder bei ganzrandigen Blättern wohl auch mit einem leichten nach aufwärts gekrümmten Bogen dicht am Rande, welcher fast stets von einem mehr oder weniger entwickelten sogenannten Randnerven umsäumt ist. Bei allen Eichenblättern sind die Secundärnerven durch gerade, bogige oder geknickte, rechtwinklig oder nahezu rechtwinklig aus den Secundärnerven austretende einfache oder verzweigte Queranastomosen verbunden, deren parallelogrammatische Felder durch weitere Verzweigungen in quadratische, polygonale und nicht selten mit den Secundärnerven parallele Felder zerfallen, in welchen die letzten Verzweigungen ein maschiges Netz bilden. Die in der Nähe des Randes aus den Secundärnerven unter rechtem Winkel austretenden Tertiäräste bilden bei allen mit ganzrandigen Blättern versehenen Arten Camptodromien. Unvollständige Secundärnerven

*) Die Verbreitung einiger europäischen Eichen sowie anderer bereits besprochener Laub- und Nadelhölzer ist dargestellt in Berghaus, physik. Atla. Gothas, 1886, auf O. Drude's Florenkarte von Europa, Blatt 47.

sind sehr gewöhnlich, sie enden entweder in den Anastomosen oder treten auch wohl mit den Secundärnerven in Verbindung (vergl. Fig. 267.2, 7, 268 2, 3)

Fig. 268.
1 *Quercus conferta* Kit. 2 *Q. coccinea* Wangenh. 3 *Q. ilicifolia* Wangenh. 4 5 *Q. Championi* Benth 6—8 *Q. Ilex* L. (Nach der Natur).

Buchtig gelappte Blätter haben stets in den Buchten camptodromen Leitbündelverlauf. Da der Leitbündelverlauf zu der Form der Blätter in einer bestimmten Beziehung steht, beide aber für die einzelnen Gruppen keineswegs charakteristisch sind, so wird der Leitbündelverlauf weder, noch die Form des Blattes einen unbedingt sicheren Anhaltspunkt zur Bestimmung eines fossilen Eichenblattes gewähren, zumal als es kaum möglich ist, einen durchgreifenden Charakter für die Blätter der Gattung *Quercus* auszumitteln, also die erste Frage, ob Eiche oder nicht, zu entscheiden. Ich wenigstens bin nicht im Stande gewesen trotz der sehr grossen Anzahl von mir verglichener Arten einen Charakter von durchgreifendem diagnostischen Werth für die Gattung oder für eine Gruppe zu finden. Nur die Vergleichung einer grossen Anzahl von Blättern lebender Eichen kann vor Irrthümern schützen, unbedingt aber auch nicht, da eben die Sectionen meiner Ansicht nach keine charakteristische Nervatur besitzen. (Vergl. die Blattformen in Fig. 267, 268).

Heer hat den Versuch gemacht, nach der Zahl der je einer Blatthälfte zukommenden Secundärnerven zwei Hauptgruppen fossiler Eichenblätter, *pleuroneurae*, mit mehr als fünf Secundärnerven, *oligoneurae*, mit höchstens sechs Secundärnerven, aufzustellen, die erstere dann in zwei weitere Untergruppen: 1. Blätter ganzrandig, Leitbündelverlauf camptodrom, 2. Blätter gezähnt oder gezackt, zu gliedern. Letztere gliedert er noch weiter, je nachdem der Leitbündelverlauf craspedodrom, camptodrom oder in demselben Blatte beides zugleich ist. Schimper acceptirte im Wesentlichen diese Eintheilung, erweiterte sie jedoch durch zwei weitere Gruppen. Entschieden hat sie einen praktischen Werth für die Bestimmung der fossilen Blätter, wenn dabei an andere Fragen nicht gedacht wird, werthlos ist sie aber, wenn es sich darum handelt, die Verwandtschaft einer untergegangenen Form mit einer lebenden zu begründen, denn einerseits wechselt die Blattform bei der einzelnen Art, andererseits ist der Leitbündelverlauf von der Blattform abhängig. Die lebenden Arten bieten dafür eine Reihe von Beispielen, ebenso für die Abhängigkeit der Zahl der Leitbündel in einer Blattfläche von der Grösse des Blattes. Trotz des praktischen Werthes dieser Gruppirung wird die Gefahr nahe liegen, Blattindividuen als Arten zu unterscheiden, wie dies auch bei lebenden Eichen der Fall sein würde, stünden uns nicht andere Theile der Arten zur Disposition, und wirklich der Fall ist, wenn sie fehlen. Zur Begründung des Vorstehenden seien nur zwei Eichenarten erwähnt, eine europäische, *Q. Ilex* L. (Fig. 268^{6-8}), und eine nordamerikanische, *Q. nigra* L. Bei beiden wechselt, was an nur einigermaassen reichlichem Material nachzuweisen ist, die Grösse und Form des Blattes, dem entsprechend auch die Zahl der Secundärnerven wie ihr Verlauf. Nichts desto weniger können wir aus den bekannten fossilen zu *Quercus* gestellten Blattformen Schlüsse ziehen, welche bis zu einem gewissen Grade berechtigt sind, einmal, dass das europäische Tertiär Eichen beherbergt hat, welche Arten Ost- und Südasiens andererseits solche, welche nordamerikanischen, mexikanischen und centralamerikanischen Arten hinsichtlich ihrer Blattformen näher stehen, ferner, dass die Verbreitung der Gattung weiter nach Norden reichte als jetzt, da ihre Reste in Alaska, Grönland und Spitzbergen beobachtet sind. Diese Schlüsse beruhen aber, da der Nachweis der Cupulae und Früchte nur für das Tertiär unzweifelhaft ist, wesentlich darauf, dass am Ende der Kreidebildungen und im älteren Tertiär die Temperaturverhältnisse für die jetzt in den Tropen und Subtropen vorkommenden Formen in jenen Breiten, in welchen die fossilen Reste vorkommen, günstiger waren als jetzt, im jüngern Tertiär die Existenzbedingungen für die Formen der gemässigten Zone je nach den Breitengraden günstiger sich gestalteten. Ob in der gleichen Weise auch eine weitere Verbreitung nach Süden angenommen werden darf, ist möglich, da die von Ettingshausen aus dem Tertiär Australiens beschriebenen Arten wenigstens zum Theile hierher gehören, allerdings aber auch anders gedeutet werden können. Um indess die phylogenetischen Beziehungen mit Sicherheit nachweisen zu können, dazu ist das vorhandene Material viel zu unvollständig, indem Blüthen nur sehr sparsam, Früchte, Samen und Hüllen (cupulae) zwar zahlreicher, aber nicht immer in guter Erhaltung und letztere nur aus der Gruppe *Lepidobalanus* vorliegen, für die erstern die Gruppe nicht festzustellen ist. Viel besser, und deshalb von ganz anderer Beweiskraft, sind die im Bernstein eingeschlossenen männlichen Blüthen und Blüthenstände von Eichen erhalten, welche in einer Anzahl von Arten von Caspary (Sitzungsber. der phys.-öconomisch. Gesellsch. zu Königsberg. 1880) und in der oben erwähnten Abhandlung von Conwentz, deren Einsicht mir der Verfasser vor dem Erscheinen auf das Zuvorkommendste gestattete, beschrieben und auch vorzüglich abgebildet sind. Von beiden Verfassern werden zehn verschiedene Blüthenformen, zum Theil beinahe vollständige Blüthentrauben unterschieden, so *Quercus piligera* Casp. (Fig. 269[6, 7]). Ausserdem finden sich im Bernstein noch Knospen (*Q. macrogemma* Conw., *Q. microgemma* Conw.), ferner Blätter, japanischen, californischen Arten und jenen der *Q. pedunculata* ähnlich, endlich Sternhaare, welche von *Quercus* herrühren können. Cupulae, welche einer der übrigen Gruppen von *Quercus* angehören, sind mir nicht bekannt, sie dürften aber unter jenen Fruchtresten zu suchen sein, welche man z. B. mit *Ficus* vereinigt hat, deren Erhaltung jedenfalls grösseren Schwierigkeiten begegnete, als bei den festen Hüllen (Cupulae) der Gruppen *Cyclobalanus*, *Chlamydobalanus* und *Lithocarpus* und unter Umständen das für die Eichencupula Charakteristische verloren gehen konnte. Samen von *Quercus* sind z. B. von Gelinden (Untereocän) bekannt, mit *Q. diplodon* Sap. et Mar. vereinigt, Früchte von Radoboj (*Q. palaeococcus* Unger, mit Ausschluss des dazu gezogenen Blattes), von Kirchberg an der Iller (Fig. 269[7]), von Oeningen, Priesen, Wien, dem Samlande, der Wetterau, der Prov. Sachsen, von Mont Charray (Fig. 269[8]) dort auch Hüllen (cupulae) und Blätter (*Q. palaeocerris* Sap. Fig. 269[9]), *Q. subcrenata* Sap. und *Q. praeilex* Sap., schlecht erhaltene Früchte und Cupulae aus Grönland, Früchte mit der Cupula aus Wielizka, folglich solche Reste vom Unteroligocän bis in das Pliocän nachgewiesen.

Aus den jüngeren Kreidebildungen sind mir bislang keine anderen Reste als Blätter bekannt, darunter aus den Kreidebildungen Westfalens *Q. westphalica* Hos. und v. d. Mark (*Dryophyllum, Hamamelites* Sap.), (Fig. 269[1]), diese auch in Böhmen und Grönland neben anderen, ferner eine Anzahl aus den Kreidebildungen Nordamerikas, meist den Blättern asiatischer und mexikanischer Arten ähnlich (vergl. Lesquereux, Cretac. Flor. 1874 und 1878; Cretac. and Tert. Flora 1883). Wie weit diese, mit *Quercus* vereinigten Blätter zu dieser Gattung oder einer anderen verwandten untergegangenen oder zum Theile zu *Castanopsis* Don. gehören, bei welch' letzterer gesägte und ganzrandige Blätter vorkommen, lässt sich bei dem Fehlen aller anderen Organe schwer sagen. Nimmt man die Verbreitung mexikanischer und indischer Formen von *Quercus* ohne andere Unterlagen als Blätter während der späteren Kreidezeit in Europa, Nordamerika und Grönland an, so ist kein Grund vorhanden, die Existenz der Gattung *Castanopsis* oder einer ihr verwandten während dieser Periode in den genannten Regionen zu läugnen.

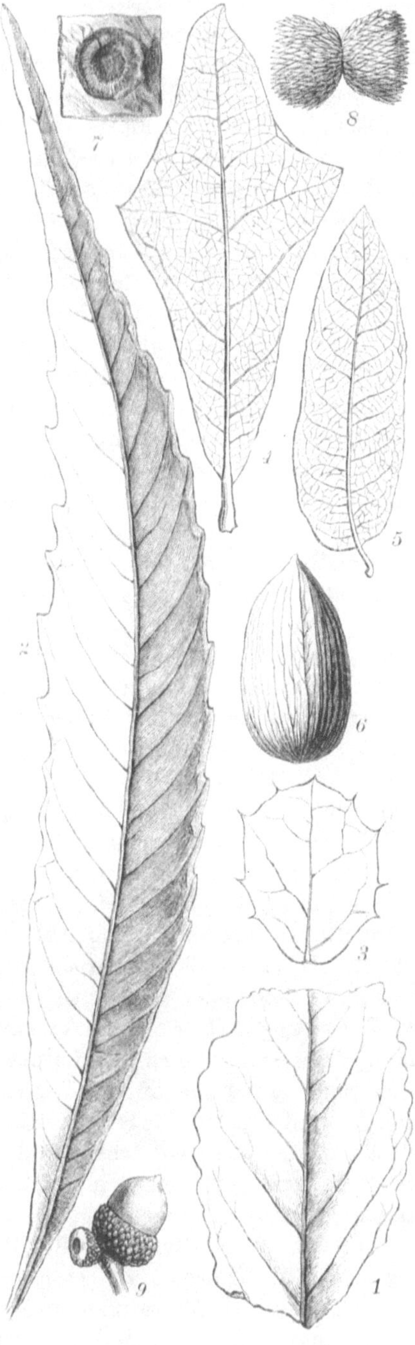

Fig. 269.

1 *Quercus westphalica* Hos. u. v. d. Mark. Haldem. 2 *Q. drymeja* Unger. Kochelsee. 3 *Q. Serra* Unger. Parschlug. 4 *Q. oligodonta* Sap. Armissan. 5 *Q. praecursor* Sap. Blatt, verkleinert. 6 Frucht. Beide von Meximieux. 7 *Quercus*, Frucht. Kirchberg an der Iller. 8 *Q. palaeocerris* Sap. 9. *Q. praeilex* Sap. Mont Charray. (3, 6, 7, 8, 9 Copieen nach Saporta, die übrigen nach der Natur.)

Wie immer gewähren die bis jetzt bekannt gewordenen Pflanzenreste aus den Tertiärbildungen Australiens, Sumatra's und Borneo's wenig Aufschlüsse über die Zusammensetzung der Vegetation dieser Regionen im Allgemeinen, so auch über das Vorhandensein von *Quercus*-Arten in jenen Gegenden und ihre Beziehungen zu den dort noch vorkommenden Arten. Zwei der von Ettingshausen aus dem Tertiär Australiens beschriebenen Blattformen können zu *Quercus* gehören (*Q. drymejoides* Ettingsh., *Q. Darwinii* Ettingsh.), die übrigen Blätter sind zu unvollständig, um die Schlüsse zu ziehen, welche Ettingshausen vertritt. Jetzt fehlt die Gattung, wie erwähnt, in Australien. Aus dem Tertiär von Java sind von Göppert ausser der bereits früher (pag. 433) erwähnten Art noch *Q. subsinuata* und *Q. laurophylla* beschrieben, erstere von Ettingshausen mit *Q. tephrodes* Unger vereinigt, indess wie ich glaube mit Unrecht. Dagegen wird *Rhus bidens* Heer wohl richtiger mit Ettingshausen für eine Eiche (*Q. bidens* Ettingsh.) erklärt werden können, das Blatt selbst hat offenbar, wie die Abbildung beweist, nur an einer Stelle einen unversehrten Rand, an dieser zwei wohlerhaltene Zähne und steht den mit scharf gezähnten Blättern versehenen Eichen der östlichen Halbkugel nahe. Unsicher sind indess beide Bestimmungen. Aus dem älteren Tertiär Japans ist eine mit *Q. Lonchitis* Unger verwandte Eiche bekannt (Nathorst, Bot. Centralblatt, Bd. 19, 1884), aus dem Pliocän oder Quartär durch Nathorst eine der in Japan vorkommenden *Q. glauca* Thbg. verwandte Eiche, *Q. Stuxbergi* Nath. (Contrib. à la flore foss. du Japon. Stockholm, 1883). Im Untereocän von Gelinden sind durch Saporta und Marion eine Anzahl von Eichen nachgewiesen, so z. B. *Q. diplodon* Sap. et Mar., eine der häufigsten neben anderen selten vorkommenden, sodann als *Pasaniopsis* (*P. retinervis* und *P. sinuatus* bezeichnete unvollständige Blätter, endlich von Watelet eine Anzahl Arten von Belleu und Pernat bei Soissons. Im Oligocän und Miocän nimmt die Zahl der unterschiedenen Arten zu und gehören zu den verbreitetsten Arten: *Q. neriifolia* A. Br. (Fig. 270[3, 4]), *Q. elaena* Unger (beide bis in das Obermiocän), *Q. Lyelli* Heer, *Q. chlorophylla* Unger, *Q. Daphnes* Ung. (Fig. 270[5]) sämmtlich mit ganzrandigen Blättern, mit gezähnten Blättern z. B. *Q. furcinervis* Heer (bis in das Untermiocän), *Q. grönlandica* Heer, *Q. drymeja* Unger (Fig. 269[2]), *Q. Lonchitis* Unger (indess beide nur zum Theile hierher gehörend). Mit jederseits wenigen Nerven z. B. *Q. Haidingeri* Ettingsh. (mit *Quercus Ilex* L. verwandt), *Q. arcuata* Sap., *Q. mediterranea* Unger, *Q. cruciata* A. Br.; mit mehr oder weniger tief eingeschnittenen oder gelappten Blättern, wie *Q. Furuhjelmi* Heer aus Alaska, eine Blattform, welche im Pliocän Europas häufig ist neben anderen Blattformen, im Pliocän (Tripel) von Oran *Q. mauritanica* Sap., ferner die mit *Q. Ilex* L. verwandte *Q. praecursor* Sap. und Mar. von Meximieux. Im jüngern Pliocän Frankreichs und Italiens finden sich Blattformen, welche von lebenden Arten nicht oder kaum zu unterscheiden sind, so aus den Cineriten des Cantal: *Q. Robur pliocenica* Sap., *Q. Mirbeckii* Sap., *Q. Lamottii* Sap. aus der Auvergne, *Q. lusitanica* Webb., *Q. Farnetto* Ten. von St. Martial (Herault) und Val d'Arno, *Q. Cupaniana* Guss., *Q. Thomasii* Ten. (Formen von *Q. Robur*), *Q. Aesculus* L., *Q. pyrenaica* Lam. aus den Tuffen der Massa maritima. *Q. Cerris* L., *Q. brutia* Ten., *Q. roburoides* Béranger, *Q. pyrenaica* Willd. sind aus den quartären Tuffen von Toscana neben Formen von *Q. Robur* L., letztere auch aus den älteren Tuffen der Somma (hier mit *Ruscus aculeatus* L.), von Montpellier, Cannstadt bekannt; *Q. Ilex* L. aus den Tuffen von Montpellier, Toscana und Lipari; *Q. virens fossilis* Lesq. im Quartär von Columbus (Mississippi). In den interglacialen und altquartären Bildungen Lauenburgs und der Provinz Hannover fehlen die beiden Formen der *Q. Robur* L. nicht, so wenig wie in den interglacialen Bildungen von Mörschwyl in der Schweiz. In den Torfmooren Skandinaviens und der Champagne folgt *Quercus* auf die Kiefer, Birke und Erle. Diese Funde zeigen, dass Eichenarten in Regionen vorkamen, wo diese heute fehlen, so z. B. in Mittelitalien, auf Lipari, im Süden Frankreichs oder sie deuten, wie der Wechsel der in den Mooren nachweisbaren Baumarten auf eine Aenderung der Existenzbedingungen. Zugleich geht aber aus dem Verschwinden der in den jüngeren Kreide- und den älteren Tertiärbildungen vorhandenen Formen, aus dem spätern Auftreten der den lebenden nahestehenden oder von ihnen nicht unterscheidbaren Formen hervor, dass die indischen, mittelamerikanischen, mexikanischen und nordamerikanischen Formen allmählich während der Tertiärzeit in Europa an Raum verloren und durch europäische ersetzt wurden, natürlich unter der Voraussetzung, dass die Verwandtschaft der fossilen Reste richtig beurtheilt ist. Im höheren Norden kann diese Aenderung früher eingetreten sein, wie sich aus dem Vorkommen von *Q. grönlandica* Heer und *Q. Furuhjelmi* Heer in Grönland und Alaska schliessen lässt. Beziehungen zwischen den Eichen des Tertiär und den noch in Europa vorkommenden Arten lassen sich vermuthen, so für *Q. coccifera* und *Q. Ilex*, wobei die Verbreitung der letzteren im Nordwesten Frankreich's bedingt sein mag durch die im Miocän des Mont Charray vorkommende *Q. praeilex* Sap. und die dem Pliocän von Meximieux angehörige *Q. praecursor*, beide der lebenden *Q. Ilex* der Blattform nach nahestehend.

Zum Schlusse kann ich indess die Bemerkung nicht unterdrücken, dass, wenn auch in der Hauptsache hinsichtlich der fossilen Eichen das Richtige getroffen sein mag, wir doch weit entfernt sind von einer genauen Kenntniss der einzelnen untergegangenen Formen, ihren Beziehungen unter sich und zu den lebenden Formen, der allmählichen Ausbildung der noch existirenden Formen. Dies kann und auch dann nur wegen des unvollständigen Materiales annähernd erreicht werden durch eine Monographie, wobei alle der Gattung fremden Elemente ausgeschieden werden.

Ich lasse die als *Dryophyllum* bezeichneten Blätter wegen ihrer grossen Aehnlichkeit mit den Blättern mancher *Quercus-Castanopsis-* und *Castanea*-Arten sogleich folgen, anstatt sie später unter den Blättern zweifelhafter Abstammung zu behandeln, da sie sich durch ihr Aussehen eng an eine Reihe fossiler wie lebender Eichenblätter anschliessen, und es nicht unwahrscheinlich ist, dass sie den *Cupuliferen* angehören. Es sind unter *Dryophyllum* sägezähnige, meist schmale, langzugespitzte, gegen die Basis verschmälerte, nach oben breitere, aber auch ganzrandige gestielte Blätter zusammengefasst, deren zahlreiche Secundärnerven unter einem spitzen

Winkel austreten, schief aufsteigend in den Zähnen enden und bisweilen vor dem Eintritte in diese einen nach oben verlaufenden Tertiärast abgeben. Verbunden sind sie durch zahlreiche querverlaufende Anastomosen, deren Felder die zahlreichen, durch die weiteren Verzweigungen der Leitbündel entstandenen Maschen enthalten. In diesem Sinne ist der von Saporta gegebene Charakter zu berichtigen. Der Leitbündelverlauf der fossilen Blätter unterscheidet sich wesentlich in Nichts von jenen von *Castanopsis indica* A. DC., den *Castanea*-Arten, den *Quercus*-Arten mit ähnlichen Blattformen, wie *Q. castaneaefolia* C. A. M., *persica* Jaub. et Spach., *Q. Lobbii* Hook. fil. et Thomps. (Fig. 267[1]). Zuweilen ist auch bei diesen Blättern ein Tertiärast vorhanden, welcher mit einem querverlaufenden Anastomosenast sich verbindet oder am Rande hinläuft und Leitbündeläste aufnimmt. So ist es z. B. auch bei *Quercus lamellosa* Sm. aus Nepal, *Q. gemelliflora* Bl. auf Java, *Q. densiflora* Hook. et Arn. aus Californien (Fig. 267[7]). Bei *Castanopsis indica* A. DC. ist dieser Leitbündelverlauf vielleicht häufiger vorhanden, aber er ist weder für diese noch für die übrigen Formen bezeichnend, da er in dem gleichen Blatte vorkommen oder fehlen kann. Keines der als *Dryophyllum* bezeichneten Blätter kann mit *Q. spicata* Bl. auf Java, welche stets ganzrandige Blätter hat, verglichen werden, wie dies geschehen ist.

Die Blätter sind bis in das Unteroligocän nachgewiesen und treten zuerst in der jüngeren Kreide, dem Cenoman, auf; so in Nordamerika, wie *D. primordiale* Lesq. (Nebraska), *D. latifolium* Lesq. (Kansas), im Senon von Aachen *D. cretaceum* Debey, im Cenoman Schlesiens *D. Geinitzianum* Sap. und des Harzes, insofern man die ungenügende Abbildung von Dunker's *Castanea Hausmanni* für *Dryophyllum* gelten lassen will. Aus dem Untereocän von Sezanne, Belleu, Vervins, Bracheux, Courcelles und Gelinden sind von Saporta und Marion eine Anzahl Arten beschrieben (Watelet's *Castanea*- und *Myrica*-Arten), von welchen ich *D. Dewalquei* Sap. (*Myrica aemula* Heer, Fig. 270[2]) und *D. curticellense* Sap. et Mar. (Fig. 270[1]) nenne, beide auch im Unteroligocän der Provinz Sachsen. *Myrica aemula* Crié (Recherches sur la végétation d'l'ouest de France. Paris, 1878) zum Theile zu *Dryophyllum* gehörig, aus dem Unteroligocän von Le Mans und Angers unterscheidet sich nach den Abbildungen von *Dryophyllum* durch den Verlauf der Secundärnerven, welche bei einem Theile der Exemplare unter einem Winkel von 15°—20° austretend beinahe horizontal verlaufen, bei anderen Exemplaren beträgt jedoch der Austrittswinkel 40°—60° und verlaufen sie schief aufwärts. Dass zwei Seiten (wieder nach den Abbildungen) desselben Blattes verschiedene Richtung des Leitbündelverlaufes haben, die Zähne nicht immer an allen Exemplaren dieselben sind, führe ich auf die Lage und Erhaltung zurück, und selbst wenn bei den Zähnen die Erhaltung nicht in Frage kömmt, würde dies doch nicht von Bedeutung sein, da die Zahnbildung bei den Blättern der oben erwähnten Gattungen veränderlich ist und ganz oder theilweise gezähnte oder gesägte Blätter neben ganzrandigen bei denselben Arten vorkommen können. Diese Blätter gehören meines Erachtens nicht zu *Dryophyllum*, sondern zu *Myrica*. Taf. H. Fig. 39 und

Taf. I. excl. Fig. 44, 45, 51 würde ich für *Dryophyllum* Taf. H. Fig. 35, 36, 38, 40, 41 für *Myrica* halten, jedoch nicht *M. aemula* Heer.

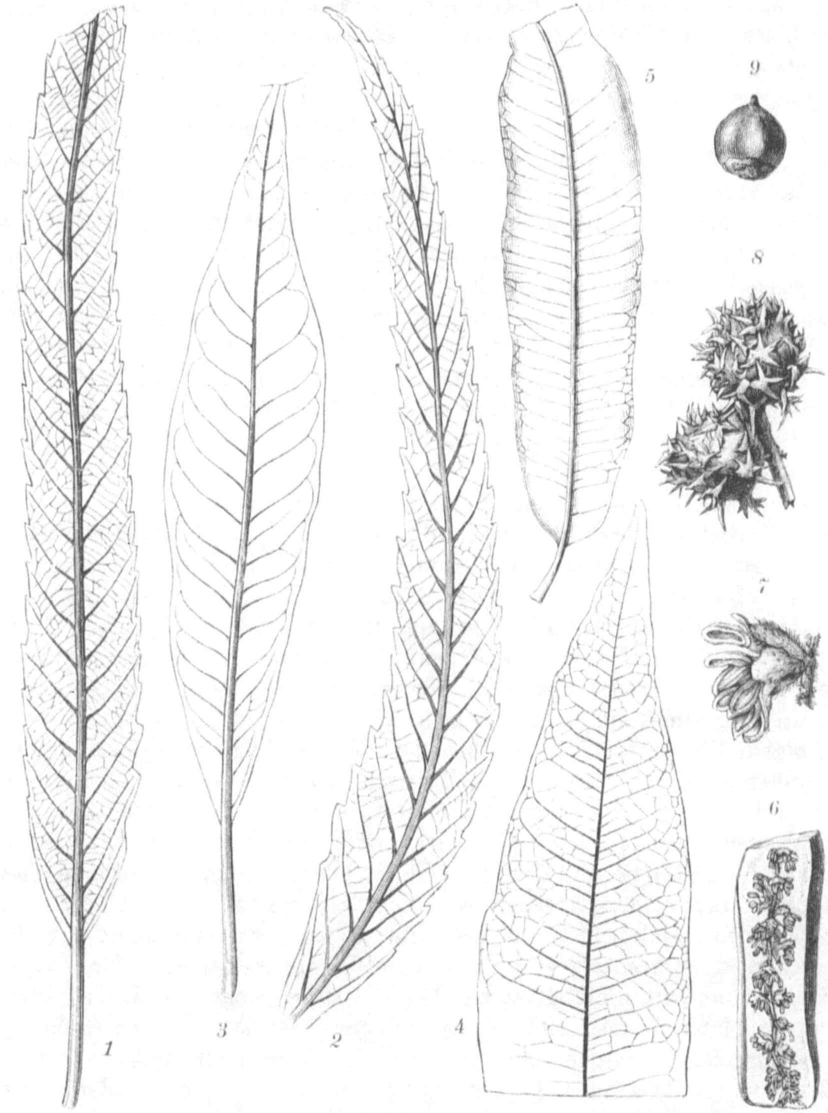

Fig. 270.

1 *Dryophyllum curticellense* Sap. et Mar. 2 *D. Dewalquei* Sap. et Mar. Unteroocän. Gelinden. 3 4 *Quercus neriifolia* A. Br. Obermiocän, Oeningen. 5 *Q. Daphnes* Unger. Parschlug, Mittelmiocän. 6 7 *Q. piligera* Casp. Bernstein. Männlicher Blüthenstand und vergrössert einzelne Blüthe. 8 *Castanopsis tribuloides* Lindl. Fruchtstand. 9 *C. indica* A. DC. Frucht. (Copieen nach Saporta, Conwentz und n. d. Natur).

Eine weitere Differenz tritt bei beinahe allen von Crié abgebildeten Blättern auf: das Vorhandensein von verkürzten Nerven, welche auch von

Saporta bei *D. vittatum* abgebildet oder angedeutet sind. Fig. 45 der Tafel I. scheint überhaupt nicht hierher zu gehören.

Früchte, Fruchtstände, überhaupt andere Reste, welche einen sicheren Aufschluss über die Abstammung dieser Blätter geben könnten, fehlen. Die Fruchtstände von *Castanopsis* sehen, so sehr die Frucht von jener von *Castanea* unter Umständen abweichen mag, bei einem Theile der Arten jenen von *Castanea* so ähnlich (bei anderen allerdings nicht z. B. *C. tribuloides* Lindl. Fig. 270[8]), dass sie ohne nähere Untersuchung mit jenen von *Castanea* verwechselt werden können, im fossilen Zustande möchten beide überhaupt nicht zu unterscheiden sein, wenn nicht ihre Erhaltung eine ganz vorzügliche ist. Dies ist aber bei dem einzigen von Heer zu *Castanea* gezogenen Fruchtstand aus Alaska (pag. 428) nicht der Fall. Nach den Blättern, auf welche wir also allein angewiesen sind, lässt sich nicht entscheiden, welcher lebenden Gattung sie angehört haben oder näher stehen, weil der Leitbündelverlauf für keine der in Frage kommenden Gattungen beweisend ist. Es lässt sich mit einiger Wahrscheinlichkeit behaupten, dass die als *Dryophyllum* bezeichneten Blätter zu den Cupuliferen gehören, dass in Breiten, in welchen jetzt Formen von Cupuliferen mit dem Leitbündelverlauf von *Dryophyllum* nicht mehr vorkommen, sie noch in der älteren Tertiärzeit vorkamen, gegen das Ende der Kreidebildungen diese Formen eine noch grössere Verbreitung hatten, während, bezieht man sie auf *Castanopsis* oder *Quercus*, jetzt in Europa keine, in Südcalifornien noch eine Art von *Castanopsis* vorkommt, alle übrigen Arten der östlichen Halbkugel und alle in Betracht kommenden lebenden Eichenarten beinahe ausschliesslich entweder Ost- und Südasien oder Centralamerika angehören. Dies ist aber ein Resultat, wie es sich für die Mehrzahl der mit *Quercus* vereinigten Blätter ebenfalls ergeben hat. Weiter frägt es sich, ob nicht die früher erwähnte *Quercus bidens* Ettingsh. aus dem Tertiär von Sumatra (pag. 440), ferner *Q. drymejoides* Ettingsh. aus dem Tertiär Australiens nicht mit gleichem Rechte als *Dryophyllum*-Arten bezeichnet werden können. Will man *Dryophyllum* und *Castanopsis* in Verbindung bringen, will man dies als ausser Frage stehend ansehen, so würde *Castanopsis* in der Tertiärzeit auf der südlichen Halbkugel, weiter südwärts als jetzt, wo sie Neuguinea nicht überschreitet, verbreitet gewesen sein, dasselbe würde aber auch für *Quercus* gelten, wenn man die Blätter zu dieser Gattung zieht. Nach dem vorliegenden Materiale lässt sich weder nach der einen noch anderen Richtung ein bestimmter Ausspruch thun, da ausser den Blättern alle anderen Organe fehlen und selbst, wenn z. B. Früchte vorhanden wären, so würden diese von jenen der Eichen oder der Kastanien dann nicht zu unterscheiden sein, wenn sich in der Cupula nur eine Frucht ausgebildet hat (Fig. 270[9]). Zum Schlusse sei noch der Leitbündelverlauf der mit ganzrandigen Blättern versehenen *Castanopsis*-Arten erwähnt. Bei diesen entstehen zwischen den einzelnen Verzweigungen ersten Grades, den Secundärnerven, Camptodromien, indem der untere Secundärnerv mit den querverlaufenden Anastomosen oder auch mit Tertiärästen des oberen in Verbindung tritt, oder die

Secundärnerven gabeln und diese sich vereinigen, so bei *C. chrysophylla*, wie dies auch bei *Quercus* der Fall ist. Sind die Blätter solcher Arten im oberen Theile gezähnt, wie bei *C. echidnocarpa* A. DC., *C. tribuloides* A. DC., so stimmt der Leitbündelverlauf in diesem Theile des Blattes mit jenem der gezähnten Blätter überein.

An die Cupuliferen schliesse ich die *Juglandaceen* an, welche mit ersteren so viele, von Eichler (Blüthendiagramme. Bd. II, S. 37) klar auseinandergesetzte Beziehungen zeigen, dass sie besser an dieser Stelle als neben den *Anacardiaceen* stehen. Beschrieben sind im fossilen Zustande Blätter, Blüthen und Früchte. Gegenüber der Zahl der noch existirenden Arten ist die Zahl der beschriebenen fossilen Arten grösser als jene der lebenden und ist *Juglans* L. Jamaica, Mexiko, Nordamerika und Asien gemeinsam, *Carya* Nutt. auf Japan (*J. cordiformis* Maxim.), Nordamerika (bis Texas) und Mexiko, *Pterocarya* Kunth. auf Transkaukasien, Nordpersien, Japan und China, *Platycarya* Sieb. et Zuccar. auf Nordchina, Korea und Japan, *Oreomunoa* auf Centralamerika beschränkt, *Engelhardtia* Leschen. von Java und Sumatra, Penang, Hongkong nach Sikkim und Nepal verbreitet. *Juglans regia* L. in Europa mit Ausnahme der Bergzüge Nordgriechenlands, jetzt nur cultivirt, ist von Transkaukasien bis in das östliche Indien, Birma, Nordchina, Nippon verbreitet, das Vorkommen einer Varietät der nordamerikanischen *J. nigra* L. (*var. boliviana* A. DC.) in Bolivia entweder durch frühere Einführung oder durch die Verbreitung in einer früheren Periode bedingt. Dass Europa früher nicht allein *Juglans*, sondern auch *Carya* und *Engelhardtia* oder wenn man dies lieber will, eine letzterer nach verwandte Gattung beherbergt hat, geht aus den im fossilen Zustande gefundenen Früchten unzweifelhaft hervor. Ob dies mit gleicher Sicherheit von *Pterocarya* für die ältere Tertiärzeit behauptet werden kann, steht dahin, da die von Ettingshausen als *P. leobenensis* aus dem Mittelmiocän von Leoben beschriebenen Fruchtreste vermöge ihrer Erhaltung kein sicheres Urtheil zulassen, wenn auch die Möglichkeit, dass sie dieser Gattung angehören, nicht unbedingt in Abrede zu stellen ist. Anderwärts sind, mit Ausnahme des Vorkommens der Früchte von *Pterocarya fraxinifolia* Spach. in den Cineriten des Cantal (Saporta, Annal. des scienc. nat. Sér. V. t. 17), welche also für die spätere Tertiärzeit das Vorhandensein der Gattung in Europa bekunden und auch der Ansicht Ettingshausen's eine Stütze sind, Früchte dieser Gattung nicht beobachtet.

Hinsichtlich der Früchte der Juglandeen verweise ich auf C. Decandolle's Mém. sur les Juglandées in Annal. des sc. nat. Sér. IV. t. 18, auf die Darstellung Eichler's in Blüthendiagramme S. 28, A. Braun's in den Sitzungsberichten der naturf. Freunde zu Berlin. Dec. 1871 und die Abbildungen von Maximowicz in Bull. de l'Acad. de St. Petersbourg. t. XVII, 1873. Ich gehe hier auf den Bau der Früchte nur so weit ein, als es mir, der Aufgabe des Buches entsprechend, geboten erscheint, da die Früchte der wichtigste und beweisendste Theil unter den Resten dieser Gruppe sind.

Die weiblichen Blüthen stehen von zwei seitlich stehenden Vorblättern begleitet in den Achseln von Deckblättern, der unterständige einfächerige Fruchtknoten enthält eine grundständige, aufrechte, atrope Samenknospe und trägt ein vierblätteriges Perigon. Bei der Reife bildet sich unter Verschwinden der Bractee und Vorblätter der Fruchtknoten von *Juglans* zu einer Steinfrucht mit unregelmässig aufspringender Hülle aus, bei *Carya* (Fig. 271[7, 8]) öffnet sich diese Hülle vierklappig, bei der nicht aufspringenden Frucht von *Pterocarya* (Fig. 271[10]) wachsen die beiden Vorblätter zu zwei zur Fruchtaxe querstehenden, seitlichen, abgerundeten Flügeln aus, bei *Engelhardtia* bilden die beiden Vorblätter und die Bractee einen dreitheiligen, den oberen Theil der Frucht umfassenden Flügel (Fig. 271[12]), bei *Platycarya*, welcher Gattung das Perigon fehlt, stehen die aus den beiden seitlichen Vorblättern hervorgegangenen Flügel parallel mit der Längsaxe der Frucht; *Oreomunoa* verhält sich nach den Angaben der Autoren wie *Engelhardtia*, der Querschnitt ihrer Frucht zeigt ausser den an der Innenseite der Fruchtwand befindlichen Längsleisten, an den vier Scheidewänden T-förmig gestaltete Gewebeplatten. Scheidewände, Leisten und Gewebeplatten der Wände der Steingehäuse (Nüsse) entstehen erst während der Fruchtreife, die letzteren bedingen die Unebenheiten der beiden Keimblätter, die ersteren die lappige Form des Embryo. Eine Scheidewand, die primäre oder Hauptscheidewand ist stets vorhanden, zuweilen allein, so bei *Engelhardtia*, *Platycarya*, *Juglans cinerea*, *J. mandschurica* Maximow., *J. stenocarpa* Maximow., bei den übrigen kommen, mit den primären sich kreuzend, die secundären Scheidewände hinzu (Fig. 271[7]). Weder primäre noch secundäre Scheidewände sind vollständig, sie lassen den oberen Theil des Steingehäuses frei. In den Scheidewänden und Leisten der Wände sind einzelne Stellen von lockerem, dünnwandigem, später verschrumpfendem Gewebe eingenommen, die späteren Lücken dieser Theile der Nüsse, welche indess, so bei *Carya*, *Pterocarya*, *Engelhardtia*, bei vollständig reifen Nüssen noch durch das Gewebe ausgefüllt sein können. Sehr ausgeprägt sind die Lücken bei *Juglans nigra* L. und *J. cinerea* L. (Fig. 271[3, 4]) in den stumpfen Wandleisten und in der Scheidewand, durch lockeres Gewebe ausgefüllt in der Scheidewand von *J. regia* L. *Pterocarya* hat zwei seitliche grosse und eine centrale durch Gewebe ausgefüllte Lücke, *Engelhardtia* eine längliche Lücke in der Scheidewand. Bei *Carya* haben die einspringenden Leisten und Platten aller von mir untersuchten Früchte mit Gewebe ausgefüllte Lücken, jene der Scheidewände reichen bis in die äussere Wand des Steingehäuses. Am grössten sind letztere bei *C. aquatica* Nutt.

Unter den fossilen Früchten ist vor allen *J. tephrodes* Unger, aus Mittelitalien und Feistritz zu erwähnen, mit welcher vielleicht Ludwig's *J. Göpperti* (Fig. 272[3]) aus der jüngeren Braunkohle der Wetterau zusammenfällt, mit der noch lebenden nordamerikanischen *J. cinerea* L. und japanischen *J. stenocarpa* Maxim. so sehr übereinstimmend, dass, was ich indess bezweifeln möchte, A. Braun die Identität mit ersterer für nicht unwahrscheinlich hält. Der lebenden nordamerikanischen *J. nigra* L. verwandt sind die aus den Ataneschichten (jüngere Kreide) Grönlands als *J. arctica* Heer, aus der jüngeren Wetterauer Braunkohle von Ludwig beschriebenen *J. globosa*, *J. quadrangula* und *J. corrugata*; mit *J. regia*, welche in den quartären Tuffen von Meyragues in der Provence vorkömmt, verwandt *J. nux taurinensis* Brongn. von Turin und Val d'Arno (Mittel- und Obermiocän), *J. minor* Sap. aus dem Pliocän von Meximieux und *J. salinarum* Unger von Wielizka, *J. Hageniana* Heer aus dem Samlande (Mitteloligocän) und eine von Heer mit den als *J. acuminata* A. Br. beschriebenen Blättern vereinigte Frucht vom Hohen Rhonen (Oberoligocän). Unter den fossilen *Carya*-Früchten sind wohl *C. ventricosa* Unger (Fig. 272[8]) (*J. laevigata* Ludw., *C. pusilla* Unger) und *C. costata* Unger (Fig. 272[7]) die verbreitetsten (vom Unteroligocän bis in das Pliocän), neben diesen beiden noch von Spitzbergen *C. albula* Heer, eine *Carya* aus Grönland, *C. Schweiggeriana* (*Juglandites* Göpp.) aus dem Samlande (Mitteloligocän), *C. rostrata* Göpp. aus dem Oberoligocän der Wetterau (Fig. 272[6]), aus dem Mittelmiocän *C. abbreviata* Heer, *C. elaenoides* Unger, aus dem Obermiocän *C. Brauniana* Heer, *C. Sturii* Unger aus dem Pliocän, *C.* (*Juglans* Unger) *minor* von Gleichenberg, aus den Cineriten des Cantal *C. maxima* Sap., *C. alba* Nutt. im Waldbett von Ohio. *Carya Saturni* Unger von Stein in Oberkrain möchte ich für eine *Juglans* halten. Auch in Nordamerika sind *Carya*-Früchte durch Lesquereux nachgewiesen, so *C. rostrata* Göpp., *C. ventricosa* Brongn. (*C. costata* Lesq.), *C. Bruckmanni* Heer, sämmtlich von Florissant (Wyoming, Greenrivergroup). Die zu *Engelhardtia* gezogenen, früher mit *Carpinus* vereinigten Früchte sind später von Saporta (Annal. des sc. nat. Sér. V. t. 18. pag. 99) als *Palaeocarya* (Fig. 271[10]) bezeichnet und als eine zwischen *Engelhardtia* und *Pterocarya* stehende Form, letzterer näher stehend betrachtet worden. Charakterisirt wird *Palaeocarya* durch den in der Regel dreinervigen Mittellappen des Involucrums (Flügel), die kahle Frucht, das Fehlen der Narben. Das mir zur Disposition stehende Material von Früchten von *Engelhardtia* ist nicht zahlreich, bei allen untersuchten Arten sind die drei grösseren Lappen des Involucrums einnervig, die Verzweigungen des Leitbündels durch Gabeläste camptodrom, die Maschen der weiteren Verzweigungen quadratisch oder wohl auch polygonal, die Früchte behaart, von den beiden zweischenkligen Narben gekrönt. An der Basis ist das Involucrum natürlich dreinervig, ist einer der beiden oder die beiden nach innen stehenden Lappen grösser, so haben auch sie einen deutlichen Mittelnerven (Fig. 271[12]). Ob man nun dem von Saporta hervorgehobenen Charakter ein solches Gewicht beilegen will, um eine besondere Gattung neben *Engelhardtia* zu unterscheiden oder nur eine Gruppe, wird von individuellen Anschauungen abhängen, so viel steht fest, dass nach den Abbildungen der der Bractee entsprechende Mittellappen der fossilen Früchte nicht immer drei Leitbündel hat. Die verbreiteteste Art ist *E.* (*Palaeocarya*) *Brongniarti* Sap., welche in Armissan, Turin, Leoben, Radoboj, Sagor, Sotzka, Parschlug und Kutschlin gefunden ist (Fig. 272[11, 12]). Im Tertiär des südlichen Frankreichs sind durch Saporta ausser dieser noch mehrere Arten nachgewiesen, darunter *E.* (*Palaeocarya*) *atavia* Sap. von Aix, die älteste Art aus dem Unter-

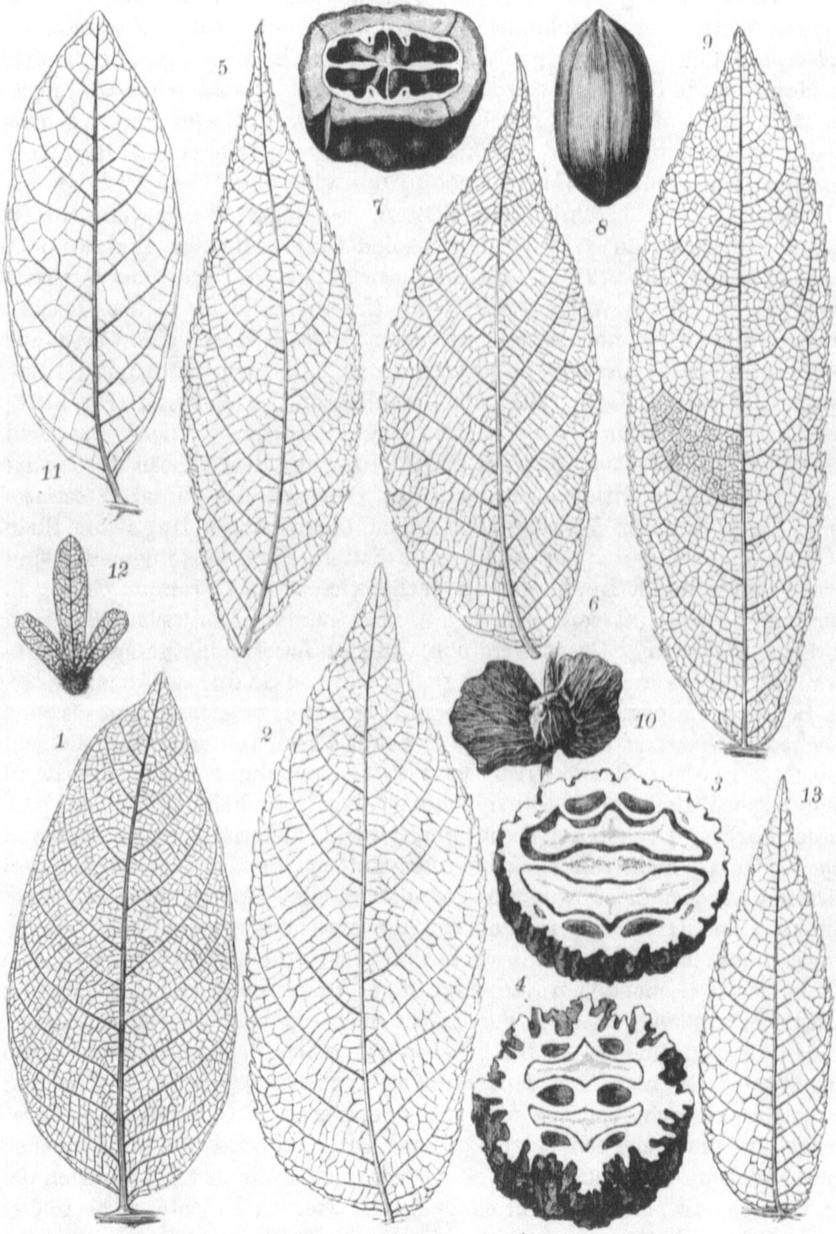

Fig. 271.

1 *Juglans regia* L. 2 *J. nigra* L. Fiederblatt. 3 Steingehäuse. 4 *J. cinerea* L. Steingehäuse. Querschnitte. 5 *Carya microcarpa* Nutt. 6 *C. tomentosa* Nutt. 7 *C. alba* Nutt. Frucht, Querschnitt. 8 *C. olivaeformis* Nutt. Frucht. 9 *Pterocarya fraxinifolia* Spach. Blatt. 10 Frucht. 11 *Engelhardtia philippinensis* A. DC. Blatt. 12 Frucht. 13 *Platycarya strobilacea* Sieb. et Zuccar. Blatt. (Nach der Natur.)

oligocän (Fig. 272[10]). Auch Weber's *Carpinus platycarpa* von Orsberg bei Bonn gehört hierher, und wie schon Ettingshausen bemerkte, die von Unger als *Carpinus oblonga, macroptera, producta, grandis* beschriebenen Früchte von Sotzka und Parschlug, ferner Andrä's *Carpinus vera* (Fig. 261[5]) aus dem Obermiocän von Thalheim in Siebenbürgen. Die Fruchtreste sind vom Unteroligocän bis in das Obermiocän verbreitet. Nördlich von der Linie Bonn-Bilin-Siebenbürgen scheinen sie nicht beobachtet.

Die als männliche Blüthenstände der Juglandaceen beschriebenen Reste mögen zum Theile hierher gehören, so auch der als *Fraxinus Dioscurorum* Unger beschriebene, jedenfalls nicht zu *Fraxinus* gehörige. Ihre Erhaltung ist jedoch in der Regel keine sehr gute und lässt selten mehr als die Bezeichnung eines kätzchenartigen Blüthenstandes mit Sicherheit zu. Gelegentlich sei bemerkt, dass nach mir vorliegenden Exemplaren von *Platycarya* die Blüthenstände bei dieser Gattung an den jährigen Trieben stehen.

Neben den besprochenen Resten fehlt es nicht an Blättern, welche zu dieser Familie gezogen, zum Theile mit den Früchten in der herkömmlichen Weise in Verbindung gebracht sind. Die Blätter aller Juglandaceen sind gestielt, unpaarig gefiedert, ohne Nebenblätter, die alternirenden oder opponirten Fiederblätter mit Ausnahme des länger gestielten Endblattes sitzend oder sehr kurz gestielt, ganzrandig oder gezähnt, ungleichseitig mit ungleicher Basis, untere Fiederblätter kleiner. Ihr Leitbündelverlauf fiederförmig, die Secundärnerven alternirend oder opponirt, gegen den Rand im Bogen aufsteigend. Bei den ganzrandigen Fiederblättern von *Juglans regia* L. sind sie mittelst der äussersten Queranastomosen zu Camptodromien verbunden, bei *J. cinerea* L. und *nigra* L. treten von den Camptodromien Aeste in die Zahnbuchten, aber auch in die Zähne ein, bei *J. pyriformis* Liebm. enden beinahe alle Secundärnerven direct in die Zahnbuchten, bei *Pterocarya* ist bei der ausgeprägten Ungleichseitigkeit der Fiederblätter der Bogen der Secundärnerven in der schmäleren Blatthälfte steiler als in der breiteren, die Camptodromien wie bei *Juglans* ausgebildet, die von ihnen abgehenden Aeste treten in die Zähne, bei *Platycarya* geben die Secundärnerven Tertiäräste in die Zähne, sie selbst enden in den Buchten, bei *Carya* sind entweder (*alba* Nutt., *porcina* Nutt., *tomentosa* Nutt.) Camptodromien selten, die Secundärnerven und ihre Tertiäräste treten in die Zähne, oder die Camptodromien sind allgemein (*amara* Nutt., *aquatica* Nutt., *microcarpa* Nutt.), die Zähne erhalten ihre Leitbündel von diesen. *Engelhardtia* verhält sich wie die zuletzt erwähnten *Carya*-Arten wenigstens bei den wenigen von mir untersuchten Arten. Unvollständige (verkürzte), mit den Queranastomosen sich verbindende Secundärnerven sind bei allen Gattungen nicht selten. Die die Secundärnerven verbindenden Queranastomosen treten meist unter einem rechten Winkel aus, verlaufen gerade oder auch im Bogen und verzweigen sich nicht selten. Die von ihnen gebildeten Felder werden von den weiteren Verzweigungen in polygonale Maschen getheilt, die letzten Verzweigungen enden frei in den Maschen. Die durch die Queranastomosen gebildeten Felder sind bald grösser, bald kleiner, die durch die weiteren Verzweigungen

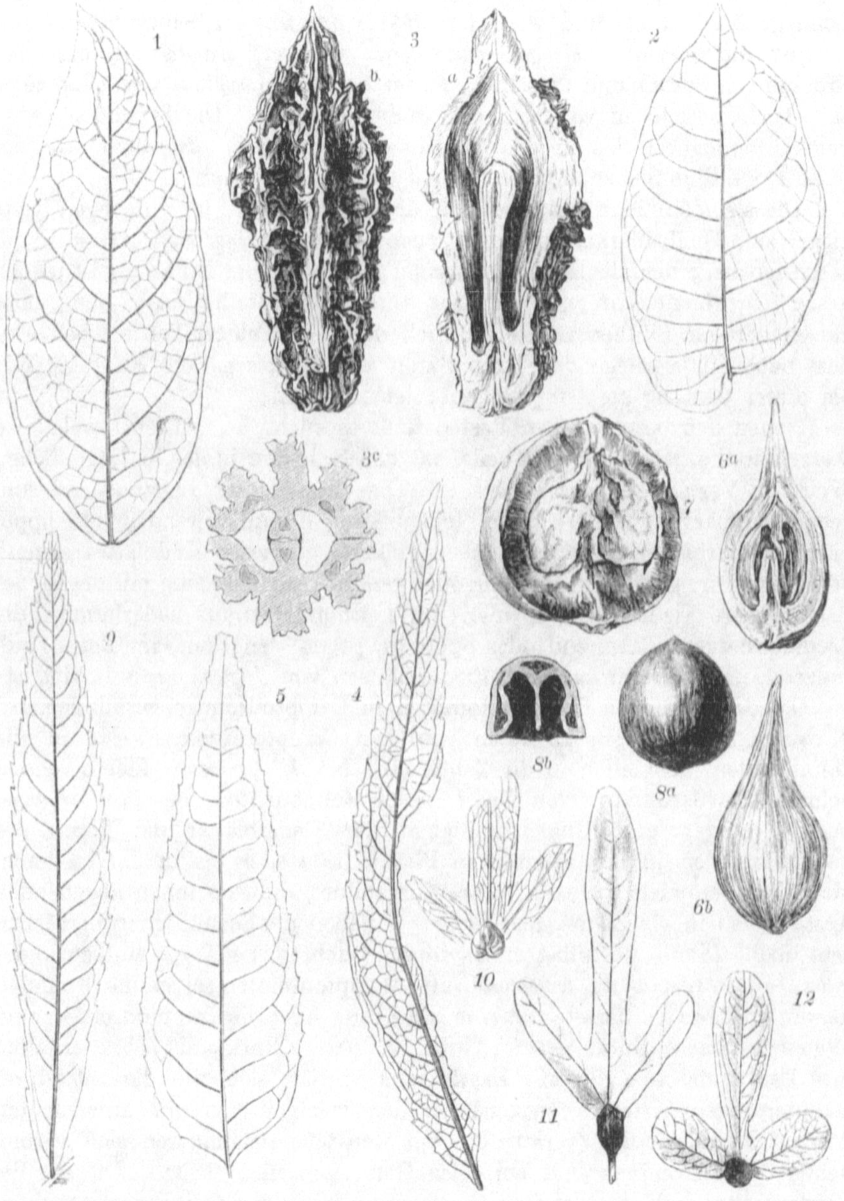

Fig. 272.

1 *Juglans acuminata* A. Br. Salzhausen. 2 *J. Parschlugiana* Ung. Parschlug. 3 *J. Göpperti* Ludw. Wetterau. 4 *Carya Heerii* Ettingsh. St. Gallen. 5 *C. bilinica* Ettingsh. Bilin. 6 *C. rostrata* Göpp. Salzhausen. 7 *C. costata* Ung. Saalberg in Krain. 8 *C. ventricosa* Brongn. Salzhausen. 9 *Pterocarya denticulata* Heer. Hohe Rhonen. 10 *Engelhardtia* (*Palaeocarya*) *atavia* Sap. Aix, Unteroligocän. 11 und 12 *Engelhardtia Brongniarti* Ettingsh. Sotzka. (1, 2, 8 nach der Natur, die übrigen Copieen nach Ludwig, Ettingshausen, Heer, Saporta, Unger.)

gebildeten Maschen in der Regel klein. Der Austrittswinkel der Secundärnerven beträgt in den meisten Fällen 30—40°, bei *Platycarya* 20—25°, bei den steilaufsteigenden Leitbündeln der schmäleren Blatthälfte von *Pterocarya* 50—60° (vergl. Fig. 272).

Das erste Auftreten der Juglandaceen scheint in die jüngere Kreide zu fallen, wenigstens lassen die von Heer aus den Patootschichten Grönlands und von Moletein als *J. crassipes*, aus den Ataneschichten als *J. arctica* beschriebenen Blätter (Flor. foss. arct. VI., VII.) trotz des sehr unzureichend erhaltenen Leitbündelverlaufes diese Deutung nicht unbegründet erscheinen, zumal sie auch durch das Vorkommen eines Fruchtrestes und kätzchenartiger Blüthenstände unterstützt wird. Ob die als *Juglans* (?) *Debeyana* Lesq. (*Populus*? Heer) bezeichneten Blätter in gleicher Weise als *Juglans*-Blätter betrachtet werden können, ist mir zweifelhaft; ebenso ob die von Lesquereux (*Cretaceous* Flora. 1874) unter dieser Bezeichnung abgebildeten Blätter sämmtlich identisch sind, ferner ob diese Blätter und jene aus dem Untereocän *Juglans* angehören.

Aus dem Tertiär seien zuerst erwähnt die aus dem Untereocän von Sezanne als *Juglandites* (*Artocarpoides* Sap. *Artocarpidium* Wat.) *peramplus*, *olmediaeformis* und *cernuus* von Saporta beschriebenen Blätter (besser vielleicht *Juglandophyllum* bezeichnet, da sonstige Anhaltspunkte fehlen), deren Leitbündelverlauf allerdings viel mit jenem der Juglandaceen Verwandtes zeigt. Vom Oligocän bis in das Pliocän sind Blätter zunächst von *Juglans* und *Carya* nachgewiesen; im pacifischen Nordamerika, woher jetzt nur *Juglans rupestris* Engelm. im südlichen Californien bekannt ist, hat Lesquereux in den Tertiärbildungen (Pliocän) der Chalkbluffs (Nevada County, Californien), eine Anzahl Arten (*J. oregoniana* Lesq., *J. californica* Lesq.) und eine Reihe anderer zum Theil auch anderwärts nachgewiesener Arten aus dem Tertiär von Dakotah, Montana, Wyoming und Colorado, wo *Juglans* jetzt fehlt, beschrieben. Auch im Tertiär von Alaska, Vancouver, Grönland, Island und Spitzbergen, wo jetzt Juglandaceen ebenfalls fehlen, sind *Juglans*-Blätter nachgewiesen. Eine der verbreitetsten Arten des Tertiär ist *J. acuminata* A. Br. (Fig. 272[1]) mit *J. regia* L. verwandt, nicht allein im Tertiär Europas und der vorhin erwähnten Regionen, sondern auch in Japan neben der auch in Dakotah, Alaska, Grönland vorkommenden *J. nigella* Heer. In Japan ausserdem *J. Sieboldiana* Maxim. *fossilis* Nath. und *J. Kjellmanni* Nath. in den pliocänen oder quartären Bildungen von Mogi. Ferner sei erwähnt *J. Parschlugiana* Unger (Fig. 272[2]), auch die jetzt auf das atlantische Nordamerika (Newhampsire bis Louisiana und Texas) beschränkte, dann auch in Mexiko vorkommende Gattung *Carya* ist im europäischen Tertiär durch eine Anzahl Arten vertreten,unter welchen die vom Oberoligocän bis in das Pliocän reichende *C. bilinica* Ettingsh. eine der verbreitetsten ist (Fig. 272[5]), aus dem Süden und Osten Europas reicht sie bis Island und fehlt in Nordamerika und Grönland nicht, im Tertiär der Schweiz *C. Heerii* Ettingsh. (Fig. 272[4]), in Alaska *C. picroides* Heer. Auch die jetzt in Transkaukasien, Nordpersien (*Pt. fraxinifolia* Spach.), mit einer zweiten Art in China und

Japan vorkommende Gattung *Pterocarya* war in der Tertiärzeit weiter verbreitet. Nach einem unvollständigen Blattfragment von Middle Park (Colorado) von Lesquereux als *P. americana* beschrieben, scheint sie in jener Periode in Nordamerika vorhanden gewesen zu sein. In Europa, vom Oberoligocän bis in das Pliocän vorkommend, ist *P. denticulata* Heer (Fig. 271[9]) eine der häufigeren Arten, deren Blätter von Heer auch in Grönland, *P. Massalongi* Gaud im Obermiocän Italiens nachgewiesen sind. *P. fraxinifolia* Spach. ist von Saporta in den pliocänen Cineriten des Cantal beobachtet. An denselben Fundorten, an welchen die Früchte von *Engelhardtia* Lesch. (*Palaeocarya* Sap.) vorkommen, sind zum Theile auch Blätter dieser Gattung ähnlich beobachtet.

Zieht man aus dem Vorstehenden die allgemeinen Resultate, so ergibt sich, dass die Juglandaceen in der Tertiärzeit ein bei weitem grösseres Gebiet einnahmen, dass *Juglans*, *Carya* und *Pterocarya* innerhalb des Polarkreises vorkamen, ihre circumpolare Verbreitung ausser Frage, ihr polarer Ursprung nicht unwahrscheinlich ist, *Engelhardtia* bis zum Schlusse des Untermiocän in Europa und wahrscheinlich auch in Nordamerika vorkam, das von der Familie eingenommene Gebiet im Laufe der Tertiärzeit mehr und mehr eingeengt wurde. So waren *Carya* und *Juglans* in der Pliocänzeit noch in Mittel-, Ost- und Südeuropa (*Juglans tephrodes* Unger, Pliocän von Bergamo, eine mit *Juglans cinerea* L. und *J. nigra* verwandte Art im Tuff von Canstatt) vorhanden, *Pterocarya* im Süden Frankreichs, wo auch die Existenz von *Juglans regia* während der Quartärzeit unzweifelhaft ist. *Carya* hat weder in Europa, noch im pacifischen Nordamerika diePliocänzeit überdauert, und betrachten wir das heutige Vorkommen der *Juglans rupestris* Engelm. in Südcalifornien als im Zusammenhange mit einer früheren Periode, des Pliocän, stehend, so darf auch das heutige Vorkommen von *Pterocarya fraxinifolia* und *Juglans regia* als Rest einer früheren ausgedehnteren Verbreitung angesehen werden, wie auch Japan schon im jüngsten Tertiär oder im Quartär heute noch dort existirende Formen aufweist.

An die Juglandaceen schliessen sich die *Myricaceen* an. Mit Ausschluss der Inseln des stillen Oceans, Neuguineas, Neucaledoniens, der neuen Hebriden, Neuseelands und Australiens ist die kleine Familie mit der Mehrzahl ihrer Arten im tropischen und subtropischen, ihre Minderzahl bis in das extratropische Gebiet verbreitet. In Torfsümpfen ist unter den letzteren *M. Gale* L. aus West- und Mitteleuropa bis in das südliche Lappland und Finnland, östlich bis Sibirien, dem Amur und Kamtschatka verbreitet, in Nordamerika von Labrador bis zum Makenzieriver und Sitka. Dem atlantischen Nordamerika gehören *M. cerifera* L. (vom Eriesee bis Florida) (Fig. 273[5, 6]) und *M.* (*Comptonia*) *asplenifolia* Rich. (von Neubraunschweig bis Nordcarolina) (Fig. 273[7]), dem pacifischen *M.* (*Subfaya*) *californica* Cham. et Schlchtdhl. an. *M. Faya* Ait. (Fig. 273[4]) auf den Canaren, Madera, den Azoren aber auch in Portugal und dem westlichen Estremadura, ist zugleich die einzige Art der Familie, deren Dauer von der Quartärperiode (Tuffe von St. Jorge auf Madera) bis heute wahrscheinlich ist. Die eben erwähnten Arten gehören den vier verschiedenen Abtheilungen der Gattung an, von welchen die eine (*Comptonia*) auf das oben näher bezeichnete Gebiet beschränkt ist, die anderen (*Gale, Subfaya, Faya*) das übrige Verbreitungsgebiet der Gattung einnehmen. Ihre Südgrenze erreicht *Myrica* auf der westlichen Halbkugel in Peru durch Mexiko, die Antillen, Venezuela, Neugranada, mit Arten aus den Abtheilungen *Faya* und *Subfaya*, *Gale* bleibt zurück in Mexico und auf den Antillen. Auf der östlichen Halbkugel zeichnet sich das Capland durch eine grössere Anzahl Arten aus, das naheliegende Madagascar besitzt eine ihm eigenthümliche Art (*M. spathulata* Mirb.), Abessynien eine zweite (*M. salicifolia* Hochst.). Die Mehrzahl dieser Arten gehört *Gale*, die bis zum Zambesi verbreitete *M. aethiopica* L. der Abtheilung *Subfaya* an. Die ausserdem auf der östlichen Halbkugel, abgesehen von *M. Gale* und mit Ausnahme der auf Kiu-siu und Hongkong vorkommenden *M. Nagi* Thbg. (*Gale*) gefundenen Arten gehören alle der Abtheilung *Faya* an, sie erreichen ihre Südgrenze auf Java und Borneo und sind von da durch Malacca, Singapore, Birma bis in die Khasyahills und den östlichen Himalaya verbreitet. Arten aus der Abtheilung *Faya* sind es also, welche vorwiegend die östliche Halbkugel bewohnen, während Africa beinahe nur Arten der Abtheilung *Gale*, Amerika *Gale*, *Subfaya* und die einzige noch existirende Art aus der Abtheilung *Comptonia* aufweist.

Blüthen, Früchte resp. Steingehäuse und Blätter sind als fossile Reste der Gattung beschrieben, die letzteren in überwiegender Zahl. Was die Blüthenstände angeht, so ist ihre Herkunft von *Myrica* nicht besser begründet, als jene der meisten kätzchenartigen Blüthenstände aus der Reihe der Amentaceen, nur der aus dem Bernstein des Samlandes von Caspary als *M. linearis* beschriebene männliche Blüthenstand von zweifelhafter Verwandtschaft, welchen ich, da Caspary's Bezeichnung bereits für Blätter verwendet ist, *M. Casparyana* nennen würde, hat Anspruch auf grössere Sicherheit der Bestimmung.

Die Früchte von *Myrica* sind mit Wachs absondernden Papillen bedeckte, kugelige oder eiförmige, einsamige Steinfrüchte (Fig. 273[8, 11]), welche indess den Früchten von *M. asplenifolia* Rich. fehlen. Was aus der Kreide von Heer, Lesquereux und dem Tertiär als Früchte beschrieben ist, sind beinahe ausnahmslos Steingehäuse ohne irgend ein für die Abstammung von *Myrica* streng beweisendes Merkmal. Bekannt sind solche aus der Kreide Nordamerika's, von Quedlinburg (Fig. 274[8]) von Heer und aus dem Tertiär z. B. Südfrankreich's von Saporta beschrieben und mit jenen von *M. asplenifolia* Rich. verglichen.

Die jetzt existirenden *Myrica*-Arten zerfallen nach den Blüthenständen in die oben genannten Gruppen, welche sich unschwer unterscheiden lassen. Die racemösen Blüthenstände sind mit Ausnahme der monöcischen androgynen, unverzweigten von *Subfaya*, sämmtlich diöcisch. Bei *Gale* sind die männlichen Blüthenstände unverzweigt, die männlichen Blüthen meist ohne, seltner mit 2—6 Vorblättern, Vorblätter der weiblichen Blüthen 2—4, bei der Fruchtreife abfällig, nur bei *M. Gale* L. (Fig. 273[11]) mit der Basis der Steinfrucht vereinigt (fructus dipterus), bei *Faya* männliche Blüthenstände verzweigt, Blüthen ohne Vorblätter, bei *Comptonia* männliche Blüthenstände verzweigt, die Blüthen ohne Vorblätter, weibliche Blüthen mit zwei Vorblättern, in den Achseln derselben kleine Knospen, ausserdem die Blätter unpaarig tief fiedertheilig. Von allem diesen ist bei den fossilen Blüthen nichts nachzuweisen und selbst bei dem relativ gut erhaltenen Fragment einer von Heer abgebildeten, mit *M. Gale* verglichenen Fruchtähre ist mit Sicherheit nichts zu sehen als eine Frucht und das Vorhandensein einer Bractee. Wir sind also hinsichtlich der Blätter auf deren Form und Leitbündelverlauf angewiesen, wenn einerseits die Frage, ob das Blatt einer Myricacee angehört, entschieden werden soll, andererseits die Beziehungen zu den noch existirenden Arten, endlich die Umgrenzung der fossilen Arten festgestellt werden soll. Die Unsicherheit der ersten Frage verräth sich schon darin, dass ein Theil der zu den Myricaceen gezogenen Blüthen lange Zeit als Blätter von Proteaceen (*Banksia, Banksites, Dryandroides, Dryandra, Proteoides*) galten und zum Theile noch gelten. Wie so viele andere Gat-

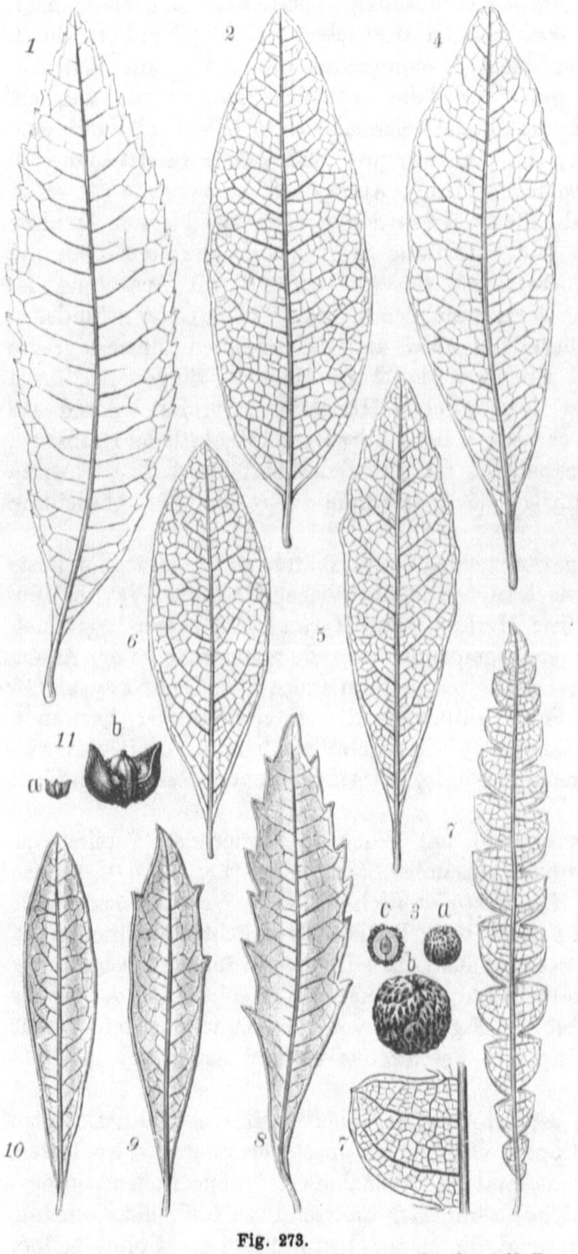

Fig. 273.
1 *Myrica arguta* Kth. 2 *M. salicifolia* Hochst. 3 Frucht. 4 *M. Faya* Ait. 5, 6 *M. cerifera* L. 7 *M. asplenifolia* Rich. 8—10 *M. aethiopica* L. 11 *M. Gale* L. Frucht, *b* vergrössert. (Nach der Natur.)

tungen liefert auch die Vergleichung eines nur etwas reichlicheren Materiales von *Myrica* reichlich Beispiele für den Wechsel der Blattformen, abgesehen von der Grösse bei derselben Art und demselben Individuum. Ich nenne in dieser Hinsicht: *M. quercifolia*, *M. cerifera* (Fig. 273 [8–10]), *M. aethiopica* (Fig. 273 [5, 6]) *M. salicifolia*, *M. microcarpa*. Gegenüber dieser Thatsache wird man sich sagen müssen, dass auch bei *Myrica* manch' Fragliches sich findet, Blattindividuen als Arten beschrieben sind, worauf übrigens schon Schimper in seinem Traité de paléontologie aufmerksam machte.

Die fossilen, auf Blätter gegründeten Arten hat man mit europäischen, nordamerikanischen, Cap'schen, indischen Arten und der in Abessynien vorkommenden *M. salicifolia* Hochst. verglichen und damit im Ganzen wohl auch das Richtige getroffen, denn einerseits darf auch für *Myrica* angenommen werden, dass die Gemeinsamkeit der Arten zwischen Europa, Asien und Amerika früher ausgeprägter war als gegenwärtig, andererseits ist es nicht unbedingt nöthig, das Vorkommen der Gattung in Abessynien auf jenes im Süden Afrika's zu beziehen, es kann auf einer in einer früheren Periode ausgedehnteren Verbreitung im Süden Europa's und im Norden Afrika's beruhen, wofür das Vorhandensein von *Myrica* im südfranzösischen Tertiär und von *M. Faya* auf den Canaren in der Quartärzeit spricht, wie denn auch das mit den Canaren gemeinsame Vorkommen der letzteren Art in dem südöstlichen Portugal und in Estremadura, wie in anderen ähnlichen Fällen als Rest einer früher ausgedehnteren Verbreitung anzusehen ist. Das ganze heutige Vorkommen am Cap, Madagascar, Abessynien einerseits, den Canaren andererseits mag überhaupt mit dem Vorkommen im Tertiär zusammenhängen.

Die Blätter der *Myrica*-Arten sind länger oder kürzer gestielt, die Blattbasis häufig verschmälert, zuweilen seicht herzförmig oder abgerundet, der Rand ganz oder gezähnt, die Zähne entweder nur an der Spitze vorhanden oder weiter gegen die Basis herabreichend. Tief fiedertheilige Blätter kommen nur bei *M. quercifolia* B. und *M. asplenifolia* Rich. vor. Die Textur der Blätter ist, wenn vollständig ausgebildet, meist membranös, seltener lederartig. Eine Randleiste ist wohl bei allen Arten vorhanden mit Ausnahme von *M. salicifolia* Hochst.

Der fiederförmige Leitbündelverlauf der Myriceenblätter ist im allgemeinen sehr übereinstimmend. Sehr gewöhnlich sind bei den Blättern von *Myrica* unvollständige, verkürzte Secundärnerven, meist mit den Queranastomosen der mässig starken Secundärnerven sich verbindend oder in den Buchten der Blattabschnitte endend. Die Mehrzahl der Arten hat einen camptodromen Verlauf der Leitbündel, ausnahmslos bei den ganzrandigen Blättern oder da wo an den Blättern die Zähne fehlen. Die Camptodromie kömmt in der Regel durch eine Gabeltheilung der Secundärnerven zu Stande oder auch durch die Vereinigung des Secundärnerven mit den Anastomosen eines höher stehenden. Der camptodrome Verlauf fehlt indess auch bei gezähnten Blättern nicht, die Zähne erhalten dann ihre Leitbündel von den Camptodromien der Secundärnerven oder von den camptodrom verbundenen

Verzweigungen derselben. Aber auch direct treten die Secundärnerven in die Zähne ein, so bei *M. quercifolia, M. cordifolia,* in die obern Zähne von *M. aethiopica* und anderer Arten. Die Leitbündel alterniren, sind indess auch häufig opponirt oder genähert alternirend. Vielfach ist ihr Austrittswinkel 20—25°, bei schmälern Blattformen 45—50°. Die leicht aufwärts gebogenen Secundärnerven sind sämmtlich durch Queranastomosen verbunden und bilden die weiteren Verzweigungen derselben ein enges Maschennetz. Da sämmtliche Verzweigungen der Leitbündel hinsichtlich ihrer Stärke wenig differiren, so treten sie nur wenig hervor. In jeden stumpf abgerundeten Fiederabschnitt von *M. asplenifolia* Rich. (Fig. 273[7]) treten je nach der Grösse des Abschnittes drei bis fünf Leitbündel ein, welche gegen das Ende ihres schwach gekrümmten Verlaufes durch Aeste camptodrom verbunden sind und wie die Leitbündel der übrigen Arten durch ein engmaschiges Netz verbunden sind. Verkürzte Secundärnerven sind bei dieser Art ebenfalls nicht selten.

Ein grosser Theil der mit den Myricaceen vereinigten Blätter sind und werden zum Theile noch als zu den Proteaceen gehörig angesehen. Diese unterscheiden sich durch den stärkeren, bis zur Blattspitze beinahe gleich stark bleibenden, wohl auch über die Blattspitze hinausragenden Mittelnerven (*Banksia*), durch die derbe, feste Structur des Blattes, welche eine dickere Kohlenrinde und tiefere Eindrücke hinterlässt. Auch die Verzweigungen der Leitbündel dürften viel stärker hervortreten. Proteaceen-Blätter sind es übrigens nicht allein, mit welchen eine Verwechselung möglich ist, Heer macht bei Besprechung der *M. salicina* Unger auf die Aehnlichkeit mit den Blättern anderer Familien aufmerksam, ich will noch die Blätter von Rhododendron und Azalea-Arten erwähnen.

Um die beschriebenen fossilen Blätter zu gruppiren, schied sie Heer in zwei Gruppen: *Comptonia* und *Myrica*, von welchen die erste die mit *Comptonia asplenifolia* Rich. verwandten Blattformen, die zweite die übrigen umfasst. Man kann nach dem Vorgange Schimper's in der letzteren die Formen mit ganzrandigen, gezähnten und gelappten Blättern unterscheiden, was wenigstens einen praktischen Werth für die Erleichterung der Bestimmung der fossilen Blätter hat, für alle übrigen Fragen jedoch ohne Bedeutung ist, da ganzrandige, gekerbte, buchtig gezähnte und gesägte Blätter bei derselben Art vorkommen können und die Grenze zwischen den gelappten Blättern im Gegensatze zu jenen von *Comptonia* im fossilen Zustande nicht überall scharf zu ziehen sein wird, um so mehr als zu *Comptonia* auch gezähnte Blattformen gezogen werden (vergl. z. B. *M. vindobonensis* Heer in Flor. Helv. Tert. und Mioc. balt. Flora), und unter den von Schimper zu den mit gelappten Blättern versehenen Blattformen auch solche mit gezähnten Blättern sich finden.

Das erste Auftreten der Gattung wird in die jüngere Kreide verlegt, aus welcher durch Heer und Lesquereux eine Anzahl Blätter und zu *Myrica* gezogener Früchte beschrieben sind, so aus den Kreidebildungen Nordamerika's z. B. *M. obtusa* Lesq., *M. dakotensis* Lesq., aus den Atane- und Patootschichten Grönlands *M. longa* Heer, *M. marginata* Heer, *M. parvula*

Heer, *M. parvifolia* Heer, die letzteren beiden mit *Comptonia* verglichen, aus der Kreide von Quedlinburg *M. cretacea* Heer. Auch aus der Kreide Sachsens und Böhmens werden *Myrica*-Arten angegeben. Zum Theile sind bei diesen Blättern die Verzweigungen der Leitbündel nicht erhalten und die Bezeichnung nur auf die Form des Blattes gegründet, wie dies auch bei einem aus dem Bernstein des Samlandes stammenden, von Conwentz unter der Bezeichnung *Myrici(o)phyllum oligocenicum* Conw. beschriebenen Blatte der Fall ist.

Aus dem Tertiär sind zuerst die von Saporta aus dem Untereocän von Sezanne, von Belleu durch Watelet bekannt gewordenen Arten, soweit sie vollständiger erhalten und nicht mit *Dryophyllum* vereinigt sind oder damit vereinigt werden können, zu erwähnen. Es sind nur Blätter bekannt, der Verlauf der Leitbündel erinnert im allgemeinen an indische Arten der Gattung, die Tertiärnerven und ihre Verzweigungen sind indess durchgängig stärker hervortretend, als dies bei *Myrica* der Fall ist. Ein anderer Theil der Blätter ist durch das fiedertheilige Blatt jenen von *Comptonia* verwandt, wie *M. magnifica* Wat., *M. suessionensis* Wat. Ob Crié's *M. aemula* aus dem Untereocän von Le Mans und Angers zu *Myrica* gehört bezweifle ich, die auf Tab. H Fig. 39, Taf. I Fig. 42, 43, 46—50 abgebildeten Blätter dürften wohl alle zu *Dryophyllum* gehören.

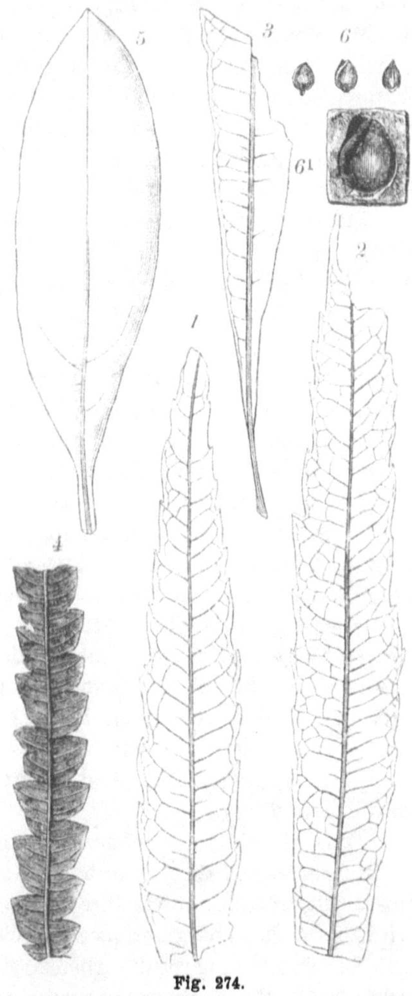

Fig. 274.
1—3 *Myrica lignitum* Unger, Parschlug. 4 *M. acutiloba* Brongn. Priesen 5 *M. salicina* Unger, Altstätten. 6 *Myrica?* Früchte. Quedlinburg, jüngere Kreide. (Fig. 5 Copie nach Heer, die übrigen nach der Natur.)

Selbst wenn man eine Anzahl der aus dem jüngeren Tertiär beschriebenen Arten mit anderen vereinigt, die auf unvollständig erhaltene Blätter gegründeten Arten ausschliesst, so bleibt doch noch für die Periode des Oligocäns und Miocäns eine ziemliche Anzahl von Arten übrig, welche die Ansicht begründet erscheinen lässt, dass die Gattung in diesen beiden Perioden über ganz Europa verbreitet war und einen grösseren Formenreichthum entwickelte, als jetzt, in der die Flora Europas nur zwei Arten zählt (*M. Gale* L., *M. Faya* L.), den indischen und amerikanischen Arten verwandte

Formen fehlen. Selbst im Obermiocän und Pliocän war der Formenreichthum grösser, wie aus der bei Erdöbenye in Ungarn und Oeningen (*M. integrifolia* Unger, *M. oeningensis* Heer) und im Tegel von Inzersdorf bei Wien gefundenen Blättern (*M.* (*Comptonia*) *vindobonensis*) hervorgeht. Am meisten macht sich die Mannigfaltigkeit der Formen vom Unteroligocän bis in das Mittelmiocän geltend, welchen Perioden auch die Mehrzahl der beschriebenen Arten angehört. Die Gruppe *Comptonia*, welche im Pliocän noch in Europa, dem sie jetzt fehlt, vorkam, ist mit mehreren Arten durch Europa bis nach Grönland verbreitet, wobei ich jedoch *M. Matheroniana* Sap. von Armissan ausschliesse, welche ich für ein Proteaceenblatt halten möchte. Solche mit *Comptonia* verwandte oder ihr nahestehende Blätter sind z. B. *M. oeningensis* Heer, *M. vindobonensis* Heer, *M. acutiloba* Brongn. (Fig. 274[4]), letztere auch im älteren Tertiär Japans, zu welcher auch *M. incisa* Ludw., *M. denticulata* Ettingsh. gehören mögen. Aus der Reihe mit ganzrandigen Blättern erwähne ich *M. salicina* Unger (Fig. 274[5]) als eine der verbreitetsten, vom Süden Frankreichs bis Hessen und Böhmen, aus der Reihe mit gezähnten Blättern *M. lignitum* Unger (Fig. 274[1–3]) und *M. angustata* Schimp. Unter den bisher beobachteten Früchten verdienen die durch Saporta aus dem Oligocän von Armissan bekannt gewordenen, mit *Comptonia* verwandten Früchte eine besondere Erwähnung (Annal. des scienc. nat. Ser. V. tom. IV.)

Bei der Familie der Salicaceen stehen die diöcischen Blüthen in Ähren (Kätzchen) in den Achseln ganzrandiger (*Salix*) oder geschlitzter Deckblätter (*Populus*), das rudimentäre Perigon bei *Salix* aus einer oder zwei median gestellten, an der Basis bisweilen vereinigten Drüsen bestehend, bei *Populus* becherförmig mit schiefer Mündung, die Basis des Fruchtknotens und der Frucht umgebend. Staubblätter in der Regel frei, bei *Salix* meist zwei, selten mehr, drei bis fünf und zwölf, zuweilen verwachsen, bei *Populus* vier bis dreissig. In den weiblichen Blüthen ein oberständiger einfächeriger Fruchtknoten mit zahlreichen wandständigen Samenknospen, Früchte zwei- bis vierklappig aufspringende Kapseln, Samen mit einem Haarschopfe. Blüthenähren zuweilen androgyn.

Dass die Existenz beider Gattungen im Tertiär zweifellos ist, ihre Verbreitung während dieser Periode eine mit den früher besprochenen Gattungen übereinstimmende, über ihre jetzige nördliche Grenze hinausreichende war, wird durch die erhaltenen Zweige, Blätter, Blüthen- und Fruchtstände, Früchte und Samen sicher gestellt. Ebenso sind beide Gattungen Europa, Asien und Amerika heute noch gemeinsam, wie dies auch in der Tertiärzeit der Fall war und ist ihr polarer Ursprung wie ihre circumpolare Verbreitung ausser Frage.

Ein grosser Theil der lebenden Arten von *Populus* gehört dem atlantischen Nordamerika an, wo sie wie *P. tremuloides* Michx., *P. candicans* Ait., *P. canadensis* Desf. von Canada, Terranova, Neubraunschweig, dem Winipegsee bis zu den Alleghanies und Louisiana (*P. heterophylla* L., *P. grandidentata* Michx., *P. angulata* Michx.) verbreitet sind. *P. tremuloides* Michx., *P. canaden-*

sis L. erstrecken sich überdies nach Neumexiko, Colorado, Utah, den Rocky Mountains und Californien, *P. trichocarpa* A. Gr. ist Californien, *P. mexicana* Wesmael Mexiko eigenthümlich. Fasst man *P. balsamifera* L., *P. laurifolia* Led. und *suaveolens* Loud. als Formen einer Art auf, so ist diese vom atlantischen Nordamerika bis nach den Rocky Mountains, von da nach Kamtschatka, Sachalin, dem Amur, Baikal, Altai und Sibirien verbreitet, eine Verbreitung, welche an jene mancher fossilen Arten erinnert. In Sibirien ausserdem noch *P. pruinosa* Schrenk, in der südlichen Mongolei und im Norden von China *P. Przewalkii* Maxim., ausserdem in China *P. tomentosa* Carr., *P. Simonii* Carr., in Japan *P. Sieboldi* Miq., im Himalaya *P. ciliata* Wall.; neben ihnen die in Europa, Nordafrika und Nordasien verbreiteten *P. tremula* L. (Japan, Sachalin), *P. nigra* L. (China, Himalaya), während *P. alba* L. sich nicht über den Altai und Himalaya erstreckt. *P. euphratica* Oliv. (*P. diversifolia* Schrenk) von Algier, dem Jordan, Euphrat, der Sakaspi-Region, dem Syr-Darja, dem Ili nach dem westlichen und südlichen Persien, Belutschistan bis nach dem nordwestlichen Indien, nördlich bis in die Dsungarei. Wie *Salix* ist auch *Populus* eine Bewohnerin feuchter Regionen, daher ihr Vorkommen in Flussthälern und an Localitäten von ähnlichen Bedingungen, wie sie auch die Steppenflüsse bieten.

Hartig hat die Pappeln in vier, Heer in fünf, Spach in drei Gruppen je nach der Form der Blätter, der Beschaffenheit der Knospenschuppen und der Deckblätter der Blüthen gegliedert, welche, insbesondere jene Heer's, für die Charakteristik der lebenden Arten sehr gut, bei den fossilen Blättern nicht so sicher anzuwenden sind, weil die Blüthen- und Fruchtreste meist fehlen oder isolirt sind, die Blattformen der untergegangenen Arten ebenso wechselnd gewesen zu sein scheinen, wie bei den lebenden Arten und auch hier von den zahlreichen beschriebenen fossilen Arten sicher eine Anzahl zusammenfällt. Ich erwähne die von Heer unterschiedenen Gruppen, jedoch hauptsächlich nur wegen der Charaktere ihrer Blüthendeckblätter, da mir die Laubblätter in Bezug auf Form und Leitbündelverlauf zu wenig constante Merkmale zu bieten scheinen, um sie zu diesem Zwecke anders als nebenbei zu verwenden. Es lassen sich unterscheiden:

1. Silberpappeln, Deckblätter (lebend hellbraun) am Rande gezähnt, Zähne bewimpert. Blätter variabel, meist gelappt, unterseits weiss filzig oder grau behaart (Fig. 275⁹).

2. Zitterpappeln, Deckblätter tiefgetheilt, lang behaart, Blätter rundlich, grob gezähnt (Fig. 275 1–4).

3. Schwarzpappeln, Deckblätter kahl Blätter an der Basis quer breiter, Rand gezähnt mit Randleisten (Fig. 275 5–8).

4. Balsampappeln, Deckblätter kahl (lebend hellbraun), Blätter länger als breit, herzförmig, länglich eiförmig oder elliptisch (Fig. 275 10).

5. Lederpappeln, Blätter derb, lederartig, variabel, nach Heer die Früchte dreiklappig aufspringend (Fig. 275 11–14). Schon Heer bemerkt, dass diese Gruppen sämmtlich schon im mitteleuropäischen Tertiär vorkommen. Gegenwärtig fehlen in Europa die Balsam- und Lederpappeln.

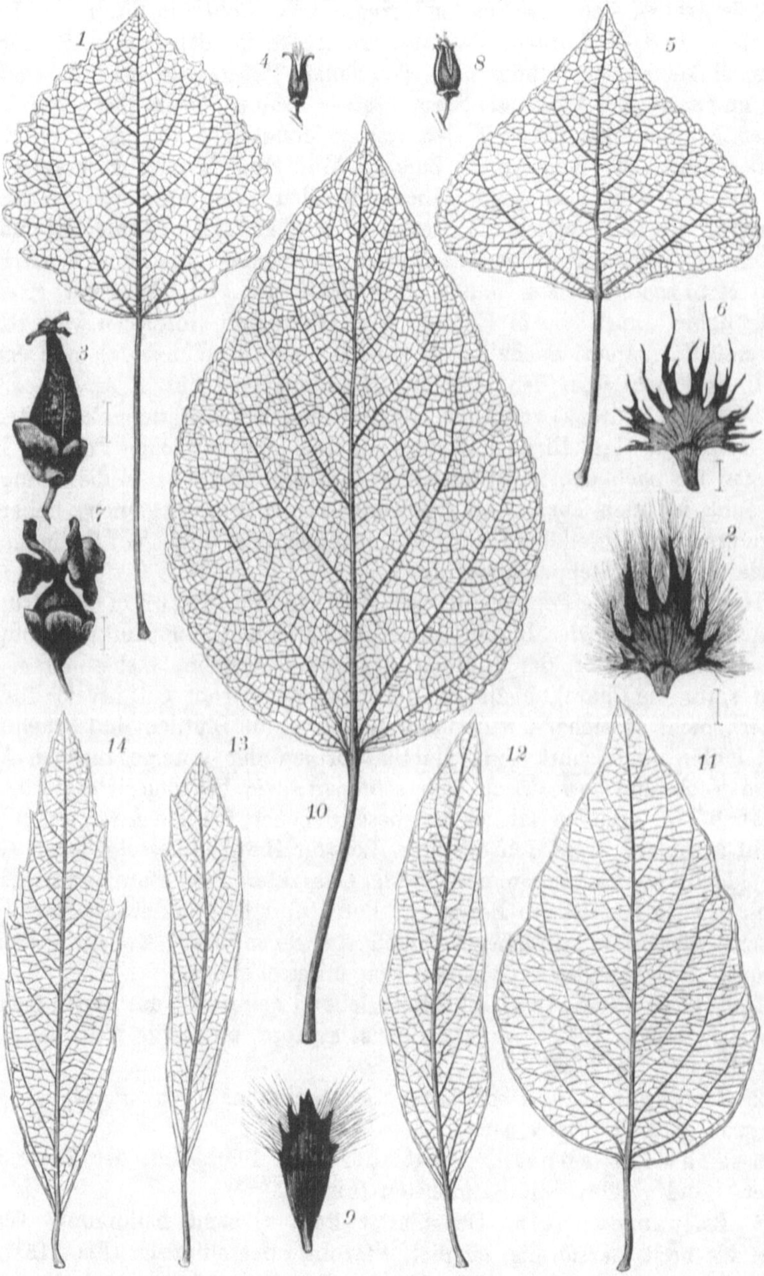

Fig. 275.

1—4 *Populus tremula* L. 1 Blatt. 2 Deckschuppe der Blüthe. 3 Weibliche Blüthe, vergrössert. 4 Frucht. 5—7 *P. nigra* L. 5 Blatt. 6 Deckschuppe der Blüthe. 7 Weibliche Blüthe, vergrössert. 8 *P. canadensis* Desf. Frucht. 9 *P. alba* L. Deckschuppe der Blüthe. 10 *P. balsamifera* L. Blatt. 11—14 *P. euphratica* Oliv. Blätter desselben Zweiges.

Die Blätter der Pappeln sind gestielt, Blattstiele meist ziemlich lang, cylindrisch, oft im oberen Theile platt gedrückt, Blattflächen rundlich, eiförmig, herzförmig, elliptisch, deltoid, rhomboidal, an der Spitze abgerundet, spitz, zugespitzt, die Basis nicht selten mit zwei Drüsen, herzförmig, abgestutzt, kurz verschmälert, der Rand stumpf oder scharf gezähnt, buchtig gezähnt, nicht selten Drüsen an den Zähnen, gelappt, die Lappen ganz oder buchtig gezähnt und gelappt. *Populus alba* L., *P. euphratica* Oliv. gehören zu den Arten, deren Blätter ausserordentlich variiren und an demselben Zweige die verschiedensten Blattformen tragen.

Der Leitbündelverlauf ist bei einer grossen Anzahl von Arten strahlig, bei anderen kann man zweifelhaft sein, ob er strahlig oder gefiedert zu nennen sei. Es ist dies z. B. der Fall bei *P. mexicana* Wesmael, P. *euphratica* Oliv. *P. laurifolia* Ledeb., *P. suaveolens* Loud. Wie der strahlige Verlauf der Leitbündel bei den Pappeln zu Stande kommt, ist bereits von Heer erwähnt, ich habe bei einer bedeutenden Anzahl von Blättern mit strahligem Verlauf der Leitbündel das gleiche Verhalten gefunden, von welchem die oben genannten *Populus*-Arten nicht abweichen. Ueberall sind es die nach der Oberseite des Blattstieles liegenden Fibrovasalstränge, von welchen die unteren Leitbündelpaare herstammen, während die übrigen den in der Blattmitte verlaufenden Leitbündel bilden. So bezeichne ich denn mit Heer den Leitbündelverlauf bei allen Pappeln als strahlig.

In der Blattfläche verlaufen fünf bis sieben, zuweilen nur drei Leitbündel (Primärnerven), ein Zahlenverhältniss, welches weder für eine Gruppe noch für eine Art, noch für ein Individuum constant ist, es hängt, zum Theile wenigstens, von der Grösse der Blätter ab. *Populus alba* L. ist in dieser Beziehung ein gutes Beispiel, aber auch bei den anderen Arten ist dies wechselnde Zahlenverhältniss vorhanden. Das unterste Leitbündelpaar ist mit dem oberen durch Queranastomosen verbunden und gibt, wenn am Blattgrunde Zähne vorhanden, an diese Äste ab. Sein Austrittswinkel ist ein nahezu rechter oder rechter, der Verlauf ist beinahe gerade, gegen das Ende schwach aufwärts gebogen verbindet es sich entweder mit dem folgenden Paare oder endet in einem Zahne. Ist dieses unterste Paar sehr kurz, so versorgt das folgende Paar durch seine Äste die am Blattgrunde vorhandenen Zähne, fehlen die Zähne, so verbinden sich die Äste zu Schlingen. Das darauffolgende Leitbündelpaar, wie das vorausgehende opponirt, verläuft bei allen Pappeln mit breiter Blattbasis (deltoid, rundlich) in einem flachen gegen den Rand hin nach auf- und einwärts gekrümmten Bogen, bei verschmälerter Basis ziemlich steil und gerade, gegen das Ende gekrümmt aufwärts, wobei der Austrittswinkel im ersten Falle 28—30° in letzterem 40—50° beträgt. Auf der gegen die Blattbasis hin gewendeten Seite treten unter sich zu Schlingen verbundene Secundäräste aus, sie selbst verbinden sich mit dem darauffolgenden höheren Leitbündel camptodrom. Sind die Blätter gelappt, so enden die Leitbündel in der Spitze der Lappen craspedodrom. Die übrigen aus dem Mittelnerv austretenden Leitbündel alterniren beinahe ausnahmlos und enden camptodrom, die Leitbündel der Zähne sind Äste der camptodromen Verbindungen. Unvollständige oder verkürzte Leitbündel sind sehr gewöhnlich, sie verbinden sich mit den gerade oder bogig verlaufenden Queranastomosen, deren Felder die weiteren Verzweigungen enthalten (vergl. Fig. 276). Einer besonderen Erwähnung verdient der Leitbündelverlauf von *P. euphratica* Oliv. Bei der Polymorphie der Blätter ist der Leitbündelverlauf so verschieden, dass, wenn isolirt und fossil, sie wohl auf verschiedene Pflanzen zurückgeführt werden können. Auf die wechselnde Blattform dieser Art haben schon andere aufmerksam gemacht, ebenso auf das Fehlen oder Vorhandensein der Zähne und die veränderliche Blattbasis, hier habe ich nur den Wechsel des Leitbündelverlaufes hervorzuheben. Sind die Blätter ganzrandig, so sind sämmtliche Leitbündel direct camptodrom durch Queranastomosen oder durch einen Tertiärast, und sind dies auch an der Basis der gegen die Spitze hin gezähnten Blätter, wobei das zweite der beiden oder drei untersten Leitbündelpaare mit den Queranastomosen sich verbindende Äste aussendet. Sind die Blätter linear und schmal, so verlaufen die Leitbündel steil nach aufwärts, in dem Maasse jedoch als die Breite der Blattfläche zunimmt, wird ihr Verlauf mehr bogenförmig. Sind die Blätter gezähnt, so tritt in jeden Zahn ein Leitbündel oder der Ast eines Leitbündels ein, während der vordere sich mit den Anastomosen des darauf folgenden verbindet. Die verbindenden Queranastomosen, bogig oder gerade, sind bald mehr genähert, bald entfernter und schliessen in ihren Feldern ein sehr enges Maschennetz weiterer Verzweigungen ein. Man könnte gezähnte Blätter dieser Pappel, wenn fossil und bei unzureichend erhaltenen Leitbündelverlauf sehr wohl für Blätter von Eichen oder *Myrica* halten (vergl. Fig. 265, $273^{5, 6}$).

Die in der Regel sehr kurz, selten lang gestielten Blätter von *Salix* zeichnen sich durch das häufige Vorkommen verkürzter (unvollständiger) mit den Queranastomosen oder den dem Blattrande sich nähernden Secundärnerven vereinigter Secundärnerven aus. Sie fehlen bei keiner Art, vielfach sind zwischen je zwei Secundärnerven zwei bis drei verkürzte vorhanden, können aber bei einzelnen Blättern auch ganz fehlen. Die bis in die Nähe des Blattrandes reichenden Secundärnerven sind durch die Queranastomosen camptodrom verbunden, die Schlingen senden bei den gesägten und gezähnten Blättern Aeste in die Zähne. Da die meisten Weidenblätter ziemlich schmal sind, so verlaufen die Secundärnerven in einen meist steil aufsteigenden Bogen, sind die Blätter breiter, so nimmt der steile Verlauf des Bogens in dem Masse ab, als die Breite des Blattes zunimmt. Der Austrittswinkel wechselt bei den einzelnen Arten zwischen 20—30° und 50—60°. Verbunden sind die Secundärnerven durch meist gebogene Queranastomosen, deren Felder durch die weiteren Verzweigungen in verhältnissmässig grosse polygonale Maschen getheilt werden, in welchen die letzten Verzweigungen frei enden. Randleisten sind allgemein vorhanden, durchgängig tragen bei gezähnten Blättern die Zähne eine Drüse. Wie das Auftreten der verkürzten Secundärnerven wechselnd ist, sie bei den Blättern desselben Individuums fehlen oder vorhanden sein können, so wechselt auch die Form der Blätter an denselben Zweigen und sind die untersten und unteren Blätter der Zweige nicht nur kleiner, häufig auch von anderem Umriss, abgesehen davon, dass die Blätter der Weidenarten zum Theile überhaupt polymorph sind. Man darf auch bei dieser Gattung mit Sicherheit annehmen, dass ein grosser Theil der als Arten beschriebenen fossilen Blätter Blattindividuen entspricht.

Fig. 276.
1 *Salix capensis* Thbg., 2. 3 *S. pentandra* L., 4 *S. Humboldtiana* Willd., 5 *S. canariensis* Sm. 6 *S. reticulata* L., 7 *S. herbacea* L., 8 *S. polaris* Wahlenbg., 9 *S. myrtilloides* L., 10 *S. retusa* L., 11 *S. serpyllifolia* Scop.

Da in den quartären Bildungen zu den sog. Zwerg- oder Glacialweiden gehörige Blattreste vorkommen, so sei über den Leitbündelverlauf derselben bemerkt, dass er sich im Allgemeinen an jenen der baum- und strauchartigen Formen anschliesst, auch bei ihnen verkürzte Secundärnerven, wenn auch nicht so allgemein vorkommen, alle Secundärnerven camptodrom sind. Gabelnde Secundärnerven sind nicht selten. Die Queranastomosen treten zuweilen nicht sehr scharf hervor, sind jedoch stets vorhanden. (Fig. 276 6–11).

Die bei weitem grösste Zahl der lebenden Arten gehört der kalten und gemässigten Zone an, nur wenige Arten an analogen Bedingungen entsprechenden Localitäten und Regionen der tropischen und subtropischen Zone. Gänzlich fehlt die Gattung im grössten Theile Südamerikas, wo sie im Norden Brasiliens und Peru auf der westlichen Halbkugel ihre Südgrenze erreicht, dann auf der östlichen Halbkugel im südlichen Indien, auf allen Inseln östlich von Capland, Port Natal und Madagaskar. Mit niedrigen, strauchartigen Formen, den Zwergweiden, überschreitet sie die Polarzone in beiden Erdhälften, auf der östlichen nahezu den 80° N. Br. erreichend. Diese Formen sind es auch, welche in senkrechter Verbreitung zu 10000 bis 16000' Seehöhe sich erheben.

Diese zuletzt erwähnten Zwergweiden sind es, über deren Vorkommen in den präglacialen, inter- und postglacialen Bildungen wir sichere Aufschlüsse haben in Regionen, in welchen sie heute fehlen und von den Orten ihres heutigen Vorkommens mehrfach um viele Breitengrade entfernt sind. Sie gehören zu jenen Pflanzen, welche im Verein mit jenen Arten in der horizontalen wie senkrechten Verbreitung den glacialen folgend die Ansicht des Wechsels kälterer und weniger kalter Perioden unterstützen, ihr eine thatsächliche Unterlage gewähren. So enthalten die Kalktuffe Südschwedens *Salix reticulata* C., die postglacialen Thone Südschwedens, Seelands, Mecklenburgs, der Schweiz *S. reticulata, S. herbacea* L., *S. polaris* Wahlenbg., *S. retusa* L., *S. hastata*, die präglacialen Bildungen unter dem Glaciallehm von Mundesley in Norfolk *S. polaris* Wahlenbg., die interglacialen Bildungen von Lauenburg an der Elbe *S. aurita* L. und vielleicht auch *S. repens* L., die gleichaltrigen Tuffe von Aygelades in der Provence, von la Celle bei Paris und Cannstadt *S. alba* L., *S. cinerea* L., *S. purpurea* L., *S. viminalis* L., *S. fragilis* L., *S. aurita* L. in den Letten von St. Jakob an der Birs (Canton Basel) *S. cinerea* L. *S. retusa* L. und *S. polaris* Wahlenbg. sind auch in dem Lehm der Adventbai auf Spitzbergen, *S. cinerea* L. und *S. myrtilloides* L. in einer interglacialen Bildung von Bovey Tracey beobachtet. Diese Reste unterstützen die Ansicht, dass auf eine Periode bedeutender Temperaturerniedrigung (erste Glacialzeit) eine Erhöhung der Temperatur eintrat, welche in den betreffenden Regionen die Zwergweiden verdrängte und die jetzt noch vorkommenden Arten an ihre Stelle treten liess (interglaciale Periode) neben anderen auf ein wärmeres Klima hinweisenden Pflanzenformen, welchen dann wieder eine Periode niedriger Temperatur folgte, nach und während deren Verlauf die jetzigen Verhältnisse eintraten. Aus der Gruppe der Salicaceen resp. der Gattung *Salix* gehören demnach die obengenannten Weidenarten zu den ältesten noch lebenden Pflanzenformen, welche aus dem Quartär bis in die heutige Zeit, allerdings in anderer Verbreitung, sich erhalten haben, insoferne die Form der Blätter als beweisend gelten darf. Diesen füge ich gleich das Vorkommen der mit der noch auf den Canaren vorkommenden *S. canariensis* verwandten *S. Lowii* Heer aus dem quartären Tuff von St. Jorge auf Madera an.

Das erste Auftreten der beiden Gattungen wird in die jüngere Kreide verlegt, allerdings ohne dass Früchte oder Blüthen nachgewiesen sind. Zu *Populus* gezogene Blätter sind von Heer aus den jüngeren und jüngsten

Kreidebildungen Nordamerikas und Grönlands, von Newberry und Lesquereux aus den Kreidebildungen Nordamerikas beschrieben. Die Erhaltung der Mehrzahl dieser Blätter lässt bei *Populus* wie bei *Salix* auch eine andere Deutung zu, da der Verlauf der Leitbündel nicht so vollständig erhalten ist, um entschieden sich für eine der beiden Gattungen aussprechen zu können. Lesquereux hat durch die Anwendung der Bezeichnung *Populites* der Unsicherheit der Bestimmung für die Pappelblätter zum Theil Ausdruck gegeben. In noch höherem Grade muss dies von den zu *Salix* gezogenen Blättern gesagt werden, deren Form zwar an jene dieser Gattung erinnert, der Leitbündelverlauf jedoch ebenso für Blätter anderer Gattungen spricht. Doch mag *S. proteaefolia* Lesq. (Blätter) hierher gehören. Will man sie als den beiden genannten Gattungen nahestehende Blätter betrachten, so mag man sie als *Populophyllum* und *Salicophyllum* bezeichnen. Die von Heer aus den Patoot- und Ataneschichten Grönlands beschriebenen *Populus*-Arten (*Salix* fehlt nach Heer in der Kreide Grönlands) entsprechen zum Theil Pappelblättern, wenigstens die als *P. stygia, Berggreni, hyperborea* beschriebenen. *P. denticulata* Heer ist mir als Blatt einer Pappel sehr fraglich, *P. ammissa* ein zu unvollständiges Blatt, um darüber etwas Bestimmtes zu sagen.

Aus dem unteren Eocän von Sezanne ist von Saporta *P. primigenia* nach allerdings nicht ganz vollständigen Blättern als eine mit *P. laurifolia* Ledeb. verwandte Art und zugleich als älteste Pappel des Tertiärs beschrieben. Der Leitbündelverlauf der Reste spricht dafür, dass dem so ist. Vom Oligocän bis in das Pliocän ist eine Reihe von Arten bekannt, welche nach der Form ihrer Blätter den früher erwähnten Gruppen der lebenden Pappeln verwandt sind, zum Theile bis in die jüngeren Tertiärbildungen reichen, zum anderen Theile eine weite Verbreitung besitzen. Die Mehrzahl entspricht den noch in Europa, Ostasien und Nordamerika vorkommenden Arten.

Aus der Gruppe der Silberpappeln: *P. Leuce* Unger, *P. leucophylla* Unger (Fig. 277 [9]) Oligocän und Miocän; *P. alba* L. var. *pliocenica* Sap. Pliocän von Meximieux, Quartär von Aygelades *P. alba* L., von Ceyssac *P. canescens*, von Cannstadt *P. Fraasii* Heer; aus der Gruppe der Zitterpappeln: *P. Heliadum* Unger (Fig. 277 [10]), vom oberen Oligocän bis in das obere Miocän, *P. Richardsoni* Heer, im Norden Amerikas (Mackenzieriver), Grönland, Spitzbergen, Sachalin mit der lebenden *P. tremuloides* verwandt, in den Cineriten des Cantal (Pliocän) *P. tremula* L. Aus der Gruppe der Schwarzpappeln: *P. latior* A. Br. (Fig. 277 [1–3]) vom oberen Oligocän bis in das Pliocän, eine weit verbreitete Art, der *P. canadensis* nahestehend, *P. attenuata* A. Br. (Fig. 277 [7]); aus der Gruppe der Balsampappeln: *P. glandulifera* Heer, mit *P. laurifolia* verwandt, *P. balsamoides* Göpp. (Fig. 277 [8]), *P. Zaddachii* Heer, letztere beide in Europa und Nordamerika; aus der Gruppe der Lederpappeln die mit *P. euphratica* Oliv. verwandte *P. mutabilis* Heer (Fig. 277 [4–6]) und *P. arctica* Heer, letztere vom nördlichen Amerika bis Grönland und

Spitzbergen verbreitet, von Saporta für ein dem nordamerikanischen *Menispermum virginicum* L. nahestehendes *Menispermum* erklärt (Schimper,

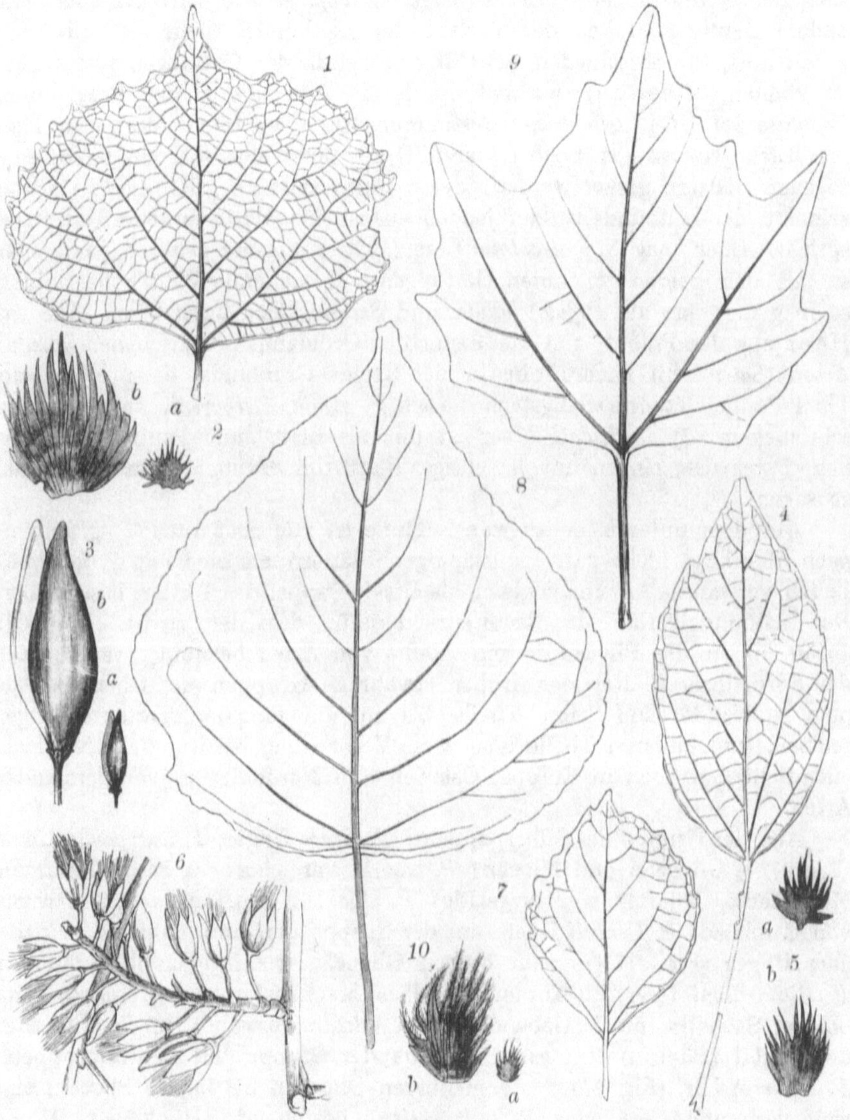

Fig 277.

Populus latior Heer. 1 Blatt. 2 Deckschuppe. 3 Frucht. *P. mutabilis* Heer. 4 Blatt. 5 Deckschuppe. 6 Fruchtästchen. 7 *P. attenuata* A. Br. Sämmtlich von Oeningen. 8 *P. balsamoides* Göppert. 9 *P. leucophylla* Unger. 10 *P. Heliadum* Unger, Deckschuppe. (1—4, 7 nach der Natur, die übrigen Copieen nach Heer und Unger.)

Traité t. II. p. 699). Die vollständig erhaltenen von Heer z. B. in Bd. VII der Flora fossilis arctica abgebildeten Exemplare scheinen mir nicht zu Gunsten der Ansicht Saporta's zu sprechen.

Die aus dem unteren Eocän von Sezanne (schon von Saporta und Watelet beschriebenen Blätter) können, obwohl Blüthen und Früchte fehlen, Blätter von Weiden sein, indess weder die Form noch der Leitbündelverlauf spricht unbedingt und unzweifelhaft für *Salix*.

Aus dem späteren Tertiär vom Oligocän an ist eine ziemliche Anzahl Arten beschrieben, darunter viel Zweifelhaftes in Folge unvollständiger Erhaltung und der Vielgestaltigkeit der Blätter. Conwentz hat einen solchen Rest als *Salici (o)phyllum oligocenicum* aus dem Bernstein des Samlandes abgebildet und beschrieben. Die einzelnen Arten haben Göppert, Heer und Schimper in zwei Gruppen gesondert, je nachdem die Blätter ganzrandig oder am Rande gesägt sind, eine Gliederung, welche, wie früher bei anderen Gattungen erwähnte Gruppirungen ihre Vortheile, aber bei der Polymorphie der Blätter doch im Ganzen keine grosse Bedeutung hat. Die im Tertiär vorkommenden Weidenblätter sind zum Theile mit nordamerikanischen, europäischen, zum Theile mit solchen Arten verglichen, welche wärmeren Regionen Ostindiens, Mittel- und Südamerikas angehören, was im Allgemeinen richtig sein kann, indess kaum strenge zu beweisen ist, da die Organe, welche für die Unterscheidung der Gruppen und Arten die wichtigsten sind, Bracteen, Blüthen und Früchte meist fehlen oder nicht mit Sicherheit auf bestimmte Blätter zu beziehen sind. Blüthen und Früchte, letztere durch das an der Basis der zweiklappigen Kapsel fehlende, ver-

Fig. 278.
1 *Salix Lavateri* Heer. 2 *S. varians* Göppert, Blatt. 3 Frucht. 4. *S. angusta* A. Br. 5 *S. species.* Männlicher Blüthenstand. (Fig. 1—2 nach der Natur, übrige nach Heer und Göppert.)

schrumpfte Perigon von Pappelfrüchten verschieden, sind von verschiedenen Fundorten, so im oberen Miocän von Schossnitz (Fig. 278[5]), Oeningen bekannt (Fig. 278[3]).

Zu den häufig oder häufiger vorkommenden Weiden mit gesägten Blättern, welche zugleich eine ziemlich lange Dauer hatten, gehören *S. varians* Göpp. mit zahlreichen Formen (278[2, 3]), *S. Lavateri* Heer (278[1]), *S. macrophylla* Heer, alle drei auch in Nordamerika und Alaska, mit ganzrandigen Blättern *S. angusta* A. Br. (Fig. 278[4]), *S. media* Heer, *S. tenera* A. Br., diese mit *S. grönlandica* Heer auch im Tertiär Grönlands, *S. Raeeana* Heer von Alaska, Mackenzieriver, Grönland, dann *S. californica* Lesq. und *elliptica* Lesq. von den Chalkbluffs (Californien). Im Allgemeinen sei bemerkt, dass die Zahl der bis jetzt aus dem Tertiär Nordamerikas bekannten *Salix*-Arten wesentlich geringer ist als jene der Pappeln.

Da der Erhaltungszustand der Epidermis fossiler Blätter die Untersuchung ihres Baues zuweilen gestattet, mögen einige Bemerkungen in Bezug auf die Blattepidermis der *Amentaceen* hier Platz finden, desshalb, weil bei Vergleich mit lebenden Blättern in zweifelhaften Fällen der Bau der Epidermis der Bestimmung eines fossilen Blattes eine grössere Sicherheit verleihen kann. Ich beschränke mich auf die Epidermis, deren Cuticula und Cuticularschichten bei den in Kohle umgewandelten Blättern in der Regel allein erhalten sind, wobei häufig schon die Anwendung kalten oder erwärmten Aetzkali's oder Aetznatrons genügt, um für die Untersuchung brauchbare Objecte zu erhalten. Bei verkieselten Blättern ist die Structur des Blattes zuweilen vollständiger erhalten, es würde indess hier zu weit führen, auch auf dieses Verhältniss bei seiner grossen Mannigfaltigkeit näher einzugehen. In allen Fällen wird der Beobachter durch die vergleichende Untersuchung des Baues der Blätter die Beziehungen lebender und fossiler Blätter, wenn irgend möglich, feststellen müssen.

Bei allen Blättern aus der Reihe der Amentaceen sind die über den Leitbündeln liegenden Zellen schmal und längs gestreckt, der Epidermis der Blattoberseite fehlen bei *Betula* und allen übrigen Amentaceen die Spaltöffnungen, auf der Blattunterseite sind sie reichlich vorhanden, die Epidermiszellen der ersteren sind isodiametrisch, polygonal mit geraden Scheidewänden, die der letzteren schwach gewellt; bei *Alnus* die Epidermiszellen der Blattoberfläche parallel mit der Längsaxe des Blattes gestreckt mit geraden Scheidewänden, jene der Blattunterseite viel kleiner als bei *Betula*, die Wände seichtwellig oder auch gerade. Bei *Corylus* sind die Epidermiszellen der Blattoberseite längs quergestreckt oder quadratisch mit geraden Wänden, jene der Unterseite mit tief buchtigen Wänden, bei *Ostrya* jene der Oberseite gestreckt, mit seichter Wellung der Wände, jene der Unterseite scharf und tiefbuchtig, bei *Carpinus* jene der Ober- und Unterseite etwas gestreckt, die Wände mit dichtstehenden schmalen Buchten, bei *Castanea* die ersteren isodiametrisch polygonal, geradwandig, letztere längsgestreckt, die Wellung der Wände unbedeutend, bei *Fagus* die ersteren isodiametrisch, die Wände wellig, ebenso jene der Unterseite. Bei den von mir untersuchten *Quercus*-

Arten sind die Epidermiszellen der Blattoberseite geradwandig, jene der Unterseite polygonal mit leichter Wellung der Seitenwände. Bei den Myricaceen sind die Epidermiszellen der Blattoberseite geradwandig, Spaltöffnungen fehlen, die Unterseite dicht mit Spaltöffnungen versehen, die Zellwände gerade oder schwachwellig, die Zellen auf beiden Flächen isodiametrisch. Bei einzelnen Arten, z. B. *M. Gale* L., die Spaltöffnungen grösser als bei andern Arten. Erhalten können sein bei Blättern dieser Gattung die sitzenden, ätherisches Oel absondernden vielzelligen stumpfovalen Drüsenhaare. Ebensolche kugelige, kurzgestielte Drüsenhaare besitzt *Juglans*, deren Blattoberseite die Spaltöffnungen fehlen, während sie auf der Unterseite reichlich vorhanden sind. Die Zellen der Unterseite sind isodiametrisch, meist geradwandig, jene der Oberseite schwach wellig, quadratisch. Bei *Carya* sind die Epidermiszellen der beiden Blattflächen leicht wellig, *Pterocarya* hat auf der Oberseite geradwandige Epidermiszellen von verhältnissmässig geringer Grösse, die Unterseite wellige, bei beiden Gattungen nur die Unterseite zahlreiche Spaltöffnungen. *Populus* entbehrt der Spaltöffnungen auf der Oberseite, die Wände der Epidermiszellen sind geradwandig, die Unterseite trägt zahlreiche Spaltöffnungen, die Zellwände sind klein wellig. Bei einem Theil der Weiden sind auf beiden Blattflächen Spaltöffnungen vorhanden, die isodiametrischen Wände geradwandig. Ist man in der Lage, die Bestimmung eines Blattes mit hinreichender Sicherheit nach anderen Merkmalen, wie Blüthen, Blätter, Früchten oder anderen Theile einer Pflanze festzustellen, so wird eine im Baue der Epidermis sich etwa ergebende Uebereinstimmung eine werthvolle Ergänzung der die Bestimmung sichernden Kennzeichen sein und können dann selbst an sich sehr fragwürdige Fragmente noch brauchbar sein. Fehlen jedoch sichere Grundlagen für die Bestimmung, so wird die Untersuchung der Blattepidermis, so interessant sie vielleicht in irgend einer anderen Beziehung sein kann, für die Bestimmung keinen allzu grossen Werth haben. Allerdings wird auch die Epidermis der Blätter, wie andere Structurverhältnisse der einzelnen Pflanzentheile zur systematischen Verwandtschaft in einer gewissen Beziehung stehen, ihre Ausbildung wird aber von äusseren Verhältnissen, den Lebensbedingungen abhängig sein. In dieser Hinsicht lässt sich die Untersuchung der Blattepidermis nach anderer Richtung hin verwerthen, für die Bestimmung des Blattes ist jedoch dies Verhalten von keiner Bedeutung, schon desshalb nicht, weil in der gleichen Gattung die einzelnen Arten verschiedenen Lebensbedingungen unterliegen können.

2. Reihe. **Urticinae.**

Die Reihe der Urticinae mit drei Familien, den *Ulmaceen* (*Ulmeae* und *Celtideen*), *Urticaceen* und *Ceratophylleen*, aus baum-, strauch- und krautartigen Formen bestehend, enthält neben extratropischen vorwiegend tropische und subtropische Formen.

Blüthenstände meist reichblüthig, racemös und cymös, Blüthen diclinisch, seltener Zwitter mit vier-, fünf- bis achttheiligen verwachsenen, selten getrenntblätterigen Perigon, der gleichen Zahl von Staubblättern oder diese zahlreicher, Fruchtknoten oberständig, einfächerig mit einer hängenden anatropen oder aufrechten Samenknospe. Früchte Schliessfrüchte, Steinfrüchte, einfächerig, einsamig, bei einer Anzahl von Gattungen zu Fruchtständen (Synarpien) vereinigt.

Bei der Familie der *Ulmaceen* ist das Perigon der diclinen oder Zwitterblüthen in der Regel vier- bis fünftheilig, selten frei, drei- bis achtblätterig; die Zahl der Staubblätter den Abschnitten oder Blättern des Perigons gleich und ihnen opponirt, der Fruchtknoten oberständig, sitzend oder kurz gestielt, durch Fehlschlagen des einen Fruchtblattes einfächerig mit zwei Narben, einer von der Spitze des Faches herabhängenden Samenknospe. Frucht eine ringsum geflügelte Schliessfrucht (*Ulmeae*) oder eine Steinfrucht (*Celtideae*).

Von beiden Gruppen sind Stämme, beblätterte Zweige, Blüthen, Blätter und Früchte erhalten, welche ihre Existenz während dieser Periode und ihre während der Tertiärzeit weit ausgedehntere Verbreitung ausser Zweifel setzen, während jetzt keine Art z. B. den Polarkreis überschreitet.

Die Gattung *Planera* (*Zelkova* Spach.) ist in Transkaukasien, im nördlichen Persien, dem Südufer des caspischen Meeres (*Pl. Richardi* Michx.), *Pl. cretica* Spach auf Creta, *Pl. acuminata* Lindl. (*Zelkova Keaki* Spach) in Japan, *Pl. aquatica* Gmel. im atlantischen Nordamerika verbreitet. Im Norden von China die mit einem Flügelsaume der Frucht versehene Gattung *Pteroceltis* Maxim. (Fig. 281[7]).

Ulmus ist auf der ganzen nördlichen Halbkugel mit einer Reihe von Arten von Japan und dem nördlichen China durch die Amurländer und Sibirien, den Himalaya nach Europa bis in das atlantische Nordamerika (fehlt im pacifischen Nordamerika), auf der östlichen Halbkugel südlich bis Australien (*U. parvifolia*), auf der westlichen Halbkugel bis Mexiko verbreitet. *Hemiptelea* und *Holoptelea* gehören, die erstere China, die letztere Ostindien und Ceylon an. Die Gruppe der *Celtideen* ist gegenwärtig beinahe über die ganze Erdoberfläche verbreitet, die Mehrzahl der Arten in den Tropen und Subtropen, eine kleine Anzahl in den extratropischen Regionen. Ihre Nordgrenze erreicht sie auf der westlichen Halbkugel in den Staaten Newyork, Massasuchets und Californien, auf der östlichen Halbkugel im Norden China's, die Südgrenze auf der ersteren in Brasilien und Montevideo, auf der letzteren am Cap, im tropischen Ostaustralien und auf Neucaledonien.

Ulmus ist durch die kürzer oder länger gestielten, einfächerigen, am Rande kahlen oder gewimperten, ringsum membranös geflügelten, an der Spitze zweitheiligen, an der Basis von dem verschrumpften Perigon umgebenen Schliessfrüchte charakterisirt. Flügel von zahlreichen radiär stehenden verästelten Leitbündeln durchzogen. Die fiedernervigen meist doppelt, selten einfach gezähnten, an der Basis ungleichseitigen Blätter, deren Grösse nach den Arten, nach der Stellung an den Zweigen sehr verschieden sein kann, lassen die meist alternirenden, selten opponirten Secundärnerven unter einem Winkel von 45—70° aus dem an der Blattbasis

Fig. 279.

U. montana Sm. 1 Blatt. 2 Frucht. *U. fulva* Michx. 3 Blatt. 4 Frucht. *U. alata* Michx. 5 Blatt. 6 Frucht. 7 *U. parvifolia* Jacq. Blatt. 8 *U. effusa* Willd. Frucht. 9 *Holoptelea integrifolia* Planch. Blatt. 10 Frucht. 11 *Planera* (*Zelkova* Spach) *Richardi* Michx. 12 *Pl.* (*Z.*) *Abelicea* Röm. et Schult.

starken, gegen die Blattspitze dünner werdenden Mittelnerven austretend, jederseits je nach der Grösse des Blattes 6—8 oder 10—20 an der Zahl verlaufen gerade oder mit sehr flachen Bogen in die Zähne. Vielfach gabeln sie während ihres Verlaufes einmal oder zweimal. Aus der nach unten gekehrten Seite treten Tertiärnerven aus, welche ebenfalls in den Zähnen, aber auch in den Buchten enden. Verkürzte Secundärnerven mit den Queranastomosen sich verbindend kommen nicht selten vor. Unter sich sind die Secundärnerven durch gerade oder bogenförmige Queranastomosen verbunden, deren Felder durch ein die weiteren Verzweigungen der Leitbündel gebildetes polygonales Netz ausgefüllt werden.

Ob das erste Auftreten von *Ulmus* in das untere Eocän fällt, aus welchem Watelet und Saporta mehrere Arten von Sezanne und Belleu beschrieben haben, sei dahingestellt. Zum Theil lässt der Leitbündelverlauf diese Deutung gerechtfertigt erscheinen, es fehlen aber Früchte, welche die Existenz der Gattung in dieser Periode sicher stellen, da die beiden von Pomel und Watelet beschriebenen Fruchtformen sich schwerlich mit Recht zu *Ulmus* ziehen lassen.

Im späteren Tertiär dagegen ist ihr Vorhandensein ausser Frage. Die älteste Ulme *U. Marioni* Sap. (*Microptelea*) findet sich in den Gypsen von Aix, dem unteren Oligocän angehörig (Fig. 280[13]), Blätter und Früchte; vom unteren Oligocän an werden sie häufiger und führe ich die verbreitetsten derselben an. Aus dem mittleren Oligocän von St. Zachariae *U. primaeva* Sap. (Fig. 280[12]), vom oberen Oligocän bis in das obere Miocän *U. Bronnii* Unger vom Süden Frankreichs durch Mittel- und Oberitalien, der Schweiz bis Böhmen und Siebenbürgen (Fig. 280[1, 2]) nachgewiesen, *U. minuta* Göpp. (Fig. 280[7]) vom oberen Oligocän bis in das obere Miocän, *U. Braunii* Heer (Fig. 280[3, 4]) im oberen Oligocän von Priesen und der Wetterau, im oberen Miocän von Oeningen, von Guarene, dann in Nordamerika, woher durch Lesquereux noch zwei weitere Arten: *U. Hilliae* Lesq. und *U. Brownelli* Lesq. aus dem Tertiär von Florissant beschrieben sind. Neben diesen noch *U. plurinervia* Ung. (Fig. 280[5, 6]) auch auf Sachalin und Alaska.

Ausserdem seien zwei weitere Arten erwähnt, welche beweisen, dass in der Tertiärzeit Ulmen in Regionen existirten, in welchen sie jetzt fehlen, so *U. borealis* Heer aus Grönland und Grinnellland, *U. californica* Lesq. von Chalkbluffs (Californien). *Ulmus Cocchii* Gaud. gehört wie *U. palaeomontana* Sap. (Fig. 280[11]) dem Pliocän an, erstere aus den Tuffen von Toscana, letztere aus dem Tripel von Ceyssac. Aus den jungtertiären oder quartären Bildungen von Mogi in Japan stammt *U. campestris* L. var. *fossilis* Nath., ferner eine der *U. parvifolia* nahestehende Art, *U. subparvifolia* Nath., von einem unbekannten Fundort, beide jetzt noch in Japan vorkommend. Früchte sind verhältnissmässig nicht selten und mit den Blättern combinirt meist nach dem gemeinsamen Vorkommen beider.

Bei *Planera* sind an der Basis der Zweige die an der Basis ungleichseitigen Blätter beinahe constant kleiner, seltener an der Spitze der Zweige. Je nach der Grösse der Blätter wechselt die Zahl der Secundärnerven jederseits zwischen vier bis sechs und zehn bis zwölf. Die Secundärnerven, an der Basis des Blattes unter einem Winkel von 15—25°, in der unteren Region bis 50—60°, zu 70° in dem oberen Theile des Blattes austretend, alterniren oder sind opponirt, beides an demselben Blatte. Beinahe gerade

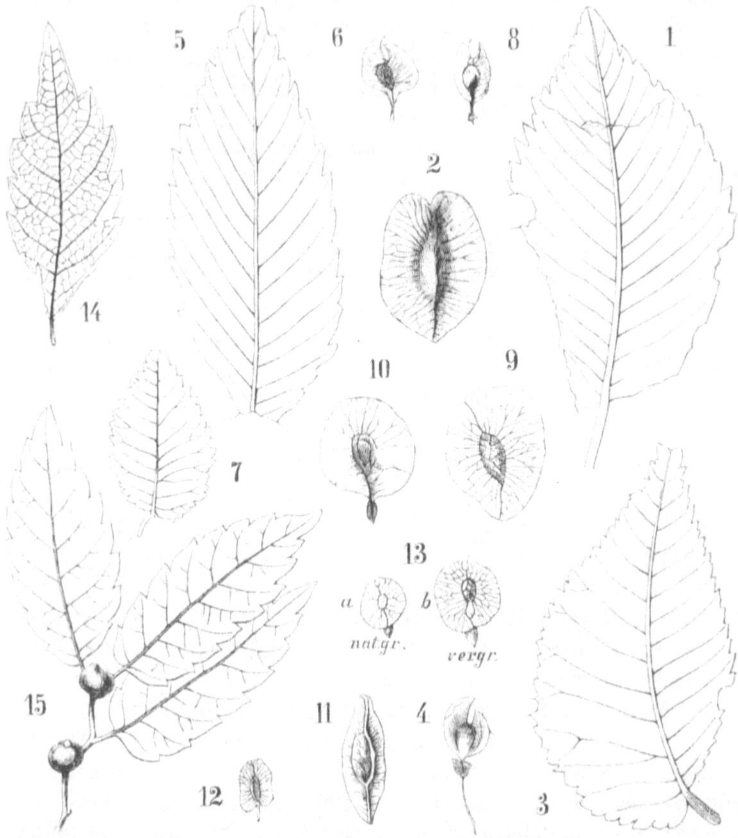

Fig. 280.

1. 2 *Ulmus Bronnii* Unger. Blatt. 2. Frucht. 3 *Ulmus Braunii* Heer. Blatt. 4 Frucht. 5 *U. plurinervia* Unger. Blatt. 6 Frucht. 7 *U. minuta* Göpp. Blatt. 8 *U. bicornis* Unger. Frucht. 9 *U. longifolia* Velenovsky. Frucht. 10 *U. prisca* Unger. Frucht. 11 *U. palaeomontana* Sap. Frucht. 12 *U. primaeva* Sap. Frucht. 13 *U. Microptelea Marioni* Sap. Frucht. 14. 15 *Planera Ungeri* Kovatz. (Copieen nach Göppert, Kovats, Unger, Heer, Velenovsky, Saporta.)

oder leicht nach aufwärts gekrümmt enden sie in den Zähnen, kurze Tertiäräste an die Buchten abgebend. Verbunden sind sämmtliche Secundärnerven durch gebogene, geknickte oder gerade Anastomosen, deren quadratische oder polygonale Felder die weiteren Verzweigungen der Leitbündel aufnehmen. Die Steinfrüchte sitzend, kuglig, von oben her etwas zusammengedrückt, von den Resten der beiden Narben gekrönt, mit einer von der Basis der Frucht bis zur Spitze verlaufenden Leiste versehen, an der Basis die Reste des Perigons, einsamig, Fruchtfleisch spärlich.

Im fossilen Zustande ist eine Art dieser Gattung (*Planera* [*Zelkova* Spach] *Ungeri* Ettingsh., Fig. 280[14]) an vielen Fundorten der Schweiz, Deutschlands, Oesterreichs, Italiens, Südfrankreichs, in Kumi, an der unteren Bureja in Sibirien, auf Spitzbergen, Grönland, Alaska, Sachalin, Japan vom unteren Oligocän bis in das obere Miocän, aber auch im quartären Tuff von Toscana und pliocänen Sandmergel von Durfort nachgewiesen. Eine zweite Art (*P. emarginata* Heer) ist von Göppert und Heer von Oeningen und Schossnitz beschrieben. In den jungtertiären oder quartären Bildungen von Mogi in Japan ist von Nathorst die noch jetzt in Japan vorkommende *P. acuminata* Lindl. (*P. Keaki* Sieb. *fossilis* Nath.) angegeben. Auch aus dem Tertiär Nordamerika's, welchem Arten aus der Gruppe *Zelkova* Spach jetzt fehlen, sind durch Newberry von Fort Union am Missouri Blätter (*P. microphylla* Newb.), von Lesquereux aus der Greenrivergroup von Florissant *P. longifolia* Lesq. angegeben. Allerdings muss man einerseits bei den aus Nordamerika stammenden Blättern fragen, in wie weit sie von den Blattformen Europa's verschieden sind, bei jenen Europa's ob alle als *Planera Ungeri* Ettingsh. beschriebenen Blätter identisch sind, oder ob nicht mit *P. acuminata* Lindl. verwandte Formen unter ihnen sich befinden.

Die noch lebende *P. Richardi* Michx. (*P. crenata* Spach) ist von Saporta in den Cineriten des Cantal (Pliocän) beobachtet. Will man die ziemlich unvollständigen, von Heer aus den Patootschichten (jüngste Kreide) Grönlands als *P. antiqua* beschriebenen Blätter als unzweifelhaft dieser Gattung angehörig ansehen (es sind nur Blätter bekannt), so ist *Planera* eine der ältesten Gattungen, welche indess seit dem Abschlusse der Tertiär- und Quartärbildungen bedeutend an Terrain verloren hat, aus Europa beinahe, aus Nordamerika gänzlich verschwunden ist, und selbst die in Südfrankreich im Quartär noch vorhandene, der *P. Ungeri* verwandte *P. Richardi* Michx. hat sich nur in Transkaukasien und Nordpersien erhalten.

Auch das Vorhandensein von *Celtis* ist durch die mit grubig-runzeligen Vertiefungen versehenen Steingehäuse der Steinfrüchte (Fig. 281), welche genau mit jenen der lebenden übereinstimmen, sicher gestellt (Unger, Geol. der europ. Waldbäume). Die ungleichseitigen, ganzrandigen, gezähnten, gesägten oder gekerbten, an der Basis herzförmigen oder verschmälerten Blätter erhalten vom Blattstiele drei Leitbündel, einen in der Mitte des Blattes verlaufenden und zwei seitliche. Die beiden seitlichen etwa bis zur Mitte des Blattes reichend, geben auf der nach der Blattbasis gekehrten Seite camptodrom verbundene Aeste ab, deren Schlingen entweder camptodrom verbundene Zweige abgeben, wenn der Rand ohne Zähne oder diese in die Zähne senden. Die aus dem nach oben sich verdünnenden Mittelnerven unter einem Winkel von 60—70° austretenden alternirenden Zweige sind camptodrom und geben von den Camptodromien Seitenäste in die Zähne ab. Die Seitennerven wie die Auszweigungen des Mittelnerven sind durch gerade oder gebogene Anastomosen verbunden, deren Verzweigungen kleinere quadratische oder polygonale Felder bilden, welche das kleinmaschige Netz der weiteren Verzweigungen einschliessen. Im allgemeinen sind die Blätter ei- oder länglich-lanzettlich, mehr oder weniger zugespitzt.

Der für das Vorhandensein der Gattung während der Tertiärzeit beweisende Rest sind die im Miocän bei Steinheim, Hochheim und Offenbach in

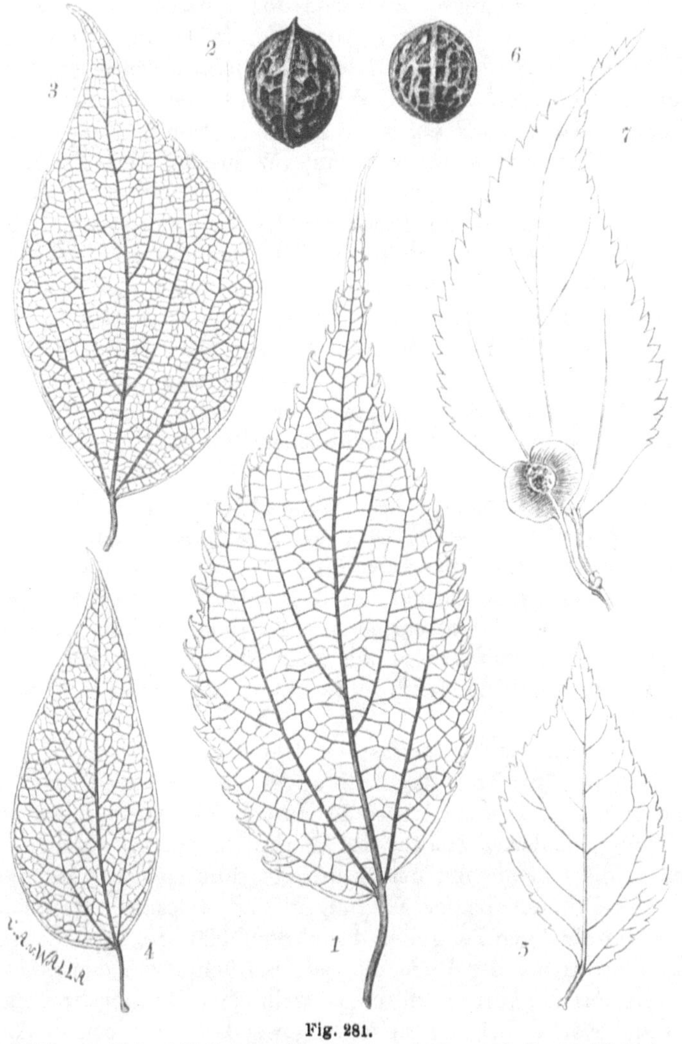

Fig. 281.

1. 2 *Celtis australis* L. 1 Blatt. 2 Frucht. 3 *C. japonica* Pr. 4 *C. Bernhardtii* Klotzsch. 5 *C. Japeti* Unger. Blatt. 6 *C. Hyperionis* Unger. Frucht. 7 *Pterocellis Tatarinowii* Maxim. (5—7 Copieen nach Unger und Maximonditsch, die übrigen nach der Natur.

der Nähe von Frankfurt gefundenen Steingehäuse der *C. Hyperionis* Unger (Fig. 281[6]). Ausserdem sind vom mittleren Oligocän bis in das obere Miocän allerdings nicht immer sehr gut erhaltene Blätter beobachtet, welche zu *Celtis* gehören können, so *C. latior* Marion aus dem mittleren Oligocän von Ronzon, *C. primigenia* Sap. aus dem oberen Oligocän von Armissan, *C. stiriaca* Ettingsh. aus dem mittleren Oligocän von Leoben, *C. begonioides* Göpp. aus dem oberen Miocän von Schossnitz, Fundorte, welche eine ausgedehntere Verbreitung der Gattung als gegenwärtig in Europa darlegen, wobei ihre heutige Nordgrenze bedeutend überschritten ist. Aus den jungtertiären oder quartären Bildungen von Mogi in Japan sind durch Nathorst *C. Nordenskiöldi* und *Aphananthe viburnifolia* beschrieben, erstere der *C. Tournefortii* Lam. und *caucasica* Willd., letztere der auf Kiusiu und Nippon vorkommenden *Aphanante aspera* Thbg. verwandt. Aus dem Tertiär Nordamerikas (Florissant, Greenrivergroup, Wyoming) sind ebenfalls Blätter, zu *Celtis* gehörig, der im atlantischen Nordamerika vorkommenden *C. occidentalis* L. verwandt, als *C. Mc Coshii* von Lesquereux beschrieben.

Die Epidermis der Ulmenblätter besitzt Spaltöffnungen sparsamer auf der Ober- und zahlreich auf der Unterseite, die Zellen sind isodiametrisch, oder quadratisch mit geraden Seitenwänden, jene von *Celtis* führt nur auf der Unterseite Spaltöffnungen, die Zellen dieser Fläche sind isodiametrisch, mit welligen Seitenwänden, jene der Oberseite sind polygonal, zuweilen quadratisch, ihre geraden Seitenwände sparsam porös. Im fossilen Zustande möchten sich wohl auch die sehr zahlreichen Cystolithen der Blattoberseite erhalten.

Aus der kleinen nur wenige Arten umfassenden Gruppe der *Cannabineen*, deren eine Gattung, *Humulus* in Ostasien, die andere, *Cannabis*, in Ostindien einheimisch ist, sind nur sparsame Reste im fossilen Zustande unter der Bezeichnung *Humulus palaeolupulus* von Saporta (Bull. de la soc. geolog. de France. Ser. II. t. XXVI) beschrieben, am Rande gezähnte Bracteen eines Fruchtzapfens mit kleiner Frucht aus dem Pliocän von Meximieux. Der Rest, in der Flore fossile de Meximieux nicht erwähnt, darf wohl als fraglich bezeichnet werden.

Auf die als *Cannabis oligocaenica* aus dem Oligocän der Provinz Sachsen von Friedrich (Beitr. zur Tertiärflora der Prov. Sachsen. Berlin, 1883) beschriebenen Blätter komme ich später zurück, hier sei nur bemerkt, dass die handförmig gefiederten Blätter des Hanfes im ganzen abfallen. Blätter von *Humulus*, die lebende Art besitzt drei- bis fünflappige, sind fossil nicht bekannt. Die Blüthen beider Gattungen sind diöcisch, die männlichen Blüthen mit fünftheiligen Perigon und fünf Staubblättern, in den kurzährigen weiblichen Blüthen bei der Reife die Schliessfrüchte von den Bracteen umhüllt, bei *Humulus* die kurzen eiförmigen weiblichen Blüthenähren in zapfenähnliche Fruchtstände bei der Reife umgewandelt. Bei beiden Gattungen die Axen einjährig, bei *Cannabis* aufrecht, bei *Humulus* windend.

Aus der Gruppe der *Moreen* (Bäume, Sträucher, zuweilen Milchsaft führend) sind durch Massalongo aus dem oberen Miocän von Sinigaglia angebliche *Moreen*blätter beschrieben, von Saporta *Morus rubra* L. var. *pliocenica* Sap., den Formen der *M. alba* L. verwandt, aus den pliocänen Cineriten des Cantal aufgeführt. Jetzt ist die Gruppe beinahe ausschliesslich tropisch und subtropisch, nur wenige Arten von *Morus* und *Maclura* reichen in das extratropische Gebiet. Der Leitbündelverlauf ist entweder gefiedert oder strahlig, mit durch Queranastomosen zu Camptodromien verbundenen Secundärnerven, die Anastomosen gerade oder geknickt, stark vortretend, die Secundärnerven und Tertiärnerven bei gezahnten Blättern craspedodrom, die Blätter von *Morus* bei der gleichen Art und an demselben Zweige gezähnt, oder drei- bis fünflappig. Blüthenstände und Fruchtstände als solche fossil nicht beschrieben, sollte man aber unter den bekannten mit den Artocarpeen vereinigten Resten hieher gehörende Reste vermuthen wollen, so möchte dies ebenso wenig streng bewiesen werden können, als das Gegentheil, denn die für die *Moreen*blüthen charakteristischen eingekrümmten Staubblätter dürften nur bei ganz vorzüglicher Erhaltung nachzuweisen sein, für die weiblichen Blüthenstände und Fruchtstände dürfte das Gleiche gelten. Aus der ausschliesslich tropischen, aus Milchsaft führenden Bäumen und Sträuchern bestehenden Gruppe der *Artocarpeen* sind theils mit lebenden Gattungen vereinigt, theils als eigene Gattungen unterschieden, eine nicht unbedeutende Anzahl Reste aus dem Tertiär beschrieben. Die als *Artocarpidium* Unger, *Artocarpoides* Sap., letztere aus dem unteren Eocän von Sezanne, erstere aus dem unteren Oligocän bis in das mittlere Miocän angegebenen Blätter mögen zum Theile dieser Gruppe angehören, zum Theile ist indess ihre Erhaltung so unvollständig, dass ein bestimmter Anspruch nicht gerechtfertigt ist. Aus dem oberen Miocän von Sinigaglia, Oeningen und der Kreide Grönlands sind Reste von *Artocarpus* L. Blätter und Reste von Blüthen- und Fruchtständen beschrieben. Unter den beiden aus der Kreide Grönlands von Nathorst (Palaeontolog. Forskningar vid Wajgattet och Sofias Färd till Kap York p. 264. 266. Stockholm, 1885) erwähnten Resten scheint mir das mit *A. incisa* L. verwandte Blatt (a. a. O. p. 266 Fig. 4) am meisten hinsichtlich seiner Stellung gesichert und mag das als Blüthenstand angesprochene Fragment (p. 266 Fig. 5) wohl hierher gehören (Fig. 282⁵, ⁶), wie das von Heer von Oeningen abgebildete Fragment eines Fruchtstandes. Auch von anderen Fundorten, z. B. von Bilin, sind solche Reste als Blüthenstände erklärt worden und wenn auch ihre Erhaltung nicht den strengen Beweis, dass sie solche seien, führen lässt, so ist doch nicht zu läugnen, dass sie einer *Artocarpeen*-Gattung angehören können, was durch die Bezeichnung *Artocarpidium* und *Artocarpoides* ausgedrückt wird. Für den Leitbündelverlauf der Blätter kenne ich keine für alle Gattungen gültige Norm. Bei der Mehrzahl der Gattungen ist der Verlauf gefiedert, die Secundärnerven entweder durch Anastomosen oder direkt zu Camptodromien verbunden. Sind Zähne wie bei *Conocephalus naucleaefolius* Blme. vorhanden, so treten Tertiäräste der Camptodromieen in die Zähne ein. Bei der Minderzahl der Gattungen ist der Verlauf der Leitbündel strahlig, die Primärnerven sind craspedodrom, die Secundärnerven camptodrom, so bei *Pouruoma*, *Cecropia*. Kommen bei einer Gattung ganzrandige und fiedertheilige Blätter, so ist der Leitbündelverlauf im ersteren Falle camptodrom, im letzteren craspedodrom, die Tertiärnerven aber camptodrom. Die geraden oder wenig geknickten Queranastomosen, nicht selten genähert, sind häufig sehr zahlreich, öfter stark vortretend, ihre Felder von Verzweigungen der Leitbündel ausgefüllt. Die von Ettingshausen beschriebenen, mit *Cecropia* vereinigten Blattfragmente von

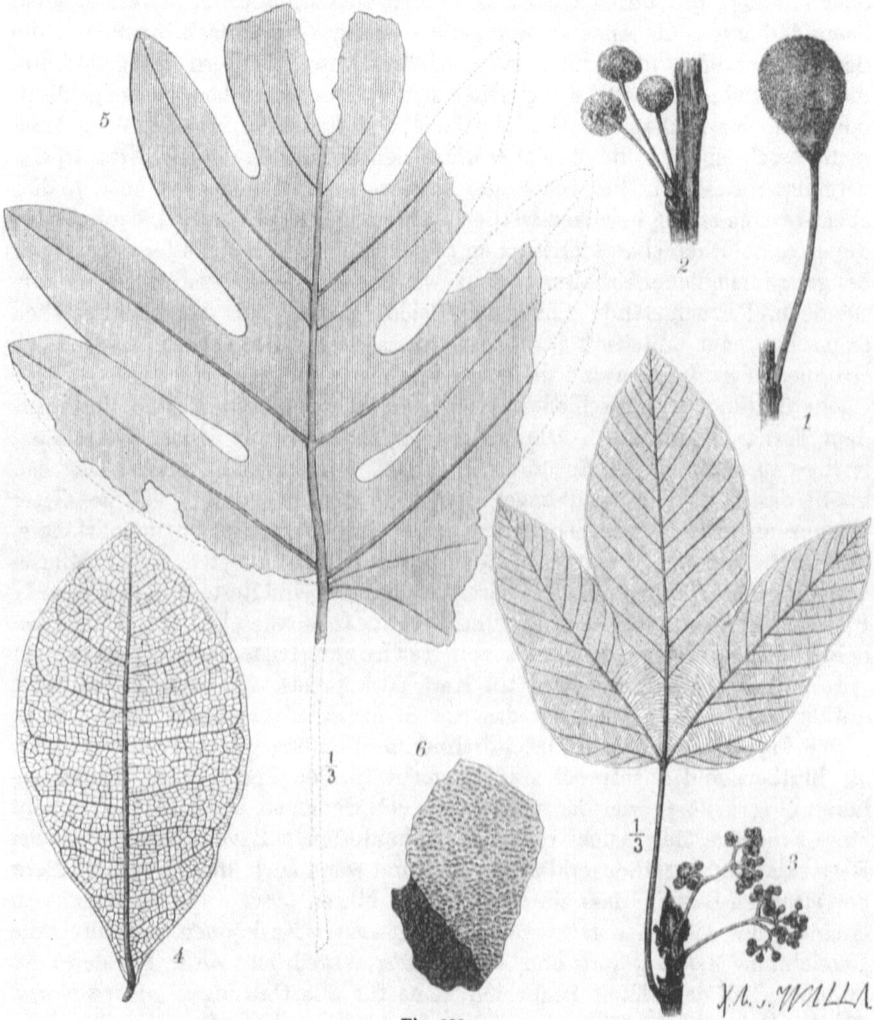

Fig. 282.
1 *Artocarpus Cumingiana* Trécul. 2 *Helicostylis Pöppigiana* Tréc. Blüthenstand. 3 *Pouruoma guianensis* Aubl. Blatt und Blüthenstand. 4 *Brosimum Alicastrum L.* 5. 6 *Artocarpus n. sp.*, Grönland, jüngere Kreide. Nathorst. (5. 6 Copie nach Nathorst, die übrigen nach der Natur.)

Priesen sind zu unvollständig, um ein sicheres Urtheil zu fällen. In Abrede stellen lässt es sich jedoch nicht, dass, soweit sie erhalten, Blättern der Artocarpeen mit strahligem Leitbündelverlauf ähnlich sind, aber auch anderen mit demselben Verlauf der Leitbündel.

Die bei weitem grösste Anzahl der fossilen, den Artocarpeen angehörig betrachteten Blätter ist *Ficus* zugetheilt, einer an Arten reichen, beinahe

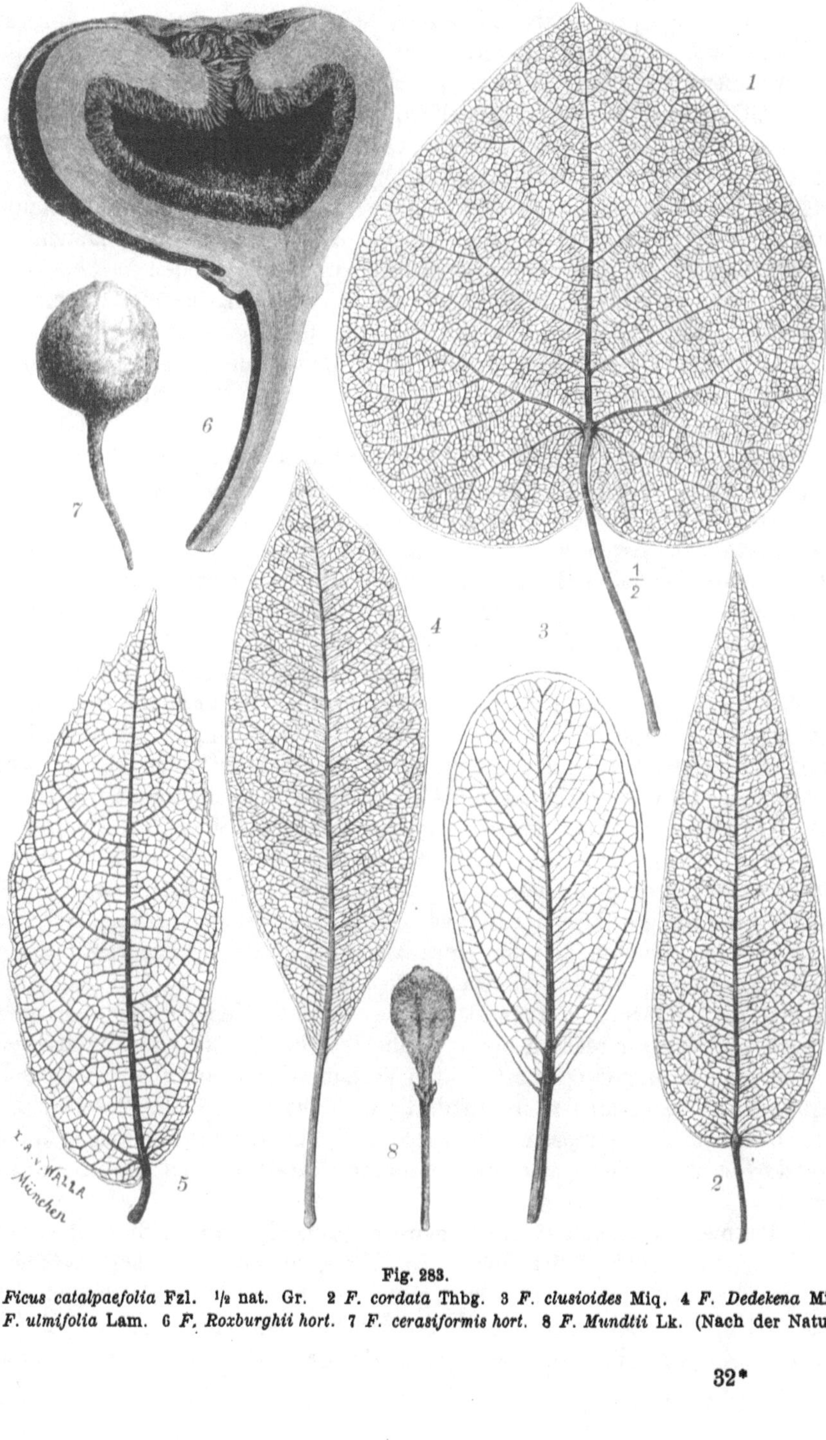

Fig. 283.

1 *Ficus catalpaefolia* Fzl. 1/2 nat. Gr. 2 *F. cordata* Thbg. 3 *F. clusioides* Miq. 4 *F. Dedekena* Miq. 5 *F. ulmifolia* Lam. 6 *F. Roxburghii hort.* 7 *F. cerasiformis hort.* 8 *F. Mundtii* Lk. (Nach der Natur.)

ausschliesslich tropischen Gattung, von welcher nur wenige Arten ausserhalb der Tropen in Europa, Japan und dem südlichen Asien vorkommen. Formen der Blätter wie ihr Leitbündelverlauf sind mannigfaltig, die Blüthen stehen auf der Innenfläche einer hohlen, an der Spitze mit einer von Bracteen besetzten Oeffnung versehenen, kugeligen oder verkehrt eiförmigen Blüthenaxe, welche bei der Reife fleischig werdend die Schliessfrüchte enthält (Fig. 283^{6-8}). Die einzelnen Blüthen mit ungetheiltem, drei- bis sechstheiligem Perigon, getrennten Geschlechts, männliche Blüthen mit ein bis zwei Staubblättern, weibliche mit einem einfächerigen, oberständigen Fruchtknoten.

Wie bemerkt, kann der Verlauf der Leitbündel bei den Blättern von *Ficus* ein sehr verschiedener sein und ist derselbe auch für die Gruppirung der fossilen Blätter benutzt, indem man die fiedernervigen von den dreinervigen und strahlignervigen schied, eine Gruppirung, welche ganz am Platze ist, wenn man nur immer sicher wäre, dass es sich wirklich um ein Feigenblatt handelt.

Bei der Mehrzahl der Blätter ist der Leitbündelverlauf fiederförmig, der Mittelnerv meist mässig stark, nach oben verdünnt, die Secundärnerven meist alternirend, unter spitzem Winkel entsprechend schief aufsteigend und bei einer Anzahl von Arten, z. B. *F. elastica*, unter beinahe rechtem Winkel austretend, dann beinahe horizontal verlaufend, bei ganzrandigen Blättern camptodrom entweder direct oder durch Tertiäräste verbunden, bei gezähnten Blättern die Camptodromieen in die Zähne Aeste sendend (Fig. 283. 284).

Die zweite Gruppe umfasst die strahlig nervigen Blätter, bei welchen drei bis fünf Primärnerven das Blatt durchziehen. Erstere bezeichnet Schimper als *trinervia*, letztere als *palmatinervia*. Primäre wie secundäre Leitbündel enden bei beiden camptodrom und schliesst sich ein weiteres Maschennetz der Camptodromieen bis zum Rande an, bei gezähnten Blättern z. B. *F. mauritiana* erhält jeder Zahn einen Ast je einer Camptodromie. Sind die Blätter gelappt, so enden die Primär-Leitbündel in den Lappen craspedodrom, ihre Secundärnerven verhalten sich wie eben gesagt. Bei sehr tief herzförmiger Basis der Blätter, z. B. *F. catalpaefolia*, *F. nymphaeaefolia* verlaufen die untersten Leitbündelpaare in einem der Grösse der Lappen entsprechenden, nach abwärts gerichteten Bogen.

Die die Primär- und Secundärnerven verbindenden Anastomosen entspringen unter einem rechten oder beinahe rechtem Winkel, die durch ihren geraden, bogenförmigen oder geknickten Verlauf gebildeten Felder sind durch die übrigen Verzweigungen in quadratische oder polygonale Maschen getheilt oder die Anastomosen bilden schmale, den Secundärnerven parallel liegende Felder, welche von den weiteren Verzweigungen eingenommen werden.

Frägt man nun nach einem allgemein gültigen, dem Leitbündelverlauf entnommenen Charakter der Blätter von *Ficus*, so muss man sich gestehen, dass es einen solchen ebenso wenig gibt, wie bei anderen Gattungen der Artocarpeen. Es bleiben also noch die Blüthen- oder Fruchtstände, deren eine Anzahl beschrieben, die die Existenz der Gattung sicher stellen könnten, wenn ihr Erhaltungszustand derart wäre, dass man sie unbedingt für Feigenfruchtstände erklären müsste. Dies ist aber mindestens nicht für alle der

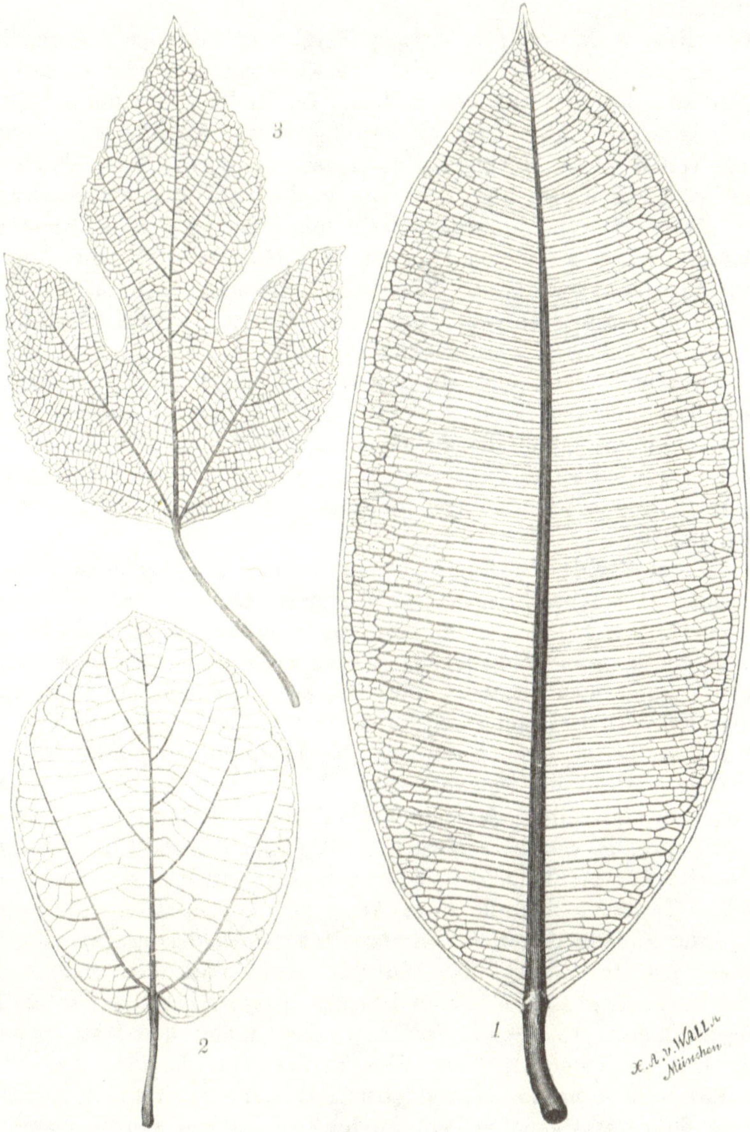

Fig. 284.
1 *Ficus elastica* L. 2 *F. Sycomorus* L. 3 *F. Carica* L. *Caprificus infectifer* Gasparr.

Fall. Ohne Frage scheinen mir die von Planchon aus dem Quartär von Montpellier (Etude des tufs de Montpellier. Paris et Montpellier, 1864), durch Saporta von la Celle bei Paris, von Gaudin aus den Tuffen von

Toscana, zum Theile mit Blättern zusammen vorkommend, beschriebenen Fruchtstände zu *F. Carica* var. *caprificus* gehören (Fig. 285[5]) (vgl. auch Solms-Laubach, Herkunft, Verbreitung, Domestication der gewöhnl. Feigenbäume. Göttingen, 1882).

Das erste Auftreten der Gattung *Ficus* wird von den Autoren in die jüngere Kreide verlegt und sind solche zu *Ficus* gezogene Blätter aus Europa und Nordamerika mehrfach beschrieben. Im Hinblick auf die heutige Verbreitung ist das Vorkommen der Gattung in der Kreideperiode und im unteren Tertiär nicht unwahrscheinlich, so wenig wie ihre Abnahme im oberen Tertiär Europas, aber einerseits ist die Erhaltung der Blätter nicht immer derart, dass eine sichere Bestimmung möglich wäre, andererseits können sie auch von anderen Familien oder Gattungen stammen, wie z. B. die von Ettingshausen aus Niederschöna beschriebenen Blätter auch zu *Diospyros* gezogen worden sind. Unter den als Arten beschriebenen Blättern mag auch eine Anzahl zusammenfallen, und so die Zahl der sog. Arten reducirt werden. Wenn auch ein grosser Theil der Blätter nach obigen Gesichtspunkten aus den Arten oder aus der Gattung ausgeschieden werden kann, so wird sowohl für die Kreideperiode, wie für die Tertiärperiode angenommen werden können, dass in jenen Perioden und selbst noch in der Quartärperiode die Verbreitung von *Ficus* eine grössere Ausdehnung hatte als gegenwärtig.

Aus der Kreide Grönlands, den Atane- und Patootschichten sind von Heer einige Arten beschrieben, wie *F. atavina* Heer, zu welcher ein Fruchtast gezogen wird (Fig. 285[4]), von Moletein in Mähren *F. Mohliana* Heer, aus Nordamerika *F. primordialis* Heer, *F. laurophylla* Lesq., *F. Bekwithii* Lesq., *F. distorta* Lesq. aus Nebraska und Kansas, ausserhalb der heutigen Verbreitungsbezirke der Gattung liegend.

Aus dem Tertiär, vom Eocän bis oberen Miocän, sind zahlreiche Arten beschrieben, zum Theile weit verbreitet oder nur von einem einzigen Fundorte bekannt, so mit fiederigem Verlauf der Leitbündel: *F. lancaefolia*, *F. Yinx* Unger, *F. arcinervis* Heer; mit strahligem Verlauf der Leitbündel: *F. tiliaefolia* A. Br. (Fig. 285[1.2]), *F. venusta* Sap. Auch aus dem nordamerikanischen Tertiär fehlen die *Ficus*-Arten nicht, zum Theile sind sie mit Europa, wie *F. Yinx* Unger, *F. lanceolata* Heer, *F. multinervis* Heer (Fig. 285[3]), *F. tiliaefolia* A. Br. (Chalkbluffs, California), gemeinsam theils nur aus Nordamerika bekannt, so z. B. *F. Ungeri* Lesq., *F. arenacea* Lesq., *occidentalis* Lesq., *F. Haydeni* Lesq., *F. artocarpoides* Lesq., diese indess den Blättern anderer Artocarpeen ähnlicher als *Ficus*. Das Tertiär jener Regionen, in welchen *Ficus* jetzt weit verbreitet ist, hat ebenfalls, wenn auch spärlich, zu *Ficus* gezogene Blattreste geliefert, so durch Geyler von Borneo beschrieben einen *Phyllites* (*Ficus*) *pengaroensis*, ein unvollständiges Blatt, welches zu den Artocarpeen gehören kann, mit welchem indess, wie Ettingshausen richtig bemerkt, so wenig anzufangen ist, wie mit Geyler's *Artocarpidium Verbekianum*. Von Sumatra sind durch Heer mehrere *Ficus*-Arten beschrieben, wie *F. tremula* Heer, *F. Verbekiana* Heer, *F. Horneri* Heer, *F. trilobata* Heer.

Göppert hat von Java gleichfalls einen *Ficus, F. flexuosa* Göpp., Ettingshausen aus dem Tertiär Neuhollands als *Ficonium Solandri* und *Artocarpidium Stuarti* Blätter beschrieben, welche zu den Artocarpeen gehören können.

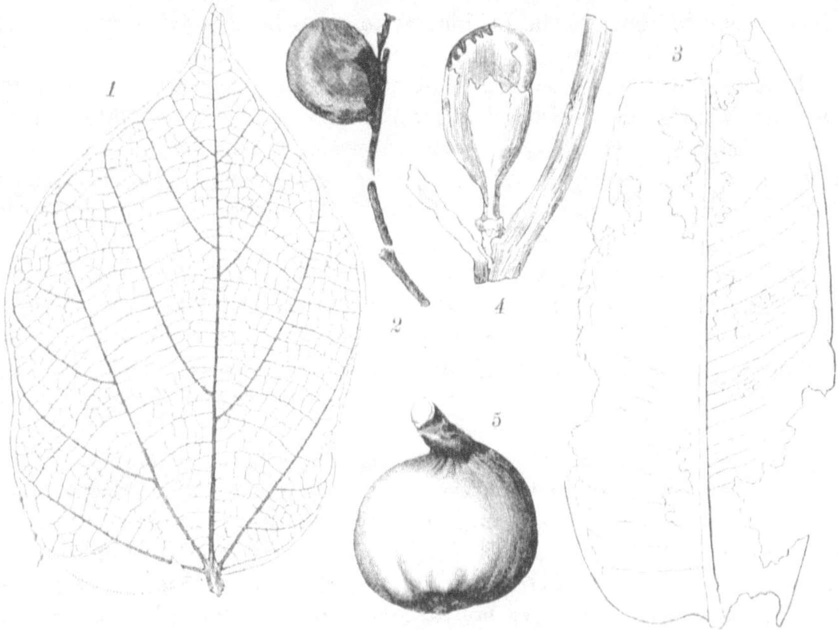

Fig. 285.
1 *Ficus tiliaefolia* Heer. Blatt. Nach der Natur. 2 Fruchtstand. 3 *F. multinervis* Heer. Tertiär. Oeningen. 4 *F. alavina* Heer. Grönland. Fruchtstand. 5 *F. Carica* L. Quartär, Montpellier. (2—5 Copieen nach Heer, Planchon.)

Aus der Gruppe der *Urticaceen* wird von Ettingshausen ein Blatt aus dem mittleren Miocän von Leoben in Steiermark als *Urtica styriaca* beschrieben (Beitr. zur Tertiärflora von Steiermark. Wien, 1869). Dass das Blatt im Allgemeinen an ein solches von *Urtica* erinnert, dass der Leitbündelverlauf jenem von *Urtica* entspricht, kann man zugeben, ob die von Ettingshausen als die Basen von Brennhaaren bezeichneten Stellen sicher solche sind, kann angezweifelt werden. Indess haben auch andere Blätter dieselbe Nervatur, z. B. Pappeln, deren gezähnter Blattrand dem Blattrande des von Ettingshausen abgebildeten Blattes viel mehr entspricht, als jenem einer Nessel. In keinem Falle wird die Existenz der Gattung *Urtica* während des Miocäns durch das Blatt von Leoben bewiesen.

Der Leitbündelverlauf der Urticaceen ist beinahe durchgängig strahlig und zwar treten an der Basis des Blattes drei bis sieben Leitbündel in die Blattfläche, welche je nach der Breite des Blattes steiler oder weniger steil gegen die Spitze convergirend in der Blattfläche verlaufen. Steht der Blattstiel auf der Unterseite des Blattes (z. B. *Laportea gigas* Wedd.), so treten von ihm nach allen Richtungen die Leitbündel radiär in das Blatt, um so gleichmässiger nach allen Seiten entwickelt, je näher der Blattstiel dem Mittelpunkte der Blattfläche steht. Sind die Blattflächen sehr breit, so haben die Blätter einen stark bogenläufigen Verlauf (*Parietaria rotundifolia* Kze.). Selten ist der Verlauf der Leitbündel fiederförmig und enden sie in den Zähnen craspedodrom; solche Leitbündel kommen bei *Pellionia* Gaudich. und bei einigen *Parietaria-* und *Forskohlea*-Arten vor.

Primär- und Secundärnerven werden bei strahligem sowohl wie bei gefiedertem Verlauf der Leitbündel durch gerade und bogige, unter einem rechten Winkel austretende Queranastomosen verbunden, deren Felder durch die weiteren Verzweigungen in kleine, vielfach scharf vortretende, polygonale oder quadratische Felder getheilt werden. Bei mehreren Gattungen, wie z. B. *Boehmeria*, sind sie sehr ausgeprägt.

In jüngster Zeit ist von Conwentz unter dem Namen *Forskohleanthemum nudum* (Fig. 288[5, 6]) aus dem Bernstein des Samlandes den Urticaceen noch ein zweiter mit *Forskohlea* verwandter Pflanzenrest, eine männliche Blüthe, hinzugefügt worden (Conwentz, Bernsteinfl. Bd. II, Danzig, 1886). Bei den meist krautartigen *Forskohlea*-Arten sind die männlichen und weiblichen Blüthen zu einem von einer gemeinsamen Hülle umgebenen Köpfchen vereinigt; das Perigon ist bei beiden einblätterig, offen röhrig, in den männlichen Blüthen mit einem Staubblatt, in den weiblichen je ein einfächeriger Fruchtknoten, bei der Reife zu einer Schliessfrucht entwickelt. Die von Conwentz beobachteten Blüthen stehen jenen der lebenden Arten sehr nahe und dürften für das Vorkommen der *Urticinae* in der Tertiärzeit und in dieser gegenüber der heutigen Nordgrenze hohen Breite grössere Sicherheit gewähren, als der von Ettingshausen beschriebene Rest.

Verbreitet ist die Gattung *Forskohlea* von Madagaskar und dem Cap in nördlicher und nordwestlicher Richtung nach dem Westen Afrikas, den Canaren, Südspanien, ostwärts nach Ostindien und Australien. Das Vorkommen im Süden Europas ist wohl ein Rest der früheren Verbreitung der Gattung während der Tertiärzeit, während welcher sie im Samland vorkam, das heutige Vorkommen in Ostindien und Australien ist bedingt durch die ausgedehntere Verbreitung in dieser Region während der Tertiärzeit.

Auch noch andere Blattreste haben unter den bereits genannten ihren Platz bei den Urticaceen und den verwandten Gruppen gefunden, ohne dass sie von anderen Gruppen ausgeschlossen worden wären. Zu ihnen gehören *Credneria* Zenker und *Ettingshausenia* Stiehler, ziemlich grosse, gestielte, gezähnte Blätter, erstere (Schimper, Traité, t. III p. 58) rundlich, rundlich-eiförmig, an der Basis herzförmig, unberandet (Fig. 286), letztere an der Basis verschmälert, keilförmig oder rhombisch, berandet; beide Formen der jüngeren Kreide Böhmens, Mährens, Sachsens, des Harzes und Grönlands angehörig. Leitbündel strahlig oder gefiedert, craspedodrom. Anastomosen unter rechtem Winkel austretend, quadratische Felder bildend. Salicaceen, Moreen, Hamamelideen, Sterculiaceen, Ampelideen sind gleichfalls zur Vergleichung herangezogen worden.

In gleicher Weise fraglich ist die Stellung der von Heer (Flor. fossil.

arct. Bd. I. II. VI. VII) als *Macclintockia* beschriebenen Blätter, zu deren näherer Bestimmung ebenfalls andere Reste fehlen. Von der jüngeren Kreide Grönlands (*M. cretacea* Heer) sind sie bis in das untere Eocän Gelindens (*M.*

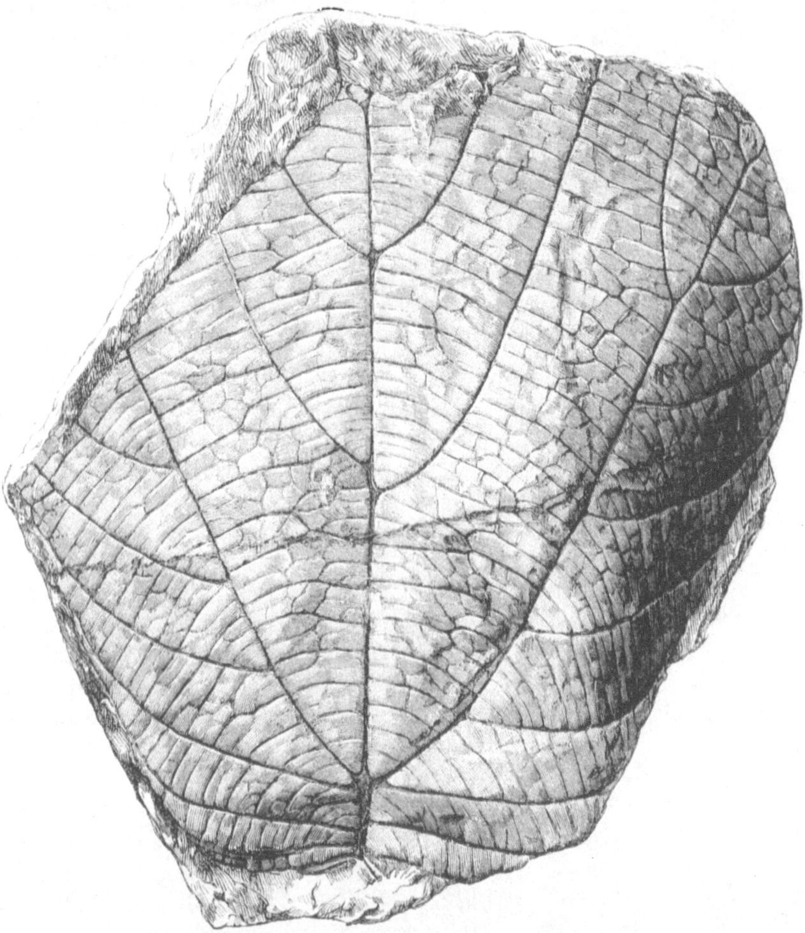

Fig. 286.
Credneria. Blankenburg im Harze, Cenoman. Nach der Natur.

heersiensis Sap. et Marion, Rev. de la flor. foss. heersienne de Gelinden p. 55 tab. 9 fig. 1) bis in das Miocän Grönlands verbreitet, so z. B. *M. Lyalli* Heer, *M. trinervis* Heer (Fig. 287[1. 2]) und andere. Die Blätter sind kurz gestielt, gegen die Basis verschmälert, an der Spitze gezähnt, sonst ganzrandig, primäre Leitbündel drei, fünf bis sieben, parallel, schwach bogig, Secundärnerven der seitlichen primären Leitbündel camptodrom, die übrigen Anastomosen bildend, deren Felder von einem engen polygonalen Maschennetz ausgefüllt sind.

Nicht weniger zweifelhaft sind hinsichtlich ihrer Stellung bei dem Fehlen sonstiger Reste die als *Protophyllum* (Fig. 288[1]) von Lesquereux (Cretac.

Flora, p. 100) aus der Kreide von Kansas und Nebraska beschriebenen Blätter. *Credneria* und *Pterospermites* in manchen Beziehungen verwandt, dürften sie eine noch nähere Beziehung zu der lebenden Gattung *Laportea* haben, mit welcher, z. B. *Laportea gigas*, sie hinsichtlich der Form der Blätter, zum Theile auch des Leitbündelverlaufes Aehnlichkeit haben. Die Stellung bei den Urticineen würde dann dieselbe Berechtigung wie in anderen Fällen haben. Bisher sind sie nur in der jüngeren Kreide Nordamerikas beobachtet und mag man sie als die Vertreter von *Credneria*, welche auf Europa beschränkt ist, betrachten. Die Blätter sind gross, etwas schildförmig, lederartig, ganzrandig oder mit welligem Rande, an der Spitze abgerundet, stumpf. Die unteren Leitbündel sind strahlig, die oberen gefiedert, die Secundärnerven genähert alternirend oder opponirt, Tertiärnerven unter spitzem Winkel austretend, Queranastomosen horizontal oder gebogen, ihre Felder durch die weiteren Verzweigungen in quadratische Felder getheilt. Bei wellig gezähnten Blättern enden die Secundärnerven und letzten Tertiärnerven craspedodrom in den Zähnen, bei *Laportea gigas* sind die Leitbündel camptodrom, die Zähne erhalten ihre Leitbündel von den Camptodromieen.

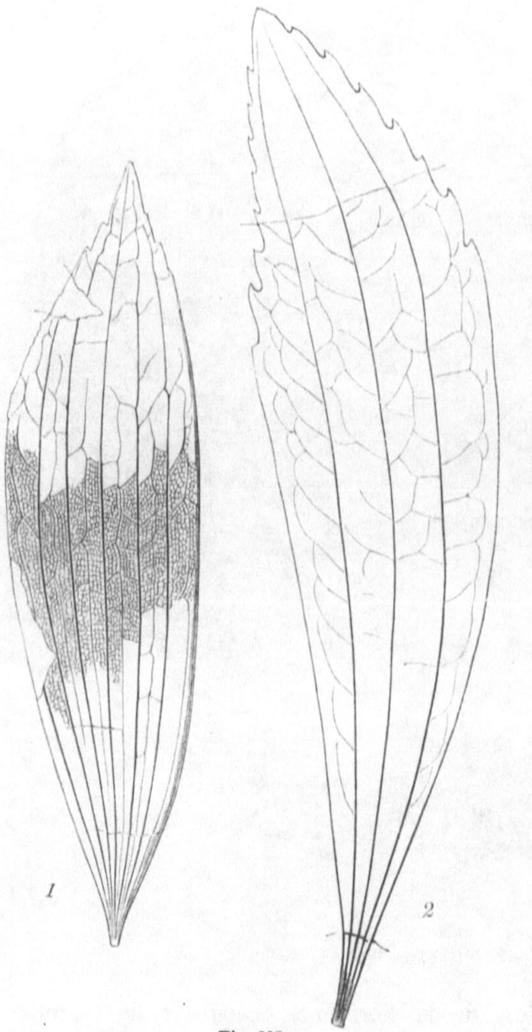

Fig. 287.
1 *Macclintockia Lyalli* Heer. Grönland. 2 *M. trinervis* Heer. Grönland. Tertiär. (Copieen nach Heer.)

In gleicher Lage wie bei den vorausgehenden Blättern befindet man sich den von Saporta (Flore foss. des travertins de Sezanne) als *Protoficus* aus dem unteren Eocän von Sezanne beschriebenen Blättern gegenüber.

Von den beschriebenen vier Arten besitzt die eine, *P. crenulata* Sap. (auch zu *Ficus* und *Rhamnus* gestellt) einen strahligen Leitbündelverlauf, wie er häufig bei der Gruppe der Urticaceen vorkommt und gekerbte Blattränder, bei den übrigen von Saporta unterschiedenen Arten ist der Leitbündelverlauf gefiedert, darunter *P. sezannensis*, mit verkürzten, in den Anastomosen endenden Secundärverven. Die Blätter sind meist gross, lederartig, breit, länglich, meist ganzrandig, selten gekerbt. Die entweder gefiederten oder strahligen Leitbündel unter einem spitzen oder mehr geöffneten Winkel austretend, camptodrom; wenn die Blätter gekerbt, die Kerben von den Camptodromieen Aeste erhaltend, durch gebogene, geknickte oder gerade, einfache oder verzweigte Anastomosen verbunden, deren Felder durch weitere Verzweigungen mit polygonalen oder quadratischen Maschen ausgefüllt werden. Von Saporta werden diese Blätter mit solchen von Artocarpeen verglichen, mit welchen sie allerdings viel Verwandtes besitzen, indess bei dem Fehlen sonstiger Reste jedenfalls fraglicher Stellung sind und auch einem anderen Verwandtschaftskreise angehören können. Aehnlich verhält es sich mit *Anisophyllum* Lesq. (Cretac. Flora p. 98 tab. VI fig. 1—5) aus der jüngeren Kreide Nordamerikas von Fort Harker, Kansas, auf unvollständig erhaltene Blattfragmente mit strahligem Leitbündelverlauf gegründet (*A. semialatum* Lesq). Die seitlichen Primärnerven aus der nach der Blattbasis hin gekehrten Seite Secundärnerven unter spitzem Winkel aussendend, mittlerer Primärnerv gefiedert, alle Secundärnerven alternirend, durch gebogene und geknickte ziemlich entfernt stehende Anastomosen verbunden. Die Blätter sind ziemlich dick, lederartig, ei- oder verkehrt eiförmig, nach Lesquereux einseitig gelappt, an der Basis abgerundet oder kurz herablaufend. Noch zwei weitere Blattformen, ebenfalls aus der jüngeren Kreide Nordamerikas, seien hier erwähnt, beide von Lesquereux beschrieben, *Aspidiophyllum* (Lesq., Cretac. and Tertiary Flora II. p. 87) und *Eremophyllum* (Lesq., Cretac. Flora p. 107). Das erstere, *Protophyllum* verwandt, ist ein dickes, lederartiges, stumpf dreilappiges, schildförmiges Blatt, dessen strahlige Leitbündel zu fünf bis sechs den kleineren Theil der Blattfläche durchziehen, während der grössere Theil von drei stärkeren craspedodromen Bündeln durchzogen ist. Von diesen drei Primärnerven ist der mittlere ziemlich stark, die beiden seitlichen schwächer, alle mit fiederförmigen Secundärnerven, welche im unteren Theile des Blattes unter sich verbunden sind, Queranastomosen unter einem nahezu rechten Winkel austretend, gerade oder schwach gebogen. *Eremophyllum* wird von Lesquereux mit *Ficus crenata* Unger und *Ficus asarifolia* Ettingsh. verglichen. Die Blätter nach der Abbildung kaum vollständig erhalten, deshalb eine nähere Bestimmung kaum möglich.

Die Epidermiszellen der Blätter der Urticineen sind, so weit ich eine Anzahl Gattungen untersuchen konnte, meist klein und geradwandig, seltener auf der Unterseite wellig, oberseits und unterseits meist gleich gestaltet und orientirt, auf der Unterseite zahlreiche kleine Spaltöffnungen von einer bis drei Reihen concentrisch gelagerter Zellen umgeben. Bei guter Erhaltung können die in einzelnen Epidermiszellen der Oberseite und bei einzelnen Gattungen auch auf der Unterseite vorkommenden Cystolithen sich erhalten haben, deren Zellen von kreisförmig stehenden Epidermiszellen umgeben sind. *Boehmeria* hat grössere Epidermiszellen, die Zellen der Blattunterseite mit welligen, jene der Oberseite mit geraden Seitenwänden, Cystolithen cylindrisch, an beiden Enden spitz.

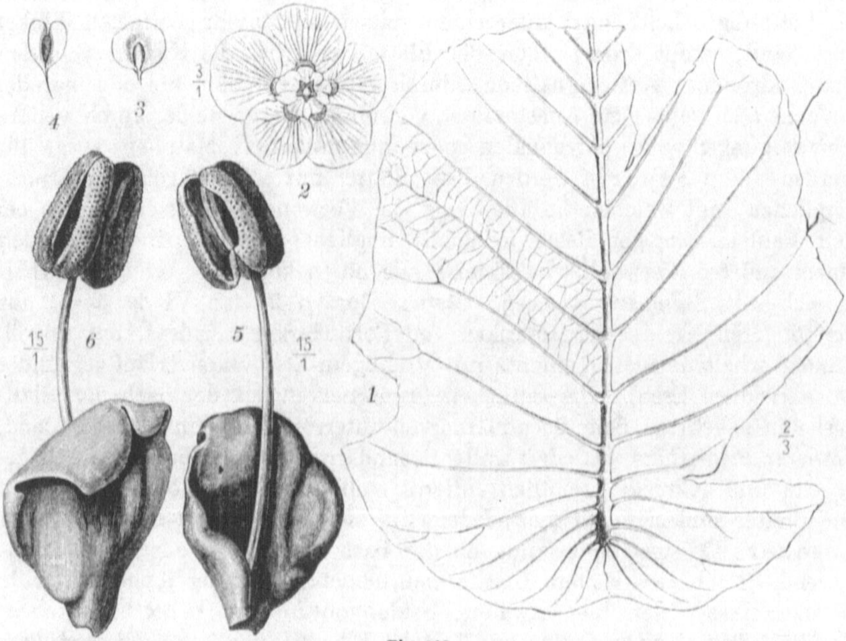

Fig. 288.
1 *Protophyllum multinerve* Lesq. Jüngere Kreide. 2 *Salsola oeningensis* Heer. Oeningen. Tertiär. Vergrössert. 3 *Polygonum antiquum* Heer. 4 *P. cardiocarpum* Heer. Oeningen. Tertiär. Frucht. 5. 6 *Forskohleanthemum nudum* Conwentz. Bernstein. Samland. (Copieen nach Lesquereux, Heer, Conwentz.)

Versucht man, insoweit es die eben besprochenen Gruppen angeht, ein Resultat der Zusammensetzung der Vegetation gegen das Ende der Kreidebildungen und der auf sie folgenden Perioden aus den bisher bekannt gewordenen Resten zu finden, vergleicht man die Pflanzenreste mit der heute an ihren Fundorten vorkommenden Vegetation, frägt man, ob erstere geeignet, etwa einen Anhalt für das erste Auftreten einer Familie oder grösseren Gruppe zu geben, ob ihre systematische Stellung sicher zu bestimmen, so wird im Allgemeinen sich ergeben, dass alle besprochenen Gruppen, so weit ihre Stellung etwas mehr gesichert ist, in ihrer heutigen Verbreitung gegen die früheren Perioden an Terrain verloren haben, so Ulmeen, Celtideen, Artocarpeen, dass ferner die Existenz der Ulmaceen und Celtideen von der Tertiärperiode an ausser Frage, für die Artocarpeen von der Kreide an nicht unwahrscheinlich ist, der Nachweis einzelner Gattungen bei der

Unvollständigkeit der Reste jedoch beinahe ausnahmslos höchst zweifelhaft wird, demnach auch die Frage, ob die Stellung, welche wenigstens von der Mehrzahl der Autoren diesen Resten angewiesen wird, thatsächlich bewiesen werden kann, für die Mehrzahl der Gruppen nicht zu beantworten ist.

3. Reihe. **Piperinae** (Apetalae).

Umfasst die Familie der Piperaceen, meist in den Tropen und Subtropen verbreitet, meist strauch- oder krautartig mit ährenförmigen Blüthenständen, alternirenden, seltener opponirten Blättern, Blüthen meist diclin, apetal, Staubblätter zwei bis neun, Fruchtblätter eins bis vier, Fruchtknoten oberständig, Samenknospen atrop. Fossile Reste nur aus der Gruppe der Piperaceen bekannt, aus der Gruppe der Saurureen und Chloranthaceen noch keine beschrieben, obwohl die heutige Verbreitung der drei Gruppen bis Abessinien, Mexiko, Südcalifornien, China und Japan, das Vorkommen von Resten dieser Gruppe in den Kreide- und Tertiärbildungen Europas und Nordamerikas nicht unmöglich erscheinen lässt.

Die bis jetzt bekannten Reste der Piperaceen gehören dem Tertiär Sumatras und Javas an, aus Sumatra *Piper antiquum* Heer (Fig. 289), ein einzelnes herzförmiges, ganzrandiges, gestieltes Blatt, mit strahligem Leitbündelverlauf, aus Java *Piperites bullatus* Göpp. und *P. Miquelianus* Göpp., Blattreste, der erstere unvollständig und nicht mit Sicherheit zu bestimmen, der letztere ein eiförmiges, zugespitztes, gestieltes Blatt mit strahligem, camptodromen Leitbündelverlauf (drei primäre Leitbündel), welches allerdings Blättern von *Piper* nahe steht (Heer, Beiträge zur fossilen Flora von Java. Zürich, 1879. Göppert, Tertiärflora von Java. S'Gravenhage, 1854). Von Göppert ist ausserdem noch ein Holz, *Piperites Hasskarlianus* beschrieben, bei welchem jedoch die für Piperaceenhölzer bezeichnenden, markständigen Stränge nicht erhalten sind, welche allein die Bestimmung sichern könnten, was übrigens Göppert selbst schon hervorhob.

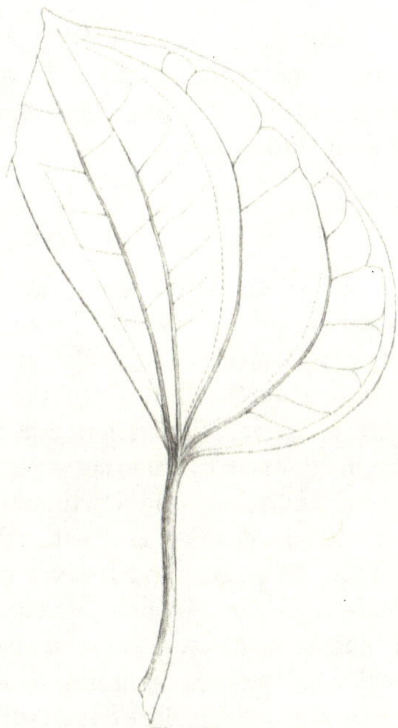

Fig. 289.
Piper antiquum Heer. Tertiär. Java.

Blüthen- und Fruchtreste sind bis jetzt als solche nicht beschrieben, können indess unter den zu anderen Gruppen gezogenen ährenförmigen Blüthenständen verborgen sein, wie die Früchte unter den zahlreichen Carpolithen. Bei guter Erhaltung liessen sich beide von ähnlich aussehenden unterscheiden.

Die Blüthenstände der Piperaceen bestehen aus Zwitterblüthen oder Blüthen getrennten Geschlechtes, von einer Bractee gestützt, ohne Blüthenblätter, Staubblätter zwei bis sechs, Fruchtknoten einfächerig, mit aufrechter atroper Samenknospe, Frucht eine sitzende oder an der Basis stielartig verschmälerte Beere oder eingesenkt, Eiweiss doppelt (Perisperm, Endosperm).

Der Verlauf der Leitbündel in den Blättern ist bei den Piperaceen sehr mannigfaltig. Neben einnervigen Blättern (*Peperomia,* starker Mittelnerv mit zarten Verzweigungen) finden sich gefiederte, strahlige, parallelnervige und bogenläufige vor. Camptodrome Leitbündel sind allgemein, die Querbindungen der Leitbündel werden durch gerade oder geknickte Anastomosen hergestellt, deren Felder die weiteren Verzweigungen als ein sehr enges Maschennetz einschliessen.

Aus der Familie der Saururaceen könnten, wenn man die heutige Verbreitung und die Lebensweise berücksichtigt (China, Japan, Himalaya, Nordamerika bis Mexiko), Reste sich erhalten haben, welche bisher verkannt sind. *Aneimiopsis* Hook. hat einen fiederförmigen Verlauf der Leitbündel, die Seitennerven alterniren oder sind opponirt, *Saururus* einen strahligen, *Houttuynia* einen bogenläufigen Verlauf der Leitbündel. Die secundären Verzweigungen camptodrom, in den Rand Aeste aussendend, Anastomosen schief aufsteigend, Maschennetz ihrer Felder quadratisch.

Die Epidermis der Blätter der Gattung *Piper* hat wenigstens bei vielen Arten geradwandige Epidermiszellen, auf der Unterseite von concentrisch geordneten Zellen umgebene Spaltöffnungen, ebenso verhalten sich ölführende Zellen und Haare.

4. Reihe. **Centrospermae.**

Eine an Arten und Gattungen gegenwärtig sehr reiche Gruppe, aus welcher nur sehr wenig Reste beschrieben sind. Jetzt über die ganze Erdoberfläche verbreitet, meist aus krautartigen Formen bestehend, mit beinahe immer einfächerigem Fruchtknoten, grundständigem oder centralem Samenträger, einer oder vielen Samenknospen. Die Familien der Polygonaceen, Chenopodiaceen, Amarantaceen, Phytolaccaceen, Nyctaginaceen, Caryophyllaceen, Aizoaceen und Portulacaceen setzen die Gruppe zusammen.

Erwähnt seien zuerst die *Polygonaceen,* durch die tutenförmigen Nebenblätter, alternirende Blätter von verschiedener Form, vier bis sechs Perigonblättern, vier bis neun Staubblättern, einem oberständigen einfächerigen Fruchtknoten, mit zwei oder drei Griffeln, grundständigem Samenträger, aufrechter gerader Samenknospe, Frucht eine platte oder kantige, flügellose oder zwei- bis dreiflügelige Schliessfrucht, von dem trocknen, zuweilen fleischigen Perigon umschlossen.

Leitbündel fiederig, Mittelnerv nach aufwärts verdünnt, Seitennerven alternirend, unter spitzem oder dem rechten sich nähernden Winkel austretend, in ihrem Verlauf häufig stark nach aufwärts gekrümmt, camptodrom, oft gabelig, ihre Aeste ebenfalls camptodrom, von den Camptodromieen zu einem Netz verbundene Aeste bis zum Blattrande reichend. Queranastomosen unter rechtem Winkel austretend, bogig und gerade, die Felder ein meist zartes Maschennetz einschliessend; so bei *Coccoloba, Polygonum, Triplaris* etc.

Erhalten sind Blätter und Früchte, welche im Tertiär (oberes Oligocän bis oberes Miocän) zuerst auftreten. Von den durch Heer aus Spitzbergen beschriebenen Blattfragmenten und Früchten eines *Polygonum* (*P. Ottersianum*) werden die ersteren wegen ihrer Unvollständigkeit nicht als beweisend gelten können, wenn auch der erhaltene Blattrand im Leitbündelverlauf mit *Polygonum* übereinstimmt. Von Nathorst wird *P. cuspidatum* var. fossilis Nath. aus dem Pliocän oder Quartär Japans angegeben. Von den beschriebenen Früchten dieser Gattung (*P. cardiocarpum* Heer, *P. antiquum* Heer, erstere beiderseits, letztere ringsum geflügelt (Fig. 288 3. 4), von Oeningen, *P. convolvuloides* Conw., dreikantig, aus dem Bernstein des Samlandes, sind die beiden ersteren chinesischen und nordamerikanischen Arten verwandt, die letztere *P. Convolvulus* L. Die von Saporta von St. Jean de Garguier und Fenestrelle als *Polygonites ulmaceus* beschriebene dreiflügelige Frucht von Saporta selbst als zweifelhaft angesehen. Aus dem oberen Oligocän von Priesen bei Bilin sind von Ettingshausen Blattreste als *Coccoloba acutangula* und *bilinica* beschrieben, es ist jedoch sehr fraglich, ob Blätter bei der unvollständigen Erhaltung des Leitbündelverlaufes, wie ihn die Abbildung zeigt, sicher bestimmt werden können. Aus dem Tertiär von Wyoming *C. laevigata* Lesq.

Blattepidermis aus geradwandigen Zellen, auf der Unterseite Spaltöffnungen, von einer Zone concentrisch gelagerter Zellen umgeben, bisweilen Drüsenhaare. Die lebende *Coccoloba nymphaeaefolia* an *Protophyllum* erinnernd.

Aus der Familie der *Chenopodiaceen* sind bekannt zwei mit Sicherheit nicht zu bestimmende Blattfragmente, *Oleracites Beta prisca* Sap. und *O. convolvuloides* Sap. aus dem unteren Oligocän von Aix, ferner Früchte der Gattung *Salsola*. Sie sind sämmtlich von Heer beschrieben, drei derselben *S. oeningensis, S. Moquini, S. crenulata* von Oeningen (Fig. 288 2), eine, *S. arctica,* von Spitzbergen, von denen vielleicht die letzte zweifelhaft sein mag. Charakterisirt sind die Früchte durch das während der Fruchtreife fortwachsende fünftheilige Perigon, welches die oberständige Frucht mit einem fünftheiligen Saume umgibt, wie z. B. bei *S. crassa*, welcher die fossilen Früchte nahe stehen.

Aus der Familie der *Nyctaginaceen* sind ebenfalls nur wenige Reste beschrieben: *Pisonia*-Arten, von welchen eine, *P. eocenica* Ettingsh., von dem unteren Oligocän bis zum unteren Miocän reicht, eine, *P. lancifolia* Heer, dem oberen Miocän angehört. Aus dem Tertiär Nordamerikas *P. racemosa* Lesq. mit Früchten. Aus der Kreide Böhmens *Peatavia* Vel. Die Früchte von *Pisonia* sind längliche, von der verholzenden Basis des Perigons umschlossene Schliessfrüchte, Lesquereux's Abbildung entspricht gut denselben. Verlauf der Leitbündel mit jenen der Polygonaceen im Wesentlichen übereinstimmend, die Secundärnerven dünner als bei den Polygonaceen.

5. Reihe. **Polycarpicae.**

Die Familien der *Lauraceen, Berberidaceen, Menispermaceen, Myristicaceen, Monimiaceen, Calycanthaceen, Magnoliaceen, Anonaceen, Ranunculaceen* und *Nymphaeaceen* umfassend, von welchen im Gegensatze zur Zahl der lebenden Arten nur wenige bis jetzt im fossilen Zustande nachgewiesen sind, deren Mehrzahl den *Lauraceen, Nymphaeaceen* und *Magnoliaceen* angehört.

Blüthen mit Kelch und Blüthenkrone oder nur mit Perigon, hypogyn, acyclisch, hemicyclisch oder mit veränderlicher Zahl der Kreise. Staubblätter und Fruchtblätter frei, zahlreich oder beschränkt; Samen mit stark entwickeltem Eiweiss und kleinem Embryo.

Die Familie der *Lauraceen* besteht beinahe nur aus tropischen und extratropischen baum-, seltener strauchartigen Formen, im extratropischen Gebiet nur sparsam auftretend. Die einzige krautartige Form ist die als Schmarotzer lebende, schlingende, blattlose Gattung *Cassytha*.

Die Blätter alternirend, ganzrandig, länger dauernd, lederartig, selten opponirt, abfällig, krautartig, gelappt, Blüthenstände zuweilen mit Involucrum, cymös oder racemös. Perigon frei, unterständig, selten oberständig, vier-, sechs- und neuntheilig, in zwei Kreisen, Staubblätter acht bis zwölf, in zwei bis fünf Kreisen, Antheren mit zwei oder vier Klappen sich öffnend; ausserdem Staminodien mit einer Drüse an der Spitze. Fruchtknoten oberständig, einfächerig, bei der Reife zu einer einsamigen Beeren- oder Steinfrucht entwickelt, zuweilen ganz oder theilweise von dem fortwachsenden Perigon umgeben.

Der Leitbündelverlauf der Lauraceen ist entweder gefiedert oder parallel. In beiden Fällen treten aus der Basis des die Mitte des Blattes durchziehenden Leitbündels in der Regel ein, aber auch zwei schwache Leitbündelpaare aus (Austrittswinkel 0—10°), welche steil oder wenig ansteigend oder horizontal gegen den Rand verlaufen, sich während ihres Verlaufes mit den Aesten des folgenden Paares verbinden und bis zum Rande reichende camptodrome Verzweigungen aussenden. Bei gefiedertem Leitbündelverlaufe folgen auf die untersten Leitbündelpaare unter sich alternirende, je nach der Breite des Blattes in einen steilen oder weniger steilen Bogen verlaufende camptodrome Verzweigungen (Secundärnerven), durch Queranastomosen oder Tertiäräste camptodrom verbunden. Der Austrittswinkel der Verzweigungen beträgt 25—75°. Gerade oder bogige, einfache oder ästige Queranastomosen verbinden diese Verzweigungen, die dadurch gebildeten Felder werden durch die weiteren Verzweigungen der Leitbündel in kleine quadratische Felder getheilt, welche die letzten freien Endigungen aufnehmen. Ist der Verlauf der Leitbündel parallel, so begleiten die die Mitte des Blattes durchziehenden Leitbündel zwei bis vier seitliche, jederseits eine oder zwei (folia trinervia, nervi primarii), nahe an der Basis oder höher unter einem Winkel von 60 bis 70° entspringend, alternirend oder opponirt, die Blattspitze erreichend oder vor derselben endend, gegen die Spitze des Blattes mit den Secundärnerven des Mittelnervens camptodrom verbunden. Die dünneren Secundäräste ebenfalls camptodrom, wie ihre den Blattrand erreichenden letzten Verzweigungen. Queranastomosen gerade oder bogig, einfach oder ästig, länglich-vierseitige Felder bildend, diese durch die letzten Verzweigungen in kleine quadratische Maschen getheilt, in diesen die freien Enden der Leitbündel. Auf der Blattober- und Unterseite kommen in den Achseln der Leitbündel nicht selten Drüsen vor, welche bei derselben Art oder auch demselben Individuum fehlen oder vorhanden sein können. Ein besonderer diagnostischer Werth ist ihnen desshalb nicht beizulegen, wenn sie, wie dies der Fall, bei fossilen Blättern vorkommen.

Die Familie der Lauraceen ist vorwiegend von Mittel- und Südamerika bis zum tropischen Australien verbreitet, ihre Nordgrenze erreichen sie auf der nördlichen Halbkugel im Süden Europa's und im nördlichen Amerika, ihre Südgrenze am Cap, Neuseeland und in Australien auf der südlichen Halbkugel.

Ihr erstes Auftreten erfolgt in der jüngeren Kreide, insoferne man den Blättern eine entscheidende Bedeutung beilegt. Im Tertiär ist ihr Vorhandensein ausser Zweifel, wie das Vorkommen ihrer Blüthen im Bernstein des Samlandes (mittleres Oligocän) und im oberen Miocän von Oeningen (*Cinnamomum*) beweist, eine Verbreitung nach Norden, welche in Europa weit über ihre heutige Nordgrenze hinausreicht, und selbst noch im Pliocän und Quartär ist diese ausgedehntere Verbreitung nachweisbar. Hält man die zu den Lauraceen gezogenen Blätter für unzweifelhaft dieser Familie angehörig, so ist ihre Grenze während der Kreide- und Tertiärzeit noch weiter nach Norden zu rücken, es ist die Breite des nördlichen Sibiriens, von Island, Grönland, Vancouver, welche noch Lauraceen aufzuweisen hat. Neben nordamerikanischen und japanischen Formen (*Sassafras, Benzoin, Cinnamomum*) enthält das Tertiär Europa's Formen, deren Verwandte jetzt dem Süden Amerika's, Indien und dem indischen Archipel angehören. Lauraceen, welche, wenn auch nicht immer an den Orten des früheren Vorkommens sich bis heute erhalten haben, sind: *Laurus nobilis, Persea canariensis, Oreodaphne foetens.*

Neben den Blättern und Blüthen sind auch Früchte erhalten, welche wenigstens zum Theile mit grosser Wahrscheinlichkeit zu den Lauraceen gerechnet werden, bei anderen möchte jedoch diese Stellung fraglich sein, alle in üblicher Weise mit Blättern combinirt. Die von Unger als *Carpinus norica* beschriebenen Früchte dürften Laurineenfrüchte sein. Ferner sind Früchte fossiler Lauraceen von *Laurus nobilis*, *Cinnamomum polymorphum, Scheuchzeri*, *subrotundum*, *Persea princeps*, *canariensis*, *Braunii*, *Oreodaphne Heerii* angegeben.

Aus der jüngeren Kreide sind nur Blätter bekannt, Früchte und Blüthen nicht beobachtet. Die Blätter werden zu *Laurus*, *Sassafras*, *Cinnamomum*, *Persea* und *Oreodaphne* gezogen, indess wird bei manchen, wie bei einem Theile von *Laurus*, ihr Erhaltungszustand die Bestimmung zweifelhaft erscheinen lassen, bei *Sassafras* wird es die Frage sein, ob nicht Blattformen als Arten unterschieden sind, eine Frage, welche übrigens auch auf die sämmtlichen Arten des Tertiär Anwendung findet. Die beschriebenen Blätter gehören meist der Kreide Nordamerika's, Nebraska und Kansas, an, so *Laurus nebrascensis* Lesq., *proteaefobia* Lesq., *Persea Leconteana* Lesq., *P. Sternbergi* Lesq., *Oreodaphne cretacea* Lesq., zahlreiche *Sassafras*-Arten, wonach die Gattung jetzt auf dem Aussterbeetat stünde. Von den beiden *Cinnamomum*-Arten gehört die eine, *C. Scheuchzeri*, auch dem Tertiär an, *C. Heerii* Lesq. ist Nordamerika eigenthümlich, erstere würde in der Kreide zuerst auftretend, in der Tertiärzeit der westlichen und östlichen Erdhälfte gemeinsam (durch Wanderung?) geworden sein. Die Familie fehlt auch nicht in der Kreide (Atane-Patootschichten) Grönlands, z. B. *L. thulensis* Heer, *L. Hollae* Heer, *L. angusta* Heer, *L. plutonia* L. (diese auch in Böhmen) und Böhmens, indess zum Theil mit schlecht erhaltenem Leitbündelverlauf. Aus Mähren (Moletein)

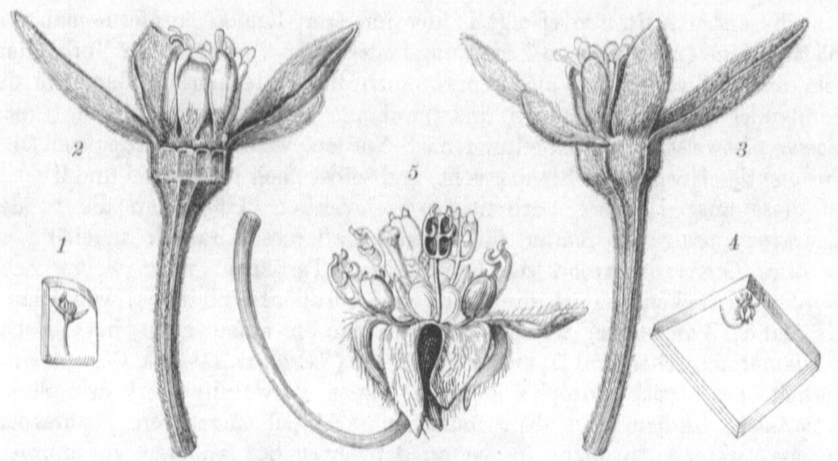

Fig. 290.
Cinnamomum Felixii Conwentz, Blüthe. 1 nat. Gr. 2 vergrössert, von der Vorderseite. 3 vergrössert, von der Rückseite. Nach der Natur. 4. 5 *C. prototypum* Conwentz. 4 nat. Gr. 5 vergrössert. (Copie nach Conwentz.)

sind von Heer Blätter als *Daphnophyllum crassinervium* und *D. Fraasii* Heer beschrieben und zu den Laurineen gestellt, eine der zahlreichen Blattformen, welche den Laurineen zwar, aber auch anderen Gruppen angehören können. Aehnliche Formen sind aus dem Tertiär Java's (*D. Beilschmiedioides* Heer, *Laurophyllum* Göppert) und Sumatra's (*D. Schefferi* Heer, *D. lanceolatum* Heer *D. concinnum* Heer, *D. elongatum* Heer) beschrieben. Wie die als *Daphnophyllum* bezeichneten Blätter den jüngeren Kreide- und den Tertiärbildungen gemeinsam angesehen werden, ebenso die als *Daphnogene* Unger bezeichneten Blätter, von welchen eines (*D. primigenia* Ettingsh.) der Kreide, die übrigen sämmtlich dem Tertiär angehören. Unter ihnen ist *D. Ungeri* Heer (Fig. 292[5]) eines der im Tertiär verbreitetsten Blätter, die Mehrzahl gehört dem älteren Tertiär, dem Eocän und Oligocän an. *Daphnogene* umfasst lederartige Blätter mit *Cinnamomum* ähnlichem Leitbündelverlauf. *Daphnophyllum* ziemlich grosse Blätter mit gefiedertem Leitbündelverlauf, Secundärnerven in stärkerem oder weniger starkem Bogen verlaufend, camptodrom. Zugestanden muss werden, dass *Daphnogene* den Laurineen näher steht, als *Daphnophyllum*, welche denn auch verschiedenen Familien angereiht worden ist. Ausserdem ist für das Tertiär das Vorkommen der Gattungen *Laurus, Cinnamomum, Persea, Sassafras, Benzoin, Actinodaphne, Oreodaphne, Phoebe, Litsaea* angenommen und wenigstens theilweise sicher gestellt. Zu den letzteren gehören ausser den im Bernstein des Samlandes erhaltenen Blüthen von *Trianthera eusideroxyloides* Conw., *Cinnamomum Felixii* (Fig. 290[1–3]) und *C. prototypum* Conw. (Fig. 290[4. 5]) noch einige *Cinnamomum*-Arten, wie *C. Scheuchzeri* Heer (Fig. 291[2]), *C. lanceolatum* Heer (Fig. 291[1]) (auch im Bernstein des Samlandes), *C. polymorphum* Heer (Fig. 291[3]), *C. Rossmässleri* Heer, zugleich sehr verbreitete Formen. Weiter verbreitet sind ferner *Sassafras primigenium* Sap. von Sezanne (Fig. 292[6]), *Ferretianum* Massal., *S. Aesculapi* Heer, die Formen dieser Gattung weniger zahlreich als in der Kreideperiode, wobei indess auf *Sterculia, Aralia* Rücksicht zu nehmen ist, *Benzoin antiquum* Heer (Fig. 292[4]) bis Grönland, *Persea princeps* Heer, *P. speciosa* Heer (Fig. 292[1–3]), wie *Cinnamomum* jetzt nur in den Tropen. Ausserdem wird noch das Vorkommen von *Litsaea elatinervis* Sap. et Marion, Gelinden, *L. magnifica* Sap., Armissan, *L. elongata* Friederich, Bornstedt, *Actinodaphne* (*A. Germari* Friederich) in der Braunkohle der Provinz Sachsen, *Oreodaphne apicifolia* Sap. et Marion, von Gelinden, *O. styracifolia* O. Web., *O. Heerii* Gaud., endlich *Phoebe transitoria* Friederich aus der Braunkohle der Provinz Sachsen und von Armissan (Saporta's *Oreodaphne resurgens* und *Daphnogene transitoria*). Zum grossen Theile sind die angeführten Blattformen durch

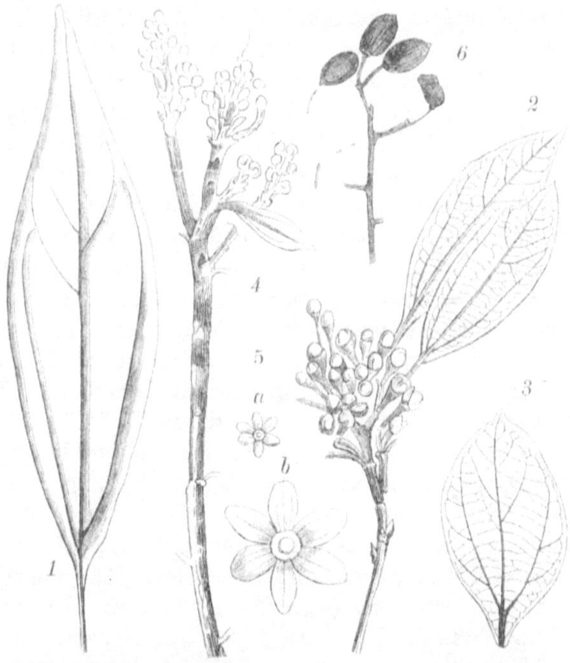

Fig. 291.
1 *Cinnamomum lanceolatum* Heer. 2 *C. Scheuchzeri* Heer. Blüthenstand. 3 *C. polymorphum* Heer. Blatt nach der Natur. 4 Blüthenstand. 5 *a* Blüthe, nat. Gr. 5 *b* vergrössert. Oeningen. Tertiär. (Copieen nach Heer.)

das ganze oder doch einen grossen Theil des Tertiär verbreitet, und mögen unter den beschriebenen eine Anzahl von Blattindividuen sich befinden, wie dies auch bei den zahlreichen *Laurus*-Arten der Fall ist, welche vom Eocän (*L. subprimigenia* Sap., *tetrantheracea* Schimp., Sezanne) bis in das obere Miocän reichen, und deren häufiger vorkommende Arten hier Platz finden mögen, so *L. phoeboides* Ettingsh., *L. primigenia* Unger, *L. Agathophyllum* Unger, auch in Grönland, *L. Lalages* Unger, *L. Swoscowicziana* Unger, *L. ocoteaefolia* Ettingsh., *L. Fürstenbergi* A. Br., in Grönland *L. thulensis* Heer.

Aus den aussereuropäischen Tertiärbildungen sind neben *Daphnophyllum* zu den Lauraceen gezogene Blattreste bekannt, so aus Borneo *Litsaea Böttgeri* Geyl. und *Cinnamomum gracile* Ettingsh., letztere von Geyler mit *Pterospermum* verglichen, aus Australien *Cinnamomum Leichardi* Ettingsh., *C. polymorphoides* Ettingsh., *C. Woodwardi* Ettingsh., *C. Hobartianum* Ettingsh. und *Laurus australiensis* Ettingsh., aus den jungtertiären oder auch quartären Bildungen Japans: *Lindera sericea* var. *fossilis* Nathorst und eine zweite Art, aus Java *Daphnogene javanica* Göpp., *Cinnamomum Göpperti* Ettingsh., *D. intermedia* Göpp., *Laurophyllum viburnifolium* Göpp. und *L. Haasioides* Göpp. angegeben. Im Tertiär Nordamerika's fehlt merkwürdiger Weise *Sassafras*, während andere Gattungen, welche jetzt in Nordamerika gänzlich oder in der Region des Tertiärvorkommens vermisst werden, vorkommen, wie *Cinnamomum* (*affine* Lesq.), *Tetranthera utahensis* Lesq., *T. sessilifolia* Lesq., *Persea pseudocarolinensis* Lesq., *Laurus grandis* Lesq., *californica* Lesq., *socialis* Lesq., *utahensis* Lesq., im Tertiär von Wyoming, Californien und Oregon, mit Europa gemeinsam *L. princeps*.

In der Pliocän- und Quartärzeit beherbergte Europa noch eine Anzahl Lauraceen, welche zum Theil aus dem Miocän oder Pliocän herüberreichen und während dieser Periode Europa und Nordamerika gemeinsam waren, so *Oreodaphne Heerii* Gaud., *Benzoin latifolium* Sap., Cantal, *Sassafras Ferretianum* Massal., Cantal, zum Theil jetzt in der Region ihres früheren Vorkommens fehlen, so die vorstehenden Arten, sodann *Apollonias canariensis* Nees, *Laurus canariensis* Wall., *Persea carolinensis* Nees (Meximieux), theils ihr eigenthümlich sind, so *Persea amplifolia* Sap. et Marion. Im Quartär *Laurus canariensis* Webb (Tuffe der Provence, Lipari's und Toscana's), *Oreodaphne foetens* Ait. in den Tuffen von St. Jorge auf Madera, dortselbst jetzt noch lebend, *Laurus nobilis* L. in den Tuffen von Montpellier, von Aygelades, des Arcs, ebenfalls noch im Süden Frankreichs vorkommend.

Ein Ueberblick über die bisherigen palaeontologischen Funde, welche den Lauraceen einverleibt worden sind, gewährt insbesonders durch die in Bernstein eingeschlossenen Blüthen die Gewissheit, dass die Familie in der Tertiärzeit weit gegen Norden verbreitet war, und die zu Oeningen gefundenen Blüthen geben selbst für eine sehr späte Zeit des Tertiär eine sichere Grundlage in derselben Richtung. Weniger zuverlässig sind die nur auf die Blätter gegründeten Folgerungen, da es meines Erachtens nicht möglich ist, mit Sicherheit die Gattungen in jedem einzelnen Falle durch den Leitbündelverlauf zu charakterisiren.

Fig. 292.

1. 2 *Persea princeps* Heer. 3 *P. speciosa* Heer. 4 *Benzoin antiquum* Heer. 5 *Daphnogene Ungeri* Heer. Oeningen. Obermiocän. 6 *Sassafras primigenia* Sap. Sezanne. Untereocän. (Copieen nach Heer, Saporta.)

Die Epidermis der meisten Lauraceen scheint aus kleinen quadratischen oder polygonalen Zellen zu bestehen, welche auf der Ober- wie Unterseite geradwandig sind. Die Spaltöffnungen sind sehr zahlreich, nur auf der Unterseite vorhanden, nicht sehr gross und von einer Zone etwas gestreckter concentrisch geordneter Zellen umgeben.

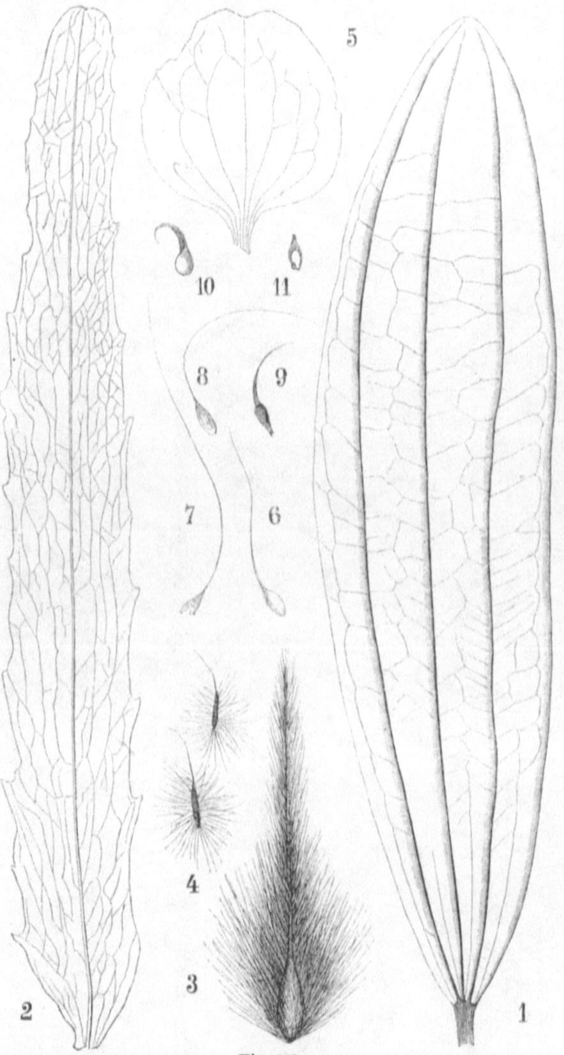

Fig. 293.
1 *Cocculites Kanei* Heer. Tertiär. Grönland. 2 *Berberis rhopaloides* Sap. Armissan. Oberoligocän. 3 *Laurelia Moschata* Lebend. Frucht. 4 *Laurelia rediviva* Unger. Frucht. Radoboj. Untermiocän. 5 *Clematis Sibiriakoffii* Nath. Japan, Mogi. Pliocän? Quartär? 6 *C. Panos* Heer. Oeningen. Obermiocän. 7. 8 *C. trichiura* Heer. Oeningen. Obermiocän. 9 *C. radobojana* Unger. Radoboj. Untermiocän. 10 *C. oeningensis* Heer. Oeningen. Obermiocän. 11 *Ranunculus emendatus* Heer. Oeningen. Obermiocän. (Copieen nach Heer, Saporta, Unger, Baillon.)

Zu den hinsichtlich ihres Vorhandenseins in einer früheren Epoche zweifelhaften Gruppen gehören die *Monimiaceen,* von welchen durch Unger, Ettingshausen und Saporta einige Arten beschrieben sind. Von diesen halte ich die von Häring stammenden Blattfragmente für sehr fragwürdige Reste, unter *Hedycarya europaea* Ettingsh. sind zwei verschiedene Blätter von Kutschlin (Foss. Flora von Bilin. Taf. XXX Fig. 3. 4) abgebildet, von denen Fig. 3 vielleicht von *Hedycarya* stammen kann, Fig. 4 aber durch den Leitbündelverlauf und deren spitzen Austrittswinkel sich unterscheidet. Ausserdem werden Blätter von *Laurelia* Juss. und *Mollinedia* Ruiz et Pav., erstere mit Früchten, welch' letztere jenen der lebenden Gattung nicht unähnlich, früher zu *Platanus* gestellt wurden (Fig. 293⁴), von Radoboj, indess doch wohl verschieden, aber vielleicht verwandt, ferner *Monimiopsis* Sap. von Gelinden und Sezanne. Die Gruppe würde vom unteren Eocän bis in das mittlere Oligocän in Europa vorhanden gewesen sein. Gegenwärtig nur auf der südlichen Halbkugel vom tropischen Amerika durch Afrika, den Mascarenen, Neuseeland, den Inseln des stillen Oceans, Australien bis in das tropische Asien. Leitbündel sämmtlich camptodrom durch Gabeltheilung.

Die Familie der *Berberidaceen*, bestehend aus strauchartigen, sodann Formen mit einjährigen oberirdischen und längerdauernden unterirdischen Axen, gehört der gemässigten Zone an und hat heute ihre Verbreitung hauptsächlich in Nordamerika, Ostasien bis in den Norden von Indien, nach Sibirien, Europa und den Norden Afrika's. Der östlichen und westlichen Halbkugel gemeinsam, fehlt sie auf der südlichen beinahe gänzlich, nur Brasilien, Chile, Patagonien und die Inseln an der Ostküste Afrika's weisen Berberidaceen auf, unter diesen die Gattungen *Berberis* und *Erythrospermum*, welch' letztere Ceylon erreicht oder wohl richtiger von Ceylon bis zur Ostküste Afrika's sich erstreckt. Die heutige Verbreitung, welche auf der nördlichen Halbkugel mit dem 60° Breitengrade ihre Nordgrenze erreicht, spricht für ihren circumpolaren Ursprung, die lückenhafte Verbreitung auf der südlichen Halbkugel lässt eine früher existirende, zusammenhängendere in Folge günstigerer Bedingungen der Verbreitung oder einen südpolaren Ausstrahlungspunct vermuthen, für den jedoch jede Thatsache fehlt.

Blüthen mit zwei- und dreizähligen Kreisen. Kelchblätter in zwei und mehr Kreisen, Kronen- und Staubblätter je zwei Kreise, Antheren mit zwei Klappen aufspringend. Ein oberständiger einfächeriger, mehreiiger Fruchtknoten, bei der Reife Beeren- oder Kapselfrucht.

Blätter gefiedert oder einfach, ganzrandig, gezähnt oder gewimpert, lederartig oder krautartig. Verlauf der Leitbündel gefiedert bei ungetheilten Blättern. Secundärnerven dünn, alternirend, unter spitzem Winkel bis zu 60—80° austretend, je nach der Breite steiler oder etwas weniger steil verlaufend, gabeltheilig, die Aeste camptodrom, von den Camptodromieen ein doppeltes Maschennetz bis zum Rande reichend. Wenn der Rand mit Wimperfortsätzen oder Zähnen versehen, jeder Zahn von den Randmaschen einen Ast aufnehmend. Anastomosen stark geknickt, ihre Felder durch die weiteren Verzweigungen mit quadratischen Maschen ausgefüllt.

Sind die Blätter gefiedert (*Mahonia, Bongardia*), so haben die Fiederblätter den gleichen Leitbündelverlauf mit um so steilerem Verlauf der sehr wenig hervortretenden Secundärnerven als die Fiederblätter schmäler sind. Bei *B.* (*Mahonia*) *pinnata, Fortunei* vereinigen sich die steil aufsteigenden Secundärnerven camptodrom, und ihre Aeste bilden bis zum Rande ein einreihiges Maschennetz, welches einen Ast in je einen Zahn abgibt. *B. empetrifolia* hat scheinbar einnervige Blätter, d. h. die zarten Verzweigungen sind nur bei stärkerer Vergrösserung sichtbar. Bei anderen Gattungen, wie *Podophyllum, Diphylleia, Caulophyllum* ist der Leitbündelverlauf strahlig, bei den zweitheiligen Blättern von *Jeffersonia* fächerförmig, bei *Epimedium, Aceranthus* bogenläufig.

Die bis jetzt zu *Berberis* gezogenen Blätter gehören ausnahmslos dem Tertiär an (oberes Oligocän bis oberes Miocän) und sind entweder unzweifelhaft gefiederte Blätter (*B. rhopaloides* Sap. [Fig. 293[2]]) oder einzelne Fiederblätter (*B. stricta* Sap., beide von Armissan), *B. Mahonia* und *B. pinnata, Fortunei* etc. verwandt. Gaudin's *B. puzzolentana* von Val d'Arno hat allerdings Aehnlichkeit mit kleinen Blättern der Kurztriebe von *Berberis,* kann aber trotzdem ein kleines Blatt aus einer anderen Familie sein. Heer's *Berberis helvetica* ist zu unvollständig, um ein sicheres Urtheil zu gestatten. Die Aehnlichkeit des Blattfragmentes mit *B. Mahonia* (*Aquifolium*) ist indess zuzugeben. Nach den Resten des Tertiär würden nordamerikanische, ostasiatische und Formen des Himalaya Europa in jener Periode neben *Berberis* im engeren Sinne bewohnt haben. Die derbe, lederartige Textur der gegliederten Fiederblätter dieser Formen musste ihre Erhaltung begünstigen. Auf den den Monocotylen nahestehenden Leitbündelverlauf einzelner Gattungen sei hingewiesen (vergl. oben).

Bei *B. Mahonia* sind die Epidermiszellen der Oberseite polygonal, geradwandig, jene der Unterseite mit starkwelligen Seitenwänden, porösen Aussenwänden. *M. pinnata* hat ober- wie unterseits geradwandige polygonale Epidermiszellen, Spaltöffnungen auf der Unterseite zahlreich, von concentrisch geordneten Zellen umgeben. Bei *Berberis umbellata* Epidermiszellen der Blattober- und Unterseite geradwandig; auf der Oberseite die Aussenwände der Epidermiszellen vorgewölbt, stark verdickt, auf der Unterseite mit zitzenförmiger Auswölbung (daher das Grau), Spaltöffnungen zahlreich. Bei den *Berberis*-Arten mit dünnen hautartigen Blättern sind die Epidermiszellen beider Blattseiten stark gefaltet, die Spaltöffnungen der Unterseite bald reichlicher, bald weniger reichlich. Die Gattung möge als Beispiel dienen, dass der Bau der Epidermis allein nicht genügt, um über die Abstammung eines fossilen Blattes zu entscheiden.

Aus der in der Kreide zuerst auftretenden Familie der *Menispermaceen* sind nur wenige Reste und diese nur unvollständig erhalten bekannt. Die Mehrzahl der Gattungen besitzt einen strahligen Verlauf der Leitbündel, entweder nach allen Seiten der Blattfläche sich erstreckend, wenn der Blattstiel zwischen der Mitte und dem Rande des Blattes steht (vergl. S. 402, *Menispermum*) oder von der Basis des Blattes ausgehend, wenn er dort sich befindet, es treten dann drei Leitbündel in die Blattfläche, deren mittelster gefiedert ist. Neben diesem Leitbündelverlauf kommt noch der parallele Leitbündelverlauf vor, drei Leitbündel, nach oben convergirend, durchziehen das Blatt. Alle Leitbündel sind wie ihre Verzweigungen camptodrom, die Anastomosen beinahe gerade, ihre schmalen länglich viereckigen Felder durch ein aus sehr kleinen Maschen bestehendes Netz ausgefüllt. Der Mehrzahl nach Schlingpflanzen mit alternirenden Blättern, charakterisiren sie sich durch zweihäusige Blüthen, deren Kelche in zwei bis zehn Kreisen, Kronen- und Staubblätter in je zwei Kreisen stehen, Fruchtblätter eins bis sechs, selten mehr, Früchte Beeren, Samen camptotrop.

Wie bemerkt, sind die bekannten Reste ziemlich unvollständig und desshalb wenigstens theilweise eine andere Deutung möglich. Die Mehrzahl gehört der Kreide Nordamerika's an, von Lesquereux als *Menispermites* bezeichnet, unter ihnen ein *M. ovalis* Lesq., habituell *Macclintockia* Heer (vergl. S. 492) nahestehend. Zwei allerdings sehr unvollständige Blattfragmente sind von Heer aus der jüngeren Kreide Grönlands (den Ataneschichten) beschrieben, aus der Kreide Böhmens sind durch Velenovsky zwei *Cocculus*-Arten, *C. extinctus* von Kiesslingswalde, *C. Cinnamomum* Velenovsky von Lipeneč, letzterer an *C. laurifolius* DC. erinnernd, erstere dürfte einer anderen Familie, z. B. den Piperaceen, Urticineen angehören.

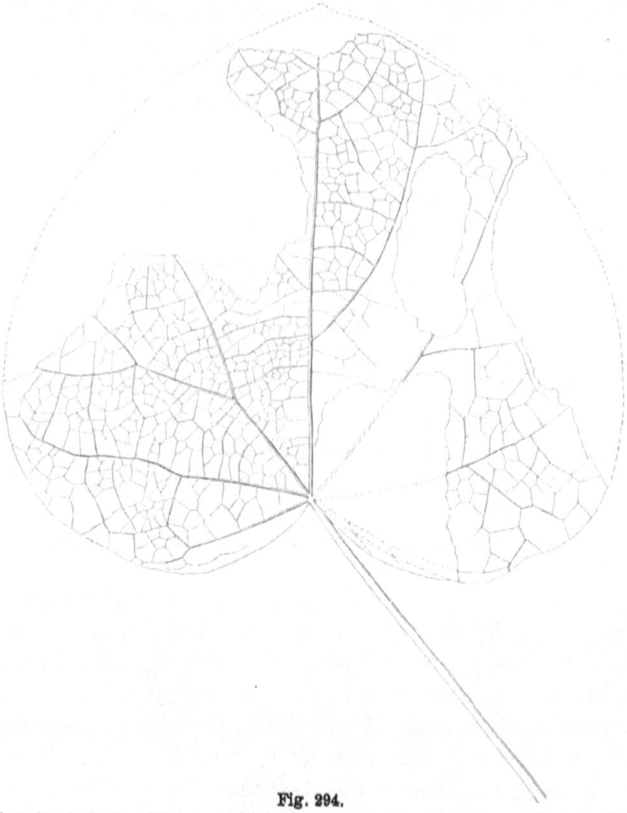

Fig. 294.
Cocculus latifolius Saporta. Meximieux. Pliocän. (Copie nach Saporta.)

Aus dem Tertiär ist die Zahl der Reste noch kleiner als in der Kreide. In Nordamerika fehlen sie, wie scheint, vorläufig gänzlich, aus dem Tertiär Grönlands dagegen von Heer unter der Bezeichnung *Cocculites Kanei* (Fl. foss. arct. t. VII *Daphnogene*, Fl. foss. arct. t. I) Blätter (Fig. 293[1]) beschrieben, deren Blattfläche von parallelen nach oben convergirenden Leitbündeln durchzogen ist, der Blattstiel an der Spitze verdickt und gegliedert scheint, die Queranastomosen in schiefer Richtung verlaufend, ihre Felder mit polygonalen Maschen, Blätter, welche mit *Macclintockia* (vergl. S. 492) und *Menispermites ovalis* Lesq. unter den fossilen, mit *Cocculus laurifolius* DC. unter den lebenden Blättern verwandt sind. Dieselben Blätter kommen neben einer anderen Art (*Cocculites Dumontii* Sap. et Marion) im unteren Eocän von Gelinden vor. Smilaceen, Urticineen, Lauraceen, Menispermaceen etc. haben ähnlichen Verlauf der Leitbündel, und wird dieser allein einen sicheren Aufschluss über die Stellung der Blätter nicht gewähren.

Aus dem Pliocän des südlichen Frankreich, von Meximieux, ist durch Saporta *Cocculus latifolius* (Fig. 294) bekannt, mit dem lebenden *C. carolinus* verwandt. Soweit die erhaltenen Blätter eine Vergleichung mit den lebenden Formen zulassen, sind es Formen des atlantischen Nordamerika und Ostasiens, welche herangezogen werden können. Die Familie enthält jetzt vorwiegend tropische Formen, ein kleiner Theil gehört der nördlichen gemässigten Zone an von Ostasien bis in das atlantische Nordamerika. In Europa fehlt sie jetzt gänzlich.

Aus dem Tertiär von Borneo ist durch Geyler ein Blattfragment, *Entoneuron melastomaceum* beschrieben, in welchem ein Menispermeenblatt vermuthet wird. Ich bezweifle, dass solch' dürftige Fragmente geeignet sind, irgend einen brauchbaren Schluss zu ziehen.

Die Epidermis der Blätter besteht bei den von mir untersuchten Menispermaceen z. B. *Cocculus laurifolius* DC. aus polygonalen, schwach verdickten Zellen mit welligen Seitenwänden und Porencanälen; Spaltöffnungen nur auf der Unterseite, zahlreich, von zwei Lagen geradwandiger, concentrisch geordneter Zellen umgeben. Bei *Menispermum dahuricum, M. canadensc* sind die Seitenwände der dünnwandigen Epidermiszellen wellig auf der Blattunterseite, die Spaltöffnungen zahlreich, gerade Seitenwände haben die Epidermiszellen der Oberseite.

Reste aus der auf die Tropen beschränkten Familie der *Myristicaceen* sind erst in der jüngsten Zeit aus dem Norden von Borneo von Labuan durch Geyler (Ueber fossile Pflanzen von Labuan aus Vega-Expeditionens vetenskapliga Jakttagelser, Bd. IV. Stockholm, 1887) bekannt geworden, *Myristicophyllum minus, M. majus.* Es sind sehr unvollständige, der Mittelregion des Blattes angehörende Fragmente mit genähert alternirenden oder opponirten Secundärnerven, welche zum Theile durch Gabelung theils durch Queranastomosen camptodrom verbunden sind. Unvollständige Secundärnerven besitzen alle Exemplare. Das übrige Leitbündelnetz ist sehr unvollständig, wo es erhalten treten die Tertiärnerven unter rechtem oder spitzem Winkel aus. Geyler's Bestimmung mag richtig sein, gesichert ist sie indess nicht, wenn mir auch das Vorkommen von Resten der *Myristicaceen* im Tertiär von Borneo nicht unwahrscheinlich ist.

Die Familie der *Magnoliaceen*, vorwiegend aus Bäumen und einzelnen Schlingsträuchern bestehend, ist gegenwärtig hauptsächlich im tropischen Amerika und Asien, im extratropischen Nordamerika und Ostasien, einzelne in Australien, Neuseeland und Südamerika verbreitet, in Afrika und Europa fehlt sie. Blätter alternirend mit Nebenblättern, Kelchblätter drei,

Kronenblätter drei, sechs und mehr, Staubblätter zahlreich, Fruchtblätter einzeln bis viele, einfächerig. Früchte: Beeren, meist jedoch Kapseln auf dem Rücken oder an der Basis ringsum aufspringend, selten Schliessfrüchte, an der zuweilen während der Reife verlängerten Blüthenaxe stehend. Eiweiss der Samen nicht zerklüftet. Erhalten sind Blätter, Früchte, angeblich auch Samen. Die ältesten Reste werden aus der Kreide Europa's und Nordamerika's angeführt, im Tertiär sind sie ziemlich zahlreich und fehlen im Pliocän Europa's nicht.

Der Leitbündelverlauf der Blätter fiederförmig, der Mittelnerv ziemlich stark, die Secundärnerven meist dünn, genähert alternirend, unvollständige Secundärnerven, in den Anastomosen endend, häufig. Die Secundärnerven sind entweder durch die obersten Queranastomosen oder durch Gabeltheilung eines oberen und unteren Leitbündels camptodrom, bei *Liriodendron* die in den Lappen verlaufenden Leitbündel craspedodrom, die übrigen camptodrom. Queranastomosen bogig, je nach ihrer Entfernung breitere oder schmälere, länglich viereckige Felder bildend, diese durch die weiteren Verzweigungen mit polygonalen Maschen ausgefüllt. Bei manchen Arten ist in Folge der geringen Stärke der die Verzweigungen bildenden Leitbündel das ganze System ihrer Verzweigungen sehr gleichartig. Verzweigungen, von den Camptodromieen ihren Ursprung nehmend, bilden bis zum Rande des Blattes ein einfaches oder doppeltes Maschennetz.

Was die Früchte angeht, so ist ihre Erhaltung meist unzureichend und nicht von der Art, um die Einzelheiten sicher festzustellen. Es ist mehr der allgemeine Umriss der zu einer längeren oder kürzeren Aehre vereinigten oder in einer Ebene liegenden Früchte, welcher diese Deutung veranlasst hat. Der eine von ihnen ist von Lesquereux als *Carpolithes Liriophylli* beschrieben und mit den als *Liriophyllum* bezeichneten Blättern in Verbindung gebracht. Blätter mit einem den *Liriodendren* ähnlichen Leitbündelverlauf und tief ausgeschnittener Spitze, von *Liriodendron* ähnlichem Aussehen, vielleicht dem Formenkreise der Blätter dieser oder einer verwandten Gattung angehörig. Auch von *Magnolia* sind solche Früchte aus der Kreide, schlecht erhalten, von Moletein, bekannt, aus dem Tertiär sehr gut erhalten die mit *M. Inglefieldi* Heer vereinigten Früchte Nordgrönlands mit zahlreichen wohlerhaltenen Früchten und Samen (Fig. 295[2]). Ein anderer Fruchtstand ist durch Schimper aus der Wetterauer Braunkohle von Salzhausen bekannt geworden; ein zweiter schlecht erhaltener von Ettingshausen. Von Lesquereux ist aus den Gold führenden Sanden der Chalkbluffs (Nevada County, California) ein ziemlich gut erhaltener Fruchtstand beschrieben, welcher ohne Zweifel richtig zu *Magnolia* gezogen ist. Das Vorhandensein der Gattung in der Tertiärzeit, zum Theile weit über die Grenzen der heutigen Verbreitung hinaus (Grönland), gewinnt durch diese Funde an Wahrscheinlichkeit. Die grosse Mehrzahl der Blätter wird mit nordamerikanischen und ostasiatischen Arten verglichen, der Zusammenhang einzelner heute existirender Arten mit untergegangenen darf sicher angenommen werden. Der Bernstein des Samlandes, welcher für die Existenz der Lauraceen während der Tertiärzeit in

Europa die sichersten Aufschlüsse gegeben hat, enthält aus den Magnoliaceen nur zweifelhafte Reste: *Magnoli(o) lepis prussica* Conw., ein schmales, lineares Blatt, Schuppe oder Stipula, ein Blatt, von Caspary als *Laurus primigenia* bestimmt, von Conwentz als *Magnoli(o)phyllum balticum* beschrieben, beide zweifelhafter Abstammung. Aus den zahlreichen auf Blätter gegründeten Arten, welche ohne Zweifel einer Reduction bedürfen, erwähne ich aus der Kreide *Magnolia speciosa* Heer (Nordamerika, Moletein), *M. alternans* Heer, *M. telonensis* Sap. aus der Kreide Südfrankreichs, *M. Capellinii* Heer Nordamerika, aus dem unteren Eocän von Sezanne *M. inaequalis* Sap., *M. meridionalis* Sap. St. Gely, aus dem Oligocän *M. Dianae* Unger (Aix, auch Radoboj), *M. Ludwigii* Ettingsh. (Fig. 295[1]), *M. Hoffmanni* Ludw. Salzhausen, letztere auch im unteren Miocän der Wetterau, *M. primigenia* Unger, unteres Miocän von Radoboj, Kutschlin, Grönland, ausserdem noch aus Grönland *M. Inglefieldii* Heer, ebendaher und von Sachalin *M. Nordenskiöldii* Heer, aus dem Tertiär des Mississippithales, von den Chalkbluffs, California, *M. lanceolata* Lesq., *M. californica* Lesq., aus dem Pliocän von Meximieux *M. fraterna* Sap., aus dem Jungtertiär (Quartär?) Japans von Mogi *M. Dicksoniana* Nath. und eine zweite Art, beide noch lebenden Arten Japans verwandt. Nach Ettingshausens Ansicht soll die Gattung *Magnolia* während der Tertiärzeit in Neuholland, welches von Magnoliaceen heute mit Neuseeland und Borneo *Drimys* gemeinsam besitzt, existirt haben (*M. Brownii, M. Torresii*). Der Erhaltungszustand der Blätter scheint mir jedoch nicht geeignet, irgend eine derartige Annahme zu unterstützen. Für wahrscheinlicher halte ich Göppert's Annahme, dass die von ihm (Tertiärfl. von Java) als *Magnoliastrum* beschriebenen Blätter (*M. michelioides, arcinerve, talaumioides*) den Gattungen *Michelia* und *Talauma* verwandt sind. Die von Ludwig aus der Braunkohle der Wetterau beschriebenen Magnoliensamen haben mit solchen nichts gemeinsam.

Bei *Liriodendron* L. mit einer einzigen lebenden Art, *L. tulipifera* L., im atlantischen Nordamerika von Florida bis Canada verbreitet, muss die grosse, schon durch Heer etwas reducirte Anzahl der Arten aus der Kreide Nordamerika's (Kansas, Nebraska) auffallen, *L. Meeckii* Lesq. mit seinen Formen, zum Theile auch in Grönland in den Ataneschichten. Von Velenovsky wird das Vorkommen einer *Liriodendron*-Art, *L. Celakovskii*, in der Kreide Böhmens gegen Heer's Einwendung, welcher sie für *Menispermum* ähnliche Blätter hält, aufrecht erhalten. Das Tertiär Europa's enthält nur eine Art, *L. Procaccinii* Unger (Fig. 295[5]), diese indess in weiter Verbreitung (Sinigaglia, Eriz, Bilin, Island, Pliocän von Meximieux), *L. tulipifera* L. nahestehend, während Nordamerika mit Ausnahme Grönlands keine aufzuweisen hat. Nach Saporta die isländischen Blätter eine eigene Art: *L. islandicum* Sap. et Marion. Früchte sind von Heer aus Grönland beschrieben. Sie unterscheiden sich von jenen der lebenden Art durch den kürzeren, aus der Basis des Griffels hervorgegangenen, die Spitze der Schliessfrucht krönenden Flügel. Berechtigen diese Thatsachen zu dem Schlusse, die Gattung habe das Maximum ihrer Entwickelung während der Kreideperiode erreicht, ihr heutiges Vor-

Fig. 295.

1 *Magnolia Ludwigii* Ettingsh. Salzhausen, oberes Oligocän. 2 *M. Inglefieldii* Heer. Grönland, Tertiär. Frucht. 3 *M. grandiflora*, Same. 4 *Talauma grandiflorum*, Same. 5 *Liriodendron Procaccini* Saporta. Meximieux. Pliocän. 6 *Anona elliptica* Unger. Radoboj. Unteres Miocän. 7 *Anona cacaoides* (*Baccites* Zenker) Unger. Attenburg. Unt. Oligocän. Steingehäuse. 8 *A. cacaoides* Unger. Querschnitt aus dem Steingehäuse. Vergr. $^{1}/_{250}$. (3. 4. 7. 8 nach der Natur, die übrigen Copieen nach Unger, Saporta, Heer.)

kommen in Nordamerika sei durch ihr Vorkommen in Grönland und in Sibirien, wo sie von Schmalhausen in jüngster Zeit aus dem Tertiär von der Buchthorma angegeben wird, während der Tertiärzeit bedingt, ihr Ursprung ein circumpolarer, wie er es auch für *Magnolia* ist?

Die heutige Verbreitung der Gattung *Illicium* in China, Japan und dem atlantischen Nordamerika macht ihr Vorhandensein in einer früheren Periode nicht unwahrscheinlich, um aber ihr Vorkommen in der Kreide Böhmens mit Sicherheit auszusprechen, ist der Erhaltungszustand der von Velenovsky als *I. deletum* beschriebenen Blätter nicht geeignet.

Der Vollständigkeit halber sei *Magnolioides sagorianum* Ettingsh. von Sagor genannt.

Bei den Magnolien mit im Herbste abfälligen Blättern sind die Epidermiszellen beider Blattflächen dünnwandig, jene der Blattoberseite mit schwacher Wellung der Seitenwände, jene der Unterseite stärker wellig, die Spaltöffnungen zahlreich, z. B. *M. obovata*. Bei anderen Arten z. B. *M. tripelata* sind auf der Ober- wie Unterseite die Wände der Epidermiszellen gerade, untermischt mit solchen von sparsamer Wellung, die Spaltöffnungen zahlreich.

Bei den länger dauernden Blättern besteht die Epidermis bei *Talauma* ober- wie unterseits aus Zellen mit welligen Seitenwänden, bei *T. Candollei* mit scharfen Biegungen, ohne Porencanäle, bei *T. grandiflorum* mit Porencanälen, bei beiden Arten zahlreiche Spaltöffnungen, die Schliesszellen von zwei Lagen concentrisch geordneter geradwandiger Zellen umgeben. Bei *Magnolia fuscata* sind die Seitenwände der Epidermiszellen beider Blattflächen flachwellig, jene der Oberseite etwas dickwandiger als jene der Unterseite, die Schliesszellen der Spaltöffnungen ziemlich gross, wie dies auch bei *M. grandiflora* der Fall. Bei beiden Arten die Seitenwände der Epidermiszellen stark wellig mit Porencanälen, die Schliesszellen von zwei Lagen geradwandiger Zellen umgeben. Bei *Drimys Winteri* die Epidermiszellen beiderseits mit geraden Seitenwänden, Spaltöffnungen unterseits zahlreich, *Kadsura coccinea* die Epidermis oberseits mit welligen, unterseits mit geraden Seitenwänden, die grossen Schliesszellen der Spaltöffnungen von einer Zone geradwandiger Zellen umgeben. Bei *Illicium* die Seitenwände der Epidermiszellen dünnwandig, auf der Blattoberseite wellig, auf der Unterseite gerade, die zahlreichen Spaltöffnungen mit kleinen Schliesszellen, die sie umgebenden Zellen concentrisch gelagert. Bei *Liriodendron* sind die dünnen Seitenwände der Epidermiszellen beider Flächen gerade, selten untermischt mit seichtwelligen, Spaltöffnungen nur unterseits, zahlreich.

Einige wenige Arten sind der den Magnoliaceen nahestehenden Familie der *Anonaceen* zugetheilt worden. Die Familie ist durch die sechsblätterige Krone und das zerklüftete Eiweiss charakterisirt. Theils sind die Reste Blätter, theils Samen und Früchte. Als Samen gelten *Anona devonica* Heer von Bovey Tracy, *A. cacaoides* Poppe (Fig. 295[7. 8]) aus dem sächsischen Oligocän, womit identisch *A. altenburgensis*, *A. Morloti*. Auf diese komme ich noch zurück. Mit Früchten von *Xylopia*, *Unona* haben *A. xylopioides* Unger von

Arnfels in Steiermark, *A. oenigmatica* Unger von Thalheim in Siebenbürgen Aehnlichkeit.

Der Leitbündelverlauf der Blätter der Anonaceen ist im Wesentlichen derselbe, wie bei den Magnoliaceen, und kaum geben die bisher beschriebenen Blätter einen stricten Beweis für die Existenz der Anonaceen in der Kreide- und Tertiärperiode. Aus der Kreide von Kansas *Anona cretacea* Lesq., aus dem Tertiär Nordamerika's (Laramie group) *A. robusta* Lesq., aus dem Tertiär des Mississippithales und von Wyoming *A. eocenica* Lesq., Blätter, *Asimina leiocarpa* Lesq., diese letztere Samen, in Europa *Anona elliptica* Unger von Radoboj (Fig. 295 [6]), aus dem Pliocän von Gleichenberg *A. limnophila* Unger, aus den Tuffen von Toscana *A. Meneghinii* Gaud., *A. Lortetii* Sap. et Marion von Meximieux. Die Existenz der Anonaceen in der Kreide- und Tertiärperiode wird eher durch die heutige Verbreitung der Familie, welche zwar der Mehrzahl nach tropische, aber auch einzelne aussertropische Formen aufweist (*Asimina triloba* in Nordamerika), wahrscheinlich, und könnte demnach wohl während der Tertiärzeit in Nordamerika und Europa existirt haben, wobei zunächst an *Asimina* zu denken wäre.

Bei *Anona* die Epidermiszellen der Ober- und Unterseite der Blätter wellig mit seitlichen Porencanälen, Spaltöffnungen zahlreich.

Bei den Samen der lebenden Magnoliaceen und Anonaceen besteht die Samenschale aus zwei Schichten, einer äusseren, wenig festen, von dünnwandigen Zellen, und einer inneren knochenharten, von dickwandigen Zellen gebildeten Schicht. Beide sind z. B. bei *Magnolia grandiflora* sehr stark, bei anderen Arten und bei *Anona* weniger mächtig entwickelt. Diese innere Schicht besteht aus sehr stark verdickten, gestreckten Zellen, deren äussere Lagen senkrecht, die inneren horizontal liegen. Ist die äussere parenchymatische Schicht stärker entwickelt, so lässt sie sich als Hülle abziehen. Dass diese bei der Fossilification nur schwer erhalten bleiben konnte, ist wahrscheinlich. Ihr Fehlen bei den fossilen Samen würde daher nichts beweisen. Von *Magnolia* habe ich keine fossilen Samen untersuchen können, von *Anona* dagegen jene, welche als *Anona cacaoides* Poppe (*Baccites cacaoides* Zenker!) aus der Altenburger Braunkohle (Fig. 295 [7] [8]) beschrieben sind. Die ziemlich starke Schale der aus der Hand Zenker's stammenden Exemplare besteht aus gestreckten, dickwandigen, mit Porencanälen versehenen Zellen, welche zum grössten Theile senkrecht verlaufen und Gruppen querverlaufender, gleich gestalteter Zellen in ihrem Verlaufe umschliessen. Mit dem Bau der Samenschale von *Anona* hat jener der fossilen Samen nicht entfernt eine Aehnlichkeit, es ist das Steingehäuse einer Steinfrucht. Der unter obiger Bezeichnung genannte Rest gehört also zu den zahlreichen Steingehäusen, deren Stellung nicht sicher zu ermitteln ist, weil sie meist nichts Charakteristisches bieten.

Sparsam sind die den *Ranunculaceen* zugewiesenen Reste, und diese wenigen dürften nicht alle zweifellos dieser grossen, über die ganze Erdoberfläche verbreiteten Familie angehören. Zum grössten Theile aus perennirenden und einjährigen Formen bestehend sind sie durch den meist fünfzähligen

Kelch, die fünfzählige Blumenkrone, zahlreiche Staubblätter, die beinahe immer mehrzähligen Fruchtblätter und das nicht gefurchte Samen-Eiweiss charakterisirt; Früchte: Kapseln, Beeren, Schliessfrüchte. Blätter alternirend oder opponirt, einfach oder gefiedert.

Von den schlingenden *Clematis*-Arten sind Blätter beschrieben, so von Nathorst *C. Sibiriakofii* Nath. aus dem Pliocän oder Quartär von Mogi in Japan (Fig. 293[5]), der *C. pedunculata* Thbg. zunächst stehend und ohne Zweifel Fiederblatt einer *Clematis*. Ausserdem noch Schliessfrüchte: *C. trichiura* Heer, *C. Panos* Heer, *C. oeningensis* A. Br. von Oeningen, *C. radobojana* Unger von Radoboj (Fig. 293[6–10]), *C. sagoriana* Ettingsh. von Sagor. Bei *Clematis* sind die Schliessfrüchte von dem bei der Fruchtreife fortwachsenden und verholzenden Griffel gekrönt, womit die von Unger und Heer gegebenen Abbildungen gut übereinstimmen. Ob indess damit die Gattung sicher gestellt ist, ist fraglich, denn einmal hat auch *Anemone* einen ähnlichen Bau der Frucht, sodann würden gegrannte Gramineenblüthen ähnlich aussehen. Die Seitenwände der Epidermiszellen beider Blattflächen von *Clematis* wellig, jedoch bei jenen der Oberfläche die Wellung stärker als auf der Unterfläche, die Spaltöffnungen nur unterseits, Schliesszellen ziemlich gross. Ob die als *Ranunculus emendatus* (Fig. 293[11]) durch Heer von Oeningen beschriebenen Früchte sicher als *Ranunculus*-Früchte (Schliessfrüchte mit bei der Fruchtreife etwas vergrössertem Griffel) gelten können, sei dahingestellt. Als *Helleborites marginatus* und *H. inaequalis* sind von Heer (Flora foss. arct. Bd. II), aus dem Miocän Spitzbergens Pflanzenreste beschrieben und als *Helleborus*-Früchte gedeutet, welche nicht eben unbedingt nur diese Deutung zulassen, es können auch Kapselfrüchte einer anderen Familie, Bracteen oder abfällige Nebenblätter sein. So liegt denn im Ganzen, selbst wenn man die Früchte von *Clematis* als solche gelten lässt, was, wie oben bemerkt, nicht unbedingt der Fall zu sein braucht, wenig die Existenz der Familie in der Tertiärzeit beweisendes Material vor. Auch die als *Dewalquea* Sap. et Marion bezeichneten Blattreste geben für die Existenz der Familie keine grössere Sicherheit. Durch ihre hand- oder fussförmig getheilten, gestielten Blätter, ihre fiederförmig entwickelten Leitbündel und die längs des Randes ein Maschennetz bildenden Secundärnerven, haben sie allerdings Aehnlichkeit mit den Blättern von *Helleborus*, aber es fehlt bei den Aroideen nicht an ähnlichen Blättern. In der Kreide zuerst auftretend mit *D. grönlandica* Heer, *D. Haldemiana* Sap. et Marion, *D. insignis* Heer, *D. aquisgranensis* Sap. et Marion (Grönland, Haldem, Aachen, Böhmen, Fig. 306[3]) scheinen sie über das untere Eocän nicht hinauszugehen (*D. gelindenensis* Sap. et Marion, Fig. 306[4]), Gelinden. *Debeya serrata* Miquel aus der Kreide von Limburg ist ebenfalls hieher zu ziehen. Aus Böhmen noch eine weitere, von Velenovsky beschriebene Art: *D. pentaphylla*. Die Epidermis der Blätter von *Helleborus* führt nur auf der Unterseite Spaltöffnungen, die Seitenwände der Epidermiszellen sind auf beiden Flächen wellig, mit ziemlich starken Cuticularleisten auf den Aussenwänden. Letztere zuweilen bei in Kohle umgewandelten Blättern noch, wenn auch meist schwach erkennbar.

Die Gruppe der *Nymphaeaceen* ist durch Caspari's Monographie und Saporta's Untersuchungen der fossilen Pflanzenreste eine der genauer gekannten Familien, welche in der Kreide zuerst auftretend, im Tertiär ziemlich reich an Formen und weit verbreitet war. Auch sie hat im Laufe und nach dem Abschlusse der Tertiärzeit eine Einschränkung ihrer Verbreitung erfahren, da sie gegenwärtig den Polarkreis nicht erreicht, während in der Kreide Grönlands, in dem Tertiär Spitzbergens, des Grinnelllandes, Grönlands unzweifelhafte Reste derselben vorkommen. Gegenwärtig ist diese Wasser bewohnende Familie vorwiegend in den Tropen, einzelne Formen in der gemässigten Zone verbreitet.

Die cylindrischen oder eiförmigen Rhizome von verschiedenem Durchmesser entwickeln gestielte herz- oder schildförmige, spiralig stehende, auf der Oberfläche des Wassers stets schwimmende z. B. *Nymphaea* oder später über die Wasserfläche ragende (*Nelumbium, Nuphar*) Blätter, untergetauchte Blätter vielfach gefiedert (*Cabomba*), über das Wasser ragende Blüthenstiele. Blüthen Zwitter mit drei bis fünf Kelchblättern, ebenso vielen bis zahlreichen Kronenblättern, zahlreichen Staubblättern, oberständigem, halb unterständigem oder unterständigem Fruchtknoten oder diese in die verbreiterte Blüthenaxe eingesenkt (*Nelumbium*), Früchte: Kapseln oder Schliessfrüchte, Samen mit doppeltem oder ohne Eiweiss.

Aus der Reihe der noch existirenden Gattungen sind fossil nachgewiesen: *Nelumbium*, *Nymphaea*. Erstere in der jüngeren Kreide (Ataneschichten) Grönlands *N. arcticum* Heer, zuerst auftretend, indess in sehr unvollständigem Exemplare beobachtet, vielleicht deshalb nicht ganz zweifellos, kömmt in der jüngeren Kreide Südfrankreichs (Fuveau, Dep. Bouches de Rhone) mit einer Art, *N. galloprovinciale* Sap. vor. Im Tertiär Nordamerika's (Colorado) mit zwei Arten: *N. Lakesii* Lesq., *N. tenuifolium* Lesq., in Europa vom unteren Oligocän bis in das mittlere Miocän *N. Buchii* Ettingsh. (Fig. 296) (Mte. Promina, Paudêze im Wallis, Leoben, Günzburg). Blätter schildförmig, gestielt, später aus dem Wasser ragend, Leitbündel strahlig aus dem in der Mitte oder gegen den Rand stehenden Blattstiele austretend, während ihres Verlaufes wiederholt gabelnd, gegen den Rand camptodrom, die Primärbündel durch secundäre verbunden (Fig. 299 1).

Von den beiden noch lebenden Arten der Gattung gehört die eine den südlichen Staaten des atlantischen Nordamerika und Westindien an, die andere ist vom caspischen Meere nach Japan, dem tropischen Asien und tropischen Neuholland (Queensland) verbreitet. Sie ist demnach in ihrer Verbreitung seit der Tertiärzeit bedeutend eingeschränkt, jene nach Norden ist es, welche diese Einschränkung erfuhr und in Europa zum gänzlichen Aussterben führte. Der circumpolare Ursprung ist ausser Frage.

Aus der Gattung *Nymphaea* sind Rhizome, Blätter, Früchte und Samen erhalten. Bei den ersteren ist es die zwar nicht sehr mächtige, aber derbe, später schwarzgefärbte Rinde des Rhizoms, welche nach Zerstörung des vorwiegend als Speichergewebe functionirenden, von den Fibrovasalbündeln durchzogenen parenchymatischen Innengewebes zurückbleibend in diesem Zustande im Schlamme der Gewässer oder nach Ueberschwemmungen losgerissen gefunden wird und die Erhaltung oder den Abdruck möglich machte. Es können indess auch Reste der Fibrovasalstränge erhalten sein, wenn die Rhizome verkohlt sind. Vergleiche darüber Caspary's Angaben in Annal. des scienc. nat. Ser. IV. t. VI. An der Aussenfläche dieser Rhizomreste lassen sich die sog. Blattkissen als rundliche oder längliche Erhaben-

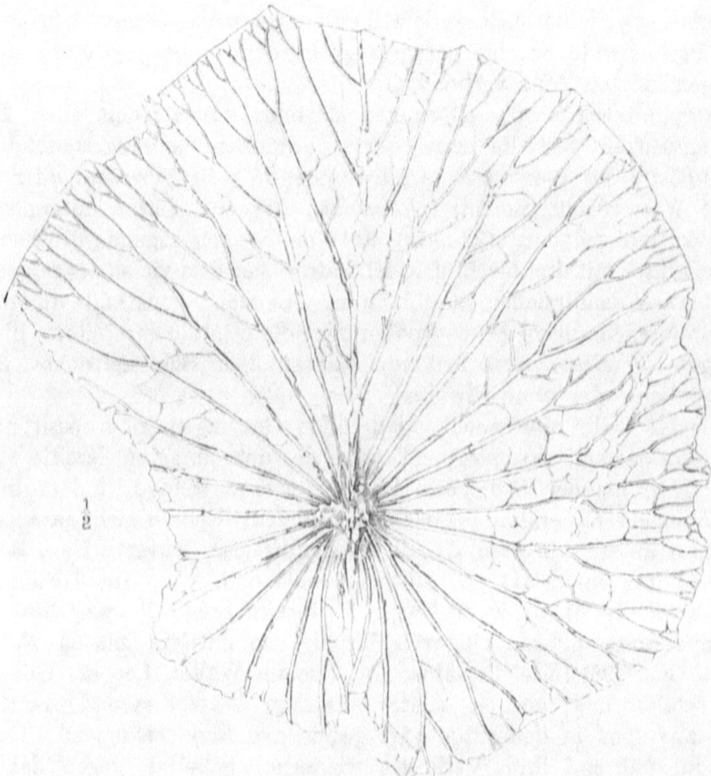

Fig. 296.
Nelumbium Buchii Ettingshausen. Blatt. 1/2 nat. Gr. Monte Promina. Unteroligocän. (Copie nach Ettingshausen.)

heiten, im oberen Theile derselben die Blattstielspuren mit den Luftgängen, im unteren Theile die kreisrunden, zweireihigen Wurzelnarben mit einer einzigen Gefässbündelspur, endlich die Spuren der Blüthenstiele, kleiner als die Blattstielspuren und mit diesen alternirend, unterscheiden. In den Blattstielspuren sechs grössere Luftgänge in zwei senkrechten Reihen, im Umkreise dieser eine Anzahl kleinerer. Die Wurzelspuren stehen am unteren Theile des Blattkissens, sie finden sich ferner, dem dorsiventralen Bau der Rhizome entsprechend, auf der Unterseite des Rhizoms.

Die Blätter der Nymphaeen sind meist herzförmig, selten schildförmig. Der Leitbündelverlauf ist strahlig, die Leitbündel gabeltheilig, ihre Aeste unter sich camptodrom verbunden, die Camptodromieen längs der Ränder kleine Maschen bildend, diese wenn die Blätter gezähnt, in die Zähne Aeste sendend. Queranastomosen gebogen, mit ihren Verzweigungen ziemlich grosse Maschen bildend. Die unter Wasser reifende Frucht ist eine von der strahligen Narbe gekrönte, mit den Narben der abgefallenen Kronen- und Staubblätter bedeckte, unregelmässig aufreissende Beere oder Kapsel, deren Samen mit einem Arillus versehen und in Schleim eingebettet sind. Von diesen Theilen sind die festern, derbern wie Fruchtwände, Narben und Samen erhalten. Von den bis jetzt bekannt gewordenen Resten erwähne ich *N. gypsorum* Sap. Alais, *N. calophylla* Sap. Vallée de la Mort d'Imbert, bois d'Asson, *N. Dumaisii* Sap. Alais (Fig. 297), *N. polyrhiza* Sap. St. Zacharie (die hier vorkommenden Samen grösser), *N. Charpentieri* Heer (*Nelumbium nymphaeoides* Ettingsh.) Mte. Promina, Bonnieux, Paudêze, Rixhöft, *N. Ludwigii* Casp. Wölfersheim in der Wetterau (Fig. 299[6]), meist Rhizome, sodann Blätter, auch Früchte. Nur Samen sind bekannt *Carpolithes nymphaeoides* Beck aus der Braunkohle Sachsens von Mittweida (Fig. 299[9]), *N. Doliolum* Ludw. Salzhausen, *N. Doris* Heer, Bovey Tracy, alle den verschiedenen Etagen des Oligocäns angehörig. Aus Spitzbergen und Grinnellland durch Heer bekannt geworden: *N. arctica* Heer, die Rhizome ausser Zweifel.

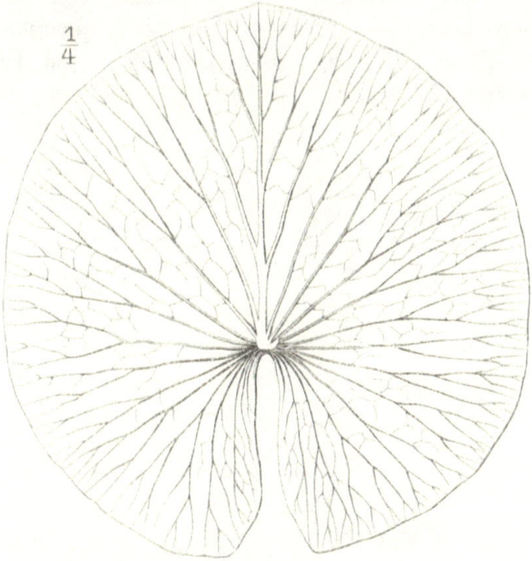

Fig. 297.
Nymphaea Dumasii Saporta. Blatt. Sommières bei Alais (Gard) Oligocän. 1/4 nat. Gr. (Copie nach Saporta.)

Durch Caspary's Untersuchungen (a. a. O. Taf. 12 Fig. 10—22) ist die Structur eines mit den Samen von *Victoria* verwandten Samens aus der Braunkohle der Wetterau näher bekannt, welche von ihm *Holopleura* (Fig. 298[3—6]) genannt wird. Es sind nur diese eiförmig elliptischen Samen bekannt, welche an der Micropyle vertieft, in der Vertiefung ein beinahe kreisrundes operculum, die warzenförmige Micropyle und das nierenförmige hilum tragen, die Raphe wenig entwickelt; die Samenschale dick, hornartig. An Grösse grösseren Samen von *Nymphaea* gleichkommend, 2,7—2,9^{mm} lang, 1,7—1,9^{mm} breit. Die verdickten Wände der Zellen der Samenschale sind gequollen, wie dies bei den Geweben fossiler Pflanzen aus der Braunkohle in der Regel der Fall ist.

Diese Gattung hat sich nach der Bestimmung Caspary's bis in die interglaciale Periode erhalten, in den Schieferkohlen von Dürnten sind die Samen gleichfalls gefunden (vergl. Heer, Urwelt der Schweiz. Zweite Aufl.).

Eine weitere von *Nymphaea* abgetrennte Gattung, *Anoectomeria* (Fig. 298[1, 2]), ist von Saporta (Annal. des scienc. natur. Ser. V t. III. IV, VII) unterschieden. Sie ist gegründet auf die bei Armissan vorkommenden Exemplare von *Nymphaeites Arethusae* Brongniart, von Caspary als *Nymphaeites Brongniarti* bezeichnet. Ausser dem oben genannten Fundorte noch beobachtet bei Fenestrelle, St. Jean-de-Garguier, Bois d'Asson, Chatillon près d'Oron, Leoben, Kutschlin. Bekannt sind Rhizome, Blätter, Früchte und Samen.

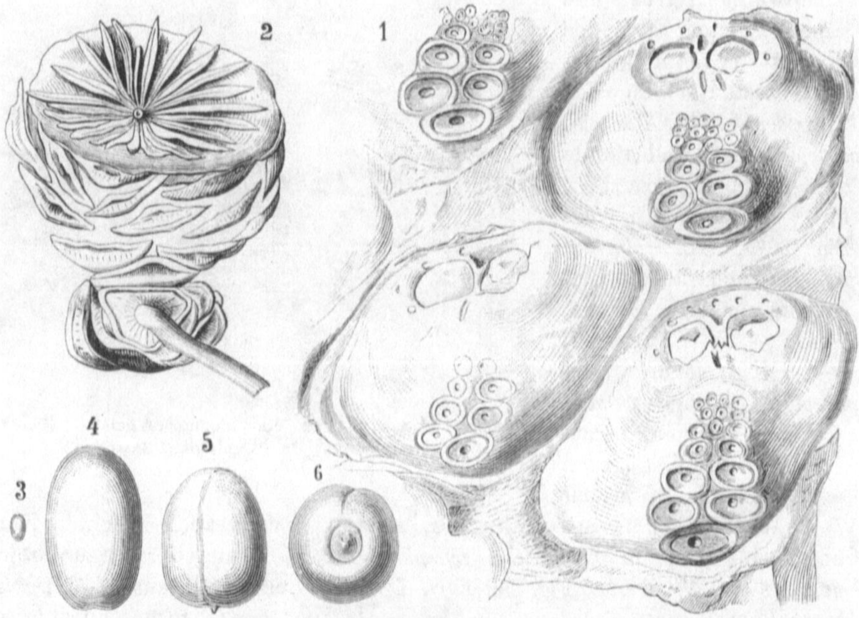

Fig. 298.
Anoectomeria Brongniarti Saporta. 1 Rhizom. 2 Frucht. Armissan. Oberoligocän. 3 *Holopleura Victoria* Caspary. Nat. Gr. 4—6 vergrössert. Braunkohle der Wetterau. (Copieen nach Saporta, Caspary.)

Die Blattstielnarben der Rhizome haben vier grössere Luftgänge, deren zwei grösste nach unten liegen, eine Anzahl kleinerer liegt im Umkreise (Fig. 298[1]). Unterhalb derselben stehen in zwei Reihen die Wurzelnarben mit ihrer Gebündelspur, die Blätter kreisrund, an der Basis herzförmig geöhrt. Kelch drei- bis sechsblätterig, Kronen- und Staubblätter der Aussenseite des Fruchtknotens eingefügt, Fruchtknoten halb unterständig mit strahliger Narbe. Frucht (Fig. 298[2]) eine kugelig kegelförmige Beere, von der Narbe gekrönt, bei der Reife in elliptische Stücke zerfallend. Die einzige bekannte Art ist *A. Brongniarti* Sap. Samen 5—6^{mm} lang mit einem Operculum und etwas vortretender Raphe. Bis jetzt nicht über das mittlere Miocän hinaus beobachtet.

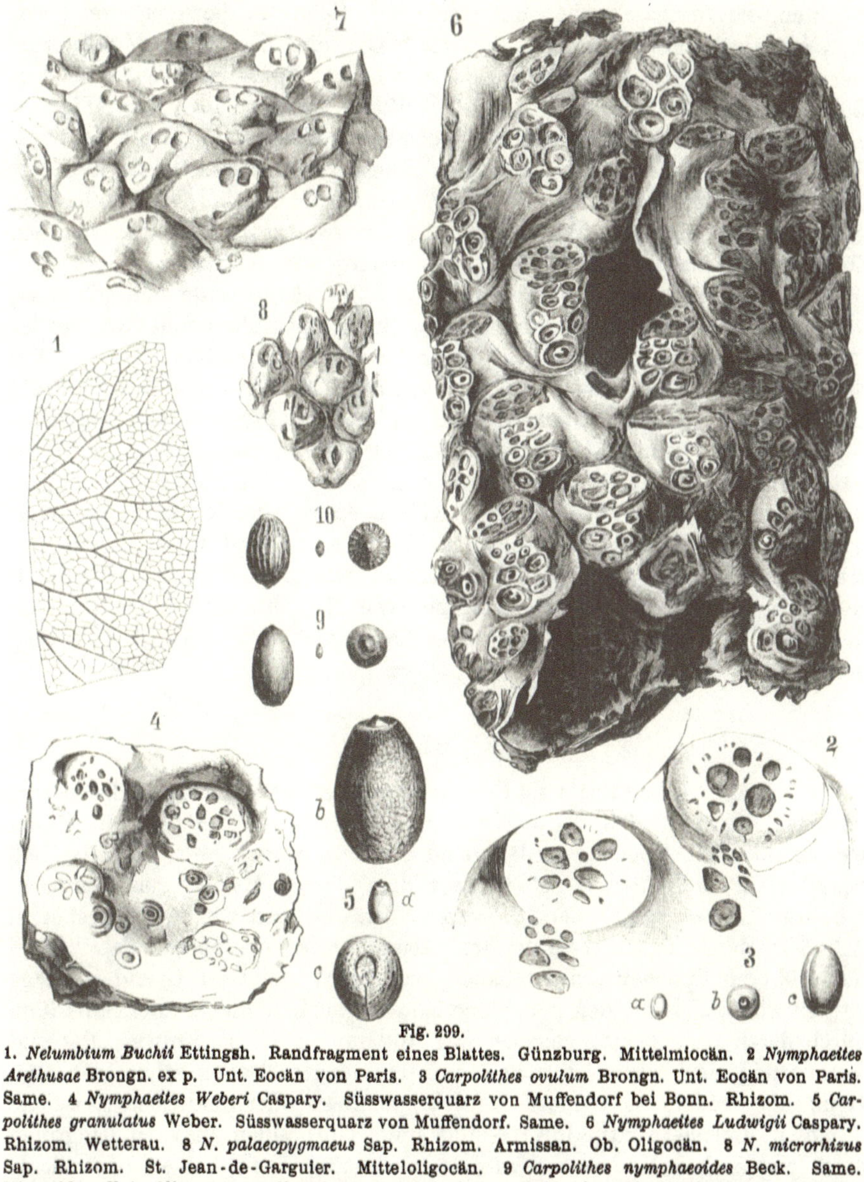

Fig. 299.

1. *Nelumbium Buchii* Ettingsh. Randfragment eines Blattes. Günzburg. Mittelmiocän. 2 *Nymphaeites Arethusae* Brongn. ex p. Unt. Eocän von Paris. 3 *Carpolithes ovulum* Brongn. Unt. Eocän von Paris. Same. 4 *Nymphaeites Weberi* Caspary. Süsswasserquarz von Muffendorf bei Bonn. Rhizom. 5 *Carpolithes granulatus* Weber. Süsswasserquarz von Muffendorf. Same. 6 *Nymphaeites Ludwigii* Caspary. Rhizom. Wetterau. 8 *N. palaeopygmaeus* Sap. Rhizom. Armissan. Ob. Oligocän. 8 *N. microrhizus* Sap. Rhizom. St. Jean-de-Garguier. Mitteloligocän. 9 *Carpolithes nymphaeoides* Beck. Same. Mittweida. Unt. Oligocän. 10 *Nymphaea coerulea*. Same. Beide in nat. Grösse und vergrössert. (1, 9, 10 nach der Natur, die übrigen Copieen nach Brongniart, Weber, Caspary, Saporta.)

Unter der Bezeichnung *Nymphaeites* werden zu den Nymphaeaceen gehörige Reste zusammengefasst, welche bei den vorausgehenden keinen Platz fanden und werden darunter entweder Rhizome, Früchte oder Samen verstanden. Die Blattkissen der Rhizome meist kleiner als bei den bisher erwähnten, die Blattstielnarben mit wenigen Luftgängen, darunter zwei etwas grössere, wie *N. microrhizus* Sap. St. Jean-de-Garguier (Fig. 299[8]), *N. palaeopygmaeus* Sap. Armissan (Fig. 299[7]), oder wie bei *N. Brongniarti* Casp. aus dem Eocän von Paris (Fig. 299[2]) und *N. Weberi* Caspary aus dem Oligocän von Bonn (Fig. 299[4]), bei welchen sechs grosse Luftgänge, deren mittleres Paar grösser als die übrigen, zwischen ihnen zuweilen eine Reihe kleinerer liegt, sämmtliche von kleinen Luftgängen umgeben sind. Wurzelnarben kreisrund, in zwei bis drei Reihen, die unterste grösser als die übrigen. Zu diesen werden Samen gezogen, zu ersterer *Carpolithes ovulum* Brongn. (Fig. 299[3]), zu letzterer *C. granulatus* Weber (Fig. 299[5]), beide ziemlich gross, mit einer Vertiefung am Micropyleende, einem operculum und vortretender Raphe, dadurch den Samen von *Nuphar*, *Victoria*, *Euryale* verwandt. Aus der Braunkohle der Provinz Sachsen *N. saxonicus* Friederich, eine Frucht aus Bornstedt, von Spitzbergen *N. thulensis* Heer, Blattfragment, aus Ostsibirien *N. tener* Heer. Zum Theile sind die fossilen Nymphaea-Arten tropischen Arten, zum Theile der *N. alba* L. verwandt, über das Miocän hinaus scheinen fossil bisher noch keine beobachtet, obwohl mehrere lebende Arten dem extratropischen, die Mehrzahl derselben dem tropischen und subtropischen Gebiete angehören. Zu den Nymphaeaceen, zu *Anoectomeria*, gehört als Fruchtrest *Palaeolobium haeringianum* Ettingsh. von Sotzka und Häring, von den ersten Beobachtern als Frucht einer *Leguminose* betrachtet. Im Forestbed von Cromer die Samen von *Nuphar luteum.*

6. Reihe. **Rhoeadinae.**

Die Reihe besteht aus zwei Familien beinahe nur einjähriger oder perennirender Pflanzen, den *Papaveraceen* und *Cruciferen*. Die wenigen Reste, welche ihr zugeschrieben werden, sind Früchte, wovon zwei, *Lepidium antiquum* Heer und *Clypeola debilis* Heer dem oberen Miocän von Oeningen, die dritte *Papaverites* sp. von Bornstedt dem unteren Oligocän angehören. Alle werden als Fruchtreste erklärt. Dass Formen der beiden Familien in den früheren Epochen existirt haben, wird wohl kaum mit Grund in Frage gestellt werden, da in den Früchten vielfach die Möglichkeit ihrer Erhaltung durch deren feste Textur gegeben war, sodann die jetzige Entwicklung und Verbreitung der beiden Familien auf eine längere Dauer schliessen lässt. Denn die Früchte sind meist Kapseln, Schliess- oder Spaltfrüchte, welche durch die holzige Textur ihrer Wände unter Umständen äusseren Eingriffen einen energischen Widerstand zu leisten vermögen. So hat es denn nichts Unwahrscheinliches, dass die von Heer als *Lepidium antiquum* und *Clypeola debilis* aus dem oberen Miocän von Oeningen beschriebenen Früchte zu den Cruciferen gehören, der Beweis, dass dem so sei, ist indess nicht erbracht, da es auch Früchte anderer Familien oder einer anderen Cruciferengattung sein können, deren eine Kapselwand sichtbar ist. Noch weniger Begründung kommt den von Ludwig aus der Braunkohle der Wetterau beschriebenen Samen von Cruciferen (*Sinapis primigenia, inflata, dorheimensis*) zu.

Als *Papaverites* spec. ist durch Friederich (Beitr. zur Kenntniss der Braunkohlenfl. der Prov. Sachsen) ein Fruchtrest aus Bornstedt beschrieben, welcher zu den *Papaveraceen* gezogen wird. Zur Erhaltung sind die Früchte dieser Familie ebenso geeignet wie jene der Cruciferen und nach der vergrösserten Abbildung der Narben der Blüthenblätter scheint der Fruchtrest allerdings den Papaveraceen anzugehören und hat mit Früchten von *Papaver*-Arten auch den Umriss gemeinsam.

7. Reihe. **Cistiflorae.**

Tropische, subtropische Formen neben solchen der gemässigten Zone mit fünfzähligen Blüthen, dachigem Kelch, Blüthenkrone actinomorph oder zygomorph, meist zahlreichen Staubblättern, oberständigem, ein- oder mehrfächerigem Fruchtknoten aus drei Fruchtblättern gebildet, Früchte Kapseln, Schliessfrüchte.

Aus der grossen Anzahl der lebenden Formen dieser Reihe sind nur wenige auf fossile Reste bezogen, so aus der Familie der *Violaceen* Samen einer *Anchietea* St. Hil. von Menat in der Auvergne (*A. borealis* Heer), die Samen geflügelt, der kreisrunde Flügel gezähnt. Zur Vergleichung Fig. 306[5] die Samen von *Anchietea pyrifolia* Don aus Brasilien. Aus der Familie der *Cistaceen* sind von Ludwig aus der Braunkohle der Wetterau Kapselfrüchte und Blätter beschrieben (Palaeontogr. Bd. V. VIII *Cistus Beckeranus* auch Blätter, *C. rostratus*), welche weder durch den Bau der Kapsel noch durch den Leitbündelverlauf der Blätter der Gattung *Cistus* entsprechen. Conwentz beschreibt (Bernsteinflora) aus dem Bernstein des Samlandes unter der Bezeichnung *Cistinocarpum Roemeri* (Fig. 300[5.6]) eine von fünf Kelchblättern umgebene, gestielte, dreikantige Kapselfrucht, welche wohl einer Cistiflore, wenn auch nicht einer Cistacee angehören kann. Wie ich vermuthe, liegt es näher, an eine Violacee zu denken.

Aus der tropischen Familie der *Bixaceen* ist bis jetzt nur ein einziger Rest durch Friederich aus der Braunkohle der Provinz Sachsen von Bornstedt beschrieben: *Kiggelaria oligocaenica* Friederich (Fig. 300[7]), ein Zweig mit kurzgestielten, länglich lanzettlichen, zugespitzten, dicht gesägten, gegen die Basis verschmälerten Blättern. Der Leitbündelverlauf von *Kiggelaria* ist fiederförmig, die Secundärnerven alternirend, in einem ziemlich steilen Bogen nach aufwärts gekrümmt, durch Queranastomosen camptodrom, die Schlingen Aeste in die Zähne abgebend, Queranastomosen gerade, schwach bogenförmig, die Felder mit kleinen polygonalen Maschen, unterstes Secundärnervenpaar steil ansteigend, unter einem Winkel von 70°, die übrigen unter einem Winkel von 45—60° austretend. Dies Verhalten ist von Friederich richtig angegeben und ist auch bei dem fossilen Zweigfragment vorhanden.

Aus der Familie der *Ternströmiaceen* liegen an Resten aus dem Tertiär Blätter und Blüthen vor, letztere von um so höherem Interesse, weil sie, durch ihre vorzügliche Erhaltung im Bernstein eine sichere Grundlage für die Bestimmung bietend, den Nachweis des Vorkommens tropischer Formen in den nördlichen Regionen liefern, aus welchen sie längst vollständig verdrängt sind. Der bei weitem grösste Theil der lebenden Formen gehört dem tropischen Asien und Amerika an, nur wenige Gattungen sind Ost-

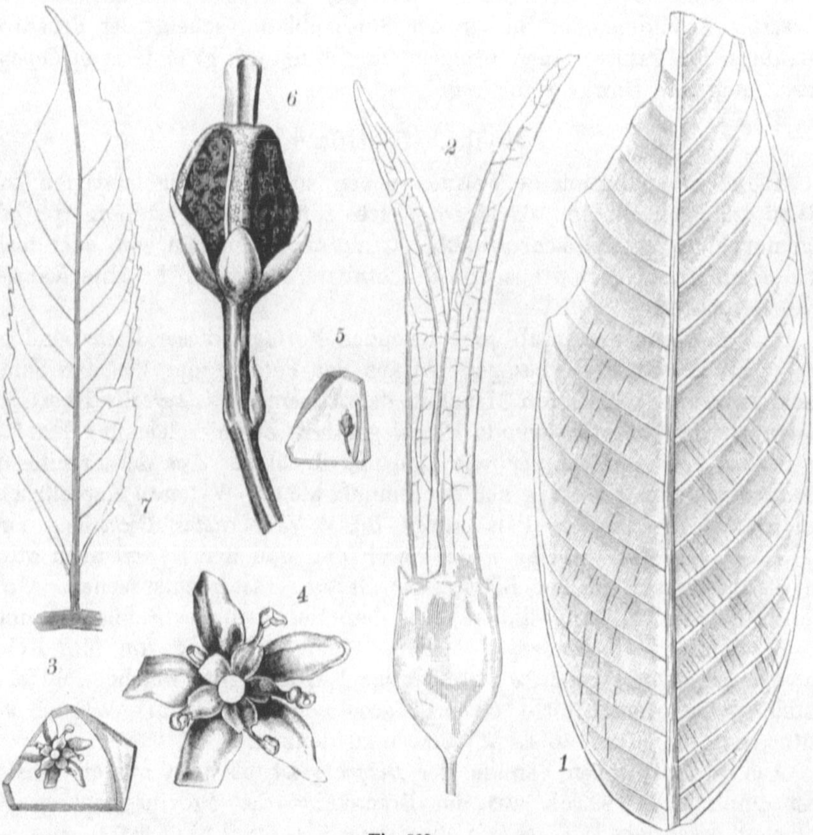

Fig. 300.
1 *Dipterocarpus antiquus* Heer. Blatt. Sumatra. Tertiär. 2 *D. Verbeckianus* Heer. Frucht. Sumatra. Tertiär. 3 *Pentaphylax Oliveri* Conw. Blüthe nat. Gr. 4 Dieselbe vergrössert. Bernstein. Samland. Mitteloligocän. 5 *Cistinocarpum Römeri* Conw. 6 Dasselbe vergrössert. Bernstein. Samland. Mitteloligocän. 7 *Kiggelaria oligocenica* Fried. Zweigfragment mit Blatt. Bornstedt. Unt. Oligocän. (Copieen nach Heer, Conwentz, Friederich.)

asien (Japan, China), dem atlantischen Nordamerika oder dem Himalaya gemeinsam, als Bewohner der extratropischen Zone. Unter den fossilen Resten hebe ich zunächst hervor *Pentaphylax Oliveri* Conwentz aus dem Bernstein des Samlandes (Fig. 300 3. 4) eine Blüthe mit fünfzähligen alternirenden Blattkreisen, die Kronenblätter an der Basis verwachsen, Staubblätter mit verbreiterter Basis, kugelige Antheren an der Spitze mit einem Loche aufspringend, oberständigem Fruchtknoten, der in Südchina vorkommenden

P. euryoides Hook. et Champ. nahestehend. Auf den mit der Blüthe vereinigten Blattrest möchte ich kein grosses Gewicht legen. Eine zweite Blüthe von 28^{mm} Durchmesser und fünftheiliger Blumenkrone ist von Caspary als *Stuartia Kowalewskii* ebenfalls aus dem Bernstein beschrieben, während Nathorst unter den bei Mogi im Pliocän (oder Quartär?) gesammelten Blättern *Stuartia monadelpha* Sieb. et Zuccar. zu erkennen glaubt, einer ebenfalls Ostasien und Nordamerika gemeinsamen Gattung. Die Gattungen *Ternströmia*, *Freziera* und *Saurauja* sind fossil nur in Blättern bekannt, die Bestimmung demnach auf die Form derselben und den Leitbündelverlauf gegründet. Letzterer ist fiederförmig mit alternirenden, entfernt oder dicht stehenden Verzweigungen, ausserdem zahlreiche unvollständige Secundärnerven im Anastomosennetz endend. Alle sind sie camptodrom entweder durch die letzten Anastomosen oder Gabeltheilung und fehlt, so weit ich die Gattungen untersuchen konnte, keiner Gattung das Netz randständiger Maschen mit Ausnahme von *Saurauja*, bei welcher die Secundärnerven dicht am Rande camptodrom sich verbinden. Der Austrittswinkel der Secundärnerven wechselt zwischen 10—15° (*Thea*) und 60—70°, diesem entsprechend auch der Verlauf der Leitbündel in einem mehr flachen oder steil ansteigenden Bogen.

In der Regel stehen die Secundärnerven entfernt, seltener (*Freziera, Saurauja*) ziemlich dicht, die Mittelnerven sind häufig wesentlich stärker als die secundären, zuweilen ist jedoch die Stärke beider ziemlich gleich. Die Anastomosen gerade, gebogen, geknickt, unter rechtem oder spitzem Winkel austretend, die von ihnen gebildeten Felder durch die Verzweigungen mit polygonalen Maschen ausgefüllt. Die hieher gezogenen Blätter aus der Kreide Böhmens *T. crassipes* Velenovsky, aus dem Tertiär *Ternströmia radobojana* Ettingsh., Radoboj, *T. bilinica* Ettingsh., Kutschlin, *Saurauja deformis* Ettingsh., Radoboj, sind grösstentheils sehr fraglich, die aus dem unteren Eocän stammende *Saurauja robusta* Sap. von Sezanne ist dem Verfasser selbst zweifelhaft, für *Freziera salicifolia* Sap. von Peyriac gilt das Gleiche.

Von einigen Gattungen der Ternströmiaceen mag noch das Verhalten der Epidermis erwähnt sein. Bei *Eurya* sind die Epidermiszellen der Blattoberseite geradwandig, polygonal, während jene der Blattunterseite wellige Seitenwände besitzen. Die Spaltöffnungen, nur auf der Unterseite, sind zahlreich, von einer Zone geradwandiger Zellen umgeben. Das Letztere ist auch bei *Visnea* der Fall, jedoch sind die Schliesszellen ziemlich gross, die Seitenwände der Epidermiszellen der Oberseite geradwandig, jene der Blattunterseite kaum wellig. Bei *Cleyera* und *Camellia* sind die Epidermiszellen beider Blattflächen polygonal, geradwandig, verdickt, auf der Unterseite jedoch weniger als auf der Oberseite, klein, auf der Unterseite grösser, bei *Camellia* Poren in den Seitenwänden, auf der Unterseite zahlreiche Spaltöffnungen, von einer Zone länglicher Zellen umgeben. Bei *Thea* sind die Seitenwände der polygonalen Epidermiszellen der Blattoberseite kaum wellig, stärker ist die Wellung jener der Unterseite, zugleich sind Poren vorhanden, die Spaltöffnungen ebenfalls von länglichen geradwandigen Zellen umgeben.

Wenn das Vorkommen der Ternströmiaceen im Bernstein ein Gleiches auch für die *Dilleniaceen* erwarten lässt, wie dies Conwentz in seiner mehrfach erwähnten Abhandlung annimmt, so kann ich, auf meine vergleichenden Untersuchungen gestützt, diese Ansicht nicht theilen. Die von Göppert als *Dermatophyllites* bezeichneten Blätter, von welchen ich die Originale von *D. latipes, D. porosus, D. stelligerus, D. revolutus* in der palaeontologischen Sammlung zu Berlin vergleichen konnte, gehören nicht zu den Dilleniaceen, aber auch nicht die von Conwentz als *D. tertiaria* und *D. amoena* unterschiedenen Arten. Ich werde später auf diese Reste zurückkommen.

Von Saporta und Marion wird aus dem Eocän von Gelinden ein Blattfragment beschrieben, *Dillenia eocenica* Sap. et Marion, ohne Spitze und Basis, mit einzelnen Zähnen an den unversehrten Randstellen, opponirten oder subopponirten, geraden, schief verlaufenden, craspedodromen Secundärnerven, deren durch schiefe Queranastomosen gebildeten Felder durch ein polygonales Netz von Verzweigungen ausgefüllt sind. Das Blattfragment wird mit *Dillenia speciosa* verglichen. Ist aber der angegebene Leitbündelverlauf dieser Art oder Gattung allein eigenthümlich? Ein stricter Nachweis des Vorkommens der Dilleniaceen in Europa während der Tertiärzeit wird durch das Fragment nicht geliefert.

Zur tropischen Familie der *Dipterocarpeen*, deren Kelchzähne alle oder theilweise bei der Fruchtreife flügelartig vergrössert sind, deren Secundärnerven in den fiedernervigen Blättern in einen steilen Bogen camptodrom verlaufen, sind zwei Blattreste aus dem Tertiär von Sumatra (*Dipterocarpus antiquus* Heer [Fig. 300¹], *D. atavinus* Heer) gezogen, ferner ebendaher eine Frucht mit zwei vergrösserten, flügelartigen und drei kleinen Kelchabschnitten (*D. Verbeckianus* Heer [Fig. 300²]). Ob auch ein vierter aus Borneo stammender Rest, *Carpites (Dipterocarpus) pengoarensis* Geyl. als das Fragment eines Kelchflügels hieher gehört, wie Geyler will, sei dahingestellt, zur sicheren Bestimmung ist es zu unvollständig, während die von Heer beschriebene Frucht unzweifelhaft hieher gehört. Aus der Braunkohle von Labuan (Borneo) sind durch Geyler Blattfragmente als zu *Dipterocarpus* gehörig beschrieben (*D. Labuanus* Geyl., *D. Nordenskiöldi* Geyl. und eine dritte, nicht näher bezeichnete). Die Bestimmung scheint mir weniger gesichert, als jene der von Heer beschriebenen Blätter, da die Secundärnerven viel weiter unter sich abstehen. Dass die Gattung schon im Tertiär vorhanden war, ergibt sich aus der obenerwähnten Frucht. Bei den lebenden *Dipterocarpus*-Arten sind die flügelartig entwickelten Kelchzähne von drei parallelen, starken, nach oben verdünnten Leitbündeln durchzogen, diese unter sich durch verzweigte, polygonale Maschen bildende Queranastomosen verbunden, im oberen Drittheile ihres Verlaufes camptodrome Zweige (Secundärnerven) aussendend, welche ihrerseits, wie die im unteren Theile der Primärleitbündel (Nerven) camptodrom verbundenen Aeste, Schlingen bilden, deren Aeste zu einem bis zum Rande reichenden Netze verbunden sind.

8. Reihe. **Columniferae.**

Blüthen mit fünf klappigen Kelchblättern, ebenso vielen meist convolutiven Kronenblättern, fünf epipetale, monadelphische, durch Sprossung meist vervielfachte Staubblätter. Fruchtblätter zwei bis zahlreich, oberständig, Früchte Kapseln, Stein-, Schliess-, Spaltfrüchte, Beeren.

Die Gruppe umfasst drei Familien: *Tiliaceen*, *Sterculiaceen* mit den *Büttneriaceen*, *Malvaceen* mit den *Bombaceen*. Die lebenden, vielfach baumartigen Formen gehören meist dem tropischen Asien, Afrika und Amerika an, wie auch die Tiliaceen, welche mit einem Theile der Malvaceen sich im extratropischen Gebiet erhalten und ausgebreitet haben, während die übrigen Formen aus demselben verdrängt wurden. Denn auch bei dieser Gruppe begegnet uns die Thatsache, dass in den wenigen Fällen, in welchen die Reste eine grössere Sicherheit der Bestimmung gewähren, die untergegangenen Formen ein ausgedehnteres Gebiet einnahmen als gegenwärtig und die Gemeinsamkeit einzelner Formen wie z. B. *Tilia* zwischen Asien, Europa und Amerika durch die circumpolare Verbreitung in der Tertiärzeit begründet ist, während welcher die Gattung weit über ihre heutige Nordgrenze verbreitet war.

Die auf uns gekommenen Reste dieser drei Familien bestehen hauptsächlich aus Blättern, Früchte sind nicht häufig und zum Theile hinsichtlich ihrer Stellung zweifelhaft. Man ist also auch bei dieser Gruppe vorwiegend auf den Leitbündelverlauf der Blätter und die Aehnlichkeit der Blattformen angewiesen.

Bei den durch die meist fünf-, selten drei- und vierzähligen Blattkreise der Blüthen, mit zahlreichen freien Staubblättern, ihre dithecischen Antheren, durch Schliess-, Stein-, Spalt- und Kapselfrüchte charakterisirten *Tiliaceen* ist der Leitbündelverlauf entweder strahlig, wie bei *Tilia, Grewia,* oder gefiedert bei *Elaeocarpus* und zahlreichen anderen. Bei strahligem Leitbündelverlauf ist die Blattfläche von drei bis sieben Leitbündeln durchzogen, welche entweder in den Abschnitten oder Zähnen craspedodrom enden oder bei ganzrandigen Blättern camptodrom sich verbinden.

Die zu dieser Familie gezogenen Reste werden den Gattungen *Tilia, Grewia* und *Elaeocarpus* zugezählt, ausserdem noch *Grewiopsis, Apeibopsis* und *Nordenskiöldia* unterschieden, erstere mit *Grewia* verwandte Blätter, letztere Früchte von fraglicher Verwandtschaft. Von *Tilia* sind Blätter und Bracteen mit Früchten erhalten, die Existenz der Gattung im Tertiär durch die letzteren ausser Zweifel, ebenso ihr Vorhandensein in Regionen, wo sie heute fehlt, wie *T. Malmgreni* Heer aus Spitzbergen (Fig. 302[1]), *T. alaskana* Heer von Alaska, *T. sachalinensis* Heer von Sachalin, diese mit der noch am Amur vorkommenden *T. parvifolia* Erhardt verwandt, nach Schmalhausen *T. cordifolia* aus dem Tertiär an der Buchthorma, nur geeignet zur Bestimmung der Gattung. Das europäische Tertiär zählt mehr Arten, als jetzt Europa aufweist. Aus dem Pliocän von Meximieux und des Cantal *T. expansa*, aus dem Pliocän oder Quartär von Mogi in Japan sind von Nathorst zwei Arten, z. B. *T. distans* Nath., beschrieben, beide noch lebend in Japan vorkommenden Arten verwandt. Die Gattung fehlt auch nicht den Quartärbildungen Europa's, so in den Tuffen von Aygelades, *T. grandifolia* in dem interglacialen Torflager von Lauenburg an der Elbe, *T. parvifolia* in den Kalktuffen von Dänemark, *T. platyphyllos* in den postglacialen Bildungen von Resson. Auch das Tertiär Nordamerika's, in dessen atlantischem Theile eine Anzahl Lindenarten vorkommt, enthält Arten dieser Gattung, so *T. antiqua* Newb. von Fort Clarke am oberen Missouri, *T. populifolia* Lesq. von Florissant, sparsamer als dies gegenwärtig der Fall ist.

Bracteen und Früchte sind von Szantó, Sused, aus Spitzbergen, von Sinigaglia und Japan bekannt. Die meist kugeligen, schwach kantigen, von der Griffelbasis gekrönten Früchte stehen mit ihren Stielen etwas unter oder über der Mitte der membranösen, an der Spitze stumpf abgerundeten Bractee, *T. vindobonensis* Stur (Fig. 302[2]), *T. Mastaiana* Massal. Blätter der im tropischen Asien, Neuholland und Afrika verbreiteten Gattung *Grewia* sind im Tertiär beobachtet vom oberen Oligocän bis in das obere Miocän, so *G. crenata* Heer (hohe Rhonen, Monod, Schichow etc., Spitzbergen [Fig. 302[7]]), *G. arcinervis* Heer (Oeningen), in Spitzbergen noch zwei weitere Arten *G. crenulata* Heer, *G. obovata* Heer, *G. auriculata* Lesq. aus Oregon, jetzt dort fehlend. Die Blätter sind eiförmig, von verschiedener Grösse, an der Basis herzförmig oder abgerundet, am Rande gezähnt, die Zähne scharf, Leitbündelverlauf strahlig, das unterste Leitbündelpaar zarter, das darauffolgende mit gegen die Blattbasis gerichteten Secundärnerven, camptodrom, Anastomosennetz quadratisch oder trapezoidal. Eine in Nordamerika früher als in Europa auftretende mit *Grewia* verwandte Blattform, *Grewiopsis* Sap. (*Chondrophyllum* Ettingsh., *Credneria* Brongn.) ist aus der Kreide von Nebraska mit einer Art (*G. Haydeni* Lesq.) bekannt. In Europa erscheint sie mit mehreren Arten, darunter *G. tiliacea* Sap. im unteren Eocän von Sezanne (Fig. 301), um dann auszusterben. Meiner Ansicht nach sind unter dieser Bezeichnung Blätter ver-

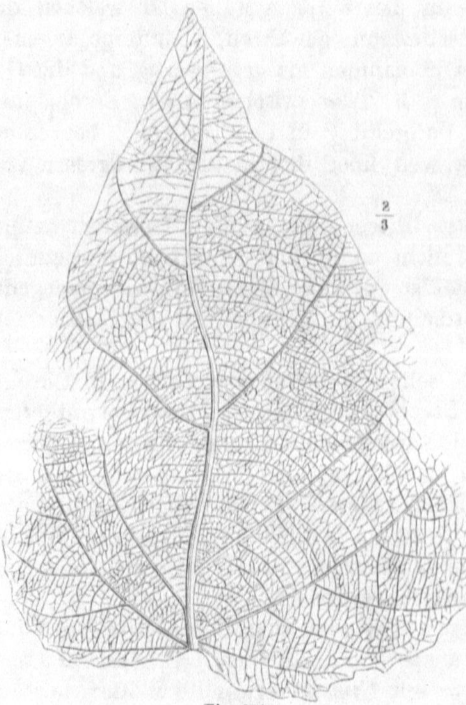

Fig. 301.
Grewiopsis tiliacea Saporta. Sezanne. Unt. Eocän.

schiedener Familien vereinigt, welche zum Theile den Columniferen ferne stehen, einige mögen zu dieser Abtheilung gehören.

Der Leitbündelverlauf der Blätter von *Tilia* ist durch fünf bis sieben (sehr selten drei) Primärbündel strahlig. Häufig ist ein unterstes, kurzes Primärleitbündelpaar vorhanden, welches seine nächste Umgebung versieht, häufig fehlt es aber auch. Das darauf folgende Paar sendet nach abwärts gerichtete secundäre Bündel aus, bei den übrigen sind diese vereinzelt auch vorhanden oder sie gabeln auch bisweilen. Alle enden craspedodrom in den Zähnen. Queranastomosen, deren erste Verzweigungen vierseitige Felder bilden, zahlreich, gerade oder gebogen, die Felder durch die weiteren Verzweigungen in kleine quadratische Maschen zerfallend. Umriss des Blattes breit, eiförmig, an der Basis herzförmig, spitz, gezähnt, Zähne bisweilen in Dornspitzen endend, Blatthälften gleich oder ungleich. Bei den ovalen, rundlichen, länglichen Blättern von *Grewia* ist der Verlauf der Leitbündel ebenfalls strahlig, die Zahl der Primärnerven betrug bei der ziemlich grossen Anzahl von mir untersuchter Arten nie mehr als drei, deren unterste einige nach abwärts gerichtete Aeste abgeben. Selten ist ein zartes unterstes Primärbündelpaar vorhanden. Bei beiden Gattungen die primären und secundären Leitbündel unterseits stark vortretend, der mittlere ziemlich stark, alle übrigen schwächer vortretend, Maschennetz kaum mit unbewaffnetem Auge sichtbar. Die Bracteen der Blüthenstiele von *Tilia* haben einen sehr starken Mittelnerven, dessen gabelig verzweigte Aeste camptodrom sind, die zwischen den Aesten verlaufenden Anastomosen polygonale Felder bildend. Die Steinfrüchte von *Grewia*, welche von Heer in seiner Tertiärflora der Schweiz von *G. crenata* Heer erwähnt werden, gehören nach Schimper eher zu *Celtis* oder zu *Grewia arcinervis* Heer. Nach den Abbildungen lässt sich meines Erachtens über diese nichts weiter sagen, als dass sie hinsichtlich der Gattung wie der Art zweifelhaft sind.

Die Leitbündel von *Elaeocarpus* haben einen fiederförmigen Verlauf, die alternirenden, meist gabelnden Secundärnerven, unter einem Winkel von 20—40° austretend, krümmen sich in flacherem oder steilerem Bogen nach aufwärts und verbinden sich durch die Gabel- oder die letzten Tertiärnerven camptodrom. Unvollständige sind nicht zahlreich, sie verschwinden in der Regel nach kurzem Verlaufe im Anastomosennetz, überragen an Stärke kaum die unter beinahe rechtem Winkel austretenden, meist verzweigten schief verlaufenden Queranastomosen, deren Felder durch ein polygonales Netz kleiner Maschen ausgefüllt werden. Die Verzweigungen der Camptodromieen, zu Schlingen verbunden, reichen bis zum Rande, Kerben und Zähne erhalten von ihnen einfache Aeste. Bekannt sind nur wenige fossile Arten dieser im tropischen Asien, Australien, den pacifischen Inseln, Neucaledonien bis Japan vorkommenden Gattung. Aus Japan ist *E. photiniaefolius* Nathorst von Mogi beschrieben, von Rauschen, Kraxtepellen im Samlande (mittleres Oligocän) *E. Albrechti* Heer (auch von Skopau unteres Oligocän), von Kutschlin und Langaugzed *E. europaeus* Ettingsh., mit steil aufsteigenden Secundärnerven. Die von Heer und Friederich abgebildete Art, *E. Albrechti*

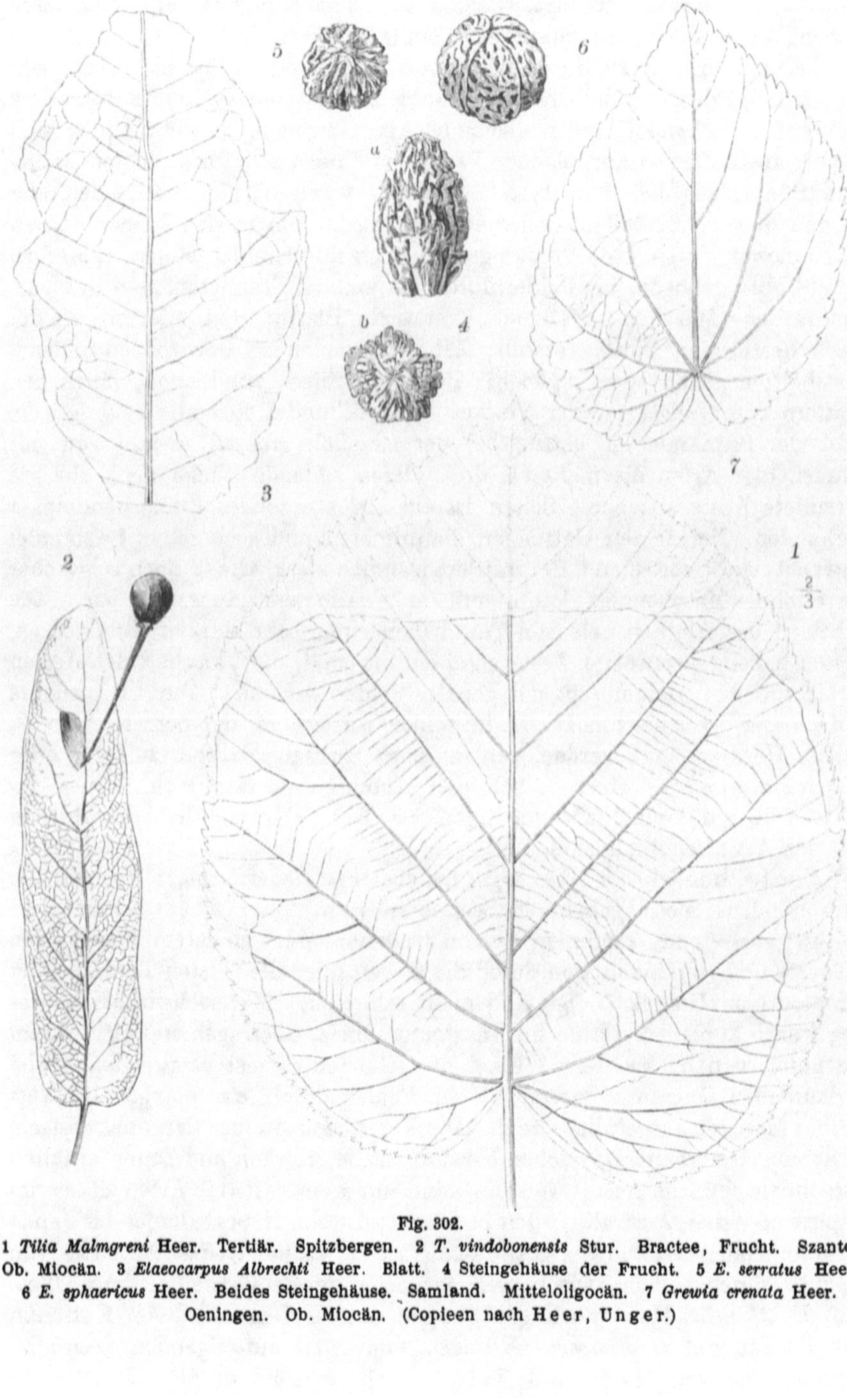

Fig. 302.
1 *Tilia Malmgreni* Heer. Tertiär. Spitzbergen. 2 *T. vindobonensis* Stur. Bractee, Frucht. Szantó. Ob. Miocän. 3 *Elaeocarpus Albrechti* Heer. Blatt. 4 Steingehäuse der Frucht. 5 *E. serratus* Heer. 6 *E. sphaericus* Heer. Beides Steingehäuse. Samland. Mitteloligocän. 7 *Grewia crenata* Heer. Oeningen. Ob. Miocän. (Copieen nach Heer, Unger.)

Heer (Fig. 302[3]), gehört zu jener Gruppe der lebenden Arten, bei welchen der Austrittswinkel der Secundärnerven 20—25° beträgt. Dass das Blatt von Kraxtepellen zu *Elaeocarpus* gehören kann, wird durch das Vorkommen von Steingehäusen (Fig. 302[4. 5. 6]) unterstützt, deren Aussenfläche mit durch Furchen getrennte Höcker besetzt ist, wie sie in ähnlicher Weise bei den Steingehäusen der lebenden *Elaeocarpus*-Arten vorkommen. Die bedeutendere Grösse der fossilen Früchte ist von keinem Gewicht.

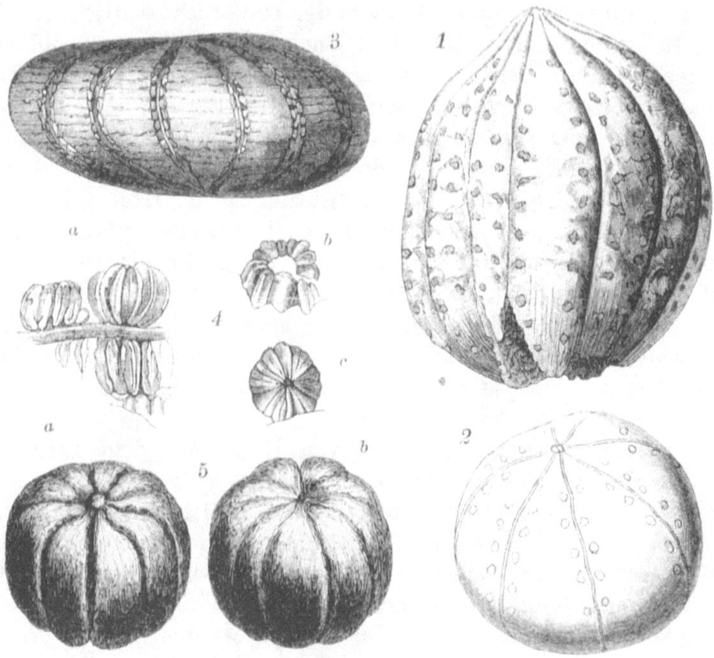

Fig. 303.
1 *Apeibopsis Laharpii* Heer. Frucht. Aarwangen, Langenthal bei Solothurn, Lausanne. 2 *A. Gaudini* Heer. Frucht. Aarwangen, Langenthal bei Solothurn. 3 *A. Fischeri* Heer. Frucht. Lostorf bei Solothurn. Miocän. 4 *Nordenskiöldia borealis* Heer. Früchte *a* von der Seite, *b* von unten, *c* von oben. Tertiär. Spitzbergen. 5 *Apeibopsis variabilis* Heer. Früchte *a* von unten, *b* von oben. Unt. Eocän. Insel Wight. (Copieen nach Heer, Bowerbank.)

Unter den von Bowerbank (Fossil fruits) aus dem Londonthon der Insel Wight beschriebenen Früchten ist *Cucumites* von Heer als eine mit *Apeiba* Aublet verwandte Frucht erklärt und *Apeibopsis* genannt worden. Bei *Apeiba* Aubl., einer in Guiana und Brasilien vorkommenden Gattung, sind die durch Abfallen vom Stiele sich öffnenden, mit einer derben Wand versehenen einfächerigen Früchte niedergedrückt kugelig, mit Stacheln oder Höckern dicht besetzt, die platten, kreisrunden Samen zahlreich, in eine Pulpa eingebettet (*A. Tibourbu* Aubl. leg. Pöpp.). Die fossilen hierher gezogenen Früchte sind mit Ausnahme der obenerwähnten nur im Tertiär der Schweiz, Böhmens und Grönlands gefunden, die Gattung wird aber in der Kreide (Ataneschichten) Grönlands von Heer auf Grund eines nicht eben sehr wohl erhaltenen Blattes (*A. Thomseniana* Ataneschichten) als zuerst auftretend angegeben. Das von Heer beschriebene Blatt wie das aus dem Tertiär Grönlands als *A. Nordenskiöldi* beschriebene Blatt weicht hinsichtlich des Leitbündelverlaufs von jenen der lebenden *Apeiba*-Arten, welche einen strahligen Verlauf haben (drei Leitbündel, mittlerer gefiedert, die beiden seitlichen mit nach abwärts gerichteten Aesten) ab, und lässt ausserdem sein Erhaltungszustand kaum zu, etwas Sicheres darüber zu sagen. Auch bei den von Lausanne stammenden Blättern der Tertiärflora der Schweiz (Bd. III Taf. 109) stimmt der Leitbündelverlauf nicht mit *A. Tibourbou* Aubl., welche ich in vier bis fünf Exemplaren vergleichen konnte. Die von Bowerbank beschriebenen Früchte (*A. variabilis* Heer, Fig. 303[5]), welche je nach der Zahl der Placentarlappen in Varietäten zerfallen, ist die Aussenfläche ohne Warzen oder Stacheln, die Arten des schweizerischen Tertiärs (Lausanne, Aarwangen) *A. Gaudini* Heer (Fig. 303[2]), *A. Laharpii* Heer (Fig. 303[1]), *A. Fischeri* Heer (Fig. 303[3]) sind kugelig, oval, zuweilen platt, mit 7—16 Fruchtblättern, beiderseits der Klappen mit je einer Reihe von Höckern, längsgefurcht. Eine weitere Art ist *A. Haidingeri* Unger aus dem Tertiär Böhmens von Putschirn. Die von Heer für Samen erklärten, zu beiden Seiten der Klappen stehenden Höcker halte ich für der Aussenseite der Frucht angehörige Bildungen, eine parietale Placentation wäre dem für *Apeibopsis* beliebten Verwandtschaftskreise fremdartig.

Mit *Apeibopsis* verwandt sind die von Heer aus dem Tertiär Spitzbergens als *Nordenskiöldia* beschriebenen Früchte (Fig. 303[4]). Sie erinnern an Früchte der Malvaceen, an aufspringende Früchte der Tiliaceen. Es scheinen zehn- bis zwölffächerige Kapselfrüchte von fester, derber Structur gewesen zu sein, deren Samen an einem centralen Samenträger standen und scheinen nach Abbildungen Heer's die Fruchtblätter sich bei der Reife von der Axe losgelöst zu haben. Die einzige bekannte Art ist *N. borealis* Heer. Ob die von Bowerbank beschriebenen Früchte des Londonthons (Cucumites) hierher zu stellen sind, muss unentschieden bleiben.

Die beinahe nur tropische Familie der *Sterculiaceen*, von den Tiliaceen durch die mit den Kronenblättern alternirenden Staubblätter, welche, wenn zahlreich, zu einer Säule verwachsen sind, verschieden, besitzen ganzrandige, gezähnte, gelappte, finger- oder handförmig gefiederte Blätter. Schwerlich wird hinsichtlich der Zähnung des Blattrandes der Unterschied zwischen Bombaceen und Dombeyaceen (Sterculiaceen) sich festhalten lassen, dass bei ersteren die Blätter buchtig gezähnt, bei letzteren gekerbt oder gezähnt sind. *Sterculia, Pterospermum* besitzen buchtig gezähnte Blätter. So wenig die Blattform allein wenigstens für einen Theil der Gattungen wegen ihres Formwechsels zur sicheren Bestimmung zu verwerthen ist, so ist dies bei dem Leitbündelverlauf der Fall, da dieser ebenfalls in derselben Gattung dem Wechsel unterliegt. Meist ist der Leitbündelverlauf strahlig, insbesondere bei den gelappten, getheilten und herzförmigen Blättern, oder er ist fiederförmig, meist bei den ganzrandigen, gezähnten und gekerbten Blättern.

Kommen diese Blattformen in der gleichen Gattung vor, so kann der Leitbündelverlauf dem entsprechend bei den einzelnen Arten ein verschiedener sein, gefiedert und strahlig, wie z. B. bei *Sterculia*, er kann aber auch bei derselben Gattung trotz der wechselnden Blattform derselbe sein, so z. B. bei *Brachychiton* (strahlig). Ist der Leitbündelverlauf strahlig, so treten drei, fünf bis sieben stärkere Leitbündel aus dem Blattstiele in die Blattfläche ein, ist das Blatt zugleich schildförmig, so erhält der kleinere Theil des Blattes eine seiner Grösse entsprechende Zahl von Leitbündeln, wie bei allen derartigen Blättern. Sind die Blätter ganzrandig, so kann der Leitbündelverlauf dennoch strahlig sein. Es ist dies z. B. bei *Sterculia* der Fall, drei Leitbündel (Primärnerven) durchziehen das Blatt, ein mittlerer und zwei seitliche, zu welchen dann zuweilen noch ein weiteres Paar zarter Leitbündel tritt. Die beiden seitlichen geben camptodrome Secundäräste auf der gegen die Blattbasis hin gewendeten Seite ab, der mittlere Leitbündel gibt alternirende camptodrome Seitenäste ab. Der camptodrome Verlauf der Leitbündel ist auch bei dem fiederförmigen vorhanden. Längs des Blattrandes entstehen durch die von den Camptodromieen entspringenden Aeste Maschen. Alle secundären Leitbündel sind durch gerade, gebogene oder geknickte einfache oder verzweigte Anastomosen verbunden, deren Felder quadratische oder polygonale Maschen einschliessen, diese Maschen enthalten ein sehr kleines, nur mit der Loupe sichtbares Netz. Sogenannte unvollständige Secundärnerven, mit den Queranastomosen sich vereinigend, sind nicht selten. Sind die Blattränder gezähnt, so enden die Leitbündel craspedodrom in den Zähnen, in den Buchten camptodrom (*Pterospermum*) oder die Camptodromieen geben Aeste in die Zähne ab (*Dombeya, Astrapaea*).

Sterculia tritt, wenn nicht schon in der jüngsten Kreide (Patootschichten) Grönlands, aus welcher Heer *S. variabilis* Sap. angibt, jedenfalls im unteren Eocän (*S. variabilis* Sap., *S. modesta* Sap.) auf, sie ist im Oligocän an einer Reihe von Fundorten nachgewiesen und hat sich bis in das Miocän und Pliocän erhalten. Eine der verbreitetsten Arten ist *S. Labrusca* Unger (Fig. 304[2]), im Oligocän von Dalmatien bis nach Norddeutschland nachgewiesen, aber auch im unteren Eocän von Belleu und Gelinden. Ausserdem sei noch erwähnt *S. tenuiloba* Sap. (unteres Oligocän von Aix), *S. tenuinervis* Heer, Oeningen (Fig. 304[1]), aus dem Pliocän des Cantals *S. Ramesiana* Sap., von Sachalin *S. Glehniana* Heer. Von den übrigen durch die Autoren erwähnten Arten mag ein Theil insbesondere mit *S. Labrusca* zusammenfallen, andere mögen zu anderen Gattungen, insbesondere *Ficus*, gehören. Die gelappten Formen der fossilen Blätter schliessen sich an jene der Abtheilung *Brachychiton* an, bei welchen die Camptodromie der Secundärnerven durch Gabelung dieser zu Stande kommt, während bei anderen lebenden Sterculien die Camptodromie durch die Verbindung des vorausgehenden Secundärnervens mit den Anastomosen des nachfolgenden entsteht, der Secundärnerve dicht am Rande verläuft. Die Secundärnerven verlaufen bald in flacheren, bald weniger flachen, auch ziemlich steilen Bogen. Ihr Austrittswinkel beträgt 40—60°, bei dem strahligen Verlauf fehlt bisweilen das

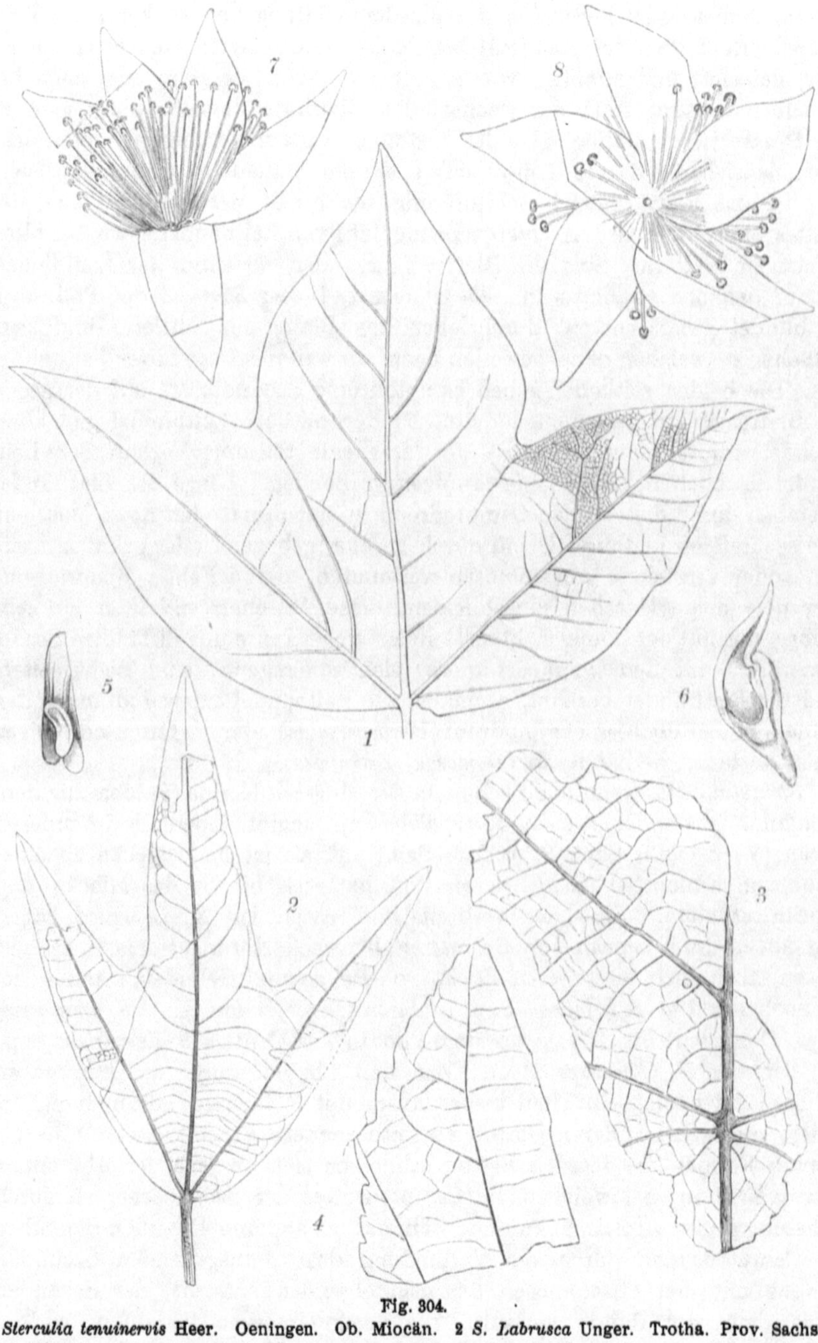

Fig. 304.
1 *Sterculia tenuinervis* Heer. Oeningen. Ob. Miocän. 2 *S. Labrusca* Unger. Trotha. Prov. Sachsen. Unt. Oligocän. 3. 4 *Pterospermites dentatus* Heer. Makenzieriver. Tertiär. 5 *P. vagans* Heer. Oeningen. Ob. Miocän. 6 *P. senescens* Saporta. Samen. Armissan. Ob. Oligocän. 7. 8 *Bombax sepultiflorum* Saporta. Blüthen. Aix. Unt. Oligocän. (Copieen nach Heer, Saporta).

unterste, zartere Leitbündelpaar, dieses in der Regel unter rechtem, bei tief herzförmigen Blättern unter stumpfem Winkel austretend.

Die von Heer aufgestellte Gattung *Pterospermites* ist auf die Aehnlichkeit von Blättern und Samen, der lebenden, auf das tropische Asien beschränkten Gattung *Pterospermum* basirt, deren Samen oberwärts geflügelt, die Blätter schildförmig, strahlignervig, buchtig gezähnt oder ungleichseitig, ganzrandig und fiedernervig sind. Die ältesten, allerdings nicht ganz vollständig erhaltenen Arten stammen aus den Ataneschichten Grönlands (Kreide) *P. cordifolius* Heer, *P. auriculatus* Heer, dann im Tertiär aus dem unteren Eocän von Sezanne (*P. inaequalifolius* Sap.), einige Arten aus dem Oligocän und Miocän, wie *P. palaeophyllus* Sap. (St. Zacharie, mittleres Oligocän), *P. ferox* Ettingsh. (Parschlug, Bilin, Schichow, oberes Oligocän bis mittleres Miocän), aus Grönland *P. integrifolius* Heer, von Makenzieriver *P. dentatus* Heer, sämmtlich Blätter (Fig. 304[3. 4]). Samen sind von Armissan, oberes Oligocän, *P. senescens* Sap., sodann vom hohen Rhonen, Oeningen, Locle, Lausanne, Erdöbenye, bois d'Asson, *P. vagans* Heer, oberes Oligocän bis oberes Miocän (Fig. 304[5. 6]) bekannt.

Dombeyopsis Heer, dreilappige, strahlignervige Blätter mit zugespitzten Lappen, Blätter ähnlich jenen mancher Dombeya-Arten, hat im Tertiär einen vom unteren Oligocän bis in das mittlere Miocän reichenden Vertreter, *D. Decheni* Weber (*D. pentagonalis* Web., *Bombax* Friederich) (Fig. 305), welcher in der sächsischen Braunkohle, bei Bonn, am hohen Rhonen vorkommt. Die ausserdem mit dieser Gattung vereinigten Blätter gehören wohl sämmtlich zu *Ficus*, insoferne sie nicht wegen Unvollständigkeit zu eliminiren sind. Bei den lebenden *Dombeya*-Arten mit ähnlicher Blattform der Leitbündelverlauf strahlig, sämmtliche camptodrom, wenn Zähne vorhanden craspedodrom, Queranastomosen gerade, gebogen, geknickt, häufig verzweigt, die Felder mit quadratischen Maschen, häufig parallel den Secundärnerven*).

Aus der Familie der *Bombaceen* (nach anderen Untergruppe der *Malvaceen*) sind ebenfalls einige Reste erhalten. Die Mehrzahl der Gattungen hat strahligen Leitbündelverlauf, selten ist er gefiedert, die Blätter entweder fingerförmig gefiedert, die einzelnen Fiedern abfallend, gelappt, gezähnt oder ganzrandig. Der Leitbündelverlauf der einzelnen Fiederblätter ist meist gefiedert, seltener strahlig, dies insbesondere bei gelappten Blättern, die Secundärnerven camptodrom entweder durch die Verbindung mit den Anastomosen oder durch Gabeltheilung und Verbindung des oberen Astes des vorhergehenden mit dem unteren Aste des folgenden Leitbündels. Die Primärnerven bei strahligem Verlaufe craspedodrom. Ein aus den Camptodromieen entspringendes Randnetz ist beinahe stets vorhanden, es ist aber zuweilen wenig entwickelt. Unvollständige Secundärnerven mit den Anastomosen sich verbindend sind gewöhnlich. Die Zähne erhalten bei camptodromem

*) Nach einer Bemerkung von Solms in dessen kürzlich erschienener Einleitung in die Phytopalaeontologie im Museum zu Paris der Wachsabguss einer Büttneriaceenblüthe aus den Tuffen von Sezanne.

Verlaufe ihre Leitbündel aus den Schlingen. Der Austrittswinkel der Secundärnerven wechselt zwischen 25—60°, der Mittelnerve in der Regel sehr stark. Die Queranastomosen treten unter nahezu rechtem Winkel aus, verzweigen sich häufig, und es entsteht durch die weiteren Verzweigungen ein engmaschiges, polygonales Netz. Bei *Carolinea* entstehen durch die Ver-

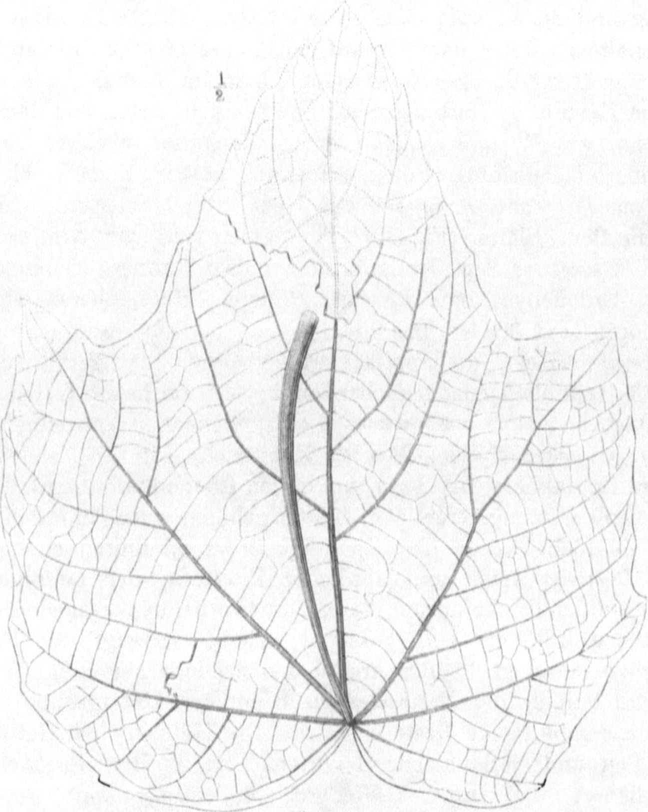

Fig. 305.
Dombeyopsis Decheni Weber. Orsberg bei Bonn. Ob. Oligocän.

einigung der unvollständigen Secundärnerven mit den Queranastomosen schmale, länglich viereckige mit den Secundärnerven parallele Felder. Fossile Bombaceenblätter sind meist solche, welche einzelnen losgelösten Fiederblättern entsprechen. Solche Blätter sind die von Priesen und Kutschlin durch Ettingshausen beschriebenen Arten, wie *B. chorisiaefolium* Ettingsh., *B. oblongifolium* Ettingsh., *B. Neptuni* Ettingsh. von Bornstedt und Radoboj. Habituell stimmt *B. chorisioides* Fried. von Bornstedt mit einem Fiederblatt von *Chorisia* überein, weicht aber durch den Leitbündelverlauf ab. Der wichtigste Rest dieser Familie ist die von Saporta in den Gypsen von Aix beobachtete Blüthe, *B. sepultiflorum* Sap. (Fig. 304[7. 8]) mit Blumenkrone, zahlreichen Staubblättern, nierenförmigen Antheren.

Aus den Tertiärbildungen Sumatra's ist durch Heer ein den Sterculiaceen angehöriges Blattfragment, *Dombeyopsis Padangiana* Heer bekannt geworden, aus Neuholland durch Ettingshausen aus dieser Gruppe zwei zu *Bombax* gezogene Blätter (*B. Sturtii, B. Mitchelli*) und von *Elaeocarpus* (*E. Bassii*) stammende Früchte aus Tasmanien. Dass das von Heer beschriebene Blatt den Sterculiaceen angehört, bezweifle ich nicht, dass die mit *Bombax* vereinigten Blätter dieser Gattung angehören können, halte ich für möglich, dagegen ist das *Sterculien*-Blatt Geyler's aus dem Tertiär Borneo's ein nicht bestimmbares Fragment. *Pterospermum* (*Phyllites*) *gracile* Geyl. von Borneo, nach Ettingshausen ein *Cinnamomum*, eines der wenigen brauchbaren Blätter von Borneo, ist ohne Zweifel ein Laurineenblatt. Ob *Daphnophyllum beilschmiedioides* Heer von Sumatra wirklich ein *Bombax*-Blatt ist, wie Ettingshausen annimmt, sei dahingestellt. Meines Erachtens ist der Leitbündelverlauf zu unvollständig, um mit Sicherheit eine Bestimmung zu treffen. Während für Europa der Nachweis des Vorkommens dieser Familien in der Kreide noch fehlt, ist er für Nordamerika durch Lesquereux's Untersuchungen geliefert. *Sterculia lugubris* Lesq. (Golden, Colorado), *S. obtusiloba* Lesq., *S. aperta* Lesq. (Fort Harker, Kansas) sind mit *Brachychiton* verwandte Formen aus der Kreide, im Tertiär Nordamerika's ist neben der in Europa vorkommenden *S. modesta* Sap. (Laramie group, Golden, Colorado) auch eine zweite Art *S. rigida* Lesq. von Florissant nachgewiesen.

Ueber die Blattepidermis der Columniferen sei zum Schlusse Einiges erwähnt. Bei allen von mir untersuchten Arten von *Tilia* sind die Zellen auf der Ober- wie Unterseite gestreckt, die Seitenwände meist gerade, vereinzelt kommen solche mit schwachwelligen Seitenwänden vor. Zahlreiche Spaltöffnungen führt nur die Unterseite. *Elaeocarpus* hat wenigstens bei den von mir untersuchten Arten polygonale, geradwandige Zellen auf der Oberseite des Blattes, während auf der Unterseite die Seitenwände der Zellen flachwellig sind. Die Schliesszellen der nur auf der Unterseite vorkommenden zahlreichen Spaltöffnungen klein. Ebenso verhält sich in letzterer Hinsicht *Entelea* und *Sparmannia*, bei welchen die Seitenwände der Epidermiszellen der Blattunterfläche wellig, jene der Oberseite gerade sind. Die Cuticularleisten sehr entwickelt. Bei *Sterculia*, *Dombeya*, *Astrapaea*, *Pterospermum*, *Heritiera* und *Brachychiton de la Bechei* sind die Spaltöffnungen zahlreich, ihre Schliesszellen klein, während *Brachychiton populneum* und *acerifolium* grössere aufweisen. Bei allen sind die Spaltöffnungen von einer Zone länglicher geradwandiger Zellen umgeben. Die Zellen der Blattober- und Unterseite quadratisch oder polygonal, bei *Brachychiton populneum, B. acerifolium*, bei *Heritiera*, *Dombeya*, *Astrapaea*, *Pterospermum* sind die Seitenwände der Epidermiszellen der Blattoberseite geradwandig, jene der Unterseite wellig, *Pachira, Bombax* und *Carolinea* verhalten sich ebenso, nur sind bei *Carolinea* die Zellwände der Blattoberseite stärker verdickt, bei *Pachira* die Cuticularleisten sehr schön entwickelt. Sternhaare, gekräuselte Sternhaare sind häufig in dieser Familie und können, da sie bei der Verkohlung der Blätter sich erhalten, bei dem Zusammentreffen mit anderen Merkmalen zur Erkennung der Blätter benutzt werden. Wie aber bei anderen Familien der Bau der Epidermis nicht immer derselbe ist, so auch hier. *Brachychiton de la Bechei* hat ober- und unterseits wellige Seitenwände, wie *Sterculia*, bei beiden sind die Wände oberseits stärker als unterseits verdickt, bei *Sterculia* sind seitliche Poren vorhanden, bei der oben genannten *Brachychiton*-Art fehlen sie.

9. Reihe. **Gruinales.**

Die wenigen aus dieser Reihe erhaltenen Reste finden sich im Bernstein des Samlandes. Es sind Früchte oder Theile von Früchten. Die hierher gehörigen Familien sind *Geraniaceen*, *Tropaeolaceen*, *Limnanthaceen*, *Oxalidaceen*, *Linaceen*, *Balsaminaceen*, meist den gemässigten Zonen angehörig, mit fünfzähligen Blüthenblattkreisen, der Staubblattkreis zuweilen verdoppelt, Fruchtblätter fünf, oberständig; Frucht: Beeren, Kapseln, Spaltfrüchte. Blüthen zuweilen zygomorph.

Zwei schon längst durch Göppert's und Berendt's Bernsteinflora bekannte, in Bernstein eingeschlossene Fragmente sind in jüngster Zeit durch Conwentz den *Geraniaceen* zugewiesen worden, *Geranium Beyrichii* Conw. und *Erodium nudum* Conw. Das Erstere halte ich nicht für die Granne einer Geraniaceenfrucht, sondern für das Fragment eines zweitheiligen Griffels, dessen Bestimmung kaum möglich ist, *Erodium nudum* dagegen kann das Bruchstück einer *Erodium*granne sein, deren unterste Windungen fehlen (Fig. 308[3. 4. 5]).

Zwei andere in dem Bernstein des Samlandes eingeschlossene Reste gehören den *Oxalidaceen* an. Der eine, von Caspary beschrieben, *Oxalidites brachysepalus*, eine oberständige, junge, längliche, beinahe ellipsoidische, fünffurchige und fünfkantige Frucht mit fünf fadenförmigen Griffelresten, fünf nierenförmigen am Rande etwas ausgefressenen krausen Kelchblättern. Der von Conwentz beschriebene Rest, *O. averrhooides* (Fig. 308[1 2]), ebenfalls eine Frucht, an der Spitze eingedrückt, länglich, mit fünf eiförmigen, sich deckenden Kelchblättern, fünf fadenförmigen gegen die Basis verwachsenen Griffeln mit kleinköpfigen Narben.

Den *Linaceen* weist Conwentz das Fragment einer Kapselfrucht zu (*Linum oligocenicum* Conw.). Dass dasselbe Theil einer Kapselfrucht ist, bezweifle ich nicht, ob indess von *Linum*, ist mir fraglich. Die Früchte von *Linum* haben neben den fünf vollständigen Fächern ebenso viele unvollständige Fächer, welche auch bei der Reife noch sichtbar sind. Davon ist nach der Abbildung nichts an dem Objecte zu sehen. Sollte das Fragment nicht von einer *Euphorbia*frucht stammen, deren eines Fach verkümmert, das andere ausgebildet ist?

Die einzelnen Familien dieser Reihe unterscheiden sich durch die Blüthen, die *Oxalidaceen* ausserdem durch gefiederte Blätter. Bei den *Geraniaceen* sind fünf Kelch- und ebenso viele Kronenblätter vorhanden, die Staubblätter doppelt so viele, monadelphisch, Kronstamina alle oder theilweise steril, kapselartige Theilfrüchte von der Blüthenaxe sich ablösend, von der vergrösserten Spitze der Frucht gekrönt. Blüthen zuweilen zygomorph. Bei den *Oxalidaceen* sind die monadelphischen Staubblätter sämmtlich fertil, die Früchte, Kapseln oder Beeren, bei den *Linaceen* die Kronstamina steril oder fehlend, die fünf Fächer der Kapselfrüchte durch falsche Scheidewände halbirt.

10. Reihe. **Terebinthineae***).

Auch aus dieser Reihe, die Familien der *Rutaceen*, *Zygophyllaceen*, *Meliaceen*, *Simarubaceen*, *Burseraceen* und *Anacardiaceen* umfassend, ist die Zahl der fossilen Reste nicht allzu gross und die hierher gezogenen Reste zum Theile zweifelhaft, so die zu *Rhus* gezogenen Blätter.

Blüthen mit fünf Kelch-, Kron- und Staubblättern, letztere nicht selten in doppelter Zahl, ausserdem diese Kreise auch vierzählig. Fruchtknoten oberständig, zwei bis fünf Fruchtblätter. Discus intrastaminal, Samenknospen epitrop.

Aus der unter den *Rutaceen* durch die zygomorphe Blüthe und ihre Fruchtbildung ausgezeichneten Untergruppe der *Dictamneen* sind von Nathorst aus den pliocänen (quartären?) Bildungen die sehr kurz gestielten Fiederblätter des heute noch in Japan, aber auch von Nordchina bis in den Westen und Süden Europa's vorkommenden *Dictamnus Fraxinella* Pers. nachgewiesen. Aus den Cineriten des Cantal bei St. Vincent führt Saporta noch eine zweite Art, *D. major*, an. Nach diesen dürftigen, bis jetzt bekannt gewordenen Resten scheint der Verbreitungsbezirk der Gattung sich seit der Tertiärzeit kaum geändert zu haben und ist es nicht unwahrscheinlich, dass, wie die Art jetzt noch je nach ihrem Vorkommen vielgestaltig auftritt, sie diese Eigenschaft auch früher besass. Der Blattrand der Fiederblätter von *D. Fraxinella* Pers. (Fig. 307²) ist klein gesägt, die alternirenden, aber auch opponirten, unter einem Winkel von 50—70° austretenden Secundärnerven verlaufen steil aufwärts, durch gabelige Zweige oder durch die Tertiärnerven camptodrom, von den Camptodromieen zu einem Randnetz verbundene Aeste ausgehend, das Netz Aeste in die Zähne sendend. Die Anastomosen sind theilweise zu mit den Secundärnerven parallelen Feldern verbunden, die von den polygonalen Maschen der weiteren Verzweigungen ausgefüllt sind. Die innere Gewebeschicht der Kapselwände von *Dictamnus* trennt sich elastisch von der äusseren, ein Bau, welcher die Verbreitung der Samen vermittelt.

Die Gattung *Zanthoxylum* L., aus der Gruppe der Zanthoxyleen, jetzt vom Süden bis in die nördlichen Staaten Nordamerika's (Ohio), in den Subtropen von Asien, Afrika verbreitet, fehlt in Europa gänzlich, obwohl sie (*Z. fraxineum*, *Bungei*) noch in der Breite von Leipzig blüht und reichlich Früchte trägt. Haben die mit dieser Gattung vereinigten Blätter mit Recht diese Stellung erhalten, so ist seit der Tertiärzeit die nördliche Verbreitung der Gattung bedeutend eingeschränkt, da zwei Arten im Oligocän von Rixhöft im Samlande gefunden sind. Die zweiklappigen, meist einsamigen

*) Gruppirung der Reihe nach Engler.

Kapselfrüchte sind im fossilen Zustande nicht gefunden, ebenso wenig Blüthen. Blätter unpaarig gefiedert oder dreizählig, Blattstiele bisweilen geflügelt, Fiederblätter ungleichseitig, ganzrandig oder gezähnt, Leitbündelverlauf fie-

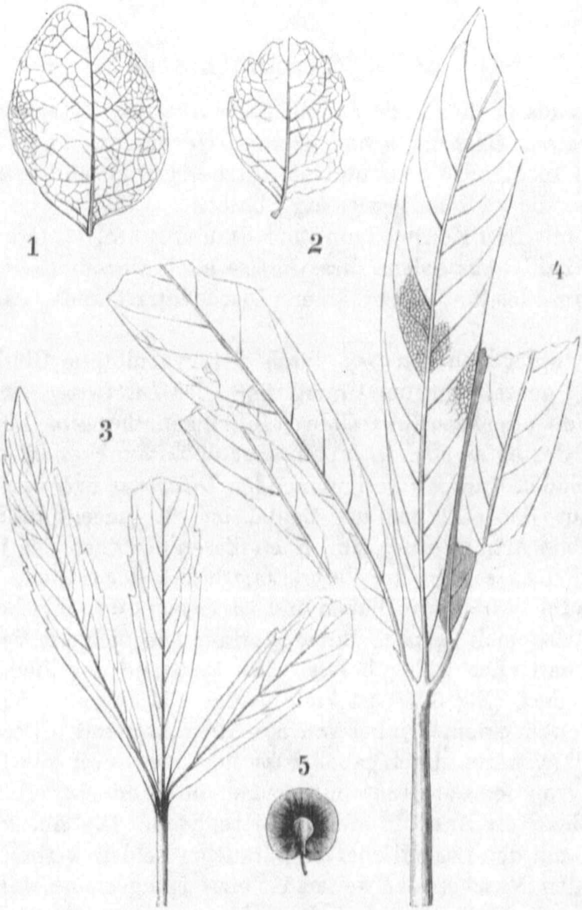

Fig. 306.
1 *Zanthoxylon integrifolium* Heer. Oeningen. Ob. Miocän. 2 *Z. serratum* Heer. Oeningen. Ob. Miocän. 3 *Dewalquea aquisgranensis* Saporta et Marion. Gelinden. Unt. Eocän. 4 *D. gelindenensis* Sap. et Mar. Gelinden. Unt. Eocän. 5 *Anchietea pyrifolia* Don. Same. Brasilien, lebend. (1. 2. 5 nach der Natur, die übrigen Copieen nach Saporta.)

derförmig, Secundärnerven unter einem Winkel von 15—20° oder 35—50° austretend, in ersterem Falle in flachem Bogen, in letzterem schief aufsteigend, gegen den Rand verlaufend, entweder mit gabeliger Verzweigung oder durch die äussersten Tertiärnerven camptodrom, die Aeste der Camptodromieen ein engmaschiges Randnetz bildend, Queranastomosen vielfach verzweigt, die Felder ein engmaschiges, polygonales Netz einschliessend, alle

Verzweigungen der Secundärnerven wenig vortretend, diese selbst zart, die Mittelnerve stark.

Die Gattung tritt zum ersten Male im unteren Oligocän auf und hat sich in Europa bis in das obere Miocän erhalten, eine Annahme, welche, wie in so vielen anderen Fällen, allerdings sich nur auf Blätter gründet und keinen Anspruch auf unbedingte Gewissheit hat. Von nur wenigen der

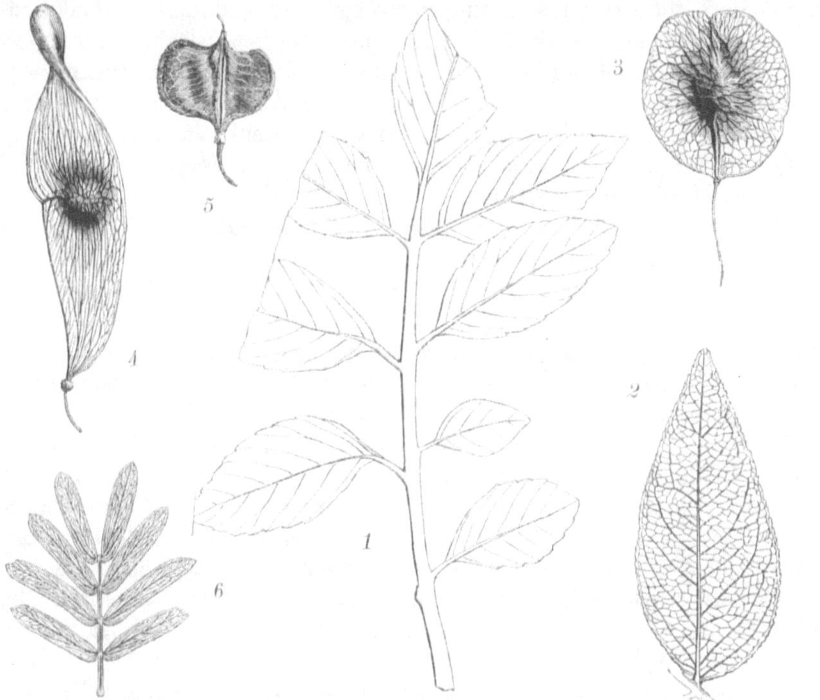

Fig. 307.

1 *Zanthoxylon spiraeaefolium* Lesq. Nordamerika. Florissant. Tertiär. 2 *Dictamnus Fraxinella* Pers. Fiederblatt. 3 *Ptelea trifoliata* L. Frucht. 4 *Ailanthus glandulosa* L. Theilfrucht. 5. 6 *Guajacum angustifolium* Engelm. Texas. 5 Frucht. 6 Blatt. (1 Copie nach Lesquereux, die übrigen nach der Natur.)

beschriebenen Reste kennen wir die vollständigen Blätter, meist liegen nur die abgelösten Fiederblätter vor. Vollständig erhaltene Blätter kennen wir von *Z. valdense* Heer mit geflügeltem, gegliederten Blattstiel (Lausanne, Monod), *Z. serratum* Heer (Oeningen, Bilin [Fig. 306 [2]]), während *Z. juglandinum* Heer, *Z. germanicum* Heer, *Z. integrifolium* Heer (Oeningen, Samland [Fig. 306 [1]]), *Z. inconspicuum* Sap. (St. Zacharie), *Z. coriariaefolium* Sap. (Peyriac), *Z. giganteum* Sap. (Armissan), *Z. ailanthoides* Sieb. et Zuccar. var. *fossilis* Nath. von Mogi in Japan nur in einzelnen Fiederblättern bekannt sind. Auch aus dem Tertiär Nordamerika's sind durch Lesquereux *Zanthoxylon*-Arten beschrieben, aus Regionen, denen die Gattung jetzt fehlt, so von den Chalkbluffs (California) *Z. Lesquereuxianum* (*Z. juglandinum* Lesq.), *Z. diversifolium* Lesq. (Washakie), *Z. spiraeaefolium* Lesq. (Greenriver group, Florissant [Fig. 307 [1]]), ein gefiedertes Blatt.

Aus der zur Gruppe der *Toddalieen* unter den *Rutaceen* gehörigen Gattung *Ptelea* L. sind einige wenige Reste bekannt. Die sowohl im atlantischen als pacifischen Nordamerika und bis Mexiko verbreitete Gattung besitzt drei- bis fünfzählige unpaarig gefiederte Blätter, das Endblatt gegen die Basis verschmälert, die Seitenblätter ungleichseitig. Der Leitbündelverlauf fiederförmig, der Mittelnerve ziemlich stark, nach oben schwächer, die unteren Seitennerven unter einem Winkel von 10—20°, die oberen in einem solchen bis zu 40° austretend, zart, durch Gabeläste und Tertiäräste camptodrom, Queranastomosen bogenförmig, meist verzweigt, wenig vortretend, unregelmässige Felder bildend, welche durch die weiteren Verzweigungen in ein sehr enges Maschennetz zerfallen.

Die Gattung tritt zuerst im oberen Oligocän (*P. Weberi* Heer, hohe Rhonen) auf und war im oberen Miocän (*P. acuminata* Heer, Schrotzburg) noch in Europa vorhanden. Aus Grönland ist eine Art, *P. arctica* Heer, bekannt geworden (Fig. 308 [7]). Zwei Früchte, *P. microcarpa* und *P. intermedia*, sind von Ettingshausen von Sagor beschrieben. Bei *P. microcarpa* ist auffallend der Ausschnitt an der Basis der Frucht, welcher bei sämmtlichen von mir untersuchten Früchten von *Ptelea* fehlt (vergl. Fig. 307 [3]).

Die von Kovats als *Ptelea macroptera* von Tallya beschriebene, von Unger (Geologie der europäischen Waldbäume; fossile Flora von Szantò) in einem vollständigerem Exemplare abgebildete Frucht gehört kaum hierher (Fig. 308 [6]). Die Früchte von *Ptelea* sind in der Regel zweifächerig, aber auch dreifächerig und ist dann die Frucht dreiflügelig, während bei ein und zwei Fächern der Flügel ringsum läuft. Stets ist die Wand der Fächer derb und treten sie als längliche Erhöhung hervor. In der Regel ist nur ein, zuweilen aber auch zwei ausgebildete Samen vorhanden. Frucht wie Flügel sind von querlaufenden, verästelten Leitbündeln durchzogen, welche durch schiefe Queräste, am Rande desselben camptodrom zu einem Netz verbunden sind (Fig. 307 [3]).

Unter der Bezeichnung *Protamyris* beschreibt Unger aus dem Tertiär von Radoboj, Sotzka und Kumi Blätter, welche nach ihm mit den *Amyrideen* (Untergruppe der *Rutaceen*) verwandt sind. Er unterscheidet vier Arten, zwei von Radoboj, *P. radobojana* und *P. pulchra*; zwei von Kumi, *P. Berenices* und *P. Canopi* und vereinigt mit den Blättern von *P. pulchra* und *P. Berenices* auch Früchte. Diese Früchte können Steinfrüchte sein, sie können Früchte einer Amyridee sein, dass sie aber solche sind, dafür liegt kein Beweis vor, denn der Charakter der Frucht in der Beschreibung ist einfach jenem der lebenden Arten entnommen, weil man die Blätter für *Amyris*blätter hielt. Ob indess diese zu *Amyris* gehören, ist fraglich. Ettingshausen erklärt *Protamyris radobojana* für ein *Cedrela*blatt und wohl mit Recht, da die Fiederblätter von *Cedrela* (*Meliaceen*) eine ziemlich lang ausgezogene Spitze haben, ungleichseitig sind, ihre aufwärts gebogenen Secundärnerven ziemlich dicht stehen, durch die letzten Queranastomosen camptodrom sind, alle Anastomosen unter rechtem Winkel austreten. Ettingshausen's Bestimmung liesse sich für diese eine Art rechtfertigen. Was die übrigen Arten angeht, so ist bei allen der Leitbündelverlauf ungenügend erhalten, was davon erhalten, entspricht indess nicht jenem von *Amyris*. Bei dieser

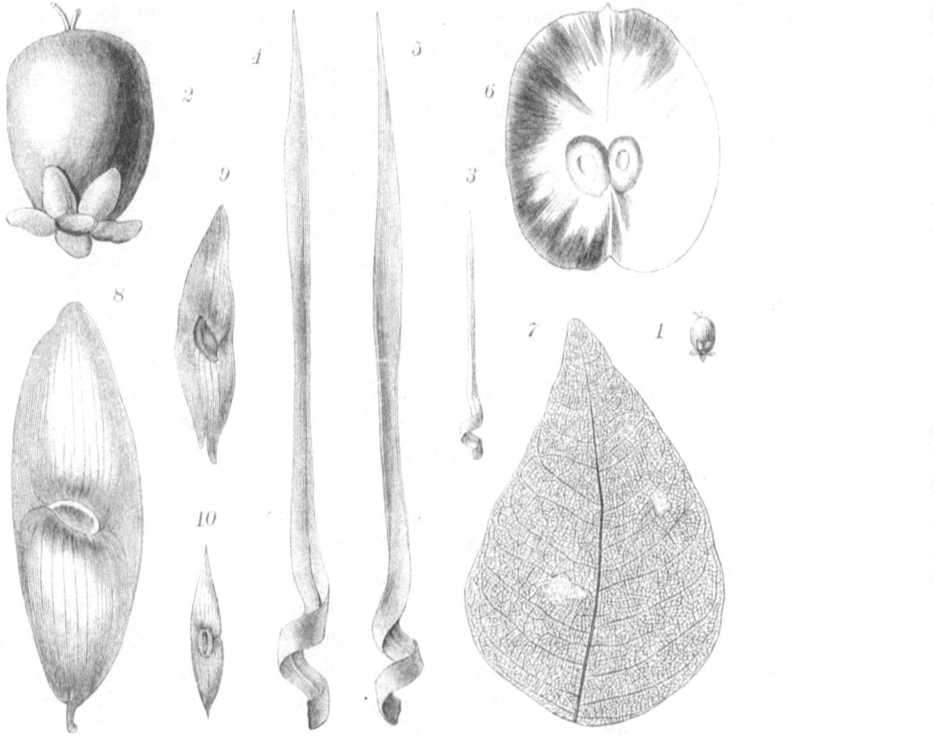

Fig. 308.
1 *Oxalidites averrhooides* Conwentz. Fruchtknoten mit Kelch. Nat. Gr. 2 vergrössert. Bernstein. Samland. 3 *Erodium nudum* Conwentz. Bernstein. Samland. Nat. Gr. 4. 5 vergrössert. 6 *Ptelea macroptera* Kov. Szantó. Frucht. 7 *P. arctica* Heer. Grönland. Tertiär. Blatt. 8 *Ailanthus Gigas* Unger. Radoboj. Mittl. Miocän. 9 *A. Confucii* Unger. Radoboj. Mittl. Miocän. 10 *A. microsperma* Heer. Oeningen. Ob. Miocän. Sämmtlich Früchte. (Copieen nach Heer, Conwentz, Unger.)

Gattung kommt die Camptodromie durch gabelige Verzweigung der Secundärnerven zu Stande; an diese schliessen die durch Aeste der Camptodromieen entstehenden Schlingen an, welche Aeste an den Rand abgeben. Die durch die Queranastomosen entstandenen Felder liegen parallel mit den Secundärnerven.

Ailanthus Desf., den Simarubaceen angehörig, grosse Bäume mit unpaarig gefiederten Blättern, jetzt in China, Ostindien, Malabar und den Molukken mit drei Arten verbreitet, in Europa und Amerika fehlend, war während der Tertiärperiode in Europa vorhanden, ebenso in Nordamerika, wie die von Heer, Saporta und Lesquereux beschriebenen Früchte erweisen.

Die Früchte sind mit meist nur einem oder zwei Fächern ausgebildete schliessfruchtartige, geflügelte Spaltfrüchte, die Flügel elliptisch, ihre Spitze abgerundet, ihre Basis verschmälert, von der Länge nach verlaufenden, durch Queranastomosen verbundenen, beinahe gleichstarken Leitbündeln durchzogen, welche über den Fächern zu einem Netze verbunden sind. Jede Theilfrucht entstand aus den fertilen Fächern des fünffächerigen Fruchtknotens. Die heutige wie die Verbreitung im Tertiär spricht nicht nur für den circumpolaren Ursprung, sondern auch ihr vollständiges Gedeihen in Norddeutschland dafür, dass die Gattung in Europa ohne das Dazwischentreten ungünstiger klimatischer Verhältnisse sich erhalten haben würde. So dürfen wir annehmen, dass die jetzt noch vorhandenen Arten der Rest von früher zahlreicheren Arten sind. Im Tertiär reicht sie vom unteren Oligocän bis zum oberen Miocän. Aus dem Tertiär von Oregon und Californien sind bekannt *A. ovata* Lesq., aus der Greenriver group von Wyoming *A. longepetiolata* Lesq., aus dem unteren Oligocän von Aix *A. prisca* Sap., *A. lancea* Sap., aus dem oberen Oligocän von Rott bei Bonn *A. Weberi* Heer, von Armissan *A. oxycarpa* Sap., des hohen Rhonen *A. microsperma* Heer (Fig. 308 [10]), aus dem mittleren Miocän von Radoboj und Sused *A. Confucii* Unger (Fig. 308 [9]), *A. Gigas* Unger (Fig. 308 [8]), aus dem oberen Miocän von Oeningen und Locle *A. dryandroides* Heer, *A. lepida* Heer, von Sagor *A. Orionis* Ettingsh.

Die zu *Ailanthus* gezogenen Blätter scheinen dieser Gattung anzugehören. Die einzelnen fiedernervigen, an der Basis jederseits mit einem oder zwei Zähnen versehenen und herzförmigen Fiederblätter sind kurzgestielt, ungleichseitig durch die stärker entwickelte Basis der gegen die Spitze des Blattes liegenden Hälfte, der Mittelnerv mässig stark, nach oben an Stärke abnehmend, die Secundärnerven alternirend, das unterste Paar unter rechtem Winkel austretend, craspedodrom, die übrigen durch Gabeläste und Tertiärnerven camptodrom, unter einem Winkel von 25—50° austretend, unvollständige Secundärnerven im Anastomosennetz endend, Queranastomosen gerade, gebogen, verzweigt, polygonale Felder bildend, welche durch die weiteren Verzweigungen ein polygonales Maschennetz erhalten.

Bei *Zanthoxylon* sind die Seitenwände der Epidermiszellen der Blattoberseite geradwandig, jene der Unterseite bei einigen Arten gerade, bei anderen flach wellig, auf beiden Flächen polygonal, die Spaltöffnungen zahlreich, die Schliesszellen von concentrisch gelagerten etwas gestreckten Zellen umgeben. Bei *Ptelea* die Epidermiszellen polygonal, ihre Seitenwände gerade, die Spaltöffnungen zahlreich, von radiär geordneten gestreckten Zellen umgeben, bei *Ailanthus* verhält sich die Epidermis ebenso.

Zweifelhaft sind die zu den *Zygophyllaceen* gezogenen Reste. Aus dem unteren Eocän des Monte Bolca sind von Massalongo Blätter und Früchte beschrieben, welche als *Guajacites* (*G. enervis*, *G. Heerii*) bezeichnet werden. In wie ferne diese Bezeichnung zutrifft, sei dahingestellt, die lebende Gattung, in dem subtropischen Theile Nordamerika's und im tropischen Amerika verbreitet, besitzt paarig gefiederte Blätter (2—14 Fiederpaare) und 4—5-kantige oder geflügelte Kapselfrüchte mit stielartig verschmälerter Basis.

Nach der Angabe Massalongo's würden die Blätter den in Texas vorkommenden Arten entsprechen (vergl. Fig. 307[5, 6]).

Saporta erklärt bei Schimper, traité III p. 268 die von Unger (Chlor. protog. tab. XXVI Fig. 2—4) und ihm selbst (Annal. des sc. nat. Bot. Ser. V. t. 4) abgebildeten Früchte von *Ulmus Bronnii* für die Früchte eines *Zygophyllum* (*Z. macropterum*). Schimper schliesst sich dieser Ansicht an und erklärt auch die von Ettingshausen in der fossilen Flora von Bilin als Früchte von *U. longifolia* abgebildeten Früchte für solche eines *Zygophyllum*. Nach den Abbildungen könnte man allerdings Früchte eines *Zygophyllum* vermuthen, da keine von ihnen an der Spitze den Ausschnitt von *Ulmus* zeigt. Allein Früchte von *Zygophyllum* haben vier bis fünf Flügel, es müssten also durch Druck die Flügel zum Theil unkenntlich geworden sein, ebenso gut kann aber auch der Spalt einer Ulmenfrucht undeutlich durch Verschiebung werden. *Sarcozygium* Bge. dagegen hat zwei Flügel und würde eher zur Vergleichung dienen können. Es wird daher die Existenz der Zygophyllaceen in Europa während der Tertiärzeit durch diese Früchte kaum sicher gestellt werden können. Erklärt man aber die von Unger als *Ulmus Bronnii* bezeichneten Früchte für solche einer *Zygophyllacee*, so wird man allerdings für jene von Bilin das gleiche geltend machen müssen. Von Saporta auch aus den Cineriten des Cantal angegeben.

Zahlreiche Reste der *Anacardiaceen*, insbesondere der Gattung *Rhus*, dann *Pistacia*, endlich als *Anacardites* solche Blattreste, welche auf verschiedene Gattungen der Familie bezogen werden können, sind beschrieben*). Erhalten sind Blätter und Früchte und werden die ältesten Reste der Familie in der jüngeren Kreide, die Mehrzahl in den Miocänbildungen angegeben.

Zu welchen Resultaten die Prüfung fossiler Reste durch einen Monographen führt, zeigt übersichtlich die von Engler in der unten citierten Abhandlung S. 414—416 gegebene Zusammenstellung der fossilen *Anacardiaceen*. Von den dort aufgeführten 70 Arten der vier fossilen Gattungen *Rhus*, *Anacardites*, *Pistacia* und *Heterocalyx* Sap. (*Trilobium* Sap.) gehören nach Engler zu den Anacardiaceen vier Arten von *Pistacia*, bei dreizehn sind die Blätter jenen der Anacardiaceen nicht ähnlich, alle übrigen sind hinsichtlich der Zugehörigkeit zu den Anacardiaceen zweifelhaft. Diese Thatsache möge den Ausspruch rechtfertigen, den ich früher gethan, dass nur ein Monograph, dessen Blick durch die Beschäftigung mit einer Familie für das Erkennen der zu ihr gehörenden Formen geschärft ist, richtig beurtheilen kann, was zu ihr gehört, zugleich aber auch den, dass der grösste Theil der fossilen Reste keine sicheren Aufschlüsse über die untergegangenen Formen geben kann, wenn es sich um mehr handelt als irgend ein Blatt, oft ein dürftiges Fragment oder ein Blatt mit gar keinem sichtbaren oder unvollständigem Leitbündelverlauf, mit irgend einem Namen zu belegen. Wenn

*) Vergl. Engler, über die morphologischen Verhältnisse und die geographische Verbreitung der Gattung *Rhus*, wie der mit ihr verwandten lebenden und ausgestorbenen Anacardiaceen. Engler, Jahrbücher, Bd. I. 1881.

trotzdem die Vertheilung der fossilen, angeblichen Arten der Anacardiaceen mit der heutigen Verbreitung ziemlich gut zusammentrifft, so liegt der Grund darin, dass der Vergleich der fossilen mit den noch existirenden Arten möglichst der Verbreitung der letzteren angepasst ist. Das von Engler für die Anacardiaceen erhaltene Resultat wird man für jede grössere Familie erhalten, ohne dass deshalb das Vorhandensein einer jetzt den Tropen angehörigen Familie geläugnet zu werden braucht, wenn einzelne Formen derselben mit grösserer Sicherheit erkannt werden, wie denn dies auch bei *Rhus* der Fall ist.

Die Familie der *Anacardiaceen,* Bäume oder Sträucher, ist eine überwiegend tropische, nur die Minderzahl gehört den extratropischen Gebieten an. Beide Reihen haben unter den fossilen Resten ihre Vertreter gefunden, die tropischen Formen als *Anacardites* und *Heterocalyx,* die extratropischen als *Pistacia, Rhus* und *Cotinus* bezeichnet. Der Leitbündelverlauf der Blätter ist im Allgemeinen camptodrom, indess lässt sich kein allen Gattungen gemeinsamer Charakter nachweisen. Die Blätter sind entweder paarig oder unpaarig gefiedert, nicht selten dreizählig, oder einfach, gefiederte und einfache Blätter bei der nämlichen Gattung oder Art. Die Blüthen sind Zwitter, polygam oder zweihäusig, mit drei-siebenzähligem Kelch und Krone, beide bisweilen bei der Fruchtreife bleibend und vergrössert. Staubblätter meist doppelt so viele als Kelch- und Kronenblätter, selten gleichzählig oder zahlreich. Discus ringförmig. Fruchtknoten oberständig, selten halb unterständig, einfächerig, bisweilen zwei-fünffächerig, Frucht eine Steinfrucht, bisweilen von den sich vergrössernden Kelch- und Kronenblättern umgeben.

Unter den fossilen Resten der Familie wird zunächst eine Frucht zu erwähnen sein, welche von Unger zuerst als *Getonia petraeaeformis,* dann als *Elaphrium antiquum* beschrieben, von Saporta später als *Trilobium,* sodann als *Heterocalyx* bezeichnet (Ann. des sc. nat. Ser. V. t. 18) und mit *Astronium,* einer brasilianischen Anacardiaceengattung verwandt erklärt wurde. Engler erklärt sie ähnlich *Parishia*, einer auf der malayischen Halbinsel, den Anadamanen und auf Tavoya vorkommenden Anacardiacee. Die Reste sind im unteren Oligocän von Aix, im mittleren Oligocän von Sused, Sotzka, im unteren Miocän von Radoboj beobachtet. Zwei, drei, vier bis fünf vergrösserte elliptische Kelchblätter umgeben je nach ihrer Erhaltung die eiförmige Frucht, jedes von drei durch Queräste verbundenen Längsnerven durchzogen (Fig. 309 10–12). Es ist deshalb kaum zu bezweifeln, dass eine jetzt nur den Tropen angehörende Anacardiacee während der älteren Tertiärzeit in Europa vorkam und vom Süden Frankreichs bis nach Croatien verbreitet war.

Blätter und Früchte sind ferner als solche von *Pistacia* L. erklärt worden. Die Gattung ist heute von Mexico (*P. mexicana* Humb.), den Canaren (*P. atlantica* Desf.) bis Peking und in dem südlichen Theil der Provinz Shan-si (*P. chinensis*) mit einer Anzahl von Arten verbreitet. Unter den beschriebenen fossilen Arten stimmen einige so sehr mit den Blättern der verwandten lebenden Arten überein, dass sie nicht oder kaum von ihnen zu trennen sind, so *P. oligocenica* Marion aus dem mittleren Oligocän von Ronzon (Fig. 309 [9]), *P. narbonnensis* Marion (Fig. 309 [8]) aus dem oberen Oligocän von Armissan, beide mit *P. Lentiscus*, *P. miocenica* Sap. (310 [5]) aus dem unteren Miocän von Marseille, mit *P. Terebinthus* L., *P. Phaeacum* Heer aus dem

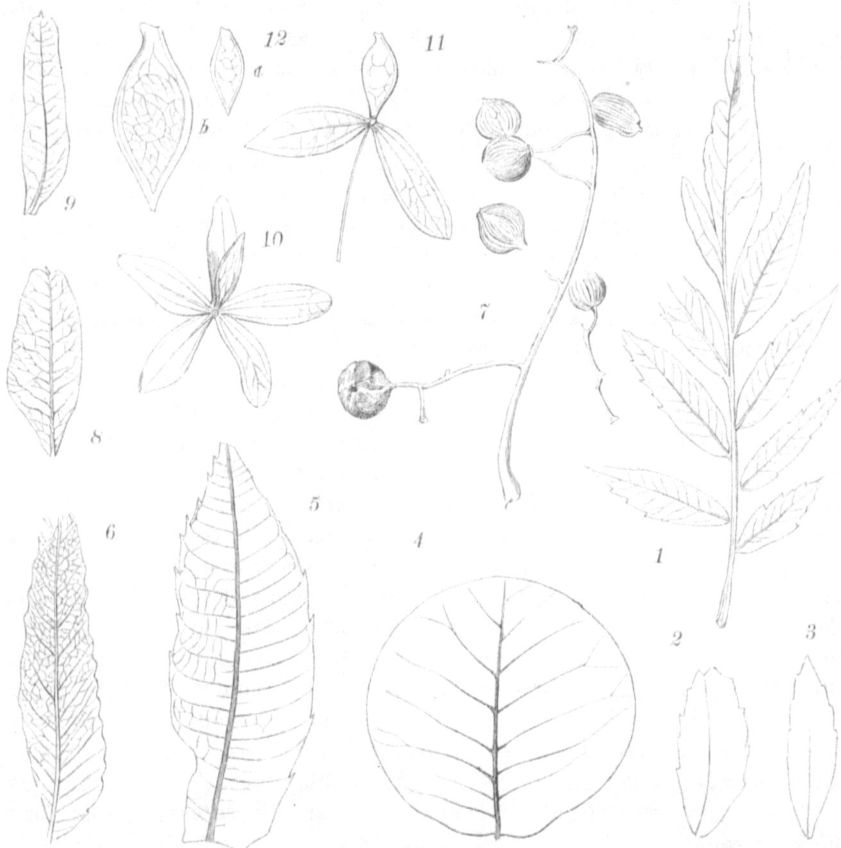

Fig. 309.
1 *Rhus juglandogene* Sap. Armissan. Ob. Oligocän. 2. 3 *R. prisca* Ettingshausen. Haering. Unt. Oligocän. 4 *R. orbiculata* Heer. Albis Ob. Miocän. 5 *Anacardites curta* Fried. Bornstedt. Unt. Oligocän. 6 *A. spondiaefolius* Saporta. Aix. Unt. Oligocän. 7 *Pistacia Gervaisii* Sap. Frucht. Armissan. Ob. Oligocän. 8 *P. narbonnensis* Marion. Armissan. Ob. Oligocän. 9 *P. oligocänica* Marion. Ronzon. Mittl. Oligocän. 10—12 *Heterocalyx Ungeri* Saporta. Aix. Unt. Oligocän. 10 mit zwei, 11 mit fünf Kelchblättern. 12*a* Fruchtknoten, nat. Gr. 12*b* vergrössert. (Copieen nach Saporta, Heer, Ettingshausen, Friederich.)

Quartär von St. Jorge mit *P. atlantica* Desf. verwandt. Alle diese Arten finden sich in derselben Region wie ihre lebenden Verwandten, und ist man nach dem vorliegenden Material der drei zuerst angeführten Arten zur Annahme geneigt, es hätten sich dieselben bis heute erhalten. Eine andere von Ettingshausen, von Bilin stammende Art, *P. bohemica*, ist mit *P.*

chinensis verwandt, sie liefert den Beweis, dass die Gattung im Tertiär viel weiter in Europa ostwärts wie nordwärts verbreitet war als jetzt, wo ihre Nordgrenze mit *P. Terebinthus* L. bei Bozen liegt. Ihr früheres Vorkommen im Tertiär ist auch deshalb von Interesse, weil sie jener Art nahe steht, welche in Ostasien das Areal der Gattung nach Westen begrenzt. Alle übrigen auf Blätter gegründete Arten, auch *P. palaeolentiscus* Ettingsh. von Sagor, sind zweifelhaft und gehören nicht zu *Pistacia*. Zweifelhaft sind ferner *P. Mettenii* Unger aus der Braunkohle der Wetterau, ein Steingehäuse ohne Exocarp, und *P. (Carpolithes) Gervaisii* Sap. (Fig. 309[7]) von Armissan. Auch in der niederrheinischen Braunkohle bei Bonn, Salzhausen, im Samlande (*Artemisia*blüthen Weber, *Carpinus* Ludwig, *Carpolithes* Heer) jenen von Armissan wenigstens sehr ähnliche Reste. Bei den Steinfrüchten von *Pistacia* ist das Endocarp sehr stark, Mesocarp und Exocarp schwach als dünne Hülle entwickelt, wie von Engler zutreffend angegeben wird Für die erste Art lässt sich überhaupt nicht sagen, wohin die Frucht zu stellen ist, für die zweite, vorausgesetzt, dass alle identisch sind, nicht, ehe sie untersucht ist, so ähnlich auch die Fruchttraube jener von *P. Lentiscus* L. sehen mag.

Die Blätter von *Pistacia* sind paarig oder unpaarig gefiedert, die Blattstiele zum Theile geflügelt, die Fiedern ganzrandig, der Leitbündelverlauf fiederförmig und, so weit ich ihn untersucht habe, bei allen Arten ziemlich gleichartig. Am auffallendsten ist er bei der Breite der Blätter bei *P. vera* L. Die aus einem sehr starken Mittelnerven austretenden Seitennerven bilden etwa in der Hälfte ihres schwach bogenförmigen Verlaufes durch Gabelung Schlingen, deren Aeste bis zum Rande reichen. Queranastomosen verbinden dieselben, ihre Felder sind durch die Verzweigungen mit kleinen, bei der lederartigen Textur des Blattes wenig sichtbaren Maschen ausgefüllt. Bei den übrigen Arten ist der Mittelnerve zum Theile weniger stark, die Secundärnerven bilden ziemlich nahe dem Rande durch Gabelung Schlingen, kurze Aeste bis zum Rande des Blattes aussendend, unvollständige Secundärnerven verschwinden im Anastomosennetz. Marion hat den Leitbündelverlauf nicht ganz vollständig, doch in der Hauptsache richtig angegeben und ist jener von *P. vera* im wesentlichen derselbe, wie bei den anderen Arten, nur stärker entwickelt.

Unter der Bezeichnung *Anacardites* sind von den Autoren Blätter verstanden, deren Leitbündelverlauf mit *Mangifera*, *Anaphrenium*, *Holigarna*, *Comocladia* etc. verwandt sein oder übereinstimmen soll. Die Mehrzahl derselben gehört dem Tertiär, einige der Kreide an. Unter den der Kreide angehörenden Blattresten ist *A. amissus* Heer aus den Ataneschichten Grönlands, ein angeblich dreizähliges Blatt, nicht allein in dieser Hinsicht fraglich, der sehr unvollständig erhaltene Leitbündelverlauf lässt kaum eine Vermuthung zu, wohin etwa der Rest zu bringen ist. Ebenso sind, vom Autor selbst theilweise angezweifelt, *A. alnifolius* Sap. und *A. tenuis* Sap. von Auriol fraglich. Aus dem unteren Oligocän von Aix werden von Saporta *A. spondiaefolius* (Fig. 309[6]) und *A. spectabilis*, aus dem oberen Oligocän von Armissan *A. Anaphrenium* unterschieden. Der Leitbündelverlauf der fossilen

Blätter scheint mir jenem der zum Vergleich herangezogenen lebenden Blätter (*Spondias, Anaphrenium*) nicht zu entsprechen. Dasselbe scheint mir auch für *A. dubius* Ettingsh., welches mit *Anacardium occidentale* verglichen wird, zu gelten. Am meisten entspricht noch der in jüngster Zeit von Friederich beschriebene, mit *Comocladia* verglichene *Anacardites curtus* Fried. (*Banksia* Watelet) von Bornstedt (unteres Oligocän) (Fig. 309[5]) und Pernant bei Paris (unteres Eocän) dieser Bezeichnung. Der Leitbündelverlauf ist *Anaphrenium* verwandt. Einen *Anaphrenium* ähnlichen Verlauf der sehr dicht stehenden secundären Leitbündel hat ein von Saporta als *Schinus deperdita* aus den Gypsen von Gargas beschriebenes Blatt. Mit *Schinus* kann es nicht verglichen werden. Bei *Schinus* verdünnt sich nach oben der nicht sehr starke Mittelnerve der ungleichseitigen, ganzrandigen oder gezähnten Fiederblätter; die Secundärnerven sind zart; sie bilden entweder durch Gabeltheilung oder Tertiäräste dicht am Rande Camptodromieen, bei gezähnten Blättern tritt der eine Ast in die Zähne. Unvollständige Secundärnerven verlieren sich im Anastomosennetz. Bei *Anaphrenium* treten die ziemlich dicht stehenden, wenig ansteigenden Secundärnerven aus dem ziemlich starken, nach oben dünner werdenden Mittelnerven unter einem Winkel von 20—30° aus; an die Randleisten anstossend entstehen durch Gabelung oder Tertiäräste Camptodromieen dicht am Rande. Die Queranastomosen zart, ihre Verzweigungen in den länglich viereckigen Feldern ein enges polygonales Maschennetz bildend.

Nach dem Vorgange Engler's trenne ich *Rhus Cotinus* als eigene Gattung, *Cotinus* Tournef., von *Metopium* und *Rhus*. Die Alpen nicht überschreitend (nördlichste Standorte z. B. Lugano, Bozen) ist *Cotinus* in seinen verschiedenen Formen bis nach China (Peking) verbreitet, eine Form, *Rhus cotinoides* Nutt., in Arkansas. Einige der fossilen, zu *Rhus* gezogenen Blätter, welche bei Schimper die Gruppe mit einfachen Blättern bilden, sind mit der lebenden Art verwandt, so *R. orbiculata* Heer vom Albis in der Schweiz (Fig. 309[4]), *R. palaeocotinus* Sap., Armissan, oberes Oligocän, vielleicht auch *R. antilopum* Unger von Kumi, die heutige Nordgrenze überschreitend, und da der Strauch im höheren Norden von Deutschland cultivirt sehr gut gedeiht, so sind es ohne Zweifel nur die Veränderungen der Quartärperiode, welche seine Verbreitung nach Norden so weit eingeengt haben, wie sie uns heute entgegentritt. Unter den zu *Rhus* gezogenen fossilen Früchten ist keine, welche sich mit jenen von *Cotinus* vergleichen liesse. Diese sind sehr stark zusammengedrückt, die drei Griffel von ungleicher Länge, der Griffel des fertilen Fruchtblattes zwischen den beiden seitlichen kurzen, Hörnchen ähnlichen Griffeln hindurchgezogen, das Mesocarp harzarm, die Schichten der Frucht im Zusammenhang bleibend. Der Leitbündelverlauf der an der Basis etwas ungleichseitigen Blätter ist fiederförmig, die Secundärnerven meist alternirend oder genähert alternirend, aber auch opponirt, ein bis drei Tertiäräste in der Nähe des Randes aussendend, die oberen gabelnd, Tertiär- und Gabeläste in dem Randsaum endend. Queranastomosen verzweigt, bogig, die von den weiteren Verzweigungen gebildeten Felder ein sehr engmaschiges

Netz einschliessend. Von den drei hierher zu stellenden Arten steht die eine, *R. orbiculata* Heer vom Albis (Fig. 309[4]) auch nach Engler der lebenden Art nahe, die beiden andern, *C. palaeocotinus* Sap. und *C. antilopum* (*Rhus* Unger) ebenfalls, aber auch nach Engler *Anaphrenium*. Aus Nordamerika kann *R. fraterna* Lesq. hierher gehören. *Cotinus* würde noch in der Zeit des oberen Miocäns ein Bewohner der nördlichen Schweiz gewesen sein, der Eintritt der Glacialzeit würde die Gattung in dieser und in höheren Breiten vernichtet haben, während sie im Süden Frankreichs und anderwärts eine Umgestaltung zu den noch lebenden Formen erfuhr.

Von den vier durch Engler unterschiedenen Gruppen von *Rhus* ist die Gruppe der in Polynesien und im indischen Archipel verbreiteten *Melanococcae*, durch gefiederte Blätter, fast kugelige Früchte, dickes steinhartes Endocarp, von welchem das dünne schwarze Exocarp mit dem harzreichen Mesocarp zusammenhängend sich ablöst, charakterisirt, nicht unter den fossilen Formen vertreten. Diese gehören, vorausgesetzt, dass man es wirklich mit Blättern von *Rhus* zu thun hätte, den Gruppen der *Trichocarpeae*, *Venenatae* und *Gerontogeae* an. Die Gruppe der *Trichocarpeae* mit einfachen, dreizähligen und unpaarig gefiederten Blättern, beinahe kugeligen, zuweilen etwas zusammengedrückten, kurz oder lang behaarten Früchten, Mesocarp dünn, harzreich, mit dem Exocarp bei der Reife zusammenhängend, vom starken Endocarp sich ablösend, ist über die nördliche Hälfte der östlichen und westlichen Halbkugel verbreitet. Dieselbe Verbreitung kommt auch der Gruppe der *Venenatae* zu, deren Blätter dreitheilig oder unpaarig gefiedert sind, die Früchte kahl, etwas zusammengedrückt, Exocarp bei der Reife sich ablösend, das dicke Endocarp mit dem ziemlich starken, harzreichen, mit vortretenden Striemen versehenen Mesocarp zusammenhängend. Die Gruppe der *Gerontogeae* gehört Afrika, dem Mittelmeergebiet und Ostindien an, sie besitzt beinahe durchgängig kugelige Früchte, deren häutiges Exocarp bei der Reife von dem dicken, harzarmen, striemenlosen, mit dem starken Endocarp zusammenhängenden Mesocarp sich loslöst. So wenig der Leitbündelverlauf bei den Anacardiaceen bei allen Gattungen derselbe ist, so wenig ist er es bei *Rhus*. Je nach den Formen der Fiederblätter wechselt er. So durchzieht ein einziger Leitbündel das Blatt von *Rhus rosmarinifolia*, schwache Auszweigungen in die Blattfläche aussendend, craspedodrom ist der Verlauf bei *R. serraefolia*, *dissecta* und den verwandten Arten, bei *R. aromatica*, *Coriaria*, wobei Tertiärnerven in die Buchten der Zähne oder in die Zähne treten können. Sind die Blätter ganzrandig, so entstehen durch die Verbindung von Gabelästen oder Tertiärnerven Camptodromieen in der Regel dicht am Rande, welche auch in den Buchten buchtig gezähnter Blätter vorhanden sind. Der Gegensatz, welcher in den craspedodromen und camptodromen Leitbündeln liegt, wird demnach bei *Rhus* wenig Werth haben, da gezähnte, gelappte und ganzrandige Blätter bei derselben Art vorkommen. Die Queranastomosen sind bogig, sie treten zuweilen stark hervor, ihre Verzweigungen bilden polygonale Felder, innerhalb deren die letzten Verzweigungen ein enges Maschennetz bilden. Unvollständige Secundärnerven in den Queranastomosen endend sind nicht selten.

Die Mehrzahl der fossilen *Rhus*-Arten gehört, wenn man die von ihren Autoren beliebten Vergleichungen zu Grunde legt, den *Trichocarpeis* und *Gerontogeis* an, einige wenige den *Venenatis*. Zugegeben muss werden, dass Engler's Gruppirung vorerst, da wir beinahe nur Blätter kennen, für die fossilen Reste nicht verwerthet werden kann, andererseits aber auch, dass Schimper's Gruppirung in *folia ternata* und *pinnata* (die Abtheilung folia simplicia s. o. bei *Cotinus*) nur dann eine Bedeutung hätte, wenn uns die Blätter immer vollständig vorlägen. So sind es meist nur Vermuthungen, welche diese Frage entscheiden, wenn auch die Begründung derselben, die Ungleichseitigkeit der seitlichen Fiederblätter, im Allgemeinen richtig ist. Ich erwähne neben den obigen einige der verbreitetsten Arten aus den verschiedenen Perioden des europäischen und nordamerikanischen Tertiär.

Früchte und Blüthen sind aus dem oberen Miocän von Oeningen von zwei Arten durch Heer beschrieben: *Rhus anceps*, allerdings eine Frucht, aber durchaus zweifelhaften Ursprungs, *R. Heufleri*, Fragment eines schlecht erhaltenen racemösen Blüthenstandes, für dessen nähere Bestimmung gar kein Anhaltspunkt gegeben ist. Auch die von Ettingshausen auf *Rhus stygia* und *Sagoriana* bezogenen Früchte geben keine Gewissheit einerseits, andererseits bieten sie nichts, was für die Gruppe oder Art entscheidend wäre. Unter den bis jetzt bekannt gewordenen Pflanzenresten Java's, Borneo's und Neuhollands haben sich Reste von Anacardiaceen nicht gefunden; aus dem Tertiär Sumatra's glaubt Heer ein Blatt als *Rhus bidens* bezeichnen zu können. Ich habe bereits früher bemerkt, dass dasselbe zu *Quercus* oder *Castanopsis* gehören könne. Aus dem jüngsten Tertiär (Quartär) Japans von Mogi sind durch Nathorst zwei Arten: *Rhus Engleri* und *R. Griffithii* Hook. var. *fossilis* Nath., letztere Art auch lebend, aus dem Tertiär von Canton *R. atavia* Schenk, mit *R. semialata* verwandt (Richthofen, China Bd. IV).

Wenn die aus der Kreide von Moletein (*R. cretacea* Heer) und aus den Ataneschichten Grönlands (*R. microphylla* Heer) von Heer, die aus der Kreide von Dakotah (*Phyllites rhoifolius*) von Lesquereux beschriebenen Blätter zu *Rhus* gehören, so ist die Gattung bereits in der Kreide aufgetreten, in Europa sowohl, wie in Nordamerika. Aus den Tertiärbildungen Nordamerika's ist in der Laramie- und Greenriver-Gruppe die Gattung angegeben, in der ersteren z. B. *R. membranacea* Lesq., *R. pseudomeriani* Lesq. Zahlreich erscheinen ihre Arten in der letzteren bei Florissant, so z. B. *R. coriarioides* Lesq., *R. Hilliae* Lesq., *acuminata* Lesq., *R. vexans* Lesq., mit *R. coriaria*, *R. aromatica* verwandt, und andere, darunter eine mit *R. semialata* verwandte Form *R. Haydeni* Lesq. (Fig. 310[4]). Auch in Grönland fehlen sie nicht, z. B. *R. bella* Heer, *R. arctica* Heer, nach Engler's Ansicht zu Sect. Trichocarpeae gehörig.

Im Tertiär Europa's werden die Reste von *Rhus* von Kumi und Südfrankreich, Mittelitalien bis Schossnitz, dem Samlande und Island angegeben.

Im unteren Oligocän zuerst auftretend, reichen sie bis in das obere Miocän. Eine der verbreitetsten Arten, zugleich von langer Dauer ist *R. prisca* Ettingsh. (Fig. 309[2]), vom unteren Oligocän (Häring) bis in das obere Miocän (Tokay), vom südlichen Frankreich bis Ungarn, Croatien, Böhmen. Zu den Gerontogeis werden gestellt z. B. *R. reddita* Sap. (Fig. 310[3]) von Aix,

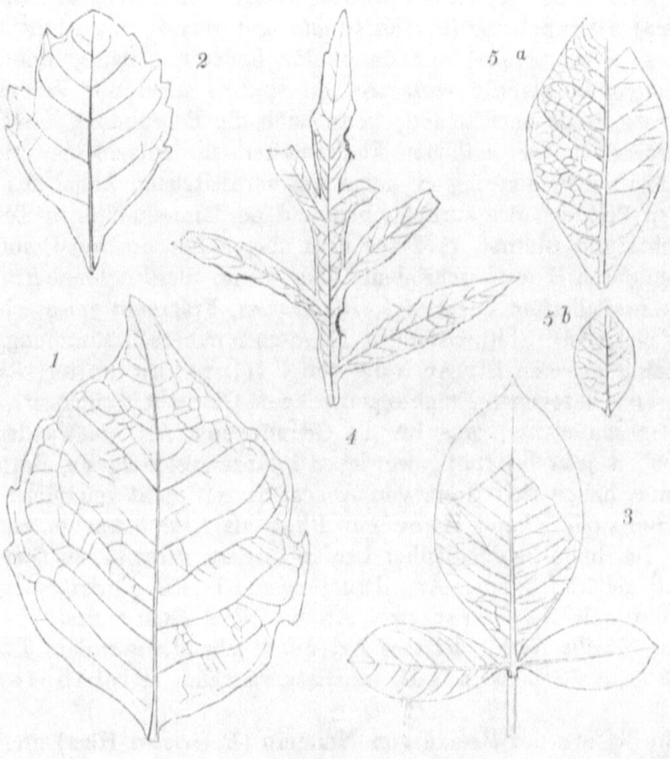

Fig. 310.

1 *Rhus Herthae* Unger. Parschlug. Mittl. Miocän. 2 *R. Pyrrhae* Unger. Parschlug. Mittl. Miocän. 3 *R. reddita* Sap. Aix. Unt. Oligocän. 4 *R. Haydeni* Lesq. Nordamerika. Tertiär. 5 *a. b Pistacia miocenica* Sap. Marseille. Miocän. (Copieen nach Unger, Saporta, Lesquereux.)

R. Stitzenbergeri Heer von Oeningen, zu den Trichocarpeis *R. Pyrrhae* Unger von Parschlug (Fig. 310[2]), *R. Retine* Unger von Parschlug, *R. Lesquereuxiana* Heer von Locle und Val d'Arno, zu den Venenatis *R. Herthae* Unger von Parschlug, Swoscowicze (310[1]). Würde die von den Autoren beliebte Vergleichung der fossilen *Rhus*-Arten überall zutreffen, so würden die Arten der *Trichocarpeae* während der Tertiärzeit in Europa überwogen haben, neben ihnen noch die *Gerontogeae*, die *Venenatae* mit wenigen Arten existirt haben. Nordamerikanische, japanische und cap'sche Arten sind es, mit welchen die fossilen Arten verglichen werden.

Bei den *Rhus*-Arten sind die Epidermiszellen der Blattoberseite polygonal, die Seitenwände gerade, auf der Unterseite dagegen flach wellig, die zahlreichen kleinen Spaltöffnungen von concentrisch gelagerten Zellen umgeben. Bei *Pistacia* verhalten sich die Spaltöffnungen ebenso, die Epidermiszellen der Blattoberseite quadratisch, polygonal oder etwas gestreckt, die Seitenwände gerade, auf der Unterseite die Seitenwände der Zellen flach wellig.

Fig. 311.
Coriaria longaeva Saporta. 1 Blatt, nat. Gr. 2 Beblättertes und Racemen tragendes Fragment der Pflanze. 3 Fragment eines Racemus. Beide verkleinert. Armissan. Ob. Oligocän. (Copie nach Saporta.)

Aus der kleinen Familie der *Sabiaceen* ist durch Nathorst ein Blattfragment, dessen Spitze und Basis fehlt, von *Meliosma myriantha* Sieb. et Zuccar. von Mogi in Japan beschrieben. Die feinen Verzweigungen der Leitbündel sind nicht sichtbar, der Mittelnerve mässig stark. Die alternirenden, zuweilen opponirten Secundärnerven unter einem Winkel von 25—40° austretend, craspedodrom, der Blattrand kurz gezähnt. Von der auf Kiusin und Nippon vorkommenden lebenden Art nicht zu unterscheiden.

Aus der Familie der *Coriariaceen*, nur aus der Gattung *Coriaria* bestehend, deren Arten der Mittelmeerregion, dem Himalaya, Japan, Neuseeland und Chile angehören, sind einige Reste, darunter ein sehr wohl erhaltener fruchttragender, von Saporta beschrieben. Bei den lebenden Arten ist der Leitbündelverlauf bogenläufig, drei Primärnerven, welche häufig nach dem Eintritt in die Blattfläche, nicht selten aber auch höher eine Gabeltheilung erfahren, durchziehen das Blatt, an der Spitze convergirend. Eine wiederholte Gabeltheilung erfolgt nicht selten bei den seitlichen Leitbündeln. Der Mittelnerve sendet Secundäräste zu den benachbarten seitlichen Primärleitbündeln; diese sind durch bogige oder gerade Anastomosen verbunden und bilden so bis zum Rande des Blattes Felder, welche durch die aus den weiteren Verzweigungen entstandenen polygonalen Maschen ausgefüllt werden. Die Blätter sind opponirt oder stehen zu drei in einer Ebene, ganzrandig, sehr kurz gestielt. Die eine fossile Art, *C. longaeva* von Saporta aus dem oberen Oligocän von Armissan (Fig. 311) beschrieben, steht durch ihren Leitbündelverlauf der *C. myrtifolia* nahe. Ihre Verbreitung während der Tertiärzeit deckt sich zum Theile mit dem Areal der in der Mittelmeerregion heute vorkommenden *C. myrtifolia*. Die lückenhafte Verbreitung der übrigen noch lebenden Arten lässt vermuthen, dass die Gattung einst an Arten reicher war, ihre Verbreitung in eine Periode fiel, in welcher die Vertheilung von Land und Wasser eine andere war als jetzt. Der circumpolare Ursprung ist nicht unwahrscheinlich. Die beiden sonst noch beschriebenen Arten, *C. loclensis* Heer (Fig. 21 Taf. 121) von Locle, *C. Ipomoeospis* Massal. von Sinigaglia zweifelhaft. Eine wenn auch nicht ganz zweifellose Art ist von Saporta aus dem Pliocän von Thézieres beschrieben, *C. lanceolata* Sap., deren Blätter den Leitbündelverlauf von *Coriaria* besitzen. Diese Reste würden, wenn hierher gehörend, nachweisen, dass die Gattung seit dem Oligocän dem Süden Europa's angehört, dass sie dort bis in das Pliocän sich erhalten hat und aus ihr *C. myrtifolia* hervorging.

Die Epidermiszellen von *Coriaria* sind auf beiden Blattflächen polygonal mit geraden Seitenwänden, die Spaltöffnungen sehr zahlreich, die Schliesszellen von vier kleineren Zellen umgeben.

Aus den Gruppen der *Cedrelaceen* und *Connaraceen* erwähne ich *Cedrela europaea* Unger und *C. radobojana*, beide von Radoboj, ebendaher aus der letzteren Gruppe *Cnestis coriacea* Ettingsh., aus einem Theil der von Unger als *Malpighiastrum coriaceum* Unger und *Phaseolus eutychos* Unger beschriebenen Blätter gebildet. So weit der Leitbündelverlauf in den Abbildungen sichtbar ist, ist er bei den Blättern nicht derselbe, wie bei der lebenden Gattung und den fossilen Blättern. Die Camptodromie entsteht bei den einen durch Gabelung zweier aufeinanderfolgender secundärer Leitbündel, bei den anderen durch die Vereinigung eines unteren Secundärleitbündels mit den letzten Tertiärnerven des oberen. Fiederblätter mögen es wenigstens zum Theile sein, ob sie aber den von den Autoren vermutheten Familien angehören, ist fraglich, da ein derartiger Verlauf der Leitbündel nur bei dem Vorhandensein anderer Merkmale keinen Aufschluss geben kann.

Meine Ansicht in Hinsicht auf *Cedrela radobojana* habe ich bereits früher ausgesprochen. Aus dem Tertiär von Kumi führt Unger *Omphalobium relictum* an. Es ist möglich, dass die von ihm abgebildeten Blätter Fiederblätter sind und wenigstens zum Theile der genannten Gattung angehören.

11. Reihe. **Aesculinae.**

Die meist tropischen Familien der *Sapindaceen* mit den *Hippocastaneen, Aceraceen, Malpighiaceen, Erythroxylaceen, Polygalaceen* und *Vochysiaceen* gehören dieser Reihe an. Extratropisch sind die Aceraceen, Polygalaceen, einige Gattungen der Sapindaceen.

Blüthen meist zygomorph, Kelch- und Kronblätter fünf, Staubblätter zehn, sämmtlich durch Reduction weniger. Discus extrastaminal, aber auch intrastaminal. Fruchtblätter zwei bis drei, oberständig. Früchte: Kapseln, Spalt- oder Schliessfrüchte, oft geflügelt.

Die Familie der *Sapindaceen* mit Ausnahme von *Kölreuteria, Staphylea* und *Aesculus* aus tropischen Bäumen, Sträuchern, zum Theil rankenden und schlingenden Formen mit meist gefiederten Blättern bestehend, ist in einigen Resten, meist Blättern und wenigen Früchten erhalten, von welchen die letzteren ziemlich sicher das Vorhandensein der Familie in Europa während der Tertiärzeit beweisen. In Europa ist sie jetzt nur durch die Gattungen *Aesculus* in den Gebirgen Nordgriechenlands am Veluchi und *Staphylea* vertreten. Beide Gattungen verrathen, wie man wohl ohne Bedenken sagen darf, durch ihre heutige Verbreitung im Himalaya, Nordchina, Japan und Nordamerika, *Aesculus* auch in Mexico und Neugranada einerseits, andererseits auf der malayischen Halbinsel ihre einstige ausgedehntere Verbreitung, welche bei *Kölreuteria* bis auf das vereinzelte Vorkommen im nördlichen China reduzirt, in ihrem Verhalten jenem von *Gingko* L. (*Salisburia*) analog ist.

Blüthen meist zygomorph, polygam. Kelch- und Kronenblätter drei bis fünf, Staubblätter fünf bis zehn, Fruchtblätter eins bis vier; Discus vollständig oder unvollständig. Früchte ein- bis dreifächerig, Kapseln, Schliess- oder Spaltfrüchte. Blätter einfach oder gefiedert.

Einen für die ganze Familie giltigen Leitbündelverlauf gibt es bei den Sapindaceen so wenig wie bei anderen Familien, er kann in derselben Gattung verschieden sein, wenn die Form des Blattes verschieden ist. Selbst der fiederförmige Leitbündelverlauf ist nicht allgemein; neben ihm kommt, auch, wenn die Aceraceen als besondere Familie ausgeschlossen werden, wie dies hier geschehen soll, der strahlige vor, drei Primärnerven die Blattfläche durchziehend. Häufiger ist indess der fiederförmige Verlauf der Leitbündel. Bei den einzelnen Gattungen wird darauf näher einzugehen sein.

Zuerst seien erwähnt die von Bowerbank (Fossil fruits) als *Cupanoides* aus dem Londonthon von Sheppey (unteres Eocän) beschriebenen Früchte, welche zum Theile nicht unzutreffend mit jenen von *Cupania* verglichen werden: dreilappige oder stumpf dreikantige, oberständige Kapselfrüchte, mit centralem Samenträger, drei einsamigen Fächern, dünnem Exocarp, fleischigem Mesocarp und papierartigem Endocarp. Bowerbank unterscheidet acht Arten, z. B. *C. corrugatus* (Fig. 312^{3}), *C. tumidus* (Fig. $312^{4.5}$). Die Samen (Fig. 312^{6} von *C. inflatus*) sind elliptisch, von den Seiten zusammengedrückt. Dass diese Früchte Kapseln sind, dass sie von einer Sapindacee (vergl. Fig. 312^{1}) stammen können, ist nicht in Abrede zu stellen; sie können aber auch von einer anderen Gattung oder Familie stammen, wie sie denn auch von Brongniart mit den Früchten von *Amomum* verglichen und *Amomocarpum* genannt wurden. Ebenso darf man dem von Unger als Sapindaceenfrucht (*Cupanoides carniolicus*) von Salberg in Kärnthen beschriebenen Reste mit Zweifel gegenübertreten. Als ihrer Abstammung nach fragliche Blätter sind die von Unger als *Cupania*, von Schimper als *Cupanites* bezeichneten Blätter anzusehen. Von beiden Autoren wird damit ein Blüthenstand und eine Frucht in Verbindung gebracht, mit *C. grandis* Schimp. (Fig. 312^{2}). Ueber den Blüthenstand lässt sich nur sagen, dass er racemös ist, zu welcher Gruppe er gehört, lässt sich nicht angeben, da gar keine sicheren Anhaltspunkte gegeben sind, ebenso wenig aber auch für die angebliche Frucht. Die mit der Bezeichnung *Cupanites* belegten gestielten, ganzrandigen oder fein gezähnten, an der Basis ungleichseitigen Blätter werden für Fiederblätter gehalten, aus deren ziemlich starken Mittelnerven alternirende camptodrome Seitennerven austreten, so *C. juglandinus* (*Cupania* Ettingsh.) Schimp. von Sotzka, *C. grandis* Schimp. von Salzhausen (Fig. 312^{1}). *C. anomalus* Andrä ist zu fragmentarisch, um bestimmt werden zu können. Ob indess die Blätter zu den Sapindaceen zu stellen sind, ist fraglich, da sie auch an Juglandaceen, Anacardiaceen erinnern. *Cupania Neptuni* Unger wird von Ettingshausen und Pilar als zu *Bombax* gehörig betrachtet. Bei *Cupania* sind die Secundärnerven an Blättern mit ge-

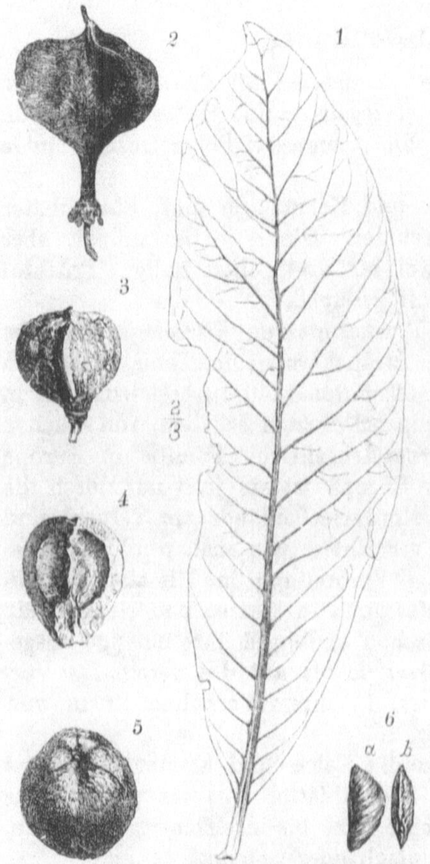

Fig. 312.
1 *Cupanites* (*Cupania* Unger) *grandis* Schimp. Radoboj. 2 *Cupania sp.* Brasilien. Frucht. Nach der Natur. 3 *Cupanoides corrugatus* Bowerb. 4. 5 *C. tumidus* Bowerb. Früchte. 6 *C. inflatus* Bowerb. *a* von der Seite, *b* von vorne. Samen. Sheppey. Unt. Eocän. (Copieen nach Unger, Bowerbank.)

zähntem Rande craspedodrom, ebenso verhalten sich die Tertiärnerven, bei ganzrandigen camptodrom durch Gabeltheilung oder durch die Verbindung der letzten Anastomosen.

Als Blattreste der tropischen Gattung *Paullinia* sind zwei Fiederblätter beschrieben, beide mit craspedodromen Secundärnerven, von welchen das eine, *P. germanica* Unger, aus der Braunkohle der Wetterau von Salzhausen stammt, das andere, *P. dispersa* Sap., aus dem oberen Oligocän von Armissan. Das erstere gehört schwerlich einer Sapindacee an und ist wohl überhaupt kein Fiederblatt. Das von Saporta beschriebene Blatt ist eiförmig elliptisch, zugespitzt, der Rand spitz gezähnt, die Tertiärleitbündel unter sich zu einem Netz verbunden.

Auch von *Kölreuteria* Laxm. sind in dem oberen Miocän der Schrotzburg, *K. vetusta*, und von Oeningen *K. oeningensis* (Fig. 314[3]), aus dem Tertiär Grönlands *K. borealis*, Blattreste durch Heer beschrieben. Die Blätter der noch lebenden Art, *K. paniculata* L., sind unpaarig gefiedert, die Fiederblätter alternirend oder opponirt, das Endblatt häufig dreitheilig, die Abschnitte gezähnt, die seitlichen tiefgezähnt, eingeschnitten, ungleichseitig; Mittelnerve stark, Secundärnerven durchgängig craspedodrom, ebenso die Tertiärnerven zum Theil, unvollständige Secundärnerven mit den Anastomosen verbunden. Queranastomosen verzweigt, ihre unregelmässig begrenzten Felder durch die weiteren Verzweigungen mit einem Netz kleiner polygonaler Maschen ausgefüllt. Die Form der Fiederblätter der von Heer beschriebenen Arten stimmt mit jener der lebenden Art ziemlich gut überein, der Leitbündelverlauf namentlich von *K. vetusta* weicht dagegen ab. Allerdings kommen camptodrome Leitbündel vor, es sind dies jedoch Tertiärnerven, welche in den Buchten der Ausschnitte verlaufen.

Blätter und Früchte von *Nephelium* sind durch Unger aus dem Tertiär von Kumi bekannt worden, *N. Jovis* (Fig. 314[5]). Die Bestimmung der Blätter und der höckerigen Frucht hat vieles für sich und unterstützt wohl die Annahme, dass diese jetzt nur dem tropischen Asien und Australien angehörige Gattung während der Tertiärzeit auch in Europa vorkam. Der Leitbündelverlauf der Blätter ist camptodrom, die in einem Bogen bis zum Rande aufsteigenden Secundärnerven sind mit den obersten querlaufenden Anastomosen verbunden. Aus dem Tertiär von Borneo wird durch Geyler ein Blattfragment als *Nephelium Verbeckianum* beschrieben, von Ettingshausen als *Phyllites Geyleri* bezeichnet. Der Vollständigkeit halber sei es erwähnt.

Sapindus, eine den Tropen angehörige, auf der westlichen Halbkugel in Texas ihre Nordgrenze erreichende Gattung ist in ziemlich zahlreichen Arten, Blätter, sodann Blüthen und Früchte, erhalten. Die Blätter sind unpaarig gefiedert, die Fiederblätter ungleichseitig, meist etwas sichelförmig gekrümmt, der Leitbündelverlauf fiederförmig, die Secundärnerven entweder mittelst einer Gabeltheilung oder durch die äussersten Tertiärnerven camptodrom, im letzteren Falle verlaufen sie mit ihrem äussersten Ende dicht am Blattrande, im ersteren Falle ist die Blattfläche zwischen der Gabeltheilung und dem Blattrande von zahlreichen kleinen Maschen eingenommen.

Die bis jetzt bekannten Blüthen, Fragmente racemöser Blüthenstände (*S. basilices* Unger, *S. bilinicus* Ettingsh.) können zwar zu den Sapindaceen gehören, ihre Erhaltung ist jedoch keineswegs der Art, dass dies ausser Zweifel wäre. Für die Früchte z. B. *S. falcifolius* A. Br., *S. dubius* Heer gilt im Grunde dasselbe, da ähnliche Früchte bei anderen Familien und anderen Gattungen der Sapindaceen vorkommen. Das Charakteristische der steinfruchtähnlichen Spaltfrüchte (vergl. Fig. 313²) geht jedenfalls bei der Fossilification meist verloren.

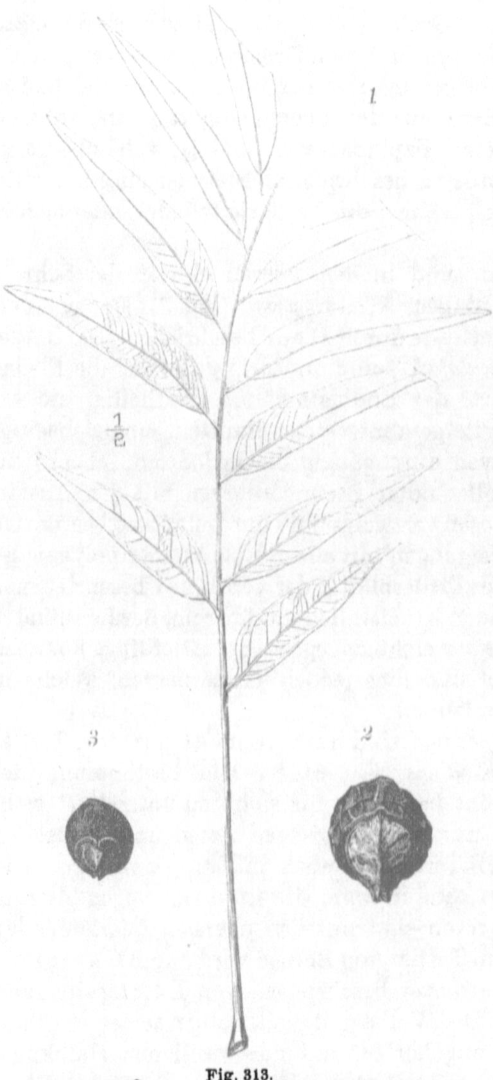

Fig. 313.
1 *Sapindus falcifolius* Heer. Oeningen. Ob. Miocän. 2 *S. trifoliatus* Frucht. Brasilien. 3 *S. lignitum* Unger. Frucht. (2 nach der Natur, 1. 3 Copieen nach Heer, Unger.)

Würden alle zu *Sapindus* gezogenen Reste wirklich dieser Gattung angehören, so würde die Gattung noch im oberen Miocän und Pliocän in Europa und in Grönland (*S. undulatus* Heer) vorhanden gewesen sein und in dem älteren Tertiär das Ufer der Ostsee erreicht haben. Von Heer sind aus der Kreide Grönlands, von Lesquereux aus der Kreide Nebraska's *Sapindus*-Arten beschrieben: *S. Morisoni* Lesq. aus Nebraska, aus den Atane- und Patootschichten Grönlands, *S. prodromus* Heer, Blätter, welche das Vorhandensein dieser Gattung in dieser Breite nicht unwahrscheinlich erscheinen lassen, auf Grund deren das erste Auftreten der Familie und Gattung in die Kreidezeit zu setzen wäre. Auch aus der Kreide Böhmens sind durch Velenovsky *Sapindus*-Arten beschrieben, Blätter, welche durch ihren Umriss an solche von *Sapindus* erinnern, so *S. apiculatus* Velenovsky, *Sapindophyllum pelagicum* Velenovsky. Eine der verbreitetsten Arten des Tertiär, welche wohl auch der Gattung angehört, ist *S. falcifolius* A. Br. (Fig. 313¹), zu welcher wohl auch *densifolius* Heer gehört, mit *S. marginatus* verwandt, welche vom mittleren Oligocän bis in das obere Miocän reichend selbst noch im Pliocän als eine der langlebigsten Arten angegeben wird. Jedenfalls bietet sie durch ihre Verwandtschaft mit dem noch in den südlichen vereinigten Staaten Nordamerika's vorkommenden *Sapindus marginatus* mehr Interesse, als ein Theil der auf unvollständige Fragmente gegründeten Arten oder solchen, welche schwerlich hierher gehören. Ausserdem seien erwähnt *S. lignitum* Unger (Fig. 313[3]), dessen Steingehäuse als *Trapa globosa* Ludw. beschrieben ist, *S. macrophyllus* Sap. von Armissan, *S. Pythii* Unger von Sagor, der Wetterau und Bonn, *S. dubius* Unger von Sagor und Gleichenberg, wonach die Gattung während der Pliocänzeit in Europa existirt hätte. Unter den wenigen Tertiärpflanzen, welche aus den Tropen bekannt sind, fehlen Blätter von *Sapindus* nicht: aus dem Tertiär von Sumatra: *S. aemulus* Heer, *S. anceps* Heer. Von Ettingshausen wird aus Tasmanien ein *S. tasmanica* angegeben. Eine nicht unbedeutende Anzahl von Arten ist von Lesquereux aus dem nordamerikanischen Tertiär beschrieben, wie z. B. *S. laurifolius* Lesq., *S. angustifolius* Lesq., *S. coriaceus* Lesq., zum Theile sicher dieser Gattung angehörend, aus Grönland *S. undulatus* A. Br., auch in Sagor, in beiden Fällen die heutige Nordgrenze der Gattung weit überschreitend.

Erwähnt sei das von Ettingshausen aufgestellte *Sapindophyllum*, gefiederte Blätter vom Aussehen der *Sapindus*blätter, mit netzartig verbundenen Tertiärnerven, von welcher Arten von Bilin und Sagor angegeben werden. Zum Theile auf unvollständige Blätter gegründet, zum Theile wie *S. paradoxum* von Sagor mir als gefiedertes Blatt fraglich. Und wenn richtig, ist das Blatt sonst gut erhalten?

Früchte und Blätter sind erhalten von *Dodonaea* L., einer meist Australien, in einzelnen Arten auch Neuseeland, Afrika und Südamerika angehörigen Gattung. In Europa fehlt sie, in Abyssinien erreicht sie auf der östlichen Halbkugel ihre Nordgrenze. Dass sie in der Tertiärzeit in Europa vorkam, dürfte bei dem Vorhandensein der geflügelten Kapselfrüchte nicht zu bezweifeln sein. Zahl der Flügel zwei bis sechs. Der Leitbündelverlauf der Blätter der lebenden Arten ist wohl bei allen im wesentlichen derselbe, tritt aber bei der wechselnden Breite nicht immer gleich deutlich hervor, so bei den schmalblätterigen, deren geringe Breite die Secundärnerven nur wenig zur Entwicklung kommen lässt. Der Mittelnerve ist ziemlich stark, die Secundärnerven, wie alle übrigen wenig vortretend, sind durch Gabelverzweigung camptodrom, die Aeste der Schlingen bilden bis zum Rande des Blattes ein feines Netz. Queranastomosen gerade, gebogen, die von ihnen gebildeten Felder durch ein kleinmaschiges Netz der weiteren Verzweigungen ausgefüllt. Unter den beschriebenen Resten sind manche, welche kaum hierher gehören, so *D. allemanica* Heer, wahrscheinlich eine Steinfrucht, *D. pteleaefolia* Heer von den Schweizer Fundorten, wahrscheinlich Blüthe mit stehenbleibendem Kelche, ebenso unter den Blättern, welchen das Randnetz fehlt. Die Flügel der Früchte sind von horizontalen, unter sich anastomosirenden Leitbündeln durchzogen, welche bei den fossilen hierher gezogenen Früchten meist undeutlich erhalten oder angegeben sind. Besser begründet scheint mir die Abstammung von *D. Salicites* Ettingsh. von Häring (Fig. 314[9]), *D. prisca* Weber von Bonn (Fig. 314[10]), *D. orbiculata* Heer von Oeningen, *D. Apocynophyllum* Ettingsh. von Sagor und die von Saporta beschriebenen Arten von St. Zacharie, *D. confusa*, *D. cycloptera*, die als *Dodonaeites Descaisneana* von Armissan beschriebenen Früchte. Die von Lesquereux aus dem Tertiär von Florissant beschriebene Frucht gehört zu *Dodonaea* (Fig. 314[8]).

Die Existenz der Gattung *Aesculus* während der Tertiärzeit, ihre grössere Verbreitung während derselben in Europa ist ausser Zweifel. Blätter einer *Aesculus*-Art, *A. Palaeohippocastanum* Ettingsh. (Fig. 314[1]) mit *A. rubicunda* verwandt sind von Schichow (unteres Miocän) bei Bilin, *A. macrostachya* verwandt, aus der Massa maritima, *A. Ungeri* Gaud., Samen aus dem Pliocän von Wielizka, *A. (Pavia) salinarum* Unger (Fig. 314[2]) bekannt, zu welchen in jüngster Zeit zu dem bekannten Fundorte der Blätter von *A. Hippocastanum* L. aus dem Quartär von Leffe nach Sordelli noch die Samen von *A. Hippocastanum* L., durch Geyler im oberen Pliocän bei Frankfurt am Main gefunden, kommen. Das ältere Tertiär Japans enthält nach Nathorst zwei bis drei neue Arten von *Aesculus*. Das Vorkommen von Resten dieser Gattung und zwar sowohl der amerikanischen als europäischen Formen in so später Zeit spricht einerseits dafür, dass die jetzt auf Amerika beschränkten Formen (*Pavia*) erst in später Zeit aus Europa verdrängt wurden, sie erklären ferner das heutige isolirte Vorkommen des *A. Hippocastanum* in den Gebirgen Nordgriechenlands, der Rest einer früher ausgedehnteren Verbreitung dieser Art. *Aesculus europaea* Ludw. auf Taf. XXX Fig. 1 aus der mittleren Etage und jüngsten Wetterauer Braunkohle — kann das Blatt eines *Aesculus* aus der Verwandtschaft von Hippocastanum sein, der Rand ist aber entweder verdeckt oder fehlt. Der auf Taf. XX Fig. 26 abgebildete Same ist jedoch schwerlich ein *Aesculus*-Same; Früchte von *Carya* senkrecht stark zusammengedrückt, sehen so aus. Jedenfalls fehlt das Charakteristische der Samen von *Aesculus*.

Die beiden Gruppen *Hippocastanum* und *Pavia* lassen sich durch die Zähne der handförmig gefiederten Blätter, den Verlauf der Leitbündel und die Samen unterscheiden. Bei der ersteren sind die Zähne viel stärker und nochmals klein gezähnt, die Secundärleitbündel ziemlich stark, entfernter, 8—12^{mm} unter sich abstehend, die Samen gross, bei der letzteren die Zähne kleiner, die Secundärleitbündel unter sich 3—5^{mm} abstehend, die Samen kleiner, bei beiden aber die Form der Samen wechselnd, mit grossem Anheftungsflecke. Der mittlere Leitbündel sehr stark, die secundären und tertiären craspedodrom, bei *Hippocastanum* in flachem Bogen, bei *Pavia* gerade verlaufend, Queranastomosen gerade, bei ersterer Gruppe vortretend, bei letzterer zart, nicht vortretend, die Felder mit den polygonalen Maschen der weiteren Verzweigungen ausgefüllt.

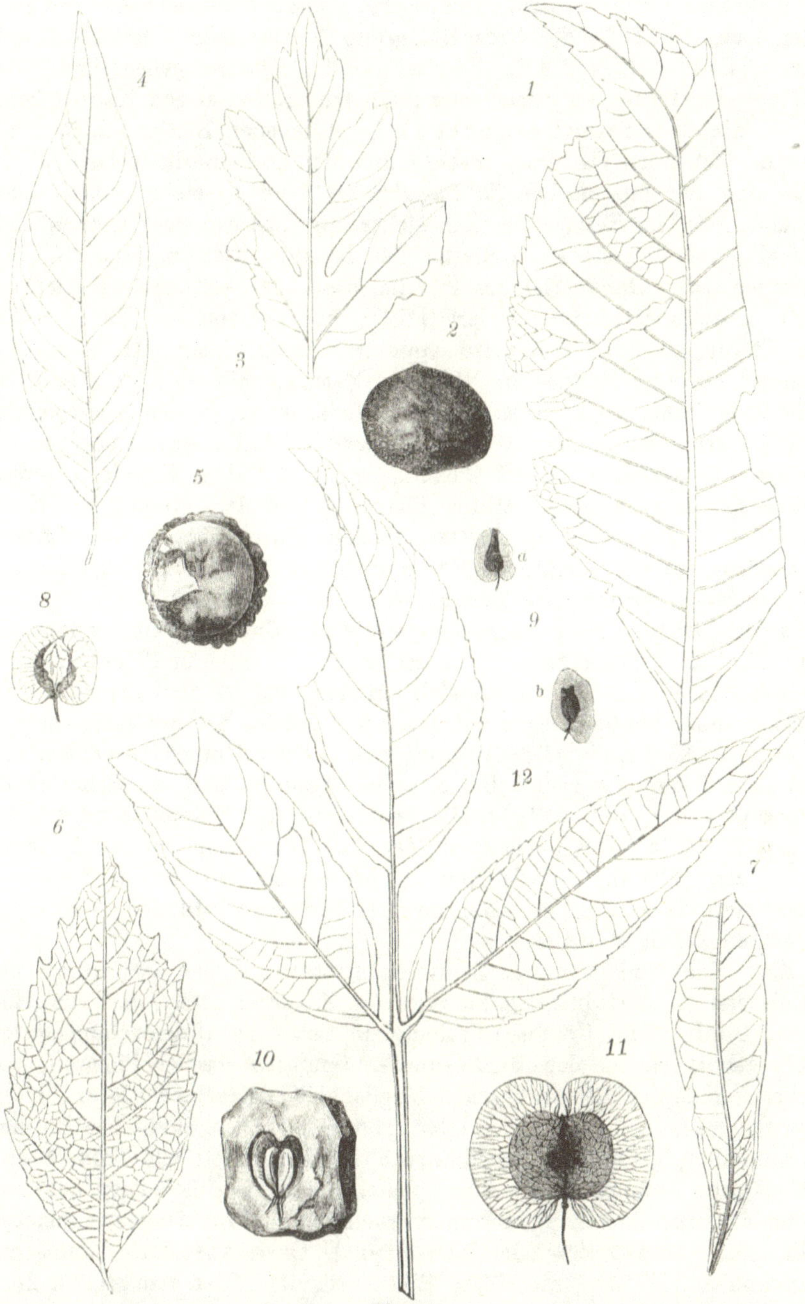

Fig. 314.

1 *Aesculus Palaeohippocastanum* Ettingsh. Schichow Unt. Miocän. 2 *A. (Pavia) salinarum* Unger. Same. Wielizka. Pliocän. 3 *Koelreuteria oeningensis* Heer. Oeningen. Ob. Miocän. 4. 5 *Nephelium Jovis* Unger. 5 Frucht. Kumi. Miocän. 6 *Paullinia dispersa* Sap. Blatt. Armissan. Ob. Oligocän. 7 *Dodonaea vetusta* Heer. Blatt Monod. Ob. Oligocän. 8 *Dodonaea* spec. Lesq. Frucht. Nordamerika. Florissant. 9 *a. b* *D. Salicites* Ettingsh. Haering. Unt. Oligocän. 10 *D. prisca* Weber. Bonn. Ob. Oligocän. 11 *D. viscosa* L. Lebend. (N. d. Natur.) Neuholland. 12 *Staphylea acuminata* Lesq. Blatt. Nordamerika. Florissant. (Copieen nach Unger, Heer, Ettingshausen, Lesquereux, Weber, Saporta.)

Während in Europa Reste von *Staphylea* fossil nicht nachgewiesen sind, finden sich solche in der Greenrivergroup Nordamerika's bei Florissant: *St. acuminata* Lesq. (Fig. 314[12]). Es sind nur die unpaarig gefiederten Blätter erhalten, die blasig aufgetriebenen zwei- bis dreifächerigen Kapselfrüchte dagegen nicht. Die von Lesquereux beschriebenen Blätter scheinen mir jenen der lebenden Gattung, insbesondere der nordamerikanischen *St. trifoliata* und der japanischen *St. Bumalda* so nahe zu stehen, dass deren Vorhandensein im Tertiär ziemlich sicher angenommen werden kann. Die dreizähligen oder gefiederten Blätter der lebenden Gattung sind eiförmig, lanzettlich, der Rand kleingesägt, die Basis der seitlichen Blätter ungleich, Leitbündelverlauf gefiedert, Mittelleitbündel ziemlich stark, secundäre alternirend oder theilweise opponirt, camptodrom, die Aeste der Schlingen bis zum Rande ein Netz von Maschen bildend, welches Aeste in die Zähne abgibt. Unvollständige Secundärnerven in den Anastomosen endend, diese unter rechtem Winkel austretend, die Felder mit polygonalen Maschen. Gegenwärtig ist die Gattung in Europa, dem Himalaya, Japan (dort auch die verwandte Gattung *Euscaphis*) und dem atlantischen Nordamerika verbreitet, eine Verbreitung, welche durch ihre grossen Lücken auf ein früheres ausgedehnteres Vorkommen im Tertiär und zugleich auf den borealen Ursprung derselben hinweist.

Nachträglich noch einige Bemerkungen über die Epidermis einiger Sapindaceen. Sind die Blätter behaart, so ist es wie in anderen Fällen möglich, dass die Haare oder ihre Reste sich erhalten haben. Bei *Sapindus* sind die Epidermiszellen beiderseits polygonal mit geraden Seitenwänden, ebenso bei *Aesculus, Kölreuteria.* Die Aussenwände auf der Unterseite weniger verdickt als auf der Oberseite. Bei *Serjania, Paullinia* sind die Seitenwände beiderseits wellig, die welligen Biegungen auf der Unterseite stärker als auf der Oberseite. Das Gleiche ist der Fall bei *Staphylea.* Bei *Dodonaea* ist die flache Wellung auf die Oberseite beschränkt, auf der Unterseite sind die Seitenwände gerade, bei allen die Spaltöffnungen zahlreich, von etwas gestreckten Zellen umgeben.

Eine nicht unbedeutende Zahl von Resten aus der als Gruppe der Sapindaceen zu betrachtenden Familie der *Aceraceen* (*Aceroideae* Pax) sind Blätter, Blüthen und Früchte erhalten. In Folge der Untersuchungen von Pax*) gehört sie zu den bestbekannten Gruppen fossiler Pflanzen, aus welcher fremdartige Elemente nach Möglichkeit ausgeschieden und die Beziehungen lebender und fossiler Arten gründlich erörtert sind. Die Blüthen sind actinomorph, polygam oder dioecisch, mit fünf Kelch- und Kronblättern, acht bis zehn Staubblättern, einem oberständigen, zweifächerigen aus zwei Fruchtblättern gebildeten zygomorphen Fruchtknoten, Frucht eine zweiflügelige Spaltfrucht. Discus extra- oder intrastaminal. Ohne Ausnahme Bäume mit gegenständigen Blättern, racemösen Blüthenständen. Der gemässigten Zone der nördlichen Halbkugel beinahe ausschliesslich angehörend, Europa, Asien

---

*) Engler, Jahrbücher Bd. VI. VII. Pax, Monographie der Gattung Acer.

und Nordamerika gemeinsam, ohne Zweifel circumpolaren Ursprungs. Zwei Arten tropisch auf Java, Sumatra und in Pegu (*A. niveum*, *A. isolobum*), letztere die Verbindung mit dem Vorkommen der Gattung im Himalaya vermittelnd. In Java und Sumatra liegt auf der östlichen Halbkugel die Südgrenze, auf der westlichen fällt sie nach Mexico. Die Nordgrenze liegt auf der ersteren im nördlichen China, auf der westlichen in Canada unter 50° N. Br. Sie sind Bewohner von Bergzügen, begleiten unter Umständen die Flussläufe. Hinsichtlich des Details der Verbreitung verweise ich auf die Angaben von Pax a. a. O.

Die Blätter sind entweder ungetheilt, wobei jedoch gelappte Blattformen vorkommen können (die Abtheilungen *integrifolia* und *indivisa*) oder dreizählig, gefiedert, gelappt, gezähnt, ohne dass jedoch diese Verhältnisse in den einzelnen Abtheilungen der Zahl der Glieder nach unveränderlich wären. Der Verlauf der Leitbündel ist entweder gefiedert oder strahlig und kann beides bei derselben Art, an demselben Blatte (bei gefiederten) vorkommen. So hat das unpaarig gefiederte Blatt von *Acer Negundo* an den seitlichen Fiederblättern wie an dem Endblatte fiederförmigen Leitbündelverlauf, wenn die Ränder nur gezähnt sind, strahligen dagegen, wenn sie gelappt. Da nun diese Umbildung des Randes sehr dem Wechsel unterliegt, so ergeben sich die mannigfaltigsten Combinationen. Das Fiederblatt von *Acer californicum* ist nach meinen Erfahrungen weniger diesem Wechsel unterworfen, es ist in der Mehrzahl der Fälle dreilappig, der Leitbündelverlauf ist daher auch an den Seitenblättern oft strahlig, an dem Endblatte immer. Da nun die einzelnen Fiederblätter sich von dem gemeinsamen Blattstiele trennen, so ist es möglich, Fiederblätter desselben Blattes im fossilen Zustande für zwei verschiedenen Arten angehörige Blätter zu halten. Heer hält für die gelappten Ahornblätter den Verlauf eines aus dem mittleren Primärnerven entspringenden Secundärnerven, welcher gegen die Bucht verlaufend vor dieser sich gabelt und die Bucht durch seine Verbindung mit dem Tertiärnerven des vorausgehenden und nachfolgenden Nerven umgibt, charakteristisch. Pax bemerkt mit Recht, dass dem im Allgemeinen so sei, aber nicht immer. Der erwähnte Leitbündel verbindet einen oberen und unteren Gabelast sehr oft in der von Heer bezeichneten Weise, aber nicht weniger häufig ist dies an dem nämlichen Zweige oder Baume nicht der Fall. Der Leitbündel fehlt gänzlich oder endet als unvollständiger Secundärnerv im Anastomosennetz, er kann in der Bucht enden oder der obere Gabelast verläuft in der angegebenen Weise, der untere tritt in die Bucht, er kann endlich an einer einzigen Bucht vorhanden sein, an allen anderen fehlen. *Viburnum* hat übrigens ganz denselben Leitbündelverlauf, jedoch sind die Zähne des Blattrandes buchtig. *Liquidambar* ist durch die kleinen Zähne des Blattrandes verschieden, der Leitbündelverlauf ist derselbe, indess weniger auffällig in Folge der zarteren Leitbündel. Ebenso unsicher wie dieses Merkmal ist die Abnahme der Stärke der strahlenden Leitbündel von der Spitze gegen die Basis des Blattes.

Fiederigen Verlauf der Leitbündel besitzen die Sectionen der *Indivisa* und *Integrifolia*, ferner die Fiederblätter von *Negundo*, wenn sie nur gezähnt, nicht gelappt sind. Ein mittlerer Leitbündel, im unteren Theile mässig stark, nach aufwärts verdünnt, sendet alternirende, genähert alternirende, zuweilen opponirte Verzweigungen aus unter einem Winkel von 50—65°, alle craspedodrom in den Zähnen endend oder, wenn ganzrandig, in der Nähe des Randes gabelnd, der obere Gabelast mit dem Gabelast des folgenden Secundärnerven oder den obersten Tertiärnerven camptodrom.

Die Ahornblätter haben, weil gelappt, meist einen strahligen Leitbündelverlauf, doch kommt er auch bei gezähnten, z. B. *Acer tataricum*, vor. *Acer tataricum* hat strahligen Leitbündelverlauf, auch dann, wenn die Blattränder doppeltsägezähnig sind. Ist an dem unteren Theile des Blattes jederseits ein Lappen entwickelt, was an demselben Zweige und Individuum neben den sägezähnigen Blättern vorkommt, so ist das erste secundäre Leitbündelpaar oft in der oben beschriebenen Weise entwickelt, meist scheinen seine beiden Gabeläste in die der Bucht zunächst gelegenen Zähne einzutreten. Auch bei dieser Art unterliegt der Verlauf des genannten Leitbündels dem Wechsel, häufig genug endet er in der Bucht. An der Basis des Blattes entspringen bei strahligem Leitbündelverlauf drei, fünf, sieben bis elf primäre Leitbündel, von welchen einer in der Mittellinie, die übrigen seitlich von ihm in den beiden Blatthälften in die Lappen erster Ordnung craspedodrom verlaufen. Ausserdem ist häufig noch ein zartes Leitbündelpaar vorhanden, welches, wenn die Blattbasis mehr oder weniger herzförmig, in den beiden Lappen nach abwärts, bei anderer Beschaffenheit der Blattbasis horizontal oder etwas nach aufwärts verläuft. An dem untersten Paare der seitlichen Leitbündel treten auf der gegen die Blattbasis gewendeten Seite craspedodrome Secundärnerven aus, zahlreicher in der Regel als auf der Oberseite. Das zweite Leitbündelpaar verzweigt sich bei grösseren Blättern ebenso, jedoch sparsamer. Der mittlere Leitbündel ist fiederig verzweigt, seine beiden untersten secundären Leitbündel zeigen häufig den oben erwähnten Verlauf gegen eine Bucht. Entspringen aus den secundären Leitbündeln tertiäre, treten diese entweder in die Zähne oder sie sind camptodrom verbunden und versehen das Blatt bis zum Rande mit ihren Verzweigungen. Die Anastomosen unter einem spitzen oder geraden Winkel austretend, sind gebogen, verzweigt, ihre ziemlich unregelmässigen Felder werden durch die weiteren Verzweigungen zuletzt mit polygonalen Maschen ausgefüllt. Wie es nun geschehen kann, dass die einzelnen Fiederblätter der Section *Negundo,* wenn fossil, zwei verschiedenen Pflanzen, Arten oder Gattungen zugetheilt werden, so ist es möglich, dass Blätter aus den Gruppen der *Indivisa* und *Integrifolia* als solche verkannt werden, und das Fehlen der beiden Sectionen unter den fossilen Ahornblättern beruht vielleicht auf dieser Thatsache, sie mögen unter anderen Bezeichnungen gehen.

Ueber die Epidermis sei bemerkt, dass die Epidermiszellen beider Blattflächen sehr klein sind, oberseits häufig mit geraden Seitenwänden, unterseits mit welligen, die Zellen polygonal oder etwas gestreckt, Spaltöffnungen zahlreich, klein, von vier gestreckten Zellen umgeben.

Was uns die Sicherheit der Existenz der Gattung in den früheren Erdbildungsperioden gibt, sind die geflügelten Theilfrüchte, welche kaum mit anderen, höchstens mit jenen von Malpighiaceen verwechselt werden können. Die Theilfrüchte von *Acer* sind senkrecht bis zur Kreuzung der Flügel emporgerichtet oder divergiren unter einem rechten oder auch stumpfen Winkel. Der nicht selten sichelförmig gekrümmte Flügel ist je nach der Stellung der Früchte an seinem äusseren oder unteren Rande etwas verdickt durch die dort gedrängt liegenden stärkeren Leitbündel, verdünnt an dem nach innen oder nach oben gekehrten Rande. Er ist durchzogen von den im Bogen verlaufenden mehrfach gabelnden Aesten der Leitbündel, diese unter sich durch schief verlaufende dünnere Queräste verbunden. Der Flügel entwickelt sich auf dem Rücken des einzelnen Fruchtfaches, seine Leitbündel sind die Fortsetzung der Leitbündel desselben, welche im reifen Zustande an der Aussenfläche als schwächer oder stärker vortretendes Netz sichtbar sind. Im fossilen Zustande kommen die Flügelfrüchte meist getrennt, nur selten noch zusammenhängend vor. Das Längenverhältniss zwischen Fruchtfach und Flügel ist konstant und kann zur Charakteristik der Arten dienen, für die fossilen Reste ist es zur Unterscheidung der Früchte unter sich, aber nicht der Arten verwendbar, da Zweige mit Blättern und Früchten nicht gefunden sind und das Zusammenvorkommen von Blättern und Früchten nicht unbedingt beweist, dass beide zusammengehören.

Von Heer und Schimper sind die fossilen Ahornarten je nach ihrer Verwandtschaft in eine Anzahl von Gruppen geschieden worden. Pax sondert die lebenden Arten in vierzehn Sectionen, charakterisirt durch Merkmale, welche den Blättern, Blüthen und Früchten entnommen sind. Aus acht dieser Sectionen, welche durch den Zusatz *Palaeo-* bezeichnet sind, kennen wir fossile Formen. Im Nachfolgenden schliesse ich mich der von Pax vorgeschlagenen Gruppirung an.

Wie bei fossilen Resten überhaupt, so ist auch bei *Acer* eine Anzahl von Formen der Gattung einverleibt worden, welche ihr fremd sind. Pax hat das Verdienst, eine Säuberung in dieser Hinsicht vorgenommen zu haben (vgl. a. a. O. S. 343).

Das erste Auftreten der Ahornarten wird von den Autoren in die Kreide verlegt. Es sind Blätter allein, worauf sich diese Annahme stützt. Erklärt werden sie zum Theile für Reste der Section *Negundo*, so *N. acutifolia* Lesq., *Acerites pristinus* Newb., beide zu unvollständig, um ein sicheres Urtheil möglich zu machen. *Acer obtusilobum* Lesq. ist vom Autor selbst später zu den Menispermaceen gebracht worden. Die von Heer aus den Patootschichten Grönlands beschriebenen *Acer edentatum* und *A. caudatum* gehören kaum zu *Acer*, ersteres ist wohl ein *Sterculia*blatt (Gruppe *Brachychiton*), letzteres wird zu *Platanus* gehören, eine Ansicht, welche Heer bereits ausgesprochen.

Von dem unteren Oligocän an darf die Existenz der Gattung im Tertiär sicher angenommen werden, da in jeder einzelnen Periode neben den Blättern meist auch die Früchte vorhanden sind. Im Eocän (Gelinden, Sezanne, Belleu etc.) fehlen sie noch gänzlich, wenigstens sind bis jetzt keine Reste beobachtet, im unteren Oligocän (Aix) dagegen treten sie zuerst, wenn auch sparsam auf, um sich dann reichlicher zu entwickeln. Sie überschreiten in dieser Periode weit ihre heutige Nordgrenze, Alaska (*A. macropterum* darf doch wohl unzweifelhaft als zu Acer gehörig angesehen werden, das Blattfragment ist preiszugeben), Grönland einerseits, Island, Spitzbergen andererseits haben Reste der Gattung geliefert, während sie jetzt 57° N. Br. nicht überschreitet (*A. platanoides*). Ehe ich zu den Blatt- und Fruchtresten übergehe, erwähne ich die zu *Acer* gezogenen Blüthenreste, sämmtlich im Bernstein des Samlandes gefunden, von Caspary und Conwentz beschrieben. Meist sind es einzelne Blüthen, aber auch Fragmente von Blüthenständen, welche den Beobachtern vorlagen. Hinsichtlich einer Blüthe, *A. succineum* Casp., hat sich Pax bereits dahin ausgesprochen, dass die Fünfzahl der Staubblätter für *Acer* gewöhnlich nicht gelte, jedenfalls wird diese Blüthe, wie die übrigen (*A. majus* Casp., *A. Scharlockii* Casp., *A. micranthum* Casp.) nicht ausreichen, die Gruppe zu bestimmen.

Von den im Tertiär gefundenen Resten gehören zur Section *Palaeorubra* eine Anzahl vom Oligocän bis in das Quartär nachgewiesener Formen. Die Section *Rubra*, deren Arten jetzt im atlantischen Nordamerika vorkommen, sind durch drei- bis fünflappige Blätter, unregelmässig gesägte Lappen, unter einem spitzen oder rechten Winkel divergirende Flügelfrüchte, Früchte und Flügel aufrecht, nach dem Grunde hin verschmälert.

Sechs Formenreihen lassen sich unter den fossilen Resten dieser Section unterscheiden. Zu ihr gehört der polymorphe *A. trilobatum* A. Br. (Fig. 315), welcher weit verbreitet in einer Reihe von Varietäten und Formen im unteren Oligocän zuerst auftritt und erst im Quartär aus Europa verschwindet. Von Grönland nach Schlesien, Sachsen, Böhmen, Volhynien, dem Bannat, Csilythal bis Kumi und Oberitalien, dann Sachalin und dem pacifischen Nordamerika ist er während der Oligocän- und Miocänzeit verbreitet. In Oberitalien ist er noch im Pliocän und Quartär vorhanden. Seine ausgedehnteste Verbreitung fällt in das Miocän. In Nordamerika ist die Section aus dem pacifischen Theile jetzt verschwunden, im atlantischen Theile tritt sie mit vier Arten auf. Ohne Zweifel ist die Ursache des gänzlichen Verschwindens der Gruppe aus Europa in dem Eintritt der Glacialzeit zu suchen. Ausserdem zählt Europa im Tertiär noch weitere fünf fossile Formen: *Acer Bruckmanni* Heer, *A. gracile* Sap., *A. grossedentatum* Heer, *A. angustilobum* Heer, *A. dasycarpoides* Heer, von welchen die ersten vier dem Oligocän und dem Miocän angehören, *A. gracile* Sap. auf das Miocän Südfrankreichs beschränkt ist, keine das Miocän überdauert. Im Vergleiche zur Gegenwart ist die Section in der Tertiärzeit nicht allein artenreicher, sie ist auch weiter (Europa, Sachalin, Grönland, Nordamerika) verbreitet*).

*) Von den Fundorten Sachsens und Böhmens gehören die ersteren sämmtlich, die letzteren zum Theile dem Oligocän an.

Die zweite Section, *Palaeospicata,* mit an der Basis herzförmigen, ungetheilten oder drei- bis fünflappigen Blättern; Rand der Blätter gekerbt gesägt, Fruchtfächer nicht verlängert, Flügel am Grunde verschmälert, in der

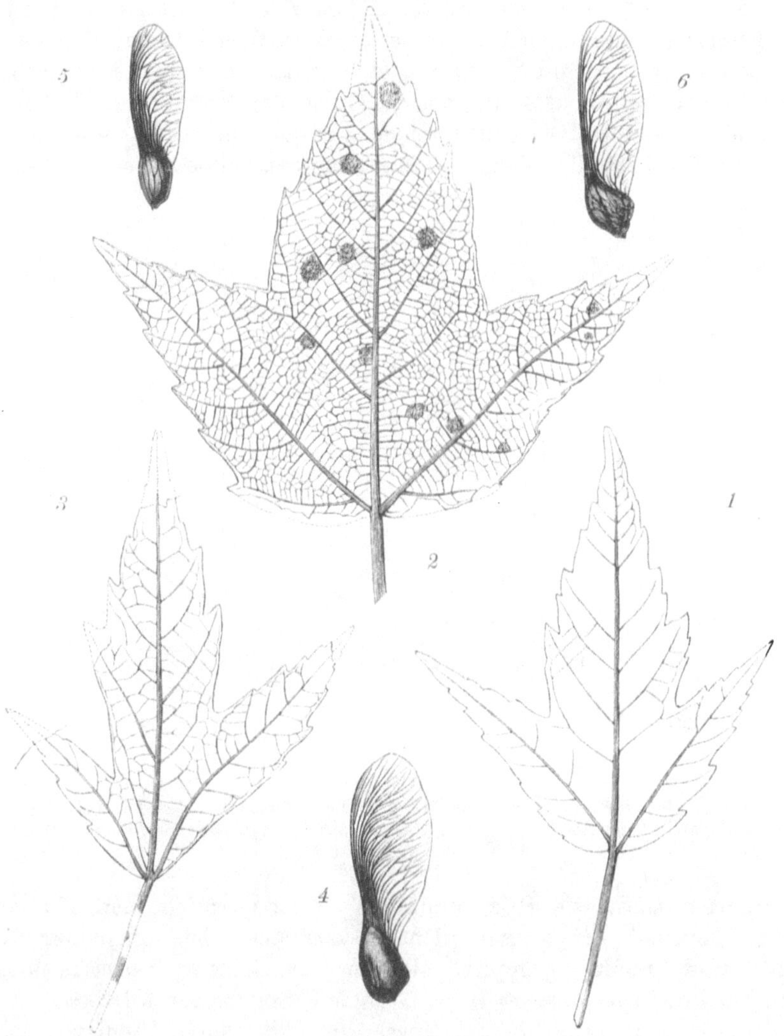

Fig. 315.
1. 2. 3 *Acer trilobatum* A. B. Oeningen. Ob. Miocän. 4. 5 Früchte. Oeningen. Ob. Miocän. 6 Frucht. Parschlug. Miocän. (1—3. 6 nach der Natur, 4. 5 Copie nach Heer.)

Mitte breiter, ist gegenwärtig reich entwickelt. Zwei Arten gehören Japan, der Mongolei, Mandschurei, Centralasien und dem östlichen Europa an (*A. Ginnala, A. tataricum*), dann China, Japan und dem östlichen Persien (*A. trifidum, A. pilosum, A. cinerascens*). Von den fünf mit *A. spicatum* verwandten Arten vertheilen sich auf Süd-, Mittel- und Osteuropa bis in den Kaukasus, Nordpersien *Acer Pseudoplatanus*, auf das Mittelmeergebiet (*A. Heldreichii*, *A. insigne*), eine auf Californien (*A. macrophyllum*), *A. spicatum* ist dem östlichen Asien und dem atlantischen Nordamerika gemeinsam, auf den Himalaya sind beschränkt: *A. caudatum*, *A. caesium*, *A. Campbelli*.

Diesem Reichthum an Arten in der gegenwärtigen Epoche gegenüber sind die fossilen Reste ziemlich sparsam, eine Thatsache, welche ihre Erklärung darin finden kann, dass die Entwickelung der Section im Tertiär und Quartär überhaupt eine weniger reiche war oder darin, dass uns die Reste noch nicht vollständig überliefert und aus dem Pliocän noch Aufschlüsse

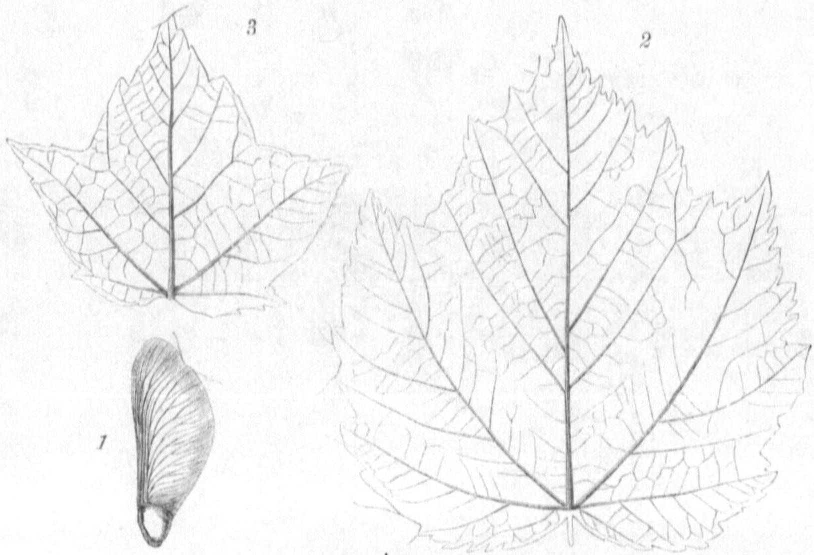

Fig. 316.

1 *Acer brachyphyllum* Heer. (*A. arcticum* Heer.) Frucht. Spitzbergen. Tertiär. 2 *A. Ponzianum* Gaudin. Blatt. Castro (Val d'Arno). Ob. Miocän. 3 *A. brachyphyllum* Heer. Blatt. Oeningen. Ob. Miocän. (Copieen nach Heer.)

zu erwarten sind, wie Pax annimmt. Welche Ansicht den Thatsachen mehr entspricht, ist vorerst nicht festzustellen. Die erhaltenen Reste, Blätter und Früchte, gruppiren sich in vier Reihen: *A. ambiguum* Heer, dazu als Frucht *A. arcticum* Heer, Grönland, Spitzbergen (Oligocän), Sachalin (Miocän), *A. crenatifolium* Ettingsh. im Oligocän in Grönland, Island, an den Ufern der Ostsee, im Rheinthal, im Miocän in Schlesien, der Schweiz, Kärnthen, im Pliocän von Vaquières in Südfrankreich, *A. brachyphyllum* Heer im Oligocän des Rheinthales, im Miocän Böhmens, der Schweiz bis in das Pliocän des Val d'Arno. *Acer Pseudoplatanus* ist in den interglacialen Bildungen der Schweiz, der Lombardei, dem Travertin von Toskana, in den Tuffen von Cannstadt und la Celle bei Paris nachgewiesen. Skandinavische Fundorte sind bis jetzt nicht bekannt. Abgesehen von

A. Pseudoplatanus, welcher erst in den jüngsten Bildungen auftritt, reichen alle hierher gehörigen bis in das Miocän, und zwar tritt *A. ambiguum* in Grönland und Spitzbergen auf, um im Miocän nicht weiter als bis Sachalin zu gelangen, *A. crenatifolium* erreicht im Oligocän von Grönland und Island schon das Rheinthal und das Gebiet der Ostsee, *A. brachyphyllum* im Oligocän im Rheinthal ist im Miocän mit dem vorausgehenden in der Schweiz dieser allein auch in Schlesien, Böhmen, Kärnthen. Der erstere erreicht im Pliocän Südfrankreich, der letztere das Arnothal.

Aus der Section der *Palmata,* deren lebende Arten, eine dem pacifischen Nordamerika, drei Japan, eine Japan und der Mandschurei angehören, sind als *Palaeopalmata* nur sparsame Reste, Blätter, auf uns gekommen. Früchte fehlen. Was als solche gilt, gehört zu den *Palaeorubris*, zu denen auch die als *A. gracile* Sap. und *A. Ruminianum* beschriebenen Blätter gehören (vgl. S. 559). Blattstiele dünn, Blätter mit herzförmiger Basis, fünf- bis elflappig, die Lappen aus eiförmiger Basis zugespitzt, an Grösse allmählich gegen die Basis abnehmend. Die Ränder gekerbt gezähnt. Die Früchte bei den lebenden Arten klein, Flügel unter rechtem oder stumpfem Winkel divergirend. Die älteste Form dieser Section ist *A. Sanctae crucis* Stur von Heiligenkreuz bei Schemnitz, Tallya, Erdöbenye in Ungarn (im oberen Miocän). Aus dem Pliocän des Cantal *A. polymorphum (palmatum)* (Fig. 317) var. *pliocaenicum* Sap., von Mogi in Japan *A. Nordenskiöldi* Nath., kaum von *A. palmatum* verschieden. Ein *A. polymorphum* sehr nahe stehender Ahorn wird von Sordelli aus dem Quartär von Bargone angegeben. Die Section war nach den bis jetzt bekannt gewordenen Resten früher weiter verbreitet, sie reichte in das südliche Frankreich und, wie Pax treffend bemerkt, muss ihre Entstehung jünger sein als die der übrigen Sectionen.

Fig. 317.
Acer polymorphum (palmatum) pliocaenicum Sap. Theziers. Pliocän. (Copie nach Saporta.)

Noch sparsamer sind die Reste aus der Section *Palaeonegundo*, durch unpaarig gefiederte Blätter; Endblätter länger, Seitenblätter kurz gestielt, ungleichseitig; Früchte bei den lebenden Arten schief aufgerichtet, verlängert, Flügel dünnhäutig, kaum doppelt länger als die Frucht (*A. pegasinum* Unger, vgl. *A. trilobatum* A. Br., zu dem er gehört). Die lebenden Arten gehören sämtlich der westlichen Erdhälfte, *A. Negundo* dem atlantischen, *A. californicum* dem pacifischen Nordamerika, *A. mexicanum* Mexiko an. Weder die von

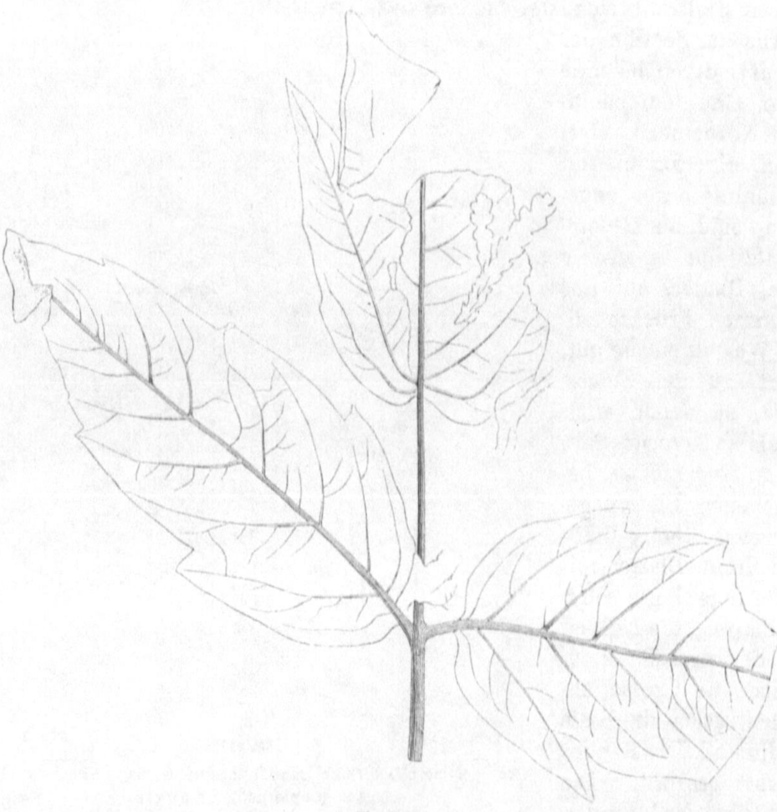

Fig. 318.
Negundo (Acer) triloba **Newb. Miocän des oberen Missouri; Fort Union. (Copie nach Newberry.)**

A. Braun, noch die von Heer als zu dieser Section gehörig beschriebenen Reste beweisen die Existenz dieser Section in Europa während der Tertiärzeit. So bleibt denn nur Newberry's *A. (Negundo) triloba* aus dem Tertiär des oberen Missouri von Fort Union (Fig. 318) als einziger sicher zu bestimmender Rest, von welchem wir die heutige Entwickelung der Section abzuleiten haben.

Im Gegensatze zu den drei vorausgehenden Sectionen liegen aus der Section *Palaeocampestria* reichliche Reste vor. Gegenwärtig kommt eine Art der Section *Campestria (A. grandidentatum)* im pacifischen Nordamerika vor, alle übrigen Arten sind von der Mittelmeerregion und Mitteleuropa bis Südengland, Irland, Südschweden durch Mittel- und Ostrussland nach dem Kaukasus, Nordpersien und Turkestan verbreitet.

Einer der wichtigsten Funde fossiler Pflanzen, *A. Bolanderi* Lesq. von den Table mountains, California, aus den goldführenden Sanden (Fig. 319[2]) gehört dieser Section an wegen seiner Verwandtschaft mit *A. grandidentatum*, wodurch die heutige Verbreitung der Section erklärt wird, welche, wie sich aus dem

Fig. 319.
1 *Acer recognitum* Sap. Vallée de la Mort d'Imbert. Oberes Oligocän. 2 *A. Bolanderi* Lesq. Auriferous gravel deposits of the Sierra Nevada. Pliocän. 3 *A. massiliense* Sap. St. Jean de Garguier. Mitteloligocän. 4. 5 *A. decipiens* Heer. 4 Blatt. Locle; 5 Frucht vom hohen Rhonen (Ob. Oligocän, ob. Miocän). 6. 7 *A. creticum pliocaenicum* Sap. Ceyssac (Haute Loire). Pliocän. 8. 9 *A. pseudocampestre* Heer. Oeningen. Ob. Miocän.

Folgenden weiter ergibt, wenig von jener der Tertiärzeit abweicht. Die fossilen Formen sind ausser den bereits genannten folgende: *A. decipiens* Heer, *A. crassinervium* Ettingsh., *A. campestre* L., *A. massiliense* Sap., *A. vitifolium* A. Br., *A. Cornaliae* Massal.

Die Section scheint früher als die übrigen im Eocän Englands aufzutreten. *A. decipiens* Heer vom oberen Oligocän bis in das obere Miocän in der Schweiz, im mittleren Miocän von Leoben, in Ungarn ebenfalls im oberen Miocän, ebenso von Sinigaglia und ist noch im Pliocän, dem Tripel von

Ceyssac vorhanden. Aelter als die vorhergehende Form ist *A. crassinervium,* welcher im unteren Oligocän von Aix zuerst auftritt, während er sich in der Oligocän- und Miocänzeit aus dem Süden Frankreich's (Armissan) durch die Schweiz, Italien nach Croatien, Steyermark, Böhmen, dem Rheinthal, Schlesien bis zu den Ufern der Ostsee ausbreitet. Auch im Pliocän des Cantal nachgewiesen. — *A. campestre* L. ist vom mittleren Miocän in Steyermark (Leoben), in Schlesien im oberen Miocän nachweisbar, im Pliocän des Cantal,

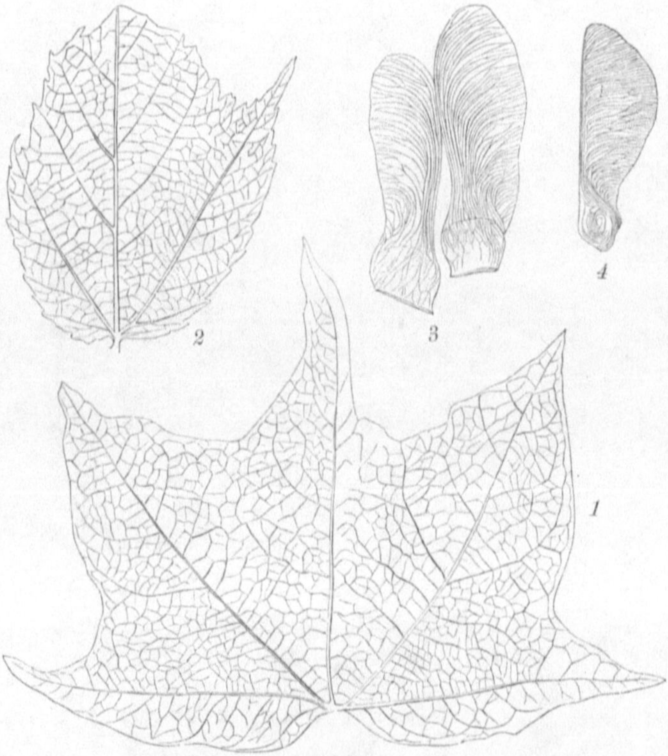

Fig. 320.
1 *Acer laetum pliocaenicum* Sap. et Mar. Blatt. Cantal. Pliocän. 2 *A. tenuilobatum* Sap. Bois d'Asson. Ob. Oligocän. 3 Früchte (*A. trilobatum* Ludw.). Salzhausen. Ob. Oligocän (zu *A. brachyphyllum* Heer). 4 *A. narbonnense* Sap. Armissan. Oberoligocän (ob zu den Lithocarpis?). (Copien nach Saporta, Marion, Ludwig.)

im Quartär von Resson und Toscana, *A. massiliense* Sap. zuerst im mittleren Oligocän Südfrankreichs, dann im unteren und oberen Miocän der Schweiz, im Pliocän von Meximieux und des Cantal. *A. vitifolium* A. Br. ist auf das obere Miocän von Oeningen beschränkt, *A. Cornaliae* Massal. im oberen Oligocän des Vallée de la Mort d'Imbert und Manosque auftretend, dann im oberen Miocän von Sinigaglia und im Pliocän von Meximieux und des Cantal scheint wie manche der lebenden Formen der Campestria weiter nördlich nicht existiert zu haben. Leider bleibt das Vorkommen des *A. campestre* L. in dem interglacialen Torfe von Lauenburg an der Elbe fraglich.

Auf dem Continent Europas erscheint die Section zuerst mit *A. crassinervium* im unteren Oligocän von Aix, neben welchem im oberen Oligocän Südfrankreichs *A. massiliense* und *A. Cornaliae*, im mittleren Oligocän Südfrankreichs *A. massiliense* auftreten. Im mittleren Miocän ist bereits *A. campestre* vorhanden. Die Ansicht von Pax, dass *A. crassinervium* die Stammart für die lebenden *A. monspessulanum* und *A. campestre* sei, scheint mir nach den geologischen Daten gegründet, ebenso dass *A. campestre* mit dem heutigen zusammenhängt, während die übrigen dem *A. italum* und seinen Formen entsprechen, für welche wie für *A. campestre* die Verbindung durch das Quartär zwischen dem Tertiär und heute hergestellt ist. Für die übrigen Formen fehlt sie.

Fig. 321.
1 *Acer acutelobatum* Ludw. 1 Frucht. 2 Blatt. Wetterau. Miocän.

Aus der Section *Palaeoplatanoidea*, der Section der *Platanoidea* entsprechend, haben sich erhalten Blätter und Früchte. Die Section charakterisirt sich durch fünf- bis siebenlappige Blätter von festerer Textur, die Lappen zugespitzt, ganzrandig, Früchte mit horizontal abstehenden, gegen die Basis wenig verschmälerten Flügeln. Hieher gehören *A. acutelobatum* Ludw. aus dem Oberoligocän von Salzhausen (Fig. 321), *A. nervatum* Velen. aus dem Miocän Böhmens von Laun, *A. integerrimum* Viv., *A. trachyticum* Kovats im oberen Miocän von Sinigaglia, Val d'Era, Stradella, Erdöbenye, *A. laetum pliocaenicum* Sap. aus dem Pliocän von Meximieux (Fig. 320[1]), des Cantal, *A. subpictum* Sap. vom Cantal, *A. laetum* Gaud. im Quartär Oberitaliens, endlich *A. pictum fossile* Nath. aus den oft erwähnten Ablagerungen von Mogi in Japan, woraus man auf eine recente Vermehrung der Formen in China und Japan schliessen könnte. Jedenfalls war im Tertiär ihre Verbreitung eine ausgedehntere.

Die dem *A. laetum* entsprechenden Formen sind jetzt aus Europa verschwunden und kommen die entsprechenden lebenden Arten in Süditalien, dem Kaukasus, bis zum Himalaya und Ostasien vor. *A. platanoides* L. jetzt vom nördlichen Spanien durch Europa bis nach Schweden und Mittelrussland, im Kaukasus und Armenien verbreitet, ist auch aus den Quartärbildungen von Resson und aus den interglacialen Bildungen von Kopenhagen bekannt. Wegen Unvollständigkeit der Früchte muss es unentschieden bleiben, ob er auch in den interglacialen Torflagern bei Lauenburg an der Elbe vorkommt.

Die Section *Saccharina*, gegenwärtig auf Nordamerika beschränkt, ist durch zwei, dem oberen Miocän Ungarns angehörige Reste, *A. Jurenaky* Stur und *A. palaeosaccharinum* Stur *(Palaeosaccharina)* (Fig. 322 1—3), welche allerdings

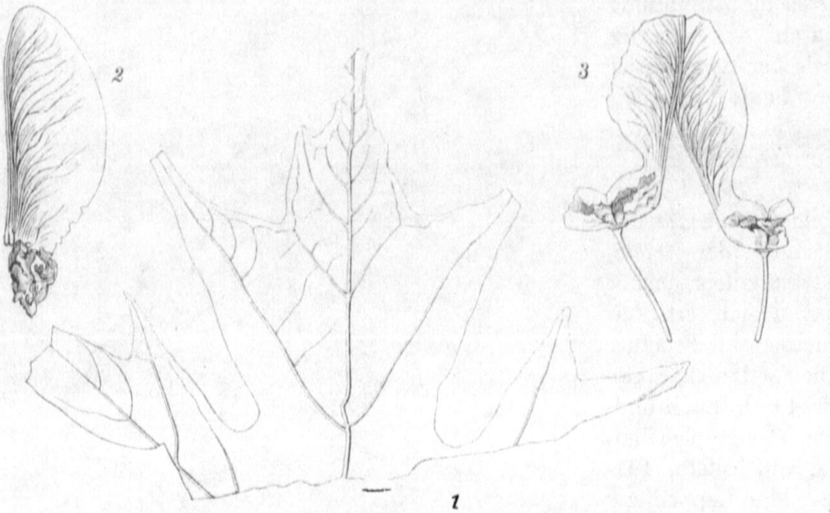

Fig. 322.

1 *Acer palaeosaccharinum* Stur. Blatt. 2. 3 *A. Jurenáky* Stur. Früchte. Tallya, Erdöbenye. Heiligenkreuz. Ob. Miocän. (Copie nach Stur.)

nicht vollständig, aber doch so weit erhalten sind, dass die Section bestimmt werden kann, zumal da die Früchte nicht fehlen. Gefunden ist der erstere bei Heiligenkreuz, Erdöbenye mit Frucht und Szwoszowice, der letztere bei Tallya und Erdöbenye. Die fünflappigen dünnen Blätter mit stumpfbuchtig gross gezähnten Lappen, Früchte horizontal, Flügel unter spitzem Winkel divergirend, am Grunde plötzlich stark verschmälert, in der Mitte am breitesten. Die sicherste Folgerung, welche aus den Resten gezogen werden kann, ist, dass ihre Verbreitung im jüngeren Tertiär eine ausgedehntere war als jetzt. Bei ihrer Verwandtschaft mit der Section *Platanoidea* können sie sich von dieser im Miocän getrennt haben.

Aus der Section der *Macrantha* liegt zu der *Palaeomacranthis* nur ein ein einziger Blattrest vor, welcher vielleicht hieher gehört: *Acer tenuilobatum.* Sap. aus dem oberen Oligocän des Bois d'Asson bei Manosque (Fig. 320²).

Für das Vorhandensein fossiler Reste aus dieser Gruppe spricht die bedeutende Zahl der heutigen Glieder dieser Section, in den beiden gegenüberliegenden Regionen Ostasiens und des pacifischen Nordamerika's, ein Verhältnis, welchem wir oft begegnen. Ferner bei den Resten selbst die Andeutung einer doppelten Zähnung in der von Saporta (Annal. des sc. nat. Bot.

Fig. 323.
Acer narbonnense Sap. Armissan. Ob. Oligocän.

Ser. V. t. VIII. Taf. 13. Fig. 6) gegebenen Abbildung, deren im Texte allerdings nicht gedacht wird, die drei lang zugespitzten Lappen, die Basis des Blattes, Charaktere, welche dem *A. pensylvanicum* entsprechen. Es lässt sich demnach durch diesen allerdings nicht ganz vollständig erhaltenen Rest wahrscheinlich machen, dass in der Zeit des oberen Oligocäns eine Ahornart in Europa aus dieser Section existirt hat, welche ausstarb und nur in den Regionen des heutigen Vorkommens sich erhielt. Ob die Section der *Lithcarpae*, heute im westlichen Himalaya, Japan und der Mandschurei, bereits im Tertiär vorhanden war, ist ebenfalls fraglich. Die heutige Verbreitung dieser Section könnte auch hier für ihre frühere Existenz in Europa sprechen, ferner das von Saporta aus dem oberen Oligocän von Armissan beschriebene Blatt des *A. narbonnense*, welches Pax mit *A. villosum* Wall. vergleicht. Das für die Section bezeichnende Verhalten der Frucht (Fig. 320[4]) ausser der bedeutenden Festigkeit der Wände, die erhabenen Leisten auf der Aussenseite der Fruchtwände ist nicht erkennbar. Flügel dünn, Blätter fünflappig, Lappen zugespitzt, grob und stumpflich gezähnt. Hat sich die Wanderung nach den heutigen Standorten in sehr früher Zeit vollzogen und ist sie in Europa früh ausgestorben oder ist überhaupt die Lückenhaftigkeit des Materials Ursache unserer unzureichenden Kenntnis? Neben den Blättern sind von den Autoren auch Zweige und Blüthen beschrieben. Die ersteren, blattlos, bezeichnet Heer als besondere Species, *A. rhabdoclados* und vereinigt damit ein Blatt nach willkührlicher Annahme. Fraglich ist überdies, ob das Blatt zu *Acer* gehört. Die bis jetzt fossil gefundenen Blüthen stammen sämmtlich aus dem Bernstein des Samlandes. Die von Conwentz als *A. Schumanni* beschriebene, Taf. VIII Fig. 7—9 (Bernsteinflora) abgebildete Blüthe kann eine Ahornblüthe mit Reduction der Petala und zweier Staubblätter sein. Von Caspary's Arten kennen wir nur die Beschreibungen. Nach diesen ist bei *A. succineum* die Sechszahl der Staubblätter, wie Pax richtig bemerkt, für *Acer* ungewöhnlich, für die übrigen, *A. micranthum*, *A. majus*, *A. Scharlockii*, gilt das Gleiche, wobei ich die Bemerkung nicht unterdrücken kann, dass in der Darstellung der Structurverhältnisse der Blüthen Manches unklar zu sein scheint.

Auffallend ist die geringe Zahl der Ahornreste des nordamerikanischen Tertiär. Von den durch Lesquereux beschriebenen Arten hat bereits Pax von zweien bemerkt, dass sie nicht zu *Acer* gehören, von den übrigen ist *A. Bolanderi* Lesq. bereits besprochen, *A. arcticum* Lesq. ist zu unvollständig, um brauchbar zu sein, die Früchte von *A. indivisum* Lesq. sind wegen des Verlaufes ihrer Leitbündel Malpighiaceenfrüchte, *A. gracilescens* Lesq. (Tert. und Cret. Flora. 1883) Taf. XLIX Fig. 7 kann ein *Acer* sein, Fig. 6 nicht.

Die Familie der *Malpighiaceen* hat, wie ich glaube, Spuren ihrer Existenz während der Tertiärperiode zurückgelassen. Einmal finden sich unter den fossilen Hölzern von Antigua solche, welche dieser Familie angehören, sodann sind schon seit langer Zeit aus dem Tertiär Schlesiens von Striese durch Göppert Früchte einer Ahornart, in welchen er selbst schon eine Malpighiacee (*Heteropteris*) vermuthet, beschrieben: *Acer giganteum* Göpp. Dass diese Vermuthung Göppert's gegründet ist, bezweifle ich nach den mir zur Disposition stehenden Früchten lebender Malpighiaceen nicht (Fig. 324).

Die *Malpighiaceen*, eine tropische, in nur wenigen Formen extratropische Familie, bestehen aus Bäumen und holzigen Schlingpflanzen, deren grösster Theil Brasilien und Guiana, der kleinere dem übrigen tropischen Amerika,

Afrika und Asien angehört. Wenige finden sich in Arabien, im extratropischen Theile des südlichen Afrika's und Amerikas und im nördlichen Amerika.

Blüthen Zwitter, zuweilen polygam, Kelch fünfblätterig, vier mit zwei Drüsen, Kronenblätter fünf, gestielt, gewimpert, Staubblätter zehn, zuweilen einige unterdrückt, Antherenfächer bisweilen geflügelt, Connectiv zuweilen verdickt. Discus wenig entwickelt. Fruchtblätter drei, oberständig. Früchte: Beeren, Steinfrüchte, Spaltfrüchte, die Theilfrüchte häufig geflügelt. Blätter gegenständig, ganzrandig oder gezähnt, mit oder ohne Nebenblätter. Drüsen an

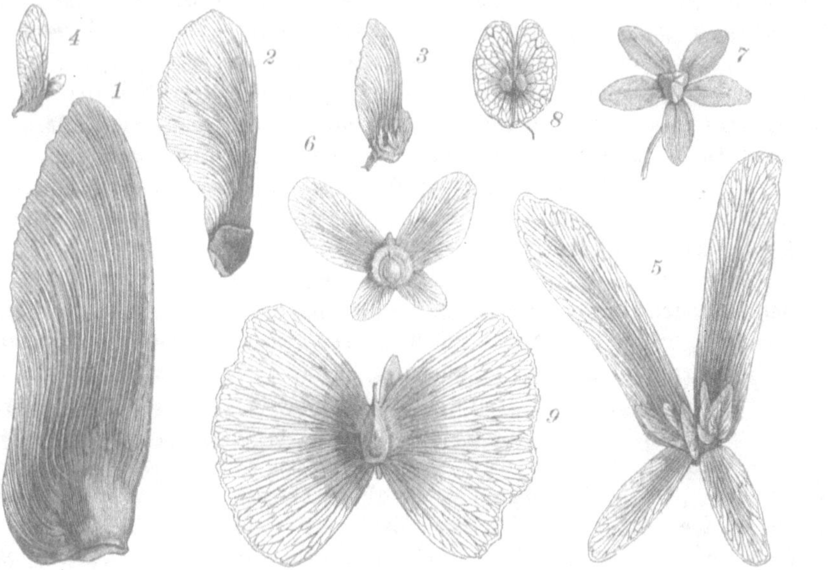

Fig. 324.

1 *Banisteria* sp. 2 *B. scandens* Griseb. 3 *Schwannia muricata* A. Juss. 4 *Gaudichaudia albida* Schlechtdhl. 5 *Tetrapteris ovalifolia* Griseb. 6 *Tetrapteris cordifolia* Mart. 7 *Galphimia latifolia* Mart. 8 *Hiraea urens* Moric. 9 *H. septentrionalis* A. Juss. Sämmtlich Früchte recenter Malpighiaceen. (Nach der Natur.)

den Blattstielen, auf der Unterseite oder am Rande der Blätter nicht selten. Kelchblätter zuweilen stehenbleibend, fortwachsend (*Galphimia*). Einen für die Blätter der Malpighiaceen charakteristischen oder für die Gattungen bezeichnenden Verlauf der Leitbündel gibt es nicht, so wenig wie dies für andere Familien behauptet werden kann. Er ist in den meisten Gattungen gefiedert, bei einzelnen bogenläufig, so bei *Stigmaphyllum*, in welchem Falle dann bei fossilen Blättern an die Herkunft von Monocotylen gedacht werden kann. Ist der Leitbündelverlauf gefiedert, so ist der Mittelnerv meist mässig stark, seine Verzweigungen sind alternirend, je nach der Breite des Blattes in einem steilen oder weniger steilen Bogen aufsteigend, in einem Winkel von 15°, 20°, 25°—60° austretend, die untersten meist steiler ansteigend. Alle Secundärnerven sind camptodrom, die Camptodromie entsteht entweder durch eine Gabeltheilung, wobei der obere Gabelast des vorausgehenden

Leitbündels mit dem unteren Gabelaste des darauffolgenden sich verbindet oder die vorhergehenden secundären Leitbündel verbinden sich mit den letzten äussersten Tertiärnerven der nachfolgenden. Beides kann an dem nämlichen Blatte vorkommen, das erstere in der unteren und mittleren Region, das zweite in der oberen Region des Blattes. Die Verzweigungen der Camptodromieen, unter sich ebenfalls verbunden, bilden bis zum Blattrande ein Maschennetz, sind die Blätter gezähnt, so erhalten die Zähne Aeste des aus den Camptrodromieen hervorgegangenen Netzes. Unvollständige Secundärnerven fehlen wohl keiner Gattung, sie enden im Anastomosennetz. Die Queranastomosen, unter rechtem oder spitzem Winkel austretend, verlaufen gerade, gebogen oder schief, sie differieren nicht oder kaum in ihrer Stärke von den Verzweigungen höherer Ordnung. Ihre Felder, durch den Verlauf der Quartärnerven zuweilen mit den Secundärnerven parallel, sind alle durch die weiteren Verzweigungen mit einem engmaschigen Netz ausgefüllt.

Bei dem bogenförmigen Verlauf der Leitbündel, bei *Stigmaphyllum* am reinsten ausgeprägt, treten drei, fünf bis sieben Leitbündel in die Blattfläche und verlaufen im stärkeren oder schwächeren Bogen, je nach der Ausbildung der Basaltheile des Blattes convergirend gegen die Blattspitze, wobei die beiden untersten Paare, hinsichtlich ihrer Stärke die schwächsten, die stärkste Bogenkrümmung nach abwärts machen. Alle Leitbündel sind camptodrom; sind die Blätter gezähnt, so erhalten die Zähne Aeste der zu Schlingen verbundenen Verzweigungen der Camptodromieen, sind sie ganzrandig, so wird der Raum bis zum Blattrand durch das aus den Aesten gebildete Netz ausgefüllt. Eine Bemerkung Ettingshausen's in den Beiträgen zur fossilen Flora von Radoboj, Wien 1870, dass bei den Malpighiaceen die Tertiärnerven nicht unter rechtem Winkel aus den Secundärnerven abgehen, finde ich nicht zutreffend. Die Tertiärnerven entspringen sehr häufig unter rechtem Winkel. Weiter sei über den Leitbündelverlauf erwähnt, dass bei *Galphimia, Byrsonima* die Secundärleitbündel bei einem Theil der Arten unter einem nahezu rechten Winkel austreten, bei den schmalen Blättern von *Galphimia linifolia* Asa Gray aus Texas aber unter sehr spitzem Winkel. *Triopteris rigida* aus Cuba hat den gewöhnlichen gefiederten Leitbündelverlauf, die Secundärnerven, durch Gabeltheilungen zu Camptodromieen verbunden, bilden grosse Felder, welche durch die mit einem Netz schmaler linearer, unter sich und mit den Secundärnerven paralleler Maschen, aus der Verbindung der secundären unvollständigen Secundärleitbündel, den tertiären und ihren Verzweigungen hervorgegangen, ausgefüllt sind.

Wie Eingangs bemerkt, sind Blätter und Früchte fossil erhalten, beide zum grössten Theile mit noch lebenden Gattungen identificirt. Eine Gattung, *Malpighiastrum*, mit Ausnahme zweier Arten, *M. Heteropteris* Ung. und *M. janusiaeforme* Sap. sind aus Blättern gebildet, welche mit verschiedenen Malpighiaceengattungen, aber auch mit den Gattungen anderer Familien beinahe ausnahmslos verglichen sind, z. B. mit *Juglans, Rhus, Olea, Moreen* etc. Weder die Form, noch der häufig unzureichend erhaltene Leitbündelverlauf der Blätter gibt Anhaltspunkte für eine sichere oder nähere Bestimmung.

Malpighiastrum Junghuhnianum Göpp. dürfte ein Blatt sein, welches nach seinem Vorkommen im Tertiär Java's vor allem Anspruch auf eine grössere Sicherheit der Bestimmung hat. *M. janusiaeforme* Sap. von St. Zacharie die einzige Art, welche beizubehalten, sind geflügelte Theilfrüchte, deren gerader, stumpfer Flügel von parallelen, unter sich durch schiefverlaufende Anastomosen verbundenen Leitbündeln durchzogen (Fig. 325[5]), und mit den *Gaudichaudieen* verwandt ist, alle übrigen, von Unger, Ettingshausen und Staub (die aquitanische Flora des Csilthales. Budapest 1887) beschriebenen Arten gehören zu dem grossen Heer zweifelhafter dicotyler Blätter, wobei man noch die Frage stellen kann, ob schmalblättrige Malpighiaceen der Tertiärperiode gänzlich gefehlt haben. Auf *Malpighiastrum* folgen die mit noch lebenden Gattungen identificirten fossilen Reste, deren Arten auf Blatt- und Fruchtreste gegründet. Zunächst ist hervorzuheben, dass die fossilen Fruchtreste durchgängig Flügelfrüchte sind, wornach also nur Malpighiaceen aus Gruppen existirt hätten, welchen solche Fruchtformen zukommen. Dass dem wirklich so sei, dafür liegt ein Beweis nicht vor, die Flügelfrüchte sind durch ihre Beschaffenheit leichter hinsichtlich ihrer Zugehörigkeit zu erkennen und hinsichtlich ihrer Erhaltung im Vortheil.

Aus dem oberen Miocän von Bischofsheim erwähne ich *Banisteria teutonica* Heer, geflügelte Früchte mit breitem Flügel, geradem Leitbündelverlauf (Fig. 325[2. 3]), mir in Originalexemplaren von Sieblos vorliegend: Sie ist keine *Banisteria*, sondern entweder *Gaudichaudia* oder eine mit ihr verwandte Form, welche den als *Malpighiastrum janusiaeforme* Sap. bezeichneten Früchten verwandt ist. Ich nenne sie *Malpighiastrum teutonicum*. Der Leitbündelverlauf der Blätter von *Banisteria* L. fiederförmig, die Secundärverzweigungen alternirend, je nach der Breite des Blattes in flacherem oder steilerem Bogen aufsteigend, durch Gabeltheilung oder durch die letzten Tertiärnerven camptodrom, bis zum Rande des Blattes ein aus den Verzweigungen der Schlingen hervorgehendes Netz reichend, Queranastomosen unter rechtem oder spitzem Winkel austretend, ihre Felder durch ein engmaschiges Netz der weiteren Verzweigungen ausgefüllt. *B. helvetica* Heer von Monod, *B. sotzkiana* Ung. von Sotzka, sind Blätter, welche vielleicht der Gattung entsprechen. Die Frucht von *B. haeringiana* Ettingsh. (Fig. 325[4]) dürfte wohl hierher gehören. *Stigmaphyllum demersum* Sap., ein Blattrest (Fig. 325[1]), entspricht in dem von Saporta dargestellten Leitbündelverlauf jenem der von mir untersuchten Arten, deren Leitbündelverlauf sich dem gefiederten anschliesst, wie er jenen Blättern der Gattung zukömmt, welche eine weniger herzförmig entwickelte Basis haben, deren Blattfläche weniger breit ist. Das Vorhandensein dieser brasilianischen Gattung im Tertiär ist deshalb, so weit sich dies nach Blättern beurtheilen lässt, nicht unwahrscheinlich. Als *Heteropteris*-Arten sind zwei Blattreste beschrieben, *H. protogaea* Ettingsh., *H. palaeonitida* Staub, erstere von Leoben, letztere aus dem Csilthale in Ungarn. Beide gehören meines Erachtens zu den zweifelhaften Blattresten. Ob die mit *Malpighiastrum Heteropteris* Ung. vereinigten Früchte (Sylloge III.) solche von *Heteropteris* sind, scheint mir fraglich, da die Abbildung nichts von Leitbündeln zeigt, Richtung und Aussehen der Flügel eher eine Gaudichaudiee vermuthen lässt. Die von Göppert als *Acer giganteum* und von Heer als *Acer otopterix* aus dem Tertiär der Schweiz abgebildeten Früchte dagegen stelle ich ohne Bedenken zu *Banisteria* als *B. gigantea* (Fig. 325[10]). Auch von *Tetrapteris* liegen Früchte vor, welche dieser

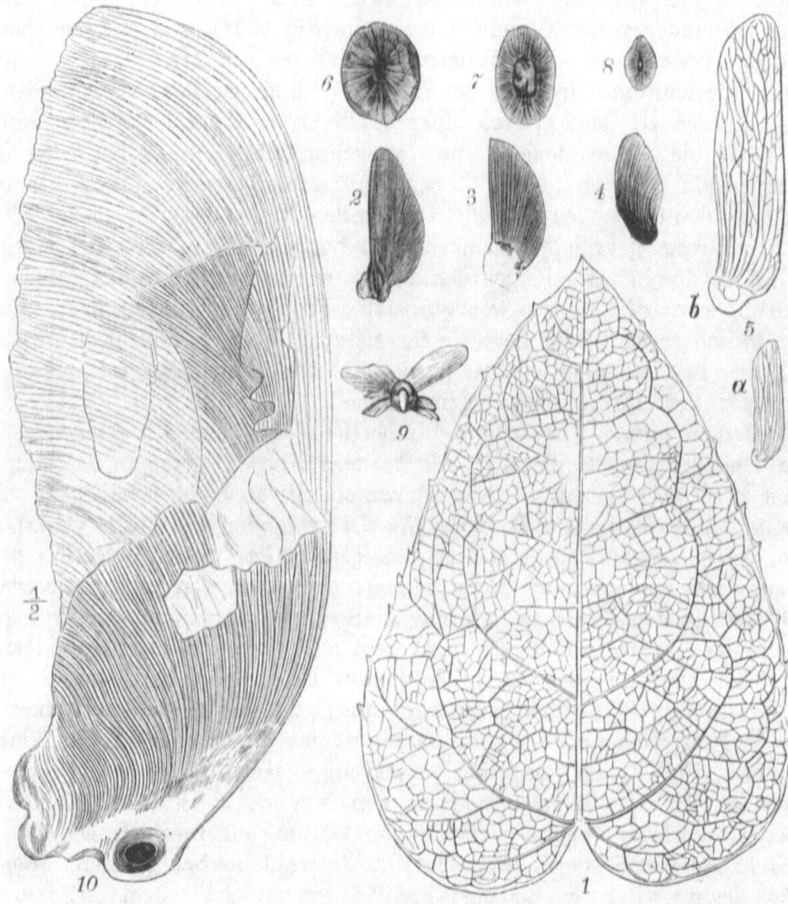

Fig. 325.

1 *Stigmaphyllum demersum* Sap. Armissan. Ob. Oligocän. 2. 3 *B. teutonica* Heer! Sieblos in der Rhön. 4 *B. haeringiana* Ettingsh. Häring. Unt. Oligocän. 5 *a b* *Malpighiastrum janusiaeforme* Sap. Nat. Grösse. *b* vergrössert. St. Zacharie. Mittl. Oligocän. 6 *Hiraea Ungeri* Ettingsh. Sotzka. Ob. Oligocän. 7 8 *H. borealis* Ettingsh. Häring. Unt. Oligocän. 9 *Tetrapteris harpyarum* Ung. Sotzka. Ob. Oligocän. 10 *Banisteria* (*Acer* Göpp.) *gigantea*. Um die Hälfte verkleinert. Striese in Schlesien. Tertiär (2, 3 nach der Natur, die übrigen Copien nach Saporta, Ettingshausen, Unger, Göppert.)

Gattung angehören, so von Sotzka *T. Harpyarum* Ung. (Fig. 325[9]), während *T. minuta* Ettingsh. von Leoben, Sagor, Radoboj, *T. bilinica* Ettingsh. von Kutschlin kaum beweisfähig sind. Dass die Gattung *Hiraea* Jacq. im Tertiär existirte, lässt sich durch die dem unteren Oligocän von Häring angehörigen

Früchte von *H. borealis* Ettingsh. feststellen (Fig. 325[7 8]), während die Früchte von *H. Ungeri* Ettingsh., *H. Hermis* Ung., beide von Sotzka, die aus dem oberen Miocän von Schrotzburg stammenden Früchte von *H. expansa* Heer sehr fraglich sind. Die mit diesen Gattungen vereinigten Blätter sind sämmtlich mehr oder weniger zweifelhaft. Der Leitbündelverlauf der Blätter bei den drei zuletzt erwähnten Gattungen zeigt nichts für die einzelnen Gattungen Charakteristisches. Die Früchte sind es, welche den Nachweis liefern, dass die Familie in der Tertiärzeit vom unteren Oligocän bis in das obere Miocän Europa bewohnte und während dieser Periode, wenn man alle Früchte als sicher bestimmt gelten lässt, von Untersteiermark bis in die nördliche Schweiz, die Rhön und Böhmen verbreitet war.

Die Epidermis der Blätter der Malpighiaceen ist bei einzelnen Gattungen entweder durch verzweigte oder horizontal der Blattfläche aufliegende scharfspitzige Haare charakterisirt, welche sich an verkohlten Blättern oder abgefallen in der Braunkohle erhalten können. Im Allgemeinen besteht die Epidermis aus kleinzelligem Gewebe und sind die Schliesszellen der Spaltöffnungen ebenfalls klein, die Spaltöffnungen zahlreich, häufig von zwei oder vier Zellen umgeben. Bei lederartigen Blättern sind sie, z. B. *Hiptage*, *Heteropteris*, eingesenkt, von einem Walle umgeben. Dies Strukturverhältnis ist häufig sehr gut erhalten, wie ich dies in einer Reihe von Fällen nachgewiesen habe, unter anderen bei Heer's *Pinus Crameri*. Die Epidermiszellen sind entweder z. B. bei *Tetrapteris*, *Hiraea* polygonal und geradwandig auf beiden Blattseiten, oder z. B. bei *Triopteris* oberseits wellig, unterseits polygonal und geradwandig, dabei gestreckt und isodiametrisch oder geradwandig, quer gestreckt auf der Oberseite bei *Hiptage*, auf der Unterseite polygonal. Die häufig rundlichen oder kurzovalen Früchte sind auf der Aussenfläche mit netzförmigen oder ästigen Leisten versehen, letztere zuweilen zackig. Die Leitbündel der Flügel verlaufen entweder in einem schwächeren oder stärkeren Bogen oder gerade und verzweigt, oder von der Basis der Flügel aus strahlend, unter sich durch Aeste verbunden, entweder frei endend (*Gaudichaudia*) oder vor dem Rande durch Anastomosen verbunden (*Hiraea*, *Tetrapteris*) oder sie bilden ein Netz mit ziemlich engen Maschen (*Tetrapteris*). Vgl. Fig. 324. Das Gewebe der Flügel besteht der Hauptmasse nach aus dünnwandigen, ästigen Zellen mit Luftlücken, welche um so grösser sind, als die Frucht grösser ist, eine Structur, welche die Verbreitung der Früchte erfordert.

Der Familie der *Vochysiaceen*, deren Glieder sämmtlich dem tropischen Südamerika und Centralamerika angehören, ist ein Blattrest, *Vochysia europaea* Ettingsh. aus dem unteren Miocän von Sagor durch Ettingshausen zugewiesen worden. Das Blatt hat einen sehr starken Blattstiel, einen an der Basis starken, allmählich nach oben sich verdünnenden Mittelnerven, schiefaufsteigende Secundärnerven, welche durch schiefverlaufende, unter spitzem Winkel austretende Anastomosen verbunden sind. Ihre Felder füllt ein Netz unregelmässiger Maschen aus (Taf. 19 Fig. 22 in Ettingshausens Foss. Flora von Sagor.) Die Secundärnerven sind ohne Zweifel camptodrom, wie indess die Camptodromie zu Stande kommt, zeigt die Abbildung nicht. Mit dem Leitbündelverlauf von *Vochysia* hat jener der fossilen Blätter wenig Übereinstimmendes. Wie ich aus der Untersuchung einer ziemlich grossen Anzahl von Arten dieser Gattung sehe, ist er innerhalb der Gattung sehr gleichförmig. Der Mittelnerv ist ziemlich stark, die secundären Leitbündel, unter einem Winkel von 25—30° bis 50—60° austretend, verlaufen in einem entweder steil aufsteigenden oder ziemlich flachen Bogen gegen den Rand, in dessen Nähe sie sich entweder mittels einer Gabeltheilung oder durch die letzten Tertiärnerven camptodrom verbinden. Durch die aus den Camptodromieen gegen den Rand verlaufenden Aeste entsteht ein bis beinahe zum Rande reichendes Netz. Die unvollständigen secundären Nerven enden im Anastomosennetz. Dieses Netz entsteht durch unter rechtem oder beinahe rechtem Winkel austretende Tertiärnerven, deren Aeste, die quartären, nicht selten parallel mit den Secundärnerven liegende Felder bilden, welche durch das von den weiteren Verzweigungen gebildete, zuweilen sehr kleine Maschennetz ausgefüllt werden.

Die Sicherheit des Vorhandenseins dieser Gattung während der Tertiärzeit ist, nur auf das gefundene Blatt gegründet, nicht gross und wird sie auch durch die Beschaffenheit der Epidermis nicht grösser. Auf der Oberseite besteht sie aus geradwandigen polygonalen Zellen, auf der Unterseite sind die Spaltöffnungen zahlreich, vertieft, von einer Zone radiärgestellter, etwas gestreckter Zellen umgeben, bei sonst gleicher Beschaffenheit der Zellen, ein Bau der Epidermis, welcher anderen Blättern nicht fehlt. Der oben angeführte Leitbündelverlauf ist nicht bei allen Gattungen der Vochysiaceen vorhanden. So z. B. bei *Qualea*, in der Umgrenzung von Bentham und Hooker, sind die Secundärleitbündel einfach, dicht gedrängt, alternierend, durch kurze horizontale oder etwas schiefe Anastomosen verbunden. Die Camptodromie wird durch die dicht am Rande liegende Gabelverzweigung hergestellt, der Rand, von einer Randleiste umzogen, erhält Aeste von den Camptodromieen. Bei *Schüchea*, von Bentham und Hooker wie die folgende mit *Qualea* vereinigt, stehen die secundären Leitbündel viel weiter unter sich ab, die Camptodromieen entstehen ebenso wie bei *Qualea*, der übrige freie Blattrand ist von zahlreichen, wenig verästelten Leitbündeln, aus den Camptodromieen entspringend, eingenommen. Bei *Amphilochia* stehen die Secundärleitbündel ziemlich entfernt, ihre Camptodromien werden durch die Verbindung derselben mit den letzten Tertiärästen hergestellt, die anastomosirenden Tertiärnerven verlaufen gerade oder schief. Das Beispiel möge genügen, dass der Leitbündelverlauf zur Charakteristik von Unterabtheilungen dienen kann.

12. Reihe. **Frangulinae.**

Die Reihe enthält die Familien der *Celastraceen, Hippocrateaceen, Pittosporaceen, Aquifoliaceen, Vitaceen* und *Rhamnaceen*, durchgängig Holzgewächse, theils Bäume oder Sträucher mit aufrechten Axen, aber auch windend oder rankend. Ehe ich jedoch auf die einzelnen Familien der Reihe näher eingehe, habe ich zur Ergänzung des bei den *Olacaceen* und *Connaraceen* S. 546 Gesagten Einiges nachzutragen, was dort unliebsam nicht erwähnt ist.

Aus der ersteren Familie, den *Olacaceen*, bildet Conwentz in seiner gewöhnlichen vortrefflichen Weise einen langgestielten, von einem tief viertheiligen Kelche umgebenen, reifenden Fruchtknoten aus dem Bernstein des Samlandes ab (Conwentz, Bernsteinflora S. 78, Taf. 8, Fig. 14. 15). Der längliche Fruchtknoten, etwa dreimal so lang als die linearen, spitzen, ab-

Fig. 327.

1. 2 *Celastrinanthium Hauchecornei* Conw. 1 nat. Gr. 2 vergr. 3. 4 *Ximenia gracilis* Conw. 3 nat. Gr. 4 vergr. 5. 6. *Billardierites longistylus* Caspary. 5 nat. Gr. 6 vergr. 7. 8 *Connaracanthium roureoides* Conw. 7 nat. Gr. 8 vergr. Sämmtlich aus dem Bernstein des Samlandes. Copieen nach Conwentz.

stehenden Abschnitte des unterständigen Kelches, trägt einen einfachen Griffel mit kopfiger Narbe und ist in seiner oberen Hälfte mit deutlichen Wärzchen bedeckt. Von Conwentz wird der Rest zu der tropischen Gattung *Ximenia*, deren eine Art, *X. americana* L. über die ganze Tropenwelt, die anderen drei, je eine in Mexiko, in Südafrika und auf den südlichen Inseln des stillen Ozeans verbreitet sind, gezogen und *Ximenia gracilis* genannt (Fig. 327 3. 4).

Der zur Familie der Connaraceen gezogene Rest ist eine ebenfalls im Bernstein des Samlandes erhaltene Blüthe, welche Conwentz (a. a. O. S. 104. Taf. 10, Fig. 17—21) *Connaracanthium roureoides* nennt. Die fossile Blüthe steht jenen der Gattung *Rourea* Aubl. am nächsten. Wie *Connarus* L. ist diese Gattung hauptsächlich im tropischen Asien und Amerika verbreitet. Das von Conwentz abgebildete Exemplar (Fig. 327 [7 8]) ist das Fragment eines cymösen Blüthenstandes, drei gestielten, an einer gemeinsamen Axe stehenden Blüthen, der kurze Stiel gegliedert. Der Kelch fünftheilig, nicht abfallend, die Abschnitte eiförmig, gekerbt, in der Mittellinie gekielt, Kronblätter fünf, eilänglich, spitz, die Basis in einen Stiel verschmälert, frei, abstehend oder zurückgeschlagen, mehrfach länger als der Kelch, Staubblätter zehn, Antheren länglich, zweifächerig, Griffel fünf, fadenförmig, ihr oberer Theil nach auswärts gekrümmt, Narben schief kopfförmig.

Gegen die Bestimmung des zur Gattung *Ximenia* gezogenen Restes lässt sich nichts Wesentliches erinnern. Vergleicht man den Rest mit dem gleichen Entwickelungsstadium der Blüthen von *Ximenia,* so ergibt sich für den im Beginn der Reife stehenden Fruchtknoten eine im Aeussern so überraschende Uebereinstimmung, dass kaum eine Differenz zwischen der recenten und der fossilen Art nachzuweisen ist, verschieden sind der sehr viel längere Blüthenstiel und die längeren Kelchabschnitte. Ob auch das Innere des Fruchtknotens, die Anheftung und Form der Samenknospen übereinstimmen, bleibt unentschieden. Es ist also nicht unwahrscheinlich, dass zur Oligocänzeit in der baltischen Region eine Olacacee existirt hat. Das Gleiche gilt auch für die als *Connaracanthium* beschriebene Blüthe. So weit dieselbe erhalten ist, stimmt sie mit den Blüthen von *Rourea* überein, so dass es wohl gestattet ist, aus ihr den gleichen Schluss wie bei der vorangehenden Blüthe zu ziehen: dass die Familie (für die Gattung ist die Entscheidung nicht möglich) in der Oligocänzeit ebenfalls in der baltischen Region vorhanden war.

Die Gruppe der *Frangulinen* ist durch actinomorphe, meist zwitterige, selten polygame, vier- bis fünfzählige Blüthen und einem den oberständigen Fruchtknoten umgebenden Discus, welcher die bis zu zehn steigenden Staubblätter trägt, charakterisirt. Fruchtknoten oberständig, Früchte: Beeren, Steinfrüchte, Kapseln oder Schliessfrüchte. Samenknospen apotrop, Samen mit meist grossem Embryo.

So wie die Reste dieser Gruppe aufgefasst werden, ist ihr erstes Auftreten in die jüngere Kreide verlegt, eine Annahme, welche sich auf das Vorkommen von Blättern stützt, welche zum grossen Theile den Kreidebildungen Nordamerika's, einzelne jenen Grönland's und Europa's angehören. Die grössere Mehrzahl gehört indess dem Tertiär an, in welchem sie vom Eocän bis in das Miocän und Pliocän vorkommen, sie fehlen aber auch dem Quartär nicht. Im Allgemeinen tragen die Blattbestimmungen das Gepräge der Unsicherheit, um so mehr, als auch die wenigen Blüthen- und Fruchtreste nichts weniger als beweisend sind.

Die Familie der *Celastraceen*, aus Bäumen und Sträuchern bestehend, ist nach den Anschauungen der Paläontologen in zahlreichen Resten, Blättern beinahe ausschliesslich, selten als Blüthen und Früchte auf uns gekommen. Inwieweit dies begründet ist, wird sich im Folgenden ergeben, vorerst sei nur bemerkt, dass wie in vielen anderen Familien neben Blättern von ganz unzureichender Erhaltung, Blüthen und Früchte, welche verschieden gedeutet werden können, dieser Familie angereiht sind und so die Zahl der Arten in einzelnen Gattungen zu einer bedeutenden Höhe gebracht ist. Jetzt gehört von der über vierhundert Arten zählenden Familie der grössere Theil der tropischen und subtropischen, wenige der gemässigten Zone an.

Blüthen actinomorph, meist Zwitter, Kelch, Krone vierblätterig, selten fünfblätterig, Staubblätter vier, selten mehr. Fruchtblätter vier, fünf bis zehn, von einem Discus umgeben. Fruchtknoten oberständig, zwei- bis fünffächerig. Samenknospen zwei und mehr. Früchte: Kapseln, Steinfrüchte, Schliessfrüchte. Samen mit Arillus. Blätter häufig lederartig mit hinfälligen Nebenblättern, aber auch ohne diese, Axen zuweilen schlingend.

Zuerst sei die Gattung *Celastrus* L. erwähnt, deren Arten, wenn *Gymnosporia* Wight et Arn. ausgeschlossen wird, meist dem nördlichen China, Japan, den Bergzügen Indiens, wenige Australien, dem nördlichen Amerika, eine Madagaskar angehören. Diese Verbreitung spricht für das Vorhandensein der Gattung im Tertiär, welche ohne Zweifel borealen Ursprungs ihre letzten Ausläufer in Australien und Madagaskar hat. Aus Europa ist sie verschwunden.

Die Blätter sind meist lederartig, mit kleingezähntem Rande und fiederförmigem Leitbündelverlauf. Mittelleitbündel gegen die Blattspitze dünner, secundäre Leitbündel alternirend, die unteren ziemlich steil aufsteigend, obere in gekrümmtem Bogen verlaufend, unter einem Austrittswinkel von 50—80° austretend, jederseits fünf bis sieben, von geringer Stärke, camptodrom entweder durch die Vereinigung der Aeste eines unteren Leitbündels mit jenen des darauf folgenden oder durch die letzten Tertiärnerven, ersteres z. B. bei *C. scandens* L. bei den Leitbündeln der Basalregion des Blattes, das letztere bei derselben Art in dem oberen Theile desselben. Der Leitbündelverlauf ist in der ganzen Familie sehr gleichförmig, insoferne es sich um breitere Blattformen handelt, bei schmäleren Blattformen ist er im Allgemeinen dadurch ein anderer, dass die secundären Leitbündel in einem spitzern Winkel austreten, 80—90°, z. B. bei *Hartogia Thea*. Durch das Vorhandensein unvollständiger, im Anastomosennetz endender Leitbündel, geschieht es nicht selten, dass mit den Secundärleitbündeln parallel liegende Felder entstehen. Dies kann bei der einen Art einer Gattung vorhanden sein, bei einer anderen fehlen. Blätter, welche ausser dem Mittelleitbündel keinen oder neben diesem die Secundärleitbündel wenig angedeutet zeigen, sind bei der grossen Anzahl lederartiger Blätter in dieser Familie nicht selten, und da sehr schmale Blattformen ebenfalls vorkommen, so fehlt es auch nicht an solchen, welche als einnervige bezeichnet werden. Die unter den Frangulinen weiter angeführten Gruppen der *Hippocrateaceen*, *Pittospora-*

ceen und *Aquifoliaceen* haben den gleichen Leitbündelverlauf, so dass es schwer zu begreifen ist, wie man unter solchen Umständen die fossilen Blätter nicht allein den verschiedenen Familien, sondern auch verschiedenen Gattungen zutheilen konnte. Wie ist es z. B. möglich, *Pterocelastrus* von *Celastrus* zu sondern, wenn nur Blätter vorliegen, wie dies thatsächlich der Fall ist. Ein Theil der hierher gehörigen Blätter der lebenden Formen ist ferner jenen der Myricaceen ähnlich, die Blattformen mit stärkeren Zähnen, ein anderer mit spitzen, dornigen Zähnen, jenen der Eichen mit analoger Blattform. Wie lassen sich diese Blattformen, wenn der Leitbündelverlauf nicht sehr gut erhalten, sicher auf die eine oder andere Familie zurückführen? Dass man bei dieser Reihe wie in anderen Fällen den Gattungscharakter aus all' den Kennzeichen gebildet hat, welche für die Umgrenzung der lebenden Gattung gelten, ändert an der Sache gar nichts, diese Dinge liegen einfach in der Vollständigkeit, wie sie angegeben werden, gar nicht vor, und werden für die Arten die dem Leitbündelverlauf entnommenen Charaktere benutzt, so sieht es darin auch trostlos aus, wenn nervi secundarii »angulo vario« austreten oder nervi tertiarii »obseleti« genannt werden. Was dafür spricht, dass Formen aus dieser Reihe während der Tertiärzeit in Europa existirt haben, sind die lebenden Formen, welche in den vereinigten Staaten Nordamerika's, im nördlichen China, in Japan, in Europa und im Norden Afrikas vorkommen, das Vorhandensein einzelner Gattungen in Abyssinien, kurz die Verbreitung der Formen, wie sie heute uns vorliegt. Bei dem Wechsel, welchem die Blätter bei den einzelnen Individuen unterliegen, hat die Unterscheidung der zahlreichen Arten z. B. von *Celastrus* einen sehr geringen Werth; begreiflicherweise auch die daraus gezogenen Schlussfolgerungen.

Blüthen sind im Bernstein des Samlandes erhalten und von Conwentz in seiner Bernsteinflora als *Celastrinanthium Hauchecornei* (Fig. 327 [1. 2]) beschrieben. Es sind Knospen mit vier Kelch- und Kronblättern und ist gegen diese Bestimmung nichts einzuwenden, zumal da auch der Name ganz entsprechend gewählt ist. Von sehr geringem Werthe sind die als *Celastrus evonymellus* Ung., *C. evonymelloides* Ung. von Radoboj, *C. Bruckmanni* A. Br. von Oeningen beschriebenen fünfzähligen Blüthenkronen, welche entweder unbrauchbar oder zweifelhaft sind. Die mit *Evonymus* vereinigten Früchte, *E. amissus* Heer aus Nord-Grönland (Fig. 329 [1]), *E. radobojanus* Ung. von Radoboj, *E. moskenbergensis* Ettingsh. von Moskenberg bei Leoben können Früchte dieser Gattung sein, da aber gerade dasjenige, was die Früchte von *Eronymus* charakterisirt, bei ihnen nicht nachzuweisen ist, so können sie auch auf eine andere Kapselfrucht bezogen werden. Dasselbe gilt für die mit *Pittosporum* und *Bursaria* vereinigten Früchte, *P. Fenzlii* Ettingsh. (Fig. 328 [3]) von Häring und *B. radobojana* Ung. von Radoboj und Sused (Fig. 328 [8]). Auch ihnen fehlt das, was die Bestimmung sichert. Anders verhält es sich mit der als *Billardierites longistylus* Casp. aus dem Bernstein des Samlandes von Caspary und Conwentz nach einem Exemplar der Berlinersammlung beschriebenen Blüthe, von welcher wir annehmen dürfen, dass sie *Billardiera* oder einer ihr sehr nahe verwandten Gattung angehört (Fig. 327 [5. 6]). Die Blüthe ist gestielt, der Stiel oberwärts gefurcht, Kelchblätter fünf, länglich, abstehend, ihre Ränder eingerollt, ebensoviele verkehrt-eiförmig längliche, unterwärts zusammengerollte, oberwärts abstehende Kronblätter, fünf Staubblätter mit fadenförmigen Trägern, von der Länge der Kronblätter, mit fadenförmigem Griffel und zweilappiger Narbe. An diese reihen sich Blüthen von *Ilex*,

Fig. 328.

1 *Pittosporum Colensoi* F. Müll. Frucht. Neuholland. 2 *P. Putterlicki* Ung. Blatt. Parschlug. Mittelmiocän. 3 *P. Fenzlii* Ettingsh. Häring. Frucht. Unt. Oligocän. 4—7 *Zizyphus Ungeri* Heer. Häring. Unt. Oligocän. 8 *Bursaria radobojana* Ung. Frucht. Radoboj. Untermiocän. 9 *Ilex neogena* Ung. Parschlug. Mittelmiocän. (1. 4—7. 9 nach der Natur, die übrigen Copieen nach Unger und Ettingshausen.)

gleichfalls aus dem Bernstein des Samlandes, von Caspary und Conwentz beschrieben, von welchen jedoch zwei Arten Caspary's von Conwentz mit Recht zu *Sambucus* gebracht werden. Die eine derselben ist *I. prussica* Casp., (Fig. 329 [3, 4]), die andere *I. minuta* Conw. Erstere, von Conwentz zuerst beschrieben, ist eine kurz gestielte Blüthe mit viertheiligem Kelche, die Lappen klein, eiförmig dreieckig, ganzrandig oder schwach gekerbt, Kronblätter vier, eilänglich, frei, aufrecht, Staubblätter vier, beinahe doppelt so lang als die Kronblätter. Von dem Fruchtblatte ist nichts zu sehen, es scheint eine männliche Blüthe zu sein. Die zweite Blüthe, *Ilex minuta* Conw. (Fig. 329 [5, 6]) ist viel kleiner, die eiförmigen Lappen des Kelches am Rande gewimpert, die vier Kronblätter verkehrt-eiförmig mit verschmälerter Basis, die vier Staubblätter beinahe doppelt so lang, als die Kronblätter. Da auch bei dieser von den Fruchtblättern nichts zu sehen ist, wohl auch eine männliche Blüthe. Eine dritte Blüthe, *Ilex aurita* Casp. ist nur aus der Beschreibung des Autors bekannt, nach welcher die sympetale Corolle radförmig und sechstheilig sein soll, die Staubblätter an der Basis etwas verbreitert der Corolle ansitzen. Es kommen zwar bei *Ilex* sympetale Corollen vor, die Möglichkeit, dass eine solche *Ilex*-Blüthe vorliegt, ist demnach zuzugeben, indess liegt es auch nahe, an Blüthen zu denken, welche einer Familie mit sympetalen Corollen angehören, wie dies bei zwei anderen *Ilex*-Blüthen Caspary's der Fall ist.

Lässt man alle Blattbestimmungen gelten, wie sie für diese Familien beliebt werden, so würden sie in der Tertiärzeit sich bis nach Alaska, Grönland und Spitzbergen verbreitet haben. An sich ist dies nicht unwahrscheinlich, die Frage ist nur, ob es zu beweisen ist. Das ist eben nicht der Fall, wir haben nur Beweise dafür, dass in der baltischen Region in jener Periode Celastraceen, Pittosporaceen und Aquifoliaceen existirt haben. Für das Vorhandensein der Celastraceen u. s. w. in der Polarregion während der Tertiärzeit liegen uns nur Blätter, diese zum Theil in einem Erhaltungszustand vor, welcher jede sichere Bestimmung unmöglich und sie für eine andere Deutung fähig macht. Die oben erwähnte Thatsache des Vorkommens in der baltischen Region ist für das Vorkommen dieser Familien in Grönland eine bessere Stütze als jenes der Blätter. *Ilex borealis* Heer aus den Patootschichten Grönlands und *Celastrus Bruckmanni* Heer aus dem Tertiär Grönlands kann etwa als einigermaassen diesen Bestimmungen entsprechend angesehen werden. Ob das Auftreten dieser Familien für die Kreide als zweifellos angesehen werden darf, ergibt sich zum Theile aus dem Obigen, anderseits sind die aus der Kreide von Westfalen, Grönland und dem Eocän von Gelinden und Sezanne als *Celastrophyllum* Ettingsh. und *Celastrinites* Sap. zum Theile Celastrineenblättern verwandt, somit die Möglichkeit, dass diesen Familien angehörige Formen während der späteren Kreidezeit und am Anfange der Tertiärperiode in Europa existirt haben, nicht ausgeschlossen. Die Bezeichnung *Celastrophyllum*, welche für einen Theil dieser Blattformen angewendet wurde, wäre für die Mehrzahl aller hieher gehörigen Blätter am Platze gewesen. Was für das Vorkommen der Gattung *Hippocratea* L. im Tertiär von Leoben und Kutschlin geltend gemacht worden ist, beruht auf wenig begründeter Voraussetzung, man kann sich indess dabei auf das Vorkommen der Gattung in Abyssinien beziehen. Das Gleiche gilt für die zu den Pittosporaceen gezogenen Blätter (Fig. 328 [2]), deren Vorhandensein durch die bereits erwähnten Reste besser begründet ist als durch die fossilen Blätter, bei welchen man das geringe Hervortreten der Verzweigungen der secundären Leitbündel, welches die Blätter der lebenden Arten charakterisirt, entweder vermisst oder anderweitig sich erklären kann. Hinsichtlich der Dauer werden sie während der Tertiärzeit vom unteren bis in das obere Miocän erwähnt und fällt die grössere Zahl in das Miocän. In der Quartärperiode begegnen wir jetzt noch in Europa vorkommenden Arten, so *Evonymus europaeus* L., *E. latifolius* in den Tuffen von La Celle bei Paris, ersterer auch in den Tuffen von Cannstatt und Aygelades.

Nach den Untersuchungen von Lesquereux und Lester Ward fehlen die Blattformen der Celastrineen und Aquifoliaceen weder der Kreide noch dem Tertiär Nordamerika's. Es fehlt zwar auch unter ihnen nicht an Formen, welche man anzweifeln kann, eine Anzahl von Formen spricht aber für das Vorkommen der Gattungen *Celastrus* und *Evonymus*, während die von Heer aus Nordcanada und Alaska beschriebenen Blätter zu fragmentarisch sind, als dass sich mehr sagen liesse, sie können den Celastraceen oder Aquifoliaceen angehören. Aus Neuholland wird von Ettingshausen ein *Celastrus Cuninghami* beschrieben. Dass im Tertiär Neuholland's Celastraceen vorkommen, ist sehr wahrscheinlich; durch das von Ettingshausen abgebildete Blatt wird dies so wenig bewiesen wie das Vorkommen der Gattung *Pittosporum* durch das als *P. priscum* Ettingsh. abgebildete Blatt. Aus Java sind durch Göppert unter der Bezeichnung *Celastrophyllum* einige Blätter aus dem Tertiär abgebildet, welche den Celastraceen angehören können. Dass Ettingshausen eines derselben, *C. oleaefolius* Göpp. zu *Pterocelastrus* zieht, halte ich für keine Verbesserung. Schliesslich seien noch einige weiter verbreitete Arten erwähnt. Zuerst sei *Bursaria radobojana* Ung., einer jetzt auf das extratropische Australien beschränkten Gattung, deren Blätter und Früchte jenen der lebenden Gattung nicht unähnlich sind. Lässt man die Bestimmung als richtig gelten, so muss es auffallen, dass die Gattung heute einen solch eng begrenzten Verbreitungsbezirk einnimmt, die fossilen Reste auf Sagor und Radoboj beschränkt sind. Dies weist entweder auf eine Lücke unserer Kenntniss hinsichtlich der fossilen Reste oder auf eine unrichtige Bestimmung hin, wenn auch Blatt und Frucht der lebenden *B. spinosa* Cav. ähnlich sind. Als *Celastrophyllum ensifolium* (*Magnolia* Lesq. olim) sind von Lesquereux Blätter aus der Kreide von Kansas beschrieben, die übrigen Arten gehören, abgesehen von den oben erwähnten, dem Miocän Böhmens an. Aus dem unteren Eocän von Sezanne sind von Saporta *Celastrus* ähnliche Blätter beschrieben, von Lesquereux aus dem Tertiär von Colorado und Montana. Beide Blattformen haben einen den Celastraceen ähnlichen Leitbündelverlauf. Aus der Gattung *Evonymus* werden Blätter hauptsächlich aus dem Miocän Böhmens angegeben, zwei Arten auch aus dem Tertiär Nordamerika's von Wyoming durch Lesquereux (*E. flexifolius*), aus Montana durch Lester Ward *E. xantholithensis*. Die heutige Verbreitung der Gattung spricht allerdings für ihr Vorkommen im Tertiär Europa's wie Nordamerika und findet darin eine bessere Stütze als in den Resten. Reste der Gattung *Celastrus* sind vom unteren Oligocän bis zum oberen Miocän angegeben, wobei, wie schon bemerkt, auf die grosse, durch Friederich noch vermehrte Anzahl von Arten aus dem Oligocän der Provinz Sachsen, kein besonderes Gewicht zu legen ist. Würden alle Angaben darüber der Wahrheit entsprechen, so würden die Tertiärarten der Gattung ein Gemisch, den cap'schen, westafrikanischen, canarischen, indischen Arten verwandten Formen darstellen. Im Süden von Frankreich von St. Zacharie z. B. *C. zachariensis* Sap., *C. opacus* Sap., *C. redditus* Sap. von Bonnieux, *C. protogaeus* Ettingsh. von Häring, Radoboj, Sotzka, Sagor, Fohndorf, Monod,

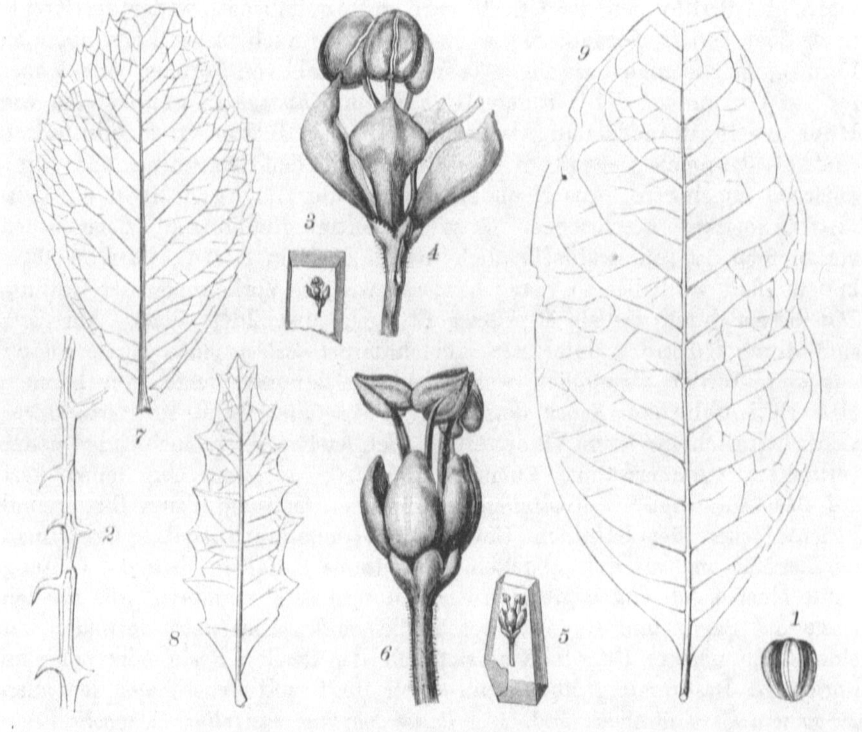

Fig. 329.
1 *Evonymus amissus* Heer. Frucht. Tertiär. Nordgrönland. 2 *Paliurus tenuifolius* Heer. Zweig. 3. 4 *Ilex minuta* Conw. Samland. Bernstein. 5. 6 *Ilex prussica* Conw. Samland. Bernstein. 7 *I. celastrina* Sap. Ob. Oligocän. 8 *I. dryandraefolia* Sap. Ob. Oligocän. 9 *I. Falsani* Sap. et Marion. Meximieux. Pliocän. (Copieen nach Conwentz und Saporta.)

Rixhöft; *C. Bruckmanni* A. Br. (St. Zacharie, Tertiär der Schweiz, Castelnuovo), *C. Aeoli* Ettingsh. (Leoben, Radoboj, Sotzka, Häring, Monod), *C. noaticus* Ung. (Parschlug, Kraxtepellen) (Fig. 331[3]), *C. Pseudo-Ilex* Ettingsh. (Häring, Bovey Tracy, Priesen, Kutschlin, Locle, Oeningen). Lesquereux und L. Ward führen aus dem Tertiär Nordamerika's ebenfalls eine Anzahl Arten auf, der erstere aus der Greenrivergroup von Florissant, der letztere aus der Laramiegroup, zum Theile den mexikanischen Arten entsprechend, während jetzt nur *C. scandens* L. dem nördlichen Theile der Vereinigten Staaten angehört. Aus der Familie der *Aquifoliaceen* haben die Gattungen *Nemopanthes*,

Prinos und *Ilex* ihr Contingent fossiler Blätter gestellt, hinsichtlich der Zahl die ersteren eines deutschen Kleinstaates, die letzteren eines Grossstaates würdig. Bei der Verbreitung der ersteren ist diese ungleiche Vertheilung nicht recht verständlich. *Nemopanthes* ist auf das atlantische Nordamerika beschränkt, *Prinos* mit einzelnen Arten auf den Antillen, in den Vereinigten Staaten, in den Bergzügen Ostindiens verbreitet. Der Leitbündelverlauf jener Arten von *Ilex*, deren Blattrand buchtig gezähnt, ist craspedodrom, die secundären Leitbündel enden in den Zähnen, sonst ist er wenig von jenem der Celastraceen verschieden. Von *Nemopanthes* wird eine Art aus dem Tertiär von Bonn angegeben, ebenso von *Prinos*, welche während der Tertiärzeit auch Vertreter in Radoboj und Kumi gehabt haben soll, was Alles ganz richtig sein kann, nur beweisen die Reste es nicht, da die Blätter auch anderen Gattungen angehören können. *Labatia Salicites* O. Weber im Tertiär von Bonn, dann vom Eisgraben bei Bischofsheim (Fig. 330) nach einem von Heer bestimmten Exemplare, schmale, gegen Spitze und Basis verschmälerte Blätter, haben zwar Aehnlichkeit mit Blättern dieser Gattung, aber auch mit solchen aus anderen Familien. Reich an *Ilex*-Arten ist das südfranzösische Tertiär, aus welchem Saporta eine bei Aix, St. Zacharie, Armissan und Marseille vorkommende Form beschrieben hat, *I. stenophylla* Ung. (Leoben, Sotzka, Parschlug, Radoboj, St. Gallen, Locle, Oeningen, Rott, Rixhöfft, Val d'Arno). *I. sphenophylla, I. berberidifolia* Ettingsh. (Sobrussan, Priesen, Locle, Oeningen) gehören zu den länger dauernden und weiter verbreiteten Arten. Im Pliocän von Meximieux finden sich zwei mit *I. canariensis* und *I. balearica* verwandte Arten: *I. Falsani* Sap. et Mar. (Fig. 329 [9]) und *I. canariensis* Webb et Berth. var. *pliocenica.* Aus der Höttinger Breccie gibt Ettingshausen einen *Ilex glacialis* an, nach den Abbildungen sind die Reste in einem Erhaltungszustande, welcher die auf sie verwendete Mühe nicht lohnt. Aus Madera die mit *I. canariensis* Webb et Berth. verwandte *I. Hartungi* Heer, *Ilex Aquifolium* L. in den Tuffen von Montpellier. Lesquereux führt aus der Kreide von Colorado, aus dem Tertiär, der Greenrivergroup von Wyoming und Florissant eine Anzahl *Ilex*-Arten an, *I. prunifolia* Lesq. von den Chalkbluffs. Die von ihm mit *Ilex* vereinigte Frucht beweist durch Nichts, dass sie dieser Gattung angehört.

Fig. 330. *Labatia Salicites* O. Weber. Eisgraben bei Bischofsheim in der Rhön! (Nach der Natur.)

Die Epidermis der *Celastraceen* und *Aquifoliaceen* ist wenigstens bei den von mir untersuchten Gattungen sehr übereinstimmend gebaut. Selbstverständlich habe ich vor Allem die angeblich fossil vorkommenden Gattungen berücksichtigt, aber auch von den übrigen eine Anzahl untersucht. Die Epidermiszellen sind durchgängig auf der Ober- wie Unterseite polygonal mit geraden Seitenwänden, die Spaltöffnungen sehr zahlreich mit kleinen Schliesszellen, durch die leistenähnliche Erhöhung der sie umgebenden Zellen sehr häufig von einem Walle umgeben, Wachsüberzüge sind ziemlich häufig, namentlich bei *Celastrus* und den unter ähnlichen Bedingungen vorkommenden

Gattungen. Bei den Formen mit abfälligen Blättern sind die Epidermiszellen dünnwandiger. Die Epidermis der *Hippocrateaceen* ist wesentlich nicht verschieden, ebenso nicht jene von *Pittosporum,* nur sind vielleicht bei dieser Gattung die Cuticularleisten noch häufiger und stärker entwickelt. Unter den Aquifoliaceen liesse sich etwa *Cassine capensis* wegen der ziemlich grossen Epidermiszellen erwähnen.

Die Familie der *Rhamnaceen* mit vier- und fünfzähligen Blüthen, epipetalen Staubblättern, zwei- bis fünffächerigen Steinfrüchten, die Blätter opponirt oder alternirend, Nebenblätter abfällig oder dornig, meist Sträucher, seltener Bäume, selten schlingend, ist über die ganze Erdoberfläche, in der extratropischen Zone, aber auch in der tropischen Zone verbreitet. Die Zweige häufig in Dornen umgewandelt.

Die Gattungen *Paliurus, Zigyphus, Berchhemia, Rhamnites, Rhamnus, Ceanothus, Pomaderris* sind es, welchen die zu den Rhamnaceen gezählten Blätter und Fruchtreste angereiht werden. Zu diesen kommen dann noch Reste von in Dornen umgewandelten Zweigen, wobei indes zu bemerken, dass diese auch von Celastraceen stammen können, bei welchen die gleiche Erscheinung vorkömmt. Der Leitbündelverlauf der Rhamnaceen ist in den meisten Fällen gefiedert, seltener bogenläufig oder beides in derselben Gattung, z. B. bei *Ceanothus, Colubrina.* Bei dem bogenläufigen Verlauf durchziehen drei oder fünf an der Basis unter spitzem Winkel entspringende Primärleitbündel von gleicher Stärke das Blatt; von diesen endet der mittlere in der Blattspitze, die seitlichen verbinden sich an der Spitze des Blattes mit den secundären Leitbündeln des mittleren camptodrom. Die secundären Leitbündel sind gefiedert, die des mittleren, mit den primären seitlichen schief, gerade oder meist im Bogen sich verbindend, die der seitlichen vor dem Rande camptodrom, aus den Camptodromieen entspringend, längs des Randes ein Leitbündelnetz, dessen Aeste in die Kerben oder Zähne eintreten. Die weiteren Verzweigungen, kaum von den secundären hinsichtlich der Stärke verschieden, bilden ein Netz von polygonalen Maschen. Die Blatthälften zuweilen ungleich, daher die Höhe der Austrittsstellen der seitlichen Primärleitbündel verschieden. *Zizyphus* ist wesentlich nicht verschieden. Bei den *Ceanothus*-Arten mit bogenläufigem Leitbündelverlauf geben die seitlichen Leitbündel bis dicht an den Rand reichende Secundärleitbündel ab, verbinden sich dort camptodrom, der schmale Randsaum wird von zarten, zu einem Netz verbundenen Verzweigungen eingenommen, dessen Aeste in die Zähne eintreten. Der mittlere Primärleitbündel sendet unter einem Winkel von 30—40° zarte Secundärleitbündel aus, welche, schief aufsteigend, nach kurzem Verlauf im Anastomosennetz enden, nur im unteren Theile des Blattes verbinden sie sich, an Stärke abnehmend, im Bogen mit den seitlichen Primärleitbündeln, während die obersten stärker als die übrigen, wenigstens theilweise camptodrom unter sich verbunden sind. Alle übrigen Verzweigungen sind in Folge ihrer Zartheit nur durch die Loupe sichtbar.

Ist der Verlauf der Leitbündel gefiedert, wie bei *Berchhemia* Neck., so senden sämmtliche Secundärleitbündel, deren unterste stets zarter als die folgenden sind, auf der nach aussen gekehrten Seite Tertiäräste aus, welche sich camptodrom verbinden. Aus ihnen entspringt ein Randnetz, welches in jeden Zahn einen Ast abgibt. Alle Secundärleitbündel sind durch verzweigte, beinahe stets unter rechtem Winkel austretende, beinahe gerade und parallele Anastomosen verbunden, deren länglich-viereckige Felder in ziemlich grosse polygonale Maschen zerfallen. *Rhamnus* L. stimmt im wesentlichen mit *Berchhemia* überein. Wie bei dieser ist der Leitbündelverlauf gefiedert, die Secundärnerven alternirend, durch die Tertiärnerven camptodrom, das untere oder die beiden untersten Paare weniger stark als die übrigen, unvollständige Secundärnerven sind sehr gewöhnlich, die Anastomosen gerade, gebogen, einfach, verästelt, unter sich ziemlich parallel. Jederseits vier, höchstens sechs Secundärnerven. Diesen Leitbündelverlauf haben *Rhamnus cathartica*, *R. Frangula* und die verwandten Arten. Bei *R. alpina*, *R. grandifolius* ist die Zahl der Secundärnerven grösser, 12—16, sie steigt auf 24—26, unter einem Winkel von 30—40° bei den unteren, einem solchen von 50 bis 60° bei den oberen austretend, verlaufen sie anfangs fast gerade gegen den Rand, dann in einem nach aufwärts gekrümmten Bogen, sind unmittelbar mit einem kurzen Bogen vor dem Rande durch die Tertiärnerven camptodrom verbunden. Zuweilen tritt nach der Aussenseite hin ein oder der andere Tertiärast auf. Die Anastomosen meist gerade, aber auch häufig etwas gebogen, meist unter rechtem Winkel austretend, parallel, die Felder mit polygonalen Maschen. Die mit *Rh. utilis* Decsne verwandten Arten nähern sich der zuerst erwähnten Art des Leitbündelverlaufes, die Zahl der Secundärleitbündel ist jedoch grösser, neun bis zwölf, unvollständige zahlreich, wie gewöhnlich im Anastomosennetz endend. Im Ganzen entsprechen die Abbildungen des Leitbündelverlaufes der fossilen *Rhamnus*-Blätter den thatsächlichen Verhältnissen, obwohl in vielen Fällen die Anastomosen viel gleichartiger dargestellt sind, als sie es bei den lebenden Arten sind.

Ausser Blättern sind wenig andere Reste erhalten. Früchte der Gattung *Paliurus*, durch ihren Bau für die Erhaltung besonders geeignet, bilden die Mehrzahl, sodann ein zu *Zizyphus* gezogener Steinkern *Z. pistacina* Ung. (Fig. 331 [11]) aus der Braunkohle der Wetterau, länglich elliptisch, mit Längsleisten, wohl dahin gehörig, da bei einigen *Zizyphus*-Früchten der Steinkern diese Form hat. Bei *Paliurus* ist die niedergedrückte, kegelförmige, kreisrunde Schliessfrucht von einem breiten, ganzrandigen oder gelappten Saum, wenn dies nicht, wie wahrscheinlich, Risse sind, umzogen und sind solche Früchte, welche wohl mit Recht dieser Gattung zugetheilt werden, von *P. Thurmanni* Heer (Fig. 331 [6] Oeningen), *P. tenuifolius* Heer (Fig. 331 [7] Aix, Schrotzburg), *P. Colombi* Heer (Grönland) und *P. Pavonii* Ung. von Preschen, Sobrussan und Leoben mit Blättern, freilich nur auf Grund des Zusammenvorkommens, combinirt, wenn es auch *Paliurus*-Blätter sein können. Von *Zizyphus* sind eine vierzählige und eine fünfzählige Blüthe, erstere von Heer mit *Z. tiliaefolius* Heer, letztere mit *Z. paradisiacus* Heer von Sused vereinigt, auf Grund des Zusammenvorkommens oder weil die betreffende Art die häufigste. Die letztere mag eine *Zizyphus*-Blüthe sein, erstere kaum; unter

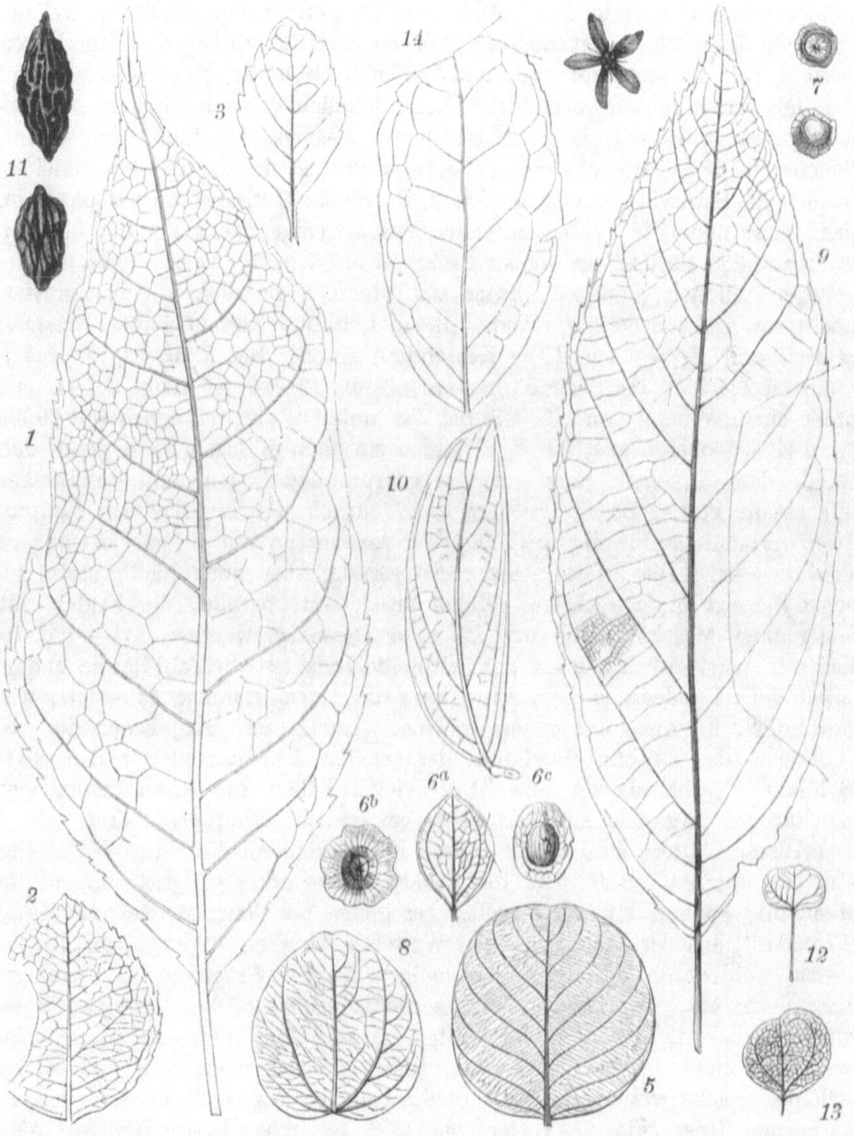

Fig. 331.

1 *Evonymus Proserpinae* Ettingsh. Blatt. 2 *E. rotundatus* Sap. Blatt. 3 *Celastrus noaticus* Ung. Blatt. Radoboj. Unt. Miocän. 4 *C. evonymelloides* Ung. Blüthe. Radoboj. Unt. Miocän. 5 *Berchhemia multinervis* Heer. Blatt. 6 *Paliurus Thurmanni* Heer. a) Blatt. b) c) Früchte. 7 *P. tenuifolius* Heer. Frucht. 8 *P. orbiculatus* Sap. Blatt. 9 *Rhamnus Gaudini* Heer. Blatt. 10 *R. oeningensis* Heer. Blatt. Oeningen. Ob. Miocän. 11 *Zizyphus pistacinus* Ung. Steinkern. Wetterau. 12 *Z. tremula* Ung. Blatt. 13 *Z. Protolotus* Ung. Blatt. 14 *Elaeodendron helveticum* Heer. (Copieen nach Saporta, Unger, Heer.)

dem mir zu Gebote stehenden, sehr reichen Material ist keine Art mit vierzähligen Blüthen. Was von *Rhamnus*-Blüthen beschrieben ist, ist gänzlich unbrauchbar, man begreift kaum, wie man an Blüthen dieser Gattung denken kann. Wie man *Rhamnus*-Früchte von anderen fossilen Steinfrüchten unterscheiden will, weiss ich nicht, jene von Weber abgebildeten haben einige Aehnlichkeit mit Früchten von *Condalia*. Auch bei den Blättern dieser Familie muss hervorgehoben werden, dass man in der Aufstellung der Arten ohne genügende Gründe viel zu weit gegangen, dass unter ihnen sich eine Anzahl befindet, von denen es fraglich ist, ob sie überhaupt hieher gehören. Dies gilt sowohl für *Rhamnus*, als auch für *Zizyphus* und *Paliurus*. Reste von Zweigen mit in Dornen umgewandelten Nebenblättern werden von Saporta aus dem Tertiär Südfrankreich's (Fig. 329[2]) abgebildet. Wie unter den *Zizyphus*-Arten des Tertiärs von Bonn einige Formen wegen ihres Leitbündelverlaufes schwerlich zu dieser Gattung gehören, so können Blätter mit ungleichseitiger Basis nicht zu *Rhamnus* gezählt werden.

Unter den zu den Rhamnaceen gezählten fossilen Blättern befinden sich auch solche, welche der neuholländischen Gattung *Pomaderris* Labill. zugetheilt worden sind, woraus dann der Schluss auf das Vorkommen dieser Gattung in Europa während der Tertiärzeit gezogen ist. Dass neuholländische Formen in Europa einst vorkamen, ist natürlich möglich, dass aber eine bedeutende Anzahl solcher Formen im Tertiär Europa's angegeben wird, verdankt man den Anschauungen jener Zeit, in der man »Neuholland in Europa« suchte. Vergleicht man diese für das Tertiär Böhmen's und Bonn's angegebenen Blätter, so haben sie hinsichtlich ihres Leitbündelverlaufes mit den Blättern der lebenden Gattung nicht mehr Aehnlichkeit als mit vielen anderen. Noch weniger lässt sich von den durch Ettingshausen aus Neuholland als *Pomaderrites Banksii* beschriebenen Blattresten sagen, dass sie das Vorkommen dieser Gattung zur Tertiärzeit in Neuholland beweisen.

Von den übrigen Gattungen seien einige der verbreitetsten Arten erwähnt. *Paliurus*, jetzt in den Mittelmeerländern und im Norden von China vorkommend, war in der späteren Kreidezeit in Nordamerika vorhanden (*P. membranaceus* Lesq. Decatur, Nebraska), im Tertiär Europa's und Nordamerika's tritt sie mit einer Anzahl von Arten auf, von welchen der vom unteren Oligocän von Aix bis in das obere Miocän von Oeningen vorkommende *P. tenuifolius* Heer aus der Schweiz bis in das Elsass (Spechbach) verbreitet, der nur von Marseille bekannte *P. orbiculatus* Sap. (Fig. 331[8]) auch in der Greenrivergroup von Florissant vorkömmt. *P. Colombi* Heer ist von Sibirien, Sachalin, Spitzbergen, Nordgrönland bis in das Tertiär von Wyoming und Montana verbreitet, ausser diesen beiden weist aber das nordamerikanische Tertiär noch mehrere Formen auf, deren südlichste, *P. zizyphoides* Lesq. allerdings sehr unvollständig von Florissant und Golden (Colorado) mit *P. Florissanti* bekannt ist. *P. ovoideus* Schimp. (*Ceanothus* Göpp.) ist vom Hohen Rhonen, Schrotzburg und Schossnitz bekannt, aus Steiermark und aus Böhmen *P. Favonii* Ung. Die heutige Verbreitung findet ihre Erklärung in der Verbreitung während der Tertiärzeit, wie vorstehend angegeben. *Zizyphus* L.

tritt im Eocän von Sezane (*Z. Raincourti* Sap.), der Alumbay und Bornemouth (*Z. integrifolius* Heer, *Z. vetustus* Heer) auf. Eine der verbreitetsten Art ist *Z. Ungeri* Heer (Fig. 328[4—7]) vom unteren Oligocän bis in das Miocän, mannigfach variirend, von Südfrankreich bis Böhmen vorkommend. Auch diese Gattung war im Tertiär Europa und Nordamerika, wie auch jetzt noch gemeinsam, durch Lesquereux und Lester Ward sind aus dem Tertiär, der Laramie- und Greenrivergroup, von Tennesse, Colorado, Wyoming und Montana, von den Chalkbluffs eine Anzahl Arten beschrieben, Fundorte, welche zum Theile dem Osten Amerika's angehören, welchem *Zizyphus* jetzt fehlt, während die Gattung dort jetzt im Westen und Mexiko noch vorhanden ist. In Europa ist die mit der Mehrzahl der Arten tropische Gattung mit zwei Arten vertreten, *Z. Lotus* L. (in Südspanien und Portugal), *Z. vulgaris* L. am Parnass, in Rumelien und Macedonien, welche von den europäischen Tertiärarten abstammen, von welchen *Z. paradisiacus* Heer (Aix, Sotzka, Radoboj, Brognon, Monod), *Z. tiliaefolius* Heer (Hohe Rhonen, Avenches, Schrotzburg, Spechbach, Erlau, Tallya, *Z. Protolotus* Ung. (Fig. 331[13]) (Parschlug, Radoboj, Oeningen) ebenfalls sehr verbreitet sind und noch in der Obermiocänzeit weiter nördlich verbreitet waren, in der Oligocänzeit in der baltischen Region (*Z. Gaudinii* Heer Kraxtepellen, Rixhöft) vorkamen. Dass eine dieser Arten mit den heute in Europa vorkommenden Arten zusammenhängt, liegt nahe. Indess ist hervorzuheben, dass Blätter mit ähnlichem Nervenverlauf bei den *Smilaceen, Dioscoreen, Lauraceen, Melastomaceen* vorkommen. Zur Gattung *Berchhemia* Neck. sind mehrere fossile Blätter gezogen, welche den Blättern der *B. volubilis* ziemlich nahe stehen und zu dieser Gattung gehören mögen. Die verbreitetste der beschriebenen Formen ist *B. multinervis* Heer (Fig. 331[5]) von Manosque, Eriz, Rivage, Oeningen, Schrotzburg, Sagor, Sused, Kutschlin, Priesen, Guarena, Sarzanello, Val di Magra, Sicilien, aber auch aus Nordamerika in den Raton Mountains in Neumexiko und aus der Laramiegroup von Montana bekannt und, soweit die Blätter allein ein Urtheil gestatten, beide derselben Gattung angehörend. Jetzt in den südlichen vereinigten Staaten vorkommend, findet sie sich in den nördlichen Staaten nicht, während der Tertiärzeit war dieselbe dort vorhanden.

Bei *Ceanothus* L. ist ausser *C. javanicus*, einem von Göppert aus dem Tertiär von Java beschriebenen Blattfragment nur eine Art, *C. ebuloides* O. Weber aus dem Tertiär von Bonn verblieben, alle anderen sind mit *Zizyphus* vereinigt. Ob indess die Art aus der rheinischen Braunkohle hieher gehört, ist mir sehr zweifelhaft.

Als *Rhamnites concinnus* ist von Newberry aus dem Tertiär des oberen Missouri von Fort Union ein Blatt beschrieben, welches nach dem Verlauf der Secundärleitbündel, mehr ist nicht erhalten, zu *Rhamnus* gehören kann. Allerdings kann dasselbe auch einer anderen Gattung gleichem Verlaufe der Leitbündel angehören. Zur Gattung *Rhamnus* wird ebenfalls eine grosse Anzahl Blätter gezogen, es ist mir indess auch bei ihr nicht zweifelhaft, dass die Zahl der Arten einer Reduction fähig ist, da, abgesehen von fremdartigen Elementen und sehr unvollständigen Blättern, wie bei allen Holzpflanzen die

Grösse der Blätter bei demselben Individuum verschieden ist. Die recenten Arten über Europa, Asien und Amerika verbreitet; zum Theile der gemässigten, zum Theile der tropischen und subtropischen Zone angehörend. Gänzlich fehlt die Gattung dem tropischen Afrika, Australien und den Inseln des stillen Meeres. In Nordamerika kommt sie im atlantischen, wie im pacifischen Theile vor.

Ihr erstes Auftreten ist in die Kreide Nordamerika's verlegt, aus welcher von Lesquereux *R. prunifolius* und *R. tenax* von Kansas und Dacotah angegeben werden. Lässt man die Blattbestimmungen gelten, so war die Gattung nicht nur, wie dies heute noch der Fall ist, Europa und Nordamerika gemeinsam, auch einzelne Arten, wie z. B. *R. rectinervis* Heer (Monod, Neumexiko, Colorado, Wyoming, Montana), *R. alaternoides* Heer (Schweiz, Colorado), *R. Rossmässleri* Ung. (Schweiz, Wyoming, Laramiegroup) würden Nordamerika und Europa gemeinsam gewesen sein. Dasselbe gilt auch für Grönland, wo die Gattung jetzt fehlt. Dass dort in der Tertiärzeit eine andere Vegetation gedieh, ist zur Genüge bekannt und so kann auch die Gattung *Rhamnus* einen Bestandttheil derselben gebildet haben. Gemeinsam sind Europa und Grönland z. B. *R. Gaudinii* Heer (Fig. 331⁹, Schweiz, Leoben, Böhmen, Rixhöft), *R. oeningensis* Heer (Fig. 331⁴, Oeningen), *R. Heerii* Ettingsh. wie vorige in der Schweiz etc., aber auch in der Wetterau und Island. Im europäischen Tertiär wird sie zuerst mit *R. grosseserratus* und *argutidens* Sap. im unteren Eocän von Sezanne angegeben, die Zahl der Arten nimmt im Oligocän und noch mehr im Miocän zu, in welcher Periode sie auch in Sibirien und der Mandschurei nicht fehlt. Aus der Quartärzeit kennen wir aus den interglacialen Bildungen von Lüneburg, St. Jakob an der Birs, den Tuffen von Cannstatt *R. cathartica* L. und *R. Frangula* L., von Resson und aus den dänischen Kalktuffen *R. Frangula* L., der jetzt nur auf den Azoren vorkommende *R. latifolius* L'Herit. kam in dieser Periode noch auf Madera (St. Jorge) vor. Das Vorkommen der Gattung, welche doch wohl borealen Ursprungs ist, in Abessinien und Nordafrika ist auf das Vorkommen im südfranzösischen Tertiär zurückzuführen. Neben den obengenannten, Europa und Nordamerika gemeinsamen Arten enthält das Tertiär Nordamerika's noch eine Anzahl eigenthümlicher Arten in der Laramie- und Greenrivergroup von Colorado und Wyoming. Aus dem Tertiär von Java ist durch Göppert *R. dilatatus* bekannt geworden. Auffallend ist, dass unter den fossilen Formen der Gruppe der Frangulinen alle linearen und kleinblätterigen Formen, deren Blätter zum Theile sogenannte einnervige sind, fehlen, da sie doch ihrer heutigen Verbreitung nach wie auch z. B. *Evonymus nanus* zu erwarten wären.

Die Epidermis der Blätter der Rhamneen ist wenigstens bei den von mir untersuchten Arten übereinstimmend gebaut. Ober- und Unterseite des Blattes haben geradwandige Epidermiszellen, die Spaltöffnungen zahlreich, bei *Rhamnus Alaternus* die Seitenwände der Epidermiszellen der Blattoberseite mit engen Porenkanälen.

Die Familie der *Vitaceen* ist durch ihre vier- und fünfzähligen Blüthen, die epipetalen Staubblätter, die klappige Knospenlage, den fehlenden oder mannigfach gestalteten Discus, die Beerenfrüchte, insbesondere aber durch ihre blattgegenständigen Ranken, welche bei den meisten Arten vorkommen, ausgezeichnet. Zuweilen der Stamm aufrecht oder rübenförmig. Verbreitet ist sie über die ganze Erdoberfläche in der tropischen und gemässigten Zone. Blätter ungetheilt, fächer- oder fingerförmig gelappt oder gefiedert, einfach oder doppelt gefiedert, mit Nebenblättern. Blüthenstände cymös, die Ranken nicht selten Blätter und Blüthen tragend, bei *Pterisanthes* Blume die Blüthen tragende Axe blattartig verbreitert.

Hauptsächlich sind aus dieser Familie Blätter, ferner einige Samen erhalten. Zuerst seien jene Blattformen erwähnt, welche von Heer als *Cissites* bezeichnet werden, nach ihm handförmig gelappte Blätter mit randläufigem Leitbündelverlauf. Eines derselben, *C. insignis* Heer, stammt aus der Kreide von Nebraska, Fragmente von zwei Lappen, welche richtig restaurirt sein können und in diesem Zustande ein stumpf dreilappiges Blatt darstellen, dessen Lappen stumpf gezähnt sind, der Leitbündelverlauf strahlig, craspedodrom, die Secundärleitbündel camptodrom. Die nicht erhaltene Basis ist willkürlich als schwach herzförmig angenommen und wird das Blatt als lederartig bezeichnet. Aehnlich gelappte Blätter kommen bei *Cissus* vor, es kann also zu den *Vitaceen* gehört haben, indess auch zu den *Araliaceen.* Zwei andere Reste sind aus dem Tertiär Grönlands von Heer beschrieben: *C. puilasokensis* und *C. Steenstrupi.* Der erstere Rest besteht aus den Fragmenten eines gelappten Blattes, über welches sich gar nichts Bestimmtes sagen lässt, das zweite Blatt mit lederartiger Textur ist nicht ganz vollständig und zugleich verschoben. Mir scheint es eher ein *Araliaceen*-Blatt zu sein. Ob die unter Fig. 10 abgebildete Blattbasis zu den übrigen Fragmenten gehört, ist Heer selbst fraglich, meines Erachtens geben dergleichen Fragmente gar keine Aufschlüsse, sondern dienen nur vagen Vermuthungen als Unterlage. Aus der Kreide von Kansas sind in neuerer Zeit von Lesquereux eine Anzahl Blätter als *Cissites* beschrieben, welche er früher als Blätter von *Sassafras*, *Populus*, *Araliopsis*, *Celtis* und *Platanus* (Cretac. Flora) bezeichnet hatte und fügt er diesen noch eine weitere Formenreihe als *Ampelophyllum* hinzu. Umriss und Leitbündelverlauf ist mit den gleichen Verhältnissen der Vitaceen verwandt, indess muss dasselbe auch von den Araliaceen, Platanaceen, Lauraceen etc. gesagt werden. Es sind entweder buchtig gelappte oder buchtig gezähnte Blätter mit meist verschmälerter Basis. Von diesen ist dann später (Cret. and Tert. Flora) *Cissites salisburiaefolius* L. (*Populites*, *Sassafras obtusum* Lesq. olim) zu *Cissus* gezogen worden.

Neben diesen grösstentheils der Kreide angehörigen Blattformen ist eine nicht unbedeutende Zahl fossiler Blätter in Europa und Nordamerika aus dem Tertiär zu *Cissus* selbst gezogen worden, hauptsächlich gestützt auf Blätter, sodann auf einen von Radoboj stammenden Fruchtstand, dessen Früchte als zweisamig bezeichnet werden. Das wäre ganz schön, wenn man eben nur wüsste, ob es eine Beerenfrucht ist, ob nur zwei Samen vorhanden, wie das Eiweiss ist, ob es vorhanden oder fehlt und wie der Embryo beschaffen ist. Von all dem ist nichts nachgewiesen, und so bleibt es denn auch in diesem Falle zweifelhaft, ob wir es mit einer Vitaceenfrucht zu thun haben oder nicht. Denn die überdies mangelhafte Erhaltung der Verzweigung gibt auch keinen Aufschluss. Wir sind also wieder auf die Blätter angewiesen, bei welchen nach der Angabe Friedrich's in seinen Beiträgen zur Tertiärflora der Provinz Sachsen, die Blätter von *Cissus*, *Ampelopsis* durch grobe und spitze Zähne charakterisirt sein sollen. Das ist nicht der Fall, wie man sich z. B. an dem allgemein seiner bunten Blätter wegen cultivirten *C. discolor* und anderen Arten überzeugen kann. Sodann soll der Leitbündelverlauf mit *Rhus* übereinstimmen, worauf Unger schon hinwies, weshalb er in einigen fossilen *Rhus*-Arten, z. B. *R. Pyrrhae*, *Cissus*-Arten vermuthet. Das ist eine an sich richtige Bemerkung, nur ziehe ich eine andere Folgerung, die, dass es weder bei *Rhus*, noch bei den Vitaceen einen für die Familie oder Gattung allgemein giltigen Leitbündelverlauf gibt. Bei *Cissus* aber sind die Secundärleitbündel entweder craspedodrom, oder die Primärleitbündel sind camptodrom durch Verbindung mit den letzten Secundärleitbündeln, von diesen Maschen gehen dann Gabeläste ab, von denen der eine in die Zähne tritt, der andere mit dem darauf folgenden Leitbündel sich verbindet. Bei anderen *Cissus*-Arten, wie z. B. *C. antarctica*, sind die Secundärleitbündel des mittleren Leitbündels, die seitlichen Leitbündel und die von ihnen ausgehenden Secundärnerven craspedodrom, ausserdem erhalten die Zähne auch Aeste, welche von der letzten Anamostose ausgehen. Bei den nicht gefiederten Blättern ist der Leitbündelverlauf bei *Cissus* wie bei *Vitis* strahlig, bei gefiederten in den einzelnen Fiedern fiederförmig, Secundär- wie Tertiärleitbündel craspedodrom, und ist es gar nicht selten, dass zwischen der Grösse des Zahnes und der Stärke des Leitbündels eine Uebereinstimmung besteht. Anastomosen, an jene der Rhamnaceen erinnernd durch ihren parallelen Verlauf, jedoch auch von den übrigen nicht verschiedene, kommen bei *Leea* vor. Auch bei *Cissus* kommen z. B. bei cap'schen Arten diese parallelen Anastomosen vor. Wechsel der Blattformen an demselben Individuum ist bei *Cissus* nicht selten, z. B. gezähnte neben ganzrandigen. *Cissus* hat eben, wie andere Gattungen, auch keinen für alle Arten giltigen Leitbündelverlauf, um so weniger, wenn man *Cissus* und *Vitis* nicht trennt, denn bei letzterer kommt derselbe Leitbündelverlauf vor, wie er für *Cissus* zuletzt erwähnt wurde. Bei *Ampelopsis* ist der Verlauf der Leitbündel der Fiederblätter gefiedert, die Camptodromie kommt durch die Vereinigung der letzten Anastomosen der Secundärleitbündel zu Stande, von deren Maschen dann die Zähne ihre Leitbündel erhalten. Die Anastomosen bilden bei den Vitaceen bald grössere bald kleinere Felder, welche durch das polygonale Maschennetz der weiteren Verzweigungen ausgefüllt werden. Die seitlichen Fiederblätter ungleichseitig, das endständige gleichseitig mit verschmälerter Basis. Aus dem Tertiär Europas und Nordamerikas sind eine Anzahl *Cissus*-Arten beschrieben, wozu noch ein paar Arten von Sachalin kommen. Von den letzteren ist *C. insularis* Heer ein unzureichender Blattfetzen, *C. spectabilis* Heer

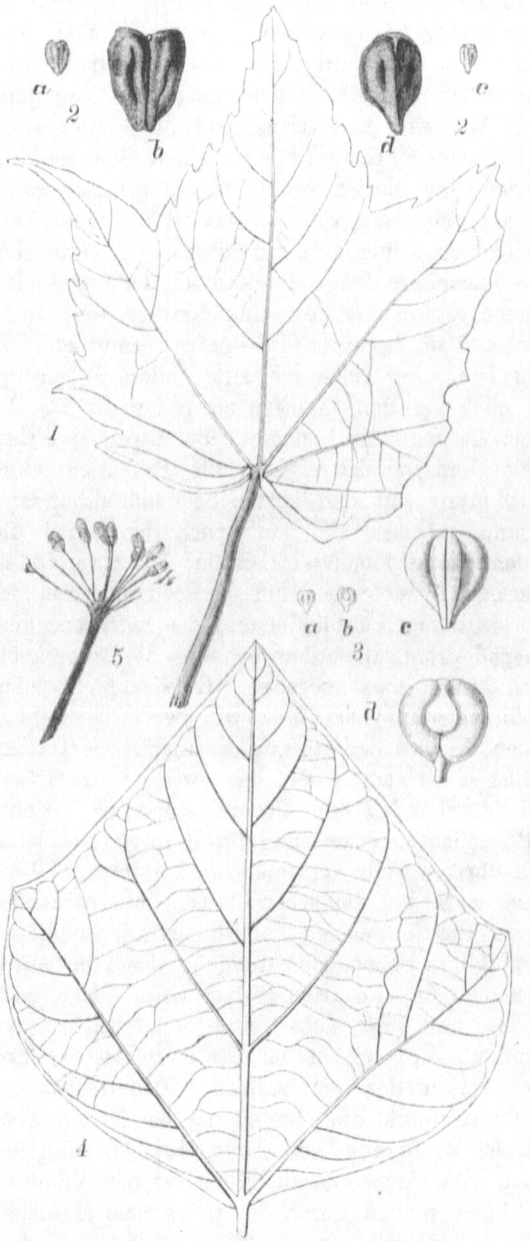

Fig. 332.
1 *Vitis teutonica* A. Br. Blatt. Salzhausen. Ob. Oligocän. 2 Same. Oeningen. Ob. Miocän. 3 *V. Hookeri* Heer. Bovey Tracy. Oligocän. Same. 4 *Cissites acuminatus* Lesq. Blatt. 5 *Cissus Oxycoccos* Unger. Blüthenstand. Radoboj. Unt. Miocän. (Copieen nach Heer, Unger, Lesquereux.)

kann zu *Cissus* gehören, es würde dadurch das Vorkommen der Gattung am Amur (*C. brevipedunculata* Maxim.) sich ungezwungen erklären. Die im unteren Eocän von Sezanne, im oberen Oligocän von Mort-d'Imbert vorkommenden Arten (*C. ampelopsidea* Sap., *C. primaeva* Sap., *C. lacerata* Sap.) mögen mit dem Vorkommen in Abessinien im Zusammenhange stehen; was die übrigen Arten angeht, so ist unter ihnen einmal eine Anzahl von unvollständigen Blättern, welche nicht sicher zu bestimmen sind, ferner ist auffällig, dass alle Fundorte auf Böhmen, Croatien, Steiermark und Wien beschränkt sind, ebenso dass sie im Pliocän noch in der Breite von Wien angegeben werden. Die von Heer für das Samland angegebene *Vitis* (*Cissus*) *tricuspidata* ist ebenfalls zweifelhaft, ist ja doch für die restaurirte Figur es unentschieden gelassen, ob drei oder fünf Leitbündel und Lappen vorhanden, und ist für das Blattfragment der Leitbündelverlauf sicher nicht genau angegeben. Nach Lesquereux ist diese Gattung auch im Tertiär von Wyoming an den Blackbuttes. Ausserdem noch an demselben Fundorte *C. lobato-crenata* Lesq., auch in Colorado bei Golden, Mount

Brosse, ferner *C. laevigata* Lesq., Golden, Colorado, *C. parottiaefolia* Lesq., Greenrivergroup, Medicine Bow, Wyoming. Man wird bei all diesen Blättern, wie auch umgekehrt, immer sich fragen müssen, ob *Cissus*, ob *Vitis*, die heutige Verbreitung beider Gattungen spricht jedenfalls für das Vorkommen beider Gattungen im Tertiär.

Den sichersten Beweis, dass die Gattung *Vitis* in der Tertiärzeit existirte, liefern die in Grönland (*V. Olriki* Heer, *V. arctica* Heer) vorkommenden Samen, bei welch' letzterer die beiden von Heer abgebildeten Blattfragmente nicht zusammengehören können. Das Gleiche gilt auch für Nordamerika durch den Fund eines Samens (*V. sparsa* Lesq.) im Tertiär der Black Buttes in Wyoming. Die als *Vitis teutonica* A. Br. (Fig. 332[1. 2]) aus der Braunkohle von

Fig. 333.
Vitis Brunneri Lester Ward. Carbon Station. Laramiegruppe. (Nach Lester Ward.)

Salzhausen stammenden Blätter und Samen gehören erstere sicher zu *Vitis*, ob auch die von Ludwig beschriebenen Samen (*V. Braunii*) dahin gehören, sei dahingestellt, die von mir untersuchten Samen der Gattung hatten keine Höcker, es kann indess solche Arten gegeben haben. Von Bovey Tracy sind *V. Hookeri* Heer (Fig. 332[3]) und *V. britanica* Heer, beide Samen, die ersteren unzweifelhaft hierher gehörend. Unter den beschriebenen Blättern ist *V. teutonica* A. Br., mit *V. vulpina* verwandt, die verbreitetste und zugleich die am längsten dauernde Art, da sie vom oberen Oligocän bis in das obere Miocän vorkommt, ausserdem sind von Bovey Tracy, Island und Erdöbenye Arten, ferner Blätter einer *Vitis*-Art, *V. subintegra* von Saporta und Marion, aus dem Pliocän von Meximieux beschrieben. Aus der Laramiegruppe Nordamerikas führt Lester Ward von Burns Ranch, Wyoming, *V. xantholithensis*, von Carbon Station *V. Brunneri* (Fig. 333) und *carbonensis*, aus Montana *V. cuspidata* an. Ich bezweifle indess, dass alle von ihm beschriebenen Blätter zu *Vitis* gehören. Sicher scheint nur *V. Brunneri* zu sein. *Vitis vinifera* L., welche als Reste früherer ausgedehnterer Cultur sich im Rhein- und Mainthale, dann in den Wäldern des Bannats sich findet oder fand, ist in den quartären Tuffen von Toscana, in den Tuffen von Castelnau bei Montpellier und von Meyragues nachgewiesen, sie verhält sich wie einige bereits früher erwähnte Formen dieser Fundorte, z. B. *Ficus Carica* L., *Quercus Ilex* L. zu der jetzigen Flora, sie sind Reste der Tertiärflora, wie auch am Amur *V. Amurensis* Maxim. auf die Tertiärflora hinweist. Aus dem Pliocän (Quartär?) von Mogi und Azano in Japan führt Nathorst *V. Labrusca* L. var. *fossilis* an. Die beiden abgebildeten Blattstücke halte ich für zu unvollständig, als dass man mit Sicherheit auf eine bestimmte Art schliessen könnte, wenn auch die Verbreitung dieser Art in Nordamerika, Japan, im südlichen Sachalin und im Himalaya schliessen lässt, dass dieselbe mit ihrer Verbreitung in der Tertiärperiode zusammenhängt. *Phyllites cissoides* Nath. aus Japan ist gleichfalls zweifelhaft. Aus dem älteren Tertiär Japans wird von Nathorst eine *Vitis*-Art angegeben. Blattreste von *Ampelopsis* sind bis jetzt nur aus dem Tertiär von Nordamerika, *A. tertiaria* aus der Greenrivergroup von Wyoming bekannt. Wie bei den meisten fossilen Formen lässt sich auch für die Vitaceen ihre weiter nördlich reichende Verbreitung während der Tertiärzeit aussprechen, welche durch das veränderte Klima der Polarregion und durch den Eintritt der Glacialzeit eine Einschränkung erfuhr. In einem von Heer aus Grönland abgebildeten Fragment eines Stengels oder Zweiges vermuthet er ein Zweigstück einer *Vitis*-Art in Folge der deutlichen Knoten. Dass diese bei *Vitis* vorhanden sind, ist richtig, ist es aber deshalb auch entschieden, dass es von dieser Gattung herrührt? Haben nicht auch andere Familien dergleichen Knoten und sind die Blattfragmente so unzweifelhaft Blätter von *Vitis*?

13. Reihe. **Tricoccae.**

Die Familien der *Euphorbiaceen*, *Callitrichaceen*, *Buxaceen* und *Empetraceen* umfassend, von sehr verschiedenartigem Habitus und ebenso verschiedenen Lebensbedingungen, zum Theile einjährige oder Formen mit unterirdischen länger dauernden und einjährigen oberirdischen Axen, Sträucher, Bäume, endlich mit fleischigen glatten oder kantigen Axen, meist tropisch, subtropisch, sparsam in der gemässigten Zone (*Euphorbiaceen*), Wasserpflanzen mit einjähriger Axe und Winterknospen (*Callitrichaceen*), Sträucher mit kleinen gegenständigen, länger dauernden Blättern (*Buxaceen*, *Empetraceen*).

Blüthen actinomorph, monöcisch, Blüthenhülle vorhanden oder fehlend, ausserdem Kelch und Blüthenkrone; Staubblätter eines oder mehr, zuweilen verzweigt, Fruchtblätter zwei bis drei, bei der Reife sich ablösend von der Axe. Früchte: Kapseln. Samen mit Eiweiss.

Die Familie der *Euphorbiaceen* ist nach den Angaben der Palaeontologen in Blättern, wie in Fragmenten der Blüthen- oder Fruchtstände erhalten.

Während die ersteren auf verschiedene tropische und extratropische Formen bezogen werden, sind die letzteren mit *Euphorbia* verglichen. Der eine der beiden Reste ist von Heer in der Tertiärflora der Schweiz, t. III tab. 121 Fig. 21 *Euphorbia amissa* abgebildet und besteht aus zwei ovalen Blättchen mit einer eiförmigen langgestielten Frucht. Das Ganze sieht zusammengewürfelt aus, und hat die Frucht nicht entfernt eine Aehnlichkeit mit jener von *Euphorbia*. Dass möglicher Weise das von Conwentz als *Linum oligocaenicum* aus dem Bernstein des Samlandes beschriebene Kapselfragment ein solches von *Euphorbia* sei, ist bereits erwähnt. Der andere Rest, von Wessel und Weber aus dem Oligocän von Rott bei Bonn als *Euphorbioides prisca* abgebildet, Fragmente einer Cyma, von welchen die Verfasser selbst angeben, dass sie undeutlich und die Blüthen als kleine Pünktchen erhalten seien. Beide sind meiner Ansicht nach Reste, mit welchen nach keiner Richtung etwas anzufangen ist und für die Existenz der Familie im Tertiär absolut keinen Beweis liefern. Nicht viel besser steht es mit den Blättern. So kann *Cluytia aglaeifolia* Wess. et Web., deren Leitbündelverlauf sehr deutlich dargestellt ist, von sehr verschiedenen Gattungen herrühren, denn dieser Leitbündelverlauf ist ein sehr verbreiteter, camptodrom durch Gabeltheilung der Secundärleitbündel und ist z. B. bei den vorausgehenden Formen sehr gewöhnlich. Ebenso fragwürdig sind die mit *Baloghia, Adenopeltis, Omalanthus, Phyllanthus* bezeichneten Reste aus dem böhmischen Tertiär. Wie die an dem Rande des als *Phyllanthus* von Ettingshausen bezeichneten Restes vorhandenen Stellen als Knöspchen von Blüthen sich erweisen sollen, vermag ich nicht einzusehen. Wie die Zeichnung sie darstellt, stehen bei *Phyllanthus* die Knospen nicht, es fehlen weiter das Stützblatt und die Zähne. Alle übrigen hierher gezogenen Blätter sind mit sehr unvollständigem Leitbündelverlauf versehen, was aber daran erhalten, ist nichts weniger als für die Euphorbiaceen beweisend, weil es eben auch bei dieser Familie an einem sie charakterisirenden Leitbündelverlauf fehlt. Wo liegt dann ferner der Nachweis, dass die als *Phyllanthus haeringianus* Ettingsh. von Häring abgebildeten Reste, Früchte und Blätter von dieser Gattung herrühren? Nur die als *Omalanthus tremula* Ettingsh. bezeichneten Blätter (Fig. 334³) kann man als solche gelten lassen. Kann man überhaupt solche Reste, wie sie Häring meist bietet, zu wissenschaftlichen Zwecken verwenden? Diese Blätter, welche ausser dem Mittelleitbündel nur noch den Umriss zeigen, sind von Ettingshausen als *Euphorbiophyllum* bezeichnet (Taf. 26), eine Bezeichnung, welche, wenn überhaupt etwas für die Abstammung von den Euphorbiaceen spräche, für all diese Blätter die richtige wäre. Uebrigens muss bemerkt werden, dass Ettingshausen selbst zugibt, dass diese Blätter mit solchen von Celastraceen verwechselt werden können. Vergleicht man die von ihm in seiner Abhandlung über die Nervation der Euphorbiaceen gegebenen Abbildungen, so überzeugt man sich, dass es eine ziemliche Anzahl Familien ist, welche in Betracht kommen können, zugleich aber auch, dass von einem für alle Gattungen geltenden Leitbündelverlauf gar keine Rede ist. Wenn dann auch ein oder das andere Blatt in seinem Umriss mit einem solchen der Euphorbiaceen übereinstimmt, so beweist dies auch noch nicht viel, da dieser auch bei anderen Familien sich finden kann. Bei der Mehrzahl der Blätter der Euphorbiaceen ist der Leitbündelverlauf gefiedert, die Stärke des Mittelleitbündels sehr verschieden, aber wie immer nach oben abnehmend. Die Secundärleitbündel alternirend, aber auch opponirt, beides an demselben Blatte, Austrittswinkel sehr verschieden bei den einzelnen Gattungen, von 5—10° bis zu 90° wechselnd, womit die Breite des Blattes oder des Phyllocladiums in unverkennbarem Zusammenhange steht, meist camptodrom durch Verbindung der Gabeläste zweier aufeinanderfolgender Leitbündel oder durch Verbindung des vorausgehenden Leitbündels mit den letzten Tertiärnerven des folgenden, meist im Bogen nach aufwärts gekrümmt, aber auch nur am Ende ihres Verlaufes gekrümmt, unvollständige Secundärleitbündel sehr häufig entweder in den Anastomosen endend oder mit den Secundärleitbündeln sich verbindend. Dadurch entstehen dann den Secundärleitbündeln parallele Felder, welche durch weitere Verzweigungen in polygonale Maschen zerfallen. Sind die Blätter gezähnt, so sind die Secundärleitbündel craspedodrom, oder es treten ihre Tertiärnerven in die Zähne ein, oder die Zähne erhalten ihre Leitbündel aus dem von den Camptodromieen ausgehenden Randnetz. Die Anastomosen, unter rechtem oder spitzem Winkel austretend, einfach oder verzweigt, gerade, gebogen oder geknickt, verlaufen zuweilen unter sich parallel und erinnern solche Blätter an jene von Rhamnaceen oder sie verlaufen wenig regelmässig, ihre Felder zerfallen in polygonale kleine Maschen. Seltener ist der strahlige Leitbündelverlauf. In diesem Falle treten aus dem Blattstiele drei Leitbündel in die Blattfläche, die Primärbündel, der mittlere sendet alternirende Secundärleitbündel aus, die seitlichen lassen solche auf der nach der Blattbasis hin gewendeten Seite austreten, welche dann entweder zu Schlingen sich verbinden oder in Zähne treten, nachdem sie einen Ast nach oben abgegeben haben. Als dritte Art des Leitbündelverlaufes tritt der bogenläufige auf, die beiden seitlichen Primärleitbündel verlaufen in einem schwach gekrümmten Bogen innerhalb des Blattes, ihre Secundärleitbündel treten entweder in die Zähne oder verbinden sich camptodrom. Der mittlere Primärleitbündel verbindet seine secundären Leitbündel einfach oder gabelnd mit den seitlichen.

Aus den Blättern lässt sich, wie erörtert, gar kein sicherer Schluss auf die Existenz der Euphorbiaceen während der Tertiärzeit ziehen. Dagegen gibt uns eine von Conwentz (Bernsteinfl. S. 85, Tab. 8, Fig. 28—31) beschriebene und abgebildete Blüthe aus dem Bernstein des Samlandes, *Antidesma Maximowiczii* Conw. (Fig. 334 [1] [2]) den Beleg, dass Euphorbiaceen, welche der Tropenvegetation angehören, Bewohner der baltischen Region während der Oligocänzeit waren. Der Rest ist eine langgestielte männliche, mit nacktem, durch Eintrocknen runzligem Blüthenstiele, vier zurückgeschlagenen eiförmigen, ganzrandigen, spitzen, glatten Kelchabschnitten, vier epipetalen Staubblättern, stielrunden Trägern, zweifächerigen Antheren, Fächer kugelig, Connectiv dick, Discus vierlappig, die Lappen mit den Abschnitten des Kelches wechselnd. Nach Conwentz mit *A. japonicum* Sieb. und Zuccar. verwandt, was auch der heutigen Verbreitung der Gattung, von welcher eine Anzahl Arten in Japan vorkommen, entsprechen würde. Ob fossile Blätter auf diese Gattung bezogen werden können, wage ich nicht zu entscheiden.

Aus der Gruppe der *Buxaceen* weiss ich nur eine einzige fossil vorkommende Art, *Buxus sempervirens* L., anzuführen. In den Tuffen von Montpellier und von la Celle bei Paris sind ihre eilänglichen, stumpfen, an der Spitze ausgerandeten, kurzgestielten, lederartigen, fiedernervigen Blätter

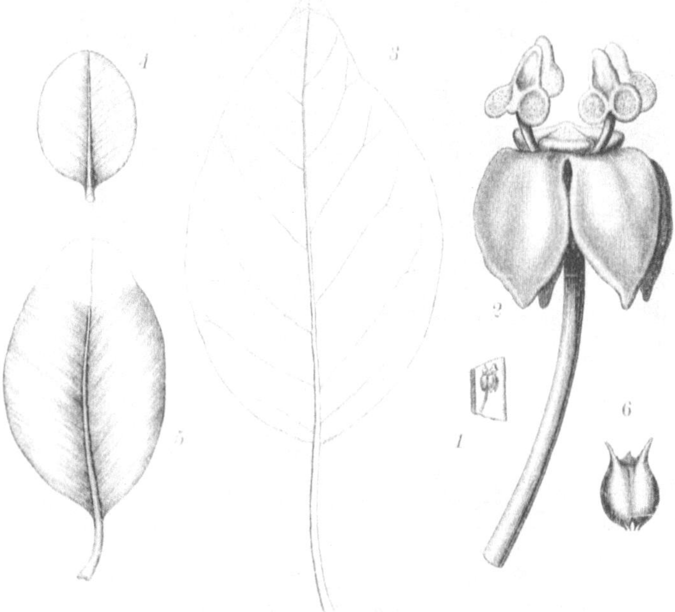

Fig. 334.
1. 2 *Antidesma Maximowiczii* Conwentz. Bernstein. Samland. 3 *Omalanthus tremula* Ettingsh. Bilin. 4. 5. 6 *Buxus pliocenica* Sap. et Mar. Meximieux. Pliocän. Blätter und Frucht. (Copieen nach Conwentz, Saporta, Ettingshausen.)

in Gesellschaft von *Ficus Carica* etc. nachgewiesen, ein Beleg für ein früher wärmeres Klima, als es gegenwärtig ist und einer weiter nach Norden reichenden Verbreitung der Art. Die Art ist übrigens in einer von den zahlreichen lebenden Formen nicht wesentlich verschiedenen, mit etwas breiteren Blättern versehenen Form aus dem Pliocän von Meximieux *Buxus pliocaenica* Sap. et Mar. (Fig. 334⁴⁻⁶) nachgewiesen. Jetzt ist die Art ausser der Mittelmeerregion und den südlichen Alpen im Schweizer Jura, Baden, Oberelsass, im Mosel-, Maas- und Sambrethal, den Ardennen und im südlichen England verbreitet, eine jener Arten, welche aus der Tertiärzeit stammend, in der Glacialzeit nur theilweise ihren Untergang fanden, in der postglacialen Zeit sich wieder weiter ausbreiteten. Dieser Fund zusammen mit dem als *Omalanthus tremula* Ettingsh. bezeichneten Blatte gibt neben der erwähnten Blüthe einige Gewähr, einmal, dass in Europa Euphorbiaceen existirt haben, welche den Tropen angehören, sodann dass die Gattung *Buxus* in der Quartärzeit eine bei weitem grössere Verbreitung hatte als gegenwärtig. Der Leitbündelverlauf bei *Buxus* ist gefiedert, die Secundärleitbündel schief aufsteigend, in der Mitte gabelnd, die Gabeläste gegen den Blattrand in weitere Gabeläste aufgelöst, die an die aus sclerenchymatischen Zellen bestehende Randleiste anstossen.

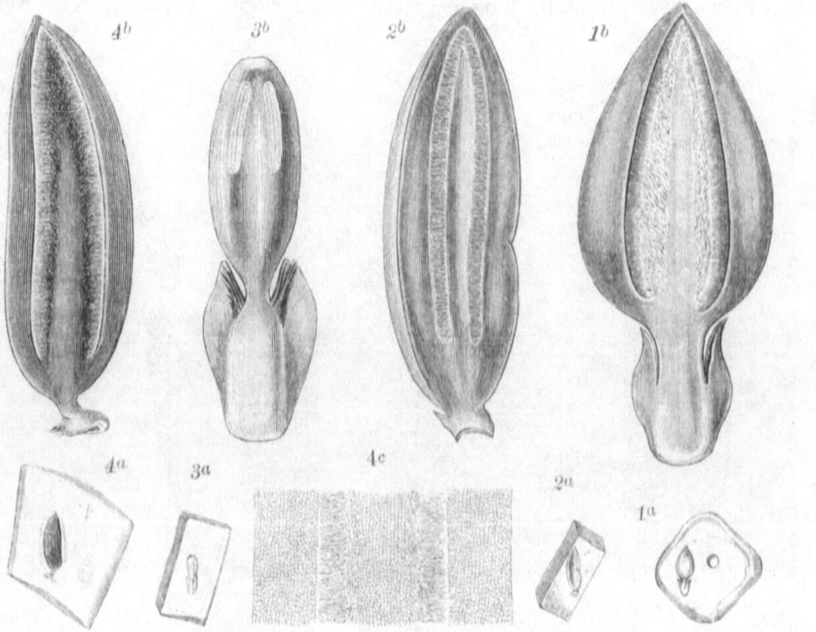

Fig. 335.
1 *Dermatophyllites (Hibbertia* Conw.) *latipes* Göpp. *a* nat. Gr., *b* vergrössert. 2 *D. (H.) tertiaria* Conw. *a. b* wie oben. 3 *D. (H.) amoena* Conw. *a. b* wie oben. 4 *Dermatophyllites azaleoides* Göppart und Berendt. Form von 2. Sämmtlich aus dem Bernstein des Samlandes. (2. 3 Copie nach Conwentz, die übrigen nach der Natur.)

Ich gehe nun zu einigen aus dem Bernstein des Samlandes stammenden Blättern über, welche zuerst von Göppert und Berendt in ihrer Bernsteinflora als *Dermatophyllites* beschrieben, später aber von Conwentz (Bernsteinflora S. 64 Tab. 7 Fig. 12—25) als Blätter von *Hibbertia* Andr. bezeichnet wurden. Er unterscheidet drei Arten: *H. latipes* Conw., *H. tertiaria* Conw., *H. amoena* Conw. (Fig. 335^{1-3}). Die erste Art habe ich in der palaeontologischen Sammlung zu Berlin untersuchen können, für die übrigen liegen die vorzüglichen Abbildungen von Conwentz vor, eine vierte ist mit der zweiten identisch. Auf andere ähnliche Blätter wird später zurückzukommen sein*).

*) Hierher gehörige Blattformen sind von Gibelli im Nuovo giornale bot. Bd. VIII 1876, von Gruber: Anatomie und Entwickelung des Blattes von *Empetrum nigrum* und einiger ähnlicher Blattformen der Ericaceen, Königsberg, 1882, von Radlkofer: Monographie der Gattung Serjania, München, untersucht.

Bei diesen ist nun nicht nur die Familie der Dilleniaceen und die Gattung *Hibbertia* allein, sondern auch andere Gattungen dieser Familie und andere Familien zur Vergleichung heranzuziehen. Das für die fossilen Blätter Charakteristische liegt in dem auf der Blattunterseite stark vorspringenden Mittelnerv, wodurch, da zugleich die Blattränder nach rückwärts gebogen, zu beiden Seiten des Mittelnerven je eine Furche entsteht, welche durch die an den Rändern stehenden Haare verschlossen ist und im frischen Zustande der Blätter bei gleichem Blattbaue als je eine weisse Linie neben dem Mittelnerven auftritt. Tritt dagegen der Mittelnerv nicht stärker hervor, so ist bei gleichzeitig stark zurückgebogenen Blatträndern nur eine weisse Linie und Furche, diese in der Mittellinie des Blattes gelegen, vorhanden. Das erstere ist der Fall bei *Dillenia latipes* Conw. und *D. tertiaria* Conw. Die dritte von Conwentz unterschiedene Art, *D. amoena*, ist insoferne verschieden, als die beiden mit Haaren an den Rändern besetzten Furchen unter der Blattspitze beginnend etwa bis zur Hälfte des Blattes reichen. Diese Blattform, wie die übrigen auch, ist durch den Gegensatz des Wachsthums der Blattober- und Unterseite bedingt, nicht etwa durch das Eintrocknen, und bei letzterer Art darf wohl angenommen werden, dass der von den Furchen nicht eingenommene Theil sich massig entwickelt hat, die Furchenbildung also nur lokal ist. Wie die Epidermis der fossilen Blätter auf der Unterseite sich verhält, lässt sich nicht erweisen, weil nur die Oberseite sichtbar ist, man ist auf die entsprechenden lebenden Blattformen angewiesen. Blattformen, welche den fossilen entsprechen, finden sich nun bei den Dilleniaceen, Ericaceen und ohne Zweifel auch noch bei anderen Familien, da es wenigstens an grösseren Blattformen dieser Art nicht fehlt. Die Blätter der Familie der *Empetraceen*, welche Caspary nach einer Bemerkung Gruber's bei der Vergleichung mit den fossilen Blättern heranzieht, können damit nicht verglichen werden. *Empetrum* hat hohle Blätter, in diese Höhlung führt von der Unterseite ein mit Haaren besetzter Spalt, der Mittelnerv tritt auf der Blattunterfläche unbedeutend vor, die Fläche der Höhlung trägt Drüsenhaare und Spaltöffnungen. So verhält sich das Blatt frisch wie trocken. *Corema* und *Ceratiola* verhalten sich im Wesentlichen ebenso, es ist auch hier nur ein Spalt in der Mittellinie der Unterseite des Blattes vorhanden. In dem Baue der Blätter liegt also nichts, was die Anschauung begründete, dass Blätter der Empetraceen vorlägen. Nur die heutige Verbreitung von *Corema* in Südspanien, Südportugal und auf den Azoren, von *Ceratiola* in den südlichen Vereinigten Staaten, womit sich zugleich die Annahme einer im Laufe der Zeit eingetretenen Umgestaltung des Blattbaues verbinden müsste, liesse vermuthen, dass diese Gattungen schon im Tertiär existirten. Diese Annahme ist indess nicht nöthig, denn einmal ist bei den Dilleniaceen z. B. *Hibbertia lineata* Steud!, *Pleurandra recurvifolia* Steud!, *P. microphylla* Sieber! ganz derselbe Bau des Blattes vorhanden, wie bei den fossilen Blättern, sodann der gleiche Bau wieder bei den Ericaceen, so bei einer Reihe von Erica-Arten, bei *Botryanthus*. Bei allen diesen Blättern tritt der Mittelnerv in Folge der Entwickelung des den Leitbündel umgebenden Parenchyms stark über die Blattunterfläche vor, wodurch dann zu beiden Seiten desselben die Furchen entstehen, welche wie bei den fossilen Blättern durch an den Rändern stehende Haare geschlossen sind. Der Bau dieser Blätter steht ohne Zweifel in Beziehung zur Transpiration, wie dies bei den in Gruben, Rinnen eingesenkten Spaltöffnungen der Fall ist, denn überall sind auch hier Spaltöffnungen auf der Blattunterseite, wie bei den Empetraceen und nicht selten auch Haare vorhanden*). Für den Blattbau, wie er uns bei *H. amoena* Conw. entgegentritt, habe ich kein analoges Beispiel unter den lebenden Pflanzen finden können. Für die Beantwortung der Frage, welcher Familie die fossilen Blätter angehören, haben wir die Wahl zwischen wenigstens zwei Familien, *Dilleniaceen* und *Ericaceen*. Für die erstere hat sich Conwentz entschieden, sowie für die Gattung *Hibbertia*. Da wir nun keine weiteren Anhaltspunkte als eben die Blätter haben, so lässt sich nicht sagen, ob diese Bezeichnung vor einer anderen den Vorzug verdient oder nicht. Das Gleiche gilt auch für *Pleurandra* zu welcher man diese Blätter ebenso gut stellen kann. Keine dieser Familien würde dem aus den bisherigen Untersuchungen sich ergebenden Charakter der baltischen Tertiärflora widersprechen, wobei ich ganz besonders die erst durch die Untersuchungen von Conwentz brauchbar gewordene Bernsteinflora mit ihren Elementen im Auge habe. Auf *Dermatophyllites* Heer aus dem Tertiär Grönlands ist bei der Unbrauchbarkeit derselben kein Gewicht zu legen. Es würde deshalb zweckmässig sein, den von Göppert und Berendt gegebenen Namen *Dermatophyllites*, so wenig er auch dem Sinne nach entspricht, beizubehalten. Zugleich können diese Blätter, deren Bau wir beinahe vollständig überblicken, den Palaeontologen als Beispiel dienen, welchen Werth die auf viel weniger gut erhaltene Blätter gegründeten Bestimmungen haben.

XIV. Reihe. **Umbellifloren.**

Aus den drei Familien der *Umbelliferen, Araliaceen* und *Cornaceen* bestehend, zeichnet die Gruppe sich durch ihre, aus einfachen oder zusammengesetzten, zuweilen rispigen Dolden oder Trugdolden (Cymen) bestehenden Blüthenstände aus. Einjährige Formen, Formen mit unterirdischen, länger dauernden und einjährigen oberirdischen Axen, Sträucher und kleinere Bäume mit actinomorphen, meist fünf-, seltener vierzähligen, epigynen Blüthen, zweifächerigem Fruchtknoten mit je einer hängenden Samenknospe, Beeren- Stein- und nicht aufspringenden Spaltfrüchten; eiweisshaltigen Samen.

Bei der Familie der *Umbelliferen* die Blüthen actinomorph, meist Zwitter, selten polygam, Kelchblätter sehr klein, fünf, eben so viele Kron- und Staubblätter, sämmtlich epigyn; Griffel zwei mit verbreiterter Basis, Fruchtknoten unterständig, zweifächerig mit je einer hängenden Samenknospe, Frucht eine

*) Das Material für die vergleichende Untersuchung verdanke ich neben jenem, welches mir das Herbarium der Universität bot, der freundlichen Vermittlung der Herren Professoren Dr. Garke und Wittmack.

Spaltfrucht in zwei nicht aufspringende Theilfrüchte von dem verholzten Fibrovalstrang, dem sog. Mittelsäulchen sich trennend. Unter den einzelnen Theilen der hieher gehörenden Formen sind ziemlich viele, welche im Stande gewesen wären, den äusseren Einflüssen Widerstand zu leisten, so Stengel und Früchte, aber auch Blätter, von welchen nicht wenige hinsichtlich ihrer Widerstandsfähigkeit anderen Pflanzentheilen nicht nachstehen. Dennoch sind bis jetzt überhaupt nur wenige fossile Reste dieser Familie einverleibt worden. Da fossile Früchte beschrieben sind, so sei von diesen erwähnt, dass sie entweder vom Rücken oder von der Seite zusammengedrückt sind, ihre Aussen- (Rücken-)Seite mehr oder weniger gewölbt, die Innen- (Bauch)-Seite flach ist, jede Halbfrucht fünf Leisten (Hauptriefen) trägt, zwischen ihnen vier Nebenriefen tragen kann. Drei der Hauptriefen werden Rückenriefen, zwei Seitenriefen, die Vertiefungen zwischen den Riefen Thälchen genannt, häufig führen letztere Oelgänge, Striemen. Die Blätter sind meist mehrfach fiedertheilig oder gefiedert; seltner ungetheilt, die Blüthenstände meist zusammengesetzte, selten einfache Dolden mit oder ohne Stützblätter. In einzelnen Gattungen ist der Leitbündelverlauf der Blätter parallel, in anderen Fällen sind die Leitbündel durch schiefe Queräste verbunden, beides, so viel ich weiss, nur bei nicht gefiederten Blättern, in der Mehrzahl der Fälle gefiedert und camptodrom, sehr schmale Fiedern oder Fiederabschnitte sind einnervig. Die Blattstielbasis häufig scheidig verbreitert. Von manchen der bei den Früchten angegebenen Structurverhältnisse wird an etwa erhaltenen Früchten nichts oder nur wenig nachzuweisen sein, weil der unausbleibliche Druck dieselben mehr oder weniger verändert. So sind gerade die wichtigsten Charactere, welche wir für die Unterscheidung der Gattungen verwenden, am Wenigsten gut erhalten, während ausserdem die Form des Eiweisses, deren wir uns für die Charakterisirung der Gruppen bedienen, bei den fossilen Früchten der Beobachtung sich ganz entzieht. Es fehlt im Grunde Alles, was die Bestimmung einer fossilen Umbelliferenfrucht sichert, während die nebensächlichen Charaktere recht gut erhalten sein können. Aus dem oberen Miocän von Oeningen werden durch Heer Früchte von Umbelliferen abgebildet, deren Umriss wohl auf solche von Umbelliferen führen kann. Prüft man aber diese Reste genauer, so frägt es sich, wo denn der Beweis dafür liegt, dass dem wirklich so sei. Die eine wird *Peucedanites* genannt und mit *Peucedanum* verglichen, sie soll vom Rücken her zusammengedrückt sein. Dies ist nun nicht zu sehen, sie ist plattgedrückt, wie dies auch kaum anders möglich ist. Ob die seitlichen Ränder Seitenriefen sind, lässt sich nicht behaupten, andere Riefen sind weder bei *P. spectabilis* Heer, noch *P. ovalis* Heer zu sehen. Zwei andere Arten (*P. orbicularis* Heer, *P. circularis* Heer) sind später von Heer zu *Panax* gestellt. Noch weniger ist Ludwig's *Peucedanum dubium* aus der jüngeren Braunkohle der Wetterau eine Umbellifere, wer je eine Umbelliferenfrucht gesehen, wird einen Rest wie diesen nicht dafür halten. *Diachaenites* A. Br. ist ebenfalls keine Umbelliferenfrucht. Ein ganz unbrauchbarer Rest ist *D. Heerii*, *D. cyclosperma* Heer ist dagegen eine Araliaceenfrucht und wahrscheinlich mit *P. circularis* identisch. Ebenso bedeutungslos ist *P. bilinicus* Ettingsh. von Bilin. *Peucedanites Nordenskiöldi* Heer aus dem Tertiär von Grönland ist ein Rest, welcher für die Existenz der Umbelliferen im Tertiär in diesen Breiten ebenfalls keinen Beweis liefert, er kann auch auf eine Araliacee bezogen werden, bei welchen es nicht an Früchten fehlt, welche Rippen besitzen. Ein von Conwentz aus dem Bernstein des Samlandes als *Chaerophyllum dolichocarpum* beschriebener Rest (Bernsteinflora, S. 85, Taf. IX Fig. 1—3) ist der einzige Beleg für die Existenz der Umbelliferen im Tertiär. Es ist eine zweifächerige Spaltfrucht, deren oberer Theil fehlt, der Querschliff dem gleichen Schnitte von *Chaerophyllum* ähnlich ist. Fünf wenig vortretende Hauptriefen sind vorhanden, die Frucht selbst länglich, gegen die Basis verschmälert, auf der Bauchfläche gefurcht. Im Quartär begegnen wir bestimmbaren Früchten der Umbelliferen, so im Forestbed von Cromer, in welchem durch Reid die Früchte von *Oenanthe Lachenalii* und *Peucedanum palustre* nachgewiesen sind. Dass sie in dieser Periode nicht erst auftraten, dem widerspricht die Manigfaltigkeit der Formen, wie ihre heutige Verbreitung. So fehlt uns für eine der bedeutendsten Familien jeder Nachweis ihrer früheren Entwicklung.

Bei der nahe verwandten Familie der *Araliaceen* liegt das Sachverhältniss günstiger. Sie sind hauptsächlich durch die zuweilen doppelte Zahl der Blattorgane der Blüthen, die Beeren- oder Steinfrüchte und die bisweilen in einer Rispe stehenden Dolden von den Umbelliferen verschieden. Die Blätter in verschiedener Weise getheilt und gefiedert, oft von bedeutender Grösse. Holzpflanzen sind überwiegend, kletternde Formen fehlen nicht, die Mehrzahl der Arten gehört den Tropen und Subtropen, eine geringere der gemässigten Zone an. Die meisten fossilen Reste sind Blätter, sodann einige wenige Früchte, welche mit einiger Sicherheit dieser Familie zugezählt werden können.

Je nach der Form der Blätter, ob sie ganzrandig, gezähnt, handförmig gelappt oder gefiedert, einfach oder doppelt gefiedert sind, ist auch der Leitbündelverlauf verschieden, obwohl er auch z. B. bei *Hedera* bei einem ganzrandigen Blatte derselbe sein kann, wie bei einem gelappten. Er ist bei dieser Gattung strahlig, mit drei bis sieben Primärleitbündeln, welche sämtlich craspedodrom sind; unter einem Winkel von 50—70° treten aus ihnen die secundären, camptodromen, meist gabelnden Leitbündel aus, deren Tertiärnerven ebenfalls camptodrom sind. Die verbindenden Anastomosen, im unteren Theile des Blattes bogig, haben in dem übrigen Theile derselben durch Verzweigungen einen ziemlich unregelmässigen Verlauf, durch sehr feine Verzweigungen zerfallen die von ihnen gebildeten Felder in polygonale Maschen. Bei *H. Helix* L. ist der Leitbündelverlauf in Folge der variablen Blätter sehr verschieden, bei den sehr schmalen Blättern genügen drei wenig verzweigte Primärbündel, bei grossen breiten sieben. Bei *H. capitata* Sw. ist das Blatt fünfstrahlig, die Primärleitbündel steil aufsteigend, das unterste Paar nach kurzem Verlaufe mit dem ersten Secundärleitbündel des zweiten Primärleitbündelpaares camptodrom, dieses Paar selbst gabelnd, der oberste mit den ersten Secundärleitbündeln des mittleren Primärleitbündels verbunden. Im Umriss hat es mit den als *Macclintockia* bezeichneten Blättern Aehnlichkeit.

Bei *Panax* sind die Blätter gefiedert, handförmig gefiedert, dreizählig oder gelappt; die Fiederblätter und Abschnitte gezähnt, eingeschnitten, Leitbündelverlauf gefiedert, Secundärleitbündel bei gezähnten oder eingeschnittenen Blättern craspedodrom oder camptodrom durch Vereinigung mit den Tertiärnerven, unvollständige Secundärnerven häufig, durch die Vereinigung mit den Anastomosen den Secundärleitbündeln parallele Felder bildend, die Felder durch ein sehr zartes Netz polygonaler Maschen ausgefüllt, wie bei *Hedera* nur mittelst der Loupe wahrnehmbar. Bei *Aralia* im ältern Sinne, denn in einem anderen Sinne lassen sich die fossilen Blätter nicht auffassen, da jede Möglichkeit fehlt, für sie die neueren Gattungen festzustellen, sind die Blätter einfach oder doppelt gefiedert, handförmig gefiedert oder fiedertheilig. Ist das letztere der Fall, so ist der Leitbündelverlauf stets strahlig, je nach der Zahl der Lappen und Abschnitte treten drei, fünf bis sieben starke Primärleitbündel in die Blattfläche ein, bei *Aralia papyrifera* Hook. gabelnd. Alle Primärleitbündel senden unter einem Winkel von 50—60° alternirende Secundärleitbündel aus, welche durch Tertiärleitbündel Camptodromieen bilden, sind die Blätter gezähnt, so senden sie einen Ast in diese. Unvollständige Secundärleitbündel sind häufig, sie enden in den Anastomosen. Diese letzteren verlaufen in dem unteren Theile des Blattes stark gebogen, im oberen beinahe gerade und parallel. Die von ihnen gebildeten Felder zerfallen durch die weiteren Verzweigungen in quadratische Felder, welche durch zarte Verzweigungen gebildete polygonale Maschen enthalten. Nach dem mir vorliegenden, ziemlich reichen Materiale ist die geringe Entwicklung der letzten Verzweigungen der Leitbündel bei den Araliaceen sehr gewöhnlich. Bei den lederartigen Blättern, welche in der Familie nicht selten sind, nimmt man häufig die Secundärleitbündel nicht deutlich wahr. In den Fiederblättern der handförmig gefiederten oder wie sonst gefiederten Blätter sind die alternirenden Secundärleitbündel, unter einem Winkel von 70° austretend, steilansteigend bei schmalen Blattflächen, z. B. *Aralia trifolia*, *Aralia quinquefolia;* sind sie breiter, so beträgt der Austrittswinkel 20—50° und verlaufen die Bündel in einem Bogen nach aufwärts gekrümmt und mit den Tertiärleitbündeln vereinigt. Die Zähne erhalten von den Schlingen und dem aus den Verzweigungen dieser gebildeten Randnetze ihre Aeste. Bei allen gefiederten Blättern sind die seitlichen Fiedern ungleichseitig, sehr auffallend bei *Brassaiopsis*, die Grösse der Fiederblätter sehr verschieden und stets gegliedert. Bei *Cussonia* (*spicata*) erstreckt sich diese Gliederung auf den Blattstiel selbst, beim Absterben löst sich das oberste Fiederblattpaar mit dem Endblatt ab, oder die einzelnen Fiederblätter oder das dreitheilige Endblatt, häufig dann noch das zweite und dritte oder nur das zweite, sodann die einzelnen Blattstiele mit dem untersten Fiederpaare. Das Endblatt und die beiden seitlichen obersten Fiederpaare sind länglich, an beiden Enden zugespitzt, die übrigen dreiseitig, in mannigfacher Weise die Form ändernd. Der Leitbündelverlauf ist von jenen der übrigen Fiederblätter nicht abweichend; bei den dreiseitigen Blättern verläuft, aus dem Blattstiele austretend, beinahe horizontal ein stärkeres, craspedodromes Leitbündel. Zahlreiche, weniger starke Leitbündel durchziehen das Blatt, sämmtlich camptodrom. Unger hat eine im Ganzen richtige Darstellung des Blattes von Cussonia (Foss. Flora von Kumi) gegeben, weggelassen ist die Articulation der Blattstiele und der Fiedern. Ueberhaupt sind, wie ich an dem mir aus dem Herbarium der hiesigen Universität vorliegenden, ziemlich reichlichen Materiale sehe, die Blätter dieser Gattung ziemlich variabel und kann die Gliederung der einzelnen Fiedern nicht nur bei einzelnen Arten, sondern auch derselben Art fehlen. Wie die Blätter von *Cussonia* mannigfach variiren, so auch die Blätter von *Hedera*. Bei *Brassaiopsis* mit gefiederten Blättern ist der Leitbündelverlauf der an der Basis gleichseitigen und verschmälerten Endblätter der gewöhnliche camptodrom-fiederartige; die seitlichen dagegen sind bei B. *Guilfordi* ein sehr prägnantes Beispiel des Zusammenhanges von Leitbündelverlauf und Blattfläche. Der Mittelleitbündel liegt seitlich in der Blattfläche; die rechte kleinere Hälfte hat den gefiederten Leitbündelverlauf, die stärker entwickelte linke Hälfte hat dagegen einen bogenläufigen Secundärleitbündel, an der Basis des Mittelleitbündels entspringend, welcher mit seinen Tertiärästen diese stärker entwickelte Blatthälfte versorgt. Auf ihn folgen dann fiederförmige, secundäre Leitbündel, alle Leitbündel camptodrom. Wie aus dem Vorhergehenden sich ergibt, haben auch die Araliaceen keinen für die ganze Familie giltigen Leitbündelverlauf, wozu dann noch kömmt, dass die einzelnen Fiederblätter isolirt vorkommen, also ein charakteristisches Merkmal gar nicht erhalten ist, bei den Fiedern der handförmig gefiederten Blätter auch die ungleichseitige Blattfläche nicht vorhanden ist. Es ist keine ganz unzutreffende Bemerkung Unger's, dass isolirte Blätter der Araliaceen für Blätter von *Quercus* gehalten werden können. Wollte man auch auf die Zartheit der Verzweigungen höherer Ordnung ein Gewicht legen, so würde dies bei den fossilen Blättern misslich genug sein, denn sehr verschiedene Ursachen können ein solches Verhalten bei diesen erzeugen, andererseits trifft es bei den Araliaceen nicht immer zu. Wie immer, werden wir es also auch bei dieser Familie neben einzelnen wahrscheinlich hieher gehörigen mit einer ziemlichen Anzahl zweifelhafter Reste zu thun haben, sei es nun, dass dieselben überhaupt nicht hieher gehören oder mit anderen Arten vereinigt werden müssten, wenn uns die Zusammengehörigkeit bekannt wäre. Inwieweit nun Blätter anderer Familien für Araliaceen und umgekehrt Araliaceen als Blätter anderer Familien erklärt worden sind, lässt sich bei der oft mangelhaften Erhaltung mit Sicherheit nicht sagen. Sind die Blattstiele erhalten, so liegt in der verbreiterten, stengelumfassenden Basis derselben ein Merkmal, welches Araliaceenblätter von den ähnlich getheilten Blättern von *Sterculia* unterscheiden lässt, wie das Fehlen der Drüsen von solchen der Passifloreen.

Zunächst seien die zu den Araliaceen gezogenen Früchte erwähnt, welche mit *Panax* vereinigt, aus dem oberen Miocän von Oeningen stammen, *P. orbiculare* Heer und *P. circulare* Sap. (Fig. 336$^{7-9}$), ferner aus dem südfranzösischen Tertiär von Armissan *Aralia discoidea* Sap. und *A. palaeocarpa* Sap. (Fig. 336$^{3.\,4}$). Insoferne man den äusseren Umriss als maassgebend ansieht, kann man diese vier Früchte als Araliaceenfrüchte betrachten, dass sie solche wirklich sind, lässt sich nicht behaupten, denn weder die Form noch das gemeinschaftliche Vorkommen mit einem für ein Araliaceenblatt erklärten Blatte sind beweisend, man kann nur sagen, dass sie aus einem unterständigen Fruchtknoten sich entwickelt haben. Genau dasselbe gilt für *P. globulifera* Heer, *P. macrocarpa* Heer aus den Patootschichten Grönlands und der zu *P. cretacea* Heer gezogenen Frucht. Ob die von Weber zu *Sambucus* gezogenen Früchte dieser Gattung oder den Araliaceen angehören, ist ebenfalls mit Sicherheit nicht zu entscheiden, da es ein nicht sehr vollständig erhaltener Rest ist, er kann auch den Cornaceen angehören. Ludwig's *Hedera pentagona* aus der Braunkohle der Wetterau, trägt, wie beinahe alle Ludwig'schen Bestimmungen, den Charakter der Unzuverlässigkeit, als Kapsel bezeichnet ist sie schon dadurch von *Hedera* ausgeschlossen.

Die von Schimper als *Araliophyllum* Debey bezeichneten Blätter aus der jüngeren Kreide von Haldem in Westfalen, der Kreide von Limburg, dem unteren Eocän von Gelinden, in jüngster Zeit auch in der Kreide des Harzes, sind von mir bei den Ranunculaceen erwähnt und mit *Helleborus* verglichen. Es lässt sich nicht leugnen, dass diese Blätter den *Aralia*-Arten mit hand- oder fingerförmiger Fiederung mit gestielten und linearen Fiedern sehr nahe verwandt sind. Welche dieser Deutungen die richtige ist, muss unentschieden bleiben (vgl. S. 508). Ein durch seine nahezu vollständige Erhaltung ausgezeichnetes Blatt aus dem Tertiär von Kumi ist *Cussonia polydrys* Unger. Vergleicht man dasselbe mit Blättern dieser in Abyssinien, am Cap und Neuseeland vorkommenden Gattung, so ergibt sich zwischen den fossilen und lebenden Formen eine so grosse Aehnlichkeit, dass gegen die Bezeichnung nicht viel zu erinnern ist (Fig. 337[1]), zumal wenn man die Variabilität der Blätter bei dieser Gattung berücksichtigt. Das heutige Vorkommen der *C. arborea* Hochst. in Abessinien kann, obwohl ihre Blätter tief fiedertheilig und ungegliedert sind, mit jenem des Tertiär zusammenhängen, ihr Aussterben in Europa durch die klimatische Aenderung in der Quartärzeit bedingt sein. Bei den zu *Panax* und *Aralia* gezogenen Blättern begegnen wir mehr Zweifeln. Schon nach dem Leitbündelverlauf darf man vermuthen, dass mehrere der Saporta'schen *Aralia*-Arten aus dem südfranzösischen Tertiär wegen der beinahe horizontal verlaufenden Secundärleitbündel nicht hieher, sondern zu den Myricaceen oder Celastraceen gehören, so der grössere Theil der von Armissan angegebenen Arten. Auch die zu *Panax* gezogenen Blätter möchten, so sehr die heutige Verbreitung am Amur, in China, Japan, ferner im tropischen Asien und in Neuseeland, dann in Nordamerika für das Vorhandensein im Tertiär spricht, nicht so sicher gestellt sein, wie dies angenommen wird. Nach dieser Annahme wären sie im unteren Oligocän von Haering, der Provinz Sachsen vorhanden gewesen, jedoch in der Miocänzeit bereits wieder ausgestorben. Meines Erachtens ist der Leitbündelverlauf dieser Gattung zu wenig charakteristisch, als dass mit Sicherheit über diese einzelnen Fiederblätter etwas gesagt werden könnte. Nachträglich sei erwähnt, dass bei *P. thyrsiflorum* der Leitbündelverlauf der einzelnen Fiederblätter gefiedert ist, sind die Blätter dreilappig, so ist er strahlig, beides an demselben Zweige. Wie bei *Panax* die heutige Verbreitung für die Existenz während

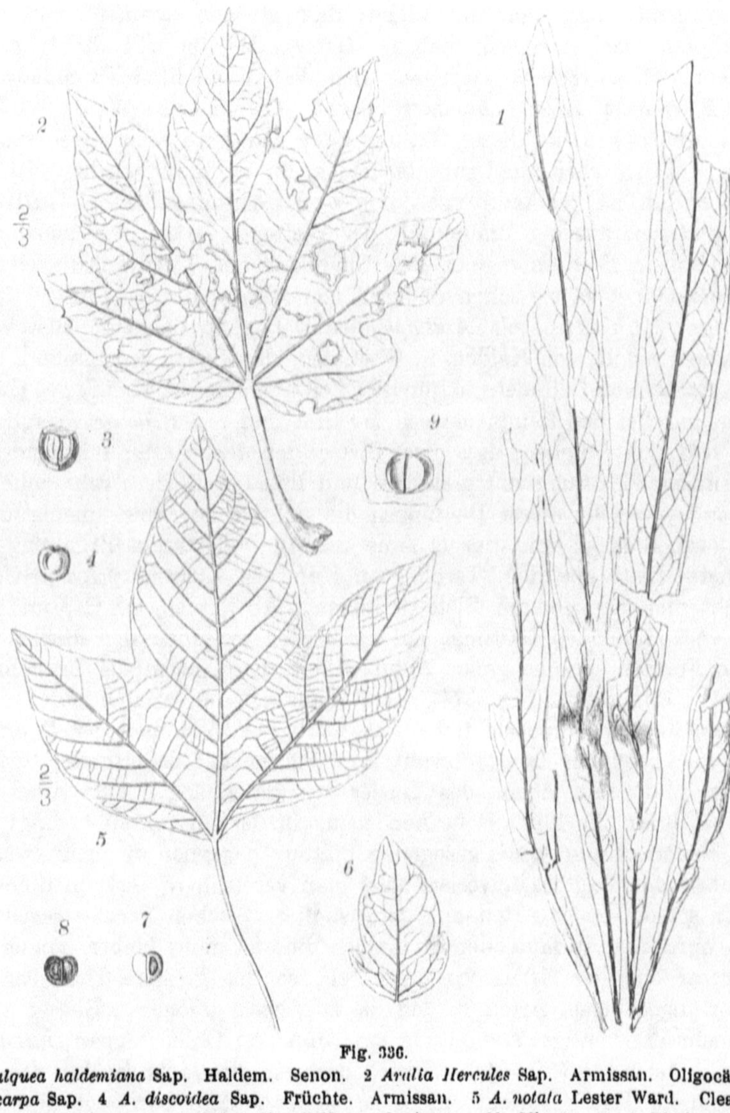

Fig. 336.

1 *Dewalquea haldemiana* Sap. Haldem. Senon. 2 *Aralia Hercules* Sap. Armissan. Oligocän. 3 *A. palaeocarpa* Sap. 4 *A. discoidea* Sap. Früchte. Armissan. 5 *A. notata* Lester Ward. Clear Creek. Montana. Laramiegroup. 6 *Hedera Kargii* Heer. Oeningen. Ob. Miocän. 7. 8 *Diachaenites cyclosperma* Heer. Oeningen. Ob. Miocän. 9 *Peucedanites circularis* Heer. Oeningen. Ob. Miocän. (1 Nach der Natur, die übrigen Copieen nach Saporta, Lester Ward, Heer.)

der Tertiärzeit auf der nördlichen Halbkugel spricht, so gilt dies auch für *Aralia*, aus welcher Gattung Arten wie *Aralia spinosa* L., *A. (Fatsia) horrida* Sm. Nordamerika und Japan, erstere im Osten von Florida bis Virginien, letztere im Westen Nordamerika's vorkommend, die Gattung Nordamerika, China, Japan und dem Himalaya gemeinsam ist. Fossil ist sie in Nordamerika und in Sibirien, wie in Europa gefunden, demnach ein Verhältniss, welches bei anderen Gattungen bereits erwähnt ist und zu demselben Schlusse berechtigt, dass die Gattung ihre Verbreitung vom Westen Nordamerika's bis in den Himalaya der Tertiärzeit verdankt. Sind die bis jetzt beschriebenen Blätter sämmtlich Araliaceenblätter, so tritt die Gattung bereits in der jüngeren Kreide auf, seltener in Europa, häufiger in Nordamerika. Von Moletein in Mähren stammt *A. formosa* Heer, dreilappig mit verschmälerter Basis und zählt man *Dewalquea* (Fig. 336[1]) hieher, auch diese nicht nur aus der Kreide Westfalens, Böhmens und Schlesiens (*Bignonia silesiaca* Velen.), sondern auch nach den Untersuchungen von Schulze (Ueber die Flora der subhercynischen Kreide, Halle 1888) aus jener des Harzes. Durch Lesquereux sind insbesondere aus der Kreide von Kansas eine Anzahl Arten bekannt geworden, wie *A. quinquepartita* Lesq., *A. Towneri* Lesq., *A. radiata* Lesq. und andere. Die von Moletein bekannte *A. formosa* Heer wird auch aus der Kreide von Morisson in Colorado angegeben. Ob die von Heer aus den Patootschichten von Grönland beschriebenen Blattfragmente zu den Araliaceen gehören, lässt sich nicht entscheiden, über dergleichen Fragmente ist meiner Ansicht nach nichts zu sagen, die besser erhaltenen Fragmente wie *A. Ravniana* Heer können dafür sprechen. Dass die Familie zur Zeit der jüngeren Kreidebildungen existirt hat, daran lässt sich bei der grossen Anzahl von jetzt den Tropen angehöriger Formen kaum zweifeln, wenn auch einzelne der hieher gezogenen Formen auszuschliessen sind. Im Tertiär Europa's und Nordamerika's ist die Zahl der Arten noch grösser, als zur Kreidezeit und sind es die südfranzösischen Fundorte, welche hieher gehörende Blätter enthalten, so Sezanne und Gelinden (unteres Eocän), woher *A. crenata* Sap., *A. robusta* Sap., *A. hederacea* Sap., *A. Looziana* Sap. et Mar. stammen, unter welchen indess manche fraglich sein dürften. Auch im Oligocän von Aix, Armissan, St. Zacharie, St. Jean de Garguier, der Provinz Sachsen bis in das mittlere Miocän kommen sie vor, z. B. *A. Hercules* Sap. (*Platanus* Unger), *A. multifida* Sap., *A. tripartita* Sap. von Aix, *A. primigenia* Heer vom Monte Bolca und Alumbay. *A. Tschulymensis* Heer und *A. Baeriana* Heer von Simonowa in Sibirien sind von Interesse durch ihre Beziehung zur heutigen Verbreitung der Gattung im Amurlande, Nordchina, Japan und dem Himalaya. Für das Vorkommen im Tertiär Grönlands spricht vielleicht *A. Jörgensi* Heer, in Nordamerika haben Lesquereux und Lester Ward *A. notata* Lesq., *A. nitida* Lester Ward, *A. acerifolia* Lesq. aus Colorado, Montana und Wyoming nachgewiesen, letztere auch von den Chalkbluffs, California, und ebendaher *A. Zaddachii* Lesq., welcher Name besser für die Art Lesquereux's, als den absolut nichts beweisenden Fetzen Heer's aus dem Samlande verwendet wird. Die beiden von Nathorst aus dem Pliocän oder Quartär von Mogi in Japan beschriebenen Blätter, *Acanthopanax acerifolium*, können zu den Araliaceen gehören.

So weit Blätter allein etwas entscheiden können, würde schon im Tertiär die Gattung dem Westen wie Osten Amerika's angehört haben und auch die Form der Blätter z. B. der *A. horrida* nahe stehen. Das erste Auftreten der Gattung *Hedera* ist ebenfalls in die jüngere Kreidezeit verlegt. Einerseits sind es die Kreidebildungen Grönlands, andererseits Nordamerika's, welche diese Reste enthalten, mit *H. Helix* L. verwandt, so aus der Kreide von Nebraska *H. ovalis* Lesq., aus der Kreide von Kansas *H. Schimperi* Lesq., *H. platanoides* Lesq., aus den Atane- und Patootschichten Grönlands *H. cuneata* Heer und *H. primordialis* Sap., letztere auch in der Kreide Südfrankreichs. Aus dem Tertiär Europa's ist *H. prisca* Sap. von Sezanne wohl dieser Gattung angehörig, auffallender Weise fehlt die Gattung an allen Tertiärfundorten mit Ausnahme solcher aus dem oberen Miocän (*H. Kargii* Heer) und Pliocän, in welchem *H. Strozzii* Gaud. von Sarzanello, Montajone, Massa maritima bekannt ist. Im Quartär kommt in den Tuffen Dänemarks, von Meyrargues, Montpellier, Resson, la Celle, der Massa maritima *H. Helix* in seinen verschiedenen Formen vor. Ob die Gattung im Tertiär Grönland's und Alaska's vorkam, ist meiner Ansicht nach fraglich. Einmal sind die Blätter zu unvollständig, um sicher als Blätter von *Hedera* erkannt zu werden, sodann scheint mir der Leitbündelverlauf, so weit er überhaupt erhalten, mehr jenem von *Menispermum* zu entsprechen. Die aus dem nordamerikanischen Tertiär, der Laramiegruppe, von Lester Ward beschriebenen Arten möchte ich sämmtlich hinsichtlich ihrer Abstammung von *Hedera* bezweifeln. Sie sind zum Theil, wie *H. Brunneri* Lest. Ward und *H. aquamara* Lest. Ward von der Black Buttes Station in Wyoming, zum Theile *H. parvula* Lest. Ward, *H. minima* Lest. Ward, am Clear Creek in Montana beobachtet. Der Leitbündelverlauf ist bei allen diesen Blättern der Art, wie er nicht bei der Gattung auftritt. *Hedera Brunneri* dürfte eher ein *Populus* sein, *H. aquamara* eine *Fothergilla*, die beiden anderen mögen Celastraceenblätter sein. Am Schlusse der beiden unter sich nahe verwandten Familien, der Vitaceen und Araliaceen, sei auf die bereits früher als *Credneria* erwähnten Blätter hingewiesen, deren Auffassung, wie dies kaum anders möglich ist, wenn nur Blätter vorliegen, eine sehr verschiedene ist. Von Heer werden sie meist als *Chondrophyllum* bezeichnet, unter welchem Namen auch Schulze einige der Arten Heer's aus der Kreide des Harzes anführt. Uebrigens sind von Heer eine Anzahl Blätter hieher gezogen, über deren Stellung etwas zu sagen unmöglich ist. Nach ihm sind es Blätter der Ampelideen, aus welchen Gründen leuchtet allerdings nicht ein; denn wenn auch bei einzelnen der Leitbündelverlauf strahlig ist, so ist er es bei anderen nicht. Wie in so vielen Fällen ist es auch hier nicht möglich, die Familie, welcher sie angehören, sicher zu ermitteln.

Die Familie der *Cornaceen* besteht, wenige Formen ausgenommen, aus Holzpflanzen mit vier Kelch-, Kronen- und Staubblättern und zwei Griffelblättern. Fruchtknoten unterständig, Frucht eine von dem Reste des Kelches gekrönte Steinbeere mit zweifächerigem Steingehäuse. Blätter gegenständig oder alternirend, ungetheilt. Meist der gemässigten Zone angehörig. Blüthenstände bei *Cornus* Trugdolden, bei *Nyssa* Trauben.

Erhalten sind ziemlich viele Blätter, welche der Gattung *Cornus* zugetheilt sind, ausserdem Früchte ebenfalls als dieser Gattung angehörig be-

Fig. 337.

Cussonia polydrys Unger. 1. Blatt. Kumi. Miocän. 2. *Aralia dissecta* Lesquereux. Blatt. Miocän. Florissant. Colorado. (Copieen nach Unger, Lesquereux.)

trachtet. Diese letztere Annahme gründet sich auf das gemeinsame Vorkommen von Blättern und Früchten, womit begreiflicher Weise nichts bewiesen wird.

Was für *Cornus* bezeichnend ist, die Fächer des Steingehäuses, lässt sich nicht nachweisen. Die Blätter selbst haben einen ziemlich charakteristischen Leitbündelverlauf, welcher allerdings nicht bei allen Arten genau derselbe ist und den sie nicht allein haben. Der Mittelleitbündel ist von geringer Stärke, die secundären Leitbündel treten in einem mehr oder weniger spitzen Winkel aus und verlaufen in einem entweder sehr steilen, aber auch weniger steilen Bogen aufwärts bis dicht an den Blattrand, wo sie sich mit den Tertiärnerven verbinden. Alle weiteren Verzweigungen sind in Folge ihrer Zartheit bei einem Theile der Arten nur mit der Loupe sichtbar, bei anderen treten die Tertiärnerven mehr hervor. So weit sie Anastomosen sind, verlaufen sie gerade oder nur wenig gebogen, meist schief, unter sich parallel, entfernter oder näher gerückt. Die von ihnen ausgehenden Verzweigungen nur mittelst der Loupe sichtbar. Die Involucralblätter, welche die Blüthenstände von *C. florida, C. suecica, C. canadensis* und anderen Arten, von *Benthamia* umgeben, sind von zahlreichen, durch schiefe Anastomosen verbundenen parallelen, etwas nach innen gekrümmten Leitbündeln durchzogen. Bei anderen Arten ist ihre Textur lederartig.

Die Gattung erstreckt sich jetzt auf der westlichen Erdhälfte von Labrador und Canada bis nach Centralamerika, auf der östlichen bis in den Himalaya, Nordchina und Japan. *Cornus suecica* und *C. canadensis* gehören zu jenen Formen, welche während der Glacialzeit eine weitere Verbreitung nach Süden fanden und auf Yesso, dem Himalaya, in den Mooren Norddeutschlands und in Nordamerika noch jetzt vorkommen. Die Gattung ist nicht allein Europa, Asien und Nordamerika gemeinsam, sondern auch eine jener Gattungen, welche dem atlantischen und pacifischen Nordamerika angehören. Die heutige Verbreitung wird die Vermuthung rechtfertigen, dass einerseits die Gattung borealen Ursprungs ist, andererseits schon in der Tertiärzeit eine der heutigen nahestehende Verbreitung stattfand, welche im Norden durch die Glacialperiode eine Einschränkung erfuhr.

Durchaus anders verhält sich der Leitbündelverlauf bei den übrigen Cornaceen. Bei Curtisia (*C. faginea* Thbg.) sind die Secundärleitbündel durch Gabelung camptodrom, die Zähne erhalten einen von der Schlinge ausgehenden Ast und können z. B. unter den zu *Quercus* gezählten fossilen Blättern solche Blätter sich befinden. Die Secundärleitbündel erreichen daher auch nicht den Blattrand, wie bei *Cornus*. Bei *Alangium* ist der Leitbündelverlauf strahlig, die beiden seitlichen Primärleitbündel verbinden sich bald mit den beiden untersten Secundärleitbündeln des mittleren Primärleitbündels, die Tertiärleitbündel verlaufen beinahe alle gerade, parallel und treten wie ihre Verzweigungen, meist unter rechtem Winkel austretend, deutlich hervor. Auch bei *Marlea* ist der Leitbündelverlauf strahlig, bei *M. bignoniaefolia* Fort. aus dem nördlichen China sind die beiden seitlichen Leitbündel, wenn das Blatt gezähnt craspedodrom, wenn ganzrandig camptodrom durch Verbindung mit dem untersten Secundärleitbündelpaare des primären Mittelleitbündels. Theilen sich die beiden seitlichen Primärleitbündel sogleich nach ihrem Austritte, so sind diese Aeste stets zarter als die übrigen und camptodrom. Die sämmtlichen Secundärleitbündel sind camptodrom, ebenso die tertiären, insoferne sie nicht Anastomosen sind. Letztere unter rechtem Winkel austretend, gerade oder gebogen, wie ihre Verzweigungen deutlich sichtbar. An den mir vorliegenden Exemplaren zeigen die Blätter bald drei Zähne, bald sind sie ganzrandig oder die eine Seite ganzrandig, die andere mit einem Zahne, darnach wechselt auch der Leitbündelverlauf an demselben Zweige, die Basis bei allen ungleichseitig. Die Folgerungen mögen sich die Paläontologen selbst ziehen. Bei *Garrya* ist der Leitbündelverlauf gefiedert, die Secundärleitbündel treten unter einem Winkel von 40—60° aus, verlaufen

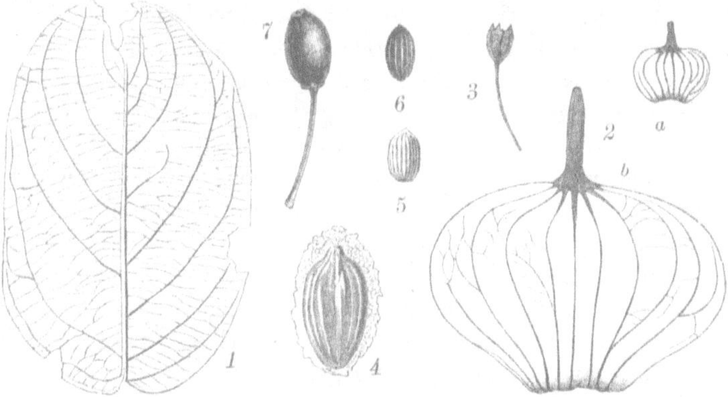

Fig. 338.

1 *Cornus orbifera* Heer. Bois d'Asson. 2 *C. mucronata* Heer. Involucralblatt. *a* nat. Grösse, *b* vergrössert. Oeningen. Ob. Miocän. 3 *C. Deickii* Heer. Frucht. Oeningen. Ob. Miocän. 4 *Nyssa Vertumni* Ung. Frucht. Salzhausen. 5 *N. europaea* Heer. Frucht Bovey Tracy. Oligocän. 6. 7 *N. aquatica* L. 6 Steinkern. 7 Frucht. (Copieen nach Heer, Unger, 6. 7 nach der Natur.)

bald steiler, bald weniger steil, sind camptodrom durch Gabelverzweigungen, die durch sie gebildeten Felder werden durch unvollständige Secundär- und Tertiärleitbündel in unregelmässig begrenzte kleinere Felder getheilt, welche polygonale Maschen enthalten. Durchgängig treten die Leitbündel auf der Blattoberseite deutlicher hervor, als auf der Unterseite. Die secundären Leitbündel des fiedernervigen Blattes sind bei *Aucuba* durch Gabeltheilung camptodrom, die untersten häufig durch die letzten Tertiärleitbündel; sind die Blätter gezähnt, so erhalten die Zähne ihre Leitbündel von den Camptodromieen oder aus dem von ihren Verzweigungen gebildeten Randnetze, welches stets bei allen Gattungen vorhanden ist. Die Anastomosen und ihre Verzweigungen bilden ein sehr unregelmässiges Maschennetz, welches auf der Blattoberseite deutlicher als auf der Unterseite hervortritt. *Nyssa* L., diese jetzt in Nordamerika, dem Himalaya, den Khasiahills und nach Bentham und Hooker auch auf Java vorkommende Gattung hat einen fiederförmigen Leitbündelverlauf. Von Bentham und Hooker zu den Cornaceen gestellt, wird sie von anderen neben die Thymeleaceen und Proteaceen als eigene kleine Familie, *Nyssaceen*, gebracht. Ihre Blüthen sind monöcisch, mit einem Discus, becherförmigem, gezähntem Kelch, fünf bis zahlreichen Kronblättern, in den männlichen Blüthen fünf bis zahlreiche Staubblätter, in der weiblichen Blüthe ein unterständiger, einfächeriger Fruchtknoten mit hängender Samenknospe. Frucht eine einfächerige Steinfrucht, von dem Reste des Kelches gekrönt. Samen mit Eiweiss, Keimblätter breit. Bäume mit alternirenden Blättern, auf wasserreichem Boden vorkommend. Der Leitbündelverlauf ist fiederförmig, die Secundärleitbündel treten alternirend unter einem Winkel von 40—50° aus, verlaufen in einem wenig gekrümmten Bogen gegen den Rand, wo sie sich durch Gabeltheilung oder durch die Tertiärnerven verbinden. Unvollständige Secundärleitbündel sind nicht häufig. Die Anastomosen mit ihren Verzweigungen an den älteren Blättern ohne Loupe sichtbar, an den jüngeren dagegen nicht, gerade, gebogen, geknickt, parallel, etwas genähert. Frische oder in Weingeist aufbewahrte Früchte stehen mir nicht zur Disposition, trockene sind mit leichten Längsrunzeln versehen. Bei zwei Arten, *N. aquatica* und *N. villosa* sind die Blätter beiderseits mit zahlreichen, dichtstehenden, kleinen weisslichen Erhöhungen bedeckt, vielleicht jenes Verhältniss, welches Heer Punkte nennt, für *Nyssa* charakteristisch erklärt und bei fossilen Arten, der *N. punctata* von Rixhöft und *N. Vertumni* aus Sibirien abbildet. Diese letztere Abbildung entspricht nicht dem Sachverhältniss der lebenden Arten, eher die Darstellung in der baltischen Flora. Bei allen anderen Arten fehlen sie. Mit dem Alter der Blätter hängen sie nicht zusammen, bei den beiden oben genannten Arten kommen sie sowohl bei jugendlichen als bei älteren Blättern vor. Da der botanische Garten der Universität diesen Baum nicht besitzt, so war ich auf die Untersuchung von getrockneten Exemplaren angewiesen. Dass diese Erhöhungen für die Blätter von *Nyssa* bezeichnend und deshalb fossile Blätter mit kleinen punktförmigen Stellen zu *Nyssa* gehören, ist nach dem oben Gesagten unrichtig, unter nahezu fünfzig Exemplaren habe ich es zweimal getroffen; dergleichen Erhöhungen sind an dem Kohlenüberzuge fossiler Blätter keine Seltenheit. Mit der Structur der Blätter haben sie wahrscheinlich nichts zu thun, sondern es ist ein durch Schrumpfung erzeugter Erhaltungszustand. Dieses angebliche Charakteristicum der Blätter von *Nyssa* bildet Heer in seiner baltischen Miocänflora von *N. punctata*, in der Abhandlung über die Pflanzenreste von Bovey Tracy bei *Ficus eucalyptoides*, welchen er später zu *Nyssa* zog, aber auch noch bei anderen Resten ziemlich richtig ab, bei *Nyssa Vertumni* von Simonowa in Sibirien gibt er eine vergrösserte Abbildung (Flora foss. arct. IV. Tab. 19 Fig. b), welche unzureichend vergrössert ist. Die zahlreichen Arten von *Nyssa* im Tertiär hat bis jetzt Niemand bezweifelt; nur Geyler in seiner oberpliocänen Flora von Frankfurt a. M. scheint durch den Gebrauch des Ausdruckes *Nyssites* an Stelle von *Nyssa* auszudrücken, dass die Sicherheit der Bestimmung keine allzu grosse sei. Von drei Arten habe ich reife, von anderen unreife Früchte untersucht. Da, wie es scheint, lange nicht alle weiblichen Blüthen befruchtet werden, so ist beinahe nie ein Racemus vorhanden, sondern die Früchte stehen einzeln, zu zwei oder drei und befinden sich unterhalb derselben Bracteen, welche beim Abfallen am Stiele verbleiben. Die Früchte sind eilängliche Steinfrüchte mit sehr dünnem Fruchtfleisch, gekrönt von den Narbenresten der abgefallenen Blüthentheile, an der Basis die Narbe des Blüthenstieles. Das Fruchtfleisch bei trockenen Früchten mit feinen Längsfurchen, gewöhnlich drei bis vier etwas mehr hervortretend. Der Steinkern mit zehn bis zwölf Längsleisten, sonst glatt, an beiden Enden abgerundet. Man wird mir zugeben müssen, dass all' dies mit den Abbildungen und Exemplaren der meisten auf Früchte gegründeten fossilen *Nyssa*-Arten wenig übereinstimmt. Dass dem so ist, hat seinen Grund darin, dass Niemand sich die Mühe nahm, die fossilen Reste mit den Früchten der lebenden Arten zu vergleichen, sondern ohne Kritik Früheres wiederholt und die Bezeichnung auf Reste von ungefährer Aehnlichkeit übertragen wurde. Als Früchte von *Nyssa* kann ich nur jene ansehen, welche neben der eilänglichen Form vom Stiele abfallen, eine flache Narbe auf der Spitze, die Trennungsstelle an der Basis, wenn das Fruchtfleisch vorhanden, feine Längsleisten, wenn der Steinkern allein erhalten, zehn bis zwölf seichte schmale Furchen zeigen. Alle für *Nyssa* in Anspruch genommenen Früchte, welche mit einer Spitze versehen sind, an der Basis einen sog. Stiel haben, sind auszuschliessen, ferner solche, deren Aussehen auf Samen schliessen lässt. Was man übrigens bei diesen Resten Stiel genannt hat, scheint, dies lassen die Abbildungen erkennen, gar nicht ein solcher zu sein, sondern die verschmälerte Basis der Frucht, z. B. *N. arctica* Heer, *N. baltica* Heer. Ob kugelige *Nyssa*-Früchte existirt haben, ob es welche mit verschmälerter Basis gab, wie sie z. B. bei *Cubeba* Miq. vorkommen, ob es welche mit entwickelterem Fruchtfleisch gab, ob bei früher existirenden Arten der Griffel stehen blieb, das wissen wir nicht, nimmt man es an, so ist dies eine willkürliche Annahme, deren Consequenz auf der Hand liegt. Was die von Heer bei *N. arctica* und *N. reticulata* abgebildeten Querlinien angeht, so können sie entweder Querfalten oder Querrisse der Kohle sein, beides Erhaltungszustände. Stärkere Längsleisten, wie sie *N. ornithobroma* Unger hat, deuten auf ein stärker entwickeltes Fruchtfleisch hin, was möglicher Weise bei einer früher existirenden Art vorgekommen sein kann. Welcher Familie die von mir ausgeschlossenen *Nyssa*-Früchte angehören, vermag ich nicht zu sagen, es fehlt zu einer sicheren Bestimmung nahezu alles, die Umrisse und die Oberflächenbeschaffenheit ausgenommen. Würde ich eine oder die andere Familie nennen, so würde ich an die Stelle einer fraglichen Familie eine andere ebenso zweifelhafte setzen und haben wir es wahrscheinlich nicht mit einer, sondern mit mehreren Familien zu thun. Werden die zahlreichen, nur auf Früchte gegründeten *Nyssa*-Arten reduzirt, so fällt auch die auffallende Thatsache weg, dass an einem einzelnen Fundorte eine Reihe von Blättern und kaum eine Frucht, sodann Massen von Früchten und keine Blätter sich finden, überhaupt das Missverhältniss zwischen Früchten und Blättern ein auffallendes ist.

Erwähnen will ich, dass bei *Elaeagnus* ähnliche Steinkerne vorkommen. So hat *E. angustifolia*, welche noch in der Breite von Leipzig ihre Früchte reift, länglich-eiförmige Steinkerne mit sechs Leisten, bei *Cornus* die Steingehäuse länglich spitz, mit vier Längsleisten (Gruppe von *Cornus mas* L.), bei der Gruppe *Thelycrania* Endl. kugelig mit kurzer Spitze und wenig vortretenden Leisten. Es ergibt sich daraus, dass ziemlich weit auseinanderstehende Familien in manchen Dingen sich nahe stehen können.

Die beiden Gattungen *Cornus* und *Nyssa* werden zuerst aus der jüngeren Kreide angegeben, eine Angabe, welche sich auf Blätter gründet. Aus den Atane- und Patootschichten Grönland's führt Heer *C. Holmiana, C. thulensis* und *C. Forchhammeri* an, von welchen die beiden letzteren zu *Cornus* gehören, die erstere halte ich für kaum bestimmbare Fragmente. Ebenso möchte ich Newberry's *Nyssa vetusta* aus der Kreide Nebraska's nicht für unbedingt beweisend halten. Im Tertiär sind die Reste von *Cornus* besonders in Europa häufiger, sie treten im unteren Eocän von Sezanne mit *C. platyphylla* Sap. auf, zahlreicher sind die Arten im Oligocän und Miocän. Unter ihnen sind *C. Studeri* Heer (Schweiz, Wetterau, Sachalin, mit Ausschluss der unzureichend erhaltenen Blätter, Wyoming), *C. orbifera* Heer (Bois d'Asson, Schweiz, Wien, Spitzbergen, Grönland, Alaska) (Fig. 338[1]), *C. rhamnifolia* O. Web. (Bonn, Samland, Schweiz [siehe Fig. 22. 24. 25 Taf. 105 der Tertiärfl. der Schweiz], Simonowa in Sibirien, Spitzbergen). Zweifelhaft wegen schlechter Erhaltung oder wegen des gänzlich verschiedenen Verlaufes der Secundärleitbündel *C. hyperborea* Heer, *C. ramosa* Heer, *C. macrophylla* Heer. Durch Lester Ward sind aus der Laramiegroup neben der oben erwähnten Art noch *C. Emmonsii*, durch Newberry *C. nebracensis* Schimp. bekannt geworden. *C. Fosteri* Lest. Ward bezweifelt der Autor selbst mit Recht. Neben den Blättern sind Involucralblätter der Blüthenstände erhalten, *C. mucronata* Schimp., mit jenen von *C. florida* L. und *C. suecica* L. verwandt, *C. Büchii* Heer, letztere ohne triftigen Grund mit Blättern combinirt, beide von Oeningen. Unter der Bezeichnung *C. Deickii* (Fig. 338[3]) sind von Heer Blätter und Früchte beschrieben. Für die Vereinigung beider liegt im Grunde nichts vor, die Früchte sind mir als solche von *Cornus* sehr fraglich, ich halte sie eher für solche von *Lonicera*, sie können aber auch einer anderen Familie oder Gattung angehören, deren Fruchtknoten unterständig ist. Da alles ausser dem Fruchtknoten und Kelch fehlt, so ist Vermuthungen ein ziemlicher Spielraum geboten. Ob *Cornus benthamioides* Göpp. aus dem Tertiär von Java zu *Cornus* oder *Benthamia* gehört, sei dahin gestellt, der Leitbündelverlauf, so weit er erhalten, spricht wenigstens nicht dagegen. Für das Vorhandensein von *Nyssa* im Tertiär lässt sich geltend machen, dass Früchte gefunden sind, deren Abstammung von dieser Gattung möglich ist, wie *N. europaea* Unger (Fig. 338[5]), Bovey Tracy, Wetterau, Rixhöft, *N. ornithobroma* Unger (Fig. 338[4]) (Wetterau), *N. stiriaca* Unger (Arnsdorf), *N. rugosa* Weber (Bonn).

Dagegen sind *N. baltica* Heer, *N. striolata* Heer, *N. microsperma* Heer, *N. laevigata* Heer, *N. maxima* Weber, *N. obovata* Weber, *N. reticulata* Heer, *N. arctica* Heer, *N. Vertumni* Heer aus Sibirien keine Früchte von *Nyssa*.

Die wenigen Blätter, welche zu *Nyssa* gezogen worden sind, tragen durchgängig den Charakter der zweifelhaften Abstammung. Dass die Punktirung nichts für ihre Abstammung beweist, habe ich nachgewiesen. Dass ihr Leitbündelverlauf nichts Eigenthümliches hat, beweist, abgesehen, dass der gleiche Verlauf auch bei *Cornus*-Arten vorkommt, die Thatsache, dass Heer ein Blatt von Bovey-Tracy ursprünglich als *Ficus eucalyptoides* beschrieb, später aber dasselbe mit seiner *Nyssa europaea* von dem gleichen Fundorte combinirte, als er die Punktirung der *Nyssa*-Blätter für diese als bezeichnend ansah. Dass dies unzulässig ist, habe ich ebenfalls nachgewiesen. Lester Ward's *Nyssa Buddiana* aus der Laramiegroup ist ein zweifelhaftes Blatt, wie die Blätter der sibirischen *N. Vertumni*. So wichtig es für die heutige Verbreitung von *Nyssa* wäre, aus der Tertiärflora bestimmte Anhaltspunkte zu haben, so bietet diese doch nur wenig Sicheres, denn auch Geyler's Angaben über das Vorkommen von *Nyssites obovata* (*Nyssa* Weber) und *N. ornithobroma* (*Nyssa* Unger) beweisen nicht das Vorkommen dieser oder einer nahe verwandten Gattung zur Zeit des oberen Pliocäns in Europa, so nahe dieser Gedanke durch den Fund eines dem *L. imberbe* oder *L. styraciflua* nahestehenden *Liquidambar* aus der gleichen Formation bei Frankfurt nahegerückt ist. Die von Geyler beschriebenen Früchte oder Steingehäuse sind eben auch zweifelhaft. Wir sind für *Nyssa* auf die analogen Verhältnisse besser begründeter Gattungen hinsichtlich ihrer heutigen Verbreitung angewiesen.

Neben *Nyssa* unterscheidet Heer noch eine mit dieser Gattung verwandte Frucht: *Nyssidium*, welche sich durch ein mehr faseriges Fruchtfleisch von *Nyssa* unterscheiden soll. Aus den Abbildungen lässt sich nichts Näheres ermitteln, ausser dass sie mit *Nyssa* einige Aehnlichkeit haben. Ueber die Verwandtschaft wissen wir nichts, ob Schimper mit Recht in der *Nyssa arctica* Heer ein *Nyssidium* vermuthet, lässt sich kaum entscheiden. Wenn dies auch nach der einen Abbildung Heer's möglich wäre, so ist dies nach Bd. IV. Flora foss. arct. Taf. 19 Fig. 1—10 sehr unwahrscheinlich. Heer unterscheidet fünf Arten, sämmtlich aus dem Tertiär Spitzbergens.

Der Bau der Epidermis stimmt, so weit ich denselben untersucht habe, bei den *Araliaceen* mit lederartigen Blättern darin überein, dass die Spaltöffnungen an der Unterseite der Blätter ausserordentlich zahlreich und eingesenkt sind durch die wallartige Erhöhung der vier an sie angrenzenden, etwas gestreckten geradwandigen Epidermiszellen, die übrigen Epidermiszellen sind in sehr verschiedener und wechselnder Form polygonal, über den Leitbündeln wie immer gestreckt. Bei allen lederartigen Blättern sind sodann die Aussenwände der Zellen ziemlich stark verdickt, die Zellen der Blattoberseite kleiner, als jene der Unterseite, welche in den Seitenwänden Porenkanäle führen. Ihre wellige Contur ist nur schwach angedeutet, bei *Hedera Helix* dagegen sehr ausgeprägt. Im fossilen Zustande wird ohne Zweifel ein sehr grosser Theil der Eigenthümlichkeiten des Baues verloren gehen, es werden nur die grosse Anzahl und die Einsenkung der Spaltöffnungen, die welligen Seitenwände erhalten bleiben. Diese besitzen aber auch andere Gattungen und so möchte denn auch hier wie in anderen Fällen der Bau der Epidermis nur dann eine Bedeutung für die Bestimmung eines Blattes haben, wenn gleichzeitig noch andere Anhaltspunkte gegeben sind.

Bei den *Cornaceen* besteht die Behaarung der Blätter bei den recenten Arten aus einfachen und zweiarmigen Haaren, deren dicke stark cuticularisirte glatte oder höckerige Wände sich erhalten können. Die Epidermis der Unterseite besteht aus Zellen mit welligen Seitenwänden, die Oberseite aus geradwandigen quadratischen Zellen, die Cuticula auf beiden Flächen mit starker radiärer Streifung.

15. Reihe. **Saxifraginae.**

Die Reihe der *Saxifraginen*, die Familien der *Crassulaceen, Saxifragaceen, Hamamelidaceen, Platanaceen* und *Podostemaceen* umfassend, besteht der grösseren Mehrzahl nach aus einjährigen und perennirenden Formen, eine geringere Zahl ist strauch- oder baumartig. Ihre Blüthen sind actinomorph, fünfzählig, die Staubblätter in der Regel in zwei Kreisen, zuweilen einer oder zwei Kreise unterdrückt, Gynaeceum ober- oder unterständig, perigyn, Früchte: Kapseln, Beeren, Schliessfrüchte, ein- oder vielsamig. Von den genannten Familien werden die *Crassulaceen* und *Podostemaceen* unter den fossilen Resten nicht aufgeführt, dagegen aus der Familie der *Saxifragaceen* die Gruppen der *Saxifrageen, Philadelpheen, Escallonieen, Cunonieen, Hamamelidaceen* und *Platanaceen,* sämmtlich mit wenigen Ausnahmen der extratropischen Zone und der nördlichen Halbkugel angehörend. Das von Göppert beschriebene *Sedum ternatum* aus dem Bernstein des Samlandes gehört, wie später nachgewiesen werden soll, zu den Loranthaceen. Ehe ich auf die einzelnen Formen eingehe, mögen ein paar allgemeine Bemerkungen Platz finden. Wie aus dem bisher über die fossilen Pflanzenreste Gesagten hervorgeht, sind es in den Fällen, in welchen wir über die Bestimmung der fossilen Reste mit grösserer Sicherheit urtheilen können, hauptsächlich Formen, deren recente Arten von dem Westen Nordamerika's durch Europa und Sibirien nach Ostasien, dem Himalaya, etwa noch den Khasiahills und der Halbinsel Malacca bis Japan und vielleicht Java verbreitet sind. Für einzelne Gattungen lässt sich das Vorkommen recenter Arten von Nordamerika bis Mexico, Peru und Chile, andererseits in Abessinien nachweisen. Häufig ist in diesen Fällen die heutige Verbreitung eine sehr lückenhafte und werden nicht selten die Lücken durch die fossilen Formen ausgefüllt oder erklären sich durch die fossilen Formen die nahen Beziehungen zwischen zwei räumlich sehr weit getrennten Floren, ebenso das isolirte Vorkommen einzelner Arten an einem einzigen oder nur sehr wenigen Standorten. Es muss unter solchen Umständen bei den hieher gehörigen Familien auffallen, dass Gattungen, wie z. B. *Hydrangea* L., *Deutzia*, *Philadelphus*, *Ribes*, deren recente Arten in Japan und Nordamerika vorkommen, unter den fossilen Formen gänzlich oder beinahe gänzlich fehlen, während andere Gattungen, deren heutige Verbreitung ein früheres Vorkommen in der Kreide und dem Tertiär weniger erwarten lässt, zum Theile reichlich als fossil angeführt werden. Zu diesen in bisweilen überreicher Anzahl aufgeführten Formen gehören jene, welche auf australische, südamerikanische tropische, überhaupt tropische Formen bezogen werden, deren Vorkommen in Europa und Nordamerika zwar in den früheren Erdbildungsperioden unter den durchaus anderen Lebensbedingungen nicht unbedingt und a priori geläugnet werden kann, wofür wir aber keine anderen thatsächlichen Anhaltspunkte haben als jene, welche Blätter bieten und es sich nicht immer beurtheilen lässt, welche Gründe die betreffenden Autoren zu ihrem Ausspruche veranlassten. Sind es andere Pflanzentheile, z. B. Blüthen oder Früchte, so fehlt ihnen im Grunde beinahe Alles, was die Bestimmung sichern könnte, treffen wir aber einmal auf einen fossilen Rest dieser Art, welcher nach unseren gegenwärtigen Kenntnissen weniger zweifelhaft ist, so ergibt sich in der Regel, dass derselbe einer der Gattungen angehört oder mit solchen verwandt ist, welche den oben erwähnten Florengebieten angehört. Conwentz's Bernsteinflora liefert dafür eine Reihe von Beispielen, welche um so werthvoller sind, weil ihr Erhaltungszustand mehr als irgend andere eine sichere Bestimmung möglich macht. Um eine Vorstellung von dem Zusammenhang mit den älteren tropischen und den gleichalterigen europäischen Floren zu gewinnen, fehlt uns eigentlich jede Grundlage, denn die wenigen Reste, welche aus dem Tertiär von Java, Sumatra, Borneo, Labuan bekannt geworden sind, geben bei ihrer Erhaltung nur sehr dürftige Aufschlüsse. Dies trägt aber auch dazu bei, die Lösung dieser Frage zu erschweren. Wir sind eben gar nicht in der Lage, einen ausgiebigen Vergleich zwischen der heutigen tropischen Vegetation und jener der Kreide- oder Tertiärperiode zu ziehen, Alles, was man, gestützt auf einige wenige mit grösserer Sicherheit zu bestimmender Reste sagen kann, ist, dass diese eine wesentliche Differenz gegenüber der heutigen Vegetation nicht zeigen. Was die australischen Elemente der älteren europäischen Flora betrifft, so liegt die Sache etwas einfacher. Unter all den Resten, welche man auf recente neuholländische Formen bezogen hat, ist kaum einer, welcher nicht auch eine andere Deutung zuliesse. Dass ich auf die stets sich wiederholenden übereinstimmenden Bestimmungen der Autoren von Tertiärfloren kein Gewicht lege, habe ich bereits früher ausgesprochen.

Aus der Familie der *Saxifragaceen*, deren Blüthen meist actinomorph, Kelch und Krone fünfzählig, seltener vierzählig sind, zuweilen nur ein Perigon, in der Regel zehn Staubblätter, seltener fünf oder zahlreich, Gynaeceum ober-, halb unterständig oder unterständig, Früchte: Kapseln, kennen wir aus der Gruppe der *Saxifrageen*, *Saxifraga oppositifolia* L. aus den postglacialen Bildungen von England bei Bovey Tracey und aus Dänemark, für die bedeutende Temperaturerniedrigung während der Quartärperiode sprechend und weit entfernt von den heutigen Standorten dieser arctisch alpinen Art, welche selbst, wenn man ein ihrem heutigen Vorkommen an tiefer liegenden Standorten analoges Klima annehmen wollte, immer noch ein mit den heutigen Temperaturverhältnissen übereinstimmendes Klima nachweisen würde. In dem Bernstein des Samlandes sind aus dieser Gruppe noch zwei Blüthen erhalten, in deren einer Caspary eine mit *Mitella, Tellima* verwandte Gattung, *Stephanostemon* (Schrift. der phys.-öconom. Gesellsch. zu Königsberg, 21. Jahrg.), Conwentz (Bernsteinfl. S. 89 Tab. 9 Fig. 4—7) eine zweite Art erkannte, die erstere *S. brachyandra* Casp., die zweite *S. Helmi* Conw. (Fig. 339 1–2), mit fünf kurzen rudimentären Kronblättern, zehn Staubblättern, kurzen Trägern, unterständigem geripptem Fruchtknoten.

Aus der Gruppe der *Philadelpheen*, deren recente Gattungen vom nördlichen Mexico nach Texas, Neumexico, das pacifische und atlantische Nordamerika nach dem mittleren und südlichen Europa, der Amurregion, Nordchina, dem Himalaya und Japan verbreitet sind, finden wir unter den

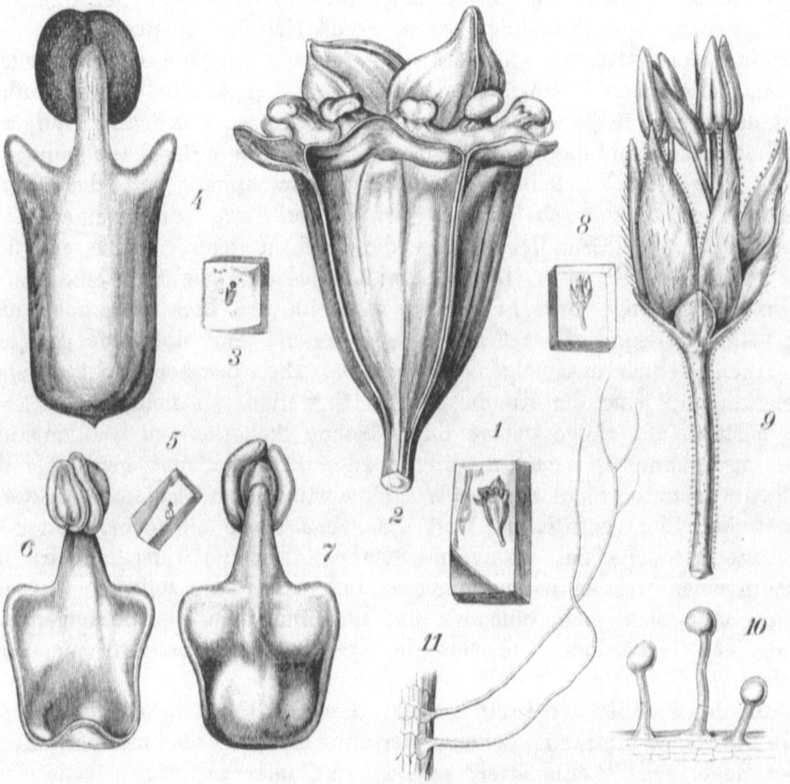

Fig. 339.
Stephanostemon Helmi Conw. Blüthe. 1 nat. Gr., 2 vergr. 3 *Deutzia divaricata* Conw., nat. Gr. 4 vergr. Staubblatt. 5 *D. tertiaria* Conw., nat. Gr. 6 vergr. Vorderansicht. 7 vergr. Rückenansicht. Staubblatt. 8 *Adenanthenum iteoides* Conw., Blüthe, nat. Gr. 9 vergr. 10 Haare des Blüthenstieles, 11 Haare des Kelches, vergr. Sämmtlich aus dem Bernstein des Samlandes. (Copieen nach Conwentz.)

fossilen Resten nur Blüthentheile von *Deutzia* Thbg., einer dem Himalaya, dem Norden von China und Japan angehörigen Gattung, im Bernstein des Samlandes. Es sind zwar nur einzelne Staubblätter mit den für *Deutzia* charakteristischen Nebenblättern der Träger: *D. tertiaria* Conw., die Nebenblätter abgerundet, bei *D. divaricata* Conw. (a. a. O. S. 90 Tab. 9 Fig. 11—14) spreizend (Fig. 339[3–7]). Ein dritter Rest ist ein von Nathorst aus dem Tertiär oder Quartär von Mogi beschriebenes Blattfragment, *D. scabra* Thbg. var. *fossilis* Nath., welches jenen der recenten Art sehr ähnlich ist, indess bei genauer Vergleichung des Leitbündelverlaufes doch nicht ganz damit übereinstimmt, namentlich im oberen Theile des Blattes. Ich bin der

Meinung, dass das fossile Blatt der *D. gracilis* Sieb. und Zuccar. näher steht. Es frägt sich freilich, wie weit man mit der Unterscheidung der recenten Arten gehen will. Hinsichtlich des von Krain bis in den Himalaya verbreiteten *Philadelphus coronarius* L. sei bemerkt, dass diese Verbreitung wie jene der Gattung überhaupt auf das Vorhandensein derselben im Tertiär schliessen lässt und deren Blätter, wie jene von *Deutzia* verkannt sind. Desshalb sei auch der Leitbündelverlauf beider Gattungen erwähnt. Bei *Philadelphus* treten in die Blattfläche der Mittelleitbündel und aus diesem entweder unmittelbar an der Basis oder etwas über der Basis zwei seitliche strahlig aus, die seitlichen Leitbündel mit den Secundärleitbündeln des Mittelleitbündels camptodrom sich verbindend, demnach der strahlige Verlauf. Häufig tritt im letzteren Falle bei anderen Blättern desselben Strauches und bei einigen anderen Arten, wie *P. coronarius* L. allgemein unmittelbar an der Blattbasis ein wenig starkes Leitbündelpaar aus dem Mittelleitbündel aus, auf welches dann opponirt oder alternirend ein stärkeres zweites Leitbündelpaar folgt, welchem je nach der Grösse des Blattes noch ein weiteres folgen kann. Das unterste Paar verbindet seine Tertiärleitbündel camptodrom, die darauffolgenden sind unter sich durch Gabeltheilungen verbunden; längs des Randes bilden die Aeste der Camptodromieen ein Randnetz, dessen freie Aeste in den Zähnen enden. Unvollständige Secundärleitbündel sind häufig. Die eine Form des Leitbündelverlaufes findet sich an den sog. Wasserloden, die andere an Blüthenzweigen, welche in der Regel kleinere Blätter tragen. Den zuletzt beschriebenen Leitbündelverlauf könnte man gefiedert nennen. Bei *Deutzia*, ebenfalls Sträucher, mit gegenständigen Blättern ist der Leitbündelverlauf gefiedert, die secundären Leitbündel, vier bis fünf unter spitzem Winkel (60—70°) austretend, in einem je nach der Breite des Blattes mehr oder weniger flachen Bogen aufsteigend, verbinden sich mit den unvollständigen Secundär- oder Tertiärleitbündeln camptodrom, in der oberen Hälfte des Blattes mit den kurzen horizontalen Secundärleitbündeln, die Anastomosen treten wie bei *Philadelphus* in Folge ihrer geringen Stärke nur wenig hervor. Ihr Verlauf ist meist gebogen oder gerade, die Felder in polygonale Maschen getheilt, diese Maschen bei *Philadelphus* durch reichliche Verzweigungen ein Netz enger Maschen, bei *Deutzia* nur wenige Verzweigungen enthaltend.

Eine mit *Itea (Escallonieen)* verwandte Blüthe ist von Conwentz in dem Bernstein des Samlandes gefunden, *Adenanthemum iteoides* Conw. (a. a. O. S. 91 Tab. 9 Fig. 15—25) und als eigene Gattung von der recenten in Nordamerika, dem Himalaya, den Khasiahills, Japan und China vorkommenden Gattung unterschieden, mit fünfzähliger Blüthe, aufrechten Kronblättern, Antheren länglich, spitz, Blüthenstiel und Kelchblätter drüsig behaart, die Kronblätter mit einfachen oder verzweigten Haaren (Fig. 339^{8-11}).

Der grösste Theil der zu den Saxifragaceen gezogenen Reste ist den *Cunonieen* überwiesen, den Gattungen *Belangera, Weinmannia, Ceratopetalum, Callicoma* und *Cunonia*, Gattungen, von welchen die drei zuletzt erwähnten Australien und dem Cap, die beiden ersten dem südlichen Amerika, *Weinmannia* ausserdem noch Neuseeland, den pacifischen Inseln, Australien, den malayischen Inseln und der Halbinsel Malacca angehören. Mit der Begründung des Vorkommens derselben im Tertiär sieht es allerdings nicht zum Besten aus. Im Allgemeinen gelten dafür einzelne meist klein gezähnte, seltener gefiederte Blätter mit geflügelten Blattstielen und ist ohne Zweifel für *Callicoma* und *Ceratopetalum* der Grund für die Annahme des Vorkommens im Tertiär in dem Umstande zu suchen, dass sie in Australien vorkommen. Dass die fossilen Blätter einige Aehnlichkeit mit den Fiederblättern der recenten Gattungen haben, ist nicht zu läugnen, ebenso dass dies auch für den gefiederten Leitbündelverlauf gilt, welcher bei *Callicoma* craspedodrom, bei *Ceratopetalum* und *Cunonia* camptodrom ist, bei allen die Verzweigungen der Tertiärleitbündel unter sich und von den Secundärleitbündeln so wenig hinsichtlich ihrer Stärke differiren, dass man den Leitbündelverlauf dictyodrom genannt hat. Diese Blätter hat man auch anderen Gattungen, wie *Rhus, Quercus* angereiht und finden sich bei anderen Familien, wie den Aquifoliaceen, Celastraceen, Myrsinaceen ganz ähnliche Blätter. Reste, welche die Blattbestimmungen bestätigten, fehlen. Mir sind alle hierher gezogenen Blätter fraglich, um so mehr, als bei einem grossen Theile derselben der Leitbündelverlauf ungenügend erhalten ist. Nicht mit Unrecht hat schon Friedrich gegen einzelne Bestimmungen dieser Blätter Bedenken geltend gemacht, allerdings ohne daraus die nöthigen Consequenzen zu ziehen, da nach ihm die sämmtlichen Gattungen mit Ausnahme von *Belangera* in der Oligocänzeit Vertreter im nördlichen Deutschland hatten. Blattformen mit längeren Blattstielen sind ohnedies auszuschliessen, da die Fiederblätter dieser Gattungen mit Ausnahme von *Cunonia* kurz gestielt oder sitzend sind. Bei *Weinmannia* (Fig. 340[12]) sind die gemeinsamen Blattstiele breiter oder schmäler geflügelt, die Flügel in der Regel gegen die Basis verschmälert, der Leitbündelverlauf gefiedert, die Secundärleitbündel unter einem Winkel von 35—40° austretend, schief verlaufend, durch Gabeltheilung camptodrom, von den Camptodromieen ausgehend längs des Blattrandes ein bald mehr bald weniger entwickeltes Netz, welches Aeste an die Zahnbuchten abgibt, unvollständige im Anastomosennetz endende Secundärleitbündel öfter vorkommend, dann wenn zahlreich, mit den Secundärleitbündeln parallele Felder vorhanden. Alle Anastomosen unter rechtem oder spitzem Winkel austretend, die weiteren Verzweigungen oft sehr deutlich, dann gewöhnlich als dictyodrom bezeichnet, häufig aber auch von geringer Stärke. Alle Fiederblätter sitzend, mit jenen von *Escallonia* verwandt. Von dieser Gattung sind ebenfalls ausser Blättern keine Reste erhalten, auf welche sich die Bestimmung stützen könnte. Da nun auch hier die schon genannten Familien und Gattungen in Betracht kommen, ferner auch die recenten wie fossilen *Xanthoxylum*-Arten, so ist klar, dass wir über das Vorkommen der Gattung im Tertiär keine allzu sicheren Beweise haben. Heer bildet in seiner Tertiärflora der Schweiz zwar eine Blüthe von *Weinmannia* ab, da indess gar kein Anhaltspunkt vorliegt, dass sie eine solche ist, so beweist sie nicht das Geringste für die Existenz der Gattung. Auch für die von Florissant aus dem nordamerikanischen Tertiär stammenden, von Lesquereux beschriebenen Arten, von welchen *W. Haydeni* (Fig. 340[9]) früher zu *Rhus* ge-

Fig. 340.

1 *Cunonia formosa* Fried. Dörstewitz. Unt. Oligocän. 2 *C. capensis* L. Cap. 3 *Ceratopetalum myricinum* Fried. Eisleben. Unt. Oligocän. 4 *C. gummiferum* L. Neuholland. 5. 6 *Callicoma minuta* Fried. Eisleben. Unt. Oligocän. 7 *C. serratifolia* L. Neuholland. 8 *Weinmannia obtusifolia* Lesq. 9 *W.* (*Rhus*) *Haydeni* Lesq. Florissant. 10 *W. europaea* Heer. Grönland. Miocän. 11 *a. b. c. d W. parvifolia* Heer. Oeningen. Ob. Miocän. 12 *W. paulliniaefolia.* (2. 4. 7. 12 nach der Natur, die übrigen Copieen nach Heer, Friederich, Lesquereux.)

stellt wurde, kann ich keine grössere Sicherheit erhalten. Eines spricht für die Richtigkeit der Bestimmung Lesquereux's: das jetzige Vorhandensein der Gattung *Libocedrus* in Chile und das Vorkommen dieser Gattung im Tertiär Grönlands. Aehnlich könnte sich auch *Weinmannia* verhalten und ihr Vorkommen im Westen Südamerika's zusammenhängen mit ihrem Vorkommen im Tertiär, eine sichere Grundlage dafür haben wir jedoch nicht. Die von Lesquereux beschriebenen *Weinmannia*-Arten aus dem Tertiär Nordamerika's, mit welchen auch der frühere *Rhus Haydeni* Lesq. (S. 544 Fig. 310[4]) vereinigt wird, können vielleicht solche sein, der Habitus der Blätter ist den recenten Arten verwandt. Der Leitbündelverlauf ist nicht gut erhalten, es bleibt fraglich, wo der sekundäre Leitbündel endet, ob wie bei den recenten Arten in der Bucht, oder in den Zähnen wie bei *Rhus*. Die beiden Formen mit ganzrandigen Fiederblättern, *W. obtusifolia* Lesq. (Fig. 340[8]), *W. integrifolia* Lesq., sind, wenn sie der Gattung angehören, ausgestorben. Ferner werden auch von *Weinmannia* Blätter abgebildet, deren Mittelleitbündel allein erhalten ist, wie dies auch bei anderen Gattungen der Fall ist. Deshalb hat auch *Saxifragites crenulatus* Ettingsh. von Bilin keine Bedeutung. Uebrigens fehlt den recenten Weinmannien die Blattform, welche Lesquereux den beiden zuletzt genannten Arten zuschreibt, gänzlich, und gehören sie wohl einer anderen Familie an. Die von Heer aus Grönland beschriebene *W. europaea* (Fig. 340[10]) mag das Fragment eines Weinmannienblattes sein, *W. parvifolia* Heer von Oeningen (Fig. 340[11]) mit ihren verschiedenen Blattformen hat zwar Aehnlichkeit mit Blättern dieser Gattung, indess ist für die Abstammung derselben kein Nachweis vorhanden und ob sie alle der gleichen Art angehören, wäre auch noch nachzuweisen. Von *Cunonia, Ceratopetalum* und *Callicoma* nimmt Friederich an, dass im unteren Oligocän der Provinz Sachsen vorkamen: *Ceratopetalum myricinum* Fried. bei Eisleben, *Cunonia formosa* Fried. bei Dörstewitz, *Callicoma minuta* Fried. bei Eisleben (Fig. 340[1 3 5 6]). Die Blätter sehen jenen der recenten Gattungen sehr ähnlich, allein wie schon bemerkt, ist der Leitbündelverlauf der fossilen Blätter nicht auf diese beschränkt, sodann fehlt für das Tertiär der sichere Nachweis australischer Gattungen, so dass nur die Gattung *Cunonia* mehr Anspruch auf das Vorhandensein im Tertiär hat. Aus der Gruppe der *Grossularieen* vermissen wir im Tertiär Reste, obwohl man bei der Verbreitung der recenten Arten von *Ribes* auch diese Gattung erwarten sollte, da andere mit ähnlicher Verbreitung im Tertiär vorkommen. Vom pacifischen und atlantischen Nordamerika reicht sie durch Europa bis in den Himalaya und Japan, auf der westlichen Halbkugel von Nordamerika durch Mexiko und Centralamerika bis in die Anden Südamerika's. Da indess keine Reste erhalten sind, welche uns irgend Aufschluss gäben, so können wir nur das Vorkommen der Blätter von *Ribes nigrum* L. in den quartären Kalktuffen Schonens für das frühere Vorkommen derselben anführen.

Die Familie der *Hamamelidaceen*, beinahe ausschliesslich der gemässigten Zone angehörend, bietet in den ihr zugeschriebenen Resten wenigstens für eine Gattung, *Liquidambar* L., eine sichere Grundlage für ihr Vorhandensein im Tertiär, da die Fruchtstände erhalten sind. Bei den recenten Arten findet sich das schon wiederholt hervorgehobene Verhalten in der Verbreitung, die eine Art im atlantischen Nordamerika, die andere in Kleinasien, zwei andere in Japan und China und dürften wir nach dem gegenwärtigen Gedeihen der zwei ersten Arten im südwestlichen Deutschland die Gattung auch jetzt noch in Europa erwarten, hätte nicht die Glacialperiode ihre Existenzbedingungen zerstört. Denn die von Geyler im Oberpliocän von Frankfurt a. M. gefundenen Früchte (Fig. 341[10]) liefern den Beweis, dass sie während dieser Periode noch im Südwesten Deutschlands existirte und Früchte trug, also wohl auch ohne die bedeutende klimatische Aenderung die Quartärzeit überdauert hätte. Durch die bei der Reife weiter wachsenden, verholzenden, unter sich vereinigten Kelche und Fruchtknoten der weiblichen Blüthen bilden die Früchte einen kugeligen Fruchtstand, überragt von den freien Theilen der zweiklappigen mit den verholzenden Griffeln gekrönten Kapseln (Fig. 341). Auch an anderen Fundorten sind die Früchte erhalten, ebenso die an der Spitze geflügelten Samen, welche jenen von *Casuarina* ähnlich sind. Sie unterscheiden sich von diesen durch die gerade Stellung des Flügels auf dem Scheitel des Samens, welcher bei letzterer etwas schief steht. Die von Lesquereux als *Banksites linearis* (Cret. and Tert. Flora. Washington 1883 tab. 32 fig. 21) von Florissant abgebildeten Samen sehen ihnen ähnlich, gehören jedoch kaum dazu, ich möchte sie für solche einer Conifere halten. Die Blätter sind ebenfalls nicht wohl zu verkennen. Allerdings haben sie Manches mit anderen, z. B. *Acer*, mit welchen sie auch häufig verwechselt werden, gemeinsam, die kleinen scharfen Zähne unterscheiden sie jedoch auf den ersten Blick. Sie sind drei- bis fünflappig mit engen Buchten, die Lappen bald breiter, bald schmäler, alle diese verschiedenen Formen an demselben Baume und Zweige, häufig unmittelbar aufeinanderfolgend, nicht selten das unterste Lappenpaar mit je einem secundären Lappen, dann siebenlappig. Der Leitbündelverlauf ist strahlig mit drei bis fünf craspedodromen Primärleitbündeln, die sämmtlichen Secundärleitbündel camptodrom durch Gabeltheilung, das unterste Secundärleitbündelpaar des primären Mittelleitbündels nicht selten wie bei *Acer* vor der Bucht der Lappen eine Gabel bildend. Die secundären kleinen Lappen des untersten Lappenpaares werden durch Secundäräste der seitlichen Primärbündel versehen. Die anastomosirenden zarten Tertiärleitbündel gerade, gebogen, verzweigt, nahezu quadratische oder unregelmässige Felder bildend, welche durch die weiteren Verzweigungen gebildete polygonale Maschen einschliessen, in welchen die letzten Verzweigungen frei enden. Unvollständige Secundärleitbündel allgemein. Das erste Auftreten der Gattung erfolgt in der Kreide, wenigstens lässt sich *L. integrifolium* Lesq. aus Nebraska und der Salina Station, Kansas, trotz ungenügender Erhaltung des Leitbündelverlaufes als der Gattung angehörig erklären. Aus dem Tertiär Europa's sind mehrere Arten, so aus dem unteren Eocän von Paris *L. Göpperti* Wat. unterschieden, ebenfalls mit ganzrandigen Lappen; dann vom Oligocän bis in das obere Pliocän reichend, nicht selten mit *Acer* verwechselt, *L. europaeum* A. Br. (Fig. 341[1-7]) von der Schweiz, Ober- und

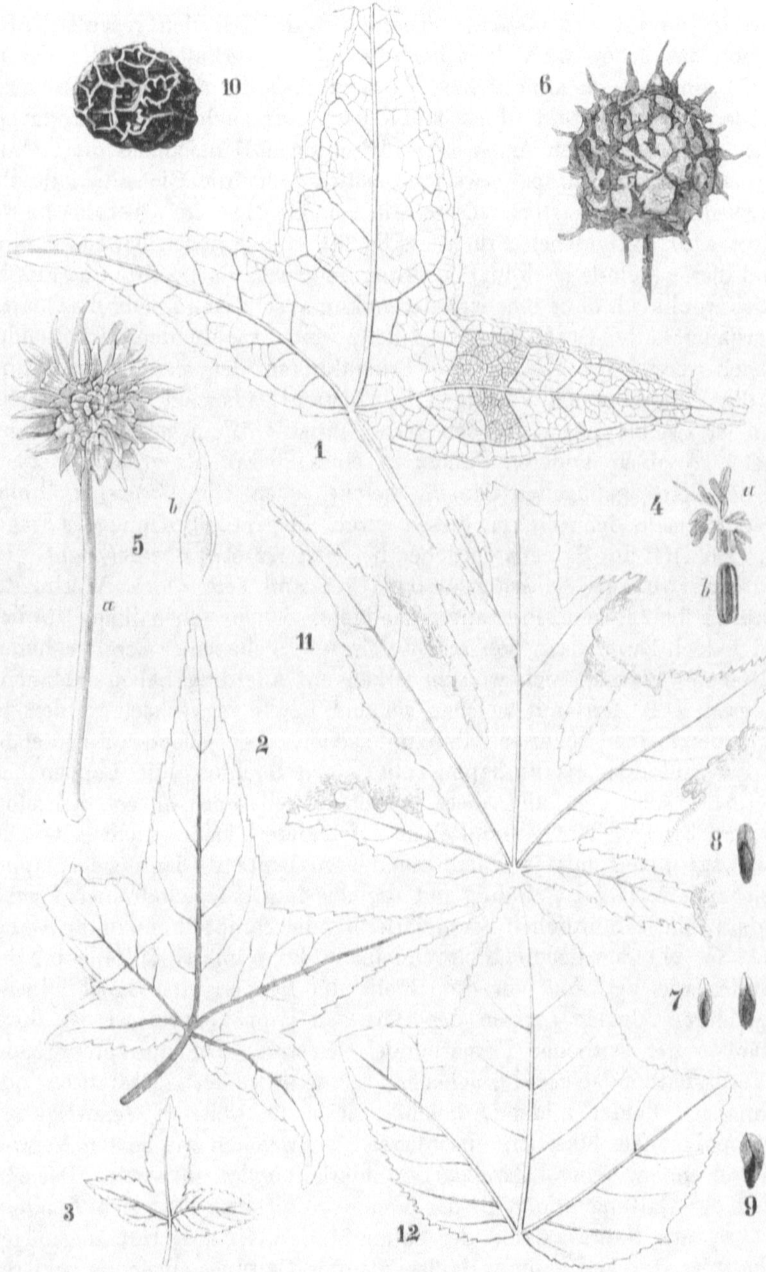

Fig. 341.

Liquidambar europaeum A. Br. 1. 2. 3. Blätter, 4 Antheren, 5 Fruchtstand, 6 Fruchtstand, 7 Same. Ob. Miocän von Oeningen und Schrotzburg. 8 *L. styracifluum* L. Same. 9 *Casuarina torulosa*. Same. 10 *L. pliocaenicum* Geyler. Fruchtstand. Ob. Pliocän von Frankfurt a. M. 11 *L. protensum* Unger. Blatt. Hohen Rhonen. Ob. Oligocän 12 *L. californicum* Lesq. Blatt. Chalkbluffs, Nevada County. California. (Copieen nach Heer, Lesquereux, Geyler. 7–9 nach der Natur.)

Mittelitalien bis Bonn, Schlesien, Grönland, in Mittelitalien auch im Ouartär von Massa. Hat sich die fossile Art hinsichtlich der Variabilität der Blätter wie die recente verhalten, so wird *L. protensum* Unger von Parschlug (Fig. 341[11]) und dem hohen Rhonen mit *L. europaeum* zu vereinigen sein. Dem Tertiär Europa's und Nordamerika's ist diese Art gemeinsam. Im jüngeren Tertiär kam die Gattung auch im pacifischen Nordamerika, wo sie jetzt fehlt, vor *L. californicum* Lesq., Chalkbluffs, Nevada County, California (Fig. 341[12]). Neben dieser Gattung wird noch das Vorkommen von *Parrotia* und mit *Hamamelis* verwandter Reste angenommen. Die erstere kommt jetzt mit je einer Art in Cashmir, sodann in Transkaukasien und Nordpersien vor, sie verhält sich also wie mehrere im Tertiär nachweisbare Gattungen, eine früher ausgedehntere Verbreitung ist bedeutend auf einen oder wenige Fundorte eingeschränkt. Wir sind allerdings nur auf Blätter angewiesen, allein diese sind einerseits durch ihre Ungleichseitigkeit, dann durch die in der oberen Hälfte vorhandenen stumpfen Zähne des Blattrandes, den gefiederten Leitbündelverlauf, die alternirenden oder opponirten craspedodromen Secundär- und Tertiärleitbündel, welche nur in dem unteren ganzrandigen Theile des Blattes camptodrom sind, endlich durch die meist geraden, selten gabelästigen, unter rechtem Winkel austretenden ziemlich nahestehenden Anastomosen, deren Felder polygonale Maschen enthalten, charakterisirt. Die hierher gezogenen Blätter sind auch als solche von *Styrax, Myrica, Quercus, Ficus,* mit welchen sie wenig Aehnlichkeit haben, verglichen worden. Was Heer über die Stellung der Secundärleitbündel seiner *P. gracilis* aus dem Samlande (Fig. 342[3]) bemerkt, ist ohne Bedeutung, da diese an jedem Zweige alterniren oder opponirt vorkommen. Die verbreitetste der beschriebenen Arten ist *P. fagifolia* Heer im oberen Miocän von Wien, Tokay und Schossnitz, welche Stur mit seiner *P. pristina* unter dem letzteren Namen vereinigt.

Das als *Parrotia Pseudopopulus* von Ettingshausen beschriebene Blatt wird am besten ausgeschlossen, *P. gracilis* Heer aus dem Samlande kann eine *Parrotia* sein. Indess muss hinsichtlich des Vorkommens im Tertiär für die zu dieser Familie gezogenen Formen noch erwähnt werden, dass bei *Parrotia fagifolia* Heer (*Quercus* Göpp.) von Schossnitz es viel näher liegt an *Fothergilla,* als an *Parrotia* zu denken. *Parrotia* hat unzweifelhaft einen gefiederten Leitbündelverlauf, während er bei *Fothergilla* strahlig ist oder, wie Heer die Blätter bezeichnet, »triplinervia«. Diese Gattung ist jetzt auf das atlantische Nordamerika mit einer Art, *F. alnifolia* (Fig. 342[1]), beschränkt, sie verhält sich also in dieser Beziehung wie einige andere Gattungen des Tertiär. Uebrigens hat schon Kovats die Stellung der Blätter in seiner Flora von Tokay erkannt und sie als *Fothergilla Ungeri* (Fig. 342[2]) bezeichnet. Die mit *Hamamelis* verwandten Blätter aus dem Eocän von Gelinden und Sezanne, der Kreide Nordamerika's sind von Saporta als *Hamamelites* bezeichnet und bei dem Vorkommen der beiden recenten Arten, *Hamamelis virginica* L. im atlantischen Nordamerika, der *H. japonica* Sieb. und Zuccar. in Japan, wäre ihre Existenz in den früheren Perioden nicht undenkbar. *H. virginica* blüht und reift ihre Früchte alljährlich in der Breite von Leipzig; war sie im Tertiär vorhanden, so hätte sie sich wie auch *Parrotia* ohne das Dazwischentreten sehr störender Ereignisse wohl halten können.

Da wir beinahe nur auf Blätter angewiesen sind, so ist, namentlich da diese nicht alle mit den Blättern der recenten Arten übereinstimmen, unsere Kenntnis unsicher. Bei den letzteren sind, wie bei *Parrotia,* die Blatthälften

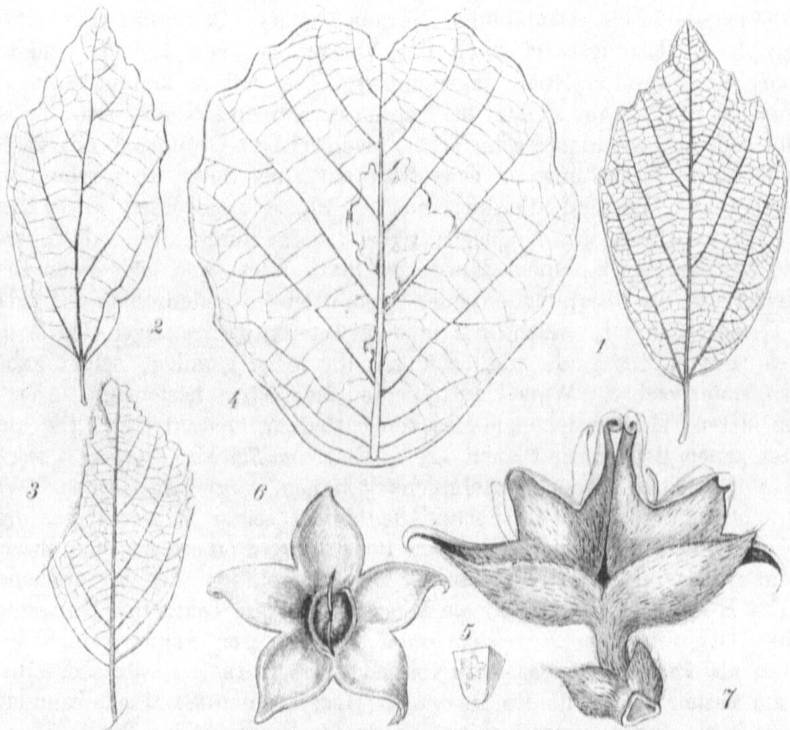

Fig. 342.

1 *Fothergilla alnifolia* L. Nordamerika. (Nach der Natur.) 2 *F. Ungeri* Kovats. (*Quercus triangularis* Göpp.) Schossnitz. Ob. Miocän. 3 *Parrotia gracilis* Heer. Rixhöft. Mittl. Oligocän. 4 *Hamamelites kanseanus* Lesq. Kreide. Dakotah. 5. 6. 7 *Hamamelidanthium succineum* Conwentz. Bernstein des Samlandes. Blüthe: 5 nat. Gr., 6. 7 vergrössert. 6 Blüthe von oben. (2—7 Copieen nach Göppert, Lesquereux, Heer, Conwentz.)

ungleich, der Rand der oberen Blatthälfte stumpf gezähnt oder gekerbt, der Leitbündelverlauf gefiedert, die Secundärleitbündel craspedodrom, ebenso die Tertiärleitbündel, Anastomosen unter rechtem Winkel austretend, meist gerade, die Felder mit polygonalen Maschen. Wenn nun auch die fossilen Blätter der nordamerikanischen Kreide, wie jene des Eocäns von Sezanne und Gelinden mit jenen der recenten Arten Manches gemeinsam haben, so weichen sie doch in anderer Hinsicht z. B. der Blattbasis, Blattspitzen und der Zähnung ab, so dass wir nur willkürlich sie hierher ziehen. Für den Nachweis der Familie bleibt also nichts übrig, als die im Bernstein des Samlandes eingeschlossene von Conwentz (a. a. O. S. 93 Tab. 9 Fig. 26—29) beschriebene Blüthe,

Hamamelidanthium succineum (Fig, 342$^{5-7}$). Es sind zwei in der Achsel je einer Bractee sitzende Blüthen mit fünftheiligem Kelche, halb unterständigem Fruchtknoten mit zwei zurückgebogenen Griffeln, deren Kron- und Staubblätter überhaupt nicht vorhanden gewesen oder abgefallen sind. Jedenfalls erinnern sie, obwohl wir weder den Bau der Fruchtknoten, noch die Frucht kennen, an jene von *Hamamelis* und können einen Beleg für das Vorkommen der Familie im Tertiär liefern.

Unzweifelhafte Reste haben sich von den *Platanaceen* erhalten. Die geringe Zahl der recenten Arten ist im Mittelmeergebiet, im atlantischen wie pacifischen Nordamerika und in Mexiko verbreitet. Blüthen- wie Fruchtstände bilden kugelige Köpfchen, zu einem gestielten Racemus vereinigt, die behaarten länglichen cylindrischen, gegen die Basis etwas verschmälerten Schliessfrüchte einzeln sich ablösend. Ein wesentliches Bedenken lässt sich gegen die Bestimmung der fossilen Reste, Blätter, Blüthen und Fruchtstände nicht erheben, wenn auch die Untersuchung der Reste nur eine rein äusserliche sein kann. Ein zweifelhafter Fruchtstand ist dagegen der in der Tertiärflora Steiermarks von Ettingshausen als *P. gracilis* Taf. 3 Fig. 3 abgebildete. Die Blätter der beiden in der Mittelmeerregion (*P. orientalis*) und im atlantischen Nordamerika (*P. occidentalis*) einheimischen Arten sind sehr variabel hinsichtlich der Grösse und der Zahl der Lappen der Blätter und darf deshalb wohl auch ein Theil der fossilen Arten, z. B. die von Göppert unterschiedenen Arten von Schossnitz, nur als Formen anderer Arten betrachtet werden. Der Leitbündelverlauf bei allen Formen im Wesentlichen derselbe, strahlig mit drei bis fünf Primärleitbündeln je nach der Zahl der Lappen, meist jedoch das erstere, die Basallappen in der Regel durch Secundärleitbündel der seitlichen Primärleitbündel versorgt. Sämmtliche Primär- und Secundärleitbündel craspedodrom, die Tertiärleitbündel mit unvollständigen Secundärleitbündeln verbunden, gerade oder gebogen verlaufende Anastomosen, ihre Felder mit engen polygonalen Maschen. Die Verzweigung der Primärbündel tritt immer etwas über der Blattbasis ein. Dass die Gattung in der Kreide zuerst auftritt, ist kaum in Abrede zu stellen, da *P. Heerii* Lesq. (*Credneria subrhomboidea* Velenovsky) aus der Kreide von Böhmen, Grönland, Canada und Nordamerika ohne Zweifel ein *Platanus* ist. Er kommt auch in der Laramiegruppe vor. *P. primaeva* Lesq., *P. Newberryana* Lesq., *P. obtusiloba* Lesq. sind weitere der Kreide angehörige Formen. Im Tertiär finden wir die Gattung in Nordamerika von der Laramiegruppe bis in das Pliocän, so *P. nobilis* Newb., *P. Reynoldsii* Newb., *P. Haydeni* Newb., *P. aceroides* Heer (Fig. 343), dieser letztere in Europa mit seinen Formen ebenfalls weit verbreitet von Mittelitalien bis nach Island und Spitzbergen einerseits, andererseits in Nordamerika bis zum Makenzieriver und Grönland, selbst noch im Pliocän von Meximieux. *P. appendiculata* Lesq. und *P. dissecta* Lesq. sind zwei von den Chalkbluffs, Nevada County, California, stammende Arten. Vergleichen wir die heutige Verbreitung mit jener des Tertiärs, so ist auch jetzt noch die Gattung Europa und Nordamerika gemeinsam, wie auch dem pacifischen und atlantischen Nordamerika, dagegen hat die Verbreitung nach Norden, wie die sonstige

Verbreitung in Europa und Nordamerika abgenommen. Ein Vergleich hinsichtlich der Artenzahl ist deshalb kaum zulässig, weil wir nicht beurtheilen können, in wie weit uns nur Formen fossil vorliegen, doch dürfte auch die Zahl der Arten abgenommen haben. Eine eigenthümliche Blattform besitzt

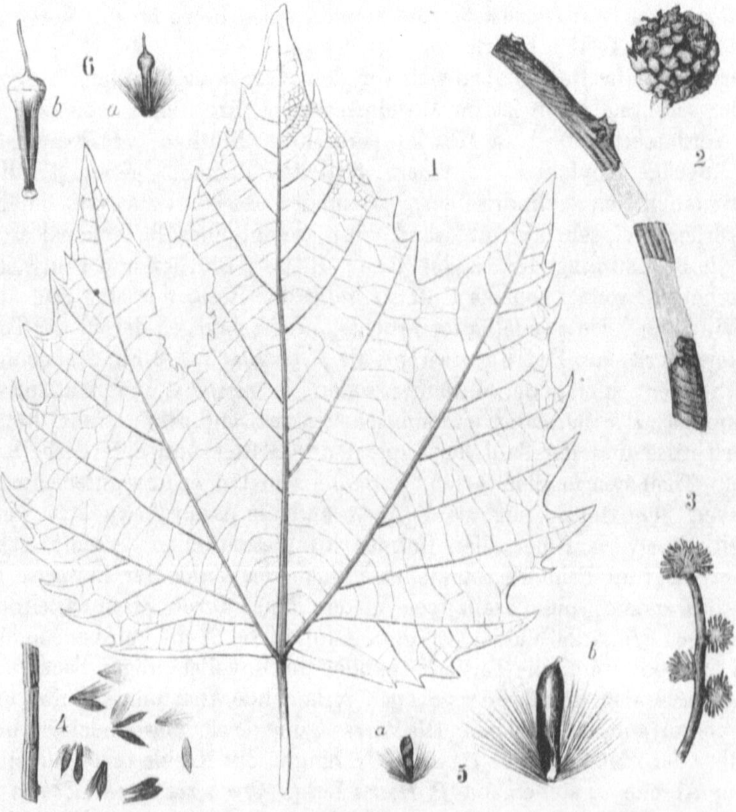

Fig. 343.
Platanus aceroides Heer. 1 Blatt. 2 Fruchtstand mit Zweig. 3 Männlicher Blüthenstand. 4 Früchte nat. Gr. 5 *a*. *b* Früchte, *b* vergrössert. Schrotzburg. Ob. Miocän. 6 *P. occidentalis* L. *a* nat. Gr., *b* vergrössert. (1—5 Copieen nach Heer, 6 nach der Natur.)

P. basilobata Lester Ward von Seven Mile Creek und Clear Creek, Montana (Types of Laramieff. Washington, 1887. p. 35. tab. 17. 18. 19), an der Basis des Blattes zwei nach abwärts gerichtete dreitheilige Lappen. Weder unter den fossilen noch unter den recenten Arten von *Platanus* haben wir dafür eine analoge Form, und was den Vergleich mit *Pterospermites* angeht, so wissen wir von den unter diesem Namen beschriebenen Blattresten ebenso wenig, wie von jenem Blattrest des *P. appendiculata* Lesq., welcher von Lesquereux als gefiedertes Blatt mit grossem Endblatt und zwei kleinen Seitenblättern abgebildet wird, eine Blattform, welche *Platanus* gänzlich fremd ist.

XVI. Reihe. **Passiflorinae.**

Aus der Reihe der Opuntineen hätten sich die mit festem Holzkörper versehenen Stämme von *Cereus* wohl erhalten können, indess ist bis jetzt kein fossiles Holz gefunden, welches sich damit vergleichen liesse. Dagegen sind in neuerer Zeit die *Passifloraceen* durch Friederich den fossilen Pflanzen

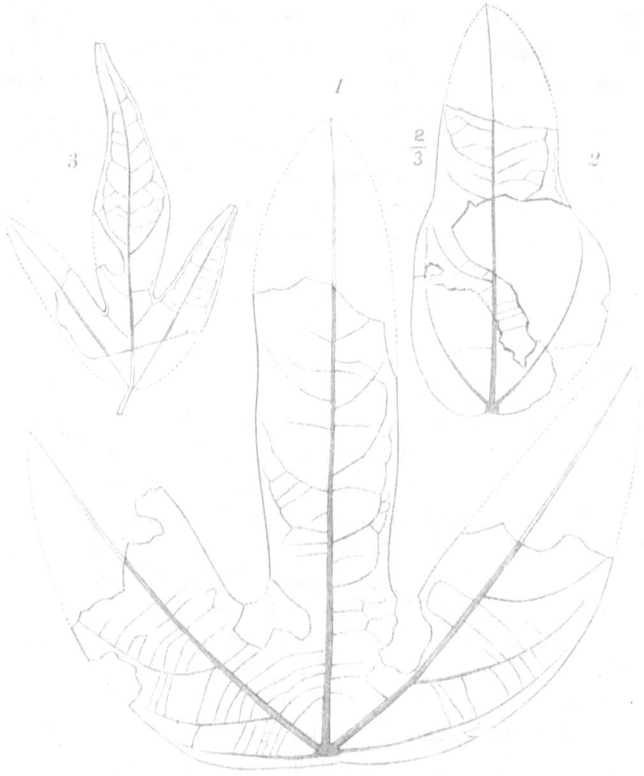

Fig. 344.
1. 2 *Passiflora Hauchecornei* Fried. Trotha. Unt. Oligocän. 3 *P. tenuiloba* Fried, Eisleben. Unt. Oligocän.

angereiht worden (Beitr. zur Tertiärfl. der Prov. Sachsen. Berlin 1883). Er glaubt in dem Tertiär von Eisleben und von Trotha bei Halle Blätter von *Passiflora* gefunden zu haben, von welchen er die ersteren als *Passiflora tenuiloba* (a. a. O. S. 195 Tab. 25, Fig. 20), die letzteren als *P. Hauchecornei* (S. 234 Tab. 27, Fig. 1. 2) bezeichnet. Darin hat der Verfasser Recht, dass diese Blätter solchen von *Passiflora* sehr ähnlich sind und zweifle ich auch gar nicht, dass ihm beigestimmt werden wird, dennoch ist das Vorkommen dieser Familie damit nichts weniger als bewiesen. Die *Passifloraceen* sind eine vorwiegend tropische, Südamerika angehörige Familie, deren Blätter bei einzelnen Arten sehr variiren und ebenso innerhalb der Gattung bei den einzelnen Arten zwischen ungetheilten, zwei- und dreilappigen wechseln. Der Leitbündelverlauf ist dabei ein sehr gleichartiger, er ist meist strahlig mit drei Primärleitbündeln, welche entweder unmittelbar aus dem Blattstiele in die Blattfläche eintreten oder etwas höher ihre seitlichen Primärbündel abgeben. Es ist ein Irrthum des Verfassers, dass er die erstere Art des Austretens für *Passiflora* als bezeichnend ansieht. Weiter tragen die Passifloren an den Blattstielen Drüsen, woran sie unter Berücksichtigung ihrer Blattform sicher erkannt werden können, den genannten Blättern fehlen aber die Blattstiele, es fehlt also mit ihnen das, was die Bestimmung um sehr Vieles sichern würde. Bei der einen Art, *P. tenuiloba* (Fig. 344³) ist das Blatt zudem unvollständig, die Blattbasis, worauf sich der Verfasser stützt, damit auch der Austritt der Leitbündel, ist von ihm nach einem anderen Exemplare ergänzt. Das andere Blatt, *P. Hauchecornei* (Fig. 344¹ ²), ist ebenfalls nicht ganz vollständig, die Basis zeigt aber, im Gegensatz der Angabe des Verfassers, die Theilung der Bündel innerhalb der Basis der Blattfläche, wie er im Gegensatz zu seiner Angabe ein Blatt von *Sterculia Labruson* mit Bündeltheilung direct aus dem Blattstiele abbildet. Endlich ist dieser Leitbündelverlauf wie die Blattform auf die Passifloren nicht allein beschränkt, beide finden sich bei einer ganzen Reihe von Blättern. Neben dem strahligen Leitbündelverlauf kommt ausserdem noch der gefiederte bei den Passifloraceen vor, alternirende Secundärleitbündel aus einem ziemlich starken Mittelleitbündel unter einem Winkel von 25—40° austretend und in einem nach aufwärts gekrümmten Bogen gegen den Rand verlaufend, durch Tertiärleitbündel camptodrom. Längs des Blattrandes ein aus den Camptodromieen entspringendes Netz, die Anastomosen unter rechtem oder spitzem Winkel austretend, meist gerade, ihre Felder durch polygonale Maschen ausgefüllt. Auch bei den gelappten Blättern sind die Secundärleitbündel camptodrom, insoferne sie bei zweilappigen, von den seitlichen Primärleitbündeln ausgehen, jene des Mittelleitbündels verbinden sich mit den seitlichen, wenn sie nicht stärker entwickelt gegen den Ausschnitt verlaufen. Sind drei, fünf und sieben Lappen vorhanden, so ist bei allen Secundärleitbündeln der Verlauf camptodrom.

XVII. Reihe. **Myrtifloren.**

Onagraceen, *Halorhagidaceen*, *Combretaceen*. *Rhizophoraceen*, *Lythraceen*, *Melastomaceen* und *Myrtaceen* gehören dieser Reihe an und finden wir mit Ausnahme der *Lythraceen* aus allen Familien fossile Reste angegeben. Actinomorphe, seltner zygomorphe, epigyne oder perigyne, zwei-, vier-, fünf- bis sechzehnzählige Zwitterblüthen, zwei bis zahlreiche Staubblätter, unterständiger oder halboberständiger Fruchtknoten, mit zahlreichen Samenknospen, Beeren-, Kapsel-, Schliess- oder Steinfrüchte charakterisiren die Gruppe. Die Familie der *Onagraceen* ist durch vier, selten zwei und drei Kelch- und Kronenblätter, vier bis acht Staubblätter, einen unterständigen, vierfächerigen Fruchtknoten mit vier Narben, Kapsel-, Beeren- oder Steinfrüchte charakterisirt. Aus ihr haben sich die zur Erhaltung sehr geeigneten und durch ihre Form ausgezeichneten, unverkennbaren Steingehäuse der Gattung

Trapa L. erhalten, so dass man über ihre Existenz im Tertiär ausser Zweifel ist.

Die Gattung reicht bis in das untere Oligocän zurück und finden sich von da an bis in das Pliocän und Quartär ihre Früchte, während Blätter bisher nur im Tertiär Nordamerika's (*T. microphylla* Lesq. [Fig. 345 2. 3]) in der Laramiegruppe von Wyoming einzelne und Gruppen von Blättern mit einer

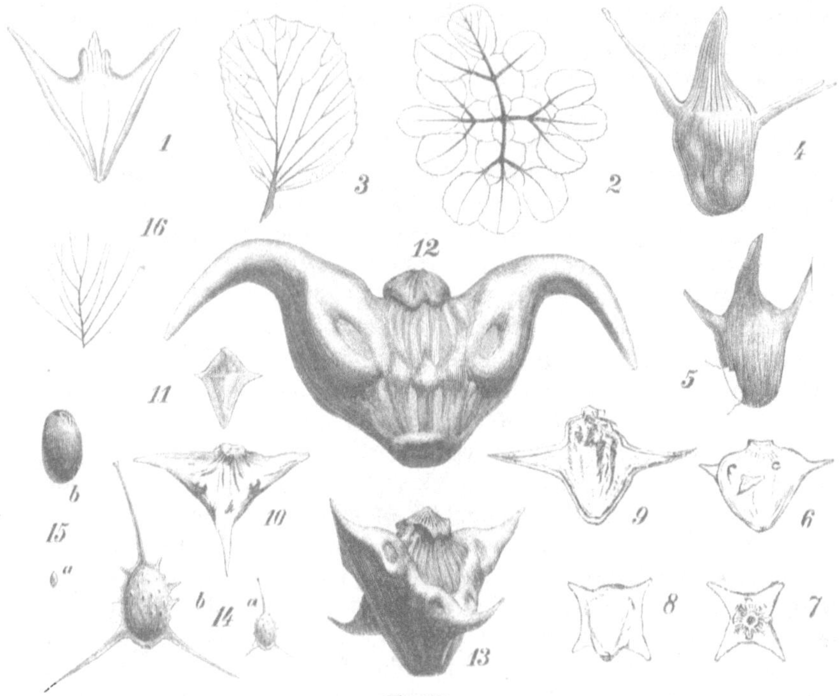

Fig. 345.

1 *Trapa silesiaca* Heer. Frucht. Portugal. Tertiär. 2. 3 *T. microphylla* Lesq. Blätter. Laramiegroup. Burns Ranch. Wyoming. 4. 5 *T. borealis* Heer. Frucht. Sachalin. Tertiär. 6–9 *T. Heerii* Fritsch. Rippersrode in Thüringen. Pliocän. 10. *T. natans* var. *tuberculata* Heer. 11 *T. Credneri* Schenk. Tümmlitzwald bei Tanndorf. Unt. Oligocän. 12 *T. bispinosa* Roxb. Ostindien. 13 *T. natans* L. Leipzig. 14 *Ceratophyllum demersum* L. Leipzig. 15 *Hippuris vulgaris* L. Früchte. *a* nat Gr. *b* vergrössert. 16 *Myriophyllum alternifolium* L. Blatt. (1–10 Copieen nach Heer, Lester Ward, v. Fritsch. 11–16 nach der Natur.)

Frucht sich fanden. Dass sowohl die untergetauchten, wie die Schwimmblätter, so wenig beobachtet sind, mag seinen Grund darin haben, dass die ersteren sehr früh zu Grunde gehen, die letzteren auf der Wasserfläche schwimmend, absterben, aber auch den Nachstellungen von Wasserthieren sehr ausgesetzt sind. Die von Heer mit *T. borealis* aus dem Tertiär von Alaska abgebildeten Reste können entweder Wurzeln oder Wasserblättern der Pflanze angehören. Die Früchte sind kreiselförmig mit zwei bis vier horizontal oder schief aufrecht abstehenden, geraden oder an der Spitze etwas zurückgekrümmten Stachelfortsätzen in der Mitte derselben. Im sächsischen unteren

Oligocän des Tümlitzwaldes bei Tanndorf ist *T. Credneri* Schenk (Bot. Zeitg. 1877) mit drei geraden Fortsätzen (Fig. 345 [11]) gefunden. Im Miocän von Alaska, Sachalin und Simonosaki, Sibirien *T. borealis* Heer mit zwei Stacheln (Fig. 345 [4. 5]), im Obermiocän von Schossnitz sind durch Göppert zwei Arten unterschieden *T. silesiaca* Göpp. und *T. biformis* Göpp., beide schlecht erhalten, die Zahl der Stacheln unsicher, im Pliocän von Rippersrode *T. Heerii* Fritsch mit vier Stachelfortsätzen (Fig. 345 [6–9]). Heer nimmt das Vorkommen der *T. silesiaca* Göpp. auch im Tertiär von Portugal an (Fig. 345 [1]), eine Identificirung der portugiesischen Frucht mit der schlesischen, welche bei der sehr guten Erhaltung der ersteren gegenüber der unzureichenden der letzteren, entschieden voreilig ist, obwohl bei Wasserpflanzen eine solche Verbreitung immerhin möglich wäre. Aus der Quartärzeit ist *T. natans* L. (Fig. 345 [13]) im Forestbed von Cromer bei Mundesley, in Schonen, in den Seen von Småland, in dem interglacialen Torfe von Lauenburg und im Quartär von Leffe in der Lombardei gefunden, in Portugal ist eine durch Heer beschriebene Form mit Höckern zwischen den Dornfortsätzen, *T. natans* L. var *tuberculata* Heer (Fig. 345 [10]) aus dem Quartär von Mealhada mit *Elephas meridionalis* bekannt, von welcher Fritsch a. a. O. eine Abbildung tab. 24 fig. 42 gegeben. Nathorst erwähnt aus dem älteren Tertiär Japans eine *T. Yokoyamae* Nath., welche von ihm in seiner eben erschienenen Abhandlung »Zur fossilen Flora Japans. Berlin, 1888« (S. 21, Taf. 7, Fig. 6—8) beschrieben und abgebildet ist. Die Früchte sind ziemlich gross, vierdornig, gegen die Basis allmählich verschmälert, nach oben ausgezogen. Was Ludwig als *T. globosa* aus der Braunkohle der Wetterau beschreibt, ist eine plattgedrückte *Carya*, die übrigen Exemplare sind mir unbekannte Steinkerne. In Europa geht die Gattung jetzt durch die Fortschritte der Bodencultur ihrem Untergang entgegen, wie dies für Schweden Nathorst nachgewiesen hat. Ein mit dem Vorkommen in dem Schlamme der Seen in Schweden (vgl. Nathorst, om de fruktformer af Trapa natans L. som fordom funits i Sverige) übereinstimmendes Verhalten würde bei näherer Untersuchung ohne Zweifel sich auch in Deutschland finden. Da wo ich das locale Aussterben der *T. natans* selbst kenne, ist es durch Ausfüllung oder Trockenlegung erfolgt und sind aus diesem Grunde früher vorhandene Fundorte dieser Art verloren. Aus den *Halorhagidaceen* kennen wir Reste nur aus dem Quartär, denn die von Unger aus Radoboj als *Myriophyllites capillifolius* beschriebenen Reste sind ohne Zweifel Wurzelfragmente, wie man sie öfter in stehenden Wassern antrifft. Die einsamigen ovalen Früchte von *Hippuris vulgaris* L., die dornigen Früchte von *Ceratophyllum demersum* L., dann kleine Blattfragmente von *Myriophyllum* sind aus dem Forestbed von Cromer, letztere auch aus Mecklenburg, der Schweiz bei Schwerzenbach und Niederwyl bekannt (Fig. 345 [14–16]). Reste eines *Myriophyllum* sind unter den Tertiärpflanzen Japans in neuester Zeit von Nathorst a. a. O. S. 35 Taf. 9 Fig. 18 gefunden mit gefiederten wirtelständigen Blättern.

Ohne alle Bedeutung sind die angeblich zu *Rhizophora* gehörigen Reste von *Rh. tinophila* Ettingsh. von Häring, Blätter, deren Mittelleitbündel allein erhalten ist, jeder andere Rest fehlt. Wie viele Blätter von solchem Umriss kommen im Pflanzenreiche vor, denn nur der Umriss allein und eine bestimmte Voraussetzung konnte den Autor zu dieser Bezeichnung veranlassen. Die Mehrzahl der Reste von Häring gehört überhaupt in diese Categorie. Bei den Myrtaceen und Leguminosen werden wir eine grössere Anzahl solcher Blätter treffen.

Wenige Reste werden aus der Familie der *Combretaceen* angeführt und diese sind nicht·geeignet, eine auch nur wenig eingehende Kritik zu ertragen. Ein oder das andere Blatt stimmt hinsichtlich seines Umrisses mit jenen von *Terminalia* L. oder *Combretum* L. überein, dies genügt aber nicht. Blätter- und Fruchtreste werden zwar angegeben, vergleicht man aber diese fossilen Reste mit den epigynischen, vier- bis fünfzähligen Blüthen und ihren ährenförmigen Blüthenständen, mit den Steinfrüchten, den meist kantigen oder geflügelten Schliessfrüchten, so ist es schwer verständlich, wie man die fossilen Reste der Gattung *Terminalia* einreihen konnte. Weder die von Ettingshausen noch von Unger abgebildeten Blüthenstände haben irgend etwas mit *Terminalia* gemein, die ersteren sind Staubblätter (nach der Abbildung), welche man für zusammengewürfelte oder für schlecht erhaltene Reste von Amentaceen halten kann, mit den letzteren ist nichts anzufangen. Die von Unger Syll. III tab. 17 fig. 1 aus Radoboj als *T. pannonica* (Fig. 346[2] [3]), von Sotzka in der Flora von Sotzka als *T. Fenzliana* (Fig. 346[4]) auf Taf. 54 abgebildeten Früchte stimmen mit jenen der Combretaceen gar nicht oder nur sehr wenig überein. So könnte Sotzka Taf. 64 fig. 16. 17 eine *Pterocarya*, Fig. 15. 18 Dodonaeenfrüchte sein, jene der Sylloge könnte vielleicht einer zweiflügeligen *Terminalia*-Schliessfrucht entsprechen. Dieselben oben unter Fig. 15. 18 citirten oder doch sehr ähnliche Flügelfrüchte bildet Ettingshausen auf Taf. 19 Fig. 15—19 der fossilen Flora von Sagor als solche von *Terminalia Fenzliana* ab. Dass die Familie im Tertiär in Europa vorhanden gewesen sein kann, folglich einzelne Blätter oder Früchte, wie z. B. die Frucht der *Terminalia pannonica* Unger zu *Terminalia* oder *Combretum* gehören können, ist möglich, da letztere gegenwärtig ihre Nordgrenze im Fazokel, Nubien und Abyssinien erreicht, wir haben eben nur kein Mittel, dies zu ermitteln, da der Leitbündelverlauf der fossilen Blätter meist schlecht erhalten ist und jener der recenten Arten nichts Eigenthümliches zeigt. Will man die oben citirte Frucht der Sylloge als zweifellos hieher gehörig gelten lassen, so kann man sie mit Combretaceen aus Abyssinien vergleichen. Der Leitbündelverlauf ist gefiedert, die Secundärleitbündel treten unter einem Winkel von 40—60° alternirend oder auch opponirt aus, verbinden sich in einem Bogen nach einwärts gekrümmt verlaufend mit den Tertiärleitbündeln des darauf folgenden, längs des Blattrandes ein Netz mit grossen Maschen. Die Anastomosen, unter spitzem Winkel austretend, gerade, gebogen, geknickt, schliessen in ihren Feldern kleine polygonale Maschen ein. Es ist ein Leitbündelverlauf wie er häufig vorkommt. Dass die Form der fossilen Blätter mit ein oder der anderen recenten Art übereinstimmt, ist nicht zu läugnen, damit ist aber der Beweis, dass *Combretum europaeum* O. Weber in der Tertiärzeit im Rheinthale und bei Lausanne existirt hat, noch nicht geführt,

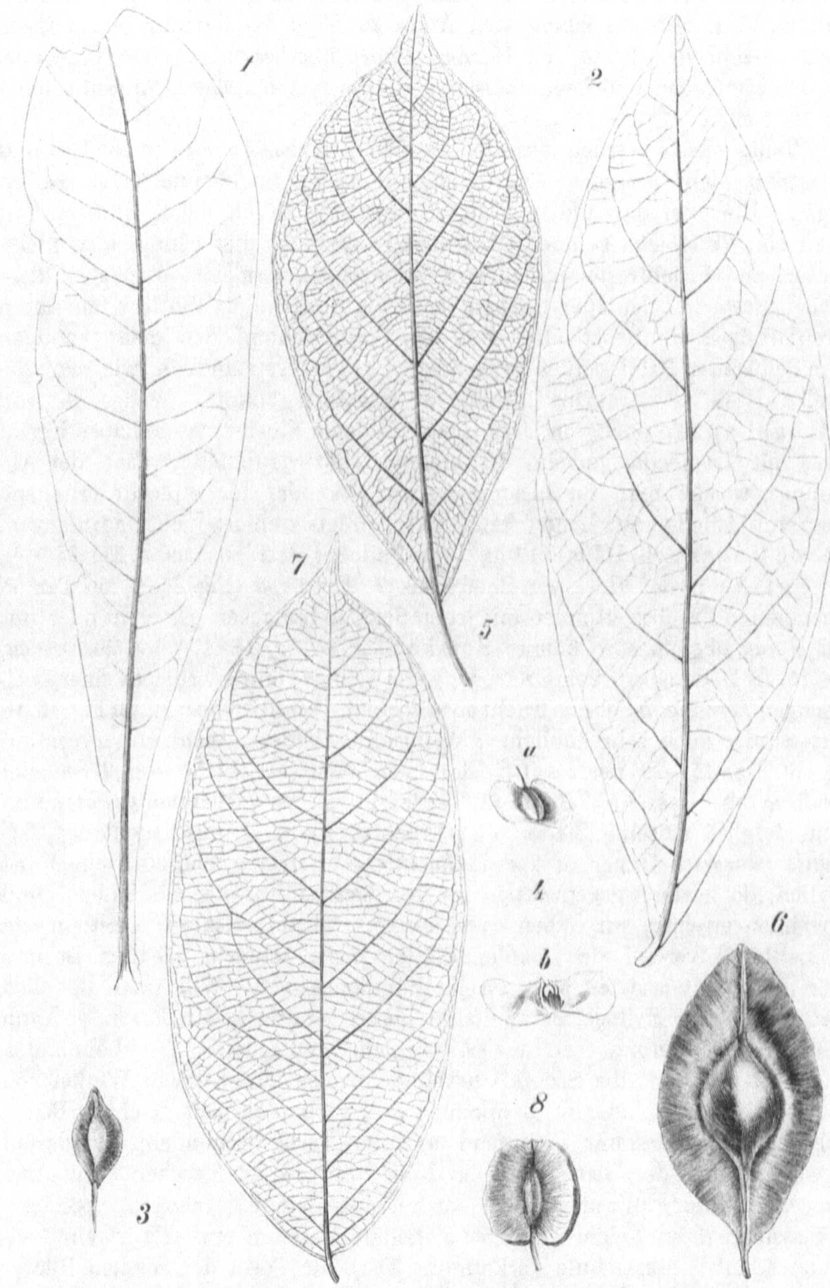

Fig. 346.

1 *Terminalia miocenica* Ung. 2. 3 *T. pannonica* Ung. 4 *T. Fenzliana* Ung. Früchte. Sotzka. 5. 6 *T. Brownei.* Fresenius. Blatt. 6 Frucht. Abyssinien. 7 *Combretum terminalioides* Steud. Surinam. 8 *C. trichanthum* Fres. Frucht. Abyssinien. (1—4 Copieen nach Unger, 5—8 nach der Natur.)

ebenso wenig, dass *Terminalia* in Europa vorkam. Denn unter all' diesen Blättern ist keines, welches unbedingt auf die eine oder andere der beiden Gattungen schliessen liesse. Zudem sind die Blätter selbst meist nicht von bester Erhaltung.

Aus der tropischen Familie der *Melastomaceen*, welche hauptsächlich dem tropischen Südamerika angehört, sind gleichfalls Reste angegeben, Blätter und Fruchtreste. Das Charakteristische der Familie liegt in den mit basalen Anhängseln versehenen und mit kreisrunden Löchern an der Spitze aufspringenden Antheren. Bei den Blättern ist der bogenläufige und strahlige Leitbündelverlauf sehr häufig, meist drei, seltener mehr gegen die Blattspitze convergirende primäre Leitbündel, seltener ist der gefiederte, dabei die Secundärleitbündel camptodrom. Ein Netz von Leitbündeln, welches Aeste in etwa vorhandene Zähne abgibt, ist stets längs des Blattrandes vorhanden; dies Netz ist um so entwickelter, je breiter der Rand ist. Die Primärbündel sind durch horizontale oder schiefverlaufende Anastomosen verbunden, deren Verzweigungen die Felder entweder unmittelbar ausfüllen oder die nächstfolgenden Verzweigungen bilden kleinere Felder, welche das Netz der letzten Verzweigungen enthalten. Bei dem gefiederten Leitbündelverlauf verhalten sich die Anastomosen ebenso, das unterste Secundärleitbündelpaar in der Regel zarter, aber camptodrom. Der Eintritt der Primärleitbündel in die Blattfläche erfolgt bald höher, bald tiefer, der Mittelleitbündel in der Regel ziemlich stark. Prüft man die fossilen Melastomaceen, so ergeben sich Unger's *Melastomites Druidum* von Sotzka, Heer's *M. quinquenervis* vom Hohen Rhonen schon durch die Zähnung des Blattrandes und den Leitbündelverlauf als fraglich, nicht minder die von O. Weber aus dem Tertiär von Bonn beschriebenen Blätter. Ist auch der Leitbündelverlauf dieser Blätter strahlig, so beweist dies nichts, da er in dieser Weise ausserordentlich häufig ist, und vergleicht man die Blätter mit anderen, so kann man sie ebenso gut als Blätter von Myrtaceen, Lauraceen, Ranunculaceen, Celastra-

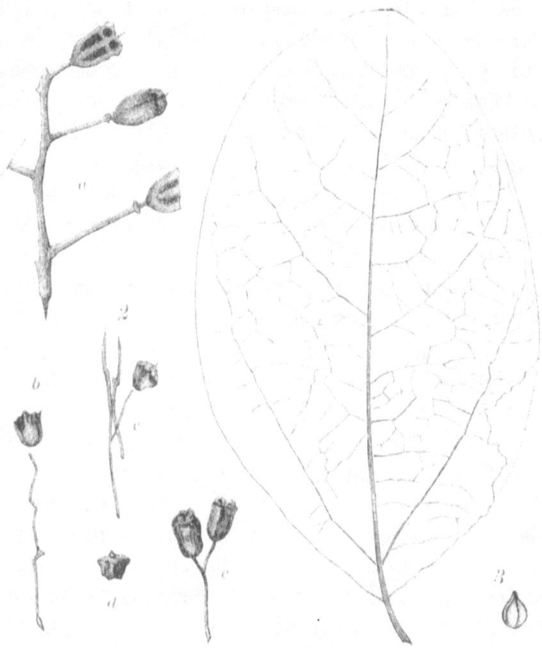

Fig. 347.
1. 2 *Melastomites radobojana* Unger. Radoboj. 1 Blatt. 2 *a*—*e* Früchte. Tertiär. 3 *M. parvula* Unger. Frucht. Déva in Siebenbürgen. Jüngere Kreide. (Copieen nach Unger)

ceen oder Rhamnaceen erklären, namentlich wenn nur die stärkeren Leitbündel erhalten sind. Weiter ist nicht abzusehen, wesshalb man nicht solche fossile Blätter, wie *Majanthemum*, wenn sie den Verlauf der Weber'schen Art haben, oder *Macclintockia* auch hieher gezogen hat. Was nun die von Unger in Sylloge III Tab. 18 Fig. 2. 3 als *M. radobojana* Unger abgebildeten Blatt- und Fruchtreste betrifft, so beweisen sie ebenfalls nichts. Fig. 2 ist eine unter- oder oberständige Frucht, welche ich *Heimia* ähnlicher finde (Fig. 347 $^{2a-e}$). Bestimmtes lässt sich jedoch nicht sagen, Fig. 2^{c} rührt von einem oberständigen Fruchtknoten her, sie ist ohne Zweifel zweifächerig und jener ähnlich, welche man zu *Pittosporum* gezogen hat. Auch über sie lässt sich nichts Bestimmtes sagen, da ja jede Möglichkeit der näheren Untersuchung fehlt. Die von Unger aus der Kreide von Déva in Siebenbürgen als *Melastomites parvula* (Fig. 347^{3}) abgebildete Frucht, ferner das als *M. cuneiformis* Hosius und v. d. Mark aus der Kreide von Westfalen abgebildete Blatt sind ebenso wenig beweisend. Wir haben nicht entfernt einen Beweis, dass die Familie während der Tertiärzeit in Europa existirte, auch nicht durch das als *Melastomites radobojana* Unger beschriebene Blatt.

Die *Myrtaceen* zählen eine ziemlich grosse Anzahl von Resten und finden wir sie schon in der Kreideformation angegeben. Hinsichtlich des Leitbündelverlaufes sei hervorgehoben, dass weder die Familie noch eine ihrer Gattungen einen solchen besitzt, an welchem Myrtaceenblätter als solche zu erkennen wären. Bei sehr schmalen linearen oder cylindrischen Blättern ist das Blatt einnervig, die zarten Aeste, wenn sie vorhanden, nicht ohne stärkere Vergrösserung sichtbar, bei ebenfalls schmalen, lanzettlichen Blättern drei bis fünf parallele Primärleitbündel, die beiden seitlichen von der Basis längs des Randes hinlaufend, so bei *Leptospermum*, *Callistemon*, *Melaleuca* und einer Reihe anderer Gattungen, die Secundärleitbündel des Mittelleitbündels schief verlaufend, an die seitlichen anschliessend, nicht selten längsgestreift durch Falten der Epidermis im trockenen Zustande. Dergleichen Runzelungen können bei fossilen Blättern als Quer- und Längsrunzeln vorkommen und kommen auch vor und zwar bei Pflanzenresten aller Formationen und bei allen Organen. Sie haben natürlich gar keinen diagnostischen Werth, welchen sie erst erhalten könnten, wenn wir die Structur der betreffenden Theile kennen würden. Grössere Oeldrüsen erscheinen bei allen trockenen Blättern als kleine Höcker, nicht bloss bei dieser Familie, sondern auch bei anderen Familien, sie sind, wenn sie bei fossilen Blättern vorkommen, weder für eine bestimmte Gattung noch Familie als Merkmal zu verwenden, zumal da dies auch davon abhängt, ob sie tiefer oder oberflächlich liegen, ob sie grösser oder kleiner sind und bei anderen Familien auch vorkommen. Ferner ist der Leitbündelverlauf gefiedert, die Secundärleitbündel unter einem Winkel von 10—50° austretend, unvollständige sehr häufig und mit den Tertiärleitbündeln zu Feldern, parallel mit den Secundärleitbündeln liegend, verbunden. Die Secundärleitbündel camptodrom, längs des Blattrandes ein Netz von Maschen. Die Felder durch polygonale oder quadratische Maschen ausgefüllt. *Eucalyptus* mit ihrem mannichfaltigen Leitbündelverlauf erwähne ich besonders. Der Leitbündelverlauf ist bei dieser Gattung gefiedert, die Secundärleitbündel sind entweder camptodrom durch Gabeltheilung oder durch die Tertiärleitbündel, oder sie treten mit zwei seitlichen Leitbündeln, welche dicht über der Blattbasis aus dem Mittelleitbündel austreten, in Verbindung, oder endlich zahlreiche Secundärleitbündel treten unter beinahe rechtem Winkel aus dem Mittelleitbündel mit zwei sehr dünnen, längs des Blattrandes verlaufenden seitlichen Leitbündeln sich verbindend. Auf diese Weise entstehen schmale, längliche, zur Blattfläche quere, unter sich parallele Felder, welche durch quadratische Maschen getheilt sind. Auch *Psidium* hat je nach den Arten einen verschiedenen Leitbündelverlauf; bei einigen liegen die Felder alle den Secundärleitbündeln parallel, bei anderen verlaufen die Anastomosen im Bogen und die querliegenden Felder schliessen die durch die weiteren Verzweigungen gebildeten Maschen ein. Es ist also auch bei den Myrtaceen keine Rede von einem für die Familie charakteristischen Leitbündelverlauf, ebenso wenig für einen solchen bei einer bestimmten Gattung, denn nicht allein sind die einzelnen Gattungen, wenn ihre Arten zahlreicher, mit verschiedenem Leitbündelverlauf versehen, ihr Leitbündelverlauf kommt auch in anderen Familien, unter welchen ich nur Melastomaceen und Apocynaceen nennen will, vor. Zuweilen sind die Blätter an der Basis ungleichseitig entwickelt, z. B. bei *Jambosa*, *Eucalyptus*. Ob dies nur eine zufällige Anomalie oder ob die Erscheinung allgemeiner ist, vermag ich nicht zu beurtheilen, ich habe sie an cultivirten und Herbariumsexemplaren gesehen. Die Blüthen der Myrtaceen sind vier- bis fünfzählig, selten sechszählig, Staubblätter zahlreich, die Früchte Beeren, vier- bis fünflappige oder mit einem Deckel aufspringende Kapseln oder Schliessfrüchte.

Die Mehrzahl der von den Autoren beschriebenen Reste sind Blätter, Blüthen- und Fruchtreste sind selten, obwohl, wenn die Myrtaceen einen Bestandtheil der Vegetation der Tertiärzeit gebildet haben, die Fruchtreste vermöge ihres Baues sich leicht bei einem grossen Theile hätten erhalten können. Einige mögen unter anderen Bezeichnungen verborgen sein, sie näher zu bezeichnen würde aber zu keinem Resultate führen, weil sie, nur im Abdrucke erhalten, in ihrer veränderten Stellung ebenso unsicher sind. So finden wir bei Ettingshausen in der Tertiärflora von Häring Knospen und Früchte von *Eucalyptus haeringiana* auf Taf. 28 Fig. 14—24 abgebildet, welche von *Eucalyptus* stammen können und jedenfalls mehr für das Vorkommen dieser Gattung sprechen, als die Fig. 2—13. 25 abgebildeten Blätter, welche ausser dem Mittelleitbündel nur an einem einzigen Blatte von anderem Aussehen als die übrigen keine anderen Leitbündel zeigen. Ausserdem ist Fig. 1 *E. oceanica* abgebildet. Woher weiss man, dass diese Blätter *Eucalyptus* und die Früchte zu den als *E. haeringiana* Ettingsh. (Fig. 348^{14-16}) bezeichneten Blättern gehören, da doch zwei Arten vorkommen. Dabei ist übrigens die Vorstellung des Autors über das Aufspringen der Kapsel eine ganz unrichtige, der Kelch ist mützenähnlich und längst abgefallen, wenn die Fruchtreife beginnt, ebenso wenig hat *Eucalyptus* Phyllodien. *E. oceanica* ist ausserdem von zahlreichen anderen Fundorten angegeben, wie will man denn die typische Art wieder

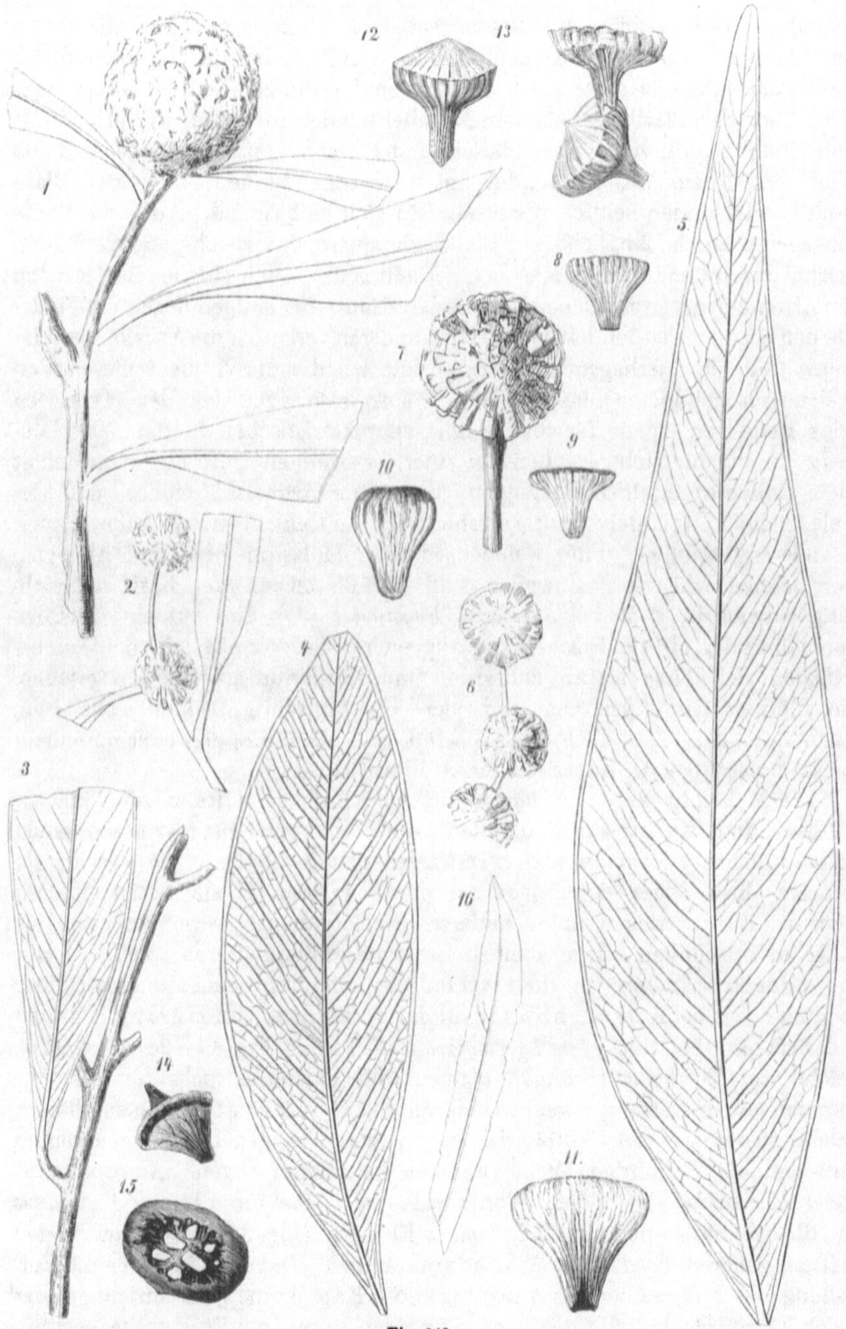

Fig. 348.

Eucalyptus Geinitzii Heer. 1. 2. 6. 7 Blüthenstände. 3. 4. 5 Blätter. 8—11 Blüthen. Peruc in Böhmen. Kreide. 12. 13. *E. Geinitzii* Heer. Grönland. Kreide. 14—16 *E. haeringiana* Ettingsh. 14 Blüthenknospe. 15 Frucht. 16 Blatt. Häring. Bischofsheim in der Rhön. Unteres Oligocän. (1—15 Copieen nach Velenovsky, Heer, Ettingshausen, 16 nach der Natur.)

erkennen bei einem solchen Erhaltungszustande, welcher übrigens z. B. bei den Exemplaren aus dem Tertiär von Portugal nicht besser ist. Ferner sind die als Früchte bezeichneten Reste von Haering hinsichtlich ihrer Abstammung von *Eucalyptus* ganz ausser Zweifel? Von einem Detail ist bei ihnen keine Rede, man kann nicht einmal sagen, dass sie den Myrtaceen angehören. Eine zweite mit den Myrtaceen vereinigte Frucht ist *Tristanites cloëziaeformis* Sap. (Fig. 349$^{1-3}$) von Armissan (Annal. des scienc. nat. Bot. Ser. V

Fig. 349.

1. 2. 3 *Tristanites cloëziaeformis* Saporta. Armissan. Ob. Oligocän. 1. 2 Früchte, 3 Blatt. 4 *Myrtus Veneris* Gaud. et Strozzi. 5 *M. melastomoides*. 6 *M. communis* L. 7 *Melaleuca Leucadendron* hort. 8 *Callistemon linearifolius* DC. 9 *Leptospermum scoparium* Schauer. 10 *Melaleuca attenuata*. 7—10 Neuholland. (1—4 Copieen nach Saporta, Gaudin, 5—10 nach der Natur.)

tom. 4), zu welcher auch ein Blatt gezogen wird, von dem sich schwer errathen lässt, weshalb es mit *Tristania* Aehnlichkeit haben soll. Die Früchte sind Fragmente eines Racemus, die Kapseln kurz gestielt, drei- bis vierklappig, im oberen Drittel eine Querlinie, wahrscheinlich die Spur des abgefallenen Kelches. Saporta sieht in ihnen eine der Gattung *Cloëzia* Brongn. et Gris aus Neuseeland verwandte Myrtacee. Dass die Frucht einer Myrtaceenfrucht nahe steht, ist nicht zu läugnen, über die Verwandtschaft lässt sich jedoch nur nach äusserer Aehnlichkeit urtheilen. Während der Zusammenhang mit den Blättern bei den eben erwähnten Resten fehlt, ist er bei dem in der Kreide Böhmens sehr verbreiteten *Eucalyptus Geinitzii* Heer (Fig. 348$^{1-11}$) (Velenovsky, Flora d. böhm. Kreideform. IV.) erhalten, an einem beblätterten Zweige stehen Organe, welche wahrscheinlich Blüthen sind (Taf. 1). Ausserdem kommen solche vereinzelt, neben ihnen abgeworfene mützenförmige Kelche oder jüngere Früchte vor. Heer bildet von derselben Art, deren Blätter jedoch bei weitem schlechter erhalten sind, die noch geschlossenen Blüthen, wahrscheinlich einer *Eucalyptus*-Art (Fig. $348^{12. 13}$) ab, beides Reste, welche eher auf *Eucalyptus* oder eine ihr verwandte Gattung schliessen lassen. Die bei Velenovsky abgebildeten Blätter (Fig. 348^{3-5}) besitzen einen zum Theile sehr wohl erhaltenen, mit einzelnen Arten von *Eucalyptus* übereinstimmenden Leitbündelverlauf (Taf. 2). Moletein in Mähren, Grönland und Siebenbürgen (*Phyllites proteoides* Unger) sind weitere Vorkommnisse dieser Art. Auf diese Reste lässt sich die Annahme des Vorkommens von Myrtaceen in der Kreide und im Oligocän gründen. Für Nordamerika fehlen Reste dieser Art gänzlich, Velenovsky glaubt indess *Proteoides daphnogenoides* Lesq. aus Nebraska mit *E. Geinitzii* Heer vereinigen zu können. Eine zweite in der Kreide Böhmens vorkommende Art ist *E. angusta* Velenovsky.

Neben diesen Resten finden sich ferner Blätter, welche zum Theile mit recenten Gattungen verwandt erklärt oder mit ihnen vereinigt werden. Zu den ersteren gehören *Callistemophyllum* Ettingsh., *Leptospermites* Sap., *Myrtophyllum*, zu den letzteren neben *Eucalyptus* noch *Eugenia* Mich., *Metrosideros* R. Br., *Myrcia* DC., *Myrtus* L. Unter *Leptospermites* versteht Saporta kleine lanzettliche Blätter mit drei Leitbündeln an der Basis. Solche gibt es nicht, sondern eine Reihe kleinerer Myrtaceenblätter aus verschiedenen Gattungen hat, wie oben bemerkt, drei bis fünf parallele oder strahlige Leitbündel; die Blätter von Aix können also von verschiedenen Myrtaceen, aber auch von anderen Familien abstammen. Sind die Leitbündel bei einem recenten Myrtaceenblatte nur eine Strecke weit sichtbar, so liegt dies am Baue des Blattes, bei einem fossilen Blatte kann dies noch durch andere Verhältnisse hervorgerufen werden, in keinem Falle lässt es sich als Charakter für eine bestimmte Gattung verwerthen. *Callistemophyllum* Ettingsh., schmale Blätter mit je einem längs des Randes verlaufendem Leitbündel, Secundärleitbündel des Mittelleitbündels schief aufsteigend, mit den Randleitbündeln verbunden. Sämmtliche von Häring durch Ettingshausen beschriebene Arten, wie *C. diosmoides, C. verum, C. priscum* (Fig. 350^{6-10}), *C. melaleucaeforme* sind schmale nur den Mittelleitbündel führende Blätter, über deren Abstammung sich nichts sagen lässt, welche dann mit solchen von andern Fundorten identificirt worden sind, was bei der Erhaltung der Blätter von Häring nicht zulässig ist. Ebenso wenig weiss ich, wie man die Arten unter sich und von jenen anderer Familien unterscheiden will. Die Zahl derselben ist nicht gering und würden sie, wie eine Reihe anderer Blätter besser *Myrtophyllum* Heer genannt worden sein, wenn man sie als Myrtaceenblätter betrachten will. Unter der letzteren Bezeichnung sind *Myrtus* ähnliche Blätter verstanden, deren erstes Auftreten in die Kreide verlegt wird. Diese Bezeichnung wäre eigentlich für jene Blätter geeignet, welche man zu den Myrtaceen gebracht hat, denn *Myrtus* L. hat ebenfalls keinen die Gattung charakterisirenden Leitbündelverlauf, so wenig wie eine solche Blattform. Ursprünglich ist die Bezeichnung *Myrtophyllum* von Heer auf zwei aus der Kreide von Moletein stammende Blätter (*M. Geinitzii*, *M.*

Schübleri) angewendet worden, welche in ihrem Leitbündelverlauf mit einigen *Eucalyptus* verwandt, später zu *Eucalyptus* gezogen wurden. Heer wandte dann diese Bezeichnung auf andere Blätter des Tertiär mit fiederförmigem Verlauf mit je einem Randnerv an. Bei beiden ist der Verlauf weder sehr gut erhalten, noch derselbe, was indess von keiner Bedeutung wäre, da *Myrtus* nicht bei allen Arten den gleichen Leitbündelverlauf besitzt. Der Umriss der Blätter würde etwa den Arten mit lanzettlichen Blättern entsprechen. Das eine stammt aus den Ataneschichten Grönlands (*M. parvulum* Heer), das andere (*M. boreale* Heer) aus dem Tertiär von Simonowa in Sibirien. Wären die Blätter besser erhalten, würde das, was allenfalls aus den Blättern gefolgert werden kann, durch andere Reste unterstützt, so würden beide Funde ein hohes Interesse haben, denn einerseits würden sie nachweisen, dass in der Periode der jüngeren Kreidebildungen eine Myrtacee in Grönland vorkam, andererseits dass aus den Myrtaceen Formen bis nach Sibirien reichten, wie wir dies für andere Formen, für welche das Material ausreichender erhalten ist, bereits kennen. Wesshalb neben *Myrtophyllum* noch *Myrtus* im fossilen Zustande unterschieden wurde, ist schwer zu sagen. Denn wie schon oben bemerkt, im Leitbündelverlauf liegt nichts Eigenthümliches, überdies haben auch Arten von *Eugenia* den gleichen Leitbündelverlauf, die gleiche Blattform, andere Reste, wodurch die Blätter sich als solche von *Myrtus* erwiesen, kennen wir nicht. Ich kann auch hier nur wiederholen, was wohl ein Botaniker zu der Zumuthung sagen würde, die Gattungen *Myrtus* und *Eugenia* nach den Blättern zu unterscheiden. Bei beiden Gattungen ist der Leitbündelverlauf in den meisten Fällen gefiedert; auf der Blattunterseite häufig wenig hervortretend, die Secundärleitbündel unter spitzem bis zu einem beinahe rechtem Winkel austretend, durch Gabeltheilung oder direct camptodrom, häufig an der Basis jederseits ein zarter Seitenleitbündel, mit welchem sie übrigens sich verbinden, wenn ein Randnetz vorhanden, dieses aus Maschen bestehend, durch unvollständige Secundärleitbündel längliche querliegende Felder gebildet. Bei weitem richtiger verfährt Saporta, welcher unter *Myrtus* die zu den Myrteen gehörigen Formen versteht. Hinsichtlich der einzelnen Arten beider Gattungen lässt sich nur oft Gesagtes wiederholen. Wären alle Bestimmungen zutreffend, so wären die beiden Gattungen *Myrtus*, *Eugenia* bis in das nördliche Deutschland und England verbreitet gewesen. Einen Beweis haben wir dafür nicht, denn die von Häring stammenden Blätter haben alle nur den Mittelleitbündel erhalten, wie *Eugenia haeringiana*, *Myrtus atlantica*, *M. oceanica*, sie, abgesehen von der Form, mit den Blättern anderer Fundorte, sodann die einen als Blätter von *Eugenia*, die anderen als solche von *Myrtus* zu identificiren, ist unzulässig. Haben denn nicht auch andere Gattungen Blattform wie Leitbündelverlauf mit diesen beiden Gattungen übereinstimmend? Endlich ist bei *Myrtus* und *Eugenia* der Leitbündelverlauf nicht durchaus derselbe, kommt nicht auch der strahlige Leitbündelverlauf vor, genau übereinstimmend mit jenem der Lauraceen und Melastomaceen? Man hat nicht einmal eine grosse Anzahl von Arten aus der Familie der Myrtaceen nöthig, um sich zu überzeugen, wie wenig haltbar die Gattungsbestimmungen der fossilen Blätter aus dieser Gruppe sind. Ebenso wenig haltbar sind die für das Vorkommen von *Metrosideros* angeführten Blätter, welche aus dem Oligocän von Häring und Skopau, aus dem oberen Miocän von Sinigaglia, aus Sibirien beschrieben. Zugegeben, dass bei der einen oder anderen die Blattform mit einer recenten Art übereinstimmt, ist dies ein Beweis, dass es dieser Gattung und nur dieser angehört. Sind die »nervi secundarii numerosissimi« wirklich charakteristisch für *Metrosideros*. Man kann dies allerdings von einigen Arten, z. B. *M.*

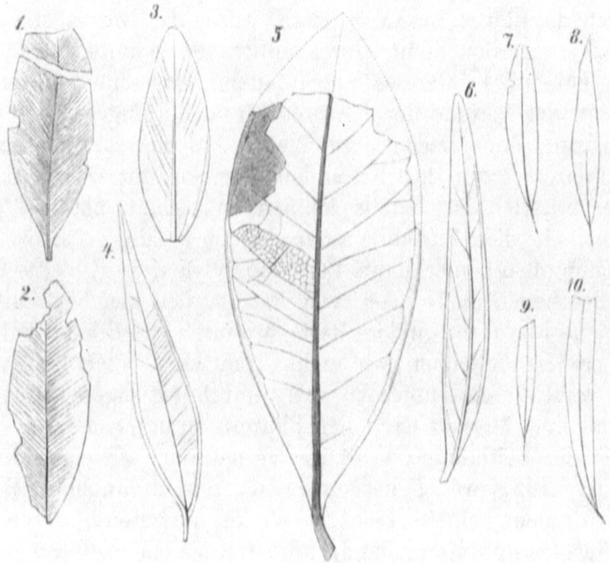

Fig. 350.

1. 2 *Metrosideros calophyllum* Ettingsh. Häring. Unt. Oligocän 3 Dasselbe von Simonowa im Tertiär Sibiriens. 4 *Myrcia lancifolia* Fried. Eisleben. Unt. Oligocän. 5 *Myrtus syncarpaefolia* Fried. Trotha. Unt. Oligocän. 6 *Callistemophyllum priscum* Sap. Aix. Unt. Olig. 7–10 Dasselbe. Häring. Unt. Oligocän. (Copieen nach Saporta, Friederich, Heer und Ettingshausen.)

robusta sagen, bei welcher zehn bis zwölf fiederförmige Secundärleitbündel in jeder Blatthälfte vorkommen, zwischen ihnen unvollständige, welche schiefgerichtete, den Secundärleitbündeln parallele Felder bilden und durch die Tertiärleitbündel in unregelmässige Maschen zerfallen. Ist nicht bei *Metrosideros* auch ein strahliger Leitbündelverlauf vorhanden und fehlt der oben beschriebene bei anderen Myrtaceengattungen? Obwohl bei den beiden von Häring stammenden Arten (*M. extinctus, M. calophyllum* Fig. 350[1. 2]) mehr als der Mittelleitbündel erhalten ist, so ist nicht zu sagen, ob das von Heer von Simonowa unter dem letzteren Namen abgebildete Blatt (Fig. 350[2]) mit jenem von Häring identisch ist oder nicht. Dass es zu den Myrtaceen gehört, ist nicht unwahrscheinlich, es wird wie *M. peregrinus* aus den Ataneschichten Grönlands jedenfalls besser als *Myrtophyllum* bezeichnet, schon desshalb, weil der Leitbündelverlauf nicht besonders erhalten und, wie bemerkt, der oben erwähnte

Leitbündelverlauf nicht *Metrosideros* allein angehört. Eine allgemeine Bemerkung schalte ich, weil die Tertiärflora von Simonowa dazu Gelegenheit gibt, hier ein. Heer und andere lassen bei den Myrtaceen jederseits einen längs des Blattrandes verlaufenden Leitbündel mit den Secundärleitbündeln camptodrom sich vereinigen. Dass ein solcher Verlauf vorkommt, ist ganz richtig, aber einmal lässt sich dies nur beurtheilen, wenn die Blattbasis erhalten ist, da es auf den Ursprung dieser beiden Bündel ankommt. Dieser Verlauf gehört zu den bogenläufigen, bei schmalen Blättern zum parallelen. So kommt es z. B. bei *Eucalyptus*-Arten vor. Was Heer weiter als solchen abbildet, entsteht auf andere Weise. Die Secundärleitbündel vereinigen sich entweder direkt oder durch Gabeltheilung camptodrom, ist die Blattbasis erhalten, dann überzeugt man sich leicht von dem verschiedenen Verhalten, wenn nicht, so kann zuweilen die regelmässige quadratische Felderung der Blätter einen Fingerzeig geben. Da bei den besprochenen Blattresten von Simonowa die auf Taf. 13. 14 des Bd. V der Flor. foss. arct. nur die letzte Art des Leitbündelverlaufes angegeben ist, die eine wie die andere keiner Gattung eigenthümlich ist, so lässt sich auch keine bestimmte Gattung der Myrtaceen für das Tertiär Sibiriens angeben und ist für die sämmtlichen Blätter die Bezeichnung *Myrtophyllum* die allein passende. Die einzige Gattung, für welche wir eine durch Blüthen- und Fruchtreste mehr gesicherte Grundlage haben, ist *Eucalyptus*, indess sind wir auch hier nur auf die äusseren Umrisse von Blüthenknospen und Blüthen angewiesen, welche für die Identität mit *Eucalyptus* nichts beweisen, uns vor die Alternative stellen, ob wir es mit ihr oder einer verwandten Gattung zu thun haben. In der gleichen Lage sind wir den von Saporta als *Tristanites cloëziaeformis* abgebildeten Resten gegenüber. Aus all' diesen Resten ergibt sich nichts weniger, als die Nothwendigkeit, an neuholländische Pflanzenformen zu denken oder eine solche Ansicht für bewiesen zu halten. Im Quartär von Montpellier, von St. Jorge auf Madera sind die Blätter von *Myrtus communis* L., in den Tuffen von Gaville in Toscana die Blätter einer mit der vorigen verwandten Art, *M. Veneris* Gaud. (Fig. 349⁴) erhalten. Von diesen gehört die erstere jetzt noch als Rest einer früheren Epoche dem Süden Europas an und mag in den von Saporta aus dem südfranzösischen Tertiär beschriebenen Arten Vorläufer gehabt haben. Einige Blattformen recenter Myrtaceen sind in Fig. 350 dargestellt, Fig. 350^4 gibt die Darstellung eines *Myrcia*-Blattes, Fig. 350^5 eine solche von *Myrtus syncarpaefolia* Friederich, welche Bestandtheile der unteroligocänen Flora der Provinz Sachsen sind, wofür ausser diesen Blättern freilich weitere Belege nicht vorhanden sind.

Aus der Gruppe der *Puniceen* mit der einzigen Gattung *Punica* L., von Bentham und Hooker den Lythrariaceen, von anderen den Myrtaceen oder Pomaceen angereiht, durch den Bau des Fruchtknotens und der Frucht, die Fächer durch Verschiebung übereinanderstehend, verschieden, haben sich im Pliocän von Meximieux die Blüthenknospen nebst Blättern erhalten. Von Saporta werden die etwas kleineren Blüthenknospen von Meximieux als eigene Art *P. Planchoni* Sap. (Fig. 351) von der recenten *P. Granatum* L. unterschieden. Die mit den Blüthenknospen gemeinsam vorkommenden Blätter sind von jenen der recenten Art wesentlich nicht verschieden. Einen mit sechs Kelchblättern versehenen Fruchtknoten, jenem von *Punica* L. mit ebenso vielen Kelchblättern (die Zahl der Kelchblätter wechselt bei *Punica*) ähnlich bilden Weber und Wessel (Neue Beitr. zur Tertiärfl. d. niederrh. Braunkohlenform.) auf Taf. 11 fig. 11 als *Punicites Hesperidum* von Rott ab. Ob dieselbe dieser Gattung oder einer andern angehört, lässt sich, da nur die äusseren Umrisse vorliegen, nicht sagen. Unter den Familien, welche nach der Zahl der vorhandenen sechs Blätter und nach dem unterständigen Fruchtknoten in Betracht kommen können, sind z. B. die *Lythrariaceen*, aber auch die *Myrtaceen* zu nennen. Ein weiterer Unterschied *Punica* gegenüber liegt in der starken Einschnürung unter den Kelchblättern. Der Leitbündelverlauf von *Punica* ist fiederförmig, die alternirenden Secundärleitbündel unter einem Winkel von 30—50° austretend, in schwach gekrümmtem Bogen ansteigend, camptodrom durch Gabeltheilung, ein grossmaschiges Randnetz vorhanden, Anastomosen schief verlaufend, ihre Felder mit polygonalen Maschen. Die Gattung *Punica* gehört der Mittelmeerregion an und erreicht ihre Nordgrenze im südlichen Tirol, an den oberitalienischen Seen und in den von ihnen ausgehenden Thälern, im Wallis bei Sion theils cultivirt oder verwildert, aber auch an ursprünglichen Standorten, wenn nicht in letzterer Beziehung ein Irrthum unterläuft. *Punica* gehört jedenfalls zu den Arten, welche sich aus der Tertiärzeit erhalten haben, die Glacialzeit musste bei der Ausdehnung der Gletscher nach Süden, die nördliche Verbreitung der Art im Süden verrücken, erst nach Ablauf derselben konnte sie wieder in nördlicher Richtung an Terrain gewinnen, wobei es sich frägt in wie weit die Hand des Menschen bei dieser Verbreitung betheiligt war.

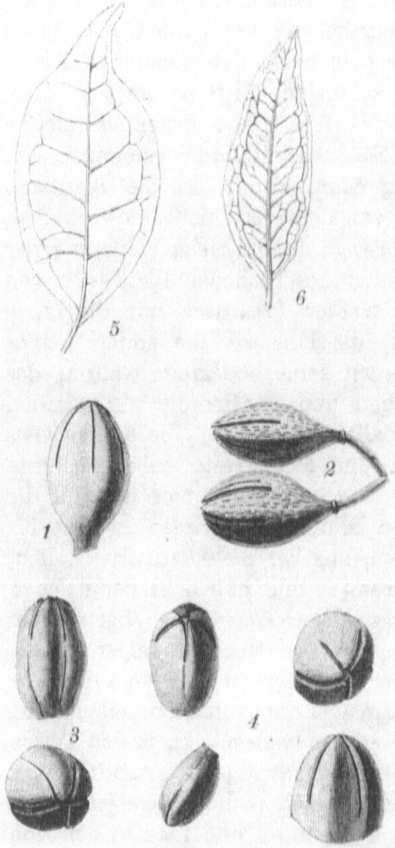

Fig. 351.
1—4 *Punica Planchoni* Sap. Blüthenknospen. 5 Blatt. Meximieux. Pliocän 6 *P. Granatum* L. Blatt. Bozen. (1—5 Copie nach Saporta 6 Nach der Natur.)

XVIII. Reihe. **Thymelinae.**

Aus jeder der dieser Reihe angehörigen Familien, den *Thymelaeaceen*, *Elaeagnaceen* und *Proteaceen* werden von den Autoren Reste, vorwiegend Blätter, seltener Früchte oder Samen angeführt. Die vierzähligen Blüthen besitzen selten Kelche und Krone, meist nur ein gefärbtes Perigon, die Staubblätter in einem oder zwei Kreisen, einem oberständigen einfächerigen Fruchtknoten, aus einem einzigen Fruchtblatte bestehend, eine Samenknospe, Früchte: Beeren, Steinfrüchte, Kapseln. Blätter ohne Nebenblätter, ausnahmslos Bäume und Sträucher.

Die Familie der *Thymeleaceen* hat Blätter und Blüthen fossil aufzuweisen. Sie gehört vorwiegend mit ihren recenten Arten den Tropen und Subtropen der südlichen Halbkugel an, eine kleinere Anzahl der nördlichen, noch geringer ist ihre Zahl in der gemässigten Zone. Actinomorphe vierzählige Blüthen mit einfacher, selten doppelter Blüthenhülle, acht selten zwei bis vier Staubblättern, einem einfächerigen Fruchtknoten mit hängender Samenknospe, Beeren oder Steinfrüchte charakterisiren die Familie. Die grössere Zahl der Blätter ist der Gattung *Daphne* L., die kleinere *Pimelea* R. Br. zugetheilt, erstere Gattung Europa und Asien grossentheils der gemässigten Zone, letztere Neuholland, Vandiemensland und Neuseeland angehörend. Mit Ausnahme einer einzigen Art sind alle übrigen fossilen Arten der Gattung *Pimelea* durch Heer aus dem Tertiär der Schweiz meist von Oeningen oder Rixhöft im Samlande (*P. oeningensis, P. maritima, P. pulchella, P. crassipes* [Fig. 352^{16-18}]) beschrieben. Die Annahme, dass diese ganzrandigen, meist länglich-lanzettlichen oder verkehrt eiförmigen, sitzenden oder gestielten Blätter von dieser Gattung herrühren, gründet sich auf die den recenten Blättern ähnliche Form der fossilen Blätter und auf das Vorkommen einer röhrigen, mit viertheiligem Saume versehenen, an der Basis der Röhre behaarten Blüthe (Fig. 352^{18}), welche mit *P. oeningensis* (*Daphne* A. Br.) vereinigt wird. Die Staubblätter sollen aus der Röhre herausragen, wovon jedoch die Abbildung nichts zeigt. Was die Blüthe betrifft, so ist bei *Pimelea* die Basis der Röhre in der Regel unbehaart, wenn sie auch im übrigen Theile behaart ist, ferner ist die Blüthe der fossilen Röhre nicht vollständig, wäre sie dies, so müsste der oberständige Fruchtknoten wie auch bei *Daphne* vorhanden sein. Allerdings sieht die Blüthe einer Thymelaeaceenblüthe ähnlich, ist aber damit auch bewiesen, dass sie eine solche ist? Haben wir nicht in anderen Familien röhrige Blüthen mit viertheiligem Saume? Sodann, ist die Blüthe vollständig, so stammt sie von einer Familie mit unterständigem Fruchtknoten, von welchem sie abgefallen. Die Blüthe kann also das nicht beweisen, was sie beweisen soll. Ferner frägt es sich, ob die von Heer bei den einzelnen Blattformen vereinigten Blätter wirklich zusammen gehören (vgl. Fig. 352). Die Unterscheidung der einzelnen Arten beruht, wie die Gattungsbestimmung, bei der theilweise ungenügenden Erhaltung der Blätter auf ziemlich schwachen Füssen; hinsichtlich der Form lässt sich nur sagen, dass Blätter dieser Art auch in anderen Familien nichts weniger als selten sind. Ihr Leitbündelverlauf ist meist sehr unzureichend erhalten, dass er gefiedert ist, lässt sich zwar erkennen, Genaues aber nicht ermitteln. Bei den recenten Arten ist er je nach der Form und Breite der Blätter, wie nach ihrer Consistenz verschieden. Bei den Blättern von *Pimelea* mit lederartiger Textur ist derselbe mit Ausnahme des Mittelleitbündels ohne Präparation nicht zu sehen, bei den Arten mit sehr schmalen linearen Blättern ist nur der nach oben weniger starke Mittelleitbündel sichtbar. Sind die Blätter breiter, so entspringen je nach der Blattform die secundären Leitbündel unter einem Winkel von 70—80°, bei den lanzettlichen bis rundlichen unter einem Winkel von 60°, er wird aber immer gegen die Spitze hin kleiner. Die Leitbündel haben daher durchgängig einen steilen Verlauf, sie verbinden sich camptodrom direct oder durch schiefaufsteigende Tertiärleitbündel. Unvollständige Secundärleitbündel sind allgemein, sie verbinden sich mit den secundären und tertiären. Die auf diese Weise entstehenden Felder enthalten polygonale Maschen der weiteren Verzweigungen. Alle diese Leitbündel sind zart und werden, wenn die Blätter weniger derb sind, bei durchfallendem Lichte besser als bei auffallendem gesehen. Was bei Heer von diesem Leitbündelverlaufe abgebildet ist, stimmt bei den vergrösserten Figuren hinsichtlich des Abgangswinkels der Leitbündel der Hauptsache nach überein, im übrigen ist die Uebereinstimmung nicht gross. Jedenfalls sind die fossilen Reste nicht beweisend. Für noch weniger beweisend kann ich das von Ettingshausen abgebildete Blatt der *P. kutschlinica* halten, es findet sich bei ihm nichts, was für *Pimelea* spräche, kaum die Form. Blätter mit stumpf abgerundeter Spitze, wie sie Heer und Ettingshausen abbilden, sind auch unter den Myrsinaceen, Sapotaceen und Ebenaceen beschrieben. Ferner kommen solche Blätter auch bei vielen *Daphne*-Arten namentlich an der Basis der Jahrestriebe, aber auch unter den Blättern anderer Familien vor. Ein derartiger Wechsel der Blattformen, auf welchen ich schon wiederholt hingewiesen habe, welcher, man kann dies wohl ganz unbedenklich sagen, ganz allgemein ist und sich bei allen Gattungen findet, wenn man darauf achtet, sollte allein schon die Palaeontologen veranlassen, hinsichtlich der Unterbringung der Blattformen etwas vorsichtiger zu sein. Der Leitbündelverlauf der Blätter von *Daphne* steht jenem von *Pimelea* sehr nahe, wie denn auch die Blattformen der Arten mit kleineren, schmäleren Blättern manches Verwandte mit jenen dieser Gattung haben. Die Blätter sind sitzend, mit verschmälerter Basis und ganzrandig, zuweilen ziemlich breit, wie *D. odora*, *D. Laureola*, *D. pontica*. Bei allen dünnhäutigen Blättern von *Daphne* ist die Stärke der Secundär- und Tertiärleitbündel nahezu dieselbe, wobei indess auch Ausnahmen vorkommen mögen, bei den lederartigen dagegen der Leitbündelverlauf auf der Oberseite deutlicher hervortretend, als auf der Unterseite. Wiederholt ist bei den Blättern von *Daphne* darauf hinzuweisen, dass das gekörnte oder chagrinirte Aussehen trockener Blätter von verschiedenen Ursachen herrühren kann, was natürlich nur die Untersuchung nachweist. Das Gleiche gilt für die fossilen Blätter, in keinem Falle darf man ein solches Verhalten als das Merkmal einer Art ansehen, ebenso wenig kann es

Fig. 352.

1 *Eudaphniphyllum rosmarinoides* Conwentz. Samland. Bernstein. 2 *Daphne radobojana* Unger. Radoboj. Unt. Miocän. 3 *D. protogaea* Ettingshausen. Priesen. Ob. Oligocän. 4 *D. odora* Thbg. Japan. N. d. Natur. 5 *D. Gnidium* L. Südeuropa. N. d. Natur. 6 *Exocarpus radobojanus* Unger. Radoboj. Unt. Miocän. 7 *E. luzonensis* Presl. Philippinen. N. d. Natur. 8 *Elaeagnus acuminatus* Heer. Oeningen. Ob. Miocän. 9 *Elaeagnites campanulatus* Heer. Blüthe. Spitzbergen. Tertiär. 10 *Elaeagnus arcticus* Heer. Steinkern. Grönland. Tertiär. 11 *Elaeagnus angustifolius* L. Blatt. 12 Blüthe. 13 Steinkern. Südeuropa. N. d. Natur. 14 *Hippophaë rhamnoides* L. Blatt. 15 Steinkern. Südbayern. N. d. Natur. 16 *Pimelea crassipes* Heer. Blätter. Oeningen. Ob. Miocän. 17 *P. maritima* Heer. Oeningen. 18 *P. oeningensis* Heer. *a* Blüthe, nat. Gr. und vergrössert, *b* Blätter. Oeningen. Ob. Miocän. 19 *P. spectabilis* Lindl. *a* Blüthe, *b* Blätter. Neuholland. N. d. Natur. Die übrigen Figuren nach Unger, Ettingshausen und Heer.

für das Kennzeichen einer auf Blätter allein gegründeten Gattung gelten. Manche der recenten Arten haben dicke lederartige Blätter, der Leitbündelverlauf gefiedert, die Secundärleitbündel unter einem Winkel von 60—90° austretend, je nach der Blattbreite, steil und beinahe gerade bei schmalen, schwach gekrümmt bei breiten Blättern, durch Gabeltheilung oder auch Tertiärleitbündel camptodrom, unvollständige Secundärleitbündel zum Theile mit den secundären, zum Theile mit den tertiären sich vereinigend allgemein. Blätter von *Daphne*, wie sie z. B. bei *D. Gnidium* L. vorkommen, sind in jeder Beziehung jenen von *Pimelea* sehr ähnlich, wie auch die von Heer abgebildete Blüthe einer solchen von *Daphne* ähnlicher ist. Die recenten Arten sind von den Azoren, den Canaren, Nordafrika durch Europa, Kleinasien, den Kaukasus, Persien, Altai, Himalaya, Nordchina bis Japan verbreitet. Diese Verbreitung entspricht jener der Pflanzenformen, welche mit Sicherheit zu bestimmende Reste im Tertiär hinterlassen haben und ist es daher a priori nicht unwahrscheinlich, dass *Daphne* in der Tertiärzeit in Europa vorhanden war. Eine andere Frage ist, ob wir den Beweis führen können. Unter den beschriebenen Blättern sind solche, welche der Form nach wohl Blätter von *Daphne* sein könnten und jenen von *D. Laureola, D. pontica, D. odora* verwandt sind, ihr Leitbündelverlauf ist jedoch unvollständig, wie z. B. bei *D. Apollinis* Unger, *D. lignitum* Ettingsh., *D. venusta* Unger von Salzhausen, *D. radobojana* Unger von Radoboj, *D. protogaea* Ettingsh. von Priesen und Sobrussan (Fig. 352[2. 3]), während *D. persooniaefolia* O. Web., *D. oreodaphnoides* O. Web. von Bonn in Folge des Leitbündelverlaufes kaum hierher gehören. Ebenso zweifelhaft sind ungeachtet besser erhaltenen Leitbündelverlaufes die von Rixhöft durch Heer beschriebenen Arten *D. persooniaeformis, D. densinervis,* bei welch' letzterer die unvollständigen Secundärleitbündel parallele Felder mit den secundären Leitbündeln bilden, bei beiden jedoch der Leitbündelverlauf jenem der recenten Arten von gleicher Blattform wenig ähnlich ist. Da nun ähnliche Blattformen auch anderweitig vorkommen, andere Reste, welche die Bestimmungen der Blätter stützen können, fehlen, so kann die Frage nach ihrer Existenz im Tertiär nur zweifelhaft bleiben, so sehr auch neben der allgemeinen Verbreitung der recenten Arten, das Vorkommen einzelner Arten, z. B. *D. pontica,* dafür spricht.

Als *Eudaphni(o)phyllum* bezeichnet Conwentz Blätter, welche jenen der recenten Gattung *Daphne* ähnlich sind, eine Bezeichnung, welche jedenfalls zweckmässiger als *Daphne* ist, da wir für keine der beschriebenen fossilen *Daphne*-Arten den sicheren Nachweis ihrer Zugehörigkeit führen können. Die von Conwentz a. a. O. (pag. 95 ff. tab. 10 fig. 1—10) beschriebenen und abgebildeten Blätter, *E. Nathorsti*, *E. rosmarinoides* (Fig. 352[1]), *E. oligocaenicum*, *E. balticum,* vier unter sich gut verschiedene Blattformen, mit gut erhaltenem Mittelleitbündel, Secundärleitbündel nicht erkennbar, bei der letzteren jedoch die Epidermiszellen sichtbar, welche indess bei ihrem polygonalen Umriss auf der zwischen den Leitbündeln gelegenen Fläche, ihrem gestreckten Umriss über den Leitbündeln nichts Charakteristisches bieten. Zum Theile sind die von Conwentz beschriebenen Blätter von *Daphne* der südeuropäischen bis zu den Canaren verbreiteten *D. Gnidium* L. ähnlich. Eine weiter nach Norden reichende Verbreitung einer verwandten Art in der Tertiärzeit ist wohl möglich. Was Heer *Daphnophyllum* genannt hat, ist von ihm zu den Lauraceen gestellt. Mit Grund lässt sich über ihre Verwandtschaft nichts sagen, ausser dass die eine Art *D. Fraasii* Heer der fossilen *Persea speciosa* ähnlich ist (Heer, Kreidepflanzen von Moletein).

Reste aus den *Elaeagnaceen* sind nur sehr wenige bekannt, von welchen zwei von vorneherein auszuschliessen sind. Es sind dies die beiden von Ludwig aus der Braunkohle der Wetterau beschriebenen *Hippophaë dispersa* und *H. striata*, die erstere der längst bekannte *Folliculites kaltennordheimensis* Zenker, welcher später durch Heer *Carpolithes Websteri* genannt wurde, über dessen Herkunft wir nichts wissen, die zweite Steinkerne ebenfalls unbekannter Abstammung sind. Zweifelhaft ist der dritte Rest, von O. Weber aus dem Tertiär von Bonn und Oeningen als *Elaeagnus acuminatus* (Fig. 352[8]) beschrieben, ein Blatt, dessen Leitbündelverlauf nur den mittleren und die secundären Leitbündel, diese unvollständig, zeigt. Bei *Nyssa* (S. 613) habe ich darauf hingewiesen, dass unter den zahlreichen fossilen *Nyssa*-Arten Steinkerne von Elaeagnaceen verborgen sein können. Die schuppenförmigen länger oder kürzer gefransten, der Blattfläche aufliegenden, braunen oder farblosen Haare, welche Zweige, Blätter und Blüthen bedecken und sich bei fossilen Blättern dieser Familie in Folge der ziemlich dicken Wände wohl erhalten könnten, würden Blätter dieser Gruppe leicht erkennen lassen, ich habe jedoch bis jetzt an fossilen Blättern nichts davon finden können. Sind sie verloren gegangen, so hinterlassen sie keine dem unbewaffneten Auge sichtbare Spur ihres Vorhandenseins, nur die mikroskopische Untersuchung kann die Anheftungsstelle nachweisen. Der Leitbündelverlauf ist bei *Elaeagnus* gefiedert, die Secundärleitbündel unter einem Winkel von 40—60° austretend, alternirend oder opponirt an demselben Blatte, camptodrom durch Verbindung von Gabelästen oder durch Tertiäräste, ein Randnetz mit grossen polygonalen Maschen, wenn die Camptodromie vom Rande entfernt liegt, im entgegengesetzten Falle fehlend. Die Verbindung zweier aufeinanderfolgender Secundärleitbündel erfolgt in dem einen Falle durch einen unter rechtem Winkel nach oben und unten verlaufenden Gabelast, im anderen Falle durch unter spitzem Winkel entstehende Gabeläste, deren oberer mit dem folgenden, der untere mit dem vorausgehenden sich verbindet. Zu diesen länger bekannten Resten kommen noch durch Heer beschrieben aus dem Tertiär von Grönland ein Steinkern (*E. arcticus* [Fig. 352[10]]) und aus dem Tertiär von Spitzbergen eine Blüthe (*Elaeagnites campanulatus* [Fig. 352[9]]). Der ovale Steinkern ist als Abguss erhalten und zählt sechs Rippen; er würde, hätten nicht andere Steinkerne, z. B. jene von *Cornus*, ebenfalls solche Rippen, für einen solchen von *Elaeagnus* gelten können, so aber kann er nicht als Beweis dienen. Die Zahl der Rippen ist bei dem fossilen grösser, wie bei den von mir untersuchten Arten, dies würde jedoch nicht von Bedeutung sein. Was die Blüthe angeht, so hat sie mit *Elaeagnus* nur dies gemeinsam, dass sie röhrig und viertheilig ist. Dass dies für die Gattung nichts beweist, liegt auf der Hand, woher dann Heer weiss, dass sie eine männliche Blüthe ist, ist nicht angegeben. Die Blüthen von *Elaeagnus* sind bekanntlich Zwitter. Das Fruchtfleisch ihrer Steinfrüchte geht aus dem Perigon hervor, das Steingehäuse aus dem Fruchtknoten, bei *Hippophaë* umhüllt bei der reifen Frucht dieser den schwarzen, glatten, glänzenden Samen als häutiger Sack. Dass die Familie in der Tertiärperiode noch nicht existirte, ist möglich, jedoch nicht wahrscheinlich, da Blätter von *Hippophaë rhamnoides* im Quartär Schwedens durch Nathorst nachgewiesen sind; es fehlt indess an Resten, welche diese Existenz bewiesen. Dass sie borealen Ursprungs ist, darf wohl sicher angenommen werden, das Vorkommen von *Sepherdia* in Nordamerika, von *Elaeagnus* von der Mediterranregion bis nach Nordchina, Japan und in das tropische Asien und Australien, von *Hippophaë* von Dalmatien, Mittelitalien, Mittel- und Nordeuropa bis Turkestan scheint mir dafür zu sprechen.

Hinsichtlich der *Proteaceen* sind zuerst von Bentham, später von Saporta (Compt. rendus. T. 92. 1881) Bedenken gegen deren Vorhandensein im Tertiär erhoben worden, indem ersterer auf die Aehnlichkeit ihrer Blätter mit jenen der Myricaceen, letzterer mit noch anderen Familien hinwies. Von Anderen dagegen wird die Frage im entgegengesetzten Sinne beantwortet. Zunächst sind es Unger und Ettingshausen, welche die Familie der Proteaceen im Tertiär Europa's zahlreich vertreten glauben, während Heer und Schimper einen Theil der früher zu den Proteaceen gestellten Blätter den Myricaceen zuweisen, doch aber eine nicht unbedeutende Anzahl bei der ersteren Familie belassen. Die recenten Gattungen sind über Australien und Südafrika verbreitet, zum kleinsten Theil gehören sie dem südlichen Amerika, dem tropischen Asien, Neucaledonien und Neuseeland an. Die Blätter sind meist ziemlich derb, lederartig, ganzrandig, gezähnt, eingeschnitten, einfach oder doppelt gefiedert, zuweilen die Blätter und Fiedern cylindrisch; ihr Bau ist durch das häufige Vorkommen mechanischer Elemente im Blattparenchym, wie durch die Epidermis und die eingesenkten Spaltöffnungen ausgezeichnet. Bei dem Zusammentreffen gewisser Blattformen, des Baues der Epidermis, wie des Blattparenchyms würden bei fossilen Blättern die Structurverhältnisse wohl die Bestimmung sichern können, aber einmal ist der Bau der Epidermis, sodann auch jener des Blattinneren auf diese Familie nicht allein beschränkt, ferner kenne ich über den Bau fossiler Proteaceenblätter nur die ganz allgemein gehaltene Angabe Ettingshausen's in den Sitzungsber. der Akad. zu Wien, 1852. Bd. IX, dass der Bau der Epidermis der in der Kreide von Aachen vorkommenden Proteaceenblätter nach Debey's Untersuchung mit jenem von *Grevillea* übereinstimme, dessen Angaben er bestätigen könne. Unter den von mir untersuchten Blättern aus dem Tertiär sind mir solche, welche ich von Proteaceen nach ihrer Structur ableiten möchte, nicht vorgekommen. Ich bezweifle auch, dass, da bei fossilen Blättern die Cuticularbildungen allein erhalten sind, diese aber zur Feststellung der Gruppe nicht genügen, die Proteaceen eine Ausnahme machen. Einige Blattformen recenter Proteaceen vgl. Fig. 353. Ausser dieser Angabe über den Bau werden aus der Familie der Proteaceen junge Fruchtknoten, Früchte und Samen angeführt. Der Fruchtknoten ist oberständig, einfächerig, der Griffel nach dem Abblühen meist einige Zeit stehenbleibend, die Früchte sind Steinbeeren, holzige oder lederartige Kapseln oder Schliessfrüchte, häufig mit geflügelten Samen, zuweilen ziemlich gross, die Flügel entweder von unter sich netzartig verbundenen Linien durchzogen oder ohne diese, die Flügel mit einem Randsaume oder ohne diesen, Samen seitlich oder an der Basis des Flügels ansitzend. Die im Tertiär vorkommenden Früchte und Samen sind nur isolirt, nicht im Zusammenhange mit Zweigen beobachtet, beide sind aber mit Blättern oder Früchten combinirt, mit welchen sie gesellschaftlich vorkommen. Andererseits sind auch die Samen für sich als Arten, so beinahe alle *Embothrites*-Arten, beschrieben. Ettingshausen, Saporta, Unger und Heer haben eine Anzahl solcher Reste abgebildet. Von *Cenarrhenes Haueri* Ettingsh. wird aus Sagor eine Frucht, ebendaher und von Sotzka von *Persoonia Daphnes*, von *P. Myrtillus* Ettingsh. von Haering, von *P. cuspidata* Ettingsh. aus Sagor, von *Lambertia extincta* Ettingsh. aus Sagor isolirte junge Früchte mit kurzem fadenförmigen Griffel abgebildet und mit Blättern vereinigt, deren Leitbündelverlauf meist unzureichend erhalten ist. Mögen nun auch die Blätter und ihr Leitbündelverlauf, ihre jungen Früchte den entsprechenden Organen der Proteaceen ähnlich sein, so ist damit noch nicht der Beweis geliefert, dass sie dieser Familie angehören, am wenigsten aber der Beweis, dass Blätter und Früchte zusammengehören. Blätter von *Stenocarpus* will Friederich erkannt haben. *Persoonia radobojana* Unger, *P. Daphnes* Ettingsh., *Lomatia Pseudoilex* Unger, *Petrophiloides imbricatus* werden von Unger als Proteaceen abgebildet (Sylloge. I tab. 7). *Petrophiloides* Bowerbank halte ich für Zapfen einer Conifere (*Sequoia*). Gardner hat sie zu

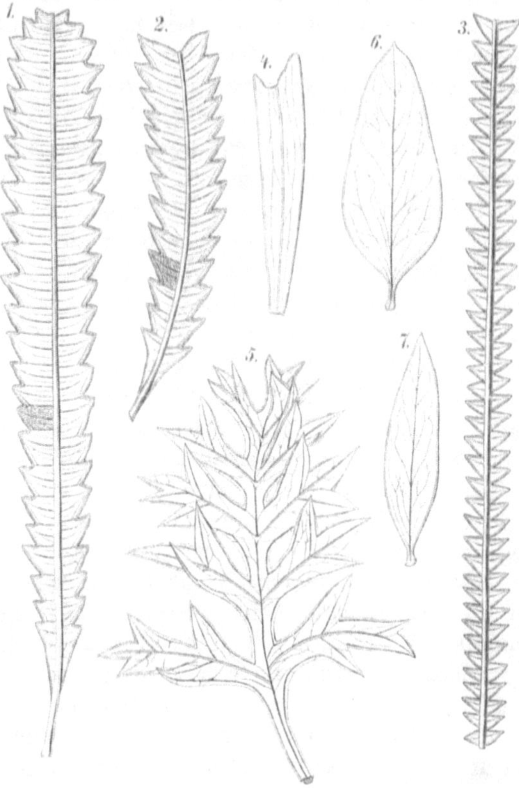

Fig. 353.
Blätter recenter Proteaceen. 1. 2 *Banksia*. 3 *Dryandra*. 4 *Lomatia*. 5 *Grevillea acanthifolia*. 6. 7 *Persoonia*. Sämmtlich aus Neuholland. N. d. Natur.

Alnus gestellt. Heer bildet in Tertiärfl. der Schweiz, Bd. II Tab. 97 Fig. 33 Reste, Blätter, Frucht und Samen als *Embothrium salicinum* ab, sämmtlich nicht im Zusammenhange, die angebliche Frucht unvollständig, ebenso das Blatt. Eine ähnliche Frucht bildet Saporta als *Hakea amphibola* von Camoins-les-Bains ab. Dass die von Heer auf derselben Tafel abgebildete Frucht von *Banksia* eine solche nicht sein kann, ist jedem, welcher die Fruchtstände dieser Gattung kennt, klar. Ihr Verband ist ein solch' fester, dass ausser Fäulniss kaum ein Vorgang zu denken ist, welcher eine einzelne Frucht aus dem Verbande lösen kann. Ebenso verhält es sich mit den Samen, welche von den genannten Autoren abgebildet werden, so von Ettingshausen in der fossilen Flora von Haering, von Sagor, in den fossilen Proteaceen, in den Beiträgen zur Flora von Steiermark, von Pilar in der fossilen Flora von Sused, von Unger in Sylloge, in der Flora von Kumi, von Heer in der Tertiärflora der Schweiz, von Saporta aus dem Tertiär Südfrankreichs von Aix, St. Zacharie und dem Bois d'Asson, als *Embothrium*, *Embothrites*, von *Hakea* und *Banksia*, die Samenflügel meist von nach der Spitze hin convergirenden Linien durchzogen oder ohne solche, die Samen selbst rundlich, verkehrt eiförmig oder oval. Weniger gut erhaltene, wie *Hakea palaeoptera* Sap., *H. demersa* Sap. können dabei nicht in Betracht kommen, nicht gerechtfertigt ist es, die einen als *Embothrium*, die anderen als *Embothrites* zu bezeichnen. Ferner scheint es mir, als sei man bei der Abgrenzung der besser erhaltenen Exemplare als Arten ziemlich willkürlich zu Werke gegangen. Da diese Reste als Abdrücke erhalten sind, so ist eine nähere Untersuchung nicht immer möglich und scheinen auch mit Kohle bedeckte Abdrücke nicht untersucht worden zu sein. Bei den recenten Arten ist der Same selbst stets flach, weil das Eiweiss fehlt. Im Allgemeinen lässt sich nicht läugnen, dass manche dieser Reste den gleichen Theilen der Proteaceen ähnlich sind, dies genügt aber zur Entscheidung der Frage, ob die Proteaceen in der Tertiärperiode Bewohner Europa's waren, noch nicht. Man wird zugeben müssen, dass die zu den Proteaceen gezogenen jugendlichen Früchte auch von einer anderen Familie mit oberständigem Fruchtknoten von ähnlicher Form stammen können. Das Gleiche gilt für die wenigen Früchte, bei welchen es sich noch frägt, ob ihnen dieser Charakter nicht willkürlich beigelegt ist und noch mehr für die Samen, welche in ähnlicher Weise bei den Coniferen, Bignoniaceen, Cedrelaceen vorkommen, aber auch Früchte von Malpighiaceen, an welche ohnedies manche erinnern, sein können. In jenen Fällen, in welchen die Samenflügel der recenten Proteaceen ein Adernetz zeigen, ist dies durch die starke Verdickung der Seitenwände ihrer Zellen veranlasst. Da wo man die Structur der Samen untersuchen kann, würde diese über die Herkunft wohl Aufschluss geben. Einmal durch das eben erwähnte Structurverhältniss, durch das Fehlen der Leitbündel, welche die Malpighiaceen besitzen, durch die dickwandigen getüpfelten und harzführenden Zellen, welche bei den Coniferen vorkommen. Wenn man also diese Reste, welche doch den aus den Blättern gezogenen Resultaten eine Stütze sein sollten, näher prüft, so erhöhen sie die Sicherheit der Bestimmung dieser keineswegs. Wie meist immer besteht der grösste Theil der fossilen Reste aus Blättern, welche entweder zu recenten Gattungen, wie *Lomatia, Hakea, Persoonia, Grevillea, Stenocarpus* gezogen oder mit ihnen verglichen sind, wie *Embotrithes, Knightites, Banksites* oder sie haben, als Zwischenstufe zwischen Myricaceen- und Proteaceenblättern betrachtet, die Bezeichnung *Myricophyllum* von Saporta erhalten, während andere von demselben Autor als *Palaeodendron* bezeichnet werden. Diese letzteren, gestielte, längliche, länglich-lanzettliche, ganzrandige, schmale Blätter mit unter spitzem Winkel austretenden steil aufsteigenden Secundärleitbündeln, deren Felder ein Netz kleiner Maschen einschliessen, verwandt mit den ganzrandigen Blattformen von *Protea, Leucadendron, Hakea, Grevillea. Myricophyllum* umfasst ähnliche, jedoch gezähnte Blattformen, die Secundärleitbündel ziemlich gerade verlaufend, wenig gekrümmt, ihre Felder mit zahlreichen kleinen Maschen, beide im südfranzösischen Tertiär sehr häufig. Die letzteren haben mit den Blättern der Myricaceen viel Uebereinstimmendes, indess fehlt es auch nicht an anderen Familien, mit welchen sie verglichen werden können, die ersteren gehören zu Blattformen, welche sich auf eine Reihe von Familien beziehen lassen, wobei ich bezweifeln möchte, dass die vergrösserte Abbildung des Leitbündelverlaufes genau ist. Ich kann darin irren, nach meinen Erfahrungen jedoch verhalten sich Blätter mit einem Leitbündelverlauf, wie ihn die Abbildung in natürlicher Grösse darstellt, anders, als dies in der vergrösserten Abbildung dargestellt wird. An sich wäre der Name *Myricophyllum* für *Myrica* ähnliche Blätter in dem Sinne, wie ihn Conwentz gebraucht hat, ganz passend, *Palaeodendron* eine Bezeichnung, welche sich für Stämme unsicherer Abstammung verwerthen liesse.

Eine dritte Gruppe von zu den Proteaceen gezählten Blättern ist von Unger, Heer und Schimper hierher gestellt: *Dryandroides* Unger (Fig. 354[4]), kurz gestielte Blätter mit eingeschnittenem Rande, sehr starkem Mittelleitbündel, Secundärleitbündel horizontal verlaufend, »die Felder entweder durchaus oder nur an der Spitze dictyodrom«. Es sind durchgängig Blätter von unzureichender Erhaltung, welche wohl ebenfalls wie die bereits ausgeschiedenen zu den Myricaceen gehören. Von Schimper wird dann ferner *Dryandra Schrankii* Heer (Fig. 354[2]), das schon von Sternberg als *Aspleniopteris Schrankii* beschriebene Blatt, als Proteaceenblatt betrachtet. Von mir ist es als Vorläufer der *Myrica* (*Comptonia*) *asplenifolia* Rich. (Fig. 354[1]) bei den Myricaceen erwähnt, einer jener Reste, wie sie von mir schon wiederholt hervorgehoben worden sind. Die zweite hierher gezogene Art, *D. Thesei* Unger von Kumi, ist schwerlich davon zu trennen, was von Unger Behaarung genannt wird, ist wahrscheinlich nichts als die oft vorkommende rauhe Oberfläche des Kohlenbelags. Dass »nervi secundarii obsoleti« kein diagnostisches Merkmal sind, ist selbstverständlich.

Dass uns die als Fruchtknoten, Früchte und Samen (vgl. Fig. 354. 355) beschriebenen Reste der Proteaceen keine Sicherheit für die Existenz dieser Familie im Tertiär geben, habe ich oben auseinandergesetzt. Von einer bestimmten Ansicht ausgehend, hat man diese Reste den Proteaceen beigesellt und in ihrem

Aussehen den Beweis für deren Existenz im Tertiär gefunden. Es frägt sich nun, ob die dahin gezogenen Blätter einen solchen liefern. Was bei recenten Blättern auf die Proteaceen führen kann, die Untersuchung der Blattstructur, die lederartige Textur geht bei fossilen Blättern entweder verloren oder es kommt auch jenen anderer Familien zu, von welchen ich nur *Quercus*, *Aquifoliaceen* nennen will. Andererseits ist der Leitbündelverlauf in dieser Familie in den einzelnen Gattungen verschieden, und wie der Bau der Epidermis die Sichtbarkeit des Leitbündelverlaufes bei den recenten Formen stört oder verhindert, so ist dies nicht allein bei den Proteaceen der Fall, sondern auch bei anderen Familien mit demselben Baue und für fossile Blätter nicht zu verwerthen, da bei ihnen auch andere Ursachen den Leitbündelverlauf verdecken können. Ebenso wenig ist der starke Mittelleitbündel, sein Vorragen über die Blattfläche charakteristisch. Es ist daher Heer auch nicht im Stande gewesen, von den Blättern der Proteaceen in seiner Tertiärflora der Schweiz eine brauchbare Diagnose zu geben, bei den Gattungen beschränkt er sich auf *Protea*, während Schimper nach dem Verhalten bei den recenten Formen sie von allen Gattungen gibt, meist verbunden mit jener der Blüthen und Früchte, wovon bei den fossilen Formen keine Rede sein kann. Da von ihm der Leitbündelverlauf nach den Blättern der recenten Arten angegeben ist, so fehlt es nicht an Widersprüchen bei der Charakteristik der fossilen Arten. Ich erwähne den Leitbündelverlauf der einzelnen recenten Gattungen, bei welchem nicht selten eine bestimmte Beziehung zur Blattform hervortritt. Bei *Hakea* ist nur ein Mittelleitbündel vorhanden bei cylindrischer Blattform oder bei den in gleicher Weise gefiederten Blättern, auch bei sehr schmalen linearen flachen Blättern, die Zahl der Leitbündel nimmt mit der Breite des Blattes zu, drei, fünf, sieben parallele Leitbündel durchziehen strahlig das Blatt, deren Verzweigungen nicht selten durch die Entwickelung der Epidermis verdeckt sind. Bei dünneren verbinden sie die Primärleitbündel durch schief aufsteigende, dabei gerade, gebogene oder geknickte Anastomosen quadratische Felder bildend, aus dem mittleren gefiederte Secundärleitbündel, welche längliche mit diesem parallele Felder bilden. Neben diesem kommt dann auch der sog. acrodome Leitbündelverlauf vor, die beiden seitlichen Primärleitbündel entspringen unter sehr spitzem Winkel über der Blattbasis. Ferner findet sich der bogenläufige Verlauf, die Primärleitbündel nach der Blattspitze convergirend, die Secundärleitbündel der mittleren primären fiederförmig, die der seitlichen anastomosirend, längs des Randes ein Maschennetz; sodann der strahlige, die Primärbündel mit gabeligen und fiederförmigen Verzweigungen, die letzteren als Anastomosen, der als fächerförmiger Leitbündelverlauf bezeichnete, eine Modification des vorausgehenden, endlich der gefiederte, mit alternirenden camptodromen Secundärleitbündeln, zuweilen in den strahligen übergehend. Alle Mittel- und Primärleitbündel sind nach der Spitze dünner, die Secundärleitbündel geben ihnen, wenn sie sichtbar, an Stärke wenig nach. Gestielte Blätter, wie es scheint, fehlend, jedenfalls die Mehrzahl an der Basis stielartig verschmälert. Bemerkt sei, dass unter den Akazien des nördlichen Mexiko eine Art (*A. crassifolia* A. Gr.) vorkömmt, deren Fiederblätter täuschend den Blättern einer *Hakea* ähnlich sehen. Bei *Lomatia* die nicht gefiederten Blätter mit nach der Blattspitze hin sich verdünnendem Mittelleitbündel, die gabelnden Secundärleitbündel sämmtlich camptodrom. Dadurch entstehen mit dem Mittelleitbündel parallele längliche Felder, welche in die Zähne Aeste abgeben und durch weitere Verzweigungen in polygonale Maschen zerfallen. Bei den gefiederten Blättern die Abschnitte fiedernervig, die Secundärleitbündel craspedodrom, durch die Verzweigungen zahlreiche polygonale Maschen. Bei den chilenischen Arten der Leitbündelverlauf gefiedert, die Secundärleitbündel durch Gabeltheilung camptodrom, Randnetz mit grossen Maschen, die Felder sämmtlich mit polygonalen Maschen. *Embothrium* hat gleichfalls fiederförmigen Leitbündelverlauf, die Camptodromie entsteht durch die letzten Tertiärleitbündel. Bei *Embothrium coccineum* Pöppig! die Unterfläche mit kleinen Höckern bedeckt.

Bei *Grevillea* der Leitbündelverlauf gefiedert mit schiefverlaufenden Secundärleitbündeln bei linearen Blättern, z. B. *G. linearis*, bei eiförmigen Blättern, wie *G. myrtifolia*, gefiedert mit gegen die Spitze convergirenden Leitbündeln, bei *G. laurina* die Secundärleitbündel unter nahezu rechtem Winkel austretend, durch Gabeltheilung camptodrom. Bei den vorher genannten die Camptodromie durch die Tertiärleitbündel. Bei solchen Arten wie *G. juniperina, G. aciphylla* ist nur ein Leitbündel vorhanden, wie auch an linearen Abschnitten der Arten mit gefiederten Blättern. Sind die Abschnitte breiter, so sind die Secundärleitbündel craspedodrom. Auch bei *Dryandra* ist der Leitbündelverlauf wechselnd. Bei einem Theile der fiederförmig eingeschnittenen Blätter ist nur ein Mittelleitbündel sichtbar, ebenso bei den linearen mit gezähnter Spitze, bei anderen Arten treten in den Abschnitt drei Leitbündel ein, bei buchtig gezähnten Blättern ist der Leitbündelverlauf gefiedert, ein Theil der Secundärleitbündel ist craspedodrom, andere enden in den Zahnbuchten gabelig. Die Tertiärleitbündel sind überall zu einem mehr oder weniger vortretenden Netz von Verzweigungen verbunden. Den wechselnden Blattformen von *Banksia* entsprechend wechselt auch ihr Leitbündelverlauf. Einnervig sind die Blätter bei den längeren oder kürzeren Blättern von *B. ericifolia*, *B. Meissneri*, *B. spinulosa, B. sphaerocarpa*; wird die Blattfläche breiter, so sendet der beinahe bis zur Spitze gleich starke Leitbündel unter beinahe rechtem Winkel secundäre camptodrome Leitbündel aus, welche, wenn wie bei *B. marginata,* die Blätter auch Zähne besitzen, Aeste in die Zähne senden. Dieser Verlauf der Secundärleitbündel bleibt der gleiche auch bei der Zunahme der Breite und der Zähnung der Blätter mit der Modification, dass der Austrittswinkel bis zu 20° steigen kann, und bei der Stärke der Behaarung die Sichtbarkeit der secundären Leitbündel und ihrer Verzweigungen dem Wechsel unterliegt. Als Beispiele erwähne ich *B. australis, B. oblongifolia, B. integrifolia.* Am klarsten ist dieser Leitbündelverlauf bei *B. latifolia* R. Br.!, deren Tertiärnerven das enge polygonale Maschennetz einschliessen, während *B. ilicifola* R. Br.! wie die übrigen Arten dieses Netz zwischen den Secundärleitbündeln führt. Bei Arten wie *B. dryandroides* Baxter, *B. aemula* R. Br.!, deren Blätter jenen von *Dryandra* ähnlich sind, ist der Leitbündelverlauf insoferne ein anderer, als in jedem Abschnitt drei Secundärleitbündel eintreten, deren seitliche in dem engmaschigen Netz der Tertiärleitbündel, der mittlere in dem Zahne enden, in dem Winkel zwischen zwei Blatteinschnitten ebenfalls ein Secundärleitbündel endet. Bei allen von mir gesehenen Arten ist die Blattspitze gestutzt, häufig ragt der Mittelleitbündel über dieselbe hinaus. Jenen, welchen ein grösseres Herbarium nicht zu Gebote steht, sind Ettingshausens Blattskelette der Apetalen zu empfehlen. Im Allgemeinen sei bemerkt, dass eine Reihe von Blättern recenter Proteaceen bei dem gefiederten Leitbündelverlauf mit Myrtaceenblättern Aehnlichkeit hat; die Secundärleitbündel unter sich camptodrom verbunden, die dadurch entstehenden Felder je nach dem Verlauf der Secundärleitbündel, nach der Zahl und Entfernung verschieden gerichtet und begrenzt.

Bei der Mannigfaltigkeit der Blattformen von *Persoonia* ist der Leitbündelverlauf ebenfalls wechselnd. Bei den Arten mit kurzen linearen Blättern, *P. acida* Sieb., ist nur ein Mittelleitbündel verhanden, ebenso bei den cylindrischen, bei sehr langen linearen drei parallele, welche übrigens auch bei kürzeren und breiteren vorkommen, bei Arten mit lanzettlichen Blättern, z. B. *P. salicina* Pers., sind drei parallele gegen die Spitze convergirende Leitbündel vorhanden, deren mittelster seine Secundärleitbündel mit den seitlichen verbindet, sodann der gefiederte, z. B. *ferruginea* Sm.; dessen Secundärleitbündel durch Gabeltheilung camptodrom, die Felder durch die Verzweigungen mit länglichen Maschen ausgefüllt. Bei einer nicht geringen Anzahl von Arten ist der Leitbündelverlauf in Folge der geringen Stärke der Bündel und des Baues der Epidermis nicht sichtbar. Wie bei *Hakea* sind auch hier Randleisten nichts Ungewöhnliches. Friederich gegenüber bemerke ich, dass wie bei anderen Proteaceengattungen bei *Persoonia* ebenfalls ein mucro an der Blattspitze vorhanden ist. Nicht allein aus diesem Grunde ist er nicht charakteristisch für diese Gattung, sondern auch desshalb nicht, weil er bei einzelnen Arten fehlt. Bei einem Theile der *Protea*-Arten, z. B. *P. acaulis* Thbg., ist der Leitbündelverlauf fiederförmig, die Secundärleitbündel camptodrom durch Gabeltheilung, dagegen strahlig, *Cyclopteris* ähnlich, bei *P. adiantoides*, *P. cordata* Thbg. Bei allen von mir verglichenen Arten bilden die aus den Secundärleitbündeln entspringenden Verzweigungen in den Feldern längliche Maschen. Auch bei dieser Gattung steht der Verlauf der Secundärleitbündel in Beziehung zur Breite der Blätter. Bei den breit linearen Blattformen, wie z. B. *P. longifolia*, *mellifera* treten die Secundärleitbündel unter einem sehr spitzen Winkel von 70—90° aus, um steil aufrecht zu verlaufen, bei *P. acaulis* Thbg., *P. cynaroides* Thbg. unter einem Winkel von 50—60°, um im Bogen nach dem Rande und aufwärts zu verlaufen. Bei den letzteren ist immer ein aus den Camptodromieen entspringendes Randnetz vorhanden, welches den ersteren fehlt oder doch nur wenig entwickelt ist.

Was nun die fossilen Blätter betrifft, so wird von *Protea* aus dem Tertiär der Schweiz *P. lingulata* Heer (Fig. 354 [5]), aus dem Tertiär von Bonn *P. linguaefolia* O. Weber, aus dem Tertiär Böhmens *P. bilinica* Ettingsh. angegeben. Die

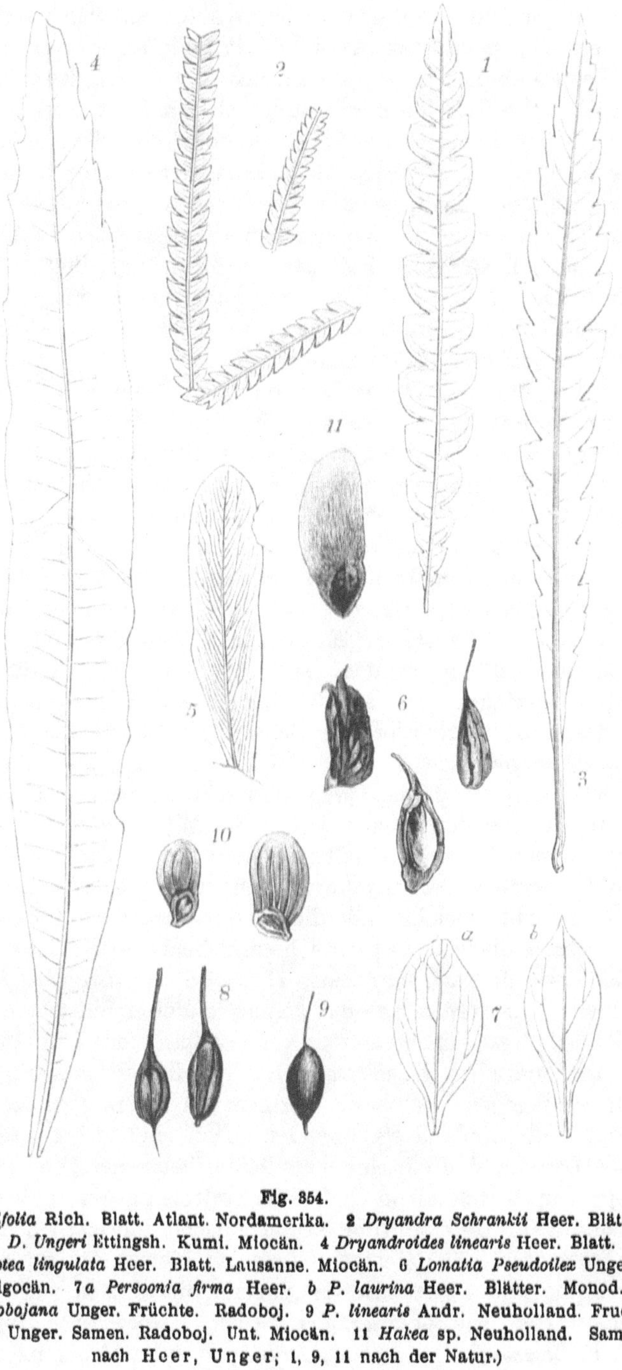

Fig. 354.
1 *Myrica asplenifolia* Rich. Blatt. Atlant. Nordamerika. 2 *Dryandra Schrankii* Heer. Blätter. Wäggis. Ob. Oligocän. 3 *D. Ungeri* Ettingsh. Kumi. Miocän. 4 *Dryandroides linearis* Heer. Blatt. Monod. Ob. Oligocän. 5 *Protea lingulata* Heer. Blatt. Lausanne. Miocän. 6 *Lomatia Pseudoilex* Unger. Früchte. Sotzka. Ob. Oligocän. 7*a Persoonia firma* Heer. *b P. laurina* Heer. Blätter. Monod. Oeningen. 8 *Persoonia radobojana* Unger. Früchte. Radoboj. 9 *P. linearis* Andr. Neuholland. Frucht. 10 *Embothrites borealis* Unger. Samen. Radoboj. Unt. Miocän. 11 *Hakea* sp. Neuholland. Same. (Copieen nach Heer, Unger; 1, 9, 11 nach der Natur.)

erstere hat hinsichtlich ihrer Blattform wie ihres Leitbündelverlaufes eine nur sehr entfernte Aehnlichkeit mit jenen recenten Arten, mit welchen sie verglichen wird, die letztere, welche ebenfalls mit *P. mellifera* verglichen wird, hat damit gar keine Aehnlickeit, *P. bilinica* hat zwar im Umriss mit dem Blatte der *P. acaulis* Aehnlichkeit, der Leitbündelverlauf ist aber gänzlich verschieden. Auf die immerhin entfernte Aehnlichkeit der beiden aus dem Tertiär der Schweiz und Böhmens die Existenz der Gattung in dieser Periode anzunehmen, halte ich doch, so nahe diese Annahme des Vorkommens dieser Gattung im Tertiär durch das Vorkommen recenter Arten in Abessinien gerückt ist, nicht für zulässig. Für das unvollständige Blatt von *Anadenia lignitum* Ettingsh. aus der gleichen Flora kann ich ebenfalls keine andere Ansicht gewinnen. Das von Ettingshausen abgebildete Blatt kann auch der Gattung *Quercus* oder *Ilex* angehören.

Einen Theil der mit *Persoonia* vereinigten Reste habe ich bereits erwähnt. Unter den mit dieser Gattung vereinigten Blättern hat zwar der Umriss der Blätter von *P. Daphnes* und *P. Myrtillus* Ettingsh. von Häring Aehnlichkeit, der Leitbündelverlauf ist jedoch nur so weit erhalten, dass er sich als gefiedert erweist. Mit welchem Rechte dann die gleichnamigen Blätter von Sagor und Sotzka damit vereinigt werden, ist schwer zu sagen. Die beiden von Heer aus dem Tertiär der Schweiz abgebildeten Arten (*P. laurina* und *P. firma* Fig. 354[7]), ferner *P. parvifolia* Fried. von Eisleben kann ich ebenfalls nicht als beweisend ansehen. Es ist der Leitbündelverlauf zwar strahlig, die Form ähnlich, allein ist nicht bei einer Reihe von Gattungen beides vorhanden? ich erinnere nur an die Lauraceen. Ueberdies bezweifle ich sehr, dass das in der Tertiärflora der Schweiz II. Tab. 97 Fig. 25 abgebildete Blatt identisch ist mit den an dem gleichen Orte Fig. 26—28 abgebildeten Blättern. Unter den mit *Hakea* vereinigten Blättern werden *H. exulata* Heer, *H. Gaudini* Heer, drei Blattfragmente aus der Mitte und dem oberen Theile des Blattes mit unvollständig erhaltenem Leitbündelverlauf, welche ganz gut identisch sein und *Quercus* angehören können, *H. salicina* ein unbrauchbares Blatt erwähnt, welches überdies verschiedenen Gattungen angereiht worden ist. Auch die von Saporta beschriebenen Arten aus dem französischen Tertiär, wie *H. mahoniaeformis, H. ilicina, H. discerpta, H. obscurata,* sind entweder zu unvollständig oder können anderen Gattungen angehören, nur *H. redux* Sap. liesse sich, wenn man von der Stärke der Leitbündel absieht, mit der neuholländischen *H. cinerea* R. Br. mit drei gleich starken parallelen Leitbündeln vergleichen. Auch die übrigen von Haering, Bilin, Wien, aus der Wetterau und Grönland stammenden Arten sind nichts weniger als beweisend. Zu *Lomatia* sind einzelne ungetheilte Blätter gezogen, nach welchen diese Gruppe der Gattung allein im Tertiär vertreten gewesen wäre. Ettingshausen konnte zur Unterstützung seiner Ansicht hinsichtlich des Vorkommens der Proteaceen keine weniger passenden Blätter wählen, als *L. reticulata* von Haering und *L. oceanica* von Sagor. Die übrigen von den Autoren beschriebenen Arten, wie *L. latior, firma* Heer, *L. Swantevitii* Ung., P. *euboea* von Kumi, P. *limonensis* Gaud. von Limone, P. *tusca* Gaud. haben wahrlich wenig an Proteaceen Erinnerndes, mit gleichem Rechte kann ich sie verschiedenen Familien zuzählen. Speciell sei hinsichtlich der aus dem baltischen Oligocän von Heer angegebenen Proteaceen bemerkt, dass alle diese Bestimmungen durchaus willkürlich sind, die Blätter entweder wie die *Banksia*-Arten überhaupt nicht bestimmt werden können, die *Lomatien* ebenso gut Myrtaceenblätter oder jene sein können, welche man *Apocynophyllum* und *Acerates* genannt hat.

Betrachtet man die Angaben der Palaeontologen als massgebend für das Verhalten der Gattung *Grevillea* in der Tertiärzeit, so würde vor allem das südfranzösische Tertiär in der Oligocänzeit sich durch seinen Reichthum an Arten ausgezeichnet, im Miocän dagegen würden nur wenige Arten mehr existirt haben. Was die von Saporta aufgestellten Arten von Aix betrifft, so scheinen mir die meisten derselben nur Blattformen einer einzigen Art zu sein, andererseits ist weder der Leitbündelverlauf, noch die Blattform der Art, dass beide, welche allerdings *Grevillea* ähnlich sind, nothwendig und allein für diese Gattung sprächen. Kommt nicht bei anderen Familien das Gleiche vor? Die zahlreichen von Unger aus dem Tertiär von Kumi abgebildeten Blattformen von *G. kymeana* sind ohne Zweifel ganz zweckmässig zu einer Art vereinigt, gehören sie aber in Rücksicht auf ihre Blattbasis unbedingt der Gattung an? Wie will man ferner beweisen, dass *G. lancifolia* Heer von Monod, *G. grandis* Ettingsh. von Kutschlin hieher gehören, die letztere hat nur Spuren von Secundärleitbündeln, der Leitbündelverlauf der ersteren ist doch wahrlich keine Seltenheit. *Grevillea haeringiana* Ettingsh. sind sehr schmale lineare Blätter mit einem Mittelleitbündel, welche Heer in einigen Blättern von Ralligen wieder zu erkennen glaubt. Ob dies der Fall ist, ob sie von Proteaceen stammen, dafür liegt in den Resten kein Anhaltspunkt. Den länger bekannten Arten der Gattung *Dryandra* (*D. Schrankii* Fig. 354^2, 355^{13-15}, *D. Thesei* Ung., *D. Ungeri* Fig. 354^3) fügt Friederich in seinen Beiträgen zur Tertiärflora der Provinz Sachsen noch eine neue von Eisleben und Dörstewitz stammende hinzu: *D. saxonica*, dem Beispiele Schimper's und Heer's folgend, welche *D. Schrankii* bei den Proteaceen belassen. Der Verfasser bezweifelt a priori das Vorkommen der Proteaceen im Tertiär Europa's überhaupt nicht und nimmt desshalb auch die Existenz dieser Gattung daselbst an, er hat nur die Frage untersucht, ob die hieher gezogenen Blattreste den Proteaceen oder Myricaceen angehören. Meiner Ansicht nach sind unter der üblichen Bezeichnung Blattformen verschiedener Herkunft vereinigt, welche zu trennen sind, worüber jedoch nur die Originale entscheiden können. Die von den späteren Autoren nicht berücksichtigte *D. primaeva* Ettingsh. von Comen bei Triest (Kreide) ist ein Farn. Wenn sie nun auch zum Theile der Form nach den Blättern mancher *Dryandra*-Arten nahe stehen, so ist doch im Verlaufe der Leitbündel ein Unterschied, welcher sie von ihnen trennt. *D. saxonica* ist eine auf Blattfragmente gegründete Art, welche von *D. acutiloba* Ettingsh. kaum verschieden ist, deren Leitbündelverlauf mit *Dryandra* nicht übereinstimmt. Auch Vertreter der Gattung *Banksia* sind aus dem Tertiär beschrieben, neben Blättern auch Samen. Ich habe schon im Vorausgehenden darauf hingewiesen, dass die tertiären Proteaceen-Samen nicht ausser Frage sind. Dies gilt denn auch für *Banksia*, von welcher Ettingshausen Samen von *B. longifolia* Ettingsh. und *B. haeringiana* Ettingsh. abbildet; erstere zugleich eine der verbreitetsten Arten, von anderen zu *Myrica* gestellt. Samen, wie sie von ihm in Fig. 18 Taf. 3 der Beitr. zur Tertiärflora von Steiermark abgebildet werden, sind auch als *Embothrites* (vgl. Fig. 354. 355) bezeichnet, den a. a. O. mit *B. haeringiana* bezeichneten halte ich für einen Kiefernsamen. Bei dieser Gelegenheit bemerke ich, dass, wenn man von der derben, lederartigen Textur der Blätter von *Banksia* und anderen Proteaceen spricht, die von Haering stammenden Blätter diese Eigenschaft nur in geringem Grade besitzen, diese demnach bei ihnen nicht zu verwerthen ist. Von den auf Blätter gegründeten Arten sei zuerst *B. longifolia* Ettingsh. von Haering (Fig. 355[9]) erwähnt, von Schimper und Unger zu *Myrica* gestellt. Dass die schlecht erhaltenen Exemplare von Haering wie jene der Schweiz nichts für die Stellung der Blätter beweisen, liegt auf der Hand, ebenso dass es eine kaum zu entscheidende Frage ist, ob alle hierher gezogenen Fundorte auf die gleichen Reste sich beziehen, denn ausser dem Umriss bieten die Blätter von Haering keinen Anhalt. Durchaus zweifelhafte Blattreste sind die aus dem Tertiär der Schweiz von Heer beschriebenen Arten (*B. helvetica, B. Gräffiana, Deickieana, valdensis* etc.), welche bei ihrer Erhaltung für die nähere Bestimmung keinen Anhalt gewähren, ihrem Umriss zufolge sehr verschiedenen Familien angehören können. Erklärt man sie für solche von *Banksia*, so ist dies willkürlich, ebenso aber auch, wenn man sie zu einer anderen Familie stellt. Ganz dasselbe muss von den von Ettingshausen von Haering beschriebenen Arten, wie *B. haeringiana, Ungeri* (Fig. 355[11 12]), *B. dillenioides* etc., gesagt werden, abgesehen davon, ob die unter den einzelnen Namen zusammengefassten Blätter auch zusammengehören. Dass ich nach dem Vorstehenden auf die von Heer aus dem Tertiär der Schweiz beschriebenen Reste ebenfalls kein Gewicht lege, brauche ich nicht zu bemerken. Blätter dieser Erhaltung, von welchen *Banksia Morloti* Heer auch von Rixhöft abgebildet ist, für Heer desshalb ohne Zweifel, weil beide der Blattspitze angehörigen Fragmente eine abgerundete Spitze haben, eine Erscheinung, welche bei zahlreichen Gattungen vorkommt, lassen sich überhaupt nicht genau bestimmen und braucht man nur die Stärke der Secundärleitbündel mit jener der recenten Arten zu vergleichen, um sich zu überzeugen, dass von *Banksia* nicht die Rede sein kann. Als die älteste Form der Gattung betrachtet Ettingshausen ein von Niederschöna in Sachsen stammendes Blatt, welches ich wie die übrigen von Niederschöna durch ihn beschriebenen Reste in Berlin gesehen habe. Das Blatt ist nicht weniger fraglich, wie die oben genannten und die von dorther stammenden Proteaceenblätter, wie denn überhaupt die Reste dieses Fundortes sich nicht durch gute Erhaltung auszeichnen. Von Friederich a. a. O. p. 175 tab. 21 Fig. 1—3 als *Stenocarpus salignoides* aus dem unteren Oligocän von Eisleben beschriebene Blätter werden vom Verfasser auch mit den Blättern von *Clematis integrifolia* verglichen, dennoch aber, weil die Existenz von Proteaceenblättern unzweifelhaft ist, mit *Stenocarpus* vereinigt. Blätter lederartig, breit elliptisch, gegen die Basis und Spitze verschmälert, ganzrandig, mit drei bis fünf parallelen primären Leitbündeln, secundäre schief verlaufend, mit den seitlichen verbunden, die äussersten durch Tertiärleitbündel camptodrom. Verglichen wird sie mit der fossilen *H. plurinervia* Ettingsh. und *H. Germari* Ettingsh., welche letztere von Heer auch von Bornstedt angegeben wird. Ich finde, dass sie der ersteren sehr nahe steht, vielleicht mit ihr zusammen fällt, mit der letzteren wenig gemein hat. Was spricht hier für *Hakea*, was für *Stenocarpus?* Ist dieser Leitbündelverlauf nicht bei anderen Familien auch vorhanden? Aus dem Bernstein sind ebenfalls Proteaceenreste beschrieben, leider nur Blattreste, was ich um so mehr beklage, als durch die Untersuchungen von Conwentz werthvolle und sichere Aufschlüsse für die Tertiärflora gegeben sind. Schon Göppert hatte aus dem Bernstein des Samlandes den oberen Theil eines lang zugespitzten Blattes mit gezähntem Rande, schief aufrecht verlaufenden unter spitzem Winkel austretenden Secundärleitbündeln zuerst als *Quercus*, später als *Hakea* beschrieben. Conwentz bemerkt mit Recht, dass dasselbe Aehnlichkeit mit Blättern von *Lomatia longifolia* habe und nennt es desshalb *Lomatites Berendtiana.* Auch darin stimme ich Conwentz bei, die Stellung des Blattes als fraglich anzusehen, wenn auch dasselbe dem als *Lomatites aquensis* Sap. beschriebenen Blatte verwandt ist. Von Caspary sind noch drei andere angebliche Proteaceen beschrieben: *Proteacites bipinnatifidus*, *Persoonia subrigida, Dryandra Duisburgi*, über welche sich nach den Beschreibungen nichts sagen lässt. Die früher erwähnten Blätter, wie *Leucospermites*, *Knightites*, *Lomatites*, *Banksites*, *Palaeodendron*, *Dryandroides*, beinahe alle dem Oligocän des südlichen Frankreichs angehörend, enthalten eine Anzahl von Formen, welche zum Theile durch ihren Umriss an Proteaceenblätter erinnern, in ihrem Leitbündelverlauf indess oft wenig oder nichts Gemeinsames mit ihnen haben. Nicht wenige von ihnen lassen sich auf andere Familien beziehen, selbst auf Gattungen, z. B. *Quercus.* Es fehlt uns an jeglicher Grundlage, ihnen einen bestimmten Platz anzuweisen. Unter der Bezeichnung *Proteoides* sind von Heer zuerst, später von Lesquereux aus der Kreide Nordamerika's, Grönlands Blätter beschrieben und zu den Proteaceen gestellt worden, welche durchgehends unzureichend erhalten, ausser der Blattform den Mittelleitbündel und Spuren secundärer Leitbündel zeigen. Die ersten beschrieb Heer aus der Kreide von Nebraska (Capellini et Heer, Phyllites de Nebraska), Blattfragmente (*P. acuta*, *P. grevillieaeformis*, *P. daphnoides*), ohne irgend etwas Charakteristisches, mit verschmälerter Basis und Spitze. Die von Heer beschriebenen und a. a. O. tab. 4 Fig. 7—11 abgebildeten Arten stammen vom Big Sioux River bei Sioux-City, jene von Lesquereux von Fort Kansas (Cretac. Flora. Washington, 1874). Die von ihm abgebildeten Exemplare sind ebenso unvollständig, wie die ersteren und haben wir gar keinen Anhaltspunkt, welcher uns über ihre Stellung Aufschluss geben könnte. Werden sie zu den Proteaceen gestellt, so ist dies ebenso willkürlich, wie ihre Einordnung in eine andere Familie, welche Heer mit den grönländischen Blättern vorgenommen hat, von welchen *P. vexans* Heer

Fig. 355.

Persoonia Daphnes Ettingsh. 1 Früchte, 2 Blatt. *P. Myrtillus* Ettingsh. 3 Früchte, 4 Blatt. 5 *Grevillea haeringiana* Ettingsh. Haering. 6 *Embothrites leptospermum* Ettingsh. Samen. 7 *Hakea plurinervia* Ettingsh. 8 *H. Myrsinites* Ettingsh. 9 *Banksia longifolia* Ettingsh. Sämmtlich aus dem unt. Oligocän von Haering. 10 *B. longifolia* Fried. Eisleben. Unt. Oligocän. 11 *B. haeringiana* Ettingsh. 12 *B. Ungeri* Ettingsh. 13—15 *Dryandra Brongniarti* Ettingsh. Sämmtlich von Haering. Unt. Oligocän. 16. 17 *Proteophyllum bipinnatifidum* Fried. Eisleben. Unt. Oligocän. 18 *Comptonites antiquus* Unger Deva in Siebenbürgen. Jüngere Kreide. (Copieen nach Friederich, Ettingshausen, Unger.)

zu *Laurus plutonia, P. longus* Heer, zu *Myrica* gezogen, *P. granulatus* als Phyllites bezeichnet wird. Dieser Wechsel in der Bezeichnung der Blätter weist schon darauf hin, wie unsicher der Schöpfer dieser Gruppe über ihre Natur war und ist die geänderte Bezeichnung von keiner grösseren Bedeutung wie die frühere.

Ein interessantes Blattfragment ist das von Friederich in seinen Beiträgen zur Tertiärflora der Provinz Sachsen beschriebene *Proteophyllum bipinnatum* (S. 177 Tab. 28 Fig. 1. 2), welches er den Proteaceen anreiht (Fig. 355[16 17]). Es sind gefiederte Blätter mit sitzenden, alternirenden, sich beinahe berührenden linearen, fiederig eingeschnittenen Fiedern, zwei- bis dreizähnigen am oberen Rande etwas sichelförmigen Fiederabschnitten, Leitbündel gabelnd, je ein Gabelast in die Zähne eintretend, die Rhachis mit gleich gestalteten Fiederabschnitten besetzt. Nachdem der Verfasser die Verwandtschaft der fossilen Blätter mit einigen *Aspidium*-Arten, wie *A. lobatum, A. aculeatum, A. vestitum* hervorgehoben hat, glaubt er, weil den Farnen der Jetztwelt die »Spindelblätter« fehlen, die Ansicht, dass die Blätter den Farnen angehören, aufgeben zu müssen und stellt sie, mit *Grevillea bipinnatifida, G. acanthifolia* sie vergleichend, zu den Proteaceen, als eine »mit Spindelblättern« versehene ausgestorbene Gruppe«, an die Stelle dieser ist bei den recenten Arten, wie der Verfasser die Sache ansieht, ein breiter Flügel getreten. Der Verfasser hat zum besten seiner subjektiven Anschauung einen nichts weniger als zutreffenden Vergleich gewählt; denn die genannten *Grevillea*-Arten und ihre Verwandten (vgl. Fig. 353) stehen durch ihre Blattform wie durch den Verlauf der Leitbündel den fossilen Blättern so ferne wie möglich. Meiner Ansicht nach sind diese Blattreste unzweifelhafte Farnblätter, da sie aber steril sind, so lässt sich über die Gattung, welcher sie angehören, nichts sagen. Man kann sie mit dem vom Verfasser gegebenen Namen bezeichnen oder sie als *Aspidium* angehörig betrachten, unter welcher Bezeichnung ohnedies eine Anzahl unvollständig bekannter Farne des Tertiär beschrieben ist. Weiter bezieht sich der Verfasser auf den von Hauer in seiner Geologie Oesterreichs abgebildeten *Comptonites antiquus* Nilsson (Fig. 355[18]), welchen dieser in seiner Lethaea suecica tab. 34 fig. 7 aus der Kreide von Schonen abbildet. Diese Abbildung ist ein ganz unzureichendes Fragment, über dessen Beziehung zu der Tertiär- oder Kreidepflanze sich nichts weiter sagen lässt, als dass die Identität mit der Kreidepflanze Siebenbürgens möglich ist. Da die Abbildung überdies ziemlich roh ist, so ist selbst dies vielleicht ohne Ansicht des Originales zu viel gesagt. Die Pflanze von Deva dagegen hat mit der Tertiärpflanze nichts zu thun. Friederich hat die wichtigste, allerdings restaurirte Abbildung derselben, jene von Unger in den Sitzungsb. der Akad. zu Wien, Bd. 51 »über einige Kreidepflanzen aus Siebenbürgen« nicht erwähnt. Dass Unger die von Stur abgebildeten bei Deva gefundenen Reste untersucht und sie für seine Restauration benutzte, beweisen das Citat von Stur's Abhandlung aus dem Jahrbuch der k. k. geologischen Reichsanstalt 1863 »über die geognostische Uebersichtsaufnahme des südwestlichen Siebenbürgens« und seine eigenen Worte. Die siebenbürgische Pflanze kommt auch bei Niederschöna in der Nähe von Freiberg vor und habe ich sie von dort in der palaeontologischen Sammlung zu Berlin gesehen. Es ist ein ebenfalls steriles gefiedertes Blatt mit alternirenden entfernt stehenden fiederschnittigen zugespitzten Fiedern, die Abschnitte spitz, ganzrandig, der obere Rand schwach sichelförmig, die Rhachis mit gleich gestalteten Fiederabschnitten besetzt, zwei bis drei Leitbündel in die Fiederabschnitte eintretend. Nach der Stärke der Rhachis muss man bei beiden Resten auf eine Fieder höherer Ordnung schliessen, namentlich zeichnet sich die Kreidepflanze durch den geringen Durchmesser derselben aus, sie kann nicht wohl eine solche erster Ordnung sein und wenn, so muss sie der Spitze des Blattes angehören. Unger glaubt, dass der Rest den Proteaceen angehöre, ohne jedoch ein Analogon unter den recenten nachweisen zu können. Ein weiterer Vergleich mit *Myrica asplenifolia* und einigen *Pteris*-Arten genügen ihm ebenfalls nicht, er lässt desshalb die Nilsson'sche Bezeichnung bestehen, ohne schliesslich eine bestimmte Ansicht zu äussern. Meiner Ansicht nach haben wir es in diesem Falle gleichfalls mit einem Farnen zu thun. Einem Briefe von Prof. Prantl in Aschaffenburg entnehme ich, dass auch ihm die Zugehörigkeit dieser Blätter zu den Farnen bei weitem wahrscheinlicher ist, als zu den Dicotylen. Würde sich der Verfasser unter den fossilen wie recenten Farnen eingehender umgesehen haben, so würden ihm ausser *Odontopteris* noch andere Farne bekannt geworden sein, welche einen ähnlichen Blattbau besitzen, ganz abgesehen von den Jugendformen der Farnblätter. Meiner Ansicht nach kann weder bei dem einen noch bei dem anderen Blatte von Proteaceen die Rede sein. Proteaceenreste werden aus Neuholland von Ettingshausen nur wenige, im Ganzen drei, angeführt: *Lomatia praelongifolia, Knightia Daltoniana* und *Dryandroides Johnstonii* (Beitr. zur Kenntniss der Tertiärfl. Australiens. Wien, 1883). Von diesen ist *Knightia* ein Blattfragment, dessen Mittelleitbündel allein erhalten, meines Erachtens unbestimmbar ist, am wenigsten lässt sich die Gattung angeben, welcher es angehört hat. Das als *Dryandroides* bezeichnete Blatt könnte ein Proteaceenblatt sein, da mehrere Banksien und Dryandraarten solche dicht stehende, horizontal abgehende Secundärleitbündel besitzen. Welcher der beiden Gattungen es angehört, lässt sich nicht sagen, ebenso wenig aber auch, welchen Pflanzen *Dryandroides* (*D. linearis* Heer, Fig. 354[3]) überhaupt angehörte. Denn dass sie eine Gattung repräsentirte, welche sich in *Banksia* und *Dryandra* spaltete, dafür haben wir keinen Beweis. Das als *Lomatia* bezeichnete Blatt ist in der Abbildung nach den Anschauungen des Verfassers an der Basis ergänzt und zum Vorläufer der recenten *L. longifolia* B. Br. gemacht. So weit das Blatt erhalten ist, hat es mit dem oberen Theile des Blattes der recenten Art Aehnlichkeit, ob es aber dieser Gattung angehört oder nicht, lässt sich nicht sagen. Ueberhaupt ist das von Ettingshausen benutzte Material nicht geeignet, Aufschlüsse über die Tertiärflora Australiens zu geben. Die Kreide und Tertiärflora Nordamerika's enthalten nach Lesquereux ebenfalls Proteaceen. Ob diese der Familie angehören, halte ich nicht für entschieden. Seine *Lomatia microphylla* aus dem Tertiär von Wyoming, Greenrivergroup, hat wenig mit *Lomatia* Uebereinstimmendes, es dürfte ein Myrtaceenblatt sein, *L hakeaefolia* aus dem Tertiär von Florissant, dem oberen Theile eines Blattes angehörend, sowie die übrigen von dem gleichen Fundorte beschriebenen Arten, Fragmente tief fiedertheiliger oder gelappter Blätter haben gleichfalls wenig Verwandtes mit den Blättern dieser Gattung, auch wenn man die gefiederten Blattformen heranzieht. Es ist die Frage, ob nicht der grösste Theil derselben den Farnen angehört.

Resumirt man die für das Vorhandensein der Proteaceen im Tertiär geltend gemachten Gründe, so stützt sich diese Behauptung vorzugsweise auf die im österreichischen Tertiär vorkommenden Reste, welche zum Theile eine für jegliche Bestimmung ungeeignete Erhaltung zeigen, weiter sehen wir Blätter mit gleicher oder auch besserer Erhaltung anderer Tertiärlokalitäten in derselben Weise gedeutet, endlich Blattfragmente mit Proteaceengattungen vereinigt, welche bei richtigem Urtheil unberücksichtigt bleiben mussten. Bei einem grossen Theil der Blätter ist der Leitbündelverlauf nicht zutreffend, die Stärke der Leitbündel ist zu gering, um sie mit jenen der Proteaceen zu vergleichen. Keine der fossilen Früchte beweist, dass sie dieser Familie angehört, die Samen können ebenso gut solche von Kiefern, Tannen, Fichten und Lerchen oder Früchte von Malpighiaceen sein, nur einige wenige, wie *Embothrium salicinum* Heer, *E. borealis* Sap. können etwa wegen der Form des Samens für solche von Proteaceen gelten. Also diejenigen Reste, welche den Bestimmungen die grösste Sicherung geben würden, lassen uns im Stich, wenn wir dieselben kritisch untersuchen. Sind einzelne Samen jenen der Proteaceen ähnlich, bin ich nicht im Stande, eine Familie zu nennen, welche gleiche Samen besitzt, so ist dies für mich kein Grund, sie desshalb als solche von Proteaceen anzusehen, es ist eine Lücke meines Materials und meines Wissens. Ferner hebe ich die heutige Verbreitung der Proteaceen hervor. Sie erreichen in Abessinien ihre Nordgrenze mit der Gattung *Protea*. Wenn also irgendwo Proteaceenreste vorkommen, so ist es das südeuropäische Tertiär nach Analogie einiger anderer Gattungen, welche die gleiche Verbreitung besitzen. Gerade jenen Regionen, welche die meisten sicher zu bestimmenden Pflanzenreste geliefert haben, fehlen die Proteaceen gänzlich und mag dies zur Unterstützung des Vorausgehenden hier noch seinen Platz finden. Einer brieflichen Mittheilung Herrn Dr. Velenovsky zu Prag entnehme ich die Mittheilung, dass derselbe Blüthen von Proteaceen in der jüngeren Kreide Böhmens beobachtet hat. Näheres darüber ist abzuwarten.

19. Reihe. **Rosiflorae.**

Die Reihe enthält die Familien oder wenn man die Reihe als eine Familie (*Rosaceae*) betrachten will, die Unterfamilien der *Pomeen, Roseen, Potentilleen, Rubeen, Poterieen, Spiraeaceen, Pruneen* und *Chrysobalaneen*, aus welchen sämmtlich Reste erhalten oder angeführt sind, der Mehrzahl nach den *Pomeen, Spiraeaceen* und *Pruneen* angehörend. Die Blüthen sind durchgängig actinomorph und Zwitter, Kelche und Kronen fünfzählig, 20 Staubblätter, Fruchtblätter eines, fünf und mehr, oberständig, seltener unterständiger Fruchtknoten, Früchte entweder Kapseln, Stein- und Schliessfrüchte, oder auch Scheinfrüchte, der die Fruchtblätter tragende oder umgebende Theil der Blüthenaxe fleischig. Meist Bäume oder Sträucher, Blätter mit Nebenblättern, nicht selten gefiedert.

Ich erwähne zuerst jene Reste, welche in geringer Zahl meist nur aus den Quartärbildungen bekannt, zum Theile über die frühere Verbreitung arctisch-alpiner Formen Aufschluss geben. Zu diesen letzteren gehört aus der Gruppe der *Potentilleen Dryas octopetala* L. die Blätter aus den postglacialen Bildungen Südschwedens, von Schwerzenbach und Niederwyl in der Schweiz, von Nathorst auch in Mecklenburg in den Glacialthonen gefunden (Fig. 356[13]), sodann dieselben Theile von *D. integrifolia* Vahl (Fig. 356[12]) in dem Myacitenthon von Spitzbergen durch Heer (Flor. foss. arct. Bd. II p. 61) nachgewiesen, die erstere, wenn auch jetzt noch auf dem Kiese der Alpenflüsse weit herabsteigend, z. B. im Isar-, Inn- und Salzachthal, von ihrem heutigen Vorkommen weit entfernt, die letztere jetzt in Spitzbergen fehlend, dagegen von Grönland bis zu den weissen Bergen in New-Hampshire im atlantischen Nordamerika verbreitet, doch jetzt an genannter Lokalität fehlend und wie in Norddeutschland weit entfernt von den Orten ihres heutigen Vorkommens. Aus der gleichen Gruppe sind aus dem oberen Miocän von Neograd in Ungarn durch Stur dreizählige Blätter nachgewiesen, die einzelnen Fiederblätter eiförmig mit gezähntem Rande, als *Fragaria Haueri* (Fig. 356[9]) bezeichnet (Beitr. zur Flora der Süsswasserquarze, 1867), den Blättern dieser Gattung durchaus ähnlich, und wie ich annehme, von ihr stammend. Auch Heer beschreibt in seiner Flora foss. arctica Bd. V tab. 25 fig. 8 einen von ihm mit *Fragaria* vereinigten Rest, *F. antiqua* vom Cap Lyell auf Spitzbergen (Fig. 356[10]). Der Rest sieht allerdings dem Fruchtstande einer *Fragaria* ähnlich, aber unter allen mir bekannten Fragariafruchtständen, und sie sind es wohl alle, kenne ich keinen, welcher dem Drucke ausgesetzt, seine Form so unverändert beibehalten würde, wie man dies bei der fossilen Frucht voraussetzen müsste. Es kann dieser Rest ebenso gut ein Aggregat von Samen oder Schliessfrüchten sein. Berücksichtigt man die Bemerkung Heer's, »dass der Fruchtkelch durch Gestein verdeckt sei«, so muss man fragen, aus welchem Grunde diese beigefügt ist. Beruht sie auf Beobachtung, so wäre es unbedingt nöthig gewesen, ihn abzubilden, wenn nicht, so ist es eine ganz gleichgiltige Vermuthung. Ebenso wenig Aufschluss gibt die vergrösserte Abbildung der Schliessfrüchte oder Samen, da sie durchaus nichts Charakteristisches zeigen. Aus der Gruppe der *Rubeen* sind im Forestbed von Cromer die Steinkerne von *Rubus fruticosus* L., Blätter von *R. discolor* Weihe in den Tuffen von Montpellier, von *R. Chamaemorus* L. in den Kalktuffen Dänemarks beobachtet. Lesquereux bildet ab und beschreibt von Table Mountains, Tuolumne County, California (Report of foss. plants of the aurif. gravels deposits of the Sierra Nevada in Mem. of the Mus. of the comparative Zoology. Cambridge, 1878. Cret. and Tert. Flora. Washington, 1883) Blätter, welche er mit der in Californien und Mexiko verbreiteten Gattung *Cercocarpus* H. B. K. als *C. antiquus* vereinigt. Die Blätter sind verkehrt eiförmig, gegen die Basis verschmälert, gestielt, in der oberen Hälfte gezähnt, die untere ganzrandig, Leitbündelverlauf gefiedert, die secundären Leitbündel gerade, genähert, craspedodrom, Anastomosen gerade, zwischen ihnen ein enges Maschennetz. So weit überhaupt Blätter ein Urtheil auf eine bestimmte Gattung erlauben, entsprechen die Reste der recenten Gattung, welche demnach schon

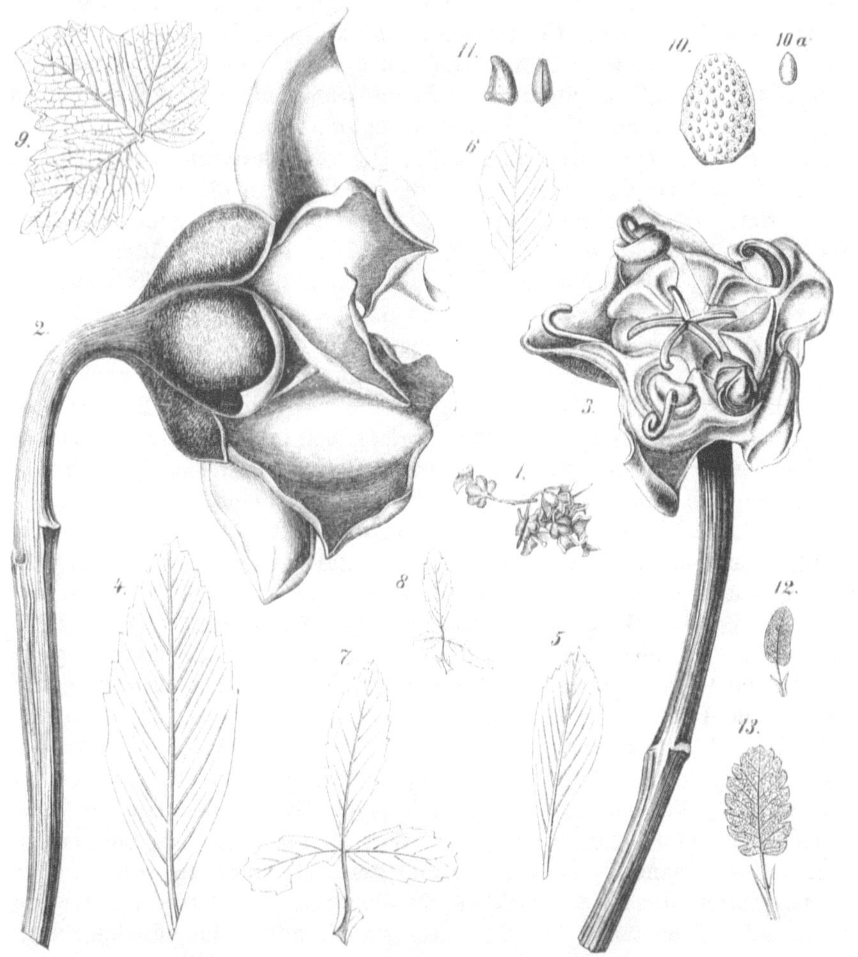

Fig. 356.
Mengea palaeogena Conw. Blüthen. 1 nat. Grösse, 2. 3 vergrössert. Bernstein. Samland. 4–6 *Cercocarpus antiquus* Lesq. Table Mountains. Toulumne County. California. 7–8 *Rosa Hilliae* Lesq. Florissant. Tertiär. 9 *Fragaria Haueri* Stur. Ob Miocän. 10 *F. antiqua* Heer. Cap Lyell Spitzbergen. 10*a* Frucht vergr. 11 *Fragaria vesca* L. Frucht. 12 *Dryas integrifolia* Vahl. Blatt. 13 *D. octopetala* L. Blatt. (Copieen nach Heer, Lesquereux, Stur, Conwentz. 11–13 nach der Natur.)

in der späteren Tertiärzeit in dem Westen von Nordamerika, welchem die recenten Arten meist angehören, vorkam (Fig. 356^{4-6}). Reste der Gattung *Rosa* sind aus dem oberen Oligocän von Bonn durch O. Weber beschrieben, ein Blatt resp. Fiederblatt, *R. dubia*, dann einzelne Fiederblätter und Stacheln,

R. Nausicaës O. Weber, von welchen es zunächst fraglich, ob es überhaupt Fiederblätter sind, wie ferner die Stacheln auch umgewandelte Nebenblätter sein können, was auch für *R. Penelopes* Unger von Radoboj gilt. Aus dem baltischen Oligocän von Rixhöft wird *Rosa lignitum* Heer wegen der auf der einen Seite einfachen, auf der anderen Seite doppelten Bezahnung zu *Rosa* gestellt, aus dem Tertiär Nordamerika's *Rosa Hilliae* Lesq. von Florissant (Fig. 356^7. 8^), dreizählige Blätter, gestielt an der Basis mit Nebenblättern, die Fiederblätter lanzettlich, spitz, gezähnt, Secundärleitbündel camptodrom (in der Abbildung der Cret. and Tert. Flora, Washington, 1883. tab. 40 fig. 16. 17 sind sie aus Versehen craspedodrom dargestellt). Die von Lesquereux abgebildeten Blätter können von *Rosa* sein, weder die Fiederung noch die Nebenblätter würden dem widersprechen. Allerdings darf man dabei nicht übersehen, dass auch andere Familien, z. B. Papilionaceen, ähnliche Blätter besitzen. Dass *Rosa lignitum* Heer aus dem Grunde ein foliolum ist, weil die Bezahnung ungleich, wie der Autor behauptet, ist ungegründet, welcher Familie das Blatt angehört, ob es ein Fiederblatt oder nicht, lässt sich überhaupt nicht sagen, für die Abstammung von *Rosa* spricht meiner Ansicht nach nicht mehr, als für jene von einer anderen Gattung. Ueberdies ist die eine Seite des Blattes unvollständig. Leitbündelverlauf bei *Rosa* gefiedert, Secundärleitbündel camptodrom durch Verbindung mit den letzten Tertiärleitbündeln, Anastomosen einfach, meist gerade und schief verlaufend, von den Camptodromieen Aeste in die Zähne tretend, längs des Blattrandes ein Maschennetz. Blüthen, der dem südlichen Brasilien, Peru und Chile angehörigen Gattung *Quillaja* Molina verwandt, sind von Conwentz aus dem Bernstein des Samlandes als *Mengea palaeogena* beschrieben worden (Bernsteinfl. S. 102 Tab. 10 Fig. 13—16), nachdem sie schon früher von Menge unter Verkennung der thatsächlichen Verhältnisse als *Pteropetalum* in den Schriften der naturf. Gesellsch. zu Danzig, Bd. VI 1858 beschrieben worden waren. Die einzelne Blüthe (Fig. 356^1—8^) ist gestielt, der Blüthenstiel mit den Narben zweier beinahe opponirter Bracteen, Kelch fünflappig, becherförmig, Kronenblätter fünf, verkehrt eiförmig, fünf mit ihnen wechselnde Staubblätter, ausserhalb des Discus stehend, Discus fünfeckig, fleischig, mit fünf radiären erhöhten, mit den fünf Griffeln verbundenen, mit den Staubblättern alternirenden Leisten. Von *Quillaja* durch den unterdrückten Staubblattkreis verschieden. Ob der Fruchtknoten unterständig, wie Conwentz annimmt, ob fünf einzelne Fruchtblätter oder ein mit *Quillaja* übereinstimmender Fruchtknoten vorhanden ist, lässt sich nicht entscheiden.

Die Familie oder Gruppe der *Pomaceen* bildet unter den Rosifloren einen nicht unbedeutenden Procentsatz fossiler Reste, allerdings beinahe nur Blätter und vereinzelte Samen, Blüthen- oder Fruchtreste sind bis jetzt nicht beschrieben, obwohl die Structur der Steingehäuse einzelner Gattungen ihre Erhaltung wohl gestattet hätte. Ich behalte die übliche Trennung der Gattung *Pirus* bei und erwähne zuerst die mit *Cydonia* Tournef. vereinigten Reste, von welchen Blätter und Samen fossil angeführt werden. Gegenwärtig von der Mittelmeerregion bis nach Japan verbreitet, auf die nördliche Halbkugel beschränkt, mag sie im Tertiär in Europa ein grösseres Gebiet als jetzt eingenommen haben, was jedoch dafür sprechen soll, hat keine allzu grosse Beweiskraft. Heer beschreibt aus dem baltischen mittleren Oligocän von Rixhöft in Gruppen oder vereinzelt vorkommende Samen, allerdings nicht ganz zweifelfrei als *Cydonia? antiquorum* (Fig. 357[6. 7]). Da bei den ersteren Resten keine Scheidewände sichtbar, so lässt Heer die Gattung zweifelhaft. Allerdings haben sie mit den vertrockneten, dicht gedrängten, durch Druck veränderten

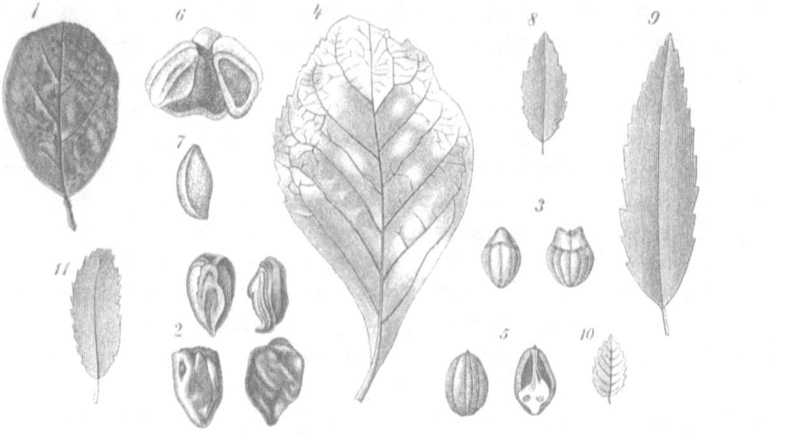

Fig. 357.

1 *Cotoneaster Andromedae* Unger. Blatt. Parschlug. 2 *C. Persei* Unger. Steinkerne. Sagor. Von verschiedenen Seiten 3 *C. racemiflora* Fries. Steinkerne. N. d. N. 4 *Crataegus teutonica* Unger. Blatt. Parschlug. Mittl. Miocän. 5 *C. coccinea* L. Steinkerne. N. d. N. 6. 7 *Cydonia antiquorum* Heer. Samen. Rixhöft. Mittl. Oligocän. 8—10 *Pirus Phytali* Unger. Wetterau. Ob. Oligocän. 11 *P. pygmaeorum* Unger Blätter. Radoboj. Unt. Miocän. (Copieen nach Unger, Heer.)

Samen von *Pirus* oder *Cydonia* Aehnlicheit, indess würden Samen anderer Gattungen von dem gleichen Baue der Samenschale und der gleichen Lage innerhalb der Fächer dasselbe Verhalten zeigen. Was dann ferner das Fehlen von Scheidewänden bei *Cydonia* betrifft, so ist es möglich, dass in wärmeren Regionen als der nördlich von den Alpen gelegene Theil von Europa es ist, die aus einer inneren festeren und lockeren äusseren Schicht bestehenden Scheidewände mit der Zeit verschwinden, bei den von mir untersuchten Exemplaren waren sie stets vorhanden. Weniger derb sind sie jedoch als bei *Pirus*. Sodann hat Heer ausser Acht gelassen, dass die Verdickungsschichten der Epidermiszellen bei *Cydonia* im Wasser stark aufquellen, ein Vorgang, welcher auch bei diesen Samen stattfinden musste, wenn sie zu *Cydonia* gehörten. Dies würde aber die Erhaltung der Samen in der abgebildeten Weise unmöglich machen. Möglicherweise sind es Steinkerne. Ein Beweis für die Existenz von *Cydonia* während der Tertiärzeit, der Nachweis einer mit der recenten *C. japonica* verwandten Art lässt sich mit diesen Resten nicht führen. Ausserdem ist von Mogi in Japan durch Nathorst die untere Hälfte eines Blattes als *C. chloranthoides* beschrieben und auf Tab. 7 Fig. 7 abgebildet, dessen Leitbündelverlauf zwar jenem *Cydonia* ähnlich ist, jedoch nicht übereinstimmt. Bei dieser Gattung sind die Secundärleitbündel durch Gabeltheilung camptodrom, wobei der in der Regel längere obere Gabelast mit den Tertiärleitbündeln sich verbindet. Von den Camptodromieen nimmt ein grossmaschiges Randnetz seinen Ursprung, dessen Aeste in die Zähne eintreten. Secundäre unvollständige Leitbündel enden in den Anastomosen, diese wie ihre Verzweigungen sind alle von gleicher Stärke und bilden ziemlich unregelmässige Maschen.

Der gefiederte Leitbündelverlauf der Blätter von *Pirus* ist im Wesentlichen derselbe wie bei *Cydonia*, wechselnd jedoch nach der Breite der Blätter hinsichtlich des Austrittswinkels und des Verlaufes der Secundärleitbündel. Bei den schmäleren Blättern verlaufen die Secundärleitbündel steiler, bei breiteren dagegen in einem flacheren Bogen, gemeinsam ist allen die Camptodromie. Da die Blattbreite bei einzelnen Arten verschieden sein kann und zwar bei demselben Individuum oder Zweige, so ist es möglich, dass der Verlauf bei derselben Art ein verschiedener ist, wie auch der Austrittswinkel, schwankend zwischen 40—70°. Es können desshalb Blätter desselben Individuums als zwei Arten gelten. *Pirus spectabilis* ist ein Beispiel dafür. Die Camptodromie kommt in der Regel durch die äussersten Tertiärleitbündel zu Stande, indess auch durch Gabeltheilung. Ausnahmslos ist ein Randnetz vorhanden, dessen Aeste in die Zähne eintreten. Die Anastomosen verlaufen gerade, schief, einfach oder ästig, ihre schmalen Felder werden von den letzten Verzweigungen eingenommen. Bei *Sorbus* sind die sämmtlichen Secundärleitbündel, wie die Tertiärleitbündel, insoferne sie nicht Anastomosen sind, craspedodrom, unvollständige Secundärleitbündel kommen nicht häufig vor, so wenig wie bei *Pirus*. *Crataegus* hat zum Theile gelappte, zum Theile gezähnte Blätter, demgemäss ist auch der Leitbündelverlauf verschieden. Bei den letzteren, z. B. *C. crenulata, C. pyracantha,* sind die Secundärleitbündel camptodrom durch die Verbindung mit den äussersten Tertiärleitbündeln, bei anderen Arten mit stärkeren Zähnen, wie *C. prunifolia*, *C. crusgalli* sind die Secundärleitbündel craspedodrom, ebenso die Tertiärleitbündel, welche aus den ersteren gegen das Ende ihres Verlaufes austreten. Auch bei weniger tief eingeschnittenen und gelappten Blättern ist der Leitbündelverlauf craspedodrom, die Secundärleitbündel beinahe gerade, ebenso bei den tief gelappten Blättern, wie *C. monogyna*. Unvollständige Secundärleitbündel sind allgemein, nicht selten enden sie in einer Bucht. Die Secundär- wie Tertiärleitbündel treten meist stark hervor, selten ist das Gegentheil der Fall, z. B. bei *C. cordata*. Die Anastomosen bildenden Tertiärleitbündel und ihre Verzweigungen differiren in der Regel unter sich wenig hinsichtlich ihrer Stärke. Ihre Felder schliessen ein Netz polygonaler Maschen ein. Bei etwas stärkerer Vergrösserung ist jedoch der Unterschied in der Stärke der Leitbündel erkennbar. Wie aus dem Vorstehenden sich ergibt, ist für *Crataegus* ein für die ganze Gattung giltiger Leitbündelverlauf nicht vorhanden, die Behauptung also, dass dieser oder jener Verlauf eines fossilen Blattes der Beweis für die Abstammung von *Crataegus* sei, unrichtig. Blattform und

Leitbündelverlauf können die Abstammung wahrscheinlich machen, Gewissheit geben sie indess ebenfalls nicht, weil diese beiden Verhältnisse auch bei anderen Gattungen wiederkehren. Die Secundärleitbündel des Blattes von *Cotoneaster* sind bei einem Austrittswinkel von 60—70° und einem nach einwärts gekrümmten bogenförmigen Verlaufe camptodrom durch die Verbindung mit den letzten Tertiärleitbündeln oder durch Gabeltheilung und Verbindung des oberen Astes mit dem unteren Aste des darauffolgenden Leitbündels, beides an den Blättern desselben Zweiges bei allen Arten mit Ausnahme der kleinblätterigen Arten des Himalaya. Unvollständige Secundärleitbündel sind nicht selten, gewöhnlich mit den vollständigen verbunden oder im Anastomosennetz endend. Anastomosen und ihre Verzweigungen von nahezu gleicher Stärke wie bei *Crataegus,* Längs des Randes ein Maschennetz aus den von den Camptodromieen ausgehenden Verzweigungen. Bei *Amelanchier* tritt der Mittelleitbündel als Mucro über die Blattspitze vor, die Secundärleitbündel sind craspedodrom, ebenso ihre Tertiärleitbündel, dazwischen jedoch auch durch Tertiärbündel camptodrome Bündel, welche Aeste in die Zähne abgeben, die Anastomosen wie bei den beiden vorausgehenden Gattungen, ihre Felder ein feines Maschennetz einschliessend.

Die zu den vorausgehenden erwähnten Gattungen gezogenen fossilen Blätter können nur insoferne diesen angehörig betrachtet werden, als Form und Leitbündelverlauf diese Einreihung gestatten. Ihre heutige Verbreitung würde einerseits die Annahme des borealen Ursprungs, andererseits ihr Vorhandensein im Tertiär erlauben. Da jedoch, wie schon bei *Cydonia* erwähnt, die für die Abgrenzung der Gattungen wesentlichen Reste fehlen, bei den als *Cotoneaster Persei* Unger von Sagor (Fig. 357[2]) bezeichneten Steinkernen von dem Autor gesagt wird, dass sie jenen von *Mespilus germanica* nahe stehen, so ist auch dieser Rest wenig geeignet, einen sicheren Aufschluss zu geben. Lässt man alle Bestimmungen gelten, so würde die Familie in der Kreide- und Tertiärzeit ihre Vertreter in Grönland gehabt haben, allerdings nur aus der Gattung *Crataegus,* aus der jüngsten Kreide mit *C. atavina* Heer; *C. fragarioides* Heer dagegen ist ein fragliches Fragment. Aus dem Tertiär *C. antiqua* Heer, *C. Warthana* Heer, *C. Kornerupi* Heer (Fig. 358[1]), *C. teutonica* Unger etc., meist einfach gezähnte Blätter. Auch *Pirus* würde mit *P. cretacea* Newb. in der Kreide von Kansas aufgetreten sein. Die mit *Pirus* vereinigten Blätter, wie *P. Theobroma* Unger, *P. euphemes* Unger etc., sind sämmtlich zweifelhaft, ebenso die eher den kleinblätterigen *Crataegus*-Arten ähnlichen *Pirus Phytali* Unger, *P. pygmaeorum* Unger (Fig. 357[8—11]). *P. Miris* Unger von Parschlug könnte ein *Pirus* sein. Bei *Crataegus, Cotoneaster, Sorbus* sind z. B. *C. longepetiolata* Heer, *C. Nicoletiana* Heer, *C. oxyacanthoides* Göpp. Blätter, welche zu dieser Gattung gehören können, ebenso verhält es sich mit den kleinen als *Cotoneaster Andromedae* Unger (Fig. 357[1]) und *C. pusilla* Unger von Parschlug beschriebenen Blättern und jenen von *Sorbus grandifolia* Heer aus Spitzbergen und Grönland, *S. Lesquereuxii* Nath. von Mogi in Japan, *S. Palaeoaria* Ettingsh. von Bilin wird jedoch schwerlich als Vorläufer von *S. Aria* angesehen werden dürfen. Ferner können *Amelanchier typica* Lesq. von Florissant (Fig. 358[6]), *A. similis* Newb.,

A. prisca Ettingsh. (Fig. 358[5]) Blätter dieser Gattung sein. Untersucht man die Verbreitung der fossilen Arten, so muss die grosse Lücke, welche zwischen der Schweiz, dem Rheinthal, Schlesien und Böhmen einerseits und Spitzbergen

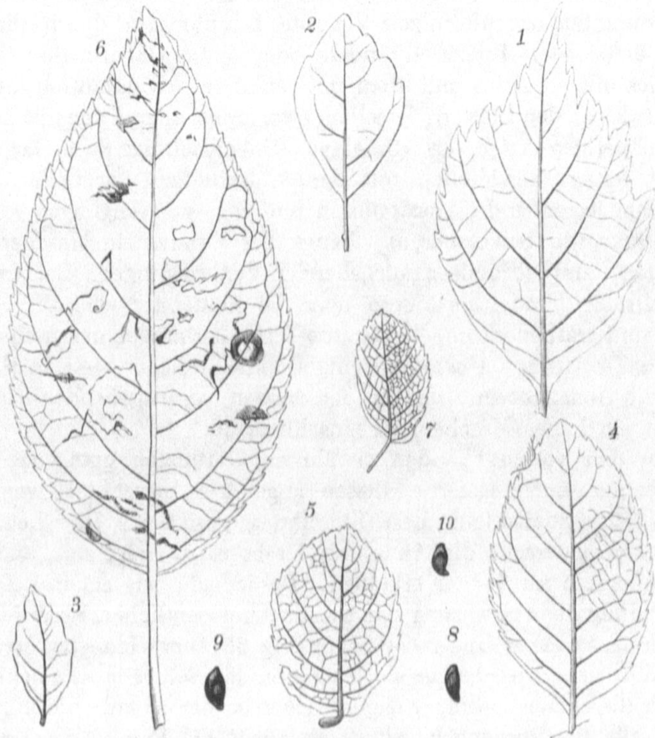

Fig. 358.

1 *Crataegus Kornerupi* Heer. 2 *C. tenuipes* Heer. 3 *C. subtilis* Heer. Sämmtlich aus dem Tertiär Grönlands. 4 *Prunus Hartungi* Heer. Grönland. Tertiär. 5 *Amelanchier prisca* Ettingsh. Priesen 6 *A. typica* Lesq. Florissant. Colorado. 7 *Spiraea Osiris* Ettingsh. 8 *Sorbus Aucuparia* L. 9 *S. pinnatifida*. 10 *Amelanchier canadensis*. (Copieen nach Heer, Ettingshausen. 8—10 nach der Natur.)

andererseits, dann die zahlreichen Arten von Parschlug, Radoboj und Sotzka, die Armuth des französischen und nordamerikanischen Tertiär auffallen, ebenso das Fehlen einzelner Gattungen an diesen Fundorten. Ich glaube, dass dies Verhalten seinen Grund nicht darin hat, dass die Pomeen fehlten, oder selten waren, als vielmehr in dem Verhalten der hieher gehörigen Blätter. Eine genaue kritische Sichtung des vorhandenen Materials, eine ausgedehntere Kenntniss der Tertiärreste würde wahrscheinlich ein anderes Resultat ergeben. Aus dem Quartär Toskana's sind *Crataegus Pyracantha* und *Sorbus Aria*, letztere auch in den Tuffen von Brumana in Val Seriana, erstere auch in jenen von Montpellier, in den Kalktuffen Schwedens *Sorbus Aucuparia* L., Arten, welche auch jetzt noch den betreffenden Regionen angehören.

Aus der Gruppe der *Spiraeeen* fehlen andere Reste als Blätter gänzlich. Die Gattung *Spiraea* ist auf der nördlichen Halbkugel vom Westen Nordamerika's durch Europa, West- und Ostasien, den Himalaya bis nach Japan verbreitet, eine Verbreitung, welche Reste im Tertiär erwarten lässt, ohne dass desshalb ihr Nachweis gesichert wäre. Das Gleiche gilt für die ihr

Fig. 359.

1. 2 *Prunus nanodes* Heer. Steinfrüchte. Oeningen. Ob. Miocän. 3. 4 *P. Hanhardti* Heer. Steinkerne. Berlingen. 5. 6 *Spiraea vetusta* Heer. Blätter. Oeningen. Ob. Miocän. 7 *S. oeningensis* Heer. Blatt. Oeningen. Ob. Miocän. 8 *S. callosa*. 9 *S. opulifolia*. 10 *S. triloba*. 11 S. *sorbifolia*. 12 *S. Thunbergi*. 13 *S. laevigata*. (8—13 sämmtlich Blätter recenter Arten nach der Natur, 1—7 Copieen nach Heer.)

verwandten Gattungen, wie *Exochorda* Lindl., *Neillia* Don, *Stephanandra* Sieb. et Zuccar., *Rhodotypus* Sieb. et Zuccar., *Kerria* DC. etc., meist dem nördlichen China, Japan und Californien angehörend. Nur durch Blüthen und Früchte im Zusammenhange mit Blättern wären wir im Stande, zu sagen, welche Gattungen dieser Unterfamilie der Rosifloren in der Tertiärzeit vorhanden waren, die Blätter allein genügen dazu bei ihrer wechselnden Form und ihrer Verwandtschaft mit jenen anderer Familien nicht. Wie bei anderen Gattungen ist auch bei *Spiraea* eine gewisse Abhängigkeit des Leitbündelverlaufes von der Blattform vorhanden. So sind die Leitbündel beinahe stets gefiedert, bei sehr schmalen Blattformen, wie *S. Thunbergi* verlaufen die secundären Leitbündel sehr steil, ihr Austrittswinkel beträgt 80°, sie enden entweder camptodrom, einen Ast in die Zähne abgebend, oder craspedodrom. Bei *S. hypericifolia* sind nur zwei camptodrome Leitbündel vorhanden, bei *S. callosa* sind sie craspedodrom, bei *S. laevigata* durch Gabeltheilung und Tertiärleitbündel camptodrom, stets gerade, steil aufsteigend, mit einem Austrittswinkel von 60—70°. Die secundären Leitbündel verlaufen bei den meisten Arten gerade oder in flachem Bogen und enden craspedodrom; ist nur die Spitze des Blattes gezähnt, so sind die Secundär- wie Tertiärleitbündel des ganzrandigen Blatttheiles camptodrom. Nehmen die Blattflächen an Breite zu, so ist ein mehr oder weniger entwickeltes Randnetz vorhanden. Bei gelappten Blättern ist der Leitbündelverlauf strahlig, die Bündel aus dem Blattstiele austretend, alle seitlichen primären, secundären und tertiären Leitbündel craspedodrom, so bei *S. opulifolia.* Auch hier kommt es wie bei *Acer* vor, dass das unterste Secundärleitbündelpaar die Bucht umfasst. Sind die Blätter gefiedert, wie bei *S. sorbifolia,* so sind die geraden, dichtstehenden Secundärleitbündel der Fiedern craspedodrom. Die Anastomosen sind bei einem Theile der Arten verzweigt, bei anderen verlaufen sie gerade oder im Bogen, ihre Felder ein engmaschiges Netz einschliessend. Von der nicht grossen Zahl fossiler Arten gehören *S. vetusta* Heer, *S. oeningensis* Heer von Oeningen (Fig. 359$^{5-6}$), *S. Andersoni* Heer von Alaska wahrscheinlich zu *Spiraea,* dagegen *S. nana* Unger, *S. Zephyri* Unger von Radoboj und Parschlug sind nicht sicher zu bestimmende Blätter, ebenso *S. densinervis* Heer; *S. Osiris* Ettingsh. (Fig. 359^{7}) von Bilin kann nach der Blattform ein Blatt von *Spiraea* sein, da der Leitbündelverlauf nicht camptodrom ist, *S. prunifolia* Ettingsh. von Leoben, deren Name wegen der recenten gleichnamigen Art ungeeignet ist, ist mir fraglich. Arten mit gelappten und gefiederten Blättern würden unter den fossilen Resten beinahe gänzlich gefehlt haben. *Spiraea opulifolia* im Tertiär der Buchtorma in Sibirien.

Zahlreicher sind die mit den *Amygdaleen* vereinigten, mit *Amygdalus* und *Prunus* identificirten Reste, von welchen aus beiden Gattungen Blätter und Steinkerne vorliegen. Der Leitbündelverlauf beider ist gefiedert, der Mittelleitbündel bis zur Spitze an Stärke langsam abnehmend, aber deutlich ausgeprägt und nicht selten als Mucro vortretend. Die Secundärleitbündel bei *Amygdalus* entweder sehr zart (*A. communis* L.) oder stark (bei *A. nana*, *A. persica* etc.), camptodrom durch Gabeltheilung, in flachem Bogen aufsteigend, Austrittswinkel 20—30°. Ein von den Camptodromieen ausgehendes Netz von Verzweigungen gibt Aeste in die kleinen Zähne des Blattrandes ab. Unvollständige Secundärleitbündel sind allgemein, sie enden im Anastomosennetz oder verbinden sich mit den Gabeltheilungen. Die Anastomosen bilden mit ihren Verzweigungen ein sehr unregelmässiges polygonales Netz. Bei *Prunus* sind die Secundärleitbündel, unter einem Winkel von 30—70° austretend, bald gerade, bald im Bogen verlaufend, letzteres bei den breiteren eiförmigen und eilanzettlichen Blättern, camptodrom durch Gabeltheilung oder durch Verbindung mit den letzten Tertiärleitbündeln, aus den Camptodromieen

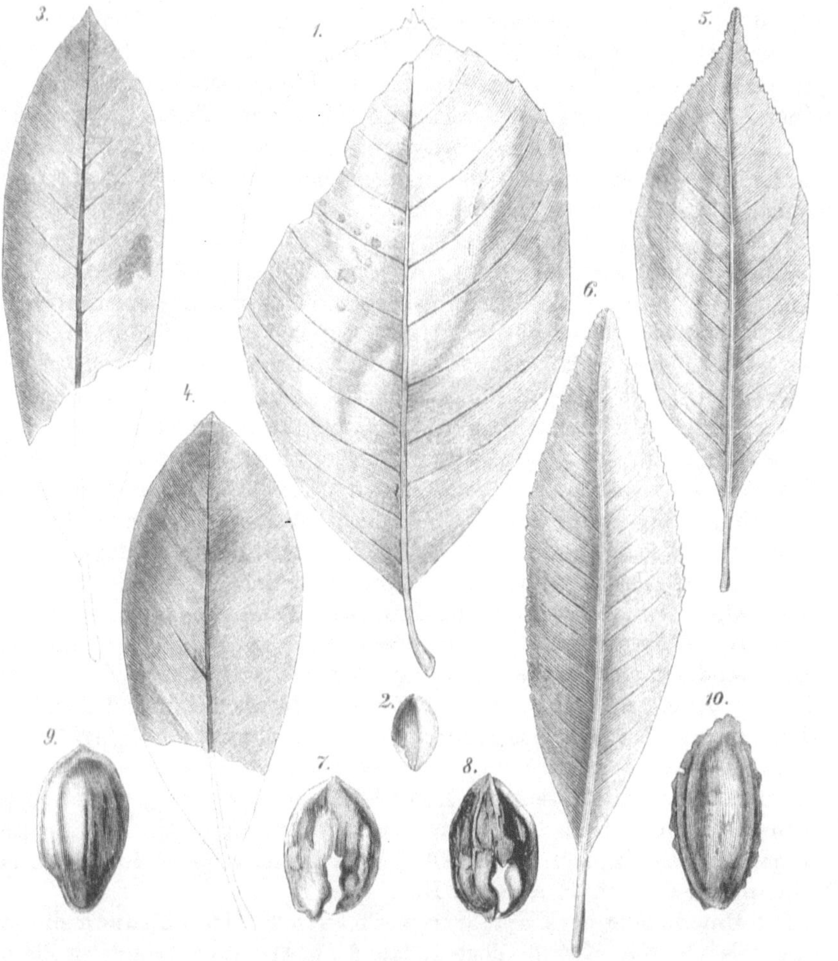

Fig. 360.
Prunus Mohikana Unger. 1 Blatt, 2 Steinkern. Radoboj. 3. 4 *P. Daphnogene* Unger. Radoboj. *Amygdalus radobojana* Unger. 5. 6 Blätter, 7. 8 Steinkerne. Radoboj. Unt. Miocän. 9. 10 *A. Hildegardis* Unger. Steinkerne. Eger. (Copieen nach Unger.)

nimmt ein Randnetz seinen Ursprung, dessen Aeste in die Zähne eintreten. Unvollständige Secundärleitbündel sind allgemein, sie enden im Anastomosennetz, die Anastomosen gerade, gebogen, ihre Felder von kleinen quadratischen Maschen eingenommen. Bei den dicken lederartigen Blättern, wie *P. lusitanica*, *P. Laurocerasus*, nur die Secundärleitbündel ohne Präparation sichtbar. An den Blattstielen nicht selten Drüsen.

Unter den fossilen Blättern von *Amygdalus* befindet sich eine Anzahl mit unzureichend erhaltenem Leitbündelverlaufe, deren Bestimmungen desshalb nicht ganz gesichert sind, obwohl ihre Blattform an schmalblättrige Arten erinnert, so *A. bilinica* Ettingsh. von Bilin, *A. radobojana* Unger von Radoboj. *A. pereger* Unger von Sotzka, Oeningen, Rott bei Bonn und der Wetterau, *A. persicifolia* O. Weber von Rixhöft gehören wohl hieher, *A. insignis* O. Weber von Rott würde ich für ein Prunusblatt halten. Was die Steinkerne betrifft, so ist die Vereinigung dieser mit Blättern, welche sich auf das Zusammenvorkommen stützt, nicht zu billigen, da damit nichts bewiesen wird. Ferner möchten die meisten derselben hinsichtlich ihrer Abstammung von *Amygdalus* zweifelhaft sein, so *A. pereger* Ludw. aus der Wetterau, *A. Hildegardis* Unger (Fig. 360[9. 10]) und *A. persicoides* Unger von Franzensbrunn bei Eger. Dagegen ist *A. radobojana* Unger (Fig. 360[5—8]) wenigstens Sylloge 3. tab. 19 Fig. 15, ein hieher gehöriger Steinkern. *A. persicoides* Unger (a. a. O. tab. 19 Fig. 16—18) halte ich für einen Embryo, *A. Hildegardis* Unger (a. a. O. tab. 19 Fig. 19. 20) gehört zu *Prunus*. Es wird überhaupt schwer sein zu entscheiden, ob solche Steinkerne zu *Amygdalus* oder *Prunus* gehören, weil wir nur an den recenten Arten Anhaltspunkte haben nnd nicht wissen, wie weit der Formenwechsel fossiler Arten ging, auch nicht wissen, ob diese Steinkerne einer anderen Familie angehören. Dies gilt insbesondere für die kleinfrüchtigen Arten der letzteren Gattung. Wie bei *Amygdalus* die Vereinigung von Blättern und Steinkernen nicht gerechtfertigt werden kann, so auch nicht bei *Prunus*. Schimper's Unterabtheilungen sind desshalb willkürlich, wir wissen von keinem Steinkern, zu welchem Blatte er gehört und umgekehrt. Blätter, welche zu *Prunus* gehören können, sind z. B. aus dem Tertiär von Bonn *P. prinoides* O. Weber, *P. pirifolia* O. Weber, *P. acuminata* A. Br. von Oeningen und Rauschen, *P. Hartungi* Heer von Grönland (Fig. 358[4]) und Rauschen, *P. Palaeocerasus* Ettingsh. von Leoben (Tab. 4 Fig. 12), *P. paradisiaca* Unger, *P. atlantica* Unger. Die als *P. micropyrenula* Heer beschriebenen Steinfrüchte von Spitzbergen und Rixhöft mögen zu *Prunus* gehören, ob sie jedoch identisch sind, lässt sich nicht entscheiden. Auch der als *P. mohikana* beschriebene Steinkern (Fig. 360[1. 2]) kann hieher gehören. Im Tertiär der Buchtorma in Sibirien *P. serrulata* Heer.

Der Unterfamilie der *Chrysobalaneen* sind von Ettingshausen die von Unger als *Bumelia minor* (Sylloge 3. tab. 6 fig. 11—19) abgebildeten Blätter als *Chrysobalanus miocenicus* eingereiht worden. Es ist mir seit langer Zeit auffallend gewesen, dass diese Blattform, welche bei tropischen, aber auch bei anderen Familien eine sehr häufige ist, welche ferner als Modification anderer Blattformen an der Basis der Zweige, ferner an den Endblättern gefiederter Blätter sehr häufig vorkömmt, mit besonderer Vorliebe als zu *Bumelia* gehörig betrachtet wird, ebenso wenig sehe ich aber auch einen Grund zur Annahme, dass sie zu *Chrysobalanus* gehört.

20. Reihe. **Leguminosae.**

Diese Reihe umfasst die Familien der *Papilionaceen*, *Caesalpiniaceen* und *Mimosaceen*, nach den Compositen die an Arten reichste Reihe der Dicotylen, Bäume, Sträucher, einjährige und perennirende Formen mit ungetheilten, einfach und mehrfach gefiederten Blättern und Nebenblättern enthaltend. Die Nebenblätter bisweilen vergrössert oder in Stacheln umgewandelt, die Blätter als Ranken funktionirend, bei den neuholländischen Acacien bei der Mehrzahl der Arten die Blattstiele flächenartig entwickelt oder cylindrisch (Phyllodien), als Blätter funktionirend. Die Blüthen Zwitter, meist zygomorph, seltener actinomorph, Kelch und Krone fünfzählig, Staubblätter zehn bis zahlreich, ein oberständiges Fruchtblatt, einen oberständigen einfächerigen Fruchtknoten bildend mit wandständigen Samenknospen. Früchte entweder zweiklappig aufspringende Kapseln (Hülsen), Schliess- oder Theilfrüchte. Ueber die ganze Erdoberfläche verbreitet, Caesalpiniaceen und Mimosaceen mit wenigen Ausnahmen tropisch, Papilionaceen der Mehrzahl nach den Tropen, die Minderzahl der gemässigten, einzelne der kalten Zone angehörend. Die Zahl der als fossil beschriebenen Arten ist nicht unbedeutend, erhalten sind hauptsächlich Blätter, sodann Früchte.

Durch schmetterlingsartige Blüthenkronen, zehn Staubblätter, diese entweder alle durch intercalares Wachsthum zu einer Röhre vereinigt oder neun vereinigt, einer frei, bisweilen alle frei, den eiweisslosen Samen und gekrümmten Embryo sind die *Papilionaceen* charakterisirt. Ehe ich auf das Einzelne eingehe, sei als allgemein giltig hinsichtlich der Fiederblätter erwähnt, dass alle mehr oder weniger ungleichseitig sind, manchmal in sehr geringem Grade, dann aber auch sehr auffallend, die untersten kleiner als die übrigen, craspedodromer Leitbündelverlauf ganz zu fehlen scheint und immer ein, wenn auch oft sehr wenig entwickeltes Randnetz vorhanden ist.

Wie in anderen Familien sind auch bei den *Papilionaceen* neuholländische Formen als fossil beschrieben und mit recenten Gattungen identificirt. Das Tertiär von Sotzka, Parschlug, Radoboj und Böhmen soll diese Reste enthalten. Schon diese Verbreitung muss Zweifel an der Richtigkeit der Bestimmung einflössen, wären neuholländische Gattungen Bestandtheile der Tertiärflora Europa's gewesen, sie würden schwerlich auf einige wenige Standorte sich beschränkt haben. Die Reste selbst sind Blätter, Theile, welche diese Bestimmungen sichern, haben sich nicht erhalten, und wäre es der Fall, so würden wir wahrscheinlich auch nicht in der Lage sein, sie mit Sicherheit zu bestimmen. Dass Unger's *Hardenbergia orbis veteris*, welche schon Ettinghausen zu *Juglans* stellte, dieser Gattung angehört, geht aus dem Blatte nicht hervor, denn weder seine Form noch sein Leitbündelverlauf ist etwas Seltenes, ebenso wenig sind *Gastrolobium zephyreum* Ettingsh. von Radoboj, *Oxylobium pultenaeoides* Ettingsh. von Sotzka, *O. miocenicum* Ettingsh., *Kennedya dubia* und *K. Phaseolithes* Ettingsh. von Schichow und Kutschlin Blätter, welche nur diese Deutung zuliessen, wie dies die betreffenden Autoren selbst zum Theile erkannten, wenn sie auch den Blättern mancher Arten dieser Gattungen ähnlich sind. Es können sogar Fiederblätter von Leguminosen sein, da Blätter mit gleichem Umriss in dieser Familie nicht fehlen. Nicht anders verhält es sich mit den von Unger beschriebenen *Physolobium*-Arten von Parschlug, *P. antiquum* Unger, *P. orbiculare, P. Kennedyaefolium.* Was *Kennedya* und *Physolobium* charakterisirt, ist weder an dem einen noch dem anderen Reste erhalten, auch nicht an der einen Klappe der Hülse, und wenn sie eine solche wäre, so würde sie nichts entscheiden; endlich ist Unger selbst über seine Bestimmungen nicht so sicher, wie seine Aeusserungen zeigen. Der Leitbündelverlauf dieser Blätter ist nichts weniger als selten und kann über ihre Stellung nicht entscheiden. Hat man diese Bestimmungen nicht weiter angefochten, so liegt der Grund in der bereits erwähnten Ansicht, dass die Tertiärflora Europa's neuholländische Elemente enthalten müsse und die Tertiärfloren meist kritiklos geschrieben sind. Die aus dem Tertiär Böhmens von Schichow beschriebene *Ononis vetusta* Ettingsh. ist ebenfalls zweifelhaft. Es sind einzelne oder paarweise vereinigte Blattreste, welche einen von jenem der *Ononis*-Arten verschiedenen Leitbündelverlauf besitzen, vorausgesetzt, dass er richtig wiedergegeben. Die Reste scheinen zu jenen zu gehören, welche als *Porana* beschrieben worden sind. Von *Ervum* und *Vicia* sind durch Ludwig Samen aus der jüngsten Wetterauer Braunkohle beschrieben, welche ebenso zweifelhaft sind, wie die als *Cytisus reniculus* beschriebenen des gleichen Fundortes und Autors. Der Autor bezeichnet sie als Früchte. Auch die übrigen von Unger und Lesquereux beschriebenen Arten von *Cytisus*, sowie Ludwig's *C. anguste-siliquata* von Rockenberg sind mehr oder weniger zweifelhafte Pflanzenreste. Wie bei anderen Blättern dieser Familie hat dies Unger auch bemerkt und darf man also weder die dreizähligen des *C. freybergensis* Unger von Freyberg in Steiermark, *C. radobojanus* Unger von Radoboj, *C. oeningensis* Heer von Oeningen, *C. modestus* Lesq., *C. florissantianus* Lesq. von Florissant (Fig. 361), noch die als *C. Dionysi* Unger (Fig. 361) von Parschlug beschriebene Frucht als dieser Gattung ohne weiteres angehörig betrachten, da auch andere Papilionaceengattungen, wie *Thermopsis, Baptisia* etc. dreizählige Blätter besitzen, sodann neben gefiederten Blättern auch dreizählige in der gleichen Gattung vorkommen, wie Lesquereux auf der nämlichen Tafel solche als *Juglans* und *Sapindus* abbildet. Dagegen ist *Genista brevisiliquata* von demselben Fundorte unzweifelhaft eine Leguminosenfrucht, auf eine bestimmte Gattung kann sie jedoch nicht zurückgeführt werden. Früchte aus dem unteren Oligocän von Aix, welche von Saporta mit *Ervum hirsutum* und *E. monanthemum* verglichen und desshalb *Ervites primaevum* genannt werden, mögen immerhin von Leguminosen oder auch von Papilionaceen stammen, sie indess auf eine bestimmte Gattung zu beziehen, ist meiner Ansicht nach unzulässig, weil wir dafür keine Grundlage haben. Hätte bei einzelnen, z. B. den aus der Wetterauer Braunkohle die mikroskopische Untersuchung stattgefunden, so wäre es vielleicht möglich gewesen, bestimmtere Aufschlüsse über die Abstammung zu erhalten. Schon aus dem von A. Braun und Heer einerseits, Prof. Lehmann andererseits über die als *Trigonella Seyfriedi* beschriebene Frucht von

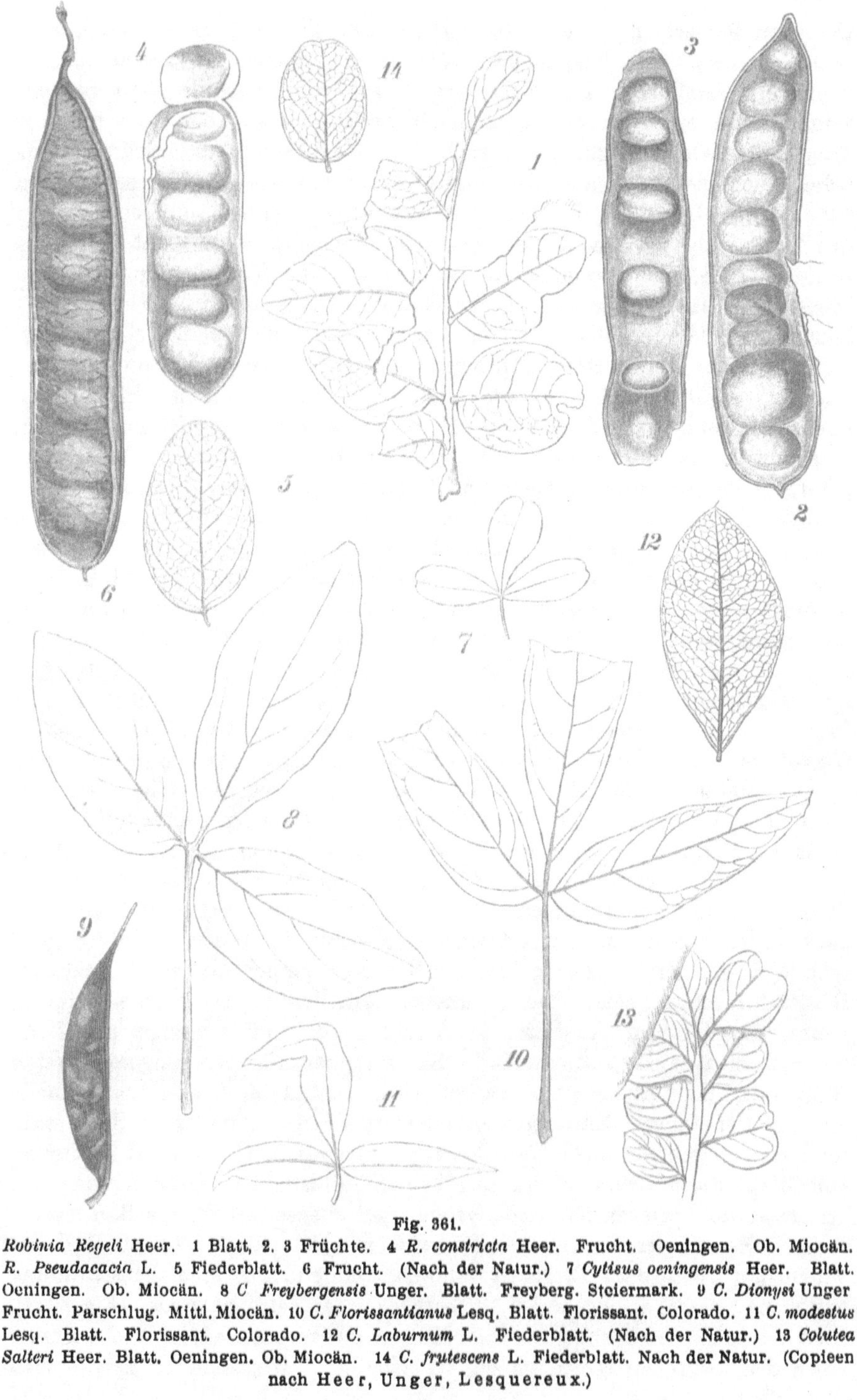

Fig. 361.
Robinia Regeli Heer. 1 Blatt, 2. 3 Früchte. 4 *R. constricta* Heer. Frucht. Oeningen. Ob. Miocän. *R. Pseudacacia* L. 5 Fiederblatt. 6 Frucht. (Nach der Natur.) 7 *Cytisus oeningensis* Heer. Blatt. Oeningen. Ob. Miocän. 8 *C Freybergensis* Unger. Blatt. Freyberg. Steiermark. 9 *C. Dionysi* Unger Frucht. Parschlug. Mittl. Miocän. 10 *C. Florissantianus* Lesq. Blatt. Florissant. Colorado. 11 *C. modestus* Lesq. Blatt. Florissant. Colorado. 12 *C. Laburnum* L. Fiederblatt. (Nach der Natur.) 13 *Colutea Salteri* Heer. Blatt. Oeningen. Ob. Miocän. 14 *C. frutescens* L. Fiederblatt. Nach der Natur. (Copieen nach Heer, Unger, Lesquereux.)

Oeningen Bemerkten geht hervor, dass die Auffassung dieses Restes sehr verschieden ist. Der letztere sieht Querlinien, welche die beiden ersteren vermissen. Verglichen wird sie mit den Hülsen von *Trigonella foenu graecum*, womit sie ja eine gewisse Aehnlichkeit besitzt, es ist aber noch sehr die Frage, ob sie eine Leguminosenfrucht ist. Ich erinnere an Zweigreste ähnlichen Aussehens, in allen Formationen vorkommend, wozu auch dieser gehören kann. Einen beinahe vollständig mit dem genannten Reste übereinstimmenden Zweig habe ich vor Kurzem von der Beringsinsel untersucht. An dem Reste selbst ist nichts wahrzunehmen, was auf eine Leguminosenfrucht hinwiese. Für das Vorhandensein der Gattung *Glyzyrrhiza* in der Tertiärzeit können wir die von Unger als *G. Blandusiae* (Fig. 364[4]) beschriebenen länglichen in einer Aehre stehenden stacheligen Früchte von Parschlug geltend machen, womit freilich die unter sich schwerlich identischen Blätter willkürlich verbunden sind und wie *G. deperdita* Heer von Hohen Rhonen, Sotzka und Sagor hinsichtlich der Gattung nicht gesichert sind. Das Gleiche gilt für *Tephrosia europaea* Heer von Oeningen und *Amorpha stiriaca* Unger von Parschlug, eine kleine eiförmige Frucht, welche jener von *Amorpha* ähnlich ist, über deren Stellung sich ebenfalls nichts Sicheres sagen lässt; wie über die mit *Psoralea* und *Indigofera* vereinigten Blätter, während Heer's *Medicago protogaea* von Oeningen eine Frucht dieser Gattung sein kann. Die mit *Colutea* vereinigten Blätter, wie z. B. *C. Salteri* Heer (Fig. 361[13]), *C. debilis* Heer, *C. macrophylla* Heer, *C. antiqua* Heer können der Form nach wohl *Colutea* angehört haben. Dagegen ist mir die mit *C. antiqua* vereinigte Frucht fraglich, einerseits desshalb, weil die Frucht selbst nichts besitzt, was für *Colutea* spräche, sodann weil kein Grund vorhanden ist, sie gerade mit dieser Art zu vereinigen. Auf die von Heer unterschiedenen Arten lege ich kein allzu grosses Gewicht. Die Fiederblätter dieser Gattung wechseln hinsichtlich ihrer Form und Grösse an demselben Strauche und können sämmtliche Arten recht gut einer einzigen Art angehört haben, zumal da sie alle von denselben Fundorten stammen, wenn auch *C. Salteri* bis Grönland verbreitet gewesen ist, was übrigens erst festzustellen wäre. Die Gattung wird übrigens schon in der Kreide angegeben auf Grund ziemlich schlecht erhaltener Blätter mit einem meist allein erhaltenen Mittelleitbündel, welche in ihrem Umriss den Blättern der Gattung verwandt, aber nichts weniger als solche mit Sicherheit anzusprechen sind. Sie stammen aus der jüngeren Kreide Grönlands, den Atane- und Patootschichten und sind wohl zum Theile auch Blätter anderer Gattungen darunter, wie z. B. *C. protogaea* Heer, während bei anderen wie *C. Rinkiana* Heer, *C. primordialis* Heer die Abstammung von *Colutea* wahrscheinlicher ist. Auf keinen Fall ist auf die Bestimmungen ein grosses Gewicht zu legen. Mit *Robinia* mag es sich ebenso verhalten; z. B. *R. crenata* Heer, *R. Regeli* Heer (Fig. 361[1-3]), bei welchen es sich jedoch frägt, ob die damit vereinigten Früchte zu *R. Regeli* gehören, während mit einer Einschnürung versehene Früchte als eigene Art, *R. constricta* Heer, getrennt werden (Fig. 361[4]). Dass diese Einschnürungen an den Hülsen der recenten Arten nicht immer einen diagnostischen Werth haben, ist bekannt, dass sie ihn bei den fossilen

Hülsen ebenso wenig haben, ergibt sich aus ihrem Verhalten und daraus, dass die Hülsen selbst von den anderen nicht verschieden sind. Ebenso verhält es sich mit *R. Hesperidum* Unger und *R. Druidum* Ettingsh., welche wir von Sagor, Sused und Parschlug kennen und bei denen es sich frägt, ob die Hülsen zu *Robinia* gehören, eine Frage, welche auch bei den übrigen hieher gezogenen Früchten zu stellen ist. Ob *R. Haueri* Pilar von Sused in Croatien eine *Robinia* ist, ist mir zweifelhaft, die recenten Arten besitzen Früchte von dieser Form nicht. *R. atavia* Unger von Radoboj halte ich weder für ein Fiederblatt, noch für ein Blatt von *Robinia*. Ettingshausen vereinigt das Blatt mit *Diospyros brachysepala* A. Br. Wie bei allen Papilionaceenfrüchten ist die Form der Hülsen auch bei *Robinia* wechselnd, die beiden Leisten unterhalb des Kieles der Oberseite so wie die starke untere Kante, der Rest des Griffels als Spitze, alles dies erhält sich noch längere Zeit nach dem Abfallen. Einzelne Einschnürungen oder mehrere sind ebenso gewöhnlich wie kurze, spitz elliptische Früchte neben länglichen.

Cercis (Caesalpiniaceen) (Fig. 362) gehört zu den Gattungen, deren Existenz im Tertiär als gesichert angenommen werden darf. Wenn auch ihre fossilen Früchte nichts Auffallendes zeigen, so bieten doch die ganzrandigen, rundlichen, etwas ungleichseitigen, an der Basis mehr oder weniger herzförmigen Blätter in Verbindung mit dem strahligen Leitbündelverlauf so viel Charakteristisches, dass sie mit ziemlicher Sicherheit erkannt werden können. Die älteste bekannte Art ist *C. antiqua* Sap. aus dem unteren Oligocän von Aix, Blatt und eine mit diesem vereinigte (Fig. 363 [1. 4]) Frucht, ferner im Miocän von Brongnon *C. Tournoueri* Sap. (Monde des plantes) (Fig. 363 [6. 7]), im oberen Miocän von Sinigaglia *C. Virgiliana* Massal. (Fig. 363 [8. 9]), endlich im Quartär von Montone, Poggio, Perolla und Aygelades die jetzt noch in Südeuropa vorkommende Art *C. Siliquastrum* L. (Fig. 362), neben Blättern eine Blüthenknospe, in den Tuffen von Massa Früchte. Die Gattung ist jetzt im pacifischen und atlantischen Nordamerika, von Südeuropa nach Nordchina und Japan verbreitet, und dauern alle ihre Arten gut im südwestlichen Deutschland, zum Theile auch in Norddeutschland aus, doch reifen die Früchte seltener. Die kurzgestielte Hülse ist an der Basis von dem Kelche umgeben, er fehlt der abgefallenen. An dem unteren Rande gekielt, ohne Leiste, am oberen je eine Leiste unterhalb des Kieles. Ob sie in der Tertiärzeit weiter nach Norden verbreitet war, dafür fehlen uns die Beweise, indess darf man sowohl dies als ihren borealen Ursprung vermuthen und ebenso annehmen, dass ihre Verbreitung in höherer Breite durch die klimatischen Aenderungen der Glacialzeit einer Einschränkung unterlag, ihr heutiges Vorkommen in Südeuropa mit jenem im Quartär zusammenhängt, sie jedoch im Laufe der Zeit wieder nach Norden vordrang. Heer's *C. cyclophylla* mit schlecht erhaltenem Leitbündelverlauf und fehlender Blattbasis ist wahrscheinlich mit einer der genannten Arten identisch. Wie die Gattung Europa und Nordamerika jetzt gemeinsam ist, so scheint dies auch in der Tertiärzeit der Fall gewesen zu sein. Lesquereux führt aus dem Tertiär von Florissant *C. parvifolia* Lesq., aus jenem der Badlands, Wyoming, *C. truncata* Lesq., diese vielleicht Form der vorigen. Diese Fundorte gehören dem atlantischen Nordamerika an, aus dem pacifischen Theile desselben sind Reste nicht bekannt. Einzelne und noch an dem fruchttragenden Aestchen stehende Hülsen, deren verschmälerte Basis von den vertrockneten Staub-

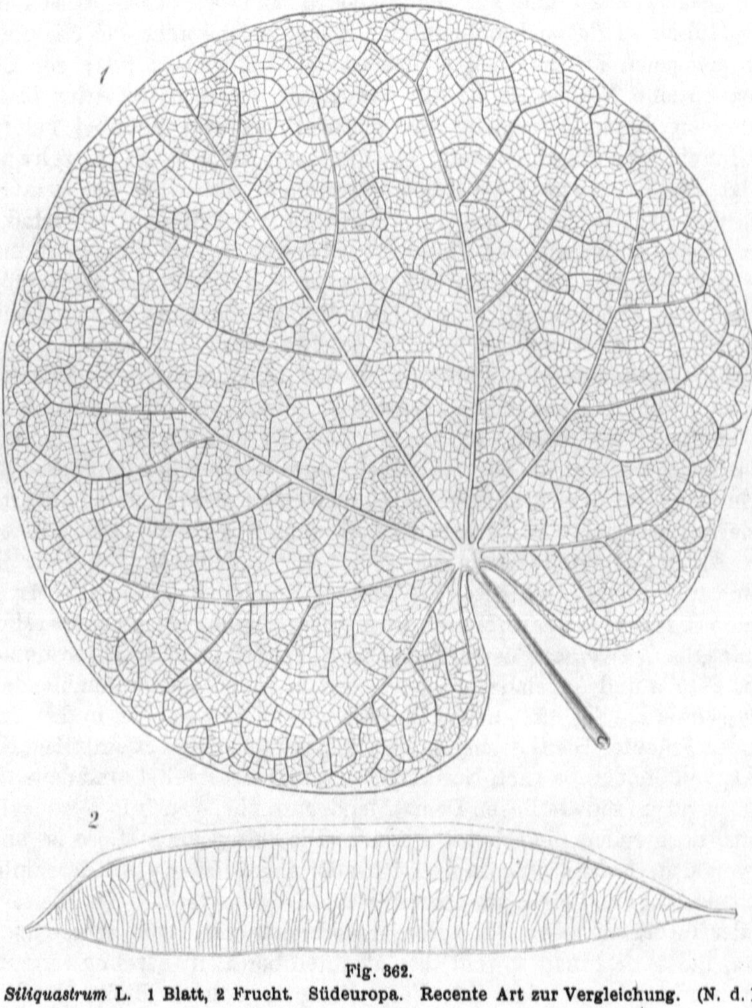

Fig. 362.
Cercis Siliquastrum L. 1 Blatt, 2 Frucht. Südeuropa. Recente Art zur Vergleichung. (N. d. Natur.)

blättern umgeben sind, werden aus dem unteren Oligocän von Aix durch Saporta als *Micropodium oligospermum* (Fig. 364[8. 9]) beschrieben (Annal. d. sc. nat. Ser. V t. 18). Nach Saporta's Ansicht gehören sie den Sophoreen an und sind mit *Cercis* verwandt. In wie ferne diese Anschauung zu rechtfertigen ist, lässt sich nicht sagen, da der Rest nur aus Hülsen besteht und nichts enthält, was sie begründen könnte. Es liegen die einfächerigen, ein- bis mehrsamigen, an der Basis stielartig verschmälerten, kurz zugespitzten, am unteren Rande gekielten Früchte vor. Ob die von demselben Fundorte in Annal. d. sc. nat. Bot. Ser. IV t. 17 abgebildeten Früchte dazu gehören, scheint mir sehr fraglich. Sie sehen jenen von *Podogonium* sehr ähnlich und dürften damit identisch sein. Gehören die erwähnten Reste zu *Cercis*, so ergibt sich aus der Vergleichung der Blattformen der recenten Arten mit den fossilen, dass in Europa schon im Miocän die Blattform der recenten Arten auftrat, während die Arten des nordamerikanischen Tertiär diese noch nicht besassen und so weit wir dies jetzt kennen, das pacifische Nord-

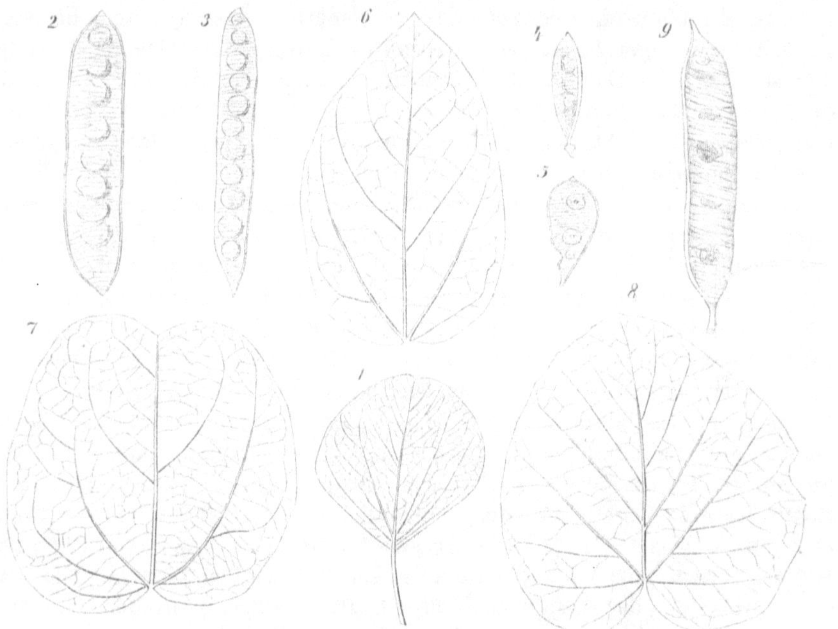

Fig. 363.
Cercis antiqua Sap. 1 Blatt. 4 Frucht. 2. 3. 5 Fossile *Acacia*-Früchte zum Vergleich. Aix. Unt. Oligocän. 6. 7 *C. Tournoueri* Sap. Blätter. Brongnon. Miocän. 8. 9 *C. Virgiliana* Massal. Blatt. Frucht. Sinigaglia. Ob. Miocän. (Copieen nach Saporta.)

amerika die Gattung noch entbehrte. Ein von Oeningen stammender Rest, das Fragment einer Hülse und ein Same, welchen Heer als *Mucunites Grepini* deutet, ist zu unvollständig, um sicher bestimmt werden zu können. Der Same scheint kugelig gewesen zu sein und frägt es sich, ob nicht vielleicht die Hülse einer mit *Gymnocladus* identischen oder verwandten Art vorliegt. Heer bildet einen kurzen linearen Anheftungspunkt an dem Samen ab, welcher bei dem recenten *G. canadensis* kreisrund oder oval ist, wie ich aus den hier gereiften Samen sehe. Sonst sehen sich die Samen sehr ähnlich. Stellt man sie zu *Mucuna*, so könnte sie nur zur Abtheilung *Stizolobium* (Bentham und Hooker, genera plant. p. 533), welche einen kurzen Anheftungspunkt und glatte Hülsen besitzt, gehören. Aber einmal sind dies Charaktere, welche auch anderen Gattungen zukommen, sodann ist die Gattung eine tropische und wissen wir, wie ich dies bereits früher angedeutet habe, dass die fossil vorkommenden, sicherer zu bestimmenden Pflanzenreste nicht diesen Regionen angehören.

Blätter von *Rhynchosia* und *Glycine* sind von Unger aus dem Tertiär von Kumi beschrieben. Ob nun diese zu diesen Gattungen gehören, Verwandte der von Unger genannten cap'schen und abessinischen Arten sind, lässt sich mit Sicherheit nicht sagen, da ausser den Blättern nichts erhalten ist, was auf die beiden Gattungen schliessen liesse. Alles, was sich sagen lässt, ist die Wahrscheinlichkeit, dass es Fiederblätter sind, man geht jedoch zu weit, wenn man sie auf eine bestimmte Gattung oder Gruppe der Leguminosen bezieht. Denn auch in anderen Gruppen der Leguminosen finden sich diese Blattformen, wie in anderen Familien. Das heutige Vorkommen von *Rhynchosia* in Abessinien ist die einzige Thatsache, welche zu Gunsten der Anschauung Unger's spricht. Nicht weniger fraglich sind die als *Phaseolites* Unger, *Dolichites* und *Dolichos* beschriebenen ganzrandigen trapezförmigen Blätter und die mit ihnen vereinigten Früchte. Wenn schon bei den recenten Formen der Phaseoleen die verschiedenartige Auffassung der Gattungen durch die Autoren sich geltend macht, wie will man isolirte Fiederblätter und Früchte bestimmen, da für die Entscheidung der Frage nach der Gattung Alles fehlt. Wie die zuerst erwähnten Reste das nicht beweisen, was sie beweisen sollen, so gilt dasselbe auch für die eben genannten. Die Aehnlichkeit der Blätter mit manchen Arten von *Phaseolus, Dolichos, Lablab* etc., der strahlige Leitbündelverlauf lässt den Schluss zu, dass Arten dieser Gattungen im Tertiär Europa's existirten, ebenso gut können es aber auch andere Gattungen gewesen sein. Bezeichnungen wie *Dolichos maximus* Unger, *D. europaeus* Unger (Fig. 364 1–3), *Phaseolithes oliganthum* Unger von Parschlug, Sotzka, Sused haben für die Botanik keine Bedeutung, da sie weder für die Entwickelung der Gruppe noch einer Gattung Aufschluss geben, höchstens lassen sie den Schluss zu, dass sie, wenn man ihre Abstammung von den beiden Gattungen für erwiesen hält, in ihrer Entwickelung keine Aenderung erfahren haben, ihre Verbreitung dagegen Europa jetzt nicht mehr erreicht. Im Grunde gilt dasselbe, *Cercis* etwa ausgenommen, auch für die übrigen besprochenen Gattungen, für welche es nicht ohnedies speciell erwähnt ist, denn auch bei ihnen fehlt jeder Zusammenhang von Blättern und Früchten, ferner die Blüthen und sind wir nicht in der Lage, von irgend einem Reste mit Bestimmtheit zu sagen, ob er der Gattung angehört, welcher er zugewiesen ist oder einer Gattung mit gleicher Blattform. Nur eine Thatsache, auf welche bereits wiederholt hingewiesen wurde, können wir für das Vorkommen während der Tertiärzeit geltend machen: die heutige Verbreitung von *Robinia, Colutea, Cercis*, von welchen die erstere dem atlantischen Nordamerika und Mexiko angehört, die zweite vom Südabhange der Alpen bis China und Japan verbreitet ist, für die dritte ist die Verbreitung bereits erwähnt. *Robinia* ist in Europa jetzt ausgestorben, während sie, nimmt man die Bestimmungen als richtig an, in der Tertiärzeit vom Süden Frankreichs bis in das Rheinthal reichte; *Colutea* heute Nordamerika fehlend, kam

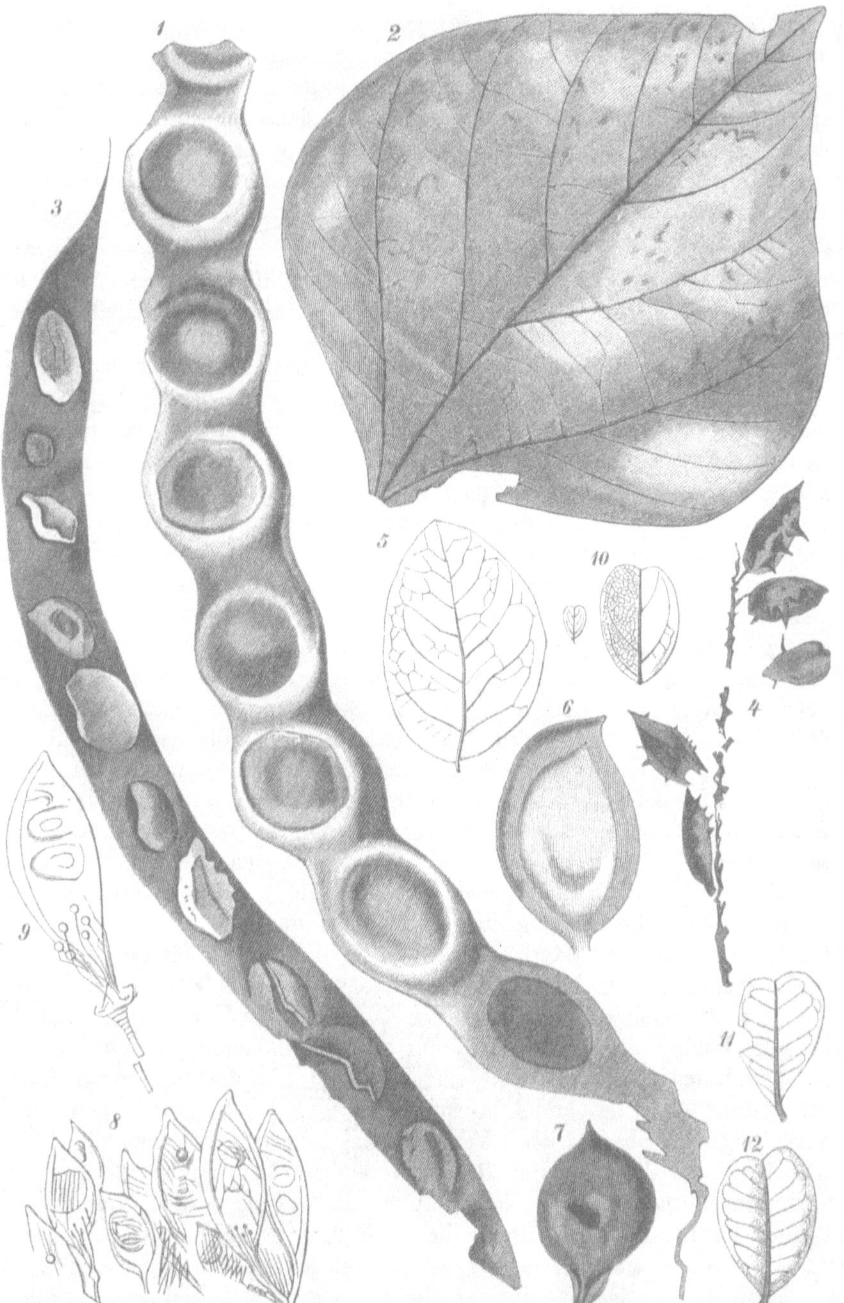

Fig. 364

Dolichites maximus Unger. 1 Frucht. 2 Blatt. 3 *D. europaeus* Unger. Frucht. Parschlug. Mittl. Miocän. 4 *Glycyrrhiza Blandusiae* Unger. Frucht. 5 *Sophora europaea* Unger. Blatt. 6 *Copaifera kymeana* Unger. Frucht. Kumi. Miocän. 7 *C. radobojana* Unger. Frucht. Radoboj. Unt. Miocän. 8 *Micropodium oligospermum* Sap. 9 Einzelne Hülse, vergr. Aix. Unt. Oligocän. 10 *Edwardsia retusa* Heer. Oeningen. Ob. Miocän. 11. 12 *Ceratonia emarginata* Heer. Blätter. Oeningen. Ob. Miocän. (Copieen nach Unger, Saporta, Heer.)

in der Tertiärzeit im pacifischen Nordamerika vor und erreichte noch Grönland, während sie in Europa das Rheinthal nicht überschritt. Wie die Culturerfahrung zeigt, würden für die meisten dieser Gattungen die Existenzbedingungen in Europa vorhanden sein, hätte nicht der Eintritt der Glacialzeit ihre Erhaltung und Verbreitung in dem grössten Theile Europa's unmöglich gemacht. Dass *Colutea* in Spitzbergen fehlt, in Grönland dagegen vorhanden ist, wird doch wohl dadurch bedingt sein, dass die fossilen Reste durch die dänisch-schwedischen Untersuchungen vollständiger bekannt sind, als jene Spitzbergens, wie auch die in das Rheinthal fallende Nordgrenze ihren Grund in der dürftigen Kenntniss der Tertiärreste Deutschlands haben kann, ferner darin, dass sie im Ganzen mit wenig Kritik untersucht sind. Vergleicht man die im Vorstehenden erwähnten Reste mit jenen der recenten Gattungen, so ist hauptsächlich der Leitbündelverlauf der Fiederblätter zu berücksichtigen. Bei den *Cytisus*-Arten, welche in Betracht kommen, wie *C. Laburnum, C. alpinus* etc., derselbe, wie bei allen in Frage kommenden Gattungen gefiedert, *Cercis* ausgenommen, deren Leitbündelverlauf strahlig ist. Die secundären Leitbündel, im Bogen gegen den Rand aufsteigend, sind durch dicht an dem Blattrande liegende Gabeltheilungen camptodrom. In diesen endet ein Theil der unvollständigen Secundärleitbündel, während andere im Anastomosennetz enden. Die durch schief verlaufende Anastomosen gebildeten Felder enthalten ein durch die Verzweigungen gebildetes Maschennetz von mässiger Grösse. Von dem Leitbündelverlauf ist bei den fossilen Blättern mit Ausnahme der unvollständig erhaltenen secundären Leitbündel und des Mittelleitbündels nichts erhalten, die Form der Blätter entspricht im Wesentlichen jener der oben genannten Arten. Ob jedoch die von Unger (Sylloge II. tab. 4) unterschiedenen Arten zu trennen sind, wird mit Grund in Frage gestellt werden können. Meines Erachtens ist die Unterscheidung der drei von Unger a. a. O. unterschiedenen Arten, *C. Dionysi, C. freybergensis* und *C. radobojanus* von Parschlug, Freiberg und Radoboj eine willkürliche, die Gattung aber zweifelhaft, da weder die Frucht, noch die Blätter etwas Charakteristisches haben. Ueber die Blätter des nordamerikanischen Tertiär kann ich kein anderes Urtheil fällen. Bei *Robinia* treten die Secundärleitbündel auf der Oberseite deutlich hervor, auf der Unterseite kaum, alle übrigen sind nur bei durchfallendem Lichte sichtbar. Die Secundärleitbündel der sehr zarten Blätter camptodrom durch Gabeltheilung und Tertiärleitbündel, Anastomosen und ihre Verzweigungen bilden ein sehr enges, nur bei stärkerer Vergrösserung sichtbares Maschennetz. Ueber die Sicherheit, welche die mit *Robinia* vereinigten Früchte für die Gattungsbestimmung gewähren, habe ich mich bereits ausgesprochen. Das Gleiche gilt auch für die Blätter. Die zu dieser Gattung gezogenen fossilen Blätter sind ohne Zweifel ziemlich derb gewesen, was jene der recenten Arten nicht sind, anzunehmen, dass die ausgestorbenen Arten Blätter mit anderen Eigenschaften besassen, wäre willkürlich. Ebenso wenig gewährt der Leitbündelverlauf irgend eine Sicherheit der Bestimmung. Die zu *Colutea* gezogenen fossilen Blätter mit ihrer ausgerandeten Spitze entsprechen unter den erwähnten Gattungen noch am meisten dem Charakter dieser Blätter, indess kommen ganz gleiche Blattformen auch bei *Cassia*, z. B. bei Sect. *Senna* vor. Die Secundärleitbündel sind durch Gabeltheilung camptodrom, unvollständige secundäre verbinden sich mit den secundären unter spitzem Winkel, die Anastomosen treten unter rechtem Winkel aus, ein Netz sehr kleiner Maschen füllt die Felder. Verbunden mit der bei den recenten Arten vorhandenen Blattform, welche ohne Zweifel für die fossilen Blätter entscheidend war, würde dies feine Netz für die Bestimmung von Bedeutung sein, es ist jedoch die Frage, ob sich diese sehr weitgehende Verzweigung der zarten Leitbündel erhält. Bis zu einem gewissen Grade ist die Bestimmung der Blätter sicher. Von allen bis jetzt genannten Gattungen ist *Cercis* wohl am meisten gesichert. Form wie Leitbündelverlauf stehen bei allen recenten Arten einander sehr nahe, die Blätter ganzrandig, kreisrund, herzförmig an der Basis ausgeschnitten, ungleichseitig, Leitbündelverlauf strahlig. Sieben bis neun Primärbündel treten aus dem bisweilen verdickten Ende des Blattstieles in die Blattfläche, das unterste Paar zart, mit den secundären des nächstfolgenden camptodrom, welches sich in derselben Weise mit dem dritten verbindet. Das vierte Paar gabelt in seinem Verlaufe zweimal, der Mittelleitbündel sendet aus seinem oberen Theile gabelnde Secundärleitbündel aus, welche wie alle übrigen längs des Blattrandes sich verbinden. Die Blätter der fossilen Arten verhalten sich zum Theile anders, sei es nun wie *C. Tournoueri* Sap. von Brongnon (Miocän), *C. Virgiliana* Massal. (Sinigaglia, oberes Miocän) durch den weniger auffälligen strahligen Leitbündelverlauf, oder durch die zusammengezogene Blattbasis, wie *C. antiqua* Sap. aus dem unteren Oligocän von Aix. Für die beiden nordamerikanischen Tertiärarten, *C. parvifolia* Lesq. von Florissant und *C. truncata* Lesq. aus den Badlands gilt das Gleiche. Unger's *C. radobojana* von Radoboj gehört sicher nicht hieher, dass das Fragment einer Hülse zu dem Blatte gehört, dafür fehlt der Beweis, ebenso dass es zu *Cercis* gehört. *Erythrina* wird ebenfalls in den Tertiärbildungen angeführt, indess entsprechen weder die durch Unger von Radoboj beschriebenen Arten *E. daphnoides* und *E. Phaseolites*, noch *E. Ungeri* Ettingsh. von Sagor den Blättern dieser Gattung. Wenn auch die Form der fossilen Blätter jenen der recenten ähnlich ist, so widerspricht der Leitbündelverlauf. Arten von *Erythrina* mit trapezoidalen Fiedern besitzen strahlige Leitbündel, bei anderen ist ihr Verlauf gefiedert, die Secundärleitbündel camptodrom durch Tertiärleitbündel, die unvollständigen mit den schief verlaufenden Anastomosen sich verbindend, die Felder mit kleinen polygonalen Maschen. Hülsen länger oder kürzer gestielt. Die Reste, Blatt und Frucht, welche Unger als *Amorpha stiriaca* von Parschlug beschrieben hat, werden kaum die Existenz dieser im pacifischen und atlantischen Nordamerika vorkommenden Gattung im Tertiär beweisen. Unter den recenten Arten ist keine, deren Blatt der fossilen entspräche, die Frucht mag eine kleine einfächerige und einsamige Hülse sein, ist aber damit schon bewiesen, dass sie zu *Amorpha* gehört? Fraglich ist ferner, ob beide zusammengehören, wofür auch kein Beweis vorliegt. Der Mittelleitbündel tritt bei *Amorpha* als Mucro aus der Blattspitze

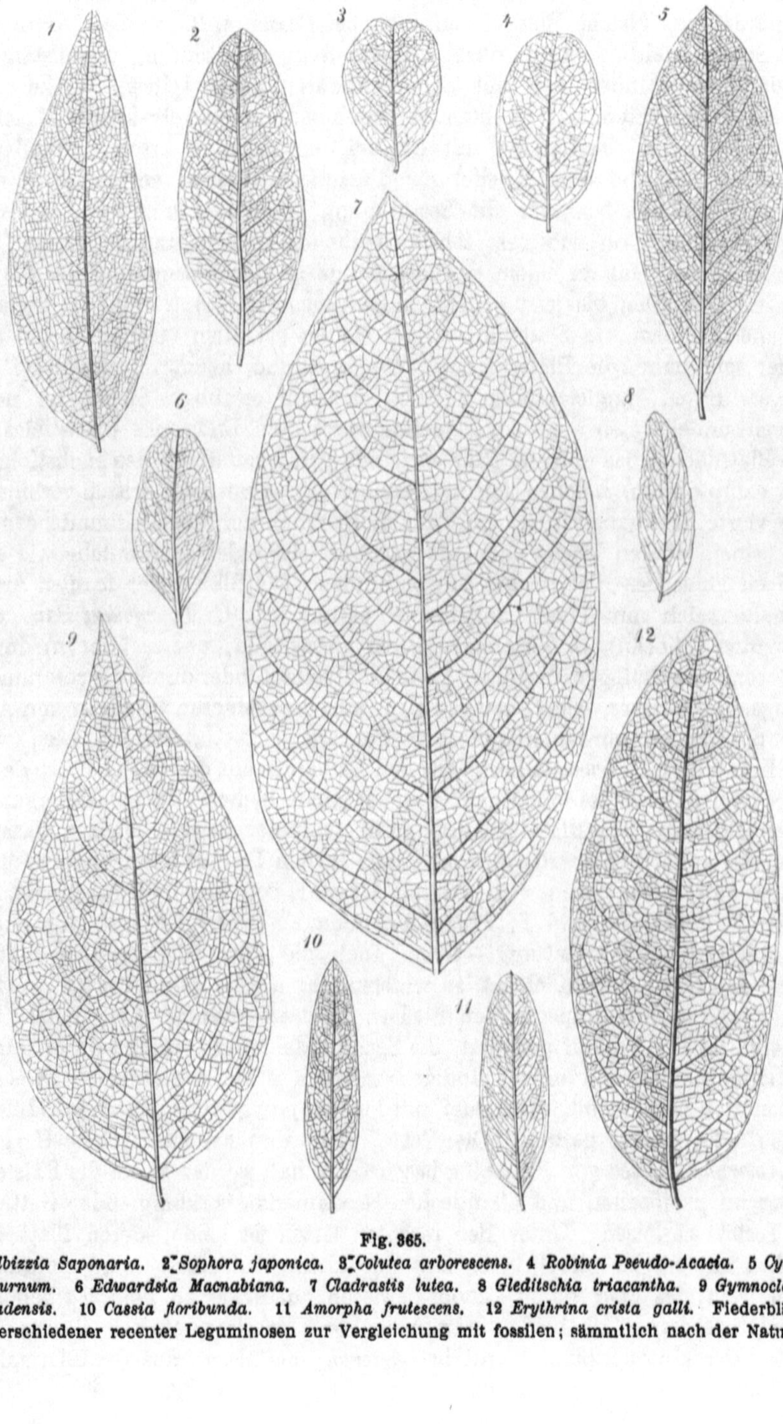

Fig. 365.

1 *Albizzia Saponaria.* 2 *Sophora japonica.* 3 *Colutea arborescens.* 4 *Robinia Pseudo-Acacia.* 5 *Cytisus Laburnum.* 6 *Edwardsia Macnabiana.* 7 *Cladrastis lutea.* 8 *Gleditschia triacantha.* 9 *Gymnocladus canadensis.* 10 *Cassia floribunda.* 11 *Amorpha frutescens.* 12 *Erythrina crista galli.* Fiederblätter verschiedener recenter Leguminosen zur Vergleichung mit fossilen; sämmtlich nach der Natur.

hervor; die steil aufsteigenden Secundärleitbündel durch die Tertiärleitbündel camptodrom, treten auf der Blattoberseite stärker als auf der Unterseite hervor, ebenso die unvollständigen; Anastomosen gerade, das die Felder ausfüllende Maschennetz unregelmässig. Oel führende Zellen des Blattparenchyms sind auf der Unterseite sichtbar. Fiederblätter recenter Leguminosen Fig. 365.

In der tropischen und subtropischen Gruppe der *Dalbergieen* zeichnet die Gattung *Dalbergia* sich durch den Reichthum an fossilen Resten aus, von welcher Blätter und Früchte angegeben werden, ferner wird ihr eine ausgedehnte Verbreitung von Dalmatien und Südfrankreich bis in den Norden von Deutschland, vom Süden der Vereinigten Staaten bis Grönland zugeschrieben, endlich wird angenommen, dass sie schon während der späteren Kreidezeit in Grönland vorhanden gewesen sei, im europäischen Tertiär habe sie vom Oligocän bis in das obere Miocän existirt. Die Früchte der recenten Arten sind, so weit ich sie kenne, länglichelliptische, bei demselben Exemplare bisweilen eingeschnürte, ein- oder mehrsamige Früchte, welche an den Stellen, an welchen die Samen liegen, radiär verlaufende Streifen zeigen. Grösse und Blattform wechselt, damit auch der Leitbündelverlauf, bei den grösseren die Secundärleitbündel zahlreicher als bei den kleineren, beinahe horizontal und dann aufwärts gebogen bei den breiteren, steiler verlaufend bei den schmäleren. Durch Gabeltheilung sind die Secundärleitbündel camptodrom, womit sich auch die unvollständigen secundären verbinden. Die Anastomosen einfach und gerade oder verzweigt, die Maschen der länglichen Felder sehr klein, wie so häufig bei den Papilionaceen die Stärke der Leitbündel ziemlich gleich, was ohne Zweifel mit ihrer Verzweigung zusammenhängt und bei dieser Gruppe so häufig vorkömmt, dass man nur die Ausnahmen erwähnen sollte.

Die aus der jüngeren Kreide, den Ataneschichten Grönlands von Heer beschriebenen Blätter *Dalbergia Rinkiana*, *D. hyperborea* beweisen so wenig wie das Fruchtfragment die Existenz der Gattung in dieser Periode und Region. Die eine ist als Blattfetzen beinahe ohne Leitbündel, die andere nur mit Secundärleitbündeln erhalten. Dergleichen Blätter existiren reichlich und kann man sie einer ganzen Anzahl Familien anschliessen. Das Fruchtfragment besitzt nichts für *Dalbergia* Eigenthümliches, noch weniger liegt etwas vor, was sie als den Blättern angehörig erweist. Im besten Falle können wir sagen, dass Leguminosenreste in der jüngeren Kreide Grönlands vorkamen, welcher Gattung sie angehören, ist uns unbekannt.

Zu den ältesten Tertiärarten gehört *D. primaeva* Unger (Fig. 370[10]) von Mte. Promina, Sagor, Sotzka, *D. haeringiana* Ettingsh. von Häring, *D. oligocaenica* Fried. von Dörstewitz, sämmtlich aus dem unteren Oligocän, aber zum Theil in das Miocän reichend. Die von Schichow bei Bilin durch Ettingshausen beschriebenen Blätter könnten zu *Dalbergia* gehören, hätten nicht auch andere Leguminosengattungen denselben Leitbündelverlauf. Noch zweifelhafter ist *D. haeringiana* Ettingsh. von Häring mit ihrem einzig erhaltenen Mittelleitbündel. Dass *D. reticulata* Ettingsh. von Tokay zu *Salvinia* gehört, ist bekannt. Aus dem südfranzösischen Oligocän werden durch Saporta von

Armissan drei Arten, *D. hecastophyllina*, *D. grandifolia* und *D. palaeocarpa* von Fenestrelle *D. leptolobiana* Sap., *D. Bella* Heer von Oeningen (Fig. 369[8]) beschrieben. Die Frucht der letzteren dürfte schwerlich von *Dalbergia* herrühren, für die Blätter kann ich nur auf das bereits Gesagte verweisen. Dasselbe gilt für die aus dem Bernstein des Samlandes angegebene *Dalbergia Sommerfeldtii* Caspary. Daran schliessen sich die tropischen Gattungen *Piscidia*, *Andira*, *Pterocarpus*, *Drepanocarpus*, *Machaerium*. Aus der ersten Gattung, welche mir in einem fruchttragenden Originale Linné's vorliegt, beschreibt Unger zwei Arten aus dem oberen Oligocän von Radoboj *P. erythrophyllum*, *P. antiqua*. Die Secundärleitbündel der recenten Art verlaufen ziemlich gerade und vereinigen sich an der Randleiste durch eine nach einwärts gerichtete Krümmung, gerade oder gebogene Anastomosen verbinden sie, ihre Felder schliessen ein sehr kleines Netz von Verzweigungen ein. Dieser Leitbündelverlauf, ferner die vierflügelige Frucht, wäre sie erhalten, würden diese Gattung sicher erkennen lassen. Von den beiden abgebildeten Arten Unger's ist die zuletzt genannte keine *Piscidia* wegen des gänzlich verschiedenen Leitbündelverlaufes, die beiden Blätter der ersteren Art haben einige Aehnlichkeit mit jenen der recenten Art. *Andira tenuinervis* Sap. von St. Zacharie ist dem Autor selbst zweifelhaft, *Pterocarpus* und *Machaerium* haben nur Blätter, *Drepanocarpus* auch Früchte zurückgelassen, es ist jedoch fraglich, ob diese Reste von den genannten Gattungen stammen. So haben die beiden *Machaerium*-Arten, *M. palaeogaeum* Ettingsh. von Kutschlin und *M. Kahlenbergi* Fried. von Trotha bei Halle einen ganz verschiedenen Leitbündelverlauf, welcher zwar bei dieser Gattung vorkömmt, sich aber nicht allein bei anderen Leguminosengattungen, sondern auch bei anderen Familien findet. Würden wir beblätterte Zweige dieser drei Gattungen mit Sicherheit unterscheiden können? Wir können allein die Aehnlichkeit mit Blättern dieser Gattungen betonen, ob sie ihnen angehören, wissen wir nicht.

Aus der Gruppe der *Sophoreen* sind gleichfalls Reste beschrieben, in welchen zum Theile Blätter von *Sophora*, einer über einen grossen Theil der Erdoberfläche verbreiteten Gattung, anderntheils Gattungen des südlichen Afrika, wie *Calpurnia*, *Virgilia* oder des tropischen Südamerika (*Bowdichia*) vermuthet werden. Was die letzteren Gattungen betrifft, so wird von Saporta aus dem mittleren Oligocän von Armissan *Calpurnia europaea*, Blatt und Frucht, beschrieben, beide nicht im Zusammenhang. Die Frucht eine längliche platte Hülse, gekielt am oberen Rande, am unteren Rande eine Leiste. Die Fiederblätter stumpf elliptisch, an einigen die camptodromen Secundärleitbündel erhalten. Verglichen wird sie mit der abessinischen *C. aurea*. Das heutige Vorkommen in Abessinien könnte dafür sprechen, dass zur Tertiärzeit die Gattung in Südfrankreich vorkam.

Bowdichia amphimenium Sap. aus dem Tertiär von Fenestrelle ist allerdings dem Fiederblatte einer *Bowdichia* sehr ähnlich, indess ist ein Leitbündelverlauf wie jener der recenten Art bei den Papilionaceen nicht selten, der Leitbündelverlauf des fossilen Blattes ist sicher unrichtig, ich kenne keine in dieser Weise entstehende Camptodromie. Aus der Gattung *Sophora* wird

Sophora europaea Unger (Fig. 364[5], Fig. 369[1]) vom unteren Oligocän von Mte. Promina, Häring, dem oberen Oligocän Südfrankreichs (St. Zacharie, Bois d'Asson) von Radoboj durch das Miocän, Sagor, bis in das obere Miocän von Erdöbenye angegeben, die Schweiz und Steiermark nordwärts bis zur Wetterau überschreitend. Vereinigt man damit die Gattung *Edwardsia* nach dem Vorgange Bentham's und Hooker's, so ändert sich die letztere Thatsache nicht, es wird nur obigen Fundorten noch Oeningen (Obermiocän) beigefügt. Von den beiden Autoren wird ausserdem *Styphnolobium* mit *Sophora* vereinigt, deren zwei Arten die eine im pacifischen Nordamerika, die andere in Japan vorkömmt. Die Hülsen sind cylindrisch, zwischen den Samen eingeschnürt, aber auch platt, ferner holzig oder saftig. Ferner ist mit *Sophora* verwandt *Cladrastis* Raf., von welcher eine Art dem atlantischen Nordamerika, die andere dem Amurgebiet angehört. Die Fiederblätter dieser Gattung stehen einander im Umrisse und im Leitbündelverlaufe unter sich und den Blättern der *Sophora europaea* nahe. Die Fiederblätter sind eiförmig, die Leitbündel gefiedert, die secundären durch Gabeltheilung camptodrom, unvollständige secundäre Leitbündel sind häufig, sie enden im Tertiärnetz. Von den Tertiärleitbündeln ist ohne Vergrösserung wenig zu sehen, sie sind sämmtlich, wie die weiteren Verzweigungen zart. Da wir im Tertiär unter den mit grösserer Sicherheit zu bestimmenden Resten nicht wenige finden, deren recente Arten in den oben genannten Regionen vorkommen, so ist es nicht unwahrscheinlich, dass unter den als *Sophora europaea* bezeichneten Blättern auch Blätter der genannten Gattungen sich finden, die Schwierigkeit, dies unbedingt auszusprechen und sie zu trennen, liegt in dem Fehlen sämmtlicher anderer Charaktere. Ein sehr kleines Fiederblatt von St. Zacharie mit sehr unzureichend erhaltenem Leitbündelverlauf wird von Saporta *Edwardsia reticulata* genannt. Der Leitbündelverlauf der Edwardsien ist von jenem der vorausgehenden hauptsächlich dadurch unterschieden, dass die unvollständigen Secundärleitbündel durch ihre Vereinigung mit den Anastomosen den Secundärleitbündeln parallele Felder bilden. Weitere Arten unterscheidet Heer von Monod (*E. parvifolia*) und Oeningen (*E. minutula*, *E. retusa* Fig. 364[10]), wonach die Gattung im oberen Miocän noch in Europa vorhanden gewesen wäre. So wenig wie andere Gattungen ist diese nach jenen Merkmalen bestimmt, nach welchen wir die Gattungsbestimmungen vornehmen, es sind die kleinen Fiederblätter, welche die Bezeichnung veranlasst haben. Hat denn *Edwardsia* allein solch' kleine Fiederblätter? Ferner hat nur eine der Arten, *E. retusa*, einen gut erhaltenen Leitbündelverlauf und ist dieser nicht bei den Leguminosen gewöhnlich, bei den anderen beiden ist nur der Mittelleitbündel erhalten.

Aus den *Swartzieen* beschreiben Unger und Ettingshausen je eine Art, der erstere *S. Palaeodendron* von Radoboj, der letztere *S. borealis* von Schichow. Die besonderen Blattstiele von *Swartzia* sind bei einem Theile der Arten verdickt, bei anderen nicht. Wenn wir immer in der Lage wären, dies Verhältniss richtig zu erkennen, so würde es für einige Arten ein brauchbares Merkmal sein, unter der Voraussetzung, dass es nicht auch anderen Gattungen zukömmt; ferner kann auch Druck ein solches Aussehen hervorrufen. Mittel- und Secundärleitbündel treten meist deutlich hervor, die unvollständigen secundären Leitbündel bilden mit den vollständigen parallele Felder, welche ein engmaschiges Netz von Verzweigungen enthalten. Die Grösse der Blätter ist sehr verschieden, die fossilen entsprechen den grösseren Blattformen der recenten Arten. Einen sicheren Nachweis über das Vorkommen der Gattung im Tertiär haben wir nicht. Mit knolligen Anschwellungen versehene Rhizome sind von Geyler als *Rhizomites Spletti* aus dem oberen Pliocän von Frankfurt beschrieben. Sie gehören meiner Ansicht nach den Papilionaceen an, *Lathyrus tuberosus* besitzt ähnliche Rhizome.

An *Caesalpiniaceen* fehlt es unter den fossilen Resten nicht und soll die Mehrzahl derselben der Gattung *Caesalpinia* angehören. Den recenten Gattungen sind noch zwei ausgestorbene: *Micropodium* Sap. und *Podogonium* Heer beigefügt. Durch die aufsteigende Deckung der Kronenblätter, welche theilweise unterdrückt sein können oder fehlen, die freien oder durch intercalares Wachsthum vereinigten nicht selten zum Theile rudimentären Staubblätter und den geraden Embryo von den Papilionaceen verschieden. Die Sicherheit der Blattbestimmungen ist bei dieser Gruppe nicht grösser als bei der vorausgehenden, weil auch bei ihr nur einzelne Fiederblätter, hie und da eine Frucht erhalten sind, der Leitbündelverlauf aber ebenso wenig etwas Charakteristisches besitzt, wie bei den vorigen. Kann ja nicht einmal das, was für die Gruppe den wesentlichsten Unterschied bildet, der Bau des Samens, ermittelt werden. Blüthen kennen wir genauer ebenfalls nicht. Diese Erwägungen müssen von vorneherein gegen die Richtigkeit der Bestimmungen Bedenken erregen; untersucht man nun eine grössere Anzahl von Gattungen und Arten, so überzeugt man sich bald, dass Form und Leitbündelverlauf ebenso mannigfaltig wie bei den Papilionaceen sind, beide vielfach mit der Grösse und Form des Blattes zusammenhängen. Ebenso mannigfaltig sind die Formen der Hülsen. Bei einzelnen Gattungen kann, wie z. B. bei *Gleditschia*, die Umbildung der Zweige zu Dornen einen Fingerzeig geben, wie dies thatsächlich bei einigen mit *Gleditschia* vereinigten Resten der Fall ist. Diese Gattung ist in Europa ausgestorben, ist aber von Nordamerika und Ostasien bis zum caspischen Meer, dem Kaukasus und Nordpersien verbreitet. Die zu einfachen oder verzweigten Stacheln umgewandelten Zweige sind erhalten von *G. celtica* Unger (Sotzka, Monod), *G. Wesseli* O. Weber (Fig. 368$^{1-3}$), *G. allemanica* (Fig. 369^{2}). Heer. Ob nun die mit den Stacheln vereinigten Blätter zu ihnen gehören, lässt sich nicht sagen, doch dürfte dies wohl der Fall sein Zur Zeit des oberen Miocäns von Oeningen kam sie noch in der nördlichen Schweiz vor, da sie jetzt noch im nördlichen Deutschland ihre vollständige Entwicklung durchläuft, so würde sie wahrscheinlich ohne das Dazwischentreten der Glacialperiode in Europa sich erhalten haben, da ihre Vertheilung auf der nördlichen Halbkugel sich ähnlich verhält, wie jene anderer Gattungen. Der Leitbündelverlauf der recenten Arten ist gefiedert, die Secundärleitbündel unter einem spitzen Winkel austretend, verlaufen steil und beinahe gerade, camptodrom durch Tertiärleitbündel, unvollständige Secundärleitbündel mit den geknickten Anastomosen verbunden, die dadurch entstehenden länglichen Felder den

Secundärleitbündeln parallel, mit den ziemlich grossen Maschen der weiteren Verzweigungen ausgefüllt.

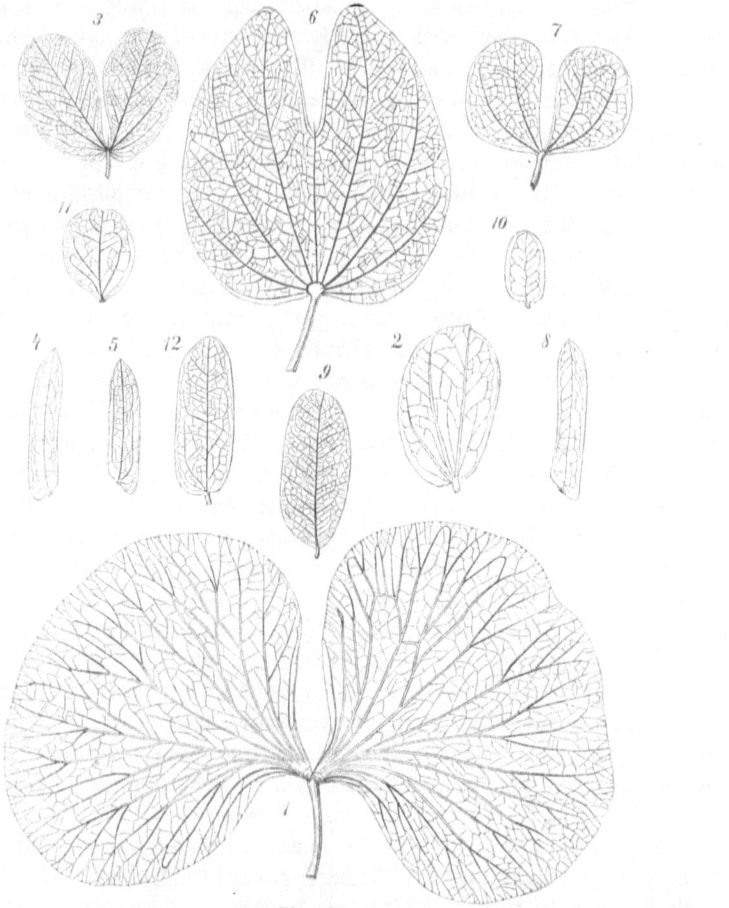

Fig. 366.

Blätter und Fiedern recenter *Caesalpiniaceen* und *Mimosaceen*. Nach der Natur. 1 *Acacia crassifolia* Asa Gray. 2 *A. Roemeriana*. 3 *Cassia bifoliolata*. 4 *Prosopis* spec. 5 *Calliandra* spec. 6 *Bauhinia grandiflora*. 7 *B. uniflora*. 8 *Parkia* spec. 9 *Caesalpinia pulcherrima*. 10 *C. microphylla*. 11 *C. sessilifolia*. 12 *C. Gilliesii*. (Mit Ausnahme von Fig. 1. 9 alle übrigen etwas vergrössert.)

Die jetzt in dem Mittelmeergebiet allgemein verbreitete *Ceratonia Siliqua* scheint im unteren Oligocän von Aix in der *C. vetusta* Sap. einen Vorläufer gehabt zu haben. Nach den Angaben des Autors (eine Abbildung fehlt) scheint indess diese Thatsache nicht ganz fest zu stehen. Zweifelhaft ist die von Wessel und Weber aus dem Oligocän von Bonn beschriebene *C. septimontana*, bei welcher es zweifelhaft ist, ob ein Fiederblatt vorliegt. Die von Oeningen stammende *C. emarginata* A. Br. (Fig. 364 11. 12) scheint jedoch hieher zu gehören, sie steht der recenten Art nahe. Der Leitbündelverlauf der rundlichen, ganzrandigen, kurzgestielten, an der Spitze seicht ausgerandeten

Blätter ist gefiedert; die Secundärleitbündel sind durch Gabeltheilung camptodrom, ihre Aeste bilden längs des Blattrandes Bogenmaschen, deren Aeste zu einem Netz verbunden sind. Anastomosen und alle aus ihnen hervorgehenden Verzweigungen zart. Die Kerben des Blattrandes erhalten ihre Leitbündel von den Camptodromieen. Die im atlantischen Nordamerika und östlichen China mit je einer Art, *Gymnocladus canadensis, G. chinensis*, vorkommende Gattung *Gymnocladus* scheint in der Tertiärzeit in Europa vorhanden gewesen zu sein. Ihre Fiederblätter besitzen durch Tertiärleitbündel camptodrome Secundärleitbündel, wie die vorausgehende Gattung unvollständige Secundärleitbündel mit den Anastomosen sich vereinigend, in den Feldern das Netz sehr enger Maschen. Frucht- und Blattreste von Manosque werden von Saporta mit dieser Gattung vereinigt als *G. macrocarpa* (Fig. 370[3. 4]). Abgesehen von den Fiederblättern können sie wohl dieser Gattung angehören, früher von demselben Autor als *Virgilia macrocarpa* bezeichnet.

Die nun folgenden Gattungen der Caesalpiniaceen gehören den Tropen an und können wir durch die heutige Verbreitung ihr Vorkommen in der Kreideperiode oder im Tertiär wahrscheinlich machen, so ist dies nur zum Theile der Fall, Beweise fehlen uns dafür gänzlich. Mit den Caesalpiniaceen vereinigt Heer von Oeningen stammende Zweige, Blätter, Früchte und Samen unter der Bezeichnung *Podogonium*, eine Reihe von Arten unterscheidend, wie *P. Knorrii, P. obtusifolium, P. Lyellianum, P. latifolium* (Fig. 367) etc., von welchen jedoch mehrere wie *P. constrictum* (Blatt), *P. campylocarpum* (Frucht), erstere eine zufällige Blattbildung, letztere durch die Lage der Frucht im Gestein bedingt ist. Die Reste wurden früher als *Gleditschia, Caesalpinia, Dalbergia* beschrieben, mit welchen die Formen der Blätter Aehnlichkeit haben. Sie sind ziemlich verbreitet und kommen sie von dem portugiesischen, ungarischen, croatischen und steiermärkischen Tertiär bis Oeningen, in Schlesien und Böhmen, vom oberen Oligocän bis in das obere Miocän vor und gehört dazu wohl auch *Cassia ambigua* Heer aus dem Tertiär Portugals. Die Gattung ist durch gefiederte Blätter, lineare, spitze, stumpfe oder ausgerandete ganzrandige Fiedern, gestielte, elliptische, einfächerige an der Basis verschmälerte, einsamige Hülsen ausgezeichnet, im Habitus *Gleditschia* nicht unähnlich. Nach Lesquereux fehlt sie auch in Nordamerika nicht, zwei Arten, allerdings nur Blätter, *P. acuminatum* von Florissant, *P. americanum*, weiter verbreitet, Middle Park in Colorado, aus der Greenrivergroup in Wyoming, Black Buttes und vom White River. Dass diese untergegangene Gattung den Caesalpiniaceen angehört, dürfte aus den Samen sich ergeben, dessen Embryo ohne Zweifel gerade war; was sonst noch etwa zu Gunsten dieser Ansicht gesagt werden mag, z. B. der Bau der Blüthen, ist bei eingehender Prüfung nicht stichhaltig, jedenfalls gehören die Reste zu den am besten und vollständigsten erhaltenen und lassen bei dem direkten Zusammenhang der einzelnen Theile keinen Zweifel über ihre Zusammengehörigkeit. Von den übrigen sei zunächst erwähnt *Hymenaea Fenzlii* Ettingsh. von Radoboj, ein Fiederblatt von lanzettlicher Form, kaum etwas anderes als der bekannte *Sapindus falcifolius*. Eben daher stammt *Mezoneuron rado-*

Fig. 367.

Podogonium Knorrii Heer. 1 Zweig mit Blättern, 2 Zweig mit Blättern und Früchten, 3 einzelnes Fiederblatt, 4 Zweig mit Blüthen, 5—7 Früchte und Samen. 8 *P. obtusifolium* Heer. Blatt. 9. 10 *P. Lyellianum* Heer. Blätter. 11 Frucht. 12 *P. latifolium* Heer. Blatt. 13 Frucht. Sämmtlich von Oeningen. Ob. Miocän. (Copieen nach Heer.)

bojanum Unger, eine zweiklappige aufgesprungene Hülse, welche hinsichtlich ihrer Angehörigkeit ebenfalls zweifelhaft ist, da nichts auf ihre Abstammung hinweist. Ebenso wenig haben wir einen Beweis dafür, dass die Gattung *Haematoxylon*, wie O. Weber will, während der Tertiärzeit in den Rheinlanden vorkam. Aehnliches muss von *Copaifera* gesagt werden. Die Fiederblätter dieser mit der Mehrzahl der Arten dem tropischen Südamerika, mit wenigen Afrika angehörigen Gattung sind isolirt nicht von jenen zahlreicher anderer Leguminosen zu unterscheiden, und wenn auch die fossilen Früchte von *C. armissanensis* Sap. von Armissan, *C. radobojana* Unger von Radoboj (Fig. 364[7]), Aehnlichkeit mit einfächerigen Hülsen der Gattung haben, so können sie doch von einer anderen Gattung herrühren, denn die erstere scheint nur das Fragment einer Hülse zu sein, letztere kann, wie *C. Kymeana* Unger von Kumi (Fig. 364[6]), eine verkümmerte Form einer Hülse sein. Die Gattung *Bauhinia*, welche mit *B. abyssinica* L. Rich.!, *B. platysiliqua* Guill.! und *B. parvifolia* Hochst.! ihre Nordgrenze jetzt in Abyssinien, Cordofan und im Sennar erreicht, soll ebenfalls in der Tertiärzeit in Europa vorhanden gewesen sein. Wesshalb die beiden von Unger als *B. destructa* von Radoboj, als *B. parschlugiana* von Parschlug abgebildeten Früchte zu *Bauhinia* gehören sollen, ist schwer einzusehen, denn auch dass sie gestielt, beweist nichts. Wie bei dem grössten Theile der artenreichen Gattungen der Leguminosen sind die Formen und Grössen der Hülsen sehr wechselnd und so mag es sein, dass auch solche Formen bei *Bauhinia* vorkommen, ich weiss aber nicht, wie eine isolirte Hülse, namentlich eine im Abdruck erhaltene, hinsichtlich ihrer Gattung bestimmt werden soll. Ausser dem Umriss und dass sie mehrsamig ist, lässt sich nichts weiter sagen. Die Fiederblätter der Bauhinien sind zum grossen Theile durch ihre Zweitheiligkeit und Ungleichseitigkeit sehr ausgezeichnet. Von einer Verwachsung ist gar keine Rede, das Blatt entwickelt sich wie jede andere Lappen bildende Blattform. Seltner sind ungetheilte Blattformen. Der Leitbündelverlauf ist strahlig und können drei bis elf wiederholt gabelnde Primärleitbündel vorhanden sein, deren einer im Einschnitt mit einem Mucro endet und die übrigen als seitliche Primärleitbündel in ungleicher Zahl je nach der Grösse der beiden Flächen auf diese vertheilt sind. Alle Secundärleitbündel camptodrom, die Anastomosen gerade, geknickt, die Felder quadratisch oder polygonal (Fig. 366[6, 7]). Das von Unger als *B. olympica* von Kumi abgebildete Blatt halte ich nicht für ein solches einer *Bauhinia*, es ist ohne Zweifel eines der in den verschiedensten Familien vorkommenden stumpfen seicht ausgerandeten Blätter, welche bald fiedernervig, bald strahlignervig sind. *B. germanica* Heer von Oeningen gehört nach dem Leitbündelverlauf nicht zu dieser Gattung, es sind wahrscheinlich zwei übereinander geschobene Fiedern. Wie bei *Bauhinia* die Nordgrenze der heutigen Verbreitung diesseits des Aequator liegt, so ist dies auch bei *Cassia* der Fall, von welcher Gattung noch einige Arten in Aegypten und am rothen Meere vorkommen. Auf der westlichen Halbkugel erreicht sie ihre Nordgrenze im pacifischen und atlantischen Nordamerika. Die Mehrzahl der Arten gehört den Tropen an. Die Blattformen sind bei dieser Gattung wie die Grössen sehr verschieden und wechseln die Fiederblätter in dieser Hinsicht zwischen schmalen, kleinen, den Mimosen ähnlichen Blättern bis zu ziemlich grossen linearen, lanzettlichen oder oblongen, von an der Spitze stumpf abgerundeten bis langzugespitzten. Von einer bestimmten Blattform kann also nicht die Rede sein. Ebenso wenig ist der Leitbündelverlauf immer derselbe, wenn auch der gefiederte vielleicht der häufigste ist, so fehlt der parallele und strahlige nicht. Die Secundärleitbündel sind camptodrom durch Gabeltheilung oder Tertiärleitbündel. Unvollständige Secundärleitbündel sind ganz allgemein, sie verbinden sich entweder mit den Anastomosen oder mit den Secundärleitbündeln, die Anastomosen gerade und gebogen, die durch sie gebildeten Felder von den mässig grossen Maschen der letzten Verzweigungen ausgefüllt. Ein Randnetz ist auch bei dieser Gattung vorhanden, seine Entwicklung hängt von der Entwicklung der Leitbündel ab, wenn diese Raum lassen, so ist es entwickelter, wenn nicht, dann das Gegentheil. Wie bei allen Fiederblättern der Leguminosen sind die Blatthälften ungleich, bei vielen, namentlich den Arten mit kleinen Fiederblättern sehr auffallend, oft verbunden mit strahligem oder parallelen Leitbündelverlauf. Für die Abhängigkeit der Verzweigung der Leitbündel von der Form und Grösse der Blätter liefern überhaupt die Leguminosen eine Reihe von Beispielen. *Cassia* gehört zu jenen Leguminosen, welche schon in der Kreideperiode, z. B. *C. melanophylla* Velenovsky, *C. atavia* Velen. (Böhmisch-Leipa, Kieslingswalde) vorhanden gewesen sein sollen. Bei dem vorwiegend tropischen Charakter der Gattung ist dies möglich, es frägt sich nur, ob es auch bewiesen werden kann. Erhalten sind nur Blätter, jene Theile, welche die Existenz der Gattung erweisen würden, die Blüthen und Früchte fehlen. Die Blätter sind meist einzelne Fiederblätter (*C. angusta*, *C. antiquorum*, *C. Ettingshauseni* Heer, Grönland), deren Mehrzahl nur den Mittelleitbündel aufweist, vollständiger ist nur eines erhalten. Dass solche Blätter nicht zur Gattungsbestimmung geeignet sind, liegt auf der Hand. Selbst dies ist fraglich, ob sie den Leguminosen angehören, da ähnliche Blätter auch in anderen Familien vorkommen. Im Tertiär wird gleichfalls eine Reihe Arten angegeben. Es ist im wesentlichen immer die nämliche oder wenig abweichende Blattform, welche als *Cassia* bezeichnet wird, während jetzt die Blattformen sehr mannigfaltig sind. Schon diese Thatsache muss Bedenken erregen, wenn auch der Formenreichthum geringer gewesen sein kann. Für den Nachweis der Gattung verweise ich auf das oben für die Arten der Kreide Gesagte. Die thatsächlichen Verhältnisse liegen für das Tertiär also nicht günstiger, denn dass die mit den Blättern combinirten Früchte zu ihr und zu den mit ihnen vereinigten Blättern gehören, dafür liegt nicht die Spur eines Beweises vor. Die Cassien-Früchte sind gefächert, gerade dies fehlt den fossilen Früchten oder ist nicht nachzuweisen. Ueberdies ist ein Theil der Hülsen fragmentarisch oder hat das Aussehen jener, welche zu *Acacia* gezogen worden sind. Was die Blätter selbst betrifft, so sind sie meistens nicht von besonderer Erhaltung, der Mittelleitbündel ist zwar vorhanden, die Verzweigungen derselben fehlen entweder oder sind unvollständig. Angegeben ist die Gattung vom Tertiär Südfrankreichs bis Steiermark, Krain, in der Schweiz, Bonn und der Provinz Sachsen. Zu den verbreitetsten gehören *C. Berenices* Unger, *C. Phaseolites* Unger vom südlichen Frankreich bis Schlesien (Fig. 370$^{6-8}$). Auch in Nordamerika fehlt sie im Tertiär nicht, so *C. Fischeri* Heer mit Europa gemeinsam. Zu jenen Arten,

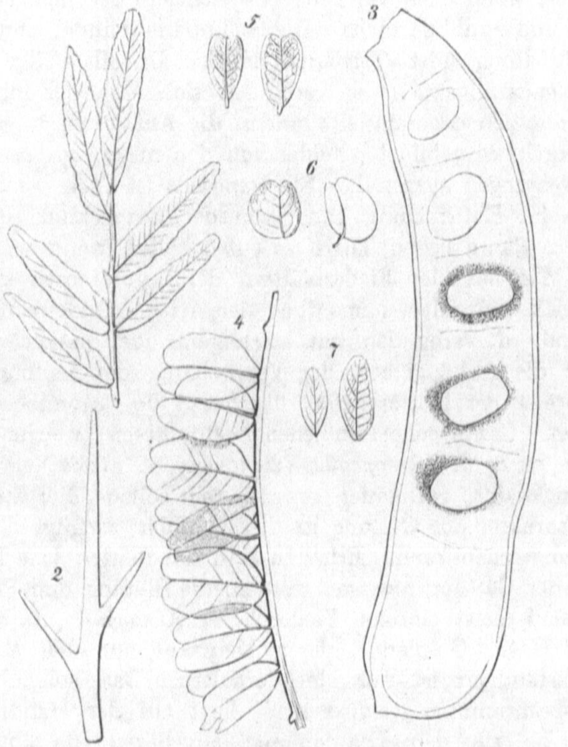

Fig. 368.
Gleditschia Wesseli O. Weber. 1 Fragment einer Fieder, 2 Dornen, 3 Frucht. Rott bei Bonn. 4 *Caesalpinia Falconeri* Heer. 5 *C. micromera* Heer. 6 *C. Jaccardi* Heer. 7 *C. Townshendi* Heer. (Copieen nach Weber und Heer.)

welche sich durch schmale Fiederblätter auszeichnen, gehören *C. tenella* Heer, *C. mucronulata* Heer, *C. stenophylla* Heer, das nicht entfaltete Blatt der *C. concinna* Heer kann zu den Mimoseen gehören, was bei den eben genannten auch nicht ausgeschlossen ist. In einzelnen Fällen sind nicht nur Fiedern, sondern Fragmente der gefiederten Blätter erhalten. Aus dem Pliocän des Val d'Arno, von Folle d'Induno werden von Sordelli *Cassia ambigua* Unger, *C. hyperborea* Unger, *C. lignitum* Unger angegeben. Aus dem Tertiär von Labuan kennen wir ein *Cassia* ähnliches Fiederblatt, *Cassiophyllum* Geyler, die beste Bezeichnung für diese Blätter.

Was für *Cassia* gesagt ist, gilt auch für *Caesalpinia* und brauche ich nur auf Bentham's und Hooker's *genera plantarum* zu verweisen, um darzulegen, wie mannigfaltig Blatt und Fruchtbildung auch bei dieser tropischen und subtropischen Gattung, deren Nordgrenze im nördlichen China, Japan, Abessinien und im südlichen Californien liegt, ist. Unter den von Heer beschriebenen Arten ist *C. Jaccardi* Heer (Fig. 368^{6}) verwandt mit *C. sessilifolia* aus dem nördlichen Mexiko, durch ihre sehr kleinen Blätter zeichnet sich die brasilianische *C. microphylla* DC. aus, durch trapezoidale *C. obliqua* Vogel. Nach der Form und Grösse wechselt auch der Leitbündelverlauf, dessen Secundärleitbündel durch Gabeltheilung oder Tertiärleitbündel camptodrom sind, die Verzweigungen zuweilen sehr sparsam. Der Verlauf je nach der Breite beinahe horizontal, im Bogen oder steil ansteigend, Anastomosen gerade oder gebogen, Maschen quadratisch oder polygonal. Auch hier ist eine ziemliche Anzahl Arten beschrieben, meist auf einzelne Fiederblätter gegründet, ohne Spur eines Beweises, dass sie hieher gehören, häufig Blätter nur mit dem Mittelleitbündel oder etwa noch Spuren der Secundärleitbündel, zuweilen unvollständige Blätter. Meist sind es rundliche, stumpf elliptische kleinere Blätter, welche hieher gezogen werden und sollen sie vom unteren Oligocän bis in das obere Miocän in Europa vorhanden gewesen sein, wobei die Schweiz, Oeningen und Locle ganz besonders begünstigt gewesen sind. Wie dies auch bei anderen Resten vorkömmt, sind bei *Caesalpinia* Blätter verschiedener Form zu einer Art vereinigt, z. B. *C. Townshendi* Heer (Fig. 368^{7}, Fig. 369^{4}), welche alle identisch sind, im allgemeinen hat man stumpf längliche kleine oder kleinere Blätter hierher gezählt. Man vergleiche *C. Falconeri* Heer, *C. micromera* Heer (Fig. 368$^{4.5}$, Fig. 369^{3}), *C. Jaccardi* Heer, *C. loclensis* Heer, *C. Escheri* Heer. *C. macrophylla* Heer ist ohne Zweifel nur seiner abgerundeten Spitze wegen hierher gezogen, das Blatt selbst bietet keinen Anhaltspunkt. Viel richtiger wäre es, diese Fiederblätter, wenn nachzuweisen ist, dass sie den Leguminosen angehören, als *Leguminosites* zu bezeichnen, wenn man nicht, wie dies Saporta mit einigen gethan, *Caesalpinites* vorzieht.

Die Abtheilung der *Mimosaceen* wird ebenfalls mit einer Reihe von Gattungen im Tertiär aufgeführt. Früchte und Blätter sind angeblich erhalten, möglich ist ferner die Erhaltung blattartiger Blattstiele. Kelch und Blüthenkrone sympetal, drei- bis fünfzählig, Staubblätter ebenso oder doppelt so viele oder zahlreich, Fruchtblätter eines, selten mehr, Embryo gerade. Die Mehrzahl dieser Reste ist der Gattung *Acacia* einverleibt und ist es das Tertiär Südfrankreichs und der Schweiz, aus welchen eine grosse Anzahl von Arten beschrieben ist, *Caesalpinia* und *Acacia* demnach einen hervorragenden Antheil an der Vegetation dieser Regionen gehabt hätten. Thatsächlich spricht ungeachtet blühender Schilderungen dafür nicht viel, weil der sichere Nachweis der Gattungen fehlt. Aix und die schweizerischen Fundorte enthalten zahlreiche Hülsen, welche zu *Acacia* gezogen werden, zum Theile gerade, nicht eingeschnürt, sodann eingeschnürt, ferner gewunden (*Cyrrhites* Heer), mit dem Abdrucke der Samen. Wären wir in der Lage, letztere untersuchen zu können, so würde der Embryo die Frage leicht entscheiden. Dies können wir nicht, so bleibt denn selbst die Frage nach der Gruppe unentschieden. Einzelne der kleinen Fiederblätter mögen wohl zu dieser Gattung gehören, werden aber sie und Früchte vereinigt, so ist dies immer willkürlich, da der Zusammenhang fehlt, das gemeinsame Vorkommen nichts beweist. Andererseits haben auch andere Gattungen ganz ähnliche Blätter, so z. B. *Mimosa* und Verwandte, ferner *Prosopis, Parkinsonia, Parkia* und selbst *Caesalpinia*. Ist der Leitbündelverlauf nicht erhalten oder ist er identisch, dann ist noch weniger eine Bestimmung möglich. Endlich kommt noch hinzu, dass in anderen Familien ähnliche Blätter vorkommen, z. B. bei *Porlieria*. Dass Acacien im Tertiär vorkamen, wird eben auch wieder durch die heutige Verbreitung wahrscheinlich, wir treffen sie auf der westlichen Halbkugel im nördlichen Mexiko und südlichen Californien, auf der östlichen in Aegypten. *Prosopis*, welche von Unger mit zwei Arten, *P. graeca* und *P. kymeana*, von Kumi angegeben wird, aber beide nach dem Leitbündelverlauf nicht hierher gehören, hat eine ähnliche Verbreitung, aus dem Süden Amerika's bis Cali-

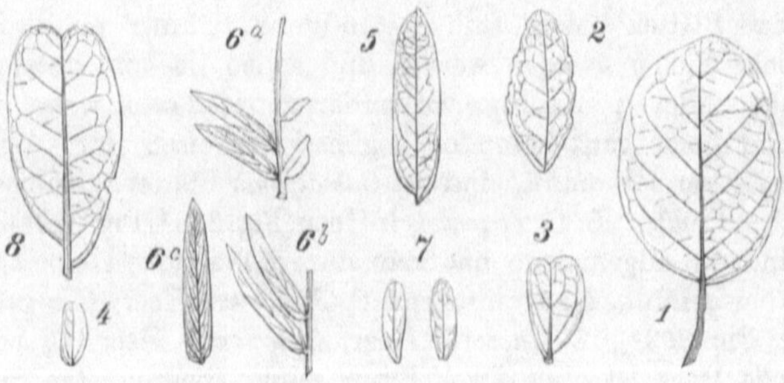

Fig. 369.
1 *Sophora europaea* Unger. Salzhausen. Oligocän. 2 *Gleditschia allemannica* Heer. 3 *Caesalpinia micromera* Heer. Oeningen. Ob. Miocän. 4 *C. Townshendi* Heer. Sieblos. Rhön. Oligocän. 5 *Mimosites palaeogaea* Unger. Parschlug. Miocän. 6a—c *M. haeringiana* Ettingsh. Sieblos. Oligocän. 7 *Acacia parschlugiana* Unger. Sieblos. Oligocän. 8 *Dalbergia Bella* Heer. Oeningen. Ob. Miocän. (Sämmtlich nach der Natur; Exemplare von Heer bestimmt.)

fornien, von Aegypten bis Turkestan, Turkmenien und Afghanistan (vgl. Fig. 366). So könnte denn und wahrscheinlicher *Prosopis* im Tertiär vorhanden gewesen sein. Lesquereux führt aus Nordamerika *A. septentrionalis* aus dem Tertiär von Colorado an, Phyllodien, wofür wir keine anderen Belege haben. Durch die jüngsten Untersuchungen von Lesquereux sind Leguminosenfrüchte in dem Tertiär von Oregon nachgewiesen, *Acacia Oregoniana* Lesq., ein für diese Periode nicht unwahrscheinliches Vorkommen. Ich mache aber auf eine mexikanische Acacie, *A. crassifolia* A. Gr., aufmerksam, deren grosse derbe Fiedern einem Hakeablatte durch Form und Leitbündelverlauf ausserordentlich ähnlich sind (Fig. 366[1]). O. Weber beschreibt aus dem Tertiär von Bonn eine *Acacia amorphoides*, deren zu Dornen umgewandelte Zweige, Blüthen und Blätter erhalten sein sollen. Die Deutung dieser Reste verräth die geringen botanischen Kenntnisse des Autors. Der mit Dornen besetzte Zweig sieht ganz so aus, wie ein auf derselben Tafel abgebildeter Zweig von *Gleditschia*, die Blätter mögen ebenfalls dieser Gattung angehören, die

Blüthen sind nicht zu bestimmen. Von den recenten Acacien liegt mir ein reiches Material in Folge des von Römer'schen Vermächtnisses und der von mir gegründeten morphologischen Sammlung vor. Die Hülsen sind hinsichtlich ihrer Form und Grösse ausserordentlich mannigfaltig gestaltet: platt, cylindrisch, kantig, gerade, sichelförmig, gewunden, eingeschnürt oder nicht, perlschnurartig, geflügelt, längs- oder quergerippt, gestielt oder ungestielt, stumpf abgerundet oder mit längerer oder kürzerer Spitze, bald mit Leisten oder Kielen, bald ohne diese, die Leitbündel der Fruchtblätter der Länge oder der Quere nach verlaufend. Die Fiederblätter ungleichseitig, Grösse und Form sehr verschieden, die Secundärleitbündel camptodrom durch Gabeltheilung, strahlig in der breitern Hälfte, mit zwei oder drei camptodromen Primärleitbündeln. Bei *Prosopis* die Secundärleitbündel gefiedert, etwas nach der Blattbasis gerichtet, camptodrom. Wie *Acacia* verhält sich *Mimosa* und ist es eine ganz willkürliche Trennung, wenn man bei den fossilen Blättern neben *Mimosa* noch *Mimosites* annimmt, sie selbst bieten dafür nichts. Von der zuletzt genannten Blattgruppe hat Lesquereux aus dem Tertiär von Florissant, Colorado, sehr vollständige Exemplare als *M. linearifolius* abgebildet (Fig. 370[9]), man muss indess bei dieser Blattform immer im Auge behalten, dass es sich um verschiedene Gattungen nicht allein der Mimosaceen, sondern auch anderer Familien handeln kann. Mit *Inga* Plum. vereinigt Unger ein Blatt, wahrscheinlich Fiederblatt, länglich-lanzettlich mit schlecht erhaltenen Secundärleitbündeln, *I. Icari* von Kumi. Dass es zu *Inga* gehört, wird durch nichts bewiesen und hat man unter den fossilen wie lebenden Blättern eine ziemlich grosse Auswahl ähnlicher Blattformen. Ein grosser Theil der recenten Arten zeichnet sich durch die geflügelten Blattstiele aus. Die Blattformen sind mannigfaltig, wobei die den Acacien ähnlichen nicht fehlen.

Aus der jüngeren Kreide Böhmens werden von Velenovsky *Hymenaea primigenia* Sap. von Vyšerovic, *H. elongata* Vel. von Böhm. Leipa und Kuchelbad, *Inga latifolia* Vel. von Vyšerovic beschrieben und abgebildet. Im Pliocän des Val d'Arno *I. Gavillana* Gaud. von Gaville.

Zu den grössten fossilen Hülsen gehören die von Unger in Sylloge, II als *Entada primogenita* von Radoboj und *E. Polyphemi* von Sotzka (Fig. 370[1. 2]) beschriebenen Reste, beide nicht vollständig erhalten, erstere breit-linear, gerade, letztere tief eingeschnürt, die zwischen den Einschnürungen liegenden Theile rundlich, durch einen kurzen, schmalen Isthmus verbunden. Es ist ohne Zweifel die bedeutende Grösse der Früchte gewesen, welche Unger veranlasst hat, die Reste zu *Entada* zu stellen, wobei er jedoch auf die Abstammung von *Acacia* hinweist, der fehlenden Spitze wegen diese Bestimmung aber verwirft. Beide Reste haben ausser der Grösse mit *Entada* nicht mehr Verwandtes, als mit anderen Leguminosenfrüchten und können sie von sehr verschiedenen Gattungen herrühren, seien es Mimosaceen oder Caesalpiniaceen. Einen Beweis, dass die genannte Gattung während der Tertiärzeit Europa bewohnte, liefern die Reste nicht, denn auch für *Entada* fehlen Merkmale, welche Unger bei der ersten Art für *Acacia* vermisst, z. B. die Spitze, die starken Leisten, die durch die Leitbündel erzeugten Querleisten. Wir sind

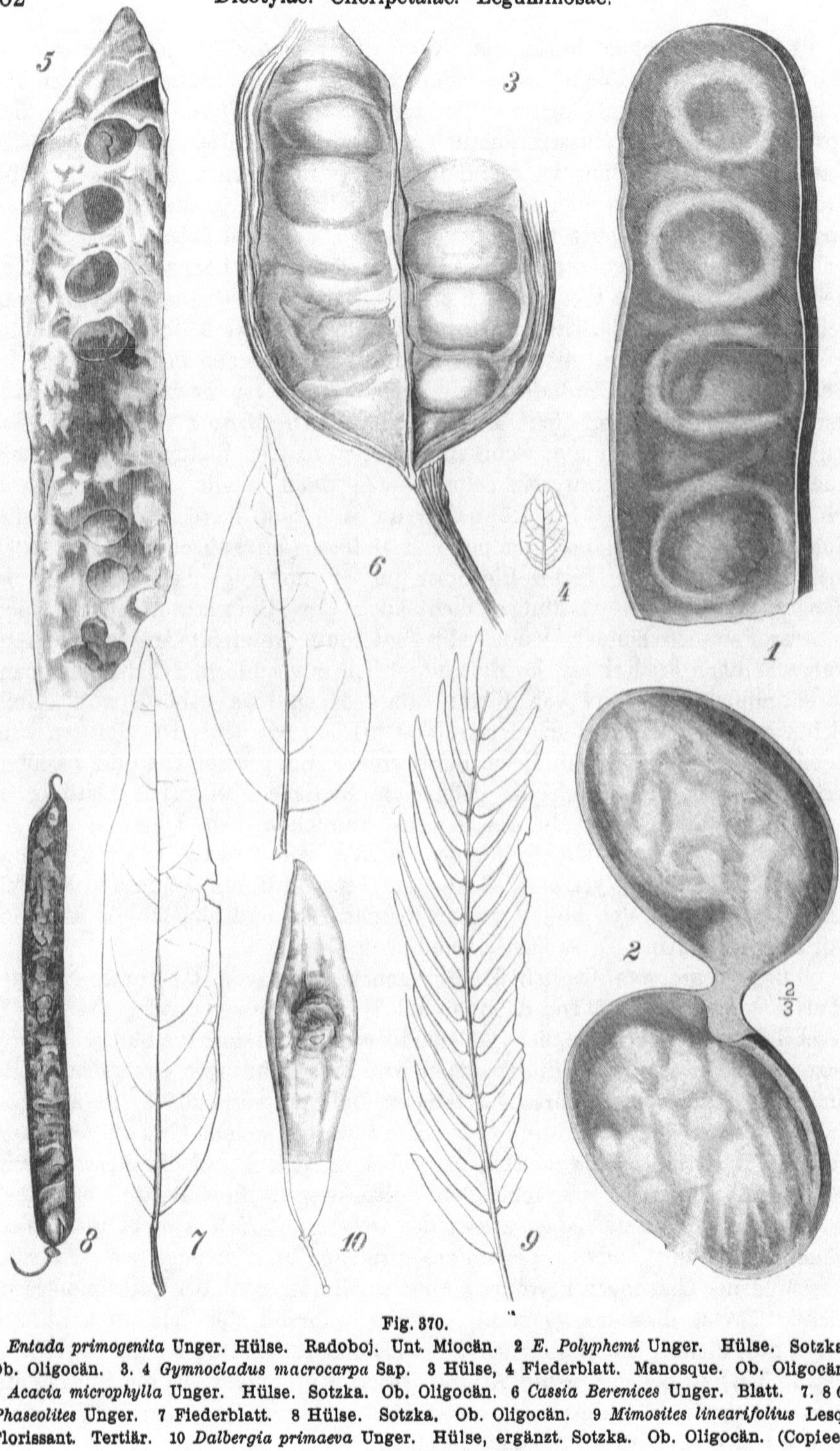

Fig. 370.
1 *Entada primogenita* Unger. Hülse. Radoboj. Unt. Miocän. 2 *E. Polyphemi* Unger. Hülse. Sotzka. Ob. Oligocän. 3. 4 *Gymnocladus macrocarpa* Sap. 3 Hülse, 4 Fiederblatt. Manosque. Ob. Oligocän. 5 *Acacia microphylla* Unger. Hülse. Sotzka. Ob. Oligocän. 6 *Cassia Berenices* Unger. Blatt. 7. 8 *C. Phaseolites* Unger. 7 Fiederblatt. 8 Hülse. Sotzka. Ob. Oligocän. 9 *Mimosites linearifolius* Lesq. Florissant. Tertiär. 10 *Dalbergia primaeva* Unger. Hülse, ergänzt. Sotzka. Ob. Oligocän. (Copieen nach Unger, Saporta, Lesquereux.)

bei dem lückenhaften Material einfach nicht im Stande, gegründete Vermuthungen darüber auszusprechen, in welchen Beziehungen diese Reste zu Formen der Jetztwelt stehen, denn weder die Grösse noch auch die Form gibt uns bestimmte ausschliessliche Anknüpfungspunkte.

Versucht man an der Hand der Exemplare und Abbildungen Klarheit in die Verbreitung der Caesalpiniaceen und Mimosaceen zu bringen, so gewinnt man bald die Ueberzeugung der Undurchführbarkeit. Im Allgemeinen hat man kleine Fiederblätter, vereinzelt oder bisweilen einige noch mit den Blattstielen in Verbindung stehend, als diesen Gruppen angehörig bezeichnet, man überzeugt sich jedoch bald, wie wenig gerechtfertigt die Unterbringung der Reste in die verschiedenen Gattungen ist, selbst wenn man die Früchte zu Hilfe nimmt, denn Alles, was für die Unterscheidung wesentlich ist, fehlt den Resten, man kann nur sagen, dass Formen aus der Reihe der Mimosaceen existirt haben und auf Grund der heutigen Verbreitung den Schluss ziehen, welcher oben gezogen worden ist. So sind denn die zahlreichen beschriebenen Arten ziemlich bedeutungslos, mag es sich um solche handeln, welche auf Blätter oder Früchte gegründet sind oder um solche, bei welchen man Blätter mit Früchten aus dem Grunde vereinigt hat, weil sie zusammen vorkommen. Unzweifelhaft wäre es zweckmässig, alle diese Reste, welche zu den kleinen *Acacia* ähnlichen Blättern gehören, als *Mimosites* zu bezeichnen, selbst auf die Gefahr hin, dass sie einer anderen Familie angehören. Was die mit Phyllodien versehenen Acacien angeht, so haben wir kein Mittel, sie losgetrennt von ihrer Mutterpflanze von anderen Blättern zu unterscheiden. Wir können daher auch nicht sagen, ob diese Formen der Gattung im Tertiär bereits existirten, ob sie zu dieser Zeit in Europa vorhanden waren. Von einigen der beschriebenen Arten füge ich die Abbildungen bei (Fig. 369^{5-7}).

Die Secundärleitbündel camptodrom durch tertiäre, die unvollständigen durch Vereinigung mit den secundären mit den letzteren parallele Felder bildend. Die Blattstiele einzelner Arten erinnern an die gleichen Glieder fossiler Weinmannien, z. B. jener aus dem Tertiär Nordamerika's und wäre es möglich, dass diese hierher gehören, da die Gattung jetzt noch in Westindien vorkommt. Eine Anzahl grösserer und kleinerer ungleichseitiger Blätter aus der Kreide und dem Tertiär, deren Mittelleitbündel meist allein erhalten, werden als *Leguminosites* bezeichnet. Dass sie aus dieser Gruppe stammen, ist durch nichts bewiesen, weshalb nur sie und nicht auch andere diese Bezeichnung erhalten haben, ist nicht zu ersehen. Lesquereux, Heer haben aus beiden genannten Formationen solche beschrieben, einzelne Conwentz und Nathorst. Die gleiche Bezeichnung haben auch andere Pflanzentheile, z. B. Samen erhalten, bei welchen nichts verräth, dass sie den Leguminosen angehören. Es gehört eine sehr mässige Kenntniss der Samen dazu, um sich zu sagen, dass dergleichen rundliche Samen sehr verschiedenen Familien angehören können.

Von aussereuropäischen Fundorten sind mir aus der Tertiärflora Neuhollands die durch Ettingshausen als *Cassia Flindersii, C. Cookii, Dal-*

bergia Diemenii, Leguminosites Kennedyi beschriebenen bekannt geworden, aus Sumatra sind aus dem Tertiär durch Heer Blätter und ein wahrscheinlich zu *Dalbergia* gehöriges Fruchtfragment, dann mit *Cassia* verwandte Blätter durch Geyler von Labuan als *Cassiophyllum* abgebildet. Die aus Neuholland stammenden Blätter sind nicht geeignet, unsere Kenntniss der Tertiärflora dieses Landse zu erweitern, jene von Sumatra und Labuan mögen den Gattungen angehören, mit welchen sie verglichen.

Am Schlusse der Reihe der Leguminosen sei der von Lesquereux und Lester F. Ward beschriebene *Leguminosites arachioides* Lesq. aus dem Tertiär von Evanston und der Laramiegroup des Clear Creek, Montana, erwähnt (Lesquereux, Tert. Flora p. 301 tab. 40 fig. 14. Lester F. Ward, Types of the Laramie Flora p. 65 tab. 29 fig. 2), ein zweifelhafter Pflanzenrest, über welchen erst spätere Untersuchungen Aufschluss geben müssen, welcher jedoch schwerlich den Leguminosen angehört.

Suchen wir aus dem Mitgetheilten ein Resultat zu ziehen, so ist die Existenz der Leguminosen im Tertiär ausser Zweifel, dafür spricht am entschiedensten das Vorkommen der Hülsen. Das gänzliche Fehlen der Blüthen, brauchbarer Früchte und Samen lässt uns für die einzelnen Gruppen eine ähnliche sichere Unterlage, wie sie für die ganze Gruppe vorliegt, vermissen, wir sind auf die Blätter angewiesen. Nach diesen ist es nicht unwahrscheinlich, dass Papilionaceen, Caesalpiniaceen und Mimosaceen im Tertiär existirt haben, dass tropische Gattungen fehlten, dagegen Gattungen, deren Westgrenze im äussersten Osten Europa's, die Ostgrenze in Japan, die Nordgrenze in Südeuropa und Nordafrika, im pacifischen und atlantischen Nordamerika liegt, vorhanden waren. Diese Beobachtung, welche wir schon mehrfach zu machen Gelegenheit hatten, drängt sich auch bei dieser Gruppe auf. Allerdings ist dies ein Resultat, welches die Palaeontologen wenig befriedigen wird, die Aufgabe der Palaeontologie besteht aber nicht darin, unbeweisbare Behauptungen aufzustellen, noch darin, unbewiesene Aussprüche durch nicht beweiskräftige Beobachtungen zu stützen, sondern auf Grund beobachteter und kritisch gesichteter Thatsachen die Entwicklung der Pflanzen- und Florengruppen zu ermitteln.

Hysterophytae.

Nach dem Vorgange von Eichler schalte ich diese aus den *Aristolochiaceen*, *Rafflesiaceen*, *Santalaceen*, *Loranthaceen* und *Balanophoraceen* bestehende Abtheilung zwischen den Choripetalen und Sympetalen ein. Für die *Rafflesiaceen* und *Balanophoraceen* fehlt jeder Nachweis ihrer Existenz in den früheren Erdbildungsperioden und hat Nathorst seine früher vertretene Ansicht aufgegeben. Es bleiben somit nur drei der oben erwähnten Familien übrig, *Aristolochiaceen*, *Santalaceen* und *Loranthaceen*, von welchen Blätter, Blüthen und Früchte sich erhalten haben sollen.

Bei den *Aristolochiaceen* ein drei- oder sechstheiliges Perigon mit lebhafter Färbung, zygomorph bei *Aristolochia*, actinomorph bei *Asarum*; Staubblätter zwölf, frei bei *Asarum*, bei *Aristolochia* meist ein einziger, sechszähliger

Blattkreis, dessen Blätter in dem nach aussen gekehrten Gewebe Pollen bilden, jenes der Spitze und Innenfläche zur Narbe und Griffelcanal sich umwandelt, bei einigen wenigen Arten zwei sechszählige Blattkreise. Fruchtknoten unterständig, meist sechs-, seltener vier- bis fünffächerig; Früchte:

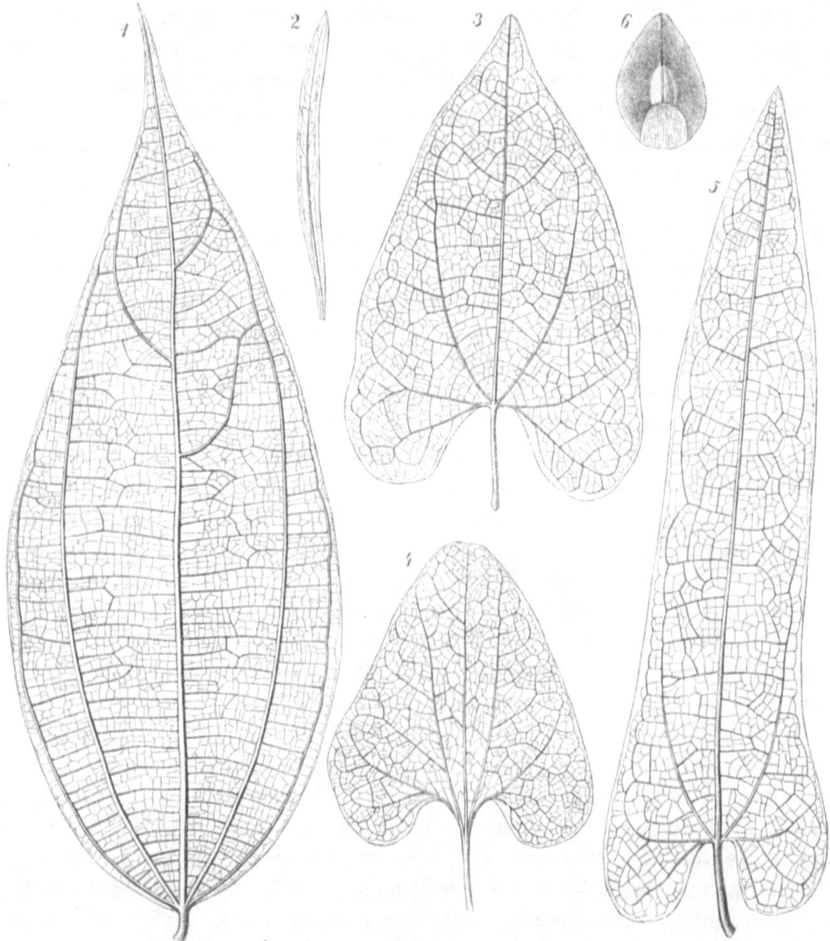

Fig. 371.

1. *Bragantia melastomacea.* 2. *Aristolochia longiflora.* 3 *A. aurantiaca.* 4 *A. glauca.* 5 *A. rumicifolia.* 6 *A. Gigas.* Same. Blätter recenter Aristolochiaceen. (Sämmtlich nach der Natur.)

Kapseln vier- bis sechsklappig aufspringend. Die Mehrzahl der Arten gehört den Tropen und Subtropen, eine kleinere Zahl den gemässigten Zonen an. Zum Theile sind es schlingende Holzgewächse, zum Theile perennirende Pflanzen mit verschieden gestalteten unterirdischen Axen. Bei ihrer heutigen Verbreitung bis in das nördliche China und Japan, in den nördlichen und südlichen Staaten von Nordamerika, ist ihr Vorkommen in der Tertiärzeit nicht unwahrscheinlich, es ist ihr sicherer Nachweis nur nicht leicht, da unter den fossilen Resten Alles fehlt, was die Familie mit Bestimmtheit erkennen lässt. Denn die fossilen Blätter haben eben nichts der Familie allein Eigenthümliches, da z. B. Menispermaceen, Melastomaceen, Urticaceen, Piperaceen, Saururaceen ganz ähnliche Blattformen mit ähnlichem Leitbündelverlauf besitzen. Eine Charakteristik, wie sie Schimper von den Blättern von *Aristolochia* gibt, wird sich demnach auf eine Reihe von Blättern mit strahligem und bogenläufigem Leitbündelverlauf anwenden lassen. Form und Grösse der Blätter ist nicht allein bei den einzelnen Arten sehr verschieden, sondern auch bei derselben Art, welches bei den recenten Arten keine Schwierigkeiten macht, bei isolirten Blättern aber dazu führt, die verschiedenen Formen als besondere Arten zu unterscheiden. Berücksichtigt man ausserdem die von *Aristolochia* losgetrennten Gattungen, z. B. *Bragantia*, so ist der Leitbündelverlauf bei den indischen und von den Philippinen stammenden Arten genau jener der Melastomaceen und einzelner Myrtaceen oder eines Theiles der Lauraceen, drei bis fünf bogenläufige, leicht nach einwärts gebogene gegen die Spitze convergirende Primärleitbündel durchziehen das Blatt (Fig. 371[1]). Was Unger in der Sylloge III als *Melastomites radobojana* beschrieben und abgebildet, könnte mit gleichem Rechte, wie mancher andere Rest, hierher gestellt werden. Ehe ich zur Darstellung des Leitbündelverlaufes übergehe, bespreche ich die als Früchte beschriebenen Reste. Wie erwähnt, sind die Früchte der Aristolochiaceen gestielte dünnwandige mit vier bis sechs Klappen aufspringende Kapseln, kugelig, eiförmig oder cylindrisch von verschiedener Grösse mit vier, sechs bis zwölf Leisten, auf dem Scheitel die Narbe der abgefallenen Blüthentheile und Reste der Narbe (Fig. 372[5]). Heer beschreibt aus dem oberen Miocän von Oeningen einige eiförmige oder längliche Früchte als *Aristolochia oeningensis*, Pilar *A. sphaerocarpa* Heer von Sused, an deren Aussenfläche Linien sichtbar, die Spitze stumpf abgerundet (Fig. 372[1. 2]) sind. Durch ihren Umriss sehen sie Aristolochienfrüchten ähnlich, sodann liessen sich bei dem einen Exemplare die Linien als Leisten deuten. Sonst fehlt Alles, was auf die Familie hinwiese und ist deshalb auch die Bestimmung dieser Früchte trotz der äusseren Aehnlichkeit unsicher und können trotzdem die Reste aus einer anderen Familie stammen, da ihnen jedenfalls fehlt, was ich bei allen von mir untersuchten, etwa zwanzig Früchten gesehen habe, die Narbe der abgefallenen Blüthentheile auf dem Scheitel der Frucht (Fig. 372[5]).

Was die fossilen Blätter angeht, so sind die meisten derselben zur sicheren Bestimmung unbrauchbar oder ihr Leitbündelverlauf widerspricht jenem von *Aristolochia*. Blattfetzen ohne jegliche Bedeutung sind Weber's *A. dentata* und *A. primaeva* von Rott, Heer's *A. nervosa* von Hohen Rhonen, *A. borealis* Heer aus dem Tertiär Grönlands; ob Saporta's *A. venusta* von Radoboj, *A. inaequalis* Heer aus dem Tertiär Grönlands zur Gattung gehören, ist mir zweifelhaft, unter den von mir untersuchten zahlreichen Arten habe ich keine mit ungleichseitiger Basis und gleichem Leitbündelverlauf gefunden, *A. Taschei* Ludwig von Salzhausen ist sicher kein Aristolochienblatt.

Nach Heer und Capellini tritt die Gattung oder eine ihr verwandte schon in der Kreide auf, in der jüngeren Kreide von Nebraska, Tekamah, *Aristolochites dentatus* Heer (*Aristolochia* Schimper). Keine der von mir gesehenen recenten Arten hat einen solchen Leitbündelverlauf, ob das Blatt gezähnt war, ist ebenfalls fraglich, jedenfalls ist es nicht die Zähnung der

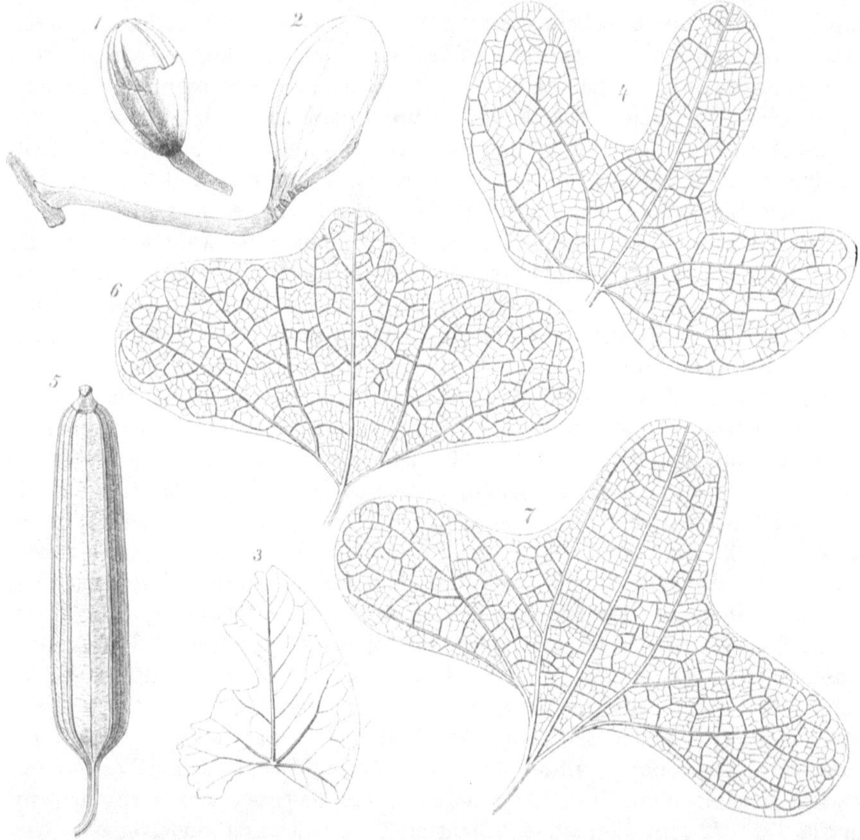

Fig. 372.
1. 2 *Aristolochia oeningensis* Heer. Früchte. Oeningen. Ob. Miocän. 3 *A. Aesculapi* Heer. Oeningen. Ob. Miocän. 4. 5 *A. trilobata*. 4 Blatt. 5 Frucht. 6 *A. Raja*. Blatt. 7 *A. macrota*. Blatt. Recente Arten. (1—3 Copieen nach Heer, 4—7 nach der Natur.)

recenten Aristolochienblätter. So bleibt kaum eine Art übrig, weder *A. inaequalis* Heer, noch *A. Aesculapi* Heer (Fig. 372[3]) von Hohen Rhonen und *A. Wetzleri* Heer von Günzburg, von welcher nur eine Beschreibung vorliegt, welche auf die Gattung bezogen werden könnte, da allen Blättern der an der Blattbasis auftretende Leitbündelverlauf fehlt. Es ist eben nur die Form des Blattes entscheidend für die Deutung gewesen, ohne dass Anderes berücksichtigt worden wäre. Auch von *Asarum* kann bei all' diesen Resten keine Rede sein.

Wie Eingangs bemerkt, ist der Leitbündelverlauf der recenten Aristolochien ziemlich mannigfaltig (vgl. Fig. 371. 372$^{4-7}$). Am einfachsten tritt er bei den linearen Blättern der *A. longiflora* A. Gr.! aus Texas auf, ein starker Leitbündel sendet fiederförmige durch Gabeltheilung camptodrome Secundärleitbündel aus. Daran schliessen sich die lanzettlichen zugespitzten, an der Basis herzförmigen Blätter, z. B. der *A. rumicifolia*, *A. angustifolia* mit drei unmittelbar an der Blattbasis austretenden parallelen Primärbündeln, deren Secundärbündel, so weit sie den beiden seitlichen angehören, camptodrom sind, jene des Mittelleitbündels mit den seitlichen durch secundäre Anastomosen sich verbinden. Was bei der häufigst vorkommenden Blattform, der ei-herzförmigen, allgemein vorkömmt, der strahlige und bogenläufige Leitbündelverlauf, macht diesen zum vorherrschenden und verhält sich das Austreten der Blattbündel aus dem Blattstiele in der Weise, dass zwei seitliche an der Basis im Blattrande selbst verlaufen, dann zwei weitere folgen, die Mitte von dem nicht sehr starken Mittelleitbündel eingenommen wird. In der Regel sind fünf Primärbündel vorhanden, bei kleineren Blättern drei, die beiden im Ausschnitt verlaufenden bald gabelnd, in den beiden Lappen wiederholt gabeltheilig und in um so grösseren Bogen verlaufend, als die Lappen grösser. Ebenfalls wiederholt gabeltheilig verlaufen die übrigen, bis sich die letzten Gabeltheilungen in der Nähe des Blattrandes camptodrom verbinden, aus welchen dann Aeste in den Rand austreten. Sind die Blätter gelappt, wie bei *A. Raja, A. triloba, A. macrota*, so tritt in den Mittellappen ein Leitbündel ein, z. B. A. *triloba*, die Seitenlappen erhalten zwei, bei *A. macrota* erhält der Mittellappen drei Primärbündel, die seitlichen je einen, bei *A. Raja* der Mittellappen einen, die horizontal abstehenden Seitenlappen aus den beiden an der Blattbasis verlaufenden Primärbündeln die sämmtlichen Secundärleitbündel und sind alle Bündel camptodrom. Die Anastomosen sind entweder gerade oder gebogen, die von ihnen gebildeten Felder mit quadratischen oder polygonalen Maschen ausgefüllt. Läuft die Blattbasis der herzförmigen Blätter an dem Blattstiele herab, so erfolgt die Trennung der Primärbündel schon an dieser Stelle. Der Leitbündelverlauf der fossilen Aristolochienblätter hat mit jenem der recenten sehr wenig gemein. In Fig. 371. 372 sind die hauptsächlichsten Typen des Leitbündelverlaufes dargestellt. Was die Blätter von *Aristolochia* auszeichnet, übrigens auch *Asarum* zukömmt, ist der Verlauf des Leitbündels im Rande der herzförmigen Blattbasis, keine der fossilen Arten hat diesen Verlauf, während ich ihn bei keiner recenten Art vermisste. Uebrigens wird es nicht überflüssig sein, darauf hinzuweisen, dass unter den fossilen mit *Aristolochia* vereinigten fossilen Blättern auch Blätter von Monocotylen verborgen sein können. Weiter will ich noch zwei Blattformen erwähnen, welche in ihrem Leitbündelverlauf und durch ihre Form an *Bragantia* erinnern: *Macclintokia* und ein Theil der *Majanthemophyllum*-Arten. Alle diese Blätter sind nicht geeignet, sichere Aufschlüsse über die Existenz der Gattung im Tertiär, ebenso wenig aber trotz einer gewissen Aehnlichkeit der Form, die Früchte. Zugleich sind die Reste ein Beispiel des bei Heer häufig sich wiederholenden Verfahrens, eine unsichere Bestimmung durch eine andere ebenso unsichere als gesichert zu erklären.

Hinsichtlich des Baues der Blätter verweise ich auf die Abhandlung Dr. Solereder's »Beitr. zur vergleichenden Anatomie der Aristolochiaceen« in Engler, Jahrb. Bd. X. Heft IV. V. Was bei den fossilen Blättern nachgewiesen werden kann, sind einerseits die Oel führenden Zellen, andererseits die verschiedenen Formen der Haare, unter ihnen besonders die Klimmhaare, ferner Gruppen verkieselter Zellen, welche an trockenen Exemplaren als Höcker stärker sichtbar werden und wie die Haare an fossilen Blättern immerhin sich erhalten können.

Aus der Familie der *Santalaceen* werden Zweige, Blätter, Blüthen und Früchte angegeben. Ich fasse die Familie im Sinne von Bentham und Hooker auf, rechne also die *Anthoboleen* mit *Exocarpus* hierher. Die Familie gehört zum grössten Theile den Tropen und Subtropen, zum kleineren Theile der gemässigten Zone an und besteht aus Bäumen, kleinen Sträuchern und perennirenden Pflanzen. Unter ihnen befinden sich viele Wurzelschmarotzer, z. B. *Thesium*, andere sind Stammschmarotzer.

Die Blüthen Zwitter, oder ein- und zweihäusig. Vier- bis fünfzählige, selten drei- oder sechszählige röhrige Perigone, ebenso viele Staubblätter, unterständiger einfächeriger Fruchtknoten mit freiem mittelständigem Samenträger, hängenden Samenknospen, Beeren, Schliess- oder Steinfrüchte charakterisiren die Familie. Blätter gegenständig, alternirend, zuweilen rudimentär, Nebenblätter fehlend.

Zuerst erwähne ich eine von Conwentz aus dem Bernstein des Samlandes beschriebene Blüthe, *Thesianthemum inclusum* (Fig. 373 $^{15-18}$), mit fünf Perigonabschnitten und Staubblättern, unterständigem geripptem Fruchtknoten, welche mit jenen von *Thesium* einige Aehnlichkeit hat, wobei wir allerdings über den Bau des Fruchtknotens nichts sagen können. Nach Conwentz's Darstellung (Bernsteinflora Tab. 13. Fig. 4) sind im Inneren der Blüthe die kurzen Träger der Staubblätter mit den nierenförmigen Antheren und die kreisrunde Narbe zu sehen. Ebenfalls aus dem Bernsteine des Samlandes stammen zwei von Caspary als *Osyris Schiefferdeckeri* und *O. lata* beschriebene Blüthen, erstere ohne Fruchtknoten mit dreitheiligem Perigon, drei Staubblättern, die zweite gleichfalls mit dreitheiligem geschlossenem Perigon, unterständigem Fruchtknoten. Aus dem unteren Oligocän von Aix führt dann Saporta noch mit rundlichen Blattnarben besetzte Zweige und schmale linear-lanzettliche, spitze, fiedernervige Blätter als *O. primaeva* an (Fig. 373 $^{1-3}$). Diese letzteren Reste können von *Osyris* stammen, dass dem aber so ist, dass sie zusammengehören, dafür fehlt der Beweis. Blatt wie Zweig können von sehr verschiedenen Familien stammen, ich wüsste nicht, was bei ihnen unbedingt für die genannte Gattung sprechen sollte. Dass sie zu dieser Gattung gehören können, dafür spricht vielmehr ihre heutige Verbreitung. *O. alba* L. ist eine im Süden Europa's weit verbreitete Pflanze, welche ziemlich weit gegen Norden vordringt (Rhonethal bei Bellay) und wäre es möglich, dass, wie wir dies schon wiederholt beobachteten, sie zu jenen Pflanzenformen gehört, welche aus der Tertiärperiode bis in die heutige sich erhalten haben, jedoch, da nach Caspary's Beschreibung die im Bernstein erhaltenen Blüthen *Osyris* sehr nahe stehen oder damit identisch sind, durch die Wirkungen der Glacialzeit ihre Verbreitung nach Norden wesentlich eingeschränkt wurde, während sie im Süden Europa's sich erhielt und im Laufe der Zeit in nördlicher Richtung an Terrain wieder gewann.

Reich verästelte, mit kleinen Blatt- oder Blattstielresten besetzte gerade oder spreizende Zweige werden als *Leptomeria* beschrieben und als Vertreter dieser neuholländischen Gattung in Europa während der Tertiärzeit betrachtet. Nicht allein die Zweige, sondern auch Früchte sollen, letztere im unteren Oligocän von Häring, sich erhalten haben. Diese Deutung stammt aus der Zeit, in welcher man sich darin gefiel, der Tertiärflora Europa's einen neuholländischen Charakter zu geben und ohne Spur einer kritischen Untersuchung der Reste bei der oberflächlichsten Aehnlichkeit eine neuholländische Gattung zn vermuthen. Kritiklos ist diese Anschauung bis heute wiederholt, obwohl für die in den Sammlungen verbreiteten Reste von Häring die Möglichkeit der Prüfung gegeben war. Was nun die von Ettingshausen von Häring abgebildeten Fruchtreste betrifft, so können wir über ihre Bedeutung gar nichts sagen, weil sich an ihnen nichts Näheres erkennen lässt; werden sie mit *L. gracilis* Ettingsh. vereinigt, so spricht dafür auch nichts. Dass sie mit *Leptomeria* vereinigt wurden, verdanken sie den kleinen, an den Zweigen sitzenden oder in deren Nähe liegenden kugeligen Körperchen. Die Zweige sind bei der recenten Gattung entweder blattlos oder mit rudimentären, endlich mit kleinen cylindrischen Blättern besetzt. Prüft man die fossilen Zweige näher, so ergibt sich sehr bald, dass man es mit Zweigen verschiedener Pflanzen zu thun hat, von welchen die einen mehr gerade, andere sparrig oder zickzackförmig sind, andere Spuren von alternirenden Blättern tragen, wieder andere nicht. Wie ähnliche Dinge als *Ephedra* und *Casuarina* bezeichnet worden sind, haben wir gesehen, jetzt finden wir sie als Leptomerien. Die einzige Gattung, an welche etwa gedacht werden könnte, wäre *Osyris* oder eine ihr im Habitus nahestehende Gattung aus dem früher angeführten Grunde, wie denn Saporta seine *O. primaeva* (Fig. 373[1—3]) von einem Fundorte angibt, von welchem er früher nur *Leptomeria* angab. Der Leitbündelverlauf der Blätter von *Osyris alba* L. ist gefiedert, die Secundärleitbündel steil aufsteigend, durch Tertiärleitbündel camptodrom. Bei der von Saporta abgebildeten Art ist der Verlauf der Secundärleitbündel weniger steil als bei der recenten Art, die rundlichen Blattnarben würden auch bei den als *Leptomeria* bezeichneten Zweigen möglich sein. Ich bemerke, dass diese Deutung nur für einen Theil der Zweige Giltigkeit haben wird, Verschiedenes also zusammengeworfen ist.

Nicht weniger zweifelhaft ist im Tertiär Europa's und Amerika's das Vorkommen von *Santalum*, einer indisch-pacifischen tropischen Gattung. Es sind darunter kleine lanzettliche, eiförmige, spitze, zuweilen ausgerandete, gegen die Basis verschmälerte Blätter verstanden, deren Leitbündelverlauf nur den Mittelleitbündel, zuweilen auch Spuren fiederförmiger Secundärleitbündel zeigt. Aus diesem Erhaltungszustande ergibt sich schon, dass die Bestimmung nicht sehr zuverlässig sein kann, wie ferner aus der Thatsache, dass ein Theil dieser Blätter von anderen als *Embothrium*, *Vaccinium*, *Daphne*

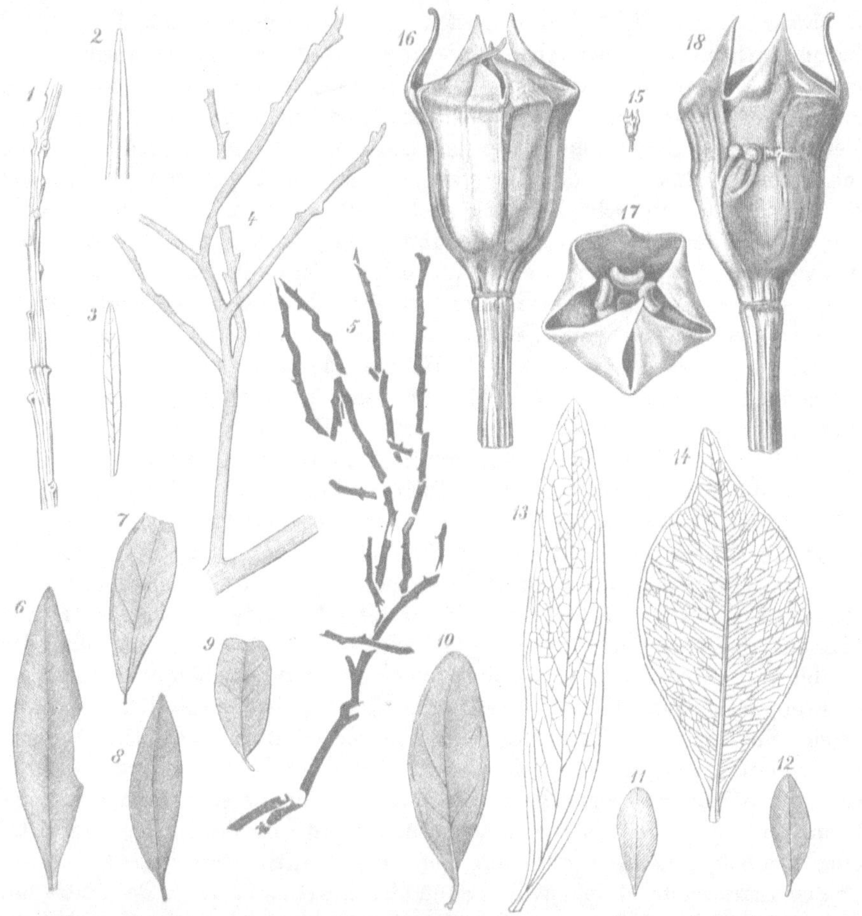

Fig. 373.

1—3 *Osyris primaeva* Sap. 1 Zweigfragment, 2. 3 Blätter. Aix. Unt. Oligocän. 4. 5 *Leptomeria flexuosa* Ettingshausen. 4 Aix. 5 Häring. Unt. Oligocän. 6—9 *Santalum acheronticum* Ettingshausen. Häring. Unt. Oligocän. 11. 12 *S. microphyllum* Ettingsh. Häring. Unt. Oligocän. 13 *S. cognatum*. 14 *S. ovatum*. Recente Arten. (Nach der Natur.) 15 — 18 *Thesianthemum inclusum* Conwentz. Blüthe. 15 nat. Gr., 16. 17 Ansicht von zwei verschiedenen Seiten, 18 Ansicht von oben. Bernstein. Samland. (Copieen nach Saporta, Ettingshausen, Conwentz 1—12. 15—18.)

angehörig bezeichnet worden sind. Diese Blattform wie dieser Leitbündelverlauf sind unter den Blättern aller Art so häufig, dass, da andere Anhaltspunkte nicht gegeben sind, eine sichere Bestimmung der Blätter durch diese beiden Charaktere überhaupt nicht möglich ist. Betrachten wir die heutige Verbreitung der Gattung, so ist ihr Vorkommen im Tertiär Europa's und Nordamerika's nicht wahrscheinlich, da die mit grösserer Sicherheit zu bestimmenden Pflanzenformen eine andere Verbreitung haben. Der Leitbündelverlauf der meisten recenten Arten der Gattung ist fiederförmig, die Secundärleitbündel unter spitzem Winkel, 70—80°, austretend, steil aufwärts verlaufend, durch die Tertiärleitbündel camptodrom (Fig. 373[13]). Bei anderen, z. B. *S. ovatum* R. Br. (Fig. 373[14]) verlaufen die fiederförmigen, beinahe geraden Secundärleitbündel schief, ebenso die unvollständigen, in den Anastomosen endenden, während die ersteren an der Randleiste des Blattes enden. Die auf diese Weise gebildeten unter sich parallelen Felder sind durch zahlreiche Verzweigungen dictyodrom ausgefüllt. Die heutige Verbreitung der Gattung macht das Vorkommen derselben auf der nördlichen Halbkugel während der Tertiärzeit nicht sehr wahrscheinlich, und so sei auf zwei andere Gattungen des nördlichen Amerika mit ähnlichen Blättern, auf *Buckleya* (auch in Japan) und *Pyrularia*, welche möglicher Weise beiden Hälften früher gemeinsam waren, hingewiesen. Dies ist aber ebenfalls eine Hypothese, für welche ausser der heutigen Verbreitung eine Grundlage fehlt. Andererseits ist auf die im Norden von Afrika vorkommende *Osyris quadrifida* Salzmann aufmerksam zu machen, auf welche für eine seiner *Santalum*-Arten bereits Ettingshausen hingewiesen hat, deren fiederförmige Secundärleitbündel gleichfalls durch Tertiärleitbündel camptodrom verbunden sind.

Mit der neuholländischen, aber auch im indischen Archipel, den pacifischen Inseln und Neuseeland vorkommenden Gattung *Exocarpus* Labill vereinigt Unger (Sylloge III) Reste von Radoboj (Fig. 352[6. 7]) als *E. radobojensis*, nach ihm ein Zweig mit rudimentären Blättern, an verdickten Fruchtstielen sitzende zerdrückte Früchte tragend. Habituell stände die fossile Art den neuholländischen Arten nahe. Die Deutung ist eine gesuchte und im Hinblick auf die Abhandlung, in welcher sie zuerst erschien, »Neuholland in Europa«, eine erklärliche Der Rest ist das Aestchen eines Blüthenstandes, dessen Blüthen zum Theile fehlen und wo sie erhalten, den unterständigen Fruchtknoten und die unzureichend erhaltene Krone zeigen, von welcher sich nichts Näheres sagen lässt. Welcher Familie er angehören kann, ist kaum zu sagen, da nicht einmal anzugeben ist, ob die Blüthe choripetal oder sympetal ist. Bei den von mir untersuchten *Exocarpus*-Arten mit breiten Blättern durchziehen die Leitbündel bogenläufig nach der Spitze hin convergirend das Blatt und sind durch schief verlaufende Secundärleitbündel miteinander verbunden. Auf die Aehnlichkeit mit den Blättern mancher Proteaceen sei aufmerksam gemacht.

Die Blüthen der *Loranthaceen* sind meist getrennten Geschlechts, seltener Zwitter, zwei- bis sechszählig. Staubblätter ebenso viele, der nach innen gekehrte Gewebetheil des Perigonblattes zuweilen zur Pollenbildung verwendet, Fruchtknoten unterständig, die Samenknospen mit ihm verschmolzen; die Früchte Beeren. Durchgängig Schmarotzer. Aus ihnen sind nur wenige Reste beschrieben, von welchen zwei ohne Zweifel ihr angehören, bei den übrigen wird dies kaum der Fall sein. Die beiden erstgenannten, in dem Bernstein des Samlandes vorkommend, sind von Göppert und Berendt als *Ephedrites* und später von dem ersteren als *Ephedra* bezeichnet worden.

Dass sie damit nichts zu thun haben, sondern den *Loranthaceen* angehören, habe ich auf Grund des in der Sammlung zu Berlin befindlichen

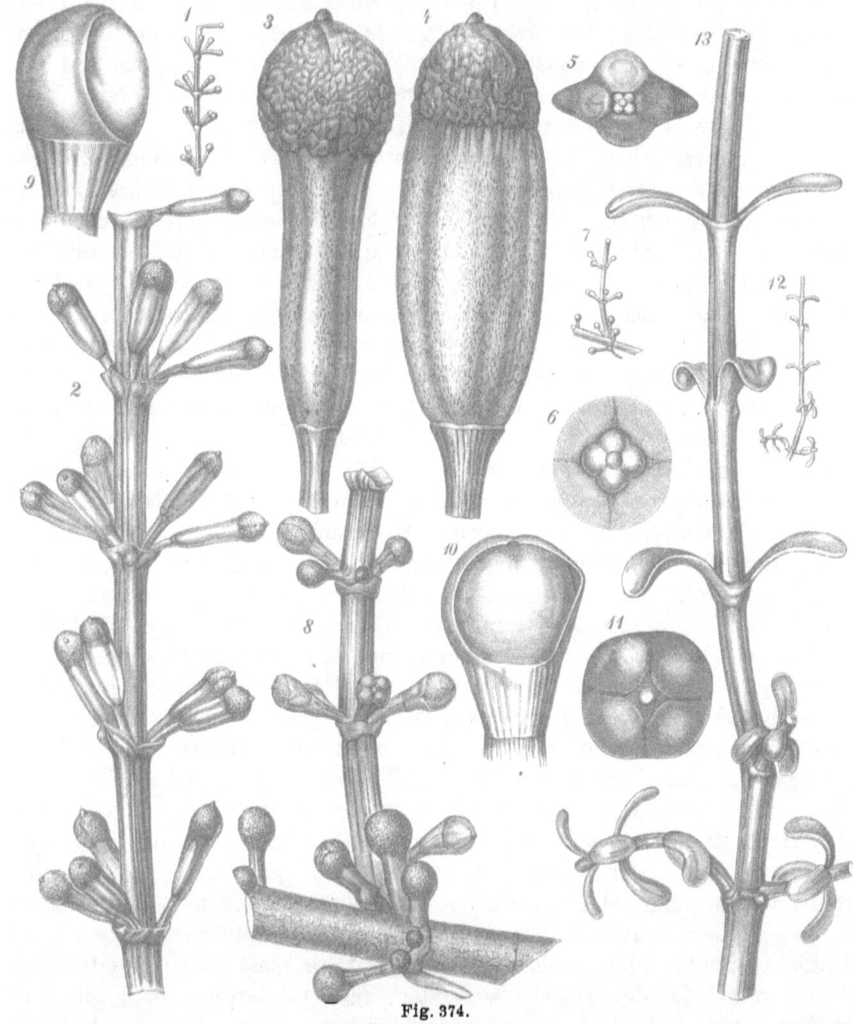

Fig. 374.

1—6 *Patzea Mengeana* Conwentz. 1 Blüthentragendes Aestchen, nat. Gr. 2 Dasselbe, vergrössert. 3. 4 Blüthen, stärker vergrössert. 5 Ansicht der Blüthen von oben mit Perigon und Narbe. 6 Ansicht der Narbe von oben, stärker vergrössert als 3—5. 7—13 *P. Johniana* Conwentz. 7 Blüthen tragendes Aestchen, nat. Gr. 8 Dasselbe, vergrössert. (Nach einer durch Herrn Dr. Müller zu Berlin gefertigten Zeichnung des Originales der palaeontologischen Sammlung zu Berlin.) 9. 10 Einzelne Blüthen, stärker vergrössert. 11 Ansicht einer Blüthe von oben. 12. 13 Blatt tragender Zweig. 12 nat. Gr., 13 vergrössert. (Copieen nach Conwentz, mit Ausnahme von 7—10.) Bernstein des Samlandes. Oligocän.

Originales der einen Art Göppert's ausgesprochen, eine Ansicht, welche auch Conwentz in seiner Schrift vertritt, der Caspary nach Conwentz' Mittheilung später ebenfalls sich anschloss. Caspary schuf auf Grund des zu Berlin befindlichen Exemplares eine neue Gattung: *Patzea gnetoides* Casp., welche später Conwentz *P. Johniana* Conw. nannte und ihr *P. Mengeana* Conw. beifügte, beide von Conwentz a. a. O. Taf. 13 Fig. 8—20 vortrefflich abgebildet. Die erstere (Fig. 374$^{7-13}$) besteht aus einer einzelne Blüthen und einen Blüthenast tragenden cylindrischen Hauptaxe. In den Achseln zweizähliger, decussirter Wirtel halbstengelumfassender, breit-eiförmiger, ganzrandiger Bracteen stehen je drei Blüthen, deren mittelste länger als die seitlichen ist. Jede Blüthe hat ein kurzviertheiliges Perigon mit zusammengeneigten Lappen, zwischen den Lappen ein kleiner Höcker sichtbar, wahrscheinlich die Narbe, der Fruchtknoten unterständig. Die zweite Art (Fig. 374$^{1-6}$) ebenfalls das Fragment eines racemösen Blüthenstandes, trägt in den Achseln von mit der vorigen übereinstimmenden Bracteen meist vier, ausnahmsweise fünf Blüthen mit unterständigem Fruchtknoten, viertheiligem Saume und viertheiliger, in der Mitte mit einem kurzen kegelförmigen Höcker versehene Narbe. Bracteolen fehlen beiden. Ausserdem finden sich im Bernstein noch beblätterte Zweige von demselben Aussehen wie die die Blüthen tragenden Zweige, besetzt mit decussirten zweizähligen Wirteln an der Basis kurz verwachsener, länglich-linearer, dicker, zurückgebogener, stumpf abgerundeter Blätter, wahrscheinlich Blattzweige. Verwandt ist die Gattung mit *Arceuthobium* im Mittelmeergebiet, dem westlichen Asien, vom atlantischen und pacifischen Nordamerika bis Mexico verbreitet. Ferner finden sich im Bernstein noch andere Zweige, blattlos, dichotom mit einer Endknospe in der Dichotomie, von Conwentz a. a. O. p. 135 tab. 13 Fig. 6—7 als *Loranthacites succineus* bezeichnet. Unter der Bezeichnung *Loranthus protogaea* ist durch Ettingshausen von Radoboj ein Blatt beschrieben (Zur Kenntniss der foss. Flora von Radoboj). Das Vorhandensein dieser Gattung im Tertiär Europa's ist an sich nicht unwahrscheinlich, das von Ettingshausen auf Taf. 2. Fig 13 abgebildete Blatt beweist diese Thatsache indess nicht, denn weder die Blattform ist der Gattung allein eigen, noch auch der Leitbündelverlauf, am wenigsten ein solcher, wie ihn Ettingshausen angibt, »nervis secundariis inferioribus paucis, angulo peracuto egredientibus«. Einmal kann dies ein Erhaltungszustand sein, bei welchem nur wenige Leitbündel sichtbar sind, sodann liegt darin gar nichts für die Familie Auszeichnendes. Wenn ich das erwähnte Blatt für ein zweifelhaftes erkläre, so will ich damit nicht behaupten, dass die Gattung nicht schon in der Tertiärperiode in Europa vorhanden gewesen, es wird nur durch dieses Blatt nicht bewiesen. Einmal ist sie jetzt noch eine Bewohnerin Europa's, welche meines Wissens ihre Westgrenze in Sachsen und im nordöstlichen Bayern erreicht, sich bis in das östliche Asien und nach Afrika östlich und südlich verbreitet, Nordamerika jedoch fehlt. Aus dem Tertiär von Sagor werden von Ettingshausen nicht allein Blätter als unzweifelhaft zu *Loranthus* gehörig (*L. extinctus*, *L. Palaeo-Eucalypti*, *L. Palaeo-Exocarpi*) angegeben, sondern auch solche von *Phthirusa* (*P. Theobromae*). Der Leitbündelverlauf stimmt bei diesen Blättern allerdings mit jenen eines Theiles der Loranthaceen überein, es sind drei Primärleitbündel, deren zwei seitlich unter spitzem

Winkel austreten, vorhanden oder der Bündelverlauf ist gefiedert. Das Blatt von *Phthirusa* ist nur zur Hälfte erhalten, überdies fehlt die Basis; sodann, wenn die *Loranthus*-Blätter runzlig sind, ist dies ein Beweis, dass sie von dieser Gattung stammen? Ettingshausen bezeichnet sogar bei dreien die Wirthpflanzen. Ist dies gegründet, dass Arten mit einer bestimmten Blattform auf einer bestimmten Gattung ansiedeln? Dass dem nicht so ist, wird mir Ettingshausen wohl zugeben, dass die Runzelung der Blätter überall eintreten muss, wo die Structur der Epidermis es gestattet, ebenfalls. Die Verbreitung von *Loranthus* wird durch die Vogelwelt begünstigt, es ist desshalb denkbar, dass, wenn die Gattung im Tertiär vorhanden war, sie durch die Wirkungen der Glacialzeit theilweise vernichtet wurde, später einen Theil des verlorenen Terrains wieder eroberte und jetzt noch in der Weiterverbreitung begriffen ist. Dass die Familie mit einer *Arceuthobium* nahestehenden Gattung bis in die baltische Zone verbreitet war, geht aus den im Bernstein erhaltenen Resten hervor. Ausser diesen kennen wir aus dem Tertiär keine Reste, welche für die Existenz der Familie sprechen. Aus dem Tertiär Neuseelands sind von Unger als *Loranthophyllum Griselinia* und *L. dubium* Blätter beschrieben, die ersteren mit *Loranthus Forsterianus* und *Griselinia lucida*, das letztere mit *L. longifolius* verglichen. Das erstere hat allerdings mit *Griselinia lucida* grosse Aehnlichkeit, wohl auch mit *Loranthus*, deshalb aber es einer dieser Gattungen nahestehend zu betrachten, scheint mir denn doch gewagt. Dass das zweite von dem ersteren verschieden ist, ist sicher, es ist jedoch nur der obere Theil desselben erhalten und demnach das Blatt unbestimmbar. Was Unger veranlasst, die mit den Blättern zusammen vorkommenden Zweigfragmente für solche von *Loranthus* zu erklären oder sie ihnen ähnlicher als anderen zu halten, ist kaum zu sagen, es ist nicht schwer, solche unter den Gehölzen zu finden. Es ist immer dasselbe Verfahren, eine unsichere Angabe durch eine gleich unsichere zu stützen. Bei den recenten Arten von *Loranthus* ist der Leitbündelverlauf entweder gefiedert mit sehr steil aufsteigenden, unter spitzem Winkel, 70°, austretenden, durch Tertiärleitbündel oder Gabeltheilung camptodromen Secundärleitbündeln, bei anderen beträgt der Austrittswinkel 45—60°, sie verlaufen in flachem Bogen nach aufwärts. Die Anastomosen gerade, gebogen, unregelmässig, Maschennetz polygonal. Eine zweite Gruppe von Arten besitzt einen parallelen Leitbündelverlauf, sehr häufig die Primärbündel an der Blattbasis gabelnd, daher die Zahl der Bündel vermehrt, unter sich durch schief verlaufende Aeste verbunden, ein Mittelleitbündel nur angedeutet, die seitlichen häufig weniger stark. Auch der strahlige Leitbündelverlauf fehlt nicht, z. B. bei *L. venustus* Fzl.! aus Cordofan, dessen Blätter an jene von Lauraceen erinnern. Endlich fehlen die unvollständigen Secundärleitbündel nicht, entweder mit den Secundärleitbündeln sich verbindend und mit ihnen parallele Felder bildend oder in Anastomosen endend. Was wir so oft beobachteten, ist auch bei dieser Gattung der Fall, sie besitzt keinen ihr eigenthümlichen Leitbündelverlauf. Da nun *Viscum*, *Myzodendron*, *Phoradendron* etc., parallele, gabelnde Primärbündel besitzen, so kann auch in dieser Hinsicht nicht die

Rede davon sein, Blätter allein als solche der Gattung *Loranthus* zu erkennen. Loranthaceen haben wohl in der Tertiärzeit einen Bestandtheil der Flora von Borneo gebildet und mag unter ihnen auch *Loranthus* gewesen sein. Das von Geyler als *Loranthus deliquescens* beschriebene Blattfragment ist jedoch nicht geeignet, einen Nachweis zu führen.

Am Schlusse dieser Familie sei auf eine Bemerkung Saporta's hingewiesen (Origine paléontolog. des arbres cultiv. Paris, 1888 p. 137) und eine Mittheilung des gleichen Autors in Comptes rendus, 1888, dass in dem Albien und Aptien Portugals dicotyle Reste der *Myricaceen*, *Salicaceen*, *Lauraceen*, *Thymeleaceen*, *Bignoniaceen*, *Santalaceen*, *Loranthaceen*, *Euphorbiaceen*, *Ericaceen* (?) und *Magnoliaceen* gefunden sind, demnach das erste Auftreten der Dicotylen in die älteren Kreidebildungen zu setzen sei. Für Grönland hatte Heer schon das Auftreten dicotyler Blätter, darunter *Populus primaeva* für das Urgon in Anspruch genommen (Flora foss. arct., Bd. VI. VII). Ein erhöhtes Interesse erhalten diese Beobachtungen durch die neuesten Mittheilungen amerikanischer Geologen und Paläontologen Fontaine, Lester Ward und Knowlton, nach welchen, gestützt auf die Untersuchungen Fontaine's der Pflanzenreste der Potomacformation (Virginien, Maryland) in concordant gelagerten Schichten in den unteren Schichten eine Flora mit jurassischem Charakter und seltener vorkommenden Dicotylen von »archaischem« Typus vorkömmt, in den weniger tiefen Lagen der jurassische Charakter weniger hervortritt, die Dicotylen zahlreicher sind, neben den archaischen Formen finden sich solche, welche der späteren Zeit sich anschliessen. Jenen, welchen die Originalberichte Lester Ward's (Amer. Journ. of sc. 1889. Ser. III. t. XXXVI) und Knowlton's (American Geologist. Febr. Nr. 2, 1889) nicht zu Gebote stehen, finden eine sehr gute Darstellung von Feistmantel in der Zeitschrift der deutsch. geolog. Gesellsch. 1889, welche ausserdem ein Verzeichniss der von Fontaine aufgestellten Gattungen mit beigefügter Artenzahl enthält. Leider sind Fontaine's Untersuchungen, über welche ich vor vier bis fünf Jahren von ihm eine briefliche Notiz erhielt, noch nicht publicirt, es ist deshalb kaum möglich, sich eine klare Vorstellung über diese Funde zu machen. Was ist unter »archaisch« verstanden? Nach Lester Ward sollen sie in vielen Fällen unbegrenzt und unzureichend begrenzt sein, den cryptogamen und gymnospermen Charakter tragen, ihre Merkmale an Farne, Cycadeen, Coniferen, selbst Monocotylen erinnern, nach Knowlton sind sie Urtypen, nicht hoch differenzirt. Haben die Verfasser jene Vorstellung, welche Göppert vertrat, dessen combinirte Organismen sich zu den jetzt existirenden Gruppen entfalteten? Meines Erachtens ist diese Anschauung nicht haltbar. Alle diese combinirten Formen sind entweder unvollständig bekannte Reste oder solche, bei welchen Beobachtungsfehler mit unterliefen. Wir haben auch in noch älteren Formationen Reste, ich nenne nur *Najadita*, *Yuccites*, von welchen wir nicht wissen, welchen Gruppen sie angehören, wenn sie auch von Einzelnen für Monocotylen gehalten werden und sogar ihre Stämme angegeben werden. Das Gleiche gilt für die Kreide und das Tertiär. Wenn dergleichen Formen genauer bekannt wurden, haben sie sich noch immer als einer bestimmten Gruppe angehörig erwiesen, dass sie dann mit der einen oder anderen Gruppe oder mit mehreren Verwandtes aufweisen, ist selbstverständlich, weil keine grössere oder kleinere Gruppe isolirt steht. Nach dem von Feistmantel mitgetheilten Verzeichniss der Gattungen kommen von 29 derselben auf Amentaceen zehn, die übrigen fallen auf Familien mit höher organisirten Blüthen, entgegen den gewöhnlichen Anschauungen, nach welchen Amentaceen und Urticinen die am frühesten auftretenden Formen sein sollten. Diese pflanzenführenden Schichten sind übrigens schon ziemlich früh bekannt geworden und wurden von Taylor, welcher zuerst Farne aus ihnen beschrieb, als »untercretaceisch« bezeichnet (Transact. Geol. Soc. of Pennsylvania. Tom. I. 1835). Rogers unterschied sie als jurasso-cretaceische Bildungen 1840, jetzt werden sie von Fontaine dem Neocom zugewiesen, dieselbe Stelle weist ihnen Dawson an.

Sympetalae.

Die Gruppe der *Sympetalen (Gamopetalen)* zeichnet sich durch die in Folge intercalaren Wachsthums zu verschiedenen hohlen Formen entwickelten Blumenkronen oder Perigone aus, welche als verwachsen bezeichnet werden. In einzelnen Fällen sind jedoch auch bei dieser Gruppe die Blumenblätter getrennt. Da Blüthen nur selten im fossilen Zustande erhalten sind, hat dies Merkmal für die fossilen Reste keine grosse Bedeutung und da wir für die aus ihr stammenden Laubblätter keine Anhaltspunkte haben, sympetale Blüthen aber auch unter den Choripetalen vorkommen, so ist es meist ziemlich willkürlich, wenn fossile Blätter hieher oder zu einer anderen Gruppe gezählt werden, da auf das Zusammenvorkommen von Blättern mit Blüthen kein allzugrosses Gewicht zu legen ist.

1. Reihe. Bicornes.

Die Reihe enthält die Familien der *Vacciniaceen*, *Ericaceen* und *Epacridaceen*, letztere auf Neuholland beschränkt, fossile Reste fehlend, die ersteren ziemlich reich an fossilen Resten. Die Blüthen actinomorph, Zwitter, vier- bis fünfzählig, ebenso viele oder doppelt so viele Staubblätter als Kronblätter, Pollen häufig in Tetraden; Fruchtblätter zwei bis viele. Früchte: Kapseln, Beeren, Stein- und Schliessfrüchte. Sind die beiden Staubblattkreise entwickelt, so steht der eine derselben vor den Kronabschnitten, ist dieser unterdrückt, so sind die vor den Kelchblättern stehenden allein vorhanden.

Die Familie der *Vacciniaceen*, welche ich nach dem Vorgange von Bentham und Hooker als gesonderte Familie nicht als Tribus der Ericaceen anführe, unterscheidet sich von den letzteren durch ihren unterständigen Fruchtknoten, während die übrigen Verhältnisse mit jenen der Ericaceen übereinstimmen und durch den halbunterständigen Fruchtknoten von *Chiogenes* eine vermittelnde Gattung gegeben ist. Die Früchte meist Beeren, selten Stein- oder Schliessfrüchte. Meist kleine, aufrechte oder niederliegende Sträucher mit alternirenden, meist länger dauernden Blättern, häufig Epiphyten.

Die recenten Arten der Familie nehmen einen grossen Verbreitungsbezirk ein, sie reichen auf der östlichen und westlichen Erdhälfte aus der Polarregion bis in die Gebirgsgegenden der Tropenländer und fehlen auch Australien nicht. Von den recenten Gattungen werden zwei, *Vaccinium* L. und *Oxycoccos* Persoon als fossil bezeichnet, es sind nur Blätter beschrieben. Blätter der letzteren Gattung sind nur aus den interglacialen Torfbildungen von Lauenburg an der Elbe (*O. palustris* Pers., Fig. 375[10]) bekannt, ohne Zweifel würde sie aber in weiterer Verbreitung bekannt sein, hätte man den

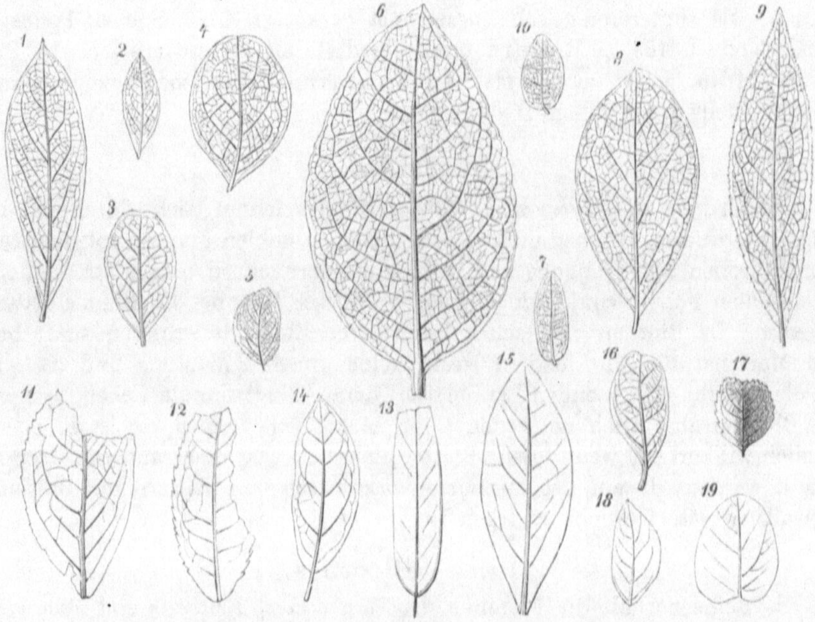

Fig. 375.

Blätter recenter *Vaccinium*-Arten zur Vergleichung. 1 *Vaccinium hirtellum*. 2 *V. Myrsinites*. 3 *V. Vitis Idaea*. 4 *V. uliginosum*. 5 *V. Myrtillus*. 6 *V. densum*. 7 *V. (Oxycoccos) macrocarpum*. 8. *V. arboreum*. 9 *V. maderense* 10 *V. Oxycoccos* L. *(Oxyococcos palustris)*. (Sämmtlich nach der Natur.) 11. 12 *V. maderense* Heer. St. Jorge, Madera. Quartär. 13 *V. Friesii* Heer. Alaska. Miocän. 14 *V. acheronticum* Heer. 15 *V. attenuatum* Heer. 16 *V. reticulatum* Heer. 17 *V. parvifolium* Heer. 18 *V. Bruckmanni* Heer. 19 *V. Orci* Heer. Oeningen. (11—19 Copieen nach Heer.)

Resten dieser Periode zeitiger eine grössere Aufmerksamkeit geschenkt. Jedenfalls waren die Existenzbedingungen während dieser Periode für sie vorhanden. Eine zweite in Nordamerika verbreitete Art, *Oxycoccos macrocarpus* (Fig. 375[7]), seit längerer Zeit von Terschelling in Holland bekannt, gehört in dieselbe Categorie, ein weiteres Interesse bietet ihr gleichzeitiges Vorkommen in Europa und Nordamerika, wovon wir schon bei den Eriocauloneen ein Beispiel kennen lernten. In neuerer Zeit am Steinhudermeere gefunden, wird durch oben genannten Fundort dies letztere Vorkommen als ursprüngliches wahrscheinlicher, sie ist wie *O. palustris* ein Rest der Glacialzeit, spricht für den borealen Ursprung der Gattung und ihre circumpolare Verbreitung, wie für den Zusammenhang des europäischen und nordamerikanischen Festlandes.

Grösser ist die Zahl der fossilen Blätter aus der Gattung *Vaccinium*, deren recente Arten sich aus der Polarregion bis in die Gebirgszüge der Anden, des Himalaya's, der Sandwichinseln, eine Verbreitung, welche wir bei manchen, mit grösserer Sicherheit zu bestimmenden Gruppen finden. Aus diesem Grunde ist das Vorkommen der Gattung während der Tertiärzeit nicht unwahrscheinlich, den Nachweis durch die allein vorhandenen fossilen Blätter zu führen, ist jedoch unsicher, da wir keine anderen Reste kennen. Denn der Leitbündelverlauf, wie die Blattform, geben uns keine entscheidenden Anhaltspunkte, ebenso wenig kennen wir beblätterte Zweige. Wenn Schimper in seinem Gattungscharakter den Leitbündelverlauf wie folgt, bezeichnet: „nervi secundarii camptodromi vel dictyodromi reticulo interposito“, so sind camptodrome Secundärleitbündel so häufig, dass sie allein nichts beweisen, das letztere ist insoferne nicht richtig, als die Secundär- und Tertiärleitbündel deutlich hervortreten und erst die weiteren Verzweigungen gleiche Stärke haben (Fig. 375[1–6. 8 9]).

Heer wie Unger vereinigen mit *Vaccinium* beinahe ausschliesslich kleine Blätter mit nur wenig gut erhaltenem Leitbündelverlauf, welche zum Theile mit den kleinblätterigen Arten der Gattung einige Aehnlichkeit haben, unter welchem sich indess auch ungleichseitige befinden, was nicht zur normalen Blattentwicklung der Gattung passt. Bei den recenten Arten ist die Grösse der Blätter verschieden, sie können die Grösse jener von *V. Myrtillus, V. Idaea, V. uliginosum* etc. haben, aber auch um mehrfaches grösser sein. Kleine Blätter finden sich bei einer Reihe von Arten neben grösseren, ebenso an den Blüthenständen, in deren Achseln die Blüthen stehen und an Seitentrieben neben bedeutend grösseren Blättern. Eine so grosse Anzahl kleiner Blätter unter den fossilen Arten muss Bedenken erregen. Die Angaben über den Leitbündelverlauf sind ebenfalls nur für wenige Arten zutreffend, der sogleich zu erwähnende ist der allgemeine. Der Leitbündelverlauf ist gefiedert, die Secundärleitbündel alternirend, im Bogen aufsteigend, camptodrom durch Gabeltheilung oder Tertiärbündel, die unvollständigen in den Anastomosen endend, die Anastomosen gerade oder gebogen, die von ihnen gebildeten Felder enthalten ein ziemlich kleinmaschiges, von den weiteren Verzweigungen gebildetes Netz. Es liegt darin Nichts, was nicht auch bei anderen Gattungen vorkömmt, ebenso wenig in dem Randnetze, welches kleine Aeste an die etwa vorhandenen Zähne abgibt. Auffallen muss ferner, dass aus Nordmerika nur zwei Arten, *V. Friesii* Heer aus Alaska (Fig. 375[13]), *V. reticulatum* A. Br. von Florissant, Colorado, aus der Greenrivergroup angegeben sind; letztere überdies hinsichtlich der Gattung fraglich, sie sodann in Grönland ganz fehlen, während sie in beiden Regionen jetzt vorkommen und die Gattung ohne Zweifel borealen Ursprungs ist. Auch aus Japan hat Nathorst nur eine Art und auch diese als fraglich beschrieben, *V. Saportanum* mit *V. densum* Miq. aus den Nilgeries verglichen, dessen Secundärleitbündel camptodrom durch Tertiärleitbündel sind. Abgebildet die Basis und

Spitze eines Blattes, erstere mit durch Gabeltheilung, letztere durch Tertiärbündel camptodromen Secundärleitbündeln, von mir bei keinem Vaccinium gesehen, kaum zusammengehörend, die Zähnung mit *Vaccinium*, freilich auch mit anderen Blättern übereinstimmend. Im Tertiär werden die fossilen Blätter vom unteren Oligocän bis in das obere Miocän angegeben, verbreitet von dem Süden Frankreichs bis Steiermark und Böhmen. Unter den Fundorten zeichnet sich das obere Miocän von Oeningen aus mit *V. reticulatum* A. Br., *Bruckmanni* Heer, *attenuatum* Heer, *Japeti* Heer, *microphyllum* Heer etc. (Fig. 375[15–19]), sodann Parschlug mit *V. icmadophyllum* Unger, *myrsinaefolium* Unger, *Chamaedrys* Unger. Die Mehrzahl der Blätter von *V. Empetrites* Unger von Parschlug werden von Ettingshausen als solche von Leguminosen betrachtet, *V. acheronticum* Unger ist nicht allein hieher, sondern auch zu den Santalaceen, Myrtaceen, Celastraceen gezogen. Im Oligocän würden sie nur wenige Arten zählen, so *V. micromerum* Sap. von Camoins-les-Bains, im Miocän erreichen sie den Höhepunkt ihrer Entwicklung in Europa, im Pliocän des Cantal wird von Saporta am Pas de la Mougudo eine verwandte Art, *V. parcedentatum* in Gesellschaft von *Hamamelis latifolia* Sap. angegeben. Alle diese Angaben und die aus ihnen gezogenen Schlüsse sind jedoch zweifelhaft, weil wir, da andere Theile nicht erhalten sind, durchaus keine Gewissheit hinsichtlich der Blattbestimmungen haben und müssen wir uns mit diesem zweifelhaften Resultat wie in vielen anderen Fällen begnügen. Dabei ist noch die Möglichkeit vorhanden, dass andere Gattungen der Vacciniaceen in Frage kommen, worüber ein bestimmter Ausspruch auch nicht möglich ist. Um zu zeigen, wie verschieden die Auffassung dicotyler Blätter sein kann, erwähne ich, dass Saporta *Grevillea elliptica* und *G. obscura* von Aix in späterer Zeit als *Vaccinium*, sein *Vaccinium reticulatum* von demselben Fundorte als *Myrsine emarginata* beschreibt. Im Quartär finden sich noch existirende Formen, so in den Kalktuffen Schonens und im interglacialen Torfe von Kolbermoor *V. uliginosum* L., in den Tuffen von St. Jorge auf Madera *V. maderense* Link, jetzt noch auf den Azoren und Madera, aus der Quartärzeit herrührend (Fig. 375[4. 11. 12]).

Der oberständige Fruchtknoten trennt die *Ericaceen* von der vorausgehenden Familie, welche das Meiste mit ihr gemeinsam hat, so Zahl und Stellung der Blattorgane der Blüthen, die an der Rückseite der Antheren vorhandenen oder fehlenden dornartigen Anhängsel, den zu Tetraden vereinigten Pollen, die Früchte von der Basis nach der Spitze oder umgekehrt fach- oder wandspaltig aufspringende Kapseln, die Klappen meist von dem mittelständigen Samenträger sich ablösend, Beeren oder Steinfrüchte, sehr selten Theilfrüchte. Meist kleinere Sträucher, seltener Bäume.

Die Mehrzahl der hieher gezogenen Reste sind Blätter, ausserdem einige Blüthen und Früchte. Die Verbreitung der recenten Gattungen ist im Allgemeinen dieselbe wie bei der vorausgehenden Familie und darf das Vorhandensein der Familie im Tertiär angenommen werden, ebenso ihr borealer Ursprung und ihre circumpolare Verbreitung, wobei aber die Entscheidung der Frage, welche Gattungen existirt haben, wegen des Fehlens der wichtigsten

Theile unmöglich ist, da auch in dieser Familie der Leitbündelverlauf bei den einzelnen Gattungen verschieden ist, also ein für die Familie giltiger nicht existirt und in derselben Gattung der Leitbündelverlauf nicht immer derselbe ist, wie dies, um eine allgemein verbreitete und zugängliche Gattung zu nennen, *Azalea*, mag man sie als eigene Gattung oder als Gruppe von *Rhododendron* betrachten, beweist. Was die Blattformen angeht, so ist in dieser Familie namentlich bei den Rhodoraceen es häufig der Fall, dass die zuerst und an den blühenden Aesten auftretenden Blätter anders gestaltet, namentlich kleiner und schmäler sind, als die späteren, wie dies auch in anderen Familien vorkommt, z. B. bei den Thymeleaceen, Vacciniaceen. Dass bei dem fehlenden Zusammenhange unter solchen Umständen Irrthümer möglich sind, liegt auf der Hand.

Unter den fossilen Blättern erwähne ich zuerst jene, welche mit der recenten Gattung *Arbutus* verglichen, als *Arbutites* und *Arbutus* bezeichnet werden, *Arbutites Eurii* Ettingsh. von Priesen, *Arbutus eocenica* Ettingsh. von Häring. Beide gehören zu den zweifelhaften Resten. Die ersteren könnte man, wenn man sich auf die Ericaceen beschränkt, mit den Blättern einiger *Pernettya*-Arten vergleichen, die letzteren sehen verkrüppelten Blätter von *Arbutus* ähnlich und sind sie wahrscheinlich solche irgend einer Gattung, da jedoch nur der Mittelleitbündel erhalten, so lässt sich über diese nicht seltene Blattform Nichts sagen. Uebrigens ist es kaum verständlich, dass auf derselben Tafel Fig. 7 dasselbe Blatt als *Sapotacites minor* abgebildet ist. Dass *Arbutus* und *Pernettya* im Tertiär vorhanden waren, ist bei der heutigen Verbreitung der einen Gattung vom Mittelmeergebiet bis Krain, dann im atlantischen und pacifischen Nordamerika, in Mexico, der letzteren von Oregon bis Mexico, sodann bei dem Vorkommen des *Arbutus Unedo* L. in Irland, Westfrankreich, nicht unwahrscheinlich, es fehlt eben nur der Beweis dafür. Aus der inter- und postglacialen Zeit ist *Arctostaphylos uva ursi* von Bovey Tracy und Schwerzenbach bekannt, welcher heute noch als Zeuge dieser Periode in ausgedehnter Verbreitung in Europa, Sibirien und Nordamerika verbreitet ist. *Gaultheria* L. (fälschlich *Gautieria* bei den Paläontologen genannt) von deren recenten Arten ein Theil im pacifischen Nordamerika, am Amur, in Japan, den Gebirgszügen Ostindien's vorkömmt, aber auch in den Anden Südamerikas, dem Malayischen Archipel, Australien, Tasmanien, Neuseeland ihre Vertreter hat, mag allerdings, wie dies ihre heutige Verbreitung vermuthen lässt, im Tertiär Europa's vorhanden gewesen sein, die von O. Weber aus dem Tertiär von Bonn beschriebene *G. lignitum* und Unger's *G. Sesostris* (*Epacris olim*), beides ei-herzförmige Blätter, letztere zugespitzt und gestielt, beweisen nur Nichts für deren Vorkommen. Sollte es der Fall gewesen sein, so ist sie in Folge der Einwirkungen der Glacialzeit in Europa ausgestorben und ist mir keine recente Art ausser *Gaultheria Shallon* bekannt, welche diesseits der Alpen den klimatischen Einwirkungen des Winters Widerstand zu leisten im Stande wäre. Ihr Vorkommen in Nordamerika, Japan und der Amurregion ist es, welches ihr Vorhandensein im Tertiär nicht unwahrscheinlich erscheinen lässt.

Aus der Gruppe der *Andromedeen* ist zunächst ein von Caspary aus dem Bernstein des Samlandes beschriebener Fruchtrest zu erwähnen: *Orphanidesites primaevus* mit der in der subalpinen Region der Pontusländer vorkommenden *Orphanidesia gaultherioides* Boiss. et Balansa (Boiss. flor. or. III) verwandt. Es ist das Fragment eines aus drei ausgebildeten und einer abortirten Frucht bestehenden Fruchtstandes, dessen gestielte und geöffnete Kapseln von fünf weisslichen, häutigen, aussen behaarten, breit eiförmigen, stumpfen Kelchblättern umgeben sind. Die Kapsel ist schwärzlich, fünfklappig, sie springt loculicid und septifrag auf, die Kapselklappen spitzlich, nach einwärts gekrümmt, an der Aussenfläche längs gefurcht, die an axiler Säule stehenden Samenträger zweitheilig. Diese, sowie die im Folgenden zu erwähnenden Reste rechtfertigen die Annahme, dass in der Tertiärzeit Formen aus der Gruppe der Andromedeen in der baltischen Region vorkamen, welche jetzt dort fehlen, und sind es ohne Zweifel die Wirkungen der Glacialperiode, welche den Untergang dieser Formen herbeiführten. Sie und die zu dieser Gruppe der Ericaceen gebrachten isolirten Blätter unter der gemeinsamen Bezeichnung *Andromeda* aufzuführen, ist ohne Zweifel zweckmässig, sind wir doch für die Meisten dieser Reste nicht im Stande, nach den erhaltenen Resten auch nur annähernd die Beziehung zu einer der recenten Gattungen anzugeben. Was also Schimper als *Leucothoë* aufführt, erwähne ich unter *Andromeda*. Wenn die Gattung durch »nervi secundarii mox in areolis subtilissime reticulatis« charakterisirt wird, so mag dies auf die eine oder andere Art passen, ein allgemeines für alle Arten giltiges Merkmal ist es nicht. Die recenten Arten der hieher gehörigen Formen sind vom atlantischen und pacifischen Nordamerika bis nach Ostasien verbreitet, eine Verbreitung übereinstimmend mit jener, welcher man bei zahlreichen Tertiärformen begegnet. Zum Theile sind die jetzt unterschiedenen Gattungen allerdings auch durch ihre Blätter ausgezeichnet, aber die wesentlichen Charaktere liegen in jenen Theilen, welche meist nicht erhalten. Als die den meisten Aufschluss gewährenden Rest erwähne ich jene aus dem Bernstein des Samlandes von Conwentz und Caspary beschriebenen. Unter ihnen schliesst sich an die Gattung *Cassiope* Don, die von Conwentz beschriebene *Andromeda imbricata* (a. a. O. S. 110. Tab. 11. Fig. 2—5), von Conwentz treffend mit der eben genannten Gattung verglichen, nachdem sie von Göppert (Berl. Monatsber. 1853) mit der recenten *A. ericoides* L. identificirt worden war, wogegen schon Heer und Schimper Bedenken erhoben. Erhalten ist ein beblätterter Zweig mit kleinen, länglich-eiförmigen, stumpfen, glatten, am Rande bewimperten, an der Basis auf dem Rücken gefurchten vierzeiligen Blättern, gedrängter an dem jüngeren, lockerer an dem älteren Theile der Zweige stehend (Fig. 376$^{1-3}$). Derselben habituellen Verwandtschaft gehört *A. primaeva* Conwentz (a. a. O. S. 111 Tab. 11 Fig. 6. 7) an, früher von Menge als *Calluna primaeva* beschrieben, ebenfalls ein beblättertes Zweigfragment mit kleinen, eiförmigen, dreikantigen, ganzrandigen, stumpflichen, glatten oder spärlich bewimperten, auf dem Rücken stark gewölbten, vierzeiligen, dicht sich deckenden Blättern (Fig. 376$^{4.5}$). Mit ziemlicher Sicherheit lässt sich, soweit dies auf Grund beblätterter Zweige möglich ist, sagen, dass der Gattung *Cassiope* analoge Formen, deren recente Arten auch im Himalaya und Japan vorkommen, in der Tertiärzeit die baltische Region bewohnt haben. An diese Reste schliessen sich im Bernstein des Samlandes eingeschlossene Früchte an. Zuerst sei *Andromeda Göpperti* Conwentz (a. a. O. S. 113. Taf. 11. Fig. 8—10)

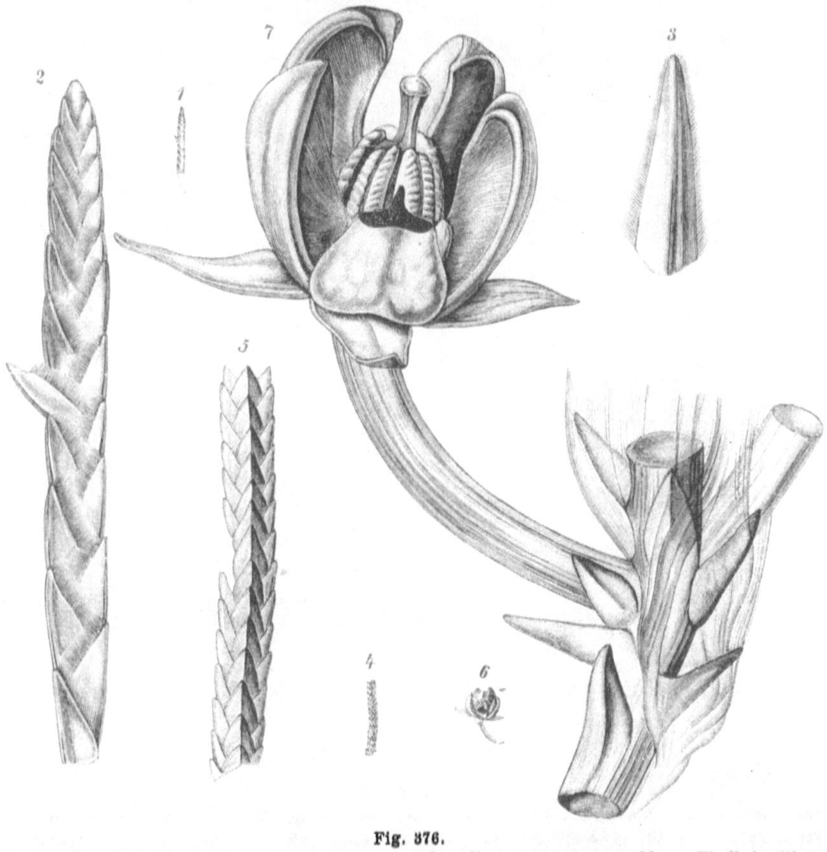

Fig. 376.
Andromeda imbricata Conwentz. 1 Zweig, nat. Gr., 2 derselbe, vergrössert. 3 Oberer Theil des Blattes, vergrössert. *Andromeda primaeva* Conwentz. Zweig 4 nat. Gr., 5 vergrössert. *A. Göpperti* Conwentz. Fruchtästchen. 6 nat. Gr. 7 vergrössert Sämmtlich aus dem Bernstein des Samlandes. (Copieen nach Conwentz.)

erwähnt, von Göppert als *Andromeda hypnoides* bezeichnet, irrthümlich die Frucht mit einem daneben eingeschlossenen, beblätterten Zweige eines Laubmooses vereinigt. Es sind an einem walzenrunden Stiele stehende Früchte von fünf freien, ei-lanzettlichen, schief abstehenden Kelchblättern umgeben, die Kapsel fünfklappig aufspringend, Klappen in der Mitte die von dem Samenträger abgelöste Scheidewand tragend (Fig. 376 6. 7). In dem gleichen Stücke beblätterte Zweige von Habitus der vorhin erwähnten. Von Caspary sind drei verschiedene Fruchtformen beschrieben. Mit dieser ist *A. brachy-*

sepala Casp. der oben erwähnten *A. Göpperti* Conw. verwandt, jedoch durch kürzere Kelchblätter verschieden, zwei andere sind junge Früchte, deren eine, *A. glabra* Casp., kahl, die andere, *A. polytricha* Casp., behaart ist. Damit ist erschöpft, was von Resten dieser Familie grössere Sicherheit bietet, was von Blättern und Früchten sonst noch bekannt ist, kann weder der früheren Gattung *Andromeda*, noch den aus ihren Arten später gebildeten

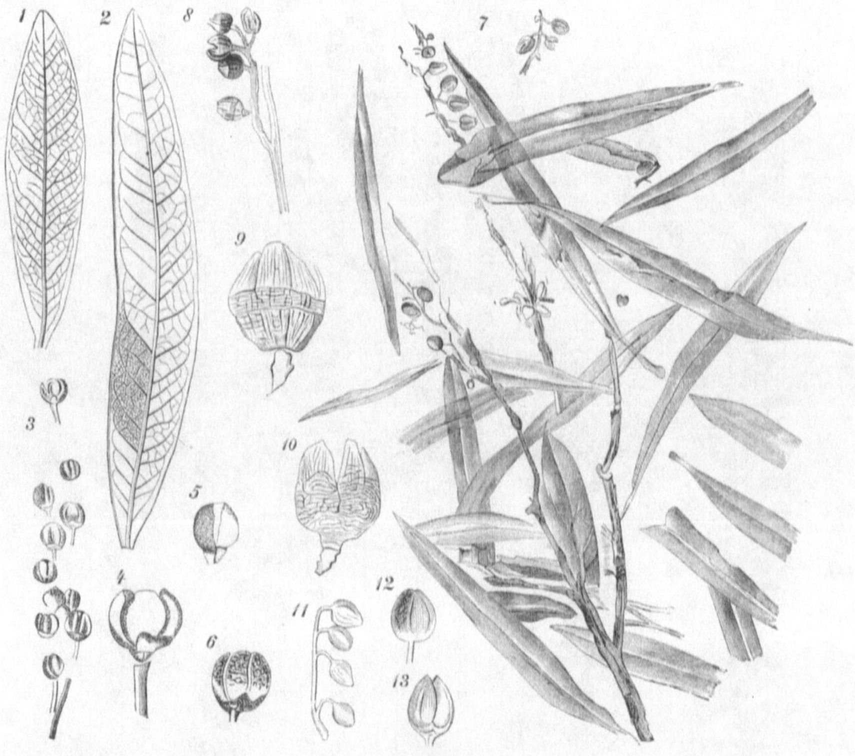

Fig. 377.
1 *Andromeda narbonnensis* Heer. Blatt. 2 *A. Saportana* Heer. Blatt. 3—6 *A. protogaea* Unger. 3 Fruchtstand, nat. Gr. 4—6 Früchte, vergrössert. Braunkohle des Samlandes. Oligocän. 7—13 *A. narbonnensis* Sap. 7 Beblätterter, fruchttragender Zweig. 1/2 nat. Gr. 8 Reife Früchte, nat. Gr. 9. 10 Reife Früchte, vergr. 11. Aestchen mit unreifen Früchten. 12. 13 Unreife Früchte, vergr. Narbonne. Oligocän.. (Copieen nach Heer und Saporta.)

Gattungen mit Sicherheit zugezählt werden. Bei den Blättern der hiehergehörigen recenten Arten sind die Leitbündel gefiedert, die Secundärleitbündel durch die Tertiärleitbündel oder durch Gabeltheilung camptodrom, beides zuweilen an demselben Zweige, je nach der Breite des Blattes unter spitzem oder rechtem Winkel austretend und in einem entsprechenden Bogen verlaufend, unvollständige Secundärleitbündel sind allgemein, in den Anastomosen endend oder auch mit Secundärleitbündeln zu schmalen Feldern verbunden. Die Anastomosen meist gerade, schief verlaufend, ein mehr oder weniger entwickeltes Randnetz, Aeste in die Zähne sendend, stets vorhanden, die Felder mit kleinen Maschen ausgefüllt. Mit den Blättern von *Andromeda Acherontis* aus dem Tertiär von Bilin vereinigt Ettingshausen junge Früchte, eine durchaus willkürliche Vereinigung, hinsichtlich der Gattung wie Art. Unter den im südfranzösischen Tertiär vorkommenden Arten erwähne ich zuerst *A. narbonnensis* Sap. von Armissan, und Peyriac, länglich elliptische Blätter, begleitet von einem Fruchtstande, beide wahrscheinlich zusammengehörend (Fig. $377^{1.7-13}$). Angegeben wird sie ausserdem von Sotzka, Rixhöft und Grönland. Das Tertiär Südfrankreichs ist reich an Arten, beinahe jeder seiner Fundorte enthält einige derselben. Allerdings sind darunter Blätter abgebildet, deren Leitbündelverlauf wenigstens bei den recenten Arten von mir nicht beobachtet ist. Unter den übrigen Fundorten ist Rixhöft einer der an Arten reichsten, darunter *A. protogaea* Unger, mit welcher Heer bei Rixhöft vorkommende Früchte (Fig. 377^{3-7}) vereinigt. Da fünf Arten dort angegeben sind, ist die Vereinigung mit einer bestimmten Art willkürlich, weil der Zusammenhang fehlt und das Vorkommen der Blätter neben den Früchten nichts beweist. Es ist ferner wie bei der Saporta'schen Frucht die Frage, ob sie zu *Andromeda* gehört, denn die Structur liegt bei beiden nicht so klar vor, wie dies bei den im Bernstein erhaltenen Früchten der Fall ist, auf welche wir uns in diesem Falle stützen können. Was ferner die Charaktere angeht, welche die Früchte von Rixhöft von jenen des französischen Tertiär unterscheiden sollen, so sind dies solche, welche sich auf den Reifezustand beziehen können, eine vollständig reife Kapsel wird keine Runzeln zeigen, wenn sie austrocknet. Wir können nur sagen, dass wir eine aus einem oberständigen Fruchtknoten hervorgegangene Frucht vor uns haben. Zum Theile mögen die Blätter zu *Andromeda* gehören, was übrigens Heer über deren Leitbündelverlauf sagt, beruht zum Theile mehr auf dem Verkennen der Erhaltungszustände, als auf dem wirklichen Sachverhalte. Die Secundärleitbündel, mögen sie vollständige oder unvollständige sein, sind immer deutlich ausgeprägt, erst mit den Tertiärleitbündeln beginnt unter Umständen die Gleichartigkeit der Bündel. Es entspricht dies auch ihrer physiologischen Funktion. Die übrigen Fundorte gehören Steiermark, Croatien, Ungarn, Siebenbürgen, Böhmen und dem Niederrhein an, es frägt sich indess, ob die von den verschiedenen Fundorten angegebenen Blätter sämmtlich und immer identisch sind. Da bei vielen ausser dem Mittelleitbündel nichts erhalten ist oder nur Spuren der Secundärleitbündel vorhanden sind, so ist über solche Blätter kein sicherer Ausspruch hinsichtlich ihrer Identität möglich. Ganz dasselbe gilt für die aus Grönland, Spitzbergen und Nordamerika stammenden Blätter. Dass die Gattung sich bis in diese Regionen erstreckt hat, ist möglich, sogar wahrscheinlich, die von dorther stammenden Reste sind nur nicht so erhalten, dass wir einen bestimmten Ausspruch wagen können, zumal Reste anderer Theile ganz fehlen. Aus dem Tertiär Nordamerikas werden durch Lesquereux *A. Grayana* Heer von Alaska, Vancouver, Spring Cannon, Montana, *A. reticulata*, *A. rhomboidalis* Lesq. von Florissant, Colorado, *A. crassa* Lesq. von van Horns Ranch, John Day Valley, Oregon, beschrieben. Unzuverlässig sind die aus Grönland durch Heer als

A. protogaea beschriebenen Blätter, bei welchen es sich wegen ihrer verschiedenen Blattbasis frägt, ob sie alle identisch sind. Auch das Vorkommen in der Kreide Nordamerikas (*A. Parlatorii* Heer, Tecamah, Nebraska, *A. affinis* Lesq., Spring Cannon) ist nicht sicher gestellt, indess ebenso wenig unwahrscheinlich. Neben *Andromeda* unterscheidet Ettingshausen noch *Andromedites* (*A. sporadum*) aus dem Pliocän von Wien, ein Blattfragment ohne alle Bedeutung. *Andromeda polifolia* L., welche als local erhaltener Rest der Flora der Glacialzeit jetzt einen grossen Verbreitungsbezirk einnimmt, ist bis jetzt meines Wissens in den Bildungen jener Periode noch nicht gefunden. Jetzt allein noch die Gattung *Andromeda* bildend, werden unter den fossilen Blättern von Schimper *A. revoluta* A. Br. aus dem oberen Miocän der Schweiz, z. B. Oeningen, dann von Rixhöft (mittleres Oligocän) und *A. Saportana* Heer von Rixhöft dieser Gattung zugewiesen, alle anderen bei *Leucothoë* untergebracht. Das eine wie das andere ist willkürlich, wir haben keinen Grund eine derartige Sonderung vorzunehmen.

Aus der Gruppe der *Ericeen* sind einige Zweig- und Blattreste beschrieben, theils mit *Erica* L. vereinigt, theils, entschieden zweckmässiger, von Conwentz *Ericophyllum* genannt. Drei der ersteren stammen aus dem oberen Miocän von Oeningen (*E. deleta* Heer, *E. Bruckmanni* Heer, *E. nitidula* A. Br. (Fig. 378⁴⁻⁶), diese durch »nervo medio lato supra paulum distincto« von den vorausgehenden unterschieden, die erste ein mit kurzen linearen, alternirenden Blättern besetzter Zweig, alle ohne irgend ein Merkmal, welches für *Erica* oder eine andere Gattung spräche, daher ebenso fraglich wie *E. deleta* Ettingsh. von Bilin. Die Zahl der Familien, welchen diese Blätter zugetheilt werden können, ist so gross, dass es namentlich bei diesem Erhaltungszustande ganz gleichgiltig ist, welcher man sie beizählt. Eine ebenso geringe Bedeutung hat es, dass nur ein Leitbündel vorhanden. Aus den quartären Tuffen von St. Jorge auf Madera kennen wir *Erica arborea* L, jetzt noch eine Bewohnerin dieser Insel. An diese Reste schliesst sich ein im Bernstein des Samlandes erhaltenes Zweigfragment, *Ericophyllum ternatum* Conwentz (a. a. O. S. 114. Tab. 11. Fig. 11—13), von Göppert als *Sedum ternatum* beschrieben, mit welcher Gattung es wenig Aehnlichkeit hat. Es ist ein walzenrunder Zweig, besetzt mit eiförmigen, glatten, ganzrandigen, am Rande zurückgerollten, lederartigen, in dreizähligen, decussirten Wirteln stehenden Blättern mit einem Mittelleitbündel, welche mit jenen mancher Ericaceengattungen Aehnlichkeit haben. Die Nebenblätter fehlen, wie bei den meisten Ericaceen. Verglichen werden kann das Zweigfragment mit Ericaceen mit dreizähliger Wirtelstellung der Blätter (Fig. 378⁸).

Aus der Gruppe der *Rhodoreen* erwähne ich zuerst die in den inter- und postglacialen Bildungen von Schwerzenbach gefundene *Loiseleuria* (*Azalea* L.) *procumbens* Don. (Fig. 378⁷), eine in der Polarregion und von da bis in die höheren Bergzüge der östlichen und westlichen Halbkugel verbreitete Art, deren Reste zwar in den Glacialbildungen nachgewiesen sind, aber meines Wissens jetzt nirgends in tiefer liegenden Regionen als local erhaltener Rest der Vegetation der Glacialperiode vorkömmt, wohl aber während dieser Zeit ihre Wanderung nach einzelnen Gebirgen vollzog*). Aus den jüngeren Tertiärbildungen Japans von Mogi sind Blattfragmente als *Tripe-*

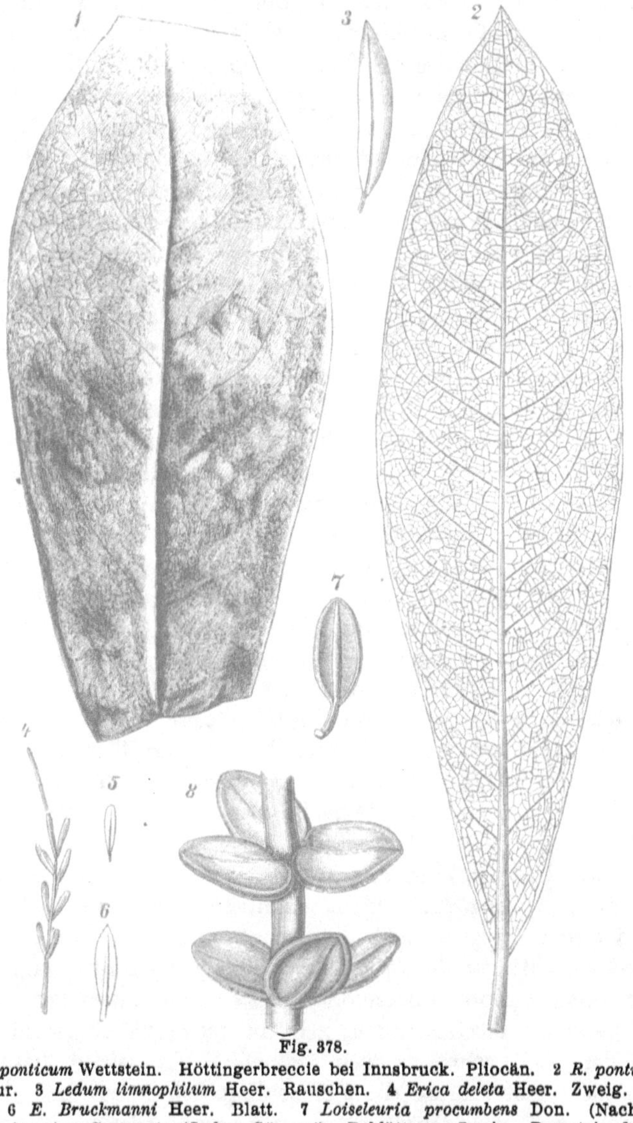

Fig. 378.

Rhododendron ponticum Wettstein. Höttingerbreccie bei Innsbruck. Pliocän. 2 *R. ponticum* L. Blatt. Nach der Natur. 3 *Ledum limnophilum* Heer. Rauschen. 4 *Erica deleta* Heer. Zweig. 5 *E. nitidula* Heer. Blatt. 6 *E. Bruckmanni* Heer. Blatt. 7 *Loiseleuria procumbens* Don. (Nach der Natur.) 8 *Ericophyllum ternatum* Conwentz (*Ledum* Göppert). Beblätterter Zweig. Bernstein des Samlandes. (Copieen nach Wettstein, Stur, Heer, Conwentz.)

taleia Almquisti von Nathorst beschrieben, welche nachweisen würden, dass die Gattung in der Tertiärperiode dort vorhanden war. Von Bentham

*) Durch ein Versehen von meiner Seite ist bei Besprechung der als *Dermatophyllites* Göpp. bezeichneten Reste *Botryanthus* an Stelle von *Bryanthus* Gmelin stehen geblieben.

und Hooker mit *Ellisia* Mühlbg. vereinigt, kommen aus ihr zwei Arten in Japan vor, während eine dritte im atlantischen Nordamerika sich findet. Mir liegt nur die letztere vor, ich bin deshalb nicht in der Lage zu sagen, in wie weit Nathorst's Bestimmung richtig ist, ich kann nur bemerken, dass, wie ich das Verhältniss der Tertiärvegetation zur heutigen auffasse, das Vorkommen dieser Pflanzenform in Japan zur Tertiärzeit mir nicht unwahrscheinlich ist, andererseits muss ich aber auch bemerken, dass Fig. 6 der Abbildungen Nathorst's nicht denselben Leitbündelverlauf wie die übrigen abgebildeten Blattreste besitzt. Da nur Blätter vorliegen, so wird die Thatsache immer zweifelhaft sein, wenn nicht mehr beweiskräftige Reste gefunden sind. Bei den Blättern von *Ledum* L. ist der Blattrand zurückgeschlagen, der Leitbündelverlauf gefiedert, die Secundärleitbündel unter rechtem Winkel austretend, durch Gabeltheilung camptodrom, die Felder durch kleine Maschen bildende Verzweigungen ausgefüllt, erst nach Entfernung des dichten Filzes der Unterseite wird der Leitbündelverlauf sichtbar. Ganz derselbe Leitbündelverlauf kommt auch z. B. bei *Myrtus* vor, er beweist also Nichts für die Gattung. Von den beiden beschriebenen Arten ist die eine, *Ledum spec.?*, aus dem Pliocän des Thales der zahmen Gera von Rippersrode in Thüringen dem Autor (von Fritsch) selbst fraglich und nur der Mittelleitbündel erhalten, die andere, *L. limnophilum* Unger, von Rauschen im Samlande (Fig. 378[3]), Parschlug, Sagor und Radoboj bekannt. Zu bemerken ist, dass Fig. 26 Taf. 11 der Sylloge 3, ein von den beiden anderen Fig. 24. 25 abgebildeten Blättern so verschiedenes Blatt darstellt, dass es nicht wohl identisch sein kann, die beiden anderen wie das von Rauschen stammende wenig Aehnlichkeit mit den Blättern einer der recenten Arten besitzen. Nach Unger treten die Secundärleitbündel unter spitzem Winkel aus, was bei den recenten Arten nicht der Fall ist. Unter den aus der Glacialzeit stammenden Resten sind solche von *Ledum* nicht bekannt, obwohl aus der heutigen Verbreitung sich ergibt, dass eine Reihe ihrer Standorte auf localer Erhaltung der Vegetation der Glacialzeit beruht.

Zu *Rhododendron* ist eine Anzahl Blätter gebracht, andere Reste sind mit einer einzigen Ausnahme nicht erhalten. Blattform und Leitbündelverlauf sind also maassgebend für die Bestimmungen gewesen. Was nun die erstere angeht, so ist gerade *Rhododendron* eine jener Gattungen, bei welcher die an den Zweigen zuerst auftretenden Blätter eine andere Form und Grösse haben als die später erscheinenden, z. B. an der Spitze abgerundet und ausgerandet oder viel schmäler sein können. Es ist deshalb möglich, dass, wenn die fossilen Arten die gleiche Eigenschaft besassen, Blätter von verschiedener Form zu anderen Gattungen gebracht oder als besondere Arten unterschieden worden sind. Was ferner den Leitbündelverlauf angeht, so ist derselbe nichts weniger als bei allen Arten gleich; er ist nicht einmal in einer Abtheilung derselbe. Allerdings ist er stets gefiedert und camptodrom, aber die Verbindung der Secundärleitbündel kann entweder durch Gabeltheilung oder durch Tertiärleitbündel geschehen, oder es kann wie bei *Azalea* an demselben Zweige oder Blatte beides zugleich vorkommen oder es können auch zwei aufeinanderfolgende Secundärleitbündel direct sich verbinden. Ebenso verschieden kann der Austrittswinkel der Secundärleitbündel sein, er wechselt zwischen 10—20°, 30—35°, 50—60°, ohne dass das eine oder das andere für eine bestimmte Gruppe bezeichnend wäre. Ein aus den Camptodromieen entspringendes Randnetz ist überall vorhanden, seine Ausdehnung ist verschieden, jedoch ebenfalls nicht für irgend eine Gruppe bezeichnend. Ebenso allgemein sind unvollständige Secundärleitbündel in den Anastomosen endend. Die Secundärleitbündel sind durch gerade oder gebogene Tertiärleitbündel verbunden, deren Felder ein aus den folgenden Verzweigungen gebildetes Netz einschliessen. Die Stärke der Leitbündel ist verschieden, der Mittelleitbündel ist selbstverständlich immer der stärkste, seine Stärke aber wechselnd, doch bei den Arten mit lederartigen Blättern meist stärker, die Secundärleitbündel bei beinahe allen Arten von gleicher Stärke, dagegen die Tertiär- und Quartärleitbündel bei den einen von gleicher Stärke und folgen dann die schwächeren, bei anderen Arten sind mit den tertiären beginnend alle von gleicher Stärke. Sehr gewöhnlich ist es, dass die Leitbündel an der Oberseite deutlicher, als auf der Unterfläche hervortreten. Weiter sei bemerkt, dass die durch ihren Bau ausgezeichneten Drüsen (vgl. de Bary, Vergleich. Anatomie) sich bei fossilen Blättern wohl erhalten haben könnten und bei dem Zusammentreffen mit anderen Merkmalen die Sicherheit der Bestimmung noch erhöhen können, ich habe jedoch solche noch nicht an fossilen Blättern gefunden.

Die heutige Verbreitung der Gattung würde Reste derselben im Tertiär erwarten lassen, nicht allein spricht dafür ihre Verbreitung in der Polarregion der beiden Erdhälften, ihr Vorkommen vom pacifischen und atlantischen Nordamerika durch Europa bis Südwestrussland und in den Caucasus, nach Sibirien, Kamtschatka, Unalaschka, Himalaya, Nordchina und Japan, sondern es deutet das Vorkommen des *Rhododendron ponticum* L. in der östlichen Pontusregion, in den Gebirgen Südspaniens und Portugals (Fig. 378²) darauf hin, dass die Gattung in Europa früher eine ausgedehntere Verbreitung als jetzt besass, ihre Verbreitung erst durch die in der Glacialzeit hervorgerufenen Aenderungen eingeengt wurde und andere widerstandsfähigere Arten an die Stelle der früheren getreten sind. Auch jetzt bedürfen Arten wie *R. ponticum* L., *R. arboreum* in der Breite von Leipzig nur eines schwachen Schutzes gegen die Nachtheile selbst des strengsten Winters und gedeihen gut im Freien. Aus dem Miocän sind von Parschlug, Radoboj, Sagor und Sotzka durch Ettingshausen und Unger Blätter beschrieben, wie *R. Saturni*, *R. Uraniae*, *R. megiston*, *R. sagorianum*, welche Blättern dieser Gattung nicht unähnlich sind, doch frägt es sich, ob alle die abgebildeten Blattformen dazu gehören.

Auch aus Böhmen, *R. Haueri* Ettingsh., der Wetterau, *R. Alcyonidum* Unger, sind ähnliche Blätter beschrieben. Zwei weitere Arten, *R. sebinense* Sordelli von Pianico bei Varese im Quartär, *R. ponticum* L. (*Actinodaphne* Stur, *Daphne* Ettingsh., *Quercus* Unger) (Fig. 378¹) in der Höttingerbreccie bei Innsbruck*), das erstere, Blätter und Früchte, von Sordelli mit *R. ponticum* verglichen, das letztere in jüngster Zeit von Wettstein näher untersucht und mit der eben genannten recenten Art identificirt (Wettstein, *Rhododendron ponticum* L., fossil in den Nordalpen. Wien, 1888). Nach den wenigen gut erhaltenen Blättern halte ich die von dem Verfasser vertretene Ansicht, dass die Blätter zu der genannten Art gehören, für gegründet. Ist mit ihr, wie ich vermuthe, Sordelli's Art identisch, so erklärt sich die eigenthümliche heutige Verbreitung des *R. ponticum* ohne Zwang. Erst die Glacialperiode, welche ihre Wirkungen auch auf den Südabhang der Alpen erstreckte, zerstörte dort ihre Existenz, wäre sie nicht eingetreten, so würde wohl die Art an den Ufern der oberitalienischen Seen sich, wie in Spanien und Portugal, erhalten haben. Auffallend ist, dass die nordamerikanischen Paläontologen die Gattung nicht erwähnen, zumal da ihr borealer Ursprung ausser Zweifel ist und ihr heutiges Vorkommen in Nordamerika für ihre frühere Existenz spricht. Auch mit *Azalea*, einer Gruppe von *Rhododendron*, sind Blätter vereinigt worden, leider sind sie mindestens ebenso fraglicher Natur, wie die mit *Rhododendron* vereinigten, welche, vorausgesetzt sie gehören wirklich zu dieser Gattung, doch nur eine Gruppe, die des *R. ponticum* L. repräsentiren würden, während die Verbreitung der recenten Arten, wie Engler (Entwicklungsgeschichte der extratrop. Florengebiete. I. S. 63) klar dargelegt hat, darauf hinweist, dass die Tertiärflora verschiedene Gruppen der Gattung besessen haben muss. So lange wir nicht vollständigeres Material, vor Allem Reste der für die Unterscheidung der Gruppen benutzten Organe besitzen, ist wenig Aussicht für die Beantwortung dieser Frage eine Grundlage zu gewinnen.

Insoferne eine Frucht unter den Resten sich befindet, sind die mit *Clethra* vereinigten Reste vollständiger als die der vorausgehenden Gattung. Im Bernstein des Samlandes finden sich Früchte von Göppert zuerst als *Carpantholithes Berendtii*, dann als *Andromeda* beschrieben, von Caspary als Frucht einer *Clethra* erkannt und *C. Berendtii* genannt. Conwentz (a. a. O. S. 115. Tab. 11. Fig. 14—20) hat von diesem Reste eine ausführliche Erörterung, von vorzüglichen Abbildungen begleitet, gegeben, nach welchen Fig. 379¹⁻⁶ copirt ist. Das in der Sammlung zu Berlin befindliche Exemplar, welches Göppert und Caspary vorlag, habe ich selbst untersucht und begreift man schwer den anfänglichen Irrthum Göppert's, es läge eine Blüthe vor. Die Kapsel ist gestielt, dreifächerig, die Klappen tragen in der Mitte die bei dem Aufspringen von dem Samenträger abgelösten Scheidewände, die Samen fehlen, sind

*) Von Stur werden in seiner Abhandlung über die Pflanzenreste der Höttinger-breccie die Blätter zu *Actinodaphne* gebracht. So weit ich nach den Abbildungen Ettingshausen's und Stur's urtheilen kann, ist nicht zu erwarten, dass ohne besseres Material die Bestimmungen dieses Fundortes grosse Sicherheit gewähren, auf keinen Fall ist der von Stur im Holzschnitt abgebildete, als *Chamaerops* bestimmte Rest von der Art, dass die Bestimmung der Gattung oder Familie möglich wäre. Er gehört zu jenen zahlreichen monocotylen Resten, welche willkürlich bald diese, bald jene Bezeichnung erhalten haben.

jedoch bei einem in dem Provinzialmuseum zu Danzig befindlichen Exemplare erhalten. Ausser diesem Reste, welcher ohne Zweifel richtig gedeutet ist, sind auch Blattreste beschrieben, der eine, *C. helvetica* Heer, aus dem Ober-

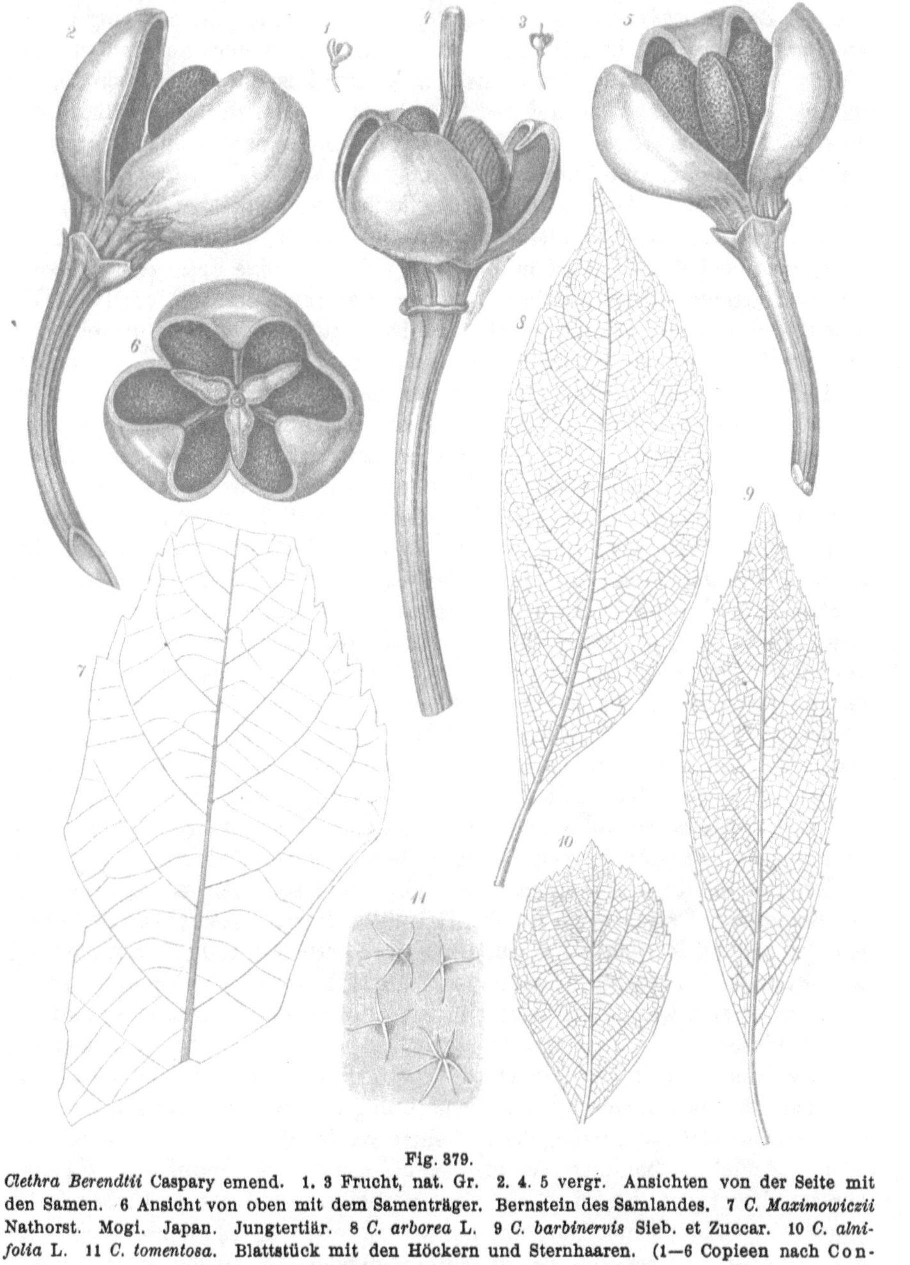

Fig. 379.

Clethra Berendtii Caspary emend. 1. 3 Frucht, nat. Gr. 2. 4. 5 vergr. Ansichten von der Seite mit den Samen. 6 Ansicht von oben mit dem Samenträger. Bernstein des Samlandes. 7 *C. Maximowiczii* Nathorst. Mogi. Japan. Jungtertiär. 8 *C. arborea* L. 9 *C. barbinervis* Sieb. et Zuccar. 10 *C. alnifolia* L. 11 *C. tomentosa*. Blattstück mit den Höckern und Sternhaaren. (1—6 Copieen nach Conwentz, 7 nach Nathorst, 8—11 nach der Natur.)

miocän von Oeningen, welcher, ziemlich unvollständig, nicht zur Beurtheilung der Verwandtschaft ausreicht. Nach Heer soll das Blattfragment auf der Oberfläche Pusteln tragen und schreibt er solche Pusteln auch der in Georgien vorkommenden *C. alnifolia* zu, während sie den cultivirten Exemplaren fehlen sollen. Beides ist unrichtig. *C. alnifolia* L. hat weder an cultivirten noch an Exemplaren ihrer heimischen Fundorte Pusteln, sondern auf beiden Blattflächen eine kahle glatte Epidermis. Was man Pusteln nennen könnte, hat dagegen *C. tomentosa* Pers. auf der Blattoberfläche, bei ihr ist die Blattunterseite dicht behaart, die Oberseite mit kleinen Epidermishöckern, deren Scheitel einen Büschel kurzer Haare trägt, bedeckt (Fig. 379 [11]). Möglich, dass dies bei dem fossilen Blatte der Fall war, wahrscheinlicher ist mir jedoch, dass das fossile Blatt die bekannten Chagrin ähnlichen Erhöhungen trägt, welcher Erhaltungszustand ohnedies bei Heer eine Rolle spielt. Jedenfalls ist Letzteres kein specifischer Charakter. Ferner gibt Unger von Parschlug eine *C. teutonica* an; Blätter, welche mit jenen der *C. alnifolia* verwandt sind und, da Früchte aus dem Samlande vorliegen, das dortige Vorkommen der Gattung mit jenem von Madera und den Canaren verbinden. Ein weiterer Blattrest ist durch Nathorst von Mogi beschrieben, *C. Maximowiczii* (Fig. 379 [7]). Ueber die nicht sehr vollständigen Blätter lässt sich Bestimmtes nicht sagen, nur hat die Zähnung der fossilen Blätter mit jener von *C. barbinervis* Sieb. et Zuccar., von welcher mir mehrere von Zuccarini bestimmte Exemplare vorliegen und mit welcher sie verwandt sein soll, keine Aehnlichkeit, ihre Zähnung stimmt besser mit jener der nordamerikanischen Arten überein. *Clethra* fehlt im pacifischen Nordamerika und haben die nordamerikanischen Paläontologen Reste dieser Gattung bis jetzt nicht im nordamerikanischen Tertiär nachgewiesen. Trotzdem wäre es denkbar, dass eine den nordamerikanischen Arten näher stehende Art in Japan zur Tertiärzeit vorhanden war, an deren Stelle später die jetzt dort vorkommende Art trat. Der bei Oeningen gefundene Blattrest ist zwar nicht geeignet, eine Folgerung zu gestatten, indess mag es nicht unpassend sein, auf das Vorkommen der Gattung auf Madera (*C. arborea* L.) in der Quartärzeit und jetzt hinzuweisen. Fragmente von Blättern dieser Art sind von Heer in den Tuffen von St. Jorge auf Madera beobachtet und scheinen sie auch von ihr zu stammen. Gegenwärtig ist die Gattung auf der westlichen Halbkugel im atlantischen Nordamerika, Cuba, Mexico, Peru, Chile und Brasilien, auf der östlichen Halbkugel in Japan und im Malayischen Archipel verbreitet. Da frägt es sich allerdings, wodurch ihr Auftreten auf Madera veranlasst ist, ob von Westen her, was nach der heutigen Verbreitung nicht unwahrscheinlich wäre, während die in der baltischen Region vorkommenden Früchte auf die Möglichkeit eines Zusammenhangs mit Europa hinweisen, wenn wir es mit der gleichen Gattung und nicht mit einer verwandten zu thun haben. Die letztere Annahme hat mehr Wahrscheinlichkeit für sich, zumal die Gattung borealen Ursprungs zu sein scheint, ihre Verbreitung auf der westlichen Halbkugel vom atlantischen Nordamerika bis Brasilien in ähnlicher Weise wie die mancher anderer im Tertiär vorkommenden Gattungen stattgefunden haben kann. Auf der östlichen Halbkugel kennen wir sie von der baltischen Region bis Madera und aus Japan im fossilen Zustande, die recenten Arten finden sich von Japan bis in den indischen Archipel. Unter den erwähnten Umständen ist die Einwanderung in Madera von Westen her, gegen welche auch Anderes eingewendet werden kann, unwahrscheinlich. Dass die Gattung jetzt in Europa ausgestorben ist, erklärt sich aus den klimatischen Aenderungen der Glacialperiode, ohne ihr Dazwischentreten würde sie wohl heute noch Europa bewohnen, da *C. alnifolia* und *C. tomentosa* selbst in der Breite von Leipzig ohne besonderen Schutz ausdauern. Der Leitbündelverlauf hat nichts, was ihn unter den anderen Ericaceen auszeichnete. Die Secundärleitbündel camptodrom durch Tertiärleitbündel, die Anastomosen gerade, meist einfach, zuweilen gabelnd, die von ihnen gebildeten Felder ein engmaschiges Netz gleich starker Leitbündel führend.

An die Ericaceen schliesst sich die kleine Gruppe der *Monotropeen* an, aus welcher durch Heer ein aus dem oberen Miocän von Oeningen stammendes Fragment eines Fruchtstandes beschrieben ist. Es ist ein Stengelfragment mit den Spuren einiger verloren gegangener Früchte und zwei jüngeren Früchten an der Spitze, *Monotropa microcarpa* Heer (Fig. 380[13]). Eine gewisse habituelle Aehnlichkeit mit *Monotropa* ist dem Reste nicht abzusprechen, auch mag der Fruchtknoten ein oberständiger sein, um aber eine bestimmte Gattung davon abzuleiten, ist er denn doch zu ungenügend. Denn einerseits ist die Auswahl unter den Familien mit oberständigen Fruchtknoten und racemösen Fruchtständen nicht klein, sodann macht der Fruchtknoten nicht den Eindruck eines vier- oder fünffächerigen, wie man dies bei den Früchten von *Monotropa* erwarten sollte, sondern eher eines zweifächerigen. Ferner lässt sich weder der Bau des Fruchtknotens, noch jener des Embryo, welcher bekanntlich bei *Monotropa* nur aus einer Zellgruppe besteht, ermitteln. So lange wir darüber keine Aufschlüsse haben, lässt sich das Vorkommen von *Monotropa* im Tertiär mit Sicherheit nicht behaupten, ebenso

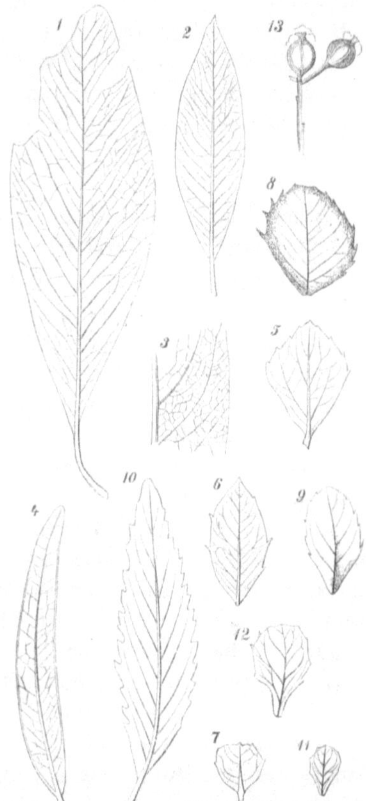

Fig. 380.
1—3 *Myrsine recuperata* Sap. 4 *M. linearis* Sap. Aix. Unt. Oligocän. 5 *M. radobojana* Sap. 6 *M. celastroides* Sap. 7 *M. minuta* Sap. Bois d'Asson. Manosque. Ob. Oligocän 8 *M. Ruminiana* Heer. Monod. 9 *M. celastroides* Heer. Monod. Ob. Oligocän. 10 *M. salicoides* A. Br. Oeningen. Ob. Miocän. 11. 12 *M. microphylla* Heer. Oeningen. 12 vergr. 13 *Monotropa microcarpa* Heer. Oeningen. Ob. Miocän. (Copieen nach Saporta, Heer.)

wenig aber auch auf Grund dieses Restes jenes einer anderen Familie. Uebrigens gehört *Monotropa* zu jenen Gattungen, welche eine sehr lückenhafte Verbreitung besitzen, *M. Hypopitys* L. in Mitteleuropa, im gemässigten Asien und Nordamerika, *M. uniflora* L. im Himalaya, Japan und dem atlantischen Nordamerika, *M. fimbriata* A. Gray in Nordamerika, ein Verhalten, welches zu Gunsten der Deutung Heer's spricht und in diesem Stengelfragmente eine Gattung sich verräth, welche früher weiter verbreitet war, jetzt aber, insbesondere die beiden letzten Arten, nur auf wenige Standorte beschränkt ist. Dieser Grund ist es, welcher, da der Rest selbst nichts der Gattung unbedingt Widersprechendes zeigt, mich bestimmt, die Heer'sche Bestimmung für gegründet anzusehen.

2. Reihe. **Primulinae.**

Diese Reihe besteht aus den Familien der *Primulaceen, Plumbaginaceen* und *Myrsinaceen*, von welchen nur eine, die *Myrsinaceen*, Reste hinterlassen hat. Die drei Familien sind unter sich nahe verwandt, ihre Blüthen actinomorph, Zwitter, fünfzählig, seltener vier- bis achtzählig, fruchtbare Staubblätter ebenso viele wie Kronabschnitte, epipetal, ausserdem nicht selten den Kelchabschnitten opponirte Staminodien oder diese fehlend. Fruchtblätter eines oder so viele wie Kronblätter, Fruchtknoten einfächerig, Samenträger frei, mittelständig.

Aus der Familie der *Primulaceen* ist ein einziger dabei zweifelhafter Rest, *Lysimachia Nummularia* L., in den interglacialen Torfbildungen von Lauenburg an der Elbe nachgewiesen. Durch den Bau des Fruchtknotens stehen die *Myrsinaceen* den *Primulaceen*, mit welchen sie den centralen Samenträger und einfächerigen Fruchtknoten theilen, nahe, unterscheiden sich aber durch wenigsamige Schliess- oder Steinfrüchte. Bei *Maesa* der Fruchtknoten unterständig. Erhalten sind wie immer hauptsächlich Blätter, sodann einzelne Blüthen, letztere in einem Erhaltungszustande, welcher über das Vorhandensein der Familie mehr Aufschluss gewährt, als die zahlreichen Blätter.

Die aus Bäumen und Sträuchern bestehende Familie gehört durchgängig den Tropen und Subtropen an, ihre Nordgrenze erreicht sie auf der östlichen Halbkugel in Japan, Arabien, Abessinien, auf den Azoren und den Canarischen Inseln, auf der westlichen Halbkugel in Westindien, Mexico und Nordamerika. Nach den Angaben der Paläontologen würde sie in der Tertiärperiode noch in Grönland vorgekommen sein, dass sie in der baltischen Region vorkam, dafür sprechen die im Bernstein des Samlandes erhaltenen Blüthen, Reste, welche um so wichtiger, als wir sonst nur auf Blätter angewiesen sind, bei welchen selbst, wenn die in den Blättern der recenten Arten vorkommenden, zahlreichen Oelbehälter an den fossilen Blättern erhalten wären, diese für die Charakteristik keinen grossen Gewinn brächten, da wir dieselben bei Blättern anderer Familien ebenfalls treffen. Gegenwärtig fehlt die Familie der europäischen Flora, während sie in der Tertiärperiode vorhanden und insbesondere die Gattung *Myrsine* durch zahlreiche Arten vertreten war. Dass die Gattung während dieser Periode in Europa vorkam, ergibt sich, abgesehen vorerst von den im Bernstein erhaltenen

Blüthen, nicht so fast aus den mit ihr vereinigten Blättern, als aus ihrer heutigen Verbreitung. *Myrsine africana* L. kommt jetzt in Nordindien, Afghanistan, Abessinien, auf den Azoren, dem Cap vor, *M. retusa* auf den Azoren, *M. simensis* Hochst. in Abessinien, *Heberdenia* (*Myrsine*) *excelsa* Banks auf den Canaren, *M. canariensis* auf Madera, *M. bottensis* Rich. in Yemen. Bei dieser Verbreitung kann, wie wir dies schon wiederholt fanden, diese Gattung oder eine ihr nahe stehende im Süden Europas während der Tertiärzeit vorgekommen und sie auch noch weiter nördlich verbreitet gewesen sein, wie dies aus den in Bernstein erhaltenen Blüthen sich ergibt. Auch die heutige Verbreitung der Gattung *Ardisia* L., welche ihre Nordgrenze in Japan (Yeso) und in Nordamerika erreicht, ist eine solche, wie die mancher anderer Gattungen, deren Reste im Tertiär sicherer nachzuweisen sind und ist ihr Vorkommen in dieser Zeit ebenfalls nicht unwahrscheinlich. Der Leitbündelverlauf der recenten Formen scheint nach dem mir vorliegenden Materiale Nichts zu besitzen, was ihn besonders auszeichnete, wenn nicht, was nur durch ein noch reicheres Material, als mir vorliegt, entschieden werden kann, die verhältnissmässig geringe Stärke der Secundärleitbündel für sie bezeichnend ist. Allerdings kömmt diese Eigenschaft auch bei anderen Familien oder einzelnen Gattungen vor; allein z. B. bei *Myrsine* könnte dies in Verbindung mit den Blattformen und der gleichartigen Stärke der übrigen Leitbündel ein brauchbares Merkmal sein. Allerdings darf man nicht vergessen, dass zur sicheren Bestimmung Blüthen und Früchte doch nöthig wären. Bei *Myrsine* (*Pleiomeris*) *canariensis* finde ich, die vollständigen wie unvollständigen Secundärleitbündel im Anastomosennetz an der Basis und Spitze des Blattes sich verlierend, in der Mitte des Blattes sind sie durch Gabeltheilung camptodrom. Alle von den Secundärleitbündeln ausgehenden Verzweigungen sind von gleicher Stärke, ebenso die das Randnetz bildenden, die von den Secundärleitbündeln gebildeten Felder durch ein Netz gleichartiger, polygonaler, enger Maschen ausgefüllt. Mit dieser Gruppe von *Myrsine* vereinigt Ettingshausen von Kutschlin stammende Blätter, als *Pleiomerites reticulatus*, welche mit *Pleiomeris* wenig gemeinsam haben und auch in der vergrösserten Abbildung dem Leitbündelverlauf von *Pleiomeris* nicht entsprechen. Andere Blätter von Kutschlin und Priesen werden wegen der angeblichen Craspedodromie der Secundärleitbündel mit *Myrsinites* bezeichnet und zu den zwei aus dem böhmischen Tertiär stammenden noch *Myrsine salicoides* A. Br. von Oeningen gebracht. Craspedodromie der Leitbündel kommt allerdings bei den Myrsinaceen vor, aber nach den Abbildungen ist dies bei wenigen fossilen Blättern der Fall. Auch möchte weder *M. Braunii*, noch *M. antiqua* zu *Myrsine* gehören, bei der einen erreichen die Secundärleitbündel überhaupt nicht die Zähne, bei der anderen sind sie camptodrom und treten Aeste der Camptodromieen in die Zähne, ähnlich wie bei *Ardisia*-Arten. Bei *M. transsylvanica* Staub, *M. rhabdonensis* Staub aus dem Tertiär des Csilthales ist einerseits der kaum mehr als den Mittelleitbündel zeigende Verlauf der Leitbündel, andererseits die Unvollständigkeit der Blätter Grund sie für gänzlich unsicher zu erklären. Auch *M. dacica* Staub aus dem Tertiär des Csilthales hat keine Beweiskraft. Ein ebenso zweifelhaftes Blatt ist *Maesa europaea* Ettingsh. von Häring; es ist allerdings ein breites Blatt mit schwach herzförmiger Basis, welchem aber die Spitze fehlt, dessen Leitbündelverlauf eher strahlig als gefiedert ist. Ich wüsste nicht, was ich bei diesem Blatte für *Maesa* geltend machen könnte. Bei den recenten Arten von *Myrsine* ist in Folge der bedeutenden Artenzahl die Form der Blätter wechselnd, es lassen sich aber drei Gruppen unterscheiden, deren eine kleine, ovale oder rundliche Blätter wie *M. africana* L., eine zweite grosse, eilängliche, wie *M. simensis* Hochst., eine dritte längliche, schmälere wie *M. philippinensis* A. DC. besitzt. Selbstverständlich sind sie durch zahlreiche Zwischenformen verbunden und macht sich der Einfluss der Blattform auf den Leitbündelverlauf insoferne geltend, dass die Secundärleitbündel bei breiteren Blättern weniger steil in Bogen ansteigen, als bei den schmäleren. Der Leitbündelverlauf zeigt wenig Abwechslung, er ist gefiedert, die zahlreichen Secundärleitbündel camptodrom, entweder durch Gabeltheilung oder Tertiärbündel, unvollständige, in den Anastomosen endende Secundärbündel sind allgemein, die einen wie die anderen sind verhältnissmässig zart. Die Tertiärbündel bilden in der Regel ein polygonales oder auch längliches Maschennetz, welche durch das kleinmaschige Netz der weiteren Verzweigungen ausgefüllt wird. Da sehr derbe, feste Blätter öfter vorkommen, so ist von den Leitbündeln bei manchen Blättern wenig zu sehen, die ölführenden Zellen und Schläuche erscheinen bei trockenen Blättern häufig als Höcker auf der Blattfläche. Das erstere Structurverhältniss der Epidermis mag der Grund sein, weshalb der Leitbündelverlauf bei vielen fossilen Blättern unvollständig oder gar nicht sichtbar ist, was selbstverständlich nur durch die mikroskopische Untersuchung nachzuweisen ist. Eine ziemliche Anzahl von fossilen Blättern ist durch die geringe Grösse, den gezähnten Rand und die rundliche Form ausgezeichnet, der Leitbündelverlauf häufig nicht oder unzureichend erhalten, im Ganzen an die Blattformen der *M. africana* und *M. retusa* erinnernd. Solche Blätter sind z. B. *M. spinulosa* Sap. von Aix, *M. celastroides* Sap. Armissan, *M. minuta* Sap., Bois d'Asson (Fig. $380^{6.\,7\,9}$), *M. Lesquereuxiana* Gaud. von Monod, *M. europaea* Ettingsh., Häring, Sobrussan, *M. radobojana* Unger, Radoboj u. a. (Fig. 380^{5}). Unter den anderen Familien zugetheilten Blättern gehört wahrscheinlich *Vaccinium Palaeo-Myrtillus* Ettingsh. aus dem Tertiär Böhmens zu *Myrsine*, ein mit *M. africana* verwandtes Blatt. Wären mehr Grundlagen für eine sichere Bestimmung vorhanden, würden nicht andere Familien, z. B. die Celastraceen ähnliche Blattformen bieten, so würde man eine mit *M. africana* verwandte Art annehmen können, so lässt sich eben nur die Möglichkeit zugeben, dass dem wenigstens zum Theile so sei. Ziemlich grosse, breite, längliche Blätter mit stumpfer, abgerundeter Spitze wie *M. consobrina* Heer aus Grönland, *M. recuperata* Sap., Aix (Fig. 380^{1-3}), während bei anderen, wie *M. subincisa* Sap. von Camoins-les-Bains, *M. cuneata* Sap. von St. Jean de Garguier, die Blätter, wie bei einigen Cap'schen Arten gegen die Basis keilförmig verschmälert sind oder die Blätter lanzettlich oder linear, die Blattbasis verschmälert, wie bei *M. linearis* Sap., Aix (Fig. 380^{4}), *M. dubia* Friedr.,

Stedten bei Halle. Diese wenigen Beispiele mit *M. fyeensis* Crié, aus dem Eocän des Dep. der Sarthe und den Fig. 380$^{8-12}$ abgebildeten Blättern mögen genügen, für sie gilt ausnahmslos die obige Bemerkung und sei nur noch gegen Friedrich, welcher die Unsicherheit der Bestimmungen wohl fühlte, bemerkt, dass das Zusammenvorkommen von Früchten diese Unsicherheit nicht heben würde, wenn nicht ihre Structur in der Weise erhalten, dass das Detail nachzuweisen wäre. So wie dergleichen Reste erhalten sind, geben sie nach meinen Erfahrungen gar keinen Aufschluss.

In der gleichen Lage befinden wir uns den mit *Ardisia* vereinigten Blättern gegenüber. Das heutige Vorkommen der Gattung in Japan und Nordamerika lässt ihr Vorhandensein während der Tertiärzeit in Europa nicht unwahrscheinlich erscheinen, die Belege dafür fehlen aber um so mehr, als ein wesentlicher Unterschied zwischen den Blättern von *Myrsine* und *Ardisia* nicht existirt, denn dass bei einzelnen Arten der letzteren, z. B. *A. pusilla* A. DC. die Secundärleitbündel craspedodrom sind, ist von keiner Bedeutung. Alle fossilen Arten stammen aus dem Tertiär Böhmens von Kutschlin und Priesen, *A. myricoides* Ettingsh., *A. Harpyarum* Ettingsh., drei ausgenommen, deren eine *A. stiriaca* Ettingsh. von Leoben, die andere von Sinigaglia, *A. daphnoides* Massal., die dritte *A. eocenica* Ettingsh. von Häring stammt. Die aus dem Tertiär des Csilthales stammende *A. dubia* Staub. ist, wie es scheint, an den Rändern stark verletzt, die Leitbündel unzureichend, jedenfalls hinsichtlich der Abstammung fraglich. Blattfragmente aus dem Tertiär von Labuan von Geyler als *Ardisiophyllum* bezeichnet, sind in zwei Exemplaren kaum nothdürftig mit Leitbündeln versehen, das dritte hat zwar noch ein polygonales Maschennetz, ob aber diese Maschen ausgefüllt waren durch das Netz weiterer Verzweigungen, lässt sich nicht sagen. Ettingshausen trennt *Icacoraea* Aubl. von *Ardisia* mit zwei Arten. Ist die Scheidung der Blätter von *Myrsine* und *Ardisia* schon unsicher, um wie viel mehr gilt dies für *Icacoraea,* welche ohnedies von Anderen mit *Ardisia* vereinigt ist.

Auf einem anderen Boden bewegt man sich bei den im Bernstein erhaltenen Resten, welche von Conwentz mit gewohnter Treue dargestellt sind (a. a. O. S. 118 ff. Tab. 11. Fig. 21—23, Tab. 12. Fig. 1—11). Es sind sämmtlich Blüthenkronen, die eine bereits von Göppert beschrieben, *Berendtia primuloides,* welcher Conwentz noch eine weitere Art, *B. rotata,* beifügt, die dritte von Conwentz unterschieden, *Myrsinopsis succinea.* Letztere ist eine kurzröhrige actinomorphe, sympetale, glockige Blüthe mit viertheiligem Saume, die Lappen abstehend, Leitbündel der Kronabschnitte fiedernervig, Röhre etwas aufgetrieben, Staubblätter vier, epipetal, kürzer als die Lappen (Fig. 381$^{1-3}$), Antheren kurz. *Berendtia* ist eine sympetale, radförmige, actinomorphe Blüthe mit dachiger Knospenlage, fünftheiligem Saume, fünf epipetalen Staubblättern, Staminodien fehlend, deren eine Art *B. primuloides* Göpp. (Fig. 381$^{4-7}$) durch kahle, stumpf abgerundete Corollenlappen und, kahle, schmal geflügelte Träger, die zweite, *B. rotata* Conw. (Fig. 381$^{8-11}$), durch die ausgebreiteten am Rande kurz drüsig behaarten Corollenabschnitte die drüsig behaarten Träger der die Corollenlappen etwas überragenden Staubblätter von der vorausgehenden unterschieden. Dass die besprochenen Blüthen der Familie der Myrsinaceen angehören, ist ausser Zweifel, da aber ausser den Corollen nichts erhalten ist, so lässt sich über ihre Beziehungen zu irgend einer Gattung Nichts sagen. Wir können nur sagen, dass sie dem Tribus der *Eumyrsinen* mit imbricativer Knospenlage der Blüthenkronen an-

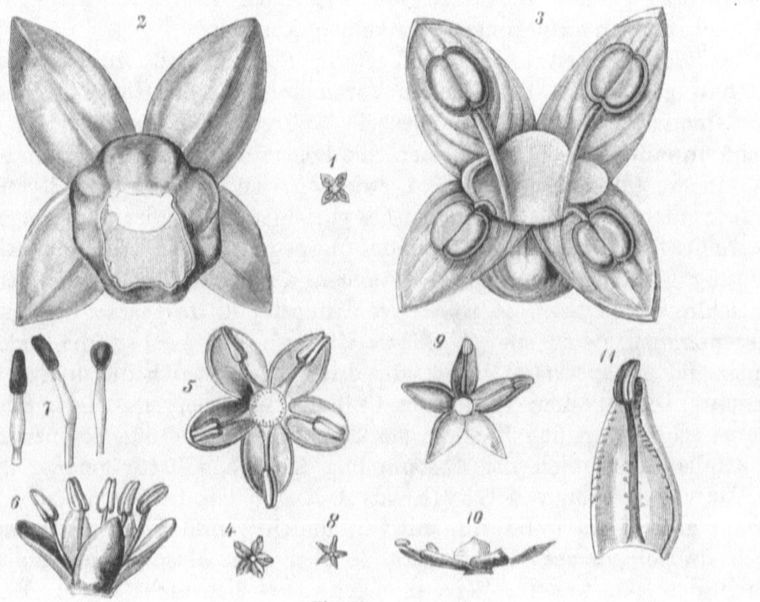

Fig. 381.
Myrsinopsis succinea Conwentz. 1 Blüthe, nat. Gr. 2 Vergrössert von unten. 3 Vergr. von oben. 4—7 *Berendtia primuloides* Göppert. 4 Blüthe nat. Gr. 5 Vergr., von oben. 6 Vergr., von der Seite. 7 Staubblätter. 8—11 *B. rotata* Conwentz. Blüthe. 8 nat. Grösse. 9 Vergr. von oben. 10 Vergr. von der Seite. 11 Einzelner Abschnitt der Blumenkrone mit einem Staubblatte, vergr. Aus dem Bernstein des Samlandes. (Copieen nach Conwentz.)

gehören. Hinsichtlich des Vorkommens der Familie während der Tertiärzeit in Europa verhält sich die Familie ähnlich wie die Gattung *Clethra*. Hinsichtlich des Baues der Blätter habe ich oben bereits das Vorkommen von Secretzellen und Schläuchen erwähnt, welche indess nur selten nachzuweisen sein werden, da wie mehrfach bemerkt, meist nur die Cuticula bei den fossilen Blättern erhalten ist. Nach meinen Erfahrungen sind die Epidermiszellen der Ober- und Unterseite bei den Myrsinaceen klein, polygonal, ihre Seitenwände auf der Blattoberseite nicht, auf der Unterseite scharf wellig, Spaltöffnungen finden sich nur auf der Unterseite, ihre Schliesszellen klein, von zwei oder drei Lagen schmaler, gestreckter Zellen umgeben. Ob dieser Bau für den grössten Theil der Gattungen zutrifft, ob für alle Arten von *Myrsine* und *Ardisia*, weiss ich nicht zu sagen, da ich nicht alle Gattungen untersuchen konnte. Ausnahmen sind jedenfalls vorhanden, so sind bei *Hymenandra* die Epidermiszellen viel grösser als bei anderen, jene der Unterseite geradwandig. Bei *Clavija* liegen unter der Epidermis zahlr eichegestreckte, zuweilen zweispitzige Sclerenchymzellen, welche sich bei fossilen Blättern wohl erhalten können.

3. Reihe. **Diospyrinae***).

Die Reihe umfasst die drei Familien der *Sapotaceen*, *Ebenaceen* und *Styracaceen*, Familien, welche überwiegend den Tropen und Subtropen angehören und ausnahmslos Holzpflanzen sind. Sie steht der vorigen Reihe nahe, ihr wesentlichster Unterschied liegt einerseits in dem Vorhandensein eines den Kelchabschnitten gegenüberstehenden Staubblattkreises und eines gefächerten mit einem mittelständigen Samenträger versehenen, oberständigen oder unterständigen Fruchtknotens.

Die Familie der *Sapotaceen* ist durch Zwitterblüthen, vier bis sechs Abschnitte des Kelches und der Krone, doppelt so viele Staubblätter oder zur Hälfte Staminodien charakterisirt. Fruchtknoten ober- bis unterständig, einzwei- bis fünffächerig, selten mehr Fächer, diese mit je einer Samenknospe. Früchte: Beeren, mit wenigen oder einem einzelnen Samen mit grosser Anheftungsstelle (hilum). Wie bemerkt, gehört der grösste Theil der recenten Arten den Tropen und Subtropen an, einige erstrecken sich indess ziemlich weit nach Norden und können diese bei der Vegetation des europäischen Tertiärlandes in Frage kommen. Es sind dies einmal die in Cuba, Mexico und Südcalifornien vorkommenden Gattungen, sodann *Argania Sideroxylon* im Nordwesten Afrika's und *Sideroxylon Mermulana* auf Madera, auf den Zusammenhang der Vegetation dieser Insel mit jener Afrika's hinweisend, hier deshalb wichtig, weil beide oder ihnen verwandte Formen wenigstens das südliche Tertiärland Europa's bewohnt haben können. Leider sind die aus dieser Familie erhaltenen Reste nicht von der Art, dass sie unzweifelhafte Aufschlüsse über das Vorkommen der Familie geben, da ihre bei weitem grösste Anzahl aus Blättern besteht, deren Leitbündelverlauf mit jenem anderer Familien übereinstimmt. Die wenigen mit *Achras* vereinigten Früchte beweisen ebenfalls nichts. *A. lycobroma* Unger stammt von Radoboj und ist eine jugendliche, längliche, vom Griffel gekrönte, vom Kelch umgebene Frucht, über deren Bau nichts ausgesagt werden kann, welche Unger selbst bezweifelt, für welche erst zu beweisen ist, dass das sie begleitende Blatt zu ihr gehört, von beiden nicht gesagt werden kann, dass sie zu *Achras* gehören. Ebenso verhält es sich mit *A. Pithecobroma* Unger von Parschlug (Fig. 383[14]), deren Fruchtrest Unger nicht abbildete, das Blatt nach Unger mit *Mimusops Elengi* übereinstimmt. Ebenso wenig Aufschluss geben mit in Dorne umgewandelten Blättern besetzte Zweige aus dieser Familie, weil diese Eigenschaft auch bei anderen Familien vorkömmt.

*) Aus der Literatur sei eine mir jetzt erst zugekommene Schrift: Saporta, Origine paléontologique des arbres cultivés ou utilisés par l'homme. Paris, 1888, erwähnt, in welcher der Verfasser neben Erörterungen über den Ursprung der cultivirten und spontanen Gehölze eine nicht unbedeutende Anzahl neuer Beobachtungen über fossile Arten aus der Kreide und dem Tertiär mittheilt.

Unter den Blattformen der recenten Arten ist insbesondere die verkehrt-eiförmige mit verschmälerter Blattbasis, bald breiter, bald schmäler, kürzer oder länger gestielt, eine sehr gewöhnliche, ohne dass sie einer Gattung der Sapotaceen oder der Familie allein eigenthümlich wäre. Sie allein wird demnach nicht beweisen, dass ein solches Blatt den Sapotaceen angehört. Der

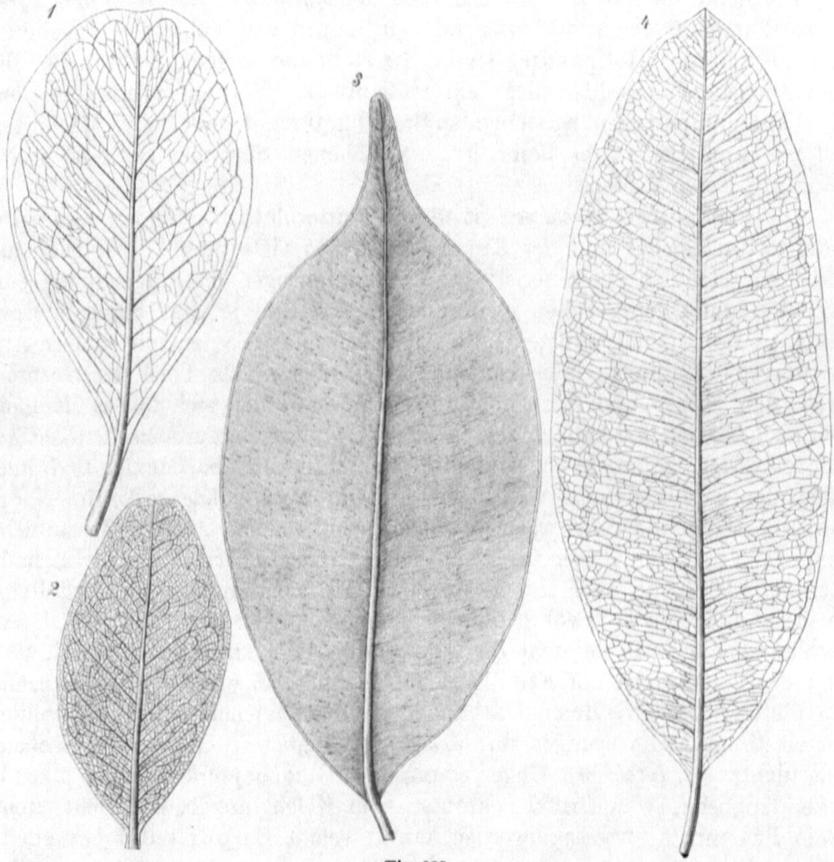

Fig. 382.
1 *Sideroxylon attenuatum* A. DC.! 2 *S. inerme* L. 3 *S. egense* Pöppig! 4 *S. elegans* A. DC.! Zum Nachweis verschiedenen Leitbündelverlaufes bei derselben Gattung. (Nach der Natur.)

Leitbündelverlauf ist, wie ich an den von mir untersuchten Gattungen sehe einmal in der ganzen Familie sehr gleichartig, sodann besitzt keine der untersuchten Gattungen einen ihr allein zukommenden Leitbündelverlauf. Bei allen untersuchten Gattungen ist er gefiedert, die Secundärleitbündel zart und meist mehr oder weniger genähert. Bei zwei *Sideroxylon*-Arten, *S. egense* Pöppig! und *S. cylindrocarpum* A. DC.!, stehen die Secundärleitbündel dicht genähert, nahezu horizontal bis zum Blattrande verlaufend (Fig. 382³). Er erinnert einerseits an die *Taeniopteris*-Nervatur der Farne, andererseits an jene mancher Guttiferen, z. B. *Calophyllum Nathorsti* Geyler aus dem Tertiär von

Labuan. Die Leitbündel entbehren bei beiden Arten jeglicher Verzweigung, da die schmale, zwischen ihnen liegende Gewebezone ohne Schwierigkeit durch die angrenzenden Bündel versorgt wird, eines der bezeichnendsten Beispiele für den Zusammenhang des Blattbaues und der Blattfunction, sowie der Thatsache, dass der Leitbündelverlauf von dieser abhängig ist. Ist die Entfernung der Secundärleitbündel grösser, so bilden ihre Verzweigungen durch Verbindung mit unvollständigen ein aus länglichen Maschen bestehendes, mit den Secundärleitbündeln parallel liegendes Netz, dessen Felder mit kleineren Maschen ausgefüllt sind, oder sie sind zu einem engmaschigen Netz gleichstarker Bündel verbunden (dictyodrom) oder es sind zunächst anastomosirende, gerade oder schief verlaufende Tertiärleitbündel vorhanden, deren Felder dann ein Maschennetz einschliessen (Fig. 382[1. 2. 4]). Durchgängig sind die Secundärleitbündel durch Gabeltheilung oder Tertiärleitbündel camptodrom, unvollständige Secundärleitbündel allgemein, entweder mit den vollständigen oder den tertiären sich verbindend, in diesem Falle dann längliche, den Secundärleitbündeln parallele Felder entstehend. Der Verlauf der Secundärleitbündel entweder nahezu horizontal, ferner schief aufsteigend oder in leichtem Bogen gekrümmt, ein Randnetz sehr häufig vorhanden, ebenso Randleisten. Da eine grosse Anzahl von Blättern lederartig, und mit sehr entwickelter Cuticula versehen ist, so kömmt es oft vor, dass der Leitbündelverlauf undeutlich oder gar nicht sichtbar ist. Aus dem Vorstehenden ergibt sich, dass der Leitbündelverlauf der Blätter nicht benützt werden kann, um Sapotaceenblätter sicher zu bestimmen, dass die Bestimmung einzelner Gattungen auf diesem Wege auch nicht möglich ist, höchstens kann die geringe Stärke, die geringe Distanz und der Verlauf der Leitbündel als ein einigermaassen brauchbares Merkmal benützt werden. Die Bezeichnung *Sapotacites* oder *Sapotophyllum* ist jedenfalls bei weitem die geeignetste.

Wenn von den Paläontologen Blätter einzelner Gattungen als Nachweis ihres früheren Vorkommens während der Tertiärzeit in Europa angegeben werden, so ist dies auch nicht gerechtfertigt, weil dafür eine Grundlage gänzlich fehlt. Blätter also, welche mit *Achras*, *Mimusops* vereinigt werden, beweisen nichts für die Existenz dieser Gattungen im Tertiär Europa's, wenn sie auch wie *Achras destructa* Pilar von Sused in Croatien Sapotaceenblätter sein können. Auch die von Unger mit *Chrysophyllum Putterlickii* (Fig. 383[9. 10]) und *C. Kymeanum* vereinigten Früchte entscheiden nichts, denn weder wissen wir, ob die Blätter wirklich zu den Früchten gehören, noch können wir etwas über die Früchte sagen. Will man diese Reste zu den Sapotaceen bringen, so ist es jedenfalls besser, sie, wie es von Ettingshausen geschah, als solche von *Sapotacites* zu bezeichnen. Dass auf Labuan während der Tertiärzeit Sapotaceen existirten, wird nach dem Wenigen, was wir von der tertiären Flora jener Gegenden wissen, nicht unwahrscheinlich sein, ob wir aber deshalb den vierten Theil eines Blattes mit offenbar unvollständig erhaltenem Leitbündelverlauf mit *Isonandra* vereinigen und *Isonandrophyllum* nennen dürfen, wie dies von Geyler geschieht, ist sehr fraglich, da *Isonandra* keinen ihr allein eigenthümlichen Leitbündelverlauf besitzt. Das Gleiche gilt für die übrigen Gattungen *Sideroxylon*, *Bumelia* und *Chrysophyllum*, wir können von einem Theile der besser erhaltenen Blätter sagen, dass sie den Sapotaceen angehören können, hinsichtlich der Gattung

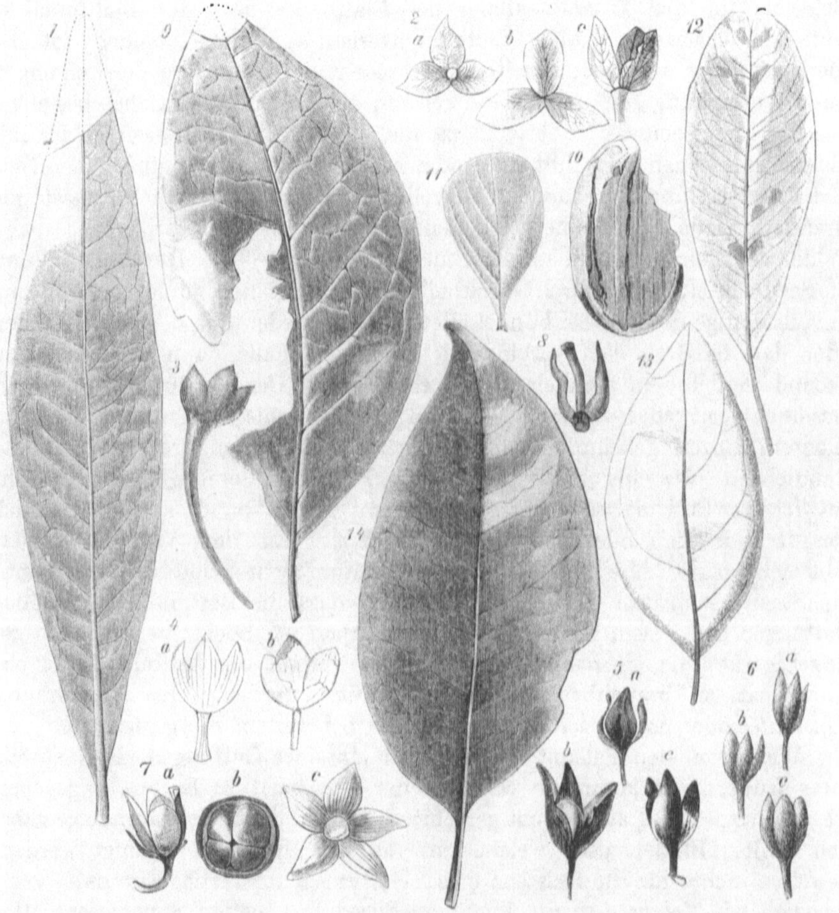

Fig. 383.
1 *Euclea Apollinis* Unger. Radoboj. Unt. Miocän. 2 *a. b. c Macreightia germanica* Heer. Oeningen. Ob. Miocän. 3 *M. longipes* Ettingsh. Leoben. Mittl. Miocän. 4 *a. b M. crassa* Lesq. Florissant. Tertiär. 5 *a. b. c M. germanica* Unger. Parschlug. Mittl. Miocän. 6 *a. b. c M. microcalyx* Ettingsh. Kutschlin. Unt. Miocän. 7 *a. b. c Royena graeca* Unger. *a* Blüthe, *b* Frucht, *c* Kelch. Kumi. Miocän. 8 *R. affinis* Pilar. Sused. Oligocän. 9. 10 *Sideroxylon Putterlicki* Unger. 9 Blatt, 10 Frucht. Radoboj. Unt. Miocän. 11 *Bumelia Oreadum* Unger. Sotzka. Ob. Oligocän. 12 *Chrysophyllum atticum* Unger. Kumi. Miocän. 13 *Sapotacites tenuinervis* Heer. Oeningen. Ob. Miocän. 14 *Achras Pithecobroma* Ung. Radoboj. Unt. Miocän. (Copieen nach Heer, Unger, Lesquereux, Ettingshausen, Pilar.)

ist dies nicht möglich. Solche Blätter sind z. B. *Bumelia cenomanensis* Crié, Eocän von Angers, *B. sideroxyloides* Saporta von Armissan, *B. minuta* Marion von Ronzon, *B. subspatulata* Sap. von Aix, *B. pygmaea* Heer, *Sideroxylon balticum* Heer von Rixhöft, *Chrysophyllum reticulatum* Heer, wobei ich bemerke, dass man von vorneherein auf jene Blätter verzichten muss, deren Mittelleitbündel allein erhalten ist. Mit dergleichen Blättern ist überhaupt nichts anzufangen, werden ihnen Namen beigelegt, so ist dies Verfahren ganz willkürlich oder eine kritiklose Wiederholung eines auf Grund der Blattform gegebenen Namens. Die Mehrzahl der hierher gezählten Blätter hat die Bezeichnung *Sapotacites* erhalten. Der Name wäre an sich ganz passend, wäre nur die Sicherheit gegeben, dass jene Blätter, welche den oben beschriebenen Leitbündelverlauf besitzen, auch unbedingt nur solche dieser Familie und keiner anderen sind. Daran scheitert jedoch die Sicherheit der Bestimmung, denn dieser Leitbündelverlauf kommt auch anderen Familien zu, z. B. den Myrtaceen, Apocynaccen. So wahrscheinlich also auch in Folge der heutigen Verbreitung der Familie ihr Vorkommen wenigstens im südeuropäischen Tertiärlande ist, so wenig haben wir dafür Beweise, selbst wenn wir die Kreide- und Oligocänzeit berücksichtigen. Aus der nordamerikanischen und grönländischen Kreide sind den Sapotaceen zugetheilte Blätter beschrieben, so *Sapotacites Haydeni* Newb. aus Nebraska, von Heer aus den Patootschichten Grönland's *S. nervillosus, S. hyperboreus, S. retusus,* sämmtlich Blätter, über welche mit Bestimmtheit nichts zu sagen ist und höchstens der Umriss, z. B. des *S. retusus,* wegen der Aehnlichkeit mit Sapotaceenblättern für diese Familie geltend gemacht werden kann. Berücksichtige ich aus dem Tertiär zuerst die aussereuropäischen Vorkommnisse, so ist von Sumatra durch Heer ein *Sapotacites crassipes* beschrieben, aus Neuholland durch Ettingshausen *S. oligoneuris, S. achrasioides.* Dass das Vorkommen dieser Familie in beiden Regionen wahrscheinlich ist, ergibt sich nicht allein aus dem bei anderen Familien erwähnten Gründen, sondern auch aus dem Umriss der Blätter, einen Nachweis liefern sie indess nicht. Nach Ettingshausen's Ansicht ist *Sapindus coriaceus* Lesq. von der Elkstation, Sierra Nevada, ein *Sapotacites, S. Copeanus, Myrica solida* Heer von Sachalin *Sapotacites solidus*, Namenänderungen, welche durch die Erhaltung der Blätter nicht gerechtfertigt sind. Im Tertiär Europa's werden sie vom Oligocän bis in das obere Miocän angegeben, vom Süden Frankreich's bis in die baltische Region. Die Belege für das Vorkommen der Familie sind, abgesehen von den erwähnten, allerdings nicht von grosser Beweiskraft und haben ihre Stütze hauptsächlich in der *S. minor* nahestehenden Blattform (Fig. 386[4]), welcher eine grosse Verbreitung zugeschrieben wird. Daran reihen sich *S. Townshendi* Heer Monod, *S. exsul* Sap., Aix, *S. latifolius* Sap., St. Zacharie, *S. eximius* Sap., Armissan, und zahlreiche andere von Häring, Sagor, Bilin, deren Mittelleitbündel allein die übrigen nur spurweise oder gar nicht erhalten sind. Ferner frägt es sich, ob die zahlreichen Arten zu rechtfertigen sind, unter welchen kleinblätterige, wie *S. vaccinioides* Ettingsh., *S. parvifolius* Ettingsh. nicht nur an Blätter der Sapotaceen, sondern auch an jene anderer Familien erinnern. Von dem grössten Theile der Blätter muss man sagen, dass sie ebenso willkürlich der Familie, wie andere einer bestimmten Gattung zugetheilt worden sind. Steinkerne mit fünf bis sechs Leisten, eiförmig, glatt, an beiden Enden abgerundet, werden von Unger (Sylloge III) mit seiner *Bumelia Plejadum* vereinigt. Die Sapotaceen haben keine Steingehäuse, da sie Beerenfrüchte tragen, Samen können diese Reste nicht sein. Die Leisten an der Aussenfläche erinnern an die Steingehäuse von *Nyssa*, *Cornus*, *Symplocos*, *Elaeagnus* etc. und sind wahrscheinlich Fibrovasalstränge, welche dem Endocarp anliegen.

Den Bau der Epidermis habe ich bei einer Reihe von Gattungen, insbesondere solchen, deren Blätter fossil angegeben werden, untersucht und ihn sehr überstimmend gefunden. Lederartige, mit Wachsüberzug bedeckte Blätter sind sehr gewöhnlich, die Epidermiszellen klein, die Zellen der Blattoberseite geradwandig, polygonal, Spaltöffnungen fehlen. Die Seitenwände der polygonalen Zellen der Blattunterseite wellig, Spaltöffnungen zahlreich mit kleinen Schliesszellen, häufig eingesenkt, auf beiden Flächen die Cuticula bei den meisten stark entwickelt. Im Ganzen steht der Bau der Epidermis jenem der Myrsinaceen sehr nahe und wird er zur Entscheidung der Frage nach der Herkunft in zweifelhaften Fällen wenig beitragen.

Die verwandte Familie der *Ebenaceen* besitzt polygame, actinomorphe Blüthen mit oberständigem, mehrfächerigem Fruchtknoten, die Fächer mit je zwei hängenden Samenknospen, bisweilen durch Zwischenwände halbirt. Früchte: Beeren, meistens umgeben von dem sich vergrössernden Kelche. Vorwiegend den Tropen und Subtropen angehörend, findet sich eine Anzahl Arten, namentlich *Diospyros* L. auch in der gemässigten Zone, insbesondere in Europa, Japan, dem atlantischen Nordamerika. *Diospyros Lotus* L. erreicht seine Nordgrenze in Europa an den oberitalienischen Seen, im Tessin und Wallis, in der Umgegend von Bozen, ferner vom Mittelmeergebiet bis in den Kaukasus, Persien und Afghanistan. *Euclea* erreicht ihre Nordgrenze in Abyssinien mit *Euclea Kellau* und *E. Schimperi* (*Kellaua* A. DC.).

Blattformen wie Leitbündelverlauf stehen der vorausgehenden Familie nahe und wie diese in dieser Richtung keine Merkmale besitzt, an welchen sie im fossilen Zustande sicher erkannt werden kann, so ist dies auch bei den Ebenaceen der Fall. Wenn es sich also um den Nachweis der Familie in der Kreide- und Tertiärzeit handelt, so liefern die fossilen Reste keine allzu triftigen Beweise, nach dem heutigen Vorkommen der recenten Arten, lässt sich für *Diospyros* das Vorhandensein in der Tertiärzeit vermuthen. Die Mehrzahl der Reste sind Blätter, welchen dann noch Blüthen und Früchte zugefügt werden. In diesen sollte man die Hauptstütze für die obige Annahme erwarten, allein dies ist wenigstens nicht allgemein der Fall, wenn auch für einzelne Reste diese Deutung wahrscheinlich gemacht werden kann. Der Untergattung *Macreightia* von *Maba* werden kelchähnliche, gamosepale dreispaltige, gestielte oder ungestielte Reste zugetheilt und mehrere Arten unterschieden. Die Unterscheidung der Arten beruht zum Theile auf dem Vorhandensein oder dem Fehlen, der Länge und Stärke der Stiele, welch' Alles von Erhaltungszuständen oder wie die Grösse von dem Entwickelungsstadium abhängen kann, da, wenn die Reste Kelche dieser Familie sind, diese zum Theile nach dem Abblühen weiter wachsen. Da bei *Maba* die Blüthen einoder zweihäusig oder polygam sind, in den fossilen Kelchen weitere Organe meist nicht beobachtet sind, so muss man annehmen, dass ein Theil der bis jetzt gefundenen Reste Kelche männlicher Blüthen sind. Weiter frägt es sich aber, ist *Maba* die einzige Gattung, welche einen dreitheiligen Kelch hat? Dies wird schwerlich jemand auch nicht für die Ebenaceen behaupten. Sodann sind diese wirklich nur dreitheilig? Bei mehreren erhält man den Eindruck,

Fig. 384.
1 *Diospyros anceps* Heer. Blatt. 2–6 *D. brachysepala* Heer. 2. 3. 4 Verschiedene Blattformen. 5. 6. Blumenkrone von unten und oben. 7–13 *D. Schweinfurthi* Heer. Früchte. Jüngere Kreide. Oase Cargeh in der libyschen Wüste. 7 von oben, 8 von der Seite, 9 von unten. 10 Querschnitt, vergr. 11 Längsschnitt, nat. Gr. 12 Derselbe vergr. 13 Same. 14–18 *Royena desertorum* Heer. Früchte. 14. 15 nat. Gr., von oben. 16 Vergrössert. 17 Längsschnitt der Frucht. 18 Same. Von demselben Fundorte wie vorige. (Copieen nach Heer.)

auch bei den Abbildungen, dass vier Lappen vorhanden sind (Fig. 383[4. 6]). Bei anderen scheint ein Fruchtknoten vorhanden zu sein, so bei Fig. 383[5 b], Sie haben ihren Namen erhalten, weil man Blätter als solche von *Euclea* bezeichnet hat und sah wie gewöhnlich in den Kelchen den Nachweis für die richtige Blattbestimmung und umgekehrt, ohne zu berücksichtigen, dass Blätter und Kelche an verschiedenen Fundorten vorkommen, und selbst, wenn beide an denselben Fundorten vorkämen, dies noch kein Beweis für die Zusammengehörigkeit wäre, die Bestimmung gar nicht auf genauer Untersuchung, sondern auf einer rein äusserlichen Aehnlichkeit beruht. Vergleicht man die unter diesem Namen beschriebenen Reste unter sich, so ergeben sich Verschiedenheiten, welche darauf hinweisen, dass Verschiedenes mit dem gleichen Namen bezeichnet ist. So besteht der von Heer und Unger in der Tertiärflora der Schweiz Bd. III und Sylloge III, abgebildete Rest, *M. germanica* von Oeningen und Parschlug, aus drei freien Blättern (Fig. $383^{2.5}$) und ist dadurch wesentlich von den übrigen dreitheiligen, glockenförmigen Resten verschieden, z. B. von *M. crassa* Lesq. von Florissant, Colorado, *M. longipes* Ett., Leoben, *M. microcalyx* Ettingsh., Kutschlin (Fig. $383^{3.4.6}$). Von Dr. Schweinfurth in der Kreide der Oase Cargeh in der libyschen Wüste gesammelte Früchte von *Royena*, *R. desertorum* Heer (Fig. 384^{14-18}) und *Diospyros*, *D. Schweinfurthi* (Fig. 384^{7-13}), werden von Heer beschrieben. Dass Ebenaceen einst wie noch heute einen Bestandtheil der Flora Afrika's bildeten und bilden, ist unzweifelhaft, für das erstere spricht auch das Vorkommen fossiler Hölzer, deren Bau mit jenem dieser Familie verwandt. Die Früchte von *Royena* (Fig. 384^{14-18}) sind kugelig niedergedrückt, sechsfächerig mit klappig aufspringenden, einsamigen Fächern, kleiner als die folgende. Die als *Diospyros* bezeichneten Früchte sind bedeutend grösser, 18 bis 22 mm im Durchmesser, kugelig niedergedrückt, mit schwach vorspringenden Rippen an der Aussenfläche, achtfächerig, Fächer einsamig. So weit der Erhaltungszustand die Untersuchung gestattet, ist gegen Heer's Deutung der Früchte nichts von Bedeutung zu erinnern, ebenso spricht die heutige Verbreitung der beiden Gattungen nicht gegen ihr früheres Vorkommen in Afrika, wenn auch die den fossilen verwandten recenten Arten von *Diospyros* jetzt hauptsächlich Asien angehören, so ist die Verbreitung solcher Arten bis Afrika in jener Periode doch nicht unmöglich. Uebrigens ist nicht zu übersehen, dass wir nicht in der Lage sind z. B. den Bau des Samens in seinen Einzelheiten festzustellen. Auch von *Diospyros*-Arten des Tertiär werden Kelche, Blüthen und Früchte angegeben und wie zu erwarten, etwa mit ihnen vorkommende Blätter damit vereinigt. Reste einer mit *Diospyros* vereinigten Frucht, im Kreise liegende Samen von dem Reste des Fruchtfleisches umgeben, erwähnt Heer aus dem Tertiär der unteren Bureja, leider lässt sich dieser Rest nicht mit Sicherheit als zu *Diospyros* gehörig bezeichnen. Die ältesten Blüthen, welche von *Diospyros* bekannt, sind die von Crié aus dem unteren Eocän von Le Mans (Sarthe) beschriebenen. Eine der häufigsten Arten ist *D. brachysepala* A. Br. (Fig. 384^{2-6}, 386^{2}), von der Schweiz bis Croatien, nach dem Samlande und Sibirien, im atlantischen Nordamerika am Seven Mile Creek, Burns Ranch, Montana (Laramiegruppe) und in Grönland, diese von Saporta als *D. arctica* bezeichnet, verbreitet. Als weitere auf Blätter, Früchte, Kelche oder Kronen gegründete Arten schliessen sich an: *D. vetusta* Heer aus dem Oligocän von Skopau in der Provinz Sachsen, *D. rugosa* Sap., Oligocän von Aix, ebendaher *D. oocarpa* Sap., *D. adscripta* Sap., *D. involucrans* Sap. (Fig. 385), *D. bilinica* Ettingsh. von Schichow, *D. Royena* Unger, *D. Wodani* Unger, *D. obliqua* Unger von Radoboj und *D. stenosepala*

Heer aus dem Tertiär von Alaska. Meist sind die Kelche fünfzählig, seltner vierzählig; röhrige, fünfzählige Blüthen werden von *D. lotoides* und *Wodani* Unger aus der Wetterau erwähnt, aber auch zu den Boragineen gestellt. Ausser den eben genannten sind noch einige Arten beschrieben, gegenüber welchen Zweifel mit Recht angebracht sind, so *D. Sagoriana* Ettingsh. von Sagor, Blüthen wie Beeren zweifelhaft, *D. palaeogaea* Ettingsh., *D. paradisiaca* Ettingsh., beide aus dem Miocän Böhmens von Kutschlin.

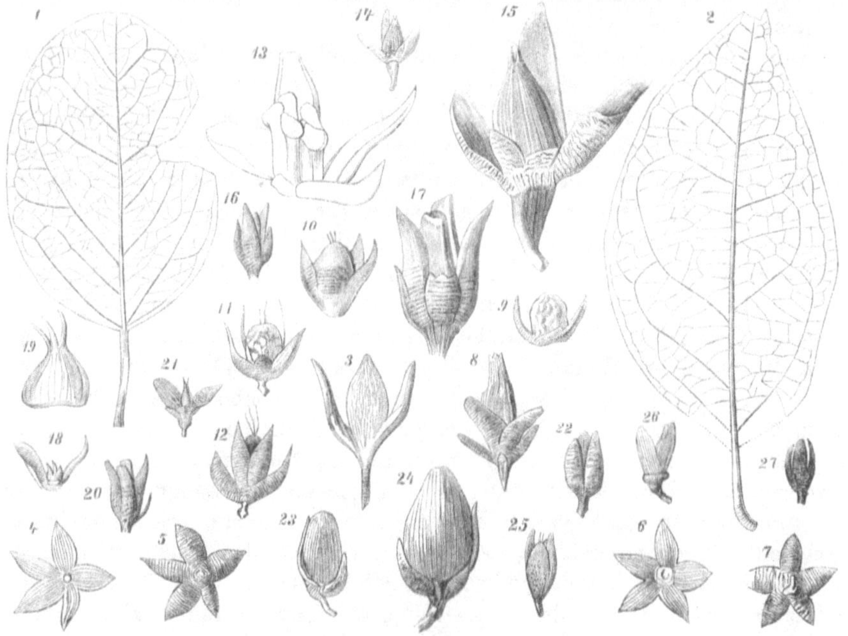

Fig. 385.

1 *Diospyros pyrifolia* Sap. 2 *D. discreta* Sap. Blätter. 3 *D. involucrans* Sap. Kelch nat. Gr. 4–8 *D. rugosa* Sap. 4. 6 Kelch von innen, 5. 7 von aussen, nat. Gr. 8 Kelch mit Blumenkrone, nat. Gr. 9–12 *D. adscripta* Sap. Kelche mit jugendlicher Frucht. 13–27 *D. oocarpa* Sap. Kelche, Kelche mit Blüthenkrone, mit Frucht (23. 24), männliche Blüthe? (18), Fruchtknoten, isolirt (19). Sämmtlich aus dem unteren Oligocän von Aix. (Copien nach Saporta.)

Auch als die *D. Zollikoferi* Unger bezeichneten Samen von Hengsberg in Steiermark lassen über ihre Herkunft keinen Beweis zu. Von *Royena graeca* Unger aus dem Miocän von Kumi beschreibt Unger (Fig. 383[7]) Blüthen und Früchte, welche jenen von Ebenaceen ähnlich sehen, bei welchen jedoch die Möglichkeit fehlt, ihren Bau so darzulegen, dass die Bestimmung gesichert wäre. Eine röhrige Blüthe mit fünftheiligem Saume wird mit *R. Myosotis* Unger in Verbindung gebracht. Wie wir keine Grundlage für die Vereinigung der Blätter und Früchte von *R. graeca* haben, so gilt dies auch für *R. Myosotis* und *R. affinis* Pilar von Sused (Fig. 383[8]); ferner kann man bei ihnen auch an Boragineen denken. Was die Sicherheit dieser Bestimmungen betrifft, kann ich nur das bei den Früchten aus der Oase Cargeh Gesagte wiederholen, nur sind wir noch weniger im Stande, das Detail der Structur nachzuweisen, weshalb denn auch die Abstammung nur insoweit gesichert ist, als der die Beere umgebende Kelch sie wahrscheinlich macht. Wenn Früchte ohne Kelch, isolirte Samen mit *Diospyros* vereinigt werden, so ist dies unzulässig; in dem Erhaltungszustande, in welchem sie vorliegen, können weder die einen noch die andern sicher bestimmt werden. Unsicher ist ferner die Vereinigung von Früchten und Blättern, sie gründet sich auf gemeinschaftliches Vorkommen, einen Zusammenhang dieser Reste mit beblätterten Zweigen kennen wir nicht.

Neben diesen Resten fehlt es nicht an Blättern, welche zum grössten Theile mit *Diospyros* L., einige mit *Euclea* L. und *Royena* vereinigt werden. Der grösste Theil der Blätter von *Euclea* incl. *Kellaua* A. DC. ist lederartig, meist nicht von bedeutender Grösse, häufig neben den grösseren Blättern sehr kleine Blattformen an demselben Zweige. Der Leitbündelverlauf hat so wenig wie bei den übrigen Gattungen etwas Eigenthümliches, er ist jenem der Myrsinaceen und Sapotaceen nahe stehend und wie bei diesen gefiedert. Die Secundärleitbündel sind camptodrom meist durch Gabeltheilung, aber auch durch die letzten Tertiärleitbündel, ein oft auf der Blattoberseite deutliches sichtbares Randnetz überall vorhanden. Bei sehr schmalen Blättern treten die Secundärleitbündel unter einem Winkel von 80° bis 85° steil aufsteigend aus, etwas nach einwärts gekrümmt, bei breiteren die Austrittswinkel bis zu 20° und 30° herabgehend, übrigens an demselben Blatte häufig bei den einzelnen Arten verschieden, insbesondere bei den untersten grösser. Unvollständige Secundärleitbündel sind allgemein, sie enden entweder in den Anastomosen oder verbinden sich mit den Secundärleitbündeln zu parellelen, länglichen Feldern, welche dann durch das Netz der weiteren Verzweigungen zuweilen dictyodrom ausgefüllt werden. Bei *Royena* ist der Leitbündelverlauf im wesentlichen derselbe, die Form der Blätter aber mannigfaltiger, so z. B. linear-lanzettliche oder lineare Blätter nicht selten, in welchem Falle der Austrittswinkel 85° betragen kann. Einen Unterschied des Leitbündelverlaufes zwischen *Euclea* und *Royena* weiss ich nicht anzugeben. Bei *Diospyros* ist die Camptodromie der Secundärleitbündel durch Gabeltheilung oder Tertiärbündel wie bei den übrigen Gattungen veranlasst, unvollständige sehr häufig in den Anastomosen endend, worin zum Theile ein Unterschied liegen mag, welcher aber nicht zu verwenden ist, da er bei dieser Gattung nur häufiger auftritt. Auch im Austrittswinkel, in der Entfernung und dem Verlaufe der Leitbündel ist den beiden anderen Gattungen gegenüber kein Unterschied, ebenso wenig in der Bildung der Felder und des Maschennetzes, welches sie einschliessen. Kleine Erhöhungen der Epidermis, welche bei *Royena* und *Diospyros* einzelne Haare tragen, können ebenfalls nicht zur Unterscheidung benützt werden. Es ist also eine gewisse Aehnlichkeit mit der Blattform der recenten Gattungen, verbunden mit dem Vorkommen der Kelch-, Kronen- und Fruchtreste, welche zur Bezeichnung der fossilen Blätter geführt, unter welchen die zuletzt erwähnten Reste von *Diospyros* noch den meisten Anspruch auf Sicherheit der Bestimmung haben.

Fossile Blätter von *Royena* sind im Miocän von Kumi erhalten, die wenigen Arten durch Unger beschrieben, wie *R. graeca, R. euboea, R. Myosotis, R. Pentelici* etc. durch ihre Form recenten Arten vom Cap ähnlich, der Leitbündelverlauf ungenügend erhalten, ferner im Tertiär von Sused *Royena affinis* Pilar eine viertheilige Blumenkrone. Noch weniger zahlreich sind die mit *Euclea* vereinigten Blätter, *E. vetusta* Unger von Kumi, *E. miocenica* Unger von Radoboj und Rixhöft, *E. Apollinis* Unger (Fig. 381[1]) von Radoboj, für welche ich nur das oben Gesagte wiederholen kann. Mit *Diospyros* vereinigte Blätter werden zuerst aus der jüngeren Kreide beschrieben, aus jener Nordamerika's und Grönland's. Zu den ersteren gehören *D. anceps* Lesq., Lancester Salt Creek, Nebraska, *D. rotundifolia* Lesq., Westkansas; *D. ambigua* Lesq., *D. primaeva* Heer, Nebraska, auch in den Atane- und Patootschichten Grönland's, ferner in denselben Schichten *D. Steenstrupi* Heer, in den Ataneschichten Grönland's *D. prodromus* Heer.

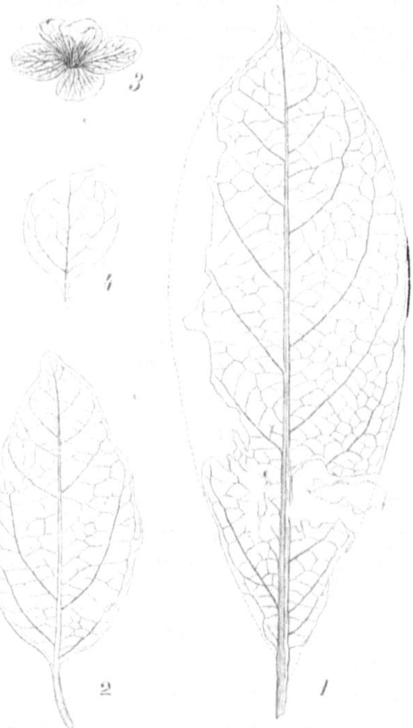

Fig. 386.
1 *Diospyros Myosotis* Unger. Radoboj. 2 *D. brachysepala* A. Br. Oeningen. Ob. Miocän. 3 *Porana oeningensis* Heer! Oeningen. Ob. Miocän. 4 *Sapotacites minor* Heer! Sieblos. (Sämmtlich n. d. Natur)

In den Tertiärbildungen werden Blätter von *Diospyros* vom unteren Oligocän bis in das Pliocän angegeben. Erwähne ich von ihnen zuerst diejenigen, welche in einer bestimmten Beziehung zur heutigen Vegetation stehen, so war nach Lesquereux *D. virginiana* L. während der Pliocänzeit im pacifischen Nordamerika in Contra Costa County, California, vorhanden, während sie jetzt auf das atlantische Nordamerika beschränkt ist. Im Pliocän von Meximieux kömmt *D. Protolotus* Sap. vor, in jenem Japans (Mogi) *D. Nordquisti* Nath., bei Simonowa in Sibirien *D. brachysepala* A. Br. und *D. anceps* Heer (Fig. 384[1]), in Alaska *D. stenosepala* Heer und *D. alaskana* Schimper, letztere auch in Britisch Columbia und Vancouver Island gefunden, somit für die Miocän- und Pliocänzeit eine Verbindung in der Verbreitung der Gattung hergestellt, welche jetzt nicht mehr vorhanden ist, da die heutige Verbreitung zwischen dem nördlichen China und Japan, zwischen Afganistan und dem nördlichen Persien eine Lücke aufweist. Auch aus dem Tertiär Sumatra's (*D. Horneri* Heer) und Java's (*D. dubia* Göppert) sind Reste bekannt, entsprechend dem heutigen Vorkommen. In Nordamerika war die Verbreitung der Gattung während der Tertiärzeit ausgedehnter als jetzt. Wie erwähnt, fand sie sich in Alaska und Californien, sie kam im atlantischen Nordamerika von Colorado, *D. Copeana* Lesq., Florissant bis Oregon, *D. lancifolia* Lesq., Cherry Creek, Washa County, in Montana *D. ficoides* Lesq., *D. brachysepala* A. Br., Burns Ranch, *D. obtusata* Lester Ward vom Seven Mile Creek, vor, Staaten, in welchen sie heute fehlt, im pacifischen Gebiete auch in der früheren Tertiärzeit vorhanden. Im Tertiär Grönland's *D. Auricula* Heer, *D. Loveni* Heer, wo die Gattung jetzt fehlt, *D. arctica* Sap. (brachysepala Heer), die erstere allerdings nur durch das Fehlen der feineren Verzweigungen von der letzteren verschieden, was nicht als unterscheidendes Merkmal gelten kann. Im Tertiär Europa's ist insbesondere Südfrankreich reich an Arten, in dessen Oligocän von Aix, Armissan, St. Zacharie, St. Jean de Garguier, Allauch Saporta *D. praecursor*, *D. obscura, brachysepala, discreta, ambigua, pyrifolia* (Fig. 385[1]) angibt und finden sich nach Crié auch im Tertiär der Sarthe Blätter, Blüthen und Früchte. Ob das als *D. haeringiana* bezeichnete Blatt von St. Zacharie identisch mit dem gleichnamigen von Häring ist, sei wegen der unzureichenden Erhaltung des letzteren dahingestellt. *D. brachysepala* A. Br. und *D. anceps* Heer sind bis in das Samland und wie oben erwähnt noch weiter verbreitet. In *Diospyros Lotus* L. darf man ohne Zweifel einen Rest der Tertiärflora sehen, welcher ohne das Dazwischentreten der Glacialzeit sich auch weiter nordlich erhalten hätte (vergl. oben), er reift seine Früchte noch in der Breite von Leipzig, seltener ist dies bei *D. virginiana* L. der Fall.

Der Bau der Epidermis ist im wesentlichen derselbe wie bei den vorausgehenden Familien. Spaltöffnungen mit kleinen Schliesszellen sind nur auf der Unterseite vorhanden, diese vielfach eingesenkt, da die lederartigen Blätter sehr häufig sind Die Epidermiszellen polygonal mit geraden Seitenwänden.

Auch die Familie der *Styracaceen* wird unter jenen aufgeführt, welche in den früheren Perioden existirt haben. Aus Bäumen und Sträuchern bestehend gehört sie grösstentheils den Tropen und Subtropen, einige auch dem extratropischen Gebiete an. In Afrika fehlt sie gänzlich. Die beiden Gattungen *Symplocos* und *Styrax* werden als solche bezeichnet, deren Reste im Tertiär sich erhalten haben, ihr heutiges Vorkommen im atlantischen wie pacifischen Nordamerika, in China, Japan und im Mittelmeergebiet spricht nicht dagegen und kann das Vorkommen des *Styrax officinale* L. im Süden Europa's aus der Tertiärzeit herrühren. Durch Cultur ist seine nördliche Verbreitung, wie jene von *Diospyros*, bis an den südlichen Fuss der Alpen gerückt.

Blüthen actinomorph, Zwitter, selten polygam. Kelch vier- bis fünftheilig, ebenso die röhrige Blumenkrone, Staubblätter meist doppelt so viele als Einschnitte der Krone, seltener ebenso viele oder zahlreich, mit der Kronenröhre und unter sich verwachsen. Fruchtknoten oberständig, ganz oder halbunterständig, zwei- bis fünffächerig. Früchte: Schliess-Steinfrüchte, Beeren, meist einsamig, selten mehrsamig, im letzteren Falle zwei- bis fünffächerig.

Was die Sicherheit der Bestimmung erhöht, ist das Vorkommen von Blüthenresten, welche aus den beiden Gattungen bekannt sind. Auffallen muss indess, dass *Halesia*, deren Arten, wenn *Pterostyrax* Sieb. und Zuccar. damit vereinigt wird, im atlantischen Nordamerika, im Norden von China und in Japan vorkommen, unter den fossilen Resten vermisst oder wenigstens nicht unterschieden wird, da ihre heutige Verbreitung das Vorhandensein im Tertiär erwarten liesse Ohne Blüthen und Früchte ist auch nicht zu erwarten, Blätter dieser beiden Pflanzenformen zu unterscheiden, da ihr Leitbündelverlauf nicht von *Styrax* verschieden ist. Auch der Leitbündelverlauf der Gattungen *Symplocos* und *Styrax* steht sich sehr nahe, am wenigsten zeigt er auffallende Verschiedenheiten. Beiden Gattungen sind gemeinsam die fiederförmigen Secundärleitbündel, ebenso die unvollständigen, welche in der Regel mit den Anastomosen sich vereinigen und dann bei einigen *Symplocos*-Arten, z. B. *S. lanceolata* Martius, längliche Felder parallel den Secundärleitbündeln liegend bilden. Die Secundärleitbündel von *Symplocos* sind camptodrom in der Regel durch die äussersten Tertiärleitbündel, seltener durch Gabeltheilung. Ein aus den Camptodromieen entspringendes Randnetz ist stets vorhanden, bald schmäler, bald breiter, ist der Blattrand gezähnt, so erhalten die Zähne von ihm Aeste. Manchmal kommt die Camptodromie an dem nämlichen Blatte in der erwähnten doppelten Weise zu Stande. Die Anastomosen sind gerade, gebogen, geknickt, unter spitzem Winkel austretend, ihre Felder durch die darauffolgenden Verzweigungen in kleine, polygonale Maschen getheilt. Meist sind die Leitbündel deutlich sichtbar, bei einzelnen Arten jedoch treten sie auf der Blattoberseite deutlicher als auf der Unterfläche hervor, es kann sogar nur der Mittelleitbündel allein sichtbar sein, wie ich glaube mehr Folge der geringen Stärke der Bündel, als des Baues der Epidermis, welcher indess auch etwas dazu beitragen wird. Bei *Styrax* ist die durch die letzten Tertiärleitbündel bedingte Camptodromie allgemein, wenigstens an den von mir untersuchten Arten, jedenfalls ist das Gegentheil viel seltener, zuweilen ist die Camptodromie durch Gabeltheilung der obersten Secundärleitbündel vorhanden, während die untersten und mittleren sich durch Tertiärbündel verbinden Die Anastomosen gerade oder gebogen, sehr regelmässig (an *Rhamnus* z. B. erinnernd), ihre Felder ein enges Maschennetz einschliessend. Bei einzelnen Arten sind alle von den Secundärleitbündeln ausgehenden Verzweigungen von gleicher Stärke und zu einem gleichartigen, engmaschigen Netz verbunden, dictyodrom. Die Blattzähne erhalten ihre Bündel von den Camptodromieen, ein Randnetz fehlt nirgend. Wie es mit so vielen Blättern der Fall ist, so bietet auch hier der Leitbündelverlauf uns kein absolutes Merkmal für die eine oder andere Gattung und müssten wir das Vorkommen der beiden Gattungen im Tertiär dahin gestellt sein lassen, lägen uns nicht Blüthen vor.

Die Blüthen von *Symplocos* sind gamopetal, actinomorph, mit kurzer Röhre, tief-fünftheilig, die Staubblätter 15 in fünf dreizähligen Gruppen, zuweilen mehr, mit der Blüthenkrone und unter sich in verschiedener Weise verwachsen. Träger fadenförmig. Antheren kurz, eiförmig oder kugelig. Blüthen dieser Gattung wurden zuerst, aus dem unteren Eocän von Sezanne stammend, von Schimper in den Sammlungen des Pariser Museums aufgefunden und von Saporta (Prodrome d'une Flore foss. des anciens Travertins de Sezanne. Paris, p. 374 tab. 15. fig. 1—7) beschrieben. Aehnliche, ihnen sehr nahe stehende Blüthen wurden von Friederich im unteren Oligocän von Eisleben beobachtet und mit jenen von Sezanne für identisch

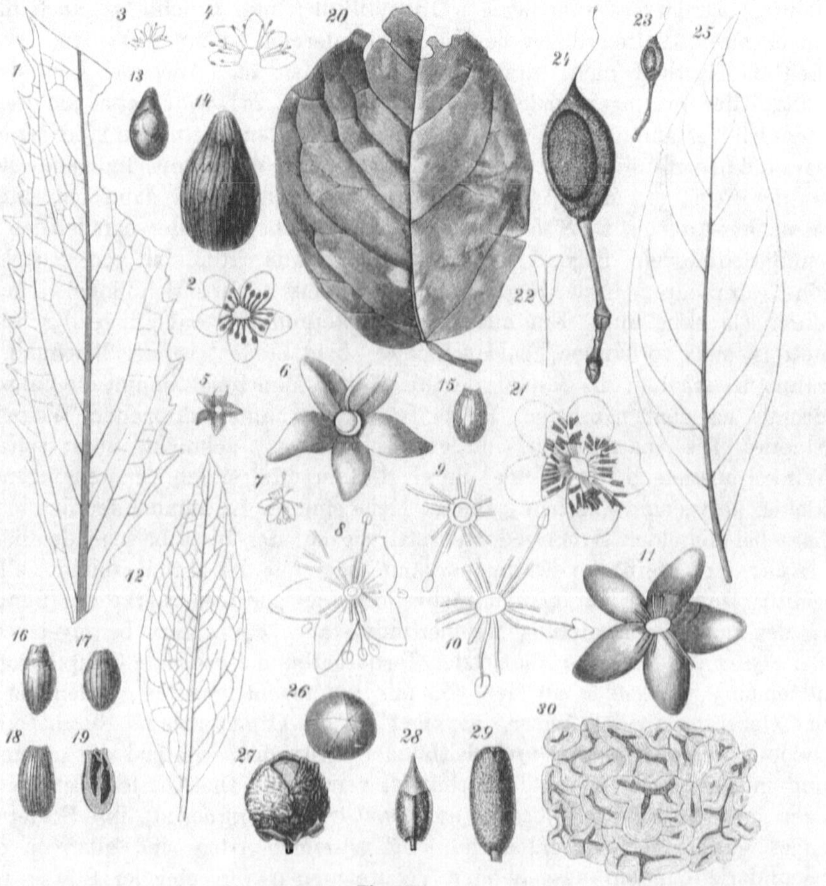

Fig. 387.
Symplocos subspicata Friederich. 1 Blatt, 2 Blüthe vergr. Eisleben. Unt. Oligocän. 3-12 *S. Bureauana* Sap. 3. 5. 7 Blüthe, nat. Grösse, 6. 8—11 vergrössert, 12 Blatt. Sezanne. Unt. Eocän. 13—14 *S. sotzkiana* Unger. Frucht. 15—19 *S. gregaria* A. Br. Frucht resp. Steingehäuse. Salzhausen. Ob. Oligocän. 20 *Styrax boreale* Unger. Blatt. 21. 22. *S. Fritschii* Fried. 21 Blüthe, 22 Staubblatt. 23—25 *S. stylosum* Heer. 23 Junge Frucht, nat. Gr., 24 vergr., 25 Blatt. Oeningen. Ob. Miocän. 26—27 *Styrax officinale* L. 26 Frucht mit Kelch, 27 Steinkern von dem offenen Fruchtfleisch umgeben. Südeuropa. 28 *Pterostyrax corymbosum* Sieb. et Zuccar.! Frucht. Japan. 29. 30 *Symplocos foliosa* Sieb. et Zuccar.! Frucht. Japan. 30 Querschnitt aus der Wand des Steingehäuses. (26—30 nach der Natur, die übrigen Copieen nach Friederich, Saporta, Unger, Heer.)

erklärt, deshalb mit dem gleichen Namen *S. Bureauana* Saporta (Fig. 387$^{3-12}$) bezeichnet. Nach dem Baue der Blumenkrone, der Zahl und Gruppirung der Staubblätter gehört die Blüthe zur Section *Hopea* und steht einigen indischen und japanischen Arten nahe (vergl. Saporta a. a. O. p. 378). Ob beide identisch sind, sei dahin gestellt, jene von Sezanne sind etwas grösser, die Lappen weniger abgerundet. Ein besonderes Gewicht ist indess darauf wohl nicht zu legen. Fragweise werden von Saporta mit den Blüthen lanzettliche, kurz gezähnte, zugespitzte, gegen die Basis verschmälerte Blätter vereinigt, deren Leitbündelverlauf jenen von *Symplocos*-Arten ähnlich ist, der Zusammenhang mit den Blüthen fehlt jedoch. Die Kenntniss einer zweiten Blüthe von *Symplocos*, *S. subspicata*, ebenfalls aus dem unteren Oligocän von Eisleben stammend, verdanken wir Friederich (Beitr. zur Tertiärfl. der Prov. Sachsen, Taf. 21. Fig. 2. 5. 21). Nach der Angabe des Verfassers ist die citirte Abbildung nicht genau, die Krone ist beinahe bis zur Basis getheilt, folglich die Röhre wie bei der vorausgehenden sehr kurz, die Staubblätter mehr als 15 (die Abbildung zeigt 17) an der Basis verbreitert, die Antheren eiförmig. An einer Blüthe ist nach des Verfassers Angabe, die Verwachsung der Staubblätter unter sich, deutlich wahrzunehmen. Es ist zu bedauern, dass der Verfasser diese Correcturen nicht in einer Wiederholung der Figur, welche ohne Schwierigkeit möglich gewesen wäre, angebracht hat, Reste dieser Art haben eine ganz andere Bedeutung für die Kenntniss fossiler Pflanzen, als die bis zum Ueberdruss wiederholten Abbildungen der Blätter. In Fig. 387² habe ich nach den Angaben des Verfassers die Copie der oben citirten Figur ergänzt. Mit diesen Blüthen vereinigt der Verfasser Blätter, ähnlich jenen von *Symplocos spicata* Roxb. von den Nilgheries, welche wohl der Gattung angehören können (Fig. 387¹). Nach den an der Basis verwachsenen Staubblättern gehört die Blüthe in die Section *Hopea*, subsectio *Palura*, wohin Bentham und Hooker *S. Roxburghii* stellen. Ausser diesen Blättern, über welche sich Bestimmtes nichts sagen lässt, finden sich bei Eisleben noch Fragmente, wahrscheinlich zu *Symplocos* gehöriger Blätter, allerdings auch unsicher. In *Ilex parschlugiana* Unger (Chloris protog., tab. 50. fig. 8) vermuthet Friederich ein *Symplocos*-Blatt. Meiner Ansicht nach fällt es am Besten der Vergessenheit anheim.

Weiter sind isolirt gefundene Früchte mit *Symplocos* vereinigt. Die Steinfrüchte der recenten Arten, so weit ich dieselben habe untersuchen können, besitzen ein mässig entwickeltes, an der Aussenfläche schwach gefurchtes Fruchtfleisch, sind stumpf elliptisch, an der Basis kurzgestielt, an der Spitze von dem fünftheiligen Kelche gekrönt. Der Steinkern glatt, mit den Bündeln des Fruchtfleisches belegt. Den Steinkernen von *Nyssa, Cornus* etc. ähnlich, unterscheiden sie sich aber durch das Vorhandensein des Kelches und den Verlauf der Stränge. Mehrere Formen sind beschrieben, aus dem Oligocän der Wetterau und von Rixhöft *S. gregaria* A. Br. (Fig. 387¹⁵⁻¹⁹), deren Identität mir eher zweifellos scheint, als die nachstehenden, bei welchen meist weder die Frucht noch der Steinkern zu recenten Früchten passt, so *S. sotzkiana* Unger von Sotzka (Fig. 387¹³ ¹⁴), *S. radobojana* Unger von Radoboj und Sagor, *S. parschlugiana* Unger von Parschlug, *S. savinensis* Ettingsh. von Sagor, welche sich nicht allein auf diese Gattung, sondern auch auf andere beziehen lassen und bei der letzteren nur Fig. 13. 14 der Taf. 14 der Flora von Sagor auszunehmen sind. Was am meisten für das Vorhandensein der Gattung im älteren Tertiär spricht, für ihre Verbreitung aus dem mittleren Frankreich bis in die baltische Region, sind die Blüthen.

Den *Styrax*-Arten gegenüber befinden wir uns in ähnlicher Lage. Blüthen einer mit *Styrax* verwandten oder identischen Gattung, sind von Friederich im unteren Oligocän von Eisleben nachgewiesen (a. a. O. p. 185 tab. 21. fig. 18). Die Blüthen tief-fünftheilig mit sehr kurzer Rohre, Staubblätter (nach dem Verfasser etwa 40) zahlreich, mit dem Grunde der Kronröhre verwachsen, Träger fadenförmig, Antheren linear. Er nennt sie *S. Fritschii* (Fig. 387 [21 22]) und vermuthet in ihnen eine ausgestorbene Gattung oder Section. Darin wird man ihm beistimmen müssen, da die Zahl der Staubblätter bei den recenten Styracaceen zwolf (*Halesia* im Sinne von Bentham und Hooker) nicht überschreitet, bei den fossilen Blüthen jedoch mehr als die dreifache Zahl vorhanden ist, die Verwandtschaft mit *Styrax* aber in der Form der Antheren (Fig. 387) und der Theilung der Krone sich ausprägt. Mit *Symplocos* kann sie ebenfalls nicht vereinigt werden, dagegen spricht die Form der Antheren, welche in dieser Weise bei keiner recenten Art dieser Gattung vorkommt. Ich würde indess anstatt des Namens *Styrax* den Namen *Styracina* vorschlagen, um die Verwandtschaft mit *Styrax* und die Differenz gegenüber der recenten Gattung durch den Namen anzudeuten. Ausserdem werden Blätter und Früchte der Gattung *Styrax* zugetheilt. Die eine der letzteren ist, von Oeningen, Chiavon, Kutschlin und Schichow stammend, *S. stylosum* Heer (Fig. 387 [23–25]), der Kelch eine junge, oberständige, vom Griffel gekronte Frucht umschliessend Die Deutung dieses Restes widerspricht nicht dem Verhalten des Fruchtknotens der Gattung *Styrax*, da eine Anzahl von *Styrax*-Arten kaum eine Andeutung eines unterständigen Fruchtknotens hat. Die als *S. stylosum* Ettingsh bezeichneten Blätter von Schichow und Kutschlin mogen *Styrax*-Blätter sein, sie aber mit dem von Heer gegebenen Namen zu bezeichnen, ist nicht gerechtfertigt. Unger erwähnt Früchte von *Styrax Herthae*, ohne sie jedoch abzubilden, die Beschreibung bietet nichts Wesentliches. Auch die übrigen von Schichow, Radoboj, Sused, Parschlug und Tallya beschriebenen Blätter, wie *S. vulcanicum* Ettingsh., *S. boreale* Unger, *Ambra* Unger, *S. Herthae* Unger, *S. apiculatum* Kovats sind zweifelhaft, zum Theile schon wegen des unzureichend erhaltenen Leitbündelverlaufes Aus den tertiären oder quartären Bildungen von Mogi sind von Nathorst die Blätter von *Styrax Obassia* Sieb und Zuccar var *fossile* Nath, *S. japonicum* Sieb und Zuccar. var. *fossile* Nath. angegeben, zwei Arten, welche jetzt noch in Japan vorkommen. Im Tertiär Nordamerika's sind durch Lesquereux zwei *Styrax*-Arten von Golden City, Colorado, nachgewiesen: *S. laramiense* Lesq. und *S. Ambra* Unger, letztere mit Europa gemeinsam, somit dies Verhältniss unverändert geblieben ist. Dagegen kennen wir keine Angaben über das Vorkommen der Gattung im pacifischen Nordamerika, während sie heute dem pacifischen und atlantischen Nordamerika gemeinsam ist.

Unger hat in Sylloge plant. foss. III einiges über den Bau der Steinkerne von *Symplocos* (Tab. XI Fig. 2) angegeben Ich habe nicht allein die Früchte von *Symplocos*, sondern auch jene von *Styrax*, *Pterostyrax* und *Halesia* untersucht. Das Fruchtfleisch von *Symplocos* besteht aus dünnwandigem Parenchym mit schmutziggrünem Inhalt, in welchem die aus engen Tracheiden bestehenden Fibrovasalstränge liegen. Die Wände der Steingehäuse bestehen aus spindelförmigen, dicht aneinanderliegenden, mit den Enden ineinander gefügten, dickwandigen, mit Porenkanälen versehenen, im Querschnitt polygonalen Sclerenchymzellen, sie haben also den Bau zahlreicher Steinfrüchte Die Aussenfläche des Steingehäuses ist glatt. Dagegen ist das Steingehäuse von *Halesia* und *Pterostyrax* mit Rippen versehen, von welchen bei *Halesia* die grosseren den Fruchtflügeln, die kleineren den Leisten auf den Flächen zwischen den Flügeln entsprechen. Die Steingehäuse beider bestehen aus ähnlichen dickwandigen Zellen, wie bei *Symplocos,* in den Rippen liegen die Zellen horizontal. Bei *Halesia* wird das Steingehäuse von einem grosszelligen, lückigen Gewebe umgeben, bei *Pterostyrax* hängt der Kelch lose mit der Frucht durch ästiges Zellgewebe zusammen, bei beiden Gattungen ohne Zweifel als Flugapparat functionirend und der Grösse des Steinkernes angepasst. Die Steingehäuse beider Gattungen würden fossil gut unterschieden werden können, während jene vòn *Symplocos* von anderen ähnlicher Grösse zwar durch den Kelch, wenn dieser erhalten, ist jedoch dieser und das Fruchtfleisc verloren gegangen, auch durch den Bau nicht unterschieden werden können.

Der Bau der Blätter ist insoferne von jenem der übrîgen Familien verschieden, als die Epidermiszellen etwas grösser sind. Bei *Symplocos* sind an den derben, festen, lederartigen Blättern die Spaltoffnungen mehr oder weniger tief eingesenkt, auf beiden Blattflächen die Epidermiszellen dickwandig, mit welligen Seitenwänden und Porenkanälen, ausserdem mit Cuticula und Wachsüberzug versehen. Bei dünneren Blättern sind die Seitenwände der Zellen der Blattoberfläche gerade, die Zellen der Unterfläche grösser, Spaltöffnungen zahlreich, Schliesszellen klein, von einer Lage länglicher Zellen umgeben. Für einen grossen Theil der Blätter der *Styrax*-Arten würden die braunen oder farblosen, grösseren oder kleineren Sternhaare und gefransten flachen Schuppen, wenn nicht Blätter anderer Familien sie ebenfalls besässen, zu verwerthen sein, die Epidermiszellen auf der Oberseite polygonal und geradwandig, auf der Unterseite mit welligen Seitenwänden, die Spaltöffnungen wie bei *Symplocos.*

4. Reihe. **Contortae.**

Die Reihe enthält die Familien der *Jasminaceen, Oleaceen, Gentianaceen, Loganiaceen, Apocynaceen* und *Asclepiadaceen,* welchen allen Vertreter unter den fossilen Resten zugewiesen sind Die grösste Zahl der recenten Arten gehört den tropischen und subtropischen Gebieten an, der kleinere Theil der gemässigten Zone. Meist sind es Bäume und Sträucher, darunter eine Anzahl mit schlingenden Stämmen, ferner Arten mit unterirdischem, länger dauernden und oberirdischen, einjährigen Axen, endlich einjährige Kräuter Blätter gegenständig Die Blüthen actinomorph, Kelch und Blumenkrone vier- oder fünfzählig, zuweilen ein Perigon, zuweilen beides fehlend. Staubblätter vier, fünf, selten zahlreich oder zwei; Fruchtknoten oberständig, zweifächerig. Früchte: Beeren, Steinfrüchte, Kapseln, Schliessfrüchte. Knospenlage meist convolutiv, seltener klappig.

Wie von Seite der Paläontologen diese Gruppe betrachtet wird, sollen sich neben Blättern, welchen die Mehrzahl der Reste angehört, auch Früchte und Samen erhalten haben, darunter neben Formen der gemässigten Zone hauptsächlich tropische und neuholländische. Des Ferneren muss erwähnt werden, dass Gattungen, deren heutige Verbreitung Vertreter unter den Tertiärpflanzen erwarten liessen, wie *Chionanthus, Syringa, Fontanesià, Osmanthus, Ligustrum* unter den Tertiärpflanzen vermisst werden. Allerdings gibt Saporta aus den Gypsen von Aix (unteres Oligocän) eine *Syringa pristina* an, allein einmal ist dem Verfasser die Gattung selbst zweifelhaft, sodann fehlt eine Abbildung der Blätter, damit die Möglichkeit, sich ein Urtheil zu bilden. Betrachtet man aber die Verbreitung der Gattung, das Vorkommen von *S. Josikaea* Baumg. in Siebenbürgen, ausserdem die Verbreitung der übrigen Arten vom Amur bis in den Himalaya, ferner das Vorkommen der *Fontanesia phillyraeoides* Labill. in Kleinasien und im östlichen Sicilien, jener von *Osmanthus* in Nordamerika, Japan, am Amur, endlich die Verbreitung von *Chionanthus* und *Ligustrum*, so ist es nicht unwahrscheinlich, dass die jetzt vorhandenen Lücken ihrer Verbreitung einer späteren Zeit ihren Ursprung verdanken, zumal der grösste Theil ihrer Arten, so weit sie in Cultur sind, selbst in Norddeutschland noch gut gedeiht.

Bei den *Jasminaceen*, von einigen mit den *Oleaceen* vereinigt, die Blüthen regelmässig, röhrig, meist mit vier- bis fünftheiligem Saume, zwei Staubblättern, Frucht eine steinfruchtartige Spaltfrucht, häufig indess bei der Reife nur ein Fach ausgebildet. Die Blätter ungetheilt, dreizählig, gefiedert, aufrechte oder schlingende Sträucher. Von Saporta wird aus dem Gyps von Aix eine Blüthe als *Jasminum palaeanthum* beschrieben, deren Bestimmung der Verfasser selbst anzweifelt (Fig. 388[5 6]). Meiner Ansicht nach ist sie mit Sicherheit nicht zu bestimmen, wie dies auch Saporta anerkennt, überdiess dürfte sie eine Lippenblume sein. Unter den Arten, welche auf das Vorkommen der Gattung im Tertiär hinweisen, dürfte das in der Westschweiz im Canton Neuenburg vorkommende *Jasminum fruticans* L. zu nennen sein, welches in der Breite von Leipzig, wie *J. nudiflorum* Sieb. aus Japan gedeiht und ein Rest der Tertiärflora sein mag. Unter den mit *Rhus* vereinigten Blättern sind einzelne, welche an *Jasminum*-Arten mit dreizähligen Blättern erinnern. Der Leitbündelverlauf der entweder ungetheilten, dreizähligen oder gefiederten Blätter, von welchen ungetheilte und dreizählige bei derselben Art gleichzeitig vorkommen können, ist gefiedert, die alternirenden oder zum Theile opponirten Secundärleitbündel treten zuweilen, z. B. *J. Wallichianum*, wegen ihrer Zartheit nicht hervor, bei der Mehrzahl sind sie deutlich. Je nach der Breite des Blattes sind sie entweder steil aufsteigend oder verlaufen in einem nach auf- und einwärts gerichteten Bogen. Ohne Ausnahme sind sie camptodrom, durch Gabeltheilung oder durch die Verbindung mit den Tertiärleitbündeln, beides nicht selten an dem gleichen Blatte. Unvollständige Secundärleitbündel sind häufig, sie vereinigen sich mit den Anastomosen, deren Felder von dem Maschennetze der übrigen Verzweigungen ausgefüllt werden.

Bei den *Oleaceen* ist der Leitbündelverlauf ein ziemlich übereinstimmender, so dass er nicht zur Unterscheidung der Blätter der einzelnen Gattungen, aber auch nicht zur Unterscheidung der Familie benutzt werden kann, da andere Familien den gleichen Bündelverlauf haben. Die Secundärleitbündel sind bei allen Gattungen alternirend, camptodrom und wie so häufig bei schmalen Blättern unter spitzem Winkel austretend und steil ansteigend, bei breiten dagegen im Bogen verlaufend. Allgemein sind in den Anastomosen endende, unvollständige Secundärleitbündel, ebenso allgemein ist ein Randnetz vorhanden, aus den Camptodromieen entspringend, wenn Zähne vorhanden, diese durch Aeste versorgend. Die aus den Secundärleitbündeln austretenden Verzweigungen sind von gleicher Stärke und werden durch die letzten derselben kleine Maschennetze gebildet. Oeldrüsen scheinen ganz allgemein zu sein, sie entziehen sich indess leicht der Beobachtung, bei den lederartigen Blättern treten sie auf beiden Flächen im trockenen Zustande als kleine Höcker auf. Wenn z. B. Heer in seiner Tertiärflora von Portugal das Vorkommen von *Skimmia Oedipus* in der Tertiärzeit aus dem Grunde annimmt, weil die fossilen wie recenten Blätter Höcker besitzen, diese nach ihm für *Skimmia* charakteristisch sind, so ist ihm nicht allein das eben Gesagte entgegenzuhalten, sondern auch auf das häufige Vorkommen solcher chagrinartiger Erhöhungen bei fossilen Blättern hinzuweisen. Nachdem ich die allgemeinen Angaben über den Leitbündelverlauf vorausgesendet habe, bleibt nur weniges über die einzelnen Gattungen hinzufügen. Bei *Olea* kömmt die Camptodromie wie es scheint, nur durch Gabeltheilung zu Stande, wenigstens habe ich bei den von mir untersuchten Arten keine andere beobachtet. In der gleichen Weise verhalten sich die Leitbündel bei *Phillyraea* L. und *Ligustrum* L., wobei *Syringa amurensis* Maxim., welche mir in aus Samen des botanischen Gartens zu Petersburg gezogenen Exemplaren vorlag (*Ligustrum amurense* Rupr.), hinsichtlich des Leitbündelverlaufes sich verhält, wie die Arten von *Ligustrum*, während die übrigen Arten von *Syringa* ihre Camptodromie durch Vereinigung des vorausgehenden Secundärleitbündels mit den obersten Tertiären des nachfolgenden bilden. Da wir ausser Blättern nur von einer *Linociera* Steinkerne, von einer *Olea* die Blüthen erhalten finden, so ist es hauptsächlich die Aehnlichkeit der Blattform, welche dazu geführt hat, ganzrandige Blätter mit *Olea* zu vereinigen. *Notelaea* und *Linociera* haben in ihrem Leitbündelverlauf nichts Eigenthümliches, ihnen allein Zukommendes kenne ich nicht; auch hier sind die Secundärleitbündel camptodrom, entweder durch Gabeltheilung oder durch die Tertiärleitbündel und ist bei *Notelaea* beides an demselben Zweige vorhanden, während bei *Linociera* bei allen von mir gesehenen Arten die Camptodromie durch Gabeltheilung zu Stande kömmt. Ein breiteres oder schmäleres Randnetz ist bei beiden vorhanden, ebenso treten die Anastomosen bald deutlich, bald gar nicht hervor. Es möchte schwierig sein, die Existenz der beiden Gattungen nur auf Grund der Blätter nachzuweisen. Für *Linociera*, einer neuholländischen Gattung, ist mir deren Existenz im Tertiär ohnedies zweifelhaft. Unger beschreibt in Sylloge I einen aus der Wetterau stammenden Steinkern, dessen eine Fläche glatt, die andere mit sechs Rippen versehen ist, als *Linociera dubia*. Er ist selbst nicht ganz sicher über die Abstammung und dürfte weit eher ein schlecht erhaltenes Exemplar eines Steinkernes, z. B. von *Cornus*, vorliegen. Von *Notelaea* kömmt eine Art auf den Canaren vor, *N. excelsa* Webb, welches Vorkommen auf eine ausgedehntere Verbreitung im Tertiär schliessen lässt, mit welcher verwandt Saporta in jüngster Zeit einen Blattzweig im Pliocän des Cantal gefunden hat, *O. grandaeva* Sap. Auf einem mehr sicheren Boden bewegen wir uns erst bei der folgenden Gattung, für die übrigen werden wir ihn wahrscheinlich unter anderen Gattungen suchen müssen.

Die Mehrzahl der fossilen Blätter dieser Familie ist zu *Fraxinus* gebracht, deren Existenz im Tertiär durch das Vorkommen der geflügelten Schliessfrüchte ausser Zweifel ist. Meist sind es einzelne Fiederblätter, seltener vollständiger erhaltene Bruchstücke. Wie bei allen ungleichpaarig gefiederten Blättern ist das Endblatt gleichseitig, die seitlichen ungleichseitig. Die Secundärleitbündel sind meist durch die Tertiärleitbündel camptodrom, zuweilen auch durch Gabeltheilung und kömmt manchmal beides an dem nämlichen Blatte vor. Alle aus den Secundärleitbündeln entspringenden Verzweigungen sind wie die ihnen folgenden unter sich von gleicher Stärke. Die geflügelten Früchte sind von parallelen, wiederholt gabelnden Leitbündeln durchzogen, entweder nahezu gleichbreit oder gegen die Basis stark verschmälert, die Flügel spitz, stumpf abgerundet oder ausgerandet. In der Regel werden die Früchte mit jenen Blättern in Verbindung gebracht, mit welchen sie gemeinsam vorkommen. Dass eine solche Vereinigung sich nicht rechtfertigt, ist wiederholt bemerkt. Die heutige Verbreitung der Gattung erstreckt sich über die ganze nördliche Halbkugel von dem pacifischen Nordamerika bis nach Ostasien.

Was nun die fossilen Blattformen von *Olea* betrifft, ist dabei meiner Ansicht nach noch *Phillyrea* zu berücksichtigen, da die Arten der letzteren Gattung in Bezug auf die Blattform und den Leitbündelverlauf manchen *Olea*-Arten sehr nahe stehen. Von *Phillyrea* werden aus dem Tertiär keine Blätter angegeben, in den quartären Tuffen von Montpellier sind dagegen die Blätter von *P. media* L. und *P. angustifolia* L. (Fig. 388[7] [8]) beobachtet. Die Gattung ist über das ganze Mittelmeergebiet bis an den Südfuss der Alpen verbreitet und wie *Olea* ein Rest der Tertiärzeit, welche indess nicht so weit gegen Norden vordringt, da erstere am Genfersee noch gedeiht, letztere jedoch nicht Unter den als *Olea* beschriebenen Blättern erwähne ich *O. proxima* Sap. (Fig. 388[1]), unteres Oligocän von Aix, der *O. Noti* Unger von Sused, Kumi und Sagor (Fig. 388[3]) verwandt, allerdings bei letzterer der Leitbündelverlauf nicht ganz klar, beide *O. europaea* L. nahe stehend, dann *O. Feroniae* Ettingsh. aus dem Tertiär von Kutschlin. Andere wie *O. Dianae* Ettingsh., *O. olympica* Ettingsh. von Priesen und Kutschlin, *O. carniolica* Ettingsh von Sagor haben durch Tertiärleitbündel gebildete Camptodromieen, was ich an recenten Arten nicht gesehen habe. Aus dem Tertiär Nordamerika's bildet Lesquereux einen Zweig mit gegenständigen Blättern und achselständigen Blüthen, *O. prae-*

Fig. 388.

1 *Olea proxima* Sap. Aix. Unt. Oligocän. 2 *O. praemissa* Lesq. Florissant. 3 *O. Noti* Unger. Kumi. Miocän. 4 *O. europaea* L. Südeuropa. Steinkern. Nach der Natur. 5. 6 *Jasminum palaeanthum* Sap. 5 nat. Gr., 6 vergr. Aix. Unt. Oligocän. 7 *Phillyrea media* L. Südeuropa. N. d. Natur. 8 *P. angustifolia* L. Südeuropa. N. d. Natur. (Copieen nach Saporta, Unger, Lesquereux.)

missa von Florissant, Colorado (Fig. 388²), ab, welcher wohl zu *Olea* gehören kann, der Leitbündelverlauf aber unvollständig erhalten ist. Ich möchte indess bei dieser Gelegenheit auf eine andere Gattung aufmerksam machen, auf *Fontanesia*, von welcher ich die Verbreitung der einen Art oben erwähnt habe, eine zweite *F. Fortunei* in Nordchina vorkommt, der fossile eben erwähnte Zweig Nordamerika's sich also in die heutige Verbreitung insoferne einfügte als dadurch die jetzt existirende grosse Lücke theilweise ausgefüllt würde. Habituell stehen die mir von dieser Art vorliegenden Exemplare der Abbildung Lesquereux's sehr nahe, unterscheiden sich jedoch durch kürzere Blätter. Eine zweckmässige Bezeichnung, *Oleophyllum*, hat Conwentz einem schmalen, ganzrandigen Blatt aus dem Bernstein des Samlandes gegeben, *O. boreale*.

Aus dem Tertiär von Sagor beschreibt Ettingshausen ein *Ligustrum priscum*. Dass die Gattung einen Bestandtheil der Tertiärvegetation gebildet haben kann, geht aus ihrer heutigen Verbreitung hervor, ebenso habe ich auch bemerkt, dass der Leitbündelverlauf der Blätter allein nicht entscheiden kann, ob fossile Blätter dieser Gattung angehören oder nicht. Das jetzt in Europa weit verbreitete *Ligustrum vulgare* L. kennen wir durch Fliche aus den postglacialen Bildungen von Resson.

Eine nicht geringe Anzahl fossiler Arten ist von *Fraxinus* unterschieden und finden wir sie in Europa vom unteren Oligocän bis in das Quartär verbreitet. Wie die Gattung heute Europa und Nordamerika gemeinsam ist, war dies auch in der Tertiärzeit der Fall, sie erstreckte sich dort von Colorado bis nach Grönland. Wenn nicht ihre Fiederblätter unter anderen Bezeichnungen verborgen sind, so fehlte sie, wenigstens nach Lesquereux's Untersuchungen, in der Tertiärzeit dem pacifischen Nordamerika, während sie gegenwärtig dem pacifischen und atlantischen Nordamerika gemeinsam ist. Während die Verbreitung nach Norden eine bedeutende Reduction erfahren hat, ist sie jetzt in westlicher Richtung eine ausgedehntere als früher. In Europa scheint sie in der Tertiärzeit über die baltische Region hinaus nicht verbreitet gewesen zu sein, während eine jetzt im Süden Europa's verbreitete Art, *Fraxinus Ornus* L., während der Tertiärzeit an der Buchtorma in Sibirien vorkam. Bei der heutigen Verbreitung der Gruppe *Ornus* bis nach China und Japan ist das Vorkommen dieses Restes aus dem Grunde wichtig, weil es beweist, dass sie früher eine zusammenhängendere Verbreitung besass als jetzt. Erhalten haben sich Blätter und Früchte, was als Blüthen, *Fr. Dioscurorum*, beschrieben worden ist, hat mit den Blüthen dieser Gattung nichts gemein, sondern gehört zu den Amentaceen. Wie bemerkt geben die Früchte für das Vorkommen der Gattung während der Tertiärzeit den sichersten Aufschluss, für die jüngere Kreidezeit fehlt ein solcher, wir sind nur auf Blätter, *Fr. praecox* Heer, aus den Patootschichten Grönlands, angewiesen. Als einen weiteren, allerdings minder gewichtigen Grund für das Vorkommen der Gattung im Tertiär lässt sich der Nachweis solcher Insektenreste anführen, welche wie z. B. *Lytta* auf ihren recenten Arten leben, deren Reste von Heer nachgewiesen sind. Die fossilen Früchte sind ziemlich zahlreich und auf Grund des gemeinsamen Vorkommens meist mit Blättern combinirt, da sie bis jetzt im Zusammenhange mit Blättern stehend nicht gefunden sind. Zwei der beschriebenen, auf Früchte gegründete Arten müssen meines Erachtens ausgeschieden werden: *F. lonchoptera* Ettingsh. und *F. macroptera* Ettingsh.,

Fig. 389.

Fraxinus praedicta Heer. 1 Fiederblatt, 2 Frucht. 3. 4 *F. Scheuchzeri* Heer. 5 *F. juglandina* Sap. Fiederblatt. 6. 7 Früchte. Manosque. 8 *F. ulmifolia* Sap. Manosque. *F. gracilis* Sap. 9 Frucht. 10 Blatt, Ceyssac. Pliocän. 11 *F. longinqua* Sap. Aix. Unt. Oligocän. *F. macrophylla.* 12 Blatt, 13 Früchte. Grönland. Tertiär. 14 *F. primigenia* Unger. (Copieen nach Saporta, Unger, Heer.)

die erstere von Priesen, die zweite von Priesen und Leoben, bei beiden die Leitbündel der Früchte aus einem Mittelleitbündel unter spitzem Winkel dicht gedrängt austretend, gerade und schief aufsteigend, gegen den Rand verlaufend. Dieser Verlauf widerspricht jenem der übrigen fossilen, wie aller recenten Arten, bei welchen er stets parallel und namentlich gegen die Spitze wiederholt gabeltheilig ist (Fig. 390). Ueberdies scheinen mir die Reste nicht vollständig zu sein, da bei allen vollständigen *Fraxinus*-Früchten die Basis der Frucht aus der beinahe immer einfächerigen, einsamigen Fruchthöhle besteht. Unter den fossilen Früchten lassen sich nun solche unterscheiden, welche mit *Fr. Ornus* L. verwandt sind und als die Vorfahren der heutigen Arten dieser Gruppe angesehen werden müssen, wie z. B. *F. longinqua* Sap., *F. juglandina* Sap. von Aix und Manosque, ferner die mit *F. oxyphylla* verwandten, wie *F. ulmifolia* Sap. von Manosque (Fig. $389^{5-7.8.11}$), *F. inaequalis* Heer von Monod, *F. gracilis* Sap. aus dem Pliocän von Ceyssac (Fig. $389^{9.10}$), *F. exilis* Sap. unteres Oligocän von Aix, mit ostasiatischen wie *F. Bungeana* DC. mit *F. stenoptera* Heer aus dem Obermiocän der Schrotzburg und Oeningens. Mit der nordamerikanischen *F. juglandifolia* Lam. wird die in den pliocänen

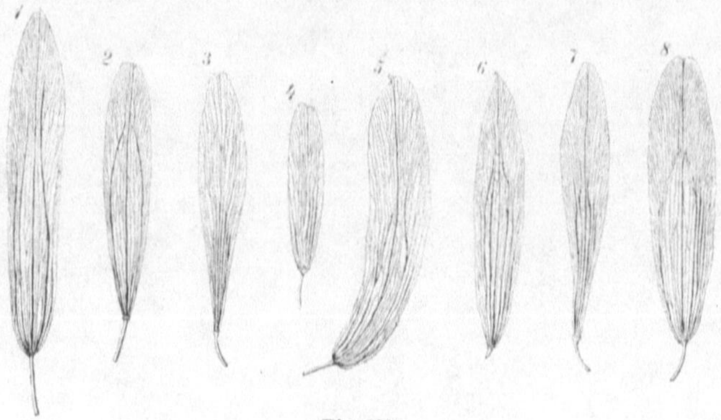

Fig. 390.

Früchte recenter *Fraxinus*-Arten. 1 *F. oxyphylla*. 2 *F. angustifolia*. 3 *F. (Ornus) longicuspis*. 4 *F. Ornus*. 5 *F. australis*. 6 *F. rostrata*. 7 *F. Berlandieriana*. 8 *F. coriariaefolia*. (Nach der Natur.)

Tuffen von Muret vorkommende *F. avernensis* Sap., mit *F. viridis* Bosc. die von Parschlug stammende *F. primigenia* Unger (Fig. 389^{14}) verglichen. Wenn die Früchte mit einzelnen Blättern in Verbindung gebracht werden, wenn Blätter und Früchte mit zwei differenten Arten verglichen werden, so mag dies vielleicht in dem einen oder anderen Falle zutreffen, von Gewissheit kann bei der Beweglichkeit der Früchte keine Rede sein. Ausserdem sind Blätter allein beschrieben und mit recenten Arten verglichen, zum Theile mit amerikanischen Arten, wie die mit ganzrandigen Fiederblättern versehene *F. primigenia* Unger und *F. Scheuchzeri* Heer (Fig. $389^{3.4.14}$) oder mit *F. Ornus* L. wie *F. ulmifolia* Sap. von Manosque, oder mit *F. oxyphylla* MB., wie *F. denticulata* Heer, *F. inaequalis* Heer, *F. deleta* Heer. Nach den bisher bekannt gewordenen Resten sind beide Gruppen der Gattung, *Fraxinus* und *Ornus*, im Oligocän in Europa aufgetreten, im Miocän haben sie ihre grösste Entwicklung erfahren, in der Pliocänzeit scheint im Süden noch ein oder die andere amerikanische Form vorhanden gewesen zu sein. ***Fraxinus Ornus*** L. tritt nach den Beobachtungen Boulay's (Bull. d. l. soc. géolog. de France, 1887) schon im Pliocän von

Rochesauve bei Privas auf und ist in den Quartärbildungen Italiens und Frankreichs (Toscana, Rom, Montpellier, Aygelades, Meyragues) verbreitet, *F. excelsior* L. in den quartären Tuffen von Montpellier neben *F. Ornus.*

Aus der Familie der *Gentianaceen* sind nur wenige Reste erhalten oder beschrieben, von welchen wahrscheinlich nur einer mit Sicherheit dieser Familie einzufügen ist. Sie ist über die ganze Erdoberfläche verbreitet und hat ihre Vertreter in den Tropen und Subtropen, wie in der arktischen, antarktischen und gemässigten Zone. Der Grund, weshalb sie sich nur vereinzelt erhalten hat, liegt wahrscheinlich darin, dass sie wie jetzt vorwiegend aus einjährigen und perennirenden Formen bestehend, deren einjährige Theile wegen ihrer geringeren Widerstandskraft den äusseren Eingriffen leichter unterlagen und nur in besonderen Fällen sich erhalten konnten. Ihre Blüthen

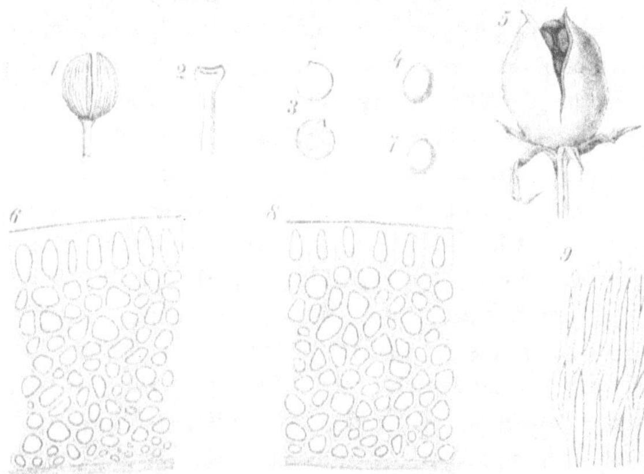

Fig. 391.

Menyanthes arctica Heer. 1 Frucht, 2 Fruchtstiel, vergrössert. Spitzbergen. Miocän. 3 *M. trifoliata* L. var. *diluviana* Heer. *M. trifoliata* L. recent. 4 Same, 5 Kapsel, 6 Querschnitt durch die Samenschale. *M. trifoliata* L. Aus einem postglacialen Torflager von Hörbach bei Aschaffenburg. 7 Same. 8. 9 Quer- und Tangentialschnitt aus der Samenschale. (Nach der Natur, 1. 2. 3 Copieen nach Heer.)

sind actinomorph, vier- bis fünfzählig, Staubblätter vier bis fünf, der oberständige Fruchtknoten einfächerig mit zwei wandständigen Samenträgern, die Früchte Kapseln. Als erhalten sind Blätter und Samen angegeben.

Aus dem Tertiär Grönlands sind von Heer zwei sehr unvollständige Blattfragmente mit einem ziemlich starken Mittelleitbündel und einigen dünnen Secundärleitbündeln als *Menyanthes arctica* beschrieben. Was an diesem Blatte für *Menyanthes* sprechen soll, ist nicht abzusehen. Es sind zwei Blattfragmente, ohne Zweifel von Monocotylen, welche einen aus zahlreichen Bündeln bestehenden Mittelleitbündel haben, aus welchem die einzelnen Bündel in die Blatthälften austreten. Wenn ich sage von Monocotylen, so geschieht es deshalb, weil ein Leitbündelverlauf, wie der erwähnte, bei dieser Gruppe gewöhnlicher ist, als bei Dicotylen oder Farnen. Bestimmtes lässt sich weder über die Gruppe noch über die Gattung etwas sagen, solche Blätter sind einfach unbrauchbar. In den Contrib. of the Foss. Flora of

Northgreenland wird von Heer unter dem gleichen Namen ein Fruchtrest beschrieben, von welchen sich ebenso wenig mit Bestimmtheit sagen lässt, dass er von *Menyanthes* stammt. Er mag eine Kapsel sein, obwohl es mir wahrscheinlicher ist, dass eine Theilfrucht vorliegt. Für das Vorhandensein der Gattung im Tertiär beweist er so wenig, wie der erstere. Würde Schimper eine reife Frucht von *Menyanthes trifoliata* L. (Fig. 391[6]) mit Heer's Abbildung verglichen haben, er würde, selbst wenn sie einem gepressten Exemplare angehört hätte, nicht gesagt haben: »fructus exacte ut in Menyanthe trifoliata«. Denn unter hunderten von Kapseln findet man keine, deren Klappen weiter als bis zur Mitte aufspringen. Ausserdem sind Samen beschrieben, die einen *M. tertiaria* Heer von Lausanne, die anderen *M. trifoliata* L. aus dem Quartär von Biarritz, Dürnten, Utznach, Mörschwyl, Aschaffenburg, Wohlscheidt in der Eifel, Lauenburg an der Elbe*), Cromer, Mundeslay, Happisburgh in inter- und postglacialen Kohlen- und Torfbildungen, identisch mit jenen der noch existirenden, einzigen Art dieser Europa, Mittelasien und Amerika gemeinsamen Gattung (Fig. 391). Ich habe Samen aus einem interglacialen Torflager von Hörbach bei Aschaffenburg untersucht, der Bau der quartären Samen stimmt mit jenem der recenten vollständig überein (Fig. 391[7–9]). Schimper erklärt Ludwig's *M. tertiaria* aus dem Tertiär der Wetterau (Palaeontogr. Bd. VIII) für identisch mit der Heer'schen Art. Ein Blick auf die Ludwig'sche Tafel a. a. O. genügt, um darzuthun, dass die Samen aus der Wetterau mit der Heer'schen Art nichts zu thun haben und ebenso wenig das angebliche Rhizom zu dieser Gattung gehört. Es sind kleine Samen, welche ich nicht kenne. Die Samen der recenten Art sind glatt, flach gewölbt, jene der *M. tertiaria* Heer rauh und etwas zusammengedrückt. Bei den von mir untersuchten Exemplaren aus der postglacialen Zeit war die Structur der Samenschale allein gut erhalten.

Die Epidermis der Samenschale der fossilen Samen besteht aus kurzen, polygonalen, mässig verdickten gestreckten Zellen, auf sie folgt eine stark entwickelte Schicht parenchymatischen Gewebes, als Mittelschicht: von der darauffolgenden Schicht, der Quellschicht, sind nur Reste erhalten. Ihr Bau stimmt mit jenem der genannten Art vollständig überein, die Aussen- und Seitenwände der Epidermiszellen sind etwas stärker als bei der fossilen verdickt, was auf Rechnung der Erhaltung zu setzen ist (Fig. 391[8, 9]).

Aus den drei folgenden Familien, den *Loganiaceen*, *Apocynaceen* und *Asclepiadaceen*, sind einige Reste beschrieben, welche, wenige ausgenommen, zweifelhaft sind und eine verschiedene Deutung erfahren können und sie auch erfahren haben. Die meisten recenten Arten gehören den Tropen und Subtropen an, wenige der gemässigten Zone, manche von ihnen gehören Gattungen an, welche entweder aus der Vegetation der Tertiärzeit stammen oder mit Gattungen verwandt sind, welche in der Tertiärzeit einen grösseren Verbreitungsbezirk als jetzt besassen.

---

*) In jüngster Zeit wird die von Keilhack als interglacial bezeichnete Torfbildung von Lauenburg von H. Credner, E. Geinitz und Wahnschaffe für postglacial (N. Jahrb. 1889) erklärt.

Aus der Gruppe der *Loganiaceen* ist nur ein als *Strychnos europaea* Ettingsh. von Schichow bei Bilin beschriebenes Blatt zu erwähnen. Welche Gründe den Verfasser veranlasst haben, wegen der Aehnlichkeit des Leitbündelverlaufes mit irgend einer *Strychnos*-Art sich für diese Gattung zu entscheiden, ist nicht abzusehen, da dieser Leitbündelverlauf nicht auf diese Gattung allein beschränkt und andere Reste, welche auf *Strychnos* hinweisen, uns nicht bekannt sind. Was man etwa für das Vorhandensein von *Strychnos* geltend machen könnte, ist ein im Tertiär vorkommendes Holz, welches von Felix als Anomaloxylon beschrieben worden ist, worauf bei den fossilen Hölzern noch des Weiteren einzugehen ist.

Aus den *Apocynaceen* sind Arten aus den Gattungen *Alstonia*, *Cerbera*, *Tabernaemontana* und *Plumeria* aus dem Tertiär von Sagor, Böhmen, von Radoboj, des Rheinthales und Neuhollands ausnahmslos Blätter beschrieben, deren Abstammung nicht weniger unsicher als jene von *Strychnos* ist, denn keine dieser Gattungen hat einen ihr ausschliesslich zukommenden Leitbündelverlauf, noch kennen wir Reste, welche die Bestimmung der Blätter sicherten, ja selbst, wenn die Abstammung aus den Apocynaceen ausser Frage wäre, so könnten wir zwischen den genannten und anderen Gattungen wählen.

Weiter folgen Blätter, welche, da uns auch noch Blüthen und Früchte vorliegen, vermöge ihrer Form und ihres Leitbündelverlaufes für solche von *Nerium* L. mit ziemlicher Sicherheit erklärt werden dürfen. Die Gattung ist jetzt je nach der Auffassung mit einer grösseren oder geringeren Anzahl von Arten vom Mittelmeergebiet durch Arabien, Kleinasien, das südöstliche Persien, Beludschistan, Afghanistan bis in das nördliche Ostindien und nach Japan verbreitet. Wie manche andere der Mittelmeerregion angehörige Formen, hat auch sie sich aus der Tertiärzeit erhalten und ist gegenwärtig, wenn sie auch während der Glacialzeit weiter nach Süden gedrängt wurde, an den italienischen Seen ein häufiger Strauch, welcher selbst in den klimatisch am meisten bevorzugten Regionen nördlich der Alpen die Winter nicht erträgt. Der Leitbündelverlauf ist nicht gerade auf die Gattung allein beschränkt; er kommt auch z. B. bei *Sideroxylon*-Arten (vergl. Sapotaceen) vor; durch die eingesenkten Spaltöffnungen, die Behaarung ihrer Vertiefungen würden, wenn die Structur erhalten, fossile Blätter sicher zu erkennen sein. Aus dem gegen die Blattspitze allmählich sich verdünnenden Mittelleitbündel treten nahezu unter rechtem Winkel die Secundärleitbündel genähert aus, beinahe alle von gleicher Stärke, in der Nähe des Blattrandes häufig durch Gabelung camptodrom, während des Verlaufes zuweilen verzweigt; andere Verzweigungen fehlend, gleichfalls ein Beleg für die Beziehungen des Leitbündelverlaufes zur Function des Blattes. Da bei der dichten Aufeinanderfolge der Secundärleitbündel die von ihnen zu versorgenden Gewebepartien des Blattes sehr kleine Flächen haben, so unterbleiben alle Verzweigungen der Leitbündel, welche wir bei grösseren Distanzen der Leitbündel auftreten sehen. Das erste Auftreten der Gattung fällt in die Zeit der jüngeren Kreidebildungen mit *N. Röhlii* Sap. von Haldem, es folgen dann im unteren Eocän des Dep. Maine-et-Loire, der Sarthe *N. sarthacense* Sap., *N. parisiense*

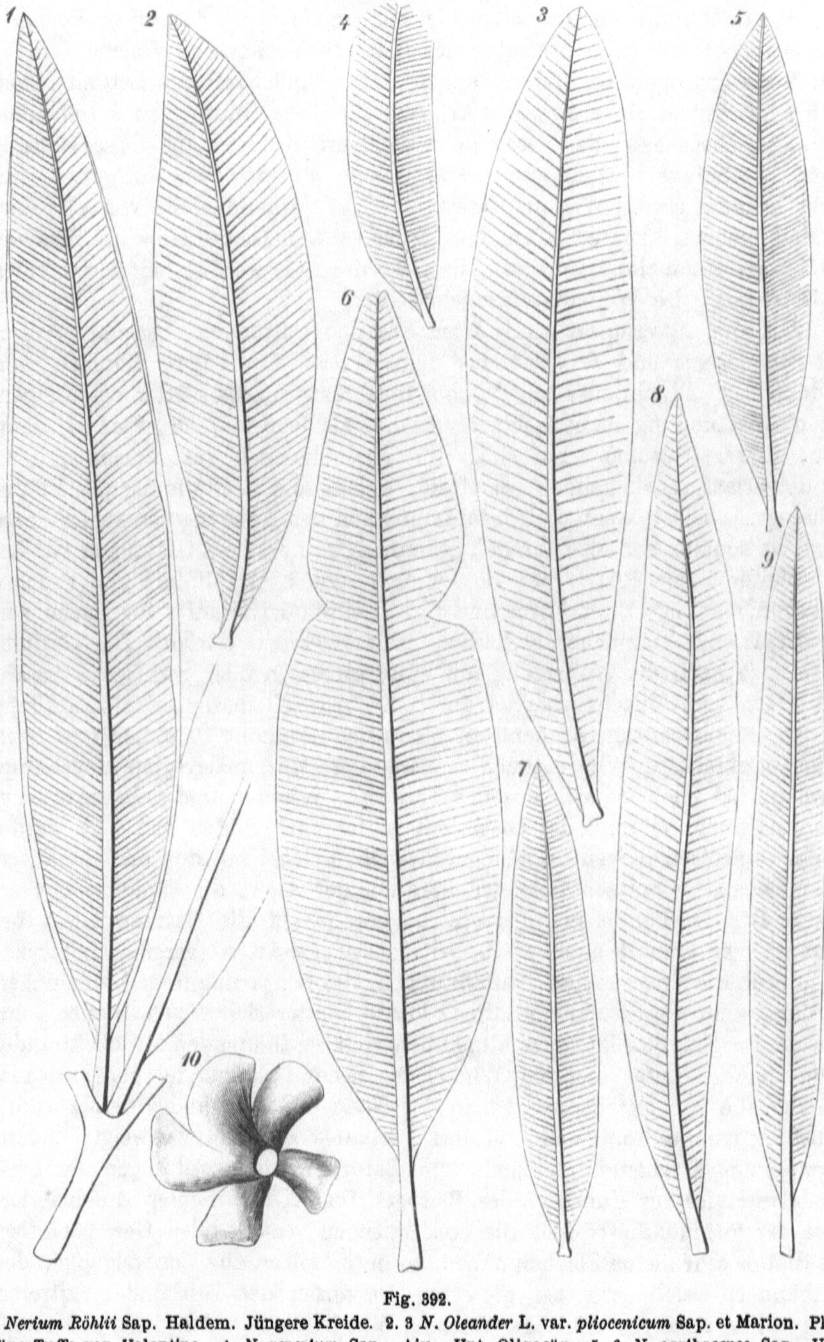

Fig. 392.

1 *Nerium Röhlii* Sap. Haldem. Jüngere Kreide. 2. 3 *N. Oleander* L. var. *pliocenicum* Sap. et Marion. Pliocäne Tuffe von Valentine. 4 *N. repertum* Sap. Aix. Unt. Oligocän. 5. 6 *N. sarthacense* Sap. Unt. Eocän der Sarthe. 7 *N. Gaudryanum* Brongn. Oropo. Unt. Miocän. 8 *N. bilinicum* Ettingsh. Bilin. Unt Miocän. 9. 10 *N. parisiense* Sap. Unt. Eocän von Paris. 9 Blatt, 10 Blüthe. (Copieen nach Saporta.)

Sap. im Grobkalk von Paris, von letzterer auch eine Blüthe erhalten, aus dem unteren Oligocän von Aix *N. exile* Sap., *N. repertum* Sap., aus dem Miocän von Kutschlin *N. bilinicum* Ettingsh., von Leoben *N. stiricum* Ettingsh., *N. Gaudryanum* Brongn. von Kumi, aus dem Pliocän von Meximieux und den Tuffen von Valentine *N. Oleander* L. var. *pliocenicum* Sap. et Marion (Fig. 392). Eine Art wird von Gardner aus dem unteren Eocän von Bornemouth erwähnt, von Pilar aus dem Tertiär von Sused *N. Heerii* beschrieben. Die ausgestorbenen Formen stehen zum Theile *N. Oleander* L., zum Theile *N. odorum* Sol. nahe. Von *N. exile* Sap. hat sich auch eine Frucht erhalten. Europa besitzt jetzt nur noch die Blattform des *N. Oleander* L., die schmalblättrige Form des *N. odorum* Sol. fehlt, die in der Tertiärzeit bis nach England, Böhmen und Steiermark reichende Nordgrenze ist südwärts nach Norditalien verrückt*).

Hinsichtlich ihrer Verwandtschaft mit einer bestimmten Gattung der Apocynaceen sind unsicher die als *Apocynophyllum* Heer und *Neritinium* Unger unterschiedenen Blattformen, letztere Blätter von Radoboj und Kumi, welche zum Theile den Leitbündelverlauf von *Apocynophyllum* besitzen, zum Theile jedoch damit nichts gemeinsam haben, sondern durch ihn z. B. *Thevetia*, *Echites*, *Cerbera* etc. verwandt sind. Bei *Apocynophyllum*, aber auch bei Asclepiadaceen und anderen Familien treten abwechselnd stärkere und weniger starke Secundärbündel aus dem Mittelleitbündel aus, verlaufen beinahe horizontal bis zum Rande, wo sie sich mit zwei feinen Randleitbündeln vereinigen. Dieser Leitbündelverlauf kömmt nicht nur mehreren Gattungen der Apocynaceen zu, sondern auch einem Theile der *Apocynum*-Arten, einer Gattung, von welcher zwei Arten jetzt in Nordamerika, eine dritte von Venetien durch die Balkanhalbinsel, Südrussland, Kleinasien, den Altai, Nord-China bis Japan verbreitet sind, durch diese Verbreitung aber ihren tertiären Charakter verräth und gerade die zuletzt erwähnte Art, *A. venetum* L., besitzt einen *Apocynophyllum* entsprechenden Leitbündelverlauf. Es können immerhin Blätter von *Apocynum* oder einer ausgestorbenen Gattung unter den als *Apocynophyllum* beschriebenen Blättern sein oder solche anderer Gattungen der Apocynaceen oder selbst anderer Familien, Bestimmtes lässt sich darüber nichts sagen, weil ausser Blättern nichts vorliegt. Auch im Bernstein des Samlandes hat sich ein Blatt mit ähnlichem Leitbündelverlauf erhalten: *A. Jentzschii* Conwentz. Auf die von Heer mit *A. helveticum* vereinigte gestielte, angeblich zweiklappige Frucht von Bornstedt ist kein grosses Gewicht zu legen, denn einmal wissen wir nicht, zu welchen Blättern sie gehört, sodann wissen wir von der Frucht nur, dass sie unvollständig ist, ihren Bau kennen wir nicht. Ebenso wenig beweist die von Massalongo aus dem oberen Miocän von Sinigaglia beschriebene Frucht. Unterschieden ist eine grosse Anzahl von Arten, von welchen ein Theil allerdings fraglich ist, z. B. jene von Häring, die grösste Mehrzahl dem Tertiär Europas angehört, Nordamerika nur wenige aufzuweisen hat. In Europa reichen sie vom unteren Oligocän bis in das obere Miocän, von Portugal bis in das baltische Gebiet.

---

*) Hieher ohne Zweifel *Apocynchyllum ligerinum* Boulay aus dem Tertiär von Saturrier (Maine et Loire).

Nicht immer sind die Camptodromieen der Leitbündel so aufgefasst, wie es die Charakteristik erfordert (vergl. *A. helveticum* Heer), ebenso ist bei den einen die Distanz der Bündel kleiner, bei anderen grösser. Jedenfalls ist die Artenzahl eine unverhältnissmässig grosse. Auch aus dem Tertiär von Java, Sumatra und Borneo sind durch Göppert, Heer und Geyler Apocynaceenreste bekannt geworden, so *Apocynophyllum Reinwardtianum*, *A. nervosissimum* Göpp., *A. sumatrense* Heer, *A. alstonioides* Heer, *A. willhughbyoides* Geyler, Blattreste, welche den Apocynaceen angehören können, wie auch die durch Ettingshausen aus dem Tertiär Neuhollands beschriebenen *A. Etheridgii*, *A. microphyllum* und *A. obscurum*, wobei man allerdings von der theilweise unzureichenden Erhaltung der Blätter absehen muss. Ein unbrauchbares Blattfragment ist *Echitonium obscurum* Ettingsh. aus Neuholland.

Unter der Bezeichnung *Echitonium* Unger sind Blätter, Früchte und Samen beschrieben, welche mit *Echites* verwandt sind. Sollen die Früchte und Samen das Vorhandensein dieser oder einer ihr verwandten Gattung beweisen, so möchte der Beweis schwer zu führen sein. Denn alle von Weber, Ettingshausen und Heer beschriebenen Reste dieser Art sind, wenn man sie als oberständige Früchte gelten lässt, als Apocynaceen-Früchte nicht gesichert, da keine von ihnen näher untersucht werden kann, die Samen können ebenso gut Achaenen von Compositen sein, und selbst, wenn Samen wie Früchte zur Familie gehörten, würden wir nicht sagen können, dass sie von *Echites* stammen. Der Leitbündelverlauf von *Echites* ist an demselben Zweige verschieden. Entweder entsteht die Camptodromie der Secundärleitbündel durch die Gabelung derselben oder sie verbinden sich durch die Tertiärleitbündel, ferner kann Beides an demselben Blatte vorkommen. Unvollständige Secundärleitbündel enden in den Camptodromieen oder in den Anastomosen. Die Anastomosen verlaufen gerade oder im Bogen, ein kleinmaschiges Netz polygonaler Maschen nimmt die Felder ein. Austrittswinkel und Bogen der Secundärleitbündel sind je nach der Blattbreite verschieden, es findet aber auch das Gegentheil statt. Meist sind es schmale, lineare Blätter. Eines der von Unger beschriebenen breiten, verkehrteiförmigen Blätter, *E. obovatum* Unger, wird von Ettingshausen für das Blatt eines *Rhus* erklärt. Die älteste Art ist *E. sezannense* Watelet aus dem unteren Eocän von Sezanne, *E. Sophiae* O. Weber (Fig. 393^{5-9}) wird von der Schweiz bis in das Rheinthal angegeben, die Exemplare aus der baltischen Region sind wegen der unvollständigen Erhaltung fraglich, eine andere Ansicht vermag ich auch für *E. microspermum* Unger, *E. macrospermum* Ettingsh., *E. superstes* aus Sused, Radoboj und Leoben (Fig. 393^{3-4}) und das für Bovey Tracy und Locle gemeinsame *E. cuspidatum*, nicht zu gewinnen. Wie so oft werden die Früchte und Samen als Bestätigung der Blattbestimmungen angesehen und dann ohne Kritik ein gethanener Ausspruch wiederholt. Bei der schlechten Erhaltung der Blätter von Bovey Tracy ist ein bestimmter Ausspruch nicht möglich.

Aus der Familie der *Asclepiadaceen* werden nur wenige Reste angeführt. So sicher diese und die vorausgehende Familie durch die Blüthen zu unterscheiden sind, so wenige Anhaltspunkte bieten die Blätter und Früchte, namentlich da letztere nicht im Zusammenhang mit Blättern gefunden sind.

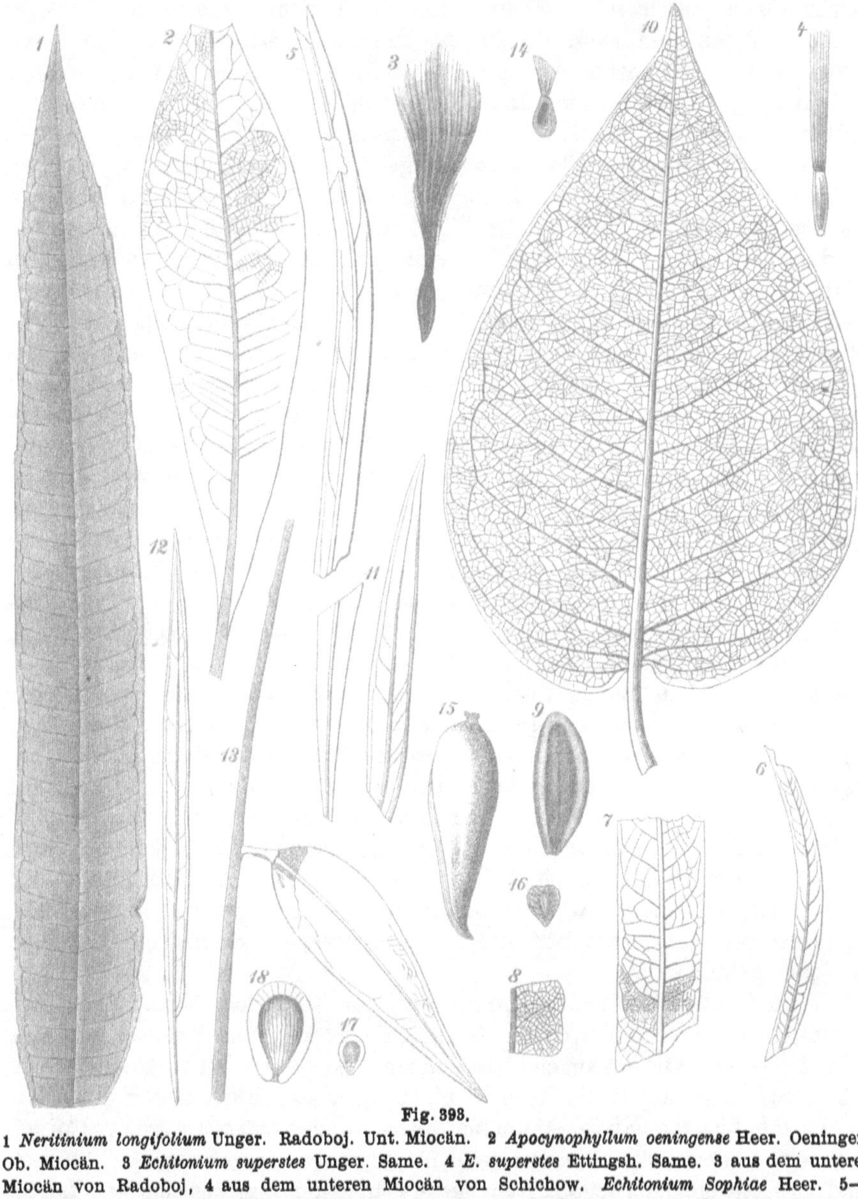

Fig. 393.
1 *Neritinium longifolium* Unger. Radoboj. Unt. Miocän. 2 *Apocynophyllum oeningense* Heer. Oeningen. Ob. Miocän. 3 *Echitonium superstes* Unger. Same. 4 *E. superstes* Ettingsh. Same. 3 aus dem unteren Miocän von Radoboj, 4 aus dem unteren Miocän von Schichow. *Echitonium Sophiae* Heer. 5—8 Blattfragmente. 8 vergr., 9 Same. Oeningen. Ob. Miocän. 10 *Periploca graeca* L. Nach der Natur. 11 *Acerates firma* Heer. Hohe Rhonen. Ob. Oligocän. *Acerates veterana* Heer. 12 Blatt, 13. 15 Frucht, 14. 16. 18 Samen, 18 vergr. (Copieen nach Heer, Unger, Ettingshausen.)

Acerates R. Br., eine Untergattung von *Gomphocarpus* oder *Asclepias*, ist jetzt auf Nordamerika beschränkt, könnte immerhin ein Bestandtheil der europäischen Tertiärflora gewesen sein. Was uns davon vorliegt, Blätter, Früchte und Samen ist wegen des gemeinschaftlichen Vorkommens der einzelnen Theile miteinander vereinigt, im Zusammenhang sind sie nicht gefunden. Wenn nun auch die Frucht eine Asclepiadeenfrucht nach ihrem Umriss sein kann, ebenso der eine der Samen (Heer, Tertiärfl. der Schweiz. Tab. 104 Fig. 7) der Gattung angehören kann, so haben wir, da vermöge der Erhaltung eine eingehendere Untersuchung nicht möglich ist, doch keinen Beweis dafür, dass die Reste zu *Acerates* gehören. Der zweite auf der gleichen Tafel Fig. 7 *b. c* abgebildete Same ist schwerlich mit den Anderen identisch. Es frägt sich weiter, ob die unter Fig. 5 der Taf. 10 mit dem Zweige in Verbindung stehende Frucht wirklich eine solche oder nicht vielmehr ein Blatt ist. Dass solche Verwechselungen möglich sind, beweist Heer's *Carpolithes pruniformis* (vergl. Amygdalaceen), dessen Original ich selbst verglichen habe. Die als *Acerates* beschriebenen Blätter sind schmal linear, der Leitbündelverlauf gefiedert, die Secundärleitbündel schief aufsteigend, durch Gabeltheilung camptodrom, die von den Anastomosen gebildeten Felder ein polygonales Maschennetz einschliessend. Blattform wie Leitbündelverlauf stehen *Gomphocarpus* wie *Acerates* nahe, freilich haben auch andere Gattungen und Familien den gleichen Verlauf und dieselbe Form des Blattes. Die Reste beweisen also nicht allzuviel für das Vorkommen der Gattung im Tertiär, die Hauptstütze liegt in der heutigen Verbreitung. Unterschieden sind fünf Arten: *A. veterana* Heer, Portugal, Grönland, Oeningen, Locle, Rixhöft, *A. firma* Heer Hohe Rhonen (Fig. 393 11–18), *A. Gümbeli* Heer Peissenberg, *A. longipes* Heer, Portugal, in den Patootschichten Grönlands *A. arctica* Heer, deren Unterschiede indess ziemlich gering sind. Blätter aus dem Tertiär von Kumi werden von Unger mit *Asclepias* vereinigt. Weshalb diese länglichen, gegen die Spitze und Basis verschmälerten Blätter dieser Gattung angehören sollen, wird nicht gesagt. Ihr Leitbündelverlauf kömmt zwar bei *Asclepias*, aber auch bei anderen Familien vor und wie andere Familien und Gattungen hat *Asclepias* weder einen ihr eigenthümlichen Leitbündelverlauf, noch fehlt ihr die Mannigfaltigkeit. Wenn auch die Form der Blätter mit jener mancher Arten, nur nicht mit *A. linifolia*, sondern z. B. *A. incarnata*, *A. curassavica* nahe verwandt ist, so folgt daraus noch nicht, dass sie zu *Asclepias* gehören.

Gaudin und Strozzi geben (Contrib. sur la flor. foss. Mem. IV) aus den quartären Tuffen von Parolla in Toscana die Blätter von *Periploca graeca* L. (Fig. 393 10) an. Ob die abgebildete Blattform bei dieser Art vorkömmt, weiss ich nicht, ferner sagen die Autoren nichts darüber, ob der Blattrand verletzt oder gezähnt ist, ich habe gezähnte Blattformen weder an Exemplaren der Mittelmeerregion, noch an cultivirten gesehen, sondern nur ganzrandige, kleinere und grössere eiherzförmige Blätter, erstere an der Spitze der jährigen Triebe. Der Leitbündelverlauf der fossilen Blätter stimmt mit jenem der recenten überein, bei beiden ist der Mittelleitbündel gegen die Spitze verdünnt, die Secundärleitbündel treten unter beinahe rechtem Winkel aus, verbinden sich durch Gabeltheilung kurz vor dem Rande, die unvollständigen etwas weniger stark als die vollständigen, enden in den unregelmässigen Anastomosen, deren Verzweigungen ein polygonales Maschennetz bilden. Der schmale Rand wird von den camptodrom verbundenen Aesten der Camptodromieen der Secundärleitbündel eingenommen.

4. Reihe. **Tubiflorae.**

Die Formen dieser Reihe sind durch actinomorphe Blüthen, fünfzählige Kelche und Kronen, fünf Staubblätter, zwei bis fünf oberständige Fruchtblätter charakterisirt, die Blätter wechselständig. Nur wenige Formen werden als fossil angeführt und diese sind grossentheils zweifelhaft. Die Familien der *Convolvulaceen*, *Asperifoliaceen*, *Solanaceen* sind es, welchen Reste zugeschrieben werden, *Polemoniaceen* und *Hydrophyllaceen* sind nicht erwähnt. Die Mehrzahl der recenten Formen tropisch und subtropisch, die geringere Zahl in der gemässigten und kalten Zone, einjährige Formen, Formen mit länger dauernden unterirdischen Axen, sodann baum- und strauchartige Formen, zum Theile mit windenden Axen, einzelne parasitisch.

Der einzige Rest dieser Gruppe, welcher eine eingehendere Besprechung verdient, ist *Porana* Burmann aus der Familie der *Convolvulaceen*, deren Kelch fünftheilig, die Krone röhrig mit fünftheiligem Saum, gefalteter, rechts convolutiver Knospenlage, fünf Staub- und zwei oberständigen Fruchtblättern, Früchte ein- oder zweisamige Kapseln, die Axen beinahe durchgängig windend, die Gruppe der *Cuscuteen* Parasiten.

Bei der Gattung *Porana* vergrössern sich nach dem Verblühen während der Fruchtreife die während der Blüthezeit sehr kleinen Kelchabschnitte bedeutend und werden zugleich scariös, so dass die reife oberständige Kapsel von dem umgewandelten Kelche umgeben wird und letzterer als Flugapparat functionirt, wie dies auch bei anderen Gattungen vorkömmt. Diese Kelche kommen nun isolirt oder noch mit der Frucht oder, wie Heer auf Grund eines Oeninger Exemplares angibt, noch mit der Axe des Fruchtstandes im Zusammenhange vor. Dass die letzte Angabe richtig ist, bezweifle ich; das von Heer abgebildete Exemplar beweist es wenigstens nicht, denn Axe und Kelche liegen in verschiedener Ebene. Schimper führt ausser den von Heer unterschiedenen Arten noch *P. minor* Unger von Radoboj und *P. petraeaeformis* Schimp. (*Getonia* Unger) von Radoboj und Sotzka an. Beide gehören nicht zu *Porana*, die erstere ist unzweifelhaft eine vierzählige *Diospyros*-Blüthe, die zweite gehört zu jenen Resten aus der Familie der Anacardiaceen, welche Saporta als *Heterocalyx Ungeri* beschrieb und Engler mit der Gattung *Parishia* verglich (vergl. Engler, *Rhus*). Dahin gehören ausserdem *Getonia Antholithes* Unger, *G. grandis* Unger. Erhalten sind an diesen Exemplaren nur die Kelchblätter, die Fruchtknoten fehlen, woher der Irrthum (vergl. Unger, Chloris protogaea. Tab. 47, Foss. Flora von Sotzka. Taf. 33. Sylloge. III. Tab. 17). So verbleiben bei *Porana* nur die von Heer in der Tertiärflora der Schweiz unterschiedenen Arten, so weit sie nicht auszuschliessen sind. Von den Arten Heer's aus dem oberen Miocän von Oeningen werden nur beizubehalten sein: *P. oeningensis* Heer und *P. macrantha* Heer (Fig. 394$^{1-6.\,9}$) mit fünf unter sich gleich grossen oder einem oder zwei kleineren Kelchabschnitten; die beiden anderen von Heer unterschiedenen Arten *P. inaequilatera* und *P. dubia* (Fig. 394 7. 8)

Fig. 394.

1—6 *Porana oeningensis* Heer. 7 *P. inaequiloba* Heer. 8 *P. dubia* Heer. 9 *P. macrantha* Heer. Fruchtkelche. Oeningen. Ob. Miocän. 10 *P. macrantha* Ludwig. Salzhausen. Ob. Oligocän. 11 *P. Speirii* Lesq. Florissant. Tertiär. 12 *P. Bendirei* Lesq. Horns Ranch, John Day Valley, Oregon. 13 *Viburnum membranosum* Schenk (*Porana* Göpp.). 14 *Viburnum truncatum* Schenk. (*Getonia* Göpp. *Porana* Schimp.). Schossnitz. Ob. Miocän. 15 *V. Sagorianum* Schenk. Blüthe. Sagor. Unt. Miocän. 16 *Hydrangea hortensis* L. 17 *Viburnum Opulus* L. 18 *Getonia floribunda* Roxbgh. 19 *Petraea volubilis* L. (16—19, Blüthen nach der Natur, die übrigen Copieen nach Ettingshausen, Göppert, Heer, Lesquereux, Ludwig.)

sind meines Erachtens nicht haltbar, da die Länge und Breite der Kelchabschnitte nicht immer dieselbe zu sein scheint. *P. dubia* ist, wenn sie überhaupt ein Pflanzenrest ist, ein schlecht erhaltenes Exemplar. Mit *Porana oeningensis* vereinigt Heer Blätter und unterscheidet noch ausser den oben genannten eine nur auf Blätter gegründete Art: *P. Ungeri* von Sotzka, dem hohen Rhonen und Oeningen. Dass diese Blätter zu *Porana* gezogen sind, beruht auf dem gemeinschaftlichen Vorkommen, was nichts beweist. Dieselben Blätter zieht Unger zu *Getonia*, zu *Heterocalyx* müsste sie Saporta ziehen (*Porana* ist bei Sotzka noch nicht gefunden, ebenso wenig am hohen Rhonen). Schon daraus ergibt sich, auf welch' schwachen Füssen Heer's Annahme ruht. Der Leitbündelverlauf der fossilen Blätter ist nichts weniger als selten und kann auf eine ziemliche Anzahl Formen bezogen werden. Bei den recenten Arten von *Porana* haben die Leitbündel der vergrösserten Kelchblätter einige Verschiedenheiten. Bei *P. volubilis* sind drei bis fünf parallele, an der Spitze sich vereinigende Bündel vorhanden, aus welchen gerade oder schief verlaufende Secundärleitbündel austreten, die primären verbindend. Die Felder sind durch quadratische Maschen ausgefüllt, ein Randnetz vorhanden. Bei *P. racemosa* die drei mittleren Primärbündel an der Spitze der Abschnitte vereinigt, die seitlichen camptodrom. Bei *P. grandiflora* beträgt die Zahl der Primärbündel sieben, die drei mittleren vereinigen sich an der Spitze der Lappen, die seitlichen vereinigen sich mit den secundären der mittleren camptodrom. Bei *P. malaccana* ist nur ein Primärbündel vorhanden, die secundären sparsam, gerade verlaufend, durch Gabeltheilung camptodrom (Fig. 395).

Hinsichtlich der Charakteristik der einzelnen Arten Heer's habe ich weiter zu bemerken, dass weder das Vorhandensein oder Fehlen des Leitbündelverlaufes der Kelchabschnitte, noch die Punktirung zur Unterscheidung benutzt werden können. Das Erstere ist Erhaltungszustand, denn die recenten Arten haben alle Leitbündel und müssen sie haben, wie sie auch den fossilen nicht fehlen können, das Andere ist eine bei fossilen Blättern so häufige Erscheinung, dass nur die mikroskopische Untersuchung Aufschluss geben kann, ob sie von Bedeutung ist oder nicht. Eine solche fehlt aber. Inwieferne die Gruppirung Heer's bei seiner *P. oeningensis* gerechtfertigt ist oder nicht, kann ich nach den wenigen Exemplaren nicht entscheiden. Bei den recenten Arten habe ich vierzählige Kelche gesehen, die Kelchabschnitte sind zuweilen bald grösser oder kleiner und auch unter sich nicht immer von gleicher Grösse.

Aus dem amerikanischen Tertiär werden durch Lesquereux *Porana*-Arten angegeben, *P. Speirii* Lesq. von Florissant, Colorado, und *P. Bendirei* Lesq. von van Horns Ranch und John Day Valley, Oregon (Fig. 394 [11] [12]). Gegenüber der heutigen Verbreitung, welche sich von Ostindien über den malayischen Archipel nach Australien erstreckt, während sie in Europa, Afrika und Amerika fehlt, kam sie während der Tertiärzeit an wenigen Fundorten auf beiden Continenten vor und erstreckte sich bei weitem mehr nach Norden als jetzt. Es ist dies ein Beleg einer früher bei Weitem ausgedehnteren Verbreitung, ihrer theilweisen Erhaltung auf der östlichen Habkugel, ihres gänzlichen Aussterbens in Europa und Amerika. Aber es ergibt sich die Frage, ob die Reste des amerikanischen und europäischen Tertiärs derselben Abstammung sind oder nicht. Der Leitbündelverlauf der Kelchabschnitte der recenten Arten ist oben erwähnt, bei den fossilen Resten ist er von den Autoren in verschiedener Weise dargestellt. Heer lässt jeden Abschnitt von den parallelen Leitbündeln, welche durch schiefverlaufende Queräste verbunden sind, durchzogen sein (Fig. 394[6]), ebenso Ludwig bei seiner *P. macrantha* aus der Wetterau, nur ist die Zeichnung flüchtig. Göppert stellt den Leitbündelverlauf seiner *Porana* (*Getonia*) *membranosa* mit vielfach verästelten Bündeln dar (Fig. 394[13]), während *P. truncata* Göpp. von Schossnitz, nur Spuren paralleler Leitbündel zeigt. Dies Alles stimmt nicht mit *P. volubilis* und den Heer'schen Arten überein. Bei *P. Speirii* Lesq. ist der Kelch gekerbt, seine fünf Abschnitte von parallelen, durch gerade Queräste verbundenen Leitbündeln durchzogen, während *P. Bendirei* (Recent Determinations of Fossil Plants etc. in Proceedings of U S. National Museum) einen viertheiligen lippigen Kelch, an den Lappen die parallelen Leitbündel nur angedeutet, besitzt. Neben genannten Resten kommen noch andere vor, welche entweder mit *Getonia* oder mit *Hydrangea* vereinigt sind. Der erstere ist *Getonia oeningensis* Weber aus dem Tertiär von Bonn, nach Angabe der Autoren verschieden von der Art Heer's. Der Kelch ist tief viertheilig, die Abschnitte verkehrt eiförmig, abgerundet, mehrere gefiederte strahlige Leitbündel durchziehen die Abschnitte (Fig. 395[4]). Der andere Rest ist *Hydrangea sagoriana* Ettingsh. von Sagor (Foss. Fl. von Sagor. II. p. 24. Tab. 14. Fig. 22 und *H. dubia* (III. Tab. 31. Fig. 3), mit welcher Ettingshausen auch Blätter vereinigt. Er ist ebenfalls tief viertheilig, die Lappen abgerundet, jeder von einem gefiederten Leitbündel durchzogen. Lesquereux bemerkt in der oben citirten Abhandlung, dass die beiden Reste identisch sein dürften, was ich für möglich halte. Damit kann *H. dubia* Ettingsh. wegen der geringeren Grösse und des abweichenden Leitbündelverlaufes nicht zusammenfallen. Der Leitbündelverlauf der Abschnitte bei den recenten Arten von *Hydrangea* ist strahlig, vier bis fünf Primärleitbündel, von der Basis des Abschnittes ausgehend, senden während ihres Verlaufes schiefaufsteigende Secundärleitbündel fiederförmig und alternirend aus (Fig. 394[16]). Von diesem ist jener der *H. sagoriana* Ettingsh. (Fig. 394[15]) verschieden, so dass die Bestimmung Ettingshausen's nicht wohl richtig sein kann. Früher schon habe ich darauf aufmerksam gemacht, dass *Hydrangea* bei ihrer heutigen Verbreitung zur Tertiärzeit in Europa vorhanden gewesen sein könne. Bei *Getonia* (Fig. 394[18]) und *Petraea* (Fig. 394[19]) sind zwar die Kelchblätter bei der Fruchtreife ebenfalls scariös, allein bei der ersteren ist die Frucht unterständig, die Kelchabschnitte mit drei parallelen, durch ein Anastomosennetz verbundenen Leitbündeln, bei *Petraea* die Fruchtknoten zwar oberständig, aber von der Kelchröhre eingeschlossen, die Kelchabschnitte mit einem einzigen Mittelleitbündel, dessen Secundärleitbündel durch Anastomosen verbunden sind.

Aus den vorstehenden Bemerkungen, wie aus den Fig. 394 und 395 gegebenen Darstellungen ergibt sich schon, dass unter *Porana* Verschiedenes von den Autoren vereinigt ist, was nicht zusammengehören kann und manche Reste mit *Porana* eine gewisse Aehnlichkeit besitzen, so dass sie bei

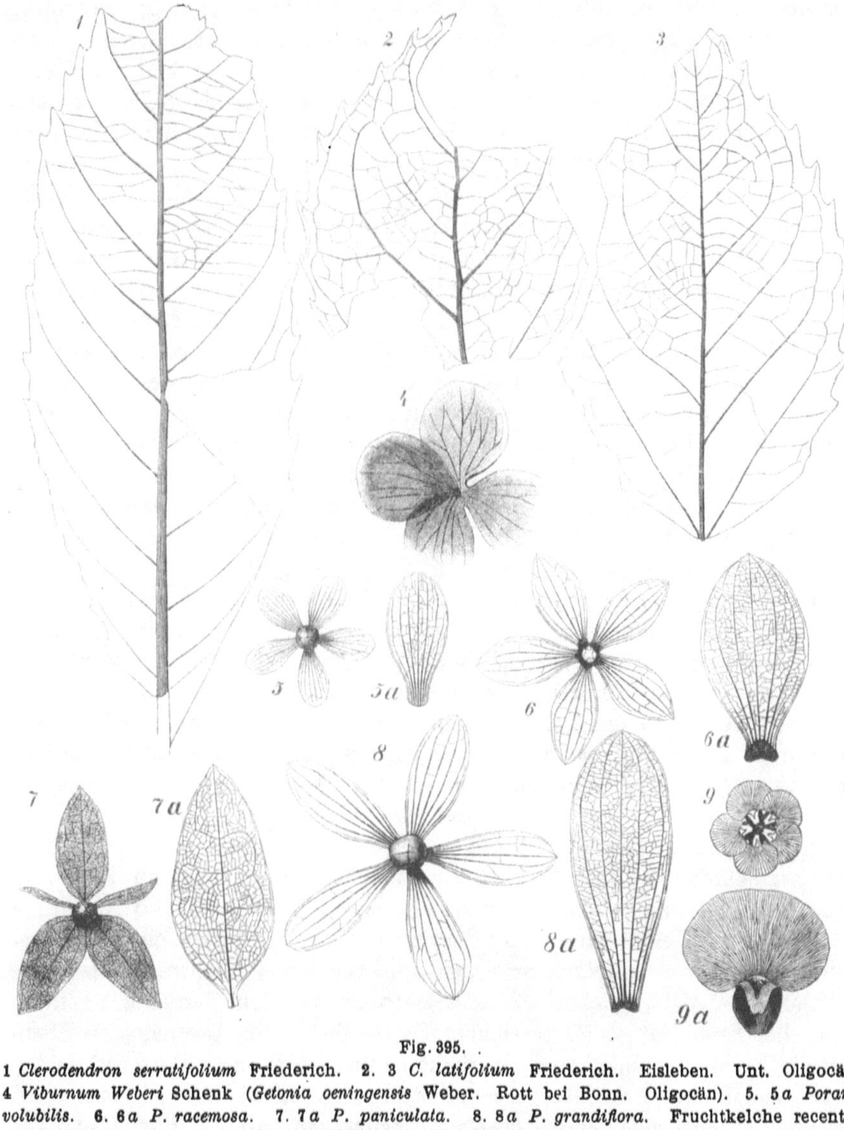

Fig. 395.

1 *Clerodendron serratifolium* Friederich. 2. 3 *C. latifolium* Friederich. Eisleben. Unt. Oligocän. 4 *Viburnum Weberi* Schenk (*Getonia oeningensis* Weber. Rott bei Bonn. Oligocän). 5. 5*a* *Porana volubilis*. 6. 6*a* *P. racemosa*. 7. 7*a* *P. paniculata*. 8. 8*a* *P. grandiflora*. Fruchtkelche recenter Arten; bei den mit *a* bezeichneten Ziffern die Kelchabschnitte etwas vergrössert. 9. 9*a* *Salsola oppositifolia*. Fruchtkelch. 9*a* Einzelner Perigonabschnitt, vergr. (1—4 Copieen nach Friederich und Weber, 5—9 nach der Natur.)

flüchtiger Betrachtung wohl verwechselt werden können. Unzweifelhaft zu *Porana* gehören die drei Heer'schen Arten *P. oeningensis*, *P. macrantha* und *P. inaequilatera*, letztere kaum eine besondere Art. *P. macrantha* Ludwig halte ich für eine *Porana*, sie mag aber eine eigene Art sein. Indess darf nicht übersehen werden, dass der Bündelverlauf der fossilen Reste ein anderer ist. Die Secundärleitbündel treten unter sehr spitzem Winkel aus und verlaufen ziemlich steil aufwärts. Es kann dies der Charakter einer Abtheilung sein, es ist möglich, dass die Reste einer anderen Gattung angehören, da aber die Systematik derlei Dinge nicht viel beachtet, so kann nur eine Vergleichung von recenten Gattungen mit ähnlicher Ausbildung der Kelche Aufschluss geben. So weit mir das Material zu Gebote stand, habe ich ausser *Porana* nichts Näherstehendes gefunden. Die von Lesquereux unterschiedenen Arten weichen von den Heer'schen Arten wie unter sich ab. Die Kelche der einen, *P. Speirii,* sind actinomorph, sie sind nur gekerbt, jeder Abschnitt ist von fünf bis sechs bis an den Rand reichenden, einfachen oder gabelnden Leitbündeln durchzogen, unter sich durch Queräste verbunden. Ob der Kelch ober- oder unterständig ist, lässt sich nicht unterscheiden. Ich möchte den Rest für einen scariösen Kelch oder für ein solches Perigon halten, ohne jedoch für die Familie etwas unbedingt Bestimmtes angeben zu können, wahrscheinlich ist er unter den Salsolaceen zu suchen (Fig. 395[9]). *Porana Bendirei* Lesq. halte ich für eine zygomorphe gamopetale Blüthe, welche der Gruppe der Labiatifloren angehört, vielleicht den Bignoniaceen. Bei *Porana membranosa* Göpp. sind die Einschnitte von geringer Tiefe, jeder der vier Lappen von mehreren vielfach verzweigten Leitbündeln durchzogen, bei *P. truncata* Schimp. (*Getonia* Göpp.) hat der Saum vier Einschnitte, eine lange Röhre, welche der anderen Art fehlt oder wegen ihrer Kürze nicht gesehen wird. Wir haben es hier ohne Zweifel mit ganz anderen Resten, mit sterilen Blüthen von *Viburnum* oder *Hydrangea* zu thun (Fig. 394[16. 17]). Da der Leitbündelverlauf der Abschnitte nur in Spuren erhalten ist, so lässt sich nichts Bestimmtes hinsichtlich der Gattung sagen, doch möchte ich eher ein *Viburnum* vermuthen. Auch *Hydrangea Sagoriana* Ettingsh. (Fig. 394[15]) dürfte eher zu *Viburnum* als zu *Hydrangea* gehören. Fasse ich das Ganze nochmals zusammen, so gehören zu *Porana* nur die beiden Heer'schen Arten: *P. oeningensis* und *P. macrantha,* die übrigen Arten Heer's sind Erhaltungszustände oder zweifelhaft, Göppert's Arten von Schossnitz gehören zu *Viburnum,* ebenso die von Sagor stammenden *Hydrangea*-Blüthen, Lesquereux's *P. Speirii* ist vielleicht eine Frucht der Salsolaceen, *P. Bendirei* eine Bignoniaceenblüthe, Weber's *Getonia oeningensis* wird von *Porana* nichtzu trennen sein.

Der von Ludwig als *Convolvulus moenanus* aus dem Tertiär des Winterhafens bei Frankfurt a. M. bezeichnete Blattfetzen, mit welchem ein Steinkern als Frucht vereinigt wird, verdient kaum Beachtung. Dass die beiden Reste zusammengehören, lässt sich überhaupt gar nicht sagen, sodann wird derjenige, welcher eine *Convolvulus*-Kapsel kennt, schwerlich auf den Gedanken kommen, dass der Fruchtrest zu *Convolvulus* gehört.

Unbedeutend sind die den Asperifoliaceen und Solanaceen zugewiesenen Reste, einige Früchte und Blüthen. Die Familie der *Asperifoliaceen* ist durch fünfzählige actinomorphe röhrige Blüthenkronen, zwei oberständige Fruchtblätter, Spaltfrüchte, welche bei der Reife, wenn vollständig ausgebildet, in vier Theilfrüchte zerfallen, charakterisirt. Die Erhaltung der Früchte wird durch den mehr oder weniger bedeutenden Kalkgehalt begünstigt, dennoch sind bis jetzt wenig Früchte gefunden, welche dieser Familie zugetheilt sind und selbst diese sind fraglich, da ihnen gerade das fehlt, was sie charakterisiren würde: die Anheftungsnarbe an der Basis. *Boraginites politus* Heer von Oeningen, *B. induratus* Heer von Locle (Fig. 396$^{3, 4}$), *Heliotropites Reussii* Ettingsh. von Priesen, Kutschlin und Schichow solche sind als Theilfrüchte der Asperifoliaceen beschriebene Reste (Fig. 396^{5}. Ferner ist durch Heer eine kleine sympetale röhrige, mit fünftheiligem Saume versehene Blüthe, *Boraginites myosotidiflorus* von Oeningen (Fig. 396^{5}) beschrieben, welche allerdings einer Asperifoliaceen blüthe sehr ähnlich ist, aber doch auch einer anderen Familie angehören kann. Von Ettingshausen werden von Sagor Blätter als *Heliotropites parvifolius*, andere als *H. acuminatus* beschrieben. Die Blätter werden desshalb als solche der Boragineen angesehen, weil sie mit kleinen Höckern bedeckt sind. Dass bei dieser Familie die Blattflächen häufig Haare tragende Erhöhungen besitzen, ist ganz richtig, nicht nachgewiesen ist aber, dass dies hier der Fall ist und sie einer mit *Heliotropium* verwandten Gattung angehören und wodurch die Höcker veranlasst sind. Wie ich schon wiederholt erwähnte, können bei fossilen Blättern Erhöhungen auf verschiedene Weise entstehen. Was die Früchtchen angeht, so lässt sich eine bestimmte Ansicht über sie gar nicht aussprechen, sie können Theilfrüchte von Asperfoliaceen sein, es können aber auch Samen sein und ist an *Heliotropium* kaum zu denken. Aus der interglacialen Zeit kennen wir die Theilfrüchte von *Myosotis caespitosa* Schultz aus dem Forestbed von Munderley und Beeston (Norfolk). Als einen weiteren fraglichen Rest erwähne ich aus der Familie oder Gruppe der *Cordiaceen* Ettingshausen's *Cordia bilinica* von Sobrussan, ein Blattrest, welcher wie viele dergleichen auf verschiedene Familien bezogen werden kann.

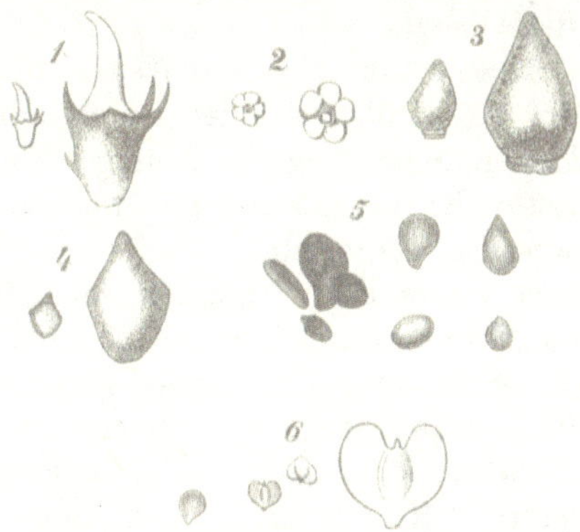

Fig. 396.
1 *Scrophularina oblita* Heer. 2 *Boraginites myosotidiflorus* Heer. Blüthe. Oeningen. Ob. Miocän. 3 *B. politus* Heer. Frucht. 4 *B. induratus* Heer. Frucht. Locle. Ob. Miocän. 5 *Heliotropites Reussii* Ettingsh. Schichow. Unt. Miocän. 6 *Veronicites oeningensis* Heer. *a* nat. Gr., *b* vergr. Oeningen. Ob. Miocän. (Copieen nach Heer, Ettingshausen.)

Aus der durch Beeren- und Kapselfrüchte charakterisirten Familie der *Solanaceen* kennen wir nur eine fossile Blüthe aus dem unteren Oligocän von Aix: *Solanites Brongniarti* Sap. Saporta vergleicht sie mit jenen von *Sarracha* und *Witheringia,* ebenso gut lässt sie sich mit einer radförmigen Blüthe von *Solanum* vergleichen.

5. Reihe. **Labiatiflorae.**

Wie bei der vorausgehenden Reihe die fossilen Reste nur sparsam vorhanden sind, ist es auch bei dieser Reihe der Fall. *Scrophulariaceen, Myo-*

poraceen, *Verbenaceen* und *Bignoniaceen* werden als Familien bezeichnet, welche Reste hinterlassen haben, während angenommen wird, dass sie bei den übrigen fehlen. Die bei weitem grösste Zahl ihrer Formen ist tropisch, die Minderzahl gehört der gemässigten Zone an. Wie die Reste der vorigen Reihe wenig Aufschlüsse geben, so ist dies auch bei dieser Reihe der Fall, um so mehr, als die meisten Reste Blätter sind. Die Blüthen sind zygomorph, Kelch und Krone fünfzählig, zweilippig, Staubblätter vier, meist didynam, der fünfte steril, zuweilen ausgebildet, meist jedoch fehlend. Fruchtblätter zwei, oberständig. Aus den durch zweifächerige Kapselfrüchte, mit mittelständigem Samenträger ausgezeichneten *Scrophulariaceen* sind von Heer zwei Reste beschrieben: *Scrofularina oblita* und *Veronicites oeningensis*, beide von Oeningen, der eine ein Kelch mit oberständigem, vom Griffel gekröntem, den Kelch überragenden Fruchtknoten, der andere ein jugendlicher Fruchtknoten, herzförmig, jenen einiger *Veronica*-Arten ähnlich (Fig. 396[1, 6]). Ob diese Reste den Gattungen, mit welchen sie verglichen werden, unbedingt entsprechen, steht dahin. Man wird mir zugeben müssen, dass der erstgenannte auch von anderen Familien mit oberständigem Fruchtknoten herrühren kann, bei dem letzteren könnte man mit demselben Rechte an die Gattung *Polygonum* denken. Eine ebenso geringe Bedeutung für den Nachweis der Familie im Tertiär haben die von Massalongo beschriebenen Blätter von *Brunfelsia* aus dem oberen Miocän von Sinigaglia. Aus der Familie der *Labiatae* haben sich nur die Theilfrüchte zweier weit verbreiteter Arten, *Lycopus europaeus* L. und *Stachys palustris* L. in den interglacialen Bildungen von Beeston und Mundesley erhalten.

Ebenso wenig Aufschlüsse gewähren die mit den *Myoporaceen* und *Verbenaceen* vereinigten Reste. Blüthen oder Früchte fehlen gänzlich, es werden nur Blätter angegeben und ist es bei der Vieldeutigkeit der Blätter von vorneherein fraglich, ob wir ihnen eine richtige Deutung geben können. Aus dem unteren Oligocän von Häring wird durch Ettingshausen ein *Myoporum ambiguum* angegeben, einige wahrscheinlich zusammengehörige Blattfragmente mit Mittelleitbündel und Spuren von Secundärleitbündeln, der Umriss einigen *Myoporum*-Arten ähnlich, aber sowohl in dieser Hinsicht, als in Bezug auf den Leitbündelverlauf, so weit er erhalten, anderen Blättern ebenso ähnlich.

Den Resten der Familie der *Verbenaceen*, *Petraea borealis* Ettingshausen aus dem Tertiär von Kutschlin und *Vitex Lobkowitzii* von Schichow, kann ich keine grössere Bedeutung beilegen. Die Blätter der recenten Arten von *Petraea* haben gefiederte, durch Gabeltheilung oder Tertiärbündel camptodrome Secundärleitbündel, häufig beides an dem nämlichen Blatte, die Anastomosen unregelmässig verlaufend, ihre Felder durch die weiteren Verzweigungen in quadratische Maschen getheilt. Nach der Breite des Blattes die Secundärleitbündel bald beinahe horizontal, bald steil im Bogen verlaufend. *P. borealis* entspricht den Arten von *Petraea* mit breiten Blättern, indess ist bei der Verbreitung dieses Leitbündelverlaufes nicht ohne weiteres anzunehmen, dass diese Blätter auch dahin gehören. Das Gleiche gilt für *Vitex*. Diesen beiden

Gattungen haben Ettingshausen und Friederich noch *Clerodendron* L. aus dem Eocän von Alumbay und dem unteren Oligocän von Eisleben beigefügt. Die Gattung, vorwiegend tropisch und subtropisch, erreicht ihre Nordgrenze in China und Japan und wäre ihr Vorkommen im Tertiär nicht unmöglich, wir haben nur dafür keine Anhaltspunkte, da uns nur Blätter und diese nicht sehr vollständig zu Gebote stehen. Ich finde ferner, dass der Leitbündelverlauf der beiden von Friederich von Eisleben beschriebenen Arten, *C. serratifolium* und *C. latifolium* (Fig. 395[1–3]) in den abgebildeten Blättern nicht unter sich und den recenten Arten übereinstimmt, er ist zwar bei den meisten camptodrom, bei einem Exemplar der abgebildeten Blätter craspedodrom, Zudem sind die Blätter unvollständig. Bei den recenten Arten, deren ich eine ziemlich grosse Anzahl untersucht habe, finde ich den Leitbündelverlauf strahlig in der Mehrzahl der Fälle, weniger häufig ist der gefiederte. Im ersteren Falle sind drei Primärbündel vorhanden, deren mittelster zu beiden Seiten fiederförmige Secundärleitbündel aussendet, während die beiden seitlichen nach aufwärts im Bogen verlaufende Secundärleitbündel auf der nach dem Blattrande hin gewendeten Seite austreten lassen. Alle sind camptodrom und durch ziemlich gerade Anastomosen verbunden, deren Felder durch zu polygonalen Maschen verbundene Verzweigungen ausgefüllt werden. Ein Randnetz ist stets vorhanden, die Blattzähne erhalten von ihm ihre Bündel. Der gefiederte Verlauf ist von dem gewöhnlichen nicht verschieden und wenn man auch sagen kann, dass Blätter einzelner *Clerodendron*-Arten den fossilen ähnlich sind, so ist doch nicht zu läugnen, dass auch die Blätter anderer Familien denselben Leitbündelverlauf haben. Es kann desshalb auch nicht davon die Rede sein, dass in Südengland, im nördlichen Deutschland die Gattung für die Tertiärperiode nachgewiesen ist, im besten Falle lässt es sich durch die heutige Verbreitung in Ostasien, nicht aber durch die von Friederich beschriebenen Blätter wahrscheinlich machen.

Die Familie der *Bignoniaceen,* durch Kapselfrüchte und geflügelte Samen ausgezeichnet, grösstentheils rankende oder Schlingpflanzen, gehört ebenfalls meist den Tropen und Subtropen, nur wenige der gemässigten Zone an. Die wenigen dieser Familie zugewiesenen Reste sind beinahe alle zweifelhaft, es sind mit einer einzigen Ausnahme nur Blätter erhalten, welche, da die meisten Glieder der Familie gefiederte oder doppelt gefiederte Blätter haben, als Fiederblätter gelten und dies zum Theile auch sind. Da wir in deren Leitbündelverlauf kein Merkmal haben, welches die Familie oder eine ihrer Gattungen charakterisirte, so können wir auf Grund der bis jetzt gefundenen Reste nicht sagen, ob die Familie schon in der Kreide- oder Tertiärzeit existirte. Bei den recenten Arten ist der Leitbündelverlauf der Fiederblätter gefiedert oder strahlig; ist letzteres der Fall, so treten die Bündel innerhalb der Blattfläche aus dem Blattstiele aus. Bei vielen Arten sind die Stämme schlingend oder rankend, ihr Bau durch die lokalen Unterbrechungen der Holzbildung im Secundärholze ausgezeichnet.

Ettingshausen beschreibt aus dem unteren Oligocän von Häring kleine verkehrt-eiförmige Blätter als *Jacaranda borealis* und vereinigt damit beiderseits geflügelte Samen. An den Blättchen ist nur der Mittelleitbündel erhalten und lassen sie sich schon desshalb nicht bestimmen; ferner sind die Samen wirklich Samen, sind sie solche von Bignoniaceen, gehören sie dann nothwendig zu *Jacaranda?* Können es nicht Samen einer anderen Familie oder Flügelfrüchte sein? Genau dieselben Fragen muss man hinsichtlich der Blätter von *Bignonia eocenica* Ettingsh. von Sotzka und *Tecoma austriaca* Ettingsh. von Kutschlin stellen. Weder das eine noch das andere Blatt beweist, dass sie den betreffenden Gattungen angehören, bei *Tecoma* lassen die dichtstehenden Secundärleitbündel eher vermuthen, dass sie einer *Myrsinacee* angehören, denn alle recenten *Tecoma*-Arten mit dieser Blattform, *T. capensis*, *T. grandiflora* z. B. haben entfernt stehende camptodrome Secundärleitbündel. So zweckmässig der Name *Bignoniophyllum* Ettingsh. für Blätter aus dieser Familie gewählt ist, so können wir doch auch von dem mit diesem Namen belegten Blatte von Radoboj nur sagen, dass es ein gänzlich zweifelhaftes Blatt und die Bezeichnung Unger's *Rubiacites* noch fragwürdiger ist, die Abbildung aber, welche Ettingshausen gibt, die Frage nicht fördert. Das erste Auftreten der Bignoniaceen wird von Velenovsky in die Kreidezeit verlegt auf Grund zweier Blattreste, deren einer *Bignonia silesiaca* Velenovsky von Kieslingswalde einem gefiederten Blatte angehört, das andere von Kuchelbad, *B. cordata* Velen., die untere Hälfte eines Fiederblattes ist. Das letztere ist nicht geeignet, einen Aufschluss zu geben, das erstere kann ein Bignoniaceenblatt sein, einen Beleg für das Vorhandensein der Familie liefert es jedoch nicht. Ein schlecht erhaltenes Blatt aus dem Tertiär Neuhollands bezeichnet Ettingshausen als *Tecoma Drummondi*.

Der einzige Rest, von welchem wir mit ziemlicher Sicherheit sagen können, dass er der Gattung, mit welcher er vereinigt ist, angehört, ist *Catalpa crassifolia* Newberry aus dem Tertiär des Yellowstone am oberen Missouri. Gegenwärtig ist die Gattung im atlantischen Nordamerika, in Westindien, in Nordchina und Japan verbreitet und weist schon diese Verbreitung darauf hin, dass die Gattung im Tertiär existirt hat. Die ziemlich grossen seicht buchtig gezähnten Blätter besitzen einen strahligen Leitbündelverlauf, fünf bis sieben, zuweilen auch sechs Primärleitbündel treten innerhalb der Blattbasis aus dem Blattstiele aus. Die zwei oder drei seitlichen Primärbündel senden aus der nach der Blattbasis hin liegenden Seite Secundärleitbündel aus, welche sich camptodrom verbinden. Die fiederförmigen Secundärleitbündel des mittleren Primärleitbündels gabeln mit Ausnahme der obersten während ihres Verlaufes und verbinden sich ebenfalls camptodrom. Anastomosen verbinden die sämmtlichen Secundärleitbündel, die von ihnen gebildeten Felder sind durch ein Netz sehr kleiner Maschen ausgefüllt. Die Nordgrenze der Gattung ist gegenüber jener der Tertiärzeit jetzt südlicher gerückt. Von Saporta wird sodann aus dem unteren Oligocän von Aix eine *Catalpa microsperma* angegeben, Blüthe, Frucht und Same (Le monde des plantes etc. Paris, 1879 p. 241 Fig. 54). Der Same sieht jenem der allgemein bekannten *C. syringaefolia* ähnlich, ist jedoch um sehr Vieles kleiner. Das-

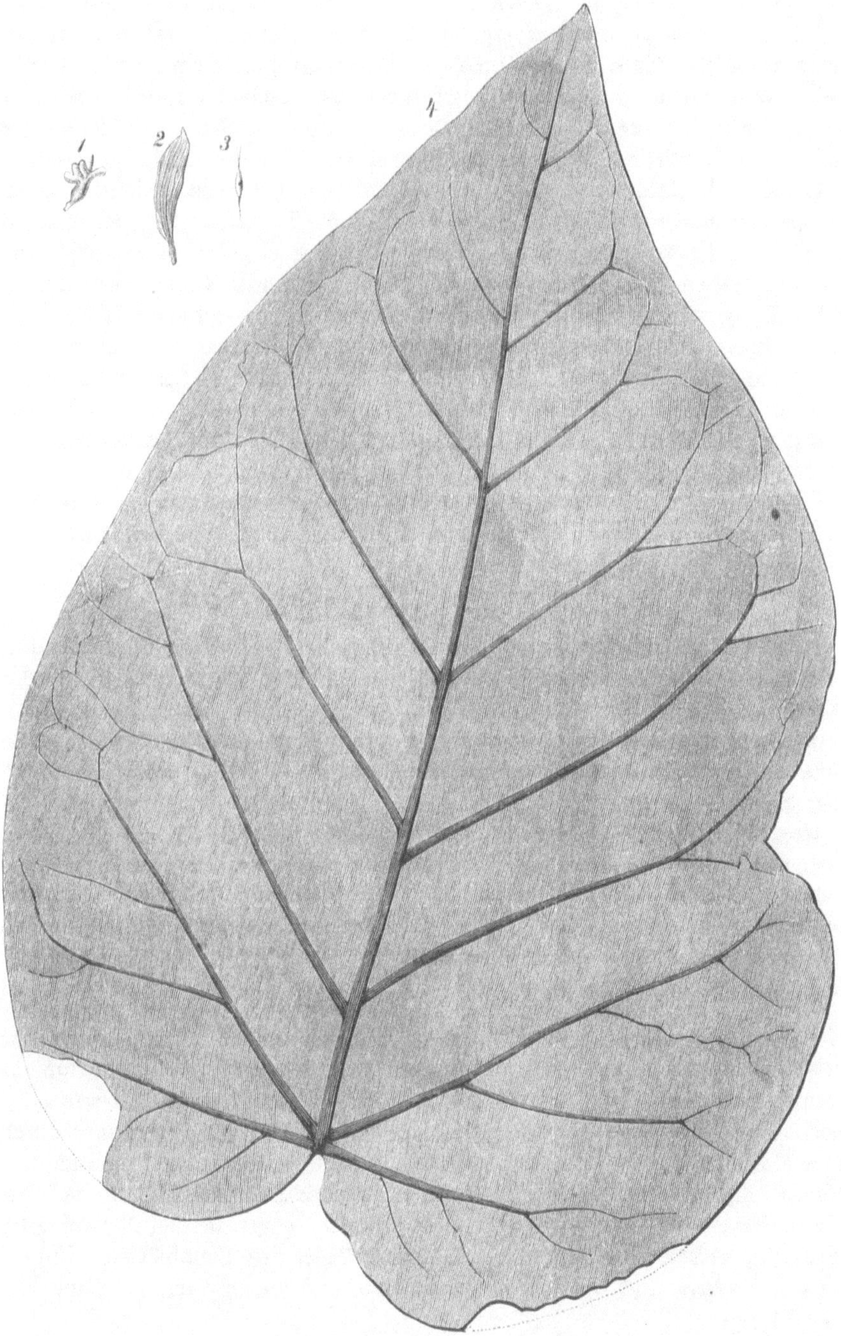

Fig. 397.
Catalpa microsperma Sap. 1 Blüthe, 2 Frucht, 3 Same. Aix. Unt. Oligocän. 4 *C. crassifolia* Newberry. Blatt. (Copieen nach Saporta und Newberry.)

selbe gilt für die Frucht. Die a. a. O. unter Fig. 1 abgebildete Blüthe sieht der als *Jasminum palaeanthum* abgebildeten so sehr ähnlich, dass man an der Identität beider kaum zweifeln möchte. Indess erwähnt Saporta an keiner Stelle etwas darüber, sodann differirt die Grösse bedeutend, wie dies auch bei den Fig. 8 p. 248 abgebildeten Blüthen von *Bombax sepultiflorum* der Fall ist. Die citirten Figuren sind, obwohl Saporta nichts davon erwähnt, verkleinert abgebildet, wodurch sich dann die Differenz erklärt. Neben *Catalpa microsperma* wird von Saporta (Annal. d. sciences nat. Ser. 7. t. 10 p. 61 tab. 8 fig. 7. 8. 11)*) noch ein zweiter Same, *C. palaeosperma* Sap., von Aix beschrieben, der *C. Kaempferi* aus Japan verwandt. In der eben citirten Abhandlung werden die als *Sterculia tenuiloba* Sap. bezeichneten Blätter mit *C. microsperma* Sap. vermuthungsweise vereinigt. Gehören diese Reste, wie es nach den erhaltenen Samen der Fall zu sein scheint, zu *Catalpa*, so ergibt sich für *Catalpa* das gleiche Verhalten wie für so manche andere Tertiärpflanzen, die Gattung war in der Tertiärzeit Europa und Nordamerika gemeinsam, gegenwärtig fehlt sie in Europa, ist aber von Nordamerika nach Nordchina und Japan verbreitet. Andere Fundorte der fossilen Reste sind nicht bekannt, die heutige Verbreitung weist aber auf das Vorhandensein der Gattung im Tertiär Europa's hin.

6. Reihe. **Campanulinae.**

Aus dieser Reihe ist nur ein einziger, überdies zweifelhafter Rest bekannt, welcher aus der ehemaligen Berendt'schen Sammlung stammend in der palaeontologischen Sammlung zu Berlin sich befindet. Es ist ein im Bernstein des Samlandes eingeschlossener junger cylindrischer, von fünf spatelig-linealen Kelchblättern gekrönter Fruchtknoten, dessen Basis fehlt. Da ausserdem die wesentlichen Theile, wie Krone, Staubblätter und Griffel fehlen, so lässt sich über die Verwandtschaft des Restes nichts sagen, ausser etwa, dass, was Caspary bereits hervorhob, eine äussere Aehnlichkeit mit *Specularia* (*Campanulaceen*) vorhanden ist. Eine solche Aehnlichkeit lässt sich indess nicht allein mit dieser Gattung, sondern auch mit anderen verwandten Gattungen der Familie geltend machen.

7. Reihe. **Rubiinae.**

Die Reihe enthält zwei Familien, *Rubiaceen* und *Caprifoliaceen*, deren erstere meist aus tropischen und subtropischen, die letztere beinahe nur aus Formen der gemässigten Zone besteht. Meist actinomorphe, seltener zygomorphe vier- bis fünfzählige Blüthen, die Staubblätter mit der Röhre durch intercalares Wachsthum vereinigt, unterständige zweifächerige Fruchtknoten, Beeren, Kapsel-, Spalt- und Schliessfrüchte charakterisiren die Reihe. Bei den *Rubiaceen* die Blüthen actinomorph, Blätter gegenständig, Nebenblätter allgemein, verschieden gestaltet, bei den *Stellaten* den Laubblättern ähnlich, bei den *Coffeeen* und *Cinchoneen* verwachsen und mannigfach gestaltet hin-

*) In dieser Abhandlung werden von Saporta eine Reihe von Nachträgen und Aenderungen zur Flora von Aix veröffentlicht.

sichtlich der Grösse, der Form und des Baues. Die Familie zerfällt in drei Untergruppen: *Stellatae*, Nebenblätter laubblattähnlich, Fruchtfächer einsamig; *Coffeeae*, Nebenblätter klein, verschieden gestaltet, Fruchtfächer einsamig; *Cinchoneae*, Nebenblätter verschieden gestaltet, Fruchtfächer vielsamig.

Mit der Familie ist eine Anzahl Reste, hauptsächlich Blätter und einige Früchte vereinigt, mit wenigen Ausnahmen zweifelhaft, wie schon Ettingshausen in seiner Revision der Pflanzenreste von Radoboj (Beitr. zur foss. Flora von Radoboj. Wien, 1870) einen Theil derselben anderen Familien zugewiesen hat, insbesondere die von Unger angenommenen *Cinchona*-Arten eliminirte.

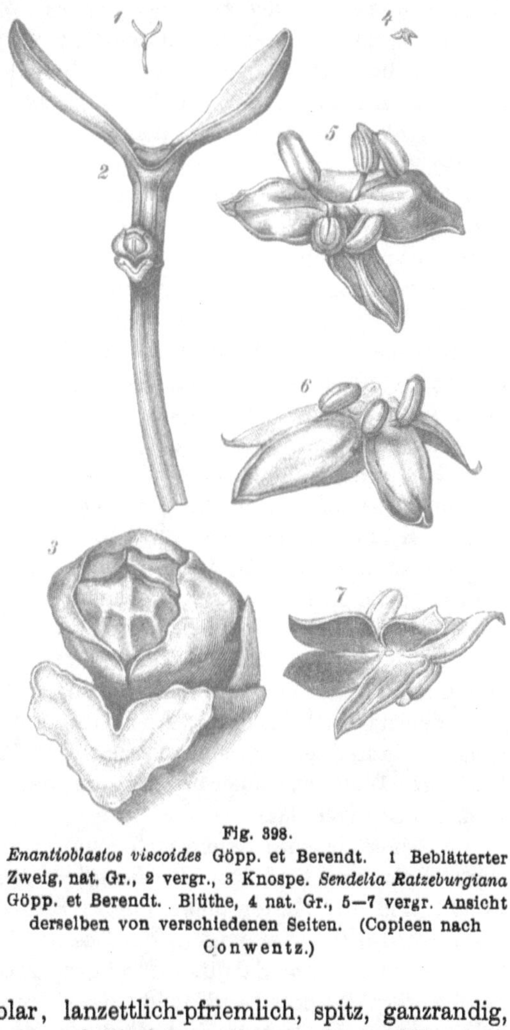

Fig. 398.
Enantioblastos viscoides Göpp. et Berendt. 1 Beblätterter Zweig, nat. Gr., 2 vergr., 3 Knospe. *Sendelia Ratzeburgiana* Göpp. et Berendt. Blüthe, 4 nat. Gr., 5—7 vergr. Ansicht derselben von verschiedenen Seiten. (Copieen nach Conwentz.)

Zuerst seien zwei im Bernstein des Samlandes erhaltene Reste erwähnt, welche zwar schon Göppert kannte, jedoch erst durch Conwentz eine richtige Darstellung erfuhren. Der eine, *Sendelia* Göpp. und Berendt (Der Bernstein und die in ihm befindlichen Pflanzenreste der Vorwelt. Berlin, 1845) ist eine kleine, kurzröhrige mit fünflappigem Saume versehene Blüthe mit fünf alternirenden Staubblättern, sehr kurzen Trägern und nach einwärts gekehrten Antheren. Diese *Sendelia Ratzeburgiana* (Fig. 398) wird von Conwentz zu den Rubiaceen gestellt, unter welchen sie mit den Stellaten die nächsten Beziehungen hat. Der zweite Rest, *Enantioblastos viscoides* Göpp. und Ber. (Fig. 398) ist ein kleines Zweigfragment mit gegenständigen decussirten lanzettlichen, ganzrandigen, unterseits gekielten, oberseits vertieften dicklichen Blättern, Nebenblätter intrapetiolar, lanzettlich-pfriemlich, spitz, ganzrandig, Knospen axillär, von drei Paaren decussirter, glatter, breit-eiförmiger, spitzer, ganzrandiger Bracteen umgeben. Wie der zuerst erwähnte Rest hat auch dieser seine Stellung bei den Rubiaceen erhalten, der letztere wohl mit Recht, bei dem ersteren fehlt der Fruchtknoten. Auf diese mögen jene folgen, welche in Abdrücken oder verkohlt erhalten sind, meist im Tertiär von Radoboj und Böhmen gefunden.

Reste, welche einen entschiedenen Nachweis für die Existenz der Familie in der Kreide- oder Tertiärzeit lieferten, kennen wir überhaupt nicht. Solche wären vor Allen unter den Blüthen- und Fruchtresten zu erwarten, indess alle mit den Rubiaceen vereinigten Reste dieser Art sind bis jetzt nicht im Zusammenhang mit Blättern gefunden, sondern mit ihnen nach üblicher Weise vereinigt. Durch Unger und Heer sind solche Reste beschrieben, von welchen nur einer oder zwei mit grösserer Wahrscheinlichkeit den Rubiaceen anzureihen sind. Gänzlich unbrauchbar sind die beiden als *Pavetta borealis* Unger (Sylloge III) abgebildeten Blüthenstände, an welchen Detail absolut nicht zu erkennen ist. Ebenbürtig steht ihm zur Seite die Frucht von *Morinda sublinearis* Unger von dem gleichen Fundorte, nach Ettingshausen wahrscheinlich ein Coprolith. Die a. a. O. abgebildeten, gleichfalls von Radoboj stammenden Reste, welche als *Cinchona Titanum* oder *Cinchonidium* bezeichnet werden, mögen Fragmente von Kapseln sein, sie indess mit *Cinchona* zu vereinigen, liegt kein Grund vor, da nicht allein auch die Kapseln anderer Gattungen lineare Klappen besitzen, ferner die Möglichkeit, dass es Theilfrüchte sind, vorliegt. Ein als *Cinchonidium racemosum* Unger beschriebener racemöser Fruchtstand mit gestielten, aufrechten, länglichen Kapselfrüchten, von den kurzen stehenbleibenden Kelchblättern gekrönt (Fig. 400 [1]) kann vielleicht der Fruchtstand einer Rubiacee sein, wofür Manches, wie der unterständige Fruchtknoten, die kurzen Kelchblätter, spricht, er kann aber auch einer anderen Familie angehören. Da der Erhaltungszustand eine nähere Untersuchung nicht gestattet, meines Wissens bei *Cinchona* oder ihren Verwandten racemöse Blüthen- oder Fruchtstände nicht vorkommen, so kann er mit dieser Gattung nicht verglichen werden; anzunehmen ferner, dass dergleichen Formen existirt haben, ist ganz willkürlich, weil wir dafür keine Anhaltspunkte haben, und da fraglich, ob nicht etwa ein Blüthenstand vorliegt, muss man auf eine nähere Bestimmung verzichten. Ferner werden von Unger a. a. O. Fruchtstände, angeblich von *Nauclea* als *N. olympica* beschrieben, welche Ettingshausen ganz zutreffend mit *Sparganium* vereinigt, sodann Steinkerne als Samen von *Randia prodroma* aus der Braunkohle der Wetterau, über welche, da nur die Schale erhalten, sich nichts Bestimmtes sagen lässt.

An diese Früchte reihen sich jene an, welche von Heer mit *Gardenia*, von Popp und Ludwig mit *Passiflora* vereinigt wurden. Den Bau der Frucht und der Samen habe ich in Bot. Zeitung, 1877, pag. 393, nachgegewiesen. An eine Vereinigung der fossilen Früchte mit jener der Passifloreen ist nicht zu denken, da diese durchgängig Beerenfrüchte besitzen, während das Exocarp der fossilen Früchte derb, mindestens lederartig, wenn nicht holzig war. Die Früchte sind elliptisch, gegen die Basis verschmälert, mit starken Stielen, die Samen zahlreich, wandständig, Samenschale dünn, fein quer gestreift. Hinsichtlich des Baues ist die fossile Frucht von jener der recenten etwas verschieden, immerhin jedoch besitzt sie so viel Verwandtes, dass sie als eine ihr nahestehende Form betrachtet werden kann. Die verbreitetste Art ist *Gardenia Wetzleri* Heer (Fig. 399 1—7), (*Passiflora Braunii* Ludw., *P. pomaria* Popp), vom unteren Oligocän bis in das obere Miocän vorkommend, von Günzburg an der Donau bis in die Wetterau, Rhön, Sachsen, Lausitz, baltische Region und nach England. Von Heer wird noch eine zweite Art, *G. Braunii* von Oeningen unterschieden, deren Samen kleiner sind, sodann aus dem unteren Eocän von Soissons, *G. Meriani*, Arten, deren Begründung nicht sehr vollständig ist und die erstere kaum auf etwas Anderem als der bei vielsamigen Früchten gewöhnlichen Grössenverschiedenheit der Samen beruht, während die zweite, wenn sie überhaupt eine Frucht, von verschiedenen Familien herrühren kann. Wahrscheinlich ist es aber eine Kieselconcretion. Ein mit den Exemplaren des Samlandes vorkommendes Blatt, dessen Leitbündelverlauf nicht sehr vollständig erhalten ist, wird von Heer mit *Gardenia* vereinigt, doch sind die gefiederten Secundärleitbündel, welche durch Tertiärleitbündel camptodrom sind und in steilem Bogen aufsteigen, nur zum Theile sichtbar. Es ist einem Blatt dieser Gattung nicht unähnlich und mag wohl ihr angehören. Aus dem Tertiär von Grönland bildet Heer (Flora foss. arct. I) eine Frucht ab, welche er als *Galium antiquum* bezeichnet (Fig. 400 4). Es liegt allerdings bei diesem Reste nahe, an die Gattung *Galium* zu denken, da der äussere Umriss der Frucht von *Galium* entspricht. Indess, wenn es sich wie bei den *Stellaten* um Spaltfrüchte handelt, so sind auch andere Familien wie Araliaceen, Umbelliferen zu berücksichtigen, Fragen, welche wir nicht entscheiden können, da wir nicht im Stande sind, den Fruchtrest näher zu untersuchen. Mit der von O. Weber (Niederrheinische Braunkohlenflora) aus der Braunkohle von Rott beschriebenen Fragmenten von Blüthenständen, der eine als *Rubiacites asperuloides*, der andere als *Rubiacites asclepioides* bezeichnet (Fig. 400 5. 6), lässt sich wenig anfangen. Bei beiden ist die Erhaltung nicht von der Art, dass über die Stellung der Reste in einer Familie eine bestimmte Aeusserung möglich wäre und zeigen

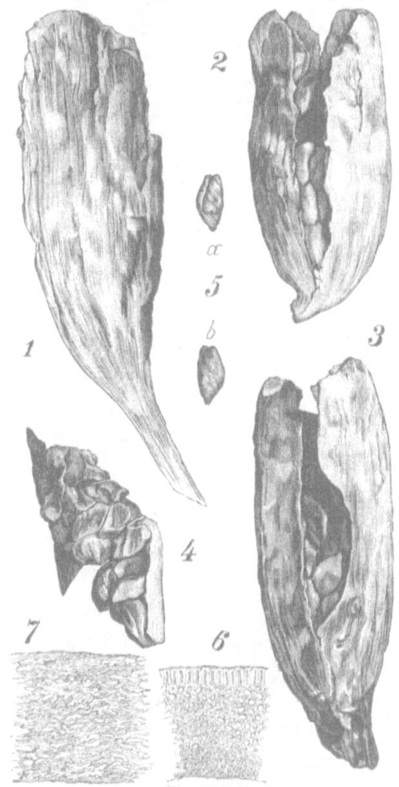

Fig. 399.
Gardenia Wetzleri Heer. 1—3 Früchte. 4 Fragment einer Frucht, an den Exemplaren 2—4 die Samen sichtbar. 5. 6 Samen. 6 Querschnitt aus der Samenschale. 7 Querschnitt der Fruchtwand. Bischofsheim, Tümlitzwald bei Tanndorf. Unt. Oligocän, ob. Miocän.

die vom Verfasser geschaffenen Speciesnamen, dass er selbst Aehnlichkeiten zwischen zwei Familien fand. Es liessen sich noch andere Familien nennen, mit ober- und unterständigen Fruchtknoten, da aber über den Blüthenbau nichts zu ermitteln ist, so bleiben beide fraglich. Ebenso fraglich ist der von Heer aus dem oberen Oligocän beschriebene *Rubiacites verticillatus*

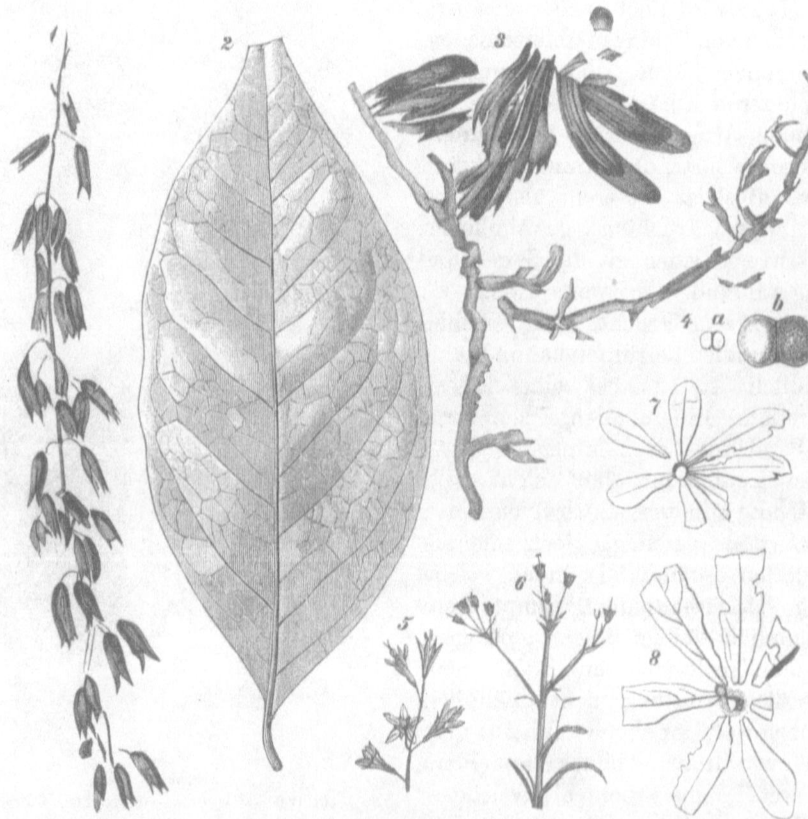

Fig. 400.
1 *Cinchonidium racemosum* Unger. Blüthenstand. 2 *C. Aesculapi* Unger. 3 *C. Titanum* Unger. Fruchtklappen. Sämmtlich von Radoboj. Unt. Miocän. 4 *Galium antiquum* Heer. *a* nat. Gr., *b* vergr. Grönland. Tertiär. 5 *Rubiacites asclepioides* Weber. 6 *R. asperuloides* Weber. Rott bei Bonn. Ob. Oligocän. 7. 8 *R. verticillatus* Heer. Oeningen. Ob. Miocän. (Copieen nach Unger, Weber, Heer.)

(Fig. 400[7. 8]). Nach Heer's Anschauung ist es ein Blattwirtel, mit laubblattähnlichen Nebenblättern, ähnlich jenem der Stellaten. Dies ist möglich, es können indess ebensogut zusammengelagerte Blätter irgend welcher Art sein und ist mir dies sogar wahrscheinlicher, wenn auch bei einem der abgebildeten Exemplare in der Mitte der Querbruch eines Stengels resp. einer Axe liegt.

Unter den bis jetzt besprochenen Resten sind demnach zwei, höchstens drei Reste, welche für die Existenz der Familie während der Tertiärzeit einen Aufschluss geben, alle übrigen gehören entweder nicht zu den Rubiaceen oder sind nicht sicher zu bestimmen. An sie reihen sich Blätter, von welchen einige mit den Fruchtresten verbunden wurden, um die Bestimmung wahrscheinlicher zu machen, während sie zugleich recenten Gattungen einverleibt wurden. Für die Vereinigung der Fruchtreste mit Blättern der Rubiaceen haben wir, wie bereits bemerkt, durchaus keinen Anhalt, ebenso wenig haben wir in der Form und in dem Leitbündelverlauf der Blätter Merkmale, welche für eine bestimmte Gattung dieser Familie sprächen, wenn auch ein oder das andere Blatt mit dem Blatte irgend einer Rubiacee übereinstimmen mag. Hätten die Gattungen einen bestimmten, charakteristischen Leitbündelverlauf, würden die wenigen Früchte, welche für Rubiaceenfrüchte gelten im Zusammenhange mit Blättern vorkommen, so liesse sich für die eine oder andere Blattform mehr Gewissheit erlangen, so aber können wir über den Zusammenhang der zu den Rubiaceen gezogenen Blätter mit den Gattungen der Rubiaceen nichts sagen. Ettingshausen hat in seiner Abhandlung über die fossile Flora von Radoboj bereits für eine Anzahl der von Unger mit den Rubiaceen vereinigten Blattformen hervorgehoben, dass sie anderen Gattungen und Familien angehören, dass *Cinchona* nicht im Tertiär existirte, ich halte aber auch die Vereinigung der Blätter von *Cinchonidium* (*Cinchona* Unger) *Aesculapi* Ettingsh. und *C.* (*Cinchona* Unger) *Titanum* Ettingsh. (Fig. 400[2, 3]), beide von Radoboj, mit den erwähnten Früchten für willkürlich, da wir für die Zusammengehörigkeit der Früchte und Blätter keine Anhaltspunkte haben. Ich habe eine nicht unbedeutende Anzahl von Rubiaceen-Gattungen, auch die sämmtlichen fossil angebenen untersucht, indess für keine Gattung einen ihr allein zukommenden Leitbündelverlauf gefunden. Er scheint bei allen Gattungen gefiedert, die Secundärleitbündel je nach der Breite der Blätter in flachem Bogen oder steil ansteigend, camptodrom, die Anastomosen verschieden verlaufend, das ihre Felder ausfüllende Maschennetz bald grösser, bald kleiner. Gattungen, welche in Japan, China, im Himalaya, am Amur, in Mexico, in Abessinien vorkommen, könnten immerhin im europäischen und amerikanischen Tertiär nachzuweisen sein, ich habe indess dergleichen Blätter, von denen dies gesagt werden könnte, nicht gefunden. Gattungen, welche ausschliesslich den Tropen angehören oder auf die südliche Halbkugel beschränkt sind, wie dies z. B. bei *Cinchona* der Fall ist, welche jetzt überdies eine engbegrenzte Verbreitung hat, werden meiner Ansicht nach schwerlich in Europa während der Tertiärzeit vorgekommen sein, für Nordamerika haben wir wenigstens einige Beispiele.

Von aussereuropäischen Fundorten des Tertiär sind nur wenige Reste bekannt, so aus Nordamerika *Cinchonidium ovale* Lesq. Florissant; von Borneo ein Blattfragment, welches Geyler mit *Grumilea* vergleicht, mindestens fraglich, aus dem Tertiär Neuholland's *Coprosma praecuspidifolia*, ein Blatt mit camptodromen Secundärleitbündeln, welches nicht allein auf die genannte Gattung, sondern auch auf andere bezogen werden kann. Aus der Quartärzeit ist nur ein einziger Rest, die noch jetzt im Mittelmeergebiet vorkommende *Rubia peregrina* aus den Tuffen von Montpellier bekannt und hängt das heutige Vorkommen dieser Art mit jenem der Quartärzeit zusammen.

Beinahe sämmtliche den *Lonicereen* zugewiesenen Reste gehören der Gattung *Viburnum* L., einige wenige *Sambucus* und *Lonicera* an. Aus der ersteren Gattung hauptsächlich Blätter, sodann einzelne Steingehäuse, aus den beiden letzteren Früchte und Blüthen. Die Familie ist durch fünfzählige zygomorphe (*Lonicereae*) oder actinomorphe Blüthen (*Sambuceae*), durch Stein- und Beerenfrüchte und meist fehlende Nebenblätter von den Rubiaceen verschieden, die Blätter gegenständig. Aus den *Lonicereen* kennen wir nur einen einzigen Rest,

Fig. 401.
Sambucus multiloba Conwentz. 1—4 Blüthen. 1 nat. Gr., 2 von oben, 3 von unten. Beide vergr. 4 Anthere, vergr. *Sambucus succinea* Conw. 5 Blüthe, nat. Gr. 6 von oben, vergr. 7 von unten, vergr. 8 Anthere, vergr. Samland. Mittl. Oligocän. 9 *Lonicera deperdita* Heer. Oeningen. Ob. Miocän. (Copieen nach Conwentz, Heer.)

Lonicera deperdita Heer aus dem oberen Miocän von Oeningen (Fig. 401[9]), welcher überdies noch zweifelhaft ist. Selbst, wenn jene Herkunft zweifellos wäre, würde derselbe für die Geschichte der jetzt über die nördliche Halbkugel verbreiteten Gattung keine Bedeutung haben, da wir aus ihm gar keinen Schluss für eine einzelne Gruppe der Gattung ziehen können. Es ist übrigens sehr fraglich, ob dieser Rest überhaupt zu *Lonicera* gehört. Nach Heer ist er eine zur Gruppe *Xylosteum* gehörige Doppelfrucht. Wenn auch bei dieser Abtheilung die Kelchblätter nicht auf dem Scheitel der Frucht stehen bleiben, so hinterlassen die Blüthentheile doch eine Narbe, welche der fossilen Frucht fehlt, dann da Lonicera Beerenfrüchte trägt, so würde sich eine solche fossil anders verhalten, ist sie aber noch unreif, so müssten die Kelche vorhanden sein. Bei der scharfen Contour des Restes, der seichten Furche macht der Rest eher den Eindruck einer Labiaten- oder Asperifoliaceenfrucht.

Zwei andere Reste, Blüthen aus dem Bernstein des Samlandes, von Caspary als Blüthen von *Ilex* beschrieben, sind von Conwentz a. a. O. pag. 129 ff. nach meiner Ansicht mit Recht zu *Sambucus*, bei welcher Gattung nicht allein diese Form der Blüthenkrone, sondern auch der Wechsel in der Zahl der Abschnitte gewöhnlich ist, gestellt worden *Sambucus* (*Ilex* Casp. [*Bailii*] 1875. *I. multiloba* Casp. 1881) *multiloba* Conwentz (Tab. 12, Fig. 25, 26), eine sympetale, actinomorphe, radförmige, kurzröhrige Blüthenkrone mit siebentheiligem Saume, ganzrandigen, länglich-eiförmigen Lappen, sieben mit ihnen alternirenden Staubblättern, Träger kurz, Antheren länglich, der Länge nach seitlich aufspringend. Eine zweite sympetale actinomorphe kurzröhrige Blüthenkrone ist *S. succinea* (*Ilex minor* Casp.), Conwentz unterscheidet sie von der vorausgehenden durch die nach unten erweiterte Röhre, den sechstheiligen Saum und die nach aussen aufspringenden Antherenfächer (Fig. 401 1—8).

Zahlreich sind die aus der Gattung *Viburnum* L. beschriebenen Blätter, zu welchen dann noch einzelne Steingehäuse kommen. Verfolgt man die heutige Verbreitung der Gattung, so ergibt sich dasselbe Resultat, welchem wir schon so oft begegnet sind, die Gattung erstreckt sich von dem pacifischen und atlantischen Nordamerika durch Europa, das westliche Asien bis nach Nordchina und Japan, dem Himalaya, den Nilgerries und Khasiahills, südlich bis Madagaskar auf der östlichen Halbkugel, auf der westlichen von Nordamerika und Westindien bis in die Anden Südamerika's, eine Verbreitung, analog jener von *Libocedrus*, aus welcher mit ziemlicher Sicherheit auf das Vorhandensein der Gattung im Tertiär geschlossen werden kann. Während der Tertiärzeit nahm die Gattung nicht allein das heutige Gebiet vollständig ein, von Californien (*V. Whymperi* Heer, Shasta County, Contra Costa County) bis Sachalin (*V. Schmidtianum* Heer Fig. 403 4), sie überschritt es auch, da ihre Reste in Nordgrönland, Grinnelland und Spitzbergen gefunden sind (*V. Whymperi* Heer, *V. Nordenskiöldi* Heer), die letztere auch in Alaska, beide ausserdem noch in den Badlands von Montana und Wyoming. Das erste Auftreten der Gattung erfolgte in der jüngeren Kreide Grönlands, im Tertiär reicht sie von den ältesten eocänen bis in die jüngsten pliocänen Bildungen und tritt mit *V. Tinus* L. in den quartären Tuffen von Toscana eine Art auf, welche heute noch im Mittelmeergebiet vorhanden ist und bis an den südlichen Fuss der Alpen durch Cultur sich verbreitet hat (Genfersee, italienische Seen, Bozen). Nördlich von den Alpen kenne ich sie nur sehr milden Wintern unter Schutz widerstehend. Reich an Resten der Gattung ist das Tertiär Nordamerika's.

Zunächst seien diejenigen Reste erwähnt, welche den Steingehäusen der recenten Arten entsprechen, entweder als eigene Arten beschrieben, wie *V. macrospermum* Heer von Spitzbergen, *V. Goldianum* Lesq., *V. solitarium* Lesq. von Golden, Colorado, oder mit Blättern combinirt, was wie wiederholt erwähnt, desshalb unzulässig ist, weil in keinem Falle der Zusammenhang mit solchen nachgewiesen, so bei *V. trilobatum* Heer von Oeningen, *V. Whymperi* Heer von Nordgrönland, Shasta County, Californien, Wyoming, Montana und Spitzbergen. Die Steingehäuse der Gattung verhalten sich, was durch Oersted längst bekannt ist, indess nicht so einfach wie Schimper und Heer angeben. Sie sind entweder flach, glatt mit kurzer Spitze und flachem Rande, oder ebenso, der Rand aber verdickt oder mit einer Mittelleiste, ferner eiförmig, kurz spitzig mit Längsfurchen, oder endlich flach, kurzspitzig, die Ränder verdickt, eine Leiste in der Mitte der beiden Flächen.

Auch der Leitbündelverlauf ist nicht so einfach, wie er von Schimper angegeben wird. Bei den gelappten Blättern ist derselbe strahlig, die drei bis fünf Primär- wie die seitlichen Secundärbündel craspedodrom, insoferne der Blattrand gezähnt ist, ist er nicht gezähnt, so sind die Secundärbündel camptodrom. Der Mittelleitbündel ist gefiedert, sein unterstes Fiederpaar gabelt vor der Bucht und umfasst diese mit den beiden Gabelästen, wie bei *Acer*, bei dessen Blättern jedoch die Zähne kleiner sind. Die folgenden Secundärleitbündel sind sämmtlich camptodrom, die Zähne erhalten ihre Leitbündel von diesen. Die Anastomosen sind meist gerade oder wenig gebogen, ihre weiteren Verzweigungen bilden ziemlich grosse Maschen. (Vergl. *V. Opulus* L., *V. Oxycoccos* Pursh.). Die meisten Arten haben jedoch einen gefiederten Leitbündelverlauf, die secundären Leitbündel alternirend, zuweilen opponirt, das unterste Paar zarter als die übrigen, häufig steil aufsteigend, zuweilen nach kurzem Verlaufe endend, seine Tertiärleitbündel camptodrom; die übrigen in flachem Bogen aufsteigend, bei allen ganzrandigen und manchen klein gezähnten Blättern camptodrom, im letzteren Falle die Zähne ihre Bündel von den Camptodromieen empfangend. So verhalten sich die meisten Arten. Bei anderen, wie *V. Lantana*, *V. dentatum* sind Secundär- und Tertiärleitbündel craspedodrom, sie bilden die Minderzahl. Die Anastomosen verhalten sich bei diesen Gruppen, wie bei den vorigen, das Maschennetz, welches ihre Verzweigungen bildet, ist manchmal ziemlich gross, zuweilen sehr eng. *Viburnum obovatum* aus dem nördlichen Amerika sei desshalb erwähnt, weil die Form des Blattes mit jenen Blättern übereinstimmt, welche man als *Bumelia minor* Unger bezeichnet. Der Leitbündelverlauf lässt jedoch, wenn er erhalten, die beiden Blattformen unterscheiden, da die secundären Leitbündel bei *Viburnum* minder zahlreich, fünf bis sechs, sind. Weiter sei bemerkt, dass auch die Grösse der Blätter bei dieser Art sehr wechselt.

Bekanntlich sind bei den *Viburnum*-Arten der Gruppe *Opulus* die Randblüthen der cymösen Blüthenstände steril und mit in der Regel fünf, zuweilen vier, ziemlich grossen Abschnitten der röhrigen Blüthenkrone versehen. Bei Gelegenheit der Besprechung von *Porana* habe ich auf die von Ettingshausen mit *Hydrangea* vereinigten Reste hingewiesen und bemerkt, dass sie zu *Viburnum* gehören können. Das Gleiche gilt auch für die von Göppert aus dem Tertiär von Schossnitz unterschiedenen *Getonia*-Arten und für Weber's *Porana oeningensis* aus dem Tertiär von Bonn. Der Leitbündelverlauf der *Porana*-Arten ist ein anderer als bei *Viburnum*, bei welcher Gattung er in den Saumabschnitten strahlig mit zahlreichen Secundärleitbündeln ist.

Die auf Blätter gegründeten fossilen Arten entfallen zum kleineren Theile auf Europa, zum grössten Theile auf Nordamerika, ein Verhältniss, welches sich seit der Tertiärzeit nicht geändert hat. Reste der Gattung sind bekannt aus Oeningen, Schichow in Böhmen, aus dem Pliocän von Vaçquières, Meximieux, aus dem oberen Oligocän von Manosque, dem unteren Eocän

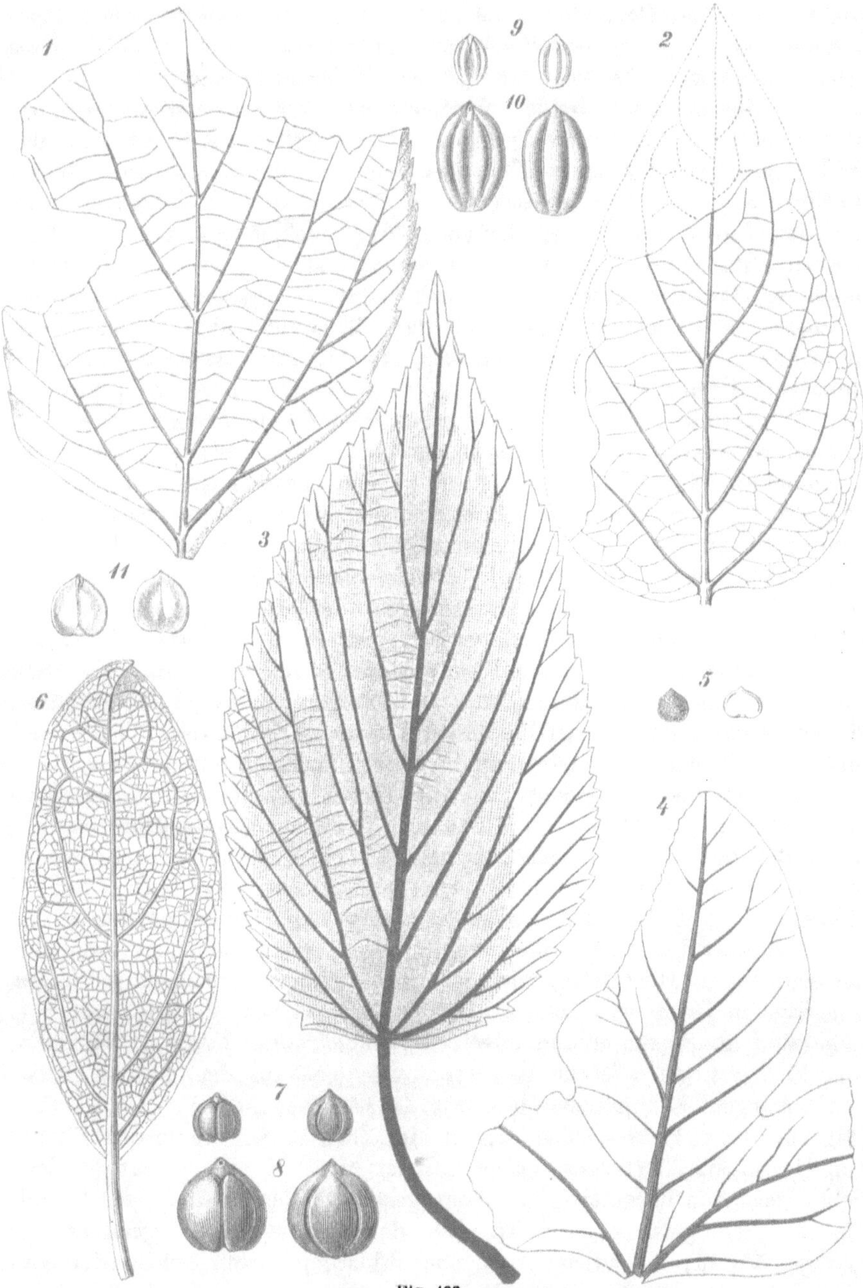

Fig. 402.

1 *Viburnum Whymperi* Heer. Grönland. Tertiär. 2 *Viburnum Pseudotinus* Sap. et Marion. Meximieux. Pliocän. 3 V. *Newberryanum* Lester Ward. Laramiegroup. Kraker Box Creek. Montana. 4. 5 *V. trilobatum* Heer. Sämmtlich Blätter. 5 Steinkern. Oeningen. Ob. Miocän. 6. *V. Tinus* L. Blatt. 7. 8 Steinkerne, 8 vergr. 9. 10 *V. Lantana* L. Steinkern, 10 vergr. 11 *V. Opulus* L. Steinkern. (Fig. 6—11 nach der Natur, die übrigen Copieen nach Heer, Lester Ward, Saporta.)

von Sezanne und Gelinden. Eine grosse Lücke liegt zwischen diesen Vorkommnissen und jenen von Spitzbergen und Sachalin, durch welch' letzteres das Vorkommen in Ostasien während der Tertiärzeit nachgewiesen ist.

Aus der jüngeren Kreide Westfalens ist *Viburnum subrepandum* Hos. u. v. d. Mark von Senden in Westfalen ein zweifelhaftes Blatt, dem die Spitze fehlt, angegeben. Ich kann nicht die Ansicht gewinnen, dass es einer der beschriebenen fossilen oder recenten Arten verwandt sei, sondern dasselbe nur der Kategorie der zweifelhaften Blätter anreihen, da auch der Leitbündelverlauf nichts zeigt, was für *Viburnum* spräche. Aus der Kreide Grönlands, den Patootschichten, sind durch Heer *V. zizyphoides, V. multinerve, V. attenuatum* beschrieben, aus der nordamerikanischen Kreide (Dakotah) ist in neuester Zeit *V. Snowianum* durch Saporta (Fig. 403[5]) erwähnt. Bleiben wir zunächst bei den durch Newberry, Lesquereux und Lester Ward aus dem Tertiär Nordamerika's bekannt gewordenen Resten, so sind deren nicht wenige, so aus der Laramiegruppe, durch Lester F. Ward beschrieben: *V. tiliaeoides* (*Tilia antiqua* Newb.), mit welcher ein Steinkern vereinigt wird (Fig. 403[1. 2]) *V. perfectum, macrodontum, limpidum, erectum, oppositinerve, elongatum*, sämmtlich vom Clear Creek, Montana, *V. Newberryanum* vom Craker Box Creek, Montana (Fig. 403[3]), *V. perplexum, V. betulaefolium* von Burns Ranch, Montana, *V. finale* von den Iron Bluffs, Montana. Aus der Greenrivergroup kennen wir durch Lesquereux eine nicht weniger grosse Zahl, *V. dakotense*, *V. Dentoni* aus den Badlands von Dakotah, *V. platanoides*, *V. dichotomum* von den Black Buttes, Wyoming, ebendaher und von Forest of Roks *V. rotundifolium*; *V. emarginatum*, letztere und *V. Lakesii, V. anceps*,- *V. solitarium, V. Goldianum*, mit dieser Steinkerne, von Golden, Colorado, nachdem durch Newberry *V. lanceolatum* und *V. asperum* aus dem Tertiär von Fort Union zuerst bekannt wurden, die letztere von Lester F. Ward auch in der Laramiegroup, im Miocän der Badlands, von Dakotah durch Lesquereux nachgewiesen ist. Dazu kommen noch die beiden bereits früher erwähnten Arten *V. Whymperi* (Fig. 402[1]) und *V. Nordenskiöldi* (Fig. 403[3]). Dieser grossen Anzahl amerikanischer Formen gegenüber treten die im Tertiär Europa's vorkommenden sehr zurück. Die Gattung tritt im unteren Eocän von Sezanne mit *V. giganteum* Sap., in jenem von Gelinden mit *V. vitifolium* Sap. et Marion auf, zwei Arten sind im unteren Miocän aufgefunden, *V. atlanticum* Ettingsh. (Schichow) und *V. Goreti* Sap. (Céreste bei Manosque), eine aus dem oberen Miocän von Oeningen *V. trilobatum* Heer (Fig. 402[4. 5], bekannt. *V. rugosum* Pers. (Fig. 403[6]) und *V. Pseudotinus* Sap. et Mar. (Fig. 402[2]) gehören dem Pliocän von Meximieux, *V. palaeomorphum* Sap. et Mar., *V. assimile* Sap. et Mar. dem Pliocän von Vacquières an. Wenn gegenüber der gegenwärtigen Periode die Artenzahl gross ist, so ist dies doch Nordamerika gegenüber eine geringe Anzahl, für welche man eine Erklärung sucht, welche sich vielleicht dadurch ergibt, dass die Einwanderung von Norden her keine Schwierigkeit hatte. Dass Nordamerika auch heute noch eine grosse Anzahl von Arten besitzt, mag seinen Grund darin haben, dass schon in der Tertiärzeit die Gattung dort reich entwickelt war, andererseits mögen aber auch die nordamerikanischen fossilen Formen zu sehr zersplittert sein. So wie gegenwärtig unsere Kenntniss der fossilen Arten Europa's liegt, enthält das Pliocän die meisten Arten, somit hätte sie in Europa in dieser Periode

Fig. 403.
Viburnum tiliaeoides Lester Ward. 1 Blatt, 2 Steinkern. Laramiegroup. Clear Creek. Montana. 3 *V. Nordenskiöldi* Heer. Grönland. Tertiär. 4 *V. Schmidtianum* Heer. Grönland. Tertiär. 5 *V. Snowianum* Saporta. Dakotah. Kreide. 6 *V. rugosum* Sap. et Marion. Meximieux. Pliocän. (Copieen nach Heer, Lester Ward, Saporta.)

die höchste Entwicklung erfahren und wären canarische, japanische Formen neben europäischen vorhanden gewesen. Im Quartär ist *V. Tinus* L. in den Tuffen von Toscana und la Celle nachgewiesen, diese jetzt noch in Südeuropa vorkommende Form hat seit jener Zeit zum Theile die von ihr eingenommene Region nicht verlassen, dagegen ist sie aus den nördlicher gelegenen Theilen Frankreichs verschwunden. In wie weit die fossilen Blattformen mit den recenten Arten in Beziehung stehen, lässt sich mit Bestimmtheit kaum sagen, da die für die Unterscheidung der Gruppen wichtigsten Theile fehlen. Unter den fossilen Steingehäusen lassen sich solche, welche an *V. Lantana* und *V. Opulus* sich anschliessen, unterscheiden, unter den Blättern ausser den eben genannten Gruppen die Gruppe *Tinus*. Die Vergleichung mit nordamerikanischen und japanischen Arten kann nur auf gleicher unzureichender Grundlage geschehen.

8. Reihe. **Aggregatae.**

Die Reihe besteht aus drei Familien, den *Valerianaceen*, *Dipsaceen* und *Compositen*, von welchen die Compositen nicht allein in der Reihe durch die Mannigfaltigkeit ihrer Formen, sondern auch unter den Dicotylen durch die Zahl ihrer Arten die erste Stelle einnehmen. Der bedeutenden Zahl recenter Formen gegenüber ist jene der fossilen Reste verschwindend klein und sind es einerseits einige wenige Blätter, ausserdem Früchte, welche sich erhalten haben sollen mit einer einzigen Ausnahme alle den *Compositen* angehörend.

Die Reihe ist durch meist fünfzählige Kelche, Kronen und Staubblätter, letztere durch Unterdrückung zuweilen eines, drei, vier (*Dipsaceen*), einen unterständigen einfächerigen Fruchtknoten, zwei bis drei Griffeln und einsamige Schliessfrüchte charakterisirt. Blüthen in den cymösen, kopfig-racemösen oder kopfig-cymösen Blüthenständen actinomorph oder zygomorph. Früchte Schliessfrüchte. Meist einjährige Formen oder Formen mit mehrjährigen unterirdischen und einjährigen oberirdischen Axen, seltener strauch- und baumartig.

Aus der durch ein bis drei Staubblätter, unterständigem, einfächerigem, mit hängender Samenknospe versehenem Fruchtknoten, rudimentärem oder papposem Kelche charakterisirten Familie der *Valerianaceen* wird durch Saporta ein einziger, sehr zweifelhafter Rest, *Valerianites capitatus* aus dem unteren Oligocän von Aix angeführt. Es ist ein mit gegenständigen linearen decussirten Blättern besetzter Stengel, welcher habituell an *Valerianella* erinnert, ohne dass sich Weiteres darüber sagen liesse. Da ausser der Stellung der Blätter Alles fehlt, was etwa einen näheren Aufschluss über die Natur des Restes geben kann, so ist er gänzlich ungeeignet, über die Stellung in einer Familie, welcher er angehört, Aufklärung zu geben. Dass er den Valerianaceen angehört, könnte höchstens aus der Stellung und Form der Blätter geschlossen werden.

Bei den *Compositen* sind die Antheren der fünf Staubblätter zu einer Röhre vereinigt, die Träger unter sich frei, durch intercalares Wachsthum mit der Blüthenröhre vereinigt, sehr selten die Antheren frei, der unterständige

Fruchtknoten mit grundständiger anatroper Samenknospe, Früchte Schliessfrüchte mit oder ohne Pappus. Zur Eintheilung der Familie wird die Form der Blüthenkronen benutzt, welche, da dergleichen Reste fehlen, für unseren Zweck bedeutungslos ist, indess der Vollständigkeit halber erwähnt sein möge. Es werden demnach unterschieden:

1. *Tubuliflorae:* Sämmtliche Blüthen röhrig oder die inneren röhrig, die randständigen zungenförmig;

2. *Labiatiflorae:* Blüthen zweilippig;

3. *Liguliflorae:* Sämmtliche Blüthen zungenförmig und Zwitter.

Nach der Anschauung der Palaeontologen sind erhalten Früchte, deren Pappus entweder fehlt oder in verschiedener Weise entwickelt sein kann, entweder als Haare von verschiedener Beschaffenheit, als Spreuhaare, Spreuschuppen etc. Vielfach geht jedoch derselbe leicht verloren oder fehlt, damit aber auch eine Eigenschaft, welche die Früchte als solche der Compositen charakterisirt. Die Pappusbildungen sind bekanntlich für die Früchte der Compositen ein Transportmittel, welches Samen anderer Familien, von welchen ich nur die Apocynaceen und Asclepiadaceen nennen will, ebenfalls zukömmt. Das Vorhandensein solcher Reste weist keineswegs unbedingt auf die Existenz der Compositen hin, um so weniger, als kein Exemplar eine genaue und eingehende Untersuchung erlaubt. Wären sie nicht als Abdrücke erhalten, so würde uns diese wie in anderen Fällen ermöglicht werden. Unter den Früchten der Compositen sind zahlreich platte Schliessfrüchte vorhanden, welche dem Samen der beiden eben genannten Familien ähnlich sind und aus dem angeführten Grunde im fossilen Zustande nicht sicher erkannt werden können. Wir können uns desshalb über die Stellung keines einzigen dieser Reste mit unbedingter Sicherheit aussprechen, im besten Falle können wir für den einen oder anderen Rest nach der äusseren Aehnlichkeit die Zugehörigkeit zu den Compositen geltend machen. Ungerechtfertigt ist es daher zu sagen, die Compositen seien erst im oberen Miocän aufgetreten. Wir wissen darüber überhaupt nichts, wir können nur aus der heutigen Verbreitung einzelner Gattungen schliessen, dass die Familie zur Tertiärzeit existirt haben müsse, ohne dass wir jedoch im Stande sind, den Zeitpunkt ihres ersten Auftretens und welche Formen etwa existirt haben, nachzuweisen.

Die angeblich dieser Familie angehörigen Reste sind zunächst Blätter aus dem unteren Oligocän von Aix durch Saporta beschrieben, ein verkehrt eiförmiges Blatt mit buchtig gezähntem Rande, *Hieracites salyorum* (Fig. 404[2]), verglichen mit *Taraxacum obovatum* DC., eine Form des *T. officinale* DC., sodann *Parthenites antiquus* Sap. (Fig. 404[1]), ein gefiedertes Blatt mit fiedertheiligen gezähnten Fiedern, den Blättern von *Chrysanthemum Parthenium* L. verwandt. Dass die von Saporta zur Vergleichung herangezogenen Blätter den fossilen durch ihre Form sehr nahe stehen, ist ausser Frage, dass sie Blätter von Compositen sind, ist möglich und wird diese Deutung durch das Vorkommen von Achaenen, *Cypselites gypsorum* Sap., in den gleichen Schichten wahrscheinlicher. In Ser. 7 vol. 10 der Annales des sciences nat. werden von Saporta aus dem unteren Oligocän von Aix weitere Comsitenfrüchte, ferner den Hieracien ähnliche Involucra (*Hieracites stellatus*, *H. nudatus*) beschrieben, deren Beweiskraft keine allzu grosse ist. Indess

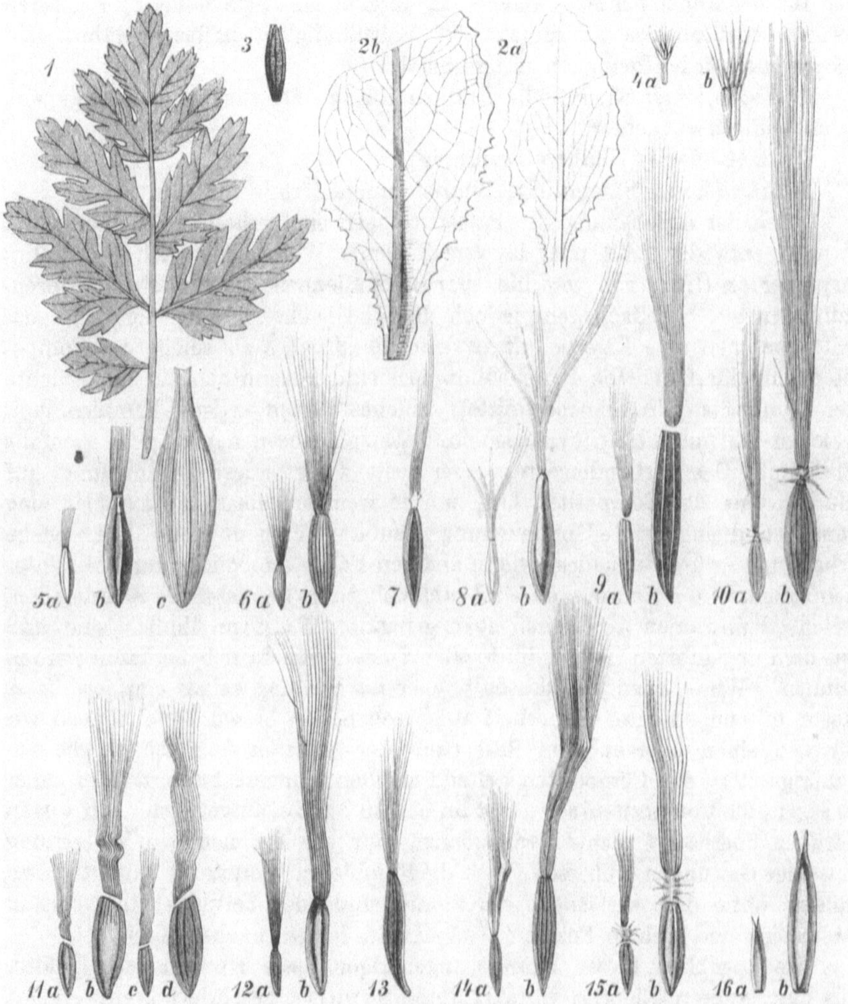

Fig. 404.

1 *Parthenites priscus* Sap. 2 *Hieracites salyorum* Sap. *a* nat. Gr., *b* vergr. Aix. Unt. Oligocän. 3 *Hyoserites Schultzii* Ettingsh. Frucht. 4 *Cypselites gypsorum* Sap. Aix. Unt. Oligocän. 5 *C. Lessingii* Heer. *c* vergr. 6 *C. truncatus* Heer. 7 *C. grandis* Heer. 8 *C. rostratus* Heer. 9 *C. costatus* Heer. 10 *C. ellipticus* Heer. 11 *C. Naegelii* Heer. *c* Nat. Gr., *d* vergr. 12 *C. Fischeri* Heer. 13 *C. Regeli* Heer. 14 *C. Schultzii* Heer. 15 *C. bisulcatus* Heer. 16 *Bidentites antiquus* Heer. Sämmtlich Früchte, ausgenommen Fig. 1. 2 *a* bezeichnet stets nat. Gr., *b* vergr. Sämmtlich aus dem unteren Miocän von Oeningen, Fig. 3 von Schichow. (Copieen nach Heer, Saporta, Ettingshausen.)

eine unbedingte Gewissheit geben die Reste nicht. Zweifelhaft sind die von Massalongo aus dem mittleren Oligocän von Chiavon beschriebenen Blätter von *Silphium*. Durch Antonelli (Contributo alla flora foss. del suolo di

Roma. Roma, 1889) sind Blätter von *Tussilago Farfara* L. und *Bellis perennis* L. im Peperino von Albano nachgewiesen. Früher zu den Proteaceen gestellte Blätter sind von Saporta (Compt. rendus. 1881. Ann. d. sc. nat. Ser. 7 t. 10 p. 52. 53) als *Baccharites* Sap. zu den Compositen gebracht, so *Lomatites sinuatus, acerosus, salicinus, aquensis, obtusatus.* Indess auch dies ist unsicher. An diese Blattreste reiht sich nun eine nicht geringe Anzahl von angeblichen Schliessfrüchten (*Achaenen*) der Compositen aus dem oberen Miocän von Oeningen, von Heer als *Cypselites* (vergl. Fig. 404[4—15]) bezeichnet. Zu diesen kommen dann noch der obengenannte *Cypselites gypsorum* Sap. und ein von Ettingshausen beschriebener Rest, *Hyoserites Schultzii* aus dem oberen Oligocän von Priesen, welcher den Namen *Cypselites* erhalten muss, dessen Verwandtschaft mit *Hyoserites* mir indess ziemlich zweifelhaft ist, wenn er auch eine Achaene der Compositen sein kann. Heer gruppirt die von ihm beschriebenen Achaenen in drei Abtheilungen:

1. Längliche oder länglich ovale Früchte;
2. Verlängert längliche Früchte, bei beiden der Pappus sitzend;
3. Früchte geschnäbelt.

Unter diesen Früchten dürften allerdings solche sich finden, welche den Compositen angehören, während andere kaum dazu gehören. Zu den ersteren möchte ich vor Allen jene rechnen, deren Flächen gerippt sind, wie *C. truncatus* Heer, *C. ellipticus* Heer, *C. Schultzii* Heer, *C. costatus* Heer, dann *C. gypsorum* Sap. (Fig. 404[4—15]). Ueber die Beschaffenheit der Pappushaare lässt sich wenig Zutreffendes sagen, am wenigsten ohne microscopische Untersuchung, welche bei den Oeninger Resten nur mit auffallendem Lichte möglich ist. Wie wenig damit erreicht wird, davon kann man sich leicht überzeugen und, ist unsere Anschauung über die Entstehung der Oeninger Schichten richtig, so sind die Pappushaare durch die Aufnahme von Wasser verändert, zusammengezogen, wie dies wirklich der Fall ist, dass sie schwer in ihren Eigenthümlichkeiten zu erkennen sind. Nach dem Einschlusse ist an eine Aenderung nicht zu denken. Ich bezweifle, dass z. B. ein *Pappus plumosus* bei diesen Resten nachzuweisen ist. Von *Cypselites* trennt Heer einen Rest als *Bidentites antiquus,* (Fig. 404[16]) ebenfalls aus dem oberen Miocän von Oeningen, welcher länglich, an der Spitze zwei kurze Fortsätze trägt und mit *Bidens* verglichen wird. Aus dem Forestbed von Cromer sind durch Reid *Bidens tripartita* L. und eine Achaene von *Carduus* nachgewiesen.

Cucubalites Goldfussi Göppert aus dem Tertiär von Bonn, ein röhrigeiförmiger, fünfzähliger Kelch mit aus der Röhre hervorragenden Griffeln, ein Rest, dessen Gattung wie Familie zweifelhaft ist, wenn er auch der *Silena inflata* L. sehr ähnlich sieht. Dass indess sehr verschiedene Familien bei dessen Abstammung in Frage kommen können, wird ausser Frage sein.

Neben den bisher erwähnten Resten, welche von den Palaeontologen eine systematische Stellung in einer Familie erhalten haben und als Grundlage für die Schilderung der Vegetation der einzelnen Perioden dienen, sind unter der Bezeichnung *Antholithes* eine Anzahl Reste zusammengefasst, deren systematische Stellung zwar unbekannt ist, aber als Blüthen oder Blüthentheile gelten. Vereinzelt sind sie von vielen Fundorten des Tertiär bekannt, eine grössere Anzahl ist durch Heer aus dem oberen Miocän von Oeningen, von Lesquereux aus dem Tertiär von Nordamerika beschrieben. Ueber die Mehrzahl derselben lässt sich etwas Näheres nicht sagen, so z. B. über

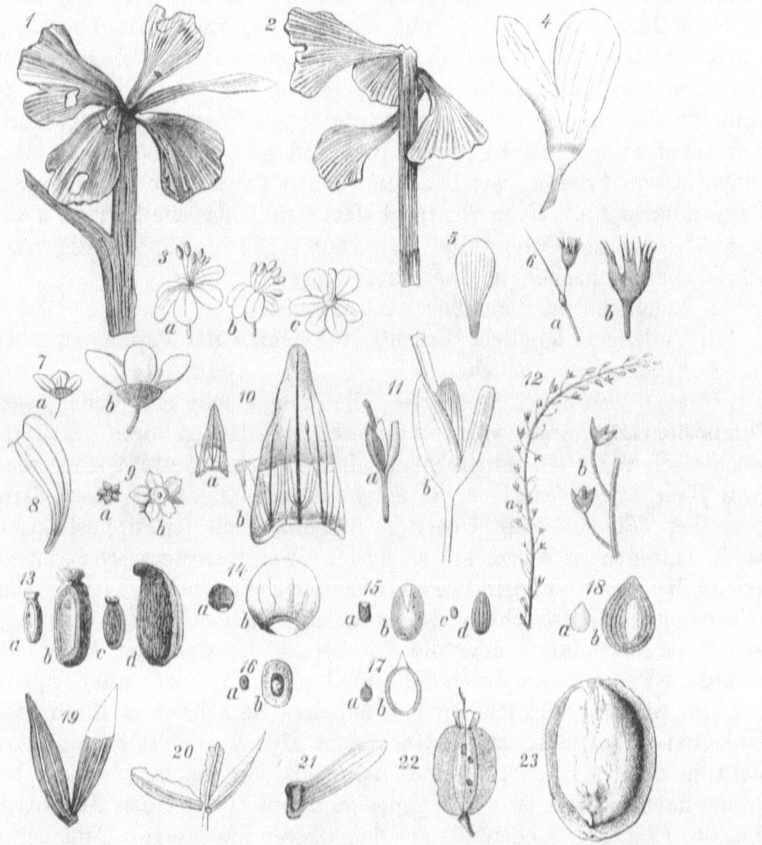

Fig. 405.

1. 2 *Antholithes improbus* Lesquereux. Florissant Greenrivergroup. 3 *A. amoenus* Lesq. Florissant. Greenrivergroup. 4 *A. obtusilobus* Lesq. Randolph Cty. Wyoming. Miocän. 5 *A. striatus* Heer. 6 *a. b* *A. laciniatus* Heer. *b* verg. 7 *a. b* *A. saxifragoides* Heer. *b* vergr. 8 *A. caryophyllinus* Heer. 9 *a. b* *A. minutus* Heer. *b* vergr. 10 *a. b* *A. variegatus* Heer. *b* vergr. 11 *a. b* *A. tripartitus* Heer. *b* vergr. 12 *a. b* *A. Gaudini* Heer. *b* vergr. 13 *Carpolithes kaltenordheimensis* Zenker. 14 *a. b* *C. annulifer* Heer. 15 *a—d* *C. rugulosus* Heer. *b. d* vergr. 16 *a. b* *C. lenticulus* Heer. *b* vergr. 17 *a. b* *C. mucronulatus* Heer. *b* vergr. 18 *a. b* *C. caricinus* Heer. *b* vergr. 19 *C. lanceolatus* Heer. 20 *C. populinus* Heer. 21 *C. monopterus* Heer. 22 *C. begoniaeformis* Heer. 23 *C. pruniformis* Heer. Fig. 5—12 *a. b*, Fig. 14 *a. b*, 20—23 aus dem oberen Miocän von Oeningen. 13 von Rochette, 15. 16 von Lausanne, 19 Montenailles, 17. 18 Locle. (Copieen nach Heer und Lesquereux.)

einzelne Blättchen, welche Kronenblätter sein können (Fig. 405^{5}) oder Bracteen (Fig. 405$^{19.\ 20}$) oder solche Reste, unter welchen Blüthen meist vollständig erhalten vermuthet werden (Fig. (405$^{3.\ 4.\ 6-12}$) Einige derselben hat Heer zu deuten versucht.

Zu den zweifelhaften Früchten und Samen gehört ein grosser Theil der von Bowerbank (Fossil fruits) beschriebenen Reste aus dem Londonthon von Sheppey (Eocän), so *Hightia, Faboidea, Wetherellia, Tricarpellites.* Wenn auch nicht alle von Bowerbank abgebildeten Früchte und Samen der nachstehenden Gattungen zu den Leguminosen gehören, so gilt dies doch für einen Theil derselben. Solche Gattungen sind: *Xulinosporites, Mimosites* und *Leguminosites,* wobei zu bemerken ist, dass die beiden letzten Bezeichnungen sich nur auf diese Früchte und Samen beziehen.

Eine zweite Gruppe zweifelhafter Reste hat die Bezeichnung *Carpolithes* erhalten und werden darunter Früchte und Samen zweifelhaften Ursprungs aus den jüngeren Formationen verstanden, während die mit derselben Bezeichnung belegten Reste älterer Formationen zu den Gymnospermen gehören. Heer schlägt in seiner Tertiärflora der Schweiz nachstehende Gruppen vor:

1. Steinfruchtartige; 2. Geflügelte; 3. Caryopsenähnliche, mit welchen auch Samen vereinigt werden; 4. Beerenartige Früchte; 5. Kleine Früchte mit sehr kleinen Samen, unter ihnen können sich Sporangien befinden; 6. Balgfruchtartige; 7. Zwei- und dreiklappige Kapselfrüchte. Auch hier hat Heer bei einigen eine Deutung versucht, indess nach meiner Ansicht mit wenig Glück. Sein *Carpolithes pruniformis* besteht nach den von ihm bestimmten Exemplaren aus übereinander verschobenen Blättern, sodann aber auch aus Steinfrüchten. Unter den von Oeningen abgebildeten Früchten sind solche, welche entweder zu den *Malpighiaceen* oder *Liriodendron* gehören, wie *Carpolithes monopterus, reticulatus, Jaccardi,* während *C. pterocaryoides* unvollständig ist. Die vermeintlichen Sporangien sind schwerlich solche, die zwei- bis dreiklappigen Kapselfrüchte möchten Grasspelzen sein, die Beerenfrüchte können solche nicht wohl sein, da die Kohlenrinde auf kein Fruchtfleisch hinweist. (Fig. 405 $^{13-18.\ 21-23}$). An Stelle der Bezeichnung *Carpolithes* ist von Schimper für die den Dicotylen angehörigen Fruchtreste der Name *Carpites* vorgeschlagen worden, ein Vorschlag, welcher von Lesquereux für die Tertiärreste Nordamerika's angenommen wurde. Es fehlt auch diesem nicht an dergleichen Resten, so wenig wie an Blüthenresten, darunter *Antholithes amoenus* Lesq., welcher den *Symplocos*-Blüthen ähnlich, vielleicht dieser Gattung angehört.

Die Bezeichnung *Anthithes, Carpites* wird für Blüthen und fruchtähnliche Reste auch von Saporta gebraucht, jene, welche Samen ähnlich sind, nennt er *Spermites* (Ann. des sc. nat. Ser. 7 t. 10).

Unter der Bezeichnung *Phyllites* sind eine Anzahl Blätter zusammengefasst, welche den Autoren hinsichtlich ihrer Abstammung und Stellung zweifelhaft waren, eine Bezeichnung, welche sich auf eine noch viel grössere Zahl hätte anwenden lassen, wobei ich nur an die zahlreichen nur mit einem Mittelleitbündel versehenen Blätter erinnern will, welche vorerst einen ziemlich unnützen Ballast bilden. Andere Blätter von ungewisser Herkunft haben eigene Namen erhalten und werden als besondere Formen in den Floren aufgeführt. So unterschied Heer aus der grönländischen Kreide, den Patootschichten, ein, wie es scheint, sitzendes, bis über die Mitte zweitheiliges Blatt mit abgerundeter Basis, eilänglichen, ganzrandigen Lappen, die Leitbündel zart, strahlig von der Anheftungsstelle des Blattes ausgehend, meist unverzweigt, zuweilen gabelnd, in jeder Hälfte 6—7 Leitbündel, Mittelleitbündel gabelnd mit den Aesten die Bucht umfassend, alle durch zarte Queranastomosen verbunden. Heer ist geneigt, darin ein grosses Nebenblatt einer Leguminose zu sehen, was möglich ist, da einzelne Gattungen dieser Gruppe sehr grosse Nebenblätter besitzen. Von Heer als *Diphyllites membranaceus* wegen seiner zarten Textur bezeichnet. Hosius und von der Mark bezeichnen in ihrer Kreideflora Westfalens aus der jüngeren Kreide von Sendenhorst ein *Tetraphyllum dubium*, welches sie für vier im Kreise liegende fleischige Fruchtklappen oder Blätter halten. Heer sieht die Gattung *Tetraphyllum* in vereinzelten nicht zu vier beisammen liegenden eilänglichen Abdrücken, welche er für Fruchtblätter hält. Woher Heer weiss, dass die grönländischen Blätter nicht zu vier beisammen liegen, dass es Fruchtblätter sind, wird nicht gesagt, aus den beiden Exemplaren ergibt sich dafür kein Anhaltspunkt. Nach meiner Ansicht gehören beide nicht zusammen. Dass die Exemplare Westfalens fleischige Blätter sind, ist sehr unwahrscheinlich, sie würden keinen stark vertieften wenn auch tieferen Eindruck als ein anderes Blatt zurückgelassen haben. Die grönländischen Reste haben das Aussehen von Carpolithen und sind wahrscheinlich solche, wir können aber weder von den einen noch von den anderen sagen, was sie sind. *Dermatophyllites* Heer (*Dermatophyllites* Göppert et Berendt aus dem Bernstein ist bereits bei den Empetraceen besprochen) ist von Heer zu den Ericaceen gestellt, ohne Zweifel desshalb, weil die Blätter klein und schmal sind. Bei den beiden Arten, *D. borealis, D. acutus*, aus den Ataneschichten Grönlands, ist nur der Mittelleitbündel sichtbar, ich kann aber an beiden Nichts finden, was auf eine bestimmte Familie hindeutete. Ihrer Form nach können sie sehr verschiedenen Familien angehören. Von Lesquereux auf Blätter gegründete Gattungen, wie *Protophyllum* etc. habe ich bereits früher erwähnt.

Ehe ich zur Besprechung der fossilen Hölzer mich wende, halte ich es für nothwendig, auf zwei Fragen einzugehen, welche ich im Verlaufe der Besprechung der einzelnen fossilen Reste wiederholt berührte, ohne dass jedoch dieselben einer eingehenden Erörterung unterzogen wurden. Die eine dieser Erörterungen soll die Elemente, jene Familien und Gattungen, aus welchen die Kreide- und Tertiärflora besteht, darlegen, die andere soll sich mit der Frage beschäftigen, ob die bis jetzt bekannten fossilen Reste uns Aufschlüsse über die Entwicklungsgeschichte der einzelnen Familien und Gattungen geben in diesem Sinne, dass wir im Stande sind, aus dem Bau der Organe und der Blüthen, oder aus einem der beiden den unmittelbaren Zusammenhang zwischen einer fossilen und lebenden Form nachzuweisen. Aus den vorausgehenden Untersuchungen hat sich ergeben, dass ein grosser Theil der beschriebenen fossilen Reste jene Sicherheit der Bestimmung, welche nach den verschiedenen Lokal-Floren vorhanden sein soll, nicht gewährt, sondern sie hinsichtlich ihrer Stellung mehr oder weniger zweifelhaft sind. Andere Reste können jedoch mit grosser Sicherheit bestimmt werden, ihre Früchte, zuweilen ihre Blüthen, geben uns neben den Blättern über ihre Stellung Aufschluss. Meiner Ansicht nach ist es auch der einzig richtige Weg, welcher hinsichtlich der beiden Eingangs erwähnten, wie aller hieher gehöriger Fragen eingeschlagen werden muss, wir müssen uns an jene Formen halten, welche uns über ihre Stellung nicht im Zweifel lassen, wie wir auch verfahren würden, wenn wir die Beziehungen eines recenten Florengebietes verfolgen. Wir treffen nun bei den Bestimmungen, wie bei den allgemeinen Schilderungen der Kreide- und Tertiärflora überall auf den Grundgedanken, dass der Charakter dieser Floren wesentlich ein tropischer sei und tritt dies bei der untergegangenen Vegetation Europa's mehr hervor, als bei jener Nordamerika's, so liegt der Grund darin, dass sie die bekanntere ist. Berücksichtigt man indess die mit grösserer Sicherheit zu bestimmenden Reste, so wird man zu einem anderen Resultate geführt, namentlich, wenn man die Verbreitung der recenten Gattungen mit jener der gleichen fossilen vergleicht, es ergeben sich dann Beziehungen zu anderen Floren als gewöhnlich angenommen wird.

Ich kann mich nicht auf eine eingehende Darstellung der Configuration Europa's und Nordamerika's und ihrer im Laufe der Zeit erfolgten Aenderungen, ebenso wenig auf ihre klimatischen Verhältnisse speciell einlassen, es wird genügen, wenn ich erwähne, dass zur Kreidezeit Europa ein Complex grösserer oder kleinerer Inseln war, im Beginn der Tertiärzeit dieser Charakter sich zum Theile noch erhielt, dann jedoch ein grösserer Continent von ausgedehnten Buchten eingeschnitten sich ausbildete, diese Gestaltung allmählich durch die Zunahme des Festlandes eine andere wurde, Bodenerhebungen auftraten, unbedeutendere mächtiger wurden, der Zusammenhang mit Asien vollständiger, der mit dem Norden Amerika's bestehende Zusammenhang allmählich aufgehoben wurde. Analoge Verhältnisse besass auch Nordamerika. Da wo heute das ausgedehnte Präriengebiet, die wasserarmen und vegetationsarmen Hochflächen sich erstrecken, schuf eine umfangreiche Wasserfläche ähnliche Bedingungen für den Norden Amerika's, wie sie in Europa gegeben waren. Auch traten erst in der späteren Tertiärzeit Bodenerhebungen auf und konnte demnach weder in Europa noch im Norden Amerika's von klimatischen Differenzen in horizontaler, wie in senkrechter Richtung lange Zeit hindurch nicht die Rede sein, sondern ein ziemlich gleichmässiges Klima musste auf beiden Halbkugeln bis gegen den Pol sich erstrecken, in Folge dessen eine Baumvegetation in Grinnellland und Nordgrönland einerseits, in Spitzbergen anderseits ihr Gedeihen finden, eine Vegetationsform, welche diesen Regionen jetzt fremd ist, auch Nordcanada, am Makenzieriver und Alaska weisen in jener Zeit eine Vegetation auf, welche mit der heutigen beinahe nichts gemeinsam hat. Dabei sehe ich von den Schilderungen Heer's vollständig ab, sondern habe nur jene Formen im Auge, welche eine grössere Sicherheit der Bestimmungen gewähren. Dies Verfahren scheint mir viel zweckmässiger als aus dürftigen, der verschiedensten Deutung fähigen Fragmenten Schlüsse zu ziehen, welche bei einer kritischen Untersuchung nicht zu rechtfertigen sind. Aber auch bei dieser Reduction tritt zwischen Kreide- und Tertiärzeit der Unterschied hervor, dass erstere ein wärmeres Klima besass als letztere.

Zuerst erörtere ich die Frage, welchen Florengebieten der heutigen Vegetation die Elemente, welche die Kreide- und Tertiärflora zusammensetzen, angehören. Bei der Besprechung dieser Frage folge ich dem Eingangs ausgesprochenen Satze, nur solche Formen zu berücksichtigen, deren Bestimmungen mehr gesichert, alle jene aber auszuschliessen, welche nach ihrer Erhaltung eine gesicherte Bestimmung nicht zulassen.

Jede fossile Lokalflora liefert den Beweis, dass das Gedeihen ihrer Elemente ein wärmeres oder feuchteres Klima als jetzt voraussetzt und tritt dies selbst noch in den jüngsten Tertiärbildungen, wenn auch vielleicht nur lokal hervor. Beides ist die nothwendige Folge der Veränderungen festen Landes und Wassers und herrscht wohl in dieser Beziehung keine wesentliche Differenz in den Anschauungen der Autoren. Anders verhält sich die Sache gegenüber der Frage nach dem Ursprunge der untergegangenen Floren, insbesonders der Tertiärflora Europa's. Zwei Anschauungen machen sich in dieser Richtung geltend. Nach der einen würde die europäische Tertiärvegetation einen bedeutenden Bruchtheil tropischer Formen bis in die jüngere Tertiärzeit enthalten haben, asiatische, afrikanische, südamerikanische und neuholländische Tropenformen seien nicht selten, andererseits haben Unger und Ettingshausen die Ansicht ausgesprochen, sie trage einen neuholländischen und tropischen Charakter und ist diese Ansicht nicht allein von ihnen, sondern von allen Autoren mit wenigen Ausnahmen für einzelne Gruppen bis in die neueste Zeit festgehalten worden. In den vorausgehenden speciellen Auseinandersetzungen habe ich wiederholt auf die unzureichende Begründung dieser Ansicht hingewiesen. Von Ettingshausen wird die Anschauung, die Tertiärflora Europa's enthalte australische Elemente, in neuester Zeit in einer besonderen Schrift (Das australische Florenelement in Europa. Graz, 1890) energisch vertreten, wobei er sich auf die als *Leptomeria*, *Casuarina*, *Exocarpus*, *Banksia*, *Dryandra*, *Eucalyptus* bestimmten Reste stützt, Reste, welche, wie im speciellen Theile von mir hervorgehoben ist, sämmtlich fraglich sind und mit dem gleichen Rechte eine andere Deutung erfahren können. Meiner Ansicht nach sind gerade diese Reste, vorausgesetzt, dass sie kritisch untersucht werden, am wenigsten geeignet, die von Ettingshausen vertretene Ansicht zu rechtfertigen. Andererseits sehe ich nicht ein, wesshalb Saporta mit seiner Erklärung der Palmenblüthenstände an Stelle jener der Santalaceen eine Correctur erfährt; dass die bei Häring vorkommenden Reste von *Leptomeria* den Palmen angehören, ist eine nicht weniger fragwürdige Behauptung. Nicht stichhaltig ferner ist die Behauptung, dass *Eucalyptus*-Blätter desshalb solche sind, weil die Oeldrüsen an den Blättern sichtbar sind, sie würden bei jeder anderen Pflanze sichtbar sein, z. B. bei den Oleaceen. Nicht weniger zweifelhaft sind die Blätter von *Dryandra* und *Banksia*, von welchen die von Ettingshausen abgebildeten Formen der ersteren *Comptonia* ebenso ähnlich sind. *Exocarpus* ist desshalb fraglich, weil wir gar nicht wissen, ob wir einen Blüthen- oder Fruchtstand vor uns haben. Gerade Häring ist bei seinen meist schlecht erhaltenen Resten ein wenig beweiskräftiger Fundort; übrigens kenne ich überhaupt keine Reste, welche die Existenz einer neuholländischen Gattung sicher nachweist. Ganz ähnliche Bestimmungen zweifelhafter Art enthält die fossile Flora von Neuseeland. Die *Flabellaria* kann eine solche sein, ist aber jedenfalls ein schlecht erhaltenes Exemplar, eine neue Gattung, *Haastia*, auf ein solch schlecht erhaltenes Blatt zu gründen, ist durchaus unzulässig; *Seaforthia* ist wohl ein Palmenblatt, die Gattung jedoch fraglich, Weiteres lässt sich darüber nicht sagen. Nicht minder fraglich sind die übrigen Bestimmungen. Wenn Ettingshausen zum Schlusse erklärt, dass er bei seinen Anschauungen verbleibe, so wird ihn Niemand in diesem Vergnügen stören, er darf aber nicht erwarten, dass eine kritische Untersuchung seiner Ansicht beitritt.

Untersucht man die Reste, welche diese Ansichten begründen sollen, so überzeugt man sich bald, dass ihre Erhaltung keineswegs von der Art ist, dass sie uns ein sicheres Urtheil über ihre Stellung erlauben. Entweder gestatten sie überhaupt keinen Ausspruch über die Zugehörigkeit zu einer Familie oder sie können auf verschiedene Familien bezogen werden. Als Beispiel derartiger Reste erwähne ich die Familie der Proteaceen, der Leguminosen zum grössten Theile, welchen sich übrigens eine Reihe anderer beifügen liesse. Wollen wir dergleichen Fragen entscheiden, so müssen wir, wie dies oben ausgesprochen, dazu Reste benutzen, welche eine möglichst sichere Erkenntniss zulassen. Diese führen aber zu einem ganz anderen Resultate.

Halten wir bei der Untersuchung über den Ursprung der Kreide- und Tertiärflora beide auseinander, so haben wir für die Flora der Kreidezeit nur sehr wenige für diesen Zweck geeignete Anhaltspunkte. Ueber die Dicotylen der Potomacflora haben wir vorerst noch keine näheren Daten, ihre Reste werden in Rücksicht auf die Dicotylen als »archaisch« bezeichnet und für Sammeltypen erklärt, aus welchen sich eine ganze Reihe Familien entwickeln konnte. Zugleich werden sie dem Neocom zugetheilt und als die ältesten Dicotylen erklärt. Archegoniaten und Coniferen schliessen sich an die Formen des Eocän bis abwärts zum Rhät, hauptsächlich aber dem Cenoman und Wealden an. Nach einer brieflichen an Nathorst gerichteten Mittheilung Saporta's steht die Wealdenflora Portugals der nahezu gleichalterigen Flora des böhmischen Cenomans zunächst. Es lautet dies etwas anders als die oben citirte Bemerkung. (Vgl. S. 716.)

Wir sind also auf die Reste der jüngeren Kreide vom Cenoman aufwärts bis zum Schlusse der Kreidebildungen angewiesen. Untersuchen wir die Erhaltungszustände der Kreide-Angiospermen, so fehlt diesen beinahe Alles, was ihre Bestimmung einigermaassen sichern kann. Bei den dicotylen Blättern ist meist nur der Mittelleitbündel erhalten, Blüthen und Früchte sind ausserordentlich sparsam und in einem Erhaltungszustande, welcher eine eingehende Untersuchung nicht gestattet. Den Schluss, dass das Klima der späteren Kreidezeit ein tropisches gewesen, ziehen wir hauptsächlich aus der Gestaltung der Erdoberfläche, dann aus den Blättern, wie z. B. von *Eucalyptus Geinitzii* Heer, welche durch erhaltene Blüthen für diese oder eine dieser verwandten Gattung sprechen. Was spricht aber dafür, dass uns Reste von *Eucalyptus* vorliegen? Einmal Blätter, deren Leitbündelverlauf mit jenem einzelner Arten übereinstimmt, sodann Blüthenreste, deren Umriss sich ebenso verhält, endlich Fruchtreste. Von einer eingehenden Untersuchung ist keine Rede. Es gilt dies für alle jüngeren Kreidefloren, mögen sie Grönland und Nordamerika oder Frankreich, Portugal, Belgien, Aachen, Westfalen, dem Harze, Sachsen, Schlesien, Böhmen, Mähren, Niederösterreich oder Siebenbürgen angehören. Welchen Täuschungen man durch Blätter allein ausgesetzt sein kann, beweisen die als *Flabellaria* bezeichneten Blattreste, welche, in der jüngeren Kreide Böhmens und Niederösterreichs vorkommend, von Velenovsky als Cyadeen (*Krannera* Corda) erkannt, Saporta veranlassten, für Grönland eine Temperaturerniedrigung anzunehmen, welche das Gedeihen der Palmen dort unmöglich machte, in dem er sie mit *Phoenicophorium Sechellarum* verglich. An dieser Stelle sei bemerkt, dass Saporta (Revue générale de Botanique. 1889) die Leptomerien Ettingshausens von Häring für Blüthenstandsachsen von Palmen erklärt: *Palaeorhachis flexuosa* Sap und *P. gracilis* Sap., eine Ansicht, welche wenigstens das für sich hat, als ihr die Blattreste der Palmen eine Stütze und diese Theile der Palmen zur Erhaltung geeignet sind.

In der jüngeren Kreide sind die Coniferen reich vertreten und Reste aus beinahe allen Gruppen nachgewiesen. Mit *Taxus, Torreya* und *Cephalotaxus* verwandte Zweige, deren Stellung unsicher ist, da wir nur die Blätter kennen, ferner Araucarienreste, wie *Araucaria Toucasii,* Sap. aus der Kreide Südfrankreichs, dann *Cunninghamites* und *Cunninghamia*, Taxodineen wie *Sequoia, Geinitzia,* die erstere sehr verbreitet, letztere nur aus dem Harze bekannt, aus den Cupressaceen *Widdringtonia Reichii.* Aus den Abietineen ist namentlich die Gattung *Pinus* durch eine Reihe von Formen vertreten, welche uns, da die Zapfen erhalten sind, ein Urtheil über die Gruppen gestatten, während andere, deren Nadeln nur isolirt oder an Zweigen stehend bekannt sind, in verschiedener Weise gedeutet werden können. So weit die Nadeln sicherer bestimmt werden können, stimmt die Structur ihrer Epidermis mit *Sciadopitys* überein, andere gehören nicht in diese Abtheilung der Coniferen, so dass nur eine geringe Zahl von *Pinus*-Arten bleibt, deren nähere Stellung fraglich ist. Aus den in der Kreide Belgiens und von Havre erhaltenen Zapfen indess geht die Gliederung der Gattung in die Gruppen von *Cedrus, Picea, Taeda* und die Existenz ausgestorbener Gruppen *Cedro-Cembra* und *Strobo-Cembra* hervor. Sehr gut kennen wir durch Velenovsky die Coniferen der böhmischen Kreide, welche noch besonders zu erwähnen sind. Neben *Sequoia-, Pinus-* und *Abies*-Arten, den zum Theile noch existirenden Gattungen, wie *Cunninghamia, Dammara, Araucaria, Widdringtonia, Echinostrobus, Chamaecyparis, Dacrydium, Podocarpus* neben neuen Gattungen, wie

Plutonia, Diceras, Microlepidium, Ceratostrobus. Zu diesen mehr oder weniger bekannten Formen kommen dann noch die hinsichtlich ihrer Stellung zunächst nicht mit Sicherheit zu ermittelnden, wie *Frenelopsis* und *Moriconia*, von welchen die erstere wahrscheinlich zu *Frenela*, letztere zu *Libocedrus* Beziehungen hat.

Monocotylen neben einigen Dicotylen werden schon im Urgon (Kome) Grönlands angegeben, ohne dass wir über die Gattungen uns sicher aussprechen können. Es sind *Cyperites, Poacites, Arundo,* für deren Abstammung von den Monocotylen ausser dem parallelen Verlauf der Leitbündel nichts spricht und als unzweifelhafter Beleg für die Abstammung von diesen so wenig gelten kann, wie *Eolirion* Schenk für den Nachweis der Liliaceen, da dieser Verlauf der Bündel auch bei Cordaiten, Cycadeen und Dicotylen vorkömmt. Ebenso zweifelhaft sind *Majanthemophyllum*, *Lamprocarpites*, *Potamogeton, Zingiberites, Williamsonia, Kaidacarpum*, von welchen die letzteren den Cycadeen angehören können, wobei für *Williamsonia* auf Nathorst's Untersuchung und auf Solm's Darstellung der weiblichen Blüthenstände von *Bennettites* zu verweisen ist. Aus der Kreide von Westfalen und Belgien liegt uns vielleicht in *Thalassocharis* ein unzweifelhafter Rest der Monocotylen vor. Folgerungen aus diesen Resten für das erste Auftreten der Monocotylen gezogen, sei dies im Allgemeinen oder für die einzelnen Gattungen, entbehren demnach in den meisten Fällen einer realen Basis. Die thatsächlichen Unterlagen müssten ganz andere sein, sollen wir daraus Schlüsse ziehen. Etwas günstiger liegen die Dinge bei den Dicotylen. Einmal ist es ausser Zweifel, alle die Formen, welche jetzt an den Fundorten der Kreidepflanzen vorkommen, sind von jenen der Kreidezeit verschieden, ein Satz, welcher auch für die möglicher Weise den Monocotylen angehörigen Reste gilt, sodann sind von den länger dauernden, Holz bildenden Formen, den Gehölzen, wie sie jetzt in Grönland vorkommen, keine Spuren vorhanden, ebenso wenig an den übrigen europäischen und nordamerikanischen Fundorten. Tritt die Gattung *Populus* zuerst in den Komeschichten (Urgon) mit *P. primaeva* Heer auf, folgen dann in den jüngeren Kreideschichten Grönlands drei weitere Arten aus Grönland, nach Nathorst's Untersuchungen *Artocarpus*, enthält die Kreide des Harzes, Böhmens, Mährens, Nordamerika's eine nicht unbedeutende Anzahl von Familien, darunter *Dryophyllum* Debey, so mag es immerhin in einem gewissen Grade gerechtfertigt sein, anzunehmen, dass die *Amentaceen* zu den zuerst auftretenden Gruppen gehört haben, man wird aber nicht in Abrede stellen können, dass auch nicht wenige Blätter aus anderen höher stehenden Familien erhalten sind, z. B. *Dewalquea*, nach Dawson aus den Neocomschichten Canada's eine *Sterculia* und ein *Laurus*, nach Fontaine aus den zum Neocom gerechneten Potomacschichten eine noch grössere Anzahl von Arten aus höher stehenden Familien wie *Celastrophyllum*, *Aralia*, *Araliophyllum*, *Hederaephyllum*, *Menispermites*, *Bombax*, *Sterculia*, *Sassafras*, *Hymenaea* etc. Alle diese Bestimmungen beruhen beinahe nur auf Blättern von nicht bester Erhaltung, sie tragen den Character einer willkürlichen Bestimmung, da die wichtigsten und entscheidenden

Reste fehlen. Wir sind daher auch nicht im Stande, über die Temperatur der Kreidezeit eine genaue Angabe zu machen, wir sind kaum berechtigt, nach den Blättern und einzelnen Blüthenresten auf ein tropisches Klima zu schliessen.

Zum Theile bieten die Tertiärbildungen durch die erhaltenen Blüthen- und Fruchtreste einen bei Weitem mehr gesicherten Boden, da wir bei einer nicht gerade geringen Anzahl auf noch existirende recente Gattungen schliessen können. Sie sind es auch, auf welche wir bei der Beurtheilung der Vegetation des Tertiärlandes, wie bei der Frage nach dem Ursprunge der Tertiärflora und der Abstammung der recenten Arten Rücksicht nehmen müssen, alle übrigen Reste sind von geringer Bedeutung, wenn sie nicht etwa in ihrer Blattbildung einen Anhalt gewähren. Nichtsdestoweniger sind wir auch hier in den meisten Fällen gezwungen zu gestehen, dass wir diese Bestimmungen mit einem unvollständig bekannten Material machen, welchem bald der eine oder der andere Theil fehlt oder wir können nur aus dem äusseren Umriss auf eine Gattung schliessen. Wir ergänzen dann das Fehlende nach Maassgabe des Vorhandenen und frägt es sich dann, ob immer das Richtige getroffen ist.

Bei der langen Dauer der Tertiärzeit musste das Tertiärland in seinen klimatischen Verhältnissen im Laufe der Zeit sehr weit gehende Veränderungen erfahren, welche bedingt waren durch die Zunahme des Festlandes, die Abnahme der Wasserflächen, die Herstellung von Landverbindungen, das Verschwinden ausgedehnter Wasserflächen in Innerasien, in Afrika und Nordamerika, das Auftreten ausgedehnterer und bedeutenderer Bodenerhebungen. Diese Veränderungen vollzogen sich nicht plötzlich, sondern langsam, es konnten also, da alle Pflanzenformen eine gewisse Widerstandsfähigkeit besitzen, Formen durch eine längere Zeit hindurch dauern, dabei eine Umbildung erfahren, ferner mussten lokale Einflüsse sich geltend machen und so die Erhaltung einzelner Formen möglich werden, die Unterschiede der Breitengrade allmählich zur Geltung kommen und auch die Höhendifferenzen ihre Wirkung äussern, das Klima aber im Allgemeinen allmählich ein weniger warmes und feuchtes werden, bis endlich der Eintritt der Glacialzeit die Vegetation zum Theile zerstörte, ihr einen anderen Charakter verlieh und nach ihrem Ablauf der heutige Vegetationscharakter sich entwickelte. Für die Eocänzeit wird man immer noch ein tropisches oder mindestens subtropisches Klima annehmen müssen, so für das südliche England, Gelinden, Sezanne, Puy-en-Velay, die Umgegend von Paris und Verona (Monte Bolca, Postale), an welchen Fundorten Reste von Fächer- und Fiederpalmen, mit *Nipa* verwandte Früchte, *Nipadites*, Blätter mit *Ottelia* verwandt, *O. parisiensis* Sap., *Nerium parisiense* Sap., den indischen Arten der Gattung verwandt. Leider entbehren die Reste eines der wichtigsten Fundorte, des Monte Bolca, wie jene von Paris einer kritischen Untersuchung mit Ausnahme weniger zuerst von Unger (Bot. Ztg. 1849), dann von Heer untersuchten Arten, unter ihnen *Drepanocarpus Decampii* Massal., welche mehr oder weniger auf eine tropische Flora hinweisen. Auch in den Resten von Gelinden und Sezanne spricht sich dieser Character aus, durch die als *Dryophyllum* bezeichneten Blätter, wahrscheinlich den tropischen Eichen oder *Castanopsis* verwandt, die Gattung *Dewalquea*, schon in der Kreide auftretend, *Aralia*, *Artocarpeen*, *Lauraceen*, *Menispermaceen* etc. Ob Proteaceen in dieser Periode in Europa vorhanden waren, ist zweifelhaft, die dafür erklärten Blätter können ebenso gut den *Myricaceen* angehören, aus der nur noch mit einer Art existirenden Abtheilung *Comptonia*. Erst wenn uns Reste vorliegen, welche unzweifelhaft für Proteaceen sprächen, können wir deren Vorhandensein im Tertiär Europa's und Nordamerika's annehmen. Zahlreiche Früchte im Londonthon der Insel Sheppey verrathen ebenfalls den Tropencharakter dieser Flora, die unter ihnen als *Petrophiloides* beschriebenen Früchte sind Coniferen, von Gardner als *Alnus Richardsoni* bezeichnet.

In der darauf folgenden oligocänen Zeit trat eine Abnahme der Temperatur und zum Theile eine Abnahme der Feuchtigkeit der Atmosphäre ein. Neue Formen treten auf, bisher vorhandene verschwinden, der Gesammtcharakter der Vegetation wird ein anderer durch das Auftreten einer Reihe von Formen, deren recente Verwandte nicht in den Tropen zu suchen sind und wird dieser Charakter um so ausgesprochener je weiter wir in der Tertiärzeit vorrücken. Es mögen wie der Unterschied der Breitengrade sich auch schon lokale Verschiedenheiten geltend machen. In letzterer Beziehung lässt sich das Fehlen der Palmen in Grönland anführen, während wir ihre Reste noch in der baltischen Region (Blüthen) und in England, Bovey Tracy, *Palmacites Daemonorops* Heer), der Provinz Sachsen, bei Leipzig nachweisen können. Heer führt allerdings aus dem Tertiär Grönlands *Flabellaria Johnstrupi* und *F. grönlandica* an. Die erstere ist aber unzweifelhaft eine Ripple-Markplatte, die letzteren sind Fetzen parallelnerviger Blätter, welche ebenso gut von einem einzelnen Blatte herrühren als zufällig nebeneinander gelagert sein können. Ueberdies ist, wie oft genug erwähnt, der parallele Leitbündelverlauf kein unbedingter Beweis für die Abstammung von Monocotylen. Von der baltischen Region und England lassen sich die Palmen durch Norddeutschland, die Schweiz, Oberitalien bis nach dem Süden Frankreichs verfolgen und geben sie, die Gattungen *Sabal*, *Chamaerops*, eine mit *Calamus* verwandte Gattung, der *Palmacites Daemonorops* Heer und eine von Beck im sächsischen Oligocän von Mittweida gefundene zur Ranke entwickelte Blattspitze beweisen, ferner *Phoenix* verwandt oder mit ihr identisch, eine sichere Grundlage für die Temperaturbestimmung, welche mindestens 18° mittlerer Jahrestemperatur betragen haben muss. Das häufige Vorkommen von Palmenstämmen in der Braunkohle der Provinz und des Königreichs Sachsen spricht dafür, dass sie nicht vereinzelt, sondern in grösserer Menge auftraten. Aehnlich verhält sich nach Lesquereux's Angaben die Verbreitung der Palmen im Tertiär Nordamerika's, die Gattung *Sabal* reichte weiter nach Norden, während sie jetzt ihre Nordgrenze im südlichen Virginien erreicht. Während der Oligocänzeit treten jene Pflanzenformen auf, welche für das Tertiär Europa's und Amerika's maassgebend sind, hinsichtlich welcher meine Anschauung von der herrschenden wesentlich abweicht. Die, wie ich glaube, auch jetzt noch herrschende Ansicht in Bezug auf die Zusammensetzung der europäischen Tertiärflora lässt sie zusammengesetzt sein aus tropischen, neuholländischen, asiatischen und amerikanischen Formen, mit welchen dann Elemente vorwiegend der nördlichen Halbkugel und des Caps gemengt sein sollen. Ich finde nicht, dass dagegen, Bentham und in jüngster Zeit Saporta für einzelne Familien ausgenommen, ein Widerspruch erhoben worden ist, jedenfalls haben Heer, Ettingshausen, Lesquereux und die Verfasser der zahlreichen Lokalfloren diesen Standpunkt inne gehalten. Würde man sich entschliessen alle jene Reste, welche nicht mit wenigstens einiger Sicherheit auf eine bestimmte Gruppe hinweisen, aus den Lokalfloren und überhaupt auszuschliessen, träte nicht das Bestreben hervor, selbst unbedeutende Blattfragmente mit einem Namen zu belegen, beschränkte man sich auf solche Reste, welche etwa jenen Anforderungen entsprechen, welche wir bei recenten Pflanzen stellen, untersuchten die Verfasser der Lokalfloren die Reste kritisch, so würde man sich bald überzeugen, dass die eben erwähnte Anschauung nicht richtig sein kann.

Bei den einzelnen Familien habe ich meist darauf hingewiesen, wie das Material, welches uns für die untergegangenen Vegetationsperioden vorliegt, ein vielfach unzuverlässiges ist, nicht geeignet irgend welche sichere Bestimmungen zu gestatten und sichere Schlüsse zu ziehen. Ich erörtere diese Frage hier im Zusammenhange. Was zunächst Wurzeln und Axentheile betrifft, so können uns diese, wenn nicht die Structur erhalten, selten durch ihre äusseren Merkmale brauchbare Aufschlüsse in systematischer Beziehung geben, weil diese bei einer grossen Anzahl von Familien dieselben sind. Der Bau einer Wurzel oder Axe wird uns über die Stellung in einer Hauptgruppe sicher belehren, bei den kleineren Gruppen werden wir in vielen Fällen zwar über die Familie, selten über die Gattung, über die Art nicht belehrt werden. Immer aber wird man berücksichtigen müssen, in wie weit Modificationen durch Lebensbedingungen hervorgerufen sind. Gerade die für die Vergleichung wichtigsten Charaktere, jene der Familien und Gattungen, Blüthen und Früchte, werden uns im geringen Maasse zur Disposition stehen.

Die Mehrzahl der fossilen Reste sind Blätter und ist es bei ihnen der Leitbündelverlauf, welcher neben der Form für ihre Bestimmung benutzt wird. Berücksichtigt man die grosse Zahl der Blätter, deren Mittelleitbündel allein erhalten, dann jener, deren Leitbündel unvollständig, ferner jene Blätter, welche nur als Blattfragmente erhalten sind, so muss man mit Recht den auf solcher Basis gewonnenen Bestimmungen Zweifel entgegenbringen, um so mehr als auch die Blattstellung beinahe nie erhalten ist, sondern die Blätter isolirt vorkommen. Dessenungeachtet werden nicht allein Familien, Gattungen und Arten, es werden auch Choripetalen und Sympetalen unterschieden, während geübte Systematiker Bedenken tragen, bei recenten Pflanzen dergleichen zu unterscheiden. Man denke sich nur die Lage eines Systematikers, welchem man zumuthen würde, eine Sammlung isolirter Blätter zu bestimmen, welcher doch bei recenten Blättern noch durch die Structur Manches ermitteln kann, ein Hilfsmittel, welches bei in Kohle umgewandelten Blättern im Stiche lässt, da nur die Cuticula in der Regel erhalten ist und von welcher bei Abdrücken ohnedies keine Rede sein kann. In diese beiden Kategorien gehören aber die meisten der fossilen Blätter der Kreide und des Tertiär, bei nur sehr wenigen ist der Erhaltungszustand ein guter, Erhaltungszustände wie sie im Culm, in den französischen Kieseln, in den westfälischen und englischen Kalkconcretionen vorliegen, kommen in den beiden Formationen überhaupt nicht vor. Dass gut erhaltene fossile Blätter mit recenten übereinstimmen, gebe ich ohne Weiteres zu, der Schwerpunkt liegt aber gar nicht darin, sondern ob solche Blätter nicht ebenso mit anderen Blättern, resp. mit anderen Gattungen übereinstimmen. Endlich gibt es denn Familien mit zahlreicheren Gattungen, mit grösserer Artenzahl, mit durchaus gleichem Leitbündelverlauf?

Bei den Blüthen und den aus ihrer Weiterentwicklung hervorgehenden Früchten und Samen ist die Erhaltung zum Theile von der Art, dass wir sie ziemlich sicher bestimmen können. Vielfach sind jedoch Staubblätter und Fruchtknoten bedeckt von den Kelchen und Kronen, beinahe nie kennen wir das Innere der Fruchtknoten oder der Früchte, ebenso wenig die wesentlichsten Structurverhältnisse der Samen, saftige Früchte sind als kohlige Masse erhalten, Steinkerne als leere Gehäuse, deren Aeusseres zuweilen auf eine richtige Spur führt, so dass also auch bei diesen Resten genug des Zweifelhaften sich findet. Trotz alledem sind sie es allein, welche im Verein mit Blättern uns eine wenigstens einigermaassen gesicherte Grundlage für die Beurtheilung der untergegangenen Vegetation geben und desshalb vor Allen berücksichtigt werden müssen. Von diesem Gesichtspunkte aus habe ich die Auswahl für die beifolgenden Tabellen getroffen, sie sind für mich die allein entscheidenden; Reste, welche diese Vollständigkeit nicht besitzen, welche nicht oder kaum nothdürftig den Leitbündelverlauf zeigen, haben für mich keine Bedeutung. In die Tabellen sind nur jene fossilen Reste aufgenommen, deren Erhaltung eine mehr gesicherte Bestimmung möglich macht; ausgeschlossen sind jene, bei welchen dies nicht der Fall ist. Einerseits haben sie die Aufgabe, wie im Texte bemerkt, meine Ansicht über die Zusammensetzung der Tertiärflora übersichtlich darzulegen, sodann die Formen zu bezeichnen, welche mit Wahrscheinlichkeit als die unmittelbaren oder entfernteren Vorfahren der recenten Arten bezeichnet werden können.

Alle jene fossilen Pflanzenformen, welche wir mit grösserer Sicherheit bestimmen können, haben ihre heutigen Vertreter beinahe ausnahmslos auf der nördlichen Halbkugel, nur wenige gehören der südlichen an.

Von Osten nach Westen verfolgt, beginnt die von ihnen eingenommene Zone mit Japan, der Mandschurei, Sachalin und dem nördlichen China, setzt sich durch die Amurländer nach Centralasien, Sibirien, die caspische Region, Nordpersien und den Caucasus nach Europa, in das atlantische und pacifische Nordamerika fort. Die Nordgrenze der Zone ist durch Spitzbergen, Island,

Grönland, Alaska, die Südgrenze durch Mexico, Westindien, Chile, die Azoren und Canaren, Nordafrika, Arabien, Abessinien und den malayischen Archipel gegeben. Ich will dabei nicht läugnen, dass unter ihnen einzelne tropische Formen vorkommen, in keinem Falle aber bilden sie die Mehrzahl, sodann gehört der grösste Theil der Reste Blättern an, welche für sich allein in den allermeisten Fällen zweifelhaft sind. Bei den in Frage kommenden Arten tritt uns ein Moment entgegen, dessen Bedeutung nicht zu unterschätzen ist: es ist die Thatsache, dass ein grosser Theil der hierher gehörigen Arten jetzt entweder nur an einem oder an wenigen, weit auseinander liegenden Standorten vorkömmt, die Vermuthung also nahe liegt, dass sie Reste einer früheren ausgedehnteren und zusammenhängenderen Verbreitung sind. Die neueren Pflanzengeographen wie Engler und Drude haben diese Thatsache vollständig gewürdigt. Ferner finden wir unter den fossilen Resten der Polarregion eine Reihe von Formen, welche auch weiter gegen Süden in ihrer Verbreitung sich erstrecken, durch andere Momente, der recenten Vegetation entnommen, führt dies zur Annahme des borealen Ursprungs der Arten, welchen zuerst Asa Gray aussprach. Sodann finden wir in der Flora des europäischen Süden einige durch Martins näher bezeichnete Formen, welche sich insoferne der Masse der südlichen Flora gegenüber fremdartig erweisen, als sie durch Trockenheit entweder oder durch Winterkälte leiden, demnach als Reste einer früheren Vegetation angesehen werden, wie auch die nordischen und alpinen Formen, welche auf den niedrigen Bergzügen und in der Ebene in lückenhafter Verbreitung jetzt in dem Gebiete der europäischen und amerikanischen Flora vorkommen, sich als Reste einer ausgedehnteren Vegetation der Glacialzeit erweisen, auf welche beide Verhältnisse bei Besprechung der einzelnen Reste wiederholt von mir hingewiesen ist, wie auch darauf, dass ein grosser Theil der Tertiärflora durch sie ihren Untergang finden musste, wenn die nordischen Gletscher bis zu den Bergzügen Mitteldeutschlands, die Gletscher der Alpen über das Donauthal, die Gletscher der Südalpen in die lombardische Ebene und in das Rhonethal vordrangen. So konnten nordische und alpine Formen bedeutend an Terrain gewinnen, an geeigneten Lokalitäten sich erhalten, anderseits war aber auch die Möglichkeit gegeben, dass nach dem Zurückgehen der Gletscher, wenn Glieder der Tertiärflora sich erhielten, diese einen Theil des verlorenen Terrains wieder einnahmen, vorausgesetzt, dass sie ihre vollständige Entwicklung durchliefen, resp. reife Samen producirten. Unsere Gärten und Anlagen enthalten eine nicht geringe Anzahl von Formen, welche in diese Kategorie gehören, diese Bedingungen erfüllen und noch Glieder unserer Vegetation wären, wären sie in der Lage gewesen, rechtzeitig in das verlorene Terrain einzuwandern. In den beifolgenden Tabellen habe ich diese Verbreitung der tertiären Formen zusammengestellt.

(Tabellen siehe S. 812—819.)

Unter den Coniferen des Oligocäns ist zunächst hervorzuheben das Auftreten von *Gingko* (*Salisburia*) *adiantoides* Heer aus der Gruppe der *Taxaceen*, welche mit dem oberen Miocän aus Europa verschwindet, jetzt noch in Japan und China, wie es scheint, nicht ohne Zuthun des Menschen sich erhalten hat. Was sonst noch aus dieser Gruppe als *Taxites* und *Podocarpus* beschrieben ist, kann dieser angehören, *Taxus* und *Podocarpus* demnach Glieder der europäischen Tertiärflora gewesen sein, wie *Torreya* und *Cephalotaxus*, wenn wir die Verbreitung der recenten Arten entscheiden lassen. Die Reste selbst geben uns darüber keinen sicheren Aufschluss, insbesondere auch desshalb, weil Blätter mit durchaus ähnlichem Umriss bei der Untersuchung der Structur ihrer Epidemis als gänzlich verschieden sich erwiesen. Wahrscheinlicher ist das Vorkommen von *Podocarpus* (*P. Campbelli*) im Eocän von Ardtun auf Mull. Für das Vorhandensein von *Araucarieen* haben wir keine sicheren Nachweise in Europa und Nordamerika, für Tasmanien liegt *Araucaria Johnstoni* Ferd. v. Müller vor. Aus den *Taxodineen* sind *Sequoia Couttsiae* Heer, *S. Langsdorfi* Heer, *Glyptostrobus europaeus* Heer, *Taxodium distichum miocenum* Heer Bewohner Europas, während *Cryptomeria Sternbergi* Gard. das Eocän nicht überschreitet. Zweifelhaft ist das Vorkommen von *Sciadopitys* oder einer verwandten Gattung, da die als *Sciadopitytes* Göppert beschriebenen Blätter nichts weniger als beweisend sind. Unter den *Cupressaceen* fehlt es nicht an Resten, welche mit Recht in diese Gruppe gestellt sind, so *Callitris Brongniarti* Endl., *Libocedrus salicornioides* Heer, *L. Sabiniana* Heer, *Biota borealis* Heer, *Chamaecyparis europaea* Sap., *Widdringtonia brachyphylla* Sap., *W. helvetica* Heer, *W. antiqua* oder einer nahe verwandten Gattung. Neben ihnen finden sich Reste, welche weniger gesichert als *Thuja*, *Thuyites*, *Cupressus* und *Juniperus* beschrieben sind.

Reste der *Abietaceen* sind im Oligocän in ziemlich grosser Anzahl vorvorhanden, so dass bei dem Vorhandensein von Zapfen, Zapfenschuppen und Blättern ihre Existenz nicht fraglich sein kann. Zunächst sei *Pinus Lopatini* erwähnt, dessen Schuppen in Sibirien gefunden, die grosse Verbreitung der Gattung bezeugen, welche heute im Mittelmeergebiet zerstreut vorkommend durch diesen Fund auf den früheren Zusammenhang mit dem Himalaya hinweist. *Abies*, *Pinus*, *Larix* lassen sich ebenfalls in einzelnen Resten nachweisen, aber man muss sich gestehen, dass die Combinationen bei den Kiefern zum grossen Theile insoferne fraglich sind, als wir nur selten in der Lage sind, die Zusammengehörigkeit von Nadeln und Zapfen nachzuweisen, sodann es nicht immer möglich ist, die Zahl der Nadeln an den Kurztrieben sicher anzugeben. Bei recenten Arten hat dies keine Schwierigkeit, da wir die Variation und das Abfallen beurtheilen können, bei den fossilen Resten fehlt es uns an Anhaltspunkten. Den geringsten Werth haben die mit Zapfen und Blättern vereinigten Samen in Folge ihrer Transportfähigkeit, wobei sie mit den verschiedenartigsten Resten vergesellschaftet werden konnten. So sind es hauptsächlich die Zapfen, welche benutzt werden müssen, welche darauf hinweisen, dass die Gruppen *Pinaster*, *Pinea*, *Taeda* und *Strobus* vertreten waren, *Cembra* jedoch zu fehlen scheint. Durch den Reichthum an Arten zeichnet sich das Tertiär Südfrankreichs, Aix, Armissan, aus, sehr arm an Arten ist das nordamerikanische Tertiär. Für die Miocänzeit sind die nämlichen Formen herrschend, zum Theile in noch ausgedehnterer Verbreitung.

Fossile Arten	Formation		Vorkommen		Verwandte recente Arten	Verbreitung der verwandten recenten Arten
	Kreide	Tertiär	Europa	Amerika		
Gymnospermae						
Cycadaceae						
Cycas Stenstrupi Heer	K	—	—	Grönland	*Cycas revoluta* L.	Japan
Encephalartos					*Encephalartos*	
Gorceixii Sap.	—	T.	Kumi	—	*Lehmanni*	Capland, Sansibar
Coniferae						
Taxaceae						
Gingko adiantoides Heer	—	T.	Verbreitung von Italien bis Sachalin und Grönland		*Gingko biloba* L.	China, Japan
Taxodineae						
Sequoia						Pacifisches Nordamerika
Couttsiae Heer	—	T.	weit verbreitet im Tertiär	—	*S. gigantea* Torrey	
S. Langsdorfi Heer	—	T.	weit verbreitet bis in die arctische Region		*S. sempervirens* Lamb.	„ „
Taxodium distichum L., *miocenum* Heer	—	T.	weit verbreitet in Europa und Nordamerika bis in das Pliocän		*T. distichum* Rich.	südliche Staaten des atlantischen Nordamerika
Cryptomeria Sternbergi Gardn.	—	T.	Ballypalady, Antrim, Insel Mull	—	*C. japonica* Sieb. et Zuccar.	Japan
Glyptostrobus europaeus Unger	—	T.	verbreitet im Tertiär bis in das Pliocän	—	*Glyptostrobus heterophyllus* Brongn.	China
Cupressaceae						
Callitris Brongniarti Endl.	—	T	verbreitet im Tertiär bis in das Pliocän	—	*Callitris quadrivalvis* Vent.	westliches Nordafrika
Libocedrus salicornioides Unger	—	T	bis in das obere Miocän	—	*Libocedrus chilensis* Endl.	Chile
Chamaecyparis europaea Sap	—	T.	unteres Oligocän, Aix	—	*Chamaecyparis* sp.	Japan, pacif. Nordamerika
C. massiliensis Sap.	—	T.	„ „ „	—	*Chamaecyparis* sp.	„ „ „
Biota borealis Heer	—	T.	—	Grönland	*Biota orientalis* Endl.	China, Japan
Cupressus Pritchardi Gardner	—	T.	Ballypalady, Antrim, Insel Mull	—	*Cupressus* spec.	Innerasien
Araucarieae						
Doliostrobus Sternbergi Marion	—	T.				
Abietaceae						
Pinus (Cedrus) Lopatini Heer	—	T.	Simonowa, Sibirien	—	*Pinus (Cedrus) Deodara*	Himalaya
Angiospermae						
Monocotylae						
Dracaena Brongniarti Sap.	—	T.	unteres Oligocän, Aix	—	*Dracaena Draco* L.	Canarische Inseln

Dracaena narbonensis Sap.	—	T.	unteres Oligocän, Aix	—	*Dracaena Draco* L.	Canarische Inseln
Smilax sagittifera Massal.	—	T.	Sinigaglia, oberes Miocän	—	*Smilax aspera* L.	Mediterrangebiet
Smilax Cocchiana Massal.	—	T.	Sinigaglia, oberes Miocän	—	*Smilax mauritanica* Desf.	Mittelmeergebiet
Smilax Targionii Gaud.	—	T.	Tuffe von Toscana, Pliocän	—	*Smilax canariensis* Willd.	Canarische Inseln
Chamerops helvetica Heer	—	T.	Tertiär der Schweiz, Sachsen	—	*Chamaerops humilis* L.	Sicilien, Südspanien, Algier
Phoenicites spectabilis Unger	—	T.	Radoboj	—	*Phoenix dactylifera* L.	Afrika, südlich des Atlas, vom 18.—30° N. Br. vom Senegal bis zum Indus
Phoenicites borealis Friederich	—	T.	Oligocän von Aschersleben	—	*Phoenix dactylifera* L.	Afrika, südlich des Atlas, vom 18.—30.° N. Br vom Senegal bis zum Indus
Phoenix italica Vis.	—	T.	Oberitalien	—	*Phoenix dactylifera* L.	Afrika, südlich des Atlas, vom 18.—30.° N. Br vom Senegal bis zum Indus
Sabal major Unger	—	T.	Oligocän bis mittl. Miocän	Florissant	*Sabal umbraculifera* Jacq.	Westindien
Acorus brachystachys Heer	—	T.	—	Grönland	*Acorus gramineus*	Japan
Lemna pedicellata Lesq.	—	T.	—		*Lemna*	
Pistia	—	T.				
Arundo aegyptia antiqua Sap.	—	T.	Pliocän von Vacquières	—	*Arundo aegyptia*	Nordafrika
Bambusa lugdunensis Sap.	—	T.	„ „	—	*Bambusa mitis* Poir.	Japan, China
Ottelia parisiensis Sap.	—	T.	unteres Eocän von Paris	—	*Ottelia* Pers.	Madagascar
Dicotylae						
Betulaceae						
Alnus Aymardi Sap.	—	T.	Pliocän von Ceyssac	—	*Alnus glutinosa* L.	Europa, Asien
A. orbicularis Sap.	—	T	Cantal	—	*A. glutinosa* L.	„ „
Alnus Kefersteinii Göpp.	—	T.	Wetterau	—	*Alnus incana* L.	„ „
Alnus Sporadum Unger	—	T	Manosque, Kumi	—	*Alnus subcordata* C. A. Meyer	Kaukasus
Betula macrophylla Göpp.	—	T	Island	—	*Betula alba* L.	Europa, Asien, Nordamerika
Betula Dryadum Brongn.	—	T.	Armissan	—	*Betula lenta* Willd.	Atlantisches Nordamerika
Ostrya oeningensis Heer	—	T	oberes Miocän von Oeningen	—	*Ostrya carpinifolia*	Süd- und Osteuropa bis in die südlichen Alpenthäler bis zum Taurus und Armenien,
Carpinus Neilreichii Kovats	—	T.	Erdöbenye	—	*Carpinus duinensis* Scop.	Südeuropa bis Persien
Carpinus pyramidalis Gaud.	—	T	Montajone	—	*Carpinus Betulus*	Südeuropa bis Südengland und Südschweden durch Ost- und Südrussland nach Nordpersien
Corylus insignis Heer	—	T.	verbr. im Tertiär, Cantal, Niac	—	*Corylus*	
Corylus Mac Quarii Heer	—	T	verbreitet im Tertiär	—	*Corylus Colurna* L.	Osteuropa

Fossile Arten	Formation		Vorkommen		Verwandte recente Arten	Verbreitung der verwandten recenten Arten
	Kreide	Tertiär	Europa	Amerika		
Fagus Marsiglii Massal.	—	T	Sinigaglia	—		Von Nordspanien bis Schottland, Schweden, durch Ostpreussen, Volhynien, den Kaukasus nach Kleinasien
Fagus sylvatica L. var. *pliocenica* Sap.	—	T.	Cantal	—	*Fagus sylvatica* L.	
F. sylvatica L. var. *ceretana* Rerolle	—	T.	Cerdagne	—		
Castanea Ungeri Heer	—	T.		—	*Castanea vulgaris* L. *Castanea americana* L.	Europa, Asien, Nordamerika
Castanopsis chrysophylloides Lesq.	—	T.	—	Chalkbluffs, Sierra Nevada	*Castanopsis chrysophylla* A. DC.	Südcalifornien
Dryophyllum Debey	K.	T.	jüngere Kreide von Aachen etc., unteres Eocän von Gelinden	Dakotah, Nebraska	*Castanopsis*	
Quercus						Vorfahr von *Quercus* der Tropen
Juglans acuminata A. Br.	—	T.	Tertiär der Wetterau	—	*Juglans regia* L.	Nordgriechenland, Transkaukasien bis Ostindien, Birma, Nordchina, Japan
Juglans minor Sap. et Marion	—	T.	Pliocän von Meximieux	—	*Juglans nigra* L.	Atlantisches Nordamerika
Juglans tephrodes Unger	—	T.	Pliocän, oberes Pliocän, Frankfurt, Wetterau	—	*Juglans cinerea* L.	» »
Carya elaenoides Unger	—	T.	Miocän	—	*Carya olivaeformis* Michx.	» »
Carya Heerii Ettingsh.	—	T.	»	—	*Carya aquatica* Michn.	» »
Carya maxima Sap.	—	T	Pliocän des Cantal	—	*Carya alba* Nutt.	» »
Pterocarya denticulata Heer	—	T	Miocän	—	*Pterocarya caucasica* C.A.M.	Transkaukasien, Nordpersien
Engelhardtia (*Palaeocarya* Sap.)	—	T.	Miocän Süd- und Mitteleuropa's	—	*Engelhardtia* spec.	Himalaya, Nepal bis Malacca und indischem Archipel
Myrica acutiloba Brongn.	—	T.	Miocän	—	*Myrica asplenifolia* Rich	Atlantisches Nordamerika
Populus leucophylla Unger	K.	T.	Pliocän von Gleichenberg, der Cerdagne	—	*Populus alba* L.	Europa, Nordafrika bis zum Altai und Himalaya
Populus latior A. Br.	—	T.	verbreitet im Miocän	—	*P. canadensis* L.	Atlantisches Nordamerika
Populus Heliadum Unger	—	T.	Radoboj	—	*Populus tremula* L.	Europa, Nordafrika, Inner- und Ostasien
Populus mutabilis Heer	—	T.	im oberen Miocän verbreitet	—	*Populus euphratica* Oliv.	Algier, Jordan- und Euphratthal, Amu-Darja, von der transkaspischen Region bis in die Dsungarei

Populus Richardsoni Heer	—	T	Spitzbergen	Makenzieriver Grönland	*Populus tremuloides* Willd.	Atlantisches Nordamerika bis Sachalin
Populus balsamoides Göpp.	—	T	Schossnitz	—	*Populus laurifolia* Ledeb.	Rocky Mountains
Salix Lowii Heer	—	Quartär	Quartär von St. Jorge auf Madera	—	*Salix canariensis*	Madera
Salix aquensis Sap.	—	T.	Unteres Oligocän von Aix	—	*Salix capensis* Thbg.	Capland
Salix demersa Sap.	—	T	„ „ „ „	—	*Salix suaveolens* Anders.	Himalaya
Salix retinervis Sap.	—	T.	„ „ „ „	—	*Salix Sassaf* Forsk.	Nilthal
Salix Lavateri Heer	—	T	Oberes Miocän	—	*Salix fragilis* L.	Europa
Salix varians Göpp.	—	T.	Schossnitz, oberes Miocän	—	*Salix amygdalina* L.	„
Salix macrophylla Heer	—	T.	Oberes Miocän, Oeningen	—	*Salix pedicellata* Desf.	Unteritalien, Sicilien, Südspanien
Salix nympharum Gaud.	—	T.	Pliocän des Val d'Arno	—	*Salix cinerea* L.	
Salix subviminalis Sap.	—	T.	Pliocän von Velay	—	*Salix viminalis* L.	Europa
Salix subaurita Göpp.	—	T.	Ob. Miocän von Schossnitz	—	*Salix aurita* L.	„
Salix integra Göpp.	—	T.	„ „ „ „	—	*Salix repens* L.	„
Planera Ungeri Ettingsh.	—	T.	im Tertiär verbr bis Pliocän	—	*Planera Richardi* Mich.	„
Ulmus protociliata Sap.	—	T.	Oberes Miocän von Wangen	—	*Ulmus effusa* Ehrh.	Transkaukasien, Nordpersien
Ulmus palaeomontana Sap.	—	T.	Pliocän von Ceyssac	—	*Ulmus montana* Sm.	Europa
Ulmus Braunii Heer	—	T.	verbreitet in dem Tertiär	—	*Ulmus campestris* L.	„
Celtis bignonioides Göpp.	—	T.	Ob. Miocän von Schossnitz	—	*Celtis australis* L.	„
Celtis Hyperionis Unger	—	T.	Pliocän von Frankfurt a. M.	—	*Celtis occidentalis* L.	Atlantisches Nordamerika
Celtis trachytica Ettingsh.	—	T.	Ob. Miocän von Tallya, Ungarn	—	*Celtis Tourneforti* Lam.	
Polycarpicae						
Cinnamomum, Blüthen	—	T	Bernstein, Samland. Oligocän	—	*Cinnamomi* spec.	Tropisches Asien
Cinnamomum lanceolatum Unger	—	T		—	*Cinnamomum Henrici* Sap.	China
Cinnamomum Scheuchzeri Heer	—	T.		—	*Cinnamomum pedunculatum* Heer	Japan
Cinnamomum rotundatum Sap.	—	T.		—	*Cinnamomum sericeum* Sieb. et Zuccar.	„
Cinnamomum polymorphum Heer	—	T.		—	*Camphora officinarum* Heer	China
Laurus nobilis L. var *pliocenica* Marion	—	T.	Pliocän von Valentine bei Marseille	—	*Laurus nobilis* L.	Mittelmeergebiet
Sassafras Ferretianum Massal.	—	T.	Oberes Miocän	—	*Sassafras officinale* Nees	Atlantisches Nordamerika
Sassafras Ferretianum Massal. var. *pliocenica* Sap.	—	T.	Pliocän des Cantal	—	*Sassafras officinale* Nees	„ „
Oreodaphne Heerii Gaud.	—	T.	Pliocän Italiens u. Frankreichs	—	*Oreodaphne foetens* Nees	Canarische Inseln
Benzoin latifolium Sap.	—	T.	Pliocän des Cantal	—	*Benzoin aestivale* Nees	Atlantisches Nordamerika
Trianthera eusideroxyloides Cnw.	—	T.	Bernstein, Samland	—	*Trianthera* spec.	Trop. Asien
Liriodendron Procaccini	—	T.	vom Miocän bis in das Pliocän	—	*Liriodendron tulipifera* L.	Atlantisches Nordamerika, eine zweite Art in China

Fossile Arten	Formation		Vorkommen		Verwandte recente Arten	Verbreitung der verwandten recenten Arten
	Kreide	Tertiär	Europa	Amerika		
Magnolia fraterna Sap. et Mar	—	T.	Pliocän von Meximieux	—	*Magnolia grandiflora* L.	Atlantisches Nordamerika, Arten in China und Japan
Dipterocarpus Verbeckiana Heer	—	T	Sumatra	—	*Dipterocarpus* spec.	Trop. Asien
Elaeocarpus Albrechti Heer	—	T	Samland	—	*Elaeocarpus* sp.	Entfernter Vorfahr
Tilia Mastaiana Massal.	—	T	Oberes Miocän, Sinigaglia,	—	*Tilia parvifolia* Ehrh.	Europa
Tilia Vidalii Rerolle	—	T	Pliocän der Cerdagne	—	*Tilia argentea* Desf.	Osteuropa
Tilia expansa Sap.	—	T.	Pliocän von Meximieux, des Cantal	—	*Tilia americana* Vent.	Atlantisches Nordamerika
Dictamnus major Sap.	—	T	Pliocän des Cantal	—	*Dictamnus Fraxinella* Pers.	Süd- und Westeuropa bis Nordchina und Japan
Dictamnus Fraxinella Pers.	—	T.	Pliocän von Mogi	—	*Dictamnus Fraxinella* Pers.	Japan
Ptelea macroptera Kovats	—	T	Ob. Miocän, Tallya, Ungarn	—	*Ptelea trifoliata* L.	Atlantisches Nordamerika
Ailanthus Confucii Unger	—	T.	Oligocän, Miocän	—	*Ailanthus glandulosa* L.	China, Japan
Pistacia miocenica Sap.	—	T.	Armissan	—	*Pistacia Terebinthus* L.	Mittelmeergebiet
Pistacia oligocenica Marion, *P. narbonnensis* Marion	—	T	Ronzon, Marseille	—	*Pistacia Lentiscus* L.	•
Pistacia Phaeacum Heer	—	T.	Quartär von St. Jorge, Madera	—	*Pistacia atlantica* Desf.	Madera, Nordafrika
Rhus palaeocotinus Sap	—	T.	Aix			
Rhus antilopum Unger	—	T.	Kumi	—	*Rhus Cotinus* L.	Süd- und Osteuropa bis China
Rhus orbiculata Heer	—	T	Albis bei Zürich	—		
Rhus atavia Schenk nec Sap	—	T.	Tertiär von Canton, China	—	*Rhus semialata* Murr.	China, Japan, Ostindien
Rhus abbreviata Sap	—	T.	Aix	—	*Rhus coriaria* L.	Mediterangebiet
Rhus Noeggerathi O. Weber	—	T	Tertiär von Bonn	—	*Rhus typhina* L.	Atlantisches Nordamerika
Coriaria lanceolata Sap.	—	T	Pliocän von Thezières	—	*Coriaria myrtifolia* L.	Mittelmeergebiet
Coriaria longaeva Sap.	—	T	Oberes Oligocän von Armissan	—	*Coriaria myrtifolia* L.	Mittelmeergebiet, entfernter Vorfahr
Koelreuteria oeningensis Heer	—	T	Oberes Miocän der Schrotzburg	—	*Kölreuteria paniculata*	China
Sapindus falcifolius Heer	—	T	Oeningen, oberes Miocän	—	*Sapindus marginatus* Willd.	südliche Staaten des atlantischen Nordamerika, Texas
Aesculus (Pavia) salinarum Unger	—	T.	Pliocän von Wieliczka	—	*Aesculus* spec.	Atlantisches Nordamerika
Staphylea acuminata Lesq.	—	T.	—	Florissant	*Staphylea trifoliata* *St. Bumalda* Sieb. et Zucc.	Atlantisches Nordamerika, Japan
Acer trilobatum A Br.	—	T.	Miocän, Pliocän	—	*Acer rubrum*	Atlantisches Nordamerika

Acer crenatifolium Ettingsh., *A. brachyphyllum* Heer	—	T	Miocän, Pliocän	—	*Acer Pseudoplatanus* L.	Europa
Acer polymorphum pliocenicum Sap	—	T.	Pliocän von Thezières	—	*A. polymorphum* Sieb et Zuccar.	Japan
Acer (Negundo) trilobum Newb.	—	T.	Fort Union		*Acer Negundo* L	Atlantisches Nordamerika
Acer Bolanderi Lesq.	—	T.	—	Table Mountains, Californ., Pliocän	*Acer grandidentatum*	Pacifisches Nordamerika
Acer paleocampestre Ettingsh					*Acer campestre* L.	
Acer crassinervium Ettingsh	—	T.	bis in das Pliocän	—	*Acer monspessulanum* L.	Europa
Acer laetum pliocenicum Sap.	—	T.	Pliocän des Cantal, Meximieux	—	*Acer laetum* C. A. Meyer	Kaukasus
Acer integerrimum Viv.	—	T.	oberes Miocän von Sinigaglia, Oberitalien, Erdöbenye	—	*Acer platanoides* L	Europa
Acer palaeosaccharinum Stur.	—	T.	oberes Miocän, Ungarn	—	*Acer saccharinum*	Atlantisches Nordamerika
Acer tenuilobatum Sap.	—	T.	Oligocän von Manosque	—	*Acer villosum*	„ „
Ilex Falsani Sap et Marion	—	T.	Pliocän von Meximieux	—	*Ilex balearia* Desf.	Balearen
Ilex canariensis var *pliocenica* Sap. et Marion	—	T.	„ „ „	—	*Ilex canariensis* Webb. et Berth.	Canarische Inseln
Ilex Hartungi Heer	—	T.	Tuffe von St. Jorge, Madera	—	*Ilex canariensis* Webb. et Berth.	Madera
Berchhemia multinervis Heer	—	T.	Miocän verbreitet	—	*Berchhemia volubilis*	südliche Staaten des atlant. Nordamerika, Mexico
Paliurus Thurmanni Heer	—	T.	oberes Miocän, Oeningen	—	*Paliurus aculeatus* L.	Mittelmeergebiet
Zizyphus protolotus Heer	—	T.	„ „ „	—	*Zizyphus Lotus* L.	„
Zizyphus Ungeri Heer	—	T.	verbreitet im Tertiär	—	*Zizyphus sinensis* Lam.	China, entfernterer Vorfahr
Zizyphus ovata Weber	—	T.	Bonn	—	*Zizyphus vulgaris* L.	Mittelmeergebiet, entfernterer Vorfahr
Vitis salyorum Sap. et Marion	—	T	Pliocän, Valentine b. Marseilles	—	*Vitis vinifera* L. var.	Mittelmeergebiet
Vitis praevinifera Sap.	—	T.	oberes Miocän von Charray	—		
Vitis subintegra Sap. et Mar	—	T.	Pliocän von Meximieux	—		
Buxus pliocenica Sap. et Mar	—	T.	„ „ „	—	*Buxus sempervirens* L.	Ost-, Süd- und Westeuropa, Südengland
Hedera Maccluri Heer	—	T.	Spitzbergen, Grönland	—	*Hedera Helix* L. var. *hibernica* Makoy	Irland
Cornus Büchii Heer	—	T.	Oeningen, oberes Miocän	—	*Cornus florida* L.	Atlantisches Nordamerika
Cornus Studeri Heer	—	T.	„ „ „	—	*Cornus sanguinea* L.	Europa
Liquidambar pliocenicum Geyl.	—	T.	Frankfurt a. M. nach Kinkelin und Geyler	—	*Liquidambar* spec.	Atlantisches Amerika, Kleinasien
Liquidambar europaeum A. Br.	—	T.	im Tertiär bis in das Pliocän	—	*Liquidambar styraciflua* L.	Atlantisches Nordamerika
Liquidambar protensum Unger	—	T.	Parschlug, Hohe Rhonen	—	*Liquidambar orientale* Mill.	Kleinasien

Fossile Arten	Formation		Vorkommen		Verwandte recente Arten	Verbreitung der verwandten recenten Arten
	Kreide	Tertiär	Europa	Amerika		
Platanus aceroides Göpp.	—	T.	vom Miocän bis in das Pliocän	—	*Platanus occidentalis* L. *Platanus orientalis* L.	Atlantisches Nordamerika, Kleinasien, Osteuropa
Fothergilla Ungeri Kovats	—	T.	oberes Miocän, Schossnitz, Erdöbenye	—	*Fothergilla alnifolia* Pursh.	Atlantisches Nordamerika
Parrotia gracilis Heer	—	T.	Samland	—	*Parrotia persica*	Transkaukasien, Nordpersien
Hamamelidanthium Conw.	—	T.	Bernstein, Samland	—	*Hamamelis* spec.	Japan, Nordamerika
Trapa Heerii v. Fritsch	—	T.	Pliocän von Rippersrode	—	*Trapa natans* L.	Europa, Asien
Terminalia pannonica Unger	—	T.	Sotzka	—	*Terminalia Brownei* Fres.	Abessinien
Eucalyptus Geinitzii Heer	K.	—	Grönland, Böhmen	—	*Eucalyptus* spec.	Neuholland, entfernter Vorfahr
Eucalyptus haeringiana Ettingsh.	—	T.	unteres Oligocän von Häring	—	*Eucalyptus* spec.	» » »
Myrtus Veneris Gaud.	—	T	Pliocän von Gaville, Toscana	—	*Myrtus communis* L.	Mediterrangebiet
Punica Planchoni Sap. et Mar.	—	T.	Pliocän von Meximieux	—	*Punica Granatum* L.	Mittelmeergebiet bis Centralasien
Fragaria Halleri Stur	—	T.	oberes Miocän, Wien	—	*Fragaria* spec.	Europa
Pirus (Sorbus) puzzolenta Gaud.	—	T.	oberes Miocän	—	*Sorbus Aria* L.	»
Pirus (Sorbus) Aria var. *Perollana* Gaud.	—	T.	Quartär von Perolla, Toscana	—	*Sorbus Aria* L.	»
Crataegus oxyacanthoides Göpp.	—	T	oberes Miocän von Schossnitz, Pliocän von Ceyssac	—	*Crataegus Oxyacantha* L.	»
Crataegus palaeopyracantha Sap.	—	T.	Manosque	—	*Crataegus Pyracantha* L.	Mediterrangebiet, entfernterer Vorfahr
Robinia Regeli Heer	—	T.	oberes Miocän, Oeningen	—	*Robinia* spec.	Atlantisches Nordamerika
Cercis virgiliana Massal.	—	T.	oberes Miocän von Sinigaglia	—	*Cercis siliquastrum* L.	» »
Ceratonia emarginata Heer	—	T.	oberes Miocän, Oeningen	—	*Ceratonia Siliqua* L.	Mittelmeergebiet
Gymnocladus macrocarpa Sap.	—	T.	Manosque	—	*Gymnocladus canadensis* L.	Atlantisches Nordamerika
Gleditschia allemanica Heer	—	T	oberes Miocän, Oeningen	—	*Gleditschia* spec.	Nordamerika, caspische Region bis Nordchina
Mimosaceae		T			*Acaciae*, *Parkiae*, *Prosopidis* spec.	Pacifisches Nordamerika, Nordafrika durch Asien bis Ostasien
Patzeae spec.	—	T.	Samland, Bernstein	—	*Arceuthobium*	Nordamerika, Mexico, Mittelmeergebiet, westliches Asien
Andromeda imbricata Conw. *Andromeda primaeva* Conw. *Andromeda Göpperti* Conw.	—	T.	Bernstein, Samland	—	*Cassiope* spec.	

Clethra Berendtii Casp.	—	T	Bernstein, Samland	—	*Clethra* spec.	Atlantisches Nordamerika, Westindien, Mexico, Chile, canarische Inseln, Japan, malayischer Archipel, Brasilien.
Monotropa microcarpa Heer	—	T.	Oeningen, oberes Miocän	—	*Montropa* spec.	Atlant. Nordamerika, Mitteleuropa, Asien, Japan, China.
Diospyros brachysepala Heer	—	T	im Miocän verbreitet	—	*Diospyros Lotus* L.	Mittelmeergebiet, entfernter Vorfahr
Diospyros Prololotus Sap. et Mar	—	T.	Meximieux	—	*Diospyros Lotus* L.	Mediterangebiet
Symplocos Bureauana Sap.	—	T.	unteres Eocän, Sezanne	—	*Symplocos* spec.	Amerika, Asien, entferntere Vorfahren
Symplocos subspicata Fried.	—	T.	unteres Oligocän, Eisleben	—	*Symplocos*	
Styrax Fritschii Fried.	—	T.	„ „ „	—	*Styrax* spec.	Amerika, Mittelmeergebiet, China, Japan
Styrax boreale Unger	—	T.		—	*Styrax officinale* L.	Mittelmeergebiet, entfernterer Vorfahr
Olea grandaeva Sap.	—	T.	Pliocän, Cantal	—	*Picconia excelsa* A DC.	Canarische Inseln
Olea proxima Sap.	—	T.	Aix, unteres Oligocän	—	*Olea europaea* L.	Mittelmeergebiet
Fraxinus gracilis Sap.	—	T.	Pliocän, Ceyssac	—	*Fraxinus oxyphylla* MB.	„
Fraxinus stenoptera Heer	—	T.	Oeningen, oberes Miocän	—	*Fraxinus Bungeana* A. DC.	Japan, China
Fraxinus juglandina Sap.	—	T.	Manosque, Oligocän	—	*Fraxinus Ornus* L.	Mittelmeergebiet, entfernterer Vorfahr
Fraxinus arvernensis Sap.	—	T.	Pliocän von Munt	—	*Fraxinus juglandifola* Lam.	Atlantisches Nordamerika
Fraxinus ulmifolia Sap.	—	T.	Manosque, Oligocän	—	*F. australis* Gay.	Mediterrangebiet
Nerium Oleander L., *pliocenicum* Sap. et Mar.	—	T.	Pliocän von Meximieux, Valentine	—	*Nerium Oleander* L.	Mittelmeergebiet
Nerium sarthacense Sap.	—	T	unteres Eocän der Sarthe	—	*Nerium Oleander* L.	Mittelmeergebiet, entfernterer Vorfahr
Nerium parisiense Sap.	—	T.	unteres Eocän von Paris	—	*Nerium odorum* L.	Malayischer Archipel, entfernterer Vorfahr
Porana oeningensis Heer	—	T	oberes Miocän, Oeningen		*Porana volubilis*	Mittelamerika
Catalpa microsperma Sap.	—	T.	unteres Oligocän von Aix	—	*Catalpae* spec.	Ostasien, Japan, China, atlant. Nordamerika,
Catalpa palaeosperma Sap.	—	T.	„ „ „ „	—		
Catalpa crassifolia Newb.	—	T.	—	Nordamerika		
Viburnum spec.	—	T.	Oligocän bis Pliocän	—	*Viburni* spec.	Ostasien bis Nordamerika

Aus den Monocotylen hebe ich zuerst die durch ihre Blätter und Stammrinde erkennbaren Reste des südfranzösischen Tertiär von *Dracaena* hervor, der canarischen *Dracaena Draco L.* verwandt, in Europa jetzt fehlend, die Gattung im Westen Afrika's die Canaren als nördlichsten Punkt erreichend. Eine unzureichend bekannte, hinsichtlich ihrer Stellung zweifelhafte Gattung des südfranzösischen Tertiär ist *Rhizocaulon* Sap., von Dr. Vater auch im Oligocän Braunschweigs nachgewiesen, an welche sich dann Reste der Aroideen reihen, *Acoropsis* Conwentz, aus dem Bernstein des Samlandes, *Acorus* aus dem grönländischen, *Pistia* aus dem nordamerikanichen Tertiär, ferner *Smilax, Iris, Typha, Sparganium*, *Arundo* und *Potamogeton*. Die bis jetzt bekannten Reste sind beinahe nur Blätter, die Bestimmungen desshalb wenig gesichert, wenn man freilich nicht bezweifeln kann, dass die Gattungen existirt haben können. Was fehlt, ist die Sicherheit ihrer Feststellung.

Relativ vollständiger sind die Reste der Dicotylen erhalten und sind sie es, welche neben einem Theile der Coniferen die Unterlage für die von mir vertretene Ansicht liefern. Betulaceen (*Alnus, Betula*), Cupuliferen (*Corylus, Carpinus, Ostrya, Fagus, Castanea, Quercus*), Myricaceen (*Comptonia*), Salicaceen (*Salix, Populus*), Ulmaceen (*Ulmus, Microptelea, Planera*), Celtideen (*Celtis*), Juglandaceen (*Juglans, Carya, Pterocarya, Engelhardtia*), Artocarpeen (*Ficus*), *Lauraceen* (*Cinnamomum, Laurus*). *Sapindaceen* (*Sapindus, Aesculus*), *Aceraceen* (*Acer*), *Araliaceen, Anacardiaceen* (*Rhus, Heterocalyx, Pistacia*) Nymphaeaceen, Myrtaceen (*Myrtus*), Buxaceen (*Buxus*), Leguminosen (*Colutea, Robinia, Ceratonia, Gleditschia, Cercis, Podogonium* Heer), Cornaceen (*Cornus, Nyssa*), Oleaceen (*Olea, Fraxinus*), Bignoniaceen (*Catalpa*), Loniceraceen (*Viburnum*) sind Gattungen, deren Existenz im Tertiär mit Sicherheit behauptet werden kann, deren Verbreitung durchgängig der oben erwähnten Zone angehört. Den genannten Formen dürfen wir unzweifelhaft noch die *Mimosaceen* beifügen, meines Erachtens muss man neben der Gattung *Acacia* noch jene Gattungen anreihen, welche wie *Prosopis*, *Parkia* durch ihre Blätter den Acacia-Arten ähnlich in ihrer Verbreitung den Eingangs genannten Formen entsprechen.

Die Vegetation der Miocänzeit hat mit jener der Oligocänzeit viel Uebereinstimmendes, was sie auszeichnet ist die Zunahme der Arten, wenigstens nach der üblichen Unterscheidungsweise, das Verschwinden eines Theiles der vorhandenen Arten, das Auftreten neuer. Unter den Gymnospermen hebe ich das Auftreten der letzten Cycadeen in Europa hervor, welche von da gänzlich verschwanden, *Zamites epibius* Sap. von unsicherer systematischer Stellung mit *Zamia* ähnlichen Blättern, sodann *Encephalartos Gorceixianus* Sap. von Kumi, ebenfalls nur Blätter, aber durch die Form der Fiederblätter die Verwandtschaft mit jenen des afrikanischen *Encephalartos Lehmanni* verrathend. Unter den Monocotylen ist hervorzuheben, dass die Familie der Palmen nördlich von den Alpen nicht mehr vorkömmt, was auf eine klimatische Aenderung hinweist, welche ihr Gedeihen unmöglich machte, während ihre Reste wie *Palmacites Daemonorops* und die an den gleichen Fundorten vorkommenden Palmenstämme ihr nicht seltenes früheres Vorkommen beweisen. Was wir aus dieser Periode von Palmenresten kennen, rührt von der Südseite der Alpen her und entspricht etwa der gegenwärtigen Nordgrenze in Europa. Unter den Dicotylen erwähne ich zwei Pappelarten, die eine, *Populus mutabilis* Heer, der von Nordafrika bis in die Dschungarei verbreiteten *P. euphratica* Oliver und die Stammart dieser, die andere *P. latior*, mit *P. canadensis* verwandt. Es fehlt nicht an den Familien des Oligocäns, wie Lauraceen, Magnoliaceen, Vitaceen, Tiliaceen, von Gattungen seien erwähnt *Fothergilla, Parrotia, Acer, Ailanthus, Aesculus, Cercis, Gymnocladus, Micropodium, Podogonium, Diospyros, Fraxinus, Olea, Nerium, Viburnum.* Je mehr wir der Periode des oberen Miocäns uns nähern, um so mehr verschwinden die einer wärmeren Zone angehörigen Formen und treten jene der gemässigten wärmeren Zone auf. Mag auch eine oder die andere Art einer tropischen recenten Form verwandt sein, wie z. B. *Porana*, so kann dies mit einem früher ausgedehnteren Verbreitungsbezirk zusammenhängen, andererseits kann aber die Bestimmung eine irrthümliche sein. Gegen das Ende der Miocänzeit scheint in den nördlichen Zonen, insbesondere in der arctischen Zone bereits eine bedeutende Temperaturerniedrigung stattgefunden zu haben, die Vegetation des Grinelllandes (81° N. Br.) verräth, wie jene Spitzbergens, Grönlands in ihrer Zusammensetzung diesen Charakter. Fremdartig ist in der ersteren nur *Feildenia* Heer, hinsichtlich ihrer Stellung gänzlich zweifelhaft.

Eine noch weiter gehende klimatische Aenderung tritt im Pliocän, der jüngsten Tertiärbildung, ein. Genauer kennen wir durch die Untersuchungen Saporta's und Marion's die Floren von Meximieux, Vacquières, Thezières und des Cantal, durch Gaudin s der Tuffe Toscana's, ferner jene von Wien durch Stur, von Frankfurt a. M. durch Geyler, durch von Fritsch des Thales der zahmen Gera in Thüringen, durch Unger von Gleichenberg. Aus den Resten, welche an diesen Fundorten erhalten sind, ergibt sich, dass die Floren eine sehr tief eingreifende Veränderung erfahren haben und kann dafür kaum eine Thatsache entschiedener sprechen, als das Auftreten recenter Formen in dieser Periode, Formen, welche entweder mit ihnen identisch oder so nahe verwandt sind, dass sie nach den erhaltenen Resten als Varietäten bezeichnet werden. Andererseits finden sich aber auch Formen, welche jetzt Europa nicht mehr angehören, sondern in Asien, Afrika oder Nordamerika vorkommen, endlich finden sich recente Formen, welche jetzt nicht mehr so weit nach Norden reichen, aber auch solche, welche seit der Pliocänzeit an Terrain wesentlich verloren haben. In dieser Periode haben wir auch einen Theil der unmittelbaren Vorläufer der recenten Arten zu suchen, wenigstens für den südlich von den Alpen gelegenen Theil, endlich sind noch einzelne Arten des Miocän erhalten. Kann in der Zeit des Miocän kaum mehr die Rede sein von einer über ganz Europa sich gleichmässig erstreckenden Temperatur, so ist dies noch weniger in der Pliocänzeit der Fall.

Unter den Monocotylen fehlen die Palmen gänzlich, dagegen treffen wir unter den Gräsern eine *Arundo, A. aegyptiaca var. antiqua* Sap. et Mar., diese einer Art Afrika's und *Bambusa lugdunensis* Sap. et Mar., letztere einer Art Japans entsprechend, wie auch *Alnus stenophylla* Sap. et Mar. mit *A. orientalis* Decaisne aus Syrien und *A. maritima* Regel aus Japan verwandt. *Platanus aceroides, Sassafras Ferretianum, Liquidambar europaeum* sind miocäne Formen, *Populus alba* L., *P. tremula* L., *Fagus sylvatica* L., *Quercus Robur* L., *Alnus glutinosa* L., *Pterocarya caucasica* C. A. M., *Morus rubra* Willd., *Laurus nobilis* L., *L. canariensis* Willb. *Apollonias canariensis, Ilex balearica* Desf., *Acer opulifolium* Tenore, *A. campestre* L., *A. polymorphum* Sieb. et Zuccar., *A. granatense* Boiss., *Buxus sempervirens* L., *Punica Granatum* L. var. *Planchoni* Sap. et. Mar., *Nerium Oleander* L., *Viburnum Tinus* L., *V rugosum* Pers., sämmtlich identisch mit recenten Formen oder ihnen so nahe stehend, dass sie als Varietäten gelten, alle gegenüber der Jetztzeit den Beweis liefernd, dass ihre Verbreitung nach Norden in der Jetztwelt eine Einschränkung erfahren hat, folglich die Temperaturverhältnisse z. B. von Lyon etwas günstiger als jetzt gewesen sein müssen. Die den pliocänen Fundorten als eigenthümlich bezeichneten Arten aus den Gattungen *Persea, Oreodaphne, Magnolia, Grewia, Dictamnus, Sterculia* auf Blätter gegründet, mögen zum Theile zweifelhaft sein, während *Carpinus suborientalis, Vitis subintegra, Menispermum latifolium, Tilia expansa, Coriaria lanceolata, Ilex Falsani, Juglans, Carya, Benzoin latifolium* diesen Gattungen wahrscheinlich angehören. Das oberste Pliocän von Frankfurt liefert den sicheren Beweis, dass *Liquidambar pliocenicum, Juglans cinerea* L., *J. tephrodes* Unger, *Aesculus Hippocastanum* neben *Fagus, Corylus, Carpinus, Quercus* im Rheinthale, das Pliocän des Thales der zahmen Gera, dass *Trapa* und *Corylus inflata* in Thüringen vorkamen. Durch Lesquereux's jüngste Untersuchungen sind die Blätter der jetzt in den südlichen Staaten des atlantischen Nordamerika vorkommenden *Diospyros virginiana* L. im Pliocän Californiens nachgewiesen.

Eine tief eingreifende Veränderung erfuhr indess die Vegetationsdecke Europa's und Nordamerika's durch den Eintritt der Glacialzeit, welche durch eine Zwischenperiode unterbrochen als erste und zweite Glacialbildung eintrat. Eine Anzahl nordischer, wie alpiner Pflanzenformen wanderte mit dem Vordringen der scandinavischen und alpinen Gletscher, die ersteren nach Süden, die letzteren nach Norden bis über das Donauthal an den Südabhang des Jura und finden sich die Reste dieser Vegetation noch erhalten in dem ehemaligen Gletscherboden, Reste, welche hauptsächlich durch die Untersuchungen Nathorst's und Schröder's für Norddeutschland und die Schweiz bekannt wurden, so *Dryas octopetala* L., die alpinen und Polar-Weiden, *Salix herbacea, S. reticulata* L., *S. polaris* Whlg., *Polygonum viviparum* L., *Vaccinium uliginosum* L., *Arctostaphylos uva ursi* Wimm., wahrscheinlich von der zweiten Glacialperiode herrührend. Diese Reste liefern zugleich den Beweis, dass durch Bodenerhebung einerseits, andererseits durch Temperaturverschiedenheit je nach den Breitengraden eine Vegetationsänderung eingetreten war, deren Elemente in diesen Resten vorliegen. Zwischen die beiden Glacialzeiten fällt die interglaciale Periode, während welcher eine mit der heutigen Vegetation im Wesentlichen übereinstimmende Vegetation auftritt, deren Reste an verschiedenen Orten dies- und jenseits der Alpen erhalten sind. Die interglaciale Periode hat an einer Reihe von Fundorten die Reste ihrer Vegetation hinterlassen, in der Lombardei bei Leffe *Rhododendron sebinense* Sordelli,

Pianino, im südlichen Frankreich in den Tuffen von Aygelades und Montpellier und Meyragues, ferner von la Celle bei Paris, bei Resson, in der Schweiz in den Schieferkohlen von Utznach und Dürnten, Wetzikon und Mörschwyl, Annecy, in Deutschland in den Tuffen von Cannstatt bei Stuttgart, von Taubach bei Wiesbaden, in dem postglacialen Torfe von Seligenstadt bei Aschaffenburg und von Lauenburg an der Elbe, im Waldbett von Cromer in England*). Die Reste gehören Arten an, welche heute noch existiren und beinahe an allen Fundorten jetzt noch vorkommen, an einzelnen Fundorten jedoch finden sich Arten, wie z. B. bei la Celle, welche darauf hinweisen, dass das Klima milder als jetzt war, wo weder *Ficus Carica*, noch *Laurus nobilis* L. und *Cercis Siliquastrum* dort wild vorkommen oder auf eine andere Vereinigung von Pflanzen hinweisen, wie das Vorkommen von *Scolopendrium officinale* L. in den Tuffen von Canstatt. Auch ausgestorbene Arten, *Quercus Mammuthi* Heer, *Populus Fraasii* Heer und eine mit *Juglans tephrodes* Unger verwandte oder identische Art (der *J. cinerea* Nordamerika's nahestehend) kommen bei Cannstatt vor. In dem atlantischen Nordamerika fehlt es in Ohio, Wisconsin und Minnesota nicht an einer dem Waldbett entsprechenden Bildung. Blätter von *Fagus ferruginea, Carya alba, Aesculus glabra, Juniperus virginiana,* sämmtlich noch jetzt in Nordamerika vorkommend, sind in ihr gefunden.

Die zweite Frage, ob die fossilen Reste uns Aufschlüsse über die Entstehung und Weiterentwicklung einer Gattung geben, muss bis zu einem gewissen Grade bejahend, hinsichtlich der Arten zum Theile aber verneinend beantwortet werden**). Wir haben keinen Nachweis darüber, welche der beiden Reihen, Monocotylen oder Dicotylen zuerst auftraten, ebenso wenig wissen wir, ob die geringere Zahl der monocotylen Reste dadurch bedingt ist, dass sie in ihrer Entwicklung hinter den Dicotylen stehen oder ob sie erst den grössten Theil ihrer Ausbildung zu durchlaufen haben. Ich habe seiner Zeit die Meinung geäussert, dass einerseits der Bau, anderseits die Entwicklung der Blüthen bei den Monocotylen, insbesondere das erste dafür spricht, dass sie höher als die Dicotylen stehen und ihre Entwicklung noch nicht den Höhepunkt erreicht habe. Saporta widerspricht dieser Anschauung und erklärt die geringe Anzahl fossiler Reste dieser Gruppe in der gewöhnlichen Weise als Folge ihrer Structur. Dass dies mit eine Ursache ihrer Seltenheit sein kann, läugne ich nicht, das Hauptgewicht in dieser Frage liegt für mich darin, dass die Differenzirung ihres anatomischen Baues weiter fortgeschritten ist, ihr Blüthenbau nicht die gleiche Höhe und Mannigfaltigkeit der Entwicklung wie bei den Dicotylen erreicht hat. Beides sind indess Hypothesen, thatsächlich wissen wir darüber einfach nichts, wie nichts über die angeblich

*) Nachträglich erwähne ich, dass auch Fischer-Benzon die Lauenburger Torfbildung als postglacial bezeichnet (Bericht d. deutschen bot. Gesellsch. Heft 10. 1889). In neuester Zeit sind von Fliche die Pflanzenreste der Quartärbildungen des östlichen Frankreich und von Lasney bei Nancy mitgetheilt worden.

**) Hinsichtlich der beiden hier zu erörternden Fragen erwähne ich aus der Literatur: Unger, Geologie der europäischen Waldbäume. Graz 1869. Saporta, Origine paléontologique des arbres cultivés ou utilisés par l'homme. Paris 1888.

den Monocotylen angehörigen Reste der mesozoischen Zeit. Am Schlusse der Hysterophyten habe ich darauf hingewiesen, dass die angebliche Existenz »archaischer Formen«, das Vorhandensein der sogenannten Progymnospermen, Proangiospermen, so weit ich sie selbst kenne, darauf beruht, dass es sich um schlecht bekannte, zweifelhafte Reste handelt, welche auf irgend eine Weise willkürlich gedeutet sind. Im Grunde enthalten diese Anschauungen nichts Neues, Aehnliches ist von Göppert bereits ausgesprochen und haben sie, wenn die Reste sorgfältig oder mit besserem Material untersucht wurden, sich als unrichtig erwiesen. Ich erinnere an *Aporoxylon, Williamsonia, Stenzelia, Medullosa,* welche alle bei näherer Kenntniss sich einer bestimmten Gruppe angehörig erwiesen. Das ist eben das Beklagenswerthe, dass Dinge, über welche wir entweder gar nichts oder nur Ungenügendes sagen können, benutzt werden, um Behauptungen oder Folgerungen auszusprechen, welche thatsächlich nicht begründet werden können. Die mitgetheilten Tabellen sollen diese und die im Folgenden zu besprechenden Verhältnisse übersichtlich darstellen. Wie wir über die Entstehung der einzelnen Gruppen nichts wissen, die Behauptung der Existenz combinirter Formen, aus welchen nach verschiedenen Richtungen sich andere entwickeln konnten, nicht erwiesen ist, sondern auf unzureichender Kenntniss der Reste oder willkürlichen Annahmen beruht, so gilt dies auch für die Entstehung der recenten Gattungen. Wir kennen durch die Untersuchung einer Anzahl fossiler Reste, insbesondere unter den Archegoniaten, dann unter den Gymnospermen verbindende Zwischenformen, bei den Angiospermen vermissen wir sie. Was von diesen erhalten, stimmt mit den recenten überein. Alle Erörterungen, welche über die Entwicklung einzelner Gattungen, Familien oder Gruppen bekannt sind, beruhen nicht auf Beobachtungen z. B. fossiler Reste, sondern sie sind erschlossen aus vergleichenden morphologischen Untersuchungen und Erwägungen. Dagegen ist nicht eine Pflanzenform thatsächlich bekannt, von welcher wir sagen können, aus welcher früher existirenden Form sie sich entwickelt hat. Unger a. a. O. hat desshalb auch bei keiner der von ihm besprochenen Gattungen diese Frage beantwortet, sondern sich darauf beschränkt, jene Arten zu bezeichnen, welche ihm die Vorfahren recenter Arten zu sein schienen, vorausgesetzt, dass ihm die Reste eine ausreichende Unterlage boten.

Auch was uns sonst über Pflanzenreste der prähistorischen und historischen Zeit vorliegt, wie die Pflanzen der Pfahlbauten, welche durch Heer eine sorgfältige Untersuchung erfahren haben, für welche mir überdies eine beinahe vollständige, von Heer selbst bestimmte Sammlung, wie meine eigenen Untersuchungen in Zürich und Robenhausen zu Gebote stehen, dann jene in den aegyptischen Königsgräbern erhaltenen, aus den ältesten historischen Zeiten stammenden Kränze, Guirlanden und sonstigen Reste, die Untersuchung eines Ziegels der Pyramide von Dhasur, sie alle zeigen nur, dass diese Reste entweder mit den recenten Arten identisch oder Varietäten derselben sind. Vergl. Unger, Organische Einschlüsse eines Ziegels der Dhasurpyramide, Wien. Schweinfurth, de la flore pharaonique. Cairo, 1882. Kunth, A. Braun, Ascherson sind bei ihren Untersuchungen dieses Gegenstandes zu dem gleichen Resultate gelangt. Gelegentlich sei bemerkt, dass, wenn Victor Hehn in seiner Schrift den Ursprung südeuropäischer Culturpflanzen nicht im Süden Europa's sucht, er die cultivirten Formen im Auge hat, welche meiner Ansicht nach durch Griechen und Römer nach dem Süden Europa's gebracht wurden, in dem Maasse als Verkehr und Bedarf dies erforderten und der Kreis ihrer Erfahrungen durch den intensiveren Verkehr ein grösserer wurde.

In ähnlicher Weise verfährt in der eben citirten Schrift in den meisten Fällen auch Saporta. Für ein solches Verfahren allein haben wir überall, wo ausser Blättern noch andere Theile, Blüthen und Früchte, erhalten sind, eine meist ausreichende, wenn auch nicht vollständige Grundlage. Allerdings ist dies nur ein kleiner Bruchtheil der beschriebenen Pflanzenreste, er ist indess der allein brauchbarere Theil, während die übrigen Reste vorerst eine geringe Bedeutung haben. Dass die Letzteren verwerthbar sind, ist ein ausserordentlich seltener Fall und kann, selbst wenn die Structur erhalten, ihre Deutung sehr verschieden ausfallen und angezweifelt werden, da der Blattbau von den Lebensbedingungen mehr oder weniger abhängig und in der Regel nur die Cuticula erhalten ist. Desshalb wird auch der Bau der Axenorgane nicht immer einen Aufschluss über die Zugehörigkeit zu einer Gattung oder Gruppe geben, weil auch für diesen die Abhängigkeit von den Lebensbedingungen maassgebend ist, er ist aber doch in einer Reihe von Fällen zu verwerthen. Was wir als Resultat der Untersuchung fossiler Blüthen- und Fruchtreste sagen können, ist, dass sich eine Reihe von fossilen Formen entweder als Ergänzung für die heutigen Gattungen ergibt, wofür wir unter den Archegoniaten und Gymnospermen eine Reihe von Beispielen haben, ferner, dass die untergegangenen Formen, ich will als Beispiel die Dicotylen anführen, sich enge an die recenten Formen anschliessen, sie sind ihnen verwandt, so weit sich dies aus den meist auf das Aeussere beschränkten Untersuchungen schliessen lässt. Die Frage nach den entfernteren wie näheren Vorfahren lässt sich nicht anders als unzureichend beantworten, da einerseits die Beschaffenheit der fossilen Reste ihrer Besprechung Schwierigkeiten in den Weg legt, andererseits die Kenntniss der Tertiärfloren, mit Ausnahme jener Europa's, Nordamerika's und der Polarregion ungenügend ist oder ganz fehlt.

Unter den *Cycadeen* wüsste ich nur zwei Reste zu erwähnen, welche mit recenten Formen in näherer Beziehung stehen, der eine ist *Cycas Steenstrupi* Heer aus der Kreide Grönlands, der recenten *Cycas revoluta* L. unverkennbar nahe stehend, Blatt und Fruchtstand erhalten. Der zweite Rest ist *Encephalartos Gorceixianus* Sap. aus dem Tertiär von Kumi, nach den allein erhaltenen Blättern zu urtheilen, dieser jetzt auf Afrika beschränkten Gattung angehörig, mit der vorhergehenden die letzten Cycadeen Europa's. *Zamites epibius* Sap. aus den untern miocänen Fischschiefern von Bonnieux gehört einer der zweifelhaften, auf Blätter gegründeten Gattungen an, wie die hinsichtlich ihrer Stellung noch zweifelhafte *Nilsonia* von Sachalin. Die beiden zuerst genannten Formen haben noch ein weiteres Interesse. Die erstere Art in Japan einheimisch, gehört zu jenen Resten, welche für die von mir geäusserte Ansicht sprechen, die zweite verhält sich ebenso, sie gehört zu jenen Formen, von welchen sich sagen lässt, dass die Flora Afrika's einen Antheil an der Tertiärflora Europa's gehabt haben muss.

Aus der zweiten Gruppe der Gymnospermen sind unter den Coniferen zu erwähnen die mit *Gingko* (*Salisburia*) vereinigten oder nahestehenden Blätter, Blüthen und Früchte, Reste, welche sich enge an die einzige, noch existirende Art *Gingko biloba* L. anschliessen, der recenten Art um so näher stehend, je jünger die Formation ist, in welcher sie vorkommen. Sie lässt sich zurückverfolgen bis in die Carbonzeit, in welcher neben *Gingko* noch andere Formen wie *Gingkophyllum, Trichopitys, Saportaea* vorkommen. Die Zahl der mit *Gingko* vereinigten Arten steigt in der mesozoischen Zeit zu bedeutender Höhe, wenn nicht, worüber wir wegen Erhaltung der Blüthenreste nichts ermitteln können, unter ihnen verschiedene Gattungen verborgen sind (vergl. die männlichen Blüthen), bis wir im Tertiär mit *G. adiantoides* im Eocän von Ardtun Head auf Mull, im oberen Miocän von Sinigaglia und Sachalin den Vorläufer der recenten Art treffen. Wir kennen wenige fossile Formen, welche wie diese so vollständig durch alle Perioden verfolgt werden kann. Um so weniger lässt sich über die Beziehungen der *Podocarpeen* und *Taxeen* zu den gleichnamigen fossilen Resten sagen. Allerdings kennen wir Zweige mit Blättern und einzelne Blätter, welche mit der einen oder anderen Gruppe vereinigt sind, indess in keinem Falle sind die Beziehungen zu einer der recenten Gattungen klar, wenn wir nicht *Conchophyllum* Schenk aus dem Carbon von China als einen sehr frühen Vorläufer von *Dacrydium, Torreya nucifera* var. *pliocenica* Sap. et Marion aus dem Pliocän von Meximieux als unmittelbaren Vorläufer der recenten Art erklären wollen. Dass unter den fossillen Taxaceenhölzern mit Ausnahme des *Taxites scalariformis* Göpp. keines mit dem charakteristischen Bau der recenten *Torreya, Taxus* und *Cephalotaxus* sich befindet, wird sich später ergeben.

Schwierig ist es, über das erste Auftreten der *Araucarieen* mit Bestimmtheit etwas zu sagen, um so mehr, als die Zapfen in den wenigsten Fällen erhalten sind, und wenn es der Fall, der Erhaltungszustand eine genaue Untersuchung nicht gestattet. Ja wir wissen meist nicht einmal, ob die Zapfen, welche man mit den beblätterten Zweigen vereinigt hat, zu diesen gehören, da sie meist isolirt vorkommen. Die recenten Gattungen sind *Dammara*, *Araucaria* und *Cunninghamia;* von der letzteren kennen wir beblätterte Zweige aus der Kreide, aus der Kreide Böhmens auch Zapfen, aus dem Tertiär ist Aehnliches nicht bekannt, von der ersteren sind vielleicht Blätter aus der Kreide Böhmens, Schuppen aus der Kreide Grönlands, während im Tertiär Europa's die Gattung vermisst wird. In der Kreide Neuseelands dagegen scheint sie wie im Tertiär vorhanden gewesen zu sein (Ettingshausen, Beitr. zur Kenntniss der foss. Flora Neuseelands. Wien 1887). Allerdings darf man dabei nicht vergessen, dass auch Fiederblätter von Cycadeen in Frage kommen, doch scheinen die Zapfenschuppen auf Dammara hinzuweisen. Ebenso scheinen Vorläufer der Araucarien in der Kreide- und Tertiärflora

Neuseelands nicht gefehlt zu haben. Die Araucarien dagegen lassen sich, wie ich glaube, bis zum Jura zurück verfolgen, wie die aus Indien, England und Frankreich bekannt gewordenen Reste zeigen. *Elatides* Heer aus dem sibirischen Jura, *Sequoia Reichenbachi* Heer aus dem Jura Spitzbergens darf man ohne Zweifel auch dahinstellen. In Europa scheint sie seit der Kreidezeit zu fehlen, wenn nicht *Doliostrobus Sternbergi* Marion (*Araucarites* Göpp., *Sequoia* Heer) nach den von Marion aufgefundenen Resten entweder dieser Gattung selbst oder einer nahe verwandten angehört. *Cunninghamia* ist jetzt auf China und Japan (dort cultivirt) beschränkt, also das Verhalten so vieler Tertiärpflanzen, *Araucaria* und *Dammara* gehören jetzt der südlichen Halbkugel an. Inwieferne palaeozoische Gattungen wie *Walchia*, *Pagiophyllum*, ferner *Voltzia*, *Palissya*, *Cyparissidium* und andere mit den Araucarieen verwandt sind, ist nicht sicher zu entscheiden. Mir ist es nicht unwahrscheinlich, dass diese Gruppe der Coniferen in diesen Formen ihre Vorfahren, was dann später noch vorhanden ist, die noch existirenden Arten mit eingeschlossen, ihre letzten Reste sind. Mit den Taxodineen können sie nicht vereinigt werden.

Unter den Taxodineen begegnen wir hinsichtlich ihrer heutigen Verbreitung einem ähnlichen Verhalten bei *Glyptostrobus*, *Taxodium* und *Sequoia*. Die erstere Gattung treffen wir mit *G. europaeus* Heer häufig im Tertiär, zuletzt im Pliocän von Meximieux, Vorfahr der recenten Art *G. heterophyllus* in China, *Sequoia Couttsiae* Heer und *S. Langsdorffi* Heer, beide im Tertiär verbreitet, sind Vorläufer der recenten Arten des pacifischen Nordamerika, *S. gigantea* und *S. sempervirens*, *Taxodium distichum* var. *miocenum*, welcher wir weit verbreitet und noch in den jüngsten Tertiärbildungen begegnen, steht den beiden recenten Arten, *Taxodium distichum* in den Südstaaten des atlantischen Nordamerika, *T. mucronatum* in Mexico, so nahe, dass wir nach den erhaltenen Resten die fossilen Reste und die recenten Arten nicht als Arten trennen, sondern ihre Fortdauer in die jetzige Periode annehmen, in einer Region, in welcher sie sich erhalten konnten, weil sie nicht von den Wirkungen der Glacialzeit getroffen wurden, wozu dann passende Bodenverhältnisse kamen. Als Vorfahr der jetzt auf Japan beschränkten recenten *Cryptomeria japonica* Sieb. et Zuccar. darf *Cryptomeria Sternbergi* Gardner von Antrim und der Insel Mull angesehen werden, welche ebenfalls ein mit den vorhin erwähnten Gattungen übereinstimmendes Verhalten bietet. Ganz dasselbe Verhalten treffen wir bei *Sciadopitys verticillata*, der in China und Japan cultivirten Schirmtanne, deren mit der recenten Art übereinstimmende Epidermisstructur ich bei einigen, von Heer mit *Pinus* vereinigten Blättern nachgewiesen habe. Bei den von Göppert als *Sciadopitytes* beschriebenen Blättern würde eine Revision der Originale am Platze sein. Die von Göppert in seinen Coniferen des Bernsteins als zwei *Sciadopitytes*-Arten abgebildeten Blätter sind weder mit jenen von *Sciadopitys* verwandt, noch identisch, überdiess ist die Vorstellung, *Sciadopitys* habe unterseits zwei Nerven, eine falsche. Ich halte die beiden Taf. XIV Fig. 124—128 abgebildeten Blätter für solche, welche von Göppert *Dermatophyllites* genannt worden sind. Wenn auch die Zapfen fehlen, so deutet doch die Structur der Blätter auf eine wenn nicht identische, so doch verwandte Gattung hin, bei welcher auch der morphologische Aufbau in Betracht kömmt und die in *Cyclopitys* Schmalhausen einen sehr frühen Vorfahren gehabt zu haben scheint. *Brachyphyllum* und *Geinitzia* scheinen nach der Form ihrer Zapfenschuppen Vorläufer der *Sequoia*-Arten zu sein.

Den *Cupressaceen* ähnliche Zweige sind unter den fossilen Coniferen von den triasischen Bildungen an keine Seltenheit und fehlt es daran in diesen Schichten durchaus nicht. In welchen Beziehungen sie jedoch zu den lebenden Formen stehen, lässt sich nur von wenigen sagen, da bei den meisten die Zapfen fehlen oder nicht im Zusammenhange mit den Zweigen gefunden sind. Es lässt sich desshalb kaum mehr sagen, als dass einmal dieser Typus schon sehr früh auftrat, sodann dass er sich bis in die gegenwärtige Bildungsepoche erhalten habe, endlich dass einzelne recente Gattungen schon in der Tertiärzeit vorhanden waren. Vorläufer der Gattung ist für die recente Art *C. quadrivalvis* L. im Nordwesten Afrika's *C. Brongniarti* Heer, im Tertiär sehr verbreitet, für *Libocedrus*, wenigstens für eine ihrer Abtheilungen *L. chilensis* Endl., mit *L. salicornioides* Heer und *L. Sabiniana* Heer, für *L. tetragona* die *L. Veneris* Vel. in der böhmischen Kreide gegeben. Auch für *Thuja*, *Chamaecyparis* und *Cupressus* fehlt es nicht an Resten und tritt bei allen jener Zusammenhang mit der heutigen Verbreitung der Gattungen hervor, auf welchen ich hingewiesen, zugleich aber bei *Libocedrus* die Beziehung zur Vegetation der südlichen Halbkugel. Dass *Thuyites Parryanus* Heer aus dem Carbon der Polarregion nichts weiter als ein Lepidodendronfragment ist (Bergeriazustand), braucht keines Beweises.

Bei *Widdringtonia*, deren erstes Auftreten bis in die älteste Keuperbildung verlegt ist, treffen wir in der sächsischen und böhmischen Kreide einen Vorläufer, *Widdringtonia Reichii*, deren Zapfen durch die Untersuchungen Velenovsky's bekannt geworden sind, eine noch näher stehende Art enthält das Tertiär, *W. brachyphylla* Sap. von Aix, wie so manche südeuropäische fossile Gattung einer Cap'schen entsprechend, *W. helvetica* Heer im Miocän der Schweiz, Vorfahren der recenten Arten. Soweit es möglich auf Blattzweige allein oder unvollständig erhaltene Früchte eine Ansicht zu sagen, lassen sich in *Biota borealis*, *Chamaecyparis europaea* Vorfahren der recenten Arten sehen und ist nur ihre Verbreitung sehr unvollständig bekannt.

Bei den *Abietineen* sind vor Allem jene Blätter auszuscheiden, bei welchen entweder die breitlinearen Nadeln oder die Structur darauf hinweisen, dass sie dieser Gruppe nicht angehören. Dazu gehört ein Theil der von Heer aufgestellten *Pinus*-Arten der Polarregion, bei welchen ich eine mit *Sciadopitys* übereinstimmende Structur der Epidermis nachgewiesen habe. Das erste Auftreten der Gruppe fällt in das Rhät (Infralias), von wo sie dann durch den Jura und Wealden Englands bis zur Kreide (Havre, Hainaut, Böhmen, Mähren) eine ziemliche Mannigfaltigkeit erreicht haben. Die Gruppen *Taeda*, *Strobus*, *Cembra*, *Cedrus* sind in dieser Zeit schon geschieden und sämmtlich in Europa vertreten, während sie jetzt, *Strobus* und *Taeda* auf Amerika, *Cedrus* auf Kleinasien, Nordafrika und Cypern, letztere ohne

Zweifel Reste der Tertiärzeit, beschränkt sind, nur *Cembra* noch in Europa, Sibirien und Ostasien existirt. Sie sind die entfernteren Vorfahren der heutigen Arten, zu welchen dann die im Tertiär vorkommenden Formen als nähere Vorfahren treten. Während im Eocän, Oligocän, Miocän die den indischen und amerikanischen Arten verwandten Formen vorkommen, fehlen diese im Pliocän beinahe gänzlich. In diesen Bildungen finden sich auch die Vorfahren einzelner europäischer Formen, wie von *P. Pinsapo,* dann *P. cilicica* Ant. et Kotschy, während die älteren Tertiärbildungen die entfernteren Vorfahren enthalten. Indess möchte bei der Unvollständigkelt der Reste, dem fehlenden Zusammenhange der Zweige und Zapfen es schwierig sein, über diese Beziehungen zu einem sicheren Schlusse zu gelangen. Ausser Zweifel ist aber, dass in der Quartärzeit die meisten europäischen *Pinus*-Arten bereits vorhanden waren, wenn auch zum Theile in anderer Verbreitung. In Bezug auf die Monocotylen habe ich mich im Vorausgehenden mehrfach ausgesprochen, so dass mir an dieser Stelle nur wenig noch zu sagen übrig bleibt. Ich übergehe bei der Frage, ob wir einen oder den anderen monocotylen Rest mit einer recenten Form in Verbindung bringen können, die zahlreichen zweifelhaften aus verschiedenen Familien, insbesondere aus den Gramineen und Cyperaceen beschriebenen Reste und beschränke mich auf jene, welche mir hinsichtlich ihrer Bestimmung resp. ihren Beziehungen zu recenten Arten mehr gesichert scheinen. Zu diesen gehören aus den *Liliifloren*, die von Saporta aus dem Tertiär Südfrankreich's beschriebenen Rinden- und Blattreste, in welchen ich mit Saporta Reste von *Dracaenen* sehe, demnach für diese Gattung die Existenz während der Tertiärzeit in Europa annehme. Sie scheint in Europa sehr früh, schon im Beginn der Miocänzeit ausgestorben zu sein, wenigstens kenne ich nach dieser Zeit keine Reste, welche sich darauf beziehen liessen. Dass die *Smilaceen* durch *Smilax* im Tertiär wie heute noch in Europa vertreten waren, ist nicht zweifelhaft. Sie kommen vom Eocän bis in das Pliocän und Quartär vor und zwar in Formen, welche sich einerseits an die europäischen, andererseits an afrikanische und canarische Formen anschliessen. Die Mehrzahl der bis zur baltischen Region und weiter nördlich verbreiteten Arten ist noch im Laufe der Tertiärzeit ausgestorben, bis zum Ende derselben, dem Pliocän und darüber hinaus haben sich erhalten *Sm. mauritanica* Desf. (Niac, Cantal) und *S. aspera* L. (Liparische Inseln.) Eine dritte Art aus dem Pliocän von Toscana, *S. Targionii* Gaud. ist *S. canariensis* Willd. verwandt. Nicht mit Unrecht kann man sagen, dass die beiden jetzt noch in Europa vorhandenen *Smilax*-Arten, *S. aspera* und *S. mauritanica* Reste der Tertiärflora sind, ferner dass auch bei *Smilax* dasselbe Moment in der Zusammensetzung der Tertiärflora sich geltend macht, wie bei den vorausgehenden Gattungen, nur wird man nicht alle Reste, welche als Blätter von *Smilax* erklärt worden sind, unbedingt für solche halten dürfen. Das Gleiche tritt uns bei zwei Gramineenresten, der *Bambusa lugdunensis* Sap. et Marion und *Arundo antiqua* Sap. et Marion aus dem Pliocän von Vaqières, die eine mit *Bambusa mitis* aus Japan, die andere mit *Arundo aegyptia* verwandt, welch' letztere schon im Miocän in *A. Göpperti* Münster einen mit *Arundo Donax* L. verwandten Vorfahren aufweist. Auch über die Palmen habe ich kaum nach dem früher Gesagten noch etwas hinzuzufügen. Wir dürfen die im Tertiär vorkommenden *Chamaerops*-, *Phönicites*- und *Sabal*-Arten als die Vorfahren der recenten die Nordgrenze der Palmen in der alten wie neuen Welt bildenden Arten der Gattungen *Chamaerops, Phönix* und *Sabal* betrachten, deren Nordgrenze jetzt bedeutend südlicher liegt, für *Phönix* nach Afrika verlegt ist, während *Sabal* aus Europa ganz verschwunden und auf die Südstaaten Nordamerika's beschränkt ist. Nach einer Notiz von Saporta ist *Chamaerops humilis* L. in der Riviera ausgestorben, ihre Nordgrenze fällt also nach Sicilien und in das mittlere Spanien. Ob die *Pandanaceen* Bewohner des europäischen Kreide- und Tertiärlandes waren, dafür haben wir keine Beweise. Das Vorhandensein schmälerer oder breiterer, parallelnerviger Blattfragmente liefert einen solchen nicht, um so weniger, wenn man sich erinnert, zu welchen Irrthümern die Deutung derartiger Blätter schon geführt hat. Die mit dieser Familie vereinigten Blattfragmente können wir also nur als zweifelhafte Reste erklären. Dagegen lassen sich für Amerika wie Europa aus den *Aroideen* Vorläufer nachweisen durch Blüthenstände, welche mit *Acorus* verwandt, als *Acoropsis* Conwentz aus dem Bernstein des Samlandes und als *Acorus brachystachys* aus dem Tertiär Grönlands durch Heer beschrieben sind. Neben ihr ist dann noch *Pistia* zu nennen, für welche wir aus der Kreide von Fuveau und aus dem Tertiär Nordamerika's der recenten *Pistia Stratiotes* nahestehende Formen kennen. *Najadaceen* und *Helobieen* mögen ebenfalls mit der Gattung *Posidonia* verwandte Vorfahren in der Kreide und Eocänzeit in Europa gehabt haben, in jenen Resten, welche als *Thalassocharis* bezeichnet sind, ebenso *Ottelia* in der *Ottelia parisiensis* Sap. Die übrigen, beiden Familien zugetheilten Reste sind zu unvollständig, als dass sie zu Schlüssen benützt werden könnten.

Bei den *Dicotylen* werde ich nach demselben Princip wie bei den vorausgehenden Gruppen verfahren, ich berücksichtige nur solche Reste, welche durch ihre Erhaltung uns in den Stand setzen, ein mehr oder weniger gesichertes Urtheil über sie zu fällen. Am Schlusse der *Aristolochiaceen* ist bereits erwähnt, dass wir das erste Auftreten der Dicotylen in eine ältere Periode verlegen müssen, nach den Erfahrungen portugiesischer Palaeontologen in den Wealden (vergl. Saporta a. a. O.), nach jenen nordamerikanischer in das Neocom. Anderwärts fehlt eine derartige Erfahrung für die Kreide wie für den Wealden gänzlich, selbst die vollständigsten Sammlungen von nordwestdeutschen Wealdenpflanzen, jene von Dunker und Jugler enthalten keine Reste, welche mit Dicotylen in Beziehung zu setzen wären. Ueberall wo wir Pflanzenreste in einer Formation auftreten sehen und ihre Erhaltung eine genauere Untersuchung möglich macht, entsprechen sie in ihrem Bau wie in ihrer morphologischen Entwickelung einer recenten Gruppe, sei es nun, dass sie entweder eine Lücke ausfüllen oder mit einer Gruppe identisch sind. Bei den Dicotylen ist dies ohne Zweifel auch der Fall, da wir indess vielfach nur auf Blätter angewiesen sind, Blüthen und Früchte fehlen, wenn sie vorhanden ihr Erhaltungszustand selten allseitige Untersuchung gestattet, ich erinnere an die Fruchtknoten, Samenknospen, so bleibt in zahlreichen Fällen die Frage nach der Stellung der Reste entweder ungelöst oder doch in einem gewissen Grade fraglich, und ist das mit grösserer Sicherheit Auszusprechende verhältnissmässig wenig, es ist aber sicher, dass dies gerade einer der Gründe war, bei ihnen »archaische« Formen anzunehmen. Wenn indess Fontaine die Reste so bezeichnet, wie es thatsächlich der Fall ist, so kann von »archaischen« Formen nicht wohl die Rede sein.

Aus der Reihe der *Amentaceen* begegnen wir zuerst den *Cupuliferen*, deren Vorhandensein im Tertiär nicht zweifelhaft, in der Kreide wahrscheinlich ist. Die beiden Gattungen der *Betuleen*, *Alnus* und *Betula* sind durch das Vorhandensein der Fruchtzapfen, wie ihrer Früchte sicher gestellt und wenn diese Theile mit den Blättern nicht im Zusammenhange gefunden sind, so kann doch kein Zweifel sein, einmal, dass die gegenwärtig existirenden Gruppen bereits im Tertiär existirten und wir andererseits die Vorfahren einzelner Arten bis in das Pliocän verfolgen können, in so nahe verwandten Formen, dass wir sie wie bei den Coniferen zum Theile als Varietäten bezeichnen. *Alnus glutinosa* L. var. *orbicularis* Sap. vom Cantal und *A. glutinosa* L. var. *Aymardi* Sap. von Ceyssac (Haute Loire), *Alnus sporadum* Unger von Kuni sind Formen, welche als Vorfahren von *A. glutinosa* L. und *A. cordata* Ten. angesehen werden, wie *B. macrophylla* Göpp. von Island *B. alba* L., *B. prisca* Heer aus Alaska von *B. lenta* Willd. *Corylus*, *Carpinus* und *Ostrya* sind unzweifelhafte Bewohner des Tertiärlandes und lassen sich auch bei ihnen die Vorfahren einzelner recenter Arten nachweisen. *Corylus inflata* Ludwig ist ohne Zweifel ein solcher im Pliocän verbreiteter Vorläufer, sodann *C. insignis* Heer aus dem Pliocän des Cantal und von Niac, *C. Avellana* L. und *C. Colurna* L. entsprechend. Für *Carpinus* und *Ostrya* fehlen sie ebenfalls nicht, so *Carpinus grandis* Heer und *C. pyramidalis* Gaud. von Monod und Montajone für *C. Betulus* L., *C. Neilreichii* Kov. von Erdöbenye, *C. suborientalis* Sap. vom Cantal für *C. duinensis* Scop., *Ostrya Atlantidis* Unger und *O. Walkeri* Heer für *O. vulgaris* und *O. virginica* L., die fossilen Arten beider Gattungen unter sich und mit den recenten Arten sehr nahe verwandt;, so dass man sagen kann, ihre Entwickelung sei von Schritt zu Schritt zu verfolgen. Theilt man die Anschauungen von Fliche (Bull. de la soc. bot. de France 1888) über den Werth recenter Arten von *Ostrya* (*carpinifolia* und *virginica*), betrachtet man sie als eine Art, so wird man auch die zahlreichen Tertiärarten aufgeben und die recenten einfach als Reste der Tertiärformen oder doch wenigstens als eine einzige Art betrachten müssen.

Blätter wie Cupulae charakterisiren die Vorläufer der Gattung *Fagus* L., von welcher einerseits *F. Marsiglii* Massal. von Sinigaglia, andrerseits *F. sylvatica* L. var. *pliocenica* Sap. vom Cantal, *F. sylvatica* L. var. *ceretana* Rerolle, endlich *F. horrida* Ludw. aus der Wetterau zu nennen sind, wie *Castanea* den recenten Formen der alten und neuen Welt sehr nahe stehend. Bei *Castanea*, deren Früchte leider in brauchbarem Zustande nicht erhalten sind, liegt, wenn man die Blattformen berücksichtigt, der Gedanke nahe, dass die recente europäische Art noch aus der Tertiärzeit stammt. Denn einmal scheint mir die Unterscheidung in zwei Arten, *C. Ungeri* Heer und *C. Kubinyi* Kovats, nicht gerechtfertigt, sodann haben wir, wie jetzt neben den breitblättrigen Formen auch schmalblättrige fossile, *C. palaeopumila* Andrä von Thalheim und Armissan, *C. arvernensis* Sap. von Ménat. Dass die Gattung im oberen Miocän noch in Schlesien, zur Oligocänzeit in der baltischen Region, aus welcher wir auch Blüthen kennen, vorhanden war, in der Quartärzeit nördlich von den Alpen fehlt, ist erklärlich, sie kann aber im Westen Europa's und südlich der Alpen wie noch leichter im Westen von Asien sich erhalten haben.

Ein wesentliches Hinderniss für die Entscheidung der Frage, welche fossile Arten als Vorläufer der recenten Eichen zu betrachten sind, ist der Mangel an Blüthen und Früchten, insbesondere solcher, welche mit Zweigen in Verbindung stehen. Die wenigen Blüthen und Früchte, welche uns zur Disposition stehen, genügen nicht, um uns einen Einblick in die Entwicklung der Gattung zu gestatten, sie genügen nicht einmal für die Abtheilung *Lepidobalanus*, welcher sie angehören. Wir sind wesentlich auf Blätter angewiesen und tritt uns bei diesen wieder eine Thatsache entgegen, welche die Unterscheidung wie Feststellung der Verwandtschaft der Arten bei den fossilen Resten erschwert, die Variabilität der Blätter bei den einzelnen Arten. Es wird deshalb schwer, wenn nicht unmöglich sein, etwas Genügendes über die Abstammung der recenten Arten zu sagen, am Wenigsten über die Arten, welche den Gruppen *Chlamydobalanus* etc. angehören. Noch grössere Schwierigkeiten ergeben sich für die Gattung *Castanopsis*, deren Existenz neben *Quercus* in der Kreide und im Eocän angenommen wird. Früchte fehlen gänzlich, man muss auch bei ihr nach Blättern entscheiden. Was über die Abstammung unserer recenten Arten gesagt werden kann, beruht auf der Vergleichung der Blattformen, ein Verfahren, welches nur geringe Sicherheit gewährt. Wir können für *Q. Cerris* L., *Q. Ilex* L., *Q. coccifera* L., *Q. sessiliflora* und *Q. pedunculata* entferntere und nähere Vorfahren auf Grund der ähnlichen Blätter annehmen, von einem zweifellosen Nachweis kann jedoch keine Rede sein. Saporta schlug diesen Weg für die Ableitung der genannten Arten ein, wenn aber auch die Blätter dieser Ansicht nicht gerade widersprechen, so fehlen doch durchgängig die Früchte, welche erst eine grössere Sicherheit geben würden.

Für die *Juglandaceen* können wir die Frage nach ihren Vorfahren mit grosser Sicherheit beantworten, da die characteristischen Früchte der Gattungen *Juglans, Carya, Pterocarya* und *Engelhardtia* im Tertiär erhalten sind, während in der Kreide nur Blätter vorkommen, es also immer fraglich sein wird, ob sie mit Recht die Bezeichnung *Juglandites* erhalten haben. Wie bei den Cupuliferen ist auch bei den Juglandaceen die Beziehung ihres Tertiärvorkommens zu den von mir bezeichneten Florengebieten ausser Zweifel. In Europa ist die Gattung *Pterocarya* bis in den Caucasus, *Juglans* mit *J. regia* in den Südosten Europa's zurückgedrängt, *Carya* nur in Nordamerika erhalten, während die beiden ersteren in der Pliocänzeit noch in Frankreich,

Juglans an mehreren Orten vorkamen. *Juglans acuminata* A. Br., *J. tephrodes* Unger, *J. minor* Sap., *Carya bilinica* Ettingsh. sind die Vorfahren der recenten *Juglans*- und *Carya*-Arten, wie *Engelhardtia Brongniarti* Sap. jene der recenten gleichnamigen Gattung. Amerikanische Formen haben sich bis in die Pliocän-, ja bis in die Quartärzeit in Europa erhalten, so *J. tephrodes* Unger (*J. cinerea* L. Geyler) im Pliocän von Frankfurt a. M., *J. minor* Sap. in den Tuffen von Meximieux mit *Juglans nigra* L. verwandt. Für die *Myricaceen* fehlt uns eine ähnliche sichere Grundlage wie für die *Juglandaceen*, da weder Blüthen noch Früchte in einem brauchbaren Erhaltungszustande bekannt sind. Die Blätter der meisten *Myrica*-Arten haben zu wenig Eigenthümliches, als dass wir sie mit Sicherheit auf die Familie und auf Arten beziehen könnten, nur *Myrica* (*Comptonia*) *asplenifolia* Brongn. bietet in Blattform und Leitbündelverlauf so viel Eigenthümliches, dass wir eine Anzahl fossiler, mit *Dryandra* vereinigter Blätter mit dieser Art in Verbindung bringen und sie als die Vorfahren der einzigen noch existirenden Art dieser Gruppe betrachten können. Die Mannigfaltigkeit der Blattformen kann kein Bedenken erregen, da diese Gruppe von *Myrica*-Arten den grössten Theil ihrer Entwickelung im Tertiär durchlief.

Zu den *Salicaceen* übergehend, liegen uns für *Populus* wie für *Salix* unverkennbare Belege ihrer Existenz im Tertiär vor, wir dürfen indess wahrscheinlich ihr erstes Auftreten in die Kreideperiode setzen, aus welcher sie von Heer, Dawson und Fontaine angegeben sind. Für keine der Unterabtheilungen der Gattung *Populus* fehlt es an Vertretern im Tertiär, ferner scheinen, nach den Blättern zu urtheilen, Zwischenformen der einzelnen Gruppen im Tertiär existirt zu haben; recente Formen, wie *P. tremula* L., *P. canescens* Ait., *P. alba* L., waren bereits im Pliocän vorhanden aus den Zitter- und Silberpappeln. Als Vorfahren der Silberpappeln lassen sich *P. leucophylla* Unger und *P. Fraasii* Heer, der Zitterpappeln *P. Richardsoni* Heer, *P. Heliadum* Unger, der Schwarzpappeln *P. oxyphylla* Sap., *P. latior* A. Br., der Balsampappeln *P. balsamoides* Göpp., der Lederpappeln *P. mutabilis* A. Br., *P. arctica* Heer nennen, wozu noch die Varietäten der oben genannten Arten kommen. Unter den *Salix*-Arten treten die Glacialweiden erst in jener Zeit auf, in welcher ihre Existenzbedingungen vorhanden, und, wie die Funde zeigen, in genau denselben heute noch existirenden Formen, unvermittelt und ohne Uebergänge. Eine Anzahl recenter Arten treffen wir in den inter- und postglacialen Bildungen, z. Th. auch jetzt noch an deren Fundorten vorkommend. Wenn auch Blüthen und Früchte vorhanden sind, so ist uns doch ihr Detail und ihr Zusammenhang mit Zweigen unbekannt, es fehlt uns deshalb an Anhaltspunkten für die sichere Bestimmung der Blätter, auf welche wir allein angewiesen sind. Ein allzu grosses Gewicht möchte auf die Ableitung recenter von fossilen Arten nicht zu legen sein. Ihre Blätter finden sich von der Kreide bis in das Quartär, unzweifelhaft ist ihr borealer Ursprung. Die Arten aus dem älteren Tertiär entsprechen zum Theil der Cap'schen *Salix capensis* Thbg., der *S. Sassaf* Forsk. aus Aegypten und der *S. suaveolens* Anderson aus dem Himalaya, während jene des Miocäns und Pliocäns, wie *S. varians* Göpp., *S. Lavateri* Heer, den Fragiles und Amygdalinae, dann den Capreae, wie *S. macrophylla* Heer, der *S. pedicellata* Desf. in Sicilien, Spanien und Nordafrika entsprechen. *Salix nympharum* Gaud. aus dem Pliocän Mittelitaliens darf als Vorläufer der *S. cinerea* gelten. Die im Quartär vorkommenden Arten sind recente, die unmittelbaren Vorfahren müssen deshalb dem Pliocän angehören und ist ohne Zweifel der Eintritt der Glacialzeit die Ursache gewesen, dass die den afrikanischen verwandten Arten aus dem Süden Frankreichs verschwanden. *S. Raeana* Heer, *S. groenlandica* Heer beweisen, dass in der Polarregion während der Tertiärzeit andere Arten als jetzt vorhanden waren.

Unter den *Urticineen* gestatten die nicht selten vorkommenden, zuweilen noch mit den Zweigen im Zusammenhange stehenden Früchte ein sicheres Urtheil über die Gattungen bei den *Ulmaceen* und *Celtideen*, bei welchen über die Existenz und Mannigfaltigkeit der Arten kein Zweifel obwalten kann, wohl aber darüber, wie Blätter und Früchte zu verbinden. Wir können indess nach den Früchten mit ziemlicher Gewissheit auf die Vorfahren der recenten Arten schliessen. *Microptelea* Spach (*Ulmus parvifolia*), gegenwärtig nur in Ostasien, in Europa ausgestorben, hatte in Europa im unteren Oligocän von Aix einen Vorfahr, *Planera* und *Ulmus* lassen sich dagegen bis zur gegenwärtigen Zeit verfolgen. Nach Heer tritt *Planera* bereits in den Patootschichten Grönlands auf, eine Ansicht, welche auch von Saporta getheilt wird. Bei der Unvollständigkeit der Blattreste möchte ich diese Ansicht nicht so unbedingt theilen, ebenso wenig die daraus gezogenen Folgerungen. Die Stammart für die heutigen Arten der Gattung ist die sehr verbreitete *P. Ungeri* Ettingsh., welche noch im Pliocän Frankreichs und im Quartär Italiens sich findet. Diese Vorkommnisse, dann das mit *Juglans regia*, *Aesculus Hippocastanum* und anderen Arten übereinstimmende, heutige engbegrenzte Vorkommen der *Planera Richardi* könnten vermuthen lassen, dass diese Reste weniger eine eigene Art, als die recente selbst sind. Dass wir nicht im Stande sind, die Charaktere der fossilen Art erschöpfend zu untersuchen, ist ausser Frage. Von Interesse ist die von Rerolle in der Cerdagne aufgefundene *P. subkeaki* Rer, der japanischen *P. acuminata* Lindl. (*P. Keaki* Sieb.) verwandt, deren Blätter im Jungtertiär Japans vorkommen. Bei *Ulmus* dürfen wir *U. protociliata* Sap. und *U. Cocchii* Gaud. von Oeningen als Vorfahren der *U. effusa* Ehrh. betrachten, *U. palaeomontana* Sap. von *U montana* Sm., *U. Braunii* Heer von *U. campestris* L. als solche erklären. Ebenso sicher sind wir über *Celtis*. Die Steinkerne dieser Gattung sind mit runzelig höckeriger Aussenfläche versehen und stimmen die fossil vorkommenden mit den recenten vollständig überein, so dass man umsoweniger an der Identität der Gattung zweifeln kann, da hinsichtlich des Leitbündelverlaufes mit *Celtis* übereinstimmende Blätter mit ihnen vorkommen. Im Zusammenhang mit Blättern sind die Früchte allerdings nicht gefunden. Als Vorfahren recenter Arten dürfen angesehen werden: *C. Hyperionis* Unger von *C. occidentalis* L., *C. primigenia* Sap. und *C. Japeti* Unger, demselben Formenkreis angehörig, jedoch älter: *C. trachytica* Ettingsh. von *C. Tournefortii*, *C. Nouleti* Sap. et Marion aus dem Eocän des Tarn mit *C. latior* Marion von Ronzon als ältere, *C. begonioides* Göpp. von Schossnitz als unmittelbarer Vorfahr von *C. australis* L. Je vollständiger bei den *Ulmaceen* und *Celtideen* der Nachweis der Arten, aus welchen die recenten sich entwickelt haben, möglich ist, umsoweniger ist dies bei den *Artocarpeen* der Fall. Für die Kreidezeit können wir das Vorhandensein von *Artocarpus* oder einer verwandten Gattung wahrscheinlich machen, wenn wir die von Nathorst in der Kreide Grönlands aufgefundenen Blüthenreste als zweifellos ansehen, aber für die ganze Tertiärzeit fehlt es, obwohl die auf Blätter gegründeten Arten zahlreich sind, durchaus an einer sicheren Grundlage für einen derartigen Nachweis. Und doch muss, wie das Auftreten der *Ficus Carica* in den Tuffen von Toscana, Montpellier, la Celle bei Paris zeigt, die Gattung im Tertiär vorhanden gewesen sein, ausser man wäre geneigt, ihre Entwickelung in die gegenwärtige Periode zu setzen, was wohl nicht statthaft ist. *Forskohleanthemum* Conwentz ist der einzige Rest, dessen Blüthenfragmente, im Bernstein erhalten, dürftigen Aufschluss über wenigstens eine Gruppe dieser Familie geben. Das Gleiche muss von den *Piperinen* und *Centrospermen* gesagt werden, überdies ist bei diesen das Material zu dürftig, um Anhaltspunkte für eine derartige Untersuchung zu bieten.

Ungeachtet einer nicht geringen Zahl beschriebener Lauraceen-Reste sind doch nur wenige geeignet, eine Anknüpfung an recente Formen zu bieten. Schon über die ältesten Reste, welche der Kreide Europas, Nordamerikas und Grönlands angehören und ausser Blättern keine anderen Reste aufweisen, haben wir kein sicheres Urtheil, ebenso über eine Reihe anderer Gattungen, von welchen uns nur Blätter vorliegen. Setzt man das erste Auftreten der einen oder anderen Gattung in die Kreide- oder in die ältere Tertiärzeit, so ist dies eine Hypothese, welche möglicherweise ganz richtig sein kann, aber durch keine sicheren Thatsachen gestützt ist. Wir können deshalb nur die Möglichkeit zugeben, dass *Laurus* eine der ältesten Lauraceen ist, ein Beweis liegt dafür nicht vor. Wären selbst Früchte vorhanden, so würden sie, wenn sie nicht in einem Erhaltungszustande vorkommen, welcher ihre genaue Untersuchung möglich machte, noch immer nichts beweisen. Erst bei Blattformen, welche durch ihren Umriss und den Leitbündelverlauf einer recenten Gattung nahe stehen, deren Blüthen oder Früchte über ihre Stellung keinen Zweifel lassen, sind wir im Stande, über die Vorfahren recenter Arten uns auszusprechen. Wir verfahren dabei, wie bei einer recenten Art, von welcher uns ein beblätterter Blüthenzweig oder Blattzweig vorliegt. Mit Sicherheit können wir die im Pliocän von Meximieux und Valentine bei Marseille vorkommende Varietät, *Laurus nobilis* L. var. *pliocenica* Sap. et Marion als Vorfahren dieser Art erklären. Bei *Sassafras*, dessen Blattform und Leitbündelverlauf wenigstens einen ziemlich sicheren Schluss ziehen lässt, tritt uns von der jüngeren Kreide und dem unteren Eocän eine Reihe von Blattformen entgegen, welche mit denen des *S. officinale* Nees nahe verwandten *S. Ferretianum* Massal. aus den Cineriten des Cantal, den Tuffen von Toscana im Pliocän schliesst und der Vorfahr von *S. officinale* Nees ist. Im Oligocän der baltischen Region finden sich eingeschlossen im Bernstein Blüthen von

Cinamonum (*C. Felixii* Conw.), ein unwiderlegbarer Beweis, dass die Gattung in der früheren Tertiärperiode (Oligocän) sich bis dahin verbreitete und erst am Ende des Miocän aus Europa verschwand. Diese letzteren Arten, *C. Scheuchzeri*, *C. lanceolatum*, *C. polymorphum* sind frühe Vorläufer japanischer (*C. pedunculatum*, *C. Henrici* Sap.) und chinesischer Arten (*Camphora officinalis* Nees).

Für die *Menispermaceen* wüsste ich ausser *Cocculus latifolius* Sap. et Marion von Meximieux keinen Rest anzuführen, welcher hierher zu ziehen wäre, es wäre denn, man betrachtete *Macclintokia* als eine mit *C. laurifolius* verwandte Form. Beide haben sich in Europa nicht erhalten und sind die Reste jedenfalls zu dürftig, um Aufschlüsse zu geben.

Unter den *Magnoliaceen* ist jedenfalls die Gattung *Liriodendron* L. am meisten hinsichtlich ihrer Vorfahren gesichert, nicht allein wegen ihrer eigenthümlichen Blattform, als auch durch geflügelte Theilfrüchte, welche nicht leicht mit anderen verwechselt werden können. Die Gattung tritt zuerst in der Kreide auf (*L. Meeckii* Heer, *L. primaevum* Newb.) als Vorläufer der tertiären Formen, welche vom Eocän bis in das Pliocän in Europa nachgewiesen sind. Eine der Formen gehört dem unteren Eocän von Bornemouth an, *L. Gardneri* Sap.; werden die im übrigen Tertiär vorkommenden Formen als *L. Procaccinii* Heer zusammengefasst, so müssen wir diese als die Stammart der heutigen Arten ansehen, wobei der wichtige Fund Schmalhausens im Tertiär der Buchtorma in Sibirien hervorzuheben ist, welcher Vorfahr der in China vorkommenden Art sein mag. Saporta und Marion trennen die obige Art in zwei, *L. islandicum* und *L. helveticum*. Bei weitem weniger gesichert sind die Grundlagen bei *Magnolia*, denn einmal gehört die Mehrzahl ihrer Reste Blättern an; was dann an Früchten vorliegt, ist meist nicht in einem Erhaltungszustand, welcher sichere Aufschlüsse gäbe. Von den beschriebenen fossilen Arten möchte *M. Inglefieldii* Heer als Vorfahr der *M. grandiflora* C. zu erklären sein, wenn auch als entfernterer. Saporta erklärt *M. fraterna* Sap. et Marion als solchen.

Unverkennbar sind die Vorfahren der beiden Gattungen *Nelumbium* und *Nymphaea*. *Nelumbium* tritt schon in der jüngeren Kreide von Fuveau im Süden Frankreichs, sodann in der Kreide Nordamerikas auf, vielleicht auch in den Ataneschichten Grönlands. Vom unteren Oligocän bis in das mittlere Miocän ist *N. Buchii* Ettingsh. ziemlich weit verbreitet von Dalmatien (Mte. Promina) bis in das Donauthal (Günzburg), im Tertiär Nordamerikas sin zwei Arten unterschieden: *N. Lakesii* Lesq., *N. tenuifolium* Lesq., die Vorfahren der beiden vom südlichen atlantischen Nordamerika bis Westindien und vom caspischen Meere bis in das tropische Neuholland verbreiteten recenten Arten. *Holopleura* Caspary ist ein mit den Samen von *Victoria* Lindl. verwandter Same aus der Wetterau; die Gattung, in Südamerika vorkommend, kam in jener Periode in der Wetterau vor und mag, insoferne der dürftige Rest eine Folgerung erlaubt, die Tertiärform die Stammart der heutigen sein. Ob die von Heer erwähnten, von Caspary bestimmten Samen aus den Schieferkohlen von Dürnten hierher gehören, sei dahin gestellt, die klimatischen

Verhältnisse der interglacialen Zeit stimmen nicht mit jenen, welchen die recente Art unterliegt, überein, es muss also für die interglaciale Art ein anderes Lebensbedürfniss vorausgesetzt werden. Uebrigens mache ich darauf aufmerksam, dass ungeachtet der übereinstimmenden Structur und Form diese Samen doch einer anderen Gattung als *Victoria* verwandt sein können, die Samen aus dem Oligocän und aus der interglacialen Zeit nicht unbedingt identisch sein müssen. Ausgestorben ist jedoch diese Nymphaeaceenform in Europa. Unter den mit *Nymphaeen* vereinigten Resten finden sich die Stammarten der recenten Nymphaeen, es möchte indess bei dem fragmentarischen Zustande der meisten dieser Reste kaum möglich sein, sie auf bestimmte recente Arten zu beziehen.

Aus den *Ternströmiaceen* kennen wir Vorläufer für die Gattungen *Eurya* und *Stuartia* im Bernstein des Samlandes, für die *Dipterocarpeen* eine Frucht dieser Gattung aus dem Tertiär Sumatras, die ersteren in Europa ausgestorben seit der Oligocänzeit, die letztere noch auf Sumatra.

Aus der Reihe der *Columniferen* kennen wir als frühere Vorfahren von *Elaeocarpus*, *E. Albrechti* Heer aus der oligocänen Braunkohle des Samlandes, die Steinkerne mit ihrem charakteristischen Aussehen, unter den *Tiliaceen* ist zuerst als ein frühzeitiger Vorfahr *T. Malmgreni* Heer in dem Tertiär der Polarregion, *T. vindobonnensis* Stur, *T. Mastaiana* Massal. aus dem jüngeren Tertiär, endlich *T. expansa* Sap. aus dem Pliocän des Cantal und von Meximieux, beinahe alle mit fruchttragenden Bracteen erhalten, wie auch *T. Vidalii* Rerolle aus dem oberen Miocän der Cerdagne, Vorfahren der *T. pubescens* Vent. und *T. mandshurica* Maxim., erstere im atlantischen Nordamerika, letztere im Norden von China. Erinnern wir uns an das Vorkommen der *Sterculia platanifolia* in China, so ist das Vorkommen dieser Gattung im Tertiär Europas und Nordamerikas nicht unmöglich, sie kann früher einen grösseren Verbreitungsbezirk eingenommen haben und ihr erst im Laufe der Tertiärzeit engere Grenzen gezogen worden sein. Blätter von Sezanne und von Aix sprechen für das Vorhandensein von *Büttneriaceen* und *Bombaceen*, ohne dass wir jedoch im Stande sind, zwischen ihnen und den recenten Arten eine nähere Beziehung nachzuweisen, ebensowenig auch mit den als *Apeibopsis* und *Nordenskiöldia* beschriebenen Fruchtresten. Die Verwandtschaft mit dieser Gruppe beruht auf rein äusserlicher, sehr entfernter Aehnlichkeit. Eine von Saporta (a. a. O. S. 271) erwähnte fünfklappige, von dem Kelche umgebene Kapselfrucht, aus dem unteren Miocän von Gergovie, mag auf *Hibiscus* oder *Gossypium* zu beziehen sein, vielleicht ist damit die von Unger (Kreidepflanzen aus Siebenbürgen) abgebildete Frucht aus der jüngeren Kreide von Deva verwandt.

Aus der Reihe der *Terebinthinen* können wir für die jetzt in Nordamerika und Mexico vorkommende Gattung *Ptelea* aus den *Toddalieen* aus dem oberen Miocän von Ungarn *P. macroptera* Kovats und vielleicht schon aus dem Miocän von Sagor eine zweite ältere Art als Vorfahren der recenten Arten nachweisen. Noch unzweifelhafter tritt dieses Verhalten uns bei *Ailanthus* entgegen, dessen unverkennbare geflügelte Theilfrüchte die Bestimmung der

Gattung nicht zweifelhaft lassen und bei ihrer grossen Zahl, elf fossile Arten, beweisen, dass die Gattung den Höhepunkt ihrer Entwicklung während der Tertiärzeit erreicht hat, die wenigen recenten Arten ihre letzten Nachkommen sind. Jetzt in Europa und Amerika ausgestorben, ist *Ailanthus Confucii* Unger der unmittelbare Vorfahr von *A. glandulosa* in China. Unter den *Anacardiaceen* ist zuerst *Rhus* zu erwähnen, bei welcher Gattung *Rhus orbiculata* Heer, *R. palaeocotinus* Sap., *R. palaeophylla* Sap. und *R. antilopum* Unger, Vorfahren der Gruppe *Cotinus* sind, ferner *R. Gervaisii* Schenk[1]) (*Carpolithes* Gervais, *R. atavia* Sap.) von Armissan mit *Rhus succedanea* L. und *R. sylvestris* Sieb. et Zucc. aus Japan verwandt ist, *R. atavia* Schenk aus dem Tertiär von Canton Vorfahr von *R. semialata Murray* ist. Eine zweite Gattung, für welche sich ein Vorfahr nachweisen lässt, ist die im tropischen Asien vorkommende Gattung *Parishia*, welche von Unger zuerst als *Getonia*, später von Saporta als *Heterocalyx Ungeri* aus dem unteren Oligocän von Aix als fünfzähliger, bei der Fruchtreife sich vergrössernder Kelch mit oberständigem Fruchtknoten beschrieben. Nicht weniger unverkennbar sind die von Saporta und Marion im südfranzösischen Tertiär aufgefundenen Reste von *Pistacia*, allerdings nur Blätter, aber dieser Gattung unverkennbar angehörig: *P. oligocenica* Marion und *P. narbonnensis* Marion mit *P. Lentiscus* L., *P. miocenica* Sap. mit *P. Terebinthus* L. verwandt, die Vorfahren der beiden Arten. *P. reddita* Sap. (*Rhus* Sap. olim) als Bastard anzusehen, ist doch kaum gerechtfertigt so wenig wie die Bastarde fossiler Ahorne. Eher möchte man sich dazu neigen die beiden oben genannten Pistacia-Arten für die heute noch existirenden zu halten. Zu bemerken ist ferner, dass die oben erwähnten Früchte von Armissan auch zu *Pistacia* gehören können, die losen Fiederblättchen des Exemplares (Saporta a. a. O. pag. 300 Fig. 41) beweisen weder für die eine oder andere Gattung etwas, nach der Verzweigung des Fruchtstandes und der Form der Frucht können sie zur einen wie anderen Gattung gehören. Aus der kleinen Familie der *Coriariaceen* mit der von Chile bis zum Himalaya lückenhaft verbreiteten Gattung *Coriaria* lässt sich *C. lanceolata* Sap. aus dem Pliocän von Thezières als Vorfahr der *Coriaria myrtifolia* L. bezeichnen.

Aus der Reihe der *Aesculinen* sind aus den *Sapindaceen* zuerst einige Gattungen hervorzuheben, deren Vorfahren im jüngeren Miocän vorkommen, so *Aesculus* L., dessen Vorfahr, *A. Palaeohippocastanum* Ettingsh. im Miocän Böhmens vorkömmt, während *A. Hippocastanum* L. im oberen Pliocän von Frankfurt a. M. und im Quartär von Leffe nachgewiesen ist, während sie jetzt in Europa nur am Veluchi sich findet. Das heutige vereinzelte Vorkommen von *Kölreuteria paniculata* L. lässt, wie die lückenhafte Verbreitung von *Staphylea* auf das Vorkommen im Tertiär schliessen, indess da uns nur

---

[1]) *Rhus atavia* ist von mir bereits für eine in dem Tertiär von China durch Richthofen gesammelte Art verwandt. (Richthofen, China. Bd. IV.) Ich habe desshalb die von Saporta, a. a. O. pag. 300 Fig. 41, gebrauchte Bezeichnung nach dem Gesetze der Priorität in *R. Gervaisii* geändert.

Blätter und Blattfragmente zur Disposition stehen, so ist es unsicher, irgend welche fossile Reste wie *St. acuminata* Lesq. aus dem Tertiär Nordamerika's als Vorfahren der *St. Bumalda* Sieb. et Zuccar. zu bezeichnen.

Für die Gattung *Dodonaea* dürfen die im Oligocän und unteren Miocän vorkommenden Arten als Vorfahren dieser in Europa schon früh ausgestorbenen Gattung gelten, für *Nephelium N. Jovis* Unger von Kumi. Auch für *Cupania* mögen sich in den als *Cupanoides* bezeichneten Früchten des Londonthones Vorfahren erhalten haben, *Sapindus falcifolius* Heer scheint der Vorfahr des *S. marginatus* zu sein. Ziemlich vollständig lassen sich bei *Acer* die Vorfahren nachweisen, was wir hauptsächlich den Untersuchungen von Pax verdanken. Zunächst ist der boreale Ursprung der Gattung ausser Zweifel. Die Mehrzahl der *Palaeorubra* ist in Europa schon im Miocän ausgestorben, doch hat eine Art derselben *A. trilobatum* A. Br. bis in das Pliocän und Quartär gedauert. Von da fehlt die ganze Gruppe in Europa, ist dagegen in Asien und Nordamerika erhalten, in welch' letzterem auch die eben erwähnte Art vorkommt, welche wohl die Stammart von *Acer rubrum* L. ist. Die *Palaeospicata* mögen in *A. arcticum* Heer eine boreale Stammform haben, der unmittelbare Vorläufer des *A. Pseudoplatanus* L. scheint der pliocäne *A. Ponzianum* Gaud zu sein, aus der Gruppe *Palaeonegundo*, welche jetzt wie in der Tertiärperiode in Europa fehlte, ist für die recenten Arten *Negundo triloba* Newb. als Vorläufer anzusehen. Die Gruppe der *Palaeopalmata* weist in Europa nur wenige Formen auf, welche ohne Zweifel richtiger für ihre frühere ausgedehntere Verbreitung sprechen, als dass eine von ihnen Stammart wäre Aus der Gruppe *Palaeocampestria* ist für Nordamerika *A. Bolanderi* Lesq., für Europa sind die zahlreichen Formen des Pliocän *A. massiliense* Sap., *A. vitifolium* A. Br., *A. Cornaliae* Massal. und *campestre* Unger etc. als Vorläufer der heutigen Formen anzusehen. *A. laetum pliocenicum* Sap. et Marion, *A. acutelobatum* Ludwig müssen wir als Vorfahren der *Platanoidea* betrachten, *A. platanoides* L. im Quartär Dänemarks und Westfrankreichs bereits auftretend. Für die Gruppen der *Saccharina* und *Macrantha* haben wir als etwaige Vorfahren der ersteren, in Europa jetzt fehlenden Gruppe *A. Jurenaky* Stur und *A. palaeosaccharinum* Stur, für die zweite *A. tenuilobatum* Sap.

In Bezug auf die Malpighiaceen lässt sich wenig sagen, da wir die Vorfahren der heutigen Gattungen und Arten jedenfalls in den Tertiärbildungen wärmerer Zonen zu suchen haben. Damit soll nicht gesagt sein, dass die Familie während der Tertiärzeit ohne Vertreter in Europa war, sie ist meines Erachtens nicht sehr häufig gewesen, da die Meisten der beschriebenen Arten zweifelhaft sind. Zu den Malpighiaceen gehören, wie ich glaube, die mit *Janusia* verwandten Früchte aus der Braunkohle von Bischofsheim, welche ich *Malpighiastrum teutonicum* (Fig. 325^{2} ^{3} *Banisteria teutonica* Heer) genannt habe, ferner *Banisteria gigantea* Schenk aus Schlesien und Oeningen, ferner *Hiraea* von Sotzka und Haering, *Tetrapteris* von Sotzka. Als unmittelbare Vorfahren können sie sämmtlich nicht betrachtet werden, diese haben wir in den Tertiärbildungen wärmerer Zonen zu suchen, wofür uns jedoch das Material spärlich vorliegt.

Unter den *Frangulinen* liegen uns für die *Ampelideen* die sichersten Nachweise vor, allerdings·nur durch die Blätter gestützt. Da die Ranken in der Familie allgemein sind, so kann man sie mit berücksichtigen. Im Verein mit Blättern und Zweigresten kommen letztere bei Sezanne vor, *Vitis sezannensis* Sap., die älteste Art Europa's. Durch eine Reihe von Zwischenformen der *V. praevinifera* Sap., *V. vivariensis* Boulay, *V. Salyorum* Sap. et Marion, letztere aus den Tuffen der Valentine bei Marseille, der unmittelbare Vorgänger der *V. vinifera* L. Viel weniger sicher sind die Vorfahren der Gattungen *Cissus* und *Ampelopsis* zu ermitteln, wenn auch die Existenz der einen wie anderen Gattung in Europa kaum zu bezweifeln ist. Das Gleiche gilt für die *Celastraceen*, deren Blätter in Folge der Aehnlichkeit mit jenen anderer Familien die Sicherheit der Bestimmung sehr erschweren. Unter den *Aquifoliaceen* werden wir die mit dornig gezähnten Blättern versehenen Arten als die Vorfahren des *Ilex Aquifolium* L. betrachten dürfen; *Ilex Falsani* Sap. et Marion ist der Vorfahr des *I. balearica*. Unter den *Rhamnaceen* ist *Berchhemia multinervis* Heer ohne Zweifel der Vorfahr der *B. volubilis*, jetzt auf Nordamerika beschränkt, in der Tertiärzeit aber auch in Europa, neben *Berchhemia* sind *Zizyphus* und *Paliurus* jene Gattungen, welche die meiste Gewähr für die Bestimmung von Vorfahren bieten, für die erstere liegen die charakteristischen Blätter, für die letztere die Früchte vor. *Zizyphus Reincourti* Sap. im unteren Eocän von Sezanne ist wahrscheinlich die Stammart, ausserdem *Z. vetusta* Heer,an welche sich dann *Z. Ungeri* Ettingsh. und *Z. protolotus* Unger als Vorfahren von *Z. vulgaris* Lam. und *Z. lotus* L. anschliessen.

In der Reihe der *Tricoccae* werden zwar aus den *Euphorbiaceen* Reste aufgeführt (*Euphorbiophyllum*), aber wir müssen darauf verzichten, irgend einen derselben als Vorläufer einer recenten Gattung oder Art anzusehen. Dass die Familie im Tertiär vorkam, dass sie in Europa im älteren Tertiär vorhanden gewesen sein kann, ist wohl möglich, dass aber die mit der eben erwähnten Bezeichnung belegten Blätter dies beweisen, wie Saporta annimmt, halte ich für fraglich. Wenn Arten von *Euphorbia* wie *E. spinosa* L., welche die Winter von Würzburg gut, jene von Leipzig meist gut erträgt, im Süden von Frankreich zuweilen durch die Winter leiden, so ist es nicht unwahrscheinlich, dass sie und andere ihrer Gattung im Tertiär bereits existirt haben. Aus den *Buxaceen* ist im Pliocän von Meximieux und der Cerdagne von Saporta, Marion und Rerolle ein von *Buxus sempervirens* L. nur wenig verschiedener Vorläufer *B. sempervirens* L. var. *pliocenica* Sap. et Marion nachgewiesen, welche Art ich nach ihrer Verbreitung ebenfalls für eine aus der Tertiärzeit stammende Form halten möchte. Die Verbreitung der recenten Arten, auch des *B. sempervirens* L. widerspricht dieser Ansicht nicht.

Aus der Reihe der *Umbellifloren* kann von den *Umbelliferen* nicht die Rede sein, da keiner der Reste irgend einen Anknüpfungspunkt gewährt, dagegen sind solche für die *Araliaceen* und *Cornaceen* gegeben. In der ersteren Familie bin ich, die Zahl und Deutung der Arten von *Hedera* bezweifelnd, zu weit gegangen, da doch ein Theil der Blätter dieser Gattung angehört.

Sie scheint mit ihren ältesten Vorfahren bereits in der Kreide (*H. primordialis* Sap.) und im Eocän (*H. prim.* Sap.) aufgetreten und in einzelnen Formen bis in das Pliocän, in welchem die unmittelbaren Vorfahren der heutigen *Hedera Helix* L. als *H. acutelobata* Sap. in der Wetterau und *H. Strozzii* Gaud. in den Tuffen von Toscana vorkommen. Die Gattung *Aralia* im weitesten Sinne hat sicher dem europäischen Tertiär nicht gefehlt, aber einerseits ist es, *Panax* ausgenommen, verfehlt, die ausgeschiedenen neueren Gattungen im fossilen Zustande nachweisen zu wollen, da wenn auch die Blätter bei einzelnen zur Unterscheidung benutzt werden können, doch die wesentlichen Charaktere uns fehlen, anderseits fehlt die Familie jetzt in Europa; die unmittelbaren Vorfahren werden wir desshalb im europäischen Tertiär nicht suchen dürfen. Abyssinische, chinesische, japanische und nordamerikanische Formen sind es, welche das ältere Tertiär enthält. Aus den *Cornaceen* wird zuerst zu erwähnen sein, dass die durch ihre grossen Hüllblätter des Blüthenstandes ausgezeichnete Abtheilung (*C. florida*, *C. suecica*) im Tertiär Vorfahren aufzuweisen hat, erhalten haben sich eben diese Hüllblätter Nach Saporta gehört *C. orbifera* Heer dieser Gruppe an. Nach demselben Autor (p. 250 Fig. 31) findet sich im Tertiär des Rhonethales *C mas* L., in den Cineriten des Cantal *C. sanguinea* L., was indess für die erstere Art, da der Fundort dem Micocän angehören soll, auffallend ist. Dass im Pliocän eine recente Art vorkommt, ist dagegen nicht auffallend, am wenigsten bei *C. mas* L. Für *Nyssa* bin ich nicht im Stande, einen näheren Vorfahr zu bezeichnen, die im Oligocän erhaltenen Früchte dieser Gattung hören jedenfalls älteren Arten an, als die Gattung noch in Europa vorkam.

Mit Ausnahme der *Hamamelidaceen* und *Platanaceen* lässt sich über die einzelnen Gruppen der Reihe der *Saxifraginen* wenig sagen. Wie ich schon früher bemerkt habe, ist das Fehlen von Resten der Hydrangeen und Ribesiaceen, welche nach ihrer jetzigen Verbreitung im Tertiär existirt haben könnten, auffallend. Ettingshausen nimmt zwar in der fossilen Flora von Sagor das Vorhandensein von *Hydrangea* an, ich habe aber darauf hingewiesen, dass auch *Viburnum* in Betracht kömmt. Für *Weinmannia* muss auf das Vorkommen einiger Formen, wie *Libocedrus* hingewiesen werden, jedenfalls sind wir nicht in der Lage die unmittelbaren Vorfahren nachzuweisen.

Die Beziehungen der recenten und fossilen Formen liegen klar bei den *Hamamelidaceen* und *Platanaceen* vor. Meiner Ansicht nach ist aus der ersteren Familie *Fothergilla Ungeri* Kovats ein Vorfahr der auf Nordamerika beschränkten *Fothergilla alnifolia* Pursh, die Blätter der fossilen und recenten Art nahezu vollständig übereinstimmend, ferner sehe ich in *Parottia gracilis* Heer und *P. pristina* Ettingsh. die Vorfahren der im Caucasus und in Nordpersien vorkommenden *P. persica* C. A. Meyer. Noch klarer tritt die Beziehung zwischen fossilen und recenten Formen bei *Liquidambar* hervor, bei dem nicht zu verkennende Früchte erhalten sind. *L. europaeum* A. Br., noch im oberen Pliocän von Frankfurt a. M. vorkommend, von Geyler *L. pliocenicum* genannt, in neuerer Zeit zu Gergovie gefunden, betrachte ich als die directen Vorfahren des *L. imberbe* Mill. Kleinasiens, *L. californicum* Lesq.

für jenen des *L. styraciſluum* L. Ob *L. protensum* Unger als Vorfahr des *B. acerifolium* Maxim. (China, Japan, Formosa) zu betrachten ist, wird davon abhängen, ob man diesen nicht häufigen Rest als eigene Art und nicht als Form des *L. europaeum* betrachtet.

Gleich günstig, ja vielleicht noch mehr, liegen die Verhältnisse bei der Gattung *Platanus* L. aus den *Platanaceen.* Wie *Liquidambar* bereits in der Kreide jedoch mit sehr viel zahlreicheren Formen auftretend, setzt sie sich durch das Tertiär bis in die gegenwärtige Periode fort, Europa und Amerika gemeinsam. *Platanus aceroides* Göpp. muss als Vorfahr der recenten *P. orientalis* C. und *P. occidentalis* L. angesehen werden, deren mannigfaltige Blattformen auch bei der fossilen Art sich finden. Lester Ward's Schrift (The palaeontological History of the Genus Platanus in den Proceedings U. S. National Museum, Vol. XI. 1888) gibt eine gute Darstellung der verschiedenen Formen und ihrer Analogie mit *Sassafras, Aspidiophyllum* und *Credneria*, deren dreilappige Formen in *P. trisecta* Sap. aus dem unteren Miocän von Menat und in einer Blattform des *P. aceroides* aus dem Rhônethal (Saporta a. a. O. 202, Fig. 22[1]) eine analoge Form bieten. Lester Ward weist in der citirten Abhandlung auf die Analogie eines mit einem kleinen Fiederpaare versehenen Blattes von *P. occidentalis* L. mit *P. appendiculata* Lesqu. von Chalkbluffs der Nevada County, California, hin, wodurch die Deutung des Blattes als eines solchen von *Platanus* wahrscheinlich wird.

Aus der Reihe der *Myrtifloren* ist bei der Unsicherheit der Blattbestimmungen nicht allzuviel hinsichtlich unserer Kenntniss der näheren oder entfernteren Vorfahren zu erwarten. Für die Gattung *Trapa* ergibt sich, nach den Früchten zu urtheilen, neben einigen, dem älteren Tertiär angehörigen Formen, *Trapa Heerii* Fritsch aus dem Pliocän des Thales der zahmen Gera in Thüringen und in der *T. natans* L. var. *tuberculata* Heer im Quartär Portugals bei Mealhada ein Vorfahr. (Vergl. ausser von Fritsch, das Pliocän im Thale der zahmen Gera, noch Lima's Abbildung der *T. natans* L. var. *tuberculata* Heer in dem Nekrologe Heers.)

Unter den *Combretaceen*, welche jetzt nicht in Europa vorkommen, lässt sich mit ziemlicher Sicherheit als Vorläufer die von Sotzka stammende Frucht der *Terminalia pannonica* Unger bezeichnen, abgesehen von der Grösse, der *T. Brownei* Fres. aus Abessinien nahestehend, zugleich wenn die Deutung richtig, ein Beleg für den Zusammenhang der Tertiärflora mit den recenten Floren. Für die *Myrtaceen* haben wir wenig Aufschlüsse, höchstens lässt sich *Myrtus Veneris* Gaudin von Gaville in Toscana als der Vorläufer von *M. communis* bezeichnen, während *Eucalyptus Geinitzii* Heer aus der Kreide zu den ältesten Vorfahren dieser jetzt auf Neuholland beschränkten Gattung gehört. Ob die Abstammung von *Caryophyllus aromaticus* L. von *Myrtus caryophylloides* so gesichert ist, wie Saporta annimmt, möchte zu bezweifeln sein. Dagegen dürfen wir *Punica Planchoni* Sap. et Marion aus dem Pliocän von Meximieux unzweifelhaft als den Vorfahr der recenten *P. Granatum* erklären.

Bei der Reihe der *Thymelinen* lassen sich vielleicht für *Daphne*-Arten Vorläufer bezeichnen, indess wird bei dem Zustande der bis jetzt bekannten Reste ein sicherer Nachweis kaum möglich sein, ebensowenig bei den *Elaeagnaceen*. Dass *Proteaceen* in der Tertiärzeit in Europa und Nordamerika existirt haben, halte ich für eine nicht durch Thatsachen unterstützte Behauptung.

Unter den *Rosifloren* sind vielleicht *Fragaria Haueri* Stur, *Rosa Hilliae* Lesq. und *Cercocarpus antiquus* Lesq. Vorläufer von Arten der betreffenden Gattungen. *Mengea* (*Quillajaceae*) aus dem Bernstein des Samlandes, ein früher Vorfahr dieser Abtheilung, welche wie manche andere die Verbreitung einzelner Gattungen der Tertiärvegetation bis Chile nachweist. *Pirus*, *Crataegus*, *Sorbus* sind in ziemlicher Anzahl fossil aufgeführt nicht allein im Tertiär, sondern auch in der Kreide. Da schon z. B. bei *Pirus* die Ansichten der Systematiker über die Abgrenzung der Gattungen und Arten weit auseinander gehen, um wie viel mehr muss dies bei den fossilen Resten der Fall sein, für welche ausser Blättern kaum etwas vorliegt, was über das Auftreten der früheren Arten Aufschlüsse geben könnte, da Niemand den angeblichen Steinkernen eine grosse Bedeutung beilegen wird. Was wir vielleicht mit Recht aussprechen können, ist der boreale Ursprung dieser Familie, weiter zu gehen erlaubt uns, meiner Ansicht nach, das vorhandene Material nicht. Saporta ist in dieser Frage allerdings anderer Ansicht, ich möchte aber auf die Blätter, worauf sich seine Anschauungen in der Hauptsache stützen, nicht dieses Gewicht legen. Dass in der Tertiärzeit die heutigen Arten ihre Vorfahren hatten, bezweifle ich nicht, zweifelhaft ist mir aber der Nachweis durch die fossilen Reste.

In der Familie der *Amygdalaceen* liegt die Sache insoferne etwas günstiger, als die Steinkerne für die Erhaltung sich besser eigneten und sie zugleich zur Unterscheidung der Gattungen benützt sind. Aus ihnen ergibt sich wenigstens, dass einzelne Gruppen von *Prunus*, z. B. *Laurocerasus*, *Padus*, *Persica*, im Tertiär existirt haben und ebenso darf der boreale Ursprung der Familie angenommen werden. Auf die Blätter möchte ich auch bei dieser Familie kein allzugrosses Gewicht legen. Auch für die *Amygdalaceen* möchte ich die Existenz von Vorfahren nicht bezweifeln, da unter den Steinkernen einige dieser Gattung anzugehören scheinen.

Unter den *Leguminosen* lassen sich immerhin einige Formen als Vorläufer nachweisen und wäre ihre Zahl wahrscheinlich noch grösser, wenn der Zusammenhang der einzelnen Theile erhalten. Aus der Gruppe der *Papilionaceen* darf man wohl die von Unger und Lesquereux beschriebenen *Cytisus* als Vorfahren der baum- und strauchartigen europäischen Formen, welche in Nordamerika sich nicht erhalten haben, ansehen. *Robinia* dagegen ist in Europa ausgestorben, alle Arten der Gattung gehören jetzt Nordamerika allein an, *R. Regeli* Heer, *R. elliptica* Sap. scheinen die Ahnen der heutigen Arten zu sein. Als Vorfahr der *Caragana arborescens* betrachtet Saporta seine *C. aquensis* aus dem unteren Oligocän von Aix. *Colutea* hat sich in Europa erhalten und enthält nicht nur die jüngere Kreide, sondern auch das Tertiär Vorfahren. Aus den übrigen Gruppen der Papilionaceen mögen sich zwar Reste erhalten haben, allein den recenten Arten näher stehende Vorfahren lassen sich kaum mit Grund bezeichnen. Dass diese Gruppe überhaupt und mannigfaltig vertreten war, beweisen die Reste, welche leider bei ihrer Unvollständigkeit meist keine sichere Bestimmung zulassen, wozu denn auch die Vieldeutigkeit der Blätter und Früchte kömmt, so dass man gezwungen ist, sich auf nur wenige Formen zu beschränken.

Unter den *Caesalpiniaceen* ist *Cercis* im oberen Miocän von Sinigaglia durch *C. Virgiliana* Massal. als directer Vorfahr vertreten, während die recente *C. Siliquastrum* L. im Quartär eine weiter nach Norden reichende Verbreitung besass, als dies gegenwärtig der Fall ist. Auch für *Ceratonia, Gleditschia* und *Gymnocladus* dürfen wir in den früher erwähnten Arten, von welchen indess *Gymnocladus macrocarpa* von Saporta neuestens wieder als eine *Virgilia* erklärt wird, Vorläufer sehen. *Podogonium,* eine ausgestorbene Gattung, steht vielleicht mit *Tamarindus* in Beziehung. *Mimosaceen* haben nach den erhaltenen Blättern im europäischen Tertiär existirt, wie ich annehmen möchte, und zwar *Acacia*-Arten, ferner *Prosopis, Parkia,* ohne dass wir im Stande sind, Näheres wegen Unvollständigkeit der Reste zu sagen.

Aus der Gruppe der *Hysterophyten* ist bei dem beinahe gänzlichen Fehlen von Resten, welche auf das Vorhandensein irgend einer Gattung sicher hinweisen, die Bezeichnung irgend einer Form als Vorfahr einer recenten Art oder Gattung schwierig, oder richtiger, nicht möglich. Dass *Santalaceen* im Tertiär existirt haben, ist nach den im Bernstein erhaltenen, als *Thesianthemum* beschriebenen Resten wahrscheinlich, wir kennen nur die Blätter, aus welchen allein mit Sicherheit nichts zu ermitteln ist. Aus den *Loranthaceen* können die ebenfalls im Bernstein erhaltenen *Patzea*-Arten als Vorfahren von *Arcenthobium* betrachtet werden, doch ist auch bei diesem Reste, da der innere Bau des Fruchtknotens uns unbekannt ist, unsere Kenntniss unvollständig.

Aus der Abtheilung der *Sympetalen* lassen sich aus der Reihe der *Bicornes* einige Formen als entferntere Vorläufer recenter Arten bezeichnen, beinahe alle im Bernstein erhalten. Zu diesen gehört *Orphanidesites gaultherioides* Caspary, mit *Orphanidesia* verwandt, sodann *Andromeda narbonnensis* Sap., *A. imbricata* Conw., *A. primaeva* Conw., *A. Göpperti* Conw., frühe Vertreter der Gruppen *Leucothoë* und *Cassiope*, insoferne der Habitus maassgebend ist. *Rhododendron sebinense* Sordelli würde, wenn es eine selbstständige Art ist, als Vorläufer des *Rh. ponticum* betrachtet werden können. *Clethra Berendtii* Caspary würde als ein solcher von *Clethra*, *Monotropa microcarpa* Heer, wenn die Deutung richtig ist, von *Monotropa* erklärt werden müssen.

Bei den *Myrsinaceen* hebe ich als Vorfahren der *Myrsine africana* und *M. retusa* jene fossilen Blattformen hervor, welche diesen beiden Arten zunächst stehen, wie *M. celastroides* Sap. und Verwandte, freilich immer mit der Reserve, welche bei Blattresten geboten ist. *M. acuminata* Sap. lässt sich als Vorfahr von *M. semiserrata* Wall. betrachten. Da ausser Blättern nichts erhalten, die im Bernstein erhaltenen Blüthenkronen nur über die Gruppe, welcher sie angehören, Aufschluss geben, so ist ein weitergehender Schluss nicht möglich, ausser dass wir etwa die früher erwähnten fossilen Formen für früher aufgetretene, nicht aber für directe Vorfahren erklären können.

In der Gruppe der *Diospyrinen* muss man bei den *Sapotaceen* von vorneherein darauf verzichten, irgend einen der fossilen Reste als Vorfahren einer recenten Art anzusprechen oder auch nur zu vermuthen. Ich glaube, die Unsicherheit sämmtlicher hierher gezogener Reste zur Genüge nachgewiesen zu haben. Etwas günstiger verhalten sich die *Ebenaceen*, bei welchen uns wenigstens in den Kelchen Reste vorliegen, welche mit grosser Wahrscheinlichkeit der Gattung *Diospyros* zugetheilt werden können. Sie kommen namentlich im Tertiär Südfrankreichs in ziemlicher Anzahl vor, fehlen aber auch an anderen Fundorten nicht. Da sie aus dem Oligocän stammen, können sie nur als frühere Vorfahren betrachtet werden. Ein dem recenten *D. Lotus* L. näher stehender Vorläufer ist *D. brachysepala* Heer, als sein unmittelbar vorausgehender darf *D. Protolotus* Sap. et Marion aus dem Pliocän von Meximieux gelten. Saporta betrachtet *D. arctica* Sap. (*D. brachysepala* Heer) aus dem Tertiär Grönlands als den gemeinsamen Vorfahren von *D. Lotus* und *D. virginiana*. Diese Anschauung mag sich durch das Vorkommen und den unzweifelhaft borealen Ursprung der Gattung rechtfertigen, die Reste selbst sind nicht geeignet, um sie sicher zu begründen, wie ich dies bereits Eingangs bemerkt habe. Hinsichtlich der Gattungen *Royena* und *Euclea* lässt sich über etwa vorhandene Vorfahren noch weniger sagen; würde man die in der Kreide der Oase Cargeh vorkommenden Früchte von *Royena* für ganz zweifellos erklären, so müsste man sie für die ältesten der Gattung halten. Noch weniger lässt sich hinsichtlich *Euclea* sagen, da das Vorhandensein dieser jetzt auf Afrika beschränkten Gattung im Tertiär durchaus unsicher ist. Aus den *Styracaceen* liegen in den Blüthen und Früchten des unteren Eocäns von Sezanne, des sächsischen Oligocäns und des Oligocäns der Wetterau Reste vor, welche mit ziemlicher Sicherheit auf ältere Vorfahren der Gattungen *Styrax* und *Symplocos* hinweisen, andererseits aber durch ihre Verwandtschaft mit japanischen und indischen Arten der beiden genannten Gattungen dazu beitragen, die von mir ausgesprochene Ansicht über den Zusammenhang der Tertiärflora und der gegenwärtigen zu bestätigen. Näher stehende Vorfahren dagegen kennen wir nicht.

Aus der Reihe der *Contorten* sind nur wenige Gattungen, *Olea*, *Fraxinus* und *Nerium*, über deren Beziehungen zu den recenten Arten wir nähere Kenntnisse haben. Alle übrigen, dieser Gruppe einverleibten Reste sind nicht geeignet, irgend welche Aufschlüsse zu geben. Bei der Gattung *Olea* wird zuerst hervorzuheben sein, dass *O. europaea* L. wahrscheinlich eine aus der Tertiärzeit in die gegenwärtige Vegetation herüber reichende Art ist. Sodann kann man mit Saporta die dem unteren Oligocän von Aix angehörige *O. proxima* Sap. als einen älteren Vorfahren von *O. europaea* L., *Notelea primaeva* Sap. aus den pliocänen Cineriten des Cantal als einen solchen der *Picconia excelsa* Webb betrachten. Letztere ist mir nicht bekannt, aber bei den Beziehungen, welche die Vegetation der canarischen Inseln während der Tertiärzeit zu Europa hatte, ist dies ebenso gut möglich, wie das gleiche Verhalten von *Olea proxima.* Günstiger gestaltet sich das Verhältniss bezüglich dieser Frage bei *Fraxinus*, da neben den Blättern ziemlich viele Früchte erhalten sind, welche, wenn sie auch, wie ich nach den von mir verglichenen Früchten glaube schliessen zu dürfen, nicht bei allen Arten etwas Eigenthümliches bieten, aber doch für Gruppen von Arten verwendet werden können. Die Schwierigkeit der Vergleichung lebender und fossiler Arten liegt in dem Fehlen des Zusammenhanges der Früchte und Blätter, welche in der gewöhnlichen Weise vereinigt werden, wobei die Garantie fehlt, dass die Combination dem wirklichen Sachverhalt entspricht. Die Früchte sind einerseits japanischen, andererseits chinesischen Arten verwandt, so der *Fr. Bungeana* Dr. und *Fr. mandschurica* Rupr., sodann der *Fr. oxyphylla* M. B., der nordamerikanischen *Fr. juglandifolia* Lam., der südeuropäischen *Fr. Ornus* L. Von den fossilen Arten gehören hierher als eine der ältesten *F. macrophylla* Heer aus Grönland, welche, da der Ursprung der Gattung ohne Zweifel ein borealer ist, die primäre Art sein kann, während *Fr. gracilis* Sap. aus dem Pliocän von Ceyssac der Vorgänger von *Fr. oxyphylla* M. B., *Fr. arvernensis* Sap. jener von *Fr. juglandifolia* Lam. ist. Die Gattung *Nerium* lässt sich in einer ununterbrochenen Reihe von der jüngeren Kreide bis in das Pliocän verfolgen, in welchem *N. Oleander* L. var. *pliocenicum* Sap. et Marion als unmittelbarer Vorfahr des recenten *N. Oleander* L. auftritt. Auch für *N. odoratum* L. fehlt es nicht an Vorfahren, von welchen *N. Röhlii* Hos. u. v. d. Mark als ältester gelten kann. Aus den Familien der *Jasminaceen*, *Gentianaceen*, *Loganiaceen* und *Asclepiadaceen* sind wir nicht im Stande, Reste anzugeben, welche irgendwie als Vorfahren heutiger Arten betrachtet werden können, auch dann nicht, wenn wir alle beschriebenen Reste für gänzlich zweifellos hielten. Sie sind dazu viel zu unvollständig erhalten.

Auch aus der Reihe der *Tubifloren* liegen wenig Reste vor, welche geeignet wären, eine nähere Verwandtschaft mit recenten Arten nachzuweisen. Es fehlt allerdings nicht an Resten, welche den *Asperifoliaceen* und *Solanaceen* zugewiesen sind, allein selbst, wenn diese einer der genannten Familien angehörten, so würden weder die Früchte noch die Blüthen bei ihrer Vieldeutigkeit etwas entscheiden. Nur aus den Convolvulaceen ist *Porana* hervorzuheben, allerdings nicht mit der grossen Artenzahl, welche von den Palaeontologen unterschieden ist. Die wenigen recenten Arten sind in Ostindien, dem Malayischen Archipel (Sumatra) und Neuholland verbreitet. Da wahrscheinlich nur eine Art in der Tertiärzeit in Europa vorkam, diese, *P. oeningensis* Heer, dem oberen Miocän angehörte, so müssen wir sie als Vorfahren der recenten Arten betrachten. Ganz in der gleichen Weise verhält es sich mit den *Labiatifloren*, *Campanulinen* und *Rubiinen*, aus welchen wir nur *Catalpa*, aus der Familie der *Bignoniaceen*, von welcher wir aus dem unteren Oligocän von Aix Blüthen- und Fruchtreste (*C. microsperma* Sap., *C. palaeosperma* Sap.), aus dem Tertiär Nordamerikas ein Blatt (*C. crassifolia* Newb.) kennen, welche als Vorfahren der wenigen in China, Japan, Nordamerika und Mexiko vorkommenden recenten Arten gelten lassen können.

Unter den *Rubiinen* ist es die Gattung *Viburnum* L. aus der Familie der

Caprifoliaceen, aus der wir einzelne Reste als Vorfahren bezeichnen können. Im Allgemeinen wird ihr Vorhandensein im Tertiär nicht bezweifelt werden können auf Grund der Blätter und der Blüthenreste, welche zum Theile als *Porana*, theils als *Hydrangea* beschrieben sind, endlich der Steinkerne, welche wenigstens einer Gruppe der recenten Arten, der Gruppe *Lantana*, entsprechen. Ohne Zweifel borealen Ursprungs, ist sie in der Kreide- und Tertiärzeit in Grönland mit mehreren Arten vertreten, welche als älteste Vorfahren anzusehen sind, so *V. attenuatum* Heer, *V. multinerve* Heer, sodann *V. Snowianum* Sap., ein Vorfahr der Gruppe *Lantana*, ferner die zahlreichen Formen aus der Laramiegruppe, welche die Vermuthung rechtfertigen, dass die Gattung, wie jetzt noch im Norden Amerikas, in der Tertiärzeit schon eine bedeutendere Entwickelung besass, dies Verhältniss so wenig eine Aenderung erfahren hat, wie in Europa, in welchem die Entwickelung der Formen wesentlich geringer war und ist. *Viburnum trilobatum* Heer ist ein Vorfahr aus der Gruppe *Opulus*, *V. Pseudotinus* Sap. et Marion ein solcher von *V. Tinus* L., während *V. rugsum* Pers. von dem gleichen Fundorte die alten Beziehungen zwischen Europa und den Canaren bestätigt. Blüthenkronen von *Sambucus* aus dem Bernstein des Samlandes sprechen für das Vorkommen dieser oder einer verwandten Gattung. Würde man die zahlreichen, von Heer als Achaenen der *Compositen* abgebildeten Achaenen als solche unzweifelhaft gelten lassen, so würde man für die eine oder andere Gattung einen Vorläufer bezeichnen können, wie Heer selbst einzelne dieser Früchte auf bestimmte Gattungen zurückzuführen versucht hat. Meiner Ansicht nach sind die Grundlagen dafür zu unsicher, als dass sich ein solches Verfahren rechtfertigen liesse.

Drei Sätze sind es, welche in der vorausgehenden Erörterung eine Stütze finden: Einmal sind wir im Stande, für eine Anzahl von Arten der gegenwärtigen Vegetation entferntere und näher stehende Vorfahren nachzuweisen, ferner scheinen die meisten der fossilen Arten den nämlichen Gattungen anzugehören, in welchen wir die recenten finden, endlich, wenn wir die Verbreitung der mit den fossilen verwandten recenten Arten untersuchen, nehmen sie den von mir angegebenen Verbreitungsbezirk ein.

Fossile Hölzer.

Ich habe es vorgezogen, die fossilen Stamm- und Wurzelreste für sich zu behandeln, da ich sie doch am Schlusse jeder der grösseren Gruppen gesondert hätte behandeln müssen, weil uns beinahe von keinem der Zusammenhang mit den Blatt-, Blüthen- und Fruchtresten bekannt ist. Da, wo wie bei den Cordaiten, der Zusammenhang mit anderen Theilen feststeht, ist der Bau der betreffenden Stämme und Wurzeln von mir erwähnt, während Schimper die Cycadeen besprochen hat, Coniferen und Angiospermen sind also noch zu besprechen, was im Folgenden geschehen soll. Hinsichtlich des Vorkommens sei erwähnt, dass die fossilen Hölzer entweder lose auf secundärer Lagerstätte oder noch im Gestein eingeschlossen sich finden, zuweilen Beides gleichzeitig an demselben Fundorte. Ob solche Vorkommnisse, wie Bornemann eines erwähnt, ein in einem Krystalle eingeschlossener Splitter eines Coniferenholzes, häufig sind und zugleich eine grössere Mannigfaltigkeit zeigen, ist mir nicht bekannt.

Gymnospermae.

Coniferae.

Wie bei der Untersuchung fossiler Reste stets die recenten Formen zu Grunde gelegt werden müssen, so gilt das Gleiche für die fossilen Hölzer, es ist demnach der Bau der recenten Nadelhölzer zuerst zu berücksichtigen.

Die ersten eingehenden, genauen Untersuchungen über den Bau der Coniferenhölzer sind von Göppert in dessen Abhandlung »De Coniferarum structura anatomica, Breslau 1841« niedergelegt. Ihnen folgen dann die Untersuchungen Mohl's (»Einige anatomische und physiologische Bemerkungen über das Holz der Baumwurzeln«, Bot. Zeitung, 1862), endlich jene von Kraus (»Mikroskopische Untersuchungen über den Bau lebender und vorweltlicher Nadelhölzer« in Würzburger Naturw. Zeitschrift, Bd. V). Einzelne Structurverhältnisse sind von Edw. Schulze, von Essner, von Wille und von Kraus untersucht worden. Ausser diesen grundlegenden Abhandlungen, in welchen zum Theil mehr oder weniger Rücksicht auf den Bau fossiler Coniferenhölzer genommen ist, liegen zahlreiche Angaben in Lehrbüchern, wie in de Bary's vergleichender Anatomie, in Th. Hartig's Forstlichen Culturpflanzen vor, ferner in Hartig's Unterscheidungsmerkmalen der in Deutschland wachsenden wichtigeren Hölzer, in Renault's Cours de bot. foss. Tom. IV., in Saporta's Flora fossile jurassique, t. III, Möller's Beiträgen, sodann in: Nachträge zur Kenntniss der fossilen Nadelhölzer der palaeozoischen Formationen. Aus dem Nachlasse Göppert's, herausgegeben von G. Stenzel und anderen kleineren Abhandlungen.

Der wesentlichste Charakter, welcher das Holz der Coniferen von jenem der Angiospermen trennt, ist das Fehlen der Gefässe und die Doppeltüpfel der Tracheidenwände. Allerdings gibt es auch unter den Magnoliaceen einzelne Gattungen (*Drimys, Tasmania, Trochodendron, Sphaerostema*), welchen die Gefässe fehlen, allein die kleineren Tüpfel und die Markstrahlen unterscheiden diese Hölzer von den Coniferen. So besteht denn das Holz der Coniferen nur aus Tracheiden mit Doppeltüpfeln; durchsetzt ist es in horizontaler Richtung von dem Strahlenparenchym, welches zuweilen Harzgänge einschliesst, in senkrechter Richtung von Harzgängen oder von harzführendem Parenchym, welches entweder reichlich oder sparsam vorhanden ist, aber auch fehlen kann.

Das Mark der Coniferen besteht bei den jüngeren Stamm- und Wurzeltheilen aus kurzgestreckten Parenchymzellen, welches nicht selten Harzgänge und einzelne Gruppen dickwandiger Zellen enthält. Im Querschnitt ist es bei den Wurzeln elliptisch oder dreiseitig, an dem Haupt- und Nebenaxen kreisrund. Umgeben ist es von dem Primärholze, welches im Gegensatze zu dem später auftretenden Secundärholze aus Ring- und Spiralfasertracheiden besteht. Die sogenannten activen Zellen des Markes sind getüpfelt, vom

Inhalte ist nichts vorhanden, wie denn überhaupt, dies sei von vornherein bemerkt, bei der Mehrzahl der verkieselten Hölzer von einem Inhalte nicht die Rede sein kann, obwohl oft genug insbesondere Harz angegeben wird. In vielen Fällen ist es Eisen, welches diese Angabe bedingt. Bei in Braunkohlen umgewandelten Hölzern ist dagegen Harz ziemlich häufig vorhanden. Im Allgemeinen begegnet man dem Marke bei der Untersuchung fossiler Coniferenhölzer nicht häufig.

An das Primärholz schliesst sich das Secundärholz an, welches die charakteristischen Structurverhältnisse aufweist und unter allen Umständen die grösste Masse der fossilen Stämme bildet. Es geht hervor aus einem zwischen Holz und Rinde liegendem, stets sich erneuerndem, zartwandigem Bildungsgewebe, dem Cambium, welches nach der Innenseite Elemente des Holzes, nach Aussen Elemente des Bastes liefert. In der Regel ist das Bildungsgewebe an den fossilen Stämmen nicht nachzuweisen, da es bei der Zartheit desselben leicht zerstört wird, andererseits, und dies ist auch der Grund, weshalb die Rinde selten an ihnen zur Beobachtung kommt, weil die Peripherie der Stämme häufig nicht erhalten ist. Die jährlichen Zuwachszonen sind in den meisten Fällen als schalenförmig sich umfassende Lagen sichtbar, die Jahresringe; zuweilen fehlen sie oder treten nicht deutlich hervor. Im Allgemeinen kann ihre Anzahl als Maasstab für das Alter des betreffenden Stamm- oder Wurzeltheiles benützt werden, unbedingt verlässig ist jedoch das Merkmal nicht, da ihre Bildung entweder unterbleiben oder auch sich wiederholen kann. Bei den Araucarien z. B. unterbleibt die Bildung der Jahresringe bei einzelnen Individuen, es fehlt indess bei anderen Gattungen auch nicht an solchen Beispielen, wie z. B. *Gingko*. In der Regel sind sie jedoch bei den Coniferen deutlich entwickelt, man darf, wie aus dem Vorstehenden sich ergibt, aus dem Fehlen der Jahresringe nicht schliessen, dass das Holz zu den Coniferen gehöre.

Jeder einzelne Jahresring beginnt mit einer helleren inneren Schicht, dem Frühlingsholze, und schliesst mit einer dunkleren äusseren, dem Herbstholze, zwischen welchen eine den Uebergang von der einen zur anderen vermittelnde Schicht, das Sommerholz, liegt. Das Frühlingsholz besteht aus dünnwandigen, im Querschnitt viereckigen, weiteren Tracheiden, der Querschnitt der Tracheiden des Sommerholzes wird allmälig hexagonal, ihre Wanddicke nimmt zu, die Radialwände, in vielen Fällen auch die Tangentialwände, führen Doppeltüpfel, jene des Herbstholzes sind dickwandig, ihr radialer Durchmesser kleiner als der tangentiale. Im allgemeinen sind die Jahresringe in den ersten Jahren von geringerem Durchmesser, nehmen dann an Breite zu, behalten diese durch eine längere Reihe von Jahren, um dann abzunehmen, ein Wechsel, welcher von der Gesammtentwickelung des Individuums abhängig, wie der Wechsel, welcher in der Breite der Jahresringe neben diesem auftritt, bedingt ist durch die in der betreffenden Zeit wirksamen Verhältnisse der Ernährung. Die wechselnde Energie der Ernährung während der einzelnen Vegetationsperioden äussert sich in dem Durchmesser der einzelnen Jahresringe, welche die verschiedensten Maassverhältnisse in ihrer Aufeinanderfolge zeigen können. Es können sehr schmale Jahresringe zwischen stärker entwickelten liegen, bei anfangs in Töpfen cultivirten Exemplaren die ersten Jahresringe ganz das Gegentheil von dem normalen Verhältnisse zeigen.

Was die einzelnen Gruppen der Coniferen angeht, so sind die Jahresringe der *Cupressaceen*, *Podocarpeen* und *Taxeen* meist schmäler als jene der *Abietaceen*, in der Regel bildet aber der innere Theil der Jahresringe den grösseren Theil derselben. Die Jahresringe an den Aesten sind im Allgemeinen schmäler als im Stammholze bei den Tannen, der Gegensatz zwischen Frühlings- und Sommerholz einerseits, dem Herbstholz andererseits deshalb weniger auffällig.

Die Jahresringe fehlen im Wurzelholze nicht und hängen in ihrer Ausbildung von denselben Bedingungen ab, wie jene des Stammes. Mohl a. a. O. verdanken wir die Kenntniss eines Structurverhältnisses, welches Stamm- und Wurzelhölzer unterscheiden lässt. Wie angegeben, folgen Frühlings-, Sommer- und Herbstholz im Stamme an den Querschnitten aufeinander, das Sommerholz grenzt an das Herbstholz. Im Wurzelholze grenzen dünnwandige, weite Tracheiden unmittelbar an das Herbstholz, die Schicht des Sommerholzes fehlt. Dieses Structurverhältniss entspricht der Function der Wurzel. Ausserdem kommt dann bei dem Wurzelholze noch eine schmale Herbstholzzone hinzu, welche nicht selten aus nur einer bis drei Tracheidenlagen besteht.

Die Tracheiden sind gestreckt, an beiden Enden geschlossen und zugeschärft, im Querschnitte vierseitig oder hexagonal. Stehen sie mit dem Ende auf einer Markstrahlzelle, so ist das aufsitzende Ende stumpf, mit Poren versehen, oder das Ende legt sich mit einem seitlichen Fortsatze an die Markstrahlzelle an. Aus den Messungen von Mohl, Kraus, Sanio und E. Schulze ergibt sich, dass Länge und Weite der Tracheiden je nach dem Organ, dem Alter und der Individualität Schwankungen unterliegt. Die Herbstholz-Tracheiden sind länger und schmäler, als jene des Frühlings- und Sommerholzes, beide nehmen aber in den aufeinander folgenden Jahresringen zu, bis endlich eine nahezu constante Grösse erreicht wird, welche in der Mitte des Stammes grösser ist als im oberen und unteren Theile; bei den Aesten sind sie enger als bei dem Stamme, am weitesten bei der Wurzel.

Prüft man die bisher besprochenen Structurverhältnisse hinsichtlich ihrer Bedeutung für die Unterscheidung der fossilen Hölzer, so ergibt sich, dass weder die Jahresringe durch ihr Vorhandensein oder Fehlen, ihre Maasse ein diagnostisches Merkmal geben, die Länge und Weite der Tracheiden nur dann von Bedeutung ist, wenn wir anzugeben im Stande sind, welchem Theile des Individuums sie angehören, nur für das Wurzel- und allenfalls noch das Astholz haben wir sichere Merkmale, welche in den oben bemerkten Charakteren liegen. Dabei ist jedoch gute Erhaltung der fossilen Hölzer unbedingte Voraussetzung; wo diese fehlt, sind dergleichen Untersuchungen nutzlos, um so mehr, wenn es sich um die im Folgenden zu besprechenden Structurverhältnisse handelt, welchen zum Theile eine grössere Bedeutung zukömmt.

Von grösster Bedeutung für die Unterscheidung der Gruppen der fossilen Coniferenhölzer ist die Anordnung der Doppeltüpfel auf den Radialwänden der Tracheiden. Auf den Radialwänden sind sie allgemein, auf den Tangentialwänden sparsamer und kleiner und können gänzlich fehlen. Sie stehen entweder ein- oder mehrreihig, einander genähert und sich

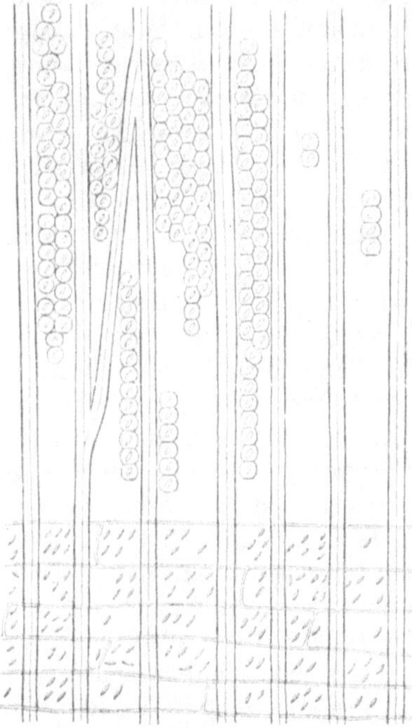

Fig. 406.
Dammara australis Lamb. Radiallängsschnitt aus dem Stammholze. Typus von *Araucarioxylon*.

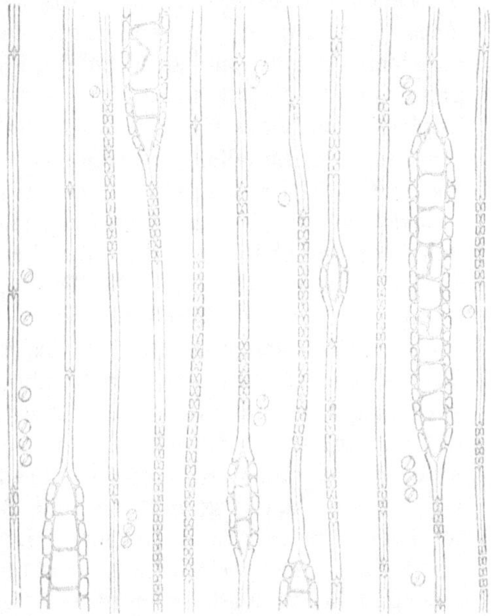

Fig. 407.
Dammara australis Lamb. Tangentiallängsschnitt aus dem Stammholze. Typus von *Araucarioxylon*.

berührend, so dass sie, wenn einreihig, am oberen und unteren Rande abgeplattet sind; stehen sie zwei- oder vierreihig, so ist ihre Stellung spiralig, die Doppeltüpfel sind um so ausgesprochener hexagonal, je grösser die Zahl der Reihen ist. Unter den recenten Coniferen ist dies der Fall bei *Araucaria* und *Dammara* (Fig. 406), also nur auf wenige Arten beschränkt, unter den fossilen Coniferenhölzern kommt dagegen diese Anordnung sehr häufig vor, aus den palaeozoischen Schichten ist überhaupt bis jetzt keine andere bekannt. Bei allen übrigen Coniferen stehen die Doppeltüpfel entfernter, ohne sich zu berühren, sie sind daher kreisrund, in der Regel einreihig, seltener zweireihig, dann opponirt. Bei den Wurzelhölzern ist die Verdoppelung der Reihen häufig und kann im Zusammenhang mit den bereits erwähnten Merkmalen zur Diagnostik benützt werden. Tangentialtüpfel finden sich nur im Herbstholze, zuweilen sehr sparsam. Der äussere Tüpfel ist kreisrund, der innere Tüpfel bei *Araucaria* und *Dammara* elliptisch schief gerichtet, bei allen anderen Coniferen kreisrund, ebenso der Porenkanal, die innere Mündung im Herbstholze schief, oval oder spaltenförmig, linkswendig, bei spiraliger Streifung der Wand, lineal oder S-förmig. Die Grösse der Tüpfel ist von Kraus und Wille näher untersucht (Kraus, Beitr. zur Kenntniss fossiler Hölzer I. 1882. II. 1884. Wille, zur Diagnostik der Coniferenhölzer, Halle 1887). Aus beider Untersuchungen ergibt sich, dass die Grösse der Tüpfel in den ersten zehn Jahresringen an Grösse zunimmt, um von da an geringe Schwankungen zu zeigen, im Herbstholze sind sie in den einzelnen Jahresringen stets kleiner, im Wurzelholze grösser als im Stammholze. Bei den einzelnen Gruppen sind die Tüpfel am kleinsten bei den Araucarien, etwas grösser bei den Cupressaceen, die Abietaceen haben die grössten. Grenzen die Tüpfel an die Wand einer Zelle des Strahlenparenchyms, so sind sie einfach.

Ring- und Spiralfaserverdickungen sind, abgesehen von dem Primärholze, bei den Coniferenhölzern sehr selten. Sie kommen vor bei den Gattungen *Taxus*, *Cephalotaxus* und *Torreya* aus der Gruppe der *Taxaceen*, bei welchen sie zwischen den Doppeltüpfeln verlaufen, ihr Verlauf ist wenig ansteigend, beinahe horizontal und rechtsläufig. Die Gruppen *Picea* und *Pinus Douglasii* besitzen spiralige Faltung der Tertiärmembran, an den Längsschnitten in das Innere der Tracheiden vorspringend. Mit diesen Bildungen darf nicht, wie geschehen ist, die spiralige Streifung der Membranen verwechselt werden, welche in allen Gruppen vorkommen kann und durch den steilen, linkswendigen Verlauf erkannt wird. Zuweilen finden sich in den Tracheiden Zellstoffbalken, in einzelnen Fällen in mehreren aufeinander folgenden auftretend, erkennbar durch Behandlung mit Jod und Schwefelsäure. Wiederholen sie sich im Längsverlaufe der Tracheiden mehrmals, so erscheinen diese gefächert und gehören hieher, wie ich vermuthe, ein aus dem Rothliegenden von Altendorf bei Chemnitz stammendes *Cordaioxylon Brandlingii* (Fig. 408), bei welchem diese Querwände sehr häufig sind, und ein *Cedroxylon*, dessen Tracheiden durch einzelne Scheidewände in Fächer getheilt sind; auch von Conwentz an *Pityoxylon* gesehen, die einzigen Fälle, welche mir unter fossilen Coniferenhölzern bekannt sind. Ferner finden sich zuweilen Querbalken, aus einer entweder in Alkohol und Aether oder in kochendem Wasser löslichen Substanz bestehend, in den Tracheiden, welche, wenn neben den Markstrahlen vorkommend, für einen Stützapparat derselben erklärt wurden. Ebenfalls auf einem Beobachtungsfehler beruht die angebliche Einbiegung der Innenschicht der Tracheiden auf Querschnitten, wenn diese mit einem etwas stumpfen Messer angefertigt werden, und ist es ein gleichfalls von Kraus längst aufgeklärter Beobachtungsfehler, wenn Kny nach dem Vorgange Göppert's zwischen übereinander stehenden Markstrahlen knotige Cellulosebalken annimmt: es sind diese nichts Anderes als Schnittflächen jener Stellen der Tracheiden, wo sich dieselben an die Markstrahlen anlegen. Zuerst hatte sie Göppert in seiner Monographie der fossilen Coniferen angegeben und in den Coniferen des Bernsteins diese Angabe wiederholt und dort neben *Pinus sylvestris* noch andere *Pinus*-Arten genannt, während Kny sie nur von *Pinus sylvestris* erwähnt.

Die stets kleineren Tangentialtüpfel sind in ihrem Vorkommen sehr unregelmässig, sie finden sich sehr häufig bei den Cupressaceen, nur wenige Gattungen ausgenommen, wie z. B. *Callitris*, bei welcher sie spärlich sind, sparsamer sind sie bei den Abietaceen, Araucariaceen, Taxodineen und Taxaceen, gänzlich fehlen sie bei einigen Kiefern, wie *Pinus sylvestris, P. halepensis, P. maritima, P. Pinea*, sehr selten sind sie bei *P. Pumilio, P. Laricio*; ihr Vorkommen, wie ihr Fehlen wird daher unter Umständen als diagnostisches Merkmal verwerthet werden können, um die Verwandtschaft mit einem recenten Holze zu bestimmen.

Fig. 408.
Cordaioxylon Brandlingi Grand' Eury. Radiallängsschnitt mit Thyllen in den Tracheiden. Rothliegendes von Altenbach bei Chemnitz.

Wie erwähnt, ist das Holz der Coniferen durchsetzt von dem Strahlenparenchym (Markstrahlen), dem harzführenden Parenchym (einfache Harzgänge Göppert) und Harzgängen (zusammengesetzte Harzgänge Göppert). Das Strahlenparenchym liegt horizontal zwischen den Tracheiden und ist es meist nur eine einzige Reihe übereinander liegender Zellen, aus welchen es besteht, seltener und nur local liegen mehrere Reihen nebeneinander (ein- und mehrreihige Markstrahlen). Die Zahl der übereinander stehenden Zellen ist wechselnd, häufiger sind die niedrigen Zahlen, zwei bis zehn, seltener die höheren, zwölf bis dreissig und vierzig, es fehlen indess auch solche nicht, welche nur eine Zelle hoch sind und in der Höhe über vierzig hinausgehen. Man pflegt die übereinander stehenden Zellreihen wohl auch als Stockwerke zu bezeichnen und demnach von ein- und mehrstöckigen Markstrahlen zu sprechen. Die Zahl der Markstrahlen kann bei den einzelnen Gruppen auf einer Fläche von bestimmter Grösse sehr verschieden sein, im Allgemeinen sind sie bei den Cupressaceen zahlreicher als bei den Abietaceen, bei den Araucariaceen sind sie bei Dammara viel zahlreicher als bei *Araucaria*. Sodann scheint mir, dass die Höhe der Markstrahlen in einem bestimmten Verhältniss zu ihrer Zahl steht. Die Zellen des Strahlenparenchyms sind länglich-viereckig, in der Richtung des Radius gestreckt, niedrig, meist schmal; bei *Gingko* sehr weit, im Herbstholze kürzer, mit einfachen Tüpfeln, Doppeltüpfeln, einzelnen grossen Tüpfeln (Eiporen), zackigen Verdickungen, die Ausbildung der Verdickungen und Tüpfel entweder bei allen Zellen gleich oder verschieden (gleichartige, ungleichartige Markstrahlen). Ausnahmsweise kommen nach Schacht (Bot. Zeitg. 1861) bei *Araucaria,* nach Beust bei *Pinus Webbiana* Roxb. sternförmige Markstrahlzellen vor (Beust, Fossile Hölzer aus Grönland. Zürich 1884). Im Tangentialschnitte die oberste und unterste Zelle der Reihe zugeschärft, die dazwischenliegenden Zellen mit abgeplatteten Horizontalwänden, die Tangentialwände senkrecht oder schief gerichtet.

Das harzführende Parenchym erstreckt sich in einzelnen Zellreihen senkrecht, aus längeren oder kürzeren Zellen mit horizontalen Scheidewänden bestehend und fehlt, wenn nicht Harzgänge vorhanden sind, vielleicht wohl keiner Conifere, nur ist es, wenn sparsam vorhanden, zuweilen schwer zu finden. Zuweilen kömmt es auch in Gesellschaft von Harzgängen vor. Bei den Cupressaceen und Podocarpeen ist es häufig reichlich vorhanden, ferner bei *Cunninghamia,* den *Taxodineen, Phyllocladus, Dacrydium etc.* Seltener sind sie oder fehlen bei *Araucaria, Dammara, Abies, Cedrus, Tsuga, Pseudotsuga.* Für die Charakteristik der Nadelhölzer bietet es ein vorzügliches Merkmal, wie das Strahlenparenchym und die nachfolgend zu erwähnenden Harzgänge.

Die Harzgänge verlaufen senkrecht zwischen den Tracheiden oder horizontal in der Mitte des mehrreihigen Strahlenparenchyms, selten an dessen oberem oder unterem Ende, dann von sehr geringem Durchmesser. Sie kommen vor bei *Picea* (Fichten), *Larix* (Lärchen) und Kiefern. Entweder bestehen ihre Wände aus einer einfachen Lage dünnwandiger Zellen oder aus zwei Zellschichten, deren äussere aus dünnwandigen, die innere aus dickwandigen, porösen und verholzten Zellen besteht. Entweder kommen sie im Frühlings-, Sommer- und Herbstholze oder in einem dieser allein vor, zuweilen tangential geordnet oder zerstreut.

Fasse ich die wesentlichen Merkmale, welche zur Charakteristik der Coniferenhölzer dienen, zusammen, die sogenannten absoluten Merkmale, so können dazu benützt werden: Anordnung und Form der Tüpfel, ihre Spiralstellung und Abplattung bei *Araucaria* und *Dammara*, bei allen übrigen fehlend; Vorkommen von Spiralfasern und Doppeltüpfeln bei *Taxites scalariformis,* Göpp., unter den recenten nur bei *Taxus, Torreya* und *Cephalotaxus;* Vorkommen von harzführendem Parenchym oder Harzgängen, endlich das Verhalten der Markstrahlen. Auf diese Merkmale gründet sich die Charakteristik der Gruppen der Nadelhölzer. Alle übrigen Merkmale sind sogenannte relative, welche erst dann Bedeutung haben, wenn wir Alter, Abstammung von einem gewissen Theile kennen. Dazu gehören die Weite und Länge der Tracheiden, Breite der Jahresringe, Zahl und Höhe der Gruppen des Strahlenparenchyms, Weite ihrer Zellen, Grösse der Tüpfel, Vorkommen der Tangentialtüpfel. Schon Göppert hatte den verschiedenen Werth dieser Merkmale in seiner Monographie der fossilen Coniferen erkannt, Kraus dieselben früher und noch in jüngster Zeit eingehend erörtert (Kraus, Zur Diagnostik des Coniferenholzes. Halle, 1882) und verfolgen die gleiche Aufgabe die früher erwähnten Abhandlungen von Schulze, Essner, Wille.

Es frägt sich, ob die auf die oben erwähnten absoluten Merkmale gegründeten Gruppen der fossilen Nadelhölzer sich decken mit den auf die morphologischen Merkmale gegründeten Gruppen. Göppert hatte schon diese Frage im negativen Sinne beantwortet, im gleichen Sinne sprach sich Kraus aus. Es ist zwar möglich, eine oder die andere Gattung durch den Bau des Holzes zu erkennen, es ist möglich, eine Familie, wie die Cupressaceen, zu unterscheiden, aber für die Mehrzahl der Gattungen und Familien ist dies nicht giltig. So sind wir nach den bisherigen Erfahrungen im Stande, *Phyllocladus* aus den *Taxaceen* durch grosse einzelne Eiporen der Strahlenparenchymzellen, *Gingko* L. durch die im Tangentialschnitte weiten, im Radialschnitt dünnwandigen Zellen des Strahlenparenchyms, aus den *Taxodineen*, *Glyptostrobus* mit ziemlich grossen kreisrunden Poren des Strahlenparenchyms, die sonstigen Structurverhältnisse übereinstimmend mit der Structur der Cupressaceen, sodann durch die spiralige Faltung der Tertiärmembran die Gruppen *Picea* und *Pseudotsuga* (*Pinus Douglasii*) unter *Pinus* nachzuweisen, die beiden anderen Arten der letzteren Gruppe habe ich nicht untersuchen können.

Bei der Untersuchung fossiler Hölzer ist indess in erster Linie mit den Erhaltungszuständen zu rechnen. Nach meinen Erfahrungen sind diese nicht selten sehr gut, oft aber auch nicht so gut erhalten, dass wir sie den recenten Hölzern gleichstellen können. Zuerst sei erwähnt die Vermoderung, in Folge deren die Tracheiden- und Zellwände dünnwandiger werden, als sie im intacten Zustande sind, die Verdickungen ganz oder theilweise verschwunden sind, in welchem Falle z. B. die Doppeltüpfel als Netz gesehen werden, wo dann eine ganz andere Anschauung der Wandstructur entstehen muss. Das Gleiche gilt auch für die Zellen des Strahlenparenchyms, welche gar nicht so selten als dünnwandige Zellen auftreten, ohne Spur irgend welcher Verdickung. Zu Täuschungen kann ferner das Vorhandensein von durch locale Fäulniss zerstörten Stellen Veranlassung geben, sie können für Harzgänge gehalten werden. Ich halte es nicht für unwahrscheinlich, dass *Pityoxylon eggense* Kraus (*Pinites* Witham) in diese Kategorie gehört. Ich halte es desshalb für unbedingt nöthig, für die Untersuchung fossiler Hölzer nicht allein an verschiedenen Stellen Schliffe zu machen, was bei der Verwendung eines passenden Apparates keine Schwierigkeit hat, sondern diese auch von ziemlicher Grösse anzufertigen, um ein richtiges Urtheil zu gewinnen.

Ehe ich auf die Gruppirung der fossilen Nadelhölzer eingehe, erwähne ich einige von den Autoren unterschiedene Gattungen, welche einzuziehen sind. Zuerst sei erwähnt das von Brongniart als *Palaeoxylon*, von Endlicher als *Pissadendron* bezeichnete Holz, von Göppert zu *Araucarites*, von Kraus als Untergruppe zu *Araucarioxylon* gestellt. Nach meiner Ansicht gehören diese Reste nicht zu den Coniferen, sondern zum Theile zu *Arthropitys*, dann zu *Calamodendron*, so *Pitus primaeva* Witham (Intern. Structure of foss. vegetables, Tab. 8, Fig. 4, 6) und zu *Cordaites*. Wenn es auch sehr wahrscheinlich ist, dass ein Theil oder alle diese Stämme den Archegoniaten angehören, so fehlt noch der stricte Beweis durch die Fructificationen. In diesem Sinne ist die von mir früher geäusserte Ansicht zu ändern (vergl. Calamodendron). Eine von Göppert aus dem Culm Schlesiens stammende Gattung, von welcher wir nur den Holzkörper kennen, ist *Protopitys* (*P. Buchiana*). Ihre Stellung unter den Coniferen ist in jüngster Zeit bezweifelt worden. Solms vermuthet in ihr ein mit *Arthropitys* verwandtes Holz (Einleitung in die Phytopalaeontologie), Kraus (Beiträge zur Kenntniss fossiler Hölzer. Halle, 1887) hält sie *Stigmaria* oder *Sigillaria* verwandt. Ich habe das Holz in Originalen von Göppert untersucht, kann aber weder der einen, noch der anderen Ansicht beitreten. Die von mir untersuchten Exemplare haben keine bedeutende Länge, aber eine ziemliche Stärke, so dass der Durchmesser wohl zum grössten Theile erhalten sein kann. Der Bau des Querschnittes zeigt nichts von den Eigenthümlichkeiten der genannten Gattungen, die Zellen des Strahlenparenchyms haben ferner das Aussehen jener der Coniferen, die Tüpfel sind quergezogen und können dadurch allerdings das Aussehen von Treppenfasern annehmen, wie dies auch bei dem *Pinites latiporosus* Cramer der Fall ist. Sodann darf nicht übersehen werden, dass das Holz sehr schlecht erhalten ist, also das wirkliche Structurverhältniss nicht mehr gesehen wird, wie die zahlreichen Lücken des Holzes, die dünnen Wände der Tracheiden es beweisen. In diesem Sinne habe ich mich auch schon früher in meiner Abhandlung »Die fossilen Pflanzenreste. Breslau, E. Trewendt, 1888« ausgesprochen. Ein in neuerer Zeit mir aus dem südamerikanischen Rhät zugekommenes fossiles Holz bestärkt mich noch weiter in meiner Auffassung. Es ist ein *Araucarioxylon* von theilweise guter, theilweise schlechter Erhaltung. Die einreihigen, sich berührenden Radialtüpfel sind an den Längeschliffen, je nach der Erhaltung der Tracheidenwände, entweder normal oder an den schlechter erhaltenen Stellen in allen Graden der Abstufung bis zu Treppenform modificirt, so dass der Uebergang von der einen bis zur anderen Form ohne Schwierigkeit verfolgt werden kann. Ein noch weniger gut erhaltenes Holz der Gruppe *Araucarioxylon* ist von Unger als *Aporoxylon primigenium* aus dem untersten Culm von Saalfeld in Thüringen beschrieben (Richter und Unger, Beiträge zur Palaeontologie des Thüringer-Waldes). Gute Abbildungen gibt Stenzel in den Beiträgen zur Kenntniss der Coniferenhölzer der palaeozoischen Formationen aus Göppert's Nachlass. Mit ihm ist das a. a. O. beschriebene *Dadoxylon Richterianum* Unger von dem gleichen Fundorte zu vereinigen. Von beiden habe ich durch die Zuvorkommenheit Herrn Prof. Kalkowski's eine ziemlich grosse Anzahl von Exemplaren untersuchen können. Göppert (Revision meiner Arbeiten über die fossilen Coniferen, Cassel, 1881) eliminirt mit Recht die Gattung und vereinigt sie mit *Araucarites* als *A. Ungeri.* Eine Täuschung ist bei den Resten dieses Fundortes, deren schlechte Beschaffenheit auch Solms wiederholt hervorhob, leicht möglich, da an zahlreichen Stellen der Schliffe die Tüpfel ganz fehlen und das Gewebe vielfach zerstört ist. An einzelnen Stellen jedoch sind die Tüpfel erhalten und stehen in einer oder zwei Reihen. Die Zellen des Strahlenparenchyms sind ebenfalls schlecht erhalten, Tüpfel habe ich auf ihren dünnen Wänden nicht gesehen. Ich lasse, wie dies auch schon Renault gethan hat, *Aporoxylon* fallen und vereinige die beiden Eingangs erwähnten Reste als *Araucarioxylon Ungeri* (Fig. 409). Von Caspary wird neben *Araucarites* noch *Araucariopsis* unterschieden, *A. macractis* Casp., aus dem Diluvium von Heiligenbeil und Julchen in Ostpreussen, auf Taf. 14, Fig. 16—20, Taf. 15, Fig. 1—5 in Triebel's

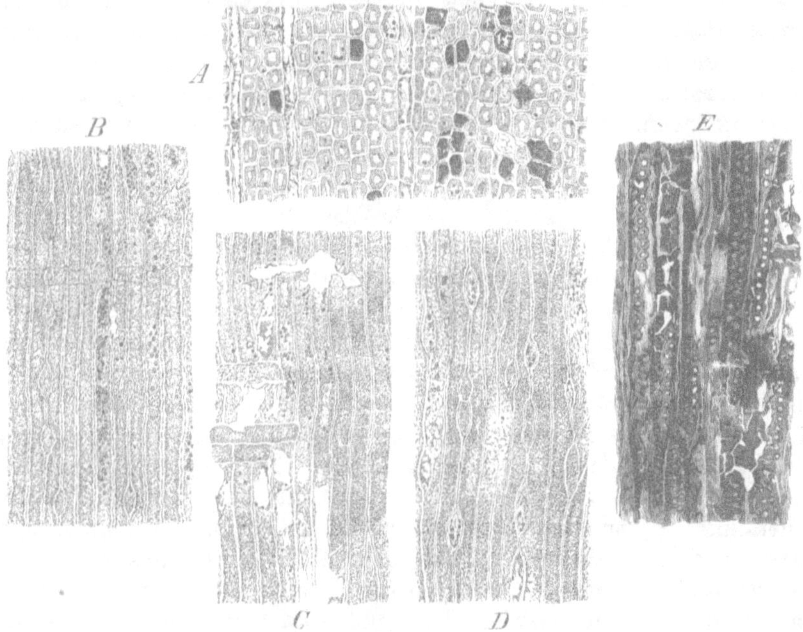

Fig. 409.
Araucarioxylon Ungeri Schenk. (*Aporoxylon primigenium* Unger, Kraus. *Araucarites Ungeri* Göppert. *Araucarites Richteri* Göppert.) Aus dem untersten Culm von Saalfeld in Thüringen. *A* Querschnitt, *C. E* Radialschnitte, *B. D* Tangentialschnitte. (Nach der Natur.)

Schrift: »Einige fossile Hölzer aus Preussen« abgebildet. Die Gattung wird durch harzführende Zellen von *Araucaria* unterschieden, ein Unterschied, welcher nicht zutrifft, da *Araucaria* ebenfalls diese Gewebeform besitzt. Es ist ein *Araucarioxylon.* Eine zweite Art nennt er *Araucarites borussicus*, ebenfalls aus dem Diluvium. *Spiropitys* ist eine von Göppert (Foss. Coniferen, Tab. 51, Fig. 46) unterschiedene Gattung, deren Strahlparenchymzellen Spiralfasern neben Tüpfeln enthalten sollen. Kraus bemerkt in seiner Revision der fossilen Taxaceenhölzer, dass Originale davon in der ehemals Göppertschen Sammlung nicht vorhanden seien, folgert dann aus den Angaben Göppert's, dass es sich nicht um Spiralfasern, sondern um spiralige Streifung handle, da von Göppert der Ausdruck »striae« gebraucht werde. Er hält dies in den Ligniten von Laasen, Wartenberg und Tarnowitz vorkommende Holz, welches Göppert *Spiropitys Zobeliana* nannte, für ein *Cupressinoxylon* und wird man ihm darin beistimmen müssen. Den recenten

Coniferenhölzern ist dies Structurverhältniss, Spiralfasern in Markstrahlzellen, ganz fremd. Ein mit *Gingko* L. (*Salisburia*) übereinstimmendes Holz wird von Göppert *Physematopitys* (Foss. Coniferen, Tab. 49 Fig. 1—3) genannt. Zu der ursprünglichen Art, *P. salisburioides*, fügt Göppert (Coniferen des Bernsteins) noch eine zweite aus dem Bernstein, *P. succinea*, von welcher ihm jedoch nur der Tangentialschnitt bekannt ist. Die erstere hat sich bei der Untersuchung der Originale durch Kraus als das Wurzelholz eines *Cupressinoxylon* erwiesen. Es besitzt reichliches, Harz führendes Parenchym (Holzparenchym, Kraus) und eine »fast faserartige Ringelung« und ist demnach von *Cupressinoxylon* nicht verschieden, da die »fast faserartige Ringelung« der bei Braunkohlenhölzern nicht seltene Erhaltungszustand der Streifung ist.

Tylodendron Weiss sind Coniferenstammstücke, welche von Weiss zuerst in der Flora der jüngsten Steinkohle beschrieben wurden, wobei Dippel den Bau untersuchte und ihn den Cycadeen ähnlich fand. In jüngster Zeit sind diese Reste von Potonié untersucht worden (Potonié, Die fossile Pflanzengattung Tylodendron. Berlin, 1888. Naturwiss. Wochenschrift, Nr. 21, 1889). Was man bisher für einen mit Blattnarben bedeckten Stamm gehalten, ist ein mit den Leitbündelspuren des Primärholzes versehener, an den Stellen der wirtelständigen Aeste dickerer Markkörper, welcher mit den entsprechenden Theilen von *Araucaria*, z. B. *A. imbricata*, übereinstimmt. Der Bau der Tracheidenwände zeigt ebenfalls den Araucarientypus, ein- bis dreireihige, spiralig stehende, abgeplattete Doppeltüpfel, die Strangparenchymzellen mit zwei bis drei einfachen Tüpfeln auf die Tracheide. Welcher Conifere des Carbon diese Reste angehören, ist fraglich, es liegt nahe, an *Walchia* zu denken, deren den Araucarien ähnlicher Habitus auch in anderen Richtungen den recenten Arten der Gattung nahe steht, obwohl ich darauf kein besonderes Gewicht lege, und sowohl im Saarbecken als auch in der Correze in den gleichen Schichten vorkömmt. Auch Zeiller und Potonié theilen diese Ansicht. *Tylodendron* ist also nach Potonié's Vorgang als *Araucarioxylon* zu bezeichnen und gehört *Endolepis* Schmidt und Schleiden aus dem Muschelkalke von Jena einem gleichen Erhaltungszustande an (vergl. Schmidt und Schleiden, Die geognostischen Verhältnisse des Saalthales bei Jena. Schenk, Fossile Flora des Muschelkalkes von Recoaro. München, Oldenbourg).

Von Unger wird aus Neuseeland (Novara-Expedition. Fossile Pflanzen aus Neuseeland) ein von Hochstetter gesammeltes fossiles Holz aus dem Trachyt von Great Barrier Island und dem Flusse Waiou beschrieben, welches er *Podocarpium dacrydioides* nennt, zwischen *Podocarpus* und *Dacrydium* in seinem Baue stehend (p. 1 Tab. 3, Fig. 1a—c), ohne sich jedoch über die Gründe dieser Anschauung auszusprechen. Die Hölzer der beiden Gattungen sind allerdings etwas voneinander verschieden, da *Podocarpus* sparsamer getüpfelte Radialwände der Tracheiden, ein bis drei, meist zwei kleine Tüpfel auf der Radialwand der Strahlenparenchymzellen und wenig Tangentialtüpfel besitzt. *Dacrydium* hat dagegen zahlreiche Radialtüpfel, zugleich etwas grössere, Tangentialtüpfel sind nicht selten; die Radialtüpfel der Strahlenparenchymzellen sind eiförmig, zwei bis drei auf dem Tracheidenfelde, die Markstrahlzellen breiter und höher. Vergleicht man die beiden recenten Hölzer mit Unger's Abbildungen, so steht das fossile Holz *Podocarpus* näher. Beide Gattungen besitzen harzführendes Parenchym in mässiger Menge, dem fossilen Holze fehlt es. Ob es wirklich nicht doch vorhanden war, ist noch fraglich und so kann das Holz recht gut ein Cupressinoxylon sein, für welches die Bezeichnung *C. podocarpoides* passen würde.

Die als *Taxoxylon* bezeichnete Gruppe von Coniferenhölzern ist in jüngster Zeit von Kraus einer kritischen Revision unterzogen worden. Schon früher (in Schimper's Traité) hatte er eine von Unger unterschiedene Art, *T. cretaceum*, zu *Cedroxylon* gestellt, da die Tracheiden nicht mit Spiralfasern, sondern mit spiraliger Streifung versehen sind. Aber auch die übrigen Arten gehören nicht hierher oder sind mindestens zweifelhaft. Die Untersuchung eines Originalexemplares von *Taxoxylon ponderosum* aus dem Tertiär von Bonn liess nur spiralige Streifung, nicht aber Spiralfasern nachweisen; die gleiche Erfahrung machte ich an Exemplaren der Berliner und Dresdener Sammlung aus der Hand Göppert's. In der eben citirten Abhandlung zieht Kraus den von ihm früher vom Bauersberg, von Wackersdorf und der Grube Nassau beschriebenen *Taxites Aykei*, weil er ebenfalls nur spiralige Streifung, nicht aber Spiralfasern besitzt, zu *Cupressinoxylon*. Ich habe die eben erwähnten Exemplare nachuntersucht und kann die neuere Angabe von Kraus nur bestätigen. Dass das von Göppert (in Göppert und Berendt, Bernsteinflora Tab. 2 Fig. 15. 16) abgebildete Holz keine Spiralfasern, sondern spiralige Streifung besitzt, geht aus der Abbildung unzweifelhaft hervor, es ist, wie die Zellen des Strahlenparenchyms beweisen, ein *Pityoxylon*. In der neueren Abhandlung Göppert's über die Bernsteinconiferen ist das Holz nicht erwähnt. In wie weit die übrigen Arten, *T. priscum* Unger, *T. tenerum* Unger und *T. Göpperti* Unger zu den *Taxus*-Hölzern gehören, kann nur die Untersuchung der Originale nachweisen, ich habe vergeblich versucht, sie zu erhalten. Unter den zahlreichen Hölzern aus Ungarn, welche ich durch die Gefälligkeit von Dr. Felix einsehen konnte, befand sich keines mit dieser Structur, sondern nur *Cupressinoxylon* und *Pityoxylon*, wie auch Felix weder in den Holzopalen, noch unter den fossilen Hölzern Ungarns ein *Taxoxylon* anführt. Dagegen ist nach der Abbildung des in Karsten und Dechen's Archiv abgebildeten *Taxites scalariformis* Göppert aus dem Tertiär von Schemnitz in Ungarn unzweifelhaft ein *Taxoxylon*, wie der Verlauf der Spiralfaser beweist. Spiralstreifen sind linkswendig und verlaufen viel steiler. Von Dawson ist aus dem oberen Devon als Coniferenrest ein *Prototaxites* beschrieben. Schon Carruthers hat die Coniferennatur des Restes bezweifelt und denselben für eine Alge erklärt, eine Ansicht, welcher sich Solms auf Grund eigener Untersuchung anschloss. Ich verdanke letzterem die Ansicht von Schliffen und muss seiner Anschauung beistimmen.

Die fossilen Coniferenhölzer sind nach ihrem Bau in Gruppen gegliedert worden, welche, sofern sie der Zeit vor dem Erscheinen der Arbeiten von Göppert und Kraus angehören, ohne Bedeutung sind, nur historisches

Interesse haben und unter den Synonymen Platz finden, ein näheres Eingehen darauf halte ich für überflüssig. Erst die von Göppert, Kraus und Schröter, unter sich im wesentlichen übereinstimmenden vorgeschlagenen Gruppirungen sind von Bedeutung und gegenwärtig allgemein acceptirt. Göppert hat in seiner Abhandlung über die Coniferen des Bernsteins eine neue Uebersicht seiner Gruppirung gegeben welche ich als seine letzte Aeusserung in dieser Beziehung erwähne. Er unterscheidet fünf Gruppen:

1. *Pinites* Göppert, in zwei Unterabtheilungen: a) *Abietineen*-Form und b) *Pinus*-Form zerfallend. Die erstere umfasst *Abies, Picea, Larix, Cedrus, Tsuga* mit gleichartigen Markstrahlen. Die zweite die *Pinus*-Arten mit ungleichartigen, zackig verdickten Zellen des Strahlenparenchyms.

2. *Araucarien*-Form: *Araucarites* Göppert, dem Typus von *Araucaria* und *Dammara* entsprechend.

3. *Cupressineen*-Form: *Cupressinoxylon* Göppert. Typus der *Cupressaceen, Taxodineen* und *Podocarpeen*. Dazu noch *Cuninghamia*,

4. *Taxus*-Form: *Taxites* Brongniart. Typus von *Taxus, Torreya, Cephalotaxus.* Als fünfte Gruppe reiht Göppert die Gnetaceenform an, welche ich übergehe, da vorerst keine Reste aus dieser Gruppe erhalten sind. (Vgl. Gnetaceen. Loranthaceen.) Von dieser Gruppirung ist nun jene von Kraus nicht sehr verschieden, wie andererseits jene Schröter's wesentlich nicht von jener Kraus' abweicht. Jene Schröter's stellt als Haupteintheilungsgrund die harzführenden Elemente voran, Kraus dagegen benützt dazu die Stellung der Tüpfel. Schröter unterscheidet zwei Hauptgruppen, die eine ohne, die andere mit Harzgängen, Kraus dagegen, *Aporoxylon* mit eingerechnet, drei Hauptgruppen, von welchen *Aporoxylon* jetzt ausfallen und der zweiten Gruppe mit spiralig stehenden Tüpfeln zugetheilt werden muss, so dass nur zwei Hauptgruppen bleiben, deren erste die Hölzer mit alternirenden, spiralig stehenden Gruppen, die zweite jene mit einseitigen Tüpfeln umfasst. Die übrigen Merkmale werden für die Unterscheidung der weiteren Gruppen benützt. Im Grunde ist es nur die veränderte Reihenfolge, welche beide Versuche unterscheidet, jener von Göppert gegenüber haben beide den Vorzug grösserer Schärfe. Was die Bezeichnung der einzelnen Gruppen angeht, so ist entschieden die Verbindung des Wortes *xylon* mit einem passenden anderen Namen jeder anderen vorzuziehen, wenn wir nicht im Stande sind, irgend eine Gattung als die Stammpflanze des Holzes zu bezeichnen. Ist uns diese bekannt, so tritt der betreffende Gattungsname in sein Recht, ebenso, wenn das Holz eine Structur besitzt, welche unbedingt auf eine bestimmte Gattung und keine andere hinweist. Der mit *xylon* zu verbindende Name sollte immer so gewählt werden, dass er von jenen Gattungen genommen wird, welche dem fossilen Holze am nächsten stehen; hat das Holz schon früher eine Bezeichnung erhalten, so tritt diese nach dem Rechte der Priorität in den Vordergrund.

Schröter ist ganz richtig verfahren, ein grönländisches Holz als *Sequoia*, ein anderes als *Gingko* zu bezeichnen, da er der Ansicht ist, dass beide den Hölzern der recenten Gattungen entsprechen. Wenn ich demungeachtet ihm nicht beistimme, so liegt der Grund dafür in der Erhaltung des Holzes und darin, dass der Nachweis der Zusammengehörigkeit fehlt, sodann lässt sich aber im allgemeinen immer das Bedenken gegen ein solches Verfahren einwenden, dass, wie zwei recente, verschiedenen Gattungen angehörige Hölzer unter sich im Baue differiren oder übereinstimmen können, dies auch bei fossilen der Fall gewesen sein kann. Ich erinnere unter den Coniferen an *Pinus Webbiana*, *P. longifolia*, *P. Pindrow*. In demselben Sinne lässt sich Göppert's Aufstellung der Gattung *Physematopitys* rechtfertigen, geht man aber von der Ansicht aus, dass das Holz zu dem in dem Tertiär weit verbreiteten *Gingko adiantoides* gehöre, so kann das Holz als *Gingko* bezeichnet werden. Dessenungeachtet habe ich die Göppert'sche Gattung eliminirt, weil die Untersuchung des Originales durch Kraus ihre Unhaltbarkeit erwiesen hat. Eine weitere Differenz zwischen Kraus und Göppert ergibt sich bei den Hölzern von *Pinus* im weiteren Sinne. Göppert nennt diese *Pinites* und sondert sie in zwei Gruppen. Es ist jedenfalls zweckmässiger, sie mit Kraus in zwei mit *Cedroxylon* und *Pityoxylon* bezeichnete Gruppen zu zerlegen, um dadurch die immerhin bedeutenden Differenzen beider zu betonen. Ob man die Gruppe der Hölzer mit dem den Cypressen ähnlichen Bau *Cupressoxylon* oder *Cupressinoxylon* nennt, halte ich für gleichgiltig, die letztere Bezeichnung hat die Priorität. Ein Versehen ist in der synoptischen Uebersicht in Schimper, Traité p. 364, bei *Cedroxylon* zu berücksichtigen. Es werden dort als Glieder dieser Gruppe *Abies*, *Picea*, *Larix* und *Cedrus* angeführt. *Larix* und *Picea* gehören zur Gruppe *Pityoxylon*, *Tsuga* dagegen, welche in die Gruppe gehört, fehlt. Ich möchte für die Charakteristik der Hauptgruppen der fossilen Coniferenhölzer der Stellung der radialen Doppeltüpfel den Vorzug geben, weil sie das Kennzeichen sind, welches sich am leichtesten controliren lässt, und die übrigen Kennzeichen für die Untergruppen verwenden. Zugleich ändere ich die Reihenfolge etwas, ich stelle die Gruppe der Hölzer mit abgeplatteten Tüpfeln voran und schliesse mit den Hölzern, welche neben den Tüpfeln noch Spiralfasern haben.

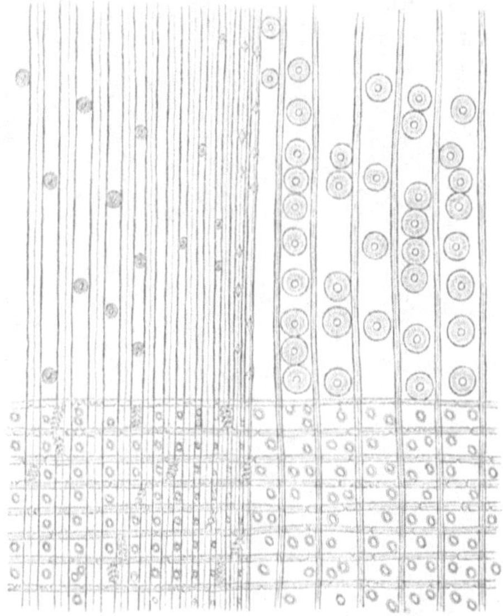

Fig. 410.
Pinus Abies Du Roi. Radiallängsschnitt aus dem Stammholze. (Typus von *Cedroxylon*.) N. d. Natur.

I. Radialtüpfel der Tracheiden sich berührend, wenn einreihig, ober- und unterseits abgeplattet, wenn mehrreihig, hexagonal.

1. *Araucarioxylon* Kraus.

Doppeltüpfel klein, sich berührend, wenn einreihig, ober- und unterseits abgeplattet, wenn mehrreihig, alternirend, spiralig, hexagonal. Zellen des Strahlenparenchyms gleichartig, meist einreihig, seltener zweireihig, dünnwandig, auf je eine Tracheide ein bis zehn Tüpfel. Harzführendes Parenchym sparsam. Jahresringe mässig breit, undeutlich oder scharf ausgeprägt. Typus: *Araucaria, Dammara* (Fig. 405. 406).

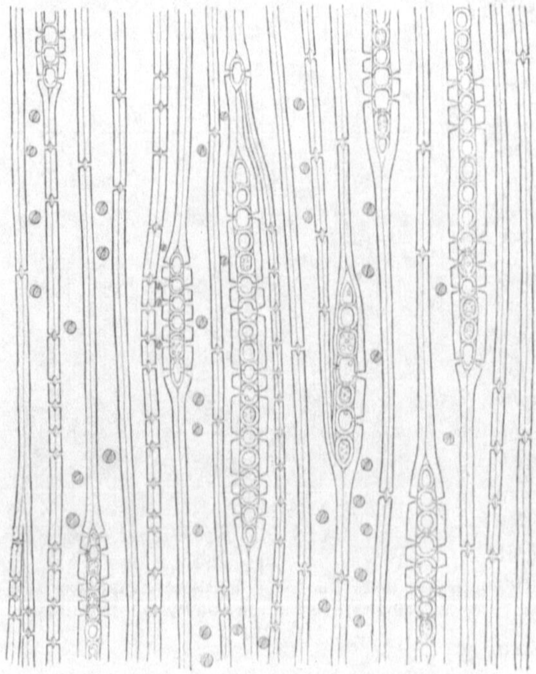

Fig. 411.
Pinus Abies Du Roi. Tangentiallängsschnitt aus dem Stammholze. Typus von *Cedroxylon*. (N. d. Natur.)

II. Doppeltüpfel einreihig, wenn zweireihig, opponirt.

A. Harzführendes, Parenchym sparsam.

2. *Cedroxylon* Kraus.

Jahresringe breit, deutlich, Doppeltüpfel gross, einreihig, wenn zweireihig opponirt. Harz führende Zellen sparsam oder fehlend. Zellen des Strahlenparenchyms gleichartig oder ungleichartig, entweder alle mit einfachen Tüpfeln oder obere und untere Reihe mit Hoftüpfeln. Typus: *Abies, Cedrus, Tsuga* (Fig. 410. 411).

B. Harzführendes Parenchym reichlich.

3. *Cupressinoxylon* Göppert. Jahresringe deutlich, schmal. Harzführendes Parenchym reichlich. Zellen des Strahlenparenchyms dünnwandig, seine Radialwände mit kleinen, einfachen Tüpfeln. Typen: *Cupressaceen, Podocarpeen, Cunninghamia, Taxodineen, Phyllocladus, Dacrydium, Gingko, Saxogothea, Abies Webbiana* (Fig. 412. 413).

C. Harzgänge vorhanden.

4. *Pityoxylon* Kraus (Fig. 414—419).

a) Strahlenparenchym ungleichartig, mittleres mit einfachen Tüpfeln, oberes und unteres mit Hofporen.

α. Parenchym der Harzgänge dickwandig, verholzt, porös. Spiralige Faltung der Tertiärmembran. Typen: *Picea, Larix**), *Kiefern, Pseudotsuga, Pinus longifolia, Abies Pindrow*.

*) Schröter fand bei *Larix davurica* an vierjährigen Zweigen, bei *Pinus Douglasii* keine Harzgänge. Sie kommen bei beiden, wie Kraus richtig angibt, vor, da sie aber nicht sehr zahlreich sind und vielleicht an jüngeren Zweigen zuweilen fehlen, so kann es allerdings vorkommen, dass man Schnitte ohne Harzgänge erhält.

β) Parenchym der Harzgänge dünnwandig, nicht verholzt.

b) Obere und untere Zellen des Strahlparenchyms mit zackigen und knotigen Verdickungen, die mittleren mit Eiporen.

α) Je eine Eipore auf die Breite einer Tracheide.

β) Mehrere Eiporen auf die Breite einer Tracheide.

Ich bemerke, dass die Eigenthümlichkeiten der Untergruppe *Pityoxylon* den recenten Coniferen entnommen sind, bei fossilen Hölzern wird die Ermittelung der Beschaffenheit des Gewebes der Harzgänge nicht immer möglich sein.

5. *Taxoxylon* Kraus.

Jahresringe deutlich. Doppeltüpfel und Spiralfasern in den Tracheiden. Strahlenparenchym gleichartig, dünnwandig, Tüpfel einfach. Typen: *Taxus, Cephalotaxus, Torreya* (Fig. 420. 421).

Zur Bezeichnung der Ast- und Wurzelhölzer sind von Conwentz und Felix die Ausdrücke *Cladocedroxylon* und *Rhizocedroxylon*, *Rhizocupressinoxylon* etc. vorgeschlagen worden, jedoch scheinen diese Autoren diese Ausdrücke selbst wieder aufgegeben zu haben. An sich ist ja gegen eine solche Bezeichnung nichts einzuwenden, wird bei näherer

Fig. 412.
Cryptomeria japonica Sieb. et Zuccar. Radiallängsschnitt aus dem Stammholze. Zwischen den Tracheiden die Harzzellen. Typus von *Cupressinoxylon*.

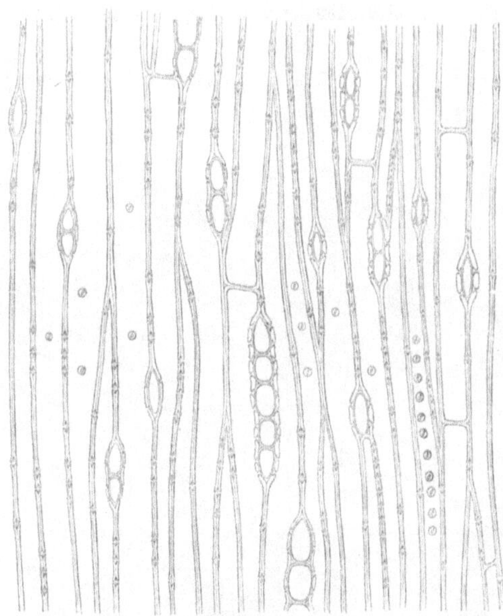

Fig. 413.
Cryptomeria japonica Sieb. et Zuccar. Tangentiallängsschnitt aus dem Stammholze. In der einen Hälfte des Schnittes die harzführenden Zellen. (N. d. Natur.) Typus von *Cupressinoxylon*.

Beschreibung eines fossilen Holzes doch erwähnt werden müssen, welchem Theile es etwa angehören kann, sodann werden wir nicht stets mit Sicher-

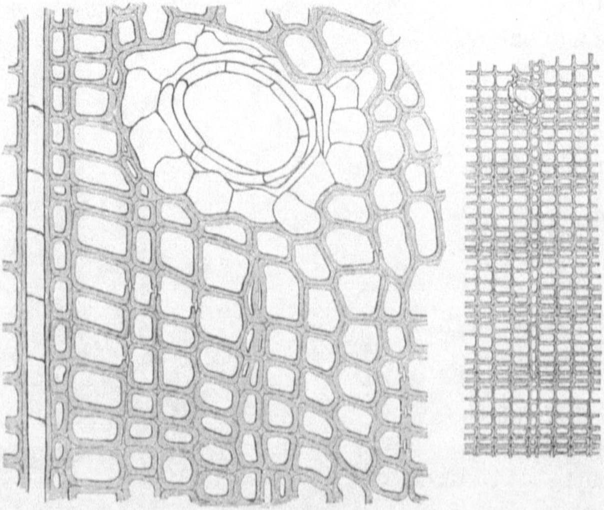

Fig. 414.
Pinus Pumilio L. Querschnitt durch das Stammholz mit senkrechtem Harzgange. (N. d. Natur.) Typus von *Pityoxylon*.

heit darüber urtheilen können, welchem Theile ein Holz angehört, wenn der Zusammenhang fehlt und die Erhaltung nicht gut ist. Der Durchmesser ist immer unzuverlässig bei den der Abrollung ausgesetzt gewesenen Hölzern.

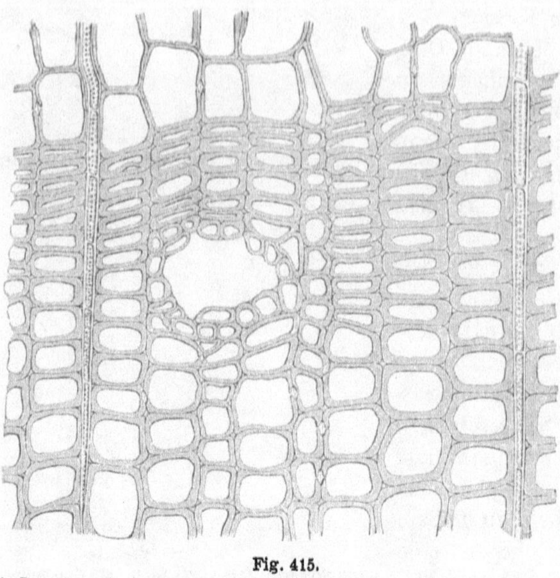

Fig. 415.
Pinus sylvestris L. Querschnitt aus dem Stammholze mit senkrecht verlaufendem Harzgange. (N. d. Natur.) Typus von *Pityoxylon*.

Seit dem Erscheinen von Witham's oben citirter Abhandlung ist eine nicht unbedeutende Anzahl fossiler Coniferenhölzer aus den verschiedenen Formationen beschrieben worden, welche einerseits von Göppert in dessen Monographie der fossilen Coniferen, andererseits von Kraus in Schimper's Traité Bd. II zusammengestellt sind. Im Folgenden erwähne ich einzelne hauptsächlich von mir untersuchte fossile Hölzer.

Araucarioxylon Kraus (*Dadoxylon* Endl. Dawson, *Araucarites* Göppert, Merklin, *Peuce* Schleiden, *Aporoxylon* Unger, *Dammara* Unger, *Tylodendron* Weiss, *Araucaria* Ettingshausen). Fossile Hölzer mit dieser Structur finden sich vom Devon bis in das Tertiär, wobei jedoch zu bemerken ist, dass in den älteren Formationen auf die Cordaitenhölzer Rücksicht zu nehmen ist, eine Rücksicht, welche von Göppert in seiner Revision der fossilen Coniferen nicht genommen wurde. Dagegen sind in der von Stenzel herausgegebenen Abhandlung, deren Inhalt zum Theile aus Göppert's Nachlass stammt, *Araucarites Brandlingii, A. medullosus, Dadoxylon Ouangondianum* Dawson zu *Cordaites* gebracht (Nachtr. zur Kenntniss der Coniferenhölzer der palaeozoischen Formationen. Aus dem Nachlasse von Göppert, herausgegeben von G. Stenzel, Berlin 1888). Es wird allerdings nicht immer möglich sein, eine Grenze ohne vollständiges Material zu ziehen, allein bei *A. Brandlingii, A. medullosus* sind diese Verhältnisse bekannt und gehören dazu ohne Zweifel noch mehrere, wie *A. Rhodeanum, A. saxonicum.* Von der Südinsel Neuseelands ist durch Unger ein angeblich aus der Trias

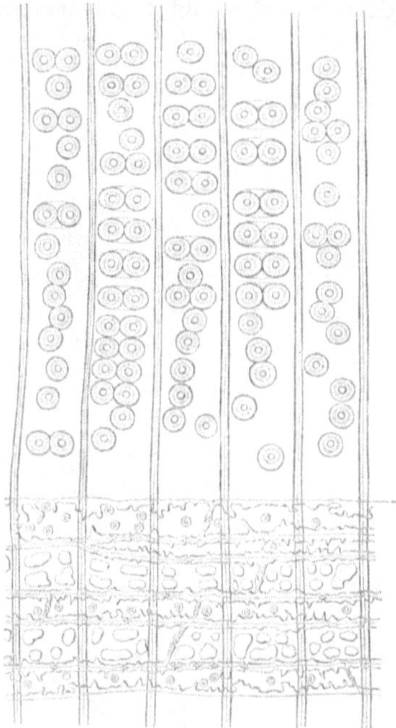

Fig. 416.
Pinus sylvestris L. Radiallängsschnitt aus dem Stammholze. (N. d. Natur.) Typus von *Pityoxylon.*

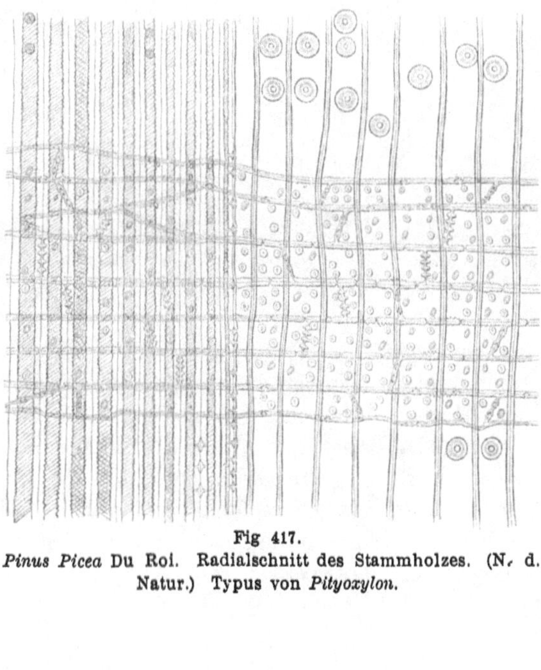

Fig 417.
Pinus Picea Du Roi. Radialschnitt des Stammholzes. (N. d. Natur.) Typus von *Pityoxylon.*

stammendes, von **Hochstetter** gesammeltes Holz (Beitr. zur fossilen Flora von Neuseeland. Wien, 1854) beschrieben als *Dammara fossilis,* von welchem **Unger** nicht angibt, aus welchem Grunde er dies Holz für ein Dammaraholz erklärt. Die recenten Arten von *Araucaria* und *Dammara* lassen sich durch die Structur des Holzes bekanntlich nicht unterscheiden, ein unzweifelhaftes fossiles Dammaraholz kennen wir nicht, die Abbildung **Ungers** entspricht dem Bau von

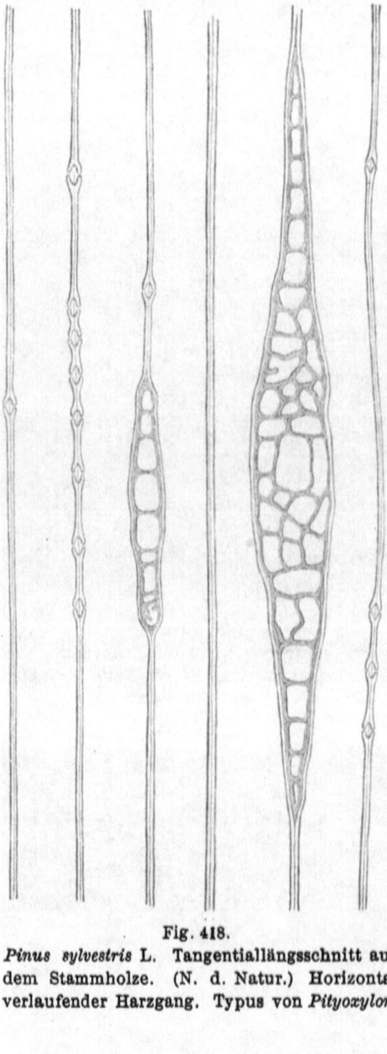

Fig. 418.
Pinus sylvestris L. Tangentiallängsschnitt aus dem Stammholze. (N. d. Natur.) Horizontal verlaufender Harzgang. Typus von *Pityoxylon.*

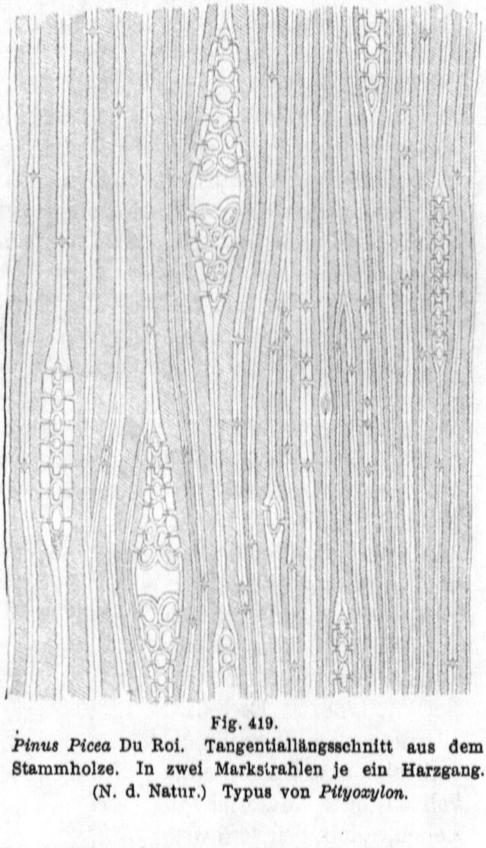

Fig. 419.
Pinus Picea Du Roi. Tangentiallängsschnitt aus dem Stammholze. In zwei Markstrahlen je ein Harzgang. (N. d. Natur.) Typus von *Pityoxylon.*

Araucarioxylon, es ist demnach nicht nöthig, das neuseeländische Holz mit einem anderen Namen zu belegen, zumal Hölzer mit Araucarienstructur in der Trias nicht fehlen. Der Schluss, dass *Dammara* einst auf der Südinsel vorkam, ist daher auf dieser Grundlage nicht gerechtfertigt. Aehnliches habe ich **Ettingshausen** gegenüber zu bemerken. In seinen Beiträgen zur fossilen Flora Neuseelands finden sich zwei verkieselte Hölzer aus dem Tertiär der Malvernhills, von welchen er das eine mit den beblätterten Zweigen seiner *Araucaria Haastii*, das andere mit seiner *Dammara Oweni* vereinigt. Es wäre sehr wünschenswerth gewesen, wenn Ettingshausen eine Mittheilung darüber gemacht hätte, aus welchem Grunde er die beiden Hölzer gerade mit den beiden genannten Arten, nicht mit den ausserdem vorkommenden vereinigte, sodann wie es ihm möglich war, das eine als Araucarienholz, das andere als Holz einer *Dammara* zu erkennen. Verschieden sind allerdings die beiden Hölzer, das erste hat um mehr als die Hälfte kleinere Doppeltüpfel als das zweite (Taf. 6, Fig. 10 bis 15). Weder die Vereinigung mit einer bestimmten Art, noch die generische Trennung ist zu rechtfertigen, sie müssen beide als *Araucarioxylon* bezeichnet werden, wobei sie den von Ettingshausen gegebenen Speciesnamen behalten können.

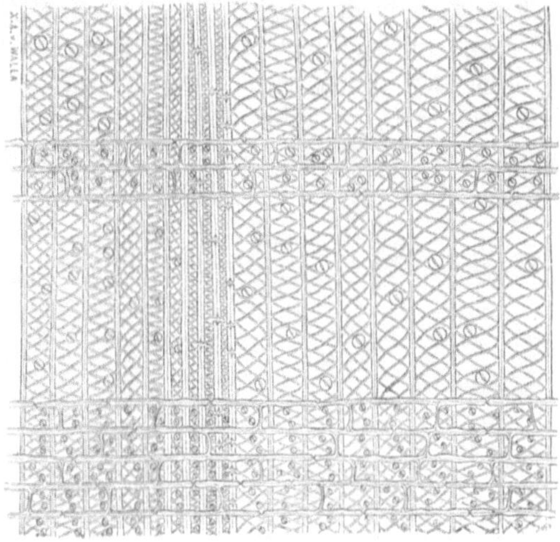

Fig. 420.
Cephalotaxus Harringtonia C. Koch. Radiallängsschnitt. (N. d. Natur.) Typus von *Taxoxylon*.

Von Greenharbour auf Spitzbergen ist von Cramer (Heer, Flora foss. arct. Bd. I, p. 176) aus der Juraformation ein *Pinites latiporosus* beschrieben worden, welcher von Kraus zu *Araucarioxylon* gezogen wird, während Schröter a. a. O. in ihm ein *Cedroxylon* vermuthet. Ich habe durch freundliche Mittheilung Nathorst's Cramer's Original untersuchen können und kenne dasselbe Holz ausserdem durch freundliche Mittheilung von Dr. Felix aus Korea, wo es Dr. Gotschee bei Phyöng-Yang im Nordwesten der Halbinsel in einer triasischen (?) oder tertiären Bildung fand. Von Dr. Felix wurde es als *Araucarioxylon Koreanum* in Zeitschrift der deutschen geolog. Gesellschaft 1888 beschrieben. Von Conwentz wird es auch aus dem mittleren Lias vom Gallberge bei

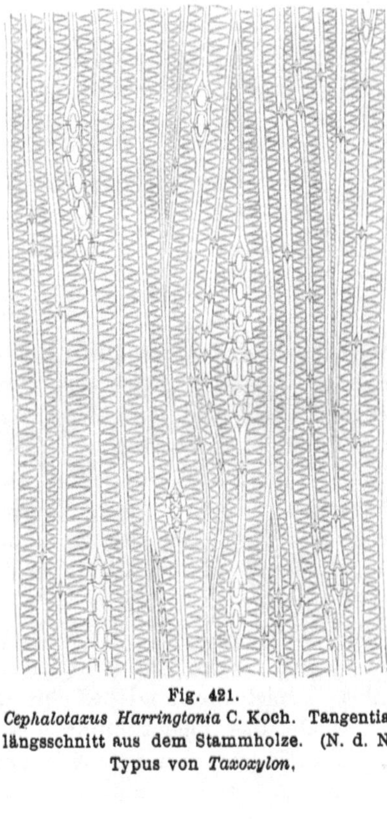

Fig. 421.
Cephalotaxus Harringtonia C. Koch. Tangentiallängsschnitt aus dem Stammholze. (N. d. N.) Typus von *Taxoxylon*.

Salgittor (Hannover) angegeben (Fossile Hölzer aus der Sammlung der geologischen Landesanstalt zu Berlin, 1882). Schon die Abbildungen Cramer's auf Taf. 40 mit den dicht stehenden, ober- und unterseits abgeplatteten Doppeltüpfeln sprechen für die Richtigkeit der Ansicht von Kraus. Allerdings ist das Aussehen der Tüpfel nicht das bei *Araucarioxylon* gewöhnliche, es kömmt aber dies auf Rechnung des Erhaltungszustandes. Das Holz hat durch Vermoderung, welche bei dem von Spitzbergen stammenden

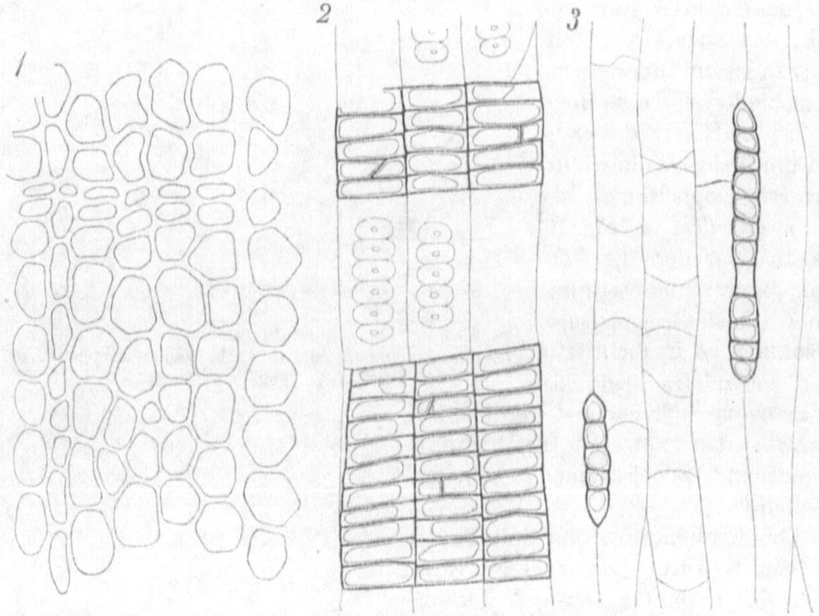

Fig. 422.
***Araucarioxylon latiporosum* Kraus. 1 Querschnitt, 2 Radiallängsschnitt, 3 Tangentiallängsschnitt. Jura von Greenharbour, Spitzbergen. (Nach dem Original des paläontologischen Museums zu Stockholm.)**

Holze noch deutlicher auftritt, stark gelitten, so dass die dünnwandigen Elemente wie die Zellen des Strahlenparenchyms ihre Radialwände zum grössten Theile verloren haben, wesshalb denn auch meist nur ein einziger grosser Tüpfel vorhanden ist. Genau dasselbe zeigt Cramer's Abbildung. Ebenso stimmen die Doppeltüpfel der Tracheiden mit einander überein. An *Cedroxylon* kann man meiner Ansicht zufolge nicht denken, dagegen spricht schon das Verhalten der Radialtüpfel, welches genau mit der einreihigen Tüpfelstellung von *Araucaria* und *Dammara* übereinstimmt. Wenn auch die Harzgänge und Harzzellen wie bei *Cedroxylon* fehlen, so beweist dies noch nichts, denn die ersteren fehlen auch bei *Araucarioxylon* und sind die letzteren selten, so kann man leicht Schliffe ohne sie erhalten. Einreihige Tüpfel aber sind bei der Araucarienstructur nicht selten. In beiden liegt nicht das Eigenthümliche von *Cedroxylon*, sondern darin, dass die Tüpfel kreisrund sind und sich nicht berühren. Cramer ist, indem er das

Holz zu *Pinites* A. Göppert versetzt, in den gleichen Irrthum verfallen. Dass das Holz aus Spitzbergen und von Korea identisch ist, darüber kann kein Zweifel sein. Beide Fundorte können in einer so frühen Periode wohl dieselbe Vegetation gehabt haben, und was die Angabe Gottschee's hinsichtlich der Formation betrifft, so braucht man darauf kein Gewicht zu legen, wenn man sich erinnert, wie oft dergleichen Verwechslungen vorgekommen sind, wie leicht sie möglich sind, wenn nähere Anhaltspunkte fehlen. Der Querschnitt zeigt zahlreiche kleinere oder grössere Stellen vollständig zerstörter Tracheiden, die erhaltenen Tracheiden ziemlich weit, ihre Wände in der verschiedensten Weise hinsichtlich ihrer Wanddicke abgestuft, bei den dickwandigen die Intercellularsubstanz deutlich unterscheidbar, desshalb wohl bei den sehr dünnwandigen nur diese erhalten, alle bis zum Herbstholze gleichartig, Herbstholzzone schmal, aus zwei bis vier Reihen dickwandiger, englumiger Tracheiden bestehend. Wegen der wenig entwickelten Herbstholzzone, der gleichmässig weiten, unvermittelt an das Herbstholz angrenzenden Tracheiden ist das Holz für ein Wurzelholz zu erklären. Der Fundort auf Spitzbergen gehört nicht dem Tertiär, sondern dem Jura nach Nathorst's brieflicher Mittheilung an. Nach dem Vorgange von Kraus bezeichne ich das Holz als *Araucarioxylon latiporosum* (Fig. 422). Auf die Verwandtschaft mit *Protopitys* sei hingewiesen.

Aus der Trias sind bekannt *A. keuperianum* Kraus und *A. thuringiacum* Kr., das erstere ein im Maingebiete sehr verbreitetes Holz, das letztere von Bornemann bei Mühlhausen in Thüringen gefunden. Wenn Schimper für das erstere als Stammpflanze seine *Glyptolepis* bezeichnet, so ist dies willkürlich, da wir von dem Zusammenhange der fossilen Stammreste mit irgend einer Conifere des Keupers gar nichts wissen und neben *Glyptolepis* noch andere Coniferen im Keuper vorkommen. Das Gleiche gilt für das aus dem Lias Württembergs stammende *A. würtembergicum* Kr., welches auf *Pagiophyllum* bezogen wird, ohne dass dafür ein Grund vorläge. Aus den jurassischen Bildungen Nordamerikas ist durch Knowlton (Proceedings of the united States National Museum. 1888) *A. arizonicum* aus der Nähe von Fort Wingate bekannt geworden, zu welchem aus Spitzbergen und Korea das bereits erwähnte *A. latiporosum* Kr. kömmt, in dem Jura Sibiriens ist *A. Tschichatscheffianum* nachgewiesen. In der Kreide und zwar der Potomacformation Nordamerikas, Aequivalent des Neocom, *A. virginianum* Knowlton (American Geologist. Vol. III. February, 1839), aus dem Norden Afrikas *A. aegyptiacum* Kr., ein Bestandtheil jener Massen fossiler Stämme, welche von dem Ufer des rothen Meeres bis zum atlantischen Ocean verbreitet sind, im östlichen Russland *A. armeniacum* Gürich von Elisabethpol. Aus dem Tertiär sind erst in jüngster Zeit Stämme mit dieser Structur nachgewiesen worden, durch Göppert *A. Schleinitzii* von Kergueleninsel, dasselbe Holz von Coronel an der Magellansstrasse, durch Beust *A. Heerii* aus Grönland, die Verbreitung von Coniferen mit dieser Structur in einer Region nachweisend, in welcher jetzt diese Formen gänzlich fehlen, andererseits desshalb von Interesse, weil das Vorkommen auf Kergueleninsel und an der Magellansstrasse geeignet ist, das isolirte Vorkommen der *Araucaria imbricata* in Südamerika als Rest einer früher ausgedehnteren Verbreitung zu erklären. Für Ostindien liegt eine ähnliche Erfahrung vor in dem Vorkommen von Hölzern mit der Structur von *Araucarioxylon*, welche in dem Tertiär oder Quartär von Travancor gesammelt sind, in welchem *A.* (*Peuce* Schleiden) *Schmidianum* Felix und von Dschagpur auf secundärer Lagerstätte *A. Robertianum* Schenk (Engler, Jahrbücher) vorkommen. Da wir aus Feistmantel's Untersuchungen das Vorkommen der Gattung *Araucaria* in den mesozoischen Schichten Ostindiens annehmen dürfen, die Fundorte der erwähnten Stämme eher auf Quartär schliessen lassen, so dürfen diese Hölzer wohl für solche von *Araucaria* angesprochen werden. Aus Patagonien ist durch Conwentz *A. Doeringii* von Catalpuliche beschrieben (Sobre algunos arboles fosiles del Rio negro. Buenos Aires 1885). Aus Neuholland besitzt die hiesige botanische Sammlung aus Queensland und aus dem Kiamidistrict in New-South-Wales je ein Exemplar eines verkieselten Stammes von *Araucarioxylon* aus einer nicht näher bezeichneten Bildung. Letzteres, *A. Felixianum*, zeigt auf dem Querschnitte zwei bis drei Reihen verdickter Herbstholzzellen, Frühlings- und Herbstholz gehen allmälig ineinander über, ebenso das Sommerholz in das Herbstholz, die Radialtüpfel zwei- und dreireihig, nur die Contour des äusseren Hofes erhalten, Strahlenparenchym einreihig, ausnahmsweise zweireihig, meist ein- bis fünfstöckig, einzelne bis fünfzehn Stockwerke hoch. Schliesslich seien noch die Hölzer der palaeozoischen Bildungen erwähnt, natürlich unter Rücksichtnahme auf die Cordaitenhölzer, zu welchen wahrscheinlich die als *Ormoxylon* und *Dadoxylon* von Dawson aus dem oberen Devon Nordamerikas beschriebenen gehören. Als Coniferenstämme scheinen mir gelten zu müssen: *A. Saportanum* Ren. von Autun, *A. Schrollianum* Kr., *A. cupreum* Kr. (wahrscheinlich zu *Ullmannia*), *A. ambiguum* Kr., *A. permicum* Kr., *A. Fleuroti* Kr, *A. Kutorgae* Kr., *A. Rollei* Kr. Dazu kömmt noch eine Anzahl Stämme aus dem norddeutschen Diluvium, welche, ohne Zweifel auf secundärer Lagerstätte vorkommend, von verschiedenen Autoren beschrieben sind, aber von denen nicht anzugeben ist, welchen Schichten sie ursprünglich angehört haben. Schliesslich bemerke ich, dass die Angaben über das Vorkommen von Harz in den Tracheiden in allen Fällen, in welchen ich solche Angaben controliren konnte oder mir sonst diese Ausfüllungen zu Gesicht kamen, die angeblichen Harzmassen sich meist als Eisen erwiesen. Schon die in vielen Fällen vorkommende Vertheilung auch in den Strahlparenchymzellen, dann als Ausfüllung kleinerer oder grösserer Lücken, muss, abgesehen von der chemischen Untersuchung, auf die richtige Deutung führen. Zweireihige Strahlparenchymzellen an einzelnen Stellen einer Strahlparenchymgruppe oder eine einzelne Gruppe kommen nicht eben selten bei *Araucarioxylon* vor, sehr zahlreich sind sie bei *A. Rollei* Kr. aus der Wetterau. Zu Irrthümern kann ein, wie es scheint, nicht häufig vorkommendes Verhalten der Tüpfel Veranlassung geben, in welchem Falle eine grössere Anzahl von Schliffen oder Schliffe von grösserer Ausdehnung Aufschluss geben können.

Die Tüpfel berühren sich in Folge der Zerstörung ihrer Peripherie nich t, sie sind kreisrund, nicht durch gegenseitige Abplattung hexagonal. Die spiralige Stellung, welche erhalten bleibt, kann ebenfalls die richtige Auffassung möglich machen.

Cedroxylon Kraus; (*Eleoxylon* Brongn.; *Taxoxylon* Unger ex p., *Pinites* Göppert.) Die Zahl der aus dieser Gruppe bekannten Hölzer ist bedeutend geringer, als jene aus der vorausgehenden, sie treten später, im Rhät, auf. Ueber ihren Zusammenhang mit ihren Stammpflanzen wissen wir nichts,

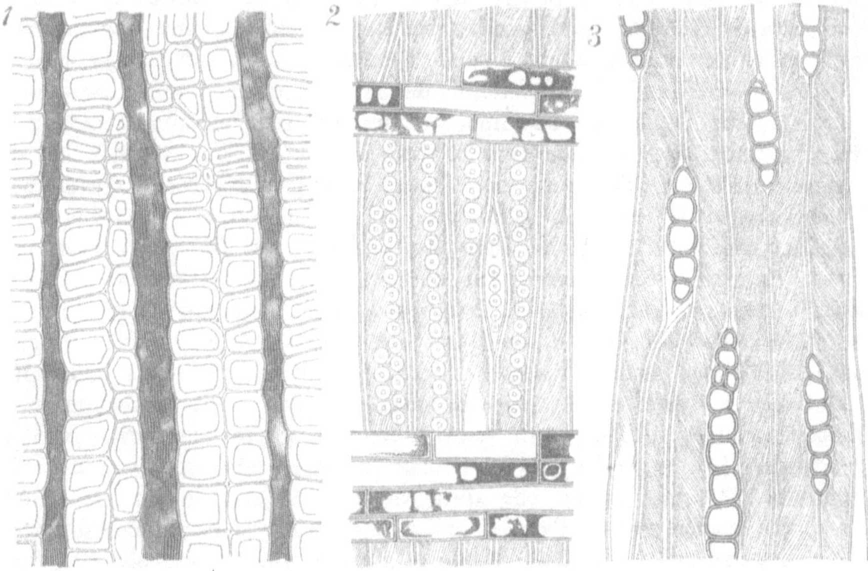

Fig. 423.
Cedroxylon Hoheneggeri Felix. 1 Quer-, 2 Radial- und 3 Tangentiallängsschnitt. In den Strahlparenchymzellen Harz, Tracheiden mit spiraliger Streifung.

wir haben kaum eine Vermuthung. *Cedroxylon* (*Pinites* Göpp.) *pertinax* Kr. aus dem Rhät Schlesiens ist die älteste bekannte Form, an sie schliessen sich aus dem englischen Lias *C. Huttonianum* und *C. Lindleyanum, C. jurense* Kr. (*Pinites* Göpp.) aus dem Jura Moskaus, Polens, *C. Auerbachi* Felix von Moskau, aus der Kreide von Saypusch in Mähren und vom Kressenberge bei Traunstein (Fig. 423) *C. Hoheneggeri* Felix, aus jener des nördlichen Bayern von Amberg *C. cretaceum* Kr. (*Taxoxylon* Unger) mit spiraliger Streifung, woraus die Verwechselung mit Spiralfasern entstand, sodann jene des Tertiär *C. lesbium* Kr. von Lesbos, *C. Zeuschnerianum* Kr. von Wielizka, *C. gypsaceum* Kr. in Schlesien, *C. regulare* Kr. aus Ungarn und Siebenbürgen, nach Felix auch aus Korea, *C. affine* Kr. aus den Schwefelgruben Siciliens, *C. americanum* Kr. in den Staaten Ohio und Illinois.

Cupressinoxylon Göppert. (*Cupressoxylon* Kr., *Pinites* Göpp. ex p., *Eleoxylon* Brongn. ex p., *Thuyoxylon* Unger, *Taxodioxylon* Felix, *Rhizotaxodioxylon* Felix, *Peuce* Unger ex p., *Retinodendron* Zenker, *Physematopitys* Göpp., *Sequoia*

Schröter Fig. 412. 413.) Ueber *Physematopitys* Göpp., welches ich unter den Synonymenen anführe, habe ich bereits früher das Nöthige bemerkt. Schröter (a. a. O. p. 29) glaubt in einem der von ihm untersuchten fossilen Hölzer der arctischen Zone (vom Mackenzie-River) das Holz einer *Sequoia* sicher zu erkennen und nennt es *Sequoia canadensis.* Er stützt sich dabei auf die Tracheiden eines alten, von Merklin und Conwentz untersuchten tausendjährigen Stammes von *Sequoia gigantea,* dessen Tracheiden zweireihige Radialtüpfel besassen, ferner auf die Tüpfel der Strahlparenchymzellen, welche in den oberen und unteren Zellreihen zweireihig, in den mittleren einreihig und zugleich Hoftüpfel sind. Ich habe Stammholz von dem angegebenen Alter nicht untersuchen können, sondern nur jüngeres bis zu dreissig Jahren. Bei diesem habe ich die Doppeltüpfel der Tracheiden nicht selten zweireihig gefunden; die Tüpfel der Strahlparenchymzellen sind allerdings Hoftüpfel, aber ich finde, dass sie bald einzeln, dann zu zwei, zu drei, endlich bis zu vier und fünf auf die Breite der Tracheide vorkommen, eine bestimmte Vertheilung habe ich nicht gefunden. In einem von der Haseninsel in Grönland stammendem Holze sieht Beust jenes von *Libocedrus Sabiniana* Heer. Er glaubt dies annehmen zu können, weil das fossile Holz in allen Einzelheiten mit dem Holze von *L. tetragona* und *L. decurrens* übereinstimmt. Ich habe neben den beiden von Beust untersuchten Arten auch die übrigen bekannten Arten untersucht, muss jedoch gestehen, dass, wenn auch die Angaben von Beust nicht unrichtig sind, sie doch nichts enthalten, was *Libocedrus* allein zukäme, und selbst auch die gegen die Peripherie der Tracheiden hin liegenden Tüpfel können nicht als ein zur Charakteristik geeignetes Merkmal gelten, da diese Stellung nichts weniger als selten ist. Ich vereinige es mit *Cupressinoxylon* und kann als Artenname der von Beust gegebene beibehalten werden. Felix (Die Holzopale Ungarns. Leipzig, 1884) unterscheidet ein früher von ihm als *Rhizotaxodioxylon palustre* beschriebenes Holz aus Ungarn a. a. O. als *Taxodioxylon.* Ich habe die Schliffe ebenfalls untersucht und halte es nicht für entsprechend, eine neue Gruppe aufzustellen. Ohne Zweifel ist es ein Wurzelholz, ebenso steht es jenem von *Taxodium* sehr nahe. Als Wurzelholz kann man es mit der Vorschlagsilbe *Rhizo* bezeichnen, glaubt man aber sicher zu sein, dass das Holz von *Taxodium distichum miocenum* Heer stammt, so muss es mit der Gattung *Taxodium* vereinigt werden, wie wir dies bei einem recenten Holze thun würden. Möglich ist diese Abstammung, bewiesen jedoch nicht.

Hölzer mit cypressenähnlichem Baue treten, ungeachtet Zweige mit cypressenähnlicher Belaubung bis in die Trias zurückgehen, doch nicht früher als in der Kreide auf. Zugleich ist es diejenige Gruppe, in welcher die grösste Anzahl von Formen unterschieden ist, wobei man indess nicht übersehen darf, dass Stamm- und Wurzelhölzer und Erhaltungszustände als besondere Formen beschrieben sind. Zuerst erwähne ich eines Holzes von *Phyllocladus* aus dem goldführenden Sanden von Ballarat (Pliocän, N.-S.-Wales), welches die hiesige botanische Sammlung der Zuvorkommenheit des Herrn Dr. Ferd. von Müller verdankt. Schon Kraus beobachtete, dass *Phyllo-*

cladus durch seine grossen, schief links gerichteten Eiporen der Strahlparenchymzellen unter den Hölzern mit cypressenähnlichem Baue sich auszeichne. Ich finde diese Angabe für *P. trichomanoides* bestätigt, zugleich aber auch, dass das fossile Holz mit dem Holze der eben genannten Art vollständig übereinstimmt. Ich trage deshalb kein Bedenken, es mit dieser Gattung zu vereinigen und bezeichne es als *Phyllocladus Mülleri* (Fig. 424. 425). Aus der Kreide ist bekannt *C. ucranicum* Kraus, von Grodischt, Lipnik in Mähren, Urgon, und Charkow in Russland, aus der Kreide Nordamerikas, der zum Neocom gestellten Potomacformation *C. pulchellum*, *C. Wardi*, *C. Mc Geei* und *columbianum*, sämmtlich von Knowlton beschrieben (Americ. Geologist. 1888. Febr.) *C. Glasgowi* Knowlton von Emmet County, Jowa, wahrscheinlich auch aus der Kreide. Auch in der Kreide von Haldem und Aachen fehlt es nicht an Hölzern mit diesem Baue, welche sich wenigstens zum Theile auf *Sequoia*, aber auch *Cunninghamites* beziehen lassen. Zu den verbreitetsten Hölzern des Tertiärs gehören *C. pannonicum* und *C. Protolarix*, welche nicht allein unter sich, sondern auch mit einer Anzahl anderer Arten, wie *Peuce pauperrima* Schleid., *P. Zipseriana* Schleid., *P. Hödliana* Unger, *Thujoxylon juniperinum* Unger, *C. sequoianum* Merkl. zu vereinigen sind, abgesehen von jenen, welche Wurzel- und Asthölzer oder Erhaltungszustände sind, wie *C. leptotichum*, *C. pachyderma* und *C. pachytichum* Göppert. Aus der Laramiegruppe *C. elongatum* Knowlton von Tiger Buttes, Dawson County, Montana. Dass die Braunkohlenhölzer der Umgegend von Leipzig von *Sequoia Couttsiae* Heer abstammen, dafür habe ich den Nachweis gegeben. Dies ist eben eine Gattung und eine Art, deren Holz wir kennen, für die übrigen Gattungen des Tertiärs sind wir beinahe gänzlich im Unklaren. Wir können vielleicht das von Salzhausen, von der Ludwigshütte bei Niederwöllstadt, von Mallin in Mecklenburg als *Glyptostrobus tener* Kraus beschriebene Holz als zu *Gl. europaeus* gehörig betrachten, wir können wegen des von Catalpuliche in Argentinien durch Conwentz (Sobre algunas Arboles fossiles del Rio negro Buenos Aires 1885) beschriebenen Holzes, *Glyptostroboxylon Göpperti*, annehmen, dass die Gattung sich bis Südamerika erstreckt habe, einen sicheren Nachweis haben wir indess nicht. Eine zweite *Glyptostrobus*-Art, auf ein Braunkohlenholz gegründet, beschreibt Schmalhausen (Wissenschaftl. Resultate der von der kais. Akad. zur Erforsch. des Jonalandes und der neusibirischen Inseln 1885 und 1886 ausgesandten Expedition. Petersburg 1890) von den Holzbergen Neusibiriens als *Cupressinoxylon (Glyptostrobus) neosibiricum*, durch

Fig. 424.
Phyllocladus Mülleri Schenk. Querschnitt. Aus den goldführenden Sanden Neuhollands. Pliocän. (N. d. Natur. Mitgetheilt von Ferd. von Müller.)

die Tüpfel der Zellen des Strahlenparenchyms mit der recenten Art übereinstimmend. Bei Calistoga im Napathale, Californien, kommt *Cupressinoxylon taxodioides* Conwentz in zahlreichen Stämmen vor, ein Vorkommen grösserer Mengen von fossilen Stämmen, welches sich in Nordamerika öfters wiederholt, mit aufrechten oder niedergebrochenen Stämmen im Yellowstone-Nationalpark. Stämme dieser Fundorte erwiesen sich als schlecht erhaltene *Cupressinoxylon*. Ihre Verbreitung erstreckt sich von Südamerika bis Grönland, von Australien bis Spitzbergen.

Fig. 425.
Phyllocladus Mülleri Schenk. Radial- und Tangentialschnitt. Pliocän. Goldführende Sande Neuhollands. (N. d. Natur. Mitgetheilt von Ferd. v. Müller.)

Pityoxylon Kraus. *Peuce* Autor. *Pinites* Göpp., *Pinus* Cramer). Die Figuren 414 bis 419 stellen zwei Typen von *Pityoxylon* dar, von welchen der eine, Fig. 417, 419, der Gruppe *Picea* (Fichten), der andere, Fig. 414—416, 418, den Kiefern entspricht.

Angeblich treten diese Hölzer zuerst im Oolith von England auf, auf der zu den Hebriden gehörigen Insel Egg mit *Peuce eggensis* Witham, dem *Pityoxylon eggense* Kr. Bei dieser Umtaufe ist freilich vorauszusetzen, dass die im Querschnitt befindlichen Lücken senkrecht verlaufende Harzgänge und nicht durch Fäulniss entstandene Gewebelücken sind. Dies scheint mir erst noch entschieden werden zu müssen. Nach Witham's Abbildung dürfte eher das Letztere der Fall sein. Da wir bereits im Rhät von Schonen die Spuren von *Pinus* haben, so muss es auffallen, dass Hölzer mit dem Baue von *Abies, Picea, Cedrus, Larix* von *Pinus* im weiteren und engeren Sinne, so sehr selten sind, es muss auch die Lücke im Wealden und in der Kreide auffallen, in welchen es an *Pinus*- und *Picea*-Arten nicht fehlt. Erst im Tertiär erscheinen sie reichlicher, bleiben aber weit hinter *Cupressinoxylon* zurück. Zuerst erwähne ich *P. Sandbergeri* Kraus, angeblich aus dem fränkischen Keuper stammend, indess, wie Felix bereits berichtigend bemerkte, ein Opalholz, wahrscheinlich aus Ungarn, die Bestimmung jedoch richtig. Unter den bis jetzt beschriebenen Arten ist weiter von Interesse das Nadelholz, welches den Bernstein lieferte. Diese Reste werden im Samlande nicht selten gefunden und hat zuerst Göppert in seiner mit Berendt herausgegebenen Schrift die Aufmerksamkeit auf diesen Gegenstand gelenkt. Seine erweiterten Untersuchungen sind in der mit Menge herausgegebenen Schrift »Die Coniferen des Bernsteins. 1883« veröffentlicht. Von Conwentz dürfen wir eine eingehende Untersuchung erwarten, eine kurze Mittheilung ist von ihm in den Berichten der deutschen bot. Gesellschaft zu Berlin veröffentlicht. Ich verdanke meinem verstorbenen Freunde Caspary Proben dieser Hölzer, welche ich bei meiner Untersuchung verwendet habe.

Die Ansichten über diese Frage gehen weit auseinander. Während Göppert in der zuletzt erwähnten Schrift elf Arten von *Pinus* anführt, welche Bernstein geliefert haben sollen, gelangt Conwentz zu einem anderen Resultate. Nach seiner Ansicht sind die Arten Göppert's verschiedene Erhaltungszustände einer einzigen Art, welche er *Picea succinifera* nannte, jetzt in seiner Abhandlung »über Thyllen und thyllenähnliche Bildungen vornehmlich bei den Bernsteinbäumen« *Pityoxylon succiniferum* Kr. nennt. Berindete Stücke lassen in der Rinde Siebröhren mit deutlichen Siebplatten, Parenchym und nach aussen verbreiterte Markstrahlen erkennen. Die Tracheiden des Holzes haben gewöhnlich eine, seltener zwei Reihen von Hoftüpfeln, die Tangentialtüpfel sind im Frühlings- und Sommerholze selten, häufig in den vorletzten oder den letzten Zellen des Herbstholzes, welches ausserdem die spiralige Streifung zeigt. Die Wände der Harzgänge sind aus dünnwandigen und dickwandigen Zellen zusammengesetzt, die letzteren getüpfelt, obere und untere Reihen der Markstrahlzellen mit Hoftüpfeln, zuweilen diese auch bei den mittleren, welche in der Regel einfache elliptische Tüpfel, zwei bis vier auf die Tracheide, führen. Mehrreihige Markstrahlen mit einem Harzgange, die Mehrzahl der Strahlen einreihig. Die Bemerkungen, womit Conwentz seine Angaben begleitet, sind zutreffend: das Holz ist in seinem Baue verwandt mit *Pinus Picea*, die Zahl der Markstrahlen ist bald grösser, bald kleiner, *Pinites radiosus* Göppert, desshalb auch keine Art, ebensowenig *P. Mengeanus* Göppert, *P. stroboides* Göppert, diese angeblich mit *P. Strobus* L. verwandt. Das von Göppert angegebene Holzparenchym sind harzerfüllte Tracheiden, zuweilen mit Querwänden. Strahlparenchymzellen mit zackigen Verdickungen hat Conwentz nicht gesehen, was dafür bei *P. stroboides* Göpp., Fig. 71, Taf. 10, gehalten werden könnte, findet durch Conwentz eine ganz richtige Erklärung, es sind dieselben Dinge, welche Kraus vor beinahe drei Jahrzehnten berichtigt hat. Nach den Wahrnehmungen, welche ich an meinem Materiale machte, stimme ich Conwentz in allen wesentlichen Punkten bei. Alle Stücke, welche mir vorliegen, enthalten Bernstein und gehören zu *Pityoxylon* und zwar zu der Abtheilung a, a, deren Harzgänge eine doppelschichtige Wand besitzen, die oberen und unteren

Strahlparenchymzellen mit kleinen Hoftüpfeln, die mittleren mit einfachen Tüpfeln; Radialtüpfel der Tracheiden einreihig, weniger häufig zweireihig dann opponirt, Tangentialtüpfel im Herbstholze nicht selten, namentlich in den letzten zwei Reihen, in dem übrigen Herbstholze die Tüpfel sehr sparsam. Herbstholzzone schmal, aus vier oder fünf Reihen bestehend. Frühlings- und Sommerholz allmälig ineinander übergehend. Harzgänge zerstreut, im Frühlings- und Sommerholze, auf allen Querschnitten dicht an der inneren oder äusseren Grenze des Herbstholzes, von Holzparenchym keine Spur. Markstrahlen zwei- bis einundzwanzig Zellen hoch, einreihig, die mehrreihigen einen Harzgang führend. Nach Conwentz kommen in den Tracheiden des Wurzelholzes durch Auswachsen der Schliesshaut der Tüpfel Thyllen, in dem Astholze thyllenähnliche Bildungen vor, welche durch Auswachsen der Epithelzellen in die Intercellularräume entstehen. Aehnliches nach Mayer bei der Fichte und Lärche, nach Conwentz im Astholze von *Pinus sylvestris.* Dass die mir vorliegenden Holzproben sämmtlich *Pinus Picea* am nächsten stehen, ist nicht zu bezweifeln, wenn auch die spiralige Faltung der Herbstholzzellen fehlt. Es kann dies ganz gut Folge der Vermoderung sein, als deren Folge die Membran nicht mehr in ihrer vollen Integrität erhalten ist. Diese unvollständige Erhaltung der Membran verräth sich noch durch die dünnwandigen Herbstholzzellen bei einem sehr kleinen Radialmesser, sodann durch die mit sehr schwacher Contour vortretenden Radialtüpfel. Ein mit *Pinus Strobus* verwandtes Holz habe ich nicht gesehen. Dass die von Göppert aufgestellten Arten Erhaltungszustände sind oder auf irrthümlicher Beobachtung beruhen oder aber auf irrelevante Merkmale sich gründen, ist ausser Frage und auch von Conwentz bereits erwähnt; ich füge noch *Pinites anomalus* Göpp. bei (Taf. 12 Fig. 77, a. a. O.), dessen grosse, runde Markstrahltüpfel nicht den Wänden der Strahlparenchymzellen, sondern den Tracheiden angehören. Das Holz bezeichne ich mit Conwentz als *Pityoxylon succiniferum* Kr. (Fig. 426). Nach Conwentz der sicilische Bernstein (Simetit), nach den in ihm gefundenen Rindenfragmenten einer cypressenähnlichen Pflanze zu schliessen, von einer mit den Cupressaceen verwandten Pflanze herrührend, nicht von einer Abietinee, wie der baltische. Zu *Pityoxylon* ist auch *Pinites Conwentzianus* Göppert (Revision meiner Arbeiten), aus dem Carbon von Waldenburg zu stellen wegen der in dem Strahlenparenchym vorkommenden Harzgänge, vorausgesetzt, dass die für solche erklärten Lücken wirkliche Harzgänge sind. Mir liegen die Schliffe des Arboretum fossile von Göppert vor, nach welchen das Holz nicht besonders gut erhalten ist. Eine ausführliche Darstellung enthält die oben citirte Abhandlung Stenzels. Die Tüpfel stehen meist einreihig, wenn zweireihig, dann nebeneinander; neben den grossen, einen Harzgang führenden Markstrahlen noch kleinere ohne Harzgänge oder mit solchen. Hinsichtlich der Verbreitung von Kiefernarten mit zwei Nadeln an den Kurztrieben sind zwei aus den Schwefelgruben von Girgenti, durch Kraus beschriebene fossile Hölzer von Interesse. *P. pineoides* mit *P. Pinea* L., *P. pinastroides* mit *P. Pinaster* verwandt. (Kraus, Hölzer aus den Schwefelgruben Siciliens. Halle 1882). Wie das früher erwähnte *Cedroxylon affine* Kr. in der lückenhaften Verbreitung der drei recenten, dem Mittelmeergebiete angehörigen Arten von *Cedrus* eine Lücke ausfüllt, so weisen diese Hölzer auf eine früher ausgedehntere Verbreitung hin. Ob diese untergegangenen Formen näher oder entfernter mit den recenten verwandt, ist uns unbekannt. Andere hierher gehörige Arten, deren Zusammenhang mit Blättern oder Zapfen uns nicht bekannt ist, indess einzelnen Arten des Tertiärs entsprechen, unter welchen sich dann auch Wurzel- und Asthölzer befinden, sind: *P. ponderosum* Kr., *P. resinosum* Kr. aus der Braunkohle Schlesiens, *P. Pachtanum* Kr., *P. mosquense* Kr. aus Russland, *P. Macclurii* Kr. Ballast-Bai auf Banksland.

1 2 3

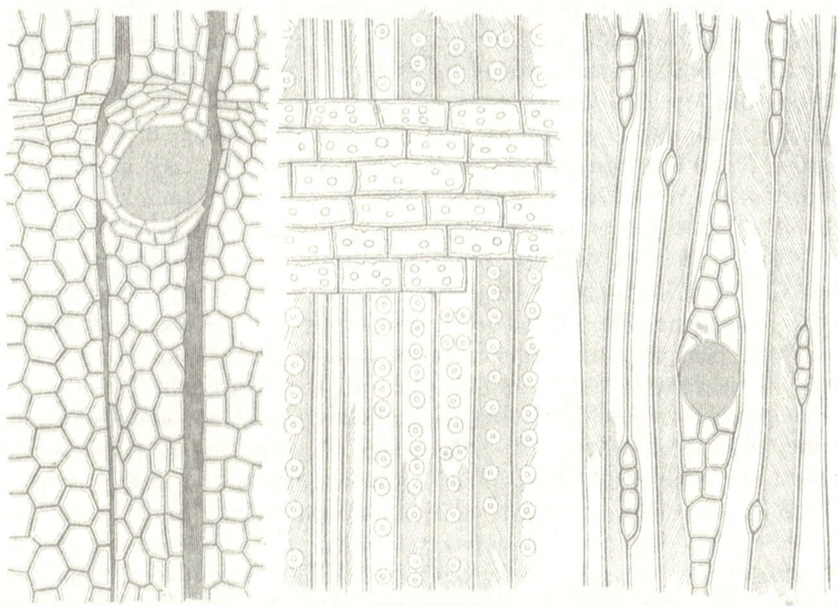

Fig. 426.
Pityoxylon succiniferum Kraus. 1 Querschnitt, 2 Radialschnitt, 3 Tangentiallängsschnitt. Samland. (N. d. Natur.)

Taxoxylon Kr. (Fig. 420. 421). Diese Gruppe ist bereits des Näheren bei Charakterisirung der Gruppe und der Kritik ihrer auszuscheidenden Arten besprochen. Hier habe ich nur das in jüngster Zeit von Renault (Cours de bot. foss. Tom. IV., p. 163) unterschiedene *Taxoxylon gingkoides* von Autun nachzuholen. Dass der Stammrest dieser Gruppe angehört, ist in hohem Grade unwahrscheinlich, einmal der Formation wegen, aus keiner der palaeozoischen Bildungen kennen wir ein Holz oder überhaupt ein Axengebilde, welches in den Tracheiden behöfte Tüpfel und Spiralfasern besässe, ebenso wenig auch aus den mesozoischen und Kreidebildungen. Eine Abbildung ist von dem Autor nicht gegeben, die kurze Beschreibung jedoch weist auf ein *Araucarioxylon* hin. Da auch bei diesen Hölzern die spiralige Streifung vorkommt, so handelt es sich ohne Zweifel um ein Holz dieser Art.

Zum Schluss sind noch zwei Verhältnisse zu erwähnen, welche an recenten Hölzern beobachtet wurden und auch bei den fossilen nicht fehlen. Das eine betrifft die in das Holz eindringenden Mycelien der auf Holzpflanzen parasitisch vorkommenden Pilze, das andere das Eindringen von Wurzeln anderer Pflanzen in das Stamm- und Wurzelholz. Die erste Beobachtung über in fossilen Hölzern vorkommende Pilzmycelien rührt meines Wissens von Unger her, welcher sie mit dem Namen *Nyctomyces* belegte (Chloris protogaea). Es sind entweder einfache oder verzweigte fadenförmige Mycelien, welche innerhalb der Tracheiden verlaufen oder, die dünneren Wandstellen der Tüpfel häufig benutzend, die Wände durchbohrend von einer Tracheide zur anderen sich entwickelt haben. In gleicher Weise kennen wir auch kurzgegliederte einfache oder verzweigte Fäden, gleichfalls von Tracheide zu Tracheide eingedrungen, wie die recenten Mycelien die Cellularwände durch Fermententwickelung zerstörend, weshalb denn nach dem Absterben der Mycelien die Löcher und Canäle in den Wänden nicht fehlen. Einen interessanten Nachweis hat Conwentz für ein solches Mycel in einem fossilen Holze von Karlsdorf am Zobten, dem *Rhizocupressinoxylon uniradiatum* Conw., einem Wurzelholze, geliefert. Das Mycel führte Schnallenzellen und blasige Anschwellungen analog jenen, welche bei *Agaricus melleus* beobachtet sind (Conwentz, Foss. Hölzer von Karlsdorf am Zobten. Danzig, 1880 p. 27, Taf. V, Fig. 17). Nicht allein diese genannte Zerstörung, sondern noch weiter gehende finden in Folge der Einwanderung der Pilze statt, so Aufhebung des Zusammenhangs der Gewebe, theilweise oder gänzliche Zerstörung, übermässige Harzausscheidung, worüber man R. Hartig's Schriften über Zersetzungserscheinungen der Hölzer, Krankheiten der Bäume und Baumkrankheiten vergleichen möge. Die Entstehung des Bernsteins kann mit solchen Vorgängen zusammenhängen. Wie wir noch gegenwärtig in älteren Waldbeständen, in weniger zugänglichen Alpenwäldern, an nicht gerodeten Stöcken Samen von entweder im Walde vorkommenden oder von anderen Arten auf verrotteten Stämmen oder Stöcken keimen und die Wurzeln der Keimpflanzen in das Holz eindringen, in diesem weiter wachsen sehen, so finden sich solche auch bei fossilen Hölzern. Die Bedingungen, unter welchen dieser Vorgang stattfinden kann, waren in den früheren geologischen Epochen reichlicher vorhanden als jetzt, der Vorgang geschah, wie die Zerstörung der Gewebe durch Pilze, in derselben Weise wie jetzt: es war die chemische Einwirkung der Wurzeln, welche ihr Eindringen möglich machte, wozu dann noch die mechanische Wirkung des Druckes sich gesellte. Dergleichen Hölzer sind zuerst von Corda, dann von Conwentz a. a. O. von Karlsdorf am Zobten in *Rhizocupressinoxylon uniradiatum*, später von Felix aus Oldenburg beschrieben worden. Von den beiden letzteren Fundorten habe ich ebenfalls einige untersuchen können. Von Conwentz wurden in den Karlsdorfer Hölzern cypressenähnliche und den Erlen ähnliche (*Rhizoalnoxylon* Conwentz), sodann Wurzeln von unbekannter Abstammung, die beiden ersteren mit dem eigenthümlichen Baue der Wurzeln von *Cupressaceen* und *Alnus*. Felix (Untersuchungen über fossile Hölzer, I. 1883) bezeichnet die eingedrungenen Wurzeln als *Rhizonium* Corda. In einem *Cupressoxylon*, der Sammlung zu Dresden gehörig, aus dem Diluvium Oldenburgs stammenden Braunkohlenholze fand er Wurzeln von Farnen, Coniferen, Monocotylen und Dicotylen in eine durch Vermoderung entstandene Höhlung eingeschlossen. Von diesen erwähnt er zwei monocotyle Wurzeln, deren eine durch ihren Bau den Nebenwurzeln von *Smilax*, die andere jenen von *Typha* verwandt ist: *R. smilaciforme* und *R. typhaeoides*. Uebrigens finden sich auch Exemplare oder Partieen solcher Hölzer, bei welchen die Wurzeln selbst nicht mehr, sondern nur noch die von ihnen hinterlassenen Hohlräume erhalten sind.

Exemplare mit Gängen, welche von Insectenlarven oder Bohrwürmern herrühren, finden sich ebenfalls unter den fossilen Hölzern, erstere jedoch, wie ich glaube, selten, wenigstens habe ich sie nicht oft gesehen. Es handelt sich dann fast immer um solche Gänge, welche von im Holze lebenden Larven herrühren. Kolbe bespricht (Zeitschr. der deutsch. geol. Gesellsch. 1882) unter Angabe der vorhandenen Literatur das Vorkommen von Insectenbohrgängen bei einem Braunkohlenholze aus der Niederlausitz und einem von Sahel Alma im Libanon stammenden Holze des Senon.

Ich füge noch ein paar Bemerkungen über die sogenannten Varietäten bei, welche bei fossilen Hölzern unterschieden werden. Meist sind es Erhaltungszustände, welche z. B. bei den im sächsischen Diluvium zahlreich vorkommenden Exemplaren von *Araucarioxylon* häufig sind und zu Täuschungen Anlass geben können. Sie fehlen übrigens bei anderen Gruppen auch nicht, nur mögen sie seltener sein. Mit Astspuren oder Aesten versehene Exemplare sind ebenfalls nicht selten. Varietäten in dem Sinne, wie sie die Systematik unterscheidet, kenne ich bei Hölzern überhaupt nicht, zweifle auch, dass sie vorkommen und wüsste auch nicht, wie sie zu Stande kommen sollen, da sie einerseits nur durch Structurverhältnisse, andererseits durch Entwickelung der Axenglieder bedingt sein können. In beiden Fällen könnten wir nur von Varietäten sprechen, wenn uns der Zusammenhang bekannt wäre. Dass Färbungen der Hölzer nicht zur Aufstellung von Varietäten benützt werden können, ist selbstverständlich. Sie hängen meist mit der Art der Versteinung zusammen und sind es meist Metalle oder auch wohl organische Substanzen, welche die Färbungen hervorrufen.

Ueberwallungen, Maserbildungen, Drehwüchsigkeit, überhaupt Bildungen, welche bei recenten Hölzern vorkommen, finden sich auch bei fossilen und sind derartige Fälle von Göppert (Zur Morphologie und Pathologie fossiler Stämme. Cassel, 1881) besprochen. Exemplare dieser Art trifft man in jeder grösseren Sammlung, allerdings meist wenig beachtet und gilt das Gesagte auch für die Laubhölzer.

Angiospermae.

Monocotylae.

Monocotyle Stämme sind nicht gerade häufig, indess auch nicht so selten, und kenne ich sie aus allen Theilen der Erdoberfläche, so z. B. aus dem

Tertiär und Diluvium Europas, Brasiliens, Westindiens und Ostindiens. Dass ihre Zahl geringer ist als jene der Gymnospermen, erklärt sich zunächst aus der geringeren Anzahl der Reste dieser Gruppe überhaupt, ferner aus dem Umstande, dass ihre Axen weniger reichlich mit mechanischen Elementen ausgestattet sind, das Parenchym vorwiegt, der Verband der einzelnen Holzbündel unter sich daher wenig Festigkeit besitzt. Was ich bisher von Resten dieser Familie gesehen habe, schliesst sich enge an den Bau der recenten Palmen an. Stammreste, welche auf eine andere Familie der Monocotylen mit analogem Stammbaue bezogen werden können, sind von mir nicht gesehen.

Von den länger dauernden Stämmen der Gymnospermen und Dicotylen unterscheiden sich jene der Monocotylen ohne Schwierigkeit durch die isolirten, von Parenchym umgebenen Holzbündel und das von einer gewissen Zeit an meist fehlende Dickenwachsthum. Ist es bei den Palmen local vorhanden (tonnenförmige Gestalt des Stammes), so geschieht es durch die Vergrösserung der vorhandenen Gewebe, wo dasselbe dagegen während der ganzen Lebensdauer des Stammes stattfindet, geschieht es durch Bildung eines Bildungsgewebes, Cambiums, ausserhalb des fertigen Holzkörpers, z. B. bei den Dracaeneen. Bei fossilen Stämmen ist beides selten in Betracht zu ziehen, da deren Peripherie nicht häufig erhalten ist, schon desshalb nicht, weil ein nicht unbedeutender Theil dieser Stämme aus dem Diluvium stammt und die Aussenfläche durch Abreibung, Verwitterung verloren gegangen ist. Die Erhaltungszustände der Gewebe sind dieselben, wie bei den Coniferenhölzern, man trifft die verschiedenartigsten Zustände dieser Kategorie an. Vor einer Täuschung, welche bei den Coniferen erwähnt ist, sei auch hier gewarnt. Coniferenhölzer von sehr schlechter Erhaltung, welche zwischen den Partien schlechter und schlechtester Erhaltung besser erhaltene Stellen einschliessen, können bei der Untersuchung mit unbewaffnetem Auge für monocotyle Hölzer gehalten werden. Die Anwendung einer stärkeren Vergrösserung klärt das richtige Sachverhältniss sogleich auf.

Von Axenorganen der Monocotylen konnten kaum andere als solche sich erhalten, welche vermöge ihrer Structur den äusseren Einwirkungen einen energischeren Widerstand zu leisten im Stande waren; es werden desshalb Axen von kurzer Dauer von vorwiegend parenchymatischem Bau nicht unter den monocotylen Resten zu erwarten sein, ausser bei sehr rasch eintretender Versteinerung oder als Abdrücke mit oder ohne Kohlenüberzug. Unterirdische Rhizome und verwandte Bildungen werden gleichfalls nicht anders erhalten sein. Mir wenigstens sind solche Reste mit erhaltener Structur nicht bekannt. Dagegen haben sich erhalten solche Axen, welche zu den baumartigen Formen gehören, wie sie z. B. bei den Palmen vorkommen. So geeignet für die Erhaltung die Stämme der Dracaeneen sind, so scheinen doch aus dieser Gruppe keine mit Structur versehenen Reste sich erhalten zu haben, wenigstens kenne ich keine Angaben, noch habe ich Reste, welche dafür erklärt werden könnten, gesehen. Das Vorkommen von *Dracaena* nahestehenden Resten im Tertiär Südfrankreichs berechtigt zur Vermuthung, dass ähnliche Stammreste in demselben vorkommen. Alle mit erhaltener Structur versehene fossile Stammreste gehören den Palmen oder einer Gruppe an, deren Stammbau mit dieser Familie übereinstimmt.

Bei allen recenten Palmenstämmen sind die Gefässbündel in concentrischer Anordnung durch den ganzen Querschnitt vertheilt, mehr genähert in der Peripherie, entfernter stehend gegen die Mitte des Querschnittes. Jeder Gefässbündel ist von Grundgewebe, welches die Stelle des Strahlenparenchyms vertritt, umgeben und durch dasselbe von seinem Nachbar getrennt. Es besteht aus dünnwandigen oder dickerwandigen getüpfelten, länger oder kürzer gestreckten Zellen, in der Regel oder doch häufiger ohne andere luftführende Zwischenräume als die Intercellulargänge, in selteneren Fällen ist das Parenchym von zahlreichen Luftlücken durchsetzt, dann seine Zellen entweder mit kurzen Fortsätzen oder schmal, etwas zusammengedrückt, an den Enden miteinander in Verbindung. Eingelagert sind ferner in dasselbe grössere oder kleinere cylindrische Sclerenchymbündel gestreckter dickwandiger prismatischer Zellen in verschiedener Anzahl. Unter den recenten Palmen kommen sie bei den Arten der westlichen Halbkugel häufiger als bei jenen der östlichen Halbkugel vor und können zur Bildung von Untergruppen wie es auch durch Unger geschah, verwendet werden. Die Gefässbündel (Leitbündel) bestehen aus dem Basttheil, Xylem- und Siebtheil. Der Basttheil aus dickwandigen Faserzellen, zuweilen mit Porencanälen in den Wänden, bestehend, bildet entweder eine Rinne oder einen einseitig dickeren Hohlcylinder oder auf der Innenseite eine seichte Furche. An seiner Innenseite liegen entweder eine oder zwei Siebpartien, im ersteren Falle in der Mitte, im letzteren je eine seitlich, aus Siebröhren und den Begleitzellen zusammengesetzt. Der Xylemtheil beginnt entweder mit einem einzigen oder zwei bis drei weiten Gefässen, oder neben einem grossen Gefässe liegt eine Gruppe kleinerer, oder auch zwei grosse, zwischen ihnen ein kleineres, alle mit kleinen Wandtüpfeln. Darauf folgen engere, Spiral-Ring- und Treppen-Gefässe in verschiedener Anzahl, umgeben von Libriform und Strangparenchym. Umgeben ist der Leitbündel von ein oder zwei Schichten der Quere nach schmälerer Zellen, der Strangscheide, zuweilen das Grundparenchym um den Leitbündel strahlig angeordnet. Bei allen Palmen stehen die Leitbündel im Stammcentrum entfernter, gegen die Peripherie hin gedrängter. Zugleich sind sie kleiner und werden allmälig ersetzt durch Bastbündel. Eine Hypodermschicht und Epidermis bilden den Abschluss. Die bei den verschiedensten Monocotylen vorkommenden Stegmata fehlen auch den Palmen nicht, sie sind nicht selten bei den fossilen Palmen an der Aussenseite der Sclerenchymbündel, nicht selten als kurze, einseitig verdickte Zellen. Als Maassstab für die Entfernung der Leitbündel unter sich, insoferne sie als ein diagnostisches Merkmal benützt werden kann, dienen die schmalen Lagen der zwischen ihnen liegenden Zonen oder der Durchmesser der Bündel gegenüber dem Grundparenchym. Vergleicht man den Bau der fossilen Palmen mit jenem der recenten, so ergeben sich so viele übereinstimmende Momente, dass nicht der geringste Zweifel sein kann, dass die fossilen Stämme derselben

Familie angehören. Die weitere Frage ist, ob es möglich, durch den Stammbau eine recente Gattung zu unterscheiden, resp. ob die recenten Gattungen durch ihren Bau ebenso sicher wie durch ihre morphologischen Charaktere zu unterscheiden sind. Bei dem dürftigen Material, welches mir zu Gebote steht, kann ich etwas Zutreffendes oder Erschöpfendes nicht sagen, ich möchte aber glauben, dass wir, wie bei den Coniferen, nur Gruppen unterscheiden können, welche sich mit den morphologischen Gattungen nicht decken. Zur Unterscheidung grösserer Gruppen liesse sich vor Allem verwenden der Querschnitt des Leitbündels, welcher hinsichtlich des Bastkörpers nicht bei allen Gattungen derselbe ist, wobei also vorzüglich der Bastkörper in Frage kömmt. Der Siebtheil wechselt in derselben Gattung, ebenso verhalten sich die Gefässe. Grundparenchym und Sclerenchymbündel scheinen mir ebenso wenig geeignet, wenn sie auch bei der nämlichen Gattung sich gleich verhalten mögen. Sodann ist noch zu berücksichtigen, dass ein Theil der Eigenthümlichkeiten, wie das Vorhandensein der Luftlücken des Grundgewebes von den Lebensbedingungen abhängig ist, es ist ein Structurverhältniss, welches bei auf wasserreichem Boden vorkommenden Pflanzen, noch mehr bei Wasserpflanzen nichts weniger als selten ist.

Dass wir, wie bei anderen Resten, auch bei den fossilen Palmenstämmen mit den Erhaltungszuständen rechnen müssen, ist selbstverständlich. Sie dürfen nicht als diagnostische Merkmale verwendet werden, was allerdings nicht immer eingehalten worden ist. So ist als diagnostisches Artenmerkmal die Entfernung der Leitbündel unter sich benützt, welches eine Bedeutung insoferne hat, als die Bündel im Stammcentrum entfernter, in der Stammperipherie gedrängter stehen, auf die Entfernung der Bündel unter sich kann eine Art allein nicht unterschieden werden. Ferner sind Arten unterschieden durch »cellulae pachytichae und leptotichae« bei den Bast- und Sclerenchymzellen. Beides kann Erhaltungszustand sein und wird die Anwendung stets Vorsicht erfordern. In keinem Falle kann die Färbung der Gewebe als diagnostisches Merkmal benützt werden, da sie von Imprägnirung durch Metalle oder organischer Substanz abhängt. Als wesentliche diagnostische Merkmale gelten meiner Ansicht nach die Beschaffenheit des Grundgewebes, das Vorhandensein oder Fehlen von Strangscheiden, radiäre Anordnung der Zellen des Grundgewebes, Fehlen oder Vorhandensein von Luftlücken, Fehlen, Vorhandensein oder Beschaffenheit der Sclerenchymbündel, Entfernung der Leitbündel und deren Zusammensetzung, Querschnittsform des Bastkörpers, Lage und Zahl der Siebtheile, Vertheilung und Weite der Gefässe im Xylemtheile. Canäle durch theilweises oder gänzliches Ausfaulen der Bündel entstanden, haben nur insoferne Werth, als sie Aufschluss geben über das Vorhandensein derselben.

Für die Blattreste der Palmen sind meist die Namen der recenten Gattungen benützt und hat dies Verfahren bis zu einem gewissen Grade auch seine Berechtigung. Für die übrigen erhaltenen Theile von Palmen sind verschiedene Bezeichnungen im Laufe der Zeit in ihrer Bedeutung wechselnd angewendet. Der Name *Endogenites* wurde von einigen Autoren z. B. von

Sprengel auf Palmenstämme übertragen, während Cotta in seiner Dendrologie den Namen *Fasciculites* dafür anwandte, Unger und Stenzel diesem Beispiele folgten. Auch unter der Bezeichnung *Perfossus* Cotta sind Palmenstämme verborgen, indess auch andere Reste, wie ich auf Grund der Cottaschen Originale der Sammlungen zu Dresden und Berlin zeigte (Engler, Jahrbücher. Bd. III. 1882. pag. 483). Zu den Palmen gehören *P. angularis* Cotta und *P. punctatus* Cotta, ausserdem finden sich aber in den Sammlungen als *Perfossus*-Arten Farnreste (Wurzelgeflechte). Unter den als *Porosus communis* Cotta und *P. marginatus* Cotta sind ebenfalls nur Wurzelgeflechte von Farnen, ausserdem aber auch *Stenzelia* verstanden (vergl. Schenk in Engler, Jahrb. a. a. O.). Ein solches Wurzelgeflecht von Farnen ist auch *Fasciculites palmacites* Eugen Geinitz aus dem Diluvium von Camenz, zuweilen noch mit anhängenden Stammfragmenten, jenen Farnwurzeln angehörig, welche man *Tempskya* genannt hat. Zu den Archegoniaten gehört ferner *Palmacites leptoxylon* Corda und *P. carbonigenus* Corda aus dem oberen Carbon von Radnitz in Böhmen, wie ich vermuthe, mit *Medullosa* resp. *Stenzelia* identisch. Gänzlich aufgegeben wurde die Bezeichnung *Fasciculites* für Palmenreste von Brongniart und zur Bezeichnung der Palmenstämme der Name *Palmacites* von ihm angewendet, welchen im gleichen Sinne auch Schimper, Saporta und Corda benützten, während ihn Unger auf mit Blattnarben und Blattresten besetzte Stämme anwandte. Von anderen Autoren ist diese Bezeichnung meist auf andere Reste übertragen worden, ohne Rücksicht auf die ursprüngliche Bedeutung. Auch *Fasciculites* ist später von Heer in einem anderen Sinne benützt worden, als dies von Cotta und seinen Nachfolgern geschah. Heer bezeichnet damit faserähnliche Reste, *F. grönlandicus* aus den Ataneschichten Grönlands, ganz ähnliche Reste aus dem Tertiär von Käpfnach bei Horgen am Zürichersee bezeichnet er als *Palmacites helveticus*. Meiner Ansicht ist für Reste dieser Art *Fasciculites* eine durchaus geeignete Bezeichnung, es sind Fasern, welche eine sehr verschiedene Abstammung haben können, sowohl was die Familie, als auch den Pflanzentheil betrifft. Ohne mikroskopische Untersuchung können wir darüber nichts sagen, dass sie von Palmen stammen, ist nichts weniger als erwiesen. Ich würde demnach ausnahmslos alle derartigen Reste als *Fasciculites* bezeichnen. Dieser Ausdruck ist ohne alle Präjudiz, er bezeichnet eben nur Bündel, gleichgiltig woher, kann man sie näher untersuchen, so mögen sie dort Platz finden, wo sie hingehören. *Palmacites* würde ich alle monocotylen Reste nennen, welche nicht den Stämmen, sondern anderen Theilen angehören, deren Abstammung von Palmen ausser Zweifel ist, wie *P. Daemonorops* Heer. Für die Blätter dagegen würde ich eine Aenderung der bisherigen Bezeichnung für überflüssig halten.

Ehe ich auf die Erörterung der Bezeichnung der Stämme eingehe, seien noch einige Stammreste besprochen, welche von ihren Autoren als Palmenstämme erklärt werden. Brongniart, Heer, Saporta haben solche beschrieben und theilweise abgebildet, es frägt sich jedoch, ob wir diese Deutungen ohne Weiteres annehmen müssen. Zum Theile sind es mit Blattnarben und Blattbasen besetzte Stämme, zum Theile ohne solche. Dass ein im Abdruck erhaltener Stamm wie *Palmacites annulatus* Brongn. nicht beweisfähig ist, ist ausser Frage, dass dann ferner *P. echinatus* Brongn., Saporta's, *P. grandis*, *P. aquensis* und *P. canadetensis* aus dem Tertiär Südfrankreichs wegen ihrer stammumfassenden Blätter zwar monocotyle Stämme sein können, aber nicht unbedingt Palmenstämme sein müssen, wird man zugeben. Allerdings enthält das Tertiär Südfrankreichs Palmen, es enthält aber auch mit *Dracaena* verwandte Reste. So lange wir also den Bau dieser Reste nicht besser kennen, als dies der Fall ist, können wir den von den genannten Autoren gegebenen Deutungen nur mit einem Zweifel gegenübertreten. Noch grösseren Zweifeln muss man den beiden Palmenstämmen Heer's aus dem Tertiär der Schweiz, *P. canaliculatus* von Monod und *P. Moussoni* entgegenbringen, ihr Aussehen spricht nicht für die Abstammung von Palmen. Dagegen scheint *P. crassipes* Unger von Antigua nach der Beschreibung ein Palmenstamm zu sein. Die von Watelet aus dem Eocän von Paris beschriebenen Arten *P. arenarius* und *P. axoniensis* sind, insoferne es sich um Watelet's Beschreibung und Abbildung handelt, zweifelhafte Reste, glücklicher Weise sind aber in dem Müller'schen Institute auf Veranlassung Professor Dr. Stenzel's*) zu Breslau Schliffe der beiden Arten aus den Originalen Watelet's angefertigt, von welchen das botanische Institut zu Leipzig Exemplare besitzt. Aus derselben Quelle stammen zwei ebenfalls von Stenzel bestimmte Arten, die eine *Fasciculites vasculosus* aus dem Eocän von Paris, die andere *F. speciosus* Stenzel von Trinidad. *Fasciculites axoniensis* Stenzel ist von *F. lacunosus* und *F. anomalus* nur durch die etwas weniger zusammengedrückten Zellen des Parenchyms verschieden und kaum als Art von beiden zu trennen. *F. arenarius* Stenzel hat ziemlich dünne hin- und hergebogene, gleichmässig im Grundgewebe vertheilte, um weniger als den eigenen Durchmesser von einander entfernte Gefässbündel mit nierenförmigem Bastkörper, kleinerem halbkreisförmigen Holzkörper mit zwei grossen Gefässen oder zwei Gruppen von solchen und mehreren mittleren und kleineren. Die Sclerenchymbündel in dem dichten, nur zwischen den nahe aneinander liegenden Gefässbündeln zusammengedrückten Grundgewebe zerstreut, zahlreich, von sehr verschiedenem Durchmesser, die stärksten halb so stark wie der Holzkörper. Bei *F. speciosus* Stenzel die Gefässbündel ziemlich dick, starr, um mehr als ihr eigener Durchmesser von einander entfernt, ziemlich gleichmässig im Grundgewebe vertheilt. Der grosse eiförmige Bastkörper hat einen kleinen Ausschnitt für den Holzkörper mit einem grossen Gefässe oder einer Gruppe grosser Gefässe, zuweilen noch mehrere kleinere. Zahlreiche kleine Sclerenchymbündel sind dem dichten aus etwas zusammengedrückten Zellen bestehenden Grundgewebe eingestreut.

---

*) Die nachfolgenden Angaben verdanke ich der freundlichen Zuvorkommenheit Herrn Professor Dr. Stenzel's zu Breslau, welcher mir auf meine Frage bereitwilligst alle Aufschlüsse gab, wofür ich ihm zu aufrichtigstem Danke verpflichtet bin.

Dass übrigens Palmen in dem Eocän und Oligocän Frankreichs vorkamen, beweisen nicht bloss die von Watelet beschriebenen, durch Stenzel erst näher festgestellten Stämme, sondern auch die aus diesen Tertiärbildungen bekannten Blätter.

Man hat in neuerer Zeit begonnen, dem Beispiele Brongniart's und Göppert's folgend, zur Bezeichnung fossiler Hölzer die Verbindung des Wortes *xylon* mit dem entsprechenden Gattungsnamen verbunden anzuwenden. Es ist kein Grund vorhanden, bei den unzweifelhaften Palmenhölzern nicht in der gleichen Weise zu verfahren und sie, vorausgesetzt, dass wir durch die mikroskopische Untersuchung den Bau feststellen können, wie ich dies in Zittel's Schrift: »Die lybische Wüste« gethan habe, *Palmoxylon* zu nennen, anstatt *Fasciculites*, *Palmacites*. Die Bezeichnung drückt genau das aus, was die Reste sind und mag dies auch der Grund sein, wesshalb auch andere diese Bezeichnung acceptirt haben, so Knowlton, Felix, Beck, Vater, Fliche. Für etwa vorkommende Blüthenstände und ihre Theile ist der Ausdruck *Palaeospathe* Unger ein ganz passender, er kann eben nur nicht auf die bei Schimper unter dieser Bezeichnung angeführten angewendet werden, schon desshalb nicht, weil die meisten dem Carbon angehören, für die Blüthen selbst ist *Palmanthium* Schimper eine passende Bezeichnung.

Palmoxylon Schenk. Cylindrische Stämme mit isolirten in das Grundgewebe eingelagerten Leitbündeln. Leitbündel entweder mit hohlcylindrischer oder rinnenförmiger Bastlage, einem einzelnen centralen oder zwei seitlichen Siebtheilen, Xylem aus einem bis drei grossen oder einer Gruppe und mehreren kleinen Gefässen bestehend, verbunden und umgeben von Libriform und Strangparenchym. Grundgewebe dicht oder von Luftlücken durchsetzt, in dasselbe entweder Sclerenchymbündel eingebettet oder diese fehlend.

Die ältesten Palmenstämme kennen wir aus der jüngeren Kreide, *Palmoxylon* (*Palmacites* Corda) *varians* von Kutschlin in Böhmen, einen zweiten kenne ich aus dem Dresdener Museum aus dem Westen Frankreichs von Angers (Turon) stammend, von mir dort als *Palmoxylon Boxbergi* bezeichnet. Andere sind mir aus dieser Periode nicht bekannt geworden. Im Tertiär ist ihre Zahl bei weitem grösser, in dieser sind sie von den westindischen Inseln nach Louisiana einerseits, andererseits von Tunis, Aegypten, Ceylon, der Umgegend von Paris bis in das nördliche Deutschland (Samland, Leipzig) verbreitet. Schimper bildet aus den fossilen Palmen zwei Gruppen, deren eine die mit Blattresten oder Blattnarben bedeckten, die andere die entrindeten Stämme enthält (Traité II. pag. 508). Ueber die erste Gruppe und einen Theil der zweiten habe ich mich bereits ausgesprochen, bei dem grössten Theile der zur zweiten gehörigen Arten ist die Structur erhalten und sind wir wenigstens hinsichtlich der Familie sicher. Unger's Eintheilung ist für die Stämme mit erhaltener Structur jedenfalls geeignet, den Ueberblick zu erleichtern und zugleich die grosse Verbreitung eines jetzt beinahe nur auf die neue Welt beschränkten Structurverhältnisses darzulegen. Die eine der Gruppen umfasst demnach Stämme, deren Grundgewebe neben den

Leitbündeln keine Sclerenchymbündel enthält, in der zweiten sind solche neben den Leitbündeln vorhanden. Stenzel ist (Zwei Beitr. zur Kenntniss foss. Palmen. Nova Acta. Bd. 22. Pars 2) diesem Beispiele gefolgt. Ich folge gleichfalls demselben.

1. Arten ohne Sclerenchymbündel im Grundgewebe.

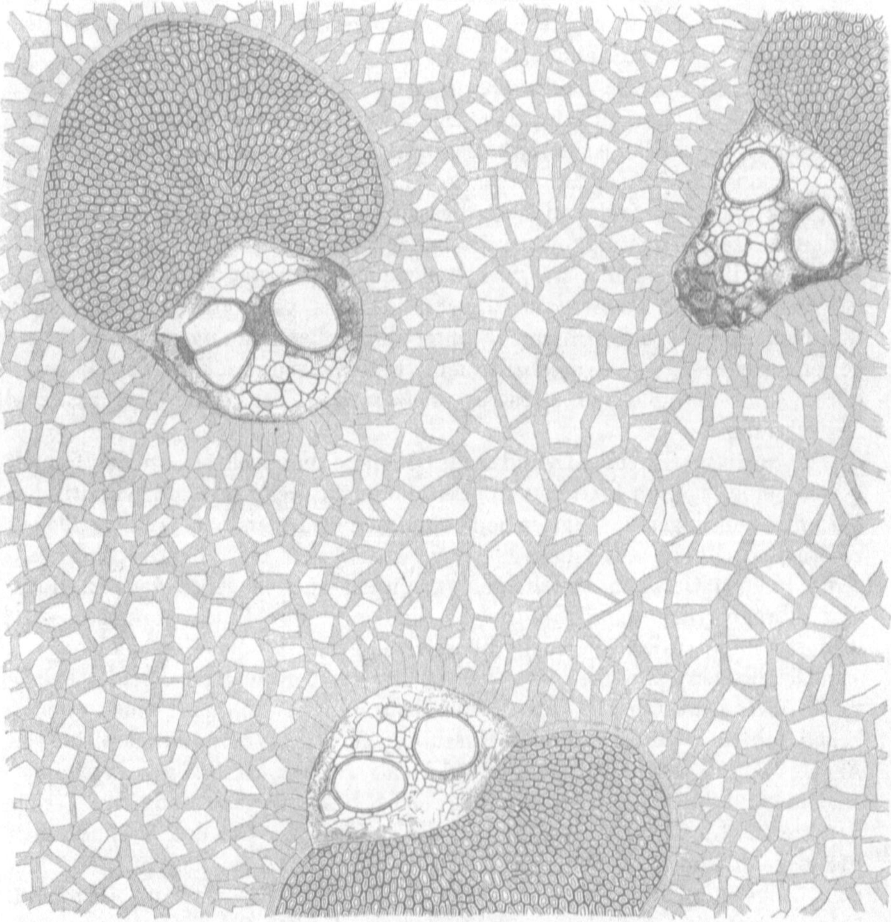

Fig. 427.
Palmoxylon Blanfordi Schenk. Querschnitt. Ostindien. Mitgetheilt von H. Schlagintweit. (N. d. Natur.) Vergl. Engler, Jahrbücher.

Ausser dem oben genannten *Palmoxylon varians* Schenk aus der Kreide Böhmens gehören hierher: *P. cellulosum* Knowlton aus dem *Pliocän* von Louisiana, Rapides Parish, *P. Aschersoni* Schenk, Aegypten: Oase Fayum, SWS der grossen Pyramide, nördlichster Theil der östlichen Wüste bei Cairo, *P. ceylanicum* Schenk, Ceylon, *P. Blanfordi* Schenk (Fig. 427) aus Ostindien von Sitabalai, Provinz Nagpur, *P. Cossoni* Fliche, Tunis, Wadi Mamura, mit *P. Aschersoni* verwandt, die Leitbündel kleiner als bei dieser, *P. sardoum* Schenk aus dem

Tertiär der Insel Sardinien, *P. angulare* Schenk, Altsattel in Böhmen (ob Stamm eines Sabal?) *P. punctatum* Schenk, Teplitz, beide von Cotta als *Perfossus*-Arten beschrieben (siehe oben), *P. variabile* Vater, *P. radiatum* Vater, beide aus den Coprolithenlagern von Helmstedt. Von nicht bekannten Fundorten stammend: *Palmoxylon tenerum* Felix, nach dem Originale des *Fasci-*

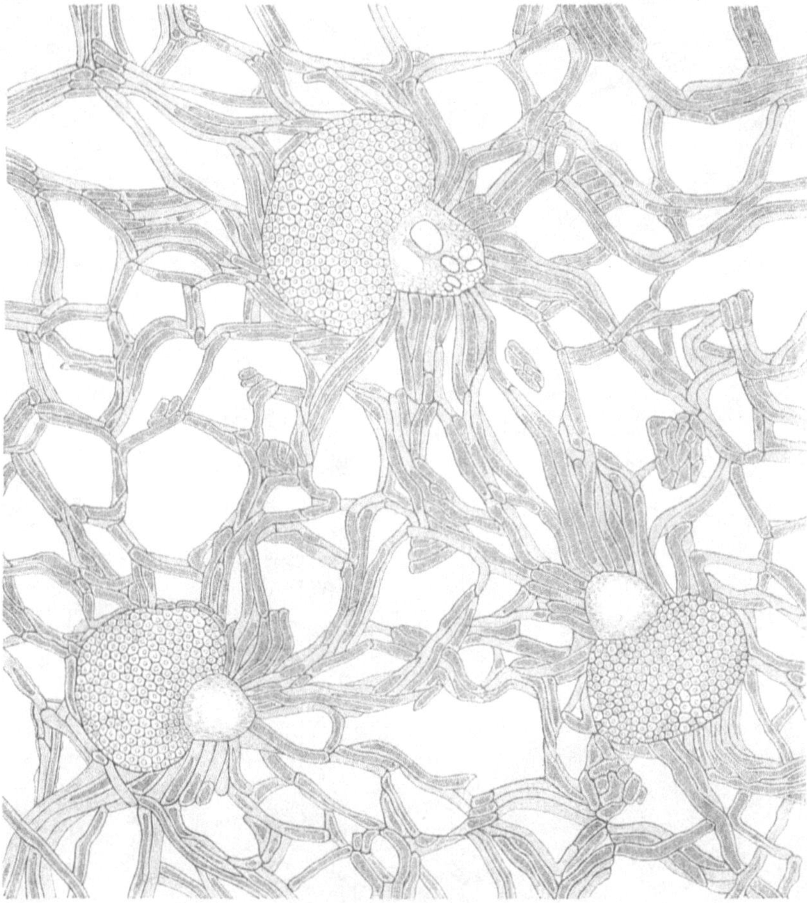

Fig. 428.
Palmoxylon Fladungi Felix. Querschnitt. (N. d. Natur.)

culites Palmacites Cotta mit diesem identisch, *P. Partschii* Schenk (*Fasciculites* Unger), *P. Fladungi* Felix, (*Fasciculites* Unger, *Palmacites Partschii* Corda), der von Felix abgebildete Schliff aus der Stammperipherie, der von mir (Fig. 428) dargestellte aus dem Stammcentrum, der Corda'schen Abbildung entsprechend, *P. stellatum* Schenk, *P. densum* Schenk, *P. confertum* Schenk (*Fasciculites* Stenzel) von Brostau.

2. Arten mit Sclerenchymbündeln neben den Leitbündeln.

Von Antigua kennen wir: *P. Withami* Schenk, *A. antiguense* Felix (*Fasciculites* Unger), *P. Kuntzei* Felix, *P. molle* Felix, *P. Quenstedti* Felix, ein Opalholz, welche unter den Hölzern von Antigua selten sind, auch aus Louisiana von Rapides Parish durch Knowlton beschrieben. *P. speciosum* Schenk von Trinidad, *P. integrum* Felix von Cuba, P. *Zitteli* Schenk aus der lybischen

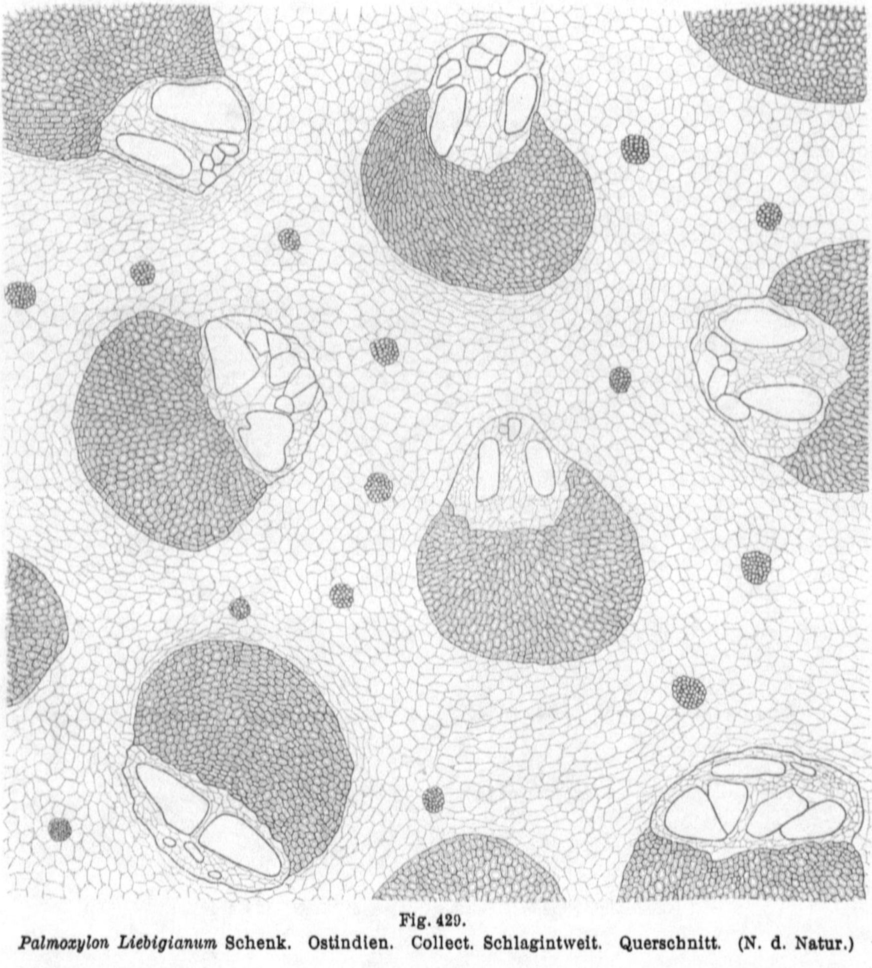

Fig. 429.
Palmoxylon Liebigianum Schenk. Ostindien. Collect. Schlagintweit. Querschnitt. (N. d. Natur.)

Wüste, *P. Liebigianum* Schenk (Fig. 429), aus dem Bette des Nerbudaflusses, Provinz Nagpur, *P. Cottae* Felix, la Colline de Turin, *P. axoniense* Schenk, *P. arenarium* Schenk, *P. vasculosum* aus dem Eocän von Paris, *P. oligocenum* Beck aus der Braunkohle von Borna in Sachsen, *P. parvifasciculatum* Vater, *P. scleroticum* Vater, beide aus den Coprolithenlagern von Helmstedt, ferner *P. germanicum* (*Fasciculites* Stenzel) von Brostau.

Unbekannt sind die Fundorte nachstehender Arten: *P. didymosolen* Felix, *P. lacunosum* Felix (Fig. 430) und *P. anomalum* Schenk, die beiden letzteren identisch. Jene Stammreste, deren Fundorte nicht bekannt sind, mögen wohl von Antigua stammen, wenigstens spricht ihr Aussehen dafür. Beweisend ist dies allerdings nicht. Die Angaben über den Fundort von *P. didymoselen*

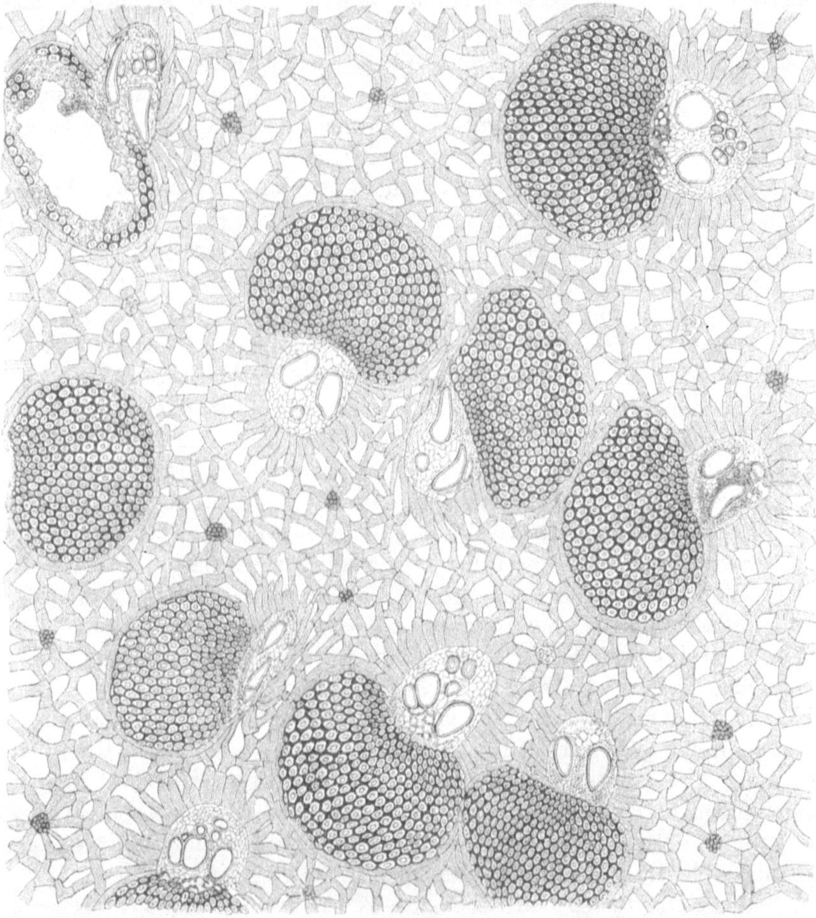

Fig. 430.
Palmoxylon lacunosum Felix (*Fasciculites* Unger). Antigua. Querschnitt. (N. d. Natur.)

differiren. Cotta gibt in seiner Dendrologie keinen Fundort an, während Unger durch Cotta als Fundort Littmitz in Böhmen mitgetheilt erhielt. Diese Bemerkung von Unger ist selbstverständlich nicht ohne Einfluss geblieben und finden wir sie in Büchern, wie in den Sammlungen angegeben. Fundortsangaben, welche sich auf Chemnitz beziehen, sind sicher unrichtig, da bekanntlich im oberen Carbon und im Rothliegenden keine Palmen vorkommen.

Schliesslich sind noch einige Reste zu erwähnen, welche zwar zu den Palmen gehören, jedoch so unvollständig erhalten sind, dass eine genaue Bestimmung nicht möglich ist. Der eine ist *Fasiculites geanthracis* Göppert und Stenzel aus der Braunkohle von Voigtstedt bei Artern. Soweit die Structur erhalten ist, gehört der Rest zu der Gruppe, welche neben den Leitbündeln noch Sclerenchymbündel besitzt. Bei den beiden anderen Arten: *Fasciculites Hartigii* Göppert und Stenzel, *F. fragilis* Göppert und Stenzel von dem gleichen Fundorte fehlen die Sclerenchymbündel, unsere Kenntniss ist noch geringer und wird die letzte von Stenzel selbst für zweifelhaft erklärt. Dem Oligocän Norddeutschlands fehlen Palmenreste nicht und ist *Palmacites Daemonorops* sogar nicht ganz selten, ebenso kommen Trümmer von Palmenstämmen in der Braunkohle von Keuselwitz bei Grimma nicht selten vor. Der Bau dieser Reste ist unzureichend erhalten und wäre es besser, dergleichen Reste nur im allgemeinen zu erwähnen. Desshalb erwähne ich auch nur das Vorkommen von verkieselten Palmenstämmen im Quartär von Leipzig, deren Erhaltung zu unzureichend ist, um etwas ermitteln zu können. Sie gehören ohne Zweifel zu den im Tertiär Sachsens vorkommenden Arten. Zu den zweifelhaften Stammresten gehört ferner *Palmacites dubius* Caspary nec Corda von Langfuhr bei Danzig, über welchen die Angaben des Autors ziemlich unvollständig sind. Durch Triebel sind inzwischen Abbildungen dieses Palmenrestes erschienen, welche die in jeder Beziehung unzureichende Erhaltung der Stämme darlegen, deren Leitbündel gar nicht, das Grundgewebe höchst mangelhaft erhalten ist. Solche Reste verdienen gar keine Erwähnung (Caspary, einige fossile Hölzer Preussens. Aus dem Nachlasse herausgegeben von R. Triebel, Berlin 1889. Taf. XV. Fig. 6—9). Der Rest hat immerhin ein gewisses Interesse wegen der Ergänzung der Angaben von Conwentz über das Vorkommen von Palmenresten im Bernstein. Zwei weitere zweifelhafte Palmenstammreste sind *Palmacites dubius* und *P. intricatus* Corda (Beitr. zur Flora der Vorwelt, Tab. 22. 23), bei beiden die Erhaltung unvollständig, ihre Stellung dürften sie bei den Archegoniaten finden.

Neben Palmenstämmen sind auch Wurzeln der Palmen erhalten, wie aus einem in der geologischen Sammlung zu Dresden befindlichen Exemplare, welches von Felix untersucht ist, sich ergibt. Felix bezeichnet es in seiner Abhandlung über fossile Hölzer aus Westindien als *Rhizopalmoxylon* und ist seine Structur unzureichend erhalten. Ich selbst habe Schliffe nicht gesehen, bin daher nicht im Stande über den Rest etwas zu sagen.

Ueber die Dinge, welchen der Name *Yucca*, *Yuccites* beigelegt worden ist habe ich mich schon bei den Monocotylen ausgesprochen. Auch die von Bureau in jüngster Zeit beschriebene *Yucca Roberti* bleibt ein zweifelhafter Rest, so lange seine Structur unbekannt ist. Von den Palmen sind dieselben durch ihren Bau wie durch das von einem in der innersten Rindenzone liegenden Bildungsgewebe ausgehende Dickenwachsthum verschieden.

Dicotylen.

Im Verhältniss zu den übrigen dicotylen Resten ist die Zahl der fossilen dicotylen Hölzer nicht bedeutend. Man setzt dieses allerdings auffällige Missverhältniss auf Rechnung des geringen oder fehlenden Gehaltes an das Holz conservirenden Stoffen. Zum Theile mag dies richtig sein, sicher ist aber auch, dass es keine allgemeine Geltung hat und jedenfalls manche Fundorte sich anders verhalten, so um zwei mir aus eigener Untersuchung bekannte Fundorte zu nennen: Aegypten und Antigua. Durch die Zuvorkommenheit Schweinfurth's bin ich im Besitze einer nicht unbedeutenden Anzahl fossiler Hölzer aus Aegyten, deren bei weitem grösster Theil den Laubhölzern, einige den Palmen und Coniferen angehören. Unter den mir bekannten fossilen Hölzern von Antigua, welche ich zum Theile durch Baron Eggers erhielt, befinden sich weder Coniferen noch Palmen, es sind nur Laubhölzer, Coniferen habe ich von dort überhaupt nicht gesehen. Zu diesen kommen dann noch die anderweitig bekannt gewordenen Laubhölzer und die Palmen, von den ersteren also keine unbedeutende Zahl. Die grosse Zahl von Resten baumartiger Pflanzen lässt sich nur erklären durch das Vorkommen einer früher vorhandenen massenhaften Baumvegetation, von deren früherer Existenz uns andere Thatsachen nicht bekannt sind. Andererseits kennen wir Fundorte, an welchen die Blätter von Dicotylen zahlreich, dicotyle Hölzer aber nur vereinzelt sich finden, während Coniferenhölzer reichlich, aber auch sparsam vorhanden sind. Endlich gibt es Fundorte, welche gar keine Stammreste, ausser vielleicht Zweige jüngeren Alters, aufzuweisen haben, dagegen aber Blätter in grosser Menge und mag dies hauptsächlich der Grund sein, welcher zu der Anschauung der leichten Zerstörbarkeit der Laubhölzer geführt hat. Wie nun das Vorkommniss eines einzelnen Fundortes immer nur der Ausdruck einer Localflora ist, so gilt dies auch für jene Fundorte, an welchen nur Blätter vorkommen. Ohne Zweifel sind es locale Verhältnisse, welche dieses Vorkommen veranlassten, die Bäume und Sträucher, welche die Blätter lieferten, kamen an anderen Orten vor, die Blätter sind von den Standorten ihrer Träger an ihren gegenwärtigen Fundort transportirt worden, denn gerade die an Blättern reichsten Fundstellen deuten auf grössere Wasseransammlungen hin. Andererseits können in den früheren Perioden, in der Kreide- und Tertiärzeit, Vegetationsverhältnisse geherrscht haben, welche der von Schweinfurth und Stanley »Galleriewälder« genannten Waldvegetation entsprachen, Wälder von mannigfaltigster Zusammensetzung der Baumarten, welche das Material zu den Massen fossiler Stämme geliefert haben, welche wir nicht allein in Aegypten und Antigua, sondern in den Provinzen Algier und Oran, in Tunis, der westlichen Sahara, nach Livingstone am Zambesi, nach Welwitch in Angora, aber auch aus Ostindien und Amerika kennen. Die Beweiskraft, welche in dem selteneren Vorkommen der Laubhölzer an manchen Fundorten für ihre geringere Erhaltungsfähigkeit liegt, dürfte demnach keine zu grosse sein, es wird sich darum handeln, die Lager bituminöser Hölzer zu untersuchen, ehe ein endgültiges Urtheil gefällt werden kann. Die in der Tertiärformation vorkommenden Birkenstämme mit erhaltener Rinde, welche zuweilen massenhaft vorkommen, sprechen wenigstens nicht für die leichte Zerstörbarkeit der Laubhölzer.

Schimper ist in seinem »Traité de Paléontologie végétale« auf die fossilen Hölzer der Dicotylen nicht eingegangen. Unger dagegen hat in seinen

»Genera et species plantarum fossilium« sie bei den einzelnen Familien berücksichtigt und pag. 530 eine synoptische Uebersicht gegeben. Er hat mit Göppert vor Allen das Verdienst, die Aufmerksamkeit auf sie gelenkt zu haben und finden sich die Diagnosen dieser Reste auch im Supplement II von Endlicher's »genera plantarum«. Zahlreiche Abhandlungen beschäftigen sich nach Unger mit dem gleichen Gegenstande und haben die Zahl der von Unger beschriebenen Reste nicht unbedeutend vermehrt.

Der Bau der dicotylen Hölzer ist weniger gleichförmig und einfach als jener der Coniferen, mit welchen sie jedoch die Bildung sogenannter Jahresringe, die jährlichen Zuwachszonen, gemeinsam haben und in derselben Weise wie bei diesen zur Ausbildung gelangen, der Stamm demnach ebenfalls aus aufeinanderfolgenden Schalen besteht. Ihre Bildung ist von gleichen äusseren Bedingungen abhängig wie bei den Nadelhölzern, demnach die Breite der einzelnen Lagen ebenso wechselnd. Wenn nun auch je nach den Gattungen hinsichtlich der Breite der Jahresringe ein sehr wesentlicher Unterschied sein kann, z. B. zwischen den breiten Jahresringen von *Catalpa*, *Paulownia* einerseits, den schmalen von *Buxus* und *Citrus* andererseits, so kann doch die Breite der jährlichen Zuwachszonen nicht als absolutes diagnostisches Merkmal benützt werden. Excentrische Entwickelung des Stammes kann neben der centrischen bei derselben Art je nach den Ernährungsbedingungen vorkommen und ist sie bei den Aesten Regel, wobei dann die Oberseite die geförderte ist. Man wird indess selten in der Lage sein, bei fossilen Stämmen das Sachverhältniss richtig beurtheilen zu können, da ein grosser Theil derselben durch Abrollung verändert ist. Bei den Wurzelästen ist im Gegensatze die Unterseite die geförderte. Bei einzelnen Hölzern fehlen sie oder treten wenig hervor. Wie bei den Coniferen ist ihre Sichtbarkeit abhängig von einer bestimmten Structur, von dem Unterschiede zwischen dem Baue des Herbstholzes gegenüber jenem des Frühlingsholzes des unmittelbar darauf folgenden Jahresringes. Das letztere besteht aus einer grösseren Anzahl weiterer Gefässe und dünnwandiger Strangparenchymzellen als das Herbstholz und das dem Frühlingsholze folgende Sommerholz.

Die Gewebeelemente, aus welchen der einzelne Jahresring, also auch der ganze Stamm sich zusammensetzt, sind, eine Gruppe der Magnoliaceen, die Winteraceen, ausgenommen: die Gefässe oder Tracheen, die Tracheiden, die Strangparenchymzellen (das Holzparenchym), dann die Holzfasern (Holzzellen, Libriform, sclerotische Zellen, Sclerenchym). Sämmtlich verlaufen diese im Stamme der Länge nach und werden auf längere oder kürzere Strecken in der Richtung des Radius durchsetzt von den Zellen des Strahlparenchyms, den Markstrahlen. Wie bei den Coniferen liegen auch sie in von den Holzsträngen gebildeten Maschen. Ist der centrale Theil des Holzes erhalten, was zuweilen der Fall ist, so lässt sich das Mark und das primäre Holz nachweisen, im Ganzen wird dies indess nicht häufig der Fall sein. Bei einigen dicotylen Hölzern ist das Mark gefächert, so bei *Juglans*, *Pterocarya*, *Jasminum*, im übrigen besteht es aus kurzen parenchymatischen, dünnwandigen, getüpfelten Zellen, zwischen welchen nicht selten dickwandige oder

Gruppen solcher liegen, die ersteren ohne Stärke, die letzteren Stärke führend, sodann Crystallschläuche, wobei jedoch auf die Vegetationsperioden Rücksicht zu nehmen ist. Kurze (Steinzellen) und gestreckte, sclerenchymatische Zellen, letztere einfach oder verzweigt, kommen ebenfalls im Marke vor, wie lange prismatische Einzelcrystalle, Crystallnadeln, Cystolithen, Milchsaftröhren, Secretlücken und Secretschläuche, Harzgänge und Schleimgänge. Das primäre Holz, das Mark zunächst umgebend, ist vorzüglich durch Ring- und Spiralgefässe, welchen die getüpfelten folgen, charakterisirt. Darauf folgt dann das secundäre Holz. Da in der Regel die Rinde fehlt, ist es meist das ältere, widerstandsfähigere Holz, welches erhalten ist. Die bei weitem grösste Zahl der von mir gesehenen fossilen Stämme gehörte in diese Kategorie. Die Gefässe sind dünnwandige gegliederte Röhren parallel der Längsaxe des Stammes verlaufend, mit entweder stellenweise oder gänzlich durchlöcherten Scheidewänden, die Löcher entweder von verschiedener Grösse und rund, quer gezogen (leiterförmige Durchbrechung) oder klein und spaltenförmig oder polygonal (netzförmige Durchbrechung), die Seitenwände mit dichtstehenden, kleinen Hoftüpfeln, elliptischem Innentüpfel, am zahlreichsten auf den sich berührenden Wänden, seltener Spiralfasern, diese mit Tüpfeln gemeinsam in vielen Fällen. Die Glieder sind bald kürzer, bald länger, an den Enden mit längerer oder kürzerer seitlicher Verlängerung aneinander liegend, bei kurzen Gliedern die Enden gerade, die Weite sehr verschieden, indess die Gefässe des Frühlingsholzes beinahe stets weiter als jene des Herbstholzes. Die bei den recenten Hölzern vorkommenden Füllzellen, Thyllen, fehlen auch bei den fossilen Hölzern nicht, ohne dass sie eine diagnostische Bedeutung haben. Die Tracheiden sind an beiden Enden geschlossen, spitz zulaufend, hinsichtlich der Verdickungen mit den Gefässen übereinstimmend, bei der Isolirung leicht von den Gliedern der Gefässe zu unterscheiden, Länge und Weite verschieden. Die Holzfasern (Sclerenchymfasern des Holzes, Holzzellen, Libriform) sind längere oder kürzere an beiden Enden geschlossene spitz oder gabelig endende Zellen von in der Regel geringem Durchmesser mit verdickten Wänden mit schiefen, linkswendigen spaltenförmigen Tüpfeln und spiralig gestreift. Neben solchen ohne Fächerung des Lumens durch Querscheidewände kommen sie auch mit Fächerung vor. Die parenchymatischen Elemente des Holzes sind nach der von de Bary (Vergleichende Anatomie, pag. 499) vorgeschlagenen Eintheilung Faserzellen und kurze Parenchymzellen. Die ersteren zerfallen in Faserzellen im engeren Sinne, mit den Holzfasern hinsichtlich der Structur und Form übereinstimmend, durch den Inhalt jedoch, der meist Stärke ist, verschieden. Auch gefächert vorkommend. Die Ersatzfaserzellen stimmen mit dem nachfolgend zu besprechenden Holzparenchym überein, verschieden sind sie von ihm durch die spitzen Enden und die spaltenförmigen Tüpfel.

Parenchymatische Elemente, kurze Parenchymzellen sind ferner das Strangparenchym (Holzparenchym) und das Strahlparenchym (Markstrahlen). Die Zellen des ersteren sind in verschiedener Weise zwischen den übrigen bereits besprochenen Elementen gruppirt, beinahe immer die Gefässe umgebend, wenn diese weit dann plattgedrückt, mit ihnen und dem Strahlparenchym stets in Verbindung stehend, sonst länglich, gestreckt, prismatisch mit geraden oder schiefen Endflächen, die Endzellen der Gruppen zugespitzt, die Wände dünn oder nur schwach verdickt, wovon nur selten Ausnahmen vorkommen, allerseits mit runden oder elliptischen Tüpfeln. Als Inhalt führen sie neben Plasma Stärke. Sanio bezeichnete die Lagerung des Holzparenchyms, wenn es die Gefässe oder Gefässgruppen umgibt, als paratracheal, bildet es tangentiale Binden innerhalb oder neben welchen die Gefässe liegen und mit Binden von Tracheiden abwechseln, metatracheal. Das Strahlparenchym ist zwischen sämmtliche bisher genannte Elemente in der Richtung des Radius gelagert und kann man, wenn die Höhe seiner Zellen geringer ist als ihre radiale Streckung von ihrem horizontalen, wenn die Höhe bedeutender ist, von ihrem senkrechten Verlaufe sprechen. Im ersteren Falle, dem häufigsten, ist der radiale Durchmesser der grösste, im letzteren Falle der senkrechte. Die Form der Zellen ist ein rechteckiges Prisma, nicht selten mit abgerundeten Kanten. Wie sie bei den Coniferen in einer von den Holzsträngen gebildeten Masche liegen, so ist dies auch hier der Fall und bestehen sie aus meist mehrreihigen, vielstöckigen, seltener einreihigen Gruppen, häufig beides nebeneinander. Ihre Wände dünn, wenig verdickt, mit mehr oder weniger zahlreichen Tüpfeln. Die sogenannten Markflecke, Markwiederholungen, kommen auch bei dicotylen Hölzern vor als Folge von Verletzungen durch das Holz bewohnende Insektenlarven. Es ist ein pathologisches Product, dessen Vorkommen bei den fossilen Hölzern möglich, von mir aber noch nicht gesehen ist (vergl. Kienitz-Gerlof, Bot. Centralblatt 1883). Ausserdem kommen dann in den recenten Hölzern Harzgänge, Harz und ölführende Zellen und Krystallschläuche und Zellen, Milchröhren und andere Secretbehälter vor. Neben den Hölzern von sogenanntem normalem Bau kommen auch Hölzer mit anomalem Baue vor, die Mehrzahl den wärmeren Zonen angehörend, jedoch auch in den kälteren nicht fehlend, sodann die Hölzer mit parenchymatischem Baue. Letztere konnten sich schwerlich erhalten, sie gingen, wenn sie existirten, jedenfalls leicht zu Grunde, von den Hölzern mit anomalem Baue ist bis jetzt Nichts sicher beobachtet worden.

Was nun die Zurückführung der fossilen Hölzer auf recente Familien und Gattungen angeht, so bietet sie meines Erachtens grosse Schwierigkeiten. Bei den Coniferen hat sich ergeben, dass einzelne fossile Hölzer dieser Familie mit dem Holze einer recenten Gattung so übereinstimmend gebaut sind, dass wir sie mit einer gewissen Berechtigung mit ihr identificiren (*Glyptostrobus*, *Phyllocladus*), dass aber die meisten fossilen Coniferenhölzer Gruppen von Hölzern bilden, welche mit den auf morphologische Charaktere gegründeten Gruppen und Gattungen sich nicht decken. Ohne Frage ist der Bau des Coniferenholzes um Vieles einfacher, jener der Dicotylen complicirter. Wir haben es bei ihnen mit einer Reihe von verschiedenen Gewebeformen zu thun, welche bei den recenten Hölzern meist ohne Schwierigkeit zu sondern sind, bei den fossilen Hölzern wird dies oft Schwierigkeiten haben oder unmöglich sein. Gefässe, Holzfasern, Strang- und Strahlenparenchym wird wohl immer sicher zu unterscheiden sein, ebenso der Bau ihrer Wände. Alles dies wird bei geeigneter Erhaltung keine Schwierigkeiten bieten. Handelt es sich aber um die Isolirung der Elemente, wie z. B. bei der Unterscheidung der Tracheiden von den Gefässen, der Faser- und Ersatzfaserzellen von den verwandten Gewebeformen, so dürfte, weil die Isolirung der Elemente nicht möglich, es schwierig sein, sie zu unterscheiden, um so mehr, da es nicht an Zwischenformen fehlt, welche selbst bei den recenten Hölzern die Entscheidung erschweren. Ist nach Sanio's Untersuchungen bei den Laubhölzern die häufigste und desshalb typische Combination der Gewebe das Vorkommen von Gefässen, Tracheiden, Holzfasern, Strangparenchym und Ersatzfasern, so darf Gleiches auch bei den fossilen erwartet werden. Dazu tritt noch die Erhaltung der Gewebe, welche Membranen durch den Schwund weniger dickwandig erscheinen lässt, als sie es sein sollten und die Beurtheilung der localen Verdickungen unsicher macht. Eine sorgfältige Vergleichung mit recenten Hölzern wird unerlässlich sein.

Als wesentliche Merkmale für die Charakteristik der dicotylen Hölzer betrachte ich ausser den dasselbe zusammensetzenden Gewebeelementen, wobei indess die Verschiedenheit der einzelnen Arten in Betracht gezogen werden muss, aber auch die Uebereinstimmung des Baues der einzelnen Gattungen, die Vertheilung und Anordnung der Gefässe auf dem Querschnitte, Länge ihrer einzelnen Glieder, die Wandverdickungen, wenn sie von der allgemein verbreiteten Tüpfelung verschieden sind, Durchbrechung der Scheidewände, die Vertheilung der Holzfasern und des Strangparenchyms, das gegenseitige Verhältniss hinsichtlich der Menge, wenn es möglich ist, das Gleiche hinsichtlich der Tracheiden, Faserzellen und Ersatzfaserzellen. Bei dem Strahlparenchym ist von Bedeutung die Höhe der einzelnen Zellen, ob sie gleichartig oder ungleichartig sind. Endlich wird auch auf das Vorhandensein von Milchsaftröhren, Secretbehältern und Secretgängen Gewicht zu legen sein. Es ist nun die Frage, ob wir im Stande sind, bei den fossilen Stämmen der Dicotylen die Gattungen, von welchen sie herrühren, zu unterscheiden, mit anderen Worten, ob die Unterschiede, welche in den Blättern und Früchten gegeben sind, auch im Baue des Holzes sich ausprägen. Meiner Ansicht nach ist dies nicht der Fall. Sanio's Untersuchungen weisen nach, dass durch Combination der einzelnen Gewebeformen eine Anzahl durch sie charakterisirter Gruppen unterschieden werden kann, innerhalb dieser Gruppen sind indess nicht allein sehr verschiedene Gattungen, sondern auch sehr verschiedene Familien vereinigt und zwar sehr nahestehende Familien neben sehr entfernt stehenden. Wir werden durch Vergleichung mit recenten Hölzern ein oder das andere fossile mit einem recenten identificiren können, wir können dasselbe mit einem verwandten vergleichen, aber allen diesen Bestimmungen wird eine mehr oder minder grosse Unsicherheit ankleben.

Unter solchen Umständen ist es schwierig, eine richtige Bezeichnung für fossile Hölzer zu finden, wenn nicht der Zusammenhang mit anderen Organen, welcher über die systematische Stellung Aufschluss gibt, bekannt ist. In diesem Falle wird man das Holz der Gattung zutheilen, welche durch die betreffenden Organe gegeben ist. Ein solcher Fall ist mir indess bei den Dicotylen nur von *Betula* bekannt. Unter solchen Umständen bleibt nichts übrig, als sie nach jenen recenten Hölzern, mit welchen sie hinsichtlich ihres Baues am meisten übereinstimmen, zu bezeichnen, und wie dies jetzt üblich, dem Gattungsnamen das Wort *xylon* anzuhängen, wenn nicht Prioritätsrechte vorhanden sind. Unger, welcher neben Göppert und einigen anderen beinahe allein in Betracht kömmt, hat seine Gattungen fossiler Hölzer entweder nach Eigennamen, wie *Petzholdtia, Mohlites, Schleidenites* etc. benannt oder dem Namen der recenten Gattung unter Elimination der Endsylbe die Sylben *inium,* wie *Betulinium, Quercinium* etc. angehängt, um den Rest als Holz erkennbar zu machen. In neuerer Zeit ist mehrfach, so von Felix, Conwentz, Vater die zuerst erwähnte Bezeichnung gewählt worden. Nach den vorausgehenden Bemerkungen wäre es allerdings consequent, die bisher den fossilen Hölzern gegebenen Namen sämmtlich durch andere zu ersetzen, aber dadurch würde nur die Synonymie vermehrt, ohne dass damit eine grössere Sicherheit der Bestimmungen erzielt wird, da wir jedenfalls immer vor der Thatsache stehen, dass sehr verschiedene Gattungen und Familien die gleiche Structur, nahestehende eine verschiedene Structur besitzen. Caspary hat nach einer kurzen vorläufigen Mittheilung hinsichtlich der Nomenclatur der fossilen Hölzer ein anderes Princip verfolgt. Von der Ansicht ausgehend, die Bestimmung fossiler Hölzer sei hinsichtlich der Gattung sicher und zweifellos, bezeichnet er sie mit dem Gattungsnamen und beschreibt demnach Hölzer von *Magnolia, Erica, Acer, Platanus, Quercus, Cornus, Juglans, Laurus,* ohne dass eines derselben mit anderen Theilen der Pflanze in Verbindung steht und ohne das Prioritätsrecht zu achten. Dass ich diese Anschauung nur dann billige, wenn Blätter oder andere die Gattung mit Sicherheit nachweisende Theile mit dem Holze verbunden sind, ergibt sich aus dem früher Gesagten. Die inzwischen durch Triebel herausgegebenen Abbildungen bestärken mich in meinen Zweifeln, die Erhaltung der meisten beschriebenen Hölzer ist nicht von der Art, dass sie absolute Sicherheit der Bestimmung erwarten lässt, noch weniger lässt sich Gewissheit aus den sonst aus dem Tertiär des Samlandes bekannten Pflanzenresten schöpfen.

Wegen der von der üblichen abweichenden Terminologie Caspary's, welche von ihm in Pringsheim's Jahrbüchern Bd. IV veröffentlicht ist, theile ich dieselbe mit. Holzstrahl ist die zwischen zwei Markstrahlen eingeschlossene Partie des Holzes. Holzspitzzellen sind = Holzzellen, sclerenchymatische Holzfasern, Libriform, sodann auch Tracheiden, Ersatzfasern; Holzstumpfzellen = Strangparenchym, Deckzellen = die den Gefässen anliegenden Holzstumpfzellen, Kantenzellen sind die obersten und untersten Zellen je eines einreihigen Markstrahles, die übrigen Zellen sind die Mittelzellen; sind die Markstrahlen breiter, liegt ihnen eine Lage parenchymatischer dünnerer und höherer, aber kürzerer Zellen an, als die Markstrahlzellen, so sind dies Hüllzellen. Triebel hat in der mehrfach citirten Abhandlung eine vergleichende Zusammenstellung gegeben.

In den Diagnosen und der synoptischen Tabelle Unger's dürften einige Merkmale, welche leicht zu falschen Schlüssen führen können, ungeeignet benützt sein. Solche sind *vasa vacua* und *vasa impleta*. Die ersteren sind der normale Zustand, die Thyllen der letzteren heben, wie bekannt, die Functionsfähigkeit derselben auf. *Vasa composita* sind ebenso wenig als ein Merkmal zulässig, da es nichts weniger als selten ist, dass zwei bis drei Gefässe unter sich verbunden zwischen den übrigen Elementen des Holzes liegen. Die Dicke der Wände ist bei fossilen Hölzern häufig von äusseren Einwirkungen abhängig, Dünnwandigkeit kann durch Membranschwund, dicke Wände durch Quellung erzeugt sein. In keinem Falle kann davon Gebrauch gemacht werden, wenn nicht die sonstigen Eigenschaften des Holzes genau bekannt sind. Ebenso ist die Breite der Jahrringe kein diagnostisches Merkmal, da dies von den Lebensverhältnissen des Baumes während der Vegetationsperiode abhängt, während die Sichtbarkeit der Abgrenzung der Jahresringe zusammenhängt mit der Abstammung des Holzes, ob dasselbe Wurzel- oder Stammholz ist, aber auch eine Eigenthümlichkeit des Holzes sein kann. Der kreisrunde oder elliptische Querschnitt der Gefässe kann durch das umgebende Gewebe bedingt sein, er kann durch den Druck des letzteren bedingt sein, in welchem Falle die Form des Querschnittes ohne Bedeutung ist. Die Verwendung solcher Merkmale macht die Diagnosen Unger's unzuverlässig, indem sie neben zur Charakteristik dienenden Merkmalen nebensächliche enthalten. Dies gilt für die Gattungen wie für die Familien. Insoferne die Bezeichnung fossiler Hölzer durch Vergleich mit recenten gewonnen, mag sie unter Umständen richtig sein, immer wird jedoch den Bestimmungen dadurch eine Unsicherheit verliehen, dass heterogene Gattungen übereinstimmend gebaut sind und umgekehrt. Einen Theil der Gattungen hat Unger hinsichtlich ihrer Stellung als zweifelhaft bezeichnet, während er andere bei bestimmten Familien unterbrachte oder doch wenigstens vermuthungsweise eine Familie bezeichnete, allerdings nicht immer mit Zustimmung anderer Beobachter, wie z. B. *Cottaites lapidariorum* aus dem Pliocän von Gleichenberg, von Unger als Leguminosenholz, von Kaiser als ein Ulmenholz, *Ulmoxylon*, bezeichnet. Ich bin leider nicht in der Lage gewesen, die Originalschliffe Unger's zu vergleichen, bin demnach auf seine Abbildungen und Diagnosen angewiesen. Einzelne Arten mögen, wie ich aus seinen Abbildungen schliesse, richtig bei den betreffenden Familien untergebracht sein, für andere scheint es mir zweifelhaft.

Neben den älteren Untersuchungen über recente Hölzer, welche Sanio, Möller, Abromeit und Andere lieferten, sei von neueren Untersuchungen erwähnt: Solereder: Ueber den systematischen Werth der Holzstructur bei den Dicotyledonen. München, 1885. R. Oldenbourg, an welche Schrift sich die in gleichem Sinne durchgeführten Untersuchungen Anderer, wie Kohl,

Michael, Molisch, Pax etc. anschliessen, welche zur Vergleichung bei der Untersuchung fossiler Hölzer benützt werden können. Die Verfasser stehen auf dem zuerst von Hartig, insbesondere aber von Radlkofer vertretenem Standpunkte, dass der Bau des Holzes einen systematischen Werth habe. Es wird dies in manchen, sogar vielleicht in vielen Fällen sich so verhalten, allein ob für alle Gattungen und Arten dieser Ausspruch allgemein giltig ist, ist noch fraglich, da die Lebensbedingungen eines Baumes nicht ohne Einfluss auf den Bau desselben sind und bei der Untersuchung fossiler Hölzer sich die früher erwähnten Schwierigkeiten ergeben. Dass gewisse Structurverhältnisse bei einzelnen Familien und Gattungen constant sein können, will ich nicht in Abrede stellen, es frägt sich nur, ob die fossilen Hölzer auf Grund der Structurverhältnisse recenter Hölzer sicher hinsichtlich ihrer Abstammung zu bestimmen sind. Sodann ist bei Solereder's Angaben noch zu berücksichtigen, dass sein Material hauptsächlich Herbariumexemplaren entnommen war, somit, da die fossilen Hölzer von älteren Stämmen herrühren, keine ganz zutreffende Vergleichung möglich ist. Andererseits ist sicher, dass viele der Angaben Solereder's vollständig richtig sind, indess die Merkmale auch verschiedenen Gattungen und Familien in gleicher Weise zukommen.

Von Unger und Anderen beschriebene Hölzer der Dicotylen sind:

Betulinium Unger (Chloris protogaea. Tab. 34, Fig. 8—10). (*Betuloxylon* Conwentz.) Gefässe radiär geordnet, ziemlich eng mit leiterförmig durchbrochenen Scheidewänden, ihre Wände mit kleinen Hoftüpfeln, Markstrahlen schmal, gleichartig, Holzfasern mässig verdickt. Tertiär, häufig noch mit der Rinde versehen, für welche die papierähnlichen Peridermlamellen charakteristisch sind. So bei Salzhausen in der Wetterau, bei Grimma in Sachsen.

Quercinium Unger (Chloris protogaea. Tab. 29, Fig. 4—6). Gefässe weit, radial geordnet, leiterförmige Durchbrechung der Querscheidewände, rund, einfach im Primärholze, Wände mit einfachen und Hoftüpfeln, Markstrahlen breit, mehrreihig und schmal, einreihig, Holzfasern dickwandig, Holzparenchym reichlich in der Umgebung der Gefässe und in tangentialen Binden. Hieher *Klödenia* Göppert. Im Tertiär.

Fegonium Unger (Chloris protogaea. Tab. 27, Fig. 7—9). Gefässe zahlreich, ziemlich eng, radiär geordnet, bei gegenseitiger Berührung die Wände mit Hoftüpfeln, gegen die Markstrahlen einfache Tüpfel, Durchbrechungen oft langgezogen, einfach, leiterförmig im Primärholz, Markstrahlen zahlreich, mehrreihig, Holzfasern mit Hoftüpfeln, Holzparenchym sparsam. So der Bau der Gruppe *Eufagus*, aus welcher wir allein Blätter kennen. Tertiär.

Carpinoxylon Vater. Von dem Holze verwandter Gattungen hauptsächlich durch schmale Markstrahlen, ein- bis dreireihig, verschieden, Holzfasern mit kleinen Hoftüpfeln, Gefässdurchbrechungen leiterförmig und einfach.

Ulminium Unger. (*Ulmoxylon* Kaiser). Gefässe ziemlich weit, im Herbstholze eng, erstere mit Hoftüpfeln, letztere mit Spiralen. Markstrahlen variabel, ein- bis siebenreihig, ihre Zellen stark radial gestreckt. Durchbrechungen der Gefässquerwände einfach, rund oder elliptisch. Holzzellen getüpfelt,

Holzparenchym in Binden. Tertiär. Nach Kaiser's Untersuchung gehört hieher *Cottaites lapidariorum* Unger aus dem Pliocän von Gleichenberg. *Ulminium diluviale,* nach Felix ein Lauraceenholz, *Perseoxylon diluviale* Felix. Bei *Planera* die Holzzellen kleine Hoftüpfel.

Ficoxylon Kaiser. Mit reichlichem, in tangentialen Binden entwickeltem Holzparenchym. Tertiär.

Juglandinium Unger. Gefässe mit einfachen Durchbrechungen der Querscheidewände, Hoftüpfel polygonal auf den aneinanderstossenden Wänden, einfache Tüpfel, wenn an die Markstrahlen angrenzend. Markstrahlen schmal, ein- bis dreireihig. Holzzellen mit Hoftüpfeln. Holzparenchym reichlich um die Gefässe. Tertiär. Bei *Carya*, deren Früchte im Tertiär nicht selten sind und deren Holz wohl auch vorkommen könnte, die Gefässe dickwandig, insbesondere jene des Herbstholzes. Holzzellen ohne behöfte Spalttüpfel. Markstrahlen mit Crystallen, Mark gefächert.

Mirbelites Unger. Von diesem zu den Juglandaceen gestellt, aus dem Tertiär von Lesbos, soll sich durch hohe, ein- bis siebenreihige Markstrahlen, weite Gefässe, dickwandige Holzzellen, zuweilen gefächert, charakterisiren. Mir ist das Holz unbekannt, indess kaum dieser Familie angehörig.

Salicinium Unger. Gefässe sehr zahlreich mit theilweiser radiärer Anordnung, ihre sich berührenden Wände mit polygonalen Hoftüpfeln, die an Markstrahlen angrenzenden Wände mit einfachen Tüpfeln, Durchbrechung der Scheidewände einfach, kreisrund. Markstrahlen ein- bis zweireihig, Holzparenchym um die Gefässe sparsam. Holzzellen dünnwandig mit weitem Lumen. Damit übereinstimmend ist das Holz von *Populus* gebaut. Beide im Tertiär.

Zu den Salicaceen stellt Unger ein als *Rosthornia* bezeichnetes fossiles Holz aus der Kreide Kärnthens (Gosauformation), welches sich von *Salicinium* durch ein- bis dreireihige Markstrahlen und leiterförmige Gefässdurchbrechungen unterscheidet.

Laurinium Unger (*Lauroxylon* Schenk). Gefässe von verschiedener Weite mit spiraliger Verdickung neben Hoftüpfeln, einfach gegen die Markstrahlen. Durchbrechung der Scheidewände einfach, kreisrund, elliptisch, zuweilen leiterförmig. Markstrahlen ein- bis dreireihig, zahlreich, zum Theile senkrecht gestreckt. Mark mit Secretzellen. Holzzellen mit einfachen Tüpfeln, Wanddicke verschieden. Holzparenchym sparsam. Tertiär. Von Felix in zwei Gruppen gespalten, von welchen die Gruppe mit Secretzellen *Perseoxylon* genannt wird.

Aus den *Aurantiaceen* wird von Unger *Klipsteinia* beschrieben, bei welchem er breite bis vierreihige Markstrahlen, dickwandige Holzzellen mit zerstreutem Holzparenchym angibt. Ob dieses Holz für ein dieser Familie angehöriges zu erklären ist, sei dahingestellt, unter den Celastraceen kommen ähnliche Structurverhältnisse vor.

Acerinium Unger. Gefässe zahlreich, radiär geordnet, einzeln, zu zwei bis vier in Gruppen, weit, dünnwandig, mit Hoftüpfeln, leiterförmige Durchbrechung der Querwände. Holzparenchym reichlich; Holzzellen dünnwandig, reichlich, Markstrahlen zahlreich, zwei- bis dreireihig. Tertiär. *A. aegyptiacum* Schenk. Oestliche Wüste Aegyptens (Fig. 431).

Haueria Unger, ein von Witham (Internal Structure of vegetables. Tab. 16, Fig. 14) abgebildetes Holz der *Aquilarinen* aus Antigua fällt mit dieser Familie nicht zusammen, da die am Holze dieser Familie vorkommenden Weichbastinseln fehlen. Unter den von mir untersuchten Antigua-

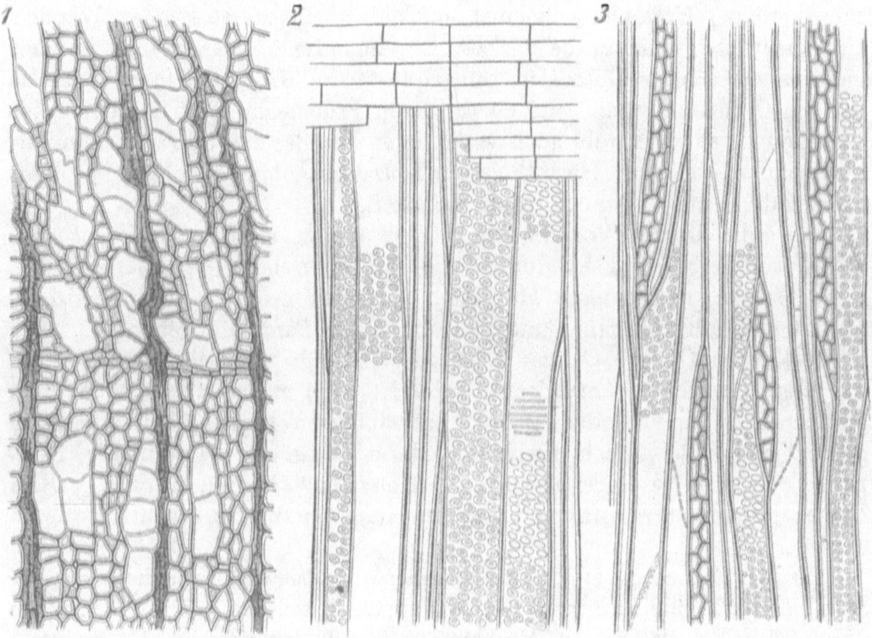

Fig. 431.

Accrinium aegyptiacum Schenk. Zwischen Suez und Cairo leg. Nordenskiöld. Quer-, Radial- und Tangentialschnitt. (N. d. Natur.)

hölzern findet sich dasselbe nicht. Nach Unger mit sehr hohen drei- bis vierreihigen Markstrahlen, weiten Gefässen und dickwandigen Holzzellen. Nach der Abbildung würde man auf ein Caesalpinienholz schliessen.

Rhoidium Unger. Gefässe von verschiedener Weite, einzeln, gegen die Markstrahlen einfach getüpfelt. Scheidewände einfach durchbrochen, oft gänzlich resorbirt. Markstrahlen ein- bis vierreihig. Holzzellen mit einfachen Tüpfeln. Holzparenchym um die Gefässe gelagert. Im Tertiär von Antal bei Schemnitz in Ungarn.

Lillia Unger. Zu den Menispermaceen gehörig, mit zahlreichen isolirten weiten Gefässen, zwischen welchen engere vorkommen, ihre Wände getüpfelt, Durchbrechung der Scheidewände vollständig. Markstrahlen breiter und vierreihig oder schmäler ein- bis zweireihig. Holzzellen mit Hoftüpfeln. Tertiär. Bei Ranca in Ungarn. Die Aussenfläche der Stammstücke mit Längsleisten und Furchen, von der Rinde bedeckt. Von Corda (Beitr. zur

Flora der Vorw. pag. 49, tab. 50) mit den Bignoniaceen verglichen, mit welchen es nichts gemein hat.

Neben diesen bei bestimmten Familien untergebrachten fossilen Hölzern sind durch Unger noch eine Anzahl anderer Hölzer beschrieben, welche er als »incertae sedis« bezeichnet. Zum Theile stammen sie von Antigua, zum Theile von verschiedenen Localitäten meist des österreichisch-ungarischen Tertiärs. Die Meisten derselben sind wenig bekannt, eine der bekanntesten ist *Nicolia* Unger, beinahe alle bedürfen einer Nachuntersuchung. *Nicolia*

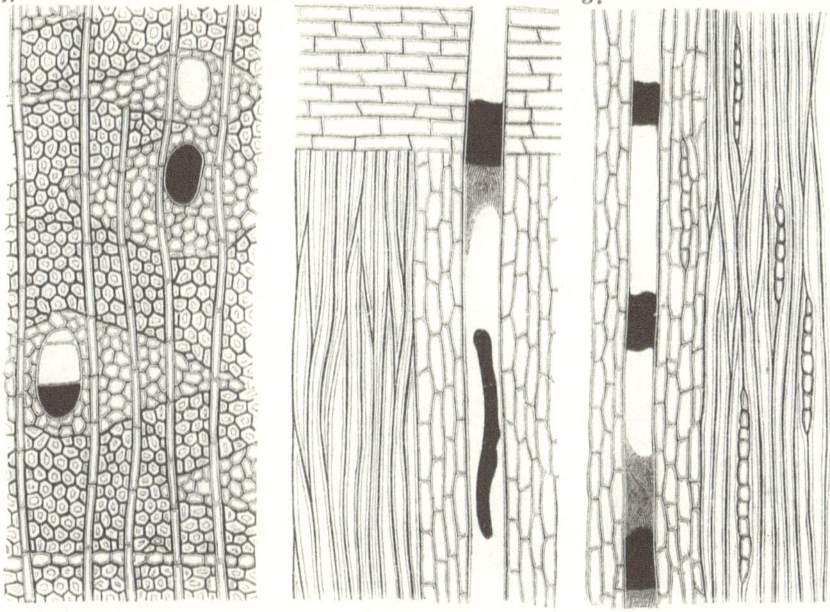

Fig. 432.
Caesalpinioxylon Quirogae Schenk. Westliche Sahara, Huissi Aissa. Legit. Prof. Quiroga in Madrid. Quer-, Radial- und Tangentialschnitt. (N. d. Natur.)

Unger (*N. aegyptiaca* Unger, *N. Oweni* Carruthers) beide aus Nordafrika, wahrscheinlich Caesalpinienhölzer, zeichnen sich durch tangential entwickelte Binden des die Gefässe umgebenden Holzparenchyms aus, durch weite Gefässe mit einfachen Tüpfeln. Aus Neuseeland *N. zeelandica* Unger. Crié a. a. p. 7 erwähnt aus dem Pliocän von Tunis eine *Nicolia tunetana* Crié.

Ob dazu Unger's *Nicolia zeelandica* aus Neuseeland gehört, ist fraglich. An dieses Holz schliesst sich an *Acacioxylon* Schenk und *Caesalpinioxylon Quirogae* Schenk (Fig. 432), ersteres aus Aegypten durch Dr. Riebek, letzteres von der Halbinsel des Rio d'Oro durch Professor Quiroga gesammelt, die tangentialen Binden stärker entwickelt, die Gefässe enger, sodann *Cassioxylon* Fliche aus Wadi Mamura in Tunis von Thomas gesammelt. Aus Antigua stammt *Petzholdia* Unger (Witham a. a. O. Tab. 16, fig. 12. 13), mit welcher auch *Bronnites* Unger zusammenfallen wird (Witham a. a. O. Tab. 16, fig. 11), ein

Holz mit dickwandigen Holzzellen, wie es scheint, nach der Abbildung nicht näher zu bestimmen. Arten davon gibt Unger aus Westindien und Galizien an. Von Gleichenberg beschrieb Unger *Meyenites* (Foss. Flora von Gleichenberg. Tab. 7, fig. 4. 6), *Mohlites* (ebenda Tab. 9, fig. 14—16), *Cottaites*, von welchen *C. lapidariorum* bei *Ulminium* erwähnt ist, die beiden anderen Hölzer gleicher Gattung von Nikolsburg und Schemnitz, im Baue von der ersten verschieden, sicher keine Leguminosenhölzer. Ausserdem erwähnt Unger noch (Gen. et spec. plant. foss. pag. 521) *Sillimania*, *Pritchardia*, *Withamia*, *Charpentiera*, *Brongniartites*, *Piccolominites*, *Fichtelites*, *Schleidenites*, aus deren

1 2 3

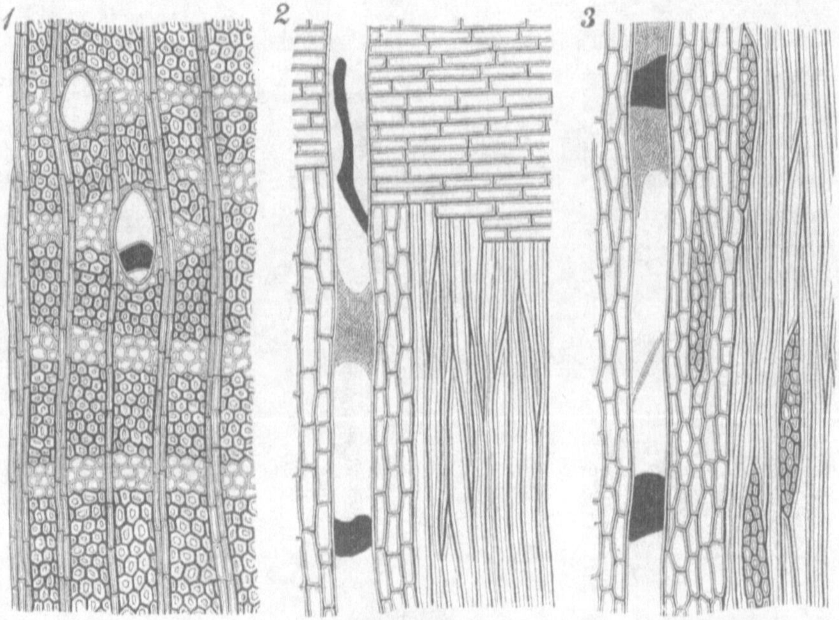

Fig. 433.
Pterocarpus santalinus L. Ostindien leg. Schlagintweit. Quer-, Radial- und Tangentialschnitt. (N. d. Natur.)

Charakteren wenig zu ermitteln ist. Zu diesen älteren Gattungen fossiler Hölzer sind in neuerer Zeit noch durch mich gekommen *Rohlfsia*, *Jordania*, *Capparidoxylon*, *Dombeyoxylon*, sämmtlich aus Aegypten und der lybischen Wüste. Unter den von den Gebrüdern Schlagintweit in Ostindien gesammelten fossilen Hölzern findet sich ein mit dem Holze des recenten *Pterocarpus santalinus* so sehr übereinstimmendes Holz, dass es von demselben nicht zu trennen ist (Fig. 433), wobei es indess zweifelhaft bleiben muss, ob die recente Pflanze dazu gehört. *Rohlfsia* Schenk, wahrscheinlich ein Celastraceenholz, mit radiär geordneten Gefässen mit Hoftüpfeln, ein- bis dreireihigen Markstrahlen, Holzzellen ziemlich stark verdickt, Holzparenchym in zwei- bis sechsreihigen tangentialen Binden. Von mir auf Grund der Aehnlichkeit mit dem Holze von *Celastrus*-Arten zu den Celastraceen gestellt.

Sonst der Bau des recenten Celastraceenholzes sehr mannigfaltig. Lybische Wüste.

Jordania Schenk, wahrscheinlich Ebenaceenholz. Markstrahlen einreihig, Gefässe einzeln und in kleinen Gruppen, radiär, Holzzellen stark verdickt, Holzparenchym um die Gefässe. Lybische Wüste.

Capparidoxylon Schenk, wahrscheinlich ein Capparidaceenholz. Markstrahlen einreihig, bisweilen zweireihig, Gefässe in Gruppen radial geordnet, mit Hoftüpfeln, Holzfasern dickwandig, die Grundmasse bildend, Holzparenchym um die Gefässe. Aegypten: Cairo.

Dombeyoxylon Schenk, wahrscheinlich zu den Sterculiaceen oder Caesalpiniaceen. Gefässe radiär geordnet, einfach getüpfelt, Markstrahlen zahlreich, ein- bis dreireihig, Holzzellen dickwandig, Holzparenchym in Gruppen vertheilt. Aegypten: Cairo.

Von Felix (Die fossilen Hölzer Westindiens. Leipzig 1883. Untersuchungen über fossille Hölzer. 1—3. 1883—1887. Studien über fossile Hölzer, Leipzig 1882. Beiträge zur Kenntniss der fossilen Hölzer Ungarns. Budapest 1887. Die Holzopale Ungarns. Leipzig 1884) und Vater (Die fossilen Hölzer der Phosphoritlager des Herzogthums Braunschweig. Leipzig 1884) sind neue bisher nicht unterschiedene Formen fossiler Hölzer theils als Gattungen, theils als Arten unterschieden worden. Ich verweise hinsichtlich der Arten auf die Abhandlungen und erwähne nur die Gattungen, an welchen übrigens von den Verfassern mannigfache Kritik geübt wird. Das von Vater unterschiedene *Carpinoxylon* ist bereits erwähnt. Felix unterschied *Helictoxylon, Taenioxylon* mit tangentialen Holzparenchymbinden, *Anacardioxylon, Ebenoxylon, Schmiedeliopsis, Zittelia,* sämmtlich von Antigua, *Sapotoxylon, Cassioxylon, Staubia* und *Alnoxylon* aus dem Tertiär Ungarns, *Liquidambaroxylon, Perseoxylon*, beide Opalhölzer aus Ungarn, *Euphorbioxylon* und *Anomaloxylon* letzteres mit Lücken im Xylem, von welchen der Autor annimmt, dass sie von zerstörtem intraxylärem Bastgewebe herrühren, der Bau also einer *Strychnos* verwandt sei. Bei *Liquidambaroxylon* vermisse ich die in dem primären Holze vorkommenden Secretgänge, *Perseoxylon* umfasst jene Lauraceenhölzer, deren Markstrahlen Secretschläuche führen. Im Allgemeinen entspricht der Bau der erwähnten fossilen Hölzer jenem der recenten Arten, mit welchen sie verglichen werden. Andererseits darf man nicht erwarten, dass die für die Gattungen in Anspruch genommenen Charaktere absolute sind, auch aus Solereder's Untersuchungen geht hervor, dass bei derselben Familie, bei der gleichen Gattung die Structur eine verschiedene sein kann. Erst dann würden wir über die Bestimmungen fossiler Hölzer vollständig in das Reine kommen, wenn sie im Zusammenhang mit anderen Theilen gefunden werden. Für die Mehrzahl ist dazu wenig Aussicht, für jüngere Axentheile ist wenigstens für einzelne Fälle die Möglichkeit vorhanden und zum Theile bereits gefunden.

In jüngster Zeit sind von Crié (Palaeontolog. Abhandl. von Dames und Kayser. Bd. V. Heft 2) fossile Hölzer einiger Inseln des südpacifischen und indischen Ozeans beschrieben und abgebildet. Aus Neucaledonien stammen *Araucarioxylon australe* Crié, auch in der Trias Neuseelands, *Cedroxylon australe* Crié, beide aus der Trias, *Nicolia caledonica* Crié aus dem Pleistocän; aus dem Tertiär der Kergueleninsel *Cupressoxylon kerguelense* Crié, von den Philippinen *Rhoidium philippinense* Crié, *Helictoxylon luzonense* Crié, *Palackya philippinensis* Crié, jedenfalls aus dem Tertiär, wahrscheinlich Pliocän oder Miopliocän, nachdem er schon früher fossile Hölzer aus Australien (*Banksioxylon australe*, *Cupressoxylon tasmanicum*) beschrieb.

Das letztere ist vielleicht mit meinem *Phyllocladus Mülleri* identisch, wenigstens lässt der Fundort darauf schliessen. Die Bezeichnung *Cupressoxylon* ist für dasselbe nicht unrichtig, da *Phyllocladus* Cupressineenstructur besitzt, sich aber durch die Tüpfel des Strahlenparenchyms auszeichnet. *Palackya* ist eine von Crié durch Gruppen von Ersatzfasern, in welchen die Gefässe liegen, charakterisirte Gattung, welche ausserdem keine deutliche Begrenzung der Jahresringe oder »doch eine von allen übrigen Hölzern abweichende Anordnung derselben zeigt«. Letzteres ist nicht näher angegeben, nach der Abbildung Taf. 9 Fig. 1 erinnert der Bau des Holzes an jenen mancher Caesalpiniaceen.

Register.

A.

Abies 257, 337, 339, 347, 804, 811, 854, 860, 861, 862, 874.
  Pindrow 862.
  Webbiana 862.
Abietaceen 850.
Abietineae 331
Abietineen 860
Abietites dubius *Lesq.* 300, 350.
  setiger *Lesq* 350.
Acacia 697, 699, 701, 820, 844.
  amorphoides *O. Weber* 700.
  crassifolia *Asa Gray* 654, 693.
  microphylla *Unger* 702.
  parschlugiana *Unger* 700.
  Roemeriana 693.
  septentrionalis *Lesq.* 700.
Acacioxylon *Schenk* 901.
Acanthopanax acerifolium 607.
  horrida 608.
Acacienfrüchte, fossile von Aix 683.
Acer 404, 623,820, 821, 839, 896.
  acutelobatum *Ludw.* 565, 839.
  angustilobum *Heer* 558.
  arcticum *Heer* 560, 839.
Acer Bolanderi *Lesq* 563, 568, 839.
  brachyphyllum *Heer* 560, 564
  californicum *A Gray* 555, 562.
  campestre *L.* 563, 564, 565, 822
  campestre *Unger* 839
  caudatum *Heer* 557
  cinerascens 559.
  Cornaliae *Massal.* 563, 564, 839.
  crassinervium *Ettingsh* 563, 565.
  crenatifolium *Ettingsh.* 560, 561
  creticum pliocenicum *Sap.* 563.
  dasycarpoides *Heer* 558.
  decipiens *Heer* 563.
  edentatum *Heer* 557
  giganteum *Göpp.* 568.
  Ginnala 559
  gracile *Sap.* 558, 561.
  gracilescens *Lesq.* 568.
  granatense *Boiss.* 822.
  grandidentatum 562.
  paucidentatum *Heer* 558.
  indivisum *Lesq.* 568.
  integerrimum *Viv.* 565.
  isolobum 555.
  italum 565.
  Jurenácky *Stur* 566, 839.
Acer laetum *Gaud.* 565, 566.
  laetum pliocenicum *Sap. et Marion* 564, 839.
  majus *Casp.* 558.
  massiliense *Sap.* 563, 564, 839
  mexicanum 562.
  micranthum *Casp.* 558.
  monspessulanum *L.* 565
  narbonnense *Sap.* 564, 567, 568.
  Negundo *L.* 562.
  nervatum *Velen.* 565
  niveum 555.
  Nordenskiöldi *Nath.* 561.
  obtusilobum *Lesq.* 557
  opulifolium *Ten.* 821.
  palaeosaccharinum *Heer* 566, 839
  palmatum *Sieb. et Zuccar.* 561
  pegasinum *Unger* 562.
  pensylvanicum 567.
  platanoides *L.* 558, 839.
  polymorphum *Sieb. et Zuccar.* 822.
  polymorphum pliocenicum *Sap.* 561.
  ponzianum *Gaud.* 560, 839.
  pseudocampestre *Heer* 563.
  Pseudoplatanus *L.* 560, 561, 839
  recognitum *Sap.* 563.
  rhabdoclados *Heer* 568.

Acer rubrum *L.* 839.
Ruminianum *Heer* 561
Sanctae Crucis *Stur* 561
Scharlockii *Casp.* 558.
Schumanni *Conw.* 568.
spicatum 559.
succineum *Casp.* 558.
tartaricum *L.* 559
tenuilobatum *Sap.* 564, 839.
trachyticum *Kovats* 565.
trifidum 559.
trilobatum *A. Br.* 558, 559, 562, 839.
trifoliatum *Ludw.* 564.
villosum *Wat.* 568.
vitifolium *A. Br.* 563, 564, 839.
Acera indivisa 555, 566.
integrifolia *Pax.* 555, 556
palaeocampestria *Pax.* 562.
palaeonegundo *Pax.* 562.
platanoidea *Pax.* 565.
palaeopalmata *Pax.* 561
palaeorubra *Pax.* 558.
palaeosaccharina *Pax.* 566.
palaeospicata *Pax.* 559
Aceraceen 554.
Aceranthus 499
Acerates 659, 769, 770.
firma *Heer* 769, 770.
Gümbeli *Heer* 770.
longipes *Heer* 770.
veterana *Heer* 769.
Aceroideae *Pax.* 554.
Acerinium *Unger* 899
aegyptiacum *Schenk* 900.
Acerites pristinus *Newb.* 557.
Acetabularia *Lamx.* 30, 32, 35, 36.
Achnanthaceae 18.
Achnanthes *Bory* 19.
brevipes 14.
exilis *Ktz.* 19.
longipes 19.
subsessilis *Ktz.* 19.
Achnanthidium *Ktz.* 19.
Achras 739
destructa *Pilar* 741.
lycobroma *Unger* 739.
Phitecobroma *Unger* 739.
Acicularia *d'Arch.* 31, 36.
Acitheca *Sch.* 91
polymorpha *Brngt* 91
Acoropsis *Conw.* 820, 830.
minor *Conw.* 378.
Acorus brachystachys *Heer* 378, 830
brachystachys *Lesq.* 378.
Calamus *L.* 378.
gramineus *Ait.* 378.
Acotyledoneae 1
Acrodrome Nerven 403.
Acrosticheae 95.
Acrosticheen 83.
Acrostichum 111, 128, 132.
Actinocyclus 12.
Actinocyclus *Ehrenb.* 16.
Luna 14.
tridenarius 13.
undulatus 16.
Actinodaphne *Stur* 729, 730
Germari *Fried.* 495.
Actinoptychus 12.
biternarius 13.
Actinostrobus 257, 309, 409.
miocenicus *Ettingsh.* 315
Actinostrobites *Endl.* 353.
Artocarpidium *Watel.* 451
Adenanthemum iteoides *Conw.* 618, 619.
Adenopeltis 595.
Adianthum 83, 96, 97, 115.
aethiopicum *L.* 97.
apalophyllum *Sap.* 97.
Dicksoni 97.
formosum *Heer* 97.
renatum *Unger* 97.
reniforme 97.
reniforme pliocaenicum *Sap. et Mar.* 97.
Adiantides *Göpp.* 97, 115.
antiquus *Ett. sp.* 115.
bellidulus *Heer* 115.
concinnus *Heer* 115.
oblongifolius *Göpp.* 115.
tenuifolius *Göpp.* 115.
Adiantites 97.
amurensis *Heer* 97.
giganteus *Göpp.* 252.
Schmidtianus *Heer* 97.
Aesculinae 547.
Aesculinen 838.
Aesculus *L.* 547, 554, 820, 838.
europaea *Ludw.* 552.
glabra 823.
Hippocastanum *L.* 552, 822, 834, 838.
macrostachya 552.
Palaeohippocastanum *Ettingsh.* 552, 553, 838.
rubicunda 552.
salinarum *Unger* 552, 553.
Ungeri *Gaud.* 552.
Aethophyllum *Brongn.* 316, 392, 393, 394.
speciosum *Schimp. et Moug.* 392.
stipulare *Brongn.* 392.
Agaricus melleus 878.
Agavites priscus *Vis.* 360, 361.
Agarum 55.
Agathis *Salisb.* 278.
Aggregatae 794.
Ailanthus *L.* 535, 536, 821, 837.
Orionis *Ettingsh.* 536.
Confucii *Unger* 535, 536, 838.
dryandroides *Heer* 536.
Gigas 535, 536.
glandulosa *L.* 533, 838.
lancea *Sap.* 536.
lepida *Heer* 536.
microsperma *Heer* 535, 536.
ovata *Lesq.* 536.
oxycarpa *Sap.* 536.
petiolata *Lesq.* 536.
prisca *Sap.* 536.
Weberi *Heer* 536.
Alangium 610.
Albertia *Schimp. et Mougeot* 284, 288.

Braunii *Schimp.* 284.
elliptica *Schimp.* 284.
latifolia *Schimp.* 284.
Albizzia Saponaria 688.
Alectorurideae 54, 234.
Alectorurus *Sch.* 55.
circinnatus 53, 55.
Alethopterideae 118.
Alethopteriden 104.
Alethopteris *Brngt.* 118, 119.
Eichw. 100.
aquilina *Brongt.* 119.
cristata *Gutb.* 92.
Grandini *Brngt.* 119.
indica *Oldh.* 100.
lonchitica *Brngt.* 118, 119.
quercifolia *Geinitz* 92.
Algacites caulescens *Sternb.* 28.
Algae 3, 233.
incertae sedis 44.
Algen 1, 3.
einzellige kieselschalige 5.
Alisma 388, 389
lancaefolia *Sap.* 388, 389.
macrophylla *Heer* 388.
paucinervis *Heer* 388, 389.
Plantago *L.* 389.
reticulata *Heer* 388.
Alismaceen 388.
Allgemeine Erörterungen 801.
Alnaster *Endl.* 413.
Alnites *Lesq.* 409.
Alnophyllum 415.
Alnoxylon *Felix* 903.
Alnus 409, 411, 414, 652, 820, 831, 878.
acuminata *H. B. K.* 414.
antiquorum *Sap.* 416.
cordata *Ten.* 831.
cordifolia *Ten.* 412, 414.
ferruginea *HBK.* 414.
firma *Sieb. et Zuccar.* 414.
glutinosa *L.* 411, 414, 417, 418, 822, 831.
glutinosa var. Aymardi *Sap.* 831.
glutinosa var. orbicularis *Sap.* 831
Alnus gracilis *Unger* 417
Hörnesi *Unger* 417
incana *L.* 410, 414, 418.
japonica *Sieb. et Zuccar.* 414.
jorullensis *H. B. K.* 414,
Kefersteinii *Unger* 416, 417.
lobata *Unger* 417
maritima *Decaisne* 414. 821.
microdonta *Sap.* 417
(Clethropsis) nepalensis *Endl.* 410, 413, 414.
nitida *Don* 413, 414.
nostratum *Unger* 417.
orientalis *Desne.* 414.
orbicularis *Sap.* 417.
phocaeënsis *Sap.* 416.
praecursor *Ettingsh.* 418.
Prasili *Unger* 417.
prisca *Sap.* 417.
Reussii *Ettingsh.* 416.
Richardsoni *Gardn.* 415, 807
rubra *Bong.* 414.
serrulata *Michx.* 414
sporadum *Unger* 831
stenophylla *Sap.* 416, 417, 821
subviridis *Nath.* 417
viridis *DC.* 414, 417
Aloites *Vis.* 376.
italicus *Vis.* 376.
Alsophila *R. Br.* 92.
microphylla *K.* 77
Amelanchier 671
canadensis 672.
prisca *Ettingsh.* 671, 672.
similis *Newb.* 671
typica *Lesq.* 671, 672.
Amentaceae 418.
Amentaceen 831
Amesoneuron plicatum *Heer* 372.
Ammonites Parkinsoni 58.
Amomocarpum *Brongn.* 387, 548.
Amomum *L.* 548.
Amomophyllum tenue *Wat.* 387
Amorpha frutescens 688.
stiriaca *Unger* 680, 687
Ampelideen 840.
Ampelophyllum 590.
Ampelopsis 591, 594, 840.
tertiaria 594.
Amphicampa *Ehrenb.* 17.
Amphilochia 574.
Amphipleureae 20.
Amphipleura *Kütz.* 21.
Amphitetras *Ehrenb.* 26.
Amphora *Ehrenb.* 18.
ovalis *Ktz.* 18.
Amygdalaceen 843.
Amygdalus 674.
Amygdalus bilinica *Ettingsh.* 676.
communis *L.* 674.
Hildegardis *Unger* 675, 676.
nana 674.
persica 674.
persicoides *Unger* 676.
radobojana *Unger* 675, 676.
Amyris 534
Anabathra *With.* 203.
Anacardiaceen 537, 838.
Anacardioxylon *Felix* 903.
Anacardites *Sap.* 537, 538, 540.
Anaphrenium *Sap.* 540.
alnifolius *Sap.* 540.
amissus *Heer* 540.
curtus *Fried.* 539, 541
dubius *Ettingsh.* 541.
spectabilis *Sap.* 540.
spondiaefolius *Sap.* 539, 540.
tenuis *Sap.* 540.
Anacardium occidentale *L.* 541.
Anadenia lignitum *Ettingsh.* 658.
Anaphrenium 540, 541, 542.
Anastatica *L.* 184.
Anchietea *St. Hil.* 515.
borealis *Heer* 515.
pyrifolia *St. Hil.* 515, 532.

Ancistrophyllum *Göpp.* 195, 196.
Andira 691.
tenuinervis *Sap.* 690.
Andriania *Fr. Br.* 131.
baruthina *Br.* 131.
Andromeda *L.* 722, 723, 725.
Acherontis *Ettingsh.* 725.
affinis *Lesq.* 726
brachysepala *Casp.* 724.
ericoides *L.* 722.
glabra *Casp.* 724.
Göpperti *Conwentz* 723, 844.
Grayana *Heer* 725.
hypnoides *Göpp.* 723.
imbricata *Conwentz* 722, 723, 844.
narbonnensis *Heer* 724.
narbonnensis *Sap.* 724, 725, 844.
Parlatorii *Heer* 726.
polifolia *L.* 726.
polytricha *Casp.* 724.
primaeva *Conwentz* 722. 723, 844.
protogaea *Unger* 724, 725. 726.
reticulata *Lesq.* 725.
revoluta *A. Br.* 726.
rhomboidalis *Lesq.* 725.
Saportana *Heer* 724.
Saportana *Schimp.* 726.
Andromedeen 722.
Andromedites sporadum *Ettingsh.* 726.
Androstachys *Gr.'Eury* 141.
Androstrobus *Sch.* 227.
Balduini *Sap.* 228.
Guerangeri *Sap.* 228.
Aneimia 79, 82, 115.
Tschermakii *Ettingsh.* 112.
Aneimites 115.
Anemone 508.
Angiopecopterideae 89.
Angiopteridium *Sch.* 134.
Angiopteris 83, 88, 149.
Angiospermae 2, 28, 356, 879.
Angiotheca *Sch.* 91.
Annularia *Brngt.* 167.
brevifolia *Brngt.* 167, 168.
inflata *Lesq.* 167.
longifolia *Brngt.* 166, 168.
sphenophylloides 167.
sphenophylloides *Unger* 168.
Annularieae 167.
Anoectomeria *Sap.* 512, 514.
Brongniarti *Sap.* 512.
Anomaloxylon *Felix* 765, 903.
Anomopteris *Brngt.* 129, 145.
Mougeotii *Brngt.* 129.
Annomorrhoea *Eichw.* 145.
Anomozamites 213, 224.
inconstans *Göpp.* 225.
Lindleyanus *Sch.* 225.
Schaumburgensis *Dkr.* 225.
Anona *L.* 507.
altenburgensis *Unger* 506.
cacaoides *Unger* 505, 506, 507.
cretacea *Lesq.* 507.
devonica *Heer* 506.
elliptica *Unger* 507.
eocenica *Lesq.* 507.
Lortetii *Sap. et Mar.* 507.
limnophila *Unger* 507.
Meneghinii *Gaud.* 507
Morloti *Unger* 506.
robusta *Sap.* 507
Anonaceae 506.
Anotopteris *Schp.* 120
Anthites *Sap.* 799.
Anthobolus 709
Anthoceroteen 1.
Antholites 797
amoenus *Lesq.* 798, 799.
caryophyllinus *Heer* 798.
devonicus *Daws.* 248.
floridus *Daws.* 248.
Gaudini *Heer.* 798.
Grepini *Sap.* 248.
improbus *Lesq.* 198.
laciniatus *Heer* 798.
minutus *Heer* 798.
Antholites obtusilobus *Lesq.* 798.
paniculatus *Heer* 270.
Pitcairniae *Lindl. et Hutt.* 246.
saxifragoides *Heer* 798.
Schmidtianus *Heer* 270.
striatus *Heer* 798.
tripartitus *Heer* 798.
variegatus *Heer* 798.
Antholyza aethiopica *L.* 364.
Anthophyta 2.
Anthrophyum latifolium *Bl.* 136.
Antidesma japonicum *Sieb.* et *Zuccar.* 596.
Maximowiczii *Conw.* 596, 597
Apeiba Aubl 523, 524.
Tibourbou *Aubl.* 523, 524
Apeibopsis *Heer* 519, 837
Fischeri *Heer* 523.
Gaudini *Heer* 523, 524.
Haidingeri *Unger* 524.
Laharpii *Heer* 523, 524
Thomsoniana *Heer* 524.
variabilis *Heer* 523, 524
Aphananthe aspera *Nath.* 476.
viburnifolia *Nathorst* 476,
Aphlebia *Presl.* 121, 127, 141 142, 143.
filiciformis *Gutb.* 142
flabellata *Sternb.* 142.
Lactuca *Presl* 142.
Aphyllostachys *Göpp.* 173.
Apocynaceen 765.
Apocynophyllum *Unger* 659, 767.
alstonioides *Heer* 768.
Etheridgii *Ettingh.* 768.
helveticum *Heer* 767.
microphyllum *Ettingsh.* 768.
nervosissimum *Göpp.* 768.
obscurum *Ettingsh.* 768.
Reinwardtianum *Göpp.* 768.
sumatrense *Heer* 768.
Willhughbyoides *Geyl.* 768.
Apocynum *L.* 767.

Apollonias canariensis *Nees* 496.
Aporoxylon *Unger* 822, 857, 860, 865.
primigenium *Unger* 856, 857
Aquifoliaceen 574, 578, 582, 583, 654, 840.
Aquilarinen 900.
Araceen 377.
Arachnodiscus *Bail* 16.
Aralia 495, 603, 605, 606, 841
acerifolia *Lesq.* 607
Baeriana *Heer* 607
crenata *Sap.* 607
discoidea *Sap.* 604, 606.
dissecta *Lesquereux* 609
formosa *Heer* 607
hederacea *Sap.* 607.
(Fatsia) horrida *Sm.* 606.
Hercules *Sap.* (Platanus *Unger*) 606.
Jörgensi *Heer* 607.
Looziana *Sap.* et *Mar.* 607
multifida *Sap.* 607.
nitida *Lester Ward* 607.
notata *Lester Ward* 606, · 607.
palaeocarpa *Sap.* 604 606.
papyrifera *Hook* 603
primigenia *Heer* 607.
quinquefolia 603.
quinquepartita *Lesq.* 607
radiata *Lesq.* 607.
Ravniana *Heer* 607
robusta *Sap.* 607
spinosa *L.* 606.
Towneri *Lesq.* 607.
trifolia 603.
tripartita *Sap.* 607.
Tschulymensis *Heer* 607
Zaddachii *Heer* 607.
Araliaceen 590, 600, 602, 615, 805, 807, 820, 840.
Araliophyllum *Debey* 605.
Araliophyllum *Font.* 805
Araliopsis 590.
Araucaria *L.* 256, 257, 275, 276, 277, 418, 804, 826, 827, 851, 853, 854, 857, 860, 862, 865, 866, 868, 870.
acutifolia *Corda* 281.
Brodiaei *Carruthers* 280
Brandtiana *Schenk* 333.
brasiliensis 277, 279.
chinensis Schenk 281
crassifolia *Corda* 281.
cretacea *Brongn.* 281.
Cunninghami 277, 281
Falsani *Sap.* 281
Haastii *Ettingsh* 866.
Hudlestoni *Carruth.* 280.
imbricata 279, 858, 870.
Johnstoni *Ferd. v. Müller* 281, 811.
lepidophylla *Sap.* 281.
microphylla *Sap.* 280, 281,
Moreauana *Sap.* 281.
Nordenskiöldi *Heer* 281
Phillipsii *Carruth.* 280.
pippingfordensis *Carruth.* 281
Roginei *Sap.* 281.
spathulata *Newb.* 281.
sphaerocarpa *Carruth.* 280.
Toucasii *Sap.* 281, 804.
Araucarieae 277.
Araucariee 826, 860.
Araucariopsis *Caspary* 857.
macractis *Casp.* 857.
Araucarioxylon *Kraus* 240, 851, 855, 856, 857, 858, 861, 865. 866, 867, 868. 870, 877, 879.
ægyptiacum *Kraus* 869.
ambiguum *Kraus* 243, 870.
arizonicum *Knowlton* 869.
armeniacum *Gürich* 869.
australe *Crié* 904.
cupreum *Kr.* 870.
Dœringii 870.
Felixianum 870
Fleuroti *Kr.* 870.
Heerii *Beust* 869
keuperianum *Kraus* 869.
Koreanum *Felix* 867.
Araucarioxylon Kutorgae *Kr.* 870.
latiporosum *Kraus* 868, 869.
medullosum *Kraus* 242.
permicum *Kr.* 870.
Robertianum *Schenk* 870.
Rollei *Kr.* 870.
Saportanum *Ren.* 870.
Schleinitzii *Göpp* 869.
Schmidianum *Felix* 870.
Schrollianum *Kr.* 870.
thuringiacum *Kraus* 869.
Tschichatscheffianum 869.
Ungeri *Schenk* 857
virginianum *Knowlton* 869.
würtembergicum *Kraus* 869.
Araucarites *Göpp.* 275, 855, 857, 240, 860, 865.
borussicus *Caspary* 857.
Brandlingii 865.
cutchensis *O. Feistm.* 281.
Duchartrei *Watel.* 281.
macropterus *Feistm.* 281
medullosus *Göpp.* 242, 865
latifolius *Feistm.* 281.
Rhodeanus 865.
Richteri *Göpp.* 857.
saxonicus 865.
spathulata *Newb.* 300.
Ungeri *Göpp.* 856, 857.
Arbutites *Ettingsh.* 721.
Eurii *Ettingsh.* 721.
Arbutus *L.* 721.
Unedo *L.* 721.
eocenica *Ettingsh.* 721.
Arceuthobium 714, 844.
Archaeocalamites *Stur* 175.
radiatus *Stur* 175.
Archaeopteris *Daws.* 113.
lyratifolia *Stur* 112.
Archegoniatae 1.
Archispermae 2, 211.
Arctostaphylos uva ursi 822.
Ardisia 735, 737.
eocenica *Ettingsh.* 737.
daphnoides *Massal.* 737.
Harpyarum *Ettingsh.* 737

Ardisia myricoides *Ettingsh.* 737.
stiriaca *Ettingsh.* 737.
Ardisiophyllum *Geyl.* 737.
Argania Sideroxylon 739.
Aristolochia Aesculapi *Heer* 707.
angustifolia 708.
aurantiaca 705.
borealis *Heer* 706.
dentata *Heer* 707.
dentata *Schimp.* 707.
dentata *O. Weber* 706.
Gigas 705.
glauca 705.
inaequalis *Heer* 706.
longiflora 705, 708.
macrota 707.
nervosa *Heer* 706.
œningensis *Heer* 706, 707.
primaeva *O. Weber* 706.
Raja 707, 708.
rumicifolia 705, 708.
sphaerocarpa *Heer* 706.
Taschii *Ludw.* 706.
trilobata 707, 708.
venusta *Heer* 706.
Wetzleri *Heer* 707.
Aristolochiaceaen 704.
Aroideen 830.
Aroites Tallyanus *Kovats* 377.
Aronites dubius *Heer* 377.
Artanthe 403.
andicola 405.
Arthrophyceae 53, 234.
Arthrophycus *Hall* 53.
Harlani *Hall* 53.
siluricus 53.
Arthropitys 164, 165, 236, 239, 240, 855, 856.
bistriata *Göpp.* 236, 237.
dadoxylina *Grand'Eury.* 236, 239.
ezonata *Göpp.* 236.
medullata *Ren.* 236.
communis *Ren.* 236.
punctata *Ren.* 236.
subcommunis *Grand'Eury* 236.
Arthrotaxis *Don* 257, 285, 303, 304, 305, 307, 316, 328.
Arthrotaxites *Unger* 301, 328
lycopodioides *Unger* 301.
Arthrotaxis subulata *Gardn.* 353.
Artisia *Sternberg* 242.
Artocarpeen 277, 807, 835.
Artocarpidium *Unger* 422, 477.
Stuarti *Ettingsh.* 483.
Artocarpoides *Sap.* 451, 477.
cernuus *Sap.* 451.
olmediaeformis *Sap.* 411.
peramplus *Sap.* 451.
Artocarpus *L.* 477, 805, 835.
spec. 478.
Cumingiana *Trécul.* 478.
incisa *L.* 477.
Arundo 805, 820.
antiqua *Sap.* et *Mar.* 821. 829.
Donax 385, 830.
Göpperti 384, 385, 829.
Asarum 139, 404.
Asclepiadaceen 769, 846.
Asclepias *L.* 769.
curassavica *L.* 770.
incarnata *L.* 770.
Ascomyceten 70.
Asimina 507.
leiocarpa *Lesq.* 507.
triloba 507.
Asperifoliaceen 776, 846.
Aspidieae 101.
Aspidieen 83.
Aspidiophyllum *Lesq.* 487, 842.
Aspidites *Göpp.* 88, 134.
Aspidium *L.* 101, 128, 663.
aculeatum 663.
Filix antiquum *Al. Br.* 101.
Filix mas 101.
lobatum 663.
Meyeri *Heer* 101.
molle *Sn.* 101.
vestitum 663.
Aspleniеæ 97.
Asplenieen 83.
Asplenіopteris Schrankii 653
Asplenites *Schk.* 100.
alethopteroides *Ettingsh.* 92.
elegans *Ettingsh.* 113.
Lindsaeoides 92.
Ottonis *Göpp.* sp. 128.
quercifolia *Göpp.* 92.
Rösserti *Presl.* 100.
Asplenium *L.* 96, 99, 128.
Adianthum nigrum *L.* 100.
Dicksonianum *H.* 100.
flaccidum *Forst.* 100.
foeniculaceum *Kl.* 108.
furcatum *Thunb.* 100.
horridum *Kaulf.* 100.
marginatum *L.* 134.
nebbense *Heer* 99.
striatum *Presl.* 100.
subcretaceum *S.* 100.
umbrosum *Presl.* 100.
viviparum *Kze.* 112.
viviparum Presl. 107.
Wegmanni *Brngt.* 100.
Whitbyense *Brngt.* 99, 100.
Asterocarpus *Göpp.* 89.
Asterochlaena Schemnitzensis *Pettko.* 87.
Asterophyllites *Brngt.* 166, 175.
equisetiformis 171.
longifolius 171.
spicata *Gutb.* 168.
Asterophyllostachys *Schimp.* 173, 175.
Binneyana *Sch.* 169.
Asterophyllum 174, 175, 180.
equisetiforme *Brngt.* 174.
Asterotheca *Presl.* 89.
Cyathea *Br.* sp. 90.
hemitelioides *Brngt.* 90.
Stichopteris unita *Weiſs* 90.
Astrapaea 525.
Athyrium *Roth* 99, 100.
Aucuba *L.* 552, 611.
Aurantiaceen 899.
Azolla 152.

B.

Baccharites *Sap.* 797.
Baccites cacaoides *Zenker* 505, 507
Bacillarieae 5, 15,
Bacillariaceae incertae sedis. 27.
Bacillariaceen 6, 10, 14, 25.
Bactris caryotaefolia *Mart.* 369.
spec. 368
Bactryllium canaliculatum *Heer* 27.
giganteum *H.* 27.
Schmidii *H.* 27.
striolatum *H.* 27.
Baiera *Fr. Braun* emend. 258, 261, 346.
angustiloba *Heer* 262.
cretosa *Schenk* 262.
Czekanowskiana *Heer* 262.
digitata *Heer* 261.
furcata *Heer* 262.
Geinitzi *Nath.* 262.
gracilis *Sap.* 262.
incurvata *Heer* 262.
leptopoda *Heer* 262.
longifolia *Heer* 262.
marginata *Nath.* 262.
minuta *Nath.* 262.
Münsteriana *Heer* 261, 262.
curvata *Nath.* 262.
palmata *Heer* 262.
paucipartita *Nath.* 262.
pulchella *Heer* 262.
sagittata *Heer* 262.
taeniata *Schenk* 262.
Baliostichus 301
Baloghia 594.
Balsampappeln 459.
Banisteria gigantea *Schenk* 572, 839.
haeringina *Ettingsh.* 571, 572.
helvetica *Heer* 571.
scandens *Grieseb.* 569.
spec. 568.
Banisteria sotzkiana *Unger* 571.
teutonica *Heer* 571, 572, 839.
Banksia 652, 655, 659, 660, 664.
aemula *R. Br.* 655.
australis 655.
Deickieana 660.
dillenioides 660.
dryandroides *Baxter* 655.
ericifolia 655.
Gräffiana 660.
haeringiana *Ettingsh.* 660, 662.
helvetica 660.
ilicifolia *R. Br.* 655.
integrifolia 655.
latifolia *R. Br.* 655.
longifolia *Ettingsh.* 660, 662.
longifolia *Fried.* 662.
marginata 655.
Meissneri 655.
Morloti *Heer* 660.
oblongifolia 655.
sphaerocarpa 655.
spinulosa 655.
Ungeri *Ettingsh.* 660, 662.
valdensis 660.
Banksites 653, 661.
Banksites linearis 623.
Banksioxylon australe Crié 904.
Bambusa lugdunensis *Sap. et Marion* 384.
mitis 829.
Bambusium *Heer* 384.
longifolium *Heer* 408.
neocomense *Heer* 384.
Barrotia Gaudich 376
Basidiomyceten 70.
Bathypteris *Eichw.* 144, 145.
Batrachospermaceen 36.
Bauhinia abyssinica *Rich.* 696.
destructa *Unger* 696.
germanica *Heer* 696.
grandiflora 693.
olympica *Unger* 696.
Bauhinia parschlugiana *Ung.* 696.
platisiliqua *Gill.* 696.
uniflora 693.
Beania *Carruth.* 229.
Belangera 619, 620.
Belemnopteris *Feistm.* 136.
Bellis perennis *L.* 797.
Bennetites *Carruth.* 230.
Saxbyanus *Carr.* 230.
Benthamia 610, 614.
Benzoin *Nees* 493, 495.
antiquum *Heer* 495, 497.
latifolium *Sap.* 496, 822.
Berberidaceen 499.
Berberis empetrifolia 499.
Fortunei 499, 500.
helvetica (Mahonia) *Heer* 500.
(Mahonia) pinnata 499, 500.
puzzolentana *Gaud.* 500.
rhopaloides *Sap.* 498, 500.
umbellata 500.
Berchhemia *Neck.* 584, 585, 588, 840.
multinervis *Heer* 586, 588.
volubilis 588, 840.
Berendtia primuloides *Göpp.* 737, 738.
rotata *Conwentz* 737, 738
Bernoullia *Heer* 129.
Betula 409, 411, 414, 415, 820, 831, 896.
acuminata *Wall.* 415.
alba *L.* 410, 411, 412, 415, 417, 831.
alpestris *Fries.* 412, 417.
Blancheti *Heer* 410.
Bojapattra *Wall.* 415.
Brongniarti *Ettingsh.* 417.
cardiophylla *Sap.* 415.
carpinifolia *Sieb.* et *Zucc.* 415.
corylifolia Reg. *et Schmidt* 415
cuspidens *Sap.* 417.
cylindrostachys *Wall.* 415.
Dryadum *Brongn.* 417.
Ermanni *Cham.* 415.

59*

Betula fraternalis 417
tremula *Heer* 413.
fruticosa *Pall.* 415.
grandifolia *Ettingsh.* 417
Grayi *Reg.* 415.
grossa *Sieb.* et *Zuccar* 415.
gypsicola *Sap.* 417.
insignis *Gaud.* 417
intermedia *Thomas* 417.
Jacquemontii *Spach.* 415.
lenta *Willd.* 412, 413, 415, 831
macrophylla *Göpp.* 831
macrophylla *Sap.* 417.
microphylla *Bg.* 415.
microphylla *Heer* 417.
Middendorfii *Reg.* 415
nana *L.* 417.
nigra *Willd.* 415.
occidentalis *Hook.* 415
odorata 417
ostryaefolia *Sap.* 415.
papyrifera *Michx.* 415
populifolia *Willd.* 415.
prisca *Ettingsh.* 413, 417
prisca *Heer* 831
propinqua *Watel.* 415.
salzhausensis *Göpp.* 416.
Schmidtii *Reg.* 415
sezannensis *Sap.* 415
ulmacea *Sap.* 417.
ulmifolia *Sieb.* et *Zuccar.* 415.
Ungeri *Andrä* 417,
verrucosa 417.
Weissii *Heer* 417.
Betulinium *Unger* 896, 898.
Betulophyllum 415.
Betuloxylon *Conwentz* 898.
Bicornes 717, 844.
Biddulphia *Gray* 25.
antediluviana *Ehrenb.* 25
Biddulphieae 25.
Biddulphieen 25
Bidens tripartita *L.* 797.
Bidentites antiquus *Heer* 796.
Bignonia cordata *Velen.* 780
eocenica *Ettingsh.* 780.
silesiaca *Velen.* 607, 780
Bignoniaceen 739, 846.
Bignoniophyllum *Ettingsh.* 780.
Billardiera 578.
Billardierites longistylus *Caspary* 575, 578.
Bilobites 52.
Biota *Endl.* 287, 309, 321.
borealis *Heer* 322, 328, 811
Ehrenswärdi *Heer* 322.
Meriani *Heer* 322, 324.
orientalis *Endl.* 310, 322.
orientalis succinea *Göpp.* 311, 325.
Birrhus 75
Bixaceen 515.
Blattepidermis der Amentaceen 468, 469
Blechnum *L.* 96, 97.
brasiliense *Raddi* 97, 145
cartilagineum *Sw.* 97
laevigatum *Cav.* 97.
occidentale *L.* 97.
Boehmeria 484.
biloba 401
Bogenläufige Leitbündel 403
Bolbopodium *Sap.* 229
micromerum *Sap.* 229.
picturiense *Sap.* 229.
Bombaceen 527, 837.
Bombax 805.
chorisiaefolium *Ettingsh.* 528.
chorisioides *Fried.* 528.
Decheni *Fried.* 527
Mitcheli *Ettingsh.* 629.
oblongifolium *Ettingsh.* 528.
sepultiflorum *Sap.* 526, 528, 782
Stuartii *Ettingsh.* 529.
Bornetella *M. Ch.* 32.
Bongardia 499.
Boraginites induratus *Heer* 777.
myosotidiflorus *Heer* 777
politus *Heer* 777
Bowdichia 690.
amphimenium *Sap.* 690.
Bornia 175.
Botrychium 113.
Botryconus *Göpp.* 246
Botryopterideae 139
Botryopteris *Renault* 140.
dubius *Ren.* 140.
forensis *Ren.* 140.
Bowenia *Hook* 123, 212, 216.
Bowmanites *Binney* 180.
Brachychiton 525.
Brachyphyllum *Brongn.* 275, 285, 286, 298, 300, 301, 302, 828.
australe *O. Feistm.* 331, 336.
boreale *Heer* 301
cirinicum *Heer* 319.
corallinum *Heer* 301
Delgadonum *Heer* 301.
Desnoyersi *Sap.*. 301
Desnoyersi *Schimp.* 301
setosum *Phillips* 287
gracile *Brongn.* 301
insigne *Heer* 300, 301
Jauberti *Sap.* 301.
mammillare *Brongn.* 301.
mammillare *O. Feistm.* 301.
micromerum *Heer* 301.
Moreauanum *Sap.* 301.
Nepos *Sap.* 301.
obesum *Heer* 301.
Paparelli *Sap.* 301.
Phillipsii *Schimp.* 301
Bragantia melastomacea 705.
Brassaiopsis Guilfordi 603, 604.
Briardina 36
Bromeliaceen 365
Bromelia Dolinskii *Schmalh.* 365.
Gaudini *Heer* 365.
Karatas 366.
Brongniartites *Unger* 902.
Bronnites *Unger* 901.
Brosimum Alicastrum *L.* 478.
Bruckmannia *Grand'Euryi* 168.
tuberculata 167.

Bryanthus 599.
Bryoideae 74.
Bryophyta 1, 73.
Bucklandia *Presl.* 231.
gracilis *Pomel* 230.
Bumelia 742.
cenomanensis *Crié* 742.
minor *Unger* 790, 676.
minuta *Marion* 742.
Oreadum *Unger* 742.
Plejadum *Unger* 743.
sideroxyloides *Sap.* 742.
Bupleurum salicifolium *L.* 403.
Bursaria 578.
radobojana *Ung.* 578, 579, 581.
Burtinia *O. Weber* 374.
Buthotrephis antiquata *Hall* 61, 62.
gracilis *Hall* 62.
palmata *Hall* 60.
Butomus *L.* 388, 389.
acheronticum *Heer* 389
Heerii *Ettingsh.* 389.
Büttneriaceen 837
Buxaceen 594, 597, 840.
Buxus *L.* 598, 820, 892.
pliocenica *Sap.* et *Mar* 597.
sempervirens *L.* 597.
sempervirens var. pliocenica *Sap.* et *Mar.* 840.
Byrsonyma 570.
Bythotrephis palmata 54.
radiata *Ludw.* 58.

C.

Caesalpinia *L.* 692, 700.
Escheri *Heer* 699.
Falconeri *Heer* 698, 699.
Gilliesii 693.
Jaccardi *Heer* 698, 699.
loclensis *Heer* 699.
macrophylla *Heer* 699.
microphylla *Heer* 693.
microphylla *DC.* 699.
micromera *Heer* 699, 700.
obliqua *Vogel* 699.
pulcherima 693.
Caesalpinia sessilifolia 693, 699.
Townshendi *Heer* 698, 699, 700.
Caesalpiniaceen 692, 844.
Caesalpinioxylon Quirogae *Schenk* 901.
Caesalpinites *Sap.* 699.
Calamarieae 76, 156.
Calamariae steriles incertae sedis 180.
Calamarien, Fruchtstände 168.
Calamitea *Cotta* 236, 735.
Calamiteae 156, 163.
Calamiteen 166.
Calamites 164, 165, 166, 175, 236, 393.
approximatus *Brongn.* 239.
approximatus *Feistm.* 172.
approximatus *Schloth.* 172
arenaceus *Brngt.* 159.
articulatus *Gutb.* 239.
cannaeformis *Brngt.* 164.
Cistii *Brongn.* 104, 172.
cruciatus *Brngt.* 172, 239.
Gigas *Brongn.* 239.
infractus *Gutb.* 239.
Mougeotii *Brongn.* 159.
pachyderma *Brongn.* 239
radiatus *Brongn.* 239.
ramosus *Schloth.* 164.
remotus *Brongn.* 159.
scrobiculatus *Schloth.* 239.
Studeri *Heer* 172.
Suckowii *Brongn.* 163, 164, 172.
tuberculosus *Gutb.* 239.
varians *Germ.* 172.
verticillatus *Lindl.* u. *H.*, *Williamson* 172.
Volkmanni *Ettingsh.* 246.
Calamitina 172.
Solmsii *Weiss* 172.
Calamocladus *Schimp.* 166, 167, 171, 175.
Calamodendrea rhizobola *Grand 'Eury* 239.
Calamodendron *Brongn.* 162, 234, 238, 239, 735, 855.
Calamodendron aequale *Renault* 235.
antiquius *Dawson* 236.
commune *Binney* 165, 169, 171. 174, 236.
congenium *Grand'Eury* 235.
inversum *Grand 'Eury* 235.
intermedium *Grand'Eury* 235.
punctatum *Renault* 235.
striatum *Brongn.* 235.
Calamodendroxylon *Grand' Eury* 235, 239.
Calamodendrophloios *Grand'Eury* 239
Calamopitus *Williamson* 735.
Calamophyllites *Grand' Eury* 172.
Calamopsis *Heer* 373.
Bredana *Heer* 373.
Calamostachys *Sch.* 169, 170, 172.
Binneyana *Sch.* 169, 174, 239.
foliosus 169.
Jugleriana *Sch.* 169.
Ludwigii *Carruth.* 169.
typica 169.
Calamus 368.
Calliandra 693.
Callicoma 619, 620, 622.
minuta *Fried* 621, 622.
serratifolia *L.* 621.
Callipteridium *Weiss* 120.
Callipteris *Brngt.* 119.
conferta *Brngt.* 119, 120.
Callistemon 636.
linearifolius *DC.* 402, 639.
Callistemophyllum *Ettingsh.* 640.
diosmoides 640.
melaleucaeforme 640.
priscum 640
priscum *Ettingsh.* 642.
priscum *Sap.* 642.
verum 640.
Callitrichaceen 594.

Callitris 257, 309. 853
Brongniarti *Endl.* 209, 313, 314, 327, 353, 815, 828.
curta *Gardn.* 353.
Heerii *Sap.* 309, 314.
quadrivalvis *Vent.* 313,828,
symmetrica *Watel.* 314.
Callitrites *Endl.* 313.
Calluna primaeva *Menge* 722.
Calophyllum Nathorsti *Geyl.* 740.
Calpurnia 690.
aurea 690
europaea *Sap.* 690.
Calymene Tristani 116
Calymmotheca *Stur* 110
Stangeri *Stur* 110.
Camellia 517
Campanulaceen 782.
Campanulinae 782.
Campanulinen 846.
Camphora officinalis *Nees* 836.
camptodrom 407.
Camptophyllum *Nath.* 350.
Schimperi *Nath.* 351.
Camptopteris *Presl.* 96, 136, 137.
incisa *Nath.* 137.
serrata *Kurr.* 137.
spiralis *Nath.* 137.
Campylodiscus *Ehrenb.* 11, 16.
Campylopus 75.
Cancellophycus *Sap.* 56.
scoparius *Thioll.* 57.
Cannabineen 476.
Cannabis *L.* 476.
oligocaenica *Fried.* 476.
Cannaceen 387.
Capparidoxylon *Schenk* 903, 902.
Caprifoliaceen 847.
Caragana aquensis 843.
arborescens 843.
Cardiocarpus 249.
Cardiopterideae 118.
Cardiopteriden 104.
Cardiopteris *Sch.* 118.
frondosa *Göpp.* 118.
Hochstetteri *Ett. sp.* 118.
polymorpha *Göpp. sp.* 118
Carduus 797.
Caryophyllus aromaticus *L.* 842.
Carex 385.
nursoakensis *Heer* 383.
Carolopteris 136.
Carpantholithes Berendtii *Göpp.* 730.
Carpinites dubius *Göpp.* 422.
Carpinites macrophyllus *Göpp.* 422
microphyllus *Heer* 422.
Carpinoxylon *Vater* 898, 903.
Carpinus *L.* 418, 441, 820, 831.
attenuata *Lesq.* 422.
Betulus *L.* 419, 420, 422, 831
caroliniana 419, 420, 422.
cuspidata *Sap.* 422.
duinensis *Scop.* 419, 420 422 831.
fraterna *Lesq.* 422.
faginea *Wall.* 422.
grandis *Unger* 421, 449, 831.
macroptera *Unger* 449
Neilreichii *Rov.* 422, 831
norica *Unger* 427, 428, 493.
oblonga *Unger* 449.
oeningensis *Heer* 419, 422.
platycarpa *O. Web.* 449.
producta *Unger* 449.
pyramidalis *Gaud.* 421, 422, 831.
stenophylla *Nath.* 421.
suborientalis *Sap.* 422, 822, 831.
subcordata *Nath.* 421.
Ungeri *Sap.* 422.
viminea *Wall.* 422.
vera *André* 421, 449.
Carpites pengoarensis *Geyl.* 518.
Carpolithes *Gervais* 352, 838.
annulifer *Heer* 798.
begoniaeformis *Heer* 798.
caricinus *Heer* 798.
cinctus *Nath.* 261.
conicus *Göpp.* 352.
granulatus *O. Weber.* 513, 514.
Jaccardi *Heer* 799.
Kaltennordheimensis *Zenk.* 798.
lanceolatus *Heer* 798.
lenticulus *Heer* 798.
Liriophylli *Lesq.* 503.
monopterus *Heer* 798, 799.
mucronulatus *Heer* 798.
nymphaeoides *Beck* 513.
ovulum *Brongn.* 513, 509
populinus *Heer* 798
pruniformis *Heer* 798, 799.
pterocaryoides *Heer* 799.
reticulatus *Heer* 799
rugulosus *Heer* 798.
Websteri *Heer* 649.
Carya *Nutt.* 445, 446, 632, 820, 822, 832, 833, 899.
alba *Nutt.* 448, 447, 823.
albula *Heer* 447.
aquatica *Nutt.* 446.
bilinica *Ettingsh* 450, 451, 833.
Bruckmanni *Heer* 447.
costata *Lesq.* 447.
costata *Unger* 447, 450.
Heerii *Ettingsh.* 450, 451
laevigata *Ludw.* 447
maxima *Sap.* 447.
minor 447.
olivaeformis *Nutt.* 448.
pusilla *Unger* 447.
rostrata *Göpp.* 450.
Saturni *Unger* 447.
Schweiggeriana *Heer* 447
tomentosa *Nutt.* 448.
ventricosa *Brongn.* 450
ventricosa *Unger* 447.
Caryocedrus Endl. 329.
Cassia 696.
ambigua *Unger* 698.
angusta *Heer* 697.

Cassia antiquorum *Heer* 697
atavia *Velen.* 697.
Berenices *Unger* 698, 702.
bifoliata 693.
Cookii *Ettingsh.* 703.
Ettingshauseni *Heer* 697
Flindersii *Ettingsh.* 703
floribunda 688.
hyperborea *Unger* 698.
lignitum *Unger* 698.
melanophylla *Velen.* 697
mucronulata *Heer* 698.
Phaseolites *Unger* 698, 702.
stenophylla *Heer* 698.
tenella *Heer* 698.
Cassine capensis *L.* 584.
Cassiope 722, 844.
Cassiophyllum *Geyler* 704.
Cassioxylon *Felix* 903.
Cassioxylon *Fliche* 901
Castanea *L.* 418, 428, 429, 820, 831
americana *Michx.* 429, 432
arvernensis *Sap.* 832.
atavia *Unger* 429.
brachyandra *Casp.* 431.
compressa *Unger* 431
Kubinyi *Kovats* 429, 430, 832.
inclusa *Conw.* 431.
intermedia *Lesq.* 429.
palaeopumila *Andrä* 832.
pumila *Michx.* 429
recognita *Schimp.* 429.
salinarum *Unger* 431.
subvillosa *Casp.* 431.
Ungeri *Heer* 429, 832.
vulgaris *Lam.* 429, 430, 431, 432.
vulgaris *Lam.* var. japonica *DC.* 431, 432.
Castanopsis *A. DC.* 418, 432, 433, 439, 444. 543, 807, 832.
Benthami *Ettingsh.* 433.
chrysophylloides *Lesq.* 432.
chrysophylla *A. DC.* 432.
echidnocarpa *A. DC.* 445.
Göpperti *Ettingsh.* 433.
Castanopsis indica *A. DC.* 443.
tribuloides *Lindl.* 443, 444, 445.
Castellina *Massal.* 372.
Casuarina 623.
Haidingeri *Ettingsh.* 408.
Padangiana *Heer* 408.
Sagoriana *Ettingsh.* 408.
torulosa 624.
Casuarinaceen 408.
Cassytha 492.
Catalpa 404, 782, 846, 892.
crassifolia *Newb.* 780, 781, 846.
Kaempferi 782.
microsperma *Sap.* 780, 781, 782, 846.
palaeosperma *Sap.* 782, 846.
Caulerpa *Lamourx.* 29, 45.
arcuata 46.
Lehmanni *Heer* 51.
Caulerpeae *Grev.* 29.
Caulerpiteae 45.
Caulerpites *Eichw.* 56, 301, 327
Candelabrum *Eichw.* 46, 50.
pennatus *Eichw.* 50
pyramidalis *Sternb.* 46
Caulinia *DC.* 379
Caulinites *Brongn.* 379.
borealis *Heer* 380.
foecundus *Lesq.* 380.
Caulophyllum 499.
Caulopteris *Lindl et Hutt.* 144, 146.
antiqua 147.
caulopteroides *Gr. E.* 147.
Lockwoodi 147.
Ceanothus *L.* 403, 584, 587, 588.
ebuloides *O. Weber* 588.
javanicus 588.
Cecropia 477, 478.
peltata 404.
Cedrelaceen 534, 546.
Cedro-Cembra *Schimp.* 342, 347, 804.
Cedroxylon *Kr.* 852, 859, 861, 862, 867, 868, 871.
affine *Kr.* 871, 877.
americanum *Kr.* 871.
Auerbachi *Felix* 871.
australe *Crié* 904.
cretaceum *Kr.* 871.
gypsaceum *Kr.* 871.
Hoheneggeri *Felix* 871.
Huttonianum *Kr.* 344, 871
jurense *Kr.* 871.
lesbium *Kr* 871
Lindleyanum 344, 871.
pertinax *Kr.* 344, 871.
regulare *Kr.* 871
Zeuschnerianum *Kr.* 871.
Cedrus 253, 257, 340, 343, 347, 804, 828, 854, 860, 861, 862, 874, 877
Lenieri *Sap.* 346.
Celastraceen 574, 577, 583, 840.
Celastrinanthium Hauchecornei *Conw* 575, 578.
Celastrinites *Sap.* 580.
Celastrophyllum *Ettingsh.* 580, 581, *Font.* 805
ensifolium (Magnolia *Lesq.* olim) 581.
Celastrus *L.* 577, 578, 581, 583, 902.
Aeoli *Ettingsh.* 582.
Bruckmanni *A. Br.* 578, 580, 582.
Cuninghami *Ettingsh.* 581.
evonymelloides *Unger* 578, 586.
noaticus *Ung* 582, 586.
oleaefolius *Göpp.* 581.
opacus *Sap.* 582.
protogaeus *Ettingsh.* 582.
Pseudo-Ilex *Ettingsh.* 582.
redditus *Sap.* 582.
scandens *L.* 577, 582.
zachariensis *Sap.* 582.
Cellepora Spongites *L.* 38
Celleporen 38.
Celtideen 470, 834, 835,

Celtis *L.* 590, 820, 834.
australis *L.* 475, 835.
begonioides *Göpp.* 472, 835.
Bernhardtii *Klotzsch* 475.
caucasica *Willd.* 476.
Hyperionis *Unger* 475, 834.
Japeti *Unger* 475, 834.
japonica *Presl.* 475,
latior *Marion* 476, 835.
Mc Coshii *Lesq.* 476.
Nordenskiöldi *Nath.* 476.
Nouleti *Sap. et Marion* 834.
occidentalis *L.* 834.
primigenia *Sap* 476, 834.
stiriaca *Ettingsh.* 476.
Tournefortii *Lam.* 476, 834.
trachytica *Ettingsh.* 834.
Cembra 337, 338, 343, 804, 811, 824.
Cenangium 70
Cenarrhenes Haueri *Ettingsh.* 651.
Centrolepidaceen 366.
Centrolepis 367.
Centrospermae 490.
Centrospermen 835
Cephalotaxites insignis *Heer* 270.
Cephalotaxus 256, 258, 259, 270, 271, 804, 811, 826, 852, 854, 860, 863.
Harringtonia *C. Koch* 867
Ceratiola 599.
Ceratoneis *Ehrenb.* 17, 18.
Ceratonia 844.
emarginata *Heer* 685, 693.
septimontana *O. Weber* 693.
Siliqua *L.* 693
vetusta *Sap.* 693.
Ceratopetalum 619, 620, 622.
gummiferum *L.* 621.
myricinum *Fried.* 621, 622.
Ceratophycus *Sch.* 59.
bicornis 59.
Ceratophyllum demersum *L.* 631, 632.
Ceratopteris 79.
Ceratostrobus *Vel.* 805.
Ceratozamia *Brngt.* 216.
Cerbera 767.
Cercis *L.* 681 820, 821, 844.
antiqua *Sap.* 681, 683, 687
cyclophylla *Heer* 682.
parvifolia *Lesq.* 682, 687.
Siliquastrum *L.* 681, 682, 823, 844.
truncata *Lesq.* 682, 687.
Tournoueri *Sap.* 681, 683, 687.
Virgiliana *Massal.* 681, 683, 844.
Cercocarpus *H. B. K.* 666
antiquus *Lesq.* 666, 667, 843.
Cereus 629.
Ceroxylon australe 371.
Chaerophyllum 602.
dolichocarpum *Conw.* 602.
Chaetoceras *Ehrenb.* 26.
didymus 14.
Chamaecyparis 257, 309, 310, 322, 323, 804, 828.
belgica *Sap.* et *Mar.* 324.
Ehrenswärdi *Heer* 324.
europaea *Sap.* 811, 828.
massiliensis *Sap.* 322, 325.
nutkaënsis *Spach.* 324, 327.
obtusa *Sieb.* et *Zuccar.* 324.
pisifera *Sieb.* et *Zuccar.* 324.
sphaeroidea *Spach.* 324.
Chamaedorea 372.
desmoncoides 368.
Chamaerops 807, 830.
Biroo 370.
helvetica *Heer* 374
humilis *L.* 370, 830.
Khasyana 370
Kutschlinica *Ettingsh.* 373.
Martiana 370.
Chara 41, 43, 393.
Bleicheri *Sap.* 44.
Escheri *Heer* 43.
Grepini *Heer* 43.
Helicteres *Brngn.* 43, 44.
inconspicua *Heer* 43.
Chara Jaccardi *Heer* 44.
Lyellii *Al. Br.* 44.
Medicaginula *Brngnt.* 43, 44.
siderolitica *Grép.* 44.
tuberculata *Lyell.* 43, 44
Voltzii *Al. Br.* 44.
vulgaris *L.* 42.
Characeae 40.
Characeen 1.
Charpentiera *Unger* 902.
Cheilanthes 83, 96, 126.
fragrans *L.* 96.
Laharpii *H.* 96.
oeningensis *H.* 96.
Cheilanthites microlobus *Göpp.* 109.
Cheirolepis *Schimp.* 285, 307, 308.
Escheri *Heer* 308.
gracilis *O. Feistm.* 308.
Münsteri *Schimp.* 307.
Chelepteris *Corda* 145
Chenopodiaceen 491
Chiogenes 717.
Chionanthus 756.
Chiropteris *Kurr.* 152.
digitata *Kurr.* 152.
Chlamydobalanus *DC.* 433, 832.
Chlathropteris *Brongn.* 96.
Chlorospermeae *Harv.* 29
Chlorosporeae 29.
Chondria 61.
Chondriteae 61.
Chondrites spec *Geinitz* 263.
acutangulus *M. Coy* 60.
affinis *Heer* 66.
antiquus *Göpp.* 62.
antiquus *His.* 62.
bollensis *Ziet.* 63, 65.
diniensis *Sap.* 63.
eximius *Sap.* 65.
flabellaris *Sap.* 64.
fructiculosus *Göpp.* 62.
Garnieri *Sap.* 57, 65.
hechingensis *Quenst.* 65.
inclinatus *Heer* 66.
informis 60.
intricatus *Brngn.* 66.

Chondrites liasinus *Heer* 57, 63.
Marioni 57.
moniliformis *Sap.* 65.
patulus *F O.* 66.
procerus *Heer* 57
prodromus 63.
pusillus *Sap.* 63.
reticularis 57.
scoparius 56, 57.
Targionii *Brngt.* 63, 65, 66, 68.
Chondrophyllum *Ettingsh.* 520, *Heer* 608.
Chondrus 66
Chorda *Heer* 54.
Chordophyceae 48, 234.
Chorionopteris *Corda* 93.
gleichenioides 93
Choripetalae 408.
Chorisia 528.
Chrysanthemum Parthenium *L.* 795.
Chrysobalaneen 665, 676.
Chrysobalanos miocenicus *Ettingsh.* 676.
Chrysodium 95, 133.
Chrysophyllum 742.
atticum *Unger* 742.
Kymeanum *Unger* 741.
Putterlickii *Unger* 741
reticulatum *Heer* 742.
Cinnamomum *L.* 493, 495, 820.
affine *Lesq.* 496.
Felixii *Conwentz.* 494, 495, 836.
Göpperti *Ettingsh.* 496.
gracile *Ettingsh.* 496.
Henrici *Sap.* 836.
Hobartianum *Ettingsh.* 496.
lanceolatum *Heer* 495, 836.
Leichardi *Ettingsh.* 496.
penduneulatum 836.
polymorphoides *Ettingsh.* 496.
polymorphum *Heer* 493, 495, 836.
prototypum *Conwentz* 494, 495.
Rossmässleri *Heer* 495.
Cinnamomum Scheuchzeri *Heer* 493, 494, 495, 836.
subrotundum 493.
Woodwardi *Ettingsh.* 496.
Cinchona *L.* 783, 784.
Titanum 784.
Cinchoneae 783.
Cinchoneen 782.
Cinchonidium *Unger* 784.
Aesculapi *Unger* 786, 787.
ovale *Lesq* 787.
racemosum *Unger* 784, 786.
Titanum *Unger* 784, 786, 787.
Cingularia *Weiss* 173.
Cissites *Heer* 590.
Steenstrupi 590.
acuminatus *Lesq* 592
insignis *Heer* 590.
puilasokensis 590.
salisburiaefolius *L.* 590.
Cissus 590, 591, 592, 593, 840.
ampelopsidea *Sap.* 592.
antarctica 591.
brevipedunculata 592.
discolor 591.
insularis *Heer* 591.
lobatocrenata *Lesq.* 592.
lacerata *Sap.* 592.
laevigata *Lesq.* 593.
Oxycoccos *Unger* 592.
parottiaefolia *Lesq.* 593.
primaeva *Sap.* 592.
spectabilis *Heer* 591.
Cistaceen 515.
Cistiflorae 515.
Cistinocarpum *Conw.* 515.
Römeri *Conw.* 515, 516.
Cistus Beckeranus *Ludw.* 515.
rostratus *Ludw.* 515.
Citrus 892.
Cladocedroxylon *Felix* 863.
Cladonia 72.
Cladophlebis *Brngt* 99, 100.
Heerii *Nath.* 100.
nebbensis *Brongt.* 100.
whitbyensis *Brongn.* 100.
Cladrastis 691.
lutea 688.
Clathraria *Brongt.* 206, 231.
anomala *Mantell* 231.
liasina *Sch.* 230.
Lyelli *Mant.* 231
Clathropodium *Sap.* 230.
sarlatense *Sap.* 230.
Trigeri *Sap.* 230.
Clathropteris *Brngt.* 138.
platyphylla *Brngt.* 138, 139.
Clematis 508.
integrifolia 660.
Panos *Heer* 498, 508.
radobojana *Unger* 498, 508
Sibiriakoffii *Nath.* 498, 508
trichiura *Heer* 498, 508.
oeningensis *Heer* 498, 508.
Clerodendron *L.* 779.
latifolium *Fried.* 779.
serratifolium *Fried.* 775, 779.
Clethra 844.
alnifolia *Pursh.* 731, 732, 733.
arborea *L.* 732.
barbinervis *Sieb et Zuccar.* 731.
Berendtii *Casp.* 730, 731, 844.
helvetica *Heer* 731.
Maximowiczii *Nath.* 731, 732.
teutonica *Unger* 732.
tomentosa *Pers.* 731, 732, 733.
Clethropsis *Spach.* 412, 413.
Cleyera 517.
Cloëzia *Brongn. et Gris.* 639.
Closterium 6.
Cluytia aglaeifolia *Wess. et Web.* 595.
Clypeina *Mich.* 31, 34.
Clypeola debilis *Heer* 514.
Cnestis coriacea *Ettings.* 546.
Coccoloba acutangula *Ettingsh.* 491.
bilinica *Ettingsh.* 491.
laevigata *Lesq.* 491.

Cocconeïs *Ehrenb.* 18.
lineata 13.
lineata 12.
Cocconema Arcus 13.
asperum 12.
cymbiforme 12.
Cocculites Dumontii *Sap. et Mar.* 502.
Kanei *Heer* 498, 501.
Cocculus *L.* 501.
extinctus *Velen.* 501.
latifolius *Sap. et Marion* 501, 502, 836.
laurifolius *DC.* 402, 403, 501, 502. 836.
Cocos australis 371.
Codiaae *Lk.* 30.
Codium tomentosum 46.
Codonospermum *Brongn.* 352.
Coffeeae 783.
Coffeen 782.
Colubrina 584.
Columbea 279.
Columniferae 519.
Columniferen 837.
Columniferen, Blattepidermis 529.
Colutea *C.* 820, 843, 680, 686.
antiqua *Heer* 680.
arborescens *L.* 688.
debilis *Heer* 680.
frutescens *L.* 679.
macrophylla *Heer* 680.
primordialis *Heer* 680.
protogaea *Heer* 680.
Rinkiana *Heer* 680.
Salteri *Heer* 679, 680.
Combretaceen 630, 633, 842.
Combretum *L.* 633.
europaeum *O. Weber* 633.
terminalioides *Steud.* 634.
trichanthum *Fres* 634.
Comocladia 540, 541.
Comelinacites dichorisandroides *Casp* 367.
Commelinaceen 367.
Compositen 794, 847.
Comptonia *Rich.* 453, 454, 456, 457, 458, 653, 807, 820.
Comptonites antiquus *Unger* 662. 663.
Conchophyllum *Schenk* 259, 826.
Richthofeni *Schenk* 271.
Condalia 587.
Conferviteae 44, 234.
Confervites *Brngn.* 44.
alpinus 45.
callosus *Ludw.* 44.
incrustans *Ludw.* 44.
Padella 45.
Coniferae 2, 253, 848.
Coniferen 211
Coniopteris *Brngn.* 94, 95
Connaracanthium *Conwentz* 576.
roureoides *Conw.* 575, 576.
Connaraceen 546, 574.
Connarus *L.* 576.
Conocephalus naucleaefolius *Blme.* 477.
Conostoma *Williams.* 352.
Constantinea *Post. et Rupr* 48.
Contortae 755, 845
Convallaria *L.* 362.
Convallarites *Brngt.* 161
reineckioides *Schmalh.* 361
Convolvulaceen 771, 846.
Convolvulus *L.* 776.
moenanus *Ludw.* 776.
Copaifera 696.
armissanensis *Sap.* 696.
Kymeana *Unger* 685, 696
radobojana *Unger* 685, 696.
Coprosma praecuspidifolia *Ettingsh.* 787.
Corallina 63.
Halimeda 30.
Corallineae *Menegh.* 37.
Cordaianthus *Grand'Eury* 346.
anomalus *Carruthers* 248, 249.
Cordaianthus baccifer *Grand Eury* 248.
circumdatus *Grand'Eury* 247
dubius *Grand'Eury* 248.
foliosus *Grand'Eury* 247
gemmifer *Grand'Eury* 247
glomeratus *Grand'Eury* 247
gracilis *Grand'Eury* 247
Grand'Euryi *Ren.* 248.
Lindleyi *Carruthers* 249, 250.
nobilis *Grand'Eury* 248.
Penjoni *Ren.* 247, 248.
Pitcairniae *Goldenbg.* 246.
prolificus *Grand'Eury* 248.
Saportanus *Ren.* 247, 248.
Sub Germarianus *Grand' Eury* 248.
Sub Volkmanni *Grand' Eury* 248.
Williamsoni *Ren.* 248.
Zeilleri *Ren.* 248.
Cordaicladus *Grand'Eury* 243.
Cordaixylon *Grand'Eury* 243.
Brandlingi *Grand'Eury* 243, 852, 853
Cordaispermum *Brngn* 249
Gutbieri *Ren.* 248.
Cordaistrobus *Lesq* 248.
Cordaiteae *Grand'Eury* 241
Cordaites *Unger* 242, 331, 855, 865.
angulosostriatus *Grand' Eury* 245.
borassifolius *Unger* 250.
crassinervis *Heer* 250.
crassus *Grand'Eury* 246.
Goldenbergianus *Weiss* 250.
lingulatus *Grand'Eury* 245
microstachys *Goldenberg* 250.
Ottonis *Geinitz* 245, 250
palmaeformis *Weiss* 250.
principalis *Geinitz* 245, 250.

Cordaites rhombinervis *Grand'Eury* 245.
Robbii *Dawson* 250.
Rösslerianus *Geinitz* 250.
tenuistriatus *Grand'Eury* 245
Cordia bilinica *Ettingsh.* 777
Cordiaceen 777
Corema 599.
Coriaria 546, 838.
Ipomoeopsis *Massal.* 546.
lanceolata *Sap.* 822, 838.
loclensis *Heer* 546.
longaeva *Sap.* 545, 546.
myrtifolia *L.* 546, 838.
Coriariaceen 546, 838.
Cornaceen 600, 608, 615, 840, 841.
Cornicularia 72.
Cornus *L.* 608, 609, 610, 613, 614, 615, 649, 820, 896.
Benthamioides *Göpp.* 614.
Büchii *Heer* 614.
canadensis 610.
Deickii *Heer* 611, 614.
Emmonsii 614.
florida *L* 610, 614, 841
Forchhammeri *Heer* 614
Fosteri *Lest. Ward* 614.
Holmiana *Heer* 614.
hyperborea *Heer* 614
macrophylla *Heer* 614.
mas *L.* 613, 841.
mucronata *Heer* 611
mucronata *Schimp.* 614.
nebracensis *Schimp.* 614.
orbifera *Heer* 611, 614, 841
platyphylla *Sap.* 614.
ramosa *Heer* 614.
rhamnifolia *O. Web* 614.
sanguinea *L.* 841.
Studeri *Heer* 614.
suecica *L.* 610, 614, 841.
thulensis *Heer* 614.
Coryleae 409.
Corylus *L.* 418, 422, 820, 822, 831
Corylus americana *Walt.* 423, 424, 425.
australis *Heer* 424.
Avellana *L.* 422, 423, 424.
avellanoides *Engelh.* 424.
Colurna *L.* 423, 831.
ferox *Wall.* 424.
Göpperti *Heer* 424, 425
grandifolia *Nwb* 425.
heterophylla *Fisch.* 423
inflata *Ludw.* 425, 831
insignis *Heer* 424, 831
Mac' Quarrii *Heer* 424.
mandschurica *Maxim.* 423.
mitis 423.
orbiculata *Newb* 425.
rostrata *Ait.* 423, 425.
Sieboldiana 423.
tubulosa *Willd.* 423.
Wickenburgi *Unger* 425.
Corypha 370.
Coscinodiscus 12, 15.
Gigas 13.
Oculus Iridis *Ehrenb.* 15
Cosmarium 6.
Cotinus *Engler* 538, 541, 542, 838.
Antilopum 542
palaeocotinus 542.
Cotoneaster 669, 671.
Andromedae *Unger* 669, 671.
Persei *Unger* 669, 671
pusilla *Unger* 671.
racemiflora *Fries* 669.
Cottaea *Sch. et Moug.* 145
Cottaites *Unger* 902.
lapidariorum *Unger* 897, 899, 902.
Cotyledoneae 2.
Craspedodrom 406.
Crassulaceen 616.
Crataegus 670, 671, 843.
antiqua *Heer* 671.
atavina *Heer* 671.
coccinea *L.* 669.
cordata 670, 671.
crenulata 670.
crusgalli 670.
fragarioides *Heer* 671.
Crataegus Kornerupi *Heer* 671, 672.
longepetiolata *Heer* 671.
monogyna 670.
Nicoletiana *Heer* 671.
oxyacanthoides *Göpp.* 671.
prunifolia 670.
pyracantha 670, 672.
subtilis *Heer* 672.
tenuipes *Heer* 672.
teutonica *Unger* 669.
Warthana *Heer* 671.
Credneria 409, 484, 520, 608, 842.
spec. 485, 486.
subrhomboidea *Velenowsky* 627.
Crematopteris *Sch.* 129.
typica *Sch.* 129.
Crossochorda *Sch.* 52.
Crossopodia Henrici *Gein.* 52.
scotica *Mac Coy* 52.
Cruziana *d'Orb.* 52, 53.
Cruciferen 514.
Cryptogamae 1.
Cryptomeria *Don* 28, 275.
japonica *Sieb.* et *Zuccar.* 827. 863.
Sternbergi *Gardn.* 813.
Cryptomerites divaricatus *Bunbury* 280.
rigidus *Phillips* 280.
Ctenis *Lindl.* et *H.* 135.
falcata *Lindl.* et *H.* 135.
grandis *Saporta* 123.
Leckenbyi *Bean* 123.
orientalis *Heer* 135.
Ctenophyllum *Sch.* 223.
gracile 223.
Ctenopteris *Brngt.* 122.
cycadea *Brngt.* 123.
Cubeba *Miq.* 613.
Cucubalites Goldfussi *Göpp.* 797.
Cucumites *Bowerbank* 523, 524.
Culmites anomalus *Unger* 376.
Hoheneggeri *Ettingsh.* 314.

Cunninghamia 257, 277, 283, 300, 303. 804, 826, 827, 854, 860, 862.
elegans *Corda* 283.
planifolia *Corda* 283.
sinensis 282.
Cunninghamites 804, 873.
oxycedrus *Presl* 283.
borealis *Heer* 331.
dubius *Presl.* 335.
elegans *Endl.* 283.
sphenolepis *Fr. Braun.* 335.
squamosus *Heer* 282, 283.
Sternbergi *Ettingsh.* 283.
Cunonia 619, 620. 622.
capensis *L.* 621.
formosa *Friedr.* 621, 622.
Cunonieen 616, 619.
Cupania 548, 839.
grandis *Unger* 548.
Cupania spec. 548.
Cupanites *Schimp.* 548.
grandis *Schimp.* 548.
juglandinus *Schimp.* 548.
Cupanoides *Bowerb.* 547, 839
carniolicus *Unger* 548.
corrugatus *Bowerb.* 548
inflatus *Bowerb.* 548.
tumidus *Bowerb.* 548.
Cupressaceen 850, 860, 862, 878.
Cupressineae 308.
Cupressineen 860.
Cupressinoxylon *Göpp.* 857, 858, 859, 861, 863, 872, 874.
columbianum *Knowlton* 873.
elongatum *Knowlton* 873.
Glasgowii *Knowlton* 873.
Mc Geei *Knowlton* 873.
leptotichum 873.
neosibiricum (Glyptostrobus) *Schmalh.* 873.
pachyderma *Göpp.* 873.
pachytichum *Göpp.* 873.
pannonicum *Felix* 873.
Cupressinoxylon podocarpoides *Schenk* 859.
Protolarix *Felix* 87 3.
pulchellum *Knowlton* 873.
sequoianum *Merkl.* 873.
taxodioides *Conwentz* 874.
ucranicum *Kraus* 873.
Wardi *Knowlton* 873.
Cupressites Brongniarti *Göpp.* 327.
Mac Henrii *Baily* 327.
pycnophyllus *Massal.* 327.
taxiformis *Gardn.* 331.
Cupressoxylon 861, 879.
kerguelense *Crié* 904.
tasmanicum *Crié* 904.
Cupressus *L.* 257, 325, 811, 828.
Benthami 326.
fragrans 326.
funebris 326.
glauca 326.
Goveniana 326.
Lindleyi 326.
Macnabiana 326.
macrocarpa 326.
sempervirens *L.* 326.
sempervirens succinea *Göpp* 327.
thurifera 326.
torulosa 326.
Cupuliferen 409, 831.
Curtisia faginea *Thbg.* 610.
Cuscuteen 771.
Cussonia arborea *Hochst.* 605.
polydrys *Unger* 605, 609
spicata 603, 604.
Cyathea *Brongn.* 83, 89, 90, 127, 128, 144.
alethopteroides *Gr. Eur.* 90.
excelsa 77, 145.
oreopteridia *Schl.* sp. 90.
truncata *Germ.* 90.
Cyatheaceæ 92.
Cyatheaceen 83.
Cyatheites *Göpp.* 93, 127.
Cyatheopteris *Sch.* 144, 145.
Cycadeaceae 211.
Cycadeaceen 211, 215, 216, 217.
Cycadeae 2, 215.
Cycadeospermum *Sap.* 229.
Cycadinocarpus *Schimp.* 229, 351.
Cycadites *Brngn.* 217.
Blanfordianus *Oldh.* 217.
Brongniarti *Roem.* 217.
Bucklandi *Presl.* 232.
confertus *Morr.* 217.
cutchensis *O. Feistm.* 217.
Delessei *Sap* 217.
Dicksoni *Heer* 217.
gyrosus *Göpp.* 217.
Heerii *Schenk* 217.
Lorteti *Sap.* 217.
macrophyllus *Buckl.* 230.
microphyllus *Buckl.* 230.
Morrisianus *Dunk.* 217.
pectinatus *Berg.* 217.
rajmahalensis *Oldh.* 217.
rectangularis *Brauns* 217.
squamosus *Brngn.* 232.
taxodinus *Göpp* 217.
valdensis *Heer* 217.
zamioides *Leckenby.* 217, 287, 336.
Cycadeoidea *L. u. H.* 229, *Buckl. Brngt. Tabl.* 230.
Cycadeoida microphylla *Lyell* 231.
Morièri *Sch.* 230.
pygmaea *L. u. H.* 229.
Cycadopteris *Zigno* 122, 124.
heterophylla *Zigno* 124.
Cycadospadix *Sch.* 228.
Cycas 211, 213, 215, 217, 228, 230, 231, 232.
revoluta 205, 214, 217. 825.
Steenstrupi *Heer* 825.
Cyclanthaceen 378.
Cyclobalanus 433.
Cyclocarpus *Göpp.* 249.
Cyclocladia *Goldenb.* 196.
major *Lindl. u. H.* 172.

Cyclopytis *Schmalh.* 286, 287, 292, 828.
Cyclopytis Nordenskiöldi *Schmalh.* 293.
Cyclopteris *Brngt.* 115, 116, 121, 127, 141, 142, 144, 656.
acadica *Daws.* 115.
Archaeopteris *Daws.* 114.
dilatata *Lindl. et Hutt.* 142, 252.
dissecta *Göpp.* 112.
dissecta *Ung.* 115.
elegans *Ung.* 115.
furcillata *Ludw.* 115.
inaequilatera *Göpp.* 113
lacerata *Heer* 142.
nana *Eichw.* 115.
Nervation 96.
obliqua *Brngt.* 142, 252.
obtusa *Daws.* 115
orbicularis *Brngt* 142.
rhomboidea *Ettingsh.* 115.
Richteri *Ung.* 115.
thuringiaca *Ung.* 115.
trifoliata *Ung.* 115.
valida *Daws.* 115.
Cyclostigma *Haugthon* 196,
Cyclotella 15.
Cydonia *Tournef.* 668.
antiquorum *Heer* 669.
chloranthoides *Nath.* 669.
japonica C. var. fossilis *Nath.* 669.
Cylindriteae 58. 234.
Cylindrites 59.
caespitosus 59.
Cartieri *Heer* 59.
convolutus *F. O.* 59.
Cylindropodium *Sap.* 230.
Cymatopleura *W. Sm.* 17.
Cymbella *Ag.* 17, 18.
Ehrenbergii *Ktz.* 18.
Cymbelleae 17.
Cymbosira *Ktz.* 19.
Cymodocea *König* 379, 381, 883.
Cymopolia 30, 31, 32, 33, 34, 35.
aequorea *König* 380, 383.
Cymopolia barbata *Kütz* 31, 32.
bibarbata *K.* 32.
ciliata *Ehrenbg.* 361.
Rosarium *Ell.* 32.
Cyparissidium *Heer* 286, 302, 303, 310, 827.
cretaceum *Schenk* 304.
gracile *Heer* 303.
septentrionale *Nath* 303.
Suessii *Schenk* 304.
Cyperaceen 386.
Cyperites 385, 805.
Cyperus *L.* 385.
Braunianus *Heer* 385.
Cypselites *Heer* 797.
bisulcatus *Heer* 796.
costatus *Heer* 796.
ellipticus *Heer* 796.
Fischeri *Heer* 796.
grandis *Heer* 796.
gypsorum *Sap.* 795, 796, 797.
Lessingii *Heer* 796.
Naegelii *Heer* 796.
Regeli *Heer* 796.
rostratus *Heer* 796.
Schultzii *Heer* 796.
truncatus *Heer* 796.
Cyrrhites *Heer* 699.
Cystoseira *Ag.* 28.
barbata 28.
communis *Ung.* 28.
Halidrys 28.
Hellii *Ung.* 28.
helvetica *Heer* 28.
siliquosa *Ag.* 28.
Cytisus 843.
alpinus *L.* 686.
augustesiliquata *Lud* 678.
Dionysi *Unger* 678, 679, 686.
florissantianus *Lesq.* 678, 679.
freybergensis *Unger* 678, 679, 686.
Laburnum *L.* 679, 686, 688.
modestus *Lesq.* 679.
oeningensis *Heer* 678, 679.
radobojanus *Unger* 686.
Czekanowskia *Heer* 258, 267, 306.
dichotoma *Heer* 268.
longissima *Nath.* 268.
nervosa *Heer* 268.
palmatisecta *Heer* 268.
rigida *Heer* 268.
setacea *Heer* 268.

D.

Dacrydium 256, 259, 804, 826, 854, 858, 862.
Franklini 271.
Dactylopora *Carp. Lamourx. Park. Reuss* 31, 32, 33, 34.
cylindracea *Lamk.* 33, 34.
Eruca *Park. u. Jones* 34.
saccata *Gümb* 33.
Dactyloporella *Gümb.* 32, 34.
Dactyloporiden 34.
Dadoxylon Endl. *Dawson* 242, 865, 870.
Ouangondianum *Dawson* 865.
Richterianum *Unger* 856.
Daedalus *Rouault* 53. 55.
Dalbergia 689.
Bella *Heer* 690, 700.
grandifolia *Sap.* 690.
haeringiana *Ettingsh.* 689.
hecastophyllina *Sap.* 690.
leptolobiana *Sap.* 690.
Diemenii *Ettingsh.* 704.
oligocenica *Fried.* 689.
palaeocarpa *Sap.* 690.
primaeva *Unger* 689, 702.
reticulata *Ettingsh.* 689
Rinkiana 689.
Sommerfeldti *Casp.* 690.
spec. Frucht 704.
Dalbergieen 689.
Dammara 252, 255, 256, 257, 277, 278, 279, 284. 331. 415 806, 826, 827. 851. 854, 860, 862, 865, 866, 867, 868.
alba *Rumph.* 278.

Dammara Armaschewskii *Schmalh.* 331
australis *Lamb.* 278, 851.
borealis *Heer* 278.
fossilis *Unger* 279, 866.
microlepis *Heer* 278.
ovata *C. Moore* 278.
Oweni 866.
robusta *C. Moore* 278.
vitiensis *Seem.* 278.
Dammarites albens *Presl.* 279.
crassipes *Göpp.* 279.
Danaea *Sm.* 88, 89.
Danaeites *Ettingsh.* 88.
asplenioides *Göpp.* 88.
Brongniartiana *Zigno* 89.
firmus *Heer* 88.
Heerii *Zigno* 89.
Schlotheimii *Deb.* et *Ettingsh.* 88.
Danaeopsis *Heer* 88, 132.
marantacea *Heer* 88, 132.
Rajmahalensis *Feistm.* 88.
Daphne *L.* 645, 646, 648, 729, 843.
Apollinis *Ung.* 648.
densinervis 648.
Fraasii *Heer* 649
Gnidium *L.* 647, 648.
Laureola *L.* 646, 648.
lignitum *Ettingsh.* 648.
odora 646, 647, 648.
oreodaphnoides *O Weber* 648.
persooniaefolia *O. Weber* 648.
pontica 646, 648.
protogaea *Ettingsh.* 647, 648.
radobojana *Unger* 647, 648.
venusta *Unger* 648.
Daphnogene 494, 495, 496, 501.
intermedia *Göpp* 496.
javanica *Göpp.* 496.
primigenia *Sap.* 494.
Ungeri *Heer* 494, 497
Daphnophyllum *Heer* 433, 494, 495, 496.
Daphnophyllum Beilschmiedioides *Heer* 494, 529.
concinnum *Heer* 494.
crassinervium *Heer* 494.
elongatum *Heer* 494.
lanceolatum *Heer* 494.
Schefferi *Heer* 494.
transitoria 495.
Darea 100.
Dasycladeæ 30
Dasycladus *Ag.* 30, 32.
Davallieen 83.
Davallia 83.
Debeya serrata *Miq.* 508.
Debeya pentaphylla *Velen.* 108.
Decaisnella *M. Ch.* 32.
Delesseria *Lamour.* 36, 37, 68.
Delesserites *Ludw.* 50.
foliosus *Ludw.* 50.
gracilis 50.
sinuosus 50.
Denticula *Ktz.* 19.
Dermatophyllites *Göpp.* 598, 600, 827.
(Hibbertia) amoena *Conw* 598.
azaleoides *Göpp.* u. *Berendt* 598.
(Hibbertia Conw.) latipes *Göpp.* 518, 598.
porosus *Göpp* 518.
revolutus *Göpp.* 518.
stelligerus *Göpp.* 518.
(H) tertiaria *Conw.* 598, 600,
Desmiophyllum gracile *Lesq* 270.
Desmoncus 368.
Desmophlebis *Brngt.* 90.
Deutzia *Thbg* 616, 818, 619
divaricata *Conw.* 618.
gracilis *Sieb* et *Zuccar* 619.
scabra Thbg. var. fossilis *Nath.* 618.
tertiaria *Conw.* 618.
Dewalquea *Sap.* 508, 607, 805, 809.
aquisgranensis *Sap.* et *Mar.* 508, 832
Dewalquea gelindenensis *Sap.* et *Mar* 532.
grönlandica *Heer* 508.
Haldemiana *Sap.* et *Mar.* 508, 606.
insignis *Heer* 508.
Diachaenites *A Br.* 601.
Heerii 601.
cyclosperma *Heer* 601, 606.
Diatoma *DC.* 19, 24.
vulgare *Bory* 20
Diatomaceae *De Cand.* 5, 15
Diatomeen Erde 13.
Diatomophyceae *Rabenh.* 15.
Diceras 805.
Dichopteris *Zigno* 125, 126.
Dichotomae 1.
Dicksonia *Hooker* 125, 150.
bindrabunensis *Feistm.* 94.
clavipes *Heer* 94.
Culcita *L'Hérit.* 93.
rubiginosa 145.
Saportana *Heer* 94.
Dicotyledoneae 2.
Dicotylen 890.
Dicranophyllum *Grand' Eury* 266.
angustifolium *Schenk* 266.
australicum *Daws.* 266.
dichotomum *Lesq.* 266.
dimorphum *Lesq.* 266.
gallicum *Grand'Eury* 266.
latum *Schenk* 266.
robustum *Zeill.* 266.
striatum *Grand'Eury* 266.
Dicranum fuscescens *Turn.* 75.
subscoparium 75.
subflagellare 75.
subpellucidum *Göpp.* 75.
Dicropteris *Pomel* 267.
Dictamnus *L* 531, 822.
Fraxinella *Pers.* 531, 533.
major *Sap.* 531.
Dictyocha *Crux* 13.
Dictyocyclopteris 117.
Dictyoneuropterideae 117.
Dictyophyceae 231
Dictyoalethopterideae 105, 119.

Dictyoneuropteriden 104.
Dictyophyllum *Lindl.* et *Hutt.* 96, 137
Dicksoni *Heer* 138.
Münsteri *Nath.* 137, 138,
Römeri *Schenk* 138.
Dictyophyteae 69.
Dictyophyton *Hall* 69
Dictyopterideae 136.
Dictyopteriden 106.
Dictyopteris 119, 142.
Brongniarti *Gutb.* 117
Dictyotaeniopterideae 134.
Dictyota spiralis 51
DictyothalamusSchrollianus 251.
Dictyoxylon *Brongn.* 195, 203, 206.
Didymophyllum *Göpp* 195.
Didymosorus *Deb. et Ett.* 85.
comptoniaefolius *Deb. et Ett.* 85.
Dillenia amoena *Conwentz* 518, 599.
eocenica *Sap. et Mar.* 518.
latipes *Conw.* 599.
speciosa 518.
tertiaria *Conw.* 518, 599.
Dilleniaeen 518, 600.
Dimenegramma *Pritch.* 20.
Dioon *Lindl.* 213, 215, 216, 223, 228, 230.
Dioonites *Bornem.* 223, 224.
Buchianus *Ettingsh.* 224.
rigidus *Andr.* 224.
Dioscorea cretacea *Lesq* 365.
versicolor *Wall.* 365.
Dioscoreaceen 365.
Dioscoreen 588.
Dioscorites resurgens *Sap.* 365.
Diospyrinae 739.
Diospyrinen 845.
Diospyros *L.* 744, 748, 749, 821, 845.
adscripta *Sap* 746, 747.
alaskana *Heer* 749.
ambigua *Lesq.* 749.
Diospyros anceps *Heer* 745, 749.
anceps *Lesq.* 749.
arctica *Sap.* 746, 750, 845.
Auricula *Heer* 750.
bilinica *Ettingsh.* 746.
brachysepala *A. Br.* 749, 750.
brachysepala *Heer* 745 746, 750, 845.
discreta *Sap.* 747.
dubia *Göpp.* 749.
ficoides *Lesq* 750.
Horneri *Heer* 749
involucrans *Sap.* 746, 747
lancifolia *Lesq.* 750.
Copeana *Lesq.* 750.
lotoides *Unger* 747
Lotus *L.* 744, 746, 750, 845.
Loveni *Heer* 750.
Myosotis *Unger* 749.
haeringiana *Ettingsh.* 750
Nordquisti *Nath.* 749.
obliqua *Unger* 746.
obtusata *Lester Ward* 750.
oocarpa *Sap.* 746, 747.
palaeogaea *Ettingsh.* 747.
paradisiaca *Ettingsh.* 747
praecursor *Sap.* 750.
primaeva *Heer* 749.
prodromus *Heer* 749.
Protolotus *Sap. et Marion* 749, 845.
rugosa *Sap* 746, 747
Royena *Unger* 746.
rotundifolia *Lesq.* 749.
sagoriana *Ettingsh.* 747.
Schweinfurthi *Heer* 745, 746.
Steenstrupi *Heer* 749.
stenosepala 746, 749.
virginiana *L.* 749, 750, 822, 845.
vetusta *Heer* 746.
Wodani *Unger* 746, 747.
Zollikoferi *Unger* 747.
Diphylleia 499.
Diphyllites membranaceus *Heer* 800.
Diplazites *Göpp.* 90.
Diplazium *Sw.* 99, 100, 150
Diplochordeae 51, 234.
Diplopora *Schafh.* 34.
Diplotegium *Corda* 188, 194, 195.
Diplotesta *Grand'Eury* 249.
Diplothmema 110.
Mládeki *Stur* 111
Diploxylon *Corda* 201, 203.
Dipterocarpeen 518.
Dipterocarpus *C.* 518.
antiquus *Heer* 516, 518.
atavinus *Heer* 518.
Labuanus *Geyl.* 518.
Nordenskiöldi *Geyl.* 518.
pengoarensis *Geyl.* 518.
Verbekianus *Heer* 516, 518.
Discophorites *Heer* 48, 234.
Discosira *Rabenh.* 16.
Diselma 257.
Distegocarpus 422.
Dodonaea 551, 554, 839
allemanica *Heer* 551.
Apocynophyllum *Ettingshausen* 552.
confusa *Sap.* 552.
cycloptera *Sap.* 552.
orbiculata *Heer* 552.
prisca *Weber* 552, 553.
pteleaefolia *Heer* 551.
Salicites *Ettingsh* 552, 553.
vetusta *Heer* 553.
viscosa 553.
Dodonaeites Decaisneana *Sap.* 552.
Dolerophylleae *Sap* 251
Dolerophyllum *Sap.* 142.
Göpperti *Sap.* 252.
Dolichites *Unger* 684
Dolichos *L.* 684.
europaeus *Unger* 684, 685.
maximus *Unger* 684, 685
Doliostrobus Sternbergi *Marion* 827.
Dombeya 525.
Dombeyopsis *Heer* 527.
Decheni *O. Weber* 527, 528.

Dombeyopsis Padangiana *Heer* 529.
pentagonalis *O. Web.* 527.
Dombeyoxylon *Schenk* 902, 903.
Doodya *R. Br.* 98.
Dorycordaites 242, 244, 245,
Dracaena L. 360, 820, 880, 884.
Brongniarti *Sap.* 360.
minor *Sap.* 360.
narbonnensis *Sap.* 360.
Draco *L.* 820.
Dracaeneen 829.
Dracaenites *Sap.* 360.
Drepanocarpus 690.
Drepanophycus *Göpp* 68.
spiniformis *Göpp.* 184.
Drimys 504, 506, 848.
Winteri 506.
Dryandra 655, 659, 664, 833.
acutiloba *Ettingsh.* 659.
Brongniarti *Ettingsh* 662.
Duisburgi 661.
primaeva *Ettingsh.* 659.
saxonica *Fried.* 659.
Schrankii *Heer* 653, 657, 659.
Thesei *Ung.* 653, 659.
Ungeri *Ettingsh.* 657, 659.
Dryandroides *Unger* 653, 661, 664.
Johnstonii 664.
linearis *Heer* 657, 664.
Dryas integrifolia *Vahl* 666, 667.
octopetala *L.* 667, 822.
Drynaria *Bory.* 95, 139, 143.
ireoides *Lam.* 96.
quercifolia 139.
Dryophyllum *Debey* 232, 439, 441, 442, 457, 806, 807
cretaceum *Debey* 442.
curticellense *Sap.* 442, 443.
Dewalquei *Sap.* 442, 443.
Geinitzianum *Sap.* 442.
latifolium *Lesq.* 442.
primordiale *Lesq.* 442.
vittatum *Sap.* 444.
Durvillea 59.

E.

Ebenaceen 744, 845.
Ebenoxylon *Felix* 903.
Echinostachys *Brongn.* 393, 394.
cylindrica *Schimp.* 393.
oblonga *Brongn.* 393.
Echinostrobus *Sap.* 286.
Echinostrobus *Schimp.* emend. 301, 328.
expansus *O. Feistm.* 302.
rajmahalensis *O. Feistm* 302.
rhombicus *O. Feistm.* 302.
Sternbergi *Schimper* 302
Echites 767, 768.
Echitonium *Unger* 768.
cuspidatum *Heer* 768
macrospermum *Ettingsh* 768.
microspermum *Unger* 768.
obscurum *Ettingsh.* 768.
obovatum *Unger* 768.
Sophiae *O. Web.* 768, 769
superstes *Unger* 768, 769.
sezannense *Watel* 768.
Edwardsia Macnabiana 688.
minutula *Heer* 691.
parvifolia *Sap.* 691.
reticulata *Sap.* 691.
retusa *Heer* 685, 691.
Elaeagnaceen 645, 649, 843.
Elaeagnites campanulatus *Heer* 647, 649.
Elaeagnus *L.* 613, 649, 650.
acuminatus *Heer* 647, 649
angustifolius *L.* 613, 647.
arcticus *Heer* 647 649.
Elaeis guineensis *L.* 368.
Elaeocarpus 519, 837.
Albrechti *Heer* 521, 522, 837.
europaeus *Ettingsh.* 521.
sphaericus *Heer* 522.
photiniaefolius *Nath.* 521.
serratus *Heer* 522.
Elaeodendron helveticum *Heer* 586.
Elate austriaca *Unger* 350

Elatides *Heer* 333, 827.
Brandtiana *Heer* 333.
chinensis *Schenk* 334.
cylindrica *Schenk* 334.
falcata *Heer* 333.
ovalis *Heer* 333.
parvula *Heer* 333.
Eleoxylon *Brongn.* exp. 871.
Elephas meridionalis 632.
Eleutherophyllum *Stur.* 176.
Embothrites 650, 652, 653, 660
borealis *Unger* 657.
leptospermum *Ettingsh.* 662.
Embothrium 652, 655.
boreale *Sap.* 665.
coccineum *Pöppig* 655.
salicinum *Heer* 652, 665.
Empetraceen 594, 599.
Empetrum *L.* 599.
Empetrum nigrum *L.* 598.
Enantioblastae 366.
Enantioblastos *Conwentz* 783.
Encephalarteae 215.
Encephalartos *Lehm.* 212, 213, 214, 215, 216, 226, 229, 230, 231.
Gorceixianus *Sap.* 217, 820, 825.
Lehmani *Eckl.* 217, 820
longifolius *Lehm.* 217
Enoyonema 17.
Endogenites 882.
Endolepis *Schmidt et Schleiden* 858.
elegans *Schleiden* 290.
vulgaris *Schleiden* 290.
Engelhardtia *Leschen.* 420, 421, 445, 446, 447, 820, 832
atavia *Sap.* 447, 450.
Brongniarti *Sap.* 447, 450, 833.
philippinensis *A. DC.* 448.
Entada Polyphemi *Unger* 701, 702.
primogenita *Unger* 701, 702.

Entomolepis cynarocephala *Sap.* 348.
Entoneuron melastomum *Geyl.* 502.
Eolirion *Schenk* 269, 805.
Eophyton 234.
Eopteris *Sap.* 115.
Criei 116.
Morieri *Sap.* 115, 116.
Epacris Sesostris *Unger* 721,
Ephedra *L.* 353, 354, 408. 710, 712.
Alte *C. A. M.* 354.
americana *HBK.* 354.
monostachya *L.* 355.
Ephedrites *Göpp. Unger* 353, 712.
antiquus *Heer* 354.
Johniana *Göpp.* 353, 355.
Mengeana *Göpp.* 353, 354.
Sotzkiana *Unger* 353.
Epidermis der Ulmenblätter 476.
Epimedium *L.* 499.
Epithemia *Brébiss.* 17.
Equisetaceae 1, 76.
Equiseteae 156.
Equisetites *Gein.* 160, *Sternberg* 161, 176.
infundibuliformis *Gtz.* 172.
mirabilis *Sternbg.* 176.
Münsteri *Presl* 163.
Rajmahalensis 163.
Equisetum *L.* 158, 159, 161, 162, 163, 171, 351, 393.
arenaceum *Schimp.* 159, 160, 162.
arvense *L.* 159.
brachyodon *Brongn.* 313.
columnare *Brngt.* 160.
gamingianum *Ettingsh.* 160.
infundibuliforme *Brngt.* 171.
infundibuliforme *Gtz.* 171.
laterale *Phill.* 162.
liasinum *Heer* 160.
macrocoleon *Schimp.* 160.
Mougeotii *Sch.* 159.
Münsteri *Schimp.* 160.
Equisetum Parlatorii *Ung.* sp. 162.
Phillipsii *Dunk.* 160.
platyodon *Brngt.* sp. 160.
pratense *Ehrh* 158.
ramosissimum *Desf.* 159.
Rogersi *Bunb.* sp. 160.
Schützeanum *Feistm.* 176.
scirpoides 160.
veronense *Zigno* 160.
xylochaeton *Mett.* 159, 160.
Eremophyllum *Lesq.* 487.
Eremopteris *Schimp.* 113.
Erica 896.
Bruckmanni *Heer* 726, 727.
deleta *Heer* 726, 727.
nitidula *Heer* 726, 727.
Ericaceen 600, 720.
Ericophyllum *Conwentz* 726.
ternatum *Conwentz* 726, 727.
Eriocaulon 366.
porosum *Lesq.* 366.
septangulare *With.* 366.
sexangulare *L.* 366.
Eriotesta *Brongn.* 352.
Erodium 530.
nudum *Conw.* 530, 535.
Eruca *Park.* 32.
Ervum *L.* 678.
monanthos 678.
hirsutum 678.
Ervites primaevum *Sap.* 678.
Eryngium bromeliaefolium *Laroch.* 402, 403.
Erythrina Ungeri *Ettingsh.* 687.
crista galli 688.
daphnoides *Unger* 687.
Phaseolithes *Unger* 687.
Escallonia 620.
Escallonieen 616.
Ettingshausenia *Stiehler* 484.
Eucalyptus 636, 639, 640, 641, 643, 804.
angusta *Velenovsky* 640.
Geinitzii *Heer* 638, 639, 640, 804, 842.
haeringiana *Ettingsh.* 637, 638.
oceanica 637.
Euclea 748, 749, 845.
Apollinis *Unger* 742, 749.
Kellaua *A. DC.* 744.
miocenica *Unger* 749.
Schimperi *Hochst.* 744.
vetusta *Unger* 749.
Eudaphni (o) phyllum *Conwentz* 648.
balticum *Conwentz* 648.
Nathorsti 648.
oligocenicum 648.
rosmarinoides *Conwentz.* 647, 648.
Eudictya oceanica 14.
Eufagus 898.
Eugenia *Mich.* 640, 641.
haeringiana 641.
Eunotia *Ehrenb.* 17.
granulata 12, 13.
tetraodon 14.
triodon 14.
zygodon 14.
Eunotieaeen 17.
Eunotieae 17.
Euonoclea 93.
Euphorbia *L.* 595, 840.
amissa *Heer* 595.
spinosa *L.* 840.
Euphorbiaceen 594, 840.
Euphorbioides prisca 595.
Euphorbiophyllum *Ettingsh.* 595, 840.
Euphorbioxylon *Felix* 903
Eupodiscus *Ehrenb.* 16.
Eurya 517, 837.
Euryale 514.
Euryphyllum *O. Feistm.* 330.
Whitteanum *O. Feistm.* 271.
Euscaphis *Sieb.* et *Zuccar.* 554.
Eusphenopteris 107.
Eutassa 279.
Euterpe oleracea *Mart.* 369.
Evonymus 581, 578.
amissus *Heer* 578, 582.
europaeus *L.* 581
flexifolius 581.
latifolius 581.
moskenbergensis *Ettingsh.* 578.

Evonymus nanus 589.
Proserpinae *Ettingsh.* 586.
radobojanus *Ung.* 578.
rotundatus *Sap.* 586.
xantholithensis *Lesq.* 581.
Exocarpus 709, 712.
luzonensis *Presl* 647.
radobojanus *Unger* 647, 712.
Exochorda *Lindl.* 673.

F.

Faboidea *Bowerb.* 799.
Fagineae 418.
Fagus *L.* 418, 425, 427, 820, 831.
alpina *Pöpp.* et *Endl.* 426. 427.
antarctica *Forst.* 427.
Antipofi *Heer* 427.
castaneaefolia *Unger* 429,
cretacea *Newb.* 427.
Cuninghami *Hook.* 428.
Deucalionis *Unger* 427.
Dombeyi *Mirb.* 428.
Feroniae *Unger* 427.
ferruginea *Ait.* 426, 427, 428.
ferruginea Ait. var. fossilis *Nath.* 427.
fusca *Hook.* 428.
horrida *Ludw.* 427, 831.
humata *Conw.* 428.
japonica *Maxim.* 427.
intermedia *Ettingsh.* 427.
Marsiglii *Massal.* 831
Ninisiana *Unger* 425.
obliqua *Mirb.* 428.
polyclada *Lesq.* 427.
pristina *Sap.* 427.
procera *Pöpp.* et *Endl.* 426, 428.
pseudoferruginea *Lesq* 427.
pygmaea *Unger.* 428.
Sieboldi *Endl.* 427.
succinea *Göpp.* et *Menge* 428.
sylvatica *L.* 426, 427, 428, 822.
Fagus sylvatica L. var. ceretana *Rerolle.* 831.
sylvatica L. var. pliocenica *Sap.* 427. 831.
Farfugium 404.
Farne 76.
Farne, Gruppirung der sterilen Blätter 103.
Fasciculites *Unger-Stenzel* 883, 885, 887, 888, 889.
anomalus 884.
arenarius *Stenzel* 884.
axoniensis *Stenzel* 884.
fragilis *Göpp.* et *Stenzel* 890.
geanthracis *Göpp.* et *Stenzel* 889.
grönlandicus *Heer* 883.
Hartigii *Göpp.* et *Stenzel* 890.
lacunosus 884.
Palmacites *Cotta* 887.
Palmacites *Eugen Geinitz* 883.
speciosus *Stenzel* 884.
vasculosus *Stenzel* 884.
Favularia 206.
Faya 453, 454.
Fegonium *Unger* 898.
Feildenia *Heer* 259, 268, 269, 277, 331, 821.
bifida *Heer* 268.
major *Heer* 268.
Mossiana *Heer* 268.
rigida *Heer* 268.
Fichtelites *Unger* 902.
Ficonium Solandri *Ettingsh.* 483.
Ficoxylon *Kaiser* 899.
Ficus *L.* 478, 482, 625, 820.
arcinervis *Heer* 482.
arenacea *Lesq.* 482.
artocarpoides *Lesq.* 482
asarifolia *Ettingsh.* 487.
atavina *Heer* 482, 483.
Bekwithii *Lesq.* 482.
Carica *L.* 404, 483, 594, 597, 823, 835.
Carica L. var. Caprificus infectifer *Guss.* 481.
catalpaefolia *Fzl.* 280, 479.
Ficus cerasiformis *Hook.* 479.
clusioides *Miq.* 479.
cordata *Thbg.* 479.
crenata 487.
Dedekena *Miq.* 479.
distorta *Lesq.* 482.
elastica *L.* 480, 481.
elliptica *Thbg.* 402.
eucalyptoides 615, 612.
flexuosa *Göpp.* 483.
Haydeni *Lesq.* 482.
Horneri *Heer* 482.
lancaefolia *Unger* 482.
lanceolata *Heer* 482.
laurophylla *Lesq.* 482.
Mohliana *Heer* 482.
multinervis *Heer* 482, 483.
Mundtii *Lk.* 479.
nymphaeaefolia 404, 480.
occidentalis *Lesq.* 482.
primordialis *Heer* 482.
rhododendrifolia *Hook.* 405
Roxburghii *Hook.* 479.
Sycomorus *L.* 481.
tiliaefolia *Heer* 483.
tiliaefolia *A. Br.* 482.
tremula *Heer* 482.
trilobata *Heer* 482.
ulmifolia *Lam.* 479.
Ungeri *Lesq* 482.
venusta *Sap.* 482.
Verbekiana *Heer* 482.
Yinx *Unger* 482.
Fiedernervige Blätter 404.
Filicaceae 76, 84.
Filices 1.
incertae sedis systematicae 102.
Filicites cycadea *Brngt* 122.
dispersus 99.
Fittonia *Carruth.* 230.
Brongniarti *Sap.* 231.
insignis *Sap.* 231.
Rigauni *Sap.* 231.
Schenki *Sap.* 231.
Fitzroya 257, 309.
Flabellaria 804.
chamaeropifolia *Göpp.* 371.
grönlandica *Heer* 372, 807.

Flabellaria Johnstrupi *Heer* 37, 807.
longirhachis *Unger* 371, 374.
minima *Lesq.* 372.
Zinkeni *Heer* 372.
Flechten 1.
Flemingites *Carruth.* 180.
Florideae 36.
Florideen 36
Folliculites kaltennordheimensis *Zenker* 649.
Fontanesia 756, 760.
phylliraeoides 756.
Fontinalis 75.
Forskohlea 484.
Forskohleanthemum *Conwentz* 835.
nudum *Conw.* 486, 488.
Fothergilla 608, 625, 821.
alnifolia *Pursh* 625, 626, 841.
Ungeri *Kovats* 625, 626, 841,
Fraena *M. Rouault* 52.
Fragaria 666.
antiqua *Heer* 666, 667.
Haueri *Stur.* 666, 667, 843
vesca *L.* 667.
Fragilaria *Ag.* 19
binodis 13.
Rhabdosoma 12.
Fragilarieae 19.
Frangulinae 574.
Frangulinen 576, 840.
Fraxinus *L.* 419, 758, 760. 820, 821, 845, 846.
angustifolia 762.
arvernensis *Sap.* 762, 846.
australis 762.
Berlandieriana 762.
Bungeana *Dcsne.* 846.
coriariaefolia 762.
Dioscurorum *Unger* 449.
excelsior *L.* 763.
gracilis *Sap.* 761. 846.
juglandifolia *Lam.* 846.
juglandina *Sap.* 761.
lonchoptera *Ettingsh.* 761.
longicarpis *Sap.* 762.
Fraxinus longinqua *Sap.* 761.
macrophylla *Heer* 761, 846.
macroptera *Ettingsh.* 761.
mandschurica *Rupr.* 846.
Ornus *L.* 760, 762, 763, 846.
oxyphylla *M. B.* 762, 846.
praecox *Heer* 760.
praedicta *Heer* 761.
primigenia *Unger* 761, 763.
rostrata 762.
Scheuchzeri *Heer* 761, 762.
ulmifolia *Sap.* 761.
viridis *Bosc.* 762.
Frenela 257, 309, 331, 409.
europaea *Ludw.* 315.
Reichii *Ettingsh.* 311.
Frenelites *Endl.* 353.
Frenelopsis *Schenk* 314.
Hoheneggeri *Schenk* 314
occidentalis *Heer* 314.
Freycinetia 375.
Freziera 517.
salicifolia *Sap.* 517.
Frustularia saxonica 8.
Fucaceae 28.
Fucoides *Brongn.* 53, 142, 262.
circinnatus 55.
encoelioides *Brngt.* 86.
filiciformis *Gutb.* 143.
granulatus *Schloth.* 46.
helveticus *BrunnerMn.* 54.
radians *Gutb.* 143.
Fucoiditeae 68, 234.
Fucus *Grev.* 28.
Fuechselia *Endl.* 337.
Fungi 70.
Furcellaria 61.

G.

Gaillionella *Ehrenb.* 16, 26.
distans 11, 12, 13.
sulcata 13, 14.
Gale 453.
Galium *L.* 785.
antiquum *Heer* 785, 786.
Galphimia 569, 570.
latifolia *Mart.* 569.
Gamopetalae 717.
Gangamopteris *Feistm.* 136.
Gardenia *L.* 784, 785.
Braunii *Heer* 785.
Meriani *Heer* 785.
Wetzleri *Heer* 785.
Garrya 611.
Gastrochaena *Stopp.p. p.* 34.
Gaudichaudia 511, 573.
albida *Schlechtdhl.* 569.
Gaultheria 721.
lignitum *O. Weber* 721.
Shallon 721.
Gefässkryptogamen 76.
Geinitzia *Heer* 281, 285, 286, 298, 300, 804, 828.
cretacea *Unger* 299.
formosa *Heer* 299.
hyperborea *Heer* 299.
Genista brevisiliquata *Ludw.* 678.
Gentianaceen 763, 846.
Geonoma *Mart.* 367, 368.
Porteana *Wendl.* 371.
Steigeri *Heer* 372.
Geonomites *Lesq.* 372.
Schimperi *Lesq.* 372.
Geraniaceen 530.
Geranium Beyrichii *Conw.* 530.
Getonia 771, 774, 838.
Antholithes *Unger* 771.
floribunda 772.
grandis *Unger* 771.
membranosa *Göpp.* 774, 776.
oeningensis *O. Weber* 775.
petraeaeformis *Unger* 538.
truncata *Göpp.* 774.
Gigartina 61, 63.
Gingko *L.* 252, 253, 255, 256, 258, 263, 346, 404 547, 826, 848, 853, 855, 858, 860, 861, 862.
adiantoides *Heer* 264, 810, 861.
antarctica *Sap.* 264.
arctica *Heer* 264.
biloba *L.* 258, 264, 280.
eocenica *Heer* 264.

Gingko grandifolia *Fontaine* et *White* 264.
Huttoni *Heer* 264,
integriuscula *Heer* 264.
Jacardi *Heer* 264.
multinervis *Heer* 264.
primigenia *Heer* 264.
reniformis *Heer* 264.
salisburioides *Fontaine* et *White* 264.
tenuistriata *Heer* 264.
Gingkophyllum *Sap.* 288, 260, 826.
flabellatum *Sap.* 260.
Grasseti *Sap.* 260.
Kaminskianum *Sap.* 260.
Gleditschia *L.* 692, 820, 844.
allemanica *Heer* 692, 700.
celtica *Unger* 692.
triacantha 688.
Wesseli *O. Weber* 692, 698.
Gleichenia *Sm.* 78, 82, 84, 85, 128.
dicarpa *R. Br.* 85.
gigantea 85.
speluncae 85.
Gleicheniaceae 84.
Gleicheniaceen 82.
Gleichenites elegans *Zigno* 85.
gleichenioides *Oldh.* 85.
Neesii *Göpp.* 113.
Gloriosites rostratus *Heer* 360.
Glossopteriden 106.
Glossopteris *Brngt.* 106, 134, 135.
Browniana Brngt. var praecursor *Feistm.* 134, 135.
Clarkei *Feistm.* 135.
Glossozamites *Schpr.* 220.
obovatus *Schenk* 220.
Zitteli *Schenk* 220.
Glumiflorae 383.
Glycine *Unger* 684.
Glyzyrrhiza Blandusiae *Unger* 680, 685.
deperdita *Heer* 680.
Glyptolepidium *Heer* 287, 288, 292.
Glyptolepis *Schimper* 287, 369.
coburgensis *Schimp.* 288.
Glyptostroboxylon Göpperti *Conwentz* 873.
Glyptostrobus *Endl.* 257, 285, 286, 855, 894.
bilinicus *Ettingsh.* 295.
europaeus 286, 290, 295, 311, 331, 811, 827, 873
grönlandicus *Heer* 295.
heterophyllus *Endl.* 286, 827.
intermedius *Heer* 295.
Reichii *Lesq.* 311.
Ungeri *Heer* 286, 295.
tener *Kraus* 873.
Gnetaceae *Endl.* 353.
Gnetaceen 211.
Gnetopsis *Ren.* et *Zeiller* 352.
Gomphocarpus *L.* 769, 770.
Gomphonema *Ag* 23.
clavatum 11.
coronatum 13.
geminatum *Ag.* 23.
laticeps 12.
Mustela 12.
truncatum 11, 12.
Goniolina *d'Orb.* 376.
Goniopteris 173.
Goniopteris - Desmophlebis *Sch. Traité* 90.
Goniopteris-Lastraea *Al. Brn.* 101, 102.
Goniopteris-Nervation 90, 129.
Gossypium 837.
Gouania protogaea *Unger* 313.
Gramineen 386.
Grammatophora *Ehrenb.* 24.
africana 13.
serpentina Kütz. *Ehrenb.* 25.
Graphis 72.
Grevillea 650, 653, 655, 659, 663.
acanthifolia 663.
aciphylla 655.
Grevillea bipinnatifida 663.
elliptica *Sap.* 720.
grandis *Ettingsh.* 659.
haeringiana *Ettingsh.* 659, 662.
juniperina 655.
kymeana 659.
lancifolia *Heer* 659.
laurina 655.
linearis 655.
myrtifolia 655.
obscura *Sap.* 720.
Grewia 119, 120, 121, 822.
arcinervis *Heer* 520, 521.
auriculata *Lesq.* 520.
crenata *Heer* 520, 522, 621.
crenulata *Heer* 520.
obovata *Heer* 520.
Grewiopsis *Sap.* 519, 520.
Haydeni *Lesq.* 520.
tiliacea *Sap* 520.
Griselinia lucida 715.
Grossularieen 622.
Gruinales 530.
Grumilea *Geyler* 432, 787.
Guajacum angustifolium *Engelm.* 533.
Guajacites Heerii *Massal.* 536.
enervis *Massal.* 536.
Gualtheria Sesostris *Unger* 721.
Guilielmites *Geinitz* 372.
Gutbiera *Presl.* 131.
angustiloba *Presl.* 131.
Gümbelina 34.
Gymnocladus 820, 844.
canadensis 683, 688, 694.
chinensis 694.
macrocarpa *Sap.* 694, 702, 844.
Gymnospermae 2, 211, 848.
Gymnosporia *Wight* et *Arn.* 577.
Gymnostomum ferrugineum *Ludw* 75.
Gynandrae 388.
Gyrochorda *Heer* 51.
comosa 51.
ramosa 51.

Gyrochorda vermicularis 51.
Gyrogonites 43.
Gyrophyllites *Glock.* 47. 234.
Kwassizensis *Gl.* 48.
pusillus *Gl.* 47.
Theobaldi *Gl.* 47.
Gyroporella *Gümb.* 34.
annulata *Schafh.* 33.
cylindrica *Gümb.* 33, 35.
triasina *Schauroth.* 33.
vesiculifera *Gümb.* 35.

H.

Haastia *Ettingsh.* 803.
Haematoxylon 696.
Hafgygia 59
Haidingera *Endl.* 283.
Sehaurothiana *Massal.* 284.
Hakea 652, 653, 654, 655, 656, 658, 661.
amphibola 652.
cinerea *R.* 658.
demersa *Sap.* 652.
discerpta 658.
exulata *Hecr* 658.
Gaudini *Heer* 658.
Germari *Ettingsh.* 661.
ilicina 658.
mahoniaeformis 658.
Myrsinites *Ettingsh.* 662.
obscurata 658.
palaeoptera *Sap.* 652.
plurinervia *Ettingsh.* 661, 662.
redux *Sap.* 658.
salicina 658.
Halesia *L.* 751, 754, 755.
Halicoryne *Harv.* 30, 32.
Halimeda *Lamourx.* 30
Haliseris 29, 68.
Dechenianus *Göpp* 68.
erecta (Bean) *Sch.* 29.
Haliserites *Sternb.* 29, 68.
Dechenianus *Göpp.* 29.
gracilis *Deb.* et *Ett.* 29.
Halochloris baruthina *Ettingsh.* 306.
Halonia *Lindl.* u. *Hutt.* 196.
Halorhagidaceen 630, 632.
Halymenidium *Sch.* 37.
Halymenites *Sternb.* 37, 67.
cactiformis 67.
flexuosus *F. O.* 37.
lumbricoides *Heer* 37.
minor *F. O.* 37.
Schnitzleini 67.
Hamamelidaceen 616, 622, 841.
Hamamelidanthium succineum *Conwentz* 626, 627.
Hamamelis 625, 627.
japonica *Sieb.* u. *Zuccar.* 625.
latifolia *Sap* 720.
virginica *L.* 625.
Hamamelites *Sap.* 439, 625.
kanseanus *Lesq* 626.
quadrangulus *Lesq.* 409.
Haptoporella *Gümb.* 33.
biscutata *Gümb.* 33.
fasciculata *Gümb.* 33.
reticulata *Defr.* 33.
scrobiculata *Gümb.* 33.
Hardenbergia orbis veteris *Unger* 677.
Harlania Hallii *Göpp.* 53.
Hartogia Thea 577.
Haueria *Unger* 900.
Hawlea Corda 89.
Heberdenia excelsa Banks 735.
Hedera 404, 602, 603, 604, 605, 608, 840.
acutelobata *Sap.* 841.
aquamara *Lest. Ward* 608.
Brunneri *Lest. Ward* 608.
capitata *Sw.* 602.
cuneata *Heer* 608.
Helix *L.* 602, 615, 608, 841.
Kargii *Heer* 606, 608.
minima *Lest. Ward* 608.
ovalis *Lesq.* 608.
parvula *Lest. Ward* 608.
pentagona *Ludwig* 605.
platanoides *Lesq.* 608.
primordialis *Sap.* 608, 841
prisca *Sap.* 608.
Schimperi *Lesq.* 608.
Strozzii *Gaud.* 608, 841.
Hederaephyllum *Font.* 805.
Hedycarya 498.
europaea *Ettingsh.* 498.
Heimia 636.
Helicostylis Pöppigiana *Trecul* 478.
Helictoxylon *Felix* 903.
luzonense *Crié* 904.
Heliotropites acuminatus *Ettingsh.* 777.
parvifolius *Ettingsh.* 777.
Reussii *Ettingsh.* 777.
Heliotropium 777.
Helleborus *L.* 506, 605.
Früchte *Heer* 508.
inaequalis *Heer* 508.
marginatus *Heer* 508.
Helmintholithus 148.
Helobiae 388.
Helobieen 830.
Hemionitis cordata *Roxb.* 136.
Hemiphoenicites *Vis.* 373.
Hemiptelea 470.
Hemitelia 136.
capensis *B. Br.* 127, 143, 144.
Hemitelites *Sap.* 93, 136.
Hepaticae 1, 73.
Hermitella 34.
Heterangium *Corda* 188.
Heterocalyx *Sap.* 537, 538, 771, 773, 820.
Ungeri *Sap.* 771, 838.
Heteropteris 568, 571, 573.
palaeonitida *Ettingsh.* 571.
protogaea *Ettingsh.* 571.
Heterosporae 1, 184.
Hexapterospermum *Brongn.* 352.
Hibbertia 598, 599, 600.
amoena *Conw.* 598, 600.
latipes *Conw.* 598.
lineata *Steud.* 599.
tertiaria *Conw.* 598.
Hibiscus 837.
Hieracites salyorum *Sap.* 795, 796.
Hightia *Bowerb.* 799.
Hildebrandtia 36.

Himanthalia *Lyngb.* 28.
Amphisylarum *Sch.* 29.
Himanthidia *Ehrenb.* 17.
Himantidium *Arcus* 14.
Hippocastanum 552.
Hiraea 572, 573.
borealis *Ettingsh.* 573.
expansa *Heer* 573.
Hermis *Ung.* 573.
septentrionalis *A. Juss.* 569
Ungeri *Ettingsh.* 572, 573.
urens *Moric.* 569.
Hippocratea *L.* 580, 581
Hippocrateaceen 574, 577. 584.
Hippophaë 650.
dispersa *Ludwig* 649.
rhamnoides *L.* 647, 650
striata *Ludwig* 649.
Hippuris vulgaris *L.* 631, 632.
Hiptage 573.
Holopleura *Caspary* 511, 836.
Victoria *Caspary* 512.
Holoptelea 470.
integrifolia *Planch.* 471.
Holoptichius Hibberti *Ag.* 71.
Hölzer, fossile 847.
fossile der Coniferen 848.
fossile der Dicotylen 890
fossile der Monocotylen 879.
Hopea 752.
Hormosira *Harv.* 29.
Houttuynia 403.
Humulus *L.* 476.
Palaeolupulus *Sap.* 476.
Huttonia aut. 171. *Sternb.* 173.
carinata *Germ.* 172.
spicata *Sternb.* 173.
Hydnum *Heer* 70.
antiquum 70.
argillae *Ludw.* 71.
Hydrancylus *F. O.* 46.
Hydrangea *L.* 616. 714, 790, 841. 847.
hortensis *L.* 772.
sagoriana *Ettingsh.* 774. 776.
Hydrocharis *L.* 390.
Hydrocharis Morsus ranae *L.* 390.
orbiculata *Heer* 390.
Hydrocharitaceen 349
Hydrocharites obovatus *O Weber* 390.
Hydrocotyle *L.* 404.
bonariensis *Lam.* 402.
Hydrodictyon 4.
Hydropteriden 152.
Hymenaea 701. 805.
elongata *Velen.* 701.
Fenzlii *Ettingsh.* 694.
primigenia *Sap.* 701.
Hymenanthera dentata *R.B.* 402.
Hymenophyllaceae 84.
Hymenophyllaceen 82.
Hymenophyllites splendens *Lesq.* 109.
Hymenophyllum *Sm.* 68, 82. 84, 107.
Weissii *Sch.* 84.
Hymenostomum microstomum *R. Br.* 75.
Hyoserites 797
Schultzii *Ettingsh.* 796, 797
Hyphaene 368.
Hypodermier 70.
Hypoglossidium *Heer* 361
Hysterophytae 704.
Hysterophyten 844.

I.

Icacoraea 737.
Idiophyllum rotundifolium *Lesq.* 139.
Ilex *L.* 579, 580, 583, 658, 788.
Aquifolium *L.* 583, 840
aurita *Casp.* 580.
Bailii *Casp.* 789.
balearica 583, 840.
balearica *Desf.* 822.
berberidifolia *Ettingsh.* 583.
borealis *Heer* 580.
canariensis *Webb.* et *Berth.* var. pliocenica 583.
celastrina *Sap.* 582.
dryandraefolia *Sap.* 582.
Ilex Falsani *Sap.* et *Mar.* 582, 583, 822, 840.
glacialis 583.
Hartungi *Heer* 583.
minor *Casp.* 789.
minuta *Conw.* 579, 580, 582.
neogena Ung. 579.
prunifolia *Lesq.* 583, 584
prussica *Casp.* 579, 582.
stenophylla *Ung* 583.
Illicium *L.* 506.
deletum *Velen.* 506.
Inga 701
Gavillana *Gaud.* 701.
Icari *Ung.* 701.
latifolia *Velen.* 701.
Inolepis *Heer* 286, 305.
affinis *Heer* 306.
imbricata *Heer* 305, 306.
Iridaceen 364.
Iridium *Heer* 364
grönlandicum *Heer* 364.
Iris *L.* 364, 820.
Escheri *Heer* 364.
Güldenstedti *Fisch.* 364.
latifolia *Heer* 364.
obsoleta *Heer* 364.
prisca *Heer* 364.
Pseudacorus *L.* 364.
Isoëteae 1, 198.
Isoëtes *L.* 198, 205.
Braunii *Unger* 198.
lacustris 198.
Isonandra *Hook.* 741.
Isonandrophyllum *Geyl.* 741.
Isosporeae 1, 181.
Isthmia *Ag.* 26.
enervis *Ehrenb.* 26.
Itea 619
Itieria *Sap.* 68.
Brongniarti *Sap* 69
virodunensis *Sap.* 69

J.

Jacaranda borealis 779.
Jambosa 637.
Jamesonia *Hook.* et *Grev.* 124.
Janusia 839.
Jasminaceen 756, 846.

Jasminum *L.* 892.
fruticans *L.* 756.
nudiflorum *Sieb.* 756.
palaeanthum *Sap.* 756, 759 782.
Wallichianum 756.
Jeanpaulia *Unger* 262.
Jeffersonia 499.
Jordania *Schenk* 902, 903.
Jubaea spectabilis 371.
Juglandaceen 445, 832, 833.
Juglandinium *Unger* 899.
Juglandites 451, 832.
Göpp. 447.
Juglandophyllum*Schenk*451
Juglans *L.* 445, 446, 820, 822, 832, 833, 892, 896.
abbreviata *Heer* 447.
acuminata *A. Br.* 447, 450, 451, 833.
arctica *Heer* 447, 451.
Brauniana *Heer* 447.
californica *Lesq* 451.
cinerea *L. Geyler* 833, 446, 448.
cordiformis *Maxim.* 445.
corrugata *Ludw.* 447.
crassipes *Heer* 451.
Debeyana *Lesq* 451.
elaenoides *Unger* 447.
globosa *Ludw.* 447.
Göpperti *Ludw* 440, 446.
Hageniana *Heer* 447.
mandschurica *Maxim.*446.
minor *Sap.* 447, 833.
minor *Unger* 447.
nigella *Heer* 451.
nigra *L.* 446, 833.
nigra L. var boliviana *DC.* 445.
nux taurinensis *Brongn.* 447
oregoniana *Lesq* 451.
Parschlugiana *Unger* 450, 451.
picroides *Heer* 451.
quadrangula *Ludw.* 447.
regia *L.* 445, 447, 448, 832, 834.
rostrata *Göpp.* 447.
Juglans rupestris *Engelm.* 452.
salinarum *Unger* 447.
Saturni *Schenk* 447.
Sieboldiana var. fossilis *Nath.* 451.
stenocarpa *Maxim.* 446.
Sturii *Unger* 447.
tephrodes *Unger* 446, 452, 822, 823, 833.
Juncaceae 363.
Juncus antiquus *Heer* 364.
articularis *Heer* 364, 388.
retractus *Heer* 364.
Scheuchzeri *Heer* 364.
Juniperites Hartmannianus *Göpp.* 330.
Juniperus *L.* 257, 309, 339, 811.
ambigua *Sap* 330.
foetidissima *Willd.* 329.
gracilis *Heer* 330.
macilenta *Heer* 329.
nana *Willd* 329, 330.
phoenicea 330.
rigida *Heer* 329, 330.
sect. Sabina 309.
tertiaria *Heer* 330.
thurifera 330.
virginiana *L.* 329, 823.

K.

Kaidacarpum *Carruth.* 375, 376, 805.
Bucklandi *Carruth.* 376.
cretaceum *Heer* 376.
minus *Carruth.* 376.
oolithicum *Carruth.* 376.
parvulum *Heer* 376.
sibiricum *Heer* 376.
stellatum *Heer* 376.
Karpolithen *Dunk.* 160.
Karreria 34.
Kaulfussia 82.
Keckia *Glock.* 45, 46, 68, 234.
annulata *Glock.* 45, 46.
Kennedya dubia *Ettingsh* 677
Phaseolithes *Ettingsh.* 677.
Kerria *DC.* 673.
Kiefern 862, 874.
Kiggelaria oligocenica *Fried.* 515, 516.
Kirchnera 124.
Klipsteinia *Unger* 899.
Klödenia *Göpp.* 898.
Knightia 664
Daltoniana *Ettingsh.* 664.
Knightites 653, 661.
Knorria *Sternb.* 188, 194.
imbricata *Göpp.* 195.
imbricata *Sternb.* 194.
longifolia 193.
longifolia *Göpp.* 195.
Kölreuteria 547, 549, 554.
borealis *Heer* 549.
oeningensis *Heer* 549, 553.
paniculata *L.* 549, 838.
vetusta *Heer* 549.
Korallen 38.
Krannera *Corda* 804.

L.

Labatia Salicites *O. Weber* 583.
Labiatae 778.
Labiatiflorae 777, 795.
Labiatifloren 846.
Laccopteris *Presl* 130.
Dunkeri *Schenk* 136.
elegans *Presl* 130.
Münsteri *Schenk* 130.
Phillipsii *Zigno* 130.
Lagenostoma *Williams.* 352.
Laharpea umbellata *Heer* 388.
Lambertia extincta *Etttingsh.* 651.
Laminarieen 55.
Laminarites crispus *Sternb.* 142.
Lamprocarpites *Heer* 805.
nitidus *Heer* 388.
Lamuriana *Heer* 90.
Lantana 847.
Laportea Gigas *Wedd.*
Larix *Link* 253, 257, 339, 343, 847, 811, 854, 860, 861, 862.
davurica 862.

Larvaria *Defr.* 31, 33.
Annulus *P.* u. *J.* 34.
Lastraea *Presl.* 101.
fraxinifolia *Presl.* 102.
helvetica *Heer* 101.
stiriaca *Unger* 101, 102.
Lathyrus tuberosus *L.* 692.
Laubmoose 74.
Lauraceen 492, 588, 807, 843.
Laurelia 498.
moschata 498.
rediviva *Unger* 498.
Laurinium *Unger* 899.
Laurophyllum *Göpp.* 494.
Haasioides *Göpp.* 496.
viburnifolium *Göpp.* 496.
Lauroxylon *Schenk* 899.
Laurus *L.* 493, 495, 820, 835, 896
Agathophyllum *Unger* 496.
australiensis *Ettingsh.* 496.
californica *Lesq* 496.
canariensis 822.
Fürstenbergi *Unger* 496.
grandis *Lesq* 496.
Hollae *Heer* 494.
Lalages *Unger* 496.
Leconteana *Lesq.* 494.
nobilis *L.* 493, 496, 822, 823.
nobilis L. var. pliocenica *Sap.* et *Mar.* 835.
ocoteaefolia *Ettingsh.* 496.
phoeboides *Ettingsh.* 496.
plutonia 663.
primigenia *Unger* 496.
princeps 496.
proteaefolia *Lesq.* 494.
socialis *Lesq.* 496.
subprimigenia *Sap* 496.
Swoscowicziana *Unger* 496.
tetrantheracea *Schimp* 496
thulensis *Heer* 494.
utahensis *Lesq.* 496.
Lebermoose 73.
Lecidea 72.
Lederpappeln 459.
Ledum spec. *Fritsch* 728.
limnophilum *Unger* 727, 728.
Leguminosae 677.
Leguminosen 843.
Leguminosites *Bowerb.* 703, 799.
arachioides *Lesq.* 704.
Leiodermaria 206.
Leitbündelverlauf d. Blätter 401.
Lemna scutata *Dawson* 378.
penicillata *Lesq* 378.
Lenzites *Fr* 71
Gastaldii *Heer* 71.
Lepidanthium *Sch.* 228.
Lepidium antiquum *Heer* 514.
Lepidobalanus 433, 832.
Lepidodendreen 359.
Lepidodendron *Brngt.* 185, 186, 190, 191, 195, 196, 203, 205, 208, 310, 393.
dichotomum *Sternb* 187.
Harcourtii 196.
Harcourtii *Brongn.* 188, 189.
Jutieri *Ren.* 189.
Rhodumnense *Ren.* 187, 188, 195, 203, 206.
Sternbergii *Brngt.* 190.
Veltheimianum 193, 195
Lepidophloios *Brngt Williams. Sternb* 193, 194
Lepidopteris *Sch* 128.
Kurrii *Sch.* 128.
Lepidostrobus *Brngt* 191, 197
Bailyanus *Sch.* 197.
Dabadianus *Schimp* 191
Lepidoxylon anomalum *Lesq* 261
Leptocaryon *Brongn.* 249
Leptomeria 710
flexuosa *Ettingsh.* 711.
gracilis *Ettingsh.* 710, 711
Leptospermites *Sap.* 640.
Leptospermum 636.
scoparium *Schauer* 639.
Leptostrobus *Heer* 291.
angustifolius *Heer* 291.
crassipes *Heer* 291, 292.
microlepis *Heer* 292.
rigida *Heer* 292.
tenuiflorus *Heer* 292.
Lescuropteris *Schp.* 120.
Lesleya grandis 133.
Leucadendron 653.
Leucospermites 661
Leucothoë *Schimp.* 722, 844.
Libocedrus *Endl.* 309, 315, 622, 789, 841, 872.
adpressa *Gardn.* 331.
chilensis *Endl.* 316, 317, 828.
cretacea *Heer* 317.
decurrens *Torrey* 309, 316, 317, 872
Doniana *Endl.* 316, 317.
gracilis *Heer* 317.
(Calocedrus) macrolepis *Kurz* 309, 316.
ovalis *Göpp* 317.
Sabiniana *Heer* 317, 811, 820, 872.
salicornioides *Heer* 316, 317, 811, 828.
tetragona *Endl.* 316, 317, 828, 872.
Veneris *Velen.* 828.
Lichenes 72.
Licmophora *Ag.* 24.
flabellata *Ag* 24.
Ligulatae 184.
Liguliflorae 795.
Ligustrum *L.* 756, 757
amurense *Rupr* 757
priscum *Ettingsh.* 760.
vulgare *L.* 760.
Liliaceen 359.
Lilieen 360.
Liliiflorae 359.
Liliifloren 829.
Lillia *Corda* 900.
Limnophyllum lanceolatum *Hos.* et *v. d. Mark* 378.
primaevum *Hos.* u. *v. d. Mark.* 378.
Linaceen 530.
Lindera sericea var fossilis *Nath.* 496.
Linociera 757.
dubia *Unger* 758.
Linum oligocaenicum *Conw.* 530, 595.

Liquidambar *L.* 555, 615, 622, 841, 842.
acerifolium *Maxim.* 842.
californicum *Lesq* 624, 625, 841
europaeum *A Br* 623, 624, 625, 822, 841, 842.
Göpperti *Wat.* 623.
imberbe *Mill.* 615, 841.
integrifolium *Lesq* 623.
pliocaenicum *Geyler* 624, 822. 841
protensum *Unger* 624, 625, 842.
styracifluum *L.* 615, 624, 842.
Liquidambaroxylon *Felix* 903.
Liriodendron *L.* 503, 504, 836.
Celakovskii *Velen.* 504.
Gardneri *Sap.* 836.
helveticum 836.
islandicum 504, 836.
Maackii *Lesq* 504, 836.
primaevum *Newb* 836.
Procaccinii 504, 505, 836.
tulipifera *L.* 504.
Liriophyllum *Lesq.* 503.
Litsaea 495.
Böttgeri *Geyl.* 496.
elatinervis *Sap* et *Mar* 495.
magnifica *Sap.* 495.
Lithocarpus 433.
Lithothamnieae 38.
Lithothamnium expansum *Phill.* 40.
lichenoides *Decsne* 39.
perulatum *G* 39
Philippii 38.
pliocaenicum *G.* 39.
ramosissimum *Reuss* 39.
tuberosum *Gümb* 39
Livistona australis 371
chinensis *RBr* 368.
Loganiaceen 846.
Loiseleuria procumbens *Don.* 726.
Lomatia 653, 655, 658, 659, 664.
firma *Heer* 658.
hakeaefolia 665.
Lomatia latior 658.
longifolia *BBr.* 661, 664
microphylla 664.
oceanica *Ettingsh.* 658.
praelongifolia 664.
Pseudoilex *Unger* 651, 657.
reticulata *Ettingsh.* 658.
Swantevitii *Unger* 658.
Lomatites 661.
aquensis *Sap* 665, 797.
Berendtiana *Göpp.* 661.
obtusatus *Sap.* 797.
salicinus *Sap* 797.
sinuatus *Sap.* 797.
Lomatophloios *Corda*, *Williamson* 194.
crassicaulis 189, 194.
Lomatopterideae 123.
Lomatopteriden 105.
Lomatopteris *Schp.* 123.
burgundiaca *Sap.* 123.
jurensis *Kurr.* sp 124.
Schimperi 124.
Lonchopteris *Brngt.* 105, 119
rugosa *Brngt.* 118.
Lonicera *L.* 614, 788.
deperdita *Heer* 788.
Lonicereen 788.
Lophoctenium *Richt.* 58.
comosum *Richt.* 58.
Hartungi *Gein.* 58.
Lophophytum 251.
Loranthaceen 712, 844.
Loranthophyllum dubium *Unger* 715.
Griselinia *Unger* 715.
Loranthus deliquescens *Geyler* 716.
extinctus *Ettingsh.* 714
Forsterianus 715
longifolius 715.
palaeo-Eucalypti *Ettingsh.* 714.
protogaeus *Ettingsh.* 714.
Loranthacites succineus *Conwentz* 714.
Loxsoma 84.
Ludoviopsis *Sap.* 375.
discrepta *Sap.* 375.
geonomaefolia *Sap.* 375.
Lumbriconereis gigantea Quatref. 49.
Lycopodiaceæ 76, 181.
Lycopodiaceen 29.
Lycopodieae 1, 181.
Lycopodites Gutbieri *Göpp.* 185.
macrophyllus *Goldenb* 185.
Milleri *Salter* 182.
primaevus *Goldenb.* 185.
Williamsonis *Lindl.* und *Hutt.* 333.
Lycopodium *L.* 182, 201.
Lycopus europaeus 778.
Lyginodendron *Williams.* 188, 194, 195.
Lygodium *Swartz* 78, 82, 86.
Gaudini *Heer* 86.
palmatum *Sw.* 86.
Lysimachia Nummularia *L.* 734.
Lythophyllum *Phill.* 38.
Lythraviaceae 630.
Lythrariaceae 644.
Lytta 760.

M.

Maba 744, 745.
Macclintokia *Heer* 485, 501, 602, 636, 708, 836.
cretacea *Heer* 485.
heersiensis *Sap* 485
Lyalli *Heer* 485, 486.
trinervia *Heer* 485, 486.
Machaerium 690.
Kahlenbergi *Fried* 690.
palaeogaeum *Ettingsh.* 690.
Macreightia 744.
crassa *Lesq.* 742, 746.
germanica *Heer* 742, 746.
germanica *Unger* 742.
longipes *Ettingsh.* 742, 746.
microcalyx *Ettingsh.* 746.
Macrocystis 59.
Macropterygium *Sch.* 226.
Bronnii *Sch.* 226.
Schenkii *Sch.* 226.
Macrostachya *Sch.* 170, 171, 172, 173.
infundibuliformis 172, 179.

Macrostachya Solmsii *Weiss* 172.
Macrotaeniopteris *Sch.* 89, 132, 133, 225.
danaeoides *Royle* 133.
Feldeni *Feistm.* 133.
gigantea *Schenk.* 133.
lata *Oldh.* 135.
magnifolia *Rogers* sp. 133.
Morrisii *Oldh.* 133.
musaefolia *Bunb.* 133
ovata *Sch.* 133.
Macrozamia *Miq.* 211, 215, 230.
Madenstein 148.
Maesa europaea *Ettingsh.* 736.
Magnolia 822, 836, 896.
alternans *Heer* 504.
Brownii *Ettingsh.* 504.
californica *Lesq* 504.
Capellinii *Heer* 504.
Dianae *Unger* 504.
Dicksoniana *Nath.* 504.
fraterna *Sap.* et *Mar* 504, 836.
grandiflora *L.* 505, 507, 836
Hoffmanni *Ludw.* 504.
inaequalis *Sap* 504
Inglefieldii *Heer* 503, 504, 505, 836.
lanceolata *Lesq* 504.
Ludwigii *Ettingsh.* 504, 506.
meridionalis *Sap.* 504.
Nordenskiöldi *Heer* 504.
obovata 506.
primigenia *Heer* 504.
speciosa *Heer* 504.
telonensis *Sap.* 504
Torresii *Ettingsh.* 504
tripetala 506.
Magnoliaceen 502, 836.
Magnolioides sagorianum *Ettingsh.* 506.
Magnoliolepis *Conw.* 504.
prussica *Conw.* 504.
Magnoliophyllum *Conw* 504.
balticum *Conw.* 504.
Magnoliastrum arcinerve *Göpp.* 504.
Magnoliastrum michelioides *Göpp* 504.
talaumioides *Göpp.* 504.
Mahonia 499.
Majanthemophyllum *Heer* 361, 708, 805.
alternans *Heer* 361, 367.
boreale *Heer* 362.
cretaceum *Heer* 361
lanceolatum *Heer* 361.
petiolatum *O. Weber* 365.
Majanthemum 636.
Malacotesta *Williams.* 352.
Malpighiaceen 568, 839.
Malpighiastrum *Unger* 570, 571
coriaceum *Unger* 546.
Heteropteris *Unger* 570, 571.
janusiaeforme *Sap.* 570, 571, 572.
teutonicum *Schenk* 571, 839.
Mammillaria Desnoyersi *Brongn.* 301
Manicaria formosa *Heer* 372.
Mantellia *Brngt.* 230.
cylindrica *Brngt.* 230.
Marantaceen 387.
Marattia 82, 83, 87, 149
attenuata *Lab.* 88.
fraxinea *Sm.* 88, 134.
hoerensis *Sch.* 88
Münsteri (Fr Brn.) *Sch.* 87.
Marattiaceae 87.
Marattiaceen 83.
Marattiopsis *Sch.* 134.
Münsteri *Sch.* ol. 88.
Marattiotheca *Sch.* 90.
Grand'Euryi *Sch* 91.
Marchantia 73.
gracilis *Sap.* 74.
linealis *Lindl.* 74
polymorpha 74.
Sezannensis *Sap.* 74.
sinuosa *Sap.* 74.
Marginoporella *Park.* 33.
Marimina *Unger* 383.
Marlea 610.
bignoniaefolia *Fort.* 610.
Marsilia *L* 153, 154, 156.
Drummondi 154.
Fabri 154.
Marioni 154.
quadrifolia *L.* 154.
Marsilidium *Schenk* 155.
speciosum 181.
Marzaria *Zigno* 130.
Paroliniana *Z.* 131.
Matonia 130, 131, 132.
pectinata *Sm.* 130.
Matonidium *Schenk* 130.
Göpperti *Schenk* 130.
Mauritia aculeata *H. B. K.* 368.
Medicago protogaea *Heer* 680.
Medullosa *Cotta* 824, 883.
Megaphytum Artis 78, 147, 148.
Melaleuca 636.
attenuata 639.
Leucadendron hort. 639.
Melastomaceen 403, 588, 630. 635.
Melastomites cuneiformis *Hosius* u. *v d. Mark.* 636.
Druidum *Unger* 635.
parvula *Unger* 635, 636.
quinquenervis *Heer* 635.
radobojana *Unger* 635, 636.
Meliosma myriantha *Sieb* et *Zuccar* 545.
Melobesia *Lamx* 38, 39.
Melosira *Ag* 16.
varians 16, 26 Moore
Melosireae 15.
Mengea palaeogena *Conw.* 667, 668.
Menispermaceen 800, 807, 836.
Menispermites *Lesq.* 501, 805.
ovalis *Lesq.* 501
Menispermum *L.* 402, 506, 608.
canadense *L.* 502.
dahuricum *DC.* 402, 502.
latifolium *Sap* 822.
virginicum *Sap.* 466.
Menyanthes arctica *Heer* 763.

Menyanthes diluviana *Heer* 763.
tertiaria *Heer* 764.
trifoliata *L.* 763, 764.
Merianopteris *Heer* 128.
augusta 128.
Meridiaeae 23.
Meridion *Ag.* 24.
constrictum *Ralfs* 24.
Mertensia *Willd.* 85, 86, 130.
Zippei *Heer* 85.
Mesocena binonaria 14.
Mesochondriteae 63.
Mesochondriten 62, 65.
Metaspermae 2.
Metopium 541
Metrosideros *R. Br.* 640, 642, 643.
calophyllum *Heer* 642.
extinctus *Ettingsh.* 642.
peregrinus 642.
robusta 642.
Metzgeria 73.
Meyenites *Unger* 902.
Mezoneuron radobojanum *Unger* 699.
Michelia 504.
Microcachrys 256, 259
Microcycas *Mig.* 216.
Microdictyon *Sap.* 136.
ruthenicum *Sap.* 136.
Microlepia 79, 80.
Microlepidium 805.
Micropodium *Sap.* 692, 821
oligospermum *Sap.* 682, 685.
Microptelea *Spach* 820, 834.
Millepora Lk. *Sol.* u. *Ellis* 38.
Milleporen 38.
Mimosaceen 820, 844.
Mimoseen 699.
Mimosites *Bowerb.* 701, 703, 799.
haeringiana *Ettingsh.* 700.
linearifolius *Lesq.* 701, 702.
Mimusops Elengi 739.
Mirbelites *Unger* 899.
Mitella 617.
Mittelnerv 400.
Mixoneura *Weiss* 121.
Mohlites *Unger* 896, 902.
Mohria 82.
Mollinedia *Ruiz* et *Pav.* 498.
Monheimia *Deb.* et *Ettingsh.* 136.
Monimiaceen 498.
Monimiopsis *Sap.* 499.
Monocotylae 356, 879.
Monocotyledoneae 2.
Monotropa 844.
fimbriata *A. Gray* 734.
Hypopitys *L.* 734.
microcarpa *Heer* 733, 844.
uniflora *L.* 734.
Monotropeen 733.
Moose 73.
Moreauia *Pomel* 275, 300.
Moreen 476.
Moriconia *Deb.* et *Ettingsh.* 310, 312, 318.
cyclotoxon *Deb* et *Ettingsh.* 318.
Morinda sublinearis *Unger* 784.
Morus alba *L.* 476.
nigra 404.
rubra L. var. pliocenica *Sap.* 476.
rubra *Willd.* 822.
Mucuna 683.
Mucunites Grepini *Heer* 683.
Münsteria *Sternbg.* 46, 68, 234.
annulata *Schafh.* 46.
bicornis *Heer* 46, 59
caprina *Heer* 46, 59.
clavata *St.* 68.
cretacea *F. O.* 46.
geniculata 46.
Hoessii *Sternb.* 46, 68.
nummulitica *Heer* 46.
Schneideriana *Göpp.* 46.
Musa *L.* 387.
Musaceen 387.
Musci 1.
Muscinae 73.
Musophyllum *Unger* 387.
bilinicum *Sap.* 387.
complicatum *Lesq.* 387.
longaevum *Sap.* 387.
speciosum 387.
Myoporaceen 778.
Myoporum 778.
ambiguum *Ettingsh.* 778.
Myosotis caespitosa 777.
Myrcia *DC.* 640.
lancifolia *Frisd.* 642.
Myrica *L.* 452, 625, 653, 660, 833.
acutiloba *Brongn.* 457, 458.
aemula *Crié* 442, 457.
aemula *Heer* 442.
aethiopica *L.* 454, 456.
angustata *Schimp.* 458.
asplenifolia *Rich.* 408, 452, 453, 454, 456, 653, 657, 664, 833.
(Subfaya) californica *Cham.* et *Schlchtdhl.* 452.
Casparyana *Schenk* 453.
cerifera *L.* 452, 454, 455.
cordifolia 456.
cretacea *Heer* 457.
dakotensis *Lesq.* 456.
denticulata *Ettingsh.* 458.
Faya *Ait.* 452, 454, 455.
fructus 457.
Gale *L* 453, 454.
incisa *Ludw.* 458.
integrifolia *Unger* 458.
lignitum *Unger* 457, 458.
linearis *Lesq.* 453.
longa *Heer* 456.
magnifica *Crié* 457.
marginata *Heer* 456.
microcarpa 455.
Nagi *Thbg.* 453.
obtusa *Lesq.* 456.
oeningensis *Heer* 458.
parvifolia *Heer* 457.
parvula *Heer* 456.
quercifolia 455, 456.
radobojana *Unger* 733, 736.
salicifolia *Hochst.* 453, 454, 455.
salicina *Unger* 457, 458.
solida *Heer* 743.
spathulata *Mirb.* 453.
suessionensis *Wat.* 457.
vindobonensis *Ettingsh.* 458.

Myricaceen 452, 807, 833.
Myricophyllum 653.
oligocenicum *Conw.* 457.
Myriophyllites capillifolius *Unger* 632.
Myriophyllum 632.
alternifolium *L.* 631.
Myriopteris *Fée* 124.
Myristicaceen 502.
Myristicophyllum majus *Geyl.* 502.
minus *Geyl.* 502.
Myrsinaceen 844.
Myrsine 734, 736.
acuminata *Sap.* 844.
africana *L.* 735, 736, 844.
antiqua 735.
bottensis *Rich.* 735.
Braunii 735.
canariensis 735.
celastroides *Heer* 733.
celastroides *Sap.* 733, 736, 844.
consobrina *Heer* 736.
cuneata *Sap.* 736.
dacica *Staub* 735.
dubia *Fried.* 736.
emarginata *Sap.* 720.
fyeensis *Crié* 737.
Lesquereuxiana *Gaud.* 736.
linearis *Sap.* 733, 756.
microphylla *Heer* 733.
minuta *Sap.* 733, 736.
philippinensis *A. DC.* 736.
recuperata *Sap.* 733, 736.
retusa 735, 736, 844.
rhabdonensis *Staub* 735.
Ruminiana *Heer* 733.
salicoides *Heer, A. Br* 733, 736.
semiserrata *Wall.* 844.
simensis *Hochst.* 735, 736.
spinulosa *Sap.* 736.
subincisa *Sap.* 736.
transylvanica *Staub.* 735.
Myrsinites *Ettingsh.* 735.
Myrsinopsis succinea *Conw.* 737, 738.
Myrtaceen 403, 630, 636, 842.
Myrtifloren 630, 842.
Myrtophyllum 640, 641, 642, 643.
Geinitzii 640.
Heer 640.
Schübleri 641.
Myrtus *L.* 640, 641, 820.
atlantica 641.
borealis *Heer* 641
caryophylloides 842.
communis *L.* 639, 643, 842.
melastomoides 639.
oceanica 641
parvula *Heer* 641
syncarpaefolia *Fried.* 642, 643.
Veneris *Gaud* et *Strozzi* 639, 643, 842.

N.

Nageia 279.
Najadaceen 379, 830.
Najadita *Buckm.* 356, 382, 716.
Najadonium *Ettingsh.* 382.
Najadopsis *Heer* 382.
Najas *L.* 381.
effugita 381.
striata *Heer* 381
stylosa *Heer* 381.
Nauclea 784.
olympica *Unger* 784.
Navicula *Bory* 21, 22.
bohemica 11.
fulva 14.
gibba 11
Jenneri *Sm.* 22.
Liber *Sm.* 22.
lineolata 14.
sculpta 11.
Trochus 14.
Naviculeae 21.
Negundo 556.
acutifolia *Lesq.* 557
triloba *Newb* 582, 839
Neillia 673.
Nelumbium *L.* 404, 509, 836.
arcticum *Heer* 509.
Buchii *Ettingsh.* 509, 510, 513. 836.
Nelumbium galloprovinciale *Sap.* 509.
Lakesii *Lesq.* 509. 836.
nymphaeoides *Ettingsh.* 511
tenuifolium *Lesq.* 509, 836.
Nemopanthes 582, 583.
Neochondriteae 65.
Neochondriten 62.
Neomeris *Lamx* 30, 31, 32, 35.
nitida *Harv.* 32.
Neottopteris 133.
Nephelium *L.* 549.
Jovis *Unger* 549, 553, 839.
Verbeckianum 549.
Nephrodium *Rich. Hook.* et *Bak.* 101.
Nephrolepis 83.
Nephropteris *Brngt.* 141, 142, 144.
Nereis 50.
Nereites *Mac Leay* 50.
cambrensis *Mac Coy* 50.
Loomisi *Emm.* 50.
Sedgwickii 50.
Neritinium *Unger* 767
longifolium *Heer* 769.
Nerium *L.* 765, 821, 845, 846.
bilinicum *Ettingsh.* 766, 767.
exile *Sap.* 765, 767.
Gaudryanum *Brongn.* 766, 767.
odoratum *L.* 846.
odorum *Sol.* 767.
Oleander *L.* 767, 822, 846.
Oleander L. pliocenicum *Sap* 766, 767, 846.
parisiense *Sap* 765, 766.
repertum *Sap.* 765, 766.
Röhlii *Hos.* u. *v. d. Mark.* 846.
Röhlii *Sap.* 765, 766.
sarthacense *Sap.* 765, 766.
stiricum *Ettingsh.* 767.
Nervatio dictyodroma 407.
hyphodroma 407.
mixta 407.
reticulata 407
Nervillen 407.

Neurocyclopteris 117.
Neuropecopterideae 119.
Neuropterideae 116.
Neuropteriden 104.
Neuropteridium *Sch.* 117, 129.
grandifolium *Sch.* 117.
Neuropteris *Brongn.* 113, 117, 118, 119, 121, 122, 124, 127, 129.
Albertsii *Dunk.* 100.
arguta 94.
fimbriata 116.
flexuosa *Brngt.* 116.
imbricata 129.
Nervation 86, 96.
Nicolia *Unger* 901.
aegyptiaca *Unger* 901.
caledonica *Crié* 904.
Oweni *Carruth.* 901
tunetana *Crié* 901.
zeelandica *Unger* 901.
Nilsonia *Brongt.* 213, 225, 825.
compta *Brongn.* 226.
polymorpha *Schenk* 226.
Nipa 806
Nipadites *Bowerb.* 374, 806.
Burtini *Brongn.* 374.
provincialis *Sap.* 374.
Nitella 41.
flexilis *Ag.* 42.
Nitzschia *Hass.* 21.
rivax *W. Sm.* 21.
Nitzschieae 21.
Nitzschiella 21.
Noeggerathia *Sternb.* 227.
ctenoides *Göpp* 253.
cyclopteroides *Göpp* 252.
flabellata 260.
foliosa *Sternb.* 227.
speciosa *Ett.* 113.
vogesiaca *Bronn* 226.
Noegerathiopsis *O. Feistm.* 330, 331.
Nordenskiöldia *Heer* 519. 837.
borealis *Heer* 523, 524.
Nostoc *Vauch.* 27.
commune 27, 28.
protogaeum 28.
Notelaea 757.
excelsa *Webb.* 758.
primaeva *Sap.* 845.
Nullipora auct. 34, 38.
agariciformis *Lmk.* 40.
ramosissima *Reuss* 39, 40.
Nulliporen 38.
Nulliporites 65.
Nuphar L. 309.
luteum L. 514.
Nyctaginaceen 491.
Nyctomyces 878.
antediluvianus *Ung.* 71.
entoxylinus *Ung.* 71.
Nymphaea *L.* 404, 509, 510, 511, 836.
arctica *Heer* 511.
calophylla *Sap.* 511.
Charpentieri *Heer* 511.
coerulea *L.* 513.
Doliolum *Ludw.* 511.
Doris *Heer* 511.
Dumasii *Sap.* 511.
gypsorum *Sap.* 511.
polyrhiza *Sap.* 511.
saxonica *Fried.* 514.
Nymphaeaceen 509, 837.
Nymphaeites 513.
Arethusae *Brongn.* 512. 513.
Brongniarti *Casp.* 512, 514.
Ludwigii *Casp.* 511, 513.
microrhizus *Sap.* 513, 514.
palaeopygmaeus *Sap.* 113.
tener *Heer* 514.
thulensis *Heer* 514.
Weberi *Casp.* 513, 514.
Nyssa *L.* 371, 608, 611, 612, 613, 614, 649, 820, 841.
aquatica *L.* 611, 612.
arctica *Heer* 613, 614 615.
baltica *Heer* 613, 614.
Buddiana *Lester Ward* 615.
europaea *Heer* 611, 614, 615.
laevigata *Heer* 614.
maxima *Weber* 614.
microsperma *Heer* 614.
Nyssa obovata *Weber* 614.
ornithobroma *Unger* 613, 614, 615.
punctata *Heer* 612.
reticulata 613, 614.
rugosa *Weber* 614.
stiriaca *Unger* 614.
striolata *Heer* 614.
Vertumni *Heer* 611, 612, 614, 615.
vetusta *Newberry* 614.
villosa 612.
Nyssaceen 611.
Nyssidium *Heer* 615.
Nyssites *Herr* 612.
obovata *(Nyssa Weber)* 615.

O.

Odontidium *Ktz.* 19.
Odontodiscus excentricus 14.
Odontopterideae 121.
Odontopteriden 104.
Odontopteris *Brngt. Sternb. Göpp.* 113, 117, 120, 121, 124, 664.
alpina *Presl* 120.
Brardi *Brngt.* 121.
britannica *Gutb.* 121.
obtusa *Brngt.* 121, 122.
Reichiana *Gutb.* 121.
Oenanthe Lachenalii *Reid* 602.
Oldhamia 60, 234.
antiqua *Forb.* 60.
radiata 61.
Oldhamieae 60.
Oldhamieen 60.
Olea *L.* 758, 820, 821, 845.
carniolica *Ettingsh* 758.
europaea *L.* 758, 759, 845.
Feroniae *Ettingsh.* 758.
Noti *Unger* 758, 759.
olympica *Ettingsh.* 758.
praemissa *Lesq.*. 759.
primaeva *Sap.* 758.
proxima *Sap.* 758, 759, 845.
Oleaceen 574, 575, 757.
Oleandra 133.

Oleandridium *Sch.* 133.
vittatum *Sap. sp.* 133. 491.
Oleophyllum *Conwentz* 760.
boreale *Conwentz* 760.
Oleracites Beta prisca *Sap.* 491.
Olfersia 82, 133.
Oligocarpia *Göpp* 92.
Gutbieri *Göpp* 92.
Omalanthus 595.
tremula *Ettingsh.* 595, 597
Omphalopelta areolata 14.
Onagraceen 630.
Onoclea *L.* 93.
sensibilis *L.* 93.
Onychium 126.
Opegrapha 72.
Ophioglossaceae 151.
Ophioglossaceen 83.
Ophioglosseae 76, 151.
Ophioglossum *L.* 79, 84, 151.
lusitanicum 152.
palmatum 152.
vulgatum 152.
Opulus 790, 847.
Orbignya Lydiae *Drude* 370.
Orchidaceen 388.
Oreodaphne 493, 495, 824
apicifolia *Sap.* et *Mar.* 495
cretacea *Lesq.* 494.
foetens 493, 496.
Heerii *Gaud.* 495, 496.
resurgens *Sap.* 495.
styracifolia *O. Weber* 495
Oreodoxites *Lesq.* 372.
Oreomunoa 445, 446.
Orioporella 36.
Ormoxylon *Daws.* 870.
Ornus 760, 762.
Orphanidesia 844.
gaultherioides *Boiss.* et *Balansa* 722.
Orphanidesites gaultherioides *Caspary* 844.
primaevus *Casp.* 722.
Orthosira *Twaites* 26.
arenaria *Sm.* 26.
marina *W. Sm.* 26.
Orthotrichum 75.
Oryza exasperata *Heer* 384.
Osmanthus 756.
Osmunda *L.* 82, 83, 86, 145.
aurea 87.
bilinica *Sap.* 87.
cinnamomea *Nutt.* 87.
eocaenica *Sap.* et *Mar* 87.
japonica *Thunb* 87
javanica *Bl.* 87.
lignitum *Ung.* 87
regalis *L* 87, 117.
Osmundaceae 86.
Osmundaceen 82.
Osmundites Schemnitzensis *Ung* 87.
Ostrya *L.* 418, 820, 831.
Atlantidis *Unger* 419, 420, 421, 831
carpinifolia *Scop.* 418, 419, 831.
humilis *Sap.* 418.
multinervis *Ettingsh.* 419.
Prasili *Unger* 419
stenocarpa *Ettingsh.* 419
tenerrima *Sap.* 419
virginica *Willd.* 405, 418, 419, 420, 831
vulgaris 831
Walkeri *Heer* 418, 421, 831.
Ostryopsis Davidiana Dcsne 424.
Osyris *L.* 710.
alba *L.* 709, 710.
lata *Casp.* 709.
primaeva *Sap* 709, 710, 711
quadrifida *Salzmann* 712
Schiefferdeckeri *Casp* 709.
Otopteris *Lindl* 221.
Otozamites *Fr Braun* 213, 218, 221, 223, 228.
Beani *Brngt.* 222.
brevifolius *Fr. Br.* 221, 222
gracilis *Feistmant.* nec *Schimp.* 223.
latior *Sap* 221, 222.
major *Sch.* 222.
microphyllus *Brngt.* 222.
pterophylloides *Brngt* 221
Ottelia *Pers.* 390, 806, 830
americana *Lesq.* 378.
Ottelia Mazelii *Sap* et *Mar.* 378.
parisiensis *Sap.* 390, 806, 830.
ulvaeformis *Pers.* 390.
Oxalidaceae 530, 531.
Oxalidites averrhooides *Conw.* 530, 535.
brachysepalus *Casp* 530.
Oxycedrus 329, 330.
Oxycoccos *Pers.* 718.
macrocarpus 718.
palustris *Pers.* 718.
Oxylobium miocenicum *Ettingsh.* 677.
pultaenoides *Ettingsh.* 677.
Oxyria 404.

P.

Pachyphyllum *Sap.* 142, 274, 275, 281.
curvifolium *Schenk* 297.
divaricatum *O Feistm* 281
Williamsonis *Schimp* 333
Pachypterideae 125.
Pachypteriden 105.
Pachypteris *Brngt.* 126
ovata 125.
Pachytesta *Brongn.* 352
Padus 843.
Pagiophyllum *Heer* 274, 275, 281, 302, 827, 861, 869.
araucarinum *Heer* 276.
Brardii *Sap* 276.
cirinicum *Heer* 276.
combanum *Heer* 276.
crassifolium *Schenk* 276.
Delgadonum *Heer* 319
heterophyllum 276.
Kurrii *Heer* 276.
Orbignyanum *Sap.* 276.
peregrinum *Heer* 274, 267.
rigidum *Sap.* 276.
Sandbergeri *Schenk* 276.
Schaurothi *Schenk* 276.
Zignoi *Sap.* 276.
Palackya *Crié* 904.
philippinensis *Crié* 904.
Palaeobromelia *Ettingsh.* 393.
Palaeocampestria 839

Palaeocarya *Sap.* 447.
atavia *Sap.* 447.
Brongniarti *Sap.* 447.
Palaeochondriten 62.
Palaeochorda major *M. Coy* 60.
minor *Mc. Coy* 60.
Palaeocyparis *Sap.* 310, 327
corallina Sap. 328.
elegans *Sap.* 328.
expansa *Sap.* 328.
Falsani *Sap* 328.
Funesti *Sap.* 328.
Itieri *Sap.* 328.
princeps 327, 328.
recurrens *Sap.* 328.
robusta *Sap* 328.
secernenda *Sap.* 328.
virodunensis *Sap.* 328.
Palaeodendron 653, 661.
Palaeojulus *Gein.* 92.
Palaeolobium haeringianum *Ettingsh.* 514.
Palaeomacrantha *Pax.* 566.
Palaeonegundo 839.
Palaeopalmata 839.
Palaeophyceae 59, 234.
Palaeophycus *Hall* 59, 60.
macrocystoides *Gein.* 59
rugosus 60.
simplex 60.
tabularis 60.
Palaeopterideae 113.
Palaeopteriden 103.
Palaeopteris *Gein. Schimp.* 113.
Halliana *Göpp.* 114.
hibernica *Forbes sp.* 114.
hibernica *Sch.* 113, 197.
Jacksoni *Daws.* 114.
Rogersi *Daws.* 114.
Römeri *Göpp. sp.* 114.
Palaeorhachis flexuosa *Sap.* 804.
gracilis *Sap.* 804.
Palaeoorchis *Massal.* 388.
Palaeopyrum *Schmalh.* 384.
Palaeorubra 839.
Palaeospathe *Schimper* 372.
aroidea *Schimp.* 372.
Palaeospathe crassinervia *Schimp.* 372.
Daemonorops *Unger* 372.
sarthensis *Crié* 373.
Sternbergi *Schimp.* 372.
Palaeospicata 839.
Palaeostachya *Binney, Weiss* 170, 171, 173.
elongata *Presl.* 169, 170, 171.
gracilis 170.
Schimperiana *Weiss* 171.
Palaeovittaria *Feistm.* 133.
Palaeoxylon *Brongn.* 240, 855.
Palaeoxyris *Brongn.* 393.
Palaeozamia *Oldh.* u. *Morr.* 222.
Palissya *Endlicher* 333, 334, 336.
aptera *Schenk.* 335, 336.
Braunii *Endl.* 335. 336.
conferta *O. Feistm.* 336.
indica *O. Feistm.* 336.
jabalpurensis *O. Feistm* 336.
Paliurus *L.* 403, 584. 585, 587, 840.
Colombi *Heer* 585, 587.
Favonii *Ung.* 587.
Florissanti *Lesq.* 587.
membranaceus *Lesq.* 587
orbiculatus *Sap.* 586. 587.
ovoideus *Schimp.* 587.
Pavonii *Ung.* 585.
tenuifolius *Heer* 582, 585. 586, 587.
Thurmanni *Heer* 585, 586.
zizyphoides *Lesq.* 587.
Palmacites 883, 885.
annulatus *Brongn.* 884.
aquensis *Sap.* 884.
arenarius *Wat.* 884.
axoniensis *Wat.* 884.
canadetensis *Sap.* 884.
canaliculatus 884.
carbonigenus *Corda* 883.
caryotoides *Sternb.* 142.
crassipes *Unger* 884.
Palmacites Daemonorops *Heer* 372, 807, 820, 883, 890.
dubius *Caspary* 890.
dubius *Corda* 890.
echinatus *Brongn.* 884.
grandis *Sap.* 884.
helveticus *Heer* 883.
intricatus *Corda* 890.
leptoxylon *Corda* 883.
Moussoni *Heer* 884.
Partschii *Corda* 887.
Palmanthium *Schimper* 885.
Martii *Schimp.* 372.
Palmocarpon *Lesq.* 372.
Palmoxylon *Schenk* 885.
angulare *Schenk* 887.
anomalum *Schenk* 888.
antiguense *Felix* 888.
arenarium *Schenk* 888.
Aschersoni *Schenk* 886.
axoniense *Schenk* 888.
Blanfordi *Schenk* 886.
Boxbergi *Schenk* 885.
cellulosum *Knowlton* 886.
ceylanicum *Schenk* 886.
confertum *Schenk* 887.
Cossoni *Fliche* 886.
Cottae *Felix* 888.
densum *Schenk* 887.
didymosolen *Felix* 888, 889.
Fladungi *Felix* 887.
germanicum *Schenk* 888.
integrum *Felix* 888.
Kuntzei *Felix* 888.
lacunosum *Felix* 888, 889.
Liebigianum *Schenk* 888.
molle *Felix* 888.
oligocenum *Beck* 888.
Partschii *Schenk* (Fasciculites *Unger*) 887.
parvifasciculatum *Vater* 888.
punctatum *Schenk* 887.
Quenstedti *Felix* 888.
radiatum *Vater* 887.
sardoum *Schenk* 886.
scleroticum *Vater* 888.
speciosum *Schenk* 888.

Palmoxylon stellatum *Schenk* 887.
tenerum *Felix* 887.
variabile *Vater* 887.
varians (Palmacites *Corda*) *Schenk* 885, 886.
vasculosum *Schenk* 888.
Withami *Schenk* 888.
Zitteli *Schenk* 888.
Palura 753.
Panax *L.* 601, 603, 604, 605. 606, 841.
circulare Sap. 604.
cretaceum *Heer* 605.
globuliferum *Heer* 605.
macrocarpum *Heer* 605.
orbiculare *Heer* 604.
thyrsiflorum 605.
Pandanaceae 375.
Pandanaceen 830.
Pandanus 375.
austriacus *Ettingsh.* 375.
carniolicus *Ettingsh.* 375
nitidus hort. 375.
pseudoinermis *Ettingsh.* 375.
Sotzkianus *Ettingsh.* 375.
trinervis *Ettingsh.* 375.
Paniceae 384.
Panicum *L.* 384.
minutiflorum *Sap.* 367.
miocenicum *Ettingsh.* 384.
pedicellatum *Sap.* 366.
Papaveraceen 514.
Papaverites spec. *Fried.* 514.
Papilionaceen 843.
Parietaria *L.* 484.
Parishia 538, 771, 838
Parkeria 34.
Parkia 693, 820, 844.
Parmelia 72.
conspersa 72.
saxatilis 72.
Parrotia 625, 626, 821.
Parrotia fagifolia *Heer* 625.
gracilis *Heer* 625, 626, 841.
persica *C. A. Meyer* 841.
pristina *Ettingsh.* 841.
pristina *Stur* 625.
Parrotia Pseudopopulus *Ettingsh.* 625.
Parthenites antiquus *Sap.* 795, 796.
Pasania 433.
Pasianiopsis retinervis *Sap. et Mar* 440.
sinuatus *Sap. et Mar.* 440.
Passalostrobus *Endl.* 353.
Passiflora *L.* 629, 630, 786.
Braunii *Ludw.* 785.
Hauchecornei *Friedr.* 629. 630.
Pomaria *Popp.* 785.
tenuiloba *Friedr.* 629, 630.
Passifloraceen 629.
Passiflorinae 629.
Patzea gnetoides *Casp.* 714.
Johniana *Conwentz* 713, 714.
Mengeana *Conwentz* 713, 714.
Paullinia 549, 554.
dispersa *Sap.* 549, 553.
germanica *Unger* 549
Paulownia 404, 892.
Pavetta borealis *Unger* 784.
Pavia 421, 552.
Pecopterideae 127.
Pecopteriden 105.
Pecopteris *Brngt.* 88, 92, 95, 100, 119, 120, 127, 128. 129, 143.
alata *Brngt.* 109
alpina *Presl.* 90.
Angiotheca *Gr. Eur* 91.
arborescens *Schl. sp.* 90, 127.
arguta 100.
aspera *Brngt.* 92.
athyrioides *Brngt.* 109.
Bucklandi 91.
chaerophylloides *Brngt.* 109.
cristata *Brngt.* 109.
curta *Phill.* 100.
Cyathea *Brngt.* 89.
dentata *Brngt.* 100.
dilalata *Eichw.* 100.
diversa *Phillips* 287.
Pecopteris elegans 173.
emarginata *St.* 90.
euneura *Sch.* 90.
fertilis *Gr Eur.* 91.
Gigas *Gutb.* 120.
haiburnensis *Lindl,* 100.
insignis *Lindl.* 100.
lobata *Old.* 94.
longifolia *Sternb* 90.
Loshii *Brngt.* 111.
Marattiothea 90.
Moori *Lesq.* 120.
Münsteriana *Presl* 99.
Murrayana *Brngt.* 109.
Phillipsi *Brngt.* 100.
Pluckeneti *Schloth* 111.
polymorpha *Brngt.* 91.
pteroides *Brngt.* 91.
pulchra *Herr* 90.
recentior 100.
rigida *Kurr. Mn.* 128.
Rütimeyeri *Heer* 128.
Schlotheimii 146.
selaginorrhachis *Gr. Eur* 90.
Stuttgartiensis *Jaeg sp.* 128.
Sulziana *Brngt.* 127.
Sulzensis *Sch.* 127.
tenuis *Brngt.* 100.
unita *Brngt.* 90.
Pellia 73.
Penium 6.
Pentaphylax euryoides *Hook. et Champ.* 517.
Oliveri *Conw.* 516.
Peperomia 404, 490.
Perfossus *Cotta* 883, 887.
angularis *Cotta* 883.
punctatus *Cotta* 883
Periploca graeca *L.* 769, 770.
Persea 493, 495, 822.
amplifolia *Sap. et Mar.* 496.
Braunii 493.
canariensis 493, 496.
princeps 493, 497, 595.
pseudocarolinensis *Lesq.* 496.
speciosa *Heer* 495, 497, 649.
Sternbergi *Lesq* 494.

Perseoxylon *Felix* 899, 903.
diluviale *Felix* 899.
Persica 843.
Persoonia 653, 656, 658.
acaulis 658.
acida *Sieb.* 656.
bilinica 658.
cupsidata *Ettingsh.* 651.
Daphnes *Ettingsh.* 651, 658, 662.
ferruginea *Sm.* 656.
firma *Heer* 657, 658.
laurina *Heer* 657, 658.
linearis *Andr.* 657.
mellifera 658.
Myrtillus *Ettingsh.* 651, 658, 662.
parvifolia *Fried.* 658.
radobojana *Unger* 651, 657.
salicina *Pers.* 656.
subrigida 661.
Petasites 404.
Petraea *L.* 774, 778.
borealis *Ettingsh.* 778.
volubilis 772, 774.
Petrophiloides *Bowerb.* 352, 415, 651, 807.
imbricatus *Bowerb.* 651.
Petzholdia *Unger* 896, 901.
Peuce *Autor.* 874, *Unger* ex p. 871, *Schleiden* 865, 870.
eggensis *Witham* 874.
Hödliana *Unger* 873.
pauperrima *Schleid.* 873.
Zipseriana *Schleid.* 873.
Peucedanites 601.
circularis *Heer* 606.
Nordenskiöldi *Heer* 602.
Peucedanum *L.* 601
bilinicum *Ettingsh.* 602.
circulare *Heer* 601.
dubium *Ludwig* 601.
orbiculare *Heer* 601.
ovale *Heer* 601.
palustre *L.* 602.
spectabile *Heer* 601.
Phanerogamae 2, 211.
Phascum cuspidatum *Schreb* 75.
Phaseolithes 684.
oliganthum *Unger* 684.
Phaseolus eutychos *Unger* 546.
Phegopteris *Mett.* 79, 101.
Philadelpheen 616, 618.
Philadelphus *L.* 616, 619.
coronarius *L.* 619.
Phillyrea *L.* 758.
angustifolia *L.* 758, 759.
media *L.* 758, 759.
Phlebopterideae 135.
Phlebopteriden 105.
Phlebopteris *Brngt.* 135.
affinis *Schenk* 136.
polypodioides *Brngt.* 136,
Woodwardi *Leckenb.* 136.
Phoebe 495.
Phoenicites *Vis.* 373, 830.
borealis *Fried.* 373.
spectabilis *Unger* 373.
Phoenicophorium 373.
Sechellarum 804.
Phoenicopsis *Heer* 259, 268, 269.
angustifolia *Heer* 268.
latior *Heer* 268.
speciosa *Heer* 268, 269.
Phoenix 807, 830.
Aymardi *Sap.* 373.
reclinata 368, 471.
spec. 369.
spinosa 368, 371.
Phthirusa 715.
Theobromae *Ettingsh.* 714.
Phragmites 385.
oeningensis *Heer* 385.
Ungeri *Heer* 385.
Phycochromophycae 27.
Phycomyceten 70.
Phyllanthus *L.* 595.
haeringianus *Ettingsh.* 595.
Phyllites 799.
cissoides *Nath.* 594.
Geyleri *Ettingsh.* 549.
mephitidioides *Geyl.* 432.
pengaroensis *Geyl.* 482.
praecursor (Hopea) *Geyl.* 418.
Phyllites proteoides *Unger* 640.
Phyllochorda *Sch.* 50.
sinuosa *Lud.* 50.
Phyllocladites *Heer* 258.
rotundifolius *Heer* 271,
Phyllocladus 124, 254, 258, 259, 854, 855, 862, 872, 873, 894.
Mülleri *Schenk* 873, 874, 904.
trichomanoides 873.
Phyllodoce 50.
Phyllodocites *Gein.* 50.
Phylloglossum *Kze.* 183.
Phyllostrobus *Sap.* 310, 328.
Lorteti *Sap.* 328, 329.
Phyllotheca *Brngt.* 162.
equisetiformis *Brongn.* 162.
sibirica *Heer* 162.
Phyllothyrsus *Spach.* 413.
Phymatoderma *Brongt.* 46, 234.
caelatum *Sap.* 46.
Dienalii *Watel.* 46.
liasicum *Sch.* 46, 47.
liasinum *Sch.* 63.
Physagenia *Heer* 160.
Physematopitys *Göpp.* 858, 861, 871, 872.
salisburioides *Göpp.* 858.
succinea *Göp.* 858.
Physolobium antiquum *Ung.* 678.
Kennedyaefolium *Unger* 678.
orbiculare *Unger* 678.
Physophycus *Sch.* 56.
Piccolominites *Unger* 902.
Picconia excelsa *Webb* 845.
Picea *Link* 255, 257, 339, 347, 804, 852, 854, 860, 861, 862, 874.
succinifera 875.
Piceites orobiformis *Geinitz* 274.
Pilularia *L.* 153, 183.
pedunculata *Heer* 153.
principalis *Ludw.* 153.
Pilze 1.

Pimelea *R. Br* 645, 646, 648.
crassipes *Heer* 645, 647.
Kutschlinica *Ettingsh.* 646.
maritima *Heer* 645, 647
oeningensis *Heer* 645, 647.
pulchella 645.
spectabilis *Lindl.* 647.
Pinaster *Endl.* 337, 338, 342, 348, 811.
Pinea 811.
Pinites *Göpp.* 860, 861, 869, 871, 874.
anomalus *Göpp.* 876
Brandlingii *With.* 242.
Conwentzianus *Göpp.* 876.
elongatus *Lindl.* et *Hutt.* 345.
Göppertianus *Schleid.* 344.
latiporosus *Cramer* 856, 867.
Lundgreni *Nath.* 344
Mengeanus *Göpp.* 875.
Neumanni *Gutb.* 290.
Nilsoni *Nath.* 344
pippingfordensis *Mantell* 281
radiosus *Göpp* 875.
Schambelinus *Heer* 345.
stroboides *Göpp.* 875
Pinnae adventitiae 141.
Pinnularia 22.
amphioxys 12.
inaequalis 13.
mesogongyla 13.
peregrina 13.
viridis *Ehrenb.* 9, 11, 14.
Pinus *L.* 253, 257, 337, 340, 341, 794, 804, 811, 828, 852, 855, 860, 861, 874, 875.
Abies *Duroi* 350, 861, 862.
Abies *Heer* 348.
alba *Ait.* 342.
Andraei *Coem.* 346.
antecedens *Stur* 344.
atlantica *Endl.* 343.
Ayacahuite *C. Ehrenbg.* 342, 343.
balsamoides *Unger* 350.
Pinus Bathursti *Heer* 344.
Bennstedti *Carruth.* 343, 345.
Brauniana *Heer* 347.
Brianti *Coem.* 346.
caroliniana *Carr.* 349.
Cedrus *L.* 343.
Cembra *L.* 342, 343, 350.
cephalonica *Endl.* 343
cilicica *Ant.* 329, 343, 350
Coemansi *Heer* 345.
Corneti *Coem.* 343.
Crameri *Heer* 293, 346, 573.
davurica *Fisch.* 342.
Defrancii *Brongn.* 349.
Deodara *Roxb.* 343.
depressa *Carruth.* 345.
Dicksoniana *Heer* 347.
Douglasii 284, 344, 852, 855, 862.
Dunkeri *Carruth.* 345.
echinostrobus *Sap.* 349,
Eirikiana *Heer* 345.
euphemes *Unger* 671.
excelsa *Wall.* 344.
Fittoni *Carruth.* 345.
flexilis *James* 343.
Fortunei *Parlat.* 344, 348.
gibbosa *Coem.* 342.
gracilis *Carruth.* 346.
Griffithii *Parlat.* 343.
halepensis 853.
Hampeana *Unger* 349.
Hayesiana *Heer* 347.
Heerii *Coem.* 342.
holophylla *Parlat.* 345.
hyperborea *Heer* 347.
Ingolfiana *Heer* 350.
insularis *Endl.* 342.
Kaempferi *Lamb.* 307, 343.
Koraiensis *Sieb.* et *Zuccar.* 343.
Lambertiana *Dougl.* 343.
Langiana *Heer* 347
Lardyana *Heer* 349.
Laricio 853.
Larix *L.* 343, 350.
Leckenbyi *Carruth.* 343, 345
Ledebourii *Endl.* 342, 343.
Pinus Leuce *Unger* 350.
lingulata *Heer* 346.
Linkii *Roem.* 345.
longifolia 861, 862.
Lopatini *Heer* 343, 349.
Maakiana *Heer* 334, 345.
Mac Clurei *Heer* 350.
macrosperma *Heer* 347.
Malmgreni *Heer* 347, 350.
maritima 853.
Merkusii *Jungh.* 342.
Mertensiana *Brongn.* 344
Mettenii *Unger* 349.
microphylla *Heer* 345.
montana *Mill.* 348, 350.
montana *Mill.* var. obliqua 350.
montana Mill. var. Mughus 350.
montana Mill. var. Pumilio 349.
monticola *Dougl.* 343.
Nordenskiöldi *Heer* 292.
oblita *Sap* 345.
oblonga *Carruth.* 345.
obovata *Ant.* 342.
Oceanines *Unger* 350.
Olafiana *Heer* 346.
Omalii *Coem.* 346.
palaestrobus *Ettingsh.* 344. 349, 350.
parviflora *Sieb.* et *Zuccar.* 344.
patens *Carruth.* 345.
Pattoniana *Parlat.* 344.
pendula *Soland.* 343.
Peterseni *Heer* 345.
Peuce *Griseb.* 344.
Philiberti *Sap.* 349
Picea *Duroi* 350, 865, 866, 875, 876.
Pinaster 876.
pinastroides *Unger* 349.
Pindrow *Roxb.* 345, 861.
Pinea 853.
Pinsapo *Boiss.* 350, 829.
polaris *Heer* 347.
prodromus *Heer* 345.
Pumilio *L.* 853, 864.
pyrenaica *Lapeyr.* 350.

Pinus Quenstedti *Heer* 345.
religiosa *H. B. K.* 342.
resinosa *Ludw.* 349.
Salzmanni *Dunal.* 350.
Santiana *Gaud.* 349.
sibirica *Turcz.* 342, 350.
spicaeformis *Unger* 349.
spinosa *Herbst* 349.
Staratschini *Heer* 345.
Strobus *L.* 343, 875, 876.
Steenstrupiana *Heer* 350.
Sussexiensis *Carruth.* 345.
sylvestris *L.* 342, 344, 350, 418, 852, 853, 864, 865, 866, 876.
taedaeformis *Heer.* 347.
Toillezii *Coem.* 342.
Tsuga *Sieb* et *Zuccar.* 344.
Ungeri *Stur.* 349.
upernivikensis *Heer* 346.
vaginalis *Heer* 346.
Webbiana *Roxb.* 854, 861.
Piper *L.* 403, 490.
antiquum *Heer* 489.
Piperaceen 489.
Piperinae 489.
Piperinen 835.
Piperites bullatus *Göpp.* 489.
Hasskarlianus *Göpp.* 489.
Miquelianus *Göpp.* 489.
Pirus 668, 670, 675, 843.
cretacea *Newb.* 671.
Miris *Unger* 671.
Phytali *Unger* 669, 671.
pygmaeorum *Unger* 669, 671.
spectabilis 670.
Theobroma *Unger* 671.
Piscidia 690.
antiqua *Unger* 690.
erythrophyllum 690
Pisonia atavia *Velen.* 491.
eocenica *Ettingsh.* 491
lancifolia *Lesq.* 491.
Pissadendron *Endl.* 240, 855.
Pistacia *L.* 537, 538, 540, 838.
atlantica *Desf.* 538.
bohemica *Ettingsh.* 539.
chinensis 538.
Gervaisii *Sap.* 539, 540.
Pistacia Lentiscus *L.* 539, 838.
miocenica *Sap.* 539, 544, 838.
Mettenii *Unger* 540.
mexicana *Humb.* 538.
narbonnensis *Marion* 539, 838.
oligocenica *Mar.* 539, 838.
palaeolentiscus *Ettingsh* 540.
Phaeacum *Heer* 539
reddita *Sap.* 838.
Terebinthus *L.* 539, 540, 838.
vera *L.* 540.
Pistia *L.* 378, 820, 830.
corrugata *Lesq.* 378.
Stratiotes 378, 830.
Pistites loriformis *Hos.* und *v. d. Mark* 378.
Pitcairnia primaeva *Hos.* et *v. d. Mark* 366.
Pittosporaceen 574, 577.
Pittosporum 578, 581, 584, 636.
Colensoi *F. Müller* 579.
Fenzlii *Ettingsh.* 578, 579.
priscum *Ettingsh.* 581.
Putterlicki *Ung.* 579.
Pitus antiqua *With.* 240.
medullaris 240.
primaeva *With.* 240, 855.
Withami 240, 852, 859, 861, 863, 864, 865, 866, 875, 876.
Pityoxylon *Kraus* 862, 874.
eggense *Kraus* (Pinites Witham) 855, 874.
Macclurii *Kr.* 877.
mosquense *Kr.* 877.
Pachtanum *Kr.* 877.
pinastroides *Kraus* 876.
pineoides *Kraus* 876.
ponderosum *Kr.* 877.
resinosum *Kr.* 877.
Sandbergeri *Kr.* 344, 875.
succiniferum *Kr.* 875, 876, 877.
Plagiochila *N. Esb.* 74.
Planera *Rich.* 470, 472, 820, 834, 899.
Abelicea *Röm.* et *Schult.* 471.
acuminata *Lindl.* 470.
antiqua *Heer* 474.
aquatica *Gmel.* 470.
crenata *Spach.* 474.
emarginata *Heer* 474.
Keaki Sieb. var. fossilis *Nath.* 474.
Richardi *Michx.* 470, 471, 474, 834.
subkeaki *Rer.* 834.
Ungeri *Kovats* 473, 474, 834.
Platanaceen 616, 627, 841, 842.
Platanoidea 839,
Platanus 404, 557, 590, 628, 842, 896.
aceroides *Göpp.* 627, 628, 842, 882, 887.
appendiculata *Lesq.* 627, 628, 842.
basilobata *Lester Ward,* 628.
dissecta *Lesq.* 627.
gracilis *Ettingsh.* 627.
Haydeni *Newb.* 627.
Heerii *Lesq.* 627.
Newberryana *Lesq.* 627.
nobilis *Newb.* 627.
obtusiloba *Lesq.* 627.
occidentalis *L.* 627, 628, 842.
orientalis *C.* 627, 842.
primaeva *Lesq.* 627.
Reynoldsii *Newb.* 627.
trisecta *Sap.* 842.
Platycarya *Sieb.* et *Zuccar.* 446, 449.
strobilacea *Sieb.* et *Zuccar* 448.
Platycerium 80, 139, 143.
Platylepis *Sap.* 230.
Platypterygium *Sch.* 225.
Plecosorus *Fée* 124.
Pleiomeris *ADC.* 735.
Pleiomerites reticulatus *Ettingsh.* 735.
Plenasium *Presl* 87.

Pleurandra 600.
microphylla *Sieber* 599.
recurvifolia *Steud.* 599.
Pleurosigma *W. Smith* 22.
elongatum *W. Smith* 22.
Plutonia *Vel.* 805.
Poaceae 384.
Poacites *Brong.* 385, 805.
cocoina *Lindl.* u. *Hutt.* 383.
Poacordaites *Grand'Eury* 242, 244, 245.
Podocarpeen 850, 860, 862.
Podocarpites acicularis *Andrä* 306.
Podocarpium dacrydioides *Unger* 858.
Podocarpus 252, 256, 258, 276, 279, 330, 804, 811, 858, 859.
Campbelli *Gardn.* 811.
? curta *Gardn.* 330.
elatus *Gardn.* 271.
elegans *Gardn.* 330.
eocenica *Unger* 271, 330.
fyeensis *Crié* 271.
suessoniensis *Crié* 271.
suessoniensis *Watel.* 330.
Podocarya *Buckl.* 376.
Podogonium *Heer* 692, 694, 820, 821, 844.
acuminatum *Lesq.* 694.
americanum *Lesq.* 694.
campylocarpum *Heer* 694.
constrictum *Heer* 694.
Knorrii *Heer* 691, 694, 695.
latifolium *Heer* 694, 695.
Lyellianum *Heer* 694, 695.
obtusifolium *Heer* 694, 695.
Podophyllum 499.
Podosphenia *Ehrenb.* 23.
Podostachys *Marion* 367.
pedicellata *Marion* 366.
ronzonensis *Marion* 366.
saultensis *Sap.* 366.
Podostemaceen 616.
Podozamites *Fr. Braun* 217.
Schenk 220.
distans *Presl* 218.
lanceolatus *Lindley et Hutton* 218.
Podozamites miocenicus *Velen.* 279.
Zitteli *Schenk* 220.
Polycarpicae 492.
Polygonaceeae 490.
Polygonaceen 490.
Polygonatum 362.
Polygonum *L.* 778.
antiquum *Heer* 488.
cardiocarpum *Heer* 488, 491.
convolvuloides *Heer* 491.
cuspidatum var. fossilis *Nath.* 491.
Ottersianum *Heer* 491.
viviparum *L.* 822.
Polyides 61.
Polyphospermum *Brongn.* 352.
Polyphysa *Lamx.* 30, 32, 36.
Polyphyseae 30.
Polypodiaceae 95.
Polypodiaceen 83.
Polypodieen 83.
Polypodium 79, 83, 95, 96.
diversifolium Sw *Hook et Bak.* 102.
fraxinifolium *Kaulf.* 102.
Paradiseae *Langsd.* et *Fisch.* 131.
quercifolium 106.
viviparum *Raddi* 102.
Polyporites 71.
Sequoiae *Heer* 71.
Polyporus 71.
foliatus *Ludw.* 71.
igniarius *L.* 71.
Polypterospermum *Brongn.* 352.
Polytrypa *Defr.* 31, 32.
elongata *Defr* 32
Pomaceen 668.
Pomaderris *Labill.* 584, 587.
Pomaderrites Banksii *Ettingsh.* 587.
Pomeen 665.
Populites *Lesq.* 465, 409, 590.
Populophyllum 465.
Populus *L.* 458, 464, 590, 608, 805, 820, 833, 899.
Populus alba *L.* 402, 404, 460, 461, 465, 822, 833.
alba *L* var. pliocenica *Sap.* 465.
amissa *Heer* 465.
angulata *Michx.* 458.
arctica *Heer* 465, 833.
attenuata *A. Br.* 465, 466.
balsamoides *Göpp.* 465, 466, 833.
balsamifera *L.* 466.
Berggreni *Heer* 465.
canadensis *Desf* 458, 459 821.
candicans *Ait.* 458.
canescens *Ait.* 833.
Debeyana *Heer* 451.
denticulata *Heer* 465.
euphratica *Oliv.* 460, 461, 462, 465, 821.
Fraasii *Heer* 465, 823, 833.
grandidentata *Michx.* 458.
Heliadum *Unger* 465, 466, 833.
heterophylla *L.* 458.
hyperborea *Heer* 465.
latior *A. Br.* 465, 466. 821, 833.
laurifolia *Ledeb.* 461, 465,
Leuce *Unger* 467.
leucophylla *Unger* 465, 466, 833.
mutabilis *Heer* 465, 466, 821, 833.
nigra *L.* 460.
oxyphylla *Sap.* 833
primaeva *Heer* 805.
primigenia *Sap.* 465.
Richardsoni *Heer* 465, 833.
stygia *Heer* 465.
suaveolens *Loud.* 461.
tremula *L.* 418, 459, 822, 833.
tremuloides *Michx.* 458, 465.
Zaddachii *Heer* 465.
Porana *Burm.* 678, 771, 773, 774, 775, 790, 846, 847.

Porana Bendirei *Lesq.* 773, 774, 776.
dubia *Heer* 771, 772.
grandiflora 773, 775.
inaequilatera *Heer* 771, 772, 775.
macrantha *Heer* 771, 772, 775, 776.
macrantha *Ludw.* 772, 774.
malaccana 773, 775.
minor *Unger* 771.
oeningensis *Heer* 749, 771, 772, 773, 775, 776, 846.
oeningensis *O. Weber* 790.
paniculata 775.
petraeaeformis *Schimp.* 771
racemosa 773, 775.
Speirii *Lesq.* 772, 773. 774, 776.
Ungeri *Heer* 773.
volubilis *Burm.* 773, 774, 775.
Porosus communis *Cotta* 883.
marginatus *Cotta* 883.
Posidonia *König* 379, 380, 381, 382, 383, 830.
australis 383.
cretacea *Hos. u. v. der Mark* 380.
oceanica 383.
perforata *Sap. et Mar.* 380.
Rogowiczii *Schmalh.* 380.
Potamogeton *L.* 381, 382, 383, 805. 820.
Eseri *Heer* 382.
geniculatus *A. Br.* 382.
multinervis *Brongn.* 390.
obtusifolius 382.
pectinatus 382.
rufescens 382.
Potentilleen 665.
Poterieen 665.
Pothocites 378.
Pothomorphe umbellata 404.
Pouruoma 477.
guianensis *Aubl.* 478.
Prattia *d'Arch.* 33.
Primärnerv 401.
Primula *L.* 205.
Primulaceen 734.
Primulinae 734.
Prinos *L.* 583.
Pritchardia *Unger* 902.
Prosopis 693, 820, 844.
graeca *Unger* 700.
kymeana *Unger* 700.
Protamyris *Unger* 534.
Berenices *Unger* 534.
Canopi *Unger* 534.
pulchra *Unger* 534.
radobojana *Unger* 534.
Protea 653, 654, 656, 665.
acaulis *Thbg.* 656.
adiantoides 656.
bilinica *Ettingsh.* 656.
cordata *Thbg* 656.
cynaroides *Thbg.* 656.
euboea *Unger* 658.
limonensis *Gaud.* 658.
linguaefolia *O. Weber* 656.
lingulata *Heer* 656, 657.
longifolia 656.
mellifera 656.
tusca *Gaud.* 658.
Proteaceen 645, 650, 843.
Proteacites bipinnatifidus 611.
Proteoides *Heer* 661.
acuta 661.
daphnogenoides *Lesq.* 640.
daphnoides 661.
granulatus 663.
grevillieaeformis 661.
longus *Heer* 663.
vexans *Heer*, 661.
Proteophyllum bipinnadifidum *Friedr.* 662, 663.
Protococcus. 4.
Protoficus *Sap.* 486.
crenulata *Sap.* 487.
sezannensis *Sap.* 487.
Protophyllum *Lesq.* 485, 487, 800.
multinerve *Lesq.* 488.
Protopitys *Göpp.* 869.
Buchiana *Göpp.* 856.
Protopteris *Sternb.* 145, 146.
peregrina *Newb.* 146.
punctata *Sternb.* 146.
Witteana *Schenk* 146.
Protorchis *Massal.* 388.
Protorrhipis *Andrä* 139.
asarifolia *Zigno* 139.
Buchii *Andrä* 139.
Prototaxites *Daws.* 859.
Pruneen 665.
Prunus *L.* 674, 843.
acuminata *A. Br.* 676.
atlantica *Unger* 676.
Daphnogene *Unger* 675.
Hanhardti *Heer* 673.
Hartungi *Heer* 672.
Laurocerasus *L.* 675.
lusitanica 675.
micropyrenula *Heer* 676.
Mohikana *Unger* 675, 676.
nanodes *Heer* 673.
Padus *L.* 405.
palaeocerasus *Ettingsh.* 676.
paradisiaca *Unger* 676.
pereger *Unger* 676.
pirifolia *O. Weber* 676.
prinoides *O. Weber* 676.
serrulata *Heer* 676.
Psarolithus 148.
Psaroniocaulon *Grand'Eury* 148, 150.
Psaronius *Cotta* 144, 146, 147, 148.
Cottai *Corda* 148.
Pseudolarix *Gordon* 307, 339, 343, 346, 347.
Pseudophragmites arundinaceus *Sap.* 385.
provincialis *Sap.* 385.
Pseudostrobus *Endl.* 337, 338, 342, 343, 345.
Pseudotsuga *Carr.* 257, 339, 343, 347, 854, 855, 862.
Psidium 637.
Psilophyton *Daws.* 29, 68, 176, 183, 184.
princeps *Dws.* 183.
Psilotum *R. Br.* 182, 184.
inerme *Newb.* 262.

Psygmophyllum *Schimp.* 252
angustilobum *Schenk* 253.
ctenoides *Schimper* 253.
cuneifolium 252.
expansum 252.
Ptelea *L.* 534, 837.
acuminata *Heer* 534.
arctica *Heer* 535.
macroptera *Kovats* 534, 538, 837.
microcarpa *Ettingsh.* 534.
trifoliata *L.* 533.
Weberi *Heer* 534.
Pterides 1.
Pteridophyta 1, 76.
Pteris *L.* 79, 83, 87, 96, 100, 105, 150, 664.
ampla *Kze.* 134.
aquilina 96.
arguta 96.
comans *Forst.* 105.
cretica 96.
flabellata *Thunb.* 96.
Haenkeana *Presl* 134.
laeta *Hall.* 96.
palmata 106.
Plumieri 145.
umbrosa *R. Br.* 96.
undata 104.
Pterisanthes 590.
Pterocarpus 690.
santalinus *L.* 902.
Pterocarya *Kunth.* 445, 446, 633, 820, 832, 892.
americana *Lesq* 452.
caucasica *C. A. M.* 822.
denticulata *Heer* 450, 452.
fraxinifolia *Spach* 445, 448, 451, 452.
leobenensis *Ettingsh.* 445.
Massalongi *Gaud.* 452.
Pterocelastrus 578, 581.
Pteroceltis *Maxim.* 470.
Tatarinowii *Maxim.* 475.
Pteropetalum 668.
Pterophyllum *Brongt.* 223, 224, 225.
acutifolium *Kurr* 224.
Blasii *Schenk* 226.
Braunianum *Göpp.* 224.
Pterophyllum Braunsii *Schenk* 225.
Brongniarti *Morris* 224.
Brongniarti *Schenk* 224.
comptum *Lind.* et *Hutton* 226.
concinnum *H.* 220.
crassinerve *Göpp.* 226.
Dunkerianum *Ettingsh.* 224.
Dunkerianum *Göpp.* 224.
giganteum *Schenk* 226.
Jaegeri *Brngt.* 224.
Lyellianum *Dkr.* 224.
marginatum *Ung. Schenk* 225.
Medlicottianun *Oldh.* 225.
Morrisianum *Oldh.* 225.
Münsteri *Schenk* 226.
oblongifolium *Kurr* 221.
Pecten *Lindl* u. *Hutton* 223.
princeps *Oldh.* 225.
Rajmahalense *Morr.* 224.
Pterospermites 486, 628.
auriculatus *Heer* 527.
dentatus *Heer* 526, 527.
inaequalifolius *Sap* 527.
integrifolius *Heer* 527.
palaeophyllus *Sap.* 527.
senescens *Sap.* 526, 527.
vagans *Heer* 526, 527.
Pterospermum 496, 524, 525.
Pterostyrax *Sieb.* et *Zuccar.* 751, 755.
corymbosum *Sieb.* et *Zuccar.* 752.
Pterozamites *Sch.* 225.
Pterygophycus 36.
Ptilophyllum *Morris* 222, 223.
cutchense *Morr* u. *Oldh.* 223.
Ptilophytum *Dawson* 344.
Ptilozamites *Nath.* 225.
Heerii *Nath.* 225.
Ptychocarpus *Weis* 90, 91.
hexastichus *Weis* 90.
Ptychopteris *Corda* 146.
Ptychotesta *Brongn.* 352.
Punica *L.* 643, 644.
Granatum *L.* 643, 644, 842.
Punica Granatum var. Planchoni *Sap.* 643, 644, 822.
Puniceen 643.
Punicites Hesperidum *Web.* 644.
Puya chilensis *R.* et *Pav.* 365.
coarctata *Pourr.* 465.
Pycnophyllum *Brongn.* 251.
Pyrenula 72.
Pyxidicula 15.

Q.

Qualea 574.
Quercinium *Unger* 896, 898
Quercus *L.* 418, 433, 543, 606, 610, 620, 625, 654, 658, 661, 820, 832, 896.
spec *Nath.* 440.
Aesculus *L.* 440.
arcuata *Sap.* 440.
bidens *Ettingsh.* 440.
brutia *Ten.* 440.
castanoides *Göpp.* 433.
Cerris *L.* 434, 440, 832.
Championi *Benth.* 436.
chlorophylla *Unger* 440.
coccifera *L.* 434, 441, 832.
coccinea *Wangenh.* 415, 436.
conferta *Kit.* 436.
cruciata *A. Br.* 440.
Cupaniana *Guss.* 440.
cuspidata *Sieb.* et *Zuccar.* 433, 434.
Daphnes *Unger* 440, 443.
Darwinii *Ettingsh.* 440.
densiflora *Hook.* et *Arn.* 434.
diplodon *Sap.* et *Mar.* 438, 440.
drymeja *Unger* 439, 440.
drymejoides *Ettingsh.* 440, 444.
elaena *Unger* 440.
Farnetto *Ten.* 440.
fissa *Chdmp.* 433, 434.
furcinervis *Heer* 440.
Furuhjelmi *Heer* 440.
glauca *Thbg.* 433, 440.
grönlandica *Heer* 440.
Haidingeri *Ettingsh.* 440.

Quercus javanica *A. DC.* 434.
Ilex *L.* 436, 437, 441, 594, 832.
ilicifolia *Wangenh.* 436.
imbricaria *Michx.* 434.
Lamottii *Sap.* 440.
laurophylla *Göpp.* 440.
Lobbii *Hook.*fil. et *Thomps.* 434.
Lonchitis *Unger* 440.
lusitanica var infectoria *A. DC.* 434.
lusitanica *Webb* 440.
Lyelli *Heer* 440.
macrogemma *Conw.* 438.
Mammuthi *Heer* 823.
mauritanica *Sap.* 440.
mediterranea *Unger* 440.
microgemma *Conw.* 438.
Mirbeckii *Sap.* 440.
neriifolia *A. Br.* 440, 343,
nigra *L.* 437.
oligodonta *Sap.* 439.
oligoneura 437.
palaeocerris *Sap.* 438, 439.
palaeococcos *Unger* 438.
pedunculata *Ehrh.* 433, 832.
philipinensis *A. DC.* 433.
piligera *Casp.* 438, 442.
praecursor *Sap.* 439, 440, 441.
praeilex *Sap.* 438, 439.
pyrenaica *Lam.* 440.
Reinwardti *Korth.* 433, 434.
Robur *L.* 441, 822.
roburoides *Béranger* 440.
rubra *Michx.* 434.
Serra *Unger* 439.
sessiliflora *Sm.* 433, 832.
Stuxbergi *Nath.* 440.
subcrenata *Sap.* 438.
subsinuata *Göpp.* 440.
tephrodes *Unger* 440.
Thomasii *Ten.* 440.
triangularis *Göpp.* 625, 626.
turbinata *Bl.* 434.
virens fossilis *Nath.* 441
westphalica *Hos.* u. *v. d. Mark* 439.
Quillaja 668.
Molinae 668.

R.

Rachiopterides 151.
Rajania angustifolia *Sw.* 365.
Ramalina 72.
Randia prodroma *Unger* 784.
Randleisten 407.
Randnerven 407.
Ranunculaceen 507.
Ranunculus emendatus *Heer* 498, 508.
Reste, zweifelhafte 797.
Retinodendron *Zenker* 871.
Rhabdocarpus *Göpp.* 208, 249.
ovoideus *Göpp.* 250.
Rhacophyllum *Sch.* 141, 142.
speciossimum *Sch.* 142.
Rhacopteris elegans *Sch.* 112.
paniculifera *Stur* 113.
transitionis *Stur* 113.
Rhamnaceen 574, 584, 840.
Rhamnites 584
concinnus *Newberry* 588.
Rhamnus *L.* 584, 585, 587, 588, 589, 751.
alaternoides *Heer* 589.
Alaternus 589.
alpina 585.
argutidens *Sap.* 589.
cathartica *L.* 585, 589.
dilatatus *Göppert* 589.
Frangula *L.* 585, 589.
Gaudinii *Heer* 586, 589
grandifolius 585.
grosseserratus 589.
Heerii *Ettingsh.* 589.
latifolius *L'herit.* 589.
oeningensis *Heer* 586, 589.
prunifolius 589.
rectinervis *Heer* 589.
Rossmässleri *Ung.* 589.
tenax 589.
utilis Decsne 585.
Rhaphidogloca 21.
Rhaphoneïs *Ehrenb.* 20.
Rhapis flabelliformis 370.
Rhipidophora *Ktz.* 23.
Rhipidopsis *Schmalhausen* 258, 265.
densinervis *O. Feistmantel* 266.
gingkoides *Schmalh.* 265, 266.
Rhipidopteris 111.
Rhiptozamites *Schmalh.* 330, 331.
Göpperti *Schmalh.* 330.
Rhizoalnoxylon *Conw.* 878.
Rhizocarpeae 1, 76, 152.
Rhizocaulon *Sap.* 390, 820.
Brongniarti *Sap.* 391.
gypsorum *Sap.* 390.
polystachyum *Sap.* 391.
Rhizocedroxylon 863.
Rhizocupressinoxylon 863.
uniradiatum *Conw.* 878.
Rhizomites Spletti *Geyler* 692.
Rhizomopteris *Sch.* 144, 145.
lycopodioides *Sch.* 145.
Rhizomorpha Sigillariae 71.
Rhizonium Corda 879.
smilaciforme *Felix* 879.
typhaeoides *Felix* 879.
Rhizopalmoxylon *Felix* 890.
Rhizophora 632.
tinophila *Ettingsh.* 632.
Rhizophoraceen 630.
Rhizotaxodioxylon *Felix* 871.
palustre *Felix* 872.
Rhodea 108.
filifera *Stur.* 108.
Rhodoreen 726.
Rhododendron *L.* 728.
Alcyonidum *Unger* 729.
arboreum *L.* 729, 730.
Haueri *Ettingsh.* 726.
megiston *Unger* 729.
ponticum *L.* 727, 729, 844.
Sagorianum *Ettingsh.* 729.
Saturni *Unger* 729.
sebinense *Sordelli* 729, 844.
Uraniae *Unger* 729.
Rhoeadinae 514.

Rhoicosphenia *Gruen* 19.
Rhoidium *Unger* 900.
phillipinense *Crié* 904.
Rhodotypus *Sieb. et Zuccar.* 673.
Rhopalostylis sapida 371.
Rhus *L.* 537, 538, 541, 591, 620, 622, 768, 820, 838.
acuminata *Lesq.* 543.
anceps *Heer* 543.
Antilopum *Unger* 838.
arctica *Heer* 543.
aromatica 542, 543.
atavia *Schenk* 543, 838.
bella *Heer* 543.
bidens *Heer* 440. 543.
Coriaria *L.* 542, 543.
coriarioides *Lesq.* 543.
Cotinus *L.* 541.
cretacea *Heer* 543.
dissecta 542.
Engleri *Nath.* 543.
fraterna *Lesq.* 542.
Gervaisii *Schenk* 838.
Griffithii Hook. var fossilis *Nath.* 543
Haydeni *Lesq* 543, 544, 622.
Herthae *Unger* 544.
Heufleri *Heer* 543.
Hilliae *Lesq.* 543.
juglandogene *Sap.* 539.
Lesquereuxiana *Heer* 544
membranacea *Lesq.* 543.
microphylla *Heer* 543.
orbiculata *Heer* 539, 542. 838.
palaeocotinus *Sap.* 838.
palaeophylla *Sap.* 838.
prisca *Ettingsh.* 539, 544.
pseudomeriani *Lesq.* 543.
Pyrrhae *Unger* 545, 591.
reddita *Sap.* 544.
Retine *Unger* 544.
rosmarinifolia 542.
Sagoriana *Ettingsh.* 543.
semialata *Murray* 543, 838.
serraefolia 542.
Stitzenbergeri *Heer* 544.
Rhus stygia *Ettingsh.* 533.
succedanea *L.* 838.
sylvestris *Sieb. et Zucc.* 838.
vexans *Lesq.* 543.
Rhynchogonium *Heer* 251.
Rhynchosia *Unger* 684.
Rhyssophyceae 54.
Rhyssophyceae 234.
Rhyssophycus *Hall.* 54.
angustatus 54.
bilobus *Hall.* 54.
clavatus 54.
Rhytidolepis 206.
Rhytisma 71.
Ribes *L.* 616, 622.
nigrum *L.* 622.
Riccia 73.
Robinia *L.* 820, 843.
constricta *Heer* 679, 680.
Druidum *Ettingsh.* 681.
elliptica *Sap.* 843.
Haueri *Pilar* 681.
Hesperidum *Heer* 681.
Pseudoacacia 688.
Regeli *Heer* 679, 680, 843.
Rohlfsia *Schenk* 902.
Ronzocarpon hians *Mar.* 154.
Rosa 667, 668.
dubia 667.
Hilliae *Lesq* 667, 668, 843.
lignitum *Heer* 668.
Nausicaës *O. Weber* 668.
Penelopes *Unger* 668.
Rosaceae 665.
Roseen 665.
Rosiflorae 665.
Rosifloren 843.
Rosthornia *Unger* 899.
Rourea 576.
Royena *L* 748, 749, 845.
affinis *Pilar* 742, 747, 749.
desertorum *Heer* 745, 746.
graeca *Unger* 742, 747.
Myosotis *Unger* 747.
Rubeen 665.
Rubiacites asclepioides *O Weber* 785, 786.
Rubiacites verticillatus *Heer* 786.
Rubiinae 782.
Rubiinen 846.
Rubus Chamaemorus *L.* 666.
discolor 666.
fruticosus *L.* 666.
spesiosus *Nutt.* 404.
Ruppia 382.
Rutaceen 531.
Ruscus aculeatus *L.* 441.

S.

Sabal 368, 807, 830.
Campbelli *Lesq.* 374.
haeringiana *Ettingsh.* 374.
major *Unger* 374.
Palmetto 370.
Sagoriana *Ettingsh.* 374.
ucrainica *Schmalh.* 373.
umbraculifera 369.
Ziegleri *Heer* 374.
Sabalites fructifer *Lesq.* 372.
Sabiaceen 545.
Sabina 329, 330.
Saccharina (Acera) 839.
Saccoloma 79.
Sacheria *Ett.* 92.
alethopteroides 92.
Sagenaria fusiformis *Corda* 196.
Veltheimiana *Schimp.* 196.
Sagenopteris *Presl.* 154.
angustifolia *Zigno* 154, 155
Göppertiana 155.
gracilis 155.
Phillipsii *Schk.* 155.
reniformis 155.
rhoifolia *Presl.* 154, 155.
Sagittaria *L.* 389.
difficilis *Heer* 389.
hyperborea *Heer* 389.
parnassifolia 389.
pulchella *Heer* 389.
sagittaefolia *L.* 389.
Salicaceen 458, 833.
Salicinium *Unger* 899.
Salicophyllum 465.
oligocenicum *Conw.* 467.
Salisburia 547, 810, 858.

Salisburieen *Sap.* 258.
Salix *L.* 458, 462, 820, 833.
alba *L.* 464.
angusta *A. Br.* 467, 468.
aurita *L.* 464.
californica *Lesq.* 468.
canariensis *Sm.* 463.
capensis *Thnbg.* 463, 833.
cinerea 464.
elliptica *Lesq.* 468.
grönlandica *Heer* 468, 834.
hastata 464.
herbacea *L.* 463, 464, 822.
Humboldtiana *Willd.* 463.
Lavateri *Heer* 467, 468, 834.
Lowii *Heer* 464.
macrophylla *Heer* 834.
media *Heer* 468.
myrtilloides *L.* 463, 464.
nymphorum *Gaud.* 834.
pedicellata *Desf.* 834.
pentandra *L.* 463
polaris *Wahlnbg.* 463, 464, 822.
proteaefolia *Lesq.* 465.
Raeeana *Heer* 468, 834.
repens *L.* 464.
reticulata *L.* 463, 464, 822.
retusa *L.* 463, 464.
Sassaf *Forsk.* 833.
serpyllifolia *Scop.* 463, 464.
spec. Früchte 467.
suaveolens *Anderson* 833.
tenera *A. Br.* 468.
varians *Göpp.* 467, 468, 834.
Salsola crenulata *Heer* 491.
Moquini *Heer* 491.
oeningensis *Heer* 488, 491.
oppositifolia 775.
Salvinia *Mich.* 152, 178.
cordata *Ett.* 153.
formosa *Heer* 153.
natans 153.
Reussii *Ett.* 153.
Salviniaceae 152.
Samaropsis *Göpp.* 249. *Heer* 334.
caudata *Heer* 292.
Samaropsis minuta *Heer* 292.
rotundata *Heer* 292.
Sambuceae 788.
Sambucus *L.* 579, 788, 847. 605.
multiloba *Conw.* 788.
succinea *Conw.* 788, 789.
Santalaceen 709, 844.
Santalum *L.* 710.
acheronticum *Ettingsh.* 711.
cognatum 711.
microphyllum *Ettingsh.* 711.
ovatum *R. Br.* 712.
Sapindaceen 547, 838.
Sapindophyllum paradoxum *Ettingsh.* 551.
pelagicum *Velen.* 551.
Sapindus 550, 551, 820.
aemulus *Heer* 551.
anceps *Heer* 551.
angustifolius *Lesq.* 551.
apiculatus *Velen.* 551.
basilices *Unger* 550.
bilinicus *Ettingsh.* 550.
coriaceus *Lesq.* 551, 743.
dubius *Heer* 550.
falcifolius *Heer* 550, 694, 839.
laurifolius *Lesq.* 551.
lignitum *Unger* 550, 551.
macrophyllus *Sap.* 551.
marginatus 550, 551, 839.
Morisoni *Lesq.* 550.
prodromus *Heer* 550.
Pythii *Unger* 551.
tasmanica *Ettingsh.* 551.
trifoliatus 550.
undulatus *A. Br.* 550, 551.
Sapinus 337.
Sapotaceen 739, 845.
Saportaea *Fontaine* et *White* 264, 826.
Sapotacites *Ettingsh.* 741, 743.
achrasioides *Ettingsh.* 743.
Copeanus *Ettingsh.* 743.
crassipes *Heer* 743.
Sapotacites exsul *Sap.* 743.
eximius *Sap.* 743
Haydeni *Newb.* 743.
hyperboreus *Heer* 743.
latifolius *Sap.* 743.
minor *Heer* 743, 749.
nervillosus *Heer* 743.
oligoneuris *Ettingsh.* 743.
parvifolius *Ettingsh.* 743.
retusus *Heer* 743.
solidus *Ettingsh.* 743.
tenuinervis *Heer* 742.
Townshendi *Heer* 743.
vaccinioides *Ettingsh.* 743.
Sapotophyllum 741.
Sapotoxylon *Felix* 903.
Sarcophyte 251.
Sarcotaxus *Brongn.* 249.
Sarcozygium *Bge.* 537.
Sargassites Sternbergii *Brngt.* 28.
Sargassum *Ag.* 28.
globiferum *Sternb.* 28.
Sarracha 777.
Sassafras *L.* 493, 495, 590, 805, 835 842.
Aesculapi *Heer* 495.
Ferretianum *Massal* 495, 496, 822, 835.
obtusum 590.
officinale *Nees* 835.
primigenia *Sap.* 487, 495.
Stachypteris lithophylla *Pom.* 127.
spicans *Pom.* 126. 127.
Saurauja 517.
deformis *Sap.* 517.
robusta *Sap.* 517.
Saururus 403
Scheuchzeria *L.* 388.
Schidolepium gracile *Heer* 291.
Schinus *L.* 541.
deperdita *Sap.* 541.
Schizaea 80, 82.
Schizaeaceae 86.
Schizaeaceen 82.
Schizeites dichotomus *Gümb.* 263.

Schizolepis 285, 345, 346.
Fr. Braun 306, 307, 383.
Schenk 267.
Braunii *Schenk* 306, 307.
Follini *Nath.* 307.
permensis *Heer* 306.
Schizoneura161,181. *Schimp. et Mougeot* 392.
Schizoneura hoerensis *Sch.* 162.
Meriani *Schimp.* 162, 393.
paradoxa *Schimp. et Moug.* 161, 162, 181, 392.
Schizoneureae 161
Schizopteris autor. 141, 142, 144, Geinitz 242.
adnascens *Lindl.* 143.
anomala *Brongn.* 260.
pachyrrhachis *Schenk* 142.
pinnata *Gr. Eur.* 141.
Schleidenites *Unger* 896, 902.
Schmiedeliopsis *Felix* 903.
Schüchea *Benth. et Hook* 574.
Schützia anomala *Göpp.* 251.
Schwannia muricata *A. Jussieu* 569
Schwarzpappeln 459.
Sciadopitys *Sieb. et Zuccar.* 254, 257, 285, 288, 292, 346, 811, 827.
Sciadopitytes *Göpp.* 811.
glaucescens *Göpp.* 293, 346.
linearis *Göpp.* 293, 346.
Scirpus 385.
Scitamineae 386.
Scitaminophyton *Massal.* 372.
Scleropteris *Pomel* 94, 126, 262.
Scolecopteris *Zenker* 91.
elegans *Zenker* 91.
Pomelii *Sap.* 125.
subelegans *Gr. Eur.* 91.
Scolopendrium officinale *L.* 823.
Scolopendrites 129.
Scrophulariaceen 778.
Scrofularina oblita *Heer* 777, 778.
Seaforthia *Ettingsh.* 803.
Secundärnerven 401.
Sedum ternatum *Göpp.* 616, 726, 727.
Seitennerven 401.
Selaginella 393.
denticulata 185.
helvetica 185.
spinulosa 184.
Selaginelleae 1, 184.
Selaginites Erdmanni *Germ.* 145.
Erdmanni *Geinitz non Germar.* 145.
uncinatus *Lesq.* 145.
Selenocarpus *Schenk* 131
Münsterianus *Schenk* 132.
Sendelia *Göpp. et Berendt* 783.
Ratzeburgiana *Göpp. et Berendt* 783.
Senftenbergia *Corda* 92.
elegans *Corda* 92.
Larischi *Stur.* 92.
Sepherdia 650.
Sequoia *Endl.* 257, 285, 286, 296, 308, 353, 651, 828, 860, 872, 873.
acuminata *Lesq.* 298.
affinis *Lesq.* 298.
ambigua *Heer* 298.
angustifolia *Lesq.* 298.
biformis *Lesq.* 300.
brevifolia *Lesq.* 298.
canadensis 872.
carbonaria *Rogow* 331
concinna *Heer* 298.
Couttsiae *Heer* 287, 297, 331, 811, 827, 873.
curvifolia *Schenk* 297.
disticha *Heer* 298.
fastigiata *Heer* 697.
gigantea *Torrey* 287, 296, 827, 872.
gracilis *Heer* 298.
Heerii *Lesq.* 298.
imbricata *Heer* 298.
Sequoia Langsdorfi *Heer* 270, 287, 298, 330, 331, 811, 827.
longifolia *Lesq.* 299.
lusitanica *Heer* 297.
macrolepis *Heer* 298.
Nordenskiöldi *Heer* 298.
oblongifolia *Heer* 298.
pectinata *Heer* 281, 298.
Reichenbachi *Heer* 281, 287, 297, 299.
rigida *Heer* 297.
sempervirens *Endl.* 827, 286, 296.
Smittiana *Heer* 298.
Sternbergi *Heer* 287, 298, 330, 331.
Tournalii *Sap.* 331.
Sequoiopsis *Sap.* 302, 310.
Buvignieri *Sap.* 303.
echinata *Sap.* 303.
Sertularia 58.
Sideroxylon 742, 765.
attenuatum *A. DC.* 740.
balticum *Heer* 742.
cylindrocarpum *A. DC.* 740.
egense *Pöpp.* 740.
elegans *A. DC.* 740.
inerme *L.* 740.
Mermulana 739.
Putterlicki *Unger* 742.
Sigillaria 199, 205, 206, 208, 856.
acostatae 206.
costatae 206.
Defrancii *Brngt.* 200.
elegans *Brngt.* 199, 201, 203, 207.
elongata *Brngt.* 200.
Lalayana *Sch.* 204.
pachyderma *Brngt.* 199.
reniformis *Brngt.* 200.
rugosa *Brngt.* 200.
spinulosa *Brngt.* 195, 206.
spinulosa *Germ.* 202.
spinulosa *Göpp.* 188, 201, 203.
tesselata *Brngt.* 199.

Sigillaria vascularis *Binney* 201, 203, 205, 206.
Sigillarieae 199.
Sigillarieen 208, 359.
Sigillariostrobus bifidus *Eug. Geinitz* 266.
Silberpappeln 459.
Sillimania *Unger* 902.
Simarubaceen 535.
Sinapis dorheimensis *Ludw.* 515.
inflata *Ludw.* 515.
primigenia *Ludw.* 515.
Siphoneae verticillatae *Grev.* 29, 30.
Smilaceen 361, 588, 829.
Smilacina *Desf.* 361.
prisca *Unger* 361.
stellata *Desf.* 361.
Smilax *L* 362, 363, 390, 820, 829, 879.
spec. 362.
aspera *L.* 362, 363, 829.
aspera *L.* var. mauritanica *Desf.* 363.
baltica *Conwentz* 363.
canariensis *Willd.* 829.
cardiophylla *Heer* 363.
Garguieri *Sap.* 363.
glycyphylla *Sm.* 362.
grandifolia *Unger* 363.
hastata *Brongn.* 363.
herbacea *Michx.* 353.
mauritanica *Desf.* 829.
rotundiloba *Sap.* 363.
Targionii *Gaud.* 829.
Solanaceen 846.
Solanites Brongniarti *Sap.* 777.
Solanum *L.* 777.
Solenostrobus *Endl.* 353.
Sophora 690, 691.
europaea *Unger* 695, 700.
japonica 688.
Sophoreen 690.
Sorbus *L.* 670, 843.
Aria *L.* 671, 672.
Aucuparia *L.* 672.
grandifolia *Heer* 671.
Lesquereuxii *Heer* 671.
Sorbus Palaeoaria *Ettingsh.* 671.
pinnatifida 672.
Spadiciflorae 367.
Sparganium *L.* 376, 784, 820.
acheronticum *Unger* 377.
Braunii *Heer* 377.
crassum *Heer* 377.
cretaceum *Heer* 376.
extinctum *Ettingsh.* 377.
latum *O. Weber* 377.
natans *L.* 377.
Neptuni *Ettingsh.* 377.
ramosum *L.* 377.
stygium *Heer* 377.
valdense *Heer* 377.
Specularia 782.
Spermites *Sap.* 799.
Sphaerococceae 37.
Sphaerococciteae 67.
Sphaerococciten 234.
Sphaerococcites *Brongt.* 67.
Sphaerococcus *Ag.* 36, 37, 63, 67.
Sharyanus 67.
cartilagineus *Ung.* 37.
ciliatus *Sternb.* 67.
lichenoides 67.
Spongiophyceae 234.
Sphaerophoron 72.
Sphaerostema 848.
Sphagnum 75.
Ludwigii *Sch.* 75.
Sphallopteris *Cotta* 144, 145.
Sphenolepidium *Heer* 286, 304.
debile *Heer* 305.
Kurrianum *Heer* 304, 305.
rhaeticum *Geinitz* 304.
Sternbergianum *Heer* 304, 305.
Terquemi *Sap.* 304.
Sphenolepis *Schenk* 304.
Sphenopalaeopteriden 103.
Sphenophora *Massal.* 382.
Sphenophylleae 176.
Sphenophyllum *Brngt.* 178, 180, 181.
Sphenophyllum quadrifidum 177.
Schlotheimii *Brngt.* 156, 179.
Stephanense *Ren.* 177.
tenerrimum *Stur* 179.
Sphenopterideae 106.
Sphenopteriden 103.
Sphenopteridium *Schimp* 111, 112.
Sphenopteris *Brngt.* 94, 106, 111, 143.
affinis *L.* et *H.* 106.
allosuroides *Gutb.* 107.
Aneimiites 108
artemisiaefolia *Sternb.* 113.
Asplenites *Gutb.* 113.
Bohemani *Heer* 95.
Bunburyanus *Morr.* et *Oldham* 94.
Cheilanthites *Schimp.* 109.
crenata *Lindl.* et *H.* 109, 143.
cristata *Sch.* 109.
crithmifolia *L.* et *H.* 113.
desmomera *Sap.* 111.
Dicksoniites 109.
dissecta *Göpp.* 111.
distans *Brngt.* 108.
divaricata *Stur* 109.
Dubuissoni *Brngt.* 109, 110.
Ettingshauseni *Stur* 107.
foliolata *Stur* 115.
furcata *Brngt.* 107.
Gravenhorsti *Brngt.* 109, 110.
Gymnogrammites 108.
Haueri *Stur.* 103.
Höninghausi 108.
irregularis *Sternb.* 108.
lanceolata *Phill.* 126.
macilenta *Lindl.* et *H.* 108.
modesta *Bean* 100.
nephrocarpa 94.
Nervation 97.
nummularia *Gutb.* 108, 111.
obtusifolia *Brngt.* 108.
obtusiloba *Brngt.* 108, 111.
pachyrrhachis *Göpp.* 112.
patentissima *Ett.* 108.

Sphenopteris petiolata *Göpp.* 113.
scaberrima *Lesq.* 92.
Schimperiana *Göpp.* 112.
Schlotheimii *Brngt.* 109, 111.
thulensis *Heer* 95.
Trichomanites 107.
tridactylites *Brngt.* 110.
trifoliata *Artis* 108.
trifoliata *Brngt.* 103.
Sphenothallus *Hall* 60.
Sphenozamites *Brngt.* 226.
Spiraea *L.* 672.
Andersoni *Heer* 674.
callosa 673, 674.
densinervis *Heer* 674.
hypericifolia 674.
laevigata 673, 674.
nana *Unger* 674.
oeningensis *Heer* 673, 674.
opulifolia 673, 674.
Osiris *Ettingsh.* 672, 674.
prunifolia *Ettingsh.* 674.
sorbifolia 673, 674.
Thunbergi 674.
triloba *L.* 673.
vetusta *Heer* 673, 674.
Zephyri *Unger* 674.
Spiraeaceen 665.
Spirangium *Schimp.* 393.
Jugleri *Schimp.* 394.
Münsteri *Schimp.* 393, 394.
Quenstedti *Schimp.* 394
regulare *Schimp.* 394.
Spirochorda *Sch.* 51.
Spirophyton *Hall.* 51, 55
Cauda-galli *Vanux* 55.
crassum *Hall.* 56.
typus 56.
velum 56.
Spiropitys *Göpp.* 857.
Spiropitys Zobeliana 857.
Spiropteris *Sch.* 145.
Spondias 540.
Spondylostrobus *Ferd. Müller* 353.
Spongiophyceae *Sch.* 67.
Spongiteae *Kütz* 38.
Spongites *Kütz* 38.
stalactitica 39.
Spongolithis Fustis 14.
Sporlederia *Stiehler* 393.
Sporophyta 1.
Sporotrichites heterospermum *Göpp.* 70.
Staarstein 148.
Stachannularia *Weiss* 167.
tuberculata *Weiss* 168.
Staphylopteris *Presl.* 110.
sagittata *Lesq.* 92.
Stachypteris *Pomel* 126.
Stachys palustris 778.
Stangeria 134, 213, 216.
Stangerieae 216.
Stangerites *M'Clell.* 134.
Staphylea 547, 554, 838.
acuminata *Lesq.* 553, 554, 839.
Bumalda *Sieb* et *Zuccar.* 554, 839.
trifoliata *L.* 554.
Stary *Stone* 148.
Statice oxylepis *Boiss.* 402
Staubia *Felix* 903.
Stauroneis *Ehrenb.* 22.
Bacleyi 13.
pulchella *W. Sm.* 22.
Stellatae 782.
Stellaten 782.
Stemmatopteris *Corda* 146.
Stenocarpus 651, 653, 660, 661.
salignoides *Fried.* 660.
Stenonia *Endl.* 350.
Stenzelia *Göpp.* 824, 883.
Stephanandra 673.
Stephanospermum *Brongn.* 352.
achenioides *Brongn.* 239.
Stephanostemon 617.
Helmi *Conw.* 618.
Sterculia 495, 524, 525, 557, 604, 805, 822.
aperta *Lesq.* 529.
Glehniana *Heer* 525.
Labrusca *Unger* 525, 526, 630.
lugubris *Lesq.* 529.
Sterculia modesta *Sap.* 525.
platanifolia 637.
Ramesiana *Sap.* 525.
rigida *Lesq.* 529.
tenuiloba *Sap.* 525.
tenuinervis *Heer* 525, 526.
variabilis *Heer* 525.
Sterculiaceen 524.
Sternstein 148.
Stichopteris *Gein.* 90.
euneura *Sch.* 91.
Stigmaphyllum 569, 570.
demersum *Sap.* 571.
Stigmaria *Brngt.* 206, 208, 856.
ficoides 206, 207.
Stipitopteris 147.
Stizolobium 683.
Strahlige Leitbündel 403.
Stratiotes *L.* 390.
Stratiotites Najadum *Heer* 390.
Strobilites Bronnii *Solms.* 275.
laricoides *Schimp.* 337.
Strobo-Cembra *Schimp.* 342, 804.
Strobus *Spach.* 337, 338, 342, 811, 828.
Struthiopteris 81, 93, 126, 145.
Strychnos *L.* 765.
Stuartia 837.
Kowalewskii *Casp.* 517.
monadelpha *Sieb.* et *Zuccar.* 517.
Styphnolobium 691.
Styracaceen 750, 845.
Styrax 625, 754, 845.
Ambra *Unger* 754.
apiculatum *Kovats* 754.
boreale *Unger* 752, 754.
Fritschii *Fried.* 752, 754.
Herthae *Unger* 754.
japonicum *Sieb* et *Zuccar.* var. fossile *Nath.* 754.
laramiense *Lesq.* 754.
Obassia *Sieb* et *Zuccar.* var. fossile *Nath.* 754.
officinale *L.* 750, 752.

Styrax stylosum *Heer* 752, 754.
vulcanicum *Ettingsh.* 754.
Subfaya 453.
Surirella *Turp.* 17.
striatula 11.
Surirelleae 16.
Swartzia borealis *Ettingsh.* 691.
Swartzieen 691.
Swedenborgia *Nath.* 285, 308.
cryptomerioides *Nath.* 308.
Sympetalae 717.
Sympetalen 844.
Symplocos *L.* 751. 845.
Bureauana *Sap.* 752.
foliosa *Sieb. et Zuccar.* 752.
gregaria *A. Br.* 752, 753.
lanceolata *Mart.* 751.
parschlugiana *Unger* 753.
radobojana *Unger* 753.
Roxburghii 753.
savinensis *Ettingsh.* 753.
Sotzkiana *Unger* 752, 753.
spicata *Roxb.* 753.
subspicata *Fried.* 752, 753.
Syncydia 17.
Synedra *Ehrenb.* 13, 20. 21.
acuta 13.
capitata 12, 13.
Ullna 12.
Syringa *L.* 756.
amurensis *Maxim.* 757.
Syringodendron 201.

T.

Tabellaria *Ehrenb.* 24.
biceqs 14.
Tabellarieae 24.
Taeda *Endl.* 337, 338, 342, 348, 811, 828.
Taenidium *Heer* 54.
Fischeri 54.
helveticum *Sch.* 54.
serpentinum *Heer* 54.
Taeniopterideae 132.
Taeniopteriden 106.
Taeniopteris *Brngt.* 88, 132. 133, 134.
abnormis *Gutb.* 132.
affinis *Vis. et Mass.* 132.
asplenioides *Ettingsh.* 135.
Eckardi *Germ.* 88, 132.
major *Lindl. et Hutt.* 133.
multinervis *Weiss* 132.
Münsteri *Göpp* 88.
Nervation 87.
Smithsii 132.
superba *Sap.* 133.
Taenioxylon *Felix* 903.
Talauma 504, 506.
Candollii 506.
grandiflorum *DC.* 508.
Tamarindus 844
Tamus *L.* 363.
Tange 3.
Taonurus *Fisch. Ost.* 56, 57.
flabelliformis *F. O.* 56.
procerus *F. O.* 58.
Taraxacum obovatum *DC.* 795.
Tasmannia 848.
Taxaceen 256, 258, 810, 855.
Taxeen 850, 852.
Taxites *Brong.* 258, 270, 811, 860.
affinis *Göpp.* 295.
Aykei *Göpp.* 859.
brevifolius *Nath.* 270.
confertus *Oldh. et Morris* 336.
dubius *Presl.* 295.
Eumenidum *Massal.* 270.
Göpperti *Unger* 859.
Langsdorfi *Brongn.* 270.
laxus *Phillips* 270.
longifolius *Nath.* 270.
Massalongi *Zigno* 270.
microphyllus *Heer* 270.
Olriki *Heer* 270.
phlegetonteus *Unger* 270.
planus *O. Feistm.* 281.
priscus *Unger* 859.
Rosthorni *Unger* 270.
scalariformis *Göpp.* 826, 854, 859.
Taxites validus *Heer* 270.
vicentinus *Massal.* 270.
Taxodineae 284.
Taxodineen 854, 855, 860, 862.
Taxodioxylon *Felix* 871, 872.
Taxodites tenuifolius *Presl* 335.
Taxodium *Rich.* 150, 254, 257, 285, 286, 294, 872.
distichum *Rich.* 286, 294, 827.
distichum miocenum *Heer* 286, 294, 295, 811, 827, 872.
dubium *Heer* 295.
eocenum *Gardn.* 331.
gracile *Heer* 295.
mucronatum *Ten.* 286, 294, 827.
Tinajorum *Heer* 295.
Taxospermum *Brongn.* 249.
Taxoxylon *Kraus* 859, 863, 867, 877. *Unger ex. p.* 871.
cretaceum *Unger* 859.
gingkoides *Ren.* 877.
ponderosum *Kr.* 859.
tenerum *Unger* 859.
Taxus *L.* 256, 804, 854, 859, 860, 863.
baccata *L.* 330.
Tecoma australis 780.
austriaca *Ettingsh.* 780.
Drumondi *Ettingsh.* 780.
grandiflora 780.
Tellima 617.
Tempskya *Corda* 150, 883.
Schimperi *Corda* 151.
Tephrosia europaea *Heer* 680.
Terebinthineae 531.
Terebinthinen 837.
Terminalia *L.* 633, 635.
Brownei *Fres.* 634, 842.
Fenzliana *Ung.* 633, 634.
miocenica *Ung.* 634.
pannonica *Unger* 633, 634, 842.
radobojensis *Unger* 431.

Ternströmia *L.* 517.
bilinica *Ettingsh.* 507.
crassipes *Velen.* 517.
radobojana *Ettingsh.* 517.
Ternströmiaceen 515, 837.
Tertiärnerven 401.
Tetranthera sessilifolia *Lesq* 496.
utahensis *Lesq.* 496.
Tetraphyllum *Hos.* und *v d. Mark* 800.
dubium *Hos.* und *v d. Mark* 800
Tetrapteris 573.
bilinica *Ettingsh.* 572.
cordifolia *Mart.* 569.
Harpyarum *Unger* 572.
minuta *Ettingsh.* 572.
ovalifolia *Griesb.* 569.
Thalassocharis *Debey* 380, 805, 830.
Talassophyllum *Clathrus* 55.
Thallophyta unicellularia 1, 3, 4.
Thallophyten einzellige 4.
Thamnopteris *Brngt.* 145.
macropeltis *Schenk* 145.
Thaumatopteris *Göpp.* 138.
Münsteri *Göpp.* 138.
Thea *L.* 517.
Thelycrania 613.
Thesianthemum 844.
inclusum *Conwentz* 709, 711.
Thevetia 767.
Thinnfeldia *Ettingsh.* 124, 125.
incisa *Sap.* 125.
Thuidium 75.
Thujoxylon juniperinum *Unger* 873.
Thunbergia laurifolia 403.
Thuja 257, 300, 320, 811, 828, 854, 860, 861, 862.
Thuja Garmanni *Lesq.* 321.
gigantea 310, 320.
(Thujopsis) gracilis *Heer* 322, 323.
Göpperti *Sism.* 314.
japonica *Maxim.* 321.
Thuja interrupta *Newb.* 321.
Mengeana *Göpp.* 326.
occidentalis *L.* 310, 319, 321, 327.
plicata *Nutt.* 310, 321.
Rössleriana *Ludw.* 350.
Saviana *Gaud* 314
Standishii *Carrière* 321.
succinea *Göpp.* 321.
Theobaldiana *Ludw.* 350
Thujites *Brongn.* 301, 305, 318, 327, 811.
articulatus *Phillips.* 287.
callitrina *Unger* 313.
Choffati *Heer* 319.
exilis *Sap.* 319.
expansus *Lindl.* 280.
fallax *Heer* 319.
Hoheneggeri *Ettingsh.* 314.
Jacardi *Sap.* 319.
nudicaulis *Brongn.* 313.
Oosteri *Heer* 319.
Parryanus *Heer* 310, 319, 828.
Pfaffii *Heer* 319.
pulchellus *Sap.* 319.
Schlönbachi *Schenk* 319.
strobilifer *Sap.* 328.
thuyopsideus *Sap.* 319.
Thujopsis 257, 309.
dolabrata *Sieb.* et *Zuccar.* 322, 323.
europaea *Göpp.* 322.
Thujoxylon *Unger* 871.
Thymelaeaceen 645
Thymelinae 645.
Thymelinen 843.
Thyrsoporella *Gümb.* 34.
Thyrsopteris *Kunze* 94.
elegans *Kze.* 94, 95.
Maakiana *Heer* 94.
Murrayana *Brngt.* 94, 95.
schistorum *Stur* 95.
Tigillites *M. Rouault* 53.
Tilia *L.* 519, 521.
alaskana *Heer* 579.
antiqua *Newb.* 520, 792.
cordifolia 519.
distans *Nath.* 520.
Tilia expansa *Sap.* 519, 822, 837.
grandifolia 520.
Malmgreni *Heer* 519, 521, 522, 837.
mandshurica *Maxim.* 837.
Mastaiana *Massal.* 520, 837.
parvifolia *Ehrh.* 519, 520.
platyphyllos 520.
populifolia *Lesq.* 520.
pubescens *Vent.* 837.
sachalinensis *Heer* 519.
Vidalii 837.
vindobonnensis *Stur* 520, 522, 837.
Tiliaceen 519, 837.
Tmesipteris *Bernh.* 183, 184.
Toddallieen 534, 837.
Todea Lipoldi *Stur* 107, 108.
superba 108.
Torellia *Heer* 268.
Torreya 256, 258, 259, 270, 271, 298, 331, 804, 811, 826, 852, 854, 860, 863.
Dicksoniana *Heer* 270.
nucifera var. brevifolia *Sap.* 270.
nucifera pliocenica *Sap.* 826.
parvifolia *Heer* 270.
Trapa *L.* 631, 822, 842.
biformis *Göpp.* 632.
bispinosa 631
borealis *Heer* 631.
Credneri *Schenk* 631, 632
globosa *Ludw.* 632.
Heerii *Fritsch* 631, 632, 842.
microphylla *Lesq.* 631.
natans *L.* 631, 632.
natans var. tuberculata *Heer* 631, 632, 842.
silesiaca *Göpp.* 632.
silesiaca *Heer* 631, 632.
Yokoyamae *Nath.* 632.
Trianthera eusideroxyloides *Conw.* 495.
Tricarpellites *Bowerb.* 394, 799.
Triceratium *Ehrenb.* 26.

Triceratium megastomum 14.
Trichomanes 82, 84, 107.
cormophytum 144.
incisum 144.
moravica *Ett.* 108
Trichomanites adnascens *Göpp.* 143.
flaccidus *Göpp.* 273.
Trichopitys *Sap.* 258, 266, 826.
heteromorpha *Sap.* 267.
laciniata *Sap.* 267.
Lindleyana *Sap.* 267.
Trichostomum 75.
Tricoccae 594, 840.
Trigonella foenu graecum 680.
Seyfriedi *Heer* 678.
Trigonocarpum *Brong.* 208, 352.
Rösslerianum *Gein.* 251.
Sporites *Weiss* 352.
Trilobium *Sap.* 537, 538.
Triopteris 573.
rigida 570.
Tripetaleia Almquisti *Nath.* 727.
Triphyllopteris *Sch.* 113, 114, 115.
Collombi *Sch.* 114, 115.
Tripterospermum *Brongn.* 352.
Tristania 639.
Tristanites cloëziaeformis *Sap.* 639, 643.
Trizygia *Royle* 156, 180.
speciosa *Royle* 180.
Trochodendron 848.
Tryblionella *Sm.* 21.
Tsuga *Endl.* 339, 343, 344, 345.
Tubicaulis Schemnitzensis *Pettko* 87.
Tubiflorae 771.
Tubifloren 846.
Tubuliflorae 795.
Tussilago 404.
Farfara *L.* 797.
Tylodendron *Weiss* 858, 865.
Tympanophora *Lindl.* 94, 95.
Typha *L.* 376, 820, 879.
angustifolia *L.* 377.
haeringiana *Ettingsh.* 376.
latifolia *L.* 376, 377.
latissima *A. Br.* 376.
Ungeri *Stur* 376.
Typhaceae 376.
Typhaeolopium lacustre *Unger* 376.
maritimum *Unger* 376.

U.

Übersicht der Gruppencharactere von Pinus 338.
Übersicht der Verbreitung und Vorfahren der heutigen Vegetation 812.
Übersicht tabellarische der sämmtlichen Merkmale von Sigillaria, Lepidodendron, Isoëtes, Cycadeen 209.
Ullmannia *Göpp.* 272, 274, 275, 870.
Bronnii *Göpp.* 274, 275.
frumentaria *Göpp.* 274.
Geinitzii *Heer* 274.
lycopodioides *Göpp.* 274.
orobiformis *Solms* 274.
selaginoides *Geinitz* 274.
Ulmaceen 270, 834, 835.
Ulminium *Unger* 898, 902.
diluviale *Unger* 899.
Ulmoxylon *Kaiser* 897, 898.
Ulmus *L.* 470, 472, 820, 834.
alata *Michx.* 471.
bicornis *Unger* 473.
borealis *Heer* 472.
Braunii *Heer* 472, 473, 834.
Bronnii *Unger* 472, 473, 537.
Brownelli *Lesq.* 472.
californica *Lesq.* 472.
campestris L. var. fossilis *Nath.* 472.
campestris *L.* 834.
Cocchii *Gaud.* 472, 834.
effusa *Willd.* 471, 834.
fulva *Michx.* 471.
Hilliae *Lesq.* 472.
longifolia 537.
Ulmus longifolia *Velen.* 473.
Marioni *Sap* 472, 473.
minuta *Göpp* 472, 473.
montana *Sm.* 471, 834.
palaeomontana *Sap.* 472, 473, 834.
parvifolia 470, 471.
plurinervia 472, 473.
primaeva *Sap.* 472, 473.
prisca *Unger* 473.
protociliata *Sap* 834.
subparvifolia *Nath.* 472.
Ulodendron *Rhode* 147, 191, 195.
minus *Lindl.* u. *Hutt.* 192, 193.
Umbelliferen 600, 840.
Umbellifloren 600, 840.
Umbilicus 404.
Uniola bohemica *Ettingsh.* 384
Unona 506.
Uphantaenia *Vanux.* 69.
Urtica *L.* 483.
stiriaca *Ettingsh.* 483.
Urticaceen 483.
Urticinae 469.
Urtiniceen 834.
Uteria *Mich.* 31, 35.
Encrinella *Mich.* 35.

V.

Vacciniaceen 717.
Vaccinium *L.* 718, 719.
acheronticum *Heer* 718.
acheronticum *Unger* 720.
arboreum 718.
attenuatum *Heer* 718, 720.
Bruckmanni *Heer* 718, 720.
Chamaedrys *Unger* 720.
densum 718, 719.
Friesii *Heer* 718, 719.
hirtellum 718.
Japeti *Heer* 720.
icmadophyllum *Unger* 720.
maderense *Heer* 718, 720.
micromerum *Sap.* 720.
myrsinaefolium *Unger* 720.
Myrtillus 718, 719.

Vaccinium Orci *Heer* 718.
parcedentatum *Sap.* 720.
parvifolium *Heer* 718.
reticulatum *Heer* 718, 719, 720.
reticulatum *Sap.* 720.
Saportanum *Nath.* 719.
uliginosum *L.* 718, 719; 720, 822.
Vitis Jdaea *L.* 718.
Vaginopora *Defr.* 34.
Valerianaceen 794.
Valerianites capitatus *Sap* 794.
Vallisneria *L.* 390.
bromeliaefolia *Sap.* 390.
Vallisnerites *Heer* 390.
jurassicus *Heer* 390.
Verbenaceen 778.
Veronica *L* 778.
Vertebraria *Royle* 180, 181
Vexillum *M. Rouault* 52.
Viburnum *L.* 555, 788, 789, 790, 820, 821, 846.
anceps *Lesq.* 792.
asperum *Newb.* 792.
assimile *Sap.* et *Mar.* 792.
atlanticum *Ettingsh.* 792.
attenuatum *Heer* 847.
betulaefolium *Lest. Ward* 792.
dakotense *Lesq.* 792.
dentatum *Pursh* 790.
Dentoni *Lesq.* 792.
dichotomum *Lesq.* 792.
elongatum *Lest. Ward* 792.
emarginatum *Lesq.* 792.
finale *Lest. Ward.* 792.
giganteum *Sap.* et*Mar.*792.
Goldianum *Lesq.* 789, 792.
Goreti *Sap.* 792.
Lakesii *Lesq.* 792.
lanceolatum *Newb* 792.
Lantana *L.* 790, 791.
limpidum *Lest. Ward* 792.
macrodontum *Lest. Ward* 792.
macrospermum *Heer* 789.
membranosum *Schenk* 772
multinerve *Heer* 847.
Viburnum Newberyanum *Lest. Ward* 791, 792.
Nordenskiöldi *Heer* 789, 792, 793.
obovatum 790.
oeningense *Heer* 777, 778.
oppositinerve *Lest Ward* 792.
Opulus *L.* 772, 790, 791.
Oxycoccos 790.
palaeomorphum *Sap.* et *Mar.* 792.
perfectum *Lest. Ward* 792.
perplexum *Lest. Ward* 792.
platanoides *Lest. W.* 792.
Pseudotinus *Sap.* 791, 792, 847.
rugosum *Pers.* 792, 793, 822, 847.
Sagorianum *Schenk* 772.
Schmidianum *Heer* 789.
Snowianum *Sap.* 792, 793, 847.
solitarium *Lesq.* 789, 792.
tiliaeoides *Lest. Ward* 792, 793.
Tinus *L.* 789, 791, 794, 822, 847.
trilobatum *Heer* 789, 792, 793, 847.
vitifolium *Sap. et Mar* 792.
Weberi *Schenk* 775.
Whymperi *Heer* 789, 791.
Vicia 678.
Victoria *Lindl.* 511, 836, 837.
Violaceae 515.
Virgilia 690, 844.
Vitaceen 574, 589, 590.
Vitex Lobkowitzii *Ettingsh.* 778.
Vitis *L.* 404, 591, 593. 594.
Amurensis *Maxim.* 594.
arctica *Heer* 593.
Braunii 593.
britanica *Heer* 593.
Brunneri *Lester Ward* 593, 594.
Vitis carbonensis *Lesq.* 594.
cuspidata 594.
Hookeri *Heer* 592, 593.
Labrusca *L.* var. fossilis *Nathorst* 594.
Olriki *Heer* 593.
praevinifera *Sap.* 840.
Salyorum *Sap. et Marion* 840.
sezannensis *Sap.* 840.
sparsa *Lesq.* 593.
subintegra *Saporta u. Marion* 593, 822.
teutonica 592, 593.
(Cissus) tricuspidata *Heer* 592.
vinifera *L.* 594, 840.
vivariensis *Boulay* 840.
vulpina 593.
xantholithensis *Lesq.* 593.
Vittaria 106, 133.
Vochysia 574.
europaea *Ettingsh.* 573.
Vochysiaceen 573.
Volkmannia 170, 239.
arborescens *Sternb.* 172.
Dawsoni *Williams.* 180.
gracilis *Sternb* 171, 172.
major *Germ.* 172.
sessilis *Grand'Eury* 171.
Voltzia *Schimper* 276, 285, 287, 827.
acutifolia *Brngn.* 289.
Boeckhiana *Heer* 289.
coburgensis *Schauroth* 288, 290.
Fötterlei *Stur* 290.
heterophylla *Brongn.* 289, 290.
heterophylloides *Schimp.* 272.
hexagona *Geinitz* 272.
hungarica *Heer* 289.
Liebeana *Geinitz* 288, 289, 291.
raiblensis *Stur* 290.
recubariensis *Schenk* 290.
Sandbergeri *Schenk* 290.

W.

Walchia *Sternberg* 29, 272, 827, 858.
filiciformis *Stbg.* 272.
flaccida *Göpp.* 272.
flaccida *Weiss* 273.
foliosa *Eichw.* 272.
imbricata *Schimper* 272,
linearifolia *Göpp.* 273.
longifolia *Göpp.* 273, 290.
piniformis *Sternbg.* 272. 273.
Walchieae 272.
Weinmannia 619, 620, 622, 841.
europaea *Heer* 621, 622.
(Rhus) Haydeni *Lesq.* 620, 621.
integrifolia *Lesq* 622.
obtusifolia *Lesq.* 621, 622.
parvifolia *Heer* 621, 622.
paulliniaefolia 621.
Weissia 75.
Weissites vesicularis 121.
Welwitschia 247, 250.
Wetherellia *Bowrb.* 394, 799.
Whittleseya *Newb.* 253.
elegans *Newb.* 253.
integrifolia *Lesq.* 253.
undulata *Lesq* 253.
Widdringtonia *Endl.* 257, 303, 304, 311, 804.
antiqua *Sap.* 312, 811.
brachyphylla *Sap.* 312, 811, 828.
Commersoni 310.
complanata *Lesq* 312.
cupressoides 310.
helvetica *Heer* 312, 811, 828.
juniperoides 310.
Reichii *Velen.* 804.
Ungeri *Endl.* 312.
Widdringtonites *Endl.* 310.
alpinus *Heer* 311.
Bachmanni *Heer* 311, 312.
creyssensis *Sap.* 311.
cylindraceus *Göpp.* 311.
gracilis *Heer* 303, 304, 311.
Widdringtonites Keuperianus *Heer* 311.
legitimus *Göpp.* 311.
liasianus *Heer* 311.
oblongifolius *Göpp* 311.
Reichii *Heer* 311.
Williamsonia *Carruth.* 220, 376, 805, 824.
Withamia *Unger* 902.
Witheringia 777.
Woodwardia *Sm.* 97, 99, 119, 136.
latifolia *Lesq.* 99.
radicans *Sm.* 98, 99.
radicans pliocenica *Sap. et Mar.* 98.
Roessneriana *Ung.* 98, 99.
Woodwardites *Ung.* 97.
arcticus 99.
microlobus *Schenk* 99.

X.

Xenopteris *Weiss* 121.
Ximenia 575, 576.
americana *L.* 575.
gracilis *Conw.* 575.
Xulinosporites *Bowrb.* 799,
Xyloma 71.
Xylomites asteriformis *Fr. Br.* 72.
Zamitae *Göpp.* 72.
Xylopia 506.
Xylosteum 788.

Y.

Yucca *L.* 361, 890
Roberti *Bureau.* 890.
Yuccites *Schimp.* 356, 716 890.
Brongniarti *Sap.* 360.
Cartieri *Heer* 360, 361.
hettingensis *Sap.* 360 136.
Schimperianus *Zigno* 360.
vittatus *Sap.* 360.
vogesiacus *Schimp.* 226, 360.

Z.

Zamia 122, 212, 216, 226.
Zamieae 216.
Zamiostrobus *Endl.* 228, 229.
crassus *Sch.* 229.
pippingfordensis *Carruth.* 281.
Zamites *Brngt.* 218, 221, 223.
arcticus *H.* 219 220.
epibius *Sap.* 220, 820, 825.
Feneonis *Brngt.* 219, 220.
gigas *Morr.* 218.
gracilis *Kurr* 218.
Schmiedelii *Presl* 218.
speciosus 220.
vogesiacus *Sch. u. M.* 218.
Zanthoxylon 531, 536, 620.
ailanthoides var. fossilis *Nath.* 533.
Bungei 531.
coriariaefolium *Sap.* 533.
diversifolium *Lesq.* 534.
germanicum *Heer* 533.
giganteum *Sap.* 533.
fraxineum 531.
inconspicuum *Heer* 533.
integrifolium *Heer* 532, 533
juglandifolium *Heer* 533.
Lesquereuxiana 534.
serratum *Heer* 532. 533.
spiraeaefolium *Lesq.* 533, 534.
valdense *Heer* 533.
Zelkova *Spach.* 470.
Keaki *Sieb.* 470.
Zeugophyllites *Brongn.* 372.
Zingiberaceen 387.
Zingiberites *Heer* 387, 808.
dubius *Lesq.* 387.
Zippea *Corda* 147.
Zittelia *Felix* 903.
Zitterpappeln 459.
Zizyphus 584, 585, 587, 588, 840.
Gaudini *Heer* 588.
integrifolius *Heer* 588
Lotus *L.* 588, 840.
paradisiacus *Heer* 585, 588.
pistacinus *Ung.* 585, 586.
protolotus *Unger* 586, 588, 840.
Raincourti *Sap.* 588, 840.

Zizyphus tiliaefolius *Heer* 585, 588.
tremula *Ung.* 586.
Ungeri *Ettingsh.* 840.
Ungeri *Heer* 579, 588.
vetusta *Heer* 588, 840.
vulgaris *Lam.* 588. 840.
Zonarites *Schimp.* 262.
Zonarites digitatus *Lesq.* 262.
Zoophycus 58.
Briantheus *Massal.* 56.
Villae 56
Zostera *L.* 380.
Kiewensis *Schmalh.* 380.
Kotschyi *Unger* 376.
Zostera marina *L.* 380.
Zostera Ungeri *Heer* 380.
Zygophyllaceen 536.
Zygophyllum *L.* 537.
macropterum *Sap.* 537.
Zygopteris *Corda* 141.
Laccatii *Ren.* 141.

Druckfehler.

Seite 905 lies grossedentatum anstatt paucidentatum
» 908 setze Annomorrhaea nach Angiotheca.
» 908 » Anona limnophila vor A. Lortetii.
» 909 » Araucaria Brodiaei nach A. brasiliensis
» 909 » Arbutus Unedo nach A eocenica.
» 909 » Ardisia daphnoides vor A. eocenica.
» 910 » Arthropitys communis nach A. bistriata.
» 911 » Baiera curvata nach B. cretosa.
» 911 » Banksioxylon australe nach Banksia valdensis.
» 911 » Bambusa-Bambusium nach Balsampappeln.
» 912 » Betula tremula nach B sezannensis.
» 912 » Bornetella nach Boraginites.
» 912 » Bowdichia vor Bowenia.
» 912 » Brachyphyllum setosum nach B Phillipsii.
» 913 » Caesalpinia micromera vor C. microphylla.
» 913 » Calamodendron inversum nach C intermedium.
» 914 » Carpinus fraterna nach C. faginea.
» 914 » Carpinus vera vor C. viminea.
» 915 » Castanea Kubinyi nach C. intermedia.
» 915 » Castanopsis chrysophylla vor C. chrysophylloides.
» 916 » Cercis Tournoueri vor C. truncata.
» 917 » Cissites Steenstrupi nach C. salisburiaefolius.
» 917 » Cissus lobatocrenata nach C. laevigata.
» 917 » Clematis oeningensis vor C. Panos.
» 920 » Cunninghamites oxycedrus nach C elegans.
» 921 » Cymodocea aequorea vor C. ciliata.
» 921 » Dalbergia Diemenii nach D. Bella.
» 922 » Diachaenites cyclosperma vor D. Heerii.
» 922 » Dictyoalethopterideae vor Dictyocha.
» 923 » Dictyoneuropteriden nach Dictyoneuropterideae
» 923 » Dictyota vor Dictyotaeniopterideae.
» 923 » Diospyros Copeana nach D brachysepala.
» 923 » Diospyros haeringiana nach D. ficoides.
» 923 » Diospyros vetusta vor D. virginiana.
» 924 » Dracaena Draco vor D. minor
» 924 » Echitonium sezannense nach E. obovatum.
» 924 » Elaeocarpus sphaericus nach E. serratus.
» 924 lies Encyonema statt Enoyonema.

www.ingramcontent.com/pod-product-compliance
Lightning Source LLC
LaVergne TN
LVHW092117300926
849161LV00002B/167

* 9 7 8 3 4 8 6 7 2 6 5 1 0 *